많이 사용되는 생화학 용어의 약자

ACP	acyl carrier protein
ADP	adenosine 5′-diphosphate
AMP	adenosine 5′-monophosphate (adenylate)
cAMP	3′,5′-cyclic adenosine monophosphate
ATP	adenosine 5′-triphosphate
bp	base pair
1,3BPG	1,3-*bis*phosphoglycerate
2,3BPG	2,3-*bis*phosphoglycerate
CDP	cytidine 5′-diphosphate
CMP	cytidine 5′-monophosphate (cytidylate)
CoA	coenzyme A
CTP	cytidine 5′-triphosphate
DHAP	dihydroxyacetone phosphate
DNA	deoxyribonucleic acid
cDNA	complementary DNA
DNase	deoxyribonuclease
$E°$	reduction potential
$E°'$	standard reduction potential
EF	elongation factor
emf	electromotive force
ETF	electron-transferring flavoprotein
$\mathcal{F}$	Faraday's constant
FAD	flavin adenine dinucleotide
$FADH_2$	flavin adenine dinucleotide (reduced form)
F1,6BP	fructose 1,6-*bis*phosphate
FMN	flavin mononucleotide
$FMNH_2$	flavin mononucleotide (reduced form)
F6P	fructose 6-phosphate
ΔG	actual free-energy change
$\Delta G°'$	standard free-energy change
GDP	guanosine 5′-diphosphate
GMP	guanosine 5′-monophosphate (guanylate)
cGMP	3′,5′-cyclic guanosine monophosphate
G3P	glyceraldehyde 3-phosphate
G6P	glucose 6-phosphate
GTP	guanosine 5′-triphosphate
H	enthalpy
Hb	hemoglobin
HDL	high density lipoprotein
HETPP	hydroxyethylthiamine pyrophosphate
HPLC	high-pressure liquid chromatography
IDL	intermediate density lipoprotein
IF	initiation factor
eIF	eukaryotic initiation factor
IMP	inosine 5′-monophosphate
IP_3	inositol 1,4,5-*tris*phosphate
K_a	acid dissociation constant
k_{cat}	catalytic constant
K_{eq}	equilibrium constant
K_m	Michaelis constant
kb	kilobase pair
LDL	low density lipoprotein
LHC	light-harvesting complex
M_r	relative molecular mass
Mb	myoglobin
$NAD^{\oplus}$	nicotinamide adenine dinucleotide
NADH	nicotinamide adenine dinucleotide (reduced form)
$NADP^{\oplus}$	nicotinamide adenine dinucleotide phosphate
NADPH	nicotinamide adenine dinucleotide phosphate (reduced form)
$NMN^{\oplus}$	nicotinamide mononucleotide
NDP	nucleoside 5′-diphosphate
NMP	nucleoside 5′-monophosphate
NTP	nucleoside 5′-triphosphate
dNTP	deoxynucleoside triphosphate
P_i	inorganic phosphate (or orthophosphate)
PAGE	polyacrylamide gel electrophoresis
PCR	polymerase chain reaction
2PG	2-phosphoglycerate
3PG	3-phosphoglycerate
PEP	phosphoenolpyruvate
PFK	phosphofructokinase
pI	isoelectric point
PIP_2	phosphatidylinositol 4,5-*bis*phosphate
PLP	pyridoxal phosphate
PP_i	inorganic pyrophosphate
PQ	plastoquinone
PQH_2	plastoquinol
PRPP	5-phosphoribosyl 1-pyrophosphate
PSI	photosystem I
PSII	photosystem II
Q	ubiquinone
QH_2	ubiquinol
RF	release factor
RNA	ribonucleic acid
mRNA	messenger ribonucleic acid
rRNA	ribosomal ribonucleic acid
snRNA	small nuclear ribonucleic acid
tRNA	transfer ribonucleic acid
RNase	ribonuclease
snRNP	small nuclear ribonucleoprotein
RPP	reductive pentose phosphate
Rubisco	ribulose 1,5-*bis*phosphate carboxylase-oxygenase
S	entropy
dTDP	deoxythymidine 5′-diphosphate
TF	transcription factor
dTMP	deoxythymidine 5′-monophosphate (thymidylate)
TPP	thiamine pyrophosphate
dTTP	deoxythymidine 5′-triphosphate
UDP	uridine 5′-diphosphate
UMP	uridine 5′-monophosphate (uridylate)
UTP	uridine 5′-triphosphate
v	velocity
V_{max}	maximum velocity
v_0	initial velocity
VLDL	very low density lipoprotein
XMP	xanthosine 5′-monophosphate

아미노산의 약자는 57~62쪽에 있고, 주요 피리미딘와 퓨린염기의 약자는 592쪽에 있음.

첫 번째 위치 (5′ 말단)	U	C	A	G	세 번째 위치 (3′ 말단)
		두 번째 위치			
U	Phe	Ser	Tyr	Cys	U
	Phe	Ser	Tyr	Cys	C
	Leu	Ser	STOP	STOP	A
	Leu	Ser	STOP	Trp	G
C	Leu	Pro	His	Arg	U
	Leu	Pro	His	Arg	C
	Leu	Pro	Gln	Arg	A
	Leu	Pro	Gln	Arg	G
A	Ile	Thr	Asn	Ser	U
	Ile	Thr	Asn	Ser	C
	Ile	Thr	Lys	Arg	A
	Met	Thr	Lys	Arg	G
G	Val	Ala	Asp	Gly	U
	Val	Ala	Asp	Gly	C
	Val	Ala	Glu	Gly	A
	Val	Ala	Glu	Gly	G

한 글자와 세 글자로 표시된 아미노산의 약자

A	Ala	Alanine
B	Asx	Asparagine or aspartate
C	Cys	Cysteine
D	Asp	Aspartate
E	Glu	Glutamate
F	Phe	Phenylalanine
G	Gly	Glycine
H	His	Histidine
I	Ile	Isoleucine
K	Lys	Lysine
L	Leu	Leucine
M	Met	Methionine
N	Asn	Asparagine
P	Pro	Proline
Q	Gln	Glutamine
R	Arg	Arginine
S	Ser	Serine
T	Thr	Threonine
V	Val	Valine
W	Trp	Tryptophan
Y	Tyr	Tyrosine
Z	Glx	Glutamate or glutamine

생화학의 원리 제5판

Principles of Biochemistry FIFTH EDITION

역자 김 준 · 김우택 · 김학동 · 백승렬 · 윤부현
이명철 · 이재영 · 장창영 · 정선호 · 하주헌

Moran . Horton . Scrimgeour . Perry

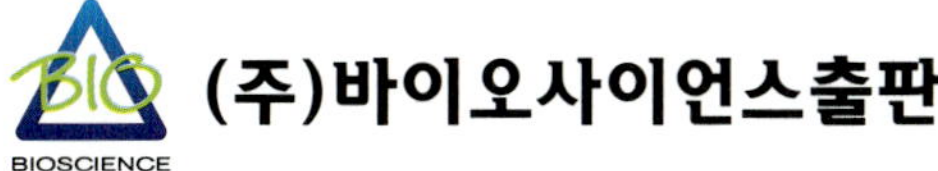

(주)바이오사이언스출판

이 도서의 국립중앙도서관 출판시 도서목록 (CIP)는 e-CIP 홈페이지
(http://www.nl.go.kr/cip.php)에서 이용하실 수 있습니다.
(CIP 제어번호: CIP2014038385)

생화학의 원리 제5판

초판 인쇄: 2015년 9월 01일
초판 발행: 2015년 9월 10일

저　자: Moran · Horton · Scrimgeour · Perry
역　자: 김　준 · 김우택 · 김학동 · 백승렬 · 윤부현
이명철 · 이재영 · 장창영 · 정선호 · 하주헌
발행인: 문정구
발행처: (주)바이오사이언스출판
주　소: 137-060 서울특별시 서초구 효령로2길 10, 201호(방배동, 호산빌딩)
전　화: (02)581-4057~8　팩　스: (02)581-4059
이메일: inquiry@bioscience pub.com
홈페이지: http://www.biobooks.co.kr
ISBN: 978-89-6824-031-7 93510
등록번호: 제22-3079호
값 42,000원

과학은 되도록 간단, 그러나 명료해야 한다

- Albert Einstein

주요 목차

목차

PART 2
기능과 구조

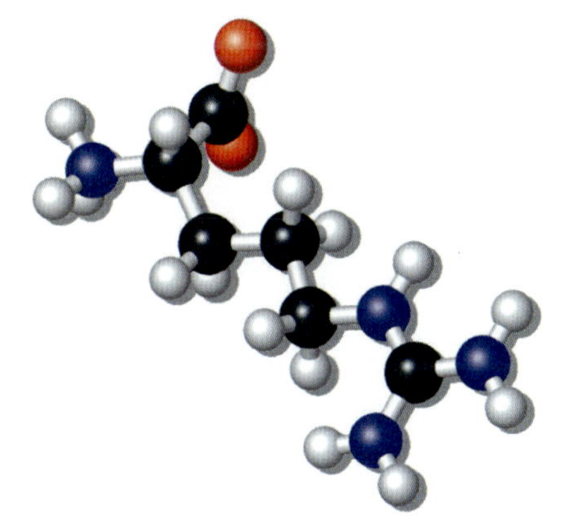

5 효소의 특성 136

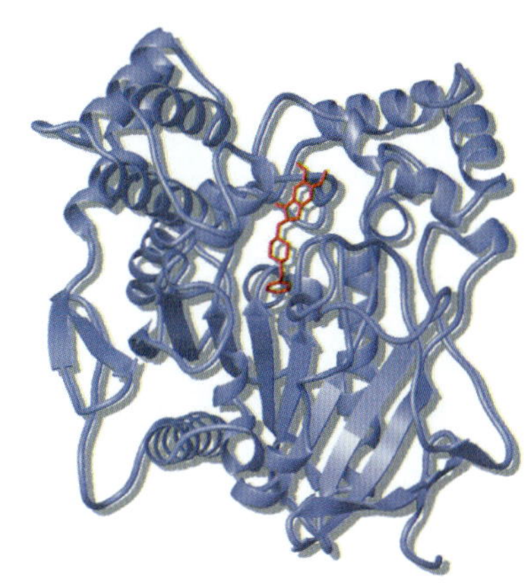

6 효소들의 반응 메커니즘 165

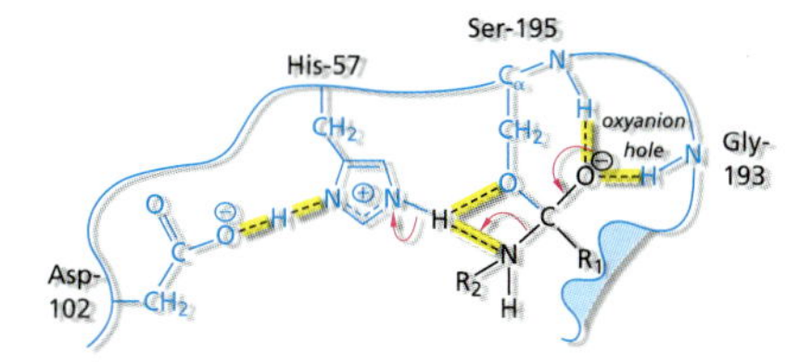

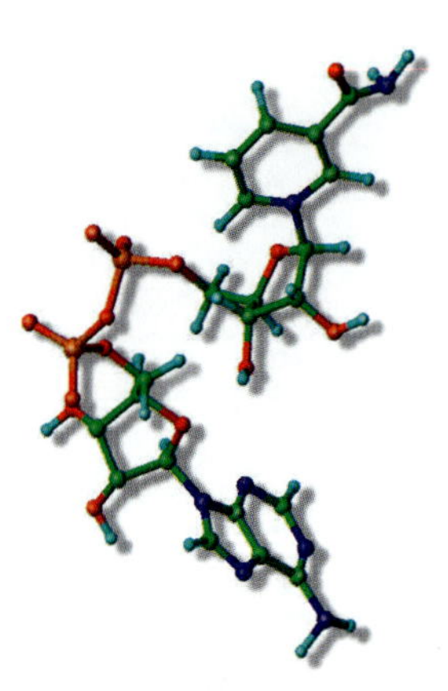

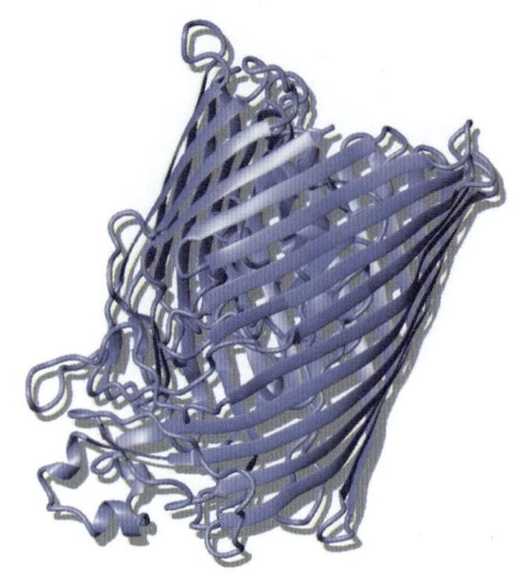

BRANDY
VSOP
Budweiser

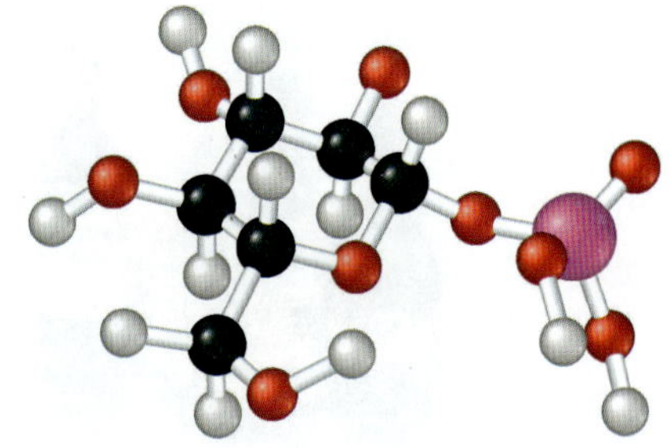

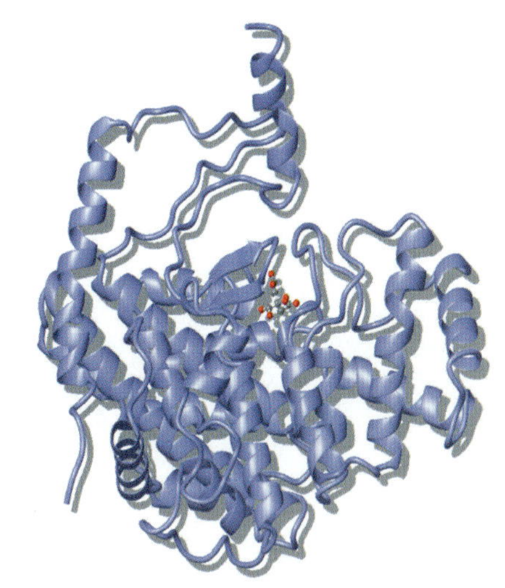

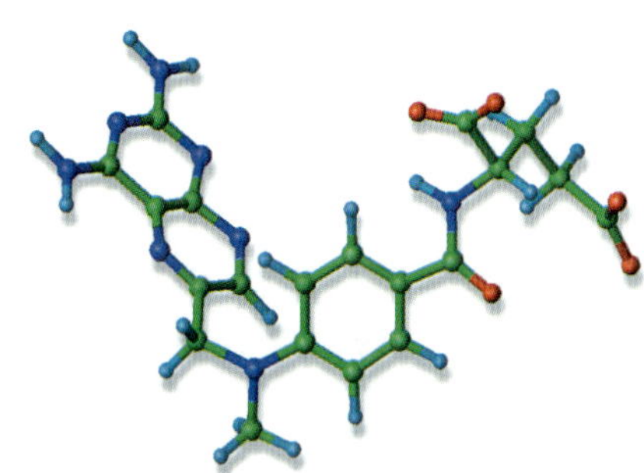

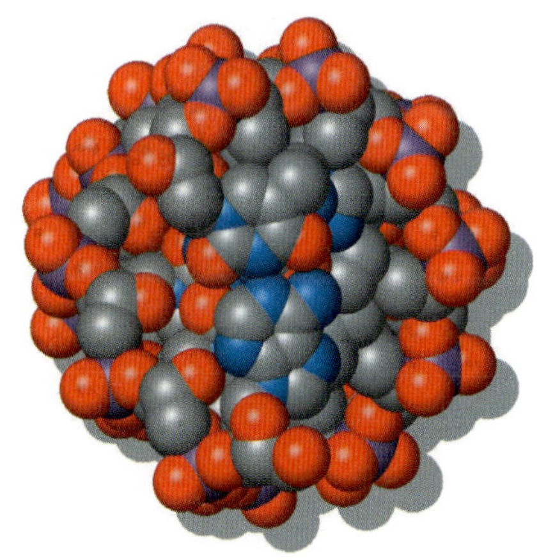

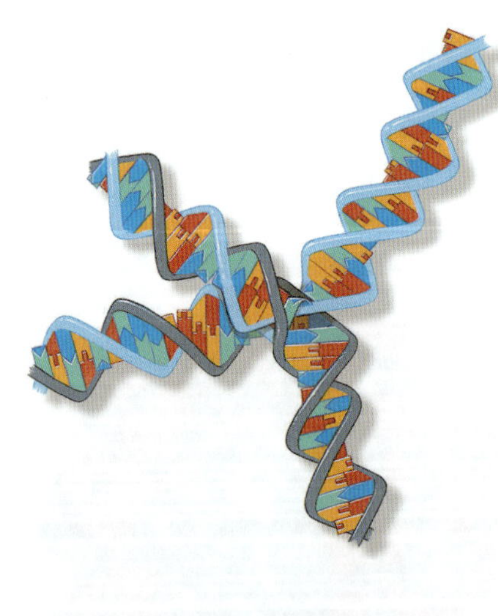

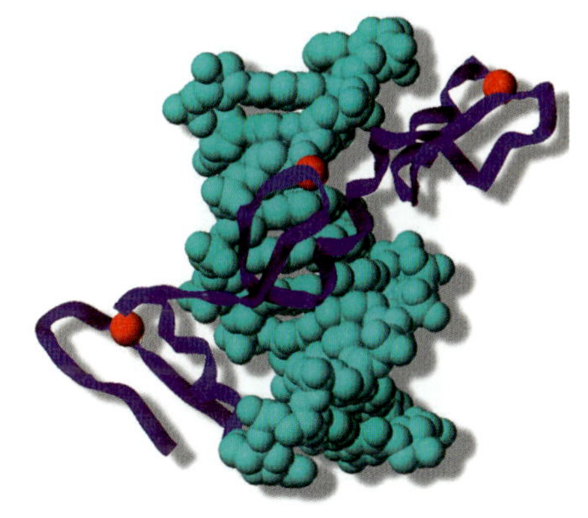

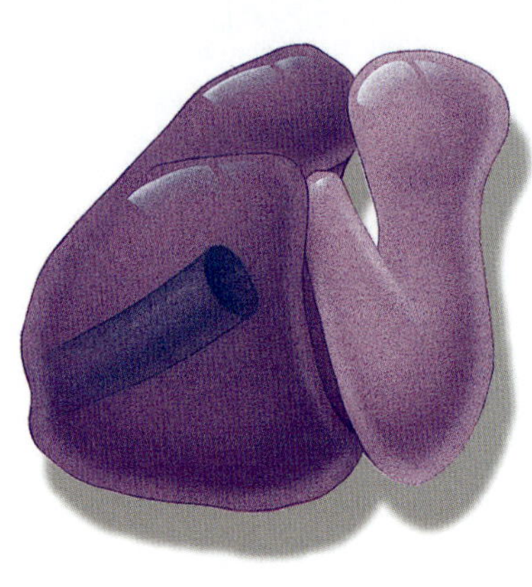

22 단백질 합성 684

역자의 글

필자는 생명현상은 외우는 것이 아니라 이해해야 하는 것이라고 가르쳐 왔습니다. 그러나 대학에서 생화학이라는 과목을 20년 이상 가르치다 보니, 생명과학 분야에서 생화학은 매우 중요한 과목이지만 학생들은 암기가 많은 매우 부담스럽고 어려운 과목으로만 생각한다는 사실을 알게 되었습니다. 어떻게 하면 보다 쉽고 재미있게 이 과목을 이해시키고 가르칠 수 있을지 고민하던 중 "*Principle of Biochemistry*"라는 책을 접하게 되었습니다. 그리고 이 책이 이런 고민을 해결해 줄 수 있을 것이라 생각하고 우리말로 "생화학의 원리"로 명명하면서 번역 작업을 시작하게 되었습니다.

이 책은 쉽게 쓰여져 있으며, 기본적인 원리와 잘 선별된 많은 예들을 이용해 개념을 쉽게 이해시키는 데 확고한 목적이 있다는 것이 장점입니다. 따라서 학생들을 교육하기에 매우 좋은 책이라고 생각하여, 이 분야의 전문가 여러분을 모시고 번역 작업을 시작하게 되었습니다. 외래어의 발음은 가급적 원어의 발음에 가깝게 표기하려고 노력하였습니다. 저희는 이 책이 생화학을 '생화악'으로 생각하고 어려워 하는 학생들에게 매우 유익하고 쉬운 책인 동시에 이 분야를 전체적으로 이해할 수 있는 매우 좋은 교과서라고 자신있게 추천합니다. 이 책으로 공부하여 훌륭한 학자 및 연구자 또한 이 분야 전문가들이 나온다면 대단한 자부심이 될 것 같습니다.

이 책이 나오기까지 바쁜 시간을 내어 번역에 참여하여 주신 집필진 이외에도, 책이 나오는데 실질적인 노력을 많이 기울여준 김용중, 박용준, 김세웅, 정유진, 박영광, 김은호, 양희웅, 공은빈 박사 및 박사과정 후학들에게 고마운 마음을 전합니다.

2015년 8월

대표역자 김 준

역자 소개

대표역자

김 준 고려대 생명과학부 / joonkim@korea.ac.kr

김우택 연세대 시스템생물학과 / wtkim@yonsei.ac.kr

김학동 (주)하임바이오 / kste99@yahoo.co.kr

백승렬 서울대 화학생물공학부 / srpaik@snu.ac.kr

윤부현 부산대 생명과학과 / bhyoun72@pusan.ac.kr

이명철 충남대 생물과학과 / mrhee@cnu.ac.kr

이재영 목포대 생명과학과 / jaeyunglee@mokpo.ac.kr

장창영 숙명여대 약학부 / cyjang@sookmyung.ac.kr

정선호 건국대 생명특성화대학 시스템생명공학전공 / shjung@konkuk.ac.kr

하주헌 경희의대 생화학분자생물학교실 / hajh@khu.ac.kr

(가나다 순)

학생들에게

분자 수준에서 생명에 대하여 연구하는 학문인 생화학의 세계에 오신 것을 환영합니다. 이 흥미롭고 역동적인 과목을 탐험하면서 여러분은 새롭고 놀라운 많은 것들을 발견하게 될 것입니다. 여러분은 효소가 어떻게 화학 반응(효소가 없다면 분간할 수 없을 정도로 천천히 일어나는)의 속도를 이론적인 최대치까지 높이게 되는지에 대해서 배울 것입니다. 그리고 생체 분자들이 구조를 유지하도록 하는 원동력과 이들 중 가장 작은 힘들이 어떻게 생명을 유지하게 하는지에 대해서도 배울 것입니다. 또한 여러분은 의료, 약물 설계, 영양, 법의학, 농업, 제조업 등에서 생화학이 어떻게 수많은 방법으로 적용되는지에 대해서도 배우게 될 것입니다. 요약하자면, 여러분은 생화학이 어떻게 생명을 유지하게 하며 더 낫게 만드는지에 대해 발견하는 탐험을 시작하게 될 것입니다.

시작하기에 앞서, 도움이 될 만한 충고를 드리겠습니다:

그저 사실을 외우지 말고, 원리를 이해하십시오

이 책에서 우리는 생화학의 가장 중요한 원리들을 찾기 위해 노력할 것입니다. 생화학 분야의 기본 지식은 계속해서 팽창하고 있습니다. 따라서 그것들을 이해하기 위해 이 학문의 기본적인 주제를 완벽히 파악해야 합니다. 이 책은 여러분이 습득하고 있는 생물학적, 화학적 토대에 대해 더욱 상세히 이야기해주며 생화학적 뼈대를 기반으로 앞으로 만나게 될 새로운 현상들을 쉽게 이해할 수 있도록 구성되어 있습니다.

새로운 용어에 대해 배울 준비를 하십시오

생화학적인 사실을 이해하려면 생화학 용어를 배우는 것이 필요합니다. 여기에는 수많은 주요 분자들의 화학적 구조들도 포함됩니다. 이러한 분자들은 구조와 기능에 따라 여러 집단으로 구분됩니다. 여러분은 또한 각각의 집단을 어떻게 구별하는지와, 어떻게 작은 분자들이 결합하여 단백질이나 핵산과 같은 거대분자를 형성하는지에 대해서도 배우게 될 것입니다.

여러분이 이해한 것들을 점검하십시오

생화학의 진정한 숙달은 여러분의 지식을 어떻게 응용하는지와 어떻게 문제를 해결하는가에 달려 있습니다. 각 단원 끝에는 핵심적인 원리들에 대한 여러분의 이해를 점검하기 위해 세심히 뽑은 문제들이 있습니다. 이러한 문제들 중 다수는 실제 생화학적인 수수께끼의 맥락을 포함한 문제들을 제시하는 작은 연구사례들입니다.

3D로 상상하는 것을 배우십시오

생화학 물질들은 3차원 구조를 가지고 있습니다. 분자 수준에서 생화학 반응이 어떻게 일어나는지를 이해하기 위해서 여러분은 삼차원에서 어떤 일이 일어나는지를 볼 수 있어야 합니다. 우리는 3차원 구조를 보여주기 위해 다양한 방식으로 분자들의 구조를 제시할 것입니다.

피드백

마지막으로, 여러분이 이 책에서 어떤 오류나 누락이라도 접하게 된다면 우리에게 알려 주십시오. 이 책의 다음 개정판에서 보기 원하는 것도 말해 주십시오. 여러분의 도움은 우리가 이 일을 지속해 나가는 데 매우 유용할 것입니다. 행운을 빕니다. 즐기십시오!

서문

우리에게는 생화학의 주제들을 제시하기 위한 범위의 폭이 넓고 방법이 다양하게 주어졌습니다. 따라서 우리는 최대한 많은 유연성과 조직성을 확보하기 위해 이 책을 가능한 한 개별 단위로 나누려고 노력했습니다. 각각의 큰 주제는 그 부분에 속해 있습니다. 반응 메커니즘들은 종종 주요 맥락으로부터 분리되어서 그 정도의 상세한 수준까지 원하지 않는 사람들은 그냥 지나칠 수 있습니다. 이 책은 광범위하게 상호 참조되어서 여러분이 단원들을 재편성하기 쉬울 것입니다. 또한 학생들이 다양한 주제들 사이의 연관성에 대해 이해하거나 더 높은 수준으로 깊이 공부하기에도 좋습니다.

우리는 생화학을 처음 접하는 학생들이 비판적으로 생각하며 과학적인 지식을 올바로 인식하도록 이 책을 명쾌하게 구성했습니다. 첫 번째와 두 번째 파트에는 학생들이 이해하기 쉽도록 단지 신진대사나 유전적 프로세스의 역학을 외우는 것이 아니라 화학적 지식에 대한 단단한 기초를 제시했습니다. 여기서는 학생들은 일반화학과 유기화학을 선수하여 카복실산과 아민, 알코올과 알데하이드에 대한 유기화학적 기초지식을 습득했으리라 가정합니다. 그렇지만 주요한 작용기들과 몇몇 생화학물질의 화학적 성질들은 그들의 구조와 기능과 더불어 상세히 설명될 것입니다.

우리는 또한 학생들이 이미 일반생물학 과목을 이수하여 진화, 세포생물학, 유전학, 그리고 지구상의 수많은 생명체의 다양성에 대해 공부했으리라고 생각합니다. 물론, 필요하다면 이러한 이런 내용들을 생각할 수 있도록 간략히 언급할 것입니다.

이번 개정판에서 새로워진 것

네 번의 개정판을 통해 받았던 모든 조언에 감사드립니다. 이번 다섯 번째 개정판에서 여러분은 아래와 같이 개선된 것을 확인할 수 있을 것입니다.

- **핵심개념** 학생들이 꼭 알아야만 하는 주요 개념과 원리들을 강조하기 위해 책의 양쪽 여백을 활용하고 있습니다.
- **글상자(Box)**는 이번 다섯 번째 개정판에서 절반 정도 새로운 내용으로 갱신되고 확장되었습니다. 이런 글상자를 통해 몇몇 주제들을 자세하게 설명하거나, 특정 원리의 사례들을 소개하고, 과학에 대한 학생들의 호기심을 자극하며, 임상적인 타당성을 설명하기 위해서 사용했습니다. 또한 글상자를 이용하여 생화학을 잘못 이해하거나 잘못 적용하는 것에 대해서 학생들에게 경고하기도 했습니다. 혈장과 바닷물, 아미노산 이성질화와 화석연대측정, 배아와 태아의 헤모글로빈, 깨끗한 옷, 완벽한 효소, 슈퍼 마우스, 터무니없는 실수, 멘델의 씨앗색의 돌연변이, 지구대기의 산소공해, 엑스트라버전 올리브 오일, 없어진 바이타민, 끄는 DNA 등의 많은 것들을 포함하고 있습니다.
- 초기 원시생명체에 대한 설명(the Web of life), 단백질간의 상호작용에 대한 강조, 선천적으로 장애가 있는 단백질에 대한 부분들, 깁스 자유에너지와 반응속도의 차이에 대한 더 좋은 기술 등이 포함된 새로운 자료들이 전반적으로 추가되었습니다. 재조합 DNA 기술에 대한 마지막 단원이 없어진 대신 그 내용들을 앞쪽 단원에 끼어 넣었습니다. 여러 가지 새로운 단백질들의 구조에 대한 설명을 추가했으며, 이를 두 가지 커다란 주제에 맞

추어 끼워 넣었습니다: 구조-기능과 다효소복합체. 이러한 것의 가장 훌륭한 예는 16장의 지방산 신테이즈입니다.

최근에 새로 발견된 사실에 의해 그 반응과 메커니즘들에 대한 우리의 관점이 변화되었기 때문에 몇몇 새로운 자료들이 필요했습니다. 예를 들어, 이제는 우리도 알고 있는 사실이지만, 요산의 이화작용에 대한 이전 판의 내용은 잘못 되었습니다. 올바른 경로는 그림 18.23에 나와 있습니다.

이전 네 번의 개정판에서 확립되어 왔던 기본적인 개념과 원리를 지지하거나 확장시키지 않는 부가적인 세부사항은 추가시키지 않았습니다. 유사하게, 이전 판의 내용을 다루지 않는 새로운 개념을 실증하지 않는다면 새로운 주제를 소개하지 않았습니다. 우리의 목표는 이 책의 초점을 학생들이 반드시 알아야 하는 기초에 맞추는 것과, 학생들을 주된 교육상의 목적에서 주의를 딴 데로 돌리는 연관성이 없는 지식의 백과사전으로 빠져드는 것을 방지하는 것입니다.

- 각 단원 뒤에 나오는 **참고문헌**에는 최신 문헌을 반영하였으며, 필요한 곳은 갱신하고 확장했습니다. 120여 개가 넘는 새로운 참고문헌을 추가했으며 더 이상 적절하지 않은 많은 것들을 삭제했습니다. 비록 우리가 늘 교육학적 문헌에 대한 참고문헌을 포함하고는 있지만, 이러한 유형의 참고문헌 중 추가해야 할 것이 있다면 주지시켜 주십시오. 학생들은 이제 이러한 논문들에 쉽게 접근할 수 있으며 그것들은 종종 전문적인 과학 논문들에 비해서 더욱 유익할 것입니다.
- **그림**은 좋은 교과서의 중요한 요소입니다. 이 책의 그림들은 본문의 개념을 잘 설명하는 새로운 사진들과 더불어 광범위하게 개정되어 왔습니다. 즉, 새롭게 갱신된 리본 그림과 개선된 수많은 그림들입니다. 많은 새로운 사진들은 학생들의 주의를 끌어들이고 유지하게 하기 위하여 도안되었습니다. 이를 통해 기억 향상에 강력한 도움을 주게 될 것이며 그 중 일부는 다른 책에서는 찾아볼 수 없는 방법으로 학습내용을 쉽게 이해시켜 줄 것입니다. 이 책의 가장 큰 특징인 엄밀함과 정확성은 전판들과 마찬가지로 그대로 유지하면서도, 학생들의 관심을 보다 많이 끌어내기 위해 이 책의 디자인적 요소들은 많이 개선이 이루어졌습니다.

원리들로의 집중

본질적으로 두 가지 종류의 생화학 교과서가 있습니다. 참조를 위한 교과서와 교육을 위한 교과서입니다. 한 가지 책으로 두 가지 목적을 모두 달성하는 것은 숲을 가로지르는 여행을 시작하여 어려움을 겪는 초보자에게, 전문가들만이 알 수 있는 특정한 덤불을 찾는 것만큼이나 어려운 일입니다. 이 책은 분명 교육을 위한 책입니다. 이것은 학생들의 이해를 돕기 위해 만들어진 책이지 생화학 백과사전이 아닙니다. 이 책은 학생들에게 기본적인 원리와 잘 선별된 사례들로 지지되는 개념을 가르치는 데 확고한 목적을 두고 있습니다.

이러한 목적 때문에 이 책은 특정 단원이나 부분을 뛰어넘지 않는 한두 학기 과정으로 다루어야 합니다. 그러나 만약 다른 과목에서 다루지 않는 생화학의 특정한 관점을 다루고자 한다면 한 학기 과정으로도 가능할 수 있습니다. 강사들은 설명되어 있는 중심 원리나 개념을 전적으로 신뢰하셔도 좋습니다.

화학으로의 집중

이 책을 처음 쓸 때, 우리는 강조하고 싶은 원리들을 화학 용어를 사용하여 설명하는 데에 시간을 들이자고 결정했었습니다. 사실 이러한 원리들 중 하나는 생명체가 물리학과 화학의 근본적인 법칙을 따른다는 사실을 학생들에게 보여주는 것입니다. 그 목적을 달성하기 위하여 이 책은 학생들에게 왜 그리고 어떻게 일어나는가를 설명하는 메커니즘들을 포함한 대부분의 생화학 반응들에 대한 화학적 설명을 제공하고 있습니다.

특히 많은 상황에서 중요하게 여겨지는 반응인 산화-환원에 대한 우리의 설명을 자랑스러워하고 있습니다. 우리는 전자의 이동을 앞쪽 단원에서 묘사하고, 10장에서 환원력에 대해서 설명하며, 이러한 이해를 바탕으로 14장에서 화학삼투이론과 양성자구동력에 대해 가르치고 있습니다(전자전달계와 ATP 합성). 이 개념은 광합성 단원에서 더욱 보강될 것입니다.

생명과학으로의 집중

화학을 강조하는 동시에 우리는 생화학 분야의 생명과학에도 역시 중점을 두었습니다. 우리는 생화학 체계가 적응해 왔으며 몇몇 종에서 일어나는 생화학 반응들이 더 큰 주제에서의 변형이라는 사실을 지적하였습니다. 이번 개정판에서는 종종 일어나는 반응에 기초를 둔 모든 생물에 대한 일반화를 피하면서 원핵생물과 진핵생물 사이의 유사성을 더욱 강조했습니다.

생화학을 가르치는 데 있어서 계통분류학적인 또는 비교를 통한 접근은 기본적인 개념에 대한 흥미에 초점을 맞추고 있습니다. 이러한 접근은 종종 단순하고 기본적인 원리나 반응 경로, 또는 메커니즘들과 함께 시작됩니다. 이러한 것들은 박테리아에서 발견되는 경로이기도 합니다. 수업이 진행될수록, 또 다른 종에서 관찰되는 복잡성의 증가가 설명될 것입니다. 단원의 마지막에서 우리는 인간과 같은 복잡한 다세포 생명체에서 찾을 수 있는 메커니즘의 독특한 특성을 설명해 드릴 것입니다.

우리의 이러한 접근은 다른 교과서와는 구별되는 추가적인 변화를 수반하고 있습니다. 지질 대사나 단백질 대사, 뉴클레오타이드 대사와 같은 새로운 단원을 소개할 때 대부분의 다른 교과서들은 이런 분자들을 인간의 잠재적 음식으로 다루면서 시작합니다. 그러나 이 책은 생화학적인 경로로부터 소개를 시작합니다. 왜냐하면 그 분자들은 모든 유기체들에 근본적인 것들이기 때문입니다. 그리고 분해 경로를 묘사하고, 어떻게 그것들이 연료 대사와 연관되어 있는지를 설명하면서 끝마칩니다. 이 생합성은 포도당신생성에 앞선 해당과정에서부터 설명하는 탄수화물을 제외한 세포 내의 모든 주요 구성 성분(단백질, 뉴클레오타이드, 핵산, 지질, 그리고 아미노산)에서 적용됩니다.

이는 DNA 합성, 전사, 번역을 가르칠 때 늘 사용해왔던 방법입니다. 이 책에서 우리는 이러한 성공적인 전략을 생화학 분야의 다른 주제로까지 확대시켰습니다. 광합성에 대한 단원이 어떻게 실제적으로 이를 적용했는가에 대한 훌륭한 사례입니다.

몇몇 경우에서 진화가설에 대한 강조는 이렇게 복잡한 시스템이 어떻게 존재하게 되었는지에 대한 엄청난 감탄을 불러일으킬 수도 있습니다. 시트르산 회로를 하나의 사례로 들 수 있습니다. 학생들은 그 회로가 기능할 수 있기 전에도 그 과정에 포함된 모든 부분들이 필요했기 때문에 그러한 과정이 진화의 산물이 아니라는 이야기를 종종 듣게 될 것입니다. 우리는 13.9절에서 어떻게 그 경로가 단계별로 발전되었는지에 대해서 설명할 것입니다.

정확성으로의 집중

우리는 이 책이 과학적으로 가장 정확한 생화학 교과서라는 사실에 대해서 굉장한 자부심을 가지고 있습니다. 이 책의 자료가 정확하며, 기본 개념에 대한 설명이 현대의 활발한 연구자들의 결론과 합의에 부합하고 있음을 확인하기 위해 최선을 다했습니다. 이런 일들이 가능했던 것은 검토자들과 편집자들의 헌신 덕분입니다.

IUPAC/IUBMB 데이터베이스를 통해 반응과 명명법을 모두 확인하였습니다. 정확한 산물과 반응물들로 인한 평형 반응과, 정확한 화학물질들의 명칭이 그 결과입니다. 예를 들어, 이 책은 모든 시트르산 회로의 반응을 정확하게 보여주는 소수의 책들 중 하나입니다. 이 책의 이전 판들은 항상 Biochemical Howlers website [**bip.cnrs-mrs.fr/bip10/howler.htm**]에서 높은 점수를 받아 왔습니다. 우리는 이번 판 역시도 완벽한 점수를 받을 것이라고 확신합니다!

대부분의 반응이 평형에 가까워지는($\Delta G = 0$) 항정상태에서의 깁스 자유에너지 변화와 같은 어려운 개념들을 정확하게 설명하기 위하여 많은 시간을 투자하고 노력하였습니다. 우리는 분자생물학의 중심 원리에 대해서 정확한 정의를 제시하였습니다. 또한 생명체 분류의 "세 영역 가설"이나 라이소자임의 메커니즘과 같이 과학적으로 논란이 되는 분야에 대해서도 피하지 않았습니다.

구조-기능에 대한 집중

생화학은 일종의 3차원 과학입니다. 우리는 분자 구조와 기능을 명확하게 하며 구조와 기능 사이의 관계를 학생들에게 이해시키기 위한 목적으로 최신 컴퓨터 사진들을 포함시켰습니다. 단백질 사진들 중 다수는 이번 판에 새로 추가된 것입니다; 이들 대부분은 앨버타 대학교의 Jonathan Parrish에 의해 전문적으로 촬영된 것입니다.

단백질/효소의 구조에 대한 강조는 생화학 분야에서 가장 중요한 개념 중 하나인 구조-기능 주제에 있어 주요한 부분입니다. 이번 판에서 우리는 이 관계를 강조하며 우리가 이제껏 해왔던 것보다 이를 더욱 확장시키는 자료들을 추가했습니다. Q-회로처럼 세포 내에서 가장 중요한 반응들은 그들을 촉매하는 효소들의 구조에 대한 올바른 이해 없이는 결코 이해할 수 없습니다. 마찬가지로, 이중가닥 DNA의 성질에 대한 이해는 어떻게 그것이 생물학적 정보의 보고로 기능하는지에 대해 이해하는 데 필수적입니다.

시각 자료의 특징 살펴보기

글상자(BOX)

생화학은 의학, 법의학, 생명공학, 생물공학을 포함한 많은 관련된 과학들의 뿌리입니다. 이와 관련된 많은 흥미로운 이야기들이 있습니다. 본문을 통해 다른 주제에 연관 있는 생화학에 대한 글상자를 찾을 수 있을 것입니다. 이들 몇몇은 재미도 있으면서 해당 주제와 연관시켜 학생들에게 도움을 줄 것입니다.

BOX 8.1 고양이의 문제점

당은 단맛을 낸다는 특징이 있다. 우리는 수크로스의 맛을 확실히 알고 있으며 프럭토스와 락토스 역시 단맛이 난다는 것을 알고 있다. 다른 당과 그들의 유도체도 마찬가지이긴 하지만 우리는 생화학 연구실에 가서 모든 선반 위의 하얀 플라스틱 병에 담긴 탄수화물을 맛보라고 추천하지 않는다. 단맛은 물질의 물리적 특성이 아니다.

이는 화학물과 입안의 미각수용체 간의 각각의 상호작용이다. 미각 수용체에는 다섯 종류가 있다. 단맛, 신맛, 짠맛, 쓴맛, 감칠맛[감칠맛은 글루탐산모노나트륨(monosodium glutamate)의 글루탐산(glutamate)의 맛과 같다]. 단맛을 유도하기 위해서는 수크로스 같은 분자가 수용체와 결합하여 실제로 뇌가 인식하도록 반응을 개시하여야 한다. 수크로스는 중간 강도의 반응을 이끌어내며 표준 단맛으로 쓰인다. 프럭토스에 대한 반응의 수크로스의 거의 두 배에 달하는 강도이고 락토스는 수크로스의 단맛에 1/5에 미치는 반응을 보인다. 사카린(Sweet'N Low®), 수크랄로스(Splenda®), 아스파탐(NutraSweet®)과 같은 인공감미료는 단맛 수용체에 결합하여 엄청난 단맛을 일으킨다.

이것들은 수크로스의 수백 배에 달하는 단맛을 가지고 있다. 단맛 수용체는 *Tas1r2*와 *Tas1r3*라 불리는 두 가지 유전자에 의해 전달된다. 수크로스와 합성감미료의 경우와 같이 다른 두 분자가 어떻게 단맛을 이끌어 내는 것일까?

사자, 호랑이 치타 등과 같은 고양이과는 *Tas1r2* 기능을 하는 유전자가 없다. 이는 엑손 3에서 247 bp가 삭제됨으로 인해 모조 유전자(pseudogene)로 변형된다. 그러므로 당신의 애완 고양이는 단맛을 거의 경험할 수 없을 것이다. 이것이 고양이에 대해 많은 설명을 해준다.

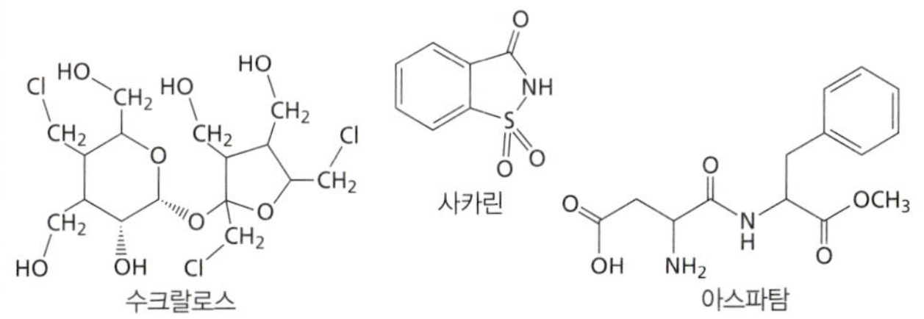

▲ **고양이는 육식동물이다.** 고양이는 단맛을 느끼지 못할 것이다.

핵심개념

각 개념에서 중요한 정보를 학생들에게 안내를 돕기 위해 핵심개념이 강조되어 여백에 제공됩니다.

핵심개념

표준 깁스 자유에너지 변화($\Delta G°'$)는 모든 생성물과 반응물의 농도가 1 M일 때, 반응의 방향을 말해준다. 이 상태들은 절대 살아 있는 세포 내에서 일어나지 않는다. 생화학자들은 오직 보통 0에 가까운 실제 깁스 자유에너지 변화(ΔG)에만 관심이 있다. 표준 깁스 자유에너지 변화($\Delta G°'$)는 반응이 평형상태에 도달했을 때, 반응물과 생성물의 농도 사이의 관계를 말해준다.

화학에 대한 완벽한 설명

전형적인 생물체에는 수천 가지의 대사 반응이 있습니다. 그것들을 모두 기억하려 시도하지만 결국 잊어버릴 것입니다. 게다가 기억은 이전에 보지 못한 것들을 접할 때 도움을 주지 않습니다. 이 책에서는 효소-촉매 반응의 기본적인 메커니즘을 보여줄 것입니다. 이 메커니즘들을 이해한다면, 화학을 이해할 수 있습니다. 그러면 덜 암기하여도 되고, 더 효율적으로 정보를 유지할 수 있습니다.

여백 노트

생화학에 많은 세부내용들이 있지만, 숲과 나무 둘 다를 보기 바랍니다. 이 책의 앞에서 논의된 것이나 나중에 다시 볼 것들에 대한 상호 참조가 필요할 때, 이들 책 여백에 표시해 두었습니다. 이를 통해 이전 내용에 대한 참조들은 잊어버렸던 개념들에 대해 검토를 제공할 것이며 앞 내용에 대한 참조들은 큰 그림을 보게 도울 것입니다.

정보의 정상적인 흐름과 분자 생물학의 중심원리의 차이는 1.1절과 21장의 서론에 설명되어 있다.

그림

생화학은 일종의 3차원 과학이므로, 이 책은 추상적 개념 및 눈에 보이지 않는 작은 분자들을 시각화하는 데 중점을 두었습니다. 뿐만 아니라 그림들이 유용한 정보도 제공하면서 보기에도 아름다울 수 있도록 노력하였습니다.

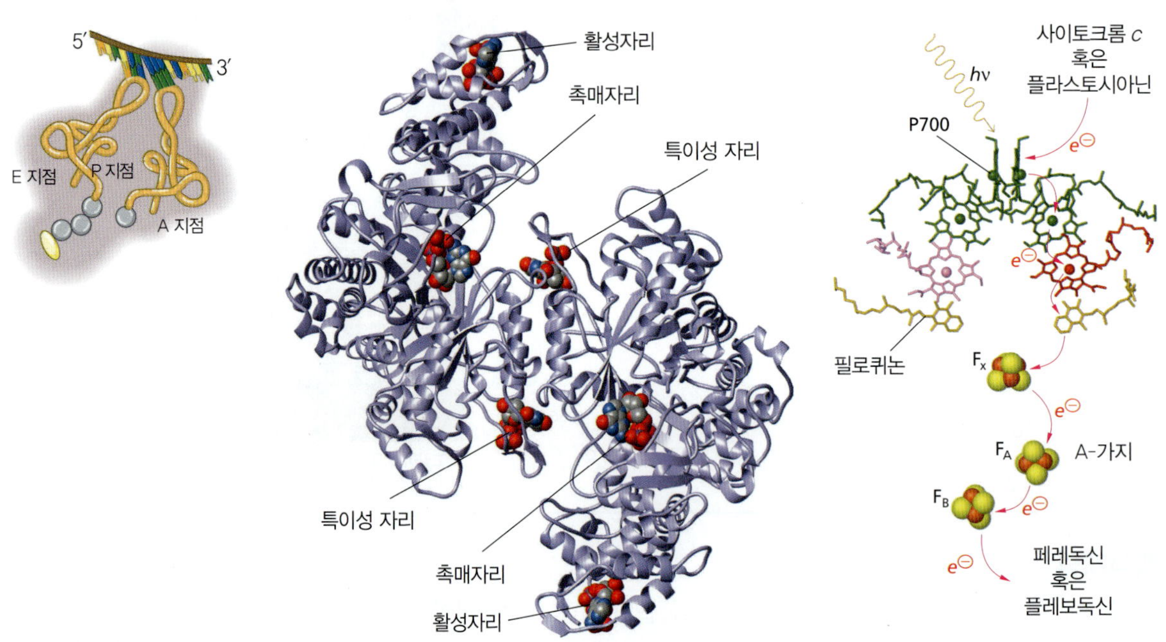

보기 문제

보기 문제는 필요한 계산을 설명하고 문제 해결 모델을 제공하기 위해 본문 전체에 걸쳐 제공됩니다.

보기 문제 10.2 깁스 자유에너지 변화

Q: 쥐의 간세포에서 ATP, ADP, P_i의 농도가 각각 3.4 mM, 1.3 mM과 4.8 mM이다. 세포에서 ATP 가수분해의 깁스자유에너지의 변화를 계산하여라. 어떻게 이를 표준 자유에너지의 변화와 비교할 수 있을까?

A: 실제 깁스 자유에너지의 변화는 식 10.10을 통해서 계산된다.

$$\Delta G_{\text{반응}} = \Delta G^{\circ\prime}_{\text{반응}} + RT \ln \frac{[ADP][P_i]}{[ATP]} = \Delta G^{\circ}_{\text{반응}} + 2.303\, RT \log \frac{[ADP][P_i]}{[ATP]}$$

주어진 단위와 상수는 pH 7.0과 25°C 상태의 값이라 가정한다.

$$\Delta G = -32000 \text{ J mol}^{-1} + (8.31 \text{ JK}^{-1}\text{mol}^{-1})(298 \text{ K})\left[2.303 \log \frac{(1.3 \times 10\ \ )(4.8 \times 10\ \ )}{(3.4 \times 10^{-3})}\right]$$

$$\Delta G = -32000 \text{ J mol}^{-1} + (2480 \text{ J mol}^{-1})[2.303\ \log(1.8 \times 10^{-3})]$$

$$\Delta G = -32000 \text{ J mol}^{-1} - 16000 \text{ J mol}^{-1}$$

$$\Delta G = -48000 \text{ J mol}^{-1} = -48 \text{ kJ mol}^{-1}$$

실제 자유에너지의 변화량은 표준 자유에너지의 변화량에 대해 약 $1^1/_2$배 정도이다.

구성 체계

이 책에서는 물질 대사를 먼저 설명하는 방식을 채택하였습니다. 이것은 단백질과 효소로 시작한 후에 탄수화물과 지방을 설명함을 의미합니다. 그 다음 중간 대사와 생체에너지에 대한 설명으로 이어집니다. 핵산의 구조는 뉴클레오타이드 대사 단원 다음에 나오며 정보 흐름 단원은 책의 뒷부분에 있습니다.

이 순서로 과목을 가르치는 것에 중요한 이점이 있는 반면에, 우리는 몇몇 강사들이 뒷부분에 있는 정보 흐름 단원을 먼저 가르치기를 선호한다는 것을 알고 있습니다. 우리는 핵산, DNA 복제, 전사, 번역 등 마지막 네 단원을 이전 단원들에 독립적이게 만들려 노력했지만, 4,5,6장의 효소와는 의존적일 수밖에 없었습니다. 강사들은 원한다면 뒤쪽의 네 단원을 효소에 대한 설명 후에 소개하도록 선택할 수 있습니다.

이 책은 대부분의 다른 생화학 책들과 다르게 조효소에 대한 단원이 있습니다. 우리는 조효소들(과 바이타민들)의 역할을 더 강조하는 것이 중요하다고 생각하며, 이것이 효소에 대한 두 단원 바로 뒤에 이 단원을 둔 이유입니다. 우리는 대부분의 강사들이 다른 곳에서 이런 조효소의 특정 예가 나올 때마다 각각의 해당 조효소에 대해 설명하기를 선호한다는 것을 알고 있습니다. 우리도 그렇습니다. 이 책의 구성 체계는 강사들이 무언가를 원하는 시점에서 7장으로 돌아와 다시 참조할 수 있습니다.

저자에 대해

Laurence A. Moran

1974년 프린스턴 대학교에서 Ph.D.를 받은 뒤, Moran 교수는 스위스 제네바 대학교에서 4년을 있었다. 그는 1978년부터 토론토 대학교에서 생화학 학부의 구성원이 되어 분자생물학과 분자진화를 전공하였다. 그의 연구는 많은 학술 저널에 출간된 열충격유전자에 대한 발견들이다. (l.moran@utoronto.ca)

H. Robert Horton

1962년 미소우리 대학교에서 Ph.D.를 받은 Horton 박사는 그가 30년 이상을 재직했던 북 캐롤라이나주 대학교에서 생화학부의 졸업생 선정 명예교수와 William Neal Reynolds 명예교수이다. Horton 교수의 대부분의 연구는 단백질과 효소 메커니즘에 관한 것이다.

K. Gray Scrimgeour

Scrimgeour 교수는 1961년 워싱턴 대학교에서 박사학위를 받은 뒤, 30년 이상을 토론토 대학교에 있었다. 그는 *The Chemistry and Control of Enzymatic Reactions*(1977, Academic Press)의 저자이며, 효소 시스템에 대한 그의 연구는 지난 40년간 50개 이상의 전문 저널에 출간되었다. 1984년부터 1992년까지 그는 *Biochemistry and Cell Biology* 저널의 편집자였다. (gray@scrimgeour.ca)

Marc D. Perry

1988년 토론토 대학교에서 Ph.D.를 받은 뒤, Perry 박사는 선충 *C. elegans*의 성별 결정에 대한 연구를 콜로라도 대학교에서 하였다. 그는 1994년에 토론토 대학교의 분자 및 의학 유전학 학부로 돌아왔다. 그의 연구분야는 발달 유전학, 감수분열, 생물정보학이다. 2008년 그는 암 연구를 위해 온타리오 교육원에 참여하였다. (marc.perry@utoronto.ca)

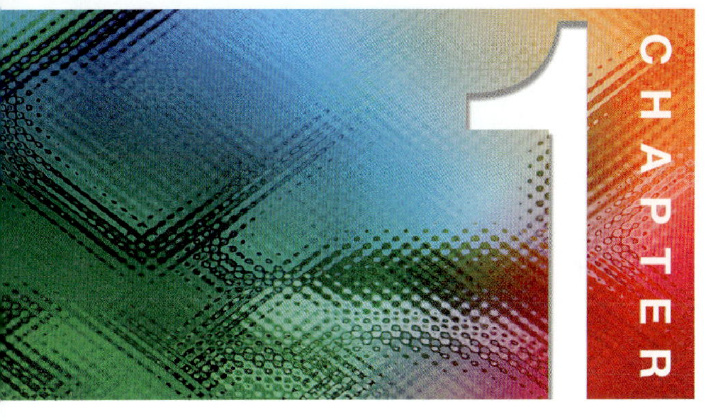

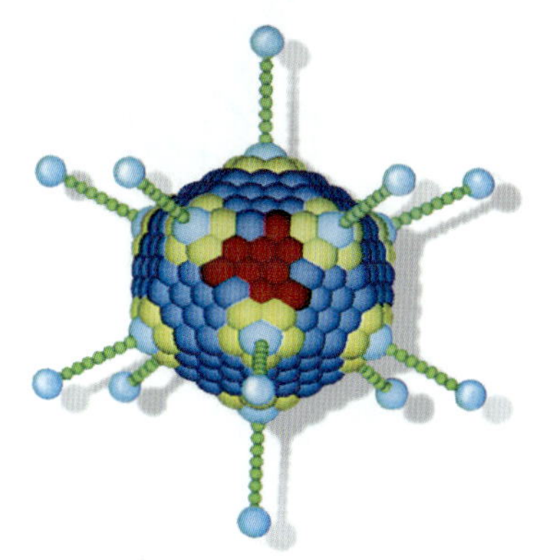

생화학 소개

대장균에서 진실로 밝혀진 것은 코끼리에서도 반드시 진실이어야만 한다.

—자크 모노(JacJacques Monod)

생화학은 생물학을 설명하기 위해 화학의 원리와 언어를 사용하는 분야다. 지난 100년 동안, 생화학자들은 박테리아, 식물, 인간과 같은 거리가 먼 생물체에서 같은 화합물과 같은 핵심 대사과정이 존재함을 발견하였다. 생화학의 기본 원칙은 모든 살아 있는 유기체에서 공통되는 것으로 알려졌다. 일반적으로 과학자들은 특정 생물에 대한 자신의 연구에 노력을 집중하지만, 그 결과는 여러 다른 종에 적용할 수 있다.

우리는 이 책에서 대부분의 종에 공통되는 생화학의 가장 중요하고 핵심적인 원리에 초점을 맞출 것이기 때문에 이 책을 '생화학의 원리'로 명명하였다. 적절한 경우, 유기체의 특정 그룹을 구별하여 특징을 표기할 것이다.

많은 학생과 연구원들은 주로 인간의 생화학에 관심이 있다. 예를 들어 질병의 원인과 적절한 영양의 중요성 등은, 생화학 분야에서 매력적인 주제이다. 우리는 이러한 흥미로운 것들은 공유하고, 인간 생화학에 관련된 많은 참고문헌을 이 교과서에서 포함시킨 이유다. 하지만 다른 종의 생화학 분야 또한 우리의 관심을 갖기 위해 노력할 것이다. 알려지기로는, 일반적인 테마와 패턴을 인식하기 위하여 많은 다른 종을 연구함으로써, 생화학의 기본 원리를 이해하는 것이 쉽겠지만, 다른 종의 대한 이해는 당신이 생화학을 배울 수 있도록 보다 더 많은 도움이 될 것이다. 그것은 또한 비슷한 종류의 생명체에서 분자적 수준의 생명 근본적인 본질을 인식하는 데 도움이 될 것이다.

우리는 생화학의 역사에 관한 몇 가지 강조사항에 관하여 이 소개 장을 통해 시작하고 그 후에 화학 그룹과 분자의 간단한 설명을 책 전반에 걸쳐 만나게 될 것이다. 이번 장 후반은 생화학 학습을 위한 준비로써 세포 구조의 개요에 관하여 기술될 것이다.

위: 아데노바이러스. 바이러스는 단백막이 핵산을 둘러싼 형태로 구성되어 있다.

▲ **프리드리히 뵐러(1800~1882).** 뵐러는 생화학 발견자 중 한 명이다. 유레아를 합성함으로써 살아 있는 생명체에서 발견된 화합물을 실험실에서 무기질로부터 만들 수 있음을 보여주었다.

▲ **루이 파스퇴르가 파리에 있는 실험실에서 사용한 그의 실험 도구들.**

▲ **에두아르트 부흐너(1860~1917).** 부흐너는 1907년에 "그의 화학 실험들과 세포가 없는 발효의 발견"으로 노벨 화학상을 수상하였다.

1.1 생화학은 현대 과학이다

생화학은 지난 100년 사이에 독립적인 과학으로 등장했지만, 현대 과학으로 생화학의 출현을 위한 기반은 이전 세기에 준비되었다. 1900년도 이전의 기간에는 반응속도론 및 분자의 원자 구성과 같은 기본적인 화학 원리의 이해가 급속한 발전을 보였다. 살아 있는 유기체에서 생산되는 많은 화학물질은 19세기 말에 밝혀졌다. 그 이후, 생화학은 이론이 정립되고, 생화학자들은 생명의 화학 공정들을 밝히게 되었다. 생화학 및 다른 분야에 미치는 영향의 성장은 21세기에도 계속되었다.

1828년 프리드리히 뵐러(Friedrich (Wöhler)는 무기물인 암모니움 사이아네이트(ammonium cyanate)를 가열하여 유기물인 유레아를 합성하였다.

$$NH_4(OCN) \xrightarrow{\text{가열}} H_2N-\overset{\overset{\displaystyle O}{\|}}{C}-NH_2 \quad (1.1)$$

이 실험은 일반적인 무기물을 살아 있는 유기체에서만 발견되는 유기물로 합성할 수 있는 최초의 실험이었다. 오늘날 우리는 생물학적 물질의 합성과 분해가 생물학 외부에서 지배적인 것과 같은 동일한 화학적, 물리적 법칙을 따른다는 것을 이해한다. 특별한 과정 또는 활력적인 과정이 분자적 수준에서 삶을 설명하는 데 필요한 것은 아니다. 비록 수십여 년 전에 많은 대학에 첫 번째 생화학과가 설립되었지만 많은 과학자들은 뵐러의 유레아 합성을 생화학이 시작한 날로 지정하였다.

루이 파스퇴르(Louis Pasteur, 1822~1895)는 미생물학의 창시자와 적극적으로 배종설을 주장하는 옹호자로 가장 잘 알려져 있다. 그러나 파스퇴르는 입체 이성체들의 발견 등 생화학에 많은 기여를 하였다.

생화학의 역사에서 두 가지 주요한 약진은 특히 주목할 만하다 — 촉매로서 효소의 역할의 발견 및 정보와 같은 핵산의 역할-운반 분자. 20세기의 초반에 사용할 수 있는 기술로 매우 큰 크기의 단백질과 핵산의 특성을 규명하는 것은 매우 어려웠다. 현대 기술의 발달과 함께 우리는 단백질과 핵산의 구조가 어떻게 생물학적 기능과 관련되어 있는지 알게 되었다.

첫 번째 약진은 에두아르트 부흐너(Eduard Buchner)의 연구 결과로부터 알게 된 효소의 생물학적 반응의 촉매로서의 효소의 규명이다. 1897년 부흐너는 효모 세포 추출물이 설탕과 포도당을 알코올과 이산화탄소로 전환하는 발효를 촉진할 수 있음을 보여주었다. 이전 과학자들은 오직 살아 있는 세포에서만 복잡한 생물학적 반응이 촉진된다고 믿었다.

생물학적 촉매제는 부흐너의 동료인 에밀 피셔(Emil Fischer)에 의해 탐구되었다. 피셔는 설탕의 가수분해를 통하여 효모의 효소 촉매 효과를 연구하였다. 그는 효소와 반응물들 또는 기질들이 촉매반응을 하는 동안 중간화합물을 형성한다는 것을 제안하였다. 피셔는 또한 알맞은 구조를 갖는 오직 한 가지 분자만이 주어진 효소에 대한 기질이 될 수 있음을 제안하였고, 효소를 엄격한 주형 또는 자물쇠 그리고 기질을 그에 알맞은 열쇠로 설명하였다. 연구자들은 곧 삶의 거의 모든 반응이 효소에 의해 촉매되는 것을 알았고 수정된 효소반응의 자물쇠와 열쇠 이론은 현대 생화학의 중심 정설로 남아 있다.

효소 촉매의 또 다른 성질은 생물학적 반응이 효소가 없을 때에 비해 빨라진다는 것이다. 반응속도가 빨라지는 것과 더불어 효소는 생성물의 수율은 증가시키고 부산물은 거의 만들지 않게 된다. 유기화학에서의 많은 촉매반응은 50~60%의 수율을 얻는다고 생각되는 반면, 생화학적 반응은 더 효율적이다. 왜냐하면 부산물이 세포에 해롭고 그들의 생성이 소중한 에너지를 낭비하기 때문이다. 촉매의 단계는 5장에서 서술될 것이다.

20세기 후반에는 구조 생물학, 특히 단백질의 구조에 대한 학문에서 놀라운 발전을 보였다. 최초의 단백질 구조는 존 켄드루(John C. Kendrew)와 막스 페루츠(Max Perutz)가 주도한 케임브리지 대학(영국)의 과학자들에 의해 1950년대와 1960년대에 밝혀졌다. 그 이래로 수천 가지 다른 단백질들의 3차원 구조가 밝혀졌으며 단백질의 생화학적 복잡성에 대한 우리의 이해는 놀랍게 증가했다. 이러한 빠른 발전은 더 크고 빠른 컴퓨터의 이용으로 인하여 이전까지는 단순한 계산기와 손으로 이루어지던 것을 대체한 새로운 소프트웨어를 통하여 만들어졌다.

생화학 역사의 두 번째 돌파구는—정보 분자인 핵산의 식별—부흐너와 피셔의 실험이 있은 반세기 후였다. 1944년에 오즈월드 에이버리(Oswald Avery), 콜린 매클레오드(Colin Macleod) 그리고 맥클린 맥카티(Maclyn McCarty)는 디옥시라이보스 산(DNA)을 병원성 세균인 *Streptococcus pneumoniae* 계통으로부터 추출해냈고, 이 DNA를 비병원성 *Streptococcus pneumoniae* 계통에 투여했다. 비병원성 세균은 영구적으로 형질전환이 일어나 병원성 세균이 되었다. 이 실험은 DNA가 유전물질이라는 최초의 결정적인 증거를 제공해 주었다. 1953년에 제임슨 왓슨(James D. Watson)과 프란시스 크릭(Francis H. C. Crick)은 DNA의 3차원 구조를 추론했다. 왓슨과 크릭은 DNA의 구조를 통해 DNA가 스스로를 복사, 즉 복제하여 다음 세대로 생물학적 정보를 전달하는 방법을 즉시 제안했다. 이어진 연구는 DNA에 암호화된 정보가 RNA로 전사되어 단백질로 번역된다는 것을 보였다.

핵산 분자 수준에서의 유전학 연구는 분자생물학의 한 분야이며, 분자생물학은 생화학의 일부분이다. 핵산이 어떻게 저장되고 유전정보를 전달하는지 이해하기 위하여 핵산의 구조와 정보 흐름에서의 역할을 반드시 이해해야 한다. 생화학 공부의 대부분이 효소와 핵산이 어떻게 작용하는지를 이해하는 데 쏟는 것임을 알게 될 것이다.

크릭이 1958년에 예측했던 대로, 핵산으로부터 단백질로 가는 정보의 일반적인 흐름은 비가역적이다. 그는 핵산으로부터 단백질로 가는 일방적인 정보의 흐름을 **분자생물학의 중심 원리**라고 불렀다. "중심 원리(Central Dogma)"라는 말은 종종 잘못 이해된다. 엄밀히 말해서 이것은 그림에서처럼 종합적인 정보의 흐름을 가리키지는 않는다. 대신, 이러한 중심 원리는 핵산에서 단백질로 가는 정보가 반대로 단백질에서 핵산으로는 되돌아올 수 없다는 사실을 의미한다.

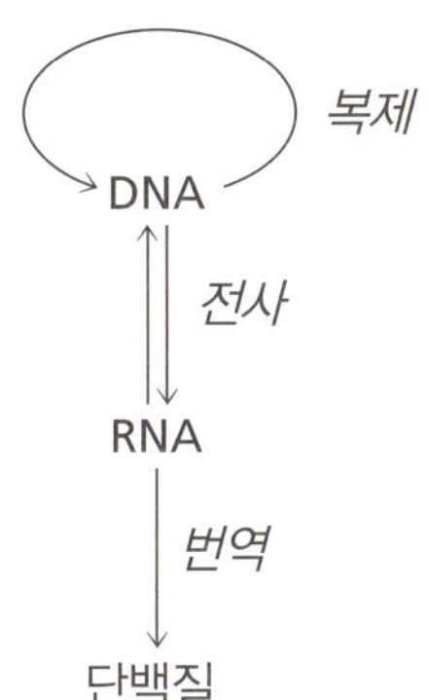

▲ **분자생물학에서의 정보의 흐름.** 정보의 흐름은 보통 디옥시라이보핵산에서부터 라이보 핵산까지다. 어떤 라이보핵산(전령 라이보핵산)은 번역된다. 어떤 라이보핵산은 전사과정의 반대로 일어나 디옥시라이보핵산으로 된다. 그러나 크릭의 분자생물학의 중심 원리에서는 핵산에서 단백질까지 정보의 전달이 비가역적으로 일어난다.

▲ **에밀 피셔(1852~1919).** 피셔는 생물학적 분자의 구조와 기능을 이해하는 데 많은 공헌을 하였다. 그는 1902년 노벨 화학상을 수상하였다. "피셔는 당과 퓨린의 합성에 관한 놀라운 연구를 수행하였다."

1.2 생명의 화학 원소

여섯 가지 주요 비금속 원소—탄소, 수소, 질소, 산소, 인, 황—는 대부분의 유기체의 질량 중 97% 이상을 차지한다. 이러한 모든 원소들은 안정적인 공유결합을 형성하고 있다. 이 여섯 원소들의 상대적인 양은 유기체마다 매우 다양하다. 물은 세포의 주요한 성분이며 산소가 높은 질량비를 갖는 이유를 설명해 준다. 탄소는 다른 모든 원소에 비해 살아 있는 유기체에 가장 많이 존재한다. 반면 규소, 알루미늄, 철 같은 다른 원소들은 지각에는 매우 많지만 여섯 가지 주요 원소(CHNOPS) 이외에도 23가지의 다른 원소들이 있다. 유기체에는 극소량만 존재한다(그림 1.1). 여기에는 다섯 가지의 필수적인 이온들이 포함된다. 즉, 칼슘(Ca^{2+}), 포타슘(K^{+}), 소듐(Na^{+}), 마그네슘(Mg^{2+}), 그리고 염소(Cl^{-})이다. 추가적인 23가지의 원소들이 살아 있는 유기체 질량의 3% 정도만을 차지하는 것으로 알려져 있다.

세포 내 고체 물질의 대부분은 탄소를 포함하는 화합물로 이루어져 있다. 이러한 화합물들은 유기화학의 영역으로 나누어진다. 유기화학 과목은 생화학과 상당 부분 겹치기 때문에 생화학을 이해하는 데 도움이 된다. 유기화학자들은 실험실 내에서의 반응에 더욱 큰 관심을 보이지만, 생화학자들은 살아 있는 세포 내에서 어떻게 반응이 일어나는가를 이해하는 것을 원한다.

그림 1.2a는 생화학에서 자주 만날 수 있는 기본적인 유기화합물의 유형을 보여준다. 물론 이러한 용어들에 친숙해야 하는데, 왜냐하면 우리는 이것들을 이 책의 나머지 부분에서

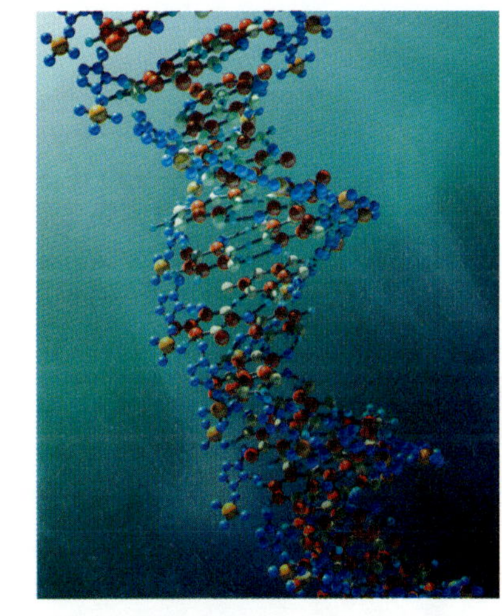

▲ **디옥시라이보핵산에는 살아 있는 세포에 필요한 대부분의 정보가 암호화되어 있다.**

IA	IIA	IIIB	IVB	VB	VIB	VIIB	VIIIB			IB	IIB	IIIA	IVA	VA	VIA	VIIA	0
1 H 1.008																	2 He 4.003
3 Li 6.941	4 Be 9.012											5 B 10.81	6 C 12.01	7 N 14.01	8 O 16.00	9 F 19.00	10 Ne 20.18
11 Na 22.99	12 Mg 24.31											13 Al 26.98	14 Si 28.09	15 P 30.97	16 S 32.07	17 Cl 35.45	18 Ar 39.95
19 K 39.10	20 Ca 40.08	21 Sc 44.96	22 Ti 47.87	23 V 50.94	24 Cr 52.00	25 Mn 54.94	26 Fe 55.85	27 Co 58.93	28 Ni 58.69	29 Cu 63.55	30 Zn 65.39	31 Ga 69.72	32 Ge 72.61	33 As 74.92	34 Se 78.96	35 Br 79.90	36 Kr 83.80
37 Rb 85.47	38 Sr 87.62	39 Y 88.91	40 Zr 91.22	41 Nb 92.91	42 Mo 95.94	43 Tc (98)	44 Ru 101.1	45 Rh 102.9	46 Pd 106.4	47 Ag 107.9	48 Cd 112.4	49 In 114.8	50 Sn 118.7	51 Sb 121.8	52 Te 127.6	53 I 126.9	54 Xe 131.3
55 Cs 132.9	56 Ba 137.3	57* La 138.9	72 Hf 178.5	73 Ta 180.9	74 W 183.8	75 Re 186.2	76 Os 190.2	77 Ir 192.2	78 Pt 195.1	79 Au 197.0	80 Hg 200.6	81 Tl 204.4	82 Pb 207.2	83 Bi 209.0	84 Po (209)	85 At (210)	86 Rn (222)
87 Fr (223)	88 Ra (226)	89** Ac (227)	104 Rf (261)	105 Db (262)	106 Sg (263)	107 Bh (264)	108 Hs (265)	109 Mt (268)	110 (269)	111 (272)	112 (277)	113	114 (285)	115	116 (289)	117	118 (293)

58* Ce 140.1	59 Pr 140.9	60 Nd 144.2	61 Pm (145)	62 Sm 150.4	63 Eu 152.0	64 Gd 157.3	65 Tb 158.9	66 Dy 162.5	67 Ho 164.9	68 Er 167.3	69 Tm 168.9	70 Yb 173.0	71 Lu 175.0
90** Th 232.0	91 Pa 231	92 U 238.0	93 Np (237)	94 Pu (244)	95 Am (243)	96 Cm (247)	97 Bk (247)	98 Cf (251)	99 Es (252)	100 Fm (257)	101 Md (258)	102 No (259)	103 Lr (262)

▲ **그림 1.1**

원소 주기율표. 살아 있는 세포에서 발견된 중요한 원소들은 색깔로 표시되어 있다. 빨간색 원소(탄소 수소 질소 산소 인 황)는 여섯 개의 많은 원소들이다. 다섯 가지 필수 이온은 보라색으로 표시되어 있다. 미량 원소들은 어두운 파란색(보다 많은)과 밝은 파란색(보다 적은)으로 표현되어 있다.

반복해서 사용할 것이기 때문이다.

생화학적 반응은 작용기라 불리는 특정 화학결합들이나 분자의 부분을 포함한다(그림 1.2b). 우리는 생화학에서 공통된 몇몇의 결합들을 접하게 될 것이다(그림 1.2c). 이 모든 결합들은 몇몇의 다른 원자들과 원자들 사이의 각각의 결합들로 구성되어 있음을 기억하라. 우리는 이 책을 통해 화합물들과 작용기들 그리고 결합들에 관하여 배우게 될 것이다. 에스터와 다른 결합들은 보통 지방산과 지질들에서 공통적으로 나타난다. 아마이드 결합은 단백질들에서 찾을 수 있다. 포스포에스터와 포스포안하이드라이드는 뉴클레오타이드에서 일어나는 결합이다.

생화학의 중요한 테마는 세포 내에서 일어나는 화학반응과 같은 종류의 반응들을 생화학 실험실에서 일어나게 하는 것이다. 가장 중요한 다른 점은 살아 있는 세포에서 일어나는 거의 대부분은 모든 반응들은 효소에 의해 촉매반응이 일어나는 것이고, 매우 높은 비율로 진행된다는 것이다. 이 책의 목표 중 하나는 효소들이 유기화학의 기초적인 반응 메커니즘을 방해하지 않고 어떻게 반응속도를 높이는가를 설명하는 데 있다.

효소의 촉매 효율은 효소와 반응물들을 시험관에 추출했을 때 관찰할 수 있다. 연구자들은 종종 생화학적 반응이 세포 내와 시험관 내의 환경 사이에서 촉매 효율을 확인하는 유용한 방법을 찾는다.

RNA(전사)와 단백질(번역)의 합성은 21장과 22장에 설명되어 있다.

핵심개념

대부분의 생명체의 무게는 97% 이상이 오직 6가지의 원소로 이루어져 있다 : 탄소, 수소, 질소, 산소, 인, 황.

핵심개념

살아 있는 것은 물리적 화학적 표준 법칙을 따른다. 분자적 수준에서 생명을 설명하기 위해서 활력적인 힘이 필요한 것은 아니다.

1.3 많은 중요한 거대분자는 중합체이다

많은 수의 작은 분자, 생화학에서 다루는 매우 큰 크기의 분자들을 고분자라 한다. 생물학적 고분자들은 보통 중합체의 형태다. 중합체는 많은 작은 유기 분자들이나 단량체들이 응축(물 분자의 제거)을 통해 합쳐짐으로써 만들어진다. 몇 가지 예로, 탄수화물은 한 개의 단

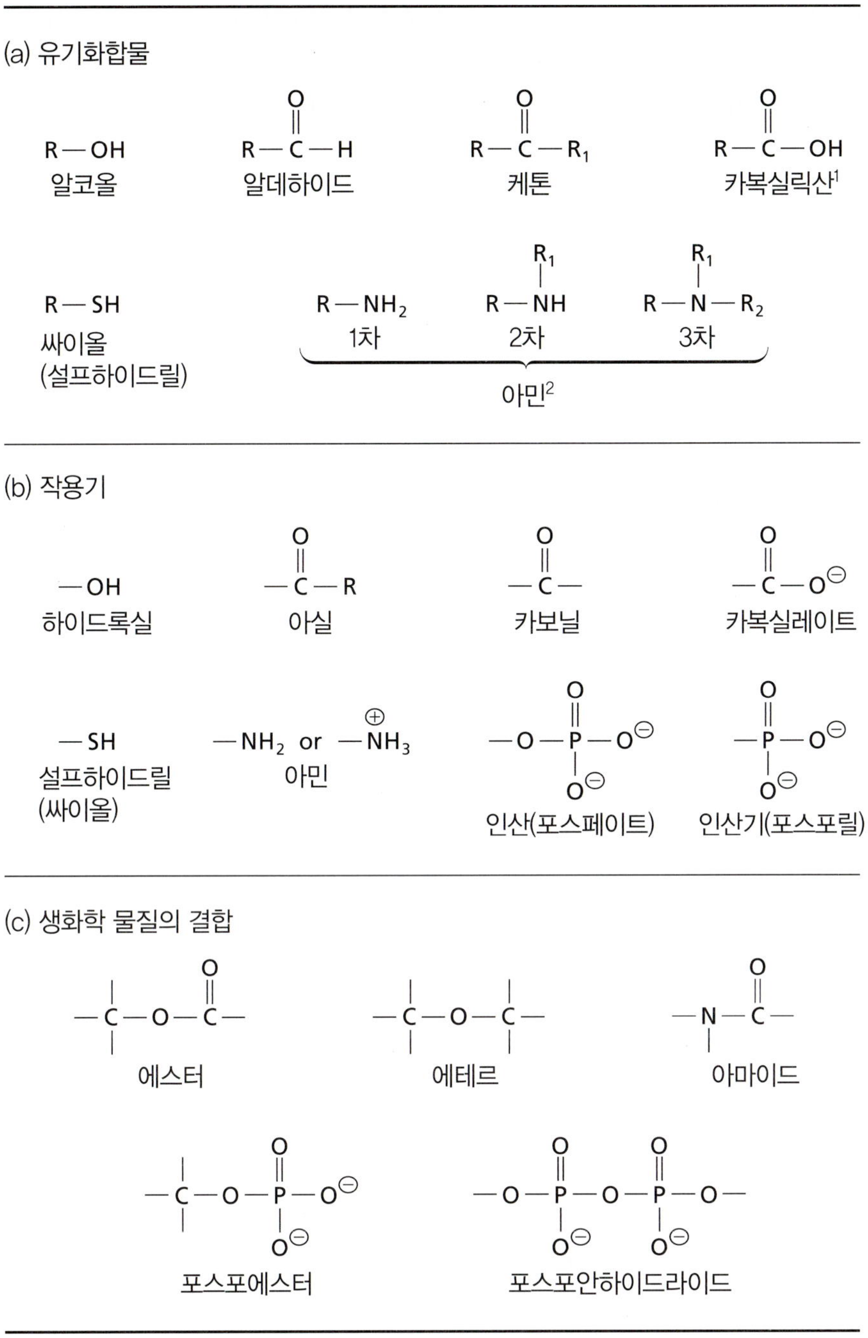

(a) 유기화합물

$R-OH$ 알코올, $R-C(=O)-H$ 알데하이드, $R-C(=O)-R_1$ 케톤, $R-C(=O)-OH$ 카복실릭산[1]

$R-SH$ 싸이올(설프하이드릴)

$R-NH_2$ 1차, $R-NH-R_1$ 2차, $R-N(R_1)-R_2$ 3차 — 아민[2]

(b) 작용기

$-OH$ 하이드록실, $-C(=O)-R$ 아실, $-C(=O)-$ 카보닐, $-C(=O)-O^{\ominus}$ 카복실레이트

$-SH$ 설프하이드릴(싸이올), $-NH_2$ or $-\overset{\oplus}{N}H_3$ 아민, $-O-P(=O)(O^{\ominus})-O^{\ominus}$ 인산(포스페이트), $-P(=O)(O^{\ominus})-O^{\ominus}$ 인산기(포스포릴)

(c) 생화학 물질의 결합

$-C-O-C(=O)-$ 에스터, $-C-O-C-$ 에테르, $-N-C(=O)-$ 아마이드

$-C-O-P(=O)(O^{\ominus})-O^{\ominus}$ 포스포에스터, $-O-P(=O)(O^{\ominus})-O-P(=O)(O^{\ominus})-O-$ 포스포안하이드라이드

◀ **그림 1.2**
유기물**(a)**, 작용기**(b)**와 **(c)** 화학적 결합을 나타내는 일반 화학식. R은 알킬그룹을 나타낸다($CH_3-(CH_2)_n-$).

[1] 대부분의 생물학적 상황에서 카복실릭산은 카복시산염 음이온으로 존재한다.

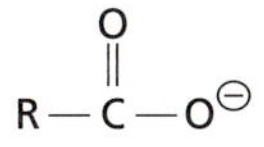

$R-C(=O)-O^{\ominus}$

[2] 대부분의 생물학적 상황에서 아민은 암모니움 이온으로 존재한다.

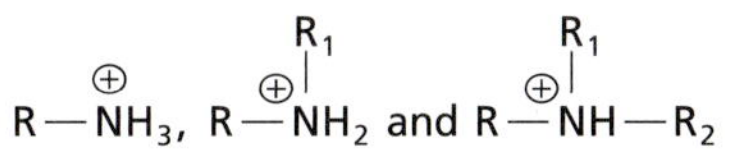

$R-\overset{\oplus}{N}H_3$, $R-\overset{\oplus}{N}H_2(R_1)$ and $R-\overset{\oplus}{N}H(R_1)-R_2$

량체가 여러 차례 반복된다. 다른 예로, 단백질과 핵산은 다양한 다른 종류의 단량체들이 특정 순서에 의해 연결되어 있다. 중합체에서 각각의 단량체는 같은 효소 촉매반응이 반복됨을 이용하여 연결되어 있다. 그러므로 고분자에 있는 모든 단량체들 또는 잔기들은 같은 방향으로 줄지어 있고, 고분자의 끝은 화학적 특성을 가지고 있다.

고분자는 그것의 구성 성분인 단량체와는 매우 다른 특성을 가지고 있다. 예를 들어, 녹말은 포도당의 중합체이다. 그러나 물에 녹지 않고 달지 않다. 이러한 관찰들은 조직의 일반적인 이론으로 이어진다. 조직의 각각의 새로운 단계는 이전 단계의 특성만으로는 예측할 수 없는 특징을 갖는다. 점점 더 증가되는 복잡한 단계의 순서를 가지고 있다. 복잡성의 단계를 순서대로 표현하면 원자, 분자, 거대 분자, 소기관, 세포, 조직, 기관, 기관계이다(많은 종이 한 개 또는 더 많은 복잡성의 단계가 결여되어 있음을 참고하시오. 예를 들어 단세포는 조직이나 기관을 가지고 있지 않다). 다음 장에서는 거대분자의 중요한 유형과, 어떻게 그것들의 잔기의 서열 또는 3차원 형태가 그것들에게 독특한 특징을 주는지에 관하여 설명할 것이다.

분자들과 고분자를 이야기하는데 있어서 종종 화합물의 **분자량(molecular weight)**을 언급한다. 분자량을 위한 더 정확한 용어는 **상대적 분자량(relative molecular mass)**이다(abbreviated M_r). 분자의 질량은 탄소동위원소(carbon isotope) ^{12}C의 원자의 1/12 질량에 비례한다. (이 동위원소의 원자 무게는 정확하게 12 원자 무게 단위로 정의되었다. 탄소의 원자 무게가 표시되어 있는 주기율표는 ^{13}C와 ^{14}C를 포함한 여러 다른 동위원소들의 평균이 표시되어 있다.) M_r은 상대적 질량이기 때문이고 그것은 무차원적이고 관련된 가치를 나타내는 단위가 없기 때문이다. 예를 들어, 일반적인 단백질의 상대적 분자량은 38,000(M_r = 38,000)이다. 화합물의 절대 분자량은 달톤(dalton)이라 불리는 단위와 같은 크기를 갖는다(1 dalton = 1 atomic mass unit). 또한 분자량은 몰 질량으로 불린다. 그것은 1 mole의 무게를 나타내거나, 6.022×10^{23} 분자 수를 나타내기 때문이다. 대표적인 단백질의 분자량은 38,000 달톤이다. 이것은 1 mole 무게가 38 kg이라는 의미다.

분자의 상대적 분자량(M_r)은 탄소동위원소 ^{12}C의 원자의 1/12 질량에 비례하는 무차원적인 양이다. 분자 질량(M.W)은 또 다른 상대적 분자량의 개념이다.

A. 단백질

세포 안에서 20개의 공통 아미노산이 합쳐져서 단백질이 된다. 각각의 아미노산은 아미노기와 카복실기를 가지고 있고 잘 알려진 대로 각각의 아미노산마다 독특한 곁사슬(R group)을 가지고 있다(그림 1.3a). 아미노산의 아미노기와 다른 아미노산의 카복실기는 단백질 합성 동안 축합되고 이러한 형태는 그림 1.3b에서 나타나는 것처럼 아마이드 결합이다. 한 개의 아미노산 잔기의 탄소 원자 사이의 결합과 그 옆 아미노산의 질소 원자가 결합하는 것을 펩타이드 결합이라 부른다. 많은 선형 폴리펩타이드로 된 아미노산의 끝과 끝의 만남은 수백 개의 아미노산 잔기를 갖는다. 기능 단백질은 한 개의 폴리펩타이드로 되어 있고 그것은 몇몇의 특징이 있는 단단히 결합된 형태와 복잡한 구조로 된 폴리펩타이드 사슬로 구성되어 있다.

(a)

$$H_3\overset{\oplus}{N}-\underset{R}{\overset{COO^{\ominus}}{C}}-H$$

(b)

$$H_3\overset{\oplus}{N}-\underset{R}{CH}-\overset{O}{\overset{\|}{C}}-\underset{H}{N}-\underset{R}{CH}-COO^{\ominus}$$

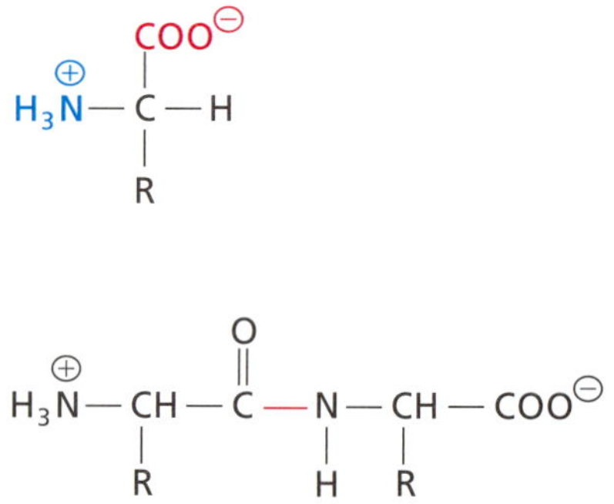

▲ **그림 1.3**

아미노산과 다이펩타이드의 구조. **(a)** 아미노산은 아미노 그룹(파란색)과 카복실 그룹(빨간색)을 포함한다. 다른 아미노산은 다른 곁사슬을 포함한다(—R로 표현). **(b)** 다이펩타이드는 한 개의 아미노산의 아미노 그룹이 다른 아미노산의 카복실 그룹과 반응하여 펩타이드 결합을 형성할 때 생성된다.

많은 단백질은 효소로 작용한다. 이외의 단백질들은 세포의 구조적 구성물과 기관들이다. 선형 폴리펩타이드는 독특한 3차원 모양으로 접힌다. 이러한 모양은 아미노산 잔기의 서열에 의해 크기가 결정된다. 이 서열 정보는 단백질 합성을 위한 유전자에 암호화되어 있다. 단백질의 기능은 이 3차원 구조와 형태에 따라 달라진다.

많은 단백질의 구조가 밝혀졌고, 구조와 기능 사이의 관계를 정하는 몇몇 이론이 밝혀졌다. 예를 들어, 많은 효소들은 반응의 기질이 결합할 수 있는 움푹 들어간 부분, 홈을 가지고 있다. 이 홈이 '활성부위'이며, 이곳은 화학적 반응이 일어나는 장소이다. 그림 1.4a는 특정 탄수화물 중합체의 가수분해 촉매를 담당하는 라이소자임 효소의 구조를 보여준다. 그림 1.4b는 기질이 움푹 들어간 부분에 결합된 효소의 구조를 보여준다. 단백질의 구조와 기능의 관계에 관하여 4장과 6장에서 이야기할 것이다.

단백질과 같은 생중합체의 3차원적 구조를 나타내는 많은 방법이 있다. 그림 1.4에서 보이는 라이소자임 분자는 폴리펩타이드 사슬의 형태를 와이어와 나선형의 리본, 넓은 화살표의 조합으로 나타내었다. 다른 종류의 표현은 다음 장에 모든 원자의 위치까지 보여주는 그림으로 나타내었다. 이러한 이미지를 만들어내는 컴퓨터 프로그램은 인터넷에서 무료로 사용이 가능하고, 단백질의 구조적 자료는 수많은 데이터 사이트에서 검색할 수 있다. 작은 연습으로 학생들은 분자를 컴퓨터 모니터로 볼 수 있다.

핵심개념

화학적 분자는 3차원 물체이다.

B. 다당류

탄수화물, 당류는 최초 탄소, 산소, 수소로 구성되었다. 화합물의 이 같은 그룹은 간단한 설탕(단당류)과 그것들의 중합체(다당류)를 포함한다. 모든 단당류와 다당류의 잔기들은 몇몇의 수산기를 포함하고 있고, 그러므로 그것들은 다가알코올이다. 가장 일반적인 단당류는 5개 또는 6개의 탄소 원자를 가지고 있다.

설탕 구조는 몇 가지 방법으로 나타내진다. 예로, 라이보스(보통 5개 탄소로 구성)는 선형 분자로써 4개의 수산기와 한 개의 알데하이드기를 가지고 있다(그림 1.5a). 이 선형 표현을 피셔 투영이라 부른다. 하지만 보통 생화학적 형태의 라이보스의 구조는 알데하이드기(C-1)의 탄소(C-4)와 수산기의 산소 사이가 공유결합으로 이루어진 링 모양이다(그림 1.5b). 링 형태는 대부분 하워드 투영에서 나타난다(그림 1.5c). 이 표현법은 라이보스의 실제 구조 묘사가 더 정확한 방법이다. 하워드 투영법은 피셔 투영법을 90도로 회전시킨 것이고 페이지의 바깥쪽으로 뻗어나가는 한 개의 모서리를 가진 면으로써 탄수화물 링을 그린 것이다(얇은 선으로 표현되어 있다). 그러나 링은 실제 면이 아니다. 그것은 면 밖에 있는 특정 링 원자들의 다양한 형태를 쓸 수 있다. 예를 들어, 그림 1.5d에서 다른 링 원자들로 이루어진 라이보스의 C-2 원자는 면의 위쪽에 존재한다.

몇몇의 형태들은 다른 것들보다 더 안정해서 주된 라이보스 분자는 한 가지 또는 두 가지의 가능한 형태로 표현된다. 그럼에도 불구하고, 대부분의 생화학 분자는 다른 형태의 구조로 존재한다는 사실은 중요하다. 한 개의 형태에서 다른 형태로의 변화하는 것은 어떠한 공유결합도 끊어지지 않고 일어난다. 반면에 탄수화물의 두 가지 기본 형태는 선형과 링 구조이고, 공유결합의 형성과 끊어짐이 필요하다.

포도당은 6개의 탄소로 이루어진 가장 흔한 당이다(그림 1.6a). 포도당은 셀룰로스의 단량체 단위이고, 다당류의 구조이며, 다당류의 저장체인 글라이코젠과 녹말의 구조이다. 이 다당류는, 각각의 포도당 잔기는 공유결합으로 묶여 있고, 한 개의 포도당의 C-1과 다른 포도당의 수산기 중 하나 사이에 공유결합으로 되어 있다. 이러한 결합을 글라코사이드 결합(glycosidic bond) 결합이라 부른다. 셀룰로스에서 각각의 포도당 잔기의 C-1은 다음 포도당의 C-4 수산기와 결합되어 있다(그림 1.6b). 이 수산기들은 셀룰로스의 인접한 사슬에 존재하고 공유결합으로 연결되어 있지 않으며, 강하고, 녹지 않은 섬유질을 만든다. 셀룰로스는 아마도 지구상에서 가장 흔한 생합성물질이다 그 이유는 나무의 몸통을 포함한 꽃을 피우는 식물 줄기의 주된 구성 성분이기 때문이다. 탄수화물에 대하여 8장에서 이야기를 더 할 것이다.

(a)

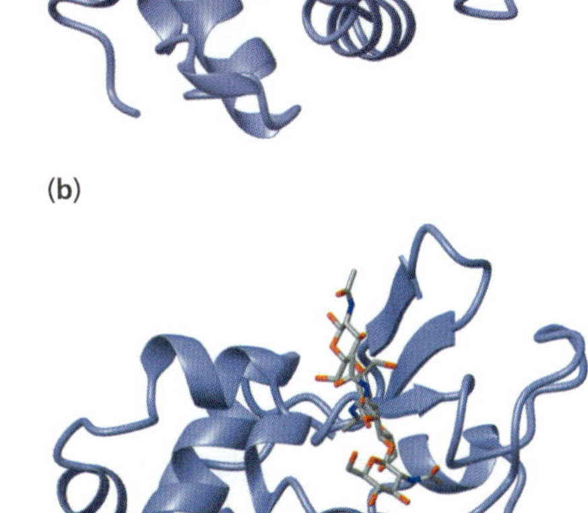

(b)

▲ 그림 1.4

달걀 흰자위 라이소자임. (a) 자유로운 라이소자임. 움푹 들어간 부분은 효소의 활성화 부위를 포함한다. (b) 라이소자임과 기질(PDB 1LZC)이 결합된 모습.

C. 핵산

핵산은 단량체로 구성된 큰 고분자 물질로서 뉴클레오타이드라고 불린다. 폴리펩타이드가 아미노산 잔기로 구성된 한 개의 분자인 단백질보다 더 정확한 표현인 것처럼 폴리뉴클레오타이드는 한 개의 핵산 분자의 정확한 표현으로 명명할 수 있다. 핵산의 정의는 진핵세포의 핵에서 산성 분자로 처음 발견된 폴리뉴클레오타이드로 언급되었다. 우리는 이제 핵산을 진핵세포의

피셔 투영법으로 분자를 그리는 법칙은 8.1에 설명되어 있다.

단당류의 형태는 8.3에서 더욱 자세히 설명되어 있다.

(a) 피셔 투영법(선구조)

(b) 피셔 투영법(링구조)

(c) 하워드 투영법

(d) 봉투 모양 구조법

▲ 그림 1.5

라이보스의 구조의 표현. (a) 피셔 투영법에서 라이보스는 선 분자로 표현된다. (b) 피셔 투영법에서 보통 생화학적 형태인 라이보스 분자는 링으로 표현된다. (c) 하워드 투영법에서 링은 이 면에서 직각으로 그려졌다(보는 사람에게 가장 가까운 결합으로 나타내어지는 얇은 선에 의해 표현되어 있다). (d) 라이보스의 링은 사실 평면이 아니지만, 20가지의 가능한 특정 링 원자가 비평면에 있는 형태로 쓸 수 있다. 그림에서 보이는 형태에서 C-2는 다른 링의 원자보다 평면 위에 존재한다.

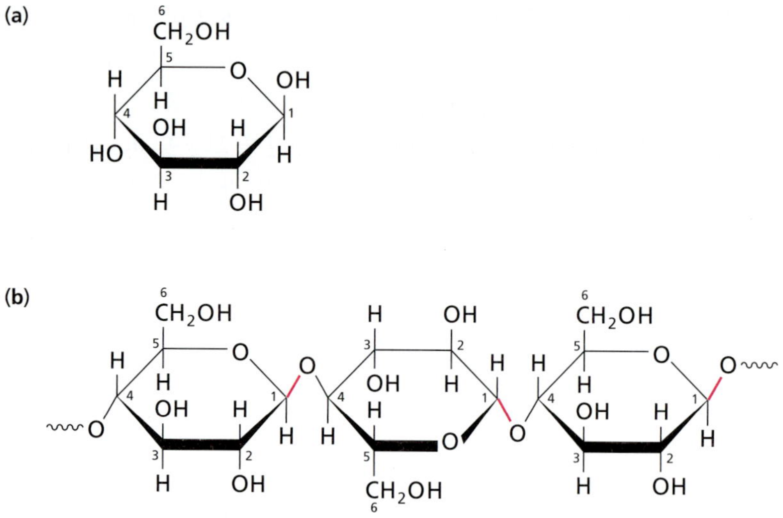

그림 1.6 ▶
포도당과 셀룰로스. (a) 포도당의 하워드 투영법. (b) 셀룰로스, 포도당 잔기의 선형 중합체. 각각의 잔기는 옆 잔기와 글라이코사이드 결합(빨간색)으로 연결된다.

핵산의 구조는 19장에 설명되어 있다.

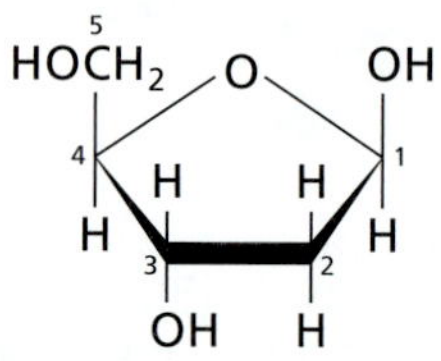

▲ 그림 1.7
디옥시라이보스, 당이 디옥시라이보스뉴클레오타이드에서 발견된다. 디옥시라이보스는 두 번째 탄소에 수산기가 없다.

생화학적 반응에서 ATP의 역할은 10.7에 설명되어 있다.

핵에 존재한다고 국한시킬 뿐만 아니라 세포질과 원핵세포에는 없다는 사실을 알게 되었다.

뉴클레오타이드는 오탄당, 이종 고리식 질소의 염기 그리고 한 개의 인산기로 구성되어 있다. 라이보뉴클레오타이드, 디옥시라이보스의 파생형인 디옥시라이보뉴클레오타이드에서는 당은 라이보스이다(그림 1.7). 뉴클레오타이드의 질소 염기는 퓨린과 피리미딘, 두 가지 그룹으로 나뉜다. 주된 퓨린기는 아데닌(A)과 구아닌(G)이며, 주된 피리미딘기는 사이토신(C)과 싸이민(T)과 유라실(U)이다. 뉴클레오타이드에서 염기는 당의 C-1에 결합하고, 인산 그룹은 당의 다른 탄소 중 한 개와 결합한다(보통 C-5).

뉴클레오타이드 아데노신 트라이포스페이트(ATP)의 구조는 그림 1.8에 나타나 있다. ATP는 아데닌의 절반은 라이보스에 글라이코사이드 결합으로 구성되어 있다. 3가지의 인산기는(α, β 그리고 γ로 표현) 라이보스의 수산기의 C-5에 에스터화되어 있다. 라이보스와 α-인산기 사이의 연결은 포스포에스터 결합이고 그 이유는 탄소와 인 원자를 포함하기 때문이다. 반면에 ATP의 β, γ-포스포릴기는 탄소 원자가 포함되지 않은 포스포안하이드라이드 연결에 의해 결합되어 있다(그림 1.2). 모든 포스포안하이드라이드는 상당히 많은 화학적 잠재적 에너지를 소유한다. ATP도 제외는 아니다. 그것은 살아 있는 세포에서 에너지의 움직임에 중심이다. ATP의 가수분해와 관련된 잠재적 에너지는 직접적으로 생화학적 반응에 사용될 수 있고, 또는 잘 알려지지 않은 반응에도 관련되어 있다.

폴리뉴클레오타이드에서, 한 개의 뉴클레오타이드의 인산기는 두 번째 포스포에스터 연결이 만든 다른 뉴클레오타이드의 당의 C-3 산소 원자와 공유결합이 되어 있다. 인접한 뉴클레오타이드의 탄소 사이의 전체 연결은 포스포다이에스터 결합이라 부른다. 그 이유는 두 개의 포스포에스터 결합을 포함하고 있기 때문이다(그림 1.9). 핵산은 많은 뉴클레오타이드 잔기를 포함하고 변화가 가능한 당과 인산으로 구성된 골격에 의해 특성을 띠게 된다. DNA에서 두 다른 가닥의 뉴클레오타이드의 염기가 결합하여 나선형 구조를 이룬다.

특징에 따라 핵산의 구조를 그리는 몇 가지 방법이 있다. 그림 1.10에서 보이는 공과 막

그림 1.8 ▶
아데노신 트라이포스페이트(ATP)의 구조. 질소를 함유한 아데닌이 라이보스에 붙어 있다. 세 개의 포스포릴 그룹 또한 라이보스에 붙어 있다.

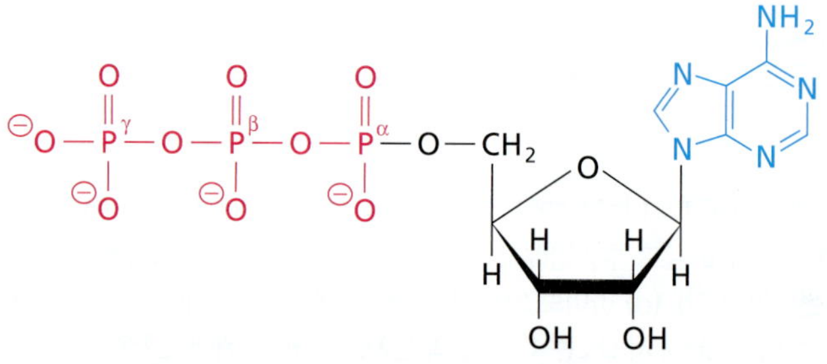

싸이민 (T)

포스포다이에스터 결합

아데닌 (A)

◀ 그림 1.9

다이뉴클레오타이드의 구조. 한 개의 디옥시 뉴클레오타이드 잔기는 피리미딘 타이민(위)을 포함한다. 그리고 다른 잔기는 퓨린 아데닌을 포함한다(아래). 잔기들은 두 개의 디옥시라이보스 포스포다이에스터 결합으로 연결되어 있다.

대기 모델은 각각의 원자와 당의 링 구조 그리고 염기의 모습을 가장 잘 보여준다. 이러한 경우, 두 가닥의 나선이 네 개의 붉은 산소 원자가 보라색 인 원자를 둘러싸고 있는 모습의 당과 인산기의 골격을 따라 그려진다. 각각의 염기 연결은 분자의 내부 끝에 보인다. 우리는 몇몇의 다른 DNA 구조를 19장에서 볼 것이다.

RNA는 디옥시라이보스 대신 라이보스를 가지고 있다. 그리고 보통 한 가닥의 폴리뉴클레오타이드이다. 서로 다른 4가지 종류의 RNA분자가 존재한다. 전사 RNA(mRNA)는 DNA로부터 단백질까지의 직접적인 정보의 전환 기능을 한다. 전이 RNA(rRNA)는 단백질 합성에 필요한 작은 분자이다. 라이보소말 RNA(rRNA)는 라이보좀의 대표적 구성요소이다. 세포는 또한 다양한 기능을 가지고 있는 여러 다른 종류의 작은 RNA를 가지고 있다. 19~22장에서, 우리는 이러한 RNA분자들이 어떻게 다르고, 그것들의 구조가 갖는 생물학적 기능에 대하여 배울 것이다.

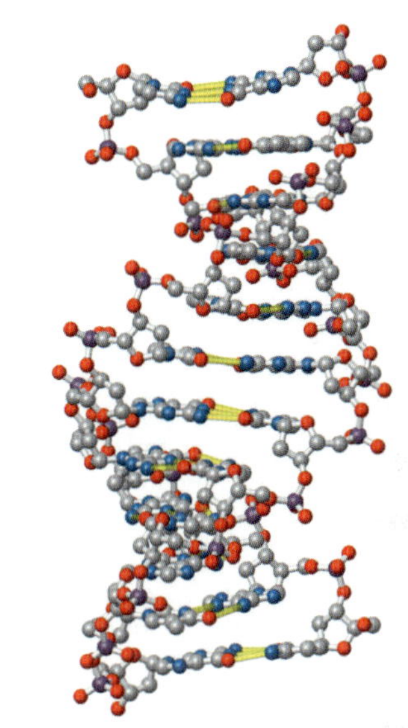

▲ 그림 1.10

DNA 분자의 짧은 단편. 두 가지의 다른 폴리뉴클레오타이드는 이중나선형 구조로 결합되어 있다. 나선의 안쪽에 있는 염기쌍 서열은 유전정보를 가지고 있다.

D. 지질과 막

지질이란 용어는 많은 탄소와 수소로 이루어진 소수성 부위와 적은 산소 원자를 포함한 친수성 부위를 가진 다양한 구조의 물에 잘 녹지 않는 생체 고분자 물질을 총칭한다. 대부분의 지질은 물에 녹지 않지만, 몇몇의 유기용매에는 녹는다. 지질은 극성, 친수성 머리, 그리고 비극성, 소수성 꼬리를 가지고 있다(그림 1.11). 수분이 있는 환경에서, 지질의 소수성 꼬리끼리 연결되고, 친수성 머리는 물에 노출됨으로써 지질 이중막이라고 불리는 종이가 만들어진다. 지질 이중막은 모든 생물학적 막의 기본 구조이다. 막은 세포 또는 세포 안의 구성물질들을 나누고 물에 녹는 화합물의 불침수성 기능을 갖는 장벽으로써 역할을 한다. 막은 신축성이 있다. 그 이유는 지질 이중막이 비공유력에 의해 안정하기 때문이다.

가장 간단한 지질은 지방산이다. 이것들은 긴 카복실 그룹이 끝에 있는 수산화탄소 사슬로 되어 있다. 지방산에서는 보통 glyceol 3-phosphate와 두 개의 fatty acyl기로 구성된 글리세로포스포리피드(glycerophospholipid)라고 불리는 큰 분자의 부분이 발견된다(그림 1.12). 글리세로포스포리피드는 생물막의 중요한 구성 성분이다.

지질의 다른 종류는 스테로이드와 밀납(wax)이다. 스테로이드는 콜레스테롤과 많은 성 호르몬과 같은 분자이다. 밀납은 보통, 식물과 동물에서 발견되지만 아마도 가장 익숙한 예는 밀납과 인간의 귀에있는 밀납의 형태이다.

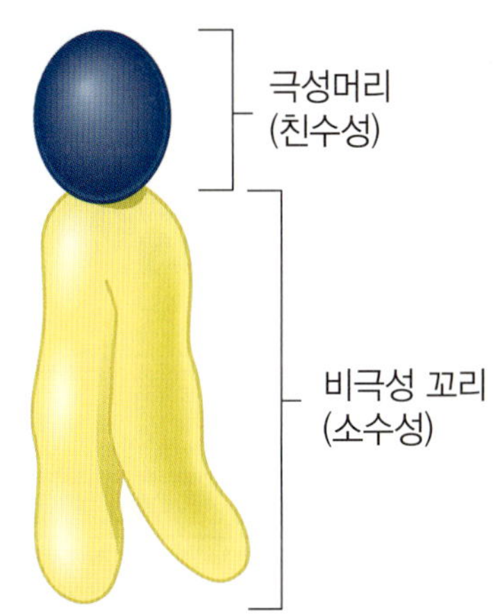

▲ 그림 1.11

지질막의 모델. 극성머리(파란색)와 비극성 꼬리(노란색)로 구성되어 있다.

그림 1.12 ▶
글리세롤(glycerol-3-phosphote) 3인산과 글리세로인지질(glycerophospholipid)의 구조. (a) 글리세롤 3-인산의 인산그룹은 극성이다. (b) 글리세로인지질의 2개의 비극성 지방산 사슬은 글리세롤 3-인산에 에스터 결합을 통해 연결되어 있다. X는 인산그룹의 치환체이다.

(a) 글리세롤 3-인산

(b) 글리세로인지질

지방산 아실그룹

막은 세포구조에서 가장 복잡하고 큰 것 중 하나이다. 엄격히 말하자면, 막은 고분자 화합물이 아닌 집합체이다. 그러나 지질 분자가 서로 연결되어 각각의 구성 분자로서는 나타내지 못하던 특징을 갖는 구조를 만든다. 그들의 물에 녹지 않은 것과 지질 집합체의 신축성은 생물막에 많은 특징을 갖게 한다.

소수성 결합은 2장에서 이야기한다.

생물학적 막은 또한 그림 1.13에서 나온 단백질들을 포함한다. 이러한 막 단백질들의 일부는 영양소의 입구와 노폐물들의 출구 역할을 한다. 또 다른 단백질들은 막 표면에서의 반응을 촉매하기도 한다. 그들은 중요한 생물학적 반응이 일어나는 장소이다. 우리는 지질과 생물학적 막에 대하여 9장에서 더욱 자세히 다룰 것이다.

1.4 생물의 에너지론

살아 있는 유기체의 활동은 앞 절에서 설명한 생체 분자와 세포에서 발견되는 다수의 작은 분자들과 이온들에만 의존하지 않는다. 생물은 또한 에너지가 필요하다. 살아 있는 유기체는 끊임없이 살아가기 위해, 자라기 위해, 또는 번식하기 위해 에너지를 유용하게 바꾼다.

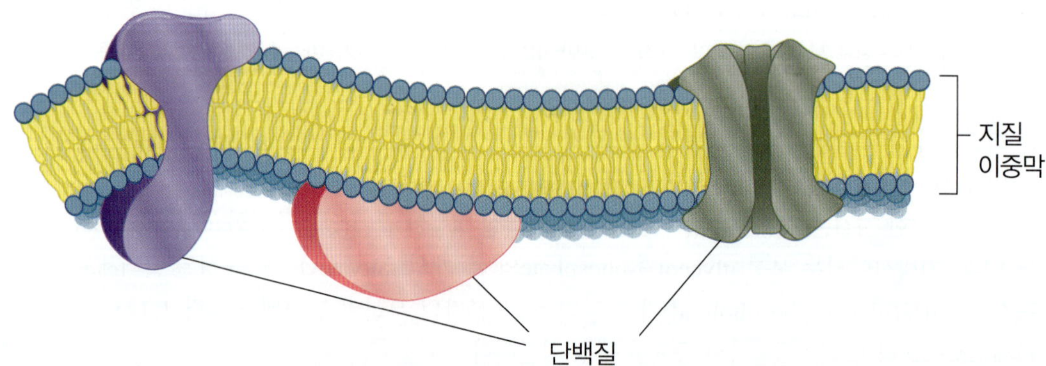

▲ 그림 1.13
생체막의 기본구조. 생체막은 관련된 단백질들과 지질 이중막으로 구성된다. 각각의 지질 분자의 소수성 꼬리는 막의 중심을 구성하기 위해 연결되어 있다. 친수성 머리는 막 양쪽의 수성 환경과 접촉하고 있다. 대부분의 막 단백질은 지질 이중막에 걸쳐 있다. 다른 것들은 다양한 방법으로 막표면에 붙어 있다.

거의 모든 이러한 에너지는 궁극적으로 태양으로부터 공급된다.

태양빛은 식물이나 조류, 광합성 박테리아에 의해 수집되고, 생물학적 화합물의 합성에 이용된다. 광합성 유기물은 먹이나 원생동물, 균류, 비광합성 박테리아, 동물과 같은 유기물에 의해 이용되는 구성 분자로 섭취될 수 있다. 이 유기체들은 직접적으로 태양빛을 유용한 생화학적 에너지로 변환시킬 수 없다. 광합성과 비광합성 생명체들에 의한 유기물의 분해는 새로운 분자나 고분자들의 합성을 이끄는데 사용될 수 있는 에너지를 방출한다.

광합성은 비록 동물을 포함한 많은 종들이 간접적으로만 이득을 받지만, 생물에 필수적인 생화학적 핵심반응 중 하나이다. 광합성의 부산물 중 하나는 산소이다. 태초에는 산소를 생산하는 광합성 박테리아에 의해 지구의 대기가 변환되었을 가능성이 크다. 15장에서 우리는 햇빛을 모으고 이것을 생체고분자물질을 합성하기 위해 사용하는 반응들에 대해 논의할 것이다.

대사란 유기 화합물들이 합성되고 분해되며, 유용한 에너지가 추출되고 저장되고 사용되는 무수한 반응들을 의미한다. 대사반응 동안의 에너지 변화에 대한 연구를 **생물에너지학**이라고 한다. 생물에너지학은 에너지 변화를 다루는 물리학의 한 가지인 열역학의 분야의 한 부분이다. 생화학자들은 무생물계의 에너지 흐름에 적용할 뿐만 아니라 생물의 화학적으로 적용되는 기본적인 열역학 이론들을 발견해왔다.

열역학은 복잡하고 매우 정교한 주제지만, 생화학의 이해에 어떻게 기여하는지 알기 위해 우리는 복잡한 반응을 모두 알 필요는 없다. 이 책에서는 몇몇 열역학의 복잡한 부분을 제외할 것이고, 대신 몇몇 생화학 이론들에 어떻게 어떻게 쓰이는지에 집중할 것이다(10장에서 다룰 예정).

▲ 열대우림의 햇빛. 식물은 햇빛과 무기 양분을 유기 화합물로 변환한다.

A. 반응속도와 평형

화학반응의 속도는 반응물의 농도에 의존한다. A 분자가 B 분자와 충돌하여 C와 D 산물을 생산하는 간단한 화학반응을 보자.

$$A + B \longrightarrow C + D \quad (1.2)$$

이 반응의 속도는 A와 B의 농도에 의해 결정된다. 높은 농도에서는 이 반응물들은 서로 더 잘 충돌하는 반면, 낮은 농도에서는 긴 시간이 걸린다. 우리는 반응하는 분자의 농도를 사각 괄호의 안에 넣은 표기로 나타내었다. 이처럼 [A]는 "A의 농도"를 의미한다 — 보통 리터당 몰 수(M)를 나타낸다. 반응의 속도는 A와 B의 농도의 결과물에 직접적으로 비례한다. 이 속도는 비례상수 k로 나타낼 수 있으며, 이는 일반적으로 속도상수라 부른다.

$$\text{속도} \propto [A][B] \quad \text{반응속도} = k[A][B] \quad (1.3)$$

거의 모든 생화학적 반응은 가역적이다. 이것은 C와 D가 충돌하여 A와 B를 만드는 화학반응을 할 수 있음을 의미한다. 역반응의 속도는 C와 D의 농도에 의존하며, 이 속도는 다른 속도상수에 의해 설명된다. 관례상 정반응의 속도상수를 k_1이라 하고, 역반응의 속도상수를 k_{-1}이라 한다. 반응 1.4는 반응 1.2의 반응을 더 정확하게 보인다.

$$A + B \underset{k_{-1}}{\overset{k_1}{\rightleftharpoons}} C + D \quad (1.4)$$

A와 B의 높은 농도의 혼합물로 시험관 반응을 한다면, C와 D의 초기농도는 0일 것이고, 반응은 왼쪽에서 오른쪽으로만 진행될 것이다. 초기반응의 속도는 A와 B의 시작 농도와 속도상수 k_1에 의존할 것이다. 반응이 진행됨에 따라 A와 B의 양이 줄어들 것이고, C와 D의 양이 증가할 것이다. 역반응은 생성물이 늘어남에 따라서 중요해지기 시작한다. 역반응의 속도는 C와 D의 농도와 속도상수 k_{-1}에 의존한다.

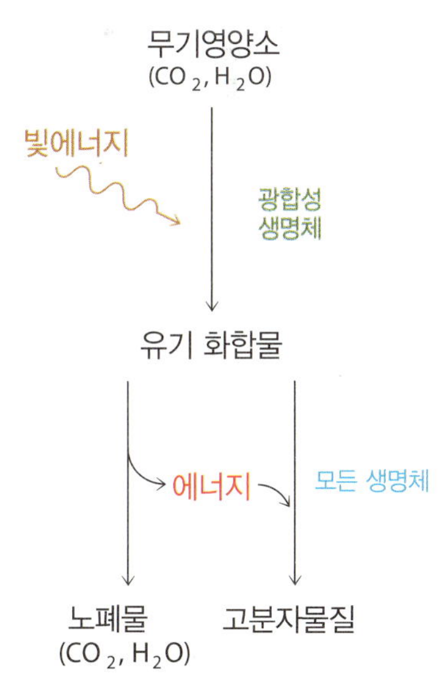

▲ 에너지 흐름. 광합성 생물은 햇빛의 에너지를 모으고 유기 화합물을 합성하기 위해 사용한다. 광합성 생물과 비광합성 생물 모두에서 이 화합물들의 분해는 고분자의 합성과 여러 세포에 필요한 에너지를 생성한다.

핵심개념

화학반응의 속도는 반응물의 농도에 의존한다. 농도가 높을수록, 반응이 더 빠르다.

핵심개념

대부분의 모든 생화학적 반응은 가역적이다. 정반응과 역반응이 동등할 때, 반응은 평형상태가 된다.

적절한 시점에서 정반응과 역반응의 속도는 평형을 이룰 것이고, 더 이상 A, B, C, D의 농도의 변화는 없을 것이다. 다른 말로 반응은 평형상태에 도달했다고 한다. 평형상태에서,

$$k_1[\mathrm{A}][\mathrm{B}] = k_{-1}[\mathrm{C}][\mathrm{D}] \tag{1.5}$$

많은 경우에서 우리는 반응이 평형상태에 도달할 때 반응물과 생성물의 최종 농도에 관심을 갖고 있다. 생성물 농도와 반응물 농도의 비는 평형상수 K_{eq}를 정의한다. 평형상수는 또한 정반응과 역반응의 속도상수의 비와 같으며, k_1와 k_{-1}이 상수기 때문에, K_{eq}도 상수이다. 1.5의 식을 재조정하면 다음과 같이 된다.

$$\frac{k_1}{k_{-1}} = \frac{[\mathrm{C}][\mathrm{D}]}{[\mathrm{A}][\mathrm{B}]} = K_{eq} \tag{1.6}$$

이 이론에서 생성물과 반응물의 농도는 반응이 평형상태에 도달했을 때 이상적이게 된다. 이 경우, $K_{eq} = 1$이며 정반응과 역반응의 속도상수는 같은 값을 가진다. 대부분의 경우 평형상수 값의 범위는 10^{-3}에서 10^3 정도이며, 이는 반응들 중 하나의 속도가 다른 반응들보다 훨씬 빠름을 의미한다. 만약 $K_{eq} = 10^3$이면, 반응은 거의 오른쪽으로 진행되며, C와 D의 최종 농도는 A와 B의 농도보다 훨씬 높게 될 것이다. 이 경우, 정반응속도상수(k_1)는 역반응속도상수(k_{-1})보다 1000배 이상일 것이다. 이것은 C와 D 사이의 충돌이 A와 B 사이의 충돌에 비해 화학반응을 만들기 어려움을 의미한다.

B. 열역학

만약 우리가 반응과 관계된 에너지 변화를 안다면, 평형 농도를 예측할 수 있을 것이다. 또한 반응물과 생성물의 초기 농도를 안다면, 반응의 방향을 예측할 수 있다. 이 정보를 제공하는 열역학적 양은 깁스 자유에너지(G)라 하며, 이는 1878년 처음 이것을 설명한 깁스(J. Willard Gibbs)의 이름을 따라 명명하였다.

▲ **조지아 깁스(Josiah Willard Gibbs, 1839~1903).** 깁스는 19세기의 위대한 과학자들 중 한 명이다. 그는 화학 열역학의 현대적 영역을 설립했다.

용액의 분자들은 온도, 압력, 농도, 그리고 다른 상태들에 의존하는 어떤 에너지를 가지고 있음이 밝혀졌다. 반응을 위한 깁스 자유에너지 변화(ΔG)는 생성물의 자유에너지와 반응물의 자유에너지에서 다르다. 전체 깁스 자유에너지 변화는 엔탈피 변화(ΔH, 열 함량의 변화)와 엔트로피 변화(ΔS, 무질서도 변화)로 알려진 두 구성요소로 되어 있다. 생화학적 과정은 열을 발생하거나 주변으로부터 열을 흡수하는 것이다. 비슷하게 이 과정은 반응물의 무질서도의 증가나 감소와 함께 일어난다.

반응물과 생성물의 초기 용액의 시작에서 만약 반응이 생성물을 더 많이 생성하는 진행을 한다면, ΔG는 0보다 작아야 한다($\Delta G < 0$). 화학용어로, 우리는 이 반응을 자발적이라고 하며 에너지가 방출되었다고 한다. ΔG가 0보다 클 때, 반응은 진행을 위해 외부의 에너지를 필요로 하고, 생성물을 더 만들지 않는다. 사실 많은 반응물들은 역반응을 더 선호하는 것처럼 축적된다. ΔG가 0일 때($\Delta G = 0$), 반응은 평형상태이다. 역반응과 정반응의 속도는 동일하며, 반응물과 생성물의 농도는 더 이상 변하지 않는다.

우리는 주로 전체적인 깁스 자유에너지 변화에 관심을 가지며,

$$\Delta G = \Delta H - T\Delta S \tag{1.7}$$

이와 같이 표현하며, T는 캘빈온도이다.

핵심개념

깁스 자유에너지 변화(ΔG)는 반응의 생성물의 자유에너지와 반응물(기질)의 자유에너지의 차이다.

세포에서 대사 경로의 반응과 같은 일련의 연결된 과정은 보통 전체적으로 음의 깁스 자유에너지 변화일 때만 진행된다. 생화학적 반응이나 과정은 엔트로피가 증가하고 엔탈피가 감소할 때 더 큰 범위와 빠른 속도로 일어나기 쉽다.

만약 우리가 모든 생성물과 모든 반응물의 깁스 자유에너지를 알고 있다면, 식 1.8을 사

용하여 반응의 깁스 자유에너지 변화를 쉽게 계산할 수 있다.

$$\Delta G_{반응} = \Delta G_{생성물} - \Delta G_{반응물} \quad (1.8)$$

불행히도, 우리는 모든 생화학적 분자의 절대적인 깁스 자유에너지를 알지 못한다. 간단한 전구체로부터 이 분자들의 합성과 관계된 열역학적 변수들을 알고 있다. 예를 들어, 포도당은 물과 이산화탄소로부터 형성될 수 있다. 포도당을 만들기 위해 필요한 엔탈피와 엔트로피의 양을 계산하기 위해 물과 이산화탄소의 절대적인 깁스자유에너지 값을 알 필요는 없다. 사실, 역반응(포도당이 물과 이산화탄소로 분해)에 의해 발생하는 열은 열량계를 통해 측정할 수 있다. 이것은 포도당 합성의 엔탈피의 변화(ΔH)의 값을 알려준다. 이 반응의 엔트로피 변화(ΔS) 또한 결정된다. 우리는 이 반응의 깁스 자유에너지를 결정하기 위해 이렇게 측정된 수치를 사용할 수 있다. 그러나 형성된 정확한 깁스 자유에너지는($\Delta_f G$) 포도당의 절대적인 자유에너지와 탄소, 산소, 수소의 절대적인 자유에너지의 차이다.

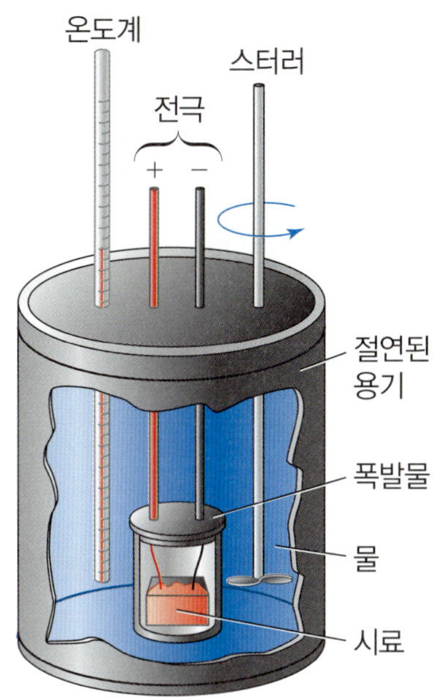

▲ 반응 동안의 열 발산은 열량계의 반응을 수행함으로써 결정될 수 있다.

대부분의 생물학적 분자들의 형성을 위한 깁스 자유에너지 값들이 주어진 표가 있다. 이것은 우리가 식 1.9에서 절대적인 값을 사용하는 것과 같은 방법으로 반응의 깁스 자유에너지 변화를 계산하는 데 사용될 수 있다.

$$\Delta G_{반응} = \Delta_f G_{생성물} - \Delta_f G_{반응물} \quad (1.9)$$

이 책에서는 화합물의 깁스 자유에너지로서 $\Delta_f G$를 이것이 절대적인 값처럼 계산에서 쉽게 사용될 수 있기 때문에 자주 언급할 것이다. 이것은 또한 "자유"라는 단어를 빼고 단지 "깁스에너지"로 부를 것이다.

ΔG와 농도 사이의 관계의 중요성은 10.5절에서 설명된다.

언급되지 않았던 몇 가지의 복잡한 점이 있다. 포도당의 분해를 포함한 어떤 반응에서, 실제 자유에너지 변화는 생성물과 반응물의 농도에 의존한다. 식 1.2의 가상의 반응을 고려해보자. 만약 우리가 일정량의 A, B와 함께 생성물 C와 D가 없이 시작한다면, 이 반응은 적어도 처음에는 한 방향으로만 진행될 것이다. 열역학적 용어인 $\Delta G_{반응}$는 이러한 조건에서 유리하다. 더 높은 A와 B의 농도에서 반응은 더 잘 일어날 것이다. 이것은 반응에서의 실제 깁스 자유에너지 변화는 반응물과 생성물의 농도에 의존한다고 생화학에 대해 배운 것으로 여러 번 돌아가는 것은 중요하다.

우리에게 필요한 것은 농도를 조절할 수 있는 ΔG의 몇몇 표준 값이다. 이 표준 값들은 특정 상태에서 측정된 깁스 자유에너지 변화이다. 관례상, 표준상태는 25°C(298 K), 1 atm 표준압력, 그리고 모든 반응물과 생성물의 1.0 M의 농도이다. 대부분의 생화학적 반응에서, $H^{\oplus}$의 농도는 매우 중요하며, 이것은 pH에 의해 나타나며 다음 장에서 설명될 것이다. 생화학적 반응의 표준상태는 pH = 7.0이며, 이것은 10^{-7}M $H^{\oplus}$와 일치한다(다른 반응물이나 생성물에 관해 1.0 M보다는). 이 표준 상태들에서의 깁스 자유에너지 변화는 기호 $\Delta G^{\circ\prime}$로 나타내진다.

핵심개념

표준 깁스 자유에너지 변화($\Delta G^{\circ\prime}$)는 모든 생성물과 반응물의 농도가 1 M일 때, 반응의 방향을 말해준다. 이 상태들은 절대 살아 있는 세포 내에서 일어나지 않는다. 생화학자들은 오직 보통 0에 가까운 실제 깁스 자유에너지 변화(ΔG)에만 관심이 있다. 표준 깁스 자유에너지 변화($\Delta G^{\circ\prime}$)는 반응이 평형상태에 도달했을 때, 반응물과 생성물의 농도 사이의 관계를 말해준다.

실제 깁스 자유에너지는 표준 자유에너지와 다음과 같은 관계로 표현된다.

$$\Delta G_A = \Delta G^{\circ\prime}_A + RT\ln[A] \quad (1.10)$$

여기서 R은 일반적인 기체상수(8.315 kJ^{-1} mol^{-1})이며, T는 캘빈온도이다. 깁스 자유에너지는 kJ mol^{-1}단위로 나타내진다(이전의 단위는 kcal mol^{-1}, 4.184 kJ mol^{-1}과 동일). $RT\ln[A]$는 때때로 2.303 $RT\log[A]$로 주어진다.

C. 평형상수와 표준 깁스 자유에너지 변화

반응 1.2에서와 같은 주어진 반응에서, 실제 깁스 자유에너지 변화는 표준 자유에너지 변화와 관계가 있다.

$$\Delta G_{\text{반응}} = \Delta G^{\circ\prime}_{\text{반응}} + RT \ln \frac{[C][D]}{[A][B]} \quad (1.11)$$

핵심개념

$\Delta G = \Delta G^{\circ\prime} + RT \ln \frac{[C][D]}{[A][B]}$

평형상태에서, $\Delta G^{\circ\prime} + RT \ln K_{eq} = 0$

만일 반응이 평형에 도달하게 되면, 정의에 의해 식 1.11의 마지막 기간에서의 농도 비율은 평형상수(K_{eq})가 된다. 반응이 평형상태에 있을 때 반응물과 생성물의 농도의 순 변화는 없으므로 실제 깁스 자유에너지의 변화는 없다($\Delta G^{\circ\prime}_{reaction} = 0$). 이것은 우리가 표준 깁스 자유에너지 변화와 평형상수와 관련된 식을 쓸 수 있게 해준다.

이처럼 평형상태에서는 다음과 같다.

$$\Delta G^{\circ\prime}_{\text{반응}} = -RT \ln K_{eq} = -2.303\, RT \log K_{eq} \quad (1.12)$$

이 중요한 식은 열역학과 반응 평형에 관련이 있다. 평형상수가 깁스 자유에너지 변화와 관계가 있고, 식 1.6과 1.7에서 설명한 개별적인 속도상수와는 관계가 없음을 주의해야 한다. 각각의 속도상수의 비는 중요하지만 그들의 절대적인 값들은 중요하지 않다. 정반응과 역반응의 속도 모두 매우 느리거나 매우 빠를 것이며 여전히 같은 비율일 것이다.

D. 깁스 자유에너지와 반응속도

핵심개념

반응의 속도는 깁스 자유에너지 변화에 의해 결정되지 않는다.

열역학적 고려사항은 만약 반응이 선호된다면 우리에게 말할 수 있지만, 얼마나 빠르게 반응이 일어날지는 말하지 않는다. 예를 들어 우리는 철이 부식되고 구리가 녹색으로 변한다는 것을 알지만, 이 반응이 몇 초 또는 몇 년이 걸릴 수 있다. 왜냐하면 반응속도는 활성화 에너지 같은 다른 요소들에 의존하기 때문이다.

활성화 에너지들은 보통 왼쪽으로부터 오른쪽으로의 반응 과정을 보여주며 도표, 또는 장벽으로 그려진다. 그림 1.14에서, 반응물로부터 생성물로 가는 것과 같은 반응의 다른 단계에서의 깁스 자유에너지를 나타내었다. 이 과정은 반응 좌표라 불린다.

자유에너지의 전반적인 변화(ΔG)는 왼쪽에서 보이는 것처럼 음성적일 수 있거나 오른쪽에서 보이는 것처럼 양성적일 수 있다. 두 경우 모두 반응이 진행되기 위해서 초과의 에너지가 요구된다. 에너지 피크의 꼭대기와 가장 높은 깁스 자유에너지의 생성물 또는 반응물의 에너지의 차이는 활성화 에너지($\Delta G^\ddagger$)로 알려져 있다.

이 반응속도는 반응 성질에 의존한다. 식 1.2로부터의 예를 사용하면, 만약 A와 B사이의 모든 충돌이 효과적이라면, 속도는 빠를 것이다. 반면에 만약 개별 분자의 방향이 반응이 일어나기 위해 정확해야 한다면, 많은 충돌은 비생산적이고 속도는 느려질 것이다. 방향뿐만 아니라, 속도도 개별 분자들의 운동에너지에 의존한다. 이들이 충돌하고 반응하기 위한 충분한 에너지를 가지고 있지 않을 때에는, 어떤 주어진 온도에서 일부가 천천히 이동한다. 다른 것들은 빠르게 이동하고, 많은 운동에너지를 수행할 것이다.

활성화 에너지는 이러한 매개변수를 반영하기 위한 것이다. 이것은 반응이 일어날 확률의 척도이다. 활성화 에너지는 온도에 의존한다 — 더 높은 온도에서 더 낮다. 이것은 또한 반응물의 농도에 의존한다 — 높은 농도에서, 더 많은 충돌이 일어나고 반응속도는 더 빨라진다.

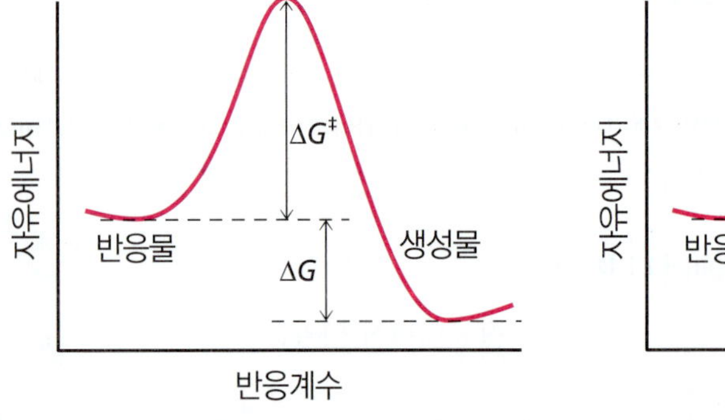

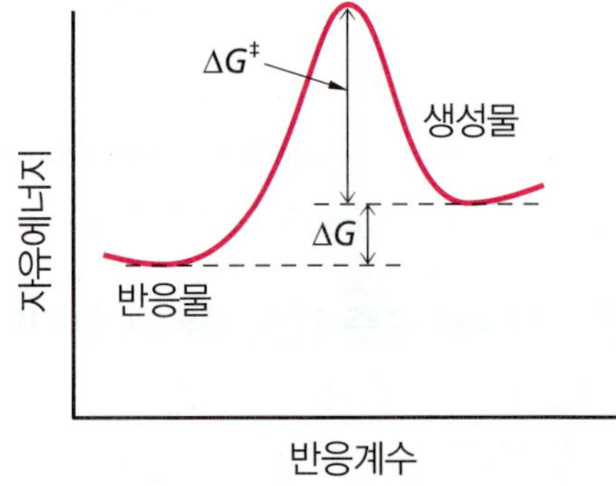

그림 1.14 ▶

반응의 진행은 왼쪽(반응물)에서 오른쪽(생성물)로 그려진다. 첫 번째 도표에서, 전체적인 깁스 자유에너지 변화는 생성물의 깁스 자유에너지가 반응물의 그것보다 낮기 때문에 음의 방향이다. 반응이 진행되기 위해, 반응물은 활성화 에너지 장벽($\Delta G^\ddagger$)을 극복해야 한다. 두 번째 도표에서, 반응의 전반적인 깁스 자유에너지 변화는 양의 방향이며, 최소 활성화 에너지는 더 작다. 이것은 역반응이 정반응보다 더 빨리 진행됨을 의미한다.

중요한 점은 반응속도는 전반적인 깁스 자유에너지 변화로부터 추측할 수 없다는 것이다. 철이나 구리의 산화와 같은 몇몇 반응에서 자신의 활성화 에너지가 높기 때문에 반응은 매우 느리게 진행된다.

비록 열역학적으로 선호될지라도 세포 안에서 발생하는 대부분의 반응들은 시험관에서 매우 느리다. 세포 내에서 보통 느린 반응들의 속도는 효소들에 의해 촉진된다. 효소-촉매 반응의 속도는 해당하는 비촉매반응의 속도보다 10^{20}배 이상이 될 수 있다. 효소가 어떻게 작용하는지 설명할 것이다 — 이것은 생화학에서 가장 매력적인 주제 중 하나이다.

1.5 생화학과 진화가설

유명한 유전학자인 테오도시우스 도브잔스키(Theodosius Dobzhansky)는 "생물학에서 진화론의 관점에서 보지 않으면 아무것도 말이 되지 않는다"라고 이야기한 적이 있다. 생화학에서도 같은 이야기가 통할 정도로 생명체는 많은 예외와 다양성이 존재하고 설명하기 힘든 현상들이 있다. 진화가설은 19세기 중반에 찰스 다윈(Charles Darwin)에 의해 주창된 이후로 먼 길을 돌아왔다.

진화가설에 의하면 이제 생명체의 역사와 현재 존재하는 다양한 생명체와의 연관성에 대해 다음과 같은 가설을 가지고 있다. 태초의 생명체는 현재의 원핵생물로 생각되는 단세포 생명체였을 것으로 추정이 되며, 이 생명체의 화석은 약 30억 년 전의 지층에서 발견이 되었다. 현재 박테리아는 매우 다양한 종으로 분류가 되어 존재하는데, 이들은 광합성을 할 수 있는 사이아노박테리아 및 뜨거운 노천에서도 살아갈 수 있는 호열성세균 등이 있다.

진핵생물은 세포소기관인 핵과 같은 매우 복잡한 내부 구조물을 가지고 있다. 대체적으로 진핵세포는 원핵세포보다 복잡하며, 큰 세포를 가지고 있다. 전형적인 진핵세포는 25 μm 가량의 직경을 가지고 있으며, 반면 원핵세포는 대략 원핵세포 10분의 1 가량의 직경을 가지고 있다. 그러나 이에 대한 많은 예외가 있음도 부인할 수 없는 사실이다. 예를 들자면 어떠한 단세포 진핵세포는 맨눈으로 보아도 보일 정도의 커다란 세포를 가지고 있으며, 한 척추동물의 등뼈에 있는 신경세포는 1 m 가량 되는 것도 있다. 또한 메가박테리아는 대부분의 진핵세포보다도 더 큰 세포를 가지고 있다.

지구상에 존재하는 모든 세포들은 진화가설에 의하면 30억 년 전에 하나의 공통조상 세포에서 진화된 것으로 추정이 된다. 이에 대한 증거로는 모든 생명체가 공통의 생화학적인 building block의 소유, 같은 대사의 패턴, 같은 유전 코드 등을 가지고 있는 것으로 생각된다. 이 책을 통하여 이러한 많은 사실을 접하게 될 것이다. 이러한 사실을 진화가설에서는 오랜 진화의 기간을 통하여 원시적인 세포가 정교한 세포로 진화되었다고 생각하고 있다.

많은 생화학적인 경로 및 과정뿐만 아니라, 분자적인 수준에서 유전자 및 아미노산의 서

▲ **찰스 다윈(Charles Darwin, 1809~1882).** 다윈은 1859년에 '생명의 기원'이라는 책을 출간하였다. 그의 자연선택에 의한 진화가설은 적응 진화를 설명한다.

◀ **버제스(Burgess) 혈암 동물 상상도.** 많은 중간 화석들은 지난 수세기 간의 연구를 통해 생명의 기본 역사의 증거라고 여겨진다. 피키아(Pikia, 왼쪽)는 5억 3,000만 년 전 캄브리아 대폭발기에서 유래된 원시 척색동물이고, 현대 척색동물의 조상이라고 생각된다. 오른쪽 동물은 원시 무척추동물인 오파비니아(Opabinia, 오른쪽)이다.

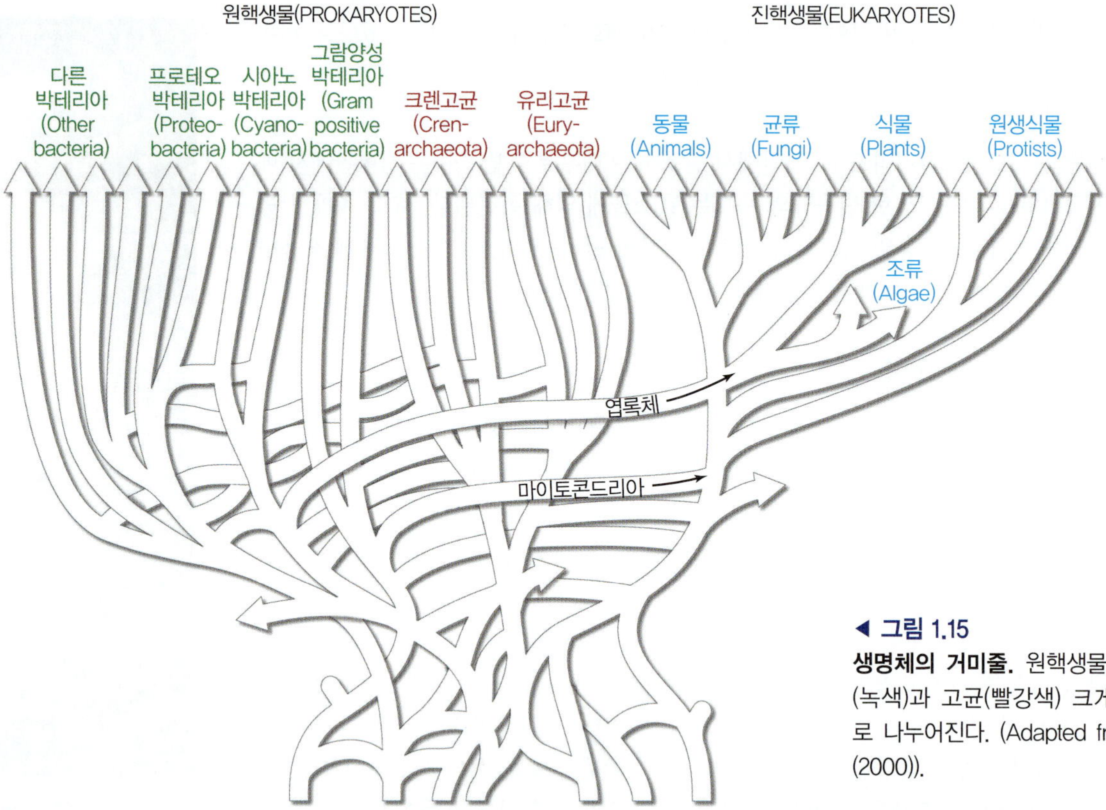

◀ **그림 1.15**
생명체의 거미줄. 원핵생물은 진정세균(녹색)과 고균(빨강색) 크게 두 그룹으로 나누어진다. (Adapted from Doolittle (2000)).

열이 여러 박테리아 및 여러 종류의 진핵세포의 모델 생명체인 효모, 초파리, 식물 및 사람과 같은 생명체에서 공통적으로 보존되어 작동하고 있음을 배우게 될 것이다. 진화론자들은 이러한 현상을 진화의 증거라고 추정하고 있다. 비교생화학 분야는 지난 100여 년간 중요한 역할을 해왔는데, 각종 생명체의 유전자의 완전해독으로 이 분야의 중요성은 한층 증가되었다. 비교생화학 연구로 다른 종에서 생화학적인 경로를 비교할 수 있다.

진화적으로 초기의 생명체라고 여겨지는 것은 현재 종에서 유전자와 단백질의 서열을 비교분석함으로써 결정될 수 있다고 생각된다. 진화론자들은 초기의 단세포 생명체들은 유전자의 교환이 빈번했었다고 생각하며 이로 인해 복잡한 유전적 네트워크를 보인다고 생각했다. 궁극적으로 여러 종의 다양한 박테리아(bactera)나 고균(고세균이라고도 함, archaea)들의 lineage를 통해 원시적인 진핵생명체가 출현했다고 생각한다. 원시진핵 생명체는 박테리아와의 공생을 통해 또한 마이토콘드리아와 엽록체를 출현시켰다고 생각하고 있다.

새로운 진화적인 관점(그림 1.15)에서의 생명체의 거미줄(web of life)은 종전의 원핵생물(prokaryote)이 진정세균(eubacteria)와 고균(archaea) 두 종류의 영역(domain)으로 재분류되었으며, 이로 인해 전통적인 진화가설의 분류학적 관점이 바뀌고 있는 중이다. 이는 유전자 서열 분석 데이터만으로는 eubacteria와 archaea의 명확한 구분은 매우 어려우므로, 현재로는 원핵생물을 하나의 커다란 그룹으로 보고, 그림 1.15에서 보는 바와 같이 그 안에 eubacteria와 archaea를 포함하는 다양한 서브그룹이 존재하는 것으로 생각된다. 또한 eukaryote의 경우도 많은 유전자들이 오래된 eubacteria와 유사한 유전자들이 있으며, 일부는 archaea의 유전자와 유사한 것들이 존재한다. 따라서 수정된 진화가설에 의하면 초기의 생명체들은 상호간에 많은 유전자 교환이 일어났다고 여겨지며, 따라서 기존 진화가설의 생명체의 나무(tree of life)에서 생명체의 거미줄의 형식으로 진화되었다고 수정되고 있는 중이다.

많은 학생들이 인간에서의 생화학 혹은 인간의 질병 및 건강에 관련된 생화학에 관심이 많으나, 이들을 정확이 이해하기 위하여는 우리가 어디에서 왔는가를 제대로 이해하는 것은 매우 중요한 일이라고 생각된다.

1.6 세포는 생명체의 기본 단위

모든 생명체는 단세포 혹은 여러 개의 세포로 이루어져 있다. 세포는 생명체에 따라 그 크기와 모양이 매우 다양하며, 진핵세포 혹은 원핵세포로 분류가 된다. 최근 원핵세포는 분류학적으로 고균(archaea)과 진정세균(eubacteria) 두 그룹으로 다시 나누어진다.

간단한 세포는 세포막으로 둘러싸여진 물방울과 같이 보일 수 있다. 그러나 이 물방울과 같은 세포는 녹아 있는 물질과 단백질, 핵산, 탄수화물과 같은 부유상태로 떠다니는 물질들이 존재하게 된다. 한편 지질이 많이 함유되어 있는 세포막은 유동적이며, 서로 융합이 가능하다. 세포막은 지질의 존재로 인해 친수성인 물질 혹은 커다란 물질들이 투과를 할 수 없게 된다. 따라서 세포막 안에는 특정 세포 고분자 물질들이 세포 밖보다 더 고농도로 존재할 수 있다.

세포에서 세포질막으로 둘러싸인 부분을 세포질이라 한다. 세포질은 커다란 구조물이나, 세포소기관이라고 불리는 막성 물질을 함유하고 있다. 진핵세포는 하나의 핵과 다른 여러 종류의 막성 세포소기관을 세포질에 가지고 있다.

바이러스는 세포로 이루어져 있지는 않으나 감염이 가능한 물질이다. 이들은 단백질 껍질로 둘러싸여진 핵산을 가지고 있으며, 어떤 경우는 막을 가지고 있는 경우도 있다. 바이러스의 핵산은 적게는 3개의 유전자로 이루어진 것도 있고, 많게는 수백 개의 유전자로 이루어진 것도 있다. 이들의 생물학적인 중요성에도 불구하고, 바이러스는 진정한 의미의 세포로 이루어져 있지는 않다. 왜냐하면 이들은 독립적인 대사작용을 수행할 수 없기 때문이다. 이들은 숙주세포의 증식할 수 있는 기관을 빼앗아 이들을 새로운 바이러스를 만드는데 작동시켜 증식하기 때문이다. 어떤 면에서는 이들은 유전적인 기생충이다.

바이러스는 수천 가지가 존재할 정도로 매우 다양하다. 원핵생물을 감염시키는 바이러스는 박테리오페이지 혹은 페이지라고 불린다. 현재 우리가 알고 있는 많은 생화학적인 지식은 바이러스 혹은 박테리오페이지의 연구 및 이들이 감염시키는 숙주와의 상호작용 연구를 통해서 알려졌다. 예를 들자면, 이 장의 처음 페이지에서 볼 수 있는 인트론에 대한 연구는 인간의 아데노바이러스에서 처음 발견이 되었으며, 유전자에 대한 첫 번째 지도작성은 박테리오페이지 T4에서 연구되었다.

다음 2개의 절에서는 전형적인 원핵세포 및 진핵세포의 구조에 대해 배우게 될 것이다.

1.7 원핵세포: 구조적인 특성

원핵생물들은 보통 단세포 유기체다. 살아 있는 유기체의 가장 좋은 연구는 *Escherichia coli* 세균이다(그림 1.16). 이 유기체는 생물학적 시스템의 모델로 쓰였으며 이 책 뒤에 나오는 많은 생화학적 반응들은 *E. coli*에서 처음 발견되었다. *E. coli*는 세균의 매우 일반적인 종이지만 몇몇 세균들은 규조류, 수선화, 그리고 잠자리의 차이만큼 다르다. 이러한 다양성

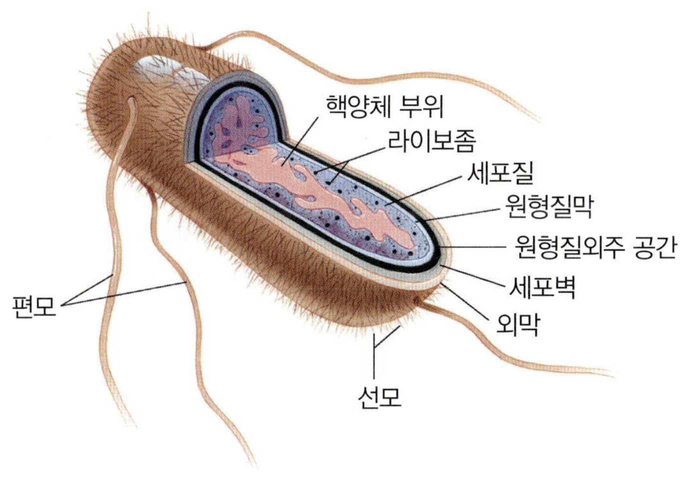

◀ **그림 1.16**
***Escherichia coli*.** *E. coli* 세포는 대략 0.5 μm의 직경과 1.5 μm 정도의 길이다. 편모라 불리는 단백질 섬유는 세포를 추진하기 위해 회전한다. 더 짧은 선모는 성적 결합에 도움을 주고, *E. coli* 세포를 표면에 붙게 도와준다. 주변 세포질 공간은 세포막과 외막을 분리하는 수성 부분이다.

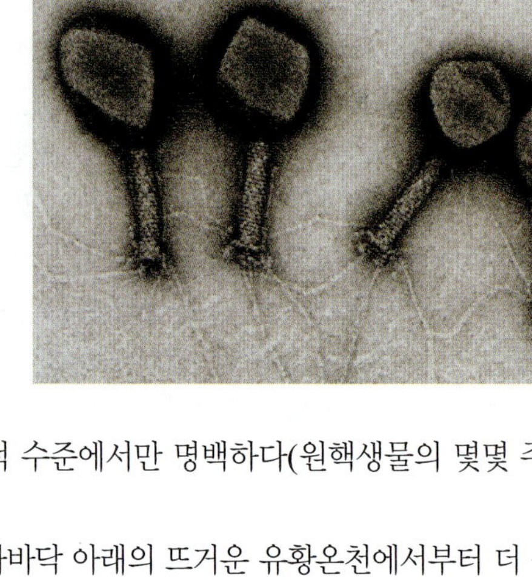

▶ **박테리오페이지 T4.** 생화학에 대한 우리의 대부분의 이해는 박테리오페이지 T4와 같은 세균성 바이러스의 연구에서 온다.

의 대부분은 분자적 수준에서만 명백하다(원핵생물의 몇몇 주요한 집단의 이름은 그림 1.15에서 보자).

원핵생물은 바다바닥 아래의 뜨거운 유황온천에서부터 더 큰 세포의 내부까지 지구의 거의 모든 생각할 수 있는 환경에서 발견된다. 이들은 지구 생물의 상당한 양을 차지한다.

원핵생물은 그들의 다양성에도 불구하고 많은 특징을 공유한다. 원핵생물은 핵이 결여되어 있다 — 그들의 DNA는 핵양체라 불리는 세포질 영역에 위치한다. 많은 세균 종들은 오직 1000개의 유전자를 가지고 있다. 생화학자의 관점으로부터 세균에서 가장 관심 있는 것 중 하나는 비록 그들의 염색체는 작은 수의 유전자를 포함하지만, 우리 자신을 포함한 모든 세포에서 발견되는 대부분의 기본적인 생화학적 반응들을 수행한다. 수백의 세균 유전체 서열이 확인되었고, 이것을 통해 생명현상을 영위할 수 있는 최소의 효소수를 알아낼 수 있으리라 생각된다.

대부분의 세균은 많은 예외들이 있기는 하여도 내부의 막으로 된 구간들이 따로 없다. 원형질막은 보통 탄수화물과 펩타이드 사슬로 공유결합된 견고한 네트워크로 되어 있는 세포벽으로 둘러싸여 있다. 이 세포벽은 박테리아 각 종들의 특유의 모양을 부여한다. 물리적으로 강함에도 불구하고 세포벽에는 구멍들이 있다. *E. coli*를 포함하여 대부분의 세균들은 세포벽 이외에 추가적으로 지질, 단백질, 다당류에 연결된 지질 등을 포함하는 외막을 가지고 있다. 내막과 외막 사이의 공간을 원형질 외극이라 부른다. 박테리아 내의 주요한 막 결합성 구조이며 생화학적인 과정에서 매우 중요한 역할을 한다.

많은 세균들은 외부 표면에 선모(pili)라고 하는 단백질 섬유질을 가지고 있다. 선모는 세포들 간의 상호작용을 위해 부착 부위로서 작용을 한다. 많은 종들은 하나 또는 그 이상의 편모를 가지고 있다. 이것들은 길고, 보트에 달린 프로펠러처럼 회전할 수 있는 채찍 같은 구조이며 결과적으로 박테리아를 수성환경에서 이동하게 한다.

작은 사이즈의 원핵생물들은 부피에 비해서 높은 비율의 표면을 유지한다. 그러므로 단순확산이 세포질로 영양분을 분배하기 위한 적절한 수단이다. 세포질에서 저명한 고분자 구조 중 하나는 라이보좀—단백질 합성을 위한 거대한 RNA—단백질 구조이다. 모든 살아 있는 세포들은 라이보좀들이 있지만 우리는 나중에 박테리아의 라이보좀들과 진핵생물의 라이보좀들이 중대한 세부적인 부분에서 차이가 있음을 알게 될 것이다.

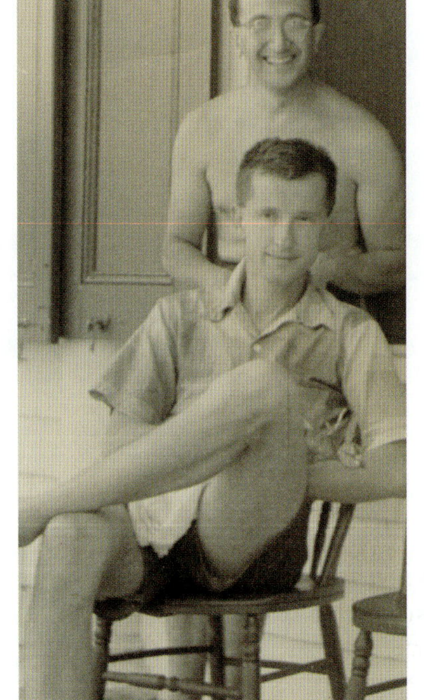

▲ **맥스 델브뤼크(Max Delbruck)와 살바토레 루리아(Salvatore Luria)** 델브뤼크(앉아 있는)와 루리아는 1953년 Cold Spring Harbor 연구실에서 일했다. 델브뤼크와 루리아는 1940, 1950, 1960년대에 박테리오페이지와 세균의 유전학과 생화학에 대해 연구하는 과학자 단체인 "phage group"을 설립하였다.

1.8 진핵세포: 구조적인 특성

진핵생물은 식물, 동물, 균류, 원생생물 등을 포함한다. 원생생물들은 대부분 작고, 다른 부류에는 속하지 않는 단세포 생물이다. 세균과 함께 이 네 그룹들은 하나의 유명한 분류체계에 따라 5개의 계를 이룬다(이전의 체계는 4개의 진핵생물계를 유지하고 세균을 진정세균과 고균으로 나눈다).

동물계의 일원으로서 우리는 다른 동물들에 대해 잘 알고 있다. 큰 규모로 보아서 비교적 큰 생물체에 더욱 더 초점을 맞춘다. 그러므로 식물과 버섯에 대해서는 알지만 작은 미세한

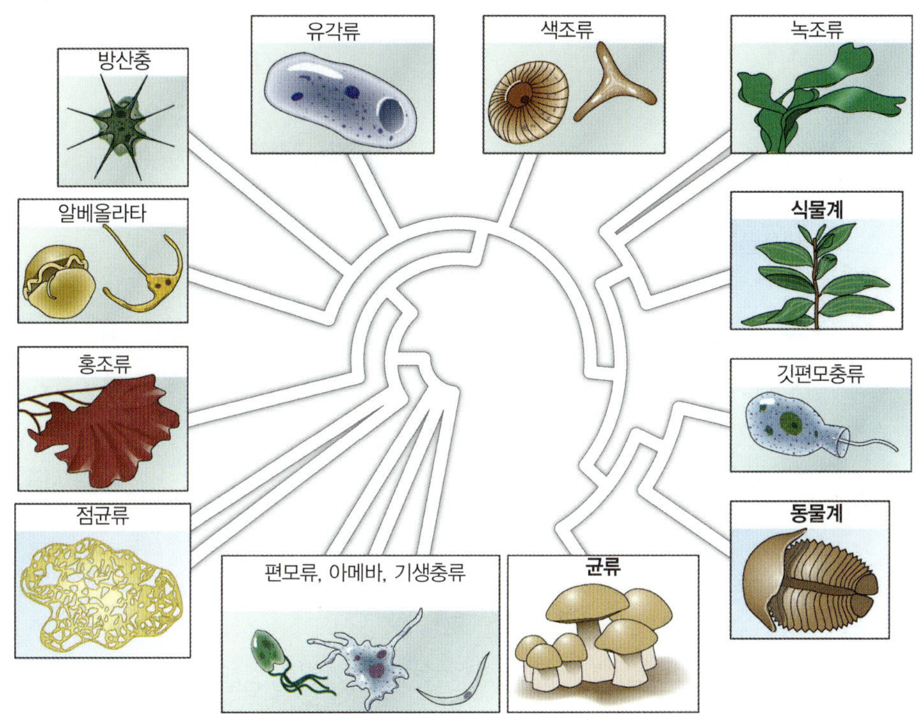

◀ 그림 1.17
생물의 진핵생물 트리. 기존의 식물계, 동물계, 균계는 원생생물의 계보다 더 큰 계 내에 뻗어 있다.

종들에 관하여는 잘 모른다.

진핵생물의 최근 트리들은 우리로 하여금 원생생물 계의 다양함에 대해 이해하는데 도움을 준다. 그림 1.17에 보인 것처럼, 동물, 식물, 균류 "계"들은 생명의 진핵생물 트리에서 비교적 작은 가지들을 차지한다.

진핵세포들은 세균과 달리 보통 이중막으로 구성된 한 개의 원형질막으로 둘러싸여 있다. 진핵생물을 원핵생물과 구별하는 가장 분명한 특성은 진핵생물에 존재하는 막으로 둘러싸인 핵의 존재다. 사실은 진핵생물은 핵의 존재로 정의된다(그리스어: *eu-*, "진짜의" 그리고 *karuon*, "너트" 또는 "알맹이").

앞서 말했듯이, 진핵세포들은 세균세포에 비해서 거의 항상 더 크고, 부피에서는 보통 1000배 더 크다. 진핵세포의 큰 구조 때문에 내부의 구조물들과 메커니즘들은 세포 내부에서와 세포 외부로 또는 세포 외부로부터의 빠른 수송과 교신을 위해 필요하다. 세포골격이라고 불리는 단백질 섬유질 그물망은 세포의 모양과 세포 내 수송을 조절하는 역할로 세포 내 전역으로 뻗어나간다.

거의 모든 진핵세포들은 추가적인 막 결합 구조물인 세포기관들을 갖고 있다. 세포기관들의 특정한 기능들은 보통 그들의 물리적인 특성과 구조에 연관되어 있다. 그럼에도 불구하고 세포기질에서 다수의 특정한 생화학 반응들이 일어나고 세포기질은 세포기관처럼 굉장히 조직화되어 있다.

진핵세포의 내부는 세포 내 막 네트워크를 갖고 있다. 핵, 마이토콘드리아, 엽록체 등을 포함한 독립적인 세포기관들은 세포 전역에 스며들어 있는 이 막 시스템에 끼워져 있다. 물질들은 막의 벽이나 관으로 정해진 길을 통해 흐른다. 구조물들 간의 물질들의 세포 내 수송은 빠르고, 굉장히 선택적이며 밀접하게 조절된다.

다음 그림 1.18은 전형적인 동물과 식물세포들을 나타낸다. 두 종류 모두 핵, 마이콘드리아 그리고 세포골격을 갖고 있다. 식물세포들은 또한 엽록체와 액포를 갖고 있으며 일반적으로 견고한 세포벽으로 둘러싸여 있다. 조류와 다른 원생생물에서도 발견되는 엽록체들은 광합성을 하는 장소이다. 식물 세포벽은 거의 대부분이 1.3B 부분에서 설명되었던 다당류 중 하나인 셀룰로스로 구성되어 있다.

핵심개념

동물은 생물트리의 상대적으로 작고, 매우 특수화되어 있는 지점이다.

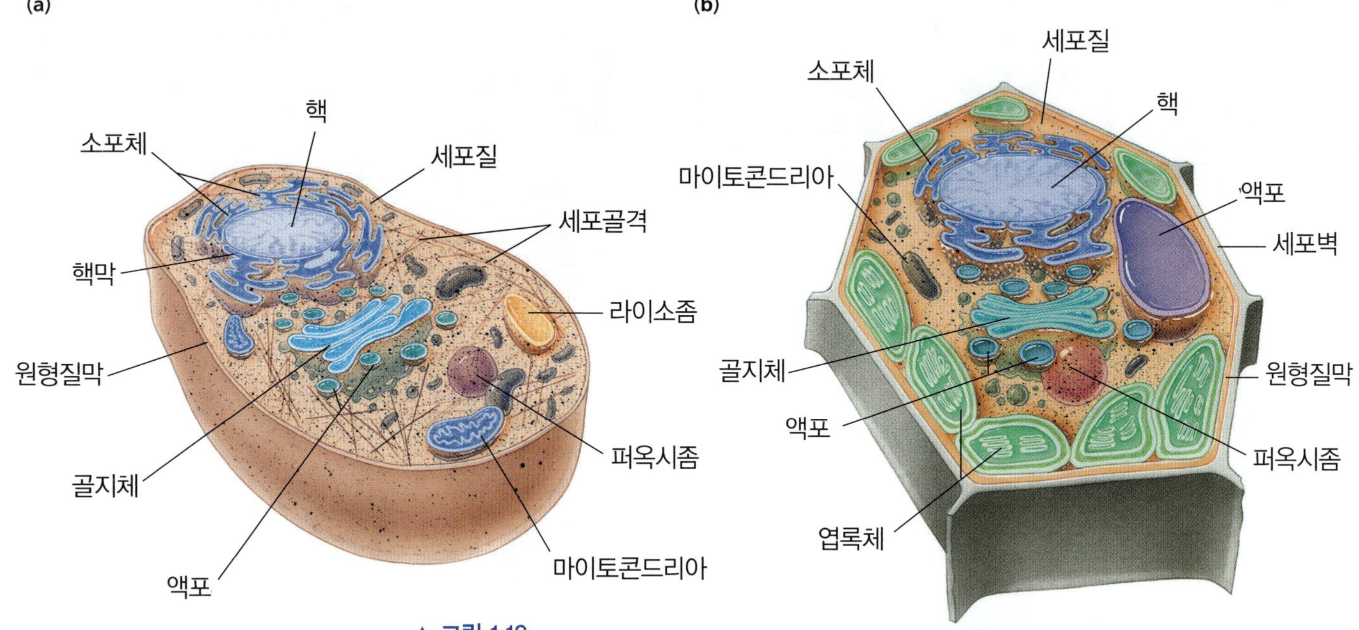

▲ 그림 1.18

진핵세포. (a) 동물세포의 구성. 동물세포는 원생생물, 균류, 식물에서도 발견되는 소기관과 구조를 포함하는 전형적인 진핵세포다. (b) 식물세포의 구성. 대부분의 식물세포는 식물과 조류의 광합성의 장소인 엽록체를 포함한다. 크고, 유체로 채워진 조직인 액포는 용질과 세포의 노폐물을 포함한다. 그리고 세포벽은 대개 셀룰로스로 구성된다.

▲ 그림 1.19

유사분열. 유사분열의 다섯 단계가 보인다. 염색체(붉은색)는 응축되어 있고, 세포의 중앙에 나열되어 있다. 방추사(녹색)는 최근에 복제된 엽색체의 분리에 필요하다.

대부분의 다세포의 진핵생물들은 조직을 갖고 있다. 조직 내의 유사하게 특수화된 세포들의 그룹들은 단백질과 다당류를 함유하고 있는 세포외 기질로 둘러싸여 있다. 기질은 물리적으로 조직을 지지하고 어떠한 경우에서는 세포 성장과 이동을 조절한다.

A. 핵

핵은 일반적으로 진핵세포에서 가장 뚜렷한 구조물이다. 핵은 구조적으로 단백질로 나열된 핵공에서 만나는 두 겹의 막으로 된 핵막으로 되어 있다. 핵막은 소포체에 연결되어 있다(아래 참조). 핵은 양전하를 띤 단백질들인 히스톤과 밀접하게 감겨진 염색질로 꽉 찬, 세포의 95%의 DNA를 갖고 있는 관리센터다. DNA 복제와 DNA로부터 RNA가 되는 전사는 핵에서 이루어진다. 많은 진핵생물들은 핵 안에 인이라고 하는 밀집한 덩어리를 가지고 있다. 인은 rRNA 합성의 주요한 장소이며 라이보좀이 조립되는 장소이다.

대부분의 진핵생물은 원핵생물보다 훨씬 더 많은 DNA를 갖고 있다. 원핵생물의 유전물질, 또는 유전체는 일반적으로 DNA의 단일 원형 분자인 반면, 진핵생물의 유전체는 다수의 직선형 염색체들로 구성되어 있다. 진핵생물에서는 새로운 DNA와 히스톤들은 세포분열의 준비를 위하여 합성이 되고 염색체 물질은 응축되어 두 개의 동일한 세트의 염색체로 나뉘게 된다. 이 과정을 유사분열(그림 1.19)이라고 한다. 그 후 세포는 세포분열을 마무리하기 위하여 두 개로 나누어진다.

대부분의 진핵생물들은 이배체이다. 그들은 두 개의 완전한 염색체 세트를 갖고 있다. 가끔씩 진핵세포들은 각각 단일 염색체 세트를 갖는 4개의 반수체를 형성하는 감수분열을 진행한다. 두 개의 반수체들은 —예를 들어, 난자와 정자— 이후에 전형적인 이배체를 재생하기 위해 융합될 수 있다. 이 과정은 진핵생물에서 유성생식의 중요한 특성 중 하나이다.

B. 소포체와 골지체

막의 층들과 관들의 네트워크인 소포체는 핵의 외막으로부터 확장된다. 소포체 내의 제한된

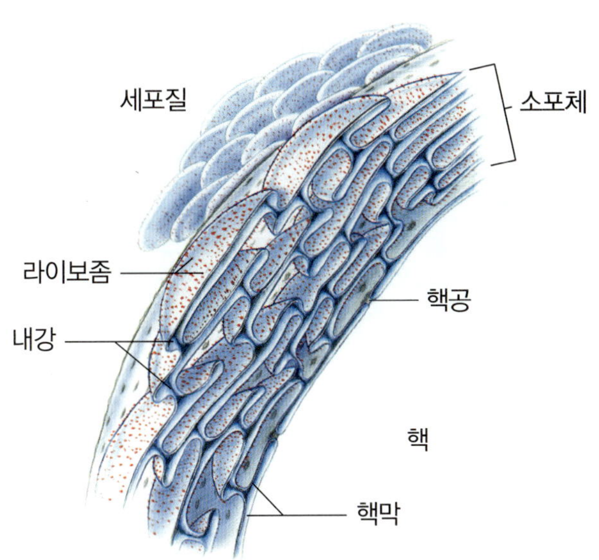

◀ **진핵세포의 핵막과 소포체(ER).**

단백질 합성과 정렬, 분비는 22장에서 설명된다.

구역의 수성 영역을 내강(lumen)이라 한다. 많은 세포에서 소포체의 표면 부분들은 단백질들을 활발히 합성하는 라이보좀들로 덮여 있다. 합성이 진행되는 동안 단백질은 막을 통과하여 내강으로 이동된다. 세포로부터 밖으로 나가게 될 단백질들은 막을 통해 내강으로 밀려나게 되는데 여기서 그들은 막으로 된 소낭에 싸여진다. 이 소낭들은 세포 내에서 이동하여 원형질막과 결합하게 되고 세포외 틈으로 내용물을 내보내게 된다. 세포질에 남게 될 단백질들의 합성은 소포체에 결합되어 있지 않은 라이보좀에서 일어나게 된다.

골지체라고 하는 평평하고, 액체가 채워진, 막으로 된 주머니 형태의 구조는 자주 소포체와 핵 근처에서 발견된다. 소포체에서 떨어져 나오는 소낭들은 골지체와 융합한다. 소낭이 가져온 단백질들은 몇 겹의 골지체를 통과하면서 화학적으로 변형될 수 있다. 변형된 단백질들은 그 후에 선별되고 새로운 소낭에 싸여지며 세포 안이나 밖의 특정 목적지로 이송된다. 골지체는 비록 단백질 분비라는 역할이 확립되기에 발견 후 수십 년이 더 걸리긴 하였지만 19세기에 카밀로 골지(Camillo Golgi)라는 과학자가 발견하였다.

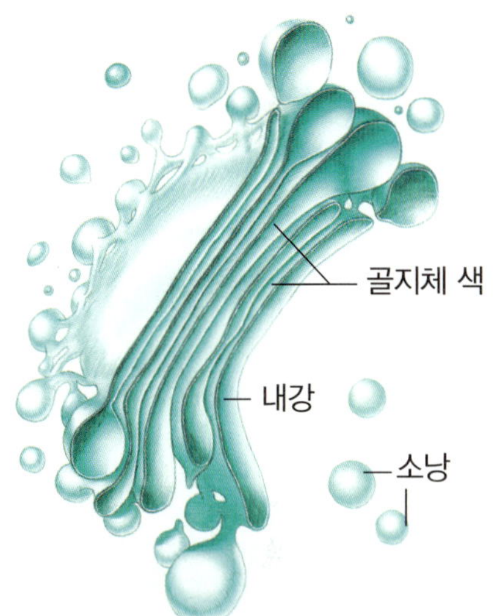

▲ **골지체.** 골지체는 소포체에서 골지체로 소낭에 의해 운반된 단백질의 변형과 정렬에 책임이 있다. 골지체로부터 나온 소낭은 세포 안과 밖의 목적지에 변형된 물질을 운반한다.

C. 마이토콘드리아와 엽록체

마이토콘드리아(사립체)와 엽록체는 에너지 형질도입에 중심적인 역할을 한다. 마이토콘드리아는 산화에너지 대사의 주요 장소이다. 그들은 거의 모든 진핵세포에서 발견된다. 엽록체는 식물과 조류의 광합성을 하는 장소이다.

마이토콘드리아는 내막과 외막을 갖고 있다. 내막은 여러 번 접혀 있어서 외막보다 3~5배 정도의 더 넓은 표면적을 갖는다. 이온들과 대부분의 대사산물들에 대해 불투과성이다. 내막에 둘러싸인 수상 부분을 마이토콘드리아 기질이라 한다. 호기성 에너지 대사에 관여하는 많은 효소들은 내막과 기질에서 발견된다.

마이토콘드리아는 크기와 모양이 다양하다. 여기 보이는 일반적인 젤리빈 모양의 마이토콘드리아는 많은 세포 종류에서 발견되지만 어떠한 마이토콘드리아들은 구형이거나 불규칙한 모양일 수도 있다.

마이토콘드리아의 가장 중요한 역할은 유기산, 지방산 그리고 아미노산을 이산화탄소와 물로 산화시키는 것이다. 방출된 에너지의 대부분은 마이토콘드리아의 내막에 양자 농도기울기의 형태로 보존된다. 이 저장된 에너지는 14장에서 더욱 자세하게 설명될 아데노신이인산(ADP)과 무기인산(P_i)을 인산화 과정에서의 에너지가 풍부한 ATP로 전환하는 데에 사용된다. ATP는 그 후에 생합성, 농도와 전하 기울기, 운동이나 근육 수축 등을 목적으로 하는 물리적인 힘을 발생시키는 일에 대한 에너지를 필요로 하는 과정을 위해 세포로부터 이용된다. 세포에서 발견되는 마이토콘드리아의 수는 다양하게 다르다. 어떤 진핵세포는 몇 개만

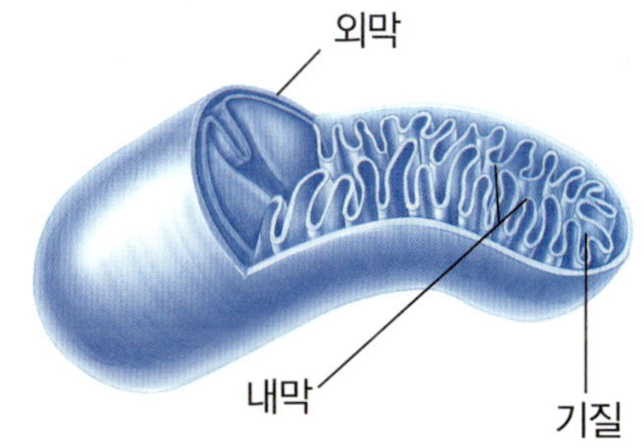

▲ **마이토콘드리아.** 마이토콘드리아는 호기성 진핵세포의 에너지 전달의 주된 장소다. 탄수화물, 지방산, 아미노산은 이 기관에서 대사한다.

▶ **엽록체.** 엽록체는 식물과 조류에서 광합성의 장소다. 빛에너지는 틸라코이드막에 연관된 색소에 의해 포획되고 이산화탄소와 물을 탄수화물로 변환한다.

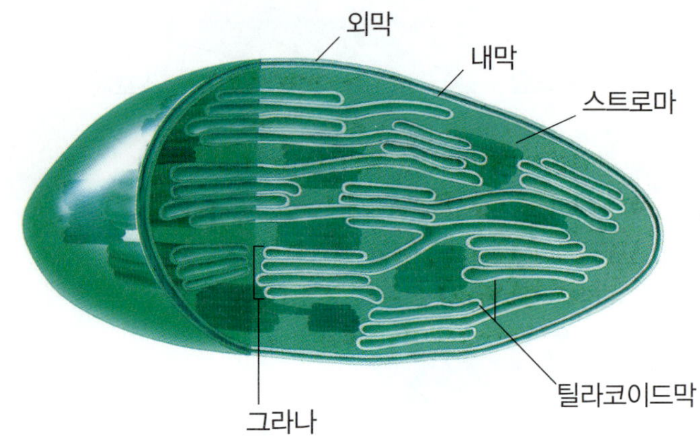

의 마이토콘드리아만을 가질 수 있는 반면에 어떠한 것들은 몇천 개를 가질 수 있다.

광합성을 하는 식물세포들은 마이토콘드리아뿐만 아니라 엽록체를 갖고 있다. 마이토콘드리아처럼 엽록체들은 외막을 갖고 있고 틸라코이드막이라 하는 많이 접힌 내막 구조를 갖고 있다. 내막의 일부분은 그라나(단수, granum)라고 하는 평평한 주머니를 형성한다. 수성 상태의 스트로마에 매달려 있는 틸라코이드막은 광에너지를 획득하는 데에 관여하는 엽록소와 다른 색소들을 갖고 있다. 라이보좀과 몇몇의 원형 DNA 분자들 또한 스트로마에 매달려 있다. 엽록체에서 빛으로부터 획득된 에너지들은 이산화탄소와 물에서 탄수화물을 형성하는 데에 쓰인다.

마이토콘드리아와 엽록체들은 진화가설에 의하면 원시의 진핵세포들과 내부 공생 관계에 들어간 세균으로부터 유래되었다. 마이토콘드리아와 엽록체의 내부공생의 가설에 대한 증거는 박테리아의 것들과 유사한 분리된, 작은 유전체의 기관들과 특정한 라이보좀들의 존재를 포함한다. 최근에는 과학자들이 마이토콘드리아와 엽록체의 (그리고 단백질) 유전자 서열들을 많은 종류의 세균의 것들과 비교하였다. 이러한 분자학적인 진화 과정에 대한 연구에서 마이토콘드리아는 프로테오박테리아라고 하는 특정한 세균 그룹의 원시적인 일원으로부터 유래되었다고 생각된다. 엽록체들은 사이아노박테리아라고 하는 광합성이 가능한 박테리아에 가까운 종으로부터 유래된 것으로 생각된다.

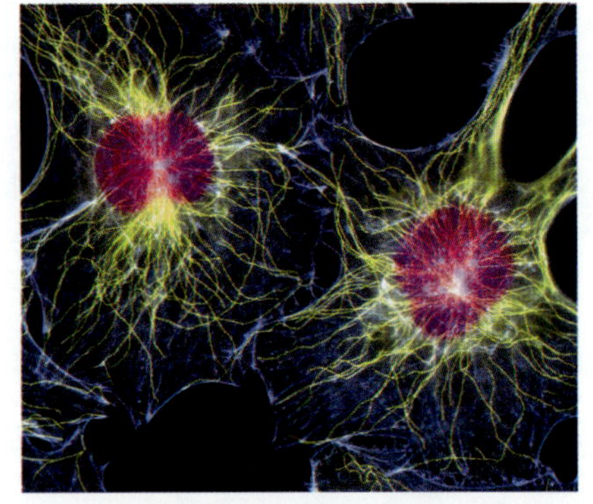

▲ **포유 동물세포의 액틴섬유와 미세소관의 형광 표지된 현미경사진. (왼쪽)** 쥐의 근육 세포의 액틴섬유. **(오른쪽)** 인간 내피 세포의 미세소관.

D. 특수화된 소낭

진핵세포들은 라이소좀이라고 하는 특수화된 소화 가능 소낭들을 갖고 있다. 이 소낭들은 굉장히 산성인 내부를 감싸는 단일막으로 둘러싸여 있다. 산성도는 막에 끼워져 있는 양성자 펌프에 의해 유지된다. 라이소좀은 단백질이나 핵산과 같은 세포의 고분자들의 붕괴를 촉진하는 다양한 효소들을 갖고 있다. 그들은 또한 수명을 다한 마이토콘드리아나 세포에 의해 삼켜진 박테리아들과 같은 커다란 입자들을 소화할 수도 있다. 라이소좀의 효소들은 라이소좀 내부의 산성 환경 아래에 있는 것보다 기질에서의 중성 pH 부근에서 활성 정도가 더욱 더 낮다. 라이소좀 효소들의 구획화는 기질에서 고분자의 분해를 실수로 촉매하는 일로부터 방지한다.

퍼옥시좀은 모든 동물세포와 많은 식물세포에 존재한다. 라이소좀처럼 그들은 단일막에 싸여 있다. 퍼옥시좀은 독성 화합물인 과산화수소(H_2O_2)를 생성하는 산화반응을 일으킨다. 어떠한 과산화수소는 다른 화합물을 산화할 때에 사용된다. 과도한 과산화수소는 과산화수소를 물과 산소로의 전환을 촉매하는 퍼옥시좀 카탈라아제의 작용으로 인해 파괴된다.

액포는 단일막으로 싸여진 액체가 가득한 소낭이다. 그들은 성숙한 식물세포와 몇몇의 원생생물에 흔히 있다. 이 소낭들은 물, 이온 그리고 포도당과 같은 영양분을 저장하는 장소이다. 몇몇의 액포들은 대사 산물들과 식물이 더 이상 필요로 하지 않는 고분자의 분해를 촉진할 수 있는 몇몇의 효소들을 가지고 있다.

E. 세포골격

세포골격은 세포의 지원, 내부 조직, 심지어 세포의 이동에 요구되는 단백질 골격이다. 몇몇 종류의 동물세포는 조밀한 세포골격을 포함하지만, 대부분의 다른 진핵세포에서는 훨씬 덜 두드러진다. 세포골격은 세 가지 종류의 단백질 섬유들로 구성되어 있다: 액틴 필라멘트, 미세소관, 중간 섬유. 세 종류 모두 실 같은 섬유를 구성하기 위해 각각의 단백질 분자들로 이루어져 있다.

액틴 필라멘트(또는 미세섬유)는 가장 풍부한 세포골격 구성요소이다. 이것은 직경 7 nm 정도의 밧줄 같은 가닥을 이루는 액틴이라 불리는 단백질로 구성되어 있다. 액틴은 모든 진핵세포에서 발견되며, 세포 내에서 가장 많은 단백질이다. 이것은 또한 가장 계통적으로 보존된 단백질이다.

미세소관은 묶음으로 되어 있는 강하고 단단한 섬유이다. 이것들은 22 nm 정도의 직경으로 액틴 필라멘트보다 훨씬 두껍다. 미세소관은 튜불린이라 불리는 단백질로 구성되어 있다. 미세소관은 세포질 내부 골격의 일종으로 그 역할을 하지만, 그들은 또한 유사분열 시 방추사를 형성한다. 추가로 미세소관은 섬모와 같은 직접적인 운동을 가능하게 하는 구조를 형성할 수 있다. 정자 세포를 움직이게 하는 편모는 매우 긴 섬모의 예다 — 이들은 세균의 편모와 관계가 없다. 섬모의 물결 같은 운동은 ATP로부터 에너지를 받아 구동된다.

중간섬유는 대부분의 진핵세포의 세포질에서 발견된다. 이 섬유는 액틴 필라멘트와 미세소관의 중간 크기 정도인 10 nm 정도의 직경을 가지고 있다. 중간섬유는 핵막의 안쪽을 채우며, 핵으로부터 세포의 표면을 향해 바깥쪽으로 뻗어간다. 이들은 세포가 외부의 물리적인 자극으로부터 저항하는 데 도움을 준다.

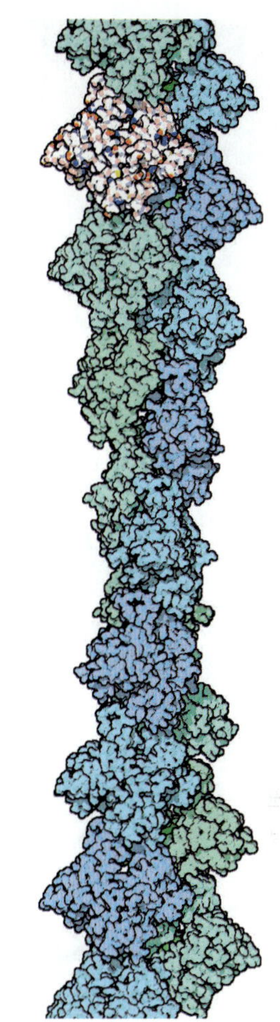

▲ **액틴.** 액틴필라멘트는 각각의 액틴 단백질의 소단위들이 조직화된 것을 보여주고 있다. (Courtesy David S. Goodsell)

1.9 살아 있는 세포의 사진

지금까지 세포(cell) 안의 주요한 구조와 역할에 대해 소개했다. 이러한 구조들은 이 책의 나머지 부분에 초점이 될 중합체(polymer)와 분자에 비해 어마어마하게 큰 구조다. 세포들은 수천 개의 다른 대사물질과 수백만 개의 분자들이 들어 있다. 모든 세포의 세포질(cytosol) 안에는 수백 개의 다른 효소들이 있으며, 이 효소들은 단지 하나 혹은 몇 개의 연관된 대사물질에 특이적으로 작용한다. 효소들은 거의 복제가 일어나지 않는 것도 있으며 몇몇 효소들은 많아질 수 있다. 각 효소들은 잠재적인 기질과 함께 많아질 수 있다.

분자생물학자 및 예술가인 데이비드 굿셀(David S. Goodsell)은 백만 배 확대된 대장균의 분자적 내용물을 보여주는 획기적인 이미지를 만들어 내었다(그림 1.20). 이 사이즈에서 대략 600큐브가 대장균 세포의 부피를 나타낸다. 여기에서 원자들의 크기는 문자 *i* 안에 있는 점보다 더 작으며 조그만 대사물질들은 거의 보이지 않는다. 단백질들은 밥의 낟알의 크기이다.

세포 안의 분자의 그림은 어떻게 많은 물질들이 빽빽하게 세포질 안으로 포장될 수 있는지를 보여주는데 그것은 원자수준에서의 활동으로는 설명할 수 없다. 세포 안에 있는 모든 분자들은 움직이고 또 다른 것들과 충돌하고 있다. 분자들 사이에 충돌들은 완전히 탄성이 있다 — 충돌의 에너지는 다시 튀어나오는 에너지 안에 보존되어 있다. 분자들은 서로 튕겨나가면서 그들의 공간 안에서 넓게 변칙적인 길로 이동하는데 이를 확산의 무작위 보행(random walk)이라고 부른다. 물과 같이 조그만 분자는 충돌할 때 이동하는 거리가 분자의 크기보다 더 작으며 경로는 다양한 방향으로 이동을 한다. 그것이 복잡한 경로임에도 불구하고 물 한 분자는 1/10초에 대장균의 길이만큼 확산될 수 있다.

하나의 효소와 조그만 분자는 1초당 백만 번의 충돌이 일어날 수 있다. 이 상태 안에는 많은 효소들의 일반적인 촉매 비율은 대략 1000번 충돌했을 때 단지 1번 반응이 일어난다. 하지만 몇몇 효소들은 1000번 충돌했을 때 1번 반응이 일어나는 것보다 훨씬 더 효과적으로 촉매반응이 일어난다. 사실 몇몇 효소들은 그들의 활성 부위(active site)에 결합하는 기질(substrate)의 거의 모든 분자들과 함께 촉매반응이 일어난다. 이것은 효소에 지시된 화학의

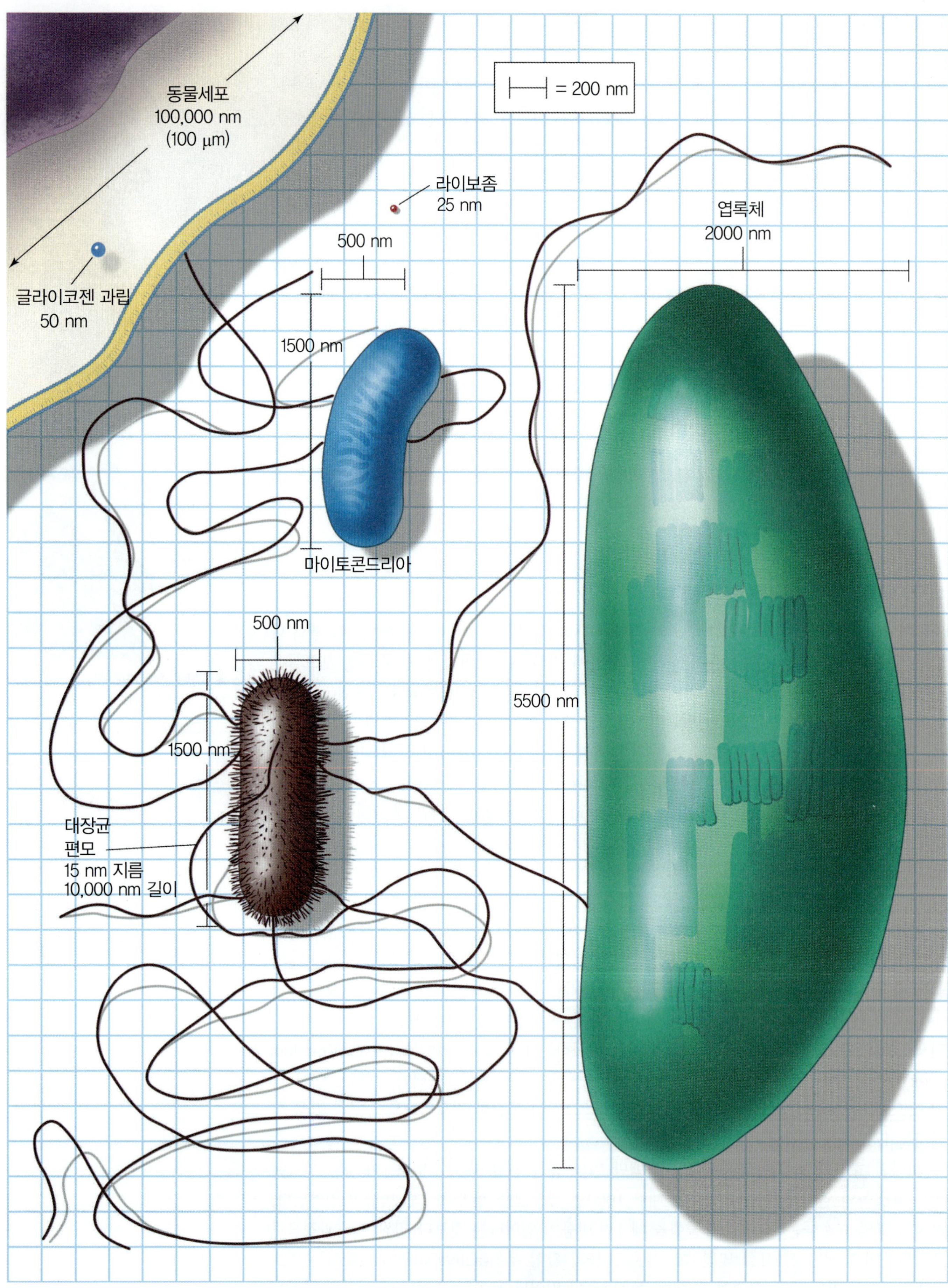
= 200 nm
동물세포
100,000 nm
(100 μm)
라이보좀
25 nm
글라이코젠 과립
50 nm
500 nm
1500 nm
마이토콘드리아
엽록체
2000 nm
5500 nm
500 nm
1500 nm
대장균
편모
15 nm 지름
10,000 nm 길이

= 4 nm
파이루베이트
디하이드로지네이즈
50 nm
25 nm
70S
라이보좀
6.0 nm
원형질막
ATP
1.5 nm
물 분자
0.4 nm
2.4 nm
DNA
6.4 nm
헤모글로빈
아미노산
0.8 nm
설탕
1.5 nm

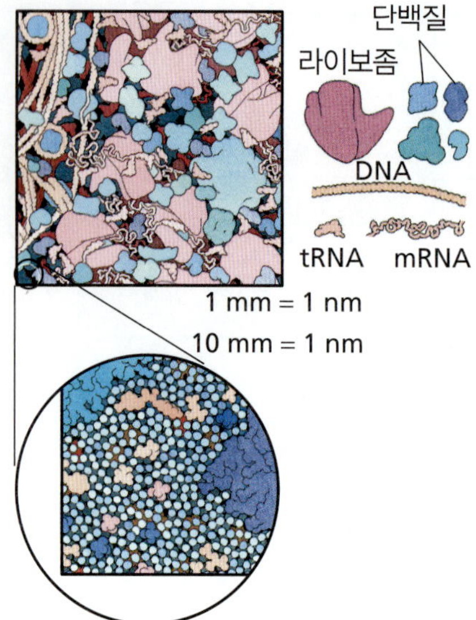

▲ 그림 1.20

대장균세포의 세포질 부분. 위에 삽화의 내용은 100만 배 확대되었다. 창은 100 × 100 nm 나타낸다. 단백질은 파란색과 녹색이다. 핵산은 핑크색이다. 커다란 구조는 라이보좀이다. 물과 조그만 대사물질은 보이지 않는다. 동그랗게 삽입된 내용은 1,000만 배 확대가 된 것이며 물과 또 다른 조그만 분자들을 보여주고 있다.

놀라운 힘의 예다. 효소들의 반응 비율 혹은 효소반응속도론을 연구하는 것은 생화학의 가장 기본적인 측면 중 하나이다. 그것은 6장에서 설명할 것이다.

세포막 안에 있는 지질 또한 지질 이중층의 2차원 평면 내에서 활발하게 퍼진다. 지질 분자들은 세포막 안에서 이웃하는 분자들과 함께 초당 600만 번 정도 물질교환이 이루어진다. 몇 개의 막 단백질은 또한 세포막 안에서 재빠르게 퍼져 나갈 수 있다.

커다란 분자들은 조그만 것보다 더 느리게 퍼져나간다. 진핵세포 안에서 효소와 같은 큰 분자들의 확산은 세포골격의 복잡한 네트워크에 의해서 더욱더 지연된다. 큰 분자는 세포질 안에서 주어진 거리를 가로질러 퍼져나가는데 순수한 물에 비해 10배 정도 더 느리다.

세포질 조직의 전체 범위는 아직 잘 알려져 있지 않다. 다수의 단백질과 효소는 반응을 일으킬 수 있는 커다란 복합체를 형성한다. 우리는 신진대사에 대해서 공부를 함으로써 몇 개의 복합체를 접할 수 있을 것이다. 그들은 종종 단백질 기계라고 부른다. 이러한 처리방식은 대사물질들이 세포질 안에서 퍼져나가지 않고 하나의 효소로부터 직접적으로 전달하는 이점을 가지고 있다. 세포질은 단지 수용성의 분자들이 임의적으로 혼합된 것이 아니라 간단한 수용성 화학물질이 세포질 활성을 오랫동안 지배함으로써 고도로 조직화되었다는 것을 많은 연구자들이 공감하고 있다. 고도로 조직화된 세포질의 개념은 생화학에서 비교적 새로운 분야다. 그것은 어떻게 세포가 분자적 수준에서 작용을 하는지에 대한 중요한 새로운 이해로 이어질 수 있다.

1.10 생화학은 여러 학문 분야에 걸쳐 있다

생화학자들의 목표 중의 하나는 삶을 분자적으로 설명할 수 있게 거대한 지식을 통합하는 것이다. 이것은 그 동안 진행해왔고, 계속해서 할 것이지만 어려운 작업이다. 그러나 어려움 속에서도, 생화학자들은 모든 세포들의 기본적인 공통되는 반응을 이해하고 규명하여 많은 발전이 있었다.

생화학 분야는 진공상태에서 존재하지 않는다. 물리학, 화학 그리고 세포생물학이 생화학을 이해하는 데 어떻게 기여하는지 이미 알고 있다. 연관된 분야인 생리학 그리고 유전학 역시 중요하다. 사실 많은 과학자들은 더 이상 그들 자신을 단지 생화학자라고 생각하지 않고 몇 개의 연관된 분야를 좀 아는 정도라고 간주한다.

생화학의 모든 측면은 연관되어 있기 때문에 다른 부분을 참조하지 않고서 하나의 주제를 제시하는 것은 어렵다. 예를 들어 기능은 구조와 밀접하게 연관되어 있고 각각의 효소 활동의 조절은 단지 일련의 연결된 반응을 통해서 일어날 수 있다. 생화학 주제의 연관성은 생화학 과정을 입문하는 학생과 선생님 모두에게 문제다. 소재는 논리적이고 순차적 방법으로 제시되어야만 하지만 모든 과정, 모든 학생에 맞는 주제의 보편적인 순서는 없다. 다행히 생화학의 기본 원리를 이해하는 접근방법에 있어서 대략적인 기본골격이 있으며 이 책은 이 기본골격을 따르고 있다. 우리는 물을 소개하는 장부터 시작한다. 단백질과 효소, 탄수화물 그리고 지방의 구조와 기능에 대해서 설명할 것이다. 이 책의 세 번째 장에서는 신진대사와 신진대사의 조절을 설명하는 데 있어서 구조적 정보를 사용한다. 마지막으로 핵산과 저장 그리고 생물학적 정보의 전달을 배울 것이다.

일부 과정에서는 약간 다른 순서로 소재를 포함할 수 있다. 예를 들어 핵산의 구조는 신진대사 부분 이전에 설명할 수 있다. 가능하면 우리는 학생들의 흥미를 유발시키고 특별히 필요한 과정을 넣기 위해서 다른 순서대로 장을 썼다.

부록 생화학의 특별한 전문용어

대부분 생화학의 양은 국제적으로 체계화된 국제단위(Le Systeme International d'Unites, SI)를 사용하고 있다. 몇 가지 일반적인 SI 단위는 표 1.1 안에 열거되어 있다. 예전부터 사용했던 단위는 과학적 문헌에서 빠르게 사라지고 있음에도 불구하고 많은 과학자들은 여전히 예전부터 사용했었던 단위를 사용하고 있다. 예를 들어 단백질 화학자들은 종종 원자간의 거리를 옹스트롬(angstrom; Å)으로 표기한다. 1 Å은 SI 단위인 0.1 nm와 동일하다. 칼로리(Calories; cal)는 종종 줄(joules; J) 대신에 사용을 한다. 1 칼로리는 4.184 J과 같다.

온도의 표준적인 SI 단위는 켈빈(Kelvin)이다. 그러나 온도는 대부분 섭씨(degree Celsius, ℃)로 표기한다. 섭씨 1은 1켈빈과 같다. 그러나 섭씨눈금(Celsius scale)은 1기압에서 물의 어는점(0℃)에서 시작하며 100℃는 물의 끓는점이다. 이 눈금은 종종 백분법 눈금(centigrade scale)(*centi-* = 1/100)으로 나타낸다. 절대영도(absolute zero)는 −273℃이며 이것은 0 K와 동일하다. 정온동물의 생화학적 반응은 체온에서 일어난다(인간에서는 37℃).

몇몇 SI 단위에 대해서 매우 크거나 매우 작은 숫자의 값은 적절한 접두사에 의해서 표시될 수 있다. 공통적으로 사용되는 접두사나 그들의 부호는 표 1.2 안에 열거되어 있다. 모든 곳에서 사용되는 표준 SI 단위 이외에도 생화학은 생화학만의 특별한 전문용어를 가지고 있다. 예를 들어 생화학자들은 긴 이름을 가지는 생화학 용어에 대해서 편리한 약어를 사용한다.

RNA와 DNA 용어가 좋은 예다. 그들은 라이보핵산(ribonucleic acid)과 디옥시라이보핵산(deoxyribonucleic acid)의 긴 이름을 약어로서 만든 것이다. 이와 같은 약어는 매우 편하고 약어의 해당하는 화학구조에 약어를 연결시켜 학습하는 것은 생화학을 이해하는 데 필요한 단계다. 이 책에서 우리는 각각의 새로운 화합물을 소개함에 있어서 공통된 약어를 소개할 것이다.

표 1.1 생화학에서 사용되는 공통적인 SI 단위

물리적 양	SI 단위	부호
길이	미터	m
중량	그램	g
양	몰	mol
부피	리터[a]	L
에너지	줄	J
전위	볼트	V
시간	세컨드	s
온도	켈빈[b]	K

[a] 1리터 = 1000 큐빅 센티미터.
[b] 273 K = 0℃.

표 1.2 SI 단위와 함께 사용되는 공통적인 접두사

접두사	부호	증배율
테라-	T	10^{12}
기가-	G	10^{9}
메가-	M	10^{6}
킬로-	k	10^{3}
데시-	d	10^{-1}
센티-	c	10^{-2}
밀리-	m	10^{-3}
마이크로-	μ	10^{-6}
나노-	n	10^{-9}
피코-	p	10^{-12}
펨토-	f	10^{-15}
아토-	a	10^{-18}

참고문헌

화학

Bruice, P. Y. (2011). *Organic Chemistry*, 6th ed. (Upper Saddle River, NJ: Prentice Hall).

Tinoco, I., Sauer, K.,Wang, J. C., and Puglisi, J. D. (2002). *Physical Chemistry: Principles and Applications in Biological Sciences*, 4th ed. (Upper Saddle River, NJ: Prentice Hall).

van Holde, K. E., Johnson,W. C., and Ho, P.S. (2005). *Principles of Physical Biochemistry* 2nd ed. (Upper Saddle River, NJ: Prentice Hall).

세포

Alberts, B., Bray, D.,Hopkin, K., Johnson, A., Lewis, J., Raff, M., Roberts, K., and Walter, P. (2004). *Essential Cell Biology* (New York: Garland).

Lodish, H., Berk, A.,Matsudaira, P., Kaiser, C. A., Kreiger, M., Scott, M. P., Zipursky, L., and Darnell, J. (2003). *Molecular Cell Biology*, 5th ed. (New York: Scientific American Books).

Goodsell, D. S. (1993). *The Machinery of Life* (New York: Springer-Verlag).

진화론과 생명다양성

Doolittle,W. F. (2000). Uprooting the tree of life. *Sci. Am.* 282(2):90–95.

Doolittle,W. F. (2009). Eradicating topological thinking in prokaryotic systematics and evolution. *Cold Spr. Hbr. Symp. Quant. Biol.*

Margulis, L., and Schwartz, K.V. (1998). *Five Kingdoms*, 3rd ed. (New York:W.H. Freeman).

Graur, D., and Li,W.-H. (2000). *Fundamentals of Molecular Evolution* (Sunderland, MA: Sinauer).

Sapp, J. (Ed.) (2005). *Microbial Phylogeny and Evolution: Concepts and Controversies*. (Oxford, UK: Oxford University Press).

Sapp, J. (2009) *The New Foundations of Evolution*. (Oxford, UK: Oxford University Press).

History of Science

Kohler, R. E. (1975). The History of Biochemistry, a Survey. *J. Hist. Biol* 8:275–318.

물

지구상의 생물은 종종 탄소 기반의 현상으로 설명될 수 있지만 물 기반의 현상으로서 보는 것이 정확하다 할 수 있다. 생명은 아마도 물에서 유래가 되었고 모든 살아 있는 세포는 여전히 존재하기 위해서 물에 의존한다. 물은 세포의 질량의 60~90%를 차지하고 대부분의 세포에서 가장 풍부한 분자이다. 씨앗이나 포자와 같이 물이 빠져나오는 세포는 제외된다. 씨앗과 포자는 물에 의해서 다시 살아날 때까지 오랜 기간 휴면상태로 있을 수 있다.

삶의 역사 안에서 중요한 변화는 지구생명체가 물이 부족한 환경에서 살아남기 위해 특별한 적응이 요구된다. 이 책의 나머지 부분에서 이러한 적응에 대해 많이 보게 될 것이다.

물과 물의 특성을 이해하는 것은 생화학을 연구하는 데 있어서 중요하다. 세포의 고분자 구성요소 — 단백질, 다당류(polysaccharides), 핵산 그리고 지질은 물의 반응 안에서 특유한 모양을 띤다. 예를 들어 어떤 종류의 분자들은 광범위하게 물과 상호작용을 하고 그 결과로서 물을 피하기 위해 물에 쉽게 용해되지 않는 또 다른 분자와 뭉쳐서 매우 용해가 잘 되게 만든다. 물이 중요한 용액이기 때문에 세포의 물질대사 기계장치(metabolic machinery)는 수분을 함유한 환경에서 작동된다.

물의 특성을 조사함으로써 생명체의 화학적 연구를 자세하게 시작할 수 있다. 물의 물리적 특징은 이온과 또 다른 극성 물질이 용매에 기능을 가질 수 있고 물의 화학적 특징은 다른 물 분자를 포함할 수 있게 또 다른 물질과 약한 결합을 가지고 있다. 물의 화학적 특징은 또한 거대분자, 전체 세포 그리고 유기체의 기능과 연관성이 있다. 이러한 상호작용은 거대분자와 큰 세포구조의 구조적 안전성에 중요한 원천이 된다. 우리는 물이 물에 잘 용해되지 않는 물질과 어떻게 상호작용하는지 볼 수 있을 것이다. 이 장에서는 물의 이온화를 설명하고 다음 장에서는 분자와 프로세스를 이해하는데 기초가 되는 산-염기에 대해 설명할 것이다. 물이 단지 불활성 용매가 아니고 많은 세포반응을 위한 물질이라는 것을 명심하는 것이 중요하다.

물보다 부드럽고 약한 것은 없으며,
물보다 단단하고 강한 것 또한 없다.
이런 이유로 물에 대한 대체는 없다.

—노자(c. 550 BCE)

▲ **유레카 모래 언덕에 달맞이꽃 (*Oenothera californica*)** 이 종은 캘리포니아에 있는 데스밸리(Death Valley) 국립공원 모래언덕에서만 자란다. 이는 물을 보존하기 위한 특별한 메커니즘을 가지고 있기 때문이다.

위: 우주로부터의 지구. 지구는 물로 구성이 된 행성이고 물은 모든 생명의 생화학 안에서 중심적인 역할을 한다.

2.1 물 분자는 극성이다

물 분자(H_2O)는 V자 모양(그림 2.1a)이고 2개의 공유결합(O−H) 사이의 각도는 104.5°이다. 물의 몇 가지 중요한 특징은 각이 있는 모양과 그것을 형성시킬 수 있는 분자 사이의 결합으로부터 발생된다. 하나의 산소 원자는 8개의 전자를 가지고 있으며 산소 원자의 핵은 8개의 양자(proton)와 8개의 중성자(neutron)를 가진다. 안쪽 껍질(inner shell)에는 2개의 전자를 가지고 있고 외각 껍질(outer shell)에는 6개의 전자를 가지고 있다. 외각 껍질은 잠재적으로 하나의 *s* 오비탈(orbital)과 세 개의 *p* 오비탈 안에 4개의 전자쌍을 수용할 수 있다. 그러나 물의 구조와 물의 특징에서는 외각 껍질 안에 전자가 4개의 sp^3 혼성 오비탈을 사용한다는 가정에 의해서 더 잘 설명할 수 있다. 산소 원자 중심 주위에 4면체의 4개의 꼭지점에 위치한 것과 같은 4개의 오비탈을 생각해 보자. sp^3 혼성 오비탈 2개는 전자 한 쌍을 포함하고 또 다른 2개는 한 개의 전자를 포함한다. 이것은 산소가 단일 전자 오비탈을 채우기 위해 또 다른 원자와 전자들을 공유함으로써 공유결합을 할 수 있다는 것을 의미한다. 물의 공유결합은 산소 원자와 함께 하나의 전자를 공유하는 각각의 다른 2개의 수소 원자들과 관련되어 있다. 그림 2.1b에 각 전자들은 산소 원자에 각 sp^3 혼성 오비탈 수소 원자들과 함께 공유되는 2개의 전자에 의해서 일어나는 것을 파란 점을 통해서 나타내었다. 수소 원자의 안쪽 껍질은 2개의 공유된 전자들이 공유결합을 하기 때문에 채워졌다.

하나의 물 분자 안에 H—O—H 각도는 104.5°이지만 만약 전자궤도가 정말 4면체의 4개의 꼭지점에 위치해 있다면 각도는 109.5°가 되었을 것이다. 이러한 차이는 전자쌍과의 강한 반발력과 이러한 반발력이 공유결합 오비탈을 밀어서 각도가 109.5°에서 104.5°로 줄어들었다고 설명할 수 있다.

산소의 핵은 수소 핵 안에 있는 단일 양성자보다 더 강하게 전자를 끌어당기기 때문에 산소 원자가 수소 원자들보다 더 음전하를 띤다. 그 결과로서 전하의 불균등성은 산소를 포함한 부분적 음전하($\delta^{\ominus}$)와 수소를 포함한 부분적 양전하($\delta^{\oplus}$)를 가지고 있는 물 분자의 각 O—H 결합 안에서 일어난다. 이러한 결합에서의 전하 불균등성은 쌍극자(dipole)와 극성으로 불리는 결합으로서 알려졌다.

분자의 양극성은 공유결합의 양극성과 기하학에 의존된다. 물의 극성 O−H 결합의 각도 배열은 그림 2.2a에서 보여주는 것과 같이 분자에 대해 영구적인 쌍극자를 만들어낸다. 암모니아 한 분자도 또한 영구적인 쌍극자가 들어 있다(그림 2.2b). 따라서 물과 암모니아 기체가 전기적으로 중성이어도 두 분자는 극성이다. 물 안에서 극성 암모니아 분자의 높은 용해는 극성 물 분자와 강한 상호작용함으로써 촉진될 수 있다. 물 안에서 암모니아의 용해는 "비슷한 성질을 갖는 물질은 서로 잘 녹인다"라는 원리로 증명된다.

모든 분자가 다 극성은 아니다. 예를 들어 이산화탄소 또한 극성 공유결합이 존재하지만 결합이 다른 것과 일직선상으로 되어 있고 반대 방향으로 되어 있어서 양극성은 서로 상쇄된다(그림 2.2c). 결과적으로 이산화탄소는 망 쌍극자가 없으며 암모니아보다 물에 용매가 덜 된다.

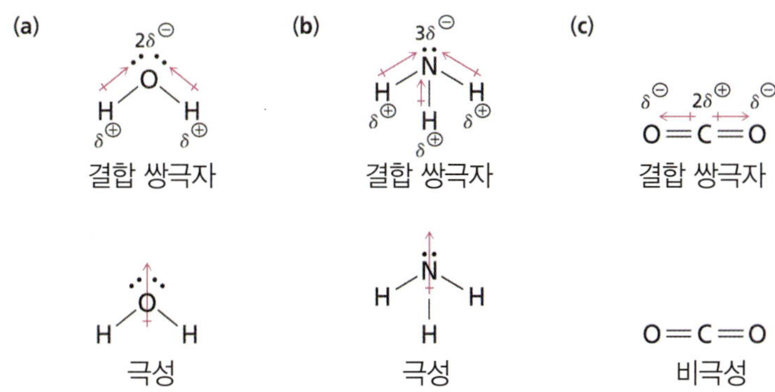

(a)

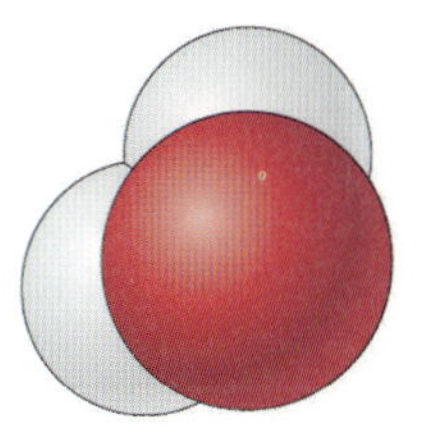

(b)

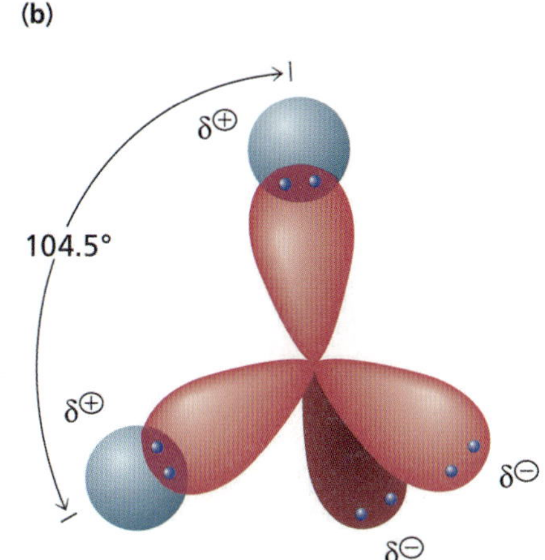

▲ **그림 2.1**

물 분자. (a) 물 분자의 공간을 채운 구조. (b) 물 분자의 공유결합 사이에 각. 산소 원자의 sp^3 혼성 오비탈 2개는 수소 원자의 *s* 오비탈과 같이 공유결합에 참여한다. 다른 두 개의 sp^3 오비탈은 전자 쌍에 의해서 발생한다.

핵심개념

극성 분자는 전하가 불균등한 분자이므로 한쪽 분자의 끝은 보다 음성을 띠고 또 다른 한쪽 끝은 보다 양성을 띤다.

◀ **그림 2.2**

조그만 분자의 양극성. (a) 물의 극성 공유결합의 기하학은 산소를 포함하는 부분적 음전하($2\delta^{\ominus}$로 표시)와 각 수소에 포함된 부분적 양전하($\delta^{\oplus}$로 표시)와 함께 있는 분자에 대해서 영구적인 쌍극자를 만들어낸다. (b) 암모니아 분자의 피라미드 구조는 영구적인 쌍극자를 만들어낸다. (c) 이산화탄소 안에 동일 선상의 양극성은 각각 극성을 없애준다. 따라서 CO_2는 비극성이다. 화살표가 묘사하는 쌍극자는 양성 끝에서 가로질러 오는 음전하를 가리킨다.

2.2 물의 수소결합

물 분자가 띠는 극성의 중요한 결과물 중의 하나는 또 다른 물 분자를 끌어들인다는 것이다. sp^3 하이브리드 궤도들 중 하나에서 쌍을 이루는 한 물 분자의 약한 양성 수소 원자 하나와 약한 음성 전자 사이의 끌림은 하나의 수소결합을 만든다(그림 2.3). 두 물 분자 사이의 **수소결합(hydrogen bond)**에서 수소 원자는 공유 원자가로 수소 제공자 산소 원자에 결합된다. 동시에 또 다른 산소 원자를 끌어들이는데, 이를 수소 수용체라 한다. 실제로는 수소 원자가 두 산소 원자들 사이에(차별적으로) 공유된 상태이다. 수소 원자로부터 수용체 산소 원자까지의 거리는 공유결합 길이의 약 두 배이다.

핵심개념

수소결합은 부분적으로 양전하(δ⊕)를 띤 하나의 수소 원자가 두 개의 음전하(2δ⊖)를 띤 원자들 사이에 위치될 때에 형성된다. 수소결합은 공유결합보다 훨씬 약하다.

수소결합을 형성함에 있어서 오로지 물만이 유능한 분자인 것은 아니다. 이 상호작용들은 여느 전자적 음성 원자와 또 다른 전자적 음성 원자에 이미 달라붙어 있는 수소 원자들 사이에서 발생할 수 있다. (2.5B절에서 수소결합의 다른 예를 확인할 것이다.) 수소결합은 전형적인 공유결합보다도 매우 약하다. 물과 액체들에서 수소결합의 세기는 직접적으로 측정하기 어렵지만, 약 20 kJ mol^{-1}로 추정된다.

$$\mathrm{H{-}O{-}H} + \mathrm{H{-}O{-}H} \rightleftharpoons \mathrm{H{-}O{-}H \cdots OH_2} \qquad \Delta H_f = -20\ \mathrm{kJ\ mol^{-1}} \tag{2.1}$$

열의 약 20 kJ mol^{-1}은 수소결합된 물 분자들이 표준 조건 하에서 물을 형성하고 있을 때 방출된다. (표준 조건들은 1 atm 압력과 25℃의 온도임을 기억하라.) 이 값은 형성의 표준 엔탈피이며, 수소결합들의 형태가 물의 약 −20 kJ mol^{-1}일 때 엔탈피 내의 변화를 의미한다. 이것은 열에너지의 +20 kJ mol^{-1}가 물 분자 사이의 수소결합을 방해하는데 요구된다는 사실에 해당한다 — 반응의 역치는 반응식 2.1에 보였다. 이 값은 수소결합의 형태에 따라 변화할 수 있다. 물에서 O—H 공유결합을 깨는데 요구되는 에너지는 약 460 kJ mol^{-1}이고, C—H 공유결합을 깨는데 요구되는 에너지는 약 410 kJ mol^{-1}이다. 따라서 수소결합의 세기는 전형적인 공유결합들의 세기의 5% 이하이다. 수소결합은 공유결합에 비해서 약한 상호작용이다.

수소결합에 있어서 orientation은 중요하다. 수소결합은 수소 원자와 그 수소 원자(물의 경우 두 산소 원자)에 관련한 두 개의 전기적 음성 원자가 정렬할 때, 또는 그림 2.3에서 보이는 바와 같이 거의 한 선상에 있을 때 가장 안정적이다. 물 분자들은 네 개의 다른 물 분자 위로 네 개의 정렬된 O—H—O 수소결합을 형성할 수 있기 때문에 독특하다(그림 2.4). 다른 두 물 분자에 두 수소 원자를 각각 공여할 수 있고, 다른 물 분자들로부터 두 수소 원자들을 받을 수 있다. 각각의 수소 원자는 오직 하나의 수소결합이 존재한다.

액체 물의 3차원적 상호 간섭들은 연구하는데 어렵지만 상당 부분이 얼음 결정의 구조를 연구함으로써 밝혀졌다(그림 2.5). 얼음의 가장 일반적인 형태에서 모든 물 분자는 네 개의 수소결합이 존재한다. 물 분자에 인접한 산소 원자의 각각의 수소결합 지점과 이 네 개

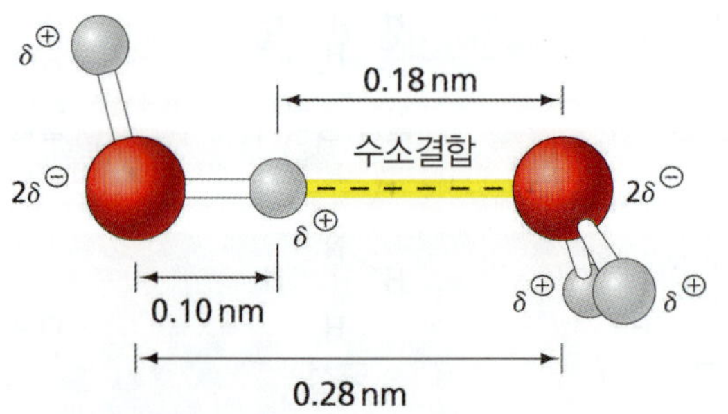

그림 2.3 ▶ **두 물 분자 사이의 수소결합.** 하나의 물 분자의 일부가 양성(δ⊕)인 수소 원자는 수소결합을 형성하는 제2의 물 분자의 일부가 음성(2δ⊖)인 산소 원자를 유인한다. 얼음 2개의 물 분자의 원자 사이의 거리가 표시되어 있다. 수소결합은 여기에 같이 책 전반에 걸쳐 노란색으로 강조 표시 점선으로 표시되어 있다.

의 인접한 수소결합된 산소 원자들은 사면체의 꼭지점들에서 발생한다. 이 배열은 결합 각도(109.5°)는 모두 같다는 사실 외에도 그림 2.1에 보인 물의 구조와 일치한다. 이는 각각의 결합 각도를 왜곡시키는 물 분자들의 극성이 수소결합들의 존재에 의해서 상쇄되기 때문이다. 얼음에서 각각의 수소결합을 깨트리는데 요구되는 평균 에너지는 물에서 형성되는 값보다 약간 강한 23 kJ mol^{-1}로 추정된다.

네 개의 수소결합을 형성하는 얼음에서의 물 분자와 이 수소결합들의 강도는 열의 형성에 있어서 에너지의 많은 양이 얼음의 수소결합된 격자를 붕괴시키는 데 필요하기 때문에 얼음의 비정상적인 높은 용융점을 제공한다. 얼음이 용융될 때 수소결합들의 대부분은 액체 물로 유지된다. 각각의 액체 물의 분자는 주위의 분자들과 네 개의 수소결합을 형성할 수 있지만, 대부분 주어진 순간에 단지 두세 개의 수소결합을 유지한다. 이는 액체 물의 구조가 얼음의 구조보다도 수소결합이 덜 요구됨을 의미한다. 액체 물의 유동성은 수소결합이 깨지고 다시 형성됨이 끊임없이 반복되는 수소결합의 유동적 패턴의 본질적인 결과물이다. 액체 물에는 다른 물 분자들과 두세 개, 또는 네 개의 수소결합에 참여하는 많은 물 분자들이 있을 것이다. 또한 단지 한 개의 수소결합이나 수소결합이 없는 물 분자도 존재할 것이다. 이것은 역동적인 구조이다 — 물에서 평균 수소결합 수명은 단지 10 피코초(10^{-11}s)이다.

분자 운동이 느려지고 촘촘한 결정 형태로 동결될수록 물질의 밀도는 증가한다. 또한 물의 밀도는 온도가 내려갈수록—4°C(277K)에서 1.000 g/ml의 최고점에 도달할 때까지—증가한다. (이 값은 정확하지는 않다. 왜냐하면 그램은 4°C에서 물 1밀리리터의 무게로 정의되기 때문이다.) 물은 4°C 이하로 떨어짐에 따라 팽창한다. 이 확장은 각각의 물 분자가 다른 네 물 분자와 단단한 수소결합이 이루어져 형성되는 수소결합 얼음 결정체가 형성됨에 의해 이루어진다. 그 결과로서 얼음은 물 분자가 상대적으로 자유로운 액체 물보다 약간 낮은 밀도(0.924 g/ml)를 갖는다. 얼음은 액체 물보다도 낮은 밀도를 갖기 때문에 물 위에 뜨고 물은 위에서 아래로 얼게 된다. 연못에 얼음의 층은 극한에서 아래의 생물을 격리하기 때문에 겨울에도 얼음 밑에서 생물체가 살 수 있다.

물의 두 가지 다른 특성은 수소결합적인 특징들—물의 특정한 열과 증기상태의 열—과 관련 있다. 물질의 비열(specific heat)이라 함은 그 물질 1그램의 온도를 1°C 올리는데 필요한 열의 양이다. 이를 또한 열 용량이라 칭한다. 물의 경우 각 물 분자가 다양한 수소결합들에 관련되어 있기 때문에 온도를 올리는데 상대적으로 많은 양의 열을 필요로 한다. 물 분자의 운동에너지를 증가시키기 위해서는 이 수소결합들이 끊어져야만 한다. 이러한 맥락에서

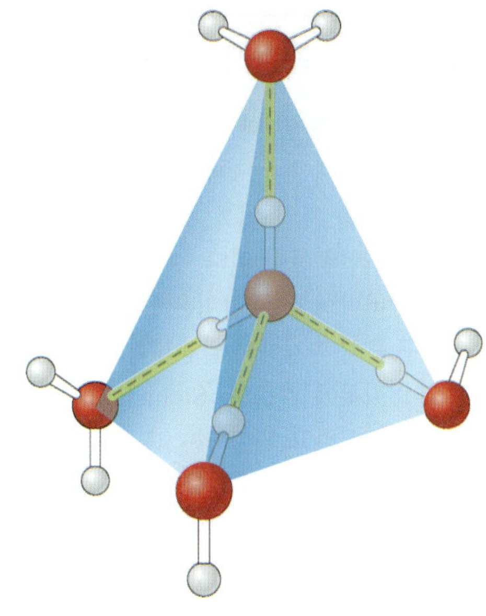

▲ 그림 2.4
물 분자에 의한 수소결합. 한 개의 물 분자는 네 개까지의 수소결합을 형성할 수 있다: 물 분자의 산소 원자는 두 개의 수소 원자를 위한 수소 수용체이며, 각각의 O—H 그룹은 수소 기증자의 역할을 한다.

▲ **빙산.** 물보다 밀도가 낮기 때문에 얼음은 물에 뜨지만, 물보다 아주 약간 낮은 밀도 때문에 부유 얼음 덩어리의 대부분은 수중에 존재한다.

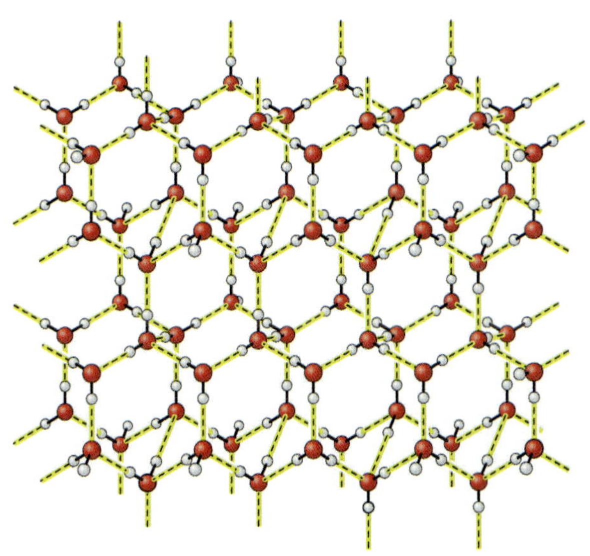

◀ 그림 2.5
얼음의 구조. 얼음 속의 물 분자는 열린 육각 격자를 형성하는데, 이는 모든 물 분자가 다른 네 개의 물 분자와 수소결합을 이루는 구조이다. 이 수소결합들의 기하학적 규칙은 얼음 결정의 강도에 기여한다. 얼음의 수소결합 패턴은 물보다 규칙적이다. 액체 상태 물의 절대적인 구조는 결정되지 않았다.

BOX 2.1 극단적인 호열성 생물

어떤 종은 0°C에 근접한 온도에서 자라며 번식할 수 있다. 예로 0°C 이하의 해양 온도에서 생존하는 (소금은 물의 어는점을 낮춘다.) 차가운 피를 가진 어류, 또 평균 온도가 80°C 이상의 뜨거운 샘에서 사는 박테리아 등이 있다. 어떤 박테리아는 평균 온도가 100°C가 넘는 (해양 바닥의 높은 압력은 물의 끓는점을 높인다) 깊은 해양의 온천 분출구 근처 환경에서 발견되기도 한다.

기록에 따르면, Strain 121이라는 극한의 호열성 생물은 121°C에서 번식하고 생존하는 고균(Archaea)으로 밝혀졌다. 이러한 극단적인 호열균은 생명의 그물상에서 가장 오래된 분기 계통의 하나이며, 그것은 최초의 살아 있는 세포가 심해 분출구 근처에서 발생한 것일 수 있다는 가능성을 나타낸다.

심해 ▶ 해저온천 분출구.

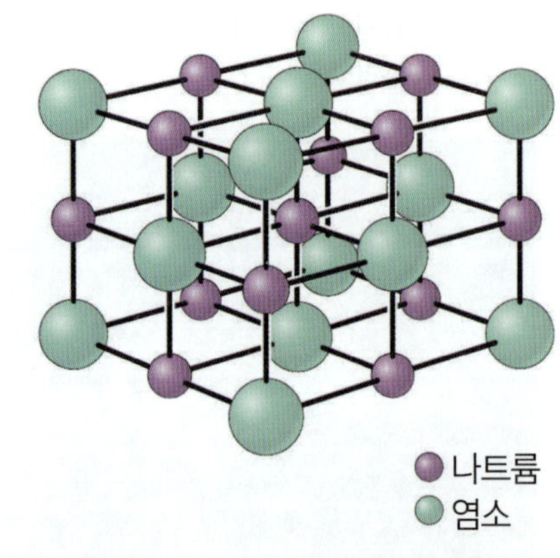

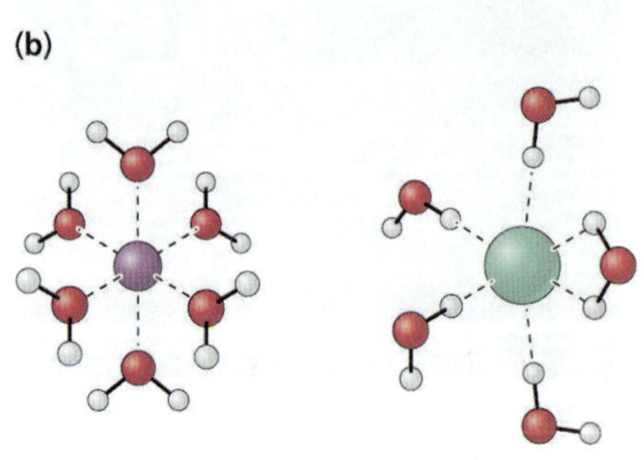

▲ 그림 2.6
물 내에 염화나트륨의 용해. (a) 염화나트륨 결정의 이온들은 정전기의 힘에 의해 유지된다. (b) 물은 양성 이온과 음성 이온 사이의 상호작용을 약화시켜 결정을 녹인다. 각각 녹은 나트륨이온과 염소이온은 용매 화합물에 의해 둘러싸인다. 용매 분자의 한 층만을 보였다. 이온과 물 분자 사이의 상호작용은 점선으로 표시하였다.

모든 거대한 다세포 기관과 세포 내에 존재하는 풍부한 물은 세포 내에서 온도 변화를 최소화하는 데 큰 의미가 있다. 이 특징은 대부분 생화학적 반응률이 온도에 민감하기 때문에 생물학적으로 매우 중요하다.

물의 증발열(~2260 J/g)은 또한 다른 액체들의 증발열보다 매우 높다. 액체상태에서 기체상태로 가기 위해서는 이루고 있는 수소결합들이 끊어져야만 하기 때문에 물이 액체에서 기체로 변환되기 위해서는 많은 양의 열이 필요하다. 물의 증발은 아주 많은 열을 흡수하기 때문에, 발한 작용은 체온을 감소시키기 위한 효과적인 체계이다.

2.3 물은 훌륭한 용매이다

물의 물리적인 특성은 우수한 용매로서 기능할 수 있다는 점이다. 물 분자는 극성을 띠며 이 특성이 아래에서 기술할 내용과 같이 중요한 결과물을 갖는다는 것을 이미 확인했다. 게다가, 물은 녹여진 물질의 움직임을 크게 방해하는 고유 점착성이 낮다. 최종적으로 물 분자 자체는 에탄올과 벤젠과 같은 다른 어떤 용매보다 작다. 이는 유리된 입자와 잘 혼합될 수 있으며 더 잘 유리될 수 있게 만든다.

A. 이온과 극성 물질은 물에 용해된다

물은 이온화된 화합물과 극성 화합물을 용해시키거나 상호작용할 수 있다. 이온화는 전하를 운반하는 분자나 원자가 전자나 H^+ 이온을 잃거나 얻는 것과 관련된다. 이온 형태로 해리할 수 있는 물질을 **전해질(electrolyte)**이라고 한다. 물에 빨리 녹는 물질은 **친수성(hydrophilic)**이라고 말한다. (다음 부분에서 소수성 물질을 검토해 볼 것이다.)

왜 전해질은 물에 잘 녹을까? 물 분자는 극성임을 상기하라. 이는 물 분자들이 물 분자의 음성 산소 원자가 전해질의 양이온(양성을 띠는 이온) 쪽으로, 양성의 수소 원자가 음이온(음성을 띠는 이온) 쪽으로 배향되도록 하여 전해질 주위에 정렬된다. 염화나트륨의 결정이 물에 녹았을 때 어떤 일이 일어나는지 생각해 보자(그림 2.6). 결정에 대전된 이온은 극성 물 분자를 끌어당긴다. 이 현상은 또 다른 결정으로부터 떨어져 나온 결정이 나트륨이온과 염화물 이온으로 나눠지는 현상으로 이어지며, 결정은 녹기 시작한다. 각각 용해된 나트륨이온과 염화물 이온을 둘러싼 많은 극성 물 분자들로 인해, 이 이온들의 상반되는 전하들 사이의 상호 간섭은 원래의 결정보다도 많이 약해지게 된다. 물 분자와 상호 간섭의 결과로 결정의 이온은 용액이 모두 포화될 때까지 계속해서 녹는다. 여기서, 용해된 전해질의 이온이 다시 고체 전해질에 달라붙거나 결정화되기 위해 충분히 높은 농도로 존재하게 되고 해리 평형은 결정화 사이에 이루어지게 된다.

각각 녹여진 $Na^{\oplus}$은 몇몇 물 분자의 음성 말단에 이끌리는 반면, 녹여진 $Cl^{\ominus}$는 물 분자의 양성 말단에 이끌리게 된다(그림 2.6b). 각 이온을 둘러싸는 물 분자의 껍질은 용매화 범위라 하며, 그것은 일반적으로 용매 분자의 여러 막을 포함한다. 용매 분자에 둘러싸인 분자

BOX 2.2 해수와 혈장

사람들은 혈장의 이온 성분이 해수의 이온 성분과 비슷하다고 믿던 때가 있었다. 이는 원시 생물이 바다와 비슷한 농도의 소금을 유지하는 시스템을 이용하여, 바다와 육지의 동물에 살았다는 진화가설의 증거로 사용되기도 하였다.

그러나 20세기 초기 소금 농도에 관한 철저한 연구는 바다의 소금 농도는 혈장보다도 매우 높다는 것을 밝혔다.

우리는 지금 바다의 소금 농도가 예전의 원시바다의 농도와 별로 달라지지 않는다는 것을 알고 있다. 혈장 및 해수의 소금 사이의 직접인 연관이 없을 뿐만 아니라 주요 이온(Na^+, K^+, Cl^-)의 전체 농도를 포함한 다른 다양한 이온 종의 상대 농도 또한 다르다.

▼ 해수의 여러 이온 농도가 사람 혈장에서 비교되었다. 해수는 혈장보다 훨씬 짜며, 마그네슘과 황(sulfate)을 훨씬 더 많이 가지고 있다. 혈장은 bicarbonate를 해수보다 많이 가지고 있다(2.10절 참조).

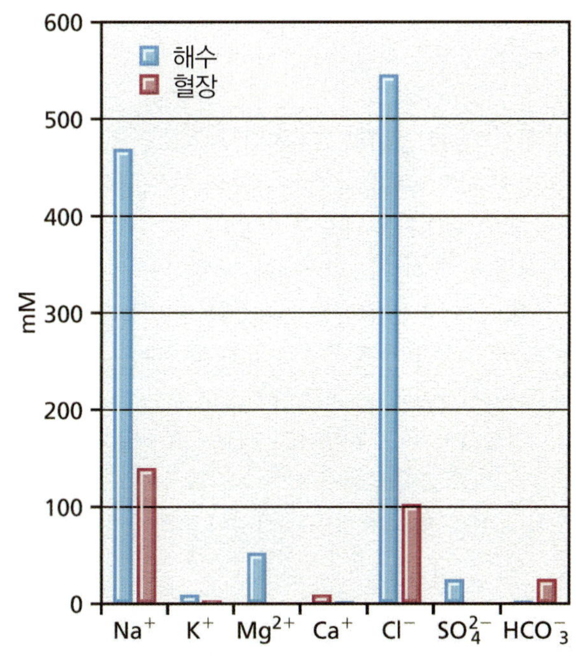

혈장의 이온 성분은 탄소원인 젖산을 함유하는 링거액으로 거의 유사하게 만들어질 수 있다. 링거액은 혈액 손실 또는 탈수 현상을 보이는 환자에게 혈장의 임시 대용으로 사용할 수 있다.

	혈장	링거액
Na^+	140 mM	130 mM
K^+	4 mM	4 mM
Cl^-	103 mM	109 mM
Ca^+	2 mM	2 mM
lactate	5 mM	28 mM

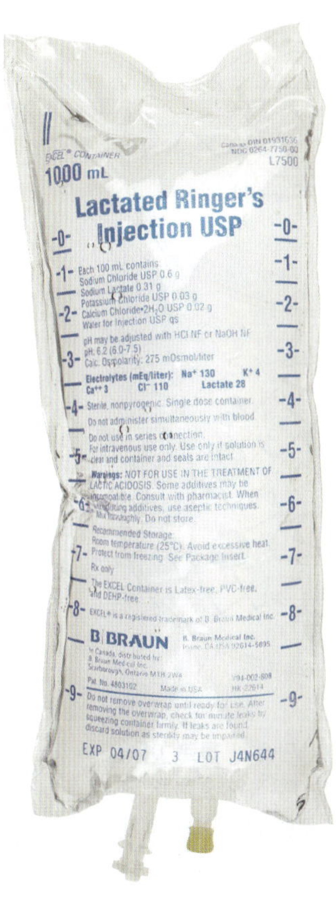

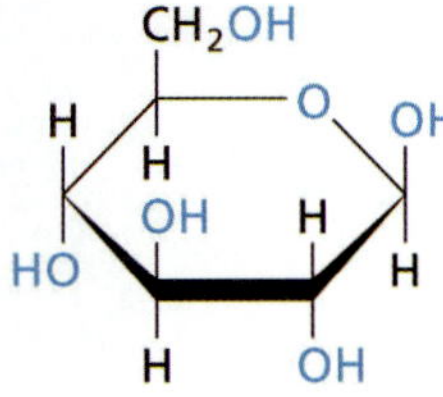

▲ 그림 2.7

포도당의 구조. 포도당은 물과 수소결합을 형성할 수 있는 다섯 개의 수산기 그룹과 한 개의 산소 링을 갖는다.

또는 이온은 **용매화(solvated)**되고 있다고 말한다. 용매가 물, 예를 들면 분자 또는 이온인 경우 **수화한다(hydrated)**라고 말한다.

전해질이 물에 잘 녹는다고 해서 반드시 친수성 물질인 것은 아니다. 어떤 극성 분자는 물 분자에 의해 용매화되는 경향이 있다. 또한 많은 유기 분자의 용해도는 물 분자와 수소결합을 형성함으로써 강화된다. 카르본 산과 프로톤 아민 등의 이온성 유기 화합물들은 극성 기능을 하는 그룹에 의해 물에 대한 용해도가 결정된다. 수용성을 부여하는 다른 그룹은 아미노, 하이드록실기 및 카보닐기를 들 수 있다. 그런 그룹을 포함하는 분자들은 극성 그룹이 물과 수소결합을 형성하여 물 분자 사이로 확산된다.

유기 분자 내의 극성 그룹의 증가는 물에 대한 용해도를 증가시킨다. 탄수화물은 5개의 수산기와 환형 산소(그림 2.7)를 포함하고 있으며, 물에 잘 녹는다(17.5℃에서 100 ml의 물에 최대 83 g의 포도당이 녹을 수 있다). 각 포도당의 산소 원자는 물과 수소결합을 형성할 수 있다. 우리는 지질과 뉴클레오사이드의 염기와 같은 물에 잘 녹지 않는 분자에 탄수화물의 결합이 그 자체의 용해도를 높임을 다른 장에서 보게 될 것이다.

B. 세포의 농도와 확산

굿셀(David Goodsell)의 그림(그림 1.17)에서 제의된 바와 같이 세포 내부는 매우 혼잡할 수 있다. 따라서 세포질에 있는 용질은 물에서 일어나는 간단한 용해작용과 다르다. 가장 중요한 차이점 중의 하나는 세포 내에서 확산율의 감소이다.

왜 용질이 세포질에서는 더욱 느리게 확산되는지는 3가지의 이유를 들 수 있다.

1. 세포질의 점도는 설탕과 같은 용질 때문에 물의 점도보다 훨씬 높다. 이는 세포질의 점도는 촘촘히 정렬된 세포기관에서조차도 물보다 단지 약간 클 뿐이다는 최근의 측정 때문에 중요한 사실이 아니다.
2. 하전된 분자는 세포 내부에서 서로서로 일시적 결합을 하고 이는 그들의 운동성을 제한한다. 이 결합 영향력들은 작지만 확산율에 중요한 영향을 미친다.
3. 다른 분자들과의 충돌은 **분자의 군집(molecular crowding)**이라 불리는 영향 때문에 확산을 억제하며, 이는 세포질에서 확산이 느려지는 주요 원인이다.

세포 내부에서 작은 분자의 확산율은 순수한 물에서의 확산율의 25%를 절대 넘지 않는다. 단백질과 같은 거대한 분자는 약 5~10%까지 느려질 수 있다. 이 속도 감소 원인은 대부분이 분자의 군집에 의한 것이다.

20℃ 물에서 각각의 분자 확산율은 확산계수($D_{20,\mathrm{w}}$)로 묘사한다. 마이오글로빈 단백질의 경우 $D_{20,\mathrm{w}} = 11.3 \times 10^{-7}\ \mathrm{cm}^2\ \mathrm{s}^{-1}$이다. 이 값으로부터 우리는 세포의 한쪽 끝에서 다른 쪽 끝까지 확산하는 데 걸리는 평균 시간이 약 0.44초임을 계산할 수 있다.

하지만 이 확산 시간은 순수한 물에서의 확산 시간을 나타낸다. 전형적인 세포의 군집된 환경에서는 약 10배가량(4s) 길어질 수 있다. 이러한 감속률을 계산할 수 있는 것은 마이오글로빈과 같은 단백질이 다른 거대분자들과 끊임없이 충돌하고 있을 것이다는 사실 때문이다. 그럼에도 불구하고, 4초는 여전이 짧은 시간이다. 이는 상대적으로 작은 대사 산물들과 이온들을 포함하여 대부분의 분자들이 전형적인 세포 내부에서 서로서로 빈번하게 충돌할 것임(그림 2.8)을 의미한다. 최근에 이루어진 세포 내부에서 일어나는 확산의 직접적인 측정은 분자의 군집 효과가 우리가 알고 있는 것보다 덜 중요하다는 사실이 밝혀지기도 했다.

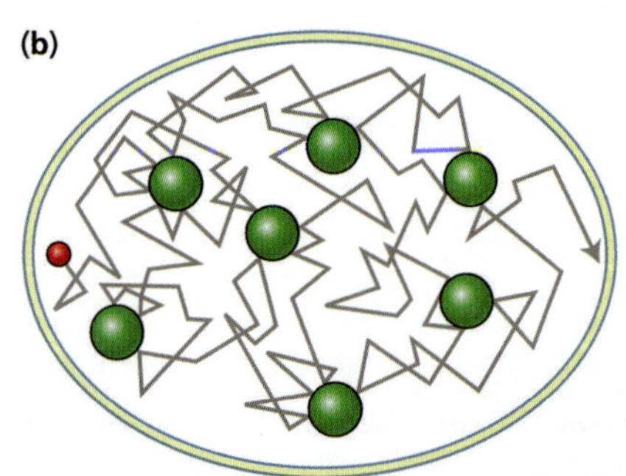

▲ 그림 2.8

확산. **(a)** 만약 세포질이 단순히 물로 이루어져 있다면, 작은 분자는 무작위 활동을 통해 세포의 한 쪽 끝에서 다른 한 끝으로 확산될 것이다. **(b)** 거대한 분자로 가득 채워진 세포질에서는 평균 시간이 10배 이상 길어질 수 있다.

C. 삼투압

용매 투과막이 다른 농도의 용해 물질이나 용질을 포함하는 두 용액에 분리되어, 용매의 분자가 농도가 낮은 용액으로부터 높은 용액으로 확산되는 과정을 삼투현상이라고 한다.

용매의 흐름을 막는 데 필요한 압력을 **삼투압(osmosis)**이라 한다. **용액의 삼투압(osmotic pressure)**은 그것의 화학적 성질이 아닌 용액의 전체 몰 농도에 의존적이다.

물 투과성 막은 외부 매체로부터 세포질을 분리한다. 세포내부와 외부 용액 구성물은 농도에서 상당한 차이가 있다. 일반적으로, 세포 내부 용액의 농도는 물을 포함하는 환경에서 세포 외부의 농도보다 매우 높다. 물 분자는 세포막을 가로질러 이동하여 세포 내액을 희석하는 경향이 있다. 물의 유입은 세포 부피의 증가를 야기하지만, 이 확장은 세포막에 의해 제한된다. 적혈구 세포가 순수한 물에 희석되는 것과 같은 극단적인 경우, 내압에 의해 세포는 터지게 된다. 몇몇 종은 (식물과 박테리아) 막 확장을 막는 단단한 세포벽을 갖고 있다. 이 세포들은 높은 내압을 견딜 수 있다.

대부분의 세포들은 너무 커져서 세포가 터지게 되는 삼투압으로부터 자신을 지키기 위한 생존 방법들을 가지고 있다. 그 중 한 가지는 거대분자로 개개의 분자를 응축시키는 것이다. 예를 들어, 포도당을 저장하는 동물세포는 약 50,000개의 포도당을 당원이라 불리는 고분자로 응집시킨다. 만약 포도당 분자가 하나의 당원 분자로 응집되지 않는다면 각 포도당 분자를 희석시키기 위해 물의 유입이 필요하게 되고 이는 세포를 부풀게 만들어 결국 터지게 만든다. 또 다른 방법은 등장액으로 세포를 둘러싸 물의 유입을 무효화시키는 것이다. 그 예로, 혈장은 적혈구 세포 내부에 등장성과 비슷한 다른 분자와 소금을 함유하고 있다(Box 2.2 참조).

▲ 고장성 (a), 등장성 (b), 저장성 (c)의 적혈구.

2.4 비극성 물질은 물에 녹지 않는다

탄화 수소와 다른 비극성 물질들은 물 분자가 비극성 분자보다도 다른 물 분자와 상호작용하는 경향이 더 크기 때문에 용해도가 매우 낮다. 그 결과로서, 물 분자는 서로서로 결합되어 비극성 물질을 배제시킨다. 예로, 물에 분산시킨 작은 기름 방울들은 두 물질 사이의 접촉 면적을 최소화하기 위해서 한 방울을 형성하도록 결합하려는 경향이 있다. 이는 샐러드 드레싱을 샐러드에 넣기 전에 일정한 시간이 지나면 기름이 분리되는 이유다.

비극성 분자들을 **소수성(hydrophobic)** 또는 물을 싫어한다고 하며, 물에 의해 비극성 물질의 배제 현상은 **소수성 효과(hydrophobic effect)**라고 한다. 소수성 효과는 생물학적 세포막의 자기 조립과 단백질의 접힘을 위해 중요하다.

분자 내에서 많은 극성 그룹은 물에 대한 용해도에 영향을 미친다. 용해도는 분자내 비극성 그룹 대비 극성의 비율에 의존적이다. 일례로, 1, 2, 3개의 알코올은 물과 혼합될 수 있지만, 상대적으로 더 큰 단일 하이드록실기를 갖는 탄화수소는 이들보다 더 물에 잘 녹지 않는다(표 2.1). 이 경우, 분자의 비극성 탄화수소 부분의 특성이 극성 알코올 그룹의 특성을 무

표 2.1 구조상 짧은 사슬를 갖는 알코올의 수용액 용해도

알코올	구조	수용액 속에서 용해도 (mol/100 g H_2O, 20°C)[a]
Methanol	CH_3OH	∞
Ethanol	CH_3CH_2OH	∞
Propanol	$CH_3(CH_2)_2OH$	∞
Butanol	$CH_3(CH_2)_3OH$	0.11
Pentanol	$CH_3(CH_2)_4OH$	0.030
Hexanol	$CH_3(CH_2)_5OH$	0.0058
Heptanol	$CH_3(CH_2)_6OH$	0.0008

무한대(∞)는 수용액 내에서 알코올의 용해도가 제한이 없음을 나타낸다.

Na⊕
$O^{\ominus}$
O=S=O
O
CH_2
CH_2
CH_2
CH_2
CH_2
CH_2
CH_2
CH_2
CH_2
CH_2
CH_2
CH_3

▲ **그림 2.9**
황산도데실나트륨 (SDS), 합성 세제.

효화시키고 용해도를 제한한다.

계면 활성제라고도 불리는 세제는 소수성이자 친수성인 분자들이다. 보통 이들은 적어도 12 산소 원자 길이의 소수성 체인을 갖고 있으며, 이온이나 극성 말단을 갖고 있다. 이러한 분자들을 **양친매성(amphipathic)**이라고 한다. 긴 사슬모양의 지방산의 알칼리 금속염인 비누는 세제의 한 종류이다. 비누 나트륨 팔미틴산 염($CH_3(CH_2)_{14}COO^{\ominus}Na^{\oplus}$)은 소수성 고리와 친수성 카복실 그룹을 갖고 있다. 대부분 흔히 생화학에서 사용되는 이 합성 세제들 중 하나는 극성 황산염 그룹과 12 탄소 꼬리를 포함하고 있는 소디움 도데실 설페이트(SDS)이다(그림 2.9).

세제의 탄화수소 부분은 비극성 유기물질에 용해되고 극성 그룹은 물에 용해된다. 세제가 물의 표면에 뿌려졌을 때, 세제 분자의 비극성 꼬리는 세제 분자들이 모여 만들어진 마이셀(micell) 내 공기 그룹으로 향하게 되는 반면, 수산화되는 친수성 이온 머리는 물 쪽으로 향하게 된다(그림 2.10). 마이셀의 일반적인 형태 중 하나로, 세제 분자의 비극성 꼬리는 물 분자와 맞닿는 부위를 최소화할 수 있는 마이셀의 중심으로 모이게 된다. 꼬리는 유연하기 때문에, 마이셀의 중심은 액체 탄화수소이다. 이온 머리는 물 쪽으로 향하게 되어 수화된다. 작고 조밀한 마이셀은 약 80~100개의 세제 분자를 포함한다.

비누의 정화 활동과 그 밖의 세제는 물에 녹지 않는 기름 때를 마이셀의 소수성 내부로 가두는 능력으로 설명할 수 있다. SDS와 그 외 비슷한 합성 세제들은 세탁 세제들에 흔히 사용되는 재료들이다. 마이셀 내로 분리됨으로써 물 내의 비극성 화합물의 제거를 **가용화(solubilization)**라고 명명한다. 가용화된 비극성 분자는 녹여진 극성 화합물과는 다른 과정이다. 생물학적 막과 단백질들을 포함하여 이 책의 후반부에서 만나게 될 많은 구조들은 친수성 표면과 소수성 내부를 갖는 마이셀과 비슷하다.

$SCN^{\ominus}$(티오시안산염)과 $ClO_4^{\ominus}$(과염소산염)과 같은 용해되는 이온들을 **변성제(chaotrope)**라고 부른다. 이 이온들은 $NH_4^{\oplus}$, $SO_4^{2\ominus}$, 그리고 $H_2PO_4^{\ominus}$와 같은 이온에 비해 잘 녹지 않는다. 변성제는 물 분자를 무질서하게 함으로써 물에 비극성 화합물의 용해도를 강화시켜 준다(이 부분에 대한 변성제의 역할은 알려진 바가 없다). 핵산과 단백질의 3차원 구조와 변성을 토의할 때 비이온 화합물인 요소와 구아니디늄 이온과 같은 변성 약품의 다른 예들을 만나게 될 것이다.

2.5 비공유성 상호작용

지금까지 본 장에서는 두 종류의 비공유성 상호작용인 수소결합과 소수성 상호작용에 대해 소개했다. 이와 같은 약한 상호작용은 고분자화합물의 구조와 기능을 결정하는 데 있어서 매우 중요한 역할을 담당한다. 또한 이는 한 고분자가 다른 고분자를 인식하는 것과 효소에 기질이 결합하는 것에도 관여하게 된다.

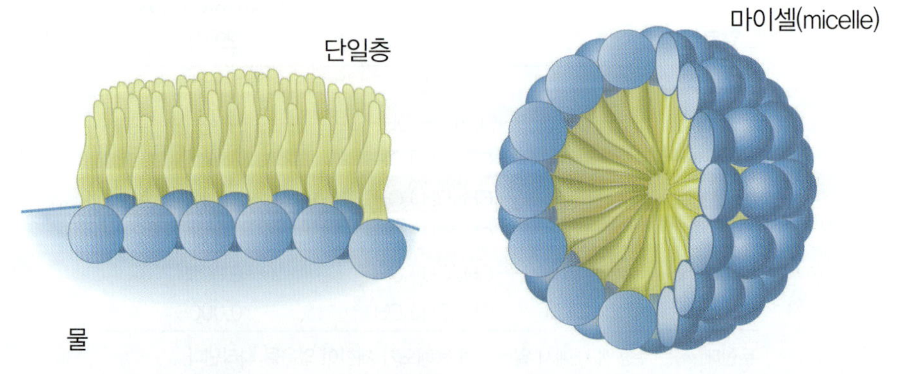

그림 2.10 ▶
물에서 세제에 의해 형성된 구조의 횡단면도. 세제는 공기와 물의 접촉면에서 단층을 형성할 수 있으며, 극성 머리 그룹은 용해되고, 탄화수소 꼬리(노란색)는 물이 없는 내측으로 모이는 형태로 세제 분자의 총체로 마이셀을 형성할 수 있다.

비공유결합 혹은 분자간 힘에는 크게 4가지 종류가 있는데, 수소결합과 소수성 외에도 전하간 상호작용과 반데르발스 힘(van der Waals force)이 존재한다. 전하간 상호작용, 수소결합 그리고 반데르발스 힘은 모두 **정전기성 상호작용(electrostatic interaction)**의 한 형태이다.

A. 전하간 상호작용

전하간 상호작용(charge-charge interaction)은 두 전하를 띤 입자 간의 정전기적인 상호작용이다. 이 결합은 비공유성 결합 중에서는 가장 강력하며, 다른 비공유성 결합보다 훨씬 먼 거리까지 작용력을 끼칠 수 있다. 전하간 상호작용의 한 가지 예로, 소금 결정이 소듐이온과 염소이온 간의 이온결합으로 인해 안정화되는 것을 들 수 있다. 수용액상에서의 이러한 상호작용의 세기는 용매의 성질에 결정된다. 물의 경우 이들 상호작용을 크게 약화시킬 수 있기 때문에, 수용액 내의 환경에서 고분자 화합물의 안정성은 이온결합에는 크게 영향받지는 않으나, 여전히 영향력은 존재한다. 단백질에서의 전하간 상호작용은 서로 반대되는 전하를 띤 작용기가 서로를 끌어당기는 경우에서 볼 수 있다. 이러한 상호작용은 **염다리(salt bridge)**라고도 불리기도 하며, 보통 물 분자에 의해 방해를 받지 않는 단백질의 소수성을 띤 부분의 내부 깊숙이 위치하고 있다. 정확히 표현하자면 이러한 상호작용을 **이온쌍(ion pairing)**이라고 부른다.

전하간 상호작용은 비슷한 전하를 띤 이온화된 작용기 사이에 발생하는 척력에도 관여한다. 전하간 척력은 단일 생체 분자의 구조 및 비슷한 전하를 띤 다른 분자와의 상호작용에도 영향을 미칠 수 있다.

고분자의 구조적 안정화에 대한 비교적 미미한 기여 이외에도, 전하간 상호작용은 한 분자가 다른 분자를 인식하는 것에도 역할을 맡는다. 예를 들어, 대부분의 효소에는 음이온 혹은 양이온의 반응부위를 갖고 있어서 여기에 반대 전하를 띠는 기질이 결합할 수 있게 한다.

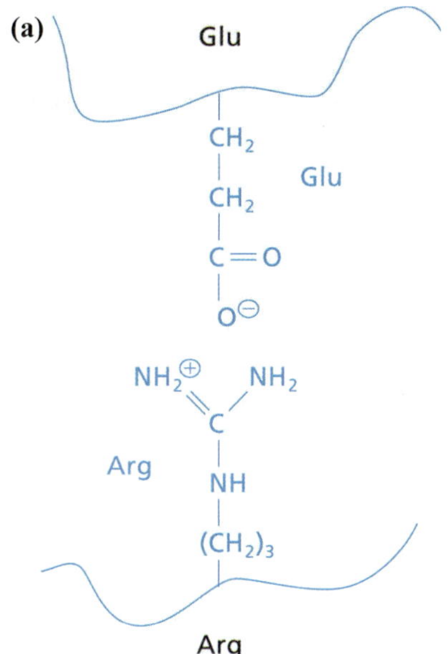

▲ **염다리들** **(a)** 염다리 중 한 예. **(b)** 또 다른 종류의 염(소금) 다리.

B. 수소결합

수소결합은 정전기적인 상호작용 중 하나로 많은 고분자 화합물에서 발견되는데, 이는 생명체 내에 존재하는 비공유 상호작용 중에서 가장 강한 결합 중 하나이기도 하다. 효소와 그 기질 사이, 혹은 DNA의 염기 사이에 존재하는 것과 같은 수소결합의 힘은 대략 25~30 kJ mol^{-1}로 추정된다. 이들 수소결합은 물 분자 간에 존재하는 것보다 다소 강한 편이다(2.2절 참조). 생화학적 분자들에 존재하는 수소결합은 구조적 안정성을 더해줄 정도로 강하면서도, 쉽게 끊어질 수 있을 정도로 약하기도 하다.

일반적으로, 수소 원자가 질소나 산소 및 황과 같은 강한 전기음성도를 지닌 원자와 결합하게 되면, 대략 0.2 nm 떨어진 위치에 존재하는 비공유 전자쌍을 가진 강한 전기음성도의 원자와 수소결합을 형성할 수 있다. 앞서 물 분자간의 수소결합에 대해 설명한 대로, 공유결합으로 결합된 원자(그림 2.11a에서 D로 명명된 것)는 수소 기여체이며, 양성자를 끌어당기는 쪽의 원자(그림 2.11에서 A로 명명된 것)는 수소 수용체이다. 수소결합을 형성하고 있는 두 음전성의 원자 간의 거리는 일반적으로 0.27 nm에서 0.30 nm 정도이다. 그림 2.11b에는 수소결합의 일반적인 예를 볼 수 있다.

수소결합은 공유결합의 특성을 많이 갖고 있으면서도 훨씬 약한 강도를 갖는다. 수소결합을 일종의 부분적인 전자공유라고 볼 수도 있을 것이다. (진정한 공유결합에서는 한 쌍의 전자가 두 원자 간에 공유된다는 것을 상기할 것.) 수소결합에 관여하는 3개의 원자들은 일반적으로 일직선으로 나열되며, 수소 원자가 두 음전성의 원자 한가운데에 위치하게 된다. 이 배열에서 약간의 편차는 허용되나, 그런 경우 수소결합의 힘은 통상적인 형태의 것보다

(a)

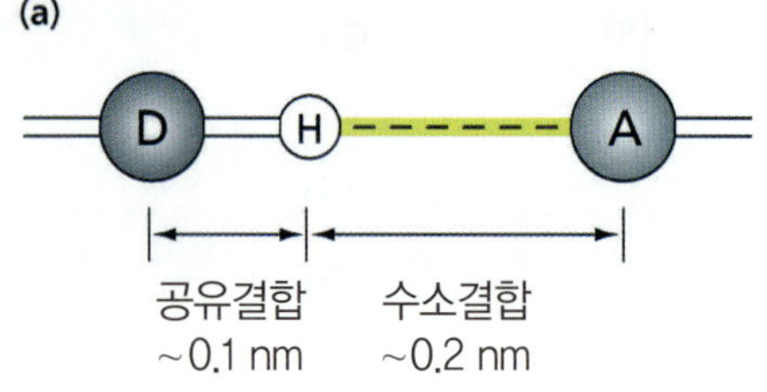

(b)

▲ 그림 2.11
수소결합. **(a)** –D–H 작용기(수소 공여자)와 전기음성도가 높은 원자 A(수소 수용자) 사이의 수소결합. 일반적인 수소결합의 길이는 대략 0.2 nm 정도로, 수소와 질소, 산소 혹은 황 사이의 공유결합의 대략 2배이다. 따라서 수소결합의 형성에 관여하는 두 전기음성의 원자간 거리는 대략 0.3 nm 정도이다. **(b)** 생물학적으로 중요한 수소결합의 몇 가지 예제.

19.2C절에서 설명한 대로, 이중나선의 DNA에서 각 염기간의 수소결합은 DNA 전반의 안정성에 기여하는 정도는 매우 적다.

구아닌 사이토신

▲ 그림 2.12
DNA에서 상보적인 염기인 구아닌과 사이토신간의 수소결합.

약해지게 된다.

그림 2.11에 나열된 작용기들은 모두 물 분자와 수소결합을 형성할 수 있다. 실제로 물에 이들 작용기가 노출되게 된다면 물 분자가 워낙 많기 때문에 다른 것보다 물 분자와 먼저 상호작용하게 될 것이다. 따라서 생화학적 고분자끼리 혹은 한 분자 내에서 수소결합이 형성되기 위해서는 기여체와 수용체 작용기들이 물에서 차폐되어야 한다. 대부분의 경우, 이들 작용기는 물 분자가 들어올 수 없는 고분자의 소수성의 내부에 위치하는 식으로 물 분자로부터 보호되고 있다. DNA의 경우, 상보적인 가닥의 염기들은 이중나선의 내부에 위치하게 된다(그림 2.12).

C. 반데르발스 힘

약한 상호작용의 세 번째는 영구적 혹은 일시적인 분자의 쌍극자 간의 상호작용이 관여한다. 이러한 힘은 작용 범위도 작으면서 약한데, 대략 각각 13 kJ mol^{-1}과 0.8 kJ mol^{-1}이다.

이러한 정전기적 상호작용을 발견자인 네덜란드의 물리학자 요하네스 디데릭 반데르발스의 이름을 따서 반데르발스 힘이라고 부른다. 이것은 분자들이 매우 가까이 있을 때에만 생성된다. **반데르발스 힘**(van der Waals forces)은 인력과 척력 모두 나타낼 수 있다. 인력의 경우, 런던 분산력으로도 불리며, 이는 양의 전하를 띠는 원자핵 주위를 음의 전하를 띠는 전자가 무작위로 움직이면서 발생하는 극히 미세한 쌍극자에 의해서 발생한다. 즉, 반데르발스 힘은 한 분자 혹은 원자의 원자핵과 다른 분자 혹은 원자의 전자 사이에 발생하는 일종의 쌍극성의 정전기적인 끌어당김 현상인 것이다. 메테인과 같은 비극성 분자에서 일시적으로 생성되는 쌍극자의 상호작용의 세기는 핵간 거리 0.3 nm에서 대략 0.4 kJ mol^{-1}이다. 둘 모두 비슷한 거리에서 작용하는 힘이긴 하지만, 반데르발스 힘은 수소결합의 힘보다 매우 약하다.

또한 반데르발스 힘에는 서로 밀어내는 척력도 존재한다. 두 원자가 지나치게 매우 가까이 접근하게 된다면 두 원자의 오비탈에 존재하는 전자가 서로를 밀어내게 된다. 두 원자 간의 거리가 가까워질수록 이러한 척력은 기하급수적으로 증가하게 되며 매우 가까운 거리에서는 더 이상 거리를 좁히는 것이 불가능하게 된다.

반데르발스 힘의 인력과 척력의 총합은 대략적으로 그림 2.13에서 나타내는 에너지 프로파일 그래프를 형성한다. 분자간 거리가 멀 경우, 두 원자는 서로 상호작용하지 않으며 그 어떠한 인력이나 척력도 작용하지 않는다. 두 원자가 서로 가까워지기 시작하면서 (그림 상에서 왼쪽으로 이동할수록) 인력이 늘어나기 시작한다. 이러한 인력은 원자핵 주변의 전자 구름이 본래 위치에서 이동하기 때문에 발생한다. 이러한 현상은 다른 원자가 접근해 옴에 따라서 한 원자의 전자가 접근 중인 원자의 반대 방향으로 쏠리는 것으로 묘사할 수 있겠다.

핵심개념

생물학적인 분자 내 혹은 사이의 수소결합은 물 분자와의 경쟁으로 인해 쉽게 교란된다.

이러한 쏠림 현상으로 인해서 국지적인 쌍극자가 형성되어 원자의 한쪽이 약한 양전하를 띠고 그 반대쪽이 약한 음전하를 띠게 된다. 약간의 양전하를 띠는 쪽이 다른 원자의 음전하를 띠는 부분을 끌어당기게 된다. 그리고 원자 간의 거리가 더욱 가까워질수록 이러한 쌍극자의 영향은 감소하며 전반적으로 전자 구름의 영향력이 더 중요해진다. 그리고 가까운 거리에 다다르면 원자들은 서로를 밀어내게 된다.

최적의 분자간 거리는 이러한 인력이 최대화되는 거리이다. 이 거리는 그림 2.13의 그래프상에서 최소지점에 해당하는 것으로, 이는 두 원자의 반데르발스 반지름의 합과도 같다. 두 원자 사이의 거리가 두 원자의 반데르발스 반지름의 합과 일치할 경우, 두 원자는 반데르발스 접촉을 하고 있다고 말할 수 있다. 표 2.2에 몇몇 원자의 일반적인 반데르발스 반지름을 제시하고 있다.

몇몇 경우, 다른 원자의 접근이 전자의 이동에 영향을 미치는 경우가 있으며, 이를 유도 쌍극자(induced dipole)라고 부른다. 한편 그 외에도 물 분자에서와 같이 전자의 쏠림이 영구적인 경우도 있다(2.1절). 이러한 영구 쌍극자 역시 반데르발스 힘을 일으킬 수 있다.

비록 하나의 반데르발스 힘은 약하지만, 단백질이나 핵산 혹은 세포막에 존재하는 수많은 원자들로 인해 대량의 약한 상호작용이 발생하게 된다. 이러한 약한 힘들이 누적되면서 분자의 구조를 유지하는 데 중요한 역할을 담당한다. 예를 들자면, 헤테로 고리 형태의 핵산의 염기들은 이중나선의 DNA 내에서 겹겹이 쌓인 구조를 이루게 되는데, 이러한 배열은 주로 반데르발스 힘을 중심으로 다양한 비공유성 상호작용에 의해 유지되는 것이다. 이러한 힘들을 종합해서 쌓임 상호작용(stacking interaction)이라고 부른다(19장 참조).

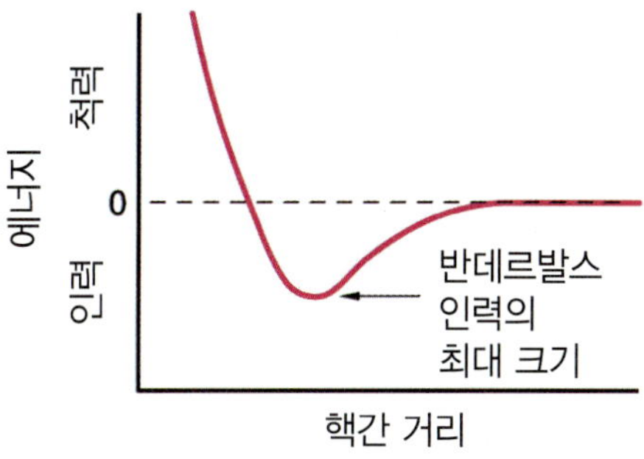

▲ 그림 2.13
핵간 거리가 반데르발스 힘에 미치는 영향. 반데르발스 힘은 짧은 핵간 거리에서는 강하게 밀어내며, 핵간 거리가 멀어지면 매우 약해진다. 두 원자가 자신들의 반데르발스의 반지름의 합만큼 떨어져 있게 되면, 반데르발스 힘은 최대 크기가 된다.

D. 소수성 상호작용

비교적 비극성인 분자 혹은 잔기가 다른 비극성 분자와 어울리는 현상을 **소수성 상호작용(hydrophobic interaction)**이라고 부른다. 비록 소수성 상호작용을 종종 소수성 결합이라고 부르긴 하나, 이는 다소 틀린 표현이다. 비극성 물질은 서로 잡아당기기 때문에 뭉치는 것이 아니라, 그 주위를 둘러싸고 있는 극성을 띤 물 분자들이 이들 비극성 분자가 아닌 자기 자신들끼리만 어울리기 때문이다(2.4절). 일례로 마이셀(micelle)은 이러한 소수성 상호작용으로 인해 안정화된다(그림 2.10).

물의 수소결합 패턴은 비극성 분자의 존재로 인해 방해받게 된다. 따라서 극성을 덜 띠는 분자를 둘러싸고 있는 수용액 내의 물 분자들은 다른 물 분자와의 상호작용에서 보다 많은 제약을 받게 된다. 이러한 제약을 받는 물 분자들은 비교적 움직임이 없으며, 마치 표면장력에 의해 정렬된 수면의 물 분자들처럼 정렬되게 된다. 그러나 수용액 속의 다른 물 분자들은 훨씬 움직임이 활발하며 정렬되어 있지 않다. 열역학적으로 본다면, 비극성 분자들끼리 응집되면서 더 이상 물 분자들이 비극성 분자를 정렬된 상태로 둘러싸지 않아도 되면서 용매와 용질 전체의 엔트로피가 증가한다고 할 수 있다.

수소결합과 같은 친수성 상호작용은 공유결합보다는 매우 약하지만, 반데르발스 힘보다는 강력하다. 예를 들어 $—CH_2—$ 기를 소수성 환경에서 수용액 속으로 이동시키기 위해 필요한 에너지는 대략 3 kJ mol^{-1}정도이다.

비록 개별의 소수성 상호작용은 약하지만, 대량의 소수성 상호작용이 합쳐지게 되면 고분자의 안정성에 큰 영향을 끼칠 수도 있다. 그 예로, 대부분의 단백질의 3차 구조는 폴리펩타이드 사슬이 접히면서 생기는 소수성 상호작용에 주로 결정된다는 것을 들 수 있다. 물 분자들은 단백질의 바깥쪽 표면에 위치하게 되지만, 대부분의 비극성 잔기가 위치하고 있는 내부를 뚫고 들어올 수는 없다.

지금까지 설명한 이들 4종류의 상호작용은 공유결합에 비하면 약하지만, 이들 약한 힘들

표 2.2 몇 가지 원자의 반데르발스의 반지름

원자	반지름 (nm)
수소	0.12
산소	0.14
질소	0.15
탄소	0.17
황	0.18
인	0.19

핵심개념

약한 상호작용은 개별적으로는 약하나, 많은 수의 약한 상호작용이 모이게 되면 커다란 구성력으로 작용한다.

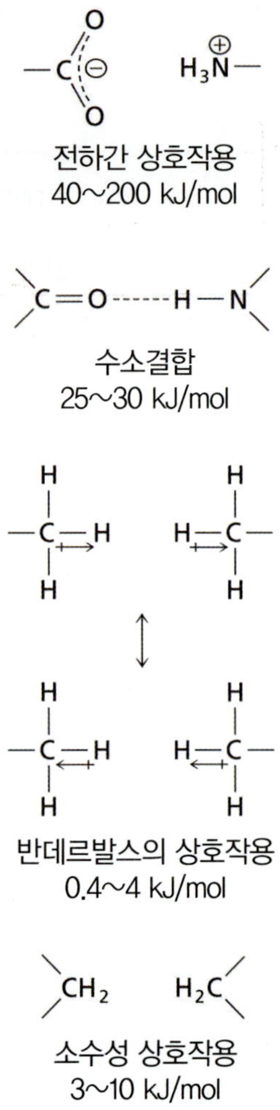

전하간 상호작용
40~200 kJ/mol

수소결합
25~30 kJ/mol

반데르발스의 상호작용
0.4~4 kJ/mol

소수성 상호작용
3~10 kJ/mol

▲ 그림 2.14
일반적인 생체 분자의 비공유성 상호작용. 전하간 상호작용, 수소결합 그리고 반데르발스의 상호작용은 정전기적인 상호작용이다. 소수성 상호작용은 비극성 분자들 사이의 집적적인 인력이 아닌, 그 주변을 둘러싼 물 분자들의 엔트로피 상승에 의존한다. 이들과 대조로, C—H 혹은 C—C와 같은 공유결합의 분해 에너지는 대략 340~450 kJ/mol에 달한다.

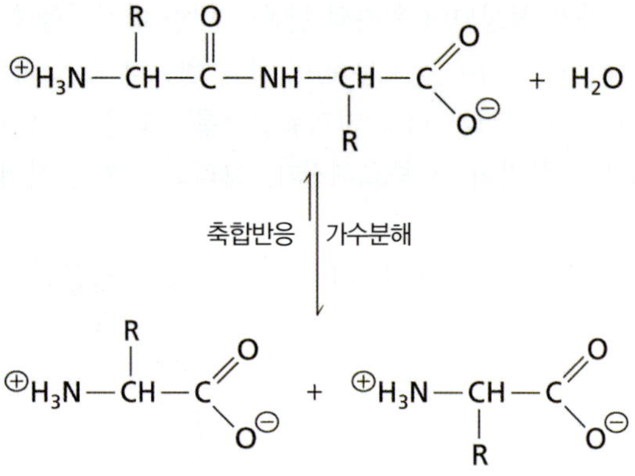

축합반응 가수분해

◀ 그림 2.15
펩타이드 결합의 가수분해. 물이 존재할 경우, 단백질과 펩타이드 내의 펩타이드 결합은 가수분해된다. 가수분해의 역반응인 축합반응은 열역학적으로 선호되지 않는다.

이 많이 합쳐진다면 상당히 강한 작용을 할 수 있다. 그림 2.14는 생체 분자에서의 매우 중요한 비공유성 상호작용의 예를 나타내고 있다.

2.6 물은 친핵성이다

물의 물리적 특성 이외에도, 물의 화학적 특성 또한 생화학적으로 중요한데, 물 분자는 생체 분자들과 화학반응이 가능하기 때문이다. 전자가 풍부한 산소 원자는 화학반응 내에서 물의 반응성을 결정하는 요소가 된다. 전자가 풍부한 화합물을 **친핵체(nucleophile)**라고 부르는데, 이는 양전하를 띠는 (즉, 전자가 부족한) 화학종인 **친전자체(electrophile)**와 쉽게 반응하기 때문이다. 이들 친핵체는 음의 전하를 띠거나 비공유 전자쌍을 가진다. 친핵체들은 치환반응이나 첨가반응에서 친전자체를 공격하게 된다. 생명체 내에서 대표적인 친핵성 원자로는 산소, 질소, 황 그리고 탄소가 있다.

물 분자 속의 산소 원자에는 두 개의 비공유 전자쌍이 있기 때문에, 물은 친핵성이다. 물은 비교적 약한 친핵체이지만, 세포 내에서 물의 양이 워낙 많기 때문에 매우 반응성이 높다고 할 수 있는 것이다. 따라서 예상되듯이 많은 고분자들이 물 분자의 친핵성 공격에 의해 쉽게 분해되는 일이 실제로 일어난다. 일례로 단백질은 물 분자에 의해 가수분해되어 구성 단위체인 아미노산으로 분해되어 버린다(그림 2.15). 가수분해로 인한 단백질의 분해반응의 평형상태는 분해되는 쪽으로 기울어 있는데, 이는 다시 말하면 모든 단백질은 물 분자로 인해 분해되는 운명에 처해 있다는 것이다.

그렇다면, 세포 내에 그토록 많은 물 분자가 있는데도 모든 생체 고분자들은 쉽사리 분해되지 않는 것일까? 마찬가지로, 반응 평형이 분해 쪽으로 치우쳐 있음에도 불구하고, 어째서 수용액 환경에서 생합성이 일어날 수 있는 것일까? 세포는 이러한 문제를 몇 가지 방법으로 피해가고 있다. 예를 들어, 단백질의 펩타이드 결합이나 DNA의 에스터 결합과 같은 고분자 화합물의 단위 단량체 사이의 결합은 세포 내의 pH와 온도에서는 물이 존재함에도 불구하고 비교적 안정적이다. 이 경우, 결합의 안정성이라는 것은 열역학적인 안정성을 말하는 것이 아니라 물에 의한 가수분해 반응의 속도를 뜻한다.

물의 화학적 특성과 높은 농도는 곧 가수분해로 인한 깁스 자유에너지의 변화가 음의 수치가 된다는 것을 의미한다. 이는 곧 모든 가수분해 반응은 열역학적으로 선호된다는 것을 뜻한다. 그러나 세포 내에서의 반응 속도는 매우 느려서 세포의 평균적인 수명 내에서 자연적인 가수분해 현상으로 인해 분해되는 고분자의 수는 그다지 많지 않다. 여기서 깁스 자유에너지로 대표되는 반응의 선호되는 방향성과, 반응 상수로 나타내는 반응 속도를 구분해 둘 필요가 있다(1.4D절). 중요한 것은 활성화 에너지로 인해서 반응속도와 반응물/산물의 최종 평형상태와는 직접적인 연관성이 없다는 것이다.

세포는 가수분해의 역반응인 축합반응이 열역학적으로 불리한 수용성 환경에서조차 고

BOX 2.3 물의 농도

물의 밀도는 온도에 따라 달라진다. 3.98°C에서 물의 농도는 1.00000 g/mL로 정의된다. 0°C에서는 0.9987이 되며, 25°C에서는 0.99707이 된다.

가장 일반적인 형태의 물 분자의 질량은 M_r = 18.01056이다. 3.98°C에서 순수한 물의 농도는 따라서 55.5 M이다(1000/18.01).

많은 생화학적인 반응에서 물은 반응원 혹은 결과물로 작용하며, 높은 물의 농도는 화학반응의 평형에 영향을 끼칠 것이다.

핵심개념

반응속도와 반응의 열역학적 선호도는 차이가 있다. 생체 분자들은 자발적인 가수분해의 반응 속도가 느리기 때문에 안정적인 것이다.

분자를 합성해 낼 수 있다. 이러한 열역학적 장벽을 세포는 ATP에 저장된 화학적 포텐셜 에너지를 통해 극복할 수 있다. 더 나아가 이러한 화학반응을 매개하는 효소들은 반응 활성 부위에서 물 분자들을 배제한다. 주로 이들 화학반응은 가수분해의 역반응과는 다소 다른 2단계 화학반응 경로를 통해서 일어난다. 예를 들어, 그림 2.15에서 나타내고 있는 단순 축합반응은 실제 세포 내에서 일어나는 반응에는 사용되지 않는데, 세포 내의 매우 높은 물의 농도는 이러한 단순 축합반응을 극히 일어나기 어렵게 하기 때문이다. 열역학적으로 일어나기 힘든 중합반응의 첫 단계에서는 투입될 분자가 먼저 ATP와 반응해서 고반응성의 중간체를 형성하게 된다. 두 번째 단계에서는 이 활성화된 작용기는 손쉽게 친핵체와 결합하게 된다. 참고로 22장에서 우리는 단백질 합성 과정에서 ATP를 수반한 화학반응으로 형성되는 중간체가 아미노아실-tRNA라는 것을 배우게 될 것이다. 생합성 반응은 종합적으로는 축합반응과 ATP의 가수분해 반응이 합쳐진 것인 셈이다.

연이어 일어나는 반응에서 ATP의 역할은 10.7절에서 설명되어 있다.

2.7 물의 이온화

물의 중요한 특성 중 하나는 바로 물이 가진 약간의 이온화 경향이다. 순수한 물은 낮은 농도의 하이드로늄이온($H_3O^{\oplus}$)과 그와 동일한 농도의 수산화이온($OH^{\ominus}$)을 포함하고 있다. 하이드로늄이온과 수산화이온은 산소 원자가 그 옆의 물 분자의 양전자에 친핵성 공격을 하면서 생성된다.

$$H_2O + H_2O \rightleftharpoons H_3O^{\oplus} + OH^{\ominus} \quad (2.2)$$

반응식 2.2에 나와 있는 빨간색 화살표는 전자쌍의 이동을 나타낸다. 앞으로도 이 책에서 화학반응의 메커니즘을 그림으로 설명할 때에 이러한 화살표를 사용할 것이다. 하이드로늄이온에서 산소 원자의 비공유 전자쌍 중 하나가 다른 물 분자에서 끌어온 양성자($H^{\oplus}$)와 결합하는 데 사용된다. 이 반응에서 O—H간 공유결합이 한 개 끊어지게 되고, 끊어진 결합에서 남은 전자쌍은 수산화이온의 산소 원자에 머물게 된다.

한편 하이드로늄이온을 구성하는 원자들을 보면, 11개의 양전하를 띠는 양성자와(산소 원자의 8개와 3개의 수소 원자의 양성자들) 10개의 음전하를 띠는 전자(산소 원자의 내부 오비탈의 한 쌍과, 산소 원자에 남은 한 쌍의 비공유 전자쌍, 그리고 공유결합을 구성하는 세 쌍의 전자들)로 구성되어 있다. 그 결과 전체 전하는 양전하를 띠게 되고, 따라서 양이온이 된다. 여기서 양전하는 보통 산소 원자핵에 있는 것처럼 그려지곤 하는데, 실제로는 수소 원자핵에도 부분적으로 퍼져 있게 된다. 비슷하게 수산화이온(음이온)은 전체적으로 음전하를 띠는데, 여기에는 총 10개의 전자가 있지만 산소와 수소 원자는 합쳐서 9개의 양성자밖에 없기 때문이다.

이러한 이온화 반응은 전형적인 가역반응 중 하나이다. 양성자 추가반응과 탈양성자 반응은 매우 빠른 속도로 일어난다. 수산화이온과 하이드로늄이온은 물속에서 짧은 수명을 갖는다. 심지어 물 분자조차도 일시적으로만 존재한다. 일반적인 물 분자는 고작 1 밀리초(10^{-3}초) 만에 양성자를 잃고 수산화이온이 되거나 양성자를 얻어서 하이드로늄이온으로 변하게 된다. 다만 물 분자의 수명은 수소결합의 수명보다 여전히 10의 8승 정도나 길다는 것을 염두에 두자.

하이드로늄($H_3O^{\oplus}$)이온은 다른 이온에 양성자를 제공할 수 있다. 브뢴스테드-로리 산염기 정의에 따르면 이러한 양성자 공여체는 **산(酸, acid)**이라고 부를 수 있다. 하이드로늄이온이 대표적인 생화학반응에서의 양성자 공여체임을 반영해서, 종종 화학식을 간단히 표현하기 위해서 하이드로늄이온을 간단히 $H^{\oplus}$(자유 양성자 혹은 수소이온)라고 표현하곤 한다. 따라서 물의 이온화 반응은 간단히 하나의 물 분자에서 양성자가 떨어져 나가는 것처럼 묘사할 수 있다.

$$H_2O \rightleftharpoons H^{\oplus} + OH^{\ominus} \qquad \textbf{(2.3)}$$

반응식 2.3은 물의 이온화를 나타낼 수 있는 편리한 방법이지만, 실제로 양성자를 제공하는 매체인 하이드로늄이온의 진정한 구조를 나타내지 않는다. 또한 반응식 2.3으로는 물의 이온화가 실제로는 반응식 2.2에서 나타낸 것처럼 두 개의 물 분자가 필요한 이분자 반응이라는 사실을 알 수 없다. 다만 다행하게도 물 분자의 성질을 이해하고 계산하는 데 있어서 물이 해리된다고 하는 것은 충분히 사실에 근접한 표현이다. 앞으로 이 책에서는 이러한 가정을 사용할 것이다.

수산화이온은 양전자를 받아들여서 다시 물 분자로 돌아갈 수 있다. 이러한 양성자 수용체를 **염기(base)**라고 부른다. 반응식 2.2에서 나타낸 대로, 물은 산으로도 작용할 수도 있고 염기로도 작용할 수 있다.

물의 이온화는 정량적으로도 분석이 가능하다. 화학반응에서 반응물과 결과물의 농도는 궁극적으로 전반적으로 변동이 없는 평형상태에 도달한다는 것을 기억하자. 이러한 평형상태에서의 각각의 농도의 비율을 평형상수(K_{eq})라고 한다. 물의 이온화 반응의 경우,

물의 밀도는 온도에 따라 달라지며(BOX 2.2 참조) 따라서 이온 곱 역시 달라지게 된다. 그러나 우리가 살아 있는 세포 내에서 일반적으로 접하게 되는 온도 범위에서는 미미한 정도에 불과하므로, 우리는 모든 온도에서 10^{-14}의 값을 가진다고 간주한다. (본 장의 연습문제 17번을 참조하시오.)

$$K_{eq} = \frac{[H^{\oplus}][OH^{\ominus}]}{H_2O} \qquad K_{eq}[H_2O] = [H^{\oplus}][OH^{\ominus}] \qquad \textbf{(2.4)}$$

물의 이온화 반응의 평형상수는 표준 압력(1 atm)과 온도(25℃)에서 측정된 결과, 1.8×10^{-16} M이라는 것이 밝혀졌다. 많은 생화학반응에서 양성자와 수산화이온이 관여하기 때문에, 순수한 물에서 이들 이온의 농도가 어떻게 되는지 알 필요가 있다. 평형상태에서 물 농도($[H_2O]$)를 알 수 있다면 반응식 2.4를 통해서 각 이온의 농도를 계산할 수 있다. 25℃에서 순수한 물은 대략적으로 55.5 M의 농도를 갖는다(BOX 2.2 참조). 이온화 반응이 평형상태를 이루게 된다면 물의 극히 일부만이 $H^{\oplus}$와 $OH^{\ominus}$로 해리되는데, 이것들이 평형상태에서 물의 최종 농도에 미치는 영향은 매우 미미하다. 따라서 계산을 간단히 하기 위해 반응식 2.4에서 물의 농도를 55.5 M로 정의할 수 있다. 이 값과 평형상수를 대입하게 된다면 그 결과,

$$(1.8 \times 10^{-16}\ \mathrm{M})(55.5\ \mathrm{M}) = 1.0 \times 10^{-14}\ \mathrm{M}^2 = [\mathrm{H}^{\oplus}][\mathrm{OH}^{\ominus}] \quad (2.5)$$

양성자와 수산화이온의 농도를 곱한 수치($[\mathrm{H}^{\oplus}][\mathrm{OH}^{\ominus}]$)를 **물의 이온 곱(ion product of water)**이라고 한다. 이는 상수로 K_w(물의 이온 곱 상수)라고 명명한다. 25°C에서 K_w의 값은,

$$K_w = [\mathrm{H}^{\oplus}][\mathrm{OH}^{\ominus}] = 1.0 \times 10^{-14}\ \mathrm{M}^2 \quad (2.6)$$

우연하게도 이 값은 복잡한 소수가 아니라 간단한 수치로 나오는데, 덕분에 이온의 농도 계산을 편하게 할 수 있다. 순수한 물은 전기적으로 중성이므로, 따라서 물의 이온화 결과물은 동일한 농도의 양성자와 수산화이온을 생성하게 된다 $[\mathrm{H}^{\oplus}] = [\mathrm{OH}^{\ominus}]$. 순수한 물에서 식 2.6은 다음과 같이 다시 적을 수 있다.

$$K_w = [\mathrm{H}^{\oplus}]^2 = 1.0 \times 10^{-14}\ \mathrm{M}^2 \quad (2.7)$$

식 2.7에서 양변의 제곱근을 취하게 된다면 다음과 같다

$$[\mathrm{H}^{\oplus}] = 1.0 \times 10^{-7}\ \mathrm{M} \quad (2.8)$$

$[\mathrm{H}^{\oplus}] = [\mathrm{OH}^{\ominus}]$이기 때문에, 순수한 물의 이온화는 10^{-7} M의 $\mathrm{H}^{\oplus}$와 10^{-7} M의 $\mathrm{OH}^{\ominus}$를 생성하게 된다. 순수한 물을 포함해서 동일한 농도의 $\mathrm{H}^{\oplus}$와 $\mathrm{OH}^{\ominus}$를 가진 수용액을 **중성**이라고 표현한다. 물론 모든 수용액들이 다 동일한 농도의 $\mathrm{H}^{\oplus}$와 $\mathrm{OH}^{\ominus}$를 갖지는 않는다. 산이 물에 녹을 경우 양성자의 농도는 증가하나, 수산화이온의 농도는 감소한다. 이는 물의 이온 곱 상수(K_w)는 변화하지 않기 때문에 표준 환경에서 수용액 속의 $\mathrm{H}^{\oplus}$와 $\mathrm{OH}^{\ominus}$의 농도의 곱은 $1.0 \times 10^{-14}\ \mathrm{M}^2$를 항상 유지하기 때문이다(식 2.5). 반대로 물에 염기를 녹일 경우 $[\mathrm{H}^{\oplus}]$는 감소하고 $[\mathrm{OH}^{\ominus}]$는 1.0×10^{-7} M보다 증가해서 염기성, 즉 알칼리성의 용액을 형성한다.

표 2.3 $[\mathrm{H}^{\oplus}]$ 및 $[\mathrm{OH}^{\ominus}]$와 pH 간의 상관관계

pH	$[\mathrm{H}^{\oplus}]$ (M)	$[\mathrm{OH}^{\ominus}]$ (M)
0	1	10^{-14}
1	10^{-1}	10^{-13}
2	10^{-2}	10^{-12}
3	10^{-3}	10^{-11}
4	10^{-4}	10^{-10}
5	10^{-5}	10^{-9}
6	10^{-6}	10^{-8}
7	10^{-7}	10^{-7}
8	10^{-8}	10^{-6}
9	10^{-9}	10^{-5}
10	10^{-10}	10^{-4}
11	10^{-11}	10^{-3}
12	10^{-12}	10^{-2}
13	10^{-13}	10^{-1}
14	10^{-14}	1

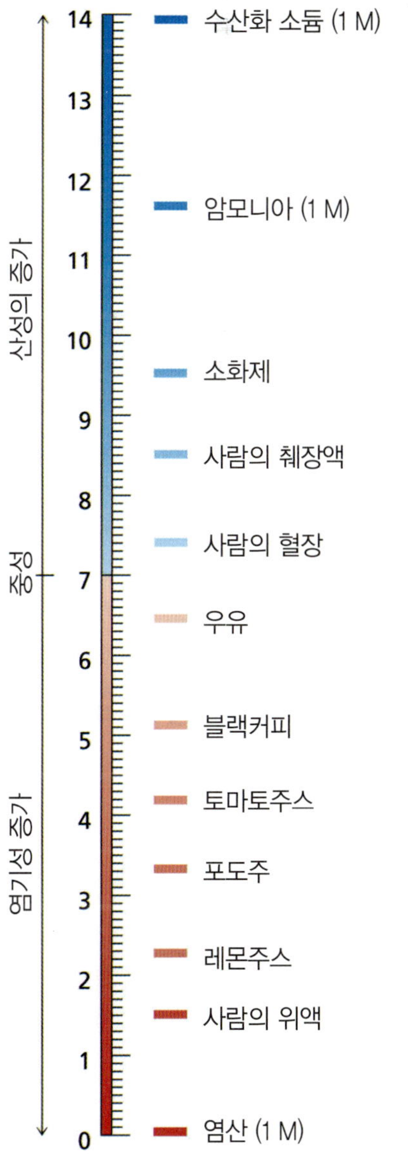

2.8 pH 등급

혈액에서의 산소 수송, 효소에 의한 반응의 촉매작용 및 호흡과 광합성 중 물질대사 에너지 생성과정을 포함하는 많은 생화학적 과정은 양성자 농도에 큰 영향을 받는다. 세포 내 $\mathrm{H}^{\oplus}$의 농도(또는 $\mathrm{H_3O}^{\oplus}$의 농도)는 비교적 물에서의 농도보다는 적지만, 수용액에서의 $[\mathrm{H_3O}^{\oplus}]$의 범위는 크다. 그러므로 로그값을 통한 $\mathrm{H}^{\oplus}$의 농도를 pH로서 나타내는 측정하는 방법이 편리하다. **pH**는 $\mathrm{H}^{\oplus}$ 농도의 음의 로그값으로 정의된다.

$$\mathrm{pH} = -\log[\mathrm{H}^{\oplus}] = \log\frac{1}{[\mathrm{H}^{\oplus}]} \quad (2.9)$$

순수한 물에서는 $[\mathrm{H}^{\oplus}] = [\mathrm{OH}^{\ominus}] = 1.0 \times 10^{-7}$ M(식 2.7과 2.8)이다. $\mathrm{H}^{\oplus}$ 이온과 $\mathrm{OH}^{\ominus}$ 이온의 농도는 같으므로, 이전에 언급한 바와 같이 순수한 물은 중성이다. 중성 용액은 7.0의 pH 값(log 10^{-7}의 음의 값)을 갖는다. 산성 용액은 $\mathrm{H}^{\oplus}$를 공급하는 해리된 용질에 의해 과량의 $\mathrm{H}^{\oplus}$를 갖는다. 0.01 M HCl 용액을 예를 들면, HCl은 $\mathrm{H}^{\oplus}$와 $\mathrm{Cl}^{\ominus}$로 완벽히 해리되므로 $\mathrm{H}^{\oplus}$의 농도는 0.01 M(10^{-2} M)이다. 이 같은 용액의 pH 값은 $-\log 10^{-2} = 2.0$이다. 그러므로 더 높은 농도의 $\mathrm{H}^{\oplus}$를 갖는 용액일수록 더 낮은 pH 값을 갖는다. pH의 등급은 로그값으로서, 1개의 등급의 변화는 10배의 $\mathrm{H}^{\oplus}$ 농도 차이를 나타낸다.

또한 7보다 큰 pH 값을 갖는 용액은 순수한 물보다 적은 $\mathrm{H}^{\oplus}$ 이온을 포함한다. 0.01 M NaOH 용액을 예를 들면, $\mathrm{OH}^{\ominus}$의 농도는 0.01 M(10^{-2} M)이다. NaOH는 HCl과 마찬가지로, 물에서 완벽히 해리되기 때문이다. 물에서 나온 이온화된 $\mathrm{H}^{\oplus}$ 이온은 NaOH에서 나온

그림 2.16 ▶
25°C에서 다양한 용액들의 pH 값. 낮은 값은 산성 용액에 해당하며, 높은 값은 염기성 용액에 해당한다.

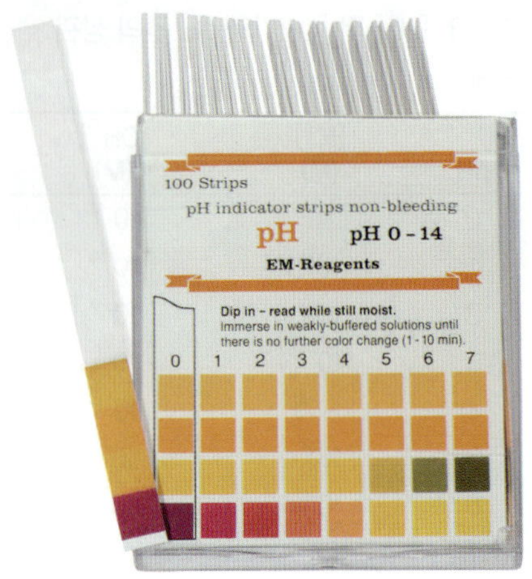

▲ **pH 측정 띠.** 용액 한 방울을 pH 측정 띠에 떨어뜨려 용액의 근사치 pH를 알 수 있다. 다양한 지표들이 플라스틱 측정 띠에 붙어 있다. $H^{\oplus}$의 농도에 따라 지표의 색상변화가 일어나고 여러 색상의 조합은 좀 더 정확한 pH를 측정하게 한다. 여기 보이는 측정 띠들은 0~14까지의 pH 범위를 읽을 수 있다. 단, 다른 어떤 pH 측정 띠들은 좀 더 좁은 범위를 제공한다.

BOX 2.4 pH의 소문자 "p"

pH라는 용어는 1909년에 덴마크 칼스버그 실험실의 쇠렌센(Søren Peter Lauritz Sørensen)에 의해 처음 사용되었다. 쇠렌센은 소문자 "p"가 무엇을 나타내는지 전혀 언급하지 않았다("H"는 확실히 수소다). 수 년 후, 화학 교과서를 쓰던 몇몇의 과학자들은 소문자 "p"가 power 또는 potential이라고 결정지었다. 이것은 쇠렌센의 논문들과는 거의 상관이 없는 근거였다. 최근 노비(Jens G. Noby)의 역사기록을 살펴본 결과, 소문자 "p"는 미지수를 x나 y로 표시하는 것처럼, 쇠렌센은 q나 p를 사용한 것이다.

역사적 기원이 어떻든 현재 pH가 의미하는 것은 수소이온 농도의 음의 로그값이다.

▲ 쇠렌센(Søren Peter Lauritz Sørensen, 1868~1939)

$OH^{\ominus}$와 결합하여 물 분자를 재구성한다. 이것은 물의 이온화 균형에 영향을 미친다(반응식 2.3). 이로 생성된 용액은 낮아진 $H^{\oplus}$의 낮은 농도로 인해 염기성을 띤다. $OH^{\ominus}$ 농도 교환에 의해 실제적인 pH는 물의 이온 생성물에 의해 결정될 수 있다, K_w(식 2.6). $OH^{\ominus}$와 $H^{\oplus}$ 생성물의 농도는 10^{-14}이므로, $OH^{\ominus}$ 농도가 10^{-2} M인 용액에서의 $H^{\oplus}$ 농도는 10^{-12} M이다. 따라서 이 용액의 pH는 12이다. 표 2.3은 $OH^{\ominus}$와 $H^{\oplus}$의 농도와 pH의 관계를 보여준다.

염기성 용액은 7.0보다 높은 pH 값을 가지며 산성 용액은 낮은 pH 값을 갖는다. 그림 2.16은 다양한 용액에서의 pH 값을 나타내고 있다. pH의 정확한 측정은 대부분 pH 미터를 이용해 측정된다. pH 미터는 $H^{\oplus}$에 민감한 선택적 투과성의 유리 전극을 이용한 기구이다. pH의 측정은 때로 질병의 진단에 사용된다. 정상적인 사람의 혈액 pH는 7.4이다. 종종 생리학적 pH라고 언급된다. 당뇨와 같은 질병에 걸린 환자들의 혈액은 낮은 pH를 가질 수 있다. 이를 산성증(acidosis)이라 부른다. 끊임없고 장기적인 구토(위의 염산의 손실)나 과호흡증후군(이산화탄소를 통한 과량의 탄산 손실)으로 발생할 수 있는 혈액의 pH가 7.4보다 높은 경우를 알칼리증(alkalosis)이라고 부른다.

핵심개념

pH는 양성자(H^+) 농도 음의 로그값이다.

2.9 약산의 산 해리상수

핵심개념

약산과 약염기는 물에서 부분적 해리가 일어나는 물질이다.

염산이나 수산화나트륨과 같이 물에서 완전히 해리되는 산과 염기를 강산과 강염기라고 부른다. 단백질의 아미노산이나 DNA와 RNA의 퓨린과 피리미딘과 같은 산과 염기는 물에서 완벽히 해리되지 않는다. 이들은 약산과 약염기라고 알려져 있다.

산과 염기에 대한 관계를 이해하기 위해, 물에서의 HCl의 해리를 생각해보자. 2.7절에서 우리는 산을 양성자를 줄 수 있는 물질이라고 정의를 했으며, 염기를 양성자를 받는 물질이라고 정의를 했다. 모든 양성자 주개에는 항상 양성자 받개가 있기 마련이므로, 산과 염기는 항상 쌍으로 존재하게 된다. 그러므로 HCl의 완전해리 평형식은 다음과 같이 나타내어진다.

$$\underset{\text{산}}{HCl} + \underset{\text{염기}}{H_2O} \rightleftharpoons \underset{\text{염기}}{Cl^{\ominus}} + \underset{\text{산}}{H_3O^{\oplus}} \tag{2.10}$$

HCl은 양성자를 줄 수 있으므로 산이다. 이 경우, 이 평형반응식에서의 염기인 양성자 받개는 물이다. 이 평형식에서의 반대쪽에는 $Cl^{\ominus}$와 $H_3O^{\oplus}$이 있다. 염화이온은 이후에 HCl에 대하여 양성자를 받으므로 염기가 된다. 이때 $Cl^{\ominus}$는 HCl의 **짝염기(conjugate base)**라고 한다[양성자 받개로서 산-염기 짝($HCl/Cl^{\ominus}$) 중 하나]. 이와 비슷하게, $H_3O^{\oplus}$는 H_2O의 **짝산(conjugate acid)**이다. 모든 염기는 이에 대응하는 짝산을 갖고 있고, 모든 산은 이에 대응하는 짝염기를 갖고 있다. 그러므로 HCl은 $Cl^{\ominus}$의 짝산이고, H_2O는 $H_3O^{\oplus}$의 짝염기다. $H_2O/OH^{\ominus}$산-염기 짝을 설명할 때, H_2O는 $OH^{\ominus}$의 짝산이라는 것을 주의하라.

이 책 대부분에서 우리는 물과 하이드로늄이온을 간단히 양성자로 나타내어 반응을 간단화시킬 것이다.

$$HCl \rightleftharpoons H^{\oplus} + Cl^{\ominus} \tag{2.11}$$

표면적으로는 이러한 것이 생화학에 있어서 표준 협약이지만, 이것은 양쪽 평형 규칙을 무시한 것이므로 양성자 주개와 양성자 받개 모두 포함되어야 한다. 학생들은 이를 신경 써서 이 반응 속에서 물 분자들이 양성자 받개로서, 하이드로늄이온이 양성자 주개로서 명시된다는 것을 보아야 한다. 대부분의 경우에서 물의 영향을 무시할 수 있다. 물의 해리에 관한 반응에서 우리는 물 분자의 관여에 대해 이와 같이 간단화하는 법을 보았다(2.7절).

핵심개념

물의 관여는 대부분의 산/염기 해리반응에서 생략되어 있다.

HCl과 같은 강산이 식 2.11과 같이 변형되어서 나타낼 수 있는 이유는 HCl이 물에서 완벽하게 해리되기 때문이다. 다른 말로 말해, HCl은 물에 해리되었을 때 양성자를 내어 놓으려는 경향성이 강하다는 것이다. 이는 또한 짝염기인 $Cl^{\ominus}$가 거의 양성자를 수용하지 않으므로, 매우 약한 염기라는 뜻이다.

식초에 존재하는 아세트산은 약산이다. 아세트산의 이온화의 평형 반응식은 다음과 같다.

$$\underset{\substack{\text{아세트산} \\ \text{(약산)}}}{CH_3COOH} \overset{K_a}{\rightleftharpoons} H^{\oplus} + \underset{\substack{\text{아세테이트 음이온} \\ \text{(짝염기)}}}{CH_3COO^{\ominus}} \tag{2.12}$$

우리는 물 분자들의 영향을 배제하여 반응식을 간단화했고, 아세테이트 음이온을 아세트산의 짝염기로 보았다(이는 아세트산을 아세테이트 음이온의 짝산으로 볼 수 있음).

물에 있는 산의 양성자해리에 대한 평형상수를 **해리상수(acid dissociation constant, K_a)**라고 한다. 반응이 평형에 도달하게 될 때, 산 해리상수는 반응물로 나뉜 생성물의 농도와 같다. 반응식 2.12에 관한 평형상수는 다음과 같다.

$$K_a = \frac{[H^{\oplus}][CH_3COO^{\ominus}]}{[CH_3COOH]} \tag{2.13}$$

25°C에서 아세트산에 대한 K_a 값은 1.76×10^{-5} M이다. K_a 값은 작은 값이며, 계산하기 불편하기 때문에 로그값을 이용하면 매우 유용하다. 매개변수 **pK_a**는 pH와 비슷하다.

$$pK_a = -\log K_a = \log \frac{1}{K_a} \tag{2.14}$$

pH 값은 용액의 산도를 측정한 것이고, pK_a 값은 특정한 화합물의 산 세기를 측정한 것이다. 아세트산의 pK_a 값은 4.8이다.

염기를 다룰 때 이들의 양성자화된 형식을 평형식 2.13과 같이 다뤄야 한다. 이 짝산들은 매우 약산이다. 계산을 간단하고 비교하기 쉽게, 우리는 짝염기의 짝산에서 나온 양성자의 해리에 대한 평형상수 K_a를 측정한다. 예를 들어, 암모늄이온($NH_4^{\oplus}$)은 해리되어 염기 암모니아(NH_3)와 $H^{\oplus}$를 만들 수 있다.

$$NH_4^{\oplus} \rightleftharpoons NH_3 + H^{\oplus} \tag{2.15}$$

표 2.4 25°C 수용액 상태에서 약산의 해리상수와 pK_a 값

산	K_a (M)	pK_a
HCOOH (포름산)	1.77×10^{-4}	3.8
CH_3COOH (아세트산)	1.76×10^{-5}	4.8
$CH_3CHOHCOOH$ (젖산)	1.37×10^{-4}	3.9
H_3PO_4 (인산)	7.52×10^{-3}	2.2
$H_2PO_4^{\ominus}$ (다이하이드로젠 인산 이온)	6.23×10^{-8}	7.2
$HPO_4^{②}$ (모노하이드로젠 인산 이온)	2.20×10^{-13}	12.7
H_2CO_3 (카보닉 산)	4.30×10^{-7}	6.4
$HCO_3^{\ominus}$ (다이카보닉 이온)	5.61×10^{-11}	10.2
$NH_4^{\oplus}$ (암모니움 이온)	5.62×10^{-10}	9.2
$CH_3NH_3^{\oplus}$ (메틸암모니움 이온)	2.70×10^{-11}	10.7

이 평형식에 대한 해리상수(K_a)는 수용액 속에서 염기(암모니아, NH_3)의 세기에 대해 측정한 것이다. 다양한 물질에 대한 K_a 값들이 표 2.4에 나열되어 있다.

평형식 2.13으로부터 우리는 아세트산의 K_a가 아세테이트이온과 해리되지 않은 아세트산의 농도비율과 $H^{\oplus}$의 농도에 연관됨을 알 수 있다. 만일 짝산을 HA, 짝염기를 $A^{\ominus}$로 정하여 식으로 산-염기를 나타내면 다음과 같다.

$$HA \rightleftharpoons H^{\oplus} + A^{\ominus} \qquad \log K_a = \log\frac{[H^{\oplus}][A^{\ominus}]}{[HA]} \tag{2.16}$$

$\log(xy) = \log x + \log y$이므로, 식 2.16은 다음과 같이 될 수 있다.

$$\log K_a = \log[H^{\oplus}] + \log\frac{[A^{\ominus}]}{[HA]} \tag{2.17}$$

2.17을 재정리하면

$$-\log[H^{\oplus}] = -\log K_a + \log\frac{[A^{\ominus}]}{[HA]} \tag{2.18}$$

핵심개념

평형에서의 염기 또는 약산의 용액의 pH는 양성자 주개와 양성자 받개의 최종 농도와 이 온화 반응의 pK_a와 조합하여 계산할 수 있다.

식 2.18의 음의 로그부분은 이미 pH와 pK_a로 정의되었다(각각 식 2.9, 식 2.14). 그러므로 다음과 같다.

$$pH = pK_a + \log\frac{[A^{\ominus}]}{[HA]} \tag{2.19}$$

혹은

$$pH = pK_a + \log\frac{[\text{양성자 받개}]}{[\text{양성자 주개}]} \tag{2.20}$$

식 2.20은 **헨더슨-하셀발크(Henderson-Hasselbalch)**식의 한 부분이다. 이는 산-염기짝에서 약산의 pK_a와 양자화된 것(약산)에 대한 해리된 것(짝염기)의 농도비의 로그값으로 용액의 pH를 정의한다. 양전하 받개(짝염기)에 대한 양전하 주개(짝산)의 농도가 높을수록, $H^{\oplus}$의 농도가 낮아지며, pH가 높아짐을 주의하라. (pH는 $H^{\oplus}$ 농도의 음의 로그값이며, 높은 $H^{\oplus}$의 농도는 낮은 pH를 의미함을 기억하라.) 이는 $A^{\ominus}$의 농도가 $H^{\oplus}$ 농도와 동일함을 나타낸다. 만약 HA가 더 많이 해리된다면, $A^{\ominus}$ 농도와 $H^{\oplus}$ 농도 또한 높아진다. 약산과 짝염기의 농도가 정확하게 같을 때, 용액의 pH는 산의 pK_a와 같다(농도비율이 1.0으로 같고, 1.0을 로그값으로 나타내면 0임).

헨더슨-하셀발크식은 약산용액의 최후 pH를 정하기 위해 사용된다. 이 계산은 HCl과 같은 강산을 포함할 때보다 더 복잡하다. 2.8절에서 언급했듯이, HCl 용액의 pH는 최종 $H^{\oplus}$ 농도가 처음 용액의 만들어질 때의 HCl 농도와 같으므로 쉽게 결정된다. 대조적으로, 약산은 오직 부분적으로 물에 해리되기 때문에 해리상수에 의존적인 pH를 갖게 된다. 더 많은 약산이 물에 첨가되면 pH가 감소($H^{\oplus}$가 증가)하지만, $H^{\oplus}$의 증가는 처음의 HA의 농도와 일치하지 않는다. 이것은 식 2.16의 분자는 $H^{\oplus}$와 $A^{\ominus}$ 생성물의 농도이기 때문이다.

헨더슨-하셀발크식은 약산뿐만 아니라, 다른 산-염기 조합에도 이용될 수 있다. 약염기를 다룰 때, 예를 들어 식 2.20에서 분자와 분모는 각각 [약염기]와 [짝산]으로 쓸 수 있다. 중요한 점은 양성자 받개의 농도를 양성자 주개의 농도로 나눈다는 것이다.

약산의 pK_a 값은 적정에 의해 정해진다. 그림 2.17은 아세트산의 적정곡선을 나타낸다. 이 예시에서 아세트산 용액을 농도를 알고 있는 강산을 조금씩 추가함으로써 적정을 한다. 용액의 pH는 측정되어, 적정을 위해 강염기가 넣어지는 농도에 따라 표시한다. 아세트산은 오직 하나의 이온화할 수 있는 그룹(카복실기)을 갖고 있으므로 오직 하나의 동등한 강염기가 아세트산의 짝염기(아세테이트 음이온)에 대하여 적정에 사용됨을 주의하라. 산이 이분의 일에 해당하는 염기에 의해 적정될 때 해리되지 않은 아세트산의 농도는 정확히 아세테이트 음이온의 농도와 같다. 결과로 pH는 4.8이며, 이것은 실험결과적인 아세트산에 대한 pK_a이다.

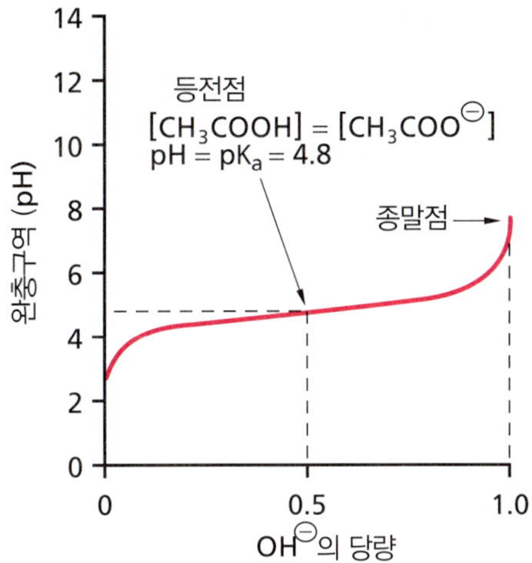

▲ **그림 2.17**

염기($OH^{\ominus}$)를 이용한 아세트산(CH_3COOH)의 적정. 0.5 당량의 염기를 아세트산 용액에 추가했을 때, 적정 중간점에 변곡점(곡선의 최소 기울기)이 있다. 이 부분은 $[CH_3COOH] = [CH_3COO^{\ominus}]$인 부분이며, $pH = pK_a$이다. 그러므로 아세트산의 pK_a는 4.8이다. 종말점에서는 모든 아세트산의 분자들이 짝염기인 아세테이트로 적정된다.

이상적 적정곡선을 그리는 것은 pH와 약산의 이온화 상태의 관계를 이해하는 데 유용하다. 여러분은 헨더슨-하셀발크식을 이용하여 NaOH와 같은 강염기에 이미다졸리움 이온(pK_a = 7.0) 같은 약산의 추가로서 얻게 되는 pH를 계산할 수 있다. 이미다졸리움 이온의 첨가는 이의 짝염기인 이미다졸(그림 2.18)로 변화시킨다. 만약 여러분이 산에 대한 짝염기의 비율이 0.01, 0.1, 1, 10 그리고 100일 때의 pH를 계산하면, 적정곡선의 형태를 쉽게 그릴 수 있다. 다른 비율에서도 pH 값을 계산하여 중간점의 비교적 평편한 선과 뾰족한 꼭지점을 그릴 수 있다.

각각의 다섯 단양자성 산들(오직 하나의 이온화할 수 있는 그룹을 갖고 있는 산, 표 2.4)에 대한 적정곡선들은 유사한 형태를 갖는다. 모든 형태가 그림 2.17과 같게 되지만 적정곡선의 중간점(적정의 이분의 일 지점)은 강산(포름산, 젖산같은)에서는 낮고 약산(암모늄이온, 매틸암모늄이온 같은)에서는 높다.

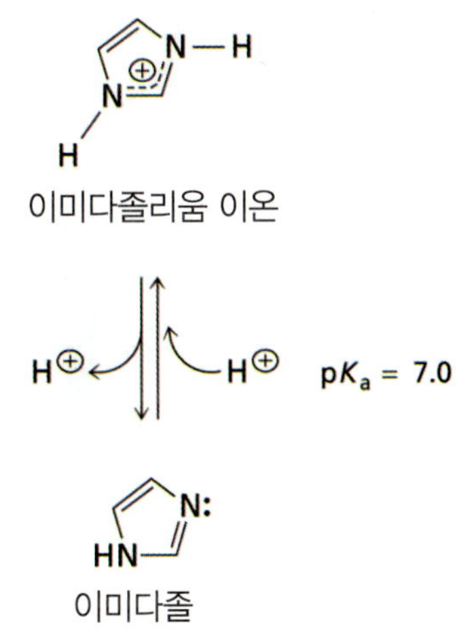

▲ **그림 2.18**

이미다졸리움 이온의 적정.

약산의 적정곡선은 헨더슨-하셀발크식 이용의 중요성을 설명한다. 이 경우, 최종 pH는 약산(HA)과 강염기($OH^{\ominus}$) 혼합의 결과이다. 염기가 $H^{\oplus}$ 이온과 결합하여 물 분자(H_2O)들을 만든다. 이는 $H^{\oplus}$의 농도를 낮추고, pH를 높인다. 약산을 적정 할수록 $OH^{\ominus}$와 H_2O의 평형을 이루기 위해 약산이 해리된다. pH가 오직 약산이 물에 해리될 때 정해지는 간단한 경우, 순수한 결과로서 $A^{\ominus}$의 농도는 더욱 높아지고 HA의 농도는 낮아진다(H_2O 속 HA의 용액).

인산(H_3PO_4)은 다양자성 산이다. 이는 해리되어서 $H^{\oplus}$ 이온과 1,2 또는 3개의 음전하를 띠는 짝염기를 형성할 수 있는 세 개의 다른 수소이온들을 갖고 있다. 첫 번째 양전하의 해리는 빠르게 일어나며 이는 큰 해리상수(7.53×10^{-3} M)와 2.2의 pK_a와 연관이 있다. 두

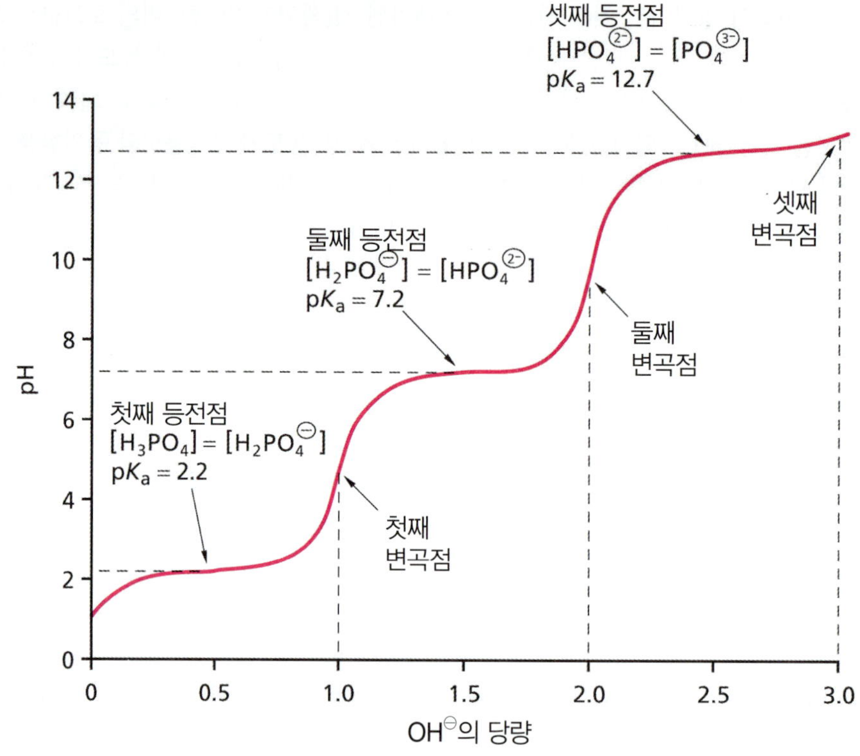

그림 2.19 ▶
H_3PO_4의 적정곡선. 세 변곡점(0.5, 1.5, 2.5 당량의 강산이 추가된 지점)은 인산의 세 pK_a와 일치한다(2.2, 7.2, 12.7).

▲ 콜라에는 음료를 더욱 산화시키기 위해 인산이 포함되어 있다. 인산의 농도는 약 1 mM이다. 이 농도는 다른 구성요소를 배제한다면 pH가 3이다.

번째와 세 번째 양전하의 해리는 이미 음전하를 띤 분자에서 해리가 되는 것이므로 덜 급속하게 일어난다.

인산은 완전한 적정을 위해서 강산의 세번 평형이 필요하며 세 개의 확연한 pK_a 값이 적정곡선에서 나타나게 된다(그림 2.19). 세 개의 pK_a 값은 세 개의 평형상수를 나타내고 이는 무기 인산의 네 가지 이온화 형태(짝산과 염기)가 존재할 수 있음을 나타낸다. 생리학적 pH(7.4)에서 주로 형성되는 무기 인산의 형태는 $H_3PO_4^{\ominus}$와 $H_3PO_4^{2\ominus}$이다. pH 7.2에서 이 두 형태는 같은 농도로 존재한다. pH 7.4에서의 H_3PO_4와 $PO_4^{3\ominus}$의 농도는 매우 낮으므로 무시할 수 있다. 이것은 일반적으로 pH가 이의 pK_a 값에서 나온 두 유닛보다 높을 때 비주류의 형태들에 대한 사례이다.

$$\mathrm{HO{-}P({=}O)(OH){-}OH} \underset{}{\overset{pK_1\ 2.2}{\rightleftharpoons}} \mathrm{HO{-}P({=}O)(OH){-}O^{\ominus}} + \mathrm{H^{\oplus}} \overset{pK_2\ 7.2}{\rightleftharpoons} \mathrm{{}^{\ominus}O{-}P({=}O)(OH){-}O^{\ominus}} + \mathrm{H^{\oplus}} \overset{pK_3\ 12.7}{\rightleftharpoons} \mathrm{{}^{\ominus}O{-}P({=}O)(O^{\ominus}){-}O^{\ominus}} + \mathrm{H^{\oplus}} \quad (2.21)$$

3장에서 언급한 아미노산과 같이 많은 생물학적 산과 염기들은 두 개나 그 이상의 이온화가능한 그룹을 갖는다. 이들에 대한 pK_a 값들의 수는 이온화할 수 있는 그룹의 개수와 같다. pK_a 값들은 적정을 통한 실험으로 정해질 수 있다.

보기 문제 2.1 약산용액의 pH 계산

문: 아세트산 0.1 M 용액의 pH는 얼마인가?

답: 아세트산의 해리상수는 1.76 × 10^{-5} M이다. 아세트산이 물에 해리되어 아세테이트와 $H^{\oplus}$를 형성한다. 우리는 반응이 평형에 도달했을 때의 $[H^{\oplus}]$를 구해야 한다.

최종 $H^{\oplus}$의 농도를 미지수 x로 하면, 최종 아세트산의 농도는 $[0.1\ M - x]$이다. 그러므로

$$1.76 \times 10^{-5} = \frac{[H^{\oplus}][CH_3COO^{\ominus}]}{[CH_3COOH]} = \frac{x^2}{(0.1 - x)}$$

가 되고, 이를 정리하면

$$1.76 \times 10^{-6} - 1.76 \times 10^{-5}x = x^2$$
$$x^2 + 1.76 \times 10^{-5}x - 1.76 \times 10^{-6} = 0$$

가 된다. 이 식은 $ax^2 + bx + c = 0$의 이차방적식의 형태로 보면, $a = 1$, $b = 1.76 \times 10^{-5}$, $c = -1.76 \times 10^{-6}$이다. 이를 x에 대한 근의 공식을 이용하여 나타내면

$$x = \frac{-b \pm \sqrt{(b^2 - 4ac)}}{2a}$$
$$= \frac{-1.76 \times 10^{-5} \pm \sqrt{((1.76 \times 10^{-5})^2 - 4(1.76 \times 10^{-6}))}}{2}$$

$x = 0.00132$ or -0.00135 (음수값의 답은 제거함)

이다. 수소이온의 농도는 0.00132 M이고 pH는

$$pH = -\log[H^{\oplus}] = -\log(0.00132) = -(-2.88) = 2.9$$

이다. 물에서 공급된 수소이온은 아세트산으로부터 나온 수소이온보다 훨씬 적다는 것을 유의하라. 이는 약산의 처음 농도가 0.001 M보다 높을 경우 물의 이온화를 무시하는 표준계산법이다.

처음 농도가 0.1 M인 아세트산이 해리되어 생성하는 $H^{\oplus}$와 $CH_3COOH^{\ominus}$의 양은 0.0013 M이다. 이것은 오직 1.3%의 아세트산 분자들만이 해리되는 것을 의미하며 아세트산의 최종 농도는 처음 농도의 98.7%라는 것을 의미한다. 일반적으로, 희석된 약산 용액의 해리는 백분율로 10% 미만이므로, 최종적인 산의 농도는 시작시의 산의 농도와 같다고 간주해도 무방하다. 근사치는 계산된 pH에 대하여 매우 적은 영향을 미친다.

평형에서의 CH_3COOH의 농도를 추측하면 0.1 M이며, $H^{\oplus}$의 농도는 x이다.

$$K_a = 1.76 \times 10^{-5} = \frac{x^2}{0.1} \qquad x = 1.33 \times 10^{-3}$$
$$pH = -\log(1.33 \times 10^{-3}) = 2.88 = 2.9$$

$$HOH_2C-\underset{CH_2OH}{\overset{CH_2OH}{C}}-NH_2$$

▲ **트리스 완충제.** Tris 또는 tris (hydroxymethyl) aminomethane은 생화학실험실에서 공통적으로 사용되는 완충제다. 이의 pK_a(8.06)는 생체학적 범위의 완충제를 만들 때 매우 이상적이다.

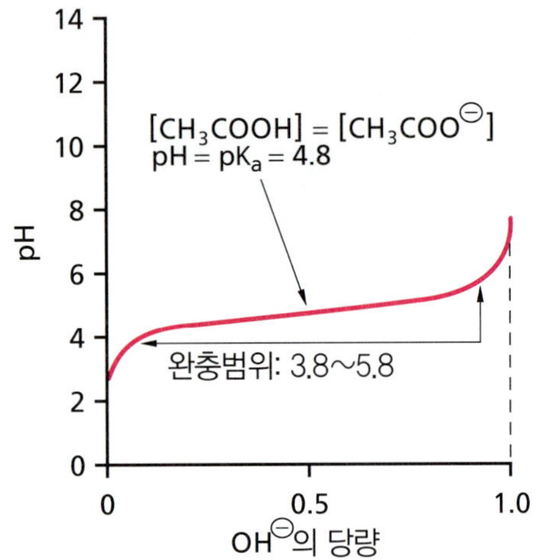

▲ 그림 2.20

아세트산의 완충범위. CH_3COOH + CH_3COO^-에 대한 pK_a는 4.8이며 가장 효과적인 완충제의 범위는 pH3.8부터 pH5.8까지이다.

2.10 pH 변화에 대한 완충용액

용액에 적은 양의 강산이나 강염기가 추가되어도 pH가 거의 일정하게 유지되는 용액을 **완충액(buffer)**이라 말한다. 이 용액은 완충능(buffer capacity)이라고 알려진 pH의 변화에 저항하는 능력을 지녔다. 약산과 짝염기의 농도가 같을 때, 즉 pH와 pK_a가 같을 때 아세트산(그림 2.17)과 인산(그림 2.19)의 적정곡선에서 완만한 곡선에 표시된 부분은 효과적인 완충을 나타낸다. 약산과 짝염기의 혼합물에 의한 효과적인 완충범위는 대부분 한 pH 단계로부터 pK_a 위의 한 pH 단계까지라고 여겨진다.

대부분의 세포 추출물, 정제된 분자들 혹은 온전한 세포들을 포함하는 생체외(*in vitro*) 생화학적 실험들은 pH를 안정화시켜줄 수 있는 완충용액을 포함한 환경에서 수행된다. 몇몇의 다양한 pK_a 값들을 갖는 합성물질들은 종종 완충제를 필요로 하지만 자연적으로 발생된 혼합물들은 또한 완충제로서 사용될 수 있다. 예를 들어, 아세트산과 아세트산나트륨(pK_a = 4.8)의 혼합물은 pH 범위 4∼6까지 사용될 수 있고(그림 2.20) KH_2PO_4와 K_2HPO_4(pK_a = 7.2)의 혼합물은 pH 범위 9∼11까지 사용이 된다.

완충이 준비될 때, 산성용액(예: 아세트산)은 양성자들을 공급하고 몇몇의 양성자들은 짝염기(예: 아세테이트)와 결합하여 소모된다. 짝염기는 염(예: 아세트산나트륨) 수용액으로서 더해진다. 염은 완벽히 용액에 해리되어 자유 짝염기를 제공한다. 보기 문제 2.2는 완충용액을 준비하는 과정의 한 방법을 설명한다.

보기 문제 2.2 완충제의 준비

문: 아세트산은 4.8의 pK_a를 갖고 있다. pH 5.8인 1 L의 0.1 M 완충용액을 만들 때 얼마나 많은 부피의 0.1 M 아세트산과 0.1 M 아세트산나트륨이 필요한가?

답: 헨더슨-하셀발크식(식 2.20)을 이용하여 pK_a를 넣고, 원하는 pH 값을 넣어주면 다음과 같다.

$$5.8 = 4.8 + \log\frac{[\text{아세테이트}]}{[\text{아세트산}]}$$

이를 정리하면

$$\log\frac{[\text{아세테이트}]}{[\text{아세트산}]} = 5.8 - 4.8 = 1.0$$

$$[\text{아세테이트}] = 10\,[\text{아세트산}]$$

아세트산의 부피에 대하여 10배의 아세테이트가 추가가 되어야 한다(두 가지 이온화물질을 합하면 총 11에 해당하는 부피를 갖음). 각각의 해당하는 비율을 최종 만들어야 할 총 부피에 곱해주면

$$\text{필요한 아세트산:}\quad \frac{1}{11} \times 1000\text{ ml} = 91\text{ ml}$$

$$\text{필요한 아세테이트:}\quad \frac{10}{11} \times 1000\text{ ml} = 909\text{ ml}$$

이다. [짝염기]와 [짝산]의 비율이 10:1일 때, pH는 정확히 pK_a보다 한 등급 위이다. 만약 비율이 1:10이라면, pH는 pK_a보다 한 등급 아래이다.

◀ 그림 2.21
탄산과 짝염기의 백분율 pH 함수. pH 7.4(혈액의 pH)의 수용액에서 탄산(H_2CO_3)과 중탄산염($HCO_3^{\ominus}$)의 농도는 높지만 탄산염(CO_3^{2-})은 거의 없다.

완충용액의 완벽한 예는 항상 같은 pH를 유지하는 포유동물의 혈장에서 찾을 수 있다. 생리 식염수(0.15 M NaCl)나 물 또는 혈장에 대하여 같은 강산을 조금씩 추가를 했을 때 일어나는 결과 비교에 대해 생각해보자. 10 M HCl(염산) 1밀리리터가 처음 pH가 7.0인 1리터의 생리식염수 혹은 물에 추가되었을 때 pH는 2.0까지 내려간다(다른 말로, HCl에서 나온 $[H^{\oplus}]$가 10^{-2}M까지 희석되는 것). 하지만 10 M HCl 1밀리리터가 pH가 7.4의 사람 혈장 1리터에 추가되었을 때 pH는 7.2까지밖에 떨어지지 않는다.

혈액의 pH는 주로 이산화탄소-탄산-중탄산염 완충계에 의해 조절된다. 탄산(H_2CO_3)의 백분율과 pH에 대한 차트가 그림 2.21에 표시되어 있다. pH 7.4에서의 주요 요소는 탄산과 중탄산염($HCO_3^{\ominus}$)이라는 것을 알아두라.

혈액의 완충능은 기체상태의 이산화탄소(폐에 존재)와 수용상태의 이산화탄소(호흡조직에 의한 생성, 혈액 속에 존재), 탄산, 중탄산염 사이의 평형에 따라 결정된다. 그림 2.21에서 보여주듯이, 중탄산염과 이의 짝염기인 탄산($CO_3^{2(2\ominus)}$)과의 평형상태는 혈액의 완충능에 대하여 큰 영향을 끼치지 못한다. 그 이유는 중탄산염의 pK_a는 10.2로서 너무 생체학적 pH와 차이가 나서 혈액의 완충에 대해 영향을 줄 수 없기 때문이다.

이산화탄소-탄산-중탄산염 완충계의 첫 평형은 탄산의 해리로 인한 중탄산염이다.

$$H_2CO_3 \rightleftharpoons H^{\oplus} + HCO_3^{\ominus} \qquad (2.22)$$

이 평형은 해리된 이산화탄소가 자신의 수화물 형태인 탄산과 평형을 이루는 두 번째 평형에 의해 영향을 받는다.

$$CO_2(\text{수용액 상태}) + H_2O \rightleftharpoons H_2CO_3 \qquad (2.23)$$

이 두 반응은 CO_2가 물에 해리되어 산이 될 때 하나의 평형반응으로서 합쳐질 수 있다.

$$CO_2(\text{수용액 상태}) + H_2O \rightleftharpoons H^{\oplus} + HCO_3^{\ominus} \qquad (2.24)$$

이 산의 pK_a는 6.4이다.

결과적으로 CO_2(기체상태)는 CO_2(수용상태)와 평형을 이룬다.

$$CO_2(\text{기체 상태}) \rightleftharpoons CO_2(\text{수용액 상태}) \qquad (2.25)$$

혈액의 pH는 그림 2.22에 도식으로 보이는 세 개의 평형에 의해 조절된다. 과량의 $H^{\oplus}$를 생성하는 물질대사에 의해 혈액의 pH가 떨어질 때 H_2CO_3의 농도는 잠시 증가하지만 H_2CO_3는 신속히 H_2O를 잃고 해리된 CO_2(수용액 상태)를 형성하고 폐에서 가스상태 CO_2로

수용액 상태의 혈액 세포는 폐에서 모세 혈관을 통과한다.

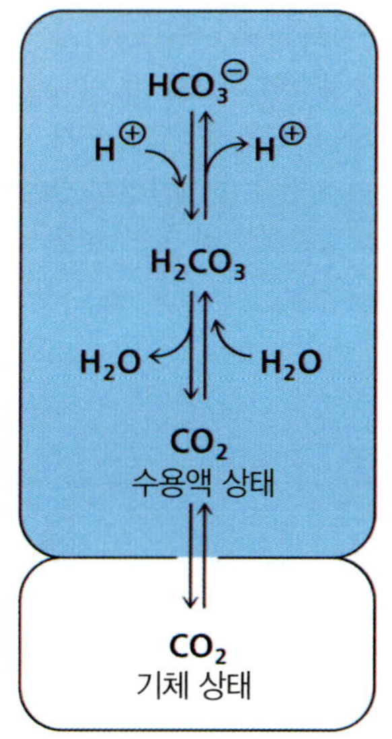

폐의 공기공간

▲ 그림 2.22
포유동물에서의 혈액 pH 조절. 혈액의 pH는 폐의 공기공간에서의 pCO_2에 대한 $[HCO_3^{\ominus}]$의 비율에 의해 조절된다. 과량의 $H^{\oplus}$로 인해 혈액의 pH가 감소할 때, pCO_2는 폐에서 증가하여 평형을 되찾는다. 혈액의 pH 증가로 인해 $HCO_3^{\ominus}$의 농도가 증가할 때 CO_2(기체)가 혈액에 용해되어 다시 평형을 되찾는다.

전환되어 날아간다. 폐의 호기에서 CO_2의 분압(pCO_2)이 증가함으로써 수소이온들이 증가한다. 역으로, 혈액의 pH가 증가할 때 $HCO_3^{\ominus}$ 농도가 일시적으로 증가하지만 폐의 CO_2(기체상태)가 CO_2(수용액 상태)로 바뀌는 호흡속도조절을 통해 pH는 급격히 회복되며 그 후 폐의 모세혈관에서는 H_2CO_3로 전환된다. 다시 혈액 완충계의 평형은 폐의 CO_2 분압 변화를 통해 급속히 회복된다.

세포 내에서 단백질과 무기인은 모두 세포내 완충에 기여한다. 헤모글로빈은 혈액세포에서 이산화탄소-탄산-중탄산염 완충제보다 강력한 완충제이다. 이전에 언급했듯이, 무기인은 주로 생리학적 pH를 나타내는 $H_2PO_4^{\ominus}$와 HPO_4^{2-}로 존재하며, 인산의 두 번째 pK_a(pK_2) 값은 7.2이다.

요약

1. 수소와 산소 결합과 그것들의 각 재배열 때문에 물 분자는 영구적인 쌍극자이다.
2. 물 분자는 서로 수소결합을 형성할 수 있다. 수소결합은 물의 높은 비열과 기화열에 공헌한다.
3. 물은 극성을 띠기 때문에 이온을 녹인다. 유기 분자가 물 분자와 수소결합을 형성할 수 있는 이온 또는 극성 작용기를 가지고 있다면 물에 녹을 수 있다.
4. 소수성 효과란 물 분자에 의한 비극성 물질을 밀어내는 것. 소수성 친수성을 포함하는 세제는 물에 녹아 마이셀을 형성한다. 마이셀은 녹지 않은 물질을 소수성 막에 가둔다. 카오트로프는 물에서 비극성 화합물의 용해능력을 증가시킨다.
5. 생체 물질의 구조와 기능을 결정하는 주된 비공유성 결합은 전기적 상호작용과 소수성 결합이다. 전기적 상호작용은 전하와 전하의 결합, 수소결합, 반데르발스 힘을 포함한다.
6. 세포 상황에 따라 물이 높은 농도로 존재함에도 불구하고 거대분자는 자연스럽게 가수분해되지 않는다. 특정 효소는 그들의 가수분해를 촉진하고, 다른 효소는 그들의 합성에 필요한 에너지를 촉매한다.
7. 25°C에서, 수소 농도와 수산화 농도는 1.0×10^{-14} M^2이고, 이것을 물의 자동이온화 상수(K_w)라고 한다. 순수한 물은 이온화되어 10^{-7} M $H^{\oplus}$와 10^{-7} M $OH^{\ominus}$를 생산한다.
8. 수용액의 산과 염기도는 수소이온의 농도에 의존하고, 이것을 pH 값이라 표현한다. pH는 수소이온의 농도의 음대수 값이다.
9. 약산의 힘은 pK_a 값으로 표현한다. 헨더슨-하셀발크식은 해리상수와 약산의 농도 그리고 짝염기의 농도의 개념으로 약산 용액의 pH를 정의한다.
10. 완충용액은 pH 변화를 막는다. 사람의 혈액에서, pH 7.4는 carbon dioxide-carbonic acid-bicarbonate의 완충용액 작용으로 유지된다.

문제

1. 몇몇 아미노산의 옆 사슬은 수용액에서 수소결합을 쉽게 형성할 수 있는 기능적 그룹을 보유한다. 물과 다음에 주어진 아미노산 옆 사슬들 사이에 개연성이 있도록 수소결합을 그려라.
   (a) CH_2OH(메탄올)
   (b) $CH_2C(O)NH_2$
   (c) $—CH_2—$(이미다졸 고리: N, N—H)
2. 다음 주어진 화합물이 극성인지, 양친매성인지, 물에 쉽게 녹는지를 기술하라.
   (a) HO — CH_2 — CH(OH) — CH_2 — OH
   글리세롤
   (b) $CH_3(CH_2)_{14}—CH_2—OPO_3^{2-}$
   16탄당 인산기
   (c) $CH_3—(CH_2)_{10}—COO^{\ominus}$
   라우린산염
   (d) $H_3\overset{\oplus}{N}—CH_2—COO^{\ominus}$
   글라이신
3. 삼투압 용해는 동물세포로부터 단백질들을 얻기 위한 방법 중 하나이다. 이 방법에서 세포는 세포 내에 존재하는 농도보다 훨씬 낮은 용질의 몰 농도를 갖는 용액에 현탁시킨다. 이 방법이 세포를 터트리는 이유를 설명하라.
4. 다음 각각의 물질들은 (a); pH= 2, (b) pH = 11인 완충용액에 해리되어 있다. 각 물질에 대하여 어떠한 완충용액에서 극성 잔기가 지배적으로 존재하는지 알아보라. (추가된 물질은 눈에 띄게 pH를 변화시키지 않는다고 가정하라.)

(a) 패닐라틱산 pK_a = 4

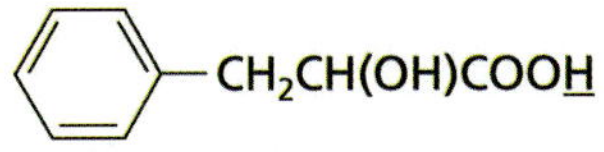

C_6H_5—$CH_2CH(OH)COO\underline{H}$

(b) 이미다졸 pK_a = 7

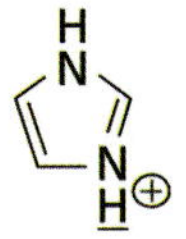

(c) 메틸아미노뷰티레이트 pK_a = 9.5

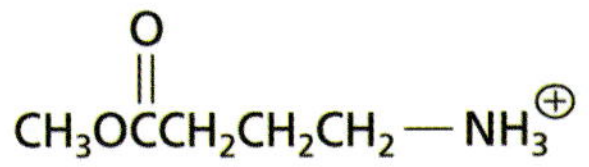

$CH_3OC(=O)CH_2CH_2CH_2—NH_3^{\oplus}$

(d) 페닐살리실레이트 pK_a = 9.6

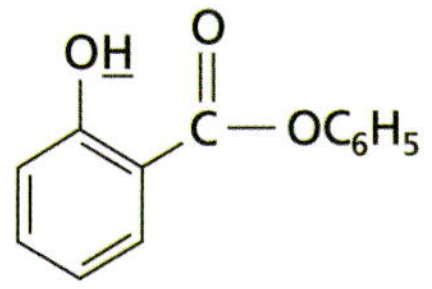

5. 그림 2.16을 이용하여 $H^{\oplus}$와 $OH^{\ominus}$의 농도를 다음의 용액에서 알아보라.

(a) 토마토주스

(b) 사람의 혈장

(c) 1 M 암모니아

6. 수용액 속에서 두 개의(혹은 둘 이상의) 분자간 상호작용은 수소결합의 상호작용으로서 중재될 수 있다. 포볼에스터(phorbol ester)는 단백질 카이네이즈 C(protein kinase C; PKC)의 정해진 아미노산 부분에 결합하여 발암작용을 촉진시킨다. 포볼과 PKC의 글라이신 부분(—$NHCH_2C(O)$—) 사이의 수소결합을 예측하여 그려라.

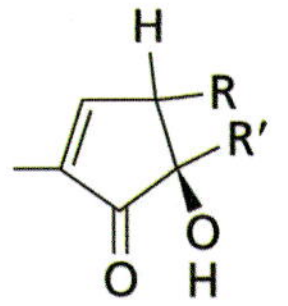

포볼

7. 0.25 M의 $CH_3CH(OH)COOH$와 0.15 M $CH_3CH(OH)COO^{\ominus}$를 가진 젖산 완충용액(pK_a = 3.9)의 농도는 얼마인가? 그리고 이 완충용액의 pH는 얼마인가?

8. 당신은 pH가 7.2인 100 mL의 0.02 M 인산화 소듐 완충용액을 50 mL의 용액 A(0.02 M Na_2HPO_4)와 50 mL의 용액 B(0.02 M NaH_2PO_4)를 섞어서 만들라고 지시받았다. 표 2.4를 기준으로 어째서 이러한 조성이 해당 pH와 농도에서 최적의 완충효과가 있는지 설명하시오.

9. MOPS (3-(*N*-모폴리노)프로페인 설폰산)과 SHS(소디움 하이드로젠 석시네이트)의 유효 완충 영역은 얼마인가?

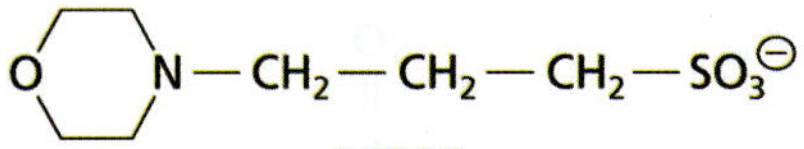

MOPS: $O(CH_2CH_2)_2N—CH_2—CH_2—CH_2—SO_3^{\ominus}$

$HOOC—CH_2—CH_2—COO^{\ominus}Na^{\oplus}$

MOPS의 질산 원자는 양자화(protonated)될 수 있다(pK_a = 7.2). SHS의 카복실기는 이온화될 수 있다(pK_a = 5.5). pH 6.5에서 각 완충용액의 염기와 산의 비율을 계산하라.

10. 많은 인산화된 당은 물질대사의 중간체이다. 라이보스의 1인산 에스테르의 인산그룹의 2개 이온화된 OH 그룹은 1.2와 6.6의 pK_a 값을 가지고 있다. 알파-D-라이보스 5 인산의 양자형태는 다음과 같은 구조를 가지고 있다.

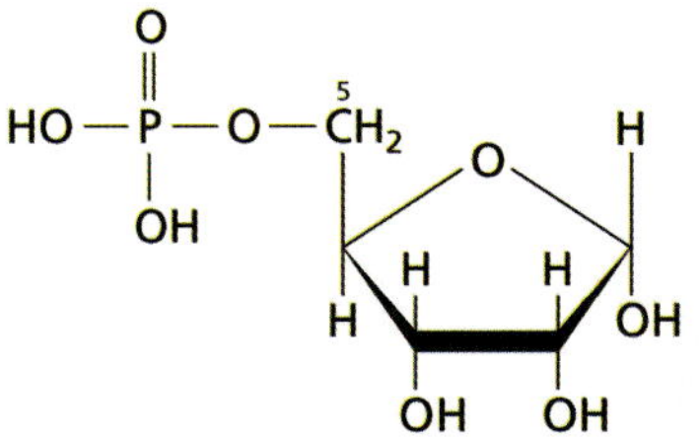

α-D-라이보스 5-인산

(a) pH 0.0에서 10.0으로부터 이 인산화된 당의 적정에서 형성된 이온의 종류의 구조식을 그려라.

(b) 라이보스 5-인산의 적정곡선을 그려라.

11. 보통 기체성 이산화탄소는 폐에서 호기가 된다. 어떤 특정 조건, 폐색성 폐질환이거나 폐기종에서는 호흡이 손상이 되게 된다. 신체 내에 과도한 이산화탄소는 혈류내 과다한 산의 축적으로 인한 호흡성 산 중독증을 유발하게 된다. 이러한 과다한 이산화탄소는 어떻게 호흡성 산 중독증을 유발하게 되는가?

12. 동물의 식단에서 유기혼합물은 기본 이온들의 원재료인데 이는 비호흡성 산중독의 교전을 도와주게 된다. 많은 야채와 과일은 젖산나트륨의 물질대사를 돕는 유기산염을 포함하고 있다. 식이성 산염들이 어떻게 대사성 산성 혈액증을 완화시키는 지 설명하여라.

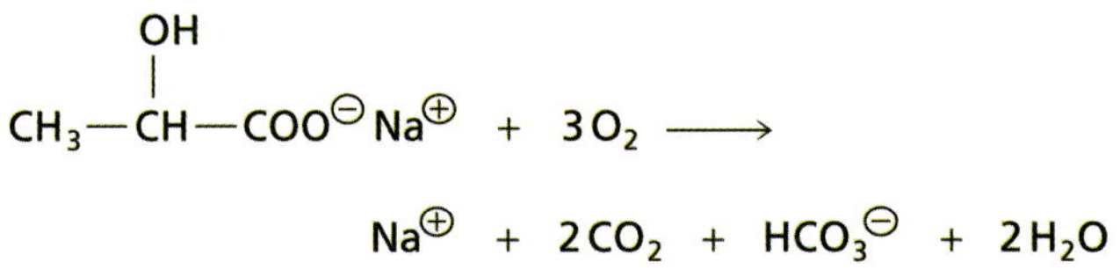

$$CH_3—CH(OH)—COO^{\ominus}Na^{\oplus} + 3O_2 \longrightarrow Na^{\oplus} + 2CO_2 + HCO_3^{\ominus} + 2H_2O$$

13. 위와 장에서의 음식물의 흡수는 세포막을 통과하고 혈류로 전달되는 분자의 능력에 의존한다. 소수성 분자들은 친수성이나 극성 분자들에 비해 흡수되기 쉽기 때문에, 경구 투여된 약물의 흡수는 그들의 pK_a 값과 소화 기관의 pH에 의존한다. 아스피린(아세틸 살리실산)은 이온화 카르복실기(pK_a = 3.5)를 가지고 있다. 위(pH = 2.0)와 장(pH = 5.0)에서 흡수할 수 있는 아스피린의 양성자 형태의 비율을 계산하라.

아스피린

14. (a) pH 7.5, (b) pH 8.2, (c) pH 9.0에서 글라이신아마이드, $^{+}H_3NCH_2CONH_2$(pK_a = 8.20)의 몇 퍼센트가 비양성자화되어 있는가?

15. 적정곡선에 의해 설명되는 화합물을 다음 표의 화합물 통하여 결정하라.

화합물	pK_1	pK_2	pK_3
인산	2.15	7.20	12.15
아세트산	4.76		
석신산	4.21	5.64	
붕산	9.24	12.74	
글라이신	2.14	9.80	

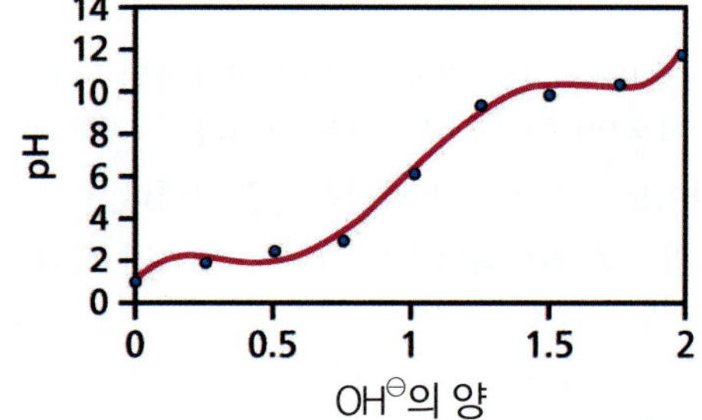

16. 다음과 같은 물질이 물에 용해되었을 때를 예측해 보라.

(a) 바이타민

(b) 바이타민 A

(c) 베타 카로틴

17. 0℃일 때 물에 대한 이온 생성물질이 1.14 × 10^{-15}이고 100℃일 때는 약 4.0 × 10^{-13}이다. 0℃와 100℃에서 살아가는 호극성균의 실제 중성 pH는 얼마일까?

18. 6M HCl 수용액의 정확한 pH 값은 얼마인가? 왜 각 수용액은 그림 2.16에 나와 있는 범위를 수용하지 않는가?

참고문헌

물

Chaplin, M. F. (2001).Water, its importance to life. *Biochem. and Mol. Biol. Education* 29:54–59.

Dix, J. A. and Verkman, A. S. (2008). Crowding effects on diffusion in solutions and cells. *Annu. Rev. Biophys*. 37:247–263.

Stillinger, F. H. (1980).Water revisited. *Science* 209:451–457.

Verkman, A. S. (2001). Solute and macromolecular diffusion in cellular aqueous compartments. *Trends Biochem Sci*. 27:27–33.

비공유성 결합

Fersht, A. R. (1987). The hydrogen bond in molecular recognition. *Trends Biochem. Sci*. 12:301–304.

Frieden, E. (1975). Non-covalent interactions. *J. Chem. Educ*. 52:754–761.

Tanford, C. (1980). *The Hydrophobic Effect: Formation of Micelles and Biological Membranes*, 2nd ed. (New York: John Wiley & Sons).

생화학적 계산

Montgomery, R., and Swenson, C. A. (1976). *Quantitative Problems in Biochemical Sciences*, 2nd ed. (San Francisco:W. H. Freeman).

Segel, I. H. (1976). *Biochemical Calculations: How to Solve Mathematical Problems in General Biochemistry*, 2nd ed. (New York: John Wiley & Sons).

pH와 완충용액

Stoll,V. S., and Blanchard, J. S. (1990). Buffers: principles and practice. *Methods Enzymol*. 182:24–38.

Nørby, J. G. (2000). The origin and meaning of the little p in pH. *Trends Biochem. Sci*. 25:36–37.

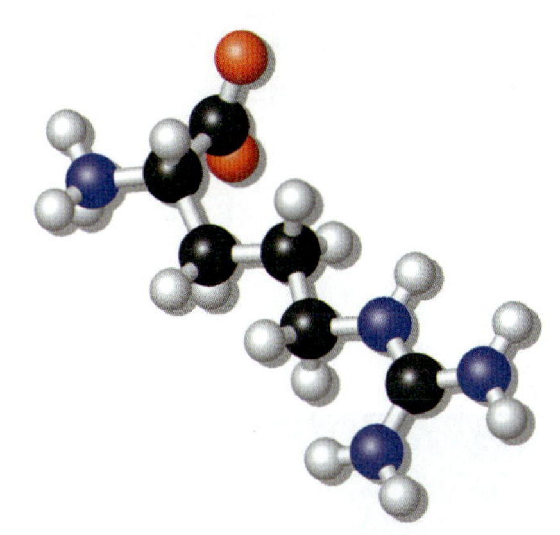

아미노산과 단백질의 1차 구조

> 아미노산은 말 그대로 하늘에서 내리는 비와 같다. 즉, 중요시하지 않는다면 그것에 대해 잘 알지 못한다.
>
> 막스 빈스타인(Max Bernstein), 외계문명탐사연구소(SETI Institute)

구조와 기능의 연관성은 생화학에서 핵심적인 부분이다. 다양한 예시들을 통해 이러한 연관성을 명확히 알 수 있음에도 불구하고 구조-기능의 연관성을 놓치는 경우도 있다. 본서에서 저자들은 구조를 공부하면 어떻게 기능을 더 잘 이해할 수 있는지 설명해 줄 것이다. 이러한 구조와 기능의 연관성은 단백질을 공부함에 있어 특히 중요하다.

이 장과 다음 장에서 단백질의 구조에 관한 기본적인 법칙들을 다룰 것이다. 5장과 6장에서는 효소가 어떻게 기능하는지 그리고 효소의 구조가 어떻게 효소 활성에 영향을 주는지 알아볼 것이다.

이 장을 시작하기에 앞서, 여러 종류의 단백질을 다시 한 번 살펴보자. 아래의 목록은 대부분의 단백질이 갖는 중요한 생물학적 기능에 대해 설명하고 있다.

1. 많은 단백질은 생화학적 촉매인 효소의 기능을 한다. 효소는 생체 내에서 일어나는 거의 모든 반응들을 촉매한다.
2. 어떤 단백질은 저장과 수송을 위해 다른 분자들과 결합한다. 예를 들면, 헤모글로빈은 적혈구에서 산소나 이산화탄소와 결합해 그것들을 운반한다. 그리고 지방산, 지질과 결합하는 단백질도 있다.
3. 몇몇 단백질들은 생체막의 생체막공과 채널을 구성해서, 전하를 띤 작은 분자들이 출입할 수 있게 한다.
4. 튜뷸린, 액틴, 콜라겐과 같은 단백질들은 세포를 지탱하고 모양을 유지해주며, 더 나아가 조직과 개체를 지지한다.
5. 단백질이 그룹을 이루면 편모의 이동이나 유사분열 시 염색체의 분리, 근수축과 같은 기계적인 일을 할 수 있다.
6. 많은 단백질은 세포 내에서 정보를 전달한다. 어떤 단백질은 번역 과정을 조절하고 또 다른 단백질은 핵산과 결합하여 유전자 발현을 조절한다.
7. 어떤 단백질은 호르몬이다. 즉, 표적세포나 조직에서 생화학적인 활성을 조절할 수 있다. 그리고 어떤 단백질은 호르몬의 수용체이다.

핵심개념

생화학적 분자의 기능을 알 수 있는 유일한 방법은 그것의 구조를 이해하는 것이다.

위: 20개의 표준 아미노산 중 하나인 L-아지닌.

핵심개념

많은 종류의 단백질이 있으며, 세포의 구조나 대사작용에서 다양한 기능을 수행한다.

8. 세포 표면에 존재하는 단백질은 다양한 라이간드(ligand)의 수용체(receptor) 역할을 하거나 세포-세포 상호작용을 조절한다.

9. 어떤 단백질은 아주 특징적인 기능을 가진다. 예를 들면, 항체는 박테리아나 바이러스에 의한 감염으로부터 척추동물을 방어하고, 세균으로부터 생성된 독소는 세균보다 더 큰 생물체를 죽이기도 한다.

우리는 단백질을 구성하는 아미노산의 구조와 화학적인 특징을 먼저 살펴볼 것이다. 더불어, 이 장에서는 폴리펩타이드의 정제, 분석방법, 서열분석을 다룰 것이다.

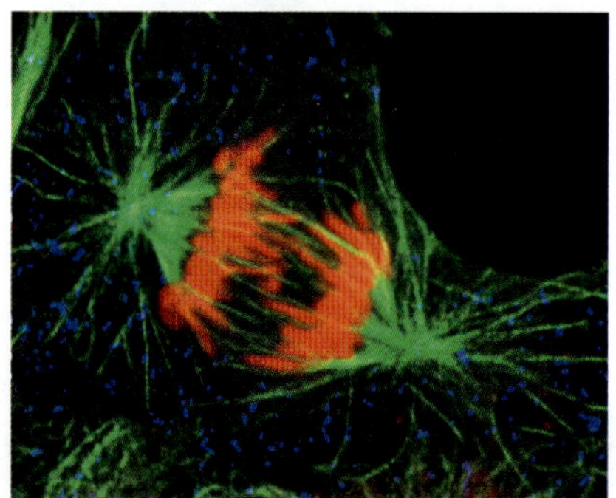

▲ **방추사(spindle fiber).** 방추사는 유사분열 시 염색체를 분리하는 데 관여한다. 방추사의 섬유(fiber)는 구조 단백질 튜뷸린(tubulin)으로 구성된 미세소관(microtubule)이다.

3.1 아미노산의 일반적인 특징

모든 생물체는 단백질을 이루는 구성요소로 공통적인 20가지의 아미노산을 사용한다. 이러한 20가지의 아미노산을 **공통(common)**, 혹은 **표준(standard)** 아미노산이라 한다. 아미노산의 종류는 많지 않지만, 이 20가지의 표준 아미노산을 다양한 조합으로 연결함으로써 매우 다양한 폴리펩타이드를 만들 수 있다.

아미노산(amino acid)은 카복시산의 아미노유도체(amino derivatives)이기 때문에 아미노산이라고 부른다. 20개의 표준 아미노산에서 아미노기과 카복실기는 α-탄소라고 불리는 동일한 탄소 원자에 결합되어 있다. 즉, 단백질에서 발견되는 모든 표준 아미노산은 α-아미노산이다. 두 개의 다른 구성요소도 α-탄소에 결합되어 있다. 즉, 수소 원자 하나와 각각의 아미노산의 특징적인 곁사슬(side chain, R)이 결합한다. 아미노산의 화학명에서 카복실기의 탄소 원자부터 시작해 탄소 원자들에 숫자를 붙여 구분할 수 있다. [올바른 화학적인 이름이나 구조명은 국제순수응용화학연합(International Union of Pure and Applied Chemistry; IUPAC) 그리고 국제생화학분자생물학연합(International Union of Biochemistry and Molecular Biology; IUBMB)이 지정한 법칙을 따른다.] 만약 R기가 —CH_3라면 그 아미노산의 구조명은 2-아미노프로판산(2-aminopropanoic acid)이 될 것이다[프로판산(propanoic acid)은 $CH_3—CH_2—COOH$이다]. $CH_3—CH(NH_2)—COOH$의 **실용명(trivial name)**은 알라닌이다. 예전의 명명법은 α-탄소 원자와 곁사슬의 탄소 원자를 구분하기 위해 그리스 문자를 사용했다. 이 명명법에서는 카복실기의 탄소 원자를 기준으로 탄소 원자를 이름 붙였기 때문에 카복실기의 탄소 원자를 부르는 이름이 따로 없었지만, 분류적 명명법(systematic nomenclature)에서는 카복실기의 탄소 원자를 1번으로 한다. 생화학자들은 이러한 예전의 명명법을 사용해왔다.

$$\overset{\oplus}{H_3N}—\underset{\alpha}{\overset{R}{\overset{|}{C}H}}—COO^{\ominus}$$

$$\overset{\oplus}{H_3N}—\underset{2}{\overset{R}{\overset{|}{C}H}}—\underset{1}{C}OO^{\ominus}$$

▲ **아미노산에 숫자를 붙이는 방법.** 기존에는 카복실기에 인접한 탄소 원자는 그리스 문자 α, β, γ 등으로 이름을 붙였다. 공식적으로, 국제순수응용화학연합(IUPAC)/국제생화학분자생물학연합(IUBMB)의 명명법 혹은 구조명에서 카복실기의 탄소 원자는 1번이고 주위의 탄소들에는 순서대로 숫자를 붙인다. 그러므로 예전의 명명법에서 α-탄소는 구조명에서 탄소 2번이다.

정상적인 생리학적 조건을 가지는 세포 내부에서 아미노기가 양성자화(—$NH_3^{\oplus}$)되는 이유는 아미노기의 pK_a가 9에 가깝기 때문이다. 2.9절에서 보았듯 카복실기는 pK_a가 3보다 낮기 때문에 이온화(—$COO^{\ominus}$)된다. 그러므로 생리학적 pH인 pH 6.8~7.4 사이에서 아미노산은 알짜 전하가 0이지만 **양쪽성 이온(zwitterion)** 혹은 쌍극성 이온(dipolar ion)을 띤다. 우리는 3.4절에서 어떤 곁사슬은 이온화되기도 한다는 것을 보게 될 것이다. 생화학자들은 언제나 아미노산의 구조를 생물학적으로 적합하게 표현한다. 다음에 나오는 그림을 통해서 아미노산을 양쪽성 이온으로 표현한 것을 확인할 수 있다.

그림 3.1a는 아미노산의 일반적인 3차 구조를 보여준다. 그림 3.1b는 대표적인 아미노산 중 세린의 공-막대 모델이며 세린의 곁사슬은 —CH_2OH이다. 카복실기에 처음 직접적으로 결합하는 탄소 원자는 α-탄소이고 곁사슬의 다른 탄소 원자들은 순서대로 β, γ, δ, ε로 이름 붙여지고 이것은 새로운 명명법에서 각각 탄소 3, 4, 5, 6에 해당한다. 세린의 구조명은 2-amino-3-hydroxypropanoic acid이다.

아미노산과 펩타이드(peptide)의 명명법과 축약법 소개되어 있는 국제순수응용화학연합(IUPAC)/국제생화학분자생물학연합(IUBMB)의 웹사이트 주소는 www. chem.qmul.ac.uk/iupac/AminoAcid/ 이다.

20개의 아미노산 중 19개의 α-탄소는 **손대칭(chiral)** 혹은 비대칭이다. 왜냐하면 α-탄소에 4개의 서로 다른 그룹(기)이 결합하기 때문이다. R기가 수소 원자 하나뿐인 글라이

(a) (b)

α-카복실기

α-탄소

α-아미노기

β-탄소

곁사슬

α-탄소 질소
탄소 산소
수소

◀ **그림 3.1**

중성 pH에서 L-아미노산을 나타내는 두 가지 방법. **(a)** 일반적인 구조. 아미노산은 카복시산염기(카복시산염기의 탄소 원자는 C-1로 명명한다), 아미노기, 수소 원자, 곁사슬로 구성되며, 모두 C-2(α-탄소)와 결합한다. 속이 꽉 찬 쐐기 모양은 지면보다 위에 있음을 나타내고, 점선 기호로 된 쐐기 모양은 지면보다 아래에 있음을 나타낸다. 쐐기 모양에서 뭉툭한 끝이 독자와 더 가깝고 날카로운 끝이 독자와 더 멀다. **(b)** 세린의 공-막대 모델(세린의 R기는 $-CH_2OH$이다).

신의 경우는 예외이다. 이 아미노산은 α-탄소에 두 개의 수소 원자가 결합해서 손대칭을 이루지 않는다. 그러므로 손대칭을 이루는 19개의 아미노산들은 입체 이성질체로 존재한다. **입체 이성질체(stereoisomer)**는 같은 분자식을 갖더라도 원자들의 배치 혹은 **위치 배열(configuration)**이 서로 다른 것을 말한다. 두 개의 입체 이성질체는 한 형태에서 다른 형태로 바뀌기 위해 하나 혹은 그 이상의 결합을 끊어야 하기 때문에 쉽게 변환되지 않으므로, 서로 다른 분자이다. 아미노산 입체 이성질체들은 겹칠 수 없는 거울상이므로 **거울상 이성질체(enantiomer)**이다. 19개의 손대칭의 아미노산 중 2개, 즉 아이소류신(isoleucine)과 쓰레오닌(theronine)은 손대칭인 탄소가 2개 있기 때문에 4개의 입체 이성질체가 있다.

관습적으로, 두 개의 거울상 아미노산은 D형(dextro, "오른쪽"을 뜻하는 라틴어 *dexter*에서 유래함)과 L형[(levo, "왼쪽"을 뜻하는 라틴어 *laevus*에서 유래함)]으로 표기한다. 그림 3.1a에 있는 아미노산은 L형이고 그것의 거울상은 D형이다. 어떤 아미노산이 L형인지 D형인지 알기 위해서는 아미노산을 그리되 맨 위에 α-카복시산염기를, 맨 아래에 곁사슬을 위치시킨다. 두 기 모두 독자로부터 먼 쪽을 향할 것이다. 그림 3.2에서 나타난 것과 같이, 이러한 방향에서 L 이성질체의 α-아미노기는 α-탄소의 왼쪽에 있고, D 이성질체의 α-아미노기는 α-탄소의 오른쪽에 있다(α-탄소에 결합하고 있는 4개의 원자들은 그림 2.4에 나와 있는 것과 같이 물에서 수소 원자가 산소에 붙어 있는 것처럼 사면체의 코너를 구성하고 있다).

비록 D-아미노산이 존재하지만, 단백질을 구성하는 19개의 손대칭인 아미노산들은 모두

▲ **운석과 아미노산.** 1969년, 호주 머치슨 지역에 운석이 떨어졌다[이 운석을 지역의 이름을 따 머치슨 운석(Murchison meteorite)이라고 부른다]. 탄소질을 비슷하게 띠는 운석들이 많았고, 많은 운석들은 단백질에서 발견되는 표준 아미노산을 포함한 자연스럽게 형성된 아미노산을 포함하고 있었다. 운석에서 발견된 아미노산들은 L-형태와 D-형태가 거의 동일한 비율을 띠고 있었다.

입체 이성질체를 표시하는 더 자세한 방법은 8.1절에 설명되어 있다.

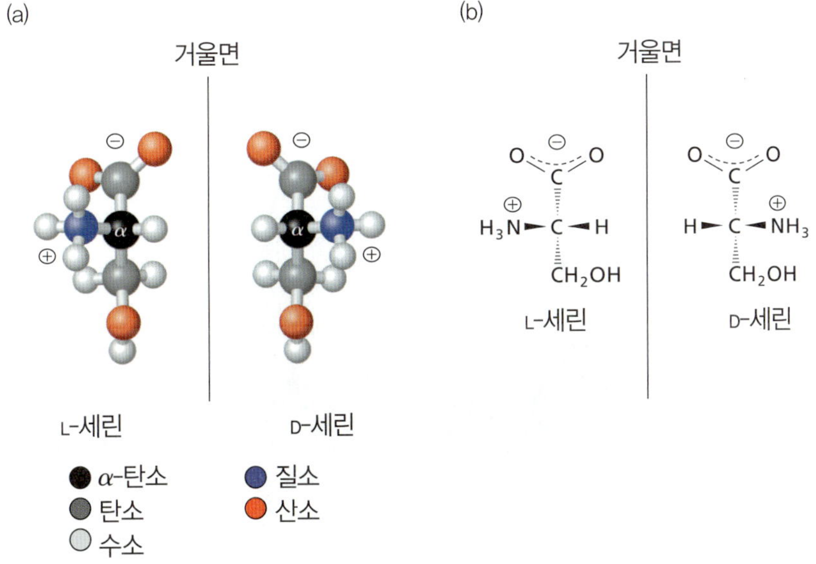

◀ **그림 3.2**

거울상의 두 아미노산. **(a)** L-세린과 D-세린의 공-막대 모델. 이 두 분자들은 서로 겹칠 수 없으므로 동일한 분자가 아님에 주목하라. **(b)** L-세린과 D-세린. 표준 아미노산들은 모두 L-형태로 존재한다.

L형을 가지고 있다. 관례적으로, 따로 D형이라고 명시하지 않으면 아미노산들은 L형을 가지는 것으로 여긴다. 어떠한 논의에서 정확한 입체화학적인 표기가 중요하지 않을 때는, 아미노산의 L형과 D형을 구분하지 않고 그리는 것이 편한 경우도 많다.

모든 생물체가 단백질 합성에 동일한 표준 아미노산을 사용한다는 사실은 지구에 사는 모든 종이 공통조상에서 유래했다는 증거이다. 현대의 생물체와 같이, 마지막 공통조상(last common ancestor; LCA)도 D-아미노산이 아니라 L-아미노산을 단백질 합성에 사용했음이 분명하다. 40억년 전 지구상에 생명체가 처음 등장할 때를 모방하는 조건에서 L-아미노산과 D-아미노산은 공존했고 이 두 거울상 이성질체는 운석과 별에서 발견된다. 생명체가 처음 생기고 L-아미노산과 D-아미노산이 같이 존재할 때 어떻게 그리고 왜 초기의 생명체가 L-아미노산을 선택했는지는 알 수 없다. 첫 번째로 만들어진 단백질이 간단한 아미노산 몇 개로 이루어졌고, D-아미노산을 제치고 L-아미노산이 선택된 것은 우연한 일이었을 가능성이 있다. 현대의 생물체에서 L-아미노산만이 충분히 합성되어서 D-아미노산과 L-아미노산 복합체 중 L-아미노산을 선택하는 것은 아니다. 그러므로 현대의 종에서 L-아미노산이 우세한 것은 L-아미노산을 만드는 대사 과정이 진화했기 때문이다(17장).

3.2 20가지 표준 아미노산의 구조

단백질에서 공통으로 발견되는 20가지 아미노산들의 구조는 피셔 투영(Fischer projections) 형태로 다음에 소개할 그림에 나와 있다. 그림 3.1과 3.2에 나타난 것처럼 피셔 투영에서는 손대칭 점을 기준으로 가로 결합은 독자를 향하고 세로 결합은 독자의 반대 방향을 향한다. 구조를 살펴보면 20가지 아미노산의 곁사슬 간에 상당한 차이가 있음을 알 수 있다. 어떤 곁사슬은 극성을 띠지 않는 소수성인 반면, 다른 곁사슬은 극성을 띠거나 중성 pH에서 이온화되어 친수성을 띤다. 또한 곁사슬은 단백질의 전반적인 3차 구조 및 모양에 상당한 영향을 준다. 예를 들면, 수용성 단백질의 소수성을 띠는 곁사슬의 대부분은 단백질 안쪽으로 접혀

비표준 아미노산은 3.3절에 설명되어 있다.

BOX 3.1 아미노산 라세미화(racemization)를 통한 화석 연대 측정

아미노산은 저절로 D형에서 L형으로 혹은 반대로 바뀔 수 있다. 이러한 화학반응은 주로 탄소 음이온 중간체를 통해 이루어진다.

라세미화 반응은 일반적으로 굉장히 느리게 일어나지만 고온에서는 빨리 일어날 수도 있다. 예를 들면, L-아스파트산(aspartate)에서 D-아스파트산으로의 전환 과정의 반감기는 100℃에서 약 30일이고, 37℃에서 약 350년, 18℃에서는 약 50,000년이다.

화석의 연대를 측정할 때 주위 환경의 평균 온도를 알고 있다면 포유류 치아의 에나멜의 아미노산 구성을 이용할 수 있다. 아미노산이 처음 합성될 때 아미노산은 거의 대부분 L형이었고 시간이 흐름에 따라 D형이 증가하며 D/L 비율은 굉장히 정확하게 측정할 수 있기 때문이다.

아미노산 라세미화를 측정함으로써 화석 연대를 추정하는 방법은 더 정확한 방법으로 대체했지만 이 방법은 느린 화학 반응의 재미있는 예 중 하나이다. 어떤 생물체들은 L-아미노산을 D-아미노산으로 바꾸는 화학반응을 촉매하는 라세메이즈(racemase)를 가지고 있다. 예를 들면, 박테리아는 L-알라닌을 D-알라닌으로 변환하는 알라닌 라세메이즈(alanine racemase)를 가지고 있다(8.7B절 참조). 이런 효소들은 1초에 수천 번의 반응을 촉매할 수 있다.

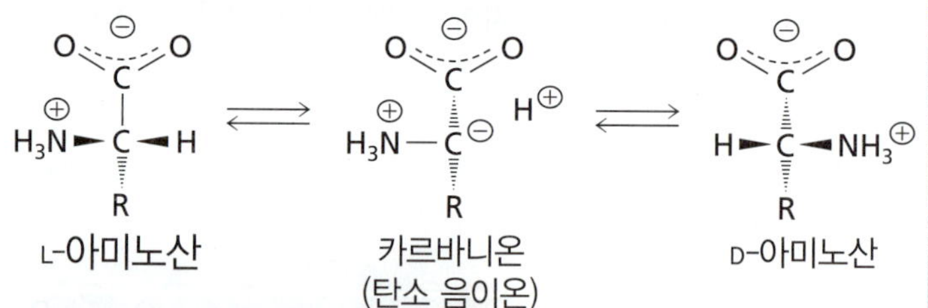

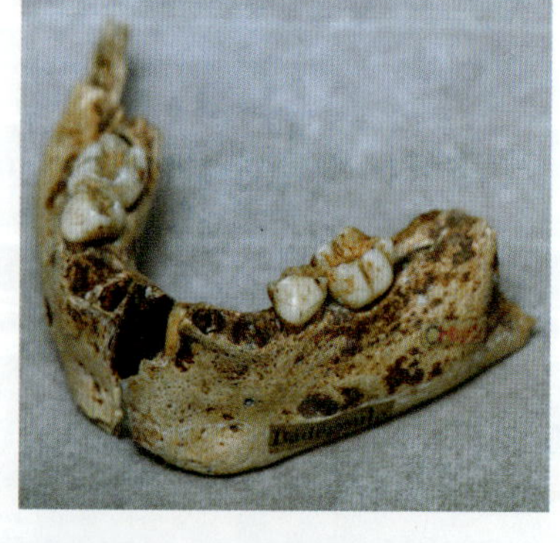

◀ 석기시대, 청소년인 호모 사피엔스의 뱃골 턱(Badegoule Jaw). (Natural History Museum, Lyon, France)

들어가 단백질이 빽빽하고 둥근 모양을 가지게 된다.

각각의 아미노산에 대한 한 글자, 세 글자 약어들이 아미노산의 구조와 함께 그림에 나타나 있다. 세 글자 약어는 어떻게 축약되었는지 알기 쉽지만 한 글자 약어는 그렇지 않을 것이다. 동일한 알파벳으로 시작하는 아미노산들을 각각 다른 문자로 축약하기 위해서 첫 번째 알파벳과는 다른 문자로 아미노산을 표기한다. 예를 들면, 쓰레오닌 = T, 타이로신 = Y, 트립토판 = W가 있다. 이러한 경우는 기억해 두어야 한다.

표준 아미노산의 구조를 파악하는 것이 중요한 이유는 이 책의 단백질 구조, 효소, 단백질 합성과 관련된 장들에서 표준 아미노산의 구조에 대한 내용을 자주 언급할 것이기 때문이다. 다음 절에 아미노산의 일반적인 특징과 곁사슬의 화학적인 구조에 따라 표준 아미노산을 분류해 놓았다. 곁사슬은 다음의 화학적 분류를 따른다: 지방족(aliphatic), 방향족(aromatic), 황 함유(sulfur-containing), 알코올(alcohols), 양전하(positively charged), 음전하(negatively charged), 아마이드(amides). 20개의 아미노산들 중에서 5개는 매우 소수성(파란색), 7개는 매우 친수성(빨간색)으로 더 세분화되었다. R기의 분류를 이해한다면 아미노산의 구조와 이름을 기억하는 것이 더 쉬워질 것이다.

A. 지방족 R기

글라이신(glycine; Gly, G)은 가장 작은 아미노산이다. 글라이신의 R기는 수소 원자 하나만으로 이뤄지기 때문에, 글라이신의 α-탄소는 손대칭을 이루지 않는다. 글라이신의 α-탄소에 결합한 두 개의 수소 원자 때문에 글라이신은 약간 소수성을 띤다. 글라이신이 많은 단백질의 구조에서 특별한 역할을 하는 이유는 글라이신의 곁사슬이 작아 다른 아미노산은 들어갈 수 없는 곳에도 글라이신은 들어갈 수 있기 때문이다.

알라닌(alanine; Ala, A), 발린(valine; Val, V), 류신(leucine; Leu, L), 그리고 류신의 구조 이성질체인 아이소류신(isoleucine; Ile, I)은 포화된 지방족 곁사슬을 가지고 있다. 알라닌의 곁사슬은 메틸기이지만 발린은 세 개의 탄소가 가지를 친 곁사슬을 가지고 있고, 류신과 아이소류신은 각각 네 개의 탄소가 가지를 친 곁사슬을 가진다. 아이소류신의 α-탄소와 β-탄소는 비대칭적이다. 아이소류신은 두 개의 손대칭 중심을 가지고 있으므로 아이소류신은 입체 이성질체를 네 개 가질 수 있다. 단백질의 합성에 사용되는 아이소류신의 입체 이성질체는 L-아이소류신이고 이것과 β-탄소가 다른 입체 이성질체는 L-알로아이소류신(L-alloisoleucine)이다(그림 3.3). 다른 두 개의 입체 이성질체는 D-아이소류신과 D-알로아이소류신이다.

알라닌, 발린, 류신, 아이소류신은 단백질의 3차 구조를 만들고 유지함에 있어 중요한 역할을 하는데, 이는 아미노산이 뭉쳐서 물과 떨어져 존재하려는 성질 때문이다. 발린, 류신, 아이소류신은 곁사슬에 탄소 가지가 있어서 탄소 가지를 가진 아미노산(branched amino acid)이라고 부른다. 이 3개의 아미노산은 강한 소수성을 띠며, 생합성과 분해 과정이 유사하다(17장 참조).

프롤린(proline; Pro, P)은 다른 19개의 아미노산과는 다른데, 3개의 탄소가 있는 프롤린의 곁사슬이 α-아미노기의 질소 원자와 α-탄소에 결합해 고리형 분자를 형성하기 때문이다. 결과적으로 프롤린은 1차 아미노기가 아닌 2차 아미노기를 가진다. 프롤린의 이종 고리식 피롤리딘고리(heterocyclic pyrrolidine ring)는 폴리펩타이드의 기하학적 구조를 제한하고 펩타이드 사슬에 갑작스러운 방향의 변화를 유도하기도 한다. 고리형 구조 때문에 프롤린은 발린, 류신, 아이소류신보다 훨씬 덜 소수성이다.

B. 방향족 R기

페닐알라닌(phenylalanine; Phe, F), 타이로신(tyrosine; Tyr, Y), 트립토판(tryptophan, Trp, W)은 방향족 곁사슬을 가진다. 페닐알라닌은 소수성의 벤질(benzyl) 곁사슬을 가진다.

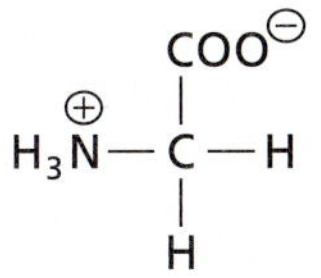

글라이신 [G] (Gly)

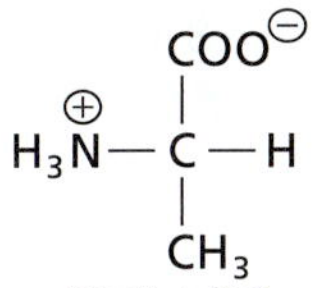

알라닌 [A] (Ala)

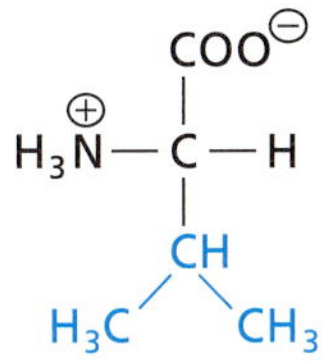

발린 [V] (Val)

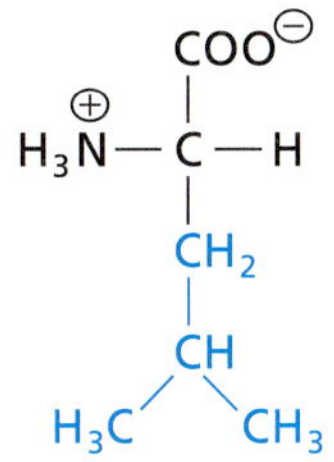

류신 [L] (Leu)

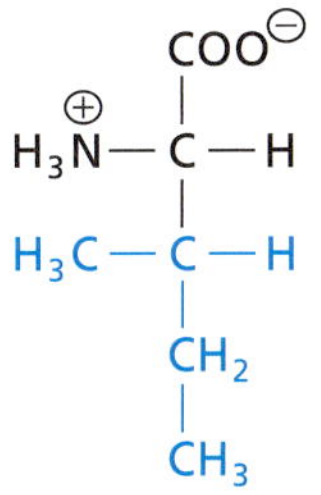

아이소류신 [I] (Ile)

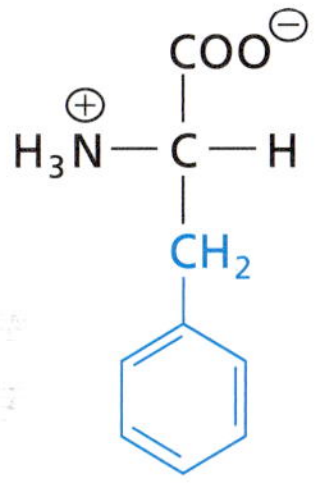

페닐알라닌 [F] (Phe)

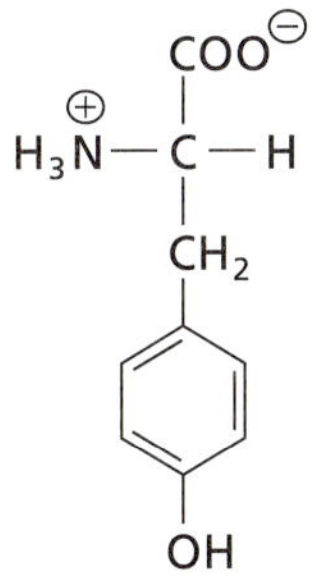

타이로신 [Y] (Tyr)

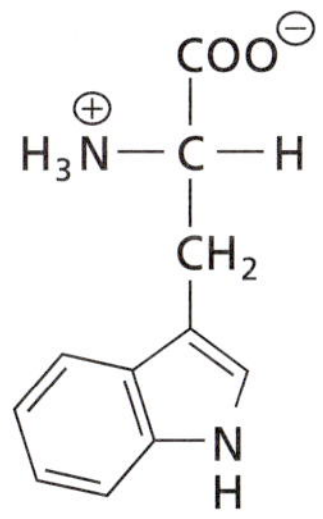

트립토판 [W] (Trp)

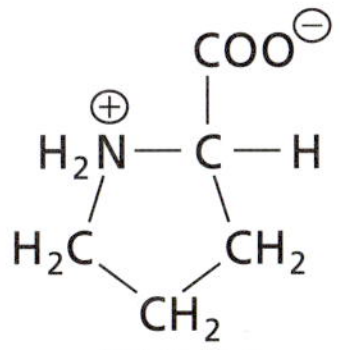

프롤린 [P] (Pro)

그림 3.3 ▶
아이소류신의 입체 이성질체. 아이소류신과 쓰레오닌은 두 개 이상의 손대칭 중심을 갖는 표준 아미노산이다. 다른 아이소류신 이성질체들의 DL 쌍은 알로아이소류신이라고 부른다. L-아이소류신의 $-NH_3^{\oplus}$와 $-CH_3$기는 모두 이 투영에서 왼쪽에 있고 D-아이소류신에서는 오른쪽에 있어서 D-아이소류신과 L-아이소류신은 거울상임을 주목하라.

L-아이소류신　D-아이소류신　L-알로아이소류신　D-알로아이소류신

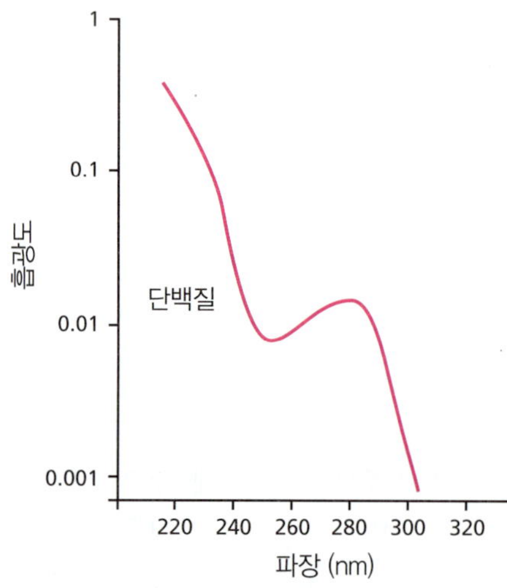

▲ **단백질의 자외선 흡광도.** 대부분의 단백질은 280 nm에서 흡광도가 최대이다. 단백질에서 흡광도에 주요하게 관여하는 아미노산은 트립토판과 타이로신이다.

타이로신은 페닐알라닌과 구조적으로 유사하지만 페닐알라닌의 파라수소(*para* hydrogen) 자리에 하이드록실기(—OH)를 가지기 때문에 페놀이다. 타이로신의 하이드록실기는 이온화될 수 있지만, 정상적인 생리적 조건에서는 이온화되지 않는다. 트립토판의 곁사슬은 두 고리성의 인돌기(bicyclic indole group)를 가진다. 타이로신과 트립토판의 곁사슬에는 극성 원자단기가 있기 때문에, 이 두 아미노산은 페닐알라닌보다 덜 소수성이다(표 3.1).

세 개의 모든 방향족 아미노산은 포화된 지방족 아미노산과는 달리 비편재화된(delocalized) π-전자를 가지기 때문에 자외선을 흡수할 수 있다. 중성인 pH에서 트립토판과 타이로신은 280 nm 파장의 빛을 흡수하고 페닐알라닌은 280 nm 파장의 빛은 거의 투과시키지만 260 nm 파장의 빛은 약간 흡수한다. 대부분의 단백질은 트립토판과 타이로신을 가지기 때문에 280 nm 파장의 빛을 흡수한다. 따라서 280 nm 파장에서의 흡광도는 주로 용액에서 단백질의 농도를 측정할 때 사용한다.

C. 황을 포함하는 R기

메싸이오닌(methionine; Met, M)과 시스테인(cysteine; Cys, C)은 곁사슬에 황 원자를 가지는 아미노산이다. 메싸이오닌의 곁사슬에는 비극성의 메틸싸이오에터기(methyl thioether group)가 있어서, 더 소수성을 띤다. 메싸이오닌이 단백질 합성에서 하는 특별한 역할은 폴리펩타이드 형성의 거의 모든 경우에 첫 번째 아미노산으로 사용되는 것이다. 시스테인은 알라닌의 수소 원자가 설프하이드릴기(—SH)로 대체된 것과 같아서 구조가 유사하다.

메싸이오닌 [M] (Met)　시스테인 [C] (Cys)

세린 [S] (Ser)　쓰레오닌 [T] (Thr)

비록 시스테인의 곁사슬은 다소 소수성을 띠지만 매우 반응성이 높기도 하다. 황 원자는 극성을 띨 수 있기 때문에 시스테인의 설프하이드릴기는 산소, 질소와 약한 수소결합을 형성할 수 있다. 또한 단백질을 구성하는 시스테인 잔기의 설프하이드릴기는 양성자를 잃어 음전하를 띠는 싸이올레이트 이온(thiolate ion)이 됨으로써 약산이 될 수 있다. (유리 아미노산에서 설프하이드릴기의 pK_a는 8.3이지만 단백질에서는 5~10 사이일 수 있다.)

시스틴(cystine)이라 불리는 화합물은 단백질이 가수분해되면서 분리될 수 있다. 시스틴은 산화된 두 시스테인이 이황결합으로 연결되면서 형성된다(그림 3.4). 시스틴의 설프하이드릴기의 산화는 약염기성 pH에서 쉽게 이루어지는데 높은 pH에서는 설프하이드릴기가 이온화되기 때문이다. 두 개의 시스테인 곁사슬은 이황결합을 형성하기 위해서 3차 구조상에서 가까워야 하지만 폴리펩타이드 사슬의 아미노산 서열상에서 가까울 필요는 없다. 이황결합을 이루는 두 시스테인 잔기는 서로 다른 폴리펩타이드 사슬에서 발견되기도 한다. 이황결합 혹은 이황화다리는 펩타이드 사슬의 시스테인 잔기를 공유결합으로 연결함으로써 어떤 단백질들의 3차 구조를 안정화시킬 수도 있다. 많은 단백질들은 이황화다리를 가지지 않는데, 그 이유는 세포 내의 조건에서 산화 과정이 일어나기 어렵기 때문이다. 하지만 많은 분비되는 혹은 세포 외의 단백질들은 이황화다리를 가진다.

D. 알코올기가 있는 곁사슬

세린(Serine; Ser, S), 쓰레오닌(Threonine; Thr, T)은 β-하이드록실기를 포함해 전하를 띠

$$^{\ominus}OOC-\underset{\underset{\oplus NH_3}{|}}{CH}-CH_2-SH \quad + \quad HS-CH_2-\overset{\overset{\oplus NH_3}{|}}{CH}-COO^{\ominus}$$

시스테인 　　　　　　　　 시스테인

산화 ↓↑ 환원

$$^{\ominus}OOC-\underset{\underset{\oplus NH_3}{|}}{CH}-CH_2-S-S-CH_2-\overset{\overset{\oplus NH_3}{|}}{CH}-COO^{\ominus} \quad + \quad 2\,H^{\oplus}$$

시스틴

▲ **그림 3.4 시스틴의 형성.** 2개의 시스테인의 설프하이드릴기가 산화되어 결합했을 때, 그 복합체는 시스틴(cystine)이라 불리는 이황화물이다.

▲ **이황화다리.** 천연 석교, Puente del Inca, in Mendoza, Argentina. 수년에 걸쳐 다리에 황이 덮혔다.

지 않지만 극성인 곁사슬을 가진다. 이 알코올기는 지방족 곁사슬이 친수성을 띠게 한다. 상대적으로 더 산성을 띠는 타이로신 곁사슬의 페놀과는 달리, 세린(—CH_2OH)과 쓰레오닌의 하이드록실기는 1차 알코올과 2차 알코올을 가짐으로써 약한 이온화 성질을 띠게 된다. 세린(—CH_2OH)의 하이드록시메틸기(hydroxymethyl group)는 수용액에서 잘 이온화되지는 않

BOX 3.2 RS계 명명법

아미노산의 손대칭 중심을 명명할 때 *RS*계 명명법을 쓰기도 한다. *RS*계 명명법은 손대칭 탄소 원자에 붙은 네 개의 기 중 그것들의 첫 번째 원자가 기준이 된다. 일단 한 번 이름을 붙이면 그것은 아미노산의 배열을 정하는 데 사용한다. 각각의 기들을 다음의 규칙에 따라 1부터 4까지 명명한다.

1. 손대칭 탄소에 붙어 있는 원자 중 원자 질량이 가장 낮은 원자에 숫자 4를 부여한다.
2. 만약 손대칭 탄소에 같은 원자가 두 개 붙어 있다면, 그 원자의 옆에 붙어 있는 원자들의 질량에 따라 우선권을 결정한다. 예를 들면 브롬보다 수소의 원자 질량이 낮기 때문에 —CH_3기가 —CH_2Br기보다 우선순위가 낮다(높은 숫자를 부여받는다).
3. 만약에 이중결합이나 삼중결합에 의해 원자가 결합되어 있다면 결합 하나마다 원자를 센다. 예를 들면 산소가 이중결합하고 있는 —CHO기는 —CH_2OH기보다 우선순위가 높다. 일반적인 기의 우선 순위는 낮은 것에서부터 높은 순서로 —H, —CH_3, —C_6H_5, —CH_2OH, —CHO, —COOH, —COOR, —NH_2, —NHR, —OH, —OR, —SH이다.

이러한 규칙들을 유념하며 분자를 차의 핸들처럼 생각해보자. 가장 낮은 우선권을 가진 기(4로 명명된)를 독자로부터 가장 멀리 놓으면(마치 핸들이 고정되어 있는 축처럼) 나머지 세 개의 기는 핸들의 둥근 모양에서 테두리에 놓이게 된다. 핸들 모양에서 높은 우선권을 가진 기에서 낮은 우선권을 가진 기로 움직여 볼 때 그 방향이 시계 방향이면 배열은 *R*이다(라틴어 *rectus*에서 유래함, "오른쪽 회전"). 움직임이 시계 반대 방향이면 배열은 *S*이다(라틴어 *sinister*에서 유래함, "왼쪽 회전"). 아래 그림은 *RS*계 명명법에 의해 L-세린이 어떻게 *S* 배열을 갖는지 보여준다. L-시스테인은 *R* 배열을 갖는다. DL 명명법이 *RS*계 명명법보다 많이 사용되는데 단백질에서 발견되는 모든 아미노산이 같은 *RS* 배열을 갖지 않기 때문이다.

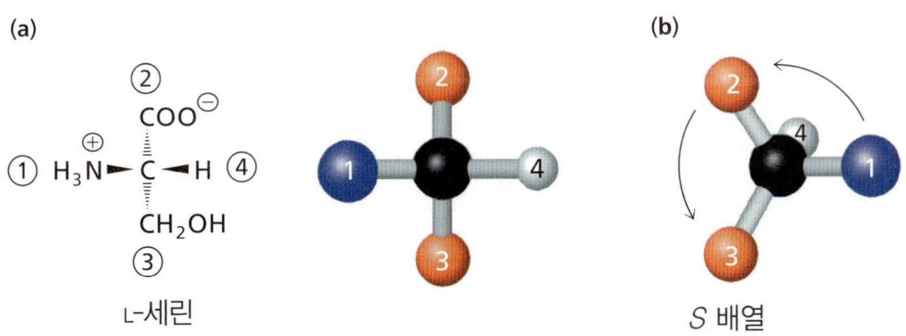

◀ *RS*계 명명법에 의해 정해진 배열. **(a)** 손대칭 탄소에 붙어 있는 각각의 기는 원자 질량에 따라 우선권을 부여받는데 숫자 4가 가장 낮은 우선순위이다. **(b)** 4로 명명된 기를 가장 멀리 놓고(손대칭 탄소를 뒤에 놓고) 우선권 순위가 높은 것에서부터 낮은 것으로 따라가보면 *RS*계 배열을 정할 수 있다. 1, 2, 3의 순서가 시계 방향이면 배열은 *R*이고 반시계 방향이면 *S*이다. L-세린은 *S*배열이다.

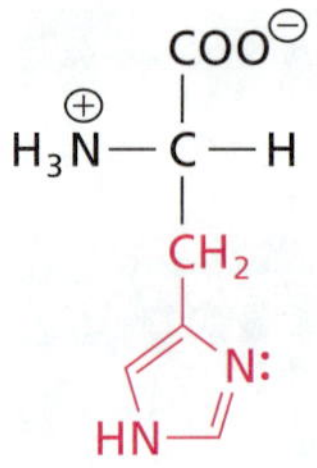

히스티딘 [H]
(His)

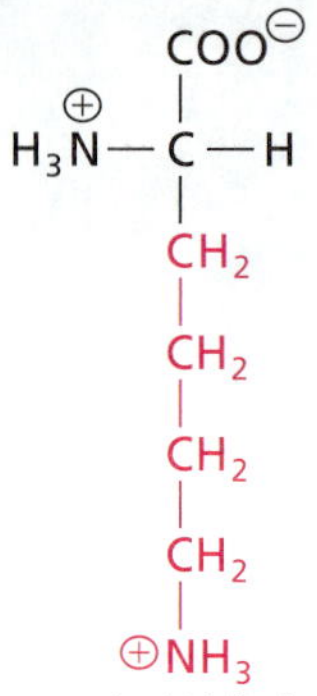

라이신 [K]
(Lys)

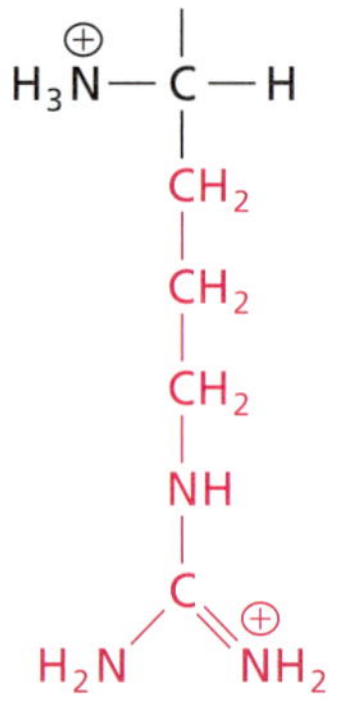

아지닌 [R]
(Arg)

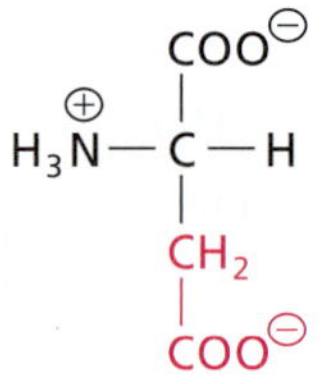

아스파테이트 [D]
(Asp)

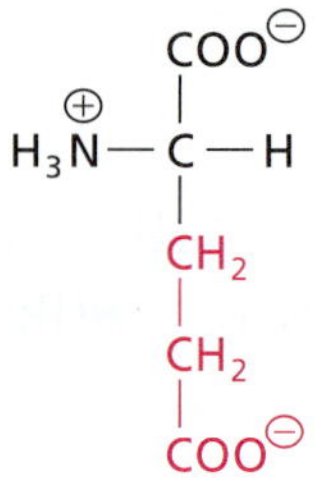

글루타메이트 [E]
(Glu)

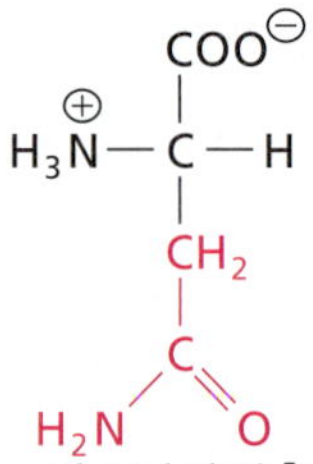

아스파라진 [N]
(Asn)

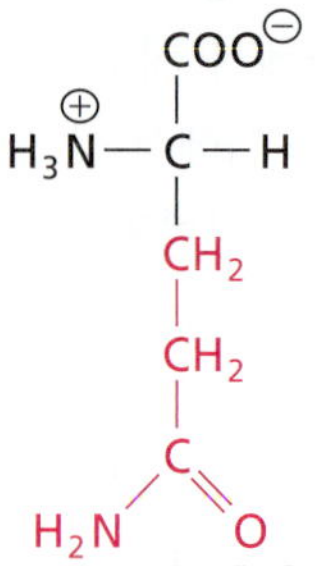

글루타민 [Q]
(Gln)

지만, 많은 효소의 활성 자리에서 마치 이온화된 것처럼 행동할 수 있다. 쓰레오닌은 아이소류신처럼 두 개의 손대칭 중심을 가지고 있다(α-와 β-탄소). L-쓰레오닌은 쓰레오닌의 네 개의 입체 이성질체 중 단백질을 구성하는 비율이 가장 높다. (다른 입체 이성질체로는 D-쓰레오닌, L-알로쓰레오닌, D-알로쓰레오닌이 있다.)

E. 양전하를 띠는 R기

히스티딘(histidine; His, H), 라이신(lysine; Lys, K), 아지닌(arginine; Arg, R)은 질소성 염기인 친수성의 곁사슬을 가지고 있다. 이 곁사슬은 생리적인 pH에서 양전하를 띨 수 있다.

히스티딘의 곁사슬은 이미다졸 고리(imidazole ring) 치환기를 포함하고 있다. 이미다졸 고리의 양성자화된 형태는 이미다졸리움 이온(imidazolium ion)이라고 부른다(3.4절 참조). pH 7에서 대부분의 히스티딘은 그림에 나와 있는 것처럼 중성을 띠지만(염기 형태), 양전하를 띠는 히스티딘도 존재하며, 약간 더 낮은 pH에서는 양전하를 띠는 히스티딘도 많다.

라이신은 α-아미노기와 ε-아미노기를 모두 가지는 디아미노산(diamino acid)이다. ε-아미노기는 중성인 pH에서 알킬암모늄 이온(alkylammonium ion, $-CH_2-NH_3^{\oplus}$)으로 존재하고, 단백질에서 양전하를 띠는 부분이 된다. 아지닌은 곁사슬의 구아니디니움 이온(guanidinium ion) 때문에 세포 내에서 가능한 일반적인 모든 조건 하에서 양성화되기 때문에, 20개의 아미노산 중 가장 염기성을 띠는 아미노산이다. 아지닌의 곁사슬 또한 단백질에서 양전하를 띠는 부분에 기여하게 된다.

F. 음전하를 띠는 R기와 아마이드 유도체

아스파테이트(aspartate; Asp, D)와 글루타메이트(glutamate; Glu, E)은 두 개의 카복실기를 가진 아미노산으로, pH 7에서 음전하를 띠는 친수성의 곁사슬을 가지고 있다. α-카복실기 외에도 아스파테이트는 β-카복실기를, 글루타메이트은 γ-카복실기를 가지고 있다. 아스파테이트와 글루타메이트은 단백질이 음전하를 띠게 하는데 각각의 아미노산의 곁사슬이 pH 7에서 이온화되기 때문이다. 아스파테이트와 글루타메이트는 때때로 아스파트산(aspartic acid)과 글루탐산(glutamic acid)으로 부르기도 하지만, 대부분의 생리적인 조건에서 이 두 아미노산은 다른 카복시산염처럼 짝염기로 존재하고, 접미사 -*ate*를 갖는다. 글루타메이트은 조미료로 쓰이는 모노소듐 글루타메이트(monosodium glutamate; MSG)으로 잘 알려져 있다.

아스파라진(asparagine; Asn, N)과 글루타민(glutamine; Gln, Q)은 각각 아스파트산과 글루탐산의 아마이드이다. 아스파라진과 글루타민은 극성을 띠지 않는 곁사슬을 가지고 있지만, 이 두 아미노산 자체는 아주 극성을 띠며 물 분자와 상호작용할 수 있는 단백질의 표면에서 자주 발견된다. 아스파라진과 글루타민의 극성을 띠는 아마이드기는 다른 극성을 띠는 아미노산의 곁사슬에 있는 원자들과 수소결합을 형성할 수 있다.

G. 아미노산 곁사슬의 소수성 지표

아미노산의 곁사슬은 강한 소수성, 약한 극성, 강한 친수성 등 다양한 성질을 띤다. 아미노산의 상대적인 친수성 혹은 소수성을 **소수성 지표(hydropathy)**라고 부른다.

소수성 지표를 측정하는 방법이 몇 가지 있지만, 보통 아미노산이 친수성 환경보다 소수성 환경을 어느 정도 선호하는지를 계산한다. 표 3.1에 일반적으로 사용되는 소수성 지표 등급(hydropathy scale)이 나와 있다. 높은 소수성 지표를 가진 아미노산들을 소수성이라고 여기는 반면, 높은 음의 소수성 지표를 가진 아미노산들은 친수성이라고 판단한다. 소수성 지표가 0에 가까운 아미노산은 소수성 지표를 파악하기 어렵다. 예를 들면, 트립토판의 인돌

(indole)기의 소수성 지표는 아직 확실히 정해진 바가 없어 다른 등급 표에서 트립토판은 훨씬 낮은 소수성 지표 등급을 가지기도 한다. 반대로 시스테인은 다른 등급 표에서 더 높은 소수성 지표 등급을 가지기도 한다.

소수성 지표가 단백질 접힘에 영향을 미치는 중요한 요소인 이유는 소수성의 곁사슬은 단백질의 내부에 모이는 경향이 있고, 친수성의 곁사슬은 주로 단백질의 표면에서 발견되기 때문이다(4.10절). 아직까지는 특정한 잔기가 단백질의 표면에 위치할지, 내부에 위치할지 정확히 예측하기는 어렵다. 하지만 소수성 막 관통 단백질의 어떤 부분이 소수성인 인지질 이중층에 위치할지는 예측할 수 있다(9장).

3.3 기타 아미노산과 아미노산 유도체

생물체에서는 200개 이상의 아미노산이 발견된다. 앞 절에서 다룬 20개의 표준 아미노산 외에도 단백질 합성에 사용되는 3가지 다른 아미노산이 있다. 21번째 아미노산은 *N*-포르밀메싸이오닌(*N*-formylmethionine)으로 박테리아에서 단백질 합성 시 첫 번째로 사용되는 아미노산이다(22.5절). 22번째 아미노산은 셀레노시스테인(selenocysteine)이며, 이는 시스테인의 황 원자 대신에 셀레늄을 가진다. 23번째 아미노산은 파이로라이신(pyrolysine)이며 몇몇 고세균에서 발견된다. 파이로라이신은 라이신이 변형된 아미노산으로, 번역에 관여하는 단백질에 의해 폴리펩타이드 사슬로 첨가되기 전에 합성된다.

N-포르밀메싸이오닌, 셀레노시스테인, 파이로라이신은 특정한 코돈에 의해 만들어지기 때문에 단백질 합성에 사용되는 표준 아미노산으로 간주한다. 아미노산의 번역 후 변형이 존재하므로 단백질 합성에는 23개의 표준 아미노산보다 더 많은 개수의 아미노산이 사용될 수 있다(아래 내용 참조).

단백질 합성에 이용되는 23가지의 표준 아미노산 외에도, 모든 생물체는 표준 아미노산의 전구체 혹은 다른 생화학적 반응의 중간산물인 L-아미노산을 가지고 있다. 호모시스테인, 호모세린, 오니틴(ornithine), 시트룰린(citrulline)과 같은 것이 그 예이다(17장 참조). *S*-아데노실메싸이오닌(*S*-Adenosylmethionine; SAM)은 많은 생화학 반응에서 메틸기를 전달하는 역할을 한다(7.2절). 박테리아나 균류 중 많은 종들은 액티노마이신(actinomycin)과 같은 항생제를 만들거나 세포벽을 만들 때 사용되는 D-아미노산을 합성한다.

몇몇 표준 아미노산들은 화학적으로 변형되어 생물학적으로 중요한 아민(amines)이 되

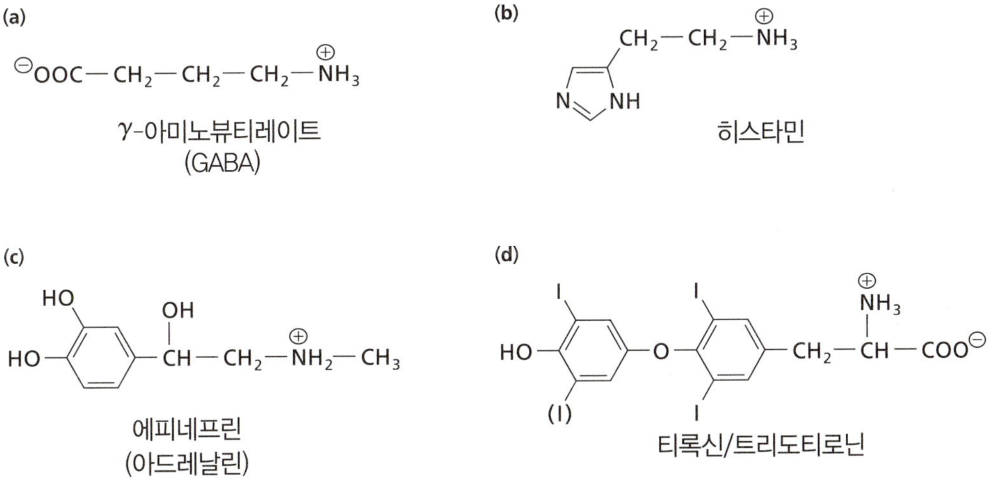

표 3.1 소수성 지표 등급

아미노산	이동의 자유에너지 변화[a] (kj mol^{-1})
강한 소수성	
아이소류신	3.1
페닐알라닌	2.5
발린	2.3
류신	2.2
메싸이오닌	1.1
약한 소수성	
트립토판	1.5[b]
알라닌	1.0
글라이신	0.67
시스테인	0.17
타이로신	0.08
프롤린	−0.29
쓰레오닌	−0.75
세린	−1.1
강한 친수성	
히스티딘	−1.7
글루탐산	−2.6
아스파라진	−2.7
글루타민	−2.9
아스파트산	−3.0
라이신	−4.6
아지닌	−7.5

[a] 아미노산이 인지질 이중층의 내부에서 물로 이동할 때의 자유에너지 변화를 말한다.
[b] 다른 등급 표에서 트립토판은 더 낮은 소수성 지표 등급을 가진다.
[Adapted from Eisenberg, D., Weiss, R. M., Terwilliger, T. C., Wilcox, W. (1982). Hydrophobic moments in protein structure. *Faraday Symp. Chem. Soc.* 17:109–120.]

(a) $^{\ominus}OOC-CH_2-CH_2-CH_2-\overset{\oplus}{N}H_3$

γ-아미노뷰티레이트 (GABA)

(b) 히스타민

(c) 에피네프린 (아드레날린)

(d) 티록신/트리도티로닌

▲ **그림 3.5**
표준 아미노산에서 유래되어 변형된 화합물. **(a)** γ-아미노뷰티레이트(글루타메이트의 유도체). **(b)** 히스타민(히스티딘의 유도체). **(c)** 에피네프린(타이로신의 유도체). **(d)** 티록신과 트리도티로닌(타이로신의 유도체). 티록신은 트리도티로닌보다 요오드 원자를 하나 더(괄호로 표시) 가지고 있다.

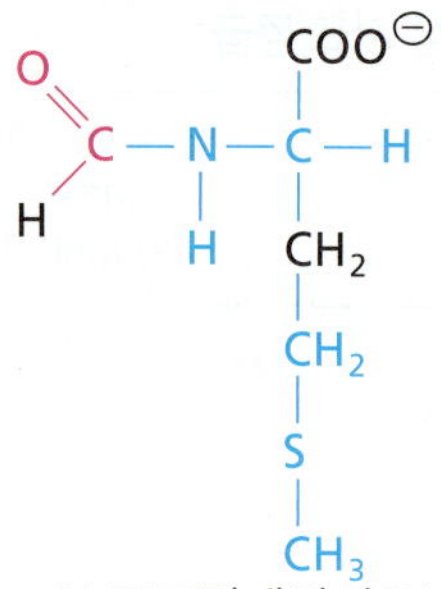

N-포르밀메싸이오닌

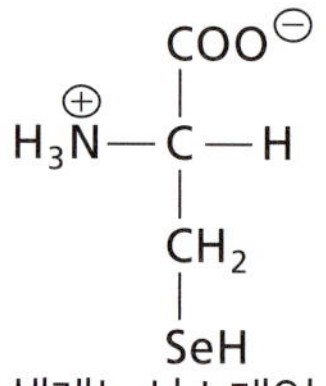

셀레노시스테인

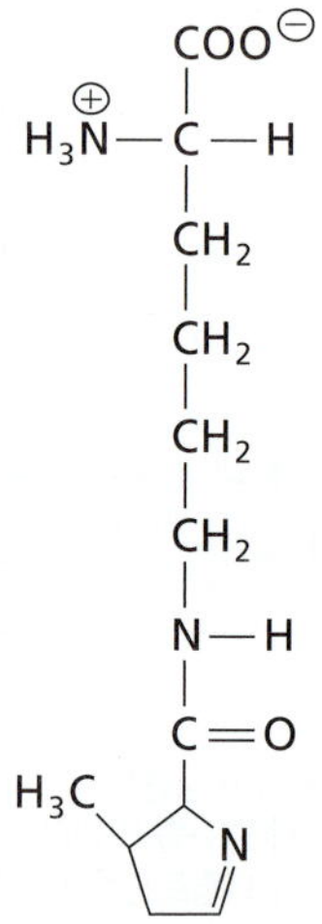

파이로라이신

기도 한다. 이러한 과정은 효소에 의해 촉매되는 카복실기 이탈반응(decarboxylation)과 아미노기 이탈반응(deamination)을 포함한다. 예를 들면 포유류의 뇌에서 글루타메이트은 신경전달물질인 γ-아미노뷰티레이트(γ-aminobutyrate; GABA)로 전환된다(그림 3.5a). 포유류는 히스티딘을 이용해 히스타민(histamine)을 합성할 수 있다(그림 3.5b). 히스타민은 특정한 혈관 수축과, 위에서 염산의 분비를 조절한다. 타이로신은 부신 수질에서 아드레날린(adrenaline)이라고도 불리는 에피네프린(epinephrine)으로 전환된다(그림 3.5c). 에피네프린과 그 전구체인 노르에피네프린(에피네프린의 아미노기에서 메틸기가 없는 화합물)은 대사를 조절하는 호르몬이다. 타이로신은 갑상선 호르몬인 티록신(tyroxine)과 트리도티로닌(triidothyronine)의 전구체이기도 하다(그림 3.5d). 갑상선 호르몬의 생합성에는 요오드가 필요하다. 요오드를 충분히 섭취하지 않아 유발되는 갑상선 기능 저하증과 그에 따른 갑상선종을 예방하기 위해 일반적으로 식용 소금에는 적은 양의 염화요오드를 첨가한다.

어떤 아미노산들은 폴리펩타이드 사슬로 합성된 이후에 화학적으로 변형되기도 한다. 알려진 번역 후 변형만 해도 수백 가지가 있다. 예를 들면 콜라겐에 있는 어떤 프롤린 잔기들은 산화되어 하이드록시프롤린(hydroxyproline)을 형성한다(4.11절). 아미노산에 복잡한 탄수화물 사슬을 첨가하는 글라이코실화(glycosylation) 또한 아미노산에 가해지는 흔한 화학적인 변형이다(8장, 22장). 단백질은 주로 세린, 쓰레오닌, 타이로신 잔기에 인산기를 붙여서 인산화될 수 있다(히스티딘, 라이신, 시스테인, 아스파테이트, 글루타메이트도 인산화될 수 있다). 폴리펩타이드가 합성되고 나서 시스틴(cystine)은 두 개의 시스테인 잔기가 산화되어 생성될 수 있다.

3.4 아미노산의 이온화

아미노산의 물리적인 특성은 α-아미노기와 α-카복실기의 이온화 상태와 곁사슬의 이온화될 수 있는 기에 영향을 받는다. 각각의 이온화될 수 있는 기는 양성자화된 형태와 양성자화되지 않은 형태의 농도가 같은 pH를 뜻하는 pK_a 값과 관련이 있다(2.9절). 용액의 pH가 pK_a보다 낮을 때, 아미노산의 양성자화된 형태는 양성자화되지 않은 형태보다 훨씬 많이 존재하게 되고 다른 분자에 양성자를 전달해 줄 수 있어 산(acid)의 성질을 띠게 된다. 용액의 pH가 pK_a보다 높을 때 이온화될 수 있는 기들은 대부분 양성자화되지 않은 형태를 갖게 되고 짝염기로 존재하며 양성자를 받아들인다. 모든 아미노산들은 α-카복실기와 α-아미노기에 적용되는 두 개 이상의 pK_a 값을 가지고 있다. 또한 표준 아미노산 중 7개는 이온화될 수 있는 곁사슬을 가지고 있고 이 곁사슬들은 고유한 pK_a 값을 가지며, 이 값은 아미노산마다 서로 다르다. 그러므로 일반적으로 아미노산들은 특정 pH에서 다양한 알짜 전하를 가진다. 화학적으로 변형된 많은 아미노산들은 이온화될 수 있는 기를 가지고 있어 곁사슬에 전하 변화가 많다. 예를 들면, 인산세린(phosphoserine)과 인산타이로신(phosphotyrosine)은 음전하를 띤다.

아미노산 곁사슬의 이온화 상태를 아는 것은 두 가지 이유에서 중요하다. 첫 번째로, 이온화 상태는 단백질의 접힘과 3차 구조에 영향을 준다(4.10절). 두 번째로, 효소의 활성 부위에서 아미노산의 이온화 상태를 알면 효소가 작용하는 메커니즘을 이해하기 더 쉽다(6장).

아미노산의 pK_a 값은 지난 장에서 살펴본 것처럼 적정곡선을 통해 알 수 있다. 그림 3.6은 알라닌의 적정곡선이다. 알라닌은 총 2개의 이온화될 수 있는 기(α-카복실기와 양성자화된 α-아미노기)를 가지고 있다. 산성의 용액에 염기를 점점 가하면, 적정곡선은 pH 2.4와 pH 9.9에서 두 개의 pK_a 값을 보인다. 각각의 pK_a 값 부근에서는 염기가 가해지더라도 pH가 급격하게 변하지 않는다.

이온화될 수 있는 기의 pK_a는 적정곡선의 중점에 해당한다. 이 지점에서 산성을 띠는 형태(양성자를 줄 수 있는 형태)의 농도와 짝염기의 농도(양성자를 받을 수 있는 형태)는 정확

핵심개념

모든 산-염기쌍에서 pK_a는 산, 염기의 농도가 일치하는 pH를 말한다.

BOX 3.3 아미노산 이름의 유래와 명명된 연도

아미노산	유래
알라닌 (Alanine)	알데하이드(aldehyde)의 "an"(편의상) + 아민(amine)(1849)
아지닌 (Arginine)	은염(silver salt)으로 결정체를 이룬다, 라틴어 *argentum*('은'이라는 뜻)으로부터 유래(1886)
아스파라진 (Asparagine)	아스파라거스로부터 처음 분리(1813)
아스파테이트 (Arspatate)	아스파라진과 유사함(1836)
글루타메이트 (Glutamate)	식물 단백질 글루텐(gluten)으로부터 처음 명명(1866)
글루타민 (Glutamine)	글루타메이트과 유사함(1866)
글라이신 (Glycine)	단맛이 남, 그리스어 *glykys*('단맛이 나는'의 뜻)로부터 유래(1848)
시스테인 (Cysteine)	방광 결석에서 발견, 그리스어 *kystis*('방광'이라는 뜻)로부터 유래(1882)
히스티딘 (Histidine)	철갑상어의 정자에서 처음 동정, 그리스어 *histidin*('조직'이라는 뜻)으로부터 유래(1896)
아이소류신 (Isoleucine)	류신의 이성질체
류신 (Leucine)	흰색 결정체를 형성함. 그리스어 *leukos*('흰색을 띠는'이라는 뜻)로부터 유래(1820)
라이신 (Lysine)	단백질 가수분해 산물, 그리스어 *lysis*('헐거워 짐'이라는 뜻)로부터 유래(1891)
메싸이오닌 (Methionine)	곁사슬 이황 원자(그리스어 *theion*)에 메틸기가 붙은 형태(1928)
페닐알라닌 (Phenylalanine)	페닐기가 알라닌에 결합(1883)
프롤린 (Proline)	피롤리딘 고리(pyrrolidine ring)를 형성, "피롤리딘(pyrrolidine)"의 변화된 형태(1904)
세린 (Serine)	실크에 많이 존재, 라틴어 *sericum*('silk'라는 뜻)에서 유래함(1865)
쓰레오닌 (Threonine)	4탄당인 쓰레오스(threose)와 유사(1936)
트립토판 (Tryptophan)	protein 1이 트립신으로 잘린 형태에서 분리, 그리스어 *phanein*('나타나다'라는 뜻)에서 유래(1890)
타이로신 (Tyrosine)	치즈에서 발견, 그리스어 *tyros*('치즈'라는 뜻)에서 유래(1890)
발린 (Valine)	속명이 *Valeriana*인 식물에서 유래한 발레르산(valeric acid)의 유도체(1906)

출처: *Oxford English Dictionary* 2nd ed., and Leung, S.H. (2000) Amino acids, aromatic compounds, and carboxylic acids: how did they get their common names? *J. Chem. Educ*. 77: 48–49.

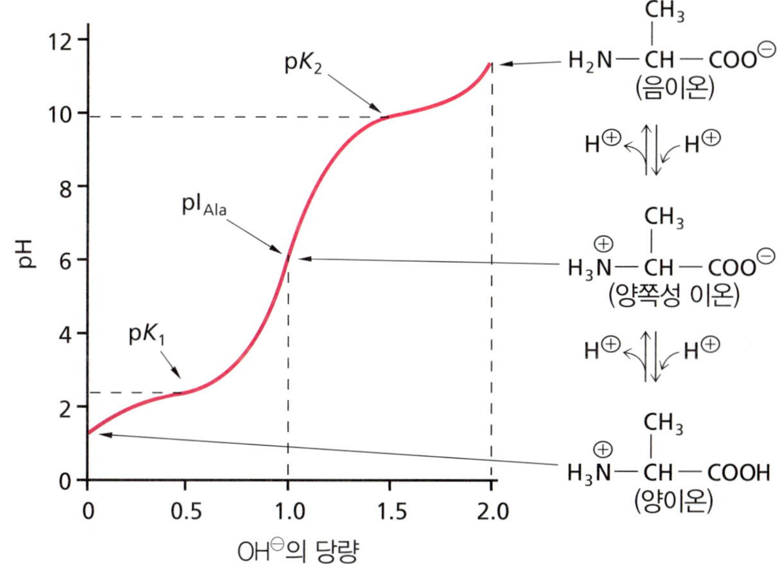

◀ **그림 3.6**
알라닌의 적정곡선. 첫 번째 pK_a 값은 2.4이고 두 번째 pK_a 값은 9.9이다. pI_{Ala}는 알라닌의 등전점을 나타낸다.

히 일치한다. 그림 3.6의 예에서 양전하를 띠는 알라닌의 농도와 양쪽성 이온의 농도는 pH 2.4에서 같다.

핵심개념

특정한 아미노산 곁사슬의 이온화 상태는 아미노산의 pK_a 값과 주변 환경의 pH에 의해서 결정된다.

$$\overset{\oplus}{N}H_3-\underset{}{\overset{CH_3}{\overset{|}{C}H}}-COOH \rightleftharpoons \overset{\oplus}{N}H_3-\overset{CH_3}{\overset{|}{C}H}-COO^{\ominus} + H^{\oplus} \quad (3.1)$$

pH 9.9에서 양쪽성 이온의 농도는 음전하를 띠는 알라닌의 농도와 같다.

$$\overset{\oplus}{N}H_3-\overset{CH_3}{\overset{|}{C}H}-COO^{\ominus} \rightleftharpoons NH_2-\overset{CH_3}{\overset{|}{C}H}-COO^{\ominus} + H^{\oplus} \quad (3.2)$$

첫 번째 식(반응식 3.1)에 나타난 짝-염기쌍은 양쪽성 이온이 산성의 형태인 알라닌의 짝염기라는 것을 주목하라. 두 번째 짝-염기쌍(반응식 3.2)에서 양쪽성 이온은 더 높은 pH에서 많이 존재하는 염기성 형태의 양성자 주개(proton donor), 또는 짝산이다.

전기적으로 중성인 양쪽성 이온(+/−)과 양이온(+)이 같은 양으로 존재하기 때문에 pH 2.4에서 알라닌의 알짜 전하는 평균 +0.5라고 추측할 수 있다. 비슷한 원리로 pH 9.9에서의 알짜 전하는 평균 −0.5이다. pH 2.4와 pH 9.9의 중간인 pH 6.15에서 용액 속 알라닌의 평균 알짜 전하는 0이다. 이러한 이유로, pH 6.15는 알라닌의 등전점(isoelectric point, pI), 혹은 등전 pH(isoelectric pH)라고 부른다. 만약 알라닌이 pI보다 낮은 pH의 전기장에 있으면 알라닌은 알짜 양전하를 띤다. 다시 말해, 알라닌의 양전하 형태가 더 우세해진다. 그러므로 알라닌은 전기장에서 음극으로 이동한다. pI보다 높은 pH에서 알라닌은 알짜 음전하를 띠게 되며 전기장에서 양극으로 이동한다. 알라닌의 등전점(pH = 6.15)에서 알라닌은 어느 방향으로도 이동하지 않을 것이다.

히스티딘에는 이온화될 수 있는 곁사슬이 있다. 히스티딘의 적정곡선은 히스티딘의 곁사슬에 대한 pK_a를 나타내는 추가적인 변곡점을 갖는다(그림 3.7a). 알라닌의 경우처럼, 첫 번째 pK_a 값(1.8)은 α-카복실기의 이온화를 나타내고 가장 염기성의 pK_a 값(9.3)은 α-아미노기의 이온화를 나타낸다. 중간의 pK_a 값(6.0)은 히스티딘 곁사슬의 이미다조늄 이온의 탈양성자화와 관련 있다(그림 3.7b). pH 7.0에서 이미다졸(짝염기)과 이미다조늄 이온(짝산)의 비율은 10:1이다. 그러므로 히스티딘 곁사슬의 양성자화된 형태와 중성 형태는 생리적인 pH에서 높은 농도로 존재한다. 단백질 내에서 어떤 히스티딘 잔기의 곁사슬은 단백질 내의 즉각적인 환경에 따라 양성자화될 수도 있지만 안 될 수도 있다. 다시 말해서, 단백질 내에

▼ 그림 3.7

히스티딘의 이온화. (a) 히스티딘의 적정곡선. 세 개의 pK_a 값은 각각 1.8, 6.0, 9.3이다. pI_{His}는 히스티딘의 등전점을 나타낸다. **(b)** 히스티딘 곁사슬의 이미다조늄 고리의 탈 양성자화.

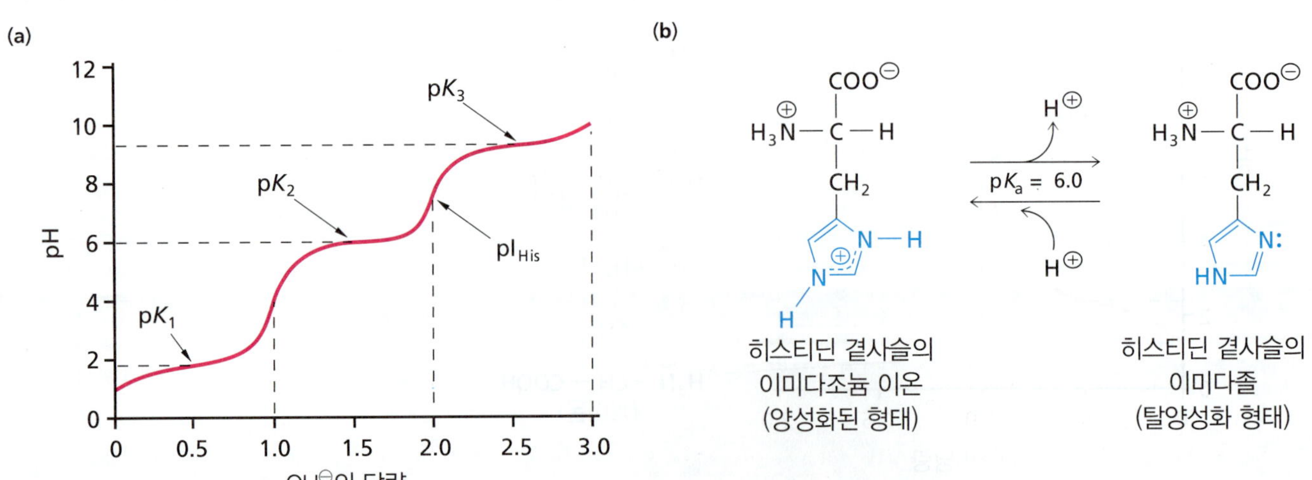

서의 히스티딘 곁사슬의 실제 pK_a는 용액상에서 단백질을 구성하지 않고 아미노산으로 존재할 때와 다를 수 있다. 이런 특성 때문에 효소가 활성을 가지는 부분에서 히스티딘의 곁사슬은 양성자를 전달할 수 있다(6.7c절에 이 내용에 대한 잘 알려진 예가 있다).

이온화될 수 있는 기를 두 개만 가지고 있는 아미노산(α-아미노기, α-카복실기)의 등전점은 두 pK_a 값의 평균이다[즉, pI = (pK_1 + pK_2)/2 이다]. 하지만 세 개의 이온화될 수 있는 기를 가지고 있는 히스티딘과 같은 아미노산에 대해서는 각각의 이온화될 수 있는 기의 알짜 전하를 계산해 봐야 한다. 히스티딘의 등전점은 알짜 전하를 가지지 않는 두 개의 기 사이에 존재한다. 즉, 6.0과 9.3의 평균인 7.65이다.

표 3.2에 나와 있는 것처럼 유리 아미노산의 α-카복실기의 pK_a 값은 1.8~2.5 사이이다. 이 값들은 아세트산(pK_a = 4.8)과 같은 일반적인 카복시산보다 낮은데 그것은 이웃하는 —$NH_3^{\oplus}$기가 카복시산기에서 전자를 가져오므로 α-카복실기가 양성자를 잃는 상태가 쉽게 되기 때문이다. 곁사슬 혹은 R기 또한 α-카복실기의 pK_a 값에 영향을 미치기 때문에 아미노산들은 서로 다른 pK_a 값을 가진다(히스티딘과 알라닌의 pK_a 값이 다른 것은 조금 전에 살펴보았다.).

아미노산의 α-카복실기는 약산이다. 헨더슨-하셀발크(Henderson-Hasselbalch)식(2.9절)을 이용해 특정 pH에서 이온화되는 α-카복실기의 비율을 계산할 수 있다.

$$\text{pH} = \text{p}K_a + \log\frac{[\text{양성자 받개}]}{[\text{양성자 주개}]} \tag{3.3}$$

pH 7.0에서 α-카복실기의 pK_a가 2.0인 일반적인 아미노산에 대해서 양성자 주개(카복시산, COOH)에 대한 양성자 받개(카복시산염 음이온, COO—)의 비율을 헨더슨-하셀발크식을 이용해 계산할 수 있다.

$$7.0 = 2.0 + \log\frac{[\text{RCOO}^{\ominus}]}{[\text{RCOOH}]} \tag{3.4}$$

이 경우에서 카복시산에 대한 카복시산염 음이온의 비율은 100,000:1이다. 즉, 세포 내의 일반적인 조건에서 카복시산염 음이온이 카복시산보다 훨씬 많이 존재함을 의미한다.

유리 아미노산의 α-아미노기는 —NH_2(양성자 받개), 즉 유리 아민으로 존재할 수 있고 —$NH_3^{\oplus}$(양성자 주개), 즉 양성자화된 아민으로 존재할 수도 있다. α-아미노기의 pK_a는 표 3.2에 나와 있듯 8.7~10.7 사이이다. α-아미노기의 pK_a가 10인 아미노산은 pH 7.0에서 양성자 받개와 양성자 주개의 비가 1:1000이다. 다시 말해서, 생리적 조건에서 α-아미노기는 대부분 양성자화되어 있고 양전하를 띤다. 이 사실은 앞에서 대부분의 유리 아미노산은 중성인 pH에서 양쪽성 이온으로 존재한다는 것을 재확인해 준다. 이 사실은 아미노산의 구조를 그릴 때 —COOH와 —NH기를 모두 그리는 것이 부적절하다는 것도 보여주는데, 대다수의 아미노산이 양성자화된 카복실기와 양성화되지 않은 아미노기를 가지는 pH는 없기 때문이다(연습문제 19번 참조). 중성인 pH에서 프롤린의 2차 아미노기(pK_a = 10.6) 또한 양성자화되기 때문에 곁사슬이 α-아미노기에 결합해 있음에도 불구하고 프롤린도 pH 7에서 양쪽성 이온이다.

곁사슬에 쉽게 이온화될 수 있는 기를 가진 7가지 아미노산은 아스파테이트, 글루타메이트, 히스티딘, 시스테인, 타이로신, 라이신, 아지닌이다. 곁사슬의 이온화도 α-카복실기와 α-아미노기가 이온화되는 것과 같은 규칙을 따르며, 헨더슨-하셀발크식 또한 적용할 수 있다. 글루타메이트 γ-카복실기(pK_a = 4.1)의 이온화 과정이 그림 3.8a에 소개되어 있다. γ-카복실기는 후에 α-암모늄이온에 의해 제거되고 pK_a가 4.1인 약산이 된다. γ-카복실기는 아세트산(pK_a = 4.8)과 비슷한 정도의 산을 띠게 되지만 α-카복실기가 더 강한 산이다(pK_a = 2.1). 그림

표 3.2 25°C에서 유리 아미노산의 산성과 염기성인 구성요소들의 pK_a 값

아미노산	pK_a 값		
	카복실기	아미노기	곁사슬
글라이신	2.4	9.8	
알라닌	2.4	9.9	
발린	2.3	9.7	
류신	2.3	9.7	
아이소류신	2.3	9.8	
메싸이오닌	2.1	9.3	
프롤린	2.0	10.6	
페닐알라닌	2.2	9.3	
트립토판	2.5	9.4	
세린	2.2	9.2	
쓰레오닌	2.1	9.1	
시스테인	1.9	10.7	8.4
타이로신	2.2	9.2	10.5
아스파라진	2.1	8.7	
글루타민	2.2	9.1	
아스파테이트	2.0	9.9	3.9
글루타메이트	2.1	9.5	4.1
라이신	2.2	9.1	10.5
아지닌	1.8	9.0	12.5
히스티딘	1.8	9.3	6.0

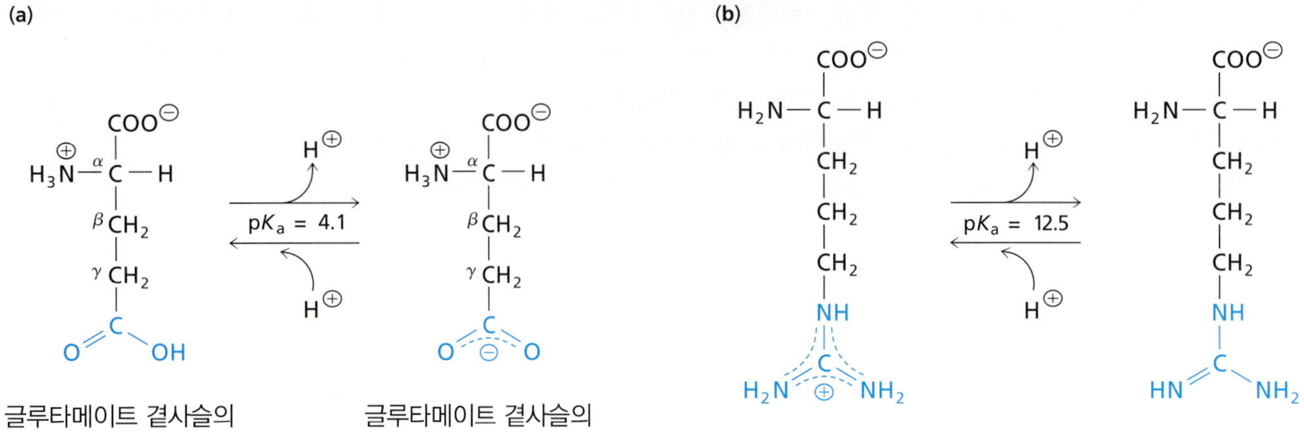

(a)

pK_a = 4.1

글루타메이트 곁사슬의 카복시산(양성자화 형)

글루타메이트 곁사슬의 카복시산염 이온 (탈양성자화 형)

(b)

pK_a = 12.5

아지닌 곁사슬의 구아니디움 이온(guanidinium ion, 양성자화된 형)

아지닌 곁사슬의 구아니딘기 (탈양성자화된 형)

▲ 그림 3.8

아미노산 곁사슬의 이온화. (a) 글루타메이트의 양성자화된 γ-카복실기의 이온화. 카복시산염 음이온의 음전하가 비편재화된다. (b) 아지닌 곁사슬의 구아니디움기의 탈양성자화. 양전하가 비편재화된다.

3.8b는 강한 염기성의 용액에서 아지닌의 곁사슬인 구아니디움기가 탈양성자화되는 것을 보여준다. 전하가 비편재화되면서 구아니디움 이온은 안정화되고 pK_a 값이 12.5가 된다.

앞서 언급했듯이 단백질 내의 아미노산에서 이온화될 수 있는 곁사슬의 pK_a 값은 유리 아미노산에서의 pK_a값과 다를 수 있다. 이런 사실은 두 가지 이유 때문이다. 첫 번째로 α-아미노기와 α-카복실기는 단백질 안에서 펩타이드 결합을 통해 연결되면 전하를 잃는다. 그 결과, 이 기들은 이웃하는 곁사슬에 유발 효과(inductive effect)를 더 약하게 가한다. 두 번째는 단백질 3차 구조에서 이온화될 수 있는 곁사슬의 위치 때문에 pK_a가 변할 수 있다. 예를 들어, 효소인 라이보뉴클레에이즈 A(ribonuclease A)는 히스티딘 잔기를 네 개 가지고 있지만, 각각의 잔기가 약간씩 다른 pK_a를 가지게 되는데 미세환경이나 순간순간의 주변 환경 때문에 이런 현상이 일어난다.

펩타이드 결합의 구조는 4.3절에서 설명할 것이다.

3.5 펩타이드 결합은 단백질 내에서 여러 아미노산들을 이어준다

단백질 합성(번역)은 22장에서 다룬다.

폴리펩타이드 사슬에서 아미노산 서열을 단백질의 **1차 구조(primary structure)**라고 부른다. 더 복잡한 구조는 2차, 3차, 4차 구조라고 부른다. 단백질의 구조는 다음 장에서 더 자세히 다룰 것이고, 이 장에서는 남은 주제들을 다루기에 앞서 펩타이드 결합과 1차 구조를 먼저 이해하는 것이 중요하다.

아미노산들 간에 형성된 결합은 아마이드 결합의 일종인 **펩타이드 결합(peptide bond)**이다(그림 3.9). 이 결합은 한 아미노산의 α-카복실기와 다른 아미노산의 α-아미노기의 단순한 축합반응의 결과이다. 물 분자 하나가 이 아미노산을 축합하는 반응에서 빠져나온다. (2.6절에서 설명했듯이 물 분자가 굉장히 많은 수용액 상태에서는 이러한 단순한 축합반응이 매우 일어나기 어렵다. 실제로 단백질이 합성될 때는 이런 장벽을 극복하기 위해 반응성이 높은 중간 산물이 필요하다.) 용액에 존재하는 유리 아미노산의 카복실기나 아미노기와는 달리 펩타이드 결합을 이루는 아미노산의 카복실기나 아미노기는 전하를 띠지 않는다.

폴리펩타이드 사슬 내의 연결된 아미노산들은 아미노산 잔기(residues)라고 불린다. 잔기의 이름은 -인(*-ine*)이나 -산염(*-ate*)을 -일(*-yl*)로 바꾸면 된다. 예를 들어, 폴리펩타이드 내에서 글라이신 잔기는 글라이실(glycyl)이라 부르고 글루타메이트 잔기는 글루타밀(glutamyl)이라고 부른다.

$$H_3\overset{\oplus}{N}-CH(CH_3)-COO^{\ominus} + H_3\overset{\oplus}{N}-CH(CH_2OH)-COO^{\ominus} \xrightarrow{-H_2O}$$

$$\text{N-말단} \quad H_3\overset{\oplus}{N}-CH(CH_3)-C(=O)-N(H)-CH(CH_2OH)-COO^{\ominus} \quad \text{C-말단}$$

펩타이드 결합

◀ **그림 3.9**
두 아미노산 사이의 펩타이드 결합. 펩타이드 결합의 구조는 하나의 아미노산의 α-카복실기와 다른 아미노산의 α-아미노기의 축합반응의 결과물로 볼 수 있다. 결과적으로, 두 아미노산들이 펩타이드 결합에 의해 연결된 다이펩타이드가 된다. 여기서, 알라닌은 세린과 축합반응해 알라닐세린(alanylserine)이 된다.

아스파라진, 글루타민, 시스테인의 경우는 -일(-*yl*)이 -이(-*e*) 대신에 쓰여서 각각 아스파라지닐(asparaginyl), 글루타미닐(glutaminyl), 시스테이닐(cysteinyl)로 부른다. -일(-*yl*)이라는 어미는 잔기가 카복실기에서 하이드록실기가 부족한 아실기 단위(acyl unit)를 나타낸다. 그림 3.9의 다이펩타이드(dipeptide)는 알라닐세린이라고 부르는데 이는 알라닌이 아실기 단위로 바뀌었고 세린은 카복실기를 유지하기 때문이다.

펩타이드 사슬에서 양끝에 존재하는 유리 아미노기와 유리 카복실기는 각각 N-말단(아미노 말단)과 C-말단(카복실 말단)으로 부른다. 중성인 pH에서 각 말단은 전하를 띤다. 관례상 펩타이드 사슬에서 아미노산 잔기는 N-말단에서 시작해 C-말단 방향으로 숫자를 붙이고 왼쪽에서 오른쪽으로 쓴다. 단백질 합성에도 같은 관례를 적용한다(22.6절). 단백질 합성은 N-말단의 아미노산부터 시작되고[거의 항상 메싸이오닌(22.5절)] C-말단 방향으로 한 번에 한 잔기씩 첨가하는 방식으로 진행된다.

아미노산에 대한 표준 세 글자 축약형(예: Gly−Arg−Phe−Ala−Lys)과 한 글자 축약형(예: GRFAK) 모두 폴리펩타이드와 펩타이드 내의 아미노산 잔기의 서열을 표기하기 위해 사용하기 때문에 두 축약형을 모두 알아두어야 한다. **다이펩타이드, 트라이펩타이드, 올리고펩타이드, 폴리펩타이드**는 각각 두 개, 세 개, 약간의(약 20개 이하), 많은(종종 20개 이상) 아미노산 잔기를 표현한다. 다이펩타이드는 하나의 펩타이드 결합을, 트라이펩타이드는 두 개의 펩타이드 결합을 가진다. 일반적으로 모든 펩타이드 사슬은 길이에 상관없이 하나의 유리 α-아미노기와 하나의 유리 α-카복실기를 가지고 있다. (이 규칙의 예외는 공유결합으로 인한 마지막 잔기 변형과 원형의 펩타이드 사슬이 있다.) 펩타이드 결합이 형성될 때 유리 아미노산에서 이온화될 수 있는 α-카복실기와 α-아미노기 사라지기 때문에 아미노산의 곁사슬에 의해 단백질의 이온화 정도가 결정된다. 이는 곧 단백질의 용해도나 이온화와 관련된 특징들이 단백질을 구성하는 아미노산이 무엇이냐에 따라 많이 좌우됨을 의미한다. 뿐만 아니라 아미노산 잔기의 곁사슬은 상호작용을 통해 단백질의 3차 구조와 안정성에 영향을 준다(4장).

몇몇 펩타이드는 생물학적으로 중요한 화합물이고, 어떤 펩타이드의 화학적인 성질은 활발한 연구의 대상이다. 호르몬의 일부도 펩타이드이다. 예를 들어, 엔도르핀은 척추동물의 고통을 조절하기 위해 자연적으로 생성되는 분자이다. 아주 단순한 몇몇 펩타이드는 식품 첨가제로 유용하다. 감미료인 아스파탐(aspartame)은 아스파틸페닐알라닌(aspartylphenylalanine)의 메틸에스터이다(그림 3.10). 아스파탐은 식용 설탕보다 200배나 더 달고 다이어트 음료를 만드는 데 많이 이용한다. 뱀의 독이나 독버섯에서 발견되는 펩타이드 독소(peptide toxin)도 있다.

$$\overset{\oplus}{N}H_3-CH(CH_2-COO^{\ominus})-C(=O)-NH-CH(CH_2-C_6H_5)-C(=O)-O-CH_3$$

▲ **그림 3.10**
아스파탐(aspartame, 아스파틸페닐알라닌 메틸에스터).

3.6 단백질 정제 기술

실험실에서 특정한 단백질을 연구하기 위해서는 그 단백질을 다른, 비슷한 단백질이 포함되어 있는 모든 세포 구성요소로부터 분리해야 한다. 정제되지 않은 세포성 단백질들의 혼합

▲ 폴리펩타이드의 서열을 쓰는 오직 한 가지 정확한 방법은 N-말단으로부터 C-말단으로 표기하는 것이다.

물에는 단백질이 수백 개(또는 수천 개) 있기 때문에 이 혼합물로 연구할 수 있는 분석 기술은 거의 없다. 혼합물에서 단백질을 정제하는 과정은 각각의 단백질마다 다르다. 각각의 단백질을 정제할 때는 여러 가지 정제 과정 중 생물학적 활성을 유지하며 많은 양을 반복적으로 정제할 수 있는 방법을 선택해야 한다. 단백질의 정제 단계는 보통 단백질의 용해도, 알짜 전하(net charges), 크기와 결합 특이성에서의 작은 차이점들을 활용한다. 이번 절에서, 단백질 정제의 일반적인 방법 중 몇 가지를 알아볼 것이다. 대부분의 정제 기술은 단백질 분해(degradation)와 변성(denaturation, 또는 펼침(unfolding))과 같은 온도에 따른 변화를 최소화하기 위해서 0℃에서 4℃ 사이에서 수행한다.

단백질 정제의 첫 단계는 단백질 용액을 준비하는 것이다. 단백질은 전체 세포에서 얻을 수 있으며, 보통 목표 단백질의 중량은 전체 건조중량의 0.1%보다 더 적다. 세포 내 단백질을 얻기 위해서 세포를 완충액에 부유시켜 균질화하거나 분쇄해야 한다. 이러한 조건에서 대부분의 단백질은 용해된다. (예외로, 막 단백질은 특별한 정제 방법이 필요한 단백질 중 하나이다.) 이 용액에 녹아 있는 여러 단백질 중 하나가 목표 단백질이라고 가정해보자.

단백질 정제에서 첫 번째 단계 중 하나는 염 용액에서 단백질들의 각각 다른 용해도를 이용해서 불완전하게 분리하는 것이다. 황산 암모늄(ammonium sulfate)은 이러한 분획화에서 자주 사용된다. 충분한 황산 암모늄을 단백질들이 있는 용액에 섞어주면 용액에 잘 녹지 않는 불순물들을 침전시켜 원심분리로 제거할 수 있다. 목표 단백질과 용액에 잘 녹는 다른 단백질들은 여전히 상등액 분획이라 불리는 수용액에 존재한다. 다음에, 원하는 단백질을 침전될 때까지 더 많은 황산 암모늄을 상등액 분획에 넣어준다. 혼합물을 원심 분리하여, 액체를 제거하고, 침전물을 최소한의 완충액으로 녹인다. 일반적으로, 황산 암모늄을 이용한 분획화를 통해 단백질 용액을 2배에서 3배 정제할 수 있다. (즉, 원하지 않는 단백질들 중 1/2에서 2/3가 단백질 분획으로부터 제거된다.) 이 시점에서 크로마토그래피(chromatography)에 적절한 완충액으로 교환하기 위해 남은 황산 암모늄이 포함된 용액을 투석한다.

투석을 위해, 단백질 용액을 셀로판 튜브의 실린더에 밀폐하고 많은 양의 완충액으로 부유시킨다. 셀로판 막은 반투과성(semipermeable)이다. 즉, 높은 분자량의 단백질들은 너무 커서 막의 구멍으로 통과할 수 없어 여전히 튜브 안에 존재하는 반면 낮은 분자량의 용질들(이런 경우에 암모늄과 황산이온이 포함된다)은 확산되어 나와 완충액에서 교환된다.

▲ **초록 맘바(*Dendroapsis angusticeps*).** 이 독사의 독에 있는 독소 중 하나는 서열 MICY-SHKTPQPSATITCEEKTCYKKSVRKLPAVVA-GRGCGCPSKEMLVAIHCCRSDKCNE를 포함하는 큰 펩타이드이다. [Viljoen and Botes (1974). *J.Biol.Chem.* 249:366]

관 크로마토그래피(column chromatography)는 종종 단백질 혼합물을 분리하는 데 사용된다. 원통형의 관을 대체된 셀룰로즈 섬유(substituted cellulose fibers) 또는 합성된 구슬(beads)과 같은 불용성의 물질로 채워준다. 단백질 혼합물을 관에 넣어주고 용액을 첨가해 불용성 물질의 기질을 씻어준다. 용액을 관을 통해 흘려주면서 용출액(관의 아래쪽으로 나온 액체)을 그림 3.11a에 나타난 것처럼 많은 분획으로 조금씩 모은다. 단백질들이 기질을 통과하는 속도는 기질과 단백질 사이의 상호작용에 영향을 받는다. 따라서 관에서 서로 다른 단백질들이 다른 속도로 용출된다. 각 분획에서 단백질의 농도는 280 nm의 파장에서 용출액의 흡광도를 측정해서 결정할 수 있다(그림 3.11b). (3.2B절에서 중성 pH에서 타이로신과 트립토판이 280 nm의 UV 빛을 흡수한다는 것을 상기하라.) 목표 단백질의 정확한 위치를 찾아내기 위해서 단백질이 포함된 분획을 생물학적 활성도 또는 다른 특성을 분석하거나 검사해야 한다. 관 크로마토그래피는 컴퓨터로 용액의 흐름은 조절할 수 있고, 작고 조밀하게 채워진 관을 사용해 높은 압력에서 수행할 수 있다. 이러한 기술은 **고성능 액체 크로마토그래피(high-performance liquid chromatography; HPLC)**라고 부른다.

크로마토그래피 기술은 기질의 종류에 따라서 분류된다. **이온 교환 크로마토그래피(ion-exchange chromatography)**에서 기질은 양전하(음전하 교환 수지) 또는 음이온(양전하 교환 수지)을 가지고 있다. 음이온 교환 수지는 음전하를 가진 단백질과 결합하여 그 후에 용출을 하기 전까지 기질에 머물러 있게 한다. 반대로, 양전하 교환 수지는 양전하를 가진 단

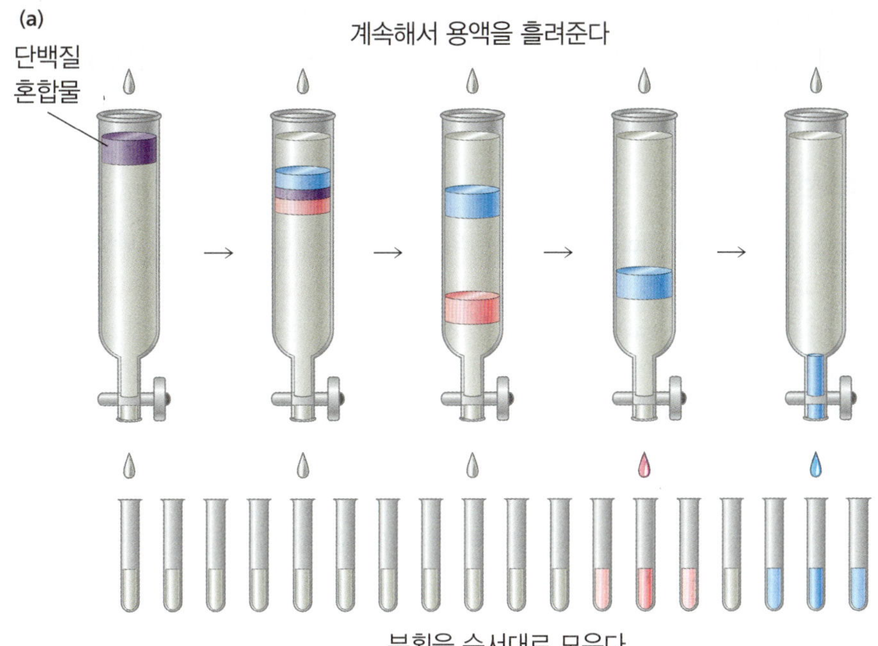

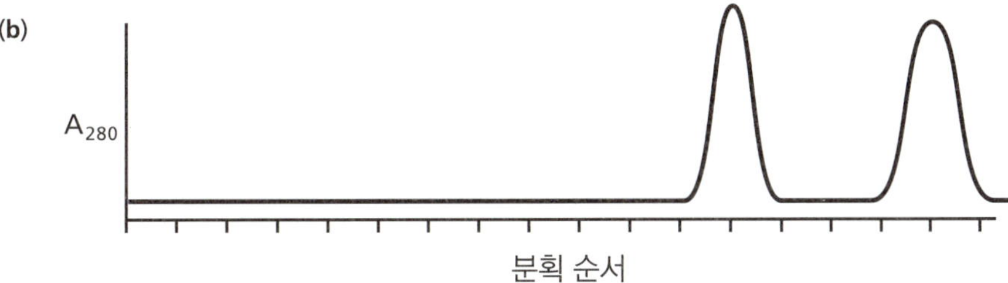

◀ **그림 3.11**
관 크로마토그래피. (a) 고체 기질이 들어 있는 관에 단백질 혼합물을 넣는다. 그리고 나서 저장소(reservoir)로부터 용액을 관으로 흘려준다. 용액으로 씻어낸 다른 단백질들(빨간색과 파란색 띠로 나타내었다)은 기질과의 상호작용에 의존해 다른 속도로 관을 통과한다. 용출된 용액은 그림에 나타나 있는 것처럼 분획화하여 순서대로 모은다. **(b)** 각 분획의 단백질 농도는 280 nm의 흡광도에서 측정할 수 있다. 흡광도에서 가장 높은 수치를 나타내는 부분은 (a)에서 보이는 단백질 띠의 용출과 일치한다. 그리고 나서 각각의 분획에 목표 단백질이 존재하는지 검사한다.

백질과 결합한다. 결합한 단백질들은 용액의 염 농도를 점차 증가시켜 연속적으로 용출할 수 있다. 염 농도가 증가하면서, 결국 염 이온이 기질에 결합한 단백질을 완전히 떨어뜨리는 농도에 도달하게 된다. 이 농도에서 떨어진 단백질은 용출액에서 모은다. 단백질들은 각각 다른 염 농도에서 용출되므로, 이온 교환 크로마토그래피는 효과적인 단백질 정제방법이다.

젤 여과 크로마토그래피(gel-filtration chromatography)는 분자 크기를 기준으로 단백질을 분리한다. 젤은 다공성 구슬로 구성된 기질이다. 평균 구멍 크기보다 더 작은 단백질들은 구슬의 안쪽 공간을 더 많이 뚫고 들어가기 때문에 관을 통해 완충액이 흐르는 동안 기질에서 더 머물게 된다. 단백질이 작으면 작을수록, 더 늦게 관에서 용출된다. 큰 단백질 분자들이 통과할 수 있는 구멍의 수는 적다. 결과적으로, 가장 큰 단백질이 구슬을 빠르게 통과해 처음으로 용출된다.

친화 크로마토그래피(affinity chromatography)는 가장 분리도가 높은 관 크로마토그래피이다. 친화 크로마토그래피는 관의 기질에 공유결합하고 있는 어떤 다른 분자와 목표 단백질 사이의 특정한 상호작용에 의존한다. 기질에 결합한 분자는 체내에서 단백질과 붙는 물질 또는 라이간드(ligand), 목표 단백질을 인식하는 항체, 또는 세포 내에서 목표 단백질과 상호작용하는 것으로 알려진 또 다른 단백질일 것이다. 단백질 혼합물이 관을 통과하는 동안 목표 단백질만 특정하게 기질과 붙는다. 그렇기 때문에 불특정하게 붙은 단백질들을 제거하기 위해 관을 완충액으로 여러 번 씻어야 한다. 마지막으로, 목표 단백질은 관의 기질과의 상호작용을 무너뜨릴 수 있는 높은 염 농도의 용액으로 관을 씻어서 용출할 수 있다. 어떤 경우에는, 용출 용액에 과도한 라이간드를 넣어서 기질에 붙은 단백질을 관으로부터 선택적으로 용출할 수 있다. 목표 단백질은 관의 불용성 기질에 붙어 있는 낮은 농도의 라이

▲ 실험실의 일반적인 고성능 액체 크로마토그래피(HPLC) 시스템(왼쪽). 오른쪽에 있는 큰 기계가 질량분석기이다. (Istituto di Ricerche Farmacologiche, Milan, Italy)

간드 대신 우선적으로 용액의 라이간드에 붙는다. 이런 방법은 라이간드가 작은 분자일수록 효과적이다. 때때로 친화 크로마토그래피 하나만으로 단백질을 1,000~10,000배로 정제할 수 있다.

3.7 분석 기술

전기영동은 전장(electric field)에서 단백질의 이동속도 차이를 이용하여 단백질을 분리한다. **폴리아크릴아마이드 젤 전기영동(polyacrylamide gel electrophoresis; PAGE)**에서 단백질 시료를 가교결합한 폴리아크릴아마이드 젤 기질에 넣고, 전기장을 적용한다. 젤의 기질은 약한 알칼리 pH로 완충되어 있어 대부분의 단백질들이 음전하를 가지고 양극을 향해 이동한다. 일반적으로, 여러 가지 시료들은 참조할 수 있는 시료와 함께 이동한다. 젤 기질은 분자들이 전장에서 이동할 때 큰 분자의 이동을 방해한다. 그러므로 단백질들은 전하와 질량에 따라 분획화된다.

기본적인 전기영동 기술의 변형은 음전하를 띠고 있는 세제인 도데실 황산 소듐(sodium dodecyl sulfate; SDS)을 사용해 단백질들을 음전하로 둘러싸서 오직 질량을 기준으로만 분리되게 한다. **도데실 황산 소듐-폴리아크릴아마이드 젤 전기영동(SDS-PAGE)**은 단백질의 순수도를 측정하거나 분자량을 측정할 때 사용한다. SDS-PAGE에서 세제는 단백질 시료뿐만 아니라 폴리아크릴아마이드 젤에도 포함되어 있다. 이황결합을 환원할 수 있는 환원제 역시 시료에 넣어준다. 긴 소수성 꼬리[$CH_3(CH_2)_{11}OSO_3^{\ominus}$, 그림 2.8]를 가지고 있는 도데실 황산이온은 폴리펩타이드 사슬에서 아미노산 잔기의 소수성 사슬과 결합한다. SDS 한 분자당 대략 일반적인 단백질의 2개 잔기의 비율로 결합한다. 큰 단백질은 더 높은 비율로 SDS와 결합하기 때문에, 모든 단백질들의 전하 대 질량의 비는 거의 같다. 모든 SDS-단백질 복합체는 음전하를 강하게 띠며, 그림 3.12a에서 보이는 것처럼 양극으로 향해 이동한다. 그러나 젤을 통과하는 단백질들의 이동속도는 단백질의 질량에 반비례하고 더 큰 단백질일수록 더 많은 저항을 받기 때문에 작은 단백질들보다 더 천천히 이동한다. 젤-여과 크로마토그래피에서는 더 큰 분자들은 젤의 구멍에서 배제되어 더 빨리 이동하기 때문에 이런 체 역할

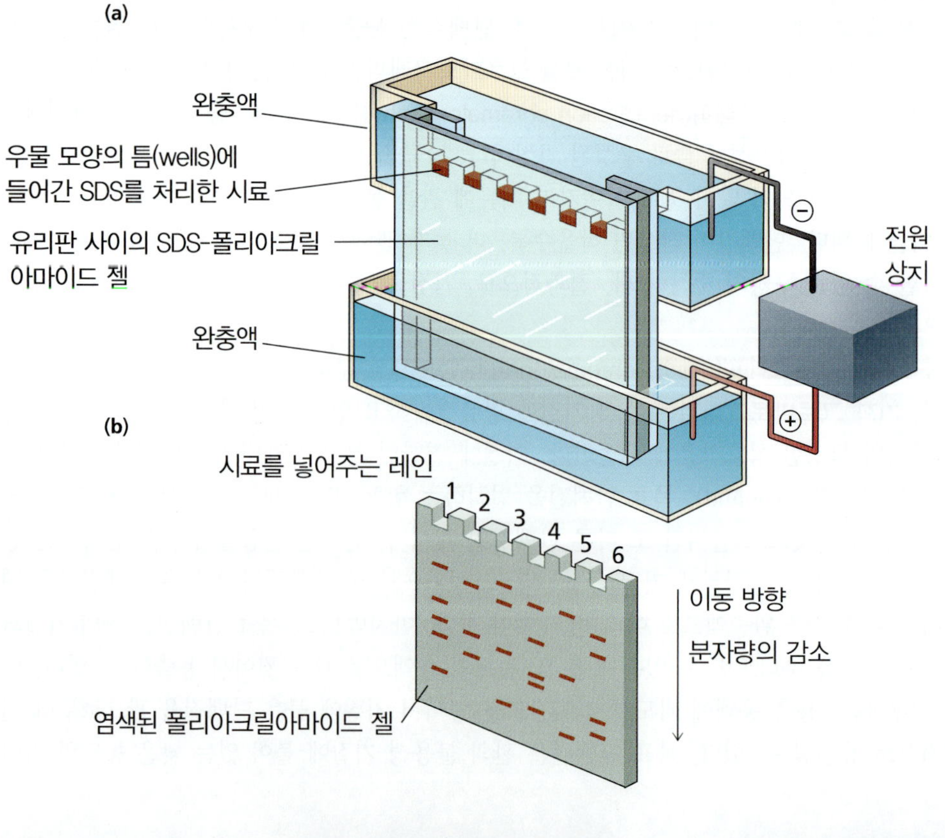

그림 3.12 ▶
SDS-PAGE. (a) 전기영동 장치는 위쪽과 아래쪽 저장소에 있는 완충액과 두 개의 유리판 사이의 SDS-폴리아크릴아마이드 젤을 포함한다. 시료를 젤의 우물 모양의 틈에 넣고, 전압을 걸어준다. SDS와 복합체를 이룬 단백질들은 음전하를 띠기 때문에, 양극으로 이동한다. **(b)** 전기영동 후 단백질의 띠 패턴을 염색해서 볼 수 있다. 작은 단백질일수록 가장 빠르게 움직이기 때문에 젤의 아래에 위치하게 된다.

은 SDS-PAGE의 경우와 다르다. SDS-PAGE에서 모든 분자들은 젤의 구멍을 뚫고 들어갈 수 있어서 더 큰 단백질일수록 천천히 이동한다. 이러한 다른 이동속도로 인해 분리된 단백질 띠는 염색을 하면 볼 수 있다(그림 3.13). 잘 모르는 단백질의 분자량은 같은 젤에서 참조 단백질의 이동과 비교해서 그 크기를 예측할 수 있다.

비록 SDS-PAGE는 1차원적인 분석기술이지만, 정제된 단백질에 적용할 수 있다. 변성된 단백질들은 젤의 띠를 잘라내서 얻을 수 있다. 그리고 완충액에서 단백질이 이동할 수 있도록 전류를 적용해서 용출한다. 단백질을 농축하고 염을 제거해서 구조적 분석, 항체의 정제, 또는 다른 목적으로 사용할 수 있다.

질량분석법(mass spectrometry)은 이름에서 알 수 있듯이 분자의 질량을 측정하는 기술이다. 질량분석법은 기본적으로 전하를 띤 가스 상태의 분자가 주입한 곳에서 민감한 탐지기까지 이동하는 시간을 측정한다. 이 시간은 분자의 전하와 질량에 의해 결정되고 그 결과는 질량/전하 비율로 나타난다. 이 기술은 거의 100년 동안 화학에서 사용되어 왔지만 단백질에 이를 적용하는 것은 제한적이었다. 왜냐하면 최근까지 입자의 기체상에서 전하를 띤 단백질 분자를 흩어지게 하는 것이 불가능했기 때문이다.

이런 문제는 1980년대 말, 질량분석법의 2가지 새로운 종류의 발전으로 해결되었다. **전기분무 질량분석법(electrospray mass spectrometry)**에서 단백질 용액은 작은 방울을 만들어내는 높은 전압에서 금속 바늘을 통해 퍼올려진다. 진공에서 액체는 빠르게 증발하고 전하를 띤

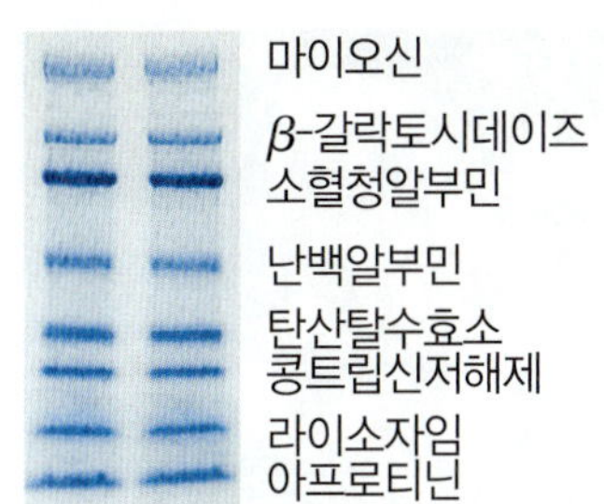

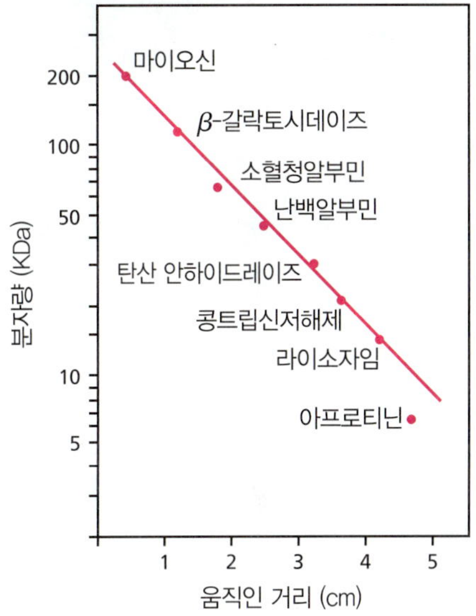

▲ 그림 3.13
SDS-폴리아크릴아마이드 젤에서 분리된 단백질들 (a) 분리 후 염색한 단백질들. 높은 분자량의 단백질은 젤의 위쪽에 위치한다. (b) 단백질의 분자량과 젤에서 이동한 거리 사이의 관계를 보여주는 그래프.

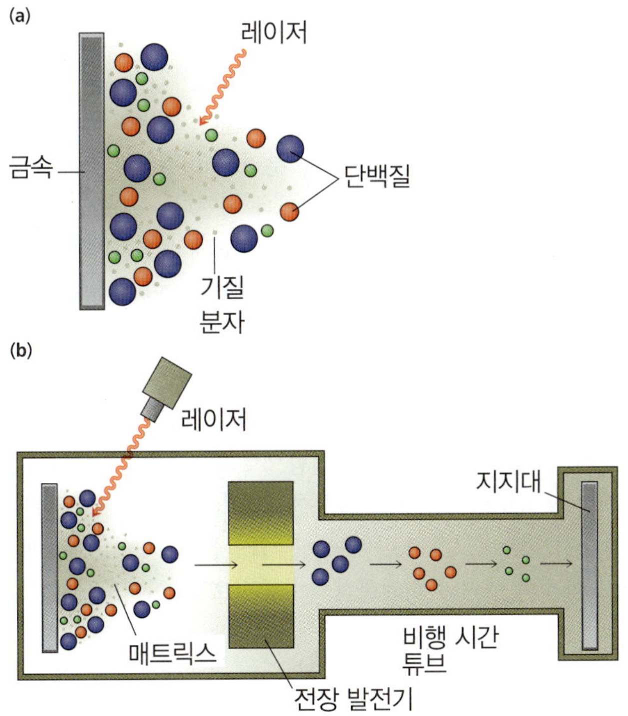

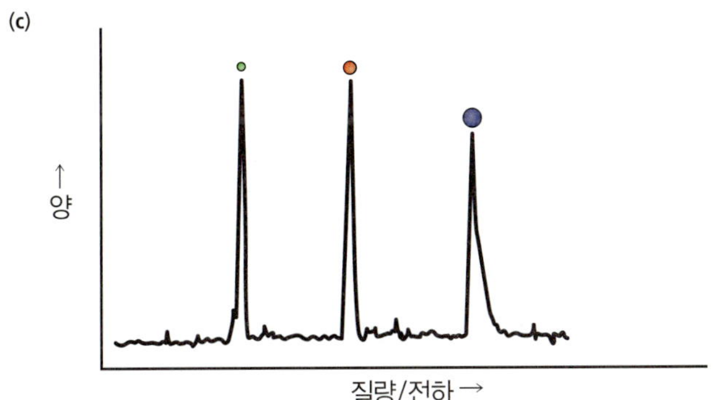

◀ 그림 3.14
기질 보조 레이저 탈착/이온화 비행 시간 질량분석법. (a) 빛의 파열은 기질에서 단백질을 방출시킨다. (b) 이온화된 단백질들은 전장을 통해 탐지기로 이동한다. (c) 탐지기에 도착하는 시간은 단백질의 질량이나 전하의 영향을 받는다.

존 펜(1917~)

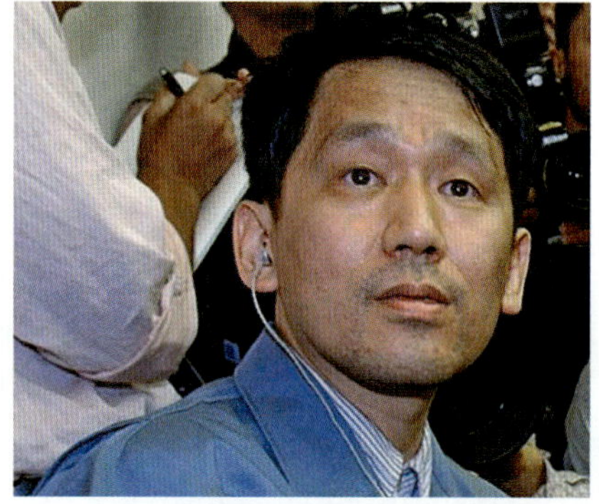

고이치 다나카(1959~)

▲ 존 펜(John B. Feenn)과 고이치 다나카(Koichi Tanaka)는 "생물학적 거대 분자들의 질량분석법을 이용한 분석을 위한 부드러운 탈착 이온화 방법의 발전"으로 2002년에 노벨 화학상을 수상했다.

단백질들이 자기장 영역에서 탐지기로 이동한다. 두 번째는 **기질 보조 레이저 탈착이온화 질량분석법(matrix-assisted laser desorption ionization; MALDI)**이다. 이 방법은 단백질을 화학적 매트릭스에 섞고, 혼합물을 금속 기질로 침전시킨다. 기질은 특정 파장에서 빛을 흡수하는 작은 유기 분자이다. 흡수 파장에서 레이저 펄스는 기질을 통해 단백질 분자에 에너지를 준다. 단백질들은 즉시 기질에서 떨어져 나와 진공계를 거쳐 탐지기로 향한다(그림 3.14). 이 비행 시간(time-of-flight; TOF)을 측정하기 때문에, 이 기술을 MALDI-TOF라고 부른다.

질량분석법 실험에서 나온 기초 데이터는 그림 3.14에서 보이는 것처럼 꽤 간단하다. 여기서, 하나의 양전하를 가진 하나의 검사체를 발견했고, 질량/전하 비율은 질량을 직접적으로 보여준다. 또 다른 경우에는, 특히 전기분무 질량분석법에서는 스펙트럼이 더 복잡하다. 종종 여러 가지 전하를 띤 검사체가 있다. 그리고 정확한 질량은 +1, +2, +3, 기타 등의 전하와 함께 수집된 분자들을 분석해서 계산할 수 있다. 원료가 다른 단백질들의 혼합물일 경우에는 스펙트럼을 분석하기 어렵다. 다행히도 고성능 컴퓨터로 데이터를 분석할 수 있고, 정확한 질량을 계산할 수 있다. 이런 소프트웨어 및 새로운 하드웨어의 발전과 시료 준비의 새로운 방법 개발로 인해 질량분석법의 이용이 확대되고 있다.

질량분석법은 매우 민감하고 정확하다. 종종 단백질의 질량은 SDS-PAGE 젤로부터 분리된 피코몰(10^{-12} mol)의 양으로부터 얻을 수 있다. 정확한 질량은 하나의 양성자의 질량보다 더 정밀하게 측정할 수 있다.

3.8 단백질의 아미노산 구성

단백질을 정제하고 나면 이 단백질의 아미노산 구성을 알 수 있다. 먼저, 단백질의 펩타이드 결합은 일반적으로 6 M HCl을 이용한 산 분해로 끊는다(그림 3.15). 그 다음, 가수분해된 혼합물, 또는 가수분해물을 각각의 아미노산을 분리하고 정제할 수 있는 **아미노산 분석(amino acid analysis)**이라고 불리는 크로마토그래피를 거친다. 아미노산 분석의 한 방법은 페닐싸이오카바모일(phenylthiocarbamoyl; PTC)-아미노산 유도체에서 생성된 pH 9.0의 페닐아이소싸이오사이안산염(phenylisothiocyanate; PITC)을 단백질 가수분해물에 처리하는 것이다(그림 3.16). PTC-아미노산 혼합물을 짧은 탄화수소 사슬에 붙어 있는 미세한 실리카 구슬의 관이 있는 HPLC로 분석한다. 이 혼합물은 아미노산의 곁사슬의 소수성 특징에 따라 분리된다. 각각의 PTC-아미노산 유도체를 용출한 후 감지하고 그 농도를 254 nm(PTC 부분의 최대 흡광도)에서 용출액의 흡광도를 측정함으로써 결정할 수 있다. 다른 PTC-아미노산 유도체들은 서로 다른 속도로 용출되기 때문에 아미노산 유도체가 관에서 용출되는 시간을 알려진 기준과 상대적으로 비교하여 아미노산을 확인한다. 가수분해물에서 각각 아미노산의 양은 최대 흡광도 아래의 영역과 비례한다. 이 방법으로, 아미노산 분석은 약 200개의

PITC

$$\text{Ph}-N{=}C{=}S \;+\; H_2\ddot{N}-CH(R)-COO^{\ominus} \;\xrightarrow{pH = 9.0}\; \text{Ph}-NH-C(=S)-NH-CH(R)-COO^{\ominus}$$

아미노산

PTC-아미노산

▲ **그림 3.16**
페닐아이소싸이오사이안산염(PITC)을 처리한 아미노산. 아미노산의 α-아미노기는 페닐아이소싸이오사이안산염과 반응하여 페닐싸이오카바모일-아미노산(PTC-아미노산)을 만든다.

$$H_3\overset{\oplus}{N}-CH(R_1)-C(=O)-NH-CH(R_2)-C(=O)-NH-CH(R_3)-COOH \xrightarrow[6\,M\,HCl]{2\,H_2O} H_3\overset{\oplus}{N}-CH(R_1)-COOH + H_3\overset{\oplus}{N}-CH(R_2)-COOH + H_3\overset{\oplus}{N}-CH(R_3)-COOH$$

▲ **그림 3.15 산에 의해 촉매되는 펩타이드의 가수분해.** 펩타이드를 110°C에서 6 M HCl로 16시간에서 72시간 처리하면 아미노산으로 분해된다.

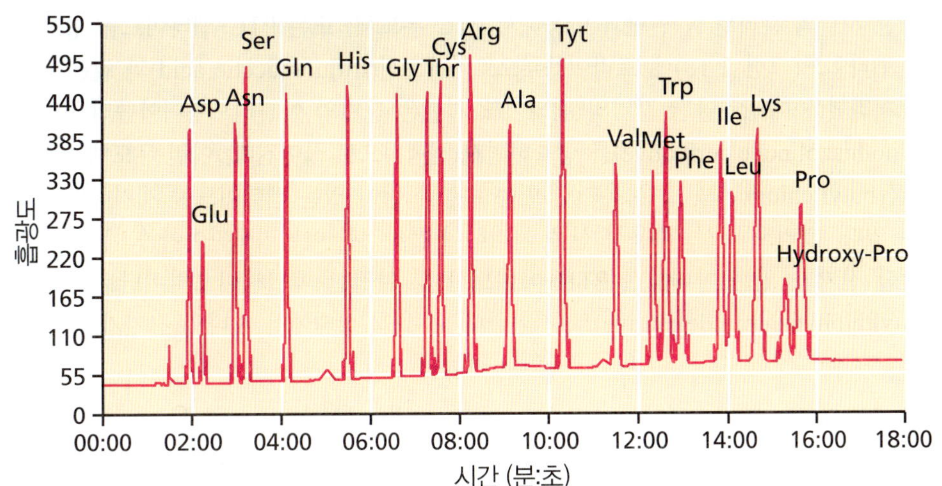

◀ **그림 3.17**
아미노산의 HPLC 분리. 단백질의 효소적 가수분해를 통해 얻은 아미노산은 o-프타알데하이드(o-phthalaldehyde)를 처리하고 HPLC로 분리한다.

단백질에서 아미노산의 빈도는 각각의 아미노산 코돈 수와 관계 있다. (22.1절)

잔기를 포함한 단백질의 1피코몰(picomole)만큼의 적은 시료에서도 수행할 수 있다.

이 방법이 유용함에도 불구하고, 산 분해로는 완벽한 아미노산 분석을 할 수 없다. 아스파라진과 글루타민의 잔기는 아마이드 결합을 포함하기 때문에, 단백질의 펩타이드 결합을 끊는 데 사용된 산은 아스파라진을 아스파트산으로, 글루타민을 글루탐산으로 전환시킨다. 또 다른 산 분해 방법의 한계에는 세린, 쓰레오닌, 그리고 타이로신의 약간의 손실도 있다. 게다가, 트립토판의 곁사슬은 산 분해에 의해 전체적으로 파괴된다. 이런 한계를 극복하는 여러 가지 방법들이 있다. 예를 들어, 단백질들은 산 분해를 사용하는 대신에 효소를 이용하여 가수분해할 수 있다. 분리된 아미노산에 자외선을 흡수할 수 있는 화학물질을 붙이고, 이 유도된 아미노산을 HPLC를 통해 분석할 수 있다(그림 3.17).

다양한 분석 기술을 이용해서 많은 단백질들의 완전한 아미노산 구성을 결정할 수 있다. 20개의 아미노산들의 서로 다른 조합을 통해서 단백질 구성의 극적인 차이를 형성함을 알 수 있다.

단백질들의 아미노산 구성(그리고 서열)은 이것의 유전자의 서열을 통해서도 결정할 수 있다. 사실, 최근에는 단백질을 정제하고 서열을 알아내는 것보다 DNA를 복제하고 서열을 알아내는 것이 더 쉽다. 표 3.3에서 단백질 데이터베이스에 축적된 1000개보다 많은 다른 단백질들의 서열에서 아미노산 잔기들의 평균 빈도를 보여준다. 가장 보편적인 아미노산은 류신, 알라닌, 글라이신, 그 다음은 세린, 발린, 글루타메이트이다. 트립토판, 시스테인, 그리고 히스티딘은 일반적인 단백질에서 가장 적은 비율을 차지한다.

만약 단백질의 아미노산 구성을 알 수 있다면, 표 3.4에서 아미노산의 분자량을 이용해 단백질의 분자량을 계산할 수 있다. 각각의 펩타이드 결합에서 물 분자의 분자량은 빼야 한다(3.5절). 잔기의 평균 분자량(= 110)을 이용해서 단백질의 분자량을 대략 짐작할 수 있다. 그러므로 650 아미노산 잔기를 가진 단백질은 약 71,500의 상대적인 분자 질량을 가진다 (M_r = 71,500).

표 3.3 단백질의 아미노산 구성

아미노산	단백질에서의 빈도 (%)
매우 소수성	
Ile (I)	5.2
Val (V)	6.6
Leu (L)	9.0
Phe (F)	3.9
Met (M)	2.4
약한 소수성	
Ala (A)	8.3
Gly (G)	7.2
Cys (C)	1.7
Trp (W)	1.3
Tyr (Y)	3.2
Pro (P)	5.1
Thr (T)	5.8
Ser (S)	6.9
매우 친수성	
Asn (N)	4.4
Gln (Q)	4.0
산	
Asp (D)	5.3
Glu (E)	6.2
염기	
His (H)	2.2
Lys (K)	5.7
Arg (R)	5.7

3.9 아미노산 잔기의 서열 분석

아미노산 분석은 단백질의 구성에 대한 정보는 제공하지만 단백질의 1차 구조(잔기의 서열)는 알 수 없다. 1950년, 에드만(Pehr Edman)은 단백질의 N-말단으로부터 한번에 하나의 잔기를 제거하고 확인할 수 있는 기술을 개발했다. **에드만 분해법(Edman degradation procedure)**은 에드만 시약으로 알려진 pH 9.0의 PITC를 단백질에 처리하는 것을 포함한다(그림 3.16에서 보여준 PITC는 분리된 아미노산의 측정에 사용되는 것을 기억하라).

표 3.4 아미노산의 분자량

아미노산	M_r
Ala (A)	89
Arg (R)	174
Asn (N)	132
Asp (D)	133
Cys (C)	121
Gln (Q)	146
Glu (E)	147
Gly (G)	75
His (H)	155
Ile (I)	131
Leu (L)	131
Lys (K)	146
Met (M)	149
Phe (F)	165
Pro (P)	115
Ser (S)	105
Thr (T)	119
Trp (W)	204
Tyr (Y)	181
Val (V)	117

PITC는 사슬의 분리된 N-말단과 반응해서 PTC-유도체, 또는 PTC-펩타이드를 형성한다. PTC-펩타이드(그림 3.18)에 트라이플루오로아세트산(trifluoroacetic acid)과 같은 무수물 산을 처리했을 때, N-말단 잔기의 펩타이드 결합은 잔기의 아닐리노싸이아졸리논 유도체(anilinothiazolinone derivative)를 방출하면서 선택적으로 끊어진다. 이런 유도체들은 부틸 염화물(butyl chloride)과 같은 유기 용매는 수층에 남아 있는 펩타이드를 제거하면서 추출할 수 있다. 그리고 나서, 수용성 산을 처리하여 불안정한 아닐리노싸이아졸리논 유도체를 N-말단 잔기가 있는 아미노산(PTH-아미노산)의 안정한 페닐싸이오하이단토인 유도체(phenylthiohydantoin derivative)로 전환한다. 수용액 상태에서 하나의 잔기가 짧은(원래

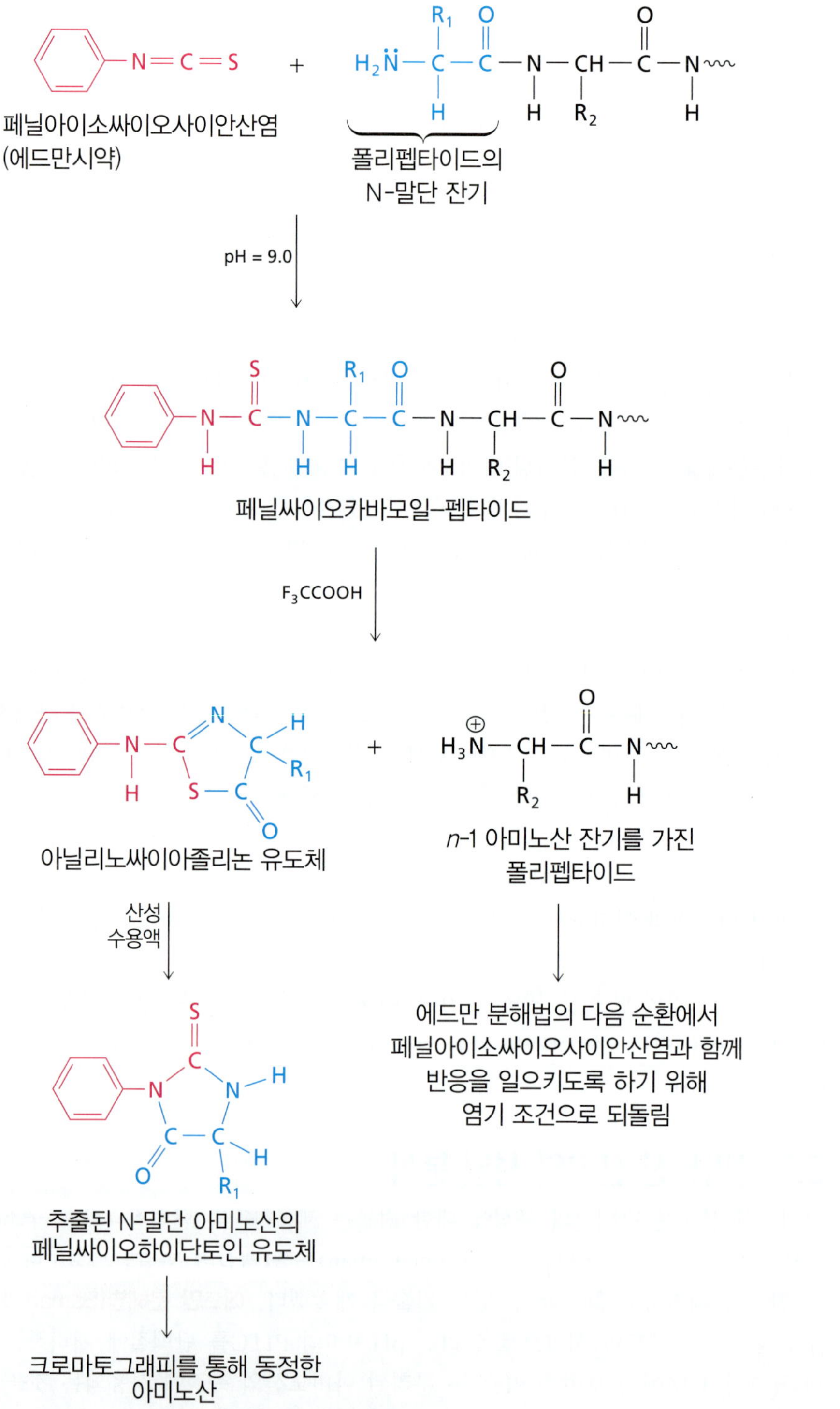

그림 3.18 ▶
에드만 분해법. 폴리펩타이드 사슬의 N-말단 잔기는 페닐아이소싸이오사이안산염과 반응하여 페닐싸이오카바모일-유도체를 만든다. 트리플루오로아세트산(F_3CCOOH)을 처리하면 N-말단 아미노산 잔기의 아닐리노싸이아졸리논 유도체가 생성된다. 아닐리노싸이아졸리논은 추출되고, 산성 수용액을 처리해 크로마토그래피로 확인할 수 있는 안정한 페닐싸이오하이단토인 유도체로 재배열된다. 이전에 두 번째 위치에 있던 새로운 N-말단 잔기를 가진 폴리펩타이드 사슬의 나머지는 에드만 분해의 다음 순환을 거치게 된다.

단백질의 잔기 2가 현재 N-말단이다) 폴리펩타이드 사슬은, pH 9.0으로 다시 조절할 수 있고, PITC를 다시 처리할 수 있다. 완전한 절차는 서열분석기(sequenator)라고 알려진 자동 기계를 사용해서 연속적으로 반복할 수 있다. 각각의 순환은 보통 HPLC 같은 크로마토그래피 방법으로 확인할 수 있는 PTH-아미노산을 만든다.

에드만 분해법은 섬세하게 조절하는 조건 하에서는 수율이 100%에 근접하며, 몇몇 피코몰의 시료 단백질로도 분석 단계에서 회수되지 못한 시료들의 농도가 측정을 방해하기 전에 30여 개의 잔기의 서열을 얻어낼 수 있다. 예를 들어, 만약 에드만 분해 과정이 98%의 효율을 가진다면, 30번의 순환에서 누적되는 생성량은 0.98^{30}또는 0.55가 된다. 즉, 30번째 순환에서 생성된 PTH-아미노산의 오직 약 반이 N-말단의 30번째 잔기로부터 유래된다.

3.10 단백질 서열 분석 기법

대부분의 단백질들은 N-말단에서부터 에드만 분해법으로만 서열을 완벽히 분석하기에는 너무 많은 잔기를 가진다. 그러므로 프로티에이즈(protease, 단백질에서 펩타이드 결합의 가수분해를 촉매하는 효소) 또는 특별한 화학 시약을 이용해 몇몇 단백질의 펩타이드 결합을 선택적으로 끊을 수 있다. 그리고 나서, 형성된 더 작은 펩타이드를 분리하고 에드만 분해법으로 서열을 분석할 수 있다.

화학 시약 브롬화시안(CNBr)은 특이적으로 메싸이오닌 잔기와 반응해서 C-말단의 호모세린락톤 잔기와 새로운 N-말단 잔기로 구성된 펩타이드를 생성한다(그림 3.19). 대부분의 단백질들이 상대적으로 적은 수의 메싸이오닌 잔기를 포함하고 있기 때문에 CNBr의 처리는 보통 적은 수의 펩타이드 조각을 만들어낸다. 예를 들어, 세 개의 내부 메싸이오닌 잔기를 포함하고 있는 폴리펩타이드 사슬과 CNBr의 반응은 4개의 펩타이드 조각을 만든다. 그리고 나서 각각의 조각은 N-말단으로부터 서열 분석될 수 있다.

많은 프로티에이즈들은 단백질 서열분석을 위한 조각들을 만들어 낼 수 있다. 예를 들어, 트립신은 특이적으로 양전하를 띠는 곁가지를 가진 라이신과 아지닌 잔기의 카보닐 방향의 펩타이드 결합의 가수분해를 촉매한다(그림 3.20a). *Staphylococcus aureus* V8 프로티에이즈는 음전하를 띠는 잔기(글루타메이트과 아스파테이트)의 카보닐 방향의 분해를 촉매한다. 적절한 조건(50 mM 탄화수소 암모늄) 아래에서는, 오직 글루타밀 결합만이 끊어진다. 특이성이 떨어지는 프로티에이즈인 카이모트립신은 페닐알라닌, 타이로신, 그리고 트립토판과 같은 방향족 아미노산이나 부피가 큰 소수성 곁사슬을 가진 전하를 띠지 않는 잔기의 카보닐 방향의 펩타이드 결합의 가수분해를 촉매한다(그림 3.20b).

큰 분자량의 단백질 샘플에 브롬화 시안, 트립신, *S. aureus* V8 프로티에이즈 그리고 카이모트립신을 처리해서 다양한 크기의 펩타이드 조각을 만들 수 있다. 그리고 나서 이 조각들을 에드만 분해로 분리해서 서열을 분석할 수 있다. 서열 분석의 마지막 단계에서 큰 폴리

$H_3\overset{\oplus}{N}$—Gly—Arg—Phe—Ala—Lys—Met—Trp—Val—$COO^{\ominus}$

BrCN (+ H_2O)

$H_3\overset{\oplus}{N}$—Gly—Arg—Phe—Ala—Lys—N(H)—C(H)[H_2C—H_2C—O—C=O] + $H_3\overset{\oplus}{N}$—Trp—Val—$COO^{\ominus}$ + H_3CSCN + $H^{\oplus}$ + $Br^{\ominus}$

펩티딜 호모세린락톤

▼ 그림 3.19
브롬화시안(CNBr)에 의한 단백질 잘림. 브롬화시안은 메싸이오닌 잔기의 C-말단 방향에서 폴리펩타이드 사슬을 끊는다. 이 반응으로 펩티딜 호모세린락톤이 생성되고 새로운 N-말단이 나타난다.

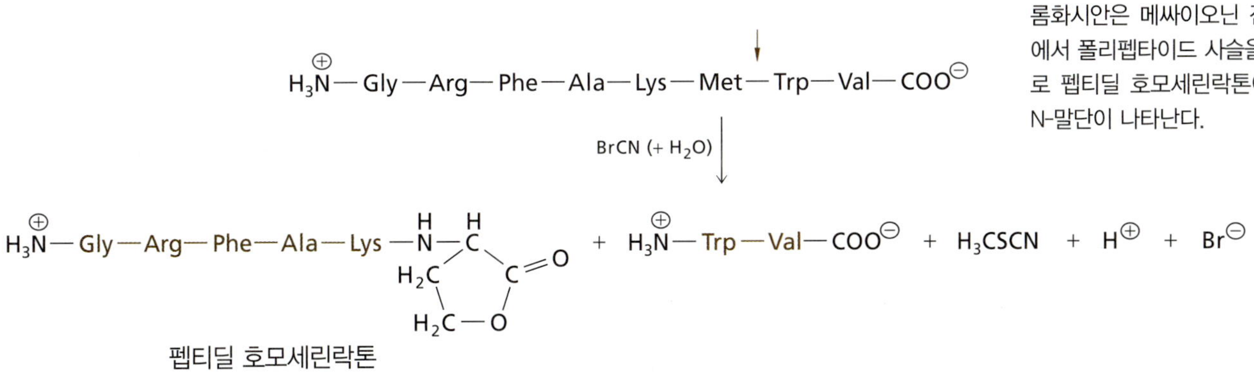

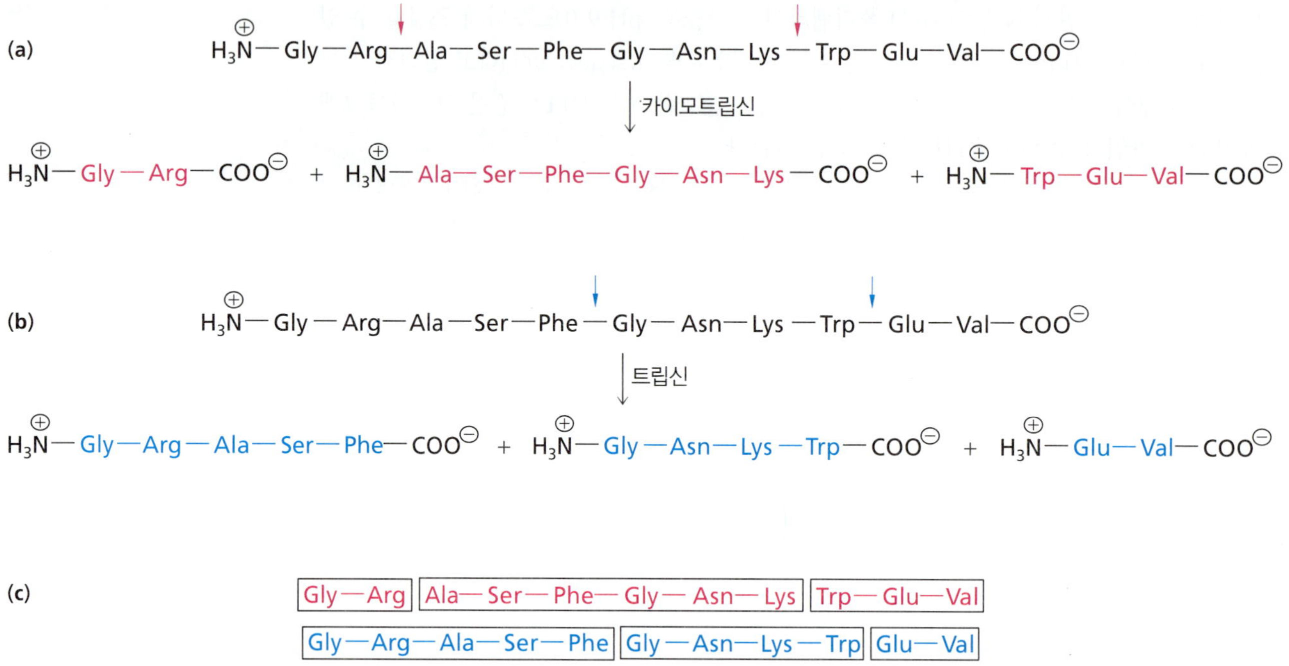

▲ 그림 3.20
올리고펩타이드의 절단과 서열 분석. **(a)** 트립신은 염기성 잔기를 가진 아지닌과 라이신의 카보닐 방향에서 펩타이드의 절단을 촉매한다. **(b)** 카이모트립신은 페닐알라닌, 타이로신, 트립토판과 같은 방향족 또는 부피가 큰 소수성 곁사슬을 가져 전하를 띠지 않는 잔기의 카보닐 방향에서 펩타이드의 절단을 촉매한다. **(c)** 각각의 조각(상자로 하이라이트 된)의 서열을 결정하기 위해 에드만 분해법을 사용하고, 겹치는 조각을 정렬해서 조각의 순서를 결정한다. 이를 통해, 완전한 올리고펩타이드의 서열을 추론할 수 있다.

펩타이드 사슬의 아미노산 서열은 그림 3.20c에서 보이는 것처럼 겹치는 펩타이드 조각을 나열해서 추론할 수 있다. 서열에서 위치를 알고 있는 아미노산 잔기를 참고했을 때, 잔기의 약어 뒤에 서열 번호가 오는 것이 관례적이다. 예를 들어, 그림 3.20에서 펩타이드의 세 번째 잔기는 Ala-3라고 부른다.

펩타이드 조각을 만들고 서열분석하는 과정은 특히 N-말단이 에드만 분해법에 반응하지 않는 단백질의 서열에 대한 정보를 얻을 때 특히 중요하다. 예를 들어, 많은 세균 단백질의 N-말단 α-아미노기는 포르밀기화되어 있어 에드만 분해법을 적용했을 때 모두 반응하지 않는다. N-말단이 막히지 않은 펩타이드 조각을 선택적인 절단을 통해 생성할 수 있고, 그리고 나서 분리한 후 서열분석을 하면, 단백질의 내부 서열을 조금은 얻을 수 있다.

이황결합을 포함한 단백질에서, 이황결합의 위치를 알 수 있을 때까지 완전한 공유결합의 구조를 풀 수 없다. 온전한 단백질을 조각내고, 펩타이드 조각을 분리하고, 시스테인 잔기를 포함한 조각의 결정을 통해서 이황결합이 교차된 위치를 알 수 있다. 단백질에 여러 개의 이황결합이 존재할 경우, 결합이 교차된 위치를 찾는 것은 꽤 복잡하다.

특정 단백질의 유전자의 서열(그림 3.21)을 통해 아미노산을 추론하는 것은 직접적인 분석 기술의 기술적 한계를 일부 극복한다. 예를 들면, 아미노산은 서로 다른 코돈으로 암호화되기 때문에 트립토판의 양을 결정할 수 있고, 아스파테이트와 아스파라진 잔기를 구별할 수도 있다. 그러나 변형된 아미노산이 존재하는지, 또는 아미노산 잔기가 단백질 합성이 완벽하게 진행된 후에 제거되었는지를 결정하는 유일한 방법이기 때문에 단백질의 직접적인 서열 분석은 여전히 그 중요성이 높다.

연구원들은 종종 알려져 있지 않은 특정한 단백질들을 확인하고 싶어한다(그림 3.21). 사람의 혈청 단백질을 SDS 젤에서 확인했을 때, 67 kDa에서 나타나는 단백질 띠가 무엇인지 알아보기로 하였다. 최근에 많은 발전이 있었던 질량분석법과 유전체 서열 분석을 통해 기

그림 3.21 ▶
DNA와 단백질의 서열. 단백질의 아미노산 서열은 해당하는 유전자의 뉴클레오타이드 서열을 통해 추론할 수 있다. 세 가지 뉴클레오타이드의 서열은 하나의 아미노산을 암호화한다. A, C, G, T는 DNA의 뉴클레오타이드 잔기를 나타낸다.

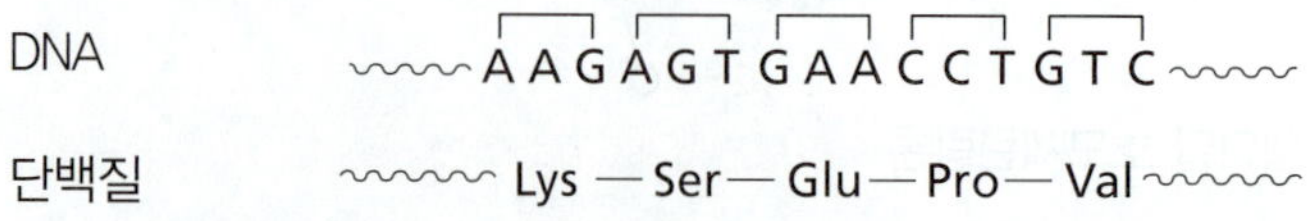

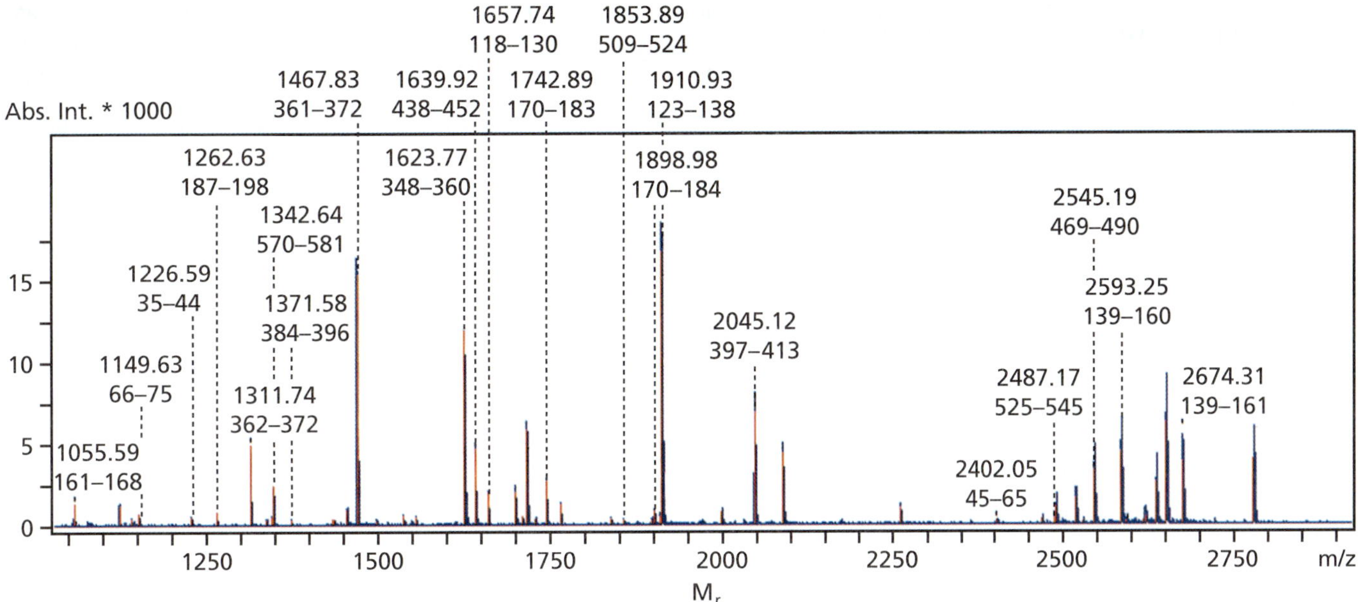

▲ 그림 3.22

67 kDa 혈청 단백질의 트립신에 의한 핑거프린트. 각 정점의 수는 펩타이드 조각의 질량이다. 각각의 질량 아래의 숫자는 그림 3.23에서의 잔기를 나타낸다. (Adapted from Detlevuvkaw, Wikipedia entry on peptide mass fingerprinting)

존에 알려져 있지 않은 단백질을 분석할 수 있다.

먼저, 67 kDa의 단백질 띠를 자르고 용출해서 단백질을 분리한다. 다음 단계로 특이적 위치를 자르는 프로티에이즈로 단백질을 자른다. 만약 아지닌(R) 또는 라이신(K) 잔기 다음에 오는 펩타이드 결합을 끊는 효소인 트립신으로 자른다면, 수십 개의 아지닌 또는 라이신 말단을 가진 단백질 조각들이 만들어진다.

그 다음에, 펩타이드의 정확한 분자량을 결정할 수 있는 MALDI-TOF 같은 방법을 선택해서 펩타이드 혼합물을 질량 분석할 수 있다. 그 결과 스펙트럼을 그림 3.22에서 볼 수 있다. 모든 트립신 분해 생성물의 분자량을 일치시켜 모르는 단백질의 '핑거프린트(fingerprint)'를 알게 된다.

많은 실험실에서 에드만 분해를 사용한 화학적 서열분석 기술을 질량분석법을 사용한 방법으로 대체할 수 있다. 그림 3.22에서 보이는 것처럼 각각의 펩타이드의 서열을 결정하려면, 먼저 각각의 펩타이드를 다양한 크기로 조각 내고, 질량분석법으로 각각의 조각의 정확한 분자량을 측정해야 한다.

이 데이터는 펩타이드의 서열을 결정하는 데 사용된다. 예를 들어, 그림 3.22에서 보이는 것처럼 M_r = 1226.59인 트립신을 통해 분해한 펩타이드를 얻었다. 이 펩타이드의 조각화를 통해 생성된 큰 조각 중 하나는 1079.5의 분자량을 가진다. 이 차이는 Phe(F) 잔기의 분자량과 일치하며(1226.6 − 1079.5 = 147.1), Phe(F)는 트립신의 분해 과정을 통해 만들어진 펩타이드의 한쪽 끝의 잔기임을 의미한다. 또 다른 큰 조각은 1098.5의 분자량을 가질 것이고 이 차이(1226.6 − 1098.1)는 Lys(K) 잔기의 분자량과 일치한다. 그러므로 Lys(K)은 펩타이드의 또 다른 끝에 있는 잔기이다. 트립신이 라이신 또는 아지닌 잔기 뒤의 결합을 끊는 것을 알고 있기 때문에 이것은 C-말단일 것이다. 이 방법으로 모든 조각의 질량을 분석해서 펩타이드의 정확한 서열을 얻을 수 있다. 그것들 중 하나는 258.0의 분자량을 가지는 다이펩타이드 Glu-Glu(EE)일 것이다(원리는 같지만 실제 분석은 조금 더 복잡하다).

그러나 모르는 단백질을 확인하기 위해서 질량분석법 분석을 두 번 하는 것은 효율적이지 않다. 모르는 단백질이 유전체 서열 분석이 되어 있는 종이라면, 유전체에 있는 모든 유

▲ **프레더릭 생어(Frederick Sanger, 1918~).** 생어는 단백질 서열 분석에 관한 연구로 1958년 노벨 화학상을 수상했다. 그는 DNA 서열 분석방법을 발전시킨 공으로 1980년에 두 번째 노벨 화학상을 수상했다.

10 20 30 40 50 60 70 80
MKWVTFISLL FLFSSAYSRG VFRRDAJKSE VAHRFKDLGE ENFKALVLIA FAQYLQQCPF EDHVKLVNEV TEKAKTCVAD
90 100 110 120 130 140 150 160
ESAENCDKSL HTLFGDKLCT VATLRETYGE MADCCAKQEP ERNECFLQHK DDNPNLPRLV RPEVDVMCTA FHDNEETFLK
170 180 190 200 210 220 230 240
KYLYEIARRH PYFYAPELLF FAKRYKAAFT ECCQAADKAA CLLPKLDELR DEGKASSAKQ RLKCASLQKF GERAFKAWAV
250 260 270 280 290 300 310 320
ARLSQRFPKA EFAEVSKLVT DLTKVHTECC HGDLLECADD RADLAKYICE NQDSISSKLK ECCEKPLLEK SHCIAEVEND
330 340 350 360 370 380 390 400
EMPADLPSLA ADFVESKDVC KNYAEAKDVF LGMFLYEYAR RHPDYSVVLL LRLAKTYETT LEKCCAAADP HECYAKVFDE
410 420 430 440 450 460 470 480
FKPLVEEPQN LIKQNCELFE QLGEYKFQNA LLVRYTKKVP QVSTPTLVEV SRNLGKVGSK CCKHPEAKRM PCAEDYLSVV
490 500 510 520 530 540 550 560
LNQLCVLHEK TPVSDRVTKC CTESLVNRRP CFSALEVDET YVPKEFNAET FTFHADICTL SEKERQIKKQ TALVELVKHK
570 580 590 600 610
PKATKEQLKA VMDDFAAFVE KCCKADDKET CFAEEPTMRI RERK

▲ **그림 3.23**

사람의 혈청 알부민의 서열. 빨간색 잔기는 트립신에 의해 잘린 펩타이드를 표시한 것이고, 트립신에 의한 핑거프린트로 확인한 것은 밑줄로 표시했다.

전자에 암호화되어 있는 모든 단백질의 예상된 핑거프린트와 트립신에 의해 만들어진 핑거프린트를 쉽게 비교할 수 있다. 데이터베이스는 서열은 알지만 기능을 모르는 단백질을 포함한 모든 단백질의 아미노산 서열을 분석하여 만들어진 예상되는 펩타이드 모음이다. 모르는 단백질의 펩타이드 질량분석 결과를 데이터베이스와 비교해 보면, 하나의 일치하는 단백질을 찾을 수 있다.

이 경우에, 혈청 단백질로 잘 알려져 있는 사람의 혈청 알부민과 일치한다(그림 3.23). 여러 가지 펩타이드의 질량은 서열에서 붉은색으로 표시된 펩타이드의 예상된 질량과 일치한다. 예를 들어, M_r = 1226.59의 펩타이드를 트립신에 의한 핑거프린트에서 얻었다. 이는 정확하게 35–44 잔기(FKDLGEENFK)의 예상된 질량이다. (트립신에 의해 첫 번째로 잘린 부분은 34 위치에 아지닌 잔기 다음이고 두 번째 잘린 부분은 44 위치의 라이신 잔기 다음이라는 것을 알 수 있다.)

한 가지 펩타이드 조각이 일치하는 것만으로는 모르는 단백질을 확인하는 데 충분하지 않다. 여기서 보여준 예에서 사람의 혈청 알부민의 경우는 아미노산 서열과 일치하는 21개의 펩타이드 조각이 있기 때문에, 단백질을 확인하는 데 충분한 것이다.

1953년, 프레더릭 생어(Frederick Sanger)는 단백질(인슐린)의 완전한 서열을 결정한 첫 번째 과학자이다. 1958년, 그는 이 연구로 노벨상을 수상하였다. 22년 후, 생어는 핵산의 서열을 분석하여 두 번째 노벨상을 수상했다. 오늘날 우리는 다른 수천 개의 단백질의 아미노산 서열을 알게 되었다. 이 서열들은 각각의 단백질들의 구조를 세부적으로 나타내는 것뿐만 아니라 연구자들이 관련된 단백질의 패밀리를 확인하고 때때로 새로운 단백질의 기능을 나타내는 3차원 구조를 예상하게 해 준다.

3.11 단백질의 1차 구조를 비교하면 진화적 유연관계를 알 수 있다

많은 경우에서 연구자들은 많은 종류의 종으로부터 같은 단백질의 서열을 얻어왔다. 그 결과 긴밀하게 관련된 종들은 매우 비슷한 아미노산 서열을 가진 단백질들을 포함하고, 관련이 적은 종들은 서열이 비슷하지 않다. 이러한 차이는 같은 조상의 단백질 서열로부터 진화적인 변화를 반영한다. 점점 더 많은 서열들이 결정되면서 유사성 계통도를 구성할 수 있고 이 계통도는 형태적 비교와 화석 기록으로부터 구성한 계통수와 매우 유사하다. 분자적

	10	20	30	40	50	60	70	80	90	100
인간	GDVEKGKKIF	IMKCSQCHTV	EKGGKHKTGP	NLHGLFGRKT	GQAPGYSYTA	ANKNKGIIWG	EDTLMEYLEN	PKKYIPGTKM	IFVGIKKKEE	RADLIAYLKK	ATNE
침팬지	GDVEKGKKIF	IMKCSQCHTV	EKGGKHKTGP	NLHGLFGRKT	GQAPGYSYTA	ANKNKGIIWG	EDTLMEYLEN	PKKYIPGTKM	IFVGIKKKEE	RADLIAYLKK	ATNE
거미원숭이	GDVFKGKRIF	IMKCSQCHTV	EKGGKHKTGP	NLHGLFGRKT	GQASGFTYTE	ANKNKGIIWG	EDTLMEYLEN	PKKYIPGTKM	IFVGIKKKEE	RADLIAYLKK	ATNE
마카크	GDVEKGKKIF	IMKCSQCHTV	EKGGKHKTGP	NLHGLFGRKT	GQAPGYSYTA	ANKNKGITWG	EDTLMEYLEN	PKKYIPGTKM	IFVGIKKKEE	RADLIAYLKK	ATNE
소	GDVEKGKKIF	VQKCAQCHTV	EKGGKHKTGP	NLHGLFGRKT	GQAPGFSYTD	ANKNKGITWG	EDTLMEYLEN	PKKYIPGTKM	IFAGIKKKGE	REDLIAYLKK	ATNE
개	GDVEKGKKIF	VQKCAQCHTV	EKGGKHKTGP	NLHGLFGRKT	GQAPGFSYTD	ANKNKGITWG	EDTLMEYLEN	PKKYIPGTKM	IFAGIKKTGE	RADLIAYLKK	ATKE
귀신고래	GDVEKGKKIF	VQKCAQCHTV	EKGGKHKTGP	NLHGLFGRKT	GQAVGFSYTD	ANKNKGITWG	EDTLMEYLEN	PKKYIPGTKM	IFAGIKKKGE	RADLIAYLKK	ATNE
말	GDVEKGKKIF	VQKCAQCHTV	EKGGKHKTGP	NLHGLFGRKT	GQAPGFTYTD	ANKNKGITWK	EDTLMEYLEN	PKKYIPGTKM	IFAGIKKKTE	REDLIAYLKK	ATNE
얼룩말	GDVEKGKKIF	VQKCAQCHTV	EKGGKHKTGP	NLHGLFGRKT	GQAPGFSYTD	ANKNKGITWK	EDTLMEYLEN	PKKYIPGTKM	IFAGIKKKTE	REDLIAYLKK	ATNE
토끼	GDVEKGKKIF	VQKCAQCHTV	EKGGKHKTGP	NLHGLFGRKT	GQAVGFSYTD	ANKNKGITWG	EDTLMEYLEN	PKKYIPGTKM	IFAGIKKKDE	RADLIAYLKK	ATNE
캥거루	GDVEKGKKIF	VQKCAQCHTV	EKGGKHKTGP	NLHGIFGRKT	GQAPGFTYTD	ANKNKGIIWG	EDTLMEYLEN	PKKYIPGTKM	IFAGIKKKGE	RADLIAYLKK	ATNE
오리	GDVEKGKKIF	VQKCAQCHTV	EKGGKHKTGP	NLHGLFGRKT	GQAEGFSYTD	ANKNKGITWG	EDTLMEYLEN	PKKYIPGTKM	IFAGIKKKSE	RADLIAYLKD	ATAK
칠면조	GDIEKGKKIF	VQKCAQCHTV	EKGGKHKTGP	NLHGLFGRKT	GQAEGFSYTD	ANKNKGITWG	EDTLMEYLEN	PKKYIPGTKM	IFAGIKKKSE	RVDLIAYLKD	ATSK
닭	GDIEKGKKIF	VQKCAQCHTV	EKGGKHKTGP	NLHGLFGRKT	GQAEGFSYTD	ANKNKGITWG	EDTLMEYLEN	PKKYIPGTKM	IFAGIKKKSE	RVDLIAYLKD	ATSK
비둘기	GDIEKGKKIF	VQKCAQCHTV	EKGGKHKTGP	NLHGLFGRKT	GQAEGFSYTD	ANKNKGITWG	EDTLMEYLEN	PKKYIPGTKM	IFAGIKKKAE	RADLIAYLKQ	ATAK
킹 펭귄	GDIEKGKKIF	VQKCAQCHTV	EKGGKHKTGP	NLHGIFGRKT	GQAEGFSYTD	ANKNKGITWG	EDTLMEYLEN	PKKYIPGTKM	IFAGIKKKSE	RADLIAYLKD	ATSK
무는 거북	GDVEKGKKIF	VQKCAQCHTV	EKGGKHKTGP	NLHGLIGRKT	GQAEGFSYTE	ANKNKGITWG	EDTLMEYLEN	PKKYIPGTKM	IFAGIKKKAE	RADLIAYLKD	ATSK
악어	GDVEKGKKIF	VQKCAQCHTV	EKGGKHKTGP	NLHGLIGRKT	GQAPGFSYTE	ANKNKGITWG	EDTLMEYLEN	PKKYIPGTKM	IFAGIKKKPE	RADLIAYLKE	ATSN
황소개구리	GDVEKGKKIF	VQKCAQCHTV	EKGGKHKVGP	NLYGLIGRKT	GQAAGFSYTD	ANKNKGITWG	EDTLMEYLEN	PKKYIPGTKM	IFAGIKKKGE	RQDLIAYLKS	ACSK
참치	GDVAKGKKTF	VQKCAQCHTV	ENGGKHKVGP	NLWGLFGRKT	GQAEGYSYTD	ANKSKGIVWN	EDTLMEYLEN	PKKYIPGTKM	IFAGIKKKGE	RQDLVAYLKS	ATS
돔발상어	GDVEKGKKVF	VQKCAQCHTV	ENGGKHKTGP	NLSGLFGRKT	GQAQGFSYTD	ANKSKGITWQ	QETLRIYLEN	PKKYIPGTKM	IFAGIKKKSE	RQDLIAYLKK	TAAS
불가사리	GDVEKGKKIF	VQRCAQCHTV	EKAGKHKTGP	NLNGILGRKT	GQAAGFSYTD	ANRNKGITWK	NETLFEYLEN	PKKYIPGTKM	VFAGLKKQKE	RQDLIAYLEA	ATK
초파리	GDVEKGKKLF	VQRCAQCHTV	EAGGKHKVGP	NLHGLIGRKT	GQAAGFAYTD	ANKAKGITWN	EDTLFEYLEN	PKKYIPGTKM	IFAGLKKPNE	RGDLIAYLKS	ATK
누에나방	GNAENGKKIF	VQRCAQCHTV	EAGGKHKVGP	NLHGFYGRKT	GQAPGFSYSN	ANKAKGITWG	DDTLFEYLEN	PKKYIPGTKM	VFAGLKKANE	RADLIAYLKE	STK
호박	GNSKAGEKIF	KTKCAQCHTV	DKGAGHKQGP	NLNGLFGRQS	GTTPGYSYSA	ANKNRAVIWE	EKTLYDYLLN	PKKYIPGTKM	VFPGLKKPQD	RADLIAYLKE	ATA
토마토	GNPKAGEKIF	KTKCAQCHTV	EKGAGHKEGP	NLNGLFGRQS	GTTAGYSYSA	ANKNMAVNWG	ENTLYDYLLN	PKKYIPGTKM	VFPGLKKPQE	RADLIAYLKE	ATA
애기장대	GDAKKGANLF	KTRCAQCHTL	KAGEGNKIGP	ELHGLFGRKT	GSVAGYSYTD	ANKQKGIEWK	DDTLFEYLEN	PKKYIPGTKM	AFGGLKKPKD	RNDLITFLEE	ETK
녹두	GNSKSGEKIF	KTKCAQCHTV	DKGAGHKQGP	NLNGLIGRQS	GTTAGYSYST	ANKNMAVIWE	ENTLYDYLLN	PKKYIPGTKM	VFPGLKKPQD	RADLIAYLKE	STA
밀	GNPDAGAKIF	KTKCAQCHTV	DAGAGHKQGP	NLHGLFGRQS	GTTAGYSYSA	ANKNRAVEWE	ENTLYDYLLN	PKKYIPGTKM	VFPGLKKPQD	RADLIAYLKK	ATSS
해바라기	GNPTTGEKIF	KTKCAQCHTV	EKGAGHKQGP	NLNGLFGRQS	GTTPGYSYSA	GNKNKAVIWE	ENTLYDYLLN	PKKYIPGTKM	VFPGLKKPQE	RADLIAYLKT	STA
효모	GSAKKGATLF	KTRCLQCHTV	EKGGPHKVGP	NLHGIFGRHS	GQAEGYSYTD	ANIKKNVLWD	ENNMSEYLTN	PKKYIPGTKM	AFGGLKKEKD	RNDLITYLKK	ACE
데바리오마이세스	GSEKKGANLF	KTRCLQCHTV	EKGGPHKVGP	NLHGVVGRTS	GQAQGFSYTD	ANKKKGVEWT	EQDLSDYLEN	PKKYIPGTKM	AFGGLKKAKD	RNDLITYLVK	ATK
칸디다	GSEKKGATLF	KTRCLQCHTV	EKGGPHKVGP	NLHGVFGRKS	GLAEGYSYTD	ANKKKGVEWT	EQTMSDYLEN	PKKYIPGTKM	AFGGLKKPKD	RNDLVTYLKK	ATS
누룩곰팡이	GDAK-GAKLF	QTRCAQCHTV	EAGGPHKVGP	NLHGLFGRKT	GQSEGYAYTD	ANKQAGVTWD	ENTLFSYLEN	PKKFIPGTKM	AFGGLKKGKE	RNDLITYLKE	STA
자색 비유황세균	GDPVKGEQVF	KQ-CKICHQV	GPTAKNGVGP	EQNDVFGQKA	GARPGFNYSD	AMKNSGLTWD	EATLDKYLEN	PKAVVPGTKM	VFVGLKNPQD	RADVIAYLKQ	LSGK
니트로박터	GDVEAGKAAF	NK-CKACHEI	GESAKNKVGP	ELDGLDGRHS	GAVEGYAYSP	ANKASGITWD	EAEFKEYIKD	PKAKVPGTKM	VFAGIKKDSE	LDNLWAYVSQ	FDKD
아그로박테리움	GDVAKGEAAF	KR-CSACHAI	GEGAKNKVGP	QLNGIIGRTA	GGDPDYNYSN	AMKKAGLVWT	PQELRDFLSA	PKKKIPGNKM	ALAGISKPEE	LDNLIAYLIF	SASSK
로도필라	GDPVEGKHLF	HTICLICHT-	DIKGRNKVGP	SLYGVVGRHS	GIEPGYNYSE	ANIKSGIVWT	PDVLFKYIEH	PQKIVPGTKM	GYPG-QPDQK	RADIIAYLET	LK

▲ 그림 3.24

사이토크롬 *c* 서열. 다양한 종에서 사이토크롬 *c* 단백질의 서열의 유사성을 비교했다. 몇 가지 경우에서 하이픈 (–)으로 표시된 공백은 단백질을 암호화하고 있는 유전자에서의 결실과 삽입을 나타내기 위해 사용했다. 몇 가지 종에서 서열의 끝에 추가적인 잔기들은 생략했다. 소수성 잔기는 파란색, 극성 잔기는 빨간색이다.

데이터로부터 얻은 증거를 통해 생명의 역사가 어떻게 변했는지 독립적으로 확인할 수 있다.

서열을 기본으로 한 계통도가 약 50년 전에 처음 발표되었다. 가장 처음 나온 예 중 하나는 사이토크롬 *c*(cytochrome *c*)에 대한 계통도이다. 이 단백질은 약 104개의 잔기로 구성된 하나의 폴리펩타이드이다. 이는 분자 수준에서의 진화의 좋은 예다. 사이토크롬 *c*는 모든 호기성 유기체에서 발견되었고, 포유 동물과 세균과 같은 관계가 먼 종들로부터의 단백질 서열이 **상동하다는(homologous)** 확실한 결론을 낼 만큼 비슷하다. (만약 같은 조상으로부터 내려왔다면, 다른 단백질들과 유전자들은 상동하다고 정의한다. 상동에 대한 증거는 서열 유사성을 기초로 한다.)

사이토크롬 *c*의 기능은 14.7절에 설명되어 있다.

핵심개념

상동 관계는 서열 유사성과 같은 증거를 기초로 결정한다. 상동단백질은 공통조상으로부터 내려온다. 서열 유사성의 정도(예: 75% 일치)는 있지만, 상동관계는 관계가 있거나 없다는 것이 결론이다. 즉, 어떤 것은 상동관계가 있고 어떤 것은 없다.

진화적 관계를 나타내기 위한 첫 단계는 많은 종에서 단백질의 아미노산 서열을 나란히 정렬하는 것이다. 그림 3.24는 사이토크롬 *c*의 나열의 예를 보여준다. 이 나열에서 특정한 위치에서 잔기가 매우 잘 보존되어 있음을 알 수 있다. 예를 들어, 모든 서열에서 30 위치의 프롤린과 80 위치의 메싸이오닌을 가진다. 일반적으로, 보존된 잔기들은 단백질의 구조적 안정에 기여하거나 단백질의 기능에 필수적이다.

이렇게 다양성이 적은 아미노산 잔기에서는 진화적인 선택 과정이 있었다. 이러한 경우는 다른 위치에서도 볼 수 있다. 대부분 치환이 허용된 경우는 비슷한 특성을 가진 아미노산 잔기로 바뀔 때다. 예를 들어, 20 위치는 류신, 아이소류신, 또는 발린이 들어갈 수 있다. 이것들은 모두 소수성 잔기들이기 때문이다. 이와 유사하게, 다양한 극성 잔기들이 많은 위치를 차지하고 있다. 변동이 매우 심한 위치에 있는 잔기들은 단백질의 구조와 기능에 거의 관

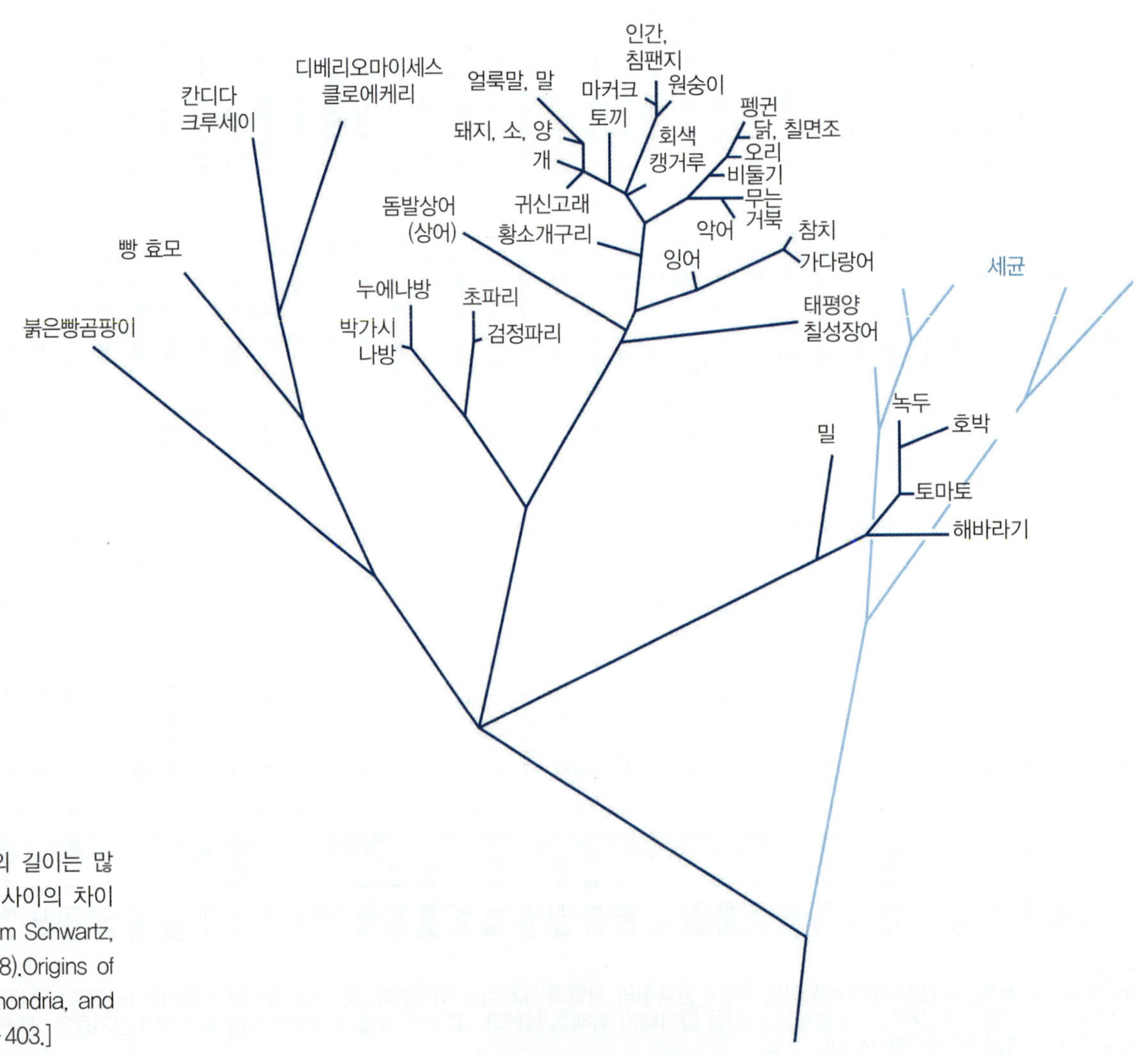

그림 3.25 ▶
사이토크롬 *c*의 계통수. 가지의 길이는 많은 사이토크롬 c 단백질 서열 사이의 차이의 수를 반영한다. [Adapted from Schwartz, R. M., and Dayhoff, M. O.(1978).Origins of prokaryotes, eukaryotes,mitochondria, and chloroplasts. *Science* 199:395 – 403.]

여하지 않는다. 상동의 단백질에서 대다수의 알려진 아미노산 치환은 자연선택과는 큰 연관성이 없다. 진화 과정 동안 그러한 위치에서 치환이 일어나지 않는 것은 무작위의 유전자 이동 때문이고, 비록 다른 아미노산 서열을 가졌지만 같은 기능을 하는 단백질들을 계통수에서 볼 수 있다.

사람과 침팬지의 사이토크롬 *c*의 서열은 일치한다. 이것은 긴밀한 진화적 관계를 반영한다. 모두 영장류이기 때문에 원숭이와 마카크(Macaque)의 서열도 예상한 대로 사람과 침팬지의 서열처럼 비슷하다. 이와 유사하게, 식물끼리의 사이토크롬 *c* 분자의 서열 유사성도 다른 어떤 서열이 비슷한 정도보다도 높다.

그림 3.25에서는 한 계통에 있는 여러 종에서 사이토크롬 *c* 서열의 유사성과 아미노산 서열이 다른 정도를 가지의 길이와 비례하게 나타내었다. 긴밀하게 관련된 종은 단백질들이 아주 비슷하기 때문에 계통도에서 같은 가지를 차지한다. 진화적 거리가 멀면 종간의 단백질 차이는 매우 클 수 있다. 예를 들어, 수십억 년 전에 살았던 공통조상으로부터의 분기를 생각해보면 세균의 서열은 진핵생물의 서열과 상당히 다르다. 계통도는 확실하게 진핵생물의 세 가지 주요 계인 균, 동물, 식물을 나타낸다. (원생생물의 서열은 이 그림을 더 복잡하게 만들지 않기 위해 포함하지 않았다.)

모든 종들은 공통조상으로부터 분기된 이후로 변했을 거라는 사실에 주목할 필요가 있다.

요약

1. 단백질은 20가지의 표준 아미노산으로 구성되고 아미노산은 아미노기, 카복실기, 곁사슬 혹은 R기를 포함한다. 손대칭 탄소가 없는 글라이신을 제외하고 단백질을 구성하는 모든 아미노산은 L형을 가진다.
2. 아미노산의 곁사슬은 화학적인 구조에 따라 구분할 수 있다. 즉, 지방족, 방향족, 황을 포함하는 아미노산, 알코올, 염기성, 산성, 아마이드인 아미노산이 있다. 몇몇 아미노산은 더 세분화되어 매우 소수성을 띠거나 매우 친수성의 곁사슬을 가지는 아미노산으로 분류된다. 아미노산 곁사슬의 특징들은 단백질의 구조와 기능에 중요한 요소들이다.
3. 세포에는 단백질 합성에 쓰이지 않는 부가적인 아미노산이 있다. 몇몇 아미노산들은 화학적으로 변형되어 호르몬이나 신경전달물질로 바뀔 수 있다. 다른 아미노산들은 폴리펩타이드로 합성된 후에 변형되기도 한다.
4. pH 7에서 아미노산의 α-카복실기는 음전하를 띠고(—COO⊖), α-아미노기는 양전하를 띤다(—NH_3⊕). 이온화될 수 있는 곁사슬의 전하는 pH와 pK_a 값에 영향을 받는다.
5. 단백질의 아미노산 잔기는 펩타이드 결합으로 연결되어 있다. 잔기들의 배열을 단백질의 1차 구조라고 부른다.
6. 단백질은 용해도, 알짜 전하, 크기, 각각의 단백질들에 대한 결합력의 차이에 따라 정제될 수 있다.
7. SDS-PAGE나 질량분석법과 같은 분석기술을 사용해 분자량과 같은 단백질의 특징을 밝힐 수 있다.
8. 단백질의 아미노산 구성은 펩타이드 결합을 가수분해하거나 가수분해물을 크로마토그래피를 이용해 분석해서 밝힐 수 있다.
9. 폴리펩타이드 사슬의 배열은 N-말단 잔기가 잘리고 동정되는 에드만 분해법(Edman degradation procedure)을 통해 알 수 있다.
10. 매우 비슷한 아미노산 배열을 가진 단백질들은 상동관계이다. 즉, 공통조상으로부터 유래했다.
11. 다양한 종들에서 유래한 아미노산 서열을 비교함으로써 진화적인 관계를 밝힐 수 있다.

문제

1. L-시스테인의 구조, 그리고 각각이 무엇을 의미하는지 기술하라. 그 구조가 *R*인지 *S*인지 Box 3.2를 참조해 나타내라.
2. 쓰레오닌의 일반적인 형태의 피셔 투영이 2*S*, 3*R*-쓰레오닌인 것을 보여라. 쓰레오닌의 다른 세 개의 이성질체와 그것의 이름을 써 보라.
3. 히스타민 이염산염(histamine dihydrochloride)은 암세포를 약물에 더 민감하게 만들기 때문에 피부암(melanoma) 환자들에게 항암제와 함께 투여한다. 히스타민 중탄산염의 화학적인 구조를 그려 보라.
4. 소금과 아질산염이 첨가된 마른 생선에는 돌연변이 유발물질인 2-클로로-4-메틸싸이오뷰탄산(2-chloro-4-methylthiobutanoic acid; CMBA)이 있는 것으로 밝혀졌다. 2-클로로-4-메틸싸이

오뷰탄산은 어떤 아미노산으로부터 유래했는가?

$$H_3C-S-CH_2-CH_2-CH(Cl)-C(=O)-OH$$

5. 다음의 변형된 아미노산 곁사슬에 대해서 어떤 아미노산으로부터 유래했는지 그리고 이 아미노산이 화학적으로 어떻게 변형되었는지 설명하라.

(a) $-CH_2OPO_3^{2\ominus}$

(b) $-CH_2CH1COO^{\ominus}2_2$

(c) $-1CH_22_4-NH-C1O2CH_3$

6. 동물의 몸속에서 트라이펩타이드 글루타싸이온(tripeptide glutathione; TSH)(γ-Glu-Cys-Glu)은 호기성의 대사 과정에서 생성되는 유해한 과산화물을 없애는 기능을 한다. 글루타싸이온의 화학적인 구조를 그려 보라(참고: γ 기호는 글루탐산의 γ-카복실기와 시스테인의 아미노기에서 펩타이드 결합이 형성되는 것을 나타낸다).

7. 멜리틴(melittin)은 26개의 아미노산 잔기로 이루어진 폴리펩타이드이고 벌의 독에서 발견된다. 단량체로 존재할 때 멜리틴은 지질이 많은 막 구조에 삽입되는 것으로 생각된다. 멜리틴의 아미노산 배열을 참조해 멜리틴이 어떻게 그런 특징을 가지는지 설명해 보라.

$H_3\overset{\oplus}{N}$-Gly(1)-Ile-Gly-Ala-Val-Leu-Lys-Val-Leu-Thr-Gly-Leu
Pro-Ala-Leu-Ile-Ser-Trp-Ile-Lys-Arg-Lys-Arg-Gln-Gln(26)-NH_2

8. (a) 아지닌과 (b) 글루탐산의 등전점을 계산하라.

9. 젖을 분비하는 포유류에서 옥시토신(oxytocin)은 9개의 아미노산으로 구성되어 있고, 젖 분비반응을 유도하는 데 관여하는 호르몬이다. 합성된 옥시토신의 아미노산 배열이 아래에 나와 있다. 이 펩타이드의 (a) pH 2.0에서, (b) pH 8.5에서, (c) pH 10.7에서의 알짜 전하는 어떻게 될까? 이온화될 수 있는 그룹이 표 3.2에 나온 pK_a 값을 가진다고 하자. 이황결합은 pH 2.0, pH 8.5, pH 10.7에서 안정하다. C-말단이 아마이드화되어 있는 것에 주목하라.

Cys(1)—Phe—Ile—Glu—Asn—Cys—Pro—His—Gly—NH_2
(Cys(1)과 Cys 사이 S—S)

10. 다음의 화합물을 에드만 분해법으로 분해할 때 그 과정에서 나타날 수 있는 화합물의 구조를 그려 보라.

(a) PTC-Leu-Ala

(b) PTH-Ser

(c) PTH-Pro

11. 다음의 펩타이드에 (a) 트립신, (b) 카이모트립신, (c) 황색포도상구균 V8 프로티에이즈(*S. aureus* V8 protease)를 처리했을 때 나타날 수 있는 아미노산 절편을 예상해 보라.

Gly-Ala-Trp-Arg-Asp-Ala-Lys-Glu-Phe-Gly-Gln

12. 히스티딘의 적정 곡선이 아래에 나타나 있다. —COOH, 곁사슬, $-NH_3^{\oplus}$의 pK_a 값은 각각 1.8, 6.0, 9.3이다.

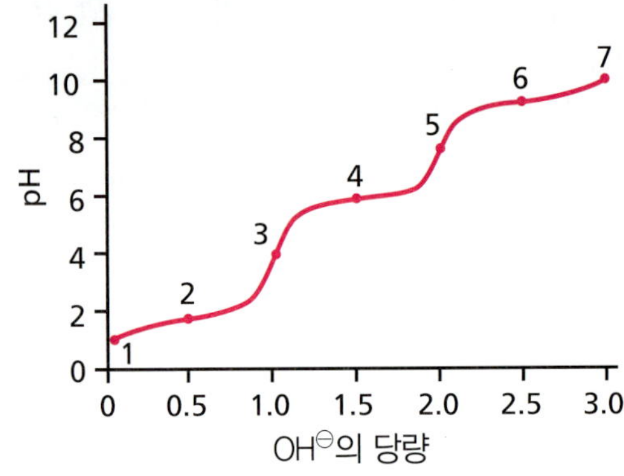

(a) 이온화가 되는 각 단계에서 히스티딘의 구조를 그려 보라.

(b) 네 개의 이온화될 수 있는 그룹에 해당되는 지점을 적정 곡선에 표시하라.

(c) 평균 알짜 전하가 +2, +0.5, −1이 되는 지점을 표시하라.

(d) 곁사슬의 pK_a를 나타내는 pH 지점을 표시하라.

(e) 곁사슬이 완전히 적정되는 지점을 표시하라.

(f) 히스티딘이 좋은 완충액이 되는 pH 범위는 무엇인가?

13. 여러분은 항암 효과가 있는 FP라고 불리는 10개의 아미노산으로 이루어진 펩타이드를 정제했다. 다음의 정보에 따라 펩타이드의 서열을 밝혀 보라(아미노산은 콤마로 구분되어 있고 서열은 알 수 없다).

(a) 에드만 분해법의 첫 번째 순환에서 FP 1몰(mole)당 PTH-아스파테이트(PTH-aspartate) 2몰(mol)을 얻었다.

(b) FP 수용액에 2-머캅토에탄올(2-mercaptoethanol)을 처리한 후 트립신을 첨가하자 다음의 구성을 가진 세 개의 펩타이드가 나왔다. (Ala, Cys, Phe), (Arg, Asp), (Asp, Cys, Gly, Met, Phe) 온전한 (Ala, Cys, Phe) 펩타이드는 에드만 분해법의 첫 번째 순환에서 PTH-시스테인(PTH-cysteine)이 나왔다.

(c) FP 1몰에 카복시펩티데이즈(carboxypeptidase, 펩타이드에서 C-말단을 자른다)를 처리했을 때 페닐알라닌 2몰이 나왔다.

(d) 펜타펩타이드(Asp, Cys, Gly, Met, Phe)에 CNBr을 처리했을 때 두 개의 펩타이드가 나왔는데 그 구성은 호모세린락톤(homoserine lactone), Asp와 (Cys, Gly, Phe)였다. 에드만 분해법의 첫 번째 순환에서 (Cys, Gly, Phe) 펩타이드는 PTH-글라이신(PTH-glycine)을 산출했다.

14. 악어와 황소개구리의 사이토크롬 *c*의 아미노산 서열의 일부가 주어졌다(그림 3.24로부터).

	아미노산 31-50	
악어:	NLHGLIGRKT	GQAPGFSYTE
황소개구리:	NLYGLIGRKT	GQAAGFSYTD

(a) 비슷한 아미노산 서열을 가지는 다른 예를 한 가지 제시하라.

(b) 더 많은 아미노산 서열 변화를 갖는 예를 제시하라.

15. 몇몇 표준 아미노산들은 생물학적으로 중요한 아민으로 변형된다. 세로토닌(serotonin)은 뇌에서 합성되는 생물학적으로 중요한 신경전달물질이다. 뇌에서 세로토닌이 낮게 발현되는 것은 우울증, 공격성, 활동 항진증과 같은 상태와 연관이 있다. 어떤 아미노산으로부터 세로토닌이 유래했는가? 그 아미노산과 세로토닌간의 구조적 차이점은 무엇인가?

세로토닌

16. 트립토판-방출 호르몬(tryptophan-releasing hormone; TRH)의 구조가 아래에 나와 있다. 트립토판-방출 호르몬은 본래 시상하부 추출물로부터 정제된 펩타이드 호르몬이다.

(a) 트립토판-방출 호르몬에 존재하는 펩타이드 결합은 몇 개인가?
(b) 트립토판-방출 호르몬은 어떤 펩타이드로부터 유래했는가?
(c) 트립토판-방출 호르몬이 변형되면서 아미노기와 카복실기의 전하에 어떤 영향이 있었나?

17. 손대칭성(chirality)은 새로운 약을 개발할 때 중요하다. 파킨슨병을 가진 사람들은 뇌에 도파민(dopamine)이 적게 존재한다. 파킨슨병 환자의 도파민 수준을 높이기 위해 뇌에서 도파민으로 전환되는 L-도파(L-dopa)를 투여했다. L-도파는 한 종류의 거울상 이성질체만이 존재하는 형태로 시중에 판매된다. (a) L-도파는 *RS* 형태 중 어떤 것인가? (b) L-도파와 도파민은 어떤 아미노산으로부터 유래하나?

L-도파

도파민

18. 생화학을 공부하는 많은 학생들은 기말고사로 아래와 같은 문제를 마주치게 된다.

0.01 M 알라닌 수용액에서 (a) pH 2.4 (b) pH 6.15 (c) pH 9.9에서 전하를 띠지 않는 알라닌의 대략적인 농도를 계산하라.

$$H_2N-CH(CH_3)-COOH$$

정답지를 보지 않고 이 문제에 답할 수 있겠는가?

19. 0.01 M 알라닌 수용액에 NaOH를 첨가하여 pH가 2.4로 맞추었다. 이 수용액에서 양쪽성 이온의 농도는 얼마인가? pH 4.0이 되었을 때 양쪽성 이온의 농도는 얼마인가?

참고문헌

일반적인 사항들

Creighton, T. E. (1993). *Proteins: Structures and Molecular Principles*, 2nd ed. (New York: W. H. Freeman), pp. 1–48.

Greenstein, J. P., and Winitz, M. (1961). *Chemistry of the Amino Acids* (New York: John Wiley & Sons).

Kreil, G. (1997). D-Amino Acids in Animal Peptides. *Annu. Rev. Biochem*. 66:337–345.

Meister, A. (1965). *Biochemistry of the Amino Acids*, 2nd ed. (New York: Academic Press).

정제와 분석

Hearn, M. T. W. (1987). General strategies in the separation of proteins by high-performance liquid chromatographic methods. *J. Chromatogr*. 418:3–26.

Mann, M., Hendrickson, R.C., and Pandry, A. (2001) Analysis of Proteins and Proteomes by Mass Spectrometry. *Annu. Rev. Biochem*. 70:437–473.

Sherman, L. S., and Goodrich, J. A. (1985). The historical development of sodium dodecyl sulphate–polyacrylamide gel electrophoresis. *Chem. Soc. Rev*. 14:225–236.

Stellwagen, E. (1990). Gel filtration. *Methods Enzymol*. 182:317–328.

아미노산 분석과 서열 분석

Doolittle, R. F. (1989). Similar amino acid sequences revisited. *Trends Biochem. Sci*. 14:244–245.

Han, K. -K., Belaiche, D., Moreau, O., and Briand, G. (1985). Current developments in stepwise Edman degradation of peptides and proteins. *Int. J. Biochem*. 17:429–445.

Hunkapiller, M. W., Strickler, J. E., and Wilson, K. J. (1984). Contemporary methodology for protein structure determination. *Science* 226:304–311.

Ozols, J. (1990). Amino acid analysis. *Methods Enzymol*. 182:587–601.

Sanger, F. (1988). Sequences, sequences, and sequences. *Annu. Rev. Biochem*. 57:1–28.

단백질: 3차원 구조 및 기능

> 중심부 근처의 점들이 강한 세기를 가지므로 이 단백질은 상대적으로 밀집된 원형이고 원자가 결합을 하지만 물을 포함하는 큰 공간에서는 분리될 것 같다. 주변부 점들의 강한 세기로 볼 때 이 단백질은 비록 섬유 단백질의 성질을 띠고 있지는 않지만 어떤 종류의 단백질인지 명확히 알 수 있다. 이 단백질은 편구면 모양이고 지름은 약 25 Å와 35 Å 사이이다... 이것은 추측된 생각에 근거한 것이지만 이제 결정 단백질의 X-선 사진을 알 수 있으므로 결정을 만들 수 있는 모든 단백질은 그것의 구조를 알 수 있다. 즉, 이전의 물리적인 혹은 화학적인 실험방법으로 알 수 있었던 단백질 구조에 대한 정보보다 훨씬 더 자세하게 단백질 구조에 대한 정보를 알 수 있게 된 것이다.
>
> —도로시 크로우풋 호지킨(1934)

우리는 앞선 3장에서 단백질이 특정 서열 내의 펩타이드 결합에 의해 연결된 아미노산 사슬로 이뤄진다는 것을 살펴보았다. 그러나 폴리펩타이드 사슬은 단순히 직선 모양을 띠는 것이 아니라, 코일, 지그재그, 회전, 그리고 고리(loop)와 같은 조밀한 모양으로 접혀 있다. 지난 50년간 수천 가지의 단백질의 3차원 구조(혹은 입체형태)가 밝혀졌다. 하나의 **입체형태(conformation)**는 원자의 공간적 배열로써, 이는 하나 혹은 여러 개의 결합의 회전에 의해 결정된다. 단백질과 같은 분자의 입체형태는 공유결합의 파괴와 재형성에 의해서만 변할 수 있는 다양한 **위치배열(configuration)**과는 달리, 공유결합의 파괴 없이도 변할 수 있다. (아미노산의 L형과 D형이 서로 다른 위치배열을 나타낸다는 것을 상기해보자.) 모든 아미노산 잔기는 많은 수의 입체형태를 가질 수 있고 단백질 안에는 많은 잔기가 포함되므로, 각각의 단백질은 천문학적인 수의 입체형태를 가질 수 있다. 그럼에도 불구하고, 일반적인 생리적 조건에서 대부분의 단백질은 하나의 안정된 형태로 접혀 존재한다. 자연상태의 입체형태에서는 폴리펩타이드 사슬 내에서 많은 요인들이 공유결합 주위의 회전을 제한한다. 이 요인에는 아미노산 간의 수소결합이나 약한 상호작용(weak interaction)이 있다. 단백질의 생물학적 기능은 그 단백질의 3차원적 입체형태에 따라서 달라진다.

단백질은 단일 폴리펩타이드 사슬이나 서로 약한 상호작용으로 결합된 몇 개의 폴리펩타이드 사슬들로 구성된다. 몇 가지 예외는 존재하지만, 일반적으로 각각의 폴리펩타이드 사슬은 하나의 유전자에 의해 암호화된다. 유전자와 그 유전자에 암호화된 폴리펩타이드의 크기는 매우 다양하다. 100개의 아미노산 잔기를 갖는 폴리펩타이드는 약 11,000(M_r = 11,000) 정도의 상대적인 분자량을 가진다. (단백질 내 하나의 아미노산 잔기의 평균적인 상대적 분자량은 110이라는 것을 기억하라.) 반면에 아주 큰 폴리펩타이드 사슬의 경우 2000개가 넘는 아미노산을 가진다(M_r = 220,000).

몇몇 종에서, 폴리펩타이드의 크기와 서열이 유전체의 서열로부터 결정된다. 대장균

위: 큰뿔 양. 피부, 털, 뿔은 주로 섬유성 단백질로 이뤄진다.

(*Escherichia coli*)은 평균적으로 300개의 아미노산으로 이뤄진(M_r = 33,000) 약 4000개의 서로 다른 폴리펩타이드를 가진다. 초파리(*Drosophila melanogaster*)는 박테리아와 같이 평균 사이즈의 폴리펩타이드를 약 14,000가지를 가진다고 한다. 인간과 다른 포유동물들은 약 20,000개의 서로 다른 폴리펩타이드를 갖는다. 하나의 세포가 생산하는 많은 종류의 단백질들을 연구하는 분야를 **단백질체학(proteomics)**이라고 한다.

단백질은 매우 다양한 형태로 존재한다. 대부분의 단백질은 구형이며 물에 잘 녹는 조밀한 거대분자이다. 그리고 폴리펩타이드 사슬은 단단하게 접혀 있다. **구단백질(globular protein)**이라 불리는 이러한 단백질들은 내부는 소수성이고 표면은 친수성인 특징을 가진다. 또한 움푹 들어간 자국이나 갈라진 틈을 가지며, 이는 다른 화합물을 특이적으로 인식하거나 일시적으로 결합하는 데에 기능을 한다. 이러한 단백질들은 다른 분자들과 선택적으로 결합하면서 생물학적 반응에서 중요한 역할을 담당한다. 많은 구형단백질들은 효소로써 세포의 생화학적 촉매이다. 대장균에 존재하는 폴리펩타이드의 약 31%가 전형적인 대사성 효소이며, 이들은 몇 단원 뒤에서 다룰 것이다. 다양한 요소들과 운반 단백질, 조절 단백질을 포함하는 기타 단백질들은 알려진 대장균의 단백질 중 약 12%를 차지한다.

단백질의 종류는 3장의 도입부에, 효소의 종류는 5.1절에 설명되어 있다.

폴리펩타이드는 또한 라이보좀, 편모와 섬모, 근육, 그리고 염색사와 같은 세포 내외의 큰 구조를 형성하는 데 있어 구성요소로 이용될 수 있다. **섬유단백질(fibrous protein)**은 구조단백질의 한 종류로, 세포 혹은 유기체의 물리적 지지작용을 담당한다. 섬유단백질들은 일반적으로 큰 케이블이나 가는 실 모양으로 합성된다. 섬유 단백질의 예로는 머리카락과 손톱의 주요 구성성분인 α-케라틴, 힘줄, 피부, 뼈, 치아의 주요 단백질 구성요소인 콜라겐이 있다. 또 다른 구조단백질의 예로는 바이러스, 박테리오페이지, 포자, 화분의 단백질 구성요소 등이 있다. 단백질은 세포막에 위치하게 될 경우, 세포 안쪽에 존재하거나, 막에 걸쳐 있게 된다. 막단백질은 대장균의 폴리펩타이드 중 최소 16%를 차지하며, 진핵세포에서는 훨

***구단백질(globular protein)*과 *섬유단백질(fibrous protein)*이라는 용어는 현대의 과학 출판물에서는 잘 사용되지 않는다. 이 두 분류에 속하지 않는 단백질도 많기 때문이다.**

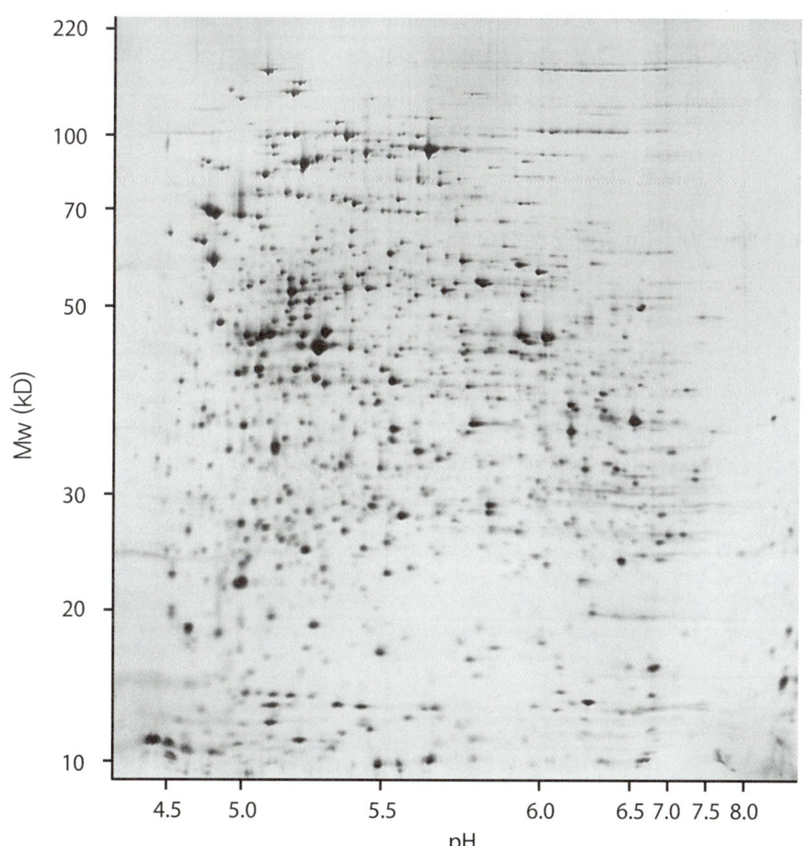

◀ **대장균의 단백질들.** 대장균에 존재하는 단백질을 2차원 젤 전기영동(two-dimensional gel electrophoresis)으로 분리하였다. 단백질들은 첫 번째로 pH 차이에 의해 단백질들의 등전점에 따라 분리되었고 두 번째로 에스디에스-폴리아크릴아마이드 젤(SDS-polyacrylamide gel)에 의해 크기에 따라 분리되었다. 점들 각각은 하나의 폴리펩타이드를 의미한다. 대장균에는 약 4000개의 단백질이 존재하지만 그 중 일부는 아주 적은 양이기 때문에 2-D 젤에서 보이지 않는다. 이 그림의 출처는 스위스-2D PAGE 데이터베이스(Swiss-2D PAGE database)이다. 이 웹사이트에서 각각의 점들을 클릭하면 그 단백질에 대해서 더 많은 정보를 얻을 수 있다.

씬 더 높은 비율을 차지한다.

이 장은 단백질의 분자적 구조를 설명하고 있다. 우리는 펩타이드 결합의 입체구조를 살펴보고 단백질의 일반적인 구조적 구성성분인 α 나선(α helix)과 β 병풍구조(β sheet)에 대해 살펴볼 것이다. 그리고 보다 높은 수준의 단백질 구조에 대해 알아보고 단백질의 접힘과 안정화에 대해 알아볼 것이다. 마지막으로, 콜라겐, 헤모글로빈, 그리고 항체를 예로 들어 단백질의 구조가 어떻게 기능으로 연결되는지를 공부해 볼 것이다. 무엇보다, 유리 아미노산에서는 볼 수 없었던 특징이 단백질에는 존재함을 알게 될 것이다. 5장과 6장은 단백질의 효소로서의 기능에 대해 서술하고 있다. 막 단백질의 구조는 9장에 조금 더 자세히 설명되어 있고, 핵산과 결합하는 단백질들에 대해서는 20장부터 22장까지 서술되어 있다.

4.1 단백질 구조에는 4개의 단계가 있다

각각의 단백질 분자는 최대 4단계의 구조를 갖는다(그림 4.1). 3장에서 언급한 것처럼, **1차 구조(primary structure)**는 단백질의 아미노산 잔기의 직선 배열을 나타낸다. 한 단백질의 3차원적 구조는 추가적으로 2차 구조, 3차 구조, 4차 구조에 의해서 결정된다. 이러한 3단계의 구조를 유지하고 안정화하는 힘은 일차적으로 비공유결합이 담당한다.

2차 구조(secondary structure)는 부분적인 입체형태 속의 규칙적인 배열을 나타내며, 아마이드기의 수소와 카보닐기의 산소사이의 수소결합에 의해 유지된다. 주요 2차구조로는 α 나선, β 병풍구조, β 회전이 있다. 접힌 단백질 구조를 보여주는 그림에서 주로 α 나선부위는 나선으로, β 병풍구조 부분은 N-말단에서 C-말단으로 향하는 폭이 넓은 화살표를 이용해 표현한다.

3차 구조(tertiary structure)는 완전하게 접히고 압축된 폴리펩타이드 사슬을 의미한다. 대부분의 접힌 폴리펩타이드들은 그림 4.1c에 표현한 것처럼 짧은 아미노산 잔기 사슬에 의해 연결된 여러 개의 서로 다른 구형의 소단위체로 구성된다. 그러한 소단위체들을 **도메인(domain)**이라 부른다. 3차 구조는 폴리펩타이드 사슬 내의 서로 이웃하지 않는 아미노산 곁사슬간의 상호작용으로 안정화된다. 3차 구조의 형성을 통해 1차, 2차 구조상에서 서로 떨어져 있는 부분들이 가깝게 위치하게 될 수 있다.

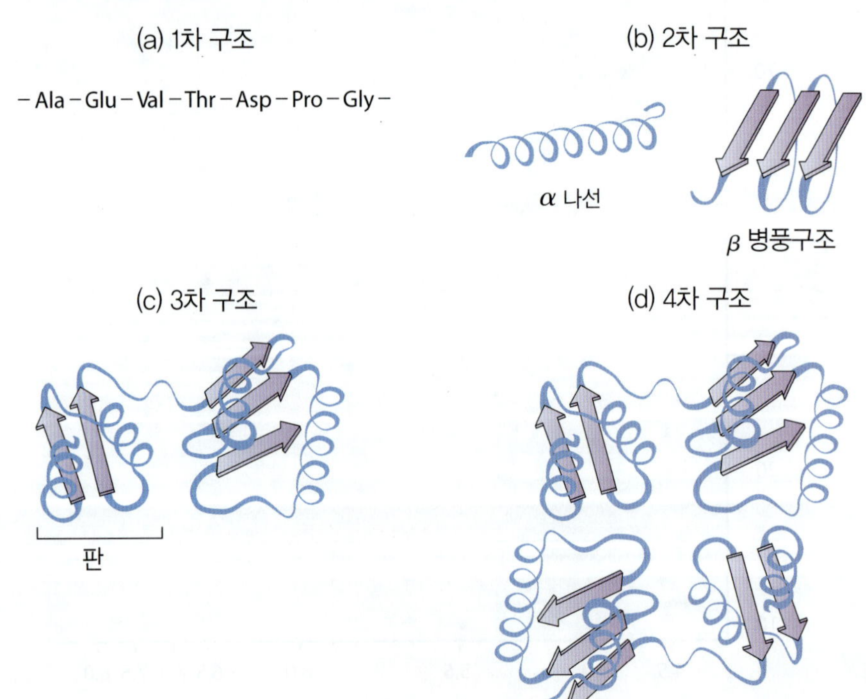

그림 4.1 ▶
단백질 구조의 여러 수준. (a) 단백질의 1차 구조란 아미노산 잔기들이 나열된 서열이다. **(b)** α 나선과 β 병풍구조와 같이 펩타이드 사슬이 규칙적으로 반복되는 모양을 단백질의 2차 구조라고 한다. **(c)** 단백질의 3차 구조는 폴리펩타이드 사슬이 완전히 접힌 모양을 의미한다. 이 그림에서는 두 개의 도메인이 있다. **(d)** 단백질의 4차 구조는 두 개 혹은 더 많은 폴리펩타이드 사슬이 멀티소단위체로 이루어져 있는 것을 말한다.

몇몇 단백질들은 두 개 혹은 그 이상의 폴리펩타이드 사슬이 하나의 멀티소단위체 혹은 소중합체(oligomeric) 단백질을 구성하는 **4차 구조(quaternary structure)**를 이룬다. 소중합체 단백질의 폴리펩타이드 사슬들은 동일할 수도, 서로 다를 수도 있다.

4.2 단백질 구조를 결정하는 방법

3장에서 본 것처럼, 폴리펩타이드의 아미노산 서열은 단백질을 직접적으로 서열분석(sequencing)하거나, 간접적으로 유전자를 서열분석하여 결정할 수 있다. 단백질의 3차 구조를 결정하는 일반적인 기술은 X선 결정학이다. 이 기술에서, 평행한 X선 빔(beam)이 단백질 분자의 결정을 겨냥한다. 결정 내부의 전자들이 X선을 회절시키고 그것이 필름이나 전자 감지기에 의해 기록된다(그림 4.2). 회절 패턴의 수학적 분석을 통해서 결정 내부의 원자들을 둘러싸고 있는 전자 구름의 이미지를 만들 수 있다. 이 전자 밀도 지도를 통해 분자의 전체적인 모양과 3차원적 공간 안의 각각의 원자 위치를 알 수 있다. 화학결합의 원리와 함께 이 자료를 비교함으로써 분자 내에 존재하는 모든 결합의 위치를 알게 되고, 따라서 분자 전체의 구조를 추론할 수 있게 된다. X선 결정학 기술은 아미노산 서열에 대한 정확한 지식 없이도 단백질의 구조를 확인할 수 있는 수준까지 발전했다. 일반적으로, 단백질의 1차 구조를 알면 원자들 사이의 화학결합이 결정되고 전자 밀도 지도를 만드는 것이 훨씬 더 쉽다.

처음에는 X선 결정학은 섬유단백질의 단순한 반복 단위와 작은 생물학적 분자의 구조를 연구하기 위해 사용되었다. 도로시 크로우풋 호지킨(Dorothy Crowfoot Hodgkin)은 X선 결정학을 생물학적 분자에 적용한 선구자 중의 한 명이다. 그녀는 1947년에 페니실린의 구조를 풀었고, 큰 단백질을 연구하는 데 이용되는 많은 기술들을 발전시켰다. 호지킨은 비타민 B_{12}의 구조를 결정지음으로써 1964년에 노벨상을 수상하게 되며, 이후에 인슐린의 구조를 밝히게 된다.

단백질 전체의 3차원적 구조를 분석하는 데 있어서 가장 큰 어려움은 회절된 X선 빔의 위치와 강도로부터 원자의 위치를 계산해야 하는 점이다. 따라서 컴퓨터 기술이 발전되면서 거대분자의 X선 결정학 역시 발전할 수 있었다. 1962년까지 존 켄드루(John C. Kendrew)와 막스 페루츠(Max Perutz)는 영국의 케임브리지 대학의 거대하고 값비싼 컴퓨터를 활용해서 각각 마이오글로빈과 헤모글로빈 단백질의 구조를 밝혔다. 그들의 결과는 단백질의 4차 구조의 본질에 대한 첫 번째 시각을 제시하였고, 그들이 1962년에 노벨상을 수상하는 데 공헌하였다. 그 이후로, 많은 단백질의 구조들이 X선 결정학을 통해 밝혀졌다. 최근 몇 년간 저렴하고 빠른 속도의 컴퓨터와 집중된 X선 빛 줄기의 생산성 향상을 바탕으로 기술적

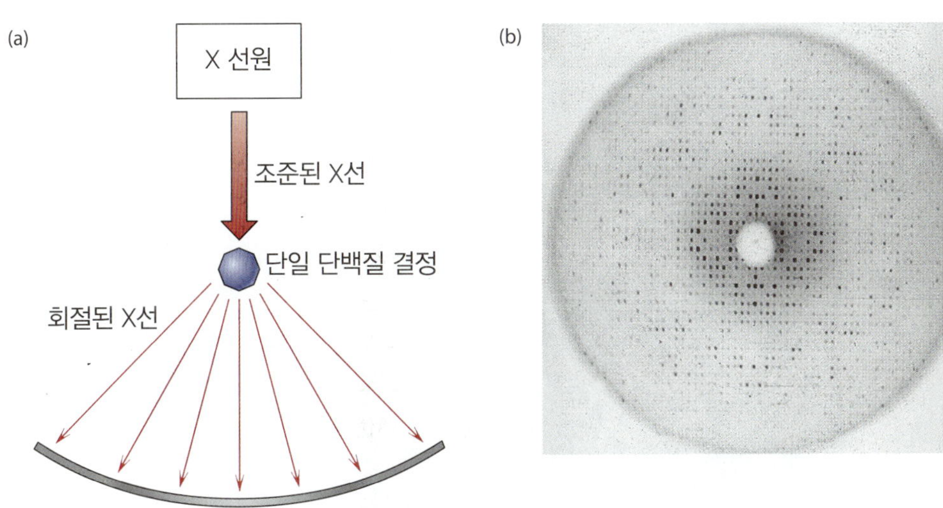

◀ **그림 4.2**
X선 결정학. (a) 단백질 결정에 의해 회절된 X선을 보여주는 그림. **(b)** 성인의 디옥시헤모글로빈 결정의 X선 회절 패턴. 점들의 위치와 강도는 단백질의 3차 구조를 결정하는 데 사용된다.

▶ **1950년대의 생물정보학.** 브로어 스트랜드버그(Bror Strandberg, 왼쪽)와 딕 딕커슨(Dick Dickerson, 오른쪽)이 영국 케임브리지에 있는 EDSAC II 컴퓨터 센터의 컴퓨터 테이프를 나르고 있다. 테이프에는 마이오글로빈 결정의 X선 회절 데이터가 들어 있다.

웹사이트에 접속해 어떻게 3차 구조에 대한 정보를 얻을 수 있고 데이터 파일을 검색할 수 있는지 알아보라.

으로 많은 발전을 이뤄오고 있다. 현재, 단백질 구조의 결정은 주로 X선 회절에 적합한 양질의 결정을 만드는 어려움이 있지만 이러한 문제점마저 컴퓨터 로봇에 의해서 대부분 해결되고 있다.

하나의 단백질 결정은 많은 수의 물 분자를 포함하며 때로는 기질이나 저해제와 같은 작은 라이간드가 결정 속으로 확산되어 들어가기도 한다. 많은 경우에, 결정 속의 단백질들은 이러한 라이간드들과 결합할 수 있는 능력을 유지하고 있으며 종종 촉매의 활성을 나타내기도 한다. 결정 상태에서 효소가 촉매적 활성을 가진다는 것은 단백질이 생체 내의 자연적인 입체 형태대로 결정을 이룬다는 것을 설명한다. 따라서 X선 결정학에 의해서 풀린 단백질의 구조는 세포 내부에 존재하는 구조를 정확하게 나타낸다고 할 수 있다.

일단 하나의 거대분자 내 원자들의 3차원적 좌표가 결정되면, 그것은 다른 과학자들이 이용할 수 있는 데이터 뱅크(data bank)에 축적된다. 생화학자들은 전 세계의 연구자들과 정보를 공유하기 위해서 인터넷을 개척한 선구자였으며, 1970년대 후반에는 생물 분자 구조와 서열에 대한 첫 번째 공공 데이터베이스 도메인이 설립되었다. 이 책에 있는 많은 그림들도 단백질 데이터 뱅크(Protein Data Bank; PDB)로부터 얻은 데이터 파일을 활용해서 만들었다. 우리는 모든 사람이 개인의 컴퓨터를 이용해서 3차원 구조를 볼 수 있게 하기 위해서 이 책에 나오는 모든 단백질에 대한 단백질 데이터 뱅크 파일명 또는 수납 번호 등을 수록하였다.

▶ 막스 페루츠(Max Perutz, 1914~2002)(왼쪽)와 존 켄드루(John C. Kendrew, 1917~1997)(오른쪽). 켄드루는 마이오글로빈의 구조를 밝혔고 페루츠는 헤모글로빈의 구조를 밝혔다. 그들은 1962년에 공동으로 노벨상을 받았다.

단백질의 3차원 구조를 그리는 많은 방법들이 존재한다. 공간채움 모델(space-filling model, 그림 4.3a)은 각각의 원자를 단단한 구형으로 묘사한다. 이는 조밀하고 가깝게 응축되고 접힌 폴리펩타이드 사슬의 형태를 보여준다. 구조의 공간채움 모델은 단백질의 전체적인 모양과 물과 같은 환경에 노출되었을 때의 표면을 나타내는 데 이용된다. 공간채움 모델을 보면 물과 같은 작은 분자라 할지라도 단백질의 내부에 침투하기는 어렵다는 것을 쉽게 알 수 있다.

단백질의 구조는 폴리펩타이드 사슬의 골격을 강조하는 단순화된 그림으로도 나타낼 수 있다(그림 4.3b). 이 모델에서는, 아미노산 사슬은 나타내지 않아 폴리펩타이드가 어떻게 3차원 모양으로 접히는지를 쉽게 볼 수 있도록 하였다. 이러한 모형은 단백질의 내부를 쉽게 볼 수 있도록 하고, α 나선과 β 병풍구조와 같은 2차 구조의 요소들 또한 확인할 수 있도록 하였다. 서로 다른 단백질의 구조를 비교함으로써, 공간채움 모델에서는 확인할 수 없었던 공통적인 접힘과 패턴을 인식할 수 있다.

가장 상세히 묘사된 모형에서는 아미노산의 곁사슬 구조와 원자간 다양한 공유결합 및 약한 상호작용을 강조한다(그림 4.3c). 이 상세한 모형은 특히 기질이 효소의 활성부위에 어떻게 결합할 수 있는지를 이해하는 데 중요하다. 그림 4.3c에서 폴리펩타이드 사슬 골격은 그림 4.3b와 같은 방향으로 나타내었다.

단백질의 거대분자 구조를 분석하는 또 다른 기술은 핵자기 공명(nuclear magnetic resonance; NMR) 분광법이다. 이 방법은 용해되어 있는 단백질 연구를 가능하게 하며, 결정을 공들여 준비할 필요가 없다는 장점이 있다. 핵자기 공명 분광법에서 단백질 시료는 자기장 안에 놓인다. 적용된 자기장이 다양하기 때문에 특정한 원자의 핵이 전자기 방사선을 흡수한다. 흡광도는 이웃하는 원자의 영향을 받기 때문에, 가까이 있는 원자들 사이의 상호작용이 기록된다. 이 결과를 아미노산 서열과 알고 있는 구조적 제약들과 종합해서 관찰한 상호작용을 만족시키는 많은 수의 구조들을 예측할 수 있다.

그림 4.4는 소의 라이보뉴클리에이즈 A(ribonuclease A)의 완전한 구조를 묘사하고 있으며, 그림 4.3에 같은 단백질을 X선 결정으로 나타내었다. 가능한 구조끼리 굉장히 유사하다는 것과 분자의 전체적인 모양이 쉽게 보인다는 것을 확인할 수 있다. 몇몇의 경우에 핵자기 공명 구조는 용액상의 단백질의 구조의 다양함(fluctuations)을 보여줄 수도 있다. 핵자기 공명과 X선 결정구조가 유사하다는 것은 결정을 통해 알게 된 단백질의 구조가 용해되어 있는 단백질의 본래 구조를 정확히 표현한다는 것을 의미하지만, 가끔 그 구조가 일치하지 않기도 한다. 이는 X선 결정구조에는 보이지 않는 잘못된 부위 때문이다(4.7D절). 아주 드문 경우에 단백질은 진짜 본래의 형태가 아닌 입체배열로 결정을 형성하기도 한다. 따라서 핵자기 공명 구조가 더 정확하다고 볼 수 있다.

일반적으로, 라이보뉴클리에이즈 A와 같이 작은 크기의 단백질의 핵자기 공명 스펙트럼은 쉽게 풀 수 있지만, 큰 분자의 스펙트럼은 굉장히 복잡해질 수 있다. 따라서 큰 단백질의 구조를 결정하는 것은 매우 어려운 반면에 작은 단백질을 분석하는 것은 상대적으로 쉽다.

(a)

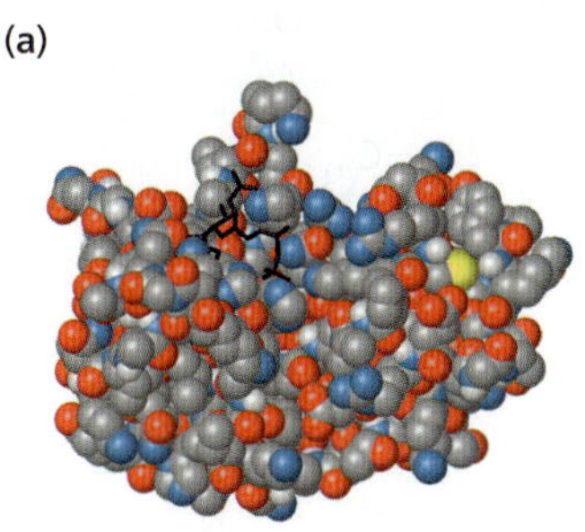

(b)

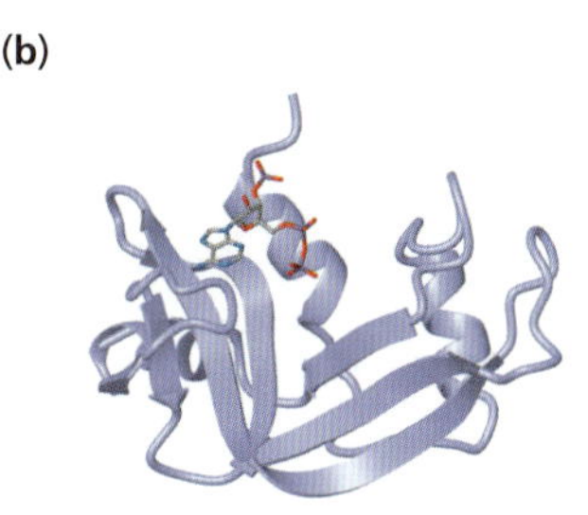

(c)

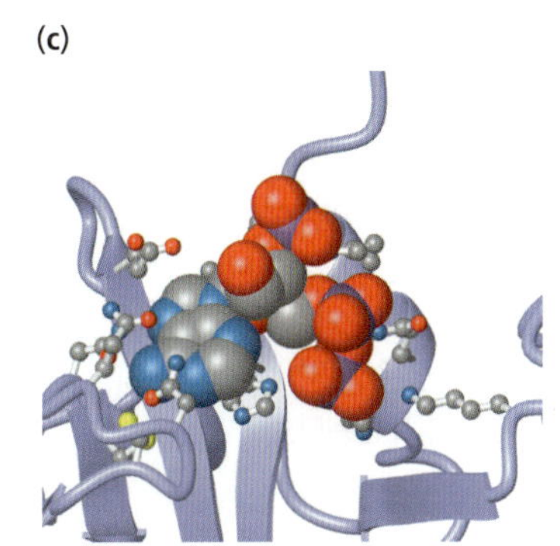

▲ 그림 4.3
소(*Bos taurus*)의 라이보뉴클리에이즈 A. 라이보뉴클리에이즈 A는 분비효소로 소화시 라이보핵산(RNA)을 가수분해한다. **(a)** 결합한 기질 유사체를 검은색으로 표시한 공간채움 모델. **(b)** 2차 구조를 보여주는 폴리펩타이드 사슬의 그림 리본 모형(cartoon ribbon model). **(c)** 기질결합 부위를 묘사한 것. 기질 유사체(5′-이인산아데닌-3′-인산염, 5′-diphosphoadenine-3′-phosphate)는 공간채움 모델으로 표시했고 아미노산 잔기들의 곁사슬은 공-막대 모델으로 나타내었다. [PDB 1AFK]

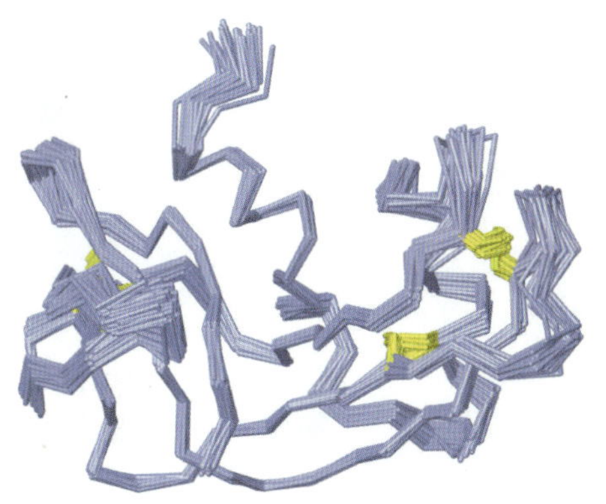

◀ 그림 4.4
소의 라이보뉴클리에이즈 A의 핵자기 공명 구조. 이 그림은 원자 상호작용에 대한 데이터를 반영하는 서로 굉장히 비슷한 구조들을 합친 것이다. 폴리펩타이드 사슬의 골격만을 소개하고 있다. 이 구조를 그림 4.3b와 비교해 보라. X선 결정 구조로부터 그려진 그림들에서는 발견되지 않는 이황결합들이 있음을 주목하자. [PDB 2AAS]

▲ 그림 4.5

펩타이드 결합에서의 공명 구조. (a) 이 공명 구조에서 펩타이드 결합은 하나의 C—N 결합으로 나타나 있다. (b) 이 공명 구조에서 펩타이드 결합은 이중결합으로 나타나 있다. (c) 실제 구조는 두 공명 구조의 혼성으로 가장 잘 나타낼 수 있는데 이 구조에서 전자들은 카보닐 산소, 카보닐 탄소, 아마이드 질소에 대해 비편재화되어 있다. C—N 결합에서의 자유 회전은 공명 혼성 구조의 이중결합 성질 때문에 제한된다.

▲ 그림 4.6

폴리펩타이드 사슬에서의 한 평면에 존재하는 펩타이드기. 펩타이드기는 펩타이드 결합 때 생성되는 N—H와 C=O 기로 이루어져 있고 펩타이드 결합의 각 측면의 α-탄소도 포함한다. 두 개의 펩타이드기가 이 그림에서 강조되어 있다.

4.3 펩타이드기의 입체형태

단백질 구조에 대한 상세한 연구는 아미노산을 폴리펩타이드 사슬로 연결하는 펩타이드 결합의 구조를 분석하는 것에서 시작하였다. 펩타이드 결합을 형성하는 두 원자, 그리고 주변의 네 치환기들(카보닐 산소 원자, 아마이드 수소 원자, 그리고 인접한 두 α-탄소 원자)이 펩타이드기를 구성한다. 작은 펩타이드의 X선 결정 분석을 통해 카보닐 탄소와 질소 사이의 결합이 전형적인 C—N 단일결합보다는 짧고, 전형적인 C=N 이중결합보다는 약간 길다는 것을 밝혔다. 게다가, 카보닐 탄소와 산소 사이의 결합은 전형적인 C=O 이중결합보다 약간 길다. 이러한 측정들을 통해 펩타이드 결합이 어느 정도는 이중결합의 특성을 가지며, 공명 혼성체(resonance hybrid)를 가장 잘 나타낼 수 있음을 밝혔다(그림 4.5).

펩타이드기는 극성을 띤다. 카보닐 산소는 부분적인 음성 전하를 가지며 수소결합에서 수소를 받을 수 있다. 질소는 부분적인 양성 전하를 가지며 —NH기는 수소결합에서 수소를 줄 수 있다. 전자의 비편재화와 펩타이드 결합의 부분적 이중결합 특성은 C—N 주변에 제어되지 않는 자유 회전이 생기는 것을 방지한다. 그 결과, 펩타이드기의 원자들은 같은 평면에 놓이게 된다(그림 4.6). 그렇지만 원자들의 회전은 반복되는 N—Cα—C 단백질 골격에서 각각의 N—Cα 결합과 Cα—C 결합의 주위에서 여전히 발생할 수 있다. 앞으로 살펴보겠지만, 이 두 결합 주위에서 자유 회전의 제한이 궁극적으로 단백질의 3차 구조를 결정하게 된다.

이중결합과 비슷한 펩타이드 결합의 성질로 인해서, 펩타이드기의 입체형태는 트랜스(*trans*) 혹은 시스(*cis*) 이 두 가지 가운데 하나로 제한된다(그림 4.7). 트랜스 입체형태에서는, 인접한 아미노산 잔기의 두 개의 α-탄소는 펩타이드 결합의 반대 방향에 있으며, 평면의 펩타이드기에 의해서 만들어지는 사각형의 반대편 코너에 위치한다. 시스 입체형태에서는, 두 개의 α-탄소가 펩타이드 결합의 서로 같은 방향이고, 서로 가까이 있다. 시스와 트랜스 입체형태는 폴리펩타이드 사슬을 신장시키기 위해 아미노산이 엮여 펩타이드 결합을 형성하는 단백질 합성 과정 중에 발생한다. 펩타이드 결합 근처에서의 자유 회전에 의해 두 개의 입체형태가 서로 바뀌는 현상은 한 번 입체형태가 결정되면 쉽게 일어나지 않는다.

시스 입체형태는 두 개의 α-탄소 원자에 결합한 곁사슬들 사이의 입체 저해(steric interference) 때문에 쭉 뻗어 있는 트랜스 형태보다 형성되기 어렵다. 결과적으로 거의 모든 단백질 내의 펩타이드기는 트랜스 입체형태이다. 드물게 예외가 존재하는데, 주로 프롤린의 아마이드 질소를 포함하는 결합에서 나타난다. 프롤린의 특이한 고리 형태 때문에, 시스 형태가 트랜스 형태에 비해 많은 입체 저해를 만들지 않는다.

비록 펩타이드기 안에서의 원자들은 하나의 평면 위에 존재하지만, 반복되는 N—Cα—C 골격에서의 N—Cα와 Cα—C 결합에서 회전은 여전히 가능하다. 이러한 회전은 인접한 잔기의 주사슬과 곁사슬 원자들 간의 입체 저해에 의해 제한된다. 자유 회전을 제한하는 가장

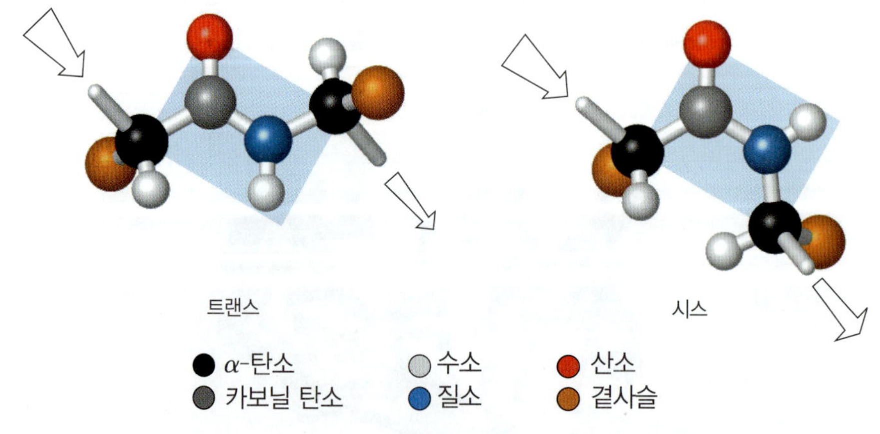

▶ 그림 4.7

펩타이드기의 트랜스와 시스 입체형태. 단백질에서 거의 모든 펩타이드기는 인접한 곁사슬들 간의 입체 저해를 최소화하는 트랜스 입체형태를 띤다. 화살표는 N-말단에서 C-말단으로 향하는 방향을 나타낸다.

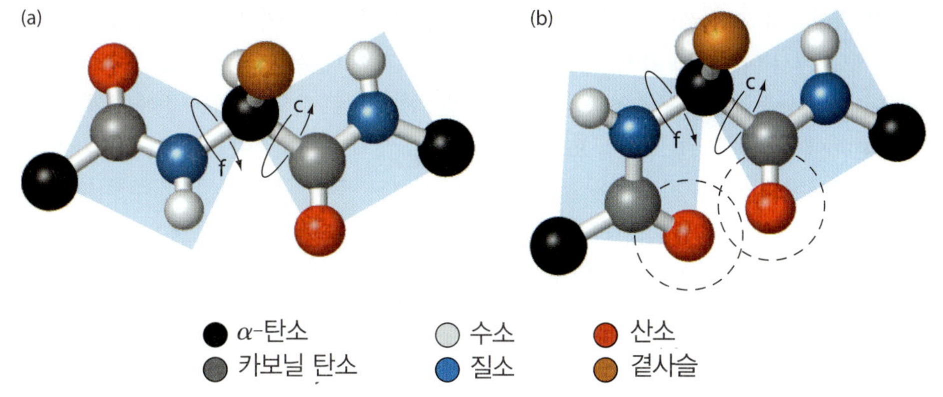

◀ 그림 4.8

폴리펩타이드 사슬에서 펩타이드기를 연결하는 N—Cα와 Cα—C 결합 주위에서의 회전. (a) 쭉 뻗은 입체형태에서의 펩타이드기. (b) 인접한 잔기들의 카보닐 산소 사이의 입체 저해 때문에 발생하는 불안정한 입체형태를 가지는 펩타이드기. 카보닐 산소 원자들의 반데르발스(van der Waals) 각도가 점선으로 표시되었다. N—Cα 결합 주위의 회전 각도는 φ(phi), 그리고 Cα—C 결합에서의 회전각은 ψ(psi)로 부른다. 바깥쪽의 α-탄소의 치환기는 설명의 명료성을 위해 생략하였다.

중요한 요소 중 하나는 폴리펩타이드 사슬의 인접한 아미노산 잔기들의 카보닐 산소들 간의 입체 저해이다(그림 4.8). 큰 곁사슬이 있으면 또한 N—Cα와 Cα—C 결합에서의 자유 회전을 방해한다. 프롤린은 피롤리딘 고리(pyrrolidine ring) 구조로 인해 N—Cα 결합 주위의 회전이 제한되는 특이한 경우이다 .

펩타이드기의 N—Cα 결합에서의 회전각은 φ(phi)로 나타내고, Cα—C 결합에서의 회전각은 ψ(psi)로 나타낸다. 펩타이드 결합의 각도는 ω(omega)로 표시한다. 펩타이드 결합 주위의 회전은 이중결합 성질 때문에 제한되므로 폴리펩타이드 골격의 입체형태는 φ와 ψ로 설명할 수 있다. 이 각도들은 골격의 네 원자들의 상대적인 위치에 따라 결정된다. 시계 방향의 각도는 양(+)이고 반시계 방향의 각도는 음(−)이며 각각 180°의 범위를 갖는다. 그러므로 회전 각도는 −180°에서 +180°일 수 있다.

생물물리학자 라마찬드란(G. N. Ramachandran)과 그의 동료들은 펩타이드의 공간채움 모델을 만들었고 폴리펩타이드 사슬에서 φ와 ψ 값이 입체적으로 어느 정도까지 허용될 수 있는지를 계산하는 방법을 고안했다. 입체적으로 가능한 각도는 φ와 ψ 값을 변수로 **라마찬드란 도표(Ramachandran plot)**에서 어두운 부분으로 표시되어 있다. 그림 4.9a는 이론적인 계산의 결과를 보여준다. 어둡게 표시된 부분은 대부분의 잔기에서 입체적으로 가능한 각도를 나타내고 밝

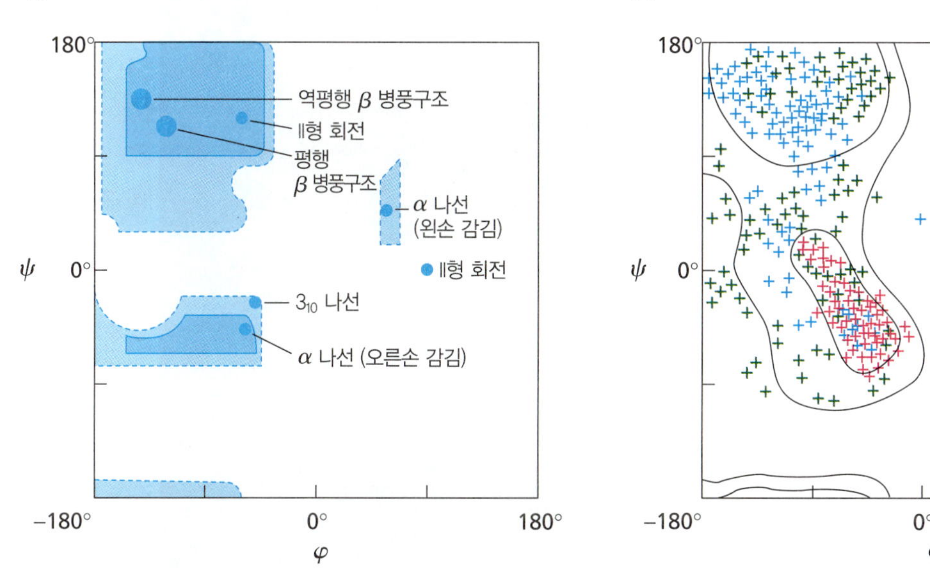

▲ 그림 4.9

라마찬드란 도표. (a) 실선은 분자 모델에서 가능한 범위의 φ와 ψ 값의 범위를 나타낸다. 점선은 알라닌 잔기에 대한 한계 지점을 나타낸다. 큰 파란 점들은 α 나선과 β 병풍구조와 같은 인식할 수 있는 입체형태를 만드는 φ와 ψ 값을 나타낸다. II형 회전이라고 나타낸 위치는 두 번째와 세 번째 잔기에 대한 것이다. 도표의 하얀색 부분은 드물게 나타날 것으로 예상되는 φ와 ψ 값이다. (b) 알려진 구조에서 관찰된 φ와 ψ 값들. 십자가 모양은 하나의 단백질의 특정한 잔기를 의미한다. α 나선의 잔기는 빨간색, β-가닥의 잔기는 파란색, 그 외는 초록색으로 표시되어 있다.

핵심개념

폴리펩타이드 골격의 3차원 구조는 각각의 펩타이드기의 회전, 즉 φ와 ψ 값에 의해 결정된다.

은 부분은 곁사슬이 회전 제한을 만들지 않는 더 작은 아미노산 잔기에 대한 φ와 ψ 값이다. 라마찬드란 도표에서 아무것도 표시되지 않은 곳은 입체 저해 때문에 현실적으로 존재하기 어려운 부분이다. 이상적인 2차 구조의 몇몇 종류가 예상했던 대로 음영 처리된 곳에 존재했다.

그림 4.9b에 라마찬드란 도표의 또 다른 버전이 소개되고 있다. 이 도표는 구조가 알려진 몇백 개의 단백질의 φ와 ψ 각도들을 토대로 한다. 선으로 둘러싸인 부분은 자주 나타나는 각도이고 그 부분 바깥쪽은 덜 빈번하게 나타나는 각도이다. 단백질의 α 나선, β 병풍구조, 다른 구조들에 대한 일반적인 각도들을 표시했다. 이론적인 라마찬드란 도표와 실제로 관찰되는 라마찬드란 도표의 가장 중요한 차이점은 0° φ와 −90° ψ 주위이다. 이 지역은 이론적으로는 단백질에 존재하지 않을 것 같았지만 실제로는 많은 예들이 존재했다. 펩타이드 결합 주위에서 적은 양의 회전이 존재해 입체 저해가 발생하지 않은 것으로 밝혀졌다. 펩타이드기가 완전히 한 평면에 존재하지 않고 약간은 벗어날 수도 있었던 것이다.

몇몇 큰 아미노산들은 입체적으로 허용된 부분이 적다. 프롤린은 φ 값이 약 −60°에서 −77°로 제한되는데 N—Cα 결합이 곁사슬의 피롤리딘 고리에 포함되어 회전이 제한되기 때문이다. 대조적으로 글라이신은 β-탄소가 없기 때문에 많은 입체 저해로부터 자유롭다. 그

BOX 4.1 꽃이 피는 현상은 시스/트랜스 변환에 의해 조절된다

단백질 합성에서 트랜스 입체형태가 더 선호되기 때문에 거의 모든 펩타이드기는 트랜스 입체형태이다. 예외가 하나 있지만, 트랜스 입체형태는 시스 입체형태보다 훨씬 더 안정적이다. 자연적으로 트랜스 입체형태가 시스 입체형태로 바뀌는 경우는 아주 드물며 단백질의 구조에 많은 영향을 주기 때문에 거의 모든 경우에 단백질이 본래의 기능을 잃게 된다.

하지만 어떤 단백질의 활성이 시스/트랜스 변환에 의한 입체형태 변화에 의해 조절되기도 한다. 프롤린 잔기의 *cis* 형태는 *trans* 형태와 거의 비슷하게 안정하기 때문에 이러한 펩타이드 그룹 형태의 변화는 일정하게 일어난다. 이것이 이 규칙의 유일한 예외이다.

펩티딜 프롤릴 시스/트랜스 아이소머레이즈(peptidyl prolyl *cis*/*trans* isomerase)는 일시적으로 펩타이드 결합의 입체공명 구조를 불안정화시키고 회전을 가능하게 하여 프롤린 잔기의 트랜스로부터 시스 입체형태로의 변환을 촉매한다. 이 효소들은 세린과 쓰레오닌 잔기가 인산화되었을 때 세린-프롤린 그리고 쓰레오닌-프롤린 결합을 인식한다. 아미노산 잔기들의 인산화는 공유결합에 의한 변형에 따른 조절로 중요한 메커니즘이다(5.9D절 참조). 펩티딜 프롤릴 시스/트랜스 아이소머레이즈를 암호화하는 유전자는 *Pin1*이라고 불리고 모든 진핵생물에서 존재한다.

애기장대(*Arabidopsis thaliana*)와 같은 작은 개화 식물에서 *Pin1* 단백질은 개화 시기를 조절하는 몇몇 전사 인자를 조절한다. 쓰레오닌 잔기가 인산화되었을 때, 전사 인자들은 *Pin1*에 의해 인식되고 쓰레오닌-프롤린 결합의 입체형태를 트랜스에서 시스로 변환시킨다. 이런 입체적 변형은 단백질의 구조에 변화를 가져와 전사 인자를 활성화시켜 개화에 필요한 유전자의 전사를 촉진한다. *Pin1* 유전자에 돌연변이가 일어나서 펩티딜 프롤릴 시스/트랜스 이이소머레이즈의 합성이 억제되면 개화는 아주 늦춰진다.

사람의 몸에서 이 효소는 RNA 폴리머레이즈, 전사 인자, 다른 단백질들을 변형시킴으로써 유전자 발현을 조절하는 기능을 갖고 있다. 이 유전자에 돌연변이가 생기면 유전 질병이 발생될 수 있다. 이 효소의 구조는 그림 4.24e에 나와 있다.

▲ 애기장대는 겨자와 유연관계가 깊다. 실험실에서 재배하기 쉽기 때문에 식물생물학에서 많이 이용된다.

러므로 글라이신 잔기는 다른 잔기들보다 더 다양한 입체 형태를 가질 수 있고 라마찬드란 도표의 음영 처리된 부분 바깥쪽에 존재하는 φ와 ψ 값을 가지는 경우가 많다.

4.4 α 나선 구조

1950년, 라이너스 폴링(Linus Pauling)과 로버트 코리(Robert Corey)가 α 나선 구조를 제안했다. 이들은 구조적 제한이 되는 펩타이드기의 크기와 수소결합의 형성을 통한 안정화를 고려하여 섬유성 단백질인 α-케라틴의 구조에서 관찰되는 반복적인 구조를 설명했다. 0.50~0.55 nm의 길이로 반복되는 구조는 α 나선의 피치(pitch, 회전당 축의 거리)로 밝혀졌다. 퍼루츠는 α-케라틴의 X선 회절구조에서 나타나는 0.15 nm의 반복되는 구조를 통해 이를 뒷받침했다. 0.15 nm 길이가 반복되는 것은 축을 따라 각각의 잔기가 나아가는 거리로 α 나선이 이어지는 것을 보여준다. 퍼루츠(Perutz)는 헤모글로빈에도 α 나선이 있으며, 이 구조가 구형 단백질보다 더 복잡하다는 것을 밝혔다.

원리상으로, α 나선은 오른손 감김이나 왼손 감김 둘 다 될 수 있다. 그림 4.10에서 볼 수 있듯이, 단백질에서 발견되는 α 나선은 대개 오른손 감김이다. 이상적인 α 나선에서는 피치가 0.54 nm이고, 길이가 0.15 nm씩 증가하며 한 바퀴 회전당 3.6개의 아미노산 잔기가 필요하다(즉, 약 3 2/3개 잔기: 카보닐기 1개, N—Cα—C 단위 3개와 질소 1개). 단백질에서

▲ 라이너스 폴링(Linus Pauling, 1901~1994)은 1954년에 노벨 화학상과 1962년에 노벨 평화상을 수상했다.

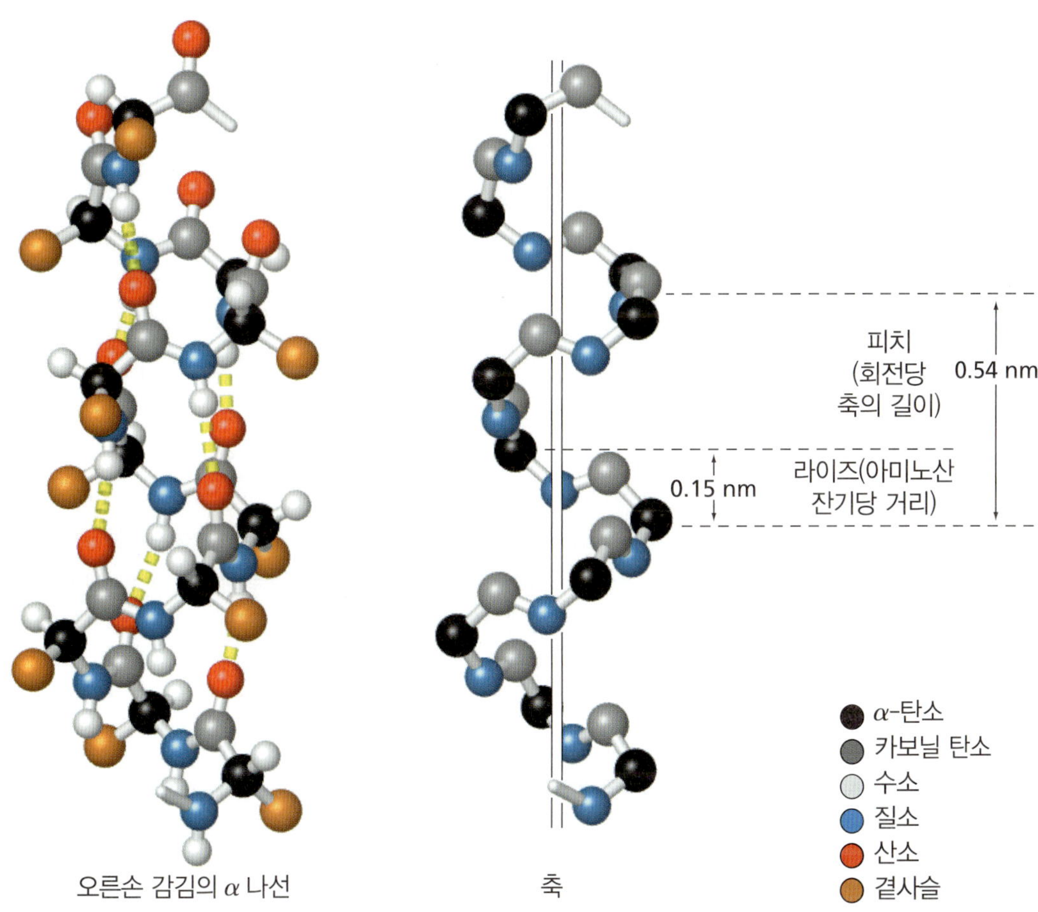

▲ **그림 4.10**

α 나선. 그림 아래쪽의 N-말단과, 그림 위쪽의 C-말단에 α 나선의 2차 구조가 나타난다. 각각의 카보닐 산소는 아마이드 수소의 4번째 잔기와 수소결합을 형성하고, 나아가 폴리펩타이드 사슬의 C-말단과도 수소결합을 형성한다. 수소결합은 나선의 긴 축과 거의 평행하다. 모든 카보닐기는 C-말단을 향한다. 이상적인 α 나선에서, 0.54 nm마다 동일한 위치가 반복되고, 각각의 아미노산 잔기가 나선의 긴 축을 따라 0.15 nm만큼 뻗어 있고, 회전당 3.6개의 아미노산이 있다. 오른손 감김인 나선의 골격은 N-말단에서 축을 따라 봤을 때, 시계 방향으로 회전한다. 오른손 감김의 나선을 나선형의 계단이라 생각해보면, 계단을 내려감에 따라 오른쪽으로 회전한다.

대부분의 α 나선은 약간 꼬여 있지만, 보통 회전당 3.5~3.7개의 아미노산을 가진다.

α 나선 내에서, 폴리펩타이드 골격의 카보닐 산소(n 잔기)와 네 번째 잔기(n + 4 잔기)의 아마이드 수소가 수소결합을 형성하면서 C-말단 쪽으로 더 뻗어나간다(나선 한 쪽 끝에 있는 3개의 아미노기와 다른 쪽 끝의 3개의 카보닐기는 나선 내에서 수소결합을 형성할 대상이 없다). 각각의 수소결합은 13개의 원자(카보닐 산소, 11개의 뼈대 원자, 아마이드 수소)로 구성된 고리(loop) 구조를 형태적으로 닫히게 한다. 따라서 α 나선은 그 피치와 수소결합 고리의 크기를 따서 3.6_{13} 나선이라고도 부른다. 나선을 안정화시키는 수소결합은 나선의 긴 축에 거의 평행하다.

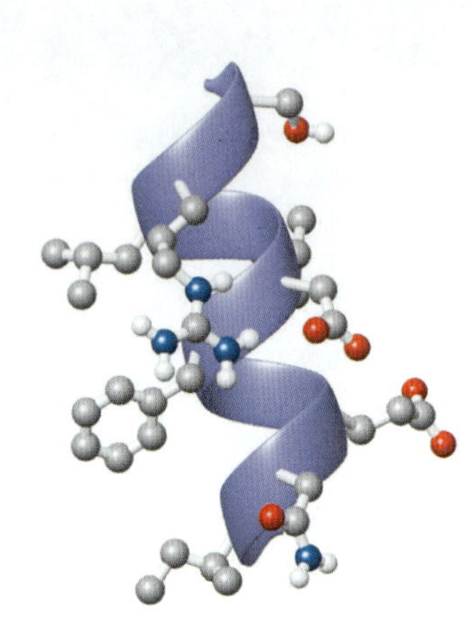

▲ **그림 4.11**

오른손 감김의 α 나선. 파란 리본은 폴리펩타이드 골격의 모양을 나타낸다. 공-막대 모델으로 나타낸 모든 곁사슬은 나선 축에서 바깥쪽으로 뻗어나와 있다. 이 예시는 말의 간의 알코올 디하이드로지네이즈의 Ile-355(아래)에서 Gly-365(위)의 잔기를 그린 것이다. 일부 수소 원자는 나타내지 않았다. [PDB 1ADF].

α 나선에서 각각의 잔기의 φ와 ψ 각도는 유사하다. α 나선은 φ값이 −57°이고 ψ 값이 −47°인 라마찬드란 도표의 안정적인 부분 주변에 모인다(그림 4.9). α 나선은 이 값이 비슷해서 규칙적이고 반복되는 구조를 가지게 된다. 잔기 n과 n + 4 간의 분자내 수소결합은 φ와 ψ 각도를 상대적으로 좁은 범위로 제한해서 N—Cα과 Cα—C 주변의 회전을 막는다.

나선 내의 단일 수소결합으로는 큰 구조적 안정성을 주진 않지만, 많은 수소결합이 누적되면 구조가 안정화된다. 아미노산 잔기간의 수소결합은, 특히 물 분자가 들어가지 않아서 경쟁을 하지 않는 단백질의 소수성 내부에서 안정하다. α 나선에서, 모든 카보닐기는 C-말단을 향한다. 따라서 전체 나선은 각각의 펩타이드기가 극을 가지고, 모든 수소결합이 같은 방향을 향하기 때문에 양의 N-말단과 음의 C-말단으로 양극을 형성한다.

α 나선에서 아미노산의 곁사슬은 나선의 원통형에서 튀어나와 있고, α 나선을 안정화하는 수소결합에는 관여하지 않지만(그림 4.11), 다른 방법으로 안정화에 기여한다. 이 때문에, 일부 아미노산 잔기는 다른 잔기보다 α 나선 구조에서 더 자주 볼 수 있다. 예를 들어, 알라닌은 작고 전하를 띠지 않아서 α 나선 구조에 잘 끼어들어 갈 수 있다. 알라닌 잔기는 모든 종류의 단백질의 α 나선에서 일반적이다. 반면, 긴 곁사슬을 갖는 타이로신과 아스파라진은 α 나선에서 일반적이지 않다. 곁사슬이 단일 수소로 이뤄진 글라이신은 α-탄소가 회전에 구애되지 않기 때문에, α 나선 구조를 불안정하게 만든다. 이런 이유로, 많은 α 나선이 글라이신 잔기로 시작되고 끝난다. 프롤린은 단단한 원형의 곁사슬이 나선상의 인접한 잔기가 차지할 수도 있는 공간을 차지해서 오른손 감김의 나선 구조를 방해하고, 따라서 α 나선에서 가장 드물게 발견된다. 게다가, 프롤린은 아마이드 질소에 수소 원자가 없어서 나선 내부의 수소결합에 완전하게 관여할 수 없다. 이런 이유로, 프롤린 잔기는 α 나선의 내부보다는 끝 쪽에서 더 자주 발견된다.

α 나선이 존재하는 비율은 단백질마다 다르다. 일부 단백질에서는 대부분의 잔기가 α 나선인 반면, 다른 단백질은 매우 적은 부분만이 α 나선 구조이다. 단백질에서 α 나선의 평균적인 비율은 26% 정도로 추정된다. 단백질에서의 α 나선의 길이는 적게는 4~5개 잔기에서부터 많게는 40개 이상에 이르기도 하며 평균은 약 12잔기이다.

▲ **오른손 감김의 α 나선.** 이 나선은 줄리안 보스 안드레(Julian Voss-Andreae)가 만들었다. 이것은 미국 오리건의 포틀랜드에 라이너스 폴링의 생가에 세워져 있다.

많은 α 나선들은 나선 원통의 한 쪽 면에 친수성의 아미노산을 가지고, 다른 한 쪽 면에는 소수성의 아미노산을 가진다. 나선의 양극성 본질은 아미노산 서열이 나선 바퀴라 불리는 나선 구조로 그려질 때 쉽게 볼 수 있다. 그림 4.11에 나타나 있는 α 나선은 축에 따라 나선을 나타낸 나선 바퀴를 그린 것이다. 나선에는 회전당 3.6개의 아미노산 잔기가 있기 때문에, 잔기들은 나선과 함께 100° 간격으로 놓이게 된다(그림 4.12). 나선이 오른쪽으로 감겨 있고, C-말단에서 글라이신 잔기로 끝난다는 것을 상기해보라. 친수성 잔기(아스파라진, 글루탐산, 아스파트산, 아지닌)는 나선 바퀴의 한쪽 면으로 모이는 경향이 있다.

양극성의 나선들은 단백질의 표면에서 바깥쪽을 향하는 친수성 곁사슬(수용액 쪽을 향함)과 안쪽을 향하는 소수성 곁사슬(소수성의 내부를 향함)로 나뉜다. 예를 들어, 그림 4.11과 4.12에서, 표면이 수용성을 띠는 간효소인 알코올 디하이드로지네이즈의 나선의 첫 번째, 다섯 번째, 여덟 번째 잔기(각각 아이소류신, 페닐알라닌, 류신)의 곁사슬이 단백질의 내부에

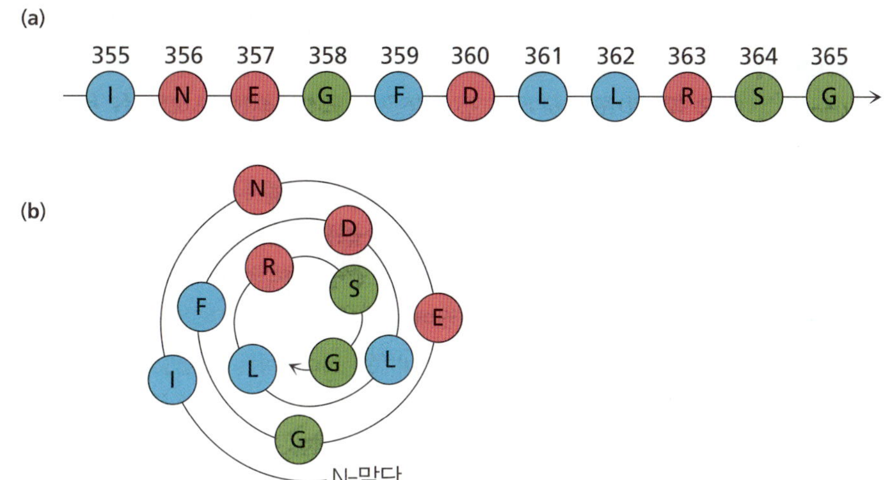

◀ **그림 4.12**
말의 간의 알코올 디하이드로지네이즈에서 나타나는 α 나선. 강한 소수성의 잔기를 파란색, 약한 소수성의 잔기를 초록색, 강한 친수성의 잔기를 빨간색으로 나타내었다. **(a)** 아미노산 서열. **(b)** 나선 바퀴 그림.

파묻혀 있는 것을 볼 수 있다(그림 4.13).

두 개의 양극성 α 나선이, 인접한 소수성 표면 부분을 서로를 감싸면서 친수성 면은 용액으로 드러나게 하는 감긴 코일(coiled-coil) 구조를 형성하는 경우가 많다. 류신 지퍼(leucine zipper)라 불리는 구조는 DNA-결합 단백질에서 흔하게 나타난다(그림 4.14). 두 개의 α 나선 각각의 양극성 나선의 한 쪽 면에서 류신 잔기와 다른 소수성 잔기가 소수성 상호작용을 통해 지퍼처럼 모인다. 나선의 끝은 단백질에 DNA-결합 부위를 형성한다.

나선에서 다양한 아미노산 잔기의 빈도는 단백질의 1차 구조를 통해 2차 구조를 유추할 때 사용될 수 있다.

일부 단백질은 3_{10} 나선의 짧은 부분을 가진다. 3_{10} 나선은 α 나선처럼 오른손 감김이다. 3_{10} 나선의 카보닐 산소는 $n + 3$번 잔기의 아마이드 수소와 수소결합을 형성해서, 3_{10} 나선이 10개의 원자를 갖는 α 나선보다 더 단단한 수소결합 고리 구조를 갖게 되고, 회전당 더 적고(3.0) 더 긴 피치(0.60 nm)를 가진다(그림 4.15). 3_{10} 나선은 입체적 저해와 수소결합의 비정상적인 기하학적 구조 때문에 α 나선보다 덜 안정하다. 3_{10} 나선은 길이가 몇 잔기밖에 되지 않으며, 대개 α 나선의 C-말단 끝의 마지막 회전에 존재한다. 다른 기하학적 구조로 인

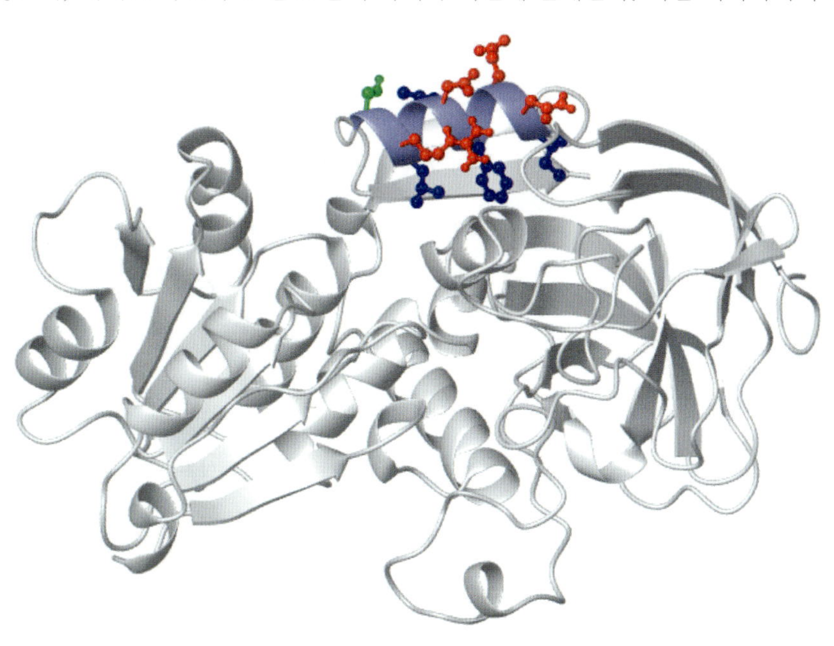

▲ **그림 4.13**
말(*Equns ferus*) 간의 알코올 디하이드로지네이즈. 양극성의 α 나선이 나타나 있다. 강한 소수성 잔기의 곁사슬을 파란색, 소수성이 약한 잔기를 초록색, 전하를 띠는 잔기를 빨간색으로 나타냈다. 소수성 잔기의 곁사슬이 단백질의 내부를 향하고, 전하를 띠는 잔기의 곁사슬이 표면에 드러나 있는 것을 볼 수 있다. [PDB 1ADF].

▲ **그림 4.14**
효모(*Saccharomyces cerevisiae*)의 류신 지퍼 부위. GCN4는 특정 DNA 서열에 붙어서 전사를 조절하는 단백질이다. DNA-결합 부위에는 두 가지 양극성의 α 나선이 있고, 단백질의 두 개의 소단위체 각각에서 유래한다. 류신 잔기의 곁사슬을 리본보다 더 진한 파란색으로 나타내었다. 단백질의 류신 지퍼 부위만이 그림에 나타나 있다. [PDB 1YSA].

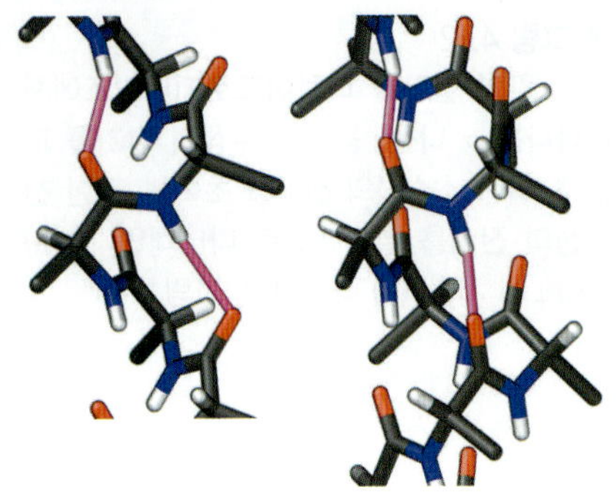

▲ 그림 4.15
3_{10} 나선. 3_{10} 나선(왼쪽)에서의 수소결합(분홍)은 한 잔기의 아마이드기와 그로부터 세 잔기 떨어진 카보닐 산소 간에 형성된다. α 나선(오른쪽)에서 카보닐기는 네 잔기가 떨어진 아미노산과 결합을 이룬다.

해 3_{10} 나선에서의 잔기의 φ와 ψ 각도는 α 나선과는 다른 라마찬드란 도표 부분을 차지하게 된다(그림 4.9).

4.5 β 가닥과 β 병풍 구조

다른 일반적인 2차 구조로 β 가닥과 β 병풍구조를 포함하는 β 구조가 있다. **β 가닥(β strand)**은 쭉 뻗어 있는 폴리펩타이드 사슬의 일부이다. 각각의 잔기가 0.15 nm인 α 나선의 촘촘한 코일과는 대조적으로, β 가닥의 잔기는 길이가 약 0.32~0.34 nm이다. 다수의 β 가닥이 나란히 정렬하면 폴링과 코리가 α 나선 구조와 함께 제안한 **β 병풍구조(β sheet)**를 형성한다.

β 가닥은 그 구조 자체로는 다른 구조보다 안정하지 않아서 단백질에서 독립적으로 존재하지 않는다. 그러나 β 병풍구조는 인접한 β 가닥과의 카보닐 산소와 아마이드 수소 간의 수소결합을 통해 안정화된다. 따라서 단백질에서는 β 구조가 있는 부분이 거의 항상 판 형태로 존재한다. 수소결합을 하고 있는 β 가닥은 독립적인 폴리펩타이드 사슬형태로 있거나 같은 사슬의 다른 부분에 있다. 병풍 구조에서 β 가닥은 서로 평행(N-말단과 C-말단의 방향이 동일함, 그림 4.16a)하거나, 역평행(N-말단과 C-말단의 방향이 반대, 그림 4.16b)이다. β 가닥이 역평행일 때, 수소결합은 폴리펩타이드 사슬에 직각을 이룬다. 역평행의 β 병풍구조에서, 한 아미노산의 카보닐 산소와 아마이드 수소 원자가 다른 가닥에 있는 단일 아미노산의 아마이드 수소와 카보닐 산소와 수소결합을 형성한다. 평행일 때는, 수소결합은 폴리펩타이드 사슬에 직각을 이루지 않으며 각각의 아미노산은 인접한 가닥의 두 개의 서로 다른 아미노산의 카보닐기나 아마이드기와 수소결합을 형성한다.

평행한 병풍구조는 수소결합이 평행한 배열 안에서 비틀려 있어서 역 평행의 판 구조보다 불안정하다. **β 병풍구조(β-pleated sheet)**는 평행한 펩타이드기가 아코디언 주름처럼 각각의 각도를 이뤄서 주름잡힌 β 병풍구조라고도 불린다. 아미노산의 곁사슬은 펩타이드기 사이의 결합각도로 인해 판 구조의 평면을 위아래로 번갈아 향하게 된다. β 병풍구조는 보통 2개에서, 많으면 15개의 β 가닥을 가진다. 각각의 가닥은 평균 6개의 아미노산 잔기를 가진다.

▼ 그림 4.16
β 병풍구조. 화살표는 펩타이드 사슬의 N-에서 C-말단의 방향을 나타낸다. **(a)** 평행한 β 병풍구조. 수소결합이 고르게 분포되어 있지만 비스듬히 기울어 있다. **(b)** 역평행한 β 병풍구조. 수소결합은 β 가닥에 직각이고, 수소결합 쌍 간의 공간은 넓고 좁은 것이 번갈아 나타난다.

(a)

(b)

β 병풍구조를 구성하는 β 가닥은 대개 꼬여 있어서, 판 구조는 보통 비틀리고 꼬여 있다. 라이보뉴클리에이즈 A(ribonuclease A)의 β 병풍구조의 3차 구조(그림 4.3)를 살펴보면 그림 4.16에서 나타난 이상적인 구조보다 현실적인 β 병풍구조를 볼 수 있다.

작은 β 병풍구조의 두 가닥이 그림 4.17에 나타나 있다. 이 그림에서와 같이, 앞쪽 가닥의 아미노산의 곁사슬이 β 가닥의 왼쪽과 오른쪽으로 교차로 뻗어 있다. 보통, β 가닥은 오른쪽 방향으로 살짝 꼬여 있다. 그리고 한 가닥을 따라가면 볼 수 있듯이 시계 방향으로 꼬여 있다.

β 가닥 내 결합의 φ와 ψ 각도는 라마찬드란 도표 위쪽의 왼쪽 코너에서 크고, 안정적인 부위를 차지하는 값에 제한된다. 평행한 판과 역평행한 판 구조에 나타나는 아미노산 잔기의 일반적인 각도는 같지 않다(그림 4.9를 보라). 대부분의 β 가닥이 꼬여 있기 때문에, φ와 ψ 각도는 α 나선에서 보다 더 큰 범위의 값을 가진다. 일반적으로 β 병풍구조가 2차 구조라고 생각되지만, 이는 엄밀히 말하면 2차 구조가 아니다. 대개의 경우, 각각의 β 가닥은 단백질의 다른 부위에 존재하며 단백질이 3차 구조를 형성할 때만 모여서 β 병풍구조를 함께 형성할 뿐이다. 때때로, 단백질의 4차 구조가 큰 β 병풍구조를 형성한다. 일부 단백질은 거의 β 병풍구조로 구성되어 있지만, 대부분의 단백질에서는 β 가닥의 비율이 낮다.

앞 절에서 우리는 양극성의 α 나선에 한쪽에서 바깥쪽으로 뻗은 소수성의 곁사슬이 있는 것을 보았다. 이는 단백질의 나머지 부분과 상호작용해서 4차 구조를 안정화시키는 데 도움을 주며, 일련의 소수성 상호작용을 형성하는 면이다. β 병풍구조의 곁사슬은 β 가닥 평면의 위와 아래로 교대로 뻗어 있다. 한 표면은 β 병풍구조가 단백질 내부의 다른 소수성 잔기 위에 놓이도록 하는 소수성의 곁사슬로 이뤄진다.

풀의 꽃가루 낟알의 표면단백질 구조에서 그러한 두 개의 β 병풍구조 간의 소수성 결합을 볼 수 있다(그림 4.18a). 이 단백질은 풀의 꽃가루에 대해 알레르기를 가진 사람에게 알레르기를 유발하는 주요한 알레르기 유발 항원이다. 각각의 β 병풍구조의 한 표면은 소수성 곁사슬을, 반대편 표면은 친수성 곁사슬을 가진다. 두 개의 소수성 표면이 상호작용해서 단백질의 소수성 중심부를 형성하고, 친수성 표면은 그림 4.18b에 나타난 것처럼 용액에 노출된다. 이것은 β 샌드위치의 예시이며, 4차 구조 부분에서 더 자세하게 다룰 2차 구조의 배열 중 하나이다(4.7절).

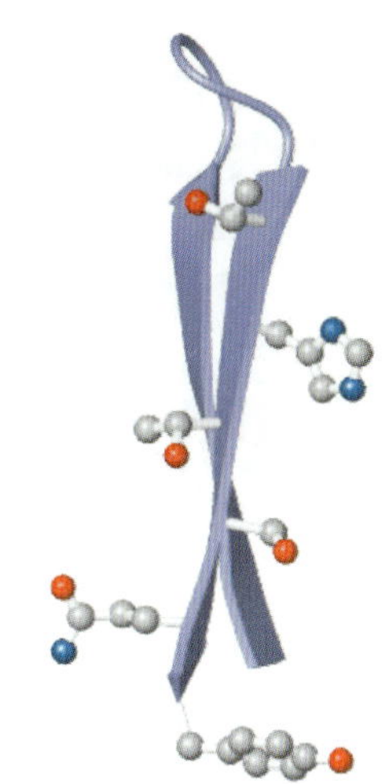

▲ 그림 4.17
독감 바이러스 A의 뉴라미니데이즈의 역평행 β 병풍구조에 있는 2개의 가닥. 앞의 β 가닥의 곁사슬만을 나타냈다. 곁사슬이 β 가닥의 한 쪽과 다른 쪽으로 교차한다. 두 가닥 모두 오른손 감김이다. [PDB 1BJI]

핵심개념

3가지의 일반적인 2차 구조는 α 나선, β 가닥, β 회전이다.

4.6 고리와 회전

α 나선과 β 가닥 모두에서, 반복되는 유사한 구조를 가진 잔기가 연달아 나타난다. 단백질은 반복되지 않는 3차 구조도 가진다. 대부분의 2차 구조에서 반복되지 않는 부분은 폴리펩타이드 골격에서 방향의 전환이 있기 때문에 고리나 회전이라고 설명된다. 반복되지 않는 부분에 있는 펩타이드기의 구조는 반복되는 부분에서와 마찬가지로 제한적이다. 라마찬드란 도표에서 단백질이 입체구조를 형성할 것 같은 φ와 ψ 각도와 잘 맞고, 대부분 α 나선이나 β 가닥을 형성하는 정도의 잔기의 값과 유사하다.

고리와 회전은 α 나선과 β 가닥을 연결하고 폴리펩타이드 사슬을 접어서, 본래의 단백질 구조에서 볼 수 있는 조밀한 3차 구조를 형성한다. 일반적인 단백질에서, 3분의 1 정도의 아미노산이 이런 반복되지 않는 구조에 해당한다. **고리(loop)**는 대개 소수성 잔기를 가지고, 보통 용액과 맞닿아 물과 수소결합을 형성하는 단백질의 표면에서 볼 수 있다. 반복되지 않는 구조가 늘어져 있는 다수의 아미노산이 일부 고리를 구성한다. 그 아미노산 잔기의 약 10%를 이 부위에서 볼 수 있다.

몇 개(5개까지)의 잔기만으로 구성된 고리가 폴리펩타이드 사슬의 방향을 갑자기 바뀌게 만들 때, **회전(turn)**라 부른다. 조밀한 회전의 가장 일반적인 것으로 **역회전(reverse turn)**이

▲ 단백질에서는 U턴이 가능하다.

있다. 이것은 역평행의 β 가닥을 연결해서 **β 회전(β turn)**이라고 부르기도 한다. (그림 4.17에서 볼 수 있듯이, β 병풍구조를 만들기 위해서는 폴리펩타이드가 접혀서 두 개 이상의 β 가닥이 인접해야 된다.) 이 용어들은 β 회전이 α 나선과 β 가닥을 연결하는 것으로 잘못 해석될 수 있다.

I형과 II형의 두 가지 일반적인 β 회전이 있다. 두 종류 모두 4개의 아미노산을 가지고, 첫 번째 잔기의 카보닐 산소와 네 번째 잔기의 아마이드 수소 간의 수소결합이 이를 안정화한다(그림 4.19). I형과 II형 회전 모두 폴리펩타이드 사슬에 급격한 방향 전환이 있다(보통 약 180°). II형의 회전의 세 번째 잔기는 약 60%의 경우가 글라이신이다. 프롤린은 대개 I형과 II형 모두에서 두 번째 잔기에 위치한다.

단백질에는 회전 구조가 많다. 이 구조들 모두가 내부에 구조를 안정화하는 수소결합이 있고, 그로 인해, 회전 구조를 2차 구조로 간주하기도 한다. 회전은 많은 단백질에서 구조에 있어 중요한 부분을 담당한다. 회전에서의 일부 결합은 라마찬드란 도표의 단백질의 입체구조를 형성할 것 같은 부분 밖의 φ와 ψ 각도를 갖는다(그림 4.9). 특히, 이것은 골격에 급격한 방향 전환이 있는 II형 회전의 3번째 위치에 있는 잔기에서 자주 발생한다. 이 잔기는 대개 글라이신이어서, 곁사슬 원자와 골격 원자 간의 구조적 충돌 없이 결합 각도가 더 커질 수 있다. 라마찬드란 도표에서 보통 글라이신을 제외한 모든 아미노산이 제한된 부위를 차지한다. 이는 II형 회전의 회전 각도가 제한적이기 때문이다.

(a)

(b)

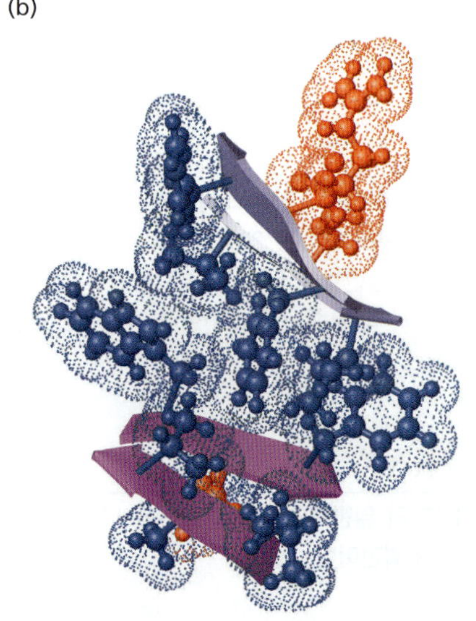

▲ **그림 4.18**
큰조아재비(*Phleum pratense*) 화분의 PHL P2의 구조. **(a)** 단백질 내에서 방향을 나타내기 위해 두 개의 짧은 역평행 β 병풍구조를 파란색, 보라색으로 표시했다. **(b)** 소수성 잔기(파란색)와 극성 잔기(빨간색)를 나타낸 β 샌드위치 구조. 많은 소수성 결합이 두 개의 판을 연결한다. [PDB 1BMW].

4.7 단백질의 3차 구조

폴리펩타이드가 접히면서(이미 α 나선과 β 구조의 일부가 형성되어 있다) 조밀하게 뭉쳐진 3차원의 구조를 형성한다. 3차 구조에서는, 1차 구조상에서 멀리 있는 아미노산이 모여서 곁사슬간에 상호작용을 할 수 있게 된다. 2차 구조는 폴리펩타이드 골격의 아마이드 수소와 카보닐 산소간의 수소결합을 통해 안정화되는 반면, 3차 구조는 주로 아미노산의 곁사슬 간 비공유결합(대부분 소수성 결합)을 통해 안정화된다. 이황결합은 공유결합이지만, 단백질이 접힌 후에만 형성되기 때문에 1차 구조가 아닌 3차 구조이다.

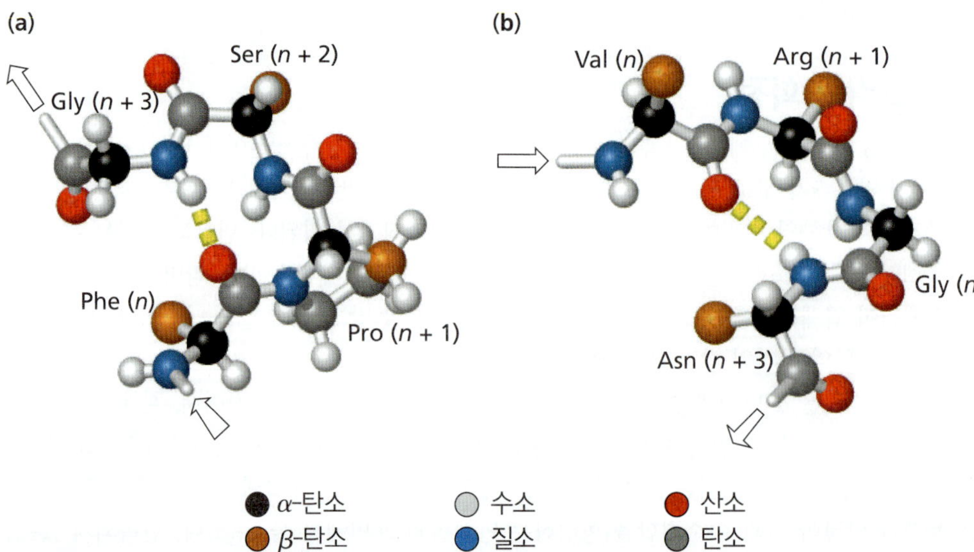

▲ **그림 4.19** **역회전(reverse turn).** **(a)** I형 β 회전. N-말단의 첫 번째 잔기(Phe)의 카보닐 산소와 네 번째 잔기(Gly)의 아마이드 수소간의 수소결합을 통해 구조를 안정화시킨다. 프롤린 잔기는 $n + 1$에 위치함을 상기하라. **(b)** II형 β 회전. 이 회전 또한 N-말단의 첫 번째 잔기(Val)의 카보닐 산소와 네 번째 잔기(Asn)의 아마이드 수소간의 수소결합을 통해 구조를 안정화시킨다. 글라이신 잔기는 $n + 2$에 위치함을 상기하라. [PDB 1AHL(큰수지맨드라미의 신경독)].

A. 초2차 구조

모티프(motif)라고도 부르는 초2차 구조는 α 나선, β 가닥, 고리의 조합이며, 많은 단백질에서 나타난다. 모티프는 구조적으로 유사해도 다른 단백질에서 다른 기능을 하는 경우가 있지만, 대개 특정 기능과 연관된다. 일반적인 모티프의 일부를 그림 4.20에 나타냈다.

간단한 모티프 중 하나로 나선-고리-나선을 들 수 있다(그림 4.20a). 이 구조는 칼슘-결합 단백질에서 많이 볼 수 있다. 이런 단백질의 고리에서는 글루탐산과 아스파트산이 칼슘-결합 부위의 일부를 형성한다. 특정 DNA-결합 단백질에서 이런 초2차 구조는, 나선을 연결하는 아미노산이 역회전을 형성하기 때문에 나선-회전-나선 모티프라 부른다. 이런 단백질에서 α 나선상의 아미노산은 DNA에 결합한다.

감긴 코일은 류신 지퍼의 예시(그림 4.14)에서 볼 수 있듯이 소수성 말단이 접해 있는(그림 4.20b) 두 개의 양극성 α 나선으로 이뤄진다. 몇몇 α 나선은 더 묶여서 나선 다발을 형성한다(그림 4.20c). 이와 같은 경우, 각각의 α 나선은 역평행인 반면 감긴 코일은 평행이다.

$\beta\alpha\beta$ 구조는 두 개의 고리를 통해 α 나선이 두 개의 평행한 β 가닥 사이에 끼어들어가 연결하는 구조이다(그림 4.20d). 나선은 한 β 가닥의 C-말단 끝부분을 다른 β 가닥의 N-말단 끝에 연결시키며, 이 경우 대개의 가닥이 평행을 이룬다. 헤어핀은 두 개의 인접한 역평행 β 가닥이 β 회전으로 연결되어 있다. (그림 4.20e, 헤어핀 모티프의 예를 그림 4.16에서 볼 수 있다.)

β 굽이(β meander) 모티프(그림 4.20f)는 β 가닥이 고리나 회전으로 연속적으로 연결된 역평행 β 병풍구조이다. β 병풍구조에서 가닥은 폴리펩타이드 사슬 서열의 배열과 동일하다. β 굽이 판은 한 개 이상의 헤어핀 구조를 갖지만, 대개의 경우 가닥은 더 큰 고리를 통해 연결된다. 그리스 키(Greek key) 모티프는 고전적인 그리스식 격자무늬 도자기에서 발견되는

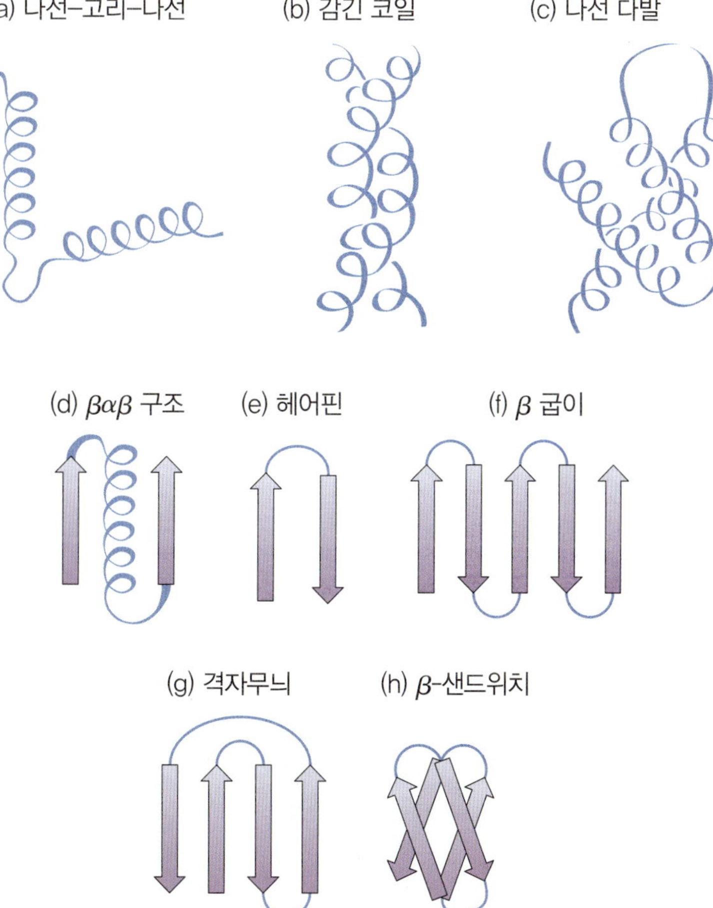

◀ **그림 4.20**
공통 모티프. 접힌 단백질에서 α 나선과 가닥은 보통 고리와 회전을 통해 연결되어 이 그림에서 2차원으로 나타낸 것과 같은 초2차 구조를 형성한다. 화살표는 펩타이드 사슬의 N-에서 C-말단으로의 방향을 나타낸다.

무늬로부터 이름이 유래한다. 네 개의 역평행 β 가닥이 연결된 β 병풍구조는, 세 번째와 네 번째 가닥이 판의 바깥쪽을 이루고 첫 번째와 두 번째 가닥이 판의 중간을 이룬다. β 샌드위치 모티프는 β 가닥이나 판이 서로 위로 쌓일 때 형성된다(그림 4.20h). 이 그림은 β 가닥이 짧은 고리와 회전이므로 연결된 예시를 보여주지만, 그림 4.18에서 볼 수 있듯이 β 샌드위치는 폴리펩타이드 사슬상 다른 부위에 있는 두 개의 β 병풍구조를 통해 형성되기도 한다.

B. 도메인

많은 단백질은 독립적으로 접힌 조밀한 **도메인(domain)**으로 구성된다. 도메인은 모티프의 조합으로 이뤄진다. 도메인은 적게는 25~30개의 아미노산에서 많게는 300개 이상으로 다양한 수의 아미노산으로 이뤄진다. 다양한 도메인을 가진 단백질의 예시를 그림 4.21에서 볼 수 있다. 각각의 도메인은 다양한 2차 구조로 구성된 별개의 조밀한 단위를 가진다. 도메인은 보통 고리로 연결되지만, 각각의 도메인 표면에 있는 아미노산 곁사슬간의 약한 상호작용을 통해서 서로 붙기도 한다. 그림 4.21의 파이루브산 카이네이즈(pyruvate kinase)의 위쪽 도메인은 116~219번의 아미노산으로 이루어지고, 중앙 도메인은 1~115번과 220~388번으로 이루어지며, 아래의 도메인은 389~530번으로 이루어진다. 보통, 도메인은 파이루브산 카이네이즈의 위와 아래의 도메인에서처럼 인접한 아미노산으로 구성되지만, 일부의 경우 중간 도메인처럼 한 도메인이 2개 이상의 다른 폴리펩타이드 사슬로 구성된다.

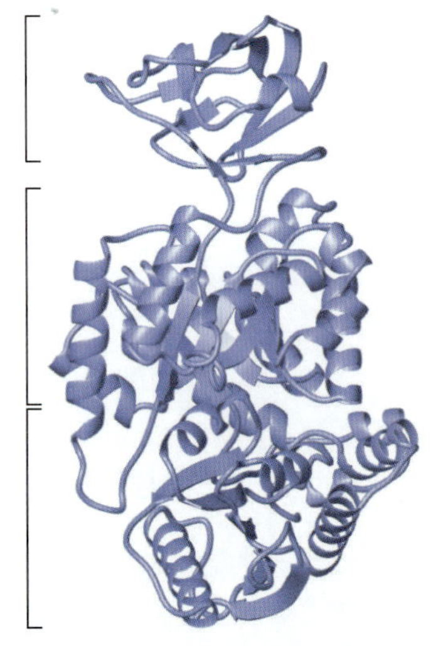

▲ 그림 4.21
고양이(*Felis domesticus*)의 파이루브산 카이네이즈. 이런 공통된 효소의 주요 폴리펩타이드 사슬은 접혀서 괄호에 나타난 것처럼 3개의 서로 다른 도메인이 된다. [PDB 1PKM].

지난 몇십 년간 단백질에 관한 연구 중 가장 중요한 발견 중 하나는 단백질 구조에서 진화적으로 보존된 부분이 있다는 것이다. 이런 보존된 부분은 각각 다른 종에서 유래한 단일 도메인의 상동 단백질에서 쉽게 볼 수 있다. 예로써, 3장에서 살펴본 사이토크롬 *c*의 서열의 유사성을 들 수 있고, 또 이들의 1차 구조가 유사한 것을 통해 다른 종에서 유래한 단백질 간의 진화적 관계를 밝히는 계통수를 만드는 데 사용할 수 있다(3.11절). 예상할 수 있듯이, 사이토크롬 *c* 단백질의 3차 구조도 잘 보존되어 있다(그림 4.22). 사이토크롬 *c*는 헴기를 갖는 단백질 중 하나이다. 보존된 단백질 구조는 헴기와의 상호작용과, 다양한 종에서 전자전달 단백질로서의 기능이 보존되었음을 시사한다.

일부 도메인 구조는 단백질에서 보편적으로 나타나는 반면, 그렇지 않은 것도 있다. 일반적으로, 단백질은 도메인 구조와 아미노산 서열의 유사성에 따라 계통으로 나눈다. 계통의 모든 단백질은 공통된 조상 단백질에서 유래했다. 일부 생화학자들은 30억 년 전에 살았던 대부분의 원시생물에 있는 단 몇천 개의 단백질로부터 현대의 모든 단백질이 만들어졌음을 보여주는 몇천 개의 계통이 있을 거라고 믿는다.

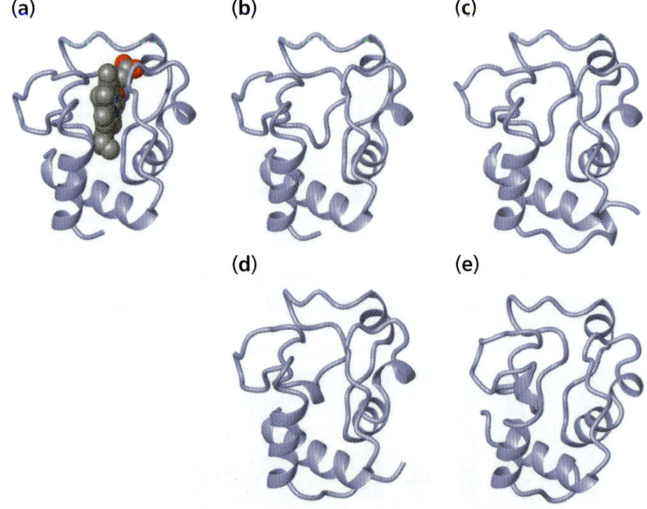

그림 4.22 ▶
보존된 사이토크롬 *c*(cytochrome *c*) 구조. **(a)** 헴기에 붙어 있는 참치(*Thunnus alalunga*)의 사이토크롬 *c* [PDB 5CYT]. **(b)** 참치 사이토크롬 *c*의 폴리펩타이드 사슬. **(c)** 쌀(*Oryza sativa*)의 사이토크롬 *c* [PDB 1CCR]. **(d)** 효모(*Saccharomyces cerevisiae*)의 사이토크롬 *c* [PDB 1YCC]. **(e)** 박테리아(*Rhodopila globiformis*)의 사이토크롬 *c* [PDB 1HRO].

젖산 디하이드로지네이즈와 말산 디하이드로지네이즈는 같은 단백질 계통에 속하는 효소이다. 각각의 구조는 그림 4.23에서 볼 수 있듯이 매우 유사하다. 단백질의 서열은 23%만이 동일하다. 구조적 측면에서와는 달리, 이 정도의 서열 유사성은 두 단백질이 상동이라는 것을 입증하는 데 충분하다. 이 두 단백질은 현재 존재하는 모든 세균(bacteria)의 마지막 공통조상 전에, 수억 년 전부터 복제된 공통조상의 유전자로부터 내려왔다. 젖산 디하이드로지네이즈와 말산 디하이드로지네이즈는 연관된 단백질 계통에 속하기 때문에, 둘 다 같은 종에 존재한다. 단백질 계통에는 같은 종에 존재하는 연관된 단백질도 속한다. 그림 4.22에 나타난 사이토크롬 *c*는 진화적으로는 이 단백질들과 연관되어 있지만, 엄밀히 말하면 각각의 종에서 이들 중 한 개의 단백질만이 존재하기 때문에 단백질 계통이 같지 않다. 단백질 계통은 유전자 복제를 통해 만들어졌다.

단백질 도메인은 구조에 따라 나눌 수 있다. 자주 이용되는 분류는 이런 도메인을 4개의 카테고리로 나눈다. "전부 α" 카테고리에는 대개 전체가 α 나선과 고리로 이뤄진 도메인이 속한다. "전부 β" 도메인에는 β 가닥을 연결하는 β 병풍구조와 반복되지 않는 구조로만 구성된다. 다른 두 가지 카테고리에는 α 나선과 β 가닥이 섞여서 나타나는 도메인이 속한다. "α/β" 분류의 도메인에는 $\beta\alpha\beta$ 모티프와 다른 초2차 구조가 속하는데, 이들은 폴리펩타이드 사슬 내의 α 나선과 β 가닥이 번갈아 나타나는 부위에 존재한다. "$\alpha + \beta$" 카테고리에서, 도메인은 각각의 2차 구조가 폴리펩타이드 사슬의 독립적인 부분에서 생기는데, 이는 α 나선과 β 병풍구조가 국소적으로 모여 다발을 형성하면서 만들어지는 것이다.

단백질의 도메인은 네 개의 주요 구조 카테고리의 각각에서 접힘이 특징적이기 때문에, 더 세부적으로 나눌 수 있다. 접힘(fold)은 도메인 중심을 형성하는 2차 구조 복합체이다. 105~106쪽에 있는 그림 4.24는 각각의 주요 카테고리에 속하는 단백질들의 예시를 보여주는데, 이들은 일반적인 도메인 접힘 구조를 나타냈다. 일부 도메인은 헤어핀 고리(그림 4.20f)나 나선 다발(그림 4.20c)로 연결된 역평행의 β 가닥이 있는 β 굽이처럼 쉽게 볼 수 있다. 다른 접힘은 더 복잡한 구조를 가진다(그림 4.25).

그림 4.24의 요점은 공통적인 단백질과 접힘 구조가 아니다. 핵심 개념은 단백질이 단 3개의 기본적인 2차 구조만으로도 다양한 크기와 모양(3차 구조)을 형성할 수 있다는 것이다.

(a)

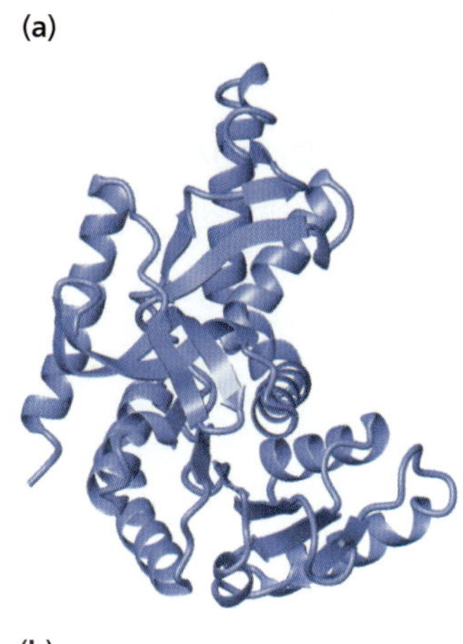

(b)

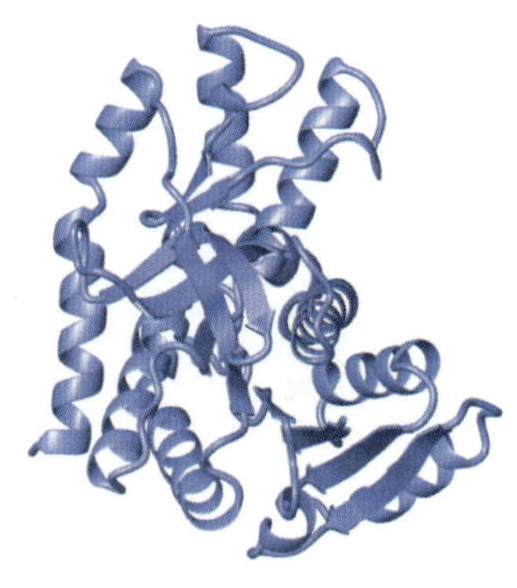

▲그림 4.23
젖산과 말산 디하이드로지네이즈의 구조적 유사성. **(a)** *Bacillus stereothermophilus*의 젖산 디하이드로지네이즈[PDB 1LDN]. **(b)** 대장균의 말산 디하이드로지네이즈[PDB 1EMD].

젖산 디하이드로지네이즈와 말산 디하이드로지네이즈의 효소 활성을 BOX 7.1에서 비교했다.

C. 도메인 구조, 기능, 그리고 진화

도메인 구조와 기능 간의 관계는 복잡하다. 대개 단일 도메인은 작은 분자에 붙거나 하나의 반응을 촉진한다. 여러 가지 기능을 수행하는 효소의 경우에는, 각각의 촉매의 활성이 하나의 폴리펩타이드 사슬의 몇 개의 도메인 중 하나와 연관되는 경우도 있다(그림 4.24j). 하지만 대개의 경우 작은 분자가 붙거나 효소의 활성부위를 이루는 것은 두 개의 별개의 도메인이 접하는 부분에서 일어난다. 대개, 이런 접점은 단백질의 표면에 접근이 가능한 틈이나 그루브(groove), 주머니를 형성한다. 도메인 간에 접하는 범위의 정도는 단백질마다 다양하다.

단백질 고유의 모양과 굴곡, 도메인 간의 접점, 그리고 다른 틈이 선택적이고 일시적으로 다른 분자와 결합하는 등의 다양한 기능을 수행한다. 이런 특징은 반응물(기질)이 효소의 기질-결합 부위(혹은 활성부위)에 매우 특이적으로 붙는 것을 보아도 알 수 있다. 대개의 결합 부위는 단백질의 내부를 향해 있기 때문에, 상대적으로 물로부터 자유롭다. 기질이 붙을 때는, 결합 부위가 기질과 잘 맞아 들어가기 때문에 결합 부위에 남아 있던 일부 물 분자는 제거된다.

D. 불안정한 3차 구조로 합성된 단백질

이 절은 안정적인 3차원 구조를 갖지 않는 단백질과 도메인에 관한 것으로, 이에 관해 공부하는 것 또한 3차 구조에서 필수적이다. 이런 단백질(그리고 도메인)은 꽤 흔하며, 2차와

핵심개념

2차 구조의 기본적인 유형은 3가지 뿐이지만, 3차 구조와 도메인의 유형은 수천 가지가 있다.

단백질 도메인과 유전자 구조 간의 가능한 결합을 추측하는 것은 21장에서 다룰 것이다.

3차 구조를 형성할 수 없는 것은 아미노산 서열에도 암호화되어 있다. 구조적으로 불안정한 단백질은 흔히 전하를 띠는 잔기와 프롤린 잔기를 가진다.

이런 단백질의 대다수가 다른 단백질과 상호작용한다. 이 단백질들은 결합 부위로서 짧은 아미노산 서열을 가지고, 이 결합 부위는 구조적으로 불안정한 부분 내에 위치한다. 이 때문에 결합 부위에 접근하기가 쉽다. 만약 단백질이 다른 단백질에 대해 두 개의 다른 결합 부위를 가지면, 불안정한 폴리펩타이드 사슬은 두 개의 결합 단백질을 가까이 끌어와 묶어두는 역할을 담당한다. 몇몇 전사인자가 DNA에 붙지 않는 경우 또한 이러한 부위를 가지기 때문이다. 이런 부위는 단백질이 DNA와 상호작용할 때 제대로 정렬된다.

4.8 4차 구조

많은 단백질이 4차 구조(quaternary structure)라 불리는 추가적인 단계의 구조를 가진다. 4차 구조는 여러 개의 소단위체로 구성된 단백질에서 소단위체의 구조와 정렬을 지칭한다. 각각의 소단위체는 독립된 폴리펩타이드 사슬로 구성된다. 여러 개의 소단위체로 구성된 단백질은 소중합체(oligomer)라 부른다. [하나의 폴리펩타이드로 구성된 단백질은 단량체(monomer)라 부른다.] 여러 소단위체로 구성된 단백질에서 각각의 소단위체는 같기도 하고, 다르기도 하다. 소단위체가 동일할 경우는, 대개 이합체(dimer)나 사합체(tetramer)이다. 소단위체끼리 그 종류가 다를 경우는, 대개 각각의 단위체가 서로 다른 기능을 수행한다. 소중합체 단백질을 표현하는 일반적인 약어로, 소단위체의 종류와 수를 나타내기 위해 숫자의 아래첨자를 그리스 문자로 사용한다. 예를 들어, $\alpha_2\beta\gamma$의 단백질은 α라 표현한 소단위체가 2개, β와 γ로 표현한 소단위체가 각각 1개로 구성된다.

소중합체 단백질을 구성하는 소단위체는 항상 제한적인 화학량(stoichiometry)을 가지며, 보통 약한 비공유결합을 통해 정렬되어 안정적인 구조 형성에 기여하게 된다. 단위체의 배치에는 정전기적 인력도 관여하지만, 대부분 소수성 결합이 주요하다. 보통 소단위체 간의 결합력이 약하기 때문에, 실험실에서 소중합체 단백질을 구성하는 소단위체를 분리하는 것이 어렵지 않다. 하지만 생체 내에서는 보통 소단위체가 강하게 결합을 이루고 있다.

다수의 소단위체로 구성된 단백질이 그림 4.26에 나타나 있다. 삼탄당 인산 아이소머레이즈(그림 4.26a)와 HIV 프로티에이즈(protease, 그림 4.26b)의 경우, 고리에서 주로 발견되는 곁사슬간의 약한 상호작용을 통해서 동일한 소단위체가 서로 연결된다. 이런 상호작용은 동일한 소단위체가 삼합체(trimer)를 형성하는 MS2 캡시드 단백질에서도 필요하다(그림 4.26d). 이 경우에는 삼합체의 단위가 더 복잡하게 구성되며 박테리오페이지 입자(bacteriophage particle)를 이룬다. 효소인 HGPRT(그림 4.26e)는 두 쌍의 서로 다른 소단위체의 결합으로 구성된 사합체이다. 각각의 소단위체는 쉽게 볼 수 있는 도메인이다.

박테리아와 식물의 광계의 구조와 기능은 15장에 설명되어 있다.

칼륨 통로(channel) 단백질(그림 4.26c)은 동일한 소단위체가 모여서 8-나선 다발(eight-helix bundle)을 이루며 막에 걸쳐 있는 사합체이다. 소단위체는 단백질 내에서 독립적인 도메인을 형성하는 대신 함께 모여서 하나의 통로를 이룬다. 그림 4.26f의 박테리아 광계는 복잡한 4차 구조의 예시이다. 소단위체 중 3개는 막에 붙어 있는 큰 나선을 이루는 반면, 네 번째 소단위체(사이토크롬)는 막의 바깥 표면에 붙어 있다.

단백질을 물리적으로 설명하기 위해서, 소중합체 단백질에서 소단위체의 구성을 아는 것이 필수적이다. 일반적으로 있는 그대로의 소중합체의 분자량은 젤-여과 크로마토그래피로 추정하며, 각각의 사슬의 분자량은 에스디에스-폴리아크릴아마이드 젤 전기영동으로 결정한다(3.6절). 한 종류의 사슬로만 이뤄진 단백질은 두 값의 비가 소중합체당 사슬 수를 의미한다.

많은 단백질이 여러 개의 소단위체로 구성되는 것은 다른 요소와도 관련될 수 있다:

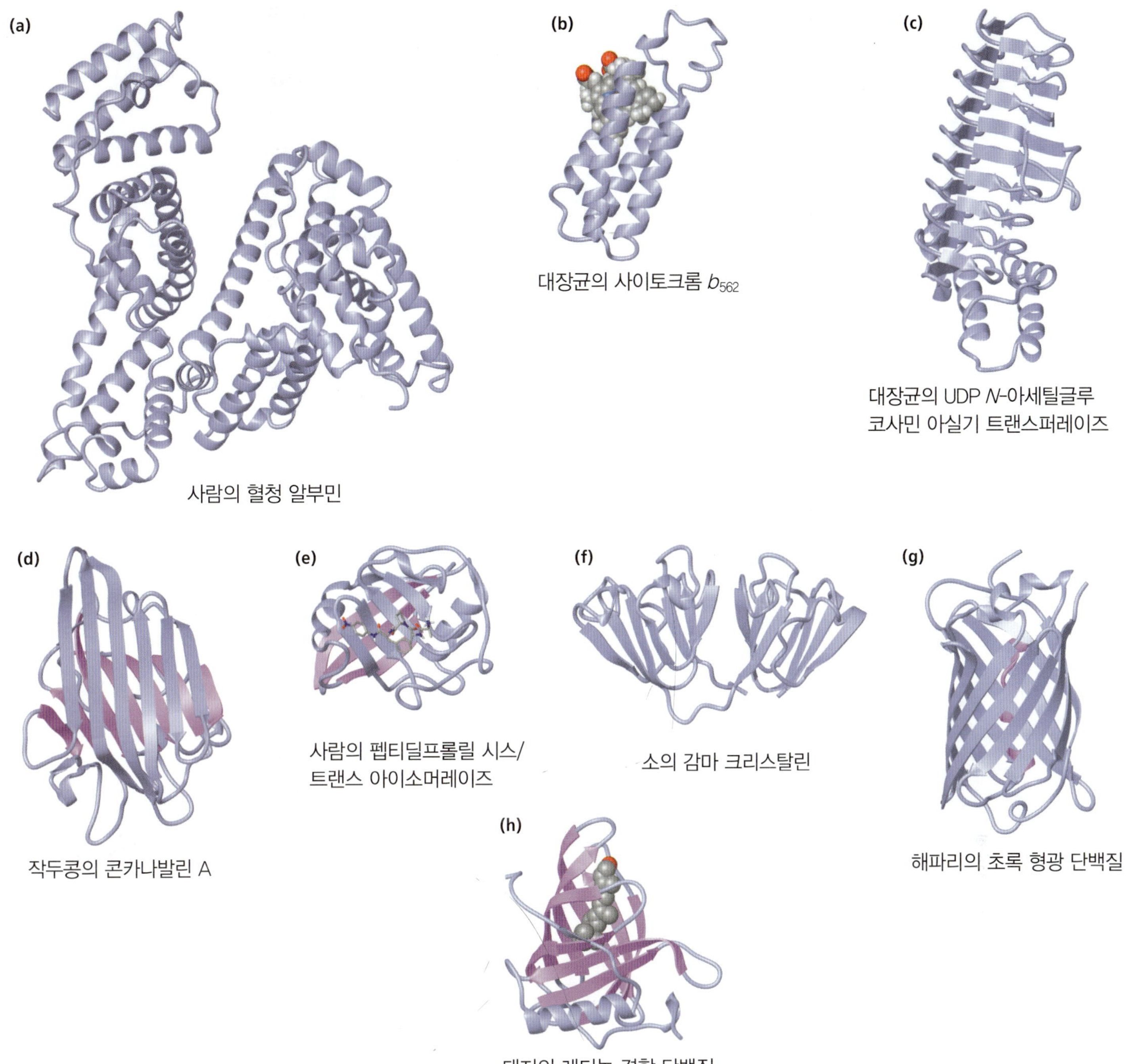

▲그림 4.24

선택된 단백질의 3차 구조. **(a)** 사람(*Homo sapiens*)의 혈청 알부민[PDB 1BJ5] (종류: 모두-α). 이 단백질은 층으로 쌓인 α 나선과 나선 다발로 구성된 몇 개의 도메인으로 구성된다. **(b)** 대장균(*Escherichia coli*)의 사이토크롬 b_{562} [PDB 1QPU] (종류: 모두-α). 이것은 단일 4-나선 다발 도메인으로 구성된 헴-결합 단백질이다. **(c)** 대장균의 UDP N-아세틸글루코사민 아실기 트랜스퍼레이즈(UPD N-acetylglucosamine acyl transferase) [PDB 1LXA] (종류: 모두-β). 이 효소의 구조는 β 나선 도메인의 전형적인 예시이다. **(d)** 잭 빈(*Canavalia ensiformis*)의 콘카나발린 A(concanavalin A) [PDB 1CON] (종류: 모두-β). 이 탄수화물-결합 단백질(렉틴, lectin)은 큰 β 샌드위치 구조를 구성하는 단일-도메인의 단백질이다. **(e)** 사람(*Homo sapiens*)의 펩티딜프롤릴 시스/트랜스 아이소머레이즈(peptidylprolyl *cis*/*trans* isomerase) [PDB 1VBS] (종류: 모두-β). 이 구조는 β 샌드위치 접힘이다. **(f)** 소(*Bos taurus*)의 γ-크리스탈린(γ-cristallin) [PDB 1A45] (종류: 모두-β). 이 단백질은 두 개의 β 통 도메인을 가진다. **(g)** 해파리(*Aequorea victoria*)의 초록 형광 단백질(green fluorescent protein) [PDB 1GFL] (종류: 모두-β). 이것은 중심에 α 나선을 가지는 β 통 구조이다. 판 구조의 가닥은 역평행이다. **(h)** 돼지(*Sus scrofa*)의 레티놀-결합 단백질(retinol-binding protein) [PDB 1AQB] (종류: 모두-β). 레티놀은 β 통 접힘의 내부에 결합한다. **(I)** 맥주 효모(*Saccharomyces carlsburgensis*)의 오래된 노란 효소(FMN 옥시도리덕테이즈, FMN oxidoreductase) [PDB 1OYA] (종류: α/β). 중심 접힘은 α 나선으로 연결된 평행한 β 가닥을 가진 α/β 통이다. 연결된 알파 나선 부위의 두 개를 노란색으로 나타내었다. **(j)** 트립토판 생합성에 필요한 대장균 효소 [PDB 1 PII] (종류: α/β). 이는 두 개의 서로 다른 도메인을 가져서 두 가지 기능을 수행하는 효소이다. 각각의 도메인은 α/β 통의 예시이다. 왼쪽 도메인에는 인돌글리세롤 인산(indolglycerol phosphate) 합성 활성을 가지며, 오른손 감김 도메인은 포스포라이보실안트라니레이트 아이소머레이즈(phosphoribosylanthranilate isomerase) 활성이 있다.

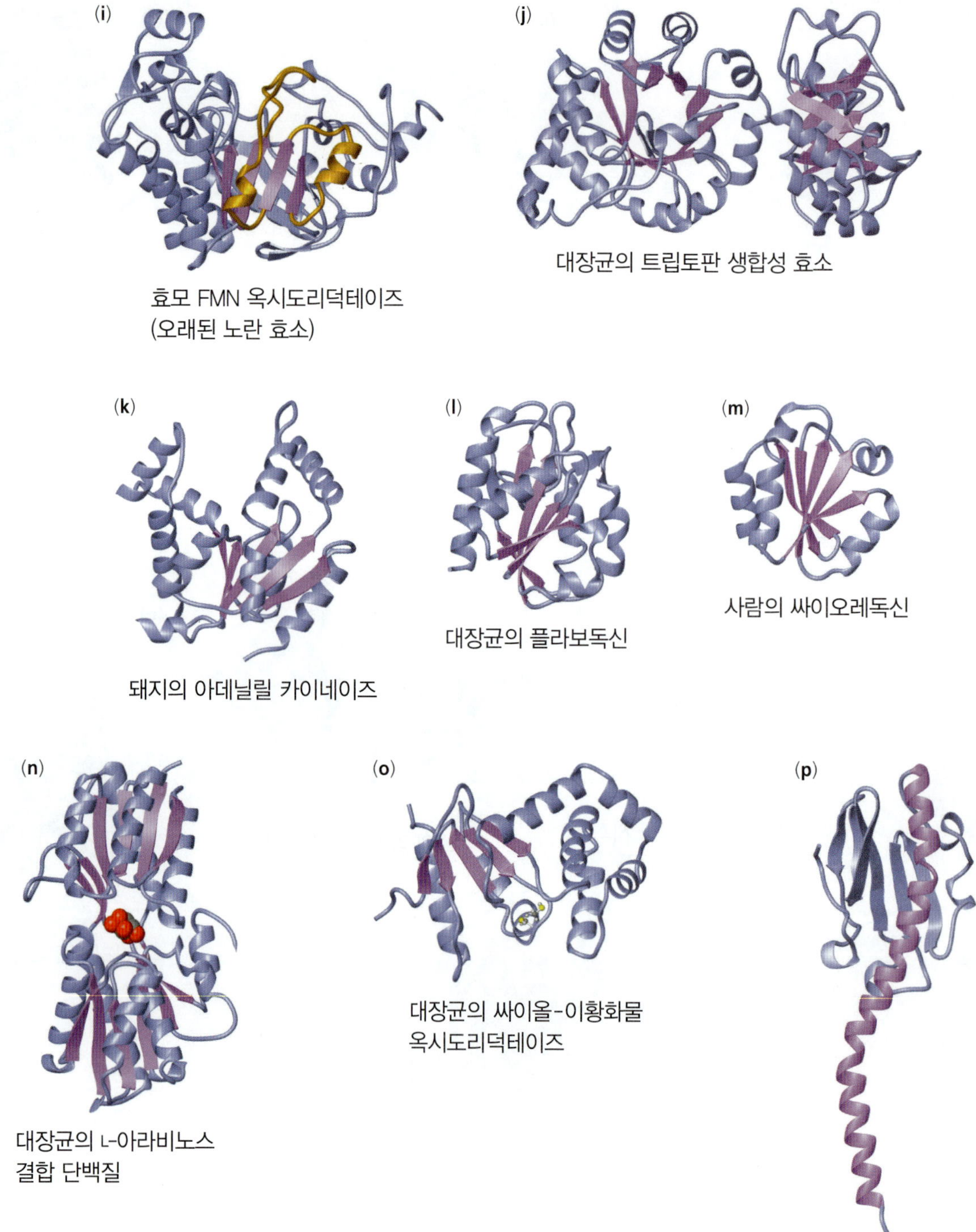

▲ 그림 4.24 (계속)

(k) 돼지의 아데닐릴 카이네이즈(adenylyl kinase)[PDB 3ADK] (종류: α/β). 이 단일-도메인의 단백질은 판 구조의 위아래로 층 구조에 α 나선이 있는 다섯 가닥의 평행한 β 병풍구조 구조로 구성된다. **(l)** 대장균의 플라보독신(flavodoxin) [PDB 1AHN] (종류: α/β). 접힌 구조는 α 나선이 둘러싸고 있는 다섯 가닥이 서로 평행한 꼬인 병풍 구조이다. **(m)** 사람의 싸이오레독신(thioredoxin) [PDB 1ERU] (종류: α/β). 이 단백질의 구조는 대장균 싸이오레독신의 다섯 가닥이 꼬여 있는 판 구조 부분이 단일의 역평행 가닥으로 대체된 것을 제외하고는 매우 유사하다. **(n)** 대장균의 ʟ-아라비노스-결합 단백질(ʟ-arabinose-binding protein) [PDB 1ABE] (종류: α/β). 이 단백질의 각각의 도메인은 대장균의 플라보독신에 있는 2개의 도메인과 유사하다. 당 ʟ-아라비노오스는 두 도메인 사이의 공간에 결합한다. **(o)** 대장균 DsbA(싸이오-이황화물 옥시도리덕테이즈/이황화물 아이소머레이즈) [PDB 1A23] (종류: α/β). 이 단백질의 구조는 α 나선 사이에 역평행의 β 병풍구조 샌드위치 구조가 나타나는 것이 특징이다. α 나선 한쪽 끝에 있는 시스테인 곁사슬을 나타냈다(황 원자는 노란색). **(p)** 임균(*Neisseria gonorrhea pilin*) [PDB 2PIL] (종류: $\alpha + \beta$). 이 폴리펩타이드는 임질의 원인이 되는 박테리아의 표면의 섬모의 소단위체 중 하나이다. 구조에 두 가지의 다른 부위가 있다: β 병풍구조와 긴 α 나선.

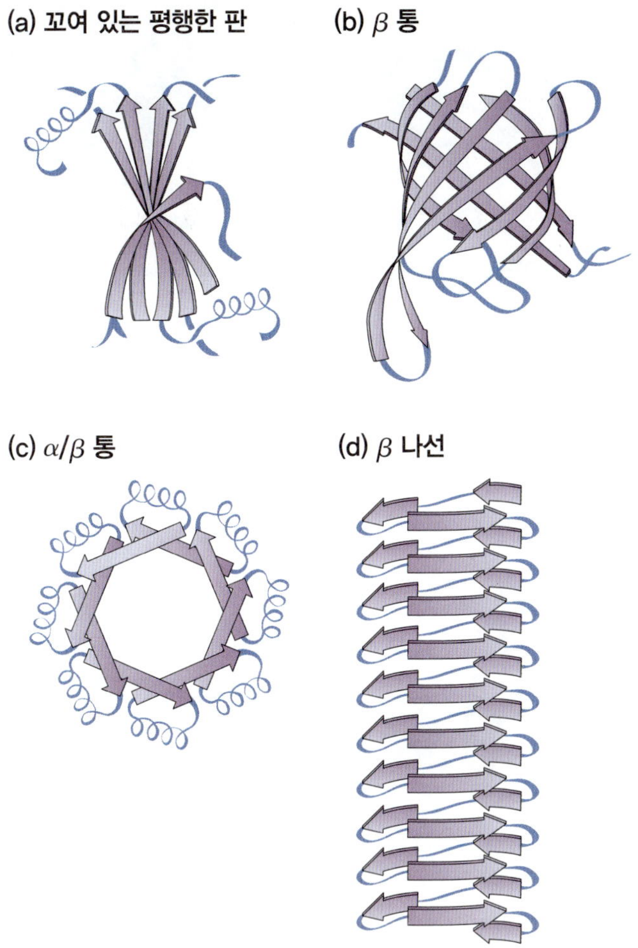

(a) 꼬여 있는 평행한 판
(b) β 통
(c) α/β 통
(d) β 나선

◀ **그림 4.25**
일반적인 도메인의 접힘 구조.

1. 소중합체는 보통 서로 떨어져 있는 소단위체보다 안정해서, 생체 내에서 4차 구조를 이루는 단백질이 더 오래 존재할 수 있게 해준다.
2. 일부 소중합체 효소의 활성 부위는 인접한 폴리펩타이드 사슬의 잔기끼리 형성된다.
3. 기질이 결합하면 많은 소중합체 단백질의 3차원 구조가 바뀐다. 소단위체의 3차와 4차 구조(소단위체 간 접합)가 모두 바뀔 수도 있다. 이런 변화는 특정 소중합체 단백질의 생물학적 활성을 조절하는 데 중요하다.
4. 서로 다른 단백질이 같은 소단위체를 공유할 수 있다. 많은 소단위체가 제한된 기능(예: 기질결합)을 수행하기 때문에, 진화는 연관된 기능을 수행하는 소단위체가 다른 조합을 이루는 방향으로 일어났다. 이는 기능의 일부를 복제해서 완전히 새로운 단량체 단백질을 만드는 것보다 훨씬 효율적이다.
5. 여러 소단위체로 이뤄진 단백질에서는 첫 번째 반응의 산물이 두 번째 반응의 기질이 되는 두 개의 연속적인 효소반응이 일어난다. 이는 채널링(channeling)이라 불리는 효과를 일으킨다(5.11절).

그림 4.26에서 나타낸 것처럼, 여러 개의 소단위체로 구성된 단백질은 삼탄당 인산 아이소머레이즈와 같은 단순한 동질이합체(homodimers)에서부터 박테리아와 식물에 있는 광계처럼 큰 복합체까지 다양하다. 얼마나 많은 단백질이 단량체이고, 얼마나 많은 단백질이 소중합체인지 알고 싶지만, 세포의 단백질체(proteomes; 단백질의 전체)에 관한 연구는 이제 시작된 수준이다.

109쪽의 표 4.1은 SWISSPORT 데이터 베이스에서 대장균 단백질에 관해 조사한 결과이다. 분석된 폴리펩타이드들 중 약 19%만이 단량체로 존재한다. 이합체는 소중합체 중

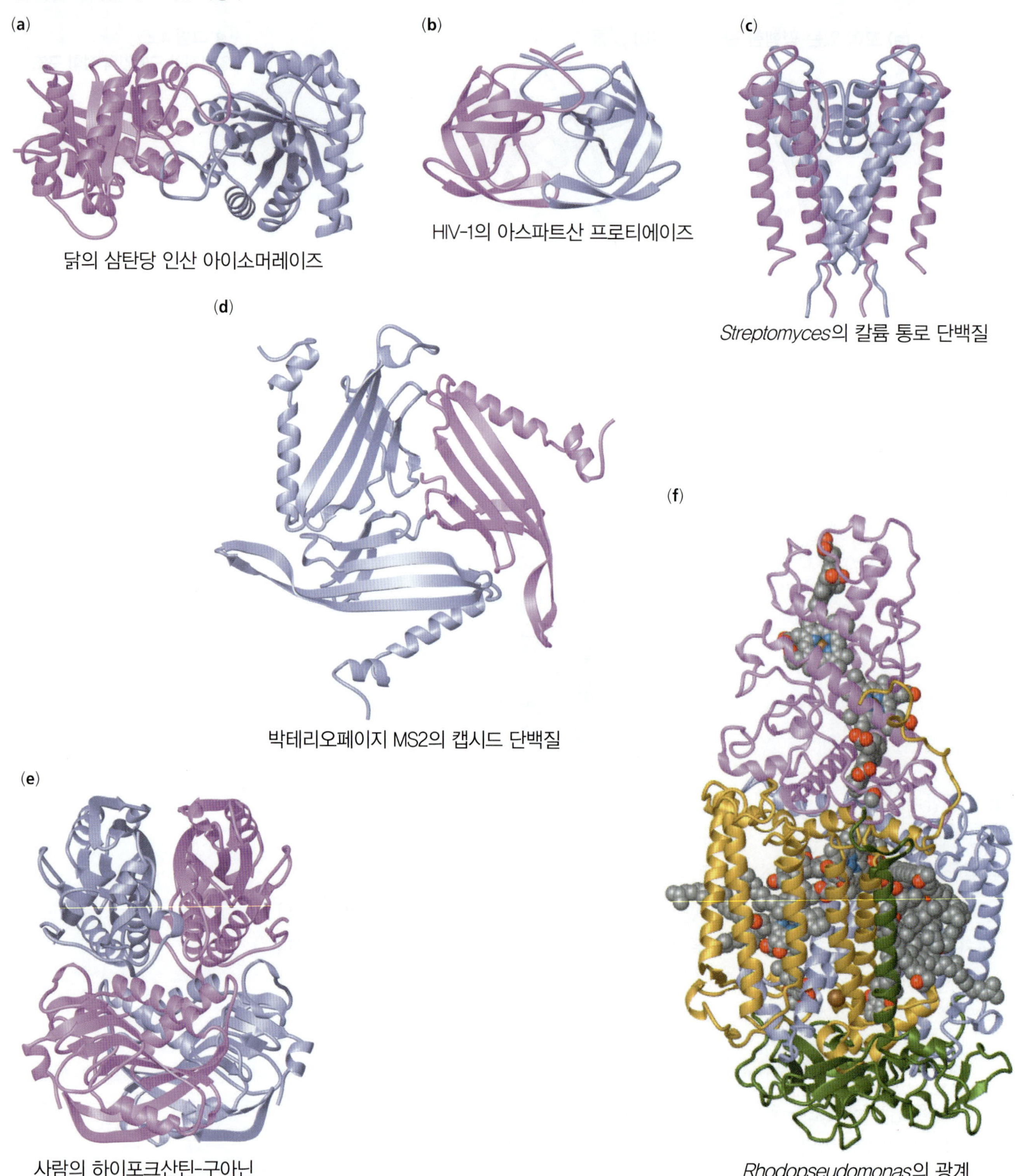

▲ 그림 4.26

4차 구조. **(a)** 닭(*Gallus gallus*)의 삼탄당 인산 아이소머레이즈(triose phosphate isomerase) [PDB 1TIM]. 이 단백질은 α/β 통의 접힘과 함께 두 개의 동일한 소단위체를 가진다. **(b)** HIV-1 아스파트산 프로티에이즈(aspartic protease) [PDB 1DIF]. 이 단백질은 대칭적으로 붙는 두 개의 동일한 모두-β 소단위체로 이뤄진다. HIV 프로티에이즈는 에이즈 환자를 치료하기 위해 고안된 새로운 약들의 표적이다. **(c)** *Streptomyces lividans* 칼륨 통로 단백질(potassium channel protein) [PDB 1BL8]. 이 막에 붙어 있는 단백질은 네 개의 동일한 소단위체로 구성되며, 각각이 막을 통과하는 8개의 나선 다발의 일부이다. **(d)** 박테리오페이지 MS2 캡시드 단백질(capsid protein) [PDB 2MS2]. MS2 캡시드의 기본적인 단위는 큰 β 병풍구조로 구성된 동일한 소단위체의 삼합체이다. **(e)** 사람의 하이포크산틴-구아닌 포스포라이보실 트랜스퍼레이즈(hypoxanthine-guanine phosphoribosyl transferase; HGPRT) [PDB 1BZY]. HGPRT는 두 개의 서로 다른 소단위체로 구성된 사합체이다. **(f)** *Rhodopseudomonas viridis* 광계(photosystem) [PDB 1PRC]. 이 복잡한 막에 붙는 단백질은 몇몇 광색소 분자에 붙어 있는 두 개의 동일한 소단위체(주황, 파랑)와 두 개의 또 다른 소단위체(보라, 초록)로 구성된다.

표 4.1 대장균에서 자연적으로 발현되는 소중합체 단백질

소중합체 상태	동질소중합체 (Homooligomers)의 수	이질소중합체 (Heterooligomers)의 수	비율
단량체(Monomer)	72		19.4
이합체(Dimer)	115	27	38.2
삼합체(Trimer)	15	5	5.4
사합체(Tetramer)	62	16	21.0
오합체(Pentamer)	1	1	0.1
육합체(Hexamer)	20	1	5.6
칠합체(Heptamer)	1	1	0.1
팔합체(Octamer)	3	6	2.4
구합체(Nonamer)	0	0	0.0
십합체(Decamer)	1	0	0.0
십일합체(Undecamer)	0	1	0.0
십이합체(Dodecamer)	4	2	1.6
더 많은 소중합체(Higher oligomers)	8		2.2
중합체(Polymers)	10		2.7

에 가장 큰 분류이고, 두 개의 소단위체가 동일한 동질이합체는 전체 단백질의 31%를 차지한다. 두 번째로 큰 분류는 동일한 소단위체의 사합체이다. 사합체는 상대적으로 드물다. 대부분의 단백질은 대칭적인 한 쌍을 이루며, 이는 선을 그려 단백질이 이 축에 대칭적으로 나뉠 수 있음을 의미한다. 이런 한 쌍의 대칭은 하이포크산틴-구아닌 포스포라이보실 트랜스퍼레이즈(hypoxanthine-guanine phosphoribosyl transferase; HGPRT, 그림 4.26e)와 헤모글로빈(4.14절)과 같은 이질소중합체(heterooligomers)에서도 발견된다. 물론, 특히 소중합체가 큰 복합체일 때 많은 예외가 있다.

우리는 여러 개의 소단위체로 구성된 단백질의 다른 예들을 이 책의 전반에 걸쳐[특히, 정

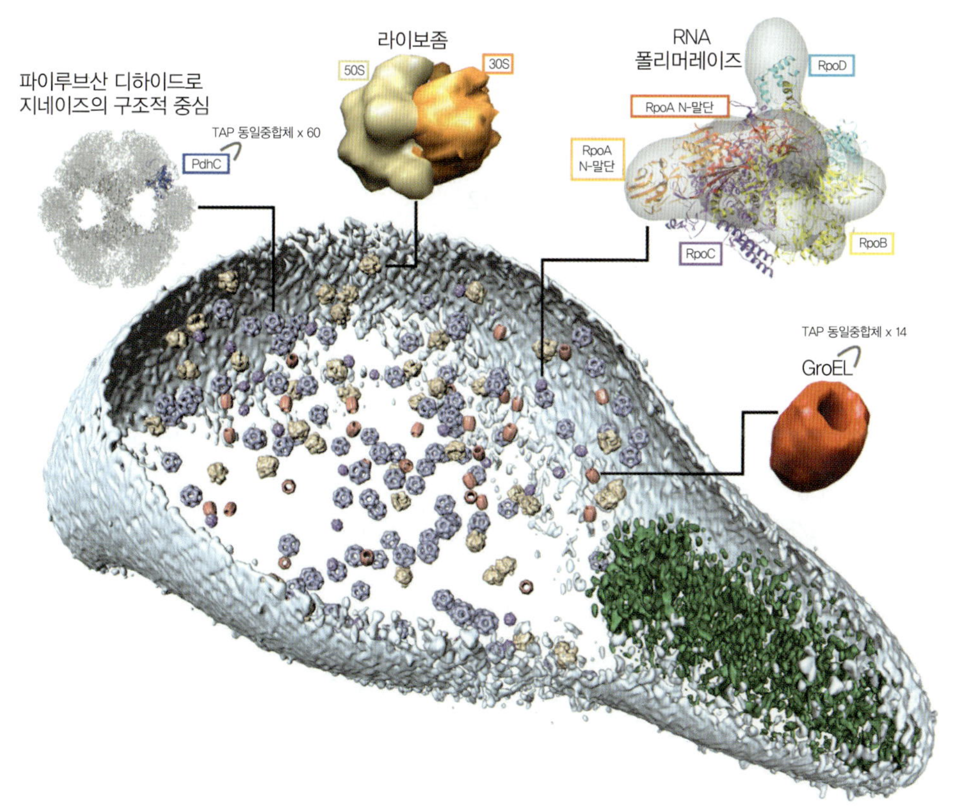

◀ **그림 4.27**
박테리아 *Mycoplasma pneumoniae*의 큰 단백질 복합체. *M. pneumoniae*는 사람에게 특정 폐렴을 유발한다. 이 종은 알려진 유전체 중 가장 작은 것 중 하나를 가진다(689개의 단백질-암호화 유전자). 대부분의 이런 유전자들은 살아 있는 세포에서 최소한의 단백질체를 나타내는 것으로 추정된다. 모든 세포에서 발견되는 큰 복합체 중 몇 가지는 다음과 같다: 파이루브산 디하이드로지네이즈(보라), 라이보좀(노랑), GroEL(빨강), 그리고 RNA 폴리머레이즈(주황). 일부 박테리아에서만 발견되는 막대(rod, 초록)도 있다. [Adapted from Kühner et al. (2009)가 발표. Proteome organization in a genome-reduced bacterium. *Science* 326:1235–1240]

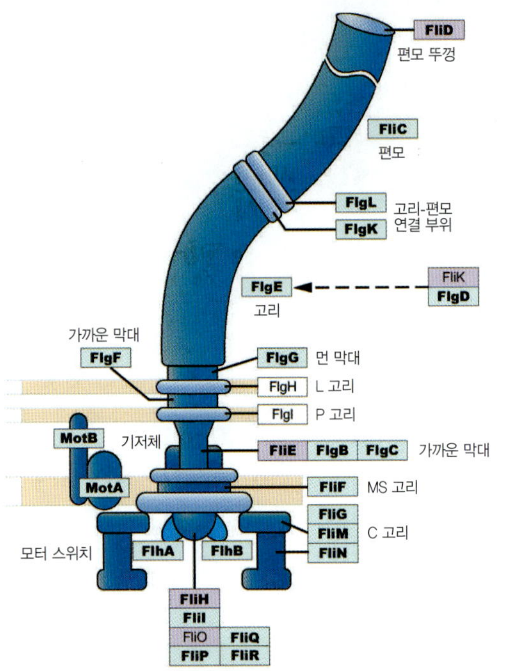

▲ 그림 4.28

박테리아의 편모. 박테리아의 편모는 모든 종에서 발견되는 21개의 중심 소단위체로 구성된 단백질 기계이다(파란 상자). 2개의 부가적인 소단위체는 피르미쿠트(Firmicutes, 흰 상자)에서는 소실되어 있고, 다른 5개는 산발적으로 분포되어 있다. 편모(고리 + 필라멘트 + 뚜껑)는 모터 복합체가 회전하듯이 돈다. 세 개의 층은 외막(위), 펩티도글리칸층(중간), 세포막(아래)이다. (Courtesy of Howard Ochman.)

보의 흐름(information flow) 단원에서] 살펴볼 것이다(20~22장). 그 중 DNA 폴리머레이즈, RNA 폴리머레이즈, 그리고 라이보좀이 그 예이다. GroEL(4.11D절)과 파이루브산 디하이드로지네이즈(13.1절)도 이에 속한다. 그림 4.27에 나타난 것처럼, 이런 큰 단백질의 대부분을 전자현미경으로 쉽게 볼 수 있다.

큰 복합체는 복잡한 반응들을 수행하기 위해 다양한 폴리펩타이드가 함께 움직여서, 비유적으로 **단백질 기계(protein machine)**라고 부른다. 이 용어는 원래 레플리좀(replisome, 그림 20.15)과 같은 복합체를 설명하기 위한 것이지만, 그림 4.27에 나타낸 것처럼 많은 다른 예시들이 있다.

단백질 기계의 예로 박테리아의 편모(그림 4.28)를 들 수 있다. 복합체는 양성자 추진력을 이용해서 긴 편모를 움직인다(14.3절). 대장균에서 편모를 만드는데 50개 이상의 유전자가 필요하지만, 다른 박테리아를 조사해보니 기능적인 편모를 만드는데는 약 21개의 중심 단백질만이 필요한 것을 알 수 있었다. 이 단백질 기계의 진화적 역사는 활발히 조사되어, 이것이 ATP 합성과 막 분비에 관여하는 단순한 구성요소들의 합으로 만들어진 것이 밝혀졌다.

4.9 단백질-단백질 상호작용

여러 소단위체로 이뤄진 단백질 내의 소단위체들은 서로 강하게 붙어 있으며, 세포 내에서 거의 떨어지지 않는다. 이런 단백질 간의 결합은 다수의 약한 상호작용을 통해 형성된다. 우리는 이미 이 상호작용에 관해 알고 있다. 즉, 수소결합, 정전기적 인력, 반데르발스 힘, 소수성 결합(2.5절)이 이에 해당한다. 어떤 경우에는 폴리펩타이드의 좁은 부위만이 두 소단위체 사이에 접해 있지만, 폴리펩타이드의 넓은 부분에 걸쳐 접해 있는 경우도 있다. 소단위체끼리 접할 때, 독립적인 약한 상호작용들이 많이 모여서 소단위체끼리 붙어 있을 정도의 충분한 힘을 준다는 것이 특징적이다.

소단위체 간의 접촉과 더불어, 단백질 간에 덜 안정적인 상호작용도 있다. 이는 세포 표면에서의 외부 단백질과 수용체 사이의 일시적인 접합과, 대사과정에서 다양한 효소 간의 약한 상호작용을 포함한다. 이런 약한 상호작용은 드물지만, 많은 생화학적 반응에 필수적이다.

두 단백질 간의 단순한 상호작용을 생각해보면, P1와 P2는 복합체를 이뤄 P1:P2가 된다. 각각의 자유로운 분자와 붙은 분자 간의 평형은 결합상수(association constant; K_a)나 해리상수(dissociation constant; K_d)로 설명할 수 있다($K_a = 1/K_d$).

$$\text{P1} + \text{P2} \rightleftharpoons \text{P1:P2} \qquad K_a = \frac{[\text{P1:P2}]}{[\text{P1}][\text{P2}]} \tag{4.1}$$

$$\text{P1:P2} \rightleftharpoons \text{P1} + \text{P2} \qquad K_d = \frac{[\text{P1}][\text{P2}]}{[\text{P1:P2}]} \tag{4.2}$$

다량체 단백질에서 소단위체 간 결합의 일반적인 결합상수는 $10^8\ M^{-1}$ ($K_a > 10^8\ M^{-1}$)보다 크며, 매우 단단한 결합의 경우에는 $10^{14}\ M^{-1}$까지 되기도 한다. 극단적인 경우, 단백질 간의 상호작용이 너무 약해서 생물학적 중요성이 거의 없는 경우도 있다. 이것은 특정한 두 개의 폴리펩타이드가 거의 항상 특정 종류의 약한 접촉을 하기 때문에 가끔 일어나는 것이다. 결합상수의 하한선은 약 $10^4\ M^{-1}$ 정도가 된다($K_a < 10^4\ M^{-1}$). 이 두 가지 값 사이의 결합상수는 더욱 흥미롭다.

단백질 사이의 약한 상호작용의 예로 전사인자가 RNA 폴리머레이즈에 붙는 것을 들 수 있으며, 이는 매우 중요하다. 결합상수는 $10^5\ M^{-1}$에서 $10^7\ M^{-1}$ 정도가 된다. 대사과정상 효소 간의 상호작용과 같이, 신호 전달과정에서의 단백질 간 상호작용 또한 이 구간에 속한다.

단백질의 농도의 측면에서는 이런 결합상수가 어떤 의미를 가지는지 살펴보자. 단백질 P1과 P2의 농도가 높아짐에 따라 이 단백질들은 서로 상호작용하며 붙을 확률이 점점 더 높아진

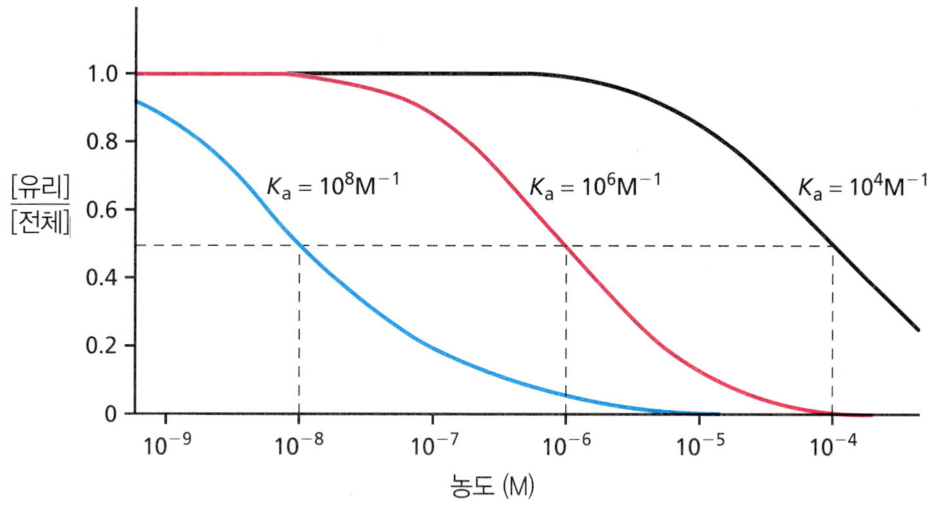

◀ **그림 4.29**
결합상수와 단백질 농도. 세 가지 다른 결합상수에서 전체 단백질에 대한 유리된 단백질의 비율은 단백질-단백질 상호작용을 보여준다. 또 다른 요소의 농도가 초과했다고 가정하면, 복합체를 이루는 분자들이 반이고 유리된 분자들이 반인 농도는 상호간의 결합상수가 일치한다. [Adapted from van Holde, Johnson, and Ho, *Principles of Physical Biochemistry*, Prentice Hall.]

다. 특정 농도에서는, 단백질들이 서로 붙는 속도(2차 반응)와 해리되는 속도(1차 반응)가 비슷해서 복합체가 상당량 존재한다. 결합상수를 이용해서, 각각의 폴리펩타이드 전체 농도($P1_T$이나 $P2_T$)에 대한 유리 폴리펩타이드의 비율(P1이나 P2)을 계산할 수 있다. 이 비율[유리]/[전체]을 통해 특정 단백질 농도에서 얼마나 많은 복합체가 형성되어 있는지를 알 수 있다.

그림 4.29에 나타낸 곡선은 단백질 간의 상호작용이 매우 약한 것($K_a = 10^4\ M^{-1}$), 적당한 것($K_a = 10^6\ M^{-1}$), 그리고 매우 강한 것($K_a = 10^8\ M^{-1}$)에 해당하는 세 가지의 서로 다른 결합상수의 비율이다. 만약 한 요소가 과량으로 있더라도, 곡선은 폴리펩타이드의 속도 조절 단계의 농도 정도로만 나타낸다. 수학적으로는, 폴리펩타이드의 절반이 유리되어 있고 나머지 절반은 복합체를 형성하고 있어 상호 결합상수에 맞아 떨어진다. 예를 들어, $K_a = 10^8\ M^{-1}$이면 대부분의 폴리펩타이드가 10^{-8} M 이상의 어느 농도에서든지 결합하고 있을 것이다.

이것이 세포당 분자수의 개념에서는 어떠한 것을 의미할까? 세포 하나의 부피가 2×10^{-15} L인 대장균의 경우, 이는 $K_a > 10^8\ M^{-1}$일 때에, 세포 하나에 12개 이상의 분자들이 안정적인 복합체를 이룰 수 있다는 것이다. 그렇기 때문에 세포 내에 있는 분자가 고작 수십 개에 불과하더라도, 대장균 내부에 큰 소중합체가 존재가능하다는 것이다. 대부분의 진핵세포는 대장균보다 1000배가 크므로 10^{-8} M의 농도에 이르기 위해서는 12,000개의 분자가 필요하다. 약한 상호작용만으로는 P1:P2 복합체의 상당한 수를 생성할 수 없는 이유를 그림 4.29에서도 볼 수 있다. 복합체가 상당한 양으로 존재하기 위해서는 단백질 농도가 10^{-4} M 이상이어야 하고, 이 농도는 대장균에서는 120,000분자, 진핵세포에서는 1억 2,000개의 분자에 상응한다. 이런 농도에서는 유리 폴리펩타이드가 없기 때문에 이 정도의 약한 상호작용으로는 생물학적인 의미가 없다.

중간 정도의 결합을 확인할 수 있는 여러 가지 방법이 있다. 그 방법에는 친화 크로마토그래피, 면역 침강법(immunoprecipitation), 화학적 가교반응(chemical cross-linking)이 있다. 더 새로운 방법은 페이지 디스플레이(phage display), 단백질 잡종 분석(two-hybrid analysis), 유전적 방법과 같은 더 복잡한 조작이 필요하다. 많은 사람들이 이런 기술을 이용해 세포 내 모든 단백질의 상호작용을 알아내려 한다. 그림 4.30은 대장균 단백질 일부의 "인터렉톰(interactome)"이다. 소중합체의 소단위체 간의 강한 상호작용은 RNA 폴리머레이즈, 라이보좀, DNA 폴리머레이즈의 소단위체를 연결하는 선에서 볼 수 있다. RNA 폴리머레이즈와 다른 다양한 전사인자를 연결하는 다른 선들은 중간 정도의 상호작용을 나타낸다. 다양한 종에서의 "인터렉톰"에 관한 추가적인 연구를 통해 살아있는 세포 내의 단백질 간의 복잡한 상호작용을 더 잘 나타낼 수 있을 것이다.

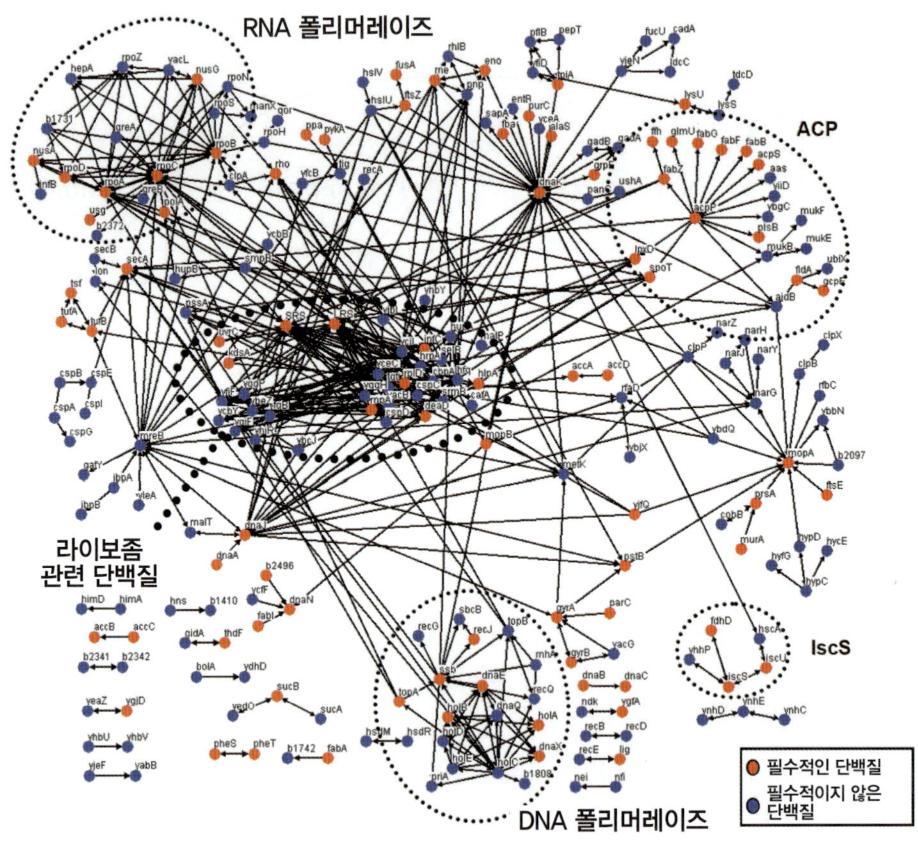

그림 4.30 ▶
대장균 인터렉톰. 그림에서 각각의 점들은 대장균의 단일 단백질을 나타낸다. 빨간 점들은 필수 단백질이고 파란 점들은 필수적이지 않은 단백질이다. 점들을 잇는 선들은 실험적으로 증명된 단백질-단백질 상호작용을 나타낸다. 방패 모양의 다섯 개의 단백질 복합체인 RNA 폴리머레이즈, DNA 폴리머레이즈, 라이보좀과 그와 관련된 단백질들, 시스테인 디설퍼레이즈(cysteine desulfurase; IscS)와 상호작용하는 단백질들, 아실기 운반 단백질(acyl carrier protein; ACP)과 관련된 단백질들(아실 운반 단백질의 기능은 16.1절에 설명되어 있다)이 있다. [Adapted from Butland et al. (2005)]

4.10 단백질의 변성과 재생

환경적인 변화나 화학적 처리는 단백질의 구조를 비정상적으로 바꿔 단백질의 생물학적인 활성을 잃게 할 수 있다. 이러한 현상을 **변성(denaturation)**이라 부른다. 적은 양의 에너지로도 단백질을 변성시키기에 충분한데, 세 개 혹은 네 개의 수소결합을 끊을 정도면 가능하다. 어떤 단백질들은 변성될 때 완전히 풀려서 불규칙 나선 구조(완전히 무질서한 것으로 생각되는 불규칙한 사슬)를 형성할 수도 있지만 대부분의 변성된 단백질들은 어느 정도 내부 구조를 갖는다. 어떤 경우에 작고 변성된 단백질은 변성 후에 스스로 재생(renature)되거나 혹은 다시 접히기도 한다.

일반적으로 열을 가하면 단백질은 변성된다. 특정한 조건에서 온도가 어느 정도 올라가게 되면 단백질은 2차, 3차 구조를 잃게 되고 풀리게 된다. 그림 4.31에 온도에 의한 변성의 예가 나와 있다. 이 실험에서 소의 라이보뉴클리에이즈 A(ribonuclease A)를 포함한 수용액에 천천히 열이 가해졌고 단백질의 구조의 변화를 측정할 수 있는 다양한 방법으로 라이보뉴클리에이즈 A의 구조를 관찰했다. 여기서 사용된 모든 기술은 변성이 일어났을 때의 변화를 감지한다. 소의 라이보뉴클리에이즈 A의 경우 온도에 의해 변성이 일어나려면 내부의 이황결합을 끊어 주는 환원제 또한 필요하다.

작은 온도의 변화에도 변성은 일어날 수 있다. 이 사실로 볼 때 변성은 단지 몇 개의 약한 결합만 방해받아도 본래 구조가 완전히 상실될 수 있는 협동적인 과정이다. 대부분의 단백질들은 특징적인 "용융" 온도(melting temperature, T_m)를 가지는데 이것은 원래의 구조에서 변성된 형태로 전환될 때의 온도의 변화구간에서 중간 지점을 나타낸다. 용융 온도는 수

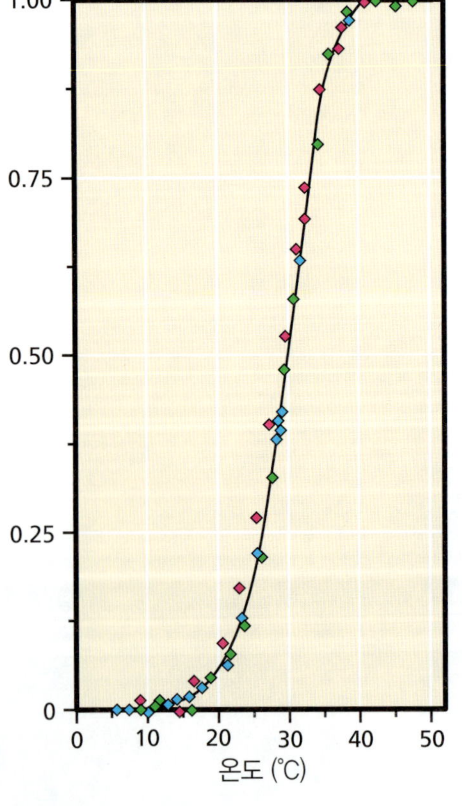

◀ 그림 4.31
라이보뉴클리에이즈 A의 열에 의한 변성. 0.02 M, pH 2.1의 수용액에 존재하는 라이보뉴클리에이즈 A에 열이 가해졌다. 자외선 흡수(파란색), 점도(빨간색), 선광도(optical rotation, 초록색)의 변화로 변성이 관찰되었다. [Adapted from Ginsburg, A., and Carroll, W. R. (1965)가 발표. Some specific ion effects on the conformation and thermal stability of ribonuclease. *Biochemistry* 4:2159–2174.]

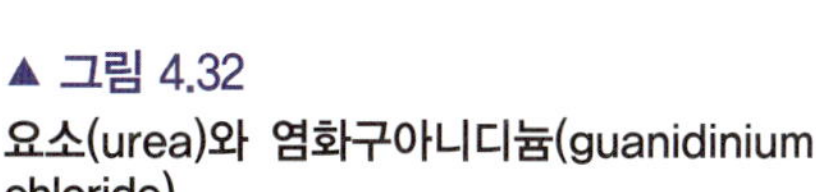

▲ **그림 4.32**
요소(urea)와 염화구아니디늄(guanidinium chloride).

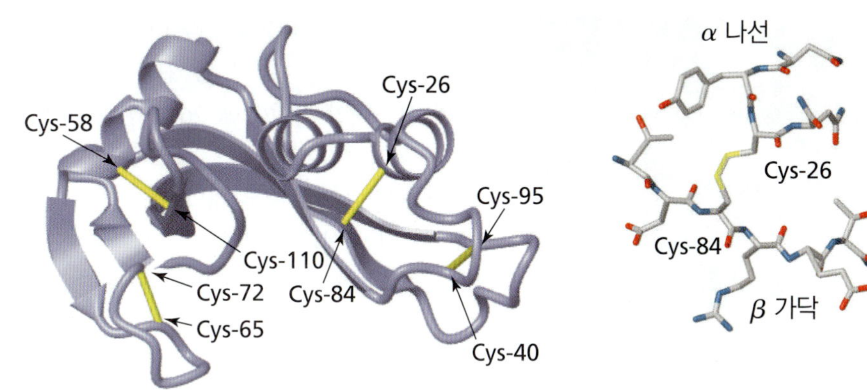

▲ **그림 4.33**
소의 라이보뉴클리에이즈 A 내부의 이황결합. (a) 이황결합의 위치. (b) Cys-26과 Cys-84 사이의 이황결합 [PDB 2AAS].

용액의 이온 강도와 pH에 따라 달라진다.

대부분의 단백질들은 생리학적인 조건에서 50℃에서 60℃까지는 안정하다. 뜨거운 온천이나 심해 열분출공 주위에 사는 몇몇 세균종들은 이 온도 범위보다 훨씬 높은 범위에서도 잘 살 수 있다. 이 종들의 단백질은 예상되는 것보다 훨씬 더 높은 온도에서 변성된다. 생화학자들은 이 단백질들이 어떻게 변성되지 않는지 알기 위해 활발하게 연구를 진행하고 있다.

단백질은 또한 두 가지의 화학물질, 즉 케이오트로픽제(chaotropic agents)와 세정제(detergents)에 의해서 변성될 수 있다(2.4절). 요소와 구아니디늄염(guanidinium salts, 그림 4.32절)과 같은 케이오트로픽제가 높은 농도로 존재할 때 물이 단백질 내부의 비극성 기들을 용매화시킬 수 있게 한다. 물 분자는 단백질 본래의 입체 구조를 안정화시키는 소수성 결합을 방해한다. 소듐 도데실 설페이트(sodium dodecyl sulfate)와 같은 세제의 소수성 꼬리(그림 2.8) 또한 단백질 내부를 관통해 소수성 상호작용을 망가뜨림으로써 단백질을 변성시킬 수 있다.

라이보뉴클리에이즈 A와 같은 단백질의 3차 구조는 이황결합에 의해 안정화된다. 이황결합은 세포 내 단백질에서 일반적으로 발견되지는 않지만 세포로부터 분비된 단백질에서 가끔씩 발견된다. 이 단백질들이 세포 외 환경에 노출되었을 때 이황결합은 변성과 그에 따른 단백질 분해가 덜 일어나도록 한다. 이황결합이 형성된다고 해서 단백질 접힘이 일어나는 것은 아니다. 오히려, 단백질이 접혀 두 개의 시스테인 잔기가 적절히 위치했을 때 이황결합이 형성된다. 이황결합이 형성되려면 시스테인 잔기의 싸이올기(thiol groups)가 시스테인을 포함하는 트라이펩타이드(tripeptide)인 산화된 글루타싸이온(glutathione)이 관여하는 이황화 교환반응에 의해 산화되어야 한다(그림 3.4).

폴리펩타이드의 아미노산 잔기에 숫자를 붙이는 것은 관습적으로 N-말단부터 시작한다(3.5절). Cys-26은 N-말단으로부터 26번째 잔기를 말한다.

그림 4.33a는 라이보뉴클리에이즈 A의 이황결합의 위치를 보여준다. (단백질이 놓인 방

시스틴 잔기 $\xrightleftharpoons{2\ HSCH_2CH_2OH}$ 시스테인 잔기 (SH, SH) + $S(CH_2CH_2OH)-S(CH_2CH_2OH)$

◀ **그림 4.34**
이황결합의 절단. 단백질에 과량의 2-머캅토에탄올($HSCH_2CH_2OH$)을 처리했을 때 이황화-교환 반응이 일어나 각각의 시스틴(cystine) 잔기는 두 개의 시스테인(cysteine) 잔기로 환원되고 2-머캅토에탄올은 이황화물로 산화된다.

▲ **크리스천 앤핀선(Christian B. Anfinsen, 1916~1995).** 앤핀선은 단백질의 재생에 관한 연구를 인정받아 1972년에 노벨 화학상을 수상했다.

향을 그림 4.3과 비교해보라.) 라이보뉴클리에이즈 A에는 네 개의 이황결합이 존재한다. 이 결합들은 인접한 β 가닥, β 가닥과 α 나선, β 가닥과 고리를 연결한다. 그림 4.33b에는 α 나선의 시스테인 잔기(Cys-26)와 β 가닥의 시스테인 잔기(Cys-84) 간의 이황결합이 나타나 있다. 이황결합은 두 개의 시스테인 잔기가 떨어져 있을 때 단백질 접힘에 의해 형성되기보다 본래의 구조에서 두 개의 시스테인 머캅토기(cysteine sulfhydryl groups)가 가까이 있을 때 언제나 형성되게 된다.

이황결합을 가진 단백질이 완전히 변성되기 위해서는 이 결합들이 다 끊어지고 소수성 결합과 수소결합들이 방해받아야 한다. 2-머캅토에탄올(2-mercaptoethanol) 혹은 다른 싸이올 시약들은 이황결합을 머캅토기로 환원시키기 위해 단백질을 변성시키는 목적의 용액에 첨가될 수 있다(그림 4.34). 싸이올 시약이 산화되면서 단백질의 이황결합은 환원되는 것이다.

크리스천 앤핀선(Christian B. Anfinsen)과 그의 동료들은 싸이올 환원제가 존재하는 상황에서 변성되었던 라이보뉴클리에이즈 A가 재생이 되는 과정을 연구했다. 라이보뉴클리에이즈 A는 상대적으로 작은 단백질(124개의 아미노산 잔기로 이루어짐)이기 때문에 원래의 구조가 안정한 조건(즉, 용융 온도 아래로 온도가 내려가거나 케이오트로픽제가 수용액에서 제거된 경우)으로 돌아갈 경우 빠르게 다시 접히거나 재생될 수 있다. 앤핀선은 변성된 단백질이 스스로 원래의 구조로 다시 접힐 수 있다는 것을 처음으로 보였고, 이것은 단백질의 3차 구조의 형성에 필요한 정보가 폴리펩타이드 사슬의 아미노산 서열에 포함되어 있다는 것을 의미한다. 즉, 1차 구조는 3차 구조를 결정한다.

8 M 요소와 2-머캅토에탄올을 처리해 라이보뉴클리에이즈 A를 변성시키면 단백질의 3차 구조와 효소 활성이 완전히 상실되고 8개의 머캅토기를 가지는 폴리펩타이드 사슬을 얻게 된다(그림 4.35). 2-머캅토에탄올이 제거되고 요소가 존재하는 상황에서 산화가 가능해지면 머캅토기는 무작위적으로 쌍을 이루고 약 1%의 단백질만이 올바른 네 개의 이황결합을

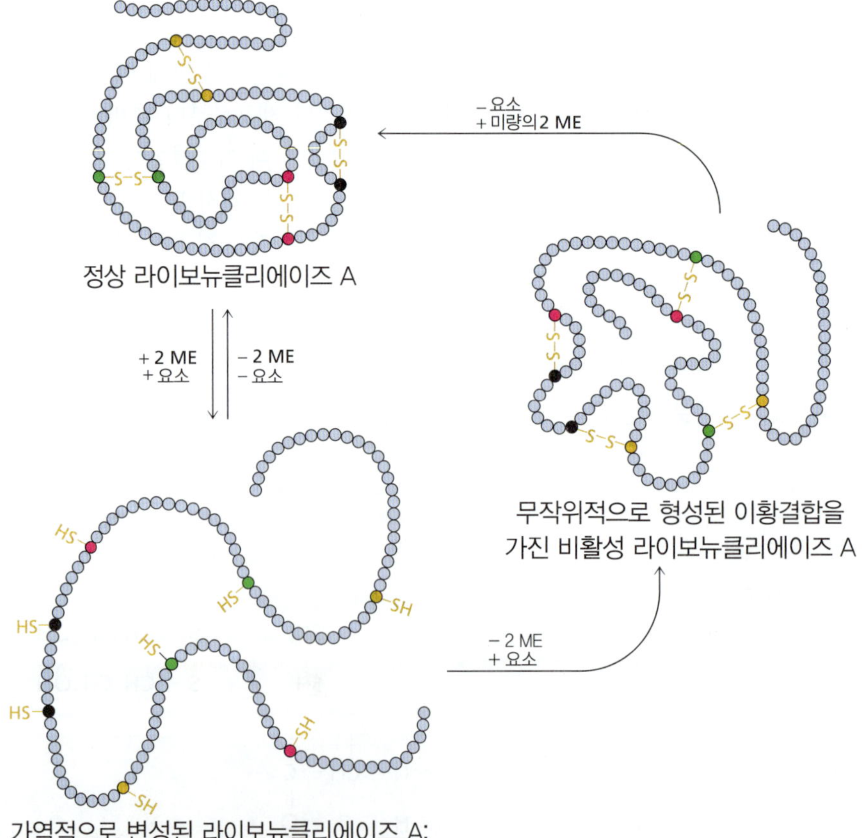

▶ 그림 4.35

라이보뉴클리에이즈 A의 변성과 재생. 2-머캅토에탄올이 존재하는 상황에서 본래의 라이보뉴클리에이즈 A(위)에 요소를 처리하면 단백질이 풀리고 이황결합이 끊어져 환원되고, 가역적으로 변성된 라이보뉴클리에이즈 A(아래)가 만들어진다. 변성된 단백질이 2-머캅토에탄올이 없는 생리적인 조건으로 되돌아가면 그것의 원래의 구조로 다시 접히고 올바른 이황결합이 형성된다. 그러나 2-머캅토에탄올만이 제거되면 라이보뉴클리에이즈 A는 공기 중에서 다시 산화된다. 하지만 이황결합은 무작위적으로 형성되고 오른쪽에 보이는 형태와 같은 활성을 가지지 않는 단백질을 만들게 된다. 요소가 제거되고 미량의 2-머캅토에탄올이 무작위적으로 재산화된 단백질에 첨가되고 수용액에 서서히 열이 가해지면 이황결합은 끊어지고 올바르게 재형성되어 정상적인 라이보뉴클리에이즈 A가 만들어진다.

형성하고 원래의 효소 활성을 갖는다. [만약 여덟 개의 머캅토기가 무작위적으로 쌍을 이룬다면 105개의 이황결합을 가지는 구조가 생길 수 있다. 즉, 첫 번째 결합에서 가능한 7개의 결합, 두 번째에서 5개, 세 번째에서 3개, 네 번째에서 1개($7 \times 5 \times 3 \times 1 = 105$)가 가능하다. 하지만 이 중 오직 한 개의 구조만이 올바르다.] 하지만 요소와 2-머캅토에탄올이 동시에 제거되고 환원된 단백질의 희석된 수용액이 공기 중에 노출되었을 때, 라이보뉴클리에이즈 A는 스스로 그것의 원래 구조를 되찾고 올바른 이황결합이 형성되며 효소 활성 또한 얻게 된다. 무작위적으로 형성된 이황결합을 가진 활성이 없는 단백질은 요소가 제거되고 적은 양의 2-머캅토에탄올이 첨가되고 수용액에 약간의 열이 가해지면 다시 활성을 갖는 구조로 복원될 수 있다. 앤핀선의 실험에서 올바른 이황결합은 단백질이 그것의 원래 구조로 접힌 후에만 형성될 수 있음을 알 수 있다. 앤핀선은 라이보뉴클리에이즈 A의 복원이, 안정한 생리적인 구조로 바뀌는 데서 얻는 자유에너지에 의한 자발적인 반응이라는 것을 밝혔다. 이 구조는 1차 구조로부터 결정된다.

단백질은 세포 내에서 접힐 때 가끔 비정상적인 이황결합을 형성해 원래의 구조와 다른 구조를 가지게 된다. 앤핀선은 부적절한 이황결합의 환원을 촉매하는 단백질 이황화물 아이소머레이즈(protein disulfide isomerase; PDI)라는 효소를 발견하였다. 모든 살아 있는 세포는 그러한 활성을 갖는다. 이 효소는 활성자리에 두 개의 환원된 시스테인 잔기를 포함한다. 잘못 접힌 단백질이 결합하면 단백질 이황화물 아이소머레이즈는 이황화-교환 반응을 촉매하고 그것에 의해 잘못 접힌 단백질 안의 이황화물은 환원되고 효소 내에서 두 개의 시스테인 잔기 사이에서 새로운 이황결합이 형성된다. 잘못 접힌 단백질은 방출되고, 저에너지 상태의 원래의 구조로 다시 접힐 수 있다. 환원된 형태의 대장균 이황화물 아이소머레이즈(*E. coli* disulfide isomerase; DsbA)의 구조가 그림 4.24o에 나와 있다.

4.11 단백질 접힘과 안정성

새로운 폴리펩타이드는 세포 내에서 라이보좀, mRNA, 다양한 인자들을 포함하는 번역 복합체를 통해 합성된다(21장). 새롭게 만들어진 폴리펩타이드는 라이보좀에서 나오면서, 특징적인 3차원 모양으로 접히게 된다. 접힌 단백질은 다른 구조보다 더 낮은 자유에너지를 가져 훨씬 더 안정하다(그림 4.36). 앤핀선의 생체외 실험에서뿐만 아니라, 많은 생화학자들의 연구에서도 많은 단백질들이 스스로 접혀 이 저에너지 구조에 다다를 수 있다고 밝혔다. 이 절에서는 안정한 3차 구조로 접히는 단백질들의 특징에 대해서 알아볼 것이다.

단백질이 접힐 때 처음 몇몇 상호작용들이 차후의 상호작용들을 이끌어 내는 것으로 생각된다. 이것은 단백질 접힘에서 협동적 효과(cooperative effects)의 한 예이다. 즉, 구조의 한 부분이 형성되는 것은 구조의 다른 부분이 형성되는 것으로 이어진다. 단백질이 접히기 시작하면서, 에너지 준위는 더 낮아지게 되고 그림 4.36에 나와 있는 것처럼 에너지 우물(energy well)로 떨어지기 시작한다. 단백질은 일시적으로 국지적인 에너지 우물(에너지 그림에서 조그맣게 움푹 패인 곳과 같이)에 갇힐 수 있지만 결국 우물의 맨 밑인 에너지 최저점에 도달한다. 최종적으로 안정한 구조의 단백질은 접히지 않은 폴리펩타이드 사슬보다 분해에 훨씬 덜 민감하다. 그러므로 단백질의 반감기는 여러 세포주기가 될 수 있고 어떤 단백질은 몇십 년이 될 수도 있다.

단백질은 아주 빨리 접힌다. 대부분의 경우에 단백질 본연의 구조는 1초 이내에 형성된다. 단백질 접힘과 안정화는 소수성 효과(hydrophobic effect), 수소결합, 반데르발스 상호작용, 전하-전하 상호작용과 같은 비공유 인력과 관련이 있다. 비공유 상호작용이 개별적으로는 약하지만 그것들이 모이면 단백질 구조의 안정성에 많은 영향을 미칠 수 있다. 각각의 비공유 상호작용이 다소 약하기 때문에 단백질은 조그만 구조적 변화를 겪을 수 있다(공유

(a)

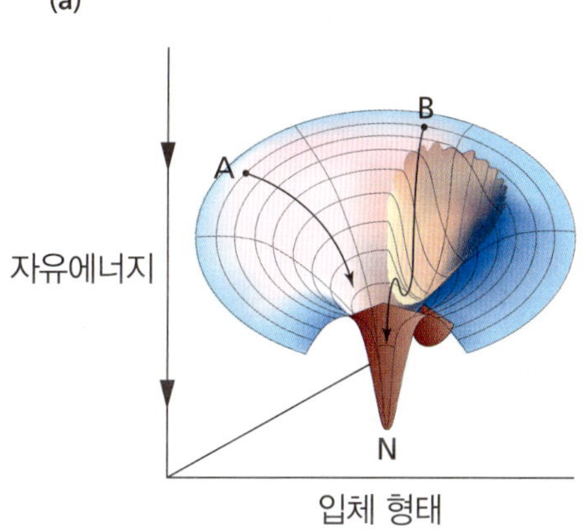

(b)

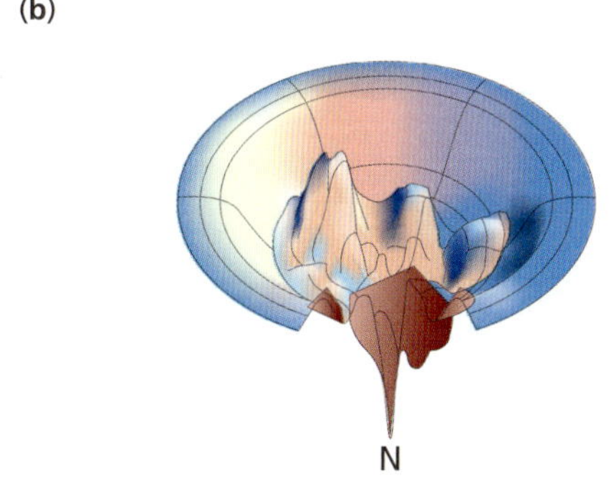

▲ **그림 4.36**
단백질 접힘에서의 에너지 우물. 깔때기 모양은 접히는 단백질의 자유 에너지 포텐셜을 나타낸다. **(a)** 낮은 에너지 준위의 3차 구조를 가진 단백질로 가는 두 가지 가능한 경로를 나타낸 단순화된 깔때기 모양. B 경로에서 폴리펩타이드는 접히면서 국지적인 저에너지 지점을 거친다. **(b)** 많은 국지적인 정점과 패인 부분을 가진 단백질의 자유에너지를 나타낸 것으로, 더 현실적인 형태.

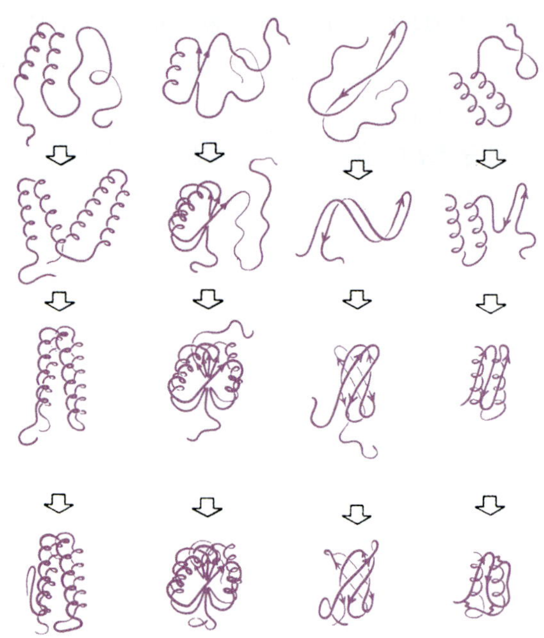

그림 4.37 ▶
가설적인 단백질 접힘 경로들. 처음에 펼쳐진 폴리펩타이드 사슬은 부분적인 2차 구조를 형성하고 대략적인 3차 구조를 만들며 최종적으로 특정한 구조를 형성한다. 구조 내의 화살표는 N-말단에서 C-말단으로의 방향을 나타낸다.

결합 중 하나인 이황결합 또한 특정 단백질의 안정성에 영향을 줄 수 있다).

다중 도메인 단백질에서 도메인들은 독립적으로 접힐 수 있다. 도메인의 크기가 제한(대개 200 잔기 이하)적인 이유 중 하나는 도메인이 300개 이상의 잔기로 이루어져 너무 클 경우 매우 천천히 접히기 때문이다. 자발적인 접힘의 속도가 너무 느려 효과적이지 않은 것이다.

실제적으로 단백질 접힘 경로가 자세하게 밝혀진 바는 없지만 현재 많은 단백질의 접힘 경로에서의 중간 매개체에 대한 연구가 진행되고 있다. 그림 4.37에 몇몇 가설적인 접힘 경로가 소개되어 있다. 단백질이 접힐 때, 소수성 결합 때문에 폴리펩타이드가 접히게 되고 2차 구조가 형성되기 시작한다. 이 중간 매개체를 용융 소구체(molten globule)라고 부른다. 이후 골격 사슬이 재배열되어 특정한 모티프를 만들고 안정한 3차 구조가 만들어진다.

핵심개념

대부분의 단백질은 자발적으로 접혀 가장 낮은 에너지를 가지는 구조를 형성한다.

생화학에서 단백질이 접히는 메커니즘은 난제 중 하나이다. 이 과정은 자발적이며, 많은 부분이 폴리펩타이드 서열에 의해 결정된다. 그러므로 단백질의 아미노산 서열을 앎으로써 구조를 예측하는 것이 가능하다. 최근 몇 년간 접힘 과정을 고성능 컴퓨터를 사용해 모델링해 많은 진전이 있었다.

이 절의 뒷부분에서 단백질 구조를 안정화시키는 힘에 대해 더 자세히 알아볼 것이다. 또한 단백질 접힘에서 샤페론(chaperones)의 역할을 알아볼 것이다.

A. 소수성 효과

단백질은 물속에서 소수성(hydrophobic) 곁사슬이 친수성 용액을 향하는 표면에 존재할 때보다 단백질 내부에 모여 있을 때 더 안정하다. 물 분자들 간의 상호작용이 단백질의 비극성 곁사슬과의 상호작용보다 강하기 때문에 곁사슬들은 서로 더 가까이 있게 되고 폴리펩타이드 사슬은 조밀한 용융 소구체를 이루게 된다. 폴리펩타이드의 엔트로피는 구조가 정렬될수록 더 낮아진다. 하지만 원래 단백질에 결합했던 물 분자가 방출되면서 생긴 엔트로피의 증가는 폴리펩타이드에서의 엔트로피 감소보다 그 정도가 크다. (또한 단백질이 접히면서 소수성 기를 둘러싸고 있던 물 분자들의 엔트로피를 높인다.) 이렇게 전체 시스템에서 증가된 엔트로피는 단백질 접힘에 있어서 주요한 원동력이 된다.

비극성의 곁사슬은 단백질 내부에 존재하게 되지만 대부분의 극성 곁사슬은 단백질의 표면에서 물과 접촉한다. 단백질의 내부에 존재할 수밖에 없는 극성 곁사슬들은 종종 2차 구조를 형성하는 수소결합을 만들어 극성을 완화한다. 그러므로 단백질 내부의 소수성 정도는 소수성을 띠는 잔기들의 집합뿐 아니라 나선과 병풍구조의 안정성과도 관계가 있다. 접힘 경로의 연구에 따르면 소수성을 띠는 곳에서 2차 구조의 형성은 저절로 일어난다.

이런 소수성 효과의 예로 양쪽성을 띠는 α 나선의 소수성 부분, 단백질 중심부의 상호작용(4.4절), β-샌드위치 구조에 있는 β 병풍구조들 간의 소수성 부분(4.5절)을 들 수 있다. 그림 4.25와 4.26에 나와 있는 대부분의 예들은 소수성 아미노산 잔기들의 곁사슬 간의 소수성 상호작용에 의해 안정화되어 나란히 배열된 2차 구조를 포함한다.

핵심개념

엔트로피에 의해 유도된 반응이란 가장 중요한 열역학적인 변화가 계의 엔트로피를 증가시키는 방향으로 일어나는 것이다. 즉, 계의 무질서도는 반응의 처음보다 끝에서 훨씬 더 증가하는 것이다. 소수성 상호작용에서도 엔트로피의 변화는 대부분 소수성기를 둘러싸는 정렬된 물 분자의 방출 때문이다.

B. 수소결합

수소결합(hydrogen bond)은 접힘의 협력성에 기여하고 단백질의 원래의 구조를 안정화시킨다. α 나선, β 병풍구조, 회전에서의 수소결합은 가장 먼저 형성되고 2차 구조가 형성되게

표 4.2 단백질에서 수소결합의 예

수소결합의 종류		전자 주개와 받개 간의 일반적인 거리 (nm)
하이드록실-하이드록실	—O—H------O— (H)	0.28
하이드록실-카보닐	—O—H------O=C<	0.28
아마이드-카보닐	>N—H------O=C<	0.29
아마이드-하이드록실	>N—H------O— (H)	0.30
아마이드-이미다졸 질소	>N—H------N(이미다졸)NH	0.31

BOX 4.2 CASP: 단백질 접힘 예측 게임

단백질 접힘에 관한 기본적인 원리는 꽤 잘 알려져 있고, 만약 단백질이 안정한 3차원 구조를 가진다면 단백질 접힘은 상당 부분 1차 구조(아미노산 서열)에 의해 결정된다. 이런 사실 때문에 아미노산 서열을 통해 3차 구조를 예측하는 노력을 해왔다. 이 분야에 있어서 지난 30년간 많은 발전이 있었다.

이 분야의 가치는 잘 모르는 단백질의 구조를 예측한다는 점에서 찾을 수 있을 것이다. 이러한 노력의 일환으로 1996년에 CASP(단백질 구조 예측 방법에 대한 중요한 평가, Critical Assessment of Methods of Protein Structure Prediction)가 시작되었다. 이 게임은 성공하는 것에 대한 명예 외에는 다른 보상이 없다. 목표에 대한 아미노산 서열이 주어지고 그것의 3차원 구조를 예측하도록 한다. 이 단백질들은 구조가 막 밝혀졌지만 그 데이터가 출판되지 않은 단백질들이다. 참가자들은 실제 구조가 밝혀지기 전인 단 몇 주 만에 그들이 예측한 구조를 제출해야 한다.

아래의 그림에 2008 CASP의 결과가 나와 있다. 121개의 목표단백질에 대해 수천 개의 예측된 구조가 제출되었다. 쉬운 단백질은 거의 100%의 성공률을 보였지만 어려운 것들에 대해서는 약 30%에 그쳤다["쉬운" 목표단백질들은 단백질 데이터 은행(Protein Data Bank; PDB)에 상동한 단백질들의 구조가 있는 것들이다. "어려운" 목표단백질들은 아직 풀리지 않은 새로운 접힘을 포함하는 단백질들이다]. 예측하는 방법들의 발전으로 중간 정도로 어려운 목표단백질들에 대한 성공률이 몇 년간 높아졌지만 어려운 목표단백질들에 대한 성공률은 아직 큰 발전이 없다.

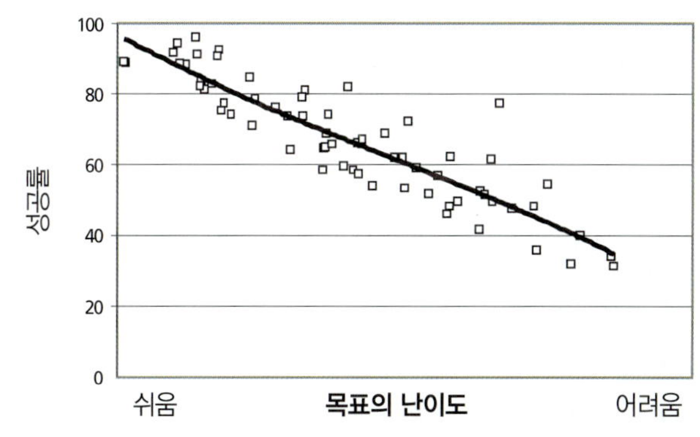

한다. 원래의 구조에서 마지막으로 형성되는 부분에도 폴리펩타이드 골격과 물, 폴리펩타이드 골격과 극성 곁사슬, 두 개의 극성 곁사슬, 극성 곁사슬과 물 간의 수소결합이 포함된다. 표 4.2에 단백질에서 발견되는 수소결합들 중 일부와 수소결합들의 일반적인 길이가 나와 있다. 단백질의 수소결합은 대부분이 N—H—O 형태이다. 전자를 주는 원자와 전자를 받는 원자 간의 거리는 0.26~0.34 nm이며 수소결합은 같은 평면에 존재하거나 40° 정도의 각도를 이룰 수 있다. 내부의 수소결합은 물 분자와 경쟁하지 않기 때문에, 단백질의 소수성 중심에 존재하는 수소결합이 표면에 존재하는 소수결합보다 훨씬 더 안정하다.

C. 반데르발스 상호작용과 전하-전하 결합

반데르발스 힘은 비극성 곁사슬 사이에서 일어나며 단백질의 안정성에 관여한다. 반데르발스 상호작용(van der waals interaction)에 의해서 단백질이 얼마나 안정해지는지는 판단하기 어렵다. 반데르발스 상호작용 하나하나가 모였을 때의 효과는 상당할 것으로 예상되는 이유는 단백질의 내부에 비극성 곁사슬이 밀집되어 있기 때문이다.

반대의 전하를 띠는 곁사슬 간의 전하간 상호작용(charge-charge interaction)은 단백질의 안정성에 기여하기도 하지만 대부분의 이온성 곁사슬은 단백질의 표면에 위치해 물과 상호작용하기 때문에 단백질의 전체적인 안정성에는 크게 관여하지 못한다. 하지만 단백질 내부에서 두 개의 상반된 전하를 띠는 이온은 가끔 이온쌍을 이루기도 한다. 그러한 이온쌍들의 상호작용은 물과 이온 간의 상호작용보다 훨씬 더 강력하다.

D. 단백질 접힘에는 분자 샤페론이 관여한다

단백질 접힘 연구는 폴리펩타이드 사슬이 생물학적으로 활성을 가지는 단백질로 접힐 때 두 가지 일반적인 현상을 밝혔다. 첫째로, 단백질이 접혀 3차 구조를 형성할 때 무작위적으로 이루어지지는 않는다는 것이다. 대신에 단백질 접힘은 처음 몇몇 구조적인 요소가 이후의 구조적인 특징이 나타나게 하는 협동적이고 순차적인 과정이다. [협동적인 면이 존재한다는 것은 사이러스 레빈탈(Cyrus Levinthal)의 계산에서도 잘 나타난다. 즉, 100개의 잔기를 가진 폴리펩타이드가 있고 각각의 잔기는 1피코초(picosecond)만에 바뀔 수 있는 세 가지의 가능한 구조를 가진다고 가정했을 때 이 폴리펩타이드가 모든 가능한 구조로 무작위적인 접힘을 한다면 그것은 10^{87}초가 걸린다. 이 시간은 우주의 나이로 추정하는 6×10^{17}초보다 몇 배 더 길다!]

둘째로, 대략적인 접힘 패턴과 단백질의 최종적인 구조는 단백질의 1차 구조와 많은 관련이 있다(7장에 설명된 것처럼 많은 단백질은 금속 이온과 조효소들과 결합한다. 이러한 외부의 라이간드들은 단백질 접힘에 필요하다). 라이보뉴클리에이즈 A의 경우에서와 같이, 단순한 단백질들은 시험관 안에서 에너지 투입이나 다른 도움 없이 스스로 접혀 3차 구조를 형성할 수 있다. 하지만 그림 4.36b에서 설명된 것처럼 크기가 큰 단백질들은 국지적인 에너지 우물에 일시적으로 갇혀 있을 수 있다. 이렇게 단백질 접힘이 일어나는 과정에서 중간물이 생성되면 단백질 접힘이 느려지거나 더 심할 경우 응집되어 더 이상 물에 녹은 상태로 존재하지 않을 수도 있다. 세포 내에서 이러한 현상을 극복하기 위해 올바른 단백질 접힘의 속도는 **분자 샤페론(molecular chaperone)**이라고 불리는 특별하지만 흔한 단백질들에 의해 증가된다.

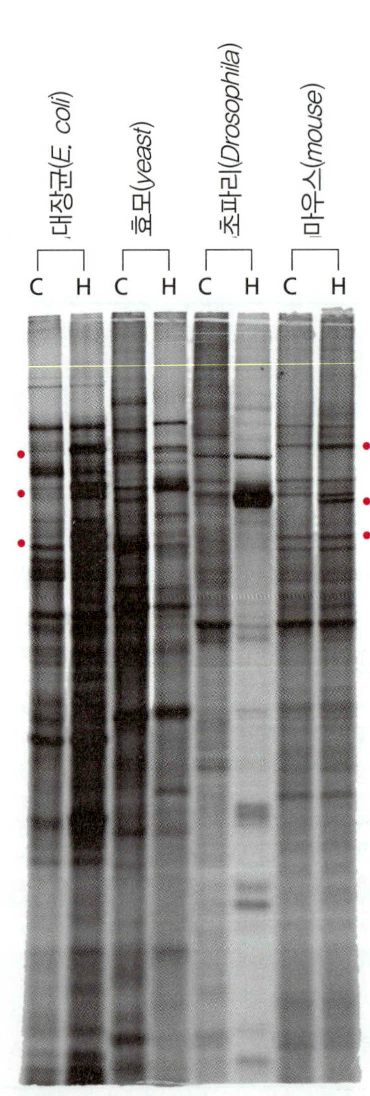

◀ **열충격 단백질.** 단백질을 방사성 아미노산 존재 하에 합성해서 SDS-폴리아크릴아마이드 젤을 내렸다. 방사성 단백질을 감지하기 위해 젤을 필름에 노출시켰다. 방사능 사진을 통해서는 방사성 아미노산 하에 합성된 단백질만을 볼 수 있다. C열은 보통의 성장 온도에서 합성된 단백질이고, H열은 세포를 보통의 성장 온도보다 몇 도 높은 온도로 옮겨서 약간의 열손상이 가해진 동안 합성된 단백질이다. 4개의 다른 종에서 생성된 열충격 단백질(샤페론)을 나타냈다. 빨간 점은 주요한 열충격 단백질을 나타낸다: 위 = Hsp90, 중간 = Hsp70, 아래 = Hsp60(GroEL).

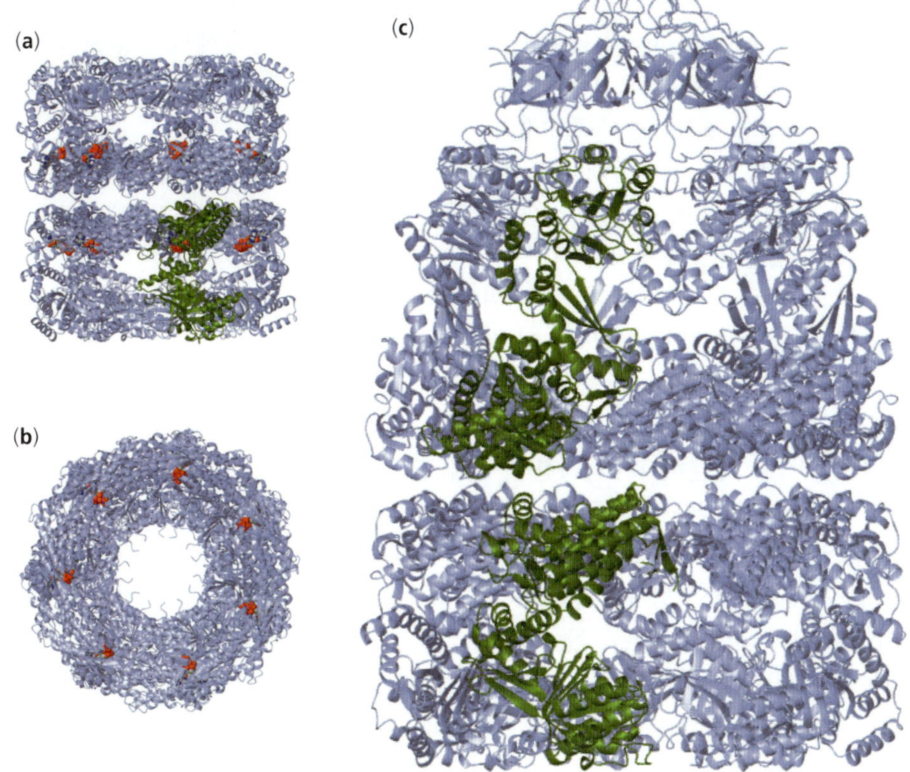

◀ 그림 4.38
대장균 샤페로닌(GroE). 중심구조는 7개의 GroEL 소단위체로 구성된 두 개의 동일한 원통으로 구성된다. 접히지 않은 단백질이 중심 공간에 붙는다. 붙은 ATP 분자는 빨간 산소 원자로 구별할 수 있다. **(a)** 측면 그림. **(b)** 중심공간을 보여주는 위에서 본 그림. [PDB1DER]. **(c)** 원통 중 하나의 중심공간이 단백질이 접히는 동안 커지고, 끝 부분은 일곱 개의 GroES 소단위체로 둘러싸인다. [PDB 1AON].

샤페론들은 단백질이 완전히 접히기 전에 새롭게 합성되는 폴리펩타이드에 결합함으로써 몇몇 단백질들이 올바르게 접히는 속도를 높여준다. 샤페론들은 폴리펩타이드들이 비정상적인 형태를 띠어 접힘 과정이 원활히 일어나지 않는 것을 막는다. 이 단백질들은 또한 정렬되지 않은 소단위체들에 결합해 비정상적으로 응집해 침전되는 것을 막아 완전한 다중 소단위체를 가지는 단백질이 되게 한다.

다양한 종류의 샤페론들이 존재한다. 그것들 중 대부분은 열충격 단백질(heat shock protein)이다. 즉, 온도 증가(열충격)나 생체 내에서 단백질 변성을 유도할 수 있는 다른 변화들에 의해 합성되는 단백질이다. 즉, 열충격 단백질들의 역할은 변성된 단백질에 결합해 온도 증가에 의해 손상을 받은 단백질을 복구하고 그 단백질의 원래 입체 구조로 빠르게 복원시켜주는 것이다.

대표적인 열충격 단백질로 Hsp70(het shock protein, M_r = 70,000)을 들 수 있다. 이 단백질은 몇몇 고세균을 제외한 모든 종에 존재한다. 이는 박테리아에서 DnaK라고도 부른다. 샤페론인 Hsp70은 일반적으로, 초기에 단백질이 합성될 때 집적되거나 국지적인 저에너지 우물(local low-energy well)에 붙들리는 것을 막기 위해 초기 단백질에 붙는다. 초기의 폴

접히지 않은 폴리펩타이드 + 샤페론 → (n ATP) → (n ADP + n P_i) → 접힌 폴리펩타이드 +

◀ 그림 4.39
샤페로닌이 관여하는 단백질 접힘. 접히지 않은 폴리펩타이드는 샤페로닌의 중심공간에 들어가서 접힌다. 샤페로닌의 기능을 위해서는 ATP 몇 분자의 가수분해를 통해 에너지를 얻어야 한다.

리펩타이드와 붙거나 떨어지기 위해서는 ATP의 가수분해가 필요하며, 대개 부가적으로 보조 단백질(accessory proteins)이 필요하다. Hsp70/DnaK는 생물 종에서 가장 보전된 단백질 중 하나이다. 이것은 샤페론이 관여하는 단백질 접힘이 아주 오래되었으며, 효율적으로 단백질의 3차 구조를 형성하는 데 필수적이라는 사실을 말한다.

또 다른 샤페론으로 흔하지만 중요한 샤페로닌(chaperonin)이 있다(박테리아에서는 GroE라고도 불린다). 샤페로닌 또한 열충격 단백질(Hsp60)이며, 이는 세포 내에서 단백질을 정상적으로 접는 데 필수적이다.

대장균의 샤페로닌은 복잡한 다중소단위 단백질이다. 중심구조는 7개의 동일한 GroEL 소단위체로 구성된 2개의 원통으로 이뤄진다. 각각의 소단위체에 ATP가 붙는다(그림 4.38a). 샤페로닌이 관여하는 단백질 접힘의 모식도를 그림 4.39에 나타내었다. 접히지 않은 단백질은 원통 내부의 소수성 중심 공간에 들어간다. 완전히 접히고 나면, 단백질은 붙어 있던 ATP 분자를 가수분해시켜 해리한다. 실제 반응은 이보다 더 복잡하며, 단백질이 접히는 동안 원통의 한 쪽 끝을 덮는 뚜껑으로 쓰일 부가적인 요소가 필요하다.

뚜껑은 일곱 개의 GroES 소단위체가 부가적인 원통을 구성한다(그림 4.38c). GroEL 원통 구조를 통해 단백질이 접히는 동안 공간의 크기를 늘릴 수 있고, 뚜껑은 접히지 않은 단백질이 너무 빨리 해리되는 것을 막는다.

앞서 언급했듯이, 샤페론 없이 일부 단백질이 접힐 때, 응집되는 경향이 있다. 이런 응집 현상(aggregation)은 단백질이 접히는 단계에서 소수성의 표면이 일시적으로 형성되기 때문이다. 중간체(intermediate)는 서로 붙어서 결과적으로 용액에서 석출되어 그림 4.36에 나타난 에너지 깔때기에 나타난 것처럼 더 이상 구조형성을 이어나갈 수 없게 된다. 샤페로닌은 폴리펩타이드 사슬을 단백질 접힘 공간에서 분리시켜서 중간체가 집적되는 것을 방지한다. 단백질이 접히는 공간은 폴리펩타이드 사슬이 다른 중간체의 방해 없이 올바른 저에너지 구조에 이르게 해주는 "앤핀선 우리(cage)"의 역할을 한다.

샤페로닌의 중심 공간은 약 630개의 아미노산 잔기(M_r = 70,000)의 폴리펩타이드가 들어갈 수 있을 만큼 충분히 넓다. 그래서 대부분의 작거나 중간 크기의 단백질은 샤페로닌의 도움을 받아 접을 수 있다. 그러나 오직 5%에서 10%의 대장균 단백질(약 300개의 다른 단백질)만이 단백질 합성 동안 샤페로닌의 도움을 받는다. 중간크기의 단백질과 α/β 구조를 가진 단백질은 샤페로닌의 도움을 더 많이 받는다. 작은 단백질은 스스로 빠르게 접힌다. 세포 내의 나머지 단백질의 대다수가 HSP70/DnaK와 같은 다른 샤페론들을 이용한다.

샤페론은 합성, 접힘, 조립 동안만 노출되는 폴리펩타이드 사슬의 표면과 안정적인 복합체를 형성해서, 올바르지 않은 접힘과 조립과정을 막는다. 샤페론 존재 하에서도 단백질 접힘은 자발적으로 일어나기도 한다. 이런 이유로 샤페론이 관여하는 단백질 접힘은 도움을

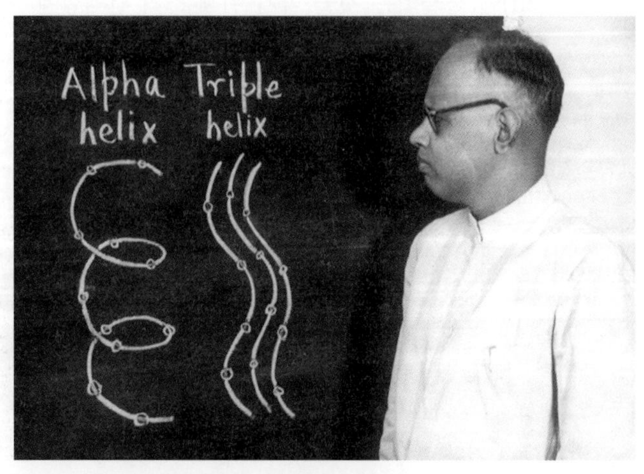

▶ **라마찬드란(G.N. Ramachandran, 1922~2001).** 이 사진에서 그는 α 나선과 콜라겐의 왼손 감김 3중 나선의 차이점을 보여준다. 라마찬드란은 의도적으로 α 나선을 대부분의 단백질에서와 같이 오른손 감김이 아니라, 왼손 감김으로 나타내었다.

받지만 단백질이 스스로를 조립하는 것으로 설명되어 왔다.

4.12 콜라겐, 섬유단백질

단백질의 3차 구조의 연구를 마무리하기 위해서, 우리는 몇몇 단백질이 어떻게 생물학적 기능과 구조가 연관되는지 살펴볼 것이다. 구조단백질인 콜라겐, 산소가 붙는 마이오글로빈과 헤모글로빈(4.12절에서 4.13절까지), 그리고 항체(4.14절)의 예시를 통해 설명할 것이다.

콜라겐은 척추동물의 결합조직의 주요한 단백질 구성요소이다. 이것은 포유동물에서 전체 단백질의 약 30%를 차지한다. 콜라겐 분자는 매우 다양한 형태와 기능을 갖는다. 예를 들어, 힘줄에서의 콜라겐은 단단하고 밧줄과 같은 뛰어난 인장강도의 섬유를 형성하는 반면, 피부에서는 콜라겐은 모든 방향으로 늘어질 수 있는 느슨하게 엮인 형태의 섬유를 형성한다.

콜라겐의 구조는 라마찬드란에 의해 밝혀졌다(라마찬드란 도표로 유명하다, 4.3절). 콜라겐은 3개의 왼손 감김 나선 사슬이 주변의 나선사슬과 서로 오른손 감김 초나선 꼬임을 이룬다(그림 4.40). 콜라겐에서 각각의 왼손 감김 나선은 회전당 3개의 아미노산 잔기와 한 잔기당 0.31 nm만큼 올라가 0.94 nm의 피치(pitch)가 형성된다. 결과적으로, 콜라겐 나선은 α 나선보다 더 늘어져 있으며, 콜라겐의 감긴 코일(coiled-coil)이 4.7절에서 살펴본 감긴 코일 모티프와는 같지 않다. (콜라겐과 연관이 없는 몇몇 단백질도 유사한 세 개의 사슬로 초나선 꼬임을 형성한다.)

콜라겐 3중 나선은 사슬간 수소결합에 의해 안정화된다. 나선 부분의 단백질의 서열은 −Gly−X−Y−형태의 다수의 반복으로 구성되며, X는 보통 프롤린이고 Y는 보통 4-하이드록시프롤린(4-hydroxyproline)이라 불리는 변형된 프롤린이다(그림 4.41). 글라이신 잔기는 3중 나선의 중심축을 따라 위치하며, 단백질 가닥의 중심 공간이 빈틈없기 때문에 다른 잔기가 위치할 수 없다. −Gly−X−Y−triplet에서 각각이, 한 사슬에서 글라이신의 아마이드 수소와 인접한 사슬의 X잔기의 카보닐 산소 원자와 하나의 수소결합을 형성한다(그림 4.42). 하이드록시프롤린의 하이드록실기를 포함하는 수소결합은 콜라겐 3중 나선을 안정화시킬 것이다. 일반적인 α 나선과는 달리, 콜라겐 나선은 내부 사슬간 수소결합을 갖지 않는다.

하이드록시프롤린과 더불어, 콜라겐은 5-하이드록실라이신(5-hydroxylysine)이라 불리는 변형된 아미노산 잔기를 부가적으로 가진다(그림 4.43). 일부 하이드록실라이신 잔기는 탄수화물 잔기에 공유결합을 형성해서 콜라겐을 당단백질로 만든다. 이런 당화(glycosylation)의 역할은 알려지지 않았다.

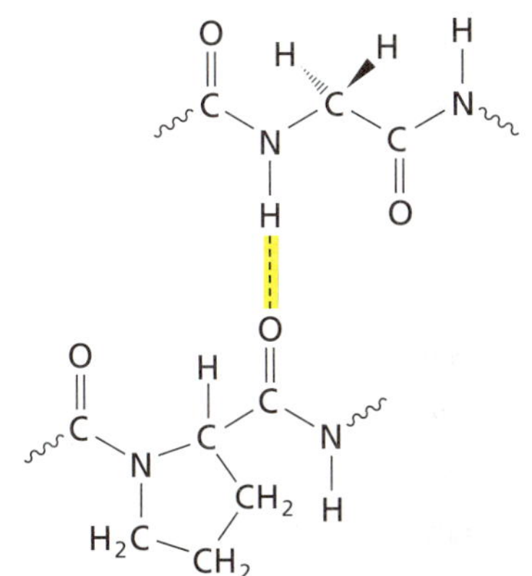

▲ 그림 4.42
콜라겐의 내부 사슬간 수소결합. 한 사슬의 글라이신 잔기의 아마이드 수소는 보통 인접한 사슬의 프롤린 잔기의 카보닐 산소와 수소결합을 형성한다.

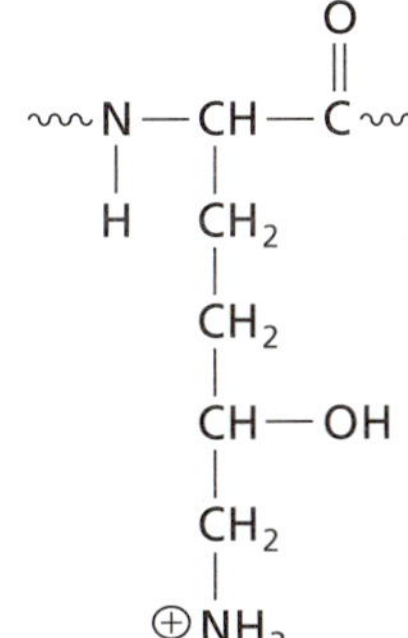

▲ 그림 4.43
5-하이드록실라이신 잔기. 5-하이드록실라이신(5-Hydroxylysine) 잔기는 라이신 잔기가 효소에 의해 하이드록실화되면서 형성된다.

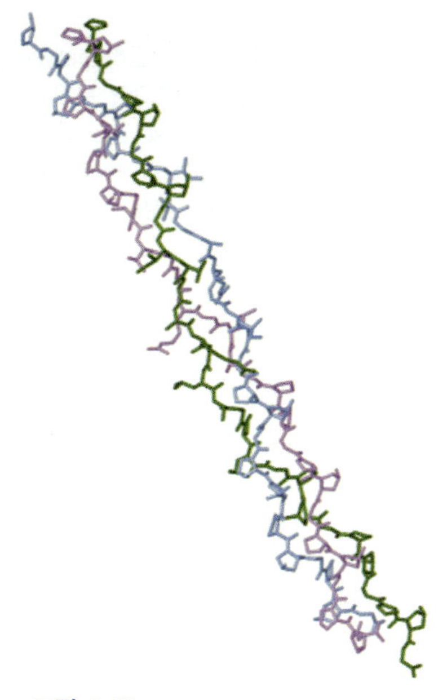

▲ 그림 4.40
사람의 III형 콜라겐 3중 나선. 콜라겐의 길어진 부분은 3개의 동일한 소단위체를 갖는다(보라색, 하늘색, 그리고 초록색). 3개의 왼손 감김 콜라겐 나선은 주변과 꼬여서 오른손 감김 초나선 꼬임을 형성한다. [PDB 1BKV]

비타민 C의 중요성이 7.9절에 설명되어 있다.

▲ 그림 4.41
4-하이드록시프롤린 잔기. 4-하이드록시프롤린(4-Hydroxyproline) 잔기는 프롤린 잔기가 효소에 의해 하이드록실화되면서 형성된다.

그림 4.44 ▶
콜라겐의 공유 교차결합. (a) 알리신(allysine) 잔기는 라이신 잔기와 응축되어 분자간 쉬프-염기 교차연결(Schiff-base cross-link)을 형성한다. **(b)** 두 개의 알리신 잔기가 응축되어 분자내부의 교차연결을 형성한다.

(a)

$$\begin{matrix} O{=}C \\ |_{\alpha} \\ CH \\ | \\ HN \end{matrix} - \overset{\beta}{CH_2} - \overset{\gamma}{CH_2} - \overset{\delta}{CH_2} - \overset{\varepsilon}{C}\begin{matrix} {/\!\!/}O \\ \backslash H \end{matrix} \;+\; H_2\ddot{N} - \overset{\varepsilon}{CH_2} - \overset{\delta}{CH_2} - \overset{\gamma}{CH_2} - \overset{\beta}{CH_2} - \begin{matrix} C{=}O \\ {}_{\alpha}| \\ CH \\ | \\ NH \end{matrix}$$

알리신 잔기　　　　라이신 잔기

$\downarrow \rightarrow H_2O$

$$\begin{matrix} O{=}C \\ |_{\alpha} \\ CH \\ | \\ HN \end{matrix} - \overset{\beta}{CH_2} - \overset{\gamma}{CH_2} - \overset{\delta}{CH_2} - \overset{\varepsilon}{CH} = N - \overset{\varepsilon}{CH_2} - \overset{\delta}{CH_2} - \overset{\gamma}{CH_2} - \overset{\beta}{CH_2} - \begin{matrix} C{=}O \\ {}_{\alpha}| \\ CH \\ | \\ NH \end{matrix}$$

쉬프 염기

(b)

$$\begin{matrix} O{=}C \\ |_{\alpha} \\ CH \\ | \\ HN \end{matrix} - \overset{\beta}{CH_2} - \overset{\gamma}{CH_2} - \overset{\delta}{CH_2} - \overset{\varepsilon}{CH} = \begin{matrix} H\diagdown\overset{\varepsilon}{C}\diagup\!\!\diagup O \\ |_{\delta} \\ C \end{matrix} - \overset{\gamma}{CH_2} - \overset{\beta}{CH_2} - \begin{matrix} C{=}O \\ {}_{\alpha}| \\ CH \\ | \\ NH \end{matrix}$$

하이드록시프롤린과 하이드록실라이신 잔기는 콜라겐의 폴리펩타이드 사슬에 결합한 프롤린과 라이신 잔기가 하이드록실화(hydroxylation)되었을 때 형성된다. 하이드록실화 반응은 효소에 의해 일어나며 아스코브산(ascorbic acid, 비타민 C)을 필요로 한다. 하이드록실화는 비타민 C가 없을 때는 손상되고, 콜라겐의 3중 나선이 적절히 형성되지 않는다.

프롤린과 하이드록시 프롤린 잔기의 제한적인 구조적 유연성은 콜라겐 사슬에서 α 나선의 형성을 막으며 콜라겐을 약간 단단하게 만들어 준다. (프롤린이 α 나선에서 거의 발견되지 않는 것을 생각해보라.) 매 3번째 위치마다 글라이신 잔기가 존재하는 것은 프롤린 잔기가 들어가 있는 콜라겐 사슬을 단단하게 엮인 왼손 감김 나선으로 형성할 수 있게 해 준다. (글라이신 잔기가 오른손 감김 α 나선을 방해하는 경향이 있는 것을 생각해 보라.)

BOX 4.3 철보다 강하다

모든 섬유성 단백질이 α 나선으로 구성되는 것은 아니다. 실크는 β 가닥이 주를 이루는 다수의 단백질로 구성된다. 예를 들어 거미(*Nephila clavipes*)의 거미줄은 스피드로인 1(spidroin1)과 스피드로인 2(spidroin 2)의 두 가지 단백질을 함유한다. 두 가지 단백질 모두 글라이신과 알라닌이 교대로 나타나는 폴리펩타이드를 가진다. 이런 거미줄의 구조는 많은 연구에도 불구하고 밝혀지지 않았다. 그러나 이 단백질은 상당한 부분에서 β 가닥을 포함하는 것으로 알려졌다.

거미줄에는 많은 종류가 있으며, 거미는 각각의 종류에 특화된 샘을 갖는다. 주요한 앰풀레이트 샘[병상선(甁狀腺), ampulate gland]에서 생성된 실크 섬유는 드래그라인 실크(dragline silk)라고 불린다. 이는 거미가 위험을 떨쳐버리거나 그물을 짤 때 사용하는 섬유이다. 이런 실크 섬유는 철 케이블보다 더 강하다. 드래그라인 실크로 만든 물질은 용도의 다양성 측면에서 매우 유용하고, 드래그라인이 케블러(Kevlar)보다 강하기 때문에 개인용 방호복으로 쓰이기도 한다. 지금까지도 거미 없이 실험실에서 상당한 양의 실크를 만드는 것은 불가능하다.

◀ ***Nephila clavipes*, 무당거미.**

콜라겐의 3중 나선은 쌓이는 형태로 뭉쳐서 강하고, 녹지 않는 섬유를 형성하게 된다. 콜라겐 섬유의 힘과 강도는 공유 교차결합에 의한 것이다. 일부 라이신과 하이드록실라이신 잔기 곁사슬의 $-CH_2NH_3^+$기는 효소학적으로 바뀌어 알데하이드기(aldehyde groups, —CHO)가 되고, 알리신(allysine)과 하이드록시알리신(hydroxyallysine) 잔기를 생성한다. 알리신 잔기(그리고 그것의 하이드록실 유도체)는 라이신과 하이드록실라이신 잔기의 곁사슬과 반응해서 **쉬프 염기(Schiff base)**를 형성하고, 카보닐기와 아민 사이에 복합체가 형성된다(그림 4.44a). 이런 쉬프 염기는 보통 콜라겐 분자간에 형성된다. 알리신 잔기 또한 알돌(aldol) 응축을 통해서 다른 알리신 잔기와 반응해서 교차 연결되며, 보통 3중 나선의 개개의 가닥간에 형성된다(그림 4.44b). 두 종류의 교차 연결 모두 조직이 성숙되는 과정에 변형되어 더 안정한 결합이 되지만, 이런 변형의 화학적 메커니즘은 알려지지 않았다.

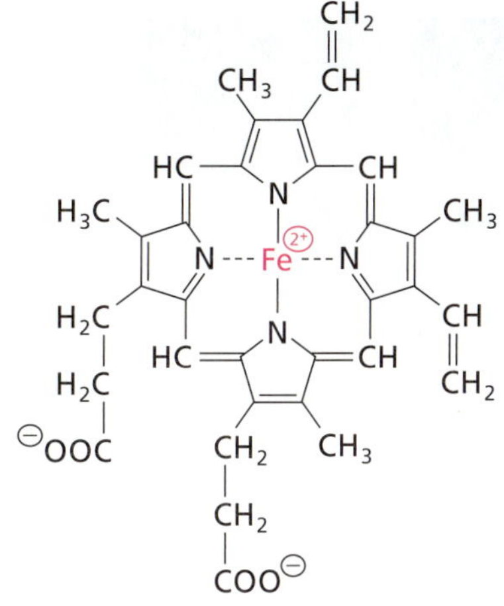

▲ 그림 4.45
마이오글로빈과 헤모글로빈에서 Fe(II)–프로토포피린 IX 헴기의 화학구조. 포피린 고리는 철 원자를 둘러싸는 6개의 라이간드중 네 개를 제공한다.

4.13 마이오글로빈과 헤모글로빈의 구조

대부분의 단백질처럼, 마이오글로빈(Mb)과 그와 연관된 단백질인 헤모글로빈(Hb)은 선택적으로 생물학적 기능을 수행하고 다른 분자에 가역적으로 붙는데, 이 경우 산소 분자(O_2)에 붙는다. 마이오글로빈은 척추동물에서 산소의 확산을 촉진하는 상대적으로 작은 단량체 단백질이다. 이 단백질은 파충류, 조류, 그리고 포유동물의 근육조직에 산소를 제공하는 데 필요하다. 헤모글로빈은 혈액에서 산소를 운반하는 큰 사합체 단백질이다.

마이오글로빈과 헤모글로빈은 헴 보조단(prosthetic group)을 가지고 있어서 산화되면 붉은 색깔(예를 들면, 산화된 혈액의 붉은색)을 띤다. (보조단은 단백질의 활성에 필수적인 단백질에 붙어 있는 유기 분자이다.) 헴은 철과 복합체를 이루는 4개의 피롤 고리계(tetrapyrrole ring system; 프로토포피린 IX, protoporphyrin IX)로 구성된다. 이 시스템에서 4개의 피롤 고리(pyrrole rings)는 메틴 가교[methene (—CH═) bridges]와 연결되어 불포화된(unsaturated) 포피린이 매우 복합적이고 평면적인 구조를 이루게 된다. 철(ferrous, Fe^{2+})은 산화된 상태로 결합하며, 6개의 라이간드와 복합체를 이룬다. 그 중 4개가 프로토포피린 IX(protoporphyrin IX)의 질소 원자와 복합체를 이룬다. (사이토크롬 *a*와 사이토크롬 *c*와 같은 다른 단백질은 다른 포피린/헴기를 갖는다.)

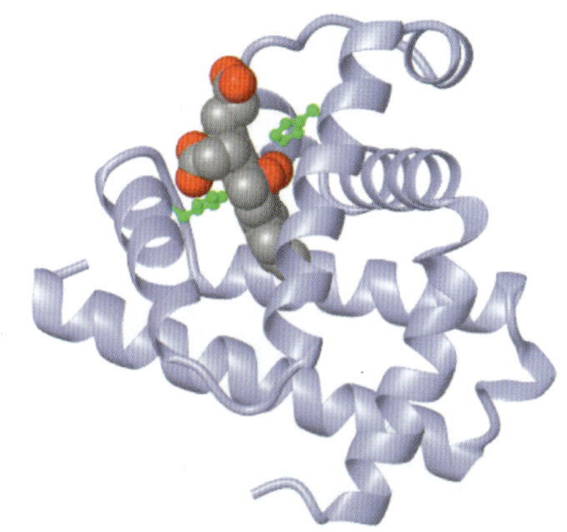

▲ 그림 4.46
향유고래(*Physeter catodon*)의 옥시마이오글로빈. 마이오글로빈은 8개의 α 나선으로 구성된다. 헴 보조단은 산소에 붙는다(빨간색). His-64(초록색)는 산소와 수소결합을 형성하고, His-93(초록색)은 헴의 철 원자와 결합한다. [PDB 1A6M].

마이오글로빈은 글로빈(globin)이라 불리는 단백질 족(protein family)의 구성요소이다. 향유고래 마이오글로빈의 3차 구조는 단백질이 8개의 α 나선 다발로 구성된 것을 보여준다(그림 4.46). 이 구조는 모두 α로 이뤄지는 구조적 카테고리에 속한다. 글로빈의 접힘은 층 구조를 형성하는 몇몇 개의 α 나선을 갖는다. 각각의 층의 인접한 나선은 몇 도 기울어져서 아미노산 잔기의 곁사슬이 서로 얽히게 된다.

마이오글로빈의 내부는 대부분 소수성 아미노산으로 구성되는데 발린, 류신, 아이소류신, 페닐알라닌, 그리고 메싸이오닌과 같이 매우 소수성인 아미노산들이 특히 많다. 단백질의 표면에는 친수성과 소수성의 잔기 모두가 존재한다. 대부분의 단백질의 경우가 그러하듯이, 마이오글로빈의 3차 구조는 중심 내부의 소수성 결합에 의해 안정화된다. 폴리펩타이드 사슬의 접힘은 이런 소수성 중심의 형성을 통해 에너지를 최소화함으로써 일어난다.

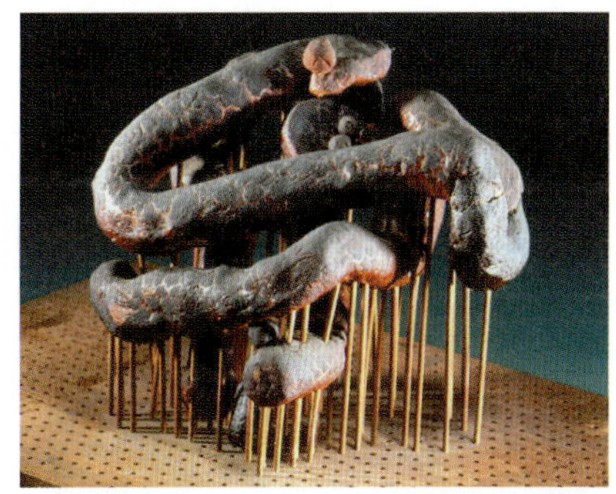

▲ 1950년 존 켄드루(John Kendrew)의 X선 회절로부터 결정된 마이오글로빈의 원래 모델로, 고무찰흙(plasticine)으로 만들어졌다. 이것은 처음으로 3차 구조가 밝혀진 단백질이다.

마이오글로빈의 보조단인 헴은 세 개의 α 나선과 두 개의 고리로 구성된 소수성 틈(hydrophobic cleft)을 차지한다. 폴리펩타이드에 포피린 일부분의 결합은 소수성 결합, 반데르발스 결합, 수소결합과 같은 많은 약한 상호작용으로 인한 것이다. 포피린과 마이오글로빈의 아미노산 곁사슬 간의 공유결합은 없다. 헴의 철 원자는 그림 4.46에서 볼 수 있듯이 산소가 붙는 위치이다. 두 개의 히스티딘 잔기는 철 원자와, 그리고 붙어 있는 산소와 상호작용한다. 산소 분자로 헴기의 접근은 주변의 아미노산 곁사슬이 약간 이동함으로써 이루어질 수 있다. 마이오글로빈과 헤모글로빈의 소수성 틈이 산소의 가역적인 결합에 필수적인

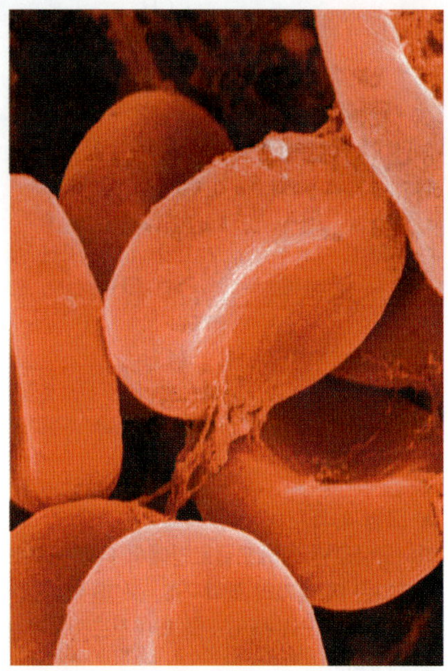

▲ 그림 4.47
포유류 적혈구의 주사전자현미경 사진(scanning electron micrograph). 각각의 세포는 약 3억 개의 헤모글로빈 분자를 가진다. 인공적으로 세포에 색을 입혔다.

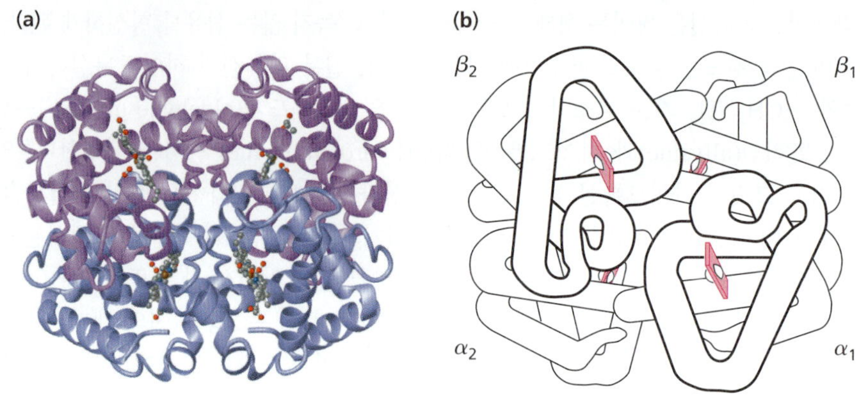

▲ 그림 4.48
사람(*Homo sapiens*)의 옥시헤모글로빈. (a) 사람의 옥시헤모글로빈의 구조는 2개의 α와 2개의 β 소단위체를 보여준다. 헴기가 막대 모형으로 나타나 있다. [PDB 1HND]. (b) 헤모글로빈 사합체(tetramer)의 개략적인 모식도. 헴기는 빨간색이다.

것을 나중에 살펴볼 것이다.

척추동물에서, O_2는 운반되기 위해 적혈구 안의 헤모글로빈 분자에 결합한다. 현미경으로 볼 수 있듯이, 성숙한 포유동물 적혈구는 핵이나 다른 내부 막으로 둘러싸인 영역이 소실된 양면이 오목한 원반 모양이다(그림 4.47). 일반적으로 사람의 적혈구는 대략 3×10^8개의 헤모글로빈 분자로 채워져 있다.

헤모글로빈은 다합체 단백질이기 때문에 마이오글로빈보다 더 복잡하다. 성인 포유동물에서는 헤모글로빈은 α-글로빈과 β-글로빈이라 불리는 2개의 다른 글로빈 소단위체를 가진다. 헤모글로빈은 2개의 α 사슬과 2개의 β 사슬로 구성된 $\alpha_2\beta_2$ 사합체이다. 각각의 이런 글로빈 소단위체는 원시의 척색동물에서 공통조상 글로빈 유전자로부터 진화한 것을 반영하듯이, 구조와 서열이 마이오글로빈과 유사하다.

4개의 글로빈 소단위체 각각은 마이오글로빈에서 발견되는 헴 보조단과 동일한 것을 가진다. α와 β 소단위체는 중심 공간을 교차해서 서로 마주본다(그림 4.48). 4개 사슬의 각각의 3차 구조는 마이오글로빈의 3차 구조와 거의 같다(그림 4.49). α 사슬은 α 나선을 7개, β 사슬은 8개를 갖는다. (β-글로빈과 마이오글로빈에서 발견되는 2개의 짧은 α 나선은 하나로 융합되어 α-글로빈이 된다.) 그러나 헤모글로빈은 단순히 마이오글로빈 네 분자가 아니다. 각각의 α 사슬은 β 사슬과 광범위하게 상호작용해서 헤모글로빈은 실제적으로 $\alpha\beta$ 소단위체의 이합체이다. 마이오글로빈의 단일 사슬과는 달리, 헤모글로빈이 여러 개의 소단위체로 존재함으로써 가능한 산소결합 능력에 관해 다음 절에서 알아볼 것이다.

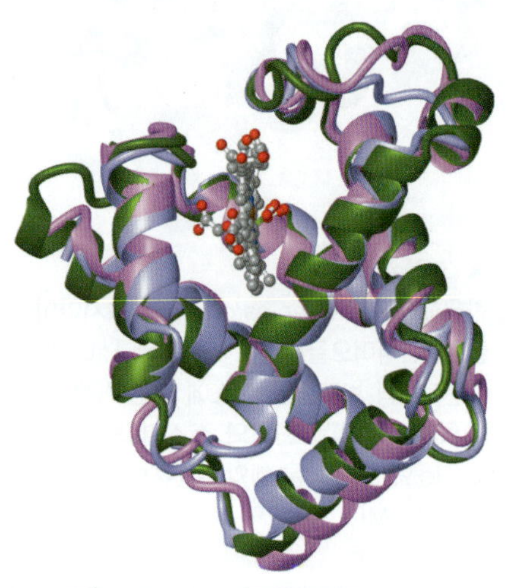

▲ 그림 4.49
마이오글로빈, α-글로빈, β-글로빈의 4차 구조. 헤모글로빈의 α-글로빈과 β-글로빈 소단위체 각각의 방향을 4차 구조에서 유사성을 밝히기 위해 바꾸었다. 3차 구조가 겹쳐져 있다. 그림 4.46과 4.48에서 나타난 모든 구조는 산소가 붙은 형태이다. α-글로빈(파란색), β-글로빈(보라색), 마이오글로빈(초록색).

4.14 마이오글로빈과 헤모글로빈에서의 산소결합

마이오글로빈과 헤모글로빈의 산소결합 활성도는 단백질 구조가 생리적 기능과 어떻게 연관되는지를 보여주는 좋은 예이다. 이 단백질들은 생화학에서 가장 많이 연구된 단백질 중 하나이며, X선 결정학에 의해 구조가 결정된 첫 번째 복합 단백질이다(4.2절). 여기 나와 있는 산소결합 단백질(oxygen-binding protein)에 대한 많은 원리를 통해 이 단백질이 효소임을 알 수 있으며, 5장과 6장에서 살펴볼 것이다. 이 절에서는 헴(heme)에 산소가 붙는 화학작용과, 마이오글로빈과 헤모글로빈에 산소가 붙는 생리학적 작용, 그리고 헤모글로빈의 조절적 특징에 대해 알아볼 것이다.

A. 산소는 헴에 가역적으로 붙는다

우리는 헴 보조단에 산소가 붙는 예시로 마이오글로빈을 사용할 것이지만, 헤모글로빈에도 같은 원리를 적용할 수 있다. 산소의 가역적인 결합을 **산소화(oxygenation)**라고 한다. 산소가 붙지 않은 마이오글로빈을 디옥시마이오글로빈(deoxymyoglobin)이라고 부르며, 산소가 붙은 분자를 옥시마이오글로빈(oxymyoglobin)이라고 부른다. (헤모글로빈의 두 가지 형태를 디옥시헤모글로빈과 옥시헤모글로빈이라 부른다.)

헴 보조단의 몇몇 치환기는 소수성이다. 이런 특징은 보조단이 마이오글로빈 분자의 소수성 내부에 부분적으로 묻혀 있게 해준다. 그림 4.46에서 두 개의 극성 잔기인 His-64와 His-93이 헴기의 근처에 있는 것을 생각해보라. 옥시마이오글로빈에서 6개의 라이간드는 2가 철이온 주위에서 팔면체로 기하학적인 구조를 이룬다(그림 4.50과 4.51). 라이간드 중 4개는 4개의 피롤 고리(tetrapyrrole ring)의 질소 원자이다. 5번째 라이간드는 His-93[가까운 히스티딘(proximal histidine)이라 불림]의 이미다졸 질소이고 6번째 라이간드는 철과 His-64[먼 히스티딘(distal histidine)이라 불림]의 이미다졸 곁사슬 사이에 붙은 산소이다. 디옥시마이오글로빈에서 철은 산소가 없기 때문에 5개의 라이간드에만 결합한다. 그림 4.51에 나타난 Val-68과 Phe-43의 비극성 곁사슬은 산소결합 주머니(pocket)의 소수성에 기여하고 헴기를 그곳에 고정시키는 것을 돕는다. 몇몇 곁사슬은 옥시마이오글로빈과 디옥시마이오글로빈 모두에서 헴이 있는 주머니로 들어가는 것을 막는다. 이 영역에서 단백질 구조가 진동하거나 호흡을 해야만 해서, 산소를 빠르게 붙고 떨어지게 한다.

글로빈 폴리펩타이드의 소수성 틈은 마이오글로빈과 헤모글로빈이 적절하게 산소와 붙고 떨어지는 능력의 핵심이다. 유리 헴(free heme)은 수용액에서 산소와 가역적으로 붙지 않는다. 대신, 헴의 Fe^{2+}이 거의 즉시 산화되어 Fe^{3+}이 된다. (6.1C절에서 나타난 것처럼, 산화는 전자를 잃는 것과 같다. 환원은 전자를 얻는 것이다. 산화와 환원은 전자의 이동으로 나타내고, 산소 분자의 존재나 부재로 나타내지 않는다.)

마이오글로빈과 헤모글로빈의 구조는 전자의 영구적인 이동을 막거나 비가역적으로 산화시켜서 산소 운반을 위한 가역적인 결합을 가능하게 한다. 헤모글로빈에서 헴의 2가 철이온에 산소가 붙으면 부분적으로 산화된다. 전자는 일시적으로 철에 붙어 있는 산소 원자에 전달되어 이산소(dioxygen) 분자가 부분적으로 환원된다. 만약 전자가 완전히 산소로 전달된다면, 복합체는 $Fe^{3+}—O_2^{\ominus}$가 될 것이다(3가 철이온에 붙어 있는 과산화물 음이온). 글로빈 틈은 완전한 전자전달을 막고 산소가 해리될 때 전자를 철 원자로 되돌아가게 한다.

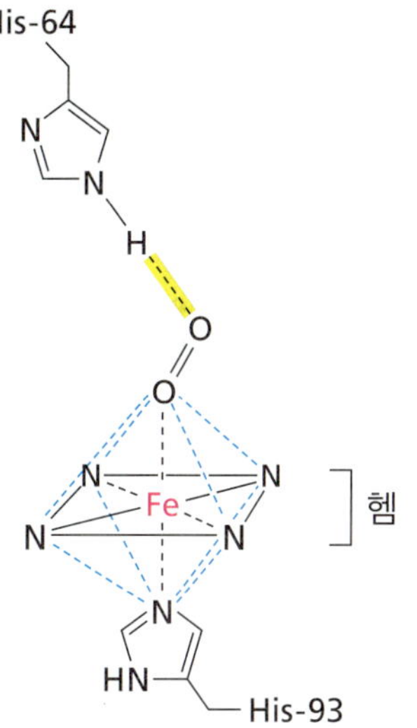

▲ 그림 4.50
향유고래 옥시마이오이오글로빈의 산소결합 위치. 헴 보조단이 각각의 모서리에 질소 원자의 평행사변형으로 나타나있다. 파란 점선은 조직 복합체의 8면체 기하학을 설명한다.

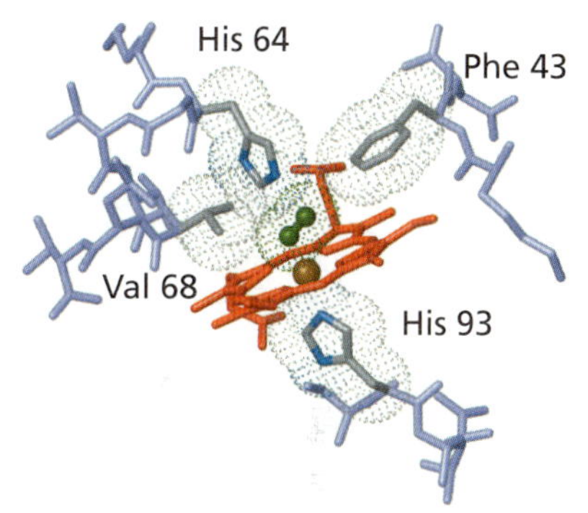

▲ 그림 4.51
향유고래 마이오글로빈에서의 산소결합 위치. Fe(II)(주황색)은 헴기의 평면에 있다. 산소(초록색)는 철 원자와 His-64의 아미노산 곁사슬에 붙는다. Val-68과 Phe-43은 산소결합 위치의 소수성 환경에 기여한다. [PDB 1AGM].

B. 마이오글로빈과 헤모글로빈의 산소결합 곡선

산소는 마이오글로빈과 헤모글로빈에 가역적으로 결합한다. 평형에서 결합의 정도는 단백질과 산소의 농도를 따른다. 이런 관계는 산소결합 곡선(oxygen-binding curves, 그림 4.52)에 그려져 있다. 이 그림에서, 산소의 농도에 대한 정해진 단백질 양의 분획적인 포화(Y)가 그려져 있다(기화된 산소의 분압을 측정함, pO_2). 마이오글로빈이나 헤모글로빈의 분획적인 포화는 전체 수에 대한 산소가 있는 분자의 비율이다.

$$Y = \frac{[MbO_2]}{[MbO_2] + [Mb]} \tag{4.3}$$

마이오글로빈의 산소결합 곡선은 쌍곡선(그림 4.52)이며, 고분자에 대한 산소의 결합의 단일 평형상수를 나타낸다. 반면, 산소의 농도와 헤모글로빈 사이의 결합의 관계를 나타내는 곡선은 S자형 곡선이다. S자형(S형) 결합 곡선은 한 분자 이상의 라이간드가 각각의 단백질에 붙는 것을 나타낸다. 이 경우, 산소 분자 4개까지 헤모글로빈에 붙을 수 있고, 사합체 단백질의 헴기당 한 개가 붙는다. 곡선의 모양은 하나의 헴기에 붙는 하나의 산소 분자가 다른 헴에 산소가 붙는 것을 촉진하는 것과 같이 헤모글로빈의 산소가 붙는 곳이 상호작용하는 것을 나타낸다. 헤모글로빈의 산소 친화도는 각각의 산소 분자가 붙음에 따라 증가한다. 이

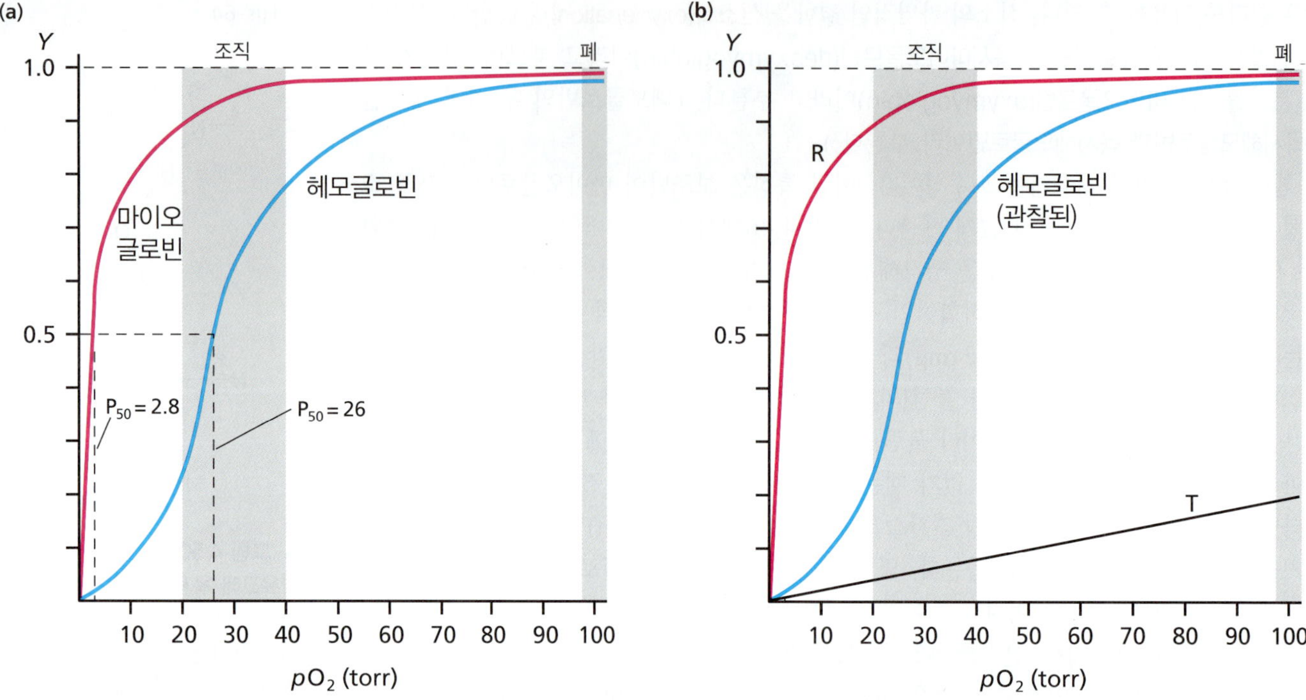

▲ 그림 4.52

마이오글로빈과 헤모글로빈의 산소결합 곡선. **(a)** 마이오글로빈과 헤모글로빈의 비교. 산소의 분압(pO_2)에 대한 각각의 단백질의 분획적인 포화도(Y)로 그래프를 그렸다. 2.8 torr의 산소압에서 마이오글로빈의 산소결합 곡선은 반이 포화된(Y = 0.5) 쌍곡선이다. 26 torr의 산소압에서 전체 혈액의 헤모글로빈의 산소결합 곡선은 반이 포화된 S자형 곡선이다. 전체 산소압에서 마이오글로빈은 산소에 대한 친화도가 헤모글로빈보다 크다. 산소의 분압이 높은 폐에서, 헤모글로빈은 산소로 거의 포화된다. 산소의 분압이 낮은 조직에서, 산소는 산소가 붙은 헤모글로빈에서 해리되어서 마이오글로빈으로 전달된다. **(b)** 헤모글로빈의 다른 상태에 의한 산소결합. 헤모글로빈의 옥시(R, 혹은 높은 친화도) 상태는 쌍곡선 형태의 결합 곡선을 가진다. 헤모글로빈의 디옥시(T, 혹은 낮은 친화도) 상태 또한 쌍곡선 결합 곡선을 가질 수 있지만 더 높은 농도에서 반이 포화된다. 낮은 친화도와 높은 친화도가 섞인 헤모글로빈이 있는 수용액은 중간 정도의 산소 친화도를 갖는 S자형 결합 곡선을 보인다.

런 상호작용을 하는 결합 현상을 결합의 **양성 협동성**(**positive cooperativity**)이라고 한다.

반이 포화된 분압(P_{50})은 산소에 대한 단백질의 친화도를 측정한 것이다. 낮은 P_{50}은 산소로 포화된 단백질이 반이 되는 농도가 낮다는 것을 의미하기 때문에, 산소에 대한 높은 친화도를 나타낸다. 유사하게, 높은 P_{50}은 낮은 친화도를 나타낸다. 마이오글로빈 분자는 2.8 torr의 pO_2에서 반이 포화된다(1대기압 = 760 torr). 헤모글로빈에 대한 P_{50}(26 torr)은 산소에 대한 낮은 결합도를 보여주듯이 훨씬 높다. 마이오글로빈과 헤모글로빈의 헴 보조단은 동일하지만 단백질에 의해 생기는 미세환경이 조금 다르기 때문에 산소 친화도가 다르다. 산소에 대한 친화도는 단백질의 고유의 특성이다. 라이간드가 다른 단백질과 효소에 붙는 결합을 설명하는데 보통 사용되는 평형결합/해리상수는 유사하다(4.9절).

그림 4.52에서 볼 수 있듯이, 폐에서 볼 수 있는 높은 pO_2(약 100 torr)에서는 마이오글로빈과 헤모글로빈 모두 거의 포화된다. 하지만 50 torr 이하의 pO_2에서는 헤모글로빈은 부분적으로만 포화되어 있는 반면, 마이오글로빈은 여전히 거의 포화되어 있다. 적혈구에서 헤모글로빈에 의해 운반되는 많은 산소는 pO_2가 낮은(20~40 torr) 조직의 모세혈관 내에서 해리된다. 근육조직의 마이오글로빈은 헤모글로빈에서 해리되는 산소와 붙는다. 산소에 대한 마이오글로빈과 헤모글로빈의 다른 친화도는 폐에서 근육으로 산소를 전달하는 효율적인 시스템을 유도한다.

헤모글로빈에 의한 산소의 협력적인 결합은 산소가 붙으면 일어나는 단백질의 구조 변화와 관련이 있다. 디옥시헤모글로빈(deoxyhemoglobin)은 몇몇 소단위체의 내부와 소단위체 간 이온결합에 의해 안정화된다. 산소가 소단위체 중 하나와 결합했을 때, 이온결합을 방해

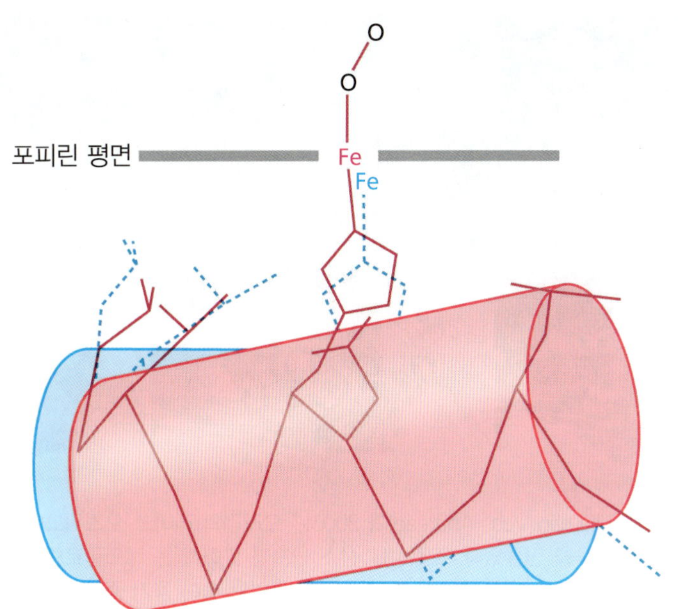

◀ 그림 4.53
산소결합에 의해 유도되는 헤모글로빈 사슬의 구조 변화. 헤모글로빈 소단위체의 헴의 철에 산소가 결합하면(빨간색), 가까운 히스티딘 잔기가 포피린 고리 쪽으로 당겨진다. 히스티딘을 보유한 나선 또한 위치를 바꿔서 디옥시헤모글로빈(파란색)의 소단위체를 연결시켜주는 이온결합을 방해한다.

BOX 4.4 배아와 태아의 헤모글로빈

사람의 α 글로빈 유전자는 염색체 16번에서 글로빈 유전자 족(family)이 연관된 구성 유전자의 무리에 위치한다. α 글로빈을 암호화하는 두 개의 유전자는 α_1과 α_2이다. 이 유전자의 위쪽에는 ζ라 불리는 다른 기능적 유전자가 있다. 이 유전자 부위(locus)는 기능을 갖지 않는 두 개의 모조유전자(pseudogenes)를 가지며, 하나는 $\zeta(\psi\zeta)$와 연관되고, 다른 하나는 α 글로빈 유전자로부터 복제된 유전자(ψ_α)에서 유래한다.

β 글로빈 유전자는 염색체 11번 상에 있고, 글로빈 유전자와는 다른 구성원이 있는 유전자 위치에도 존재한다. 기능적인 유전자는 δ, 두 개의 연관된 γ 글로빈 유전자(γ^A와 γ^G)와 ε(엡실론)유전자이다. 이 유전자 위치 또한 $\beta(\psi_\beta)$와 연관된 모조유전자를 갖는다. 다른 글로빈 유전자는 초기 배아와 태아에서 발현되는 헤모글로빈 소단위체를 암호화한다. 배아의 헤모글로빈은 Gower 1($\zeta_2\varepsilon_2$), Gower 2($\alpha_2\varepsilon_2$), 그리고 Portland($\zeta_2\gamma_2$)라 불린다. 태아 헤모글로빈은 $\alpha_2\gamma_2$ 구성의 소단위체를 갖는다. 성인 헤모글로빈은 $\alpha_2\beta_2$와 $\alpha_2\delta_2$이다.

초기 배발생 동안 성장하는 배아는 태반을 통해 모체의 혈액으로부터 산소를 공급받는다. 배아 혈액의 산소 농도는 성인 혈액의 산소 농도보다 훨씬 낮다. 배아의 헤모글로빈에서 P_{50}이 4~12 torr[성인 헤모글로빈의 정도(26 torr)보다 훨씬 낮다]이므로 산소와 훨씬 강하게 결합하는 것으로 보상을 한다. 태아의 헤모글로빈은 배아의 헤모글로빈보다는 산소에 덜 강하게 결합하지만 성인의 헤모글로빈(P_{50} = 20 torr)보다는 강하게 결합한다.

다양한 글로빈 유전자의 발현은 주의 깊게 조절되어 올바른 유전자가 적절한 시기에 전사된다. 때때로 태아 γ 글로빈 유전자가 성인에서 부적절하게 발현되어 돌연변이가 생겨난다. 이에 따른 표현형은 태아성 헤모글로빈의 유전적 지속성(Hereditary Persistence of Fetal Hemoglobin; HPFH)으로 알려져 있다. 이것은 사람에서 관찰되는 수백 개의 헤모글로빈 변형체 중 하나일 뿐이다. Online Mendelian Inheritance in Man(OMIM)이라 불리는 데이터베이스에서 이것에 관해 볼 수 있으며, OMIM은 사람의 유전적 질병의 가장 완전하고 정확한 데이터베이스이다(ncbi.nlm.nih.gov/omim).

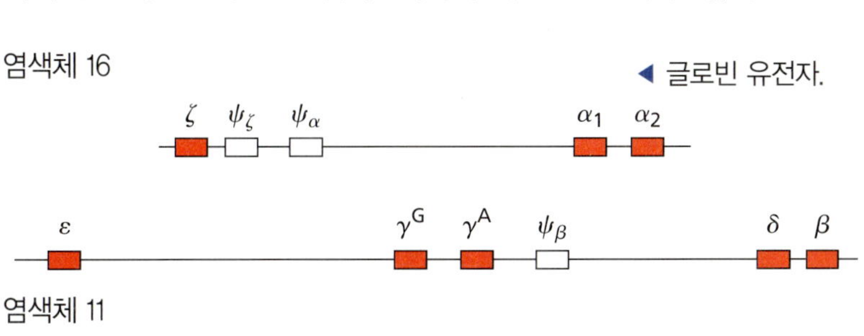

◀ 글로빈 유전자.

▶ 사람의 태아.

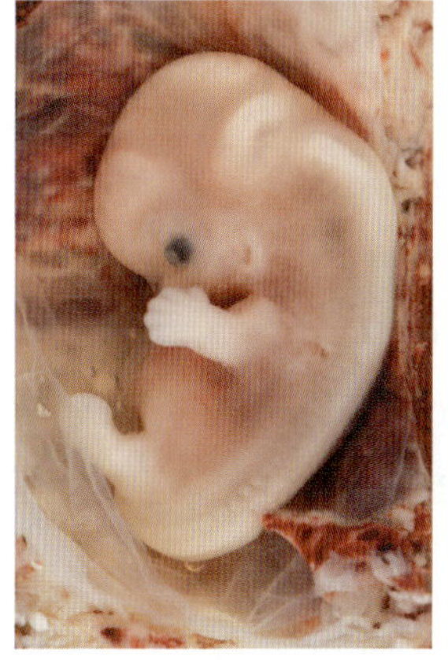

▲ 줄리안 보스 안드레(Julian Voss-Andreae)가 2005년 오리건의 레이크 오스위고에서 "철의 심장(헤모글로빈)"이라 불리는 조각품을 만들었다. 조각상은 산소 원자가 붙어 있는 헤모글로빈을 묘사한다. 원래의 조각상은 빛나는 강철이다(왼쪽). 열흘이 지나고 나서 강철에 있는 철이 공기 중 산소와 반응해서 부식이 일어나기 시작했다(가운데). 몇 달이 지나고 조각상은 완전히 녹슬었다(오른쪽).

하는 움직임을 유도하고 약간 다른 구조를 선호하게 된다. 헴의 철 원자의 반응성에 의해 이런 움직임이 촉진된다(그림 4.53). 디옥시헤모글로빈에서, 철 원자는 5개의 라이간드에만 붙는다(마이오글로빈에서와 같이). 이것은 포피린 고리(porphyrin ring) 내의 공간보다 약간 크며 고리의 표면 아래에 위치하게 된다. O_2(여섯 번째 라이간드)가 철 원자와 결합할 때, 철의 전자 구조는 지름이 감소하고, 가까운 히스티딘을 갖는 나선을 당겨 포피린 고리의 평면 쪽으로 움직인다. 3차 구조가 변하면서 4차 구조도 약간 변화하고, 이는 나머지 소단위체가 산소에 더 잘 붙을 수 있게 한다. 전체 사합체는 적어도 한 분자의 산소가 $\alpha\beta$ 이합체 각각에 붙어야 디옥시헤모글로빈에서 옥시헤모글로빈 형태로 바뀐다. (더 자세한 내용은 5.9C 절에서 확인할 수 있다.)

헤모글로빈의 구조 변화는 결합 곡선에서 보이는 결합의 양성 협동성을 설명해 준다(그림 4.52a). 곡선의 모양은 두 가지 형태의 결합된 효과 때문이다(그림 4.52b). 헤모글로빈의 완전히 산소가 없는 형태는 산소에 대한 낮은 친화도를 가지고, 따라서 반이 포화되기 위해 아주 높은 농도를 갖는 쌍곡선 형태의 결합곡선을 가진다. 오직 적은 양의 헤모글로빈만이 낮은 산소 농도에서 포화된다. 산소의 농도가 증가함에 따라 일부 헤모글로빈 분자는 산소 분자에 붙게 되고, 이것은 산소에 대한 헤모글로빈의 친화도를 증가시켜줘서 부가적인 산소가 더 잘 붙도록 해준다. 이것은 S자형 곡선을 만들어 내고 결합을 급격히 증가시켜 더 많은 헤모글로빈이 산소와 결합한 형태를 띠게 된다. 만약 모든 헤모글로빈 분자가 산소와 결합한 형태이면, 수용액은 쌍곡선 형태의 결합 곡선을 나타낼 것이다. 산소 분자가 해리되면서 헤모글로빈 분자는 다시 이온결합을 형성하고 산소가 없는 형태로 돌아가게 된다.

헤모글로빈의 두 가지 형태는 T(단단한)와 R(유연한) 상태로 불리며, 이런 구조 변화에 대한 표준적인 용어를 사용한다. 헤모글로빈에서, 산소에 붙지 않으려 하는 디옥시헤모글로빈 형태는 불활성(T)의 상태로 간주하고, 산소결합을 촉진하는 옥시헤모글로빈 형태는 활성(R)의 상태로 생각한다. R과 T 상태는 동적 평형을 이룬다.

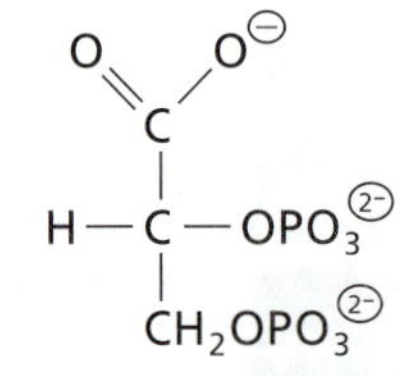

▲ **2,3-양인산글리세르산(2,3BPG).**

C. 헤모글로빈은 입체다른자리 단백질이다

헤모글로빈에 의한 산소의 결합과 해리는 **입체다른자리 상호작용(allosteric interaction)**에 의해 조절된다(그리스어로 *allos*는 "다른"의 뜻이다). 이 관점에서 효소가 아닌 운반단백질인 헤모글로빈은 특정 조절효소와 닮았다(5.9절). 입체다른자리 상호작용은 **입체다른자리 조절**

자(allosteric modulator)나 **입체다른자리 작용자(allosteric effector)**라 불리는 특정한 작은 분자가 단백질(일반적으로 효소)에 붙어서 그것의 활성을 조절할 때 일어난다. 입체다른자리 조절자는 단백질의 기능적인 결합 부위와는 다른 곳에 가역적으로 붙는다. 작용자 분자는 활성자(activator) 혹은 방해자(inhibitor)가 된다. 입체다른자리 작용자에 의해 활성이 조절되는 단백질을 **입체다른자리 단백질(allosteric protein)**이라 부른다.

적혈구에서 2,3BPG의 합성이 Box 11.2에 설명되어 있다(11장).

입체다른자리 조절은 입체다른자리 단백질의 구조에 작지만 중요한 변화를 일으킨다. 예를 들면, 원래의 기질, 생산물이나 산소와 같은 수송된 분자가 붙는 위치와 겹치지 않는 다른 장소에 붙는 입체다른자리 작용자의 결합에 의해 조절되는 결합의 협동성이 있다. 입체다른자리 단백질은 활성화된 모양(R 상태)과 비활성화된 모양(T 상태)이 빠르게 상호 전환되어 평형을 이룬다. 활성부위(헤모글로빈에서의 헴)에 확실히 붙는 기질은 단백질이 R 상태일 때 가장 강력하게 붙는다. 입체다른자리나 조절 부위에 붙는 입체다른자리 방해자는 T 상태에 가장 강력하게 붙는다. 입체다른자리 방해자의 결합은 입체다른자리 단백질이 빠르게 R 상태에서 T 상태로 전환시킨다. 활성부위에 기질이 붙는 것(혹은 입체다른자리 활성자가 입체다른자리 위치에 붙는 것)은 반대의 전환이 일어나게 한다. 작용자의 결합이나 해리로 인한 입체다른자리 단백질의 구조의 변화는 입체다른자리 위치에서 기능적인 결합 부위(활성 부위)로 퍼져나간다. 입체다른자리 단백질의 활성 정도는 R과 T 형태에 있는 분자의 상대적인 비율을 따른다. 즉, 각각의 형태에 붙는 기질과 조절자의 상대적인 농도를 따름을 의미한다.

2,3-양인산글리세르산[2,3-*bis*phospho-D-glycerate(2,3BPG)]는 포유동물 헤모글로빈의 입체다른자리 작용자이다. 적혈구에서 2,3BPG의 존재는 성인 헤모글로빈의 산소에 대한 결합정도인 P_{50}을 약 26 torr 정도로 증가시켜준다. 이것은 정제된 헤모글로빈이 수용액상에서 산소에 결합하는 정도인 P_{50}인 약 12 torr보다 훨씬 높다. 다시 말해서, 적혈구에서 2,3BPG는 디옥시헤모글로빈의 산소에 대한 친화도를 상당히 낮춘다. 적혈구 내의 2,3BPG와 헤모글로빈의 농도는 거의 같다(약 4.7 mM).

R과 T 상태는 5.10절에 "입체다른자리의 이론"으로 더 자세히 설명되어 있다.

작용자 2,3BPG는 두 개의 β 소단위체 사이에 있는 헤모글로빈의 중심공간에 붙는다. 이 결합 주머니에는 6개의 양전하를 띠는 곁사슬과, 양이온성 결합 부위를 형성하는 β 사슬 각각의 α-아미노기의 N-말단이 존재한다(그림 4.54). 디옥시헤모글로빈에서 이 양전하를 띠

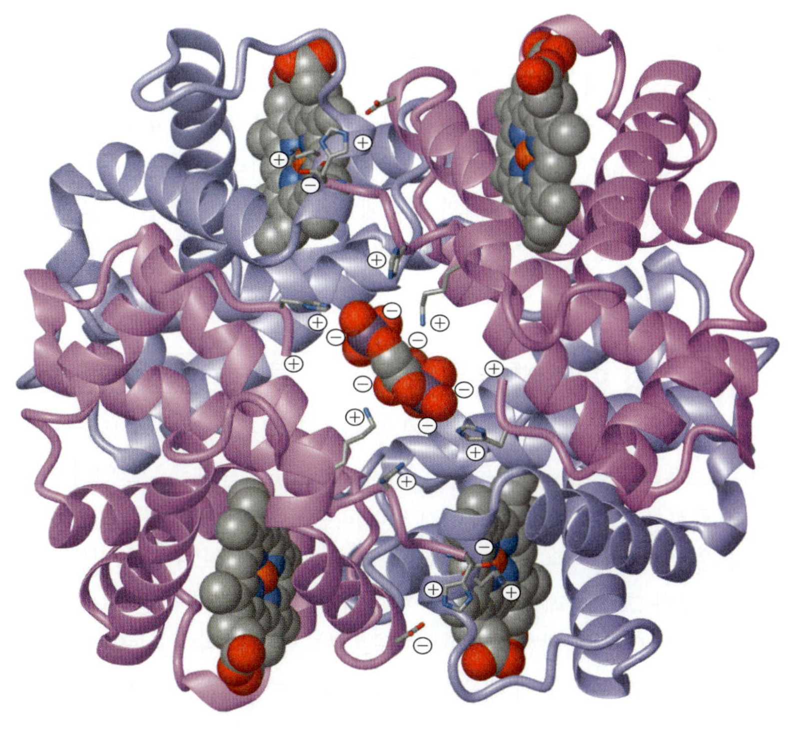

그림 4.54

디옥시헤모글로빈에서의 2,3BPG의 결합. 디옥시헤모글로빈의 중심공간은 카복실산염(carboxylate)과 2,3BPG의 인산기에 상보적인 양전하를 띠는 기가 나열되어 있다. 2,3BPG와 이온결합 모두 디옥시헤모글로빈 상태를 안정화시키는 것을 돕는다. α 소단위체는 분홍색, β 소단위체는 파란색, 헴 보조단은 빨간색으로 나타내었다.

는 기는 2,3BPG의 5개의 음전하와 정전기적으로 상호작용할 수 있다. 2,3BPG가 붙으면, 디옥시헤모글로빈 상태(T 상태, O_2에 대해 친화도가 낮음)가 안정화되고 옥시헤모글로빈 상태(R 혹은 높은 친화도를 갖는 상태)로의 전환이 억제된다. 옥시헤모글로빈에서는, β 사슬은 서로 더 가깝고, 2,3BPG를 받아들이기에는 입체다른자리 결합 부위가 너무 작다. 가역적으로 붙는 라이간드인 O_2와 2,3BPG는 R과 T(R $\rightleftharpoons$ T)의 평형에 반대 작용을 한다. 산소의 결합은 옥시헤모글로빈(R) 상태의 헤모글로빈의 비율을 증가시키고, 2,3BPG의 결합은 디옥시헤모글로빈(T) 상태의 헤모글로빈의 비율을 증가시킨다. 산소와 2,3BPG는 다른 결합 부위를 가지기 때문에, 2,3BPG는 입체다른자리 작용자이다.

2,3BPG가 없을 때, 헤모글로빈은 약 20 torr의 산소압에서 거의 포화된다. 따라서 조직에서 주로 나타나는 낮은 산소분압(20~40 torr)에서는, 2,3BPG가 없는 헤모글로빈이 산소를 해리시키지 않을 것이다. 하지만 2,3BPG가 같은 농도로 있을 때, 헤모글로빈은 20 torr에서 1/3 정도만이 포화된다. 2,3BPG의 입체다른자리 효과로 인해 헤모글로빈이 조직의 낮은 산소분압에서 산소가 해리된다. 근육에서 마이오글로빈은 해리된 산소의 일부와 결합할 수 있다.

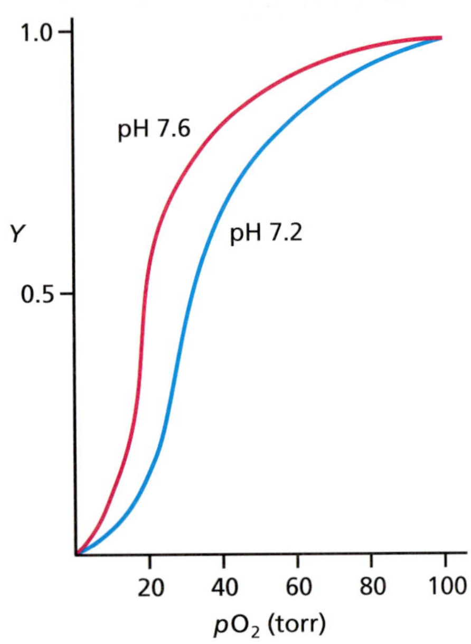

▲ 그림 4.55
보어 효과. pH를 낮추면 산소에 대한 헤모글로빈의 친화도가 낮아진다.

헤모글로빈에 산소의 결합을 부가적으로 조절하는 것에는 호기성 대사의 산물인 이산화탄소(CO_2), 양성자 둘 모두가 관여한다. CO_2는 적혈구 내에서 pH를 낮춰서 헤모글로빈의 O_2에 대한 친화도를 떨어뜨린다. 적혈구에서 효소에 의해 매개되는 이산화탄소의 수화는 탄산(carbonic acid, H_2CO_3)을 만들고, 이것이 떨어져 나와서 중탄산염(bicarbonate)과 양성자를 만들어서 pH를 낮추게 된다.

$$CO_2 + H_2O \rightleftharpoons H_2CO_3 \rightleftharpoons H^{\oplus} + HCO_3^{\ominus} \tag{4.4}$$

pH가 낮아지면 헤모글로빈의 몇몇 기에 양성자가 붙게 된다. 이런 기는 디옥시헤모글로빈 상태를 안정화시키는 데 도움을 주는 이온결합을 형성한다. CO_2의 농도 증가와 동시에 pH가 감소하면 헤모글로빈의 P_{50}을 증가시킨다(그림 4.55). 보어 효과(Bohr effect)라 불리는 이 현상은 산소 전달 시스템의 효율을 높여준다. 숨을 들이마셨을 때 폐에서, CO_2 농도가 낮을 때 헤모글로빈은 O_2를 잘 받아들인다. 대사작용을 하고 있는 조직에서는 CO_2의 레벨이 상대적으로 높고 pH가 상대적으로 낮기 때문에 O_2는 옥시헤모글로빈에서 손쉽게 해리된다.

이산화탄소는 두 가지 방법으로 조직에서 폐로 전달된다. 대사작용에서 생겨난 대부분의 CO_2는 중탄산염이온(bicarbonate ion)의 형태로 녹아 전달되지만, 일부 이산화탄소는 카바메이트(carbamate) 부가물의 형태 자체로 헤모글로빈을 통해 전달된다(그림 4.56). 적혈구의 pH(7.2)와 CO_2 농도가 높을 때, 디옥시헤모글로빈의 N-말단에 4개의 잔기의 양전하가 가해지지 않은 아미노기(pK_a 값이 7~8 사이)는 CO_2와 가역적으로 반응해서 카바메이트 부가물을 형성할 수 있다. 옥시헤모글로빈의 카바메이트는 디옥시헤모글로빈의 카바메이트보다 안정하지 않다. 헤모글로빈이 CO_2 분압이 낮고 O_2가 높은 폐에 가면, 산소가 붙은 상태로 바뀌게 되고 붙어 있던 CO_2는 해리된다.

▲ 그림 4.56
카바메이트 부가 생성물. 대사가 일어나는 조직에서 생성된 이산화탄소는 헤모글로빈의 글로빈 사슬의 N-말단 잔기와 가역적으로 반응해서 그것을 카바메이트(carbamate) 부가 생성물로 바꾼다.

4.15 항체는 특정 항원에 붙는다

척추동물은 감염성 박테리아와 바이러스와 같은 외래 물질을 제거하는 복잡한 면역 시스템이 있다. 방어 시스템의 일부로, 척추동물은 **항원(antigen)**을 특이적으로 인식하고 붙는 **항체**(**antibody**, 면역 글로불린 항체라고도 알려져 있다)라는 단백질을 합성한다. 많은 종류의 외래 물질이 면역반응을 일으키는 항원으로 작용할 수 있다. 항체는 림프구라 불리는 백혈구가 합성한다. 각각의 림프구와 그의 유래물질은 동일한 항체를 합성한다. 동물은 일생 동안 다양한 외래 물질에 노출되기 때문에, 다양한 항체-생성 림프구를 만들어 수 년 동안 낮은 수준으로 유지하며, 이를 통해 재감염 시 항원에 대응한다. 면역 체계는 한번 인식한 항원을 기억하기 때문

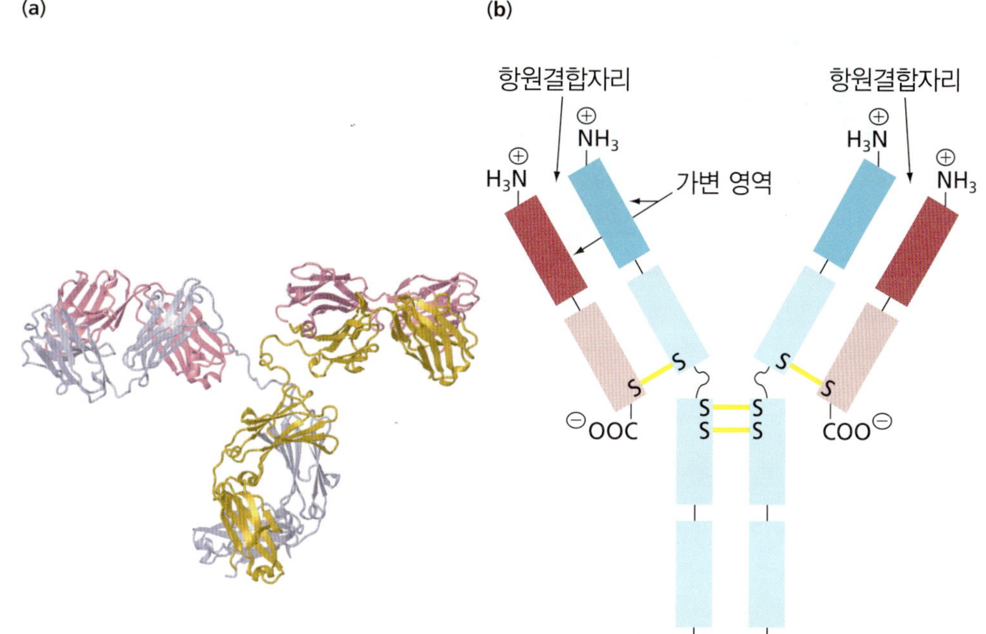

◀ 그림 4.57

사람의 항체 구조. **(a)** 항체의 구조. **(b)** 항체 구조의 도해. 면역글로불린 G의 항체에서 두 개의 무거운 사슬(파란색)과 두 개의 가벼운 사슬(빨간색)은 이황결합(노란색)으로 연결된다. 가벼운 사슬과 무거운 사슬의 가변 영역(variable domain, 항원이 붙는 부위)은 더 진하게 표시되었다.

에, 특정 감염이 개체에서 반복적으로 일어나지 않는다. 어릴 때 형성된 면역은 어른이 되어서도 유지되기 때문에 어린이에게 놓는 백신(불활성화된 병원균이나 독의 유사체)은 효과적이다.

첫 번째 또는 전에 감염된 적이 있는 항원은 림프구의 표면에 붙고, 이 세포는 증식하여 혈액으로 분비하는 수용성의 항체를 생산한다. 수용성의 항체는 외래 개체나 물질에 붙어서 항체-항원 복합체를 형성해서 침전되어 일련의 프로티에이즈(proteases)나 림프구의 항원 섭식작용에 의해 세포 내에서 소화시키는 반응이 일어나게 된다.

혈액에서 다량으로 존재하는 항체의 대부분은 면역글로불린 G(IgG)에 속한다. 이것은 2개의 동일한 가벼운 사슬(light chains)과 두 개의 동일한 무거운 사슬(heavy chains)이 이황결합으로 연결된 Y자 모양의 올리고머(olilgomers)이다(그림 4.57). 면역글로불린은 무거운 사슬에 탄수화물이 공유결합하여 붙어 있는 당단백질이다. 가벼운 사슬과 무거운 사슬의 N-말단 쌍은 서로 가깝다. 가벼운 사슬은 2개의 도메인, 무거운 사슬은 4개의 도메인을 갖는다. 약 110개의 잔기로 이루어진 각각의 도메인은 두 개의 역평행 β 병풍구조로 구성된 샌드위치 모양인 특징적인 면역글로불린 접힘(immunoglobulin fold)이라 불리는 공통적인 모티프로 구성된다(그림 4.58). 이 도메인 구조는 면역계의 다른 많은 단백질에서도 볼 수 있다.

항체의 N-말단 도메인은 서열의 다양성 때문에 가변 영역(variable domain)이라 불린다. 이것은 항원결합의 특이성을 결정한다. X선 결정학 연구는 가변 영역의 항원결합 부위가 세 개의 고리로 구성되어 변이가 아주 심한 영역(hypervariable regions)이며, 이것이 크기와 서열이 매우 다르다는 것을 증명했다. 가벼운 사슬과 무거운 사슬에서 고리는 합쳐져서 통(barrel)을 형성하고, 위의 표면부분은 특정 항원의 모양과 극성에 상보적이다. 항원과 항체 간의 조합은 너무 가까워서 두 단백질 사이에 물 분자가 들어갈 공간조차 없다. 항원과 항체의 상호작용을 안정화시키는 힘은 첫 번째로 수소결합과 정전기적 인력이다. 단백질 항원과 항체의 상호작용의 예를 그림 4.59에서 볼 수 있다.

상당한 항원결합의 특이성 때문에 항체는 다양한 물질 중에서 적은 양을 감지하는 용도로 실험실에서 사용되고 있다. 면역탁본 측정법(immunoassay)의 일반적인 종류는 항원이 얼마나 있는지 모르는 용액이 표지된 항체의 용액과 섞여서 항원-항체 복합체를 형성하는 양을 측정하는 것이다. 이 측정법을 적합한 진단 시험으로 만들기 위해 민감성을 다양한 방법을 통해 향상시킬 수 있다.

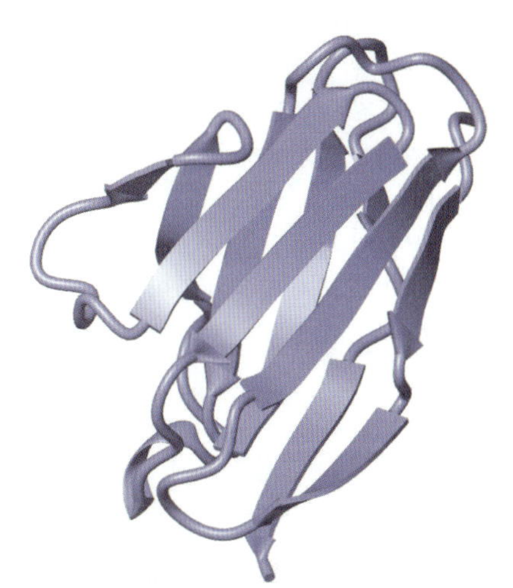

▲ 그림 4.58

면역글로불린 접힘. 도메인은 2개의 역평행 β 병풍구조의 샌드위치로 구성된다. [PDB 1REI].

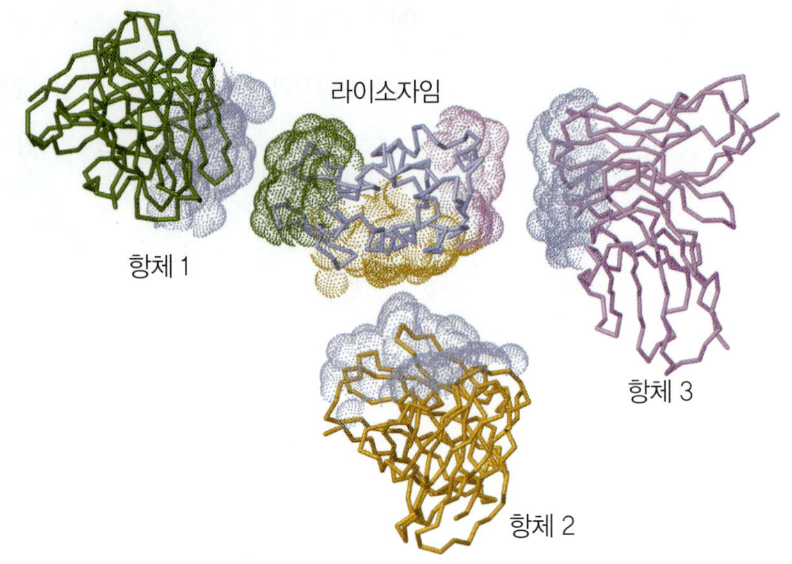

그림 4.59 ▶
3개의 다른 항체가 하나의 항원에 결합한다 (단백질 라이소자임). 3개의 항원-항체 복합체의 구조가 X선 결정학으로 밝혀졌다. 항원과 항체가 분리되어 있는 이런 합성 사진은 항원과 항체가 상호작용하는 부분의 표면을 보여준다. 3개의 항체의 일부만이 나타나 있다.

요약

1. 단백질은 다양한 모양과 입체형태로 접힐 수 있다. 많은 단백질들은 수용성이고 대략적으로 구형이며 단단히 접혀 있다. 다른 단백질들은 세포와 조직을 지지하는 긴 섬유 모양을 하고 있다. 막단백질은 세포막을 구성하는 필수적인 요소이며 세포막과 관련되어 있다.
2. 단백질 구조에는 4개의 단계가 있다. 그것들은 1차 구조(아미노산 잔기들의 배열), 2차 구조(수소결합에 의해 안정화되는 규칙적이고 지역적인 구조), 3차 구조(전체 폴리펩타이드 사슬의 압축된 모양), 4차 구조(두 개 혹은 그 이상의 폴리펩타이드 사슬이 모여 다합체 단백질을 이룬 형태)이다.
3. 단백질과 같은 생물 고분자 물질의 3차 구조는 X선 결정학이나 핵자기공명 분광법으로 밝힐 수 있다.
4. 펩타이드기는 극성을 띠고 한 평면에 존재한다. N—Cα와 Cα—C 결합 주위에서의 회전은 φ와 ψ로 나타낸다.
5. 일반적인 2차 구조인 α 나선은 회전마다 대략 3.6개의 아미노산 잔기를 포함하는 고리이다. 아마이드 수소와 카보닐 산소 간의 수소결합은 나선의 축과 대략적으로 평행하다.
6. 2차 구조에서 또 다른 일반적인 형태인 β 구조는 서로 수소결합으로 연결되어 평행하거나 역평행하는 β 가닥이 모여 β 병풍구조를 형성한다.
7. 대부분의 단백질은 α 나선과 β 가닥을 잇는 회전과 고리 구조를 포함한 반복되지 않는 구간이 있다.
8. 2차 구조 요소들임을 알아볼 수 있게 조합된 구조를 모티프(motif)라고 한다.
9. 단백질의 3차 구조는 인식될 수 있는 구조를 가지거나 특정한 기능을 수행할 수 있는 하나 혹은 그 이상의 도메인(domain)으로 구성되어 있다.
10. 4차 구조를 가지는 단백질에서 소단위체들은 대체로 비공유 상호작용으로 결합되어 있다.
11. 변성제(denaturing agent)를 첨가함으로써 단백질의 원래의 구조가 유지되지 않고 변형될 수 있다. 특정한 조건 하에서 변성된 단백질은 원래의 구조로 되돌아갈 수 있다.
12. 생물학적으로 활성을 가지는 상태로 단백질이 접히는 것은 주로 소수성 효과에 의해 일어나는 연속적이고 협동적인(cooperative) 과정이다. 샤페론(chaperone)이 단백질 접힘을 도울 수 있다.
13. 콜라겐은 결합조직에서 주요한 섬유성 단백질이다. 세 개의 시계 방향의 나선 모양 사슬은 반시계 방향의 초나선을 형성한다.
14. 단백질의 조밀하고 접힌 구조 때문에 단백질은 다른 분자와 선택적으로 결합할 수 있다. 헴(heme)을 포함하는 단백질인 마이오글로빈(myoglobin)과 헤모글로빈(hemoglobin)은 산소와 결합하거나 산소를 방출시킬 수 있다. 헤모글로빈에 산소가 결합하는 것은 입체다른자리 조절과 양성 협동성(positive cooperativity)의 특징을 가진다.
15. 항체는 다중영역(multidomain) 단백질로 외부의 물질 혹은 항원에 결합해 그것들의 분해를 위해 표시하는 역할을 한다. 무거운 사슬(heavy chain)과 가벼운 사슬(light chain)의 다양한 영역이 항원과 상호작용한다.

문제

1. 다음의 트라이펩타이드(tripeptide)를 보고 문제에 답하라.

(a) α-탄소 원자를 표시하고 각각의 펩타이드기의 원자들을 상자로 표시하라.
(b) 어느 부분이 R기인가?
(c) 왜 카보닐 C═O와 N 아마이드 결합 주위에서 자유 회전이 제한되는가?

(d) 이 화학적 구조가 올바른 형태의 펩타이드 결합을 나타낸다고 할 때, 펩타이드기들은 시스 혹은 트랜스 입체형태 중 무엇인가?

(e) 펩타이드기들 간의 회전은 어떤 결합 때문에 가능한가?

2. (a) (1) α 나선 그리고 (2) 콜라겐 3중 나선의 수소결합 패턴을 나타내라.

(b) 이 나선들에서 아미노산 곁사슬들이 어떻게 배열될 수 있는지 설명하라.

3. 왜 (1) 글라이신과 (2) 프롤린 잔기가 α 나선에서 잘 발견되지 않는지 설명하라.

4. 베타노바(Betanova)는 20개의 아미노산으로 이루어진 합성 펩타이드이다. 이 합성 펩타이드는 이황결합이 없을 때 이론적으로 안정적인 β 병풍구조를 가지는 작은 수용성의 분자로 디자인되었다. 수용액상에 존재하는 베타노바의 핵자기공명 구조를 보았을 때 베타노바는 실제로 세 개의 가닥으로 이루어진 역평행의 β 병풍구조를 가졌다. 아래의 베타노바의 아미노산 서열을 참고하여 다음 물음에 답하라.

(a) 베타노바에 대해 리본 그림(ribbon diagram)을 그리고 β 가닥 사이의 각각의 헤어핀 회전(hairpin turn)을 이룰 것 같은 잔기를 표시하라.

(b) 이 β 병풍구조를 안정화시킬 것 같은 상호작용을 나타내라.

Betanova RGWSVQNGKYTNNGKTTEGR

5. 250개의 다양한 DNA와 결합하는 단백질 중 중요한 것들은 공통 단백질 모티프로 이루어진 이합체를 가진다. 이 모티프는 DNA와 결합하는 단백질이 특정한 DNA 서열을 인식하고 거기에 결합할 수 있게 한다. 아래의 구조에서 공통 단백질 모티프는 무엇인가?

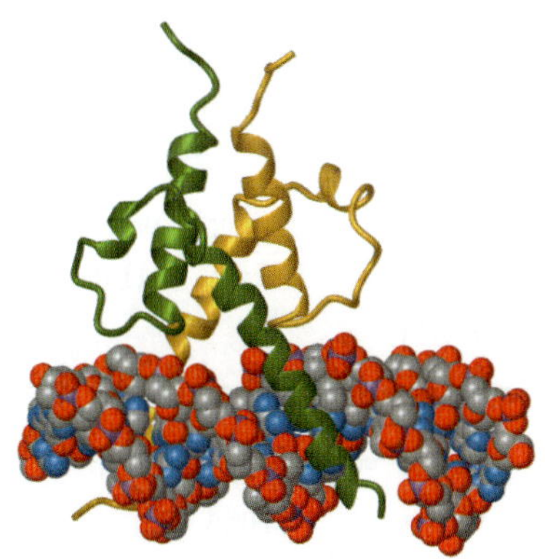

6. 그림 4.21을 참조해 아래의 질문에 답하라.

(a) 파이루베이트 카이네이즈(pyruvate kinase)의 가운데 영역은 4개의 주요한 영역(모두 α, 모두 β, α/β, $\alpha + \beta$) 범주 중 무엇에 속하는가?

(b) 파이루베이트 카이네이즈의 가운데 영역에서 주로 존재하는 접힘의 종류를 설명하라.

(c) 파이루베이트 카이네이즈의 가운데 영역과 같은 접힘 구조를 가지는 다른 두 개의 단백질을 써보라.

7. 단백질 이황화물 아이소머레이즈(protein disulfide isomerase; PDI)는 무작위적인 이황결합을 가진 활성을 가지지 않은 라이보뉴클리에이즈를 다시 접히게 하는 반응의 속도를 현저하게 상승시킨다(그림 4.35). 단백질 이황화물 아이소머레이즈에 의해 올바르지 않은 이황결합을 가진 비활성화된 단백질이 어떻게 활성화될 수 있는지 설명하라.

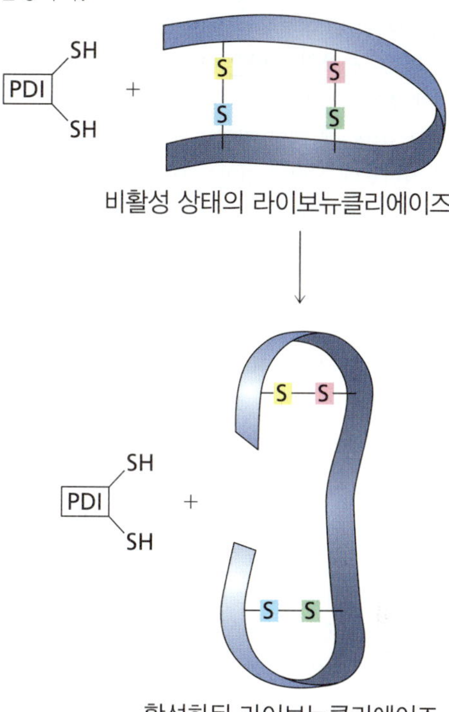

8. 마이오글로빈은 여덟 개의 α 나선을 갖고 그 중 하나는 다음의 서열을 갖는다.

–Gln–Gly–Ala–Met–Asn–Lys–Ala–Leu–Glu–His–Phe–Arg–Lys–Asp–Ile–Ala–Ala–

어떤 곁사슬이 나선의 곁에 위치해 단백질의 내부를 향할 것인가? 어떤 곁사슬이 수용액을 향할 것인가? 단백질 내부를 향하는 잔기들의 간격을 설명하라.

9. 호모시스테인(homocysteine)은 시스테인(cysteine, 곁사슬 = —CH_2CH_2SH)보다 곁사슬에 메틸렌기(methylene group)를 하나 더 가지고 있는 α-아미노산이다. 호모시스테인뇨증(homocysteinuria)은 혈장과 소변에 호모시스테인이 많이 존재하고 콜라겐 구조의 결함으로 인한 골격 기형이 생기게 되는 유전병이다. 호모시스테인은 알리신(allysine)과 생리학적 조건에서 쉽게 반응한다. 이 반응을 보이고 이것이 어떻게 콜라겐에서의 결함이 있는 가교결합으로 이어질 수 있는지 설명하라.

10. 기생충인 만손주혈흡충(*Schistosoma mansoni*)의 유충은 피부를 관통해 인간을 감염시킨다. 이 유충은 폴리펩타이드 서열 -Gly-Pro-X-Y-(X와 Y는 아미노산 여러 개 중 하나일 수 있다)에서 잔기 X와 Y 사이의 펩타이드 결합을 자르는 반응을 촉매하는 효소를 분비한다. 왜 이 효소의 활성이 유충에게 중요한가?

11. (a) 이산화탄소와 물과의 반응이 보어 효과(Bohr effect)를 설명하는데 어떻게 도움이 되는가? CO_2와 물로부터 중탄산염 이온이 생성되는 반응식을 포함하여 헤모글로빈의 산소화(oxygenation)에 있어서 H^+와 CO_2의 효과를 설명하라.

(b) 환자들을 쇼크 상태로 몰아갈 수 있는 중탄산염 정맥 내 투여의 생리학적인 원리를 설명하라.

12. 태아의 헤모글로빈(fetal hemoglobin; Hb F)은 β 사슬의 143번 잔기에 어른의 헤모글로빈(adult hemoglobin; Hb A)에 존재하는 양성자를 띠는 히스티딘 대신 세린이 존재한다. 143번 잔기는 β 사슬들 사이의 중심부의 빈 부분을 향하고 있다.

(a) 왜 2,3BPG는 산화되지 않은 Hb A보다 산화되지 않은 Hb F에 더 강하게 결합하는가?

(b) Hb F의 2,3BPG에 대한 결합력이 떨어지는 것이 Hb F의 산소에 대한 결합력에 어떻게 영향을 미치는가?

(c) Hb F의 P_{50}은 18 torr이고 Hb F의 P_{50}은 26 torr이다. 이 값들로부터 모체의 혈액이 태아로 효율적으로 전달되는 것을 어떻게 설명할 수 있는가?

13. 헤모글로빈의 $\alpha\beta$ 소단위체의 접점에서의 아미노산 잔기가 바뀌게 되면 산소가 결합하면서 나타나는 $R \rightleftharpoons T$ 4차 구조 변화가 원활하게 이루어지지 못할 수 있다. 헤모글로빈 이형(variant)인 Hb_{Yakima}에서 R 형태는 T 형태보다 상대적으로 안정화되어 있고 P_{50} = 12 torr이다. 이 헤모글로빈 돌연변이가 산소가 10~20 torr로 낮은 활동하는 근육에 산소를 전달하는 데 있어서 정상 헤모글로빈(P_{50} = 26 torr)보다 왜 덜 효율적인지 설명하라.

14. 칠리안 로즈 헤어(Chilean Rose Tarantula, *Grammostola spatulata*)라는 이름의 거미의 독은 34개의 아미노산으로 이루어진 독성 단백질을 포함한다. 이 단백질은 원형단백질로 여겨지며 기능하기 위해서 지질막에 존재해야 하는 것으로 알려져 있다. 단백질의 아미노산 서열은 아래와 같다.

ECGKFMWKCKNSNDCCKDLVCSSRWKWCVLASPF

(a) 이 단백질에서 소수성과 매우 친수성인 아미노산을 찾아라.

(b) 이 단백질에는 지질막과 상호작용하는 소수성인 부분이 있을 것으로 생각된다. 어떻게 멀리 떨어진 소수성 아미노산 서열들이 상호작용해 소수성인 부분을 만들 수 있을까?

[Adapted from Lee, S. and MacKinnon, R. (2004). *Nature* 430: 232–235.]

15. 셀렌단백질 P(selenoprotein P)는 흔치 않게 세포 바깥에 존재하는 단백질이고 8~10개의 셀레노시스테인 잔기를 가지며 시스테인과 히스티딘 잔기를 많이 가진다. 셀렌단백질 P는 혈장과 세포의 표면에서 많이 발견된다. 셀렌단백질 P는 고분자량의 탄수화물인 글라이코스아미노글리칸(glycosaminoglycans)과의 상호작용을 통해 세포와 연결되어 있다. 헤파린(heparin)은 그러한 탄수화물 중 하나이다. (아래에 구조가 나와 있다.) 다양한 pH 조건에서 셀렌단백질 P와 헤파린과의 결합에 대한 연구가 이루어졌다. 결과는 다음의 그래프에 나타나 있다.

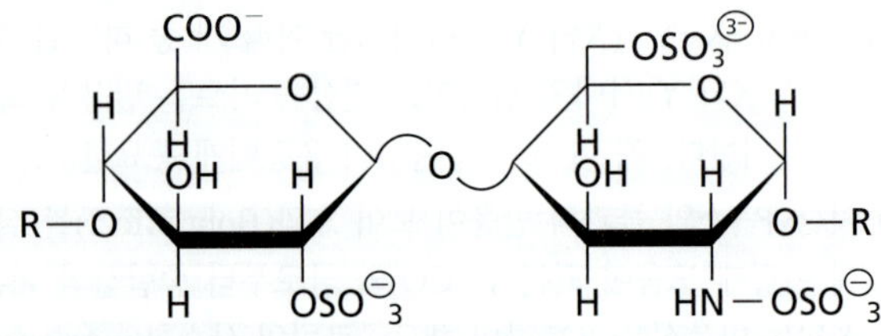

(a) pH에 따라서 셀렌단백질 P와 헤파린 간의 결합은 어떻게 변하는가?

(b) 구조를 보고 이러한 결합에 있어서의 경향성의 이유를 설명해 보라.

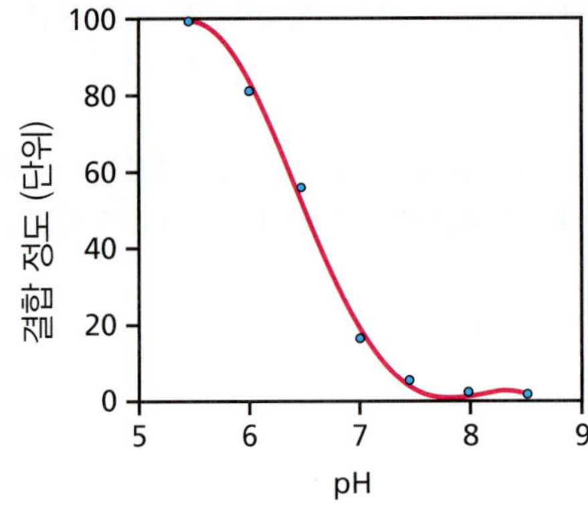

(힌트: 셀렌단백질 P에 많이 있는 아미노산에 대한 정보를 답에 포함시켜라.)

[Adapted from Arteel, G. E., Franken, S., Kappler, J., and Sies, H. (2000). *Biol. Chem.* 381:265–268.]

16. 젤라틴(gelatin)은 동물의 관절에서 유래하는 변형된 콜라겐이다. 젤라틴을 뜨거운 물에 넣으면 3중 나선 구조가 풀리게 되고 사슬이 분리되어 무작위적인 고리가 형성되어 물에 용해된다. 이렇게 물에 녹은 젤라틴 혼합물이 식혀지면 콜라겐은 물을 가둘 수 있는 기질을 형성하게 되고 결과적으로 Jell-O™이라 불리는 움직이는 반고체로 바뀌게 된다. 한 박스의 젤라틴에 대한 지시사항은 다음과 같다. "살짝 걸쭉해질 때까지 차게 식히시오, 그리고 한 컵에서 두 컵 정도의 조리된 혹은 생과일 혹은 채소를 넣으시오. 신선한 혹은 얼어 있는 파인애플은 넣기 전 반드시 조리하시오." 만약 파인애플이 조리되지 않으면 젤라틴은 잘 형성되지 않을 것이다. 파인애플은 파인애플과(科, Bromeliads)에 속하며 파인애플에는 브로멜라인(bromelain)이라고 불리는 프로티에이즈가 있다. 왜 파인애플이 젤라틴에 첨가되기 전에 반드시 조리되어야 하는지 설명하라.

17. 헬싱키 헤모글로빈(Hb Helsinki; HbH)은 82번 잔기의 라이신이 메싸이오닌으로 바뀐 헤모글로빈 돌연변이다. 이 돌연변이는 β 사슬에서 일어나며 잔기 82번은 헤모글로빈의 중심부 구멍에 위치한다. 생리학적 농도의 2,3BPG가 존재하고 pH 7.4에서 정상 성인 헤모글로빈(HbA, ●)과 헬싱키 헤모글로빈(HbH, ■)의 산소결합 곡선이 그래프에 나와 있다.

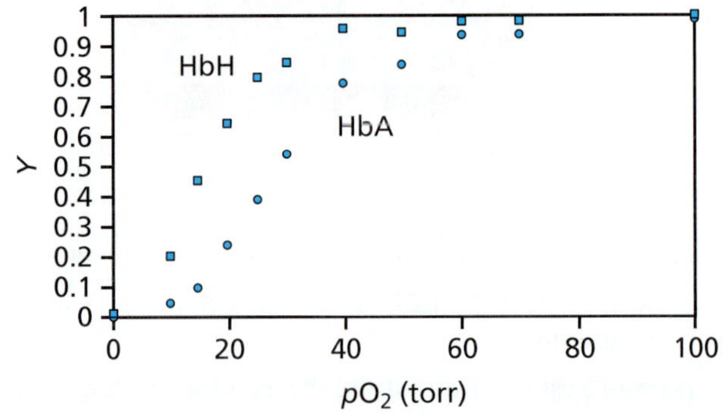

[Adapted from Ikkala, E., Koskela, J., Pikkarainen, P., Rahiala, E.L., El-Hazmi, M. A., Nagai, K., Lang, A., and Lehmann, H. *Acta Haematol.*(1976). 56:257–275.]

왜 HbH에 대한 곡선이 HbA의 곡선으로부터 이동하였는지 설명하라. 이 돌연변이는 R 형태, T 형태 중 어떤 것을 안정화시키는가? 이 돌연변이는 산소 친화도에 어떤 영향을 미칠 것인가?

참고문헌

일반적인 사항

Clothia, C., and Gough, J. (2009). Genomic and structural aspects of protein evolution. *Biochem. J.* 419:15–28. doi: 10,1042/BJ20090122.

Creighton, T. E. (1993). *Proteins: Structures and Molecular Properties*, 2nd ed. (New York: W. H. Freeman), Chapters 4–7.

Fersht, A. (1998). *Structure and Mechanism in Protein Structure* (New York: W. H. Freeman).

Goodsell, D., and Olson, A. J. (1993). Soluble proteins: size, shape, and function. *Trends Biochem. Sci.* 18:65–68.

Goodsell, D. S., and Olson, A. J. (2000). Structuralsymmetry and protein function. *Annu. Rev. Biophys, Biomolec. Struct.* 29:105–153.

Kyte, J. (1995). *Structure in Protein Chemistry* (New York: Garland).

단백질 구조

Branden, C., and Tooze, J. (1991). *Introduction to Protein Structure* 2nd ed. (New York: Garland).

Chothia, C., Hubbard, T., Brenner, S., Barns, H., and Murzin, A. (1997). Protein folds in the all-b and all-a classes. *Annu. Rev. Biophys. Biomol. Struct.* 26:597–627.

Edison, A. S. (2001). Linus Pauling and the planar peptide bond. *Nat. Struct. Biol.* 8:201–202.

Harper, E. T., and Rose, G. D. (1993). Helix stop signals in proteins and peptides: the capping box. *Biochemistry* 32:7605–7609.

Phizicky, E., and Fields, S. (1995). Protein-protein interactions: methods for detection and analysis. *Microbiol. Rev.* 59:94–123.

Rhodes, G. (1993). *Crystallography Made Crystal Clear* (San Diego: Academic Press).

Richardson, J. S., and Richardson, D. C. (1989). Principles and patterns of protein conformation. In *Prediction of Protein Structure and the Principles of Protein Conformation*, G. D. Fasman, ed. (New York: Plenum), pp. 1–98.

Wang, Y., Liu, C., Yang, D., and Yu, H. (2010). Pin1At encoding a peptidyl-prolyl *cis/trans* isomerase regulates flowering time in arabidopsis. *Molec. Cell.* 37:112–122.

Uversky, V. N., and Dunker, A. K. (2010). Understanding protein non-folding. *Biochim.* Biophys. Acta. 1804:1231–1264.

단백질 접힘과 안정성

Daggett, V., and Fersht, A. R. (2003). Is there a unifying mechanism for protein folding? *Trends Biochem. Sci.* 28:18–25.

Dill, K. A. Ozkan, S. B., Shell, M. S., and Weik, T. R. (2008). The protein folding problem. *Annu. Rev. Biophys*. 37:289–316.

Feldman, D. E., and Frydman, J. (2000). Protein folding in vivo: the importance of molecular chaperones. *Curr. Opin. Struct. Biol.* 10:26–33.

Kryshtafovych, A., Fidelis, K., and Moult, J. (2009). CASP8 results in context of previous experiments. *Proteins*. 77(suppl 9):217–228.

Matthews, B. W. (1993). Structural and genetic analysis of protein stability. *Annu. Rev.* Biochem. 62:139–160.

Saibil, H. R. and Ranson, N. A. (2002). The chaperonin folding machine. *Trends Biochem.* Sci. 27:627–632.

Sigler, P. B., Xu, Z., Rye, H. S., Burston, S. G., Fenton, W. A., and Horwich, A. L. (1998). Structure and function in GroEL-mediated protein folding. *Annu. Rev. Biochem.* 67:581–608.

Smith, C. A. (2000). How do proteins fold? *Biochem.* Ed. 28:76–79.

특정 단백질

Ackers, G. K., Doyle, M. L., Myers, D., and Daugherty, M. A. (1992). Molecular code for cooperativity in hemoglobin. *Science* 255:54–63.

Brittain, T. (2002). Molecular aspects of embryonic hemogloin function. *Molec. Aspects Med.* 23:293–342.

Davies, D. R., Padlan, E. A., and Sheriff, S. (1990). Antibody-antigen complexes. *Annu. Rev. Biochem.* 59:439–473.

Eaton, W. A., Henry, E. R., Hofrichter, J., and Mozzarelli, A. (1999). Is cooperative binding by hemoglobin really understood? *Nature Struct. Biol.* 6(4):351–357.

Kadler, K. (1994). Extracellular matrix 1: fibril-forming collagens. *Protein Profile* 1:519–549.

Liu, R., and Ochman, H. (2007). Stepwise formation of the bacterial flagellar system. *Proc. Natl. Acad. Sci.* (USA). 104:7116–7121.

Perutz, M. F. (1978). Hemoglobin structure and respiratory transport. *Sci. Am.* 239(6):92–125.

Perutz, M. F., Wilkinson, A. J., Paoli, M., and Dodson, G. G. (1998). The stereochemical mechanism of the cooperative effects in hemoglobin revisited. *Annu. Rev. Biophys. Biomol. Struct.* 27:1–34.

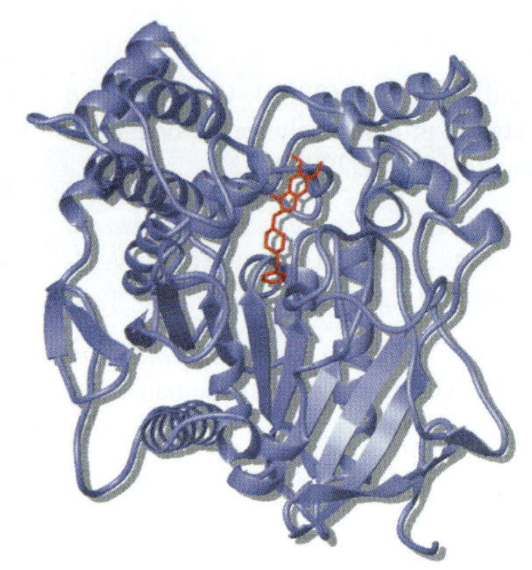

효소의 특성

우리는 단백질의 3차원상 특정 형태가 단백질의 구조와 이동기능 등에 어떤 영향을 미치는지에 대하여 알아보았다. 이제는 효소를 대상으로 단백질의 기능에 대해 논의하기로 한다. 효소는 이례적으로 매우 효율적이며 선택적인 생물학적 촉매이다. 각각의 살아 있는 세포는 생명에 필수적인 화학반응을 촉진하는 수백 개의 다양한 효소를 보유하고 있다—심지어 가장 단순한 단세포 생명체들도 수백 개의 서로 다른 효소를 가지고 있다. 다세포 생명체의 경우, 효소들의 조합이 특정 세포와 다른 종류의 세포를 구분하도록 하지만 이 책에서는 모든 세포에서 공통으로 확인되는 다수의 일반적 효소들에 대해서 논의하고자 한다. 이들 효소는 생명유지에 필수적인 주요 물질대사 경로의 화학반응들에 대하여 촉매능을 나타낸다.

나는 효소에 대해 경외심을 갖게 되었으며 한순간에 효소와 사랑에 빠지게 되었다. 이후 많은 효소와 사랑을 나누었으나 (DNA 중합효소 만큼은 오래가지 못했지만) 그 어느 것도 지겹거나 실망스럽지 않았다.

아서 콘버그(Arthur Kornberg, 2001)

효소가 없을 경우, 일반 물질대사 반응들은 생리적 조건에서 제대로 된 속도로 반응이 진행되지 못한다. 효소의 중추적 역할은 이들 반응의 속도를 증가시켜줌으로써 생명이 유지될 수 있도록 한다. 효소촉매 반응은 같은 반응에 대한 비촉매반응과 비교하여 약 10^3~10^{20}배 정도로 반응을 더 빠르게 진행시킨다. 촉매는 반응평형 상태에 빠르게 도달하게 하는 물질로 정의된다. 촉매는 반응이 진행되는 과정에 일시적으로 변화가 유도될 수는 있으나 같은 화학반응에 대해 여러 번 반복적으로 참여하고 있으므로 전체 반응에서는 변화되지 않는다. 반응물은 촉매에 결합하고 반응결과 생성물은 촉매로부터 분리된다. 주의할 점은 촉매는 화학평형의 위치를 변화시키지 않는다는 점이다(즉, 촉매는 근본적으로 일어나지 않는 반응을 일어나게 하지는 못한다). 단지, 화학반응이 진행하기 위해 필요한 활성화 에너지의 수준을 낮출 수 있다. 촉매는 한두 단계로 이루어진 과정을 비촉매반응과 비교하여 작은 에너지로 이루어진 여러 개의 작은 단계로 나눔으로써 화학반응의 정반응과 역반응을 동시에 가속화한다.

핵심개념

촉매는 화학반응의 정반응과 역반응의 반응속도를 함께 증가시키지만, 반응의 반응물과 생성물의 평형농도를 변화시키지는 않는다.

효소는 그들이 작용하는 반응물 또는 **기질(substrates)**에 대해 매우 특이적이기는 하지만 기질특이성에는 정도의 차이를 나타낸다. 몇몇 효소들은 서로 관련된 유사 기질들의 특

위: 효소 아세틸콜린에스터레이즈(acetylcholinesterase)와 효소 활성부위를 차지한 가역적 억제제 donepezil[아리셉트(Aricept); 붉은색]. 아리셉트는 알츠하이머성 치매 환자의 인지기능을 개선시키는 데 사용된다. 뇌에서 신경전달물질인 아세틸콜린(acetylcholine)의 분해를 억제하는 것으로 여겨지며, 따라서 신경전달물질의 효과를 지속시키는 능력을 나타낸다. (그러나 질환의 진행과정에는 영향을 미치지는 않는다.) [PDB 1EVE]

◀ **효소반응.** 이는 대규모 효소반응으로 우유를 응결하여 아펜젤러 치즈를 생산하고 있는 사진이다. 반응은 소의 위로부터 얻은 레넷(레닌)에 의해 촉진된다. 레넷에는 우유단백질인 카제인을 페닐알라닌과 메싸이오닌 잔기 사이를 절단하여 분해하는 프로티에이즈인 키모신(chymosin)이 있다. 반응결과 카제인에서 유래한 소수성 펩타이드 단편들이 서로 엉키고 침전되어 응유를 형성한다.

정 기능기에 작용하지만 어떤 종류의 효소들은 단일 화합물에만 작용한다. 또한 많은 효소들은 기질의 단일 입체이성질체에만 작동하는 매우 높은 **입체특이성(stereospecificity)**을 나타낸다. 아마도 효소특이성에 있어 가장 중요한 요소는 반응특이성이다, 즉 쓸모없이 생성되는 부산물이 없다는 것이다. 반응특이성은 생성물의 매우 높은 순도(본질적으로 100%)로 알 수 있으며, 유기화학의 전형적 촉매반응의 생성물 순도보다 훨씬 높은 순도를 나타낸다. 따라서 효소의 특이성은 세포로 하여금 에너지를 절약하게 할 뿐만 아니라 독성을 나타내는 대사 부산물의 축적이 일어나지 않도록 한다.

효소는 단순히 특정 반응의 속도만을 증가시키는 것 외에도 더 많은 일을 수행한다. 어떤 효소들은 일반적으로 서로 따로따로 발생하는 두 개의 반응을 합하거나 짝짓기할 수 있다. 이런 특성은 첫 번째 반응에서 에너지를 얻어 두 번째 반응에 사용되도록, 짝을 이루는 반응들은 많은 효소반응의 공통된 특징이라 할 수 있다. 예를 들어, ATP의 가수분해는 종종 잘 진행되지 않는 대사반응들과 짝지어져 있다.

몇몇 효소반응들은 물질대사가 제어되는 지점에서 일어난다. 물질대사는 효소, 기질, 효소억제제의 농도변화와 특정 효소의 활성제어 등의 다양한 방법으로 조절된다. 이와 같은 조절 효소는 비조절 효소와 비교하여 상대적으로 더 복잡한 구조를 갖는다. 거의 예외없이 대부분의 조절 효소들은 조절신호로 작용하는 화합물인 조절인자와 기질의 결합자리가 서로 다른 소중합분자체의 형태를 갖추고 있다. 효소 활성이 조절될 수 있다는 사실은 생물학적 촉매를 화학실험실에서 만나게 되는 촉매들과 구분하게 하는 매우 중요한 특성이다.

대학들은 생화학과를 초기에는 효소학(zymology)과라고 불렀다.

단어 **효소(enzyme)**는 그리스어 단어 중 "in yeast"(효모 안에서)로부터 유래되었다. 이는 이들 촉매가 세포 안에 존재한다는 것을 의미한다. 1800년대 후반 과학자들은 효모세포에 의한 당의 발효에 대해 연구하였다. 생명론자(Vitalist: 유기화합물은 오로지 살아 있는 세포에서만 생산된다는 의견을 갖는 사람들)들은 발효반응에는 완전한 세포가 필요하다고 하였다. 기계론자(Mechanist: 유물론자)들은 효모 안의 효소가 발효반응을 촉진시킨다고 주장하였다. 효모의 무세포 추출물만으로도 발효반응이 일어난다는 사실을 확인함으로써 후자의 결론이 지지를 받게 되었다. 이후 곧 발효과정의 개별반응들과 그 반응을 촉매하는 효소들이 밝혀지게 되었다.

촉매성 RNA 분자는 21장과 22장에서 논의한다.

한 세대가 지난 이후, 1926년에 제임스 섬너(James B. Sumner)는 첫 번째 효소(유리에이즈, urease)를 결정화하였으며 효소가 단백질임을 증명하였다. 이후 10여 년간 5개의 효소가 더 정제되었으며 모두 다 단백질임이 판명되었다: 펩신, 트립신, 카이모트립신, 카복실펩티데이즈, 오래된 노란색 효소(Old Yellow Enzyne: 플라보단백질 NADPH 산화효소). 그 이후, 거의 모든 효소가 단백질 내지는 보조인자를 포함하는 단백질임이 확인되었다. 일부

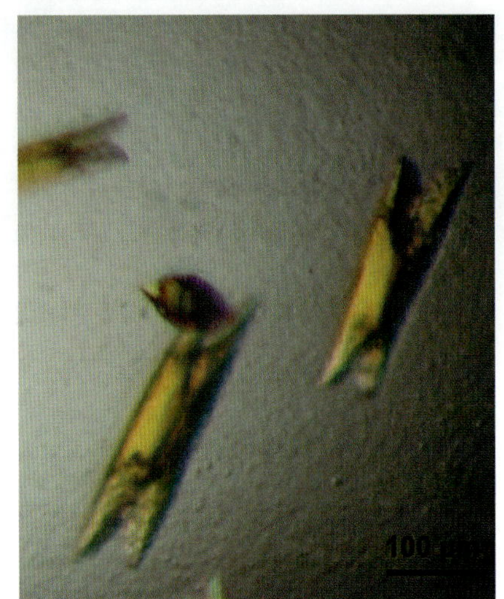

▲ **오랜노란효소의 박테리아(*Shewannella oneidensis*) 유사체 결정구조.** (Courtesy of J. Elegheert and S. N. Savvides)

특정 RNA 분자의 경우 촉매활성을 나타내지만 이들은 일반적으로 효소라고 하지는 않는다.

우리는 이 장을 효소분류와 명명법에 대한 이야기로부터 시작하고자 한다. 그리고 그 다음에는 어떻게 속도론적 실험으로부터 효소의 특성이 밝혀지는가와 기질 및 억제제와 함께 형성된 효소복합체의 본성을 알아볼 수 있는 속도론적 분석(반응속도의 측정)에 대해 알아볼 것이다. 이어서 마지막으로 조절 효소의 억제와 활성화의 원리에 대하여 논의하기로 한다. 6장에서는 화학수준에서 효소가 어떻게 작동하는지와 세린계 프로티에이즈를 대상으로 단백질 구조와 효소기능의 상관관계를 설명할 것이다. 7장에서는 유기 분자들로서 효소를 구성하는 아미노산에서는 찾아볼 수 없는 반응기를 제공하여 효소의 촉매기능을 도와주는 조효소(coenzyme)에 대해 집중적으로 알아볼 것이다. 나머지 장에서는 효소의 다음과 같은 4가지 주요 성질을 설명하는 몇 가지 예를 소개하고자 한다. (1) 효소들은 촉매로서 작용한다. (2) 효소들은 특이적 화학반응을 촉진한다. (3) 효소들은 반응들을 짝지을 수 있다. (4) 효소활성은 조절된다.

5.1 여섯 종류의 효소

대부분의 고전적 물질대사 관련 효소들은 그들의 기질 이름 뒤에 또는 촉매반응을 묘사하는 단어 뒤에 접미사로 –에이즈(*-ase*)를 추가하여 명명한다. 예를 들어 유리에이즈(urease)는 유레아(urea, 요소)를 기질로 사용한다. 알코올 디하이드로지네이즈는 알코올로부터 수소를 제거하는 반응을 촉진시킨다. 트립신, 아밀레이즈와 같은 몇몇 효소들은 전통적으로 사용되어 온 이름이 사용되고 있다. 최근에 새롭게 발견되는 많은 효소들은 그들의 유전자나 그 외 다른 특징을 기준으로 명명되고 있다. 예를 들어 RecA는 유전자 *rec*A를, 그리고 HSP70은 열충격단백질을 일컬으며 두 효소 모두 ATP 가수분해반응을 촉진한다.

국제생화학–분자생물학연합(IUBMB)의 효소명명 위원회에서는 유기화학반응의 일반분류에 따라 효소들을 구분하는 분류표를 유지하기로 하였다. 각 분류별 효소의 예와 함께 전체 6개 범주—옥시도리덕테이즈, 트랜스퍼레이즈, 하이드롤레이즈, 라이에이즈, 아이소머레이즈, 라이게이즈—를 아래 소개한다. IUBMB 분류계는 각 효소에 단일번호인 효소분류번호(EC number)를 매김으로써 효소들을 구분하고 있다. 또한 IUBMB에서는 효소들에 대해 체계적인 이름을 매김으로써 기존 효소의 관용명(common name)과 구분하고 있다. 이 책에서는 효소들을 관용명에 따라 명명하기로 한다.

1. **옥시도리덕테이즈(oxidoreductase)**는 산화-환원 반응을 촉진시킨다. 이들 효소 대부분은 일반적으로 **디하이드로지네이즈(dehydrogenase)**로 알려져 있다. 이 분류에 속하는 다른 효소들은 옥시데이즈, 페록시데이즈, 옥시게네이즈, 또는 리덕테이즈로도 불린다. 최근 들어 생화학 분야에서는 이들 효소를 오래된 생화학문헌에서 사용한 관용명보다는 계통명인 옥시도리덕테이즈로 부르는 경향이 있다. 옥시도리덕테이즈의 한 예로 젖산 디하이드로지네이즈(EC 1.1.1.27) 또한 젖산: NAD 옥시도리덕테이즈로 불린다. 이 효소는 L-젖산과 파이루빅산 사이의 가역반응을 촉진시킨다. L-젖산의 산화반응은 조효소인 니코틴아마이드 아데닌 디뉴클레오타이드(nicotinamide adenine dinucleotide; NAD⊕)의 환원반응과 짝을 이루고 있다.

$$\underset{\text{L-젖산}}{HO-\overset{\displaystyle COO^{\ominus}}{\overset{|}{\underset{\underset{\displaystyle CH_3}{|}}{C}}}-H} + NAD^{\oplus} \xrightleftharpoons[]{\text{젖산 디하이드로지네이즈}} \underset{\text{파이루브산}}{\overset{\displaystyle COO^{\ominus}}{\overset{|}{\underset{\underset{\displaystyle CH_3}{|}}{C}}}=O} + NADH + H^{\oplus} \qquad (5.1)$$

BOX 5.1 효소분류번호

말레이트 디하이드로지네이즈의 효소분류번호는 EC 1.1.1.37이다. 이 효소는 옥시도리덕테이즈에서 다루고 있는 젖산 디하이드로지네이즈와 활성이 유사하다(그림 4.23, Box 13.3).

첫 번째 번호는 이 효소가 첫 번째 분류인 옥시도리덕테이즈류에 포함됨을 나타낸다. 두 번째 숫자는 말레이트 디하이드로지네이즈가 인식하는 기질 기능기를 나타낸다. 하위분류 1.1은 기질인 HC—OH 기능기임을 의미한다. 세 번째 숫자는 이 분류 효소들의 전자수용체 기능을 표시한다. 하위분류 1.1.1은 NAD^+나 $NADP^+$ 등을 수용체로 사용하는 효소임을 나타낸다. 마지막 숫자는 말레이트 디하이드로지네이즈가 이 분류 효소 중 37번째 효소임을 의미한다.

말레이트 디하이드로지네이즈와 젖산 디하이드로지네이즈의 효소분류번호를 비교하면 이들 효소 간의 유사성을 확인할 수 있다.

정확한 효소의 정체 규명과 분류는 현대 생물데이터베이스에 있어 중요하고 필수적인 부분이다. 관련된 모든 데이터베이스는 **www.chem.qmul.ac.kr/iubmb/enzyme/**에서 확인할 수 있다.

2. **트랜스퍼레이즈(transferase)**는 기능기의 전달반응을 촉진하며, 많은 경우 조효소를 필요로 한다. 기능기 전달반응에서 기질 분자의 일부는 효소 또는 조효소와 공유성 결합을 한다. 이 분류에는 ATP로부터 인산기 전달을 촉진하는 카이네이즈(kinase, 인산화효소)가 포함된다. 계통명으로 L-알라닌:2-옥시글루타레이트 아미노트랜스퍼레이즈로 알려진 알라닌 트랜스아미네이즈(alanine transaminase) (EC 2.6.1.2)은 전형적 트랜스퍼레이즈이다. 이 효소는 L-알라닌으로부터 아미노기를 알파-키토글루타레이트(2-옥소글루타레이트)로 전달시킨다.

$$\underset{\text{L-알라닌}}{H_3\overset{\oplus}{N}-CH(CH_3)-COO^{\ominus}} + \underset{\text{알파-케토글루타레이트}}{{}^{\ominus}OOC-(CH_2)_2-C(=O)-COO^{\ominus}} \xrightleftharpoons{\text{알라닌 트랜스아미네이즈}} \underset{\text{파이루빅산}}{CH_3-C(=O)-COO^{\ominus}} + \underset{\text{L-글루타메이트}}{H_3\overset{\oplus}{N}-CH((CH_2)_2COO^{\ominus})-COO^{\ominus}} \qquad (5.2)$$

3. **하이드롤레이즈(hydrolase)**는 가수분해를 촉진시킨다. 이들은 특별한 트랜스퍼레이즈로 물 분자를 기능기 전달의 수용체로 활용한다. 파이로포스파테이즈(pyrophosphatase)는 하이드롤레이즈의 간단한 예이다. 이 효소의 계통명은 디포스페이트 포스포하이드롤레이즈(EC 3.6.1.1)이다.

$$\underset{\text{파이로포스페이트}}{{}^{\ominus}O-P(=O)(O^{\ominus})-O-P(=O)(O^{\ominus})-O^{\ominus}} + H_2O \xrightarrow{\text{파이로포스파테이즈}} 2\ \underset{\text{포스페이트}}{HO-P(=O)(O^{\ominus})-O^{\ominus}} \qquad (5.3)$$

4. **라이에이즈(lyase)**는 기질을 분해하여 비가수성, 비산화성 제거반응을 통해 이중결합을 생성한다. 역반응에서는 라이에이즈가 기질의 이중결합에 첫 번째 기질의 첨가반응을 촉진한다. 파이루베이트 디카복실레이즈는 이 분류에 속하는 효소로 파이루빅산을 분해하여 아세트알데하이드와 이산화탄소를 생성한다. 파이루베이트 디카복실레이즈의 계통명인 2-옥소-에시드 카복실레이즈(EC 4.1.1.1)는 거의 사용되지 않고 있다.

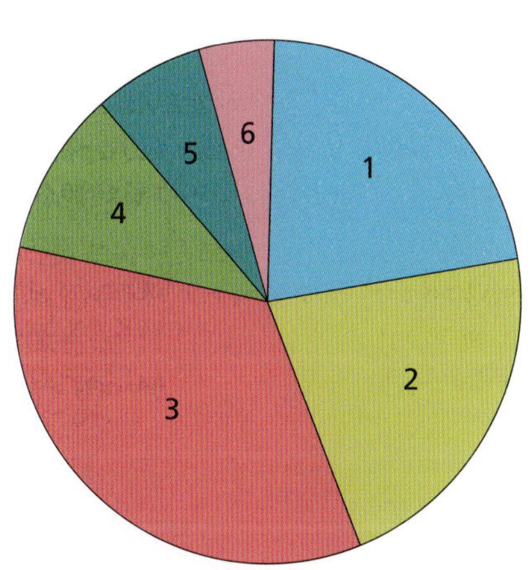

▲ **EC 분류숫자에 의해 알려진 모든 효소의 분포.** 1. 옥시도리덕테이즈; 2. 트랜스퍼레이즈; 3. 하이드롤레이즈; 4. 라이에이즈; 5. 아이소머레이즈; 6. 라이게이즈.

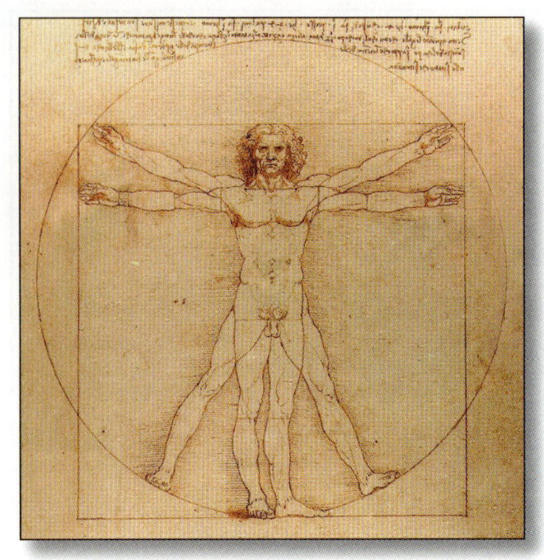

$$\text{(파이루빅산) } CH_3-C(=O)-COO^{-} + H^{+} \xrightarrow{\text{파이루빅산 디카복실레이스}} CH_3-CHO \text{ (아세트알테하이드)} + O=C=O \text{ (이산화탄소)} \quad (5.4)$$

5. **아이소머레이즈(isomerase)**는 단일 분자내 구조변화(이성질체반응)를 촉진한다. 이들 반응에는 한 개의 기질 및 생성물만이 존재하므로 가장 간단한 효소반응이라 할 수 있다. 알라닌 라세메이즈(EC 5.1.1.1)는 L-알라닌을 D-알라닌으로 변환시키는 아이소머레이즈이다. 효소의 관용명과 계통명은 동일하다.

$$\text{(L-알라닌) } H_3\overset{+}{N}-CH(CH_3)-COO^{-} \xrightleftharpoons{\text{알라닌 라세메이스}} H-C(CH_3)(COO^{-})-\overset{+}{N}H_3 \text{ (D-알라닌)} \quad (5.5)$$

인간 유전체에는 수백 개의 물질대사 경로에서 작용하는 약 1,000여 개의 효소 촉매반응과 관련된 유전자가 포함된다 (humancyc.org/). 많은 효소들이 여러 개의 단위체로 구성되어 있으므로 효소형성에 관여하는 유전자는 전체 약 3,000여 개 정도라 할 수 있다. 인간은 약 20,000여 개의 유전자로 이루어져 있으므로 인간 유전체의 대부분이 효소 또는 구성 단위체에 대한 암호화에 관련되어 있지는 않다.

6. **라이게이즈(ligase)**는 두 기질의 접합 및 연결을 촉진한다. 이들 반응은 ATP와 같은 뉴크레오사이드 트라이포스페이트 화합물의 화학적 전위에너지를 필요로 한다. 라이게이즈들은 일반적으로 **신테테이즈(synthetase)**로 불린다. 글루타민 신테테이즈 또는 L-글루타메이트:암모니아 라이게이즈(ADP 형성) (EC 6.3.1.2)는 글루타메이트와 암모니아를 연결하여 글루타민을 만들기 위해 ATP 가수분해 에너지를 사용한다.

$$\text{(L-글루타메이트) } H_3\overset{+}{N}-CH(COO^{-})-(CH_2)_2-COO^{-} + ATP + NH_4^{+} \xrightarrow{\text{글루타민 신테테이즈}} H_3\overset{+}{N}-CH(COO^{-})-(CH_2)_2-C(=O)NH_2 \text{ (L-글루타민)} + ADP + P_i \quad (5.6)$$

위에 주어진 예에서 대부분 효소들은 비록 두 번째 기질이 물 분자나 양성자 같은 물질이라 하더라도 한 개 이상의 기질을 가지고 있음을 알 수 있다. 비록 효소는 반응의 정반응과 역반응을 함께 촉진하지만, 화학반응의 평형에서는 기질보다 생성물이 훨씬 잘 만들어지는 선호도를 나타내며 이를 나타내기 위하여 종종 한쪽 방향 화살표만을 사용한다. 화학반응이 평형에 도달하면 효소는 반드시 정반응과 역반응을 같은 속도로 촉진시킴을 기억하여야 한다.

5.2 효소 특성을 밝히는 동력학 실험

효소 촉매반응의 속도를 관찰함으로써 효소 특성에 대한 학습을 시작하고자 한다. 이와 같은 학습은 효소반응속도론(enzyme kinetics)의 범주에 속한다(그리스어 *kinetikos* "움직임"). 효소의 가장 중요한 특성이 화학반응의 속도를 가속화시키는 촉매의 기능이므로 효소에 대한 논의를 이 부분으로부터 시작하는 것이 적당하다고 판단된다. 효소반응속도론은 효소의 특이성과 촉매 메커니즘에 대한 간접적 정보를 제공한다. 또한 동력학 실험을 통해 효소가 제어되는 정도를 알 수 있다.

농도는 각 괄호로 표현함을 상기할 것: [P]는 생성물의 농도를, [E]는 효소의 농도를, [S]는 기질의 농도를 각각 나타낸다.

20세기 전반부에 수행된 대부분의 효소연구는 효소의 속도론적 실험들에만 국한되었다. 이들 연구는 반응속도가 실험적 조건의 변수 또는 효소 및 기질의 농도 변화에 대하여 어떤 영향을 받는지를 알려주었다. 효소동력학을 깊이 있게 논의하기 전에 효소가 관여하지 않는 반응들의 동력학적 원리를 먼저 알아보기로 한다. 이들 원리는 곧 효소반응에 곧바로 적용될 수 있다.

A. 화학반응 동력학

동력학 실험은 단위시간 내에 만들어지는 생성물의 양($\Delta[P]/\Delta t$)과 반응이 일어나는 실험조건간의 관계를 관찰한다. 대부분의 동력학적 측정은 **반응속도(velocity**; v)가 각 반응물의 농도에 따라 직접적으로 변화한다는 내용에 기초하고 있다. 이런 관찰결과는 **속도방정식(rate equation)**으로 표현한다. 예를 들어, 효소가 참여하지 않는 이성질체 반응에서 기질이 생성물로 전환되는 속도식은 다음과 같이 나타낼 수 있다.

$$\frac{\Delta[P]}{\Delta t} = v = k[S] \quad (5.7)$$

효소의 속도방정식은 반응속도가 기질의 농도[S]에 의존한다는 사실을 나타낸다. 기호 k는 속도상수이며 반응의 속력 또는 효율성을 나타낸다. 각 반응은 서로 다른 속도상수를 갖는다. 단순 반응의 속도상수 단위는 초$^{-1}$(s^{-1})이다.

반응이 진행됨에 따라 기질[S]의 양은 감소하는 반면, 생성물[P]의 양은 증가한다. 그림 5.1a에 초기 기질농도에 따른 임의 반응의 진행상황에 대한 예를 나타내었다. 반응속도는 일정시간 동안 확보된 반응진행 곡선의 기울기로부터 구할 수 있다. 반응곡선의 형태는 기질이 점차 사라짐에 따라 기대할 수 있는 속도의 감소를 나타낸다.

이와 같은 가정적인 예에서 확인할 수 있듯이 기질이 다 사용됨에 따라 반응속도는 궁극적으로 영의 값을 가질 것으로 예측된다. 이는 왜 반응곡선이 일정시간 후 평평한 상태에 이르게 되는지를 설명해 준다(또 다른 설명은 아래를 참조하기 바람). 우리는 기질농도와 반응속도 간의 관계에 관심을 갖고 있다. 왜냐하면 이들 값과 식 5.7을 이용하여 반응속도상수를 구할 수 있기 때문이다. 유일하게 정확히 파악할 수 있는 기질농도란 실험이 처음 시작되었을 때의 양으로 반응이 진행됨에 따라 농도는 점차 변화되기 때문이다. 따라서 우리가 알고 싶은 반응속도는 반응이 시작된 바로 그 시점에서의 초기 반응속도이다. 이 값은 기질이 변화되기 전 이미 알고 있는 기질농도에 대한 반응속도를 나타낸다.

초기속도(v_0)는 반응진행 곡선의 기울기나 곡선의 미분값으로부터 결정할 수 있다. 실험이 시작되는 과정에서 확인되는 초기속도와 기질농도 간의 그래프는 그림 5.1b에서 확인하는 바와 같이 직선을 나타낸다. 이 그림에서 얻을 수 있는 직선의 기울기가 곧 속도상수이다.

그림 5.1으로 확인되는 실험에서는 정반응의 속도상수만을 결정할 수 있다. 왜냐하면 확보한 실험데이터가 역반응이 없는 조건에서 얻었기 때문이다. 이것 역시 왜 반응이 일정기간 진행된 시점의 속도보다는 초기속도를 구해야 하는지 또 다른 중요한 이유가 된다. 가역반응 조건에서는 반응진행 곡선이 평평한 고원에 도달하는 것이 반응이 더 이상 진행되지 않은 상태를 나타내는 것은 아니다. 오히려 이는 단순하게 평형에 도달한 반응에서는 시간이 지남에 따라 더 이상 생성물의 알짜생성이 이루어지지 못함을 의미할 따름이다.

반응을 간단히 표현하면 다음과 같다.

$$S \underset{k_{-1}}{\overset{k_1}{\rightleftharpoons}} P \quad (5.8)$$

좀 더 복잡한 단일단계 반응 $S_1 + S_2 \rightarrow P_1 + P_2$에 있어서 반응속도는 두 개의 기질농도에 의해 결정된다. 만일 두 개의 기질 모두 비슷한 농도로 있다면 반응속도식은 다음과 같다.

$$v = k[S_1][S_2] \quad (5.9)$$

두 개의 기질이 관여하는 반응의 속도상수 단위는 $M^{-1}s^{-1}$이다. 이들 속도상수는 하나의 기

(a)

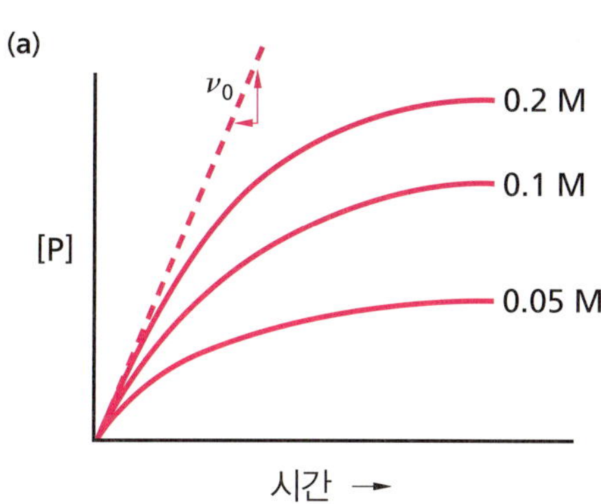

(b)

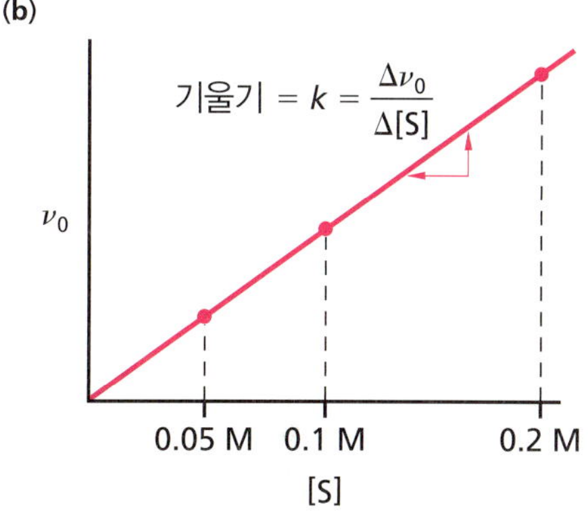

▲ 그림 5.1
단순 화학반응의 속도. **(a)** 시간에 따라 생성된 생성물의 양을 여러 초기 기질농도에 대해 도식화하였다. 초기속도 v_0는 효소반응 진행 곡선의 반응초기 기울기로부터 얻었다. **(b)** 초기 기질농도에 따른 초기속도. 직선의 기울기는 곧 반응속도 상수이다.

핵심개념

반응속도는 기질농도에 의존적이다.

질농도가 매우 높은 상태로 고정된 상태에서 다른 기질의 농도를 변화시켜 주면서 쉽게 구할 수 있다. 반응속도는 속도결정기질의 농도에 의존할 것이다.

B. 효소동력학

생화학 분야 초기의 거대한 진보 중 하나는 효소와 기질 간 한시적 결합이 존재함을 발견한 사실이다. 1894년 에밀 피셔(Emil Fischer)는 효소는 견고한 형판 또는 자물쇠이며 기질은 거기에 맞는 열쇠라고 주장하였다. 주어진 효소에 대해서는 특정한 기질만이 결합할 수 있다. 효소동력학의 초기 연구에서는 하나의 효소는 하나의 기질과 결합하여 **효소-기질 복합체(enzyme-substrate complex; ES)**를 형성한다는 사실을 확인하였다. 효소-기질 복합체는 라이간드가 효소의 활성부위의 적당한 자리에 비공유결합을 형성함으로써 만들어진다. 기질(또는 다기질성 반응에서는 다른 기질들과 함께)은 반응에서 생성물로 전환되는 과정에서 단백질 촉매와 일시적 결합을 이룬다. 간단한 효소반응을 한 번 생각해 보도록 하자. 즉 단일 기질의 생성물로의 전환반응이다. 비록 대부분의 효소반응들이 두 개 이상의 기질들과 반응하나, 효소동력학의 일반 원리는 단일 기질과 단일 생성물의 단순 반응을 가정함으로도 충분히 설명할 수 있다.

핵심개념

효소기질 복합체(ES)는 효소 촉매반응의 한시적 중간체이다.

$$E + S \longrightarrow ES \longrightarrow E + P \tag{5.10}$$

효소반응은 두 개의 명확한 단계를 거친다. 효소-기질 복합체의 형성과 효소와 생성물의 분리가 수반되는 실질적 화학반응이다. 각 단계별로 고유한 속도를 갖는다. 효소반응의 전체 반응속도는 기질과 촉매(효소)의 농도에 의존한다. 효소의 양이 기질 양보다 크게 낮을 경우, 반응은 효소의 양에 따라 달라진다.

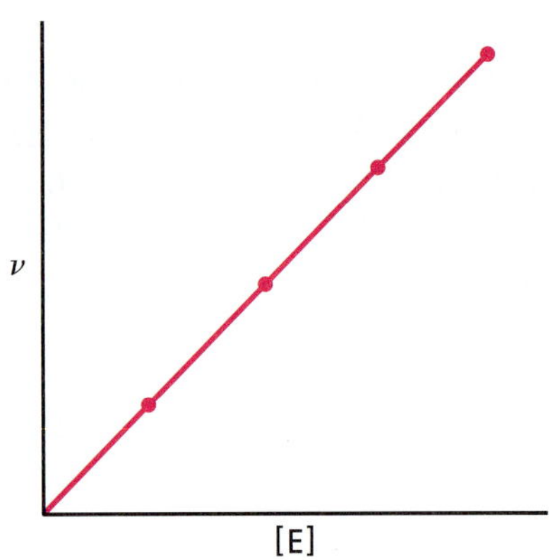

▲ **그림 5.2**
기질([S])의 일정한 포화농도에서 효소농도([E])가 효소 촉매반응의 초기속도([v_0])에 미치는 효과. 반응속도는 효소농도에 의해 영향을 받으며, 다른 반응물인 기질에 의해서는 영향을 받지 않는다.

그림 5.2의 직선은 효소농도가 반응속도에 미치는 유사 1차 반응의 관계를 나타내고 있다. 효소가 많아질수록 반응속도는 더 빨라진다. 이런 반응양상은 효소농도를 정량하는 효소분석법에 사용된다. 시험시료내 효소농도는 그림 5.2에 나타낸 모델곡선과 유사한 표준곡선을 이용하여 효소활성도를 비교함으로써 쉽게 결정할 수 있다. 이런 실험조건에서는 기질농도가 충분히 높아서 모든 효소 분자가 기질과 결합하여 효소-기질 복합체를 형성할 수 있는 기질에 의한 효소의 포화 조건이어야 한다. 효소분석법은 주어진 시간내 생성된 생성물의 양을 정량한다. 어떤 분석법에서는 시료를 일정간격으로 채취하여 분석하기도 한다. 효소분석은 고정된 pH와 온도에서 수행되며 일반적으로 효소의 최적 활성에 맞는 조건 또는 생리적 유사조건에서 진행된다.

만일 우리가 효소 촉매반응을 기질과 효소를 섞음으로써 시작하게 되면 반응의 초기단계에서는 생성물이 존재하지 않는다. 이런 상태에서 P가 E와 결합하여 S로 전환되는 역반응은 무시할 수 있다. 따라서 반응은 다음과 같이 나타낼 수 있다.

$$E + S \underset{k_{-1}}{\overset{k_1}{\rightleftharpoons}} ES \xrightarrow{k_2} E + P \tag{5.11}$$

반응 5.11의 속도상수 k_1과 k_{-1}은 각각 기질과 효소의 결합과 분리 속도를 나타낸다. 첫 번째 단계는 헤모글로빈에 산소가 결합하는 반응과 유사한 평형 결합반응이다. 두 번째 단계의 반응속도 상수 k_2는 ES로부터 생성물이 만들어지는 속도이다. ES 복합체가 효소와 생성물로 분리되는 반응이 한쪽 방향 화살표로 표시된 이유는 반응 초기단계에서는 역반응($E + P \rightarrow EP$) 속도는 무시될 수 있기 때문이다. 이 짧은 기간에서 측정된 속도가 바로 위에서 설명한 **초기속도(initial velocity**; v_0)이다. ES 복합체의 형성과 해리는 일반적으로 매우 빠른 반응에 해당된다. 왜냐하면 단순히 비공유성 결합만이 복합체 형성에 참여하기 때문이다. 이에 비해 기질이 생성물로 전환되는 정반응이 전체 반응속도를 결정하게 된다. 바로 이 단계에서 기질의 화학적 구조가 변형되게 된다.

효소동력학은 단순한 화학동력학과는 구분된다. 왜냐하면 효소 촉매반응의 속도는 효소의 농도에 의존적이며 효소는 반응의 기질도 아니고 생성물도 아니기 때문이다. 반응속도 또한 차이가 생기는데 이유는 기질이 생성물로 전환되기 전에 효소와 결합을 하여야 하기 때문이다. 효소 촉매반응에서도 일반 화학반응과 마찬가지로 초기속도는 반응곡선으로부터 얻을 수 있다. 그림 5.3에서는 초기 기질농도가 높은 상황([S] >> [E])에서 두 개의 서로 다른 효소농도에 따른 반응곡선을 나타내고 있다. 이 과정에서 생성물의 생성속도는 기질의 농도가 아니라 효소농도에 의존한다. 그림 5.3과 같은 실험으로부터 얻은 데이터를 이용하여 그림 5.2의 직선을 그릴 수 있다.

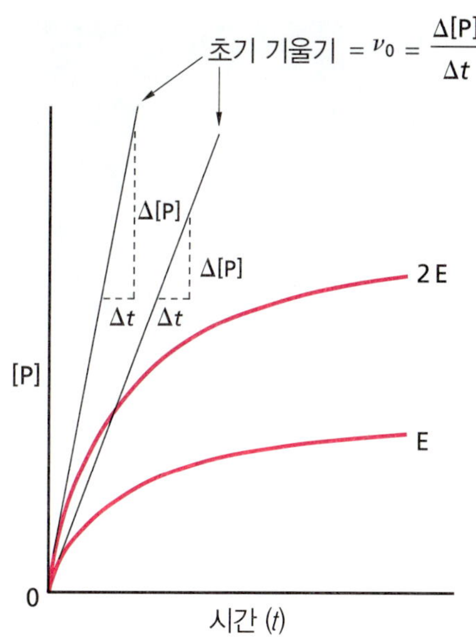

▲ 그림 5.3
효소 촉매반응의 반응 진행곡선. 반응이 진행됨에 따라 생성물의 농도[P]가 증가한다. 반응의 초기속도 v_0는 곡선의 초기 직선 영역의 기울기이다. 동일조건에 효소의 양을 2배 증가시키면(2E, 위쪽 곡선) 반응속도도 2배 증가된다.

5.3 마이켈리스-멘텐식

다른 화학반응과 마찬가지로 효소 촉매반응들은 속도식을 이용하여 수학적으로 표현할 수 있다. 수식에서 얻게 되는 여러 개의 상수들은 효소반응의 효율과 특이성을 나타내며 따라서 여러 효소를 비교하는데 유용하게 활용될 수 있음은 물론 주어진 효소의 생리적 중요성을 평가할 수 있다. 첫 번째 속도식은 1900년대 초반 기질 농도 변화에 따른 반응속도에 미치는 효과를 관찰함으로써 유도되었다. 그림 5.4a는 기질농도[S]에 대하여 초기속도(v_0)를 그래프로 표시한 전형적 결과를 보여준다.

반응 5.11의 반응식으로 데이터를 설명할 수 있다. 첫 단계에서는 ES 복합체가 만들어지는 효소와 기질간 이분자 상호작용을 보여준다. 높은 기질농도에서는 (그림 5.4 곡선의 오른쪽 부분) 더 넣어준 기질에 대하여 초기 반응속도의 변화가 나타나지 않는다. 이는 효소의 양이 반응속도를 제한하고 있음을 의미한다. ES 복합체 형성에서 예측되듯이 효소농도는 전체 반응에 있어서 매우 중요한 요소이다. 낮은 기질농도에서는 (그림 5.4 곡선의 왼쪽부분) 초기속도가 기질농도 변화에 대하여 매우 민감하게 변하고 있다. 이런 조건에서는 대부분의 효소 분자들은 아직 기질과 결합하지 않고 있으며 ES 복합체 형성은 기질농도에 의존한다.

v_0와 [S] 곡선 형태는 직각 쌍곡선의 일부형태를 나타낸다. 이와 같은 쌍곡선은 옥시마이오글로빈에서 산소가 분리되는 과정에서 관찰되듯이 단순한 해리과정을 나타낸다(4.13B절). 이는 E와 S가 결합하여 ES 복합체를 만드는 이분자 반응과 같은 단순반응에서도 확인된다. 직각 쌍곡선의 방정식은 다음과 같다.

$$y = \frac{ax}{b + x} \tag{5.12}$$

a는 곡선의 점근선이며(x 극한치에서의 y 값) b는 $a/2$에 해당하는 x축 값이다. 효소동력학실험에서 $y = v_0$이고 x = [S]이다. 점근선 값 (a)를 **V_{max}**라 한다. 이는 무한대의 기질농도 조건에서 반응이 나타내는 최대속도가 된다. 우리는 종종 v_0와 [S] 그래프에서 V_{max}를 나타내지만 사실 왜 이 점근선을 선택했는지 그림만을 보아서는 명확하지 않다. 쌍곡선의 특징 중 하나로 곡선들은 V_{max}보다 훨씬 작은 수준에서 중간정도 기질농도에 의해 이미 곡선이 평평해지고 있음을 알 수 있다. 실질적 V_{max}는 따라서 이와 같은 곡선의 점근선으로부터 평가될 수 없으며, 대신 직각쌍곡선 식에 데이터를 직접 대입시킴으로써 그 값을 얻을 수 있다.

직각 쌍곡선의 일반식에서 b항은 **마이켈리스 상수(Michaelis constant, K_m)**라 하고 V_{max}의 반을 나타내는 v_0에 해당하는 기질농도로 정의된다(그림 5.4b). 정리된 속도식은 다음과 같다.

$$v_0 = \frac{V_{max}[S]}{K_m + [S]} \tag{5.13}$$

이 식을 마이켈리스-멘텐식(Michaelis-Menten equation)이라 하며 레오노르 마이켈리스(Leonor Michaelis)와 모드 멘텐(Maud Menten)의 이름을 따서 명명하였다. 위의 일반식과

(a)

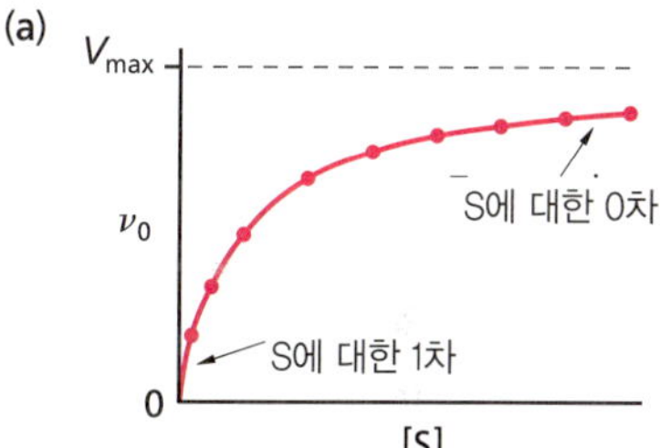

(b)

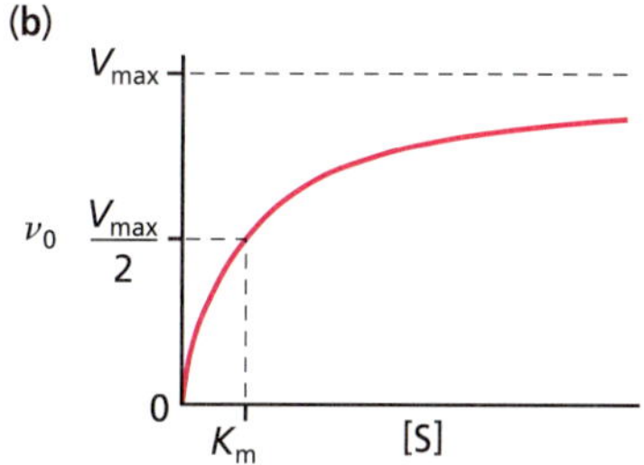

▲ 그림 5.4
효소 촉매반응의 기질농도와 초기속도 그래프. **(a)** 각 실험에서 얻은 점들은 같은 농도의 효소를 사용하여 얻은 다른 반응 진행곡선들로부터 확보한다. 곡선의 형태는 쌍곡선의 일부를 나타낸다. 낮은 기질농도에서는 곡선은 급하게 올라가는 직선을 나타낸다. 이 영역에서는 반응이 기질농도에 매우 높게 의존한다. 기질의 높은 농도에서는 효소가 거의 포화됨으로써 반응의 초기속도가 기질농도의 증가에 대해 크게 변화되지 않는다. **(b)** 최대속도의 반에 해당하는 기질농도를 마이켈리스 상수(K_m)라 한다. S = K_m일 때 효소는 전체 양의 반이 포화되어 있다.

▲ 레오노르 마이켈리스(Leonor Michaelis, 1875~1949).

식 5.12을 주목하기 바란다. 마이켈리스-멘텐식은 반응의 초기속도와 기질농도 간의 관계를 나타내고 있다. 다음 절에서는 속도론적 방법으로 마이켈리스-멘텐식을 유도하고 다양한 상수의 의미를 알아보고자 한다.

A. 마이켈리스-멘텐식의 유도

마이켈리스-멘텐식의 가장 일반적인 유도법은 **항정상태 유도법(steady state derivation)**이다. 이는 조지 브릭스(George E. Briggs)와 홀데인(J. B. S. Haldane)에 의해 제안되었다. 이 유도법은 ES 복합체의 생성과 해리가 같은 속도로 이루어짐으로써 ES 농도가 일정한 값을 갖는 일정 기간(소위 항정기간)을 가정한다. 생성물 [P]의 농도 역시 무시한다고 가정하였으므로 항정상태 유도법에서는 반응의 초기속도를 사용한다. 항정상태는 세포내 물질대사 과정의 일반적 조건이기도 하다.

만일 우리가 항정상태의 ES 농도를 일정하다고 가정한다면, 생성물의 생성속도는 화학반응속도와 효소로부터 분리되는 P의 분리속도에 따르게 된다. 반응속도 결정단계는 반응 5.11의 오른쪽 부분에 해당하며 속도는 속도상수 k_2와 [ES] 농도에 의존한다.

$$\mathrm{ES} \xrightarrow{k_2} \mathrm{E} + \mathrm{P} \qquad v_0 = k_2[\mathrm{ES}] \tag{5.14}$$

항정상태 유도법을 이용하여 측정가능 한 값, 즉 속도상수, 효소 총농도($[\mathrm{E}]_{total}$), 기질농도([S]) 등을 이용하여 식 5.14를 [ES]에 대하여 풀 수 있다. [S]는 $[\mathrm{E}]_{total}$보다 크다고 가정하되 포화될 필요는 없다. 예를 들어, 소량의 효소와 기질을 혼합한 직후, 이미 [ES]는 일정한 값을 갖는다. 왜냐하면 ES가 분해되는 총 속도(ES가 E + S와 E + P로 분리되는 속도의 합)는 ES 복합체가 E + S로부터 형성되는 속도와 같다. E와 S로부터 ES 복합체가 만들어지는 속도는 기질과 결합하지 않은 유리효소(ES 형태로 존재하지 않는 효소)의 농도 $[\mathrm{E}]_{total} - [\mathrm{ES}]$에 의존한다. ES 복합체의 농도는 S가 소모되어 $[\mathrm{E}]_{total}$과 비슷한 양이 될 때까지는 일정량을 유지한다. 우리는 이와 같은 내용을 수학적 식으로 표현할 수 있다.

$$\overbrace{k_1([\mathrm{E}]_{total} - [\mathrm{ES}])[\mathrm{S}] = (k_{-1} + k_2)[\mathrm{ES}]}^{\text{ES 생성속도 = ES 해리속도}} \tag{5.15}$$

식 5.15는 정리하며 속도상수만의 식으로 표현할 수 있다.

$$\frac{k_{-1} + k_2}{k_1} = K_m = \frac{([\mathrm{E}]_{total} - [\mathrm{ES}])[\mathrm{S}]}{[\mathrm{ES}]} \tag{5.16}$$

식 5.16의 왼쪽에 위치한 속도상수의 비율이 곧 마이켈리스 상수 K_m이다. 다음은 이 방정식

▼ 모드 멘텐(Maud Menten, 1879~1960).

을 몇 개의 단계를 거쳐 [ES]에 대하여 풀어보도록 하자.

$$[ES]K_m = ([E]_{total} - [ES])[S] \tag{5.17}$$

괄호를 풀면,

$$[ES]K_m = ([E]_{total}[S]) - ([ES][S]) \tag{5.18}$$

[ES] 항으로 묶으면,

$$[ES](K_m + [S]) = [E]_{total}[S] \tag{5.19}$$

그리고

$$[ES] = \frac{[E]_{total}[S]}{K_m + [S]} \tag{5.20}$$

식 5.20은 실험에서 실측이 가능한 항을 이용하여 항정상태의 ES 농도를 나타내고 있다. [ES] 값을 식 5.14의 속도방정식에 대입하면 다음과 같은 식을 얻을 수 있다.

$$v_0 = k_2[ES] = \frac{k_2[E]_{total}[S]}{K_m + [S]} \tag{5.21}$$

그림 5.4에서 나타낸 것과 같이 기질농도가 매우 높을 경우 효소는 포화되면 기본적으로 모든 효소 분자가 ES 복합체의 형태로 존재한다. 여기에 S를 더 넣어도 반응속도에는 거의 아무런 효과를 나타내지 못한다. 속도를 증가시킬 유일한 방법은 효소를 더 첨가하는 것이다. 이런 조건에서 반응속도는 최대속도 V_{max}를 나타내며 이 속도는 효소의 총농도와 속도상수 k_2로 결정할 수 있다. 따라서 정의에 의해

$$V_{max} = k_2[E]_{total} \tag{5.22}$$

이 관계식을 식 5.21에 대입하면 가장 익숙한 형태의 마이켈리스-멘텐식을 얻을 수 있다.

$$v_0 = \frac{V_{max}[S]}{K_m + [S]} \tag{5.23}$$

우리는 이미 이 형태의 마이켈리스-멘텐식이 동력학 실험에서 얻은 데이터를 적절히 묘사할 수 있음을 확인하였다. 우리는 이 절에서 같은 수식이 효소촉매 반응의 반응식 5.11로부터 이론적으로 유도될 수 있음을 확인하였다. 이론과 실험값의 일치는 우리에게 효소동력학의 이론적 근거가 정확하다는 자신감을 갖도록 한다.

핵심개념

상수 k_{cat}은 효소 1몰당 1초 안에 생성물로 전환되는 기질의 몰수이다.

B. 촉매상수 k_{cat}

높은 기질농도에서 반응의 전체 속도는 V_{max}이며 반응속도는 효소농도에 의해 결정된다. 이런 조건에서 관찰된 속도상수를 **촉매상수 k_{cat}**이라 하며, 다음과 같이 정의한다.

$$V_{max} = k_{cat}[E]_{total} \qquad k_{cat} = \frac{V_{max}}{[E]_{total}} \tag{5.24}$$

k_{cat}은 효소가 포화된 조건에서 효소 1몰당(다중 서브유닛 효소의 경우 활성자리 1몰당) 1초 동안 생성물로 전환된 기질의 몰수로 나타낸다. 다시 말해서, k_{cat}은 각 활성자리에서 1초마다 생성물로 전환되는 기질 분자의 최대수에 해당한다. 이를 종종 **대사전환수(turnover number)**로 부르기도 한다. 촉매상수는 주어진 효소가 얼마나 빨리 특정 반응을 가속화하는지를 측정할 수 있게 한다. 이는 효소의 효율성을 나타내는 매우 유용한 방법이다. k_{cat}의 단위는 s^{-1}이며 k_{cat}의 역수는 한 번의 촉매사건이 벌어지는 시간을 나타낸다. 단, k_{cat}을 계산하기 위해서는 효소의 총농도를 반드시 알고 있어야 한다.

반응식 5.11과 같은 단순반응의 속도제한 단계는 기질이 생성물로 전환되어 효소로부터

표 5.1 촉매상수의 예

효소	$k_{cat}(s^{-1})$*
Papain	10
Ribonuclease	10^2
Carboxypeptidase	10^2
Trypsin	10^2 (to 10^3)
Acetylcholinesterase	10^3
Kinases	10^3
Dehydrogenases	10^3
Transaminases	10^3
Carbonic anhydrase	10^6
Superoxide dismutase	10^6
Catalase	10^7

* 촉매상수는 수십 배의 크기로만 표시됨.

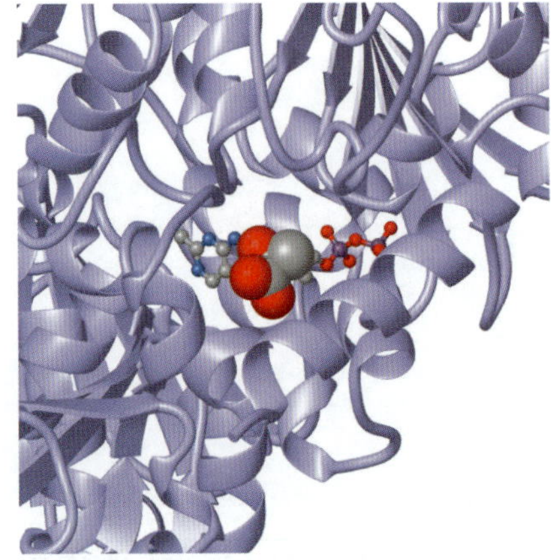

▲ **기질결합.** 파이루베이트 카복실레이즈(pyruvate carboxylase)는 파이루베이트, HCO_3^-, ATP와 결합한다. 효모(*Saccharomyces cerecisiae*) 유래 효소의 활성자리가 결합한 분자들인 파이루베이트(공간채움 표시법)과 보조인자인 바이오틴(biotin)(공-막대 표시법)과 함께 보인다. 파이루베이트와의 결합을 위한 K_m은 4×10^{-4} M. HCO_3^-와 ATP의 K_m 값은 각각 1×10^{-3} M과 6×10^{-5} M이다. [PDB 2VK1]

생성물이 분리되는 단계이다($ES \rightarrow E + P$). 이런 조건에서 k_{cat}은 k_2와 같다(식 5.14). 그러나 수많은 효소반응들은 이보다 훨씬 복잡하다. 만일 한 단계가 명확한 속도제한(결정) 단계라면 이 단계의 속도상수가 k_{cat}이다. 만일 반응이 더 복잡해지면 k_{cat}은 여러 다른 속도상수의 조합으로 표현된다. 따라서 효소 촉매반응의 전체 반응속도를 표시하기 위해서는 경우에 따라 여러 개의 속도상수로 표현된 또 다른 속도상수(k_{cat})를 사용하게 된다. 그러나 대부분의 경우 여러분은 k_{cat}이 k_2의 매우 적절한 근사치임을 가정할 수 있다.

k_{cat}의 대표적 수치들이 표 5.1에 목록으로 표시되어 있다. 대부분의 효소들은 k_{cat} 값이 10^2에서 10^3 s^{-1}을 갖는 효능이 우수한 촉매이다. 이는 높은 기질농도에서 단일효소 분자가 매초마다 100~1000개의 기질 분자를 생성물로 전환함을 의미한다. 이 속도는 다음 장에서 논의하는 몇 개의 요소들에 의해 조절된다(6장 **효소들의 반응 메커니즘**).

몇몇 효소들은 매우 빠른 촉매로서 k_{cat} 값이 10^6 s^{-1} 또는 그 이상을 나타낸다. 예를 들어 포유류의 카보닉 안하이드레이즈(carbonic anhydrase)는 수용액상의 CO_2와 중탄산염(bicarbonate) 간의 평형을 유지하기 위해서 매우 빠른 반응을 수행하여야 한다. 우리가 6.4B절에서 볼 수 있듯이 슈퍼옥사이드 디스뮤테이즈(superoxide dismutase)와 카탈레이즈(catalase)는 산소대사 부산물인 독성의 슈퍼옥사이드(superoxide) 음이온과 과산화수소를 각각 빨리 분해하여 제거한다. 1초 안에 무수히 많은 반응을 관장하는 효소들은 종종 세포 내에서 빠르게 확산되는 작은 기질 분자들에도 작용한다.

C. K_m의 의미

마이켈리스 상수는 여러 의미를 내포한다. 식 5.16에서는 K_m을 ES가 분리되는 반응속도 상수들을 ES가 형성되는 속도상수로 나눈 비로 정의하였다. 만일 생성물을 형성하는 반응속도상수가 종종 관찰하듯이 k_1 이나 k_{-1}보다 충분히 작을 경우는 k_2를 무시하여 K_m은 k_{-1}/k_1이 된다. 이 경우, K_m은 ES 복합체가 E와 S로 분리되는 반응의 평형상수와 같다. 따라서 이 경우 K_m은 E와 S 간의 친화도를 나타내게 된다. K_m 값이 작다는 것은 기질이 효소에 더 강하게 결합하고 있음을 의미한다. K_m은 또한 그림 5.4b에서 확인할 수 있는 v_0와 [S] 곡선의 모양을 결정짓는 변수들 중 하나이다. K_m은 초기속도가 V_{max} 값의 절반이 되는 기질의 농도에 해당하며 직각 쌍곡선을 나타내는 일반식으로 직접 표현할 수 있다.

K_m 값은 종종 같은 반응을 촉진하는 여러 효소들을 구분하는 데 사용된다. 예를 들어, 포유동물은 각각 특정 K_m 값을 갖는 여러 종류의 락테이트 디하이드로지네이즈(lactate dehydrogenase)를 보유하고 있다. 비록 K_m을 이용하여 평형상태에서의 ES 복합체의 분리정도를 나타내는 상수로 생각하는 것이 유용하나, 이것이 항상 옳은 것은 아니다. 많은 효소들의 K_m은 여러 속도상수들의 더 복잡한 함수로 표현된다. 이는 특히 두 개 이상의 단계로 이루어진 반응에서 더욱 뚜렷하게 확인된다.

효소들의 전형적 K_m 값은 10^{-2}에서 10^{-5} M의 영역에 있다. 이들 값은 종종 겉보기 해리상수를 나타내므로 이들의 역수 역시 겉보기 결합상수를 나타낸다. 여러분은 단백질-단백질 상호작용(4.9절)과 비교하여 효소기질 반응이 훨씬 약한 결합을 나타냄을 확인할 수 있다.

5.4 속도상수는 효소활성과 촉매능(Catalytic Proficiency)을 나타낸다

속도론적 상수들인 K_m과 k_{cat}이 효소와 기질의 상대적 활성을 확인할 때 사용됨을 알아보았다. 대부분의 경우, K_m은 ES 복합체의 안정도를 측정할 수 있으며, k_{cat}은 기질이 제한되지 않은 조건(그림 5.5의 영역 A)에서 ES가 E + P로 전환되는 속도상수와 거의 같다. k_{cat}은 효소 한 분자가 1초 동안 얼마나 많은 반응을 촉진시키는지를 확인시킴으로써 효소의 촉매

핵심개념

K_m은 반응속도가 V_{max}의 반을 나타내는 기질의 농도이다. 이는 종종 반응식 $ES \rightleftharpoons E + S$의 평형상태의 해리상수와 유사하다.

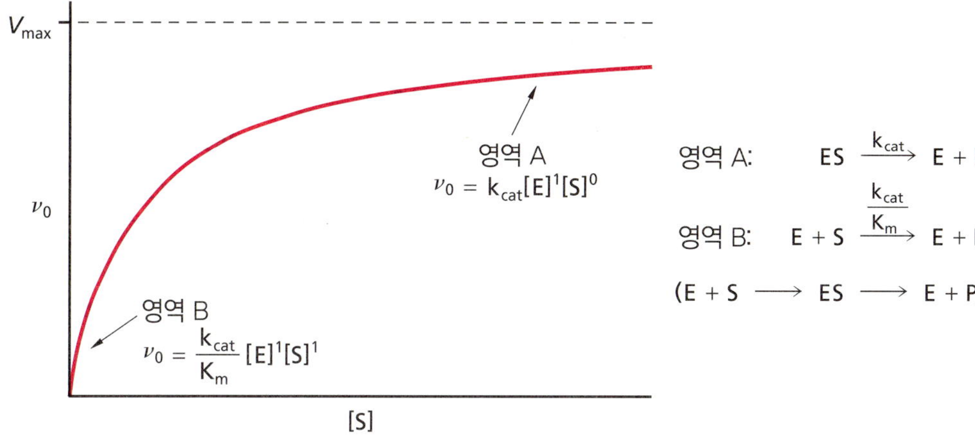

▲ 그림 5.5

k_{cat}과 k_{cat}/K_m의 의미. 촉매상수(k_{cat})은 ES 복합체가 E + P로 전환되는 반응의 속도상수이다. 이는 효소가 기질로 포화되어 있을 때 쉽게 측정할 수 있다 (마이켈리스-멘텐 곡선의 영역 A). 비율 k_{cat}/K_m은 기질의 농도가 매우 낮은 상태(영역 B)에서 E + S가 E + P로 전환될 때의 속도상수이다. 이들 속도상수들로 측정되는 반응식들은 곡선 아래에 표시되어 있다.

활성을 나타냄을 상기하기 바란다.

그림 5.5의 쌍곡선의 영역 B를 확인해 보자. S의 농도는 매우 낮으며 곡선은 거의 직선에 가깝다. 이런 조건에서 반응속도는 기질과 효소의 두 농도에 의존하게 된다. 화학적으로는 이는 2차 반응에 해당하며 반응속도는 다음과 같이 정의되는 2차 속도상수에 결정된다.

$$v_0 = k[E][S] \tag{5.25}$$

우리는 이 2차 속도상수가 어떻게 결정되는지에 관심을 갖게 된다. 왜냐하면 이는 생리적 조건에서 효소 촉매반응의 속도를 알려줄 수 있기 때문이다. 사실 마이켈리스와 멘텐이 처음 반응속도식을 나타내었을 때 그들은 V_{max}보다는 $k_{cat}[E]_{total}$을 사용하였다(식 5.24). 이제 k_{cat}의 의미를 이해하고 있는 상황에서 우리는 마이켈리스-멘텐식의 V_{max} 대신에 $k_{cat}[E]_{total}$을 대입할 수 있다. 만일 우리가 마이켈리스-멘텐 곡선의 매우 낮은 [S] 영역만을 생각한다면, 이 수식은 [S]가 K_m보다 매우 작으므로 분모의 [S]를 무시하여 간소화시킬 수 있다.

$$v_0 = \frac{k_{cat}[E][S]}{K_m + [S]} = \frac{k_{cat}}{K_m}[E][S] \tag{5.26}$$

식 5.25와 식 5.26을 비교하면 우리가 관심을 갖고 있는 2차 속도상수는 k_{cat}/K_m로 표현해도 무방하다. 따라서 k_{cat}/K_m비는 전체반응이 S와 E의 만남만으로 제한되는 조건에서 E + S로부터 E + P가 생성되는 겉보기 2차 속도상수와 같다. 이 비율은 생리적 온도에서 하전되지 않은 용질 두 분자가 확산에 의해 서로 접근할 때 나타내는 가장 빠른 속도인 10^8~10^9 $M^{-1}s^{-1}$에 근접한다. 이렇게 극도로 빠른 속도의 반응을 촉매하는 효소에 대해서는 6.4절에서 논의하기로 한다.

k_{cat}/K_m 비율은 다른 효소들과의 활성도를 비교하는 데 유용하다. 이는 또한 촉매능을 측정함으로써 효소의 반응효율성을 평가하는 데에도 활용된다. 이 값은 특정 반응에 대해 효소가 있을 때의 반응 속도상수들(k_{cat}/K_m)을 효소가 없을 때의 같은 반응에 대한 속도상수(k_n)로 나눈 것과 같다. 놀랍게도 이런 촉매능을 나타내는 값들은 거의 알려지지 않고 있다. 그 이유는 대부분의 화학반응들은 효소가 없는 상태에서 매우 느리게 반응이 진행되기 때문이다. 너무 느린 나머지 비효소반응의 반응속도를 측정하기란 거의 불가능한다. 이들 반응속도들은 종종 강철로 둘러싸인 특별한 유리시험관 안에서 300℃가 넘는 온도에서 측정되곤 한다.

표 5.2에서는 몇몇 알려진 촉매능의 예를 나타내었다. 전형적인 값은 10^{14}~10^{20}의 영

표 5.2 효소들의 촉매능

	비효소 반응 속도상수 k_n (s^{-1})	효소 반응 속도상수 k_{cat}/k_m ($M^{-1}s^{-1}$)	촉매능
Carbonic anhydrase	10^{-1}	7×10^{6}	7×10^{7}
Chymotrypsin	4×10^{-9}	9×10^{7}	2×10^{16}
Chorismate mutase	10^{-5}	2×10^{6}	2×10^{11}
Triose phosphate isomerase	4×10^{-6}	4×10^{8}	10^{14}
Cytidine deaminase	10^{-10}	3×10^{6}	3×10^{16}
Adenosine deaminase	2×10^{-10}	10^{7}	5×10^{16}
Mandelate racemase	3×10^{-13}	10^{6}	3×10^{18}
β-Amylase	7×10^{-14}	10^{7}	10^{20}
Fumarase	10^{-13}	10^{9}	10^{21}
Arginine decarboxylase	9×10^{-16}	10^{6}	10^{21}
Alkaline phosphatase	10^{-15}	3×10^{7}	3×10^{22}
Orotidine 5′-phosphate decarboxylase	3×10^{-16}	6×10^{7}	2×10^{23}
Uroporphyrinogen decarboxylase	10^{-17}	2×10^{7}	2×10^{24}

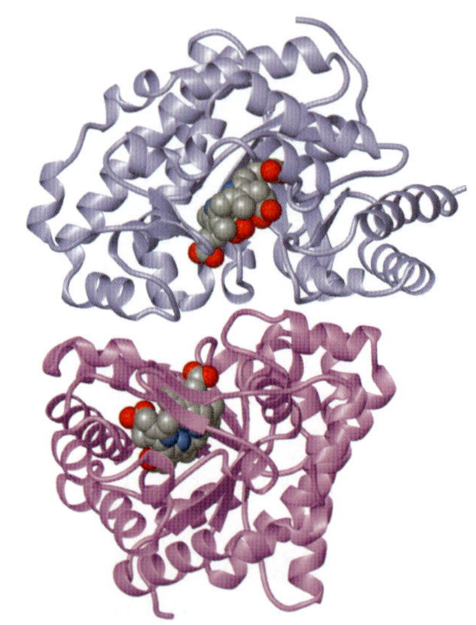

▲ **최대 촉매능.** 유로포피리노젠 디카복실레이즈는 최대 촉매능을 나타내는 기록보유자이다. 이 효소는 헴 합성경로의 특정 단계를 매개한다. 여기 나타낸 효소는 각 단량체의 활성부위에 포피린 분자와 결합된 인간유래 효소이다. [PDB 2Q71]

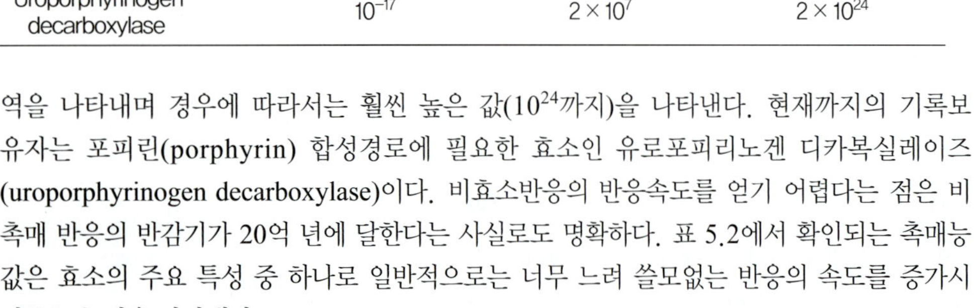

역을 나타내며 경우에 따라서는 훨씬 높은 값(10^{24}까지)을 나타낸다. 현재까지의 기록보유자는 포피린(porphyrin) 합성경로에 필요한 효소인 유로포피리노겐 디카복실레이즈(uroporphyrinogen decarboxylase)이다. 비효소반응의 반응속도를 얻기 어렵다는 점은 비촉매 반응의 반감기가 20억 년에 달한다는 사실로도 명확하다. 표 5.2에서 확인되는 촉매능 값은 효소의 주요 특성 중 하나로 일반적으로는 너무 느려 쓸모없는 반응의 속도를 증가시켜주는 능력을 나타낸다.

BOX 5.2 쌍곡선과 직선

기질농도([S])와 반응의 초기속도(v_0) 간 도표가 쌍곡선을 나타낸다는 사실을 그림 5.4와 5.5에서 확인하였다. 직각쌍곡선의 일반식(식 5.12)과 마이켈리스-멘텐식(식 5.13)은 기본적으로 같은 형태를 나타낸다.

효소동력학의 그래프로부터 V_{max}를 결정한다는 것은 매우 어려운 일이다. 왜냐하면 기질농도와 초기속도를 나타내는 쌍곡선이 V_{max}에 대해 점근선을 나타내며, V_{max}를 정확히 평가하기 위해 높은 농도의 기질을 공급한다는 것은 실험적으로 매우 어렵기 때문이다. 이와 같은 이유에서 쌍곡선을 직선의 기울기가 m이고 y 절편이 b로 표현되는 직선식 $y = mx + b$로 바꾸는 것이 훨씬 용이하다. 원래의 마이켈리스-멘텐식을 직선식의 일반 형태로 변환시키는 첫 번째 단계는 항들의 역수를 취함으로써 오른쪽의 K_m + [S] 항이 분자에 위치하게 하는 것이다. 이러기 위해서는 쌍곡선에 익숙한 사람들이 자주 사용하는 수식 변환방식인 양변의 역수를 취하여야 한다.

다음 두 단계는 항을 분리하고 수식의 오른쪽 두 번째 항에 있는 [S]를 상쇄한다. 이 형태의 마이켈리스-멘텐식을 라인웨버-버크식(Lineweaver-Burk equation)이라 하며 이는 v_0와 [S]의 역수를 각각 y와 x로 취한 직선식 $y = mx + b$와 닮아 있음을 알 수 있다. 이런 데이터를 이용한 그래프를 이중역수 도표라 한다. 직선의 기울기는 K_m/V_{max}이며 y 절편은 $1/V_{max}$에 해당한다.

이런 형태의 변환을 시도한 처음 이유는 실험 데이터로부터 K_m과 V_{max}를 계산하기 위해서였다. 따라서 v_0와 [S]의 역수들을 도표화하여 직선으로부터 동력학 상수들을 얻는 것이 용이하다. 최근에는 데이터를 쌍곡선으로 정확하게 도식화하는 컴퓨터 프로그램들을 이용하여 상수들을 얻기 때문에 더 이상 이런 형식의 분석에 라인웨버-버크식이 자주 사용되지는 않는다. 이 책에서는 라인웨버-버크식을 이용하여 효소동력학의 일반적 특성을 설명하지만 처음 목적인 데이터 분석을 위해서는 거의 사용되지 않고 있다.

$$\frac{1}{v_0} = \frac{K_m + [S]}{V_{max}[S]} \qquad \frac{1}{v_0} = \frac{K_m}{V_{max}[S]} + \frac{[S]}{V_{max}[S]} \qquad \frac{1}{v_0} = \left(\frac{K_m}{V_{max}}\right)\frac{1}{[S]} + \frac{1}{V_{max}}$$

5.5 K_m과 V_{max}의 측정

효소반응의 동력학변수들은 반응의 특이성과 반응 메커니즘에 대한 소중한 정보를 제공한다. 주요 매개변수는 K_m과 V_{max}로 k_{cat}은 V_{max}를 알면 쉽게 계산할 수 있기 때문이다.

효소촉매 반응의 K_m과 V_{max}는 여러 가지 방법으로 구할 수 있다. 두 값은 일정한 효소농도와 일련의 기질농도들에서 초기속도를 분석함으로써 구할 수 있다. 보다 정확하고 신빙성 있는 동력학 상수들을 얻기 위해서는 쌍곡선상의 기질농도가 K_m의 위와 아래에 골고루 분포하여야 한다. K_m 또는 V_{max}를 농도와 초기속도의 그래프로부터 직접 얻기란 쉬운 일이 아니다. 왜냐하면 곡선이 V_{max}에 대해 점근선으로 표현되기 때문이다. 그러나 정확한 값은 실험 결과들을 쌍곡선 식에 대입할 수 있는 컴퓨터 프로그램을 이용하여 결정할 수 있다.

마이켈리스-멘텐식은 그래프의 직선식으로부터 V_{max}와 K_m을 얻기 위하여 달리 표현될 수 있다. 가장 일반적으로 사용되는 변환은 $1/v_0$와 1/[S] 값을 이용한 이중역수 또는 라인웨버-버크 도표이다. $1/K_m$의 절대값은 직선과 x-절편의 교차점으로부터 얻을 수 있으며, $1/V_{max}$ 값은 y 절편으로부터 얻을 수 있다. 비록 이중역수 도표들이 속도상수들을 결정하는 데 가장 정확한 방법은 아니지만, 이들 도표는 우리가 곧 바로 확인하게 될 효소학의 매우 중요한 분야인 효소 억제제를 연구하는 데 있어 서로 쉽게 구분되는 억제행태에 대한 정보를 제공한다.

k_{cat} 값들은 효소의 절대농도를 알고 있을 때 V_{max}를 측정함으로써 구할 수 있다. 만일 관찰하는 대상반응을 촉진하는 효소가 시료 안의 유일한 효소라면 심지어 정제되지 않은 효소를 사용하여서도 반응의 K_m 값을 얻을 수 있다.

라인웨버-버크식:

$$\frac{1}{v_0} = \left(\frac{K_m}{V_{max}}\right)\frac{1}{[S]} + \frac{1}{V_{max}}$$

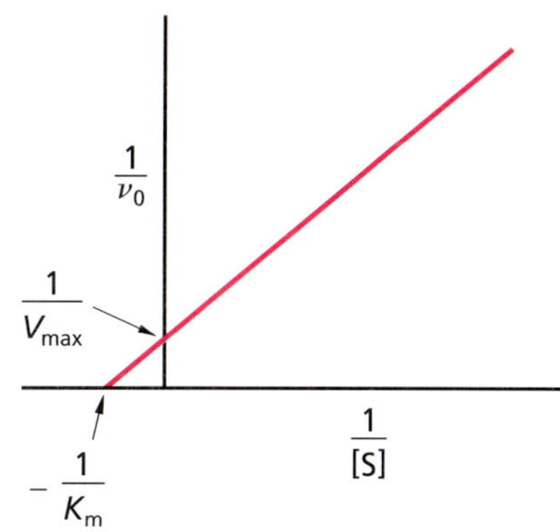

▲ **그림 5.6**
이중역수(라인웨버-버크) 도표. 이 도표는 마이켈리스-멘텐 도표의 선형변환으로 유도되었다. $1/v_0$의 값들은 1/[S] 값의 함수로 도표화하였다.

5.6 다기질반응의 효소동력학

지금까지 우리는 단일기질이 단일생성물로 전환되는 반응들만을 고려하였다. 그러면 이제부터는 두 개의 기질 A와 B가 생성물 P와 Q로 전환되는 반응을 생각해 보자.

$$E + A + B \rightleftharpoons (EAB) \rightarrow E + P + Q \quad \textbf{(5.27)}$$

이런 여러 기질들이 관여하는 반응에서 속도를 측정하는 것은 단일기질 효소동력학에 비해 다소 복잡하다. 그러나 예를 들어 효소활성측정법 개발과 같은 목적에 사용하기 위하여 특정 기질에 대한 K_m은 다른 기질이 포화되어 있는 조건에서 일반 화학반응에서처럼(5.2A절) 쉽게 구할 수 있다. 이 장에서 논의한 효소동력학은 기능기 전달반응과 같은 다기질반응에서 여러 개의 가능한 반응 메커니즘들을 구분하는 과정에도 활용될 수 있다. 이는 다른 기질을 이용하여 얻은 동력학 결과들이 임의의 특정 기질농도에 대해 어떻게 변화하는지를 관측함으로써 확인할 수 있다.

다기질반응들은 동력학을 나타내는 여러 도표들로 표현할 수 있다. 이들 도표를 **동력학 메커니즘(kinetic mechanism)**이라 한다. 왜냐하면 그들은 전적으로 동력학 실험을 통해서 얻어지기 때문이다. 동력학 메커니즘은 클리랜드(W. W. Cleland)에 의해 제시된 표기법을 이용하여 일반화하여 나타낸다. 단계의 진행순서는 왼쪽에서 오른쪽으로 표시한다(그림 5.7). 효소로 첨가된 기질 분자(A, B, C, ...)와 효소로부터 방출되는 생성물(P, Q, R, ...)은 선을 향하거나(기질결합) 선으로부터 나오는(생성물 방출) 화살표로 표시한다. 다양한 형태의 효소(유리효소, ES 복합체, 또는 EP 복합체)는 횡선 아래쪽에 표시한다. 활성부위가 채워진 상태에서 화학적 변환을 경험하는 ES 복합체는 괄호 안에 표시한다.

순차반응(sequential reaction, 그림 5.7a)은 어떤 생성물이 방출되기 전에 반드시 모든 기질이 효소에 함께 존재하여야 한다. 순차반응들은 기질의 결합과 생성물의 방출이 **규칙적(ordered)**이거나 **무작위(random)**로 이루어지는 반응들로 구분된다. **핑퐁반응(ping-pong reaction**, 그림 5.7b)에서는 특정 생성물이 모든 기질이 결합하기 전에 효소로부터 방출된다.

(a) 순차반응

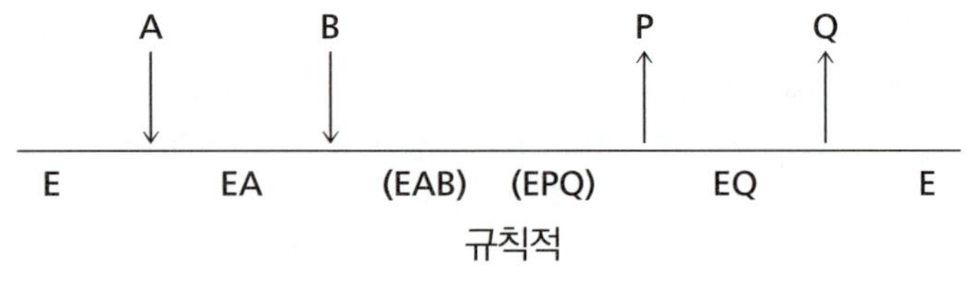

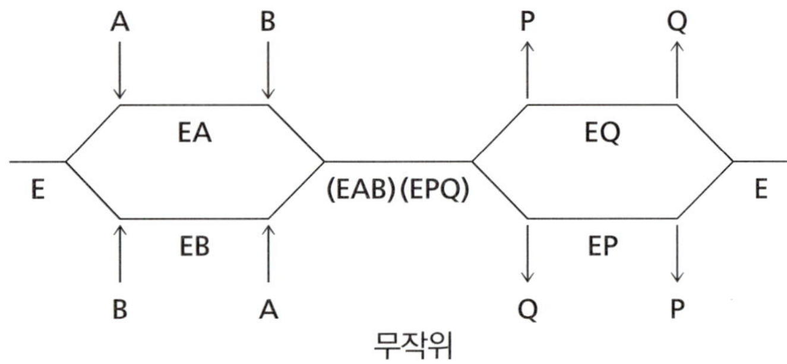

(b) 핑퐁반응

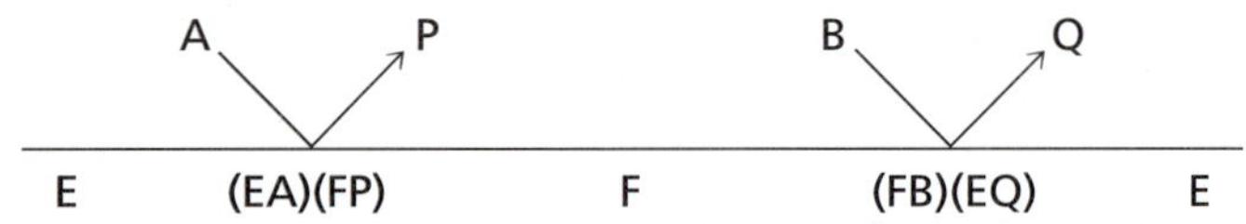

▲ **그림 5.7**

두 개의 기질참여 효소반응들의 표기(notation for bisubstrate reaction). (a) 순차반응의 경우 모든 기질들이 생산물이 방출되기 전에 효소에 결합한다. (b) 핑퐁반응의 경우 하나의 기질결합으로부터 생산물이 하나 방출되며 동시에 치환된 효소가 유도된다. 두 번째 기질이 다음으로 결합하면 두 번째 생산물이 방출됨과 동시에 효소는 원래 형태로 복원된다.

두 개의 기질을 갖는 핑퐁반응에서는 첫 번째 기질이 결합하고 효소에 치환반응이 발생하며 첫 번째 생성물을 방출한다. 그 후 두 번째 기질이 결합하고 변화된 효소가 원래 상태로 돌아오면서 두 번째 생성물이 방출된다. 핑퐁반응은 기질의 일부분이 효소에 공유성 결합을 하기 때문에 때로는 치환된 효소반응이라고도 불린다. 핑퐁반응에서 라이간드의 결합과 방출은 일반적으로 사선으로 표시한다. 두 상태의 효소는 E(비치환)과 F(치환)로 구분하여 표시한다.

5.7 가역적 효소 억제

효소 억제제(inhibitor; I)는 효소에 결합하는 화합물로서 효소활성을 방해한다. 억제제는 ES 복합체의 형성을 방지하거나 혹은 생성물이 형성되는 화학반응을 제지함으로써 작동한다. 일반적으로 억제제들은 작은 분자들로서 억제하는 효소에 가역적으로 결합한다. 세포들에는 대사과정을 조절하는 데 중요한 역할을 하는 다수의 자연 효소억제제들이 존재한다. 인공적으로 생산된 저해제들은 실험적으로 효소 작용 메커니즘과 대사과정을 판독하기 위해 사용된다. 몇몇 약물들과 많은 독극물들이 효소 억제제들이다.

어떤 억제제들은 효소들과 공유결합을 하여 비가역적 억제현상을 나타내지만 대부분의 생물학적으로 의미있는 억제현상은 가역적이다. 가역적 억제제들은 기질이나 생산물들처럼 약한 비공유성 결합으로 효소들과 반응한다. 유리효소(E)와 저해제(I) 그리고 EI 복합체 사이의 평형상태는 해리상수로 특성이 파악된다. 이 경우 확보된 해리상수를 **저해상수**(K_i)라고 부른다.

비가역성 저해제들은 5.8절에 설명되어 있다.

표 5.3 가역적 억제제들이 효소 동력학상수들에 미치는 효과

저해제 종류	효과
경쟁 (I가 오직 E와 결합)	K_m 증가, V_{max} 변화없음
무경쟁 (I가 오직 ES와 결합)	V_{max}와 K_m 감소, V_{max}/K_m 비율 변화없음
비경쟁 (I가 E 혹은 ES에 결합)	V_{max}의 감소 K_m 변화없음

$$E + I \rightleftharpoons EI \qquad K_d = K_i = \frac{[E][I]}{[EI]} \tag{5.28}$$

기본적으로 효소에 대한 가역적 억제의 종류에는 경쟁적 억제, 불경쟁적 억제, 비경쟁적 억제, 그리고 혼합형 억제가 있다. 이러한 종류들은 실험적으로 억제제들이 효소에 미치는 속도론적 행태를 토대로 실험적으로 구분될 수 있다(표 5.3). 그림 5.8은 가역적 효소억제의 여러 양식들을 그림으로 나타내고 있다.

A. 경쟁적 억제

경쟁적 억제제들은 생화학에서 가장 흔히 만나게 되는 억제제들이다. 경쟁적 억제에서는 억제제가 아직 어떤 기질과도 결합하지 않은 유리 효소 분자들과만 결합할 수 있다. **경쟁적 억제(competitive inhibition)**는 그림 5.8과 그림 5.9a의 속도론적 도식으로 묘사된다. 이 도식에서는 오직 ES 복합체로부터 생성물이 형성된다. EI 복합체의 형성은 정상경로의 효소들을 제거한다.

일단 경쟁적 억제제가 효소 분자에 결합하면 기질 분자는 그 효소에 결합할 수 없게 된다. 반대로, 효소에 대한 기질의 결합은 억제제의 결합을 방해한다. 다시 말해서 S와 I는 효소와 결합하기 위해 서로 경쟁한다. 가장 보편적으로 S와 I는 효소에서 같은 자리에 결합하

핵심개념

가역적 억제제들은 효소에 결합하여 기질의 결합을 방지하거나 또는 결과물의 생성을 차단한다.

▲ **경쟁적 억제.** 잡초 제거제인 Roundup© 의 활성 성분은 글라이포세이트(glyphosate)이다. 이것은 식물 효소인 5-엔올파이루빌쉬키메이트-3-포스페이트 신테이즈(5-enolpyruvylshikimate-3-phosphate synthase)의 경쟁적 억제제이다.

(a) 전형적 경쟁적 억제

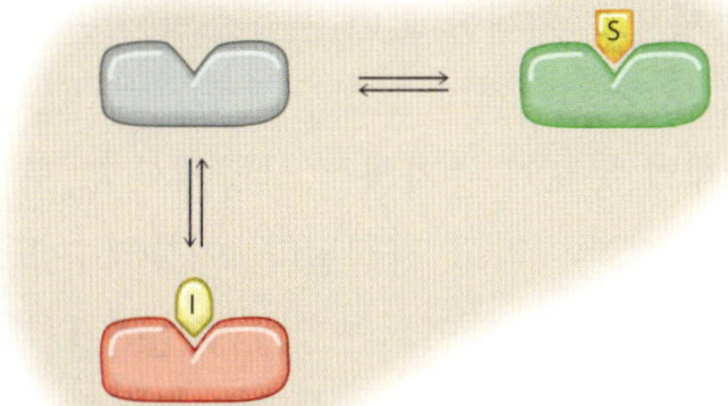

기질(S)과 억제제(I)는 효소의 같은 자리에 대해 서로 경쟁한다.

(b) 비전형적 경쟁적 억제

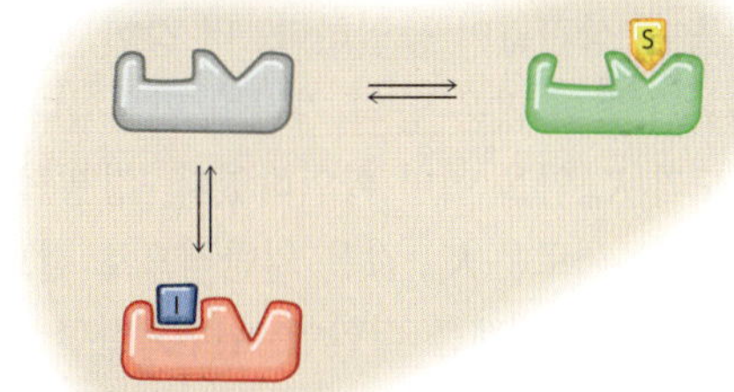

활성자리에 기질(S)결합이 다른 자리로의 억제제(I) 결합을 방해하며 반대 경우도 마찬가지이다.

(c) 불경쟁적 억제

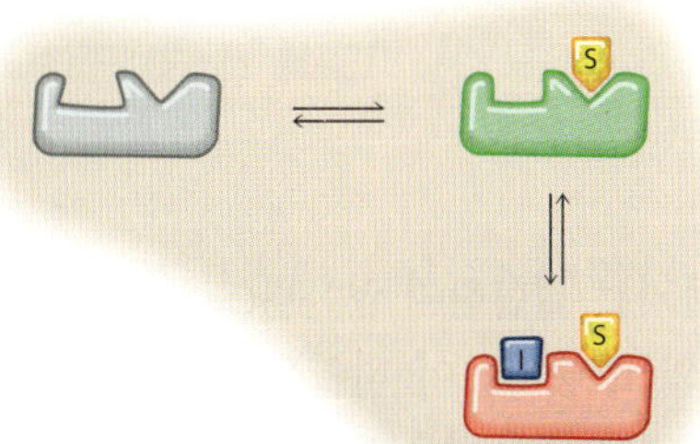

이 억제제(I)는 오직 효소-기질(ES) 복합체에만 결합하고 기질(S)이 생성물로 전환되는 것을 방해한다.

(d) 비경쟁적 억제

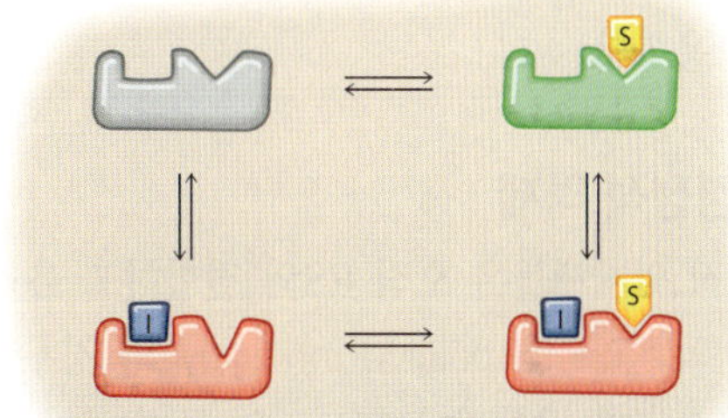

이 억제제(I)는 E 혹은 ES에 결합한다. I가 결합하면 효소는 비활성화된다. 기질(S)은 EI 복합체에 결합할 수 있지만 생성물로의 전환은 억제된다.

◀ **그림 5.8**
가역성 효소 억제현상에 대한 도식. 도식에서 촉매활성을 나타내는 효소들은 초록색으로 그리고 비활성 효소들은 빨간색으로 표시하였다.

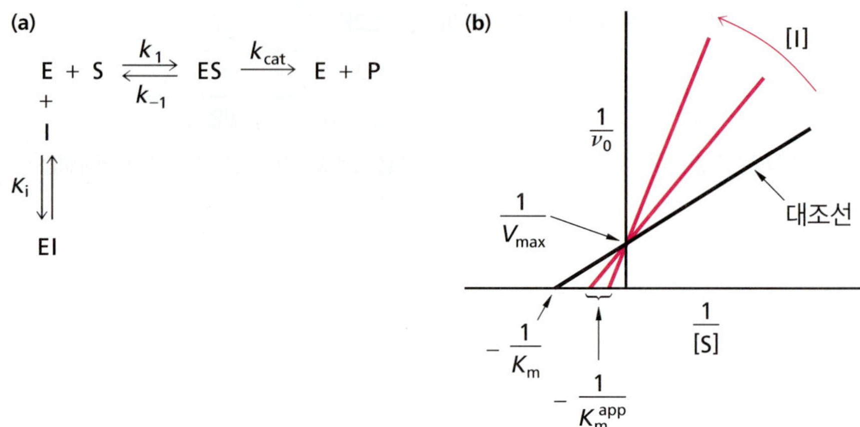

▲ **그림 5.9**
경쟁적 억제. **(a)** I가 E와 결합하는 것을 나타내는 동력학적 도식. 여기서 주의해야 할 것은 이 도식은 EI 복합체 형성을 포함하는 식 5.11의 확장이라는 것이다. **(b)** 이중역수 도표. 경쟁적 억제일 때, V_{max}에는 변화가 없지만 K_m은 증가한다. 대조로 표시된 검은 선은 억제제가 없는 결과이다. 빨간색 선들은 억제제가 존재할 때의 결과로 화살표는 억제제의 농도가 증가하는 방향을 보여주고 있다.

며 이 곳을 활성부위(active site)라고 한다. 이러한 억제를 고전적(classical) 경쟁적 억제라고 한다 (그림 5.8). 이것이 경쟁적 억제 현상의 유일한 경우는 아니다(그림 5.8 참조). 어떤 상황에서는, 예를 들어 입자다른자리 효소(allosteric enzyme)들의 경우(5.10절), 억제제들은 다른 자리에 결합하여 기질 결합자리의 구조적 변화를 유도함으로써 기질이 효소에 결합하는 것을 방해 한다. 이러한 억제 현상을 비전형적(nonclassical) 경쟁적 억제라고 한다. I와 S가 둘 다 용액상 존재할 때, ES 복합체를 형성할 수 있는 효소의 분율은 기질과 저해제의 농도 그리고 효소에 대한 그들의 상대적 친화도에 따라 달라진다.

EI의 양은 S의 농도를 증가시킴으로써 줄일 수 있다. 기질이 충분히 높은 농도일 때 효소는 여전히 기질에 의해 포화될 수 있다. 따라서 반응 최대속도는 억제제가 존재할 때와 존재하지 않을 때 상관없이 동일하다. 더 강한 경쟁적 억제제가 존재함에 따라 효소의 절반을 포화시키기 위해 더 많은 양의 기질이 필요하다. 우리는 효소의 절반 포화상태를 나타내는 기질의 농도가 K_m임을 이미 확인하였다. 경쟁적 억제제의 농도가 증가하는 상황에서 K_m도 역시 증가한다. 새로운 K_m 값은 일반적으로 겉보기 K_m(K_m^{app})이라고 지칭된다. 이중역수 도표에서는 경쟁적 억제제를 더함에 따라 x 절편 $1/K_m$의 절대값은 줄어드는 반면 y 절편 $1/V_{max}$는 같은 상태를 유지한다(그림 5.9b).

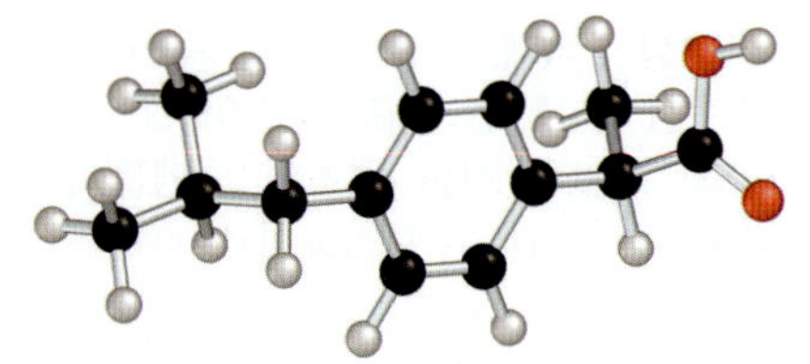

▲ 이부프로펜(Ibuprofen), 많은 약국에서 직접구입 가능한 진통제의 주활성인자로서 효소 사이클로옥시지네이즈(cycloxygenase; COX)의 경쟁적 억제제이다(16장 BOX 16.1 참조).

$COO^{\ominus}$
|
CH_2
|
CH_2
|
$COO^{\ominus}$
석시네이트

$COO^{\ominus}$
|
CH_2
|
$COO^{\ominus}$
말로네이트

많은 전형적 경쟁적 억제제들은 기질과 구조적으로 비슷한 화합물로서 기질유사체들이다. 유사체들은 효소들과 결합하지만 반응하지는 않는다. 예를 들어, 효소 석시네이트 디하이드로지네이즈(succinate dehydrogenase)는 석시네이트를 퓨말레이트로 전환시킨다(13.3절 #6). 말로네이트(malonate)는 석시네이트와 구조적으로 유사하며 이 효소의 경쟁적 억제제로 작용한다.

B. 불경쟁적 억제

불경쟁적 억제제들은 오직 ES와 결합하고 유리효소들과는 결합하지 않는다(그림 5.10a). **불경쟁적 억제(uncompetitive inhibition)**의 경우, 몇 개의 E 분자들이 비활성의 ESI로 전환됨으로써 V_{max}가 낮아진다($1/V_{max}$의 증가). 따라서 I와 결합하는 것은 ES 복합체이므로 기질을 더 넣는다고 하여 V_{max} 저하가 역전되지는 않는다. 불경쟁적 억제제들은 K_m 또한 감소시킨다(이중역수 도표에서 $1/K_m$의 절대값이 증가하는 것으로 확인되었듯이). 왜냐하면 ES와 ESI가 형성되는 과정의 평형은 I의 결합에 따라 복합체들 쪽으로 이동되었기 때문이다. 실

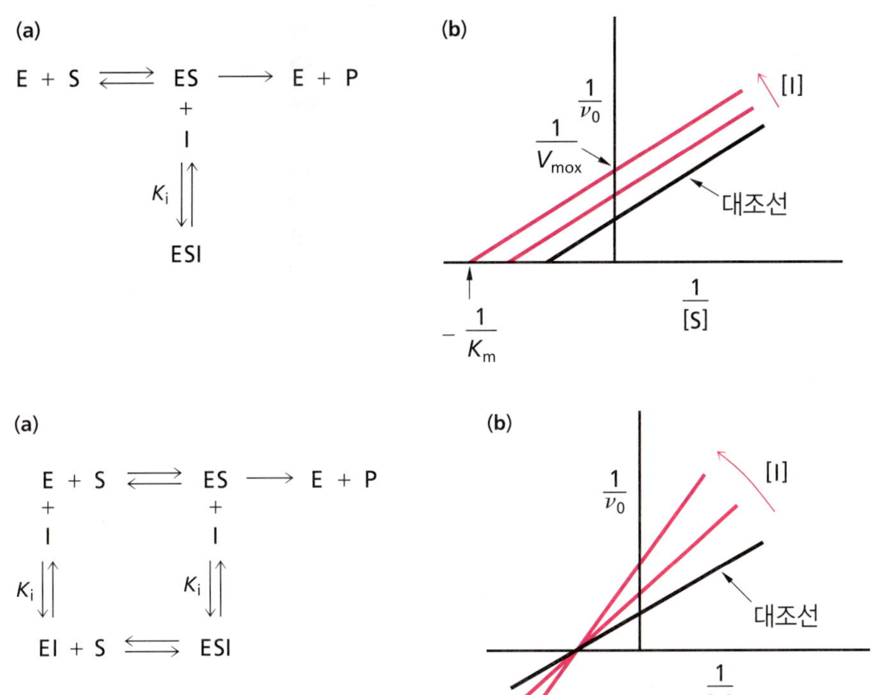

◀ **그림 5.10**
불경쟁적 억제. (a) I와 ES의 결합을 나타내는 동력학적 도식. **(b)** 이중역수 도표. 불경쟁적 억제에서는 V_{max}와 K_m 모두 감소한다(y 절편과 x 절편에서 구한 $1/V_{max}$와 $1/K_m$의 절대값은 증가한다). 직선들의 기울기로 표현되는 K_m/V_{max}의 비는 변하지 않는다.

◀ **그림 5.11**
전형적 불경쟁적 억제. (a) I와 E 또는 ES의 결합을 나타내는 동력학적 도식. **(b)** 이중역수 도표. V_{max}는 감소하지만 K_m은 변하지 않는다.

험적으로, 한 종류의 불경쟁적 억제제가 여러 농도일 때 확보한 이중역수 도표의 선들의 기울기가 다 똑같다는 것은 K_m과 V_{max}의 값이 비례하여 줄어든다는 것을 가리킨다(그림 5.10b). 이러한 형태의 억제 현상은 일반적으로 다중기질(multisubstrate) 반응들에서 주로 일어난다.

C. 비경쟁적 억제

비경쟁적 억제제(noncompetitive inhibitor)들은 E와 ES에 동시에 결합할 수 있어 비활성의 EI 혹은 ESI 복합체들을 각각 형성한다(그림 5.11a). 이러한 억제제들은 기질 유사체들은 아니며 S가 결합하는 자리와 동일한 자리에는 결합하지 않는다. 비경쟁적 억제 현상의 전형적 예는 K_m에는 변화가 없으며 V_{max}만의 현저한 감소(외견상 $1/V_{max}$는 증가한다)가 나타나는 것이 특징이다.

이중역수 도표에서 전형적 비경쟁적 억제(classic noncompetitive inhibition)의 선들이 x축과 만나는 x 절편이 곧 $1/K_m$ 이다(그림 5.11b). 모든 선들이 같은 x 절편값을 가지고 있으므로 K_m값이 영향을 받지 않는다는 것을 알 수 있다. 비경쟁적 억제는 I가 활성효소를 용액에서 제거함으로써 E와 ES에 가역적으로 결합한다. 이러한 억제 양식은 S를 더 가한다 하더라도 극복할 수 없다. 전형적 비경쟁적 억제는 흔하지 않지만 입체다른자리 효소들에선 여러 예가 알려져 있다. 이러한 예들에서는 아마도 비경쟁적 억제제들이 효소의 구조적 변형을 일으켜 S와의 결합은 가능하지만 촉매로서의 역할은 할 수 없는 상태로 만들 것이다.

대부분의 효소들은 K_m 값이 변화하지 않는 전형적 비경쟁적 억제 양식을 따르지는 않는다. 많은 억제제의 경우 E와 ES에 대한 친화도의 차이가 있어 K_m과 V_{max} 값 모두가 영향을 받는다. 이러한 경우를 일컬어 **혼합형 억제(mixed inhibition)**라 한다(그림 5.12).

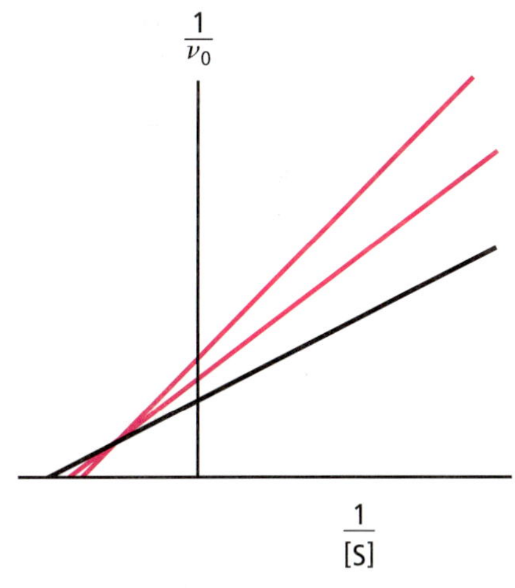

▲ **그림 5.12**
혼합형 억제를 나타내는 이중역수 도표. 억제제가 E와 ES에 다른 친화도로 결합할 때 V_{max}와 K_m 값 모두 영향을 받는다.

D. 효소 억제의 용도

가역적 효소 억제는 효소 활성을 검출하는데 있어 큰 역할을 한다. 다양하게 구조적 변형을 유도한 일련의 경쟁적 억제제들을 이용한 실험을 통해 특정 효소의 활성부위 모양과 화학적 반응성에 대한 정보를 얻을 수 있기 때문이다.

의약품산업계에서는 효소 억제 실험들을 통하여 임상적으로 적합한 약물을 설계한다. 대

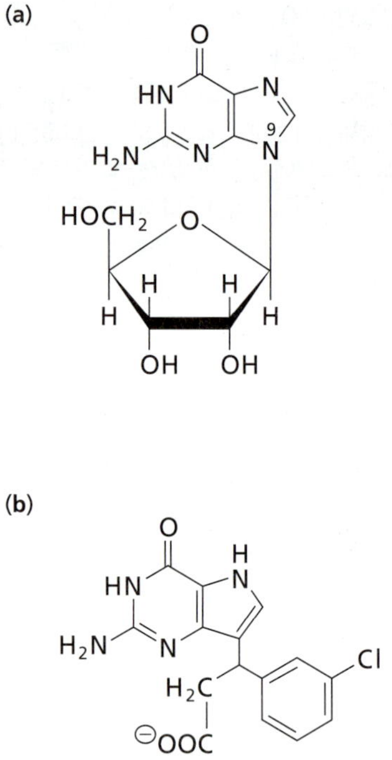

체로 자연계에 존재하는 효소 억제제는 새로운 약물개발의 시발점이 된다. 몇몇 연구진들은 무작위적인 합성실험을 통해 잠재적 효소 억제제를 찾기보다는 합리적 약물설계라고 알려진 보다 효율적인 방법에 눈을 돌리고 있다. 이론적으로, 지금까지 연구된 많은 효소들의 구조적 정보들을 기반으로 원하는 효소의 활성부위에 알맞은 억제제의 설계를 보다 효율적으로 수행할 수 있다. 이렇게 만들어진 합성물질들은 먼저 정제된 효소를 대상으로 효능을 검사하며 추후 생물학적 시스템에서 적용된다. 하지만 어떤 합성물질이 효소 억제제로서의 효과가 있다 하더라도 다른 문제들이 발생할 수 있다. 예를 들어, 약물이 표적세포 내로의 침투가 불가능한 경우, 빠른 물질대사를 통한 불활성화, 숙주생물에 대한 유독성, 또는 표적세포가 약물에 대한 내성을 나타내는 경우들이 있다.

효소 퓨린 뉴클레오사이드 포스포릴레이즈(purine nucleoside phosphorylase)의 억제제 개발은 약물합성의 발전을 보여주는 좋은 예이다. 이 효소는 그림 5.13a에 있는 구아노신(guanosine)과 인산기를 분리하는 촉매로 작용한다. 컴퓨터 모델링을 통하여 효소의 활성자리에 위치하는 잠재적 억제제를 설계하였다. 이렇게 설계된 효소 억제제(그림 5.13b)는 전통적인 시행착오에 기반한 무작위 합성으로 만들어진 물질보다 100배 정도의 증가된 효력을 나타내는 것으로 밝혀졌다. 관련 연구원들은 합리적 약물설계(rational drug design) 접근을 통하여 류머티스성 관절염(rheumatoid arthritis)이나 다발성 경화증(multiple sclerosis)과 같은 자가면역질환들에 적합한 약물들 설계에도 도움이 되기를 기대하고 있다.

(a)

(b)

▲ **그림 5.13**

퓨린 뉴클레오사이드 포스포릴레이즈(purine nucleoside phosphorylase) 기질과 설계된 억제제의 비교. 효소의 두 기질은 구아노신(guanosine)과 무기인산(inorganic phosphate)이다. **(a)** 구아노신. **(b)** 효소의 강력한 억제제. 구아노신의 N-9이 탄소 원자로 교체되었다. 염소화 처리된 벤젠 고리는 효소의 당결합 위치에 결합하고, 초산염 곁사슬(acetate side chain)은 인산결합 위치에 결합한다.

5.8 비가역적 효소 억제제

가역적 효소 억제제에 반하여 **비가역적 효소 억제제(irreversible enzyme inhibitor)**는 효소와 안정적인 공유결합을 형성함으로써 활성효소를 용액내 효소군에서 제거한다. 비가역적 억제는 보편적으로 효소의 활성부위에 있는 아미노산 잔기의 곁가지에 알킬화나 아실화 등을 통하여 진행된다. 비가역적 효소 억제제에는 이미 자연계에 존재하는 많은 억제제뿐만 아니라 여기 소개하는 인공적으로 합성된 억제제들이 있다.

특정한 반응성을 나타내는 곁사슬의 화학적 치환반응을 통하여 효소 활성자리의 아미노산 잔기를 알아내는 것은 비가역적 억제제의 중요한 용도 중 하나이다. 이 과정에서는 오직 한 가지의 특정한 아미노산과 반응하는 비가역적 억제제를 효소와 같이 배양하여 효소가 비활성화되는지를 확인한다. 이온화가 가능한 곁사슬들은 아실화나 알킬화반응을 통하여 변형시켜준다. 예를 들어, 라이신(lysine)의 ϵ-아미노기와 같은 유리아미노기는 알데하이드와 반응하여 수소화붕소나트륨(sodium borohydride, $NaBH_4$)과의 환원반응으로 안정화될 수 있는 쉬프 염기(Schiff base)를 형성한다(그림 5.14).

신경가스인 다이아이소프로필 플루오로포스페이트(diisopropyl fluorophosphate; DFP)은 활성자리에 위치한 반응성이 높은 세린(serine) 잔기를 보유한 하이드롤레이즈를 비활성화시킬 수 있는 유기인산화합물 중 하나이다. 이러한 효소들을 반응 특성에 따라 세린계 단백질하이드롤레이즈 또는 세린 에스터레이즈(serine esterase)라 불린다. 중요한 소화효소

쉬프 염기

그림 5.14 ▶

라이신(lysine) 잔기의 ϵ-아미노기와 알데하이드 반응. 수소화붕소나트륨(sodium borohydride)로 쉬프 염기(Schiff base)를 환원시키면 안정적으로 치환된 효소를 얻을 수 있다.

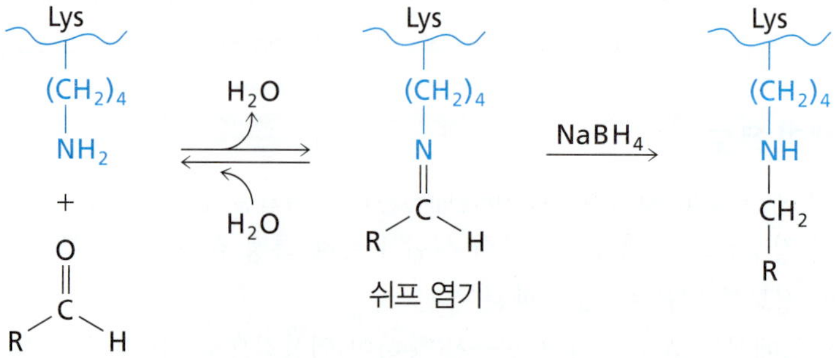

그림 5.15 ▶

DFP에 의한 비가역 억제. 다이아이소프로필 플루오로포스페이트(diisopropyl fluorophosphate; DFP)는 카이모트립신의 활성자리에 있는 유일하고 높은 친핵성 세린 잔기(Ser-195)와 반응하여 비활성의 다이아이소프로필포스포릴–카이모트립신을 생산한다. DFP는 세린계 프로테이에이즈와 세린에스터레이즈를 억제한다.

다이아이소프로필 플루오로포스페이트 (DEP)

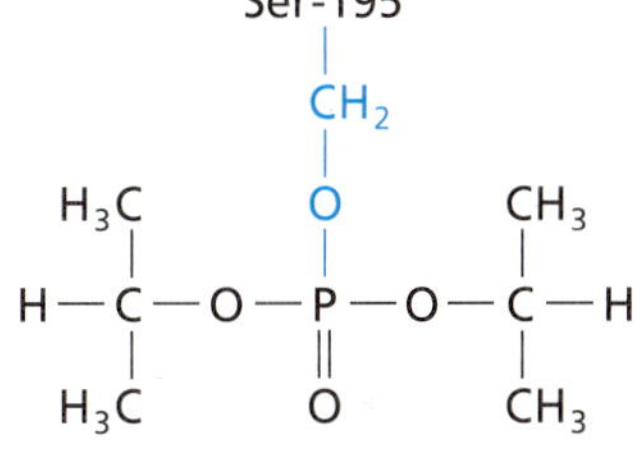

다이아이소프로필포스포릴-카이모트립신

인 세린계 프로테이에이즈 카이모트립신(chymotrypsin)은 DFP에 의해 비가역적으로 비활성화된다(그림 5.15). DFP는 카이모트립신의 활성부위에 있는 세린 잔기(Ser-195)와 반응하여 다이아이소프로필포스포릴카이모트립신(diisopropyl phosphoryl chymotrypsin)을 형성한다.

몇몇의 유기인계 억제제(organophosphorus inhibitor)들은 농업에서 살충제로 쓰이기도 하며, DFP와 같은 다른 억제제들은 효소 분석에 유용한 시약으로 사용된다. 원래 유기인계 신경가스들은 독성이 매우 강한 군용무기로 개발되었었다. 이러한 독성물질들의 생물학적 작용은 신경전달물질인 아세틸콜린(acetylcholine)을 가수분해할 때 촉매로 기능하는 세린 에스터레이즈인 아세틸콜린에스터레이즈(acetylcholinesterase)를 비가역적으로 억제하는 것이다. 활성화된 신경세포로부터 분비된 아세틸콜린이 두 번째 신경세포의 수용체에 결합하여 신경세포의 활성화 전위를 발생시킨다. 아세틸콜린에스터레이즈의 작용은 세포를 원래의 정상상태인 휴지기(resting state)로 전환시킨다. 이 효소의 억제는 신경마비 상태를 유발한다.

5.9 효소 활성의 조절

우리는 생화학반응에서 효소를 촉매로 사용할 때의 몇 가지 장점들을 이 장이 시작할 때 이미 소개한 바 있다. 분명한 것은 이들 중 가장 큰 장점은 생명을 유지하기에는 너무 느린 반응들의 속도를 증가시킨다는 것이었다. 또 다른 장점은 효소들의 촉매 활성은 다양한 방법으로 조절될 수 있다는 점이다. 효소의 절대량은 효소의 발현속도와 분해속도를 조절함으로써 제어 가능하다. 이 조절방법은 모든 종(species)에서 사용되고 있지만 특정 효소를 발현하거나 분해하는 데 걸리는 시간이 종종 수십 분에서 수 시간이 걸린다는 문제점을 안고 있다.

모든 생명체에서 **제어효소(regulated enzyme)**의 활성은 가역적 제어를 통해 수초 내외로 매우 빠르게 조절될 수 있다. 이 맥락에서 우리는 제어효소를 효소 촉매반응의 속도에 영향을 미치도록 변형될 수 있는 효소들로 정의한다. 대부분의 경우 이러한 제어효소들은 대사경로에서 핵심단계들을 제어한다. 제어효소들의 활성도는 여러 환경신호에 의하여 조절되고 세포로 하여금 주위 환경변화에 반응하여 대사과정의 속도조절을 가능케 한다.

일반적으로 제어효소는 기질농도가 증가하거나 생산물 농도가 감소할 때 촉매활성도가 증가하게 되고, 기질농도가 감소하거나 대사경로의 생산물이 축적되면 촉매활성도는 감소한다. 특정 대사경로에 특이적인 첫 번째 효소를 억제하면 중간산물 및 궁극적 최종산물의 축적을 억제함으로써 대사경로에 사용되는 재료와 에너지 모두를 절약할 수 있다. 또한 제어효소의 활성도는 비공유결합성 입체다른자리 조절이나 공유결합성 변형을 통해 제어될 수 있다.

잘 알려진 입체다른자리 효소인 아스팔테이트 트랜스카바모일레이즈(ATCase)에 대해서는 18장에 소개한다.

입체다른자리 효소(allosteric enzyme)는 효소의 구조적 변화에 의해 특성이 변하는 효소이다. 효소의 구조적 변화는 작은 분자와의 상호작용에 의해 일어난다. 이 책의 4장에서 입체다른자리 활성의 예로 산소와 헤모글로빈과의 반응을 소개한 바 있다. 헤모글로빈의 경우와 같이 입체다른자리 효소들은 기질과의 협동결합 현상에 따라 마이켈리스-멘텐 동력학을 따르지 않는 경우가 종종 있다.

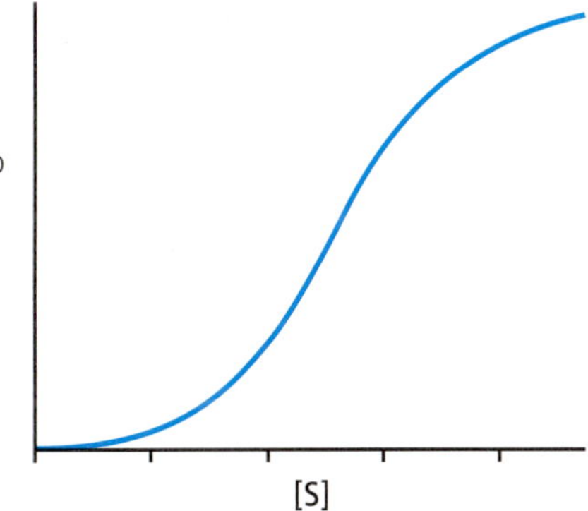

▲ 그림 5.16

협동성. 기질의 협동적인 결합이 이루어지는 입체다른자리 효소의 기질농도에 따른 초기속도를 나타내는 도표.

그림 5.16은 기질과 협동결합을 하는 입체다른자리 효소의 [S]와 초기속도(v_0)의 변화를 나타내고 있다. S자 곡선(sigmoidal curve)은 두 가지 상태로 존재하는 효소의 상태간 전이 현상에 기인한다. 기질이 존재하지 않을 경우, 효소는 T 상태(T state)로 존재한다. 각 소단위체(subunit)는 기질과 잘 반응하지 않는 형태를 취함으로써 반응속도가 낮은 상태에 놓여 있다. 하지만 기질의 농도가 증가함에 따라 T 상태 효소의 낮은 친화도에도 불구하고 기질과의

핵심개념

입체다른자리 효소는 주로 여러 개의 소단위체를 가지며, 기질결합은 협동성을 나타낸다. 이로 인하여 반응속도를 기질농도에 대하여 그림으로 나타내었을 경우 S자모양의 그래프가 그려진다.

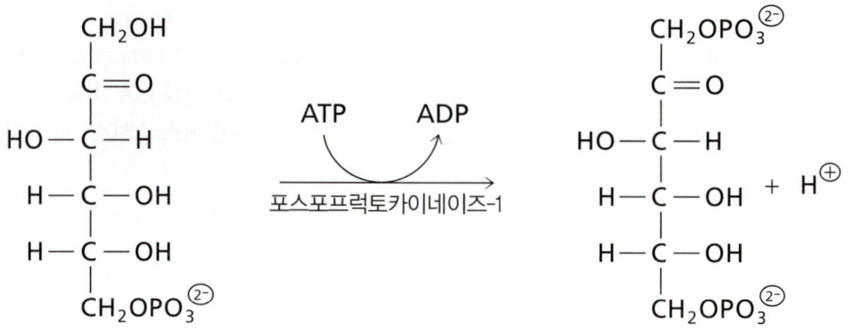

$$\underset{\text{과당 6-인산}}{HOCH_2-CO-CH(OH)-CH(OH)-CH(OH)-CH_2OPO_3^{2-}} \xrightarrow[\text{포스포프럭토카이네이즈-1}]{ATP \to ADP} \underset{\text{과당 1,6-양인산}}{{}^{2-}O_3POCH_2-CO-CH(OH)-CH(OH)-CH(OH)-CH_2OPO_3^{2-}} + H^{+}$$

▲ 그림 5.17
포스포프럭토카이네이즈-1에 의해 촉진되는 반응.

결합이 시작된다. 기질과의 결합이 이루어지면 효소는 구조적 변화를 통해 R 상태(R state)로 변화하고 반응이 일어난다. T 상태와 R 상태의 효소 소단위체는 서로 분명히 구분되는 동력학적 특성을 갖고 있다. 단, 이들 두 형태는 각각 표준 마이켈리스-멘텐 동력학을 나타낸다.

다중소단위효소(multi-subunit enzyme)의 경우 기질과 반응한 첫 번째 소단위체의 구조적 변화는 나머지 소단위들에게도 영향을 미쳐 구조적 변형을 유도한다. 이들 소단위체의 구조는 기질친화력이 매우 높은 R 상태로 이동된다. 이런 효소의 단위체들은 T 상태일 때보다 더욱 낮은 농도의 기질과도 결합하게 된다.

이러한 입체다른자리 현상들은 많은 제어효소들의 가역적 활성 제어를 가능하게 하는 매우 중요한 요소이다. 4.13C절에서 2,3-비스포스포그리세레이트(2,3-*bis*phosphoglycerate)가 결합함에 따라 헤모글로빈의 구조변형과 산소 친화도의 변화가 유발되는 예를 설명한 바 있다. 많은 다른 제어효소들 또한 활성화 R 상태와 비활성화 T 상태 사이에서 입체다른자리 전이를 일으킨다. 이들 효소들의 촉매중심(catalytic center)에서 조금 떨어진 곳에 **조절자리(regulatory site)** 또는 **입체다른자리 부위(allosteric site)**라 불리는 두 번째 라이간드 결합부위가 존재한다. **입체다른자리 효과자(allosteric effector)** 또는 입체다른자리 조절자(allosteric modulator)라고도 불리는 입체다른자리 억제제 또는 활성제가 조절자리에 결합하여 조절 효소에 충분한 구조적 변화를 유발함으로써 효소활성의 변화를 유도한다. 효소의 촉매자리와 조절자리는 단백질의 물리적으로 분리된 영역에 위치한다—주로 별개의 영역(domain) 또는 별개의 소단위체에 위치한다. 입체다른자리 조절 효소는 보통 다른 효소들보다 크기가 더 크다.

우선, 입체다른자리(비공유성) 조절을 받는 효소의 예를 살펴보고 이러한 효소들의 몇몇 일반적인 특성들에 대해 알아보고자 한다. 다음으로, 입체다른자리 조절을 효소의 입체형태 변화로 설명하는 두 가지 모델에 대해 다룰 것이다. 마지막으로, 서로 밀접하게 연관되어 있는 공유결합성 변형을 일으키는 조절 효소군에 대해 논할 것이다.

A. 포스포프럭토카이네이즈(Phophofructokinase)는 입체다른자리 효소이다

박테리아 포스포프럭토카이네이즈-1(*Escherichi coli*)은 입체다른자리 억제와 활성화의 좋은 예이다. 포스포프럭토카이네이즈-1는 과당 6-인산(fructose-6-phosphate)의 ATP-의존성 인산화를 통해 과당 1,6-양인산(fructose 1,6-*bis*phosphate)과 ADP의 생성을 촉진한다(그림 5.17). 이 반응은 11장에 소개된 포도당을 분해하여 ATP를 생산하는 경로인 해당과정의 처음 단계들 중 하나이다. 해당과정의 거의 마지막 중간체인 포스포엔올파이루베이트(phosphoenolpyruvate)는(그림 5.18) *E.coli* 포스포프럭토카이네이즈-1의 입체다른자리 억제제이다. 포스포엔올파이루베이트의 농도가 증가한다는 것은 이 경로가 그 지점 이후로 막힌다는 것을 의미한다. 포스포엔올파이루베이트는 포스포프럭토카이네이즈-1를 억제함으

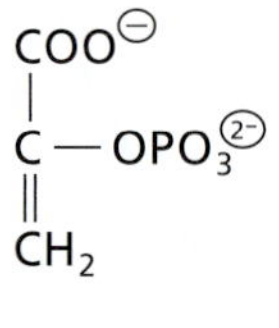

$$CH_2=C(OPO_3^{2-})-COO^{-}$$

▲ 그림 5.18
포스포엔올파이루베이트. 이 해당과정 중간체는 *Eschericia coli*의 포스포프럭토카이네이즈의 입체다른자리 억제제이다.

로써 더 이상 만들어지지 않는다[되먹임 억제(feedback inhibition) 참조, 10.2C절].

ADP는 포스포프럭토카이네이즈-1의 입체다른자리 활성화 인자이다. 그림 5.17을 보았을 때 다소 혼란스러울 수 있으나, 해당과정의 전체 경로가 결과적으로 ADP로 ATP를 생성하기 때문임을 잘 생각해 보아야 한다. ADP의 농도 증가는 ATP의 결핍을 의미하기 때문에 해당과정이 활성화되어야 한다. 따라서 ADP는 이 특정 반응의 생성물임에도 불구하고 포스포프럭토카이네이즈-1을 활성화시킨다.

포스포엔올파이루베이트와 ADP는 포스포프럭토카이네이즈-1과 기질인 과당-6-인산의 결합에 영향을 미친다. 반응속도론적 실험을 통하여 포스포프럭토카이네이즈-1에 4개의 과당-6-인산 결합자리가 있는 것이 확인되었으며, 구조분석 실험은 *E.coli* 포스포프럭토카이네이즈-1(분자량 140,000)가 4개의 동일한 소단위체로 이루어져 있는 사량체(tetramer)인 것을 확인시켜 주었다. 그림 5.19a는 이 효소가 생성물인 과당 1,6-양인산과 ADP와 함께 복합체를 이루고 있으며, 두 번째 ADP 분자가 입체다른자리 활성인자로 작용하고 있는 구조를 보여주고 있다. 그림 5.19a에서 보여주는 두 개의 소단위체는 결합하여 이량체를 이루고 있다. 두 영역들의 각 사슬 사이에 위치한 활성자리에 두 개의 생성물들이 결합되어 있다 — ADP는 큰 영역에 결합되어 있으며 과당 1,6-양인산은 주로 작은 영역에 결합되어 있다. 이러한 이량체 두 개가 상호작용하여 완전한 사량체의 효소를 형성한다.

주목할 만한 포스포프럭토카이네이즈-1의 구조적인 특징은(조절 효소들의 일반적인 특징과 마찬가지로) 각 소단위체의 활성자리와 조절자리가 공간적으로 분리되어 있다는 것이다. (몇몇 조절 효소에 있어서 활성자리와 조절자리가 서로 다른 소단위체에 존재하기도 한다.) 활성인자인 ADP는 활성자리에서 멀리 떨어진 소단위체 사이에 존재하는 깊은 구멍에 결합한다. ADP가 조절자리에 결합하면 포스포프럭토카이네이즈-1은 과당 6-인산과 높은 친화력을 갖는 R 입체구조를 취하게 된다. 만약 더 작은 화합물인 포스포엔올파이루베이트가 같은 조절자리에 결합하게 되면 앞선 경우와 달리 효소는 과당 6-인산에 대해 상대적으로 낮은 친화력을 갖는 T 입체구조를 취하게 된다. 입체구조의 변화는 하나의 견고한 이량체가 나머지 이량체를 기준으로 하여 약간 회전하여 이루어지게 된다. 이러한 기질결합에 관한 협동성은 이량체들 경계에 위치하는 4개의 과당 6-인산 결합자리들에 하나씩 있는 아지닌 잔기의 일치된 움직임과 관련이 있다. 아지닌 곁사슬의 움직임은 활성자리가 과당 6-인산과 낮은 친화력을 갖도록 한다. 많은 생명체에 있어서, 포스포프럭토카이네이즈-1는 11장에서 보게 되는 것처럼 *E.coli* 효소보다 더 크며 더 복잡한 입체다른자리 조절을 받는다.

활성인자들은 V_{max} 또는 K_m에 영향을 주거나 혹은 두 가지 모두에 영향을 줄 수 있다. 활성인자는 효소의 구조를 바꾸며 이러한 구조의 변화는 반응속도론적 특성의 차이를 나타내는 형태로의 전환으로 이어진다는 사실을 기억해야 한다. 많은 경우에 있어서 R 구조와 T 구조의 반응속도론적 특성의 차이는 우리가 5.7절에서 본 효소의 억제제로 살펴본 차이보다 더 복잡하다.

B. 입체다른자리 효소들의 일반적 특성

입체다른자리 효소들의 반응동력학 및 물리적 특성에 대한 조사를 통하여 다음과 같은 효소들의 일반적인 특성을 확인할 수 있다:

1. 입체다른자리 효소들의 활성은 대사 억제제와 활성인자에 의해 변화된다. 보통 이런 입체다른자리 작용인자들은 효소의 기질이나 생성물과 닮아 있지 않다. 예를 들어 포스포엔올파이루베이트(그림 5.18)는 포스포프럭토카이네이즈의 기질이나 생성물(그림 5.17)과 닮지 않았다. 이러한 대사억제제와 기질 사이의 구조적인 차이는 근본적으로 입체다른자리 작용인자들이 활성자리와는 분리된 조절자리에 결합한다는 결론에 이르게 한다.
2. 입체다른자리 작용인자들은 그들이 조절하는 효소에 비공유성으로 결합한다. (공유결합성

핵심개념

입체다른자리 작용인자는 입체다른자리 효소의 R과 T 형태의 농도를 바꾼다.

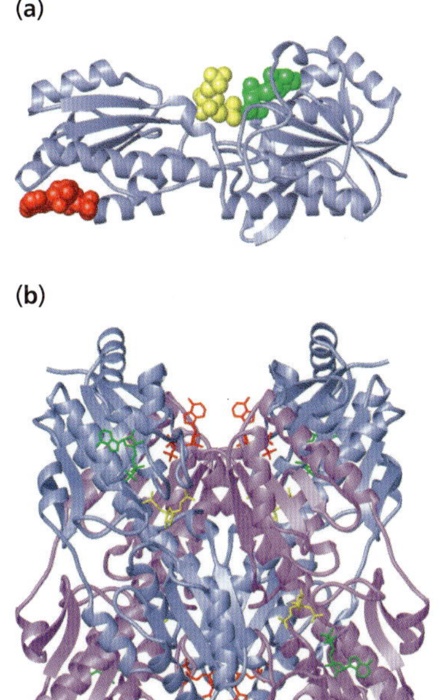

▲ 그림 5.19
***E.coli*의 포스포프럭토카이네이즈의 R 입체구조.** 이 효소는 동일한 사슬로 이루어진 사량체이다. **(a)** 단일 단위체가 리본의 형태로 보인다. 생성물들인 과당 1,6-양인산(노란색)과 ADP(초록색)는 활성자리에 결합되어 있다. 입체다른자리 활성인자인 ADP(빨간색)는 조절자리에 결합되어 있다. **(b)** 사량체. 두 개는 파란색, 두 개는 보라색으로 표시되었다. 생성물들인 과당 1,6-양인산(노란색)과 ADP(초록색)은 네 개의 활성자리에 결합되어 있다. 입체다른자리 활성인자인 ADP(빨간색)는 단위체들의 경계면에 존재하는 4개의 조절자리에 결합되어 있다. [PDB 1PFK]

그림 5.20 ▶
조절과정에서의 결합 협동성의 역할. S자 모양의 결합 곡선을 갖는 입체다른자리 효소의 활성은 활성인자나 억제제가 존재할 때 급격하게 바뀔 수 있다. 활성인자의 첨가는 겉보기 K_m을 낮추고 이로 인하여 주어진 기질[S] 농도에 대하여 활성을 증가시킬 수 있다. 역으로, 억제제의 첨가는 K_m을 높이고 이로 인하여 주어진 기질[S] 농도에 대하여 활성도를 감소시킨다.

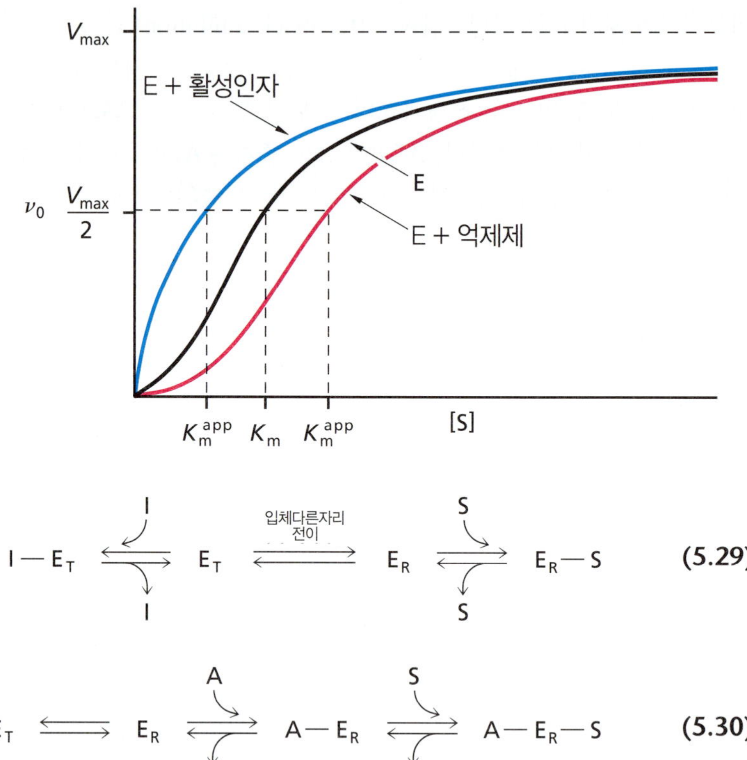

$$I-E_T \rightleftharpoons E_T \underset{}{\overset{\text{입체다른자리 전이}}{\rightleftharpoons}} E_R \rightleftharpoons E_R-S \quad (5.29)$$

$$E_T \rightleftharpoons E_R \rightleftharpoons A-E_R \rightleftharpoons A-E_R-S \quad (5.30)$$

변형으로 활성이 제어되는 조절 효소군에 대해서는 5.10D절에서 다룰 예정이다.) 많은 작용인자들은 기질에 대한 효소의 K_m 값을 변화시킨다 하지만 몇몇은 V_{max}를 변화시키기도 한다. 입체다른자리 효과인자들은 효소에 의해 그들 자신이 화학적으로 변화되지는 않는다.

3. 몇몇의 예외를 제외하면, 조절 효소들은 다중소단위체(multisubunit) 단백질들이다. (하지만 모든 다중소단위체 단백질효소들이 다 조절되는 것은 아니다.) 조절 효소의 폴리펩타이드 사슬들은 각각 동일할 수도 있고 다를 수도 있다. 동일한 소단위체들을 갖는 경우에 대해서(*E. coli*의 포스포프럭토카이네이즈-1처럼), 각각의 폴리펩타이드 사슬은 촉매자리와 조절자리를 모두 보유하고 있으며, 주로 2개나 4개의 단백질 사슬을 갖는 올리고머(oligomer)는 대칭적인 구조를 갖는다. 동일하지 않는 소단위체들을 보유한 조절 효소는 더 복잡하지만 주로 대칭적인 배열을 갖는다.
4. 입체다른자리 조절 효소는 주로 적어도 하나의 기질에 대하여 쌍곡선 모양이 아닌 S자 모양(sigmoidal)의 [S]에 대한 v_0의 그래프를 나타낸다. 포스포프럭토카이네이즈-1는 하나의 기질인 ATP에 대해서는 마이켈리스-멘텐(쌍곡선) 동력학[Michaelis-Menten (hyperbolic) kinetics]을 보이지만 나머지 하나의 기질인 과당 6-인산에 대해서는 S자 모양의 동력학을 나타낸다. S자 모양의 그래프는 기질 결합에 대해 양의 협동성(positive cooperativity)을 가질 때 발생하며 이는 하나의 효소에 여러 개의 기질 결합자리가 있기 때문에 가능하다—사량체 포스포프럭토카이네이즈-1의 경우에는 4개의 결합자리.

입체다른자리 조절 효소에서의 활성화와 비활성화 입체구조간의 R $\rightleftharpoons$ T 전이는 빠르게 나타난다. R과 T 사이의 비율은 다양한 라이간드들의 농도와 각 구조의 이 라이간드에 대한 상대적인 친화도에 의해 결정된다. 가장 간단한 경우는 기질과 활성인자 분자들은 R 상태(E_R)의 효소에만 결합하고, 억제제 분자들은 T 상태(E_T)의 효소에만 결합한다. 이렇게 간소화된 예시들은 입체다른자리 작용인자들의 주요 특성을 보여준다—그들은 항정상태의 유리효소 E_T와 E_R의 농도를 변화시킨다.

각 효소의 조절과 경로 간의 관계는 되먹임(피드백, feedback)억제와 피드포워드(feedforward) 활성화를 다룰 10.2B절에서 논의될 것이다.

그림 5.20은 협동성 결합이 나타내는 조절작용을 도식화하였다. 활성인자의 첨가는 S자

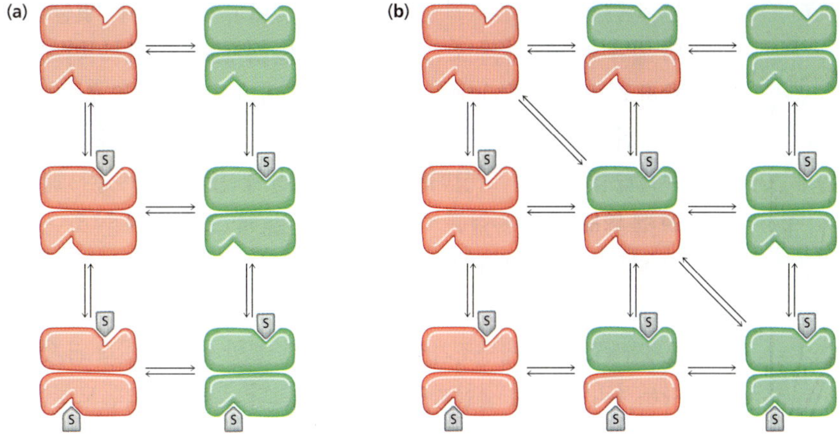

▲ 그림 5.21
사량체 단백질로 결합하는 기질(S)의 협동성에 대한 두 가지 모델. 편의상 두 개의 소단위체로 이루어진 단백질을 나타내었다. 모든 경우에 있어 효소활성을 갖는 소단위체(R)는 녹색으로, 비활성형의 소단위체(T)는 빨간색으로 나타내었다. **(a)** 간소화한 협동모델에서 두 소단위체는 R 혹은 T 입체구조 상태로 존재한다. 기질(S)은 어느 쪽 입체구조에도 결합할 수 있지만 T 상태에의 결합은 R 상태에의 결합보다 약하다고 가정한다. 협동성은 기질이 T 입체구조의 소단위체에 결합할 때, 단백질의 두 개의 소중합체가 R 입체구조 상태로 변화한다는 가정으로 설명된다. **(b)** 순차모델에서는 한 개의 소단위체가 R 입체구조일 때 나머지 한 개의 소단위체는 T 입체구조 상태로 존재할 수 있다. 협동모델에서처럼 R과 T 두 입체구조 모두 기질과 결합할 수 있다. 이 모델에서는 기질의 소단위체 결합이 R 입체구조를 유도하고, 소단위체가 R 입체구조가 되면 다른 소단위체는 기질과 결합을 더 잘 할 수 있는 입체구조로 형태를 바꾼다는 가정을 기반으로 협동성이 이루어진다(대각선 방향).

모양의 그래프를 쌍곡선 그래프에 가깝게 변화시키고, 겉보기 K_m(효소 반포화에 필요한 기질의 농도)를 낮추며, 특정 [S]에 대한 활성도를 증가시킨다. 억제제의 첨가는 효소의 겉보기 K_m를 증가시키며 모든 농도에서의 활성도를 낮춘다.

기질의 첨가는 R 입체구조 효소의 농도를 증가시킨다. 역으로 억제제의 첨가는 T 입체구조의 비율을 증가시킨다. 활성인자 분자는 R 구조에 우선적으로 결합하여 R/T 비율을 증가시킨다. 이렇게 간소화된 도식은 기질과 억제제 모두에 대해 여러 개의 상호작용 결합자리를 보여주지 않고 있음에 주목해야 한다.

몇몇 입체다른자리 효소억제제들은 비고전적 경쟁적 억제제이다(그림 5.8). 예를 들어, 그림 5.20에서는 입체다른자리 억제제 존재하에 기질에 대해 더 높은 겉보기 K_m 값을 나타내지만 V_{max} 값에는 변화가 없는 효소를 보여주고 있다. 따라서 이러한 입체다른자리 조절인자는 경쟁적 억제제이다.

임의의 조절 효소들은 조절인자가 조절자리에 결합하는 것이, 효소에 기질이 결합하는 것을 막지는 않지만, 활성자리의 구조를 충분히 변형시킴으로써 효소의 활성을 떨어뜨리는 비경쟁적 억제 양상을 보인다.

C. 입체다른자리 조절에 관한 두 가지 이론

대부분의 단백질들이 둘 혹은 그 이상의 폴리펩타이드 사슬로 이루어져 있음을 상기하기 바란다(4.8절). 효소들은 전형적인 단백질이다—대부분은 여러 개의 소단위체로 이루어져 있다. 이는 조절 메커니즘에 대한 이해를 어렵게 한다. 라이간드가 다중체(multimeric) 단백질에 협동적으로 결합하는 것에 대한 두 가지 일반적인 모델이 있다. 두 모델 모두 간단한 정량적인 술어를 사용하여 협동전이를 묘사하고 있다.

협동모델(concerted model) 혹은 대칭모델은 기질과 같은 이상적인 라이간드들의 협동결합을 설명하기 위해 고안되었다. 1965년도에 자크 모노(Jacques Monod), 제프리즈 와이먼(Jeffries Wyman), 그리고 장 피에르 샹죄(Jean-Pierre Changeux)에 의해 처음 제안되었고 이것은 MWC 모델이라고도 알려져 있다. 협동모델(concerted model)은 단백질을 구성하는 소단위체 각각에 기질이 붙을 수 있다고 가정한다. 협동모델에 따르면 각각의 소단위체의 입체구조는 다른 소단위체들과의 연합에 의해 제한되며 단백질이 입체구조를 바꿀 때 분자적 대칭성을 유지한다(그림 5.21a). 따라서 R, T 두 개의 입체구조는 평형을 이룬다. 만약 소단위체가 R 입체구조에 있다면 이때의 효소는 기질에 대한 친화도가 매우 높게 되며 소단위체가 T 입체구조 상태에 있으면 기질에 대한 친화도는 매우 낮게 된다. 한 개의 소단위체에 붙은 기질은 평형을 이동시키게 되는데 그것은 다른 소단위체를 R 입체구조로 고정시켜서 다른 소단위체가 기질과 결합하기 더 쉽게 만들기 때문이다. 이는 기질결합의 협동성을 잘 설명해 주고 있다.

단백질의 입체구조가 변할 때 기질 결합자리의 친화도 역시 변화된다. 협동모델은 입체다른자리 인자의 결합까지 포함하고 있다. 그리고 협동모델은 기질은 R 입체구조에만 결합할 수 있다는 것, 그리고 입체다른자리 인자들은 한 가지 입체구조를 더 선호하는 것으로 단순화할 수 있다. 즉, 입체다른자리 인자 중 하나인 억제제는 T 입체구조 상태의 소단위체에만 결합하고 활성인자는 R 입체구조의 소단위체에만 결합한다. 협동모델은 조절 효소가 갖고 있는 구조적 대칭성에 기인하고 있다. 이것은 단백질로 이루어진 모든 소단위체가 R 또는 T와 같은 입체구조를 갖고 있다는 것을 제시한고 있다.

효소가 한 입체구조에서 다른 입체구조로 변화할 때 모든 소단위체는 협동양식에 의해 입체구조를 한꺼번에 바꾼다. 여러 효소로부터 얻은 실험적인 결과들도 이 간단한 이론에 입각하여 설명가능하다. 예를 들어, *E.coli*의 포스포프럭토카이네이즈-1의 많은 특성들이 협동모델에 아주 잘 들어맞는다. 하지만 대부분의 경우 협동모델은 특정 효소와 관련된 모든 관찰된 내용들을 적절하게 설명하지는 못한다. 그들의 행태는 위에서 제안된 간단한 양단간의 모델보다 훨씬 복잡하다.

순차모델(sequential model)은 다니엘 코실랜드(Daniel Koshland), 조지 네메시(George Némethy), 그리고 데비드 필머(David Filmer)(KNF 모델)에 의해 처음 제안되었다. 이 모델은 하나의 다중체 단백질 안에서 각각의 소단위체가 서로 다른 두 입체구조를 함께 가질 수 있는 더 일반적인 모델이라 할 수 있다. 이 특정 유도적합(induced-fit) 모델은 라이간드가 결합한 각각의 소단위체에서 3차 구조 변화를 유도한다는 생각에 기반하고 있다. 이 기질-라이간드 결합체는 다양한 규모로 이웃 소단위체의 입체구조를 변화시킬 수 있다. 협동모델처럼 순차모델도 한 가지의 형태만이 라이간드에 대해 강한 친화도를 나타낸다고 가정한다. 하지만 이는 다중체 단백질에 있어서 기질에 대한 높거나 낮은 친화도를 나타내는 두 상태의 소단위체가 공존한다는 사실이 협동모델과 구분되는 내용이다(그림 5.21b).

수백 개의 입체다른자리 단백질들이 꾸준히 연구되어 왔고 그 중 대다수는 기질 또는 다른 유도인자들의 협동적 결합양상을 보여줬다. 그리고 사실상 협동모델과 순차모델 둘을 구분하는 것은 매우 어렵다는 사실이 밝혀졌다. 많은 단백질들의 결합행태는 양극단의 협동모델과 단계적 순차모델의 혼합으로 가장 잘 설명될 수 있다.

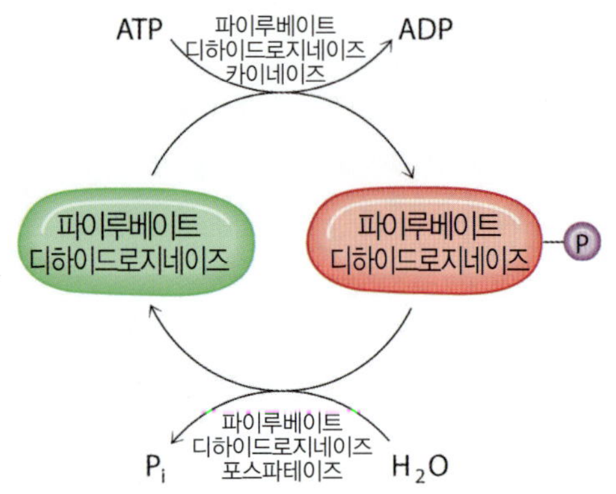

▲ 그림 5.22

포유류 파이루베이트 디하이드로지네이즈의 조절. 상호전환 효소인 파이루베이트 디하이드로지네이즈(pyruvate dehydrogenase)는 파이루베이트 디하이드로지네이즈 카이네이즈(pyruvate dehydrogenase kinase)에 의한 인산화에 의해 비활성화된다. 이렇게 비활성화된 효소는 인산화된 세린 잔기의 탈인산화에 작용하는 입체다른자리 효소 파이루베이트 디하이드로지네이즈 포스파테이즈(pyruvate dehydrogenase phosphatase)에 의해 재활성화된다.

D. 공유결합성 변형에 의한 조절

효소 활성은 폴리펩타이드 사슬에 화학적 기능군들의 공유결합성 부착과 탈착반응을 통해 조절할 수 있다. 공유결합성 변형에 의한 효소활성의 조절은 위에서 묘사한 입체다른자리 조절보다 대부분 더 천천히 일어난다. 여기서 주목할 것은 조절 효소의 공유결합성 변형은 반드시 가역적이어야만 한다는 것이다. 그렇지 않다면 효소기능의 조절작용을 할 수 없다. 이런 변형은 일반적으로 추가적인 변형효소의 활성화 및 비활성화를 요구한다. 이들 효소의 활성 역시 그들 입체다른자리 현상으로 조절되거나 공유결합성 변형에 의해 조절된다. 공유결합성 변형에 의해 조절되는 효소는 일반적인 R $\rightleftharpoons$ T 전이를 일으킬 수 있으나, 그들은 공유결합성 치환에 의해 하나 또는 다른 입체구조로 고정되게 된다.

가장 일반적인 공유결합성 변형은 하나 혹은 그 이상의 특정 세린 잔기에 유도되는 인산화이다. 종종 쓰레오닌, 타이로신, 히스티딘 잔기들도 인산화되기도 한다. 단백질 카이네이즈(protein kinase)라고 불리는 효소는 조절 효소의 특정 세린 잔기에 ATP로부터 끝에 붙어 있는 인산기를 전달하는 반응을 촉진한다. 이 조절 효소의 인산화된 세린은 단백질 포스파테이즈(protein phosphatase)에 의해 가수분해되어 인산기를 내놓고 효소는 탈인산화 상태로 되돌아가는 과정을 거친다. 개별효소들의 활성화 정도는 인산화 및 탈인산화 상태에 따라 다르다.

공유결합성 변형에 의한 포유류의 파이루베이트 디하이드로지네이즈의 조절반응이 그림 5.22에 소개되어 있다. 파이루베이트 디하이드로지네이즈는 해당과정과 시트르산 회로 사이를 연결하는 반응을 촉진한다. 입체다른자리 효소인 파이루베이트 디하이드로지네이즈 카이네이즈에 의해 촉진된 파이루베이트 디하이드로지네이즈의 인산화는 이 디하이드로지네이즈를 비활성화시킨다. 이 카이네이즈는 여러 대사산물들에 의해 활성화될 수 있다. 인산화된 파이루베이트 디하이드로지네이즈는 파이루베이트 디하이드로지네이즈 포스파테이즈(pyruvate dehydrogenase phosphatase)의 촉매작용으로 인산화된 세린 잔기의 가수분해에 의해 다른 대사 환경에서 재활성화된다.

5.10 다효소 복합체와 다기능 효소

경우에 따라서는 같은 반응경로의 일련의 순차적 반응에 관여하는 효소들은 서로 결합하여 다효소 복합체를 형성한다. 어떤 경우에는 서로 다른 활성들이 하나의 다기능성 폴리펩타이드 사슬에 위치하기도 한다. 단일 폴리펩타이드 사슬 위의 여러 효소활성의 존재는 대체적으로 유전자 융합현상의 결과로 일어난다.

몇몇 다효소 복합체들은 상당히 안정적이다. 우리는 다른 장에서 이런 복합체들을 여럿 만나게 될 것이다. 어떤 다효소 복합체들에는 단백질들이 더 약하게 결합되어 있다(4.9절). 이런 복합체들은 쉽게 분리되기 때문에 그들의 존재와 중요성을 제시하기 어려웠다. 세포막 혹은 세포골격 요소들에 붙어 있는 것 또한 효소들이 복합체로 뭉쳐 있을 수 있는 방법이다.

다효소 복합체와 다기능 효소의 물질대사 과정에서 나타낼 수 있는 장점으로는 **대사물질의 통로형성(metabolite channeling)**을 들 수 있다. 활성자리 사이의 반응물 통로 현상은 한 반응의 생성물이 외부용매로 유출되지 않고 직접 다른 활성자리로 전이될 때 일어난다. 이것은 효소간의 중간체 운반시간을 줄이거나 중간체의 국소적인 높은 농도를 형성시킴으로써 반응속도를 상당히 증가시킬 수 있다. 통로형성은 화학적으로 분해되기 쉬운 중간체가 용매에 의해 분해되는 것을 방지할 수 있다. 물질대사 통로형성은 효소들이 분리된 반응들을 효과적으로 짝지을 수 있는 하나의 방법이다.

가장 잘 알려진 효소의 통로형성 예는 트립토판 생합성의 마지막 두 단계에 관여하는 트립토판 신테이즈(tryptophan synthase)이다. 트립토판 신테이즈는 두 개의 활성자리에 터널을 가지고 있어서 반응물의 이동을 제어한다. 이 효소의 구조는 반응물이 용매로 흘러나가는 것을 방지할 뿐만 아니라 두 활성자리에서 일어나는 반응을 동기화하여 입체다른자리 제어가 가능하도록 한다.

파이루베이트 디하이드로지네이즈 활성의 조절에 대해서는 13.5절에서 설명한다. 공유결합성 변형이 관여하는 신호전달경로의 예는 12.6절에서 확인할 수있다.

여러 개의 다른 효소들은 분자터널(molecular tunnel)로 연결된 두세 개의 반응자리를 갖고 있다. 대사물질의 통로형성의 또 다른 메커니즘으로는 짝지어진 효소들의 표면에 위치한 염기성 아미노산 잔기들을 이동경로로 활용하는 방법이다. 대부분 음전하를 띠고 있는 대사물질들은 정전기적인 양이온 표면경로를 따라 움직이게 된다. 지방산 신테이즈 복합체는 지방산 합성과정에 순차적으로 위치한 일곱 개의 반응을 촉진한다. 이 복합체의 구조는 16장에 묘사한다(16.1절).

효소 복합체의 연구와 그들의 촉매활성 및 조절기능에 대한 평가는 연구가 매우 활발히 진행되고 있는 분야이다.

요약

1. 살아 있는 생명체의 촉매인 효소는 촉매 효율성과 기질 및 반응 특이성의 관점에서 매우 놀라운 물질이다. 거의 예외없이 효소는 단백질 또는 단백질-조효소로 이루어져 있다. 효소는 그들이 관여하는 촉매반응에 따라 6개군(옥시도리덕테이즈, 트랜스퍼레이즈, 하이드롤레이즈, 라이에이즈, 아이소머레이즈, 라이게이즈)으로 나누어진다.
2. 화학반응의 동력학은 속도식으로 설명할 수 있다.
3. 효소와 기질은 비공유결합성 효소-기질 복합체를 형성한다. 결과적으로 효소반응은 효소농도에 대해 1차 관계를 나타내며, 기질농도에 따라서는 쌍곡선의 양상을 보인다. 이 쌍곡선은 마이켈리스-멘텐식으로 나타낼 수 있다.
4. 기질농도가 효소를 포화시키게 되면 반응은 최고속도(V_{max})에 도달한다. 마이켈리스-멘텐 상수(K_m)는 최고 반응속도의 절반이 될 때의 기질농도와 같으며 이는 E가 S에 의해 절반만이 포화된 상태이다.
5. 촉매상수(k_{cat}) 혹은 전환수(turnover number)는 효소 한 분자당(혹은 활성자리당) 단위시간당 생성물로 변환되는 기질의 최대 분자수를 나타낸다. k_{cat}/K_m의 비율은 기질의 농도가 희석되어 낮거나 효소를 불포화시키는 상태에서 효소반응을 통하여 확인되는 2차 속도상수이다. k_{cat}/K_m은 효소의 촉매효율을 측정하는데 좋은 지표가 된다.
6. K_m과 V_{max}는 고정된 효소농도와 일련의 기질농도들로부터 얻은 초기속도들의 도표로부터 얻을 수 있다.
7. 다기질 효소반응은 기질과 생성물의 결합과 방출이 규칙적이거나 무작위적으로 또는 핑퐁 메커니즘에 따라 순차적으로 진행된다.
8. 억제제는 효소 촉매반응의 반응속도를 감소시킨다. 가역적 억제제에는 경쟁적 억제(V_{max}는 변화하지 않으며 겉보기 K_m은 증가) 불경쟁적 억제(K_m과V_{max}가 비례적으로 감소), 비경쟁적 억제(K_m은 변하지 않으며 V_{max}가 감소) 혹은 혼합형 억제로 구분된다. 비가역적 억제제는 효소에 공유결합을 형성한다.
9. 입체다른자리 조절인자는 효소의 활성자리 이외의 자리에 결합하며 효소 활성을 변화시킨다. 두 모델인 협동모델과 순차모델은 입체다른자리 효소의 협동성을 설명한다. 보통 인산화로 대표되는 조절 효소의 공유결합성 변형은 효소의 활성을 조절할 수 있다.
10. 다효소 복합체와 다기능 효소는 매우 일반적이다. 그들은 활성자리 사이에 통로를 만들어 대사물질들의 이동을 진행한다.

문제

1. 알파-카이모트립신(α-chymotrypsin)과 타이로신벤질에스터(tyrosine benzyl ester) [S]간 반응의 초기속도를 여섯 가지 다른 기질농도에 대해 측정하였다. 아래의 데이터를 이용하여 이 기질에 대한 합리적인 K_m와 V_{max} 값을 예측하라.

mM [S]	0.00125	0.01	0.04	0.10	2.0	10
(mM/min)	14	35	56	66	69	70

2. 왜 효소의 촉매능을 측정하기 위하여 k_{cat}/K_m 값을 사용하는가?
   (a) 효소에 대한 k_{cat}/K_m 값의 상한치(upper limit)는 무엇인가?
   (b) k_{cat}/K_m 값의 상한치를 나타내는 효소를 촉매적으로 완벽(catalytic perfection)하다고 얘기한다. 이유를 설명하라.
3. 탄산 안하이드레이즈(carbonic anhydrase; CA)는 오로티딘 일인산 디카복실레이즈(orotidine monophosphate decarboxylase; OMPD, k_{cat} = 40 s^{-1})보다 25,000배나 높은 활성(k_{cat} = 10^6 s^{-1})을 나타낸다. 하지만 OMPD는 CA보다 10^{10}보다 더 높은 "가속(rate acceleration))"현상을 나타낸다(표 5.2). 이것이 어떻게 가능한지 설명하라.
4. 마이켈리스-멘텐 동력학을 따르는 효소의 K_m 값이 1 μM이다. 기질농도가 100 μM일 때 초기속도가 0.1 μM min^{-1}이었다. [S]가 (a) 1 mM, (b) 1 μM, (c) 2 μM일 때 초기속도를 구하라.
5. 인간면역결핍바이러스-1(HIV-1)은 바이러스의 조립과 성숙에 필수적인 프로티에이즈(M_r 21,500)에 대한 유전정보를 보유하고 있다. 이 프로티에이즈는 7개 아미노산으로 이루어진 헵타펩타이드 기질을 k_{cat} = 1000 s^{-1}, K_m = 0.075 M로 가수분해한다.
   (a) HIV-1 프로티에이즈가 0.2 mg ml^{-1} 농도일 때 기질 가수분해의 V_{max}를 계산하라.
   (b) 헵타펩타이드의 —C(O)NH—가 CH_2NH로 대체되었을 때 생산되는 파생물(derivative)은 HIV-1 프로티에이즈에 의해서 잘릴 수 없으며 따라서 억제제로 작용한다. Part (a)와 같은 실험조건에서 2.5 μM의 억제제가 존재할 경우 V_{max}가 9.3 × 10^{-3} M s^{-1}이었다. 여기에 사용된 억제제는 어떤 종류인가? 이런 형태의 분자로부터 이런 억제 양식이 예상되는가?
6. 일반적인 효소반응에서 v_0와 [S]의 그래프를 그려라. (a) 억제제가 존재하지 않을 때 (b) 경쟁적 억제제가 존재할 때, 그리고 (c) 비경쟁적 억제제가 존재할 때.
7. 설파닐아마이드(sulfanilamide)와 같은 설폰아마이드(sulfonamides) (설파계 약물)는 박테리아 안의 엽산(folic acid) 생성을 위해 필요한 다이하이드로프테로에이트 신테이즈(dihydropteroate synthase; DS)를 저해하는 항세균성 약물이다. 동물에서는 이에 상응하는 효소 억제 현상이 없다. 왜냐하면 엽산은 필수 비타민이며 체내에서 생성될 수 없기 때문이다. 만약 *p*-아미노벤조산(*p*-aminobenzoic acid; PABA)가 DS의 기질이라면 설폰아마이드가 존재할 때 세균성 신테이즈를 대해 예상되는 활성억제의 종류는 무엇인가? 이 형태의 억제에 대해 이중역수 도표를 그리고, 정확하게 축을 표지하며, 억제되고 억제되지 않은 선들을 표시하라.

$H_2N-C_6H_4-SO_2-NHR$

설폰아마이드
(R = H, 설파닐아마이드)

$H_2N-C_6H_4-C(=O)-OH$

p-아미노벤조산

8. (a) 퓨마레이즈(fumarase)는 구연산 회로(citric acid cycle)의 효소로서 퓨말레이트(fumarate)에서 L-말산염(L-malate)으로의 변환을 촉매한다. 퓨말레이트(기질)의 농도와 초기 반응속도가 아래와 같을 때 라인웨버-버크 도표를 그리고, 푸말산 촉매반응의 V_{max}와 K_m 값을 구하라.

퓨말레이트 (mM)	속도 (mmol l^{-1} min^{-1})
02.0	2.5
03.3	3.1
05.0	3.6
10.0	4.2

(b) 푸마레이즈(fumarase)는 분자량 194,000 Da으로 각각 활성자리를 가지고 있는 4개의 동일한 소단위체(subunit)로 구성되어 있다. 만약 (a) 파트의 실험에서 효소의 농도가 1×10^{-2} M 일 때 푸마레이즈와 푸말산 반응의 k_{cat} 값을 구하라. 단, k_{cat}의 단위는 초의 역수(s^{-1})이다.

9. 공유결합성 효소조절은 에너지 저장 분자인 근육내 글라이코젠(muscle glycogen)의 대사에 중요한 역할을 한다. 글라이코젠 포스포릴레이즈(glycogen phosphorylase; GP)가 인산화로 활성화되면 글라이코젠을 포도당-1-인산으로 분해하는 반응을 촉진한다. 파이루베이트 디하이드로지네이즈(pyruvate dehydrogenase)를 모델로 사용하여(그림 5.23) 글라이코젠 포스포릴레이즈의 활성화와 비활성화와 관련하여 아래 상자를 채우시오.

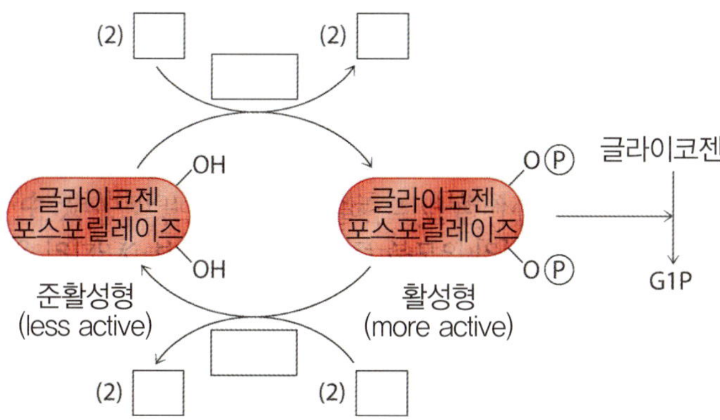

10. 대사과정의 주요 조절 효소들은 주로 그 경로에 특이적인 첫 번째 반응에서 종종 발견된다. 이 지점에서의 조절과정이 대사효율을 어떻게 조절시키는가?

11. ATC에이스(ATCase)는 피리미딘 뉴클레오타이드 생합성의 초기과정에 작용하는 조절 효소이다. ATC에이스는 양의 협동성(positive coopertivity)을 나타내며 생체외(*in vitro*)에서 ATP에 의해 활성화되고 피리미딘 뉴클레오타이드인 사이티딘 삼인산(CTP)에 의해 억제된다. ATP와 CTP 모두 기질인 아스팔테이트(aspartate)의 K_m에 영향을 주지만 V_{max}에는 영향을 미치지 않는다. ATP나 CTP가 없을 경우 두 번째 기질인 카바모일 인산(carbamoyl phosphate)의 포화농도에서 최대 반응속도의 절반(half-maximal velocity)을 나타내기 위해 필요한 아스팔테이트의 농도는 대략 5 mM이다. ATC에이스의 v_0와 [아스팔테이트]의 그래프를 그리고 [아스팔테이트] = 5 mM일 때 CTP와 ATP가 v_0에 미치는 효과를 나타내어라.

12. 모노옥시게네이즈(monooxygenase) 효소의 사이토크롬 P450군(cytochrome P450 family)은 체내로부터 외부유입 화합물(약물 포함)의 처리에 관여한다. P450들은 간, 장, 코조직 그리고 폐를 포함한 많은 조직들에서 발견된다. 사람에 대한 사용을 허가받은 모든 약물들에 대해서 제약회사들은 사이토크롬 P450에 의한 약물대사를 조사하여야 한다. 많은 해로운 약물-약물(adverse drug-drug) 상호작용들은 사이토크롬 P450 효소들과의 상호작용의 결과에 기인한다는 사실이 알려져 있다. 약물의 상당 부분이 P450 효소 중 하나인 P450 3A4에 의해 대사된다. 사람 장에 있는 P450 3A4는 수산화된 결과물인 1′-하이드록시마이다조람(1′-hydroxymidazolam)의 진정제인 마이다조람(midazolam)을 대사한다고 알려져 있다. 아래에 주어진 속도론적 데이터는 P450 3A4에 의해 매개된 반응 결과이다.

(a) 처음 두 열을 중심으로 라인웨버-버크 도표를 이용하여 효소의 K_m과 V_{max}를 구하라.

(b) 항진균제인 케토코나졸(ketoconazole)은 마이다조람과 함께 투여되었을 때 해로운 약물-약물 상호작용을 일으킨다고 알려져 있다. 아래 표의 데이터를 이용하여 케토코나졸이 P450로 촉진된 마이다조람 수산화반응에서 어떤 종류의 억제 형태를 나타내는지 설명하라.

마이다조람(μm)	생성물 생성속도 (pmol l^{-1} min^{-1})	0.1 μm 케토코나졸 존재시 생성물 생성속도 (pmol l^{-1} min^{-1})
1	100	11
2	156	18
4	222	27
8	323	40

13. 특정 약을 투여받는 환자들은 그들의 의사에게서 버가모틴(bergamottin) 등 많은 화합물을 함유하는 자몽과 함께 복용하지 말라는 경고를 받는다. 사이토크롬 P450 3A4는 약물을 대사하여 비활성형으로 바꾸는 모노옥시지네이즈이다. 다음은 P450 3A4 활성이 버가모틴이 있을 때와 없을 때 얻은 결과들이다.

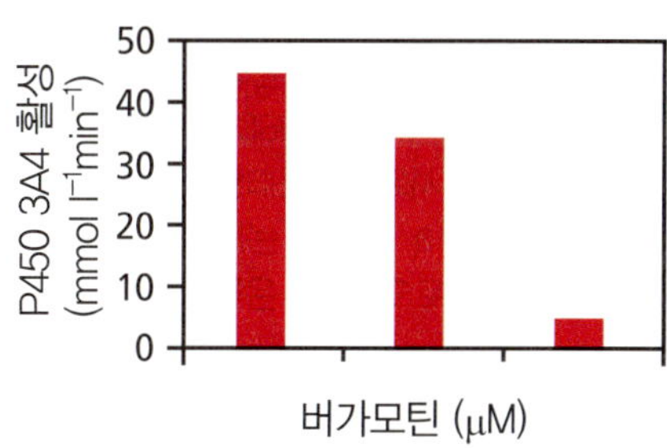

(a) 버가모틴을 P450 촉매반응에 첨가하였을 때 어떤 효과를 나타내는가?

(b) 왜 환자들은 특정 약과 자몽을 함께 먹으면 위험한가?

[Adapted from Wen, Y. H., Sahi, J., Urda, E., Kalkarni, S., Rose, K., Zheng, X., Sinclair, J. F., Cai, H., Strom, S. C., and Kostrubsky, V. E. *Drug Metab. Dispos.* (2002). 30:977–984.]

14. 마이켈리스-멘텐식을 이용하여 다음을 나타내어라.
(a) [S] >> K_m 일 때 v_0는 [S]에 대해 독립적이다.
(b) [S] << K_m일 때 반응은 S에 대해 1차식의 관계를 보인다.
(c) v_0가 V_{max}의 절반일 때 [S] >> K_m 이다.

참고문헌

효소촉매

Fersht, A. (1985). *Enzyme Structure and Mechanism*, 2nd ed. (New York:W. H. Freeman).

Lewis, C. A., and Wolfenden, R. (2008). Uroporphyrinogen decarboxylation as a benchmark for the catalytic proficiency of enzymes. *Proc. Natl. Acad. Sci.* (*USA*). 105:17328–17333.

Miller, B. G., and Wolfenden, R. (2002). Catalytic proficiency: the unusual case of OMP decarboxylase. *Annu. Rev. Biochem*. 71, 847–885.

Sigman, D. S., and Boyer, P. D., eds. (1990–1992). *The Enzymes*,Vols. 19 and 20, 3rd ed. (San Diego: Academic Press).

Webb, E. C., ed. (1992). *Enzyme Nomenclature 1992: Recommendations of the Nomenclature Committee of the International Union of Biochemistry and Molecular Biology on the Nomenclature and Classification of Enzymes* (San Diego; Academic Press).

효소 동력학과 억제

Bugg, C. E., Carson,W. M., and Montgomery, J. A. (1993). Drugs by design. *Sci. Am*. 269(6):92–98.

Chandrasekhar, S. (2002). Thermodynamic analysis of enzyme catalysed reactions: new insights into the Michaelis-Menten equation. *Res. Cehm. Intermed*. 28:265–275.

Cleland,W.W. (1970). *Steady State Kinetics. The Enzymes*, Vol. 2, 3rd ed., P. D. Boyer, ed. (New York: Academic Press), pp. 1–65.

Cornish-Bowden, A. (1999). Enzyme kinetics from a metabolic perspective. *Biochem. Soc. Trans*. 27:281–284.

Northrop, D. B. (1998). On the meaning of K_m and V/K in enzyme Kinetics. *J. Chem. Ed*. 75:1153–1157.

Radzicka, A., and Wolfenden, R. (1995). A proficient enzyme. *Science* 267:90–93.

Segel, I. H. (1975) *Enzyme Kinetics: Behavior and Analysis of Rapid Equilibrium and Steady State Enzyme Systems* (New York:Wiley-Interscience).

조절 효소

Ackers, G. K., Doyle, M. L.,Myers, D., and Daugherty, M. A. (1992).Molecular code for cooperativity in hemoglobin. *Science* 255:54–63.

Barford, D. (1991).Molecular mechanisms for the control of enzymic activity by protein phosphorylation. *Biochim. Biophys. Acta* 1133:55–62.

Hilser,V. J. (2010). An ensemble view of allostery. *Science* 327:653–654.

Hurley, J. H., Dean, A. M., Sohl, J. L., Koshland, E., Jr., and Stroud, R. M. (1990). Regulation of an enzyme by phosphorylation at the active site. *Science* 249:1012–1016.

Schirmer, T., and Evans, P. R. (1990). Structural basis of the allosteric behavior of phosphofructokinase. *Nature* 343:140–145.

대사물질 통로현상

Pan, P.,Woehl, E., and Dunn, M. F. (1997). Protein architecture, dynamics and allostery in tryptophan synthase channeling. *Trends Biochem. Sci*. 22:22–27.

Vélot, C.,Mixon, M. B., Teige, M., and Srere, P. A. (1997).Model of a quinary structure between Krebs TCA cycle enzymes: a model for the metabolon. *Biochemistry* 36:14271–14276.

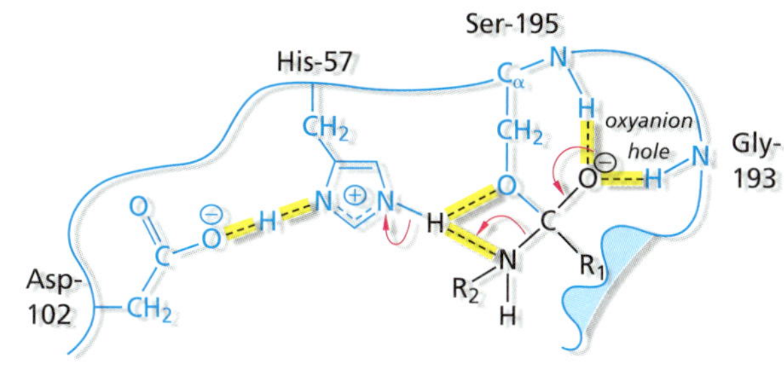

효소들의 반응 메커니즘

5장에서는 효소반응 동력학에 중점을 두어 효소의 일반적인 특성을 설명했다. 6장에서는 촉매반응의 분자적 세부사항을 공부함으로써 효소가 어떻게 반응을 촉진시키는지 알아보고자 한다. 각각의 효소 메커니즘들은 효소동력학 실험, 단백질구조 연구, 그리고 비효소적 반응 모델 연구를 포함하는 다양한 방법들로 추측할 수 있다. 이러한 연구의 결과들로부터 효소의 놀라운 촉매능은 단순한 물리적, 화학적 특성들, 특히 효소의 활성자리에서 일어나는 반응물들과의 결합과 이어진 적절한 위치선정에 기인한 것임을 알 수 있다. 화학, 물리학, 그리고 생화학의 학문들이 이러한 효소의 신비를 밝혀 내기 위해 연합되고, DNA 재조합 기술은 효소 화학자들에 의해 제시된 이론들을 확인할 수 있게 해준다. 이를 통해 반세기 동안 설명될 수 없었던 사실들이 오늘날 완벽하게 이해되었다.

내 생각에는 효소란 분자는 그들이 관여하는 반응의 활성화 복합체에 대해 구조적 상보성을 갖는다.
–라이너스 폴링(Linus Pauling, 1948)

많은 효소들의 반응 메커니즘들이 잘 정립되어 있고, 이러한 메커니즘들은 촉매로서 효소가 어떻게 반응하는지에 대한 보편적인 그림을 보여준다. 이번 장은 간단한 화학반응 메커니즘에 대한 복습과 함께, 촉매작용에 대한 간단한 논의로 시작하고자 한다. 그런 다음 효소 촉매작용의 주요 방식들을 살펴보고자 한다: 화학적 효과(chemical effect)인 산-염기(acid-base)와 공유결합 촉매작용(covalent catalysis), 그리고 결합 효과(binding effects)인 기질결합(substrate binding)과 전이상태 안정화(transition state stabilization). 그러고 나서 효소반응 메커니즘들의 몇 가지 구체적 예들과 함께 이 장을 마칠 것이다.

6.1 기계론적 화학(Mechanistic Chemistry)의 용어

반응 메커니즘이란 반응이 일어나는 동안 분자, 원자 그리고 아원자 수준에서 일어나는 사건들에 대한 상세한 설명을 말한다. 반응물, 생성물, 그리고 중간산물들이 반드시 정의되어야 한다. 수많은 실험기술들이 반응 메커니즘을 밝히는 데 사용되었다. 예를 들면, 동위원소가 부착된 반응물을 사용함으로써 각각의 원소들의 경로를 추적할 수 있고, 반응동력학 기술을 이용해서 반응물의 화학결합 혹은 용매의 변화를 측정할 수 있다. 반응 중에 일어나는

위: 삼탄당 인산 아이소머레이즈 반응 메커니즘 중 한 단계.

입체화학적 변화들(stereochemical changes)의 연구는 반응에 대한 3차원적인 시각을 부여한다. 어떠한 제안된 효소반응 메커니즘이라도 반응물과 중간체에 관한 기계론적 정보는 효소의 3차원 구조와 조화에 상응하여야 한다. 이는 생화학의 주요 주제인 구조-기능 관계를 이해하는 데 있어서 중요한 부분이다.

효소의 반응 메커니즘은 화학결합의 생성이나 분리를 보여주기 위해 유기화학에서 고안된 기호체계(symbolism)로 설명된다. 화학(그리고 효소)반응을 이해하는데 핵심은 전자의 이동이다. 이 절에서는 화학반응 메커니즘을 복습할 것이며 다음 절에서는 촉매작용에 대해 논의하고 몇 가지 구체적인 효소반응 메커니즘들을 보여줄 것이다. 이러한 논의는 이 책에 나와 있는 모든 효소 촉매반응을 이해하는 데 충분한 배경지식을 제공할 것이다.

A. 친핵 치환반응(Nucleophilic Substitutions)

많은 화학반응들은 이온성 기질, 중간산물, 혹은 생산물들을 갖는다. 이온 분자에는 두 가지 종류가 있다. 하나는 전자가 풍부한 **친핵성(nucleophilic)**, 다른 하나는 전자가 부족한 **친전자성(electrophilic)** 이온 분자이다(2.6절). 친핵체는 음전하 또는 비공유 전자쌍을 가지고 있다. 우리는 일반적으로 친핵체가 친전자체를 공격하는 것으로 생각하고 있고 이러한 메커니즘을 친핵성 공격 또는 친핵 치환반응이라고 한다. 기계론적 화학에서, 전자쌍의 이동은 친핵체의 이동 가능한 전자에서 친전자체 중앙으로 굽어진 화살표로 표시한다. 이러한 전자 밀기 다이어그램들은 존재하던 공유결합의 절단 또는 새로운 공유결합의 생성을 나타낸다. 반응 메커니즘은 일반적으로 중간산물을 포함한다.

많은 생화학반응들은 한 분자에서 다른 분자로 그룹이 이동하는 **그룹 전달반응(group transfer reaction)**이다. 이러한 반응들의 상당수는 하전된 중간산물를 포함한다. 예를 들면, 아실기(acyl group)의 이동은 다음과 같은 일반적인 메커니즘으로 기술될 수 있다.

$$R{-}C(=O){-}X + :Y^{\ominus} \rightleftharpoons R{-}C(O^{\ominus})(X)(Y) \rightleftharpoons R{-}C(=O){-}Y + X^{\ominus} \quad \textbf{(6.1)}$$

친핵체 $Y^{\ominus}$는 카보닐 탄소를 공격하여 사면첨가중간산물(tetrahedral addition intermediate)을 형성하고 $X^{\ominus}$는 제거된다. 이때 $X^{\ominus}$는 탈리기(leaving group)로 명명되며 공격하는 친핵체로 대체된다. 이것이 **친핵 치환반응(nucleophilic substitution)**의 예이다.

또 다른 종류의 친핵 치환반응으로는 직접 대체(direct displacement)가 있다. 이 메커니즘에서는, 공격 그룹 또는 분자가 탈리기의 반대면으로 중앙 원자에 첨가되어 5개의 그룹이 연결되어 있는 전이상태를 형성한다. 이러한 **전이상태(transition state)**는 불안정하다. 그것은 반응물과 생성물 사이의 중간 구조를 가지고 있다(전이상태가 불안정하고 일시적인 독립 체임을 표현하기 위해서 꺾쇠 괄호로 표현한다).

전이상태는 6.2절에서 좀 더 논의된다.

$$X^{\ominus} + C(R_1)(R_2)(R_3){-}Y \rightleftharpoons \left[X\cdots C(R_1)(R_2)(R_3)\cdots Y\right] \rightleftharpoons X{-}C(R_1)(R_2)(R_3) + Y^{\ominus} \quad \textbf{(6.2)}$$

전이상태

두 종류의 친핵 치환반응 메커니즘들은 모두 전이상태를 포함하고 있다. 첫 번째 종류(반응식 6.1)에서는, 반응이 단계적으로 진행되어 탐지하기에 충분히 안정적인 중간산물 분자를 생성한다. 두 번째 메커니즘(반응식 6.2)에서는 공격하는 친핵체의 첨가와 탈리기의 이탈이

동시에 일어난다. 따라서 이 전이상태는 안정적인 중간산물이 아니다.

B. 절단반응(Cleavage Reaction)

절단반응에 대해서도 살펴보도록 하자. 공유결합은 두 가지 방법으로 끊어질 수 있다. 두 개의 전자들 모두 한쪽 원자에 머물 수도 있고 각각의 원자에 한 개씩의 전자가 남을 수도 있다. 두 개의 전자는 대부분의 반응에서 하나의 원자에 머물 것이고 그 결과로 이온성 중간산물(ionic intermediate)과 탈리기(leaving group)가 형성된다. 예를 들어, C—H 결합의 분리는 대부분 언제나 두 개의 이온을 생성한다. 만약 탄소 원자가 두 개의 전자 모두를 가지고 있다면 그 탄소를 포함한 화합물은 **탄소음이온(carbanion)**이 되고 다른 생성물은 양성자이다.

$$R_3—C—H \longrightarrow \underset{\text{탄소음이온}}{R_3—C:^{\ominus}} + \underset{\text{양성자}}{H^{\oplus}} \tag{6.3}$$

만약에 탄소 원자가 두 개의 전자를 모두 잃는다면 탄소를 포함한 화합물은 **탄소양이온(carbocation)**이라 불리는 양이온이 되고 수소음이온(hydride ion)은 한 쌍의 전자를 가진다.

$$R_3—C—H \longrightarrow \underset{\text{탄소양이온}}{R_3—C^{\oplus}} + \underset{\text{수소 음이온}}{H^{\ominus}} \tag{6.4}$$

드문 경우이지만, 두 번째 절단유형에서는 각각의 생성물에 하나씩의 전자가 남아 두 개의 **자유라디칼(free radical)**을 만들어 내고, 이 자유라디칼들은 일반적으로 매우 불안정하다(자유라디칼 또는 라디칼은 쌍을 이루지 않는 전자를 갖는 분자나 원자이다.)

$$R_1O—OR_2 \longrightarrow R_1O\cdot + \cdot OR_2 \tag{6.5}$$

C. 산화-환원 반응(Oxidation-Reduction Reaction)

산화-환원 반응은 생체 에너지의 공급에서 있어서 중추적인 역할을 한다. 산화-환원 반응에서 전자들은 한 분자에서 다른 분자로 전달된다. 여기서 사용되는 전문 용어들이 혼란스러울 수 있으므로 뒤에서 반복적으로 사용될 산화와 환원 두 단어의 의미를 완벽히 숙지하는 것이 중요하다. **산화(oxidation)**는 전자를 잃는 것이다: 어떤 물질이 산화되면 반응이 끝난 시점에서 이전보다 더 적은 전자를 갖게 된다. **환원(reduction)**은 전자를 얻는 것이다: 어떤 물질이 반응 속에서 전자를 얻게 되면 환원된다. 산화반응과 환원반응은 항상 함께 일어난다. 하나의 기질이 산화되면 다른 쪽은 환원되는 것이다. 산화제(oxidizing agent)는 산화를 일으키는 물질이다—산화가 되는 기질로부터 전자를 가져간다. 따라서 산화제는 전자를 얻는다(즉, 산화제는 환원된다). 환원제(reducing agent)는 전자를 제공하는 물질이다(따라서 반응 과정에서 산화된다).

Loss of Electrons = Oxidation (LEO)
Gain of Electrons = Reduction (GER)
다음 문구 기억: LEO (사자) says GER

Oxidation Is Loss (OIL)
Reduction Is Gain (RIG)

다음 문구 기억: OIL RIG

산화는 수소 제거(탈수소반응, dehydrogenation), 산소 첨가, 또는 전자 제거 등 몇 가지 형태로 일어난다. 탈수소반응은 생물적 산화의 가장 일반적인 형태이다. 산화환원효소(산화-환원 반응을 촉매하는 효소)들이 대표적인 하나의 거대한 효소분류군이며, 탈수소효소(수소 제거를 촉매하는 효소)들은 이러한 산화환원효소들의 주된 하위분류군임을 상기하라(5.1절).

대부분의 탈수소반응은 수소음이온($H^{\ominus}$)이 생성되는 C—H 결합의 절단에 의해 일어난다. 수소음이온과 결합된 전자들을 잃음으로써 기질이 산화되는 것이다. 이러한 반응들은 또 다른 기질이 수소음이온과 반응함으로써 전자를 얻는 것에 상응하는 환원반응과 함께 일어난다. 젖산(lactate)의 탈수소화(반응식 5.1)는 수소가 제거되는 예라 할 수 있다. 이러한 경우, 젖산의 산화는 조효소(coenzyme) $NAD^{\oplus}$의 환원과 관련되어 있다. 산화-환원 반응에서 보조인자(cofactor)들의 역할은 다음 장(7.3절)에서 논의될 것이고 이러한 반응들의 자유

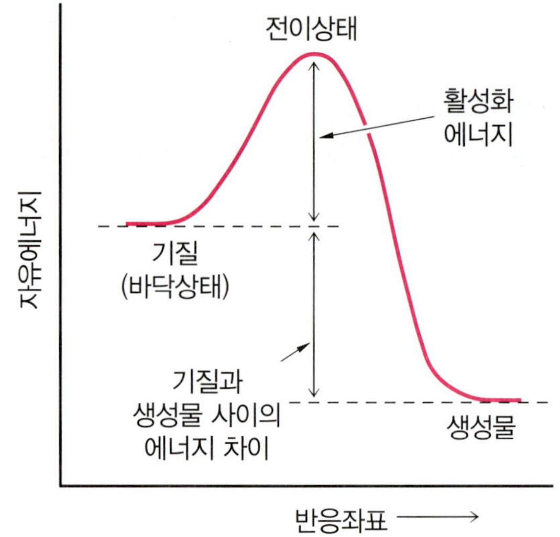

그림 6.1 ▶
단일 단계 반응에서의 에너지 도표. 위쪽 화살표는 정반응(forward reaction)의 활성화에너지를 나타낸다. 활성화에너지보다 높은 자유에너지를 가진 기질 분자들은 활성화 장벽을 넘어 생성물 분자가 된다. 높은 활성화 장벽을 갖는 반응에서는 반응이 진행되기 위해서는 열 형태의 에너지가 반드시 제공되어야 한다.

에너지(free energy)는 10.9절에서 기술할 것이다.

6.2 촉매작용은 전이상태를 안정화시킨다

핵심개념

전이상태는 기질이나 생성물 보다 높은 자유에너지를 갖는 불안정한 분자이다.

활성화에너지의 의미는 1.4D절에 보다 자세히 설명되어 있다.

촉매작용에 대해 이해하기 위해서는 화학반응에서 전이상태와 중간산물의 중요성을 알아야 한다. 화학반응의 속도는 반응 분자들이 반응이 선호하는 방향으로 얼마나 자주 충돌하느냐에 달려 있다. 마지막 생성물의 원자들과 화학결합들의 물리적 배열에 이르기 위해서는 충돌하는 물질들이 정확한 방향성과 충분한 에너지를 가지고 있어야 한다.

위에서 언급했듯이, 전이상태는 화학결합들이 생성되거나 끊어지는 과정 속에서 나타나는 원자들의 불안정한 배열이다. 전이상태는 하나의 화학결합이 진동하는 시간인 10^{-14}초에서 10^{-13}초 사이의 극히 짧은 순간 동안 존재한다. 비록 전이상태를 분리할 수는 없지만 이들의 구조는 예측 가능하다. 바닥상태(ground state)의 반응물질이 전이상태에 도달하기 위해 필요한 에너지를 **활성화에너지(activation energy)**라 하고 흔히 **활성화 장벽(activation barrier)**으로 간주된다.

반응의 진행은 에너지 도표나 에너지 프로파일(energy profile)로 나타낼 수 있다. 그림 6.1은 단일 단계로 기질(반응물질)이 생성물로 변하는 과정을 보여주는 예이다. y축은 반응물의 자유에너지를 나타낸다. **반응좌표(reaction coordinate)**로 불리는 x축은 반응의 진행을 나타내는 것으로 좌측에서 기질과 함께 시작되어 우측의 생성물로 진행되는 것을 보여주고 있다. 이 x축은 시간을 나타내는 것이 아니라 특정 분자의 결합 생성과 끊김 과정을 나타낸 것이다. 전이상태는 에너지 장벽의 최고점에서 일어난다—이는 반응이 일어나기 위해서는 반드시 넘어야 하는 에너지 수준이다. 이 에너지 장벽이 낮으면 낮을수록 전이상태는 더 안정하고 반응도 더 자주 진행된다.

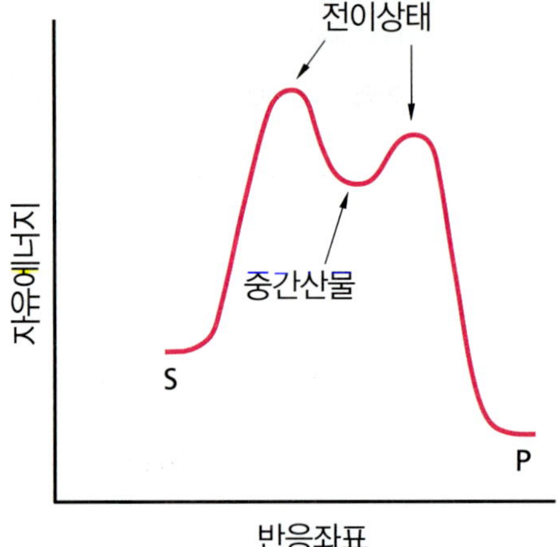

▲ 그림 6.2
중간산물이 있는 반응에서의 에너지 도표. 두 전이상태 사이의 홈에서 중간산물이 나타난다. 정반응의 반응속도 결정 단계는 더 높은 에너지 전이상태인 첫 번째 전이상태의 형성이다. S는 기질을 나타내고 P는 생성물을 나타낸다.

전이상태와는 다르게, 중간산물은 관찰하거나 분리하기에 충분히 안정적일 수 있다. 반응에서 중간산물이 있으면, 그림 6.2에서 보여주는 것과 같이 에너지 도표에는 중간산물의 자유에너지를 나타내는 홈(trough)이 존재하게 된다. 이런 반응은 두 개의 전이상태를 가지는데 하나는 중간체 생성 이전에 존재하고 다른 하나는 생성물로 전환되기 이전에 존재한다. 가장 느린 단계가 가장 높은 에너지 전이상태를 갖는 단계이고 이를 속도-결정 또는 속도-제한 단계라 한다. 그림 6.2에서 속도-결정 단계는 중간산물이 형성되는 단계이다. 중간산물은 생성물로 반응이 계속 진행되거나 반응물로 되돌아가기에 상대적으로 적은 에너지가 요구되기에 준안정적이다. 관찰하거나 분리하기에는 지나치게 짧은 시간 동안 존재하는 중간산물은 종종 꺾쇠 괄호로 묶어 표현하는데 이는 전이상태와 매우 유사하기 때문이다.

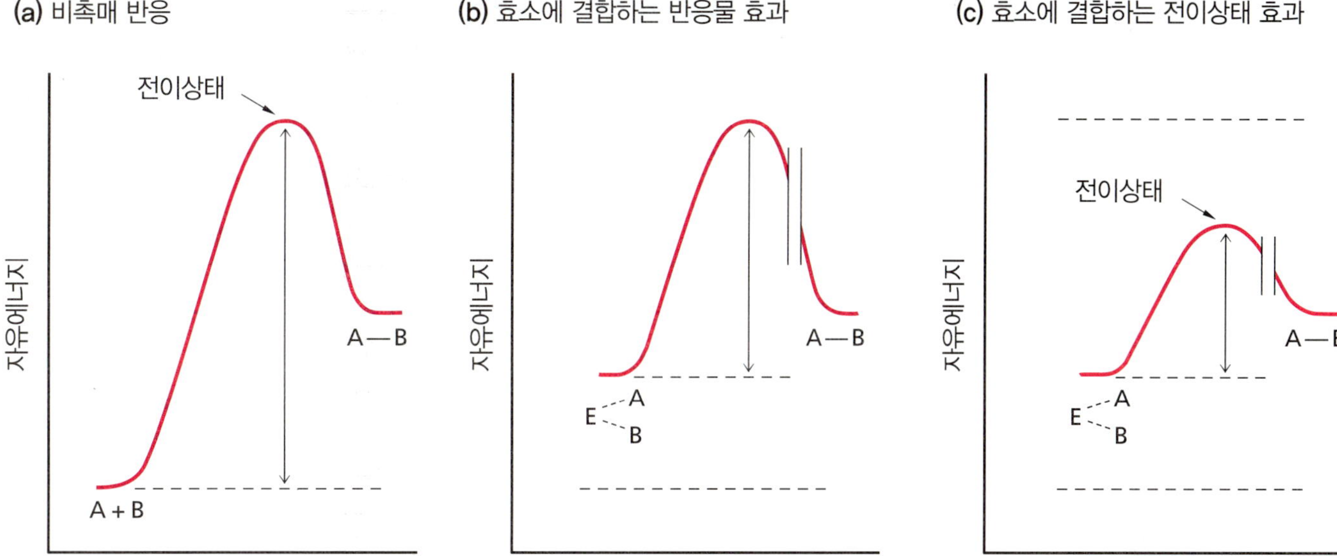

▲ 그림 6.3

A + B → A − B 반응의 효소 촉매작용. (a) 비촉매 반응의 에너지 도표. (b) 반응물의 결합효과. EAB 복합체 내 두 반응물질의 결합은 반응을 위한 적절한 위치를 정해주고, 전이상태의 형성을 보다 빈번하게 함으로써 활성화에너지를 낮추게 된다. (c) 전이상태 안정화 효과. 효소는 기질과의 결합보다 전이상태와 더욱 강하게 결합하게 되고, 이에 따라 활성화에너지를 더 낮추게 된다. 따라서 효소반응은 비촉매 반응보다 훨씬 낮은 활성화에너지를 갖는다(반응 곡선의 잘린 부분은 효소들이 다단계 반응 경로를 제공한다는 것을 나타낸다).

촉매는 비촉매 반응에 비해서 낮은 활성화에너지를 갖는 반응 경로를 생성한다. 촉매는 반응 경로를 따라 전이상태를 안정화시킴으로써 반응에 직접적으로 참여한다. 효소는 총괄적인 활성화에너지를 낮춰 반응을 가속화시키는 촉매이다. 효소는 하나 또는 여러 개의 중간산물과 함께 다단계 경로를 제공함으로써 반응속도 향상을 이루게 되는데, 이때 각각의 단계는 비효소 반응의 상응 단계에 비해 낮은 활성화에너지를 갖는다.

효소반응의 첫 단계는 비공유 효소-기질 복합체(enzyme-substrate complex; ES)의 형성이다. A와 B의 반응에서 EAB 복합체의 생성은 반응물들을 모아서 위치를 정해주어 반응 확률을 비촉매 반응에 비해 월등히 높여준다. 그림 6.3a와 그림 6.3b는 기질의 결합이 효소에 의한 촉매반응의 유일한 방식이라는 이론적인 상황을 보여주고 있다. 이와 같은 경우, 기질결합자리에 반응물들을 함께 가져와 활성화에너지가 낮아지게 된다. 정확한 기질결합은 효소 촉매력(catalytic power)의 많은 부분을 설명한다.

효소의 활성자리(active site)에는 기질과 생산물이 결합한다. 또한 전이상태도 결합한다. 사실 전이상태는 기질보다 더 강하게 활성자리에 결합한다. 추가적인 결합 상호작용이 전이상태를 안정화시켜 활성화에너지를 더욱 낮춘다(그림 6.3c). 우리는 전이상태 결합이 발생하는 기질결합이 효소 촉매반응에 있어 최대의 속도 향상을 나타낸다는 것을 알게 될 것이다.

효소의 기능과 관련된 화학적 반응에 대해 알아본 후 이 장의 후반부에서 이러한 결합 현상에 대해서 설명할 것이다(효소 촉매반응은 언제나 가역적이라는 것에 주목하자. 역반응도 같은 이론이 적용된다. 생성물과 결합하고 전이상태를 안정화시킴으로써 활성화에너지는 낮아진다).

6.3 효소 촉매반응의 화학적 방식

ES 복합체의 형성을 통해 반응물들은 효소의 활성화 영역의 반응성 아미노산 잔기 근처에 위치한다. 이온화 가능한 곁사슬(side chain)이 두 종류의 화학적 촉매반응에 참여한다. 산-

표 6.1 이온화가 가능한 아미노산 작용기의 촉매적 기능

아미노산	작용기	pH 7에서의 총 전하	주요 기능
아스파트산(Aspartate)	$—COO^{\ominus}$	−1	양이온 결합; 양성자
글루탐산(Glutamate)	$—COO^{\ominus}$	−1	양이온 결합; 양성자
히스티딘(Histidine)	이미다졸(Imidazole)	0에 가까움	양성자
시스테인(Cystein)	$—CH_2SH$	0에 가까움	아실기의 공유결합
타이로신(Tyrosine)	페놀(Phenol)	0	리간드와 수소결합
라이신(Lysine)	$NH_3^{\oplus}$	+1	음이온 결합; 양성자
아지닌(Arginine)	구아니디늄(Guanidinium)	+1	음이온 결합
세린(Serine)	$—CH_2OH$	0	아실기의 공유결합

반응성 아미노산 잔기들과 더불어, 효소의 활성화 부위에는 금속이온이나 조효소가 있을 수 있다. 효소 촉매반응에 있어서 이러한 보조인자들의 역할은 7장에서 기술될 것이다.

염기 촉매반응과 공유결합 촉매반응(covalent catalysis). 이들은 촉매반응의 주요한 두 가지 화학적 방식이다.

A. 활성화된 부분의 극성 아미노산 잔기

효소의 활성화 공동(cavity)은 보통 소수성 아미노산 잔기들로 채워져 있다. 그러나 일부 극성의 이온화 가능한 잔기(그리고 일부 물 분자)들 또한 활성자리에 존재할 수 있다. 극성 아미노산 잔기(때로는 조효소)들은 효소 촉매반응 동안 화학적 변화를 겪는다. 효소 촉매 센터의 대부분이 이러한 잔기들로 이루어져 있다.

표 6.1은 효소의 활성자리에서 발견되는 이온화 가능한 잔기들이다. 단백질 내에서 pK_a 6~7 사이의 값을 가지는 히스티딘(histidine)은 주로 양성자(proton) 받개(acceptor)나 주개(donor)의 역할을 한다. 아스파트산(aspartate)과 글루탐산(glutamate), 경우에 따라서는 라이신(lysine)까지 양성자 이동에 참여할 수 있다. 세린(serine)이나 시스테인(cysteine)과 같은 일부 아미노산들은 일반적으로 그룹-전달(group-transfer) 반응에 관여한다. 중성 pH에서 아스파트산과 글루탐산은 보통 음전하를 띠고 라이신과 아지닌(arginine)은 양전하를 띤다. 이러한 음이온과 양이온은 기질의 반대로 하전된 부분과 전기적 결합을 이룬다.

단백질 내 아미노산 잔기의 이온성 작용기의 pK_a 값은 유리된 아미노산(3.4절) 내 동일 작용기의 pK_a 값과 다를 것이다. 표 6.2는 단백질 내에서 아미노산의 이온성 작용기의 전형적인 pK_a 값들의 목록이다. 표 3.2의 유리 아미노산에 대한 정확한 pK_a 값과 비교해 보자. 주어진 이온성 작용기는 단백질 내에서 주변의 미세환경이 다르기 때문에 다른 pK_a 값을 가질 수 있다. 이러한 차이들은 대개 작지만 기능적으로 중요할 수 있다.

경우에 따라 촉매성 아미노산 잔기의 곁사슬은 표 6.2에서 확인되는 값과 상당히 다른 pK_a 값을 갖기도 한다. pK_a 값이 바뀔 수 있음을 유념하면서, pH가 반응속도에 미치는 영향을 실험함으로써 특정 아미노산이 반응에 참여하는지를 확인할 수 있다. 반응속도의 변화가 특정 이온성 아미노산(6.3D절)의 pK_a 값과 관련이 있다면, 해당 아미노산 잔기는 촉매반응에 참여하는 것이다.

아주 적은 수의 아미노산 잔기들만이 촉매반응에 직접적으로 참여한다. 다른 대부분의 잔기들은 단백질의 정확한 3차 구조를 유지하도록 하면서 간접적인 방법으로 반응에 기여한다. 4장에서 보았듯이, 대부분의 아미노산 잔기들은 진화과정에서 보존되지 않는다.

돌연변이 유도연구들을 통해 대부분의 아미노산 치환이 효소 활성에 거의 영향을 주지 못한다는 것을 확인하였다. 그러나 모든 효소는 촉매반응에 절대적으로 중요한 몇몇 핵심 잔기를 갖는다. 이와 같은 잔기들의 일부는 종종 산이나 염기 촉매 또는 친핵체(nucleophile)로 작용함으로써 촉매반응에 직접 관여한다. 다른 잔기들은 간접적으로 핵심

표 6.2 단백질 내 아미노산의 이온화 가능 작용기의 일반적인 pK_a 값

작용기	pK_a
α-카복실 말단 (Terminal α-carboxyl)	3~4
카복실 곁사슬 (Side-chain carboxyl)	4~5
이미다졸(Imidazole)	6~7
α-아미노 말단 (Terminal α-amino)	7.5~9
싸이올(Thiol)	8~9.5
페놀(Phenol)	9.5~10
ε-아미노(ε-amino)	~10
구아니딘(Guanidine)	~12
하이드록시메틸 (Hydroxymethyl)	~16

BOX 6.1 위치지정돌연변이(site-directed mutagenesis)는 효소를 수정한다

위치지정돌연변이 기술을 이용하면 효소의 아미노산 곁사슬(side chain)의 기능을 확인해 볼 수 있다(23.10절 참조). 이 기술은 효소의 구조와 기능 간 상호관계에 대한 이해에 큰 영향을 미치고 있다.

위치지정돌연변이 기술에서는 표적 유전자와 동일한 서열을 옆에 위치시킨 변이의 올리고뉴클레오타이드(oligonucleotide)를 제작함으로써 직접적으로 유전자 안에서 목적하는 돌연변이가 유도된다. 이 올리고뉴클레오타이드가 시험관 DNA 복제의 시발물질(primer)로 쓰일 때 유전자의 새로운 복사본(copy)에는 목적하는 변이가 포함된다. 유전자 내 어떤 위치에도 변경이 가능하기 때문에 단백질의 특이적 변형이 유도될 수 있고, 이를 통해 중요 아미노산 잔기들의 기능에 대한 가설들을 직접 확인해 볼 수 있다. 위치지정돌연변이 기술은 유전자에 단일 코돈(codon) 변이를 일으킬 때 흔히 사용되며 이 결과 단일 아미노산의 치환이 일어난다.

이렇게 변형된 유전자는 박테리아 세포에 도입될 수 있고 이 세포에서 변형된 효소의 합성이 이루어진다. 이후 개별 아미노산의 변화로 초래된 효과를 확인하기 위해서 변이단백질의 구조와 활성을 분석할 수 있다.

▲ 마이클 스미스(Michael Smith, 1932~2000) 1993년에 위치지정돌연변이 기술을 개발하여 화학분야에서 노벨상을 받았다.

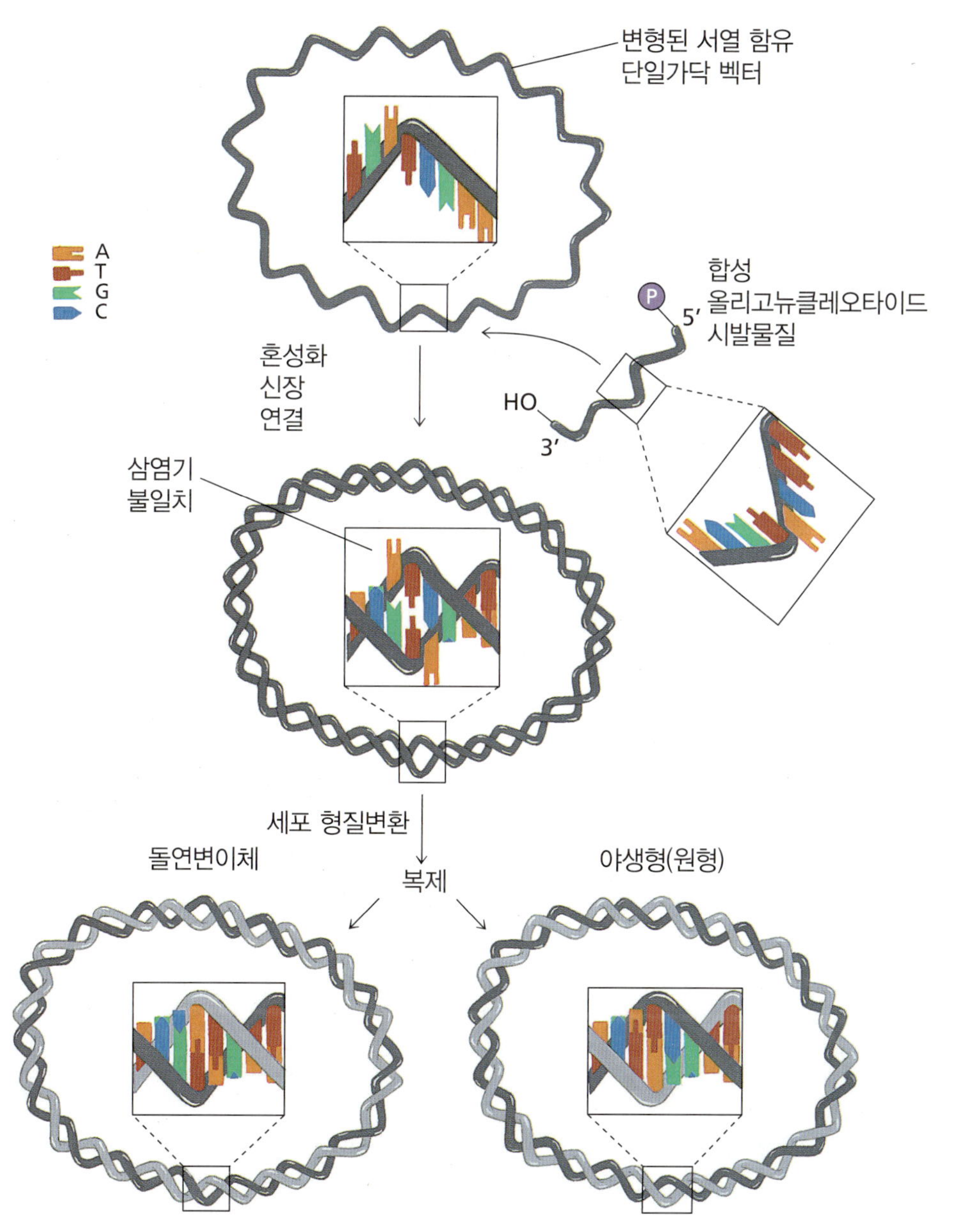

◀ 올리고뉴클레오타이드-특이적, 위치-특이적(site-specific) 돌연변이 유발. 변형시킬 서열을 가진 단일가닥(single-stranded) 벡터(vector)에 목적하는 변형(3 bp)을 포함한 합성 올리고뉴클레오타이드을 결합시킨다. 이 합성 올리고뉴클레오타이드는 상보적 가닥(complementary strand)이 합성되기 위한 시발물질(primer)로 작용한다. 이중가닥(double-stranded)으로 이루어진 원형의 이형이중가닥 DNA(heteroduplex)가 대장균(*E. coli*) 세포 내로 도입되고 복제를 통해 원형(wild-type)과 돌연변이 DNA 분자를 생산한다.

표 6.3 효소 내 촉매성 잔기의 빈도 분포

	촉매성 잔기의 비율(%)	총 잔기의 비율(%)
히스티딘(His)	18	3
아스파트산(Asp)	15	6
아지닌(Arg)	11	5
글루탐산(Glu)	11	6
라이신(Lys)	9	6
시스테인(Cys)	6	1
타이로신(Tyr)	6	4
아스파라진(Asn)	5	4
세린(Ser)	4	5
글라이신(Gly)	4	8

잔기의 역할을 돕거나 향상시키는 작용을 한다. 핵심 촉매성 잔기들의 또 다른 역할로는 기질결합, 전이상태의 안정화, 그리고 필수 보조인자와의 상호작용이 있다.

효소들은 일반적으로 2~6개의 핵심 촉매성 잔기를 갖는다. 촉매성 잔기 상위 10개가 표 6.3에 나열되어 있다. 전하를 갖는 잔기인 His, Asp, Arg, Glu, 그리고 Lys는 전체 촉매성 잔기의 2/3 가량을 차지한다. 이는 전하를 갖는 곁사슬들이 산, 염기, 그리고 친핵체로 작용할 가능성이 더 높다는 것을 생각하면 이해가 된다. 이들은 또한 기질이나 전이상태와 결합하는 역할을 수행할 가능성이 보다 높다. 가장 높은 비율을 보이는 촉매성 잔기는 히스티딘이다. 히스티딘은 단백질에서 확인되는 빈도가 제안하는 것보다 6배 정도 촉매반응에 관여할 가능성이 높다.

B. 산-염기 촉매반응

산-염기 촉매반응에서, 반응은 양성자의 촉매성 이동(catalytic transfer)에 의해 촉진된다. 산-염기 촉매반응은 유기화학에서 가장 일반적인 형태의 촉매반응이며, 또한 효소반응에서도 일반적으로 나타난다. 산-염기 촉매반응을 수행하는 효소들은 세포의 중성 pH 조건에서 양성자를 주고받을 수 있는 아미노산 곁사슬에 의존한다. 이와 같이 양성자-전달 물질을 포함하는 형태의 산-염기 촉매반응은 **일반적 산-염기 촉매반응(general acid-base catalysis)**이라 한다[$H^{\oplus}$나 $OH^{\ominus}$에 의한 촉매작용은 **특이적 산 촉매작용(specific acid catalysis)** 또는 **특이적 염기 촉매작용(specific base catalysis)**이라고 한다]. 실제로 이와 같은 효소들의 활성자리는 산 또는 염기 용액과 대등한 생물학적 환경을 제공한다.

편의상 염기 혹은 양성자 받개(proton acceptor)를 B:로 표기하고, 짝산 혹은 양성자 주개(proton donor)를 $BH^{\oplus}$로 표기한다(이 산-염기 쌍은 HA/$A^{\ominus}$로 표기될 수도 있다).

양성자 받개는 두 가지 방법으로 반응을 도울 수 있다: (1) 양성자를 제거함으로써 O—H, N—H, 또는 일부 C—H 결합까지 제거할 수 있고

$$-X-H \quad :B \rightleftharpoons -\ddot{X}^{\ominus} \quad H-B^{\oplus} \tag{6.6}$$

(2) 일반적 염기 B:는 물 분자에서의 양성자 제거를 통해 중성 용액 내에 $OH^{\ominus}$을 생성함으로써 C—N 결합과 같은 탄소를 포함하는 화학결합들을 자르는 데 참여할 수 있다.

$$\text{—C(=O)—N<} + H-\ddot{O}-H \quad :B \rightleftharpoons \left[\text{—C(O}^{\ominus}\text{)(HO)—}\ddot{N}\text{<} \quad H-B^{\oplus}\right] \rightleftharpoons \text{—C(=O)—OH} + \text{HN<} \quad :B \tag{6.7}$$

일반적 산 $BH^{\oplus}$ 또한 화학결합을 끊는 데 도움을 줄 수 있다. 공유결합은 원자 하나가 양성자화되면 조금 더 쉽게 끊어진다. 예를 들면,

$$R^{\oplus} + OH^{\ominus} \xleftarrow{\text{느림}} R-OH \underset{H^{\oplus}}{\overset{H^{\oplus}}{\rightleftharpoons}} R-OH_2^{\oplus} \xrightarrow{\text{빠름}} R^{\oplus} + H_2O \tag{6.8}$$

$BH^{\oplus}$는 원자에 양성자를 제공하여(반응식 6.8의 R—OH의 산소처럼) 원자에 대한 결합을 더욱 불안정하게 하여 결합의 끊어짐을 촉매한다. $BH^{\oplus}$가 관여하는 모든 반응에서 역반응은

B:에 의해 촉매되며 그 반대도 마찬가지다.

대부분의 단백질에서 곁사슬의 이미다졸/이미다졸리움(imidazole/imidazolium)은 약 6~7의 pK_a 값을 갖기 때문에 히스티딘은 중성 pH에서 양성자 전달을 위한 이상적인 작용기이다. 우리는 지금까지 히스티딘이 일반적인 촉매성 잔기임을 확인하였다. 다음 절에서 우리는 히스티딘 곁사슬의 몇몇 특이적 기능들에 대해 다루기로 한다.

핵심개념

산-염기 촉매반응에서 반응은 양성자를 주고받을 수 있는 특정 아미노산 곁사슬을 필요로 한다.

C. 공유결합 촉매반응

공유결합 촉매반응에서 기질은 효소에 공유결합을 형성하여 반응성 중간산물을 생성한다. 효소의 반응 곁사슬은 친핵체 또는 친전자체가 될 수도 있지만, 친핵성 촉매작용(nucleophilic catalysis)이 조금 더 일반적이다. 반응의 두 번째 단계에서 기질의 일부는 중간산물로부터 두 번째 기질로 이동한다. 예를 들어, 작용기 X는 공유성 ES 복합체 X—E를 통해 두 단계를 거쳐 분자 A—X로부터 분자 B로 이동될 수 있다:

$$\text{A—X} + \text{E} \rightleftharpoons \text{X—E} + \text{A} \qquad \textbf{(6.9)}$$

그리고

$$\text{X—E} + \text{B} \rightleftharpoons \text{B—X} + \text{E} \qquad \textbf{(6.10)}$$

이는 생화학에서 두 개의 서로 다른 반응을 연결하기 위한 일반적인 메커니즘이다. 반응들을 연결하는 능력은 효소의 중요한 특성 중 하나임을 기억하자(5장; "도입"). 효소의 여섯 분류(5.1절 참조) 중 하나인 트랜스퍼레이즈(transferase)들은 이와 같은 방법으로 작용기-전달 반응(group-transfer reaction)을 촉매하고, 하이드롤레이즈(hydrolase)들은 물 분자가 받개인 특별한 작용기-전달 반응을 촉매한다. 트랜스퍼레이즈와 하이드롤레이즈는 현재까지 알려진 효소의 절반 이상을 차지한다.

박테리아 자당 포스포릴레이즈(bacterial sucrose phosphorylase)에 의해 촉매되는 반응은 공유결합 촉매반응에 의한 작용기-전달의 예다(자당은 포도당 한 분자와 과당 한 분자로 이루어져 있다).

$$\text{자당} + \text{P}_i \rightleftharpoons \text{포도당}-1-\text{인산} + \text{과당} \qquad \textbf{(6.11)}$$

첫 번째 화학반응은 포도당-효소 공유결합성 중간산물의 형성이다. 이 경우 반응 6.9에서 자당은 A—X에 해당하고 포도당은 X에 해당한다.

$$\text{자당} + \text{효소} \rightleftharpoons \text{포도당}-\text{효소} + \text{과당} \qquad \textbf{(6.12)}$$

공유결합성 ES 중간산물은 반응식 6.12의 역반응과 같이 포도당 단위체를 다른 과당분자로 전달하거나 또는 인산(phosphate)으로 줄 수 있다(반응식 6.10의 B에 해당).

핵심개념

공유결합 촉매반응의 메커니즘에서 효소는 반응에 직접적으로 참여한다. 효소는 기질과 반응하여 중간산물을 함유하는 효소를 형성한다. 이와 같은 반응은 유리된 효소가 재생될 때까지 완료되지 않는다.

$$\text{포도당}-\text{효소} + \text{P}_i \rightleftharpoons \text{글루코스}-1-\text{인산} + \text{효소} \qquad \textbf{(6.13)}$$

효소작용 메커니즘이 공유결합 촉매반응에 의존적이라는 것을 증명하기 위해서는 중간산물의 분리나 확인이 필요하고, 이들의 충분한 반응성이 입증되어야 한다. 경우에 따라서는 공유결합된 중간산물이 효소의 결정 구조에서 관찰되기도 하고, 이는 공유결합 촉매반응의 직접적인 증거가 된다(그림 6.4).

D. pH는 효소 반응속도(Enzymatic Rates)에 영향을 준다

효소 반응속도에 미치는 pH의 영향을 통해 효소의 활성자리에 이온화 가능한 아미노산 잔

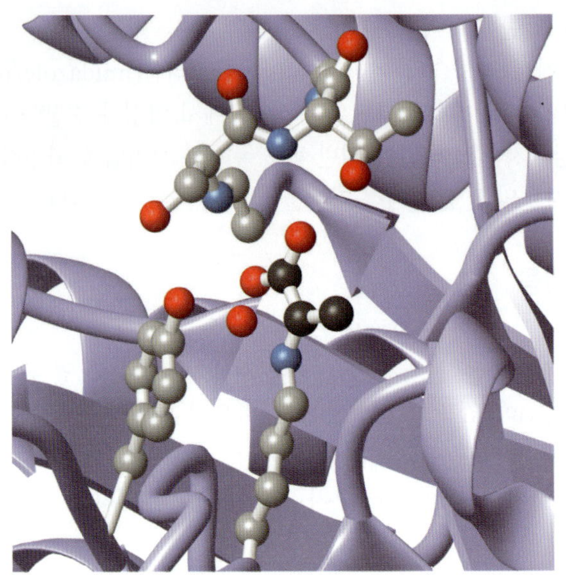

그림 6.4 ▶
공유결합 촉매반응. 대장균(*Escherichia coli*)에서 생성되는 효소 *N*-아세틸-D-뉴라민산 라이에이즈(*N*-acetyl-D-neuraminic acid lyase)는 파이루베이트(pyruvate)와 *N*-아세틸-D-만노사민(*N*-acetyl-D-mannosamine)의 축합반응을 촉매하여 *N*-아세틸-D-뉴라민산(*N*-acetyl-D–neuraminic acid)을 생성한다(8.7C절 참고). 반응의 중간산물 중 하나는 파이루베이트(검은색의 탄소 원자)와 라이신 잔기 사이의 쉬프 염기(Schiff base, 그림 5.15 참조)이다. 중간산물은 다른 아미노산 곁사슬과의 수소결합에 의해 안정화된다. [PDB 2WKJ]

기가 존재한다는 것으로 제시할 수 있다. pH에 대한 민감도는 경우에 따라서는 기질결합에 영향을 주지만, 일반적으로 촉매작용과 관련있는 하나 이상의 잔기의 이온화 상태가 변화되는 것을 반영한다. pH 변화에 따른 효소의 변성이 없는 경우 pH에 대한 반응속도 곡선은 대부분 거의 종모양의 곡선을 나타낸다.

한 가지 좋은 예로 파파야 열매에서 분리된 프로티에이즈인 파파인에 대한 pH 대비 반응속도 곡선을 들 수 있다(그림 6.5). 반응속도가 증가하는 부분은 활성자리 아미노산 잔기(B)의 탈양성자화를 의미하며, 감소하는 부분은 두 번째 활성자리 아미노산 잔기(A)의 탈양성자화를 의미하는 것임을 추정하면 종 모양의 pH 곡선을 설명할 수 있다. 두 개의 변곡점으로 두 이온화 가능 잔기의 pK_a 근사값을 예상할 수 있다. 단순한 종 모양 곡선은 두 개의 적정 곡선이 겹쳐진 결과물이다. A의 곁사슬(R_A)은 활성을 위해 양성자화 되어야 하며, B의 곁사슬(R_B)은 양성자화가 되지 않아야 한다.

$$\underset{\text{비활성}}{\begin{matrix} H^{\oplus} & H^{\oplus} \\ | & | \\ R_A & R_B \\ | & | \\ -C_\alpha - & C_\alpha - \end{matrix}} \underset{H^{\oplus}}{\overset{H^{\oplus}}{\rightleftharpoons}} \underset{\text{활성}}{\begin{matrix} H^{\oplus} & \\ | & \\ R_A & R_B \\ | & | \\ -C_\alpha - & C_\alpha - \end{matrix}} \underset{H^{\oplus}}{\overset{H^{\oplus}}{\rightleftharpoons}} \underset{\text{비활성}}{\begin{matrix} R_A & R_B \\ | & | \\ -C_\alpha - & C_\alpha - \end{matrix}} \qquad \textbf{(6.14)}$$

두 pK_a 값 사이의 최적 pH에서 가장 많은 효소 분자들이 양성자화된 잔기 A를 포함한 채 활성 형태로 존재한다. 모든 pH 그래프가 종 모양은 아니다. 오직 하나의 이온화 가능 아미노산 잔기가 촉매반응에 참여한다면 pH 그래프는 S자형 곡선(sigmoidal curve)을 나타내고, 두 개 이상의 이온화 가능 잔기가 관여한다면 곡선은 더욱 복잡한 형태를 나타낼 것이다. 효소는 일반적으로 적절한 완충용액을 이용하여 유지되는 최적 pH 부근에서 분석된다.

파파인의 pH 대비 반응속도 곡선은 pH 4.2와 pH 8.2에서 변곡점을 가지며, 이는 pK_a

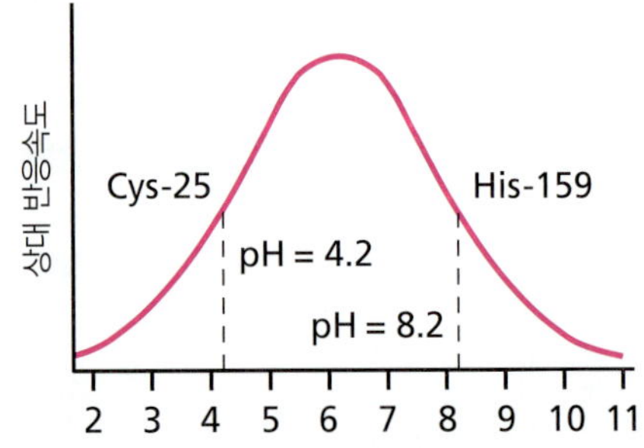

◀ 그림 6.5
파파인(papain)에 대한 pH 대비 반응속도 곡선. 종 모양 곡선의 왼쪽과 오른쪽은 활성자리 아미노산 곁사슬에 대한 적정을 의미한다. pH 4.2 지점의 변곡점은 Cys-25의 pK_a를 반영하며, pH 8.2 지점의 변곡점은 His-159의 pK_a에 해당한다. 효소는 이와 같은 이온기가 싸이올레이트-이미다졸리움 이온쌍(thiolate-imidazolium ion pair)과 같이 존재할 때에만 활성을 나타낸다.

값이 약 4와 8인 활성자리 아미노산 잔기 두 개에 의해 파파인의 활성이 좌우된다는 것을 의미한다. 이들 이온화 가능 잔기는 친핵성 시스틴(Cys-25)과 히스티딘의 양성자 주개 이미다졸리움기(His-159)이다(그림 6.6). 시스틴의 곁사슬은 보통 8~9.5 사이의 pK_a 값을 갖지만, 파파인의 활성자리에서 Cys-25의 pK_a 값은 3.4로 큰 차이를 나타낸다. His-159 잔기의 pK_a 역시 8.3으로 유리 아미노산과 차이를 나타낸다. 추가적인 작용기들의 이온화가 곡선의 전체적인 모양에 미세한 영향을 주고 있기 때문에 pH 그래프의 변곡점은 Cys-25과 His-159의 pK_a 값과 정확히 일치하지 않는다. 파파인의 촉매 중심(catalytic center)이 갖는 세 가지 이온화 형태는 그림 6.7에 나타내었다. 효소는 싸이올레이트기(thiolate group)와 이미다졸리움기가 이온쌍을 형성할 때에만 활성을 갖는다[중간 쌍의 위쪽 호변이성질체(tautomer)처럼].

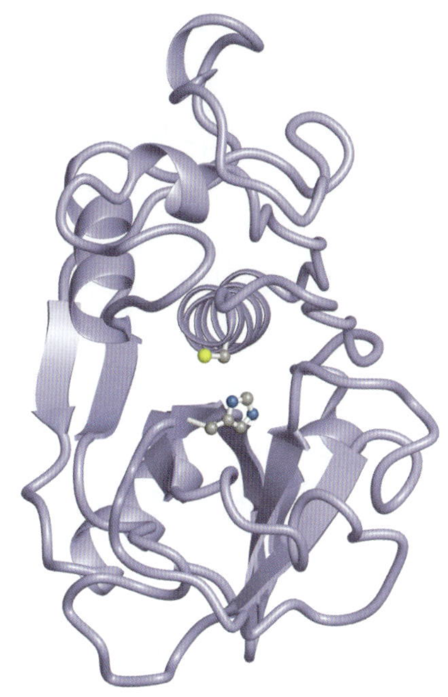

▲ 그림 6.6
파파인의 이온화 가능 잔기들. 활성자리 히스티딘과 시스테인 곁사슬의 공-막대 모델(ball-and-stick model)을 나타내는 파파인 모델. 이미다졸 질소 원자는 파란색, 황 원자는 노란색이다.

6.4 확산-지배 반응

몇몇 효소들은 수용액 내에서 반응의 물리적 상한치 해당하는 속도로 반응을 촉진시킨다. 이와 같은 이론적 상한은 반응물이 활성자리로 확산되는 속도이다. 반응 분자간 충돌에 의해 발생하는 반응을 **확산-지배 반응(diffusion-controlled reaction)** 또는 확산-한계 반응(diffusion-limited reaction)이라고 한다. 생리적 조건에서 확산-지배 반응속도는 약 10^8~10^9 $M^{-1}s^{-1}$이다. 이러한 이론적 최대값과 표 6.4에 나열된 반응속도가 매우 빠른 다섯 가지 효소의 겉보기 2차반응 속도상수(apparent second-order rate constants; k_{cat}/K_m)를 비교해 보자.

기질이 효소에 결합하는 반응은 빠르게 발생한다. 나머지 반응이 단순하고 빠르다면, 결합과정이 속도결정 단계(rate-determining step)가 될 것이고 전체 반응속도는 촉매반응의 최대값에 도달할 것이다. 몇 가지 타입의 화학반응만이 이같이 빠르게 진행될 수 있다. 여기에는 연합반응, 양성자 및 전자전달 반응이 포함된다. 표 6.4에 나열된 효소들에 의해 촉진될 수 있는 반응들은 단순해서 속도결정 단계가 거의 기질이 효소에 결합하는 것만큼 빠르다. 이 효소들은 확산-지배 반응을 촉진한다. 이제 우리는 이러한 효소들 중 두 가지를 자세히 살펴볼 것이다: 인산 삼탄당 아이소머레이즈(triose phosphate isomerase)와 슈퍼옥사이드 디스뮤테이즈(superoxide dismutase).

A. 인산 삼탄당 아이소머레이즈

인산 삼탄당 아이소머레이즈는 당분해와 당생성 경로에서 인산 다이하이드록시아세톤(dihydroxyacetone phosphate; DHAP)과 3-인산 글리세르알데하이드(glyceraldehyde

표 6.4 상한치에 가까운 2차 반응속도 상수를 갖는 효소들

효소	기질	$k_{cat}/K_m (M^{-1}s^{-1})$*
카탈레이즈(Catalase)	H_2O_2	4×10^7
아세틸콜린에스터레이즈 (Acetylcholinesterase)	아세틸콜린(Acetylcholine)	2×10^8
인산 삼탄당 아이소머레이즈 (Triose phosphate isomerase)	3-인산 글리세르알데하이드 (D-Glyceraldegyde 3-phosphate)	4×10^8
퓨마레이즈(Fumarase)	퓨마레이트(Fumarate)	10^9
슈퍼옥사이드 디스뮤테이즈 (Superoxide dismutase)	$\cdot O_2^{\ominus}$	2×10^9

* K_{cat}/K_m 비는 효소-촉매 반응 E + S → E + P에 대한 겉보기 2차반응 속도상수이다. 이와 같은 효소들은 ES 복합체 형성이 가장 느린 과정이다.

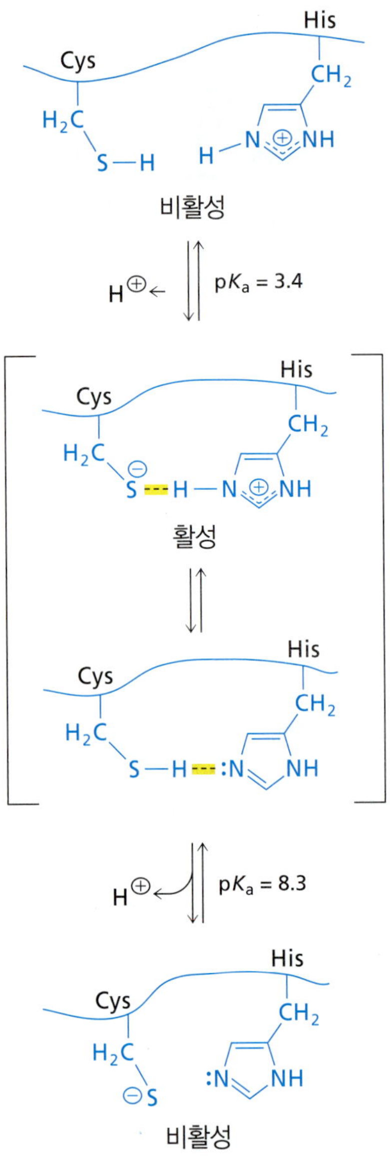

Cys His H_2C CH_2 S—H H—N⊕NH
비활성
$H^{\oplus}$ $pK_a = 3.4$
Cys His H_2C CH_2 S⊖---H—N⊕NH
활성
Cys His H_2C CH_2 S—H---:N NH
$H^{\oplus}$ $pK_a = 8.3$
Cys His H_2C CH_2 ⊖S :N NH
비활성

▲ **그림 6.7**
파파인의 활성은 활성자리에 위치한 두 개의 이온화 가능한 잔기인 히스티딘(His-159)과 시스틴(Cys-25)에 의존적이다. 이 잔기들의 세 가지 이온화 형태를 나타내었다. 중간 단계의 위쪽 호변체(tautomer)만 활성화된다.

3-phosphate; G3P) 사이의 빠른 상호 교환을 촉진한다(11장과 12장).

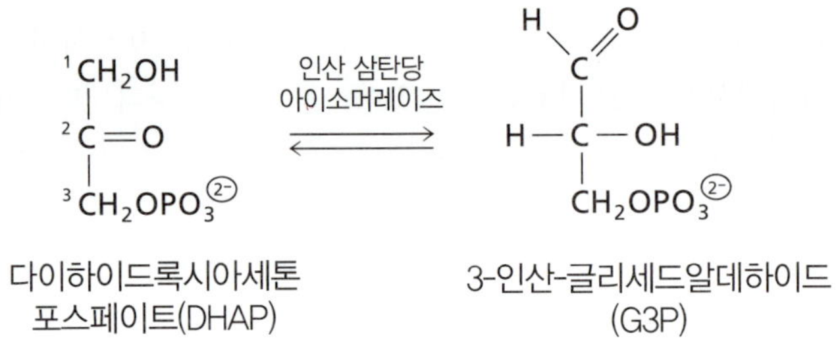

$$\begin{matrix} ^1CH_2OH \\ | \\ ^2C{=}O \\ | \\ ^3CH_2OPO_3^{2-} \end{matrix} \xrightleftharpoons[]{\text{인산 삼탄당 아이소머레이즈}} \begin{matrix} H\quad O \\ \backslash\;/\!/ \\ C \\ | \\ H-C-OH \\ | \\ CH_2OPO_3^{2-} \end{matrix} \qquad (6.15)$$

다이하이드록시아세톤 포스페이트(DHAP) 3-인산-글리세드알데하이드 (G3P)

이 반응은 DHAP의 1번 탄소로부터 양성자 하나가 2번 탄소로 이동하면서 진행된다(그림 6.8). 인산 삼탄당 아이소머레이즈는 이온화할 수 있는 활성자리 잔기 두 개를 가지고 있다: 일반적인 산-염기 효소로 작용하는 글루탐산, 그리고 효소에 결합한 중간산물의 산소 원자들 사이에서 양성자의 운반을 담당하는 히스티딘. 인산 다이하이드록시아세톤(DHAP)이 결합하면, 카보닐 산소는 His-95의 이미다졸기와 수소결합을 형성한다. Glu-65의 카복실기는 기질의 C-1로부터 양성자를 제거하여 엔올다이올레이트(enoldiolate) 전이상태를 형성한다(그림 6.8, 위). 이후, 전이상태 분자는 안정된 엔다이올(enediol) 중간산물로 빠르게 전환된다(그림 6.8, 가운데). 이러한 중간산물은 두 번째 엔다이올레이트(enediolate) 전이상태를 거쳐 3-인산 D-글리세르알데하이드(G3P)로 전환된다.

이 반응에서 히스티딘의 양성자-주개 형태가 중성종(neutral species)으로, 그리고 양성자-받개가 이미다졸레이트(imidazolate)로 나타나게 된다. 이 메커니즘에서 확인되는 히스티딘과 중간산물 사이의 수소결합은 비정상적으로 강하게 나타난다.

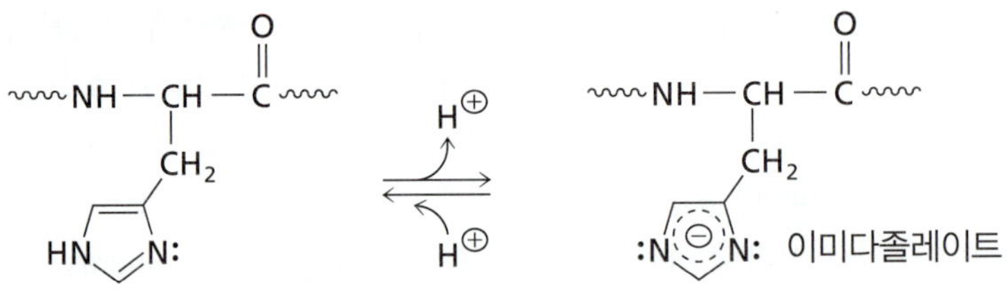

$$\sim NH-CH(CH_2\text{-imidazole: HN, N:})-C(=O)\sim \; \underset{H^{\oplus}}{\overset{H^{\oplus}}{\rightleftharpoons}} \; \sim NH-CH(CH_2\text{-imidazolate: :N}\ominus\text{N:})-C(=O)\sim \qquad (6.16)$$

이미다졸레이트

히스티딘 잔기의 이미다졸레이트 형태는 드물다. 인산 삼탄당 아이소머레이즈의 메커니즘은 이러한 형태가 관련된 첫 번째 효소 메커니즘이다.

엔다이올 중간산물은 안정하며, 이것이 활성자리에서 확산되어 나가는 것을 방지하기 위하여 인산 삼탄당 아이소머레이즈는 활성자리를 반응이 완료될 때까지 봉쇄하는 "잠금" 메커니즘을 발달시켰다. 기질이 결합하면, 단백질의 유연한 고리(flexible loop)가 움직여 활성자리를 가리면서 엔다이올 중간산물이 떨어져 나가는 것을 방지한다(그림 6.9).

동력학적으로 측정 가능한 효소반응의 4단계들의 속도상수들이 결정되었다.

$$E + DHAP \overset{(1)}{\rightleftharpoons} E\text{-}DHAP \overset{(2)}{\rightleftharpoons} \text{중간산물} \overset{(3)}{\rightleftharpoons}$$
$$E\text{-}G3P \overset{(4)}{\rightleftharpoons} E + G3P \qquad (6.17)$$

이 반응 상수들로부터 만들어진 에너지 도표를 그림 6.10에 나타내었다. 효소의 모든 에너지 장벽이 대략 같은 높이를 가지고 있음을 주목하라. 이는 모든 단계들이 균형을 이루고 있으며 어떠한 단계도 속도-제한 단계가 아님을 의미한다. S가 E에 결합하는 물리적인 단계는 빠르게 진행되지만 뒤이어 진행되는 화학적 단계보다 많이 빠르지는 않다. 3-인산 글리세르알데하이드가 인산 다이하이드록시아세톤으로 바뀌는 반응의 2차 속도상수 k_{cat}/K_m는 4×10^8

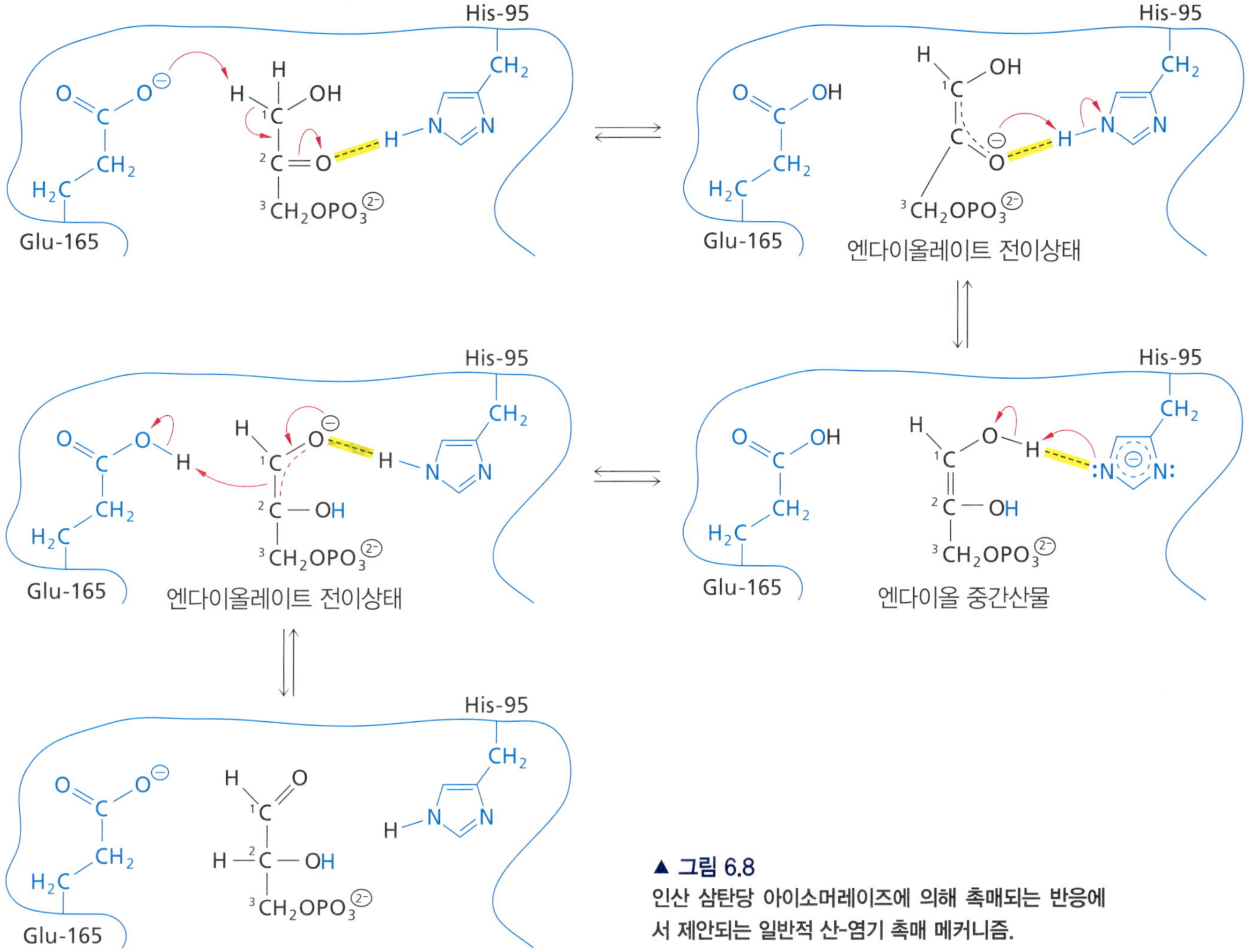

엔다이올레이트 전이상태

엔다이올레이트 전이상태

엔다이올 중간산물

▲ 그림 6.8
인산 삼탄당 아이소머레이즈에 의해 촉매되는 반응에서 제안되는 일반적 산-염기 촉매 메커니즘.

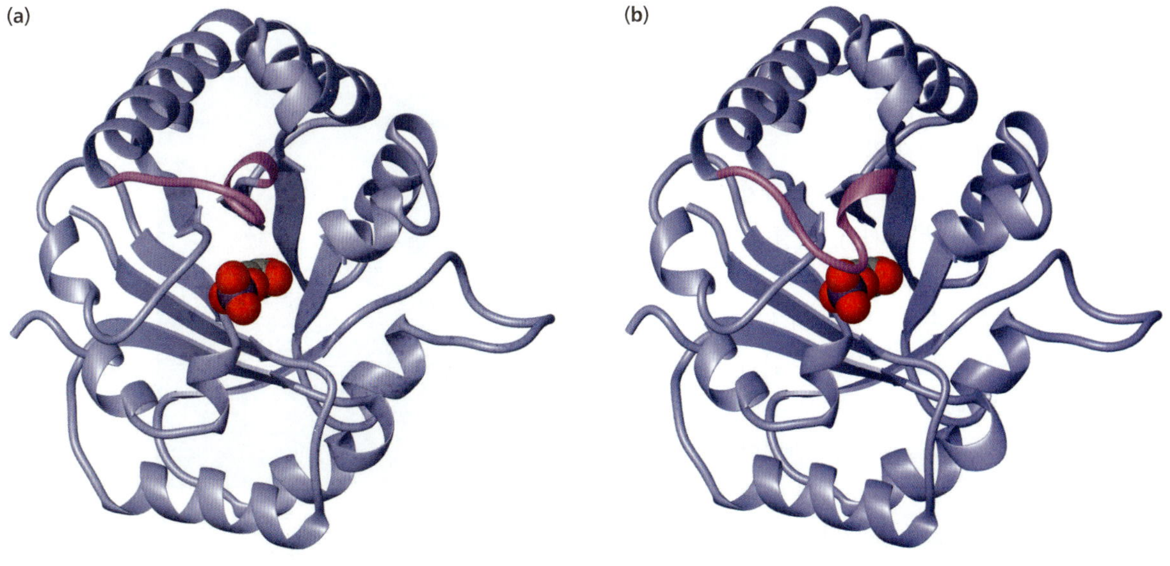

(a)

(b)

▲ 그림 6.9
효모(*Saccharomyces cerevisiae*) 인산 삼탄당 아이소머레이즈의 구조. 기질의 위치는 기질 유사물의 공간채움(space-filling) 모델로 표시하였다. **(a)** 활성자리가 비어 있을 때 효소의 열린 고리 형태 구조. **(b)** 반응이 완료되기 전에 엔다이올 중간산물이 빠져나가는 것을 방지하기 위해 고리가 활성자리를 막고 있는 구조.

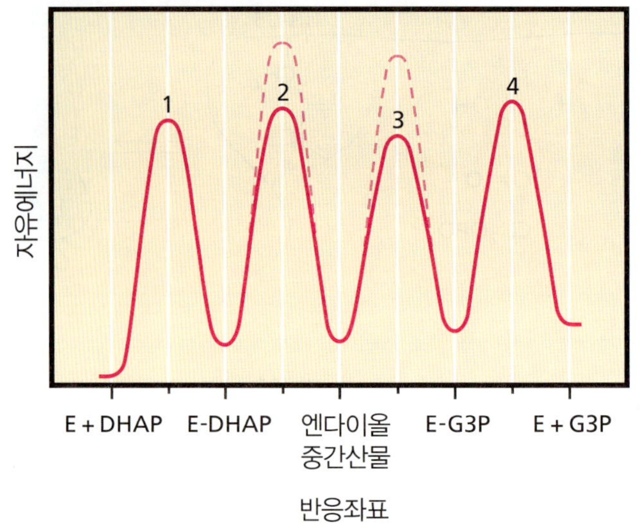

그림 6.10 ▶
인산 삼탄당 아이소머레이즈에 의해 촉매되는 반응의 에너지 도표. [Adapted from Raines, R. T., Sutton, E. L., Strauss, D. R., Gilbert, W., and Knowles, J. R. (1986). Reaction energetics of a mutant triose phosphate isomerase in which the active-site glutamate has been changed to aspartate. *Biochem.* 25:7142-7154.]

BOX 6.2 "완벽한 효소"?

인산 삼탄당 아이소머레이즈(TPI)의 메커니즘에 대한 이해의 많은 부분은 하버드 대학(Cambridge, MA, USA)의 제레미 놀스(Jeremy Knowles) 연구실로부터 나온 것이다. 그는 이 효소가 촉매적 완벽을 달성하였다고 지적하였는데, 이는 반응의 종합적인 속도가 단지 기질이 활성자리로 확산되는 속도에 의해서만 제한되기 때문이다. TPI는 이것보다 더 빠르게 작용할 수는 없다!

TPI가 매우 효율적으로 진화하였기 때문에 많은 사람들로 하여금 TPI가 "완벽한 효소"라 주장하게 하였다. 하지만 놀스와 그의 동료들이 설명한 것처럼, "완벽한 효소"가 최대 반응속도를 발전시키는 효소일 필요는 없다. 효소들은 그들의 최적 속도보다 낮은 단계에서 세포의 필요를 만족시키는 대사 경로의 한 부분이기 때문에 대부분의 효소들이 그들의 반응속도를 증가시키기 위한 선택압(selective pressure)의 영향 아래에 있지 않다.

반응 경로에 있어서 그 속도를 높이는 것이 유리하다고 할지라도(즉, 초당 최종산물을 더 많이 생산해 낼지라도), 개별 효소는 "완벽"을 달성하기 위해서, 반응 경로에서 가장 반응이 느린 효소의 속도에 맞출 필요가 있다. 가장 속도가 느린 효소는 매우 복잡한 반응을 촉진할 것이고 아주 효율적일 것이다. 이러한 경우에 다른 효소들에게 있어서는 더 빠른 메커니즘으로 발전하기 위한 선택압이 존재하지 않게 되며 그들은 모두 "완벽한 효소"가 된다.

모든 종에서 인산 삼탄당 아이소머레이즈는 포도당의 합성을 유도하는 포도당신합성 경로의 일부분이다. 또한 대부분의 종에서 이 효소는 포도당이 분해되는 역경로(해당과정)에서도 역할을 수행한다. 이 효소는 굉장히 오랜 역사를 지니며, 박테리아에서 진핵생물에 이르는 모든 종에서 촉매적 완벽을 달성한다. 양쪽 반응 경로상의 두 효소인 알돌레이즈와 3-인산 글라이세르알데하이드 디하이드로지네이즈(11.2절)는 더 느리다. 따라서 TPI가 왜 그렇게 빠르게 작용하는지는 분명치 않다.

효소의 생체 내(*in vivo*) 속도는 세포의 필요를 위해 "완벽하게" 적절하기 때문에 방대한 수의 효소들은 촉매적 완벽을 추구하도록 발전하지 않는다는 것은 명심해야 할 중요한 점이다.

▲ **퍼펙트 게임.** 1956년 월드 시리즈 브루클린 다저스와의 경기에서 뉴욕 양키스 투수 돈 라슨(Don Larson)의 퍼펙트 게임 달성을 포수인 요기 베라(Yogi Berra)가 축하해 주고 있다. 야구에서 퍼펙트 게임은 아주 드물지만 "완벽한 효소"는 많다.

$M^{-1}s^{-1}$이며, 이는 확산-지배 반응의 이론적인 속도에 가까운 수치이다. 이는 이 아이소머레이즈가 촉매로서 가능한 최대 효율을 달성하였음을 나타낸다.

B. 슈퍼옥사이드 디스뮤테이즈

슈퍼옥사이드 디스뮤테이즈(superoxide dismutase)는 인산 삼탄당 아이소머레이즈보다 더 빠른 촉매이다. 슈퍼옥사이드 디스뮤테이즈는 산화적 물질대사의 부산물로 생성되는 독성의 슈퍼옥사이드 라디칼(superoxide radical) $\cdot O_2^{\ominus}$을 아주 빠른 속도로 제거하는 반응을 촉매한다. 이 효소는 슈퍼옥사이드를 산소 분자와 과산화수소로 바꿔주는 과정을 촉매하는데, 이렇게 생성된 분자들은 이어지는 카탈레이즈(catalase)와 같은 효소의 작용으로 빠르게 제거된다.

$$4\cdot O_2^{\ominus} \xrightarrow[\text{슈퍼옥사이드 디스뮤테이즈}]{4H^{\oplus} \quad 2O_2} 2H_2O_2 \xrightarrow[\text{카탈레이즈}]{} 2H_2O + O_2 \tag{6.18}$$

이 반응은 효소에 결합한 구리 원자가 환원되고 이후에 다시 산화되는 두 단계에 걸쳐 진행된다.

$$E\text{-}Cu^{2+} + \cdot O_2^{\ominus} \longrightarrow E\text{-}Cu^{\oplus} + O_2 \tag{6.19}$$

$$E\text{-}Cu^{\oplus} + \cdot O_2^{\ominus} + 2H^{\oplus} \longrightarrow E\text{-}Cu^{2+} + H_2O_2 \tag{6.20}$$

전체 반응은 음이온성 기질 분자의 결합, 전자와 양성자의 이동, 하전되지 않은 생성물의 방출로 구성된다—이 효소를 통해 매우 빠르게 진행되는 반응들. 슈퍼옥사이드 디스뮤테이즈의 k_{cat}/K_m 값은 25℃에서 약 $2 \times 10^9\ M^{-1}s^{-1}$이다(표 6.4). 이 속도는 심지어 일반적인 확산속도에 기반한 기질결합 예상속도보다 더 빠른 속도이다.

어떻게 이 속도가 확산속도보다 더 빠를 수 있을까? 이에 대한 설명은 효소의 구조를 통해 밝혀졌다. 슈퍼옥사이드 디스뮤테이즈의 활성자리 주변에 형성된 전기장이 ES 복합체를 형성하는 속도를 30배나 높여준다. 그림 6.11에서 보듯이, 활성자리의 구리 원자는 단백질의 깊은 채널 바닥에 위치하고 있다. 활성자리 주머니의 가장자리에 위치한 친수성 아미노산 잔기가 음전하의 $\cdot O_2^{\ominus}$를 활성자리 주변의 양전하로 하전된 영역으로 이동하도록 한다. 이러한 정전기적 효과는 슈퍼옥사이드 디스뮤테이즈가 효소-기질의 무작위 충돌로부터 기대할 수 있는 속도보다 더 빠르게 슈퍼옥사이드(라디칼)과 결합하고 이들을 제거할 수 있도록 한다.

정전기적 효과로 인하여 결합속도가 증가된 효소들은 많이 존재할 것이다. 대부분의 경우에 속도-제한 단계는 촉매반응이며, 따라서 전체 속도(k_{cat}/K_m)는 확산-지배 반응의 최대치보다 더 느리다. 빠른 촉매반응을 나타내는 효소들을 위해서, 자연선택은 전체 반응속도를 높이기 위하여 빠른 결합을 선호할 것이다. 이와 비슷하게, 빠른 결합을 하는 효소들은 보다 빠른 반응을 선호하는 메커니즘을 발전시킬 것이다. 하지만 대부분의 생화학반응은 세포의 필요를 충족시키기에 충분한 속도로 진행된다.

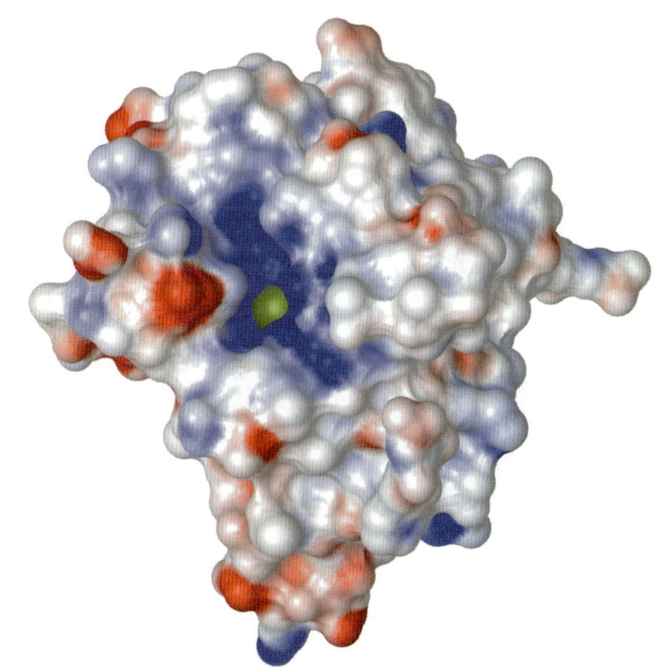

▲ 그림 6.11
인간 슈퍼옥사이드 디스뮤테이즈의 표면 전하. 표면이 강조된 모델로 효소의 구조를 나타내었다. 양전하로 하전된 부분은 파란색으로, 음전하로 하전된 부분은 빨간색으로 나타내었다. 녹색으로 나타난 부분은 활성자리의 구리 원자이다. 결합자리를 나타내는 채널은 양전하로 하전된 잔기들과 줄지어 있음을 기억하라. [PDB 1HL5]

6.5 효소 촉매반응의 방식

다양한 촉매 메커니즘의 양적 효과를 평가하기는 힘들다. 우리는 앞서 산-염기 촉매반응과

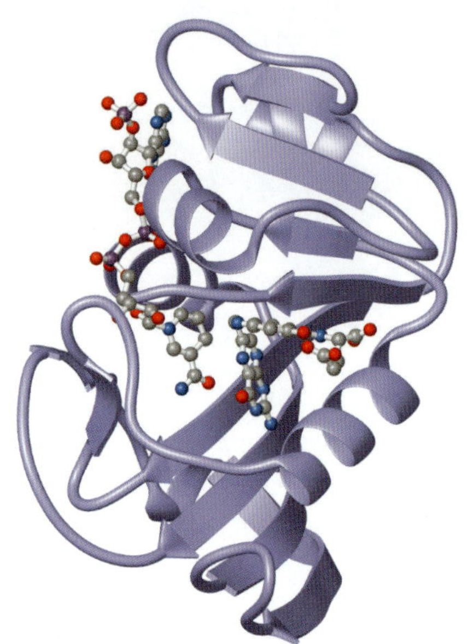

▲ 그림 6.12

기질결합. 디하이드로폴레이트 리덕테이즈(dihydrofolate reductase)는 NADP+(왼쪽)와 폴레이트(오른쪽)에 결합하고, 리덕테이즈 반응의 준비과정에서 이들을 활성자리에 위치시킨다. 대부분의 촉매반응속도 증가는 결합효과에 기인한다. [PDB 7DFR]

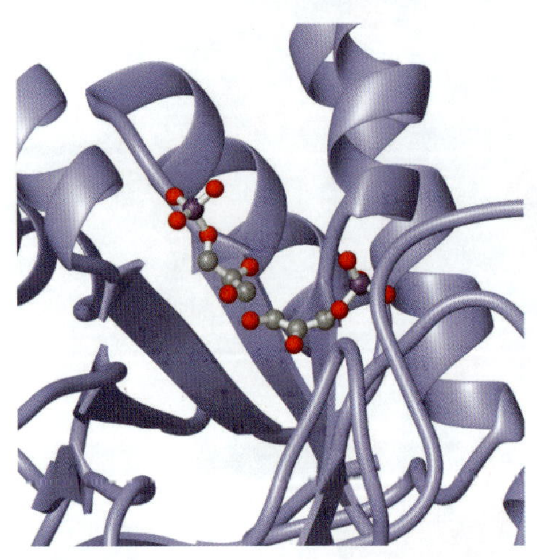

▲ 그림 6.13

근접 효과. 과당-1,6-양인산 알돌레이즈(fructose-1,6-*bis*phosphate aldolase)는 포도당 합성과정 중 DHAP와 G3P로부터 과당-1,6-양인산의 생합성과 해당과정 중 과당-1,6-양인산이 DHAP와 G3P로 분해되는 과정을 촉매한다(11.2#4절 참조). 생합성 반응에서 DHAP와 G3P 두 기질은 더 큰 분자인 과당-1,6-양인산으로 합성되기 위해서 활성자리에서 서로 가깝게 위치해야 한다. 이러한 근접효과는 결핵균(*Mycobacterium tuberculosis*) 알돌레이즈에서 설명된다.

공유결합 촉매반응의 두 가지 화학적 메커니즘을 살펴보았다. 비효소 촉매반응 연구를 통해 산-염기 촉매반응이 일반적인 효소반응을 10~100배가량 촉진시킬 수 있다는 것을 추정할 수 있다. 공유결합 촉매반응 또한 거의 유사한 속도 증가를 일으킬 수 있다.

이러한 화학적 방식들이 중요한 만큼, 이들은 효소반응에서 관찰된 가속(일반적으로 10^8~10^{12})의 일부분만 설명한다. 나머지는 단백질의 특이적인 결합 능력과 기질 배열 능력에 의해 설명된다. 효소의 활성부위 내에 반응물의 올바른 결합은 기질과 반응 특이성뿐만 아니라 효소 촉매력의 대부분을 제공한다(그림 6.12).

결합 현상에 기반한 촉매 방식에는 2가지가 있다. 첫 번째는 다기질 반응을 위해 활성자리에서의 기질 분자들의 모임과 올바른 위치선정은 수용액에서의 기질 농도를 넘어 기질들의 유효농도를 증가시킨다. 같은 방식으로, 활성자리의 촉매성 잔기 근처에서 확인되는 기질의 결합은 두 반응물의 유효농도를 증가시키는 반면, 엔트로피를 감소시킴으로써 활성화에너지를 낮춘다. 높은 유효농도는 보다 빈번한 전이상태의 형성을 선호한다. 이러한 현상을 **근접효과**라 한다. 반응물과 효소 간 강한 결합은 반응을 억제할 수 있기 때문에, 효율적인 촉매반응은 반응물과 효소의 적당히 약한 결합을 필요로 한다.

기질-효소 상호작용의 두 번째 주요 촉매 방식은 생성물이나 기질의 결합과 비교하였을 때 전이상태와 효소의 결합이 증가되는 것이다. 이러한 촉매 방식을 **전이상태 안정화**라고 한다. ES와 효소 전이상태($ES^‡$) 사이에는 평형(반응 평형이 아님)이 존재한다. 전이상태에서 효소와 기질 간 상호작용은 이러한 평형을 $ES^‡$ 쪽으로 이동시키고 활성화에너지를 낮춘다.

근접효과와 전이상태 안정화 효과를 그림 6.3에 나타내었다. 근접효과는 반응속도를 10,000배 이상 증가시킬 수 있고, 전이상태 안정화 또한 적어도 그만큼 속도를 증가시킬 수 있다는 것이 실험을 통해 제안되었다. 두 효과들이 화학적 촉매효과에 의해 배가되면 효소는 엄청난 반응속도 증가를 이뤄낼 수 있다.

ES 복합체의 형성과 $ES^‡$의 안정화에 관여하는 결합력은 2장과 4장에서 다루었다. 이러한 약한 힘에는 전하-전하 상호작용, 수소결합, 소수성 결합, 반데르발스 힘이 있다. 전하-전하 상호작용은 수용액에서보다 무극성 환경에서 더 강하다. 활성자리는 대체로 무극성이기 때문에 효소의 활성자리의 전하-전하 상호작용은 꽤 강하게 일어난다. 아스파르트산, 글루탐산, 히스티딘, 라이신, 아지닌 잔기의 곁사슬은 기질과 음전하와 양전하의 작용기를 제공하고 이들은 활성자리에서 기질과 이온쌍을 형성한다. 결합 강도에서 두 번째는 수소 결합으로 기질과 효소 사이에서 주로 형성된다. 펩타이드 뼈대(peptide backbone)와 아미노산의 곁사슬들은 수소결합을 형성할 수 있다. 알라닌, 프롤린, 트립토판, 타이로신과 더불어 극소수성 아미노산들도 기질의 무극성 작용기와 소수성 결합을 할 수 있다. 또한 수많은 약한 반데르발스 상호작용들이 기질의 결합을 돕는다. 아미노산 잔기의 화학적 특성과 효소 활성자리의 모양 둘 다 어떤 기질이 결합할지를 결정한다는 것을 기억하자.

A. 근접 효과

효소들은 종종 엔트로피 덫(entropy trap)으로 묘사된다 — 희석액으로부터 이동성이 높은 반응물들을 가까이 모아서 그들의 엔트로피를 감소시키고 상호작용 가능성을 증가시키는 물질. 활성자리에 위치한 두 분자의 반응을 분자 내(단일 분자) 반응으로 생각해 볼 수 있다. 두 반응기가 활성자리에 올바르게 위치하면 이들의 자유도는 감소하고 반응속도의 가속화에 충분할 만큼의 엔트로피 손실이 나타난다(그림 6.13). 이러한 가속은 단일 분자 반응에서 반응기의 증가된 상대적 농도, 즉 **유효몰농도**라고 표현된다.

$$\text{유효몰농도} = \frac{k_1(\text{s}^{-1})}{k_2(\text{M}^{-1}\ \text{s}^{-1})} \qquad (6.21)$$

k_1은 반응물들이 단일 분자로 미리 조립되어 있을 때의 속도상수(rate constant)이고 k_2는 상응하는 이분자 반응의 속도상수이다. 유효몰농도는 이 둘의 비율로 구할 수 있다. 이 식에서 사용되는 모든 단위들은 M을 제외하고는 생략함으로, 비율은 몰 단위로 표현된다. 유효몰농도는 실제 농도가 아니다. 실제로, 어떤 반응에서는 불가능할 정도로 높은 값을 갖는다. 그럼에도 불구하고 유효몰농도는 어떻게 반응기들이 유리하게 배열되는지를 나타낸다.

비효소적 이분자 반응을 화학적으로 유사한 분자 내 반응들의 시리즈들과 비교하는 실험을 통해 근접 효과의 중요성을 설명할 수 있다(그림 6.14). 이분자 반응은 *p*-브로모페닐 아세테이트(*p*-bromophenyl acetate)의 두 단계에 걸친 가수분해이고, 이는 아세트산(acetate)에 의해 촉매되고 아세트산 안하이드라이드(acetic anhydride) 형성을 통해 진행된다(두 번째 단계인 아세트산 무수물의 가수분해는 그림 6.14에 나타나 있지 않다). 단일 분자의 경우에서는 반응기들은 점진적으로 커지는 회전 제한(rotational restriction)과 가교를 통해 연결되어 있다. 기질 분자에 가해지는 각각의 제한들과 함께, 상대적 속도상수(k_1/k_2)는 현저하게 증가한다. 글루타레이트 에스터(glutarate ester; 화합물 2)는 자유로운 회전이 허용되는 두 개의 결합을 가지고 있는 반면, 석시네이트 에스터(succinate ester; 화합물 3)는 하나만을 가지고 있다. 가장 제한된 화합물인 견고한 이중원형(rigid bicyclic)의 화합물 4는 자유롭게 회

▼ 그림 6.14
치환된 페닐 에스터(phenyl ester)를 갖는 카복실레이트(carboxylate)들의 반응들. 반응물들이 가까운 곳에서 보다 단단하게 잡혀 있을 때 관찰되는 반응속도의 증가에 의해 근접 효과는 설명될 수 있다. 반응 4는 이분자 반응인 반응 1에 비해 5억 배나 빠르다. [Bruce 와 Pandit (1960). Intramolecular models depicting the kinetic importance of "fit" in enzymatic catalysis. *Biochem*. 46:402–404.]

	반응	상대 속도상수
1.	$H_3C-C(=O)-O-C_6H_4-Br$ + $H_3C-C(=O)-O^\ominus$ ⟶ $H_3C-C(=O)-O-C(=O)-CH_3$ + $^\ominus O-C_6H_4-Br$	1
2.	$H_2C(CH_2-C(=O)-O-C_6H_4-Br)(CH_2-C(=O)-O^\ominus)$ ⟶ glutaric anhydride + $^\ominus O-C_6H_4-Br$	1×10^3
3.	$H_2C(-C(=O)-O-C_6H_4-Br)-H_2C-C(=O)-O^\ominus$ ⟶ succinic anhydride + $^\ominus O-C_6H_4-Br$	2×10^5
4.	bicyclic ester (C(=O)–O–C$_6$H$_4$–Br, C(=O)–O$^\ominus$) ⟶ bicyclic anhydride + $^\ominus O-C_6H_4-Br$	5×10^7

핵심개념

효소의 활성자리에서 기질의 정확한 결합과 위치선정은 반응속도에 있어서 커다란 가속 효과를 만들어 낸다.

전할 수가 없다. 이 화합물의 경우, 카복실레이트(carboxylate)이 에스터와 근접하고 나머지 반응기들은 적절하게 정렬되어 있다. 카복실기의 유효몰농도는 5×10^7 M이다. 화합물 4는 매우 높은 반응 확률을 가지고 있으며 이는 전이상태에 도달하기 위해 엔트로피의 손실이 거의 없어야 하기 때문이다. 근접 효과로 기대할 수 있는 가장 높은 반응속도 가속(rate acceleration)은 대략 10^8일 것이라는 것이 이론적인 고찰들을 통해 제시되고 있다. 이러한 반응속도 가속은 두 개의 반응물이 반응을 위해 적절한 위치에 있을 때 일어나는 엔트로피의 손실에 기인한 것이다. 이러한 분자 내 반응들은 효소의 활성자리에 결합된 두 기질의 위치선정에 대한 모델로 활용될 수 있다.

B. 효소와 기질의 약한 결합

ES 복합체의 반응들은 단일 분자 반응들과 유사하며, 두 개의 기질이 관여한다 해도 마찬가지이다. 활성자리에서 기질의 정확한 위치선정이 커다란 반응속도의 가속효과를 만들어내지만, 효소들은 근접 효과에 의해 이론적으로 발생하는 최대 가속치인 10^8에 도달하지는 못한다. 일반적으로, 기질의 결합으로 인한 엔트로피의 손실은 10^4 정도의 가속까지만 허용한다. 이는 ES 복합체에서 반응물들은 전이상태와 극단적으로 가깝지는 않지만 이를 향해 가고 있기 때문이다. 이러한 결론은 반응 메커니즘적 추론과 효소에 대한 기질과 저해제의 결합 강도 측정에 기반한다. 한 가지 중요한 제한점은 기질과 효소의 결합이 극도로 강할(extremely tight) 수 없다는 것이다. K_m 값이 극도로 낮을 수는 없다.

그림 6.15은 비효소 단일분자 반응(nonenzymatic unimolecular reaction)과 이에 상응하는 다단계 효소-촉매 반응에너지 도표를 보여주고 있다. 다음 절에 소개하는 바와 같이 효소는 전이상태를 안정화시킴(예를 들면, 강한 결합)으로써 반응속도를 증가시킨다. 그러므로 효소반응에서 ES가 전이상태($ES^‡$)에 도달하기 위해 요구되는 에너지는 비효소 반응에서 S가 전이상태인 $S^‡$에 도달하기 위해 필요한 것보다 작다.

ES 복합체에서 기질은 다소 약하게 결합되어야만 한다는 것을 상기하자. 만약 기질이 매우 강하게 결합되어 있다면 비효소 반응에서 S가 $S^‡$에 도달(화살표 1)하기 위해 필요한 만큼의 에너지가 ES가 $ES^‡$에 도달하기 위해서도 소모될 것이다(화살표 2). 다시 말해서, 기질의 극도로 강한 결합은 촉매반응이 없음을 의미한다. 과도한 ES의 안정성은 열역학적인 구덩이(thermodynamic pit)이다. 효소의 역할은 전이상태에 도달하기 전에 기질과 결합하고 기질의 위치를 선정해주는 것이다(너무 강하게 결합해서 ES 복합체가 지나치게 안정화 되지 않은 정도로).

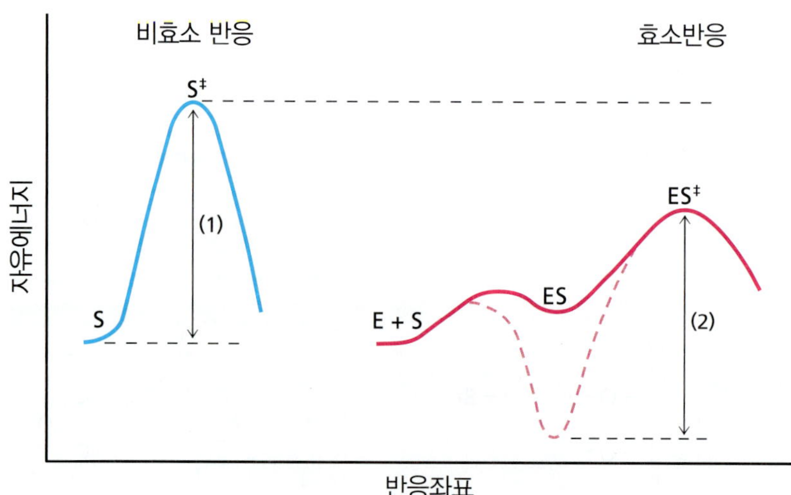

그림 6.15 ▶
기질결합의 에너지. 가상의 반응에서 효소는 전이상태를 안정화시킴으로써 반응속도를 증가시킨다. ES에서 $ES^‡$ 형성을 위한 활성화 장벽이 상대적으로 낮아야 한다. 만약 효소가 기질과 너무 강하게 결합한다면(점선으로 그래프) 활성화 장벽(2)은 비효소 반응의 활성화 장벽(1)과 비슷할 것이다.

기질들에 대한 효소들의 K_m 값(해리상수를 나타냄)은 효소가 열역학적인 구덩이(pit)를 회피한다는 것을 보여준다. 대부분의 K_m 값은 10^{-4} M의 차수로 기질과의 약한 결합을 나타내는 수이다. 요소(urea), 이산화탄소(carbon dioxide), 슈퍼옥사이드 음이온(superoxide anion)과 같은 작은 기질들에 특이적인 효소들은 이들에 대해 상대적으로 높은 K_m 값(10^{-3}에서 10^{-4} M)을 보여주는데, 왜냐하면 이러한 분자들이 적은 수의 비공유결합을 효소와 형성하기 때문이다. 효소들은 대체적으로 다른 기질들보다 부피가 큰 조효소(coenzyme)들에 대해 낮은 K_m 값을 보인다(10^{-6}~10^{-5} M). ATP가 필요한 효소들에 대한 ATP 결합의 K_m 값은 대략 10^{-4} 또는 그 이상이지만 근섬유 단백질인 미오신(효소가 아님)이 ATP에 결합할 때에는 10억 배나 더 높다. 이러한 결합력의 큰 차이는 ES 복합체 내에서 기질의 모든 부분이 효소와 결합하지 않는다는 사실을 반영한다.

K_m의 의미는 5.3C절에서 논의되었다. 대부분의 경우, K_m은 E + S $\rightleftharpoons$ ES 반응에서 해리상수의 근사치를 나타낸다. 따라서 10^{-4}인 K_m은 평행상태일 때 ES의 농도가 자유기질의 농도보다 대략 10,000배 높다는 것을 의미한다.

세포 내부에서 기질의 농도가 해당하는 효소의 K_m 값보다 낮을 경우, 결합반응 E + S $\rightleftharpoons$ ES의 평형은 E + S 쪽을 선호하게 된다. 다시 말하면, ES 복합체의 형성은 에너지론적으로 다소 오르막이고(그림 6.3과 6.15), ES 복합체는 기저상태(ground state)보다 전이상태에 보다 가깝다. 기질의 이러한 약한 결합은 반응을 가속시킨다. K_m 값는 효율적인 촉매반응을 위한 진화에 의해 최적화된 것으로 보인다–근접 효과를 얻을 만큼은 낮지만 ES 복합체가 지나치게 안정화되지 않을 정도로 높게. 기질의 약한 결합은 효소 촉매반응을 수행하는 또 다른 주요 동력의 중요한 특성이다—$ES^{\ddagger}$ 전이상태에서 반응물들의 증가된 결합.

C. 유도 적합

효소는 구조적 유연성이 제한적이라는 측면에서 고체 촉매와 유사성을 갖지만, 그 구조가 완전히 고정되어 있지는 않다. 단백질 원자들은 작고 빠른 움직임들을 지속적으로 만들고, 기질과 결합할 때는 작은 구조조정(conformational adjustment)을 일으킨다. 효소가 처음부터 활성화 형태로 있어서 활성화 상태로의 구조변화에 에너지를 소비하지 않아도 된다면 그러한 효소는 가장 효율적인 효소일 것이다. 그러나 몇몇 경우에는 기질 분자와의 결합이 효소로 하여금 커다란 형태 변화를 겪게 한다. 이러한 효소는 비활성화 형태에서 활성화 형태로 이동한다. 이처럼 기질에 의해 시발되는 구조적 변화에 의한 효소의 활성화를 **유도 적합(induced fit)**이라고 한다. 유도 적합은 촉매방식은 아니지만, 기본적으로는 기질 특이성 효과(substrate specificity effect)이다.

유도 적합의 한 예를 헥소카이네이즈(hexokinase)를 통해 살펴보자. 헥소카이네이즈는 ATP에 의해 포도당의 인산화를 촉매하는 효소이다:

$$\text{포도당} + \text{ATP} \rightleftharpoons \text{포도당-6-인산} + \text{ADP} \qquad \textbf{(6.22)}$$

포도당의 6번 탄소(ROH)에 결합한 알코올기와 유사한 물(HOH)은 헥소카이네이즈의 활성자리에 결합하기에 충분히 작고 적합한 모양을 하고 있으므로 헥소카이네이즈의 좋은 기질이다. 물이 활성자리에 결합하면, 헥소카이네이즈는 ATP의 가수분해를 빠르게 진행시킨다. 그러나 헥소카이네이즈에 의해 촉매된 ATP의 가수분해는 포도당의 인산화 반응보다 40,000배나 느리다.

포도당이 없는 상태에서 어떻게 효소는 비생산적 ATP 가수분해를 막을 수 있을까? 헥소카이네이즈의 구조적 실험은 효소가 두 가지의 구조로 존재함을 보여준다: 포도당이 없을 때에는 열린형으로, 포도당이 결합하면 닫힌형. 포도당이 결합하면 헥소카이네이즈의 두 도메인 간의 각도는 상당한 변화를 보이고, 이로 인해 포도당-효소 복합체에서 그 틈은 닫힌다(그림 6.16). 새롭게 형성된 활성자리에 이미 포도당이 결합되어 있어 효소가 닫힌 형태로 있을 때만 ATP의 생산적 가수분해가 일어난다. 물은 헥소카이네이즈 구조에 있어서 변화를

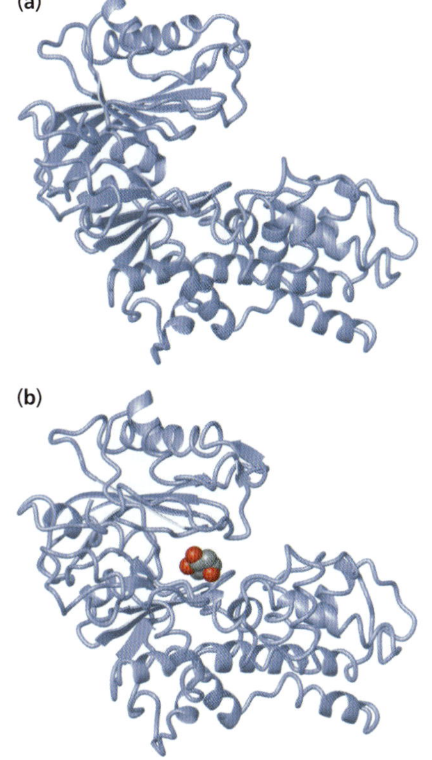

▲ 그림 6.16
효모 헥소카이네이즈. 효모 헥소카이네이즈는 경첩 영역(hinge region)에 의해 연결된 두 개의 구조적 영역을 가지고 있다. 포도당의 결합시, 이 영역은 닫혀져서 활성자리를 물로부터 보호한다. **(a)** 열림 구조, **(b)** 닫힘 구조. [PDB 2YHX와 1HKG]

유도할 만큼 충분히 큰 기질이 아니며, 이는 왜 물이 ATP의 가수분해를 유발시키지 않는지를 설명한다. 그러므로 설탕이 매개하는 헥소카이네이즈의 활성자리 닫힘은 ATP의 낭비적인 가수분해를 막는다. 많은 다른 카이네이즈들도 유도 적합 메커니즘을 따른다.

헥소카이네이즈의 유도 적합과 함께 일어나는 기질 특이성은 세포의 ATP를 아끼는 한편 촉매 대가를 요구한다. 단백질 분자가 닫힌 형태—비선호 구조—로 움직이는데 소비된 결합 에너지는 촉매반응에서는 사용되지 않은 에너지이다. 결과적으로, 유도 적합 메커니즘을 이용하는 효소는 항상 활성 형태로 있고 같은 반응을 촉매하는 이론적인 효소와 비교해서 촉매로서는 덜 효율적이다. 유도 적합의 촉매 비용은 카이네이즈를 느리게 하고 이로 인한 이들의 k_{cat} 값은 약 $10^3\ s^{-1}$ 정도이다(표 5.1). 우리는 13장에서 유도 적합의 또 다른 예로 시트르산 신테이즈를 설명하면서 이들이 어떻게 물질대사 에너지를 절약하는지를 볼 것이다.

헥소카이네이즈, 시트르산 신테이즈, 그리고 삼탄당 인산 아이소머레이즈는 유도 적합 메커니즘의 극단적인 예이다. 효소구조에 대한 최근의 연구들로부터 거의 모든 효소들이 기질이 결합할 때 구조적인 변형을 일으키는 것으로 밝혀지고 있다. 견고한 자물쇠(rigid lock)와 견고한 열쇠(rigid key)라는 단순한 개념은 자물쇠(효소)와 열쇠(기질)가 완벽한 매치를 형성하기 위해 맞추어진다는 보다 역동적인 상호작용으로 대체되고 있다.

핵심개념

대부분의 효소는 유도 적합 결합 메커니즘의 어떠한 형태를 보인다.

D. 전이상태 안정화

효소는 기질의 구조를 물리적이나 전기적으로 비틀어 반응의 전이상태와 유사하게 만듦으로써 반응을 촉매한다. 전이상태 안정화(전이상태에서 효소와 기질의 증가된 상호작용)는 효소의 반응속도 가속화의 많은 부분을 설명할 수 있다.

5.2B절에서 설명한 에밀 피셔(Emil Fischer)의 자물쇠-열쇠 이론(Lock-and-key theory)을 상기하자. 피셔는 효소가 특정 기질만을 열쇠로 받아들이는 견고한 주형이라고 제안하였다. 이러한 생각은 상호작용시 효소와 기질 모두 구조를 변형시킨다는 보다 역동적인 모델로 대체되고 있다. 나아가, 고전적인 자물쇠-열쇠 모델은 효소와 기질의 상호작용을 다루었지만, 지금의 우리는 효소와 전이상태라는 단어로 이에 대해 생각한다—"자물쇠" 속의 "열쇠"는 전이상태이지 기질 분자가 아니다. 기질이 효소에 결합하면, 효소는 기질의 구조를 비틀어 전이상태로 가도록 한다. 기질 분자와의 최대결합은 $ES^‡$에서만 일어난다. $ES^‡$에서의 이러한 결합의 일부는 효소와 기질의 비반응성 영역들 사이에서 나타난다.

핵심개념

효소의 촉매력은 결합효과(기질의 정확한 배열을 위한 위치선정)와 전이상태 안정화에 의해 설명된다. 그 결과는 낮아진 활성화 에너지와 증가된 반응속도이다.

효소는 모양과 화학적 특성에 있어서 전이상태와 상호 보완적이어야만 한다. 그림 6.15의 그래프는 효소와 전이상태의 강한 결합이 활성화 에너지를 낮출 수 있다는 것을 보여준다. E + S와 $ES^‡$ 사이의 에너지 차이가 S와 $S^‡$ 사이의 에너지 차이보다 상당히 작기 때문에, k_{cat}은 k_n(비효소 반응의 속도상수)보다 훨씬 크다. 효소-기질 전이상태($ES^‡$)는 비촉매 반응에서의 반응물의 전이상태에 비해 절대적 에너지의 측면에서도 낮다—따라서 더 안정적이다. 몇몇 전이상태들은 그들의 기질보다 10^{10}~10^{15}배까지 더 단단하게 효소에 결합할 수 있다. 다른 효소들에 있어서 전이상태에 대한 친화도가 이처럼 극단적으로 높을 필요는 없다. 생화학자들의 주된 임무는 전이상태의 안정화가 어떻게 일어나는지를 보여주는 것이다.

효소가 모양과 정전기적 구조가 기질보다 전이상태와 더 잘 맞는 활성자리를 갖는다면 $ES^‡$의 비교 안정화(comparative stabilization)는 일어날 수 있다. 비틀리지 않은 기질 분자는 효소와 완전한 결합을 이루지 않을 것이다. 예를 들어, 효소는 불안정한 전이상태에서만 나타나는 부분적인 전하들과 결합하는 자리들을 가질 수 있을 것이다.

전이상태의 분자는 짧은 수명을 갖는다—그들은 매우 짧은 반감기를 가지고 있어 발견하기 어렵다. 생화학자가 전이상태를 연구하는 한 가지 방법은 효소와 결합할 수 있는 안정적인 유사체 만드는 것이다. 이러한 **전이상태 유사체(transition-state analogs)**는 추정되는 전이

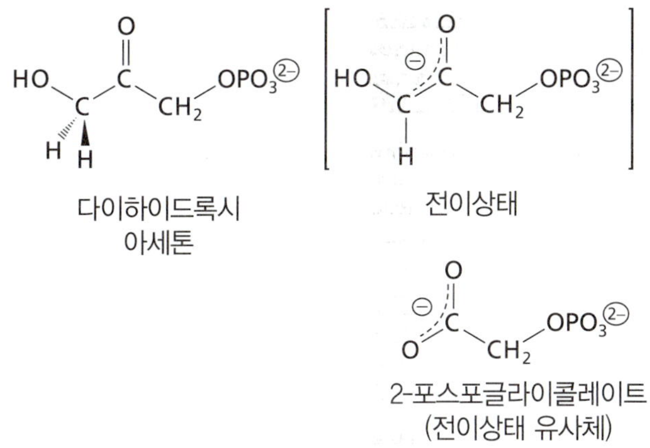

◀ 그림 6.17
삼탄당 인산 아이소머레이즈(triose phosphate isomerase)에 대한 전이상태 유사체인 2-포스포글라이콜레이트(2-phosphoglycolate). 2-포스포글라이콜레이트는 반응과정에서 디하이드록시아세톤 인산(오른쪽)과 초기 엔다이올레이트 중간산물 사이의 전이상태(중앙)의 C-2와 C-3의 유사체로 추정된다.

상태와 구조가 유사한 분자이다. 효소가 전이상태와의 결합을 선호한다면, 전이상태 유사체는 효소와 아주 강력한 결합을 이루어야 하고—기질과 비교해서 아주 강력한—그러므로 잠재적 저해제가 된다. 전이상태 유사체의 해리상수는 대략 10^{-13} M이거나 더 작아야 한다.

아데노신 디아미네이즈의 역할은 18.8절에서 설명되어 있다.

전이상태 유사체의 첫 번째 예들 중 하나는 2-포스포글라이콜레이트(2-phosphoglycolate)로(그림 6.17), 이 물질의 구조는 삼탄당 인산 아이소머레이즈에 의해 촉매되는 반응에서 첫 번째 엔다이올레이트 전이상태(first enediolate transition state)와 유사한 구조를 갖는다(6.4A절). 이 전이상태 유사체는 효소에 대한 기질들보다 적어도 100배 정도 더 강하게 아이소머레이즈에 결합한다(그림 6.18). 이러한 강한 결합은 2-포스포글리콜레이드의 카복실기에 있는 부분적 음전하를 띤 산소 원자에 기인한다. 부분적으로 음전하를 띤 산소 원자는 기질이 아닌 전이상태를 공유하는 것이 특징이다.

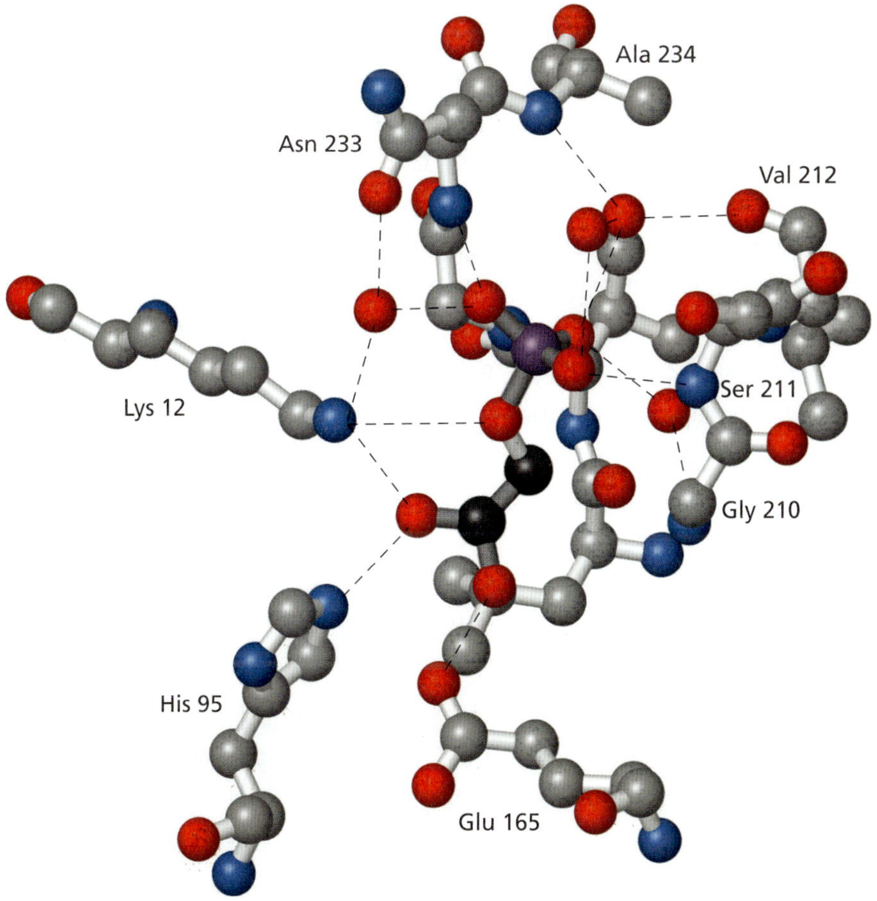

◀ 그림 6. 18
2-포스포글라이콜레이트와 삼탄당 인산 아이소머레이즈의 결합. 전이상태 유사체인 2-포스포글라이콜레이트는 열대말라리아 원충(*Plasmodium falciparum*) 삼탄당 인산 아이소머레이즈의 활성자리에 결합한다. 이 분자는 인산기와 주변 아미노산 곁사슬 간의 많은 수소결합에 의해 자리에 고정된다. 몇몇 수소결합은 활성자리에 "고정된(frozen)" 물 분자를 매개로 형성된다. 전이상태에서 예상한 것처럼, 촉매 잔기인 Glu-165와 His-95는 2-포스포글라이콜레이트의 카복실기와 수소결합을 이루고 있다. [PDB 1LYZ]

(a)

NH_2 $H_2\ddot{O}$ [H_2N OH] NH_3 O

라이보스 라이보스 라이보스

아데노신 (기질) 공유결합성 수화물 이노신 (생성물)

(b) (c)

H H_2O H OH H H

라이보스 H_2O 라이보스 라이보스

퓨린 라이보뉴클레오사이드 (기질 유사체) 전이상태 유사체 1,6-다이하이드로퓨린 라이보뉴클레오사이드 (경쟁적 억제제)

▲ 그림 6.19

전이상태 유사체에 의한 아데노신 디아미네이즈의 억제. **(a)** 아데노신의 탈아미노화(deamination)에서, 불안정한 공유결합성 수화물(covalent hydrate)을 형성하기 위해 양성자(proton)는 N-1에 첨가되고 수산화물(hydoxide) 이온은 C-6에 첨가된다. 이러한 공유결합 수화는 이노신(inosine)과 암모니아(ammonia)를 만들기 위해 분해된다. **(b)** 저해제 퓨린 라이보뉴클레오사이드 또한 공유결합 수화물인 6-하이드록시-1,6-디하이드로퓨린 라이보뉴클레오사이드를 빠르게 형성시킨다. 이 공유결합 수화물은 전이상태 유사체로서 또 다른 경쟁적 저해제인 1,6-디하이드로퓨린 라이보뉴클레이사이드**(c)**보다 100만 배 더 잘 결합한다. 1,6-디하이드로퓨린 라이보뉴클레이사이드는 전이상태 유사체로부터 6-수산기만 결핍되어 있다.

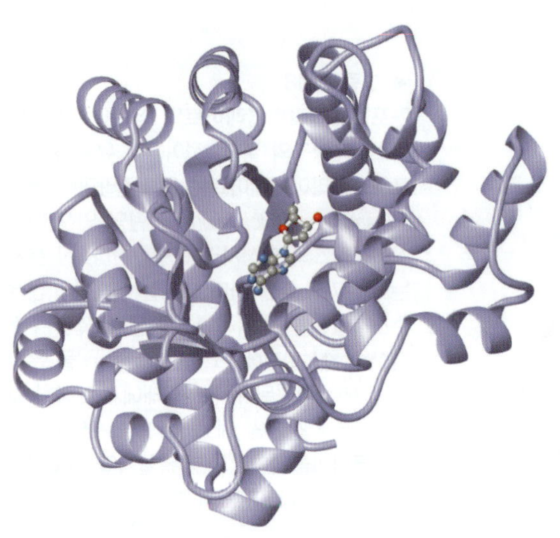

▲ 그림 6.20

전이상태 유사체와 결합된 아데노신 디아미네이즈.

아데노신 디아미네이즈(adenosine deaminase)로 진행한 실험에서 전이상태와 매우 유사해서 놀라운 친화도로 효소와 결합하는 전이상태 유사체가 발견되었다. 아데노신 디아미네이즈는 퓨린 뉴클레오사이드 아데노신(purine nucleoside adenosine)과 이노신(inosine)으로 전환되는 반응을 촉매한다. 이 반응의 첫 단계는 물 분자의 첨가이다(그림 6.19a). 공유결합성 수화(covalent hydrate)라 불리는 물과 이룬 복합체는 아데노신이 효소와 결합하자마자 형성되고 빠르게 생성물로 분해된다. 아데노신 디아미네이즈는 광범위한 기질 특이성을 가지며 퓨린 뉴클레오사이드의 6번 자리에서 다양한 작용기를 제거하는 반응을 촉매한다. 그러나 저해제인 퓨린 라이보뉴클레오사이드(그림 6.19b)는 6번 자리에 수소만 갖고 있기 때문에 물 분자가 첨가되는 가수분해의 첫 번째 단계까지만 진행된다. 이러한 공유결합성 수화가 전이상태 유사체이고, 3×10^{-13} M의 K_i 값을 갖는 경쟁적 저해제이나[비교를 위해, 아데노신 디아미네이즈의 실제 전이상태에 대한 친화상수(affinity constant)는 3×10^{-17} M로 예상된다]. 이러한 유사체의 결합은 반응물이나 생성물의 결합의 10^8배 이상이다. 매우 유사한 환원 저해제인 1,6-디하이드로퓨린 라이보뉴클레오사이드는 C-6에 수산기(hydroxyl group)가 결핍되어 있고, K_i 값이 5×10^{-6} M 정도밖에 되지 않는다. 이러한 연구들로부터 우리는 아데노신 디아미네이즈는 C-6의 수산기와의 상호작용을 통해 전이상태 유사체 — 전이상태 또한 마찬가지로 — 와 특이적이고 강하게 결합해야만 한다는 결론을 내릴 수 있다.

전이상태 유사체와 결합된 아데노신 디아미네이즈는 그림 6.20에 제시되어 있고 효소 활성자리에서 이 유사체와 아미노산 곁사슬의 상호작용은 그림 6.21에 묘사되어 있다. Asp-292와 6-하이드록시-1,6-디하이드로퓨린(6-hydroxy-1,6-dihydropurine)의 수산기 간의 수소결합 및 활성자리에서 이 수산기와 결합된 아연이온 간의 상호작용에 주목하라. 이는 정상반응에서 효소는 전이상태와 특이적

His12 His15
Asp296
His211
Zn^{2+}
His14
N
NH
O OH
O
Asp292
N HO OH
O N
HO
NH
Glu214
O
H
N
O
OH OH
O
Asp16
O
H
NH
Wat569 Gly181

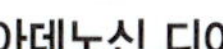

◀ **그림 6.21**
아데노신 디아미네이즈에 결합하는 전이상태 유사체. 전이상태 유사체 6-하이드록시-1,6-디하이드로퓨린과 아데노신 디아미네이즈 활성자리의 아미노산 곁사슬간의 상호작용은 효소가 C-6의 수산기를 인식함을 확인시켜준다. [PDB 1KRM]

으로 결합한다는 가설을 확인시켜준다.

6.6 세린 프로티에이즈

세린 프로티에이즈(serine proteases)는 단백질의 펩타이드 결합을 절단하는 효소의 한 종류이다. 명칭이 의미하는 대로, 이 효소는 촉매 활성자리에 세린 잔기가 존재하느냐에 따라 구분 지어진다. 가장 잘 연구된 세린 프로티에이즈는 트립신, 카이모트립신 및 엘라스테이즈(elastase) 등이다. 이들 효소에 대한 연구는 단백질 구조와 촉매기능 사이의 관계를 연구하는데 매우 좋은 기회를 제공해 준다. 이 효소들은 지난 50년간 매우 집중적으로 연구되어왔기 때문에 생화학의 역사와 효소 메커니즘의 규명에 중요한 부분을 차지한다. 이번 장에서 우리는 세린 프로티에이즈가 자이모겐(효소원, zymogen) 활성화에 의해 어떻게 조절되는지를 살펴보고, 다른 세린 프로티에이즈에 대한 기질 특이성을 나타내는 구조적 근거를 알아보게 된다.

A. 자이모겐은 비활성 효소 전구체이다

포유류는 위와 장에서 음식물을 소화한다. 이 과정 동안에 음식물 단백질은 소화관를 지남

BOX 6.3 콘버그의 십계명

1. 생물학적 질문들을 명확하게 하기 위해서는 효소학을 활용하라.
2. 생화학의 보편성과 미생물의 힘을 믿어라.
3. 네가 설명할 수 있다고 하여 그것을 믿지 말라.
4. 지저분한 효소에 대하여 깨끗한 생각을 허비하지 말라.
5. 지저분한 기질에 대하여 깨끗한 효소를 낭비하지 말라.
6. 창문을 열기(새로운 분야를 개척하기) 위해서는 바이러스에 의존하라.
7. 추출물의 희석은 분자혼잡도를 이용해 보정하라.
8. DNA의 개성을 존중하라.
9. 역유전학(reverse genetics)과 유전체학을 사용하라.
10. 독창적인 시약으로 효소를 사용하라.

아서 콘버그, 1959년 노벨생리 · 의학 수상자

Kornberg, A. (2000). Ten commandments: lessons from the enzymology of DNA replication. *J. Bacteriol.* 182:3613–3618.
Kornberg, A. (2003). Ten commandments of enzymology, amended. *Trends Biochem. Sci.* 28:515–517.

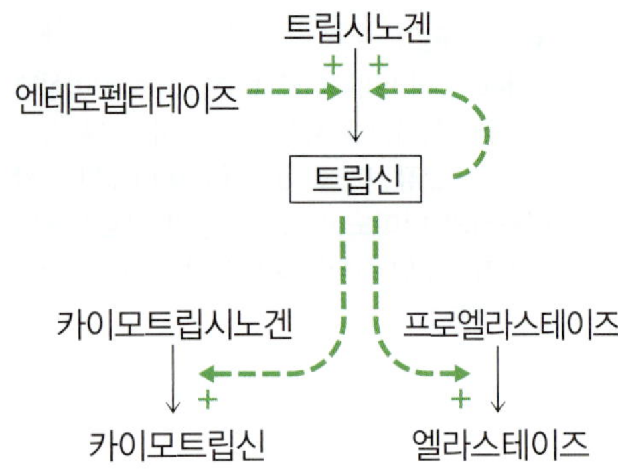

▲ 그림 6.22
몇몇 췌장 자이모겐들의 활성화. 초기 엔테로펩티데이즈는 트립시노겐을 트립신으로의 활성화 반응을 촉진한다. 트립신은 이후 카이모트립시노겐, 프로엘라스테이즈 및 추가적 트립시노겐 분자들을 활성화한다.

(a)

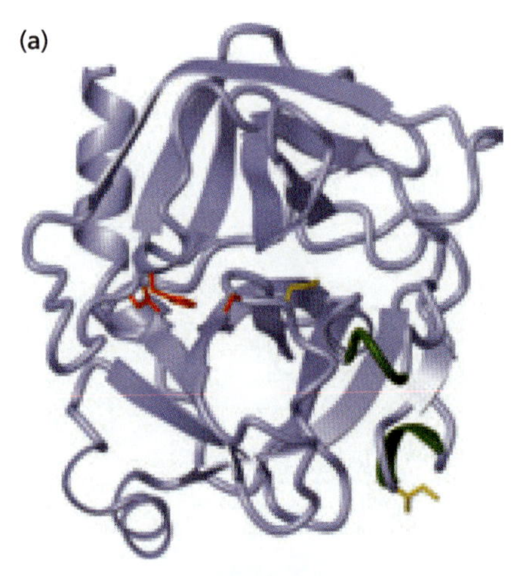

(b)

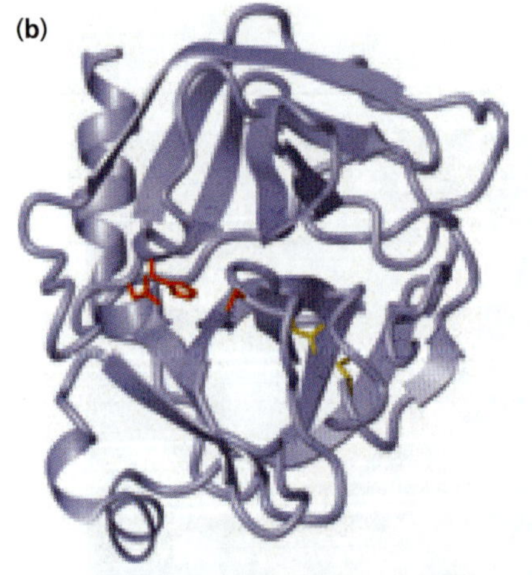

▲ 그림 6.23
카이모트립시노겐(왼쪽) [PDB 2CGA]과 알파-카이모트립신(오른쪽) [PDB5CHA]의 폴리펩타이드 사슬. 자이모겐과 활성형 효소에서 Ile-16과 Asp-194가 노란색으로 나타내었다. 촉매자리 잔기(Asp-102, His-57 및 Ser-195)는 붉은색으로 표시되었다. 자이모겐을 가수분해를 통해 활성화할 때 제거된 잔기는 녹색으로 나타내었다.

에 따라 일련의 가수분해 반응을 겪게 된다. 타액과 함께 씹혀지고 축축하게 되어 기계적 분열이 이루어진 후, 음식물은 위에서 염산과 섞이게 된다. 이 염산은 단백질을 변성시키고 펩신(산성환경에서 최적의 기능을 나타내는 프로티에이즈)은 이러한 변성 단백질을 펩타이드 혼합물로 가수분해시킨다. 이 혼합물은 장으로 이동하여 장에서 탄산수소나트륨에 의해 중성화되고, 몇 가지 프로티에이즈에 의해 아미노산과 작은 펩타이드로 분해되어 혈류로 흡수될 수 있게 된다.

펩신은 초기에 펩시노겐(pepsinogen)이라 불리는 비활성전구체로 분비된다. 펩시노겐은 위에서 염산과 만났을 때, 보다 높은 활성의 프로티에이즈인 펩신(pepsin)을 생성하기 위해 자가분해가 일어나도록 활성화된다. 이러한 위 분비는 음식물 유입에 의해 자극되거나 혹은 100년 전 개를 이용한 이반 파블로프(Ivan Pavlov)의 실험에서 처럼 심지어 음식을 기대하는 것만으로도 자극을 받게 된다(파블로프는 1904년에 노벨상을 수상하였다). 비활성 전구체를 자이모겐이라 한다. 파블로프는 자이모겐이 위와 장에서 활성형 프로티에이즈로 전환될 수 있음을 처음으로 확인하였다.

주요 세린 프로티에이즈는 트립신, 카이모트립신, 그리고 엘라스테이즈이다. 이들은 함께 장에서 많은 단백질의 소화를 촉진한다. 펩신처럼 이들 효소 또한 자이모겐이라 불리는 비활성형 효소전구체들로 합성되고 저장된다. 이 자이모겐들은 트립시노겐, 카이모트립시노겐 및 프로엘라스테이즈라 불린다. 이들은 췌장에서 합성된다. 이러한 하이드롤레이즈들이 세포 내에서 비활성형의 전구체로 저장되는 것은 매우 중요하다. 왜냐하면 활성형 프로티에이즈들은 세포질의 정상적 단백질들도 절단함으로써 췌장세포를 죽일 수 있기 때문이다.

효소들은 췌장에서 소장으로 분비됨에 따라 선택적인 단백질가수분해(하나 또는 몇 개의 특이적 펩타이드 결합의 효소적 절단)을 통해 활성화된다. 엔테로펩티데이즈라 불리는 프로티에이즈는 특이적으로 Lys-6과 Ile-7 사이 결합을 절단함으로써 트립시노겐을 트립신으로 활성화시킨다. N-말단의 헥사펩타이드(hexapeptide) 절단으로 활성화되고 나면, 트립신은 추가적인 트립시노겐 분자들을 포함하여 다른 췌장 자이모겐들을 단백질가수분해를 통해 절단한다(그림 6.22).

카이모트립시노겐의 카이모트립신으로의 활성화는 트립신과 카이모트립신 자체에 의해 촉진된다. 4개의 펩타이드 결합(13번과 14번, 15번과 16번, 146번과 147번, 148번과 149번 사이의 잔기)은 절단되어 두 개의 다이펩타이드(dipeptide)가 분리된다. 결과적으로 유도된 카이모트립신은 자신의 골격에 유도된 두 개의 사슬분단에도 불구하고 자신의 3차원 구조를 유지한다. 이러한 안정성은 부분적으로 단백질 내 5개의 이황화결합이 존재하기 때문이다.

X선 결정학은 카이모트립시노겐과 카이모트립신의 한 가지 중요한 차이점(자이모겐 내 소수성 기질-결합 주머니의 결핍)을 밝혔다. 카이모트립시노겐과 카이모트립신의 구조를 비교한 그림 6.23에서 그 차이점을 확인할 수 있다. 자이모겐이 활성화되면, Ile-16의 새롭게 생성된 알파-아미노기는 안쪽으로 구부러지고 이온쌍을 형성하기 위해 Asp-194의 베타-카복실기와 상호반응을 한다. 이러한 국소적 구조변화는 이온화 가능한 곁사슬이 있는 3개의 촉매잔기(Asp-102, His-57, Ser-195) 가까이에 상대적 소수성 기질-결합 주머니를 생성한다.

B. 세린 프로티에이즈의 기질 특이성

카이모트립신, 트립신 및 엘라스테이즈는 공통조상을 공유하는 비슷한 효소들이다. 다시 말해 이들은 상동(homologous)이다. 각 효소는 두 영역의 틈 사이에 활성부위가 있는 두 나뭇잎 모양의 구조를 지닌다. 활성자리에 있는 세린, 히스티딘 및 아스파테이트 잔기의 촉매활성을 위한 곁사슬의 위치는 세 효소에서 거의 동일하다(그림 6.24).

카이모트립신, 트립신 및 엘라스테이즈의 기질 특이성은 이 효소들의 상대적으로 작은 구조적 차이로 설명할 수 있다. 트립신은 아지닌과 라이신의 카보닐기가 참여한 펩타이드결

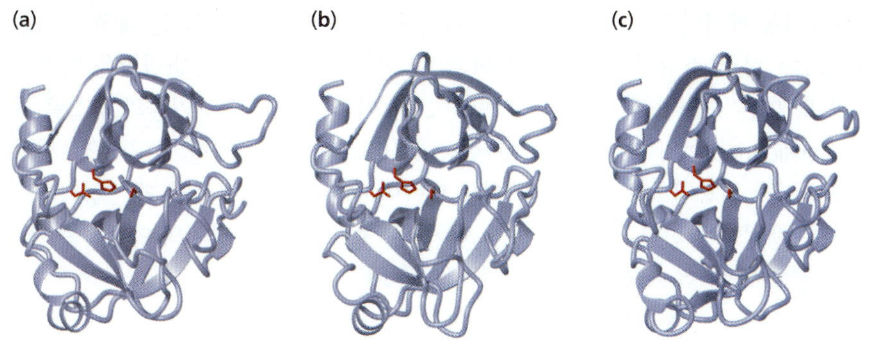

◀ 그림 6.24
세린 프로테이에이즈. (a) 카이모트립신, (b) 트립신 및 (c) 엘라스테이즈의 폴리펩타이드 골격의 비교. 촉매 중심부의 잔기는 붉은색으로 나타내었다.

합의 가수분해를 일으킴을 상기하라(3.10절). 카이모트립신과 트립신은 둘 다 세린 잔기에 의한 친핵성 공격이 이루어지기 위해 기질을 정확히 배치하도록 하는 결합주머니(binding pocket)를 갖고 있다. 각각의 프로테이에이즈는 폴리펩타이드가 들어갈 수 있는 구조적으로 유사한 확장된 영역을 가지고 있지만 활성자리 세린 잔기 주변의 이른바 특이성 주머니는 효소마다 현저한 차이를 나타낸다. 카이모트립신에서 확인되는 소수성 결합 주머니의 기저(base)에 위치한 비전하 세린 잔기 때문에 트립신은 카이모트립신과 다르다. 트립신에서 이 잔기는 아스파테이트 잔기이다(그림 6.25). 이 음전하의 아스파테이트 잔기는 ES 복합체에서 기질의 아지닌 또는 라이신 잔기의 양전하 곁사슬과 이온쌍을 형성한다. 특별하게 돌연변이된 트립신을 이용한 실험을 통하여 이 특이적 주머니의 기저에 있는 아스파테이트 잔기가 기질특이성을 나타내는데 주요한 인자이지만 이 분자의 다른 부분들도 또한 특이성에 영향을 준다는 사실이 밝혀졌다.

엘라스테이즈는 글라이신과 알라닌 잔기가 많은 섬유단백질인 엘라스틴의 분해를 촉진한다. 결합 주머니가 훨씬 얕은 점을 제외하면 엘라스테이즈는 3차 구조상 카이모트립신과 유사하다. 카이모트립신과 트립신의 결합자리의 입구에서 발견된 두 개의 글라이신 잔기는 엘라스테이즈에서 훨씬 큰 발린과 쓰레오닌 잔기로 교체되어 있다(그림 6.25c). 이 잔기들은 곁사슬이 큰 잔기들을 갖는 기질을 촉매 중심부로부터 멀리 떨어뜨려 놓는다. 따라서 엘라스테이즈는 글라이신과 알라닌과 같은 작은 잔기를 지닌 단백질들을 선택적으로 잘라주게 된다.

C. 세린 프로테이에이즈는 촉매의 화학 및 결합 방식 모두를 사용한다

카이모트립신의 메커니즘과 세 가지 촉매 잔기(His-57, Asp-102 및 Ser-195)의 역할에 대해 알아보도록 하자. 많은 효소들은 같은 방식으로 아마이드 또는 에스터 결합을 절단시킴으로 카이

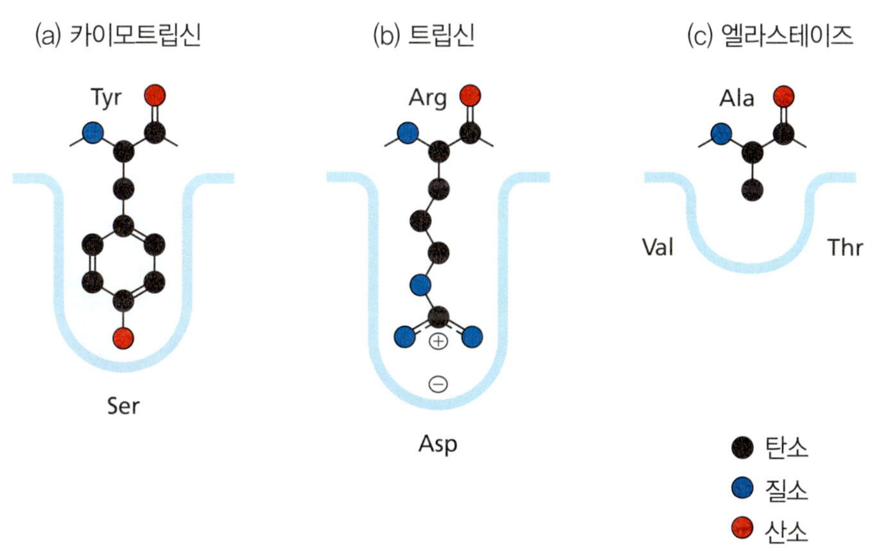

◀ 그림 6.25
카이모트립신, 트립신 및 엘라스테이즈의 결합자리. 세 가지 세린 프로테이에이즈의 상이한 결합자리는 그들의 기질 특이성을 결정짓는 요인이다. (a) 카이모트립신은 방향성 잔기의 곁사슬 또는 부피가 큰 소수성 아미노산 잔기와 결합하는 소수성 주머니를 보유한다. (b) 트립신의 결합 주머니 바닥에 있는 음전하의 아스파테이트 잔기는 트립신이 라이신과 아지닌 잔기의 양전하 곁사슬과 결합하게 한다. (c) 엘라스테이즈에서 결합자리에 있는 발린과 쓰레오닌 잔기의 곁사슬은 얕은 결합 주머니를 생성한다. 엘라스테이즈는 작은 곁사슬을 갖는 글라이신과 알라닌 같은 아미노산 잔기와만 결합한다.

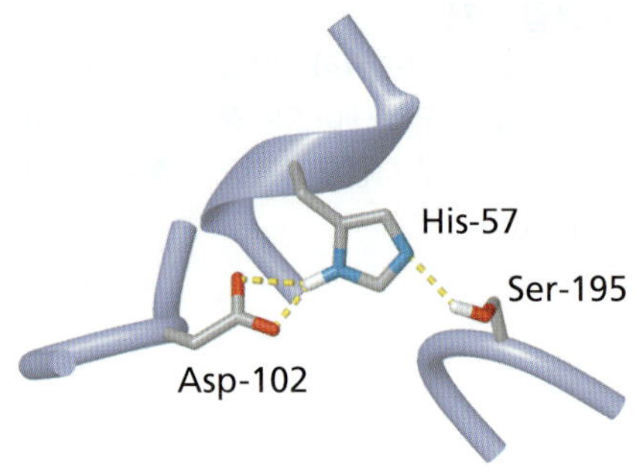

▲ 그림 6.26
카이모트립신의 촉매자리. 활성자리 잔기 Asp-102, His-57 및 Ser-195는 수소결합 네트워크에 의해 정렬되어 있다. 이 세 가지 잔기간 입체구조는 Asp-102의 카복실 곁사슬의 카보닐 산소와 His-57의 펩타이드 결합에 참여한 질소 사이의 수소결합에 의해 안정화된다. 활성자리 잔기의 산소 원자는 붉은색, 그리고 질소 원자는 짙은 파란색으로 나타내었다.

모트립신의 작동 메커니즘에 대한 연구는 큰 하이드롤레이즈 군을 이해하는 데 적용 가능하다.

Asp-102는 다소 소수성 환경에 파묻혀 있다. 이는 Ser-195와 수소결합을 이루고 있는 His-57과 또 다른 수소결합을 이룬다(그림 6.26). 이들 아미노산 잔기들의 집합을 **촉매 삼꼭지점(catalytic triad)**이라 부른다. His-57이 Ser-195로부터 양성자를 끌어냄으로써 효소반응의 순환과정이 시작된다(그림 6.27). 이는 펩타이드 결합을 공격하게 되는 강력한 친핵체(Ser-195)를 생성하게 한다. 이 반응이 잘 일어나는 이유는 세린 잔기의 양성자를 제거하는 능력을 갖는 히스티딘을 Asp-102가 안정화시키기 때문이다.

세린의 곁사슬이 강한 친핵체로 작용하기 위한 탈양성화에 있어 세린은 충분한 산성을 띠지 않기 때문에 Ser-195가 카이모트립신의 촉매잔기라는 발견은 매우 놀라운 일이었다. 세린 잔기의 수산화메틸 그룹은 보통 약 16의 pK_a 값을 갖고 있으며 이는 에탄올의 수산화기와 비슷한 반응성을 가지고 있다. 비록 에탄올이 에톡사이드(ethoxide)로 이온화될 수는 있지만 이를 위해서는 매우 강한 염기나 알칼리금속의 처리가 필요하다는 사실을 확인한 유기화학 내용을 상기하기 바란다. 우리는 아래에서 카이모트립신의 활성자리가 기질 존재하에서 어떻게 이온화되는지를 확인할 수 있다.

카이모트립신과 관련된 세린 프로테이에이즈에 대한 제안된 메커니즘에는 친핵성 산소에 의한 공유결합성 촉매양식과 이탈기를 형성하기 위하여 양성자를 공급하는 일반적 산-염기

BOX 6.4 깨끗한 옷

세탁 세제의 75%에 프로티에이즈가 포함되어 있다는 것은 많은 사람들이 잘 알지 못한다. 이 프로티에이즈는 더러운 옷으로부터 잘 녹지 않는 단백질 얼룩을 제거하는 데 사용된다.

모든 프로티에이즈 첨가제는 여러 *Bacillus* 균종들로부터 분리해 낸 세린 프로티에이즈이다. 이 효소들은 광범위하게 변형되었는데 덕분에 높은 온도라는 극한 상황에서도 세제 용액 내에서 활성을 유지할 수 있었다. 고초균(*Bacillus subtilis*)의 세린 프로티에이즈 서브틸리신(subtilisin)이 화학적 산화에 대해 더 높은 저항성을 나타내도록 만든 변형은 자리-특이적 돌연변이(site-directed mutagenesis)의 성공적인 예이다. 고초균이 세린 프로티에이즈 서브틸리신의 메싸이오닌 잔기는 활성자리 틈새(Met-222)에 존재하며 이 부분이 산화되면 즉시 효소의 활성을 잃세 된나. 산화반응에 대한 저항성은 서브틸리신의 세제 첨가제로서의 역할을 더 타당하게 하였다. Met-222는 돌연변이 유발실험을 통해 다른 아미노산으로 체계적으로 치환되었다. 19개의 가능한 모든 돌연변이 서브틸리신들을 분리하여 실험해본 결과, 대부분의 서브틸리신들은 펩티데이즈 활성이 상당히 줄어들었다. Cys-222 돌연변이는 높은 활성을 지녔지만 산화에 대해 민감하였다. 산화되지 못하는 잔기로 이루어진 Ala-222와 Ser-222 돌연변이들은 산화반응에 의해 활성을 잃지 않았고 비교적 높은 활성을 갖고 있었다. 따라서 이들은 산화반응에 안정적이며 활성을 유지하는 유일한 돌연변이 서브틸리신 변이체였다.

특정 박테리아 프로티에이즈의 319개의 아미노산 잔기 중 8개 아미노산의 자리-특이적 돌연변이를 여러 번 시도해 보았다. 야생형 프로티에이즈는 열이 가해졌을 때 어느 정도 안정적이었으나, 돌연변이가 이루어진 효소는 안정적일 뿐 아니라 100℃에서도 기능할 수 있었다. 이들의 변성은 모양을 안정화하는 이황화결합들에 의해 보호되었다.

최근 에너지를 절약하기 위해 더 낮은 온도로 세탁하려는 경향이 있다. 하지만 오래된 효소들은 낮은 세탁온도에서 효과적이지 못하다. 그래서 현대 에너지를 생각하는 가정에서 유용하게 사용될 변형된 효소를 만들기 위한 종합적인 생물공학적 시도가 이루어지고 있다.

▲ 그림 6.27

카이모트립신의 촉매 삼꼭지점. His-75의 이미다졸 고리(imidazole ring)는 Ser-195(수소결합되어 있는)의 수산화메틸 곁사슬로부터 양성자를 제거한다. 그럼으로써 Ser-195를 강한 친핵체로 만든다. 이 반응은 이미다졸리움 이온과 수소결합된 동반자인 Asp-102의 묻혀 있는 베타-카복실기와의 상호반응에 의해 촉진된다. 삼꼭지점의 아미노산 잔기들은 그림 6.24에 보이는 것과 유사하게 정렬되어 있다.

촉매반응 양식을 포함한다. 제시된 메커니즘의 각 단계는 그림 6.28에 소개되어 있다.

펩타이드 기질의 결합은 입체적으로 Asp-102과 his-57을 눌러 카이모트립신의 입체구조에 약간의 변화를 일으킨다. 이 잔기들 사이에선 낮은 장벽의 수소결합이 형성되고 His-57의 pK_a는 7에서 11까지 오른다(상당히 강하고 공유결합성에 가까운 이 결합형성은 전자를 His-57에 있는 이미다졸 고리의 두 번째 N원자에 접근할 수 있게 하고 결국 더 큰 염기성을 띠게 한다). 이와 같은 염기성의 증가는 His-57로 하여금 Ser-195의 $—CH_2OH$에 있는 양성자를 더 효과적으로 빼앗아 올 수 있는 일반 염기(general base)가 되도록 한다. 이 메커니즘은 평상시에는 반응성이 없는 세린의 알코올기가 어떻게 강력한 친핵체로 작용하게 되는지를 설명해 준다.

이번 장에서 설명하고 있는 모든 촉매방식은 세린 프로티에이즈의 메커니즘에 사용되었다. 그림 6.28에서 나타난 반응 도식에서 앞쪽 방향으로의 단계 1과 단계 4는 반응물들을 가깝게 모으는 역할(proximity effect)을 하고 있다. 예를 들어 단계 4에서 물 분자가 아민(P_1)을 대체할 때 물 분자가 히스티딘에 의해 붙잡힘으로써 가깝게 모인다. 히스티딘의 산-염기 촉매작용은 단계 2와 4에서 에너지 장벽을 낮춘다. 세린의 $—CH_2OH$는 공유결합성 촉매작용에 사용되어 단계 2부터 5를 일으킨다. 단계 2와 4에서 불안정적인 사면체성 중간체(E-TI_1과 E-TI_2)는 이 단계들에서 비슷한 전이상태 구조를 가질 것으로 생각된다. 산소음이온 구멍(oxynaion hole) 안에 있는 수소결합은 기질의 산소음이온 형태인 중간체를 안정화시키는데 이는 기질이 붙은 것보다 효소에 더 단단하게 붙기 때문이다. 촉매작용의 화학 방식(산-염기

Box 6.5 수렴진화

세린계 프로티에이즈의 또 다른 예로 *Bacillus subtilis*로부터 유래한 서브틸리신(subtilisin)을 들 수 있다. 이 단백질은 활성부위에 카이모트립신의 Asp-102, His-57, Ser-195(그림 6.27)와 유사한 Asp-32, His-64, Ser-221로 구성된 촉매 삼꼭지점을 갖는다. 그러나 각 아미노산의 서열 번호에서 알 수 있듯이 서브틸리신과 카이모트립신은 구조적으로 매우 다르며, 아미노산 서열의 유사성도 낮다.

포유동물의 장내 세린계 프로티에이즈인 카이모트립신과 박테리아 서브틸리신의 촉매 삼꼭지점은 서로 독립적으로 발견되었으며, 따라서 단백질의 수렴진화(convergent evolution)의 놀라운 예라고 할 수 있다.

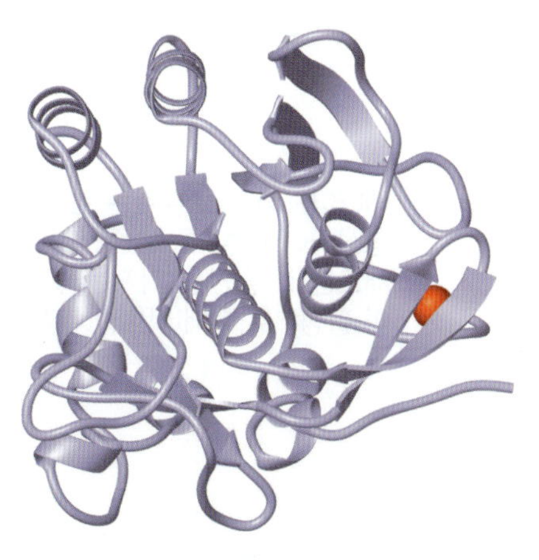

▶ *Bacillus subtilis*의 서브틸리신. 서브틸리신의 구조는 그림 6.24에 보이는 세린계 프로티에이즈와는 매우 다르다.

효소-기질간 비공유결합이 형성되면서 반응을 위한 기질의 배열이 이루어진다. 기질을 제자리에 잡아주는 상호작용에는 효소의 특이성 주머니(음영) 내 기질 R1기의 결합을 포함한다. 이 결합 상호작용을 통해 절단이 용이한 펩타이드 결합의 카보닐 탄소가 Ser-195의 산소 옆에 놓이게 된다.

E + S

(1)

기질의 결합에 의해 Asp-102와 His-57이 압축되며, 이러한 긴장상태는 낮은 장벽의 수소결합 형성을 통해 완화된다. His-57의 증가된 pK_a로 인해 이미다졸 고리가 Ser-195의 수산기로부터 수소를 제거할 수 있게 된다. Ser-195의 친핵성 산소는 펩타이드 결합의 카보닐 탄소를 공격하여 사면체성 중간산물(E-TI_1)을 형성하며, 이는 전이상태와 유사할 것으로 여겨진다.

E-S

(2)

사면체성 중간산물이 형성되면 기질의 C-O는 이중결합에서 좀 더 긴 단일결합으로 바뀐다. 이를 통해 사면체성 중간산물의 음전하를 띤 산소가 산소음이온 구멍이라 불리는 빈 공간으로 이동하게 된다. 이곳에서 산소음이온은 Gly-193과 Ser-195의 펩타이드 사슬 —NH 그룹과 수소결합을 형성할 수 있다.

His-57의 이미다졸 고리는 산촉매로 작용하여, 절단이 용이한 펩타이드 결합의 질소에 수소를 줌으로써 절단이 가능하게 한다.

E-TI_1

(3)

펩타이드의 카보닐기는 효소와 공유결합을 형성하여 아실-효소 중간산물을 형성한다. 새로운 N-말단을 가지는 펩타이드 생성물이 활성부위를 떠나면 물 분자가 들어온다.

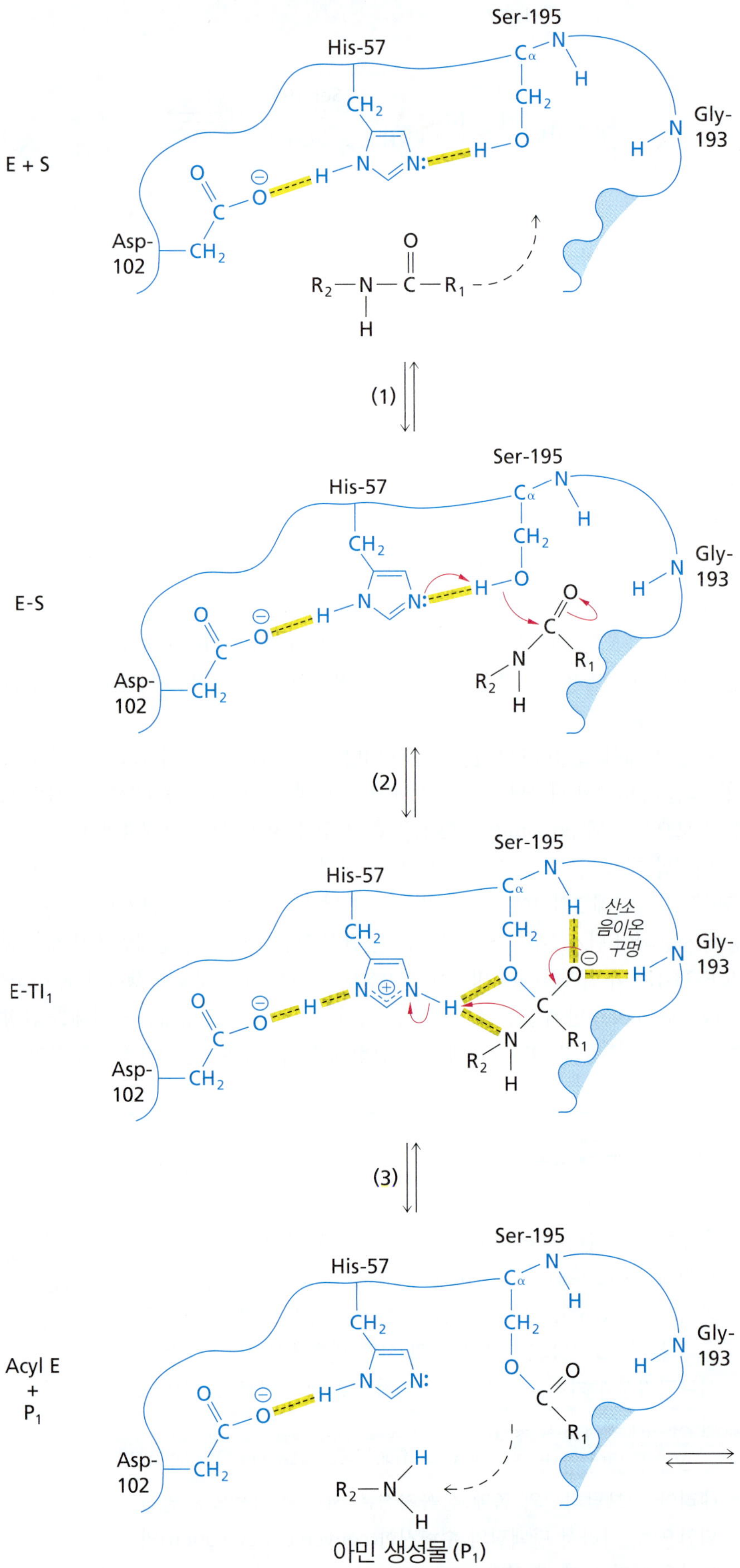

Acyl E + P_1

아민 생성물 (P_1)

▲ **그림 6.28**
카이모트립신에 의한 펩타이드 결합의 절단 메커니즘.

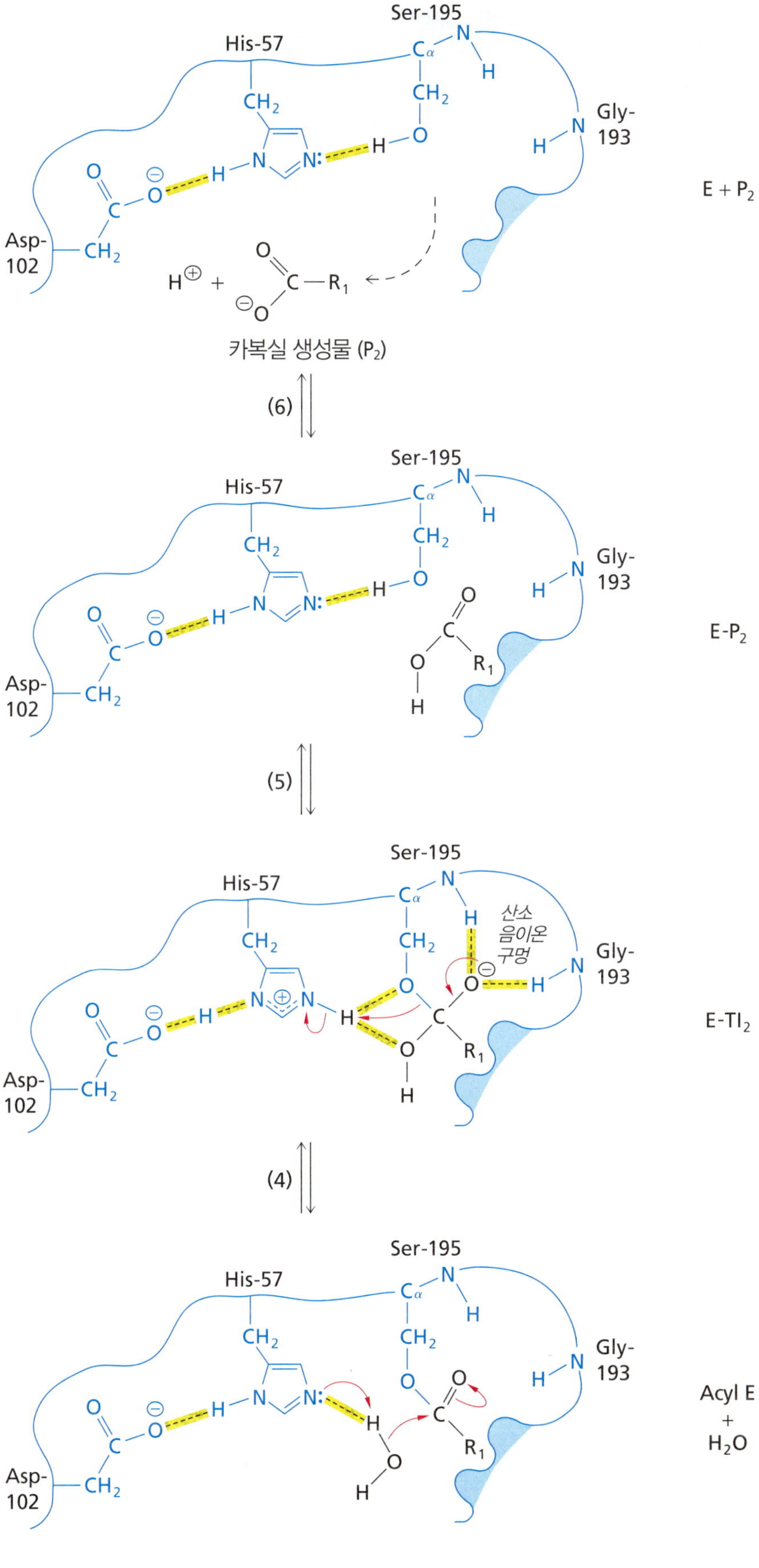

활성부위로부터 카복실 생성물(carboxylate product)이 방출되고 자유로운 카이모트립신이 재생된다.

새로운 C-말단을 갖는 폴리펩타이드, 즉 2차 생성물(P_2)가 만들어진다.

다시 한번 His-57의 이미다졸 고리가 수소를 제공하여, 2차 사면체성 중간산물($E\text{-}TI_2$)의 붕괴를 유도한다.

2차 사면체성 중간산물($E\text{-}TI_2$)이 형성되고, 산소음이온 구멍에 의해 안정화된다.

Asp-102와 His-57 간 낮은 장벽 수소결합이 재형성되고, 에스테르의 카보닐기를 공격하기 위한 $OH^{\ominus}$기를 제공하기 위해 His-57이 물 분자로부터 수소를 제거하면, 아실-효소 중간산물의 가수분해(탈아실화, deacylation)가 시작된다.

▲ **그림 6.28** (계속)

라이소자임 절단위치

GlcNAc MurNAc GlcNAc MurNAc

그림 6.29 ▶
박테리아 세포벽 다당류의 4-잔기 부분의 구조. 라이소자임은 MurNAc의 C-1과 글라이코사이드 결합에 참여하는 산소 원자간 글라이코사이드 결합의 가수분해를 촉매한다.

와 공유 촉매작용)과 촉매작용의 결합 방식(가까워 효과와 전이상태 안정화)은 모두 세린 프로티에이즈의 촉매 활성에 기여한다.

6.7 라이소자임

라이소자임(lysozyme)은 다당류, 특히 박테리아의 세포벽을 구성하고 있는 다당류의 가수분해를 촉진하는 효소이다. 효소의 구조가 밝혀진 첫 번째 단백질로 정확한 작용 메커니즘을 알아보기 위해 오랫동안 연구가 진행되어온 효소이다. 눈물, 침, 콧물 등과 같은 분비물에는 라이소자임의 활성이 보이는데, 이는 박테리아 감염을 막기 위해서이다[라이소자임의 유래는 박테리아를 파괴 또는 분해한다는 라이시스(*lysis*)로부터 유래되었다]. 달걀 흰자위의 라이소자임에 대한 연구가 가장 많이 이루어졌다.

박테리아 세포벽의 구조는 8.7B절에서 설명한다.

라이소자임의 기질은 *N*-아세틸글루코사민(*N*-acetylglucosamine, GlcNAc)과 *N*-아세틸뮤람산(*N*-acetylmuramic acid, MurNAc)이 글라이코사이드 결합(그림 6.29)을 통해 연결된 다당류다. 이 효소는 GlcNAc C-4의 산소와 MurNAc C-1 사이의 글라이코사이드 결합을 특이적으로 가수분해한다.

X선 결정분석을 통해 라이소자임-당 복합체의 모델이 제시되었다(그림 6.30). 라이소자임의 기질-결합 틈새(substrate-binding cleft)에는 6개의 당이 결합하고, 각 당은 효소의 A부터 E에 걸쳐 활성자리의 특정 영역에 결합한다.

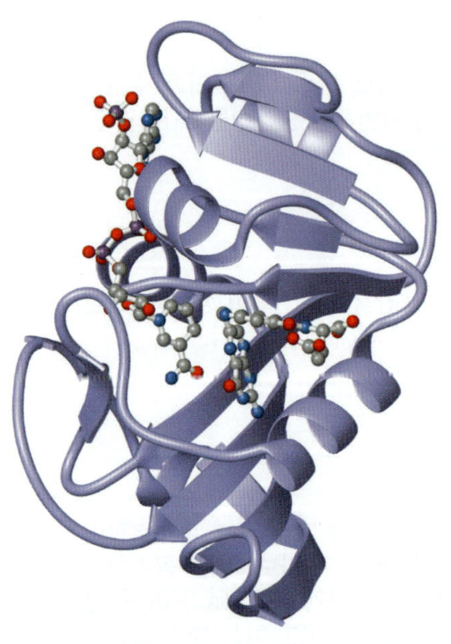

▲ 그림 6.30
오탄당 분자(분홍색)가 결합된 닭 유래 라이소자임. A, B, C, D, E 부위들이 기질과 결합되어 있고, F 부위는 위 구조에서는 나타나지 않았다. 결합분리를 위한 활성자리는 D와 E 사이이다. [PDB 1SFB]

설탕 분자들은 라이소자임의 구조모델과 한 부위를 제외한 모든 부위에 쉽게 결합한다. MurNAc 같은 설탕 분자는 반의자형태(half-chair conformation)로 구조가 틀어지지 않는 한 구조모델의 D 부위에 결합하지는 못한다(그림 6.31). D 결합자리에서 두 개의 이온성 아미노산인 Glu-35와 Asp-52는 뒤틀어진 설탕 분자의 C-1에 가깝게 위치한다. Glu-35는 기질결합틈새의 비극성 영역에 위치하고, 그에 따른 교란된 pK_a 값은 6.5 정도를 나타낸다. Asp-52는 보다 극성 환경에 위치하고, 3.5 정도의 pK_a 값을 보인다. 라이소자임 활성의 최적 pH는 두 pK_a 값의 중간인 5 정도이다. 개개의 아미노산 잔기들의 pK_a는 수용액상의 아미노산들의 pK_a와 다를 수 있음을 상기하라(3.4절).

라이소자임에 대해 제안된 작용 메커니즘은 그림 6.32에서 보여주고 있다. 다당류 분자가 라이소자임과 만나게 되면, 효소의 B, D, F 위치에 MurNAc 잔기가 결합한다[A, C, E 위치에는 MurNAc의 락틸 곁사슬이 결합할 수 있는 공간(cavity)이 없다]. 올리고당의 광범위한 결합을 통해 D 위치의 MurNAc 잔기가 반의자 형태의 구조를 띠게 되며, 이때 형성된 불안정한 중간체인 산화탄소양이온(oxocarbocation)과 52번 아미노산인 Asp간에 공유결합에 가까운 강한 이온결합이 형성된다. 최근의 증거들은 이 결합이 강한 이온결합보다는 공유결합에 가까울 것이라고 제안하고 있지만, 여전히 많은 논란이 있다. 거의 50년에 가까운 기간 동안 연구가 진행되어 왔지만, 라이소자임의 작용 메커니즘에 대한 상세한 연구가 여전히 진행 중이라는 점은 흥미로운 부분이다.

라이소자임은 수많은 글라이코사이드 하이드롤레이즈(glycoside hydrolase) 중 대표적인 한 가지 예일 뿐이다. 최근 들어 박테리아 셀룰로스 가수분해효소(cellulase)를 대상으로 효소-기질 복합체, 중간체 및 생성물에 대한 구조들이 밝혀지고 있다. 이 효소는 라이소자임과는 다소 다른 작용 메커니즘을 보인다—라이소자임의 이온결합과는 다르게 효소와 글라이코실(glycosyl) 간 공유결합이 이루어진 중간체를 형성한다. 그 외의 설탕 잔기의 뒤틀림이나, 효소활성 부위에서의 —COOH와 —COO⊖ 곁사슬과의 상호작용 등은 라이소자임의 작용 메커니즘과 유사하다. 효소복합체의 구조는 기질의 뒤틀림을 통해 전이상태 구조로 전환됨을 보여준다.

(a) 의자형 구조

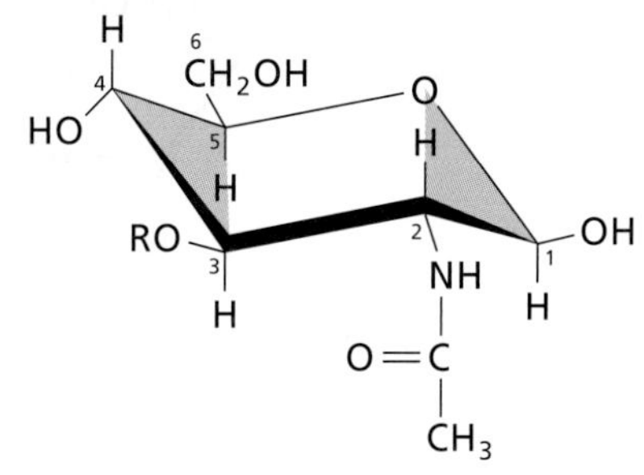

(b) 반의자형 구조

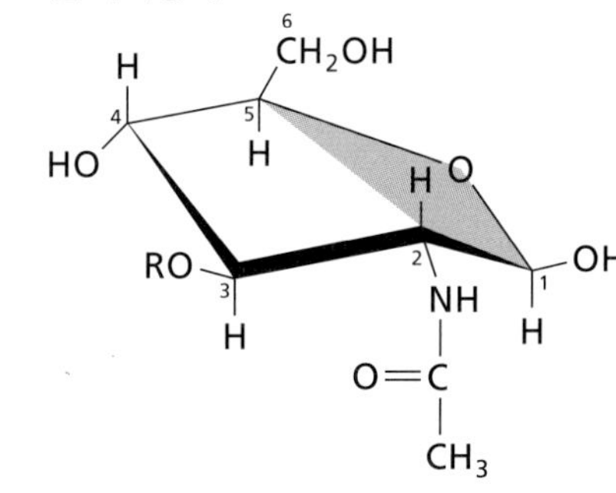

▲ 그림 6.31
N-아세틸뮤람산(N-acetylmuramic acid)의 구조. (a) 의자형. (b) 라이소자임의 D 부위에 결합된 설탕의 반의자형 구조. R은 MurNAc의 락틸(lactyl)기를 나타낸다.

6.8 아지닌 카이네이즈

상세한 작용 메커니즘이 밝혀진 대부분의 효소반응은 이성질체화, 절단반응, 또는 2차반응물로 물 분자가 관여한 단순한 반응들이 포함된다. 따라서 근접 효과(proximity effect)와 전이상태의 안정화 정도를 평가하기 위해서는 아지닌 카이네이즈(arginine kinase)의 촉매반응과 같은 좀 더 복잡한 반응을 들여다볼 필요가 있다.

$$\text{아지닌} + \text{MgATP} \rightleftharpoons \text{아지닌 인산} + \text{MgADP} + H^{\oplus}$$

아지닌 카이네이즈의 전이상태 유사체-효소 복합체 구조가 고해상도로 밝혀졌다(그림 6.33). 그러나 공유결합의 반응물을 활용한 일반적인 형태의 전이상태 유사체에 대한 연구 대신 과학자들은 세 개의 분리된 요소들을 사용하였다: 아지닌, 질산염(nitrate, 아지닌과 ADP 사이에 옮겨진 인산기를 모델하기 위함), 그리고 ADP. 세 구성물을 포함한 활성부위의 X선 결정분석을 통해 반응 메커니즘과 전이상태 구조가 제안되었다(그림 6.33 참조). 결정구조 분석결과 효소가 결합된 분자들의 움직임을 제한하고 있음을 알 수 있다(짐작컨대, 전이상태의 움직임 또한 마찬가지일 것으로 생각됨). 예를 들면, ATP의 파이로인산기(pyrophosphoryl group)는 4개의 아지닌 곁가지에 의해 잡혀 있고, 결합된 Mg^{2+} 이온과 아지닌 기질 분자의 구아니디니움기(guanidinium group)는 2개의 글루타메이트(glutamate) 곁가지에 의해 단단히 잡혀 있다. 이러한 요소들은 효소에 의해 적절하고 정확하게 배열된다.

다른 카이네이즈와 마찬가지로 아지닌 카이네이즈는 유도 적합 효소이다(6.5C절). 따라서 아지닌, 질산염, ADP가 있는 상태에서 결정화될 경우 닫힌 형태를 예상할 수 있다. 이 효소의 아지닌과 ATP에 대한 k_{cat}과 K_m은 각각 $2 \times 10^2\ s^{-1}$과 10^{-4} 이상이며, 이는 카이네이즈들의 전형적인 값들이다. 중간 정도의 K_m 값으로 미루어 사전에 약한 결합을 이루고 있던 기질들은 유도 적합결합이 일어나는 동안 나타나는 움직임에 의해 정확한 배열을 나타낸다. 이 효소의 반응에 있어서 적어도 4개의 밀접한 촉매작용이 관여한다: 근접(proximity, 기질 분자들의 집합과 배열), 기질들의 적당히 약한 초기 결합, 산-염기 촉매반응, 전이상태 안정화(전이상태의 형태를 향한 기질들의 구조적 긴장상태).

효소들의 일반적인 작용 메커니즘에 대한 축적된 이해를 바탕으로, 지금부터는 조효소들이 포함된 반응들을 살펴볼 수 있을 것이다. 이러한 반응들은 아미노산 곁가지들에 의해 제공될 수 없는 반응기들이 필요하다.

기질의 MurNAc 잔기는 효소의
D 부위에 결합하여 구조가
뒤틀린다.

pH 5에서 프로톤화(protonation)된
Glu-35가 산촉매로 작용하여,
D와 E 잔기 사이의 글라이코사이드 결합에
관여하는 산소에 수소를 제공한다.

E와 F 자리에 결합된 기질 일부분
(알코올 이탈기, alcohol leaving group)은
확산되어 나오고 물 분자로 대체된다.

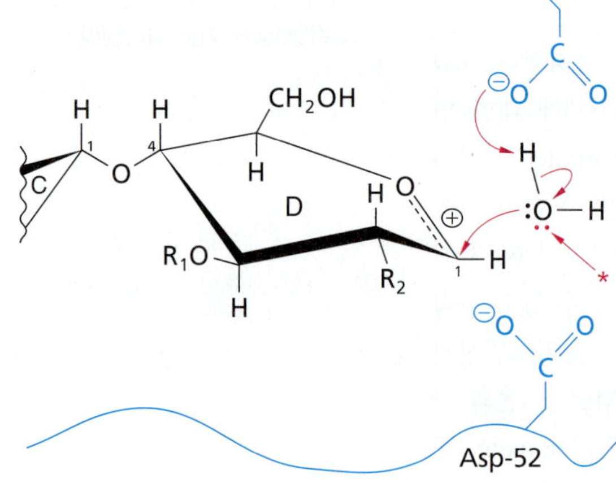

pH 5에서 음전하를 띠는 Asp-52는
불안정한 산화탄소양이온(oxocarbocation)
중간산물과 강한 이온결합을 형성하고,
이 결합은 거의 공유결합에 가깝다.

물 분자에서 나온 양성자는 Glu-35의
짝염기로 전달되고, 만들어진 수산화물
이온은 산화탄소양이온에 첨가된다.

▲ 그림 6.32
라이소자임의 작용 메커니즘. R_1은 락틸(lactyl)기를, R_2는 MurNAc의 *N*-아세틸기를 나타낸다.

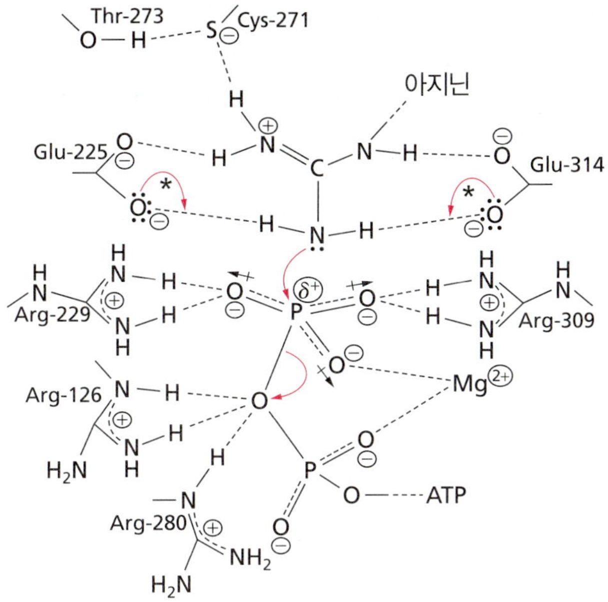

◀ **그림 6.33**
ATP와 아지닌이 결합된 아지닌 카이네이즈의 활성부위 구조. 점선으로 표시된 것과 같이 기질 분자는 단단히 잡혀 있고 전이상태를 향해 배열되어 있다. 별표(*)는 Glu-225나 Glu-314가 일반 산-염기 촉매(general acid-base catalyst)의 역할을 할 수 있다는 것을 보여준다.
{Adapted from Zhov, G., Somasundaram, T., Blanc, E., Parthasarathy, G., Ellington, W. R., and Chapman, M. S. (1998). Transition state structure of arginine kinase: implications for catalysis of bimolecular reactions. Proc. Natl. Acad. Sci. USA. 95:8453.)

요약

1. 효소 촉매작용의 4가지 대표적인 방식은 화학적 방식(chemical modes)인 산-염기 촉매작용(acid-base catalysis)과 공유결합 촉매작용(covalent catalysis), 그리고 결합방식(binding modes)인 근접(proximity)과 전이상태 안정화(transition-state stabilization)이다. 반응의 원자수준의 세부적 특징은 단백질 구조와 반응 동역학적 실험들의 분석에 기반한 반응 메커니즘을 통해 설명된다.
2. 반응의 단계별로, 반응물은 전이상태를 거치게 된다. 안정적인 반응물과 전이상태 간의 에너지 차이를 활성화 에너지라 한다. 촉매제는 활성화 에너지를 낮춤으로써 반응속도를 빠르게 한다.
3. 활성부위의 이온화가 가능한 아미노산 잔기들은 촉매 중심을 형성한다. 이러한 잔기들은 산-염기 촉매작용(수소의 첨가와 제거)에 참여하거나, 공유결합 촉매작용(기질의 일부가 효소에 공유결합)에 참여한다. 효소반응의 속도에서 pH의 영향은 어떤 아미노산 잔기가 촉매반응에 참여하는지를 유추할 수 있게 한다.
4. 몇몇 효소들의 촉매속도는 수용액상에서 반응의 물리적 상한치(반응물들이 확산에 의해 서로 만나게 되는 속도)에 도달할 정도로 빠르다.
5. 효소에 의해 이루어지는 대부분의 반응속도 증가는 효소와 기질들의 결합으로부터 발생한다.
6. 근접 효과(proximity effect)는 비공유결합의 ES 복합체 형성에 기인한 반응속도 증가이다. ES 복합체의 형성을 통해 반응물들이 모여지고 정열되어 엔트로피의 감소가 이루어진다.
7. 효소는 기질들과 다소 약한 결합을 형성한다. 지나치게 강한 결합은 ES 복합체의 안정화를 초래해 반응을 느리게 한다.
8. 효소는 기질결합보다 전이상태의 기질과 훨씬 더 높은 친화도로 결합한다. 전이상태 안정화의 증거는 효소 억제제인 전이상태 유사체들에 의해 확인된다.
9. 어떤 효소들은 반응성이 높은 기질의 불필요한 가수분해를 막기 위해 유도 적합(입체구조변화를 수반하는 기질-유도 활성화) 방식을 이용한다.
10. 많은 세린계 프로티에이즈들은 비활성 효소원(자이모겐, zymogen)으로 합성되어 세포 외부의 적절한 조건하에서 선택적인 단백질 분해를 통해 활성화 된다. 세린계 프로티에이즈들의 X선 결정분석은 어떻게 단백질의 3차 구조가 특정 기질의 결합 등과 같은 활성부위에 대한 정보를 보여준다.
11. 세린계 프로티에이즈의 활성자리들은 수소결합을 형성하는 Ser-His-Asp로 이루어진 촉매 삼꼭지점을 갖는다. 세린은 공유결합성 촉매의 역할을 하고, 히스티딘은 산-염기 촉매의 역할을 한다. 음이온의 사면체성 중간산물은 효소와의 수소결합을 통해 안정화된다.
12. 박테리아 세포벽의 분해를 촉매하는 효소인 라이소자임의 작용 메커니즘은 기질의 뒤틀림과 불안정한 산소탄소양이온(oxocarboncation) 중간산물의 안정화 과정을 포함한다.

문제

1. (a) 효소의 활성부위에 기질과 중간산물이 결합하는데 관여하는 힘들은 무엇인가?
   (b) 효소 촉매반응에 있어서 기질과의 강한 결합은 바람직하지 않은 반면, 전이상태의 기질과는 강한 결합이 바람직한 이유를 설명하라.
2. 오로토딘-5-인산(orotodine-5-phosphate) 디카복실레이즈 효소는 오로토딘-5-인산의 탈카복실화의 속도를 증가(10^{23}배)시키는 가장 효율적인 효소들 중의 하나이다(5.4절). ^{15}N 동위원소를 이용한 실험을 통해 두 개의 주된 작용 메커니즘이 알려졌다. 하나는 효소와 기질 간 정전기적 반발(electrostatic repulsion)에 의한 바닥상태

(ground state) ES 복합체의 불안정화이고, 다른 하나는 효소와 $ES^{\ddagger}$ 간 정전기적 상호작용에 의한 전이상태의 안정화이다. 어떻게 이들 두 메커니즘이 촉매작용을 촉진시키는지를 보여주는 에너지 다이어그램(diagram)을 그려라.

3. 아래 그림은 두 개의 다단계 반응에 대한 에너지 다이어그램을 보여주고 있다. 이 반응들 각각에서 속도결정 단계는 무엇인가?

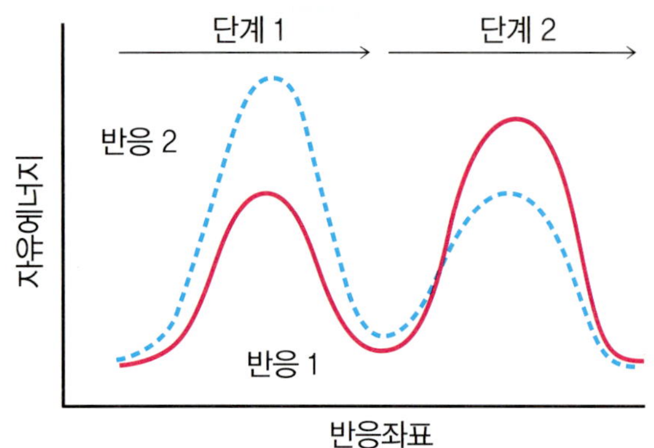

4. 아래 그림의 반응 2는 반응 1에 비해 2.5×10^{11}배 빠르게 일어난다. 반응 2에서 이러한 놀라운 속도 증가가 일어나는 주된 이유는 무엇인가? 이런 모델이 효소 반응속도 증가를 설명하는 가능한 메커니즘을 파악하는데 어떻게 관련되어 있는가?

반응 1: HOOC, OH, H_2O

반응 2: HOOC, OH, H_3C, CH_3, CH_3, CH_3, H_2O

5. 라이소자임의 3가지 주된 촉매효과를 나열하고, 각각이 글라이코사이드 결합의 효소-촉매 가수분해 과정에서 어떻게 이용되는지 설명하라.

6. α-카이모트립신에는 다수의 세린 잔기가 있다. 그러나 다이아이소프로필 플루오로포스페이트(diisopropyl fluorophosphates; DFP)와 같은 활성형의 인산 억제제를 처리했을 때 세린-195 만이 빠르게 반응한다. 설명하라.

7. (a) α-카이모트립신의 촉매 삼꼭지점(catalytic triad)의 구성 잔기를 쓰고, 각 잔기들이 매개하는 촉매작용의 유형을 나타내라.

(b) 산소음이온 구멍(oxyanion hole)에서 발견되는 추가적인 아미노산들은 무엇이고, 그들이 촉매작용에서 하는 역할은 무엇인가?

(c) 트립신 활성부위의 아스파르트산을 아스파라진으로 치환할 경우 촉매 활성이 10,000배 정도 감소하는 이유를 설명하라.

8. 아미노산 잔기들의 촉매 삼꼭지점 형성은 많은 효소들의 활성부위에 존재하는 세린, 쓰레오닌, 또는 시스테인 잔기의 친핵성을 증가시키며, 이들 아미노산이 기질의 아마이드 또는 에스터 결합의 절단을 촉매하는 과정에 관여한다. α-카이모트립신을 모델로 하여 아래 나열한 효소들의 촉매 삼꼭지점의 예상되는 배열을 도식화하라.

(a) 인간 사이토메가로바이러스 프로티에이즈(Human cytomegalovirus protease): His, His, Ser

(b) β-락타메이즈(β-lactamase): Glu, Lys, Ser

(c) 아스파라지네이즈(Asparaginase): Asp, Lys, Thr

(d) 헤파타이티스 A 프로티에이즈(Hepatitis A protease): Asp, (H_2O), His, Cys(물 분자는 Asp와 His 사이에 위치한다)

9. 인간 다이펩티딜 펩티데이즈 IV(dipeptidyl peptidase IV; DDP-IV)는 단백질의 N-말단의 끝에서 두 번째에 위치한 프로릴(prolyl) 펩타이드 결합을 가수분해하는 세린 프로티에이즈이다. 포도당 대사조절에 관여하는 단백질들을 포함한 많은 생리적 펩타이드들이 이 효소에 대한 기질로 밝혀지고 있다. DDP-IV는 활성부위에 Glu-His-Ser의 촉매 삼꼭지점을 가지고 있고, 산소음이온 구멍(oxyanion hole)에 타이로신 잔기를 갖는다. 이 타이로신 잔기에 돌연변이를 유도하여 펩타이드 기질을 분해하는 효소의 능력을 비교하였다. 산소음이온 구멍의 타이로신을 페닐알라닌으로 치환하였더니 효소의 활성이 야생형 효소 활성의 1% 이하로 나타났다. 타이로신-547은 DDP-IV의 촉매 메커니즘에 있어서 매우 중요한 부분을 차지한다. 이 타이로신은 DDP-IV의 활성에 필요한가? 타이로신을 페닐알라닌으로 치환하게 되면 왜 효소의 활성이 사라지는가?

10. 아세틸콜린에스터레이즈(acetylcholinesterase; AChE)는 신경전달물질인 아세틸콜린을 아세테이트와 콜린으로 분해하는 반응에 대한 촉매기능을 나타낸다. 이 효소는 His, Glu, Ser으로 구성된 촉매 삼꼭지점을 가지고 있다. 이 촉매 삼꼭지점은 세린 잔기의 친핵성을 증가시킨다. 세린의 친핵성 산소는 아세틸콜린의 카보닐 탄소를 공격하여 사면체성(tetrahedral) 중간산물을 형성한다.

H_3C–C(=O)–O–$(CH_2)_2$–$N^{\oplus}(CH_3)_3$ + H_2O $\xrightarrow{AChE}$ H_3C–C(=O)–$COO^{\ominus}$ + HO–CH_2–$(CH_2)_2$–$N^{\oplus}(CH_3)_3$

아세틸콜린

신경약물인 사린(sarin)은 AChE에 대한 매우 강한 불활성화 물질이다. 사린은 AChE의 활성부위에 공유결합을 형성하여 세린을 변형시키는 비가역적 억제제이다.

F, O, P, H_3C, H_3C, O, OCH_3

사린

(a) 촉매 삼꼭지점에서 예상되는 아미노산의 배열을 도식화하라.

(b) 사린의 공유결합에 의한 AChE의 변형에 대한 메커니즘을 제시하라.

11. 촉매성 항체(catalytic antibody)들은 약물 남용이나 중독에 대한 잠재적 치료약물이다. 예를 들면, 코카인이 뇌에 도달하기 전에 분해시킬 수 있는 촉매성 항체는 약물 남용과 중독의 효과적인 치료책일 것이다. 아래의 포스포네이트(phosphonate) 유사체는 코카인의 빠른 분해를 촉매하는 항코카인 항체를 생산하는데 이용된다. 이 포스포

네이트 에스터가 촉매성 항체 생산을 위해 선택된 이유를 설명하라.

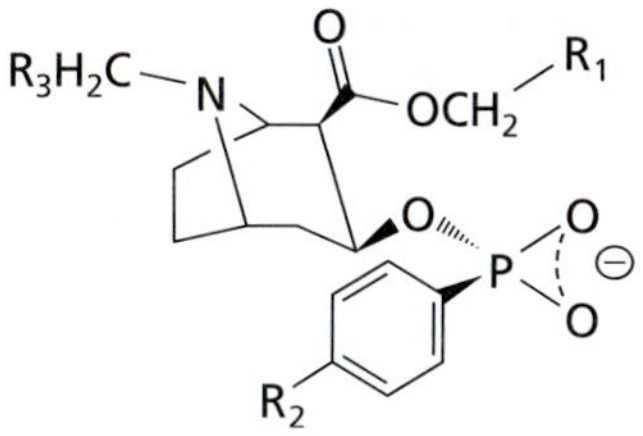

포스포네이트 유사체

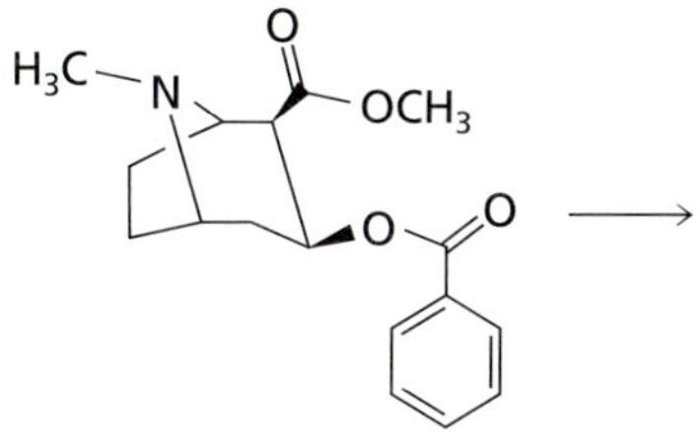

(−) - 코카인

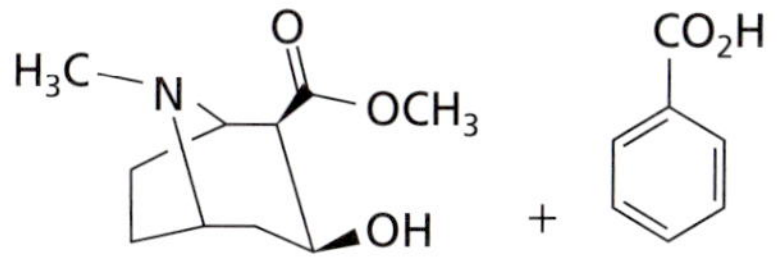

엑고닌 메틸에스터

엔조익산

12. 만성 폐질환인 폐기종(emphysema)에서는 혈액의 이산화탄소와 산소 간 교환이 일어나는 폐공기 주머니(허파꽈리)가 퇴화된다. α1-프로티네이즈(α1-proteinase) 억제제 결핍은 특정 가족력에서 나타나는 유전적 상태이고 이는 α1-프로티네이즈 억제제의 주요 아미노산들의 돌연변이로부터 유도된다. 돌연변이를 지닌 개체들은 폐기종이 더 잘 발생한다. α1-프로티네이즈 억제제는 간에서 생성되어 혈액을 순환한다. 이 억제제는 폐에 존재하는 세린계 프로티에이즈인 뉴트로필 엘라스테이즈(neutrophil elastase)의 주요 억제제로 작용하는 단백질이다. 뉴트로필 엘라스테이즈는 폐기능의 중요한 요소인 엘라스틴 단백질을 분해한다. 폐 조직에서 엘라스틴 분해의 속도 증가는 폐기종을 유발한다고 여겨진다. 혈관 주사를 통해 환자에게 직접 야생형 α1-프로티네이즈 억제제를 공급하는 것은 α1-프로테이네이즈 억제제 결핍 치료의 한 가지 방법이다.

(a) 야생형 α1-프로티네이즈 억제제의 처치를 합리적으로 설명하라.

(b) 이 치료는 α1-프로티네이즈 억제제의 혈관 주입을 통해 이루어진다. α1-프로티네이즈 억제제를 입을 통해서 복용할 수 없는 이유를 설명하라.

참고문헌

일반

Fersht, A. (1985). *Enzyme Structure and Mechanism*, 2nd ed. (New York:W. H. Freeman).

결합과 촉매작용

Bartlett, G. J., Porter, C. T., Borkakoti, N. and Thornton, J.M. (2002). Analysis of catalytic residues in enzyme active sites. *J.Mol. Biol.* 324:105–121.

Bruice, T. C. and Pandrit, U. K. (1960). Intramolecular models depicting the kinetic importance of "fit" in enzymatic catalysis. *Proc. Natl. Acad. Sci.* USA. 46:402–404.

Hackney, D.D. (1990). Binding energy and catalysis. In *The Enzymes*,Vol. 19, 3rd ed., D. S. Sigman and P. D. Boyer, eds. (San Diego: Academic Press), pp. 1–36.

Jencks,W. P. (1987). Economics of enzyme catalysis. *Cold Spring Harbor Symp*. Quant. Biol. 52:65–73.

Kraut, J. (1988). How do enzymes work? *Science* 242:533–540.

Neet, K. E. (1998). Enzyme catalytic power minireview series. *J. Biol. Chem.* 273:25527–25528, and related papers on pages 25529–25532, 26257–26260, and 27035–27038.

Pauling, L. (1948) Nature of forces between large molecules of biological interest. *Nature* 161:707–709.

Schiøtt, B., Iversen, B. B.,Madsen, G. K. H., Larsen, F. K., and Bruice, T. C. (1998). On the electronic nature of low-barrier hydrogen bonds in enzymatic reactions. *Proc. Natl. Acad. Sci.* USA 95:12799–12802.

Shan, S.-U., and Herschlag, D. (1996). The change in hydrogen bond strength accompanying charge rearrangement: implications for enzymatic catalysis. *Proc. Natl. Acad. Sci. USA* 93:14474–14479.

전이상태 유사체

Schramm,V. L. (1998). Enzymatic transition states and transition state analog design. *Annu. Rev. Biochem.* 67:693–720.

Wolfenden, R., and Radzicka, A. (1991). Transition-state analogues. *Curr. Opin. Struct. Biol.* 1:780–787.

특이 효소들

Cassidy, C. S., Lin, J., and Frey, P. A. (1997). A new concept for the mechanism of action of chymotypsin: the role of the low-barrier hydrogen bond. *Biochem.* 36:4576–4584.

Blacklow, S. C., Raines, R. T., Lim,W. A., Zamore, P. D., and Lnowles, J. R. (1988). Triosephosphate isomerase catalysis is diffusion controlled. *Biochem.* 27:1158–1167.

Davies, G. J.,Mackenzie, L.,Varrot, A., Dauter, M., Brzozowski, A. M., Schülein, M., and Withers, S. G. (1998). Snapshots along an enzymatic reaction coordinate: analysis of a retaining β-glycoside hydrolase. *Biochem.* 37:11707–11713.

Dodson, G., and Wlodawer, A. (1998). Catalytic triads and their relatives. *Trends Biochem. Sci.* 23:347–352.

Frey, P. A.,Whitt, S. A., and Tobin, J. B. (1994). A low-barrier hydrogen bond in the catalytic triad of serine proteases. *Science*. 264:1927–1930.

Getzoff, E. D., Cabelli, D. E., Fisher, C. L., Parge,

H. E.,Viezzoli, M. S., Banci, L., and Hallewell, R. A. (1992). Faster superoxide dismutase mutants designed by enhancing electrostatic guidance. *Nature*. 358:347–351.

Harris, T. K., Abeygunawardana, C., and Mildvan, A. S. (1997). NMR studies of the role of hydrogen bonding in the mechanism of triosephosphate isomerase. *Biochem*. 36:14661–14675.

Huber, R., and Bode,W. (1978). Structural basis of the activation and action of trypsin. *Acc. Chem. Res*. 11:114–122.

Kinoshita, T., Nishio, N., Nakanishi, I., Sato, A., and Fujii, T. (2003). Structure of bovine adenosine deaminase complexed with 6-hydroxy-1,6-dihydropurine riboside. *Acta Cryst*. D59:299–303.

Kirby, A. J. (2001). The lysozyme mechanism sorted—after 50 years. *Nature Struct. Biol*. 8:737–739.

Knolwes, J. R. (1991) Enzyme catalysis: not different, just better. *Nature*. 350:121–124.

Knowles, J. R., and Albery,W. J. (1977). Perfection in enzyme catalysis: the energetics of triosephosphate isomerase. *Acc. Chem. Res*. 10:105–111.

Kuser, P., Cupri, F., Bleicher, L., and Polikarpov, I. (2008). Crystal structure of yeast hexokinase P1 in complex with glucose: a classical "induced fit" example revisited. *Proteins*. 72:731–740.

Lin, J., Cassidy, C. S., and Frey, P. A. (1998). Correlations of the basicity of His-57 with transition state analogue binding, substrate reactivity, and the strength of the low-barrier hydrogen bond in chymotrypsin. *Biochem*. 37:11940–11948.

Lodi, P. J., and Knowles, J. R. (1991). Neutral imidazole is the electrophile in the reaction catalyzed by triosephosphate isomerase: structural origins and catalytic implications. *Biochem*. 30:6948–6956.

Parthasarathy, S., Ravinda, G., Balaram, H., Balaram, P., and Murthy, M. R. N. (2002). Structure of the plasmodium falciparum triosephosphate isomerase—phosphoglycolate complex in two crystal forms: characterization of catalytic open and closed conformations in the ligandbound state. *Biochem*. 41:13178–13188.

Paetzel, M., and Dalbey, R. E. (1997). Catalytic hydroxyl/amine dyads within serine proteases. *Trends Biochem. Sci*. 22:28–31.

Perona, J. J., and Craik, C. S. (1997). Evolutionary divergence of substrate specificity within the chymotrypsin-like serine protease fold. *J. Biol. Chem*. 272:29987–29990.

Schäfer T., Borchert T.W., Nielsen V. S., Skagerlind P., Gibson K.,Wenger K., Hatzack F., Nilsson L. D., Salmon S., Pedersen S., Heldt-Hansen H. P., Poulsen P. B., Lund H., Oxenbøll K. M.,Wu, G. F., Pedersen H. H., Xu, H. (2007). Industrial enzymes. *Adv. Biochem. Eng. Biotechnol*. 2007 105:59–131.

Steitz, T. A., and Shulman, R. G. (1982). Crystallographic and NMR studies of the serine proteases. *Annu. Rev. Biophys. Bioeng*. 11:419–444.

Von Dreele, R. B. (2005). Binding of N-acetylglucosamine oligosaccharides to hen egg-white lysozyme: a powder diffraction study. Acta *Crystallographic*. D61:22–32.

Zhou, G., Somasundaram, T., Blanc, E., Parthasarathy, G., Ellington,W. R., and Chapman, M. S. (1998). Transition state structure of arginine kinase: implications for catalysis of bimolecular reactions. *Proc. Natl. Acad. Sci. USA* 95:8449–8454.

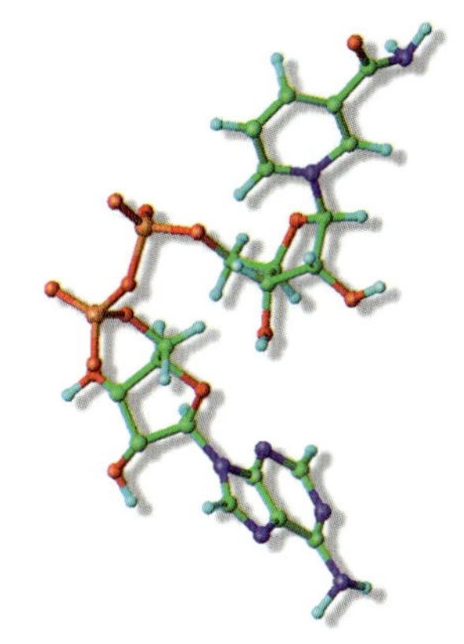

조효소와 바이타민

진화는 단백질 촉매의 극적인 배열을 초래하지만, 생물의 촉매 레퍼토리는 아미노산의 곁사슬의 반응성에 제한되지 않는다. **보조인자(cofactor)**라 불리는 다른 화학종은 종종 촉매반응에 참여한다. 이 보조인자는 비활성인 부분효소(apoenzyme; 단백질으로만 이루어진)를 활성 있는 완전효소(holoenzyme)로 변환시키기 위해 필요하다. 보조인자는 두 가지 종류가 있는데 **필수 이온**(essential ion; 주로 금속이온)과 **조효소(coenzyme)**로 알려진 유기 화합물이다(그림 7.1). 무기, 유기 보조인자는 모두 특정 효소 활성자리에 중요한 부분이다.

많은 미네랄들은 모든 생물에 필수적인데 그 이유가 보조인자로 작용하기 때문이다. 활성인자(activator) 이온이라 하는 어떤 필수 이온들은 가역적으로 붙고, 종종 기질에 붙어 참여한다. 그에 반해서 어떤 양이온들은 강하게 붙고 촉매반응에 직접적으로 참여하는 경우도 있다. 조효소는 작용기 전달 시약 기능을 하여, 특정 화학 그룹을 수용하거나 제공한다. 어떤 조효소의 경우 단순히 수소나 전자를 수용하거나 제공하고, 다른 조효소는 공유결합으로 연결된 더 큰 화학 그룹을 옮겨준다. 이런 유동적인 대사군들은 조효소의 **반응 센터**에 붙어 있다(이 장에서는 반응 센터 또는 유동적인 대사군의 구조를 빨간색으로 나타내었다). 우리는 반응 센터의 화학적 특성에 초점을 맞춤으로써 조효소 연구를 단순화할 수 있다. 조효소의 두 가지 종류가 7.2절에 설명되어 있다.

마침내 우리는 비교적 근래에 와서야 알게 되었음에도 불구하고 그 짧은 시간 동안 그 동안 화학자나 일반 대중 모두에게 매우 상당한 관심을 받은 화합물의 그룹에 다가왔다. 오늘날 바이타민에 익숙하지 않은 사람이 있을까? 이 신비한 물질은 그 자체로 삶에 필수적이고 그 이름(비타)으로부터도 그 중요성을 알 수 있다.

—1928년, 아돌프 빈다우스(Adolf Windaus)에게 쇠더바움(H.G. Söderbaum)의 노벨 화학상 증정사

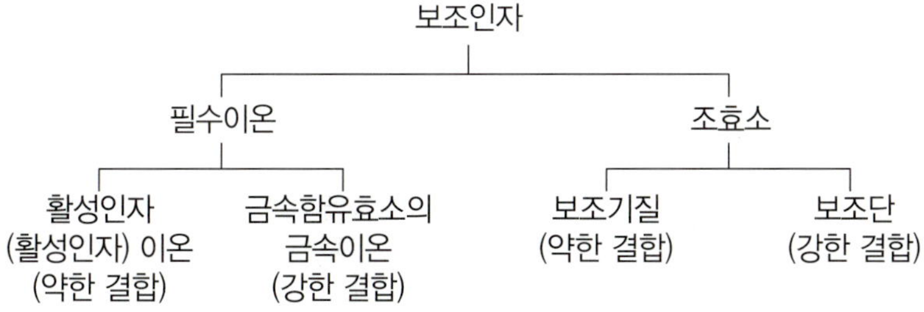

◀ 그림 7.1
보조인자의 종류. 필수 이온과 조효소는 부분효소와의 상호작용 강도의 차이로 구별될 수 있다.

위: 니코틴아마이드 아데닌 다이뉴클레오타이드(NAD⊕), 바이타민 니코티닉산(nitotic acid) [niacin(나이아신)]에서 유래한 조효소. NAD⊕는 산화제.

필수 이온 표는 그림 1.1을 참고하라.

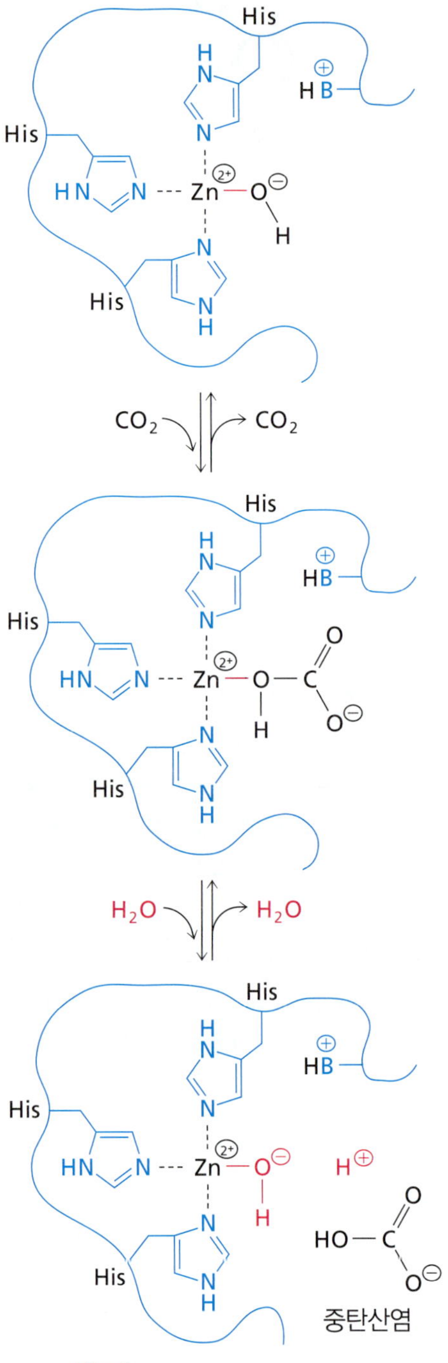

이 장은 먼저 필수 이온 보조인자에 대해 알아볼 것이다. 이 장의 나머지 대부분은 복잡한 유기 보조인자에 대해서 다루고 있다. 또한 포유류에서는 많은 조효소가 바이타민이라는 식이 섭취되는 전구체로부터 생성되기 때문에 우리는 이 장에서 바이타민에 대해서 알아볼 것이다. 또한 조효소인 몇 가지의 단백질에 대해서 논의할 것이며, 여기서 보인 구조와 반응의 대부분은 우리가 특정 대사 경로를 언급할 때 뒷장에서 또 보인다.

7.1 많은 효소는 무기 양이온이 필요하다

알려진 효소의 4분의 1 이상이 완전한 촉매활성을 나타내기 위해 금속 양이온이 필요한데 이러한 효소는 두 그룹으로 나뉜다: 금속-활성화 효소와 금속함유효소. **금속-활성화 효소(metal-activated enzyme)**는 추가로 금속이온이 절대적으로 요구되거나 금속이온의 첨가에 의해서 활성이 나타난다. 이러한 효소 중 몇몇은 $K^{\oplus}$ 같은 1가 양이온 또는 Ca^{2+}, Mg^{2+} 같은 2가 양이온을 필요로 한다. 예를 들어 카이네이즈(kinase)의 경우 마그네슘이온이 필요한데, 마그네슘-ATP 복합체를 이루어 인산기를 기질에 제공할 수 있게 된다. 마그네슘은 음전하를 띠는 ATP의 인산기를 가림으로써 친핵성 공격을 허용할 수 있게 만들어 준다(10.6절).

금속함유효소(metalloenzyme)는 활성자리에 금속이온이 단단히 결합되어 있다. 금속함유효소에 결합되어 있는 금속은 보통 전이 금속인 철, 아연이 결합되어 있고 종종 구리나 코발트가 결합된 경우도 있다. 효소에 강하게 결합되어 있는 금속이온은 대개 촉매반응에 필요하다. 몇몇의 금속함유효소의 양이온은 극성 결합에 의해 친전자성 촉매로서 작용한다. 예를 들어 카보닉 앤하이드레이즈(carbonic anhydrase)의 보조인자인 친전자성 아연 원소는 3개의 히스티딘 곁사슬과 물 분자에 결합되어 있다. 아연이 결합되어 있어 물이 더 쉽게 이온화된다. 효소의 기본적인 카복실기는 물 분자에 결합된 양성자를 제거하고, 생성된 친핵성 하이드록사이드[hydroxide (수산화)] 이온은 기질을 공격하게 된다(그림 7.2). 이 효소는 이런 간단한 메커니즘에 의해서 매우 높은 촉매반응 속도를 갖게 된다(6.4절).

다른 많은 아연 금속함유효소도 이와 같은 방식으로 결합된 물 분자를 활성화한다. 다른 금속함유효소의 이온은 환원된 기질이 산화될 때 생기는 전자가 전이됨으로써 가역적으로 산화, 환원된다. 예를 들어, 철은 과산화수소(H_2O_2)를 분해하는 카탈레이즈(catalase)의 헴(heme) 그룹에 결합되어 있다. 비슷한 헴 그룹은 미토콘드리아와 엽록체에 있는 특정 금속함유효소와 연관되어 발견되는 전자전달 단백질인 사이토크롬에서도 발견된다. 금속함유효소에서 철이 헴 그룹에 결합되어 있지 않을 때는 철-황 클러스터(iron-sulfer cluster) 형태로 존재한다(그림 7.3). 보통 대부분의 철-황 클러스터는 [2 Fe−2 S], [4 Fe−4 S] 클러스터이며, 각 철 원소는 H_2S로부터 나온 같은 수의 황이온과 시스테인 잔기에서 나온 $-S^{\ominus}$ 그룹과 결합된다. 철-황 클러스터는 몇몇의 산화환원반응을 중개한다. 각 클러스터는 2개 또는 4개의 철 원자를 포함하며 이것은 산화반응에서 한 개의 전자를 수용할 수 있다.

▲ 그림 7.2
탄산무수화효소의 메커니즘. 활성자리에 있는 아연이온이 결합된 물 분자의 이온을 촉진시킨다. 그 결과 하이드록사이드 이온이 이산화탄소의 탄소 원자를 공격하게 되고 중탄산염(bicarbonate)을 생산되어 효소로부터 방출된다.

7.2 조효소의 분류

조효소는 부분효소와 어떻게 상호작용하는지를 기반으로 2가지로 분류할 수 있다(그림 7.1). **보조기질(cosubstrate)**이라고 불리는 조효소는 효소 촉매반응에서 실제로 기질로 작용한다. 보조기질은 반응 중에 바뀌고 활성자리로부터 해리된다. 보조기질의 원래 구조는 또 다른 효소에 의해 촉매되는 연이은 반응에서 복구된다. 일반적으로 생성물이 추가 변화를 경험하는 보통 기질과 달리 보조기질은 세포 안에서 반복적으로 재생된다. 보조기질은 다른 효소적 촉매반응 중에 유동적인 대사 그룹을 이동시킨다.

조효소의 두 번째 종류는 반응 중에 효소에 결합된 상태로 존재하는 **보조단(prosthetic group)**이다. 몇몇 경우에서 보조단이 공유결합을 통해서 결합되어 있는 경우 부분효소라 하며,

다른 경우에는 많은 약한 상호작용에 의해서 활성자리에 강하게 결합되어 있는 경우도 있다. 활성부위의 이온성 아미노산 잔기처럼 보조단은 전체 촉매반응이 일어나는 동안 다시 원래 상태로 돌아오고, 완전효소는 촉매 활성 상태로 유지되지 않는다. 보조기질과 보조단은 효소의 활성부위의 한 부분으로 아미노산 잔기의 곁사슬에서는 제공 되지 않는 반응 그룹을 공급한다.

모든 살아 있는 종은 다양한 수의 중요한 효소 촉매반응에서 조효소를 이용한다. 이들 종의 대부분은 단순한 전구체에서 조효소를 합성할 수 있는 능력이 있다. 생물의 5분류 중 원핵생물, 원생생물, 균류, 식물 네 가지는 이에 해당하나 동물은 조효소를 합성할 수 있는 능력을 잃어버렸다. 포유동물(인간을 포함)은 살아남기 위해서는 조효소의 자원이 필요하다. 이러한 조효소를 동물들은 합성할 수 없기 때문에 일반적으로 영양소에 의해서 소량(mg 또는 μg) 공급된다. 동물은 이런 필수적인 성분인 **바이타민(vitamin)**을 다른 생물에 의존하여 미량의 영양소로 공급받는다. 바이타민의 최고의 자원은 일반적으로 식물과 미생물이다. 대부분의 바이타민은 조효소 전구체이며 해당 조효소로 효소적으로 변환되어야 한다. 동물에게 있어 바이타민이 식이 섭취되지 못하거나 부족한 경우 바이타민 결핍 질환을 유발할 수 있다.

이러한 질환은 적절한 바이타민 섭취에 의해 극복하거나 예방된다. 표 7.1에서 9가지의 바이타민과 그들의 결핍 시 생기는 질환에 대해서 정리해 놓았다. 각각의 바이타민들과 그들의 대사적 역할이 아래에 설명되어 있다. 대부분의 바이타민은 조효소로 변환되고 때때로 ATP와 반응 후 변환되기도 한다.

단어 바이타민(원래 철자 "vitamine")은 신경손실을 가져오는 영양소 결핍 병인 각기병을 치료하는 현미에서 나오는 "중요한 아민(vital amine)"을 기술하기 위해 1912년 캐시미어 풍크(Casimir Funk)가 처음 쓴 표현이다. 바이타민이란 단어는 많은 바이타민이 아민이 아닌 것을 증명했음에도 불구하고 유지되었다. 각기병과 백미를 먹는 식습관이 크게 연관되어 있다는 것을 처음 새에서 설명된 후 인간에게 설명되었다. 크리스티안 에이크만(Christiaan Eijkman)은 네덜란드 동인도(지금의 인도네시아)에서 일하던 네덜란드의 의사로, 지역의 한 병원에서 각기병에 걸린 닭의 먹이가 백미 잔반이었고, 현미를 먹이고 나서 닭이 회복된다는 것을 처음으로 발견하였다. 이 발견으로 인해 결국 현미의 껍질에서 각기병을 낫게 하는 물질을 분리하였다. 이 물질은 바이타민 B_1(싸이아민)으로 알려졌다.

바이타민은 이후에 수용성(예: 바이타민 B), 지용성 두 가지 종류로 확인되었다. 수용성 바이타민은 매일 소량 요구되는데 그 이유는 소변으로 배설이 잘 되고 그들의 조효소는 세포 내에서 안정하지 않아 저장되지 않기 때문이다. 반대로 바이타민 A, D, E, K 같은 지용성 바이타민은 동물에 의해 저장된다. 그러나 과도한 섭취 시 바이타민 과다증으로 알려진 독성상태를 야기시킨다. 모든 바이타민이 조효소나 전구체가 아니라는 점을 주목해야 한다(Box 7.4와 7.14절 참조).

가장 일반적인 조효소들의 대사적 역할과 바이타민 자원이 표 7.2에 나열되어 있다. 다음 절에서는 이러한 일반적인 조효소의 구조와 기능에 대해서 설명할 것이다.

7.3 ATP와 다른 뉴클레오타이드 보조기질

많은 뉴클레오사이드와 뉴클레오타이드는 조효소이다. 아데노신 삼인산(adenosin triphophate; ATP)은 가장 많이 존재하는 것 중 하나이며, 다른 일반적인 예로 GTP, *S*-아데노실메싸이오닌(*S*-adenosylmethionine) 그리고 유리딘 이인산 포도당(uridin diphosphate glucose; UDP-포도당) 같은 뉴클레오타이드 당이 있다. ATP(그림 7.4)는 작용기 전달 반응을 통해 포스포릴(phosphoryl), 파이로포스포릴(pyrophosphoryl), 아데닐릴(adenylyl, AMP), 또는 아데노실(adenosyl) 그룹을 제공할 수 있는 다재다능한 반응물질이다. ATP와

헴의 구조는 4.12절을 복습하라.

사이토크롬은 7.16절에서 논의할 것이다.

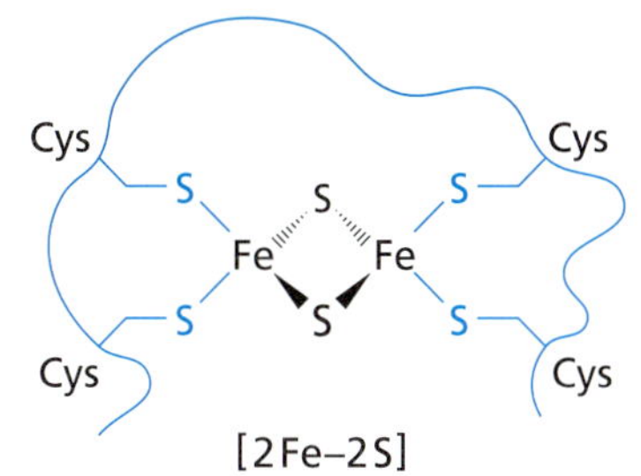

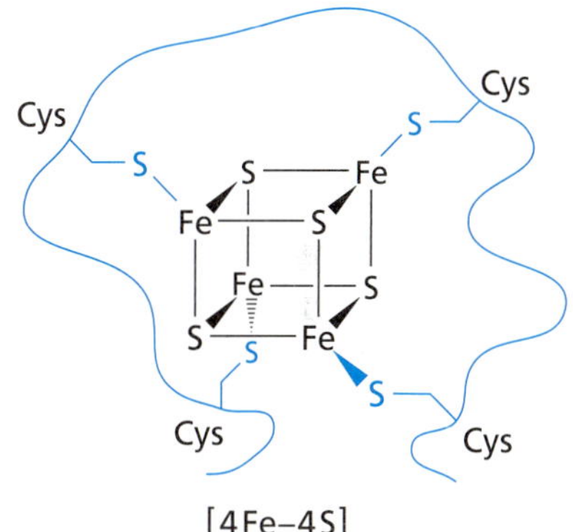

▲ **그림 7.3**
철-황클러스터. 철-황 클러스터의 각 종류에서 철 원자는 같은 수의 황이온과 시스테인 잔기의 곁사슬에 있는 싸이올레이트(thiolate) 그룹과 결합되어 있다.

표 7.1 일부 바이타민과 그에 관련된 결핍증, 바이타민 질병

바이타민	질병
아스코브산(C)	괴혈병
싸이아민(B_1)	각기병
라이보플라빈(B_2)	성장지체
니코틴산(B_3)	홍반병
판토텐산(B_5)	닭의 피부염
피리독살(B_6)	쥐의 피부염
바이오틴(B_7)	사람의 피부염
폴산(V_9)	빈혈
코발라민(B_{12})	악성빈혈

핵산의 구조와 화학은 19장에서 자세히 설명할 것이다.

◀ **현미와 흰쌀.** 현미(왼쪽)는 겉껍질을 제거하기 위해서 공정을 거치지만 외부 껍질 부분 또는 겨가 남아 있다. 이 껍질에는 싸이아민(바이타민 B_1)이 포함되어 있다. 추가로 곡출 작업을 하면 싸이아민이 결여된 흰쌀(가운데 왼쪽)이 된다.

관련된 가장 일반적인 반응은 포스포릴 그룹의 전달이다. 예를 들어 카이네이즈에 의해 촉매되는 반응에서 ATP의 γ-포스포릴 그룹은 ADP를 떠나 친핵체에게 전달된다. 두 번째로 가장 일반적인 반응은 파이로인산(PP_i)으로부터 뉴클레오티딜 그룹을 제공(AMP의 전달)하는 것이다. ATP는 대사의 중심 역할을 한다. 이러한 "고에너지(high energy)" 보조인자의 역할은 10장 "대사 서론"에 자세히 설명되어 있다. ATP는 여러 가지 다른 대사 조효소의 자원이다. 예를 하나 들어보면, *S*-아데노실메싸이오닌(*S*-adenosylmethionin)(그림 7.5)은 ATP와 메싸이오닌의 반응에 의해 합성된다.

$$\text{메싸이오닌} + \text{ATP} \longrightarrow \text{S-아데노실메싸이오닌} + P_i + PP_i \qquad (7.1)$$

ATP가 관여하는 반응하는 열역학은 10.6절에 설명하였다.

많은 일반적인 메싸이오닌의 싸이오메틸(—S—CH_3) 그룹은 반응성이 매우 높지 않으나, 양전하(positive charge)를 띠고 있는 *S*-아데노실메싸이오닌의 설포늄은 반응성이 높다. *S*-아데노실메싸이오닌은 친핵성 수용체와 쉽게 반응하며 생합성 반응에서 사용되는 거의 모든 메틸 그룹을 제공한다. 예를 들면, 노르에피네프린(norepineprin)이 에피네프린(epineprin)으로 변환될 때 필요하다.

$$\text{(HO)}_2C_6H_3-\underset{|}{\overset{OH}{CH}}-CH_2-\overset{\oplus}{N}H_3 \longrightarrow \text{(HO)}_2C_6H_3-\underset{|}{\overset{OH}{CH}}-CH_2-\overset{\oplus}{N}H_2-CH_3 \qquad (7.2)$$

노르에피네프린 에피네프린

표 7.2 주요 조효소

조효소	바이타민 소스	주요 대사역할	메커니즘적 역할
아데노신 삼인산(ATP)	–	포스포릴 그룹 전달 또는 뉴클레오티딜 그룹	보조기질
S-아데노실메싸이오닌	–	메틸그룹 전달	보조기질
유리딘 이인산 글루코스	–	글루코실 그룹 전달	보조기질
니코틴 아데닌 다이뉴클레오타이드($NAD^{\oplus}$)와 니코틴 아데닌 다이뉴클레오타이드 인산($NADP^{\oplus}$)	나이아신(B_3)	산화환원반응을 포함한 2개의 전자전달	보조기질
플라빈 모노뉴클레오타이드(FMN), 플라빈 아데닌다이뉴클레오타이드(FAD)	라이보플라빈(B_2)	산화환원을 포함한 1, 2개 전자전달	보조단
조효소 A(CoA)	판토텐산(B_5)	아실그룹 전달	보조기질
싸이아민 파이로인산(TPP)	싸이아민(B_1)	카보닐그룹을 포함하는 다중탄소조각 전달	보조단
인산 피리독살(PLP)	피리독신(B_6)	아미노산으로부터 그룹전달	보조단
바이오틴	바이오틴(B_7)	ATP 의존성 기질의 카복실화 또는 기질간의 카복실 그룹 전달	보조단
테트라하이드로폴산	폴산	탄소 한 개 치환체를 전달, 특히 수산화 그룹; DNA의 싸이아민에 메틸그룹을 제공	보조기질
코발라민	코발라민(B_{12})	분자내 재배열, 메틸그룹 전달	보조단
리포아마이드	–	TPP에서의 수산화알킬 그룹 산화, 그 후 아실그룹 전달	보조단
레티날	바이타민 A	시력	보조단
바이타민 K	바이타민 K	글루타메이트 잔기의 카복실화	보조단
유비퀴논(Q)	–	지질에 녹는 전자 운반체	보조기질
헴 그룹	–	전자전달	보조단

▲ 그림 7.4

ATP. 질소성 염기 아데닌은 세 개의 포스포릴그룹을 가지고 있는 라이보스와 연결되어 있다. 파이로포스포릴 그룹(적색)의 전송은 ADP를 생산하고 뉴클레오티딜 그룹(AMP, 청색)의 전송은 파이로인산을 생산한다.

▲ 그림 7.5

***S*-아데노실메싸이오닌.** 이 조효소의 활성화된 메틸그룹은 적색으로 나타내었다.

S-아데노실메싸이오닌이 필요한 메틸화 반응은 인지질, 단백질, DNA, RNA의 메틸화를 포함한다. 식물에서 *S*-아데노실메싸이오닌(식물 호르몬 에틸렌의 전구체)은 과일의 숙성 조절에 관여한다.

뉴클리오타이드-당 조효소는 탄수화물 대사에 관여한다. 대부분의 일반적인 뉴클레오타이드 당, 유리딘 이인산 포도당(UDP-포도당)은 포도당-1-인산와 유리딘 삼인산(UTP)에 의해서 형성된다(그림 7.6). UDP-포도당은 UDP를 내보내면서 글루코실 그룹(적색표시)을 적절한 수용체에 제공할 수 있다. UDP-포도당은 ATP로부터 UDP가 포스포릴 그룹을 수용하여 생긴 UTP가 다른 포도당 1-인산 분자와 반응하여 재생된다. 뉴클레오타이드-당(sugar) 조효소의 당과 뉴클레오사이드는 다양하다. 후에 우리는 이러한 조효소의 CDP, GDP, ADP를 볼 것이다.

7.4 NAD⊕와 NADP⊕

니코틴아마이드(nicotinamide) 조효소는 니코틴아마이드 아데닌 다이뉴클레오타이드(nicotinamide adenin dinuclotide; NAD⊕)와 니코틴아마이드 아데닌 다이뉴클레오타이드 인산(nicotinamide adenin dinuclotide phosphate; NADP⊕)와 가깝게 관련되어 있다. 이것들은 최초로 알려진 조효소이다. 두 개 모두 니코틴산(nicotinic acid)의 아마이드인 니코틴

BOX 7.1 없어진 바이타민

바이타민 B_4와 B_8에 무슨 일이 일어났나? 바이타민 B_4와 B_8에 대해서는 교과서에 소개되지 않았지만 그것들이 기분을 좋게 하고 더 오래 살게 만드는 보조제로서 상점에서 팔리고 있는 것을 발견할 수 있을 것이다. 바이타민 B_4는 DNA와 RNA의 염기 중 하나인 아데닌이었다. 우리는 지금 이것이 바이타민이 아니란 것을 알고 있다. 인간을 포함한 모든 종은 필요할 때마다 아데닌을 충분히 만들 수 있다(18.1과 18.2절 참조). 바이타민 B_8는 몇 개의 중요한 지질의 전구체인 이노시톨이다(그림 8.16과 9.12C절 참조).이것도 더 이상 바이타민으로 간주하지 않는다. 만약 바이타민 B_4와 B_8를 보충하기 위해 돈을 지불하는 사람을 알고 있다면 그 사람에게 도움을 줄 수 있는 기회가 여기에 있다. 그들에게 말해줘라. "왜 돈을 낭비하냐고".

▲ **바넘(P.T. Barnum).** 바넘은 유명한 미국 쇼맨이다. 그는 '얼간이 같은 녀석이 다 있군.'이라는 말로 유명하다. 그 기억할 만한 구절은 바넘의 라이벌 중 한 사람에 의해 만들어진 조어이고 후에 그를 불명예스럽게 하기 위해 Barnum 탓으로 돌려진 것 같다.

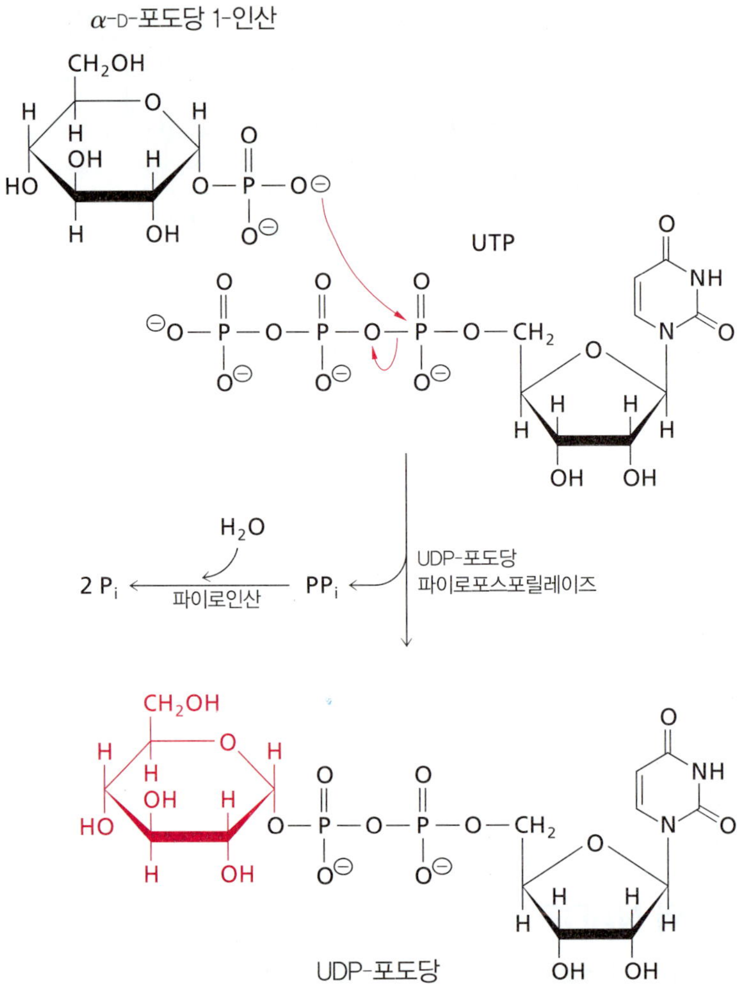

그림 7.6 ▶
UDP 포도당 파이로포스포릴레이즈에 의해 촉매되는 UDP-포도당 형성. α-D-포도당 1-인산(α-D-glucose-1-phosphate)의 인산 그룹의 산소가 UTP의 α-인(α-phosphate)을 공격한다. 이때 파이로인산 가수분해효소에 의해서 PPi는 방출되면서 $2P_i$로 가수분해된다. 이 가수분해는 완료될 파이로포스포릴레이즈(pyrophosphorylase) 촉매반응을 유도하는 데 도움이 된다. UDP-포도당의 유동적 글루코실 그룹은 적색으로 나타냈다.

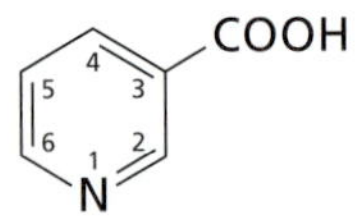

α-D-포도당 1-인산

UTP

H_2O

2 P_i ← 파이로인산 — PP_i

UDP-포도당 파이로포스포릴레이즈

UDP-포도당

니코틴산 (나이아신)

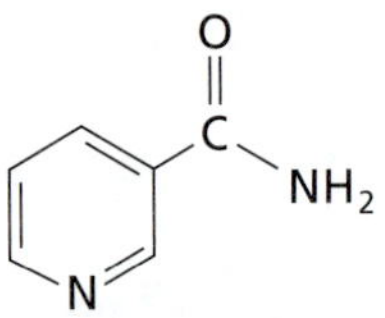

니코틴아마이드

▲ 그림 7.7
니코틴산(나이아신)과 니코틴아마이드.

아마이드를 포함한다(그림 7.7). 니코틴산(나이아신이라고도 불리는)이 없으면 홍반병이라는 질병이 나타난다. 니코틴산과 니코틴아마이드는 NAD⊕와 NADP⊕의 전구체로서도 중요하다. (많은 종에서는 트립토판이 니코틴산으로 분해된다. 따라서 트립토판을 섭취하면 나이아신과 니코틴에 대한 요구사항을 줄일 수 있다.)

니코틴아마이드 조효소는 많은 산화환원반응에서 중요한 역할을 한다. 그들은 대사과정에서 전자의 이동에 도움을 준다(10.9절). 산화된 형태의 NAD⊕와 NADP⊕는 전자가 부족하고, 환원된 형태 NADH와 NADPH는 공유결합된 수소음이온의 형태로 잉여 전자 한 쌍을 운반한다. 이 조효소의 구조는 그림 7.8에 나타냈다. 두 조효소 모두 2개의 5′-뉴클레타이드를 무수인(phosphoanhydride) 그룹과 결합하고 있다: AMP와 니코틴아마이드 모노뉴클레오타이드(NMN)라고 불리는 니코틴아마이드의 라이보뉴클레오타이드(니코틴산으로부터 형성). NADP⊕의 경우 포스포릴 그룹이 아데닐레이트(adenylate)기의 산소 원자에 존재한다.

NAD⊕의 ⊕ 기호는 단순히 질소 원자가 양전하를 수송하는 것을 의미한다. 이것은 전체 분자가 양전하를 띤 이온이라는 의미가 아니라, 실제로 이것은 인산 때문에 음전하(negative charge) 상태로 나타난다. 질소 원자는 일반적으로 7개의 양성자(proton)와 7개의 전자(electron)를 가진다. 외각 껍질에는 결합 형성에 참여할 수 있는 5개의 전자를 가지고 있다. 조효소(NAD⊕, NADP⊕)의 산화상태는 니코틴아마이드 질소의 전자가 1개가 없다. 오직 4개의 전자가 외각 껍질에 존재하며 근접한 탄소 원자와 전자를 공유하여 4개의 공유결합을 형성한다(질소의 각 결합은 전자를 쌍으로 이루고 있으며 8개의 전자를 공유한다). 이것이 정

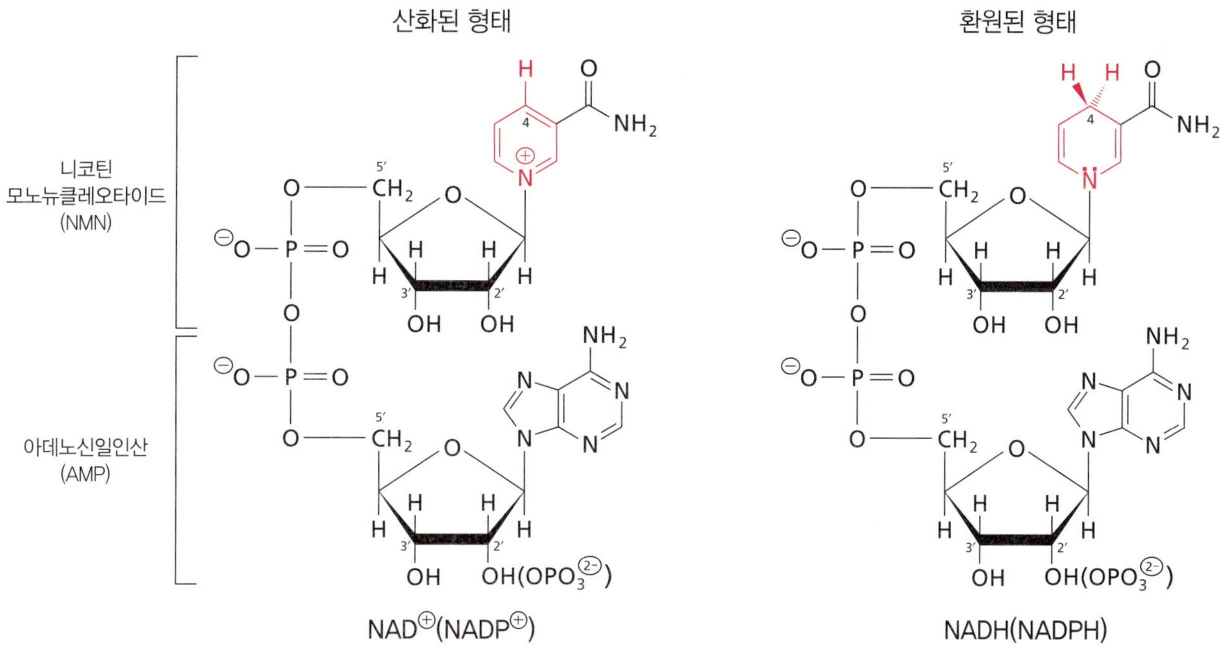

산화된 형태 환원된 형태

니코틴 모노뉴클레오타이드 (NMN)

아데노신일인산 (AMP)

$NAD^{\oplus}(NADP^{\oplus})$ NADH(NADPH)

▲ 그림 7.8

NAD(NADP)의 산화와 환원형태. $NAD^{\oplus}$가 NADH로 변환($NADP^{\oplus}$가 NADPH로 변환)할 때 피리딘고리에 있는 $NAD^{\oplus}$는 C-4에 수소음이온의 첨가에 의해 환원된다. $NADP^{\oplus}$에서 아데노신 당 분자의 2′-수산화기는 인산화된다. 이런 조효소의 활성 센터는 적색으로 표시되어 있다.

상적으로 그림 7.8에서 보이는 것처럼 고리 질소 원자와 양전하가 결합하는 이유다. 사실 전하는 전체 방향족 고리에 퍼져 있다.

질소 원자의 환원된 형태는 전자가 완전히 채워져 있다. 특히 질소 원자는 외각 껍질에 5개의 전자를 가지고 있다. 이 중 2개의 전자(그림 7.8에 점으로 나타내었다)는 자유전자쌍이며, 다른 3개의 전자는 3개의 공유결합에 참여한다.

거의 항상 $NAD^{\oplus}$와 $NADP^{\oplus}$는 디하이드로지네이즈(dehydrogenase)의 보조기질로 역할을 한다. 피리딘 뉴클레오타이드 의존성 디하이드로지네이즈(pyridine nucleotide-depdent dehydrogenase)는 $NAD^{\oplus}$나 $NADP^{\oplus}$의 니코틴아마이드 그룹의 C-4에 수소음이온($H^{\ominus}$)의 형태로 2개의 전자와 양성자를 전송함으로써 기질의 산화를 촉매한다. 이것은 환원된 형태인 NADH와 NADPH를 생산하여 C-4(한쌍의 전자)에 새로운 C—H 결합이 형성되고 이전에 고리 이중결합과 연결된 전자는 고리 질소 원자에 비편재화된다. 따라서 피리딘 뉴클레오타이드(또는 환원, 가역 반응)에 의한 산화는 항상 한번에 2개의 전자를 발생한다.

NADH와 NADP는 환원하는 능력을 가지고 있다고 말할 수 있다(즉, 생물학적 환원제이다) 환원된 피리딘 뉴클레오타이드의 안정성은 한 효소로부터 다른 효소로 환원하는 능력을 운반하는 것을 수행하는데, 이 속성은 플라빈 조효소에 의해서 공유되지 않는다(7.5절). NADH와 NADPH를 형성하는 대부분의 반응은 이화 반응 및 ATP 합성과 연결된 막 관련 전자 수송 시스템에 의한 NADH의 연속적 산화반응이다. 대부분의 NADPH는 생합성 반응에서 환원제로 사용된다. NADH의 농도는 NADPH보다 약 10배 가량 높다.

젖산 디하이드로지네이즈(lactate dehydrogenase)는 젖산의 가역적인 산화를 촉매하는 옥시도리덕테이즈이다. 이 효소는 일반적으로 NAD-의존성 디하이드로지네이즈(NAD-dependent dehydrogenase)이다. $NAD^{\oplus}$가 환원될 때 양성자는 젖산으로부터 방출된다.

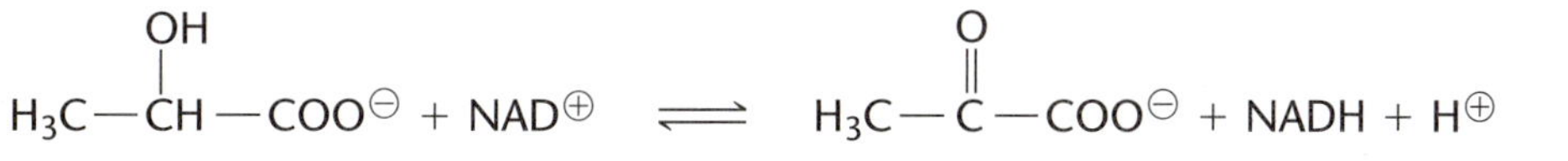

$$\underset{\text{젖산}}{H_3C-\overset{OH}{\overset{|}{C}H}-COO^{\ominus}} + NAD^{\oplus} \rightleftharpoons \underset{\text{파이루브산}}{H_3C-\overset{O}{\overset{\|}{C}}-COO^{\ominus}} + NADH + H^{\oplus} \qquad (7.3)$$

NADH와 NADPH는 다이하이드로피리딘 고리에 의해서 340 nm에서 자외선 흡광 파장을 갖는 반면, $NAD^{\oplus}$와 $NADP^{\oplus}$는 이 파장에서 빛을 흡수하지 못한다. 만약 NAD 또는 NADP를 포함하고 있다면 340 nm의 흡광도 유무를 이용해 산화와 환원반응 속도를 측정하는 데 유용하다 (BOX 10.1 참조).

NADH는 ATP와 같은 보조기질이다. 반응이 완료되면 보조기질은 구조가 변경되고 원

그림 7.9 ▶
젖산 디하이드로지네이즈의 메커니즘. 활성자리에 있는 염기 촉매 His-195는 젖산의 C-2 수산화기로부터 양성자를 가져오거나 수소음이온($H^{\ominus}$)을 기질의 C-2에서 결합된 NAD의 C-4로 이동하게 한다. Arg-171은 기질의 카복실 기와 이온쌍을 형성한다. 역반응에서는 수소음이온($H^{\ominus}$)이 환원된 조효소 NADH로부터 산화된 기질, 파이루브산의 C-2로 전이된다.

래의 형태로 되려면 별도의 반응에 의해 재생되야 한다. 이번 예에서는 $NAD^{\oplus}$가 NADH로 환원되고, 이 반응은 NADH가 $NAD^{\oplus}$ 재생되는 별도의 반응에 사용되지 않는 한 평형에 곧

BOX 7.2 NAD와 디하이드로지네이즈의 결합

1970년대에 젖산 디하이드로지네이즈, 말산 디하이드로지네이즈(malate dehydrogenase), 알코올 디하이드로지네이즈(alcohol dehydrogenase), 글라이세르알데하이드 3-인산 디하이드로지네이즈(glycerolaldehyde 3-phophate dehydrogenase) 등 4개의 NAD 의존성 디하이드로지네이즈의 구조가 밝혀졌다. 이런 효소들은 모두 올리고머로서, 그 사슬 길이는 350개 아미노산 정도가 된다. 이 사슬들은 두 개의 도메인으로 나뉘는데 그 중 하나는 조효소와 결합하고 다른 하나는 특정 기질과 결합한다.

각 효소의 활성자리는 두 도메인 사이의 갈라진 틈에 있다. 더욱 많은 디하이드로지네이즈의 구조가 확정됨에 따라 조효소의 여러 가지 결합 모티브 구조도 밝혀졌다. 이 중 많은 경우 한 쌍의 $\beta\alpha\beta\alpha\beta$ 단위로 구성된 하나 또는 그 이상의 NAD-나 NADP- 결합구조를 가진다. 이는 뉴클레오타이드 결합 단백질에서 이를 처음 발견한 마이클 로스만(Michael Rossman)의 이름을 따서 로스만 접힘(Rossman fold)으로 알려져 있다(그림 참조). 로스만 접힘 모티브의 각각은 $NAD^{\oplus}$ 다이뉴클레오타이드의 한쪽 면에 결합한다. 이런 효소들은 모두 같은 방향으로 조효소와 결합하고 비슷한 확장 구조를 갖게 된다. 다양한 디하이드로지네이즈는 로스만 접힘 모티브를 포함하지만 나머지 구조가 매우 다를 수 있으며 따라서 특정 서열을 유사하게 공유할 수 없다. 이는 모든 로스만 접힘을 포함한 효소가 그 유래가 같을 수 있지만 서로 다른 디하이드로지네이즈로부터 독립적으로 발달되었을 수도 있다는 것이다. 즉, 수렴진화(convergent evolution)의 또 다른 예가 될 수도 있다는 것이다.

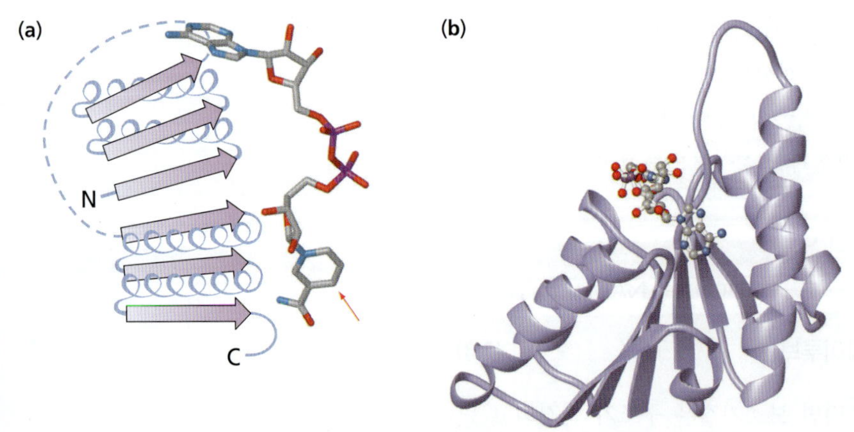

◀ **디하이드로지네이즈의 NAD 결합 영역. (a)** 조효소는 로스만 접힘으로 알려진 두 개의 사이드-바이-사이드(side-by-side) 모티브와 연결함으로 확장 구조에 결합한다. 확장된 단백질 모티브는 6개의 평행한 β 가닥으로 β-시트를 이룬다. 화살표는 수소음이온이 니코틴아마이드 그룹의 C-4에 결합하는 부위를 나타낸다. **(b)** NADH가 쥐의 젖산 디하이드로지네이즈의 로스만 접힘 모티브에 결합한다.

[Adapted from Rossman et al. (1975). The *Enzymes*, Vol. 11, Part A, 3rd ed., P. D., Boyer, ed. (New York: Academic Press), pp. 61–102.]

도달할 것이다. 이 과정이 어떻게 이루어지는지는 11.3B에서 한 가지 예로 설명할 것이다.

그림 7.9에서는 어떻게 효소와 조효소가 젖산 디하이드로지네이즈에 의해 젖산으로부터 파이루브산으로 산화되는 반응에 참여하는지를 보여주고 있다. 이 메커니즘에서 조효소는 니코틴 아마이드 그룹의 C-4 위치에서 수소음이온을 받아들인다. 이는 전자가 양전하를 띤 질소 원자로 셔플될 때 고리에서 결합 재배열을 일으키게끔 한다. 효소는 산-염기 촉매 및 조효소와 기질에 적합한 결합 부위를 제공한다. 두 개의 수소는 파이루브산을 생산하기 위해 젖산에서 제거된다(식 7.3). 이 중 하나의 수소는 두 개의 전자와 함께 수소음이온으로서 $NAD^{\oplus}$에 전이되거나 양성자로서 His-195에 전이된다. 두 번째 수소는 이어서 염기 촉매(His-195)를 재생하기 위해 $H^{\oplus}$로 방출된다. NAD-의존성 반응은 많다. NAD의 환원은 양성자의 방출을 동반하기 때문에 한쪽 화학식에 NADH + $H^{\oplus}$이 있는 것은 매우 일반적이다.

7.5 FAD와 FMN

조효소 플라빈 아데닌 다이뉴클레오타이드(flavin adenin dicnucleotide; FAD)와 플라빈 모노뉴클레오타이드(flavin mononucleotide, FMN)는 라이보플라빈(riboflavin) 또는 바이타민 B_2로부터 파생되었다. 라이보플라빈은 박테리아, 원생생물, 균류, 식물 및 일부 동물에 의해 합성된다. 포유동물은 음식으로부터 라이보플라빈을 얻는다. 라이보플라빈은 아이소알록사진(isoalloxazine)이라고 하는 이질 고리 시스템의 N-10 원자에 연결된 5-탄소 알코올 리비톨(ribitol)로 구성되어 있다(그림 7.10a). 라이보플라빈 유래 조효소는 그림 7.11b에 표시되어 있다. $NAD^{\oplus}$나 $NADP^{\oplus}$처럼, FAD는 AMP와 이인산 결합을 포함하고 있다.

많은 옥시도리덕테이즈는 보조단으로 FAD이나 FMN을 필요로 한다. 이러한 효소를 플라보효소(flavoenzyme) 또는 플라보단백질(flavoprotein)이라고 한다. 보조단은 일반적으로 비공유결합으로 강하게 결합한다. 강하게 결합된 보조단에 의해 부분효소는 환원형태를 불필요한 재산화 과정으로부터 보호한다.

FAD와 FMN은 수소음이온 형태로부터 양성자와 두 개의 전자를 얻어 $FADH_2$와 $FMNH_2$로 환원된다. 산화된 효소는 아이소알록사진 고리의 짝(conjugated) 이중결합의 결과로 밝은 노란색을 띤다. 이 색은 조효소가 $FMNH_2$와 $FADH_2$로 환원될 때 없어진다.

NADH나 NADPH가 꼭 2개의 전자로 전이되어야 하는 반면에 $FMNH_2$나 $FADH_2$는 한

▲ 이러한 황색 FAD는 플라빈이 아니고 고기 모으는 장치다. 이는 고기를 유인하기 위해 바다에 띄워놓은 부표인데, 호주의 동해안 New South Wales의 정부에 의해 배치되어 왔다. 거대한 해류가 FAD를 위협하고 있다.

(a) 아이소알록사진 / 리비톨

(b)

◀ **그림 7.10**

라이보플라빈과 그 조효소. (a) 라이보플라빈. 리비톨은 아이소알록사진 고리 시스템 연결되어 있다. **(b)** FMN(검은색), FAD(검은색과 파란색). 반응센터는 빨간색으로 표시되어 있다.

그림 7.11 ▶
FMN 또는 FAD의 환원과 재산화. N-1, N-5 사이의 짝 이중결합은 수소음이온과 양성자의 첨가에 의해 환원되어 각각의 조효소의 하이드로퀴논 형태인 $FMNH_2$ 또는 $FADH_2$를 형성한다. 산화는 두 단계로 일어난다. 상대적으로 안정적인 자유 라디칼 중간체를 형성하기 위하여 하나의 전자가 한 양성자를 잃으면서 한 개 전자산화제에 의해 제거된다. 이 세미퀴논은 하나의 전자나 전하를 제거함으로 산화되어 완전히 산화된 FMN 또는 FAD를 형성한다. 이러한 반응들은 가역적이다.

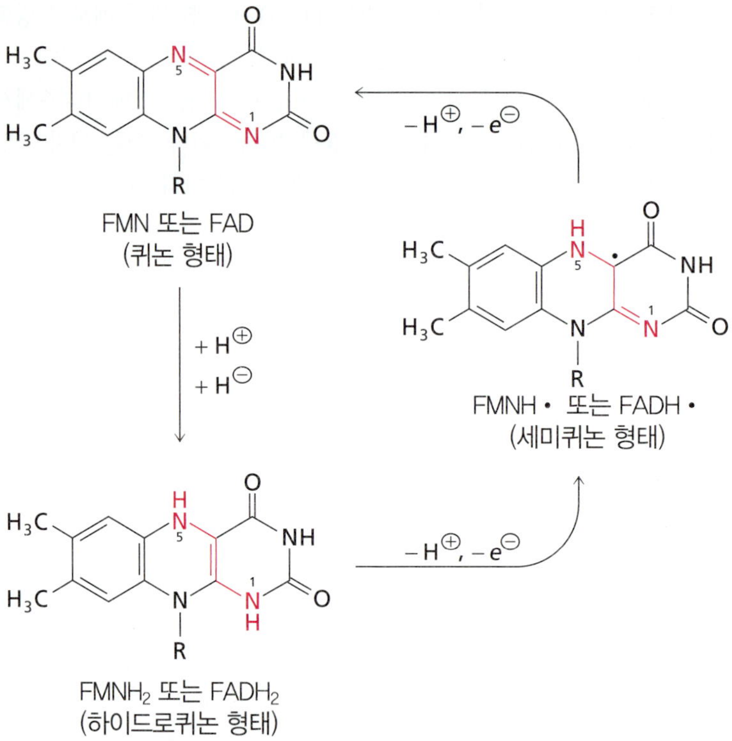

▼ 그림 7.12
조효소 A와 아실 운반 단백질(ACP). **(a)** 조효소에서 2-머캅토에틸아민은 바이타민 판토텐산염에 결합한다. 추가적인 하나의 인산기가 있는 ADP 그룹에 포스포에스터 결합에 의해 순차적으로 결합한다. 반응중심은 SH 그룹이다(적색). **(b)** 아실 운반 단백질에서 2-머캅토에틸아민과 조효소 A의 판토텐산 잔기로 구성된 포스포판테테인(phosphopantetheine) 보조단은 단백질의 세린 잔기로 에스터화된 것이다.

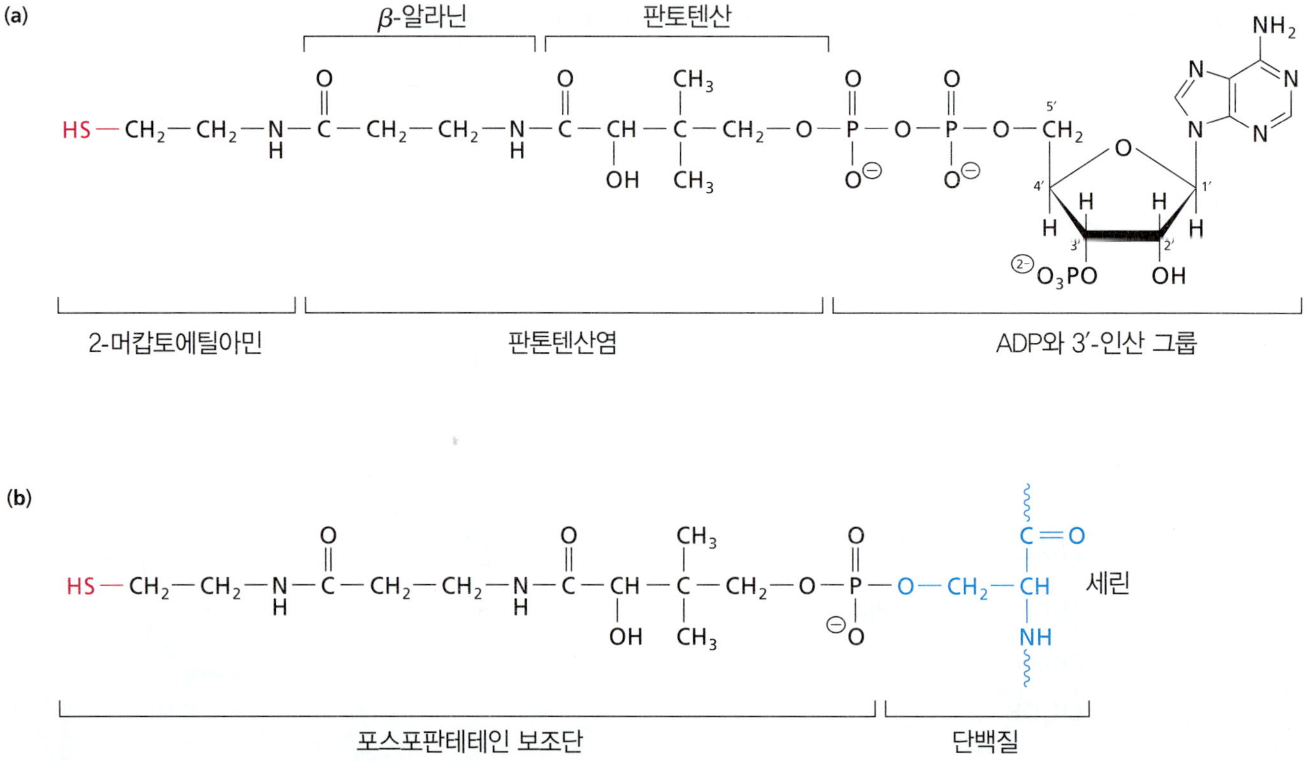

번에 하나 또는 두 개의 전자를 전이한다. 부분적으로 산화된 FADH•나 FMNH•가 바로 하나의 전자가 전이됨으로 생성된 화합물이다. 이런 중간체는 세미퀴논이라고 하는 상대적으로 안정적인 자유 라디칼이다. $FADH_2$와 $FMNH_2$의 산화는 종종 철(철-황 클러스터에서)을 포함하는 금속함유단백질의 환원으로 연결된다. 철-황 클러스터는 하나의 전자만을 받아들일 수 있기 때문에 환원된 플라빈은 세미퀴논 중간체를 통해 한 개 전자씩 두 단계를 거쳐 산화되어야 한다. FMN의 두 개의 전자전달이 한 개의 전자전달과 결합하는 능력은 많은 전자전달 시스템에 있어 중요하다.

▼ 조효소 A.

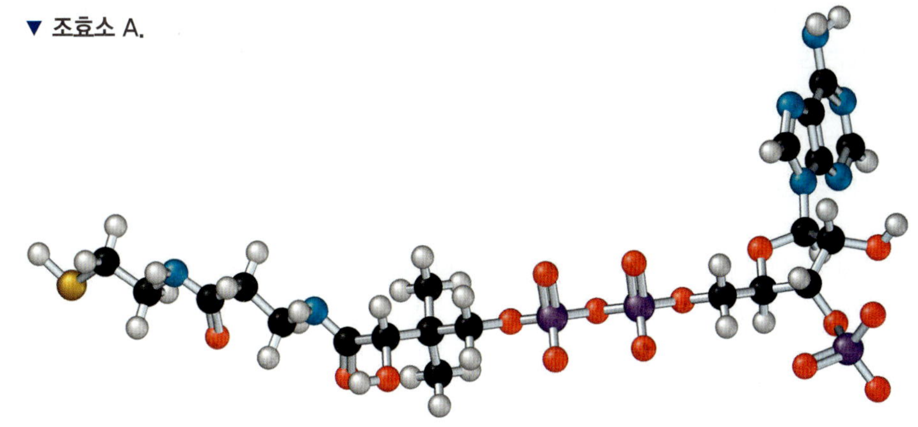

7.6 조효소 A와 아실 운반 단백질

전형적인 플라보단백질, 오래된 황색 효소 결정은 5장의 도입 부분에 나와 있다.

연료 분자의 산화, 일부 탄수화물과 지질의 생합성 등 대부분의 대사 과정은 조효소 A에 의존한다. 이런 조효소는 카복실산 및 지방산을 모바일 대사군으로 하는 아실 그룹 전송 반응에 참여하고 있다. 조효소 A는 3가지 주된 구성요소를 갖는다: 자유—SH그룹을 가진 2-머캅토에틸아민(2-mercaptoethylamine), 바이타민 판토텐산염(pantothenate, 바이타민 B_5, 판토에이트와 β-알라닌의 아마이드) 및 ADP 일부분인 3-수산화기가 3번 인산염 그룹과 에스터화된 것(그림 7.12a). CoA의 반응 센터는 —SH 그룹이다. 아실 그룹은 공유결합을 통해 SH 그룹에 결합하여 싸이오에스터를 형성한다. 하나의 보편적인 예로 아세틸 CoA가 있는데 여기서 아실 그룹은 아세틸기이다. 아세틸 CoA(그림 7.13)는 싸이오에스터 결합으로 인한 "고에너지" 화합물이다(19.8 절). 조효소 A는 원래 아세틸화시키는 조효소 작용 때문에 이름이 지어졌다. 탄수화물, 지방산, 아미노산의 대사에 대해 설명할 때 자주 아세틸 CoA를 볼 수 있다.

인산에스터인 포스포판테테인은 2-머캅토에틸아민과 조효소 A의 판토텐산기를 포함하고 있으며, 아실 운반 단백질(ACP)로 알려진 작은 단백질(77 아미노산 잔기)의 보조단이다. 보조단은 세린 잔기의 곁가지 산소를 통해 ACP에 에스터화된다(그림 7.12b). ACP 보조단의 —SH는 지방산 생합성 과정의 중간체에 의해 아실화된다(16장).

$$H_3C-\overset{\overset{\displaystyle O}{\|}}{C}-S-CoA$$

아세틸 CoA

▲ 그림 7.13
아세틸-CoA.

7.7 싸이아민 이인산

싸이아민(thiamin, 또는 바이타민 B_1)은 피리미딘 고리를 가지고 양전하를 띤 싸이아졸륨(thiazolium) 고리를 포함하고 있다(그림 7.14a). 그 조효소는 싸이아민 이인산(thiamin

(a) 피리미딘 고리 · 싸이아졸륨 고리 (NH_2, H_3C, CH_2-CH_2-OH, $CH_2-N^{\oplus}$, S, C–H)

싸이아민(바이타민 B_1)

(b) (NH_2, H_3C, $CH_2-N^{\oplus}$, S, C–H, $CH_2-CH_2-O-P(=O)(O^{\ominus})-O-P(=O)(O^{\ominus})-O^{\ominus}$)

싸이아민 이인산(TDP)

◀ 그림 7.14
싸이아민 이인산(TDP). (a) 싸이아민(바이타민 B_1). **(b)** 싸이아민 이인산(TDP). 조효소의 싸이아졸륨 고리에 반응 센터가 포함되어 있다(적색).

diphosphate; TDP)이다. 기존 문헌에는 싸이아민 파이로인산(thiamin pyrophosphate; TPP)이라고도 한다(그림 7.14b). TDP는 싸이아민이 ATP에서 효소적으로 파이로포스포릴 그룹을 전달받음으로 합성된다.

반 정도의 디카복실레이즈가 조효소로서 TDP를 필요로 하는 것으로 알려져 있다. 예를 들어, TDP는 효모의 파이루브산 디카복실레이즈(pyruvate decarboxylase)의 보조단이다. 원리는 그림 7.15에 표시되어 있다. TDP는 또한 조효소로서 파이루브산이 아닌 다른 α-케토산의 산화적 탈카복실화에 관여되어 있다. 이런 반응에서의 첫 번째 단계가 그림 7.15에 보인 메커니즘에 의해 일어난다. 또한 TDP는 트랜스케톨레이즈(transketolase)라는 효소의 보조단이다. 트랜스케톨레이즈는 당 분자에서 케톤 그룹을 포함한 두 탄소 그룹 사이의 전달을 촉진한다.

파이루브산 디카복실레이즈의 대사적인 역할은 11.3절에서 접하게 될 것이다. 케톤전이효소는 12.9절에서 설명할 것이다. 파이루브산 디하이드로지네이즈의 조효소로서 TDP의 역할은 13.2절에 설명되어 있다.

조효소의 싸이아졸륨 고리에는 반응센터가 포함되어 있다. TDP의 C-2는 특이한 반응성을 가지는데 수용액의 매우 높은 pK_a에도 불구하고 산성을 띤다는 것이다. 마찬가지로, 최

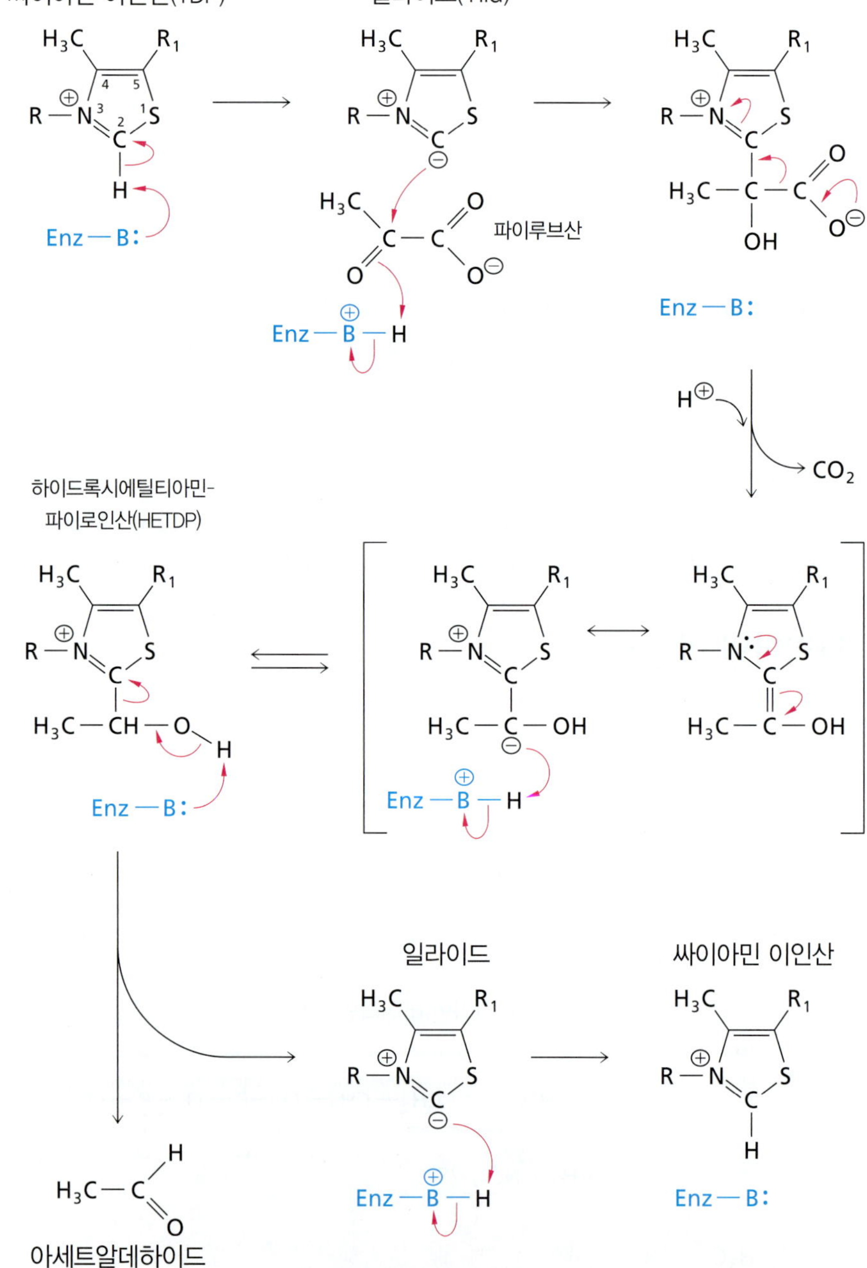

그림 7.15 ▶
효모 파이루브산 디카복실레이즈의 메커니즘. TDP의 싸이아졸륨 고리의 양전하는 전자를 끌어당겨 C-2와 수소 사이의 결합을 약하게 한다. 이 양전하는 효소의 염기 잔기에 의해 제거하는 것으로 추정된다. 이온화는 일라이드(인접 원자에 반대전하를 가진 분자)로 알려진 쌍극 카르보 음이온을 생성한다. 음이온화된 C-2는 파이루브산 기질의 전자가 부족한 카보닐 탄소를 공격하여 첫 산물로 이산화탄소를 방출한다. 파이루브산의 두 개의 탄소는 공명 안정화된 카르보 음이온의 일부분으로 티아졸고리에 붙어 있다. 다음 단계에서는 카르보 음이온을 프로톤화시켜서 HETDP를 생성한다. HETDP는 쪼개져서 아세트알데하이드(2차산물)를 내보내고 효소-TDP 혼합물의 일라이드를 재생한다. 일라이드가 효소에 의해 프로톤화되면 TDP가 다시 형성된다.

근연구에서는 물에서 파이루브산 디카복실레이즈의 하이드록시에틸티아민다이포스페이트(hydroxyethylthiaminediphosphate; HETDP)를 이온화하는 pK_a 값이 15에서 6으로 변하였음을 보여주었다. 이런 산도의 증가는 활성자리의 낮은 극성으로 인한 것이다. 이는 또한 TDP의 반응성을 보여준다.

▲ **싸이아민 이인산은 파이루브산 디하이드로지네이즈에 결합한다.** 조효소는 확장된 구조에 결합하고 이인산 그룹은 마그네슘이온(녹색)에 킬레이트된다. [PDB 1PYD]

7.8 인산 피리독살

수용성 바이타민 B_6 계열은 세 개의 밀접하게 관련된 분자로 구성되어 있는데 이 세 분자는 다만 산화 또는 아민화 상태에서 피리딘 고리의 4번 위치에 결합한 탄소결합에 차이가 있을 뿐이다(그림 7.16a). 바이타민 B_6는 대부분 종종 피리독살(pyridoxal) 또는 피리독사민(pyridoxamine)이며 식물과 동물로부터 구할 수 있다. 생쥐에서 바이타민 B_6 결핍은 피부염이나 단백질 대사 혼란을 일으키지만 사람의 경우 바이타민 B_6의 결핍이 극히 적다. 바이타민 B_6가 세포로 들어가면 ATP로부터 인산기의 효소적 전이가 일어나 조효소 PLP를 형성한다(그림 7.16b).

인산 피리독살은 많은 효소의 보조단으로 이성질화, 탈카복실화 및 곁사슬 소거 또는 교체 등의 아미노산을 포함한 다양한 반응을 촉매한다. PLP 의존성 효소(PLP-dependent enzyme)에서는 보조단의 카보닐 그룹이 활성자리에서 라이신 잔기의 ε-아미노 그룹에 쉬프 염기(이민)로 결합한다. (쉬프 염기는 1차 아민의 알데하이드 또는 케톤과의 축합반응 결과 생성된다.) 그림 7.17의 왼쪽에 표시되어 있는 효소-조효소 쉬프 염기(이민)[shiff base (imine)]를 인터널 알디민(internal aldimin)이라고 한다. PLP는 여러 약한 비공유결합에 의해 효소에 강하게 결합된다. 인터널 알디민의 추가적인 공유결합은 효소가 작용하지 않을 때 부족한 조효소의 손실을 방지하는 데 도움을 준다.

아미노산이 있는 모든 PLP-의존성 효소반응의 초기 단계에서 아미노산의 α-아미노기에 PLP가 연결이 된다(외부 알디민의 형성). 아미노산이 PLP 효소에 결합할 때, 트랜스이미네이션 반응이 일어난다(그림 7.17). 이 전달 반응은 PLP의 자유 알데하이드 형태의 형성을 통하기보다 오히려 초기-다이아민 중간체를 통하여 진행된다. 쉬프 염기는 N-1에 양전하로 끝나는 피리딘 고리에서 짝이중결합의 시스템을 포함한다. 질소 원자에 양전하가 있는 유사한 고리 구조가 NAD에 존재한다. 보조단은 PNP-효소에 의해 촉매되는 반응의 후속단계가 일어나는 동안 전자 싱크로서 역할을 한다. α-아미노산이 PLP와 쉬프 염기를 형성하는 즉시, N-1을 향한 전자받개가 α-탄소에 세 개의 결합을 약화시킨다. 다시 말해서 PLP와 쉬프

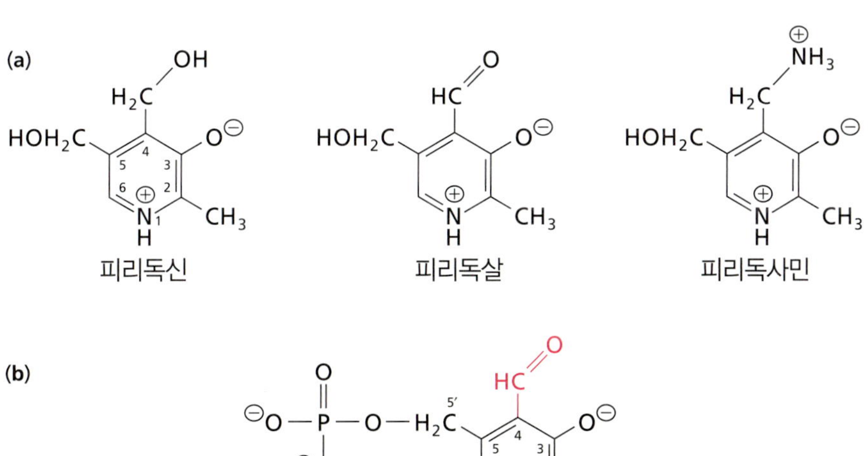

◀ **그림 7.16**
바이타민 B_6와 인산피리독살. (a) 바이타민 B_6 계열: 피리독신, 피리독살 및 피리독사민. (b) 인산피리독살(PLP). PLP의 반응 센터는 알데하이드기(적색)이다.

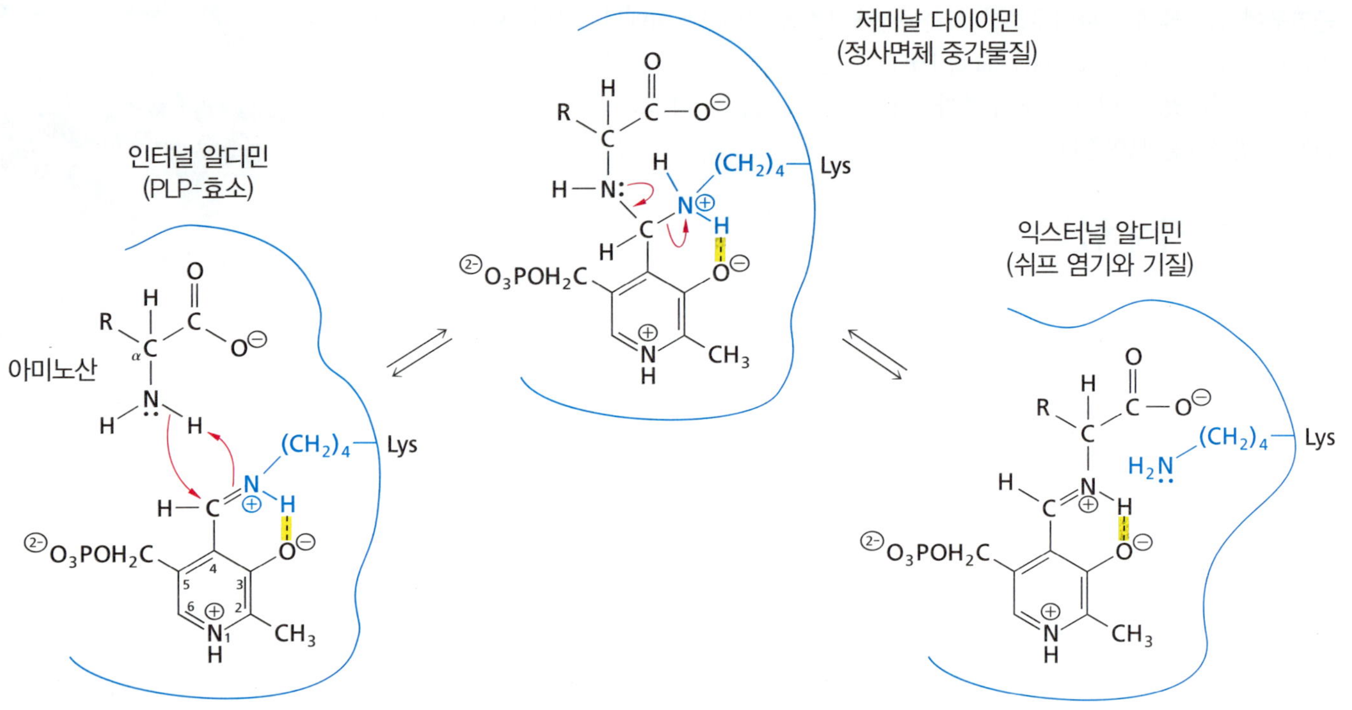

▲ 그림 7.17

PLP 의존 효소에 기질의 결합. 효소의 라이신 잔기에 PLP를 연결하는 쉬프 염기는 PLP와 기질 분자의 반응에 의해 대체된다. 트랜스이미네이션 반응은 저미날(geminal)–다이아민 중간체를 통하여 PLP와 기질로 구성된 쉬프 염기를 생성한다.

염기는 아미노산의 α-탄소에 부착된 세 그룹 중 하나가 제거될 때 형성된 카르보 음이온을 안정화시킨다. 어떤 그룹은 효소 활성자리의 화학적 환경에 따라 잃어버린다.

아미노산에 있는 α-아미노기의 제거는 아미노산의 생합성과 분해에 참여하는 트랜스아미네이즈에 의해 촉매된다(17장). 아미노기 전달은 가장 자주 접하게 되는 PLP-의존성 반응이다. 그 메커니즘은 α-케토산의 방출이 뒤따르는 외부의 알디민(그림 17.17) 형성을 포함한다. 아미노기는 인산 피리독사민(PMP)을 형성하는 PLP에 결합하여 남아 있다(그림 7.18). 트랜스아미네이즈(transaminase) 반응에서 다음 단계는 그림 7.18에서 보이는 바와 같이 기질로써 서로 다른 α-케토산을 사용한 반응의 역행이다.

특정한 트랜스아미네이즈 반응이 17.2B절에 설명되었다.

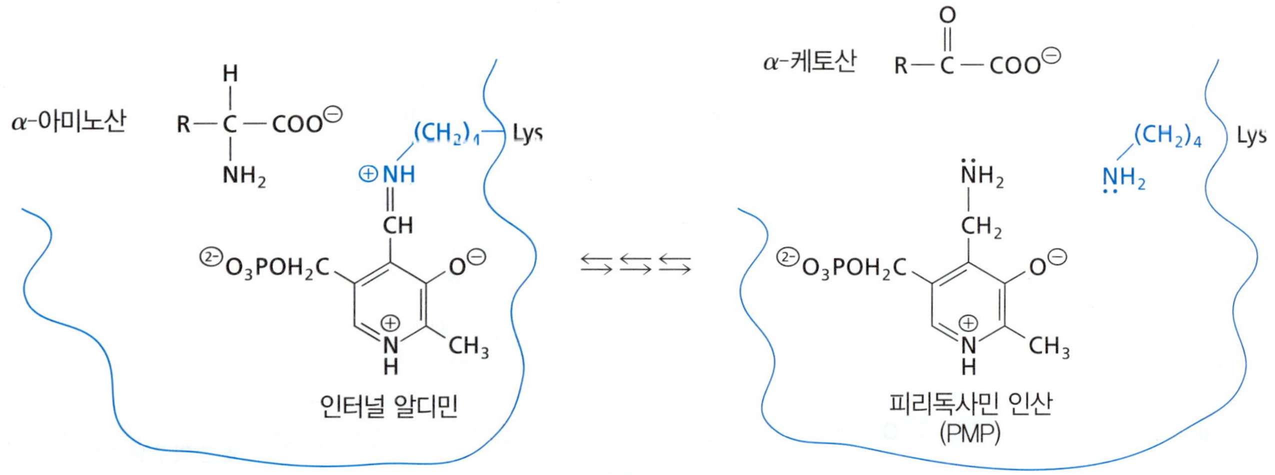

▲ 그림 7.18

트랜스아미네이즈의 메커니즘. 아미노산은 효소에 PLP로 연결된 내부 알디민으로부터 라이신을 대체하고 외부에 알디민을 생성한다. 만약 또 다른 α-케토산이 들어간다면, 각각의 단계는 반대로 진행된다. 아미노기는 효소의 PLP를 재생산하고 새로운 아미노산을 생산하는 케토산으로 전달된다.

7.9 바이타민 C

가장 간단한 바이타민으로는 항괴혈증 약으로 쓰이는 아스코브산(ascorbic acid)이 있다(바이타민 C). 괴혈병은 피부 병변, 약화된 혈관, 흔들리는 치아, 출혈성 치은과 같은 증상이 있는 병이다. 괴혈병과 영양 사이에 관한 연결고리는 4세기 전부터 인식되어 왔는데, 영국의 해군 소속의 내과 의사들이 라임과 레몬즙이 신선한 야채와 과일이 결여된 식사를 하는 선원들의 괴혈병을 위한 치료에 효과적이라는 사실을 발견했다. 그러나 1919년까지는 아스코브산은 감귤즙에서 분리되며, 필수적인 영양 요소인 사실이 밝혀지지 않았었다.

18세기에는 괴혈병 치료에 관한 많은 경쟁적인 이론이 있었기 때문에 감귤류 과일처럼 괴혈병의 문제를 간단하게 해결할 수 있다는 사실을 당국에 설득하기 쉽지 않았다. 제임스 린드 박사와 영국해군을 설득하기 위한 그의 노력은 바이타민 C와 관련된 많은 이야기 중 하나이다. 이것은 우리에게 과학적 증거가 우리가 일을 하는 방식에 대해 변화를 만들기 위해 요구되는 전부가 아니라는 것을 보여준다. 결국, 영국 선원들은 바다에 나가 있을 때 정기적으로 레몬과 라임을 먹기 시작했다. 괴혈병이 감소한 것뿐만 아니라, 영국 선원에게 유명한 별명을 가져다주기도 하였다. 비록 레몬이 라임보다 더 효과적이었지만 그들은 "라임즈"라 불렀다.

아스코브산은 락톤으로 C-1 카복실기에 있는 내부 에스터가 C-4 수산화기와 고리 구조를 형성하면서 축합되어 만들어진다. 우리는 이제 아스코브산이 조효소가 아니라 몇몇 다른 효소반응에서 환원제로 작용한다는 사실을 알고 있다(그림 7.19). 이러한 반응에서 제일 중요한 점은 콜라겐의 수산화이다(4.12절). 대부분의 포유동물은 아스코브산은 합성할 수 있지만 기니피그, 박쥐, 일부 영장류(인간을 포함)에서는 합성할 수 없고 반드시 섭취하여야 한다.

일반적으로 우리는 어떻게 하여서 몇몇 종에서 어떠한 효소가 결손되어 필수적인 대사물질을 외부 공급에 의존하게 되었는지를 그다지 알지 못한다. 대다수의 유전자 손실로 추정되는 사건들은 너무나 먼 과거에 일어난 일이라서 현대의 유전체에는 소수의 흔적만이 남아있다. 바이타민 C를 합성하는 능력의 손실은 이러한 법칙에서 예외이며, 진화에 대한 좋은 예로 제공된다.

아스코브산은 D-글루코스로부터 4개의 효소를 포함하는 5단계로 합성된다(마지막 단계는 자발적이다). 경로에서 마지막 효소는 L-글루코노-γ-락톤 옥시데이즈(L-glucono-gamma-lacton-oxidase; GULO)이다(그림 7.20). GULO(효소)는 직비원아목(원숭이와 유인원)의 영장류에는 존재하지 않지만, 원원아목(여우원숭이, 로리스원숭이 등)에 있다. 이 그룹들은 약 8천만 년 전에 갈라졌다. 이것은 GULO 유전자가 원숭이나 유인원에는 없거나 또는 결함이 되어 있거나 그러나 다른 영장류에는 그대로 있을 것이라는 예측을 이끌어낸다.

이러한 예측은 다른 동물에 있는 활성화된 GULO 유전자에 포함하는 유전자의 블록에 있는 염색체 8에 인간 GULO 모조 유전자의 발견으로 확인되었다. 인간 모조 유전자 및 기

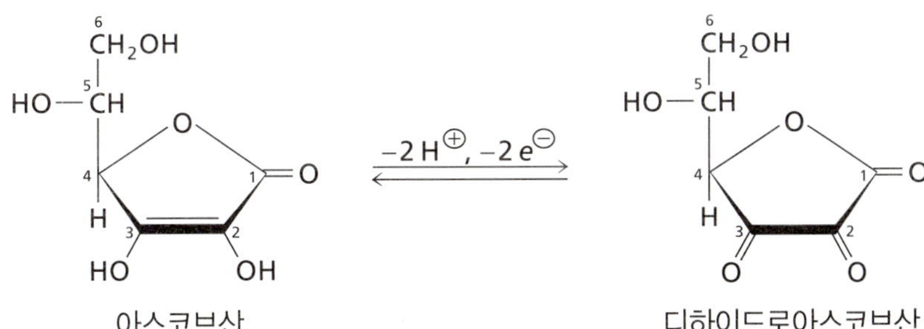

▲ 그림 7.19
아스코브산(바이타민 C)과 그것의 탈수소, 산화된 형태.

▲ 라이미(*Limeys*)는 1700년대에 괴혈병의 치료를 감귤류의 과일을 이용하여 촉진하기 위한 의사 제임스 린드의 이야기이다.

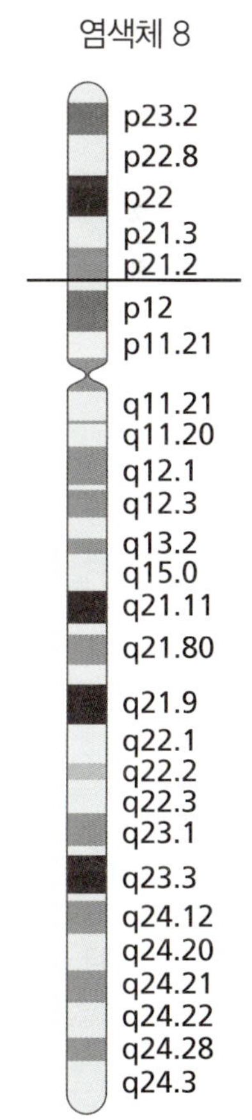

▲ 인간 GULO 모조 유전자는 염색체 8의 짧은 윗부분(arm)에 위치한다.

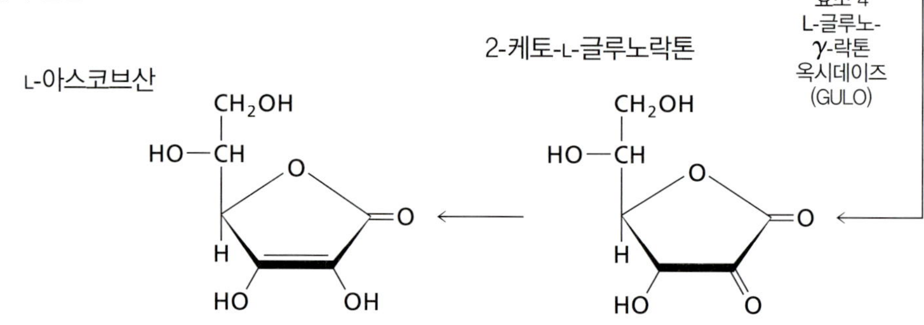

▲ **그림 7.20**
아스코브산(바이타민 C)의 생합성. L-아스코브산은 D-포도당으로부터 합성된다. 마지막 효소 단계에서 L-글루코노-γ-락톤 옥시데이즈에 의해 촉매되고, 이 효소는 대부분의 영장류에서 누락된다.

쥐 GULO 유전자

인간 GULO 모조 유전자

그림 7.21 ▶
인간 모조 유전자와 쥐의 GULO 유전자의 비교. 인간 모조 유전자는 엑손 11과 처음 6개의 엑손이 없다. 게다가 단백질을 생산하지 못하도록 남아 있는 엑손에서 많은 돌연변이가 있다.

능성 쥐 유전자의 비교는 많은 차이점을 나타낸다(그림 7.21) 인간의 모조 유전자는 엑손 11과 더불어 다른 유인원들의 모조유전자 역시 이들 엑손이 없으며, 이는 모든 유인원의 조상 역시 비슷하게 결함이 있는 GULO 유전자를 가졌다는 것을 뜻한다.

불활성인 GULO 유전자를 만들었던 원래의 돌연변이는 아직 알려지지 않았다. 일단 비활성화되면 모조 유전자는 무작위적 유전적 부동에 의해 고정된 추가적인 돌연변이를 축적한다. 우리는 식이섭취를 통해 충분한 양을 획득할 수 있기 때문에 이러한 종들에게서 바이타민 C를 합성하는 능력의 결여가 해롭지 않다는 것을 추측할 수 있다.

7.10 바이오틴

바이오틴(biotin)은 카복실기 연쇄 이동 반응과 ATP-의존성 카복실화 반응을 촉매하는 효소를 위한 보조단이다. 바이오틴은 라이신 잔기의 ε-아미노기에 있는 아마이드 결합에 의한 주 효소의 활성자리에 공유결합으로 열결되어 있다.

바이오틴 라이신

효소-결합 바이오틴

그림 7.22 ▶
효소에 결합한 바이오틴. 바이오틴의 카복실기는 라이신 잔기의 아미노기(청색)에 아마이드 결합으로 공유결합된다. 바이오틴의 반응 센터는 N-1이다(적색).

▲ **그림 7.23**
파이루브산 카복실레이즈에 의해 촉매되는 반응. 우선 바이오틴, 중탄산염, ATP는 카복시바이오틴을 형성하기 위해 반응한다. 카복시바이오틴-효소 복합체는 파이루브산으로 옮겨질 수 있는 이산화탄소의 안정하고 활성화된 형태를 제공한다. 다음으로, 파이루브산의 엔올레이트는 카복시바이오틴의 카복실기를 공격해서 옥살로아세트산을 형성하고 바이오틴을 재생한다.

파이루브산 카복실레이즈(pyruvate carboxylase) 반응은 이산화탄소의 운반체로서 바이오틴의 역할을 증명한다(그림 7.23). ATP-의존성 반응에서, 파이루브산은 3개의 탄소로 이루어진 산이며 중탄산염과 반응하여 4개 탄소로 이루어진 산인 옥살로아세트산를 형성한다. 바이오틴에 결합한 효소는 이동하는 카복실 물질대사 그룹의 중간매개체이다. 파이루브산 카복실레이즈 반응은 중요한 이산화탄소 고정 반응이다. 이 반응은 포도당신생성 과정에서 요구된다(11장).

바이오틴은 효모의 성장에 있어서 필수인자로서 처음으로 확인되었다. 바이오틴 결핍은 바이오틴이 장내 세균에 의해 합성되고 매우 적은 양이 필요하기 때문에 정상적인 식사를 하는 인간이나 동물에게는 드물다(g/day). 하지만 단백질인 아비딘을 포함하는 날계란 흰자

BOX 7.3 한 유전자: 한 효소

조지 비들(George Beadle)과 에드워드 테이텀(Edward Tatum)은 대사경로에서 하나의 효소를 암호화하는 각각의 유전자가 있다는 가설을 검증하길 원했다. 우리가 지금은 당연히 여기고 있는 관련성은 1930년대 후반에는 여전히 가설이었다. 이때는 유전자가 단백질인지 아니면 또 다른 종류의 화학물질인지 명확하지 않았을 때였다는 것을 염두하도록 하자.

비들과 테이텀은 실험에 붉은빵 곰팡이인 *Neurospora crassa*를 선택하였다. 붉은빵 곰팡이의 포자는 당과 바이오틴(바이타민 B_7)만을 필요로 하는 완전 제한배지(well-defined media)에 배양했을 때는 번식이 잘 되었다. 그들은 일반(rich supplemented) 배지에서만 잘 자라지만 단순 제한(simple defined)배지에서는 살지 못하는 돌연변이가 X-선을 붉은빵곰팡이 포자에 조사했기 때문이라고 추론했다. 그들이 다음에 한 일들은 결함을 해결하기 위해 최소 배지(minimal medium)에 첨가될 필요가 있는 하나의 보충제를 확인하는 것이었다. 이것은 필수 보충제를 합성하는 효소를 위한 유전자를 확인하는 것이었다.

299번째 돌연변이는 바이타민 B_6를 필요로 하였고 1085번째 돌연변이는 바이타민 B_1을 필요로 하였다. 바이타민 B_6와 B_1의 생합성 경로가 이 실험에서 처음으로 두 경로로 확인되었다. 나중에 그들은 트립토판 경로에서 이용된 유전자/효소를 알아냈다. 1941년에 결과가 확립되었고, 1958년에 비들과 테이텀은 노벨 생리의학상을 수상하였다.

▲ **시험관 안에 제한배지에서 자라는 붉은빵 곰팡이.** 오른쪽 균주는 오렌지색 카르테노이드를 생산하고 있고 왼쪽 균주는 비생산균주이다. (출처: Courtesy of Manchester University, United Kingdom).

를 섭취하여 바이오틴 결핍이 유도될 수 있다. 아비딘은 바이오틴에 단단하게 결합되어 장관에서 흡수가 되지 않도록 만든다.

아비딘은 계란이 요리될 때 변성되어 바이오틴에 대한 친화력을 잃는다. 다양한 실험기술들로 바이오틴에 대한 아비딘의 높은 친화력을 활용할 수 있다. 예를 들어, 바이오틴이 공유결합으로 붙어 있는 물질은 아비딘이 고정화되어 있는 컬럼인 친화성 크로마토그래피(affinity chromatography)에 의해 복합 혼합물로부터 추출될 수 있다(3.6절). 바이오틴과 아비딘의 결합상수는 대략 10^{15} M^{-1}이다. 이 상수는 생화학에서 가장 강력한 상호작용 가운데 하나로 알려져 있다(4.9절).

7.11 테트라하이드로폴산

바이타민 폴산(polate)은 초록잎, 간, 효소에서 1940년대 초에 처음으로 분리되었다. 폴산은 3개의 주요 구성분으로 이루어져 있다: 테린(pterin)[2-아미노-4-옥소테리딘(2-amino-4-oxopteridine)], 파라-아미노벤조산(p-aminobenzoic acid), 글루탐산 잔기. 프테린과 폴산의 구조는 그림 7.24a와 7.24b에 나타나 있다. 인간은 자발적으로 테린-*p*-아미노벤조산 중간체(pterin-*p*-aminobenzoic acid intermediate; PABA)를 합성할 수 없고 글루타메이트를 외인성 PABA에 추가할 수 없기 때문에 식단에 폴산이 요구된다.

폴산의 조효소 형태로서 통칭 테트라하이드로폴산(tetrahydropolate)으로 알려져 있는데 두 가지 측면에서 바이타민과 다르다: 폴산은 5,6,7,8-테트라하이드로테린(5,6,7,8-tetrahydropterin)으로 환원되고 글루타밀 아마이드 결합을 통해 또 다른 것에 결합한 γ-글루타메이트 잔기의 첨가로 인해 수식된다(그림 7.24c). 보통 5개에서 6개 긴 잔기를 가지는 음이온 폴리글루타밀(polyglutamyl) 부분은 효소에 조효소가 결합하는 것에 참여한다. **테트라하이드로폴산**이라는 용어를 사용할 때, 그것은 다양한 길이의 폴리글루탐산(polyglutamate) 꼬리를 가지는 화합물을 의미하는 것을 명심해야 한다.

테트라하이드로폴산은 테린 고리 구조에서 5,6,7,8번 위치에 수소가 첨가됨으로 폴산으로부터 형성된다. 폴산은 다이하이드로폴산 리덕테이즈(dihydrofolate reductase; DHFR)에 의해 촉매된 반응의 두 개의 NADPH-의존성 단계에서 환원된다.

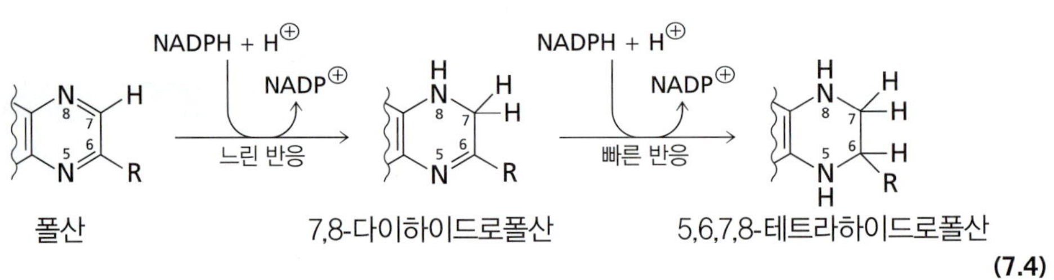

(7.4)

▲ **많은 과일과 채소는 충분한 폴산을 공급한다.** 또한 효모와 간 제품은 훌륭한 폴산의 소스이다.

다이하이드로폴산 리덕테이즈의 주요한 대사 기능은 티미딜산(thymidylate; dTMP)의 메틸기가 형성되는 동안 생성된 다이하이드로폴산의 환원이다(18장). 테트라하이드로폴산의 유도체가 사용되는 이 반응은 DNA의 생합성에 필수적인 단계이다. 세포 분화는 DNA 합성이 방해될 때 일어날 수 없기 때문에, 다이하이드로폴산 리덕테이즈는 암치료 분야의 화학치료의 대상으로서 광범위하게 연구되어왔다(BOX 18.4). 대부분의 종에서 다이하이드로폴산 리덕테이즈는 두 개의 큰 기질(폴산과 NADPH)에 효과적인 결합 부위가 발달한 상대적으로 작은 단위체 효소이다(그림 6.12).

5,6,7,8-테트라하이드로폴산은 여러 개의 탄소 단위의 생화학적 이동을 촉매하는 효소에 의해 필요해진다. 테트라하이드로폴산에 결합되어 있는 그룹은 메틸, 메틸렌(methylene), 또는 포밀(formyl)기이다. 그림 7.25는 테트라하이드로폴산의 여러 개의 탄소 유도체 구조와

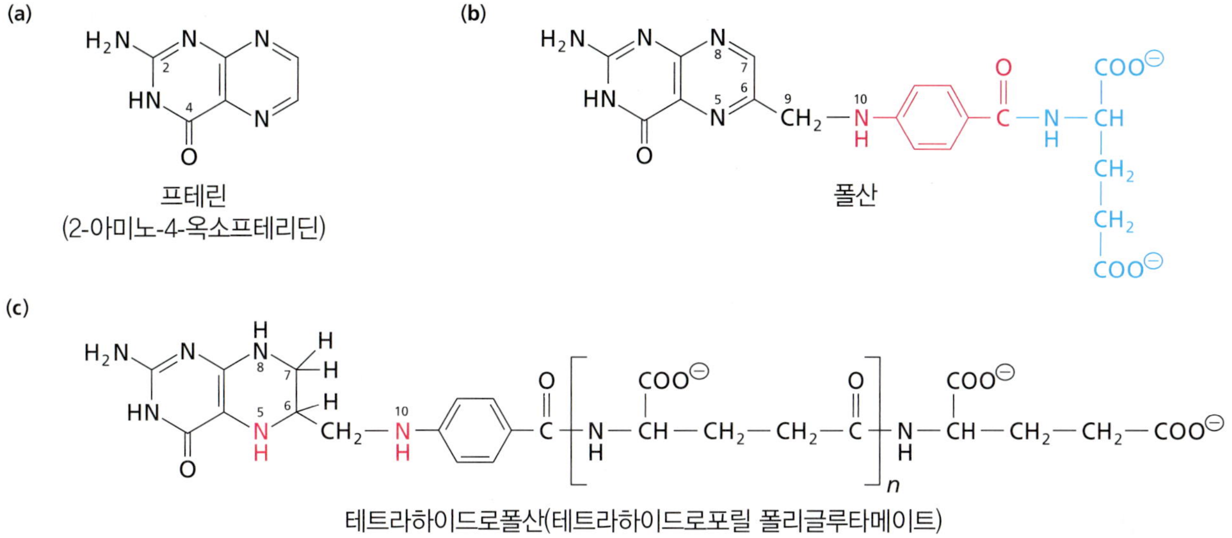

▲ **그림 7.24**

프테린, 폴산과 테트라하이드로폴산. (a) 프테린은 (b) 폴산의 구성요소이며, *p*-아미노벤조에이트(적색)와 글루타메이트(청색)를 포함하는 분자. (c) 테트라하이드로폴산의 폴리글루탐산 형태는 보통 5개 또는 6개 글루탐산 잔기를 포함한다. 조효소의 반응 센터는 N-5와 N-10으로 적색으로 표시되어 있다.

그들 사이에서 일어나는 효소의 상호변환을 보여주고 있다. 하나의 탄소 대사군은 고리구조에서 양쪽에 또는 테트라하이드로폴산의 2차 아민 N-5나 N-10에 공유결합으로 결합되어 있다. 10-포밀테트라하이드로폴산(10-formyltetrahydrofolate)은 포밀기의 도너(donor)이며, 5,10-메틸렌테트라하이드로폴산(5,10-methylenetetrahydrofolate)은 하이드로시메틸기의 도너이다.

또 다른 프테린 조효소, 5,6,7,8-테트라하이드로바이오프테린은 프테린의 C-6번 위치에 테트라하이드로폴산에서 발견된 큰 곁사슬 대신에 3개의 탄소 곁사슬을 가지고 있다(그림

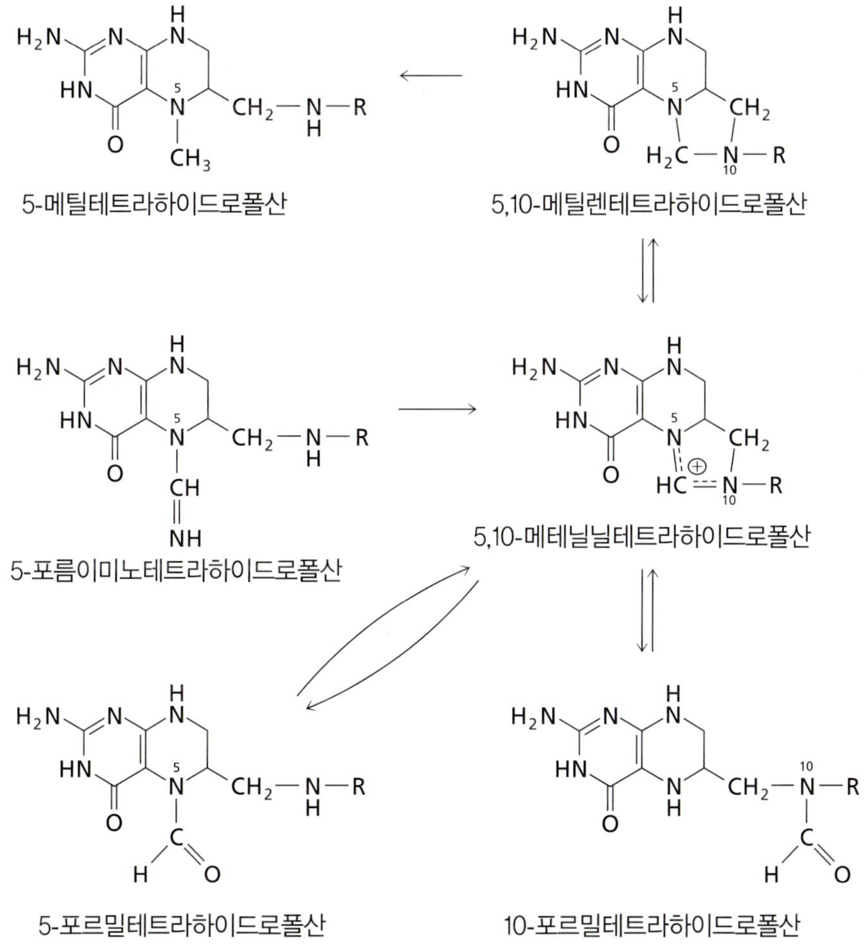

◀ **그림 7.25**

테트라하이드로폴산의 1-탄소 유도체. 유도체는 경로들이 보여주는 것과 같이 효소적으로 전환될 수 있다(R은 테트라하이드로폴레이트의 벤조일 폴리글루타메이트 부분이다).

▲ **그림 7.26**
5, 6, 7, 8-테트라하이드로바이오프테린(5, 6, 7, 8-Tetrahydrobiopterin). 산화되면서 잃어버린 수소 원자는 적색으로 표현된다.

▲ **도로시 크로우풋 호즈킨(Dorothy Crowfoot Hodgkin, 1910~1994).** 호즈킨은 물속에서의 단백질 시뮬레이션으로 바이타민 B_{12}(코발라민)의 구조를 결정하여 1964년도에 노벨상을 받았다. 사진에 나온 인슐린의 구조는 1969년도에 게재된 것이다.

7.26). 이 조효소는 바이타민으로부터 유도되지 않지만 동물이나 다른 개체에 의해 합성될 수 있다. 테트라하이드로바이오테린은 하이드록실레이즈를 위한 보조인자이며 페닐알라닌에서 타이로신으로 전환에 있어서 환원제로서 작용할 수 있다(17장). 또한 아지닌으로부터 일산화질소의 합성을 촉매하는 효소에 필요하다(17.12절).

바이타민과 보조제의 판매는 선진국에서 큰 사업이다. 건강을 위해서 바이타민을 추가적으로 공급하는 것에 대한 필요 여부를 결정하는 것은 과학적인 증거가 종종 모순되거나 파악하지 못했기 때문에 어려운 일이다. 폴산(바이타민 B_9) 결핍은 정상적인 건강한 성인과 선진국의 어린이들에게는 드문 일이지만, 임신 여성의 폴산 결핍은 보고된 바가 있다. 테트라하이드로폴산의 결핍은 빈혈과 태아에 심각한 결함을 초래할 수 있다. 폴산을 포함한 많은 과일과 야채가 있는데, 임신 여성을 위해 자신의 건강과 아기의 건강을 보장하기 위해서 폴산과 함께 식단을 추가적으로 보충하는 것은 좋은 생각이다.

7.12 코발라민

코발라민(Cobalamin, 바이타민 B_{12})은 가장 큰 바이타민 B이며 마지막으로 분리되었다. 코발라민의 구조는 (그림 7.27a) 헴의 포피린(porphyrin) 유사 구조인 코린 고리(corrin ring) 시스템을 포함한다(그림 4.37). 코발라민은 헴 안에 철 대신 코발트를 포함하고 있는 것을 명시한다. 그림 7.27b에 간소화된 구조는 두 리간드와 결합하는 코발트, 코린 고리 아래의 벤즈이미다졸 라이보뉴클레오타이드(benzimidazole ribonucleotide)와 작용기 R의 위치를 위로 냈다. 코발라민의 조효소 형태에서 작용기 R은 메틸기(메틸코발라민 내) 또는 디옥시아데노실기(아데노실코발라민 내) 중 하나이다.

코발라민은 일부 몇몇 미생물에서만 생합성된다. 모든 동물과 몇몇 박테리아와 조류에서 미량으로 요구된다. 인간은 동물성 음식에서 코발라민을 섭취한다. 코발라민 결핍은 골수에 의해 혈액세포의 생산 감소가 있는 잠재적으로 치명적인 질병인 악성 빈혈로 이어질 수 있다.

(a)

(b)

R = —CH_3 (메틸코발라민 내)

R = (아데노실 코발라민 내)

▲ **그림 7.27**
코발라민(바이타민 B_{12})과 조효소. (a) 코발라민의 상세한 그림에서 코린 고리 시스템(검정)과 5,6-디메틸벤즈이미다졸 라이보뉴클레오타이드(청색)를 나타냄. 코발트는 코린의 금속 위치를 차지함(빨강). 벤즈이미다졸 라이보뉴클레오타이드는 코린 고리의 코발트와 함께 위치하며 또한 코린 고리 시스템의 결합잔기로 포스포에스터 결합을 한다. **(b)** 코발라민 보조효소의 축약구조. 벤즈이미다졸 라이보뉴클레오타이드는 코린 고리 아래 존재하며, R 그룹은 고리 위에 존재한다.

(a)

$$b-\overset{a}{\underset{}{C}}-X \quad e-\underset{d}{C}-H \longrightarrow b-\overset{a}{C}-H \quad e-\underset{d}{C}-X$$

(b)

$$^{\ominus}OOC-CH(CH_3)-C(=O)-S\text{-}CoA \xrightarrow[\text{아데노실코발라민}]{\text{메틸말로닐-CoA 뮤테이즈}} {}^{\ominus}OOC-CH_2-CH_2-C(=O)-S\text{-}CoA$$

메틸말로닐 CoA　　숙시닐 CoA

◀ **그림 7.28**

아데노실코발라민 의존성 효소의 촉매작용에 의한 분자내 재배열. **(a)** 재배열된 수소 원자와 인접한 탄소 원자의 친환기 교체 위치. **(b)** 메틸말로닐-CoA 뮤테이즈에 의한 촉매작용으로 메틸말로닐 CoA에서 숙시닐 CoA로의 재배열.

악성 빈혈은 또한 신경장애를 일으킬 수 있다. 악성 빈혈의 대부분의 환자는 위장점막에서 필요한 당단백질(내재적 인자)을 분비하지 않는다. 특히 이 단백질은 코발라민을 결합하여 복잡한 소장 세포에 의해 흡수된다. 오늘날 코발라민의 흡수 장애는 정기적인 주사로 치료될 수 있다.

아데노실코발라민의 역할은 C—Co 결합의 반응성을 반영한다. 이때 조효소는 수소 원자와 기질 내부의 인접한 탄소 원자와 결합되어 있는 두 번째 그룹에서 위치를 교환하는 여러 효소-촉매의 분자내 재배열에 참여하고 있다(그림 7.28a). 홀수-사슬 지방산(16장)의 대사과정인 메틸말로닐-CoA 뮤테이즈 반응(그림 7.28b)은 중요하며 이 반응은 구연산 사이클의 중간체의 숙시닐 CoA의 형성을 이끄는 예가 있다.

메틸코발라민은 포유류의 호모시스테인으로부터 메싸이오닌의 재생에서와 같이, 메틸그룹의 전송에 참여한다.

$$H_3\overset{\oplus}{N}-CH(COO^{\ominus})-CH_2-CH_2-SH \xrightarrow[\substack{\text{호모시스테인}\\ \text{메틸트랜스퍼레이즈}\\ \text{메틸코발라민}}]{\text{5-메틸테트라하이드로폴산} \rightarrow \text{테트라하이드로폴산}} H_3\overset{\oplus}{N}-CH(COO^{\ominus})-CH_2-CH_2-S-CH_3 \tag{7.5}$$

호모시스테인　　메싸이오닌

이 반응에서 5-메틸테트라하이드로폴산(5-methyltetrahydrofolate)의 메틸 그룹은 호모시스테인의 싸이올 곁사슬에 메틸그룹을 전달할 수 있다. 메틸코발라민(methylcobalamin)을 형성 코발라민의 반응, 환원형으로 전달된다.

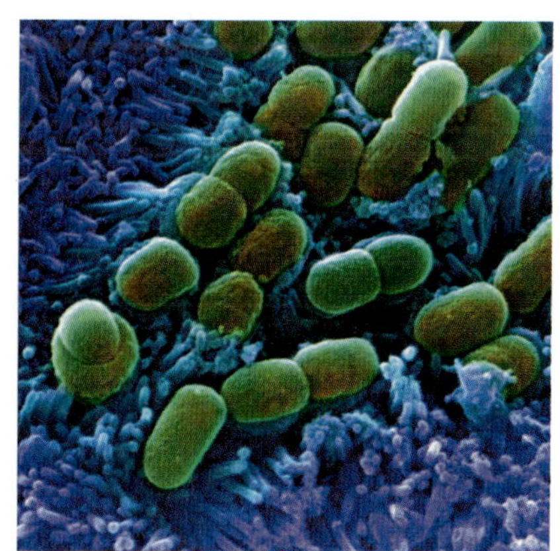

▲ **장내세균.** 정상적이고 건강한 인간은 자신의 창자에 수십억 개의 박테리아를 가지고 있다. 이들은 적어도 수십 종이며, 여기에 표시된 하나는 위에 침입되어 위궤양을 일으키는 헬리코박터파이로리다. 박테리아는 영양분을 흡수하는 많은 돌기(projection)를 가지고 소장의 표면에 앉아 있다. 다른 일반적인 종은 대장균과 방선균과 연쇄상구균의 다양한 종이다. 이 박테리아는 섭취한 음식을 분해하는 데 도움이 되며 그리고 그들은 인간에게 필요한 코발라민과 같은 필수 바이타민과 아미노산을 많이 공급한다.

7.13 리포아마이드

리포아마이드(lipoamide) 조효소는 리포산(lipoic aicd)의 단백질 결합 형태이다. 리포산은 때때로 바이타민으로 묘사되나 동물에서는 합성 가능한 것으로 나타난다. 그것은 일부 박테리아와 원생동물의 성장에 필요하다. 리포산은 두 개의 수소 원자가 C-6와 C-8에 이황화결합으로 대체된 팔-탄소카복실산(옥탄산)이다. 리포산은 자유롭게 존재하지 않는다. 그것의 카복실그룹이 단백질 라이신기의 ε-아미노기에 아마이드 결합으로 공유결합되어 존재한다(그림 7.29). 이 구조는 파이루브산 디하이드로지네이즈 복합체 및 관련 효소의 구성요소인 다이하이드로리포아마이드 아실트랜스퍼레이즈(dihydrolipoamide acyltransferase)에서 발견된다.

그림 7.29 ▶
리포아마이드. 리포아마이드. 리포산은 다이하이드로리포아마이드 아실트랜스퍼레이즈의 라이신 잔기(청색) ε-아미노그룹에 아마이드 결합된다. 리포라이실 그룹의 다이싸이올레인 고리는 폴리펩타이드 백본에서 1.5 nm 연장된다. 조효소의 반응 센터는 적색으로 표시된다.

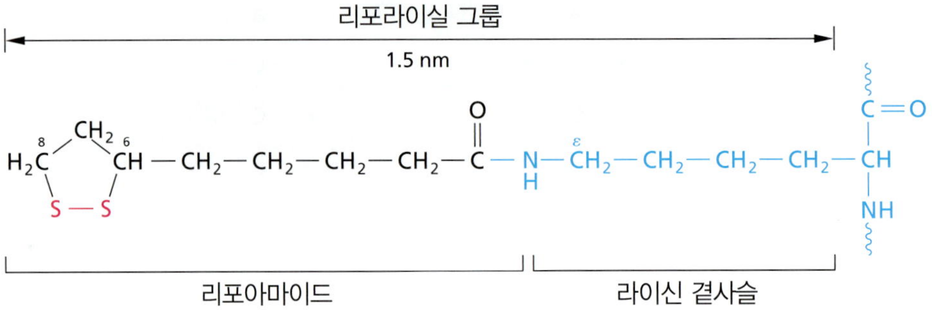

리포라이실 그룹
1.5 nm
리포아마이드
라이신 곁사슬

리포아마이드는 멀티효소 복합체의 활성자리 사이의 아실그룹을 전달한다. 예를 들어, 파이루브산 디하이드로지네이즈 복합체에(12.2), 리포아마이드 보조단 이황화고리는 그 아세틸그룹이 지질아마이드의 C-8에 붙은 황 원자에 붙어 황화에스터를 형성하는 HETDP(그림 7.15)와 반응한다. 아실그룹은 그 다음에 보조단의 환원된 형태인 다이하이드로리포아마이드를 생산하는 조효소의 황 원자에 전송된다. 파이루브산 디하이드로지네이즈 복합체에 의한 촉매반응의 마지막 단계는 다이하이드로리포아마이드의 산화이다. 이 반응에서 NADH는 복잡한 플라보단백질 구성요소의 작용에 의해 형성된다.

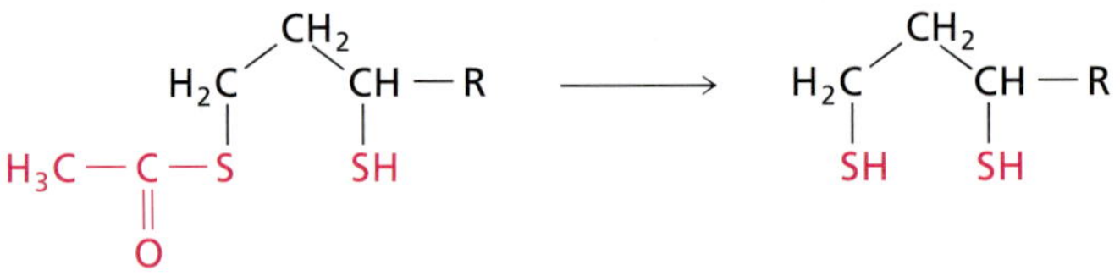

(7.6)

파이루브산 디하이드로지네이즈 복합체의 다양한 조효소의 행동은 단백질의 촉매적 다양성을 증대시키기 위해 제공되는 반응 그룹에 의해 어떻게 조효소가 에너지와 탄소 구성요소를 보호하기 위해 사용되는지를 보여준다.

7.14 지용성 바이타민

네 가지 지용성 바이타민(A, D, E, K)은 고리 구조와 지방족 곁사슬 있다. 지용성 바이타민은 비록 각각에 적어도 하나 이상의 극성 그룹이 있음에도 불구하고 상당히 소수성이다. 인간과 다른 포유류에서 섭취되는 지용성 바이타민은 다른 지질 영양소의 흡수와 유사한 과정에 의해 흡수된다(16.1a절). 이들과 결합한 단백질의 소화 이후, 담즙염과 함께 마이셀과 같은 형태로 소장의 세포표면으로 이동된다. 이러한 소수성 물질의 연구는 몇 가지 기술적인 문제가 있어서 메커니즘 연구가 수용성 바이타민에 비해 더디게 진행된다. 지용성 바이타민은 아래와 같이 그들의 기능이 크게 다르다.

그림 7.30 ▶
***β*-카로틴으로부터 바이타민 A의 형성.**

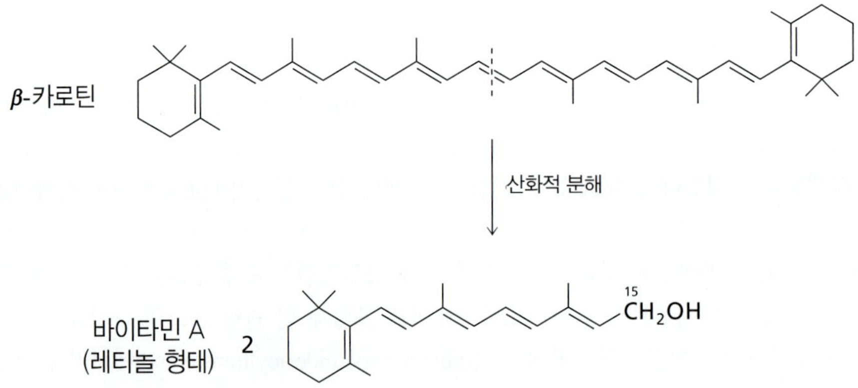

β-카로틴
산화적 분해
바이타민 A (레티놀 형태) 2

A. 바이타민 A

바이타민 A, 또는 레티놀(retinol)은 β-카로틴에서 직접 혹은 간접적으로 섭취를 통해 얻는 20-탄소 지질 분자를 말한다. 당근과 그 외 녹황색 채소는 β-카로틴이 풍부하다. β-카로틴은 40-탄소 식물 지질이며 이의 효소적 산화 분해는 바이타민 A를 생산한다(그림 7.30). 바이타민 A는 말단 작용기에 서로 다른 산화상태를 가진 세 가지 형태로 존재한다: 안전한 알코올 레티놀(alcohol retinol), 알데하이드 레티날(aldehyde retinal), 레티놀산(retinoic acid). 각 소수성 잔기는 아이소프렌(isoprene) 단위로 반복되는 형태이다(9.6절).

모든 세 가지 바이타민 A 다양체는 중요한 생물학적인 기능이 있다. 레티놀산은 수용체 단백질의 세포 안에 결합하는 신호 물질이다. 리간드-수용체 복합체는 염색체에 결합하여 세포 분화 시 유전자 발현을 조절할 수 있다. 알데하이드 레티날은 시력에 중요한 역할 빛에 민감한 화합물이다. 레티날은 단백질 로돕신(rhodopsin)의 보조단이고, 레티날에 의한 빛의 광자의 흡수는 신경 자극을 증폭시킨다.

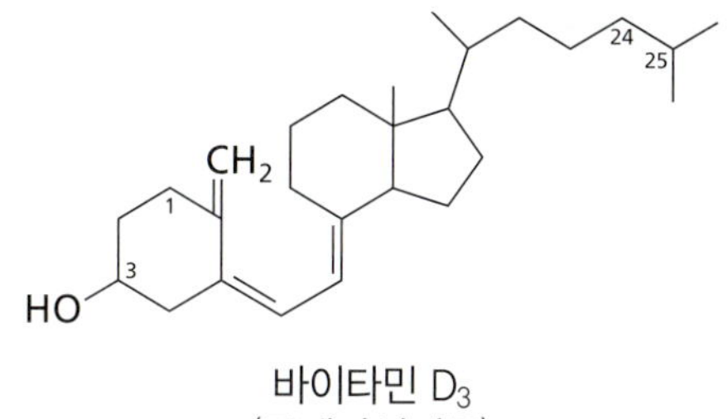

바이타민 D_3
(콜레카시페롤)

HO CH2 OH HO

1,25 다이하이드록시콜레칼시페롤

▲ 그림 7.31
바이타민 D_3[콜레칼시페롤(cholecalciferol)]와 1,25-다이하이드록시콜레칼시페롤(1,25-dihydroxycholecalciferol). (바이타민 D_2는 추가적으로 C-24에 메틸그룹과 C-22과 C-23 사이에 트랜스 이중결합이 있다.) 1,25-다이하이드록시콜레칼시페롤은 바이타민 D_3로부터 두 개의 수산화 반응에 의해 생산된다.

B. 바이타민 D

바이타민 D는 지질관련 그룹의 총칭이다. 인간은 충분한 햇빛에 노출되면 피부에서 바이타민 D_3[콜레칼시페롤(cholecalciferol)]가 스테로이드 7-디하이드로콜레스테롤(steroid 7-dehydrocholesterol)에서 비효소 방법으로 형성된다. 바이타민 D_2, 바이타민 D_3(D_2에 메틸그룹 추가) 관련된 화합물은 강화 우유 첨가제다. 바이타민 D_3, 1,25-다이하이드록시콜레칼시페롤(1,25-dihydroxycholecalciferol)의 활성 형태는 수산화 반응(그림 7.31)에 의해 바이타민 D_3에서 형성되며 바이타민 D_2는 유사하게 작동한다. 활성된 분자는 장내칼슘의 흡수와 뼈 내에서 증착을 조절하는 인간의 바이타민 D의 칼슘 활성 통제를 돕는 호르몬이다. 바이타민 D가 결핍되면 어린이는 구루병, 어른은 골연화증 질환이 나타나는데, 뼈가 약해지는 이유는 칼슘이 제대로 뼈의 콜라겐 매트릭스에 구체화되지 않았기 때문이다.

C. 바이타민 E

바이타민 E, α-토코페롤(α-tocopherol, 그림 7.32)은 밀접하게 관련된 여러 토코페놀 중의 하나이며, 소수성 잔기가 있는 산소 함유 고리 시스템을 갖는 고리 화합물이다. 바이타민 E에서 페놀 그룹은 안정적인 자유라디칼의 산화를 받는다. 바이타민 E는 자유라디칼과 산소를 수거하는 환원제 기능으로 알려져 있다. 이 항산화 작용은 생물세포막의 지방산의 손실을 방지할 수 있다. 바이타민 E의 결핍은 드물지만 깨지기 쉬운 적혈구 및 신경손상으로 이어질 수 있다.

결핍은 대부분 지방 분자 흡수의 유전적 결함에 의해 발생한다. 정상적이고 건강한 개인

▲ **바이타민 D와 피부색의 진화.** 검은 피부는 햇빛으로부터의 세포손상을 막아주지만 바이타민 D의 형성을 저해할 수 있다. 케냐의 나이로비(왼쪽)만의 문제가 아니라, 스웨덴의 스톡홀름(오른쪽)에서도 문제가 될 수 있다. 피부색을 통한 바이타민 D의 생산을 증가하기 위해서는 북부 기후의 밝은색 피부로의 변화를 주는 가설을 제안할 수 있다.

그림 7.32 ▶
바이타민 E와 바이타민 K의 구조.

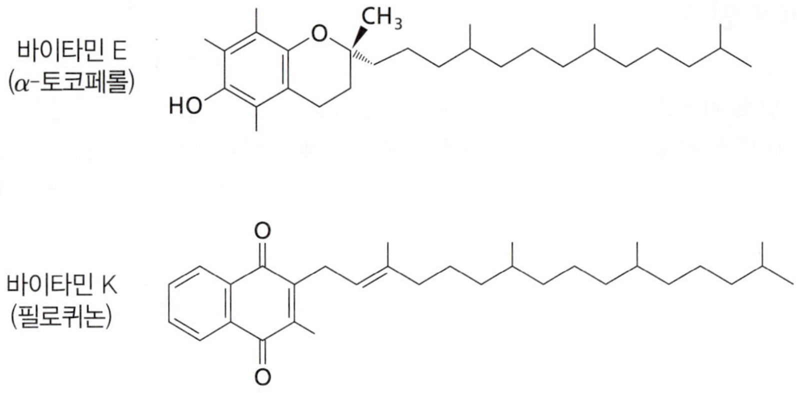

의 식단에서 바이타민 E 보충제가 건강을 향상시킬 수 있다는 주장을 지지하는 과학적 증거는 현재 없다.

D. 바이타민 K

바이타민 K[필로퀴논(phylloquinone)](그림 7.32)는 혈액응고에 관여하는 단백질의 일부 합성에 필요한 식물유래의 지용성 바이타민이다. 특정 글루탐산 잔기를 γ-카복실글루타메이트 잔기로 촉매시키는 포유류의 카복실레이즈의 조효소이다(식 7.7). 바이타민 K의 환원된 형태[하이드로유비퀴논(hydroubiquinone)]는 환원제로 카복실 치환 역할한다. 산화된 바이타민 K는 혈액응고 인자의 추가 변경을 지원하기 위해 재생해야 한다. 이것은 바이타민 K 리덕테이즈(vitamin K reductase)에 의해 수행된다.

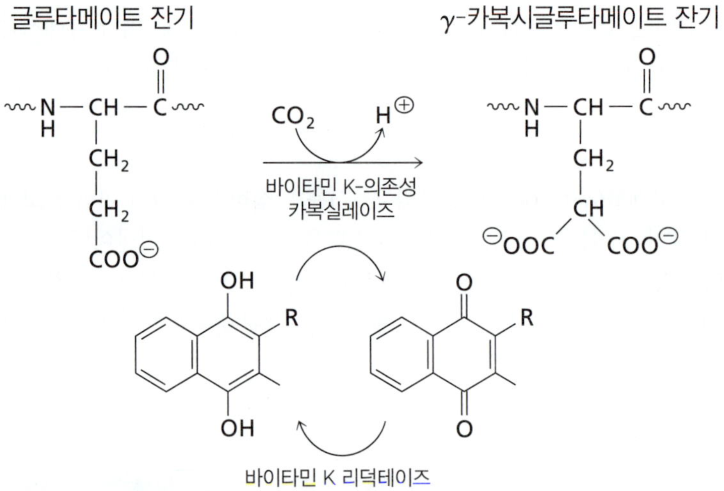

필로퀴논(바이타민 K)은 세균, 식물, 조류의 광합성 반응 센터의 중요한 구성요소이다.

(7.7)

칼슘이 응고 단백질의 γ-카복시글루탐산 잔기와 결합할 때, 단백질은 응고 과정의 많은 단계가 수행 혈소판 표면에 고착한다.

7.15 유비퀴논

유비퀴논(ubiquinone)—또는 조효소 Q라고 하고 축약하여 "Q"—은 대부분 모든 종에서 합성되는 지용성 조효소이다. 유비퀴논은 네 개의 치환체들로 이루어진 벤조퀴논이며 그 중 하나는 긴 소수성 사슬을 가지고 있다. 6~10 사이의 잔기로 이루어진 아이소프레노이드(isoprenoid) 유닛은 유비퀴논을 지질막에서 사라질 수 있게 한다. 세포막에서 유비퀴논은 효소복합체 사이에서 전자를 전달한다. 어떤 박테리아는 유비퀴논 대신 메나퀴논(menaquinone)을 사용한다(그림 7.33a). 유비퀴논의 유사체인 플라스토퀴논(plastoquinone)(그림 7.33b)은

BOX 7.4 쥐약

와파린(warfarin)은 오랫동안 사용된 효과적인 쥐약이다. 그것은 바이타민 K 리덕테이즈(vitamin K reductase), 바이타민 K(식 7.7)의 환원형태를 재생하는 효소의 경쟁적 억제제이다. 혈액 응고인자의 형성을 차단하면 내부출혈로 설치류에서 사망에 이르게 한다. 설치류는 바이타민 K 리덕테이즈의 억제에 매우 민감하다.

나중에 낮은 농도의 와파린은 응고 과도한 혈액으로 고통받는 사람에 효과적이었다는 것을 발견하였다. 쥐약과의 관계가 다소 부정적인 의미를 가지고 있기 때문에 약물은 인간의 사용을 위해(예: Coumadin®) 이름이 변경되었다.

바이타민 K의 유사구조는 뇌졸중 및 기타 색전증을 방지할 수 있으며 혈전증이 있는 환자의 항응고제로 널리 사용된다. 모든 약물과 마찬가지로 투여는 신중하게 규제하고 부작용을 방지하기 위해 통제하지만, 이 경우 용량이 더 중요하다. 약은 새로운 응고인자의 합성에 영향을 미치기 때문에, 종종 효과를 보는데 며칠이 걸린다. 이것이 환자가 종종 낮은 복용량에서 몇 달에 걸쳐 점차적으로 그 복용량을 늘리는 이유다.

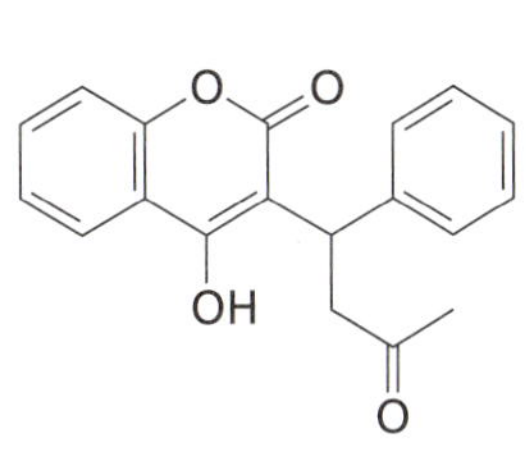

▲ 와파린.

▲ 쥐(*Rattus norvegicus*).

(a) 메나퀴논

$(CH_2-CH=C(CH_3)-CH_2)_8H$

(b) 플라스토퀴논

$(CH_2-CH=C(CH_3)-CH_2)_{6-10}H$

◀ **그림 7.33**
메나퀴논(a)과 플라스토퀴논(b)의 구조. 각 분자의 소수성 꼬리는 6~10개의 오탄소 이소프레노이드 단위이다.

유비퀴논 (Q)

$+e^{\ominus}$ ⇌ $-e^{\ominus}$

세미퀴논 ($\cdot Q^{\ominus}$)

$+2H^{\oplus}$, $+e^{\ominus}$ ⇌ $-2H^{\oplus}$, $-e^{\ominus}$

유비퀴놀 (QH_2)

◀ **그림 7.34**
유비퀴논의 세 가지 산화상태. 유비퀴논은 세미퀴논 자유라디칼 중간체를 통해 두 단일 전자 단계를 줄일 수 있다. 유비퀴논의 반응 센터는 적색으로 표시된다.

조효소 산화제의 세기[표준 환원 포텐셜(standard reduction potential)]은 10.9절에 나와 있다.

광합성 엽록체의 전자전달계에서 비슷한 기능을 제공한다(15장).

유비퀴논은 NAD⊕나 플라빈 조효소보다 강한 산화제이다. 따라서 NADH 혹은 $FADH_2$에 의해 환원할 수 있다. FMN과 FAD처럼, 유비퀴논은 세 개의 산화상태가 존재하기 때문에 두 전자를 한번에 주고받을 수 있다: 산화된 Q, 부분적으로 감소한 세미퀴논(semiquinone) 자유라디칼, 유비퀴놀(ubiquinol)이라고 불리는 환원된 QH_2(그림 7.34). 조효소 Q는 주로 세포막에서 전자전달한다(membrane-associated electron transport). Q 회로로 알려진 프로세스에 의해 막의 한쪽에서 다른 양성자 이동에 대한 원인이 된다(14장). 그 결과 양성자 구배는 ATP 합성에 기여한다.

FAD나 FMN과 달리, 유비퀴논과 그 유도체들은 단일 단계에서 전자쌍 하나를 받아들이거나 줄 수 없다.

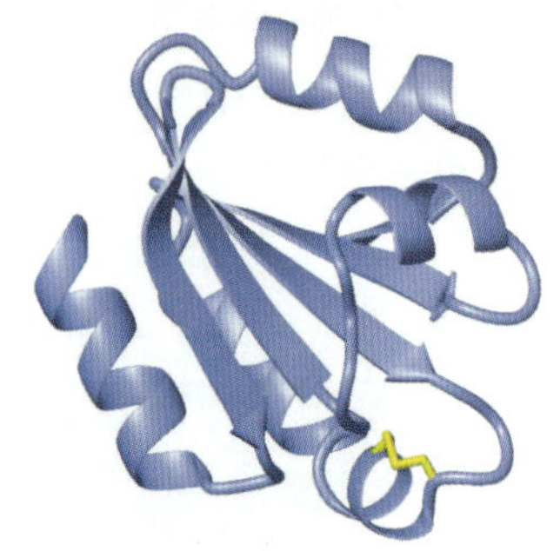

▲ 그림 7.35
산화된 싸이오레독신. 단백질 표면에 노출된 시스테인 그룹에 주목하라. 황 원자는 노란색으로 표시되어 있다. 싸이오레독신의 다른 시각을 위해서는 그림 4.24m을 보라. [PDB 1ERU]

7.16 단백질 조효소

어떤 단백질은 조효소 역할을 한다. 그들은 스스로 반응을 촉진하진 않지만 다른 특정 효소에 의해 필요하다. 이 효소는 작용기 전달 단백질(group transfer protein) 혹은 **단백질 조효소(protein coenyme)**라고 한다. 이들은 단백질 뼈대의 일부 혹은 효소의 기능 그룹을 포함하고 있다. 단백질 조효소는 일반적으로 효소보다 작고 열에 안정한 구조를 가지고 있다. 이들은 여러 가지 효소에 다양하게 연결되어 있고 다양하게 반응하기 때문에 조효소라고 불린다.

몇 가지 단백질 조효소는 작용기 전달반응 또는 수소 혹은 전자를 전달하는 그룹인 산화-환원 반응에 참여한다. 금속이온인 철-황 클러스터와 헴 그룹은 이러한 단백질 조효소의 일반적인 반응 센터로 알려져 있다. [사이토크롬(cytochrom)은 헴 보조단을 포함하는 단백질 조효소의 중요한 클래스이다(7.17절 참조).] 몇 가지 단백질 조효소는 다이싸이올과 이황화물 형태 사이를 순환하는 두 개의 반응성 싸이올 곁가지를 가지고 있다. 예를 들어, 싸이오레독신(thioredoxin)은 세 잔기로 나누어진 (—Cys—X—X—Cys—) 시스테인을 가지고 있다. 이 시스테인 잔기의 싸이올 곁사슬의 이황화결합을 형성하는 가역적인 산화를 받는다. 시트르산 회로(13장), 광합성(15장), 그리고 디옥시라이보뉴클레이타이드 합성(18장)을 조사할 때 환원제로서 싸이오레독신을 접할 것이다. 싸이오레독신의 이황화 반응 센터는 해당 효소의 활성자리(그림 7.35)에 액세스할 수 있는 단백질의 표면에 있다.

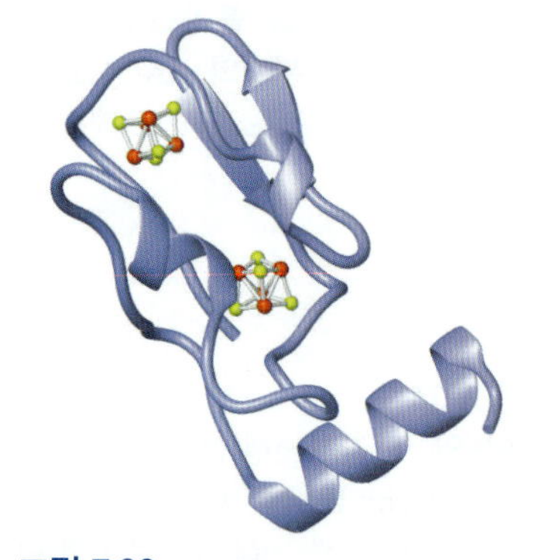

▲ 그림 7.36
페레독신. 이 *Pseudomonas aeruginosa* 유래 페레독신은 산화될 수 도 있고, 환원될 수도 있는 두 개의 철-황 클러스터를 포함한다. 페레독신은 많은 산화환원반응에서 일반적으로 이용되는 보조기질이다.

페레독신(ferredoxin)은 또 다른 일반적인 산화-환원 조효소이다. 전자를 받거나 줄 수 있는 두 개의 철-황 클러스터를 가진다(그림 7.36).

다른 일부 단백질 조효소는 견고하게 결합된 조효소이나 조효소의 부분들을 포함한다. 대장균(*Escherichia coli*)의 경우, 카복실기 전달 단백질은 공유결합으로 결합된 바이오틴을 포함하는데, 이 바이오틴은 지방산 합성의 첫 단계에 관여하는 아세틸큐에이카복실레이즈의 단백질 구성성분 중 1/3을 차지한다. [동물의 아세틸 CoA 카복실레이즈(acetyl COA carboxylase)는 세 개의 단백질이 하나의 사슬로 연결되어 있다] 7.6절에 소개된 ACP는 반응 센터에 포스포판테테인(phosphopantetheine)을 포함한다. 그러므로 ACP의 반응은 조효소 A와 비슷하다. ACP는 모든 지방산 신테이즈의 구성요소임이 실험적으로 밝혀졌다. 단백질 조효소는 포유류와, 식물, 세균(17장)의 글라이신 분해에 필수적인 구성성분이며, 보조단으로 리포아마이드가 공유결합으로 연결되어 있다.

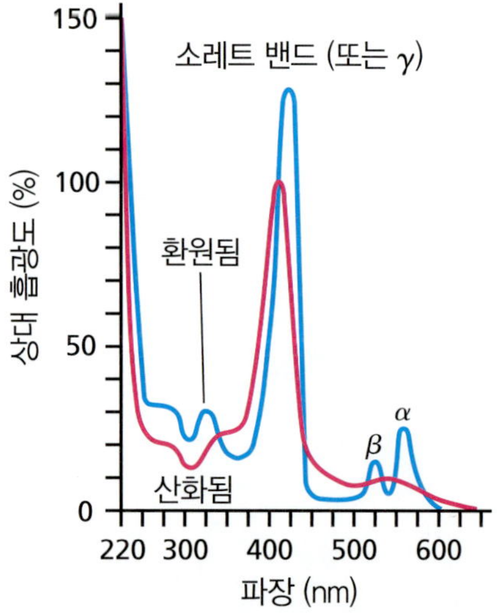

◀ 그림 7.37
산화상태(적색)와 환원상태(청색)의 말 사이토크롬 *c*의 흡광 스펙트럼 비교. 환원된 사이토크롬은 α, β, γ로 지정된 세 개의 특정 흡광 피크를 가진다. 산화의 경우 소레트 밴드의 높이가 줄어들고 짧은 파장으로 살짝 움직인다. 반면에 α와 β 피크는 넓은 단일 흡광밴드를 남기면서 사라진다.

표 7.3 환원된 사이토크롬의 주된 스펙트럼 밴드의 가시광선 영역에서의 흡광도

	흡광밴드		
헴 단백질	α	β	γ
사이토크롬 *c*	550~558	521~527	415~423
사이토크롬 *b*	555~567	526~546	408~449
사이토크롬 *a*	592~604	결여	439~443

7.17 사이토크롬

사이토크롬(cytochrome)은 헴을 포함한 단백질 조효소로 3가의 철이온이 가역적으로 하나의 전자를 환원시킨다. 사이토크롬의 일부 구조는 그림 4.21과 4.24b에 나타나 있다. 사이토크롬은 가시광선 흡광 스펙트럼에 기반하여 *a*, *b*, *c*로 구분된다. 사이토크롬 *c*에 의해 산화나 환원된 흡광 스펙트럼은 그림 7.37에 나와 있다. 비록 대부분의 강력한 흡광밴드는 소레트 밴드(Soret band, 또는 γ)지만, 이러한 α흡광밴드는 사이토크롬 *a*, *b*, *c*를 특징짓는 데 이용된다. 그러므로 같은 클래스에 속하는 사이토크롬도 조금은 다른 스펙트럼을 가진다. 첨자 번호는 종종 주어진 클래스의 환원된 사이토크롬 α흡광밴드의 피크 파장을 나타낸다(예: 사이토크롬 b_{560}). 환원된 사이토크롬의 최대 흡광을 나타내는 파장은 표 7.3에 주어져 있다.

종류마다 조금씩 다른 헴과 보조단을 가진다(그림 7.38). *b*형 사이토크롬의 헴은 헤모글로빈(hemoglobin)과 마이오글로빈(myoglobin)의 헴과 동일하다(그림 4.44). 사이토크롬 *a*의 헴은 17개 소수성 탄소 사슬을 가지는데, 이 사슬 중 두 번째 탄소에는 포피린 고리를, 여덟 번째 탄소에는 포밀기를 가지는 반면, *b*형의 헴은 두 번째 탄소에 바이닐(vinyl)기를, 여덟 번

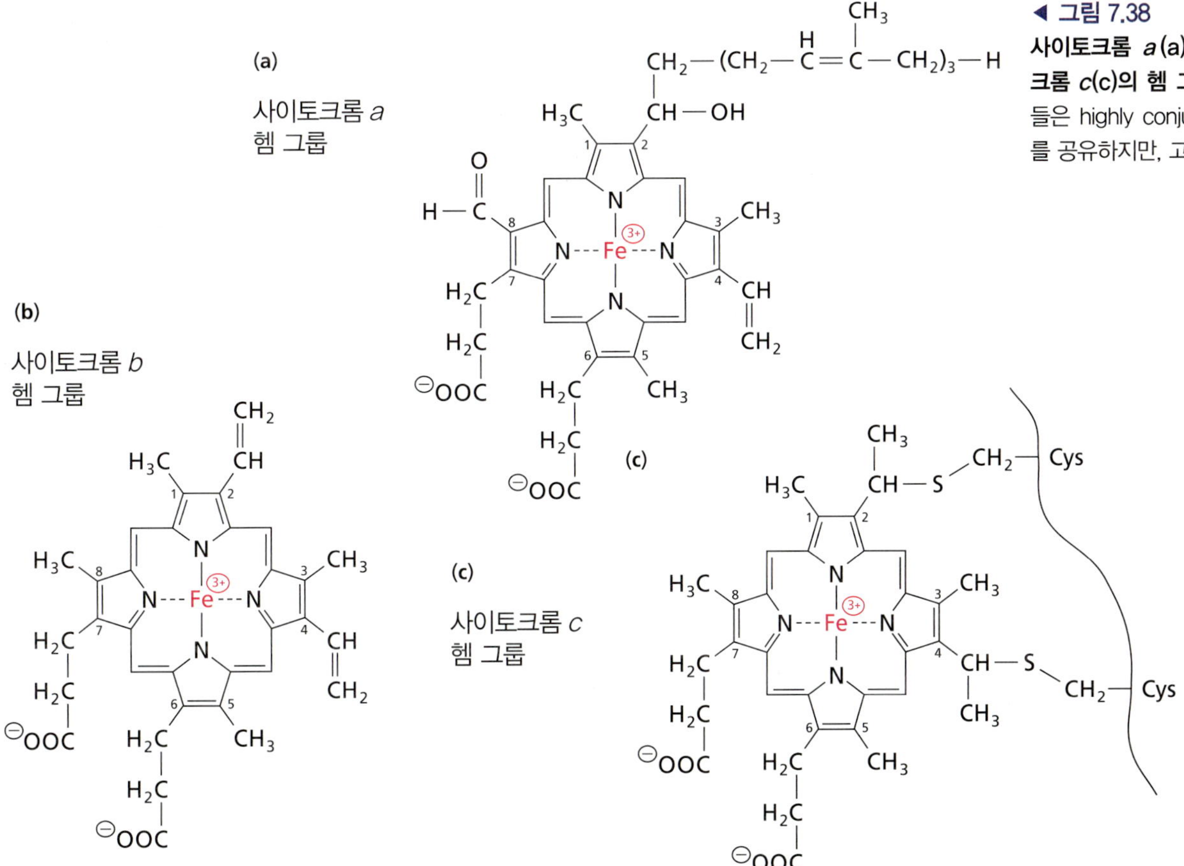

◀ **그림 7.38**
사이토크롬 *a*(a), 사이토크롬 *b*(b), 사이토크롬 *c*(c)의 헴 그룹. 사이토크롬의 헴 그룹들은 highly conjugated된 포피린 고리 체계를 공유하지만, 고리의 치환체들은 다양하다.

BOX 7.5 바이타민과 조효소를 위한 노벨상

20세기 초반, 바이타민의 발전은 수많은 생화학적인 연구를 촉발시켰다. 생명현상에 필수적으로 보이는 이 미지의 화학물질은 무엇인가? 왜 그것들은 필수적인가?

우리는 오늘날 바이타민과 조효소를 당연한 것처럼 여기나, 이는 이들의 대사과정에서의 역할을 발견해낸 사람들에 대한 충분한 평가가 아니다. 여기에 바이타민과 조효소를 연구하여 노벨상을 수상한 과학자들의 목록이 있다.

1928년 노벨 화학상: **아돌프 오토 라인홀드 반리우스(Adolf Otto Reinhold Windaus)** "스테롤의 구성에 관한 그의 연구공로와 바이타민과의 상관관계".

1929년 노벨 생리의학상: **크리스티안 에이코만(Christiaan Eijkman)** "신경세포에 대한 항염 바이타민의 발견". **Sir frederick Gowland Hopkins** "성장 자극 바이타민의 발견".

1937년 노벨 화학상: **파울 카러(Paul Karrer)** "카로티노이드, 플라빈, 바이타민 A, 바이타민 B_2에 대한 연구". **월터 노먼 호어스(Walter Norman Haworth)** "탄수화물과 바이타민 C에 관한 조사".

1937년 노벨 생리의학상: **알베르트 센트 죄르지(Albert von Szent-Györgyi Nagyrapolt)** "생물학적 연소 과정에 대한 바이타민 C의 특별한 효과와 푸마릭산의 촉매반응".

1938년 노벨 화학상: **리처드 쿤(Richard Kuhn)** "카르티노이드와 바이타민에 대한 연구".

1943년 노벨 생리의학상: **헨리크 카를 테르 담(Henrik Carl Peter Dam)** "바이타민 K에 대한 연구". **에드워드 도이지(Edward Adelbert Doisy)** "바이타민 K에 대한 화학적 특성 발견".

1953 년 노벨 생리의학상: 프리츠 리프만(Fritz Albert Lipmann) "조효소 A의 발견과 조효소 A의 물질대사 중간체로서의 중요성".

1964년 노벨 화학상 : 도로시 크로우풋 호지킨(Dorothy Crowfoot Hodgkin) "X-RAY 기술을 이용한 생화학적 물질의 구조결정".

1970년 노벨 화학상 : 루이스 를루아르(Luis F. Leloir) "당 뉴클레오타이드의 발견과 탄수화물 생합성에서의 당 뉴클레오타이드의 역할".

1997년 노벨 화학상 : **폴 보이어(Paul D. Boyer)**와 **존 워커(John E. Walker)** "아데노신 삼인산(ATP)의 효소적 합성 메커니즘의 설명".

▲ **노벨 메달.** 노벨 화학상(왼쪽), 노벨 생리의학상(오른쪽).

째 탄소에 메틸기를 가진다. *c*형의 사이토크롬에서는 헴은 헴의 바이닐기와, 두 개의 시스테인의 싸이올기에 의한 싸이오에테르 결합으로 부분단백질에 공유결합되어 있다.

전자가 다른 물질로 이동하는 경향은 다양한 각 사이토크롬의 환원력을 통해 측정된다. 다른 환경 하의 부분단백질은 헴의 보조단의 차이를 발생시킨다. 철-황 클러스터의 환원력 또한 부분단백질의 화학적, 물리적 환경 변화에 매우 의존적이다. 보조단 간의 환원력 범위는 세포막 관련 전자 이동체 경로(14장)와 광합성(15장)에 매우 중요한 특징이다.

요약

1. 많은 효소 촉매반응은 보조인자를 필요로 한다. 보조인자는 조효소라 불리는 필수적인 무기이온과 작용기 전달 시약을 포함한다. 조효소는 보조기질 또는 효소에 결합된 상태로 남아 보조단으로도 기능할 수 있다.
2. $K^{\oplus}$, $Mg^{2\oplus}$, $Ca^{2\oplus}$, $Zn^{2\oplus}$, $Fe^{3\oplus}$과 무기이온들은 촉매반응이나 기질과의 결합에 참여할 수 있다.
3. 일부 조효소들은 일반적인 대사체로부터 합성된다. 나머지는 바이타민으로부터 유래한다. 바이타민은 인간이나 다른 동물들의 음식에 소량으로 들어 있는, 반드시 보충하여야 하는 유기물질이다.
4. 피리딘뉴클레오타이드, $NAD^{\oplus}$, $NADP^{\oplus}$들은 디하이드로지네이즈의 조효소이다. 특정 기질에서 유래한 수소음이온($H^{\ominus}$)의 이동은 각각 $NAD^{\oplus}$나 $NADP^{\oplus}$로부터 NADH나 NADPH를 통하여 환원되어 양성자로 방출된다.
5. 조효소는 보조단으로서 강력하게 결합한 라이보플라빈-FAD/FMN을 가진다. FAD와 FMN은 하이드라이드이온(두 개의 전자)에 의해 환원되어 각각 $FADH_2$와 $FMNH_2$가 된다.

6. 환원된 플라빈 조효소는 한번에 하나 혹은 두 개의 전자를 전달한다. 판토텐산염 유도체인 조효소 A는 아실기 전달반응에 참여한다. 아실기 운반 단백질은 지방산 합성에 요구된다.
7. 싸이아민의 조효소 형태인 싸이아민 이인산(TDP)은 그 구조의 싸이아졸륨 고리의 α-케토산의 탈카복실화 반응에서 나온 알데하이드와 결합한다.
8. 인산 피리독살은 아미노산 대사에 관여하는 많은 효소들의 보조단이다. PLP의 C-4에 존재하는 알데하이드 그룹은 아미노산 기질과 함께 카르보 음이온 중간체 안정화를 거쳐 쉬프(shiff) 염기를 형성한다.
9. 바이타민 C는 조효소가 아니라 바이타민이다. 바이타민 C는 콜라겐 합성과 같은 일부 반응들의 기질이다. 바이타민 C의 결핍은 괴혈병을 유발한다. 영장류에게는 바이타민 C의 합성을 위한 핵심 효소가 결핍되어 있기 때문에 외부 공급을 통한 바이타민 C의 섭취가 필요하다. 이 효소를 위한 유전자는 특정 영장류의 유전체에 있는 모조 유전자이다.
10. 바이오틴은 활성자리에 공유결합을 통한 라이신기를 가진 몇몇 카복실레이즈와 카복실트랜스퍼레이즈의 보조단이다.
11. 테트라하이드로폴산은 폴산의 환원된 유도체로서 메탄올, 포름알데하이드, 포름산의 산화레벨에서 하나의 탄소 유닛을 전달하는데 참여한다. 테트라하이드로비옵테린은 몇몇 수산화 반응의 환원제이다.
12. 코발라민—아데노실코발라민과 메틸코발라민—조효소는 코발트와 코린 고리 시스템을 포함한다. 이 조효소는 몇몇 분자내 재배열과 메틸레이션 반응에 관여한다.
13. α-케토산 디하이드로지네이즈 다효소 복합체의 보조단인 리포아마이드는 아실기를 받아들이고 싸이오에스터를 형성한다.
14. 바이타민 A, D, E, K 네 가지는 지용성으로 다양한 기능을 한다.
15. 유비퀴논은 지용성 전자 수용체로서 한 번에 하나 또는 두 개의 전자를 이동시킨다.
16. 아실기 운반 단백질이나 싸이오레독신과 같은 일부 단백질들은 수소나 전자를 이동시키는 작용기 전달반응이나 산화-환원 반응에서 조효소처럼 작용한다.
17. 사이토크롬은 작고, 헴을 포함하는 단백질 조효소로서, 전자 이동에 참여한다. 사이토크롬은 고유의 흡광 스펙트럼에 의해 분류된다.

문제

1. 다음 효소 촉매반응의 반응 타입과 어떠한 종류의 조효소가 관여하는지 결정하라.

(a) $CH_3-CH(OH)-COO^{\ominus} \longrightarrow CH_3-C(=O)-COO^{\ominus}$

(b) $CH_3-CH_2-C(=O)-COO^{\ominus} \longrightarrow CH_3-CH_2-C(=O)-H + CO_2$

(c) $CH_3-C(=O)-S\text{-}CoA + HCO_3^{\ominus} + ATP \longrightarrow {}^{\ominus}OOC-CH_2-C(=O)-S\text{-}CoA + ADP + P_i$

(d) ${}^{\ominus}OOC-CH(CH_3)-C(=O)-S\text{-}CoA \longrightarrow {}^{\ominus}OOC-CH_2-CH_2-C(=O)-S\text{-}CoA$

(e) $CH_3-CH(OH)-TPP + HS\text{-}CoA \longrightarrow CH_3-C(=O)-S\text{-}CoA + TPP$

2. 다음 작용을 하는 조효소를 나열하여라.
   (a) 산화환원반응에 참여
   (b) 아실기 운반체로서 작용
   (c) 메틸그룹의 전달
   (d) 아미노산으로부터, 아미노산으로의 작용기 전달
   (e) 탄산화와 탈카복실화 반응에 관여
3. 젖산 디하이드로지네이즈(LDH)에 의한 젖산으로부터 파이루브산으로의 산화는 젖산 유래의 두 전자의 이동으로 인해 환원된다. 두 양성자가 젖산으로부터 제거되기 때문에 환원된 형태의 조효소로 $NADH_2$를 적는 것이 옳은가? 설명하라.

$$H_3C-C(OH)(H)-COO^{\ominus} \xrightarrow{LDH} H_3C-C(=O)-COO^{\ominus}$$

L- 젖산 파이루브산

4. 석신산 디하이드로지네이즈는 시트르산 회로에서 퓨마르산으로의 석신산 산화를 위해 FAD를 필요로 한다. 석신산이 퓨마르산이 되는 과정에서 보조인자로 작용하는 아이소알록사진 고리 시스템을 그리고, 어떠한 수소가 FAD에서 부족한지 표시하여라.

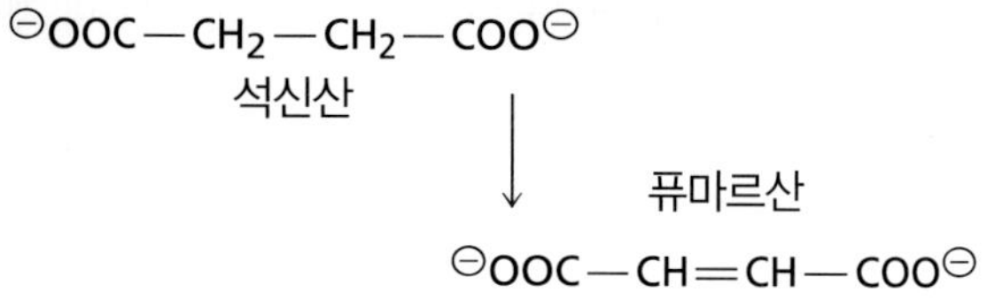

$$^{\ominus}OOC-CH_2-CH_2-COO^{\ominus}$$
석신산

↓

퓨마르산

$$^{\ominus}OOC-CH=CH-COO^{\ominus}$$

5. FAD와 조효소 A의 일반적인 구조상의 특징은?

6. 어떠한 친핵체들은 수소음이온이 $NAD^{\oplus}$에서 NADH로 환원에 이용되는 것처럼 $NAD^{\oplus}$의 니코틴아마이드 고리의 네 번째 탄소에 추가될 수 있다. 아이소니아지드(isoniazid)는 결핵의 치료에 가장 널리 사용되는 약물이다. X-ray 연구 결과 아이소니아지드는 결핵균의 중요한 효소에 공유결합을 통해 결합하는데, 이 결합은 아이소니아지드의 카보닐기와 니코틴아마이드 고리 사이에 형성된다. 이 NAD-아이소니아지드(isoniazid) 저해체의 구조를 그려라.

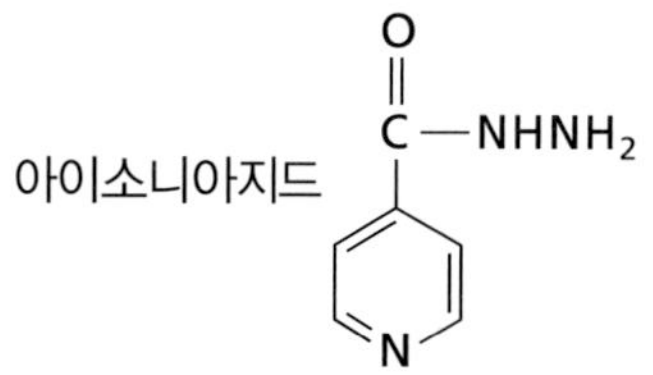

아이소니아지드 (pyridine-4-yl)$-C(=O)-NHNH_2$

7. 바이타민 B_6의 결핍은 인간에게 짜증과 두려움, 우울, 경련 등을 유발할 수 있다. 이러한 현상은 각각 트립토판과 타이로신의 대사적 유도체로, 신경전달물질은 세로토닌과 노르에피네프린의 체내 농도가 낮아져 유발된다. 어떻게 바이타민 결핍이 세로토닌과 노르에피네프린의 체내 농도 감소를 유발하는가?

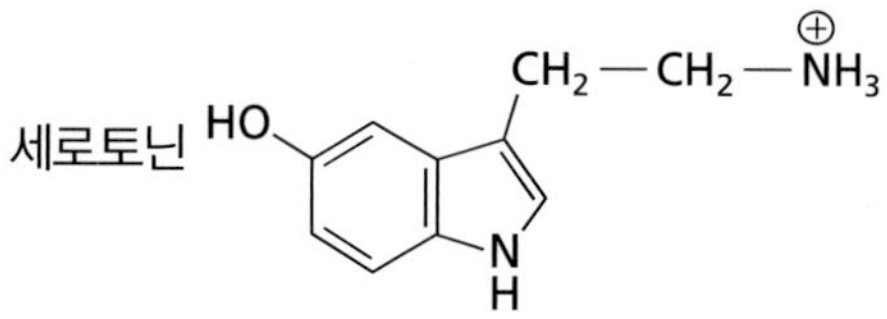

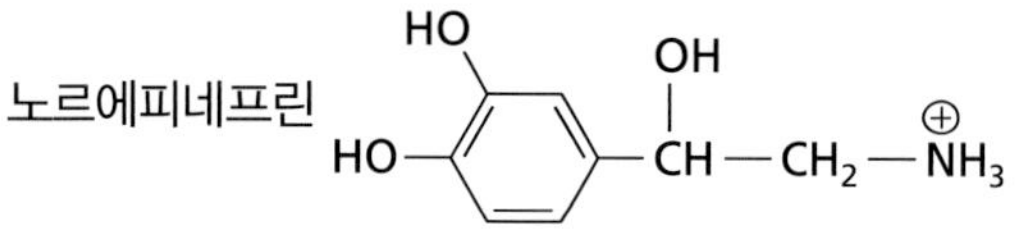

세로토닌 HO–(indole, N–H)$-CH_2-CH_2-\overset{\oplus}{N}H_3$

노르에피네프린 (HO)(HO)–(benzene)$-CH(OH)-CH_2-\overset{\oplus}{N}H_3$

8. 대적혈구성 빈혈증은 DNA 합성 속도를 감소시켜 적혈구 성숙을 느리게 하는 질병이다. 비정상적으로 커진 적혈수는 쉽게 파열된다. 어떻게 폴산의 결핍은 빈혈을 야기하는가?

9. 환자는 [메틸말론산(methylmalonic acid)의 체내 농도가 높다] 혈관과 조직 내의 높은 호모시스테인 농도와 낮은 메싸이오닌 농도를 가진다. 폴산의 농도는 정상적이다.

(a) 어떠한 바이타민이 결핍되었는가?

(b) 어떻게 결핍증이 위에 나열된 증상들을 초래하는가?

(c) 왜 바이타민 결핍은 엄격한 채식주의자에게 더 빈번히 발생하는가?

10. 효모에서 유래한 알코올 디하이드로지네이즈는 에탄올을 아세트알데하이드로 산화되는 과정을 촉매하는 금속함유효소이다. 효모 알코올 디하이드로지네이즈는 His-195 위치에 아연이온이 존재한다는 사실을 제외하면 젖산 디하이드로지네이즈와 같다(그림 7.9).

(a) 에탄올이 알코올 디하이드로지네이즈에 의해서 아세트알데하이드로 산화되는 메커니즘을 그려라.

(b) 알코올 디하이드로지네이즈는 젖산 디하이드로지네이즈에 존재하는 Arg-171 유사체가 필요한가?

11. 바이오틴 의존성 트랜스카복실화 반응에서, 효소는 카복실 그룹을 ATP나 중탄산염의 소모 없이 두 단계에 거쳐 이동시킨다. 이 반응은 아래에 제시된 것처럼 메틸말로닐 CoA-파이루브산 트랜스카복실화에 의해 촉매된다. 첫 단계의 반응을 통해 생성된 생성물의 구조를 그려라.

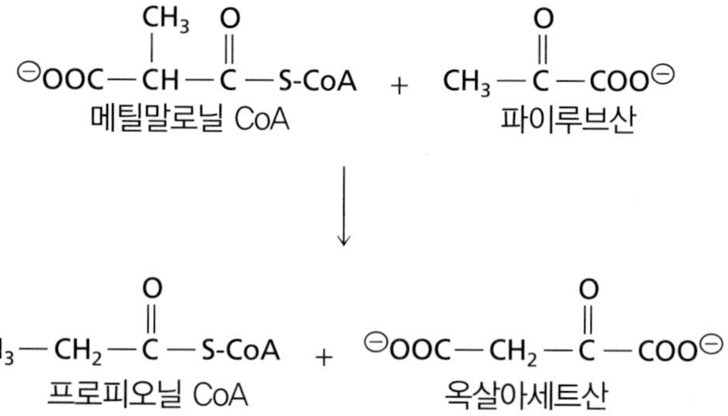

$$^{\ominus}OOC-CH(CH_3)-C(=O)-S\text{-}CoA + CH_3-C(=O)-COO^{\ominus}$$
메틸말로닐 CoA + 파이루브산

↓

$$CH_3-CH_2-C(=O)-S\text{-}CoA + {}^{\ominus}OOC-CH_2-C(=O)-COO^{\ominus}$$
프로피오닐 CoA + 옥살아세트산

12. (a) 히스타민은 디카복실레이즈의 작용을 통해 히스티틴으로부터 생성된다. 히스티딘 디카복실레이즈의 활성자리의 히스티딘과 인산 피리독살에 의한 반응을 통해 생성되는 외부의 알디민의 구조를 그려라.

(b) PLP 의존성 효소들에 의한 아미노산의 라세미화는 쉬프 염기 형성을 통해 일어난다. 히스티딘 디카복실레이즈에 의해 일어나는 L-히스티딘이 D-히스티딘이 되는 과정에서 라세미화가 일어나는가?

13. (a) 싸이아민 파이로인산은 케토 카보닐 탄소를 산이나 그 유도체로 산화시키는 산화적 탈카복실화 반응을 위한 조효소이다. 산화는 공명 안정화된 카르보 음이온 중간체로부터 두 개의 전자를 제거함으로 일어난다. 탈카복실화 반응으로 생성되는 공명 안정화 카르보 음이온 중간체로부터 시작되는 반응의 시작 메커니즘은 무엇인가?(그림 7.15, 아래에 제시된 티오에스터와 같은 경우)

(b) 파이루브산 디하이드로지네이즈(PDH)는 여러 개의 반응 단계를 파이루브산이 아세틸 CoA에 이르는 산화적 탈카복실화 반응을 촉매할 수 있는 효소 복합체이다. 다른 조효소들로의 산화와 아세틸기 이동 단계들은 TDP와 리포산을 필요로 한다. PDH 반응에서 다음의 두 단계의 분자들의 화학구조를 그려라.

HETDP + 리포아마이드 ⟶
아세틸-TDP + 다이하이드로리포아마이드
⟶ TDP + 아세틸-다이하이드로리포아마이드

(c) 트랜스케톨레이즈 효소 TDP 의존성 반응에서, 카르보 음이온 중간체의 공명 안정화는 중간체에 근접한 부분에서 나타난다. 이 중간체는(결합을 형성함으로써) 에리트로스 4-인산(E4P)의 알데하이드기로부터 과당 6-인산(F6P)으로의 축합반응에 이용된다.

카르보 음이온 중간체로부터 시작하는 이 트랜스케톨레이즈 반응의 메커니즘을 보여라(이 그림은 탄수화물의 피셔투영식이다).

TDP
HOCH$_2$—C—OH
중간체

H—C=O
H—C—OH
H—C—OH
CH$_2$OPO$_3^{2-}$
에리트로스 4-인산

CH$_2$OH
C=O
HO—C—H
H—C—OH
H—C—OH
CH$_2$OPO$_3^{2-}$
과당 6-인산

참고문헌

금속 이온

Berg, J. M. (1987). Metal ions in proteins: structural and functional roles. *Cold Spring Harbor Symp. Quant. Biol.* 52:579–585.

Rees, D. C. (2002).Great metalloclusters in enzymology. *Annu. Rev. Biochem.* 71: 221–246.

특수한 보조인자

Banerjee, R., and Ragsdale, S.W. (2003). The many faces of vitamin B_{12}: catalysis by cobalmindependent enzymes. *Annu. Rev. Biochem.* 72:209–247.

Bellamacina, C. R. (1996). The nicotinamide dinucleotide binding motif: a comparison of nucleotide binding proteins. *FASEB J.* 10:1257–1268.

Blakley, R. L., and Benkovic, S. J., eds. (1985). *Folates and Pterins*, Vol. 1 and Vol. 2. (New York: John Wiley & Sons).

Chiang, P. K., Gordon, R. K., Tal, J., Zeng, G. C., Doctor, B. P., Pardhasaradhi, K., and McCann, P. P. (1996). *S*-Adenosylmethionine and methylation. *FASEB J.* 10:471–480.

Coleman, J. E. (1992). Zinc proteins: enzymes, storage proteins, transcription factors, and replication proteins. *Annu. Rev. Biochem.* 61:897–946.

Ghisla, S., and Massey, V. (1989). Mechanisms of flavoprotein-catalyzed reactions. *Eur. J. Biochem.* 181:1–17.

Hayashi, H., Wada, H., Yoshimura, T., Esaki, N., and Soda, K. (1990). Recent topics in pyridoxal -phosphate enzyme studies. *Annu. Rev. Biochem.* 59:87–110.

Jordan, F. (1999). Interplay of organic and biological chemistry in understanding coenzyme mechanisms: example of thiamin diphosphate-dependent decarboxylations of 2-oxo acids. *FEBS Lett.* 457:298–301.

Jordan, F., Li, H., and Brown, A. (1999). Remarkable stabilization of zwitterionic intermediates may account for a billion-fold rate acceleration by thiamin diphosphate-dependent decarboxylases. *Biochem.*38:6369–6373.

Jurgenson, C. T., Begley, T. P. and Ealick, S. E. (2009). The structural and biochemical foundations of thiamin biosynthesis. *Ann. Rev. Biochem.* 78:569–603.

Knowles, J. R. (1989). The mechanism of biotin-dependent enzymes. *Annu. Rev. Biochem.* 58:195–221.

Ludwig, M. L., and Matthews, R. G. (1997). Structure-based perspectives on B12-dependent enzymes. *Annu. Rev. Biochem.* 66:269–313.

Palfey, B. A., Moran, G. R., Entsch, B., Ballou, D. P., and Massey, V. (1999). Substrate recognition by "password" in p-hydroxybenzoate hydroxylase. *Biochem.*38:1153–1158.

NAD-결합모티프

Bellamacina, C. R. (1996). The nictotinamide d inucleotide binding motif: a comparison of nucleotide binding proteins. *FASEB J.* 10:1257–1269.

Rossman, M. G., Liljas, A., Br comparison of nu Banaszak, L. J. (1975). Evolutionary and structural relationships among dehydrogenases. In *The Enzymes*. Vol. 11, Part A, 3rd ed., P. D., Boyer, ed. (New York: Academic Press), pp. 61–102.

Wilks, H. M., Hart, K. W., Feeney, R., Dunn, C. R., Muirhead, H., Chia, W. N., Barstow, D. A., Atkinson, T., Clarke, A. R., and Holbrook, J. J. (1988). A specific, highly active malate dehydrogenase by redesign of a lactate dehydrogenase framework. *Science* 242:1541–1544.

탄수화물

탄수화물(또한 사카라이드, saccharide)은 질량으로만 볼 경우 지구상에서 가장 풍부한 생체물질이다. 모든 유기체들이 탄수화물을 합성할 수 있지만 대부분의 탄수화물은 세균, 조류와 식물들을 포함하는 광합성 유기체들에 의해 합성된다. 이러한 유기체들은 태양에너지를 화학에너지로 변환시켜 이들을 이용하여 이산화탄소로부터 탄수화물을 합성하게 된다. 탄수화물들은 살아 있는 유기체에서 여러 가지 중요한 기능을 나타낸다. 동물과 식물에서 탄수화물 중합체(polymer)는 에너지 저장 분자들이다. 동물들은 탄수화물을 섭취한 후, 대사적 과정을 통해 이들을 산화시켜 생체 에너지를 생성할 수 있다. 탄수화물 중합체는 세포와, 많은 유기체의 보호막에서도 발견된다. 다른 탄수화물 중합체는 세포의 특정 형태를 인지하여 상호작용을 하는 데 필요한 표지 분자들이기도 하다. 탄수화물 유도체들은 조효소(7장)나 핵산(19장)을 포함하는 다양한 생체 분자의 형태로 발견되기도 한다.

'탄소의 수화물'(hydrate of carbon)이라는 **탄수화물**(carbohydrate)은 $(CH_2O)_n$(n은 3보다 크다. 보통 5 또는 6이나 9까지 되기도 한다)의 화학식을 갖는다. 탄수화물은 그들이 포함하고 있는 단량체의 수에 의해서도 설명된다. **단당(monosaccharide)**은 탄수화물구조의 가장 작은 단위이다. **올리고당(oligosaccharide)**은 대략 2~20개의 단당으로 구성된 중합체이다. 가장 많이 발견되는 올리고당은 단당 두 개가 연결되어 있는 이당류이다. **다당(polysaccharide)**은 많은(보통 20개 이상의) 단당류를 포함하고 있는 중합체이다. 올리고당과 다당은 중합체 형성과정에서 물이 제거되므로, $(CH_2O)_n$의 화학식을 갖지는 않는다. 글라이칸(glycan)은 탄수화물 중합체에 대한 일반적인 용어이다. 글라이칸은 동일한 당으로 구성[호모글라이칸(homoglycan)]되어 있거나 다른 당들[헤테로글라이칸(heteroglycan)]로 구성되어 있을 수 있다.

당 접합물은 하나 또는 여러 개의 탄수화물 사슬에 펩타이드, 단백질 혹은 지질이 공유결합의 방법으로 연결되어 있는 탄수화물 유도체를 의미한다

이러한 유도체들은 단백글라이칸, 펩티도글라이칸, 당단백질과 당지질을 포함한다. 이번

분자생물학은 DNA, RNA와 단백질의 3축을 주로 취급한다. 생화학은 세포 안에 모든 분자들과 관련되어 있다. 생명체의 성장과 유지를 위해 필수적인 구조와 기능을 보유하고 있는 탄수화물, 지질과 세포막은 분자생물학의 영역에서 제외되어 왔다.

—아서 콘버그(Arthur Kornberg
"효소의 사랑을 위해:
생화학자의 오디세이"
(For the love of enzymes:
the odyssey of a biochemist) (1989)

광합성은 15장에 자세히 기술되어 있다.

위: 거저리, 곤충의 세포외골격은 키틴, 호모글라이칸을 포함한다.

장에서는 단당과 올리고당 및 전분, 글라이코젠, 셀룰로스, 키틴과 같은 주요 호모 글라이칸의 명명법, 구조 등과 기능을 논의하고자 한다.

이어서 우리는 헤테로글라이칸을 포함하고 있는 단백글라이칸과 펩티도글라이칸, 당단백질에 대한 논의를 이어갈 것이다.

핵심개념

피셔 투영은 분자의 입체화학에 관한 정보를 전달하기 위해 고안된 관례이다. 그것은 분자의 용액 내의 실제 입체형태를 보여주는 것은 아니다.

8.1 대부분의 단당들은 손대칭 화합물들이다

단당류들은 수용성이며, 흰색의 결정성 고체로 단맛이 있다. 포도당과 과당을 예로 들 수 있다. 화학적으로 단당들은 폴리하이드록시아세톤(polyhydroxyaceton), **알도스(aldose)** 또는 폴리하이드록시 케톤(polyhydroxy keton), **케토스(ketose)**이다. 많은 예외가 있지만, 보통 -오스(*ose*)라는 접미사는 탄수화물을 명명할 때 사용된다. 모든 단당들은 최소한 세 개의 탄소 원자들을 포함한다. 이 중에 하나는 카보닐의 탄소이며, 나머지 탄소 원자들은 각각 수산화기를 갖고 있다. 알도스에서 가장 산화되기 쉬운 탄소 원자를 C-1으로 명명하며, 피셔 투영(Fischer projection)에서 맨 꼭대기에 위치되어 있다. 케토스에서 대부분의 산화된 탄소 원자는 C-2이다.

우리가 이전에 피셔 투영을 접해 보았지만, 이제는 보다 자세히 이 방법의 관례를 제시해 보고자 한다. 피셔 투영은 3차원 분자의 2차원식 표기방법이다. 그것은 분자의 입체화학에 관한 정보를 보관할 수 있도록 고안되었다. 당의 피셔 투영에서 C-1 원자는 항상 그림의 맨 위에 위치한다. 각각의 손대칭 탄소 원자에 대해서, 두 개의 수평결합은 책에서 독자를 향해 앞쪽으로 투사된다. 두 개의 수직결합은 책 안쪽으로 투사된다. 다만, 이것은 각각의 손대칭 탄소 원자에 적용된다. 그래서 여러 개의 탄소 원자를 갖고 있는 탄수화물에서 피셔 투영은 책 속으로 감겨 들어가는 분자를 나타낸다. 보다 기다란 분자들에서, 맨 위와 아래의 그룹들은 고리를 형성하며 가상의 접촉을 하는 것으로 나타나기도 한다. 피셔 투영은 입체화학적 정보(stereochemical information)를 보전하는 양식이며, 그것은 어떻게 한 분자가 용액 안에서 보일 수 있는가에 대한 사실적인 모델을 나타내는 것은 아니다.

입체형태

피셔 투영

피셔 투영의 각 손대칭 탄소 원자에서, 수직결합은 책의 평면 속으로 투사되는 형태이며, 수평결합은 독자를 향해 튀어나오는 투사를 의미한다.

가장 작은 단당은 **삼탄당(triose)**으로 세 개의 탄소를 포함하는 당이다. $(CH_2O)_n$의 일반식을 가진 한 개 혹은 두 개 탄소의 화합물은 전형적인 탄수화물의 성질(단맛과 결정화되는 능력)을 가지고 있지 않다. 알데하이딕 삼탄당 혹은 알도트리오스(aldotriose)는 글라이세르알데하이드(glyceraldehyde)이다(그림 8.1a). 글라이세르알데하이드는 중심 C-2 탄소에 네 개의 다른 그룹이 결합되어 있는 손대칭 분자이다(3.1 절). 케토닉 삼탄당 혹은 케토트리오스(ketotriose)는 다이하이드록시아세톤(dihydroxyaceton)이다(그림 8.1b). 그 분자에는 비대칭 탄소가 없으므로 손대칭 분자가 아니다. 이 두 개의 당보다 긴 사슬을 가진 모든 다른 단당들은 손대칭 분자들이다.

D-와 L-글라이세르알데하이드 입체이성질체들이 그림 8.2에 공-막대 모델로 보인다. 손대칭 분자들은 광학적으로 활성이 있어서, 평면편광빛(polarized light)을 회전시킨다. D와 L형 이

(a) L-글라이세르알데하이드 D-글라이세르알데하이드 (b) 다이하이드록시아세톤

▲ **그림 8.1**

(a) 글라이세르알데하이드와 (b) 다이하이드록시아세톤의 피셔 투영. 글라이세르알데하이드의 L(왼쪽)과 D(오른쪽) 명명은 손대칭 탄소(C-2)의 수산화기의 위치배열을 나타낸다. 다이하이드록시아세톤은 손대칭이 아니다.

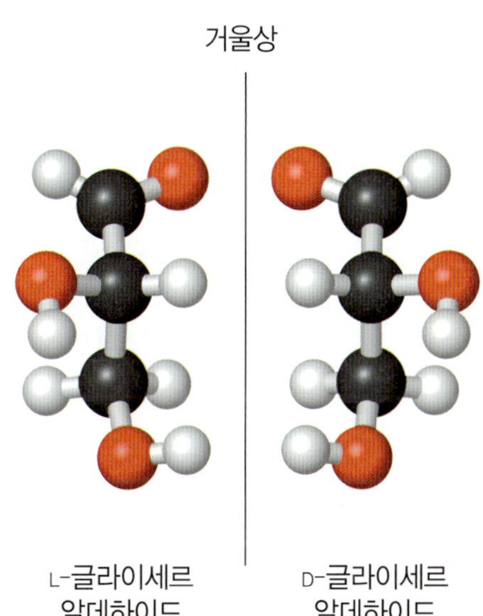

▲ **그림 8.2**

L-글라이세르알데하이드(왼쪽)와 D-글라이세르알데하이드(오른쪽) 구조. 이 분자들은 그림 8.1의 피셔 투영에 해당하는 입체형태로 그려졌다.

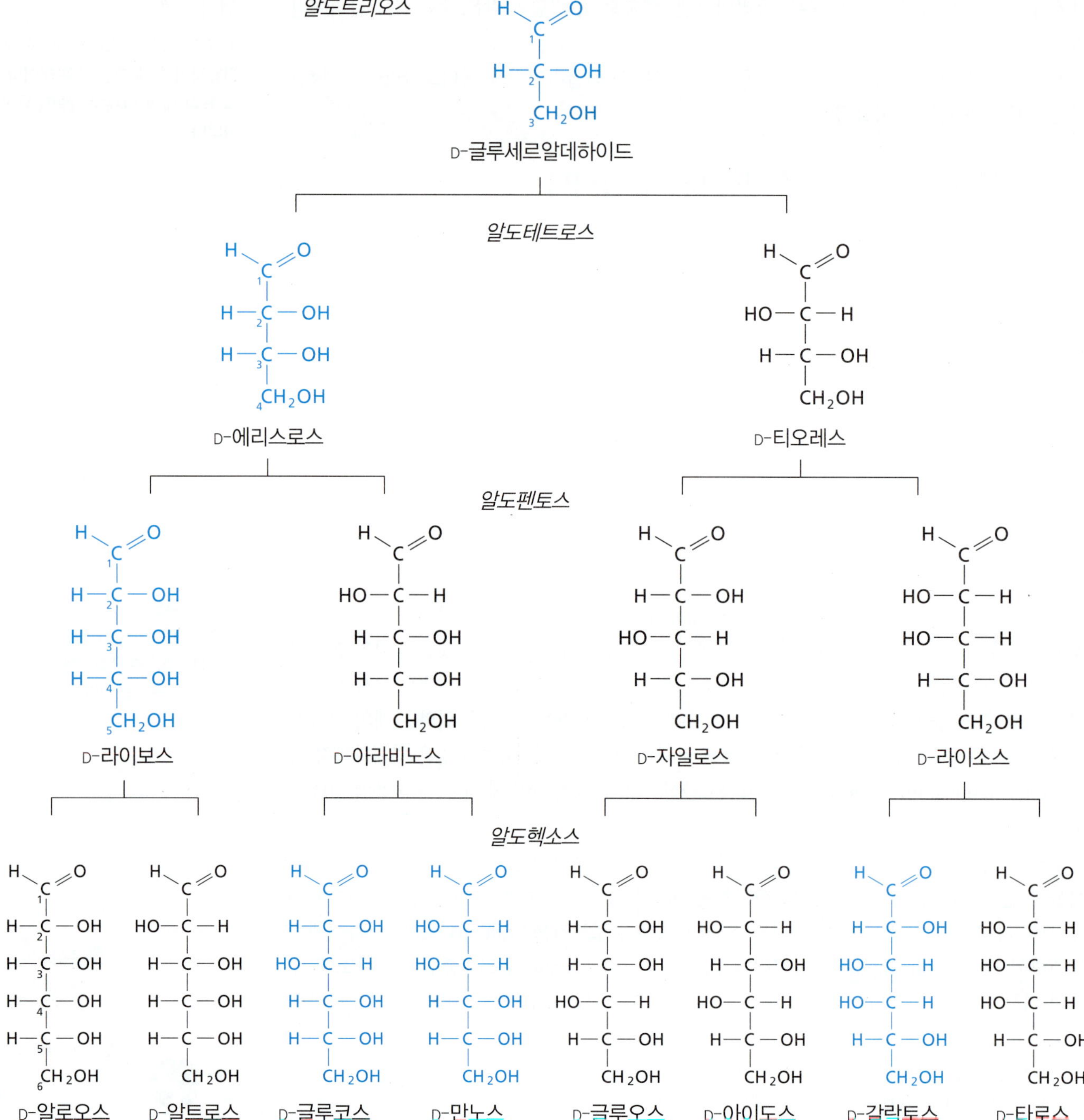

▲ **그림 8.3**

3~6개 탄소 D-알도스의 피셔 투영. 청색으로 보여주는 알도스는 생화학 연구에서 가장 중요한 부분이다.

성질체의 명명법은 처음에 글라이세르알데하이드의 광학적 특징에서 기원된다. 평면편광빛을 오른쪽(우회전성)으로 회전시키는 경우를 D형으로, 왼쪽(좌회전성)으로 회전시키는 경우를 L형으로 명명되었다. 이러한 관례가 성립되었던 19세기 말에는 구조에 관한 지식이 제한되어 있어서, 글라이세르알데하이드의 거울상 이성질체들의 위치배열은 50%의 실수할 확률을 가진 채 임의로 정해졌었다. X선 결정실험을 통해 최초의 구조배열이 옳았다는 것을 증명했다.

긴사슬의 알도스와 케토스는 각각 글라이세르알데하이드와 다이하이드록시아세톤을 기준으로 카보닐 탄소와 1차 알코올기 사이에 손대칭성 H—C—OH 그룹이 끼어들어가면서 확장된다. 그림 8.3은 D-글라이세랄알데하이드와 관련된 사탄당(tetrose, 4탄소 알도스), 오

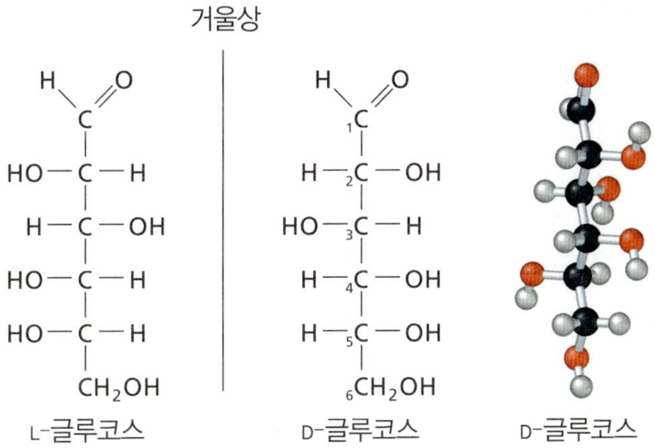

거울상

L-글루코스 D-글루코스 D-글루코스

◀ **그림 8.4**
L-, D-글루코스. 피셔 투영(왼쪽)에서 보는 바와 같이 L-, D-글루코스는 거울상 이미지이다. 용액상에서 D-글루코스의 확장된 구조.

탄당(pentose, 5탄소 알도스) 및 육탄당(hexose, 6탄소 알도스)의 이름과 구조들에 관한 전체적인 목록을 보여주고 있다. 이러한 단당류 중에 많은 것들은 대부분의 유기체 안에서 직접 합성되지는 않으며, 이 책에서는 이들에 대해서 다시 다루지는 않을 것이다.

탄소 원자들은 1번으로 지정된 알데하이드 그룹의 탄소로부터 시작하여 계수된다는 사실을 주목하라. 관례상, 어떤 당이 D-위치배열을 가지고 있다고 하는 것은, 그 당의 가장 높은 수의 손대칭 탄소(카보닐 탄소로부터 가장 멀리 떨어진 손대칭 탄소)의 위치배열이 D-글라이세르알데하이드가 두 번째 탄소와 같을 때를 의미한다(이 탄소 원자에 붙어 있는 수산화기는 피셔의 투영에서 오른쪽에 위치한다). 비대칭 탄소 원자들의 배열은 개개의 단당류에서 각각의 분명한 성질을 보인다는 면에서 독특하다. 글라이세르알데하이드(표준으로 사용되는)를 제외하고, 당의 절대적인 배치와 그것이 우편광성이냐 좌편광성이냐 사이의 예측할 만한 상관관계는 없다.

생명체에서 합성되는 아미노산들이 대부분 L형 광학이성질체인 것같이, 당들의 경우도 거의 대부분이 D형 광학이성질체이다. 그림 8.3에는 15개의 알도스에서 L형 광학이성질체는 보여주고 있지 않다. 광학이성질체들의 짝이 서로 거울상이라는 것을 기억하라. 즉, 각 손대칭성 탄소들의 배치는 반대위치에 있다. 예를 들어 D-글루코스의 2, 3, 4, 5번 위치들의 탄소에 결합된 수산화기는 피셔 투영에서 각각 순서대로, 오른쪽, 왼쪽, 오른쪽, 오른쪽을 향한다. 같은 식으로 L형의 경우는 왼쪽, 오른쪽, 왼쪽, 왼쪽을 순서대로 향하고 있다(그림 8.4).

삼탄당 알도스인 글라이세르알데하이드는 한 개의 손대칭성 원자(C-2)가 있으므로 단지 2개의 입체이성질체만 존재한다. 알도테트로스(aldotetrose)[D-, L-에리스로스(erythrose)와 D-, L- 트레오스(threose)]는 4개의 입체이성질체가 존재하는데 그 이유는 에리스로스와 트레오스가 각각 2개의 손대칭성 탄소 원자를 가지고 있기 때문이다. 일반적으로 n개의 손대칭성 탄소들이 있는 화합물은 2^n개의 가능한 입체이성질체가 존재한다. 4개의 손대칭성 탄소들을 가지고 있는 알도헥소스의 경우, 2^4 즉 16개의 입체 이성질체를 가지고 있다(그림 8.3에 8개의 D 알도헥소스와 그들의 L형 광학이성질체를 보여주고 있다).

여러 개의 손대칭성 중심들 가운데 하나만의 배치가 다른 당 분자들을 **에피머(epimer)**라고 한다. 예를 들어 D-만노스(mannose)와 D-갈락토스(galactose)는 그들 상호간에는 에피머가 아니지만, D-글루코스 대해서는 에피머들이다(각각 C-2와 C-4 위치).

긴사슬의 케토스(그림 8.5)는 긴사슬의 알도스가 글라이세르알데하이드에 관계되었던 것과 같은 식으로 다이하이드록시아세톤과 관련된다. 케토스는 알도스와 같은 실험식을 갖지만 적은 수의 손대칭성 탄소 원자를 보유함을 주의하라. 예를 들어 케토테트로스(ketotetros)[D-, L-에리쓰루로스(erythrulose)]의 경우, 2개의 입체이성질체가 있고 케토펜토스(ketopentose)

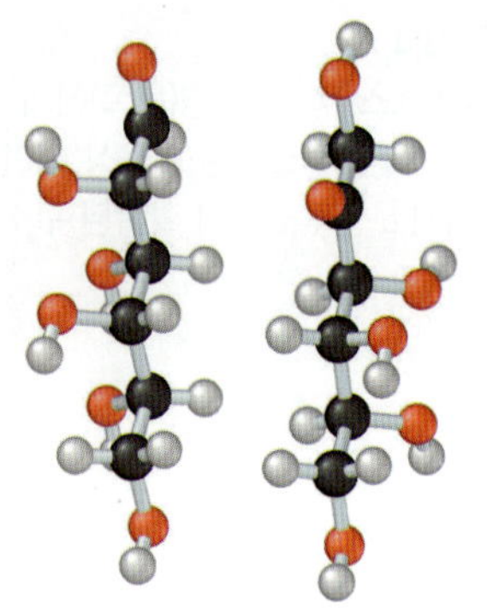

▲ **나는 누구일까?** D-당의 구조는 그림 8.3과 8.5에 나타났다. 피셔 투영을 알고 있다면 L-글루코스의 구조를 추론할 수 있고, 이 구조들을 구분하는 일에는 문제가 없을 것이다.

[D-, L- 자일룰로스(xylulose)와 D-, L- 리불로스(ribulose)]의 경우 4개의 입체이성질체가 존재한다, 케토테트로스와 케토펜토스는 해당 알도스의 이름의 중산에 울(*-ul-*) 집어 넣어서 명명된다. 예를 들어 케토스인 자일룰로스는 알도스인 자일로스(xylose)에서 유래된다. 이러한 명명법은 전통적인 이름을 갖고 있는 케토헥소스(ketohexose)[타가토스(tragtose), 소르보스(sorbose), 사이코스(psicose), 프럭토스(fructose)]들에는 적용되지 않는다.

8.2 알도스와 케토스의 고리화

몇몇 단당류는 하나 이상의 손대칭 탄소 원자를 가진다는 광학성질은 그림 8.3과 8.5에 나타나 있다. D-글루코스를 예로 들면 다섯 개의(네 개가 아닌) 비대칭 탄소를 가진 두 가지 형태로 존재한다. 이는 분자 내 고리화 반응 시, 카보닐기 탄소에 새로운 손대칭 중심을 형성하면서 부가적인 비대칭이 만들어진다. 이 고리화는 알코올이 알데하이드 혹은 케톤과 반응하여 헤미아세탈(hemiacetal)이나 헤미케탈(hemiketal)을 형성하는 것과 유사하다(그림

그림 8.5 ▶
3~6개의 탄소로 이루어진 D-케토스의 피셔 투영. 청색으로 그려진 케토스는 생화학에서 가장 중요하다.

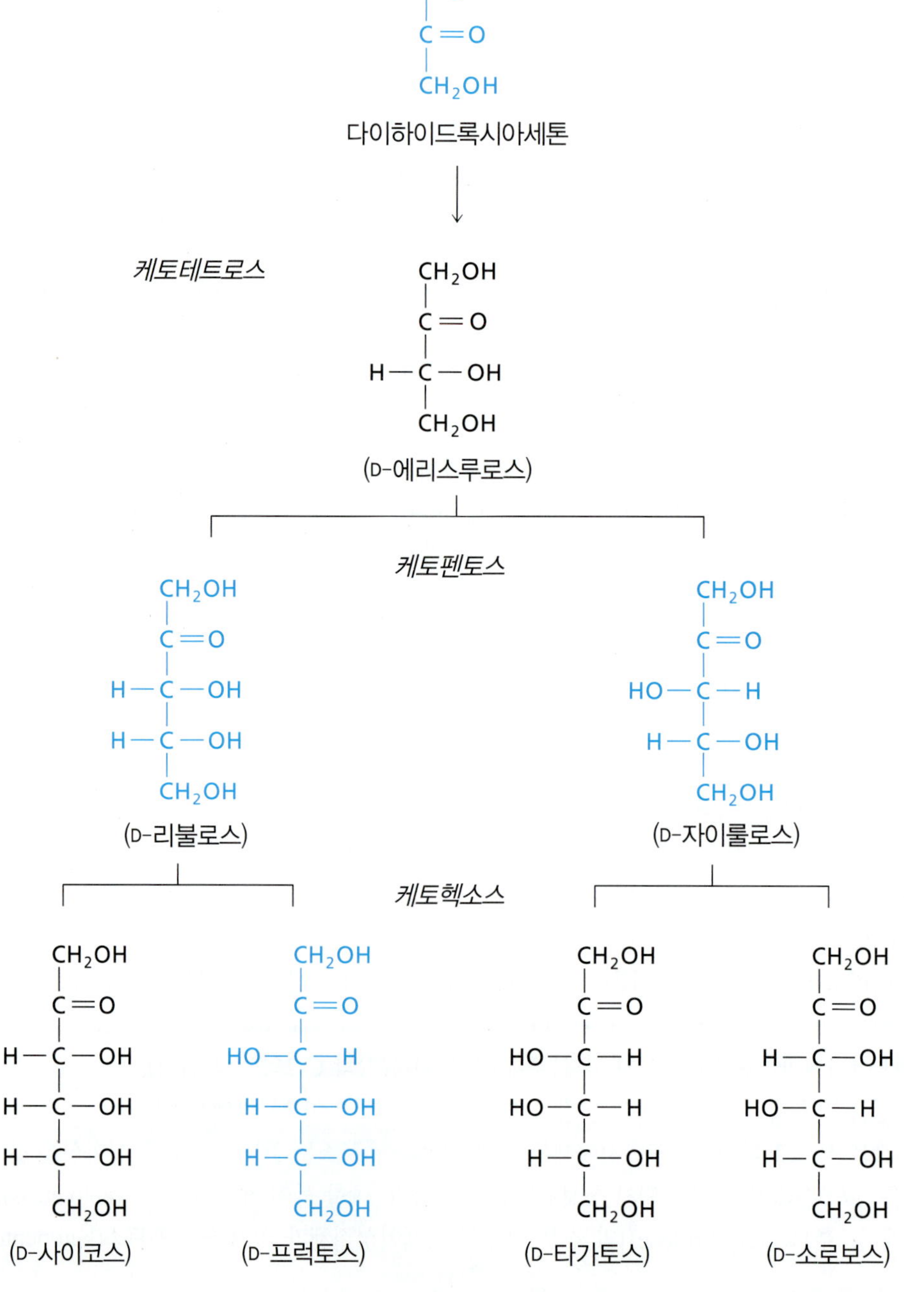

(a) 피란

(b) 퓨란

▲ **그림 8.6**
(a) 피란과 (b) 퓨란.

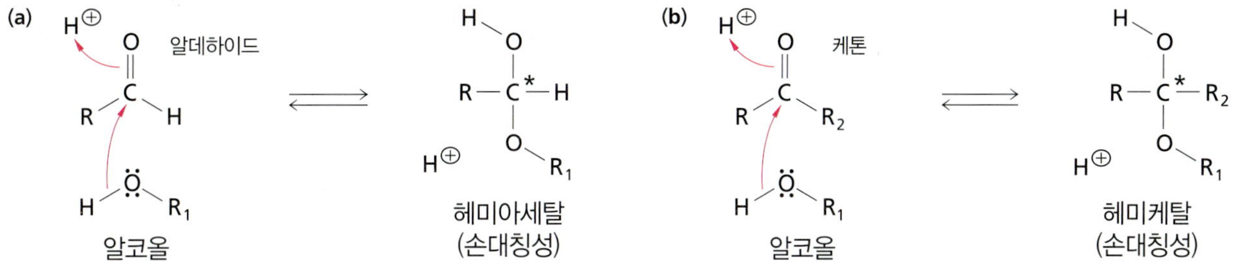

(a) 알데하이드 ⇌ 헤미아세탈 (손대칭성)
알코올

(b) 케톤 ⇌ 헤미케탈 (손대칭성)
알코올

▲ 그림 8.7
헤미아세탈과 헤미케탈. (a) 알코올이 알데하이드와 반응해서 헤미아세탈 형성. **(b)** 알코올이 케톤과 반응해서 헤미케탈 형성. 아스테리스크는 새롭게 형성된 손대칭성 센터를 지시한다.

8.7).

알도스에 포함된 최소 다섯 개의 카보닐 탄소 원자와 케토스에 포함된 최소 여섯 개의 카보닐 탄소 원자는 분자 내 수산기와 반응하여 고리형 헤미아세탈과 고리형 헤미케탈을 형성한다. 반응 수산화기의 산소 원자는 오원자 혹은 육원자 고리 구조에 포함된다(그림 8.8).

육원자 고리의 단당은 육원자 헤테로 고리화물인 피란(pyran, 그림 8.6a)과 모양이 유사하기 때문에 **피라노스(pyranose)**로 불리게 되었다. 이와 유사하게, 오원자 고리의 단당은 퓨란(furan, 그림 8.6b)과 유사하여 **퓨라노스(furanose)**로 불린다. 그러나 피란 혹은 퓨란과 다르게 고리형 탄수화물은 이중결합을 포함하지 않음을 명심해야 한다.

고리화된 단당 중 가장 산화된 탄소는 두 개의 산소 옆에 위치한 것으로 아노머 탄소이다. 고리구조에서 **아노머 탄소(anomeric carbon)**는 손대칭이다. 그러므로 그림 8.8에서 묘

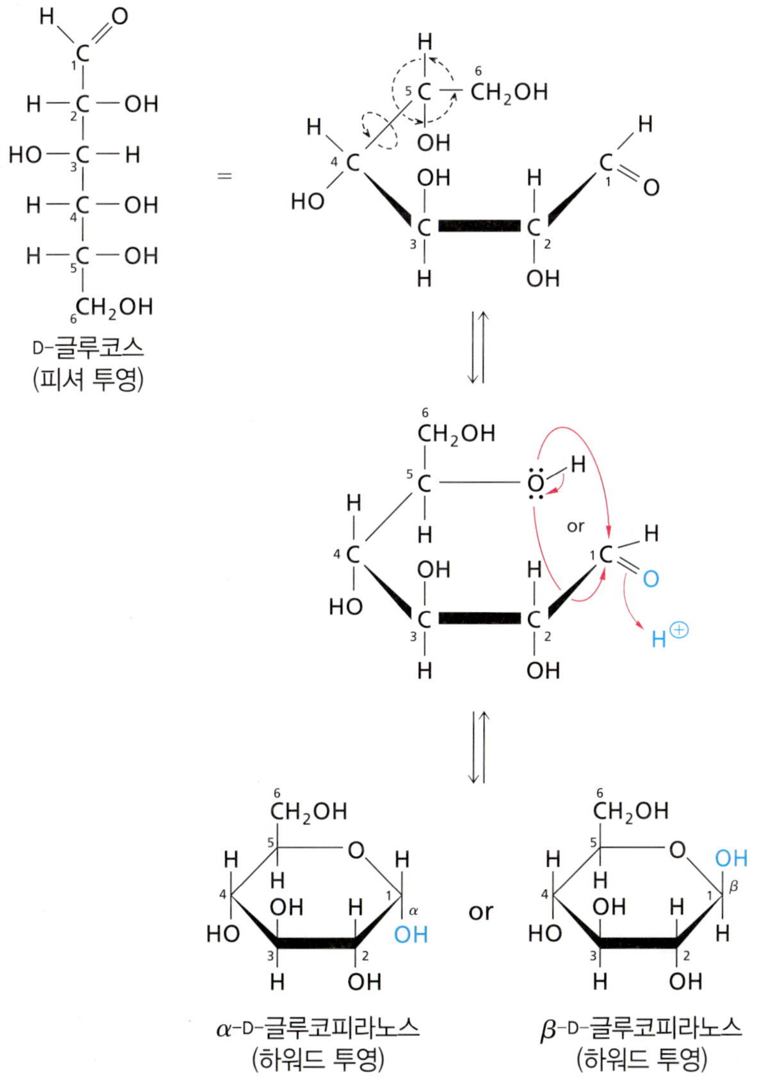

D-글루코스 (피셔 투영)

α-D-글루코피라노스 (하워드 투영) or β-D-글루코피라노스 (하워드 투영)

◀ 그림 8.8
글루코피라노스를 형성하는 D-글루코스의 고리화 반응. 피셔 투영은 (왼쪽 위) 3차구조로 재배열된다(오른쪽 위). C-4와 C-5 사이의 결합의 회전은 C-5의 수산화기가 C-1의 알데하이드기에 가까이 위치하게 한다. C-5 수산화기와 C-1의 한쪽과 반응은 α-D-글루코피라노스를 형성하고 수산화기와 다른 쪽의 반응은 β-D-글루코피라노스를 형성한다. 글루코피라노스 생성물은 하워드 투영에서 아래쪽 끝의 고리로(두꺼운 선) 평면의 앞으로, 위쪽 끝은 평면 뒤로 나타내었다. α-D-아노머 글루코스에서 C-1 위치의 수산기는 아래를 향하도록 하고, D-아노머는 위를 향하도록 하였다.

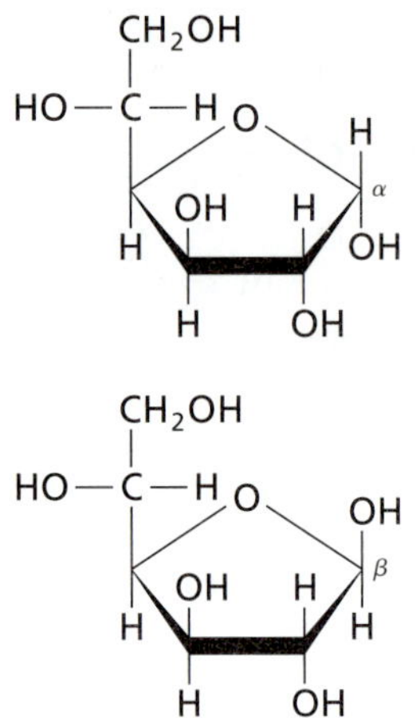

사된 D-글루코스의 경우와 같이 고리화된 알도스 혹은 케토스는 두 가지 배열을(α 혹은 β) 가질 수 있다. 이 α, β 이성질체는 **아노머(anomer)**라 불린다.

수용액 내에서 알도스와 케토스는 다양한 고리화 형태와 열린사슬구조(open-chain)의(그림 8.4) 평형을 이룬 고리구조를 형성한다. 예를 들면, 31℃ 상에서 D-글루코스는 약 64% α-D-글루코피라노스와 36%의 β-D-글루코피라노스, 그리고 극소량의 퓨라노스(그림 8.9)의 평형혼합물 상태로 존재한다. 이와 유사하게, D-라이보스는 대략 58.5%의 α-D-라이보피라노스(ribopyranose)와, 21.5%의 β-D-라이보피라노스, 13.5%의 α-D-라이보퓨라노스(ribofuranose) 그리고 6.5%의 β-D-라이보퓨라노스 혼합물이 소량의 열린사슬형과 함께 존재한다. 평형상태에서 비교적 다양한 형태의 단당이 존재한다는 것은 각각의 형태가 상대적으로 안정하다는 것을 반영한다. 비록 비치환된 D-라이보스가 α-피라노스와 같이 가장 안정한 형태이지만 뉴클레오타이드 상에서 이 구조는 α-퓨라노스 형태로 존재한다.

그림에서 보이는 하워드 투영(Haworth projection)이라 불리는 고리 그림은 탄수화물의 고리화 연구를 하는 노먼 하워드(Norman Haworth)가 처음으로 제안하였다. 1937년 그는 탄수화물 구조에 대한 연구와 비타민 C 합성에 관한 연구로 노벨 화학상을 받았다.

하워드 투영은 정확한 입체화학(stereochemistry)을 설명할 수 있고 피셔 투영과 쉽게 연계될 수 있다. 피셔 투영에서의 오른쪽으로 그려진 치환기들은 하워드 투영에서 아래쪽에 나타나도록 그린다. 탄소-탄소 결합 주변의 회전은 고리구조에서 제한될 수 있기 때문에 하

▲ 그림 8.9
α-D-글루코퓨라노스(위)와 β-D-글루코퓨라노스(아래).

그림 8.10 ▶
α-, β-D-라이보피라노스, 라이보퓨라노스의 고리화.

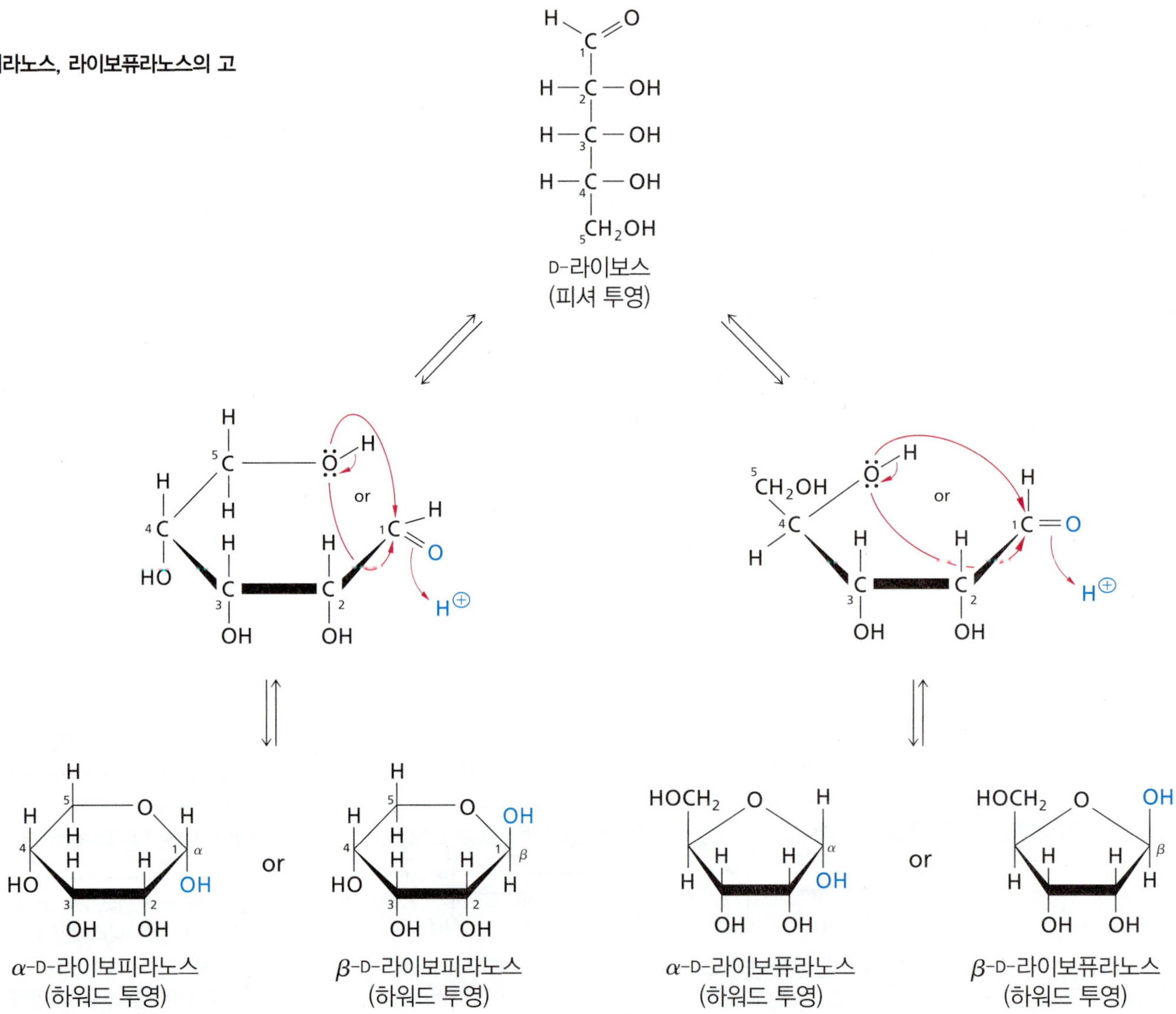

D-라이보스
(피셔 투영)

α-D-라이보피라노스
(하워드 투영)

β-D-라이보피라노스
(하워드 투영)

α-D-라이보퓨라노스
(하워드 투영)

β-D-라이보퓨라노스
(하워드 투영)

워드 투영은 실제적인 당 구조를 나타내는 방법으로는 더 신뢰할 만하다.

관습적으로, 고리형 단당의 아노머 탄소는 오른쪽에 그려지고 나머지 탄소는 시계방향으로 숫자를 매기게 된다. 하워드 투영에서 수산화가 가장 높은 숫자의 비대칭 탄소의 산소와 *cis*일 경우(같은 편의 고리 내에서) 아노머탄소로 그려진다. 만약 수산기가 가장 높은 숫자의 비대칭탄소의 산소와 *trans*라면(반대쪽 고리에서) β 아노머로 그려진다. α-D-글루코피라노스(glucopyranose)에서 아노머탄소의 수산기는 아래를 향하게 그려지고 β-D-글루코피라노스에서는 위를 향하게 그려진다.

단당류는 α-, β-D-퓨라노스 혹은 α-, β-D-피라노스 형태로 그려진다. 그러나 다섯 개 혹은 여섯 개의 탄소로 구성된 당은 빠른 평형을 이룬다는 것을 기억해야 한다. 이번 장과 책의 다른 부분에서 당은 알려진 정확한 아노머로 그려질 것이다. 다양한 아노머 형태와 열린 사슬형의 평형혼합물에 대해 설명할 경우에는 비특이적인 형태의 당으로 묘사될 것이고 이 경우 따로 언급될 것이다. 특이적인 형태의 당에 대해서 설명할 경우 이 책은 정확히 언급할 것이다(예를 들어 α-D-글루코피라노스). 또한 자연계에서 탄수화물의 D 거울상 이성질체가 우세하게 존재하기 때문에 특별한 경우 외에는 탄수화물은 D형으로 존재한다고 가정할 수 있다.

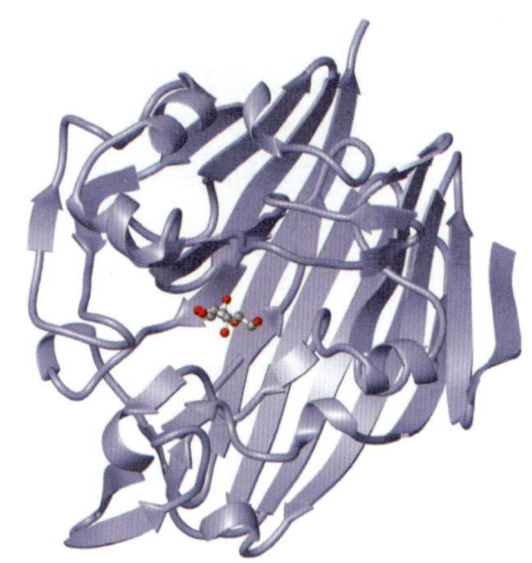

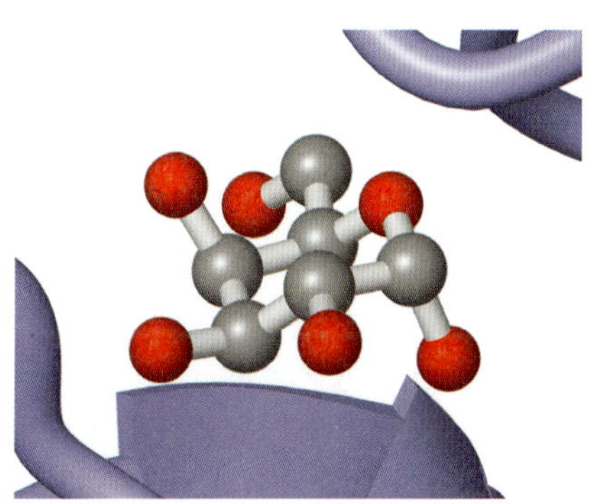

▲ **갈락토스 뮤타로테이즈(mutarotase).** 뮤타로테이즈는 α, β 위치배열을 촉매하는 효소이다. 이 상호전환은 두 가지의 다른 위치배열을 결정하는 공유결합을 끊거나 다시 형성하는 것을 포함한다. 여기에 나타난 효소는 *Lactococcus lactis*부터 분리된 α-D-갈락토스가 활성자리에 존재하는 갈락토스 뮤타로테이즈이다. 아래 그림은 이 분자의 입체형태를 보여준다. 당신은 각각의 입체형태를 구분할 수 있는가? [PDB 1L7K]

8.3 단당류의 입체형태

하워드 투영은 생화학에서 당 기본 구조의 각 탄소 원자들의 원자 혹은 잔기의 위치배열(configuration)을 묘사하는 데 일반적으로 사용된다. 그러나 단당 고리는 실제적으로 평면이 아니고, 탄소 원자의 기하학적 배열은 사면체형이다(결합각은 110° 정도). 고리형 단당류는 다양한 입체형태(conformation)로 존재한다(같은 위치배열을 가지는 삼차원 모양). 퓨라노스 고리는 다섯 개의 고리 원자 중 하나가 (C-2 이거나 C-3) 평면 밖에 존재하고 나머지 네 원자는 대략 동일평면상에 존재하는 봉투형 입체형태(envelope conformation)를 가진다(그림 8.11). 또한 퓨라노스는 다섯 개의 고리 원자 중 두 개가 세 개의 원자로 구성된 평면의 각각 다른 면의 밖에 존재하는 비틀린 입체형태로 존재할 수 있다. 각각의 형태이성질체의 상대적인 안정도는 수산기들 사이의 입체 방해의 정도에 따라 달라진다. 비치환 단당류의 다양한 형태이성질체는 재빨리 상호전환될 수 있다.

피라노스 고리는 의자형 입체형태(chair conformation)와 보트형 입체형태(boat conformation)의 두 가지 입체형태로 존재하는 경향이 있다고 가정한다(그림 8.12). 피라

핵심개념

다른 위치배열은 공유결합을 끊거나 다시 만드는 과정을 통해서만 만들어진다. 분자는 공유결합 끊김 없이 다른 입체배열을 받아들일 수 있다.

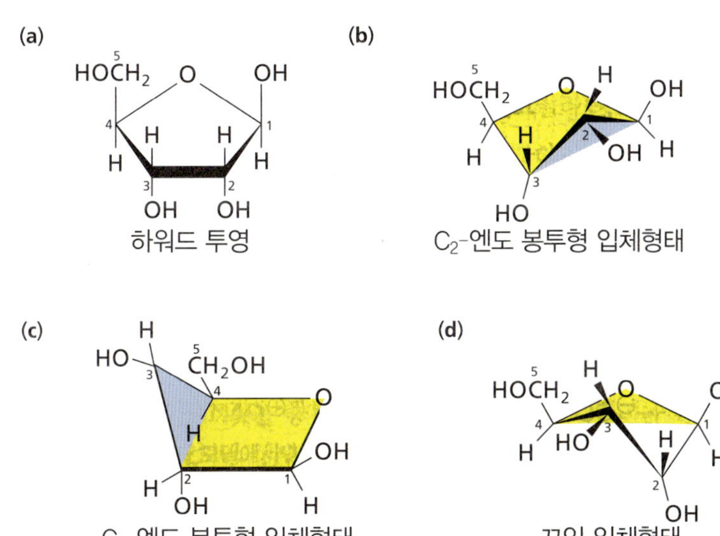

◀ **그림 8.11**

β-D-라이보퓨라노스의 입체형태. **(a)** 하워드 투영. **(b)** C_2-엔도 봉투형 입체형태. **(c)** C_3-엔도 봉투형 입체형태. **(d)** 꼬인 입체형태. C_2-엔도 입체형태에서 C-2는 C-1, C-3, C-4, 고리 산소에 의해 정의된 평면 위에 존재한다. C-3은 C-1, C-2, C-4에 의해 정의된 평면에 존재한다. 꼬인 입체형태에서 C-3는 C-1, C-4, 고리 산소에 의해 정의된 평면 위에, C-2는 아래에 존재한다. 그 평면은 황색으로 나타내었다.

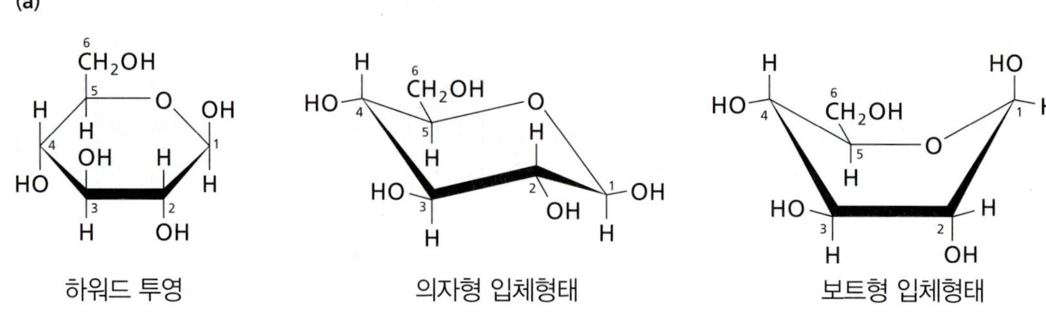

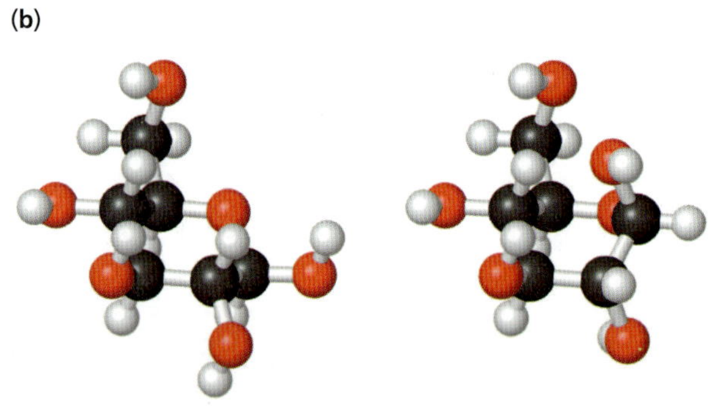

그림 8.12 ▶
β-D-글루코피라노스. (a) 하워드 투영. 의자형 입체형태과 보트형 입체형태. (b) 의자형(왼쪽)과 보트형(오른쪽) 입체형태의 공-막대 모델.

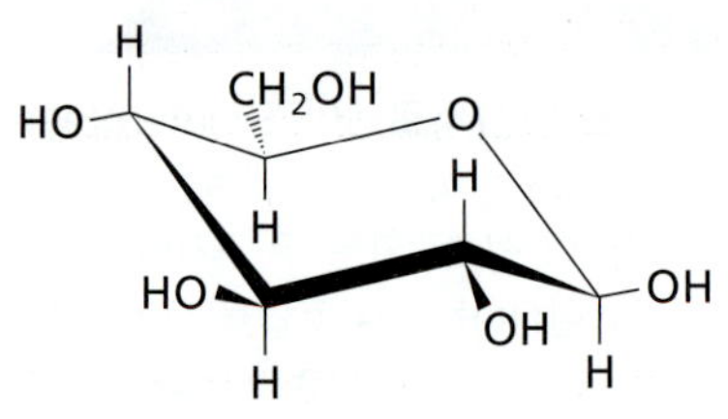

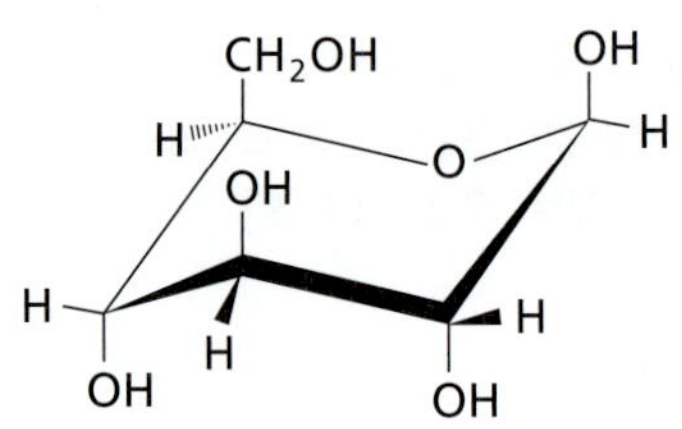

▲ 그림 8.13
β-D-글루코피라노스의 두 가지 의자형 형태이성질체. 위의 형태이성질체가 더 안정하다.

노스는 각각 두 가지의 구분된 의자형 입체형태와 여섯 가지의 구분된 보트형 입체형태를 갖는다. 의자형 입체형태는 고리 치환체들 간의 입체 반발력을 최소화하고 일반적으로 보트형 입체형태보다 훨씬 안정하다. 의자형 입체형태의 피라노스 고리 치환체 중 —H, —OH, CH_2OH는 두 가지 다른 위치를 차지할 것이다. 축방향으로 위치한 치환체는 고리평면의 위나 아래에 존재하는 반면 적도방향으로 위치한 치환체는 고리평면에 누워 있다. 피라노스에서 다섯 개의 치환체는 축방향이며 다섯 개는 적도방향이다. 치환기가 축방향인지 혹은 적도방향인지의 여부는 고리가 의자형 입체형태로 존재할 때 어떤 탄소 원자가(C-1 혹은 C-4) 고리평면의 위로 펴져 있는지에 달려 있다. 그림 8.13은 β-D-글루코스의 두 가지 다른 입체형태를 보여준다. 더욱 안정한 입체형태는 가장 부피가 큰 고리 치환체가 적도방향으로 존재하는 것이다(위의 구조). 사실 β-D-글루코스의 이 입체형태는 어떠한 알도헥소스보다 적은 입체 방해를 갖는다. 피라노스 고리는 때때로 라이소자임의 활성자리 다당 잔기로 존재할 때 등과 같이 불안정한 반 의자형과 같은 약간 다른 입체형체를 갖게 된다(6.6절).

8.4 단당류의 유도체

기본적인 단당류의 유도체는 많은 것들이 알려져 있다. 이에는 올리고당과 다당류 그리고 중합되지 않은 군들을 포함한 다량체들도 포함된다. 이번 장에서는 당인산(sugar phosphate), 디옥시당(deoxy sugar), 아미노당(amino sugar), 당알코올(sugar alcohol), 당산(sugar acid) 등과 같은 단당류 유도체에 소개하겠다.

다른 형성 중합체 생체 분자와 같이 단당류와 그 유도체는 더 복잡한 다당류를 설명하기 위한 축약형을 가진다. 몇몇의 경우 접미사가 첨가된 세 글자의 축약형이 사용되고 있다. 오탄당과 육탄당, 그리고 주요 유도체들의 축약형을 표 8.1에 나타내었다. 여기서는 이 축약형을 사용하였다.

A. 당인산

그림 8.14는 탄수화물의 대사에서 접하게 될 당인산의 구조를 나타내었다. 삼탄당인산, 라

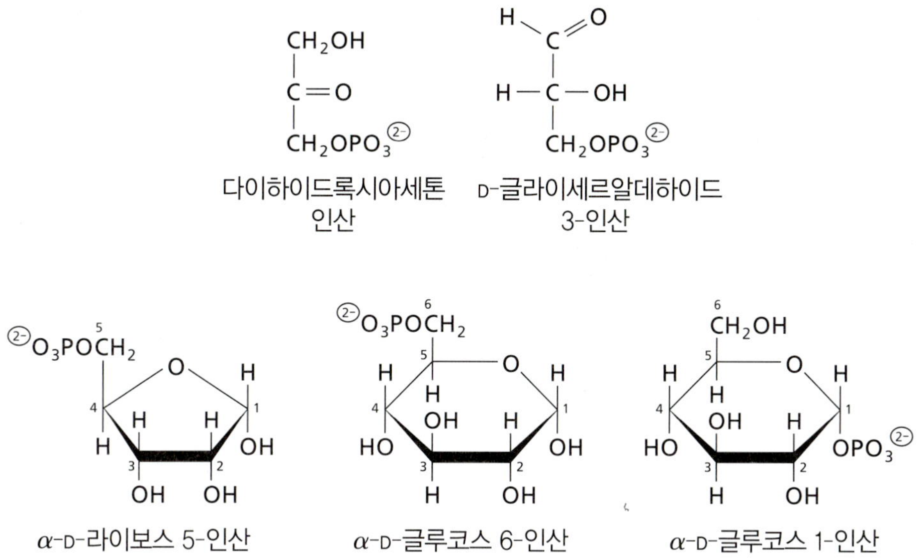

다이하이드록시아세톤 인산

D-글라이세르알데하이드 3-인산

α-D-라이보스 5-인산

α-D-글루코스 6-인산

α-D-글루코스 1-인산

▲ **그림 8.14**
몇 가지 대사적으로 중요한 당 인산의 구조.

이보스 5-인산, 글루코스 6-인산은 간단한 알코올-인산에스터(alcohol-phosphate ester)이다. 글루코스 1-인산은 헤미아세탈인산으로 알코올 인산에 비해 큰 반응성을 가진다. UDP-글루코스가 글루코실 공여체로서의 기능을 갖는 것은 반응성의 증거가 된다.

B. 디옥시당

두 개의 디옥시당의 구조가 그림 8.15에 나타나 있다. 이들의 유도체에서 수소 원자는 모체당의 수산화기 하나와 치환된다. 2-디옥시-D-라이보스는 DNA의 중요한 생체 단위체이다. L-퓨코스(6-디옥시-L-갈락토스)는 식물, 동물, 미생물에 널리 존재하는 물질이다. L-입체배열이란 흔치 않은 구조를 가짐에도 불구하고 퓨코스는 D-만노스의 대사과정으로부터 유도된다.

C. 아미노당

다양한 당류에서 모체당의 수산화기 중 하나는 아미노기로 대체된다. 때때로 아미노기는 아세틸화된다. 세 가지 아미노당의 예가 그림 8.16에 나타나 있다. 아미노당류는 당 접합물에 있는 글루코스와 갈락토스로부터 형성된다. *N*-아세틸뉴라미닉 산(*N*-acetylneuraminic acid, NeuNAc)은 *N*-아세틸만노스아민(*N*-acetymannosamine)과 파이루브산으로부터 형성된 산이다. NeuNAc는 다양한 당단백질과 지질계열 중 하나인 갱글리오사이드(ganglioside)의 중요 구성성분이다. 뉴라믹산과 NeuNAc를 포함한 유도체들은 통틀어 시알산(sialic acid)이라고 알려져 있다.

D. 당 알코올

당 알코올은 모체당(parent monosaccharide)의 카보닐기의 산소가 환원되어 생성된 다가 알코올(polyhydrxoy alchol)이다. 그림 8.17은 세 가지 당 알코올의 예다. 글리세롤과 마이오-이노시톨(*myo*-inositol)은 지질(lipid)의 중요한 구성성분이다(10.4절). 라이비톨(ribitol)은 플라빈모노뉴클레오타이드(FMN)와 플라빈아데닌다이뉴클레오타이드(FAD)의 구성성분이다(7.4절). 일반적으로 당 알코올은 모단당의 접미사 -오스(*ose*)를 -이톨(*itol*)로 바꾸어 명명한다.

표. 8.1 단당류와 그 단당류 유도체의 축약형과 유도된 단당류 혹은 유도체 축약형

단당 또는 유도체	축약형
Pentose	
Ribose	Rib
Xylose	Xyl
Hexoses	
Fructose	Fru
Galactose	Gal
Glucose	Glc
Mannose	Man
Deoxy sugars	
Abequose	Abe
Fucose	
Amino sugars	Fuc
Glucosamine	GlcN
Galactosamine	GalN
N-Acetylglucosamine	GlcNAc
N-Acetylgalactosamine	GalNAc
N-Acetylneuraminic acid	NeuNAc
N-Acetylmuramic acid	MurNAc
Sugar acids	
Glucuronic acid	GlcUA
Iduronic acid	IdoA

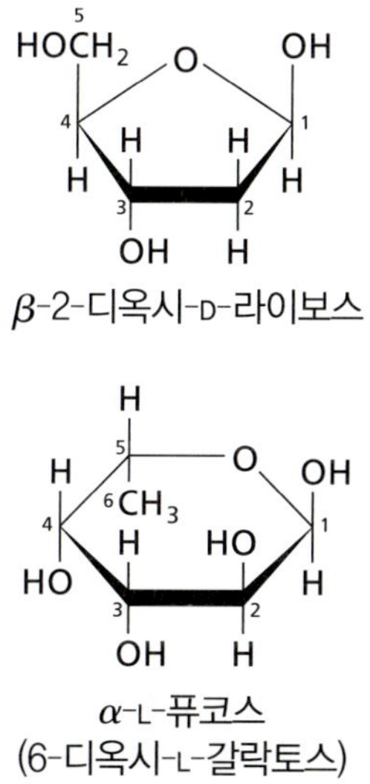

β-2-디옥시-D-라이보스

α-L-퓨코스
(6-디옥시-L-갈락토스)

▲ **그림 8.15**
디옥시당, 2-디옥시-D-라이보스와 L-퓨코스의 구조.

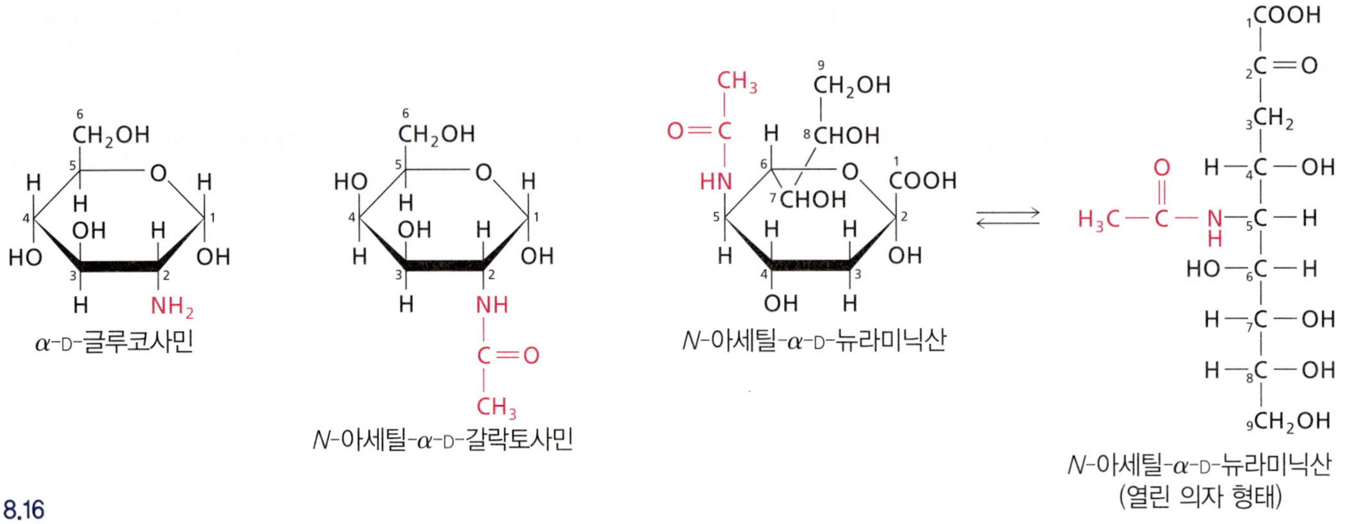

α-D-글루코사민

N-아세틸-α-D-갈락토사민

N-아세틸-α-D-뉴라미닉산

N-아세틸-α-D-뉴라미닉산 (열린 의자 형태)

▲ 그림 8.16
다양한 아미노당들의 구조. 아미노 및 아세틸 아미노 그룹들은 적색으로 표기했다.

E. 당산

당산은 알도스로부터 유래된 카복실산으로서, 알돈산(aldonic acid)의 경우 C-1(알데하이딕 탄소)의 산화를 통해 얻어지고, 알듀론산(alduronic acid)의 경우 가장 높은 탄소(1차 알코올을 포함한 탄소)로부터 얻어진다. 글루코스의 알돈산, 알드유론산 유도체—글루콘산(gluconate), 글루쿠론산(glucuronate)—의 구조는 그림 8.18에 나타나 있다. 알돈산은 알칼라인 용액 내에서 열린 의자구조 형태로 존재하고 산성화 상태에서는 락톤을 (분자 내 에스터) 형성한다. 알드유론산은 피라노스 형태로 존재하고 아노머 탄소를 가지고 있다. *N*-아세틸뉴라믹산은(그림 8.16) 당산이며 아미노당임을 기억해야 한다. 당산은 다양한 다당류의 주요 구성성분이다. L-아스코브산 혹은 비타민 C는 D-글루쿠론산으로부터 유도된 락톤 중 하나인 인다이올(enediol)이다(7.9절).

8.5 이당류와 다른 글라이코사이드

글라이코사이드 결합(glycosidic bond)은 단당류의 모든 중합체의 1차구조를 연결하는 것이다. 글라이코사이드 결합은 당의 아노머 탄소가 알코올, 아민, 싸이올이 축합될 때 형성되는 아세탈 연결이다. 간단한 예로, 글루코피라노스는 산성용액 상태에서 메탄올과 반응하여 아세탈을 형성한다(그림 8.19). 글라이코사이드 본드를 포함하는 화합물은 글라이코사이드(glycoside)라 한다. 특히 글루코스가 아노머 탄소를 제공한다면 이는 글루코사이드라 명명한다. 글라이코사이드는 이당류, 다당류 그리고 몇몇 탄수화물 유도체를 포함한다.

A. 이당류의 구조

이당류는 하나의 당의 아노머 탄소가 다른 당 분자의 여러 개의 수산기 중 하나와 반응할 때 형성된다. 이당류와 다른 탄수화물 중합체에서 단당류 잔기들이 존재하며 그 원자들이 글라

그림 8.17 ▶
몇 가지 당알코올의 구조. 글리세롤(글리세르알데하이드의 환원된 형태)과 마이오이노시톨(글루코스로부터 대사적으로 유래된)은 많은 지질의 중요한 성분이다. 라이비톨(라이보스의 환원된 형태)은 비타민 라이보플라빈과 그 조효소임의 구성요소이다.

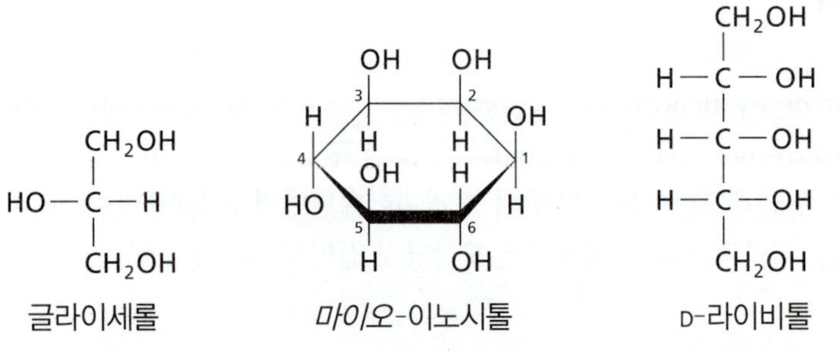

글라이세롤

마이오-이노시톨

D-라이비톨

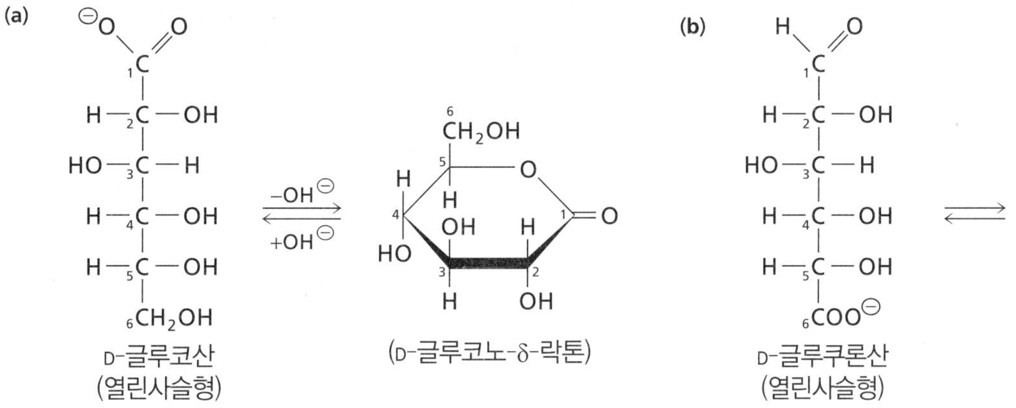

▲ 그림 8.18
D-글루코스에서 유래된 당산의 구조. (a) 글루콘산과 그 δ-락톤. (b) 글루코론산의 열린 사슬 형태와 피라노스 형태.

이코사이드 결합을 형성한다는 것을 명심해야 한다. 이당류의 체계적인 묘사를 위해서는 반드시 연결된 원소를 글라이코사이드 결합의 입체배열이나 각각의 단당 잔기들의 (피라노스나 퓨라노스 인지에 대한 명명을 포함하여) 이름을 특정화하여야 한다. 그림 8.20은 네 가지 일반적인 이당의 구조와 명명법을 나타내었다.

말토스(maltose, 그림 8.20a)는 전분의 가수분해 과정에서 생성되는 이당으로 글루코스 잔기의 중합체이다. 이는 맥아(malt)에 존재하며 맥아유나 주조공정에 사용되는 옥수수나 곡물에 존재한다. 말토스는 두 개의 D-글루코스로 구성되어 있으며 한쪽의 C-1은 다른 쪽의(그림 8.20a의 왼쪽) C-4에 (오른쪽) 연결된 산소 원자와 α-글라이코사이드 결합으로 연결되어 있다. 그러므로 말토스는 α-D-글루코피라노실(1→4)-D-글루코스이다. 왼쪽의 글루코스 잔기의 아노머 탄소는 글라이코사이드 결합에 포함되며 α 입체배열로 고정되는 반면, 오른쪽의 글루코스 잔기(환원 말단, 8.5B에 설명되어 있음)는 α, β 그리고 열린-사슬 구조의 자유로운 평형상태로 존재한다(열린-사슬형은 매우 적은 비율로 포함되어 있다). 그림 8.20a는 말토스의 β-피라노스 아노머의 구조이다(환원 말단이 β 입체배열을 가지는 아노머, 우세한 아노머 형태).

셀로비오스(cellobiose)[β-D-글루코피라노실-(1→4)-D-글루코스]는 글루코스 이합체 중 다른 하나이다(그림 8.20b). 셀로비오스는 식물 다당류인 셀룰로스(cellulose) 구조 내의 반복된 이당으로 셀룰로스 분해 과정에서 만들어진다. 셀로비오스와 말토스의 유일한 차이점은 셀로비오스의 글라이코사이드 연결이 β인 것이다. (말토스는 α이다.) 그림 8.20b의 오른

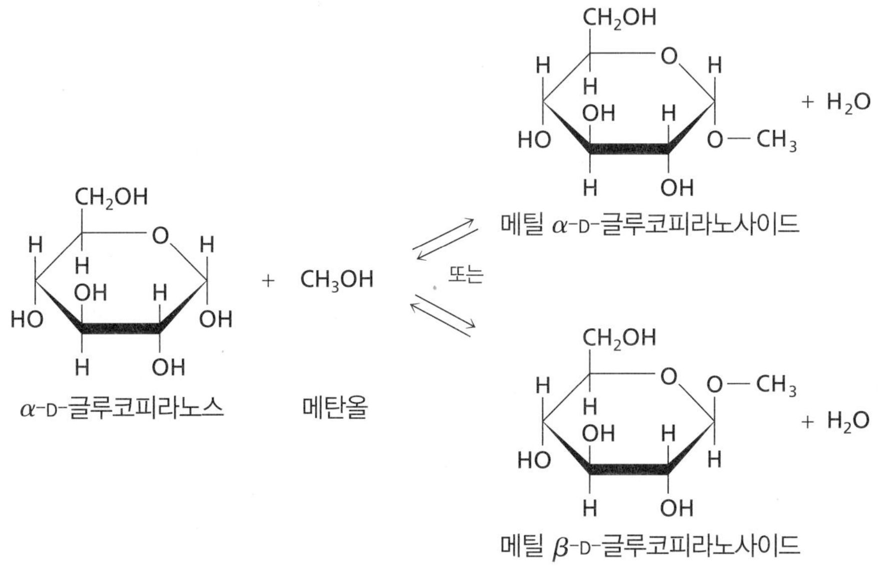

◀ 그림 8.19
글루코피라노스는 메탄올과 반응하여 글라이코사이드를 생산한다. 산 촉매 축합반응에서, 헤미아세탈의 아노머릭 —OH 그룹은 $—OCH_3$ 그룹으로 대체되면서 아세탈인 메틸 글루코사이드를 형성한다. 그 생성물은 메틸 글루코피라노사이드의 α와 β 아노머의 혼합물이다.

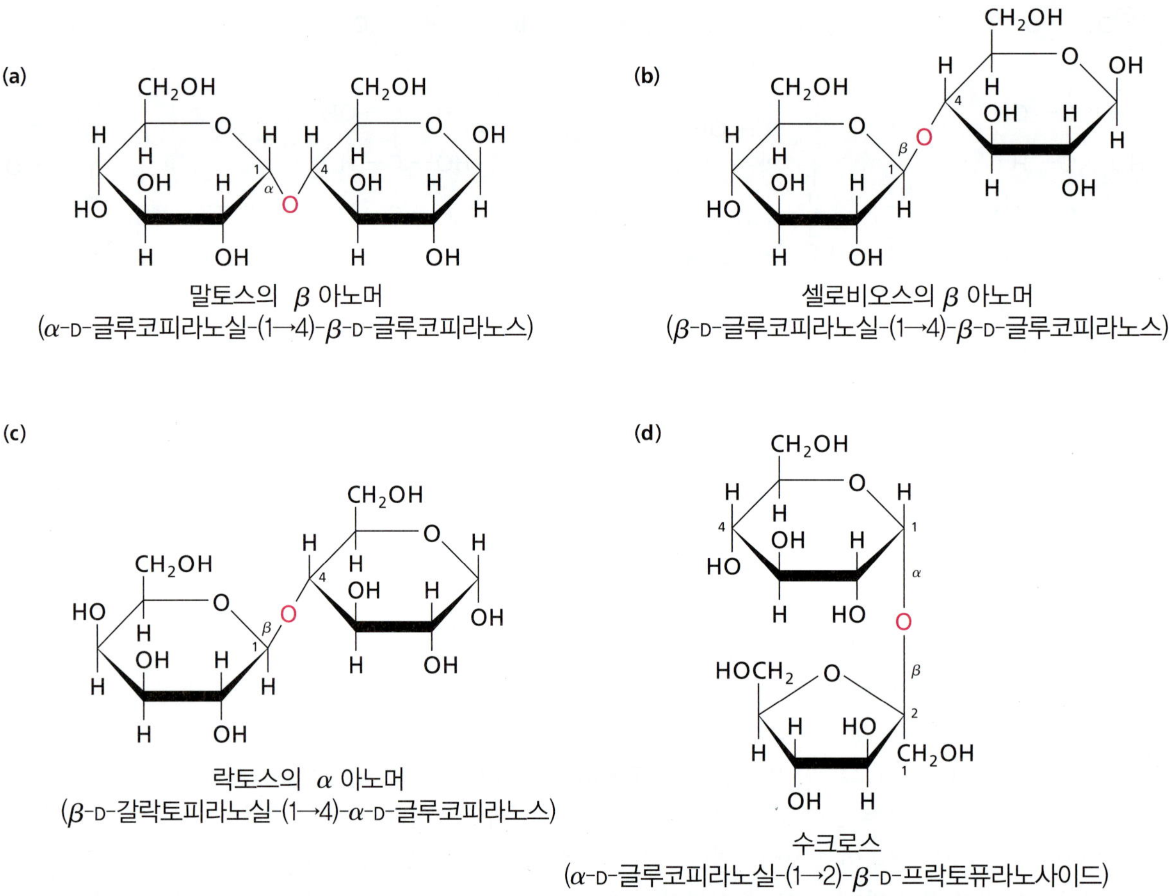

말토스의 β 아노머
(α-D-글루코피라노실-(1→4)-β-D-글루코피라노스)

셀로비오스의 β 아노머
(β-D-글루코피라노실-(1→4)-β-D-글루코피라노스)

락토스의 α 아노머
(β-D-갈락토피라노실-(1→4)-α-D-글루코피라노스)

수크로스
(α-D-글루코피라노실-(1→2)-β-D-프락토퓨라노사이드)

▲ 그림 8.20
(a) 말토스, (b) 셀로비오스, (c) 락토스, (d) 수크로스의 구조. 각 글라이코사이드 결합의 산소 원자는 적색으로 나타내었다.

쪽 글루코스 잔기는 그림 8.20a의 오른쪽 잔기와 같이 α, β, 열린-사슬구조의 평형상태이다.

우유 내의 주요 탄수화물인 락토스[β-D-갈락토피라노실(1→4)-D-글루코스]는 젖을 분비하는 유선에서만 유일하게 합성된다. 락토스는 셀로비오스의 에피머임을 기억해야 한다. 자연적으로 생성된 락토스의 α 아노머는 β 아노머보다 더 달고, 더 높은 용해도를 가진다. β 아노머는 오래된 아이스크림에서 발견될 수 있으며, 보관과정 중 결정화되어 아이스크림의 불쾌한 질감을 만든다.

수크로스(sucrose)[α-D-글루코피라노실(1→2)-β-D-프락토퓨라도시드], 혹은 식용 설탕은 자연계에서 가장 풍부한 이당이다(그림 8.20d). 수크로스는 식물체에서만 합성된다. 수크로스는 두 개의 단당 잔기의 아노머 탄소간의 글라이코사이드 결합으로 인해 그림 8.20에서 다른 세 종류의 이당과 구분된다. 그러므로 수크로스 내의 글루코피라노스와 프락토퓨라노스의 입체배열은 고정되어 있고, 잔기들은 자유롭게 α나 β 아노머의 평형을 형성한다.

B. 환원당과 비환원당

단당류와 대부분의 이당류는 헤미아세탈과 활성 카보닐기를 가진다. 이들은 다양한 생성물을 만들기 위해 쉽게 산화되고 이러한 특성은 이들을 분석하는 데 자주 사용된다. 글루코스, 말토스, 셀로비오스, 락토스를 포함하는 탄수화물들은 종종 환원당(reducing sugar)이라고 불린다. 역사적으로 환원당은 Cu^{2+} 혹은 Ag^{+}과 같은 금속이온을 환원시켜 불용성 생성물을 만드는 능력을 이용해 발견된다.

수크로스와 같이 헤미아세탈이 아닌 탄수화물은 두 아노머 탄소 원자 모두 글라이코사이드 결합에 고정되어 있기 때문에 쉽게 산화되지 않는다. 이들은 비환원당으로 구분된다. 당 고분자의 환원력은 분석적인 흥미 이외의 것이다. 올리고당과 다당의 고분자사슬은 환원 혹은 비환원말단인지의 여부에 따라 방향성을 가진다. 일반적으로 선형 고분자는 하나의 환원 말단(자유 아노머 탄소를 포함한 잔기)과 비환원 말단을 가진다. 모든 다당류 내부의 글라이코사이드 결합은 아세탈을 포함한다. 내부 잔기들은 열린-사슬형과 평형이 아니므로 금속이온을 환원시킬 수 없다. 가지형 다당류는 여러 개의 비환원 말단을 가지고 오직 하나의 환원 말단을 가진다.

▲ **사탕수수는 상업적 수크로스의 주요 자원이다.**

C. 뉴클레오사이드와 다른 글라이코사이드

당의 아노머 탄소는 다른 당뿐만 아니라 다양한 알코올, 아민, 싸이올 등과도 글라이코사이드 연결을 형성한다. 가장 흔하게 발견되는 글라이코사이드는 올리고당이나 다당이라기보다는 β-D-라이보퓨라노스 혹은 β-D-디옥시라이보퓨라노스 부분의 2차 아미노기에 퓨린이나 피리미딘이 붙은 뉴클레오사이드(nucleoside)에 가깝다. 뉴클레오사이드는 질소 원자가 글라이코사이드 연결에 참여하기 때문에 *N*-글라이코사이드라고 불린다. 구아노신(guanosin)(β-D-라이보퓨라노실구아닌)은 전형적인 뉴클레오사이드이다(그림 8.21). 우리는 이미 ATP와 조효소임의 대사물인 다른 뉴클레오타이드에 대해 다루었다(7.3절). NAD

19장에서 뉴클레오사이드와 뉴클레오타이드에 대해 더 자세히 볼 것이다.

BOX 8.1 고양이의 문제점

당은 단맛을 낸다는 특징이 있다. 우리는 수크로스의 맛을 확실히 알고 있으며 프럭토스와 락토스 역시 단맛이 난다는 것을 알고 있다. 다른 당과 그들의 유도체도 마찬가지이긴 하지만 우리는 생화학 연구실에 가서 모든 선반 위의 하얀 플라스틱 병에 담긴 탄수화물을 맛보라고 추천하지 않는다. 단맛은 물질의 물리적 특성이 아니다.

이는 화학물과 입안의 미각수용체 간의 각각의 상호작용이다. 미각 수용체에는 다섯 종류가 있다. 단맛, 신맛, 짠맛, 쓴맛, 감칠맛[감칠맛은 글루탐산모노나트륨(monosodium glutamate)의 글루탐산(glutamate)의 맛과 같다]. 단맛을 유도하기 위해서는 수크로스 같은 분자가 수용체와 결합하여 실제로 뇌가 인식하도록 반응을 개시하여야 한다. 수크로스는 중간 강도의 반응을 이끌어내며 표준 단맛으로 쓰인다. 프럭토스에 대한 반응은 수크로스의 거의 두 배에 달하는 강도이고 락토스는 수크로스의 단맛에 1/5에 미치는 반응을 보인다. 사카린(Sweet'N Low®), 수크랄로스(Splenda®), 아스파탐(NutraSweet®)과 같은 인공감미료는 단맛 수용체에 결합하여 엄청난 단맛을 일으킨다.

이것들은 수크로스의 수백 배에 달하는 단맛을 가지고 있다. 단맛 수용체는 *Tas1r2*와 *Tas1r3*라 불리는 두 가지 유전자에 의해 전달된다. 수크로스와 합성감미료의 경우와 같이 다른 두 분자가 어떻게 단맛을 이끌어 내는 것일까?

사자, 호랑이 치타 등과 같은 고양이과는 *Tas1r2* 기능을 하는 유전자가 없다. 이는 엑손 3에서 247 bp가 삭제됨으로 인해 모조 유전자(pseudogene)로 변형된다. 그러므로 당신의 애완 고양이는 단맛을 거의 경험할 수 없을 것이다. 이것이 고양이에 대해 많은 설명을 해준다.

수크랄로스

사카린

아스파탐

▲ **고양이는 육식동물이다.** 고양이는 단맛을 느끼지 못할 것이다.

(a) 구아노신

(b) 바닐린 β-D-글루코사이드

(c) β-D-갈락토실-1-글라이세롤

▲ 그림 8.21

세 가지 글라이코사이드의 구조. 당이 아닌 부분은 청색으로 나타내었다. (a) 구아노신. (b) 바닐린 글루코사이드, 바닐라 추출물에서 향내는 물질. (c) β-D-갈락토실-1-글라이세롤, 그 유도체가 진핵세포막에서 공통으로 보인다.

와 FAD 역시 뉴클레오타이드이다.

자연적으로 일어나는 글라이코사이드의 두 가지 다른 예를 그림 8.21에 나타내었다. 바닐린 글루코사이드(그림 8.21b)는 자연적인 바닐라 추출물의 향기를 내는 화합물이다. β-갈락토사이드(galactoside)는 다양한 종류의 글라이코사이드로 구성되어 있다. 이들 화합물은 다양한 비당물질이 갈락토스와 β 연결로 결합되어 있다. 예를 들어 갈락토세레브로사이드(galactoserebrosid, 9.5절)는 진핵생물 세포막에서 흔히 존재하는 당지질로 β-갈락토시데이즈(β-galactoidase)라는 효소와 쉽게 반응하여 수화된다.

8.6 다당류

다당류는 흔히 두 개의 넓은 그룹으로 구분된다. **호모글라이칸(homoglycan)** 혹은 호모다당류는 오직 한 종류의 단당 잔기만으로 구성된 중합체이다. **헤테로글라이칸(heteroglycan)** 혹은 헤테로다당류는 한 가지 종류 이상의 단당 잔기로 구성된 중합체이다. 다당류는 특정한 템플릿이 없이 특정한 단당류나 올리고당 잔기의 첨가에 의해 만들어진다. 그 결과로 다당류 분자의 길이나 구성은 그 종류만큼이나 다양할 것이다. 몇몇 보편적인 다당류와 그 구조는 표 8.2에 정리되어 있다.

대부분의 다당류는 그들의 생물학적 역할에 따라 구분될 수 있다. 예를 들면 전분과 글라이코젠은 저장형 다당류인 반면 셀룰로스와 키틴(chitin)은 구조형 다당류이다. 우리는 다음 절에서 헤테로글라이칸에 대해 논의할 때 다양하고 다양한 기능을 갖는 탄수화물의 추가적인 예를 볼 수 있을 것이다.

A. 전분과 글라이코젠

D-글루코스는 모든 종에서 합성된다. 과량의 글루코스는 대사에너지를 생성하기 위해 분해될 수 있다. 글루코스 잔기는 에너지 생산에 사용되기 전까지 다당류로 저장된다. 식물 혹은 균사류에서 가장 흔한 글루코스의 저장형 호모글라이칸 형태는 전분이고 동물체 내에서는 글라이코젠(glycogen)이다. 박테리아 내에서는 두 가지 모두 존재한다.

전분은 식물세포 내에 아밀로스(amylose)와 아밀로펙틴(amylopectin)의 혼합물로 존재하며 직경이 3~100 μm인 미립자 형태로 저장된다. 아밀로스는 100~1000개의 D-글루코스 잔기가 α-(1→4) 글라이코사이드 결합으로 연결된, 비가지형 중합체이다. 특히 글루코스 잔기에 포함된 아노머 탄소 때문 α-(1→4) 글루코사이드 결합(glucosidic bond)으로 불린다. 이당 말토스는 같은 종류의 결합으로 글루코스를 연결하고 있다(그림 8.20a). 비록 수용성은

표 8.2 몇몇 다당류의 구조

다당[a]	구성요소[b]	결합
저장형 호모글라이칸		
전분		
아밀로스	Glc	α-(1→4)
아밀로펙틴	Glc	α-(1→4), α-(1→6) (가지)
글라이코젠	Glc	α-(1→4), α-(1→6) (가지)
구조형 호모글라이칸		
셀룰로스	Glc	β(1→4)
키틴	GlcNAc	β(1→4)
헤테로글라이칸		
글루코사미노글라이칸	이당류 (아미노당, 당산)	여러 가지
히알루론산	GlcUA와 GlcNAc	β(1→3), β(1→4)

[a] 다당은 다른 언급 없으면 비분지화되어 있다.

[b] Glc, 글루코스; GlcNAc, N-아세틸글루코사민; GlcUA, D-글루쿠론산.

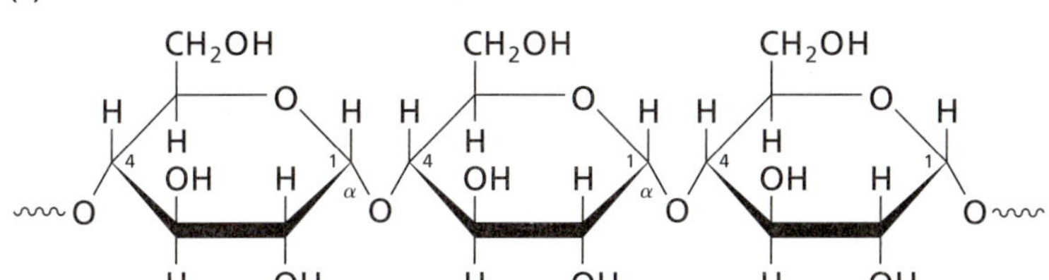

▲ **그림 8.22**
아밀로스. (a) 아밀로스의 구조. 아밀로스는 전분의 한 형태이고 α-(1→4) 글라이코사이드 결합에 의해 연결된 글루코스의 선형 중합체다. **(b)** 아밀로스는 왼손 나선형 입체형태로 보이며, 그것은 바깥 표면뿐 아니라 안쪽도 수화되어 있다.

낮지만 아밀로스는 특정한 조건 하에서 수화된 마이셀을 형성하고, 나선형 구조라고 가정한다(그림 8.22b).

아밀로펙틴은 아밀로스의 가지화된 구조이다(그림 8.23). 가지 혹은 고분자 곁사슬은 α-(1→6) 글루코사이드 결합으로 연결된 선형 사슬 잔기에 α-(1→4) 글루코사이드 결합을 통해 붙어 있다. 가지화는 평균적으로 25개의 잔기마다 15~25개의 글루코스 잔기를 포함하는 곁사슬로 만들어진다. 몇몇의 곁사슬들은 그들 자신이 가지화된다. 아밀로펙틴 분자는 살아있는 세포에서 300~6000개의 글루코스 잔기를 포함한 형태로 분리된다.

전분 대사는 15장에 기술된다.

성인의 경우 300 g의 탄수화물을 대부분 전분의 형태로 소비한다. 생전분 과립의 경우 효소에 의한 가수분해가 불가능하지만 조리 시에는 물을 흡수하여 부풀게 하는 원인이 된다. 부풀은 전분은 두 가지 다른 글루코시데이즈의 기질이다. 식용 전분은 α-아밀레이즈(α-amylase)와 탈분지효소(debranching enzyme)에 의해 위장관에서 분해된다. α-아밀레이즈는 동물체 식물체 모두에 존재하는 엔도글루코시데이즈(endoglucosidase)이다(이것은 내부 글라이코사이드 결합에 작용한다). 이 효소는 아밀로스와 아밀로펙틴의 α-(1→4) 글루코사이드 결합의 무작위적인 가수화를 촉매시킨다.

다른 하이드롤레이즈인 β-아밀레이즈는 식물의 씨와 덩이 줄기에서 발견된다. β-아밀레이즈는 엑소글루코시데이즈이다(이것은 말단 글라이코사이드 결합에 작용한다). 이 효소는 아밀로펙틴의 자유로운 비환원 말단에서부터 순차적인 가수화로부터 말토스를 배출하는 반응을 촉매화한다.

α와 β로 구분함에도 불구하고 두 종류의 아밀레이즈는 α-(1→4)-D-글라이코사이드 결합에만 작용한다. 그림 8.24는 아밀로펙틴에서 α-아밀레이즈와 β-아밀레이즈의 활성을 보여준다. 가지 부분의 α-(1→6) 결합은 α 혹은 β-아밀레이즈 중 어떤 것의 기질도 아니다. 아밀레

◀ **그림 8.23**
아밀로펙틴의 구조. 아밀로펙틴은 전분의 가지화된 고분자의 다른 구조이다. 아밀로펙틴의 주사슬과 곁사슬의 선형 글루코스 잔기는 α-(1→4)-글라이코사이드 결합으로 연결되어 있고, 곁사슬은 주사슬과 α-(1→6)-글라이코사이드 결합으로 연결되어 있다.

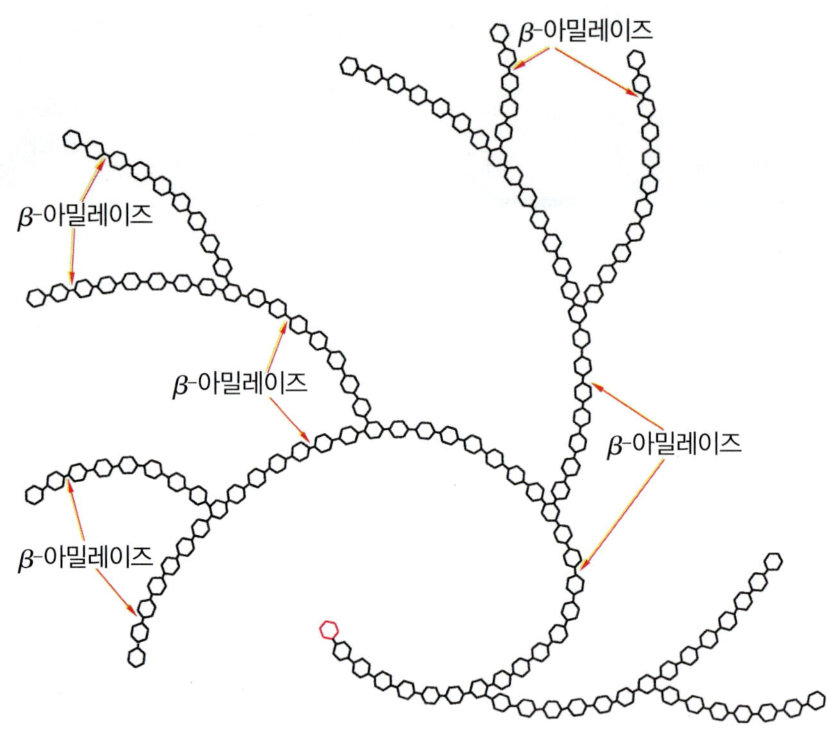

그림 8.24 ▶
아밀로펙틴에서 α, β-아밀레이즈의 작용. α-아밀레이즈는 내부 α-(1→4)-글라이코사이드 결합을 불규칙적으로 가수화시키는 반응을 촉매화하고 β-아밀레이즈는 비환원 말단에 작용한다. 각각의 육각형은 글루코스 잔기를 나타내고 가지화된 중합체에서 하나의 환원말단은 빨간색으로 나타내었다(실제 아밀로펙틴 분자는 여기에서 보인 것보다 훨씬 많은 글루코스 잔기를 가지고 있다).

이즈가 아밀로펙틴의 가수화를 촉매하고 나면 더 이상의 가수화가 불가능한 제한된 덱스트린이라 불리는 다수의 가지화된 핵심부분이 남게 된다. **제한 덱스트린(limit dextrin)**은 오직 탈분지효소에 의해서만 가지화 부분의 α-(1→6) 결합의 가수화 촉매작용에 의해 분해된다.

글라이코젠 역시 가지화된 글루코스 잔기 중합체이다. 글라이코젠은 아밀로펙틴에서 발견되는 결합과 동일한 형태의 결합을 포함하지만 글라이코젠의 가지는 더 작고 훨씬 자주 8~12개의 잔기마다 일어난다. 일반적으로 글라이코젠 분자는 전분 분자보다 크고 50,000 이상의 글루코스 잔기를 포함한다. 포유류는 영양상태에 따라 글라이코젠은 간 부피의 10%, 근육 무게의 2%에 달하는 양을 차지한다.

글라이코젠의 세포내 합성과 분해를 촉매하는 효소는 12장에서 소개할 것이다.

아밀로펙틴과 글라이코젠의 가지화된 구조는 오직 하나의 환원말단을 가지지만 다수의 비환원 말단을 가진다. 글라이코젠의 환원 말단은 글루코제닌(glucogenin)이라 불리는 단백질에 공유결합으로 결합되어 있다(12.5A절). 다당 사슬에서의 효소적 길이 늘림이나 분해는 비환원 말단에서 일어난다.

B. 셀룰로스

셀룰로스는 구조적인 다당이다. 이는 주변에 존재하는 많은 식물세포의 단단한 세포벽의 주요 구성성분이다. 많은 식물의 줄기와 가지는 대량의 셀룰로스로 구성되어 있다. 이 다당류는 지구상에 존재하는 유기물질 중 상당량을 차지하고 있다. 아밀로스와 같이 셀룰로스는 글루코스 잔기로 이루어진 선형 고분자이지만 셀룰로스에서 글루코스 잔기는 α-(1→4) 결합이 아닌 β-(1→4) 결합으로 연결되어 있다. 두 개의 글루코스 잔기로 이루어진 이당류인 셀로비오스 역시 β-결합으로 연결되어 있다(그림 8.20b). 셀룰로스 분자는 다양한 300개의 글루코스 잔기부터 15,000 글루코스 이상의 잔기를 포함하는 다양한 크기로 존재한다.

셀룰로스의 β-결합은 각각의 글루코스 잔기가 이웃한 글루코스와 180° 회전된 단단히 확대된 입체형태를 가지게 한다(그림 8.25). 셀룰로스 사슬간의 광범위한 수소결합은 다발이나 섬유를 형성하게 된다(그림 8.26). 셀룰로스 섬유는 물에 녹지 않으며 꽤 강하고 단단하다. 면 섬유는 거의 대부분이 셀룰로스이고 목재는 거의 절반이 셀룰로스이다. 셀룰로스의

▲ 그림 8.25
셀룰로스의 구조. 셀룰로스 사슬에서 연속적인 글루코스의 번갈아 보이는 배열을 주목하라. (a) 의자형 입체 형태. (b) 수정된 하워드 투영.

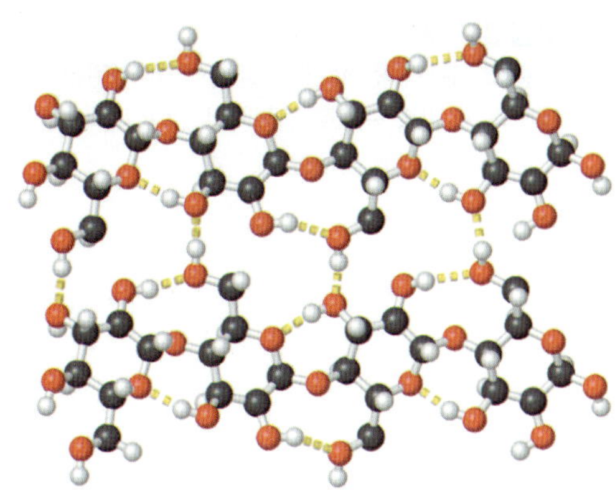

▲ 그림 8.26
셀룰로스 섬유. 인트라 및 인터 사슬 수소결합은 셀룰로스를 견고하게 한다.

강도 때문에 셀룰로스는 다양한 목적으로 사용되고 셀룰로판과 레이온 직물과 같은 다수의 합성물질의 구성성분이 된다. 우리는 종이의 중요 구성성분으로 셀룰로스를 잘 알고 있다.

α-D-글루코사이드 결합의 가수분해를 촉매하는 효소는(α, β-아밀레이즈와 같은 α-글루코시데이즈) β-글루코사이드 결합의 가수분해를 촉매하지 않는다. 이와 유사하게 β-글루코시데이즈는 (셀룰레이즈와 같은) α-D-글루코사이드 결합의 가수분해를 촉매하지 않는다. 인간과 다른 포유류는 전분, 글라이코젠, 락토스, 수크로스를 대사할 수 있고 단당 생성물을 여러 가지 대사경로에서 사용한다. 포유류는 β-글루코사이드 결합의 가수분해를 촉매시킬 수 있는 효소가 없기 때문에 셀룰로스를 대사할 수 없다. 소나 양과 같은 반추동물들은 반추위에 (다중실성 위의 한 부분) β-글루코시데이즈를 생산하는 미생물을 가지고 있다. 그러므로 반추동물은 풍부한 셀룰로스를 가진 풀과 다른 식물에서 글루코스를 얻을 수 있다. 흰개미 역시 소화기관에 셀룰레이즈 생산 박테리아를 가지고 있기 때문에 셀룰로스를 섭취함으로써 글루코스를 얻을 수 있다.

C. 키틴

곤충이나 갑각류의 외부골격, 대부분의 곰팡이나 적조류의 세포벽의 구조적인 호모글라이칸인 키틴은 아마도 지구상에서 두 번째로 풍부한 유기물질일 것이다. 키틴은 셀룰로스와 유사한 선형 고분자이다. 키틴은 글루코스보다는 β-(1→4)에 연결된 GlcNAc 잔기로 구성되어 있다(그림 8.27). 각각의 GlcNAc 잔기는 이웃 잔기들로부터 180° 회전해 있다. GlcNAc 잔기는 인접한 키틴 가닥들 간의 수소결합으로 만들어진 선형 섬유질 형태로 좋은 강도를 가지고 있다. 키틴은 종종 단백질 무기물질 등과 같은 비다당류 물질과 밀접하게 연관되어 있다.

8.7 당 접합물

당 접합물(glycoconjugate)은 단백질 또는 펩타이드와 연결된 다당으로 구성된다. 대부분의 경우 다당은 몇몇 다른 단당으로 구성되는데 그들은 헤테로글라이칸이다(전분, 글라이코젠, 셀룰로스, 키틴은 호모글라이칸이다). 헤테로글라이칸은 세 종류의 당 접합물—단백글라이

▲ 캘리포니아의 큰 삼나무는 수톤의 셀룰로스로 구성된다.

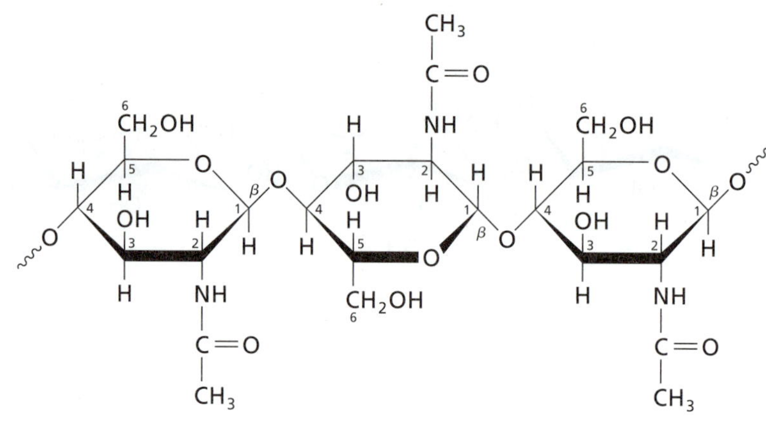

그림 8.27 ▶
키틴의 구조. 선형 호모글라이칸 키틴은 GlcNAc의 반복 구조로 구성되어 있다. 각각은 서로 180° 위치에 존재한다.

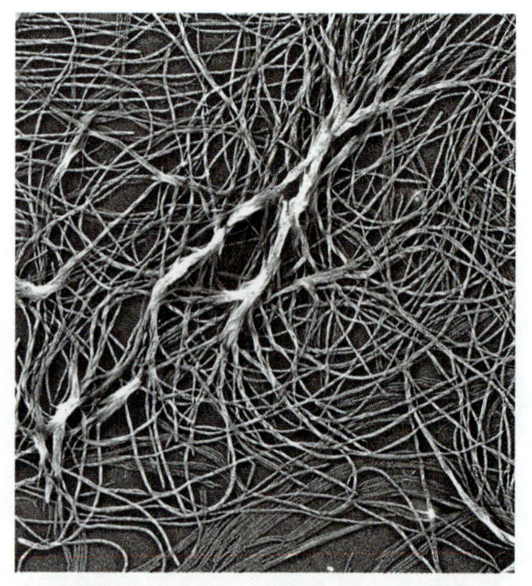

▲ **셀룰로스 섬유.** 식물은 구조적 지지를 하는 거대한 셀룰로스 섬유를 만든다. 이러한 섬유의 전자현미경 사진은 어떻게 얽혀서 큰 그물망 시트를 형성하는지를 보여준다. 이러한 셀룰로스 섬유는 2억 5,300만 년이 되었으며, 뉴멕시코의 염 광산 깊은 곳에서 발견되었다.

칸, 펩티도글라이칸, 당단백질으로 나타난다. 이번 절에서, 우리는 당 접합물인 헤테로글라이칸의 물리, 화학적 성질이 어떻게 다양한 생물학적 기능에 적합한지 볼 것이다.

A. 단백글라이칸

단백글라이칸(proteoglycan)은 단백질과 당아미노글라이칸(glycosaminoglycan)으로 불리는 다당의 복합체이다. 이러한 당 접합물은 주로 다세포 동물의 세포외 기질에 (결합조직) 존재한다.

당아미노글라이칸(glycosaminoglycan)은 이당 단위체가 반복되는 비분지형의 헤테로글라이칸이다. 당아미노글라이칸은 이름처럼 이당 중 한 가지가 아미노당, D-갈락토사민(D-galactosamine; GalN) 또는 D-글루코사민(D-glucosamine; GlcN)이다. 아미노당의 아미노 그룹은 *N*-아세틸갈락토사민 또는 *N*-아세틸글루코사민으로 아세틸화될 수 있다. 반복 이당 중 다른 하나는 보통 알드로닉산이다. 많은 당아미노글라이칸의 특정 수산화기와 아미노기는 황산화되어 있다. 알두로닉산의 이러한 황산염 그룹와 카복실산염 그룹은 당아미노글라이칸을 다음성화 한다.

당아미노글라이칸의 몇 가지 형태가 분리되고 구조가 결정되었다. 각 형태는 당 구조, 결합, 조직 분배, 기능이 각각 다르고 또한 특정 단백질에 붙어 있다. 하이알유론산(hyalulonic acid)은 그림 8.28에 보이는 것처럼 반복되는 이당으로 이루어진 당아미노글라이칸의 한 예이다. 이는 훌륭한 윤활제인 점성 용액을 이루고 있는 관절 유액에서 보인다. 하이알유론산은 또한 연골의 주 성분이다.

단백글라이칸의 단백질에는 100 g까지의 당아미노글라이칸 사슬이 붙을 수 있다. 이러한 헤테로글라이칸 사슬은 보통 글라이코시이드 연결으로 세린의 수산화 산소와 공유결합된다(모든 당아미노글라이칸이 단백질에 공유결합되어 있지는 않다). 당아미노글라이칸은 글라

그림 8.28 ▶
하이알유론산의 이당 구조. 당아미노 글라이칸의 반복 이당은 D-글루쿠론산(GlcUA)과 GlcNAc를 포함한다. 각 GlcUA는 GlcNAc에 β-(1→3) 결합으로 연결된다. 각 GlcNAc는 회전되어 다음 GlcUA에 β-(1→4) 결합으로 연결된다.

GlcUA GlcNAc

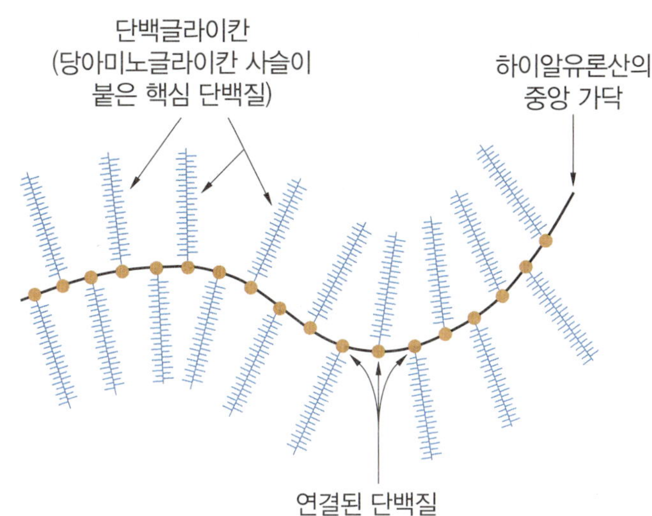

◀ **그림 8.29**
연골의 단백글라이칸 응집체. 당아미노글라이칸 사슬을 달고 있는 핵심 단백질은 단일 하이알유론산의 중앙축과 연결된다. 이러한 단백질은 당아미노글라이칸 사슬(황산 케라탄과 황산콘드로이틴)과 공유결합된다. 핵심 단백질과 하이알유론산의 상호작용은 양쪽 분자와 비공유결합된 연결 단백질에 의해 안정화된다. 그 응집체는 병을 닦는 솔 모양이다.

이칸 질량의 95%를 구성한다.

단백글라이칸은 그 성분이 극성이고 이온화기를 가지므로 수화가 매우 잘되어 큰 부피를 차지한다. 이러한 특징은 결합조직의 중요한 성질인 탄력성을 부여하고 압축에도 저항성을 준다. 예를 들어, 연골은 탄력성이 있어 충격을 잘 흡수할 수 있게 한다. 연골에 압력이 가해지면 물이 조금 튀어 나올 수 있지만 압력이 풀리면 연골은 다시 수화된다. 조직의 모양을 유지할 뿐 아니라, 단백글라이칸은 세포 외 체반 역할을 하고 세포성장과 이동을 돕는다.

연골의 구조는 단백글라이칸이 이 조직에 어떻게 배열되어 있는지 보여준다. 연골은 거대한 단백글라이칸 응집체(aggregate)(M_r~2×10^8)와 함께 배열된 콜라겐 섬유(4.11절) 그물망이다. 각 응집체는 병 닦는 솔을 닮은 특정 모양으로 되어 있다(그림 8.29). 이러한 응집체는 핵심 단백질과 연결 단백질 두 가지 형태의 단백질뿐 아니라 하이알유론산과 몇몇 다른 당아미노글라이칸으로 구성된다. 하이알유론산의 중앙 가닥은 응집체와 많은 단백글라이칸을—당아미노글라이칸 사슬이 있는 핵심 단백질이 붙은—따라 있다. 핵심 단백질은 하이알유론산(hyaluronic acid) 가닥과 주로 정전기적 인력에 의해 결합한다. 연결단백질은 핵심 단백질-하이알유론산 결합을 안정화시킨다.

연골의 주 단백글라이칸은 어그리칸(aggrecan)이라고 불린다. 어그리칸(분자량 ~220,000)의 단백질은 케라탄황산(karatan sulfate)(주로 *N*-아세틸글루코사민 6-황산과 갈락토스가 반복되는 구조인 당아미노글라이칸) 약 30분자와 황산콘드로이틴(chondroitin sulfate)(당아미노글라이칸) 약 100분자를 가진다. *N*-아세틸갈락토사민 6-황산과 글루쿠론산이 번갈아 구성된 어그리칸은 하이알유론산에 붙은 단백글라이칸인 히알렉탄(hyalectan)의 한 부류이다. 다른 히알렉탄은 혈관벽에 탄성을 제공하고 뇌에서 세포간 상호작용을 조절한다.

B. 펩티도글라이칸

펩티도글라이칸(peptidoglycan)은 작은 펩타이드에 연결된 다당이다. 많은 세균의 세포벽이 넷 또는 다섯 펩타이드에 붙은 헤테로글라이칸을 가진 특정 부류의 펩티도글라이칸으로 구성된다. 그 헤테로글라이칸은 β-(1→4) 연결로 이어진 GlcNAc와 *N*-아세틸무람산(*N*-acetylmuramic acid; MurNAc)이 반복되는 구조이다(그림 8.30). MurNAc는 세균에서만 보이는 구탄당이다. MurNAc는 GlcNAc의 3번 탄소에 에테르 연결로 결합된 삼탄산 D-젖산으로 구성된다. 펩티도글라이칸의 다당 부분은 매 두 번째 GlcNAc가 젖산 치환되어 MurNAc를 형성하는 것 외에는 키틴과 비슷하다. 라이소자임(6.6절)의 항균력은 펩티도글

▲ **바닷가재는 키틴으로 이루어진 외골격을 가진다.** 외골격 색은 바닷가재가 먹는 음식에 의해 결정된다. β-카로텐류(caroten)를 먹으면 녹갈색을 가지는 크러스타시아닌(crustacyain이라고 불리는 단백질이 붙은 카로텐 복합체로 변한다. 바닷가재가 익혀지면, 크러스타시아닌이 잘라지고 가을 단풍잎의 빨간색과 같은 빨간 β-카로탄류가 나온다. (15.1절 참조)

BOX 8.2 뿌리혹 형성 요인은 리포올리고당이다

알팔파, 완두콩, 대두 같은 콩과식물은 뿌리에 혹이 생긴다. 어떤 토양 세균(rhizobia)은 뿌리혹에 침입하여 식물과 공생하고 질소를 고정한다(공기 중의 질소를 암모니아로 환원). 그 공생은 매우 종 특이적이다. 콩과식물과 세균의 어떤 특정 조합만이 함께 살 수 있고, 그러므로 이 개체들은 서로를 인지해야만 한다. 라이조비아는 뿌리혹 형성 인자라 불리는 올리고당인 세포외 신호분자를 생산한다. 이 화합물의 매우 낮은 농도로 식물 숙주는 라이조비아가 침입할 수 있는 뿌리혹을 생성하도록 유도된다. 숙주 식물은 특성 구성의 뿌리혹 형성 인자에만 반응한다.

감염은 식물 뿌리털이 표면의 노드 요인 수용체(Nod-factor receptor)를 통해 뿌리혹 형성 인자를 인지할 때 시작된다. 이것은 결과적으로 세균이 뿌리털에 들어가서 뿌리혹이 형성되는 뿌리의 세포까지 움직이게 한다.

지금까지 연구된 뿌리혹 형성 인자는 β-(1→4) *N*-아세틸글루코사민(GlcNAc)의 선형 사슬을 가지는 올리고당이다—키틴의 반복구조와 같은(8.6b절). 대부분의 뿌리혹 형성 인자는 비록 세 개에서 여섯 개 사이(아래 그림)로 다양하지만 주로 당 5량체이다. 종 특이성은 중합체 길이와 비환원 말단(R1에서 R5) 다섯 곳, 환원 말단의 두 곳에 가능한 치환이 다양화되는 것에 의해 제공된다. R1(비환원 말단의 2번 탄소에 질소를 치환시키는 아실기)은 18 탄소길이의 지방산이다. 따라서 뿌리혹 형성 인자는 리포올리고당이다. R6(환원말단의 6번 탄소의 알코올에 붙은)은 황산이나 메틸 퓨코스를 포함한 구조의 다양성을 가질 수 있다. 콩과식물의 성장 조절에 관한 연구는 다른 올리고당의 생물학적 활성 조사를 가속화시킨다.

질소고정에 대한 세부설명은 17.1절을 보라.

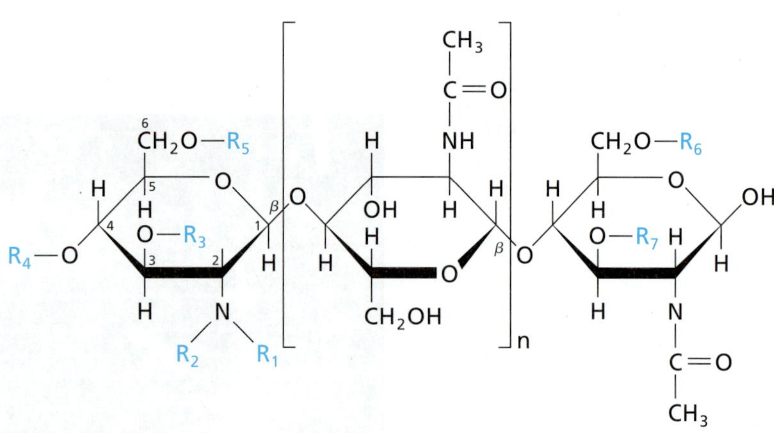

▲ 뿌리혹 형성 인자의 일반 구조, *N*-아세틸글루코사민(GlcNAc) 골격을 가진 리포올리고당. *N*-아세틸글루코사민의 숫자는 *n*으로 표시되고 보통 3개지만 때론 1, 2, 4가 가능하다. R1은 보통 18 탄소길이의 지방산 치환이다

▲ **콩과식물 로터스 자포니커스(*Lotus japonicus*)에서 뿌리혹의 형성.** 리조비아(청색)는 뿌리털세포에 의한 세포내함입(endocytosis)과 뿌리혹 세포(아래)로 흡수점(위)을 연결하는 감염 줄기 형성을 유도하는 뿌리혹 형성 인자를 분비한다.

라이칸의 다당사슬의 가수분해 촉매능 때문이다.

그 펩티도글라이칸의 펩타이드 성분은 세균에 따라 다양하다. 황색포도상구균(*Staphylococcus aureus*)에서 펩타이드 성분은 L과 D 아미노산(L-Ala-D-Isoglu-L-Lys-D-Ala)이 번갈아 나타나는 네 개의 펩타이드이다(Isoglu는 이소글루탐산, 글루탐산의 한 형태이며 γ-카복실기가 아닌 α-카복실기가 옆 잔기에 연결된다). 다른 종류는 세 번째 위치에 다른 아미노산을 갖는다. 아마이드 결합은 글라이칸 중합체의 MurNAc의 락틸 카복실기에 L-알라닌의 아미노기를 연결한다. 테트라펩타이드는 옆에 있는 펩티도글라이칸에 있는 다른 테트라펩타이드와 5개의 글라이신 잔기(pentaglycin)에 의해 교차연결된다. 펜타글라이신(pentaglycin)은 한 테트라펩타이드의 L-라이신을 다른 테트라펩타이드의 D-알라닌의 카복실기에 연결한다. 펩티도글라이칸은 광범위 교차결합에 의해 하나의 크고 견고한 고분자로 변환되며, 이러한 고

GlcNAc MurNAc GlcNAc MurNAc

◀ 그림 8.30
세균 세포벽 펩티도글라이칸에서 다당의 구조. 이 글라이칸은 GlcNAc와 *N*-아세틴뮤라믹산이 번갈아 이루어진 중합체이다.

분자는 삼투압 변동으로부터 세포를 보호하고 세포막을 둘러쌓아 세균 모양을 결정한다.

대부분의 세균은 캡슐이라 불리는 부수적인 조밀 다당 외부층을 가진다. 그 캡슐은 주로 *N*-아세틸글루코사민(GlcNAc)으로 구성된 다당으로 이루어지지만 다양한 아미노당도 존재한다. 그 캡슐은 상처로부터 세균을 보호한다. 병원성 세균에 있는 캡슐은 세포가 면역계에 의해 파괴되는 것을 막도록 도와준다.

그람음성 세균에서, 펩티도글라이칸 세포벽은 내막과 외막 사이에 위치한다. 그람양성 세균은 외막이 없고 세포벽이 훨씬 두껍다. 이것이 그람염색(크리스티앙 그람의 이름을 따서 명명)이 왜 어떤 세균(그람양성) 표면의 색은 내고 어떤 세균(그람음성)의 색은 내지 않는가에 대한 한 이유이다.

펩티도글라이칸을 생합성하는 동안, 다섯 펩타이드 L-Ala-D-Isoglu-L-Lys-D-Ala-D-Ala가 MurNAc 잔기에 붙는다. 다음에는 다섯 개의 글라이신이 펜타글라이신 브리지를 형성하면서 라이신의 아미노기에 추가된다. 합성 마지막에는, 펩타이드 전이효과가 끝에서 두 번째 알라닌과 이웃한 펩티도글라이칸의 펜타글라이신 브리지의 끝에 있는 글라이신 사이의 펩티도 결합의 형성을 트랜스펩티데이즈가 촉매한다.

항생제 페니실린의 구조(그림 8.32)는 미성숙한 펩티도글라이칸의 마지막 D-Ala-D-Ala기와 닮아 있다. 페니실린은, 아마도 비가역적으로, 트랜스펩티데이즈(transpeptidase) 활성자리에 붙어서 효소활성을 억제하고 펩티도글라이칸 합성을 막는다. 그 항생물질은 세균의 성장과 증식을 막는다. 페니실린은 진핵세포가 아닌 특정 세균에서만 그 반응이 일어나므로 세균에 특이적으로 독성이 있다.

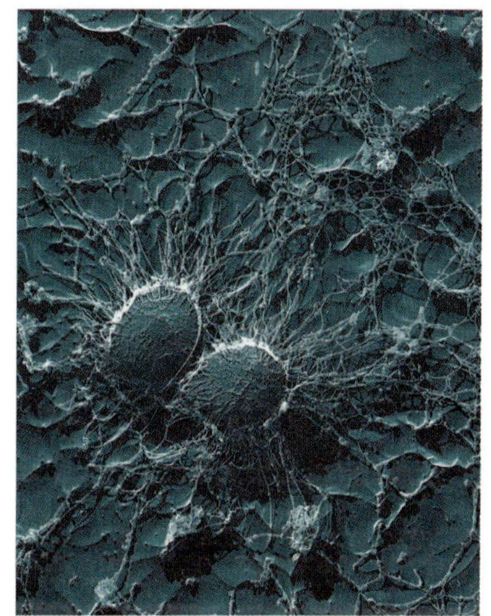

▲ **황색포도당구균 세포.** 이 세균의 세포는 숙주의 면역계로부터 보호하는 광범위한 다당 캡슐이 있다.

C. 당단백질

당단백질은 단백글라이칸처럼 올리고당에 공유결합된 단백질이다(예: 글라이코실화된 단백질). 사실, 단백글라이칸은 당단백질의 한 형태이다. 당단백질의 탄수화물 사슬은 길이가 하나부터 30개 이상의 잔기까지 다양하고 그 분자의 총 질량의 80%를 차지한다. 당단백질은 효소, 호르몬, 구조적 단백질, 운반 단백질을 포함하는 보기 단백질의 매우 다양한 그룹이다.

다른 당단백질의 올리고당은 그 조성이 매우 다양하다. 올리고당 사슬의 구성은 같은 단백질의 분자들 사이에서도 다양하며 이는 **미세불균일**(microheterogeneity)이라고 불리는 현상이다.

몇 가지 요인이 당단백질의 올리고당 사슬의 구조적 다양성에 기여한다.

1. 올리고당은 몇몇 다른 당을 가질 수 있다. 진핵 당단백질에서 여덟 개의 당이 주를 이

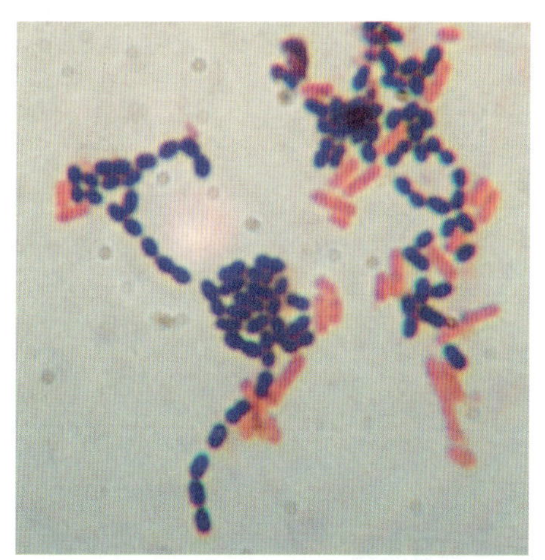

▲ **그람염색.** 그람염색으로 그람양성 세균(왼쪽, 보라색)과 그람음성 세균(오른쪽, 분홍색)을 구분할 수 있다.

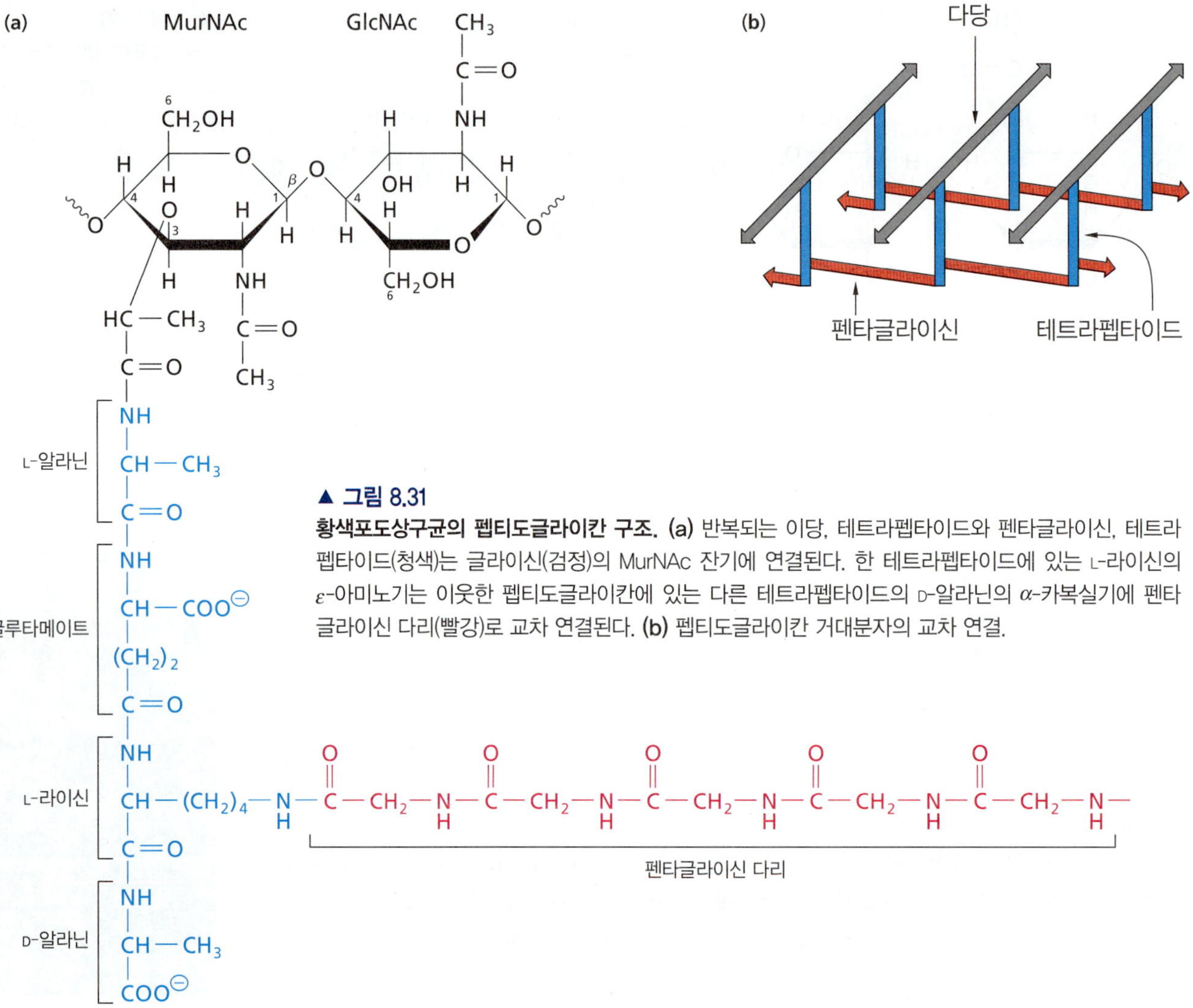

▲ 그림 8.31
황색포도상구균의 펩티도글라이칸 구조. (a) 반복되는 이당, 테트라펩타이드와 펜타글라이신, 테트라펩타이드(청색)는 글라이신(검정)의 MurNAc 잔기에 연결된다. 한 테트라펩타이드에 있는 L-라이신의 ε-아미노기는 이웃한 펩티도글라이칸에 있는 다른 테트라펩타이드의 D-알라닌의 α-카복실기에 펜타글라이신 다리(빨강)로 교차 연결된다. (b) 펩티도글라이칸 거대분자의 교차 연결.

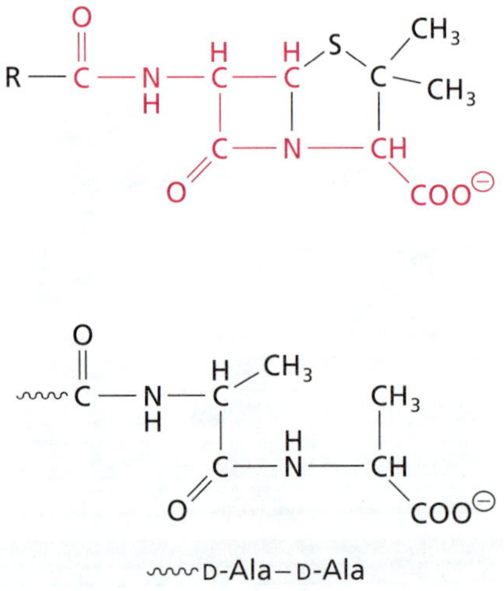

▲ 그림 8.32
페니실린과 D-Ala-D-Ala의 구조. 다이펩타이드와 유사한 페니실린 부분은 적색으로 보인다. R은 다양한 치환기이다.

룬다. 육탄당 L-퓨코스, D-갈락토스, D-글루코스, D-만노스; 헥소사민 N-아세틸-D-갈락토사민과 N-아세틸-D-글루코사민; 아홉 개 탄소 시알산(보통 N-아세틸뉴라민산); 그리고 오탄당 D-자일로스. 이러한 당의 많은 조합이 가능하다.

2. 당은 서로 α- 혹은 β- 글라이코사이드 결합으로 연결된다.
3. 그 연결은 당에 있는 다양한 탄소를 연결할 수 있다. 육탄당과 헥소사민에서는 글라이코사이드 결합이 항상 한 당의 1번 탄소가 관여하지만 또 다른 육탄당의 2번, 3번, 4번 또는 6번 탄소나 아미노당의 6번 탄소(2번 탄소는 보통 당의 이러한 부류에서 N-아세틸화되어 있다)가 관여될 수 있다. 시알산의 1번이 아닌 2번 탄소는 다른 당에 연결된다.
4. 당단백질의 올리고당은 네 가지로 구성된다.

이러한 네 가지 요소에 의해 형성되는 가능한 올리고당의 천문학적 숫자는 세포에서는 나타나지 않는다. 왜냐하면 세포는 모든 가능한 글라이코사이드 결합 형성을 촉매하는 특정 글라이코실 트랜스퍼레이즈를 가지지 않기 때문이다. 게다가 각 당단백질은 —그들의 독특한 입체형태를 통해— 대부분의 당단백질이 이질적이지만 재현성 있는 올리고당 구조를 가지기 위해 글라이코실화된 효소와의 상호작용을 조절한다.

대부분의 당단백질의 올리고당 사슬은 O-또는 N-연결되어 있다. ***O*-연결형 올리고당 (*O*-linked oligosaccharide)**에서, GalNAc 잔기는 전형적으로 세린이나 쓰레오닌 잔기의 결

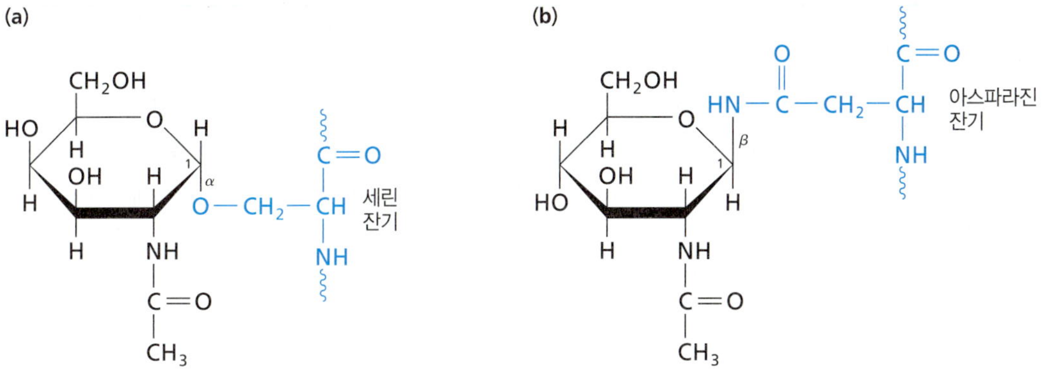

▲ 그림 8.33

***O*-글라이코사이드와 *N*-글라이코사이드 결합.** **(a)** *N*-아세틸갈락토사민-세린 결합, 당단백질에서 보여주는 주 *O*-글라이코사이드 결합. **(b)** *N*-아세틸글루코사민-아스파라진 결합은 *N*-연결형 당단백질을 특징 짓는다. *O*-글라이코사이드 결합은 α, *N*-글라이코사이드 결합은 β이다.

사슬에 연결된다. ***N*-연결형 올리고당(*N*-linked oligosaccharide)**에서, GalNAc 잔기는 전형적으로 아스파라진 잔기의 아마이드 질소 곁사슬에 연결된다. *O*-와 *N*-글라이코사이드 결합 구조는 그림 8.33에서 비교된다. 추가적으로 당 잔기가 GalNAc 또는 GlcNAc 잔기에 붙을 수 있다. 개별적 당단백질은 *O*- 또는 *N*- 연결된 올리고당을 가지고 일부 당단백질은 결합의 세 번째 형태를 가진다. 이러한 당단백질에서 단백질은 분지형의 올리고당에 연결된 에탄올아민에 붙어 있고, 또한 그 분지형의 올리고당에는 지질이 붙어 있다(9.10절).

당단백질은 *O*-글라이코사이드 결합의 네 가지 중요한 세부 부류가 있다.

1. 대부분의 *O*-글라이코사이드 결합은 위에 언급된 GalNAc-Ser/Thr 결합이다. 다른 당—예를 들어, 갈락토스와 시알산—은 주로 GalNAc 잔기에 연결된다(그림 8.34a).
2. 콜라겐(그림 4.35)의 5-수산화라이신(5-hydroxylysin, Hyl)의 일부는 *O*-글라이코사이드 결합으로 D-갈락토스에 연결된다. 이것은 콜라겐의 고유한 구조이다.
3. 어떤 단백글라이칸의 당아미노글라이칸은 Gal-Gal-Xyl-Ser 구조로 핵심 단백질에 연결된다(그림 8.34C).
4. 몇몇 단백질에서는 GlcNAc의 단일 잔기가 세린이나 쓰레오닌에 연결된다(그림 8.34d)

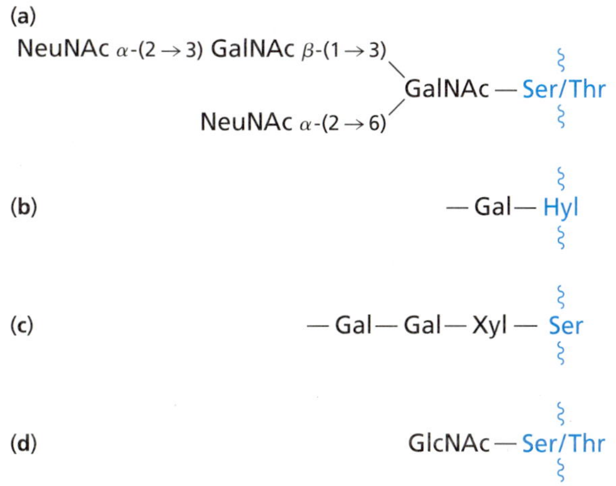

▲ 그림 8.34

***O*-글라이코사이드 결합의 네 가지 서브 클래스.** **(a)** *N*-아세틸갈락토사민(GalNAc)이 첨부된 잔기와 함께 세린이나 쓰레오닌에 연결된 전형적인 결합 예. **(b)** 콜라겐에서 보이는 글루코스에 붙여진 갈락토스가 수산화라이신(Hyl)에 연결되는 결합. **(c)** 어떤 단백글라이칸에서 보이는 삼당류 결합. **(d)** 몇몇 단백질에서 보이는 GlcNAc 결합.

BOX 8.3 ABO 혈액형

ABO 혈액형은 칼 란트슈타이너에 의해 1901년 처음으로 발견되었으며, 그는 1930년 노벨 생리의학상을 받았다. 대부분의 영장류는 세포표면에 *O*- 또는 *N*-연결형 올리고당의 세 가지 다른 종류를 보인다. 이러한 올리고당의 핵심 구조를 H 항원이라 불린다. 그것은 갈락토스(Gal), 퓨코스(Fuc), *N*-아세틸글루코사민(GlcNAc), *N*-아세틸뉴라미닉산(시알산, NeuNAc)의 다양한 조합으로 되어 있다. 이러한 단당류는 상당히 많은 미세불균일을 보이는 짧은 분지구조를 형성하기 위해 다양하게 연결된다. 일반적인 H 항원구조 중 하나가 그림에 보인다.

핵심 구조(H 항원)는 다양한 방법으로 변형될 수 있다. GalNAc 잔기를 α-(1→3) 연결로 붙여 A 항원 형태로 만든다. 이 반응은 A 효소에 의해 촉매된다. α-(1→3) 연결에서 Gal의 추가는 B 효소에 의해 촉매된다 A 항원만 존재한다면, 사람은 A 혈액형을 가진다. B 항원만 존재한다면, 혈액형은 B형이다. AB 혈액형은 A 항원과 B 항원이 세포 표면에 존재함을 나타낸다. GalNAc 또는 Gal가 H 항원구조에 추가되지 않는다면, A 항원이나 B 항원도 나타나지 않고 그때의 혈액형은 O형이다.

ABO 혈액형은 염색체 9번에 있는 단일유전자에 의해 결정된다. 인간(다른 영장류와)은 이 유전자의 많은 대립형질을 포함한다. 원래 유전자는 GalNAc를 옮겨주는 A 효소를 인코딩한다. 이 유전자의 변형은 그 효소의 특이성을 변화시켜 더 이상 GalNAc를 인지하지 못하고 Gal도 옮겨주도록 한다. 이러한 B 효소는 A 효소를 인코딩하는 대립유전자에서 몇몇 아미노산 잔기가 다르다. 글라이코실트랜스퍼레이즈(glycosyltransferase)의 양쪽 형태의 구조가 밝혀졌고, 이는 한 아미노산의 치환으로 *N*-아세틸아미노갈락토실트랜스퍼레이즈(*N*-acetylaminogalcatosyltransferase)에서 갈락토실트랜스퍼레이즈(galactosyltransferase)로 그 특이성을 변화시켰음을 보여준다.

염색체 9번 위치는 비기능적 단백질을 인코딩하는 몇몇 대

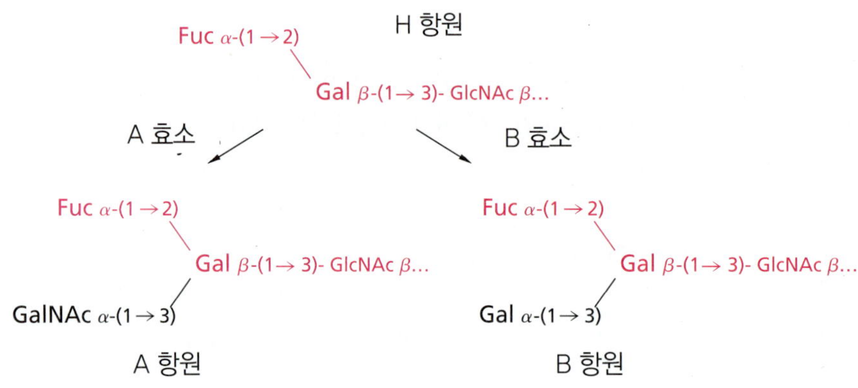

O-연결형 올리고당은 뮤신 질량의 80%를 차지한다. 이러한 큰 당단백질은 위장, 비뇨생식기 및 호흡기의 상피를 보호하고 부드럽게 하는 점성 유체인 점액에서 보인다. 뮤신의 올리고당은 NeuNAc 잔기와 황산 당이 많다. 이러한 잔기의 음이온은 부분적으로 뮤신의 확장된 형태에 필요하고, 이러한 확장된 형태의 뮤신은 그 점성에 기여한다.

당단백질의 올리고당 사슬의 생합성은 세포의 구별된 구획에서 특정 효소의 배터리가 필요하다. *O*-연결형 올리고당의 단계적 합성에서, 글라이코실트랜스퍼레이즈는 핵산-당 조효소에서 주어진 글라이코실기의 추가를 촉매한다. 그 올리고당 사슬은 첫 번째 당 분자를 단백질에 추가하면서 연결되고, 다시 비환원말단에 단일 당이 이어진다.

N-연결형 올리고당은 *O*-연결형 올리고당처럼 당의 시퀀스 및 조성이 다양하다. 대부분의 *N*-연결형 올리고당은 세 가지 세부 유형으로 나눌 수 있다: 고(high) 만노스형, 복합형, 하이브리드형(그림 8.35). 각 유형의 일반적인 핵심 오당류($GlcNAc_2Man_3$)는 생합성의 일

립형질을 포함할 수 있다. 가장 일반적인 돌연변이 중 하나는 *N*-말단 근처의 단일 염기쌍 삭제이다. 이러한 삭제는 다른 형태의 기능적 효소를 합성하지 못하게 하는 번역(22.1절)의 판독틀을 이동한다. 이것은 인간 유사유전자의 또 다른 예이다. 이러한 비기능적 O 대립형질을 위한 동형 접합 사람들은 A 항원이나 B 항원을 합성하지 못할 것이고 그들의 혈액형은 O형이다. [온라인 사람 메델리안 상속 데이터베이스(OMIM: **ncbi.nlm.nih.gov/omim**)를 보라. 이 데이터베이스는 110300의 항목으로 모든 ABO 변형의 훌륭하고 완벽한 개요를 보여준다.]

당신의 혈액형이 A, B, 또는 AB라 하더라도 몇몇 변화되지 않은 핵심 올리고당(H 항원)을 가진다. 이것은 모든 H 항원 구조가 변화되지는 않기 때문이다. 정상적인 환경에서 사람의 혈장은 H 항원에 대항하는 항체를 가지지 않는다. 그러나 O형은 A 항원과 B 항원의 구조를 비자기(nonself)로 인식하기 때문에 이 항원들에 대한 항체를 가진다. 만일 O 혈액형이 A, B, 또는 AB형인 사람으로부터 수혈을 받으면 면역반응을 일으켜 그것을 거부할 것이다. 비슷하게 당신이 A형이라면 안티-B 항체를 가지고 B형이나 AB형인 사람으로부터 수혈받을 수 없다.

O 대립유전자(유사유전자)는 대부분의 사람에게 가장 일반적인 대립유전자이고 B 대립유전자는 거의 없다. 일부 아메리카 원주민은 O 대립유전자에 대해 균일하고, 모두 O형이다. A와 B 올리고당 구조의 결핍은 정상적인 성장과 발달에 영향이 없다. O형은 완벽히 정상이다(대립유전자는 대부분의 환경에서 중립이다). 그러나 혈액형과 질병 사이에는 연관이 있다. 예를 들어 O형인 사람들은 *Vibrio cholerae* 세균의 감염에 의한 콜레라에 더 취약하다. 그러한 선택 압력(seletive pressures)은 일부 인구에서 A와 B 대립형질의 빈도를 유지하는 데 필요하다.

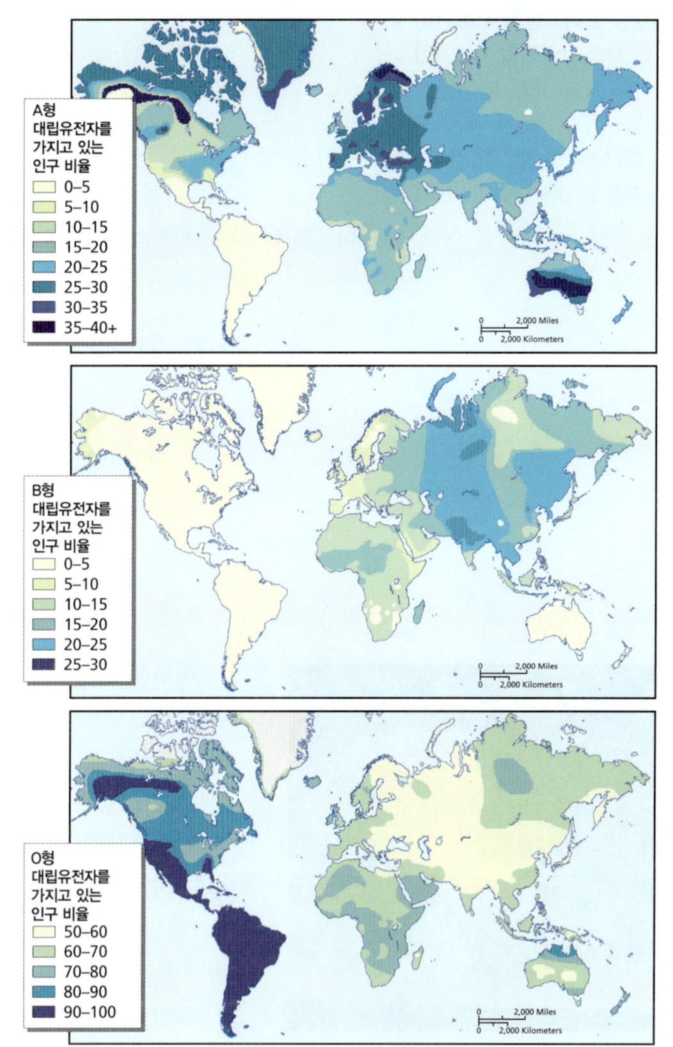

▲ **인간에서 대립유전자의 분포: ABO 혈액형.**

반적 초기 경로를 반영한다. *N*-연결형 올리고당의 합성은 지질 돌리콜(dolichol)에 연결된 14잔기를 가진(만노스가 9개) 분지형의 올리고당으로 구성된 화합물의 조합으로 시작한다. 전체 올리고당 사슬은 새롭게 생성되는 단백질의 아스파라진 잔기로 옮겨지고, 그 후에 그 사슬은 글라이코시데이즈에 의해 잘린다. 고 만노스 사슬은 *N*-연결형 올리고당의 생합성에서 초기 단계를 나타낸다. 복합 올리고당 사슬은 고 만노스 사슬로부터 당 잔기의 제거와 퓨코스, 갈락토스, GlcNAc, 시알산(올리고당 프로세싱이라 불리는 현상)과 같은 다른 당 잔기의 추가로부터 합성된다. 이러한 추가적인 당잔기는 *O*-연결형 올리고당의 합성처럼 글라이코실트랜스퍼레이즈에 의해서 촉매되는 반응에서 핵산 당에 의해 주어진다. 어떤 경우에는 당단백질이 하이브리드 올리고당 사슬을 포함하고 있는데, 분지형 올리고당 중 한 개의 가지는 고 만노스 형태이고 다른 것은 복합체 형태를 하고 있다.

그림 8.35 ▶ ***N*-연결형 올리고당의 구조.** **(a)** 고만노스 사슬. **(b)** 복합 사슬. **(c)** 하이브리드 사슬. 모든 *N*-연결형 구조에 일반적인 펜타사카라이드 핵심은 빨간색으로 보인다. SA는 시알산, 보통 NeuNAc를 의미한다.

(a)

Man α-(1→2) Man α-(1→2) Man α-(1→3)
Man α-(1→2) Man α-(1→3)
Man α-(1→6)
Man α-(1→2) Man α-(1→6)
Man β-(1→4) GlcNAc β-(1→4) GlcNAc — Asn

(b)

SA α-(2→3,6) Gal β-(1→4) GlcNAc β-(1→2) Man α-(1→3)
Man β-(1→4) GlcNAc β-(1→4) GlcNAc — Asn
SA α-(2→3,6) Gal β-(1→4) GlcNAc β-(1→2) Man α-(1→6)

(c)

Gal β-(1→4) GlcNAc β-(1→2) Man α-(1→3)
Man α-(1→3)
Man α-(1→6)
Man α-(1→6)
Man β-(1→4) GlcNAc β-(1→4) GlcNAc — Asn

▲ **뮤신(Mucin).** 뮤신은 동물의 상피세포에 의해 분비되는 매우 글라이코실화된 단백질이다. 여러분은 입(타액), 비강("코딱지"), 소장에 있는 세포에서 분비된 뮤신을 알 것이다. 여기에 보이는 뮤신은 먹장어에 의해 분비된 뮤신이다.

당단백질의 합성은 22.10절에서 설명된다.

대부분의 당단백질은 세포로부터 분비되거나 원형질막의 외부 표면에 붙어 있다 세포질에는 당단백질이 극소량만 존재한다. 거의 예외없이 기본적인 대사 효소는 글라이코실화되어 있지 않다. 진핵세포에서 올리고당 사슬의 추가는 정렬과 분비와 밀접하게 관련되어 있다. 올리고당은 소포체의 내강에 있는 특정 단백질에 붙고, 그 그룹은 소포체(ER)에서 골지를 거쳐 세포표면으로 이동하는 단백질로서 다양한 글라이코실트랜스퍼레이즈에 의해 수정된다. 연결된 올리고당의 구조는 단백질을 다양한 구획에 정렬시키기 위한 표시 역할을 한다. 예를 들어 일부 단백질은, 올리고당의 구조에 따라 라이소좀이 대상이고 다른 것들은 분비가 목적이다.

정렬과 분비에 있어서 표시로서 역할 외에, 단백질에 하나 이상의 올리고당 사슬은 단백질의 크기, 모양, 용해도, 전하, 안정성 등의 물리적 성질을 바꿀 수 있다. 바뀔 수 있는 생물학적 성질은 분비율, 접힘률, 면역원성이다. 몇 가지 경우에, 당단백질의 올리고당 사슬의 특정 역할이 조사되어왔다. 예를 들어, 많은 포유류 호르몬은 이합체의 당단백질이며, 그 올리고당 사슬은 이합체의 조합을 촉진하고 단백질 분해 저항성을 갖게 한다. 또한 세포 이동 또는 난자의 수정 중에 발생하는 또 하나의 세포 인식은 한 세포 표면에 있는 단백질이 다른 세포 표면에 있는 특정 당단백질에서 탄수화물 부분에 결합하는 것에 따라 부분적으로 달라질 수 있다.

요약

1. 탄수화물은 단당, 올리고당, 다당을 포함한다. 단당은 알도스, 케토스 또는 그들의 유도체로 분류된다.
2. 단당은 카보닐 탄소로부터 가장 먼 키랄 탄소의 배열에 따라 D 또는 L로 지정된다. 각 단당은 2^n개의 가능한 입체이성질체가 있고, 여기서 n은 키랄 탄소의 숫자이다. 거울상 이성질체는 서로 겹쳐지지 않는 거울 이미지이다. 에피머는 여러 키랄 센터 중 오직 하나만 배열이 다르다.
3. 적어도 다섯 탄소로 이루어진 알도스와 최소 여섯 탄소로 이루어진 케토스는 주로 퓨라노스나 피라노스로 알려진 환형 헤미아세탈이나 헤미케탈으로 존재한다. 이러한 고리 구조에서 아노머릭(카보닐) 탄소의 배열은 α 또는 β로 지정된다. 퓨라노스와 피라노스는 몇 가지 입체형태를 가질 수 있다.
4. 단당 유도체는 당인산, 디옥시당, 아미노당, 당알코올, 산화당을 포함한다.
5. 글라이코사이드는 당의 아노머릭 탄소가 다른 분자와 글라이코사이드 결합을 형성할 때 생긴다. 글라이코사이드는 이당, 다당, 그리고

일부 탄수화물 유도체를 포함한다.

6. 호모글라이칸은 한 가지 당으로만 이루어진 중합체이다. 호모글라이칸의 예는 저장 다당 전분과 글라이코젠, 구조 다당 셀룰로스와 키틴이다.
7. 헤테로글라이칸은 한 종류 이상의 당을 포함한다. 이는 단백글라이칸, 펩티도글라이칸, 당단백질과 같은 당 접합물에서 보인다.
8. 단백글라이칸은 반복되는 이당 사슬에 붙은 단백질이다. 단백글라이칸은 연골과 같은 결합조직과 세포외 기질에 주로 있다.
9. 많은 세균의 세포벽은 펩타이드에 연결된 헤테로글라이칸 사슬인 펩티도글라이칸으로 이루어진다.
10. 당단백질은 올리고당이 공유결합된 단백질이다. 대부분의 당단백질의 올리고당 사슬은 *O*-연결형으로 세린이나 쓰레오닌에 붙어 있고, 아스파라진에는 *N*-연결형으로 되어 있어서, 구조와 당 조성이 매우 다양하다.

문제

1. 다음의 각각은 무엇인가?
   (a) D-프럭토스의 3,4,5번 탄소와 배열이 같은 두 알도스
   (b) D-갈락토스의 거울상 이성질체
   (c) D-만노스의 에피머이기도 한 D-갈락토스의 에피머
   (d) 키랄센터가 없는 케토스
   (e) 키랄센터가 한 개만 있는 케토스
   (f) 셀룰로스, 아밀로스, 글라이코젠의 단당 잔기
   (g) 키틴의 단당 잔기
2. (a) L-만노스, (b) L-퓨코스(6-디옥시-L-갈락토스), (c) D-자일리톨, (d) D-이두론산의 피셔 투영을 그려라.
3. 당아미노글라이칸의 일반 구조를 설명하라.
4. 꿀은 D-프럭토스와 D-글루코스의 미세결정질의 에멀전이다. 비록 다당에 있는 D-프럭토스가 주로 퓨라노스 폼으로 존재하지만, 용액이나 결정질의 β-D-프럭토스(꿀에 있는)는 D-프럭토피라노스(67%)와 β-D-프럭토퓨라노스(25%)가 대부분인 몇 가지 형태의 혼합물이다. D-프럭토스의 피셔 투영을 그리고, 어떻게 그것이 위에 언급한 두 가지 형태로 고리화할 수 있는지 보여라.
5. 시알산(*N*-아세틸-α-D-뉴라미닉산)은 세포간 연접에 관계되는 *N*-연결 올리고당에서 종종 보인다. 암세포는 정상세포보다 훨씬 많은 시알산을 합성한다. 정상세포와 암세포 사이의 세포 표면 상호작용을 막기 위해 시알산 유도체가 항암제로 제안되어 왔다. 시알산 구조에 대한 다음 문제들에 답하라.
   (a) 그것은 어떤 아노머(α 또는 β) 형태인가?
   (b) 시알산은 α, β 아노머들 사이에 상호변환할까?
   (c) 이것은 "디옥시" 당인가?
   (d) 시알산의 열린 사슬은 알데하이드인가 케톤인가?
   (e) 당 고리에 몇 개의 키랄 탄소가 있나?

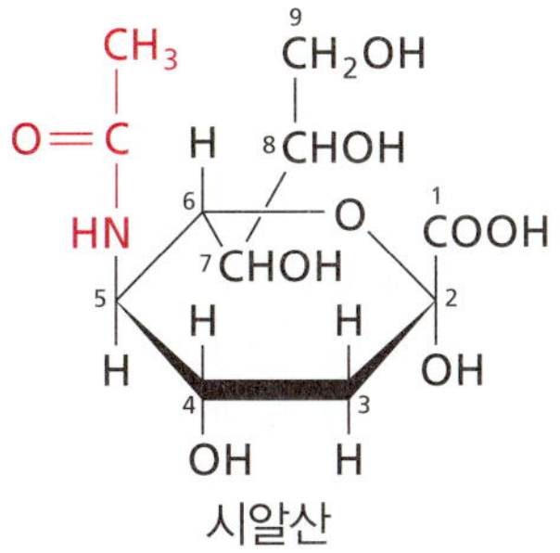

시알산

6. 글루코피라노스와 프럭토 피라노스는 입체이성질체가 몇 개인가? 각각 D형은 몇 개이고 L형은 몇 개인가?
7. 다음 분자의 각각의 구조를 그리고 각 키랄 탄소를 아스테리스크로 표시하라.
   (a) α-D-글루코스 1-인산
   (b) 2-디옥시-β-D-라이보스 5-인산
   (c) D-글리세르알데하이드 3-인산
   (d) L-글루쿠론산
8. 수용액에서 거의 모든 D-글루코스 분자가 피라노스 형태이다. 다른 알도스는 오픈 사슬 입체형태의 분자도 많다. D-글루코스는 그 이성질체보다 세포성 단백질과 반응하거나 손상시키기지 않아 주된 육탄당이 되어왔다. 왜 D-글루코스가 다른 알도스보다 단백질의 아미노산과 반응을 잘 안하는지 설명하라.
9. 수용액에서 왜 β-D-글루코퓨라노스보다 글루코스의 D-글루코피라노스 형태가 더 많은가?
10. 라이보스 고리 치환체의 상대적 위치는 고리 자체의 입체형태에 의해 결정된다. 만일 라이보스가 중합체 분자의 부분이라면, 고리 입체형태는 전체 중합구조에 영향을 줄 것이다. 예를 들어, 라이보스 단일 뉴클레오사이드 단위에 연결된 치환체의 위치는 핵산 분자의 전체 구조를 결정하는 데 중요하다. DNA(B-DNA)의 한 주된 형태에서, 라이보퓨라노스 고리는 봉투 입체형태를 채택하고 여기서 C-2′ 탄소는 C-1, C-3, C-4와 고리 산소로 정의된 평면 위에 있다(C-2′ 엔도 입체형태). C-1 탄소의 β-아노머릭 위치에 붙은 뉴클레오사이드 염기(B)와 D-라이보스-5-인산의 봉투 구조를 그려라.
11. 혈당 테스트할 때, 혈액 한 방울을 글루코스 산화효소와 반응에 필요한 모든 시약이 묻혀진 종이 스트립에 떨어뜨린다.

$$\beta\text{-}D\text{-글루코스} + O_2 \longrightarrow D\text{-글루코노락톤} + H_2O_2$$

   H_2O_2가 생성됨으로써 종이의 색이 변화하여 얼마나 많은 당이 있는지 알려준다. 글루코스 산화효소는 글루코스의 β 아노머에만 특이적인데 왜 총 혈당이 측정될 수 있을까?
12. 수크랄로스(브렌드 이름 Splenda®에 등록된)는 당보다 약 600배 더 단맛이 나는 비영양적(칼로리 없는) 감미료이다. 수크랄로스가 열에 안정하기 때문에 요리나 제빵에 쓰일 수 있다. 수크랄로스의 구조가 아래 보인다. 수크랄로스의 합성을 위한 첫 번째 물질로 쓰이는 이당의 이름을 말하라. 시작 이당에 어떤 화학적 수정을 하였나?

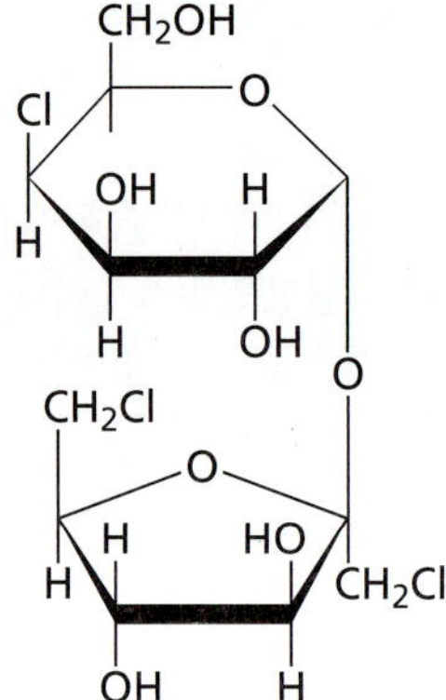

13. 다음의 글라이코사이드의 하워드 투영을 그려라.

(a) 아이소말토스[α-D-글루코피라노실-(1→6)-α-D-글루코피라노스]

(b) 아미그달린, 어떤 과일 씨에 있는 화합물, 그것은 β-D-글루코피라노실-(1→6)-β-D-글루코피라노스의 C-1에 붙은 $-CH(CN)_6CH_5$ 그룹을 가진다.

(c) 콜라젠에 있는 O-연결형 올리고당(5-수산화라이신에 붙은 β-D-갈락토스)

14. 케라탄 황산은 주로 다음의 반복 이당으로 구성된 당아미노글라이칸이다. —Gal β(1→6)GlcNAc6S β(1→3)—. 아세틸화된 당은 C-6에 황산 에스터를 가진다. 황산 케라탄은 각막, 뼈, 연골에서 보이고 황산콘드로이틴과 같은 다른 당아미노글라이칸과 얽혀 있다. 황산 케라탄에 있는 반복 이당의 하워드 투영을 그려라.

15. 많은 경우 질병은 특정 글라이코시데이즈에 유전결핍으로부터 온다. 이러한 질병에서, 일부 당단백질이 불완전하게 파괴되고 조직에 올리고당이 축적된다. 그림 8.35에서 N-연결 올리고당의 어떤 것이 다음 효소의 결핍에 의해 영향받는가?

(a) N-아세틸-β-글루코사미닐 아스파라진 아미데이즈

(b) β-갈락토시데이즈

(c) 시알리데이즈

(d) 퓨코시데이즈

16. 인플루엔자 바이러스의 강력한 억제제인 탄수화물-아미노산 중합체가 합성되어 왔다. 그 바이러스는 여러 시알릴(sialyl)기가 바이러스 표면 단백질에 붙을 때 불활성화된다. 이러한 중합체의 탄수화물 부분의 화학구조를 그려라(아래, X는 중합체의 나머지 부분을 의미한다).

$$\text{NeuNAc } \alpha\text{-}(2 \rightarrow 3) \text{ Gal } \beta\text{-}(1 \rightarrow 4) \text{ Glu } \beta\text{-}(1 \rightarrow)\text{-X}$$

17. β-글루코시데이즈를 포함하는 알약을 먹었다고 생각해보라. 만일 이 약을 먹은 후에 이 책을 먹는다면 그것은 무슨 맛일까? 그것을 β-글루코시데이즈가 포함된 용액에 하룻밤 절여둘 수 있다면 맛이 다를까? 출판사는 학생이 교과서를 먹도록 장려하기 위해 맛이 나는 잉크를 사용해야 할까?

참고문헌

일반

Collins, P. M., ed. (1987). *Carbohydrates* (London and New York: Chapman and Hall).

El Khadem, H. S. (1988). *Carbohydrate Chemistry: Monosaccharides and Their Derivatives* (Orlando, FL: Academic Press).

Li, X., Glaser, D., Li, W., Johnson, W. E., O'Brien, S. J., Beauchamp, G. K., and Brand, J. G. (2009). Analyses of sweet receptor gene (Tas1r2) and preference for sweet stimuli in species of Carnivora. *J. Hered.* 100(Supplement 1):S90–S100.

Li, X., Li, W., Wang, H., Cao, J., Maehashi, K., Huang, L., Bachmanov, A. A., Reed, D. R., Legrand-Defretin, V., Beauchamp, G. K., and Brand, J. G. (2005). Pseudogenization of a sweetreceptor gene accounts for cats' indifference toward sugar. *PloS Genet.* 1(1): e3. DOI:10.1371/journal.pgen.0010003

노듈레이션 팩터

Dénarié, J., and Debellé, F. (1996). Rhizobium lipo-chitooligosaccharide nodulation factors: signaling molecules mediating recognition and morphogenesis. *Annu. Rev. Biochem.* 65:503–535.

Madsen, L. H., Tirichine, L., Jurkiewicz, A., Sullivan, J. T., Heckmann, A. B., Bek, A. S., Ronson, C. W., James, E. K., and Stougaard, J. (2010). The molecular network governing nodule organogenesis and infection in the model legume *Lotus japonicus*. *Nature Communications*. DOI:10.1038/ncomms1009

Mergaert, P., Van Montagu, M., and Holsters, M. (1997). Molecular mechanisms of Nod factor diversity. *Mol. Microbiol.* 25:811–817.

Thoden, J. B., Kim, J., Raushel, F. M., and Holden, H. M. (2002). Structural and kinetic studies of sugar binding to galactose mutarotase from *Lactococcus lactis*. *J. Biol. Chem.* 277:45458–45465.

단백글라이칸

Heinegård, D., and Oldberg, Å. (1989). Structure and biology of cartilage and bone matrix noncollagenous macromolecules. *FASEB J.* 3:2042–2051.

Iozzo, R. V. (1999). The biology of the small leucine-rich proteoglycans: functional network of interactive proteins. *J. Biol. Chem.* 274:18843–18846.

Iozzo, R. V., and Murdoch, A. D. (1996). Proteoglycans of the extracellular environment: clues from the gene and protein side offer novel perspectives in molecular diversity and function. *FASEB J.* 10:598–614.

Kjellén, L., and Lindahl, U. (1991). Proteoglycans: structures and interactions. *Annu. Rev. Biochem.* 60:443–475.

Whitfield, C. (2006) Biosynthesis and assembly of capsular polysaccharides in Escherichia coli. *Annu. Rev. Biochem.* 75:39–68.

당단백질

Drickamer, K., and Taylor, M. E. (1998). Evolving views of protein glycosylation. *Trends Biochem. Sci.* 23:321–324.

Dwek, R. A., Edge, C. J., Harvey, D. J., Wormald, M. R., and Parekh, R. B. (1993). Analysis of glycoprotein-associated oligosaccharides. *Annu. Rev. Biochem.* 62:65–100.

Fudge, D. S., Levy, N., Chiu, S., and Gosline, J. M. (2005). Composition, morphology and mechanics of hagfish slime. *J. Exp. Biol.* 208:4613–4625.

Lairson, L. L., Henrissat, B., Davies, G., and Withers, S. G. (2008). Glycosyltransferases: structures, functions, and mechanisms. *Annu Rev Biochem.* 77:521–555.

Lechner, J., and Wieland, F. (1989). Structure and biosynthesis of prokaryotic glycoproteins. *Annu. Rev. Biochem.* 58:173–194.

Marionneau, S., Caileau-Thomas, A., Rocher, J., Le Moullac-Vaidye, B. Ruvoën, N., Clément, M., and Le Pendu, J. (2001). ABH and Lewis histoblood group antigens, a model for the meaning of oligosaccharide diversity in the face of a changing world. *Biochimie.* 83:565–573.

Patenaude, S. I., Seto, N. O. L., Borisova, S. N., Szpacenko, A., Marcus, S. L., Palcic, M. M., and Evans, S. V. (2002). The structural basis for specificity in human ABO(H) blood group biosynthesis. *Nat. Struct. Biol.* 9:685–690.

Rademacher, T. W., Parekh, R. B., and Dwek, R. A. (1988). Glycobiology. *Annu. Rev. Biochem.* 57:785–838

Rudd, P. M., and Dwek, R. A. (1997). Glycosylation: heterogeneity and the 3D structure of proteins. *Crit. Rev. Biochem.Mol. Biol.* 32:1–100.

Strous, G. J., and Dekker, J. (1992).Mucin-type glycoproteins. *Crit. Rev. Biochem.Mol. Biol.* 27:57–92.

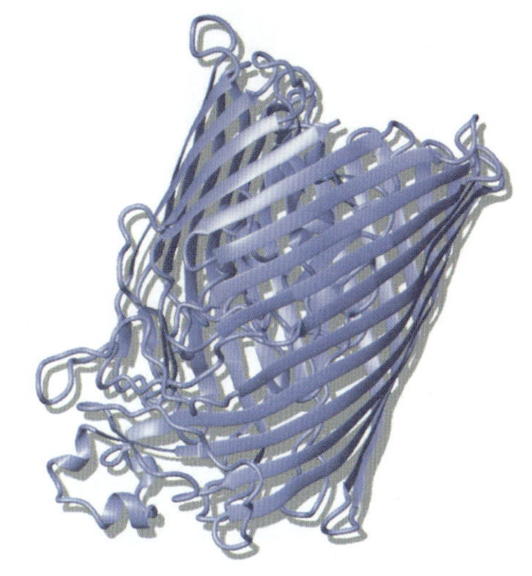

지질과 막

이 장에서는 생체 분자의 세 번째 주요 종류인 **지질**(**lipid;** *lipo-*, 지방)을 다루고자 한다. 단백질이나 탄수화물처럼 지질은 모든 살아 있는 생명체의 필수적인 요소다. 그러나 나머지 생체 분자들과는 다르게 지질은 매우 다양한 구조를 가지고 있다. 지질은 생물계에서 물에 녹지 않는(혹은 부분적 물에 녹지 않는) 유기물질로 자주 정의되고 있으나, 이는 매우 넓은 의미의 정의다. 지질은 비극성 유기 용매에 잘 녹는다. 지질은 소수성(비극성)이거나 양극성(비극성과 극성 부분을 모두 포함하는)이기도 하다.

이 장에서는 먼저 다양한 지질의 구조와 기능에 관해서 논의하고자 한다. 이 장의 후반부에서는 지질의 특성으로 인해 세포의 장벽 역할을 하는 생체막의 구조에 대해서 알아보기로 한다. 마지막으로 막 수송과 막 사이의 신호전달 경로의 원리를 설명하고자 한다.

이 글에서 우리는 유동 모자이크 모델을 제시하고 논의하고자 하며, 이 모델은 세포막뿐 아니라 마이토콘드리아 혹은 엽록체와 같은 세포 내의 다른 소기관의 막을 포함한 생물체의 거의 모든 막에 적용될 수 있다고 생각한다.

—싱어(S.J. Singer)와 니콜슨 (G.L. Nicholson) (1972)

9.1 지질의 구조적 기능적 다양성

그림 9.1은 지질의 주요 타입과 서로의 구조적 상관 관계를 보여주고 있다. 가장 간단한 지질은 R—COOH의 일반적인 구조식을 가진 **지방산(fatty acid)**이며 R은 —CH_2-(메틸렌)단위의 다양한 길이로 구성된 탄화수소를 나타낸다. 지방산은 트라이아실글리세롤, 글리세로인지질, 스핑고지질과 같은 매우 복잡한 형태로 된 지질의 구성요소이다. 인산기를 포함하는 지질은 **인지질(phospholipid)**로 불리며, 스핑고신과 탄수화물기를 가진 지질은 **글라이코스핑고지질(glycosphingolipid)**로 불린다. 스테로이드, 지용성 바이타민, 테르펜은 5-탄소 분자인 아이소프렌과 연관되어 있어서 **아이소프레노이드(isoprenoid)**로 불린다. 테르펜이란 이름은 모든 아이소프레노이드에 적용되지만 보통 식물에서 발견되는 경우에만 한정되기도 한다.

지질은 다양한 생물학적 기능과 구조를 가지고 있다. 생체막은 글리세로인지질과 스핑고지질을 포함한 다양한 양극성 지질을 함유하고 있다. 특정 유기체에서는 트라이아실글리세롤(지방과 오일)은 대사 에너지를 위한 세포내 저장 물질의 역할을 한다. 지방은 동물에게 열 차단제의 기능을 부여하기도 한다. 세포벽, 엑소스켈레톤, 피부의 왁스는 특정 유기체

위: *Escherichia coli*의 포린 FhuA의 막 관통 부분의 리본 구조(그림 9.28 참조).

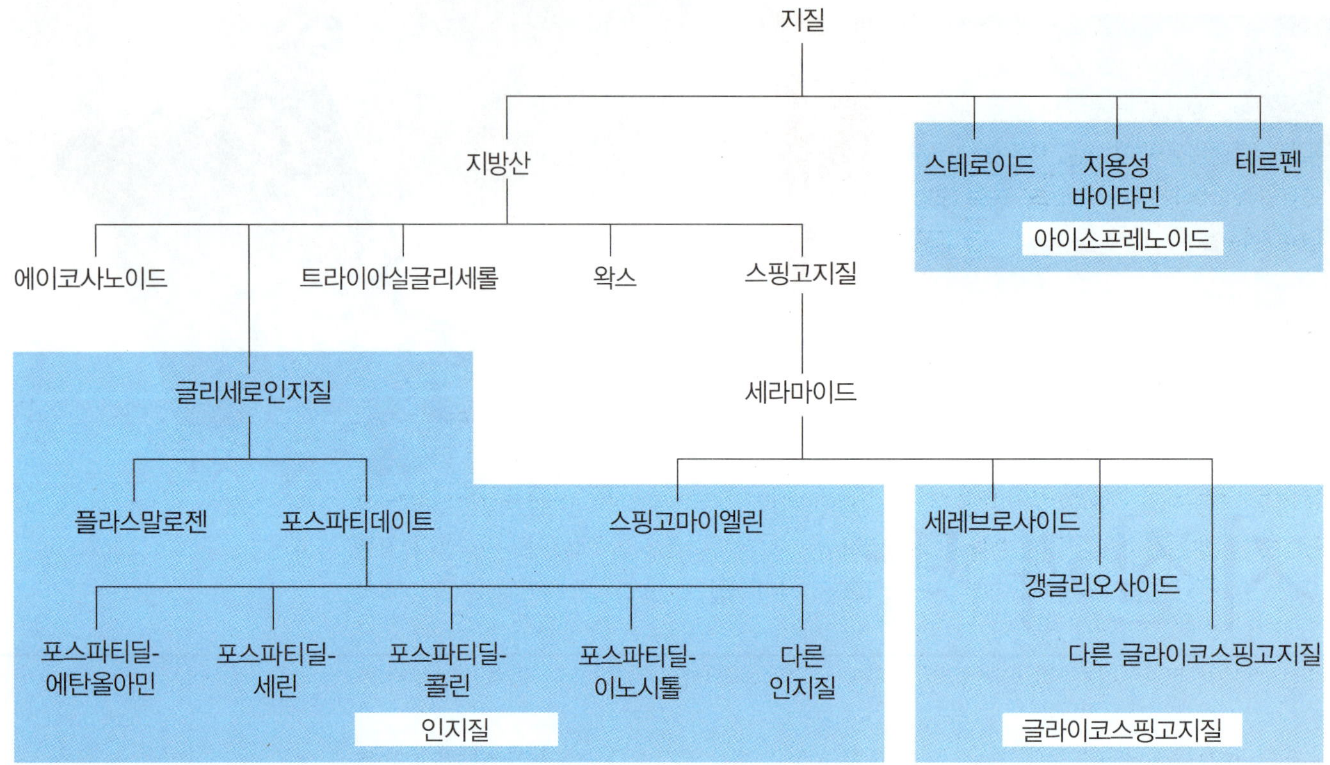

▲ 그림 9.1
주요 지질의 구조적 연관성. 지방산은 가장 간단한 지질이다. 많은 다른 종류의 지질은 지방산을 함유하고 있거나 지방산으로부터 유래한다. 글리세로인지질과 스핑고마이엘린은 인산기를 포함하고 있으며 인지질로 분류된다. 세레브로사이드와 갱글리오사이드는 스핑고신과 탄수화물을 포함하고 있어서 글라이코스핑고지질로 분류된다. 스테로이드, 지용성 바이타민, 테르펜은 아이소프레노이드라고 불리는데 이들은 지방산과는 달리 5-탄소 분자와 연관이 있기 때문이다.

지방산 합성은 16장에서 논의된다.

의 표면을 보호한다. 특정 지질은 매우 특성화된 기능을 가지고 있다. 예를 들면, 스테로이드 호르몬은 동물의 대사 활동을 조절 통합하는 역할을 하며, 에이코사노이드는 동물의 혈압, 체온, 평활근의 수축조절에 참여하기도 한다. 갱글리오사이드와 다른 글라이코스핑고지질은 세포 표면에 위치하여 세포들끼리 인식하는 과정에 참여하고 있다.

9.2 지방산

다양한 종에서 100여 가지 이상의 지방산이 발견되었다. 각 지방산은 탄화수소 꼬리의 길이, 탄소-탄소 이중결합의 수, 사슬의 이중결합의 위치, 가지의 수가 모두 다르다. 표 9.1은 동물에서 자주 발견되는 지방산들을 보여주고 있다.

모든 지방산은 "머리" 부분에 카복실기(—COOH)를 가지고 있으며, 이로 인해 산이 된다. 카복실기의 pK_a는 약 4.5~5.0 정도 되며, 생리학적인 pH에서는 이온 형태로 존재한다 ($—COO^-$). 지방산은 긴 소수성의 꼬리와 극성의 머리를 가지고 있어서 세제의 한 형태가 된다(2.4절). 예상한 것처럼, 고농도의 유리지방산은 막을 파괴할 수 있기 때문에 세포 내의 지방산 농도는 매우 낮은 편이다. 대부분의 지방산은 더 복잡한 지질의 요소이며, 카복실기에서 에스터 연결을 통해 다른 분자들과 결합하게 된다. 지방산은 International Union of Pure and Applied Chemistry (IUPAC)의 이름 혹은 일반 이름으로 명명된다. 자주 보게 되는 지방산은 거의 일반 이름으로 불리고 있다.

가장 풍부한 지방산의 탄소 원자수는 12와 20개 사이이고 거의 대부분의 경우 짝수인데, 지방산은 두 개의 탄소 원자 단위로 합성되기 때문이다. IUPAC 명명방식에 따르면, 카복실기의 탄소가 C-1으로 지정되고,나머지 탄소들은 순차적으로 번호가 매겨진다. 일반 이름의 명명 방식에서는 그리스어 기호가 탄소 원자를 지정한다. 카복실기와 인접한 탄소(IUPAC 방식에서 C-2)가 α로 지명되며,나머지 탄소들이 β, γ, δ, ε로 순차적으로 지명된다(그림 9.2). 그리스어 기호 ω는 탄화수소의 길이와 상관없이 카복실기에서 가장 멀리 위치한 탄소를 지정한다(ω는 그리스 알파벳의 마지막 글자이다).

표 9.1 일반적인 지방산 (음이온 형태)

탄소의 수	이중결합의 수	일반 이름	IUPAC 이름	분자식	녹는점 ℃
12	0	로리에이트 (Laurate)	도데카노에이트 (Dodecanoate)	$CH_3(CH_2)_{10}COO^{\ominus}$	44
14	0	미리스테이트 (Myristate)	테트라데카노에이트 (Tetradecanoate)	$CH_31(CH_{21})_{12}COO^{\ominus}$	52
16	0	팔미테이트 (Palmitate)	헥사데카노에이트 (Hexadecanoate)	$CH_31(CH_{21})_{14}COO^{\ominus}$	63
18	0	스테아레이트 (Stearate)	옥타데카노에이트 (Octadecanoate)	$CH_3(CH_2)_{16}COO^{\ominus}$	70
20	0	아라키데이트 (Arachidate)	에이코사노에이트 (Eicosanoate)	$CH_3(CH_2)_{18}COO^{\ominus}$	75
22	0	베헤네이트 (Behenate)	도코사노에이트 (Docosanoate)	$CH_3(CH_2)_{20}COO^{\ominus}$	81
24	0	리그노세레이트 (Lignocerate)	테트라코사노에이트 (Tetracosanoate)	$CH_3(CH_2)_{22}COO^{\ominus}$	84
16	1	팔미톨레이트 (Palmitoleate)	헥사데세노에이트 (시스(*cis*)-Δ^9-Hexadecenoate)	$CH_3(CH_2)_5CH=CH(CH_2)_7COO^{\ominus}$	−0.5
18	1	올레이트 (Oleate)	옥타데세노에이트 (시스(*cis*)-Δ^9-Octadecenoate)	$CH_3(CH_2)_7CH=CH(CH_2)_7COO^{\ominus}$	13
18	2	리놀레이트 (Linoleate)	옥타데카디에노에이트 (시스(*cis*)-$\Delta^{9,12}$-Octadecadienoate)	$CH_3(CH_2)_4(CH=CHCH_2)_2(CH_2)_6COO^{\ominus}$	−9
18	3	리놀레네이트 (Linolenate)	옥타데카트리에노에이트 (all(전부) *cis*(시스)-$\Delta^{9,12,15}$-Octadecatrienoate)	$CH_3CH_2(CH=CHCH_2)_3(CH_2)_6COO^{\ominus}$	−17
20	4	아라키도네이트 (Arachidonate)	에이코사테드라에노에이트 (all(전부) *cis*(시스)-$\Delta^{5,8,11,14}$-Eicosatetraenoate)	$CH_3(CH_2)_4(CH=CHCH_2)_4(CH_2)_2COO^{\ominus}$	−49

BOX 9.1 지방산의 일반명

로리에이트 (Laurate) 월계수 기름에 존재한다(*Laurus nobilis*) (1873)

미리스테이트 (Myristate) 육두구의 기름(*Myristica fragrans*) (1848)

팔미테이트 (Palmitate) 야자나무의 기름 (1857)

스테아레이트 (Stearate) 수소의 지방, 혹은 소 기름을 의미한 프랑스어 *stéarique* (1831)

아라키데이트 (Arachidate) 땅콩의 기름에 함유되어 있다 (*Arachis hypogaea*) (1866)

베헤네이트 (Behenate) 벤너트의 "벤"이 변질됨 = 서양고추냉이의 씨앗 (1873)

리그노세레이트 (Lignocerate) 아마 라틴어 *lignum*("나무")으로부터 유래 (~1900)

올레이트 (Oleate) 라틴어 *oleum*("기름")으로부터 유래 (1899)

리놀레이트 (Linoleate) 아마인 기름에서 발견(*lin* + *oleate*) (1857)

▲ **아프리카 기름 야자나무 *Elaeis guineensis*.** 야자나무 기름은 포화 및 불포화 지방산의 복잡한 혼합물이며 팔미테이트가 약 44%를 차지한다. 포화 지방산이 이렇게 많이 존재한다는 사실은 야자나무 기름이 실온에서 반고체임을 의미한다. 이는 "버진" 혹은 "엑스트라버진"이 될 수 없다(BOX 16.6 참조).

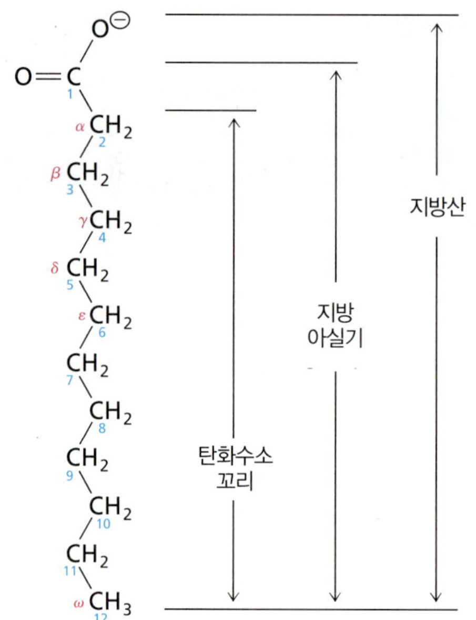

그림 9.2 ▶
지방산의 구조와 명명법. 지방산은 긴 탄화수소 꼬리로 이루어져 있고 이 꼬리의 끝에 카복실기가 존재한다. 이 카복실기의 pK_a 값이 약 4.5~5.0 정도이기 때문에 지방산은 생리학적인 pH에서는 음이온 형태로 존재한다. IUPAC 명명 방식에 따르면, 탄소는 카복실기를 시작으로 숫자를 매긴다. 일반적인 명명 방식에 따르면, 카복실기 바로 옆의 탄소를 α로 지정하고, 나머지 탄소를 차례대로 β, γ, δ로 지정한다. 꼬리의 길이에 상관없이 카복실기에서 가장 멀리 있는 탄소는 ω라고 지정한다. 그림의 로리에이트(혹은 도데카노에이트)는 12개의 탄소 원자를 가지고 있고 탄소-탄소 사이의 이중결합은 존재하지 않는다.

지방산은 탄소와 탄소 사이의 이중결합이 없는 경우, **포화 지방산(saturated fatty acid)**으로 분류되며, 탄소 사이의 이중결합이 하나 이상 있는 경우는 **불포화 지방산(unsaturated fatty acid)**으로 분류된다. 오직 하나의 탄소 사이의 이중결합이 있는 경우, **단일 불포화(monounsaturated)** 지방산으로 불리며, 두 개 이상인 경우 **다불포화(polyunsaturated)** 지방산으로 불린다. 불포화 지방산의 이중 결합은 시스 혹은 트랜스 위치 배열을 하고 있다. 자연적으로 존재하는 지방산의 경우 위치배열은 시스인 경우가 많다(Box 9.2참조).

BOX 9.2 트랜스 지방산과 마가린

불포화 지방산에 존재하는 대부분의 이중결합의 위치 배열은 시스 형태이나 사람의 음식에 있는 특정 지방산은 트랜스 형태의 위치 배열을 가지고 있다. 트랜스 지방산은 주로 낙농 산물이나 반추동물의 고기처럼 동물로부터 올 수 있다. 그러나 서구에서 소비되는 식용 트랜스 지방산의 대부분은 수소화된 야채 오일로서 마가린 혹은 분말 유지에 존재한다. 트랜스 단일불포화 지방산의 섭취는 혈중 콜레스테롤과 트라이글리세라이드의 양을 증가시킬 수 있고, 이들의 흡수는 심장병의 발병률을 올릴 수도 있다. 위험을 유발하는 정확한 양에 대해서는 더 많은 연구가 필요하다.

옥수수 기름이나 해바라기 기름과 같은 식물성 기름은 마가린으로 알려진 "펼칠 수 있는" 반고체 물질로 변형될 수 있다. 마가린은 식물성 기름의 이중결합에 수소를 첨가함으로써 만들어질 수 있다. 수소화 과정으로 인해 탄소 사이의 이중결합이 포화 상태로 될 수 있을 뿐 아니라 나머지 이중결합도 시스에서 트랜스 형태로 위치 배열이 바뀔 수 있다. 이러한 트랜스 지방산의 물리적 성질은 포화지방산과 비슷하다.

트랜스 지방산의 소비를 줄이기 위해 탈지유 가루를 첨가함으로써 수소화 과정 없이 식물성 기름으로부터 마가린이 생산되고 있다.

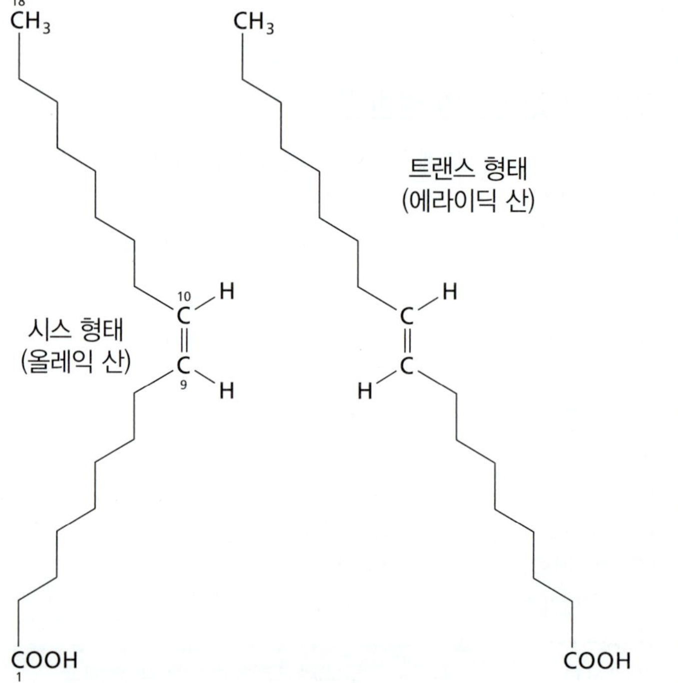

▲ **Δ⁹-옥타데카노에이트의 시스와 트랜스 형태.** (왼쪽) 올레이트(시스-Δ⁹-옥타데카노에이트). (오른쪽) 수소화 이후 트랜스 형태의 위치 배열.

IUPAC 방식에 따르면 이중결합의 위치는 Δ^n 기호로 표기되며 어깨 번호 n은 이중결합한 탄소 중 낮은 번호의 탄소 원자를 가리킨다(표 9.1). 대부분의 다불포화 지방산은 메틸렌기로 분리되어 있어서, 짝이중결합으로 존재하지 않는다.

지방산을 구별하는 간단한 표기법으로 두 개의 숫자 사이에 콜론이 들어간 방법을 사용하는데, 첫째 숫자는 지방산의 탄소 원자의 수를 의미하며, 두 번째 숫자는 탄소-탄소의 이중결합의 수를 의미한다. 뒤를 이어 어깨 번호가 달린 그리스어 기호 Δ가 따라 온다. 이 표기 방식에 의하면 팔미테이트는 16:0, 올레이트는 18:1 Δ^9, 아라키도네이트는 20:4 $\Delta^{5,8,11,14}$로 표기된다. 불포화 지방산은 사슬의 마지막 이중결합의 위치로 설명되기도 한다. 이러한 이중결합은 보통 사슬의 끝으로부터 셋째, 여섯째, 아홉째 탄소에 발견된다. 이러한 지방산은 ω-3(예: 18:3 $\Delta^{9,12,15}$), ω-6(예: 18:2 $\Delta^{9,12}$), ω-9(예: 18:1 Δ^9)로 불리기도 한다.

포화 지방산과 불포화 지방산은 상당히 다른 물리적 성격의 차이를 보인다. 전형적으로 포화 지방산은 실온(22℃)에서 왁스처럼 고체로 존재하나, 불포화 지방산은 이 온도에서 액체로 존재한다. 지방산 탄화수소의 길이와 불포화 정도가 녹는점에 영향을 미친다. 표 9.1에 있는 포화 지방산인 로리에이트(12:0), 미리스테이트(14:0), 팔미테이트(16:0)의 녹는점을 비교해 보자. 탄화수소의 길이가 증가할수록 포화 지방산의 녹는점도 상승한다. 꼬리의 길이가 길어질수록 탄화수소 사이의 반데르발스 작용의 수도 증가하기 때문에 그 작용을 파괴하기 위해 더 많은 에너지가 필요하게 된다.

그림 9.3 및 9.4의 스테아레이트(18:0), 올레이트(18:1), 리놀레네이트(18:3)의 구조를 비교해 보자. 스테아레이트의 포화 탄화수소 꼬리는 유연한데 그 이유는 모든 탄소-탄소 결합주위에서 회전이 가능하기 때문이다. 스테아레이트의 크리스털 결정에는 탄화수소 사슬이 더 늘어나 있고 더 가까이 압축되어 있다. 올레이트와 리놀레네이트에 존재하는 시스 이중결합으로 인해 탄화수소 사슬이 뚜렷하게 꺾이게 되고 이는 이중결합 주위에는 회전이 잘 되지 않기 때문이다. 이러한 꺾인 형태로 인해 탄화수소 사이의 압축이 되질 않으며 강한 반

▼ 그림 9.3
세 종류의 C_{18} 지방산의 구조. **(a)** 스테아레이트(옥타데카노에이트), 포화 지방산. **(b)** 올레이트(시스-Δ^9-옥타데세노에이트), 단일불포화지방산. **(c)** 리놀레네이트(전부-시스-$\Delta^{9,12,15}$-옥타데카트리에노에이트) 다불포화 지방산. 시스 이중결합은 불포화 지방산의 꺾임을 만들어 낸다. 리놀레네이트는 매우 유연한 분자이기 때문에 다양한 입체 형태가 존재할 수 있다.

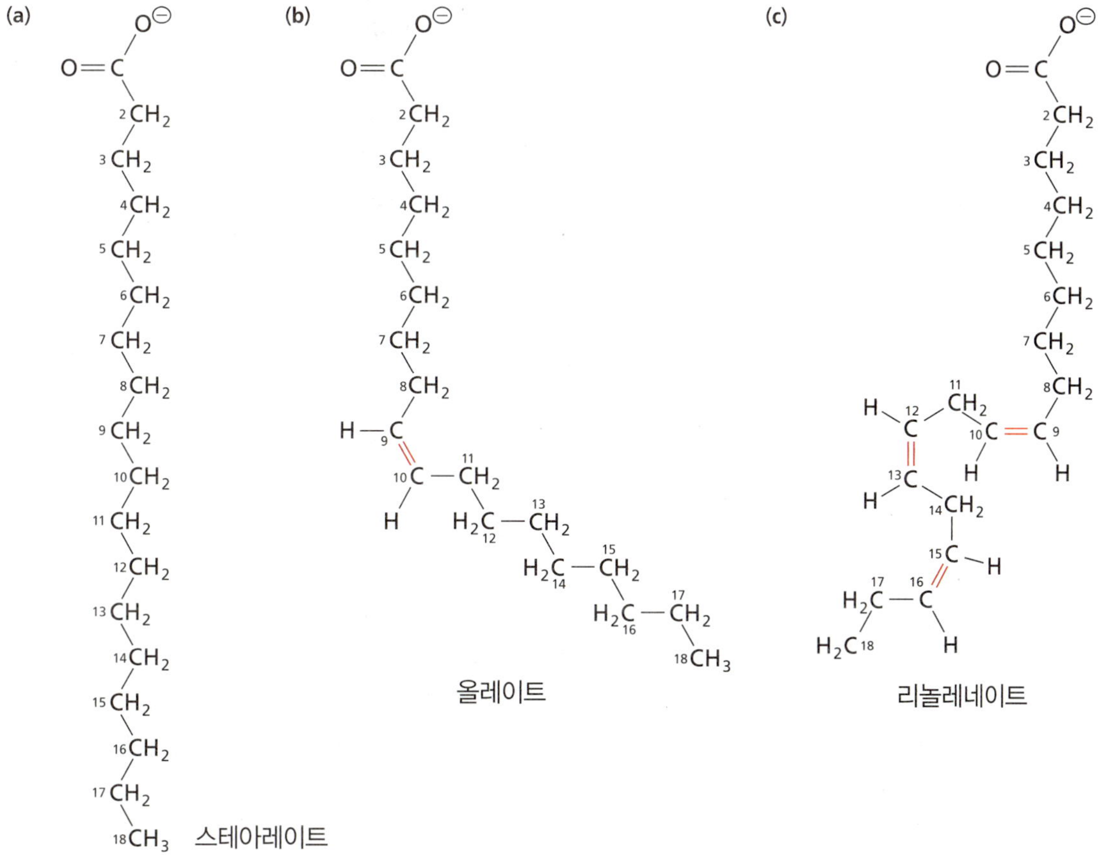

(a) 스테아레이트

(b) 올레이트

(c) 리놀레네이트

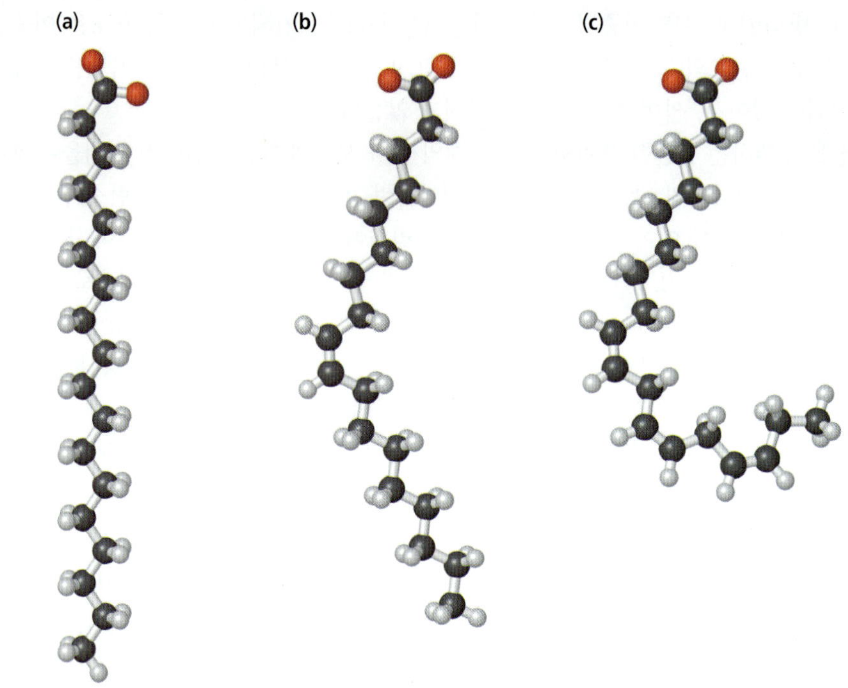

그림 9.4 ▶
스테아레이트(왼쪽), 올레이트(중간), 리놀레네이트(오른쪽). 색깔: 탄소, 회색; 수소, 흰색; 산소, 붉은색

데르발스 작용이 방해를 받게 된다. 결과적으로 시스 불포화 지방산은 포화 지방산보다 낮은 녹는점을 가지게 된다. 불포화 정도가 증가할수록 지방산은 액체 형태로 변화게 된다. 스테아르산(녹는점 70℃)은 실온에서 고체 상태이나 올레산(녹는점 13℃)과 리놀레산(녹는점 −17℃)은 둘 다 액체 상태임을 보게 된다.

먼저 설명한 것같이, 세포 내의 유리 지방산의 양은 매우 적다. 대부분의 지방산은 글리세롤 혹은 다른 골격 화합물들과 에스터화되어 더 복잡한 지질을 이루게 된다. 에스터와 카복실산의 다른 유도체의 경우, 산에 의해 만들어지는 RC ═ O 부분은 아실기로 불린다.

일반적인 명명방식에 따르면 특정 지방산을 포함하고 있는 복잡한 지질은 그 지방산의 이름을 따르게 된다. 예를 들어, 로리에이트의 에스터는 로릴 에스터라 불리며, 리놀레이트의 에스터의 경우 리놀레오일 에스터라고 불린다(로릴기는 로릴 아실기의 알코올 유사체이다). 특정 지방산은 유기체의 종류 혹은 장기 형태 혹은 음식에 따라 풍부한 정도가 달라진다. 보통 올레이트(18:1), 팔미테이트(16:0), 스테아레이트(18:0)가 동물에서 가장 많이 존재하는 지방산이다.

포유류는 리놀레이트(18:2 $\Delta^{9,12}$)와 리놀레네이트(18:3 $\Delta^{9,12,15}$)를 합성할 수 없기 때문에 특정한 다불포화 지방산은 음식을 통해 섭취해야 한다. 그래서 이러한 지방산은 필수 지방산이라 불린다. 포유류는 리놀레이트와 리놀레네이트가 제공되면 다른 다불포화 지방산은 합성할 수 있다(포유류는 많은 종류의 바이타민을 합성할 수 없기 때문에 이들은 음식의 필수 요소가 됨을 기억하라. 바이타민과 지방산뿐 아니라, 포유류는 다양한 아미노산 또한 합성할 수 없음을 17장에서 보게 될 것이다).

리놀레네이트는 마지막 이중결합이 사슬 끝으로부터 3개의 탄소 거리에 존재하기 때문에 오메가-3(ω-3) 지방산이다. 오메가-3 지방산은 매우 인기가 좋은 음식 보충물이다. 이들은 생선 오일에 많이 함유되어 있어서 많은 사람들이 생선과 생선 오일을 섭취하도록 권유하고 있다. 리놀레네이트는 필수 지방산이기 때문에 음식을 통해 적당량을 섭취해야만 하고, 필요한 양의 필수 지방산은 전형적인 식사량으로도 전 세계인에게 쉽게 공급되기 때문에 필수 지방산의 결여는 드문 현상이다. 하지만 음식 보충제로서의 오메가-3 지방산에 관한 시장은 다른 이유로 성장하고 있다. 가장 중요한 이유는 심장혈관 질환 예방에 도움이 되기 때문이다. 과학적인 근거에 따르면 오메가-3 지방산을 좀 더 섭취하게 되면 심장 마비, 특히 2차로 발생

(a)

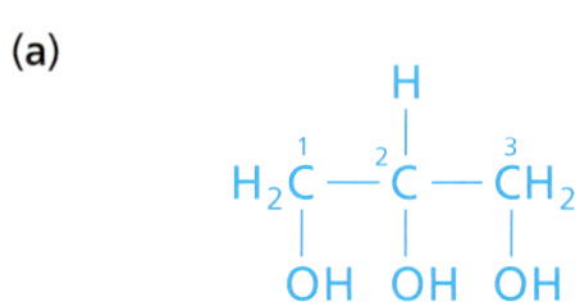

(b)

(c)

▲ 그림 9.5
트라이아실글리세롤의 구조. 글리세롤(**a**)이 중심 골격 역할을 하며 지방산(**b**)이 에스터화되어 있다. 비록 트라이아실글리세롤은 손대칭 구조가 아니나, 다른 아실기가 C-1과 C-3(다른 R_1과 R_3)에 결합하면 C-2는 손대칭 구조를 보인다. 일반적인 L-글리세르알데하이드와 비교하기 위해서 (**c**)에 트라이아실글리세롤의 일반적인 구조가 나타나 있다. 이러한 배열로 인해 글리세롤 유도체에 입체적 형태의 수를 매길 수 있다. 즉 C-1이 위 그리고 C-3가 아래.

되는 심장 마비를 줄일 수 있다고 알려져 있다. 실험 결과 이 밖에 다른 요소들을 조절한다는 주장은 근거가 없다. 예를 들어, 생선을 많이 먹는다고 지능이 올라가진 않는다.

자연에는 표 9.1 표시된 것보다 더 많은 지방산이 존재한다. 예를 들면, 사이클로프로판 고리 구조를 가진 지방산이 박테리아에서 발견된다. 가지가 난 지방산은 박테리아 막 구조에서 흔히 발견되고 있고 오리의 털에서도 존재한다. 드물게 발견되는 지방산도 많이 존재하며 매우 특별한 기능을 수행하고 있다.

9.3 트라이아실글리세롤

트라이아실글리세롤(triacylglycerol)은 그 이름에서 알 수 있듯이, 세 개의 탄소 당알코올인 글리세롤에 세 개의 지방산이 에스터화되어 있다(그림 9.5). 트라이아실글리세롤은 매우 소수성이다.

지방과 오일은 트라이아실글리세롤의 혼합물이다. 지방산 함유 정도와 온도에 따라서 지방은 고체 상태일 수 있고 오일은 액체 상태로 존재할 수 있다. 오직 포화 지방 아실기만을 가진 트라이아실글리세롤은 체온에서 고체 상태로 존재하는 경향이 있으며 불포화 지방산 혹은 짧은 사슬을 가진 지방산을 포함하면 액체로 존재하는 경향이 있다. 자연적으로 존재하는 트라이아실글리세롤의 경우는 지방산 구성 성분이 다른 20에서 30개의 분자 종류를 포함하기도 한다. 동물의 지방에 포함되어 있는 트라이팔미틴은 세 개의 팔미트산을 포함한다. 올리브 오일의 가장 주된 트라이아실글리세롤인 트라이올레인은 세 개의 올레산을 포함하고 있다.

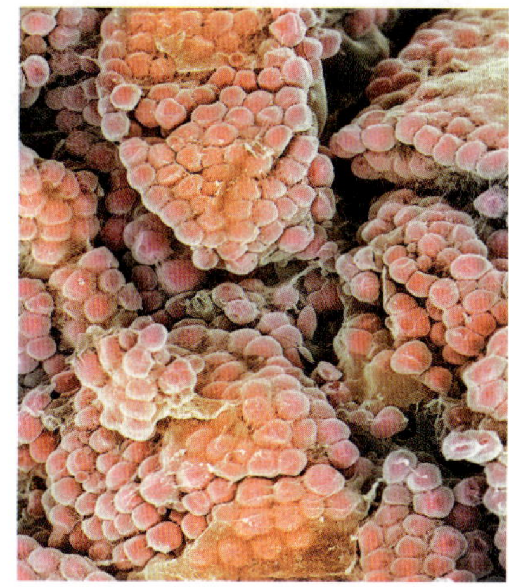

▲ 그림 9.6
지방세포. 이 사진은 지방세포 덩어리들의 컬러 스캔 전자 현미경 사진이다. 지방 방울들이 각 지방세포 부피의 대부분을 차지한다.

대부분의 세포에서 트라이아실글리세롤은 지방 방울 형태로 덩어리져 있다. 지방산을 대사 에너지로 사용하는 세포의 경우, 이러한 지방 방울들은 가끔씩 마이토콘드리아 근처에서 보이기도 한다. 포유류의 경우, 대부분의 지방은 지방세포로 알려져 있는 특화된 세포로 구성된 지방 조직에 저장되어 있다. 각 지방세포에는 세포 공간의 대부분을 차지할 정도로 지방 방울들이 존재하고 있다(그림 9.6). 비록 지방 조직은 몸 골고루 퍼져 있긴 하나, 대부분 피부 밑 혹은 복부 공간에 존재한다. 피하 조직에서 골고루 존재하는 지방은 에너지 저장소로서의 역할과 열 손실 방지 역할을 하고 있으며, 특히 수상 동물의 경우 잘 발달되어 있다.

9.4 글리세로인지질

생체막에는 트라이아실글리세롤이 발견되지 않는다. **글리세로인지질(glycerophospholipid;** 인산글리세라이드라고 불리기도 한다)이 대부분의 막에서 가장 풍부하게 존재한다. 글리세로인지질 또한 트라이아실글리세롤처럼 글리세롤 골격을 가지고 있다. 가장 간단한 글리세로인지질은 포스파티데이트이며, 3-인산 글리세롤의 C-1과 C-2에 각각 지방 아실기가 에스터화되어 있는 형태이다(표 9.2). 트라이아실글리세롤은 세 개의 지방 아실기가 글리세롤에 에스터화되어 있는 반면, 글리세로인지질의 경우 두 개의 지방 아실기(R_1과 R_2)가 결합되어 있다. 글리세로인지질의 가장 뚜렷한 특징으로 인산기가 글리세롤 골격의 C-3에 존재하고 있다. 글리세로인지질의 구조는 표 9.2에서 보이는 것처럼, 피셔 투영 왼쪽의 C-2 치환기를 가진 3-인산 L-글리세롤의 유도체로 그릴 수 있다. 그러나 이러한 물질의 입체이성질체 성격을 고려하지 않고 간단히 그리기도 한다.

지질 단백질의 구조와 기능은 16.1B절에서 논의된다.

포스파티데이트는 더 복잡한 글리세로인지질이 합성되거나 혹은 분해되는 과정에서 중간 물질 형태로 소량으로 존재한다. 대부분의 글리세로인지질에서 인산기는 글리세롤이나 혹은 —OH기를 함유하는 다른 물질에 에스터화되어 있다. 표 9.2는 글리세로인지질의 흔한 형태들을 보여준다. 글리세로인지질은 극성인 머리와 비극성의 긴 꼬리 부분을 가진 양극성의 분자임을 알 수 있다. 글리세로인지질의 세 가지 형태인 포스파티딜에탄올아민, 포스파티딜세린, 포스파티딜콜린이 그림 9.7에 표시되어 있다.

핵심개념

글리세로인지질은 극성 머리 부분과 소소성을 띠고 있는 긴 지방산 꼬리를 가지고 있다.

핵심개념

다양한 주요 지질은 글리세롤의 유도체이다 (BOX 16.1 참조)

▲ **옐로우 재킷 말벌.** 말벌, 벌, 뱀의 독은 포스포라이페이즈를 함유하고 있다.

글리세로인지질의 각 형태는 동일한 극성 머리 그룹과 다른 종류의 지방 아실 사슬로 이루어진 분자 가계를 구성한다. 예를 들어, 사람 적혈구의 막에는 적어도 21가지의 다른 포스파티딜콜린이 존재하는데, 이들은 글리세롤 골격의 C-1과 C-2에 에스터화되어 있는 지방 아실 사슬이 모두 다르다. 일반적으로 글리세로인지질에는 포화 지방산이 C-1에 그리고 불포화 지방산이 C-2에 에스터화되어 있다. *Escherichia coli*의 막의 주요 글리세로인지질은 포스파티딜에탄올아민과 포스파티딜글리세롤이다.

다양한 포스포라이페이즈 효소들이 글리세로인지질을 분해할 수 있고 각 지방산의 정체를 결정한다. 포스포라이페이즈 A_1과 포스포라이페이즈 A_2는 각각 C-1과 C-2 자리의 에스터 결합을 가수분해시킬 수 있는데 이 효소들을 이용하여 글리세로인지질에 결합되어 있는 지방산의 특정 위치를 결정할 수 있다(그림 9.8). 포스포라이페이즈 A_2는 췌장액에 존재하는 주요 포스포라이페이즈이며 음식물의 막 인지질을 소화시키는 역할을 한다. 이 효소는 뱀, 벌 혹은 말벌의 독에도 존재한다. 포스포라이페이즈 A_2의 활동 결과로 산물의 농도가 높아지면 세포막이 파괴될 수 있다. 따라서 뱀의 독이 사람 혈관으로 들어오면 적혈구의 막을 분해하는 치명적인 결과를 초래할 수 있다. 포스포라이페이즈 C는 글리세롤과 인산 사이의

표 9.2 글리세로인지질의 공통적인 형태의 몇 종류

(R_1)—C(=O)—O—$_1CH_2$
(R_2)—C(=O)—O—$_2$C—H
$_3CH_2$—O—P(=O)($O^{\ominus}$)—O—X

X = 극성머리의 나머지 부분

X의 전구체 (HO—X)	—O—X의 공식	결과적인 글리세로인지질의 이름
물(Water)	—H	포스파티데이트(Phosphatidate)
콜린(Choline)	$—CH_2CH_2\overset{\oplus}{N}(CH_3)_3$	포스파티딜콜린(Phosphatidylcholine)
에탄올아민(Ethanolamine)	$—CH_2CH_2\overset{\oplus}{N}H_3$	포스파티딜에탄올아민(Phosphatidylethanolamine)
세린(Serine)	$—CH_2—CH(\overset{\oplus}{N}H_3)(COO^{\ominus})$	포스파티딜세린(Phosphatidylserine)
글리세롤(Glycerol)	$—CH_2CH(OH)—CH_2OH$	포스파티딜글리세롤(Phosphatidylglycerol)
포스파티딜글리세롤 (Phosphatidylglycerol)	$—CH_2CH(OH)—CH_2—O—P(=O)(O^{\ominus})—O—CH_2—CH(OC(=O)R_4)—CH_2OC(=O)R_3$	다이포스파티딜글리세롤(카디오리핀) Diphosphatidylglycerol(Cardiolipin)
마이오-이노시톨 (*myo*-Inositol)	(고리 구조: 1–6, H, OH, HO)	포스파티딜이노시톨(Phosphatidylinositol)

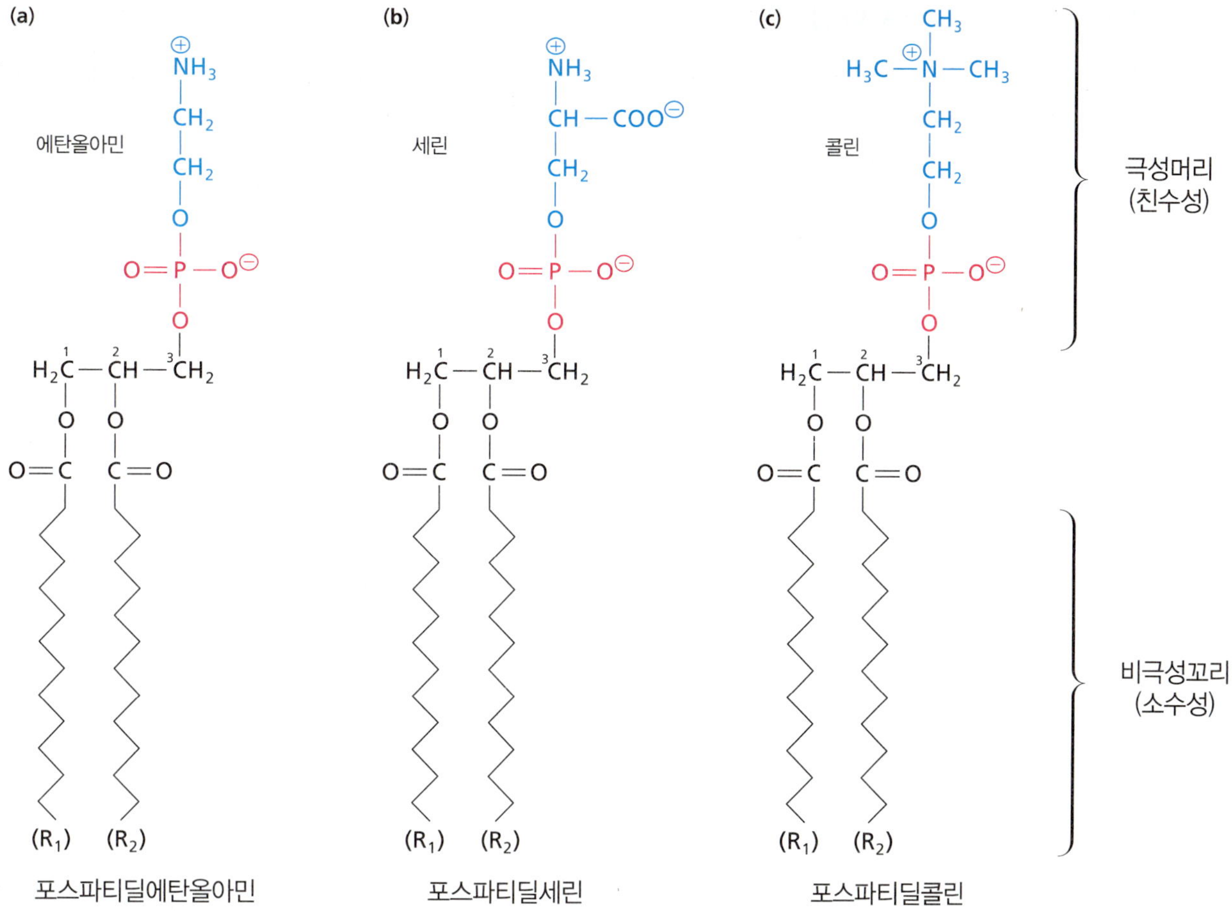

▲ 그림 9.7

(a) 포스파티딜에탄올아민, (b) 포스타티딜세린, (c) 포스파티딜콜린의 구조. 에스터화된 알코올로부터 유래한 작용기가 푸른색으로 표시되어 있다. 이러한 지질들은 많은 다른 조합의 지방아실기를 가지고 있기 때문에, 일반 이름은 그 단일 분자가 아니라, 물질들의 가계이름을 의미한다.

P—O 결합을 가수분해시켜서 다이아실글리세롤을 방출해 낸다. 포스포라이페이즈 D는 글리세로인지질을 인산으로 변형시킨다.

플라스말로젠(plasmalogen)은 글리세로인지질의 또 다른 주요 형태이다. 글리세롤의 C-1 하이드록실기에 탄화수소 치환기가 에스터 결합이 아니라 바이닐 에테르 결합에 의해 연결되어 있어서 포스파티데이트와 차이를 보여준다(그림 9.9). 에탄올아민 혹은 콜린이 플라스말로젠의 인산기에 흔히 에스터화되어 있다. 플라스말로젠은 사람 중추신경계의 글리세로인지질의 약 23%를 차지하며 말초신경과 근육 조직의 막에서도 발견된다.

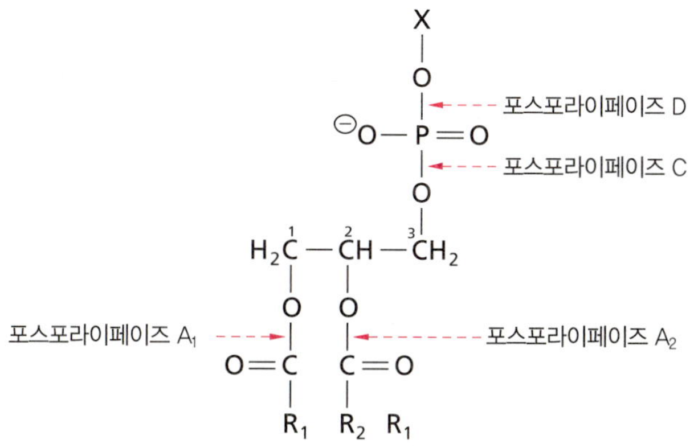

◀ 그림 9.8

4종류의 포스포라이페이즈의 작용. 포스포라이페이즈 A_1, A_2, C, D는 글리세로인지질의 구조를 분해하는데 사용될 수 있다. 포스포라이페이즈는 C-1 혹은 C-2로부터 선별적으로 지방산 제거를 촉매시킬 수 있고, 글리세로인지질을 다이아실글리세롤과 포스파티데이트로 변형시킬 수 있다.

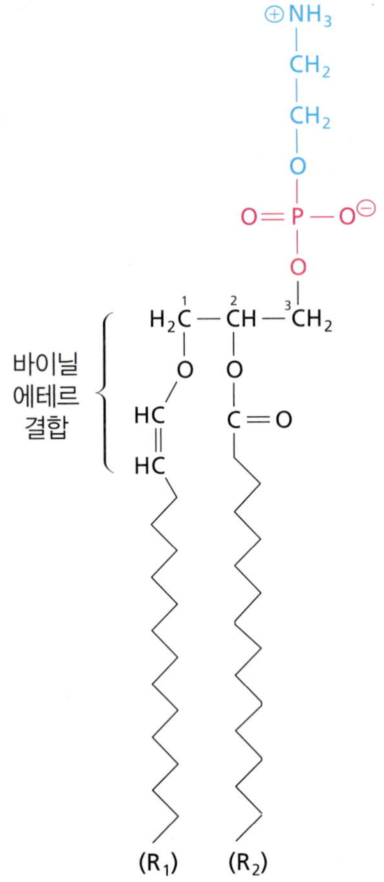

▲ 그림 9.9

에탄올 아민플라스말로젠의 구조. 탄화수소는 글리세롤의 C-1 하이드록실기에 연결되어 바이닐에테르를 형성한다.

9.5 스핑고지질

스핑고지질(sphingolipid)은 동물과 식물의 막에서 두 번째로 풍부하게 존재하는 지질이다. 포유류의 경우, 스핑고지질은 특히 중추신경계 조직에서 풍부하게 존재한다. 대부분의 박테리아는 스핑고지질을 가지고 있지 않다. 스핑고지질의 구조의 골격은 스핑고신(트랜스-4-스핑제닌)이며, 이는 18개의 탄소로 이루어진 가지가 없는 알코올이며 C-4와 C-5 사이에 트랜스 이중결합이 존재한다. C-2에는 아미노기가 결합되어 있고, C-1과 C-3에는 하이드록실기가 결합되어 있다(그림 9.10a). **세라마이드(ceramide)**는 스핑고신 C-2 아미노기에 지방아실기가 아마이드 결합으로 연결되어 있다(그림 9.10b). 세라마이드는 모든 스핑고지질의 전구체이다. 스핑고지질의 주요 세 형태는 스핑고마이엘린, 세레브로사이드, 갱글리오사이드이다. 이들 중 오직 스핑고마이엘린이 인산을 가지고 있어서 인지질로 분류될 수 있고, 세레브로사이드와 갱글리오사이드는 탄수화물을 포함하고 있어서 글라이코스핑고지질로 분류된다(그림 9.1).

스핑고마이엘린(sphingomyelin)에는 포스포콜린이 세라마이드의 C-1 하이드록실기에 결합되어 있다(그림 9.10c). 스핑고마이엘린과 포스파티딜콜린의 유사성을 염두에 둘 필요가 있다. 두 분자 모두 콜린, 인산과 두 개의 긴 소수성 꼬리를 가진 양쪽성 이온들이다. 스핑고마이엘린은 대부분의 포유동물의 세포막에 존재하는데 신경세포를 둘러싸고 있는 수초의 주요 성분이다.

세레브로사이드(cerebroside)는 글라이코스핑고지질로서 세라마이드 C-1에 β-글리코시

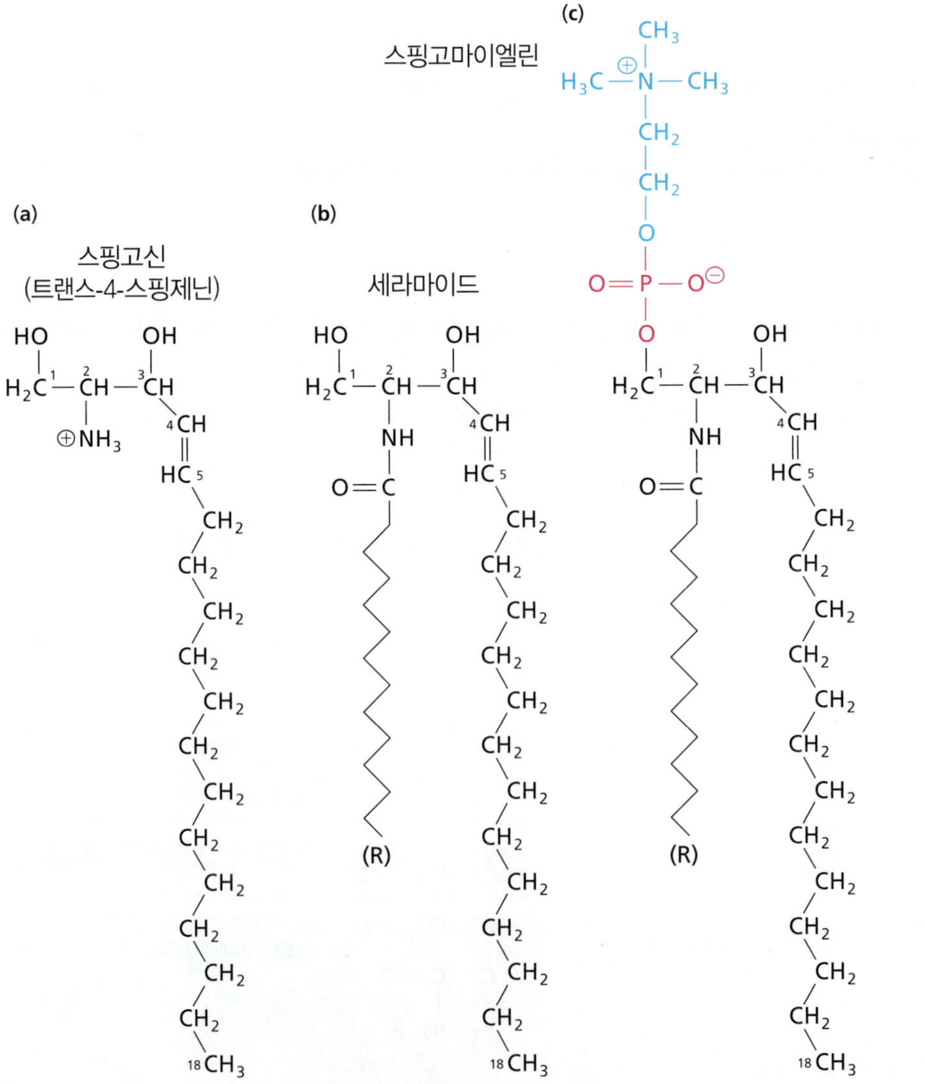

지질대사와 연관이 있는 유전결함은 16장에서 논의된다.

그림 9.10 ▶

스핑고신, 세라마이드, 스핑고마이엘린의 구조.

(a) 스핑고지질의 골격이 되는 스핑고신은 C-2에 아미노기를 가진 긴사슬의 알코올이다. **(b)** 세라마이드는 긴사슬의 지방아실기가 스핑고신의 아미노기에 결합되어 있다. **(c)** 스핑고마이엘린은 세라마이드의 C-1 하이드록실기에 인산기(붉은색)가 결합되어 있고, 인산기에 콜린기(푸른색)가 결합되어 있다.

딕 연결에 의해 단당이 결합되어 있다. 갈락토실세라마이드로 알려진 갈락토세레브로사이드는 극성 머리 부분에 한 개의 β-D-갈락토실기를 가지고 있다(그림 9.11). 갈락토세레브로사이드는 신경 조직에 풍부하게 존재하고 수초 지질의 약 15%를 차지한다. 많은 다른 포유류의 조직에는 글루코세레브로사이드, 즉 β-D-글루코실 머리 부분을 가진 세라마이드도 존재한다. 또 다른 글라이코스핑고지질의 경우, 3개 이상의 단당이 직선 형태의 사슬로 세레브로사이드의 갈락토실 혹은 글루코실 부분에 결합되어 있다.

갱글리오사이드(ganglioside)는 더 복잡한 형태의 글라이코스핑고지질이며, *N*-아세틸뉴라미닉산(NeuNAc)을 포함하고 있는 올리고당 사슬들이 세라마이드에 결합되어 있는 형태이다. NeuNAc(그림 8.15)는 뉴라미닉산의 아세틸기가 결합한 유도체로서 갱글리오사이드의 머리 부분이 음전하를 띠게 해 준다. 갱글리오사이드 G_{M2}의 대표적인 구조가 그림 9.12에 나타나 있다. G_{M2}의 M은 모노시알로(예: 한 개의 NeuNAc 잔기)를 의미하며, G_{M2}는 두 번째로 연구된 모노시알로 갱글리오사이드이기 때문에 아래에 숫자 2를 기입한다.

60여 종류 이상의 갱글리오사이드가 밝혀졌다. 이들의 구조적 다양성은 당 잔기의 구성과 순서의 차이에서 기인한다. 예를 들어 그림 9.12에서 보듯, 갱글리오사이드 G_{M1}은 갱글리오사이드 G_{M2}과 흡사하지만, G_{M1}은 β-(1→4) 결합을 통해 *N*-아세틸-β-D-갈락토스아민 잔기의 끝 부분에 결합되어 있는 β-D-갈락토스 잔기를 하나 더 가지고 있다. 모든 갱글리오사이드에는 세라마이드의 C-1과 β-글루코실 잔기가 결합되어 있고, 이 잔기는 또한 베타-갈락토실 잔기에 붙어 있다.

갱글리오사이드는 모든 세포 표면에 존재하는데, 세라마이드 잔기의 두 개의 탄화수소 사슬들이 세포막에 박혀 있는 형태이고 올리고당들은 세포의 밖 표면으로 노출되어 있다. 갱글리오사이드와 다른 글라이코스핑고지질들은 당단백질과 함께 세포 표면에 다양한 올리고당들을 노출시키고 있다. 결국, 이러한 표식들이 세포 간의 인식 혹은 세포 간의 연락을 위해 특이적으로 사용될 수 있다. 올리고당들은 단백질과 결합하며 당단백질을 형성하는 이외에도 갱글리오사이드의 올리고당들은 사람 세포 표면(Box 8.3)의 ABO 혈액 그룹 항원과 비슷한 구조물들이 될 수 있다.

갱글리오사이드 대사의 유전적인 결함이 생기면, 종종 쇠약하게 하거나 치명적인 질환들이 발생하며 타이-삭스 혹은 일반화된 갱글리오시도시스 질환이 발생한다. 특정 희귀한 유전적 결함은 세포의 라이소좀에서 스핑고지질을 분해하는 효소의 결함으로 이어진다. 타이-삭스 질환의 경우, G_{M2}로부터 *N*-아세틸갈락토스아민을 제거해 내는 하이드롤레이즈의 결함이

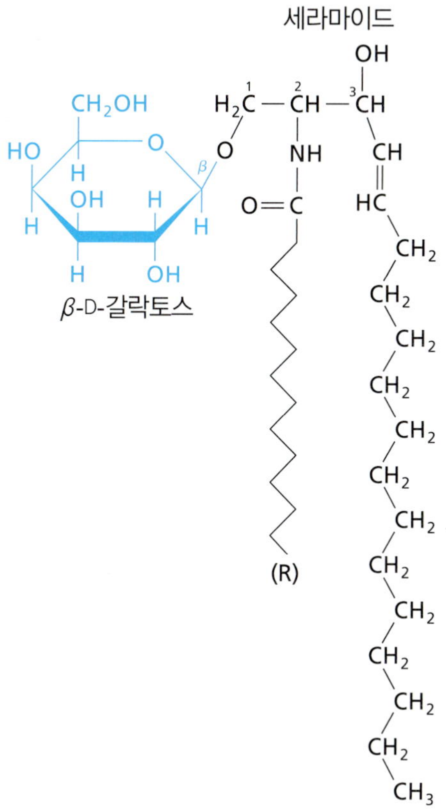

세라마이드

β-D-갈락토스

(R)

▲ **그림 9.11**

갈락토세레브로사이드의 구조. β-D-갈락토스(푸른색)는 세라마이드(검은색)의 C-1 하이드록실기에 결합되어 있다.

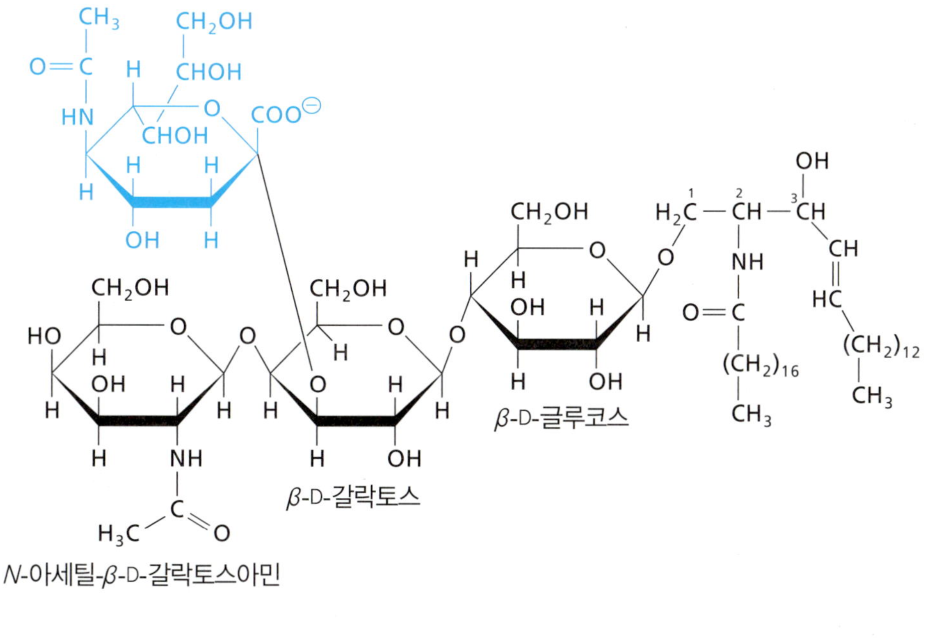

N-아세틸-β-D-갈락토스아민

β-D-갈락토스

β-D-글루코스

◀ **그림 9.12**

갱글리오사이드 G_{M2}. *N*-아세틸뉴라미닉산기는 푸른색으로 표시되어 있다.

발견된다. G_{M2} 축적으로 인해 라이소좀이 세포를 붓게 만들고 조직의 크기 증대로 이어진다. 중추신경계의 경우, 세포가 커질 공간이 없기 때문에 신경세포가 죽게 되고, 시력을 잃거나 정신 지체 혹은 사망으로 이어지기도 한다.

세포 표면에 노출된 탄수화물들은 박테리아, 바이러스, 혹은 독소를 위한 편리한 수용체의 역할을 하기도 한다. 예를 들면, *Vibrio cholera* 박테리아가 만들어내는 콜레라 독소는 내장의 상피세포의 G_{M1}과 결합한다. 결합 후 독소가 세포 안으로 들어가서 정상적인 세포의 신호전달 경로를 방해하고, 그 결과 내장으로 막대한 양의 액체가 유출되게 된다. 이로 인해 탈수로 인한 사망에 이르기도 한다.

(a) H_3C CH_2 C—C H_2C H

(b)

(c)

▲ 그림 9.13
아이소프렌(2-메틸-1,3-뷰타디엔), 아이소프레노이드의 기본 구조. (a) 화학 구조. (b) 탄소 골격. (c) 아이소프렌의 구조. 점선은 주위 단위와의 공유결합을 나타낸다.

9.6 스테로이드

스테로이드(steroid)는 진핵세포의 막에서 발견되는 세 번째 종류의 지질이며 박테리아의 경우는 거의 발견되지 않는다. 지용성 바이타민과 테르펜과 함께 스테로이드는 아이소프레노이드로 분류되는데 그 이유는 5개의 탄소 분자인 아이소프렌과 구조가 유사하기 때문이다(그림 9.13). 스테로이드는 4개의 융합된 고리를 가지고 있으며, 6개의 탄소로 이루어진 3개의 고리는 각각 A, B, C로, 5개의 탄소로 이루어진 고리는 D로 지명되고 있다. 특징적인 고리 구조는 스쿠알렌으로부터 유도된다(그림 9.14a). 거의 평면적인 고리 구조의 치환기는 평면의 아래 방향(알파 위치배열) 혹은 위 방향(β 위치배열)으로 향할 수 있다. 몇 종류의 스테로이드 구조가 그림 9.14에 나타나 있다.

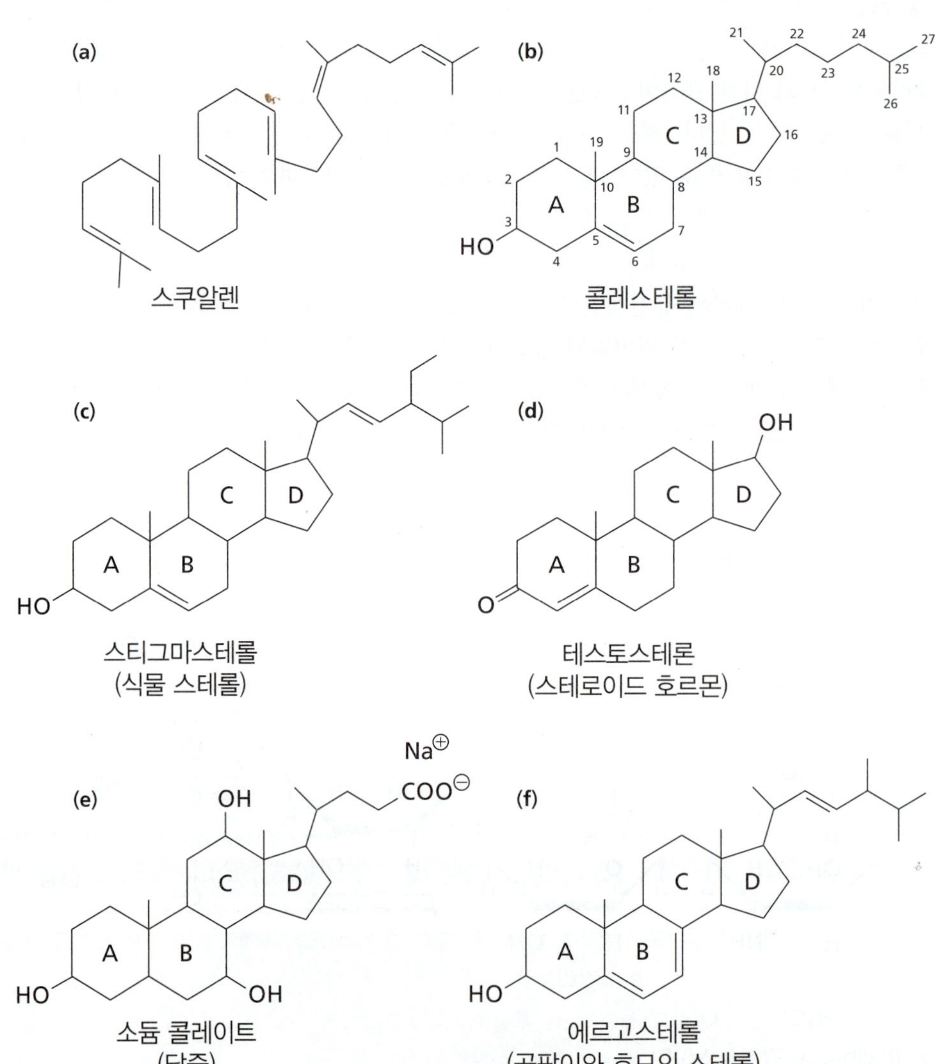

그림 9.14 ▶
스테로이드의 몇 종류. 스쿠알렌(a)은 대부분 스테로이드의 전구체이다. 스테로이드는 네 개의 융합된 고리를 가지고 있다(A, B, C, D로 표기). (b) 콜레스테롤. (c) 스티그마스테롤은 식물 막의 흔한 요소이다. (d) 테스토스테론은 동물의 수컷 발생에 관여하는 스테로이드 호르몬이다. (e) 소듐 콜레이트, 담즙은 지질 소화에 도움을 준다. (f) 에르고스테롤은 곰팡이나 효모에 발견되는 물질이다.

▼ 그림 9.16
콜레스테릴 에스터.

스테로이드 콜레스테롤은 동물 세포막의 중요한 요소 중의 하나이나 식물의 경우는 드물게 발견되며, 원핵세포, 원생생물, 곰팡이류에서는 발견되지 않는다. 대신 이러한 생명체들은 콜레스테롤과 유사한 구조를 가진 다른 스테로이드(스티그마스테롤, 에르고스테롤)를 가지고 있다. 콜레스테롤은 C-3에 하이드록실기를 가지고 있기 때문에 보통 **스테롤(sterol)**이다. 또 다른 스테로이드로는 식물, 곰팡이류, 효모의 스테롤(C-3에 하이드록실기가 존재한다), 포유류의 스테로이드 호르몬(에스트로젠, 안드로젠, 프로제스틴, 부신피질 스테로이드) 담즙산염이 있다. 이들 스테로이드는 C-17에 결합하는 사슬의 길이, 메틸기의 수와 위치, 이중결합, 하이드록실기, 어떤 경우 케토기 등에 따라서 구조적 차이를 보인다. 원핵세포는 스쿠알렌이나 혹은 스테로이드의 완전한 고리구조를 가지고 있지 않은 비스테로이드 지질을 사용한다.

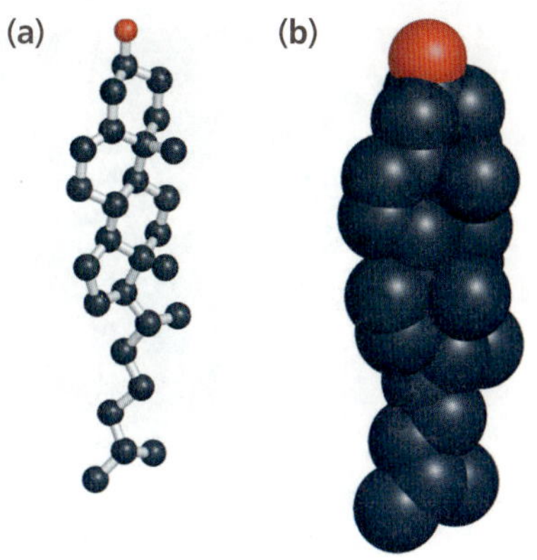

▲ 그림 9.15
콜레스테롤. (a) 산소 원자(빨간색, 위)를 포함한 공과 막대기 모델. 수소 원자는 보이지 않았다. 콜레스테롤의 융합된 고리의 구조는 거의 평면상태이다. (b) 공간 충전 모델.

콜레스테롤은 포유동물의 생화학에서 필수적인 역할을 한다. 콜레스테롤은 세포막의 구성 요소일 뿐 아니라, 스테로이드 호르몬과 담즙산의 전구체이기도 하다. 그림 9.15에서 보이듯, 콜레스테롤은 연결된 고리로 인해 다른 지질보다 유연하지 못하다. 결과적으로 이 장에서 보게 되겠지만, 콜레스테롤은 세포막의 유체성을 조절하게 된다.

스테로이드는 글리세로인지질이나 스핑고지질보다 훨씬 더 소수성을 띤다. 예를 들어, 물속에서 자유 콜레스테롤의 최대 농도는 단지 10^{-8} M에 불과하다. 지방산이 C-3 하이드록실기와 에스터화되면 콜레스테릴 에스터를 형성하게 된다(그림 9.16).

에스터의 3-아실기는 비극성이기 때문에 콜레스테릴 에스터는 콜레스테롤 자체보다 더 소수성을 띠게 된다. 세포 내에서 저장될 목적으로 또한 혈액을 통해 수송되기 위해 콜레스테롤은 콜레스테릴 에스터로 변형된다. 이들은 물에서 녹지 않기 때문에, 수송되기 위해서 콜레스테롤과 에스터는 인지질과 지질단백질들의 양극성 단백질과 반드시 결합해야 한다(16.1B절).

$$H_3C-(CH_2)_{14}-\overset{O}{\overset{\|}{C}}-O-(CH_2)_{29}-CH_3$$

▲ 그림 9.17
미리실 팔미테이트, 왁스.

9.7 생물학적으로 중요한 다른 지질들

막에서 발견되지 않은 종류의 지질들이 존재한다. 왁스, 에이코사노이드, 그리고 몇몇 종류의 아이소프레노이드들이 해당된다. 막에 존재하지 않는 지질들은 매우 특수한 기능을 하고 있는데 이미 알아본 것처럼 지용성 바이타민도 이 중 하나이다.

왁스(waxes)는 긴 사슬의 지방산과 모노하이드록실 알코올의 비극성을 띤 에스터이다. 예를 들면, 미리실 팔미테이트는 밀랍의 주요 성분이며 팔미테이트(16:0)와 30개 탄소 미리실 알코올의 에스터이다(그림 9.17). 미리실 팔미테이트는 소수성을 띠기 때문에 밀랍은 물에 녹지 않으며 높은 녹는점(긴 포화 탄화수소 사슬로 인한)으로 인해 전형적인 실외 온도에서는 고체 상태로 존재한다. 왁스는 자연에 넓게 분포하고 있다. 왁스는 특정 식물의 잎이나 과일, 동물의 피부, 모피, 털, 외골격을 싸고 있는 경우, 방수 역할을 한다. 이도에 분포되어 있는 세포는 귀지(cerumen이라고도 불린다. *cera*는 라틴어로 왁스를 의미함)를 분비한다. 귀지는 이도의 윤활유 역할을 하며 고막을 손상시킬 수 있는 작은 입자들을 잡아주기도 한다. 귀지는 긴 사슬의 지방산, 콜레스테롤, 세라마이드로 이루어진 복잡하게 섞인 혼합물이며 또한 스쿠알렌, 트라이아실글리세롤과 순수한 왁스(무게의 10%)도 포함하고 있다.

▲ **귀지와 밀랍은 자연상태에서 존재하는 왁스의 보기들이다.**

(a) 아라키돈산

(b) 프로스타글란딘 E_2

(c) 트롬복산 A_2

(d) 류코트리엔 D_4

▲ **그림 9.18**
아라키돈산의 구조(a)와 이로부터 유래된 세개의 에이코사노이드. 아라키도네이트는 4개의 시스 이중결합을 가진 C_{20} 다불포화 지방산이다.

에이코사노이드(eicosanoid)는 아라키돈산과 같이 C_{20}의 다불포화 지방산의 유도체로 산소를 함유하고 있다. 그림 9.18은 에이코사노이드의 몇 예를 보여준다. 에이코사노이드는 다양한 생리 현상에 관여하고 있고 또한 많은 병리반응을 매개하기도 한다. **프로스타글란딘(prostaglandin)**은 사이클로펜텐 고리를 가진 에이코사노이드다. 프로스타글란딘 E_2는 혈관 조임을 일으킬 수 있고, 트롬박산 A_2는 혈전 생성 과정에 연관되기도 하는데 혈전은 심장 혹은 뇌로 통하는 혈액을 흐름을 막을 수 있다. 류코트리엔 D_4는 평활근 수축반응을 매개하고 천식 환자의 기관지 수축도 일으킨다. 아스피린(아세틸살리사이클산)은 프로스타글란딘의 합성을 억제함으로써 통증, 열, 부기, 염증 증상을 완화시켜준다(Box 16.1).

막에 존재하지 않는 지질의 일부는 아이소프렌(그림 9.13)과 연관되어 있지만 스테로이드는 아니다. 이런 종류의 지질은 7장에서 언급되었다. 지용성 바이타민 A, E, K는 긴 사슬의 탄화수소나 혹은 융합된 고리를 가지고 있는 아이소프레노이드다(7.14절). 바이타민 D는 콜레스테롤의 아이소프레노이드 유도체이다. 레티놀(바이타민 A)과 연관된 몇 종류의 카로틴도 존재한다. 유비퀴논의 소수성 사슬은 6~10개의 아이소프레노이드를 함유하고 있다(7.15절).

간단한 아이소프레노이드는 테르펜이라고 불린다. 이들은 아이소프렌 단위로부터 만들어지는 구조를 보여주고 있다. 시트랄이 좋은 예인데 많은 식물에 존재하고 있으며 강한 레몬향을 내기도 한다(그림 9.19a). 박토프레놀(디카프레닐되지 않은 알코올, 그림 9.19b)과 곤충발생에 관여하는 유전자의 발현을 조절하는 유충 호르몬 I(그림 19.19c)도 다른 종류의 아이소프레노이드다. 고세균의 경우, 박토프레놀과 유사한 아이소프레노이드가 매우 중요한 지질인데, 대부분 막의 인지질을 대체하고 있기 때문이다(Box 9.5 참조).

테르펜은 아주 광범위하게 변형되어 테르페노이드라 불리는 더 복잡한 형태의 지질이 될

(a) 시트랄

(b) 박토프레놀 (디카프레닐 되지 않은 알코올)

(c) 유충호르몬 I

(d) 리모네네

(e) 지베렐린 GA1

◀ **그림 9.19**
특정 아이소프레노이드. 박토프레놀의 아이소프렌 단위(붉은색)를 주목하라.

BOX 9.3 멘델과 지베렐린

그레고어 멘델(Gregor Mendel)은 유전 기본 법칙을 알아내기 위해 7가지 특성을 연구하였다. 이 특성 중 하나가 줄기의 길이다(*Le*/*le*). *Le* 유전자는 클로닝되었고 염기서열도 밝혀졌다(Lester et al., 1997). 이 유전자의 산물은 지베렐린 3β-하이드록실레이즈이며 테르페노이드 지베렐린 GA1 합성에 필요하다. 정상 유전자에 의한 지베렐린 GA1 생성은 콩 줄기가 길게 자라도록 도와준다. 변이가 일어난 유전자는 활성이 떨어지는 효소를 생성하고 더 적은 양의 호르몬을 만든다. 동형 변이 형질(*le*)의 식물의 키는 작다.

변이는 한 개의 뉴클레오타이드가 치환된 경우이며 알라닌을 쓰레오닌으로 변환시킨다(A293T). 멘델의 7가지 특성 중 또 다른 한 가지는 Box 15.3에 설명되어 있다.

▶ **줄기 길이 변이.** 키가 큰 식물(왼쪽)은 정상이다. 줄기 길이 유전자(*Le*)의 변이로 인해 식물의 키가 작아진다(오른쪽).

수 있다. 이들 중 일부는 오렌지 향을 내는 리모네네(그림 9.19d)와 같은 고리 형태의 화합물이다. 지베렐린은 식물에서 성장 호르몬의 역할을 하며 많은 고리 구조를 가진 테르페노이드이다(그림 9.19e).

9.8 생체막

생체막은 세포의 외부 경계를 결정짓고 세포 내의 구획을 분리하는 역할을 한다. 이들은 모든 살아 있는 세포의 필수 요소들이다. 전형적인 막은 두 겹 층의 지질과 그 속에 파묻혀 있는 단백질로 이루어진다.

생체막은 확산에 대한 수동적인 장벽의 역할만 하는 것은 아니다. 이들은 매우 많은 다양한 기능을 수행한다. 특정 막 단백질들은 이온이나 작은 분자를 세포 안팎으로 수송시키는 특수한 펌프의 역할을 한다. 막은 또한 ATP 생성을 위해 양자 농도기울기를 발생시키고 유지시키기도 한다. 막에 존재하는 수용체는 세포 외부의 신호를 인식하고 세포 내부로 전달하기도 한다.

많은 세포들은 특수화된 구조를 가진 막을 가지고 있다. 예를 들면, 많은 박테리아들은 외막, 내막의 이중막을 가지고 있다. 이 두 막 사이 공간의 액체에는 내막의 수송 단백질에 용질을 전달하는 단백질들이 존재한다. 그리고 이 용질들은 ATP 의존적 경로를 통해 내막을 통과한다. 마이토콘드리아의 부드러운 외막에 수용성 통로를 형성하는 단백질이 존재하고, 복잡하게 얽혀져 있는 모습의 내막은 특이적 투과성을 띠고 있으며 많은 막과 붙어 있는 효소들을 포함하고 있다. 핵 또한 이중의 막을 가지고 있다. 핵 속의 내용물들은 핵공을 통해 세포질과 교류한다. 소포체의 단일 막은 매우 뒤얽혀 있는 모습이다. 진핵세포에서 소포체의 광범위한 네트워크는 막 관통 단백질, 분비되는 단백질, 많은 막의 지질을 합성하는 과정에 관여하고 있다.

이 절에서 생체막의 구조를 탐구하고자 한다. 나머지 부분에서 생체막의 성격과 기능을 설명하고자 한다.

A. 지질 이중층

세제는 물속에서 자발적으로 단일층 혹은 마이셀을 형성한다는 사실을 보았다(2.4절). 세제와 마찬가지로 양극성을 띤 글리세로인지질과 글라이코스핑고지질도 특정 조건에서 단일층을 형성할 수 있다. 세포 내에서 이들은 마이셀을 형성하지 않으며 **지질 이중층(lipid bilayer)**

(a)

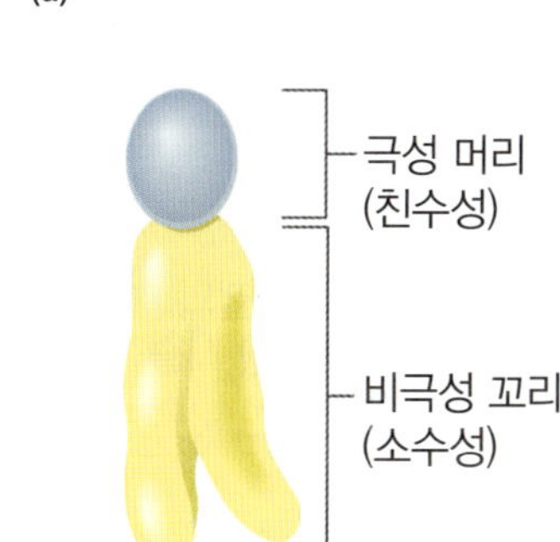

(b)

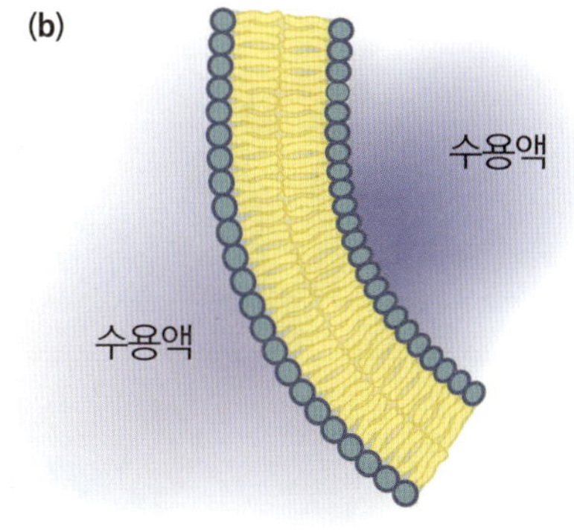

▲ 그림 9.20

막 지질과 이중층. (a) 양극성의 막 지질. (b) 지질 이중층의 단면. 각 층의 친수성의 머리 부분(파란색)은 수용액 쪽으로 향하고 있고, 소수성 꼬리(노란색)는 이중층의 내부에 싸여 있다.

을 형성한다(그림 9.20). 지질 이중층은 모든 생체막의 주요 구성 요소이며 진핵세포의 세포막과 세포 내부의 막을 이룬다. 이중층을 이루는 지질들은 공유결합을 하지 않기 때문에 생체막은 유연성을 띠고 스스로 감쌀 수 있다. 트라이아실글리세롤은 양극성보다 훨씬 소수성을 띠고 있으나 이중층을 형성하지 못하며, 콜레스테롤은 비록 조금 양극성을 띠고 있지만 스스로는 이중층을 형성하지 못한다.

지질 이중층은 전형적으로 5~6 nm 정도 두꺼우며, 두 개의 겹 혹은 층(낱장으로 불리기도 한다)으로 이루어져 있다. 각 겹에서 양극성 지질의 극성 머리 부위는 물과 접촉하고 있으며 비극성 꼬리 부위는 이중층의 내부를 향하고 있다(그림 9.20).

소수성 작용으로 인해 지질 이중층이 자발적으로 생성되게 된다(2.5D절). 지질 분자들이 서로 모이게 되면, 용매의 엔트로피는 증가하게 되어 지질 이중층을 쉽게 형성하게 된다.

B. 막 단백질의 세 종류

세포막 혹은 세포 내의 막에는 매우 특수한 단백질들이 결합되어 있다. 이들은 지질 이중층과 결합하는 형태에 따라 막 내재 단백질, 막 주변 단백질, 지질 고정 막 단백질의 세 종류로 구분할 수 있다(그림 9.21).

막 내재 단백질은 막관통 단백질로 언급되기도 하며 소수성 부위를 가지고 있어서 지질 이중층의 소수성 중심 지역에 박혀 있다. 막 내재 단백질은 보통 세포막을 완전히 관통하고 있어서 일부는 세포의 바깥 표면쪽에, 또 다른 일부는 세포 안쪽 표면에 노출되어 있다. 어떤 막 내재 단백질은 이중층을 관통하는 부위가 하나인 경우도 있고, 또 다른 내재 막 단백질의 경우, 단백질의 여러 부위들이 통과하며 이 부위들은 막 표면에서 고리로 연결된다. 막을 관통하는 부위는 거의 20개의 아미노산으로 이루어진 α-나선 형태이다.

가장 잘 연구된 막 내재 단백질 중의 하나가 박테리오로돕신(그림 9.22a)이다. 이 단백질

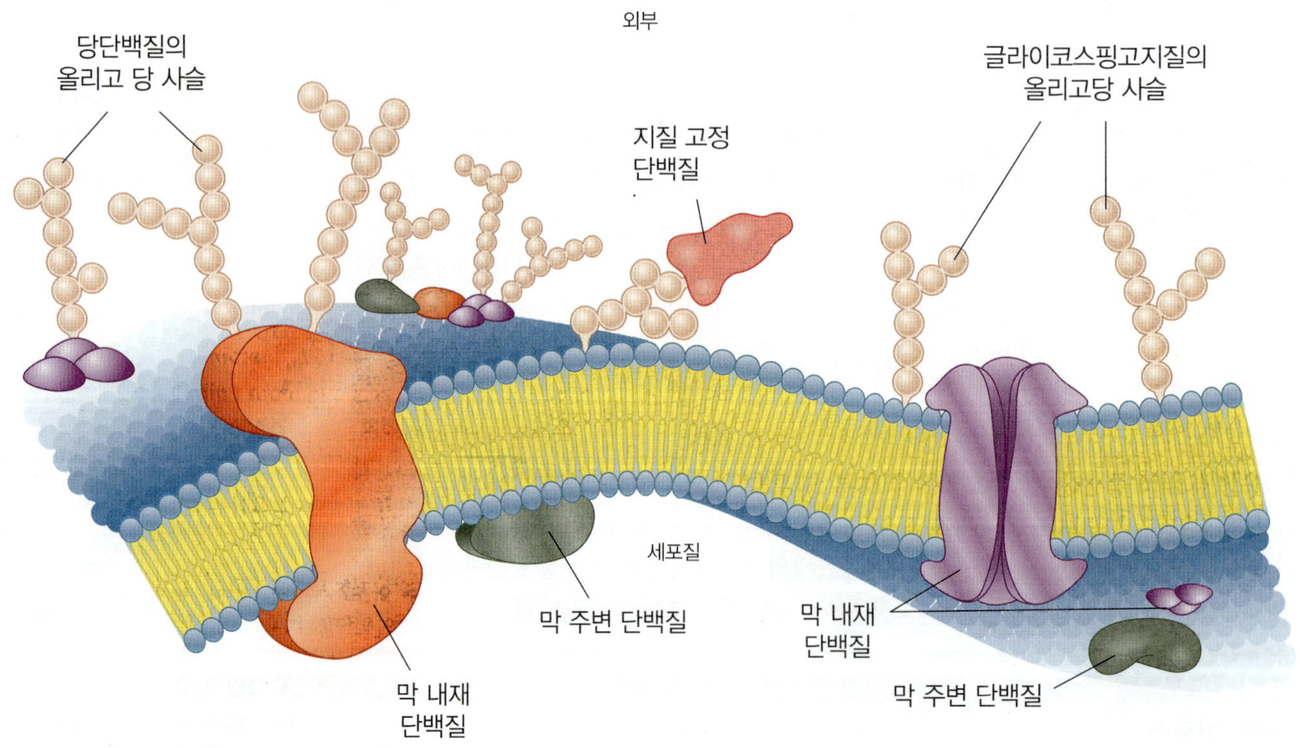

▲ 그림 9.21

전형적인 진핵 세포막 구조. 지질 이중층이 생체막의 기본 요소를 형성한다. 그리고 단백질(일부는 당단백질)이 다양한 방식으로 결합되어 있다. 당단백질과 당지질의 올리고당은 세포 외부를 향하고 있다.

(a)

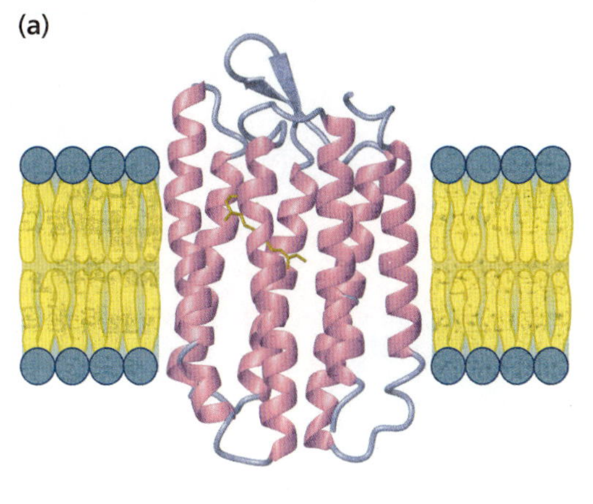

(b)

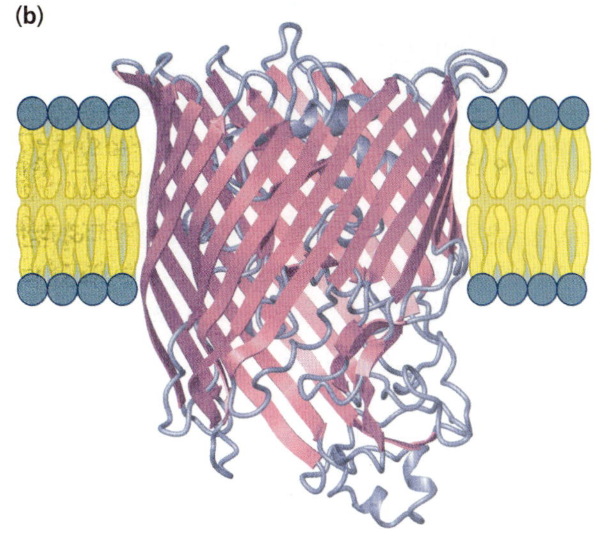

▲ 그림 9.22

막 내재 단백질. **(a)** 박테리오로돕신: 7개의 막을 관통하는 α 나선이 고리로 연결되어 이중층을 관통하는 묶음 형태로 형성되어 있다. 빛을 받아들이는 부분은 노란색으로 표시되어 있다. [PDB 1FBB]. **(b)** *Escherichia coli*의 포린 FhuA: 포린은 통로를 형성하여 단백질과 결합한 이온이 박테리아 안으로 이동하게 해 준다. 이 통로는 β-원통을 형성하는 22개의 역평행 β 가닥으로 이루어진다. [PDB

은 호염성(소금을 좋아하는) 박테리아인 *Halobacterium halobium*의 세포질 막에서 빛을 이용하여 ATP를 합성할 수 있도록 도와준다. 박테리오로돕신은 7개의 α-나선의 묶음으로 이루어져 있다. 원형으로 묶어진 부위의 외부 표면은 소수성을 띠며 막 지질과 직접적으로 작용하고 있다. 내부 표면은 전하를 띤 아미노산 사슬을 포함하고 있고 색소와 결합하고 있다. 박테리오로돕신은 α-나선 형태의 막 내재 단백질 중의 하나로서, 그 구조는 상세하게 알려져 있다. 이러한 α-나선 형태의 단백질이 막 내재 단백질의 주요 두 종류 중의 하나이다. 다른 한 종류는 β-원통형 단백질이다(아래 참조).

3차 구조에 관한 데이터가 없는 경우, 단백질의 소수성(높은 소수성 지표를 띤, 3.2G절)을 띠며 α-나선으로 존재하는 경향이 있는 부위의 아미노산 순서를 찾아서 막 내재 단백질의 α-나선 부위를 예상할 수 있다. 다양한 예측 알고리즘이 현재 개발되어 있고, 이 방법은 현재 알려진 막 관통 α-나선의 70%를 찾아낼 수 있다. 단백질 구조를 확인하기 위해 막 단백질의 크리스털을 얻기가 매우 힘들기 때문에 이러한 예측 방법은 매우 중요하다.

> 단백질 접힘은 엔트로피에 의해 유도되는 조립 과정의 한 예다(4.11A절).

많은 막 내재 단백질은 β 원통 구조를 가지고 있다(그림 4.23b). β 원통의 바깥 표면은 막 지질과 접촉하고 있으며, 통의 내부는 막의 한 쪽에서 다른 쪽으로 분자를 이동시키기 위한 구멍이나 통로의 역할을 한다. *E. coli* 포린, FhuA는 막 내재 단백질의 전형적인 예이다(그림 9.22b).

> 이 장의 후반부에서 막 단백질의 일부 기능을 논의하고자 한다. 막 연관 전자 수송(41장), 광합성(15장), 단백질 합성(22장)에 관여하는 막 단백질들을 다른 장에서도 보게 될 것이다.

막 주변 단백질은, 전하-전하 간의 상호작용 그리고 막 내재 단백질 혹은 막 지질의 극성을 띤 머리 부분과의 수소결합을 통해, 막의 한 쪽 면에 결합되어 있다. 막 주변 단백질은 pH 혹은 이온 결합력의 변화에 의해서 막으로부터 쉽게 떨어져 나올 수 있다.

> 박테리오로돕신의 기능은 15.2절에 설명되어 있다.

지질 고정 막 단백질은 지질과 공유결합을 통해 막에 묶여 있다. 가장 간단한 단백질의 예로, 아미노산 옆 사슬이 아마이드 결합 혹은 에스터 결합에 의해 미리스테이트 혹은 팔미테이트의 지방 아실기에 연결되어 있다. 지방산은 이중층 막의 세포질층에 삽입되어 단백질을 막에 묶어 놓을 수 있다(그림 9.23a). 이런 종류의 단백질은 바이러스 혹은 진핵세포에서 발견된다.

> 프레닐에 연결되어 있는 특정 단백질은 신호 변환의 논의(9.12절) 과정에서 보게 될 것이다.

또 다른 지질 고정 막 단백질들은 단백질의 C 말단 근처의 시스테인의 황 원자를 통해 아이소프레노이드(15 혹은 20-탄소)와 공유결합으로 연결되어 있다(그림 9.23b). 이러한 **프레닐화된 단백질**은 세포막과 세포내막의 세포질층에서 발견된다.

진핵세포 안에 있는 많은 지질 고정 막 단백질은 글라이코실포스파티딜이노시톨 분자에 연결되어 있다(그림 9.23c). 막의 닻 역할을 하는 부분은 글라이코실포스파티딜이노시톨의 1,2-다이아실글리세롤 부분이다. 다양한 성분의 글라이칸은 글루코스아민기의 이노시톨

BOX 9.4 새로운 지질 소포, 리포좀

수용성 칸을 둘러싸는 인지질 이중층으로 이루어진 합성된 소포(자주 리포좀이라 불림)는 실험실에서 만들어질 수 있다. 이 중층의 소수성 끝과 수용액 사이의 호의적이 아닌 접촉을 최대한 줄이기 위해 지질 이중층은 구 형태의 구조를 형성하기도 한다. 이러한 소포는 일반적으로 제법 안정적이고 많은 물질이 스며들지 못하게 한다. 리포좀 내부의 수용액 부분에 약물 분자들이 들어가 있고, 특정 목표 대상 단백질이 리포좀 막에 존재한다고 가정하면, 이는 몸의 특정 조직에 약물을 배달할 수도 있다. 합성 이중층은 세포막을 연구하기 위한 중요한 실험 수단이 된다. 그런 실험의 보기가 Box 15.3에 설명되어 있다.

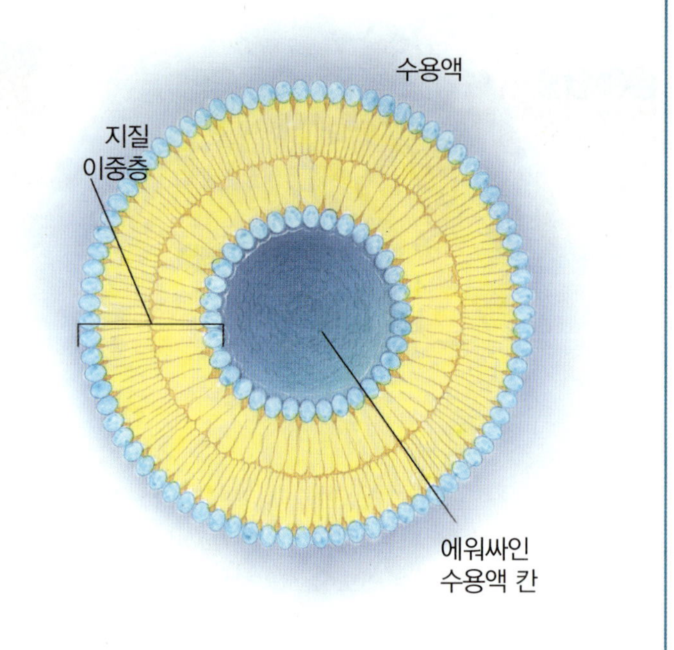

▶ **지질 소포, 리포좀의 그림 단면도.** 이중층은 두 개의 겹으로 이루어진다. 각 겹에는 양극성의 극성 머리 부분이 수용액 방향으로 향하고 있으며, 비극성 탄화수소 꼬리는 내부로 향하여, 상호간의 반데르발스 작용을 하고 있다.

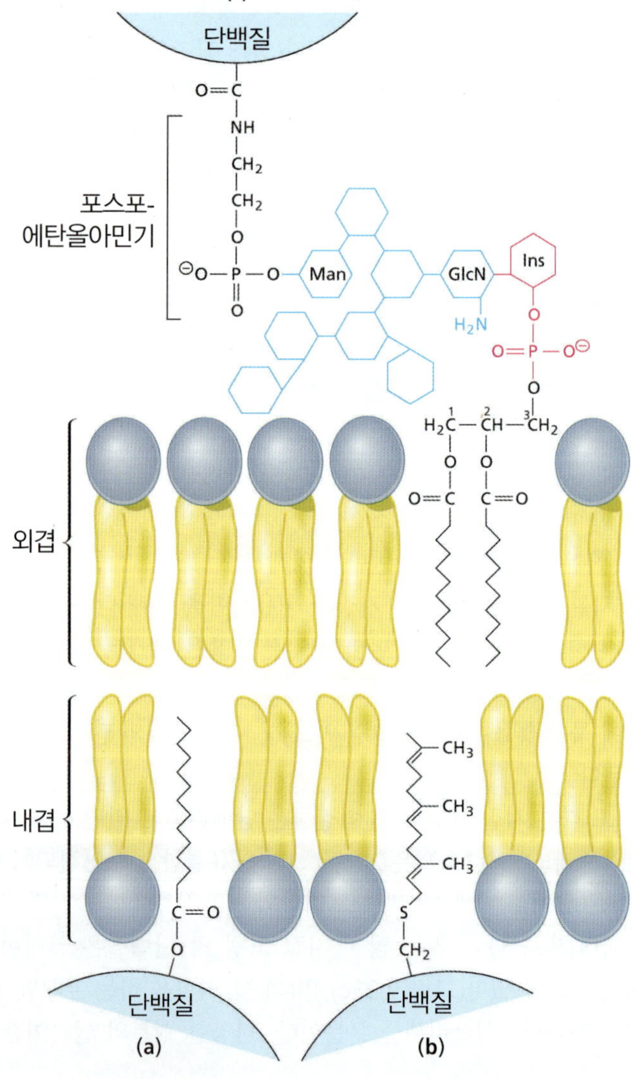

그림 9.23 ▶
지질 고정 막 단백질이 세포막에 결합되어 있다. 동일한 막에서 닻 역할을 하는 세 종류가 발견될 수 있다. 그러나 이들은 여기에 보인 것과 같이 결합체를 형성하진 않는다. **(a)** 지방 아실기에 의해 묶인 단백질. (b) 프레닐기에 의해 묶인 단백질. 지방 아실기와 프레닐기에 의해 묶인 막 단백질은 세포내 기관의 세포질 겹(외부)에도 존재한다. **(c)** 글라이코실포스파티딜이노시톨기에 의해 묶인 단백질. 기생 원생동물인 *Trypanosoma brucei*의 변형된 당단백질의 표면이 보이고 있다. 단백질이 포스포에탄올아민기에 공유결합되어, 순차적으로 글라이칸에 결합되어 있다. 글라이칸(푸른색)은 포스포에탄올아민기가 붙어 있는 만노스를 포함하고 있고, 또한 포스파티딜이노시톨의 포스포이노시톨기(빨간색)가 결합되어 있는 글루코스아민기도 포함하고 있다. 약어: GlcN, 글루코스아민; Ins, 이노시톨; Man, 만노스.

BOX 9.5 특정 종들은 막에 흔치 않은 지질을 가지고 있다

많은 종들이 막의 일부에 흔치 않은 지질을 가지고 있다. 이런 드문 지질들은 가끔 속 혹은 과에 국한되기도 하지만 전체 목에서 뚜렷한 지질 구성을 보이기도 한다. 진핵세포의 경우, 특정 종류의 동물 혹은 식물에서만 발견되는 지질이 존재한다. 식물, 동물, 곰팡이의 전체 계에서 발견되는 특별한 지질 구성도 존재한다.

원핵세포는 지질의 다양한 변형을 가지고 있다. 사이아노박테리아, 마이코플라스마, 그람양성 박테리아와 같은 주요 군들은 그들의 막에 매우 특징적인 지질 구성을 가지고 있다.

고세균들은 매우 드물고 뚜렷한 글리세로인지질을 가지고 있다. 고세균의 글리세로인지질의 글리세롤 포스페이트골격은 *sn*-글리세롤-1-포스페이트로서 다른 종류(*sn*-글리세롤-3-포스페이트)의 입체 이성질체이다(Box 16.1 참조). 탄화수소 사슬이 글리세롤 골격에 에스터 결합이 아닌 에테르 결합으로 붙어 있고, 고세균의 탄화수소 사슬은 종종 지방산 유도체가 아닌 아이소프레노이드 유도체다.

그람음성 박테리아의 몇 종들은 그들의 지질에 에테르와 에스터 결합의 혼합되어 있기도 하지만, 고세균의 드문 지질 구성은 이들이 아주 다른 단일 계통임을 강하게 시사한다. 앞에서도 언급한 것처럼(1.5절), 특정 과학자들은 고세균의 독특함으로 인해 생명의 세 번째 도메인을 만들어야 한다고 주장하지만, 현재 관점은 생명 현상의 더 복잡한 그물 형태를 의미한다고 볼 수 있다.

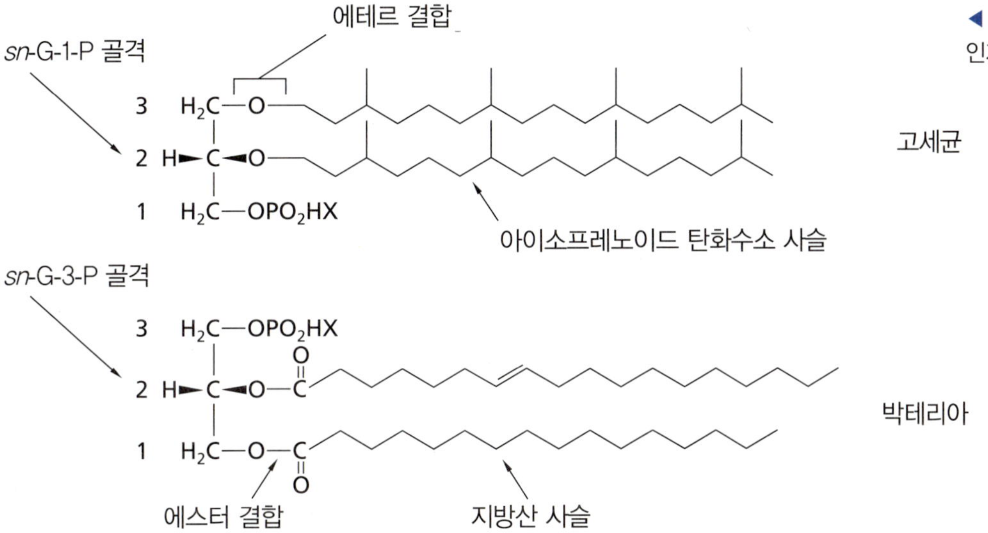

◀ 전형적인 박테리아와 고세균의 글리세로인지질 비교.

에 결합되어 있고, 만노스기는 글라이칸을 포스포에탄올아민기에 연결시켜주며, 단백질 C 말단의 α 카복실기는 아마이드 결합을 통해 에탄올아민과 연결되어 있다. 100여 종류 이상의 단백질이 글라이코실포스파티딜이노시톨과 연결되어 막과 결합하고 있다. 이러한 단백질들은 매우 다양한 기능을 하고 있으며, 세포막의 바깥 지질 단층에서 존재한다. 이 단백질들은 9.9절에서 설명되어 있는 콜레스테롤-스핑고지질 래프트에서 발견된다.

이러한 세 종류의 지질 닻은 단백질 합성 후에 아미노산기에 공유결합으로 연결된다. 막내재 단백질처럼, 대부분의 지질에 묶여 있는 단백질은 막과는 직접적으로 상호작용을 하지 않지만, 막과 영구적으로 연결되어 있다. 포스포라이페이즈에 의해 연결이 끊어지면 물에 녹은 단백질 형태로 작용한다.

전형적인 세포에서 막 단백질의 전체 개수는 정확히 알 수 없으나 단백질체의 상당부분을 차지할 것으로 예상한다. *E. coli*의 경우 대개 1000개의 막 단백질이 존재할 것으로 보인다. 전체 단백질의 수가 약 4000(4장) 정도이니, 막 단백질은 전체 단백질의 약 25%를 차지한다. 이 비율은 아마도 다세포 진핵생물에는 더 높을 것으로 예상되는데, 세포와 세포 사이의 작용 및 세포 내의 신호에 연관된 더 많은 막 단백질이 존재하기 때문이다.

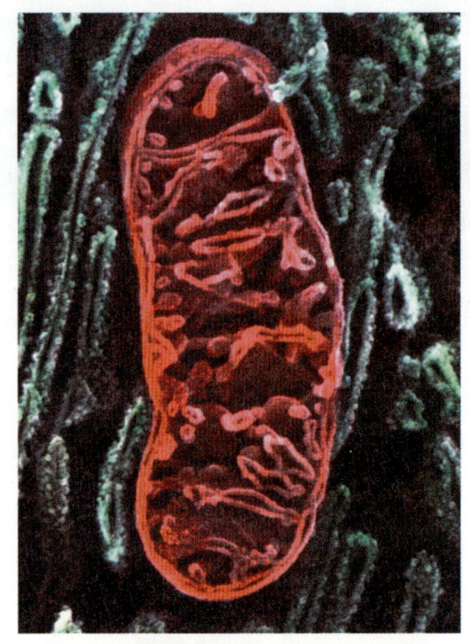

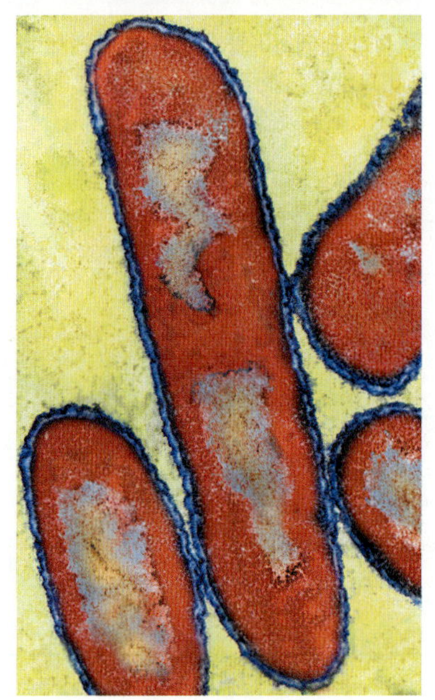

◀ 그림 9.24

마이토콘드리아와 많은 박테리아의 이중 막. 대부분 진핵세포의 세포막은 단일 지질 이중층이다. 진핵세포의 핵이나 마이토콘드리아(위 왼쪽)처럼 주요 세포 소기관은 이중 막으로 둘러싸여 있다. 그람음성 박테리아의 경우, *E. coli*에서 보듯이(아래 왼쪽), 외부 그리고 내부 지질 이중층으로 이루어진 이중 막을 가지고 있다. 마이토콘드리아(그리고 엽록체)가 이중 막을 가지고 있다는 사실은 놀랍지 않은데, 그 이유는 전자 수송과 ATP 합성의 에너지 생산 메커니즘의 한 부분으로서 이중 막을 사용하는 그람음성 박테리아에서 유래되었기 때문이다(14장).

각 종류의 막은 다른 종류의 단백질과 지질을 포함한다. 특정 세포 혹은 세포내 기관의 경우 두 개의 분리된 지질 이중층으로 이루어진 이중 막으로 쌓여 있다(그림 9.24). 마이토콘드리아와 *E. coli*의 경우, 내부 막이 외부 막보다 더 많은 막 단백질을 가지고 있다.

C. 생체막의 유동 모자이크 모델

전형적인 생체막은 질량으로 따져 약 25~50%의 지질과 50~75%의 단백질을 함유하고 있다. 탄수화물은 당지질과 당단백질의 구성요소로 존재한다. 지질은 인지질, 글라이코스핑고지질(동물의 경우), 콜레스테롤(특정 진핵 생물의 경우)의 복잡한 혼합물이다. 콜레스테롤과 스스로 지질 이중층을 이루지 않는 지질(약 전체의 30%)은 다른 70% 지질에 의해 이중층 형태로 인해 안정화된다(다음 절 참조).

생체막의 구성요소는 종과 다세포 생물의 세포 종류에 따라 매우 다양하다. 예를 들면, 신경섬유를 보호하는 수초 막에는 단백질이 비교적 적은 편이다. 대조적으로 마이토콘드리아의 내부 막에는 많은 단백질이 존재하는데 이는 대사 활동의 비율을 반영하고 있다. 적혈구의 세포막에는 유난히 많은 양의 단백질이 존재한다.

각 생체막은 특유의 지질과 단백질 사이의 비율뿐 아니라 특유의 지질 구성 성분을 보여준다. 예를 들면, 뇌 조직의 막에는 포스파티딜세린의 양이 많은 편이며, 심장과 폐 세포의 경우 각기 포스파티딜글리세롤과 스핑고마이엘린 성분이 높은 편이다. *E. coli* 내부 막의 약 70%는 포스파티딜에탄올아민이 차지하고 있다. 그람음성 박테리아의 외부막은 리포폴리사카라이드를 함유하고 있다.

인지질은 조직에 따라 차별적으로 분포되어 있을 뿐 아니라, 한 생체막에서도 내부 및 외부 막에 비대칭적으로 분포하고 있다. 포유류의 경우, 90%의 스핑고마이엘린 분자는 세포막의 외부 표면에 존재한다. 포스파티딜세린도 많은 세포에서 비대칭적으로 분포되어 있으며, 약 90%가 세포질 쪽의 지질층에 존재한다.

생체막은 지질 이중층(약 6~10 nm)보다 두껍다. 1972년 싱어(S. Jonathan Singer)와 니콜슨(Garth L. Nicolson)에 의해 제시된 **유동 모자이크 모델(fluid mosaic model)**은 막의 지질과 단백질의 배치에 대해 설명하기 위한 아직까지도 유용한 모델이다. 이 이론에 따르면, 막은 매우 활동적인 구조를 가지고 있으며, 단백질과 지질이 빠르고 무작위적인 방식으로 수평으로 이동하거나 혹은 회전하고 있다. 막 단백질은 매우 유동적인 지질 이중층의 바다에 떠 다니는 빙산으로 묘사될 수 있다(그림 9.21; 하지만 어떤 단백질은 움직임이 없고, 특정 지질들은 활동이 제한적인 경우도 있다).

핵심개념

막은 지질 이중층과 박혀 있는 단백질로 이루어진다. 지질과 단백질은 막에서 빠르게 퍼져 나갈 수 있다.

9.9 막은 활동력이 있는 구조물이다

이중층의 지질은 끊임없이 움직이고 있으며 이로 인해 지질 이중층이 유동성을 가지게 된다. 따라서 지질 이중층의 2차원 구조의 용매라고 여겨질 수 있다. 지질은 이중층 내에서 몇 가지 분자 움직임을 보여준다. 지질은 이중층의 한 층에서 빠르게 움직일 수 있는데, 2차원 구조의 평면 확산 운동의 한 보기다. 인지질은 박테리아의 한 쪽 끝에서 다른 쪽 끝까지(약

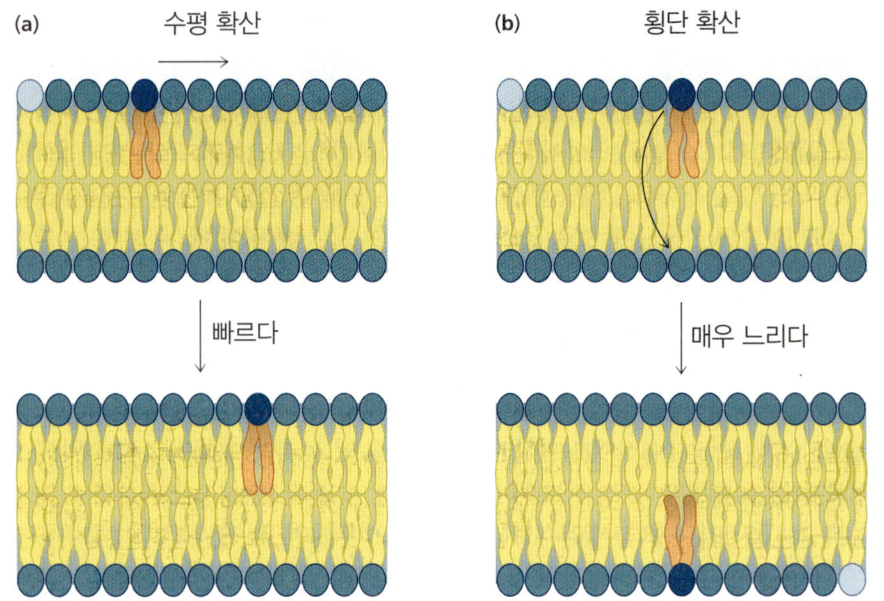

▲ **그림 9.25 이중층 내에서 지질의 확산.** (a) 수평 확산은 비교적 빨리 일어난다. (b) 지질의 횡단 확산 혹은 회전은 매우 느리게 일어난다.

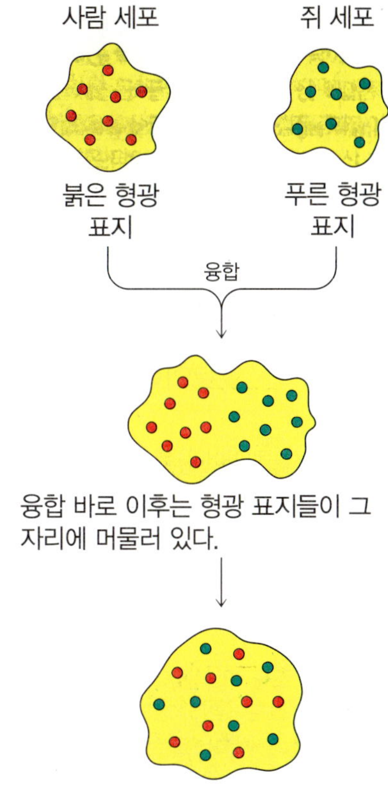

▲ 그림 9.26
막 단백질의 확산. 사람 세포의 막 단백질은 붉은 형광 표지로 표식시켰고, 쥐 세포의 막 단백질을 푸른 형광 표지로 표식시킨 후, 세포 융합을 시도하였다. 초기에 그 자리에 머물러 있던 표지들이 40분 만에 융합된 세포의 전 표면에 분산되었다.

당신은 할머니로부터 지질 분자를 물려받았을지도 모른다(문제 18 참조)

2 μm)의 거리를 37°C에서 약 1초 안에 이동한다.

이와는 대조적으로, 지질은 이중층의 한 층에서 다른 층으로 가로질러 확산 운동을 하기도 하며 플립-플롭이라고 표현되기도 한다. 이렇게 층을 가로지르는 확산 운동은 층 내의 수평이동보다는 훨씬 느리다. 인지질의 머리 부분은 용매와 접촉이 매우 높은데, 다른 층으로 이동하기 위해서는 이중층 내의 탄화수소 내부를 지나가야 한다. 이 운동과 관련된 에너지 장벽이 너무 높기 때문에 이중층 내에서 인지질의 층을 가로지는 확산 운동은 수평 확산 비율의 십억 분의 일 수준으로 일어난다. 이러한 느린 운동으로 인해 세포막의 내부와 외부막의 특이한 구성 요소가 유지되게 된다.

모든 세포는 기존의 막에 지질과 단백질을 더함으로써 새로운 막을 합성한다. 세포막이 팽창할수록, 세포의 크기도 커진다. 결국 세포는 분열되고, 각 딸세포는 모세포 막의 일부를 물려받게 된다. 세포 내부의 막도 동일하게 팽창하고 나누어진다.

박테리아의 경우, 지질 분자들은 보통 지질 이중층의 세포질 쪽으로 더해진다. 새롭게 합성된 지질을 이중층 중 한 층에만 더해짐으로써 막의 비대칭성이 만들어진다. 층을 가로지르는 확산 운동은 매우 느린 편이여서, 새롭게 합성된 지질들은 세포막의 표면으로 퍼지지는 않는다. 이것이 세포 내부 막에 특정 지질이 많이 존재하는 이유를 설명한다. 막에 결합해 있는 플리페이즈와 플로페이즈의 활동이 지질 비대칭성을 만들기도 하고 유지하기도 하는데, 이 효소들은 ATP를 사용하여 특정 인지질은 한 층에서 다른 층으로 이동시켜 준다. 이 효소들의 활성으로 인해 특정 종류의 인지질이 세포 바깥층에 풍부하게 존재할 수 있다. 진핵세포들은 소포체와 골지체에서 막 지질의 비대칭성을 만들어 낸다. 이 기관으로 만들어진 비대칭적인 막의 일부가 다른 막으로 흘러가게 된다.

1970년에 프라이(L. D. Frye)와 에디딘(Michael A. Edidin)은 막 단백질들이 지질 이중층 내에서 확산 운동을 하는지 알아보기 위한 멋진 실험을 수행하였다. 이들은 생쥐 세포와 사람 세포를 융합시켜 혼합된 세포를 만들었다. 또 이들은 사람 세포 막의 특정 단백질과 결합할 수 있는 항체는 빨간 형광 물질을 부착시키고, 생쥐 세포막의 특정 단백질과 결합하는 항체에는 초록 형광 물질을 부착하여, 형광현미경을 통하여 막 단백질의 위치 변화를 관찰하였다. 세포 융합 후 40분 안에 각 형광 물질로 표시된 단백질이 서로 섞여짐을 알 수 있었다(그림 9.26). 이 실험은 적어도 어떤 막 단백질은 생체막에서 자유롭게 확산 운동을 할 수 있음을 보여주었다.

몇 종류의 막 단백질은 수평으로 매우 빠르게 움직이나 대부분의 막 단백질은 막 지질보다 약 100~500배 정도 천천히 움직인다. 특정 단백질은 세포막 아래 존재하는 세포 골격 단백질과 결합하거나 응집되어 있어서 움직임이 엄격히 제한되기도 한다. 상대적으로 움직임이 적은 단백질은 울타리의 역할을 함으로써 다른 단백질의 움직임을 억제할지도 모른다. 막 단백질의 제한된 확산 운동으로 인해, 구성 성분이 특이한 막의 일부 지역 즉 단백질 도메인이 만들어진다.

막 단백질의 배치는 동결 박편 방법을 이용하여 전자현미경으로 관찰할 수 있다. 이 방법에 따르면, 막 표본을 액체 질소 온도로 빠르게 얼린 후, 칼을 이용하여 표본에 균열을 가하게 된다. 지질 이중층에서 상호 분자 작용이 약한 부분의 막 일부가 분열되어 쪼개지게 된다(그림 9.27a). 진공 상태에서 얼음이 증발되고 나면, 막 내부가 노출된 부분을 백금 필름으로 코팅하여 금속 틀을 만들고 전자현미경으로 관찰한다. 막 단백질이 풍부한 막은 오돌토돌한 모습을 나타내며 단백질이 존재함을 의미한다. 대조적으로 단백질이 존재하지 않은 막 부분은 부드러운 모습을 띤다. 그림 9.27b는 적혈구 세포의 외부 막이 제거된 후 내막 단층의 거친 표면을 보여주고 있다.

지질 이중층의 유동성은 지방 아실 사슬의 유연성에 의존한다. 포화 아실 사슬은 완전히 뻗어져 있어서 낮은 온도에서도 사슬 간의 최대 반데르발스 작용으로 인해 크리스털과 같은 배열을 이루고 있다. 지질 이중층이 열을 받을 때, 크리스털 구조가 녹는 비슷한 현상이 일어난다. 크리스털 구조가 액체 상태로 변하는 과정에서 지질의 아실 사슬은 비교적 질서가 없어지고 느슨하게 존재하게 된다. 이러한 상-전이 과정에서, 탄화수소 꼬리가 C—C 결합 사이의 회전으로 인해 덜 뻗어지게 되고, 이중층의 두께가 약 15% 감소한다(그림 9.28). 한 종류의 지질로 구성된 이중층은 상-전이 온도라고 불리는 특정 온도에서 상-전이를 겪

(a)

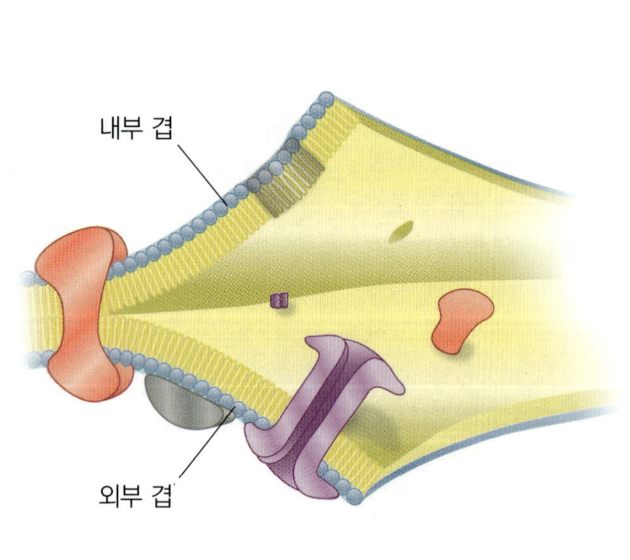

(b)

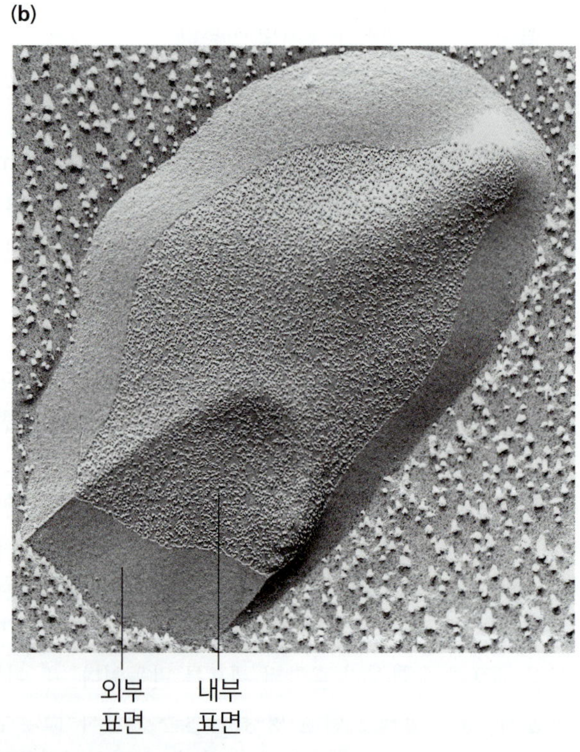

▲ 그림 9.27 **생체 막의 동결 박편.** (a) 두 개의 낱장의 표면을 따라 지질 이중층을 쪼개기. 노출된 내부 표면의 백금 모형을 전자현미경으로 검사하고 있다. 막 단백질은 모형상에서 돌출되어 보이거나 홈으로 보인다. (b) 동결 박편 방법으로 준비된 적혈구의 전자현미경 모습. 내부 표면의 돌기들이 막 단백질의 위치를 보여준다.

게 된다. 지질이 불포화 아실 사슬을 포함하고 있을 때는 이중층의 소수성 핵심 부분은 실온(23℃)보다 낮은 온도에서 액체 상태를 유지한다. 여러 종류의 지질로 이루어진 생체막은 10℃에서 40℃의 범위 내에서 점차 젤 상태에서 액체 크리스털 상태로 변하게 된다. 생체막에서 상-전이는 지역적으로 일어날 수 있으며 특정 온도에서 액체 혹은 젤 상태의 지역이 공존할 수 있다.

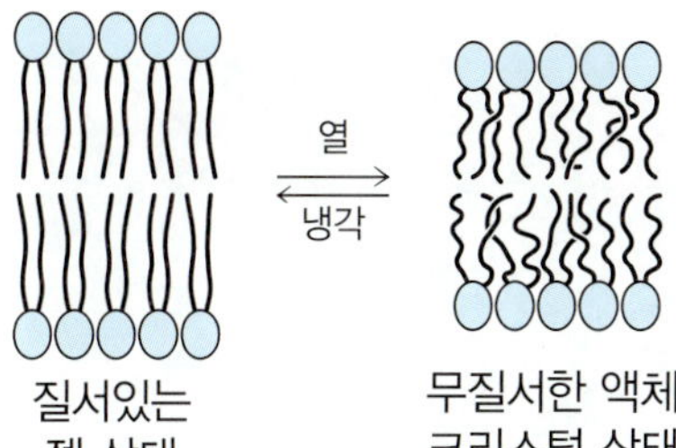

▲ 그림 9.28

지질 이중층의 상 변화. 질서 있는 젤 상태에서는, 탄화수소 사슬이 쭉 뻗어져 있다. 상-변이 온도보다 높은 경우, C—C 결합의 회전이 무질서해져서 액체 크리스털 상태로 변하게 된다.

인지질의 구조는 유동성과 상-전이 온도에 지대한 영향을 끼친다. 9.2절에서 보았듯이, 시스 형태의 이중결합을 가진 지방산의 탄화수소는 구부러져 있고 빽빽이 쌓이는 과정을 방해하며 유동성을 증가시킨다. 인지질에 불포화 지방 아실기를 삽입하면 상-전이 온도가 낮아진다. 막 유동성의 변화는 막 이동과 막 단백질의 효소 기능에 영향을 미치기 때문에 많은 생명체는 막 지질의 불포화와 포화 지방산의 비율을 조절함으로써 특정 조건에서 막 유동성을 유지하고 있다. 예를 들면, 박테리아가 낮은 온도에서 성장하는 경우, 막의 불포화 지방 아실기의 비율이 증가한다. 금붕어는 그들이 헤엄치고 있는 물 온도에 적응한다. 주변 환경의 온도가 낮아지면 금붕어 내장 막과 전체 뇌의 불포화 지방산 비율이 올라간다. 불포화 지방 아실기로 인해 녹는점이 낮아지고 유동성이 올라감으로써 더 추운 온도에서 기능을 할 수 있도록 막 유동성이 유지된다.

콜레스테롤은 전형적인 포유류 세포막에서 지질 질량의 약 20~25%를 차지하며 막 유동성에 막대한 영향을 미친다. 경직된 구조의 콜레스테롤이 막 지질의 탄화수소 사슬 사이에 끼어들면, 높은 온도에서도 지방 아실기의 움직임이 제한 받게 되고 유동성이 감소한다(그림 9.29). 콜레스테롤은 지방 아실기가 완전히 뻗어져 있어서 잘 채워져 있는 질서를 방해한다. 따라서 동물 세포 막은 콜레스테롤로 인해 온도 혹은 지방산의 포화 정도가 변하더라도 아주 적정한 유동성을 유지하게 된다.

콜레스테롤은 긴 포화 지방 아실기를 가진 스핑고지질과 어울리려는 경향을 가지고 있다. 대부분의 글리세로인지질의 불포화 사슬은 구부려져 있기 때문에 막 안에 콜레스테롤이 끼어들기 힘들다. 이러한 차별적인 경향으로 인해, 포유류의 막은 콜레스테롤과 스핑고지질이 풍부한 지역과 콜레스테롤이 거의 없는 지역으로 이루어진다. 이러한 지역을 지질 뗏목이라고 부른다. 특정 막 단백질들은 **지질 뗏목(lipid raft)**에 선별적으로 존재한다. 따라서 특정 막 단백질 또한 세포 표면에서 지역 선별적으로 존재한다. 막 단백질은 지질 뗏목의 구조를 유지하는 과정에서 매우 중요한 역할을 할 것으로 예상된다.

(a)

(b)

▲ **금붕어는 물 온도에 적응한다.** **(a)** 이 금붕어(잉어, *Carassius auratus*)들은 그들 막의 지질 구성을 변화시킴으로써 물 온도에 적응해 왔다(교토, 일본). **(b)** 이 금붕어는 어떠한 물 온도에도 적응하지 못하고 있다.

9.10 막 수송

세포막은 물리적으로 살아 있는 세포를 주변 환경으로부터 분리해 준다. 나아가, 원핵 및 진핵 세포 내부에도 막에 둘러싸인 기관들이 있다. 진핵세포의 경우, 핵과 마이토콘드리아는 좋은 보기가 된다.

막은 대부분의 분자들이 자유롭게 통과하지 못하게 하며 선별적으로 통과할 수 있게 해주는 장벽이다. 일반적으로 분자들이 막을 통과하는 정도는 분자들의 소수성과 유기 용매에 녹을 수 있는 경향과 연관되어 있다. 그래서 헥사노익산, 아세트산, 에탄올은 비교적 쉽게 막을 통과할 수 있다. 이들은 매우 높은 투과 계수를 가지고 있다(그림 9.30). 물은 비록 매우 강한 극성이지만 자유롭게 막을 통과할 수 있다. 그러나 물의 투과 계수가 보여주듯, 헥사노익산과 같은 유기 용매에 비교하면 물의 투과성은 매우 제한적인 편이다.

Na^+, K^+, Cl^-과 같은 작은 이온들은 매우 낮은 투과 계수를 가지고 있다. 지질 이중층의 소수성 핵심 지역이 대부분의 극성 혹은 전하를 띤 물질에 대해서는 거의 투과할 수 없는 장벽이기 때문에 이온들은 막을 퍼져 들어 갈 수 없다.

언급한 바와 같이, 매우 소수성이 강한 분자와 전하를 띠지 않는 작은 분자들은 생체막을

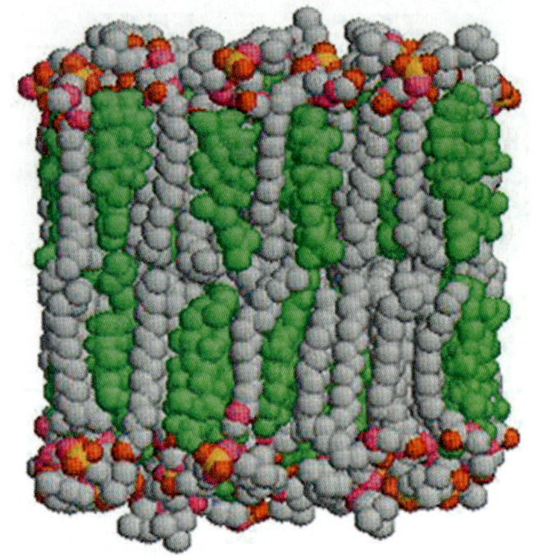

▲ 그림 9.29
지질 막의 모델. 콜레스테롤 분자(초록색)는 인지질 지방 산 사슬(회색) 사이에 쌓여 있다.

이동할 수 있다. 물, 산소, 그리고 다른 작은 분자들이 비록 막을 넘어 빨리 넘어올 수는 없으나, 이들은 분명히 진핵세포 안으로 들어와서 세포 내 기관들 사이에서 자유롭게 움직여야만 한다. 단백질과 핵산처럼 고분자 화합물도 막을 넘어서 혹은 세포 기관의 막을 넘어서 수송되어야만 한다. 살아 있는 세포에서, 분자들은 수송 단백질(특정 경우 구멍, 운반체, 퍼미에이즈, 펌프라고 불린다)을 통해 막을 통과하며, 고분자 화합물은 세포내유입과 세포외유출 과정에 의해 수송된다.

산소와 이산화탄소와 같은 비극성 가스와 스테로이드 호르몬, 지용성 바이타민과 같은 소수성 분자와 특정 약물들은 막을 중심으로 농도가 높은 곳에서 낮은 곳으로 확산되면서 세포 안으로 혹은 세포 밖으로 이동한다. 이동 속도는 두 지역의 농도 차이 혹은 농도기울기에 의존한다. 농도가 낮은 쪽으로 향한 확산은 엔트로피 증가와 자유 에너지 감소로 인해 유도되는 자발적인 과정이다(아래 참조).

막을 넘어 분자들과 이온을 이동하는 과정에 세 종류의 막 내재 단백질이 관여하고 있다. 이들은 통로, 구멍, 그리고 수동적 및 능동적 수송체들이다. 이 세 종류의 수송 시스템은 운동 성격이나 에너지를 요구하는 조건들이 모두 다르다. 예를 들면, 구멍과 통로를 통과하는 용질의 이동 속도는 용질의 농도가 증가함에 따라 같이 증가한다. 그러나 수동적 혹은 능동적 수송체를 통한 이동 속도는 용질의 농도가 증가하게 되면 최대 속도에 이르게 된다(수송 단백질이 포화 상태가 된다). 특정 종류의 수송의 경우 에너지가 필요한 경우도 있다(C절). 막 수송의 특징들은 표 9.3에 정리되어 있다. 이 절에서는 다양한 종류의 막 수송 시스템과 세포내유입과 세포외유출이 설명된다.

A. 막 수송의 열역학

1장에서 설명된 바와 같이, 반응의 실질적인 깁스 자유에너지 차이는 다음 방정식의 표준 깁스 에너지와 연관되어 있다.

$$\Delta G_{\text{반응}} = \Delta G^{\circ\prime}_{\text{반응}} + RT\ln\frac{[\text{C}][\text{D}]}{[\text{A}][\text{B}]} \quad \textbf{(9.1)}$$

$\Delta G^{\circ\prime}_{\text{반응}}$은 반응의 표준 깁스 자유에너지의 차이를 표시한다. [C][D]는 산물의 농도를 의미하며, [A][B] 반응물의 농도를 나타낸다. 막 수송과 연관된 깁스 자유에너지 차이는 막을 중심으로 한 쪽의 분자 농도에 의존한다.

어떤 분자 A의 경우, 막 안쪽의 농도는 $[\text{A}_{\text{안}}]$이고 바깥쪽의 농도는 $[\text{A}_{\text{밖}}]$이라고 표시하자. A 분자 수송과 연관된 깁스 자유에너지 차이는 다음 식으로 표현할 수 있다.

$$\Delta G_{\text{수송}} = RT\ln\frac{[\text{A}_{\text{안}}]}{[\text{A}_{\text{밖}}]} = 2.303\,RT\log\frac{[\text{A}_{\text{안}}]}{[\text{A}_{\text{밖}}]} \quad \textbf{(9.2)}$$

표 9.3 다른 종류의 막 수송의 특징

	단백질 수송체	기질로 인한 포화 정도	농도기울기에 대한 상대적 운동	투입 에너지 필요
간단한 확산	아니오	아니오	아래	아니오
통로와 구멍	예	아니오	아래	아니오
수동적 수송	예	예	아래	아니오
능동적 수송				
1차	예	예	위	예(직접적인 출처)
2차	예	예	위	예(이온기울기)

세포 내부의 A 농도가 세포 외부의 A 농도보다 훨씬 낮으면 $\Delta G_{수송}$ 마이너스 값이 되고 A가 세포 안으로 흘러들어가는 과정은 열역학적으로 유리하게 일어난다. 예를 들어, 만약 $[A_{안}]$ = 1 mM이고 $[A_{밖}]$ = 100 mM이면 25°C에서 아래의 방정식이 성립된다.

$$\Delta G_{수송} = 2.303\,RT \log \frac{[A_{안}]}{[A_{밖}]} = 2.303 \times 8.325 \times 298 \times (-2) = -11.4 \text{ kJ mol}^{-1} \quad (9.3)$$

이러한 조건에서 용질 A는 세포 안으로 흘러들어가서 농도기울기를 감소시킨다. 반대 방향으로 이동은 열역학적으로 일어나지 않으며 이 경우 깁스 자유에너지 차이는 플러스 값을 보인다($\Delta G_{수송}$ = +11.4 kJ mol^{-1} 세포 내부에서 외부로 움직일 경우).

방정식 9.2는 오직 전하를 띠지 않은 분자에게 적용된다. 이온의 경우는 막 사이에 존재하는 전하 차이를 고려하는 요소들이 깁스 자유에너지 차이에 포함되어야 한다. 대부분의 세포에서 양전하는 선별적으로 세포 외부로 이동하면서 세포 내부가 상대적으로 음전하를 띠게 된다. 막 사이의 전하 차이는 아래 식과 같다.

$$\Delta\Psi = \Psi_{안} - \Psi_{밖} \quad (9.4)$$

$\Delta\Psi$는 막전위라고 불린다(volt 단위). 이 전위로 인한 깁스 자유에너지 차이는 다음과 같다.

$$\Delta G = zF\Delta\Psi \quad (9.5)$$

z는 수송되는 분자의 전하량이며(예: +1, −1, +2, −2 등)이며 F는 패러데이 상수(96, 485 JV^{-1} mol^{-1})이다. 세포 내부는 음전하를 띠기 때문에 Na$^{\oplus}$, K$^{\oplus}$과 같은 양전하가 세포 내부로 들어오는 과정은 막전위에 의해 열역학적으로 유리하다. 양전하를 세포 밖으로 이동시키는 과정은 플러스 값의 깁스 자유에너지 차이를 보이기 때문에 에너지를 만들어 내는 과정과 맞물려져 있다.

따라서 전하를 띤 분자를 수송하는 경우, 화학적(농도) 혹은 전기적(전하) 영향을 다 고려하여야 한다.

$$\Delta G_{수송} = 2.303\,RT \log \frac{[A_{안}]}{[A_{밖}]} + zF\Delta\Psi \quad (9.6)$$

B. 구멍과 통로

구멍과 **통로**는 이온과 작은 분자 수송을 위한 막 통과 단백질들이다(보통 구멍은 박테리아의 경우, 통로는 동물의 경우 사용된다). 적당한 크기, 전하, 분자 구조를 가진 용질은 농도기울기에 따라서 자유롭게 세포 막을 확산해서 이동할 수 있다(그림 9.31). 이 과정에 에너지는 필요하지 않다. 일반적으로 구멍이나 통로를 통해 용질이 이동하는 속도는 용질의 농도가 높다 하더라도 포화되지 않는다. 특정 통로의 경우, 속도는 확산 조절 제한에 도달할지도 모른다.

어떤 박테리아의 외부 막은 포린 단백질이 풍부하게 존재하는데, 포린 단백질로 인해 이온과 많은 작은 분자들이 세포막의 특정한 수송체에 접근할 수 있게 된다. 비슷한 통로들은 마이토콘드리아 외부 막에서도 발견된다. 포린은 보통 용질에 대해 매우 선별적이지 않다. 이 들은 영원히 열려 있는 여과기처럼 작용하며 용질의 농도에 의해 조절될 수 있다. 대조적으로 세포막은 많은 통로 단백질도 포함하고 있는데 이들은 특정 신호에 따라 열리고 닫히면서 특정 이온에 매우 특이하게 작용한다.

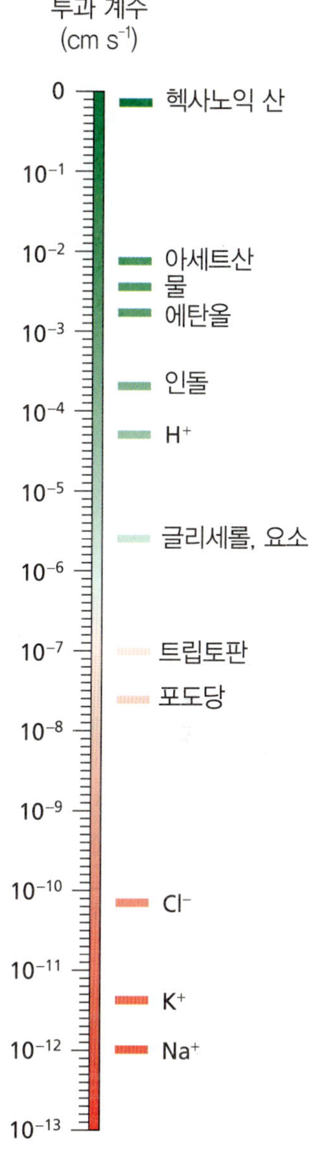

▲ 그림 9.30
다양한 분자의 투과 계수. 투과 계수가 높은 분자들(위)은 다른 도움 없이 확산해서 막을 통과할 수 있다.

핵심개념

주어진 용질에 대해, 수송의 깁스 자유에너지 변화는 막 한 쪽의 막 전위와 용질 농도에 의존한다.

방정식 9.6의 중요성은 화학 삼투 이론을 설명할 때 뚜렷해질 것이다(14.3절).

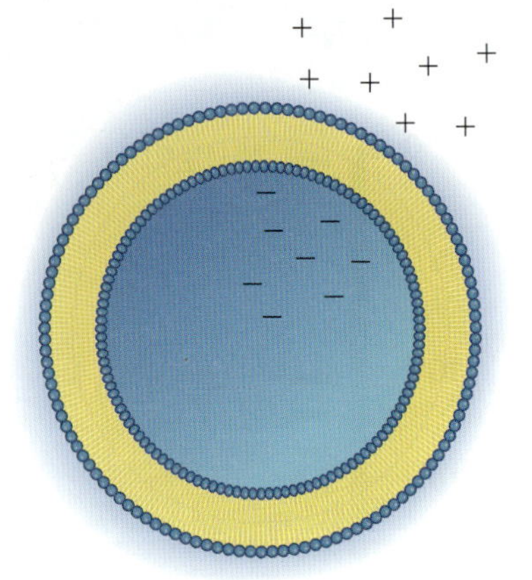

▲ **막 전위.** 대부분의 경우, 세포 혹은 막으로 구성된 기관의 내부는 외부에 비해 상대적으로 음성이며 막 전위(Δψ)는 마이너스 값을 띤다.

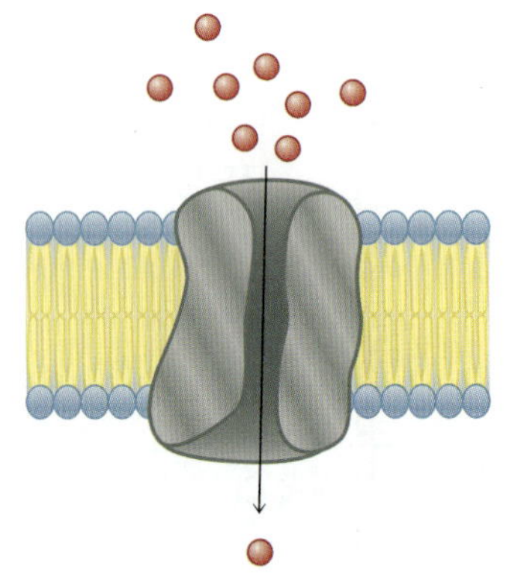

▲ 그림 9.31
구멍 혹은 통로를 통한 막 수송. 중앙 통로를 통해 적합한 크기, 전하량, 구조를 가진 분자나 이온이 양방향으로 막을 통과할 수 있다.

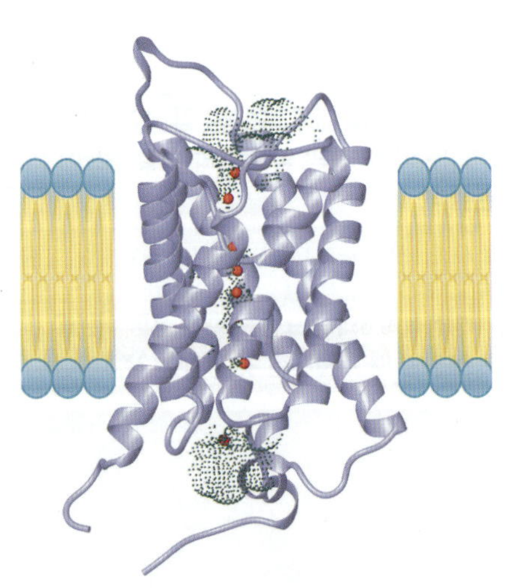

아쿠아포린은 물 분자를 위한 구멍 기능을 하는 막 내재 단백질이다. 단백질 중앙의 통로를 통해 물 분자와 다른 작은 분자들은 지나갈 수 있으나, 전하를 띠거나 혹은 큰 분자들은 통과하지 못한다. 그림 9.32의 효모 아쿠아포린의 경우, 세포 외부 쪽 통로의 크기가 더 크며 세포질 쪽으로 통로의 크기는 더 좁아진다. 아쿠아포린은 모든 종에서 발견된다. 보통 막을 통과해서 물이 확산되는 속도는 너무 느리기 때문에 이 단백질은 물을 빨리 흡수할 필요가 있는 세포에 필요하다. 이것은 비록 간단하지만 약간은 특이적으로 작동하는 포린의 보기이다. 피터 아그레(Peter Agre)가 포린을 발견했으며 이로 인해 2003년 노벨 화학상을 수상하였다.

CorA는 원핵세포에서 Mg^{2+} 주 펌프 역할을 한다. 이 단백질은 Mg^{2+} 이온에 매우 선별적이며 막 전위에 대응해서 농도기울기에 역행해서 Mg^{2+} 이온을 세포 내부로 수송한다. 양전하들은 세포 안으로 들어오길 "원하지만" CorA는 오직 Mg^{2+}만 통과하게 해 준다. Mg^{2+}은 많은 세포의 기능을 위해 필수적이다. 세포 내부로 이동하는 속도는 CorA의 세포질 쪽의 큰 도메인에 의해 조절된다(그림 9.33). 이 단백질은 Mg^{2+} 이온과 결합하며 충분한 개수가 결합하면 구멍은 닫힌다. 그래서 Mg^{2+}이온의 세포 내부로의 유입은 세포질의 농도에 의해 조절된다.

신경조직의 막은 $K^{\oplus}$ 이온을 선별적으로 빠르게 세포 밖으로 이동하게 해 주는 $K^{\oplus}$ 통로를 조절한다. 이러한 통로를 통해 $K^{\oplus}$ 이온이 $Na^{\oplus}$ 이온보다 적어도 10,000배 빠르게 이동할 수 있다.크리스털 구조 연구에 의하면 $K^{\oplus}$ 통로의 넓은 입(혹은 깔때기)은 음전하를 띤 아미노산으로 포함하고 있어서 양전하를 끌어들이고 음전하는 접근하지 못하게 한다. 수화된 양이온은 선별 필터로 불리는 구멍의 전기적으로 중성 수축으로 정전기적으로 향하게 된다. $K^{\oplus}$ 이온은 빠르게 주위의 물을 잃어버리게 되고 선별 필터를 통과한다. $Na^{\oplus}$ 이온은 수화된 물을 많이 포함하고 있어서 이 필터를 훨씬 느리게 통과하게 된다. 이 통로의 나머지 부분은 소수성 내벽을 가지고 있다. 아미노산 순서를 비교해 보면 $K^{\oplus}$ 통로의 일반적인 구조적 성질은 다른 종류의 통로나 구멍에도 적용될 수 있으리라 생각된다. 로더릭 매키넌(Roderick MacKinnon)은 2003년 노벨 화학상을 아그레와 공동 수상하였는데 그의 업적은 주로 $K^{\oplus}$ 통로에 관한 것이었다.

C. 수동 수송과 중개 확산

구멍과 통로 단백질은 **수동 수송(passive transport)**의 보기이며, 수송을 위한 깁스 자유에너지 차이가 마이너스이기 때문에 한 쪽에서 다른 쪽으로 이동하는 과정은 자발적으로 일어난다. **능동 수송**인 경우(아래 참조), 용질은 농도기울기 혹은 전하 차이를 역행해서 이동한다. 따라서 능동적인 수송 과정은 에너지를 만드는 과정과 반듯이 연결되어, 유리하지 않은 깁스 자유에너지 차이를 극복하여야 한다. 가장 간단한 막 수송체들은 — 수동적이든 능동적이든 — **단일수송(uniport)**을 수행한다. 즉 막을 지나 오직 한 종류의 용질만 통과하게 한다(그림 9.34a). 많은 수송체들은 동시에 두 개의 다른 용질 분자를 수송하기도 한다. 두 용질이 같은 방향으로 수송되면 **동반 수송(symport)**이라 불리며(그림 9.34b) 반대 방향으로 수송되면 **역수송(antiport)**이라 불린다(그림 9.34c).

수동 수송은 막을 통과하는 단순한 확산만 포함한다. 구멍, 통로, 수송체가 연관되면, 그 과정은 **중개 확산(facilitated diffusion)**이라고 불린다. 중개 확산은 여전히 수동 수송의 한 예가 될 수 있는데 에너지원이 필요 없기 때문이다. 확산 단독으로 용질이 매우 천천히 이동되

◀ 그림 9.32
곰팡이의 아쿠아포린. 아쿠아포린은 α 나선 다발 도메인을 가진 막 내재 단백질이다. 물 통로는 표면 외부를 향해 열려 있고 세포질 쪽으로 점점 좁아져서 작은 통로를 이룬다. [*Pichia pastoris* PDB 2W2E].

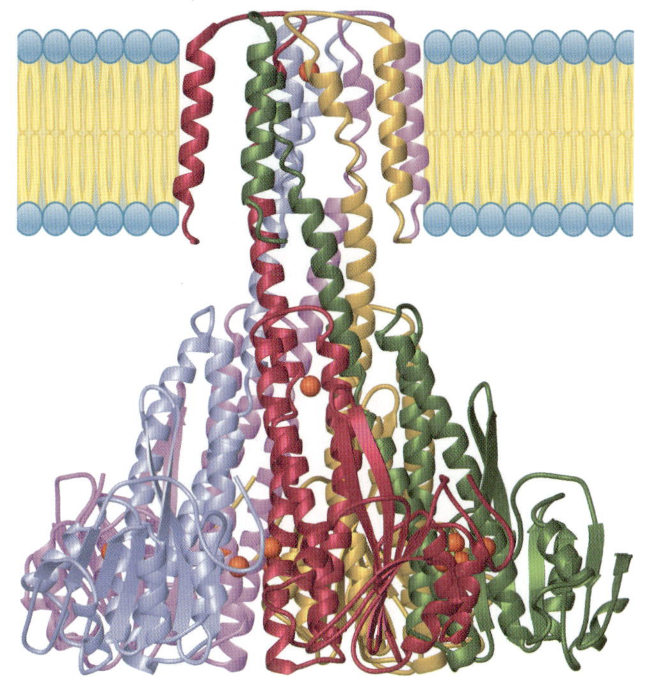

▲ 그림 9.33

CorA, 마그네슘 펌프. CorA는 원핵세포의 마그네슘 펌프이다. Mg^{2+} 이온이 외부 표현에 결합하고 막 전위에 반응해서 매우 선별적인 통로를 통해 수송된다. 세포질 도메인도 Mg^{2+}와 결합하며 내부의 농도가 올라가면 구멍이 닫힌다. 이것은 *Thermatoga maritima*의 펌프이며, 각 소단위 단백질이 다른 색으로 표현되어 있다. [PDB 2HN2]

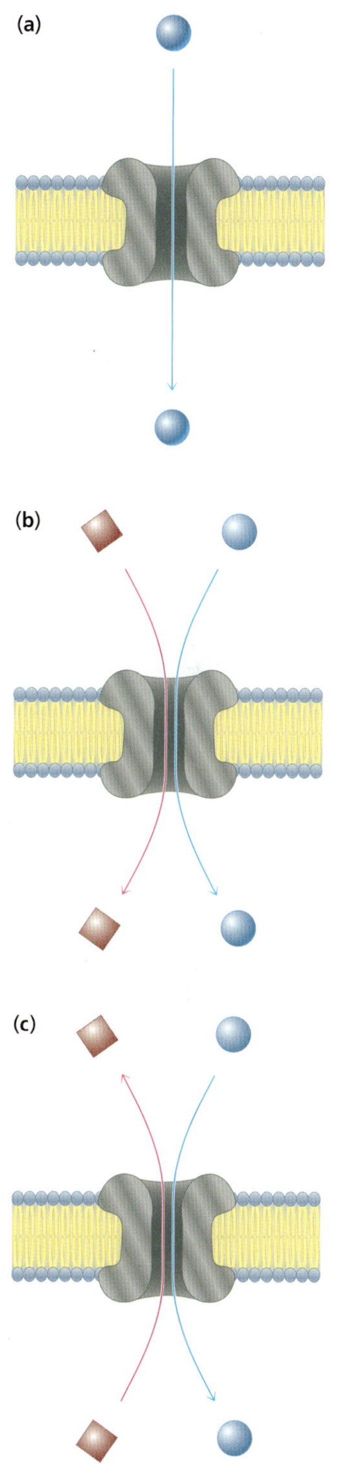

▲ 그림 9.34

수동 및 능동 수송의 종류. 비록 수송 단백질이 열려 있는 중앙 구멍을 가지고 있는 것처럼 그림으로 그려져 있지만, 능동 그리고 수동 단백질이 그들의 용질을 운반할 때, 이들은 입체 배열의 변화를 겪게 된다. **(a)** 단일수송. **(b)** 동반수송. **(c)** 역수송.

는 과정을 수송 단백질들은 농도 혹은 전하 기울기를 따라 가속화시켜준다. 이런 경우 수송 단백질은 효소와 같은 기능을 하는데, 왜냐하면 열역학적으로 유리한 반응의 속도를 올려주기 때문이다. 간단한 수동적 단일수송의 경우, 안쪽으로 향한 수송의 초기 속도는 바깥쪽의 기질 농도에 의존하는데, 효소 반응의 초기 속도와 유사하다고 할 수 있다. 이 의존성을 설명하는 방정식은 효소의 촉매 역할을 설명하는 마이켈리스-멘텐 방정식과 유사하다.

$$v_0 = \frac{V_{max}[S]_{out}}{K_{tr} + [S]_{out}} \qquad \textbf{(9.7)}$$

v_0는 외부 기질 농도 $[S]_{out}$ 조건에서 기질이 안쪽으로 수송되는 초기 속도를 나타낸다. V_{max}는 기질 수송의 최대 속도를 나타내며, K_{tr}은 마이켈리스 상수(K_m)와 유사한 상수이다(K_{tr}은 수송 단백질이 반 정도 포화되었을 때 기질의 농도이다). K_{tr} 값이 낮을수록 기질에 대한 수송체의 친화력이 높다. 수송 속도는 포화될 수 있으며, 높은 기질 농도에서 최대가 된다(그림 9.35).

기질이 세포 내부에서 축적되면서, 외부로 향한 수송 속도 또한 증가해서 안쪽으로 향한 속도와 같은 상태에 이르게 된다. 즉 $[S]_{in}$과 $[S]_{out}$ 값이 동일하다. 이 지점에 이르게 되면, 비록 기질이 막을 통과해서 양쪽 방향으로 계속 이동하고 있으나 막 사이의 농도 차이는 없어진다.

수송 단백질 과정의 모델에 의하면 특정 수송체는 기질과 결합한 후 입체 형태의 변화를 겪게 된다. 이러한 입체 형태 변화로 인해 기질이 막의 한쪽에서 방출되게 된다. 이후 수송체는 원래 형태로 돌아간다(그림 9.36). 입체 형태 변화는 수송체가 수송할 기질과 결합 후 시작되기도 하는데, 이 현상은 효소가 기질과 결합하여 형태가 변화되는 과정과 유사하다(6.9절). 능동적 수송의 경우, 입체 형태 변화는 ATP 혹은 다른 에너지원에 의해 유도되기도 한다. 효소처럼 수송체 단백질도 가역적 그리고 비가역적 억제에 해당된다.

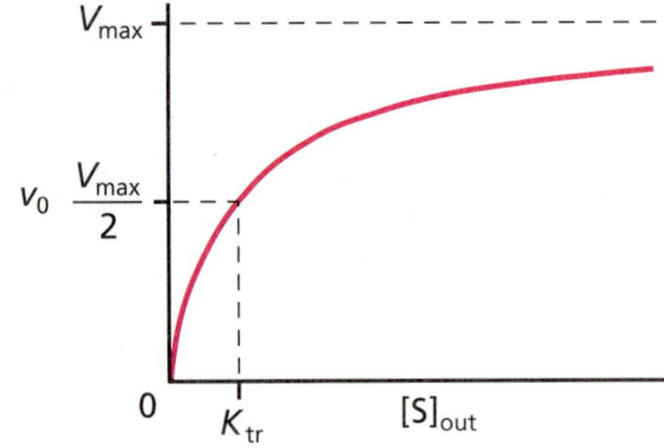

▲ **그림 9.35**
수동적 수송의 반응 속도론. 수송 초기 속도는 기질 농도와 함께 증가하기 시작하여 최대값에 도달한다. K_{tr}값은 수송 속도가 최대 속도의 반일 때 기질의 농도를 나타낸다.

D. 능동적 수송

능동적 수송(active transport)은 전체적으로 메커니즘이나 동역학적 성질이 수동적 수송과 흡사하다. 그러나 능동적 수송은 용질을 농도기울기에 역행해서 이동시켜야 함으로 에너지를 필요로 한다. 특정 경우, 전하를 띤 분자나 혹은 이온을 능동적 수송을 통해 수송시킨 결과 전하기울기를 만들어 내기도 하고 능동적 수송을 통해 이온을 막전위로 역행해서 옮기기도 한다.

능동적 수송체들은 다양한 에너지원을 쓰기도 하지만 ATP가 가장 많이 사용된다. 이온을 수송하는 ATP 가수분해효소는 모든 생명체 내에서 발견된다. $Na^{\oplus}$-$K^{\oplus}$ATP 가수분해효소와 Ca^{2+} ATP 가수분해효소와 같은 능동적 수송체들은 세포막과 세포내 기관 막 사이의 이온 농도기울기를 만들고 유지한다.

1차 능동 수송체는 ATP나 빛을 에너지원으로 사용하여 힘을 얻는다. 예를 들면, 박테리오로돕신(그림 9.22) 빛에너지를 이용하여 막 양자 농도기울기를 발생시켜 ATP 생산에 사용된다. 또 다른 1차 능동 수송체인 P-당단백질로 인해 암세포가 다양한 항암약물에 저항성을 가질 수 있게 되는 것처럼 보인다. 사람의 암을 치료하는 과정에서 실패하는 가장 큰 이유가 다양한 항암제에 대한 저항성이다. P-당단백질은 약물에 저항성을 보이는 세포의 세포막에 풍부하게 존재하는 막 내재 당단백질(M_r 170,000)이다. P-당단백질은 약물과 같은 구조적으로 연관성이 없는 다양한 비극성 화합물을 ATP를 이용하여 농도기울기를 역행하면서 세포 밖으로 배출한다. 이러한 이유로 인해, 세포질 안의 약물 농도가 세포를 죽일 수 없을 정도로 낮아지게 된다. P-당단백질의 정상적인 역할은 음식의 소수성의 독극물을 제거하는 것으로 보인다.

2차 능동 수송체는 이온 농도기울기에 의해 주도된다. 한 용질이 농도기울기를 거슬러 올라 능동적으로 수송하는 과정이 두 번째 용질을 농도기울기를 따라 내려가는 수송 과정과 맞물려 있고, 두 번째 기질의 농도는 1차 능동 수송체에 의해 올라간다. 예를 들면, 박테리아에서 전자는 막에 결합된 산화환원 효소들을 통과해서 흘러감으로써 세포 외부의 양성자의 농도가 높아진다. 이제 양성자가 농도기울기를 따라 세포 안으로 들어오면서 락토스가 농도에 역행해서 세포 안으로 수송된다(그림 9.37). 양성자 농도기울기의 에너지가 2차적인 락토스 수송체를 움직이게 한다. 양성자와 락토스의 동반 수송은 막 통과 단백질인 락토스 퍼미에이즈가 담당한다.

덩치가 큰 다세포 생명체의 2차 능동 수송체는 $Na^{\oplus}$ 이온기울기에 의해 움직이기도 한다. 대부분 세포의 경우, 세포 내부의 $K^{\oplus}$ 이온 농도는 약 140 mM 정도로 유지되고 세포 외부의 농도는 약 5 mM 정도이다. 세포 내부의 $Na^{\oplus}$ 이온의 농도는 약 5~15 mM 정도이고 세포 외부의 농도는 약 145 mM 정도이다. 이러한 이온들의 농도기울기는 $Na^{\oplus}$-$K^{\oplus}$ ATP 가수분해효소에 의해 유지되는데, 이는 ATP에 의해 작동되는 역수송 시스템으로, 한 분자의 ATP를 사용해서 두 개의 $K^{\oplus}$ 이온을 세포 안으로 수송하고 동시에 세 개의 $Na^{\oplus}$ 이온을 세포 밖으로 방출한다. 각 $Na^{\oplus}$-$K^{\oplus}$ ATP 가수분해효소는 1분에 약 100개의 ATP를 가수분해시킬 수 있는데, 전형적인 동물 세포의 총 에너지 소비량의 약 3분의 1에 해당된다. 내장 세포의 경우, $Na^{\oplus}$-$K^{\oplus}$ ATP 가수분해효소에 의해 생성된 $Na^{\oplus}$ 이온기울기가 포도당 흡수를 위한 2차적 능동적 수송체의 에너지원이 된다. 하나의 $Na^{\oplus}$ 이온이 세포로 들어올 때 한 분자의 포도당이 세포 내로 수송된다. 기울기를 따라 내려오는 $Na^{\oplus}$ 이온의 이동에 의해 생성된 에너지가 포도당의 경우 기울기를 거슬러 올라가는 수송을 가능하게 해 준다.

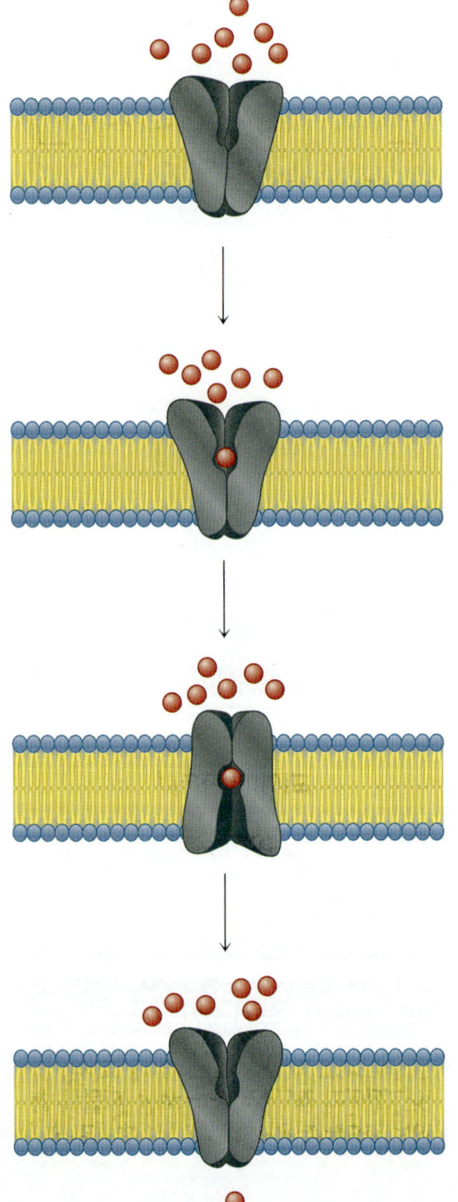

◀ **그림 9.36**
수동적 그리고 능동적 수송 단백질의 기능. 단백질이 특이적 기질과 결합함으로써 입체 배열의 변화를 겪게 되고, 분자 혹은 이온이 막의 다른 쪽으로 방출되게 된다. 상호 수송체는 수송되는 각 물질들과 특이적으로 결합할 수 있는 자리를 가지고 있다.

E. 세포내유입과 세포외유출

지금까지 설명한 수송은 분자나 이온들이 온전한 막을 통과해서 흘러다니는 경우이다. 세포는 구멍, 통로, 혹은 수송체 단백질로는 수송하기 어려운 큰 크기의 분자들을 수송할 필요가 있다. 원핵세포는 세포막에 다양한 구성 성분으로 이루어진 특수한 방출 시스템을 갖추고 있으며, 세포 외부 막에서 특정 단백질(독소이나 효소)을 세포 밖으로 분비하게 된다. 진핵세포의 경우, 전부는 아니지만 많은 단백질(그리고 다른 큰 물질)은 세포 안팎으로 **세포내유입(endocytosis)**과 **세포외유출(exocytosis)**에 의해 이동한다. 두 경우 모두, 수송은 특수한 형태의 지질 소포 형성이 관여하게 된다.

세포내유입은 고분자 화합물이 세포막에 집어 삼켜져 지질 소포 형태로 세포 안으로 이동되는 과정이다. 수용체에 의해 매개되는 세포내유입은 고분자 화합물이 세포막의 수용체와 결합함으로써 시작된다. 그 후 막이 함입하여 결합한 화합물이 들어 있는 지질 소포를 형성하게 된다. 그림 9.39에서 보듯이, 지질 소포의 내부는 세포의 외부와 동등한 상태라서 사실 소포 안에 있는 물질들은 실질적으로 세포막을 통과하진 않았다. 세포 안으로 들어오면, 소포는 세포 안의 엔도좀과 융합할 수 있고 그리고 라이소좀과 융합한다. 라이소좀 내부에서 수송된 물질과 수용체는 분해될 수 있다. 혹은 라이간드, 수용체, 둘 다, 엔도좀에서 세포막으로 재활용될 수도 있다.

세포외유출은 세포내유입과 유사하며 수송 방향이 반대다. 세포외유출 과정에서 분비될 물질은 골지체에 의해(1.8B절) 소포 안으로 싸인다. 이 소포들은 세포막과 융합한 후 소포 내의 물질들이 세포 외부로 방출된다. 이러한 방식을 통해 췌장으로부터 소화효소의 효소원이 방출된다.

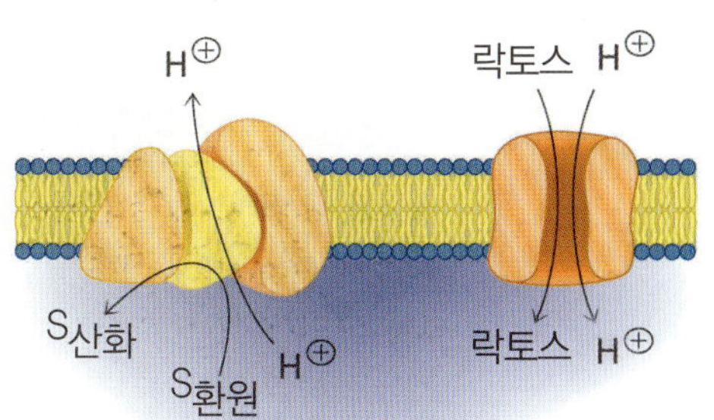

▲ **그림 9.37**
***Escherichia coli*의 2차적 능동 수송체.** 환원된 기질을 산화시킴으로써 막 사이의 양자 농도기울기가 생성된다. 양자들이 양자기울기를 따라 아래로 움직이게 됨으로써 방출된 에너지로 인해 락토스 퍼미에이즈는 락토스를 세포 안으로 수송한다.

진핵세포의 분비 경로는 22.10절에서 논의된다.

9.11 세포외부 신호의 변환

세포는 외부 환경과 상호작용하기 위해서 세포막 외부의 분자를 탐지할 수 있고 그러한 정보를 세포 안으로 전달하여야 한다. 이러한 과정은 신호 변환이라고 불리며 활발하게 연구가 이루어지고 있는 분야다. 이 장에서 가장 공통적인 **신호 변환(signal transduction)**의 기본 메커니즘을 알아보고자 한다. 생화학을 더 많이 배우다 보면, 이러한 주제에 많은 변형이 있음을 알게 된다.

A. 수용체

세포막은 특정한 수용체를 가지고 있으면 이를 통해 세포는 세포막을 통과할 수 없는 외부 화학적 자극과 반응하게 된다. 예를 들면,

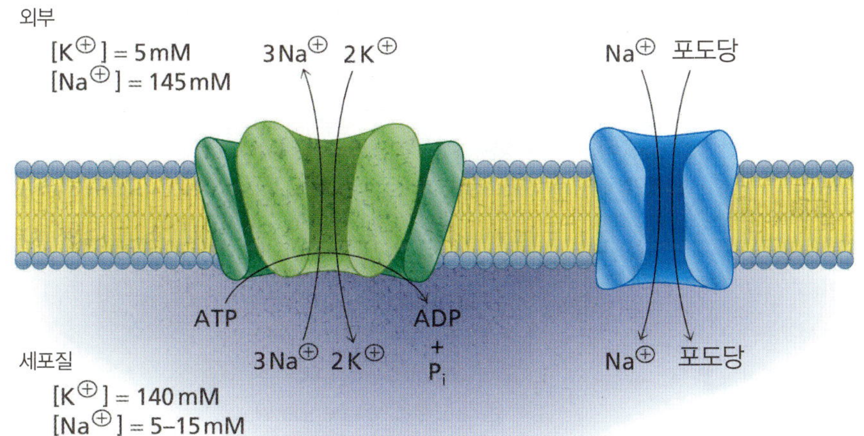

◀ **그림 9.38**
동물의 2차 능동 수송체. $Na^{\oplus}$-$K^{\oplus}$ ATP 가수분해효소는 소듐이온 기울기를 형성하고 이로 인해 장내 세포에서 포도당이 2차 능동 방식으로 수송된다.

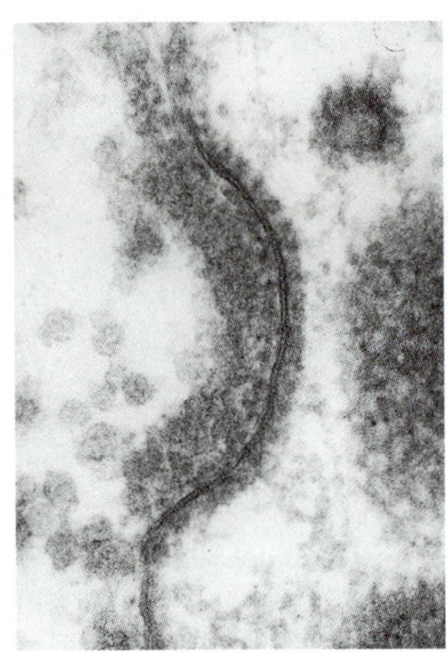
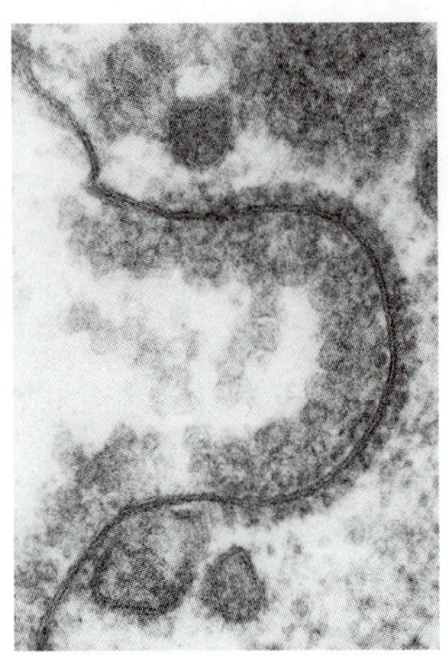
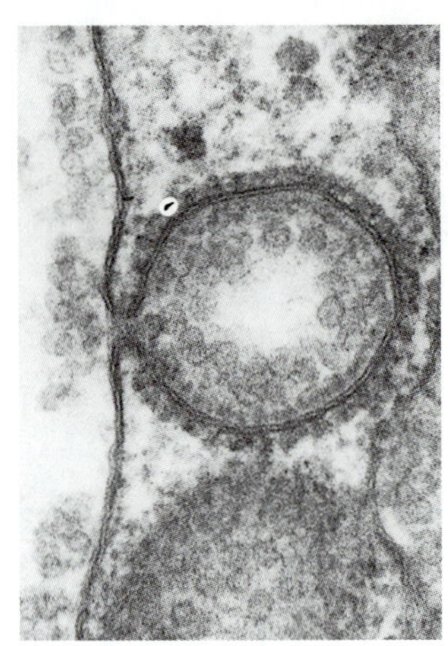
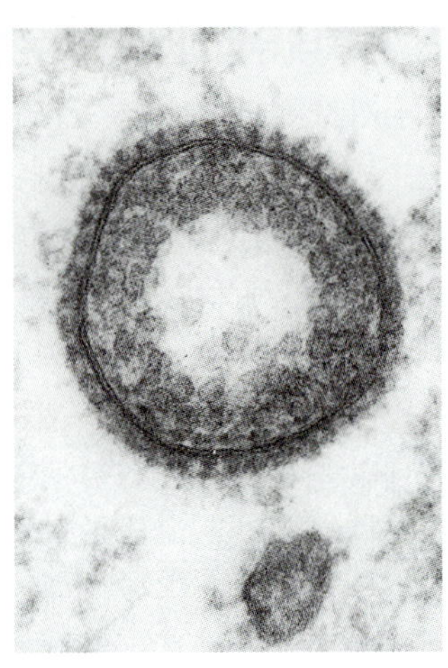

▲ 그림 9.39
세포내유입의 전자현미경 사진. 세포내유입은 고분자 화합물이 세포막에 결합함으로써 시작된다. 그리고 막이 결합한 분자를 둘러싸고 분자를 담은 소포가 형성된다. 소포의 내부는 위상학적으로 세포 외부와 같다.

박테리아는 환경에 존재하는 특정한 화학물질들을 탐지할 수 있다. 이러한 신호는 세포 표면의 수용체를 통해 편모에 전달되고, 박테리아는 잠정적으로 음식의 원천이 될 수 있는 화학 물질을 향해 헤엄쳐간다. 이러한 과정은 양성 **화학주성(chemotaxis)**이라고 불린다. 음성 화학주성의 경우, 박테리아는 독성 물질로부터 헤엄쳐 멀어진다.

다세포 생명체의 경우, 호르몬, 신경전달물질(시냅스에서 신경 신호를 전달하는 물질), 성장인자(세포분열을 조절하는 단백질)들은 특별한 세포에서 생산된다. 이러한 라이간드들은 다른 조직으로 이동할 수 있고, 세포 표면에 적합한 수용체와 결합하여 특정한 반응을 유도한다. 이 절에서 포유류의 경우, 친수성 라이간드가 어떠한 방식으로 수용체와 결합하여 세포내 반응을 일으키는지를 알아보고자 한다. 이러한 신호전달 경로에, 아데닐릴 사이클레이즈, 이노시톨 인지질, 수용체 타이로신 카이네이즈가 관여하고 있다.

신호 변환의 일반적인 메커니즘이 그림 9.40에 나타나 있다. 라이간드는 목표 세포 표면에 존재하는 특정한 수용체와 결합한다. 이러한 작용으로 인해 생성된 신호는 **변환기(transducer)**의 역할을 하는 막 단백질을 통해 실행기의 역할을 하는 세포막과 결합하고 있는 단백질에 전달된다. 실행기 역할을 하는 단백질의 활성으로 인해 보통 작은 분자 혹은 이

BOX 9.6 고추의 매운 양념

생화학자들은 매운 고추의 양념이 어떻게 작용하여 따끔따끔한 아픔을 유발하는지 이해하고 있다. 캡사이신 고추의 유효 성분은 친유성의 바닐로이드 물질인 캡사이신이다.

H_3CO, HO, O, N, H

캡사이신

캡사이신과 반응하는 신경세포의 단백질 수용체가 밝혀졌고 연구되고 있다. 이는 이온 통로이며 아미노산 배열에 따르면 이는 막 통과 도메인을 가지고 있다. 캡사이신에 의해 수용체가 활성화되면, 통로가 열려 칼슘과 소듐이온이 신경세포 안으로 들어오고 뇌에 신호를 보내게 된다. 이 수용체는 바닐로이드뿐 아니라 온도가 빠르게 증가되면 활성화된다. 사실, 이 수용체의 주요 기능은 열을 감지하는 일이다.

▲ **칠리 고추(Chilli peppers).**

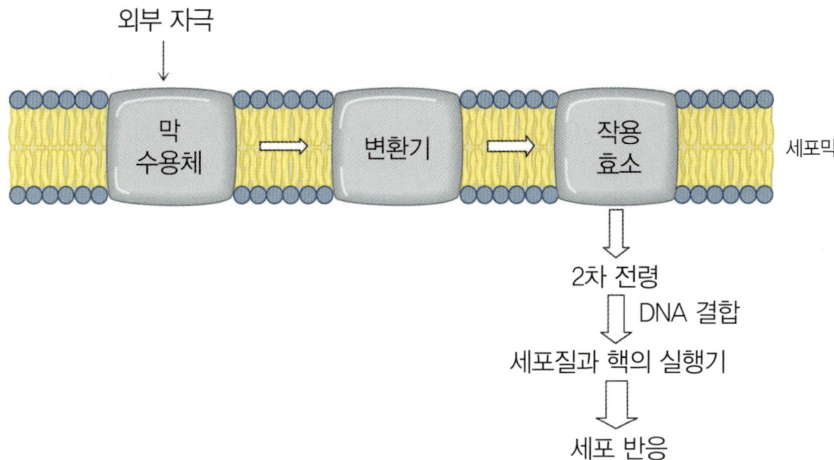

◀ **그림 9.40**
세포막을 통과하는 신호 변환의 일반적 메커니즘.

온인 세포내부의 **2차 전령(second messenger)**이 만들어진다. 확산 운동을 할 수 있는 2차 전령은 궁극적 목적지인 핵, 세포 내의 기관, 혹은 세포질에 신호를 전달하게 된다. 라이간드가 세포 표면의 수용체와 결합하면 대개의 경우, 단백질 카이네이즈가 활성화된다. 이러한 효소들은 ATP로부터 포스포릴기를 떼어, 대사, 세포 성장, 세포분열을 도와주는 다양한 단백질 기질에 전달한다. 인산화에 의해 일부 단백질은 활성화되기도 하고, 일부 다른 단백질은 비활성화되기도 한다. 매우 다양한 라이간드, 수용체, 변형기 단백질이 존재하지만, 2차 전령 혹은 실행기 단백질의 종류는 많지 않다.

인산화 효소는 6.9절에서 소개되었다.

수용체 타이로신 카이네이즈는 신호 변환을 위한 더 간단한 메커니즘을 가지고 있다. 이러한 효소의 경우, 막 수용체, 전환기, 실행기 효소들이 하나의 효소로 결합되어 있다. 세포외부의 수용체 도메인이 세포막을 관통하는 부위에 의해 세포질 쪽의 활성부위와 연결되어 있다. 활성부위에 의해 목표 대상 단백질이 인산화된다.

핵심개념

막 수용체는 막을 통과해서 정보를 전달하는 과정의 첫 번째 단계이다.

신호 증폭은 신호전달 경로에서 중요한 의미를 가진다. 한 개의 라이간드수용체 결합체는 많은 수의 전환기 단백질과 상호작용할 수 있고, 이 전환기 단백질은 몇 종류의 실행기 단백질을 활성화시킬 수 있다. 이러한 증폭의 과정을 **연쇄증폭(cascade)**이라고 부른다. 세포 외부의 미량의 물질들은 연쇄증폭 메커니즘을 통해 세포막을 통과하지도 않고 또한 목표 대상 단백질과 결합하지도 않으면서 세포내의 많은 효소들에게 영향을 줄 수 있다.

모든 화학 자극들이 그림 9.40의 신호 변환의 일반적인 경로를 따르는 것은 아니다. 예를 들면, 스테로이드 호르몬의 경우, 소수성이기 때문에 세포막을 확산해서 통과할 수 있고, 세포질에 존재하는 특정 수용체 단백질과 특이적으로 결합한다. 이 결합체는 호르몬 반응 인자라고 불리는 DNA의 특정 지역에 결합해서 주위 유전자 발현을 올리든지 억제하는 작용을 한다.

탄수화물과 지질 대사 조절 과정에서 호르몬 인슐린, 글루카곤, 에피네프린, 막 통과 신호전달 경로의 역할은 11.5절, 13.3절, 13.7절, 13.10절, 16.1C절, 16.4(Box), 16.7에서 설명되고 있다.

B. 신호 변환 물질

많은 종류의 수용체와 변환기 단백질이 존재한다. 박테리아의 변환기 단백질은 진핵세포의 변환기와는 다르다. 대부분의 종에서 발견되는 진핵세포의 변환기 단백질에 대해 이 절에서 알아보기로 한다.

많은 막 수용체는 **G 단백질(G protein)**이라고 불리는 구아닌 뉴클레오타이드와 결합하는 단백질 종류들과 상호작용한다. G 단백질은 변환기의 역할을 한다—변환기는 외부 신호를 실행기 효소들에게 전달해 준다. G 단백질은 GTP 하이드롤레이즈의 활성을 가지고 있다. 즉 결합한 구아노신 5′-삼인산(GTP, ATP의 구아닌 유사체)을 천천히 가수분해시켜 구아노신 5′-양인산(GDP)을 만든다(그림 9.41). G 단백질이 GTP와 결합하면 활성화되고, GDP와 결합하면 비활성화 상태로 유지된다. 활성화와 비활성화가 순환적 형태로 이어지는 모습

그림 9.41 ▶
구아노신 5′-삼인산(GTP)이 구아노신 5′-양인산(GDP)과 인산(P_i)으로 가수분해되는 과정.

GTP

H_2O — GTP 하이드롤레이즈 → $H^{\oplus}$

인산(P_i) + GDP

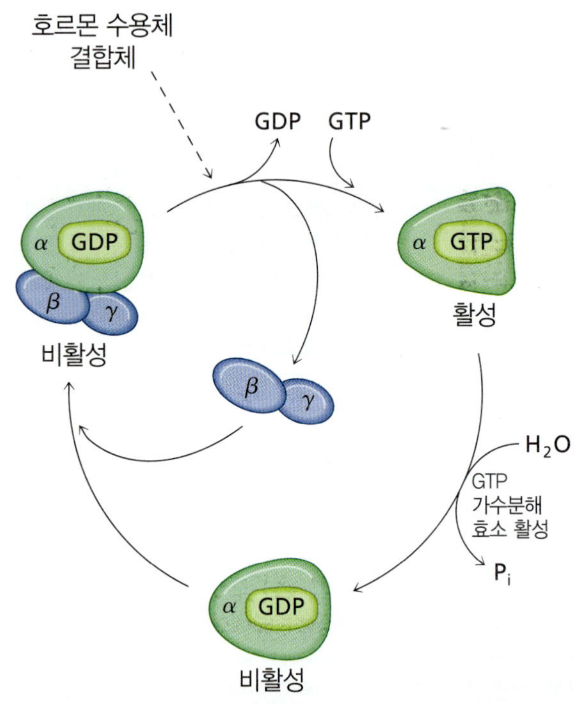

▲ 그림 9.42
G 단백질 사이클. G 단백질은 수용체 라이간드 결합체와 결합하면서 활성화되며, 내재된 GTP 하이드롤레이즈의 활성으로 인해 천천히 비활성화된다. G_α-GTP/GDP, $G_{\beta\gamma}$, 모두 막에 결합한 형태이다.

이 그림 9.42에 나타나 있다. 호르몬 수용체 신호에 관여하는 G 단백질은 세포막의 내부 표면에 존재하는 막 주변 단백질이다. 각 단백질은 α, β, γ의 소단위로 이루어진다. α와 γ 소단위는 지질 고정 단백질로서, α는 지방 아실기에 의해 묶여져 있고, γ는 프레닐기에 의해 묶여 있다. $G_{\alpha\beta\gamma}$는 GDP와 결합하면 비활성화 상태가 유지된다.

호르몬 수용체 결합체가 세포막에서 수평적으로 이동 중 해당 $G_{\alpha\beta\gamma}$와 만나서 결합하면, G 단백질은 활성을 띠는 입체 형태의 변화를 겪는다. 결합되어 있는 GDP는 빠르게 GTP와 교환되고, $G_{\alpha\beta\gamma}$로부터 GTP-G_α가 분리된다.활성화된 GTP-G_α는 이 후 실행기 효소들과 결합한다. G 단백질은 GTP를 천천히 가수분해하여 GDP를 만들기 때문에 G 단백질의 가수분해 활성도는 내재되어 있는 측정용 시계와도 같다. GTP가 가수분해되면 G_α-GDP 결합체는 $G_{\beta\gamma}$와 다시 결합해서 $G_{\alpha\beta\gamma}$-GDP 결합체가 다시 만들어진다. G 단백질은 매우 느린 촉매제로서 k_{cat} 값이 약 3 min^{-1}정도로서 훌륭한 스위치로 발달되어 왔다.

G 단백질은 아데닐릴 사이클레이즈와 이노시톨 인지질 경로를 포함하는 매우 많은 신호전달 과정에서 발견되며 아래에 설명되어 있다. 실행기 효소들은 자극제 G 단백질(Gs)와 억제제 G 단백질(Gi)에 반응할 수 있다. G 단백질의 α 소단위는 매우 뚜렷해서 다양한 특이성을 보이는 반면, β와 γ은 비슷하며 자주 서로 교체될 수도 있다. 사람의 경우, 24가지의 α 단백질, 5가지의 β, 그리고 6가지의 γ 단백질을 가지고 있다.

C. 아데닐릴 사이클레이즈 신호 경로

고리 뉴클레오타이드인 3′,5′-고리 아데노신 일인산(cAMP)과 구아닌 유사체인 3′,5′-고리 구아닌 일인산(cGMP)은 2차 전령으로서 세포 외부로부터 세포 내의 효소들에게 신호 전달을 도와준다. cAMP는 ATP로부터 아데닐릴 사이클레이즈에 의해 생산되고 cGMP도 GTP로부터 비슷한 방법으로 만들어진다.

세포 내의 대사를 조절하는 많은 호르몬들은 아데닐릴 사이클레이즈 신호전달 경로를 통해 목표 대상 세포에 효과를 발휘한다. 호르몬이 자극적 수용체와 결합해서 수용체의 입체 형태의 변화를 유발하여 수용체와 자극적 G 단백질, G_s, 사이의 상호작용이 증가한다. 수용체 라이간드결합체는 G_s를 활성화시키고, G_s는 실행기 효소인 아데닐릴 사이클레이즈와 결합하여 이 효소의 활성부위의 입체 형태의 변화를 유도함으로써 효소를 활성화시킨다.

아데닐릴 사이클레이즈는 막 내재 단백질이며 활성부위는 세포질 쪽을 향하고 있다. 이 효소는 ATP로부터 cAMP를 형성한다. cAMP는 세포막으로부터 확산 운동을 통하여 세포질로 이동하고 단백질 카이네이즈 A를 활성화시킨다. 이 카이네이즈는 두 개의 조절 소단위 단백질과 두 개의 촉매작용 단백질로 구성되어 있으며 완전히 결합된 형태는 비활성인 상태이다. 아데닐릴 사이클레이즈를 통한 신호전달 결과로 세포질 내의 cAMP 농도가 증가하면, 4개의 cAMP 분자들이 효소의 조절 소단위 단백질에 결합하면서, 두 개의 촉매작용 소단위 단백질들이 떨어져 나가서 활성도를 가지게 된다(그림 9.44). 단백질 카이네이즈 A는 세린-쓰레오닌 카이네이즈로서 목표 대상 단백질의 특정 세린과 쓰레오닌 잔기의 하이드록실기의 인산화를 촉매한다. 목표 단백질의 아미노산의 인산화는 단백질 포스파테이즈 작용으로 인산기가 가수분해되어 탈인산화된다.

신호 변환 과정의 신호를 끄는 능력 또한 모든 신호전달 과정에서 중요한 요소다. 예를 들면, 세포질의 cAMP의 농도는 오직 순간적으로 증가한다. 수용성인 cAMP 포스포다이에스터레이즈는 cAMP를 가수분해시켜 AMP를 형성함으로써 2차 전령의 수명은 제한적이게 된다(그림 9.43). 높은 농도에서는, 메틸화되어 있는 퓨린인 카페인과 테오필린이 cAMP 포스포다이에스터레이즈의 활성을 억제시켜 cAMP가 AMP로 변형되는 비율이 낮아진다. 이러한 억제제들은 cAMP 효과를 연장시키고 증가시켜 자극적 호르몬의 효과를 증가시킨다.

자극적 수용체에 결합하는 호르몬은 아데닐릴 사이클레이즈를 활성화시켜 세포 내의 cAMP 농도를 증가시킨다. 억제적 수용체와 결합하는 호르몬은 수용체와 변환기 G_i의 상호작용을 통해 아데닐릴 사이클레이즈의 활성을 억제한다. 세포가 궁극적으로 호르몬에 반응하는 정도는 존재하는 수용체의 종류와 수용체와 결합하는 G 단백질의 종류에 달려 있다. G 단백질을 포함하는 아데닐릴 사이클레이즈의 주요 신호전달 경로가 그림 9.46에 요약되어 있다.

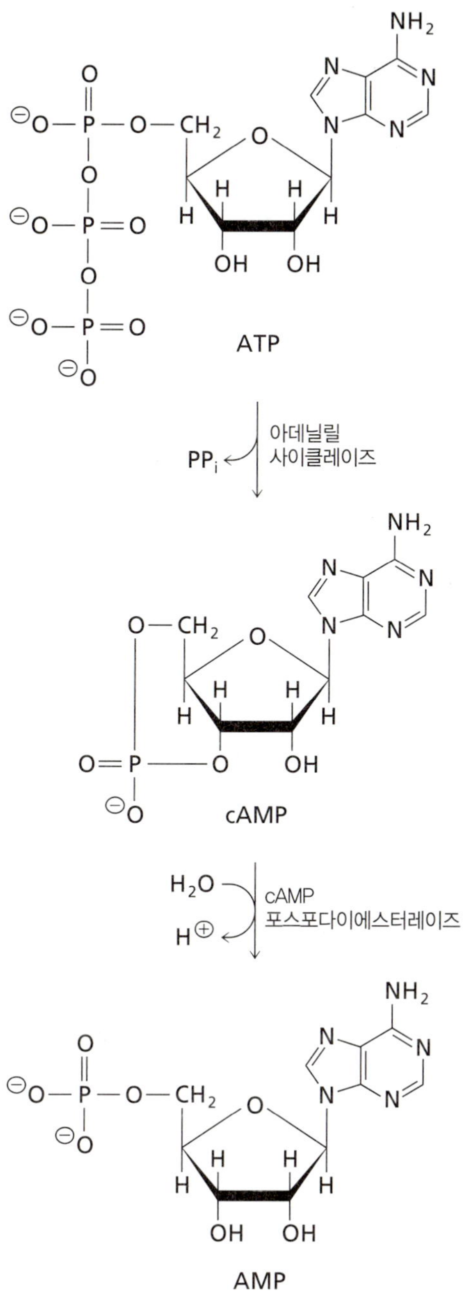

ATP

아데닐릴 사이클레이즈

PP_i

cAMP

H_2O

$H^{\oplus}$

cAMP 포스포다이에스터레이즈

AMP

▲ 그림 9.43

cAMP 생산과 비활성화. ATP는 막 관통 단백질인 아데닐릴 사이클레이즈에 의해 cAMP로 변형된다. 이 2차 전령은 순차적으로 세포질에 존재하는 포스포다이에스터레이즈에 의해 AMP로 변형된다.

포도당 농도 변화에 대한 *E. coli*의 반응이 cAMP에 조절되며 21.7B절에 설명되어 있다.

D. 이노시톨-인지질 신호 경로

또 다른 주요 신호 변환 경로에 의해 두 가지 다른 2차 전령이 만들어지며, 이들은 모두 세포막 인지질인 포스파티딜이노시톨 4,5-양인산(PIP_2)으로부터 유래한다(그림 9.47). PIP_2는 세포 막 내부 겹에 존재하는 부수적인 요소이다. PIP_2는 ATP 의존성 카이네이즈에 의해 두 번의 연속적인 인산화 과정을 통해 포스파티딜이노시톨로부터 형성된다.

한 라이간드가 특정 수용체와 결합한 후, 신호가 G 단백질인 G_q에 의해 변환된다. GTP와 결합해서 활성을 가진 G_q 단백질은 세포막의 세포질 쪽에 붙어 있는 포스포이노시티타이드를 특이하게 인식하는 포스포라이페이즈 C인 실행기 단백질을 활성화시킨다. 포스포라이페이즈 C는 PIP_2의 가수분해 과정을 촉매하여 이노시톨 1,4,5-삼인산(IP_3)과 다이아실글리세롤를 생산한다. IP_3와 다이아실글리세롤은 모두 2차 전령으로서, 처음 신호를 세포 안으로 전달해 준다.

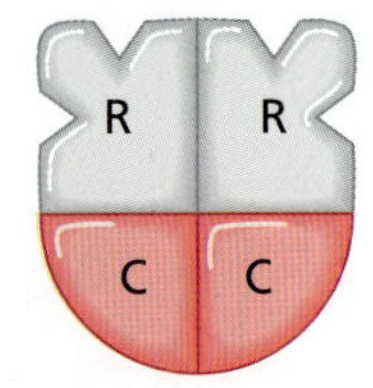

비활성화된 결합체

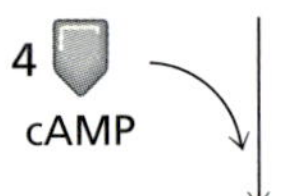

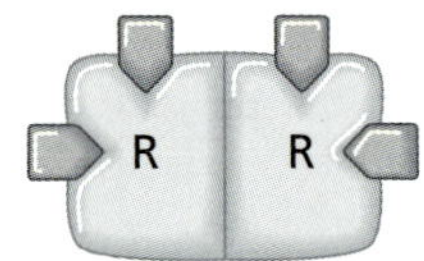

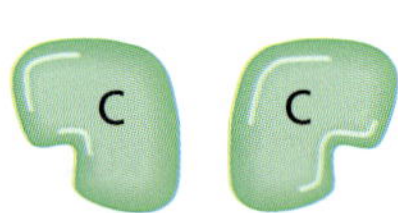

활성화된 촉매 소단위 단백질

▲ 그림 9.44
단백질 카이네이즈 A의 활성화. 결집한 결합체는 비활성화된 상태이다. 4개의 cAMP 분자가 조절자 역할을 하는 2분자체(R)에 결합하면, 촉매 소단위 단백질(C)이 분리되어 나온다.

카페인

티오필린

▲ 그림 9.45
카페인과 티오필린.

IP_3는 세포질에서 확산되어 소포체막의 칼슘 통로와 결합한다. 이 결합으로 인해 칼슘 통로가 짧은 시간 동안 열리고, 소포체내강에 존재하는 Ca^{2+}이 세포질로 방출된다. 칼슘 또한 2차 전령으로서 다양한 목표 대상 단백질의 인산화를 촉매시키는 칼슘 의존적 단백질 카이네이즈를 활성화시킨다. 통로가 닫히면 Ca^{2+}은 소포체내강으로 다시 퍼 옮겨지기 때문에 칼슘 신호의 수명은 매우 짧다.

PIP_2의 가수분해의 또 다른 생성물인 다이아실글리세롤은 세포막에 머무르고 있다. 단백질 카이네이즈 C는 세포질에서 물에 녹아 있는 형태와 막 주변 단백질 형태 사이에서 평형을 이루고 있으며, 세포 막의 내부 표면으로 이동하여 다이아실글리세롤과 Ca^{2+}과 일시적으로 결합함으로써 활성화된다. 단백질 카이네이즈 C는 많은 목표 대상 단백질의 인산화를 촉매시켜 그들의 활성을 변화시킨다. 단백질 카이네이즈 C의 몇 종류의 이성질체가 존재하는데 이들은 촉매 성질과 조직 분포 면에서 차이를 보여준다. 이들은 세린-쓰레오닌 카이네이즈의 일원이다.

이노시톨-인지질 경로를 통한 신호는 몇 가지 방법을 통해 꺼진다. 첫 번째, GTP가 가수 분해되면, G_q는 비활성화된 형태로 돌아오고 더 이상 포스포라이페이즈 C를 자극시키지 않는다. IP_3와 다이아실글리세롤의 활성도 또한 일시적이다. IP_3는 빠르게 다른 이노시톨 인산(이들 또한 2차 전령일 수 있다)과 이노시톨로 가수분해된다. 다이아실글리세롤은 빠르게 포스파티데이트로 변형된다. 이노시톨과 포스파티데이트 둘 다 포스파티딜이노시톨로 재생산된다. 이노시톨과-인지질 신호 경로의 주 현상들은 그림 9.48에 요약되어 있다.

포스파티딜이노시톨은 2차 전령을 생성해 내는 유일한 막 지질은 아니다. 특정한 세포 외부

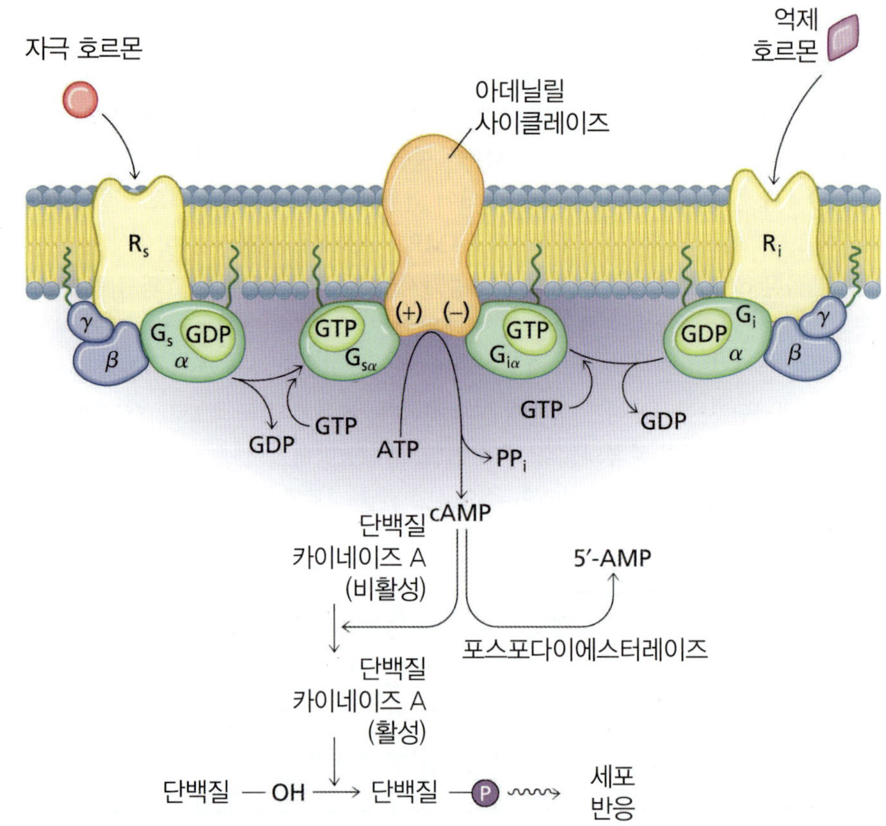

▲ 그림 9.46
아데닐릴 사이클레이즈 신호 경로 요약. 호르몬이 자극 막 관통 수용체(R_s)에 결합하면, 막 내부에 있는 자극 G 단백질(G_s)이 활성화된다. 다른 호르몬은 억제 수용체(R_i)에 결합할 수 있으며 이 수용체는 억제 G 단백질(G_i)에 의해 아데닐릴 사이클레이즈에 연결되어 있다. G_s는 막 내재 효소인 아데닐릴 사이클레이즈를 활성화시키는 반면, G_i는 이 효소의 활성을 억제시킨다. cAMP는 단백질 카이네이즈 A를 활성화시켜 세포내 단백질의 인산화를 초래한다.

포스파티딜이노시톨 4,5-양인산 (PIP_2)

포스포라이페이즈 C H_2O

다이아실글리세롤

이노시톨 1,4,5-삼인산 (IP_3)

◀ **그림 9.47**

포스파티딜이노시톨 4,5-양인산(PIP_2). 포스파티딜이노시톨 4,5-양인산(PIP_2)은 이노시톨 1,4,5-삼인산(IP_3)과 다이아실글리세롤의 두 종류의 2차 전령을 만들어낸다. PIP_2는 포스파티딜이노시톨에 두 개의 인산기를 더함으로써 만들어지고, 포스포이노시티드는 특이적인 포스포라이페이즈 C에 의해 가수분해되어 IP_3와 다이아실글리세롤이 생성된다.

신호에 의해 활성화된 하이드롤레이즈에 의해 세포막의 스핑고지질이 시핑고신, 스핑고신-1-인산, 혹은 세라마이드로 전환되기도 한다. 스핑고신은 단백질 카이네이즈 C를 억제한다. 그리고 세라마이드는 단백질 카이네이즈와 단백질 포스파테이즈를 활성화시킨다.

스핑고신-1-인산은 포스파티딜콜린을 가수분해시키는 포스포라이페이즈 D를 활성화시킬 수 있다. 이 가수분해로 인해 형성된 포스파티데이트와 다이아실글리세롤 또한 2차 전령으로 보인다. 막 지질(특정한 지방 아실기를 가진)로부터 만들어진 매우 다양한 2차 전령의 중요성은 아직 완전히 알려져 있지 않다.

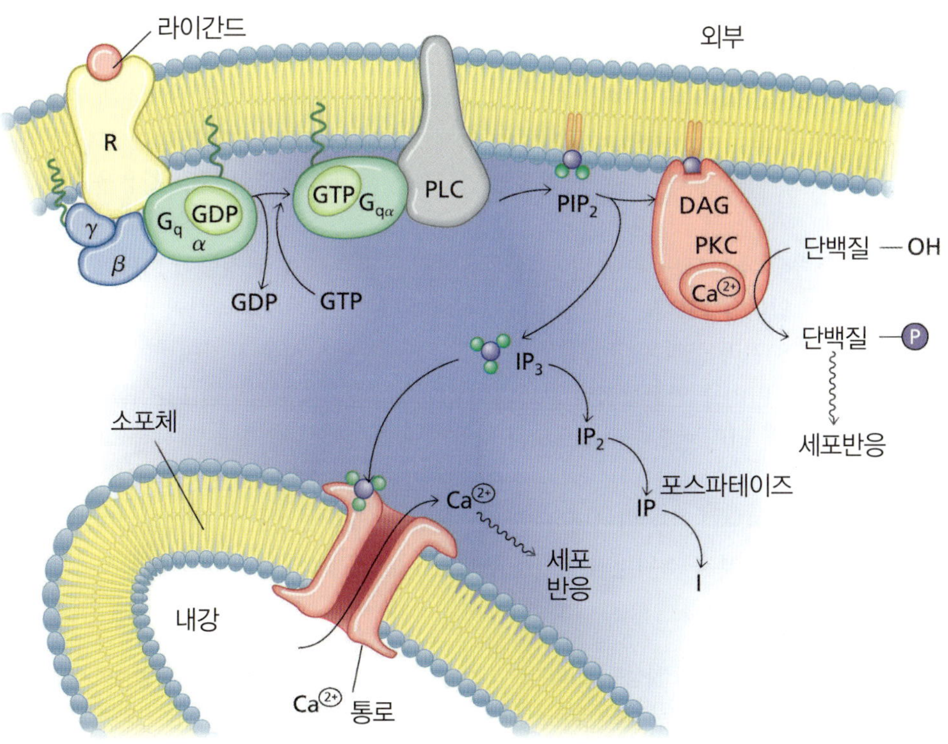

◀ **그림 9.48**

이노시톨-인지질 신호 경로. 라이간드가 막관통수용체(R)에 결합하면 G 단백질(G_q)이 활성화된다. 다음으로 세포막의 내부 지질겹에서 특정 막결합 포스포라이페이즈 C(PLC)를 활성화시켜 인지질 PIP_2를 가수분해시킨다. 다음으로 생성된 2차 전령인 IP_3와 다이아실글리세롤(DAG)이 세포 안으로 신호를 전달해준다. IP_3는 점차 확산되어 소포체의 Ca^{2+} 통로와 결합하여 열리게 되고 저장되어 있던 Ca^{2+} 이 방출된다. 다이아실글리세롤은 막에 남아 있고, Ca^{2+} 과 함께 단백질 카이네이즈 C(PKC)를 활성화시킨다.

BOX 9.7 박테리아 독소와 G 단백질

G 단백질은 병원균인 *Vibrio cholerae*와 *Bordetella pertussis*에 의해 분비되는 콜레라와 백일해(경련성 기침) 독소의 생물학적 목표 대상이다. 두 질환 모두 cAMP의 과다한 생성을 동반한다.

콜레라 독소는 세포 표면의 갱글리오사이드 G_{M1}과 결합하고 (9.5절) 그 중 소단위 단백질 하나가 세포막을 가로질러 세포질로 들어간다. 이 소단위 단백질이 G 단백질 G_s의 α 단백질의 공유결합을 촉매하여 GTP 하이드롤레이즈의 활성을 억제시킨다. 이러한 세포에는 아데닐릴 사이클레이즈는 계속 활성화되어 있고 cAMP의 농도는 높게 유지된다. *V. cholerae*에 감염된 사람의 경우, cAMP는 내장 세포의 막에 존재하는 특정 수송체를 자극하여 막대한 양의 이온과 물을 내장으로 방출하게 된다. 설사로 인한 탈수 현상으로 인해 물이 다시 공급되지 못할 경우 치명적이 될 수 있다.

백일해 독소는 폐의 상피세포 표면에서 발견되는 락토실세라마이드라고 불리는 당지질과 결합한다. 이 단백질은 세포내유입에 의해 세포 안으로 들어간다. 이 독소는 G_i의 공유결합을 촉매시킨다. 이 경우, 변형된 G 단백질은 GDP를 GTP로 대체할 수 없고, 따라서 아데닐릴 사이클레이즈의 활성이 억제 수용체에 의해 감소할 수 없다. 그 결과로 증가한 cAMP는 경련성 기침 증상을 유발한다.

▶ **백일해 독소.** 박테리아 독소는 다섯 개의 소단위 단백질(빨강, 초록, 파랑, 보라, 노랑으로 표시)을 가지고 있다. [PDB 1BCP]

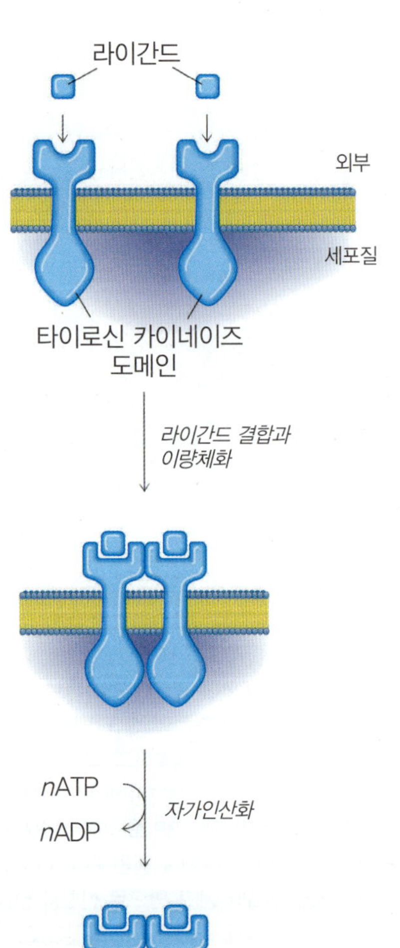

E. 수용체 타이로신 카이네이즈

많은 성장인자들은 수용체 타이로신 카이네이즈라고 불리는 다양한 기능을 하는 막 관통 단백질을 포함하는 신호전달 경로를 통해 작용한다. 그림 9.49에서 보듯이, 수용체, 변환기, 실행기 기능이 하나의 막 단백질에서 모두 발견된다. 한 종류의 활성화 단계에서, 라이간드가 타이로신 카이네이즈의 세포 외부 도메인에 결합하고, 이어서 수용체가 이량체로 서로 붙게 되고, 세포질 도메인의 타이로신 카이네이즈 활성도가 증가한다. 두 개의 수용체가 서로 결합하여, 각각의 타이로신 카이네이즈는 파트너 단백질의 특정 타이로신 잔기를 인산화시키는데 이 과정을 **자가인산화**라고 한다. 활성화된 카이네이즈 도메인은 세포질의 특정 단백질의 인산화를 촉매시키고 세포 내에서 연쇄 증폭 과정을 시작시킨다.

인슐린 수용체는 $\alpha_2\beta_2$의 4합체이다(그림 9.50). 인슐린이 α 소단위 단백질과 결합하면, β 소단위의 타이로신 카이네이즈 도메인의 입체 형태의 변화가 일어나 함께 모인다. 활성화된 타이로신 카이네이즈는 다른 단백질의 인산화를 촉매시켜 영양 물질 사용을 조절 혹은 도와준다.

최근 연구 결과에 따르면, 인슐린에 의해 유발되는 많은 신호 과정들이 PIP_2에 의해 매개된다고 알려져 있다(9.12C절, 그림 9.51). 인슐린은 PIP_2를 가수분해시키기보다는, 인슐린 수용체 기질(IRS)이라 불리는 단백질을 통해 포스파티딜이노시톨 3-카이네이즈를 활성화시키고, 이 효소는 PIP_2를 인산화시켜 포스파티딜이노시톨 3,4,5-삼인산(PIP_3)을 생성하도록 촉매 역할을 한다. PIP_3는 2차 전령으로서 다양한 목표 대상 단백질을 일시적으로 활성화시키는데, 특정한 포스포이노시티드-의존적 단백질 카이네이즈도 이에 포함된다. 이러한 방식으로, 포스파티딜이노시톨 3-카이네이즈는 몇 종류의 세린-쓰레오닌 단백질 카이네이즈 연쇄 증폭을 조절하는 분자 스위치의 역할을 한다.

◀ **그림 9.49**
수용체 타이로신 카이네이즈의 활성화. 라이간드가 수용체의 이량체화를 유도함으로써 활성화가 일어난다. 각 카이네이즈 도메인은 각 파트너를 인산화시킨다. 인산화된 이량체는 다양한 목표 단백질의 인산화를 일으킬 수 있다.

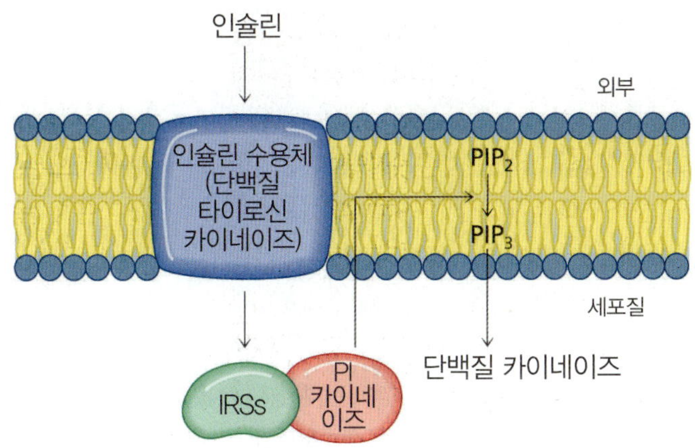

▲ 그림 9.51
인슐린에 의해 생성된 포스파티딜이노시톨 3,4,5-삼인산(PIP_3). 인슐린이 수용체에 결합함으로써 수용체의 단백질 타이로신 카이네이즈 활성이 증가하여, 인슐린 수용체 기질(IRS)의 인산화를 초래한다. 인산화된 IRS는 PIP_2를 PIP_3로 변형시키는 포스포티딜이노시톨 3-카이네이즈(PI 카이네이즈)와 세포막에서 결합한다. PIP_3는 2차 전령의 역할을 함으로써 세포외부의 인슐린의 신호를 세포 내의 특정 단백질인 산화효소에 전달한다.

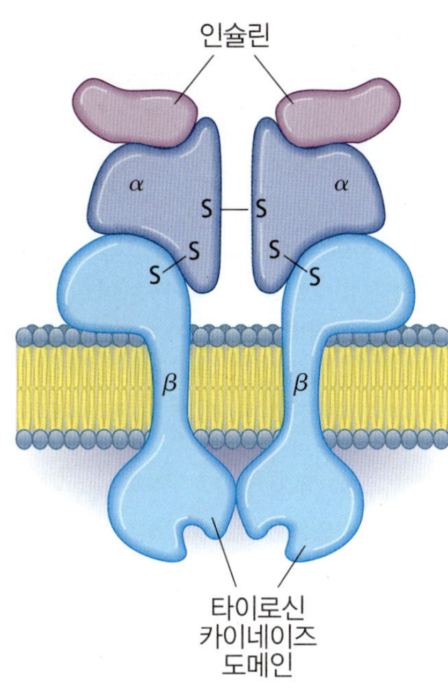

▲ 그림 9.50
인슐린 수용체. 인슐린 결합자리를 가진 두 개의 세포 외부의 α 사슬이 세포질 타이로신 카이네이즈 도메인을 가진 두 개의 막 관통 β 사슬과 연결되어 있다. 인슐린이 α 사슬에 결합하면 각 β 사슬의 타이로신 카이네이즈 도메인이 인접한 카이네이즈 도메인의 자가 인산화 과정을 촉매시킨다. 타이로신 카이네이즈 도메인은 또한 인슐린 수용체 기질(IRS)로 불리는 단백질의 인산화를 촉매시킨다.

포스포릴기는 단백질 포스파테이즈에 의해 성장인자 수용체와 목표 대상 단백질로부터 제거된다. 비록 오직 몇 종류의 이러한 효소만 연구되었지만, 이들은 타이로신 단백질 카이네이즈 신호 경로에서 매우 중요한 역할을 할 것으로 보인다. 효소 결합체를 지역적으로 집합시키거나 분리시키는 과정이 조절의 한 수단으로 여겨진다.

요약

1. 지방은 불용성 유기 화합물의 다양한 집단이다.

2. 지방산은 보통 12에서 20까지 이르는 범위의 짝수 탄소 원자를 가진 모노카복실산이다.

3. 지방산은 일반적으로 중성적이고 비극성인 트라이아실글리세롤(지방과 오일)로 저장된다.

4. 글리세로 인지질은 글리세롤 골격에 연결된 극성 머리 부분과 비극성 지방산 아실 꼬리를 가진다.

5. 식물과 동물의 막에 존재하는 스핑고지질은 스핑고신 골격을 포함한다. 스핑고지질의 주 부류는 스핑고마이엘린과 세레브로사이드 및 갱글리오사이드이다.

6. 스테로이드는 4개의 융합고리를 포함하는 아이소프레노이드이다.

7. 생물학적으로 중요한 다른 지질은 왁스, 에이코사노이드, 지용성 바이타민, 그리고 테르펜이다.

8. 모든 생체막의 구조적 기본은 지질 이중층으로 이는 글리세로인지질과 스핑고지질 그리고 가끔 콜레스테롤과 같은 양극성 지질을 포함한다. 지질은 이중층의 낱 겹에서 빠르게 확산할 수 있다.

9. 생체막은 단백질을 포함하는데 이는 지질 이중층에 박혀 있거나 연관되어 있다. 단백질은 막 내에서 평행으로 확산할 수 있다.

10. 대부분의 막 내재 단백질은 이중층의 소수성 내부를 가로지르지만, 막 주변 단백질은 막 표면에 좀 더 느슨하게 연관되어 있다. 지질 고정 단백질은 막의 지질과 공유결합으로 연결되어 있다.

11. 일부 작거나 소수성인 분자들은 이중층을 관통해 확산될 수 있다. 통로와 구멍 그리고 수동적 및 능동적 수송체가 이온과 극성 분자의 막을 관통하는 운반을 매개한다. 고분자 화합물은 세포내유입과 세포외유출을 통해 세포 안팎으로 이동된다.

12. 세포 밖의 화학적 자극은 수용체에 결합함으로써 그들의 신호를 세포 내부로 전송한다. 변환기는 2차 전령을 만드는 실행 효소로 신호를 전달한다. 신호전달 경로는 종종 G 단백질과 단백질 인산화 효소를 포함한다. 아데닐릴 사이클레이즈 신호 경로는 cAMP-의존적 단백질 카이네이즈 A의 활성화를 야기한다. 이노시톨-인지질 신호 경로는 2개의 2차 전령을 만들어 단백질 카이네이즈 C의 활성화를 일으키고 세포질 내 칼슘이온 농도를 증가시킨다. 타이로신 카이네이즈 수용체의 경우, 카이네이즈가 수용체 단백질의 일부분이다.

문제

1. 다음 지방산의 분자 수식을 작성하라: (a) 네르본산(시스-Δ^{15}-테트라코세노이트; 24 탄소); (b) 박센산(시스-Δ^{11}-옥타데세노에이트); (c) EPA(전부 시스-$\Delta^{5,8,11,14,17}$-에이코사펜테노에이트).

2. 다음의 변형된 지방산의 분자 수식을 작성하라:
   (a) 10-(프로폭시) 데카노에이트, 원생동물 *T. brucei*에 의해 발병하는 질병인 아프리카 수면병을 치료하는데 사용되는 항기생충 활성을 가진 합성 지방산(프로폭시 그룹은 $—O—CH_2CH_2CH_3$이다)
   (b) 피탄산(3,7,11,15-테트라메틸헥사데카노에이트), 유제품에서 발견된다.
   (c) 락토바실산(시스-11,12-메틸렌네옥타데카노에이트), 다양한 미생물에서 발견된다.

3. 생선 오일은 오메가-3와 다불포화 지방산의 풍부한 공급원이고, 오메가-6 지방산은 상대적으로 옥수수와 해바라기 오일에 풍부하다. 다음의 지방산을 오메가-3, 오메가-6 또는 둘 다 아님으로 분류하라: (a) 리놀레네이트; (b) 리놀레이트; (c) 아라키도네이트; (d) 올레이트; (e) $\Delta^{8,11,14}$-에이코사트리에노에이트

4. 포유류의 혈소판 활성화 인자(PAF)는 신호 변환의 전령으로 C-1 위치에 에스터 결합을 가진 글리세로인지질이다. PAF는 알레르기 반응과 염증 및 독성-쇼크 증후군의 강력한 매개체이다. PAF(1-알킬-2-아세틸포스파티딜-콜린)의 구조를 그려라. 여기서 1-알킬 그룹은 C_{16} 사슬이다.

5. 도코사헥사엔산, 22:6-$\Delta^{4,7,10,13,16,19}$은 많은 종류의 어류에 있는 포스파티딜에탄올아민과 포스파티딜콜린에서 글리세롤-3-인산의 C-2 위치에 존재하는 주된 지방 아실 그룹이다.
   (a) 도코사헥사엔산, 22:6의 구조를 그려라(모든 이중결합은 시스이다).
   (b) 도코사헥사엔산을 오메가-3, 오메가-6, 또는 오메가-9으로 분류하라.

6. 대부분의 뱀 독은 글리세로인지질을 지방산과 "리소레시틴"으로 분해하는 포스포라이페이즈 A_2를 포함한다. 리소레시틴의 양극성 성질은 이를 세제로 활동하게 함으로써 적혈구 세포의 막 구조를 붕괴하여 세포 파열을 유도한다. 포스파티딜세린(PS)의 구조와 포스포라이페이즈 A_2와 PS의 반응 결과 생긴 산물(리소레시틴을 포함하는)의 구조를 그려라.

7. 다음 막 지질의 구조를 그려라.
   (a) 1-스테아로일-2-올레오일-3-포스파티딜에탄올아민
   (b) 팔미토일스핑고마이엘린
   (c) 미리스토일-β-D-글루코세레브로사이드

8. (a) 스테로이드 코티졸은 탄수화물, 단백질, 지방 대사의 조절에 관여한다. 코티졸은 콜레스테롤로부터 파생되었고 동일하게 4-원자로 융합된 고리식 구조를 가지지만: (1) C-3 위치에 케토 그룹, (2) C-4-C-5 위치에 이중결합(콜레스테롤의 경우 C-5-C-6을 대신하여), (3) C-11 위치에 하이드록실기, 그리고 (4) C-17 위치에 하이드록실기와 $—C(O)CH_2OH$를 가진다. 코티졸의 구조를 그려라.
   (b) 와베인은 식물과 동물에서 발견되는 심장의 글라이코사이드의 일원이다. 이 스테로이드는 $Na^{\oplus}$-$K^{\oplus}$ ATPase와 이온 수송을 억제하고 사람에게서 높은 혈압 및 고혈압에 연관될 수 있다. 와베인은 콜레스테롤과 비슷한 4 - 원자로 융합된 고리식 구조를 포함하지만 다음의 구조적 특징을 가진다: (1) 고리구조 내에 이중결합이 없음, (2) C-1, C-5, C-11, C-14 위치에 하이드록실기, (3) C-19 위치에 $—CH_2OH$, (4) C-17 위치에 2-3 불포화된 5-원자 락톤 고리(락톤 고리의 C-3이 결합됨), 그리고 (5) C-3 위치의 산소에 6-데옥시만노오스의 β-1이 결합됨. 와베인의 구조를 그려라.

9. 대부분의 유기체는 환경적 온도 변화에 대한 일관적으로 반응하기 위해 세포막을 재구성한다. 일부 물고기는, 간의 소포체 지질막 내의 포스파티딜에탄올아민(PE)이 글리세롤-3-인산 골격의 C-2 위치에 주로 도코사헥사엔산, 22:6-$\Delta^{4,7,10,13,16,19}$을 포함하고 있으며, 그리고 C-1 위치에 포화되거나 단일불포화된 지방산 아실 그룹을 가지고 있다. 포화되거나 단일불포화된 지방산 아실 그룹을 포함하는 PE의 백분율은 10℃ 또는 30℃에 순응된 어류에 의해 결정된다. 10℃에서는, PE 분자의 61%가 C-1 위치에 포화 지방산 아실 그룹을 가지고, 39%는 단일불포화 지방산 아실 그룹을 가진다. 물고기가 30°C에 순응하면, PE 지질의 86%가 C-1 위치에 포화 지방산 아실 그룹을 가지는 반면, 14%는 단일불포화 지방산 아실 그룹을 가진다 [Brooks, S.,Clark, G.T., Wright, S.M., Trueman, R.J., Postle, A.D., Cossins,A.R., and Maclean, N.M.(2002).Electrospray ionisation massspectrometric analysis in the carp (*Cyprinus carpio* L.) during cold acclimation. *J. Exp. Biol*. 205:3989 – 3997]. 환경적 온도 변화에서 관찰되는 막 재구성의 목적을 설명하라.

10. 돌연변이 유전자(*ras*)는 폐, 대장, 췌장을 포함하는 모든 인간 암의 1/3 정도에서 발견되고, 종양 세포 대사의 일부가 변형되는 원인이 될 수 있다. *ras* 유전자에 의해 코드화된 ras 단백질은 세포 성장과 분열을 조절하는 세포 신호 경로에 관여한다. ras 단백질이 세포-신호 활성을 가지기 위해서는 반드시 지질 고정막 단백질로 전환되어야 하기 때문에, 파르네실 전달효소(FT)가 억제를 위한 잠재적 화학요법 대상으로 선정되었다. FA가 합리적 타깃이 될 수 있는 이유를 설명하라.

11. 포도당은 통로 혹은 구멍을 통한 단순 확산으로 일부 세포에 들어가지만, 적혈구 세포에는 수동적 수송체를 통해 들어간다. 아래 그림은 어느 선은 통로나 구멍을 통한 확산을 나타내고, 다른 선은 수동적 운반을 나타냄을 보여주고 있다. 왜 두 경로의 속도가 다른가?

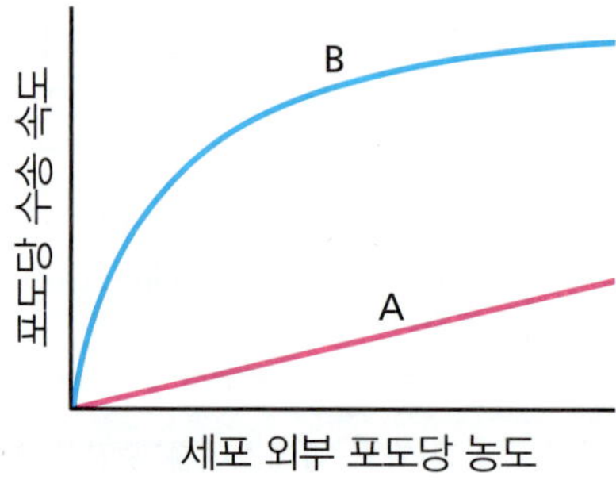

12. 위장(pH 0.8~1.0)과 위장 벽의 위장 점막 세포(pH 7.4) 사이의 pH 기울기는 $H^{\oplus}$-$K^{\oplus}$ ATPase 수송 시스템에 의해 유지되는데, 이는 ATP를 사용하는 $Na^{\oplus}$-$K^{\oplus}$ ATPase 수송 시스템(그림 9.38)과 비슷하다. $H^{\oplus}$-$K^{\oplus}$ ATPase 역수송 시스템은 ATP를 이용하여 $H^{\oplus}$를 점

막 세포(mc)의 밖에서 위장(st) 내부로 $K^{\oplus}$와 교환하여 퍼낸다. 점막 세포로 운송된 $K^{\oplus}$이온은 그 후 $Cl^{\ominus}$이온과 함께 위장으로 다시 공동 수송된다.

$$K^{\oplus}_{(mc)} + Cl^{\ominus}_{(mc)} + H^{\oplus}_{(mc)} + K^{\oplus}_{(st)} + ATP \rightleftharpoons K^{\oplus}_{(st)} + Cl^{\ominus}_{(st)} + H^{\oplus}_{(st)} + K^{\oplus}_{(mc)} + ADP + P_i$$

수송의 최종 결과는 위장 내부로의 HCl 이동이다. 이 $H^{\oplus}$-$K^{\oplus}$ ATPase 시스템의 다이어그램을 그려라.

13. 초콜릿은 테오브로민을 포함하는데 이는 구조적으로 카페인과 테오필린과 연관된 화합물이다. 초콜릿 제품은 개에게 독성을 나타내거나 치명적일 수 있는데, 그 이유는 이러한 동물들은 인간보다 테오브로민을 좀 더 천천히 대사하기 때문이다. 심장과 중추신경계 및 신장이 영향을 받는다. 개에게서 테오브로민 중독의 초기 증상은 구역질과 구토, 초조, 설사, 근육 떨림 그리고 증가된 배뇨 또는 요실금을 포함한다. 개에 있어서 테오브로민의 독성 메커니즘에 대해 설명하라.

O CH3 HN N O N N CH3

테오브로민

14. 이노시톨 신호 경로에서, IP_3와 다이아실글리세롤(DAG) 둘 다 호르몬의 2차 전령이다. 만약 세포 내의 어떤 단백질 카이네이즈가 $Ca^{\oplus}$가 결합함으로써 활성화된다면, 상호보완적인 방식으로 세포 내에서 세포반응을 이끌어내기 위해 IP_3와 DAG는 어떻게 활동하겠는가?

15. 당뇨병의 일부 형태에서, 인슐린 수용체의 β 소단위 내 돌연변이는 이 소단위의 효소 활성을 없애버린다. 이 돌연변이는 인슐린에 대한 세포의 반응에 어떻게 영향을 미치는가? 추가적인 인슐린(예를 들어, 주사로부터)은 이러한 결함을 극복할 수 있는가?

16. ras 단백질(문제 10에서 언급된)은 GTPase 활성이 결여된 돌연변이된 G 단백질이다. 이 활성의 결여는 아데닐릴 사이클레이즈(adenylyl cyclase) 신호 경로에 어떻게 영향을 미치는가?

17. 수정 순간에 여성의 난자는 직경이 약 100 μm이다. 세포막의 각 지질 분자가 10~14 cm^2의 표면적을 가진다고 가정하고 난자 세포막 표면의 25%가 단백질이라면, 몇 개의 지질 분자가 있겠는가?

18. 각 수정란 세포(접합자)는 여자아이가 그녀의 일생에 필요한 모든 난자를 생산하기 위해 30번 분열한다. 이러한 난자 중 하나는 새로운 세대를 낳고자 수정될 것이다. 만약 지질 분자가 절대로 분해되지 않는다면, 당신은 당신의 할머니에게서 합성된 지질 분자를 유전적으로 얼마나 물려받겠는가?

참고문헌

일반

Gurr, M. I., and Harwood, J. L. (1991). *Lipid Biochemistry: An Introduction*, 4th ed. (London: Chapman and Hall).

Lester, D. R., Ross, J. J., Davies, P. J., and Reid, J. B. (1997). Mendel's stem length gene (Le) encodes a gibberellin 3 beta-hydroxylase. *Plant Cell.* 9:1435–1443.

Vance, D. E., and Vance, J. E., eds. (2008). *Biochemistry of Lipids, Lipoproteins, and Membranes*, 5th ed. (New York: Elsevier).

막

Dowhan, W. (1997). Molecular basis for membrane phospholipid diversity: why are there so many lipids? *Annu. Rev. Biochem*. 66:199–232.

Jacobson, K., Sheets, E. D., and Simson, R. (1995). Revisiting the fluid mosaic model of membranes. *Science* 268:1441–1442.

Koga, Y., and Morii, H. (2007). Biosynthesis of ether-type polar lipids in Archaea and evolutionary considerations. *Microbiol. and Molec. Biol. Rev*. 71: 97–120.

Lai, E.C. (2003) Lipid rafts make for slippery platforms. *J. Cell Biol*. 162:365–370.

Lingwood, D., and Simons, K. (2010). Lipid rafts as a membrane-organizing principle. *Science*. 327:46–50.

Simons, K., and Ikonen, E. (1997). Functional rafts in cell membranes. *Nature*. 387:569–572.

Singer, S. J. (1992). The structure and function of membranes: a personal memoir. *J. Membr. Biol*. 129:3–12.

Singer, S. J. (2004) Some early history of membrane molecular biology. *Annu. Rev. Physiol*. 66:1–27.

Singer, S. J., and Nicholson, G. L. (1972). The fluid mosaic model of the structure of cell membranes. *Science* 175:720–731.

막 단백질

Casey, P. J., and Seabra, M. C. (1996). Protein prenyltransferases. *J. Biol. Chem*. 271:5289–5292.

Bijlmakers, M-J., and Marsh, M. (2003). The onoff story of protein palmitoylation. *Trends in Cell Biol*. 13:32–42.

Elofsson, A., and von Heijne, G. (2007). Membrane protein structure: prediction versus reality. *Annu. Rev. Biochem*. 76:125–140.

막 수송

Borst, P., and Elferink, R. O. (2002). Mammalian ABC transporters in health and disease. *Annu. Rev. Biochem*. 71:537–592.

Caterina, M. J., Schumacher, M. A., Tominaga, M., Rosen, T. A., Levine, J. D., and Julius, D. (1997). The capsaicin receptor: a heat-activated ion channel in the pain pathway. *Nature* 389:816–824.

Clapham, D. (1997). Some like it hot: spicing up ion channels. *Nature* 389:783–784.

Costanzo, M. et. al. (2010). The genetic landscape of a cell. *Science* 327:425–432.

Doherty, G. J. and McMahon, H. T. (2009). Mechanisms of endocytosis. *Annu. Rev. Biochem.* 78:857–902.

Doyle, D. A., Cabral, J. M., Pfuetzner, R. A., Kuo, A., Gulbis, J. M., Cohen, S. L., Chait, B. T., and McKinnon, R. (1998). The structure of the potassium channel: molecular basis of $K^{\oplus}$ conduction and selectivity. *Science* 280:69–75.

Jahn, R., and Südhof, T. C. (1999). Membrane fusion and exocytosis. *Annu. Rev. Biochem*. 68:863–911.

Kaplan, J. H. (2002). Biochemistry of Na, K-ATPase. *Annu. Rev. Biochem*. 71:511–535.

Loo, T. W., and Clarke, D. M. (1999). Molecular dissection of the human multidrug resistance P-glycoprotein. Biochem. *Cell Biol*. 77:11–23.

신호 변환

Fantl, W. J., Johnson, D. E., and Williams, L. T. (1993). Signalling by receptor tyrosine kinases. *Annu. Rev. Biochem*. 62:453–481.

Hamm, H. E. (1998). The many faces of G protein signaling. *J. Biol. Chem*. 273:669–672.

Hodgkin, M. N., Pettitt, T. R., Martin, A., Michell, R. H., Pemberton, A. J., and Wakelam, M. J. O. (1998). Diacylglycerols and phosphatidates: which molecular species are intracellular messengers? *Trends Biochem. Sci*. 23:200–205.

Hurley, J. H. (1999). Structure, mechanism, and regulation of mammalian adenylyl cyclase. *J. Biol. Chem*. 274:7599–7602.

Luberto, C., and Hannun, Y. A. (1999). Sphingolipid metabolism in the regulation of bioactive molecules. *Lipids* 34 (Suppl.):S5–S11.

Prescott, S. M. (1999). A thematic series on kinases and phosphatases that regulate lipid signaling. *J. Biol. Chem*. 274:8345.

Shepherd, P. R., Withers, D. J., and Siddle, K. (1998). Phosphoinositide 3-kinase: the key switch mechanism in insulin signalling. *Biochem. J.* 333:471–490.

대사 서론

대사 경로를 통한 흐름이 크게 변하더라도, 대부분의 연속적 대사반응에서 기질 농도 및 생성물 농도는 크게 변하지 않는다.

—제레미 놀즈
(Jeremy R. Knowles, 1989)

이전 장에서 우리는 살아 있는 세포의 작은 분자부터 고분자, 막과 같은 더 큰 주요 구성성분의 구조와 기능까지 설명했다. 다음의 9개 단원에서는 이미 언급된 여러 영양소 및 세포 구성성분들을 동화, 변형, 합성, 분해하는 생화학적 활성을 집중적으로 다룬다. 20~22장에서는 모든 세포 활성의 상당 부분을 차지하는 단백질 및 핵산의 생합성을 설명하기로 한다.

지금까지 분자 구조에 대해 알아봤고, 이제 세포기능의 역동성에 대해 알아보기로 한다. 예외도 있지만, 우리가 논의할 내용 중에는 대사 경로는 기본적인 화학 및 물리 법칙을 따른다는 것을 알 수 있을 것이다. 이 책의 처음 두 부분에서 세워진 기초를 기반으로 단계적 접근을 통해 어떻게 대사가 일어나는지 설명할 수 있다. 이번 장에서는 대사에 대한 몇 가지 일반적 주제 및 세포활성에 중심을 둔 열역학적 원리에 대해 논의한다.

10.1 대사는 반응들의 네트워크다

대사는 살아 있는 세포들에 의해 수행되는 화학반응들의 전체 네트워크다. **대사체들(metabolites)**은 생체고분자 물질의 분해나 합성으로 생기는 중간체인 작은 분자를 말한다. 중간 대사체라는 용어는 이런 저분자량 물질과 관련된 반응들에 사용된다. 분자를 합성하는 반응(동화반응)과 분자를 분해하는 반응(이화반응)을 구별하는 것이 편리하다.

동화반응(anabolic reaction)은 세포 유지, 성장, 재생산에 필요한 모든 화합물의 합성을 담당한다. 이들 생합성 반응은 아미노산, 탄수화물, 조효소, 뉴클레오타이드, 지방산과 같은 단순한 대사체들을 만든다. 또한 이들은 단백질, 다당류, 핵산, 복합 지질과 같은 더 큰 분자들을 생산한다(그림 10.1).

일부 종에서는 세포를 구성하는 모든 복합 분자들은 무기 전구체(이산화탄소, 암모니아, 무기인산 등)로부터 합성된다(10.3절). 일부 종들은 무기 분자나 막 전위 생성으로부터 에너지를 얻는다(9.11절). 광합성 유기체들은 생합성 반응에 빛 에너지를 이용한다(15장).

위: 대사의 기본 원리는 동물, 식물, 그리고 모든 생물에서 같다.

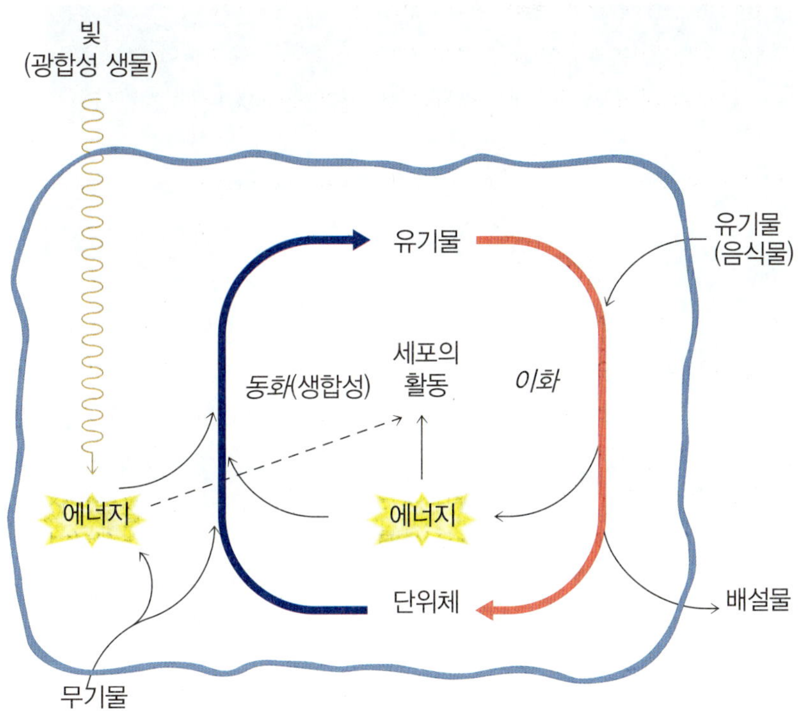

◀ **그림 10.1**
동화와 이화. 동화반응은 고분자 합성이나 세포 활동을 할 때 작은 분자와 화학에너지를 사용한다. 태양에너지는 광합성 박테리아와 식물에서 중요한 대사 에너지원이다. 음식으로부터 얻을 수 있는 분자를 포함한 일부 분자는 대사되면서 에너지를 방출하고 단량체 구성단위나 노폐물을 생성한다.

이화반응(catabolic reaction)은 큰 분자를 분해시켜 더 작은 분자나 에너지를 생성한다. 모든 세포는 정상 세포의 대사반응의 일부로서 분해반응을 수행하지만, 몇몇 종은 유일한 에너지원으로 분해반응에 의존하고 있다. 예를 들어 동물은 음식과 같은 유기 분자를 필요로 한다. 포유류의 경우 이러한 에너지-생산 이화반응들에 대한 연구를 **연료** 대사라고 한다. 이들 연료의 궁극적인 근원은 다른 종의 생합성 경로이다. 모든 이화반응들은 살아 있는 세포 —동일한 세포, 동일한 개체에 있는 다른 세포, 또는 다른 유기체에 있는 세포—에 의해 합성되는 화합물들의 분해와 관련된다는 것을 명심해야 한다.

세 번째 유형은 **양방향성 반응(amphibolic reaction)**이다. 이것은 동화 및 이화 경로 모두와 연관된다.

핵심개념

대부분의 기초 대사 경로는 모든 종에 존재한다.

박테리아나 거대한 다세포 유기체를 관찰해 보면 놀라울 정도로 다양한 생물학적 적응들을 발견하게 된다. 현재 수천만 종이 지구에 생존하고 있으며, 수억만 종들이 진화를 거쳐 나타나거나 사라져왔다. 다세포 유기체들은 뚜렷하게 특수화된 세포 유형 및 조직들을 갖고 있다. 종이나 세포 유형의 놀라운 다양성에도 불구하고 살아 있는 세포들의 생화학적 특성은 세포 구성성분들의 화학 구성 및 구조뿐만 아니라 구성성분들이 변형되는 대사 경로까지 놀랍도록 유사하다. 이러한 보편적인 경로들은 대사를 이해하는데 핵심이 된다. 일단 기초적인 보존 경로에 대해 배우게 되면, 일부 종에서 진화해 온 추가 경로들을 이해할 수 있다.

수많은 종의 유전체 서열은 완전히 결정되었다. 처음에는 대사효소를 암호화하는 유전자들의 서열을 기반으로 한 이들 종의 전체적인 대사 네트워크의 완전한 그림을 갖기 시작했다. 예를 들어 *Escherichia coli*는 중간 대사에 쓰이는 효소들을 암호화하는 약 900개 정도의 유전자를 갖고 있으며, 이들 효소는 다양한 조합으로 약 130개의 다른 경로를 만든다.

이러한 대사 유전자는 유전체에 존재하는 유전자 중 21%에 달한다. 다른 종의 박테리아들은 기본적인 대사반응을 수행하는 효소를 비슷한 수만큼 갖고 있다. 일부 종은 추가적인 경로를 갖고 있다. *Mycobacterium tuberculosis* 같은 결핵을 유발하는 박테리아는 지방산 대사를 포함하여 250개 정도의 효소를 갖고 있으며 이는 *E. coli*의 5배 정도다.

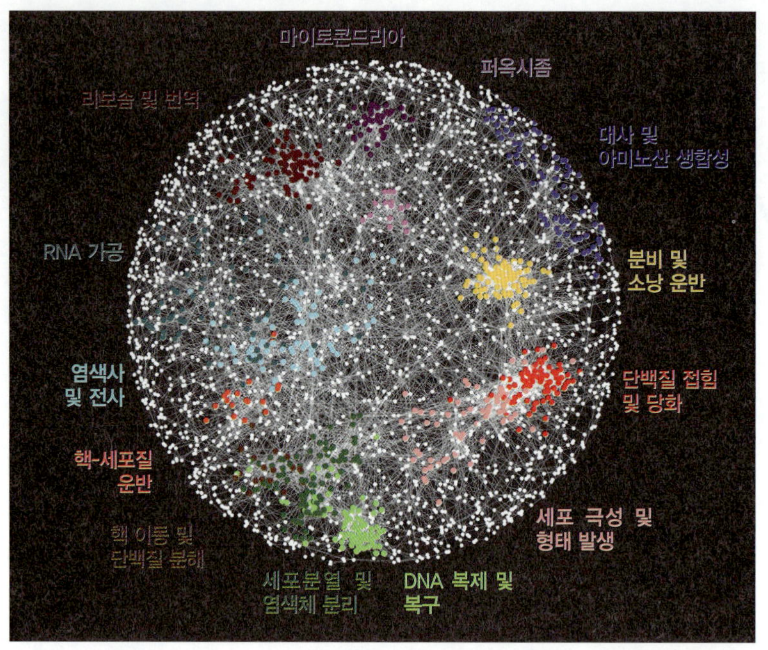

그림 10.2 ▶
효모(*Saccharomyces cerevisiae*)의 단백질 상호작용 네트워크. 점들은 각 단백질들을 나타내며, 기능에 따라 색으로 나타냈다. 실선은 단백질 간의 상호작용을 나타낸다. 색칠된 그룹은 대사와 관련된 수많은 유전자를 말한다.

효모(*Saccharomyces cerevisiae*)는 단일 세포로 이루어진 곰팡이계에 속한다. 이것의 유전체은 5900개의 단백질을 암호화한 유전자를 가지고 있다. 이들 중 1200개(20%)는 중간대사 및 에너지 대사와 관련된 효소를 암호화한다(그림 10.2). 선충(*Caenorhabditis elegans*)은 작은 다세포성 동물로, 더 큰 동물들과 마찬가지로 특수화된 많은 세포 및 조직을 갖고 있다. 이 선충의 유전체는 19,100개의 단백질을 암호화하고 있으며, 이 중 5300개(28%)는 다양한 경로의 중간 대사에 필요하다고 여겨진다. 초파리(*Drosophila melanogaster*)는 14,100개의 유전자 중 약 2400개(17%)가 중간 대사 경로 및 생체에너지와 관련되는 것으로 예상된다. 인간의 기초 대사에 필요한 유전자 개수는 정확하게 알려져 있지 않지만, 대략 5000개의 유전자가 필요한 것으로 보인다(인간 유전체는 대략 22,000개의 유전자를 갖고 있다).

대사에는 다섯 가지의 공통 주제가 있다.

1. 생명체 및 세포의 무기 이온, 대사체, 효소의 내부 농도는 일정하게 유지된다. 세포막은 환경으로부터 세포 구성성분을 분리하는 물리적 장벽을 제공한다.
2. 생물은 외부 에너지원으로부터 에너지를 추출하여 에너지 소비 반응을 진행시킨다. 광합성을 하는 생명체는 태양에너지를 화학에너지로 전환해서 에너지를 만든다. 다른 생명체는 소화 및 에너지를 생산하는 물질의 이화로부터 에너지를 얻는다.
3. 각 생물들의 대사 경로는 유전체에 포함되어 있는 유전자들에 의해 특수화되어 있다.
4. 생명체 및 세포는 환경과 상호작용한다. 세포의 활동은 에너지 유용성에 맞춰져 있다. 환경으로부터의 에너지 공급이 충분할 때 생명체는 성장하고 재생산된다. 환경으로부터의 에너지 공급이 제한적이면, 내부 저장분을 사용하거나 동면, 포자형성 및 종자 형성을 유도하여 대사율을 느리게 함으로써 에너지 요구량을 일시적으로 충족시킬 수 있다. 만약 에너지 부족이 지속되면 생명체는 죽게 된다.
5. 유기체의 세포들은 분자의 고정된 조립체가 아니다. 많은 세포 구성성분들은 계속 합성되고 분해되고 있으며, 그 농도는 실제로 일정하게 유지되고 있다. 다른 물질들의 농도는 내부 또는 외부의 조건에 따라 변한다.

이 책의 대사 부분은 대부분의 종에서 일어나는 대사반응들을 다룬다. 예를 들어, 해당(당의 분해) 및 포도당신생성(포도당 생합성) 효소는 거의 모든 종에 존재한다. 대부분의 세포가 동일한 구성의 중심 대사반응을 갖고 있지만, 조직이나 종 특이적인 부가적 효소반응 때문에 세포 및 유기체의 분화가 가능하다.

10.2 대사 경로

대부분의 대사반응들은 효소에 의해 진행되므로 대사를 완벽하게 설명하기 위해서는 세포 반응의 반응물, 중간체, 생성물뿐만 아니라 관련 효소들의 특성도 설명되어야 한다. 대부분의 세포는 수백에서 수천 가지의 반응들을 수행할 수 있다. 이러한 복잡성 때문에 부분 또는 분야별로 대사를 체계적으로 세분화시켜 다루고자 한다. 다음 단원에서는 4가지 중요한 생체 분자 그룹인 탄수화물, 지질, 아미노산, 뉴클레오타이드의 대사를 각각 알아보기로 한다. 4개 영역의 대사에서 반응 경로라고도 부르는 대사반응들의 특징적인 순서를 알 수 있다.

A. 경로는 반응들의 연속이다

대사 경로(metabolic pathway)는 유기 화학적 합성 과정에 해당되는 생물학적 과정이다. 대사 경로는 하나의 반응 생성물이 다음 반응의 기질이 되는 연속적인 반응들이다. 어떤 대사 경로는 수십 단계들로 되어 있는 반면, 일부 대사 경로들은 오직 두 단계로만 이루어져 있기도 하다.

대사 경로의 처음과 끝을 정의하는 것은 쉽지 않다. 실험실에서의 화학적 합성은 명백한 시작 기질과 최종 생성물을 갖고 있지만, 세포 경로들은 시작과 끝을 명확하게 알기 어려운 방식으로 서로 연결되어 있다. 예를 들어, 포도당 이화(11장)에서 당분해는 어디서 시작되고 어디서 끝나는가? (글라이코겐과 녹말 같은) 다당류, 세포 외 포도당, 포도당-6-인산 또는 세포 내 포도당으로 시작하는가? 이 경로는 파이루브산, 아세틸 CoA, 젖산, 에탄올로 끝나는가? 통상적으로 또는 연구 용이성을 위해 시작점과 종말점은 임의로 정해질 수 있지만, 반응과 경로는 확장된 대사 경로를 만들기 위해 연결된다는 것을 명심해야 한다. 연구실 밖 벽에 가끔 붙여놓는 거대한 대사 지도를 살펴보면, 이 연결망은 매우 분명하다(그림 10.3).

각각의 대사 경로는 다른 형태로 구성될 수 있다. 세린 생합성과 같은 선형 대사 경로는 독립적인 효소-촉매 반응의 연속이며, 이런 반응의 경우 하나의 반응의 생성물은 그 경로의 다음 반응의 기질이 된다(그림 10.4a). 시트르산 회로의 순환 대사 경로도 효소-촉매 반응의 연속이지만, 폐쇄적 고리를 형성하여 회로가 회전할 때마다 중간체들이 재생성된다(그림 10.4b). 지방산 생합성과 같은 나선형 대사 경로의 경우(16.6절), 주어진 분자 길이를 늘리

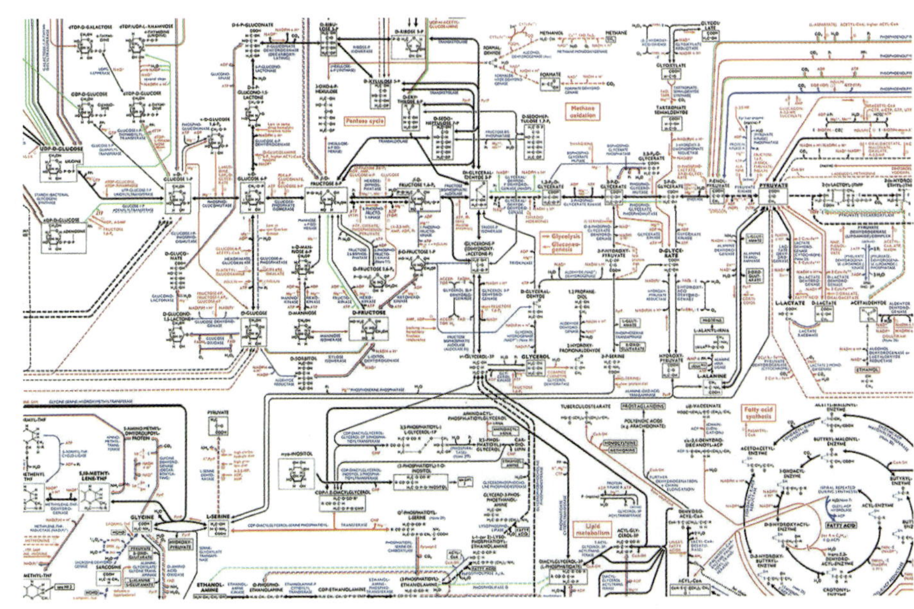

◀ **그림 10.3**
Roche Applied Science에 의해 발표된 거대한 대사 도표의 일부.

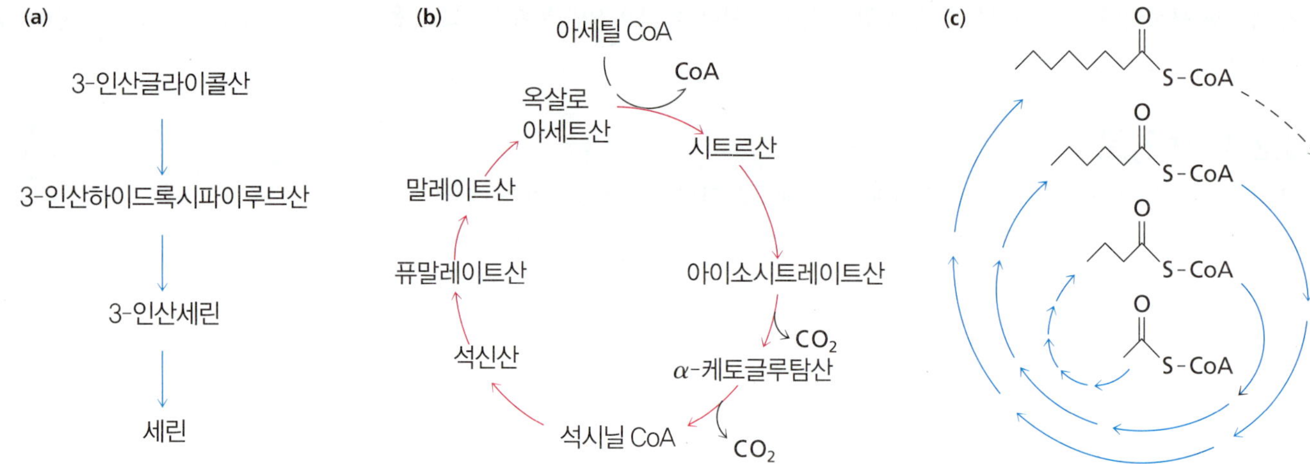

▲ 그림 10.4

대사 경로의 형태. (a) 세린 생합성은 선형 대사 경로의 예다. 각 단계의 생성물은 다음 단계의 기질이다. (b) 순환 경로에서 반응들의 연속은 폐쇄적인 고리를 형성한다. 시트르산 회로에서 아세틸기는 회로 중간체들을 재생성시키는 반응을 통해 대사된다. (c) 나선형 경로인 지방산 생합성의 경우, 동일한 세트의 효소들이 아실 사슬이 계속 연장되도록 매개한다.

거나 짧게 하기 위해 동일한 세트의 효소들이 반복적으로 이용된다(그림 10.4c)

각 유형의 경로는 대사체가 들어오거나 나가는 분기점을 가질 수 있다. 대부분의 경우, 가장 중요한 대사체에 동반되는 주요 경로에 초점을 맞출 것이므로 대사 경로들이 갈라지는 특성은 강조하지 않고자 한다. 또한 모든 종에서 흔하게 발견되는 경로에 초점을 두려고 한다. 이 경로들은 가장 기초적인 경로들이다. 단순화한 것이지 단순한 건 아니다. 어떤 대사 지도라도 잠깐 훑어본다면, 이런 경로들이 많은 분기점을 갖고 있다는 것과 초기 기질 및 최종 생성물이 종종 다른 경로의 중간체가 된다는 것을 알 수 있을 것이다. 그림 10.3의 세린 경로가 좋은 예다. 이런 현상을 발견할 수 있는가?

B. 대사는 독립된 단계들로 진행된다

세포내 환경은 크게 변하지 않는다. 적당한 온도 및 압력, 상당히 적은 반응물 농도와 중성에 가까운 pH에서 반응들이 진행된다. 이것을 세포 수준의 항상성이라고 한다.

이러한 조건들은 다수의 효율적인 효소 촉매제를 필요로 한다. 왜 그렇게 많은 별개의 반응들이 살아 있는 세포에서 일어나는가? 이론상으로는 매우 적은 반응들로 복잡한 유기 분자의 분해와 합성이 가능해야 한다.

핵심개념

화학과 물리학의 제한으로 인해 대사 경로는 많은 작은 단계들로 구성되어야만 한다.

다단계 경로에 대한 한 가지 이유는 효소의 제한적인 반응 특이성이다. 각 활성부위는 하나의 단계의 경로만 매개한다. 따라서 한 분자의 합성 또는 분해는 적합한 효소 이용성에 의해 제한되는 대사 경로를 따라 일어난다. 일반적으로 하나의 효소-촉매 반응은 한번에 몇 개의 공유결합만 깨거나 형성시킬 수 있다. 어떤 반응은 하나의 화학적 그룹을 전달하기도 한다. 따라서 많은 반응과 많은 효소는 부분적으로 효소 및 화학적 제한 때문에 존재한다.

대사 경로가 여러 단계로 이뤄진 또 다른 이유는 에너지 투입과 산출을 조절하기 위해서다. 에너지 흐름은 별개의 에너지 양자들을 운반하는 에너지 공여체 및 수용체에 의해 매개된다. 앞으로 다루겠지만, 단일 반응으로부터 전달된 에너지는 거의 60 kJ mol^{-1}을 넘지 못한다. 분자들의 생합성 경로는 다양한 지점에서 에너지 전달을 필요로 한다. 각각의 에너지 요구 반응은 연속 반응 중 하나의 단계에 해당된다.

이산화탄소와 물로부터 포도당을 합성할 때 약 2900 kJ mol^{-1}의 에너지가 필요하다. 한 단계로 포도당을 합성하는 것은 열역학적으로 불가능하다(그림 10.5). 마찬가지로, 이화반응(예를 들면, 포도당이 이산화탄소와 물로 산화될 때 똑같이 2900 kJ mol^{-1}을 방출한다) 동안 방출되는 에너지의 상당수는 한번에 거대하고 비효율적인 폭발로 방출되기보다는 한 번에 한 단계씩 각각의 수용체로 이동된다. 각 단계별 에너지 전달의 효율성은 100%는 결코 아니지만 상당 비율의 에너지가 이용가능한 형태로 보존된다. 아데닌 뉴클레오타이드

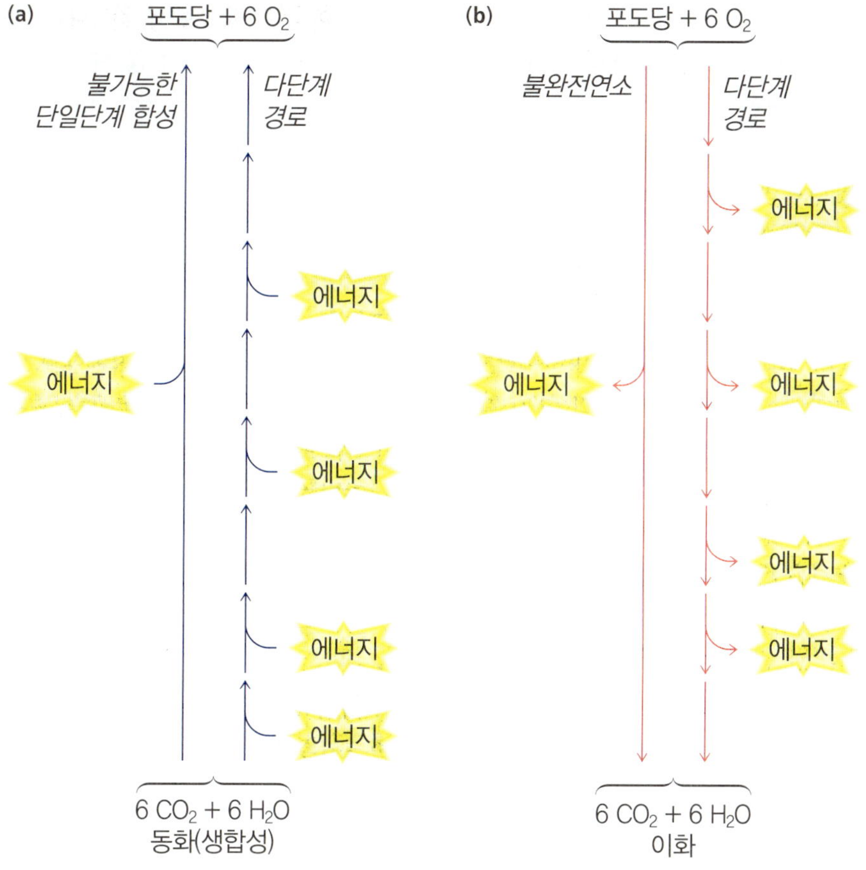

◀ **그림 10.5**
단일 단계 vs. 다단계 경로. (a) 포도당 합성은 하나의 단계로 완성되지 않는다. 여러 단계의 합성은 ATP와 NADH로부터 얻은 작은 에너지 양자의 투입과 짝지어져 있다. **(b)** 포도당이 무절제하게 연소될 때, 한번에 많은 양의 에너지가 모두 방출된다. 여러 단계의 효소-촉매 경로는 같은 양의 에너지를 방출하지만, 이용가능한 형태로 대부분을 보존한다.

(ATP)나 니코틴아마이드 조효소(NADH)와 같이 에너지를 주고받는 에너지 운반자들은 모든 형태의 생명체에서 발견된다.

대사에 대한 학습의 주요 목표는 이러한 에너지 "양자"들이 어떻게 사용되는지 이해하는 것이다. ATP와 NADH 그리고 다른 조효소들은 대사 "화폐"이다. 이것이 대사와 생물 에너지학에 아주 밀접하게 연결된 이유다.

C. 대사 경로는 조절된다

대사는 엄격하게 조절된다. 생명체는 에너지 및 영양소 유용성과 같은 환경 조건의 변화에 반응한다. 또한 생명체는 유전적으로 프로그램된 사항들에 반응한다. 예를 들어, 배아발생이나 생식이 일어나는 동안 세포 각각의 대사는 급격하게 변할 수 있다.

조건 변화에 대한 생명체들의 반응은 작은 변화에서부터 생체물질의 합성 및 분해와 에너지 생산 및 소비를 조절하는 대사 과정을 급격하게 재구성하는 것까지 다양하다. 조절 과정들은 많은 경로 또는 일부에만 영향을 줄 수 있으며, 반응 시간은 1초 이하부터 수시간 이상까지 범위가 다양하다. 1000분의 1초 동안 일어나는 가장 빠른 생물학적 반응 중 하나는 작은 이온들(예: $Na^{\oplus}$, $K^{\oplus}$, $Ca^{2\oplus}$)이 세포막을 통과하는 과정이다. 신경자극의 전달 및 근육수축은 이온 이동에 의해 일어난다. 또한 가장 빠른 반응들은 가장 빨리 사라지고, 보통 느린 반응일수록 더 오래 지속된다.

대사 경로가 어떻게 조절되는지 알기 위해서는 몇 가지 기본 개념을 이해하는 것이 중요하다. 기질 A에서 시작하고 생성물 P로 끝나는 단순 선형 경로가 있다고 생각해보자.

$$A \xrightleftharpoons{E_1} B \xrightleftharpoons{E_2} C \xrightleftharpoons{E_3} D \xrightleftharpoons{E_4} E \xrightleftharpoons{E_5} P \qquad (10.1)$$

각각의 반응들은 효소에 의해 진행되며 모두 가역적이다. 살아 있는 세포에서 일어나는 대부분의 반응은 평형에 도달되며 따라서 B, C, D, E의 농도는 크게 변하지 않는다. 이는 5.3A 부문에서 다뤘던 **항정상태(steady state)** 조건과 유사하다. 항정상태 조건은 서로 다른 크기의 연속적인 비커를 생각해봄으로써 시각화시킬 수 있다(그림 10.6). 물은 수도꼭지에서 첫 번째 비커로 흐르며, 가득차게 되면 다음 비커로 넘치게 된다. 일련의 비커를 채운 후에는, 꼭지부터 바닥으로 안정된 흐름이 형성될 것이다. 이 흐름의 속도는 대사 경로에서의 **흐름속도(flux)**와 유사하다. 흐름은 적은 양부터 많은 양까지 다양할 수 있지만, 각 비커에서 물의 항정상태 수준은 변하지 않는다(대사 경로에서는 흐름이 반대 방향으로도 일어날 수 있다).

최초의 기질 농도가 역치 이하로 떨어지면, 대사 경로를 통하는 흐름속도는 감소하게 된다. 최종 생성물의 농도가 증가해도 역시 감소한다. 그러나 이러한 정상 농도 효과와 더불어, 대사 경로에는 특정한 효소의 활성에 영향을 주는 특별한 조절 장치가 있다. 이것은 모래시계의 좁은 부위로 비유될 수 있는 단일 속도 제한효소 반응을 효과적으로 조절하여 대사 경로를 조절하는 것을 보여준다. 그러나 많은 경우에서 이것은 지나치게 단순화된 것이다. 대부분의 경로를 지나는 흐름은 몇 단계에서 조절된다. 이러한 단계들은 기질 및 생성물의 정류 상태 농도가 전혀 평형 농도가 아니라서 흐름속도가 한 방향으로만 일어나는 경로에 있는 특별한 반응들이다. 조절 효소는 관여된 경로 전체의 흐름속도를 조절한다. 일부 소스로부터 얻은 공동기질이나 중간체는 이 경로에 도입되거나 경로에서 나오기 때문에, 다양한 조절점들이 있는 것이 정상이다. 그러므로 격리되거나 직선형인 경로는 드물다.

세포 경로가 동적 항정상태 조건이 아닌 조건에 대한 정확한 기술적 용어는… 죽음이다.

대사 조절에는 두 가지 공통 패턴이 있는데 되먹임 억제와 피드포워드 활성화이다. **되먹임 억제(feedback inhibition)**는 경로의 생성물(보통은 최종 생성물)이 각 단계, 대개는 첫 번째 일어나는 반응(이 경로에만 있는 첫 번째 반응)을 억제함으로써 그 자신의 합성을 조절할 때 일어난다.

$$A \xrightarrow{E_1} B \xrightarrow{E_2} C \xrightarrow{E_3} D \xrightarrow{E_4} E \xrightarrow{E_5} P \qquad (10.2)$$

(P → E_1 단계로의 억제(−) 되먹임)

생합성 경로의 이러한 조절 패턴의 장점은 분명하다. P의 농도가 항정상태 수치보다 상승할 때, 경로를 통해 반대로 일어나며 각각의 중간체 농도도 역시 상승하는 효과가 일어난다. 이는 이 경로의 흐름을 반대방향으로 유발시켜 반응물 P로부터 생성물 A가 생산되도록 알짜 증가를 유도한다. 정상 방향으로의 흐름속도는 P가 고갈되면 다시 복구된다. 이 경로는 초기 단계에서 억제된다. 그렇지 않으면 대사 중간체들은 불필요하게 축적될 것이다. 반응 10.2에서 중요한 점은 효소 E1에 의해 진행되는 반응이 평형에 도달하지 못한다는 것이다. 이 효소는 조절되기 때문에, 이것은 대사적으로 비가역적 반응이다. 이 지점을 통과하는 흐름은 반대 방향으로 갈 수 없다.

피드포워드 활성화(feed-forward activation)는 이 경로 초기에 생성된 대사체가 이 경로의 더 아래 반응들을 진행시키는 효소를 활성화시킬 때 일어난다.

$$A \xrightarrow{E_1} B \xrightarrow{E_2} C \xrightarrow{E_3} D \xrightarrow{E_4} E \xrightarrow{E_5} P \qquad (10.3)$$

(B → E_4 단계로의 활성화(+))

예를 들어, (A에서 B로 전환시키는) 효소 E_1의 활성은 (D에서 E로 전환시키는) 효소 E_4의 활성과 조화를 이룬다. 대사체 B 농도의 상승으로 인해 E_4가 활성화되면서 경로를 통한 흐

▲ 그림 10.6
대사 경로의 항정상태 및 흐름속도. 흐름의 속도는 이 경로에서의 흐름속도와 평행하며, 각 비커에서의 일정량의 물은 경로에서 항정상태의 대사체 농도와 유사하다.

름이 증가한다(B 농도가 낮을 때, E_4는 보통 비활성화된다).

5.10절에서 우리는 개별 조절 효소들의 조절에 대해 알아보았다. 대개는 대사체인 입체다른자리 활성자와 억제자는 촉매 활성에 영향을 주는 형태적 변화를 유도하여 이러한 많은 효소들의 활성을 빠르게 바꾼다. 앞으로의 단원에서 입체다른자리 조절의 많은 예를 살펴보기로 한다. 조절 효소들의 입체다른자리 조절은 빠르긴 하지만, 세포에서의 조절은 세포로부터 분리해 낸 효소만큼 빠르지는 않다.

5.9D절에서 설명한 것처럼, 인산기의 추가 및 제거 등과 같은 공유결합에 의해 활성화와 비활성화의 전환이 가능한 상호호환적 효소는 빠르고 가역적으로 조절된다. ATP를 사용하여 단백질 카이네이즈에 의해 일어나는 인산화는 인산기를 가수분해로 제거시키는 단백질 포스파테이즈 작용에 의해 원래의 상태로 된다는 것을 기억하자. 각각의 효소는 인산화되면 활성화되는 것도 있고 불활성화되는 것도 있다. 이화 경로에서 상호호환적 효소들은 일반적으로 인산화에 의해 활성화되고 탈인산화에 의해 불활성화된다. 동화 경로에서 대부분의 상호호환적 효소들은 인산화에 의해 비활성화되고 탈인산화에 의해 재활성화된다. 여러 가지 기질특이성을 가진 카이네이즈들의 활성은 하나의 신호에 의해 여러 대사 경로를 공동 조절한다. 또한 9.12절에서 말한 바와 같이 세포 내 신호전달 경로의 연쇄반응 특성에 의해 초기 신호는 증폭된다(그림 10.7).

특정 효소의 양은 특정 단백질의 합성이나 분해속도 증가에 의해 바뀔 수 있다. 이것은 대개 입체다른자리나 공유결합에 의한 활성 또는 억제에 비해 느리다. 그러나 일부 효소들의 전환율은 빠르다. 여러 가지 조절 방식은 대사 경로 내에서 동시에 작동할 수 있다는 것을 명심하자.

이 책의 Part 4에서 유전자 조절 및 단백질 합성에 대해 더 자세히 알아본다.

D. 대사 경로의 진화

대사 경로의 진화는 생화학적 연구가 활발한 분야다. 이러한 연구는 완전한 유전체 서열에 대한 많은 논문의 발표, 특히 원핵생물의 유전체 발표에 의해 촉진되었다. 이제 생화학자들은 경로의 다양성을 보여주는 수많은 종에서 경로 효소를 비교할 수 있다. 이러한 많은 경로들은 최초의 세포에 존재했던 원시적 경로의 구성 및 구조에 대해 단서를 제공한다.

새로운 대사 경로 형성이 가능한 경로가 많이 있다. 가장 간단한 경우는 기존의 경로에 새로운 최종 단계가 추가되는 경우이다. 식 10.1의 가상 경로를 생각해보자. 본래의 경로는

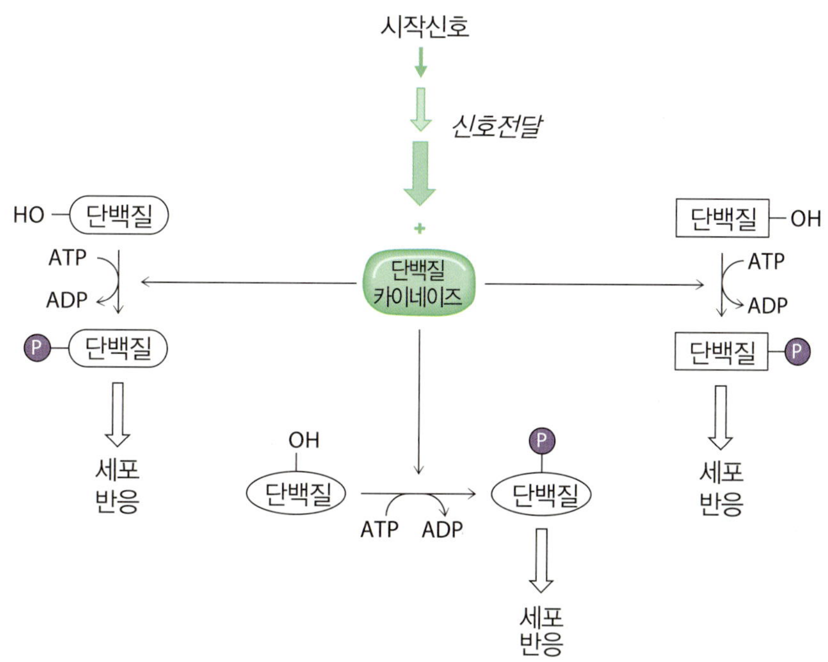

◀ 그림 10.7
단백질 카이네이즈의 조절 역할. 초기 신호 효과는 신호 캐스케이드에 의해 증폭된다. 활성화된 카이네이즈에 의한 다른 세포 단백질들의 인산화는 다른 대사 경로의 공동 조절을 유발한다. 일부 경로는 활성화되는 반면 다른 경로는 억제된다. —Ⓟ 단백질-결합 인산기를 의미한다.

기질 A가 4단계로 변형된 후에 대사체 E가 생성되면서 종료되었을 것이다. 상당한 양의 대사체 E의 유용성이 P를 만들기 위해 E를 기질로 이용하는 새로운 효소(이 경우는 E_5)의 진화를 유도했을 것이다. 아스파트산 및 글루탐산 경로로부터 아스파라진 및 글루타민 합성을 이끄는 경로가 이러한 유형의 경로 진화의 예다. 이러한 순방향 진화(forward evolution)는 새로운 경로의 가장 흔한 진화 메커니즘이다.

다른 경우는 기존의 경로에서 갈라지는 진화 방식으로 새로운 경로가 형성될 수 있다. 예를 들어 식 10.1 경로에서 C에서 D로의 전환을 생각해보자. 이 반응은 효소 E_3에 의해 진행된다. 원시적인 E_3 효소는 현재 효소만큼 특정적이지 않았을지도 모른다. 생산물 D를 만들었을 뿐 아니라 다른 대사체 X를 소량 합성했을 수도 있다. 생산물 X의 유용함은 진화과정에서 세포가 생존하는데 유리하게 하기 위해 E_3 유전자의 증폭을 야기시켰을 것이다. 이 유전자 2개 사본은 C → D와 C → X를 특정적으로 촉매하는 2가지 관련 효소로 분기되었다. **유전자 증폭 및 분기**에 의한 진화에는 많은 예가 있다(예: 락트산 디하이드로지네이즈와 말산 디하이드로지네이즈, 4.7절). (우리는 주로 효소 반응의 극단적인 특이성을 강조했지만 사실 많은 효소들은 구조적으로 유사한 기질이나 생성물을 사용하여 몇 가지 다른 반응들을 촉매할 수 있다.)

일부 경로는 "퇴보하는 방향으로" 진화했을 수 있다. 생성물 P를 만들기 위한 원시적 경로는 환경에서 풍부한 공급량의 대사체 E를 이용했을 수 있다. E의 공급은 시간이 지날수록 점차 고갈되었기 때문에, 대사체 E를 보충하기 위해 대사체 D를 이용할 수 있는 새로운 효소(E_4)를 진화시키는 선택적 압력이 있었다. D가 속도 제한이 되었을 때, 더 많은 대사체 D를 만들기 위해 세포는 C를 이용하여 선택적 장점을 얻을 수 있었을 것이다. 이러한 방식으로 잇따라 더 단순한 전구체를 추가시키고 현재 경로를 확장시키면서, **역진화**(retroevolution)에 의해 오늘날의 완전한 경로로 진화했다.

때로는 전체 경로가 배가될 수 있으며, 이어지는 적응 진화에 의해 관련 반응들을 촉매시키는 상동 효소가 생겨 2가지 독립적 경로로 되기도 한다. 트립토판과 히스티딘 생합성을 이끄는 경로가 이런 방식으로 진화했다는 좋은 증거가 있다. 또한 반드시 전체 경로를 복제할 필요 없이, 효소는 다른 경로에 사용되기 위해 하나의 경로로부터 충원될 수 있다. 우리는 다른 경로에서 이용되는 상동 효소에 대한 몇 가지 예를 살펴볼 것이다.

마지막으로 새로운 경로는 기존 경로를 "역행"함으로써 진화할 수 있다. 대부분의 경우 한 경로에서 절대적으로 비가역적인 한 단계가 있다. 정상적인 반응이 결코 평형이 될 수 없기 때문에, 우리의 가상적인 경로(C → D) 중 세 번째 단계가 D에서 C로의 전환을 촉매시킬 수 없다고 가정해보자. D → C를 촉매시킬 수 있는 새로운 효소의 진화로 이 전체 경로는 P를 A로 전환시킴으로 반대 방향으로 진행될 수 있게 된다. 이것이 당분해과정이 포도당 생합성(포도당신생성)으로부터 진화하는 방법이다. **경로 역행**에 의한 **진화**의 다른 많은 예가 있다.

이러한 모든 가능성들은 새로운 경로의 진화에 역할을 한다. 종종 새로운 경로는 적응 진화의 다른 작용 메커니즘의 연합에 의해 진화한다. 수십억 년 전에 일어난 시트르산 회로 경로의 진화가 한 예다(12.9절). 새로운 대사 경로는 살충제, 제초제, 항생제 및 산업 폐기물에 대해 반응하는 동안에도 항상 진화하는 중이다. 따라서 이러한 화합물을 대사시킬 수 있어서 독성 효과를 피할 수 있는 생명체들은 기존의 것들을 변형하여 새로운 대사 경로 및 효소를 진화시켜왔다.

10.3 세포에서의 주요 경로

이 부문에서 우리는 다음 장에서 논의될 몇 가지 중심 대사 경로의 구성 및 기능에 대한 개요를 살펴볼 것이다. 동화 또는 생합성 경로는 성장 및 생식에 가장 중요하므로 동화 또는

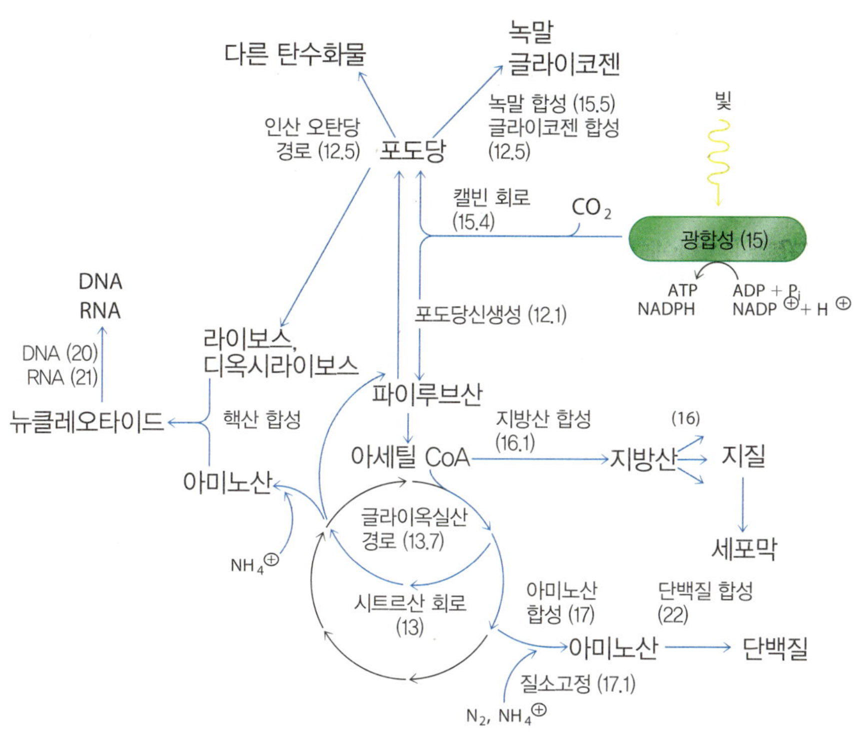

◀ 그림 10.8
동화 경로에 대한 개요. 큰 분자는 더 작은 분자로부터 탄소(보통 CO_2 형성에서) 및 질소 (대개 NH_4⊕로서)가 추가되어 합성된다. 주요경로는 시트르산 회로를 포함하며, 이것은 아미노산 생합성 및 포도당신생성에서의 중간체를 공급한다. 생합성 생명체의 경우 빛에 의해 또는 다른 독립영양생물의 경우 무기 분자의 분해에 의해 생합성 경로를 위한 에너지가 공급된다(괄호 안의 숫자는 이 책의 장과 절을 나타낸다).

생합성 경로로 시작하자. 생합성 경로의 일반적인 모식도는 그림 10.8에 나타나 있다. 모든 세포는 부가적인 무기 이온에 더하여 탄소, 수소, 산소, 질소, 인, 황의 외부 자원을 필요로 한다(1.2절). 일부 종들, 특히 박테리아와 식물은 이러한 필수 요소들의 무기 자원을 이용하여 성장하고 생식할 수 있다. 이러한 종들을 **독립영양생물(autotroph)**이라고 부른다. 독립영양생물 종에는 2가지 뚜렷한 범주가 있다. 동물과 같은 **종속영양생물(heterotroph)**은 유기 탄소원(예: 포도당)을 필요로 한다.

생합성 경로는 에너지를 필요로 한다. 가장 복잡한 생명체는 (생화학적 관점에서!) NH_4⊕, H_2, 또는 H_2S와 같은 무기 분자를 산화시키거나 햇빛으로부터 유용한 대사에너지를 발생시킨다. 이러한 에너지가 풍부한 화합물 ATP와 NADH 환원력을 만들기 위해 이들 반응으로부터 얻은 에너지가 사용된다.

두 가지 유형의 독립영양생물 종이 있다. **광독립영양생물(photoautotroph)**은 광합성에 의해 대부분의 에너지를 얻으며 주요 탄소원은 CO_2이다. 이 범주에는 광합성 박테리아, 조류, 식물이 포함된다. **화학독립영양생물(chemoautotroph)**은 무기 분자를 산화시키고 CO_2를 탄소원으로 이용하여 에너지를 얻는다. 일부 박테리아 종은 화학독립영양생물이지만 진핵생물의 예는 없다.

종속영양생물은 두 가지 범주로 나뉠 수 있다. **광종속영양생물(photoheterotroph)**은 탄소원으로 유기 화합물을 필요로 하는 광합성 생명체이다. 이것에는 빛에너지를 포획할 수 있지만 탄소원으로 일부 유기 분자에 의존해야만 하는 일부 박테리아군이 있다. **화학종속영양생물(chemoheterotroph)**은 탄소원으로 유기 분자를 필요로 하는 비광합성 생명체이다. 대사에너지는 대개 들어온 유기 분자를 분해시켜 얻는다. 모든 동물, 대부분의 원생동물, 모든 곰팡이, 많은 박테리아와 마찬가지로 우리는 화학종속영양생물이다.

그림 10.9에는 주요 이화 경로가 나타나 있다. 일반적인 규칙으로, 이러한 분해 경로는 단순하게 생합성 경로의 반대가 아니다. 시트르산 회로는 동화 및 이화 대사에서 주요 경로라는 것에 주목하라. 이화반응의 주요 역할은 원치 않은 분자를 제거하고 다른 과정에 필요한 에너지를 발생시키는 것이다.

▲ 옐로스톤 국립공원의 화학독립영양생물. 여기에는 철이나 황을 산화시켜 에너지를 이끌어내는 많은 종의 *Thiobacillus*가 있다. 이들은 유기 물질을 필요로 하지 않는다. 옐로스톤 국립공원의 온천 주변에 분포한 주황색과 노란색은 *Thiobacillus*의 존재에 기인한다. 14장에서 그런 생명체들이 무기 분자로부터 에너지를 발생시키는 방법에 대한 설명을 살펴보자.

그림 10.9 ▶
이화 경로의 개요. 아미노산, 뉴클레오타이드, 단당류와 지방산은 각각의 고분자의 효소 가수분해에 의해 생성된다. 이후 이들은 산화반응에 의해 분해되며, ATP 및 환원된 조효소(주로 NADH)에 에너지가 보존된다(괄호 안의 숫자는 이 책의 장과 절을 나타낸다).

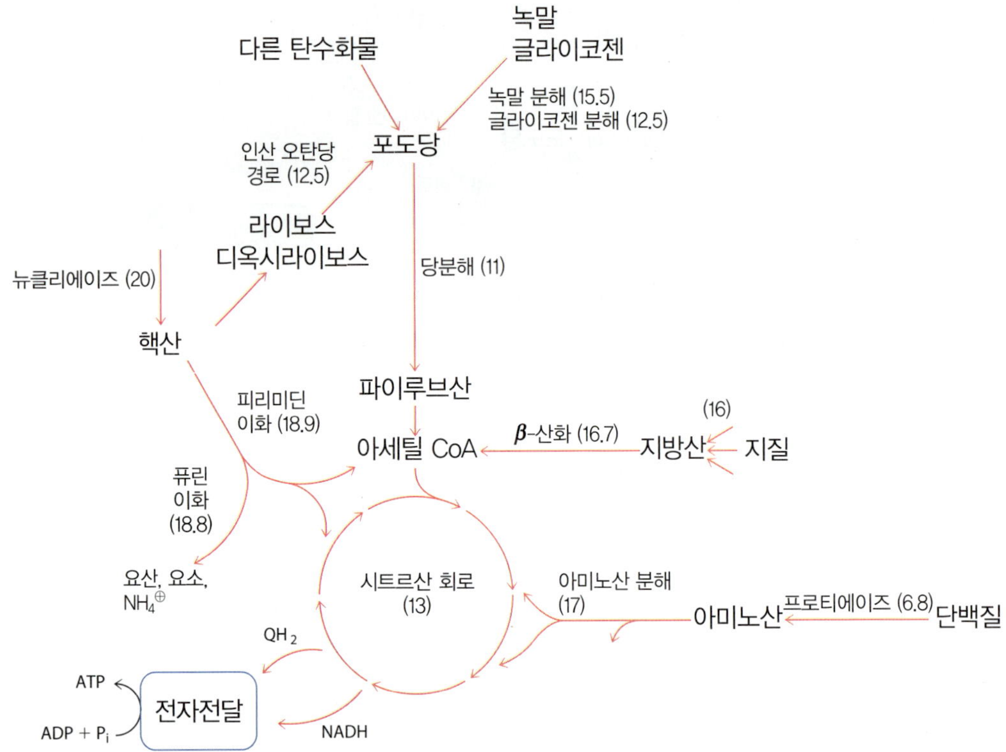

다음 장들에서 대사에 대해 설명한 것이다. 대사 경로에 대한 논의는 11장에서 포도당 이화를 위한 아주 흔한 경로인 당분해로 시작한다. 다른 경로를 다루기 전에 당분해를 소개시키는 것은 생화학에서 오래된 전통이다. 우리는 이 경로의 반응들에 대해 많이 알고 있으며, 이 반응들이 생화학의 많은 기초원리를 설명할 것이다. 당분해에서 육탄당은 2개의 3-탄소 대사체로 나뉜다. 이 경로는 **기질 수준의 인산화**라 불리는 과정에서 ATP를 생산할 수 있다. 종종 당분해 생성물은 파이루브산이며, 이것은 더 산화되기 위해 아세틸 CoA로 전환될 수 있다.

12장은 포도당의 합성 또는 포도당신생성에 대해 설명한다. 또한 이 장은 녹말과 글라이코젠의 대사를 다루며, 생합성 경로를 위한 NADPH 및 뉴클레오타이드 합성을 위한 라이보스를 만들기 위해 포도당이 산화되는 경로를 모식화한다.

시트르산 회로(13장)는 아세틸 CoA의 아세트산 탄소가 이산화탄소로 완전 산화되도록 촉진한다. 이러한 산화에서 방출된 에너지는 NADPH와 ATP의 형성을 통해 보존된다. 위에서 말한 바와 같이, 시트르산 회로는 동화와 이화 대사 모두에서 필수적인 부분이다.

ATP의 생산은 대사에서 가장 중요한 반응 중 하나이다. 대부분의 ATP 합성은 막-연관 전자 수송과 맞물려 있다(14장). 전자 수송의 경우 NADH와 같은 환원된 조효소의 에너지는 세포막을 지나 양성자 전자화학적 농도기울기를 발생시키는 데 사용된다. 이 농도기울기의 위치에너지는 ADP에서 ATP로의 인산화를 이끌어내는 데 이용된다.

$$ADP + P_i \longrightarrow ATP + H_2O \qquad \textbf{(10.4)}$$

우리는 막-연관 전자 수송 반응들과 짝지음 ATP 합성이 광합성 동안 빛에너지를 포획하는 반응들과 여러모로 유사하다는 것을 볼 것이다(15장).

3개의 추가 장에서는 지질, 아미노산, 뉴클레오타이드의 동화작용 및 이화작용에 대해 알아본다. 16장에서는 트라이아실글리세롤인 영양 물질의 저장과 지방산의 이후 산화에 대해 논의하기로 한다. 또한 이 장은 인지질 및 아이소프레노이드 화합물의 합성을 설명한다. 17장에서는 아미노산 대사에 대해 논의한다. 아미노산은 단백질 구성 블록으로 소개되었지만, 일부는 대사 연료 및 생합성 전구체로 중요한 역할을 한다. 18장에서는 뉴클레오타이드 생합성 및

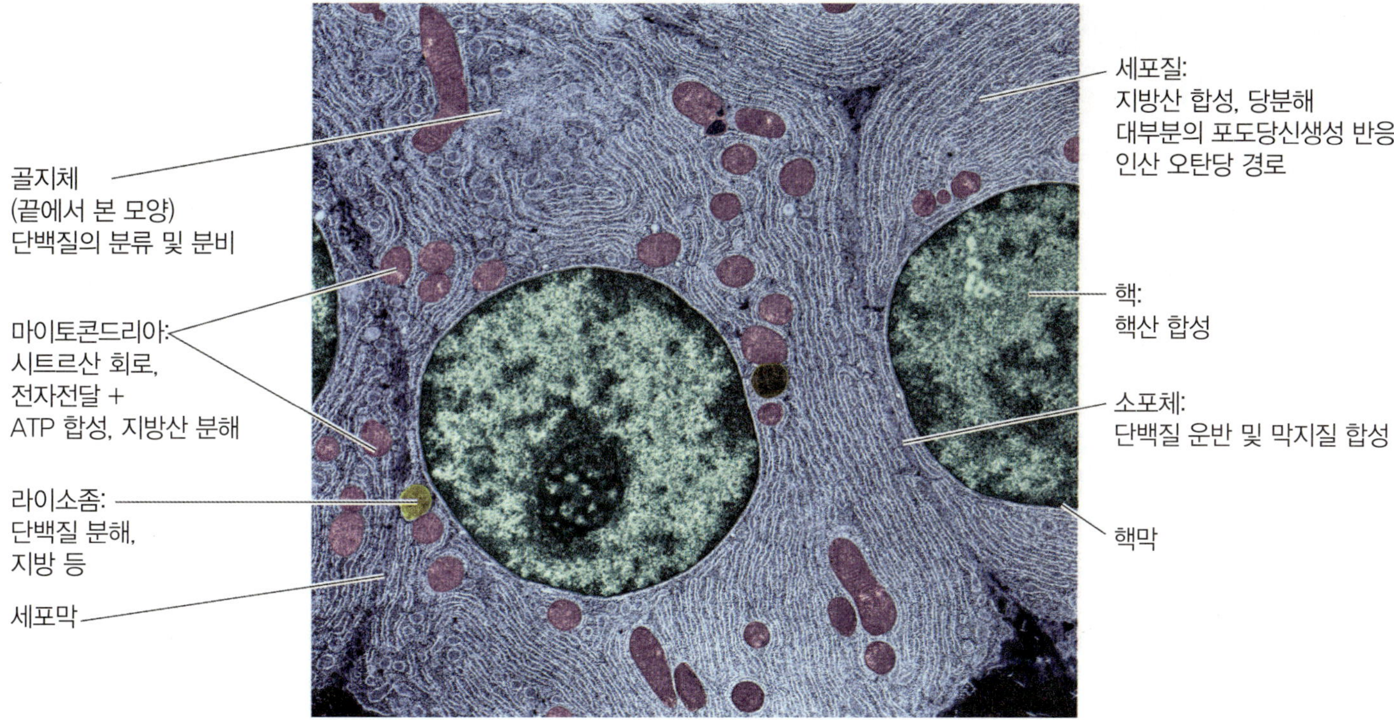

▲ 그림 10.10

진핵세포 내에서의 대사 과정의 구획화. 이것은 핵(녹색), 마이토콘드리아(보라색), 라이소좀(갈색), 확장된 소포체(청색)를 나타내는 세포 전자현미경 사진이다(모든 경로와 세포소기관을 보여주는 것은 아니다).

분해에 대해 알아보기로 한다. 다른 3가지 부류의 생체 분자와는 달리, 뉴클레오타이드는 에너지 생산보다 배설을 위해 주로 이화된다. 핵산으로의 뉴클레오타이드 결합과 단백질로의 아미노산 결합은 주요 동화 경로이다. 20장부터 22장까지 이러한 생합성 반응들을 알아본다.

10.4 구획화 및 장기간 대사

몇 가지 대사 경로는 세포 내부의 특정 지역에 위치해 있다. 예를 들어 ATP 합성과 맞물려 있는 막-연관 전자 수송 경로는 막 내부에서 일어난다. 박테리아의 경우 이 경로는 원형질막에 위치해 있으며, 진핵생물의 경우 마이토콘드리아 막에서 발견된다. 광합성은 박테리아와 진핵생물의 막-연관 경로의 또다른 예다.

진핵생물의 경우 대사 경로는 몇 개의 막결합 구획 내부에 위치한다(그림 10.10). 예를 들어, 지방산 합성을 촉진하는 효소는 세포질에 위치하는 반면 지방산 분해를 촉진하는 효소는 마이토콘드리아 안에 위치한다. 구획화의 결과 세포 내부에 분리된 대사체들이 발견될 수 있다. 이러한 배치는 반대되는 대사 경로가 동시에 작동하도록 해준다. 또한 구획화는 대사체를 지역적으로 고농도로 만들어주며 효소를 합동 조절해주는 장점을 제공할 수 있다. (공생 원핵생물로부터 진화한) 마이토콘드리아 안에서 반응들을 촉진시키는 일부 효소들은 마이토콘드리아 유전자에 의해 암호화되어 있다. 이러한 기원이 구획화를 설명해준다.

또한 분자수준의 구획화가 있다. 몇 가지 경로를 촉매하는 효소들은 다효소 복합체로 물리적으로 구성되어 있다(5.11절). 이러한 복합체와 함께 대사체 통로는 확산으로부터 이들이 희석되는 것을 막아준다. 이 경로의 인접한 반응들을 촉매하는 일부 효소들은 막에 결합되어 있으며, 상호작용을 위해 빠르게 막에서 확산된다.

다세포 생명체에서 각각의 세포들은 대사체가 들어오거나 나가는 것을 촉진시키는 특정 수송체의 존재에 부분적으로 의존하면서 대사체 농도를 달리 유지시킨다. 게다가 세포표면 수용체 및 신호전달 작용 메커니즘에 의존하면서 각각의 세포들은 외부 신호에 다르게 반응한다.

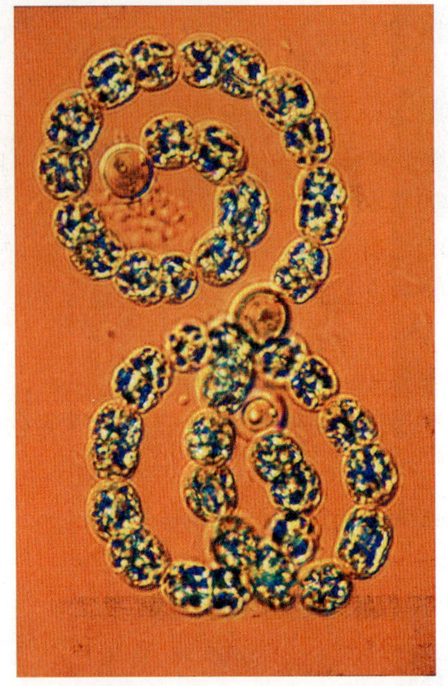

▲ 그림 10.11
Anabaena spherica. 많은 종의 사이아노박테리아는 긴 다세포 필라멘트를 형성한다. 일부 특수화된 세포들은 질소고정을 할 수 있도록 적응했다. 이러한 이질세포들은 둥글게 되었으며 단단한 세포벽에 의해 둘러싸이게 되었다. 간세포들은 인접 세포와 내부 구멍에 의해 연결되어 있다. 간세포의 형성은 대사 경로 구획화의 하나의 예다.

다세포 생명체의 경우 구획화는 또한 조직 특수성의 형성을 담당한다. 조직간 노동 분배는 대사 과정들의 부위-특이적 조절을 가능하게 해준다. 다른 조직으로부터의 세포들은 효소의 기능적 차이에 의해 구별된다. 우리는 근육 조직, 적혈구와 뇌세포의 특수화된 역할에 매우 친숙하지만 세포 구획화는 단순한 종에서조차 흔한 특징이다. 예를 들어 사이아노박테리아의 경우 질소 고정 경로는 간세포라 불리는 특수한 세포에 격리된다(그림 10.11). 산소가 질소를 비활성화시키므로 이러한 분리는 필요하며 광합성을 수행하는 세포들은 많은 산소를 생산한다.

10.5 표준 깁스 자유에너지 변화가 아닌 실제 깁스 자유에너지 변화는 대사의 방향성을 결정한다

깁스 자유에너지 변화는 반응에서 이용 가능한 양으로 측정될 수 있다(1.4B절). 주어진 어떠한 반응에서든지 **표준** 깁스 자유에너지 변화($\Delta G^{\circ\prime}_{\text{reaction}}$)는 표준 기압(1 am), 표준 온도(25℃ = 298 K), 표준 수소이온 농도(pH = 7.0) 하에서의 변화이다. 모든 반응물과 생성물의 농도는 이러한 표준 조건 하에서 1 M이다. 생화학적 반응을 위해 물의 농도는 55 M이 이용된다.

반응에서 표준 깁스 자유에너지의 변화($\Delta_f G^{\circ\prime}$)는 주요 생화학 분자 생성 시의 깁스 자유에너지 리스트를 통해 결정된다.

$$\Delta G^{\circ\prime}_{\text{반응}} = \Delta_f G^{\circ\prime}_{\text{생성물}} - \Delta_f G^{\circ\prime}_{\text{반응물}} \tag{10.5}$$

식 10.5는 오직 생성물과 반응물의 농도가 1 M인 표준 조건 하에서 깁스 자유에너지의 변화에만 적용이 가능하다는 것을 기억하자.

반응에서 실제 깁스 자유에너지의 변화는 1.4B절에 제시한 것처럼 실제 반응물과 생성물의 농도에 의존적이다. 표준 자유에너지의 변화와 실제 자유에너지의 변화와의 관계는 10.6에서 제시하고 있다.

$$\Delta G_{\text{반응}} = \Delta G^{\circ\prime}_{\text{반응물}} + RT\ln\frac{[\text{생성물}]}{[\text{반응물}]} \tag{10.6}$$

화학적이거나 물리적인 반응에서는, 일반적인 압력과 부피에서 반응물이 생성물로 전환될 때 자유에너지의 변화는 엔탈피와 엔트로피로 표현된다.

$$\Delta G = \Delta H - T\Delta S \tag{10.7}$$

ΔH는 엔탈피의 변화이고, ΔS는 엔트로피의 변화이다. 그리고 T는 켈빈단위의 온도이다.

반응에서 ΔG가 음수일 때, 반응은 정해진 방향으로 진행되어갈 것이다. ΔG가 양수라면 반응은 반대방향으로 진행될 것이다—생성물이 반응물로 전환되는 알짜 반응이 존재한다. 정해진 방향으로 흘러가는 이러한 반응들은 충분한 에너지가 시스템의 외부로부터 공급되어야 하며 이는 자유에너지의 변화량이 음수가 되도록 한다. ΔG가 0이라면 반응은 평형을 이루고 있을 것이고 이는 생성물의 합성이 더 이상 이루어지지 않는 상태가 된다.

엔탈피와 엔트로피의 변화 모두 ΔG에 영향을 주기 때문에, 주어진 온도에서 이들의 기여도는 반응의 진행에 대해 반대로 작용할 것이다(식 10.7에서 제시한 것과 같이). 따라서 만약 특정 과정에서 ΔS가 음수라면(생성물이 반응물보다 더 정렬이 잘 되어 있는 상태라면) 충분히 큰 음수의 ΔH가 엔트로피의 감소를 극복할 수 있을 것이나 결과적으로 ΔG는 0보다 작은 값을 나타낼 것이다. 유사하게 ΔH가 양수라면(생성물이 반응물에 비해 더 많은 양의 열을 지니고 있다면) 충분히 큰 양수의 ΔS가 엔탈피의 증가를 극복하여 음수의 ΔG를 형성할 수 있을 것이다. 큰 양수의 ΔS로 인해 진행되는 반응은 엔트로피에 의해 반응이 진행된다고 할 수 있다. 엔트로피에 의해 진행되는 반응의 예로 단백질 접힘현상(4.10절)과 인지질 이중층의 형성(9.8A절)을 들 수 있는데 이들은 둘 다 소수성 성질에 의존적이다(2.5D절). 단백질 접힘과 인지질 이중층의 형성 과정은 각각 단백질 분자와 이중층구조의 엔트로피의 감소를 유발한다. 하지만 엔트로피의 감소는 주변에 존재하는 물 분자의 엔트로피 증가에 의해 상쇄된다.

살아 있는 개체에서 발생하는 모든 효소반응은 실제 자유에너지의 변화(세포조건 하에서의 자유에너지의 변화)는 정해진 방향으로 반응이 진행되기 위해서 0보다 작아야 한다. 많은 대사반응들은 양수의 표준 깁스 자유에너지 변화량을 보인다. ΔG와 $\Delta G^{\circ\prime}_{\text{반응}}$의 차이는 세포 조건에 따라 결정된다. 세포의 자유에너지 변화에 영향을 미치는 가장 중요한 조건은 기질과 반응을 통해 생성되는 생성물의 농도이다. 반응 10.8을 참고하자.

$$\text{A} + \text{B} \rightleftharpoons \text{C} + \text{D} \qquad \textbf{(10.8)}$$

평형에서, 기질과 생성물의 비는 평형상수에 의해 결정되고 이러한 조건에서의 깁스 자유에너지 변화는 0이다.

$$(\text{평형상태}) \qquad K_{\text{eq}} = \frac{[\text{C}][\text{D}]}{[\text{A}][\text{B}]} \quad \Delta G = 0 \qquad \textbf{(10.9)}$$

반응이 평형을 이루지 않았다면 생성물과 기질의 비가 달라지고 깁스 자유에너지의 변화는 반응식 10.6을 따른다.

$$\Delta G_{\text{반응}} = \Delta G^{\circ\prime}_{\text{반응}} + RT \ln \frac{[\text{C}][\text{D}]}{[\text{A}][\text{B}]} = \Delta G^{\circ\prime}_{\text{반응}} + RT \ln Q$$
$$\left(\text{where } Q = \frac{[\text{C}][\text{D}]}{[\text{A}][\text{B}]}\right) \qquad \textbf{(10.10)}$$

Q는 **질량작용비(mass action ratio)**이다. 이 비율과 평형에서의 생성물과 기질 비의 차이는 반응의 실제 깁스에너지의 차이를 결정한다. 다른 말로 하자면, 자유에너지의 변화는 반응 시스템의 진행이 평형상태와 얼마나 차이가 나는 상태인지를 측정하는 것이다. 결과적으로 $\Delta G^{\circ\prime}_{\text{반응}}$가 아닌 ΔG는 생물체계 내의 반응의 방향을 결정하는 기준이 된다.

우리는 대사반응을 두 가지로 나누어 볼 수 있다. Q가 정상상태에서의 살아 있는 세포 내의 생성물과 반응물의 비를 나타낸다고 하자. Q가 K_{eq}와 근접할 때의 반응을 **근접-평형 반응(near-equilibrium reaction)**이라고 한다. 근접-평형 반응과 관련된 자유에너지의 변화는 작고, 이러한 반응은 가역적이다. Q가 K_{eq}와 차이가 많이 나는 경우는 **대사적으로 비가역적인 반응(metabolically irreversible reaction)**이라 한다. 이러한 반응들은 평형상태와는 거리가 멀고, K_{eq}와 차이가 나는 Q는 일반적으로 두 배, 또는 그 이상 차이가 난다. 따라서 ΔG는 대사적으로 비가역적인 반응에서 큰 음수를 나타낸다.

반응 경로를 통한 흐름이 크게 변할 때, 이 경로에는 대사산물의 농도에 짧은 순간 동안 미세한 변화가 발생한다. 대사산물의 세포내 농도는 다양하지만 일반적으로 2~3배 이상이 되지는 않고 평형은 빠르게 재형성된다. 위에서 언급한 바와 같이, 이는 정상상태라고 불리며 이 경로 대부분의 반응의 전형적인 특성이다. 반응 경로의 대부분의 효소는 근접-평형 반응을 촉진하며 기질과 생성물의 농도를 근접-평형 반응의 조건으로 빠르게 재형성할 수 있는 충분한 활성을 지닌다. 이들은 양방향으로 작용할 수 있다. 이러한 반응들의 깁스 자유에너지 변화는 0을 이룬다.

반대로, 대사적으로 비가역적인 반응의 촉매역할을 하는 효소의 활성은 일반적으로 근접-평형 반응상태에 도달하기에는 불충분하다. 대사적으로 비가역적인 반응은 일반적으로 반응을 조절하는 지점이되고 이러한 반응을 촉진시키는 효소는 몇 가지 방법을 통해 이 경

핵심개념

대사적으로 비가역적인 반응은 반응이 평형상태에 도달하지 못하도록 조절하는 효소의 활성에 의해 촉진된다.

표준 압력, 온도, 농도조건 하에서 X = Y라는 예시 반응을 생각해보자. $\Delta G^{\circ\prime}$가 음수라고 가정하자.

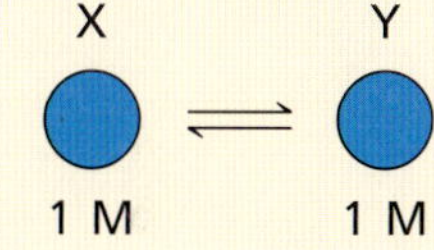

세포 내에서 반응은 평형에 도달할 것이고 $\Delta G = 0$이 될 것이다.

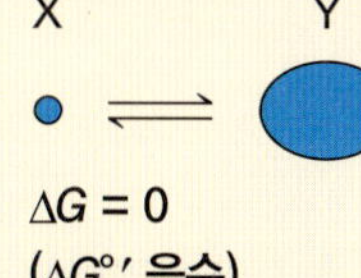

$\Delta G^{\circ\prime}$이 양수인 반응의 평형상태에서는

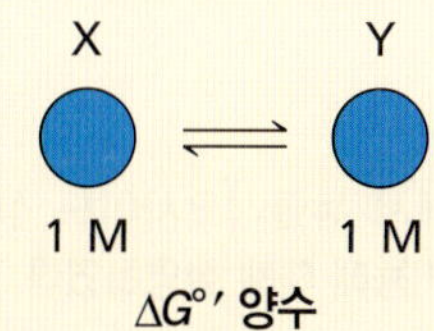

반응물의 농도가 생성물의 농도보다 높을 것이다.

X Y

$\Delta G = 0$
($\Delta G^{\circ\prime}$ 양수)

표준 깁스 자유에너지의 변화는 반응이 어떠한 방향으로 진행될지를 결정지어 주는 것이 아니다. 대신, 이는 근접-평형 반응의 정상상태에서의 반응물과 생성물의 농도를 예측할 수 있도록 해준다.

로를 조절한다. 사실, 조절은 반응이 평형에 도달하지 못하도록 함으로써 대사적으로 비가역적인 반응상태를 유지시킨다. 대사적으로 비가역적인 반응은 대사에 있어서 대사 경로의 다른 반응으로의 흐름을 조절하는 것을 도와주는 병목 역할을 한다.

근접-평형 반응은 일반적으로 조절점에는 적합하지 않다. 근접-평형 반응 단계의 흐름은 눈에띄게 증가할 수 없다. 왜냐하면 이는 이미 반응의 조건이 생성물과 반응물의 농도가 평형상태에 가까운 상태이기 때문이다. 근접-평형 반응의 방향은 기질과 생성물 농도의 변화를 통해 조절될 수 있다. 반대로, 대사적으로 비가역적인 반응의 흐름은 상대적으로 대사산물의 농도변화에 영향을 적게 받는다. 이러한 반응들의 흐름은 효소의 활성을 조절함으로써 제어할 수 있다.

상당히 많은 대사반응들이 근접-평형 반응이기 때문에, 우리는 대부분의 반응을 논의할 때 $\Delta G°'$를 강조하지 않았다. 이러한 단위들은 정상상태의 농도를 계산하는 것 이외의 상황에는 적절하지 않다.

보기 문제 10.1　표준 깁스 자유에너지 변화의 계산

모든 반응에서, 표준 깁스 자유에너지 변화는 아래와 같이 주어진다.

$$\Delta G°'_{\text{반응}} = \Delta_f G°'_{\text{생성물}} - \Delta_f G°'_{\text{반응물}}$$

포도당 산화의

$$(CH_2O)_6 + 6O_2 \rightarrow 6CO_2 + 6H_2O$$

표준 깁스 자유에너지의 형성은 생화학 물질의 생성에너지 표를 통해서 얻을 수 있다.

$\Delta_f G°'(\text{포도당}) = -426 \text{ kJ mol}^{-1}$
$\Delta_f G°'(O_2) = 0$
$\Delta_f G°'(CO_2) = -394 \text{ kJ mol}^{-1}$
$\Delta_f G°'(H_2O) = -156 \text{ kJ mol}^{-1}$
$\Delta G°'_{\text{반응}} = 6(-394) + 6(-156) - (-426)$
$= -2874 \text{ kJ mol}^{-1}$

포도당은 에너지가 풍부한 유기 분자이고 이것의 산화는 많은 양의 에너지를 내놓는다. 그럼에도 불구하고 모든 살아 있는 세포는 전형적으로 포도당을 단순한 전구체로부터 합성한다. 많은 경우, 전구체로 이산화탄소, 물이 여기에 제시한 가역반응에 이용된다. 이들이 어떻게 포도당을 합성하는가?

7.2a절에서 뉴클레오사이드 삼인산의 구조와 기능에 대해 설명하였다.

또 다른 파이로인산의 역할은 10.7C절에 기술되어 있다. 파이로인산 가설은 에너지 화폐의 관점에서 ATP 등가물로 여겨지기도 한다.

10.6 ATP 가수분해의 자유에너지

ATP는 라이보스의 5-산소에 결합한 인산기와 연결된 하나의 포스포에스터결합을 지니고 인산기 사이의 α,β 그리고 β,γ로 결합하고 있는 두 개의 포스포안하이드라이드를 포함한다(그림 10.12). ATP는 여러 대사물질의 제공자로, 일반적으로 하나의 인산기가 나와서 ADP를 형성하고 두 개의 무기 파이로인산이 나와 AMP를 형성한다. 이 두 반응 모두 포스포안하이드라이드의 결합을 절단하는 것이 필요하다. ATP의 다양한 부분이 물로 직접 전달될 수 없다 하여도, 친수성 반응은 깁스 자유에너지의 변화를 추정하는 데 유용하게 이용된다. 표 10.1에는 표준 조건과 1 mM Mg^{2+}, 0.25 M의 이온강도 하에서 다양한 반응물과 생성물의 생성 시의 자유에너지가 제시되어 있다. 표 10.2는 ATP와 AMP의 가수분해의 표준 깁스 자유에너지($\Delta G°'_{\text{가수분해}}$)를 보여주고 있으며 그림 10.9에서는 ATP의 포스포안하이드라이드 각각의 가수분해를 보여주고 있다. 표

표 10.1 생성의 자유에너지($\Delta_f G°'$)

	kJ mol^{-1}
ATP	−2102
ADP	−1231
AMP	−360
P_i	−1059
H_2O	−156

(1 mM Mg^{2+}, 0.25 M의 이온 강도)

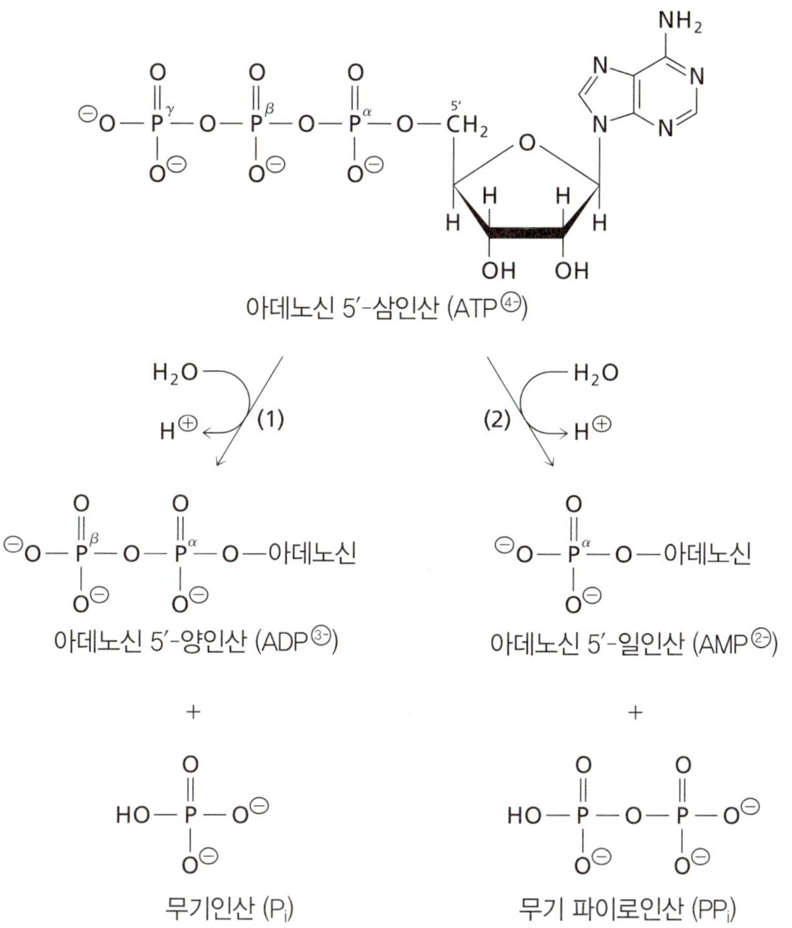

◀ 그림 10.12
ATP의 (1) ADP와 무기인산으로의 가수분해와 (2) AMP와 무기 파이로인산으로의 가수분해 (PP_i).

이들의 반응에서 자유 양성자의 방출은 조건에 의존적이며 다양한 물질들의 pK_a 값은 세포 내의 값에 근접한다(그림 2.19 참조).

10.2에 따르면 에스터기의 절단으로 13 kJ/mol의 에너지가 표준 조건 하에서 발생하지만 포스포안하이드라이드의 절단 시에는 적어도 30 kJ/mol의 에너지가 방출됨을 알 수 있다.

표 10.2는 파이로인산의 가수분해의 표준 깁스 자유에너지 변화량을 제시하고 있다. 모든 세포는 파이로포스파테이즈라는 효소를 지니는데 이것은 파이로인산의 가수분해를 촉진시킨다. 파이로인산의 세포내 농도는 매우 낮은 농도로 유지되고 있으며 그 결과 이는 매우 선호되는 반응이다. 이는 ATP가 AMP와 파이로인산으로 가수분해되는 것이 AMP의 농도 또한 중요하나 언제나 음수의 깁스 자유에너지 변화를 보임을 의미한다.

수용액 상태의 뉴클레오사이드 이인산, 삼인산과 효소의 활성자리는 일반적으로 마그네슘이온과 복합체를 형성하고 있다. 이들 양이온은 인산기의 산소 원자와 상호작용을 하며 6원환을 형성한다. 마그네슘이온은 ATP와 여러 다른 형태의 복합체를 형성한다. α, β 그리고 β, γ 인산기를 포함하는 복합체는 그림 10.13에 제시하였다. β, γ 복합체의 형성은 수용액 상태에서 잘 이루어진다. 우리는 추후에 핵산 또한 일반적으로 마그네슘이나 양이온 성질의 단백질과 같은 반대이온과 복합체를 형성하는 것을 확인할 것이다. 편의를 위해, 우리는 일반적으로 뉴클레오사이드 삼인산을 아데노신삼인산(ATP), 유리딘삼인산(UTP)으로 칭하기로 한다. 하지만 이러한 분자들은 사실상 세포 내에서 마그네슘과 복합체를 형성하고 있다는 것을 기억하자.

1. **정전기적 반발력**. ATP 안에 있는 인산기의 음으로 하전된 산소 사이의 정전기적 반발력은 가수분해 후에 감소한다. [세포 내에서 가수분해의 깁스 에너지 변화량은 사실상 마그네슘의 존재로 인해 증가하고, 부분적으로는 ATP의 산소 원자를 중성화시켜 정전기적 반발력을 없앤다.]

표 10.2 ATP, AMP, 무기인산의 가수분해에 대한 깁스 자유에너지

반응물들과 생성물들	$\Delta G^{\circ\prime}_{가수분해}$ (kJ mol^{-1})
$ATP + H_2O \rightarrow ADP + P_i + H^{\oplus}$	−32
$ATP + H2O \rightarrow AMP + PP_i + H^{\oplus}$	−45
$AMP + H2O \rightarrow$ 아데노신 $+ Pi + H^{\oplus}$	−13
$PP_i + H_2O \rightarrow 2P_i$	−29

P_i(무기인산) = HPO_4^{2-}
PP_i(파이로인산) = $HP_2O_7^{3-}$

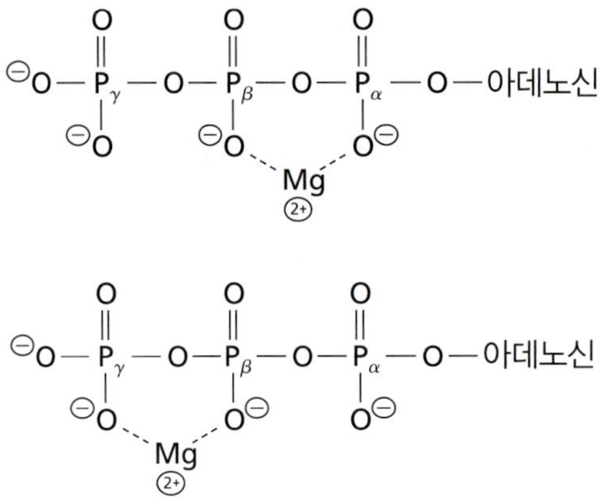

그림 10.13 ▶
ATP와 마그네슘의 복합체.

$$^{\ominus}O-\overset{\overset{O}{\|}}{\underset{\underset{^{\ominus}O}{|}}{P_\gamma}}-O-\overset{\overset{O}{\|}}{\underset{\underset{^{\ominus}O}{|}}{P_\beta}}-O-\overset{\overset{O}{\|}}{\underset{\underset{O^{\ominus}}{|}}{P_\alpha}}-O-\text{아데노신}\quad \alpha, \beta\ \text{MgATP 복합체 } (Mg^{2+}\text{가 } P_\beta, P_\alpha\text{의 O에 배위})$$

$$^{\ominus}O-\overset{\overset{O}{\|}}{\underset{\underset{^{\ominus}O}{|}}{P_\gamma}}-O-\overset{\overset{O}{\|}}{\underset{\underset{O^{\ominus}}{|}}{P_\beta}}-O-\overset{\overset{O}{\|}}{\underset{\underset{O^{\ominus}}{|}}{P_\alpha}}-O-\text{아데노신}\quad \beta, \gamma\ \text{MgATP 복합체 } (Mg^{2+}\text{가 } P_\gamma, P_\beta\text{의 O에 배위})$$

2. **용매효과**. 가수분해산물인 ADP와 무기인산, 또는 AMP와 무기 파이로인산은 ATP 자체보다 더 잘 용매화된다. 이온이 용매화되면 이들 각자가 지니는 정전기적 힘의 상호작용이 감소한다. 용매화 효과는 아마 가수분해 에너지에 기여하는 가장 주된 요인일 것이다.
3. **공명안정화.** 가수분해의 생성물은 ATP보다 안정한 상태이다. 마지막 산소 원자의 전자는 산소 원자끼리 연결되어 있을 때에 비해 더 잘 비편재화된다. ATP의 가수분해는 하나의 산소 원자 연결을 두 개의 새로운 말단 산소 원자로 대체한다.

높은 에너지 물질은 10.7A절에 정의되어 있다.

이들의 포스포안하이드라이드의 절단으로 인한 자유에너지의 변화 때문에 ATP와 다른 뉴클레오사이드 삼인산(UTP, GTP, CTP)이 에너지가 풍부한 물질로 간주되도록 하지만, 이것은 분자단위에서가 아닌 생화학적 반응에 이용되는 자유에너지를 제공하는 시스템 하에서라는 점을 기억하도록 하자. ATP는 그 자체로는 고에너지 화합물이 아니다. 이는 오직 시스템이 평형상태에 대해 멀리 떨어져 있을 때만 고에너지 화합물로 작용한다. ATP의 기능은 반응의 평형상태에 도달하거나 $\Delta G = 0$일 경우 그 역할의 의미가 없어진다. 우리는 생화학 용어에서 고에너지 분자, 에너지가 풍부한 분자라는 것을 보게 될텐데 이것이 다른 의미가 있다기 보다는 용어로서 사용되고 있는 것이라는 사실을 기억해야 할 것이다.

핵심개념

자유에너지의 급격한 변화는 ATP의 가수분해와 연관되어 있기 때문에 계가 평형이지 않을 때만 가능하다.

모든 뉴클레오사이드 삼인산의 포스포안하이드라이드는 가수분해의 표준 깁스 자유에너지와 동일하다. 우리는 종종 뉴클레오사이드 삼인산의 포스포안하이드라이드 결합의 형성과 소비가 ATP당량으로 표현하게 된다. ATP는 일반적으로 뉴클레오사이드 일인산과 이인산이 인산화될 때 인산기 제공자로 작용한다. 물론, 대사에 필요한 정도에 따라 세포 내의 뉴클레오사이드 일인산, 이인산, 삼인산의 농도가 다르다. 그 예로 ATP의 세포내 농도가 디옥시타이미딘 삼인산(dTTP)의 농도와 차이가 많이 나는 것을 들 수 있다. ATP는 많은 반응에 관여하지만 dTTP는 이용되는 분야가 매우 좁고 DNA 합성의 일차적인 기질로 이용되는 정도이다.

일련의 카이네이즈(포스포트랜스퍼레이즈)는 뉴클레오사이드의 일인산, 이인산, 삼인산 사이의 전환을 촉진한다. 인산기는 뉴클레오사이드 인산으로 전달되고 이때의 평형상수는 1에 가깝다. 뉴클레오타이드 일인산 카이네이즈는 뉴클레오사이드 일인산을 이인산으로 전환하는 것을 촉진하는 효소의 집합이다. 예를 들어, 구아노신 일인산(GMP)은 구아노신 이인산으로 구아닐레이트 카이네이즈의 작용을 통해 전환된다. GMP 또는 이것의 디옥시 아날로그인 dGMP는 이 반응에서 인산기의 수용체가 되고 ATP 또는 dATP는 인산기 제공자가 된다.

$$\text{GMP} + \text{ATP} \rightleftharpoons \text{GDP} + \text{ADP} \qquad \textbf{(10.11)}$$

뉴클레오사이드 이인산 카이네이즈는 뉴클레오사이드 이인산이 삼인산으로 전환되는 데

작용한다. 이 효소는 세포질과 진핵세포의 마이토콘드리아에 존재하고 뉴클레오사이드 일인산 카이네이즈에 비해 특이성이 떨어진다. 퓨린과 피리미딘 염기에 상관없이 모든 뉴클레오사이드 이인산은 뉴클레오사이드 이인산 카이네이즈의 기질이 된다. 뉴클레오사이드 일인산은 기질로 이용되지 않는다. 이렇듯 상대적으로 풍부한 기질로 인해 ATP는 일반적으로 세포 내에서 인산기의 제공자로 이용된다.

$$\text{GDP} + \text{ATP} \rightleftharpoons \text{GTP} + \text{ADP} \qquad \textbf{(10.12)}$$

ATP의 농도가 세포의 종류에 따라 다르다고 하여도, 세포 내의 ATP 농도는 특정 세포 내에서는 그 변화 정도가 심하지 않으며 아데닌 뉴클레오타이드의 농도 합은 거의 일정하다. 세포 내의 ATP 농도는 근접-평형 반응을 촉진하는 아데닐 카이네이즈의 작용을 통해 일정하게 유지된다.

$$\text{AMP} + \text{ATP} \rightleftharpoons 2\ \text{ADP} \qquad \textbf{(10.13)}$$

AMP 농도가 증가하면 AMP는 ATP와 반응하여 두 개의 ADP 분자를 형성한다. 이들 ADP 분자는 두 개의 ATP로 전환된다. 이것의 전체적인 반응 경로는 식 10.14에 제시되어 있다.

$$\text{AMP} + \text{ATP} + 2\ \text{P}_i \rightleftharpoons 2\ \text{ATP} + 2\ \text{H}_2\text{O} \qquad \textbf{(10.14)}$$

표 10.3 아데닌 핵산 농도의 열역학적 변화

ATP (mM)	ADP (mM)	AMP (mM)
4.8	0.2	0.004
4.5	0.5	0.02
3.9	1.0	0.11
3.2	1.5	0.31

[Adapted from Newsholme, E. A., and Leech, A. R. (1986). *Biochemistry for the Medical Science* (New York: John Wiley & Sons), p. 315.]

세포 내의 ATP 농도는 ADP 또는 AMP의 농도에 비해 많고 상대적으로 농도의 변화가 적은 특징은 이인산과 일인산의 큰 농도 변화를 가져온다. 표 10.3은 전체 아데닌 뉴클레오타이드의 농도는 5.0 mM로 일정하다고 가정하고 ATP가 소비되었을 때 ADP와 AMP의 이론적인 증가를 제시하고 있다. ATP 농도는 4.8 mM에서 4.5 mM로 감소하였을 때, ADP의 농도는 2.5배 증가하였고 AMP의 농도는 5배 증가하였다. 사실, 세포가 산화되기 용이한 연료와 산소를 잘 공급받고 있다면, ATP의 농도가 2~10 mM인 상태이면서 [ADP]는 1 mM 이하로, [AMP]는 이보다도 낮은 농도로 아데닌 뉴클레오타이드의 균형을 유지하였을 것이다. ADP와 AMP는 몇몇 대사 과정에서 종종 효과적인 입체다른자리 조절자로 이용된다. 하지만 상대적으로 농도가 일정하게 유지되는 ATP는 생리적인 조건 하에서 중요한 조절자로 기능하지 못한다.

*in vivo*에서 ATP와 이의 가수분해 산물의 농도의 중요한 결과 중 하나는 ATP 가수분해의 자유에너지 변화량이 사실상 표준값인 −32 kJ/mol보다 크다는 점이다. 이는 예시 계산 10.2에서 쥐의 간세포에서의 ATP, ADP, P_i의 농도를 보여주고 있다. 계산된 깁스 자유에너지의 변화는 여러 다른 종류의 세포에서 결정된 값과 비슷했다.

앞서 언급한 바와 같이, ATP 가수분해는 대사적으로 비가역적인 반응의 한 예다. 다양한 효소의 활성은 조절받고 있으며 효소들은 ATP의 농도가 최소 한도 이하로 떨어지게 되면 불활성화된다. 따라서 가수분해반응의 역반응인 ATP의 합성반응은 특정한 조건상태를 제외하고는 이루어지지 않는다(14장). 우리는 14장에서 다른 경로로 ATP가 합성되는 것을 보게 될 것이다.

ATP를 높은 농도로 유지시키는 것은 매우 중요하다. 이것은 ATP의 가수분해를 통해 발생하는 큰 자유에너지의 변화를 필요로 한다. 만약 반응물과 생성물이 평형에 도달하게 되면 세포는 죽을 것이다.

10.7 ATP의 대사적 기능

반응 10.15의 합성반응과 같은 하나의 생화학적 반응이나 과정을 통해 형성된 에너지는 종종 ATP의 가수분해와 같은 2차적 반응과 짝지어져 있다. 그러나 1차적 반응은 자발적으로 일어나지 않는다.

보기 문제 10.2 깁스 자유에너지 변화

Q: 쥐의 간세포에서 ATP, ADP, P_i의 농도가 각각 3.4 mM, 1.3 mM과 4.8 mM이다. 세포에서 ATP 가수분해의 깁스자유에너지의 변화를 계산하여라. 어떻게 이를 표준 자유에너지의 변화와 비교할 수 있을까?

A: 실제 깁스 자유에너지의 변화는 식 10.10을 통해서 계산된다.

$$\Delta G_{\text{반응}} = \Delta G^{\circ\prime}_{\text{반응}} + RT\ln\frac{[\text{ADP}][\text{P}_i]}{[\text{ATP}]} = \Delta G^{\circ}_{\text{반응}} + 2.303\,RT\log\frac{[\text{ADP}][\text{P}_i]}{[\text{ATP}]}$$

주어진 단위와 상수는 pH 7.0과 25℃ 상태의 값이라 가정한다.

$$\Delta G = -32000\ \text{J mol}^{-1} + (8.31\ \text{JK}^{-1}\text{mol}^{-1})(298\ \text{K})\left[2.303\log\frac{(1.3\times 10\ \ )(4.8\times 10\ \ )}{(3.4\times 10^{-3})}\right]$$

$$\Delta G = -32000\ \text{J mol}^{-1} + (2480\ \text{J mol}^{-1})[2.303\ \log(1.8\times 10^{-3})]$$

$$\Delta G = -32000\ \text{J mol}^{-1} - 16000\ \text{J mol}^{-1}$$

$$\Delta G = -48000\ \text{J mol}^{-1} = -48\ \text{kJ mol}^{-1}$$

실제 자유에너지의 변화량은 표준 자유에너지의 변화량에 대해 약 $1^1/_2$배 정도이다.

$$\text{X} + \text{Y} \rightleftharpoons \text{X—Y}$$
$$\text{ATP} + \text{H}_2\text{O} \rightleftharpoons \text{ADP} + \text{P}_i + \text{H}^{\oplus} \quad \textbf{(10.15)}$$

짝지음 반응의 깁스 자유에너지 변화량의 합은 반응이 진행되기 위해서는 음수이어야 한다. 이는 각각의 반응들이 따로 진행될 때 자발적이라는 의미가 아니다. 짝지음 반응의 이점은 하나의 반응에서 방출된 에너지가 2차적 반응이 그 자체로는 자발적이지 않더라도 그 반응이 진행되도록 해준다(짝지음 반응에 대한 능력은 효소의 주된 특성 중 하나임을 기억하자).

대사의 에너지 흐름은 ATP를 포함한 많은 짝지음 반응에 의존적이다. 대부분의 경우, 짝지음 반응은 반응물 X의 인산화된 유도체와 같은 서로 공유하는 중간체를 매개로 이어져 있다.

$$\text{X} + \text{ATP} \rightleftharpoons \text{X—P} + \text{ADP}$$
$$\text{X—P} + \text{Y} + \text{H}_2\text{O} \rightleftharpoons \text{X—Y} + \text{P}_i + \text{H}^{\oplus} \quad \textbf{(10.16)}$$

인산기나 뉴클레오티딜기를 기질로 전달하는 것은 기질을 활성화시킨다(큰 음수의 깁스 자유에너지 변화를 보이는 반응에 대비한 준비 과정이다). 활성화된 화합물은 대사산물이 되거나 효소 활성자리의 아미노산 잔기의 주변 사슬로 기능하게 된다. 그리고 중간체는 두 번째 기질과 반응하여 반응을 완성시킨다.

A. 인산기의 전달

글루탐산과 암모니아로부터의 글루타민 합성은 어떻게 고에너지물질인 ATP가 생합성반응을 이끌어가는지 보여준다. 글루타민 신테테이즈에 의해 촉진된 이 반응은 기관들이 무기물인 질소를 생화학 분자인 탄소결합형 질소로 전환하는 것을 가능하게 한다. 아마이드 결합의 형성에서 기질의 γ-카복실기는 무수상태의 중간체를 합성하는 것을 통해 활성화된다.

글루타민 신테테이즈는 글루탐산의 γ-카복실기를 통해 ATP의 γ-인산기의 친핵성 배열을 촉진한다. ADP가 방출되면서 효소와 결합한 γ-글루타밀 인산을 중간체로서 형성한다

BOX 10.1 ATP 화폐의 발견

프리츠 리프만(Fritz Lipmann, 1899~1986)은 조효소 A를 발견하여 1953년 노벨 생리의학상을 수상하였다. 그는 또한 ATP를 에너지 화폐로 이해하도록 하는 데 큰 영향을 미쳤다. 1941년 그는 ATP가 고에너지 결합으로 이루어져 있다는 의견을 제시하였고 이 결합을 ~표시로 나타내었다. 수십 년 후에, ATP를 두 개의 고에너지 결합으로 나타낸 생화학 교재가 등장하였다.

AMP~P~P

우리는 이제 이 결합이 무수인산의 공유결합에 비해 그다지 새로울 것이 없다는 것을 알기 때문에 이러한 표현이 올바르지 않다고 생각할 수 있다. 이는 반응물과 생성물의 전체적인 시스템이며 ATP 화폐가 그 자체로 매우 가치가 있으며 각각의 결합 에너지는 아니라는 것을 의미한다. 그러나 ATP가 고에너지를 지니는 것이 대부분 무수인산의 결합 때문이라는 세 가지 설명은 특정 결합에 한해서는 사실이기 때문에 전부 잘못된 것이라고는 할 수 없다. 물결 모양의 선은 오래된 과학서적에서도 매우 일반적으로 이용되고 있으나 현재는 이전에 비해 덜 일반적인 표현이 되었다.

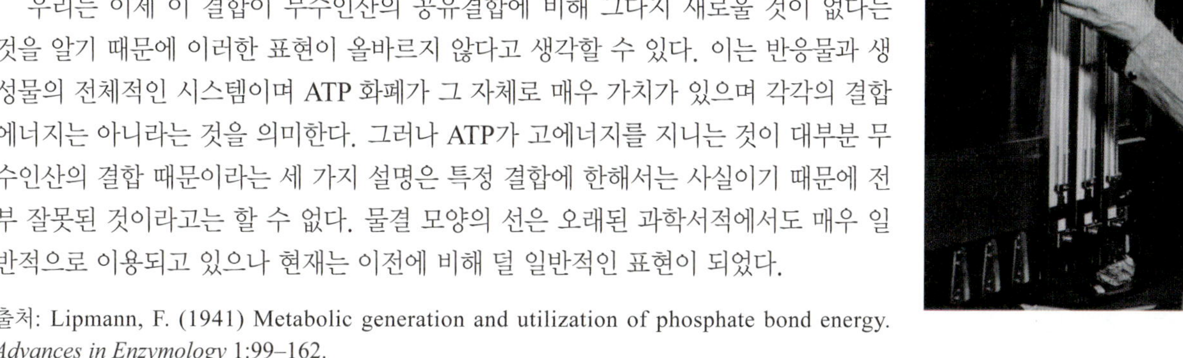

출처: Lipmann, F. (1941) Metabolic generation and utilization of phosphate bond energy. *Advances in Enzymology* 1:99–162.

(그림 10.14). γ-글루타밀 인산은 수용액 상태에서는 불안정하지만 글루타민 신테테이즈의 활성자리를 물로부터 보호한다. 이 반응의 두 번째 단계에서는 암모니아가 친전자성 물질로 작용하여 γ-글루타밀 인산의 카보닐 탄소의 인산을 배열하여 생성물인 글루타민을 형성하도록 한다. 전체적으로는 글루탐산과 암모니아로부터 형성된 모든 글루타민 분자를 위해 한 분자의 ATP가 ADP + P_i로 전환된다고 할 수 있다.

$$\text{글루탐산} \xrightarrow[\text{ADP}]{\text{ATP}} [\gamma\text{-글루타밀 인산}] \xrightarrow[P_i]{:NH_3} \text{글루타민} \tag{10.17}$$

우리는 ATP 가수분해와 짝지어져 있지 않은 반응의 예측가능한 표준 깁스 자유에너지의 변화를 계산할 수 있다.

$$\text{글루탐산} + NH_4^{\oplus} \rightleftharpoons \text{글루타민} + H_2O \tag{10.18}$$

$$\Delta G^{\circ\prime}_{\text{반응}} = +14\ \text{kJ mol}^{-1}$$

이는 표준 자유에너지 변화이므로 주어진 세포 내의 글루탐산, 글루타민, 암모니아의 농도의 실제 깁스 자유에너지 변화를 반영하지는 않는다. 반응 10.18을 가정해보자. 만약 세포 내에서 글루탐산과 암모니아의 농도가 글루타민의 농도보다 높았다면 이 반응은 음의 자유

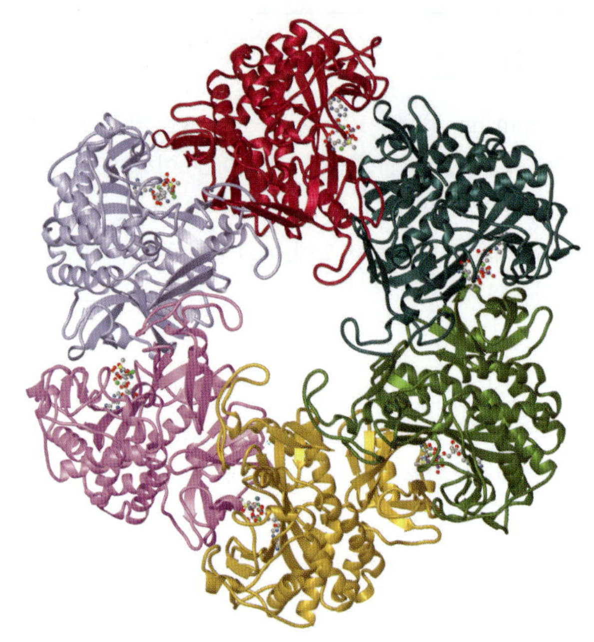

그림 10.14 ▶
ADP에 결합되어 있는 글루타민 신테테이즈와 전이상태 유사물. 결핵균의 글루타민 신테테이즈는 서로의 위쪽에 두 개의 육각형 링 구조를 가지는 효소 복합체이다. 이 그림에서는 하나의 링이 보인다. 활성자리는 ADP와 인산 글루타민과 비슷한 전이상태 유사물인 L-메싸이오닌-*S*-인산설폭시민이 결합되어 있다.

표 10.4 일반적인 대사물질 가수분해의 표준 깁스 자유에너지

대사물질	$\Delta G^{o\prime}_{hydrolysis}$ (kJ mol^{-1})
포스포엔올파이루브산 (Phosphoenolpyruvate)	−62
1,3-양인산글리세르산 (1,3-*Bis*phosphoglycerate)	−49
ATP ∼ AMP + PPi	−45
포스포크레아틴 (Phosphocreatine)	−43
포스포아지닌 (Phosphoarginine)	−32
아세틸 CoA (Acetyl CoA)	−32
아실 CoA (Acyl CoA)	−31
ATP ∼ ADP + Pi	−32
파이로인산 (Pyrophosphate)	−29
포도당 1-인산 (Glucose 1-phosphate)	−21
포도당 6-인산 (Glucose 6-phosphate)	−14
글리세롤 3-인산 (Glycerol 3-phosphate)	−9

에너지 변화와 관련이 있을 것이다. 하지만 이는 이러한 경우가 아니다. 정상상태의 글루탐산과 글루타민의 농도는 단백질 합성과 대사 경로를 지원하기 위해 거의 동량을 유지하게 된다. 이는 가정한 반응 10.18의 상황의 깁스 자유에너지의 변화가 음수가 아니라는 것을 의미한다. 또한 암모니아의 농도가 글루탐산과 글루타민에 비해 상대적으로 매우 낮다. 세균과 진핵세포 모두에서, 암모니아는 유리된 암모니아의 농도가 매우 낮다고 하여도 글루타민과 효과적으로 상호작용을 할 것이다. 따라서 반응 10.18은 살아 있는 세포에서는 높은 정상상태의 글루타민 농도를 요구함과, 암모니아의 공급이 제한적이라는 이유로 가능하지 않다고 할 수 있다. 글루타민의 합성은 ATP의 가수분해와 짝지어져 있으며 이는 반응이 올바른 방향으로 진행되기 위함이다.

글루타민 신테테이즈는 인산화된 화합물이 중간체로 작용하는(반응 10.17) 인산기 전달 반응을 촉진한다. 이 반응에는 안정한 인산화된 생성물의 합성반응이 해당된다. 보아온 바와 같이, 카이네이즈는 ATP의 γ-인산기를 다른 기질로 전달하는 것을 촉진한다(또는 드물게 다른 뉴클레오사이드 삼인산의 인산기를 전달하기도 한다). 카이네이즈는 전형적으로 대사적 비가역반응을 촉매한다. 그러나 아데닐레이트 카이네이즈(반응 10.13)와 크레아틴 카이네이즈(10.7B절)와 같은 소수의 카이네이즈 반응은 평형반응에 가깝다. 비록 이들이 촉진하는 반응이 인산 전달 반응으로 나타나더라도 카이네이즈는 사실상 인산기(—PO_3^{2-}—)를 이들의 수용체에 전달한다.

인산화된 화합물의 인산기의 전달능력은 **인산기 전이 능력(phosphoryl group transfer potential)** 또는 단순하게 단위 전이 능력으로도 불린다. 무수인산과 같은 일부 화합물은 뛰어난 인산기 제공자다. 이것들은 ATP의 인산기 전달능력과 같거나 더 높은 전달능력을 지닌다. 표준 조건에서, 단위 전이 능력은 가수분해의 표준 자유에너지와 동일하지만 서로 반대 부호를 질 것이다(양음). 따라서 단위 전이 능력은 인산화된 화합물의 형성에 필요한 자유에너지의 양으로 측정될 수 있다. 표 10.4에 우리는 많은 인산화된 화합물의 가수분해에 대한 표준 깁스 자유에너지를 표시해 놓았다.

B. 인산기의 전달을 통한 ATP의 생성

종종, 하나의 카이네이즈가 좋은 공여체로부터 ADP에 추후 다른 카이네이즈의 작용을 받아 공여체로 쓰이게 될 ATP 형성을 위해 인산기를 전달하는 것을 촉진한다. 포스포엔올파이루

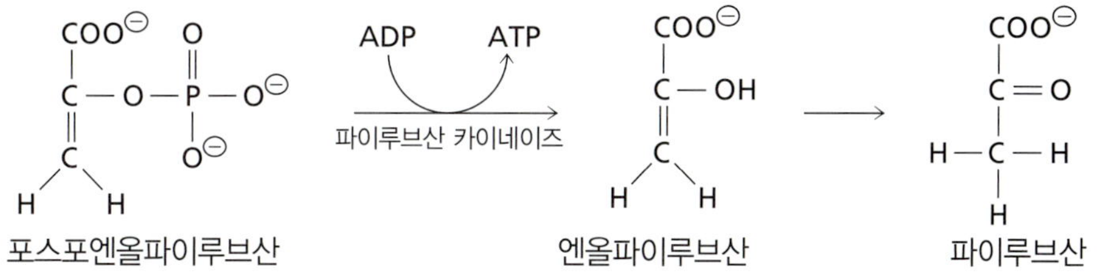

포스포엔올파이루브산 —(ADP → ATP, 파이루브산 카이네이즈)→ 엔올파이루브산 → 파이루브산

◀ 그림 10.15
인산-엔올파이루브산으로부터 ADP로 인산기의 전달.

브산과 1,3-양인산글리세르산염은 세포내 조건($\Delta G < -50$ kJ mol^{-1}) 하에서 ATP보다 높은 에너지를 지니는 일반적인 대사 산물의 두 가지 예다. 이러한 화합물들 중 일부는 이화작용의 중간체로 이용된다. 다른 것들은 에너지를 저장하는 용도로 이용된다.

포스포엔올파이루브산은 당분해과정의 중간체로서 가장 높은 인산기 전달 능력을 지니는 물질로 알려져 있다. 포스포엔올파이루브산의 가수분해의 표준 자유에너지는 −62 kJ/mol이고 실제 깁스 자유에너지의 변화량은 ATP와 비슷하다. 포스포엔올파이루브산의 가수분해의 자유에너지는 인산기에 결합되어 고정된 엔올의 구조와 같은 분자구조를 통해 이해할 수 있다. 인산기가 제거되면 분자는 케토 토토머 반응을 통해 좀 더 안정한 상태로 변화한다(그림 10.15). 포스포엔올파이루브산으로부터 ADP로의 인산기의 이동은 파이루브산 카이네이즈를 통해 진행된다. 반응의 $\Delta G°'$ 값이 약 −30 KJ/mol이기 때문에 표준조건 하에서 이 반응의 평형은 포스포엔올파이루브산으로부터 ADP로 인산기를 전달하는 방향과는 동떨어져 있다. 세포 내에서 이러한 대사적으로 비가역적인 반응은 ATP의 중요한 공급원이 된다.

핵심개념

많은 인산화된 대사 산물은 ATP와 같이 인산기를 전달하는 기능을 한다.

포스포크레아틴과 포스포아지닌을 포함하는 **포스파젠(phosphagen)**은 고에너지 인산 저장물질로서 동물의 근육세포에서 발견된다. 포스파젠은 포스포아마이드(무수인산보다)이며 ATP보다 높은 전달능력을 지니고 있다. 척추동물의 근육세포에서 많은 양의 포스포크레아틴은 풍부한 ATP 공급이 진행되는 동안 형성된다. 휴지기의 근육에서 포스포크레아틴의 농도는 ATP의 5배에 달한다. ATP 농도가 감소하게 되면 크레아틴 카이네이즈는 포스포크레아틴으로부터 ADP로 인산기를 전달하여 ATP의 대체를 빠르게 진행시킨다.

$$\text{포스포크레아틴} + \text{ADP} \underset{}{\overset{\text{크레아틴 카이네이즈}}{\rightleftharpoons}} \text{크레아틴} + \text{ATP} \quad \textbf{(10.19)}$$

포스포크레아틴의 공급은 활동의 3, 4초 정도의 시간으로 이루어지고 이는 ATP를 회복시키는 다른 대사 과정에도 충분한 시간이다. 세포조건 하에서 크레아틴 카이네이즈의 반응은 근접-평형 반응이다. 많은 척추동물들에서(주로 연체동물과 절지동물) 포스포아지닌은 활성화된 인산기의 주된 공급원이다.

ATP가 인산기전달능력을 지닌 중간체로 기능할 수 있기 때문에 열역학적으로 글라이코젠의 운반자로 적합하다(그림 10.15). ATP는 또한 역동학적으로 생물체의 조건 하에서 적합하며 효소에 의해 활성화되어 하나의 효소로부터 화학적 포텐셜을 다른 효소로 가수분해 과정을 거치지 않고 전달할 수 있다. 당연하게 ATP는 모든 생명체에서 화학에너지의 전달을 매개한다.

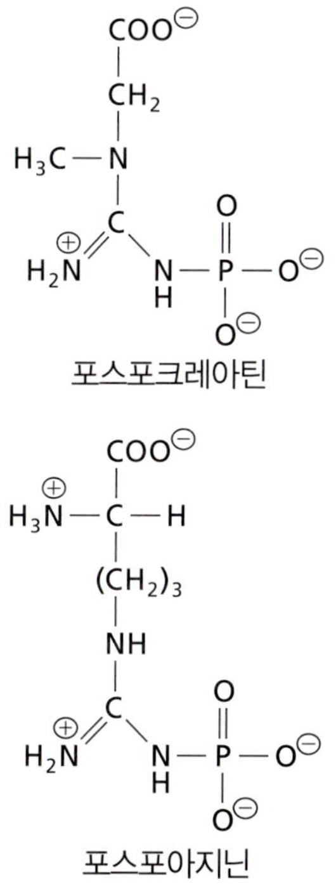

포스포크레아틴

포스포아지닌

▲ 포스포크레아틴과 포스포아지닌의 구조.

C. 뉴클레오티딜기의 전달

ATP를 포함한 다른 전이반응에 이용되는 일반적인 부분은 뉴클레오티딜기이다. 아세틸 CoA 신테테이즈를 통해 촉진되는 아세틸 CoA의 합성을 예로 들 수 있다. 이러한 반응에서 ATP의 AMP 부분은 아세테이트의 친핵성 카복실기 부분으로 전달되어 아세틸-아데닐산염의 중간체를 형성한다(그림 10.16). 파이로인산이 이 과정에서 분리된다는 점을 기억하자.

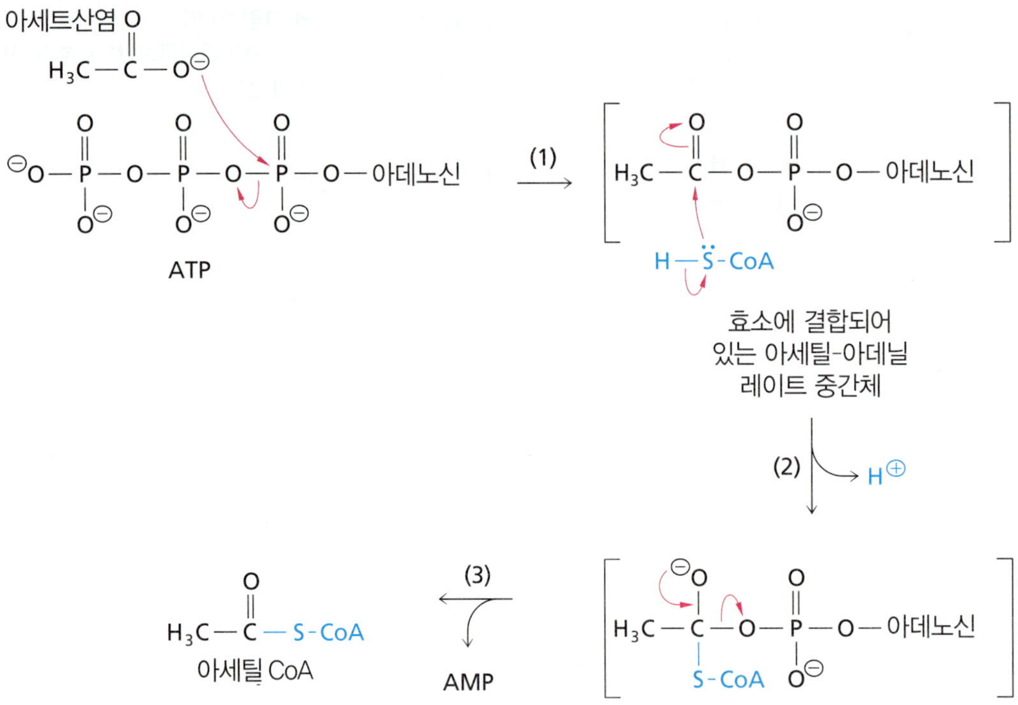

◀ **그림 10.16**
아세틸-CoA 신테테이즈에 의해 매개되는 아세트산염으로부터 아세틸-CoA의 합성.

반응 10.17에서 제시한 글루타밀인산의 중간체와 유사하게, 이 활성형 중간체는 효소의 활성자리가 서로 강하게 결합하고 있는 형태를 통해 비효소성 가수분해로부터 보호된다. 반응은 아세틸기가 조효소 A의 친핵성 황으로 전달되면서 아세틸 CoA와 AMP를 형성하는 것으로 마무리된다.

아세틸 CoA의 합성은 침전물의 생성이나 기체의 생성이 무기물 반응의 완결로 진행되는 것과 같이 생성물의 제거가 어떻게 대사반응의 완결로 진행될 수 있는지를 보여준다. 아세테이트와 CoA로부터 아세틸 CoA를 합성하는 반응의 표준 깁스 자유에너지는 약 −13 kJ/mol이다. 하지만 파이로인산은 파이로포스파테이즈에 의해 두 분자의 인산기로 가수분해된다는 것을 기억하자(10.6절). 대부분 모든 세포에서 이 효소는 높은 활성을 지니고 있으며 세포 내에서의 파이로인산의 농도는 일반적으로 매우 낮다. 파이로인산의 분해는 거의 모든 반응에서 표준 깁스 자유에너지가 음의 값을 보인다. 추가적인 가수분해반응은 전체적인 합성반응에 하나의 무수인산 결합의 형성에 해당하는 에너지를 추가한다. 이러한 반응에서 우리는 두 개의 고에너지 분자의 가수분해를 위해 이당량의 ATP가 필요함을 알 수 있다. 파이로인산의 가수분해는 대사 과정에서 많은 합성반응과 같이 진행된다.

10.8 싸이오에스터는 가수분해 시 높은 자유에너지를 지닌다

싸이오에스터는 대사의 흐름을 이루는 또 하나의 고에너지 물질이다. 아세틸 CoA는 하나의 예일 뿐이다. 이것은 대사의 중심적인 위치를 차지한다(그림 10.8, 10.9). 싸이오에스터 반응의 높은 에너지는 ATP 당량을 맞추거나 수용체 분자로 아실기를 전달하는 데 이용된다. 아실기는 싸이오에스터결합으로 조효소 A에 결합하고 있음을 기억하자(7.6절과 그림 7.13).

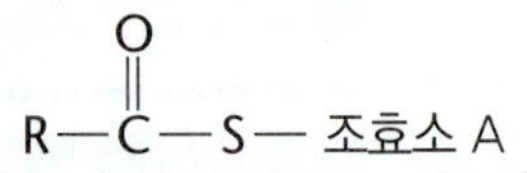

$$R-\overset{\overset{\large O}{\|}}{C}-S-\text{조효소 A} \tag{10.20}$$

카복실산의 산소에스터와 달리 반응성에 있어서 싸이오에스터는 카복실산의 무수물을 닮았다. 황은 주기율표에서 산소와 같은 주기에 속하지만 싸이오에스터는 전형적인 에스터

보다 불안정하다. 왜냐하면 황의 비공유전자쌍은 산소의 비공유전자쌍과는 달리 싸이오에스터에서 효과적으로 비편재화되지 못하기 때문이다. 싸이오에스터결합의 가수분해와 관련된 에너지는 ATP의 무수인산 결합의 가수분해 시 에너지와 유사하다. 아세틸 CoA의 표준 깁스 자유에너지 변화량은 -31 kJ/mol^{-1}이며 실제 변화량은 세포내 조건하에서 이보다 더 적은 양일 것이다.

$$H_3C-\overset{O}{\overset{\|}{C}}-S\text{-}CoA \xrightarrow{H_2O \quad HS\text{-}CoA} H_3C-\overset{O}{\overset{\|}{C}}-O^{\ominus} + H^{\oplus} \quad (10.21)$$

아세틸 CoA　　　　　　아세테이트

핵심개념

아세틸-CoA와 같은 싸이오에스터가 포함된 반응은 ATP 가수분해와 비슷한 양의 에너지를 방출한다.

가수분해의 높은 자유에너지에도 불구하고, CoA 싸이오에스터는 중성의 pH 조건에서 비효소성 가수분해를 진행하지 않는다. 다시 말하자면 적절한 촉매없이도 역동학적으로 안정하다는 의미다.

CoA 싸이오에스터 가수분해의 높은 에너지는 시트르산 회로의 다섯 번째 단계에 작용하여 싸이오에스터 석시닐 CoA가 GDP, P_i와 반응하여 GTP를 형성하도록 한다.

$$\begin{matrix} COO^{\ominus} \\ | \\ CH_2 \\ | \\ CH_2 \\ | \\ C=O \\ | \\ S\text{-}CoA \end{matrix} + GDP + P_i \rightleftharpoons \begin{matrix} COO^{\ominus} \\ | \\ CH_2 \\ | \\ CH_2 \\ | \\ COO^{\ominus} \end{matrix} + GTP + HS\text{-}CoA \quad (10.22)$$

석시닐-CoA　　　　　　석신산

석시닐-CoA 신테테이즈는 13.4절의 part 5에서, 지방산 합성은 16.5절에서 다룬다.

기질 인산화 단계는 ATP 당량에 해당하는 석시닐 CoA를 형성하는 에너지로 이용된다. 싸이오에스터의 에너지는 또한 지방산의 합성에도 이용된다.

10.9 환원상태의 조효소들이 생물학적 산화로부터 에너지를 보존한다

많은 환원상태의 조효소는 앞에서 언급한 바와 같이 높은 에너지 상태의 물질이다. 이들의 높은 에너지(산화력)은 산화-환원반응으로부터 얻는다. 환원상태 조효소의 에너지는 이들의 산화가 ATP의 합성과 동반되기 때문에 ATP 등가물의 대표적인 예다.

14.11절에서 NADH는 2.5 ATP와 같고 QH_2는 1.5 ATP와 같다는 것을 배울 것이다.

6.1C절에서 서술한 바와 같이, 한 분자의 산화는 다른 분자의 환원과 더불어 일어난다. 전자를 받아들이는 분자는 환원되며 산화제이다. 전자를 잃는 분자는 산화되며 환원제이다. 산화-환원반응은 다음과 같다.

$$A_{red} + B_{ox} \rightleftharpoons A_{ox} + B_{red} \quad (10.23)$$

생물학적 산화반응에서 방출된 전자는 보통 환원제인 피리딘 뉴클레오타이드(NAD$^{\oplus}$ 또는 가끔 NADP$^{\oplus}$), 플라빈 조효소(FMN 또는 FAD), 또는 유비퀴논(Q)으로 효소반응을 통해 전달된다. NAD$^{\oplus}$와 NADP$^{\oplus}$가 환원될 때, 니코틴아마이드 링이 수소화물을 받아들인다(그림 7.8). 하나의 중성자와 하나의 전자로 이루어진 수소 원자 하나가 제거될 때 하나의 전자를 잃는다. 하나의 중성자와 두 개의 전자로 이루어진 수소화물이 제거될 때 두 개의 전자를 잃는다(산화는 전자를 잃는 것이라는 사실을 기억하라).

NAD$^{\oplus}$와 NADP$^{\oplus}$의 구조와 기능은 7.4절에서 다뤘고, FMN과 FAD는 7.5절, 유비퀴논은 7.14절에서 다뤘다.

QH_2와 함께 NADH와 NADPH는 환원력을 제공한다. $FMNH_2$와 $FADH_2$는 일부 산화반응에서 환원된 효소에 결합되어 있는 중간물질이다.

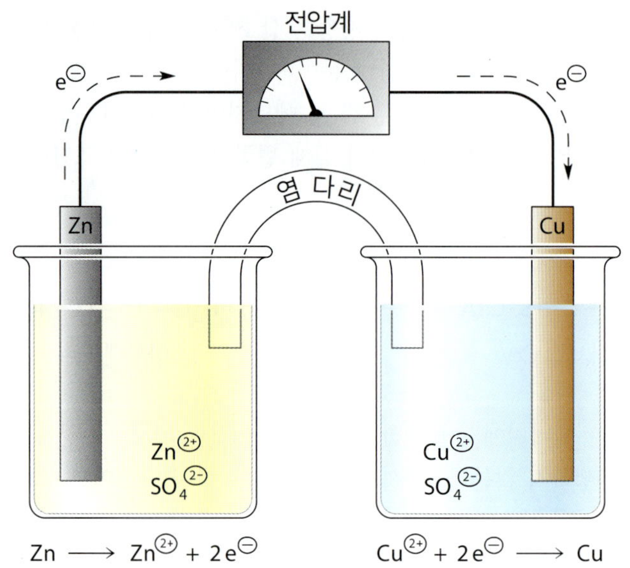

그림 10.17 ▶

전기화학적 전지의 모식도. 전자는 아연 전극으로부터 구리 전극으로 외부회로를 통해 흐른다. 염 다리는 두 용액이 섞이지 않으며 상대이온(이 경우 황산염)이 흐르게 한다(두 개의 다른 염 다리는 2.5A절에서 볼 수 있다).

A. 깁스 자유에너지 변화는 환원전위와 관련이 있다

환원제의 **환원전위(reduction potential)**는 열역학적 반응성의 척도이다. 환원전위는 전기화학적 전지에서 측정할 수 있다. 간단한 무기 산화-환원반응의 예는 아연 원자에서 구리이온으로 한 쌍의 전자를 전달하는 것이다.

$$Zn + Cu^{2+} \rightleftharpoons Zn^{2+} + Cu \qquad (10.24)$$

이 반응은 전체 반응을 두 개의 반반응으로 나눠서 수행할 수 있는 두 분리된 용액에서 가능하다(그림 10.17). 아연 전극에서는 각각의 아연 원자가 환원제로 반응하여 두 전자를 제공한다. 이 전자들은 전선을 따라 구리 전극으로 흐르며, 그곳에서 (산화제) 구리 금속을 환원시킨다. 염 다리는 전해질로 채워진 다공성 튜브로서 두 용액 간에 반응하지 않는 상대 이온들이 흐를 수 있는 수성의 통로를 제공함으로 전기적 중성을 유지해준다. 이온의 흐름과 전자의 흐름은 전기화학적 전지에서 분리되어 있으며, 전선을 통한 전자의 흐름(전기에너지)은 전압계로 측정할 수 있다.

그림 10.17에서 회로 내 전류의 방향으로 아연이 구리보다 쉽게 산화됨을 알 수 있다(아연이 구리보다 더 강한 환원제이다). 전압계의 수치는 전위차를 나타낸다(왼쪽과 오른쪽의 환원전위의 차). 측정된 전위차는 **기전력(electromotive force)**이다.

깁스 자유에너지 변화의 측정처럼 환원전위의 측정도 참고 기준이 있는 것이 유용하다. 환원전위의 경우 참고는 단순히 반응조건 전체가 아니라 모든 반반응이 비교될 수 있는 반반응이다. 참고 반반응은 수소 원자의 수소가스로의 환원이다. 표준조건에서 이 반반응의 환원전위는 0.0 V이다. 반반응의 표준환원전위는 산화-환원반응으로 측정한다. 참고 전지는 1 M$^{\oplus}$ 수소와 1 atm 수소기체를 포함하고 있고 시료 전지는 1 M의 산화 및 환원되어 환원전위를 측정할 물질이 들어 있다. 생물학적 측정을 위한 표준조건에서 시료가 들어 있는 반-전지의 수소이온 농도는 10^{-7} M 이다. 산화-환원 짝 사이의 전압계는 기전력 또는 참고 반반응과 시료 반반응 사이의 환원전위의 차를 측정한다. 참고 반반응의 표준환원전위는 0.0 V 이므로 측정된 전위는 시료 반반응의 환원전위이다.

표 10.5는 pH 7.0($E°'$)에서 몇몇 중요한 생물학적 반반응들의 표준환원전위를 보여준다. 전자는 산화되기 쉬운 물질(더 큰 음의 환원전위를 가진 물질)로부터 환원되기 쉬운 물질(더 큰 양의 환원전위를 가진 물질)로 흐른다. 그러므로 더 큰 음성 전위는 전자를 주는 반응계를 나타낸다(더 쉽게 산화되는 계).

핵심개념

모든 표준환원전위는 표준조건에서 H$^{\oplus}$의 환원에 상대적으로 측정되었다.

핵심개념

쓰여진 방향으로 진행하는 산화 환원반응의 ΔE는 반드시 양의 값이다.

표 10.5 몇몇 중요한 생물학적 반반응의 표준환원전위

환원 반반응	$E^{\circ\prime}$(V)
아세틸-CoA + CO_2 + $H^{\oplus}$ + $2e^{\ominus}$ → 파이루브산(Pyruvate) + CoA	−0.48
페레독신(시금치), Fe^{3+} + $e^{\ominus}$ → Fe^{2+}	−0.43
2 $H^{\oplus}$ + $2e^{\ominus}$ → H_2(at pH 7.0)	−0.42
α-케토글루타르산(α-Ketoglutarate) + CO_2 + $2H^{\oplus}$ + $2e^{\ominus}$ → 아이소시트르산(Isocitrate)	−0.38
리포일 디하이드로지네이즈(Lipoyl dehydrogenase, FAD) + $2H^{\oplus}$ + $2e^{\ominus}$ → 리포일 디하이드로게지네이즈(Lipoyl dehydrogenase, FADH2)	−0.34
$NADP^{\oplus}$ + $H^{\oplus}$ + $2e^{\ominus}$ → NADPH	−0.32
$NAD^{\oplus}$ + $H^{\oplus}$ + $2e^{\ominus}$ → NADH	−0.32
리포익산(Lipoic acid) + $2H^{\oplus}$ + $2e^{\ominus}$ → 다이하이드로이포익산(Dihydrolipoic acid)	−0.29
사이오레독신(Thioredoxin, 산화형) + $2H^{\oplus}$ + $2e^{\ominus}$ → 사이오레녹신(Thioredoxin, 환원형)	−0.28
글루타싸이온(Glutathione, 산화형) + $2H^{\oplus}$ + $2e^{\ominus}$ → 2 글루타싸이온(2 Glutathione, 환원형)	−0.23
FAD + $2H^{\oplus}$ + $2e^{\ominus}$ → $FADH_2$	−0.22
FMN + $2H^{\oplus}$ + $2e^{\ominus}$ → $FMNH_2$	−0.22
아세트알데하이드(Acetaldehyde) + $2H^{\oplus}$ + $2e^{\ominus}$ → 에탄올(Ethanol)	−0.20
파이루브산(Pyruvate) + $2H^{\oplus}$ + $2e^{\ominus}$: Lactate 락트산	−0.18
옥살로아세트산(Oxaloacetate) + 2 $H^{\oplus}$ + $2e^{\ominus}$ → 말산(Malate)	−0.17
사이토크롬 b_5(마이크로좀)[Cytochrome b_5(microsomal)] Fe^{3+} + $e^{\ominus}$ → Fe^{2+}	0.02
퓨마르산(Fumarate) + $2H^{\oplus}$ + $2e^{\ominus}$ → 석신산(Succinate)	0.03
유비퀴논(Ubiquinone, Q) + $2H^{\oplus}$ + $2e^{\ominus}$ → QH_2	0.04
사이토크롬 *b*(마이토콘드리아)[Cytochrome *b*(mitochondria)], Fe^{3+} + $e^{\ominus}$ → Fe^{2+}	0.08
사이토크롬 c_1(Cytochrome, c_1), Fe^{3+} + $e^{\ominus}$ → Fe^{2+}	0.22
사이토크롬 *c*(Cytochrome *c*), Fe^{3+} + $e^{\ominus}$ → Fe^{2+}	0.23
사이토크롬 *a*(Cytochrome *a*), Fe^{3+} + $e^{\ominus}$ → Fe^{2+}	0.29
사이토크롬 *f*(Cytochrome *f*), Fe^{3+} + $e^{\ominus}$ → Fe^{2+}	0.36
플라스토사이아닌(Plastocyanin), Cu^{2+} + $e^{\ominus}$ → Cu^{+}	0.37
$NO_3^{\ominus}$ + $2H^{\oplus}$ + $2e^{\ominus}$ → $NO_2^{\ominus}$ + H_2O	0.42
광계(Photosystem) I (P700)	0.43
Fe^{3+} + $e^{\ominus}$ → Fe^{2+}	0.77
$^1/_2O_2$ + $2H^{\oplus}$ + $2e^{\ominus}$ → H_2O	0.82
광계 II (Photosystem II) (P680)	1.1

하나의 물질에서 다른 물질로 전자를 전달하기 위한 표전환원전위는 다음 식과 같이 산화-환원반응의 표준자유에너지 변화와 관련이 있다.

$$\Delta G^{\circ\prime} = -nF\Delta E^{\circ\prime} \tag{10.25}$$

여기에서 n은 전달되는 전자의 수이고 F는 패러데이 상수(96.48 kJV^{-1} mol^{-1})이다. 식 10.25는 막전위 대신 환원전위를 구하는 것 이외는 식 9.5와 유사하다. $\Delta E^{\circ\prime}$는 전자-수용계와 전자-공여계 표준환원전위 사이의 전압 차로 정의할 수 있다.

$$\Delta E^{\circ\prime} = E^{\circ\prime}_{\text{전자 수용체}} - E^{\circ\prime}_{\text{전자 공여체}} \tag{10.26}$$

식 10.6 $\Delta G^{\circ\prime} = -RT \ln K_{eq}$을 상기해 보자. 이것을 식 10.25에 대입하면 다음의 식이 된다.

$$\Delta E^{\circ\prime} = \frac{RT}{nF}\ln K_{eq} \tag{10.27}$$

생물학적 조건에서 계의 반응물들은 표준농도인 1 M로 존재하지 않는다. 식 10.6에 의해 계산된 표준환원전위 변화와 연관되어 있는 실제환원전위는 네른스트 식에 의한 표준환원전위와 연관되어 있다. 네른스트 식은 다음과 같다.

$$\Delta E = \Delta E^{\circ\prime} - \frac{RT}{nF} \ln \frac{[A_{ox}][B_{red}]}{[A_{red}][B_{ox}]} \tag{10.28}$$

절대영도인 298 K에서 식 10.28은 다음과 같이 감소한다.

$$\Delta E = \Delta E^{\circ\prime} - \frac{0.026}{n} \ln Q \tag{10.29}$$

Q는 환원 또는 산화된 물질의 실제 농도를 의미한다. 비표준 조건에서 기전력을 계산하기 위해 네른스트 식을 이용하면 되고, 반응물과 생성물의 실제 농도를 치환하면 된다. 양의 ΔE 값은 산화-환원반응이 음의 표준환원전위를 갖는다는 것을 명심하자.

B. NADH로부터의 전자전달은 자유에너지를 제공한다

NAD⊕는 대사물질로부터 전자를 전달받는 반응과 함께 NADH로 환원된다. 환원형 조효소(NADH)는 또 다른 산화-환원반응의 전자 공급자이다. 표준 조건에서 전체 산화-환원반응과 연관되어 있는 깁스 자유에너지의 변화는 식 10.25를 이용하여 두 반반응의 표준환원전위로 계산할 수 있다. 예를 들어 NADH는 산화되고 산소 분자는 환원되었다고 가정하자. 이것은 막전자 전달 과정에서의 가용한 자유에너지 변화를 의미한다. 이 자유에너지는 ATP 형성으로 유형화된다(14장).

표 10.5의 두 반반응은 다음과 같다.

$$NAD^{\oplus} + H^{\oplus} + 2\,e^{\ominus} \longrightarrow NADH \qquad E^{\circ\prime} = -0.32\text{ V} \tag{10.30}$$

그리고

$${}^{1}\!/_{2}\,O_2 + 2\,H^{\oplus} + 2\,e^{\ominus} \longrightarrow H_2O \qquad E^{\circ\prime} = 0.82\text{ V} \tag{10.31}$$

NAD⊕의 반반응은 음의 표준환원전위를 가지므로, NADH는 전자 주개이고 산소가 전자 받개이다. 표 10.5는 환원(전자 획득) 반반응에 대한 표준환원전위이다. 그렇기 때문에 $E^{\circ\prime}$는 환원전위이다. 산화-환원 반응에서 이들 반반응은 합쳐진다. 이들 중 하나는 산화반응이 될 것이고, 표 10.5에 있는 식은 반대 방향이 되어야 한다. 환원전위는 전자의 흐름을 알려준다. 전자는 표의 위쪽에 가까운 반반응(더 음인 E°′)으로부터 표의 아래에 가까운 반반응(덜 음인 E°′)으로 흐른다(그림 10.18). 식 10.26에 의하면 이것은 완전한 반응의 전체 $\Delta E^{\circ\prime}$는 양의 값이 되는 것을 의미한다(이것은 미국식의 설명이고, 유럽에서는 다른 방식으로 설명한다).

전체 산화-환원반응은 반응 10.31과 반응 10.30의 역반응을 합한 것이다.

$$NADH + {}^{1}\!/_{2}\,O_2 + H^{\oplus} \longrightarrow NAD^{\oplus} + H_2O \tag{10.32}$$

그리고 반응을 위한 $\Delta E^{\circ\prime}$는 다음과 같다.

$$\Delta E^{\circ\prime} = E^{\circ\prime}_{O_2} - E^{\circ\prime}_{NADH} = 0.82\text{ V} - (-0.32\text{ V}) = 1.14\text{ V} \tag{10.33}$$

식 10.25를 이용하면

$$\Delta G^{\circ\prime} = -(2)(96.48\text{ kJ V}^{-1}\text{ mol}^{-1})(1.14\text{ V}) = -220\text{ kJ mol}^{-1} \tag{10.34}$$

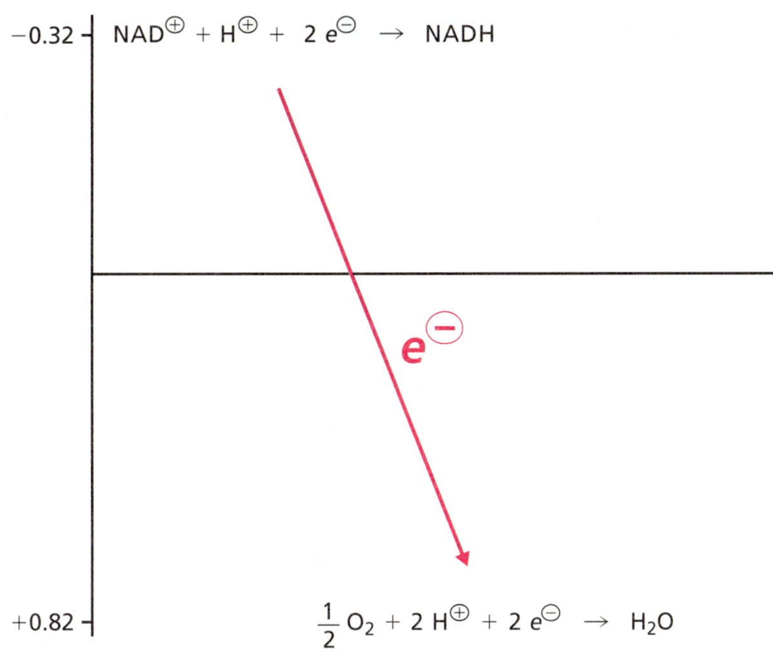

◀ 그림 10.18
산화-환원반응에서 전자의 흐름. x축은 표준 환원전위를 나타내는 도표에 반반응을 표시하였으므로 가장 큰 음의 값이 도표의 맨 위에 위치한다. 전자는 도표의 가장 위에 있는 반반응으로부터 도표의 아래에 가까운 반반응으로 흐른다.

ADP와 P_i로부터 ATP를 만들 때의 깁스 자유에너지 변화는 +32 kJ mol^{-1}이다(앞에서 지적했듯이, 살아 있는 세포의 조건에서의 실질적인 자유에너지 변화는 +48 kJ mol^{-1} 이다). 세포의 조건에서 NADH가 산화될 때 방출되는 에너지는 몇 개의 ATP를 만드는데 충분하다. 하나의 NADH 분자의 실질적인 에너지 수득율은 2.5 ATP라는 것을 14장에서 배울 것이다.

핵심개념

산화-환원반응의 표준 깁스 자유에너지 변화는 두 반반응의 환원전위로부터 계산된다.

BOX 10.2 NAD와 NADH의 자외선 흡수 스펙트럼이 다르다

$NAD^{\oplus}$와 NADH가 흡수하는 파장이 다른 것이 실험하는데 유용하다. $NAD^{\oplus}$와 NADH는 최대로 260 nm 파장을 흡수한다. 이 흡수는 아데닌과 니코틴아마이드 부분 때문이다. $NAD^{\oplus}$가 NADH로 ($NADP^{\oplus}$가 NADPH로) 환원될 때 260 nm였던 흡광도는 감소하고, 흡수 곡선은 340 nm로 변한다. 340 nm 커브는 환원된 니코틴아마이드의 생성 때문이다. $NAD^{\oplus}$와 NADH의 스펙트럼은 모든 효소들이 활성을 띠는 pH 2에서 pH 10까지 범위에서 변하지 않는다. 더욱이, 340 nm 주위에서 빛의 흡수가 변하는 생물학적 분자는 거의 없다.

잘 준비된 효소 평가에서 340 nm에서의 흡광도 증가를 측정함으로 NADH의 생성률을 결정할 수 있다. 반대 방향으로 진행되는 반응에서도 340 nm에서의 흡광도 감소를 통해 NADH의 산화율을 알 수 있다. 많은 디하이드로지네이즈들은 이러한 방법으로 직접적으로 평가할 수 있다. 더욱이, 산화가 아닌 반응에서 생성되는 생성물의 농도는 디하이드로지네이즈-NAD 시스템에서 생성물의 산화로 결정할 수 있다. 자외선의 흡광도에 의한 $NAD^{\oplus}$ 또는 NADH의 농도 측정은 실험실에서의 연구뿐만 아니라 임상분석에도 유용하게 사용된다.

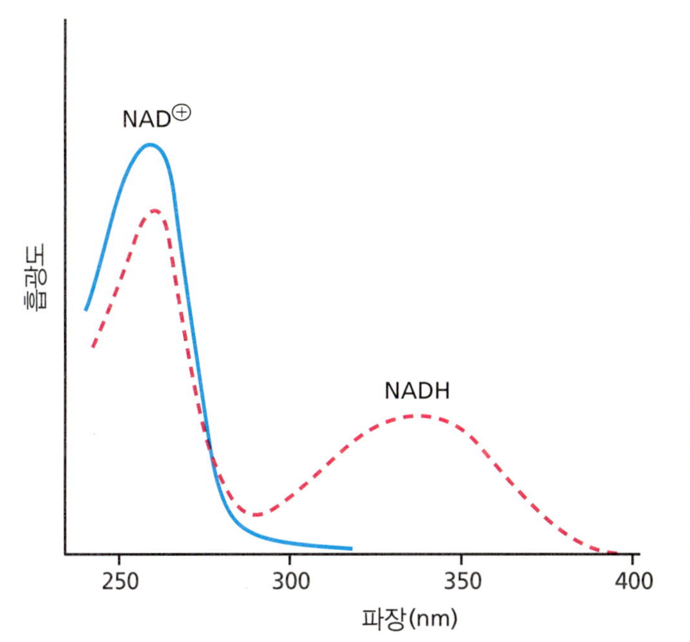

▲ $NAD^{\oplus}$와 NADH의 자외선 흡수 스펙트럼.

10.10 대사를 연구하는 실험적 방법들

많은 대사 경로들이 복잡하기 때문에 연구하기가 쉽지 않다. 세포로부터 얻은 반응물들을 시험관에서 반응시키는 조건은 완전한 세포에서의 조건과 많이 다르다. 대사의 화학적 반응들을 연구하는 것은 생화학에서 가장 오래된 연구방법 중 하나이며, 대사 경로에 관여하는 효소들이나 중간산물들, 흐름, 대사 경로의 조절 등을 연구하는 방법들이 많이 개발되었다.

밝혀지지 않은 대사 경로에 대한 전통적인 접근방법은 기질을 조직이나 세포, 또는 세포분획에 첨가한 후 중간산물들과 최종산물이 만들어지는 과정을 따라가는 것이다. 기질이 특징적으로 표지되어 있을 때 기질의 변화되는 과정을 추적하기 쉽다. 핵화학이 발전하여 동위원소 추적자를 통해 대사산물이 전환되는 지도를 완성할 수 있다. 예를 들어, ^{3}H나 ^{14}C 같은 방사성 동위원소를 함유하고 있는 물질을 세포나 세포분획에 처리한 후 동화나 이화반응에 의해 만들어진 방사성 물질을 정제하고 동정할 수 있다. 핵자기공명(nuclear magnetic resonance; NMR) 분광기는 특정 동위원소의 반응을 추적할 수 있다. 이것은 인간을 포함한 모든 동물들의 대사 연구에 사용할 수 있으며, 임상분석에도 유용하게 사용될 수 있다.

특정 경로에서 각 단계들을 증명하는 것은 정제된 기질과 효소를 이용하여 시험관에서 분리된 반응들로 재현함으로 가능하다. 거의 모든 알려진 대사 단계에서 각각의 효소들을 정제할 수 있다. 정제된 효소의 기질 특이성과 동역학적 특성을 결정함으로써 그 효소의 역할에 대한 결론을 도출할 수 있다. 환원 연구자들의 접근방법이 이 책의 중요 개념들을 정립했다. 이러한 접근방법으로 구조와 기능의 관계를 이해할 수 있었다. 그러나 경로 조절의 완벽한 평가는 여러 조건의 세포나 개체에서 대사산물의 농도의 분석이 필요하다.

각 효소를 불활성 또는 결함이 있는 형태로 만들 수 있는 돌연변이를 유전자에 도입함으로 유용한 정보를 얻을 수 있다. 어떤 돌연변이는 치사를 일으켜 다음 세대로 전달이 안되지만, 어떤 돌연변이들은 자손들에 내성이 생긴다. 이런 돌연변이 생물을 연구하면 많은 대사 경로의 효소들과 중간산물들을 찾을 수 있다. 대체적으로 결함이 있는 효소는 생성물의 결핍과 원래의 기질 또는 연결된 다른 경로에 의한 생성물의 축적을 일으키게 된다. 이런 방법으로 박테리아, 효모, 붉은옥수수곰팡이 등 단순한 생물들에 있는 대사 경로를 성공적으로 찾았다(Box 7.4). 사람에 효소의 결함이 있으면 대사질환을 발생시킨다. 한 유전자의 돌연변이로 발병하는 질병들이 많이 알려져 있다. 어떤 경우는 매우 드물게 발생하고, 어떤 경우는 매우 빈번하게 있어나며, 어떤 경우는 매우 심각한 증상을 보인다. 대사 장애가 약한 증상을 유발할 때는 그 대사반응이 중복되거나 비슷한 다른 경로가 있어 생물의 발생이 거의 정상으로 일어난다고 볼 수 있다.

자연발생적인 돌연변이의 이용이 불가능할 경우, 방사선이나 돌연변이 화학물질 등을 이용하여 돌연변이 생물을 만들 수 있다. 생화학자들은 돌연변이를 순차적으로 만들어서 영양요구와 축적되는 대사산물을 분석함으로 전체 경로를 이해했다. 최근에는 위치선택적 돌연변이(Box 6.1)가 효소의 역할을 규명하는 데 유용하게 사용되고 있다. 박테리아나 효모 시스템이 짧은 시간에 많은 개체가 자랄 수 있기 때문에 돌연변이를 도입하는 데 많이 이용되고 있다. 곤충이나 선충으로 특정 유전자가 발현되지 않는 동물모델을 만들 수 있다. 척추동물에서 특정 유전자를 제거할 수도 있다. 유전자 제거(knockout) 생쥐를 이용하여 복잡한 포유류의 대사를 연구할 수 있다.

비슷한 방법으로 대사 저해제의 작용을 관찰하여 대사 경로의 각 단계를 밝힐 수 있다. 경로의 한 단계를 저해하는 것은 전체 경로에 영향을 미친다. 저해된 효소의 기질이 축적되기 때문에 효소를 더 쉽게 연구할 수 있다. 저해가 일어난 바로 앞 단계의 중간산물도 축적된다. 저해제를 사용하여 대사를 연구할 수도 있지만 약물의 작용기전을 밝힐 수도 있고 때때로 개량된 약물의 다양성을 가능하게도 한다.

요약

1. 살아 있는 세포에 의해 수행되는 화학반응을 대사라고 한다. 반응들의 연속을 경로라고 한다. 분해적(이화) 그리고 합성적(동화) 경로는 분리된 단계로 진행된다.
2. 대사 경로는 생물이 수요의 변화에 반응할 수 있도록 조절된다. 개개의 효소는 보통 입체다른자리 조절이나 가역적인 공유결합 수식에 의해 조절된다.
3. 주된 이화경로는 고분자를 작은 에너지를 만들어내는 대사산물로 전환시킨다. 이화반응에서 방출된 에너지는 ATP, GTP, 그리고 환원형 조효소의 형태로 보존된다.
4. 단세포 또는 다세포 생물에서 대사 과정은 격리되어 있다.
5. 대사반응은 항정상태이다. 반응물과 생성물의 농도가 평형상태에 가까우면 평형에 가까운 반응이라고 한다. 항정상태의 농도가 평형상태에서 멀면 그 반응은 대사적으로 비가역적이라고 할 수 있다.
6. 세포 내 반응의 실제 자유에너지 변화는 표준 자유에너지 변화와 다르다.
7. ATP의 포스포안하이드라이드기의 가수분해는 많은 양의 자유에너지를 방출한다.
8. ATP의 에너지는 마지막 인산기 또는 뉴클레오타이드기가 전달될 때 이용 가능하다. 몇몇 대사산물들은 인산기를 ADP로 전달하여 ATP를 생산한다. 이러한 대사산물을 에너지 함유 물질이라고 한다.
9. CoA와 같이 싸이로에스터는 아실기를 줄 수 있고 때로는 ATP를 생산한다.
10. 생물학적 산화반응의 자유에너지는 환원형 조효소에 저장된다. 이런 형태의 에너지는 환원전위의 차이로 측정할 수 있다.
11. 대사 경로는 효소들, 중간산물들, 흐름, 조절 등의 규명으로 연구된다.

문제

1. 생합성 경로가 물질 A로부터 물질 E까지 네 단계가 진행되고 분기된다. 한 갈래는 G까지 두 단계이고 다른 한 갈래는 J까지 세 단계이다. 기질 A는 E의 합성을 매개하는 효소의 앞먹임 활성제이다. 생성물 G와 J는 공통 경로의 시작효소에 대한 되먹임 저해제인 동시에 분기 후 첫 번째 효소를 저해한다.
   (a) 이 대사 경로의 조절을 나타내는 다이어그램을 그리시오.
   (b) 각각의 두 생성물이 이 경로에서 두 효소를 저해하는 장점은 무엇인가?
2. 포도당 분해는 당분해와 시트르산 경로의 조합으로 이루어질 수 있다. 당분해의 효소는 세포질에 있고, 시트르산 회로의 효소는 마이토콘드리아에 있다. 주된 탄수화물 분해 경로에 관여하는 효소들이 세포 내에서 다른 부위에 존재하므로 생기는 두 가지 장점은 무엇인가?
3. 박테리아에서 당분해와 시트르산 회로는 모두 세포질에 있다. 왜 박테리아에는 2번의 장점을 적용하지 않는가?
4. 다단계 대사 경로에서, 연속적인 단계의 효소들은 복합체를 이루거나 막에 위치하며 가까이 존재한다. 이렇게 유기적으로 존재하는 주된 장점을 설명하라.
5. (a) 표 10.4를 이용하여 다음 식의 K_{eq} (25℃, pH 7.0)를 계산하라.

   $$\text{글리세롤 3-인산} + H_2O \quad \text{글리세롤} + P_i$$

   (b) 락트산으로부터 포도당의 합성(포도당신생성)경로의 마지막 단계는 다음과 같다.

   $$\text{포도당 6-P} + H_2O \rightarrow \text{포도당} + P_i$$

   포도당 6-인산이 올바른 효소와 평형상태에 이를 때까지 반응될 때 최종 농도는 다음과 같다. 포도당 6-인산(0.035 mM), 포도당(100 mM), 무기인산(100 mM) 25℃, pH 7.0에서 $\Delta G^{\circ\prime}$를 계산하라.
6. 포스포아지닌의 가수분해를 위한 $\Delta G^{\circ\prime}$는 -32 kJ mol^{-1}이다.
   (a) 25℃, pH 7.0에서 포스포아지닌, 아지닌, 무기인산의 농도가 각각 6.8 mM, 2.6 mM, 5 mM일 때, 휴식상태의 근육에서 실제 자유에너지 변화는?
   (b) 왜 이 값이 $\Delta G^{\circ\prime}$와 다른가?
   (c) 높은 에너지 물질은 가수분해될 때 음의 자유에너지를 갖는다. 이것은 물과의 반응이 완전히 일어나는 것을 의미한다. 가수분해 자유에너지가 -32 kJ mol^{-1}인 아세틸 CoA가 어떻게 세포 내에서 밀리몰 농도로 존재할 수 있는가?
7. 글라이코젠은 포도당 1-인산으로부터 합성된다. 포도당 1-인산은 UTP와 반응하여 활성화되며 이때 UDP-포도당과 무기인산이 생성된다.

   $$\text{포도당 1-인산} + \text{UTP} \rightarrow \text{UDP-포도당} + \text{무기인산}$$

   UDP-포도당은 신장하는 탄수화물 사슬에 포도당 분자를 첨가하는 글라이코젠 신테이즈 효소의 기질이다. UTP가 포도당 1-인산과 융합하여 UDP-포도당을 형성하는 $\Delta G^{\circ\prime}$값은 약 0 kJ mol^{-1}이다. 방출되는 무기인산은 무기인산 파이로포스파테이즈에 의해 빠르게 가수분해된다. UDP-포도당의 형성이 무기인산의 가수분해와 더불어 일어난다고 가정할 때 전체 $\Delta G^{\circ\prime}$를 구하라.
8. (a) 한 분자의 ATP는 합성된 지 1분 이내에 소비되며, 사람 성인은 하루에 65 kg의 ATP를 필요로 한다. 인간 몸에 ATP와 ADP를 합해 50 mg밖에 존재하지 않는데 어떻게 이렇게 많은 ATP를 사용할 수 있는가?
9. 포스포크레아틴은 쉬고 있는 포유류 근육에서 ATP와 크레아틴으로부터 생성된다. 포스포크레아틴/크레아틴 비율을 20:1로 유지하기 위해서 필요한 ATP/ADP 비율은? (동반되는 반응을 평형상태로 유지하려면, 실제 자유에너지 변화는 0이라야 한다.)
10. 아미노산이 신장하는 폴리펩타이드 사슬에 인식되어 들어가기 전에 맞는 tRNA(운반 RNA)의 라이보스 하이드록실기에 공유결합으로 붙어야 한다. 아미노아실 tRNA 신테이즈 효소에 의한 전체 반응은 다음과 같다.

$$\text{아미노산} + \text{HO-tRNA} + \text{ATP} \longrightarrow$$
$$\text{아미노 아실-O-tRNA} + \text{AMP} + 2\text{P}_i$$

이 반응이 아실 아데닐산 중간체를 거쳐 진행된다고 가정할 때, 효소-매개 반응을 포함하여 전체 단계를 써라.

11. 포도당 6-인산과 과당 6-인산 혼합물이 포스포헥소스 아이소머레이즈와 배양될 때, 최종 혼합물에 포도당 6-인산이 과당 6-인산보다 두 배 많이 존재했다. $\Delta G^{o\prime}$를 계산하라.

$$\text{포도당 6-인산} \longleftrightarrow \text{과당 6-인산}$$

12. 열역학적으로 일어나기 어려운 반응에 동반된 ATP 가수분해는 반응의 평형을 치우치게 할 수 있다.

(a) 25℃에서 = 25 kJ mol^{-1}일 때, 일어나기 어려운 생합성 반응 A → B의 K_{eq}를 계산하라.

(b) ATP의 가수분해가 동반될 때 K_{eq}를 계산하시오. 이 값을 (a)의 값과 비교하라.

(c) 많은 세포들은 [ATP]/[ADP] 비율을 400 이상으로 유지한다. [ATP]:[ADP]가 400:1이고 [P_i]가 표준 조건에서 일정하게 유지될 때 [A]에 대한 [B]의 비율을 구하시오. 이 비율을 어떻게 ATP 가수분해와 동반되지 않은 반응의 비율과 비교할 수 있는가?

13. 표 10.5를 이용하여, 표준조건에서 다음 분자쌍의 자발적인 동반반응을 써보라.

(a) 사이토크롬 *f*와 사이토크롬 b_5

(b) 퓨마르산/석신산과 유비퀴논/유비퀴놀 (Q/QH_2)

(c) α-케토글루타르산/아이소시트르산과 $\text{NAD}^{\oplus}$/NADH

14. 표 10.5를 이용하여, 다음 산화-환원반응의 표준환원전위와 표준 자유에너지 변화를 계산하라.

(a) 유비퀴놀(QH_2) + 2 사이토크롬 c (Fe^{3+}) $\rightleftharpoons$ 유비퀴논(Q) + 2 사이토크롬 c (Fe^{2+}) + $2\text{H}^{\oplus}$

(b) 석신산 + $^1/_2\text{O}_2$ $\rightleftharpoons$ 퓨마르산 + H_2O

15. 락트산 디하이드로지네이즈는 락트산의 가역적 산화를 매개하는 NAD-의존적 효소이다.

$$\text{HO}-\underset{\text{CH}_3}{\overset{\text{COO}^{\ominus}}{\text{C}}}-\text{H} \xrightleftharpoons[]{\text{NAD}^{\oplus} \;\; \text{NADH, H}^{\oplus}} \underset{\text{CH}_3}{\overset{\text{COO}^{\ominus}}{\text{C}}}=\text{O}$$

초기반응률은 락트산, 락트산 디하이드로지네이즈, 버퍼를 반응용기에 넣은 후 340 nm 파장을 확인함으로 관찰이 가능하다. 340 nm의 흡광도 변화를 관찰한다면, 어떤 그래프가 예상되는 결과인가? 그 이유를 설명하라.

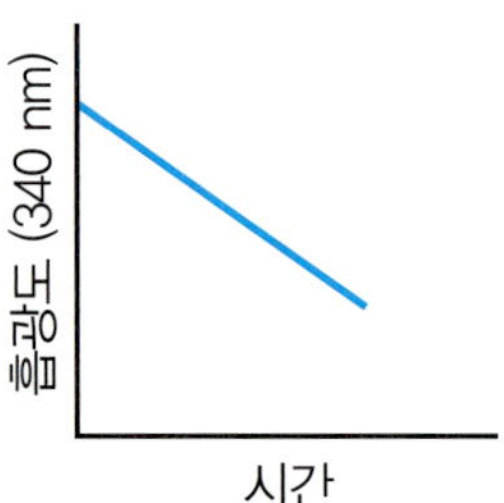

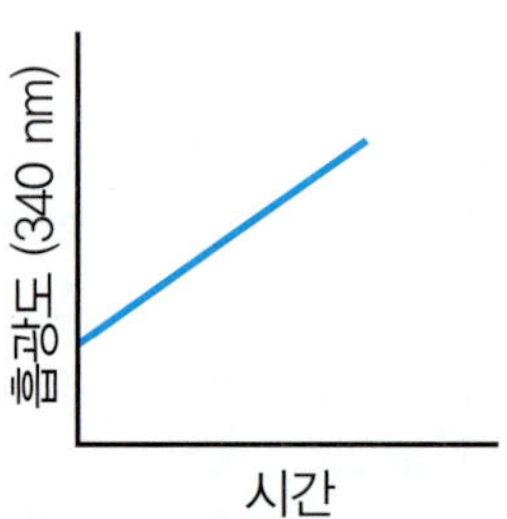

16. 표 10.5에 있는 Q와 FAD의 표준환원전위를 이용하여, Q에 의한 FADH_2의 산화가 [QH_2] = 0.05 mM인 세포의 조건에서 ADP와 P_i로부터 ATP를 합성하도록 유도하는데 충분한 에너지를 방출하는 것을 설명하시오. [FADH_2] = 5 mM, [FAD] = 0.2 mM, [Q] = 0.1 mM, ADP와 P_i로부터 ATP를 합성하는 ΔG는 +30 kJ mol^{-1}로 가정하라.

참고문헌

Alberty, R. A. (1996). Recommendations for nomenclature and tables in biochemical thermodynamics. *Eur. J. Biochem.* 240:1–14.

Alberty, R. A. (2000). Calculating apparent equilibrium constants of enzyme-catalyzed reactions at pH 7. *Biochem. Educ.* 28:12–17.

Burbaum, J. J., Raines, R. T., Albery,W. J., and Knowles, J. R. (1989). Evolutionary optimization of the catalytic effectiveness of an *enzyme. Biochem.* 28:9293–9305.

Edwards, R. A. (2001). The free energies of metabolic reactions (Δ*G*) are not positive. *Biochem.Mol. Bio. Educ.* 29:101–103.

Hayes, D. M., Kenyon, G. L., and Kollman, P. A. 1978). Theoretical calculations of the hydrolysis energies of some "high-energy" molecules. 2. A survey of some biologically important hydrolytic reactions. *J. Am. Chem. Soc.* 100:4331–4340.

Schmidt. S., Sunyaev, S., Bork. P., and Dandekar, T. (2003).Metabolites: a helping hand for pathway evolution? *Trends Biochem. Sci.* 28:336–341.

Silverstein, T. (2005). Redox redox: a response to Feinman's "Oxidation–reduction calculations in the biochemistry course." *Biochem. Mol. Bio. Educ.* 33:252–253.

Tohge, T., Nunes-Nesi, A., and Fernie, A. R. (2009). Finding the paths: metabolomics and approaches to metabolic flux analysis. *The Biochem. Soc.* (June 2009):8–12.

Yus, E., et al. (2009). Impact of genome reduction on bacterial metabolism and its regulation. *Science* 326:1263–1272.

해당작용

해당작용의 반응들은 아마도 세포 내의 복합-효소 시스템 중 가장 많은 연구가 이루어진 대사 과정일 것이다. 해당작용에서 나타나는 효소와 기질 간의 상관관계의 원리는 세포 내에서 일어나는 모든 효소반응, 특히 세포호흡과 광합성과 같은 매우 복잡한 대사 시스템의 원리에 적용될 수 있다.

—알버트 레닌저 (1965)
Bioenergetics, p. 75

앞으로 살펴볼 세 가지 대사 과정은 탄수화물 대사 및 에너지 생성에 핵심이 되는 과정이다. 첫 번째로, 포도당신생성(gluconeogenesis)은 삼탄당 전구체로부터 육탄당을 합성하는 주요 과정이다. 그 이름에서 의미하듯이, 포도당신생성의 산물은 포도당이며, 그 생합성 과정은 다음 장에 설명되어 있다. 포도당과 다른 육탄당들은 다양한 탄수화물 합성의 전구체로 쓰일 수 있다. 두 번째 대사 과정은 이 장의 주제인 해당작용인데, 포도당은 해당작용을 통해 분해되며, 이때 에너지가 생성된다. 해당작용을 통해 포도당은 3개의 탄소로 이루어진 파이루브산(pyruvate)으로 전환된다. 파이루브산은 여러 대사 경로를 거칠 수 있는데, 그 중 하나가 산화적 탈카복실화(decarboxylation) 반응을 통한 아세틸 CoA의 합성이다. 세 번째 대사 과정은 시트르산 회로이며, 이 과정은 13장에서 설명되어 있다. 시트르산 회로를 통하여 아세틸 CoA의 아세틸 그룹은 이산화탄소와 물로 산화된다. 옥살로아세테이트(oxaloacetate)는 시트르산 회로의 중요한 중간산물 중의 하나인 동시에, 파이루브산으로부터 포도당이 합성되는 과정의 중간산물이기도 하다. 그림 11.1은 포도당신생성, 해당작용, 시트르산 회로의 상관관계를 보여주고 있다. 이 세 가지 대사 과정은 탄수화물 이외의 물질, 즉 아미노산과 지질과 같은 물질의 합성과 분해에도 중요한 역할을 한다.

따라서 본 교과서는 해당작용, 포도당신생성, 그리고 시트르산 회로를 보다 자세히 설명하고 있다. 특히 이 세 가지 주요 대사 과정에서 반복적으로 나타나는 물질과 효소들을 설명하고자 한다. 이러한 대사물질들의 구조적 특징은 효소의 이름을 결정짓는데 매우 중요하며, 동시에 효소의 명칭은 그 반응의 기질 특이성과 특성을 반영한다. 효소의 명칭, 대사물질의 이름 등 대사 과정의 용어를 이해하면, 복잡한 대사 과정을 보다 용이하게 이해하게 된다. 대사 과정을 단순 암기하기보다는 대사의 기본 개념과 일반적인 원리를 이해하기 바란다.

본 교과서는 해당작용을 첫 번째 대사 과정으로 설명하고자 한다. 포도당의 분해는 동물에게 중요한 에너지원이고, 따라서 해당작용에 관여하는 효소반응과 그 조절과정이 비교적

위: 포도주, 맥주, 그리고 빵. 수백 년 동안 포도주, 맥주, 그리고 빵을 만드는 기술은 포도당을 에탄올과 이산화탄소로 만드는 해당작용을 이용해 왔다.

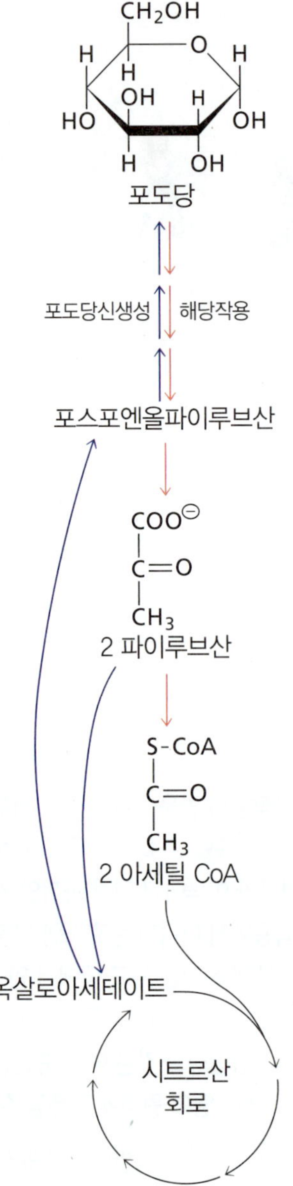

▲ **그림 11.1**

포도당신생성, 해당작용, 그리고 시트르산 회로. 포도당은 옥살로아세테이트와 포스포엔올파이루브산을 거쳐 파이루브산으로부터 합성된다. 해당작용에서 포도당은 파이루브산으로 분해된다. 대부분(전부는 아니다)의 해당작용 반응은 포도당신생성 반응의 역반응이다. 파이루브산의 아세틸기는 조효소 A(CoA)로부터 왔으며, 시트르산 회로에서 이산화탄소로 산화된다. 포도당의 합성을 위해서는 에너지가 필요하다. 이 에너지의 일부는 해당작용에서 얻을 수 있지만 대부분의 에너지는 시트르산 회로로부터 온다.

핵심개념

해당작용에서 생성되는 에너지는 대부분 NADH 합성을 통해서 일어난다.

잘 알려져 있다.

11.1 해당작용의 효소반응

해당작용은 열 개의 효소-촉매반응으로 이루어져 있으며, 이 과정을 통해 포도당이 파이루브산으로 전환된다(그림 11.2, 334쪽). 한 분자의 포도당이 두 분자의 파이루브산으로 전환될 때, 두 분자의 ADP가 두 분자의 ATP로, 그리고 두 분자의 $NAD^{\oplus}$가 두 분자의 NADH로 환원된다. 해당작용의 효소반응은 대부분의 종에서 발견되며 세포질에서 일어난다. 또한 해당작용은 다세포 생명체의 모든 분화된 세포에서 일어난다. 일부 포유동물의 세포들(예: 망막세포와 일부 뇌세포)에서는 해당작용이 ATP를 생성하는 유일한 과정이다. 해당작용의 일반식은 아래 반응 11.1과 같다.

$$\text{포도당} + 2\,ADP + 2\,NAD^{\oplus} + 2\,P_i \rightarrow$$
$$2\,\text{파이루브산} + 2\,ATP + 2\,NADH + 2\,H^{\oplus} + 2\,H_2O \qquad (11.1)$$

열 개의 해당작용 반응은 표 11.1에 나와 있다. 열 개의 반응은 육탄당 단계와 삼탄당 단계 등 2단계로 나누어진다. 그림 11.2의 왼쪽은 육탄당 단계를 보여주고 있다. 육탄당 단계 네 번째 반응에서, 육탄당의 C-3—C-4 결합은 두 분자의 삼탄당으로 분해되며, 삼탄당-인산(triose phosphate)이 해당작용의 중간산물이 된다. 두 분자의 삼탄당-인산은 과당-1,6-양인산으로부터 생성된다. 제5번째 반응에서 다이하이드록시아세톤-3-인산은 글리세르알데하이드-3-인산이 되며, 글리세르알데하이드-3-인산은 해당작용 반응을 계속해서 이어간다. 따라서 한 분자의 포도당으로부터 두 분자의 삼탄당-인산이 형성된다(그림 11.2의 오른쪽).

해당작용의 육탄당 단계에서는 두 분자의 ATP가 두 분자의 ADP로 전환된다. 반면, 삼탄당 단계에서는 네 분자의 ATP가 ADP로부터 생성된다. 따라서 해당작용을 통해 최종적으로 포도당 한 분자당 2분자의 ATP가 생성된다.

포도당 한 분자당 소모되는 ATP:	2 (육탄당 단계)	
포도당 한 분자당 생성되는 ATP:	4 (삼탄당 단계)	(11.2)
실제적으로 포도당 한 분자당 생성되는 ATP:	2	

해당작용의 첫 번째, 그리고 세 번째 반응은 ATP 소모반응이다. ATP가 없을 경우 해당작용의 역반응이 열역학적으로 유리하기 때문에, ATP를 사용하는 해당작용의 첫 번째, 그리고 세 번째 반응은 해당작용이 순방향으로 일어나도록 해준다. 해당작용의 마지막 두 개의 중간산물은 ATP를 생성하기 위해 ADP에 인산이 붙도록 해주는 화합물들이다(제7 및 10번째 반응). 제6번째 반응은 NADH를 생성한다. 한 분자의 NADH는 몇몇 분자의 ATP에 해당된다(10.9절 참조). 따라서 해당작용에서 생성되는 ATP는 주로 NADH에 기인한다.

11.2 해당작용 열 개의 반응

이제 해당작용 각각의 반응을 자세히 살펴보겠다. 특히 각각의 화학반응이 다음 반응의 기질을 어떻게 생성하는지 생각하자. 예를 들어, 육탄당이 분해되어 두 분자의 삼탄당이 만들어지지만, 각각 한 분자의 이탄당과 사탄당이 만들어지지는 않는다. 생성된 삼탄당(다이하이드록시아세톤-3-인산과 글리세르알데하이드-3-인산)은 동일한 효소반응에 의해 서로 가역적으로 전환되어 해당작용을 이어간다. 마지막으로, 해당작용에서 어떻게 ATP가 소모되면서 동시에 생성되는지 기억하자. 우리는 이미 ATP의 화학적 위치에너지(potential energy)의 전달에 관한 여러 예들을 이미 보았다(예: 10.7절). 해당작용에서는 산화반응에서 생성되는 에너지가 어떻게 다른 생화학 반응에 이용되는지를 구체적으로 보게 된다.

표 11.1 해당작용의 반응들과 효소들

반응	효소
1. 포도당 + ATP ⟶ 포도당-6-인산 + ADP + H⊕	헥소카이네이즈, 글루코카이네이즈
2. 포도당-6-인산 ⇌ 과당-6-인산	포도당-6-인산 아이소머레이즈
3. 과당-6-인산 + ATP ⟶ 과당-1,6-양인산 + ADP + H⊕	포스포프럭토카이네이즈-1
4. 과당-1,6-양인산 ⇌ 다이하이드록시아세톤 인산 + 글리세르알데하이드-3-인산	알돌레이즈
5. 다이하이드록시아세톤 인산 ⇌ 글리세르알데하이드-3-인산	삼탄당 인산 아이소머레이즈
6. 글리세르알데하이드-3-인산 + NAD⊕ + P_i ⇌ 1,3-양인산-글리세레이트 + NADH + H⊕	글리세르알데하이드-3-인산 디하이드로지네이즈
7. 1,3-양인산-글리세레이트 + ADP ⇌ 3-인산-글리세레이트 + ATP	포스포글리세레이트
8. 3-인산-글리세레이트 ⇌ 2-인산-글리세레이트	포스포글리세레이트
9. 2-인산-글리세레이트 ⇌ 포스포엔올파이루브산 + H_2O	엔올레이즈
10. 포스포엔올파이루브산 + ADP + H⊕ ⟶ 파이루브산 + ATP	파이루브산 카이네이즈

1. 헥소카이네이즈

해당작용의 첫 번째 반응에서는, ATP의 γ-인산기가 포도당의 C-6에 있는 산소로 전달되어 포도당-6-인산과 ADP가 형성된다(그림 11.3, 336쪽). 이 반응은 헥소카이네이즈에 의해 촉매된다. 카이네이즈(kinase) 효소는 해당작용에서 제1, 3, 7, 그리고 10번째 반응을 촉매한다.

헥소카이네이즈 반응은 대사적으로 비가역 반응으로 조절된다. 세포는 비교적 높은 농도의 포도당-6-인산과 낮은 농도의 포도당을 유지하는 것이 필요하다. 11.5B절에서 보겠지만, 헥소카이네이즈의 역반응은 포도당-6-인산에 의해 억제된다. 효모와 포유동물에서 헥소카이네이즈 효소에 대한 연구가 자세히 진행되었다. 이 효소들은 광범위한 효소 특이성을 갖는다: 이 효소들은 포도당, 만노스 및 과당의 인산화를 촉매한다.

많은 진핵세포에서 헥소카이네이즈의 **동종효소(isozyme)**가 존재한다(동종효소는 동일한 종에서 같은 반응을 촉매하는 서로 다른 단백질을 의미한다). 포유동물의 간에서 네 종류의 동종효소가 분리되었다. 이 네 종류의 효소들은 포유동물의 다양한 조직에서 다양한 농도도 분포되어 있다. 이 동종효소들은 같은 반응을 촉매하지만 포도당에 대한 K_m 값이 다르다. 헥소카이네이즈 I, II, III의 K_m 값은 10^{-6}~10^{-4} M인 반면, 글루코카이네이즈라고도 불리는 헥소카이네이즈 IV는 포도당에 대한 K_m 값이 매우 높다(약 10^{-2} M). 진핵세포에서 포도당은 포도당 운반체(GLUT)에 의한 수동수송에 의해 세포 내외로 이동된다. 보통 혈액과 세포질 내의 포도당 농도는 글루코카이네이즈의 K_m 값보다 낮다. 이 낮은 포도당 농도 하에서, 다른 헥소카이네이즈 동종효소들은 포도당을 인산화시킨다. 반면 높은 포도당 농도에서는, 글루코카이네이즈 효소활성이 높아지게 된다. 글루코카이네이즈는 포도당에 의해 결코 포화되지 않기 때문에, 간에서는 높은 혈당에 대한 반응으로 포도당을 인산화시켜서 해당작용이나 글라이코젠 합성이 일어나도록 한다.

대부분의 박테리아에서는, 포도당의 세포 내 이동은 포스포엔올파이루브산-당-이동 시스템에 의해 포도당-6-인산을 통해 일어난다(21.7B절). 이때 인산기는 포스포엔올파이루브산으로부터 온다. 헥소카이네이즈와 글루코카이네이즈는 박테리아에서도 발견된다. 하지만 박테리아세포에는 진핵세포와는 달리 인산기가 없는 포도당이 거의 없기 때문에, 이 두 효소의 역할이 제한적이다.

2. 포도당-6-인산 아이소머레이즈

해당작용의 두 번째 반응에서는, 포도당-6-인산 아이소머레이즈가 포도당-6-인산(알도스)을 과당-6-인산(케토스)으로 전환시킨다(그림 11.4). 이 효소는 인-포도당 아이소머레이즈(PGI)라고도 불린다. 아이소머레이즈는 손대칭 원자(chiral atoms)에서 동일한 위치배열을 가지는 알도스와 케토스를 상호 전환시킨다.

그림 11.2 ▶

해당작용을 통해 포도당이 파이루브산으로 분해됨. 네 번째 반응에서 육탄당은 두 분자의 삼탄당으로 분해되며, 따라서 해당작용의 나머지 반응은 두 분자의 삼탄당으로 진행된다. ATP는 육탄당 단계에서 소비되고, 삼탄당 단계에서 생성된다.

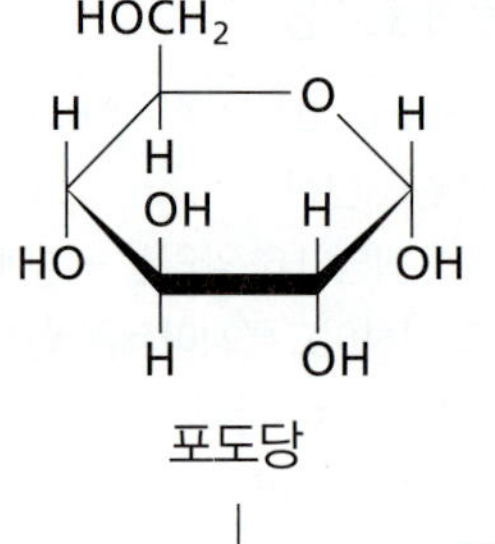

ATP로부터 포도당으로 인산기 이동 ① 헥소카이네이스, 글루코카이네이스

ATP → ADP + $H^{\oplus}$

$^{2\ominus}O_3POCH_2$ ... 포도당-6-인산

이성질화 ② 포도당-6-인산 아이소머레이즈

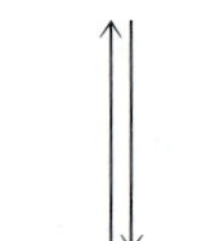

$^{2\ominus}O_3POCH_2$ ... CH_2OH

과당-6-인산

ATP로부터 과당-6-인산으로 인산기 두 번째 이동 ③ 포스포프럭토카이네이즈-1

ATP → ADP + $H^{\oplus}$

$^{2\ominus}O_3POCH_2$ ... $CH_2OPO_3^{2\ominus}$

과당-1,6-양인산

C-3—C-4 결합 분해, 두 분자의 삼탄당-인산 생성 ④ 알돌레이즈

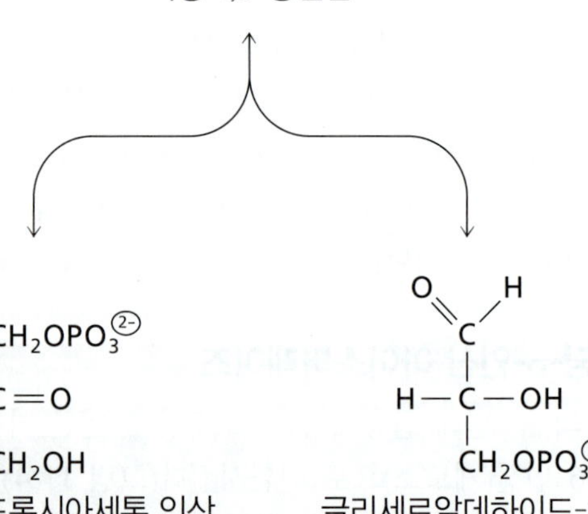

CH_2OH | $C{=}O$ | $CH_2OPO_3^{2-}$

다이하이드록시아세톤 인산 ⇌ 글리세르알데하이드-3-인산

$O{=}C{-}H$ | $H{-}C{-}OH$ | $CH_2OPO_3^{2-}$

삼탄당-인산 아이소머레이즈 ⑤ 삼탄당-인산의 빠른 상호전환

$NAD^{\oplus} + P_i$ → $NADH + H^{\oplus}$

글리세르알데하이드-3-인산 디하이드로지네이즈 ⑥ *산화와 인산화 반응, 고에너지 혼합-산 무수물(anhydride) 형성*

$O{=}C{-}OPO_3^{2-}$ | $H{-}C{-}OH$ | $CH_2OPO_3^{2-}$

1,3-양인산-글리세레이트

ADP → ATP

포스포글리세레이트 카이네이즈 ⑦ *ADP로 고에너지 인산기 이동, ATP 생성*

$COO^{\ominus}$ | $H{-}C{-}OH$ | $CH_2OPO_3^{2-}$

3-인산-글리세레이트

포스포글리세레이트 뮤테이즈 ⑧ *분자 내에서의 인산기 이동*

$COO^{\ominus}$ | $H{-}C{-}OPO_3^{2-}$ | CH_2OH

2-인산-글리세레이트

H_2O ⇌ H_2O

엔올레이즈 ⑨ *고에너지 엔올 에스터로 탈수됨*

$COO^{\ominus}$ | $C{-}OPO_3^{2-}$ | $\|$ CH_2

포스포엔올파이루브산

$ADP + H^{\oplus}$ → ATP

파이루브산 카이네이즈 ⑩ *ADP로 고에너지 인산기 이동, ATP 생성*

$COO^{\ominus}$ | $C{=}O$ | CH_3

파이루브산

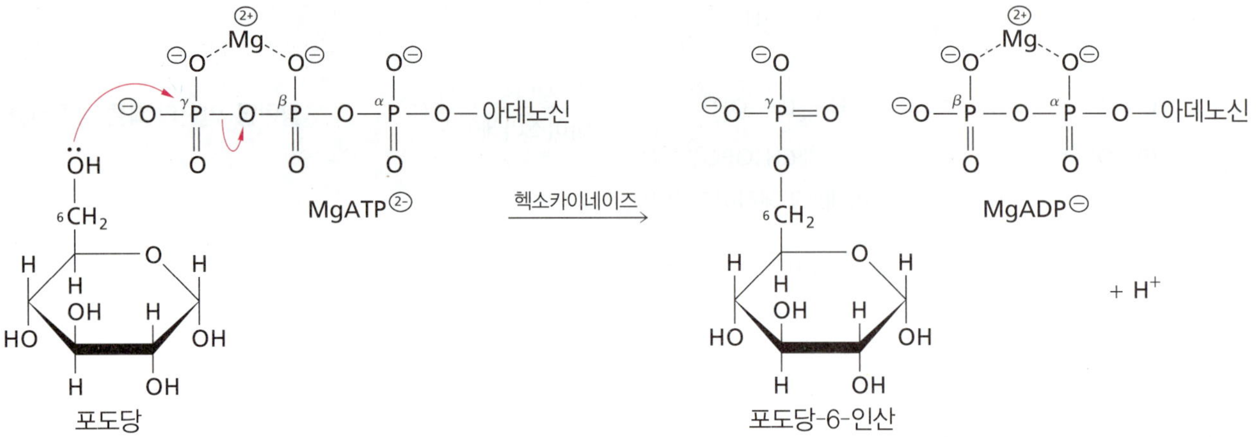

▲ **그림 11.3**

헥소카이네이즈에 의한 인산기 이동 반응. 이 반응은 포도당의 C-6 수산기 산소가 $MgATP^{2-}$의 γ-인산과 반응함으로써 일어난다. 그 결과 $MgADP^{-}$와 포도당-6-인산이 생성된다. 해당작용의 네 종류 카이네이즈 모두 ATP의 마지막 인산기에 있는 수산기의 친핵성(nucleophilic) 반응을 촉매한다(Mg^{2+}은 해당작용의 모든 카이네이즈 반응에 필요하다).

포도당-6-인산의 α-아노머(anomer)(α-D-글루코피라노스-6-인산)는 포도당-6-인산 아이소머레이즈와 높은 결합력을 가진다. 효소의 활성부위에서 포도당-6-인산의 선형 구조가 형성되어 알도스-케토스 변환이 일어난다. 그 후 과당-6-인산의 선형구조는 원형구조로 바뀐다. 포도당-6-인산 아이소머레이즈의 메커니즘은 삼탄당-인산 아이소머레이즈의 메커니즘과 유사하다(6.4A절).

포도당-6-인산 아이소머레이즈는 매우 높은 입체-특이성을 갖는다. 예를 들면, 이 효소에 의해 일어나는 역방향 반응에서 과당-6-인산(C-2는 손대칭이 아님)은 거의 언제나 포도당-6-인산으로 변환된다. 오직 미량의 만노스-6-인산(포도당-6-인산의 에피머)이 형성될 뿐이다.

포도당-6-인산 아이소머레이즈 반응은 거의 평형 반응이다. 그 역반응은 포도당 합성 단계의 한 부분이다.

3. 포스포프럭토카이네이즈-1

포스포프럭토카이네이즈-1(PK1) 효소는 ATP로부터 인산기를 과당-6-인산으로 전달하는 과정을 촉매하며, 그 결과 과당-1,6-양인산이 형성된다. 양인산의 "*bis*"는 두 분자의 인산이 서로 다른 탄소 원자에 붙어 있음을 의미한다(비교: diphosphate).

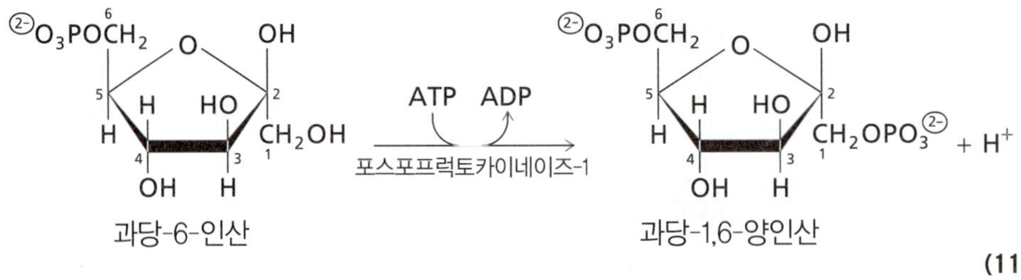

(11.3)

포도당-6-인산 아이소머레이즈에 의해 α-D-과당-6-인산이 생성되는 반응을 주목하자. 그러나 해당작용의 다음 반응, 즉 포스포프럭토카이네이즈-1 반응의 기질은 β-D-아노머이다. 과당-6-인산의 α-와 β-아노머는 자발적인 평형을 유지한다. 이 상호 변환은 용액에서 매우 빨리 일어나며, 따라서 해당작용의 전체적인 속도에는 영향을 주지 않는다.

헥소카이네이즈 효소반응 메커니즘은 유도된 핏(induced fit)의 고전적인 예다(6.5C절).

해당작용의 조절은 11.5절에서 자세히 다룬다.

글라이코젠 합성은 12.5절에서 배운다.

PFK-1에 의해 촉매되는 반응은 대사적으로 비가역 반응이다. 이것은 이 효소반응이 조절되고 있음을 의미한다. 사실, PFK-1 반응은 대부분의 종에서 해당작용을 조절하는 키 포인트이다. PFK-1은 해당작용의 첫 번째 조절효소이다. 이는 포도당 이외의 기질들은 포도당-6-인산을 거치지 않고 바로 과당-6-인산으로 해당작용에 들어가고, 따라서 헥소카이네이즈와 포도당-6-인산 아이소머레이즈 반응을 거치지 않기 때문이다(11.6C절, 헥소카이네이즈에 의해 촉매되는 비가역 반응은 조절 반응이 아니다). PFK-1을 조절하는 또 다른 이유는 해당작

포도당-6-인산
(α-D-글루코피라노이즈 구조)

포도당-6-인산
(선형 구조)

포도당-6-인산
아이소머레이즈

과당-6-인산
(선형 구조)

과당-6-인산
(α-D-프럭토퓨라노즈 구조)

▲ **그림 11.4**
포도당-6-인산이 과당-6-인산으로 변환됨. 이 알도스-케토스 이성질화 반응은 포도당-6-인산 아이소머레이즈에 의해 촉매된다.

용과 포도당신생성 경로의 상호 경쟁이다(그림 11.1). PFK-1 활성은 포도당이 생성될 때 억제되어야만 한다.

BOX 11.1 해당작용에 대한 간략한 역사

해당작용은 가장 먼저 밝혀진 대사 과정 중 하나이다. 해당작용에 대한 이해는 생화학의 발전에 중요한 공헌을 하였다. 1897년, 에두아르트 부흐너(1.1절)는 설탕과 효소 추출물을 섞어놓으면 이산화탄소가 방출됨을 발견하였다. 그는 이 추출물에서 발효가 일어난다고 결론지었다. 이 발견이 있기 20여 년 전에 루이스 파스퇴르는 효모세포가 설탕을 알코올로 발효시킴(에탄올과 이산화탄소 생성)을 발견하였다. 그러나 부흐너는 세포가 아닌, 세포 추출물이 발효를 진행시킨다는 사실을 발견한 것이다. 부흐너는 이 발효 활성을 자이메이즈라 명명하였다. 오늘날, 우리는 자이메이즈가 한 종류의 효소가 아니라 해당작용을 진행하는 여러 효소들의 혼합체라는 사실을 알고 있다.

해당작용을 진행하는 각각의 반응들은 효모 혹은 근육 추출물에 의해 촉매되는 반응을 분석함으로써 그 실체가 밝혀졌다. 1905년, 아서 하든과 윌리엄 존 영은 효소 추출물에 의해 진행되는 해당작용의 속도가 인산을 첨가하면 빨라진다는 사실을 발견하였다. 하든과 영은 포도당-인산이 해당작용에 의해 형성된다고 가정하였다. 그들은 과당-1,6-양인산을 분리하는데 성공하였고, 과당-1,6양인산이 효모 추출물에 의해 진행되는 해당작용의 중간산물임을 밝혀내었다. 하든은 1929년 해당작용에 대한 연구의 공로로 노벨상을 받았다.

1940년대까지, 효소, 중간산물 및 조효소를 포함하여 진핵세포에서의 해당작용이 완전히 밝혀졌다. 그 후 계속해서, 해당작용의 각각의 반응, 조절, 그리고 다른 대사 경로와의 상관관계들도 연구되어 왔다. 박테리아에서의 고전적인 해당작용은 구스타브 엠브덴(1874~1933), 오토 메이어호프(1884~1951), 그리고 제이콥 파나스(1884~1949)의 이름을 따라 엠브덴-메이어호프-파나스 경로라고 불린다. 박테리아의 해당작용은 진핵세포의 그것과 약간 다르다. 메이어호프는 근육세포에서 젖산 생성에 대한 연구의 공노로 1922년 노벨 생리의학상을 수상했다.

▲ **루이스 파스퇴르(1822~1895)**

▲ **아서 하든(1865~1940)**

PFK-1은 전형적인 입체다른자리(allosteric) 효소 중 하나이다. 박테리아의 효소는 ADP에 의해 활성화되고, 포스포엔올파이루브산에 의해 억제됨을 기억하자(5.10A절). 포유동물의 효소 또한 AMP와 시트르산에 의해 조절된다(11.6C절).

PFK-1 이외에 PFK-2 효소가 존재한다. PFK-2는 과당-1,6-양인산이 아니라 과당-2,6-양인산을 합성하는 효소이다. 이 효소에 대한 설명은 이 장의 뒷부분에 나온다.

4. 알돌레이즈

해당작용의 초반 세 반응은 육탄당이 두 분자의 삼탄당, 즉 글리세르알데하이드-3-인산과 디하이드록시아세톤 인산으로 분해되도록 준비하는 반응들이다.

다이하이드록시아세톤 인산(DHAP)은 과당-1,6-양인산의 C-1과 C-3으로부터 생성된다. 반면 글리세르알데하이드-3-인산은 과당-1,6-양인산의 C-4과 C-6으로부터 생성된다. 이 반응을 촉매하는 효소는 과당-1,6-양인산 알돌레이즈이다(일반적으로 알돌레이즈로 불림). 알돌분해는 생체 내에서 C—C 결합의 분해와 생성에서 흔히 볼 수 있는 메커니즘이다.

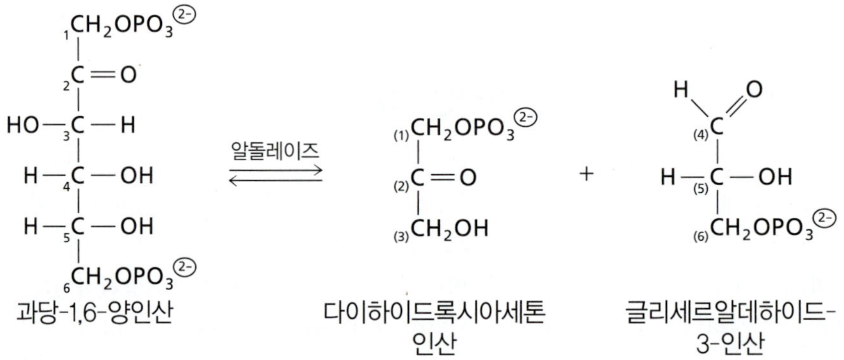

과당-1,6-양인산 ⇌(알돌레이즈) 다이하이드록시아세톤 인산 + 글리세르알데하이드-3-인산

(11.4)

알돌레이즈에는 두 가지 종류가 있다. 클래스 I 효소는 식물과 동물에서 발견된다. 클래스 II 효소는 박테리아, 효모, 원생생물(protists)에 일반적으로 존재한다. 많은 종들은 두 종류의 효소를 모두 가지고 있다. 클래스 I과 II 효소는, 비록 같은 반응을 촉매하지만, 그 구조와 아미노산 서열이 매우 다르다. 이것은 2차적 유사 진화(convergent evolution)의 예이다.

이 두 종류의 알돌레이즈의 반응메커니즘도 약간 다르다. 클래스 I 알돌레이즈는 라이신과 파이루브산 간의 공유 쉬프 염기(covalent Schiff base)를 형성하며(6.3절), 반면 클래스 II 효소는 금속이온 보조인자를 사용한다(그림 11.5, 11.6).

알돌레이즈 반응의 깁스 자유에너지(Gibbs free energy) 값은 강한 플러스 값이나($\Delta G^{\circ\prime}$

▼ **그림 11.5**
알돌레이즈에 의해 일어나는 알돌 분해반응 메커니즘. 과당-1,6-양인산이 알돌 기질로 작용한다. 알돌레이즈는 기질의 C-2 카보닐기를 극성화하는 전자제거기(—X)를 함유하고 있다. 클래스 I 알돌레이즈는 활성 부위에 라이신 아미노산의 아미노기를 사용하는 반면, 클래스 II 알돌레이즈 효소는 아연이온을 사용한다. 염기성 부분(—B:로 표시되어 있음)은 기실의 C-4 수산기로부터 수소이온을 제거한다.

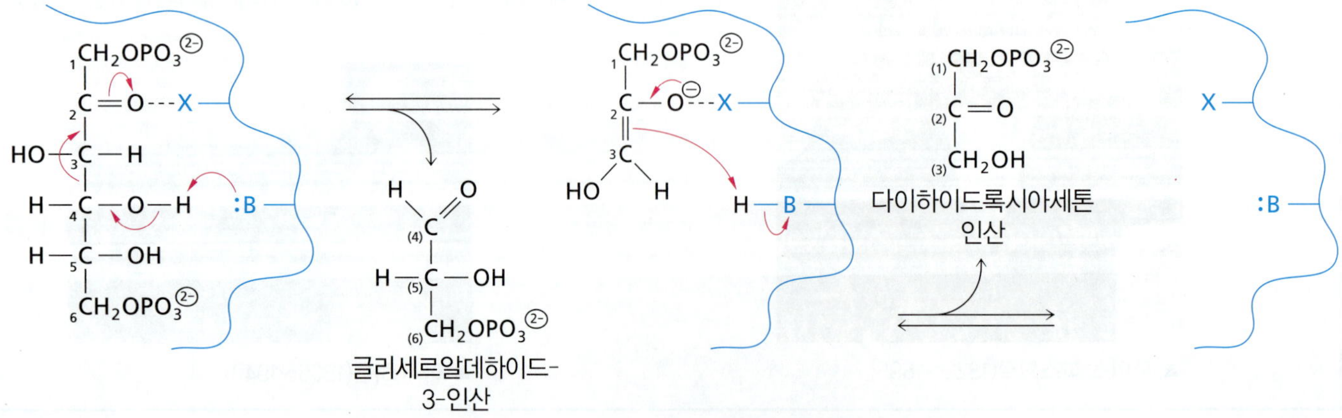

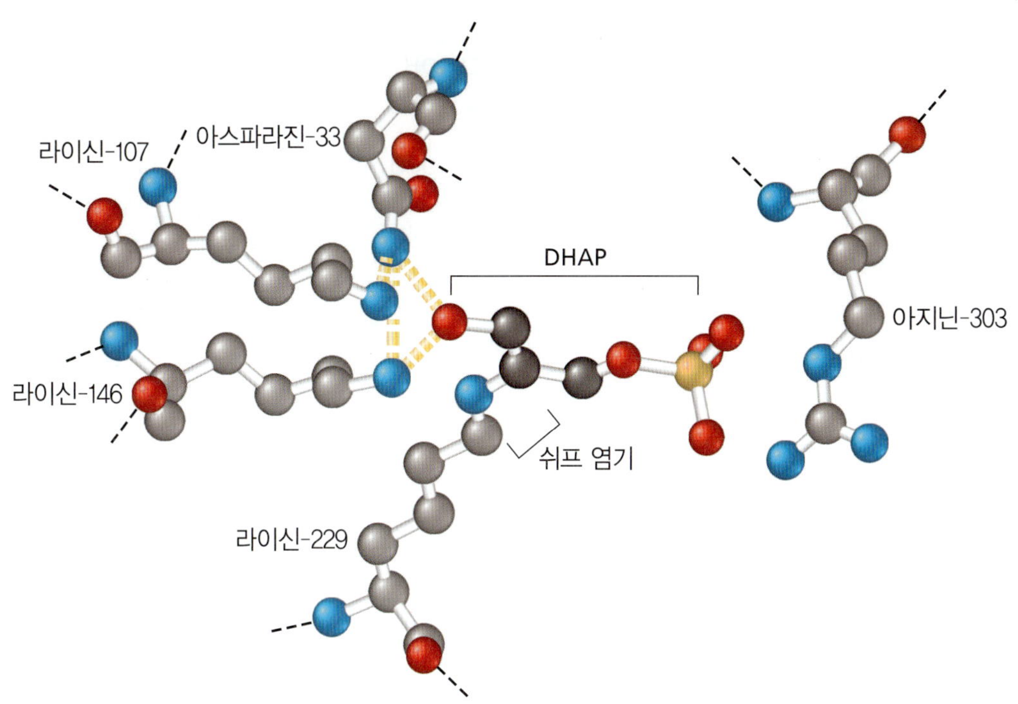

◀ **그림 11.6**

알돌레이즈의 활성 부위에 있는 쉬프 염기. 알돌레이즈 효소반응 중에 쉬프 염기가 라이신-229와 다이하이드록시아세톤 사이에서 형성된다. 본 그림은 St-Jean 등의 그림을 변형한 것임(수소 원자는 생략되었음).

= +28 kJ mol^{-1}). 그럼에도 불구하고, 해당작용이 활발히 일어나는 세포 내에서의 알돌레이즈 반응은 거의 평형반응이다($\Delta G \cong 0$). 이것은 두 종류의 삼탄당 농도보다 과당-1,6-양인산의 농도가 매우 높다는 사실을 알려준다.

해당작용의 원리를 이해하려면 알돌레이즈 반응의 중요성을 이해하여야 한다. 알돌레이즈 반응은 분해반응이 아니라 평형반응으로 이해하는 것이 좋다. 알돌레이즈는 과당-1,6-양인산의 합성을 촉매하는 효소로 진화하였다. 이 반응은 파이루브산으로부터 글리세르알데하이드-3-인산 및 다이하이드록시아세톤을 생성하는 마지막 반응을 일으키는 것이다.

해당작용에 있어서 후반 삼탄당 단계는 파이루브산의 생성 과정이다. 해당작용의 초반 단계, 즉 육탄당 단계는 과당-1,6-양인산의 합성 과정이며, 그래서 과당-1,6-양인산이 파이루브산 합성의 기질로 사용된다. 포도당 합성 과정, 즉 포도당신생성이 해당작용보다 진화적으로 먼저 생겼다는 사실에 주목하자. 따라서 해당작용은 포도당이 대사에 유용하게 사용되기 시작한 시점부터 진화하였다.

5. 삼탄당-인산 아이소머레이즈

알돌레이즈 반응으로 생성된 두 종류의 삼탄당 중 글리세르알데하이드-3-인산만이 해당작용의 기질로 사용된다. 또 다른 삼탄당인 다이하이드록시아세톤-인산은 삼탄당-인산 아이소머레이즈에 의해 글리세르알데하이드-3-인산으로 전환되어 글리세르알데하이드-3-인산 디하이드로지네이즈 반응이 계속해서 일어나게 된다.

$$\begin{array}{c} CH_2OH \\ | \\ C=O \\ | \\ CH_2OPO_3^{2-} \end{array} \underset{\text{아이소머레이즈}}{\overset{\text{삼탄당-인산}}{\rightleftharpoons}} \begin{array}{c} H \diagdown \quad / \! / O \\ C \\ | \\ H-C-OH \\ | \\ CH_2OPO_3^{2-} \end{array} \qquad (11.5)$$

다이하이드록시아세톤 인산 ⟶ 글리세르알데하이드-3-인산

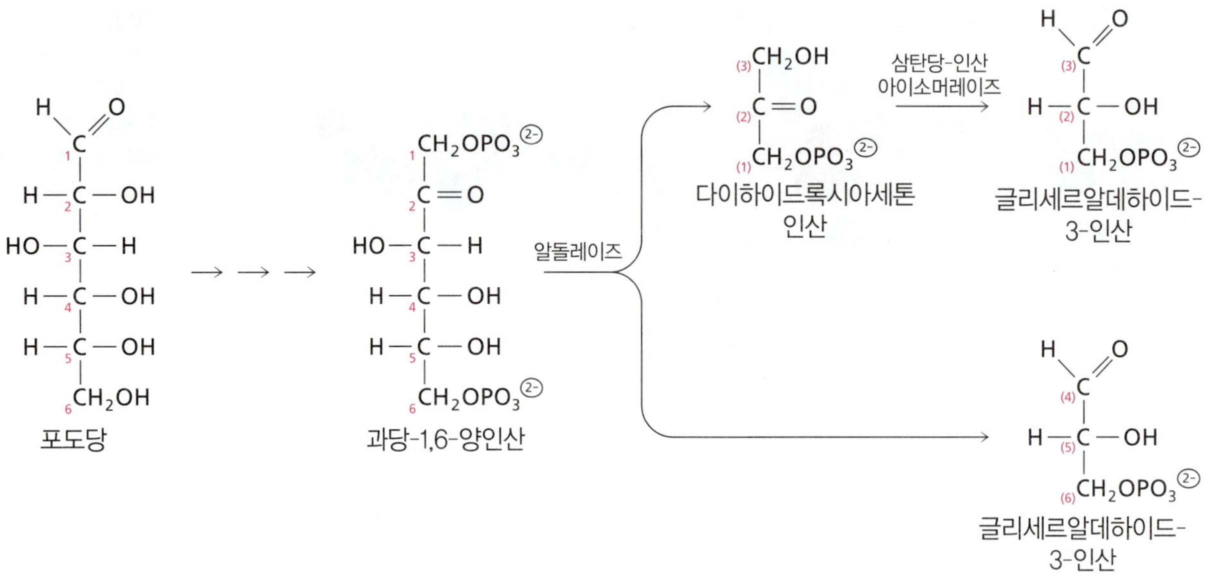

▲ 그림 11.7

해당작용의 육탄당 단계가 삼탄당 단계로 전환될 때의 탄소 원자의 운명. 모든 숫자는 원래의 포도당 분자의 탄소 원자 번호를 의미한다.

반응 6에서 글리세르알데하이드-3-인산만이 사용되지만, 다이하이드록시아세톤 인산이 글리세르알데하이드-3-인산으로 계속 변환되므로 글리세르알데하이드-3-인산의 농도가 일정하게 유지된다. 따라서 해당작용 과정 중에 과당-1,6-양인산 한 분자당 두 분자의 글리세르알데하이드-3-인산이 만들어지는 셈이다. 삼탄당-인산 아이소머레이즈는 입체-특이적 반응을 촉매하기 때문에 오직 글리세르알데하이드-3-인산의 D-이성질체만이 생성된다.

삼탄당-인산 아이소머레이즈는, 포도당-6-인산 아이소머레이즈처럼, 알도스-케토스 전환을 촉매한다. 삼탄당-인산 아이소머레이즈반응의 메커니즘은 6.4A절에서 설명하였다. 알도스-케토스 아이소머레이즈의 촉매 메커니즘은 연구가 많이 되었고, 효소와 결합되어 있는 에네디올레이트(enediolate) 중간산물의 형성이 일반적인 특징이다.

삼탄당-인산 아이소머레이즈 반응은 확산 조절반응의 이론적 한계성과 유사하다.

포도당에 있는 6개의 탄소 원자들의 운명은 여러 종에서 방사성 동위원소 연구를 통하여 확인되었고, 그 결과는 그림 11.7에 나와 있다. 글리세르알데하이드-3-인산의 1, 2, 3번째 탄소는 포도당의 4, 5, 6번째 탄소에서 왔음을 주목하자. 반면 다이하이드록시아세톤 인산으로부터 전환된 글리세르알데하이드-3-인산의 1, 2, 3번째 탄소는 포도당의 3, 2, 1번째 탄소로부터 각각 온 것이다. 따라서 이 두 분자의 글리세르알데하이드-3-인산을 섞어 놓았을 때에는 포도당의 C-1과 C-6를 구별할 수 없게 된다.

6. 글리세르알데하이드-3-인산 디하이드로지네이즈

삼탄당-인산으로부터 에너지를 생성하는 과정은 글리세르알데하이드-3-인산 디하이드로지네이즈에 의해 촉매되는 반응으로 시작된다. 이 반응에서 글리세르알데하이드-3-인산은 산화되고 또 동시에 인산화되어 1,3-양인산-글리세레이트가 생성된다.

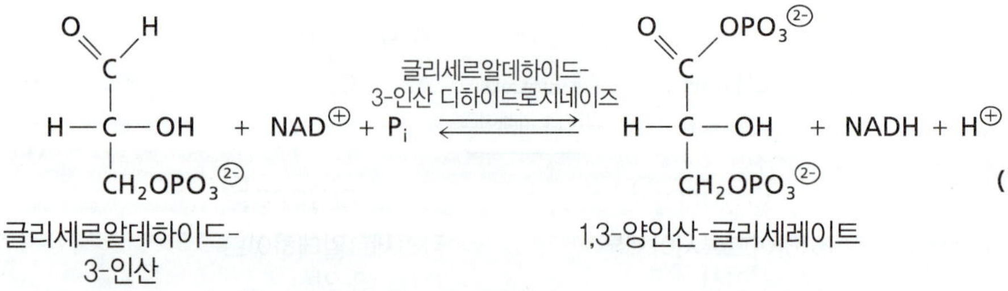

(11.6)

이 반응은 산화-환원반응이다. 즉 글리세르알데하이드-3-인산의 산화가 $NAD^{\oplus}$가 NADH

로 환원되는 반응과 연계되어 있다. 일부 종에서는 NAD⊕ 대신 NADP⊕가 조효소로 사용되기도 한다.

글리세르알데하이드-3-인산의 알데하이드기의 산화는 큰 값의 마이너스 깁스 표준 자유에너지에 의해 진행되고, 이 에너지의 일부는 1,3-양인산-글리세레이트의 산-무수물(acid-anhydride) 결합에 저장된다. 다음 반응에서 1,3-양인산-글리세레이트의 C-1 인산기는 ADP로 전달되어 ATP가 생성된다. 나머지 에너지는 NADH 형태로 저장된다. 이미 전 장에서 보았듯이 NADH 한 분자는 여러 분자의 ATP에 해당된다. 따라서 글리세르알데하이드-3-인산 디하이드로지네이즈 반응은 해당작용 전체 경로 중 매우 중요한 에너지-생성 반응이다.

이 반응의 표준 깁스 자유에너지 값(알데하이드기의 산화 및 NAD⊕의 환원)은 플러스 값($\Delta G^{o\prime}$ = + 6.7 kJ mol^{-1})이며, 이것은 세포 내에서 1,3-양인산-글리세레이트의 농도가 글리세르알데하이드-3-인산보다 매우 낮다는 것을 의미한다. 그러나 글리세르알데하이드-3-인산 디하이드로지네이즈는 다음 반응을 촉매하는 포스포-글리세레이트와 복합체를 형성하고 있다. 글리세르알데하이드-3-인산 디하이드로지네이즈 반응의 생성물인 1,3-양인산-글리세레이트가 다음 반응의 효소인 포스포-글리세레이트의 활성 부위에 직접적으로 연결되어 있는 것이다. 이렇게 함으로써 두 반응이 효과적으로 연결되어 있고, 그 결과 1,3-양인산-글리세레이트의 농도가 거의 0에 가깝게 된다.

글리세르알데하이드-3-인산 디하이드로지네이즈 반응에 의해 생성되는 NADH는 막에 결합되어 있는 전자전달반응(14장), 혹은 다른 산화-환원반응(예: 아세트알데하이드가 에탄올로 환원되는 반응, 혹은 파이루브산이 젖산으로 환원되는 반응)에 의해 재산화된다(11.3B절). 대부분의 세포에서 NAD⊕의 농도는 낮다. 따라서 해당작용을 계속 진행시키기 위해서 NADH의 재생은 필수적이다. NADH의 재생 반응들은 11.3절에서 논의하겠다.

7. 포스포글리세레이트

포스포글리세레이트 반응은 "고에너지" 혼합 무수물 1,3-양인산-글리세레이트로부터 인산기를 ADP로 전달하는 반응으로 ATP와 3-인산-글리세레이트를 생성한다. 이 효소는 3-인산-글리세레이트가 인산화되는 역반응을 촉매함으로 카이네이즈라 불린다.

$$\underset{\text{1,3-양인산-글리세레이트}}{\mathrm{H-\overset{\overset{\displaystyle O=C-OPO_3^{2-}}{|}}{C}-OH} \atop \mathrm{|\; CH_2OPO_3^{2-}}} + \mathrm{ADP} \underset{\text{카이네이즈}}{\overset{}{\underset{\text{포스포글리세레이트}}{\rightleftharpoons}}} \underset{\text{3-인산-글리세레이트}}{\mathrm{H-\overset{\overset{\displaystyle COO^{-}}{|}}{C}-OH} \atop \mathrm{|\; CH_2OPO_3^{2-}}} + \mathrm{ATP} \qquad (11.7)$$

해당작용 제 6 및 7번째 반응은 알데하이드기를 카복실기로 산화시키면서 동시에 ADP로부터 ATP와 환원제를 생성하는 반응이다.

$$\text{글리세르알데하이드-3-인산} + \mathrm{NAD^{\oplus}} \longrightarrow \text{1,3-양인산-글리세레이트} + \mathrm{NADH} + \mathrm{H^{\oplus}}$$
$$\text{1,3-양인산-글리세레이트} + \mathrm{ADP} \longrightarrow \text{3-인산-글리세레이트} + \mathrm{ATP}$$

$$\text{글리세르알데하이드-3-인산} + \mathrm{NAD^{\oplus}} + \mathrm{P_i} + \mathrm{ADP} \longrightarrow \text{3-인산-글리세레이트} + \mathrm{NADH} + \mathrm{H^{\oplus}} + \mathrm{ATP} \qquad (11.8)$$

BOX 11.2 적혈구에서 2,3-양인산-글리세레이트 생성

적혈구에서 해당작용의 중요한 기능은 헤모글로빈의 산소반응의 입체다른자리(allosteric) 억제자인 2,3-양인산-글리세레이트(2,3BPG)의 합성이다(4.13C절). 이 대사물질은 해당작용의 제8번째 반응의 중간산물이며 보조인자이다.

적혈구는 양인산-글리세레이트 뮤테이즈를 함유하고 있다. 이 효소는 1,3-양인산-글리세레이트의 C-1에 있는 인산기를 C-2로 전달하여 2,3-양인산-글리세레이트를 생성한다. 그림에서 보듯이, 양인산-글리세레이트 포스파테이즈는 과도하게 존재하는 2,3BPG를 3-인산-글리세레이트로 가수분해하여 해당작용으로 들어가게 한다.

이 두 효소 반응, 양인산-글리세레이트 뮤테이즈와 양인산-글리세레이트 포스파테이즈를 이용하면 1,3-양인산-글리세레이트는 포스포글리세레이트 반응, 즉 해당작용 제7번째 반응이며 ATP를 합성하는 반응을 거치지 않고 바로 해당작용으로 들어가게 된다. 그러나 이 두 효소반응은 적혈구에서 일어나는 해당작용의 약 20%에서만 일어난다. 축적된 자유 2,3BPG(즉 헤모글로빈에 결합되지 않는 2,3BPG)가 양인산-글리세레이트 뮤테이즈를 억제하기 때문이다. 따라서 ATP 합성을 감소하는 반대급부로서, 이 두 효소반응은 2,3BPG를 생성하게 되는데 이는 헤모글로빈이 산소를 효과적으로 운반하는데 필요하다.

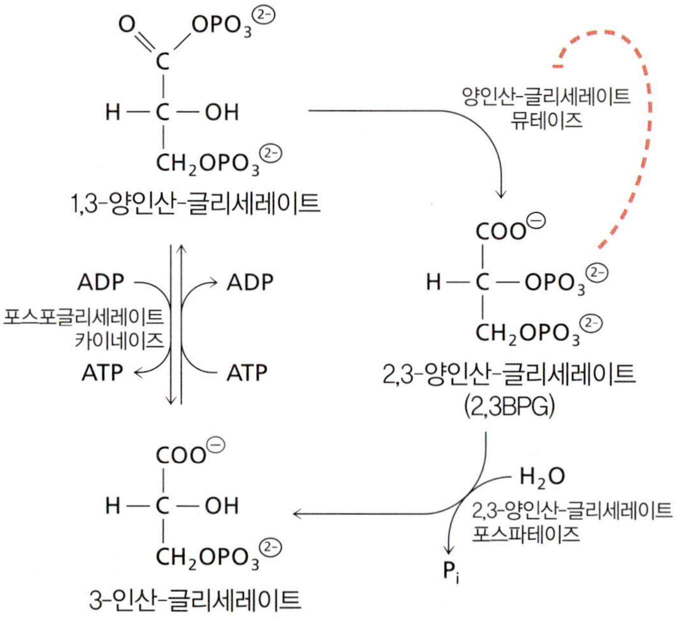

▲ **적혈구에서 2,3-양인산-글리세레이트(2,3BPG) 생성.**

고에너지 물질(예: 1,3-양인산-글리세레이트)로부터 인산기를 전달하여 ATP를 합성하는 것을 **기질수준 인산화(substrate level phosphorylation)**라고 한다. 이 반응은 해당작용의 첫 번째 ATP 합성반응이다. 이 반응에서는 기질과 생성물의 농도가 평형 농도로 유지된다. 이 반응의 역반응, 즉 ATP를 사용하는 반응이 포도당신생성 과정에서 중요한 것은 놀라운 일이 아니다. 따라서 이 반응의 순방향 혹은 역방향이 대사 과정에서 모두 일어난다.

8. 포스포글리세레이트 뮤테이즈

포스포글리세레이트 뮤테이즈는 3-인산-글리세레이트와 2-인산-글리세레이트의 평형 상호전환반응을 촉매한다.

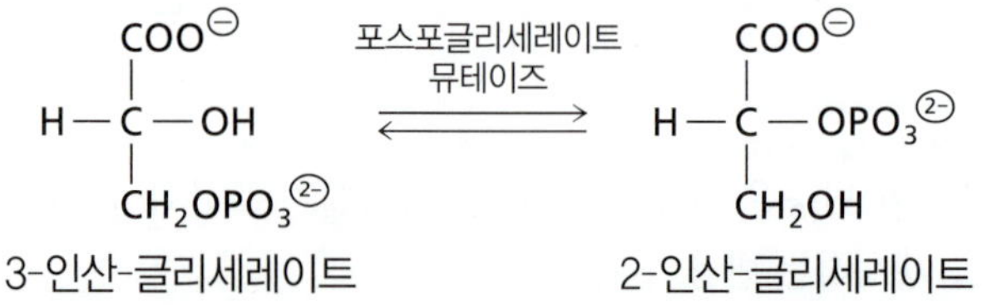

(11.9)

뮤테이즈는 인산기를 기질의 한 곳에서 다른 곳으로 이동시키는 아이소머레이즈이다. 포스포글리세레이트 뮤테이즈 효소는 두 종류가 있다. 첫 번째 종류는 인산기를 효소의 아미노산 기능기에 먼저 전달한다. 그 후 효소에 붙어 있는 인산기가 기질로 전달된다. 이 과정에서 탈인산화된 중간산물이 효소의 활성부위에 결합되어 남아 있다.

두 번째 포스포글리세레이트 뮤테이즈 효소는, 그림 11.8에 나와 있듯이, 2,3-양인산-글

BOX 11.3 비산 독성

비산은 인과 함께 주기율표에서 제4군(group)에 속해 있다. 따라서 비산기(AsO_4^{3-})는 무기인산의 상사형(analog)이다. 비산은 인산과 경쟁하여 글리세르알데하이드-3-인산 디하이드로지네이즈와 결합한다. 인산처럼, 비산도 고에너지 싸이오아실-효소(thioacyl-enzyme) 중간산물을 분해한다. 그러나 비산은 1,3-양인산-글리세레이트 대신, 불안정한 1-비산-3-인산-글리세레이트를 생성한다. 1-비산-3-인산-글리세레이트는 물과 닿으면 매우 빠르게 가수분해된다. 이 비효소 가수분해반응은 3-인산-글리세레이트와 무기 비산을 생성하는데, 후자는 다시 싸이오아실-효소 중간산물과 반응한다. 비산이 존재할 때, 해당작용은 3-인산-글리세레이트로부터 시작될 수 있지만, 1,3-양인산-글리세레이트를 합성하지 못하고, 따라서 ATP 합성반응을 건너뛰게 된다. 그 결과, 해당작용을 통해 ATP가 생성될 수 없다. 비산은 많은 인산기 전달반응에서 인산을 대신하기 때문에 유독하다.

알스나이트(AsO_2^{-})는 비산보다 매우 독극성이다. 알스나이트 독성은 비산과는 완전히 다른 메커니즘에 의해 야기된다. 알스나이트의 비산 원자는 리포아마이드(lipoamide, 7.12절)의 두 개의 황 원자에 강하게 결합하여 황을 조효소로 필요로 하는 효소반응을 억제한다.

O=C(–O–As(=O)(O⁻)–O⁻)–CH(OH)–$CH_2OPO_3^{2-}$ + H_2O → (비효소 반응) → COO^{-}–CH(OH)–$CH_2OPO_3^{2-}$ + AsO_4^{3-}

1-비산-3-인산-글리세레이트 → 3-인산-글리세레이트

▲ 1-비산-3-인산-글리세레이트의 자발적 가수분해반응. 무기 비산은 글리세르알데하이드-3-인산 디하이드로지네이즈의 기질로서 무기인산을 대신할 수 있다. 그 결과 1,3-양인산-글리세레이트의 상사형(analog)인 불안정한 1-비산-3-인산-글리세레이트를 생성한다.

▲ **캐리 그랜트는 1944년 개봉된 유명한 영화에서 비산의 효과를 알게 된다.**

리세레이트(2,3BPG)를 중간산물로 사용한다. 이 효소반응 메커니즘은 반응 중에 탈인산화된 중간대사물이 없다는 점에서 첫 번째 효소와 다르다. 이 두 번째 효소의 활성을 위해서는 낮은 농도의 2,3-양인산-글리세레이트가 필요하다. 두 번째 포스포글리세레이트 뮤테이즈는 보조인자-의존성 PGM 혹은 dPGM이라고도 불린다. 반면, 첫 번째 효소는 보조인자-비의존성 PGM 혹은 iPGM이라 불린다.

dPGM과 iPGM은 진화적으로 연관성이 없다. dPGM은 산성-포스파테이즈와 과당-2,6-양인산-포스파테이즈가 속한 효소군에 속해 있다. dPGM은 곰팡이, 일부 박테리아, 그리고 대부분의 동물에서 주로 존재하는 포스포글리세레이트 뮤테이즈이다. 반면, iPGM은 염기성-포스파테이즈 군에 속한다. 이 포스포글리세레이트 뮤테이즈는 식물과 일부 박테리아에서 발견된다. 일부 박테리아는 두 효소를 모두 가지고 있기도 한다.

9. 엔올레이즈

2-인산-글리세레이트는 엔올레이즈 효소에 의해 촉매되는 평형반응을 통해 포스포엔올파이루브산(PEP)으로 탈수된다. 엔올레이즈의 실제 이름은 2-인산-글리세레이트 디하이드라테이즈이다.

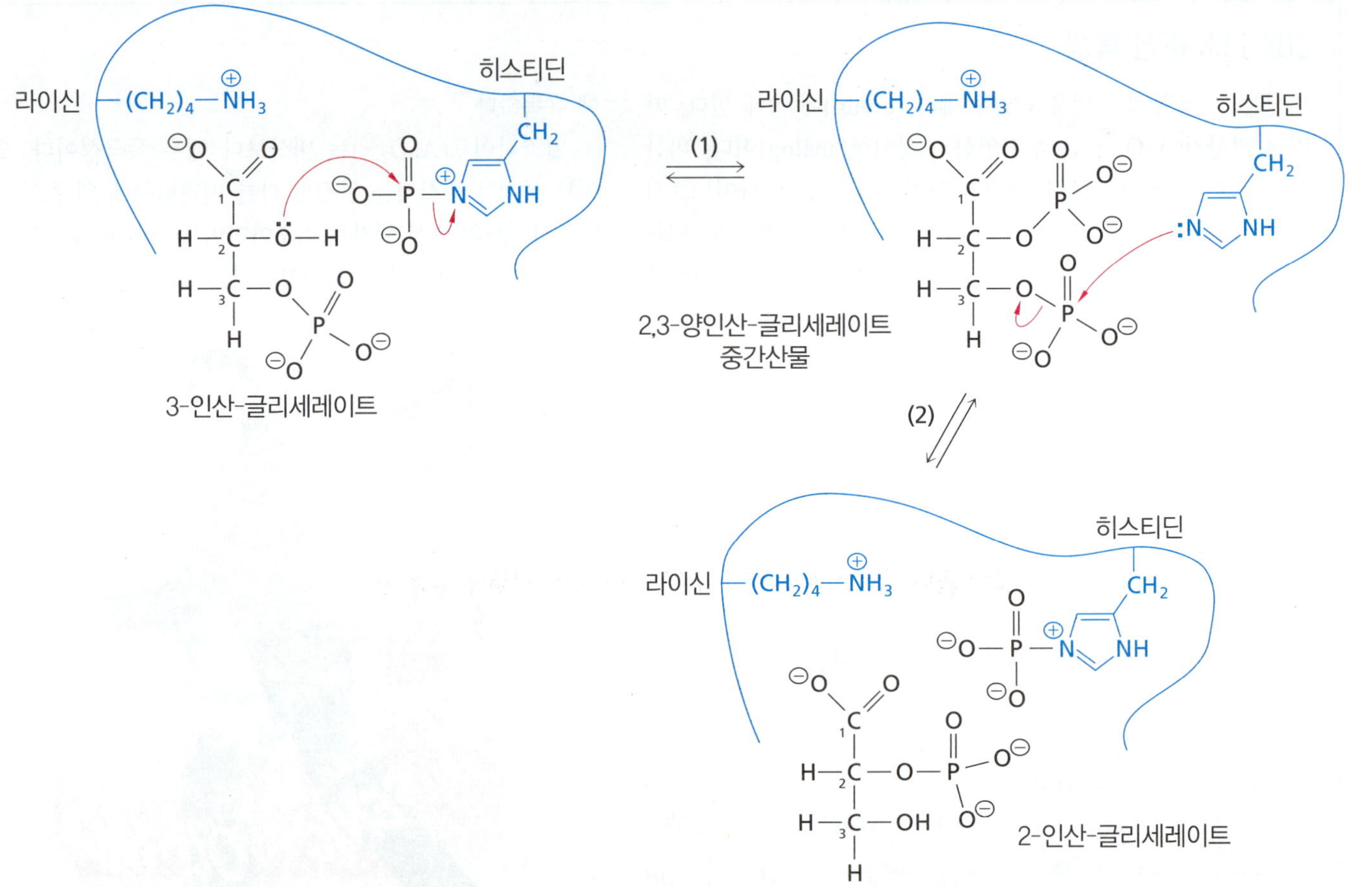

▲ **그림 11.8**

동물과 곰팡이에서 3-인산-글리세레이트가 2-인산-글리세레이트로 변환되는 메커니즘. (1) 포스포글리세레이트 뮤테이즈의 활성부위에 있는 라이신이 3-인산-글리세레이트의 카복실 음이온과 결합한다. 효소의 히스티딘 아미노산은 인산화된 후 그 인산기를 3-인산-글리세레이트의 C-2 위치에 제공하여 2,3-양인산-글리세레이트 중간산물을 생성한다. (2) 중간산물의 C-3 위치에 있는 인산기가 효소의 히스티딘으로 다시 전달됨으로써 2-인산-글리세레이트가 생성된다.

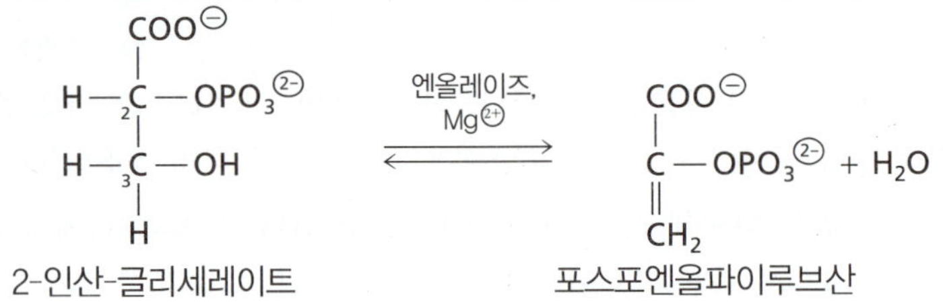

$$\text{2-인산-글리세레이트 } (H-{}_2C(COO^{\ominus})-OPO_3^{2-},\ H-{}_3C-OH,\ H) \underset{}{\overset{\text{엔올레이즈, } Mg^{2+}}{\rightleftharpoons}} \text{포스포엔올파이루브산 } (COO^{\ominus}-C(-OPO_3^{2-})=CH_2) + H_2O \qquad (11.10)$$

이 반응에서는 포스포모노에스터(phosphomonoester) 2-인산-글리세레이트가 엔올-인산-에스터(enol–phosphate ester), 포스포엔올파이루브산(PEP)으로 전환된다. 이때, C-2와 C-3 위치로부터 물이 가역적으로 제거된다. PEP는, 인산이 불안정한 엔올 형태로 파이루브산을붙잡고 있기 때문에, 매우 높은 인산기 전달 잠재력을 가지고 있다(10.7B절).

엔올레이즈는 그 효소활성을 위하여 Mg^{2+}을 필요로 한다. 두 개의 마그네슘이온이 이 반응에 참여한다. "구조적" 이온은 기질의 카복실기에 결합하고, 반면 "촉매적" 이온은 탈수 반응에 참여한다.

10. 파이루브산 카이네이즈

해당작용의 두 번째 기질수준 인산화 반응은 파이루브산 카이네이즈 효소에 의해 촉매된다.

이 비가역 반응을 통하여 인산기가 ADP로 전달되어 ATP가 생성된다. 파이루브산의 불안정한 엔올호변체(tautomer)는 효소에 결합하는 중간산물이다.

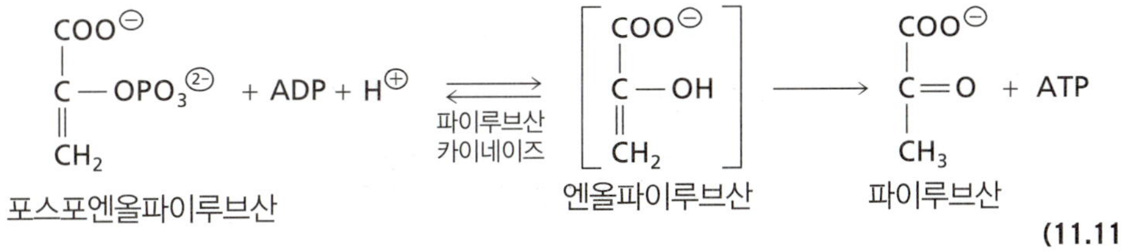

$$\underset{\text{포스포엔올파이루브산}}{CH_2{=}C(OPO_3^{2-})COO^-} + ADP + H^+ \underset{\text{파이루브산 카이네이즈}}{\rightleftharpoons} \left[\underset{\text{엔올파이루브산}}{CH_2{=}C(OH)COO^-}\right] \longrightarrow \underset{\text{파이루브산}}{CH_3C({=}O)COO^-} + ATP \qquad (11.11)$$

인산기가 PEP로부터 ADP로 전달되는 반응은 해당작용에서 3번째 조절반응이다. 파이루브산 카이네이즈는 입체다른자리(allosteric) 조절자 그리고 공유-변형(covalent modification)에 의해 조절된다. 또한 포유류에서 파이루브산 카이네이즈 유전자의 발현은 다양한 호르몬과 영양소에 의해 조절된다. 10장에서 설명하였듯이, PEP의 가수분해는 ATP의 가수분해보다 높은 표준 깁스 자유에너지 값을 가진다(표 10.3). 파이루브산 카이네이즈가 조절효소이기 때문에 PEP의 농도는 해당작용 중에 ATP의 합성을 위해 높게 유지된다.

11.3 파이루브산의 운명

포스포엔올파이루브산으로부터 파이루브산이 생성되는 반응은 해당작용의 마지막 반응이다. 그 후의 파이루브산의 대사 과정은 보통 5가지 경로가 있다(그림 11.9).

1. 파이루브산은 아세틸 CoA로 전환될 수 있으며, 아세틸 CoA는 여러 대사반응에 사용될 수 있다. 특히 아세틸 CoA는 시트르산 회로에서 완전히 CO_2로 산화되며 이 과정은 13장에 설명되어 있다. 이 과정은 산소가 있을 때 효과적으로 일어난다.
2. 파이루브산은 카복실화되어 옥살로아세테이트가 될 수 있다. 옥살로아세테이트는 시트르산 회로의 중간산물 중 하나이며, 또한 포도당 합성의 중간산물이기도 하다. 포도당신생성의 전구체로서의 파이루브산 운명은 12장에서 다룬다.

아미노산 합성의 전구체로서의 파이루브산의 운명은 17장에서 논의한다.

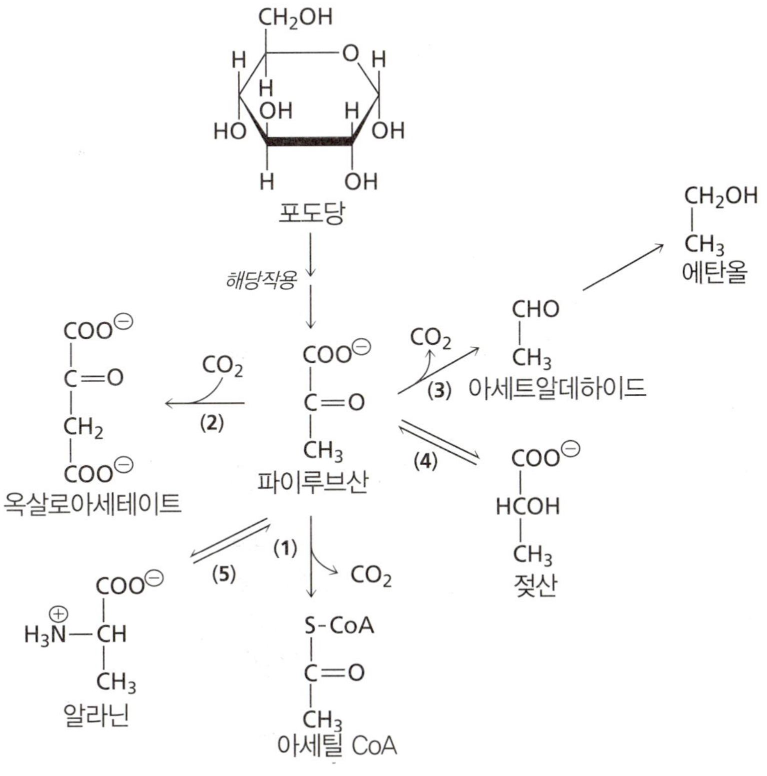

◀ **그림 11.9**
파이루브산의 5가지 운명. (1) 호기성 조건에서 파이루브산은 아세틸 CoA의 아세틸기로 산화된다. 그 후 계속되는 산화반응을 위해 시트르산 회로로 들어간다. (2) 파이루브산은 포도당신생성의 전구체인 옥살로아세테이트로 전환될 수 있다. (3) 혐기성 조건에서 일부 미생물들은 포도당을 파이루브산을 거쳐 에탄올로 발효시킨다. (4) 강한 운동을 하는 근육세포, 적혈구, 또는 일부 세포에서, 포도당은 혐기성 해당작용을 통해 젖산으로 전환된다. (5) 파이루브산은 알라닌 아미노산으로 전환된다.

일부 종에서 파이루브산은 포스포엔올파이루브산으로 전환될 수 있다(12.1B절).

핵심개념

산소가 없을 경우, 진핵세포는 젖산 혹은 에탄올을 생성하기 위해 두 분자의 NADH를 포기해야 한다.

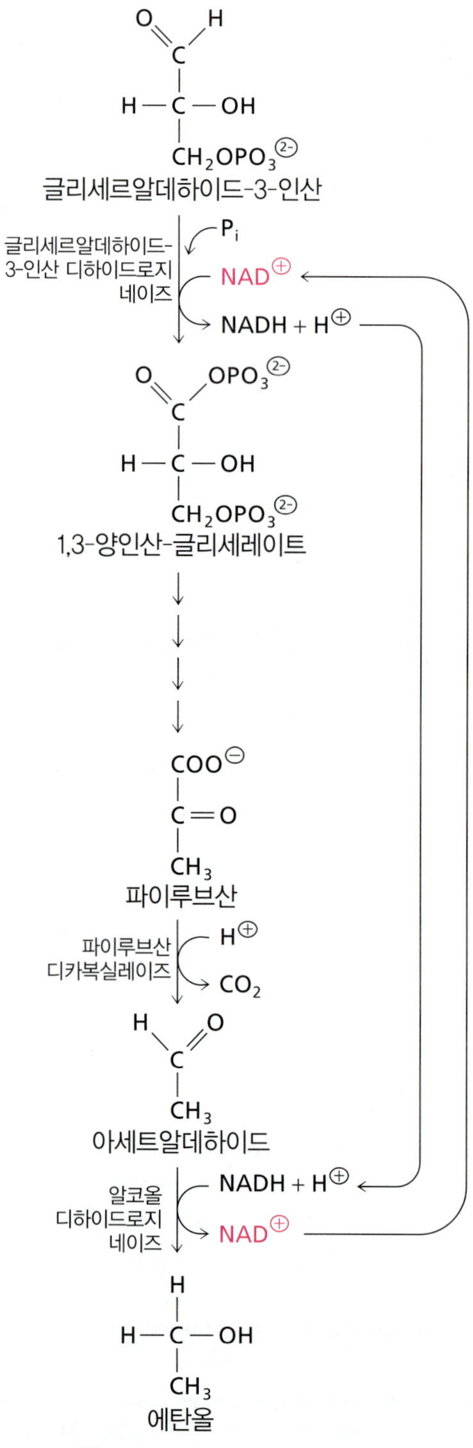

3. 일부 종에서, 파이루브산은 에탄올로 전환될 수 있다. 에탄올은 그 후 세포 밖으로 분비된다.
4. 일부 종에서 파이루브산은 젖산으로 환원될 수 있다. 젖산은 세포로 이동되어 파이루브산으로 다시 변환되고 그 후 대사에 참여하게 된다. 이것은 일종의 혐기성 대사 과정이다.
5. 모든 종에서 파이루브산은 알라닌 아미노산으로 전환될 수 있다.

해당작용 과정에서 NAD⊕는 글리세르알데하이드-3-인산 디하이드로지네이즈 반응(제6번째 반응)에 의해 NADH로 환원된다. 해당작용이 계속해서 진행되기 위해서 세포는 NAD⊕를 재생해야 한다. 그렇지 않으면, NAD⊕는 고갈되고 해당작용은 중단된다. 호기성 조건, 즉 산소가 있을 경우에는 NADH가 막에 있는 전자전달반응(14장 참조)에 의해 NAD⊕로 산화된다. 반면, 혐기성 조건에서는 에탄올 혹은 젖산 합성에 NADH를 사용하여 NAD⊕를 재생함으로써 해당작용이 계속해서 일어나도록 한다.

글리세르알데하이드-3-인산 ($H-C(=O)-CH(OH)-CH_2OPO_3^{2-}$)
글리세르알데하이드-3-인산 디하이드로지네이즈: P_i, NAD⊕ → NADH + H⊕
1,3-양인산-글리세레이트 ($O=C(OPO_3^{2-})-CH(OH)-CH_2OPO_3^{2-}$)
↓ ↓ ↓ ↓
파이루브산 ($COO^{\ominus}-C(=O)-CH_3$)
파이루브산 디카복실레이즈: H⊕ → CO_2
아세트알데하이드 ($H-C(=O)-CH_3$)
알코올 디하이드로지네이즈: NADH + H⊕ → NAD⊕
에탄올 ($H-CH(OH)-CH_3$)

▲ **그림 11.10**
효모에서 파이루브산이 에탄올로 전환되는 혐기성 과정.

A. 에탄올로 전환되는 파이루브산의 대사

많은 박테리아와 일부 진핵세포는 산소가 없어도 생존할 수 있다. 이 세포들은 파이루브산을 세포 밖으로 분비되는 다양한 물질들로 전환시킨다. 에탄올이 바로 이러한 분비 물질 중 하나이다. 일부 효모 세포에서 일어나는 에탄올 합성은 맥주와 포도주 생산에 중요하게 이용된다. 효모 세포는 파이루브산을 에탄올과 CO_2로 전환시키며, 동시에 NADH를 NAD⊕로 산화시킨다. 이때 두 가지 반응이 필요하다. 첫 번째 반응은 파이루브산이 파이루브산 디카복실레이즈에 의해 탈탄소되어 아세트알데하이드가 되는 반응이다. 파이루브산 디카복실레이즈 효소는 싸이아민 양인산(TDP) 조효소를 필요로 한다. 이 반응의 메커니즘은 조효소 장에서 설명한 바 있다(7.7절).

알코올 디하이드로지네이즈는 아세트알데하이드를 에탄올로 환원시키는 반응을 촉매한다. 이 산화-환원반응은 NADH의 산화를 동반한다. 그림 11.10은 알코올 발효에서 일어나는 NAD⊕/NADH 산화-환원반응을 나타내고 있다. **발효**는 해당작용에서 발생되는 전자, 즉 NADH에 들어 있는 전자들이 막에 존재하는 전자전달반응과 산소와 반응하지 않고(이를 호흡이라고 함), 에탄올과 같은 유기물질로 전달되는 과정을 말한다.

효모에서 해당작용과 파이루브산이 에탄올로 전환되는 과정은 아래와 같다.

$$\text{포도당} + 2\,P_i^{2-} + 2\,ADP^{3-} + 2\,H^{\oplus} \longrightarrow 2\,\text{에탄올} + 2\,CO_2 + 2\,ATP^{4-} + 2\,H_2O \qquad (11.12)$$

이 반응들은 맥주와 빵 제조업에서 상업적으로 익숙한 역할을 한다. 양조 과정에서 파이루브산이 에탄올로 전환되는 동안 발생하는 이산화탄소는 마지막 양조 과정에 사용된다. 즉 이산화탄소는 술의 거품을 생성한다. 제빵에서 이산화탄소는 빵 반죽이 부풀어 오르도록 해준다.

B. 파이루브산이 젖산으로 환원됨

파이루브산는 젖산 디하이드로지네이즈에 의해 촉매되는 가역반응에 의해 젖산이 된다. 이 반응은 혐기성 박테리아와 포유동물에서 일반적인 반응이다.

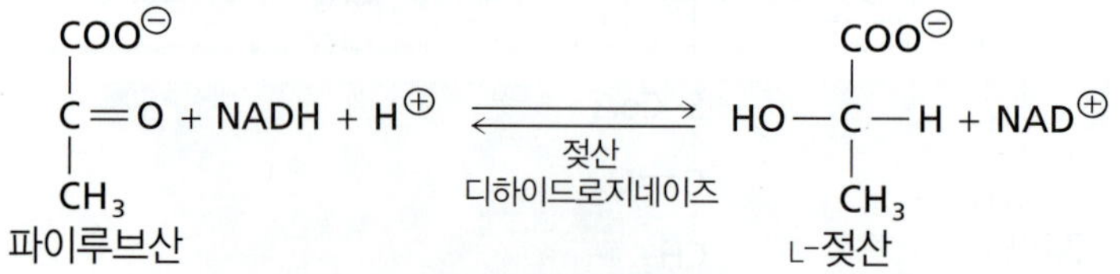

$$\underset{\text{파이루브산}}{COO^{\ominus}-C(=O)-CH_3} + NADH + H^{\oplus} \xrightleftharpoons[\text{디하이드로지네이즈}]{\text{젖산}} \underset{\text{L-젖산}}{HO-CH(COO^{\ominus})-CH_3} + NAD^{\oplus} \qquad (11.13)$$

젖산 디하이드로지네이즈는 NAD⊕를 조효소로 사용하는 전형적인 디하이드로지네이즈이다. 그 반응 메커니즘은 7.4절에서 설명한 바 있다. 이 반응은 NADH로부터 수소(hydride) 이온을 파이루브산으로 전달하여 젖산을 만드는 산화-환원반응이다.

젖산 디하이드로지네이즈 반응은 해당작용 과정에서 글리세르알데하이드-3-인산 반응에 의해 생성된 환원제를 산화하고 그 위치에너지 값은 낮춘다. 젖산 디하이드로지네이즈 반응은 다른 종에서의 에탄올 생성 과정과 동일한 역할을 한다(그림 11.10). 이 반응의 결과는 해당작용을 통해 ATP의 생성이 계속되도록 하는 것이다. 박테리아에서 젖산은 세포 밖으로 분비되거나 다른 대사 물질(예: 프로피오네이트)로 전환된다. 포유류에서는 젖산은 오직 파이루브산만으로 재생된다.

포도당이 주 탄소원이며 NADH가 산화적 인산화 반응에 사용될 수 없는 포유동물의 세포조직에서 젖산의 생성은 필수적이다. 그 좋은 예가 격렬한 운동을 하는 골격 근육세포이다. 근육세포에서 생성된 젖산은 세포 밖으로 분비되고, 혈액을 따라 간으로 이동되어 젖산 디하이드로지네이즈에 의해 파이루브산으로 재생된다(12.2A절에 있는 코리 회로 참조). 그 후의 파이루브산 대사에는 산소가 필요하다. 따라서 산소가 부족할 경우 모든 조직은 혐기성 해당작용을 통해 젖산을 생성하게 된다.

포도당이 분해되어 젖산이 되는 일반식은 아래와 같다.

$$\text{포도당} + 2\,P_i^{2-} + 2\,ADP^{3-} \longrightarrow 2\,\text{젖산}^{-} + 2\,ATP^{4-} + 2\,H_2O \qquad \textbf{(11.14)}$$

락토바실러스(*Lactobacillus*)와 일부 다른 박테리아는 우유를 이용하는 발효를 통해 젖산을 생성한다. 생성된 젖산은 우유 속의 단백질은 변형시켜 치즈와 요쿠르트 생성을 위한 우유 고체화(curdling)를 야기한다.

BOX 11.4 오래 달리기 선수의 젖산

여러분은 심한 운동을 하는 동안 젖산이 축적된다는 사실을 이미 익히 들었을 것이다. 근육세포가 심한 운동을 하면 근육수축에 필요한 ATP를 생산하기 위해 포도당을 사용한다. 이때 파이루브산이 시트르산 회로에 의해 산화되기에는 너무 많이 과도하게 생성된다. 만약 근육세포가 충분한 산소를 얻지 못한다면, 파이루브산은 젖산이 되고, 젖산의 축적은 세포의 산성화를 야기시켜 근육 고통과 근육의 비효율성을 일으킨다.

그러나 이러한 스토리는 흥미는 있지만 틀린 말이다.

젖산의 농도가 근육세포와 혈액에서 증가하는 것은 맞지만, 발효에 의해 생성되는 젖산은 엄밀히 말해서 산은 아니다. 젖산은 수소이온을 제공하지 않기 때문에 산성화를 일으키지는 않는다. 왜냐하면 젖산 디하이드로지네이즈에 의해 생성되는 것은 실제적으로 락테이트(lactate)이지 젖산(lactic acid)이 아니기 때문이다(본 교과서에서는 락테이트와 젖산을 구별하지 않고 모두 젖산이라 명명하였다).

따라서 포도당에서 락테이트가 생성되는 과정에서 수소이온 농도의 증가는 없다. 심한 운동 후에 일어나는 세포의 산성화는 근육수축에 의해 일어나는 ATP 가수분해 동안 나오는 수소이온 때문이다. 그러나 ATP가 매우 빠르게 재생되기 때문에 세포의 산성화도 일시적이다. 락테이트는 강력한 마이너스 이온을 가지고 있고 따라서 세포의 완충 효과를 일부 떨어뜨릴 수도 있지만 이것 또한 제한적 효과이다. 그러므로 젖산, 즉 락테이트는 수십 년 동안 여러 교과서에서 잘못 이해되어 온 것이다.

해당작용과 젖산 혹은 알코올 발효를 통해 포도당 한 분자당 두 분자의 ATP가 생성된다. 이때 산소는 불필요하다. 이 반응은 혐기성 생물체뿐 아니라 일부 다세포 생명체의 특수한 세포에서도 필수적이다. 예를 들어, 콩팥 수질부(medulla) 세포와 일부 뇌 세포는 필수 해당작용-조직이라 불리는데, 그 이유는 이 조직들이 필요한 모든 에너지를 해당작용에서만 얻기 때문이다. 또한 눈에 있는 각막세포(cornea)는 혈액이 원활하게 공급되지 못하므로 산소 공급이 부족하다. 따라서 해당작용은 이렇게 특수한 조직에 필요한 ATP를 공급한다.

11.4 해당작용에서 자유에너지 변화

해당작용에서 포도당은 파이루브산으로 전환된다. 이 과정에서 일어나는 각 반응의 깁스 자유에너지 값의 변화는 마이너스 혹은 영이 되어야 한다. 해당작용이 활발하게 일어나는 세포에서 **표준** 깁스 자유에너지 값($\Delta G^{\circ\prime}$)과 **실제** 깁스 자유에너지 값(ΔG)을 비교하는 것은 흥미롭다. 포도당이 주 에너지원이고 탄수화물의 합성이 거의 일어나지 않는 적혈구 세포가 그 좋은 예다. 해당작용에서 생성되는 중간산물의 실제 농도와 깁스 자유에너지 값을 측정하였다. 표 11.2는 해당과정 열 개의 반응의 표준 깁스 자유에너지를 보여주고 있다. 첫째 줄은 표준 조건(섭씨 25도, 이온 농도 = 0)에서의 $\Delta G^{\circ\prime}$ 값을 보여주며, 두 번째 줄은 포유동물 세포의 생리적 조건(Mg^{2+}, Ca^{2+}, Na^{+}, K^{+} 이온 존재 하에서 섭씨 37도)에서의 표준 깁스 자유에너지 값의 변화를 보여주고 있다.

그림 11.11은 적혈구에서 해당작용의 축적된 표준 깁스 자유에너지 값의 변화와 각 반응의 실제적인 자유에너지 변화를 나타내고 있다. 그래프 y축은 해당작용 각각의 반응에서 나타나는 축적된 표준 깁스 자유에너지 값을 의미한다. 각각의 그림은 표준 조건에서의 깁스 자유에너지 값($\Delta G^{\circ\prime}$)의 변화와 세포의 생리적 조건에서의 실제적인 자유에너지 값(ΔG)의 변화를 보여주고 있다.

두 번째 그림의 파란색은 실제적으로 축적된 자유에너지 값(ΔG)의 변화를 나타낸다. 이 그림에서 해당작용 각각의 반응의 깁스 자유에너지 변화는 마이너스 혹은 영이다. 이러한 자유에너지 값은 포도당이 파이루브산으로 변환되기 위한 필수적인 조건이다. 따라서 열 개 반응의 합인 해당작용 전체의 자유에너지 값도 마이너스 값이어야 한다. 생리적 조건 하에서의 적혈구의 해당작용 전체의 깁스 자유에너지 값의 변화는 약 -72 kJ mol^{-1}이다.

실제적인 깁스 자유에너지 값이 큰 반응은 해당작용 과정의 제 1, 3, 10번째 반응들뿐이다. 이 반응들은 각각 헥소카이네이즈, 포스포프럭토카이네이즈-1, 그리고 파이루브산 카이네이즈에 의해 촉매되는데, 이 반응들은 대사적으로 비가역 반응이며 동시에 조절반응이라

표 11.2 해당작용 반응들의 표준 깁스 자유에너지 값

해당작용	$\Delta G^{\circ\prime}$ (kJ mol^{-1}) (표준조건)	$\Delta G^{\circ\prime}$ (kJ mol^{-1}) (생리적 조건)
1	−17.2	−19.4
2	+2.0	+2.8
3	−18.0	−15.6
4	+28.0	+24.6
5	+7.9	+7.6
6	+6.7	+2.6
7	−18.8	−16.4
8	+4.4	+6.4
9	−2.7	−4.5
10	−25.5	−27.2

데이터는 Minakami과 de Verdier(1976), 그리고 Li 등 (2010)으로부터 왔음.

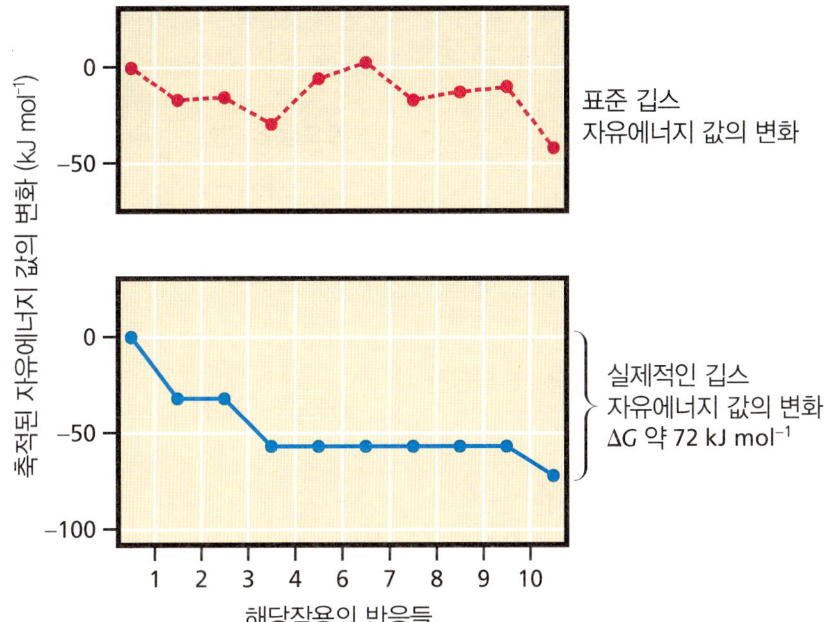

◀ **그림 11.11**
해당작용 반응들의 축적된 표준 그리고 실제적인 깁스 자유에너지 값의 변화. y축은 자유에너지 값의 변화(단위 kJ mol^{-1})를 나타낸다. 해당작용의 각 반응이 순서대로 평행하게 표시되었다. 위쪽 그림(빨간색)은 표준 자유에너지를, 아래쪽 그림(파란색)은 적혈구에서의 실제적인 자유에너지 값의 변화를 나타낸다. 삼탄당-인산 아이소머레이즈에 의해 촉매되는 가역반응(제5번째 반응)은 그림에 포함하지 않았다 [Adapted from Hamori, E. (1975). Illustration of free energy changes in chemical reactions. *J. Chem*. Ed. 52:370–373.].

는 공통점이 있다. 나머지 다른 7개 반응들의 ΔG 값은 거의 0에 가깝다. 즉, 이 반응들은 세포 내에서 평형을 이루고 있다.

반대로, 해당작용 열 개의 반응들의 표준 깁스 자유에너지의 변화는 일관적인 패턴을 보이지는 않는다. 비록 세포 내에서 위의 세 가지 조절반응이 큰 값의 마이너스 깁스 자유에너지 변화를 나타내지만, 이것은 우연일 수 있다. 왜냐하면 거의 평형에 가까운 반응들도 큰 $\Delta G°'$ 값을 종종 보이기 때문이다. 또한 해당작용의 일부 반응들은 세포 내에서 플러스 값의 $\Delta G°'$ 변화를 보이기도 하는데, 이는 그 반응이 해당작용의 역방향으로 진행될 수 있음을 의미한다. 이러한 경우는 특히 제4반응(알돌레이즈) 및 제6반응(글리세르알데하이드-3-인산 디하이드로지네이즈)이다. 이 반응들은 포도당 합성과정에도 작용할 것이다.

핵심개념

대사 과정이 순방향으로 진행되기 위해서는 (a) 전체적인 깁스 자유에너지 값의 변화가 마이너스, 그리고 (b) 대사 과정에 관여하는 각 반응의 깁스 자유에너지 변화가 마이너스 혹은 0이어야만 한다.

11.5 해당작용의 조절

해당작용의 조절에 대한 연구는 다른 어떤 대사 과정보다 많은 연구가 진행되었다. 조절반응의 연구는 주로 효소학과 대사 생화학 측면에서 이루어졌다. 효소학 측면에서는, 분리된 효소에 대한 대사물의 다양한 효과가 테스트되었고, 또한 각각의 효소들의 구조와 조절 메커니즘이 조사되었다. 대사 생화학은 실제 세포 조건에서의 대사 과정에 참여하는 중간산물의 농도와 대사의 다이너믹스를 분석하였다. 우리는 시험관 내(*in vitro*) 연구 결과가 생체 내(*in vivo*) 상태의 다이너믹스를 제대로 밝혀주지 못한다는 것을 종종 발견한다. 예를 들면, 어떤 화학물질이 시험관에서는 효소의 활성을 변화시키지만, 생체 내에서는 같은 물질이 그 농도에서 꼭 효소의 활성에 영향을 준다고 보장할 수는 없는 것이다.

이 절에서, 우리는 해당작용의 조절 포인트를 조사할 것이다. 특히 포유동물 세포 중 해당작용이 중요한 대사 과정인 특정 세포에 초점을 맞추었다. 따라서 이 대사 과정의 조절이 다른 종에서는 약간 다를 수 있다.

해당작용에 대한 대사물질의 조절 효과는 그림 11.12에 나와 있다. 근육수축과 같이 ATP가 필요한 경우 해당작용은 활성화된다. 반면, 과도한 포도당-6-인산은 헥소카이네이즈 활성을 억제하며, ATP와 시트르산(시트르산 회로의 중간산물)이 축적되면 PFK-1이 억제된다. 즉, ATP와 시트르산은 적당한 에너지 공급에 대한 신호이다. ATP의 소모는 AMP의

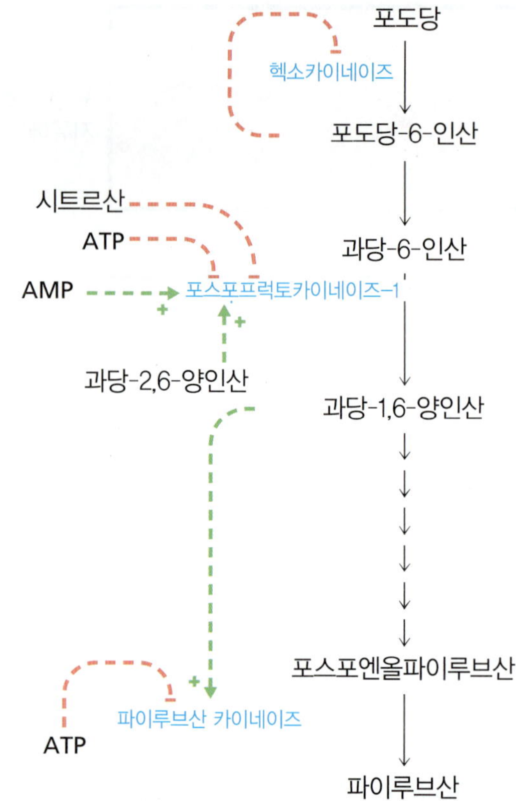

그림 11.12 ▶
포유류에서 해당작용에 대한 대사조절의 요약. 종마다 다르게 나타나는 PFK-1에 대한 ADP 효과는 생략되었음.

축적을 야기하고, 그 결과 ATP에 의한 PFK-1의 억제가 풀리게 된다. 과당-2,6-양인산도 ATP에 의한 PFK-1의 억제를 막아 준다. PFK-1이 활성화되면, 과당-1,6-양인산의 형성 속도가 빨라지게 되고, 그 결과 파이루브산 카이네이즈가 활성화된다. 해당작용의 속도는 해당작용에 의해 만들어지는 물질들이 더 이상 필요 없을 때 감소하게 된다.

A. 육탄당 운반체에 대한 조절

해당작용의 조절에 있어서 첫 번째 단계는 세포 내로 포도당을 운반하는 단계다. 대부분의 포유류에서 세포 내 포도당의 농도는 혈당에 비해 매우 낮고, 따라서 그 농도 차이에 따라 포도당이 수동수송에 의해 혈액에서 세포 내로 이동한다. 모든 포유류 세포는 막에 존재하는 포도당 운반체를 함유하고 있다. 장과 콩팥 세포는 SGLT1이라는 Na⊕-의존성 공동수송 시스템을 가지고 있어서 음식물에 들어 있는 포도당과 소변에 있는 포도당을 각각 흡수한다. 다른 포유류 세포들은 수동 육탄당 운반체의 GLUT 군에 속하는 운반체를 가지고 있다. 6종류의 GLUT 운반체들은 자신들이 활동하는 조직에 알맞은 독특한 대사적 특징을 가진다.

막 운반 시스템은 9.11절에 설명되어 있다.

인슐린 호르몬은 GLUT4 운반체를 통해 포도당이 골격 및 심장 근육과 지방조직으로 흡수되도록 한다. 인슐린이 세포 표면에 있는 수용체와 결합하게 되면, GLUT4를 함유하고 있는 소낭(vesicle)이 세포외방출(exocytosis)에 의해 세포막과 융합되고(9.11D절), 그 결과 포도당의 세포 내 운반이 증가하게 된다(그림 11.13). GLUT4는 가로무늬근육(striated muscle)과 지방조직에서만 높은 농도로 존재하기 때문에, 인슐린 조절에 의한 포도당의 흡수는 오직 이 조직들에서만 일어난다.

대부분의 조직에서 인슐린이 없을 때 포도당의 기본적인 수송은 GLUT1과 GLUT3에 의해 유지된다. GLUT2는 포도당을 간 안팎으로 이동시키고, GLUT5는 과당을 소장으로 이동시킨다. 반면, GLUT7은 포도당-6-인산을 세포질에서 소포체로 이동시킨다.

포도당이 세포 내로 들어오면, 빠른 속도로 헥소카이네이즈에 의해 인산화된다. 인산화

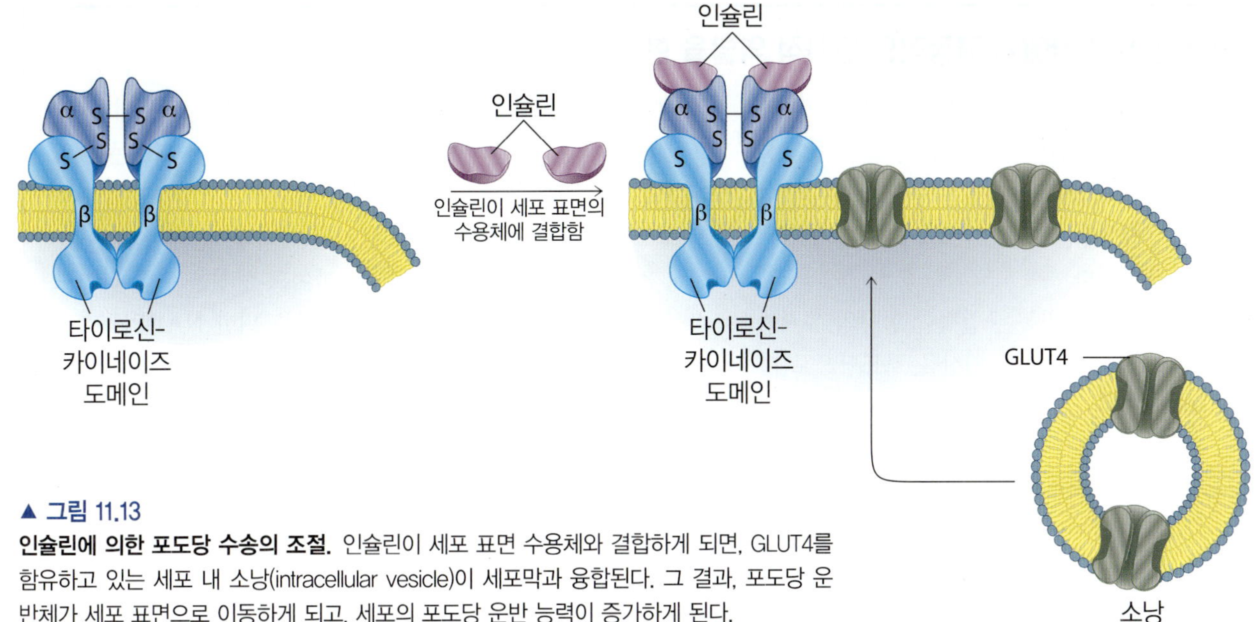

▲ 그림 11.13

인슐린에 의한 포도당 수송의 조절. 인슐린이 세포 표면 수용체와 결합하게 되면, GLUT4를 함유하고 있는 세포 내 소낭(intracellular vesicle)이 세포막과 융합된다. 그 결과, 포도당 운반체가 세포 표면으로 이동하게 되고, 세포의 포도당 운반 능력이 증가하게 된다.

된 포도당은 세포 밖으로 빠져나가지 못하기 때문에, 헥소카이네이즈에 의한 인산화 반응은 포도당을 세포 내에 머물게 한다. 앞으로 설명하겠지만, 인산화된 포도당은 글라이코젠 합성에 사용되거나 오탄당-인산 경로에 사용된다(12장).

B. 헥소카이네이즈의 조절

포유류에서의 헥소카이네이즈 반응은 대사적으로 조절되는 비가역 반응이다. 그러나 박테리아와 다양한 다른 진핵세포에서 헥소카이네이즈 반응은 조절반응이 아니다. 즉, 비조절 반응에서의 헥소카이네이즈의 기질과 생성물의 농도는 평형을 이룬다. 반면, 포유류에서는 다양한 형태의 헥소카이네이즈 효소가 복잡한 조절을 받는다.

헥소카이네이즈 효소반응의 생성물인 포도당-6-인산은 생리적 농도에서 헥소카이네이즈 동종효소 I, II, 그리고 III을 입체다른자리 방법으로 억제하지만, 글루코카이네이즈(동종효소 IV)는 억제하지 않는다. 글루코카이네이즈는 다른 헥소카이네이즈 효소보다 간과 췌장의 인슐린 분비세포에서 더 많이 존재한다. 해당작용이 억제되면 포도당-6-인산의 농도가 높아지게 된다. 포도당-6-인산에 의해 헥소카이네이즈 I, II, III가 억제되면, 해당작용의 다른 효소들의 활성에도 영향을 미치게 된다.

글루코카이네이즈는 몸 전체에 포도당을 제공하는 간의 생리적 기능에 적합한 효소이다. 대부분 세포 내에서의 포도당의 농도는 혈액의 그것보다 매우 낮게 유지된다. 그러나 포도당은 GLUT2에 의해 자유롭게 간으로 들어가기 때문에, 간세포에서의 포도당의 농도는 혈액의 그것과 비슷하다. 혈당 농도는 식전에 보통 5 mM이고, 식후에는 10 mM까지 올라간다. 대부분의 헥소카이네이즈의 포도당에 대한 K_m 값은 0.1 mM 혹은 그 이하다. 반대로 글루코카이네이즈의 포도당에 대한 K_m 값은 2~5 mM이다. 즉, 포도당-6-인산에 의한 효소 활성 억제가 없다는 뜻이다. 따라서 간세포는 포도당의 농도가 높을 때 글루코카이네이즈를 이용하여 포도당-6-인산을 생성하여 글라이코젠 합성에 이용한다.

글루코카이네이즈 활성은 과당 인산에 의해 조절된다. 간세포에서, 조절 단백질이 과당-6-인산 존재 하에서 글루코카이네이즈 활성을 억제하고, 포도당에 대한 효소의 친화력을 10 mM로 낮춘다(그림 11.14). 글루코카이네이즈의 v_0 vs. [S] 그래프가 S자형이며, 마이켈리스-멘텐 반응속도론(Michaelis-Menten kinetics) 법칙을 따르는 효소에게 나타나는 쌍곡

BOX 11.5 포도당-6-인산은 간에서 결정적인 대사적 역할을 한다

포도당-6-인산은 다양한 대사 경로에서 기질로 작용된다(아래 그림). 우리는 이미 포도당-6-인산이 해당작용의 초반 중간산물임을 보았다. 간세포에서 포도당-6-인산은 음식물로부터 섭취된 포도당 혹은 포도당신생성(12.1절 참조)에 의해 합성된 포도당으로부터 빠르게 생성된다.

간에서 포도당-6-인산의 주된 기능은 일정한 혈당의 유지이다. 포도당-6-포스파테이즈는 포도당-6-인산을 포도당으로 가수분해하는 효소이다(이 반응은 포도당신생성의 마지막 반응이기도 하다).

혈당 유지에 사용되지 않는 여분의 포도당-6-인산은 간에서 글라이코젠으로 저장된다(12.6절). 글라이코젠은 포도당이 필요할 때 분해된다. 글라이코젠의 합성과 분해 모두 호르몬에 의해 조절된다.

포도당-6-인산은 혈당 농도 유지뿐 아니라, 간에서 오탄당-인산 경로(12.5절)를 통해 뉴클레오타이드 생성을 위한 라이보스-5-인산 합성에, 그리고 지방산 생성을 위한 NADPH 합성에 사용된다. 본 장에서 이미 공부하였듯이, 포도당-6-인산은 해당작용에서 파이루브산으로 전환되고, 이는 또 다른 중요한 대사물인 아세틸 CoA의 생성에 사용된다.

▼ 포도당-6-인산은 간에서 일어나는 탄수화물 대사에서 결정적인 위치에 있다.

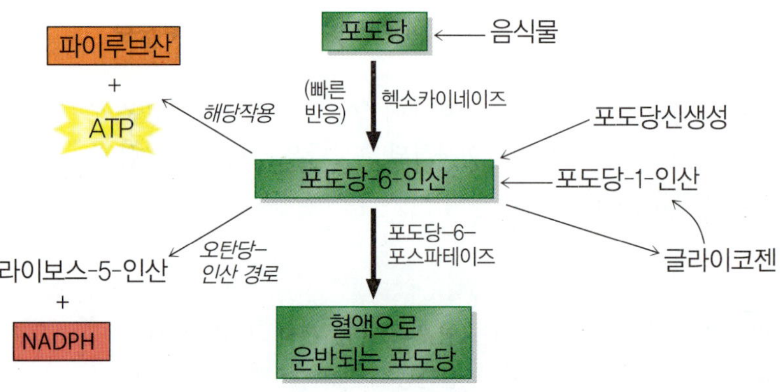

선이 아님을 기억하자. S자형 그래프는 입체다른자리 효소에게 일반적으로 나타난다. 이것은 글루코카이네이즈의 진정한 K_m 값은 없다는 것을 의미한다. 따라서 조절 단백질의 효과는 겉보기 K_m 값을 변화시킨다고 말할 수 있다. 세포 내에는 과당-6-인산의 농도가 상당히 높기 때문에, 글루코카이네이즈에 의한 해당작용의 진행은 보통 낮다. 그러나 글루코카이네이즈에 의한 대사의 진행이 식후에는 증가하게 되는데, 이는 음식물에 의해 섭취된 과당이 과당-1-인산이 되고, 과당-1-인산이 조절 단백질의 글루코카이네이즈에 대한 억제를 풀어주기 때문이다. 따라서 간세포는 포도당의 인산화 속도를 증가시킴으로써 혈당 증가에 적절히 대처할 수 있다.

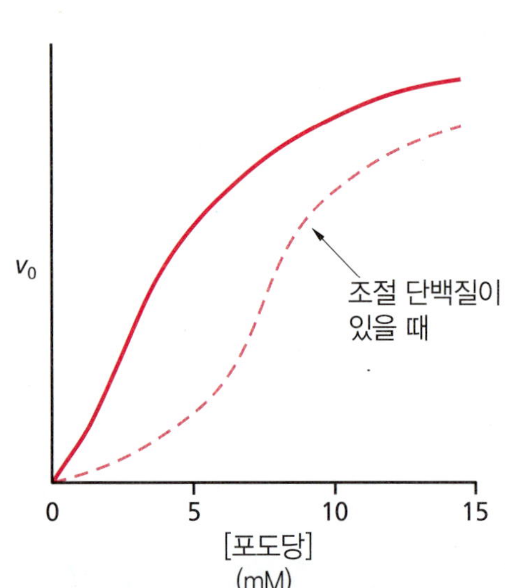

▲ 그림 11.14
글루코카이네이즈의 초기 반응속도(V_0)와 포도당 농도와의 상관 관계. 조절 단백질의 첨가는 포도당에 대한 효소의 친화력을 낮춘다. 혈당의 농도는 5~10 mM이다.

C. 포스포프럭토카이네이즈-1의 조절

해당작용에서 두 번째 입체다른자리 조절이 일어나는 곳은 포스포프럭토카이네이즈-1에 의해 촉매되는 반응이다. PFK-1은 다양한 종에서 분자량이 130,000~600,000 정도인 큰 소중합체(oligomeric) 효소이다. PFK-1의 4차 구조 역시 여러 종에서 다양하다. 박테리아와 포유류 효소는 모두 4량체이며 효모에서는 8량체이다. 이 효소에는 여러 군데의 조절 장소가 존재한다. 대장균 포스포프럭토카이네이즈-1의 조절 특성은 5.10A절에서 설명하였다.

ATP는 PFK-1의 기질인 동시에 대부분의 종에서 PFK-1의 입체다른자리 억제자이다. ATP는 과당-6-인산에 대한 PFK-1의 K_m 값을 증가시킨다. 박테리아 효소는 ADP에 의해 활성화되며, 포유류에서는 AMP가 PFK-1의 입체다른자리 활성자이다. AMP는 ATP에 의한 억제작용을 풀어준다(그림 11.15). ADP는 PFK-1을 활성화시키지만, 반대로 식물효소

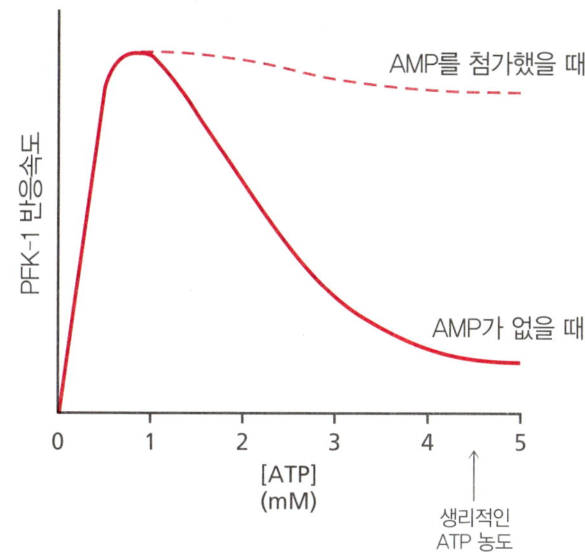

◀ **그림 11.15**
ATP와 AMP에 의한 PFK-1 조절. AMP가 없을 때, PFK-1은 생리적인 ATP 농도에 의해 거의 완전히 억제된다. 세포 내에 존재하는 AMP의 농도에서는 ATP에 의한 PFK-1의 억제가 거의 완전히 풀리게 된다. [Adapted from Martin, B. R. (1987). *Metabolic Regulation: A Molecular Approach* (Oxford: Blackwell Scientific Publications), p. 222.]

를 억제한다. 박테리아, 원생생물 및 곰팡이에서 효소에 대한 퓨린 뉴클레오타이드의 조절 효과는 여러 종에서 다르게 나타난다.

비록 ATP의 합성과 그 이용 속도가 수시로 변하지만, 대부분의 포유류 세포에서 ATP의 농도는 크게 변하지 않는다. 그러나 10.6절에서 설명하였듯이, ADP와 AMP의 농도는 비교적 큰 값으로 변한다. 이는 세포 내의 ADP와 AMP의 농도가 ATP보다 매우 낮게 존재하며, 따라서 적은 양의 ATP 농도가 변하더라도 ADP와 AMP의 농도 변화에 큰 영향을 주기 때문이다. 따라서 AMP 및 ADP 농도를 일정하게 유지하는 것이 PFK-1을 통한 해당작용의 속도를 조절하는데 중요하다.

ADP(혹은 AMP)가 PFK-1을 활성화시키는 사실은 해당작용에서 ATP가 생성되는 것과 그 뜻이 일맥상통하다. 즉, ADP/AMP의 농도가 올라간다는 것은 ATP가 부족하다는 의미이고, 그 결과 포도당의 분해가 증가된다.

시트르산 회로의 중간산물인 시트르산은 포유동물에서 PFK-1의 생리적으로 중요한 억제자이다. 시트르산의 농도가 올라간다는 것은 시트르산 회로가 중단되고, 따라서 더 이상의 파이루브산의 생성이 무의미해진다는 것을 의미한다. 시트르산에 의한 시트르산 회로의 조절 효과는 시트르산 회로로 파이루브산이 유입되는 것을 조절하는 되먹임 억제(feedback inhibition) 현상의 예다(박테리아에서는 시트르산이 아니라 포스포엔올파이루브산이 PFK-1을 억제한다).

그림 11.12에서 보았듯이, 과당-2,6-양인산은 PFK-1의 강력한 활성자이며, 그 효과는 마이크로몰 단위에서도 명백하다. 과당-2,6-양인산은 포유류, 곰팡이, 식물에 존재하며, 원핵세포에는 없다. 과당-2,6-양인산의 역할은 포도당신생성과 글라이코젠 합성을 설명하는 다음 장에 기술되어 있다.

D. 파이루브산 카이네이즈의 조절

해당작용에 대한 세 번째 입체다른자리 조절 장소는 파이루브산 카이네이즈에 의해 촉매되는 반응이다. 박테리아, 원생생물과 같은 단세포 생명체는 한 개의 파이루브산 카이네이즈 유전자를 가지고 있다. 이 효소는 단순한 방법에 의해 입차다른자리 조절을 받는다. 즉, 그 활성이 파이루브산과 과당-1,6-양인산에 의해 조절된다. 포유류에서는 그 조절이 매우 복잡한데, 그 이유는 포유류의 다양한 조직에서 포도당과 해당작용이 다르게 작용하기 때문이다.

포유류의 조직에는 4종류의 파이루브산 카이네이즈 동종효소가 존재한다. 이 동종효소

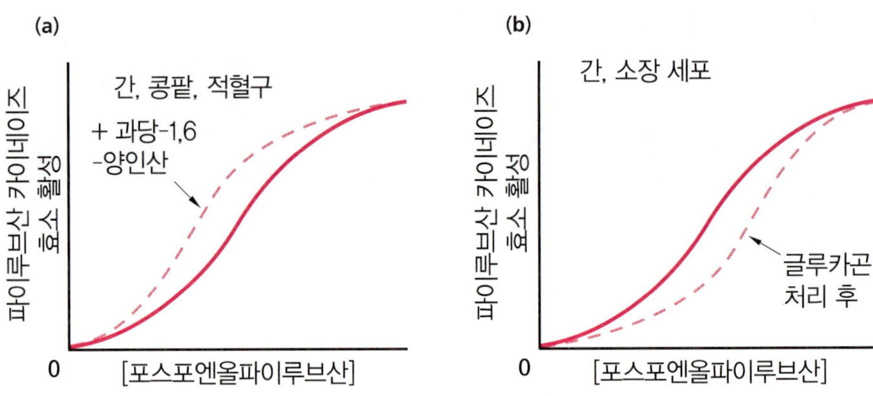

그림 11.16 ▶
파이루브산 카이네이즈의 초기 반응속도(v_0)와 포스포엔올파이루브산 농도와의 상관 관계. (a) 일부 세포에서 과당-1,6-양인산은 효소반응 그래프를 왼쪽으로 이동시킨다. 이는 과당-1,6-양인산이 효소반응의 활성자임을 나타낸다. (b) 간이나 소장을 글루카곤 호르몬으로 처리하면, 단백질 카이네이즈 A에 의해 파이루브산 카이네이즈가 인산화된다. 효소반응 그래프가 오른쪽으로 이동한다면 이는 파이루브산 카이네이즈 효소활성이 낮아짐을 의미한다.

들은 간, 콩팥 및 적혈구에서 발견되는데, 포스포엔올파이루브산(PEP) 농도에 대한 효소 초기 반응이 S자형을 나타낸다(그림 11.16a). 이것은 PEP이 입체다른자리 활성자임을 의미한다. 또한 이 효소들은 과당-1,6-양인산에 의해 입체다른자리 방법으로 활성화되고, 반대로 ATP에 의해 입체다른자리 방법으로 억제된다. 과당-1,6-양인산이 없을 때, 생리적 농도의 ATP는 분리된 효소를 거의 완전히 억제시킨다. 아마도 세포 내에서 가장 중요한 조절자인 과당-1,6-양인산이 존재할 경우에는, 효소반응 그래프가 왼쪽으로 이동한다. 충분한 과당-1,6-양인산이 있을 때, 효소반응 그래프는 쌍곡선이 된다. 그림 11.16a는 입체다른자리 활성자가 있을 때, 효소활성이 증가함을 보여주고 있다. 과당-1,6-양인산은 PFK-1 반응의 생성물이다. 즉, PFK-1 반응이 높아지면 과당-1,6-양인산 농도가 증가한다. 과당-1,6-양인산이 파이루브산 카이네이즈 활성을 증가시키기 때문에, 해당작용 3번째 반응인 PFK-1의 활성화는 해당작용의 마지막 반응인 파이루브산 카이네이즈 반응을 촉진하게 된다. 이것은 피드-포워드 활성화(feed-forward activation)의 예다.

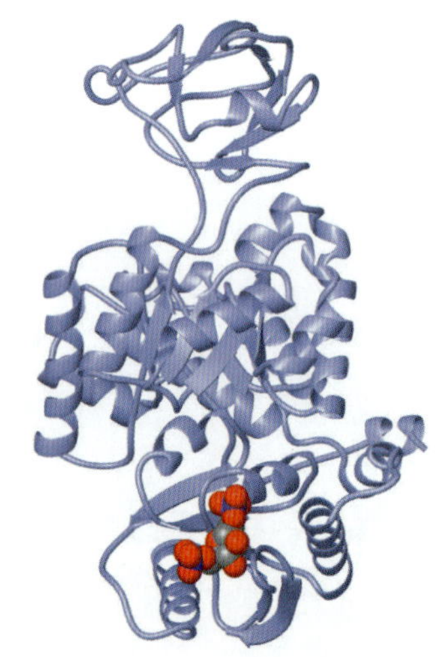

▲ 그림 11.17
효모 싸카로마이세스 세레비지에(*Saccharomyces cerevisiae*)의 파이루브산 카이네이즈와 과당-1,6-양인산 활성자(빨간색). 효소의 활성부위가 광범위한 중앙 도메인에 위치한다. [PDB 1A3W]

포유류의 간과 소장 세포에서 파이루브산 동종효소는 인산화에 의해서도 조절된다. PFK-2를 인산화시키는 단백질 카이네이즈 A(그림 11.17)는 파이루브산 카이네이즈도 인산화시킨다. 파이루브산 카이네이즈가 인산화되면 그 효소활성이 떨어지게 된다. 그림 11.16b는 단백질 카이네이즈 A의 활성자인 글루카곤 호르몬이 있을 때, 간과 소장 세포에서 파이루브산 카이네이즈 효소활성이 낮아짐을 보여준다.

파이루브산 카이네이즈 효소활성은 금식할 경우 낮아지고, 반대로 고탄수화물 식사 후에는 증가한다. 이와 같이 상대적으로 긴 시간 동안 효소활성이 변화되는 것은 입체다른자리 조절 혹은 인산화에 의한 조절이 아니라 파이루브산 합성 속도가 변하는 것이다.

E. 파스퇴르 효과

루이스 파스퇴르는 효모가 혐기성에서 자랄 때는 호기성으로 자랄 때보다 에탄올을 더 많이 생성하고 포도당도 더 많이 소비한다는 사실을 관찰하였다. 또한 골격 근육도 호기성 상태보다 혐기성 상태에서 젖산을 더 많이 축적한다. 즉, 효모와 근육에서 모두 혐기성 상태에서 포도당이 파이루브산으로 전환되는 속도가 호기성 상태보다 더욱 빠르다. 산소가 존재할 때 해당작용이 늦어지는 것을 **파스퇴르 효과(Pasteur effect)**라 한다. 13장에서 살펴보겠지만, 포도당 한 분자가 산소 존재 하에서 완전히 분해될 때 생성되는 ATP는 해당작용에 의해 생성되는 두 분자의 ATP보다 훨씬 많다. 그러므로 같은 ATP를 생성하기 위해서 사용되는 포도당의 양은 혐기성 상태보다 호기성 상태에서 적다. 세포는 ATP의 공급과 소비 상태를 감지하며, 해당작용의 속도를 여러 방법으로 조절한다. 예를 들어, 충분한 산소의 공급은 ATP/AMP 비율을 증가시킴으로써 PFK-1을 억제하여 해당작용 속도를 늦추게 한다.

11.6 포도당 이외의 다른 탄수화물도 해당작용에서 대사될 수 있다

포도당과 포도당-6-인산은 해당작용의 가장 일반적인 기질이며, 특히 혈액을 통해 포도당을 운반하는 척추동물에서 더욱 그렇다. 그러나 포도당 이외의 다양한 다른 탄수화물도 해당작용에서 대사될 수 있다. 이번 절에서는 설탕, 과당, 갈락토스, 만노스 등이 어떻게 대사되는지를 살펴보도록 하겠다.

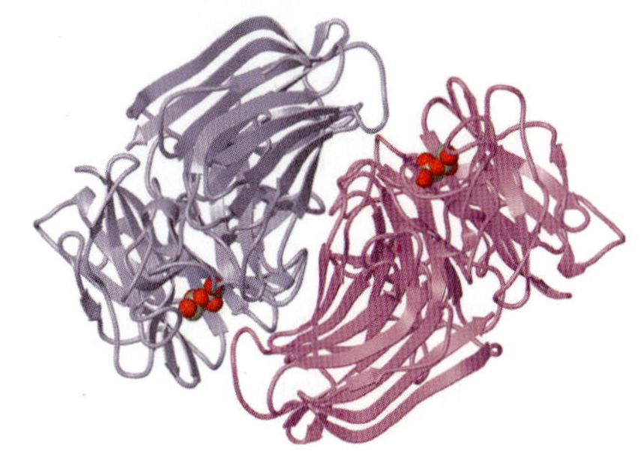

▲ **효모 슈와니오마이세스 옥시덴탈리스(*Schwanniomyces occidentalis*)의 인버테이즈.** 활성화 상태의 효소는 동일한 서브유닛 두 개가 모여 이량체(dimer)를 형성한다. [PDB 3KF3]

A. 설탕은 단당류로 분해된다

이당류인 설탕은 두 분자의 단당류, 즉 포도당과 과당으로 분해될 수 있다. 이 분해반응은 수크레이즈 군에 속하는 효소들에 의해 촉매된다. 인버테이즈(β-과당-퓨라노시디에이즈)(β-fructofuranosidease)는 가장 일반적인 수크레이즈 효소 중 하나이다. 이 효소는 산소와 포도당 사이의 글라이코시딕 결합을 가수분해하여 포도당과 과당을 생성한다(그림 11.18). 포도당은 헥소카이네이즈에 의해 인산화되고, 과당은 아래에 설명한 방법에 의해 해당작용에 들어 간다.

일부 박테리아는 수크로오즈포스포릴레이즈라는 매우 흥미로운 효소를 가지고 있다. 이 효소는 설탕을 인산이 존재하는 조건에서 과당과 포도당-1-인산으로 분해한다(그림 11.18). 해당작용으로 들어가는 모든 탄수화물은 인산화되어야 하는데, 이 과정은 항상 ATP를 소모한다. 그러나 수크로오즈포스포릴레이즈 반응은 ATP를 소모하지 않고도 포도당-1-인산을

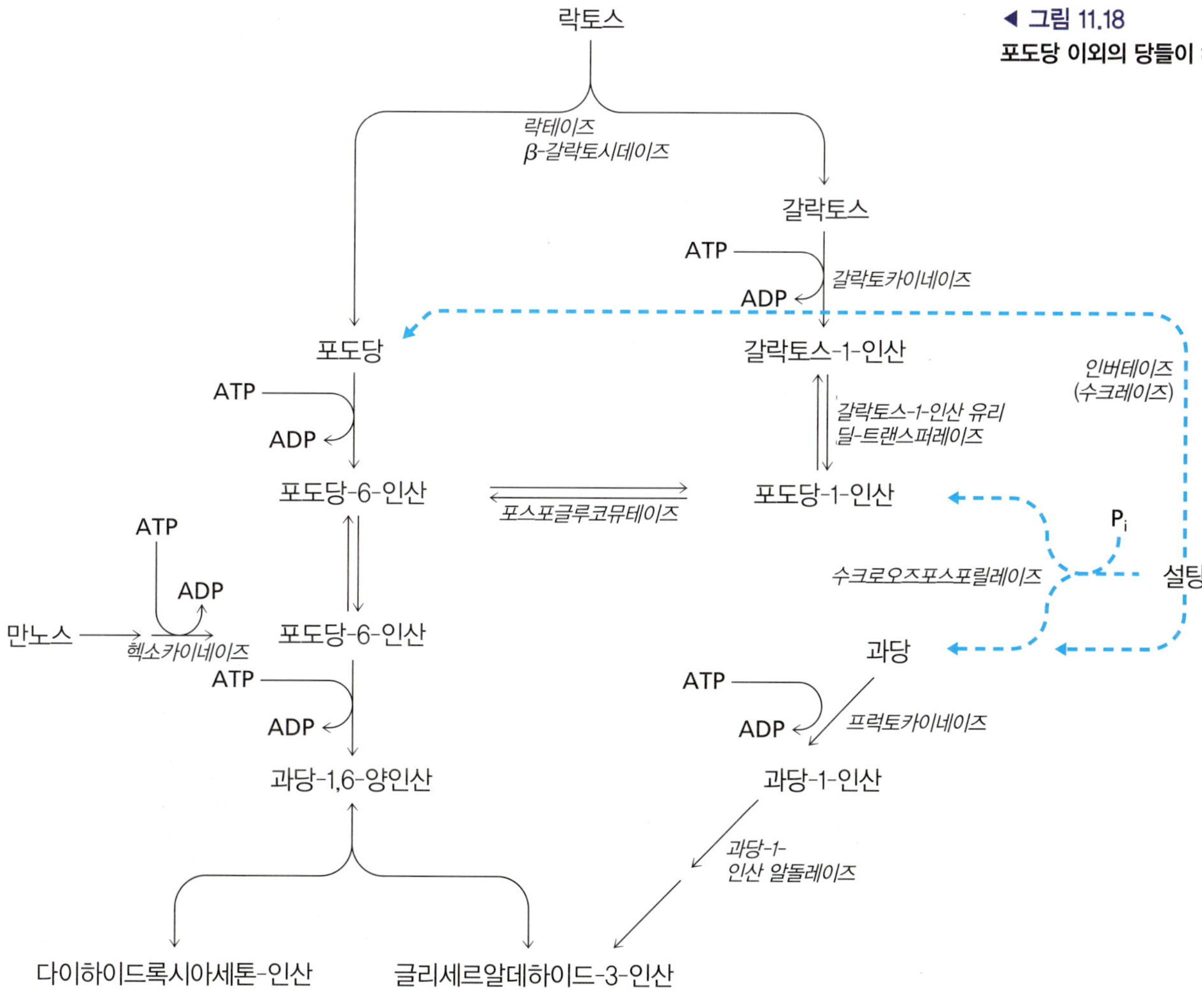

◀ **그림 11.18**
포도당 이외의 당들이 해당작용으로 들어감.

과당 → (프럭토카이네이즈; ATP → ADP) → 과당-1-인산 → (과당-1-인산 알돌레이즈) → 다이하이드록시아세톤-인산 + 글리세르알데하이드

다이하이드록시아세톤-인산 → (삼탄당-인산 아이소머레이즈) → 글리세르알데하이드-3-인산

글리세르알데하이드 → (삼탄당 카이네이즈; ATP → ADP) → 글리세르알데하이드-3-인산

▲ 그림 11.19
한 분자의 과당이 두 분자의 글리세르알데하이드-3-인산으로 전환됨.

생성하는 중요한 예외적인 반응이다.

B. 과당은 글리세르알데하이드-3-인산으로 전환된다

과당은 특이적인 ATP-의존성 프럭토카이네이즈 효소에 의해 과당-1-인산으로 인산화된다(그림 11.19). 포유류에서 이 반응은 과당이 장에서 흡수되어 혈액을 통해 간으로 이동된 후 일어난다. 과당-1-인산 알돌레이즈는 과당-1-인산을 다이하이드록시아세톤 인산과 글리세르알데하이드로 분해한다. 그 후 글리세르알데하이드는 삼탄탕 카이네이즈에 의해 ATP를 소모하며 글리세르알데하이드-3-인산이 된다. 다이하이드록시아세톤 인산은 삼탄당-인산 아이소머레이즈에 의해 글리세르알데하이드-3-인산이 된다.

생성된 두 분자의 글리세르알데하이드-3-인산은 해당작용을 통하여 파이루브산으로 전환될 수 있다. 따라서 한 분자의 과당이 해당작용을 통하여 두 분자의 파이루브산으로 전환될 때 두 분자의 ATP와 두 분자 NADH가 생성된다. 이는 한 분자의 포도당이 파이루브산으로 전환될 때 생성되는 ATP 수와 동일하다. 그러므로 과당은 포스포프럭토카이네이즈-1 반응과 그 조절을 거치지 않지만, 파이루브산 카이네이즈의 조절은 받는다.

BOX 11.6 비밀 성분

정제된 인버테이즈는 설탕을 과당과 포도당으로 분해시키기 위하여 사탕 산업에 자주 쓰인다. 과당은 설탕보다 더 단맛을 내고, 따라서 일부 식품에서 설탕보다 인기가 더 좋다. 일부 초콜릿 내부에 있는 단맛을 내는 액체는 효모로부터 정제된 인버테이즈를 설탕에 첨가하여 만든다. 과당은 더 단맛을 내고 결정화가 잘 안 된다. 초콜릿 내부에 있는 설탕이 인버테이즈에 의해 상온에서 분해되는 데는 며칠 혹은 일주일 이상이 걸린다.

비록 모든 초콜릿 내부에 있는 단맛 액체가 인버테이즈를 이용하여 만든 것은 아니지만, 인버테이즈는 생화학이 여러 식품산업에 이용되는 좋은 예다.

▶ 로니(허쉬 캐나다) 회사의 체리 꽃 초콜릿. 초콜릿 내부에 있는 단 액체는 인버테이즈를 첨가하여 만든 것이다.

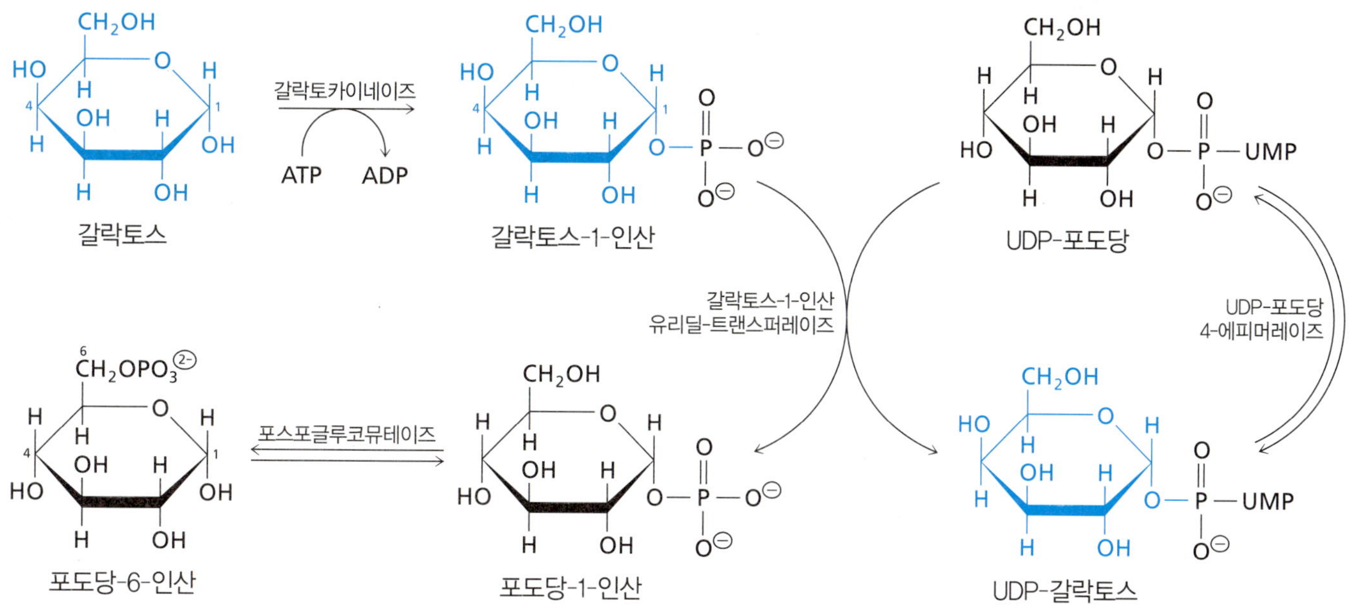

▲ 그림 11.20
갈락토스가 포도당-6인산으로 전환됨. 이 과정에서 대사의 중간산물인 UDP-포도당은 재생된다. 이 과정의 전체적인 반응은 갈락토스 + ATP -> 포도당-6-인산 + ADP이다.

C. 갈락토스는 포도당-1-인산으로 전환된다

우유에 들어 있는 이당류 락토스는 수유를 하는 포유류에게 가장 중요한 에너지원이다. 신생아는 장 내의 락테이즈를 이용하여 갈락토스를 포도당과 갈락토스로 분해한다. 포도당과 갈락토스는 장에서 흡수되어 혈액을 타고 이동된다.

그림 11.20에서 보듯이, 포도당의 C-4 에피머인 갈락토스는 핵산-당의 한 종류인 UDP-포도당 경로를 통해 포도당-1-인산이 된다(7.2A절). 간에서 갈락토카이네이즈는 ATP로부터 인산기를 갈락토스로 전달한다. 이 반응에서 생성된 갈락토스-1-인산은 갈락토스-1-인산 유리딜트랜스퍼레이즈에 의해 포도당-1-인산과 UDP-갈락토스가 된다. 포도당-1-인산은 포스포글루코뮤테이즈에 의해 포도당-6-인산으로 전환된 후 해당작용으로 들어간다. UDP-갈락토스는 UDP-포도당-4-에피머레이즈 반응에 의해 UDP-포도당으로 재생된다.

따라서 한 분자의 갈락토스가 두 분자의 파이루브산으로 전환될 때 두 분자의 ATP와 두 분자 NADH가 생성된다. 이는 포도당과 과당이 대사될 때와 같은 ATP를 생성하는 것이다. 갈락토스의 분해에는 UDP-포도당이 필요한데, UDP는 ATP와 동일한 에너지를 가지는 UTP로부터 만들어진다. 그러나 UDP가 계속 재생되기 때문에 매우 적은 양의 UTP만이 필요하다.

UDP-갈락토스는 갱글리오사이드(gangliosides) 합성에 필요하다(16.11절).

수유를 하는 신생아의 경우, 칼로리의 약 20%를 갈락토스 대사에 의존한다. 매우 일반적인 유전병 중에 하나인 갈락토스혈증(galactosemia, 갈락토스를 대사하지 못하는 병)이 있는 신생아는 갈락토스-1-인산 유리딜트랜스퍼레이즈가 결핍되어 있다. 이 경우, 갈락토스-1-인산이 세포에 축적되고, 간 기능에 이상이 생겨 황달(피부가 노란색으로 변함)이 생기게 된다. 간 기능의 이상은 죽음에 이를 수 있다. 또한 신경계의 이상도 생긴다. 탯줄의 적혈구에서 갈락토스-1-인산 유리딜트랜스퍼레이즈가 있는지를 검사하면 신생아가 갈락토스혈증이 있는지 알 수 있다. 이 유전병 증상은 갈락토스와 락토스가 아주 적게 함유된 특별한 음식을 섭취함으로써 완화할 수 있다.

대부분의 사람은 5세에서 7세가 되면 체내의 락테이즈 효소 수준이 감소하게 된다. 이는 대부분의 영장류에서 정상적으로 나타나는 현상이다. 이러한 현상은 모유에 의존하던 아기가 나이가 들면서 우유를 점점 덜 먹는 현상과 일치한다. 그러나 일부 지역의 사람들에게는 사춘기에 들어서도 락테이즈의 생성이 계속되기도 한다. 이 사람들은 어른이 되어서도 락테이즈를 합성하는 돌연변이 유전자를 함유하고 있다. 그 결과, 이 사람들은 일생 동안 우유제품을 아무 문제 없이 매일 먹을 수 있다. 북유럽 사람들과 그 후손들에게서 락테이즈를 함유하고 있는 성인들을 쉽게 볼 수 있다.

정상적인 성인은 락토스를 대장에 있는 미생물을 이용하여 분해하고, 그 결과 CO_2, H_2, 그리고 짧은-사슬 산을 생산한다. 이렇게 생성된 산은 장 내의 이온 농도를 증가시켜 설사를 유발할 수 있다. 락테이즈가 없는 성인은 보통 우유와 우유제품을 피한다. 이 사람들은 우유제품을 잘 소화시키지 못하고 그래서 락토스에 대해 내성이 없다. 그러나 이러한 현상은 대부분의 포유류와 사람에게는 정상적인 현상이다. 일부 락토스에 내성이 없는 사람도 요구르트는 먹을 수 있는데, 이는 요구르트에 들어 있는 미생물의 β-갈락토시데이즈가 락토스를 일부 분해하기 때문이다. 미생물로부터 추출된 β-갈락토시데이즈를 우유제품에 미리 첨가하여 락토스의 양을 줄이게 되면 락테이즈가 없는 사람들도 우유제품을 섭취할 수 있으므로 β-갈락토시데이즈 효소가 상업적으로 사용되고 있다.

D. 만노스는 과당-6-인산으로 전환된다

알도-육탄당인 만노스는 당단백질 및 일부 다당류로부터 섭취된다. 만노스는 헥소카이네이즈에 의해 만노스-6-인산으로 전환된다. 만노스-6-인산은 해당작용으로 들어가기 위해 포스포만노스 아이소머레이즈에 의해 과당-6-인산이 된다. 이 두 반응은 그림 11.21에 나와 있다.

11.7 박테리아의 엔트너-듀도로프 경로

핵심개념

고전적인 해당작용은 엔트너-듀도로프 경로와 포도당신생성 경로가 생긴 수백만 년 후에 진화되었다.

고전적인 해당작용은 엠브덴-메이어호프-파나스(Embden-Meyerhof-Parnas, EMP) 경로라고도 불린다. 이 대사 경로는 모든 진핵세포와 많은 박테리아 종에서 발견된다. 그러나 많은 박테리아 종들은 포스포프럭토카이네이즈-1을 함유하지 않으며, 따라서 해당작용의 육단당 단계에서 포도당-6-인산을 과당-1,6-양인산으로 전환시킬 수 없다.

고전적인 해당작용에서 엔트너-듀도로프 경로를 이용하면 육단당 단계를 생략할 수 있다. 이 과정은 포도당-6-인산을 6-인산-글루코네이트로 전환하는 반응으로부터 시작한다. 이 반응은 포도당-6-인산 디하이드로지네이즈와 6-인산-글루코노락토네이즈 등 두 효소에 의해 촉매된다(그림 11.22). 포도당-6-인산 디하이드로지네이즈에 의한 포도당-6-인산의 산화반응은 NADP⊕의 환원을 동반한다. 디하이드로지네이즈와 6-인산-글루코노락토네이즈는 오탄당-인산-경로에 필요한 효소들이므로 거의 모든 종에 존재한다(12.5절). 엔트너-듀도로프 경로는 포도당 분해과정 중 진화적으로 가장 초기의 대사 경로이다. 고전적인 해당작용(EMP)은 그 후에 진화되었다.

6-인산-글루코네이트는 이례적인 탈수(디하이드라테이즈, dehydratase)반응에 의해 2-케토-3-디옥시-6-인산-글루코네이트(KDPG)로 전환된다. KDPG는 KDPG 알돌레이즈에 의해 한 분자의 파이루브산과 또 한 분자의 글리세르알데하이드-3-인산으로 분해된다. 파이

▼ 그림 11.21
만노스의 과당-6-인산으로의 전환.

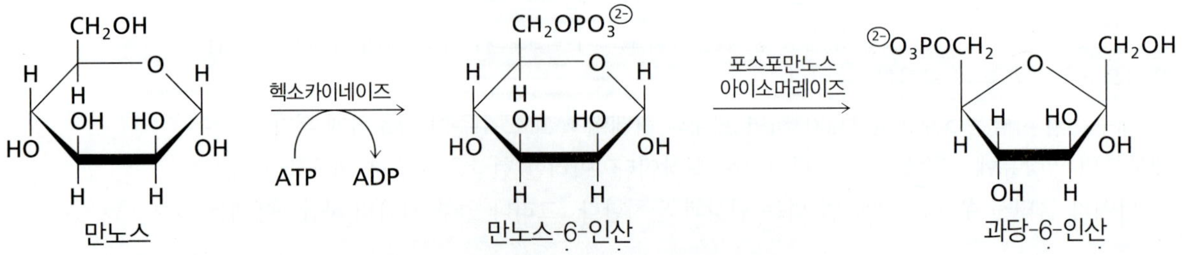

만노스 —(헥소카이네이즈; ATP → ADP)→ 만노스-6-인산 —(포스포만노스 아이소머레이즈)→ 과당-6-인산

루브산은 해당작용의 마지막 산물이며, 글리세르알데하이드-3-인산은 해당작용 삼탄당 단계에서 파이루브산으로 전환된다. EMP 경로의 삼탄당 단계에 관여하는 효소들은 모든 종에서 발견되는데, 이는 이 효소들이 해당작용뿐만 아니라 포도당 합성에 필수적이기 때문이다. 따라서 엔트너-듀도로프 경로를 통하면 한 분자의 포도당으로부터 두 분자가 아니라 오직 한 분자의 글리세르알데하이드-3-인산만이 생성된다. 이는 해당작용을 통하여 한 분자의 포도당으로부터 두 분자의 ATP가 생성되는 것과는 달리, 오직 한 분자의 ATP가 생성됨을 의미한다. 반면, 해당작용을 통하여 두 분자의 NADH가 생성되고, 엔트너-듀도로프(ED) 경로를 통하면 한 분자의 NADPH(첫 번째 반응)와 한 분자의 NADH(글리세르알데하이드-3-인산이 1,3-양인산-글리세레이트로 전환될 때)가 형성됨으로 환원제의 생성량은 동일하다.

일부 종에서 엔트너-듀도로프(ED) 경로가 포도당 분해의 핵심 과정이지만, 완전한 엠브덴-메이어호프-파나스(EMP) 경로를 가진 일부 종에서도 ED 대사가 중요한 역할을 한다. 즉, ED 경로는 글루코네이트와 이와 연관된 유기산 대사에 이용된다. 이 대사물들은 정상적인 해당작용에 이용될 수 없다. 그럼에도 불구하고, 대장균을 포함한 많은 박테리아 종

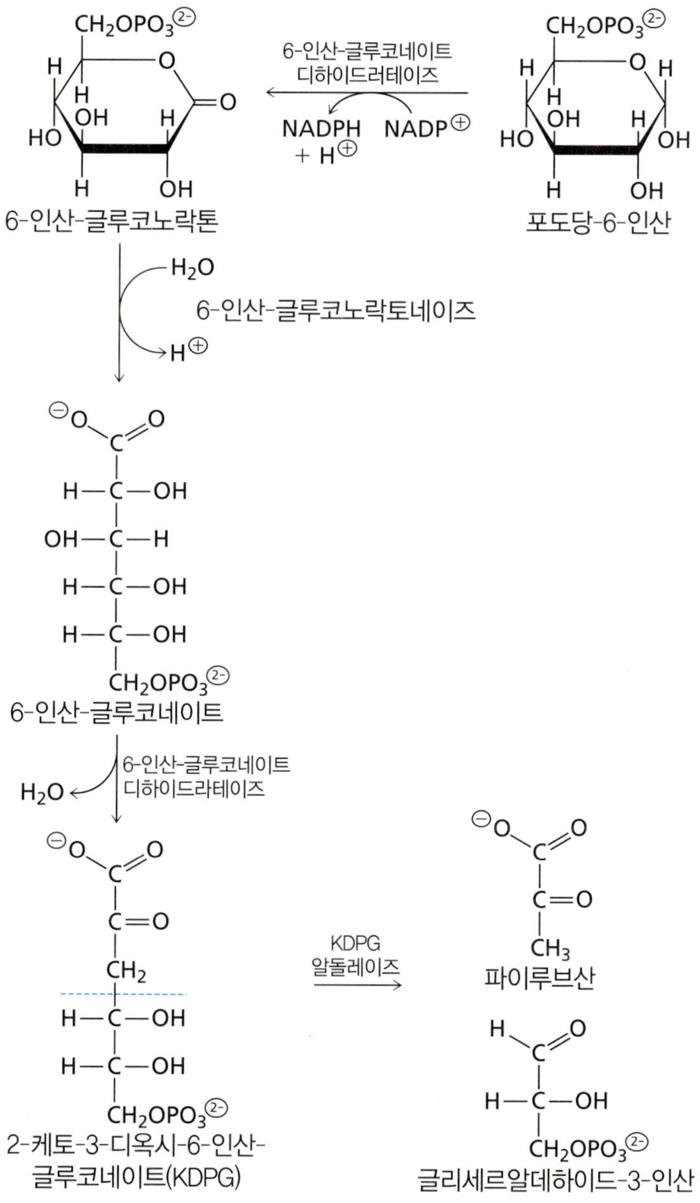

6-인산-글루코네이트 디하이드러테이즈
$NADPH + H^{\oplus}$ $NADP^{\oplus}$
6-인산-글루코노락톤
포도당-6-인산
H_2O
6-인산-글루코노락토네이즈
$H^{\oplus}$
6-인산-글루코네이트
6-인산-글루코네이트 디하이드라테이즈
H_2O
2-케토-3-디옥시-6-인산-글루코네이트(KDPG)
KDPG 알돌레이즈
파이루브산
글리세르알데하이드-3-인산

◀ **그림 11.22**
엔트너-듀도로프 경로.

Box 12.2에서 포도당-6-인산 디하이드로지네이즈와 관련된 사람의 대사 질병에 대해 설명한다.

알돌레이즈는 육탄당을 2분자의 탄소 3개 물질로 분해한다. KDPG는 우리가 설명한 세 번째 알돌레이즈이다.

들은 글루코네이트를 유일한 탄소원으로 사용하여 살 수 있다. 이 경우에는 엔트너-듀도로프(ED) 경로가 에너지를 생산하는 주된 반응이 되는 것이다. ED 대사에 첫 번째 반응은 NADH 대신 NADPH를 생산한다. 따라서 많은 종에서 포도당-6-인산 디하이드로지네이즈

요약

반응은 NADPH 환원제를 만드는 중요한 방법이다.

1. 해당작용은 열 개의 반응을 통하여 포도당을 파이루브산으로 분해한다. 해당작용은 육탄당 단계와 삼탄당 단계로 나눌 수 있다. 육탄당 단계의 생성물은 글리세르알데하이드-3-인산과 다이하이드록시아세톤 인산이다. 다이하이드록시아세톤 인산은 글리세르알데하이드-3-인산으로 전환되어 파이루브산으로 대사된다.
2. 한 분자의 포도당이 두 분자의 파이루브산으로 분해되면서 두 분자의 ADP, P_i, NAD⊕로부터 두 분자의 ATP와 두 분자의 NADH가 생성된다.
3. 혐기성 조건에서 효모는 파이루브산을 에탄올과 CO_2로 분해한다. 다른 일부 생명체에서는 파이루브산이 혐기성 조건에서 젖산으로 전환될 수 있다. 두 경우 모두 NADH가 사용되며 NAD⊕가 재생된다.
4. 해당작용 전체의 깁스 자유에너지 값은 마이너스이다. 헥소카이네이즈, 포스포프럭토카이네이즈-1, 그리고 파이루브산 카이네이즈 반응은 대사적으로 비가역 반응이다.
5. 해당작용은 네 군데에서 조절을 받는다. 즉, 세포 안으로 포도당이 수송되는 과정, 그리고 헥소카이네이즈, 포스포프럭토카이네이즈-1, 파이루브산 카이네이즈에 의해 촉매되는 반응들이다.
6. 과당, 갈락토스, 만노스들은 해당작용의 중간산물로 전환된 후 해당작용으로 들어갈 수 있다.
7. 엔트너-듀도로프 경로는 일부 박테리아에서 포도당 분해 과정으로 작용한다.

문제

1. 혐기성 조건 하에서 아래에 있는 당들이 젖산으로 분해될 때 생성되는 ATP 수를 계산하시오. (a) 포도당, (b) 과당, (c) 만노스, (d) 설탕.
2. (a) 포도당이 혐기성 해당작용을 통해 2분자의 젖산이 될 때, 포도당에 있는 6개의 탄소가 2분자의 젖산의 어느 탄소 위치로 가는지 설명하시오. (b) 호기성 조건에서 파이루브산은 탈탄소되어 아세틸 CoA와 CO_2가 된다. ^{14}C 탄소동위원소를 사용하면 포도당의 어떤 위치의 있는 ^{14}C이 $^{14}CO_2$로 방출되는가?
3. 해당작용이 진행되고 있는 간을 갈아서 세포 추출물을 만든 후, 그곳에 방사성 동위원소 ^{32}P를 첨가하면, ^{32}P가 해당작용의 중간산물과 생성물 중 어느 곳에서 발견되는지 설명하시오.
4. 헌팅턴병은 단백질에 비정상적으로 아미노산 "글루타민-반복" 서열이 끼어들어 생기는 병이다. 중년의 환자에게 헌팅턴병은 무의식적 행동과 치매와 같은 신경손상을 동반한다. 돌연변이 단백질(헌팅턴 단백질)은 40~120개의 글루타민으로 이루어진 글루타민-반복 지역을 함유하는데, 이 비정상적인 글루타민-반복 서열은 글리세르알데하이드-3-인산 디하이드로지네이즈(GAPDH)와 강한 결합을 한다. 만약 뇌가 포도당을 주 에너지원으로 사용할 경우, 헌팅턴 단백질이 이 병의 원인이 되는 이유를 설명하시오.
5. 지방(트리아실글리세롤)은 동물에게 중요한 에너지원이고, 지방산과 글리세롤로 분해된다. 글리세롤은 카이네이즈에 의해 인산화되어 글리세롤-3-인산이 되고 그 후 다이하이드록시아세톤 인산으로 산화된다.
   (a) 글리세롤이 다이하이드록시아세톤 인산으로 전환되는 반응식을 쓰시오.
   (b) 카이네이즈는 전구손대칭 분자(prochiral molecule)인 글리세롤에 입체 특이적으로 작용하여 L-글리세롤-3-인산을 생성한다. 호기성 해당작용에서 생성되는 아세틸 CoA의 두 개의 탄소가 모두 ^{14}C이 되기 위해서는 글리세롤-3-인산의 어떤 탄소들이 ^{14}C이 되어야만 하는지 설명하시오.

$$\begin{array}{c} {}_1CH_2OH \\ | \\ HO - {}_2C - H \\ | \\ {}_3CH_2OH \end{array}$$

글리세롤

6. 암세포는 종종 모세혈관이 없고 따라서 산소가 부족한 상태에서 생존해야 한다. 암세포가 정상세포에 비해 매우 많은 양의 포도당을 세포 내로 흡수하고 또 해당작용 효소들을 대량으로 만들어 내는 이유를 설명하시오.
7. 심한 운동을 하는 근육은 근육수축에 필요한 ATP를 공급하기 위해 해당작용을 빠르게 진행한다. 젖산 디하이드로지네이즈는 ATP를 생성하지 않는다. 따라서 만약 해당작용의 마지막 산물이 젖산이 아니라 파이루브산이라면, 해당작용의 효율이 더 높아지는지 설명하시오.
8. 헥소카이네즈와 포스포프럭토카이네이즈-1 효소는 β-인산기-O-γ-인산기로 이루어진 ATP와 구조가 비슷한 β-인산—CH_2—γ-인산 ATP에 의해서도 그 활성이 억제된다. 그 이유를 설명하시오.
9. 근육에서 알돌레이즈 반응의 $\Delta G^{\circ\prime}$ 값은 +22.8 kJ mol^{-1}이다. 그럼에도 불구하고 이 반응의 방향은 글리세르알데하이드-3-인산과 다이하이드록시아세톤 인산을 생성하는 방향으로 진행된다. 그 이유

를 설명하시오.

10. 알돌레이즈 반응에서 DHAP와 G3P의 농도가 (a) 5 μM (b) 50 μM (c) 500 μM이라면 과당-1,6-양인산의 농도가 각각 얼마인지 계산하시오.

11. 아래 그림은 (a) ATP 혹은 AMP가 존재할 때, (b) 과당-2,6-양인산(F26P)이 있을 때와 없을 때의 포유류 포스포프럭토카이네이즈-1(PFK-1)의 반응속도를 나타내는 그래프이다. ATP, AMP, F26P가 PFK-1 반응에 미치는 효과를 설명하시오.

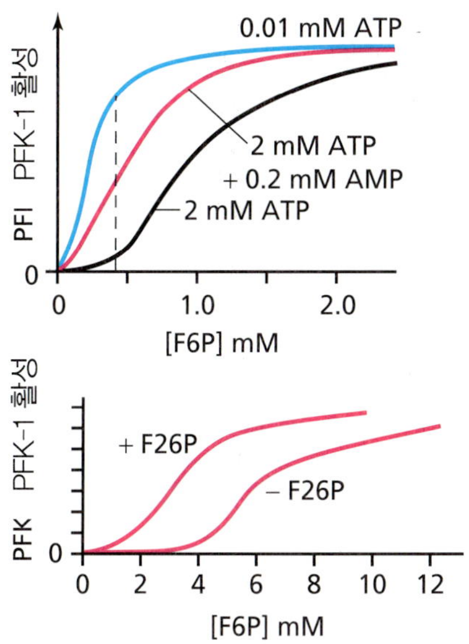

12. 포유동물의 간세포에서 세포 내 cAMP의 농도가 파이루브산 카이네이즈 활성에 어떠한 영향을 미치는지 설명하시오.

13. 혈당이 낮을 때, 췌장은 글루카곤 호르몬을 합성한다. 글루카곤은 간세포에서 아데닐릴 사이클레이즈(adenylyl cyclase) 신호전달 반응을 일으킨다. 그 결과, 해당작용이 억제된다.

(a) 혈당이 낮을 때 간에서 해당작용 속도가 늦어지면 어떤 이점이 있는가?

(b) 혈당이 적절히 유지되고, 따라서 글루카곤 농도가 낮아지게 되면, 해당작용 속도가 다시 빨라진다. 어떻게 해당작용 속도가 다시 빨라지는지 설명하시오.

14. 바다에 사는 화학합성 자가영양생물(chemoautotroph)은 세포 밖의 환경에는 포도당이 존재하지 않지만, 때때로 해당작용에 필요한 모든 효소를 함유하고 있다. 그 이유를 설명하시오.

참고문헌

포도당 대사

Alberty, R. A. (1996) Recommendations for n omenclature and tables in biochemical thermodynamics. *Eur. J. Biochem*. 240:1–14.

Cullis, P. M. (1987). Acyl group transfer–phosphoryl group transfer. In *Enzyme Mechanisms*, M. I. Page and A. Williams, eds. (London: Royal Society of Chemistry), pp. 178–220.

Hamori, E. (1975). Illustration of free energy changes in chemical reactions. *J. Chem. Ed*. 52:370–373.

Hoffmann-Ostenhof, O., ed. (1987). *Intermediary Metabolism* (New York: Van Nostrand Reinhold).

Li X, Dash RK, Pradhan RK, Qi F, Thompson M, Vinnakota KC, Wu F, Yang F, Beard DA. (2010) A database of thermodynamic quantities for the reactions of glycolysis and the tricarboxylic acid cycle. J Phys Chem B. 114:16068–16082.

Minakami S. and de Verdier, C-H. (1976) Colorimetric study on human erythrocyte glycolysis. Eur. J. Biochem. 65: 451–460.

Ronimus, R. S., and Morgan, H. W. (2003), Distribution and phylogenies of enzymes of the Embden– Meyerof–Parnas pathway from archaea and hyperthermophilic bacteria support a gluconeogenic origin of metabolism. *Archaea* 1:199–221.

Seeholzer, S. H., Jaworowski, A., and Rose, I. A. (1991). Enolpyruvate: chemical determination as a pyruvate kinase intermediate. *Biochem*. 30:727–732.

St-Jean, M., Blonski, C., and Sygush, J. (2009). Charge stabilization and entropy reduction of central lysine residues in fructose-*bis*phosphate aldolase. *Biochem*. 48:4528–4537.

해당작용의 조절

Depré, C., Rider, M. H., and Hue, L. (1998). Mechanisms of control of heart glycolysis. *Eur. J. Biochem*. 258:277–290.

Engström, L., Ekman, P., Humble, E., and Zetterqvist, Ö. (1987). Pyruvate kinase. In *The Enzymes*, Vol. 18, P. D. Boyer and E. Krebs, eds. (San Diego: Academic Press), pp. 47–75.

Gould, G. W., and Holman, G. D. (1993). The glucose transporter family: structure, function and tissue-specific expression. *Biochem*. J. 295:329–341.

Pessin, J. E., Thurmond, D. C., Elmendorf, J. S., Coker, K. J., and Okada, S. (1999). Molecular basis of insulin-stimulated GLUT4 vesicle trafficking. Location! Location! Location! *J. Biol. Chem*. 274:2593–2596.

Pilkis, S. J., Claus, T. H., Kurland, I. J., and Lange, A. J. (1995). 6-Phosphofructo-2-kinase/fructose-2,6-bisphosphatase: a metabolic signaling enzyme. *Annu. Rev. Biochem*. 64:799–835.

Pilkis, S. J., El-Maghrabi, M. R., and Claus, T. H. (1988). Hormonal regulation of hepatic gluconeogenesis and glycolysis. *Annu. Rev. Biochem*. 57:755–783.

Pilkis, S. J., and Granner, D. K. (1992). Molecular physiology of the regulation of hepatic gluconeogenesis and glycolysis. *Annu. Rev. Physiol*. 54:885–909.

Van Schaftingen, E. (1993). Glycolysis revisited. *Diabetologia* 36:581–588.

Yamada, K., and Noguchi, T. (1999). Nutrient and hormonal regulation of pyruvate kinase gene expression. *Biochem*. J. 337:1–11.

다른 당들의 대사

Álvaro-Benito, M., Polo, A., González, B., Fernández-Lobato, M., and Sanz-Aparicio, J. (2010). Structural and kinetic analysis of *Schwanniomyces occidentalis* invertase reveals a new oligomerization pattern and the role of its supplementary domain in substrate binding. *J. Biol. Chem*. 285:13930–13941; doi:10.1074/jbc.M109.095430

Frey, P. A. (1996). The Leloir pathway: a mechanistic imperative for three enzymes to change the stereochemical configuration of a single carbon in galactose. *FASEB J*. 10:461–470.

Itan, Y., Jones, B. L., Ingram, C. J. E., Swallow, D. M., and Thomas, M. G. (2010). A worldwide correlation of lactase persistence phenotypes and genotypes. *BMC Evol. Biol*. 10:36; www.biomedcentral.com/1471-2148/10/36

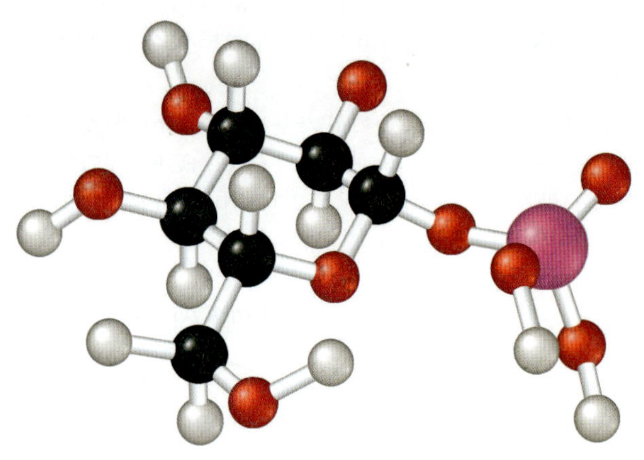

포도당신생성, 오탄당인산 경로, 글라이코젠 대사

그 반응이 오늘날 매우 하찮은 것으로 보이더라도, 당시에는 아무도 효소의 인산화가 효소를 조절하리라고는 상상도 못했기 때문에 엄청나게 놀라운 일이었을 것이다.

—에드먼트 피셔,
Memories of Ed Krebs (2010)

포도당의 이화작용은 몇몇 세포의 대사에 있어서 중심적인 위치를 차지하고 있다. 반면 모든 종은 간단한 2-또는 3-탄소 유기화합물을 전구체로 하여 포도당신생성(문자 그대로 새로운 당의 형성이다)을 통해 포도당을 합성한다. 광합성을 하는 몇몇 종들은, 이산화탄소를 고정시켜 이러한 전구체를 형성하는 과정을 시작으로 무기물에서 포도당을 합성해낸다. 이번 장에서 우리는 해당작용에 이용되는 모든 포도당 분자는 몇몇 종의 경우 반드시 합성되어야 한다는 점을 고려하며 포도당신생성을 논의하고자 한다.

포도당신생성 과정은 해당작용과 일부 단계를 공유하기는 하나 4가지의 포도당신생성 과정의 특이적인 단계는 해당작용에서는 나타나지 않는다. 이러한 반응들은 해당작용의 대사적으로 비가역적인 반응을 대체한다. 서로 반대되는 이 반응들은 동화반응과 이화반응을 조절하는 구분된 반응의 한 예라고 할 수 있다(10.2절).

ATP 생성에 연료로 이용되는 것(해당작용과 시트르산 회로를 통해)과 더불어, 포도당은 뉴클레오타이드와 디옥시 뉴클레오타이드의 일부인 라이보스와 디옥시라이보스의 전구체이다. 인산 오탄당 경로는 NADPH의 형태로 $NADP^+$의 환원형을 형성하는 것과 라이보스의 합성에 관여한다.

포도당의 가용성은 포도당과 이와 관련된 분자들의 흡수와 합성의 조절과 당 잔기로 구성된 저장상태의 다당류의 분해와 합성의 조절을 통해서 제어된다. 포도당은 박테리아와 동물에서 글라이코젠의 형태로 저장되고 식물에서는 전분의 형태로 저장된다. 글라이코젠과 전분은 포도당 단량체로 분해되고 이는 해당작용을 통해 여러 에너지 생성과정의 연료로 이용

위: 코리 에스터, α-D-글루코피라노스 1-인산.

되거나 다른 생합성 경로의 전구체로 기능을 한다. 글라이코젠의 대사는 반대로 조절되는 반응의 예로 제시될 것이다.

포유동물에서 포도당신생성, 인산 오탄당 경로, 글라이코젠 대사는 밀접하게 연관되어 있으며 개체의 필요성에 따라 서로 유기적으로 조절된다. 이번 장에서 우리는 이들 과정에 대해서 알아보고 포유동물 세포에서의 당의 대사 과정을 조절하는 메커니즘에 대해 기술하고자 한다. 포유동물에서의 포도당과 글라이코젠의 대사 과정의 조절은 최초로 밝혀진 신호전달 메커니즘이기 때문에 역사적 관점에서도 중요하다.

12.1 포도당신생성

서론에서 기술한 바와 같이 모든 생명체는 포도당 생합성, 또는 포도당신생성 경로를 가지고 있다. 동물에서도 포도당이 외부에서 또는 세포 내에 저장되어 있는 양으로 공급되는 것이 항상 가능하지는 않기 때문에 외인성 포도당을 주된 에너지 공급원으로 이용한다. 예를 들어 16시간에서 24시간 동안 먹지 않는 큰 포유동물의 경우 간에 저장된 글라이코젠을 분해하고, 뇌와 같이 포도당만을 에너지원으로 이용하는 특정 조직이 존재하므로 생명을 유지하기 위해 포도당을 합성한다. 간과 신장과 같은 일부 포유동물의 조직은 1차적으로 젖산과 알라닌 같은 간단한 전구체를 이용해서 포도당을 합성해낸다. 공복상태에서 포도당신생성은 체내에서 필요로하는 포도당의 대부분을 공급해준다. 운동 중 혐기적 상태에서, 근육은 포도당을 파이루브산과 젖산으로 전환시키고 이들은 간을 지나면서 포도당으로 변한다. 뇌와 근육은 새로이 형성된 포도당의 대부분을 사용한다. 미생물은 다양한 영양성분을 포도당의 인산에스터 형태로 변형시키거나 글라이코젠으로 전환한다.

파이루브산을 포도당 합성의 시작으로 보는 것이 편리하다. 파이루브산으로부터의 포도당신생성은 그림 12.1의 해당과정과 비교된다. 대부분의 중간체와 효소들이 동일한 것으로 나타난다. 해당과정의 7가지 근접 평형반응은 포도당신생성과 반대 방향으로 진행한다. 포도당신생성의 특이적인 효소반응은 해당반응의 대사적으로 비가역적인 3가지 반응을 필요로 한다. 이러한 비가역적인 해당반응은 파이루브산 카이네이즈, 포스포프럭토카이네이즈-1, 헥소카이네이즈를 통해 촉진된다. 생합성 과정에서 이 반응들은 다른 효소를 통해 촉진된다.

모든 종이 포도당신생성 과정을 지니고 있다고 하여도, 해당과정을 모두 지니고 있지는 않다(11.7절). 원핵생물의 진화 과정에서 일찍이 나누어진 미생물에서는 더욱이 그렇다. 따라서 포도당신생성이 좀 더 오래전부터 행해져오던 과정이라 할 수 있고 이는 당의 분해과정이 형성되기 전에 포도당의 공급이 가능한 것을 설명할 수 있다. 생합성 과정이 형성됨에 따라 양방향성 효소로서 당분해효소가 당의 신생성에도 이용되는 것이 적절하다고 할 수 있다. 포스포프럭토카이네이즈-1을 비롯한 이러한 효소들은, 포도당신생성의 대사적으로 비가역적인 반응을 양방향으로 관여하도록 진화하였다.

다음 절에서, 어떠한 다른 전구체들이 반응 과정에 참여하는지 논의해보고자 한다.

두 분자의 파이루브산에서 한 분자의 포도당을 합성하는데에는 4개의 ATP와 2개의 GTP, 2개의 NADH가 필요하다. 포도당신생성의 알짜 반응식은 12.1과 같다.

$$\begin{aligned} &2\ \text{파이루브산} + 2\ \text{NADH} + 4\ \text{ATP} + 2\ \text{GTP} + 6\ \text{H}_2\text{O} + 2\ \text{H}^{\oplus} \longrightarrow \\ &\qquad \text{포도당} + 2\ \text{NAD}^{\oplus} + 4\ \text{ADP} + 2\ \text{GDP} + 6\ \text{P}_i \end{aligned} \tag{12.1}$$

4개의 ATP는 열역학적 장벽을 극복하고 두 분자의 파이루브산으로부터 고에너지 화합물인 포스포엔올파이루브산 두 분자의 합성을 하는데 필요하다. 해당작용에서 포스포엔올파이루브산을 파이루브산으로 전환하는 것은 파이루브산 카이네이즈에 의해 진행되는 대사적으로 비가역적 반응이다. 이화반응 과정에서 이 반응은 ATP의 합성 과정과 결합하여 진행된다.

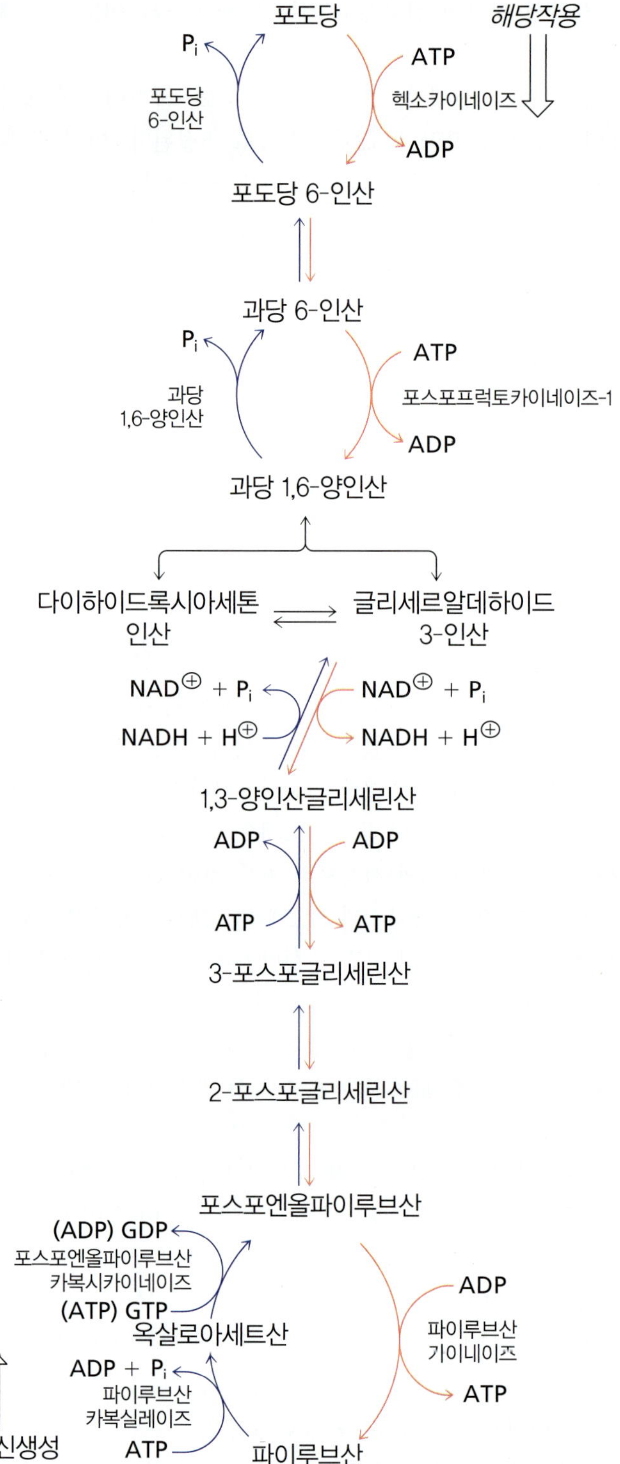

그림 12.1 ▶

포도당신생성과 해당작용의 비교. 포도당신생성에는 대사적으로 비가역적인 4가지의 반응이 있다(파란색). 이 반응들은 해당과정(빨간색)의 각기 다른 세 가지 효소를 통해 촉진된다. 이 두 경로 모두 삼탄당 단계와 육탄당 당계를 포함한다. 두 분자의 파이루브산은 한 분자의 포도당을 형성하는 데 필요하다.

파이루브산 카복실레이즈는 바이오틴을 포함하는 효소이다. 이 반응 메커니즘은 7.10절에 나와 있다.

두 분자의 ATP는 포스포글리세라이트 카이네이즈에 의해 촉진되는 당분해반응의 역반응을 진행하는데 필요하다. 포도당신생성의 헥소스 단계인 과당 1,6-양인산을 포도당으로 전환하는 과정에서 과당 1,6-양인산이 고에너지 중간체가 아니기 때문에 그 과정에서 에너지의 회복이 일어나지 않는다. 해당작용은 ATP 2당량과 두 분자의 NADH를 만들기 때문에, 두 분자의 ATP를 사용하고 네 분자의 ATP를 생성한다. 이는 전체 6당량의 ATP와 두 분자의 NADH를 사용하는 포도당신생성을 통해 한 분자의 포도당을 합성하는 것과 비교해볼 수 있다. 예상한 것처럼, 포도당의 생합성은 에너지를 필요로 하고 포도당이 분해될 때 에너지가 방출된다.

A. 파이루브산 카복실레이즈

포스포엔올파이루브산의 합성에 사용되는 두 가지 효소를 이용해서 파이루브산을 포도당으로 전환하는 각각의 단계에 대해 알아보고자 한다. 두 단계는 카복실화와 잇달아 발생하는 탈카복실화를 포함한다. 첫 번째 단계에서 파이루브산 카복실레이즈는 파이루브산을 옥살로아세트산으로 변환시킨다. 이 반응은 한 분자의 ATP의 가수분해 과정과 같이 진행된다(그림 12.2).

파이루브산 카복실레이즈는 네 개의 각기 다른 소단위로 구성되는 크고 복잡한 효소이다. 각각의 소단위는 라이신 잔기와 공유결합으로 연결되어 있는 바이오틴 보결분자단을 지니고 있다. 바이오틴은 파이루브산에 중탄산염을 결합시키는 과정에 이용된다. 파이루브산 카복실레이즈는 대사적으로 비가역적인 반응을 촉진한다—아세틸 CoA를 통해 입체다른자리 조절반응을 받는다. 이 반응은 효소를 통한 반응으로 알려진 유일한 조절반응이다. 아세틸 CoA의 축적은 시트르산 회로를 통해 효과적으로 대사가 진행되고 있지 않다는 것을 의미한다. 이러한 조건에서 파이루브산 카복실레이즈는 파이루브산을 아세틸 CoA 대신 옥살로아세트산으로 바로 전환시킨다. 옥살로아세트산은 시트르산 회로로 직접 들어갈 수 있으며 포도당 생합성의 전구체로도 이용이 가능하다.

중탄산염은 그림 12.2에서 나타낸 반응의 기질 중 하나이다. 중탄산염은 이산화탄소가 물에 용해되면서 형성되기 때문에, 이 반응이 이산화탄소를 기질로 이용한다고 기재하는 경우도 종종 있다. 파이루브산 카복실레이즈의 반응은 미생물이나 다른 진핵생물에서 이산화탄소를 고정시킬 때 중요한 역할을 한다. 하지만 이 기능이 명확히 밝혀져 있지는 않았기에 이산화탄소가 바로 다음 단계의 반응에서 방출되는 물질에서부터 포도당신생성을 알아보고자 한다. 하지만 대부분의 옥살로아세트산은 포도당신생성으로 형성되지는 않는다. 대신에 옥살로아세트산은 아미노산과 지방의 생합성 전구체를 제공하는 시트르산 회로의 중간체 풀을 다시 채워준다(13.7절).

$$\begin{array}{l} COO^{\ominus} \\ | \\ C{=}O + ATP + HCO_3^{\ominus} \\ | \\ CH_3 \end{array}$$

파이루브산 중탄산염

↓ 파이루브산 카복실레이즈

$$\begin{array}{l} COO^{\ominus} \\ | \\ C{=}O + ADP + P_i \\ | \\ CH_2 \\ | \\ COO^{\ominus} \end{array}$$

옥살로아세트산

▲ 그림 12.2
파이루브산 카복실레이즈 반응.

B. 포스포엔올파이루브산 카복실레이즈

포스포엔올파이루브산(PEPCK) 카복실레이즈는 옥살로아세트산의 포스포엔올파이루브산으로 전환시키는 과정에 관여한다(그림 12.3). 이는 많이 연구된 효소로 효모의 헥소카이네이즈(6.5c절) 및 시트르산 신테이즈(13.3A절)와 유사한 유도적응 결합반응을 보인다.

포스포엔올파이루브산 카복실레이즈에는 두 가지가 있다. 세균, 원생생물, 균류 및 식물에서 발견된 효소는 탈탄산 과정에서 ATP를 인산기 제공자로 이용한다. 반면에 동물에서 발견된 효소는 GTP를 이용하여 인산기를 제공한다. 대부분의 종에서 효소는 입체다른자리 조절성 형질을 나타내며 물리적인 조절자가 존재하지 않는다. 이것의 활성은 주로 유전자의 전사 조절에 따라 영향을 받는다. 세포에서의 포스포엔올파이루브산 카이네이즈의 활성정도는 포도당신생성의 속도에 영향을 준다. 특히 포유동물에서 두드러지는데 포도당신생성은 주로 간, 신장, 소장의 세포에서 이루어진다. 포유동물이 기아상태일 때, 이자로부터 글루카곤의 유리가 지속되면 세포 내의 cAMP가 증가하게 되고 이는 간에서 포스포엔올파이루브산 카이네이즈 유전자의 전사가 증가하여 포스포엔올파이루브산 카이네이즈의 합성이 증가한다. 몇 시간 후 포스포엔올파이루브산의 양이 늘어나고 포도당신생성의 속도도 증가하게 된다. 식후에 풍부한 인슐린은 글루카곤과 반대되는 작용으로 포스포엔올파이루브산 카이네이즈의 생성속도를 감소시킨다.

파이루브산에서 포스포엔올파이루브산을 형성하는 두 단계는 인간을 포함한 진핵생물에서 일반적이다. 그렇기 때문에 포도당신생성 과정이 설명될 때 꼭 언급된다(그림 12.1). 하지만 세균의 많은 종들은 포스포엔올파이루브산 신테이즈에 의해 진행되는 ATP 의존성 촉

$$\begin{array}{l} COO^{\ominus} \\ | \\ C{=}O \\ | \\ CH_2 \\ | \\ COO^{\ominus} \end{array}$$

옥살로아세트산
+
GTP
(ATP)

↓ 포스포엔올파이루브산 카복실레이즈 (PEPCK) **(12.3)**

$$\begin{array}{l} COO^{\ominus} \\ | \\ C - OPO_3^{2\ominus} + GDP(ADP) \\ \| \qquad\qquad\quad + CO_2 \\ CH_2 \end{array}$$

포스포엔올파이루브산
(PEP)

▲ 그림 12.3
포스포엔올파이루브산 카복실카이네이즈 반응.

매반응을 통해 파이루브산을 곧바로 포스포엔올파이루브산으로 전환한다(그림 12.4). 이 반응의 생성물은 AMP와 P_i를 포함한다. ATP의 두 번째 인산기는 파이루브산으로 전달된다. 따라서 2당량의 ATP가 파이루브산이 포스포엔올파이루브산으로 전환되는데 이용된다 할 수 있다. 이것은 파이루브산 카복실레이즈와 포스포엔올파이루브산 카이네이즈에 의해 진행되는 진핵생물의 2단계 반응에 비해 더 효과적이다. 즉 세균의 세포 안에 포스포엔올파이루브산 카이네이즈가 존재하는 것을 통해 진핵생물에 비해 세균에서 포도당신생성의 중요성이 더 높다는 것을 알 수 있다.

▲ **쥐에서 유래된 포스포엔올파이루브산 카복시카이네이즈.** 닫힌 활성자리는 GTP와 결합한 옥살로아세트산염과 두 이온(분홍색)을 포함한다.

C. 과당 1,6-양인산

포스포엔올파이루브산과 과당 1,6-양인산 사이의 포도당신생성 반응은 단순히 해당과정의 역평형반응이라고 할 수 있다. 해당과정의 다음 반응—포스포프럭토카이네이즈-1을 이용하는—은 대사적으로 비가역적이다. 생합성 방향으로 이 반응은 포도당신생성의 세 번째 특이적인 효소인 과당 1,6-양인산에 의해 이루어진다. 이 효소는 과당 1,6-양인산을 과당 6-인산으로 전환한다.

$$\text{과당 1,6-양인산} + H_2O \xrightarrow{\text{과당 1,6-양인산}} \text{과당 6-인산} + P_i \qquad (12.2)$$

이 반응에서의 인산에스터의 가수분해는 큰 음수의 깁스 자유에너지 변화량을 보인다 ($\Delta G^{\circ\prime}$). 실제 *in vivo*에서 이 반응은 대사적으로 비가역적인 진행을 보이므로 깁스 자유에너지의 변화도 음수이다. 포유류의 효소는 S자형 반응속도를 나타내며, AMP와 조절물질인 과당 2,6-양인산에 의해 입체다른자리 저해를 받는다. 따라서 이 반응은 평형에 도달할 수

BOX 12.1 슈퍼 마우스

미국 오하이오주 클리블랜드의 케이스웨스턴리저브 대학교의 리처드 허드슨 연구팀은 세포질의 포스포엔올파이루브산 카복실레이즈 유전자를 추가하여 슈퍼마우스를 형성하는데 성공하였다. 동형의 형질전환 쥐는 골격근에서 더 많은 포스포엔올파이루브산카이네이즈를 발현하였다. 이들은 반응성이 현저히 높았으며 공격적이고 mouse treadmil에서의 견디는 시간이 증가하였다(멈추지 않고 5 km까지 뛰었다!). 이들은 대조군에 비해 많이 먹었으나 크기는 상당히 작았다.

설치류의 근육은 엄청난 양의 옥살로아세트산을 포스포엔올파이루브산으로 전환시켰으며 후에 포도당을 포함하여 포도당신생성 과정의 중간체로 작용하였다. 이들의 근육세포는 대조군에 비해 많은 마이토콘드리아를 지니고 있었다.

이러한 과활성을 생화학적으로 설명하기 힘들다. 아마도 시트르산 회로(13장)에서의 효과로 인한 것이라고 예상해 볼 수 있을 것이다. 이것은 그 경로에서의 흐름을 높여서 ATP 양을 폭발적으로 증가시켰다. 이러한 유전적 변이가 인간의 근육에 적용하여 뛰어난 운동선수를 탄생시킬 수 있는지에 대해 질문한 결과 핸슨(Hanson)과 하카미(Hakimi, 2008)는 PEKCK-C^{mus} 쥐가 매우 공격적이어서 슈퍼마우스에 비해서는 덜 공격적인 모델이 필요하며, 인간에게 적용하여 유전형질의 변이를 일으키는 것은 윤리적으로는 물론이고 과학적으로도 가능하지 않다고 답했다.

▲ 마이티 마우스 © CBS Operations.

없다. 과당 2,6-양인산은 당분해과정에서 과당 1,6-양인산을 형성하는 데 관여하는 포스포크럭토카이네이즈-1를 활성시킨다(11.5C절). 과당6-인산과 과당 1,6-양인산의 상호전환에 관여하는 이 두 가지 효소는 과당 2,6-양인산의 농도에 의해 상호조절받는다(12.6C절).

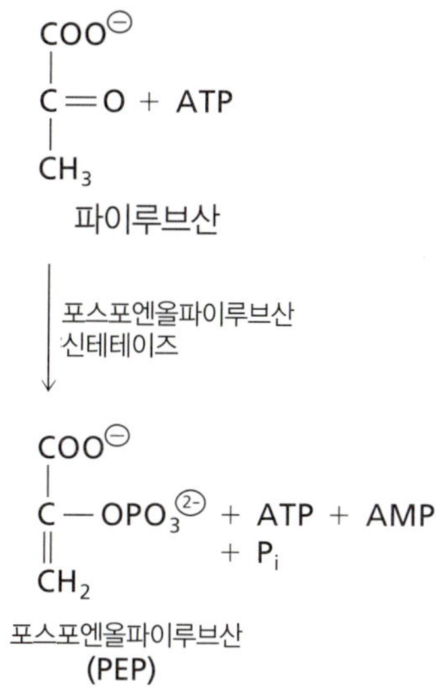

D. 포도당 6-인산

포도당신생성의 마지막 단계는 포도당 6-인산의 가수분해를 통해 포도당을 형성하는 것으로 이 과정에 관여하는 효소는 포도당-6-포스파테이즈이다.

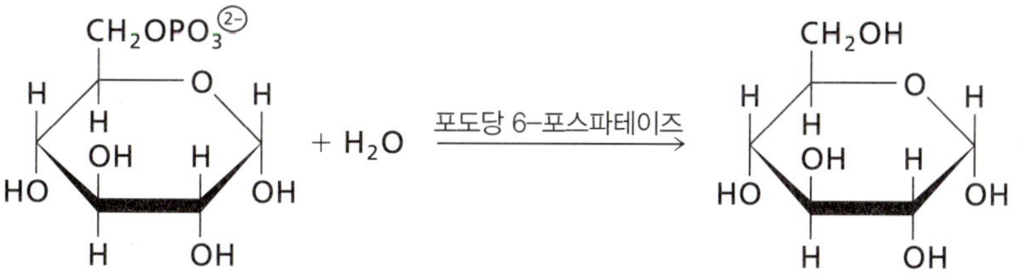

$$\text{포도당 6-인산} + H_2O \xrightarrow{\text{포도당 6-포스파테이즈}} \text{포도당} + P_i \quad (12.3)$$

포도당신생성의 최종 산물이 포도당임을 알고 있지만 모든 종에 해당하는 것은 아니다. 대부분의 경우 생합성 과정은 포도당 6-인산에서 끝난다. 이 생성물은 포도당을 형성할 수 있는 활성체이다. 이것은 추가적인 탄수화물 합성 과정의 기질로 이용되어 글라이코젠(12.6절), 전분과 이당류(15.11절), 오탄당(12.5절), 육탄당을 형성한다.

포유동물에서 포도당은 포도당신생성의 중요한 마지막 생성물이며 많은 조직에서 해당과정의 주된 에너지원으로 이용된다. 포도당은 간, 신장, 소장에서 혈류로 이동한다. 이 세포들에서 포도당 6-인산은 소포체의 내강에 존재하는 활성자리에 결합한다. 이 효소는 포도당 6-인산 트랜스포터(G6PT)와 포스페이트 트랜스포터를 포함하는 복합체의 일부분이다. G6PT는 포도당 6-인산을 세포질에서 포도당과 무기인산의 가수분해가 이루어지는 소포체의 안쪽으로 이동시킨다. 인산은 세포질로 되돌아오고 포도당은 분비과정을 통해 세포의 표면으로(그리고 혈류로) 이동한다.

아주 적은 양이더라도 많은 포유동물의 조직에서 포도당신생성에 필요한 다른 효소들이 발견되었다. 포도당 6-인산은 간, 신장, 소장의 세포에 국한되어 나타나므로 오직 이 조직들에서만 유리형의 포도당이 형성될 수 있음을 알 수 있다. 포도당 6-인산이 부족한 조직의 세포는 내부의 탄수화물 대사과정을 통해 포도당 6-인산의 양을 유지한다.

$$\text{파이루브산 } (COO^{\ominus}\text{–}C{=}O\text{–}CH_3) + ATP \xrightarrow{\text{포스포엔올파이루브산 신테테이즈}} \text{포스포엔올파이루브산 (PEP) } (COO^{\ominus}\text{–}C(OPO_3^{2-}){=}CH_2) + ATP + AMP + P_i$$

▲ 그림 12.4
포스포엔올파이루브산 신테테이즈 반응

글루카곤과 인슐린의 추가적인 영향들은 12.6C절에 설명되어 있다.

포유동물의 에너지 대사는 생화학에서 중요한 주제로 인간의 신체에 대한 이해를 돕는다. 포도당 6-인산이나 포도당 6-인산 트랜스포터는 von Gierke 질환을 유발한다(12.8절).

12.2 포도당신생성의 전구물질

포도당 6-인산의 합성의 주된 기질들로 파이루브산과 시트르산 회로의 중간체로 3-탄소화합물의 중간체(3-인산글리세르알데하이드), 아세틸 CoA와 같은 2-탄소화합물의 중간체가 가능하다. 아세틸 CoA는 세균, 원생생물, 균류, 식물 그리고 일부 동물에서 일어나는 글리옥실산 회로에서 옥살로아세트산으로 전환된다(13.8절). 일부 생명체들은 무기탄소를 2-탄소 또는 3-탄소 화합물로 결합시켜서 고정한다(예: 캘빈 회로 15.4절). 이러한 화합물들은 포도당신생성 과정에 이용되어 결과적으로는 이산화탄소에서 포도당이 형성되는 반응이 나타나게 된다.

핵심개념

포유동물의 연료대사는 우리 몸을 이해하는 데 도움을 주기 때문에 중요한 생화학적 부분이다.

포유동물의 생화학적 연구는 연료의 대사와 단순한 전구체로부터 포도당을 형성하는 반응에 초점을 맞추고 있으며 이는 이번 장에서도 주로 다룰 내용이다. 포유동물의 주된 포도당신생성의 전구체들은 젖산과 대부분의 아미노산(특히, 알라닌)이다. 트라이아실글리세롤의 가수분해로 형성되는 글리세롤 또한 포도당신생성의 전구체이다. 글리세롤은 다이하이드록시아세톤 인산으로 전환된 뒤 포도당신생성 과정에 이용된다. 포도당신생성을 진행하지 않는 조직에서의 전구체들은 먼저 포도당신생성에 이용될 수 있는 기질로 변하기 위해 간으로 이동한다.

A. 젖산

해당작용은 근육과 적혈구에서 다량의 젖산을 만들어 낸다. 이들에게서 형성되는 젖산과 다른 전구체들은 혈류를 타고 간으로 이동하여 젖산 디하이드로지네이즈의 작용을 통해 파이루브산으로 전환된다. 파이루브산은 포도당신생성의 기질로 이용될 수 있다. 간에서 형성되는 포도당은 혈류로 들어가 근육과 적혈구를 포함한 여러 말초조직으로 이동한다. 이러한 과정을 **코리 회로(Cori cycle)**라 한다(그림 12.5). 젖산이 포도당으로 전환되는 것에는 에너지가 필요하며 이 에너지의 대부분은 간에서 지방산의 산화를 통해 얻어진다. 따라서 코리 회로는 포도당 형태의 화학적 위치에너지를 간에서 다른 말초조직으로 이동시키는 작용을 한다.

B. 아미노산

대부분의 아미노산의 탄소골격은 파이루브산이나 다른 시트르산 회로의 중간체로 대사된다. 이러한 이화반응의 최종산물은 포도당신생성을 진행하는 세포의 포도당 6-인산 합성의 전구체로 이용된다. 포유동물의 말초조직에서, 해당과정이나 다른 아미노산의 이화반응으로 형성된 파이루브산은 포도당을 합성하기에 앞서 간으로 이동한다. 코리 회로는 근육에서 파이루브산을 젖산으로 전환하고 이를 간에서 다시 파이루브산으로 전환은 과정을 이용하는 이러한 전달반응의 일종이다. 포도당-알라닌 회로도 이와 유사한 전달체계를 지닌다(17.9B절). 파이루브산은 알라닌을 형성하는 글루탐산과 같은 아미노산으로부터 아미노기를 받아들인다(7.2B절, 그림 12.6).

알라닌은 간으로 이동하여 α-케토글루타르산과 아미노기전이반응을 하여 포도당신생성에 이용할 파이루브산을 만들어낸다. 아미노산은 포도당의 공급이 중단된 기아상태에서 포도당신생성의 주된 탄소 제공자로 이용된다. 또한 아스파트산의 탄소골격은 포도당 전구체로도 이용된다.

아스파트산은 세포의 과다한 질소를 제거해주는 반응인 요소회로에 아미노기를 제공한다(17.9B절). 아스파트산은 요소회로에서 퓨마르산으로 변하고 퓨마르산은 옥살로아세트산의 산화형인 말산으로 수화된다. 그리고 아스파트산은 α-케토글루타르산과 아미노기전이반응으로 옥살로아세트산을 형성한다.

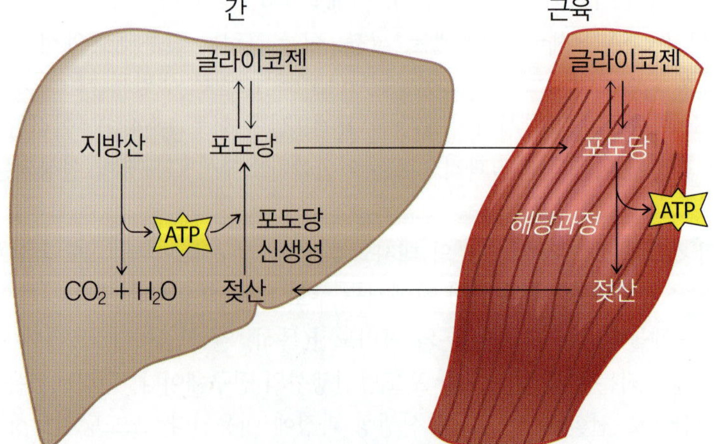

그림 12.5 ▶
코리 회로. 포도당은 근육세포에서 L-젖산으로 전환된다. 이 젖산의 일부는 배설되거나 혈류를 통해 간으로 이동한다. 젖산은 간에서 포도당으로 전환되며 포도당은 다시 혈류로 이동하여 근육세포로 유입된다. 이 조직들은 모두 글라이코젠을 합성하고 이동시키는 기능을 지닌다.

C. 글리세롤

트라이아실글리세롤의 분해는 글리세롤과 아세틸 CoA를 형성한다. 앞서 설명한 바와 같이, 아세틸 CoA는 글라이옥실산회로를 통해 포도당을 형성한다. 글라이옥실산회로는 포유동물의 세포에서 지방에서 포도당을 합성해내는 과정에는 관여하지 않는다. 하지만 글리세롤은 글리세롤 카이네이즈에 의해 진행되는 인산화를 통해 3-인산글리세롤이 되어 포도당으로 전환되는 것은 가능하다. 3-인산글리세롤은 다이하이드록시아세톤인산으로 전환된 뒤 포도당신생성 과정에 이용될 수 있다. 이 산화반응은 3-인산글리세롤 디하이드로지네이즈 복합체를 지니는 플라빈에 의해 마이토콘드리아 내막에서 진행된다. 이 효소의 바깥 부분은 3-인산글리세롤과 결합하고 있으며, 유비퀴논(Q)으로 전자의 이동이 발생하고 그 후 전자는 막에 존재하는 전자전달계로 이동한다. 3-인산글리세롤의 산화는 주로 글리세롤 합성의 역반응에 관여하는 세포질의 3-인산글리세롤 디하이드로지네이즈를 필요로 하는 NAD⊕에 의해 이루어진다. 이 효소들은 포유동물에서 포도당신생성이 이루어지는 장소인 간에서 발견된다.

D. 프로피온에스터와 젖산

소, 양, 기린, 사슴, 낙타와 같은 반추동물에서 반추위의 미생물에 의해 형성된 프로피온에스터와 젖산은 포도당신생성 과정으로 유입된다. 프로피온에스터는 프오피오닐 CoA로 전환된 뒤 석시닐 CoA가 된다. 이 반응들은 지방의 대사를 다루는 장에서 깊게 논의할 것이다(16.3절). 석시닐 CoA는 시트르산 회로의 중간체로 옥살로아세트산으로 대사된다. 반추위의 젖산은 파이루브산으로 산화된다.

E. 아세트산

많은 종들이 아세트산을 이들의 주된 탄소 공급원으로 이용한다. 이들은 아세트산을 옥살로아세트산의 전구체인 아세틸 CoA로 전환하여 이용한다. 세균과 효모와 같은 단세포성 진핵

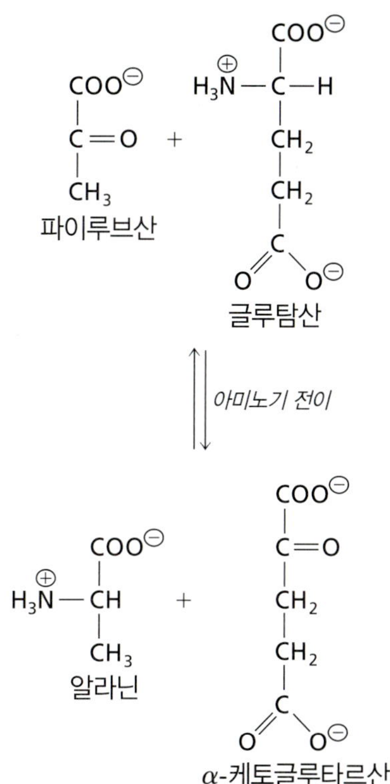

▲ 그림 12.6
파이루브산의 알라닌으로의 전환. 파이루브산은 말초조직에서 알라닌으로 전환된다. 알라닌은 혈류를 통해 간으로 이동하며 간에서 알라닌은 아미노기전이반응과 동일하게 다시 파이루브산으로 전환된다. 파이루브산은 포도당신생성의 전구체로 이용된다.

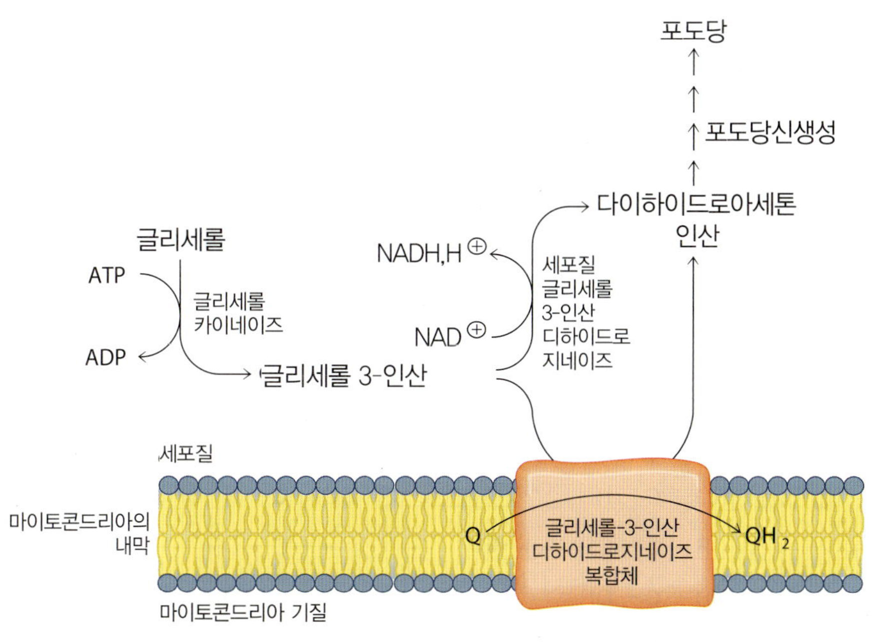

▲ 그림 12.7
글리세롤 유래 포도당신생성. 글리세롤 3-인산은 마이토콘드리아 막에서 글리세롤 3-인산 디하이드로지네이즈 복합체를 통해 산화된다. 세포질 내에 존재하는 이 효소 복합체는 다이하이드록시아세톤인산과 글리세롤 3-인산의 상호전환에 관여한다.

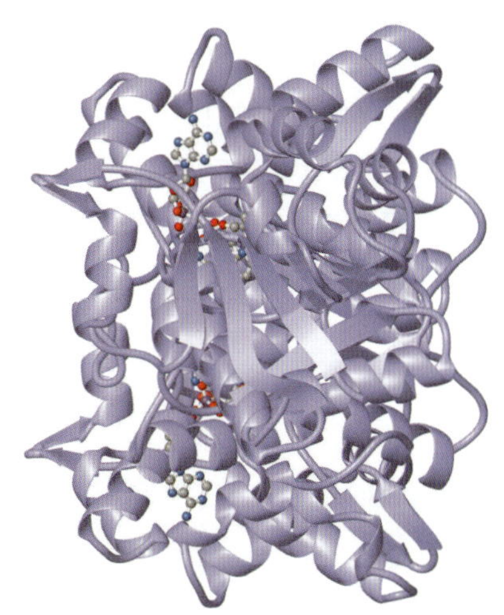

▲ **글리세롤 3-인산 디하이드로지네이즈.** 이것은 인간에 존재하는 세포질내 효소로 DHAP와 NAD를 활성자리에 포함한다. 세포막에 결합된 형태의 효소의 구조는 아직 밝혀지지 않았다.

▶ **포도당신생성의 전구체들.** 글라이옥실산 경로, 캘빈 회로, 이산화탄소의 아세테이트로의 고정 등은 동물에서 일어나지 않는다. 프로피온산염은 반추동물의 반추위에 있는 미생물에 의해 생성된다.

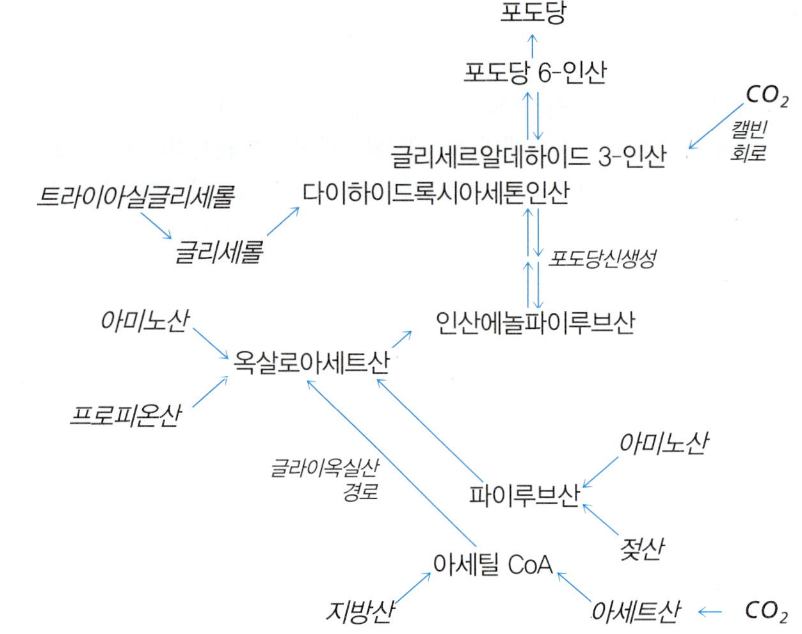

세포는 아세트산을 포도당신생성의 전구체로 이용한다. 세균의 몇몇 종들은 이산화탄소에서 직접 아세트산을 형성하기도 한다. 이들의 포도당신생성과정은 무기물질을 기질로 하여 포도당을 합성하는 경로를 포함한다.

BOX 12.2 포도당은 어떤 때는 소비톨로 전환된다

대부분의 동물들은 포도당—포도당신생성, 음식섭취, 글라이코젠 분해로부터 얻은—을 산화시키거나 글라이코젠으로 다시 통합시킨다. 그러나 일부 포유동물의 조직에서(정소, 이자, 뇌, 수정체) 포도당은 아래의 과정을 거쳐서 과당으로 전환된다. 알도스 리덕테이즈는 포도당을 환원하여 소비톨을 형성하고 폴리올 디하이드로지네이즈는 소비톨의 산화를 촉진하여 과당을 형성한다. 이 짧은 과정은 일부 세포에서 필수적인 소비톨을 제공한다. 예를 들어 과당은 정자의 주된 에너지원이다.

알도스 환원효소는 포도당에 대해 높은 K_m 값을 지니므로 이 과정은 일반적으로 낮으며 포도당은 해당작용을 통해 대사된다. 포도당의 농도는 일반적인 상태보다 높으며(예: 당뇨병인 경우), 증가된 소비톨의 양은 수정체와 같은 조직에서 형성된다. 알도스 환원효소보다 낮은 폴리올 디하이드로지네이즈 활성이 보이며 소비톨이 축적된다. 세포막이 상대적으로 소비톨의 투과도가 낮기 때문에, 세포의 삼투압이 결과적으로 변하게 되며 이는 수정체의 단백질을 침전시키고 응집시켜 백내장을 유발한다—수정체의 불투명한 부분이 보임.

포도당 (CHO, H—C—OH, HO—C—H, H—C—OH, H—C—OH, CH_2OH) —알도스 리덕테이즈 ($NADPH + H^{\oplus}$ → $NADP^{\oplus}$)→ 소비톨 (CH_2OH, H—C—OH, HO—C—H, H—C—OH, H—C—OH, CH_2OH) —폴리올 디하이드로지네이즈 ($NAD^{\oplus}$ → $NADH + H^{\oplus}$)→ 과당 (CH_2OH, C=O, HO—C—H, H—C—OH, H—C—OH, CH_2OH)

▲ **포도당으로부터 소비톨의 생성.**

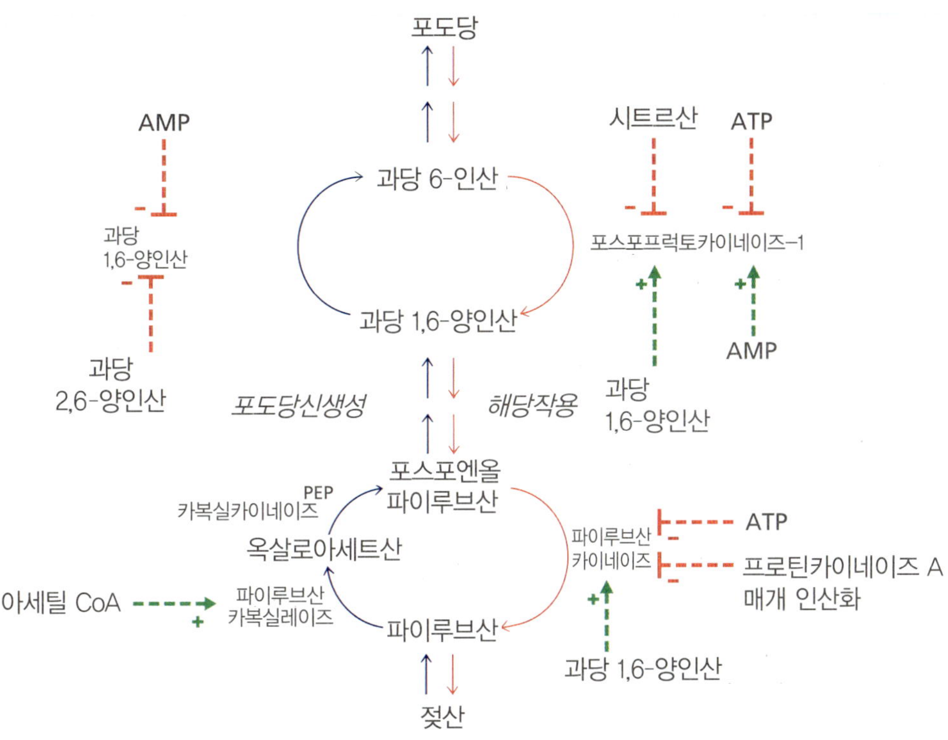

▲ 그림 12.8
대사체를 통한 당분해와 포도당신생성의 조절. 과당 6-인산/과당 1,6-양인산과 포스포엔올파이루브산/파이루브산의 상호전환은 서로 다른 비가역적 대사반응으로 진행된다. 효소활성의 변화는 전환의 속도에만 영향을 미치는 것이 아니라 해당과정과 포도당신생성의 전환반응의 방향성에도 영향을 미친다. 알짜반응은 ATP의 가수분해에 쓰이는 에너지의 소비를 조절하는 것이다.

12.3 포도당신생성의 조절

포도당신생성은 *in vivo*에서 신중히 진행된다. 해당과정과 포도당신생성은 서로 반대되는 이화작용과 동화작용으로 일부 효소반응을 공유함과 동시에 각 작용에 특이적인 반응을 지닌다. 예를 들어 포스포프럭토카이네이즈-1은 해당반응에 관여하고 과당 1,6-양인산은 이와 반대되는 포도당신생성에 관여한다. 두 반응은 비가역적이며 일반적으로 특정 시기에 한 개의 효소만 활성을 띤다.

포도당신생성의 단기적 조절은(조절은 수 분 안에 이루어지며 새로운 단백질을 합성해내는 과정을 포함하지 않는다) 두 곳에서 진행된다. 이 반응은 파이루브산과 포스포엔올파이루브산이 각기 과당 1,6-양인산과 과당 6-인산으로 전환되는 것을 포함한다(그림 12.8). 두 개의 효소가 동일한 반응에 관여할 때(서로 다른 방향으로), 이들 효소의 활성을 조절하는 것은 서로 반대되는 두 방향의 반응의 흐름을 변화시킨다. 예를 들어 포스포프럭토카이네이즈-1을 억제하면 포도당신생성의 진행이 증가하고 따라서 과당 6-인산이 과당 1,6-양인산을 생성하는 대신 포도당을 형성하는 방향으로 더 많이 진행된다. 이와 동시에 과당 1,6-양인산을 제어하면 과당 1,6-양인산이 해당과정과 포도당신생성반응으로의 흐름이 모두 조절된다.

우리는 포스포프럭토카이네이즈-1을 주로 이전 장에서 다루었으며(11.5C절) 그 외에도 입체다른자리 활성에 대해 논의한 것(5.9절)과 더불어 여러 번 논의하였다. 지금부터는 입체다른자리 활성조절자로 PFK-1의 활성에 관여하는 과당 2,6-양인산에 대해 논의하고자 한다.

과당 2,6-양인산은 과당 6-인산에서 포스포프럭토카이네이즈-2의 작용에 의해 형성된다(그림 12.9). 포유동물의 간에서는 동일한 단백질의 서로 다른 활성자리가 과당 2,6-양인산의 가수분해성 탈인산화를 촉진한다. 이러한 두 기능을 가진 효소는 과당 2,6-양인산의 평형농도를 제어하며 결과적으로 당분해와 포도당신생성 과정을 서로 교환해준다.

그림 12.8에서와 같이 입체다른자리 활성자인 과당 2,6-양인산은 PFK-1을 활성화시키

β-D-과당 6-인산

P_i / 과당 2,6-양인산 포스파테이즈 / H_2O — ATP / PFK-2 / ADP

β-D-과당 2,6-양인산

▲ 그림 12.9
β-D-과당 6-인산과 β-D-과당 2,6-양인산의 상호전환.

BOX 12.3 복합체 효소의 진화

세균의 포스포프럭토카이네이즈-1은 동형4합체이다(그림 5.19). 기능적 단위는 단량체 사이 접점 내에 두 개의 조절자리와 두 개의 활성자리가 서로 머리-꼬리 형태의 이합체를 형성하고 있다. 포스포엔올파이루브산은 이 효소를 억제한다.

진핵생물에서, 직렬식 유전자 증폭은 균류와 동물에서 나타난다. 이는 두 개의 유전자가 융합하여 세균에서의 것보다 크기가 두 배인 단량체를 형성하도록 한다. 이 커다란 단량체는 세균의 이합체와 유사하고 두 개의 활성자리와 조절자리를 지니고 있다. 수백만 년의 시간 동안 이 자리들은 변형되어왔다. 활성자리 중 한곳은 과당 6-인산과 결합하고 ATP를 분해하여 과당 1,6-양인산을 형성하고 역반응에서는 과당 1,6-양인산과 결합하여 활성을 나타낸다. 그 외의 다른 활성자리는 입체다른자리 활성 조절자로 작용하는 과당 2,6-양인산과 결합하도록 진화하였다.

기존 두 군데의 조절자리는 새로운 리간드를 받아들일 수 있도록 진화하였다. 시트르산이 이 중 한 자리의 새로운 억제자로 기능을 하며, 나머지 한 자리는 ATP(억제자)와 AMP(활성자)에 의해 조절을 받아 입체다른자리 활성을 보인다.

▼ 균류와 동물의 포스포프럭토카이네이즈-1의 진화

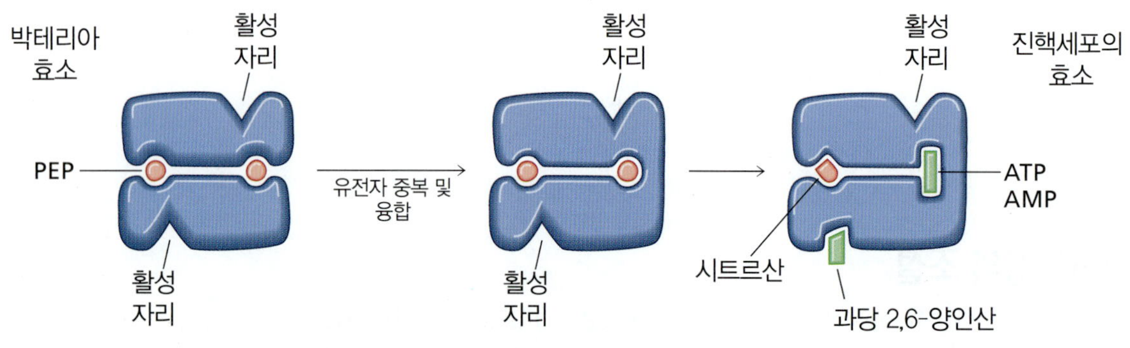

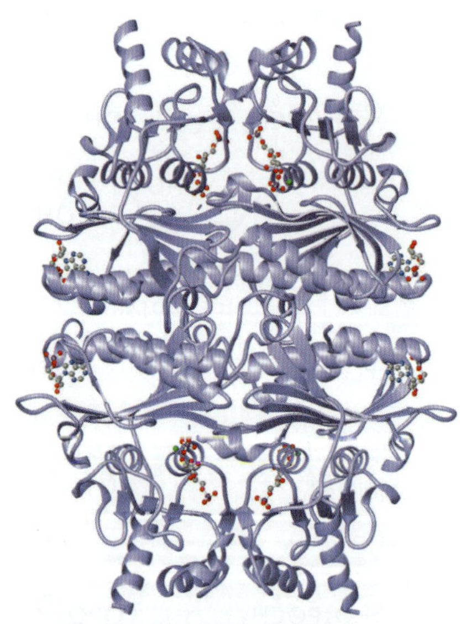

▲ **과당 1,6-양인산의 T형(불활성형).** 이것은 두 이합체 사이에 입체다른자리 억제자인 AMP가 조절위치에 결합되어 있는 인간의 사합체 효소이다. 과당 2,6-양인산의 경쟁적 억제제는 각각의 단량체의 활성자리에 결합하고 있다.

고 과당 1,6-양인산을 억제한다. 과당 2,6-양인산의 증가는 반응의 진행과 상호작용한다. 이는 해당과정을 촉진시키고 포도당신생성은 억제한다.

유사하게 AMP도 이 두 효소와 상호작용을 한다. 과당 1,6-양인산의 기능을 억제하고 포스포프럭토카이네이즈-1의 기능을 활성화시킨다. 두 가지 기능을 지니는 PFK-2와 과당 2,6-양인산의 조절은 글라이코젠 대사를 다룬 뒤 자세히 논의하도록 하겠다.

12.4 오탄당인산 경로

오탄당인산 경로를 통해 세 가지의 오탄당인산이 합성된다. 라이불로스 5-인산, 라이보스 5-인산, 자일룰로스 5-인산. 라이보스 5-인산은 RNA, DNA 합성에 필요하다. 전체적인 반응은 두 단계로 진행된다. 산화적 단계와 비산화적 단계(그림 12.10). 산화적 단계에서는 NADPH가 포도당 6-인산이 오탄당 화합물인 라이불로스 5-인산으로 전환되면서 형성된다.

$$\text{포도당 6-인산} + 2\ NADP^{\oplus} + H_2O \longrightarrow \text{라이불로스 5-인산} + 2\ NADPH + CO_2 + 2\ H^{\oplus} \quad (12.4)$$

만약 세포가 NADPH와 뉴클레오타이드를 모두 필요로 하면, 모든 라이불로스 5-인산은 이성체로서 라이보스 5-인산을 형성하고 이 반응은 그 단계 안에서 모두 완결된다. 일부는 라이보스 5-인산보다 더 많은 NADPH를 필요로 하기도 하고 대부분의 오탄당인산은 포도당신생성 과정의 중간체로 변한다.

오탄당인산 경로의 비산화적 단계는 산화적 단계에서 형성된 오탄당인산을 포도당신생

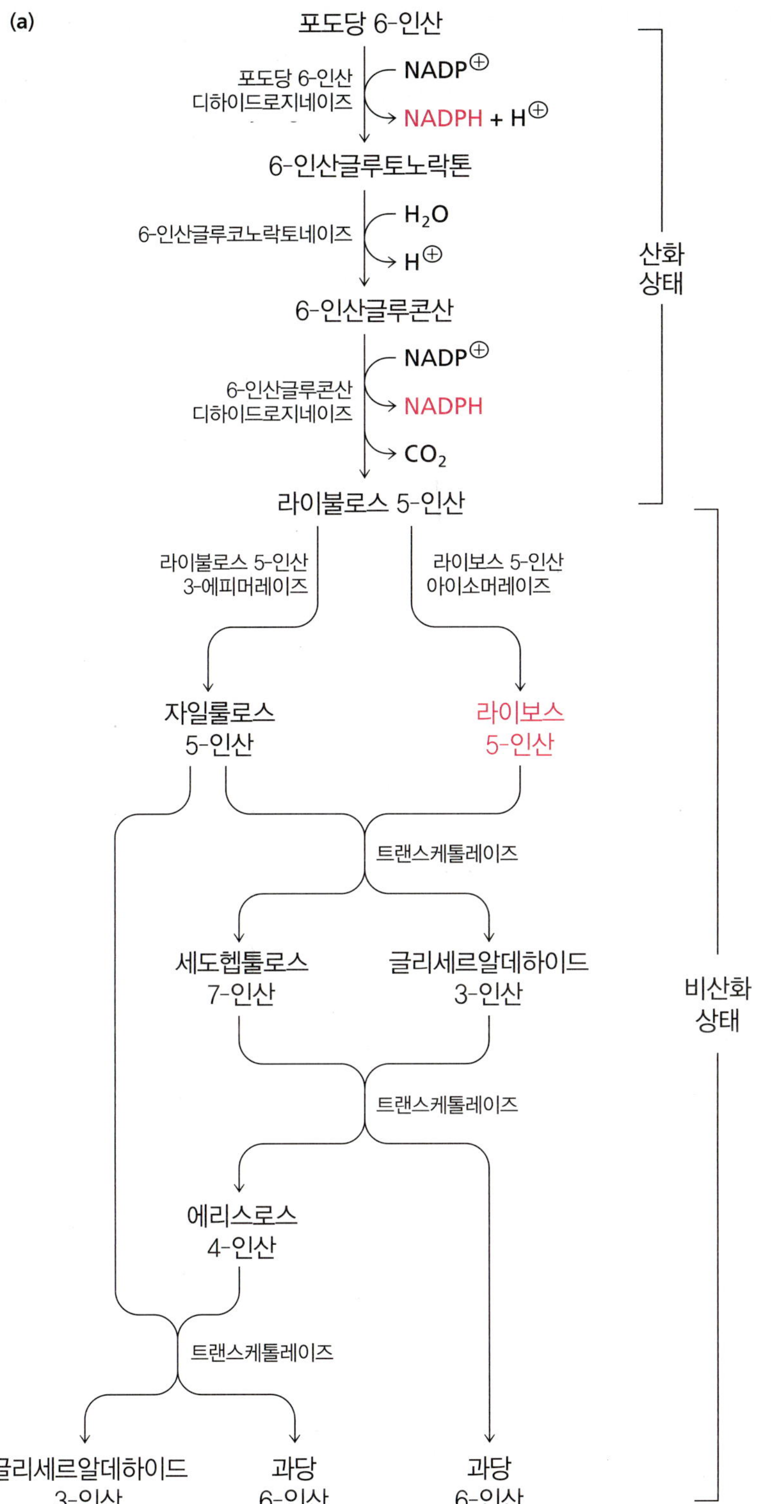

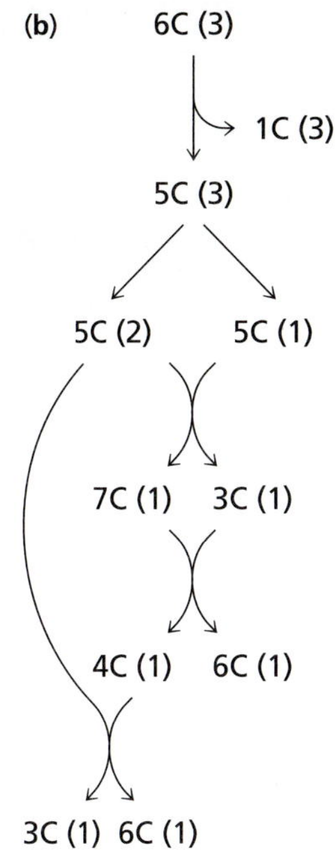

▲ 그림 12.10

오탄당인산 경로. **(a)** 오탄당인산 경로의 산화적 단계는 오탄당인산, 라이불로스 5-인산을 생산하며 NADPH의 생산 또한 수반한다. 비산화적인 단계는 당분해의 중간체인 3-인산글리세르알데하이드와 과당 6-인산을 생성한다. **(b)** 오탄당인산 경로에서의 탄소의 흐름. 산화적 단계에서 6-탄소 화합물 3분자는 3분자의 오탄당(라이불로스 5-인산)과 이산화탄소 3분자로 전환된다. 비산화적인 단계에서는 3분자의 오탄당이 육탄당(과당 6-인산)과 한 분자의 삼탄소 화합물로 전환된다(글리세르알데하이드 3-인산).

성이나 해당과정을 통해서 제거한다. 이 단계에서 라이불로스 5-인산은 중간체인 과당 6-인산과 3-인산글리세라이드로 전환된다. 모든 오탄당인산이 이러한 중간체로 전환된 경우, 비산화적 반응의 합은 세 분자의 오탄당이 두 분자의 육탄당과 한 분자의 삼탄당으로 전환된 것이다.

$$3\,(\text{라이불로스 5-인산}) \longrightarrow 2\,(\text{과당 6-인산}) + (\text{글리세르알데하이드 3-인산}) \qquad (12.5)$$

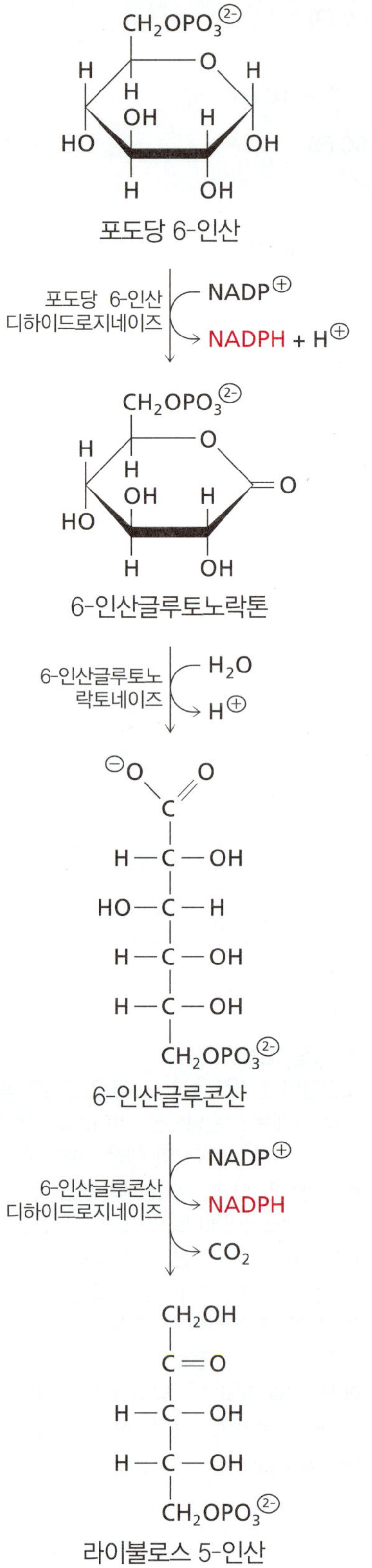

포도당 6-인산

포도당 6-인산 디하이드로지네이즈: $NADP^{\oplus}$ → NADPH + $H^{\oplus}$

6-인산글루토노락톤

6-인산글루토노락토네이즈: H_2O → $H^{\oplus}$

6-인산글루콘산

6-인산글루콘산 디하이드로지네이즈: $NADP^{\oplus}$ → NADPH, CO_2

라이불로스 5-인산

▲ **그림 12.11**

오탄당인산 경로의 산화적 단계. 포도당 6-인산이 오탄당인산 경로로 유입될 때 각각의 포도당 6-인산에 대해 2분자의 NADP가 소비되고 $NADPH^{\oplus}$가 생성된다.

과당 6-인산과 글리세르알데하이드 3-인산은 모두 해당과정이나 포도당신생성 과정으로 대사된다.

이제 오탄당인산 경로의 개별 반응들을 자세히 살펴보자.

A. 산화적 단계

오탄당인산 경로의 산화적 단계에 속하는 세 가지 반응은 그림 12.11에 나타나 있다. 앞의 두 과정은 세균의 엔트너-듀도로프(Entner-Doudoroff) 경로와 동일하다(11.7절). 포도당 6-인산 디하이드로지네이즈(G6PDH)에 의해 일어나는 첫 번째 반응은 포도당 6-인산을 6-인산글루코노락톤으로 산화시킨다. 이 단계는 전체적인 오탄당인산 경로의 주된 조절반응이다. 포도당 6-인산 디하이드로지네이즈는 NADPH에 의해 입체다른자리로 억제된다(억제성 피드백 과정). 이렇듯 간단한 조절반응은 오탄당인산 경로에 의해 형성되는 NADPH에 의해 자기제한적인 성질을 가진다.

산화적 단계의 다음 효소는 6-인산글루코노락토네이즈로서 6-인산글루코노락톤을 6-인산글루콘산으로 수화시킨다. 결과적으로 6-인산글루콘산의 디하이드로지네이즈는 6-인산글루콘산의 산화적 탈탄산반응을 촉진하게 된다. 이러한 반응은 두 분자의 NADPH와 라이불로스 5-인산, 이산화탄소를 형성한다. 그러므로 산화적 단계에서 육탄당이 오탄당과 이산화탄소로 산화되고 두 분자의 NADP가 두 분자의 $NADPH^{\oplus}$로 전환된다.

B. 비산화적 단계

오탄당인산 경로의 비산화적 단계는 근접-평형 반응으로 구성되어 있다. 이 과정의 각 단계는 오탄당을 생합성의 기질로 제공하고 당인산을 해당과정과 포도당신생성에 쓰이도록 한다. 라이불로스 5-인산은 두 가지 특징을 지닌다. 에피머레이즈에 의해 자일로스 5-인산을 형성하거나 아이소머레이즈에 의해 라이보스 5-인산을 형성하도록 한다(그림 12.12, 에피머레이즈와 아이소머레이즈의 차이를 기억하도록 한다). 라이보스 5-인산은 핵산의 라이보스(또는 디옥시라이보스) 부분을 구성하는 전구체이다. 나머지 과정은 오탄당을 해당과정의 중간체로 전환하는 것이다. 빠르게 분화하는 세포는 라이보스 5-인산(라이보뉴클레오타이드와 디옥시라이보뉴클레오타이드의 잔기를 구성하는 전구체로서)과 NADPH(라이보뉴클레오타이드를 디옥시라이보뉴클레오타이드로 환원시키기 위해)를 필요로 하며 일반적으로 높은 오탄당인산 경로의 활성을 보인다.

전반적인 오탄당인산 경로는 비산화적인 단계에서 두 분자의 자일로스 5-인산과 한 분자의 라이보스 5-인산을 상호전환하여 하나의 3탄소화합물(글리세라이드 3-인산)과 두 분자의 6탄소화합물(과당 6-인산)을 형성해낸다. 따라서 오탄당인산 경로를 통해 형성된 3분자의 당으로부터 형성된 탄소화합물은 글리세르알데하이드 3-인산, 과당 6-인산와 이산화탄소이다. 이들의 평형반응은 다음과 같다.

$$3\ \text{포도당 6-인산} + 6\ NADP^{\oplus} + 3\ H_2O \longrightarrow 2\ \text{과당 6-인산} + \text{글리세르알데하이드 3-인산} + 6\ NADPH + 3\ CO_2 + 6\ H^{\oplus} \quad (12.6)$$

많은 세포에서 오탄당인산 경로에 의해 형성된 글리세르알데하이드 3-인산와 과당 6-인산은 포도당 6-인산의 재합성에 이용된다. 포도당 6-인산은 다시한번 오탄당인산 경로로 유입된다. 이런 경우, 포도당 1당량이 6단계를 거쳐 완전히 이산화탄소로 산화된다. 포도당 6-인산 6분자가 모두 산화된 뒤, 6분자의 라이불로스 5-인산은 오탄당인산 경로의 반응을 통해 재정렬되고 포도당신생성 과정의 일부를 통해 포도당 6-인산 5분자를 형성한다(글리세라이드 3-인산 두 분자가 한 분자의 과당 1,6-양인산과 동일한 당량이라는 것을 기억하자).

BOX 12.4 인간에서의 포도당 6-인산 디하이드로지네이즈의 결함

인간의 포도당 6-인산 디하이드로지네이즈의 유전인자는 많은 연구의 주제가 되어왔다. 그림 12.11에서 나타낸 반응을 촉진하는데 이용되는 두 가지 효소가 있다. 유전자 중 하나(G6PDH)는 X 염색체에 존재하며(Xq28) 오로지 적혈구에서 발현된다. 다른 유전자는 (H6PDH) 특이성이 떨어지는 효소를 암호화한다. 이것은 다른 육탄당 기질을 이용한다. 헥소스 6-인산 디하이드로지네이즈는 많은 세포에서 합성되며 오탄당인산 경로의 산화적 단계의 첫 번째 효소로 이용된다.

포도당 6-인산 디하이드로지네이즈 반응은 적혈구에서만 진행되는 NADP⊕ 소비 반응이다. 결과적으로 이 효소의 결함은 이러한 세포들의 대사반응에 극단적인 영향을 미친다. 다른 세포는 H6PDH를 지니므로 영향을 받지 않는다. 인간에서 G6PDH의 결함은 용혈성 빈혈을 유발한다.

X 염색체에는 G6PDH 유전자를 지니는 다양한 대립형질이 존재한다. 이러한 변종들은 낮은 양으로 효소를 발현시키거나 효소의 반응성을 떨어뜨린다. 인간에서 아무것도 발현되지 않도록 암호화된 돌연변이는 아직 밝혀진 바 없다. 이는 G6PDH의 활성이 완전히 사라지게 되면 사망에 이르기 때문이다. 따라서 남성은 X 염색체를 하나만 지니고 있으므로 여성에 비해 이에 대한 감수성이 더 높음을 알 수 있다.

G6PDH가 결함된 사람은 약 4억 명 정도로 추산되며 경미한 증상의 용혈성 빈혈을 동반한다. 이 환자들이 만약 다른 질병으로 인해 약을 복용 중이라면 이 경미한 증상들이 생명을 위협할 수 있다. 이들 중 대다수가 말라리아에 대해 높은 저항성을 보이는데 이는 말라리아 원충이 NADPH를 적은 양만 생산해 내는 적혈구에서는 번식하기 힘들기 때문이다. 이는 오탄당인산 경로의 활성이 떨어짐에도 불구하고 이러한 패턴의 유전형이 많이 존재하게 되는 이유라 할 수 있다. 이것은 유전적 겸상적혈구 빈혈과 같은 선택적 진화의 형태이다. 인간의 유전자 정보를 통해 Entrez Gene 웹사이트에서 이 유전자들의 전체적인 서열을 알 수 있다. G6PDH와 H6PDH 유전자의 모든 서열을 확인할 수 있다. Online Mendelian Inheritance에서도 확인이 가능하다.

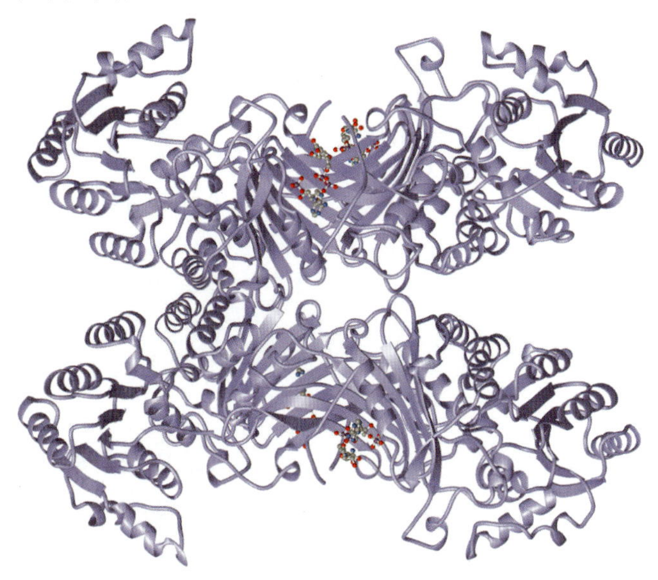

▲ **인간의 포도당 6-인산 디하이드로지네이즈, 변이체 Canton R459L.** 이 효소는 두 개의 이량체로 구성되어 있다(사량체). 두 분자의 NADP⊕는 각각의 이량체의 활성자리에 결합한다.

오탄당인산 경로의 비산화적 단계의 반응은 광합성의 환원성 오탄당인산 회로의 재생단계와 유사하다.

◀ **그림 12.12**
라이불로스 5-인산의 자일룰로스 5-인산 또는 라이보스 5-인산으로의 전환. 각각의 경우 모두 하나의 양성자를 제거하고 에네디올 중간체를 형성한다. 그 후 다시 양성자를 첨가하여 각각 케토스자일룰로스 5-인산 또는 알도스라이보스 5-인산를 형성한다.

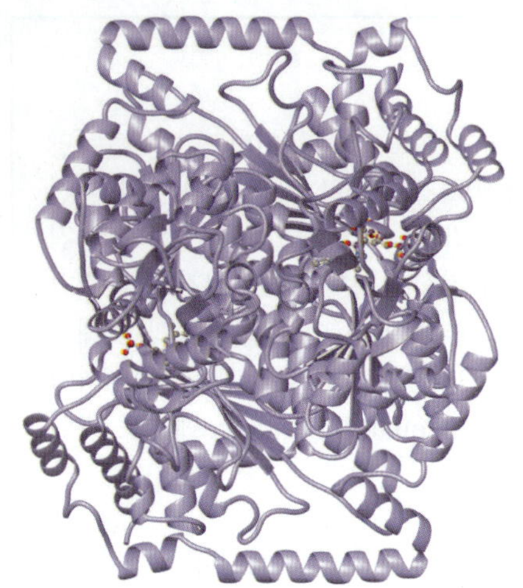

▲ ***Escherichia coli*의 트랜스케톨레이즈.** 각각의 단량체의 활성자리는 자일룰로스 5-인산 한 분자와 TDP 보조인자를 포함한다.

만약 우리가 H_2O와 H를 무시한다면 이 반응의 전체적인 화학량론은 식 12.7과 같다.

$$\text{6 포도당 6-인산} + 12\ \text{NADP}^{\oplus} \longrightarrow \text{5 포도당 6-인산} + 12\ \text{NADPH} + 6\ \text{CO}_2 + \text{P}_i \qquad \textbf{(12.7)}$$

이러한 알짜 반응은 대부분이 포도당 6-인산이 다시 오탄당인산 경로로 들어가 재사용된다는 것을 알려준다. 그 중 6분의 1은 이산화탄소와 인산기로 전환된다. 따라서 이 반응경로의 또 다른 이름은 오탄당인산 회로이다.

C. 트랜스케톨레이즈와 트랜스알돌레이즈에 의한 상호전환

오탄당인산 경로 중 비산화적 단계의 상호전환은 트랜스케톨레이즈와 트랜스알돌레이즈라는 두 효소에 의해 조절된다. 이 효소들은 다양한 기질 특이성을 보인다.

트랜스케톨레이즈는 글라이코알데하이드트랜스퍼레이즈라고도 불린다. 이것은 싸이아민 다이포스페이트(TDP) 의존적인 효소로서 2탄소의 글라이코알데하이드를 케토스에서 알도스로 전달한다. 케토스는 짧아져도 알도스는 2탄소만큼 길어진다(그림 12.13).

트랜스알돌레이즈는 다이하이드록시아세톤트랜스퍼레이즈라고 불린다. 이것은 케토스로부터 3탄소의 다이하이드록시아세톤기를 알도스로 넘겨준다. 오탄당인산 경로의 트랜스알돌레이즈 작용은 세도헵툴로스 7-인산과 글리세르알데하이드 3-인산을 에리스로스 4-인산와 과당 6-인산으로 전환한다(그림 12.14).

12.5 글라이코젠 대사

포도당은 세포 내부의 다당류인 전분과 글라이코젠의 형태로 저장된다. 15장에서 우리는 주로 식물에서 이루어지는 전분의 대사에 대해 다룰 것이다. 글라이코젠은 세균, 원핵생물, 균류, 동물에게 중요한 다당류 저장형태이다. 거대한 글라이코젠 입자는 이러한 생물체들의 세포질에서 확인할 수 있다. 척추동물에서 대부분의 글라이코젠은 세포질에 과립의 형태로 존재하는데 이는 10~40 nm 정도의 직경이며 라이보좀의 크기와 비슷하다.

간세포에 존재하는 글라이코젠 입자는 이보다 세배정도 크다. 그에 비해 세균에 존재하는 글라이코젠 입자는 이보다 작다.

CH$_2$OH / C=O / HO—C—H / H—C—OH / CH$_2$OPO$_3^{2-}$
자일룰로스 5-인산
\+
O=C—H / H—C—OH / H—C—OH / H—C—OH / CH$_2$OPO$_3^{2-}$
라이보스 5-인산
⇌ 트랜스케톨레이즈
O=C—H / H—C—OH / CH$_2$OPO$_3^{2-}$
글리세르알데하이드 3-인산
\+
CH$_2$OH / C=O / HO—C—H / H—C—OH / H—C—OH / H—C—OH / CH$_2$OPO$_3^{2-}$
세도헵툴로스 7-인산

▲ 그림 12.13

트랜스케톨레이즈에 의한 반응. 자일로스 5-인산에서 라이보스 5-인산으로의 글라이코알데하이드의 가역적인 이동은 글리세르알데하이드 3-인산와 세도헵툴로스 7-인산을 형성한다. 케토스-인산 화합물은 2탄소만큼 줄어들지만 반면에 알도스-인산 화합물은 2탄소만큼 늘어난다. 그 예로서 다음과 같다.
5C + 5C ⇌ 3C + 7C.

세도헵툴로스 7-인산 + 글리세르알데하이드 3-인산 ⇌ (트랜스케톨레이즈) 에리스로스 4-인산 + 과당 6-인산

▲ **그림 12.14**

트랜스알돌레이즈에 의한 반응. 7-인산세도헵툴로스의 3탄소 다이하이드록시아세톤기를 3-인산글리세르알데하이드의 첫 번째 탄소로 이동시키는 가역반응은 새로운 인산케토스와 6-인산과당을 형성하고 새로운 인산알도스와 4-인산에리스로스를 방출시킨다. 탄소 원자의 균형에 대해 기억하자. 7C + 3C ⇌ 6C + 4C.

A. 글라이코젠 합성

De novo 글라이코젠 합성은 이미 존재하는 α-(1→ 4)형태로 연결되어 있는 포도당 잔기의 시발체가 4개에서 8개 정도 필요하다. 이 시발체들은 짧은 다당류의 1-수산화기를 제거하면서 단백질의 글라이코제닌이라 불리는 특정 타이로신 잔기에 결합한다(그림 12.15). 글라이코제닌은 7개까지의 포도당 잔기를 통해 그 시발체를 연장하는 것과 더불어 그 자체로도 이 반응을 촉진한다. 따라서 글라이코제닌은 글라이코젠의 스캐폴드 단백질이며 효소로 작용한다. 각각의 글라이코젠 분자는(몇천 개의 포도당 잔기를 지니는) 그 중심에 하나의 글라이코제닌 단백질을 지닌다.

▲ 칼 코리(Carl Cori)와 거티 코리(Gerty Cori)는 1947년 글라이코제닌의 이화적 전환 과정을 밝힌 연구에 대해 노벨상을 수상하였다. 이 특징은 코리 에스터로 묘사되나 일반적으로 책에서 보아 오던 구조와는 약간 다르다. 이 차이를 알아볼 수 있겠는가?

계속되는 글라이코젠 추가 반응은 포도당 1-인산으로 전환되는 포도당 6-인산에서 시작된다. 11.5절에서 본 것처럼 포도당 6-인산은 여러 가지의 경로를 거치는데 이 중에는 해당과정과 오탄당인산 경로도 포함된다. 글라이코젠 합성과 분해는 세포의 필요에 의해서 진행되는 포도당 6-인산을 저장하기 위한 주된 반응이다. 우리는 합성과 분해가 서로 다른 경로로 진행되는 것이 일반적인 대사의 규칙임을 이미 알고 있다.

세 가지의 각기 다른 효소에 의해 촉진되는 반응은 포도당 6-인산과 글라이코젠이 모두 필요하다(그림 12.16). 먼저, 포스포글루코뮤테이즈는 포도당 6-인산을 포도당 1-인산으로 전환해준다. 포도당 1-인산은 UTP에 의해 활성화되는데 이 UTP는 UDP-포도당과 파이로인산으로부터 형성된다(PP_i). 세 번째 단계에서 글라이코젠 신테이즈는 UDP-포도당의 당을 글라이코젠의 비환원성 말단에 전달한다.

포스포글루코뮤테이즈는 아주 흔한 효소이다. 이것은 α-D-포도당 6-인산을 α-D-포도당 1-인산으로 전환하는 근접-평형 반응에 관여한다. 포도당 1-인산은 잘 알려진 "코리 에스터"로서 거티 코리와 칼 코리가 1930년경 처음으로 글라이코젠 대사 과정에 대한 연구를 진행하면서 밝힌 것이다.

α-D-포도당 6-인산 ⇌ (포스포글루코뮤테이즈) α-D-포도당 1-인산 **(12.12)**

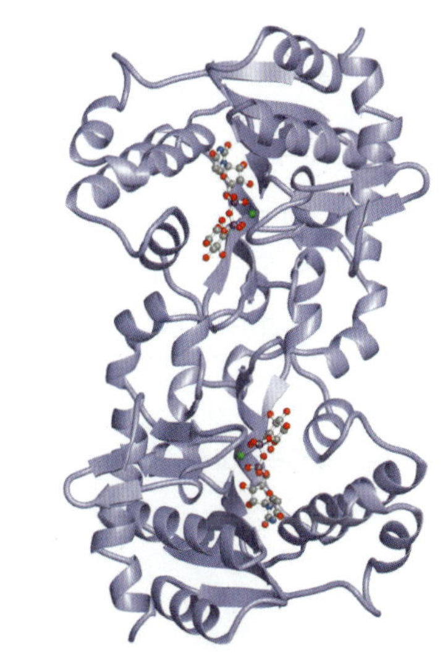

▲ **그림 12.15**

토끼에서 유래한 글라이코제닌. 토끼 유래 글라이코제닌은 동형이량체이고 각각의 활성자리는 UDP-포도당을 포함한다.

이 반응의 메커니즘은 보조인자 의존적인 포스포글리세린산 뮤테이즈와 유사하게 진행된다(11.2 8절). 포도당 6-인산은 인산화효소에 결합하고 포도당 1,6-양인산은 효소와 결합

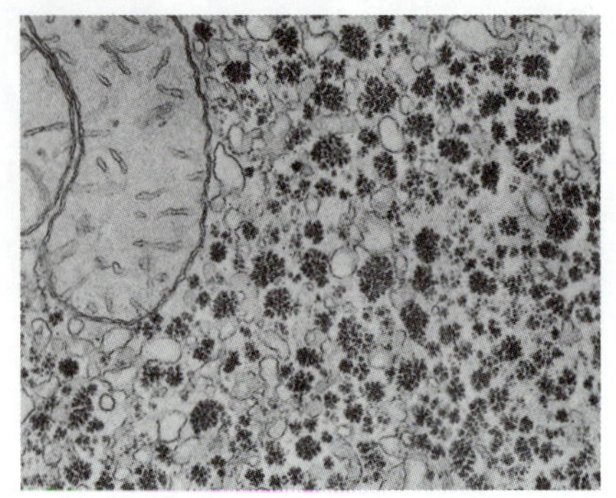

▲ **간세포 단면에 있는 커다란 글라이코젠 입자들**(전자현미경 사진).

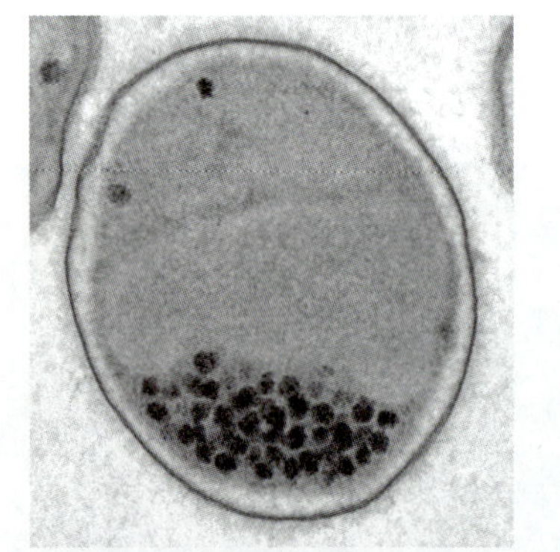

▲ **박테리아(*Candidatus* spp.)에서 염색된 글라이코젠 과립들.**

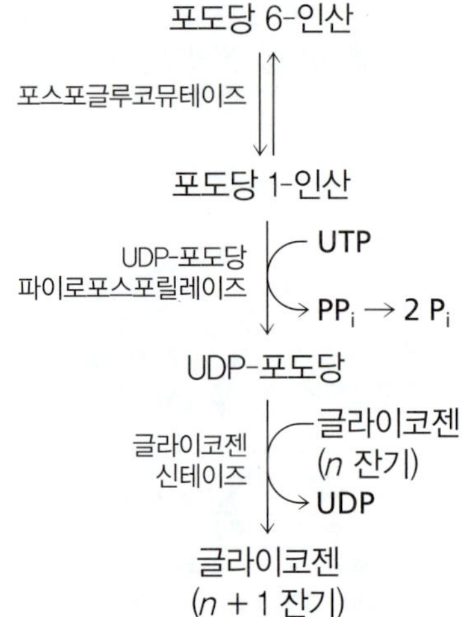

▲ **그림 12.16**
진핵세포에서의 글라이코젠 신테이즈.

한 중간체를 형성한다. 효소로 C-6인산을 이동시켜 포도당 1-인산을 형성한다.

포도당 1-인산은 글라이코젠 합성의 두 번째 단계에서 UDP-포도당의 형성을 통해서 활성화된다. 이 반응에서 UTP의 UMP는 파이로인산을 유리시키는 것과 동시에 C-1자리의 인산기로 이동한다(그림 7.6 참조). 이 반응을 진행하는 효소는 UDP-포도당 파이로포스포릴레이즈라고 불리며 이것은 대부분의 진핵생물종에 존재한다. 포도당의 활성화에는 UTP가 필요하다는 것을 기억하자.

UDP-포도당에 저장된 에너지는 다양한 생합성반응에 이용된다. 우리는 11.6절에서 UDP-포도당이 UDP-갈락토스의 기질이 되는 것을 보았다(UDP-갈락토스는 갱글리오사이드의 합성에 이용된다). UDP-포도당 파이로포스포릴레이즈가 작용하는 반응에서의 표준 깁스 자유에너지의 변화량은 0에 가깝다. 평형상태에서, 근접형 반응조건은 *in vivo*에서 $\Delta G = 0$을 확인할 수 있으며, 포도당 1-인산과 UDP-포도당의 농도는 거의 동일하다. UDP-포도당을 합성하는 방향은 파이로인산의 가수분해가 일어난 뒤 발생한다(10.6절). ATP 2당량은(UTP와 파이로인산) 포도당의 활성화에 이용된다.

글라이코젠 합성은 중합반응으로서 포도당을 증가하고 있는 상태의 다당류 사슬에 결합하는 것이다. 이 반응은 글라이코젠 신테이즈에 의해 진행된다(그림 12.17). 대부분의 중합반응은 **진행(processive)**적이다—효소는 증가하는 사슬의 끝부분에 결합한 상태로 존재하며 중합반응은 아주 빠르게 진행된다(20.2B절). 글라이코젠 신테이즈의 반응은 **분배(distributive)**적이다—효소는 증가하는 글라이코젠 사슬로 부터 각 반응 후 유리된다.

UDP-포도당을 기질로 이용하는 글라이코젠 신테이즈는 원핵생물, 동물, 균류에 존재한다. 일부 세균은 ADP-포도당을 이용하여 글라이코젠을 합성한다. 식물에서의 전분 합성 또한 ADP-포도당을 필요로 한다. 글라이코젠 신테이즈의 반응은 글라이코젠 합성반응의 조절단계이다. 동물에는 글라이코젠 신테이즈의 활성 변화를 통해 글라이코젠 합성반응의 속도를 조절하는 호르몬이 존재한다. 우리는 다음 장에서 이 조절반응에 대해 다루기로 한다.

또 다른 효소인 아밀로-(1,4 → 1,6)-트랜스글라이코실레이즈는 글라이코젠의 가지형성을 촉진한다. 이 효소는 가지형성 효소로서 증가하는 사슬의 비환원성 말단으로부터 적어도 6개의 잔기의 올리고당을 제거한다. 그리고 가지형성자리와 가장 가까운 부분에 존재하는 적어도 4개의 포도당 잔기와 연결된다. 이러한 가지들은 포도당 잔기의 결합과 유리의 많은 자리를 제공하며, 글라이코젠의 형성과 분해가 보다 빠르게 이루어질 수 있도록 해준다. 완전한 글라이코젠 분자는 글라이코제닌 중심으로부터 연장되는 다당류 사슬로 구성된 많은 층을 지닌다(그림 12.18). 예를 들어 간세포의 거대한 과립은 사슬당 두 개의 가지를 지니고 있으며 각 사슬은 잔기 8~14개 정도의 길이다. 그 분자는 12층의 사슬을 지닌다. 평균적으로 하나의 사슬당 두 개의 가지가 존재한다면 각각의 다당류 단위는 수천 개의 말단을 지닌다.

B. 글라이코젠 분해

전분과 글라이코젠의 포도당 잔기는 다당류의 포스포릴레이즈의 작용을 통해 저장된 중합체로부터 분리된다. 전분의 포스포릴레이즈(식물에서)와 글라이코젠의 포스포릴레이즈(다른 생물체에서). 이러한 효소들은 전분과 글라이코젠의 비환원성 말단으로부터 포도당 잔기를 제거하고, 발생한 단량체를 α-(1→ 4) 결합에 의해 연결시킨다. 이름에서 알 수 있듯이 이 효소는 가인산분해를 촉진하여 인산염의 산소원자로 이동시켜 결합을 절단하는 과정을 진행한다. 가수분해와 달리, 가인산분해는 인산에스터를 형성한다. 따라서 다당류 분해의 첫 번째 생성물은 포도당이 아니라 α-D-포도당 1-인산-(코리 에스터)이다.

$$\underset{(n\ \text{잔기들})}{\text{다당류}} + P_i \xrightarrow[\text{포스포릴레이즈}]{\text{다당류}} \underset{(n\text{-1 잔기들})}{\text{다당류}} + \text{포도당 1-인산} \tag{12.9}$$

UDP-포도당 + 글라이코젠(n 잔기들)

글라이코젠 신테이즈 ↓

UDP + 글라이코젠($n + 1$ 잔기들)

◀ **그림 12.17**
글라이코젠 신테이즈 반응.

글라이코젠 포스포릴레이즈에 의해 진행되는 가인산분해반응은 그림 12.19에 나타나 있다. 피리독실인산(PLP)은 이 효소의 보조단이다. PLP의 인산기는 기질에 양성자를 전달하고 글라이코젠의 잘리기 쉬운 결합(C—O)을 절단한다. 글라이코젠 포스포릴레이즈는 놀랄만한 반응을 진행한다. 이 반응에서는 기질로서 무기인산과 글라이코젠만을 이용하며 상대적으로 고에너지의 화합물인 포도당 1-인산을 형성한다(표 10.1).

글라이코젠 포스포릴레이즈는 동일한 두 소단위의 이량체이다. 이것의 촉매자리는 각 소단위의 중심에 존재한다. 이 부분은 인산기와 글라이코젠 사슬의 말단과 결합한다(그림 12.10). 거대한 글라이코젠 입자는 이와 가까운 자리에 결합하며 사슬은 분해되어 효소 표면의 홈을 따라 이동한다. 4~5개의 포도당 잔기는 효소가 글라이코젠 입자를 유리하고 다시 결합하기 전에 연속적으로 잘려나간다. 따라서 글라이코젠 신테이즈에 비해 글라이코젠 포스포릴레이즈는 일부 향상된 기능을 보인다.

글라이코젠 포스포릴레이즈는 가지가 생기는 부분에서 포도당 4분자가 떨어져 있는 지점에 이를 때까지 이를 반복적으로 글라이코젠 사슬의 비환원 말단에 작용하고 그 지점에서 효소반응은 멈춘다. 이때 남겨진 덱스트린은 두 가지 기능을 하는 글라이코젠 가지제거 효소에 의해 더 작은 단위로 분해될 수 있다(그림 12.21). 가지제거효소의 글루카노트랜스퍼레이즈 기능은 가지에서부터 포도당 3분자에 이르는 사슬의 위치를 글라이코젠 분자의 4-수신화 말단으로 옮겨준다. 기존의 결합과 새로 생긴 결합은—글라이코젠 가지제거 효소의 또 다른 기능인 α-(1→6) 글라이코시데이즈는 남아 있는 부분의 가수분해성 제거를 진행한다(가인산분해성은 아니다)—포도당 잔기와 연결되어 있다. 생성물은 하나의 유리된 포도당 분자와 길이가 증가한 사슬로서 이것은 글라이코젠 포스포릴레이즈의 기질로 다시 한번 이용된다. 포도당 분자가 당분해 과정으로 유입되면서 가지제거효소의 기능으로 인해 글라이코젠에서 유리될 때, 두분자의 ATP가 생성된다(11.1절). 반대로, 각각의 포도당 분자는 글라이코젠 포스포릴레이즈의 작용으로 세 분자의 ATP를 내놓으면서 이동한다(90% 정도는 글라이코젠에서 유리된 잔기들이다). 글라이코젠에서 생성되는 에너지는 세 분자의 포도당에서 형성되는 에너지보다 높은데 이는 글라이코젠 포스포릴레이즈가 가수분해를 진행하기보다는 가인산분해를 진행하는 것을 선호하기 때문이다. 헥소카이네이즈의 촉매작용으로 인한 세 분자의 포도당의 인산화에는 ATP가 이용되지 않는다.

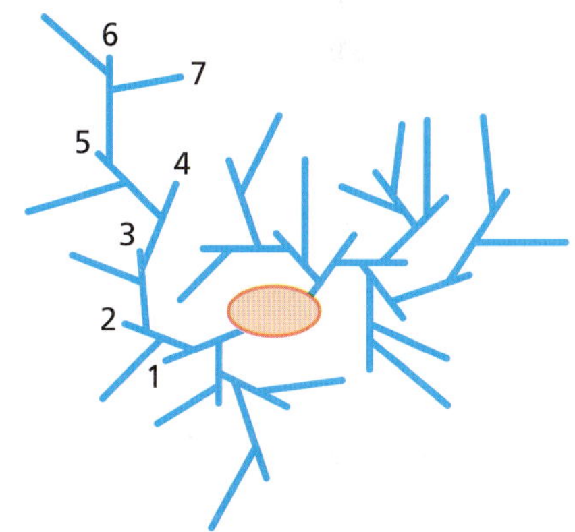

▲ **그림 12.18**
글라이코젠 분자. 두 다당류(파란색)는 각각의 중심 글라이코제닌 분자에 결합하고 있다. 각 사슬의 중심은 8~14개의 잔기를 지니고 있으며 두 개의 분지점을 지닌다. 항상 가지가 있는 것은 아니다. 7개 층은 각각 층이 정해져 있지만 전형적인 글라이코젠 분자는 8~12층 정도로 각 종에 따라 다르다.

포도당 6-인산이 글라이코젠으로 전환될 때 2당량의 ATP를 소모하므로 글라이코젠의 형태로 포도당을 저장하여서 얻어지는 알짜 에너지는 없다(그림 12.16).

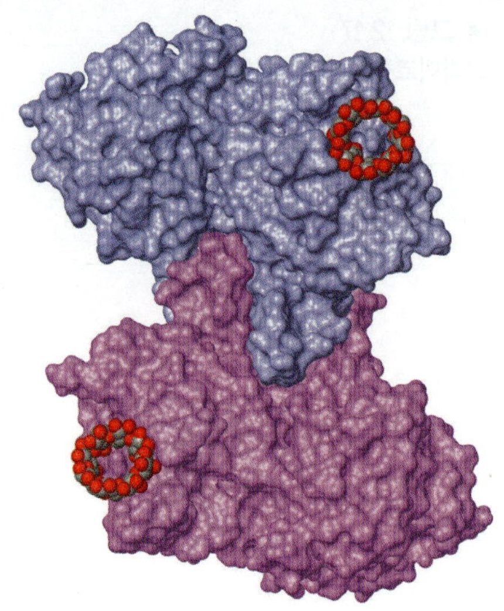

▲ **글라이코젠 포스포릴레이즈의 억제.** 글라이코젠 포스포릴레이즈의 작용으로 간에서 포도당을 합성한다. 인슐린은 글라이코젠 포스포릴레이즈를 불활성시켜서 이 반응을 조절하나 인슐린이 없는 경우(제2형 당뇨)에는 포도당이 과량으로 생성되어 위험을 초래한다. 많은 글라이코젠 포스포릴레이즈의 억제제들이 당뇨병의 치료제로서 개발 중에 있다. 이들 중 하나는 고리형 말토스 분자로서 토끼에서 유래한 효소의 활성자리에 결합한다.

글라이코젠(n 잔기들)

비환원성 말단

글라이코젠 포스포릴레이즈

α-D-포도당 1-인산 + 글라이코젠 (n-1 잔기)

▲ **그림 12.19**
글라이코젠 포스포릴레이즈에 의해 이루어지는 글라이코젠 사슬의 비환원성 말단에서의 포도당 잔기의 절단

글라이코젠 분해의 생성물은 포도당 1-인산으로 포스포글루코뮤테이즈에 의해 포도당 6-인산으로 빠르게 전환된다.

12.6 포유동물의 글라이코젠 대사 조절

포유동물의 글라이코젠은 포도당이 풍부할 때(식후, 혈당이 높을 때) 이를 저장하는 형태로 이용되고 포도당이 필요할 때(배고픔을 느끼거나 "싸움 도망 반응"의 경우) 포도당을 공급한다. 근육에서 글라이코젠은 근육의 수축에 필요한 에너지를 제공한다. 반대로 간에서 글라이코젠은 대부분이 포도당으로 전환되어 간세포에 존재하거나 포도당을 필요로 하는 다른 조직으로 이동하기 위해 혈류로 유입된다. 글라이코젠의 대사와 합성 모두 호르몬에 의해 조절된다.

A. 글라이코젠 포스포릴레이즈의 조절

글라이코젠 포스포릴레이즈는 글라이코젠을 분해하여 포도당 1-인산을 형성하는데 필요하다. 근육세포에서 포도당 1-인산은 포도당 6-인산으로 전환되어 당분해를 거쳐 ATP를 생성한다. 간세포에서 포도당 6-인산은 포도당으로 가수분해되어 혈류로 유입되는데 이를 통해 다른 조직으로 이동이 가능하다.

글라이코젠 포스포릴레이즈의 활성은 여러 가지의 입체다른자리 조절과 공유결합성 변화(인산화)에 의해 조절된다. 글라이코젠 포스포릴레이즈는 글라이코젠의 대사에 있어서 중요하며 진화적으로도 중요한 효소로서 이의 조절에 대해 자세히 알아보도록 하자.

그림 12.22에는 효소의 4가지 다른 형태가 제시되어 있다. 인산화되지 않은 형태는 글라이코젠 포스포릴레이즈 b(GPb)이고, 인산화된 형태는 글라이코젠 포스포릴레이즈 a(GPa)이다. 이 효소는 카이네이즈에 의해 인산화되고 포스파테이즈에 의해 탈인산화된다.

다른 입체다른자리 작용의 조절을 받는 효소와 유사하게 글라이코젠 포스포릴레이즈는 두 가지 형태를 지닌다. R형은 활성형이고 T형은 이에 비해 활성이 아주 많이 떨어진다. 그림

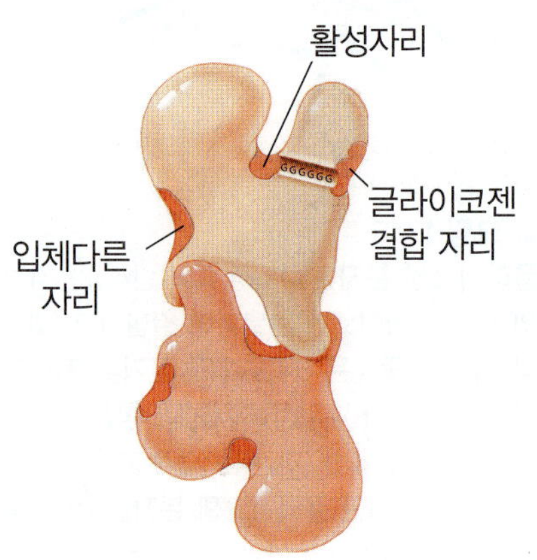

▲ **그림 12.20**
글라이코젠 포스포릴레이즈(phosphorylase)의 효소활성자리와 결합자리.

BOX 12.5 머리 신장과 꼬리 신장

중합반응은 머리 신장이나 꼬리 신장으로 표현해볼 수 있다. 머리 신장의 메커니즘에서 사슬의 성장하는 말단은 "활성상태"이고 분자의 머리부분에서 고에너지 결합의 절단은 다음 단량체의 결합에 필요한 에너지를 제공한다. 꼬리 성장의 메커니즘은 성장말단에 고에너지결합을 지니지 않는다. 대신, 추가적인 결합반응에 필요한 에너지를 단량체의 활성화를 통해 얻는다.

글라이코젠 합성은 꼬리 성장반응의 한 예다. 결합하는 단량체(UDP-포도당)는 활성화되고 반응이 완결되면 글라이코젠 사슬의 말단은 포도당 잔기에 4번째 탄소 원자에 수산기를 지니는 형태가 된다. DNA와 RNA 합성 또한 꼬리 신장 메커니즘의 예이다. 단백질 합성과 지방산 합성은 머리 신장 메커니즘의 예라고 할 수 있다.

두 메커니즘의 차이는 두 반응이 서로 역반응이라고 생각한다면 명확하다: 분해. 글라이코젠과 핵산은 각각 하나의 잔기로 잘려진다. 글라이코젠의 경우 합성과 분해는 진행 중인 과정의 일부이고 글라이코젠 입자는 포도당의 저장성 분자의 형태로서 제공된다. 핵산의 경우, 특히 DNA, 분해반응은 DNA 수복 과정에 필수적이고 DNA복제의 확인 과정인 교정이 아주 정확히 이루어지도록 한다(20.2C절). 하나의 잔기를 제거하는 것은 중합체가 뒤이어 진행될 결합반응의 기질로서 즉각적으로 제공되지 못하게 한다.

단백질 합성과 지방산 합성은 머리 신장 메커니즘을 이용한다. 이 경우 말단 잔기의 제거는 활성화된 머리도 제거하며 머리의 재활성화 없이는 추후의 결합반응이 불가능하도록 한다. 이것은 단백질의 오류가 수복되지 못하는 이유이며 지방산 사슬이 글라이코젠과 같은 에너지 저장성 분자로 이용되지 못하는 이유이기도 하다.

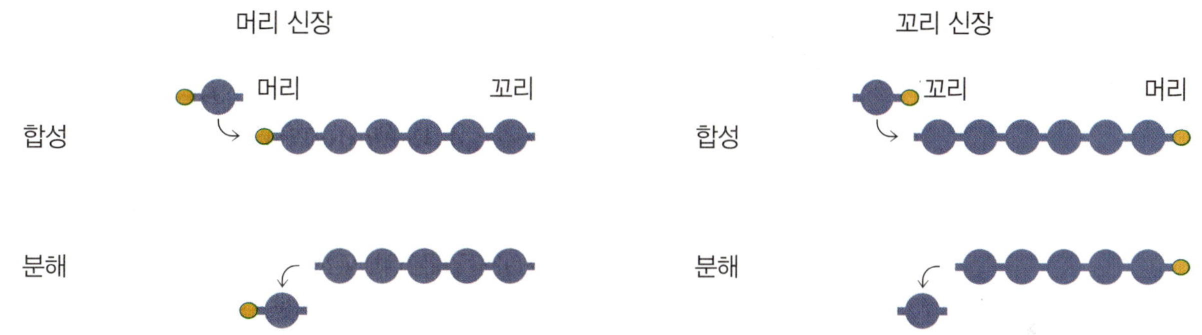

▲ **머리와 꼬리의 신장.** 머리 신장 메커니즘(왼쪽)에서 새로 들어오는 활성화된 단위체가 신장하는 중합체에 첨가된다(말단은 활성화된 단위체를 가지고 있다). 첨가반응 후에도 중합체는 신장 말단에 활성화된 단위체를 가지고 있게 된다. 꼬리 신장(오른쪽)에서는 새로운 활성화된 단위체가 신장하고 있는 중합체의 꼬리에 첨가된다. 단위체 기질은 자신의 첨가반응에 필요한 에너지를 가지고 있다. 중합체가 분해될 때 한 단위체가 제거된다. 머리 신장 메커니즘으로 생성된 중합체는 활성화된 머리가 제거되므로 분해가 진행되면 더 이상 첨가반응의 기질이 될 수 없다. 꼬리 신장 메커니즘으로 생성된 복합체는 분해가 진행된 후에도 첨가반응의 기질로 사용될 수 있다.

12.22에 활성자리의 모양 변화를 나타내었다. R형에서 무기인산(반응의 기질로 이용된다)이 결합하고 T형에서는 무기인산의 결합이 억제된다.

비인산화된 GPb는 불활성화된 T형과 활성화된 R형 모두에 존재한다. 효소의 입체다른자리는 다양한 반응기와 결합하여 형태의 변화를 유도한다. 입체다른자리는 이량체의 두 단량체의 사이에 근접한 위치에 존재하며, 두 소단위는 동시에 구조를 변형한다—이것은 모노, 와이먼 그리고 샹죄의 조화모델과 일치한다(5.9C절).

ATP가 결합하면 효소의 활성은 사라진다(T 상태). 이것은 활성의 기본적인 상태로 생리적으로 ATP의 농도가 높고 상대적으로 일정할 때 발생한다. AMP의 농도가 증가하면, 효소는 입체다른자리로부터 활성형인 R형태로 전환하면서 ATP를 이동시키고 글라이코젠의 분해를 활성화시킨다. 근육세포에서 증가하는 AMP의 농도는 근육의 격렬한 운동이 이루어지고 있으며 더 많은 양의 포도당 1-인산이 필요하다는 신호로서 해당과정을 통한 ATP의 생성을 촉진하도록 한다. 포도당 6-인산에 의해 효소의 기능은 억제된다(되먹임 억제). 해당과정을 통해 생성된 포도당 6-인산의 농도가 충분할 경우 더 이상 글라이코젠의 분해를 진행하지 않는다.

비환원성 말단
분기점
글라이코젠
11 P_i
글라이코젠 포스포릴레이즈
11 ○–Ⓟ
포도당 1-인산
덱스트린 제한
4-α-글루카노 트랜스퍼레이즈 활성
아밀로-1,6-글루코시데이즈 활성
포도당
+

▲ 그림 12.21
글라이코젠의 분해. 글라이코젠 포스포릴레이즈는 글라이코젠 사슬의 가인산분해를 촉진하여 α-(1 → 6) 분지점의 4개의 잔기를 형성하는 것을 막고 이동하는 하나의 포도당 잔기 각각이 포도당 1-인산으로 전환되는 것을 억제한다. 이후에 추가적으로 진행되는 글라이코젠의 분해에는 글라이코젠 가지제거효소의 두 가지 활성이 관여된다. 4-α-글루카노 트랜스퍼레이즈의 활성은 글라이코젠의 말단에 덱스트린 가지로부터 생겨난 삼량체의 전환을 촉진한다. 아밀로-1,6-글루코시데이즈의 활성은 남아 있는 α-(1→6)-포도당 잔기의 가수분해에 관여한다.

포스포프럭토카이네이즈-1(PFK-1)은 ATP와 AMP에 의해 비슷하게 조절된다.

R형과 T형의 주요한 차이점은 Asp-238을 지닌 고리의 위치와 주변의 잔기이다(280s 고리). T형에서 음성으로 하전된 Asp-283의 사슬은 활성자리에서 피리독살 5-인산(PLP)의 보조인자와 가까이 존재한다. 이러한 근접성은 무기인산의 결합을 막고 반응의 진행을 억제한다. R형은 이러한 고리가 무기인산이 결합하여 활성자리로 이동하기에 용이한 형태로 전환된 상태다.

GPa와 GPb의 구조는 효소가 인산화될 때와 탈인산화될 때의 구조적인 변화를 그림 12.23에 제시하였다. 인산기는 해당 단백질의 N-말단의 세린잔기-14(ser-14)에 공유결합하고 있다.

인산화되지 않은 상태인 GPb의 Ser-14를 포함하는 N-말단 부분은 활성자리와 근접한 표면에 존재한다. 인산화된 상태(GPa)에서는 입체다른자리이다. 급격한 N-말단 위치의 변화는 효소의 다른 형태적 변화를 유발한다. 특히, 타워나선구조인 두 알파나선의 재배열이 이량체 접촉면의 다른 쪽에서 일어난다. 이것은 활성상태인 R형과 비활성상태인 T형 간의 전환을 조절하는 280s 고리의 위치에 영향을 준다.

T형과 R형의 평형은 글라이코젠 포스포릴레이즈가 인산화되면(GPa) R형(활성형)으로 치우친다. GPa는 상대적으로 ATP, AMP, 포도당 6-인산에 무감각하다. 근육세포에서 GPa는 격렬한 근육운동과 포도당의 필요에 의해 발생하는 신호인 호르몬의 영향을 받아서 형성된다. 이것은 글라이코젠의 빠른 이동을 촉진한다. 간세포에서 글라이코젠 포스포릴레이즈의 간에서의 형태는 동일한 호르몬에 영향을 받으나 이러한 경우 글라이코젠의 분해는 포도당의 분비를 유도하며 이는 근육세포에 의해 흡수된다. 간의 글라이코젠 포스포릴레이즈는 GPa가 T형으로 전환되어서 형성된 포도당에 의해 억제된다. 이는 유리된 포도당이 높은 농도로 존재하는 것이 글라이코젠에서 포도당을 지속적으로 형성해 내는 것이 더 이상 필요하지 않다는 것을 의미한다.

글라이코젠 포스포릴레이즈의 근육에서의 형태는 포도당에 의해 억제되지 않으며 근육세포는 유리된 포도당의 농도가 유의적으로 존재하지 않는다. 근육세포는 포도당 6-인산을

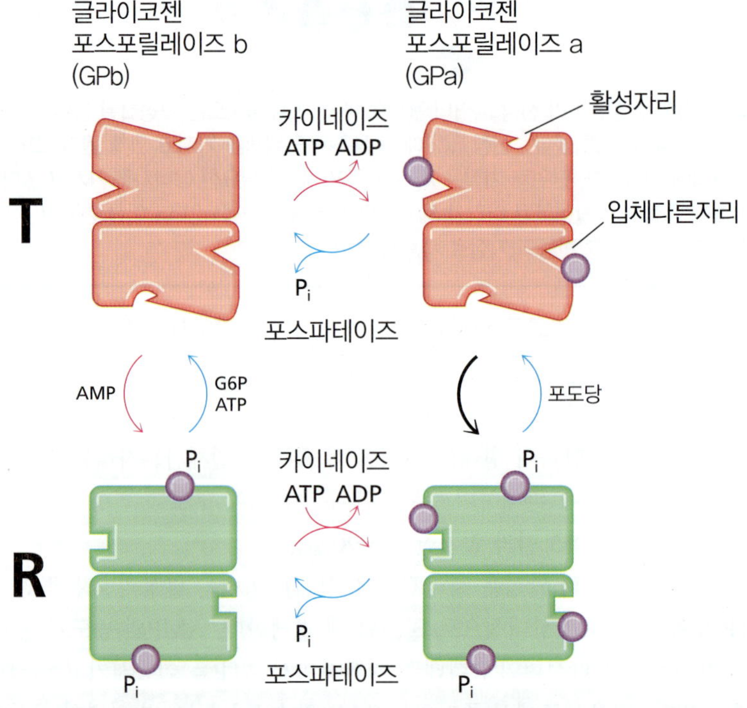

▲ 그림 12.22
글라이코젠 포스포릴레이즈의 조절. 글라이코젠 포스포릴레이즈는 효소의 두 가지 비인산화 형태를 지닌다. 글라이코젠 포스포릴레이즈 a는 입체다른자리 근처에 인산화된 형태이다. 인산화는 그 자리에 보라색 공으로 표시하였다. T형(빨간색)에서는 대부분 비활성 상태이고 R형(초록색)에서는 활성 상태로서 글라이코젠의 분해가 가능하고 효소활성자리에 무기인산이 결합되어 있다. R형은 글라이코제닌 포스포릴레이즈 a와 같이 효소가 인산화되어 있는 상태일 때 그 활성이 높다.

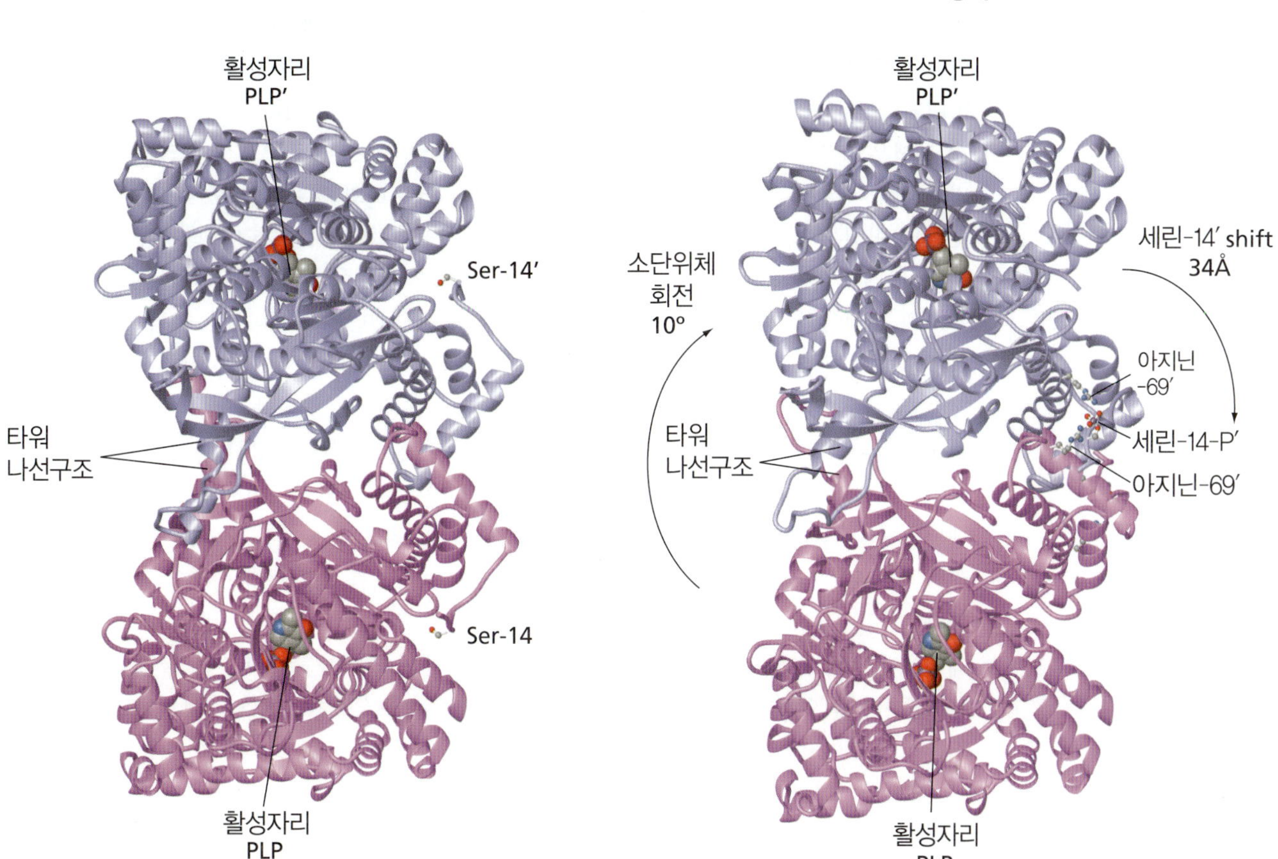

▲ 그림 12.23
글라이코젠 포스포릴레이즈의 인산화형과 비인산화형. 효소활성자리의 PLP는 공간을 매우는 분자를 지닌다. Ser-14 위치의 인산화를 통한 Ser-14-P 형태로의 전환은 효소활성자리로의 접근을 가능하게 하는 입체적 변화를 가져온다.

포도당으로 전환하지 않으며 혈류로부터 흡수된 포도당은 헥소카이네이즈에 의해 빠르게 인산화되어 포도당 6-인산을 형성한다.

거티 코리와 칼 코리는 1938년에 글라이코젠 포스포릴레이즈의 활성이 AMP에 의해 조절되는 것을 밝혔다. 이후로, 글라이코젠 포스포릴레이즈는 입체다른자리 활성 조절을 받는 효소의 주된 예 중 하나가 되었다. 글라이코젠 포스포릴레이즈는 공유결합적 변형에 의한 조절이 밝혀진 첫 번째 효소이다. 피셔와 크렙스는 1956년에 이에 대한 그들의 연구 결과를 발표하였고 인산화에 의한 조절은 글라이코젠 대사에만 국한되는 일반적이지 않은 형태라고 오랫동안 생각되었다. 오늘날 우리는 인산화가 아주 일반적인 진핵세포에서의 조절작용이며 이것은 많은 신호전달 경로에서 가장 중요한 부분이다. 수백 개의 연구소들이 신호전달 경로에 대해 연구하고 있다.

▲ 에드먼트 피셔[Edmond("Eddy") H. Fischer(1920~)] (왼쪽)와 에드윈 크렙스 [Edwin G. Krebs(1918~2009)](오른쪽)는 1992년 "생화학적 조절 메커니즘으로서의 가역적인 단백질 인산화 발견"으로 생리의학에서 노벨상을 수상하였다.

B. 호르몬은 글라이코젠의 대사를 조절한다

인슐린, 글루카곤, 에피네프린은 기본적인 호르몬으로 포유동물에서 글라이코젠의 대사를 제어한다. 인슐린은 51개의 잔기를 지닌 단백질로서 이자의 베타세포에서 형성되며 혈중의 포도당 농도가 상승할 때 분비된다. 고농도의 인슐린은 동물이 먹이를 섭취한 상태와 관련이 있다. 인슐린은 포도당이 포도당 수송체인 GLUT4를 통해 근육과 지방세포로 유입되는 속도를 증가시킨다(11.5A절). 인슐린은 또한 간에서의 글라이코젠 합성을 촉진한다.

글루카곤은 펩타이드성 호르몬으로 29개의 아미노산으로 구성되어 있으며 포도당의 농도가 낮을 때 이자의 알파세포에서 분비된다. 글루카곤은 글라이코젠의 분해를 통해 혈중 포도당 농도를 정상상태까지 회복시킨다. 글루카곤은 그 표적에 대해 매우 선택성이 높은데 이는 오로지 간세포만이 글루카곤의 수용체가 많기 때문이다. 글루카곤의 효과는 인슐린과 반대되고 글루카곤의 농도가 높아지는 것은 공복상태와 관련이 있다.

부신은 신경신호에 대해 카테콜아민인 에피네프린(아드레날린으로도 알려져 있다)을 분비하는데 이는 싸움 도망 반응을 촉진시킨다. 에피네프린의 전구체인 노르에피네프린 또한 호르몬 활성을 지니고 있다. 에피네프린은 글라이코젠의 분해를 촉진한다. 이것은 어떠한 에너지의 요구에 의해 촉진되며 글루카곤과 인슐린은 오랜기간 동안 상대적으로 혈당을 일정하게 유지하기 위해 작용한다. 에피네프린은 β-아드레날린성 수용체에 결합하거나 글루카곤에 결합하며 수용체로 하여금 아데닐릴 사이클레이즈의 신호전달을 활성화시킨다. 2차 전달자는 cAMP로서 프로틴카이네이즈 A(PKA)에 의해 활성화된다.

PKA는 여러 단백질들을 인산화시켜 대사의 중요한 변화를 유발한다. 글루카곤에 의한 글라이코젠의 대사에 대해 살펴보도록 하자(그림 12.24). 글루카곤이 수용체와 결합하면 아데닐릴 사이클레이즈를 활성화시켜 cAMP의 증가를 유발하고 이것은 PKA의 활성을 일으킨다. PKA는 글라이코젠 신테이즈를 인산화시켜 A형태를 비활성화 상태인 B형태로 전환한다. 이것은 글라이코젠의 형성을 억제한다. 또한 PKA는 또 다른 카이네이즈인 포스포릴레이즈 카이네이즈를 인산화시킨다. 이 효소의 이름이 의미하듯이 이것은 글라이코젠 포스포릴레이즈를 인산화시키는 카이네이즈이다. PKA는 포스포릴레이즈 카이네이즈를 활성화시켜서 글라이코젠 포스포릴레이즈 b를 활성형인 글라이코젠 포스포릴레이즈 a로 전환한다. 그 결과 글라이코젠의 분해속도는 증가하게 된다.

글루카곤(또는 에피네프린)의 알짜 효과는 글라이코젠의 합성을 억제하는 것과 글라이코젠의 분해를 촉진하는 것이다. 이러한 두 효소의 상호조절 작용은 글라이코젠의 조절 경로의 중요한 특징이다.

글라이코젠 신테이즈와 글라이코젠 포스포릴레이즈는 포스포프로틴 포스파테이즈-1에 의해 탈인산화된다. 포스포프로틴 포스파테이즈는 다양한 기질에 작용하는 효소이다. 그림 12.25에서 나타낸 것과 같이 탈인산화는 글라이코젠 포스포릴레이즈의 불활성과 글라이코젠 신테이즈의 상호적인 활성을 주도한다. 그 결과 UDP-포도당에서부터 글라이코젠을 합성해내고 글라이코젠의 분해를 억제하게 된다. 인슐린은 포스포프로틴 포스파테이즈-1의 활성을 촉진하여 포도당을 글라이코젠의 형태로 전환하도록 하며 혈액에서 포도당의 소모가 일어나도록 한다. 포스포프로틴 포스파테이즈-1은 또한 포스포릴레이즈 카이네이즈에 작용하여 글라이코젠 포스포릴레이즈의 활성을 억제한다.

C. 호르몬은 포도당신생성과 당분해를 조절한다

이제 다시 포도당신생성과 당분해의 조절에 대한 논의로 돌아오자. 과당 1,6-양인산(FBPase)과 포스포프럭토카이네이즈-1(PFK-1)은 포도당의 분해와 생성을 결정하는데 포함되는 주된 효소이다(12.3절). 효과자인 과당 2,6-양인산에 의한 이 두 효소의 상호 조절 작용에 대해 상기해보자(그림 12.8). 이 효과자는 과당 6-인산에서 포스포프럭토카이네이즈-2(PFK-2)에 의해 생성되고 과당 2,6-양인산(F2,6BPase)에 의해 탈인산화되어 과당 6-인산을 형성한다(그림 12.9). 이 두 효소적 작용은 동일한 두 가지 기능성의 단백질에서 이루어진다. 4개의 효소들 사이의 관계와 이들의 생성물은 그림 12.26에 요약되어 있다.

F2,6BPase와 PFK-2의 두 가지 기능성의 효소에서의 활성은 상호적인 인산화에 의해 조절된다. 단백질이 인산화될 때 효소는 과당 2,6-양인산으로서 기능을 하고 포스포프럭토카이네이즈의 활성은 억제된다. 반대로 효소가 탈인산화되면 이는 포스포프럭

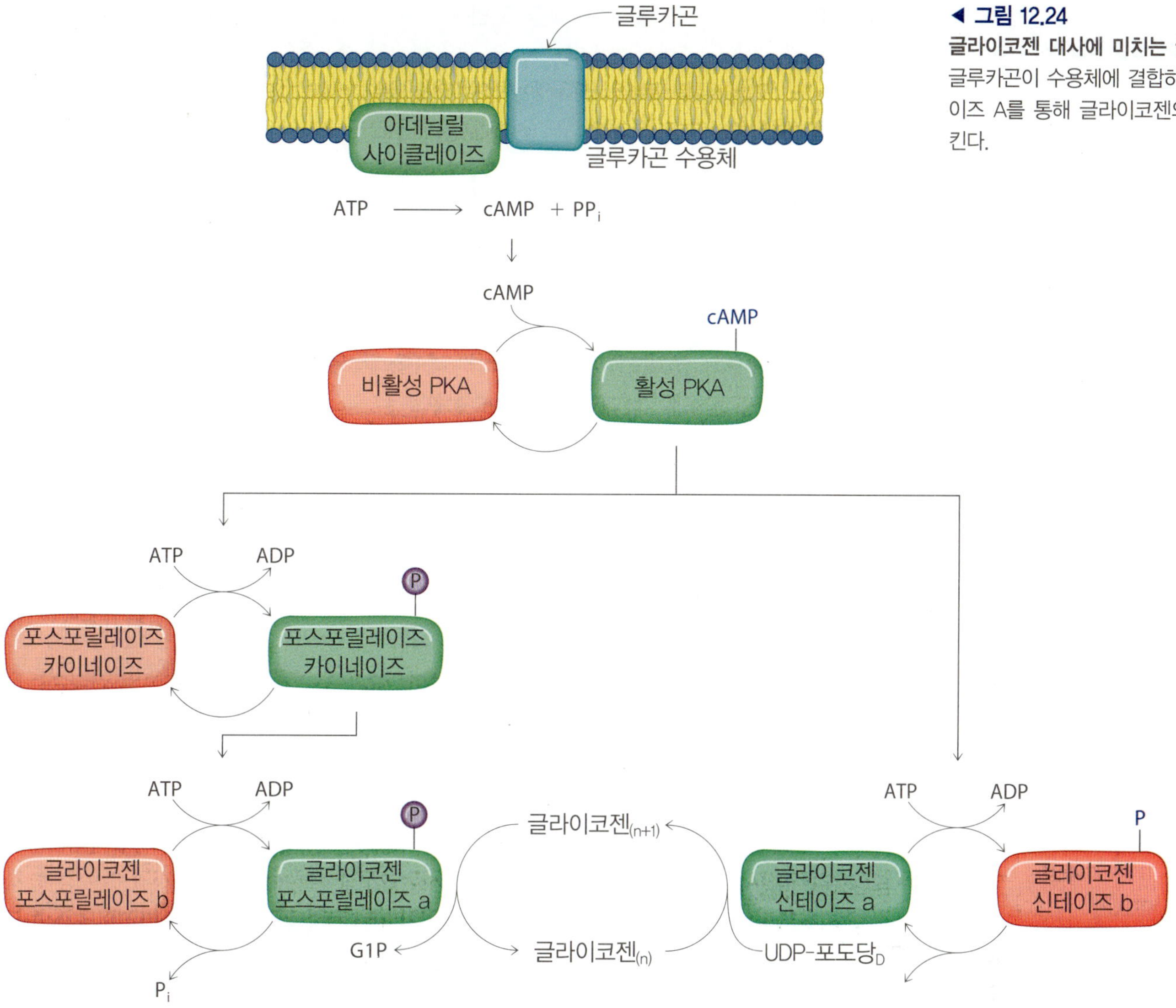

글루카곤
아데닐릴 사이클레이즈
글루카곤 수용체
ATP → cAMP + PP_i
cAMP
cAMP
비활성 PKA
활성 PKA
ATP
ADP
포스포릴레이즈 카이네이즈
포스포릴레이즈 카이네이즈
ATP
ADP
글라이코젠 포스포릴레이즈 b
글라이코젠 포스포릴레이즈 a
P_i
G1P
글라이코젠$_{(n+1)}$
글라이코젠$_{(n)}$
ATP
ADP
글라이코젠 신테이즈 a
글라이코젠 신테이즈 b
UDP-포도당$_D$

◀ **그림 12.24**
글라이코젠 대사에 미치는 글루카곤의 영향. 글루카곤이 수용체에 결합하면 프로틴카이네이즈 A를 통해 글라이코젠의 분해를 유발시킨다.

▼ **그림 12.25**
글라이코젠 대사에 미치는 인슐린의 영향. 인슐린은 포스포프로틴 포스파테이즈-1의 포스파테이즈 활성을 자극하여 글라이코젠 포스포릴레이즈의 불활성화와 글라이코젠 신테이즈의 활성화를 유발시킨다.

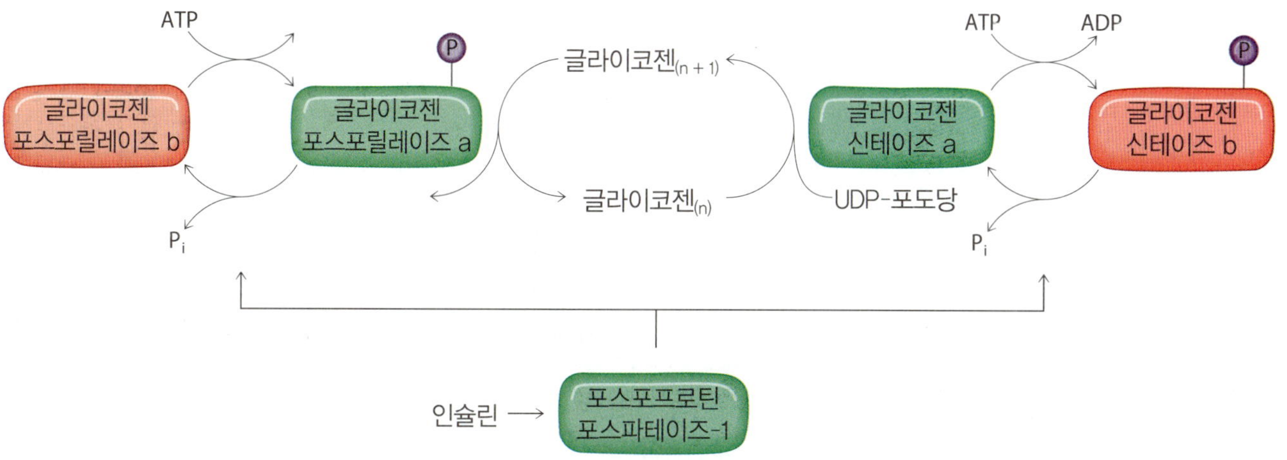

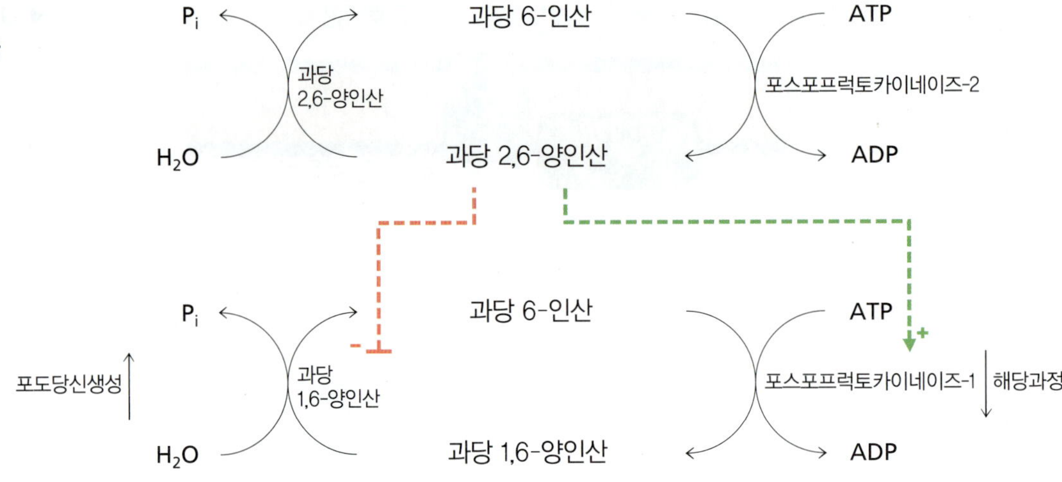

그림 12.26 ▶
해당과정과 포도당신생성 조절에서 과당 2,6-양인산의 역할.

토카이네이즈로서 기능을 하고 과당 2,6-양인산의 기능은 억제된다.

이것은 상호적인 조절로서 이미 살펴본 글라이코젠 포스포릴레이즈와 글라이코젠 신테이즈의 조절관계와 동일하나 두 효소의 활성이 동일한 분자에서 이루어진다는 점은 다르다. 글루카곤이 존재할 때 PKA는 활성을 보이고 두 가지 기능성의 효소를 인산화시킨다(그림 12.27). 따라서 글루카곤은 간에서 포도당신생성을 촉진하고 당분해를 억제하여 혈당을 높인다. 동시에 에피네프린은 글라이코젠의 분해를 촉진하고 근육세포에서의 글라이코젠 합성을 억제한다. 그 결과 근육세포에는 더 많은 포도당이 형성되고 당분해를 통해 많은 ATP를 얻게 된다.

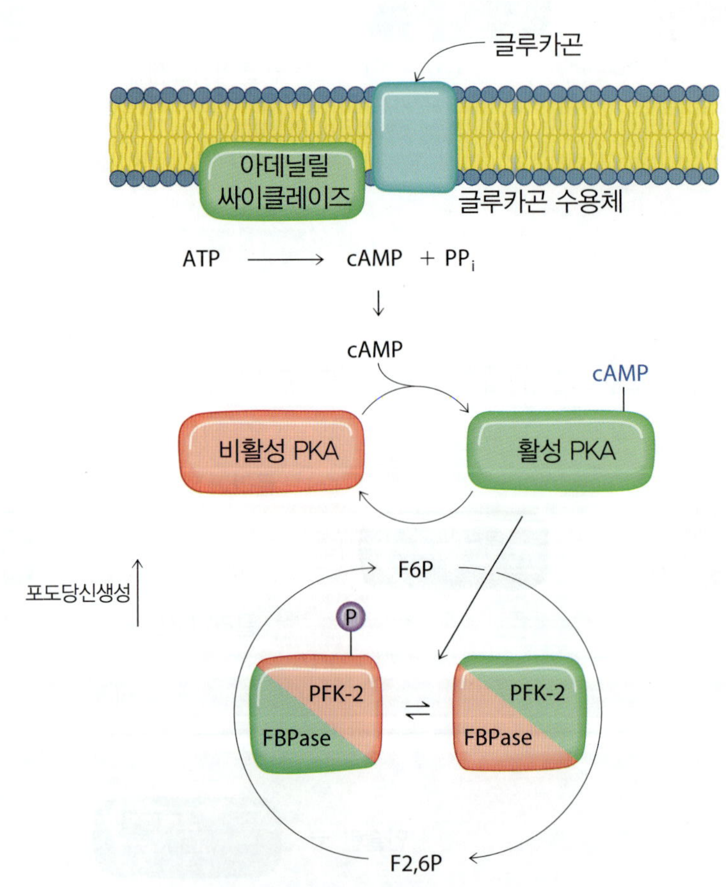

그림 12.27 ▶
포도당신생성에서 글루카곤의 작용. 글루카곤은 자신의 수용체에 결합하여 아데닐릴 사이클레이즈를 활성화시킨다. 이로 인해 증가한 cAMP는 과당 2,6-양인산의 활성을 촉진하는 두 가지 기능성의 프로틴 카이네이즈 A를 활성화시킨다. 과당 2,6-양인산의 활성자가 없을 때 과당 1,6-양인산이 활성화되고 이것은 포도당신생성 과정의 진행을 증가시킨다.

12.7 포유동물의 포도당 농도 유지

포유동물은 포도당의 합성과 분해를 조절하여 혈당을 엄격히 유지한다. 포도당은 체내에서 주된 대사적 에너지원이다. 뇌와 같은 일부 조직은 대부분의 에너지 요구를 포도당으로부터 얻는다. 혈액 중의 포도당 농도는 때때로 3 mM 이하로 떨어지거나 10 mM 이상으로 상승한다. 혈당이 2.5 mM 이하로 떨어지면 뇌로의 포도당 흡수가 감소하여 심각한 결과를 유발한다. 반대로 혈당이 높은 경우 포도당은 혈액에서부터 신장의 물과 전해질의 삼투적 소실과 동반되어 여과된다.

간은 모든 형태의 대사적 에너지원의 상호전환에 관여하는 에너지 대사에서 유일한 기능을 한다: 탄수화물, 아미노산, 지방산. 해부학적으로 간은 순환계의 중심에 위치한다(그림 12.28). 대부분의 조직은 산소로 포화된 혈액을 공급하는 동맥혈과 산소로 포화되기 위해 폐를 거쳐 돌아가는 혈액인 정맥순환혈과 평행하여 관류된다. 그러나 간은 내장조직을 통해 관류된다(장관계, 이자, 비장, 지방조직). 이러한 조직의 혈액은 간문맥으로 유입되어 간으로 흐른다. 이것은 소화산물이 장으로 흡수된 뒤 즉각적으로 간을 통과함을 의미한다. 효소의 특이적인 보완물을 이용하여 간은 영양분의 분배를 조절하고 음식으로 공급되는 부분이 고갈될 때에는 자신이 지닌 에너지원을 연료로 공급한다.

조직의 포도당 소비는 혈액 내의 식이로 섭취된 포도당을 제거한다. 포도당의 농도가 떨어지면 간의 글라이코젠과 포도당신생성은 포도당의 공급원이 된다. 그러나 이러한 공급원이 제한되면 호르몬은 신장, 망막, 적혈구, 뇌의 조직일부, 수질에서의 포도당의 이용을 제한하고 ATP의 생산은 해당과정에 의존하게 된다. 다른 조직은 ATP를 지방조직에서 유리된 지방산의 산화를 통해 생성한다(16.1C, 16.2절).

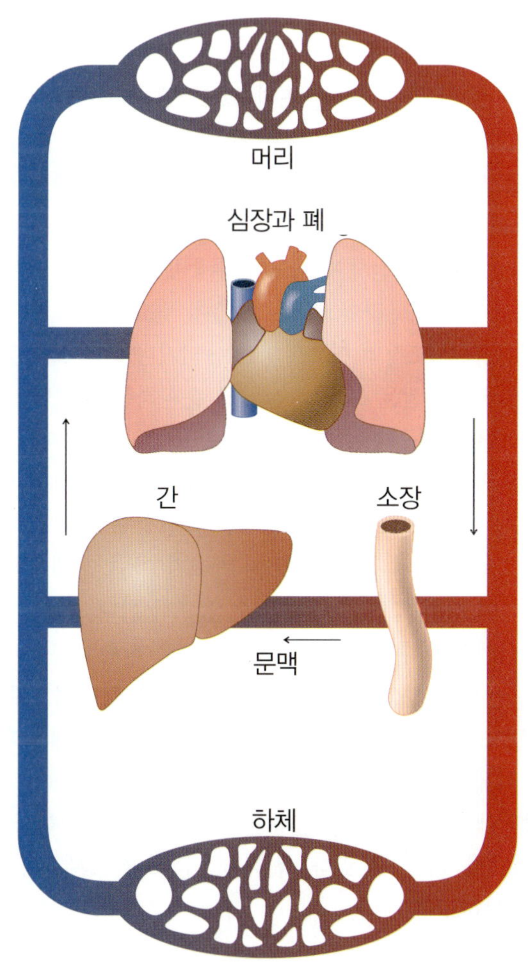

◀ 그림 12.28
순환계에서의 간의 위치. 대부분의 조직은 평행하게 관류된다. 그러나 간은 내장조직을 따라 관류된다. 장과 다른 내장조직을 통과한 혈액은 간문맥을 통해 간으로 유입된다. 따라서 나온 이상적으로 다른 조직의 에너지 공급을 조절하는 위치에 존재한다.

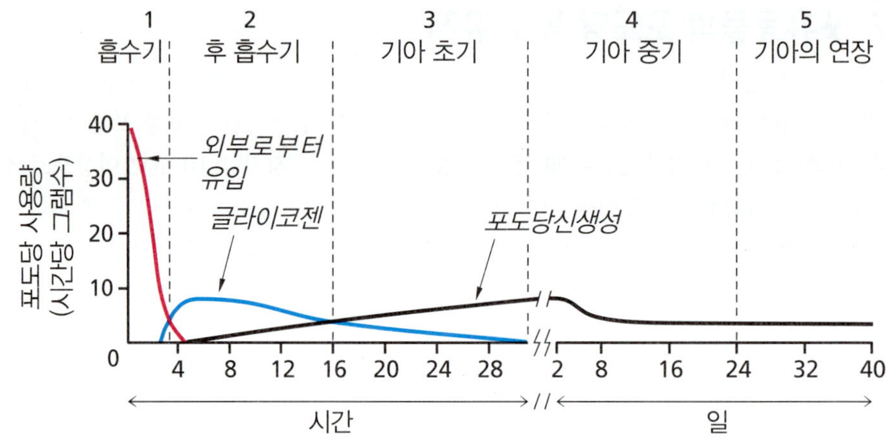

그림 12.29 ▶
포도당 항상성의 다섯 단계. 이 그래프는 70 kg의 성인 남성에게 100 g의 포도당을 준 뒤 40일간 굶도록 하였을 때 관찰되는 수치를 기반으로 한 것이다.

포유동물의 탄수화물 대사의 복잡성은 공복과 섭취 후에 발생하는 변화의 증거가 된다. 1960년대에 조지 케이힐(George Cahill)은 치료의 목적으로 공복상태를 겪은 비만환자의 포도당 이용에 대해 밝혔다. 처음 포도당을 공급한 뒤 피험자들은 물과 바이타민, 미네랄만을 섭취하였다. 케이힐은 포도당의 항상성(순환시 일정수준의 농도를 유지하는 것)이 다섯 단계를 걸쳐 향상한다고 하였다. 그림 12.29에는 케이힐의 발견에 근거한 다섯 단계의 대사적 변화 과정이 나타나 있다.

1. 초기의 흡수 단계를 지나는 동안(처음 4시간) 식이로 섭취된 포도당은 간문맥을 통해 간으로 유입되고 대부분의 조직은 포도당을 1차적 에너지원으로 이용한다. 이러한 조건 하에서, 이자는 인슐린을 분비하며 이는 근육과 지방세포로 GLUT4를 통한 포도당의 흡수를 촉진한다. 이들 조직을 통해서 흡수된 포도당은 포도당 6-인산으로 인산화되어 세포로 방출되지 못한다. 간세포는 또한 포도당을 흡수하고 이를 포도당 6-인산으로 전환한다. 과잉의 포도당은 간과 근육세포에서 글라이코젠의 형태로 저장된다.
2. 식이로 섭취된 포도당이 소비될 때, 신체는 간의 글라이코젠을 순환하는 혈당의 농도를 유지하기 위해 이동시킨다. 간에서 포도당 6-포스파테이즈는 포도당 6-인산을 포도당으로 가수분해하는 것을 촉진하여 포도당 수송체를 통해 간에서 포도당이 유리될 수 있도록 해준다. 근육에서의 글라이코젠은 수축에 필요한 ATP를 생산하기 위해 젖산으로 대사된다. 젖산은 다른 조직의 연료로서 이용되거나 간의 포도당신생성에 이용된다.
3. 24시간 후 간의 글라이코젠은 모두 소실되고 순환하는 포도당의 유일한 공급원은 젖산, 글리세롤, 알라닌을 전구체로 하는 간의 포도당신생성이다. 지방산은 지방조직으로 이동하여 대부분의 조직에 대체연료로 이용된다. 필수적으로 당분해를 진행해야 하는 조직은 포도당을 지속적으로 이용하여 젖산을 생성해 내는데 이것은 간에서 코리 회로를 통해 포도당으로 전환된다. 이 회로는 탄소가 아닌 간에서의 지방산의 산화를 통해 에너지를 형성하여 다른 조직에 이용될 수 있도록 한다.
4. 간에서의 포도당신생성은 수일에 걸쳐 빠른 속도로 진행된 뒤 그 속도가 감소한다. 공복상태가 지속되는 경우 신장에서의 포도당신생성은 상대적으로 점점 중요한 위치를 차지하게 된다. 말초조직의 단백질은 포도당신생성의 전구체를 형성하기 위해 분해된다. 이 과정에서 신체는 다양한 대체 연료에 적응하게 된다.
5. 지속적인 공복상태에서 포도당신생성과 지방의 축적은 감소한다. 음식의 섭취가 이루어지지 않으면 죽음에 이를 수 있다. 섭취가 이루어질 경우 대사는 빠르게 진행되어 섭취 후 상태를 회복하도록 한다.

우리는 포도당이 주된 연료로서 어떻게 다당류의 형태로 저장되고 필요시 어떻게 이동하는지 배웠다. 포도당은 포도당신생성 반응을 통해 비탄화수소 전구체에서부터 형성된다. 우리는 포도당이 오탄당인산 경로를 통해 NADPH를 형성하기 위해 산화될 수 있고 해당과정을 통해 파이루브산으로 전환될 수 있음을 배웠다.

당뇨병은 대사질환으로 탄수화물과 지방의 부적절한 대사조절로 인해 발생한다. 포도당한 앰플이 제공된다고 하여도 신체는 공복상태인 것처럼 행동할 것이고 포도당은 간을 통해서 과다하게 생성되며 다른 조직에서는 필요량보다 적은 양을 소비하게 된다. 결과적으로 혈당은 매우 높아지게 된다. 혈중 포도당 농도는 종종 신장의 포도당 재흡수 능력을 넘어서서 소변으로 일부가 배출되도록 한다. 소변에 고농도의 포도당이 존재할 경우 삼투압에 의해 체내의 물도 다량 배출된다.

인슐린에 의한 대사조절이 정상적이지 못해서 발생하는 당뇨병에는 두 가지 형태가 존재한다. 제1형 당뇨병(인슐린 의존성 당뇨병, IDDM)은 인슐린을 생성하는 이자의 β 세포의 손상으로 인해 인슐린의 분비가 감소하거나 아예 이루어지지 않는 상태를 의미한다. 이는 자가면역질환으로서 일찍 발병된다(일반적으로 15세 이하에 발병). 환자들은 마르고 고혈당 증세를 보이며(혈중 포도당 농도가 높다), 탈수증세, 다뇨, 다식, 다갈 증세를 보인다. 제2형 당뇨병(인슐린 비의존성 당뇨병, NIDDM)은 인슐린 저항성으로 인해 만성적인 고혈당 증세를 보인다. 인슐린 수용체의 활성 감소 또는 부족으로 인슐린의 민감성이 감소한다. 인슐린의 분비는 정상적이고 순환하는 인슐린의 농도는 상승할 수도 있다. 제2형은 또한 성인에게서 발병하는 당뇨병이고(어린이들 사이에서도 일부 발생하기도 한다) 일반적으로 비만과 관련성이 있다. 제2형 당뇨병은 5% 정도의 인구를 차지하고 있으며 제1형은 약 1% 정도의 인구를 차지한다. 게다가 2%에서 5%의 임산부는 당뇨병을 앓는다. 임신성 당뇨를 겪는 대부분의 여성은 출산 후 정상을 돌아오나 제2형 당뇨병을 앓게 될 가능성이 높아진다.

당뇨병을 이해하기 위해 우리는 인슐린의 기능을 이해하여야 한다. 인슐린은 글라이코젠과 트라이아실글리세롤, 단백질의 합성을 촉진하며 이들의 분해를 억제한다. 인슐린은 또한 근육세포와 지방세포로 포도당의 수송을 촉진시킨다. IDDM에서 낮은 인슐린의 농도는 간에 존재하는 글라이코젠의 분해를 촉진하고 포도당신생성은 포도당의 공급에 상관없이 발생한다. 게다가 포도당의 흡수와 말초조직에서의 이용은 제한된다.

인슐린과 당뇨가 케톤체 생성에 미치는 영향은 16.11절에 설명되어 있다(Box 16.6).

12.8 글라이코젠 저장성 질환

여러 대사성 질환은 글라이코젠의 저장과 관련이 있다. 일반적인 대사성 질환의 규칙은 비필수적인 유전자와 효소의 활성에 영향을 미친다. 필수적인 유전자의 결함은 일반적으로 사망을 유발하며 대사성 질환으로 나타나지 않는다.

인간이 지니는 대부분의 대사효소는 비슷한 형태의 여러 유전자로 부호화되어 있다. 다른 형태의 효소는 다른 조직에서 발현된다. 글라이코젠 대사에 관여하는 효소의 경우, 대부분의 효소들은 간과 근육에서 발견된다. 이들 효소의 결핍은 심각한 증세를 유발하지만 치명적이지는 않다. 글라이코젠 저장성 질환의 9가지 종류는 글라이코젠 대사의 결함에서 비롯된다.

제0형: 제0a형은 간의 글라이코젠 신테이즈의 활성이 영향을 받는다. 이 효소의 유전자는 12번 염색체의 단완 12p12.2에 존재한다(MIM = 240600). 이는 글라이코젠 신테이즈의 활성이 매우 낮아서 일찍 사망하는 심각한 질병이다. 제0b형은 근육의 글라이코젠 신테이즈가 영향을 받은것으로 이 유전자는 19번 염색체의 장완의 19q13.3에 존재한다(MIM = 611556). 이 환자들은 근육에 글라이코젠을 지니지 못하며 신체적인 활동을 하는데 제약을 받는다.

MIM 수는 인터넷 사이트 *ncbi.nlm.nih.gov/omim*의 Online Mendelian Inheritance in Man (OMIM) database 를 인용했다.

제1형: 대부분의 글라이코젠 저장성 질환은 폰 기에르케(von Gierke)라 불린다. 이는 포도당 6-인산의 결함(제1a형, MIM = 23220)으로 인해 발생하는데 이것의 유전자는 17번 염색체에 존재한다(17q21). 소포체를 통한 포도당 운반 복합체의 결함(21.2D절) 또한 폰 기에르케 질병을 유발한다. 제1b형은 포도당 6-인산의 수송체에 영향을 준다(6번 염색체(6p21.3) MIM = 232240). 환자들은 포도당의 배출이 불가능하고 이로 인해 간과 신장에 글라이코젠의 축적이 발생한다.

제2형: 폼페이병으로 알려진 제2형 질병을 겪는 환자들은 α-1,4-글라이코시데이즈의 활성의 감소 또는 산성의 말테이즈와 같은 라이소좀에서 글라이코젠의 분해에 필요한 효소의 활성감소를 보인다(MIM = 232300). 유전자는 17번 염색체에 존재한다(17q25.2). 결함은 글라이코젠이 라이소좀 내에 축적되도록 하며 이는 근조직에, 특히 심장에 문제를 일으킨다. 대부분의 심각한 형태는 출생 후 수년 이내에 사망하는 증상이 해당된다.

제3형: 제3형은 코리 질환으로 간과 근육의 글라이코젠 가지제거효소를 암호화하는 유전자의 결함이 특징적이다[1번 염색체 (1p21), MIM = 232400]. 이 질환으로 고통받는 사람들은 근육이 약해져 저장된 모든 글라이코젠의 이동이 불가능하다. 몇몇 결함은 아주 경미한 증상으로 나타나기도 한다.

제4형: 앤더슨 질환으로 알려져 있는 이 질병은 3번 염색체에 존재하는(3p12, MIM = 232500) 간의 가지형성효소 유전자의 변형으로 인해 발생한다. 이러한 유전자 변이가 존재하는 사람에게서 긴 다당류 사슬의 축적이 발생하며 이는 수년 이내에 간이나 심장의 기능 부전으로 사망에 이르게 한다.

제5형: 맥아들(McArdle's) 질환(5형 글라이코젠 저장성 질환)은 근육의 글라이코젠 포스포릴레이즈의 결함으로 인해 발병한다(MIM = 232600). 이 유전자는 11번 염색체에 존재한다(11q13). 이러한 유전적 질환을 가진 사람들은 격렬한 운동을 진행할 수 없으며 심한 근육통에 시달린다.

제6형: 에르스(Hers') 질환(제6형)은 글라이코젠 저장성 질환의 미미한 형태로 간의 글라이코젠 포스포릴레이즈의 결핍으로 인해 발생한다(MIM = 232700). 대부분의 돌연변이는 14번 염색체(14q21)에 존재하는 유전자의 1차 전사체의 적절한 스플라이싱에 개입한다.

제7형: 근육의 포스포프럭토카이네이즈-1 유전자의 변형은 타루이(Tarui's)질환을 유발하는데 이는 운동을 하지 못하는 것과 심한 근육통을 특징으로 한다(MIM = 232800). 이것의 동위효소의 유전자는 12번 염색체에 존재한다(12q13.3).

제8형: 제8형에 대해서는 알려진 바가 없다.

제9형: 이 형태의 글라이코젠 저장성 질환은 근육쇠약과 근육뭉침을 유발한다. 이러한 증상들은 일반적으로 경미하다. 모든 하위형태들은 글라이코젠 포스포릴레이즈 카이네이즈의 다양한 소단위 유전자의 변형으로 인해 발생한다. 제9a형: X염색체에 존재하는 간의 α 소단위(MIM = 300798). 제9b형: 16q12에 존재하는 β 소단위의 유전자(MIM = 172490). 제9c형: 16p12에 존재하는 간의 γ 소단위의 유전자(MIM = 172471). 제9d형: X염색체의 Xq13에 존재하는 근육의 α 소단위 유전자(MIM = 311870).

요약

1. 포도당신생성은 비탄화수소 전구체에서 시작하는 포도당 합성 경로이다. 7개의 당분해 근접평형반응은 포도당신생성에서 반대 방향으로 진행된다. 포도당신생성에 특이적인 4가지 효소는 당분해반응의 세 가지 대사적 비가역적 반응을 우회하는 반응을 촉진한다.
2. 포도당의 비탄화수소성 전구체로는 파이루브산, 젖산, 알라닌, 글리세롤이 있다.
3. 포도당신생성은 글루카곤과 입체다른자리 조절자, 그리고 이들의 기질을 필요로 한다.
4. 오탄당인산 경로는 포도당 6-인산의 대사를 통해 라이보스 5-인산과 NADPH를 형성한다. 이 경로의 산화적 단계는 한 분자의 포도당 6-인산을 라이불로스 5-인산과 이산화탄소로 전환하는데 두 분자의 NADPH를 필요로 한다. 비산화적인 단계는 라이불로스 5-인산을 라이보스 5-인산으로 이성화시키는 것을 포함한다. 추가적인 오탄당인산 분자의 대사는 이들은 당분해의 중간체로 전환시킨다. 트랜스케톨레이즈와 트랜스알돌레이즈의 결합된 활성은 오탄당인산을 인산 삼탄당과 인산 6탄당으로 전환시킨다.
5. 글라이코젠 합성은 글라이코젠 시발체와 UDP-포도당을 이용하는 글라이코젠 신테이즈의 작용으로 이루어진다.
6. 글라이코젠의 포도당 잔기는 글라이코젠 포스포릴레이즈의 활성을 통해 이동이 가능하다. 포도당 1-인산은 포도당 6-인산으로 전환된다.
7. 글라이코젠의 분해와 글라이코젠의 합성은 호르몬에 의해 상호적으로 조절된다. 카이네이즈와 포스파테이즈는 글라이코젠 포스포릴레이즈와 글라이코젠 신테이즈의 상호호환적인 효소 활성을 제어한다.
8. 포유동물은 일정한 농도의 혈당을 유지한다. 간은 식이, 글라이코젠의 분해, 그리고 다른 에너지원으로부터 공급되는 포도당의 양을 조절한다.
9. 글라이코젠 저장성 질환은 글라이코젠의 대사에 필요한 유전자의 결함으로 인해 발생한다.

문제

1. 파이루브산에서 포도당이 합성되는 과정의 평형반응을 제시하여라. NADH의 산화가 2.5당량의 ATP와 동일하다면 몇 당량의 ATP가 이 반응에 필요한가? 이를 kJ/mol로 제시하고 이 값이 이산화탄소와 물에서 포도당을 합성해 내는 데 필요한 전체 에너지와 비교하여라.
2. 파이루브산에서부터 포도당신생성을 하는 데 필요한 시트르산 회로의 생성물은 무엇인가?
3. 에피네프린은 해당과정을 통해 저장된 글라이코젠의 이용을 촉진하고 근육에서 ATP가 생성되도록 한다. 에피네프린은 어떠한 방법으로 근수축에 필요한 에너지 생성을 위해 간에 저장된 글라이코젠의 이용을 촉진하는가?
4. (a) 근육세포에서 인슐린은 프로틴 포스파테이즈-1의 인산화를 촉진하는 프로틴 카이네이즈를 자극하여 이를 활성화시킨다. 이것이 근육세포에서 글라이코젠의 생성화 분해에 미치는 영향은 어떠한가?
   (b) 왜 글루카곤은 다른 조직의 효소와 달리 간에 존재하는 효소만을 선택적으로 조절하는가?
   (c) 포도당은 어떻게 프로틴 포스파테이즈-1을 통한 간의 글라이코젠의 분해와 합성을 조절하는가?
5. 폴리펩타이드성 호르몬인 글루카곤은 낮은 혈당을 인지하여 이자에서 분비된다. 간에서 글루카곤은 해당에 반대되는 과정과 과당 2,6-양인산(F2,6 BP)의 농도에 영향을 받는 포도당신생성 경로의 속도 조절에 대해 중요한 역할을 한다. 만약 글루카곤이 과당 2,6-양인산 농도의 감소를 유발한다면 이것이 혈중 포도당 농도의 상승에 어떠한 영향을 미치는가?
6. 혈중 포도당 농도가 높아질 때 어떠한 효소의 활성이 감소하는가? 설명하라.

   아데닐릴 사이클레이즈
   프로틴 카이네이즈 A
   PFK-2 (카이네이즈 활성)
   과당 1,6-비스포스파테이즈

7. (a) 포도당 6-인산으로부터 글라이코젠을 형성하는 데 필요한 에너지가 글라이코젠이 포도당 6-인산으로 분해될 때 발생시키는 에너지보다 많은가?
   (b) 운동 중에 간과 근육에 존재하는 글라이코젠은 포도당 대사체로 전환되어 근육에서 ATP의 형성에 이용된다. 간의 글라이코젠과 근육의 글라이코젠이 근육에 제공하는 ATP의 양이 동일한가?
8. 근육의 글라이코젠 포스포릴레이즈의 전체적인 결함을 지닌 사람(맥아들 질환)은 심한 근육통으로 인해 격렬한 운동을 할 수 없다. 이 환자의 노력으로 일반적인 세포내 ADP의 증가보다 많은 양의 증가를 유발하였고 또한 일반적인 사람과는 달리 이 환자의 근육에 젖산의 축적은 발생하지 않는다. 맥아들 질환에서의 화학적 불균형에 대해 설명하여라.
9. 한 분자의 포도당 1-인산을 두 분자의 젖산으로 분해하는 것에서 발생하는 ATP 당량과 두 분자의 젖산에서 한 분자의 포도당 1-인산을 합성하는 데 필요한 ATP 당량을 비교하여라(혐기적 조건에서).
10. (a) 어떻게 포도당-알라닌 회로는 근육의 파이루브산을 이용하여 간에서 포도당신생성을 진행하고 그 후 근육에 포도당의 형태로 다시 돌려주는가?
    (b) 포도당-알라닌 회로는 궁극적으로 코리 회로에 비해 얼마나 많은 에너지를 근육에 제공하는가?

11. 다른 효과들 중 인슐린은 간세포의 글루코카이네이즈 효소의 양성 조절자이다. 만약 당뇨병을 앓는 환자가 인슐린을 충분히 생성해내지 못한다면, 왜 이 환자는 증가하는 혈당에 대해 적절히 대응하지 못하는지 설명하여라.

12. 특이적 효소의 결함으로 인한 글라이코젠 저장성 질환(GSD)은 글라이코젠의 저장과 혈중 포도당 농도의 균형에 영향을 미친다. 주어진 질병에서 (1) 간에 저장된 글라이코젠의 양과, (2) 혈중 포도당 농도에 미치는 영향을 예측하여라.
    (a) 폰 기에르케병(GSD-1a), 결함효소: 포도당 6-인산
    (b) 코리병(GSD III), 결함효소: 아밀로-1,6 글루코시데이즈(가지 제거 효소)
    (c) 에르스병(GSD VI), 결함효소: 간 포스포릴레이즈

13. 오탄당인산 경로와 해당경로는 상호의존적이며 두 경로의 효소작용 속도에 영향을 주는 여러 대사체에 대해 공통점을 지닌다. 어떤 대사체가 이 두 경로에 공통적인가?

14. 많은 조직에서, 세포손상에 대한 가장 빠른 반응 중 하나는 오탄당인산 경로의 효소 농도를 높이는 것이다. 상해를 입은 뒤 10일 후 심장 조직은 포도당 6-인산 디하이드로지네이즈와, 6-인산글루콘산염 디하이드로지네이즈의 농도가 정상보다 20~30배 높았으며 반대로 당분해성 효소는 정상상태의 10~20% 정도밖에 되지 않았다. 이러한 현상에 대해서 설명하여라.

15. (a) 오탄당인산 경로에서 트랜스케톨레이즈를 이용한 두 번째 반응의 반응물과 생성물의 구조를 그려라. 어떠한 탄소가 전이되는지 표시하여라.
    (b) 2-[^{14}C]-포도당 6-인산이 이 경로에 유입될 때 (a)의 반응을 통해 형성된 과당 6-인산의 어떤 원자가 표지가 되는가?

참고문헌

포도당신생성

Hanson, R. W., and Hakimi, P. (2008). Born to run. *Biochimie*. 90:838–842.

Hanson, R. W., and Reshef, L. (1997). Regulation of phosphenolpyruvate carboxykinase (GTP) gene expression. *Annu. Rev. Biochem*. 66:581–611. Describes the metabolic control of gene expression.

Hines, J. K., Chen, X., Nix, J. C., Fromm, H. J., and Honzatko, R. B. (2007). Structures of mammalian and bacterial fructose-1,6-bisphosphatase reveal the basis for synergism in AMP/fructose 2,6-bisphosphate inhibition. *J. Biol. Chem*. 282:36121–36131.

Jitrapakdee, S., and Wallace, J. C. (1999). Structure, function and regulation of pyruvate carboxylase. *Biochem. J*. 340:1–16.

Kemp, R. G. and Gunasekera, D. (2002). Evolution of the allosteric ligand sites of mammalian phosphofructo-1-kinase. *Biochem.* Biochemistry 41:9426–9430.

Ou, X., Ji, C., Han, X., Zhao, X., Li, X., Mao, Y., Wong, L-L., Bartlam, M., and Rao, Z. (2006).

Crystal structure of human glycerol 3-phosphate dehydrogenase (GPD1). *J. Mol. Biol*. 357:858–869.

Pilkis, S. J., and Granner, D. K. (1992). Molecular physiology of the regulation of hepatic gluconeogenesis and glycolysis. *Annu. Rev. Physiol*. 57:885–909.

Rothman, D. L., Magnusson, I., Katz, L. D., Shulman, R. G., and Shulman, G. I. (1991). Quantitation of hepatic glycogenolysis and gluconeogenesis in fasting humans with ^{13}C NMR. *Science*. 254:573–576. Describes the continuous operation of the pathway of gluconeogenesis in humans.

Sullivan, S. M., and Holyoak (2008). Enzymes with lid-gated active sites must operate by an induced fit mechanism instead of conformational selection. *Proc. Natl. Acad. Sci*. (USA) 105:13829–13834.

van de Werve, G., Lange, A., Newgard, C., Méchin, M.-C., Li, Y., and Berteloot, A. (2000). New lessons in the regulation of glucose metabolism taught by the glucose 6-phosphatase system. *Eur. J. Biochem*. 267:1533–1549. Explains why there is still much to learn about the catalytic site and the transporter associated with this enzyme.

Xue, Y., Huang, S., Liang, J. Y., Zhang, Y., and Lipscomb, W. N. (1994). Crystal structure of fructose-1,6-bisphosphatase complexed with fructose 2,6-bisphosphate, AMP, and Zn2+ at 2.0-A resolution: aspects of synergism between inhibitors. *Proc. Natl. Acad. Sci*. (USA) 91:12482–12486.

오탄당인산 경로

Au, S.W.N., Gover, S., Lam, V.M.S., and Adams, M.J. (2000) Human glucose-6-phospate dehydrogenase: the crystal structure reveals a structural NADP$^+$ molecule and provides insights into enzyme deficiency. Structure 8:293–303.

Wood, T. (1985). *The Pentose Phosphate Pathway*. (Orlando: Academic Press).

Wood, T. (1986). Physiological functions of the pentose phosphate pathway. *Cell Biochem. Func*. 4:241–247.

글라이코젠 대사

Barford, D. Hu, S-H., and Johnson, L. N. (1991). Structural mechanisms for glycogen phosphorylase control by phosphorylation and AMP. *J. Mol. Biol*. 218:233–260.

Chou, J. Y., Matern, D., Mansfield, B. C., and Chen, Y. T. (2002). Type I glycogen storage diseases: disorders of the glucose 6-phosphate complex. *Curr. Mol. Med*. 2:121–143.

Cohen, P., Alessi, D. R., and Cross, D. A. E. (1997). DK1, one of the missing links in insulin signal transduction? *FEBS Lett*. 410:3–10.

Fischer, E. (2010). Memories of Ed Krebs. *J. Biol. Chem*. 285:4267.

Johnson, L. N. (2009). Novartis Medal Lecture: The regulation of protein phosphorylation. *Biochem. Soc. Trans*. 37:627–641.

Johnson, L. N., and Barford, D. (1990). Glycogen phosphorylase: the structural basis of the allosteric response and comparison with other allosteric proteins. *J. Biol. Chem*. 265:2409–2412.

Johnson, L. N., Lowe, E. D., Noble, M. E. M., and Owen, D. J. (1998). The structural basis for substrate recognition and control by protein kinases. *FEBS Lett*. 430:1–11.

Larner, J. (1990). Insulin and the stimulation of glycogen synthesis: the road from glycogen synthase to cyclic AMP-dependent protein kinase to insulin mediators. *Adv. Enzymol. Mol. Biol*. 63:173–231.

Meléndez-Hevia, E., Waddell, T. G., and Shelton, E. D. (1993). Optimization of molecular design in the evolution of metabolism: the glycogen molecule. *Biochem. J*. 295:477–483.

Murray, R. K., Bender, D. A., Kennelly, P. J., Rodwell, V. W., and Weil. P. A. (2009). *Harper's Illustrated Biochemistry*, 28th ed. (New York: McGraw-Hill).

Pinotsis, N., Leonidas, D. D., Chrysina, E. D., Oikonomakos, N. G., and Mavridis, I. M. (2003). The binding of β- and γ-cyclodextrins to glycogen phosphorylase b: kinetic and crystallographic studies. *Prot. Sci*. 12:1914–1924.

Shepherd, P. R., Withers, D. J., and Siddle, K. (1998). Phosphoinositide 3-kinase: the key switch mechanism in insulin signalling. *Biochem. J*. 333:471–490.

Smythe, C., and Cohen, P. (1991). The discovery of glycogenin and the priming mechanism for glycogen biosynthesis. *Eur. J. Biochem*. 200:625–631.

Villar-Palasi, C., and Guinovart, J. J. (1997). The role of glucose 6-phosphate in the control of glycogen synthase. *FASEB J*. 11:544–558.

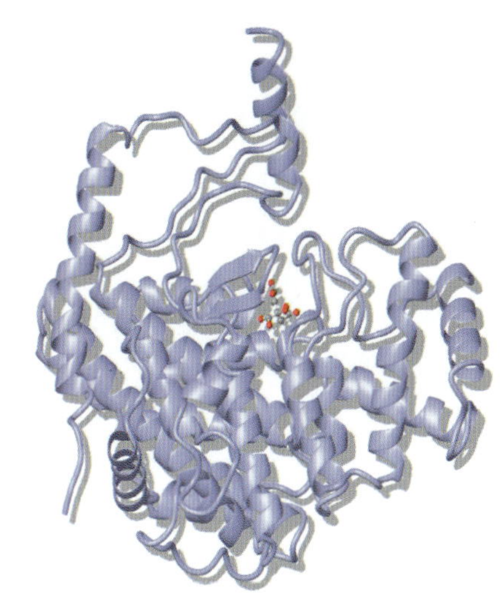

시트르산 회로

> 시트르산은 조직에서 촉매작용에 의해 반응하기 때문에 첫 번째 반응에서 제거되고 이후 반응에서 재생될 수 있다. 대차대조표 상에서 어떤 시트르산도 없어지지 않으며 어떤 중간체 생성물도 축적되지 않는다.
>
> —크렙스와 존슨(1937)

우리는 앞의 두 장에서 포도당 같은 복합 탄수화물의 합성과 분해에 대해 주로 살펴보았다. 포도당을 만드는 생합성 경로는 파이루브산과 옥살로아세트산에서 시작되며, 파이루브산은 해당과정의 최종 생성물이었다. 이 장에서는 여러 단순 유기산으로 상호전환되는 경로에 대해 설명하기로 한다. 이들 화합물 중 일부는 아미노산, 지방산, 포르피린 생합성의 필수 전구체이다.

아세틸 CoA는 작은 유기산들이 상호전환될 때 핵심적인 중간체 중 하나이다. 아세틸 CoA는 파이루브산의 산화 디카복실화에 의해 이산화탄소가 방출되면서 생성된다. 이 반응은 11.3절에서 파이루브산 운명을 설명하면서 잠깐 언급되었던 파이루브산 디하이드로지네이즈에 의해 진행된다. 중요한 이 효소에 대해 더 상세하게 기술하면서 이 장을 시작한다.

아세틸기(2-탄소인 유기산)는 아세틸 CoA에서 4-탄소 다이카복실산인 옥살로아세트산으로 전달되어, 시트르산(citric acid)으로 알려진 6-탄소인 트라이카복실산을 생성한다. 이후, 옥살로아세트산을 재생성하고 2분자의 이산화탄소를 방출하는 7단계의 경로에서 시트르산이 산화된다. 옥살로아세트산이 또 다른 분자의 아세틸 CoA와 재결합하면서 시트르산 산화반응이 반복된다. 이 8-효소 순환 경로의 알짜 효과는 아세틸기가 CO_2로 완전 산화되는 것과 환원 당량을 형성하도록 일부 보조인자로 전자가 전달되는 것이다. 1930년대에 크렙스가 발견한 이후로 이 경로를 **시트르산 회로(citric acid cycle)**, 트라이카복실산 회로(TCA 회로), 또는 크렙스 회로라고 한다.

시트르산 회로는 진핵세포—특히 동물—에서 에너지 대사의 중추를 차지한다. 시트르산 회로의 산화에서 발생되는 에너지는 주로 NAD⊕ 보조인자나 유비퀴논(Q)을 NADH나 QH_2로 환원시키는 환원력으로서 보존된다. 이 에너지는 궁극적으로 (아세틸 CoA를 거쳐) 파이루브산으로부터 유래한다. 파이루브산은 해당과정의 최종 생성물이므로, 시트르산 회로는 포도당 산화를 완성하는 일련의 반응으로 볼 수 있다. NADH와 QH_2는 막-결합 전자 전달 반응의 기질이며, 이는 ATP 생합성을 유도하는 양성자 농도기울기를 형성한다(14장).

1937년 크렙스(Hans Krebs)와 존슨(W. A. Johnson)은 몇 가지 난해한 관찰들을 설명

위: 활성자리에 생성물인 시트르산을 함유하고 있는 시트르산 신테이즈. 이 효소는 시트르산 회로의 첫 번째 단계를 매개한다.

하기 위해 시트르산 회로를 제안했다. 그들은 근육세포에서의 포도당 산화가 산소 흡수와 어떻게 짝물림하는지에 대해 관심을 가졌다. 알버트 센트 죄르지(Albert Szent-Györgyi)는 근육 분쇄물 상등액에 4-탄소인 다이카복실산—석신산, 퓨마르산, 또는 옥살로아세트산—을 첨가하면 산소 소비가 촉진되는 것을 예전에 발견했었다. 산화반응의 기질은 포도당이나 글라이코젠 같은 탄수화물이었다. 특히 흥미로웠던 것은 소량의 4-탄소인 다이카복실산 첨가로 그 자신이 산화되기 위해 필요한 것보다 더 많은 양의 산소 소비가 일어난다는 것이었다. 이는 이들 4-탄소인 유기산이 촉매 효과를 가진다는 것을 뜻했다.

크렙스와 존슨은 또한 시트르산인 6-탄소 트라이카복실산과 5-탄소 화합물인 α-케토글루타르산이 산소 흡수를 촉매하는 효과가 있는 것을 관찰했다. 그들은 4-탄소 중간체와 알려지지 않은 2-탄소의 포도당 유도체(이후에 아세틸 CoA가 되는 것으로 보임)로부터 시트르산이 생성된다고 제안했다. 이 경로의 순환적 특성은 중간체들이 소비되지 않고 어떻게 촉매로 작용하는지 설명한다. 알버트 센트 죄르지는 생물학적인 연소 과정에서 퓨마르산의 촉매 역할을 포함한 호흡을 연구하여 1937년에 노벨 생리의학상을 수상했다. 크렙스는 시트르산 회로를 발견하여 1953년에 노벨 생리의학상을 수상했다.

근육세포에서 시트르산 회로의 중간체는 대부분 에너지 대사의 순환 경로에만 사용된다. 이런 세포에서 대사 시스템은 ATP 생성시 포도당에서 에너지를 추출하는데 주로 쓰인다. 이것이 근육 추출물 실험을 통해 이 경로의 순환적 특성을 알 수 있는 이유다. 시트르산 회로의 중간체는 다른 세포에서 많은 생합성 경로의 출발점이 된다. 따라서 시트르산 회로의 효소들은 동화와 이화반응 양쪽에서 중요한 역할을 한다.

완전한 시트르산 회로를 갖고 있는 박테리아는 거의 없지만, 이와 동일한 많은 효소들이 원핵생물에서 발견된다. 이 장에서 우리는 진핵세포에서의 시트르산 반응을 살펴본다. 이들 효소가 어떻게 조절되는지 탐구하기로 한다. 다음으로 시트르산 회로 중간체를 필요로 하는 다양한 생합성 경로들을 소개하고, 이들 경로와 진핵세포의 순환 경로의 주요 반응들과의 관계 및 박테리아에서의 일부 경로를 살펴본다. 또한 특히 글라이옥실산 회피 및 글라이옥실산 회로 같은 글라이옥실산과 관련된 경로를 살펴보기로 한다. 이것은 시트르산 회로와 밀접하게 관련된 경로다. 마지막으로, 시트르산 회로 효소의 진화에 대해 논의한다.

BOX 13.1 터무니없는 실수

1937년 크렙스와 존슨은 시트르산이 근육조직의 포도당 산화를 진행시킨다는 것을 발견하고 이에 대한 논문을 네이처에 제출했다. 네이처는 분량이 너무 많다는 이유로 이 논문을 싣는 것을 거절했다. 크렙스는 그의 회고록에서 다음과 같이 말했다. "이 일은 내가 50편 이상의 논문을 발표한 이후로, 거절 또는 반거절 당한 최초의 사건이었다."

크렙스와 존슨은 *Enzymologia*에 이 논문을 발표했고, 크렙스는 거의 이 논문으로 노벨상을 수상했다. 네이처가 이러한 실수를 공식 인정하기까지는 51년이 걸렸다. 1998년 10월 28일에 네이처 편집장은 "노벨상을 수상한 논문을 거절하는 것은 편집장으로서는 악몽이다. 생화학적 대사에서 핵심인 한스 크렙스의 트라이카복실산 회로(크렙스 회로)를 거절한 사건은 (우리가 아는 한) 네이처가 저지른 가장 끔찍한 실수였다."

▶ **한스 크렙스(Hans Krebs, 1900~1981).** 크렙스는 시트르산 회로를 발견한 공로로 1953년 노벨 생리의학상을 수상했다. 그는 이외에도 조직에서 대사시 산소 소비를 측정하는 바르브루크 장치(Warburg apparatus)를 선보였다. 크렙스는 1920년 오토 바르부르크(Otto Warburg)와 작업했다.

13.1 파이루브산에서 아세틸 CoA로의 전환

파이루브산은 11.3절에서 설명한 것처럼, 많은 반응에서 중요한 기질이다. 이 장에서는 아세틸 CoA가 시트르산 회로에서 주요한 기질이므로 파이루브산에서 아세틸 CoA로의 전환에 대해 살펴본다. 이 반응은 파이루브산 디하이드로지네이즈 복합체로 알려진 효소와 보조인자의 거대 복합체에 의해 촉매된다(그림 13.1). 완전한 반응의 화학량론은

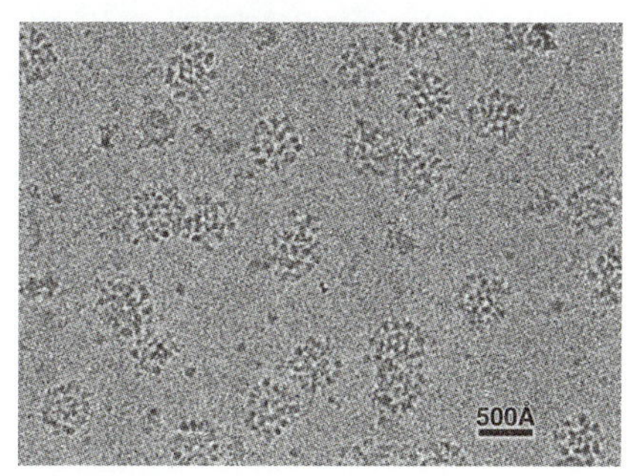

▲ 그림 13.1
*E. coli*의 파이루브산 디하이드로지네이즈의 전자현미경 사진.

$$\underset{\text{파이루브산}}{CH_3-C(=O)-COO^{\ominus}} + HS\text{-}CoA + NAD^{\oplus} \xrightarrow{\text{파이루브산 디하이드로지네이즈}} \underset{\text{아세틸-CoA}}{CH_3-C(=O)-S\text{-}CoA} + CO_2 + NADH \qquad (13.1)$$

HS-CoA는 조효소 A이다. 이것은 파이루브산 산화의 첫 번째 단계이며, 이 반응의 생성물은 아세틸 CoA, 1분자의 이산화탄소, 1분자의 환원당량(NADH)이다. 파이루브산 디하이드로지네이즈 반응은 산화-환원반응이다. 이 경우, 파이루브산에서 CO_2로의 산화는 $NAD^{\oplus}$에서 NADH로의 환원과 짝물림되어 있다. 순결과는 파이루브산으로부터 NADH로 2개의 전자가 전달되는 것이다.

파이루브산 디하이드로지네이즈 복합체는 다음과 같이 3가지의 뚜렷한 효소 활성을 가진 복제를 많이 포함하는 다효소 복합체이다: 파이루브산 디하이드로지네이즈(E_1 소단위체), 다이하이드로리포아마이드 아세틸트랜스퍼레이즈(E_2 소단위체), 다이하이드로리포아마이드 디하이드로지네이즈(E_3 소단위체). 파이루브산의 산화 탈카복실화는 5단계로 나눌 수 있다(다음 반응들의 각 단계별로, 파이루브산으로부터 각각의 원자들의 운명을 빨간색으로 표시했다).

이 복합체를 구성하는 효소의 체계명: 파이루브산 리포아마이드 2-옥시도리덕테이즈(E_1); 아세틸 CoA: 다이하이드로리포아마이드 *S*-아세틸 트랜스퍼레이즈(E_2); 다이하이드로리포아마이드: $NAD^{\oplus}$ 옥시도리덕테이즈(E_3).

1. E_1 구성요소는 보조단인 싸이아민 양인산(TDP)을 포함한다. 7장에서 살펴본 바와 같이, TDP(바이타민 B_1)은 많은 디카복실레이즈 반응들에서 촉매역할을 한다. 초기 반응으로 하이드록시에틸-TDP 중간체 형성과 CO_2의 방출이 일어난다.

$$\underset{\text{싸이아민 양인산 (TDP)}}{\text{TDP}^{\ominus}\ (\text{R}-\overset{\oplus}{N}=\overset{\ominus}{C}-S,\ H_3C,\ R_1)} + \underset{\text{파이루브산}}{H_3C-C(=O)-COO^{\ominus}} + H^{\oplus} \xrightarrow[\text{디하이드로지네이즈}]{\text{파이루브산}} \underset{\text{하이드록시에틸렌아민 양인산(HETDP)}}{\text{R}-\overset{\oplus}{N}=C(-S)-\overset{\ominus}{C}(OH)-CH_3} + CO_2 \qquad (13.2)$$

TDP의 반응형은 탄소음이온 또는 일리드 형태임을 주목하자. 단백질에 결합하는 조효소의 특수 환경 때문에 탄소음이온의 형태는 비교적 안정적이다(7.6절). 첫 단계의 생성물은 하이드록시에틸-TDP의 탄소음이온 형태이다. 이 메커니즘은 파이루브산 디카복실레이즈 메커니즘과 유사하다(7.7절).

2. 두 번째 단계에서, 2-탄소 하이드록시에틸기는 E_2의 리포아마이드기로 전달된다. 리포아마이드기는 아마이드 연결에 의해 E_2 소단위체의 라이신 잔기와 공유결합하고 있는 리포산으로 구성된다(그림 7.29). 이러한 특정한 조효소는 파이루브산 디하이드로지네이즈 및 그와 관련된 효소에서만 발견된다. 전달반응은 파이루브산 디하이드로지네이즈의 E_1에 의해 진행된다.

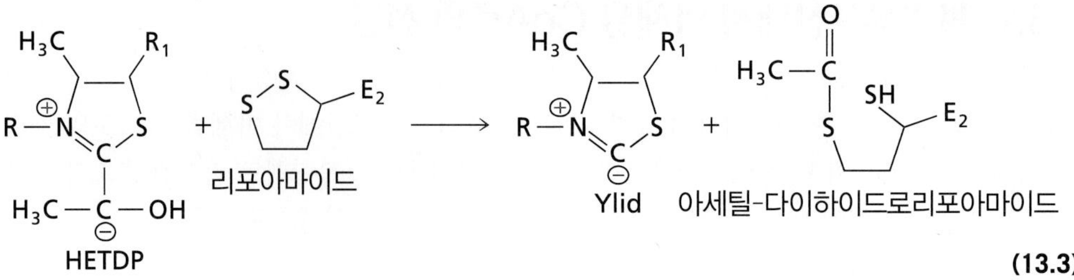

HETDP + 리포아마이드 ⟶ Ylid + 아세틸-다이하이드로리포아마이드 **(13.3)**

이 반응에서, 하이드록시에틸-TDP 산화는 리포아마이드의 다이설파이드의 환원과 맞물려 있으며, 일리드 형태의 TDP를 재생시키는 조효소의 설프하이드릴기 중 하나에 아세틸기가 전달된다.

3. 세 번째 단계는 HS-CoA로 아세틸기의 전달과 연관되는데, 이때 환원된 다이싸이올 형태에 아세틸 CoA가 생성되고 리포아마이드가 남는다. 복합체의 E_2가 이 반응을 진행한다.

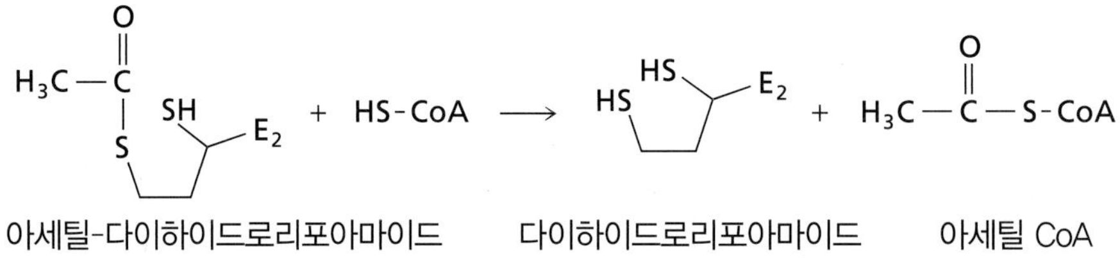

아세틸-다이하이드로리포아마이드 + HS-CoA ⟶ 다이하이드로리포아마이드 + 아세틸 CoA ($H_3C-C(=O)-S-CoA$) **(13.4)**

4. E_2의 환원된 리포아마이드는 추가 반응의 보조단을 재생시키기 위해 재산화되어야 한다. 이것은 4단계에서 다이싸이올 형태의 리포아마이드로부터 FAD로 2개의 양성자와 2개의 전자가 전달되면서 이뤄진다. FAD는 E_3의 보조단이며, 산화환원반응은 환원된 형태의 조효소($FADH_2$)를 생성한다(7.5절에서 언급한 바와 같이 $FADH_2$는 2개의 전자와 2개의 양성자를 운반하며, 이들은 대개 단일 양성자 및 수소음이온 형태로 얻는다는 것을 기억하자).

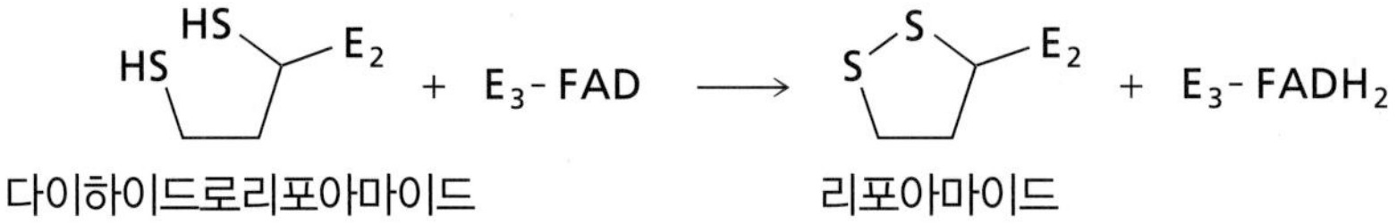

다이하이드로리포아마이드 + E_3-FAD ⟶ 리포아마이드 + E_3-$FADH_2$ **(13.5)**

5. 마지막 단계에서, E_3-$FADH_2$는 FAD로 재산화되며, 이 반응은 $NAD^{\oplus}$의 환원과 맞물려 있다.

$$E_3—FADH_2 + NAD^{\oplus} \longrightarrow E_3—FAD + NADH + H^{\oplus} \quad (13.6)$$

E_3-$FADH_2$의 산화는 촉매 회로를 완성시키면서 파이루브산 디하이드로지네이즈 복합체를 본래 형태로 재생시킨다. 5단계는 NADH를 생성시키며, 또한 파이루브산 디하이드로지네이즈 반응의 전체 화학량론은 양성자의 순획득이나 순손실이 없도록, 하나의 양성자가 5 단계에서 방출되고 1단계에서 흡수된다(반응 13.1).

파이루브산 디하이드로지네이즈 복합체에 있는 5가지 조효소들 간의 상호작용은 대사반응에서 조효소가 중요함을 보여준다. 이 중 2개는 공동기질(HS-CoA와 $NAD^{\oplus}$)이며, 3개는 보조단이다(TDP, 리포아마이드, FADH는 소단위체의 형태마다 붙는다). E_2와 결합된 리포아마이드는 복합체의 활성부위에서 다른 곳으로 반응물을 전달시키는 것을 주로 담당한다. 리포아마이드는 2단계에서 하이드록시에틸-TDP로부터 2-탄소 단위를 얻고 아세틸-다이하이드로리포아마이드 중간체를 형성한다. 3단계에서 이 중간체는 2-탄소기가 조효소 A로 전달되는 곳인 다이하이드로리포아마이드 아세틸트랜스퍼레이즈로 다시 이동한다. 이 반응에서 생산된 환원형 리포아마이드는 이후 E_3의 다이하이드로리포아마이드 디하이드로지네이즈의 활성부위로 이동된다. 리포아마이드는 4단계에서 재산화되며, 새로운 2-탄소 그룹을 받을 준비가 되어 있는 E_1의 활성부위로 재생된 조효소가 재배치된다. 이러한 반응들에서, 리포아마이드 보조단은 파이루브산 디하이드로지네이즈 복합체의 3개 활성부위를 찾아가는 움직이는 팔로써 작용한다(그림 13.2). E_2 소단위체의 움직이는 팔 부위는 유연한 폴리펩타이드 사슬로 구성되며, 이 사슬은 리포아마이드가 공유결합한 부위인 라이신 잔기를 포함한다.

복합체의 다양한 소단위체들은 리포아마이드의 움직이는 팔의 작용 메커니즘을 촉진시키는 방식으로 배열되어 있다. 이런 메커니즘이, 한 반응의 생성물을 매개체로 확산시키지는 않지만, 계의 다음 구성원으로 즉시 작용하도록 해준다. 이것은 한 반응의 생성물이 다음 반응의 기질이 되는 통로화의 한 종류이지만, 이 경우 2-탄소 중간체가 E_2의 유연한 리포아마이드기와 공유결합한다는 점에서 다른 예들과는 다르다.

5.11절에서 통로화와 다효소 복합체에 대해 논의했다.

전체적인 파이루브산 디하이드로지네이즈 반응은 초기 기질(파이루브산)로부터 최종 산화 물질($NAD^{\oplus}$)로 전자가 전달되는 일련의 짝지움 산화-환원반응이다. 4개의 반쪽 반응들은 . . .

$$
\begin{array}{lr}
 & E^{\circ\prime} \\
\text{1. 아세틸 CoA} + CO_2 + H^{\oplus} + 2e^{\ominus} \longrightarrow \text{파이루브산} + \text{CoA} & -0.48 \\
\text{2. } E_2\text{— 리포아마이드} + 2H^{\oplus} + 2e^{\ominus} \longrightarrow E_2\text{— 다이하이드로리포아마이드} & -0.29 \\
\text{3. } E_3\text{—FAD} + 2H^{\oplus} + 2e^{\ominus} \longrightarrow E_3\text{—FADH}_2 & -0.34 \\
\text{4. NAD}^{\oplus} + 2H^{\oplus} + 2e^{\ominus} \longrightarrow \text{NADH} + H^{\oplus} & -0.32
\end{array}
\qquad (13.7)
$$

각각의 반쪽 반응은 고유의 표준 환원전위를 갖고 있으며(표 10.4), 이는 전자 흐름의 방향을 나타낸다(10.9절에서 말한 것처럼 실제 환원전위는 환원물질과 산화물질 농도에 의존적이라는 사실을 기억하라). 전자전달은 반쪽 반응 1과는 반대로, 파이루브산이 2개 전자를 내놓으면서 시작된다. E_2-리포아마이드가 이 전자를 받고, 이후 E_2-리포아마이드로부터

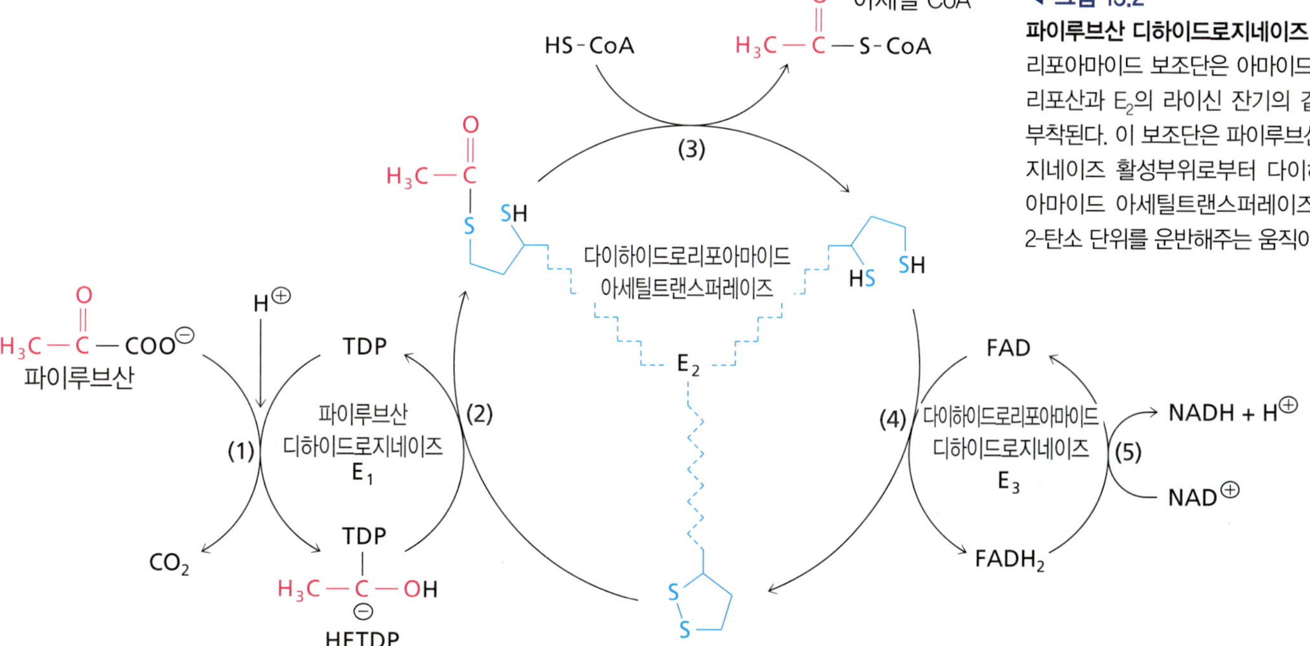

◀ **그림 13.2**
파이루브산 디하이드로지네이즈 복합체 반응. 리포아마이드 보조단은 아마이드 결합에 의해 리포산과 E_2의 라이신 잔기의 곁사슬 사이에 부착된다. 이 보조단은 파이루브산 디하이드로지네이즈 활성부위로부터 다이하이드로리포아마이드 아세틸트랜스퍼레이즈 활성부위로 2-탄소 단위를 운반해주는 움직이는 팔이다.

(a)

(b)

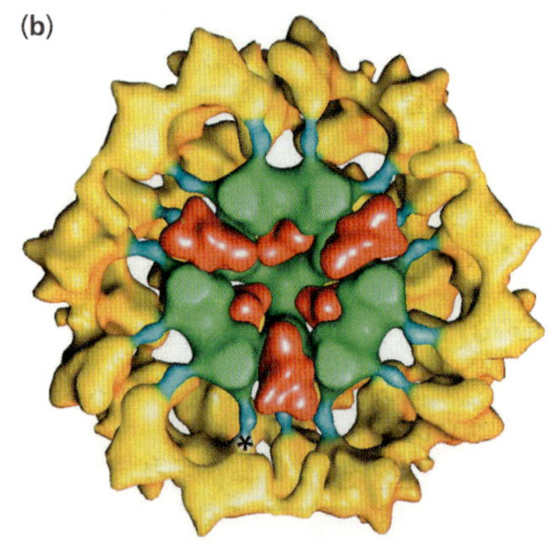

▲ **그림 13.3**
파이루브산 디하이드로지네이즈 복합체의 구조 모델. **(a)** 내부의 중심은 60개의 E_2 효소로 구성되어 있으며, 이들 효소는 각 20개 꼭지점마다 E_2 삼량체와 함께 오각형 십이면체 모양으로 배열되어 있다. 노란 박스에 삼량체 하나의 윤곽을 그렸다. 오각형 모양의 중심은 주황색 오각형으로 나타냈다. 중심부 구조의 표면에서 위로 향하게 튀어나온 연결 부위를 주목해라. **(b)** 바깥쪽의 E_1 효소(황색)와 내부 중심부의 E_2 효소 간의 공간에 위치해 있는 BP-E_3 효소(적색)의 완전한 복합체 단면.

[From Zhou, H. Z. et al. (2001). The remarkable structural and functional organization of the eukaryotic pyruvate dehydrogenase complexes. Proc. Natl. *Acad. Sci.* (USA) 98:14082–14087.]

E_3-FAD로 NAD⊕로 이후의 전자 흐름이 일어난다. 최종 생성물인 NADH는 한 쌍의 전자를 운반한다. 이와 같은 단순 전자수송계와 대사 경로 효소에는 많은 예들이 있다. 이를 다음 단원에서 다루게 될 더 많은 복잡한 막-연관 전자수송계와 혼동해서는 안 된다.

파이루브산 디하이드로지네이즈 복합체는 거대하다. 이것은 라이보좀보다 몇 배 더 크다. 이 복합체는 박테리아에서는 세포질에 위치하며, 진핵세포에서는 마이토콘드리아 기질에서 발견된다. 또한 파이루브산 디하이드로지네이즈 복합체는 엽록체에도 존재한다.

진핵세포의 파이루브산 디하이드로지네이즈 복합체는 알려진 다효소 복합체 중 가장 크다. 이 복합체의 중심부는 오각형의 12면체 모양으로 배열되어 있는 60개의 E_2 소단위체들로부터 형성된다. 이 형태는 20개의 꼭지점을 갖고 있으며 E_2 삼량체가 각 꼭지점을 차지한다(그림 13.3A). E_2 소단위체 각각은 표면으로부터 위로 돌출되어 있는 연결 부위를 갖고 있다. 이 연결 부위는 움직이는 리포아마이드 팔을 갖고 있다.

바깥쪽 껍질은 60개의 E_1 소단위체를 갖고 있다. 각 E_1 효소는 기본적인 E_2 효소 중 하나와 연결되어 있으며 주변과 추가 연결시켜준다. E_1 효소는 2개의 α 소단위체와 2개의 β 소단위체($\alpha_2\beta_2$)로 구성되어 있기 때문에, 내부 효소인 E_2보다 상당히 크다. E_3 효소(α_2 이량체)는 중심인 E_2 효소로 구성된 오각형의 중심에 위치한다. 12개의 E_3 효소는 오각형 십이면체에서 12개의 오각형에 해당하는 완전한 복합체에 존재한다. 진핵세포에서 E_3 효소는 이 복합체의 일부분인 작은 결합 단백질(BP)과 관련되어 있다.

그림 13.3에서 제시된 모델은 저온에서 파이루브산 디하이드로지네이즈 복합체를 고해상도의 전자현미경으로 관찰한 이미지로 구성했다(cryo-EM, 그림 13.1). 이 기술로, 수많은 각각의 상들을 결합하고, 컴퓨터를 이용하여 3차원적 이미지를 만들었다.

보기 문제 13.1

Q. 파이루브산 디하이드로지네이즈 반응의 표준 깁스 자유에너지 변화량을 계산하여라.

A. 식 10.26에서, 표준 환원전위의 전체 변화량은

$$\Delta E^{\circ\prime} = \Delta E^{\circ\prime}_{\text{전자수용체}} - \Delta E^{\circ\prime}_{\text{전자공여체}}$$
$$= -0.32 - (-0.48) = 0.16 \text{ V}$$

식 10.25에서

$$\Delta G^{\circ\prime} = -nF\Delta E^{\circ\prime}$$
$$= -(2)(96.5)(0.16)$$
$$= -31 \text{ kJ mol}^{-1}$$

▲ **생화학 연구실.**

이 모델은 이후 X-선 결정학이나 NMR로 해독한 각각의 소단위체 구조와 일치했다. 현재까지 지구상에서 전체 파이루브산 디하이드로지네이즈 복합체를 큰 결정으로 키우는 것은 불가능하며, 무중력 상태인 국제 우주 정거장에서 결정을 키우는 것도 실패하였다.

그람음성균과 같은 일부 박테리아는 중심부에 24개의 E_2 효소만 있는 더 작은 형태의 파이루브산 디하이드로지네이즈 복합체를 갖고 있지만, 유사한 복합체가 여러 종의 박테리아에 존재한다. 이들 박테리아에서 중심 효소는 8개의 각 꼭지점마다 삼량체의 정육면체로 배열되어 있다. 2개의 서로 다른 박테리아 효소 및 진핵세포의 마이토콘드리아와 엽록체 형태

의 E_2 소단위체들은 모두 밀접하게 연관되어 있다. 그러나 그람음성균 효소는 진핵세포 형태와 관련이 없는 E_1 효소를 포함한다.

파이루브산 디하이드로지네이즈는 2-옥소산 디하이드로지네이즈 족으로 알려진 다효소 복합체 족의 구성원이다(파이루브산은 가장 작은 2-옥소 유기산이다). 우리는 파이루브산 디하이드로지네이즈와 구조적, 기능적으로 매우 닮은 2개의 다른 2-옥소(또는 α-keto)산 디하이드로지네이즈를 살펴보기로 한다. 그 중 하나는 α-케토글루타르산 디하이드로지네이즈(13.3#4절)인 시트르산 회로 효소이고, 다른 하나는 아미노산 대사(17.10E절)에 이용되는 가지형 사슬인 α-케토산 디하이드로지네이즈다. 이 족의 모든 구성원은 유기산이 CO_2로 산화되고 조효소 A 유도체가 형성되는 필수 비가역적 반응을 진행시킨다.

가역적 반응들은 일부 박테리아에서 완전히 다른 효소들에 의해 촉매된다. 혐기성 박테리아에서 이런 반응들은 이산화탄소를 고정시키는 경로의 일부분을 형성한다. 일부 박테리아 및 일부 혐기성 진핵생물은 파이루브산 디하이드로지네이즈와 관련없는 파이루브산:페레독신 2-옥시도리덕테이즈를 이용하여 파이루브산을 아세틸 CoA와 이산화탄소로 전환시킨다.

$$\text{파이루브산} + \text{CoA} + 2\,\text{Fd}_{ox} \rightarrow \text{아세틸 CoA} + 2\,\text{Fd}_{red} + 2\,\text{H}^{\oplus} \qquad \textbf{(13.8)}$$

이 경우, 최종 전자수송체는 파이루브산 디하이드로지네이즈와 같이 NADH가 아니라 환원형 페리독신(Fd_{red})이다. 파이루브산:페레독신 옥시도리덕테이즈 반응은 가역적이며 환원적 카복실화에 의한 CO_2 고정에 사용될 수 있다. 생명체 역사 중 매우 이른 시기에 갈라진 박테리아 종은 종종 파이루브산 디하이드로지네이즈가 아니라 파이루브산:페레독신 옥시도리덕테이즈를 갖고 있으며, 이는 후자가 더 원시적이며 전자는 더 늦게 진화되었음을 말한다.

13.6절에서 파이루브산 디하이드로지네이즈 조절을 검토한다.

13.2 시트르산 회로는 아세틸 CoA를 산화시킨다

파이루브산이나 (지방산이나 아미노산 같은) 다른 화합물로부터 형성된 아세틸 CoA는 시트르산 회로에 의해 산화될 수 있다. 시트르산 회로의 8개의 반응은 표 13.1에 열거되어 있다. 각 반응을 따로 조사하기 전에, 우리는 이 경로의 2가지 특성을 살펴보아야 한다: 탄소의 흐름과 "고에너지" 분자의 생성.

핵심개념

거대 다효소 복합체는 기질과 생성물 간의 통로화로 효율성을 향상시킨다.

그림 13.4는 탄소 원자의 운명을 그린 것이다. 시트르산 회로의 첫 번째 반응에서, 아세틸 CoA의 2-탄소인 아세틸기는 4개 탄소인 다이카복실산 옥살로아세트산으로 전달되어 6-탄소인 트라이카복실산인 시트르산을 생성한다. 이 회로는 6-탄소 산과 5-탄소 산의 산화적 탈카복실화와 같이 진행된다. 그 결과 2분자의 CO_2가 나오고 4-탄소 다이카복실산인 석신산이 생성된다. 이후 단계에서 석신산으로부터 이 회로를 시작시켰던 본래의 반응물인 옥살로아세트산으로 전환된다.

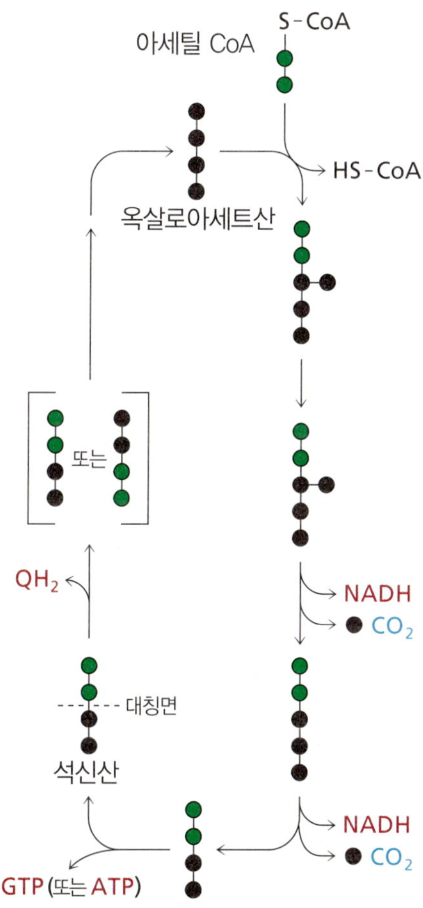

▲ **그림 13.4**

시트르산 회로가 1회전하는 동안 옥살로아세트산과 아세틸 CoA의 탄소 원자의 운명. 석신산의 대칭 평면은 이 분자의 반이 서로 화학적 동량임을 뜻한다: 따라서 아세틸 CoA(녹색)에서 나온 탄소 원자는 4-탄소인 중간체에 고르게 분포되어 옥살로아세트산이 된다. 회로가 1회전할 때 들어온 아세틸 CoA로부터 나온 탄소 원자들은 두 번째와 그 다음 회전에서만 이산화탄소 형태로 손실된다. 환원된 조효소 NADH와 QH_2에, 그리고 기질 수준의 인산화에 의해 생산되는 GTP(또는 ATP)에 에너지가 보존된다.

그림 13.5는 완전한 반응을 나타내며, 아세틸기의 2개의 탄소도 초록색으로 표시하여 그 운명을 나타낼 수 있다. 아세틸 CoA의 아세틸기 상태로 이 회로에 들어간 2개의 탄소 원자는 CO_2 상태로 잃어버린 탄소와 동일하지는 않다. 그러나 전체 반응 경로에서 탄소 평형은 한 주기가 돌아가는 동안 이 회로로 들어간 아세틸 CoA에서 나온 2-탄소 그룹마다 2개의 탄소 원자가 방출된다는 것이다. 이 주기의 5번째 단계에서 아세틸 CoA의 2개의 탄소 원자는 대칭인 4-탄소 다이카복실산(석신산)의 절반이 된다. 이 대칭 분자의 절반 2개는 화학적으로 균등하므로, 아세틸 CoA에서 발생한 탄소들은 석식산으로부터 생성된 분자에 균등하게 분포하게 된다.

아세틸 CoA는 "고에너지" 분자이다(10.8절). 싸이오에스터 연결은 파이루브산 디하이드로지네이즈 복합체에 의한 파이루브산의 탈카복실화로부터 얻은 에너지 중 일부를 보존한다. 시트르산 회로의 순평형(표 13.1)은 다음과 같은 경향이 있다.

표 13.1 시트르산 회로의 효소 반응

반응	효소
1. 아세틸 CoA + 옥살로아세트산 + H_2O ⟶ 시트르산 + HS-CoA + $H^{\oplus}$	시트르산 신테이즈(Citrate synthase)
2. 시트르산 ⇌ 아이소시트르산	아코니테이즈(아코니산 하이드라테이즈) [Aconitase (Aconitate hydratase)]
3. 아이소시트르산 + $NAD^{\oplus}$ ⟶ α-케토글루타르산 + NADH + CO_2	아이소시트르산 디하이드로지네이즈 (Isocitrate dehydrogenase)
4. α-케토글루타르산 + HS-CoA + $NAD^{\oplus}$ ⟶ 석시닐 CoA + NADH + CO_2	α-케토글루타르산 디하이드로지네이스 복합체 (α-Ketoglutarate dehydrogenase complex)
5. 석시닐 CoA + GDP (or ADP) + P_i ⇌ 석신산 + GTP (or ATP) + HS-CoA	석시닐-CoA 신테테이즈(Succinyl-CoA synthetase)
6. 석신산 + Q ⇌ 퓨마르산 + QH_2	석신산 디하이드로지네이즈 복합체 (Succinate dehydrogenase complex)
7. 퓨마르산 + H_2O ⇌ L-말산	퓨마레이즈(퓨말산 하이드라테이즈) [Fumarase (Fumarate hydratase)]
8. L-말산 + $NAD^{\oplus}$ ⇌ 옥살로아세트산 + NADH + $H^{\oplus}$	말산 디하이드로지네이즈(Malate dehydrogenase)
전체 반응:	
아세틸 CoA + 3 $NAD^{\oplus}$ + Q + GDP (또는 ADP) + Pi + 2 H_2O ⟶ HS-CoA + 3 NADH + QH_2 + GTP (또는 ATP) + 2 CO_2 + 2 $H^{\oplus}$	

시트르산 회로는 전자 방출과 함께 아세틸 CoA 분자의 산화와 당량이라는 사실을 알 수 있다. 전체 반응 순서는 단순화할 수 있다.

$$\begin{matrix}\text{S-CoA}\\ | \\ \text{C}=\text{O}\\ | \\ \text{CH}_3\end{matrix} + 2\,H_2O + OH^{\ominus} \longrightarrow 2\,CO_2 + \text{HS-CoA} + 7\,H^{\oplus} + 8e^{\ominus} \qquad \textbf{(13.9)}$$

반응 5에서 무기인산이 하이드록실기를 제공하며 생성물 중 일부는 자유 양성자와 자유 전자로 나타난다. 이러한 형태의 알짜 평형은 8개의 전자가 산화반응이 일어나는 동안 방출된다는 것을 나타낸다(산화반응은 전자를 방출하고 환원반응은 전자를 흡수하는 것을 명심하자). 반응 13.9에 그려진 6개의 전자는 3개의 양성자와 함께 3분자의 NAD로 전달된다.

BOX 13.2 전자는 어디에서 오는가?

반응 13.9와 같은 화학반응 공식은 전자 획득과 방출의 이해에 그리 도움되지 않는다. 그런 반응에서 전자 평형을 보기 위해서는, 대부분의 그림에서 화학결합을 나타내는 다른 선들 대신에 구조와 원자가 전자를 그리는 것이 유용하다. 각각의 공유결합은 공유전자쌍을 포함하며 각 표준 원자(C, O, N, S)는 8개의 원자가 전자를 필요로 한다. 공유결합하고 있는 수소 원자는 하나의 껍질에 하나의 전자쌍만 갖고 있다.

식 13.8의 아세틸 CoA의 산화는 그림에서 이러한 형태로 나타난다. 원자의 외각 전자만 나타낸 것을 주목해라. 이들 전자에는 산화에 의해 하나가 제거되는 것과 환원반응에 의해 추가되는 것이 있다. 반응물에서 42개의 전자(21쌍)과 생성물에서 34개의 전자(17쌍)가 있다: CO_2와 조효소 A. 그래서 8개의 전자가 산화과정에서 방출된다. 대부분 (이산화탄소에서처럼) 이중결합이 형성될 때 전자가 방출되며, 이는 나머지가 전자쌍 공유를 일으키기 때문이다.

CoA–S–C(::Ö:)–C(H)(H)H + H:Ö:H + H:Ö:H + ⊖:Ö:H ⟶

$18e^{\ominus}$ $16e^{\ominus}$ $8e^{\ominus}$

Ö::C::Ö + Ö::C::Ö + H:S-CoA + 7 $H^{\oplus}$ + $8e^{\ominus}$

$32e^{\ominus}$ $2e^{\ominus}$ $8e^{\ominus}$

▲ **반응물과 생성물의 원자가 전자를 보여주는 시트르산 회로에 의한 아세틸 CoA 당량의 산화.**

▼ **그림 13.5**

시트르산 회로. 반응 경로에 들어가는 아세틸기 하나마다 이산화탄소 두 분자가 방출되고, 움직이는 조효소 NAD와 유비퀴논(Q)이 환원되며, 한 분자의 GDP (또는 ADP)가 인산화되고, 수용체 분자(옥살로아세트산)가 재생된다.

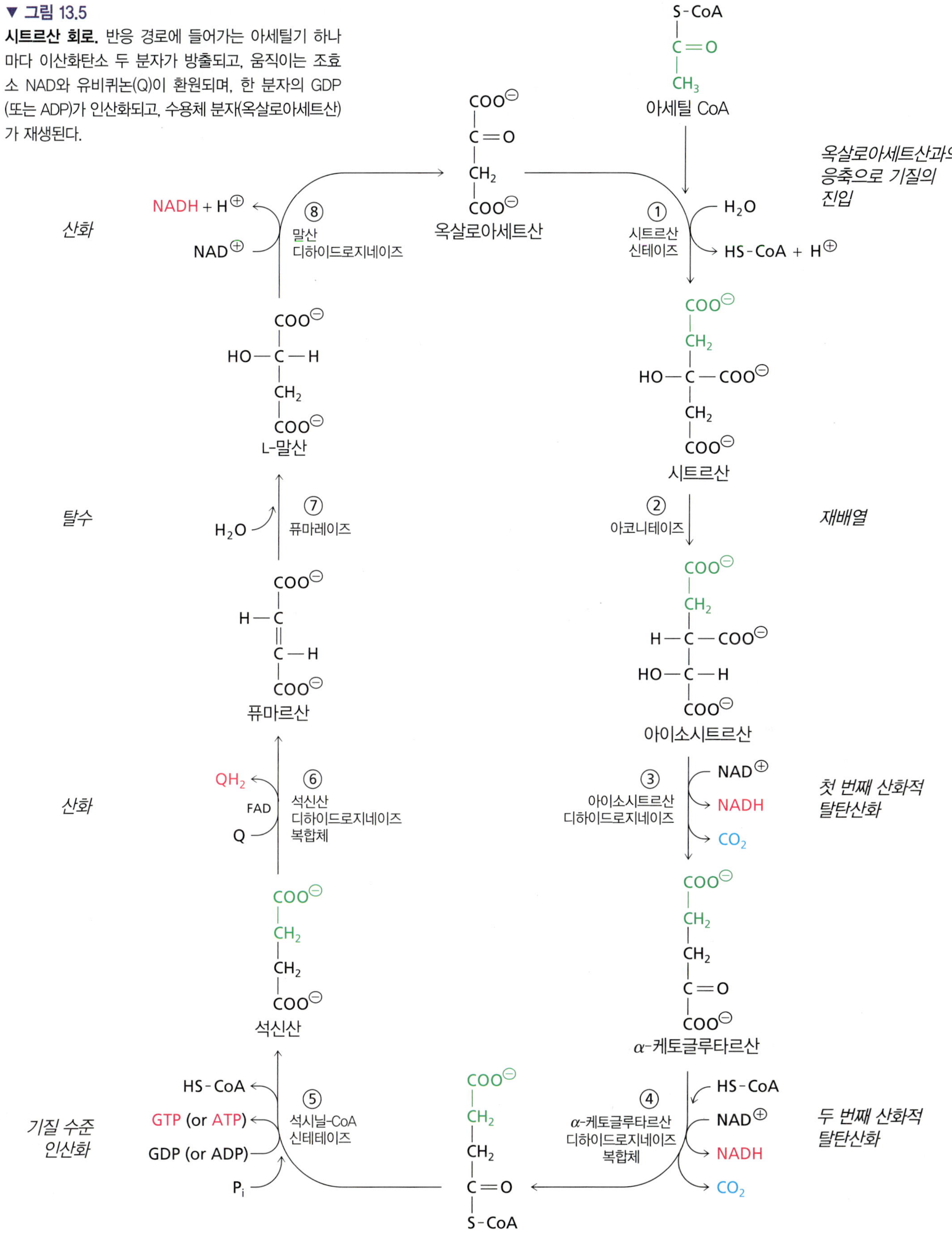

남은 2개의 전자는 2개의 양성자를 따라 1분자의 유비퀴논(Q)으로 전달된다. 회로가 1회전할 때마다 2개의 자유 양성자가 생성된다(시트르산 회로가 회전하는 동안 방출된 이산화탄소 분자는 실제로는 아세틸 CoA에서 직접적으로 나온 것이 아님을 명심해라. 반응 13.9는 알짜 산화를 강조하는 단순화시킨 형태이다).

환원된 조효소인 NADH와 QH_2를 만들기 위해서, 유기산에서 전달된 전자가 형성될 때 시트르산 회로 반응에서 방출되는 대부분의 에너지가 보존된다(그림 13.5). 3개의 산화-환원 단계에서 NAD⊕ 환원으로 NADH가 생산된다. 이 중 2개 단계는 산화적 탈카복실화이다. QH_2는 석신산에서 퓨마르산으로 산화될 때 생성된다. 이후 환원되었던 조효소가 산화되면서 막-연관 전자전달에 의해, NADH와 QH_2에서 최종 전자수용체로 전자가 전달된다. 대부분의 진핵생물(과 많은 원핵생물)에서 최종 전자수용체는 산소이며, 이는 물로 환원된다. 막-연관 전자전달은 ADP와 P_i에서 ATP가 생산되는 과정과 맞물려 있다. 산소가 존재할 때, 전체 과정(전자전달 + ADP의 인산화)을 산화적 인산화라고 할 수 있다(14장). 환원당량 형성과 함께 시트르산 회로는 기질 수준의 인산화로 뉴클레오타이드 삼인산을 직접 생산한다. 생성물은 세포 종류나 종에 따라 ATP 또는 GTP일 수 있다.

핵심개념

시트르산 회로는 아세틸 CoA의 아세틸기를 산화시키는 작용 메커니즘이다.

13.3 시트르산 회로의 효소

시트르산 회로는 아세틸 CoA 분자가 산화된 후 본래의 상태로 되돌아가는 다단계 촉매반응으로 볼 수 있다. 이러한 견해는 한 주기로 반응이 일어날 때 원래 반응물인 옥살로아세트산이 재생된다는 사실에 근거한다. 말 그대로 촉매는 순변화 없이도 반응속도를 증가시킨다. 사실 모든 촉매반응에서 모든 효소반응은 회로로 나타낼 수 있다. 효소는 순환하는 연속적 전환을 거쳐서 결국 초기 형태로 되돌아간다. 이런 의미에서 시트르산 회로는 촉매와 비슷하다.

전체적으로 볼 때, 시트르산 회로는 NAD⊕와 유비퀴논을 이용하여 아세틸 CoA의 아세틸기를 이산화탄소로 산화시키는 작용 메커니즘이다. 시트르산 회로가 별개로 작동할 때, 한 주기가 완전히 회전할 때마다 중간체가 재형성된다. 그 결과, 시트르산 회로는 포도당신생성 경로나 해당 경로와 달리 어떤 중간체도 순합성되거나 분해되는 경로로 볼 수 없다. 그러나 시트르산 회로가 항상 별개로 작동하지는 않으며, 다른 형태를 띨 수 있다는 것을 이후에(13.6절) 보게 될 것이다. 일부 중간체는 다른 경로와 공유되기도 한다. 먼저 8개의 각 효소 단계를 조사하여 시트르산 회로의 촉매 양상을 알아보자.

1. 시트르산 신테이즈

시트르산 회로의 첫번째 반응시, 아세틸 CoA은 옥살로아세트산과 물과 반응하여 시트르산, HS-CoA, 양성자를 형성한다. 이 반응은 시트르산 신테이즈에 의해 촉매되며 시트릴-CoA라는 효소-결합 중간체를 형성한다(그림 13.6).

시트르산은 회로의 일부인 두 트라이카복실산 중 첫 번째 것이다. 시트로일 CoA 중간체

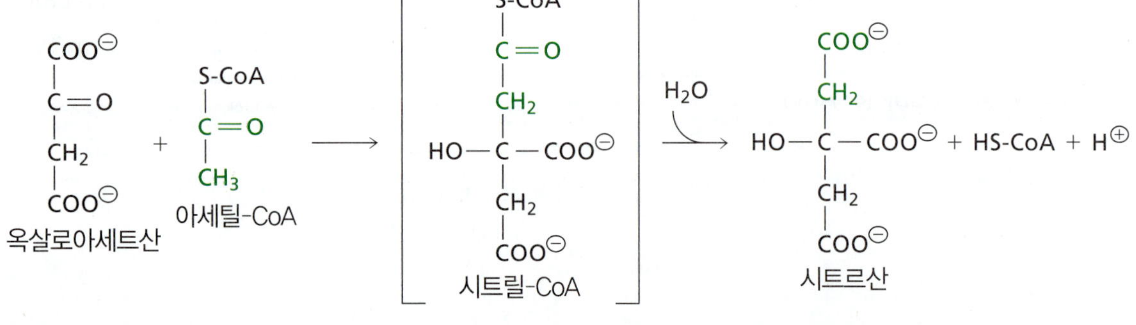

▼ 그림 13.6

시트르산 신테이즈에 의해 촉매되는 반응. 첫 번째 단계, 아세틸 CoA는 옥살로아세트산과 결합하여 시트릴 CoA인 효소-결합 중간체를 형성한다. 싸이오에스터는 가수분해되면서 생성물로 시트르산과 HS-CoA를 방출한다.

의 고에너지 싸이오에스터 결합이 가수분해되므로, 시트르산 합성효소반응에서 표준 깁스 자유 에너지 변화는 31.5 kJ·mol^{-1} ($\Delta G°' = -31.5$ kJ·mol^{-1})이다. 보통, 깁스 자유에너지 변화는 크게 음성이다. ATP 합성과 짝지움되어 있을 수 있다—세포 내에서 실제 깁스 자유에너지 변화는 매우 다를 수 있다는 것을 명심해라. 사실, 석시닐-CoA(시트르산 회로의 반응 5)에서 싸이오에스터 유사 결합의 가수분해는 GTP(또는 ATP) 합성과 짝지움되어 있다. 그러나 시트르산 신테이즈 반응의 경우, 이용가능한 에너지가 다른 목적으로 이용된다. 이는 옥살로아세트산 농도가 낮을 때, 반응이 시트르산 합성 방향으로 진행됨을 보장한다(그림 13.7). 이는 시트르산 회로가 작동할 때 보통 상태로 나타난다. 옥살로아세트산이 소량(촉매할 정도의 양) 있을 때만, 그림 13.6에 나타난 반응 평형은 시트르산 합성을 일으키기 쉽다. 즉, 세포 내에서 실제 깁스 자유에너지 변화는 거의 0에 가깝다. 이 반응은 평형 반응에 가깝다. 옥살로아세트산 농도가 매우 낮은 조건에서도 아세틸 CoA가 산화하는 방향으로 시트르산 회로가 작동하는 것이 열역학적으로 분명하다.

시트르산 합성효소는 트랜스퍼레이즈이다 — 5.1 부문에서 묘사된 6가지 효소 범주 중 하나이다. 트랜스퍼레이즈는 전달반응을 촉매하는데, 이 경우는 아세틸기를 전달한다. "신테이즈"라는 용어는 보조인자로 ATP를 사용하지 않는 트랜스퍼레이즈로 쓰인다. 한편, "신테테이즈"는 라이게이즈 범주에 속한다(5.1절). 신테테이즈가 촉매하는 반응은 ATP(또는 GTP) 가수분해와 짝지움되어야 한다. 이 두 용어는 매우 비슷해 보이고 각 효소가 시트르산 회로 효소에 포함되므로, 신테이즈와 신테테이즈 차이를 기억하는 것은 중요하다. (어떤 이유에선지, "신테이즈"라고 말해야 할 때, 나머지 음절이 버려지면서 "신테테이즈"라고 발음하기 쉽다.)

그람양성균, 시원세균, 진핵생물에서 시트르산 신테이즈는 2개의 동일한 소단위체로 구성된 이량체 단백질이다. 그람음성균에서 이 효소는 동일한 소단위체의 6합체 복합체이다.

동물세포에서 이 효소의 각 소단위체는 2개의 서로 다른 영역으로 구성된다: 외각의 작고 유연한 영역과 단백질 중심부를 형성하는 더 큰 영역(그림 13.8). 2개 소단위체는 각각의 큰 영역에서 4개 나선 간의 상호작용으로 연결되어 나선 샌드위치를 형성한다. 시트르산 신테이즈는 그림 13.8에 나타난 것처럼 옥살로아세트산과의 결합에서 큰 구조적 변화를 거친다. 이 결합 부위는 소단위체 작은 영역과 다른 소단위체의 큰 영역 사이에 있는 깊은 틈새의 아래쪽에 위치한다. 옥살로아세트산이 결합할 때, 작은 영역은 큰 영역보다 상대적으로 20° 회전한다. 이 폐쇄는 아세틸 CoA 결합부위를 만든다—이 결합 부위는 큰 영역과 작은 영역에서 나온 아미노산 곁가지에 의해 형성된다. 반응이 완료될 때 조효소 A가 방출된다. 이후 이

옥살로아세트산 + 아세틸 CoA
⇅
시트르산 + HS-CoA + H^+

▲ **그림 13.7**
시트르산 신테이즈 반응에서 생성물 및 반응물의 상대적 비. 식 1.12, $K_{eq} = 2.7 \times 10^5$에 따라 표준 깁스 자유에너지 변화량으로부터 시트르산 신테이즈 반응의 평형 상수(K_{eq})를 계산할 수 있으며, 평형에서 생성물의 농도는 반응물의 200,000배이다.

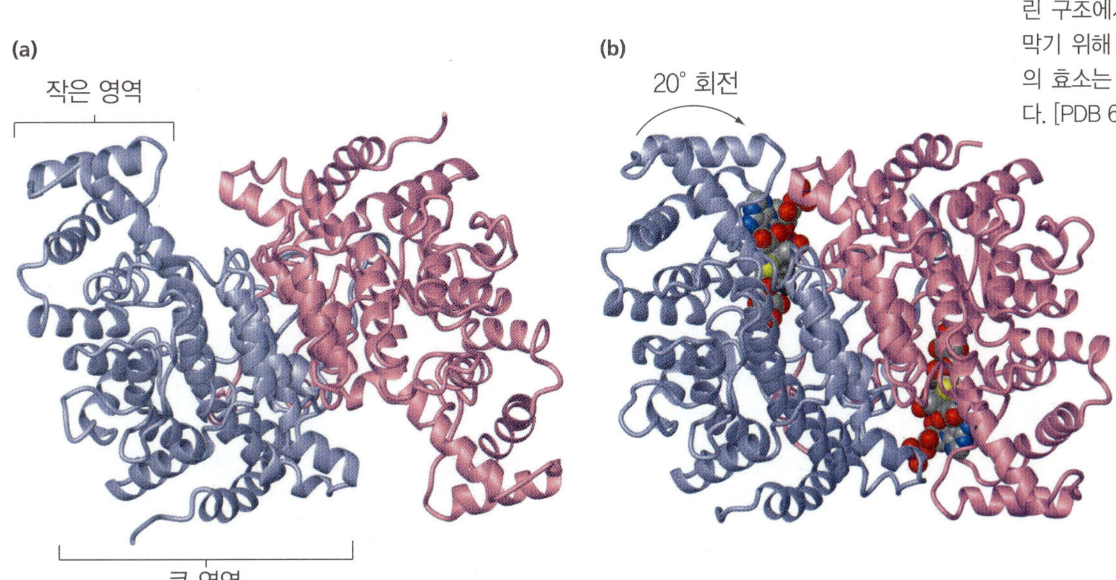

▼ **그림 13.8**
시트르산 신테이즈 유도 적합 메커니즘. 2개의 동일한 소단위체를 청색과 자색으로 표시하였다. 각각은 작은 영역과 큰 영역으로 구성되어 있다. **(a)** 열린 형태. 기질결합 부위는 하나의 소단위체의 작은 영역과 다른 소단위체의 큰 영역 사이에 있는 깊은 갈라진 틈에 위치해 있다. **(b)** 닫힌 형태. 작은 영역은 열린 구조에서 보이는 큰 결합의 갈라진 틈을 막기 위해 큰 영역으로 움직인다. 이런 형태의 효소는 닭(*Gallus gallus*)에서 얻을 수 있다. [PDB 6CSC]

BOX 13.3 시트르산

유럽에서 게버(Geber)로 알려진 자비르 이븐 하이얀(Abu Musa Jābir ibn Hayyān, ~721 – ~815)은 시트르산의 발견에 기여했다. 그는 현대 이라크의 쿠파에서 연구했으며, 현대 화학의 아버지로 인식되고 있다. 자비르는 시트르산을 레몬과 라임과 같은 시트러스 과일의 주요 구성성분과 동일시했다. 지금은 시트르산 수준이 탄소 보존 및 저장 능력과 관련되어 있다는 것이 알려져 있다. 이는 시트르산 회로의 시트르산 역할과 관련이 없다.

시트르산은 약한 유기산이다(pK_{a1} = 3.2, pK_{a2} = 4.8, pK_{a3} = 6.4). 나트륨염은 완충용액으로 종종 사용되지만 주로 음식첨가제로, 특히 청량음료에 사용된다.

▲ **시트르산은 시트러스 과일에서 나온 중요한 천연 보존제이다.**

효소는 시트르산이 방출될 때 열린 형태로 되돌아간다.

이 효소의 구조는 옥살로아세트산과 아세틸 CoA가 연속적으로 결합하는 데 필요하다. 이것은 옥살로아세트산이 없을 때 아세틸 CoA에 결합할 수 있는 가능성과 낭비 반응에서 아세틸 CoA의 싸이오에스터 결합의 가수분해를 촉매시킬 가능성을 감소시킨다. 이 잠재적 부반응은 매우 위험한데, 그 이유는 아세틸 CoA의 싸이오에스터 결합이 시트릴 CoA의 가수분해 활성부위 근처에 존재하고 옥살로아세트산 농도가 아세틸 CoA 농도보다 상대적으로 매우 낮을 수 있기 때문이다. 이전에 다룬 예에서 유도적합 메커니즘은 부적절한 가수분해로부터의 ATP 보호와 관련 있지만, 동일한 원리가 여기에도 적용된다. 이번 장과 다음 장에서 중요한 구조-기능 관계의 다른 몇 가지 예를 살펴보기로 한다.

2. 아코니테이즈

아코니테이즈(계통명: 하이드라테이즈)는 시트르산에서 아이소시트르산으로 근접평형 전환을 촉매한다. 시트르산은 3차 알코올이므로 케토산으로 직접 산화될 수 없다. 케토산 중간체 형성은 시트르산 회로의 단계 3에서 일어나는 산화적 탈카복실화에 필요하다. 아코니테이즈에 의해 촉매되는 단계는 단계 3을 위한 준비로 2차 알코올을 만든다. 이 효소명은 효소결합 중간체인 시스-아코니틴산에서 유래한다. 이 반응은 시트르산에서 물이 제거되고 탄소-탄소 이중결합을 형성되면서 진행된다. 이후 입체특이적으로 물이 추가되면서 아이소시트르산이 형성된다.

$$
\begin{array}{c}
COO^{\ominus} \\
| \\
CH_2 \\
| \\
HO-C-COO^{\ominus} \\
| \\
CH_2 \\
| \\
COO^{\ominus} \\
\text{시트르산}
\end{array}
\underset{H_2O}{\overset{H_2O}{\rightleftarrows}}
\left[
\begin{array}{c}
COO^{\ominus} \\
| \\
CH_2 \\
| \\
C-COO^{\ominus} \\
\| \\
C \\
H \diagup \quad \diagdown COO^{\ominus}
\end{array}
\right]
\underset{H_2O}{\overset{H_2O}{\rightleftarrows}}
\begin{array}{c}
COO^{\ominus} \\
| \\
CH_2 \\
| \\
HC-COO^{\ominus} \\
| \\
HO-CH \\
| \\
COO^{\ominus} \\
\text{아이소시트르산}
\end{array}
\qquad (13.10)
$$

시스-아코니산

아코니테이즈 유전자는 복합 유전자를 가지고 있다. 이는 마이토콘드리아와 세포질 형태의 서로 다른 아코니테이즈, 촉매활성이 없는 조절 단백질, 아미노산 합성과 관련된 효소를 암호화한다(13.8과 17.3C절). 세균은 별개의 효소인 아코니테이즈 A와 아코니테이즈 B를 포함한다.

핵심개념

기질이 특정한 방향성을 갖고 효소에 결합하기 때문에 입체특이적 반응이 일어난다.

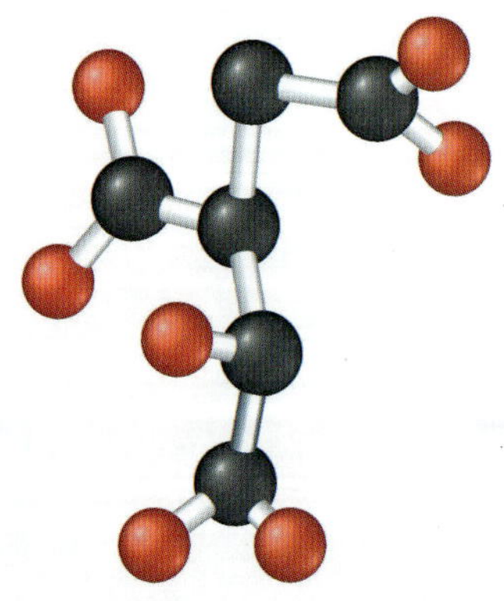

▲ **그림 13.9**
2R,3S-아이소시트르산의 구조.

BOX 13.4 전구손대칭 기질과 효소의 세 개 지점에서의 부착

시트르산 회로는 처음에 크렙스가 제안했는데, 표지 연구에서 2R,3S-아이소시트르산의 2가지 가능한 형태 중 한 가지만 세포에서 만들어진다고 보여졌기 때문에, 시트르산에서 아이소시트르산으로의 반응이 수용되는데 가장 큰 걸림돌이 되었다. "문제"는 카이랄 분자가 비카이랄 분자에서 생성된다는 것이 아니다—이는 쉽게 이해할 수 있다. 문제는 시스-아코니틴산의 이중결합 형성과, 아이소시트르산 형성을 위한 물의 추가가 왜 아세틸 CoA로부터 나온 그룹에서가 아니라 옥살로아세트산이 원래 기여한 잔기에서만 일어나는지이다. 동위원소로 표지한 아세트산을 세포에 추가하면, 반응 13.10에서 녹색으로 보이는 것처럼 ^{14}C-표지된 탄소 원자가 시트르산에 나타난다. 시트르산은 대칭인 분자이므로, 표지된 탄소 원자는 오른쪽 그림에서 똑같이 보이는 2가지 형태의 아이소시트르산으로 나타날 것으로 예상되었으나, 좌선성 형태만 만들어졌다.

당시에는 비카이랄 분자가 한 가지 형태의 카이랄 동위원소로 전환되는 것이 알려져 있지 않았는데, 1948년 알렉산더 오그스턴(Alexander Ogston)이 어떻게 효소 활성부위가 시트르산 분자의 화학적 당량 그룹을 구별하는지를 밝혀냈다. 오그스턴은 3개 지점 부착이라고 명명한 방식으로, 효소-기질 결합과 관련된 동일하지 않은 그룹과 함께 시트르산 결합이 일어난다고 생각했다(그림을 보라). 시트르산이 비대칭적 결합 부위에 정확하게 결합한다면, 시트르산의 2개의 —CH_2—$COO^{\ominus}$기는 특이적인 방향을 갖고 있고 따라서 더 이상 당량이 아니게 된다. 탄소-탄소 이중결합은 옥살로아세트산이 제공한 그룹에서만 일어난다.

시트르산은 화학적으로는 대칭이지만, 비대칭적으로 반응할 수 있으므로, **전구손대칭 분자**(prochiral molecule)이다. 이러한 반응의 많은 예를 대사경로에서 찾아 볼 수 있다.

```
   COO⊖                 COO⊖
   |                    |
   CH2                  CH2
   |                    |
  HC — COO⊖            HC — COO⊖
   |                    |
HO— CH               HO— CH
   |                    |
   COO⊖                 COO⊖
```

▲ **두 가지 형태의 아이소시트르산.** 녹색 탄소 원자는 원래 아세틸 CoA에서 유래한 그룹을 나타낸다. 기질이 대칭적이므로, 아코니테이즈에 의해 촉매되는 이 반응은 2가지 형태의 아이소시트르산을 동일한 양으로 생산할 것으로 예상되었다. 좌선성만 생성되었다.

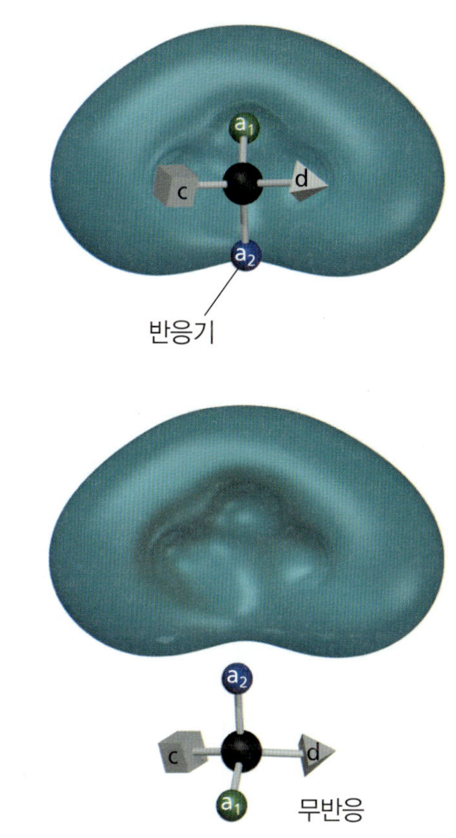

▲ **아코니테이즈 결합 부위에서의 시트르산의 결합.** 시트르산 분자의 중심 탄소 원자를 4개 부착 그룹과 함께 나타내었다: 사각형으로 나타낼 수 있는 하이드록실기(—OH); 삼각형으로 나타낼 수 있는 카복실기(—COOH); 2개의 —CH_2—COO—기는 구형으로 나타냈다. 2개의 —CH_2—COO—기는 화학적으로 뚜렷이 구별할 수는 없으나, 아세틸 CoA에서 유래한 것을 초록색 구로 나타내고, 옥살로아세트산에서 유래한 것을 푸른색 구로 나타냈다. 아코니테이즈 그림은 하이드록실기, 카복실기, —CH_2—COO—기 중 하나인 3개의 부착점을 가진 비대칭 분자로 나타낼 수 있다. 시트르산은 위의 그림과 같은 방향성을 나타낼 때, 아코니테이즈에 결합할 수 있으며, 옥살로아세트산에서 유래한 일부분에서 반응이 일어난다. 또 다른 방향(밑)일 경우, 이 효소에 결합할 수 없으며, 아세틸 CoA에서 유래한 그룹에서 반응이 일어날 수 없다.

모든 아코니테이즈 유전자에서 발현된 단백질들은 특징적인 [4 Fe-4 S] 철-황 뭉치를 포함한다. 다음 장에서 많은 산화-환원 효소와 철-황 뭉치를 살펴볼 것이다. 대부분의 산화-환원 효소에서 철-황 뭉치는 전자전달에 참여하지만, 아코니테이즈 단백질들은 철-황 뭉치가 시트르산 결합을 도와주는 역할을 하므로 특이하다. 아코니테이즈 반응은 산화-환원 반응이 아니라 이성질화 반응이다.

시트르산은 어느 탄소 원자도 4개의 다른 그룹에 결합되어 있지 않기 때문에 카이랄 분자가 아니라는 것을 기억하라. 그러나 반응 생성물인 아이소시트르산은 C2와 C3의 2개의 카이랄 중심을 갖고 있다. 이들 탄소 원자 각각은 4개의 다른 구성 성분을 갖고 있다. 또한 각각의 경우 4개 그룹은 2개의 다른 방향으로 배열될 수 있다. 4개의 입체다른 이성질체가 있지만 아코니테이즈가 촉매하는 반응에서는 이 중 하나만이 생성된다. 이 생성물의 이전 이름은 Box 3.2에서 나타낸 RS 명명법을 사용하면 2R,3S-아이소시트르산이다(그림 13.9). 이 명명법은 입문용 생화학에서 몇 안되는 유용한 것 중 하나이다.

13.8절은 원핵생물에서의 아이소시트르산 시트르산의 조절을 나타낸다.

3. 아이소시트르산 디하이드로지네이즈

아이소시트르산 디하이드로지네이즈는 아이소시트르산의 산화적 탈카복실화를 촉매하여 α-케토글루타르산(그림 13.10)을 생성시킨다. 이 반응은 시트르산 회로의 4가지 산화-환원 반응 중 첫 번째 반응이다. 이 반응은 NAD⊕ 환원과 짝물림되어 있고 효소-결합 옥살로 석신산 중간체와 관련된 2가지 단계에서 일어난다.

첫 번째 반응에서 2개의 수소가 제거되면서 아이소시트르산의 알코올 그룹이 산화되며, a—C = 0이중결합을 형성된다. 이는 전형적인 디하이드로지네이즈 반응이다. 수소 원자 중 하나(탄소 원자에 결합한 것)는 NAD⊕로 전달되는데, 이는 2개의 전자와 그 외의 것(—OH 기에 붙은 것)을 운반하는 수소음이온이 최종 생성물에 포함되어 있기 때문이다. 이 반응은 전자를 잃는 반응 중 첫 번째 반응이다(예: 유기산의 산화).

불안정한 케토산인 옥살로석신산은 α-케토글루타르산 디하이드로지네이즈에 의해 촉매되는 전체 반응 중 첫 번째 단계의 생성물이다. 이것이 효소로부터 방출되기 전에, 중간체는 탈카르복실화를 거쳐 2번째 단계에서 α-케토글루타르산을 생성시킨다. 탈카르복실화 반응은 CO_2 방출 및 양성자 흡수와 연관된다. 이 반응의 전체 화학량론은

$$\text{아이소시트르산} + NAD^{\oplus} \longrightarrow \alpha\text{- 케토글루타르산} + NADH + CO_2 \qquad (13.11)$$

아이소시트르산 디하이드로지네이즈는 몇 가지 다른 형태가 존재한다. 박테리아는 NAD 의존 효소와 NADP⊕ 의존효소 둘 다 갖고 있다. 진핵세포 역시 2가지 모두 갖고 있으며, NADP⊕ 의존 효소는 몇 가지로 하위 분류할 수 있다. 일반적으로 NAD⊕ 의존효소는 마이토콘드리아에 위치하며 시트르산 회로에서 중요한 역할을 담당한다. NADP⊕ 의존효소는 세포질, 엽록체, 그 외 막 공간에서 발견된다. 서열 유사성이 있어서 이들 효소 형태는 모두 상동이며, 류신 생합성 경로 효소와 공통조상을 가진다(13.9, 17.3C절).

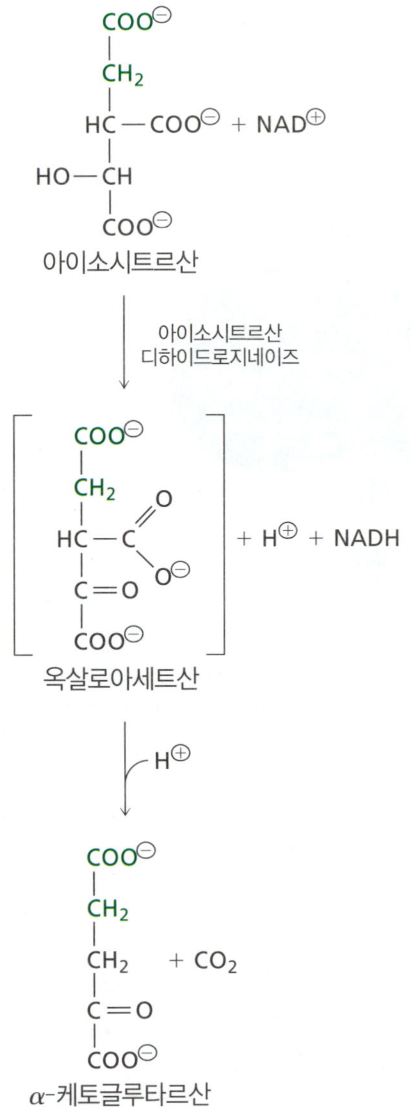

COO⊖
|
CH₂
|
HC—COO⊖ + NAD⊕
|
HO—CH
|
COO⊖
아이소시트르산

↓ 아이소시트르산 디하이드로지네이즈

[COO⊖ — CH₂ — HC—C(=O)O⊖ — C=O — COO⊖] + H⊕ + NADH
옥살로아세트산

↓ H⊕

COO⊖
|
CH₂
|
CH₂ + CO_2
|
C=O
|
COO⊖
α-케토글루타르산

▲ **그림 13.10**

아이소시트르산 디하이드로지네이즈 반응. 이 효소는 전자 수용체로 NAD⊕를 사용하여 산화-환원반응을 촉매한다. 옥살로석신산은 CO_2와 α-케토글루타르산으로 빠르게 탈카복실화되는 불안정한 중간체이다. 이것은 시트르산 회로에서 첫 번째 탈카복실화 단계이다.

4. α-케토글루타르산 디하이드로지네이즈 복합체

α-케토글루타르산의 산화적 탈카르복실화는 파이루브산 디하이드로지네이즈에 의해 촉매되는 반응과 유사하다. 두 경우 모두, 반응물은 α-케토산과 HS-CoA이고, 생성물은 CO_2와 "고에너지"인 싸이오에스터 화합물이다. 시트르산 회로의 단계 4는(2-옥소글루타르산 디하이드로지네이즈로 알려진) α-케토글루타르산 디하이드로지네이즈에 의해 촉매된다(그림 13.11).

α-케토글루타르산 디하이드로지네이즈는 파이루브산 디하이드로지네이즈와 구조와 기능 모두 닮은 거대 복합체이다. 동일한 조효소가 관여하며 반응 메커니즘도 동일하다. α-케토글루타르산 디하이드로지네이즈 복합체를 구성하는 3가지 효소는 α-케토글루타르산 디하이드로지네이즈(TDP를 가진 E_1), 다이하이드로리포아마이드 석시닐 트랜스퍼레이즈(움직이는 리포아마이드 팔을 가진 E_2), 다이하이드로리포아마이드 디하이드로지네이즈(파이루브산 디하이드로지네이즈 복합체에서 발견되는 동일한 플라보단백질인 E_3)이다. 전체 반응은 시트르산 회로에서 2개의 CO_2를 발생시키는 반응들 중에서 2번째 반응이며, 환원당량

을 발생시키는 2번째 반응이다. 이 회로의 남은 4개의 반응으로, 석시닐 CoA의 4-탄소 석시닐 그룹은 옥살로아세트산으로 다시 전환된다.

진핵세포는 마이토콘드리아의 α-케토글루타르산 디하이드로지네이즈 하나만 갖고 있다. 시원세균 및 몇 가지 종의 박테리아는 α-케토글루타르산 디하이드로지네이즈를 갖고 있지 않다. 대신 2-옥소글루타르산:페레독신 옥시도리덕테이즈라고 하는 완전히 다른 효소를 사용하여 α-케토글루타르산으로부터 석시닐 CoA로 전환된다.

5. 석시닐 CoA 신테테이즈

석시닐 CoA에서 석신산으로의 전환은 석신산 싸이오카이네이즈라고 종종 불리는 석시닐 CoA 신테테이즈에 의해 촉매된다. 이 반응은 석시닐 CoA에서의 싸이오에스터 연결의 가수분해와 맞물려 있으며, 삼인산 뉴클레오사이드—종에 따라 GTP나 ATP—를 형성한다. 이들 2개의 관련 효소의 복합 IUPAC명은 다음과 같다: ADP를 형성하는 석신산 CoA 연결효소(E.C. 6.2.1.5); GDP를 형성하는 석신산 CoA 연결효소(E.C. 6.2.1.4).

무기인산은 반응물 중 하나이며 이 반응은 3개 단계에서 일어난다(그림 13.12).

첫 번째 반응은 중간체로 석시닐 인산을 발생시키고 조효소 A를 방출한다. 두 번째 단계에서, 인산기는 이 효소의 활성부위에 있는 히스티딘 곁사슬로 전달되어 안정적인 인산화효소 중간체를 형성한다. 세 번째 단계는 GDP로부터 인산화기를 전달하여 GTP를 형성한다. 이 반응은 시트르산 회로 중 기질 수준 인산화의 유일한 예다(10.8절을 기억해라. 석시닐 CoA에서 싸이오에스터 연결의 가수분해 될 때의 표준 깁스 자유에너지 변화량은 대략 ATP 가수분해시의 변화량과 동등하다). 석시닐 CoA 신테테이즈 반응의 전체 화학량론은

$$\text{석시닐 CoA} + P_i + \text{GDP} \longrightarrow \text{석신산} + \text{HS-CoA} + \text{GTP} \qquad \textbf{(13.12)}$$

무기인산은 GDP에 인산화기를 제공하며, 산소를 더해서 석신산을 생산하고 수소를 더해 HS-CoA를 생산한다. GTP나 ATP를 잃어가면서 석신산으로부터 석시닐 CoA가 합성되는 역반응으로부터 이 반응의 이름을 명명했다는 것을 주목해라. 이 반응이 2개의 분자와 결합하고 삼인산 뉴클레오사이드의 가수분해와 맞물려 있기 때문에, 이 효소를 신테테이즈라고 불린다.

이 효소는 2α와 2β 소단위체 ($\alpha_2\beta_2$)으로 이루어져 있다. β 소단위체는 뉴클레오타이드 결합 부위를 포함한다. 박테리아 형태는 ATP를 사용하는 반면, 동물은 종종 2가지 형태의 효소를 사용한다 — 하나는 GTP를 사용하고 다른 하나는 ATP를 사용한다. 이들은 β 소단위체가 다르다. GTP 의존 형태는 분명히 ATP 의존 형태로부터 진화된 것이다. 동물의 마이토콘드리아가 2가지 형태의 석시닐 CoA 신테테이즈를 갖고 있는 이유는 분명하지 않다. 하지만 한 가지 가능성은 ATP 의존 형태는 시트르산 회로에서 사용되고 GTP 의존 형태는 일부 세포에서 주로 역반응을 촉매한다는 것이다. 시원세균 및 다른 일부 박테리아는 석시닐 CoA 신테테이즈를 갖고 있지 않으며, 완전히 다른 효소를 이용하여 비슷한 반응을 수행한다.

6. 석신산 디하이드로지네이즈 복합체

석신산 디하이드로지네이즈는 석신산에서 퓨마르산으로의 산화를 촉매하여, 2개의 양성자와 2개의 전자를 잃으면서 탄소-탄소 이중결합을 형성한다(그림 13.13). 양성자와 전자는 GH_2로 환원되는 퀴논으로 전달된다(거의 대부분의 경우 유비퀴논이 선호하는 기질이지만 일부 박테리아는 메나퀴논을 이용한다). 이 효소는 모든 종에 존재하며 FAD는 필수적으로 결합하는 보조인자이다.

이 반응의 한 가지 중요한 특징은 원래의 아세틸 탄소 원자가 무질서해진다는 것이다. 이들은 더 이상 특이적으로 대칭적 반응물인 석신산 또는 생성물인 퓨마르산을 확인할 수 없

핵심개념

시트르산 회로의 중요한 "수익" 반응은 시트르산 회로의 반응은 NADH와 QH_2 같은 환원 당량을 생산하는 반응이다.

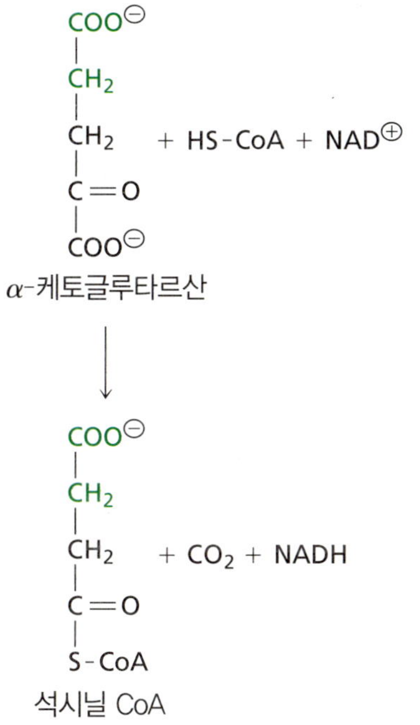

$COO^{\ominus}$ – CH_2 – CH_2 – C=O – $COO^{\ominus}$ + HS-CoA + $NAD^{\oplus}$

α-케토글루타르산

↓

$COO^{\ominus}$ – CH_2 – CH_2 – C=O – S-CoA + CO_2 + NADH

석시닐 CoA

▲ **그림 13.11**
α-케토글루타르산 디하이드로지네이즈에 의해 진행되는 반응. 이 반응은 파이루브산 디하이드로지네이즈에 의해 촉매되는 반응과 유사하다.

그림 14.21은 메나퀴논의 구조를 나타낸다.

BOX 13.5 이름의 의미는?

α-케토글루타르산은 분명히 5-탄소 다이카복실산 글루타르산 ($^{\ominus}OOC—CH_2—CH_2—CH_2—COO^{\ominus}$)으로부터 명명된 것이다. 카복실기들 중 하나 뒤에, α 탄소나 첫 번째 탄소에 케토기가 존재한다. 이러한 명명 관습은 α-아미노산을 명명하는 방식에서 봐온 것과 비슷하다(3.1절). 아미노산처럼, α-케토글루타르산의 정확한 화학명 또는 체계명은 "2-케토글루타르산"이다. 그러나 IUPAC/IUBMB 규칙에 따라 "케토"라는 용어를 현재 기피하고 있기 때문에, 실제로 공식적인 이름은 2-옥소글루타르산이다.

이들 일반명이 잘 알려져 있을 경우, 일반명(통칭)으로 유기 분자를 부르는 것이 전적으로 수용되고 있다. 예를 들어 시트르산 주기에서 단계 1로 돌아가보면, 옥살로아세트산은 석신산인 4-탄소 다이카복실산의 유도체이기 때문에 그 체계명을 2-옥소석신산으로 볼 수 있다. "옥살로아세트산"은 잘 알려져 있고 수용되는 일반명이며 다른 이름과 혼동할 가능성이 있다. α-케토글루타르산의 정확한 이름에 관해서는 상황이 더 복잡하다. 이는 α-케토글루타르산이 구식 체계명이고 새로운 규칙에서는 체계명이 2-옥소글루타르산이어야 한다고 말하기 때문이다. 새로운 이름은 과학문헌에서 더욱 대중적이 되고 있다. 이에 따라 α-케토글루타르산은 수용되고 있는 일반명이라는 이유에서, 잘 알려진 일반명으로서 계속 사용되고 있다. 앞으로의 문헌에서는 바뀌기 매우 쉽다.

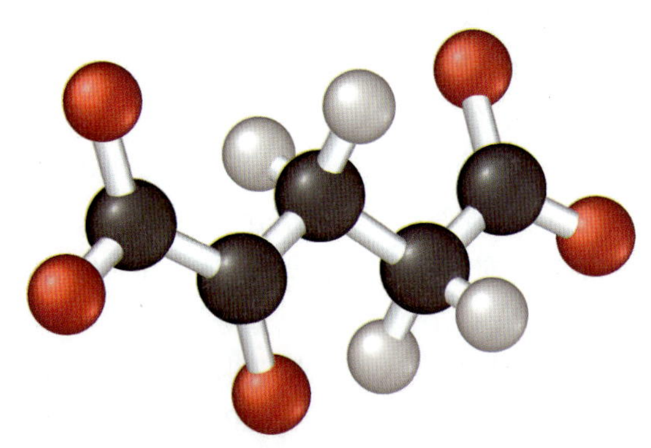

▲ 2-옥소글루타르산, aka α-케토글루타르산.

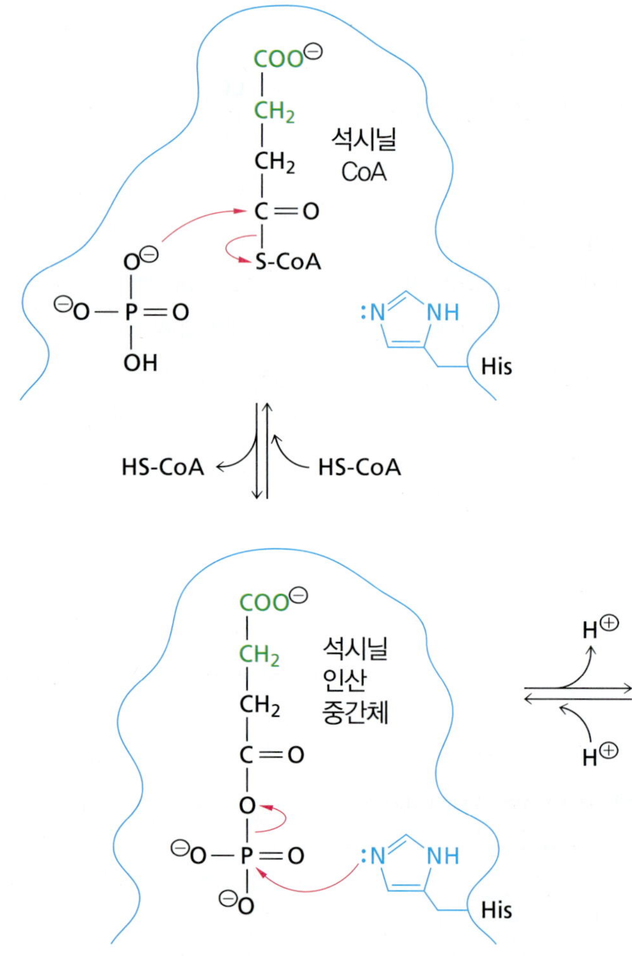

◀ 그림 13.12

석시닐 CoA 신테테이즈의 예상 메커니즘. 인산은 결합형 석시닐 CoA 분자에서 CoA를 치환하고, 혼합된 산 무수 석시닐 인산을 중간체로 생성한다. 이후에 인산화기는 석시닐 인산으로부터 효소의 히스티딘 잔기로 전달되어 상대적으로 안정적인 공유 인산화효소 중간체를 생성한다. 석신산이 방출되고, 인산화효소 중간체는 뉴클레오사이드 삼인산 생성물을 생성하면서 GDP(또는 생명체에 따라 ADP)로 인산화기를 전달한다.

다(예: 녹색). 이것은 흥미로운 결과이다(문제#6 참조).

이 효소의 활성부위는 2개의 다른 소단위체로 형성된다. 하나는 철-황 뭉치를 포함하고 다른 하나는 FAD에 공유결합하고 있는 플라보 단백질이다. 석신산 디하이드로지네이즈 이량체는 2개의 막 폴리펩타이드와 결합하여 거대 복합체를 형성한다. 막 구성성분은 헴기와 관련된 사이토크롬 *b*와 퀴논 결합 부위로 이루어져 있다. 전자전달 보조인자가 석신산으로부터 FAD로, 철-황 뭉치로, 헴으로, 퀴논으로의 전자전달을 담당한다.

파이루브산 디하이드로지네이즈의 E_3 소단위체에 있는 $FADH_2$는 $NAD^{\oplus}$에 의해 재산화되어, 이 효소의 촉매 주기를 완성시킨다. 석신산 디하이드로지네이즈 반응에서 $FADH_2$는 Q에 의해 재산화되면서 FAD를 재생시킨다. 과거에는 이 반응의 산화환원 생성물로 $FADH_2$를 말하는 것이 매우 흔했다. 하지만 FAD는 이 효소와 공유결합하고 있기 때문에, 결합형 $FADH_2$가 재산화될 때까지 그리고 이동성 생성물인 QH_2가 방출될 때까지 이 촉매 주기는 완결되지 않는다.

전자수용체(산화제)로 $NAD^{\oplus}$ 대신 유비퀴논을 이용하기 때문에 석신산 디하이드로지네이즈 반응은 디하이드로지네이즈 치곤 특이하다. 다음 장에서 살펴볼 다른 많은 방식에서도 일반적이지 않다. 석신산 디하이드로지네이즈 복합체는 원핵생물의 원형질막과 진핵세포 내부의 마이토콘드리아 막에 있는 전자전달계의 일부이다. 14.6 부문에서 이 효소에 대해 더 상세하게 논의해보고 그 구조를 조사하기로 한다(그림 14.9). 박테리아에서 효소 복합체의 대부분은 원석신산과 결합할 수 있는 형질로 돌출되어 있으며 시트르산 주기의 일부로서 퓨마르산을 방출한다. 마이토콘드리아에서 활성부위는 다른 시트르산 회로 효소가 위치해 있는 막의 기질 쪽 면에 존재한다.

5.7A절에 묘사된 바와 같이, 기질 유사체인 말론산은 석신산 디하이드로지네이즈 복합체의 경쟁적 억제제이다. 석신산처럼, 말론산은 석신산 디하이드로지네이즈 복합체의 활성부위에 있는 양이온성 아미노산 잔기와 결합하는 다이카복실산이다. 그러나 말론산은 탈수에 필수적인 $—CH_2—CH_2—$ 그룹이 없기 때문에 산화될 수 없다. 세포 균등액 또는 분리된 마이토콘드리아를 이용한 실험에서, 말론산의 존재는 석신산, α-케토글루타르산, 시트르산의 축적을 촉진시킨다. 이러한 실험들은 시트르산 회로가 일련의 반응이라는 독창적인 증거를 제공한다.

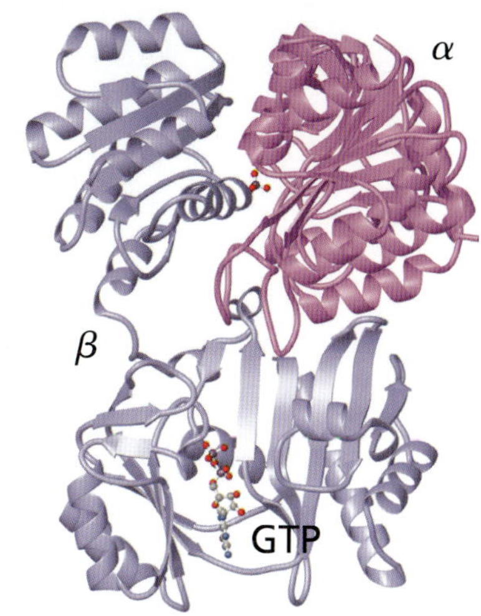

▲ **GTP-의존 석시닐 CoA 신테테이즈.** 이량체 중 한 단위의 구조를 다른 색의 α와 β 소단위체로 나타냈다. GTP 분자는 β 소단위체에 있는 활성부위에 결합한다. 이것은 돼지(*Sus scrofa*) 형태의 효소이다. [PDB 2FPG]

$$\mathrm{{}^{\ominus}OOC{-}CH_2{-}CH_2{-}COO^{\ominus}}\ (\text{석신산}) + \mathrm{Q} \ \underset{\text{디하이드로지네이즈}}{\overset{\text{석신산}}{\rightleftharpoons}}\ \mathrm{{}^{\ominus}OOC{-}CH{=}CH{-}COO^{\ominus}}\ (\text{퓨마르산}) + \mathrm{QH_2}$$

▲ 그림 13.13
석신산 디하이드로지네이즈 반응.

7. 퓨마레이즈

퓨마레이즈(체계명: 퓨마르산 하이드라테이즈)는 퓨마르산 이중결합에 물을 입체특이적으로 *trans* 첨가시켜서, 퓨마르산에서 말산으로 평형에 가까운 전환을 촉진한다.

$$\underset{\text{퓨마르산}}{\mathrm{{}^{\ominus}OOC{-}CH{=}CH{-}COO^{\ominus}}} + \mathrm{H_2O} \ \underset{}{\overset{\text{퓨마레이즈}}{\rightleftharpoons}}\ \underset{\text{L-말산}}{\mathrm{{}^{\ominus}OOC{-}CH_2{-}CH(OH){-}COO^{\ominus}}} \qquad \textbf{(13.13)}$$

퓨마르산은 전구손대칭 분자이다. 퓨마르산이 퓨마레이즈 활성부위에 위치할 때, 기질의 이중결합은 한 방향으로만 공격받을 수 있다. 이 반응의 생성물은 오로지 하이드록시산 말산의 L 입체이성질체뿐이다.

여기에는 같은 반응을 촉매할 수 있는 서로 관련없는 2개의 퓨마레이즈가 있다. class I 효소는 대부분의 박테리아에서 발견된다. class II 효소는 일부 박테리아 및 모든 진핵생물에 존재한다. *E. coli*와 같은 일부 박테리아는 두 가지 형태의 효소를 갖고 있다. 하나는 보

▲ **녹색(덜 익은) 사과.** 덜 익은 사과의 신맛의 원인은 주로 말산이다. 말산은 사과 주스에서 최초로 분리되었으며, 그 이름은 사과의 라틴어(*malum*)에서 유래했다.

BOX 13.6 WORLD WIDE WEB의 정확성

수많은 좋은 자료들이 웹상에 있지만, 일부 웹페이지의 질은 주의해야 한다. 시트르산 회로는 웹페이지의 정확성을 시험하는 흥미로운 케이스이다. 대부분의 사이트는 기본적으로 정확하려고 하지만, 모든 공식의 균형을 포함하여, 실수 없이 경로상의 모든 반응을 정확하게 묘사하는 웹사이트를 찾기란 어렵다. 이런 웹사이트를 찾을 수 있는가? 가장 흔한 실수는 양성자와 QH_2를 빼버리는 것이다.

믿을 만한 사이트로는 시트르산 회로의 모든 효소에 대한 정확한 반응을 나열해 놓은 IUBMB 효소 명명법 사이트가 있다: **www.chem.qmul.ac.uk/iubmb/enzyme/**

어떤 교수는 정확한 웹사이트를 찾을 수 있는 학생에게 추가점수를 준다. 어떤 학생들은 자기 자신의 웹페이지를 만들 수 있다.

통의 시트르산 회로 경로에서 활성되며, 다른 하나는 보통 말산에서 퓨마르산으로 가는 역반응에 특수화되어 있다.

8. 말산 디하이드로지네이즈

시트르산 회로의 마지막 단계는 말산이 산화되면서 옥살로아세트산이 재생되고 NADH 분자가 생성되는 과정이다.

Q에 상응하는 환원당량의 전달은 14장에서 다시 다루기로 한다. 여기서 막-연관 전자 수송에서 석신산 디하이드로지네이즈 복합체의 역할에 대해 알아보기로 하자.

$$\underset{\text{L-말산}}{\mathrm{HO{-}CH(COO^{\ominus})CH_2COO^{\ominus}}} + \mathrm{NAD^{\oplus}} \xrightleftharpoons[]{\text{말산 디하이드로지네이즈}} \underset{\text{옥살로아세트산}}{\mathrm{O{=}C(COO^{\ominus})CH_2COO^{\ominus}}} + \mathrm{NADH} + \mathrm{H^{\oplus}} \qquad (13.14)$$

13.8절은 박테리아의 퓨마레이즈의 진화적 기원과 역반응의 중요성을 나타낸다.

이 반응은 $NAD^{\oplus}$-의존 말산 디하이드로지네이즈에 의해 촉매된다. α-하이드록시산인 L-말산과 케토산인 옥살로아세트산 간의 평형에 가까운 상호전환은 락트산 디하이드로지네이즈에 의해 촉매되는 가역반응과 유사하다(7.3, 11.3B절) 이는 젖산 디하이드로지네이즈와 말산 디하이드로지네이즈가 공통조상을 가진 상동이므로, 놀랄 일도 아니다.

그림 4.22는 말산 디하이드로지네이즈와 락트산 디하이드로지네이즈의 구조를 비교한다.

이 반응의 표준 깁스 자유에너지 변화량은 +30 kJ mol^{-1}($\Delta G^{\circ\prime}$ = 30 kJ mol^{-1})이다. 이는 거의 평형에 가까운 반응이므로, 세포 내에서 발견되는 조건에서의 말산 농도는 옥살로아세트산에 비해 상당히 높다. 시트르산 신테이즈 반응에서 낮은 농도의 옥살로아세트산이 이 반응의 깁스 자유에너지 변화량을 설명하는 것을 살펴보았다. 다음 부문에서는 말산에 비해 상대적으로 낮은 농도의 옥살로아세트산이 일부 수송 경로를 어떻게 설명하는지 알아보기로 한다.

13.4 파이루브산의 마이토콘드리아 진입

박테리아 세포에서 파이루브산은 세포질에 존재하는 아세틸 CoA로 전환되지만, 진핵세포에서 파이루브산 디하이드로지네이즈 복합체는 마이토콘드리아(와 엽록체)에 존재한다. 당분해과정은 세포질에서 일어나므로, 파이루브산은 이 반응의 기질로 작용하기 위해서 먼저 마이토콘드리아 (와 엽록체)로 수송된다. 마이토콘드리아는 이중막으로 둘러싸여 있다.

BOX 13.7 한 효소에서 다른 효소로의 전환

락트산 디하이드로지네이즈와 말산 디하이드로지네이즈는 서열 동일성은 낮지만, 3차원 구조에서 이들은 매우 밀접하게 연관되며, 공통조상으로부터 진화한 것이 분명하다. 이들 효소는 2-하이드록시산 산화를 가역적으로 촉매하며, 이는 탄소 하나 정도 차이가 난다(말산은 락트산의 C-3에 붙어 있는 부가적인 카르복실산을 갖고 있다). 두 효소 모두 자신만의 기질에 매우 특이적이다. 그러나 *Bacillus stearothermophilus*의 락트산 디하이드로지네이즈의 아미노산 잔기 하나의 부위 특이적인 돌연변이는 이 효소를 말산 디하이드로지네이즈로 변화시킨다(그림 참조). Gln-102에서 Arg-102로의 전환은 디하이드로지네이즈의 특이성을 완전히 뒤바꿔놓는다. 아지닌의 양전하 곁사슬은 말산의 4-카복실산기와 이온쌍을 생성하고, 돌연변이 효소는 락트산에 비활성이 되어버린다.

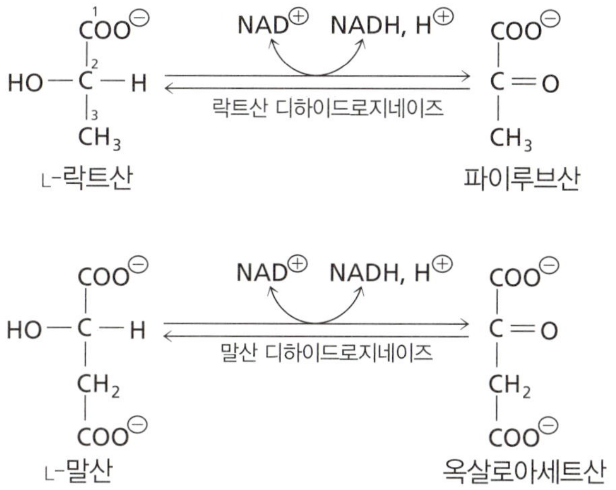

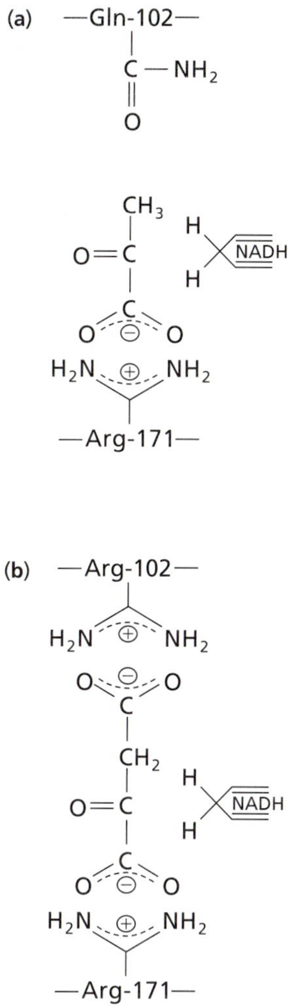

$$\text{L-락트산 } (HO-C^{2}H(C^{1}OO^{-})-C^{3}H_3) \underset{\text{락트산 디하이드로지네이즈}}{\overset{NAD^{\oplus} \rightarrow NADH,\ H^{\oplus}}{\rightleftharpoons}} \text{파이루브산 } (COO^{-}-C{=}O-CH_3)$$

$$\text{L-말산 } (HO-CH(COO^{-})-CH_2-COO^{-}) \underset{\text{말산 디하이드로지네이즈}}{\overset{NAD^{\oplus} \rightarrow NADH,\ H^{\oplus}}{\rightleftharpoons}} \text{옥살로아세트산 } (COO^{-}-C{=}O-CH_2-COO^{-})$$

(a) —Gln-102— / $C-NH_2$, $=O$ … CH_3, $O{=}C$, COO^{-} … H, H, NADH … $H_2N \oplus NH_2$ —Arg-171—

(b) —Arg-102— / $H_2N \oplus NH_2$ … COO^{-}, CH_2, $O{=}C$, COO^{-} … H, H, NADH … $H_2N \oplus NH_2$ —Arg-171—

▲ ***Bacillus stearmothermophilus*****으로부터 얻은 락트산 디하이드로지네이즈의 활성부위에서 기질의 방향성. (a)** 천연 효소에 결합한 3-탄소 기질의 파이루브산. 옥살로아세트산이나 말산은 이 부위에 결합할 수 없다. **(b)** Gln에서 Arg으로 전환된 돌연변이(102번 위치)와 결합한 4-탄소 기질의 옥살로아세트산.

파이루브산 같은 작은 분자들은 포린이라 불리는 막관통 단백질로 형성된 친수성 채널을 통해 외막을 통과한다(9.11A절). 이 채널은 10,000 이하의 분자량을 가진 분자들을 자유롭게 확산하도록 해준다. 그러나 내막을 통과하려면, 특이적 수송 단백질이 대부분의 대사체에 필요하다. 파이루브산 트랜스로케이즈는 파이루브산을 수소와 공동수송시키면서 특이적으로 운반한다. 일단 파이루브산이 마이토콘드리아 내부로 들어오면 아세틸 CoA와 CO_2로 전환될 수 있다. 진핵세포에서 시트르산 회로 효소는 마이토콘드리아에도 존재한다(그림 13.14).

시트르산 회로의 중간체 중 하나가 옥살로아세트산이며, 이는 포도당신생성의 기질이기도 하다는 것을 상기하자. 포도당신생성은 세포질 경로이므로, 옥살로아세트산 또는 이에 상응하는 물질을 마이토콘드리아에서 세포질로 이동시키는 것이 필수다. 포유류에서 이것은 마이토콘드리아 형태의 포스포엔올파이루브산 카복시카이네이즈(PEPCK)를 이용하여 이뤄지며, 이 효소는 옥살로아세트산을 포스포엔올파이루브산(PEP)으로 전환시킨다. 마이토콘드리아는 PEP를 세포질로 운반시키는 PEP 수송체를 갖고 있다(그림 13.14). 세포질에 비해 마이토콘드리아에서의 옥살로아세트산의 농도는 매우 낮기 때문에, 옥살로아세트산을 직접 수송하는 것은 매우 비효율적일 수 있다(인간은 마이토콘드리아에 PEPCK가 부족하면 2년 이내에 사망할 수 있다).

마이토콘드리아에서의 시트르산 회로의 구획과 관련된 2가지 다른 문제가 있다. 아세틸 CoA가 세포질에서 지방산 합성에 필요하므로, 아세틸 CoA를 마이토콘드리아에서 세포질로 운반하기 위한 메커니즘이 있어야 한다. 이것은 시트르산을 밖으로 수송하는 트라이카복

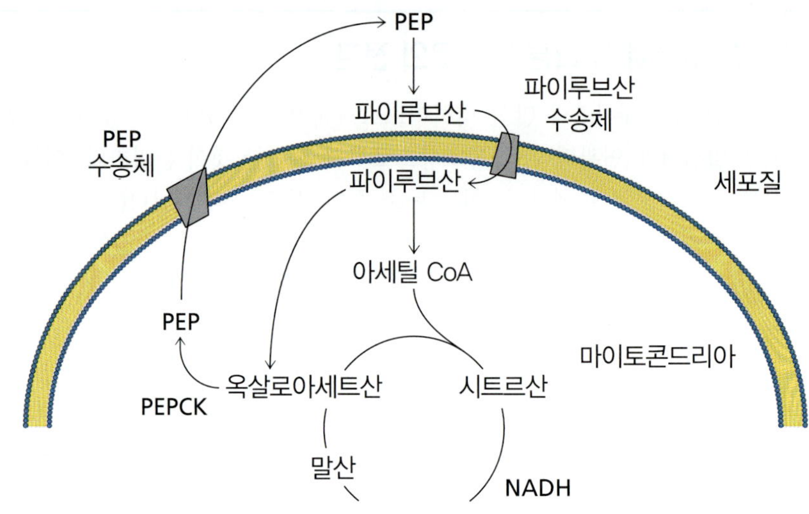

그림 13.14 ▶
파이루브산의 내부로의 수송과 PEP의 외부로의 수송. 파이루브산은 마이토콘드리아 내막에 위치한 파이루브산 수송체를 통해 세포질에서 마이토콘드리아 안으로 수송된다. 포스포엔올파이루브산(PEP)은 PEP 수송체를 통해 세포질로 밖으로 수송된다.

실산 수송체를 이용하여 이뤄진다. 일단 세포질에서 시트르산은 옥살로아세트산과 아세틸 CoA로 재전환되어야 하며, 이는 ATP-시트르산 라이에이즈라고 불리는 세포질 효소에 의해 이뤄진다(그림13.15). ATP-시트르산 라이에이즈는 단지 시트르산 신테이즈 반응의 반대를 촉매하는 것은 아니다. 이 효소는 세포질에서 "고에너지"인 아세틸 CoA 합성을 이끌어내기 위해 ATP 가수분해와 짝물림되어야 한다. 마이토콘드리아 효소는 시트르산 농도가 옥살로아세트산보다 상대적으로 매우 높기 때문에 그와 같은 반응(시트르산 회로 반응의 반대반응)을 촉매할 수 있다(그림 13.7 참조). 한편, 세포질에서 시트르산과 옥살로아세트산의 항정상태 농도는 비슷하므로, ATP 가수분해와의 짝물림이 필요하다.

일부 종은 마이토콘드리아 형태의 PEPCK가 없으며, 따라서 옥살로아세트산의 외부수송할 다른 방법을 이용해야 한다. 말산-아스파트산 셔틀은 마이토콘드리아 PEPCK를 가지는 종에도 존재하는 흔한 수송 체계이다. 이 셔틀을 단순화시킨 형태를 그림 13.16에서 나타냈다. 14.12절에서 더 상세하게 설명하기로 한다.

옥살로아세트산은 말산 디하이드로지네이즈가 촉매하는 반응에 의해 말산으로 전환된다. 이는 시트르산 회로에서 사용되는 것과 동일한 효소이다. 이 반응의 반응물과 생성물의 평형으로 옥살로아세트산보다 말산의 농도가 훨씬 더 높다는 것을 상기하자. 따라서 말산 수송체는 옥살로아세트산 수송체보다 훨씬 더 효율적이다.

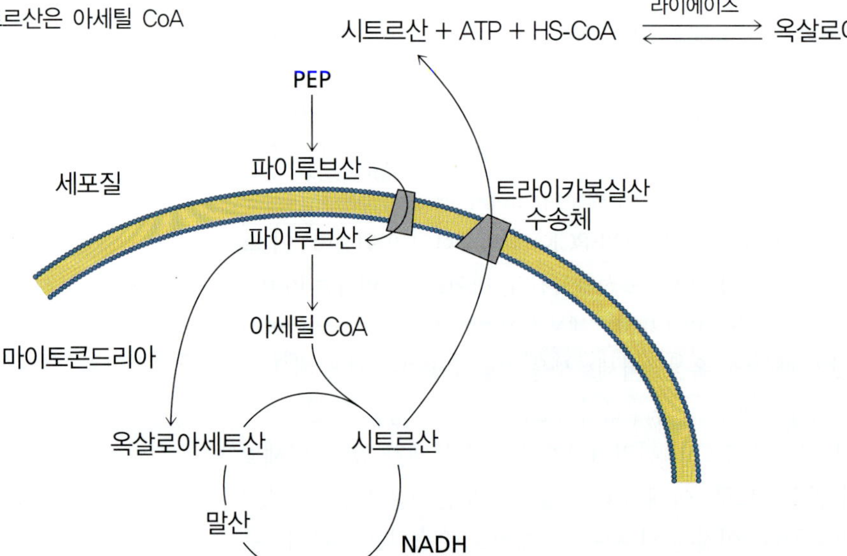

▼ 그림 13.15
마이토콘드리아에서 아세틸 CoA의 수출. 시트르산은 트라이카복실산 수송체를 통해 밖으로 수송된다. 이후에 세포질 ATP-시트르산 라이에이즈에 의해 시트르산은 아세틸 CoA로 전환된다.

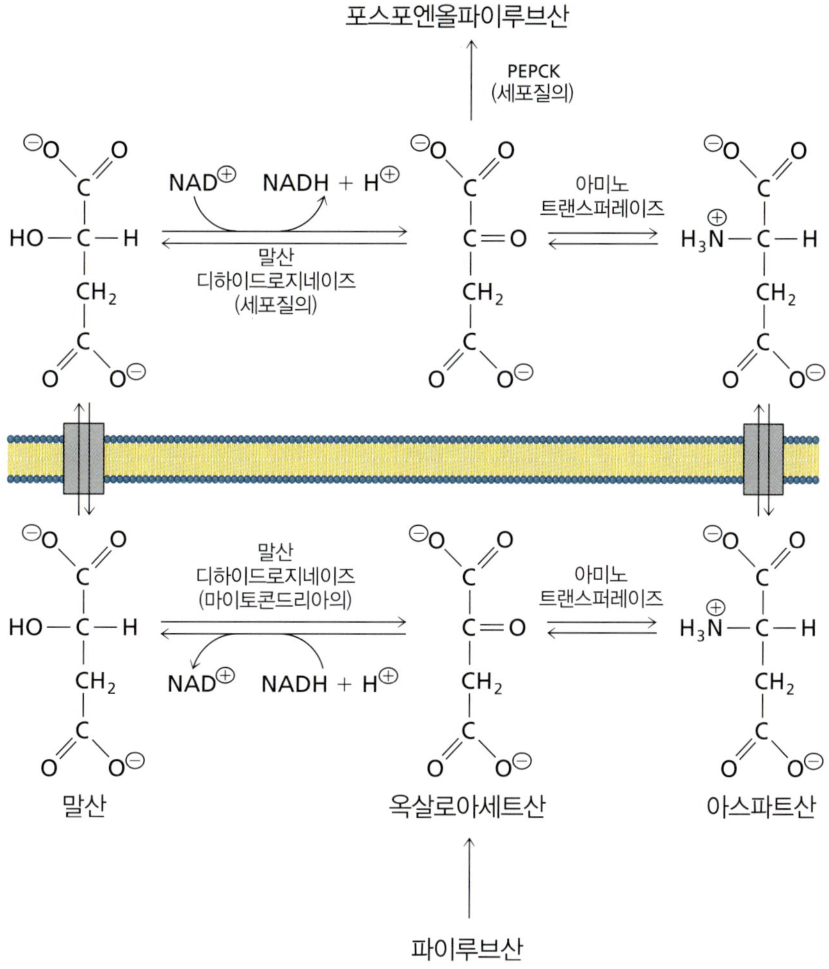

◀ 그림 13.16
말산-아스파트산 셔틀을 통한 옥살로아세트산의 수송.

말산은 세포질의 말산 디하이드로지네이즈에 의해 옥살로아세트산으로 다시 전환된다. 이전 장에서 말한 바와 같이, 순수효과는 마이토콘드리아로부터 옥살로아세트산이 포도당신생성의 기질로 작용할 수 있다는 것이다.

셔틀의 다음 부위는 옥살로아세트산을 아스파트산으로 전환시키는 마이토콘드리아의 아미노트랜스퍼레이즈를 이용하여 이러한 목표를 달성한다. 아스파트산은 아스파트산 수송체에 의해 마이토콘드리아 막을 지나 수송된다. 세포질에서 옥살로아세트산은 세포질 아미노트랜스퍼레이즈 작용에 의해 재형성된다. 마이토콘드리아에서 낮은 농도의 옥살로아세트산은 옥살로아세트산에서 아스파트산으로의 전환이 일어나지 않는다는 것을 뜻하므로, 추측한 바와 같이 이 경로는 보통 반대방향으로 작용한다.

13.5 환원된 조효소는 ATP 생산을 촉진할 수 있다

시트르산 회로의 순반응에서 세 분자의 NADH, 한 분자의 QH_2, 한 분자의 GTP 또는 ATP가 경로에 들어오는 아세틸 COA 1분자마다 생산된다.

$$\text{아세틸 CoA} + 3\,NAD^{\oplus} + Q + GDP\ (\text{or } ADP) + P_i + 2\,H_2O \longrightarrow$$
$$HS\text{-}CoA + 3\,NADH + QH_2 + GTP\ (\text{or } ATP) + 2\,CO_2 + 2\,H^{\oplus} \qquad \textbf{(13.15)}$$

앞에서 언급된 바와 같이, NADH와 QH_2는 ATP 생산과 짝물림되는 막-연관 전자 수송 사슬에 의해 산화될 수 있다. 14장에서 이 반응을 배울 때 보기로 한 것과 같이, NAD로 산화되는 NADH마다 약 2.5분자의 ATP가 생산되고, Q로 산화되는 QH_2마다 1.5분자의 ATP

표 13.2 시트르산 회로의 에너지 생산

반응	에너지-생산 생성물	ATP 당량
아이소시트르산 디하이드로지네이즈	NADH	2.5
α-케토글루타르산 디하이드로지네이즈 복합체	NADH	2.5
석시닐-CoA 신테테이즈	GTP 또는 ATP	1.0
석신산 디하이드로지네이즈 복합체	QH_2	1.5
말산 디하이드로지네이즈	NADH	2.5
총		10.0

가 생산된다. 따라서 시트르산 회로와 이후 반응에 의한 아세틸 CoA 1분자의 완전 산화는 대략 10당량의 ATP 생산과 연관된다(표 13.2).

시트르산 회로는 수많은 주요 영양소의 이화반응에서 최종 단계이다. 이 회로는 탄수화물, 지질, 아미노산 분해로 생산되는 모든 아세틸 CoA 분자의 산화로 가는 경로이다. 11장에서 해당과정에 대해 다뤘지만, 이제는 포도당 1분자의 분해로 생산되는 ATP를 완벽하게 설명할 수 있다.

해당과정으로 포도당에서 2분자의 파이루브산으로 전환되면서 2분자의 ATP 순획득도 일어난다는 것을 상기하자. 글리세르알데하이드 3-인산 디하이드로지네이즈가 촉매하는 반응에서 2분자의 NADH가 생산된다. 이것은 당분해에서 나온 7당량의 ATP의 결합 생산량과 일치한다. 파이루브산 디하이드로지네이즈 복합체에 의한 파이루브산에서 아세틸 CoA로의 전환으로 2분자의 NADH가 생산되는데, 이는 5분자의 추가 ATP에 대해서도 일치한다. 이들이 2분자의 아세틸 CoA를 통해 시트르산 회로로부터 ATP 당량과 결합되어 있을 때, 총 생산량은 포도당 1분자마다 대략 32분자의 ATP가 나온다(그림 13.17).

박테리아에서, 당분해를 통해 세포질에서 생산되는 NADH 2분자는 원형질막에 있는 막-연관 전자전달계에 의해 바로 재산화될 수 있다. 따라서 박테리아 세포에서 포도당(32 ATP 당량)의 완전 산화시 이론적 최대 생산량에 도달한다.

진핵세포의 경우, 해당과정으로 세포질에 NADH를 생산하지만, 막연관 전자전달 복합체는 마이토콘드리아 막에 위치해 있다. 세포질 NADH로부터 나온 환원당량은 전달체에 의해 마이토콘드리아로 수송될 수 있다. 13.4절에서 설명한 말산-아스파트산 셔틀과 같은 작용 메커니즘. NADH 환원 당량의 수송은 14.12절에서 좀 더 자세히 설명하기로 한다.

포도당의 완전 산화에 대한 경로(그림 13.17)와 12.4절에서 다룬 오탄당 회로를 비교하는

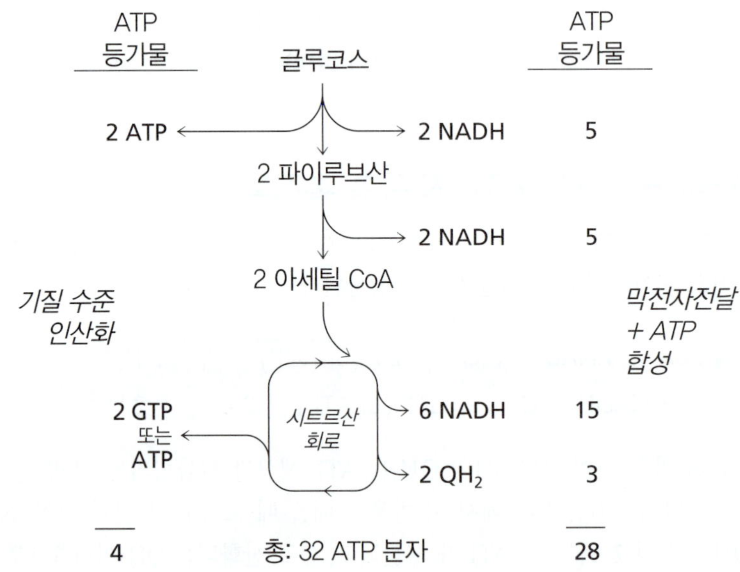

▶ **그림 13.17**
당분해, 시트르산 회로, NADH와 QH_2의 재산화에 의해 1분자의 포도당 이화반응으로부터의 ATP 생산. 포도당의 완전 산화는 최대 32분자의 ATP 생산을 이끌어낸다.

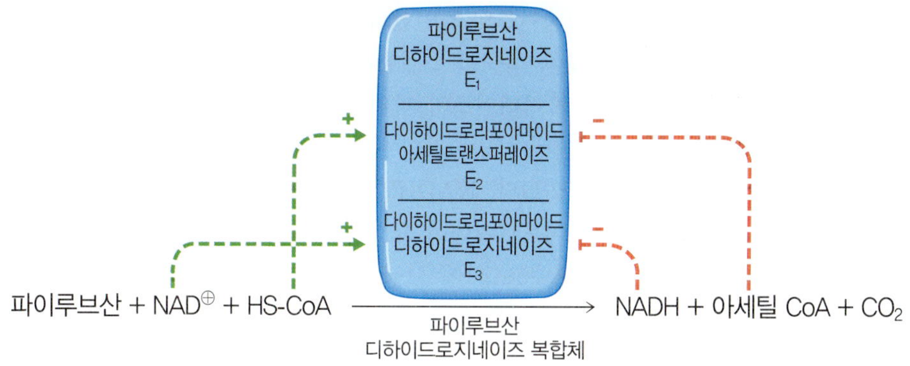

◀ **그림 13.18**
파이루브산 디하이드로지네이즈 복합체의 조절. 생산물인 아세틸 CoA와 NADH의 축적은 E_2와 E_3가 촉매하는 가역반응을 통한 흐름을 감소시킨다.

것은 흥미로운 일이다. 그 경로는 포도당 1분자의 완전 산화를 초래한다. 그 결과 30당량의 ATP에 상응하는 12 NADPH 분자가 생산된다.

13.6 시트르산 회로의 조절

시트르산 회로는 세포 대사에서 중심부를 차지하기 때문에, 이 경로가 조절되는 사실을 발견하는 것은 놀랄 일도 아니다. 입체다른자리 조절자와 시트르산 회로 효소의 공유 변형에 의해 조절이 매개된다. 게다가 아세틸 CoA의 공급이 이 경로의 흐름을 조절한다.

앞에서 언급한 바와 같이, 아세틸 CoA는 포도당, 지질, 아미노산 분해 경로를 포함하는 여러 가지 경로에서 공급된다. 파이루브산 디하이드로지네이즈 복합체의 활성은 파이루브산 및 더 나아가 탄수화물 분해로 생산된 아세틸 CoA의 공급을 조절한다. 일반적으로, 파이루브산 디하이드로지네이즈 복합체의 기질은 이 복합체를 활성화시키고 생산물은 이를 억제시킨다. 대부분의 종에서, 파이루브산 디하이드로지네이즈 복합체 E_2와 E_3 구성성분의 활성(다이하이드로리포아마이드 아세틸트랜스퍼레이즈와 다이하이드로리포아마이드 디하이드로지네이즈 각각)은 생산물이 축적될 때 단순 질량 작용 효과에 의해 조절된다. 디하이드로지네이즈(E_3)는 NADH/NADH 비율이 높을 때 억제되지만, 아세틸트랜스퍼레이즈(E_2) 활성은 아세틸 CoA의 농도가 높을 때 억제된다(그림 13.18). 일반적으로 억제자는 에너지 자원이 풍부할 때 고농도로 존재하기 쉽고, 활성자는 에너지 자원이 부족할 때 우세하다.

포유류(진핵세포가 아니라)의 파이루브산 디하이드로지네이즈 복합체는 공유 변형에 의해 좀 더 조절된다. 프로틴카이네이즈와 프로틴 포스파테이즈는 포유류의 다효소 복합체와 연관된다. 파이루브산 디하이드로지네이즈 카이네이즈(PDK)는 E_1의 인산화를 촉매하며, 그렇게 함으로써 효소를 불활성화시킨다. 파이루브산 디하이드로지네이즈 포스파테이

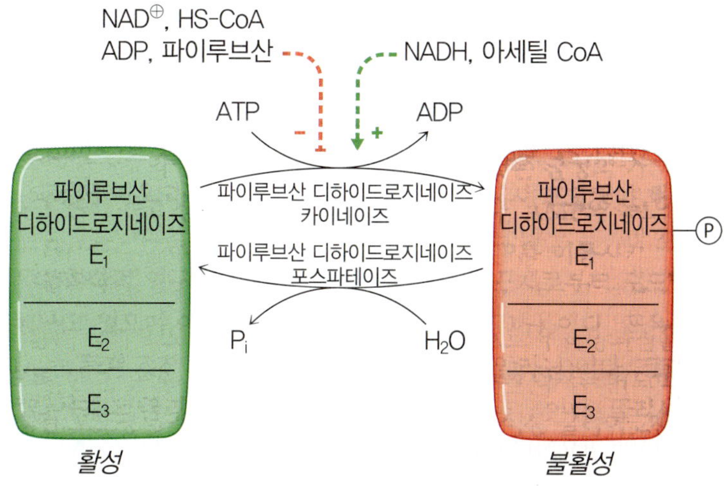

◀ **그림 13.19**
E_1 구성성분의 인산화에 의한 포유류의 파이루브산 디하이드로지네이즈의 조절. 조절 카이네이즈와 포스파테이즈 모두 포유류 복합체의 구성성분이다. 카이네이즈는 파이루브산 디하이드로지네이즈 복합체에 의해 촉매되는 반응의 생성물인 NADH와 아세틸 CoA에 의해 활성화되고, ADP와 기질인 파이루브산, NAD⊕, HS-CoA에 의해 억제된다.

즈(PDP)는 파이루브산 디하이드로지네이즈의 탈인산화와 활성화를 촉매한다(그림 13.19). E1 활성을 조절하여 전체 복합체의 반응 속도를 조절한다.

파이루브산 디하이드로지네이즈 카이네이즈와 파이루브산 디하이드로지네이즈 포스파테이즈는 그들 자신을 조절한다. 카이네이즈는 파이루브산 산화 생성물인 아세틸 CoA 및 NADH에 의해 입체다른자리로 활성화된다. NADH와 아세틸 CoA의 축적은 에너지 이용률에 신호를 보내고 파이루브산 디하이드로지네이즈 소단위체의 인산화 증가와 파이루브산의 추가적 산화 억제를 증가시킨다. 반대로, 파이루브산, NAD⊕, HS-CoA, ADP는 파이루브산 디하이드로지네이즈 소단위체의 활성을 유도하는 카이네이즈를 억제한다.

시트르산 회로의 세 개의 효소는 조절된다: 시트르산 신테이즈, 아이소시트르산 디하이드로지네이즈, α-케토글루타르산 디하이드로지네이즈 복합체. 시트르산 신테이즈는 시트르산 회로의 첫 번째 반응을 촉매한다. 이것은 전체 회로를 조절하는 알맞은 기준점인 것으로 보인다. ATP는 *in vitro*에서 효소를 억제하지만, *in vivo*에서는 ATP 농도가 유의미한 변화가 있을 것 같지 않다. 따라서 ATP는 생리학적 조절자가 아닐 수 있다. 일부 박테리아의 시트르산 신테이즈는 α-케토글루타르산에 의해 활성화되고 NADH에 의해 억제된다.

포유류의 아이소시트르산 디하이드로지네이즈는 입체다른자리로 ADP에 의해 활성화되고 NADH에 의해 억제된다. 포유류에서 이 효소는 공유변형의 대상이 아니다. 그러나 박테리아에서 아이소시트르산 디하이드로지네이즈는 인산화에 의해 조절된다. 13.8절에서 이에 대해 더 상세하게 논의하기로 하자.

α-케토글루타르산 디하이드로지네이즈 복합체는 파이루브산 디하이드로지네이즈 복합체와 비슷하지만, 이 효소는 상당히 다른 조절 특성을 갖고 있다. 어떤 카이네이즈와 포스파테이즈도 α-케토글루타르산 디하이드로지네이즈 복합체와 연관되지 않는다. 대신에 칼슘 이온이 복합체의 E_1과 결합하여 α-케토글루타르산에 대한 효소의 K_m을 감소시킨다. 그 때문에 석시닐 CoA 생성 속도를 증가시킨다. NADH와 석시닐 CoA는 *in vitro*에서는 α-케토글루타르산 복합체 억제제지만, 살아 있는 세포에서는 상당한 조절 역할을 한다는 것이 확인되지 않았다.

13.7 시트르산 회로는 항상 “순환”인 것은 아니다

시트르산 회로는 아세틸 CoA 산화에 대한 이화경로인 것만은 아니다. 일부 다른 경로 교차점에서의 대사에서도 중요한 역할한다. 시트르산 회로의 일부 중간체는 생합성 경로에서 중요한 동화반응의 전구체이며, 일부 이화 경로는 시트르산 회로 중간체를 생산한다. 동화와 이화 경로 모두 **양방향성**이라고 한다(10.1절). 시트르산 회로는 좋은 예다.

그림 13.20에서 보여준 바와 같이, 시트르산, α-케토글루타르산, 석시닐 CoA, 옥살로아세트산 모두 생합성 경로를 이끌어낸다. 시트르산은 지방산과 스테로이드를 생성시키는 경로의 일부이다. 이것은 지질의 전구체인 아세틸 CoA로부터 절단된다. 진핵세포에서 이 반응은 세포질에서 일어나며, 지방산 생합성을 위해서 시트르산이 마이토콘드리아로부터 세포질로 수송되어야 한다. α-케토글루타르산의 주요한 대사 운명은 글루탐산으로 가역적으로 전환된다는 것이며, 이후 이것은 단백질에 포함되거나 다른 아미노산이나 뉴클레오타이드의 생산에 이용된다. α-케토글루타르산 풀이 질소 대사에서 중요하다는 것을 17장에서 살펴보기로 한다. 석시닐 CoA는 글라이신과 응축되어 사이토크롬의 헴기와 같은 포르피린 생합성을 시작한다. 이전 장에서 살펴본 바와 같이, 옥살로아세트산은 포도당신생성에 의해 형성되는 탄수화물 전구체이다. 또한 옥살로아세트산은 요소, 아미노산, 피리미딘 뉴클레오타이드 합성에 이용될 수 있는 아스파트산과 상호전환한다.

시트르산 회로가 다단계 촉매로 기능할 때, 다량의 아세틸 CoA가 생성물로 전환되기 위해 각 중간체는 소량만 필요하다. 그러므로 시트르산 회로가 아세틸 CoA를 대사시키는 속

BOX 13.8 값싼 항암제?

산소가 없을 때, 당분해 경로는 락트산에서 종결되고 시트르산 회로는 아세틸 CoA 산화에 쓰이지 않는다. 이러한 조건에서 파이루브산 디하이드로지네이즈는 인산화에 의해 비활성화된다. 많은 암세포는 혐기성 조건에서 자라며 파이루브산 디하이드로지네이즈는 암세포에서 활성화되지 않는다.

파이루브산 디하이드로지네이즈 포스포릴레이즈 카이네이즈(PDHK)의 활성은 다이클로로아세트산(DCA)에 의해 억제될 수 있다. DCA는 파이루브산 디하이드로지네이즈의 인산화를 방해하는 효소의 활성부위에 결합한다. DCA의 순효과는 파이루브산 디하이드로지네이즈의 활성화이며, 결국 암세포의 죽음을 유도하는 암세포 대사의 주요 파괴를 일으킨다. 이 물질은 *in vitro*에서 암세포를 이용한 몇몇 시험적인 연구에서 효과가 있었다. 이는 좋은 일이다.

불행히도, 항암제로서 DCA의 효과는 아직까지 임상 시험에서 입증되지 않았다. 의학 연구자들은 어려운 입장에 처했다. 생화학적으로는 타당하다. 암세포가 혐기성 조건에서 자라는 것이 타당하며(Warburg 효과), DCA가 PDHK를 억제하는 능력으로 미루어 보아 DCA는 효과적인 항암제일 수 있다는 것이 타당하다. 그러나 대부분의 의사는 DCA의 효과가 입증되지 않았기 때문에 DCA 처방을 꺼린다.

DCA는 오랜 기간 동안 주변에 존재해왔고, 특허를 받을 수 없다. 이러한 사실은 DCA를 팔아서는 돈을 벌 수 없다는 점에서, 주요 제약 회사들이 DCA의 효과에 대한 증거를 숨기려는 음모를 꾸미고 있다는 주장을 유발한다. 값이 싼 “기적의” 약으로 치료받기를 원하는 사람들을 위한 공급업자들의 가내 수공업이 인터넷상에서 우후죽순처럼 생겼다. 일부 웹사이트는 암 치료 능력이 있다고 근거 없는 주장을 하기 때문에, 미국 식약국은 이런 웹사이트를 폐쇄하지 않을 수 없었다. 또한 고 복용량의 DCA는 독성이 있기 때문에 자가-치료에 대한 우려도 있다. 앞으로 이러한 복잡한 이슈를 둘러싸고 더 많은 매스컴의 관심이 있을 것이다. *Respectful Insolence*라는 블로그(scienceblogs.com/insolence)는 논쟁이 되고 있는 과학적 의학적 정보들의 좋은 정보처이다.

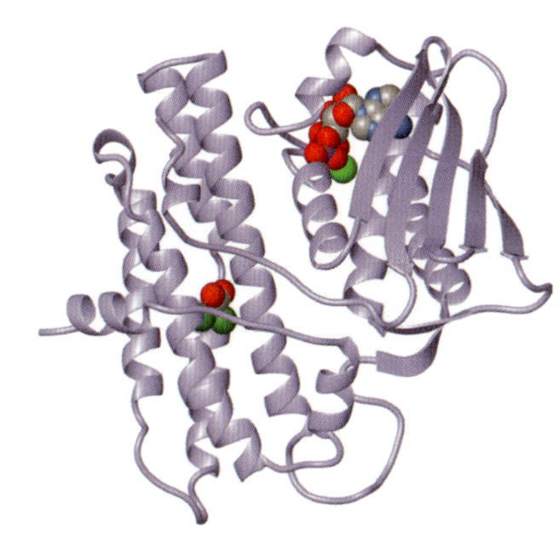

▲ **활성부위에 결합해 있는 다이클로로아세트산과 파이루브산 디하이드로지네이즈 카이네이즈.** 사람(호모 사피엔스)의 PDHK는 이량체이며, 여기에는 하나의 소단위체만 나타냈다. 결합형 리간드는 공간채움 분자로서 나타낸다. ADP(위)는 다른 결합자리에 결합해 있고, 다이클로로아세트산(좌측)은 이 활성자리에 결합해 있다.

도는 중간체 농도 변화에 극도로 민감하다. 따라서 생합성 경로에 진입함으로써 제거되는 시트르산 회로의 중간체는 **보충대사(anaplerotic**, 그리스어로 “채우다”) 반응에 의해 다시 채워져야 한다. 경로가 순환하기 때문에, 어느 회로의 중간체라도 채우는 것은 모든 중간체 농도를 더 증가시킨다. 시트르산 회로 중간체의 소모는 **탈대사(cataplerotic)** 반응의 예다. 이것은 반응을 채우는 것만큼 중요하다.

파이루브산 카복실레이즈에 의한 옥살로아세트산의 생산은 중요한 보충대사 반응이다(그림 13.20). 또한 이 반응은 포도당 신생 경로의 일부이기도 하다(12.1A절). 파이루브산 카복실레이즈는 아세틸 CoA에 의해 입체다른자리로 활성화된다. 아세틸 CoA의 축적은 저농도의 옥살로아세트산을 나타내며, 더 많은 시트르산 회로 중간체가 필요하다는 것을 의미한다.

파이루브산 카복실레이즈의 활성화가 회로에 옥살로아스트산을 공급한다. 많은 종들이 시트르산 회로 중간체의 흡수와 산출을 유지하기 위해 섬세하게 균형을 맞추면서 다양한 서로 다른 반응들을 이용한다. 예를 들어 많은 식물과 일부 박테리아는 포스포엔올파이루브산 카복시레이즈가 촉매하는 반응을 통해 시트르산 회로로 옥살로아세트산을 공급한다.

$$\text{포스포엔올파이루브산} + HCO_3^{\ominus} \rightleftharpoons \text{옥살로아세트산} + P_i \qquad (13.16)$$

그림 13.20 ▶
시트르산 회로로부터 또는 시트르산 회로로 이끄는 경로. 시트르산 회로의 중간체들은 뉴클레오타이드 및 포르피린뿐만이 아니라 탄수화물, 지질, 아미노산의 전구체이다. 이 회로에 들어가는 반응들은 회로 중간체들을 보충한다. 동화 경로는 청색, 이화 경로는 적색으로 나타냈다.

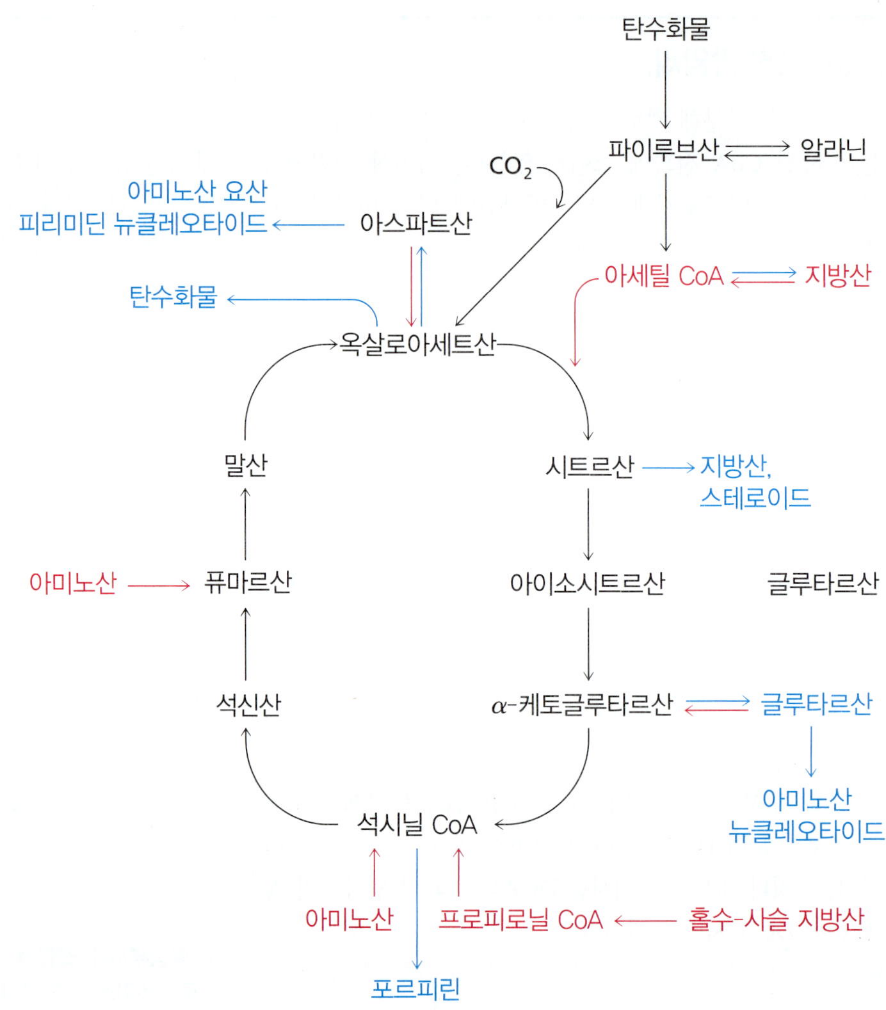

일부 아미노산과 지방산을 분해하는 경로가 시트르산 회로에 석시닐 CoA를 기여한다. 옥살로아세트산과 아스파트산의 상호전환과 α-케토글루타르산과 글루탐산의 상호전환은 이 회로의 중간체들을 공급 또는 제거할 수 있다.

이들 모든 반응의 상호작용—당 분해 및 다른 자원에서 아세틸 CoA가 들어오는 것, 이화 경로 및 보충 대사반응에서 중간체가 들어오는 것, 동화 경로로 중간체가 나가는 것—은 시트르산 회로가 아세틸 CoA를 산화시키는 단순한 회로로 항상 작동하는 것은 아님을 뜻한다. 사실, 대부분의 박테리아는 전형적인 시트르산 회로 효소를 모두 갖고 있지는 않으며, 따라서 이들 종에서는 "회로(순환)"가 없다. 대신 존재하는 효소는 주로 중간체가 아미노산과 포르피린 합성을 위한 전구체가 되는 생합성 경로에서 사용된다(13.9절).

13.8 글라이옥실산 경로

글라이옥실산 경로는 시트르산 회로의 일부 반응들을 우회하는 경로이다. 이 경로는 2-탄소 분자이며 중간체인 글라이옥실산의 이름을 따서 명명했다.

두 가지 반응만 존재하는데 첫 번째 반응에서 6개의 탄소로 된 트라이카복실산(아이소시트르산)이 2-탄소 분자(글라이옥실산)와 4-탄소 다이카복실산(석신산)으로 쪼개진다. 이 반응은 아이소시트르산 라이에이즈에 의해 촉매된다(그림 13.21). 두 번째 반응에서 2-탄소 글라이옥실산 분자는 2-탄소 아세틸 CoA 분자와 결합하여 4-탄소 다이카복실산(말산)을 만든다. 두 번째 반응의 효소를 말산 신테이즈라 한다.

글라이옥실산 경로는 박테리아에서 처음 발견되었다. 이후 식물, 더 나아가 진균류, 원생생물, 일부 동물에서 발견되었다. 이 경로를 글라이옥실산 회피, 글라이옥실산 우회, 또는 글라이옥실산 회로라고 한다. 글라이옥실산 경로는 아세틸 CoA 대사를 위한 동화작용 대체물을 제공하며, 이런 대사는 아세틸 CoA로부터 4-탄소 화합물을 거쳐 포도당을 생성시킨다. 글라이옥실산 경로 효소를 갖고 있는 세포는 아세틸 CoA 전구체가 되는 어떤 기질에서라도 필요로 하는 탄수화물을 모두 합성할 수 있다. 예를 들어 효모 세포는 에탄올에서 성장할 수 있는데, 이는 에탄올을 산화시켜 아세틸 CoA를 형성할 수 있으며 아세틸 CoA는 글라이옥실산 경로를 거쳐 말산을 생성시키기 때문이다. 이와 유사하게도 많은 박테리아들은 아세트산에서 성장을 유지하기 위해 글라이옥실산 경로를 이용하는데, 이는 아세틸 CoA 신테이즈에 의해 촉매되는 반응에서 아세트산이 아세틸 CoA로 통합될 수 있기 때문이다.

$$\underset{\text{아세트산}}{H_3C-COO^{\ominus}} + HS\text{-}CoA \xrightarrow[\text{아세틸 CoA 신테이즈}]{ATP \rightarrow AMP, PP_i} \underset{\text{아세틸 CoA}}{H_3C-\overset{\overset{\large O}{\|}}{C}-S\text{-}CoA} \tag{13.17}$$

글라이옥실산 경로는 박테리아, 원생생물, 진균류, 식물에서 기본 대사 경로이다. 이 경로는 오일성 씨앗 식물에서 특히 활성을 가진다. 이런 식물에서 저장된 씨앗의 기름(트라이아실글리세롤)은 발아하는 동안 연료로 공급되는 탄수화물로 전환된다. 대조적으로 이 경로의 두 가지 효소의 유전자는 대부분의 동물에 존재하지만, 이 경로는 활발히 이용되지는 않는다. 결국, 사람에서 아세틸 CoA는 파이루브산이나 옥살로아세트산의 알짜 형성을 위한 전구체로 작용하지 않는다. 따라서 아세틸 CoA는 포도당 순생산을 위한 탄소 자원이 아니다(아세틸 CoA의 탄소 원자는 시트르산 회로 반응에 의해 옥살로아세트산으로 통합되지만, 통합되는 2개 탄소 원자당 2개의 다른 탄소 원자가 CO_2로 방출된다).

글라이옥실산 경로는 그림 13.21에서 보이는 바와 같이 시트르산 회로 내에서 회피로 간주될 수 있다. 두 반응은 시트르산 회로의 CO_2-생산 반응의 우회로를 제공한다. 아세틸 CoA의 아세틸기의 어떤 탄소도 글라이옥실산 회피가 작동하는 동안 CO_2로 방출되지 않으며, 아세틸 CoA 2분자로부터 4-탄소 분자의 알짜 생성은 포도당신생성에 의해 포도당으로 전환될 수 있는 전구체를 공급해준다. 시트르산 회로의 중간체의 촉매량을 유지하기 위해 시트르산 회로는 석신산을 말산과 옥살로아세트산으로 산화시킨다. 이 경우 알짜 반응은 포도당신생성을 위한 옥살로아세트산의 생성 및 석신산의 순환적 산화를 포함한다. 2분자의 아세틸 CoA가 소비된다.

$$\begin{aligned} &2\ \text{아세틸CoA} + 2\ NAD^{\oplus} + Q + 3\ H_2O \longrightarrow \\ &\quad \text{옥살로아세트산} + 2\ HS\text{-}CoA + 2\ NADH + QH_2 + 4\ H^{\oplus} \end{aligned} \tag{13.18}$$

진핵생물에서, 글라이옥실산 회로가 작동하기 위해서는 시트르산 회로 효소가 위치해 있는 마이토콘드리아와 아이소시트르산 라이에이즈와 말산 신테이즈가 발견되는 세포질 간의 대사체 이동이 필요하다. 따라서 실제 경로는 그림 13.21의 모식도보다 더 복잡하다. 식물에서 글라이옥실산 경로 효소는 글라이옥시좀이라는 특수한 막결합 소기관에 위치해 있다. 글라이옥시좀은 일부 특별한 형태의 시트르산 회로 효소를 포함하지만, 회로로 작용하는 경로를 위해 일부 대사체는 구획 사이를 여전히 이동해야 한다.

박테리아에서 글라이옥실산 경로는 종종 여러 생합성 경로로 전환되는 시트르산 회로 대사체를 보충되는데 쓰인다. 모든 반응이 박테리아의 세포질에서 발생하기 때문에 대사체의 흐름을 조절하는 것이 중요하다. 중요한 조절 효소는 아이소시트르산 디하이드로지네이즈이다. 이 효소의 활성은 공유 변형에 의해 조절된다. 세린 잔기의 카이네이즈-촉매 인산화는 아이소시트르산 디하이드로지네이즈 활성을 없애준다. 이 효소의 탈인산화 형태에서 세린

▶ **그림 13.21**
글라이옥실산 경로. 아이소시트르산 라이에이즈와 말산 신테이즈는 이 경로에 작용하는 2가지 효소이다. 이 경로가 기능할 때, 아세틸 CoA의 아세틸화된 탄소 원자는 CO_2로 산화되기보다는 말산으로 전환된다. 말산은 포도당신생성의 전구체인 옥살로아세트산으로 전환될 수 있다. 아이소시트르산이 잘리면서 생성된 석신산은 옥살로아세트산으로 산화되어, 포도당 합성에서 소비되는 4-탄소 화합물을 대신한다.

NAD⊕ NADH, H⊕
말산 디하이드로지네이즈
COO^- — C=O — CH_2 — COO^-
옥살로아세트산
아세틸 CoA
시트르산 신테이즈
H_2O
HS-CoA, H⊕
L-말산
CH_3 — C=O — S-CoA
Acetyl CoA
시트르산
퓨마레이즈
H_2O
말산 신테이즈
H_2O
HS-CoA, H⊕
아코니테이즈
퓨마르산
글라이옥실산
아이소시트르산
석신산 디하이드로지네이즈 복합체
QH_2
Q
아이소 시트르산 라이에이즈
아이소시트르산 디하이드로지네이즈
CO_2
석신산
α-케토글루타르산
CO_2
석시닐 CoA

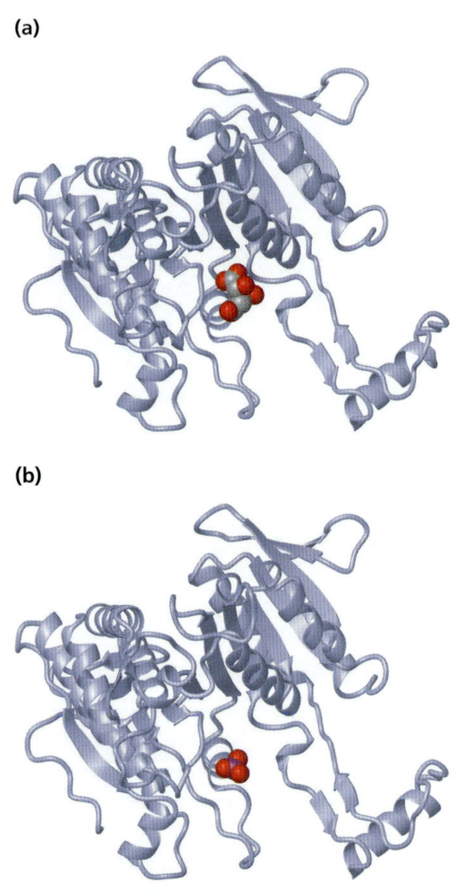

▲ **그림 13.22**
인산화 및 탈인산화 형태의 *E.coli* 아이소시트르산 디하이드로지네이즈. (a) 탈인산화된 효소는 활성이다. 아이소시트르산은 활성부위에 결합한다. (b) 음전하의 인산화기(적색)이 기질에 정전기적으로 반발하면서 기질과의 결합을 막기 때문에, 인산화된 효소는 비활성이다.

잔기는 아이소시트르산의 카복실산기와 수소결합을 형성한다. 인산화는 R에서 T로의 형태 변화를 유발하기보다는 기질의 정전기적 반발을 유발함으로써 효소 활성을 억제한다(그림 13.22). 또한 카이네이즈 활성을 포함하는 동일한 단백질은 포스파테이즈 활성을 가진 독립된 영역을 갖고 있으며, 이 활성은 아이소시트르산 디하이드로지네이즈를 다시 활성화시키면서 포스포세린 잔기의 가수분해를 촉진시킨다.

카이네이즈와 포스파테이즈는 서로 상호호환적으로 조절한다. 아이소시트르산, 옥살로아세트산, 파이루브산 및 당분해 중간체인 3-포스포글리세르산과 포스포엔올파이루브산은 다른 입체자리로 포스파테이즈를 활성화시키고 카이네이즈를 억제한다(그림 13.23). 따라서 *E. coli*에서 당분해 및 시트르산 회로의 중간체 농도가 높을 때, 아이소시트르산 디하이드로지네이즈는 활성을 갖는다. 인산화로 아이소시트르산 디하이드로지네이즈 활성이 없어지면, 아이소시트르산은 글라이옥실산 경로로 갈라진다.

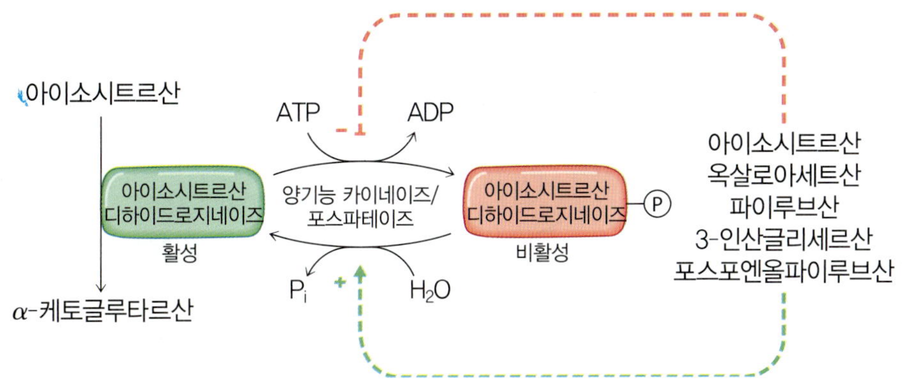

◀ 그림 13.23

E. coli 아이소시트르산 디하이드로지네이즈의 고유 변형에 의한 조절. 양기능 효소는 아이소시트르산 디하이드로지네이즈의 인산화 및 탈인산화를 촉매한다. 양기능 효소의 이러한 2가지 활성은 당분해 및 시트르산 회로 중간체에 의해 입체다른자리적으로 상호호환적 조절된다.

13.9 시트르산 회로의 진화

시트르산 회로 반응은 포유류에서 처음 발견되었고, 많은 핵심 효소들이 간 추출물에서 정제되었다. 살펴보았던 바와 같이, 해당과정의 생성물 중 하나로 생성되는 아세틸 CoA를 산화를 유발하기 때문에, 시트르산 회로는 해당과정의 마지막 단계로서 관찰된다. 그러나 포도당이 주요한 탄소 자원으로 쓰이지 않으며, 해당과정을 통해 ATP 당량을 생산하지 않는 많은 생명체들이 있으며, 이런 종들에서 시트르산 회로는 대사 에너지의 중요한 근원이 아니다.

단순 단세포 생명체에서의 역할을 이해하기 위해서는, 박테리아에서 시트르산 회로 효소의 기능을 조사할 필요가 있다. 이들의 역할은 결국 복잡한 진핵생물을 발생시킨 원시 세포에서 존재해 왔던 경로를 추론하게 해준다. 운 좋게도 재조합 DNA 기술과 DNA 시퀀싱 방법에서의 크나큰 기술 진보의 결과로, 수백 개의 원핵생물 유전체 서열이 현재 이용가능하다.

대부분의 박테리아 종은 완전한 시트르산 회로를 갖고 있지 않다. 가장 흔한 형태의 불완전한 회로는 회로의 왼쪽 면 중 일부를 포함한다. 이 짧은 선형 경로는 옥살로아세트산을 출발점으로 사용하는 환원 경로에 의해 α-케토글루타르산 또는 석신산 또는 석시닐 CoA의 생산을 이끌어낸다. 이러한 환원 경로는 진핵세포의 마이토콘드리아에서 기능을 하는 전형적인 회로에 반대된다. 게다가 많은 박테리아 종은 시트르산 회로의 오른쪽 면 중 일부의 효소, 특히 시트르산 신테이즈와 아코니테이즈도 갖고 있다. 이것은 이들 효소가 옥살로아세트산이나 아세틸 CoA로부터 시트르산과 아이소시트르산을 합성하도록 한다. 갈라진 경로(그림 13.24)가 존재할 경우 아미노산, 포르피린, 지방산의 모든 전구체 합성이 유발된다.

산소가 완전히 없을 때 생존하고 성장할 수 있는 수백의 다양한 박테리아 종이 존재한다. 이러한 종들 중 일부는 절대 혐기성 균이다—산소는 이들 균에 치명적인 독이다! 다른 종들은 조건 혐기성 균이다—이들은 산소가 풍부한 환경뿐만 아니라 산소가 없는 환경에서도 살아 있을 수 있다. *E. coli*는 두 가지 유형의 환경에서 생존할 수 있는 종의 한 예다. *E. coli*는 혐기성 조건에서 자랄 때, 분기된 형태의 경로를 이용하는데, 이 경로는 필요한 대사 전구체를 생산하고, 전자전달계를 필요로 하는 산소에 의해 재산화될 수 없는 환원 당량의 축적을 피한다. *E. coli* 같은 박테리아는 아세트산이 유일하게 유기 탄소의 근원인 환경에서 자랄 수 있다. 이 경우 이 박테리아들은 포도당 합성을 위해 아세트산을 말산과 옥살로아세트산으로 전환시키는 글라이옥실산 경로를 이용한다.

30억 년 전 산소가 없는 환경에서 최초의 살아 있는 세포가 나타났다. 이 원시 세포는 의심할 여지 없이 아세트산, 파이루브산, 시트르산, 옥살로아세트산을 상호전환시키는 대부분의 효소를 가졌는데, 이는 이들 효소가 대부분의 현대 박테리아에도 존재하기 때문이다. 아마도 분기 경로에서 주요 가지의 발달은 락트산 디하이드로지네이즈 유전자의 복제에서 나온 말산 디하이드로지네이즈의 진화로 시작했을 것이다. 아코니테이즈와 아이소시트르산 디하이드로지네이즈는 류신 합성에 사용되는 효소(아이소프로필말산 디하이드로지네이즈와

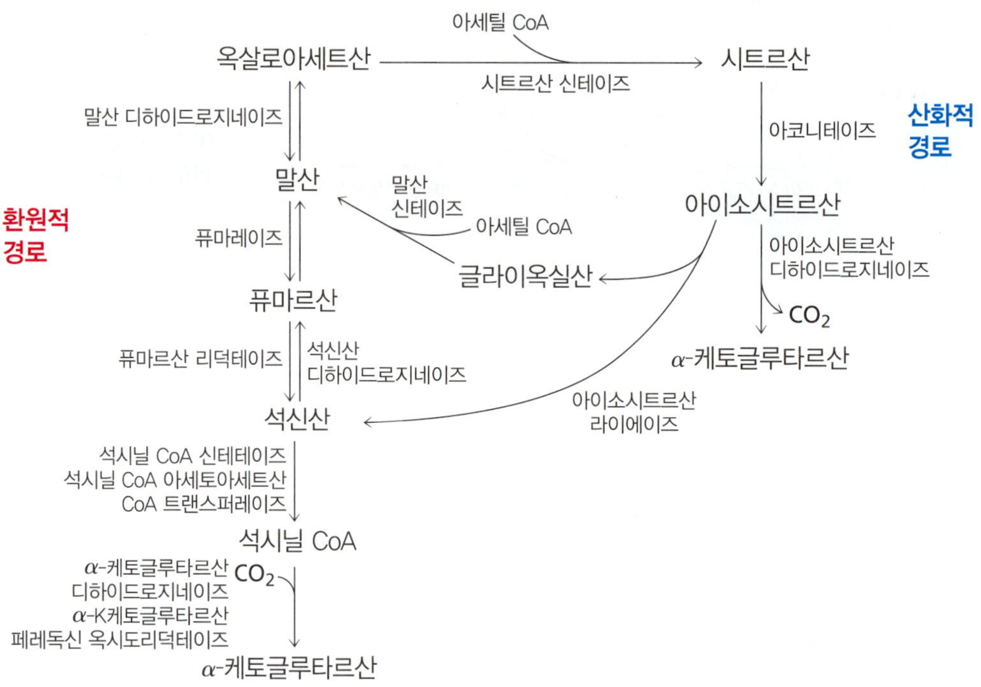

그림 13.24 ▶
많은 종의 박테리아에서 발견되는 갈라진 경로. 분기점의 왼쪽은 전형적인 시트르산 회로의 것과 역방향으로 진행되는 반응에서, 석신산 및 α-케토글루타르산의 합성으로 이어지는 환원 경로이다. 오른쪽 가지는 전형적인 시트르산 반응의 일부 첫 번째 반응들과 유사한 산화반응이다.

아이소프로필말산 디하이드로지네이즈 각각)에서 진화했다(류신 생합성 경로는 시트르산 회로보다 더 흔하고 더 원시적임을 기억해라).

환원 경로의 확장은 아스파테이즈로부터 퓨마레이즈로의 진화와 함께 진행되었다. 아스파테이즈는 L-아스파트산으로부터 퓨마르산을 합성하는 흔한 박테리아 효소다. L-아스파트산은 다시 아스파트산 트랜스아미네이즈에 의해 촉매되는 반응에서 옥살로아세트산의 아미노화에 의해 합성된다(17.3절). 말산 디하이드로지네이즈와 퓨마레이즈로 진화 되기 전에, 원시 세포는 퓨마르산을 생산하는 옥살로아세트산 아스파트산 퓨마르산 경로를 사용했을 것이다. 많은 박테리아에서 퓨마르산에서 석신산으로의 환원은 퓨마르산 리덕테이즈에 의해 촉매된다. 이 복합체 효소의 진화적 기원은 매우 이론적이지만, 최소한 하나 이상의 소단위체가 아미노산 대사의 다른 효소와 연관된다. 시트르산 회로에서 역반응을 우선적으로 촉매하는 효소인 석신산 디하이드로지네이즈는 후에 유전자 복제를 거쳐 퓨마르산 리덕테이즈로부터 진화되었을 것이다.

α-케토글루타르산의 합성은 갈라진 경로의 어느 분지에서라도 일어날 수 있다. 이 환원 분지는 완전한 시트르산 회로를 갖지 못한 많은 종에서 발견되는 효소인 α-케토글루타르산:페레독신 옥시도리덕테이즈를 사용한다. 이 효소에 의해 촉매되는 반응은 쉽게 가역적으로 되지 않는다. α-케토글루타르산 디하이드로지네이즈의 진화와 함께 2개의 분기점은 순환 경로를 만들기 위해 연결될 수 있다. α-케토글루타르산 디하이드로지네이즈와 파이루브산 디하이드로지네이즈가 공통조상을 갖는 것은 분명하며, 이것은 진화한 최종 효소였을 가능성이 있다.

일부 박테리아는 완벽한 시트르산 회로를 갖고 있지만 이것은 더 복잡한 유기 분자를 생성하기 위해 CO_2를 고정시키는 환원 방향으로 사용된다. 이는 완벽한 경로를 이끄는 선택적 압력 중 하나였을 수 있다. 진핵세포에서 더 정상적인 산화 방향으로 보이도록 회로가 작동할 때, NADH와 QH_2를 산화시키기 위해 최종 전자수용체가 필요하다. 원래 최종 전자 수용체는 황이나 다양한 황산이었으며, 이 반응은 여전히 많은 혐기성 박테리아 종에서 일어난다. 산소 농도는 사이아노박테리아에서 광합성 반응의 진화하면서 25억 년 전에 발생하기 시작하였다. 일부 박테리아, 특히 프로테오박테리아는 막전자전달 반응이 진화했을 때 산소를 이용한다. 20억 년 전, 프로테오박테리아 중 한 종이 원시 진핵생물과 공생 관계에 들어

갔다. 이는 진핵세포에서 마이토콘드리아의 진화와 진핵세포에서 현대판 시트르산 회로와 전자전달의 진화로 이어졌다.

시트르산 회로 경로의 진화는 10장에서 논의했던 일부의 경로 진화 메커니즘을 수반했다. 유전자 복제, 경로 확장, 역진화, 경로 반전, 효소 도난에 대한 증거가 있다.

요약

1. 파이루브산 디하이드로지네이즈 복합체는 파이루브산의 산화를 촉진시켜 아세틸 CoA와 CO_2를 생성시킨다.
2. 시트르산 회로를 통해 산화되는 아세틸 CoA 1분자당 2분자의 CO_2가 생성되고, 3분자의 NAD⊕가 NADH로 환원되고, 1분자의 Q가 QH_2로 환원되고, GDP + P_i로부터 1분자의 GDP가 생성된다. (또는 종에 따라 ADP + P_i로부터 1분자의 ATP가 생성된다.)
3. 시트르산 회로의 8가지 효소-촉매 반응은 다단계 촉매로서 기능할 수 있다.
4. 진핵세포에서 파이루브산은 파이루브산 디하이드로지네이즈 반응의 기질로 쓰이기 전에 특정 수송체에 의해 마이토콘드리아로 이동되어야 한다.
5. 시트르산 회로에 의해 환원된 조효소가 산화되면, 이 경로에 들어가는 아세틸 CoA 1분자마다 약 10분자의 ATP가 생성되고, 포도당 1분자가 완전 산화될 때마다 총 32분자의 ATP 정도가 생성된다.
6. 파이루브산 디하이드로지네이즈 복합체, 아이소시트르산 디하이드로지네이즈, α-케토글루타르산 디하이드로지네이즈 복합체가 작용하는 단계에서 파이루브산의 산화가 조절된다.
7. 시트르산 회로는 산화적 이화작용에서의 역할과 더불어, 생합성 경로의 전구체를 제공한다. 보충 대사반응은 회로의 중간체를 보충해준다.
8. 시트르산 회로가 변형된 글라이옥실산 회로는 많은 생명체들이 포도당 신생을 하도록 아세틸 CoA를 이용하여 4-탄소 중간체를 생성하게 해준다.
9. 아마도 시트르산 회로는 오늘날의 많은 종의 박테리아에서 발견되는 보다 원시적인 분기 경로로부터 진화했을 것이다.

문제

1. (a) 시트르산 회로는 1분자의 시트르산을 이 회로가 진행되기 위해 필요한 1분자의 옥살로아세트산으로 전환시킨다. 만일 다른 회로의 중간체가 아미노산 생합성 전구체로 사용되어 고갈된다면, 시트르산 회로 효소를 통해 아세틸 CoA에서 옥살로아세트산 순 합성이 일어날 수 있는가?
   (b) 만약 옥살로아세트산이 충분하지 않다면 이 회로는 어떻게 계속 작동할 수 있을까?
2. 시트르산 회로를 막는 유독 물질인 플루오로아세트산은 살서제로 이용된다. 이 물질은 *in vivo*에서 효소에 의해 플루오로아세틸 CoA로 전환되는데, 이것은 이후에 시트르산 신테이즈의 작용을 받아 이 회로의 이후 효소에 대한 강력한 경쟁적 억제제인 2R, 3S-플루오로시트르산으로 전환된다. 시트르산 회로 중간체의 농도에서 플루오로아세트산의 효과를 예측하여라. 어떻게 이 회로의 차단을 극복할 수 있는가?
3. 시트르산 회로의 다음의 알짜 반응에 의해 생성되는 ATP 분자 수를 계산하여라. 모든 NADH와 QH_2가 ATP를 생산하기 위해 산화되고, 파이루브산이 아세틸 CoA로 전환되고, 말산-아스파트산 회피가 작동되고 있다고 가정하자.
   (a) 1 파이루브산 $\longrightarrow$ 3 CO_2
   (b) 시트르산 $\longrightarrow$ 옥살로아세트산 + 2 CO_2
4. 문제 3번의 조건에서 포도당 1분자는 6분자의 CO_2로 산화될 때, 기질 수준의 인산화로 몇 퍼센트의 ATP가 생성되는가?
5. 바이타민 B_1(싸이아민) 섭취 부족으로 나타나는 베리베리병은, 혈중 파이루브산과 α-케토글루타르산 농도 증가 및 신경학적 증상과 심장 증상의 특징을 나타낸다. 어떻게 싸이아민 결핍이 파이루브산과 α-케토글루타르산의 농도를 증가시키는가?
6. 세 가지 독립적인 실험에서, C-1, C-2, 또는 C-3를 ^{14}C로 표지한 파이루브산은 파이루브산 디하이드로지네이즈 복합체와 시트르산 회로를 거쳐 대사된다. $^{14}CO_2$를 최초로 생산하는 파이루브산 분자는 어느 것인가? $^{14}CO_2$를 가장 마지막에 생산하는 것은 어느 것이고, 표지된 탄소 원자가 $^{14}CO_2$로 방출되기 위해 필요한 회로의 회전수는 얼마인가?
7. 뇌졸중 환자에서는 조직으로 O_2 공급 감소와 파이루브산 디하이드로지네이즈 활성 감소, 혐기성 대사 증가가 나타난다. 과량의 파이루브산은 락트산으로 전환된 후, 조직과 혈액에 축적되어 젖산 산증을 유발한다.
   (a) O_2는 시트르산 회로의 반응물도 생성물도 아닌데, 왜 저농도의 O_2가 파이루브산 디하이드로지네이즈 복합체 활성을 감소시키는가?
   (b) 젖산 산증을 완화시키기 위해, 가끔 뇌졸중 환자에게 파이루브산 디하이드로지네이즈를 억제시키는 다이클로로아세트산을 투여한다. 이런 치료법이 어떻게 파이루브산 디하이드로지네이즈의 활성에 영향을 주는가?
8. 일부 조직(예: 혈중 림프구)의 마이토콘드리아와 세포질 양쪽에서 시트르산 회로 효소가 결핍되면, 신생아에서 심각한 신경학적 장애가 유발된다. 이 질환은 비정상적으로 많은 α-케토글루타르산, 석신산, 퓨마르산이 소변으로 배출된다는 특징이 있다. 어떤 효소가 부족할 때 이러한 증상이 나타나는가?

9. 아세틸 CoA는 다이하이드로리포아마이드 아세틸 트랜스퍼레이즈(파이루브산 디하이드로지네이즈 복합체의 E_2)를 억제하고, 파이루브산 디하이드로지네이즈 복합체의 파이루브산 디하이드로지네이즈 카이네이즈 부분을 활성화시킨다. 어떻게 이러한 아세틸 CoA의 2가지 서로 다른 반응이 이 복합체의 전반적인 조절과 일치하게 되는가?

10. 파이루브산 디하이드로지네이즈 복합체 결핍은 다양한 대사 및 신경학적 효과를 유발하는 질환이다. 파이루브산 디하이드로지네이즈 복합체 결핍은 이 질환을 갖고 있는 소아에게서 젖산 산증을 유발한다. 다른 임상 증상으로는 혈중 파이루브산 및 알라닌 농도 증가가 있다. 파이루브산 디하이드로지네이즈 복합체 결핍을 갖고 있는 환자에서 일어나는 파이루브산, 젖산, 알라닌 수치 증가를 설명하라.

11. 수축 신호에 대한 반응과 그로 인한 척추동물 근육에서의 ATP 요구량 증가로 Ca^{2+}는 소포체에 있는 저장 부위에서 세포질로 방출된다. 시트르산 회로는 세포의 ATP 요구량 증가를 충족시키는 Ca^{2+} 유입에 어떻게 반응하는가?

12. (a) 알라닌 분해시 파이루브산이 생성되고, 류신 분해시 아세틸 CoA가 생성된다. 이들 아미노산 분해로 시트르산 회로의 중간체를 보충할 수 있는가?

(b) 지방조직에 저장되어 있는 지방(트라이아실글리세롤)은 동물세포의 중요한 에너지 자원이다. 지방산은 아세틸 CoA로 분해되어, 파이루브산 카복실레이즈를 활성화시킨다. 이 효소의 활성화는 지방에서 얻은 에너지를 어떻게 회복시켜 주는가?

13. 단백질 분해로 얻은 아미노산은 시트르산 회로 중간체로 전환됨으로써 더 대사될 수 있다. 표지된 단백질 분해로 표지된 아미노산 다음에, 이들 아미노산이 전환될 시트르산 경로의 최초 중간체 구조를 나타내고, 각각의 경우마다 표지된 단백질을 표시하라.

(a) 글루타르산: $H_3\overset{\oplus}{N}—CH(CH_2—COO^{\ominus})—COO^{\ominus}$
Glutamate

(b) 알라닌: $H_3\overset{\oplus}{N}—{}^{14}CH—COO^{\ominus}$
Alanine

(c) 아스파트산: $H_3\overset{\oplus}{N}—CH({}^{14}COO^{\ominus})—COO^{\ominus}$
Aspartate

14. (a) 2분자의 아세틸 CoA가 시트르산 회로를 통해 ~4분자로 전환될 때, 최종적으로 얼마나 많은 ATP가 생성되는가? (NADH 당 2.5ATP, QH_2당 ~1.5 ATP임을 가정하자.) 2분자의 아세틸 CoA가 글라이옥실산 회로에서 옥살로아세트산으로 전환될 때, 얼마나 많은 ATP가 생성되는가?

(b) 이 두 가지 경로의 최초 기능과 관련된 생산량은 얼마인가?

15. PFK-2와 과당 2,6-비스포스파테이즈의 활성은 양기능 단백질에 포함되는데, 이 단백질은 2,6-양인산 과당 작용을 통해 당분해 및 포도당신생성의 엄격한 조절에 영향을 미친다. 하나의 단백질 분자에 카이네이즈 및 포스파테이즈 활성을 갖고 있는 또 다른 단백질에 대해 설명해 보아라. 이 단백질은 어떤 경로를 조절하는가?

참고문헌

파이루브산 디하이드로지네이즈 복합체

Harris, R. A., Bowker-Kinley, M. M., Huang, B., and Wu, P. (2002). Regulation of the activity of the pyruvate dehydrogenase complex. *Advances in Enzyme Regulation* 42:249–259.

Knoechel, T. R., Tucker, A. D., Robinson, C. M., Phillips, C., Taylor, W., Bungay, P. J., Kasten, S. A., Roche, T. E., and Brown, D. G. (2006). Regulatory roles of the N-terminal domain based on crystal structures of human pyruvate dehydrogenase kinase 2 containing physiological and synthetic ligands. *Biochem*. 45:402–415.

Maeng, C.-Y., Yazdi, M. A., Niu, X.-D., Lee, H. Y., and Reed, L. J. (1994). Expression, purification, and characterization of the dihydrolipoamide dehydrogenase-binding protein of the pyruvate dehydrogenase complex from *Saccharomyces cerevisiae*. *Biochem*. 33:13801–13807.

Mattevi, A., Obmolova, G., Schulze, E., Kalk, K. H., Westphal, A. H., de Kok, A., and Hol, W. G. J. (1992). Atomic structure of the cubic core of the pyruvate dehydrogenase multienzyme complex. *Science* 255:1544–1550.

Reed, L. J., and Hackert, M. L. (1990). Structure-function relationships in dihydrolipoamide acyltransferases. *J. Biol. Chem*. 265:8971–8974.

시트르산 회로

Beinert, H., and Kennedy, M. C. (1989). Engineering of protein bound iron–sulfur clusters. *Eur. J. Biochem*. 186:5–15.

Gruer, M. J., Artymiuk, P. J., and Guest, J. R. (1997). The aconitase family: three structural variations on a comon theme. *Trends Biochem. Sci*. 22:3–6.

Hurley, J. H., Dean, A. M., Sohl, J. L., Koshland, D. E., Jr., and Stroud, R. M. (1990). Regulation of an enzyme by phosphorylation at the active site. *Science* 249:1012–1016.

Kay, J., and Weitzman, P. D. J., eds. (1987). *Krebs' Citric Acid Cycle—Half a Century and Still Turning* (London: The Biochemical Society).

Krebs, H. A., and Johnson, W. A. (1937). The role of citric acid in intermediate metabolism in animal tissues. *Enzymologia* 4:148–156.

McCormack, J. G., and Denton, R. M. (1988). The regulation of mitochondrial function in mammalian cells by Ca^{2+} ions. *Biochem. Soc. Trans*. 109:523–527.

Remington, S. J. (1992). Mechanisms of citrate synthase and related enzymes (triose phosphate isomerase and mandelate racemase). *Curr. Opin. Struct. Biol*. 2:730–735.

Williamson, J. R., and Cooper, R. H. (1980). Regulation of the citric acid cycle in mammalian systems. *FEBS Lett*. 117 (Suppl.):K73–K85.

Wolodko, W. T., Fraser, M. E., James, M. N. G., and Bridger, W. A. (1994). The crystal structure of succinyl-CoA synthetase from Escherichia coli at 2.5-Å resolution. *J. Biol. Chem*. 269:10883–10890.

Yankovskaya, V., Horsefield, R., Törnroth, S., Luna-Chavez, C., Miyoshi, H., Léger, C., Byrne, B., Cecchini, G. and Iwata, S. (2003). Architecture of succinate dehydrogenase and reactive oxygen species generation. *Science* 299:700–704.

글라이옥실산 회로

Beevers, H. (1980). The role of the glyoxylate cycle. In *The Biochemistry of Plants: A Comprehensive Treatise*, Vol. 4, P. K. Stumpf and E. E. Conn, eds. (New York: Academic Press), pp. 117–130.

전자전달과 ATP 합성

우리는 이제 생화학에서 가장 복잡한 대사경로 중 하나인 ATP 합성과 짝지어진 막-연계 전자전달계(membrane-associated electron transport system)를 살펴볼 것이다. 이 경로의 역할은 환원당량(reducing equivalents)을 ATP로 전환시키는 것이다. 우리는 통상적으로 환원당량을 당 분해와 시트르산 회로의 생성물이라고 생각하는데, 그 이유는 포도당과 아세틸 CoA의 산화가 NAD⊕와 Q의 환원과 짝지어져 있기 때문이다. 14장에서 우리가 배울 내용은 환원된 NADH와 QH_2가 다시 산화하면서 방출시키는 전자가 막-연계 전자전달계를 통과하게 되고, 이 전자전달을 통해서 방출된 에너지가 ADP에서 ATP로의 인산화 과정을 통해 저장되는 것이다. 결국 전자는 최종 전자수용체에 전달된다. 최종 전자수용체는 보통 산소분자(O_2)이기 때문에 전체 과정을 종종 산화적 인산화(oxidative phosphorylation)라고 부른다.

전자전달과 ATP 합성이 결합된 경로에는 많은 효소와 조효소가 관련되어 있다. 또한 전자전달과 ATP 합성의 동반과정에서 일어나는 핵심단계 중 하나가 막을 가로질러 형성되는 pH 기울기이기 때문에 이 경로에서 막 구획(membrane compartment)은 필수적이다. 진핵생물에서는 마이토콘드리아 내막이, 원핵생물에서는 원형질막이 이에 해당된다.

14장에서 우리는 먼저 양성자 기울기의 동력학과 이로부터 추진되는 ATP 합성을 대략 살펴보고, 곧 이어 막-연계 전자전달 복합체와 ATP 신테이즈 복합체의 구조와 기능을 살펴본다. 마지막으로 여러 종류의 최종 전자수용체를 살펴보고, 산소대사에 관련된 일부 효소를 간단히 논의한다. 15장에서는 광합성에서 작동하는 유사한 막-연계 전자전달과 ATP 합성경로를 다룬다.

미첼이 제안한 산화적 및 광합성적 인산화의 화학삼투적 가설에 따르면, 전자전달과 인산화의 연결관계는 (고전적인, 기존의, 보수적인, 정통론적인, 전통적으로 받아들여지는) 관점에서 볼 수 있는 가상의 고에너지 중간 매개체에 의하여 생기는 것이 아니라 산화환원 반응과 아데노신삼인산(ATP)의 가수분해가 비교적 이온, 산 및 염기에 불투과성인 연결막을 가로질러 일정한 개수의 전자가 한 방향으로 순이동하고, 그와 같은 개수의 수소원자가 반대방향으로 순 이동하는 것과 각각 별개로 연계되었기 때문에 발생한다.

P. 미첼과 J. 모일 (1965)

14.1 막-연계 전자전달과 ATP 합성 개관

막-연계 전자전달에는 막에 내재된 여러 효소복합체가 필수적이다. 우리는 먼저 마이토콘드리아에서 일어나는 경로를 살펴보고 이어서 원핵생물과 진핵생물이 가지고 있는 공통점을

위: 해바라기, 치타, 버섯 모두는 양성자 기울기를 이용하는 동일한 ATP 합성메커니즘을 사용한다.

찾아볼 것이다. 막-연계 전자전달과 ATP 합성 과정은 서로 짝지어진 동반 과정이다. 즉, 어떤 한 과정도 다른 과정 없이는 일어날 수 없다.

공통 경로에서 전자는 NADH로부터 최종 전자수용체로 이동한다. 여러 종류의 많은 최종 전자수용체가 있지만 우리는 진핵생물의 마이토콘드리아에서 볼 수 있는 분자 상태에서의 산소(O_2)가 환원되어 물이 형성되는 반응 경로에 주로 관심을 갖는다. 전자전달사슬(electron transport chain)을 통해 전자가 NADH로부터 O_2로 이동하면서 방출한 에너지는 양성자를 마이토콘드리아의 내부로부터 이중막 사이에 있는 막간 공간(intermembrane space)으로 이동하는데 사용된다. 이로 인해 형성된 양성자 기울기가 ATP 신테이즈(ATP synthase)에 의한 촉매반응에서 ATP 합성을 추진하는데 사용된다(그림 14.1). 매우 유사한 시스템이 세균에서도 작동한다.

이 장에서 언급된 조효소들은 7장에서 자세히 소개되고 있다; NAD+, 7.4절; 유비퀴논, 7.15절; FMN과 FAD, 7.5절; 철-황 클러스터, 7.1절; 사이토크롬, 7.17절.

앞서 언급한 대로 전체적인 마이토콘드리아 경로를 종종 산화적 인산화라고 부르는데, 왜냐하면 역사상 산소의 흡수와 ATP 합성의 연관관계를 설명하는 것이 생화학 상의 과제였기 때문이다. 이제 자주 "호흡"과 "호흡성 전자전달"을 참조할 것이다. 이 용어들 또한 산소를 최종 전자수용체로 이용하는 경로와 관련되어 있다.

14.2 마이토콘드리아

진핵생물에서는 많은 생체분자들의 호기성 산화가 마이토콘드리아에서 일어난다. 이 세포소기관은 시트르산 회로와 지방산 산화의 장소이며, 모두 환원된 조효소들을 생산한다. 마이토콘드리아 막에 박혀 있는 전자전달복합체가 환원된 조효소들을 산화시킨다. 그림 14.2에서 대표적인 마이토콘드리아의 구조를 볼 수 있다.

세포 내에서 마이토콘드리아 수는 상당히 가변적이다. 일부 단세포성 조류(algae)에는 단 하나의 마이토콘드리아가 있는 반면에 원생동물 *Chaos chaos* 세포에는 50만 개의 마이토콘드리아가 있다. 포유류의 간(liver) 세포에는 최대 5000개의 마이토콘드리아가 있다. 마이토콘드리아 수는 그 세포의 전반적인 에너지 요구량을 반영한다. 예를 들어 백색 근육조직은 혐기성 당 분해를 통해 에너지를 충당하고 마이토콘드리아가 거의 없다. 빠르게 수축하지만 즉시 지치게 되는 미국산 악어의 턱 근육이 백색 근육의 극단적인 예이다. 악어는 놀라운 속도와 힘으로 몇 번 반복하여 턱을 움직이지만 그 이상은 이 동작을 계속할 수 없다. 대조적으로 적색 근육조직에는 많은 마이토콘드리아가 있다. 철새들의 비상근(flight muscles)이 적색 근육 세포의 한 예이다. 이 근육은 상당한 양의 힘을 지속적으로 출력해야만 하고 이를 위해 막대한 양의 ATP를 필요로 한다.

▼ 그림 14.1

마이토콘드리아에서의 막-연계 전자전달과 ATP 합성의 개관. 전자전달사슬이 촉매하는 반응이 양성자 농도기울기를 형성한다. 환원된 기질로부터 전자가 복합체를 통해 흐를 때 양성자는 마이토콘드리아 내막을 가로질러 바탕질로부터 막간 공간으로 이동한다. 양성자가 ATP 신테이즈를 통과해 막을 가로질러 다시 바탕질(matrix)로 흘러들어올 때 양성자 농도기울기에 저장된 자유에너지를 사용한다. 양성자가 재진입할 때 ADP와 인산이 ATP로 전환된다.

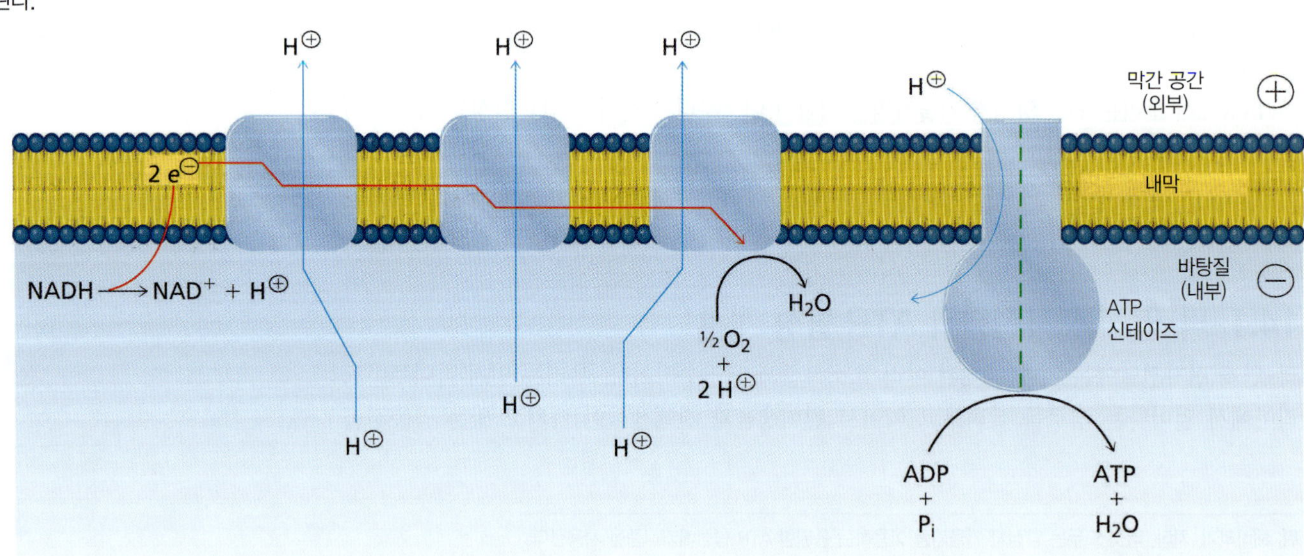

(a)

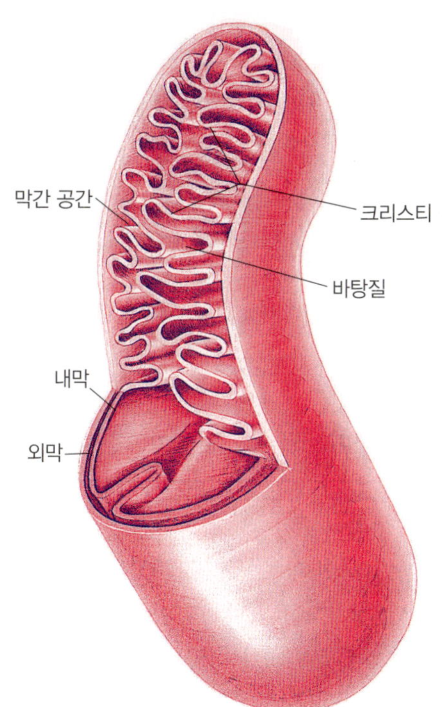

(b)

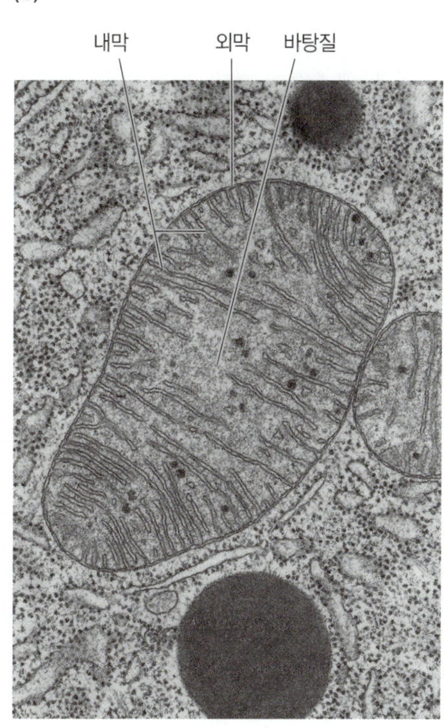

◀ **그림 14.2**

마이토콘드리아의 구조. 작은 분자들은 마이토콘드리아 외막을 자유롭게 투과하지만 극성 이온 물질들은 내막을 투과하지 못한다. 내막은 고도로 접히고 돌돌 말린 형태의 구조로서 크리스티를 형성한다. 막-연계 전자전달과 ATP 합성반응을 촉매하는 단백질 복합체는 내막에 위치한다. **(a)** 삽화. **(b)** 박쥐의 췌장세포를 세로로 절단하여 찍은 전자현미경 사진.

마이토콘드리아의 크기와 형태는 다른 종, 다른 조직간에, 심지어 한 세포 내에서도 아주 다양하다. 대표적인 포유류 마이토콘드리아의 직경은 0.2~0.8 μm이고, 길이는 0.5~1.5 μm 인데 대략 대장균의 크기, 형태와 같다(1장에서 추측한 대로 마이토콘드리아는 원시 진핵세포와 공생관계에 들어간 세균 세포의 후예라는 점을 상기하라).

마이토콘드리아는 이중막에 의해 세포질로부터 분리되어 있다. 두 막은 현저하게 다른 특성을 가지고 있다. 마이토콘드리아 외막에는 단백질이 조금밖에 없다. 그 중 하나가 막관통 단백질인 포린(porin)이다(9.11A절). 포린은 이온이나 분자량 10,000 미만인 수용성 대사물의 자유 확산을 가능케 하는 채널을 형성한다. 반면 내막에는 단백질:지질의 질량비가 약 4:1 정도로 단백질이 풍부하다. 내막은 물, O_2, CO_2와 같은 비이온성 분자에 투과성을 가지지만 양성자나 이보다 더 극성이며 이온성인 물질들에는 장벽으로 작용한다. 이러한 극성물질들은 반드시 파이루브산 트랜스로케이즈와 같은 특수한 수송 단백질을 사용하여 내막을 가로질러 능동적으로 수송해야만 한다(13.4절). 음이온성 대사물이 음이온으로 전하된 마이토콘드리아 내부로 진입하기에는 에너지적으로 불리하다. 이러한 대사물은 보통 내부의 다른 음이온과 교환되거나 전자전달사슬이 발생시킨 농도기울기를 따라 흘러들어오는 양성자와 함께 진입한다.

내막은 종종 주름이 많이 접혀 있어 표면적이 굉장히 넓다. 접혀진 주름을 크리스티(cristae, 단수형은 crista)라고 부른다. 내막의 확장과 접힘은 또한 막간 공간을 크게 증가시킨다(그림 14.2a). 외막은 작은 분자를 자유롭게 투과시키기 때문에 막간 공간의 이온과 대사물의 조성은 마이토콘드리아를 둘러싸고 있는 세포기질의 조성과 거의 동일하다. 바탕질에는 시트르산 회로의 효소(석신산 디하이드로지네이즈는 예외적으로 내막에 박혀 있음)인 파이루브산 디하이드로지네이즈 복합체(pyruvate dehydrogenase complex)와 지방산 산화를 촉매하는 대부분의 효소들이 있다. 바탕질의 단백질 농도는 매우 높다(500 mg ml^{-1}에 근접). 그럼에도 불구하고 확산은 세포기질에서보다 덜 빠르다(2.3b절). 바탕질 역시 대사물과 무기이온을 가지고 있고, 또한 세포기질의 피리딘 뉴클레오타이드 조효소로부터 따로이

▲ **미국산 악어의 턱 근육** 이 악어가 당신을 향해 이미 몇 번 달려들고 놓친 후라면 당신은 안심해도 된다. (만약 당신이 생화학 교재를 신뢰한다면 말이다.)

▲ **캐나다 기러기.** 당신의 근육세포에 마이토콘드리아가 추가된다면 아마도 겨울을 지나기 위해 따뜻한 지역으로 날아갈 수 있을 것이다.

BOX 14.1 모든 규칙에 대한 예외 사항

생물학에서 가장 매혹적인 것들 중 하나는 아주 극소수의 보편적 규칙(universal rule)이 존재한다는 것이다. 우리는 대부분의 경우에 적용할 수 있는 특정한 일반 원리(general principle)를 제안할 수는 있지만 거의 언제나 그 법칙에 해당하지 않는 일부 사례가 존재한다. 예를 들어, 진핵세포는 일반 규칙(general rule)으로서 마이토콘드리아를 가진다고 말할 수 있지만 일부 진핵세포 종에는 마이토콘드리아가 없다.

타당해 보이는 "규칙들" 중 하나는 모든 동물 세포는 마이토콘드리아를 가지고 있고 모두 산소를 요구한다는 것이다. 그러나 심지어 이 규칙에도 예외가 있다. Loricifera 강에 속하는 동물 중 일부 미세한 동물은 심해 분지에서 서식하는데, 그곳은 빛도 없이 거의 염분으로 포화된 물만 존재하는 산소가 결핍된 장소이다. 이 동물들은 호기성 산화를 할 수 없고 마이토콘드리아가 세포에 없다.

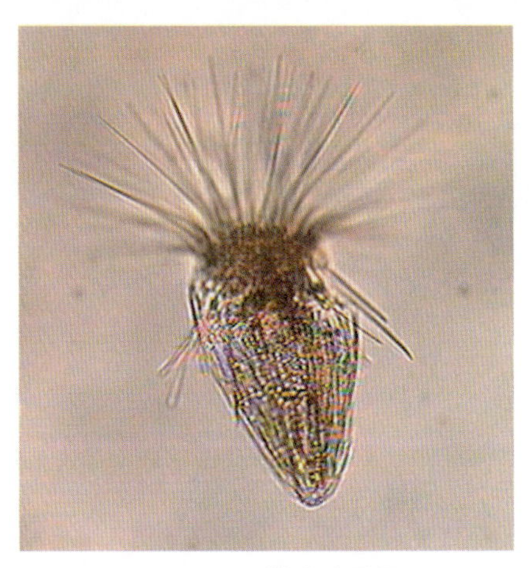

▲ *Spinoloricus* 종, 혐기성 동물.

▲ 피터 미첼(Peter Mitchell, 1920~1992). 피터 미첼은 화학삼투설의 체계화를 통해 생물학적 에너지 전달의 이해에 기여한 공로로 1978년 노벨 화학상을 수상하였다. 미첼은 1963년 스코틀랜드의 에든버러 대학 교수직에서 사임하고, 1965년 오랜 친구이자 협력자인 제니퍼 모일(Jennifer Moyle)과 함께 사설 연구소를 설립하였다. 그들은 영국 콘월(Cornwall) 주에 있는 미첼의 고향인 글린 하우스(Glynn House)에서 생체에너지학에 관한 연구를 계속하였다.

분리되어 있는 NAD⊕와 NADP⊕를 가지고 있다. 또한 마이토콘드리아 DNA와 이 DNA의 복제, 전사, 번역에 필요한 모든 효소들이 바탕질에 위치하고 있다. 마이토콘드리아 DNA에는 전자전달 단백질을 암호화하는 많은 유전자가 있다(그림 14.19).

14.3 화학삼투설과 양성자 추진력

우리는 산화적 인산화의 각 반응들을 고려하기 전에 양성자 농도기울기에 저장된 에너지의 본질을 조사할 것이다. **화학삼투설(chemiosmotic theory)**이란 양성자 농도기울기가 ATP 합성을 추진하는 에너지 저장고로 작용한다는 개념이다. 이 이론의 핵심 요소는 1960년대 초 피터 미첼(Peter Mitchell)은 처음으로 공식화한 것이다. 그 당시 세포가 수행하는 산화적 인산화의 메커니즘이 집중적인 연구와 많은 논란의 대상이었다. 산화반응을 ADP의 인산화에 연결시키는 경로가 알려지지 않았고, ADP로 인산기를 전달하는 인산화된 "고에너지" 대사물을 찾으려는 초기 노력은 실패로 끝났다. 그러나 많은 과학자들이 몇십 년에 걸쳐 연구한 덕분에 오늘날 이온 기울기의 형성과 소실이 생체에너지학의 중심 주제로 인정받게 되었다. 미첼은 생체에너지학의 이해에 기여한 공로로 1978년 노벨 화학상을 수상하게 되었다.

A. 역사적 배경: 화학삼투설

미첼이 화학삼투설을 제안할 당시에는 기질의 산화, 마이토콘드리아내 전자전달체들의 순환적 산화-환원에 대한 많은 정보가 축적되어 있었다. 1956년에 브리튼 챈스(Britton Chance)와 로널드 윌리엄스(Ronald Williams)는 마이토콘드리아를 순수 분리하여 인산 완충용액에 현탁시켰을 때, ADP가 공급될 때에만 마이토콘드리아가 기질을 산화하고 산소를 소비한다는 것을 밝혔다. 즉, 기질의 산화는 ADP의 인산화와 짝지어져 일어나야만 한다. 후속 연구를 통해 모든 ADP가 인산화될 때까지 호흡이 신속히 진행되고(그림 14.3a) O_2 소비량은 ADP 공급량에 의존한다는 것을 밝혔다.

짝풀림제(uncoupler)라 부르는 합성물질은 ADP가 없을 때에도 기질의 산화를 촉진한다(그림 14.3b). 짝풀림 현상을 통해 산화반응이 어떻게 ATP 생성에 연결되는지를 알게 되었다. 짝풀림제가 있을 때 산소 섭취(호흡)는 모든 가용 산소가 소비될 때까지 계속 진행된다. 이때 기질은 ADP가 거의 인산화되지 않은 채 빠르게 산화된다. 많은 종류의 짝풀림제가 존재하는데 이들은 모두가 지용성 약산인 것을 제외하고는 화학적 공통점이 거의 없다. 이들의 양성자 결합형과 짝지은 염기형 모두는 마이토콘드리아 내막을 가로질러 이동할 수

핵심개념

화학삼투설이란 전자전달의 산화-환원 반응으로부터의 에너지가 막을 가로질러 양성자 기울기를 형성하는 데 사용되고, 그 결과 양성자 추진력이 ATP 합성에 사용됨을 말한다.

있다. 즉, 음이온성 짝지은 염기는 지용성을 유지하는데 그 이유는 음이온 전하가 분산되어 있기 때문이다. 짝풀림제인 2,4-다이나이트로페놀(2,4-dinitrophenol)의 공명 구조가 그림 14.4에 나타나 있다.

짝풀림제의 효과와 많은 실험 결과, 전자전달(산소 섭취)과 ATP 합성이 보통 동반되어 일어난다는 것이 밝혀졌지만 근본적인 메커니즘은 알려지지 않았다. 1960년대를 통틀어 대개는 전자전달 과정의 여러 단계를 통해 일어나는 깁스 자유에너지 변화가 충분히 ATP 합성을 추진한다고 믿었다. 이러한 동반 형태를 기질수준 인산화와 유사한 것으로 생각했다.

미첼은 마이토콘드리아 효소 복합체의 활성이 마이토콘드리아 내막을 가로질러 형성되는 양성자의 농도기울기를 발생시킨다고 제안하였다. 그는 이러한 기울기가 간접적으로 전자전달과 짝지음을 통해 ADP 인산화에 에너지를 제공한다고 시사했다. 미첼의 아이디어는 지용성 짝풀림제의 효능을 설명했다. 즉, 짝풀림제는 세포기질에서 양성자와 결합하여 마이토콘드리아 내막을 통과하고 바탕질에서 양성자를 방출함으로써 양성자 농도기울기를 흩어지게 한다(dissipate). 양성자는 ATP 신테이즈를 통하지 않고 바탕질로 진입하기 때문에 양성자 운반체는 전자전달(산화)과 ATP 합성을 짝지어 일어나지 못하게(짝풀림) 한다.

ATP 신테이즈 활성은 손상된 마이토콘드리아의 ATP 에이즈 활성으로 1948년에 처음 알게 되었다(즉, 손상된 마이토콘드리아에서 ATP가 ADP와 인산으로 가수분해되었다). 대부분의 과학자들은 마이토콘드리아에서의 ATP 에이즈 활성이, 손상되지 않은 마이토콘드리아에서의 역반응을 촉매한다고 가정했고 이 가정은 옳은 것으로 증명되었다. 1960년대에 에프라임 랙커(Efraim Racker)와 동료들은 이 막에 결합된 올리고머 구조의 ATP 에이즈를 정제하여 그 특성을 밝혔다. 양성자가 추진하는 ATP 에이즈의 가역성이, 마이토콘드리아에서 ATP가 가수분해되면서 양성자가 축출됨을 관찰함으로써 증명되었다. 이 이론은 작은 소낭 막에 효소를 삽입하여 수행한 후속 실험에 의해 지지를 받게 되었다. 즉, 소낭 막을 가로질러 적절한 양성자 기울기가 형성될 때, ADP와 인산으로부터 ATP가 합성되었다(14.9절).

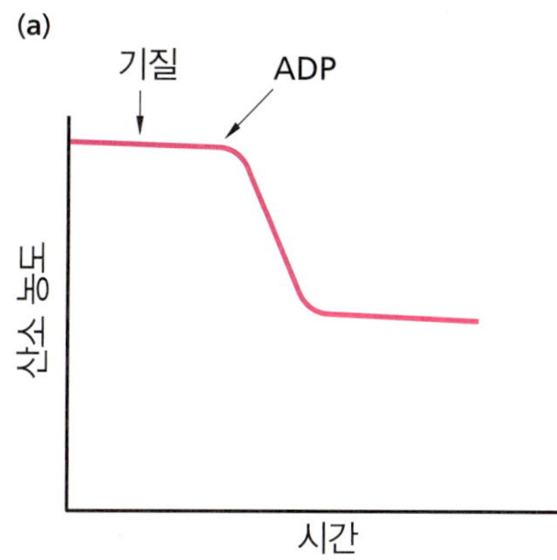

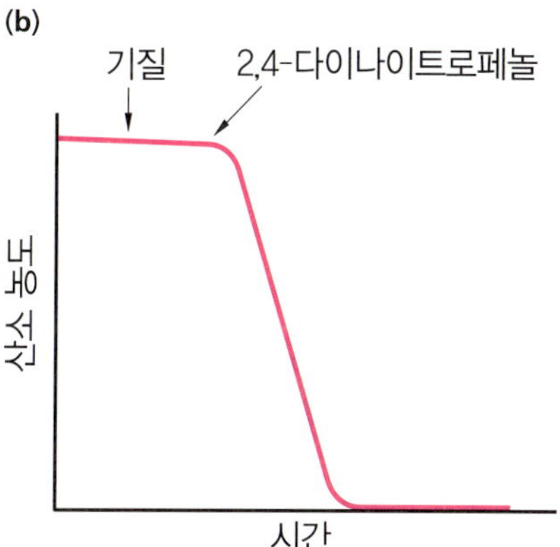

▲ 그림 14.3
마이토콘드리아에서의 산소 섭취와 ATP 합성. **(a)** 충분한 기질과 인산이 있을 때, 온전한 마이토콘드리아는 ADP가 첨가될 때만 산소를 신속하게 소비한다. 모든 ADP가 인산화되면 산소 섭취는 중지된다. **(b)** 짝풀림제인 2,4-다이나이트로페놀을 첨가하면 ADP는 인산화되지 않으면서 기질의 산화는 계속 진행한다. 화살표는 마이토콘드리아 현탁액에 첨가한 시점을 나타낸다.

랙커의 핵심 실험은 Box 15.4를 참조.

B. 양성자 추진력

막-연계 전자전달 복합체가 막간 공간으로 이동시킨 양성자는 ATP 신테이즈를 통해 다시 바탕질로 흘러들어간다. 이러한 순환적 흐름은 전기 회로와 유사하다. **양성자 추진력(protonmotive force)**이라 부르는 양성자 농도기울기의 에너지는 전기 화학의 기전력(electromotive force)과 비슷하다(10.9A절). 이러한 유사성이 그림 14.5에 나타나 있다.

전기화학적 전지에서 환원제 XH_2에 의한 산소 분자의 환원반응을 생각해 보자.

$$XH_2 + {}^1\!/_2 O_2 \rightleftharpoons X + H_2O \qquad \textbf{(14.1)}$$

OH, NO_2, NO_2, H^+, H^+, $pK_a = 4.0$

2,4-다이나이트로페놀
(2,4-Dinitrophenol)

2,4-다이나이트로페놀산 음이온
(2,4-Dinitrophenolate anion)

▲ 그림 14.4 **2,4-다이나이트로페놀(dinitrophenol)의 양성자 결합형과 짝지은 염기형.** 다이나이트로페놀산의 음이온형(dinitrophenol anion)은 공명 안정화되어 있고, 음이온 전하는 이 분자의 고리 구조 전반에 걸쳐 고루 분산되어 있다. 음전하가 분산되어 있으므로 다이나이트로페놀의 산과 염기형은 막에 용해될 수 있을 정도로 소수성(hydrophobic)이다.

(a)

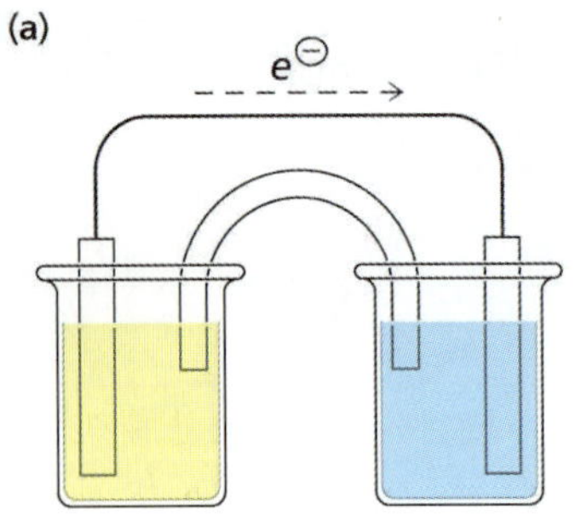

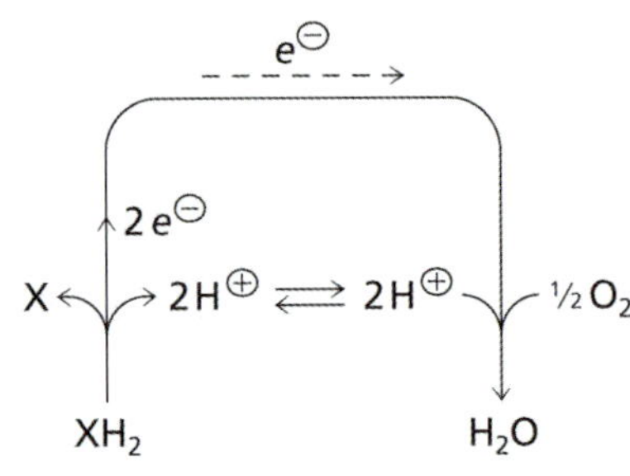

(b)

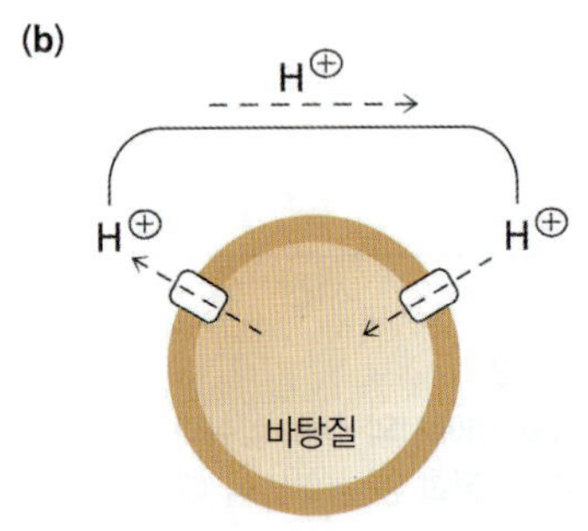

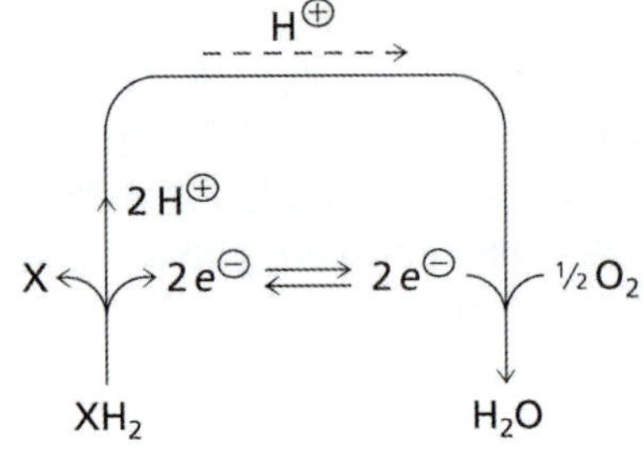

▲ 그림 14.5

기전력과 양성자 추진력. **(a)** 전기화학적 전지에서 전자는 두 전극을 이어주는 전선을 통해 환원제 XH_2로부터 산화제 O_2로 이동한다. 두 전지 사이에서 측정된 전위(electrical potential)가 기전력이다. **(b)** 상대적 배치를 역전시켰을 때(즉, 전자의 외부 경로를 양성자의 수용성 경로로 대체하였을 때)의 전위가 기전력이다. 마이토콘드리아에서 전자가 전자전달계에 의해 막을 통해 이동할 때 양성자는 막을 가로질러 이동한다.

XH_2로부터 전자는 산화-환원 반쪽 반응이 일어나는 두 전극을 잇는 전선을 따라 이동한다. 전자는 XH_2가 산화되는 전극으로부터

$$XH_2 \rightleftharpoons X + 2\,H^{\oplus} + 2\,e^{\ominus} \qquad \textbf{(14.2)}$$

O_2가 환원되는 전극으로 흐른다.

$$\tfrac{1}{2}O_2 + 2\,H^{\oplus} + 2\,e^{\ominus} \rightleftharpoons H_2O \qquad \textbf{(14.3)}$$

전기화학적 전지에서 양성자는 염 다리(salt bridge) 안에 있는 용매를 통해 한 반응전지로부터 다른 반응전지로 자유롭게 이동한다. 전자는 전지간의 전위차 때문에 외부 전선을 통하여 이동한다. 볼트로 측정된 이 전위가 기전력이다. 전자 흐름의 방향과 산화제의 환원 정도는 XH_2와 O_2 사이의 자유에너지 차이에 의존하고, 이 자유에너지 차이는 해당 물질의 환원전위에 의존한다.

마이토콘드리아에서 외부 연결(막-연계 전자전달사슬과 ATP 신테이즈를 연결하는 수용성 회로)을 통해 흐르는 것은 전자가 아니라 양성자이다. 이 연결은 전기화학반응의 전선과 유사하다. 전자가 환원제 XH_2로부터 산화제 O_2로 흐르지만 이 경우에는 막-연계 전자전달사슬을 통한다는 것이 다를 뿐이다. 이러한 산화-환원 반응의 자유에너지가 양성자 농도기울기의 양성자 추진력으로서 저장되고 ADP의 인산화를 거쳐 다시 회복된다.

9.10절에서 언급했듯이 전하를 가진 분자의 깁스 자유에너지 변화가 다음과 같음을 상기하라.

$$\Delta G_{수송} = 2.303\,RT\log\frac{[A_{안}]}{[A_{밖}]} + zF\Delta\Psi \qquad \textbf{(14.4)}$$

이 식에서 첫째 항은 농도기울기에 따른 깁스 자유에너지이고, 둘째 항 $zF\Delta\Psi$는 막을 가로질러 형성된 전하 차이에 기인한다. 분자당 양성자가 가지는 전하는 1이고(즉, $z = 1.0$) 양성자 기울기의 깁스 자유에너지 변화는 다음과 같다.

$$\Delta G = 2.303\,RT\log\frac{[H^{\oplus}{}_{안}]}{[H^{\oplus}{}_{밖}]} + F\Delta\Psi = 2.303\,RT\,\Delta pH + F\Delta\Psi \qquad \textbf{(14.5)}$$

이 식은 양성자 기울기로 인해 형성된 양성자 추진력과 막을 가로질러 형성된 전하 차이를 계산하기 위해 사용될 수 있다. 간 세포의 마이토콘드리아에서 막전위($\Delta\Psi$)는 −0.17 V이고 (내부는 음성, 9.10A절), pH 차이는 −0.5 이다($\Delta pH = pH_{밖} - pH_{안}$). 막전위는 양성자가 마이토콘드리아의 바탕질로 진입하기에 적절하고, $\Delta\Psi$가 음수이므로 $F\Delta\Psi$도 음수가 될 것이다. pH 기울기 또한 적절해서 식 14.5의 첫 항은 음수가 될 것이다. 이처럼 양성자 추진력을 나타내는 식은 다음과 같다.

$$\Delta G_{안} = F\Delta\Psi + 2.303\,RT\,\Delta pH \qquad \textbf{(14.6)}$$

37°(T = 310 K)에서의 값을 사용하여 사용가능한 깁스 자유에너지를 계산하면 다음과 같다.

$$\begin{aligned}\Delta G &= [96485 \times -0.17] + [2.303 \times 8.315 \times 310 \times -0.5] \\ &= -16402\ \text{J mol}^{-1} - 2968\ \text{J mol}^{-1} = -19.4\ \text{kJ mol}^{-1}\end{aligned} \qquad \textbf{(14.7)}$$

이 수치가 뜻하는 바는 막을 가로질러 1몰의 양성자를 역수송하는 데 −19.4 kJ 의 자유에너지 변화가 필요하다는 것이다. 이 값은 이처럼 작은 이온의 이동을 위해 필요한 막대한 에너지이다!

1분자의 ADP로부터 ATP로의 표준 깁스 자유에너지 변화는 32 kJ mol^{-1}($\Delta G^{\circ\prime}$ = 32 kJ mol^{-1})이지만 실제 깁스 자유에너지 변화는 약 −48 kJ mol^{-1} 이다(10.6절). 최소한 3개의 양성자가 1분자의 ATP 합성을 추진하기 위해 이동해야만 한다(3 × −19.4 = −58.2 kJ mol^{-1}).

깁스 자유에너지 변화의 85%(−16.4/−19.4 = 85%)가 막을 가로질러 형성된 전하기울기 때문이고, 나머지 15%(−3.0/−19.4 = 15%)만이 양성자 농도기울기 때문임을 주목하라. 명심할 점은 양성자 기울기의 형성에 필요한 에너지는 +19.4 kJ mol^{-1}이라는 것이다.

핵심개념

양성자 추진력은 막을 가로질러 형성된 전하 차이와 양성자 농도 차이의 결합 효과 때문이다.

14.4 전자전달

이제는 막-연계 전자전달사슬의 각 반응을 살펴보기로 한다. 마이토콘드리아의 내막 또는 세균의 원형질막에서 단백질로 구성된 4개의 올리고머 집합체를 발견할 수 있다. 용제(detergents)로 조심스럽게 막을 용해시키면 활성화 형태의 이 효소 복합체들을 분리해 낼 수 있다. 각 복합체는 일부 에너지 변환 과정을 촉진시킬 수 있다. 이 복합체들에게 I에서 IV까지 번호를 부여한다. 복합체 V는 ATP 신테이즈이다.

A. 복합체 I ~ 복합체 IV

4개의 효소 복합체에는 아주 다양한 산화-환원 중심이 존재한다. 아마도 이러한 중심으로는 FAD, FMN, 유비퀴논(Q)과 같은 보조인자, 그리고 철-황 클러스터, 헴을 가진 사이토크롬, 구리 단백질이 있다. 전자는 이러한 중심의 연속적인 환원과 산화를 통해 환원제에서 산화제로 흐른다. 생화학에는 전자전달 과정과 밀접한 많은 반응들이 있다. 우리는 이미 이전 장들에서 이러한 여러 반응들을 살펴보았다. 파이루브산 디하이드로지네이즈 복합체에 의한 전자의 흐름은 좋은 예이다(13.1절).

전자는 전자전달사슬에서 더 높은 환원전위를 가진 구성성분을 향해 이동한다. 각 산화환원 중심의 환원전위는 강력한 환원제인 NADH와 최종 산화제인 O_2의 환원 전위 사이에 위치한다. 이동성 조효소인 유비퀴논(Q)과 사이토크롬 *c*는 전자전달사슬의 서로 다른 복합체를 연결해주는 역할을 한다. Q는 복합체 I 또는 II로부터 복합체 III으로 전자를 전달해 준다. 사이토크롬 *c*는 복합체 III으로부터 복합체 IV로 전자를 전달해 준다. 복합체 IV는 전자를 사용하여 O_2를 물로 환원시킨다.

그림 14.6에서 전자전달 반응의 순서는 좌측에 표준 환원전위, 우측에 깁스 표준 자유에너지 변화의 상대값으로 나타나 있다. 10.9절에서 표준 환원전위(volt 단위)와 표준 깁스 자유에너지 변화(kJ mol^{-1} 단위)의 직접적인 관계를 식 14.8로 표시했음을 기억하라.

$$\Delta G^{\circ\prime} = -n\mathrm{F}\ \Delta E^{\circ\prime} \quad \textbf{(14.8)}$$

그림 14.6에서 볼 수 있듯이, 전자전달 과정에서 실제로 상당한 양의 에너지가 방출된다. 방출된 에너지의 상당수가 ATP 합성을 추진하는 양성자 추진력에 저장되어 있다. 막-연계 전자전달이 다른 전자전달의 예와 구별되는 것은 바로 전자전달이 양성자 추진력과 짝지어 있기 때문이다.

그림 14.6에 나타낸 수치는 표준 상태, 즉 온도 25℃, pH 7.0, 반응물과 생성물의 농도가 각각 1M의 조건에서만 가능하다. 실제 환원전위(E)와 표준 환원전위($E^{\circ\prime}$) 사이의 관계는 실제 자유에너지와 표준 자유에너지와의 관계와 유사하다(1.4B절).

$$E = E^{\circ\prime} - \frac{RT}{n\mathrm{F}}\ln\frac{[\mathrm{S}_{\text{환원형}}]}{[\mathrm{S}_{\text{산화형}}]} = E^{\circ\prime} - \frac{2.303RT}{n\mathrm{F}}\log\frac{[\mathrm{S}_{\text{환원형}}]}{[\mathrm{S}_{\text{산화형}}]} \quad \textbf{(14.9)}$$

전자전달의 깁스 자유에너지

$$E^{\circ\prime} = E^{\circ\prime}_{\text{수용체}} - E^{\circ\prime}_{\text{공여체}} \quad (10.26)$$
$$= E^{\circ\prime}_{O_2} - E^{\circ\prime}_{\mathrm{NADH}}$$
$$= +0.82 - (-0.32) \quad (\text{표 } 10.4)$$
$$= 1.14\ \mathrm{V}$$
$$\Delta G^{\circ\prime} = -n\mathrm{F}\Delta E^{\circ\prime}$$
$$= -2(96485)(1.14)$$
$$= -220\ \mathrm{kJ\ mol^{-1}}$$

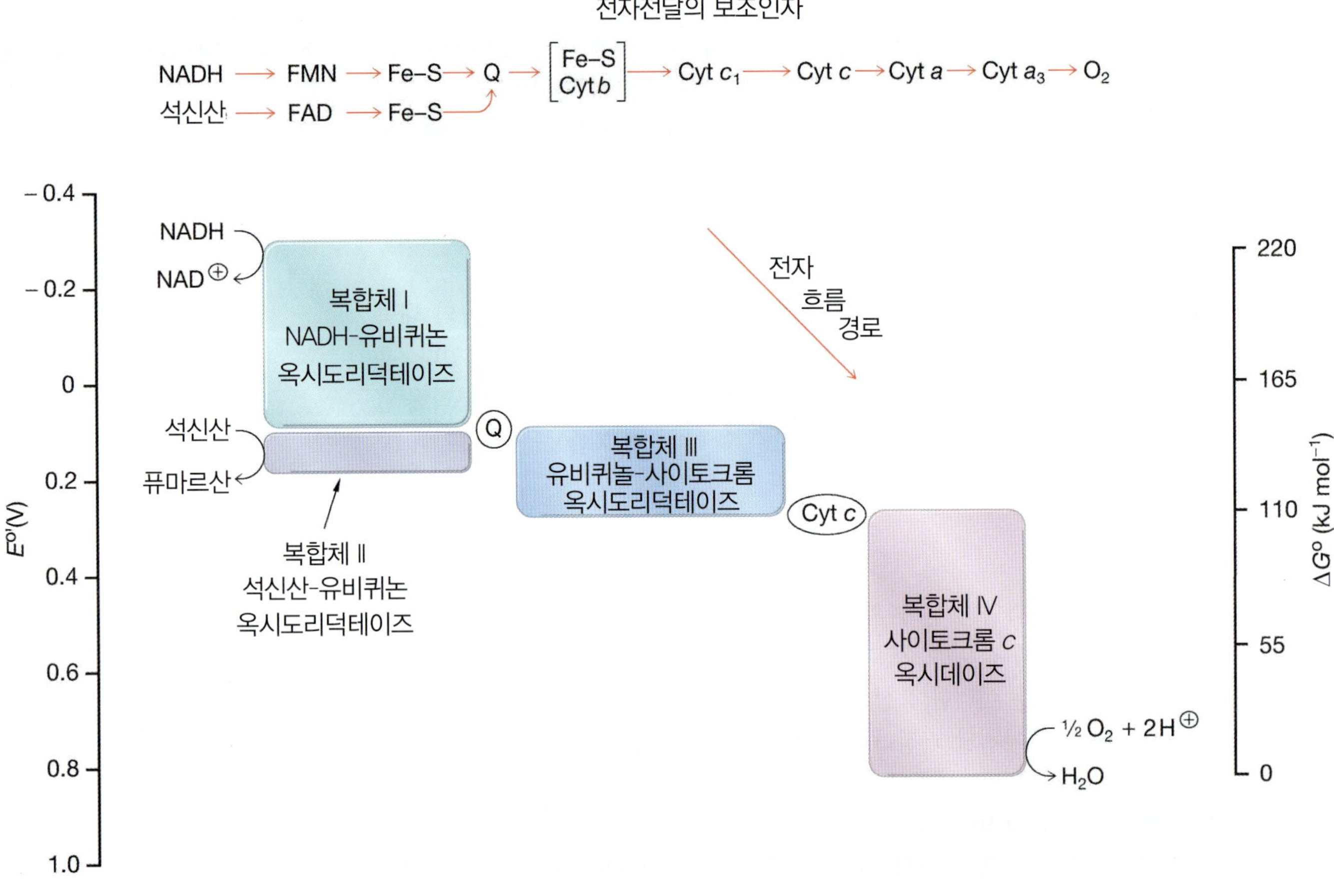

▲ **그림 14.6 전자전달.** 전자전달사슬에서 4개의 복합체는 각각 여러 개의 단백질 소단위체와 보조인자로 구성되어 있고, 연쇄적으로 환원과 산화를 거친다. 복합체들은 이동성 운반체인 유비퀴논(Q)과 사이토크롬 *c*로 서로 연결되어 있다. 각 복합체의 높이는 그 복합체의 환원제(기질)와 산화제(환원되어 생성물이 됨) 사이의 $\Delta E^{\circ\prime}$ 값이다. 표준 환원전위의 최저값을 그래프 상단에 표시하였다(10.9B절).

핵심개념

막-연계 전자전달에서 산소가 최종 전자수용체로 작용하기 때문에 호기성 생물에게는 산소가 필요하다.

$[S_{환원형}]$와 $[S_{산화형}]$는 전자 운반체가 두 산화 상태에서 가지는 실제 농도를 나타낸다. 표준 조건 하에서 산화된 운반체 분자와 환원된 운반체 분자의 농도는 동일하다. 따라서 농도비 $[S_{환원형}]/[S_{산화형}]$ =1이고, 식 14.9의 둘째 항은 0이다. 이 경우, 실제 환원전위는 표준 환원전위(25°C와 pH 7.0)와 동일하다. 전자 운반체가 연속적으로 효율적인 환원과 재산화를 반복하려면 항정 상태(steady state) 조건 하에서 적정량의 환원형과 산화형 운반체가 반드시 존재해야만 한다. 이것이 마이토콘드리아에서 발견되는 상황이다. 따라서 우리는 전자전달 복합체에서 어떤 주어진 산화-환원 반응에 대해, 두 산화 상태의 전자 운반체 농도는 거의 같을 것이라고 추측한다. 대부분의 상황에서 생리적 pH는 거의 7이고, 대부분의 전자전달 과정이 약 25°C에서 일어나므로 E가 $E^{\circ\prime}$와 많이 다르지는 않다고 편하게 추측할 수 있다. 따라서 지금부터의 논의는 $E^{\circ\prime}$ 값만을 언급하려고 한다

전자전달사슬에서 기질과 보조인자의 표준 환원전위가 표 14.1에 나타나 있다. $E^{\circ\prime}$ 값은 음수에서 양수로 나열되어 있어서, 일반적으로 각 기질 또는 중간체는 더 양의 $E^{\circ\prime}$ 값을 가지는 보조인자나 기질로 산화된다. 사실 전자 운반체의 실제 배열을 결정하는 요인은 자신의 환원전위이다.

각 복합체가 촉매하는 반응에 의해 생성된 깁스 표준 자유에너지가 표 14.2에 표시되어 있다. 그림 14.6에 보여준 대로 전체 자유에너지는 − 220 kJ mol^{-1}이다. 복합체 I, III, IV는 전자가 복합체를 통과할 때 막을 가로질러 양성자를 이동시킨다. 시트르산 회로의 구성 성분으로 확인된 복합체 II는 석신산 디하이드로지네이즈 복합체이며, 직접적으로는 양성자 농도기울기를 형성하는 데 기여하지 않는다. 복합체 II는 석신산으로부터 전자를 받아 Q로 전달하므로 호흡 사슬의 지류(tributary) 역할을 한다.

B. 전자전달에서의 보조인자들

그림 14.6의 상단에서 본대로 복합체 I로부터 복합체 IV를 통해 흐르는 전자들은 실제로는 짝지어진 보조인자들을 통해 이동한다. 전자들은 환원된 기질인 NADH와 석신산으로부터 한번에 두 개씩 막-연계 전자전달사슬로 진입한다. 플라빈 조효소인 FMN과 FAD는 각각 복합체 I과 II에서 환원된다. 환원형 조효소인 $FMNH_2$와 $FADH_2$는 한번에 한 개의 전자를 내어주어 이후의 전자전달사슬 단계에서는 한 개의 전자전달이 이루어진다. 철-황(Fe-S) 클러스터는 복합체 I, II, III에서 [2 Fe-2 S]과 [4 Fe-4 S]의 형태로 존재한다. 각각의 철-황 클러스터는 철 원자가 제2철(ferric [Fe^{3+}, Fe(III)]과 제1철(ferrous [Fe^{2+}, Fe(II)]) 상태 사이에서 환원, 산화할 때 전자를 주고받을 수 있다. 구리이온과 사이토크롬 또한 단일 전자 산화-환원제(single electron oxidation-reduction agents)이다.

포유류의 마이토콘드리아 효소 복합체에는 여러 종류의 사이토크롬이 존재한다. 사이토크롬 b_L, 사이토크롬 b_H, 사이토크롬 c_1, 사이토크롬 a, 사이토크롬 a_3가 이에 해당한다. 매우 유사한 사이토크롬들이 다른 종에서도 발견된다. 사이토크롬은 헴 보결단 그룹의 철 원자들이 제2철과 제1철 상태를 순환하면서 환원제에서 산화제로 전자를 전달한다(7.17절). 각 사이토크롬은 자신의 아포 단백질과 가끔은 헴 그룹의 구조적 차이로 인해 서로 다른 환원전위를 가진다(표 14.1). 이 전위차로 인해 헴 그룹은 전자전달사슬의 여러 지점에서 전자 운반체의 역할을 한다. 유사하게 철-황 클러스터의 전위는 주위 단백질 환경에 따라 광범위하게 변한다.

막-연계 전자전달 복합체는 이동성 전자 운반체인 유비퀴논(Q) 및 사이토크롬 c와 기능적으로 연결되어 있다. Q는 한번에 한 개씩 두 개의 전자를 받거나 내어주는 지용성 분자이다(7.15절). 지질 이중층에 용해되어 있는 Q는 복합체 I과 II로부터 전자를 받아 복합체 III으로 전달해 준다. 또 다른 이동성 전자 운반체인 사이토크롬 c는 막의 외부 표면에 연계된 주변성 막 단백질(peripheral membrane protein)이다. 사이토크롬 c는 전자를 복합체 III으로부터 복합체 IV로 전달한다. 4개의 전자전달 복합체의 구조와 산화-환원 반응을 다음 절에서 자세히 검토할 것이다.

표 14.2 각각의 복합체가 촉진하는 산화반응에서 방출되는 표준 자유에너지

복합체	$E^{\circ\prime}_{환원제}$ (V)	$E^{\circ\prime}_{산화제}$ (V)	$\Delta E^{\circ\prime a}$ (V)	$\Delta G^{\circ\prime b}$ (kJ mol^{-1})
I (NADH/Q)	−0.32	−0.04	+0.36	−60
II (석신산/Q)	+0.03	+0.04	+0.01	−2
III (QH_2/사이토크롬 c)	+0.04	+0.22	+0.18	−35
IV (사이토크롬 c/O_2)	+0.22	+0.82	+0.59	−116

[a] $\Delta E^{\circ\prime}$는 $E^{\circ\prime}_{환원제}$와 $E^{\circ\prime}_{산화제}$의 차이다.
[b] **깁스** 표준 자유에너지는 전자수 n = 2 일 때 식 **14.8**을 사용하여 계산하였다.

표 14.1 마이토콘드리아에서 산화-환원 구성요소의 표준 환원전위

복합체의 기질	$E^{\circ\prime}$ (V)
NADH	−0.32
복합체 I	
FMN	−0.30
철-황 클러스터	−0.25~−0.05
석신산	+0.03
복합체 II	
FAD	0.0
철-황 클러스터	−0.26 ~ 0.00
QH_2/Q	+0.04
(·$Q^{\ominus}$/Q	−0.16)
(QH_2/$Q^{\ominus}$	+0.28)
복합체 III	
사이토크롬 b_L	−0.01
사이토크롬 b_H	+0.03
철-황 클러스터	+0.28
사이토크롬 c_1	+0.22
사이토크롬 c	+0.22
복합체 IV	
사이토크롬 a	+0.21
Cu_A	+0.24
사이토크롬 a_3	+0.39
Cu_B	+0.34
O_2	+0.82

핵심개념

NADH로부터 O_2로 전자가 이동하면 많은 ATP 분자의 합성을 추진하기에 충분한 에너지를 방출해 낸다.

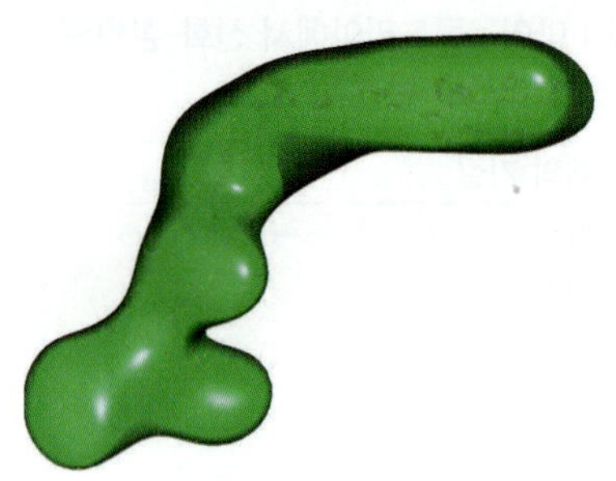

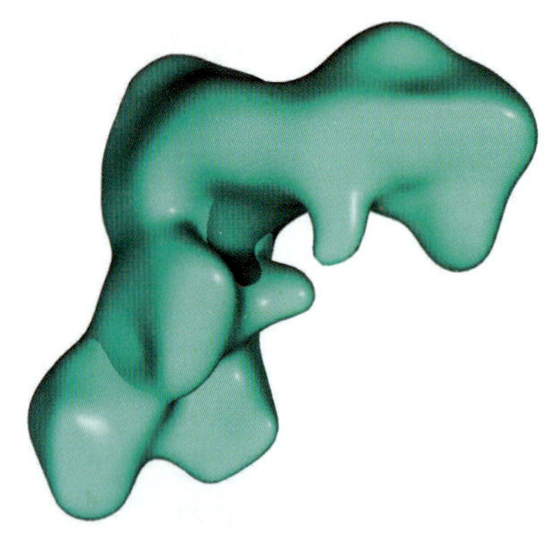

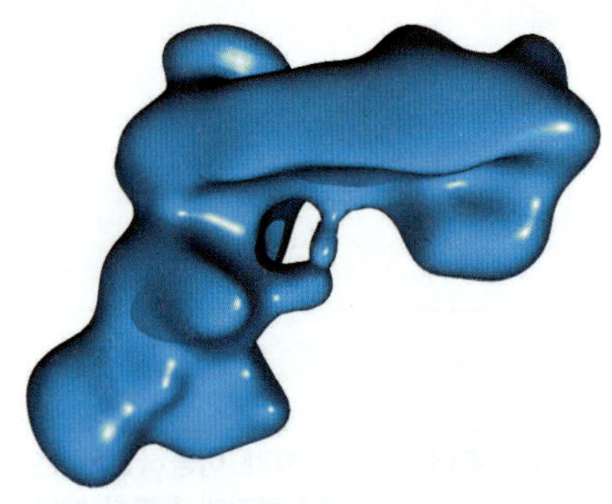

▲ 그림 14.7
복합체 I의 구조. 복합체 I의 구조가 전자현미경 이미지 분석을 통해 저해상도로 결정되었다. (a) 세균 *Aquifex aeolicus*의 복합체 I. (b) 소 *Bos taurus*의 복합체 I. (c) 효모 *Yarrowia lipolytica*의 복합체 I.

14.5 복합체 I

복합체 I은 NADH로부터 Q로 전자 2개의 이동을 촉진한다. 이 효소의 분류상 명칭은 NADH:유비퀴논 옥시도리덕테이즈(NADH:ubiquinone oxidoreductase)이며, 그 구조가 아직 완전히 분석되지 못한 매우 복잡한 효소이다. 원핵생물에서는 14개의 서로 다른 폴리펩타이드 사슬로 구성되어 있다. 진핵생물에서는 14개의 상동 소단위체 외에 종에 따라 20~32개의 추가적인 소단위체로 구성되어 있다. 이 추가적인 소단위체는 아마도 복합체를 안정화시키고 전자의 누출을 방지하는 듯하다.

복합체의 구조는 전자현미경 하에서 L 모양이다(그림 14.7). 막결합 요소는 막에 퍼져 있는 다중의 소단위체로 구성되어 있다. 이 모듈은 양성자 운송체 활성(proton transporter activity)을 가지고 있다. 큰 구성요소는 마이토콘드리아 바탕질로, 세균에서는 세포질로 돌출되어 있다(그림 14.8). 이 팔 모양 구조물의 말단에 NADH 디하이드로지네이즈 활성(terminal NADH dehydrogenase activity)과 FMN이 있다. 연결 모듈은 8 또는 9개의 철-황 클러스터를 가진 다중 소단위체들로 구성되어 있다(그림 14.9).

막의 내부 표면에 있는 NADH 분자는 복합체 I으로 전자를 내어준다. 전자는 수소음이온(hydride ion, $H^{\ominus}$, 2개의 전자와 한 개의 양성자)의 형태로 한번에 2개씩 이동한다. 전자전달의 1단계에서 수소음이온이 FMN으로 이동하여 $FMNH_2$를 형성한다. $FMNH_2$는 곧 이어 세미퀴논 중간체를 통해 2단계를 지난 후 산화된다. 2개의 전자가 한 번에 한 개씩 다음 산화제인 철-황 클러스터로 이동한다.

$$\mathrm{FMN} \xrightarrow{+H^{\oplus},\ +H^{\ominus}} \mathrm{FMNH_2} \xrightarrow{-H^{\oplus},\ -e^{\ominus}} \mathrm{FMNH}\cdot \xrightarrow{-H^{\oplus},\ -e^{\ominus}} \mathrm{FMN} \qquad \textbf{(14.10)}$$

FMN은 NAD-연결 디하이드로지네이즈로부터의 2개의 전자전달을, 전자전달사슬의 남은 과정에서의 1개의 전자전달로 전환시키는 변환자이다. 복합계 I에서 보조인자 $FMNH_2$는 연속적으로 연결된 철-황 클러스터로 전자를 이동시킨다. NADH 디하이드로지네이즈 활성을 가지고 있는 복합체 I의 동일한 팔 모양의 구조 내부에는 최소한 8개의 철-황 클러스터가 존재한다. 이 철-황 클러스터는 전자 이동의 채널로 작용하여 전자를 복합체의 막결합 부위로 통과시키는데, 이 부위에서 유비퀴논(Q)은 세미퀴논 음이온 중간체($\cdot Q^{\ominus}$)를 통해 전자를 한 번에 한 개씩 받아들여 완전히 환원된 상태인 유비퀴놀(QH_2)로 전환된다.

$$\mathrm{Q} \xrightarrow{+e^{\ominus}} \cdot\mathrm{Q}^{\ominus} \xrightarrow{+e^{\ominus},\ +2\,H^{\oplus}} \mathrm{QH_2} \qquad \textbf{(14.11)}$$

Q와 QH_2는 지용성 보조인자이다. 이들은 지질 이중층 내부에 머물면서 자유롭게 2차원적으로 확산할 수 있다. 복합체 I에서 Q의 결합 위치가 막 내부임을 주목하라. 복합계 I 내부에 복잡한 전자전달사슬이 존재하는 이유 중 하나는 전자를 수용성 환경에서 막 내부의 소수성 환경으로 이동시켜야 하기 때문이다.

전자가 복합체 I을 통과할 때, 2개의 양성자(1개는 NADH의 수소음이온에서, 나머지 1개는 내부에서 유래)가 FMN으로 전달되어 $FMNH_2$를 생성한다. 이 2개의 양성자 또는 당량(equivalent)이 Q를 QH_2로 환원시키는데 소비된다. 이처럼 2개의 양성자가 내부로부터 QH_2로 전달된다. 이 양성자들은 복합체 I 반응에서 외부로 방출되지 않는다(QH_2는 뒤이어 복합체 II에 의해 재산화되고 양성자는 그때 외부로 방출된다. 이 단계가 14.7절에서 설명하

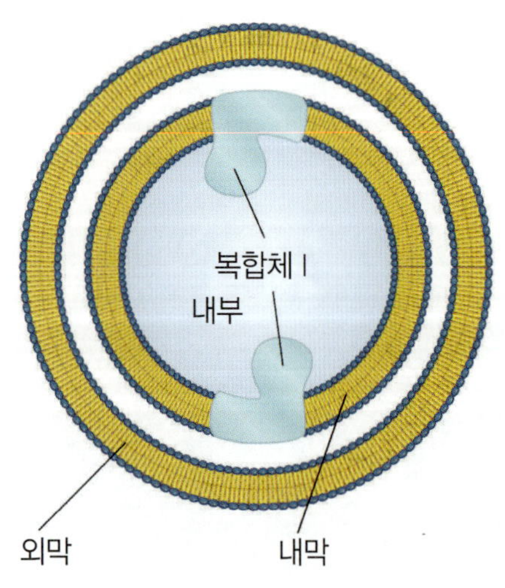

◀ 그림 14.8
복합체의 배치. 전자전달 복합체는 내막에 박혀 있다. 복합체는 그림 상단부 또는 하단부의 막 외부에 표시할 수 있다. 과학 저술에서는 이처럼 두 종류의 표시를 하고 있다. 우리는 상단부에서는 외부로, 하단부에서는 바탕질의 내부로 표시하기로 한다.

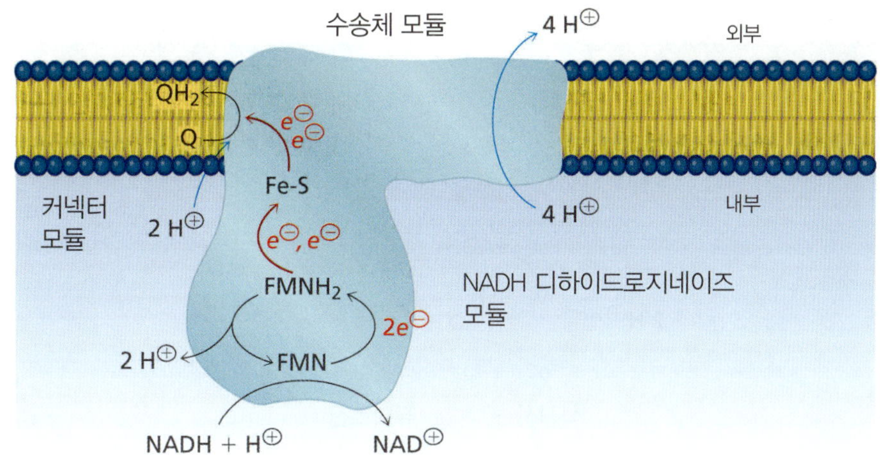

◀ 그림 14.9
복합체 I에서의 전자전달과 양성자 흐름. 전자들은 FMN과 일련의 철-황 클러스터를 통해 NADH로부터 Q로 이동한다. Q에서 QH_2로의 환원에 내부 공간으로부터 제공된 2개의 양성자가 사용된다. 또한 1쌍의 전자가 이동할 때마다 막을 가로질러 4개의 양성자가 위치 이동한다.

는 복합체 III이 갖고 있는 양성자 위치 이동 활성의 일부이다.).

복합체 I에서 NADH로부터 QH_2로 이동하는 한 쌍의 전자당 4개의 양성자가 직접 막을 가로질러 이동한다. 유비퀴논의 환원에 필요한 양성자는 여기에 해당되지 않는다. 양성자 펌프는 아마도 막결합 모듈에 위치하는 H⊕/Na⊕ 역수송체일 것이다. 양성자 위치 이동의 메커니즘은 확실치 않은데, 전자가 NADH 디하이드로지네이즈 위치로부터 유비퀴논 결합 위치로 이동하면서 복합체 I 구조의 입체형태 변화와 짝지어 일어나는 듯하다.

14.6 복합체 II

복합체 II는 석신산:유비퀴논 옥시도리덕테이즈(succinate:ubiquinone oxidoreductase)이며, 일명 석신산 디하이드로지네이즈 복합체라고 한다. 이전 장(13.3#6절)에서 언급했던 효소이며 시트르산 회로의 한 반응을 촉매한다. 복합체 II는 석신산으로부터 전자를 받아 복합체 I처럼 Q에서 QH_2로의 환원을 촉진한다.

복합체 II는 3개의 동일한 다중소단위체 효소(multisubunit enzyme)들로 구성되어 있고, 이 효소들이 결합한 삼량체 구조(trimeric structure)가 막에 단단히 박혀 있다(그림 14.10). 전반적인 형태는 막의 안쪽으로 그 머리를 돌출시킨 버섯과 유사하다. 3개의 석신산 디하이드로지네이즈의 각각은 2개의 소단위체가 머리를 형성하고, (종에 따라) 1개 또는 2개의 소단위체가 막에 결합된 몸체를 형성한다. 머리 부분의 소단위체 중 하나에는 기질 결합부위 및 공유 결합된 FAD가 있고 다른 소단위체에는 3개의 철-황 클러스터가 있다.

모든 종의 머리 소단위체는 서로 밀접하게 관련되어 있으며, 다른 석신산 디하이드로지네이즈 집단(예: 퓨마르산 리덕테이즈, 14.13절)과 상당히 유사한 서열을 가지고 있다. 반면에 막 소단위체는 여러 종에서 매우 상이한 듯(또한 관련없는 듯)하다. 일반적으로 막의 구성요소는 막에 펼쳐있는 α-나선으로만 구성된 1개 또는 2개의 소단위체를 가진다. 대부분의 소단위체에는 1개의 헴 *b* 분자가 결합되어 있고, 종종 사이토크롬 *b*라고 부른다. 모든 막 소단위체에는 막의 내부 표면 가까이에 Q 결합 부위가 위치해 있고, 이곳에서 머리 소단위체가 막 소단위체와 접촉하고 있다.

석신산으로부터 Q로 2개의 전자를 전달하는 연쇄반응은 수소음이온에 의한 FAD의 환원으로부터 시작된다. 이어서 환원된 플라빈으로부터 연속된 3개의 철-황 클러스터로 두 번의 단일전자 이동이 일어난다(그림 14.11). (고정된 사이토크롬 *b*(cytochrome *b* anchor)가 있는 종에서는 헴 그룹이 전자전달 경로에 참여하지 않는다.)

복합체 II에 의한 반응에서 자유에너지는 거의 방출되지 않는다(표 14.2). 이는 막을 가로질러 형성되는 양성자 농도기울기에 복합체가 직접 기여하지 않음을 의미한다. 대신, 전

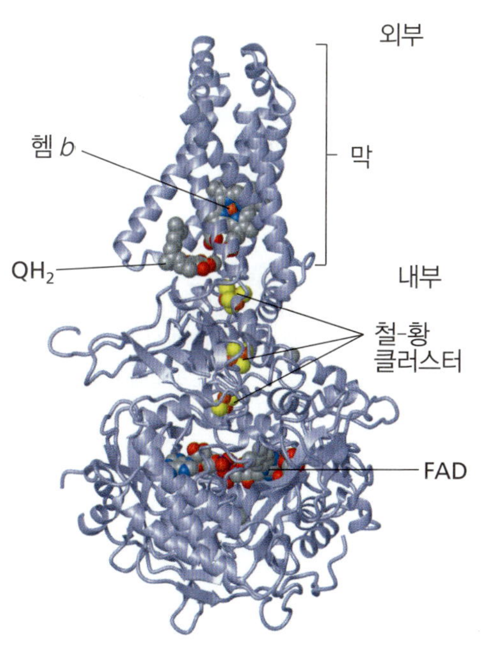

▲ 그림 14.10
대장균의 석신산 디하이드로지네이즈 복합체의 구조. FAD, 3개의 철-황 클러스터, QH_2, 헴 *b*의 위치를 보여주는 단일사본 효소(single copy enzyme). 복합체 II에는 이러한 다중소단위체 효소 3개가 포함되어 있다. [PDB 1NEK]

그림 14.11 ▶
복합체 II에서의 전자전달. 시트르산 회로에서 1쌍의 전자가 석신산으로부터 FAD로 이동한다. 전자는 한번에 한 개씩 $FADH_2$로부터 3개의 철-황 클러스터로, 뒤이어 Q로 이동한다(그림에는 1개의 철-황 클러스터만을 표시함). 복합체 II는 양성자 농도기울기 형성에 직접 기여하지는 않지만 전자를(QH_2 형태로) 나머지 전자전달사슬 과정으로 공급하는 지류로 작용한다.

논란이 있긴 하지만, 복합체 III은 대사 과정에서 가장 중요한 효소이다. 이와 매우 유사한 복합체가 엽록체에서 광합성 중 전자전달과 양성자 위치 이동에 관여한다.

자전달 과정 중간에 석신산을 산화하여 전자를 공급한다. Q는 전자를 복합체 I 또는 II로부터 복합체 III으로 전달하고, 뒤이어 전자전달사슬의 나머지 부분으로 전달한다. 또한 여러 다른 경로를 통해 전자들이 Q로 전달될 수 있는데, 그 중 하나는 12.2C절에서 볼 수 있는 글리세롤 3-인산 디하이드로지네이즈 복합체에 의한 반응이다.

14.7 복합체 III

복합체 III은 유비퀴놀:사이토크롬 *c* 옥시도리덕테이즈(ubiquinol:cytochrome *c* oxidoreductase)이며, 일명 사이토크롬 bc_1이다. 이 효소는 막에서 유비퀴놀(QH_2) 분자를 산화시키고, 막의 외부 표면에서는 이동성이 있는 수용성 사이토크롬 *c* 분자를 환원시킨다. 복합체 III을 통한 전자전달은 Q 회로(Q cycle)라고 알려진 과정에 의해 막을 가로질러 일어나는 양성자의 이동과 짝지어져 있다.

많은 종의 세균 및 진핵생물에서 사이토크롬 bc_1 복합체의 구조는 X선 결정학으로 밝혀졌다. 복합체 III은 2개의 효소 사본을 가지고 있고, 지질 이중층에 걸쳐 있는 많은 수의 α-나선 구조로 막에 고정되어 있다(그림 14.12). 기능성 효소는 3개의 주요 소단위체로 구성되어 있는데, 이는 사이토크롬 c_1, 사이토크롬 *b*와 리스케 철황 단백질(Rieske iron sulfur

그림 14.12 ▶
소(cow, *Bos taurus*) 마이토콘드리아의 복합체 III. 사이토크롬 bc_1 복합체에는 2개의 유비퀴논:사이토크롬 *c* 옥시도리덕테이즈 사본이 있다. [PDB 1PP9]

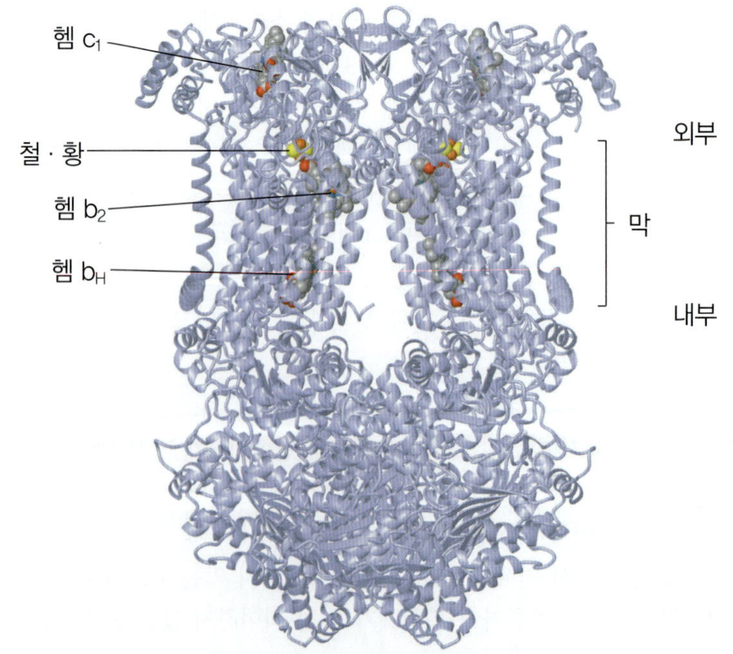

protein; ISP)이다(그림 14.13). (사이토크롬 c_1 소단위체는 이동성 사이토크롬 c와는 다른 단백질임을 주목하라.) 다른 소단위체들은 내부 표면에 있지만 유비퀴놀:사이토크롬 c 옥시도리덕테이즈 반응에 직접 관여하지는 않는다. 이동성 사이토크롬 c 전자 수용체는 복합체의 상단부에 결합하는데, 이 부위는 막의 외부로 노출되어 있다.

그림 14.14에 복합체를 통과하는 전자의 경로가 표시되어 있다. 복합체 I 또는 II로부터 이동한 QH_2가 사이토크롬 b 소단위체의 Q_0 부위에 결합하면서 반응은 시작된다. QH_2는 세미퀴논으로 산화되고 1개의 전자가 인근 ISP 소단위체의 철-황 복합체로 이동한다. 거기서 전자는 사이토크롬 c_1의 헴 그룹으로 이동한다. 전자는 ISP의 머리 부분이 움직이면서 쉽게 이동한다. 전자 수용 위치에 있을 때 철-황 클러스터는 Q_0 부위 근처에 있고, 전자 공여 위치에 있을 때는 사이토크롬 c_1의 헴 그룹 근처로 위치를 바꾼다. 복합체 III의 막결합 사이토크롬 c 소단위체로부터 1개의 전자가 이동하면서 용해성 사이토크롬 c는 산화된다.

이 반응에서 최종 전자 수용체는 사이토크롬 c이며(7.17절) 이동성 전자 운반체로 작용하여 사슬의 다음 구성요소인 복합체 IV로 전자를 전달한다(그림 14.15). 환원된 사이토크롬 c의 역할은 복합체 I로부터 III으로 전자를 운반하는 QH_2와 비슷하다. 전자 운반체인 사이토크롬 c의 구조는 모든 종에서 놀랍도록 비슷하고(4.7B절, 그림 4.21), 폴리펩타이드 사슬의 아미노산 서열은 잘 보존되어 있다(3.11절, 그림 3.23).

Q_0 위치에서 QH_2의 산화는 두 단계로 일어나는데 각 단계마다 1개의 전자가 이동한다. 두 번째 단계인 세미퀴논 중간체의 산화에서 전자의 이동은 첫 번째 전자 이동과는 다르다. 이 경우 전자는 복합체의 막 부분 안쪽에 위치하는 두 종류의 b형 헴으로 잇따라 이동한다. 첫 번째 헴 그룹(b_L)은 낮은 환원전위를 갖는 반면, 두 번째 헴 그룹(b_H)은 높은 환원전위를 갖는다(표 14.1).

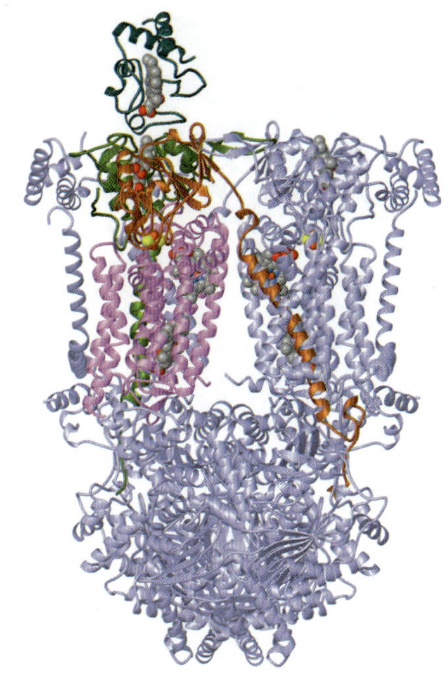

▲ 그림 14.13
복합체 III 소단위체. 각 이량체에 존재하는 3개의 촉매 소단위체는 사이토크롬 c_1(녹색), 사이토크롬 b(청색), 리스케 철황 단백질(ISP)(적색)이다. 사이토크롬 c(짙은 청색)는 사이토크롬 c_1 소단위체에 결합한다. [PDB 1PP9]

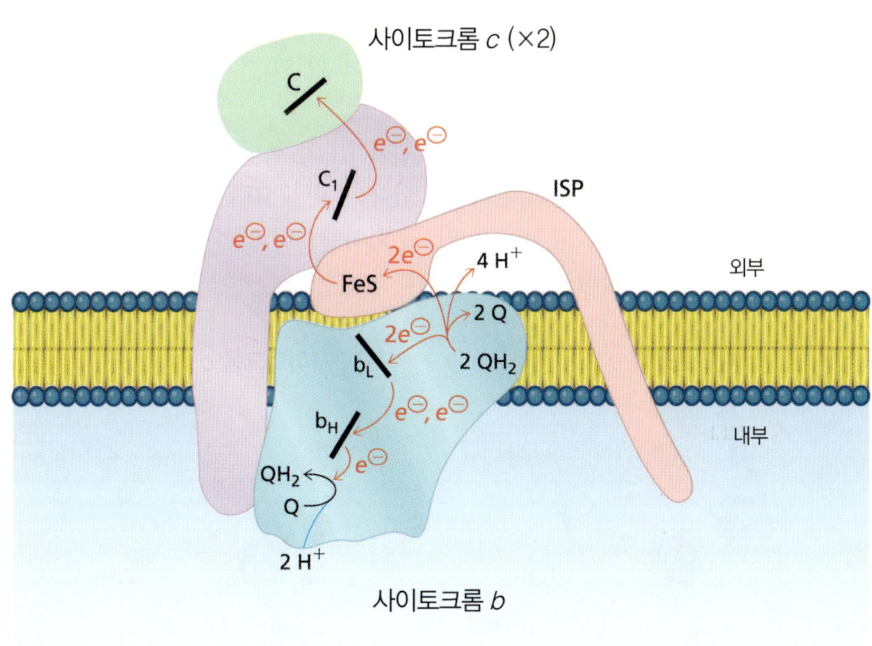

▲ 그림 14.14
복합체 III에서의 전자전달 및 양성자 흐름. 2쌍의 전자가 각각 Q_0 위치에 있는 2분자의 QH_2로부터 이동한다. 각 쌍의 전자는 분리되어 따로 각자의 경로로 이동한다. 한 전자는 철-황 클러스터, 사이토크롬 c_1, 사이토크롬 c의 순서로 이동한다. QH_2가 산화되면서 나온 다른 전자는 헴 b_H(Q_1 위치), Q의 순서로 이동한다. 총 4개의 양성자가 막을 가로질러 2개는 내부 공간으로부터, 다른 2개는 QH_2로부터 위치 이동한다(이량체의 좌측 반쪽 면만을 표시하고 바탕질로 돌출되는 밑부분의 소단위체는 표시하지 않았다).

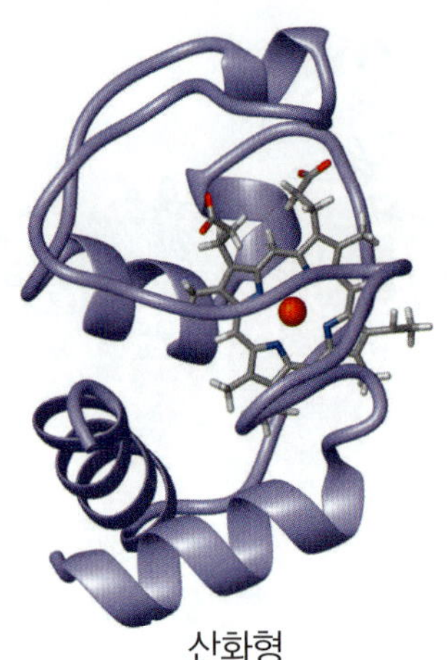

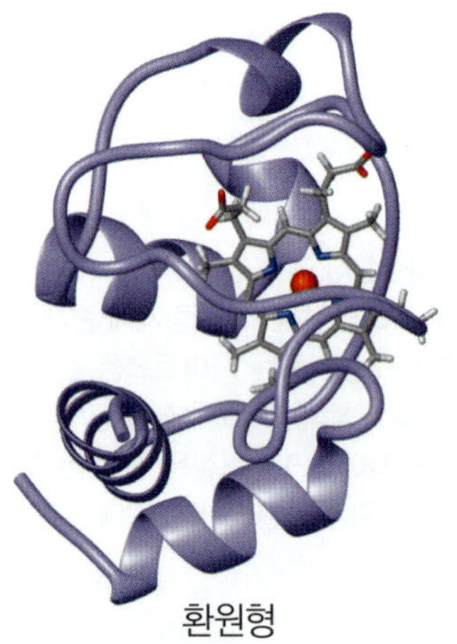

▲ **그림 14.15**
사이토크롬 *c*. 말(*Equus caballus*)에서 사이토크롬 *c*의 산화형(상단)과 환원형(하단). 헴 그룹(오렌지색) 중앙에 위치한 철(Fe) 원자는 복합체 III으로부터 전자를 받아 Fe^{3+}에서 Fe^{2+}로 환원된다. 환원과 함께 단백질의 작은 구조적 변화가 수반된다. [PDB 1OCD(상단) 1GIW(하단)]

핵심개념

Q 회로의 최종 결과는 2개의 전자가 QH_2로부터 사이토크롬 *c*로 전달될 때마다 4개의 양성자가 막의 외부로 이동하는 것이다.

표 14.3

Q_0:	$2\ QH_2 + 2\ \text{cyt}\ c(Fe^{3+}) \longrightarrow 2\ Q + 2\ \text{cyt}\ c(Fe^{2+}) + 2\ e^{\ominus} + 4\ H^{\oplus}_{밖}$
Q_1:	$Q + 2\ H^{\oplus}_{안} + 2\ e^{\ominus} \longrightarrow QH_2$
합계:	$QH_2 + 2\ \text{cyt}\ c(Fe^{3+}) + 2\ H^{\oplus}_{안} \longrightarrow Q + 2\ \text{cyt}\ c(Fe^{2+}) + 4\ H^{\oplus}_{밖}$

b_H 헴은 세미퀴논 중간체가 관여하는 두 단계 반응에서 Q가 QH_2로 환원되는 Q_1 부위의 일부이다. 단일 전자는 세미퀴논을 생산하기 위해 b_L(Q_0위치)에서 b_H(Q_1위치)로, 또 Q로 이동한다. 이후 두 번째 단일 전자가 이동하여 세미퀴논을 QH_2로 환원시킨다. 이 전자는 Q_0 위치에서 두 번째 QH_2가 산화되면서 분리되어 나온 전자이다. 이러한 QH_2의 두 번째 산화로 인해 두 번째 사이토크롬 *c* 분자가 환원되는데, 그 이유는 두 번째 QH_2로부터 2개의 전자가 다른 경로로 이동하기 때문이다. 결국 총체적으로 Q_0 위치에서 두 분자의 QH_2가 산화하여 두 분자의 환원된 사이토크롬 *c*를 생산하고, Q_1 위치에서 한 분자의 QH_2를 재생산하게 된다. 그림 14.16에 2개의 QH_2 산화 회로가 표시되어 있다. 전체 경로는 일명 Q 회로이며, 양성자 추진력 생성에 가장 중요한 원인이 되기 때문에 모든 대사 과정에서 가장 중요한 반응 중 하나에 해당한다.

Q_0 위치에서 2분자의 QH_2가 산화하여 4개의 양성자가 생산된다. 이 양성자들이 막 외부 공간으로 방출되어 막연계 전자전달 중 형성되는 양성자 기울기에 기여한다. 양성자는 내부 공간에서 발원하는데, 아마도 복합체 I 또는 II가 촉매하는 반응에서 발생하거나 그림 14.16에서처럼 복합체 III의 Q_1 위치에서 Q가 환원될 때 막 내부에서 취득한 것으로 추정된다.

표 14.3에 전체 Q회로 반응의 화학량론(stoichiometry)이 정리되어 있다. 각 쌍의 전자가 복합체 III을 통해 QH_2로부터 사이토크롬 *c*로 이동하면서 4개의 양성자가 막을 가로질러 위치 이동한다. 2분자의 사이토크롬 *c*가 환원되고 이 이동성 운반체는 단일 전자를 각각 복합체 IV로 전달한다. 실제로 2분자의 QH_2가 산화되어 4개의 전자가 방출되지만, 2개의 전자만이 QH_2를 재생산하기 위해 재활용된다.

유비퀴논:사이토크롬 *c* 옥시도리덕테이즈(복합체 III)가 촉매하는 전체 반응에는 Q회로와 막을 가로질러 형성되는 양성자 위치 이동이 있다. 복합체 III 반응은 구조와 기능의 상호관계를 보여주는 멋진 예이다. 오랫동안 Q회로의 화학량론이 알려져 왔지만 실제 메커니즘은 1998년에 완전한 구조가 밝혀지고 나서야 이해되었다.

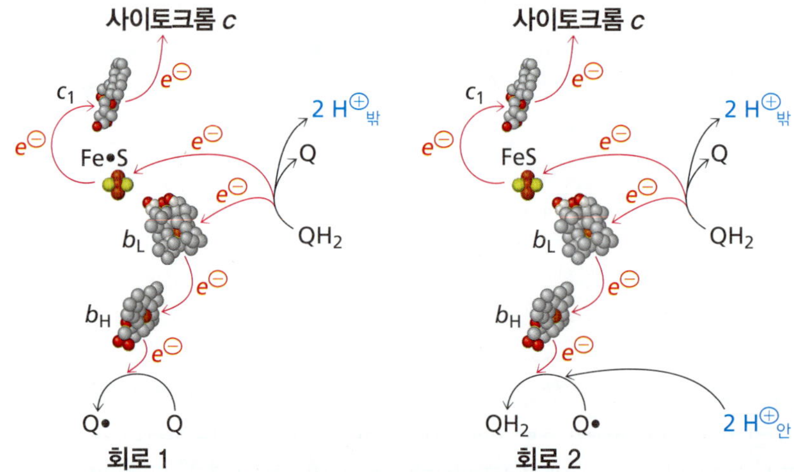

▲ **그림 14.16**
Q 회로. 1분자의 QH_2가 회로 1에서 산화되고 다른 1분자가 회로 2에서 산화된다. 각 회로는 1분자의 환원된 사이토크롬 *c*를 생산한다. 회로 1과 2의 조합으로 Q에서 QH_2로 2단계 환원이 이루어진다. 4개의 양성자가 막의 외부로 방출된다.

14.8 복합체 IV

복합체 IV는 사이토크롬 *c* 옥시데이즈(cytochrome *c* oxidase)이다. 이 복합체는 복합체 III이 생산한 환원형 사이토크롬 *c* 분자의 산화를 촉매한다. 산소 분자(O_2)의 4개 전자를 환원시켜 물($2H_2O$)로 변화시키고 막을 가로질러 4개의 양성자를 위치 이동시킨다.

복합체 IV에는 2개의 기능적 단위체(functional unit)로 구성된 사이토크롬 *c* 옥시데이즈가 있다. 각 사이토크롬 *c* 옥시데이즈에는 단일 사본의 소단위체 I, II, III이 있다(그림 14.17). 세균 효소의 각 기능적 단위체에는 1개의 보조 소단위체만 있지만 진핵생물 효소(마이토콘드리아 소재)에는 최대 10개의 보조 소단위체가 있다. 진핵생물 복합체 내의 보조 소단위체는 복합체 IV를 조립하고 구조를 안정화시키는 역할을 한다.

사이토크롬 *c* 옥시데이즈의 핵심 구조는 3개의 보존된 소단위체—I, II, III으로 구성된다. 모든 진핵생물에서 이 폴리펩타이드는 마이토콘드리아 유전자로부터 암호화된다. 소단위체 I은 거의 전체가 막에 박혀 있다. 대부분의 폴리펩타이드는 12개의 막관통 α-나선으로 구성되어 있다. 소단위체 I 내부에는 3개의 산화환원 중심이 묻혀 있는데, 이 중 2개는 *a*형 헴(헴 *a*와 헴 a_3)이고 세 번째는 구리이온(Cu_B)이다. 구리 원자는 이핵 중심(binuclear center)을 형성하는 헴 a_3의 철 원자와 아주 근접해 있는데, 이곳에서 산소 분자의 환원이 일어난다(그림 14.18).

소단위체 II에는 자신을 막에 고정하는 2개의 막관통 나선이 있다. 대부분의 폴리펩타이드 사슬은 막의 외부 표면에서 β-원통 도메인의 형태로 존재한다. 이 도메인에는 2개의 구리이온으로 구성된 구리 산화환원 중심(Cu_A)이 있다. 이 2개의 원자가 전자를 공유하여 혼합 전자가 상태(mixed valence state)를 형성한다. 소단위체 II의 외부 도메인에서 사이토크롬 *c*가 사이토크롬 *c* 옥시데이즈와 결합한다.

소단위체 III에는 7개의 막관통 나선이 있고 막에 완전히 박혀 있다. 산화환원 중심이 없는 소단위체 III은 촉매 활성의 소실 없이 인위적으로 제거할 수 있다. 생체에서의 기능은 소단위체 I과 II를 안정화시키고 부적절한 산화-환원 반응으로부터 산화환원 중심을 보호하는 것이다.

그림 14.19는 복합체 IV에서 일어나는 일련의 전자전달을 보여준다. 사이토크롬 *c*는 소단위체 II에 결합하여 1개의 전자를 Cu_A 위치로 전달한다. Cu_A 위치에서 구리이온쌍은 마치 철-황 클러스터처럼 한번에 한 개의 전자를 받아서 공여할 수 있다. 산소를 완전 산화하기 위해서는 4개의 전자가 필수적이다. 따라서 4개의 사이토크롬 *c* 분자는 Cu_A 산화환원 중심에 결합하여 단일 전자를 연속적으로 각 Cu_A 산화환원 중심에 전달해야 한다.

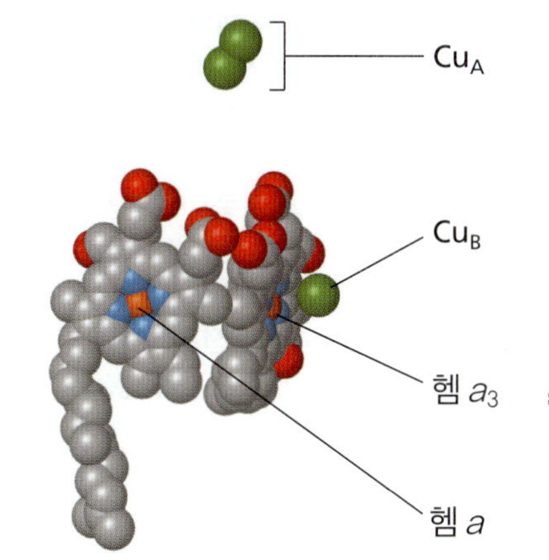

▲ 그림 14.18
사이토크롬 *c* 옥시데이즈의 산화환원 중심. 사이토크롬 *c* 옥시데이즈 단위체에서 보이는 헴과 구리 보조인자의 배열. [PDB 1OCC]

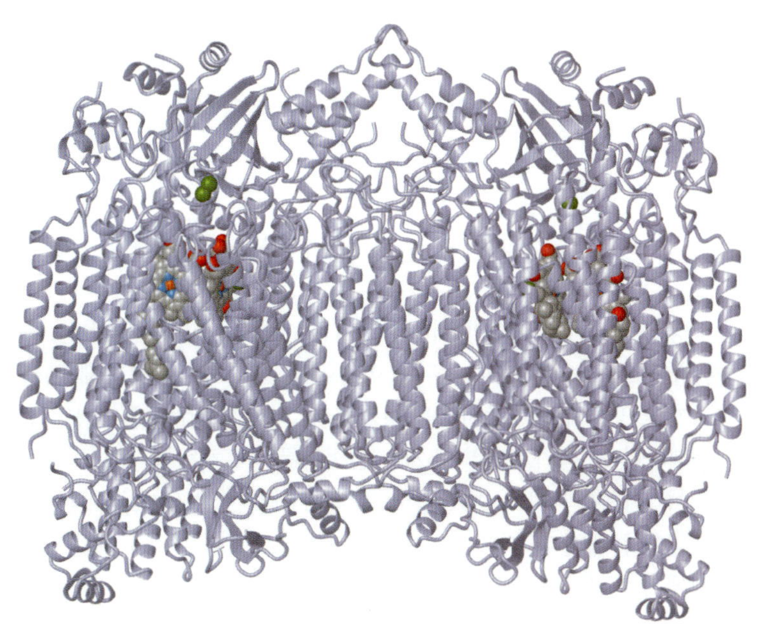

◀ 그림 14.17
소(*Bos Taurus*) 마이토콘드리아의 복합체 IV 구조. 복합체는 2개의 기능적 단위체를 가진 사이토크롬 *c* 옥시데이즈로 구성된다. 각 단위체는 막에 펼쳐 있는 다중의 α나선을 가진 13개의 소단위체로 구성되어 있다. [PDB 1OCC]

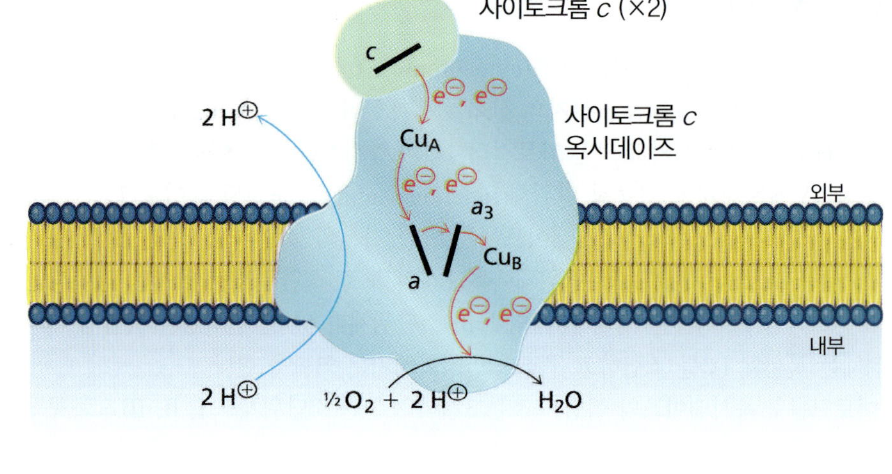

그림 14. 19 ▶
복합체 IV에서의 전자전달과 양성자 흐름. 전자가 사이토크롬 c에서 산소로 흐를 때 구리 원자와 (사이토크롬 a에 있는 헴 그룹의) 철 원자는 모두 산화되고 환원된다. 복합체 IV를 통한 전자전달은 막을 가로지르는 양성자의 이동과 짝지어져 있다. 이전 그림에서처럼 한 쌍의 전자 이동에 대한 화학량론이 표시되어 있다. 실제 반응은 4개의 전자가 한 분자의 산소로 전달되어 2개의 물 분자가 생성된다.

전자는 Cu_A 위치로부터 소단위체 I의 헴 a 보결분자단으로 한 번에 한 개씩 이동한다. 그곳에서 전자는 헴 a_3-Cu_B 이핵 중심(binuclear center)으로 이동한다. 두 헴 그룹(a와 a_3)은 동일한 구조를 가지고 있지만 소단위체 I의 주변 아미노산 사슬이 형성하는 국소적인 미세환경(local microenvironment)으로 인해 서로 다른 표준환원전위를 가진다. 헴의 철이 Fe^{3+}와 Fe^{2+} 사이를 번갈아 가면서, 또한 구리 원자가 Cu^{2+}에서 Cu^{+}로 전환하면서 전자는 이핵 중심에 축적될 수 있다. (이핵 중심에서 산소 분자가 환원되는 상세한 메커니즘에 대한 연구가 활발히 진행되고 있다.) 첫 단계는 산소 분자의 빠른 분해이다. 하나의 산소 원자가 a_3-헴 그룹의 철 원자에 결합하고, 다른 산소 원자는 구리 원자에 결합한다. 뒤이어 양성자화(protonation)와 전자전달이 일어나면 구리 위치로부터 물이 방출되고 곧이어 철 라이간드로부터 두 번째 물이 방출된다. 전체 반응이 일어나기 위해서는 막 내부 표면에서 4개의 양성자가 공급되어야 한다.

$$O_2 + 4\,e^{-} + 4\,H^{+}_{안} \longrightarrow 2\,H_2O \qquad \textbf{(14.12)}$$

산소가 환원되는 장소는 막의 지질 이중층 중간에 있는 단백질 내부에 묻혀 있다. 전하를 가진 양성자는 수동 확산으로는 이곳에 접근할 수 없지만, 대신 효소가 채널을 갖고 있어 막 내부로부터 활성부위로의 이동을 가능하게 한다. 이 채널에는 물 분자가 한 줄로 길게 채우고 있어 양성자를 재빨리 교환함으로써, 이 "물 전선"(water wire)을 통하여 양성자의 순이동을 가능케 한다.

사이토크롬 c 옥시데이즈 반응은 막을 가로지르는 양성자의 이동과 짝지어져 일어난다. 사이토크롬 c로부터 최종 산물(H_2O)로 이동하는 전자 1개당 양성자 1개가 이동한다. 양성자는 복합체 IV에서 물로 채워진 채널을 통해 이동하는데, 이동은 산소가 환원될 때 일어나는 효소 내 구조 변화에 의해 추진된다. 복합체 IV가 촉매하는 전체 반응의 화학량론은 다음과 같다.

$$4\text{ cyt } c^{2+} + O_2 + 8\,H^{+}_{안} \longrightarrow 4\text{ cyt } c^{3+} + 2\,H_2O + 4\,H^{+}_{밖} \qquad \textbf{(14.13)}$$

복합체 IV는 양성자 기울기 형성에 기여하여 ATP 합성을 추진할 것이다. 이 복합체를 통과하는 각 전자 쌍마다 2개의 양성자가 위치 이동한다. 복합체 I은 복합체 III과 마찬가지로 각 전자쌍마다 4개의 양성자를 이동시킴을 상기하라. 따라서 막-연계 전자전달계는 NADH 1분자가 산화될 때마다 막을 가로질러 10개의 양성자를 펌프해 낸다.

마이토콘드리아 복합체의 여러 소단위체들을 암호화하는 유전자들은 종에 따라 핵 또는 마이토콘드리아 내에 존재한다. 사이토크롬 c 옥시데이즈 소단위체의 유전자는 항상 마이토콘드리아 유전체에서 발견된다(그림 14.20).

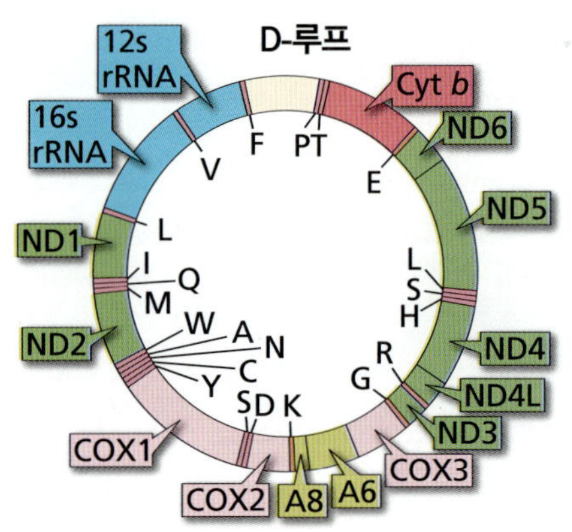

▲ 그림 14.20
마이토콘드리아 유전체. 마이토콘드리아 유전체는 작은 원형의 이중나선 DNA 분자이다. 이 곳에 라이보좀 RNA(12S rRNA, 16S rRNA)와 tRNA(운반하는 아미노산에 따라 호칭됨)의 유전자가 있다. 여기에 나타낸 인간의 마이토콘드리아 유전체는 크기가 단지 16,589 bp이고 전자전달 복합체의 소수 소단위체만을 암호화한다. 복합체 I의 소단위체 유전자는 녹색, 복합체 III의 경우 보라색, 복합체 IV는 분홍색, 복합체 V는 노란색으로 표시되었다. D-고리는 DNA 복제에 필수적인, 고도로 다양한 부위이다. 각 D-고리 부위의 서열을 분석하여 현생 인류의 기원을 추적한 결과, 우리 모두가 아프리카의 한 부족으로부터 유래했다는 초기 증거를 제공하게 되었다.

14.9 복합체 V: ATP 신테이즈

복합체 V는 ATP 신테이즈이다. 이 효소는 ADP와 P_i로부터 ATP의 합성을 촉매하는데, 이 반응을 막-연계 전자전달 중 발생하는 양성자 기울기가 추진한다. ATP 신테이즈는 일명 F_0F_1ATP 에이즈라 부르는 일종의 독특한 F형 ATP 에이즈인데, 역반응 때문에 붙여진 명칭이다. 이 명칭에도 불구하고 F형 ATP 에이즈는 ATP를 가수분해하는 것이 아니라 ATP를 합성한다. 이 효소는 막에 박혀 있고 반세기 이상 전자현미경 하에서 독특한 둥근 입자와 줄기(knob-and-stalk) 모양으로 관찰되었다(그림 14.21). F_1(둥근 입자) 부위에는 촉매 소단위체가 있는데, 막으로부터 추출되어 ATP의 가수분해를 촉매한다. 바로 이러한 이유 때문에 전통적으로 F_1 ATP 에이즈로 부르게 되었다. 이 효소의 F_1 부위는 진핵생물에서는 마이토콘드리아 바탕질로, 세균에서는 세포질로 돌출되어 있다(ATP 신테이즈는 엽록체 막에서도 발견되는데 다음 장에서 학습할 것이다). F_0(줄기) 부위는 막에 박혀 있다. 이곳에 막을 관통하는 양성자 채널이 있고 막 외부에서 내부로 양성자가 이동하면서 F_1 부위가 ATP를 합성한다.

냉각 전자현미경의 도움으로 ATP 신테이즈의 전체 구조가 상세하게 밝혀졌다. 분석 결과 여러 요소들의 X선 결정학 구조와 상관관계가 입증될 수 있었다(그림 14.22).

F_1(둥근 입자) 부위를 구성하는 소단위체는 $\alpha_3\beta_3\gamma\delta\varepsilon$이고 F_0 막부위의 경우는 $a_1b_2c_{10-14}$이다. F_0의 c 소단위체들은 서로 상호작용을 통하여 막에 원통형 기반(cylindrical base)을 형성한다. F_1(둥근 입자)의 핵심 구조는 α와 β 소단위체가 각각 3개씩 모여 배열한 원통형 6량체이다. 뉴클레오타이드 결합 부위는 인접한 α와 β 소단위체 사이에 형성되는 갈라진 틈이다. 이처럼 결합 부위는 $\alpha_3\beta_3$ 원통 표면에서 120° 떨어진 곳이다. ATP를 합성하는 촉매 부위는 β 소단위체의 아미노산 서열과 밀접하게 연관되어 있다.

γ와 ε 소단위체로 만들어진 다중 소단위체 줄기는 F_1의 $\alpha_3\beta_3$ 올리고머를 막관통 c 소단위

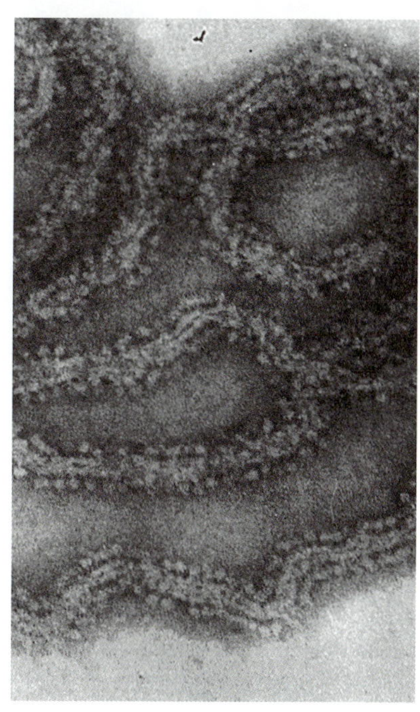

▲ 그림 14.21
둥근 입자와 줄기. 마이토콘드리아 내막에는 막에 박혀 있는 짧은 줄기 끝에서 바탕질로 돌출되어 있는 둥근 입자 모양의 구조물이 장식 단추처럼 달려 있다.

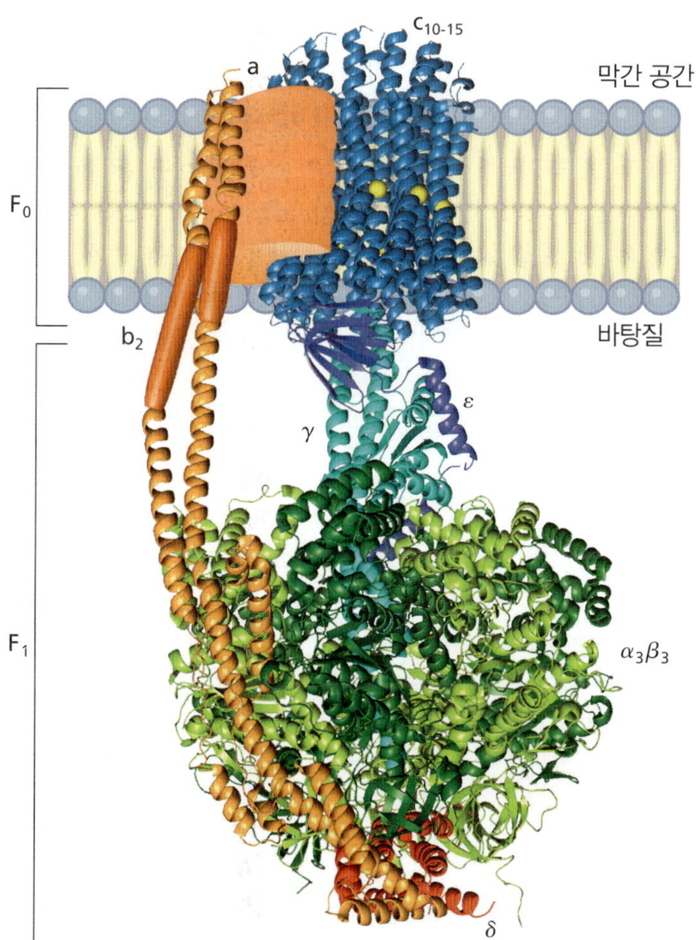

◀ 그림 14.22
ATP 신테이즈 구조. F_1 부위는 막의 내부 표면에 있다. 막을 관통하는 F_0 부위는 a와 c 소단위체 사이 경계면에서 양성자 채널을 형성한다. 이 채널을 통과하는 양성자는 c 소단위체 회전자(청색)가 a와 b 소단위체의 고정자(stator)(오렌지색)에 대해 회전하도록 유도한다. 이러한 회전력이 F_1에 전달되고 이곳에서 γ 소단위체(청록색)가 α와 β 소단위체(녹색)가 형성하는 머리 내부에서 회전하면서 이 추진력을 이용하여 ATP를 합성한다(ε 소단위체는 줄기의 일부이며 이 그림에서는 γ소단위체 뒤에 위치한다). (von Ballmoos 외 2009년에서 변형.)

체에 연결해 준다. c-ε-γ 단위체는 "회전자(rotor)"를 형성하여 막 내부에서 회전한다.

$\alpha_3\beta_3$의 6량체 안에서 γ 소단위체가 회전하면 β 소단위체의 입체 구조가 변하여 활성 부위를 여닫는다. a, b, δ 소단위체는 팔(arm)을 형성하여 F_0 부위를 $\alpha_3\beta_3$ 올리고머에 연결시킨다. a-b-δ-$\alpha_3\beta_3$ 단위체를 "고정자(stator)"라고 부른다. a와 c 소단위체 사이의 경계면에 있는 채널을 통해 양성자가 이동하면 회전자가 고정자에 대해 한 방향으로 회전하게 된다. 이 전체 구조를 종종 분자 모터(molecular motor)라고 부른다.

회전자 기저부의 막-연계 c-링에는 10~14개의 c 소단위체가 있다. 소단위체 숫자는 종에 따라 다른데 효모와 대장균은 10개, 식물과 동물은 최대 14개로 구성된 링을 가지고 있다. 단일 양성자의 위치 이동이 각 c 소단위체가 고정자 너머로 회전하도록 추진한다는 확실한 증거가 있다. F_1 내부에서 γ 소단위체가 단계적으로 120°씩 덜컹거리며 회전한다. 회전할 때마다 c-링은 γ 기둥을 비틀고, 충분한 장력이 생기게 되면 $\alpha_3\beta_3$ 6량체 안에서 γ 기둥(shaft)이 재빨리 다음 위치로 회전한다. 만약 c-링이 10개의 소단위체를 가지고 있다면 완전히 한 번 회전에 10개의 양성자가 위치 이동을 하면서 3개의 ATP를 생산하지만, 정확한 화학량론은 현재 연구 중이다. 많은 실험 결과, 1개의 ATP 생산을 위해 평균 3개의 양성자가 위치 이동해야만 하는데, 이 책의 나머지 부분에서 이 수치를 계속 사용할 것이다. 따라서 c-링이 완전히 1회전하기 위해서 단지 9개의 양성자만이 위치 이동해야만 한다고 제안하게 되었다.

V-ATP 에이즈는 비슷한 구조를 가지고 있다. ATP 가수분해를 사용하여 양성자를 내부의 산성 소낭(vesicle; vacuole)으로 수송한다. 이는 ATP 신테이즈가 촉매하는 반응의 역반응이다.

ADP와 P_i로부터 ATP를 합성하는 메커니즘이 수십 년간 연구의 집중 대상이 되어 왔다. 1979년 폴 보어(Paul Boyer)는 관찰에 근거해서 **결합 변화 메커니즘(binding change mechanism)**을 제안함으로써 양성자가 막을 가로질러 이동할 때 활성 부위에서 기질과 생성물의 결합 특성이 변할 수 있다는 가능성을 제시하였다. ATP 신테이즈의 $\alpha_3\beta_3$ 올리고머에는 3개의 촉매 부위가 있다. 각 부위는 어떤 순간에라도 다음의 3가지 입체 구조 중 한 가지 형태로 존재한다: (1) 개방(open): 새로이 합성된 ATP가 방출되고 ADP + P_i는 결합할 수 있다; (2) 이완(loose): 결합한 ADP + P_i가 방출되지 않을 수도 있다; (2) 밀착(tight): ATP가 아주 단단히 결합되어 있고 ADP + P_i의 응축이 선호된다. γ 소단위체가 둥근 입자 안에서 회전할 때, 세 부위는 모두 연속적으로 이 입체 구조를 통과한다. 여기서 반응속도는 많은 효소의 반응 속도와 비교할 만하다. 회전자는 초당 10회전하여 초당 30분자의 ATP를 생산한다. 전형적인 전환수(turnover number, k_{cat})는 초당 100~1000 반응 범위에 해당한다.

ATP 생성과 방출은 그림 14.23에 요약된 대로 다음 단계를 거쳐 일어난다고 믿게 되었다:

1. 1분자의 ADP와 1분자의 P_i가 개방 부위(open site)에 결합한다.
2. γ 기둥이 회전하여 3개 촉매 부위의 입체 구조가 각각 변하도록 유도한다. 열린 입체 구조(새로이 결합한 ADP와 P_i를 가지는 구조)는 이완 부위가 된다. 이미 ADP와 P_i로 채워진 이완 부위(loose site)는 밀착 부위(tight site)가 된다. ATP를 가진 부위는 개방 부위가 된다.
3. 개방 부위에서 ATP가 방출되고, 밀착 부위에서 ADP와 P_i는 응축되어 ATP가 형성된다.

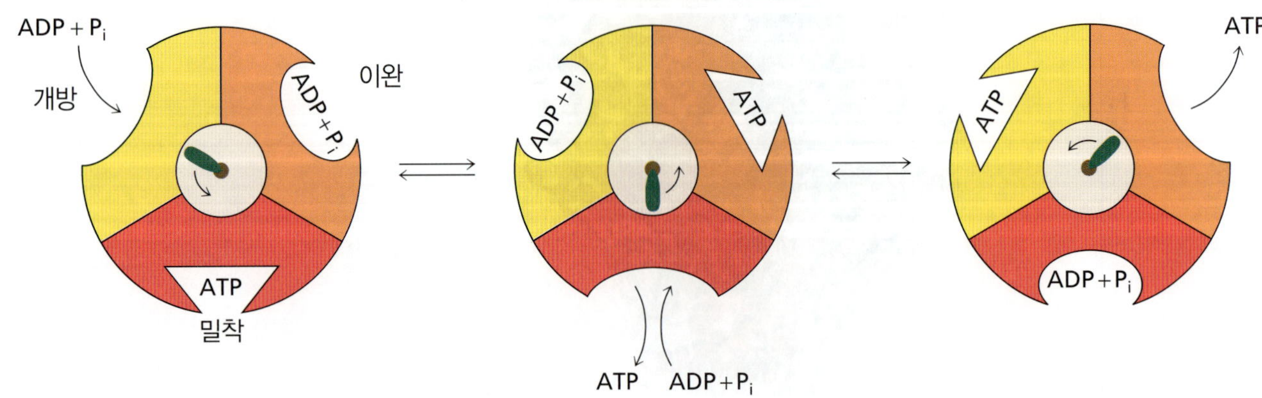

▼ 그림 14.23
ATP 신테이즈의 결합 변화 메커니즘. 3개의 촉매 부위가 가지는 서로 다른 입체 구조를 다른 형태로 표시하였다. ADP와 P_i는 개방 구조의 황색 부위에 결합한다. γ 기둥이 반시계 방향으로 회전할 때(F_1 부위의 세포질/바탕질 말단에서 조망할 때) 황색 부위는 ADP와 P_i가 보다 더 단단히 결합할 수 있도록 이완 구조로 전환한다. 다음 회전 단계에서 황색 부위는 밀착 구조로 전환되고 ATP가 합성된다. 그 동안 ATP와 단단히 결합했던 부위는 개방 부위가 되었고, 다른 ADP와 P_i 분자를 가지고 있던 이완 부위는 밀착 부위가 되었다. 개방 부위에서 ATP가 방출되고, 밀착 부위에서 ATP가 합성된다.

BOX 14.2 양성자 누출과 열 생산

포유류에서 양성자 누출은 자유에너지를 소모하는 주요 소비원이다. 휴식기의 성체 포유류에서 약 90%의 산소가 마이토콘드리아에서 소비되고, 이 중 80%가 ATP 합성과 짝지어져 있다. 정량적으로 계산하면 마이토콘드리아가 생산하는 ATP는 단백질 합성(가용한 ATP의 거의 30%), $Na^{\oplus}$—$K^{\oplus}$ ATP 에이즈와 Ca^{2+} ATP 에이즈에 의한 이온의 능동수송(25~35%), 포도당 신생성(gluconeogenesis)(최대 10%), 열 발생과 같은 다른 대사 과정 등에 사용된다. 산화로부터 얻을 수 있는 에너지 중 상당량이 ATP 합성에 사용되지 않는다. 휴식기의 포유류에서 마이토콘드리아가 소비하는 산소의 최소 20%는 마이토콘드리아의 양성자 누출로 짝풀림된다(uncoupled). 이러한 양성자 누출로 뚜렷한 사용처가 없는 열이 생산된다.

신생아와 동면 동물에서의 열 발생은 양성자 위치 이동과 ATP 합성이 계획적으로 짝풀림(deliberate uncoupling)되는 특별한 예다. 이러한 생리적 짝풀림 현상은 갈색 지방조직(brown adipose tissue)에서 관찰되는데, 갈색을 띠는 것은 마이토콘드리아가 많기 때문이다. 갈색 지방조직은 포유류의 신생아와 동면하는 종에서 풍부하게 발견된다. NADH의 자유에너지가 ATP의 형태로 보존되지 않고 열로 손실되는데, 그 이유는 산화가 인산화로부터 짝풀려 있기 때문이다. 짝풀림은 마이토콘드리아 바탕질로 되돌아오는 양성자의 채널을 생성하는 짝풀림 단백질 1(UCP1, 터모제닌, thermogenin)의 작용 때문이다. UCP1이 활성화될 때, 방출된 자유에너지가 열로 소모되어 동물의 체온을 상승시킨다.

ATP 신테이즈가 회전 모터라는 강력한 증거는 유리판에 고정된 $\alpha_3\beta_3\gamma$ 복합체에 형광 액틴 필라멘트를 부착하여 수행한 실험에서 관찰되었다(그림 14.24). ATP 존재 하에 단일 분자들의 회전이 현미경으로 관찰되었다. 이 실험에서 표지된 γ 소단위체는 ATP의 가수분해에 의해 $\alpha_3\beta_3$ 올리고머 내부에서 회전한다. 이 회전은 그림 14.24에서 보이는 것처럼 반시계방향으로 진행한다. ATP 가수분해가 추진하는 회전은 양성자 기울기와 ATP 합성이 추진하는 회전과 반대 방향임을 주목하라. ATP 분자가 가수분해되는 단계마다 γ 기둥은 120°씩 회전한다. 이상 조건에서 회전 속도가 초당 130회 이상으로 관찰되었다. 이는 ATP 가수분해 속도를 측정한 결과에 근거해 예상한 회전 속도이다. 또한 이 속도는 생체 내에서(*in vivo*) ATP 합성을 위한 회전 속도보다 매우 빠르다.

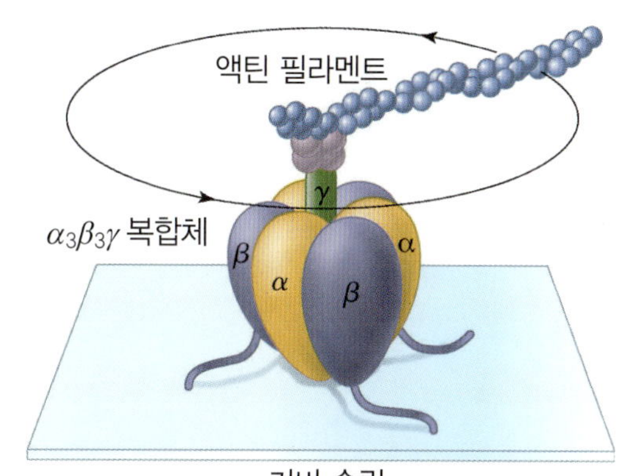

▲ **그림 14.24**
ATP 신테이즈 단일 분자의 회전을 보이는 실험. $\alpha_3\beta_3$ 복합체를 유리 커버 슬립에 결합시키고 γ 소단위체를 긴 형광 단백질 팔에 연결하였다. ATP를 공급했을 때 팔 부위가 회전하였다. [다음 논문에서 발췌: from Noji, H., Yasuda, R., Yoshida, M., and Kinosita, K., Jr. (1997). Direct observation of rotation of F_1-ATPase. *Nature* 386:299 - 302.]

14.10 마이토콘드리아 막을 가로질러 능동수송되는 ATP, ADP 및 P_i

진핵세포에서 합성되는 전체 ATP의 상당량이 마이토콘드리아에서 만들어진다. 대부분의 ATP가 세포질에서 사용되므로 반드시 외부로 수송되어야 한다. 마이토콘드리아 내막은 전하 물질에 불투과성이므로 ADP와 ATP를 각각 마이토콘드리아의 내부와 외부로 수송하기 위해 능동 수송체가 필수적이다. 이 수송체가 아데닌 뉴클레오타이드 트랜스로케이즈(adenine nucleotide translocase)이며, 마이토콘드리아 ATP와 세포질 ADP를 교환한다(그림 14.25). 보통 아데닌 뉴클레오타이드는 Mg^{2+}와 복합체를 이루지만 막을 가로질러 수송될 때에는 예외이다. 바탕질에서 ATP^{4-}를 ADP^{3-}로 교환하면 −1의 알짜 전하(net charge)가 손실된다. 이러한 유형의 교환은 양성자 추진력($\Delta\Psi$)의 전기적 측면을 드러내며, 양성자 농도기울기의 일부 자유에너지는 이 수송 과정을 추진하는 데 사용된다.

또한 마이토콘드리아 바탕질에서 ADP와 Pi로부터 ATP를 합성하는 데에 세포기질로부터 P_i를 수송하는 인산 수송체(phosphate transporter)가 필수적이다. 인산($H_2PO_4^-$)은 양성자와 함께 마이토콘드리아로 전기 중성적으로 공동수송(electroneutral symport)된다(그림 14.25). 인산 운반체는 양성자 추진력의 전기적 요소를 드러내지는 않지만, 농도 차이(ΔpH)를 드러낸다. 이처럼 ATP 합성에 필요한 두 수송체는 양성자의 위치 이동이 발생시킨 양성자 추진력의 일부를 써버린다. 바탕질 외부로 ATP를, 내부로 ADP와 P_i를

핵심개념

양성자 추진력의 화학에너지가 기계 에너지로 전환되어 ATP 신테이즈 회전자의 회전을 일으킨다.

ATP 에이즈에 의한 능동수송이 9.11D절에서 논의된다.

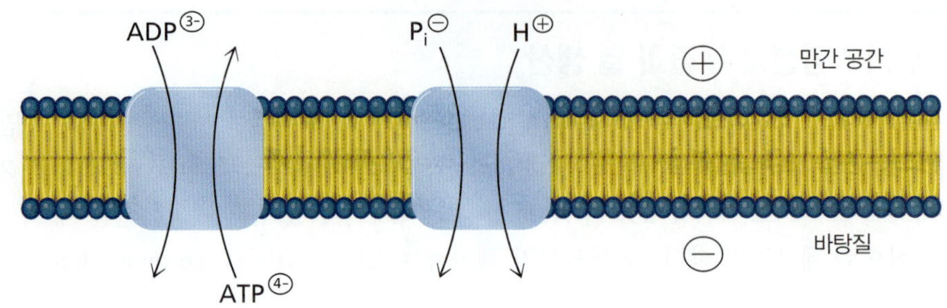

그림 14.25 ▶
마이토콘드리아 내막을 가로질러 수송되는 ATP, ADP 및 P_i. 아데닌 뉴클레오타이드 트랜스로케이즈는 한 방향으로 ADP와 ATP를 교환한다(역수송). P_i와 $H^{\oplus}$의 동반수송은 전기적으로 중성임을 주목하라.

수송하는데 소비되는 에너지의 합이 양성자 1개의 유입과 동등하다. 따라서 ATP 신테이즈에 의해 세포질 ATP 1분자를 합성하기 위해서는 막간 공간으로부터 4개의 양성자를 순유입(net influx)해야만 한다—양성자 1개는 수송하고, 나머지 3개는 ATP 신테이즈의 F_0 부위를 통과한다. 세균은 막을 가로질러 ATP 또는 ADP를 수송할 필요가 없기 때문에(마이토콘드리아가 없으므로) ATP 합성을 위한 전체 비용이 진핵 생물보다 적게 든다.

14.11 P/O비

화학 삼투설이 제안되기 전에 많은 과학자들은 인산기를 직접 전달하여 ATP를 생성할 수 있는 “고에너지(high energy)” 중간체를 찾고 있었다. 그들은 복합체 I, III, IV 각각이 1대 1의 화학량론으로 ATP 생성에 기여한다고 추측했다. 그러나 현재 우리는 양성자 농도기울기를 발생시키고 사용함으로써 에너지 변환이 일어남을 알고 있다. ATP 생산량은 전자전달 복합체에서 위치 이동하는 각 양성자와 동일할 필요도 없고, 산화된 기질 분자당 ATP 생산량은 정수일 필요도 없다.

서로 다른 많은 막-연계 전자전달 복합체가 일제히 양성자 농도기울기에 기여한다. 이 공통적인 에너지 저장고(energy reservoir)가 많은 ATP 신테이즈 복합체로 인해 드러났다. 이전 절에서 우리는 약 3개의 양성자가 내부로 이동해야만 ADP와 P_i로부터 ATP 신테이즈에 의해 1분자의 ATP가 형성되고, 추가로 1개의 양성자는 내막을 통과하는 P_i, ADP, ATP의 수송에 필요하다는 것을 목격했다.

이 과정을 연구한 최초의 생화학자들은 주로 산소 소비(호흡)와 ATP 합성(인산화) 간의 상호 관계에 관심을 가졌다. P/O비는 환원되는 산소 원자에 대한 인산화되는 분자의 비를 의미한다. 단일 산소 원자(1/2 O_2)의 환원에 2개의 전자가 사용되기 때문에 우리는 복합체 I, III, IV를 거쳐 이동하는 각 쌍의 전자당 위치 이동하는 양성자의 수에 관심을 가진다. 복합체 I에 의해 4개의 양성자가, 복합체 III에 의해 4개의 양성자가, 복합체 IV에 의해 2개의 양성자가 위치 이동한다. 따라서 NADH에서 O_2로 이 복합체들을 거쳐 이동하는 각 전자쌍에 대해 총 10개의 양성자가 막을 가로질러 이동한다.

세포질의 ATP 분자당 4개의 양성자가 막을 가로질러 역이동하므로 P/O비는 $10 \div 4 = 2.5$이다. 석신산 산화로 방출된 전자는 복합체 I을 통과하지 않기 때문에 석신산의 P/O비는 단지 $6 \div 4 = 1.5$이다. 이 계산치는 특정 농도의 ADP가 인산화될 때 환원되는 O_2의 양을 측정한 실험에서 관찰된 P/O비에 가깝다(그림 14.3a). 산화-환원 반응에서 가용한 전체 에너지는 220 kJ mol^{-1} (14.4A절)이고, 이는 2.5 분자의 ATP를 합성하기에 아주 충분한 양이다.

핵심개념

1분자의 NADH가 산화하여 2.5분자의 ATP가 합성된다. 이 관계를 대사 환율(metabolic currency)로 표현하면 1분자의 NADH는 2.5분자의 ATP에 해당한다.

14.12 진핵생물에서의 NADH 셔틀 메커니즘

NADH는 서로 다른 다양한 반응들, 특히 해당과정에서 글리세르알데하이드-3-인산 디하이드로지네이즈(glyceraldehyde-3-phosphate dehydrogenase)가 촉매하는 반응들과 시트르산 회로의 반응들에서 생산된다. NADH는 아미노산 합성과 포도당신생성(글리세르알데하이드-3-

인산 디하이드로지네이즈가 역방향으로 작용) 같은 생합성 반응에서 직접 사용될 수 있다.

과량의 NADH가 이 장에서 살펴본 과정에 의해 ATP 합성에 사용된다. 세균에서는 막-연계 전자전달계가 원형질막에 박혀 있고 내부 표면은 세포기질(cytosol)에 노출되어 있어서 여러 곳에서 생성된 NADH는 빠르게 산화된다. 반면에 진핵세포에서는 복합체 I에 직접 전달되는 유일한 NADH가 마이토콘드리아의 바탕질에서 발견되는 NADH이다. 시트르산 회로에서 생성되는 환원당량은 그 생성경로가 마이토콘드리아 내부에서 일어나기 때문에 아무런 문제가 없지만, 세포기질에서 해당과정에 의해 생성되는 환원당량은 ATP를 합성하기 위해서는 마이토콘드리아 내부로 진입해야 한다. NADH나 NAD⊕는 마이토콘드리아 내막을 가로질러 자유로이 드나들 수 없기 때문에 NADH와 같은 환원당량은 마이토콘드리아 진입을 위해 셔틀 메커니즘(shuttle mechanism)을 사용해야 한다. 이러한 셔틀 메커니즘으로는 글리세롤 인산 셔틀과 말산-아스파트산 셔틀이 있고, 그 과정은 세포기질의 환원된 조효소가 자신의 환원력을 마이토콘드리아의 분자로 전달하고 이 분자는 전자전달사슬의 기질이 되는 것이다.

말산-아스파트산 셔틀이 13.4절에 보다 간단하게 설명되어 있다.

글리세롤 인산 셔틀(그림 14.26)은 매우 높은 ATP 합성률을 유지해야 하는 곤충의 비상근(flight muscle)에서 현저하게 드러난다. 또한 대부분의 포유류 세포에서도 어느 정도 사용된다. 2개의 3-인산 디하이드로지네이즈(하나는 세포기질에 있는 NAD⊕-의존 효소이고, 다른 하나는 마이토콘드리아 내막에 삽입된 채로 FAD 보결단을 가지며 그 외부면에 기질 결합 부위를 가진 디하이드로지네이즈 복합체)가 사용된다. 세포기질에서 NADH는 세포기질에 있는 글리세롤 3-인산 디하이드로지네이즈가 촉매하는 반응에 의해 다이하이드록시아세톤 인산을 환원시킨다.

$$\text{NADH} + \text{H}^{\oplus} + \underset{\text{다이하이드록시아세톤 인산}}{\text{O}{=}\text{C}(\text{CH}_2\text{OH})(\text{CH}_2\text{OPO}_3^{\textcircled{2-}})} \xrightleftharpoons[\text{디하이드로지네이즈}]{\text{글리세롤 3-인산}} \underset{\text{글리세롤 3-인산}}{\text{HO}{-}\text{CH}(\text{CH}_2\text{OH})(\text{CH}_2\text{OPO}_3^{\textcircled{2-}})} + \text{NAD}^{\oplus} \tag{14.14}$$

글리세롤 3-인산은 막의 디하이드로지네이즈 복합체에 의해 다시 다이하이드록시아세톤 인산으로 전환되고 이때 2개의 전자가 효소의 FAD 보결단으로 전달된다. $FADH_2$는 2개의 전자를 이동성 전자 운반체인 Q로 전달하고 곧 이 전자는 유비퀴놀:사이토크롬 *c* 옥시도리덕테이즈(복합체 III)로 전달된다. 이 경로를 통해 세포기질의 NADH 당량이 산화되면— 즉 셔틀이 전해준 환원당량이 NADH:유비퀴논 옥시도리덕테이즈(복합체 I)를 통하지 않고 우회하기 때문에— 마이토콘드리아 유래 NADH 산화보다 더 적은 에너지(세포기질의 NADH 1분자당 1.5 ATP)를 생산하게 된다.

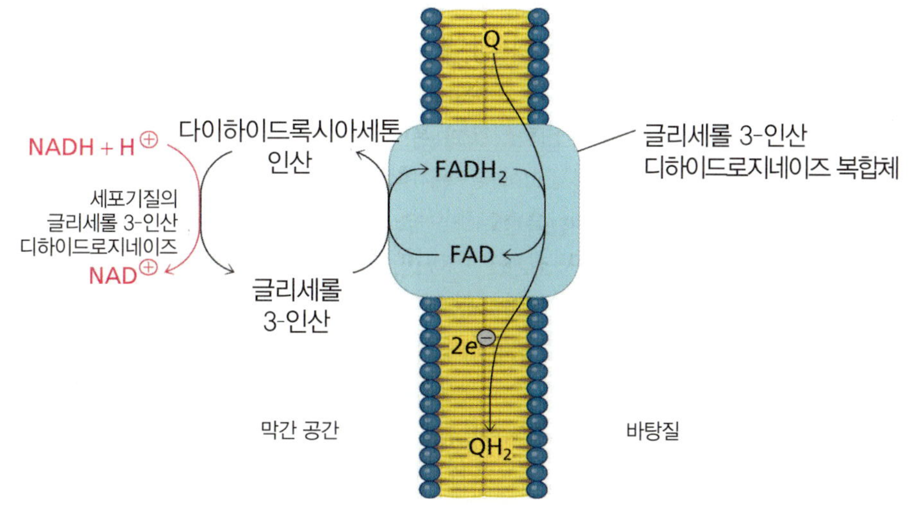

▲ 그림 14.26
글리세롤 인산 셔틀. 세포기질의 NADH는 글리세롤 3-인산 디하이드로지네이즈에 의한 촉매작용으로 다이하이드록시아세톤 인산을 글리세롤 3-인산으로 환원시킨다. 역반응은 전자를 유비퀴논으로 전달하는 내재성 막 단백질인 플라보 단백질에 의해 촉매된다.

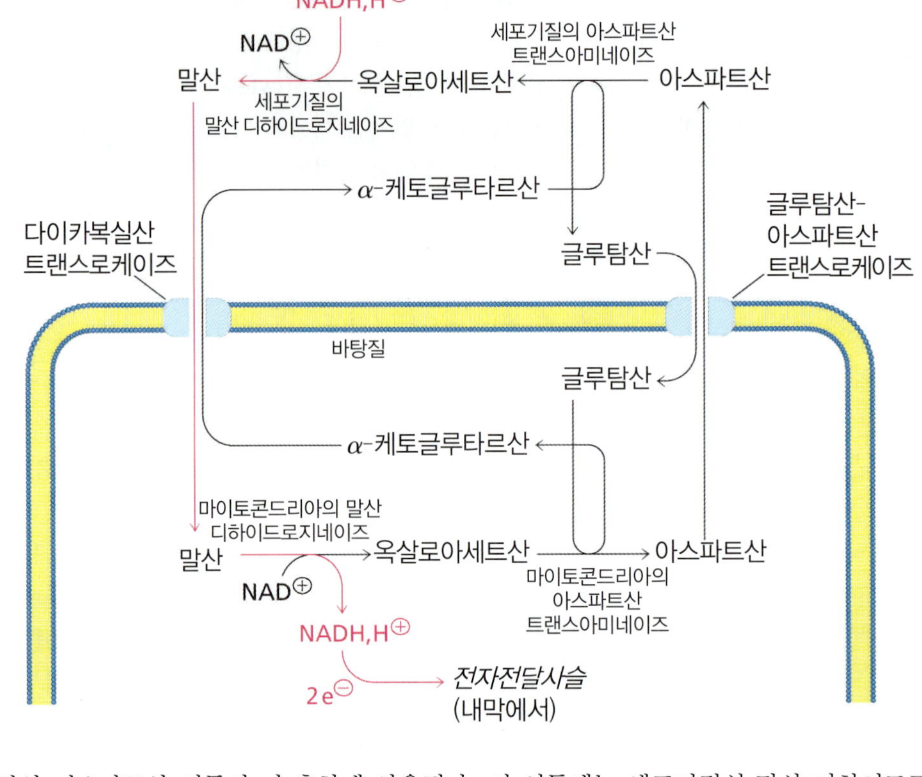

그림 14.27 ▶
말산-아스파트산 셔틀. 세포기질의 NADH는 옥살로아세트산을 말산으로 환원시켜 마이토콘드리아 바탕질로 진입하도록 한다. 말산을 재산화시키면 NADH가 생성되어 전자를 전자전달사슬로 전하게 된다. 셔틀 회로가 완료되려면 마이토콘드리아와 세포기질에 있는 아스파트산 트랜스아미네이즈가 필요하다.

말산-아스파트산 셔틀이 더 흔하게 사용된다. 이 셔틀에는 세포기질성 말산 디하이드로지네이즈(당신생에서 세포기질에 있는 말산을 옥살로아세트산으로 전환시키는 바로 그 효소)가 필요하다. 말산-아스파트산 셔틀을 사용하려면 역반응이 일어나야 한다. 이 셔틀의 작동 원리가 그림 14.27에 표시되어 있다. 세포기질에서 NADH는 말산 디하이드로지네이즈의 촉매반응에 의해 옥살로아세트산을 말산으로 환원시킨다. 말산은 다이카복실산 트랜스로케이즈에 의한 α-케토글루타르산의 전자중성 교환작용(electroneutral exchange)으로 마이토콘드리아 바탕질로 진입한다. 마이토콘드리아 내부에서 시트르산 회로에 작용하는 말산 디하이드로지네이즈는 NAD를 NADH로 환원시키면서 말산을 옥살로아세트산으로 재산화시킨다. NADH는 다시 막-연계 전자전달사슬의 복합체 I에 의해 산화된다.

셔틀 작동이 계속 진행되려면 옥살로아세트산이 세포기질로 되돌아와야 하지만 옥살로아세트산은 마이토콘드리아 내막을 가로질러 직접 수송될 수 없다. 대신 마이토콘드리아의 아스파트산 트랜스아미네이즈(17.7C절)에 의해 글루탐산이 옥살로아세트산과 가역반응하면서 아미노기를 전달하여 아스파트산과 α-케토글루타르산을 생성한다. 다이카복실산 트랜스로케이즈를 통해 말산과 교환되어 α-케토글루타르산이 마이토콘드리아로부터 빠져나온다. 아스파트산은 글루탐산-아스파트산 트랜스로케이즈를 통해 글루탐산과 교환되어 빠져나온다. 아스파트산과 α-케토글루타르산이 일단 세포기질로 빠져나오면 이들은 아스파트산 트랜스아미네이즈의 기질이 되어 글루탐산과 옥살로아세트산으로 전환된다. 글루탐산은 아스파트산과 역수송되어 마이토콘드리아로 재진입하고, 옥살로아세트산은 또 다른 세포기질 NADH와 작용하여 셔틀 회로를 반복한다.

이 복잡한 셔틀 시스템에는 세포기질과 마이토콘드리아에 존재하는 여러 독특한 효소(예: 말산 디하이드로지네이즈)가 필요하다. 일반적으로 이 효소들은 오래 전 유전자 중복(gene duplication)으로 인해 공통조상으로부터 유래된, 서로 다르지만 관련된 유전자에 의해 암호화된다. 진핵세포에서 공간적으로 분리된 대사경로는 세균보다 약간 이점을 가지지만 대사물을 내막계로 수송해야 하는 메커니즘을 필요로 한다. 공간 분리에 드는 일부 비용은 여러 공간에 산재하는 효소들의 중복으로 치뤄진다. 이 점이 단일 유전자 사본만을 가진

▲ **또 다른 종류의 셔틀.** 여기에는 많은 양의 에너지가 필요하다.

BOX 14.3 생존에 드는 최고 비용

평균적으로 활동적인 성인은 매일 2400 kcal (10,080 kJ)가 필요하다. 이 모든 에너지를 ATP 양으로 환산한다면 매일 210몰의 ATP를 가수분해하는 것과 같다(가수분해에 대한 깁스 자유 에너지가 1몰당 48 kJ이라고 가정한다면). 이 양은 대략 100 kg의 ATP(분자량 M_r = 507)와 같다.

이러한 모든 ATP는 합성되어야만 하는데, 단연 이 합성의 가장 보편적 경로는 마이토콘드리아에서 일어나는 양성자 기울기 구동에 의한 ATP 합성이다. 실제로 계산이나 측정된 값을 살펴보면 사람이 평균적으로 초당 9×10^{20}개의 ATP 분자를, 다시 말해 매일 78×10^{24}개의 ATP 분자를 만들어 내야 한다. 이 양은 ATP 130몰 또는 66 kg에 해당한다.

이처럼 우리가 섭취하는 칼로리의 상당 부분이 ATP 합성을 구동하기 위해 마이토콘드리아 내의 양성자 기울기 형성에 사용된다. 이러한 계산은 우리 몸이 66 kg의 ATP를 지탱할 수 없으므로 ATP 분자는 매우 빠르게 전환(turn over)되어야 함을 의미한다.

Rich, P. (2003). The cost of living. *Nature* 421, 583.

세균 유전체에 비해 진핵생물의 유전체는 왜 관련 유전자들로 구성된 많은 유전자 패밀리를 가지고 있는지를 부분적으로 설명해 준다. 사람의 유전체 서열에서 볼 수 있는 놀라운 특징 중 하나는 바로 이러한 유전자 패밀리가 많다는 것이다. 또 다른 주요 발견은 막을 가로질러 분자들을 위치 이동시키는데 관여하는 수백 개의 유전자들이 존재한다는 것이다. 그림에 표시된 다이카복실산 트랜스로케이즈와 글루탐산-아스파트산 트랜스로케이즈(그림 14.27)가 이러한 수송 단백질의 예이다.

14.13 다른 최종 전자 수용체와 공여체

지금까지 우리는 막-연계 전자전달계에 전자를 공급하는 주요 공급자로서 단지 NADH와 석신산만을 고려했다. 이 환원물들은 대부분 해당과정과 시트르산 회로에서의 이화적 산화-환원 반응의 결과물들이다. 포도당은 궁극적으로 광합성 생물의 생합성 경로로부터 공급된다고 생각할 수 있다. 포도당의 화학결합에 존재하는 전자는 빛에너지(마이토콘드리아에서 궁극적으로 ATP 합성을 가능케 하는 태양 빛으로부터의 에너지)로 인해 그 자리에 존재하게 된 것이다.

이러한 조망은 현대 생물권의 에너지 흐름을 상당히 정확하게 묘사한 것이지만 광합성을 하기 전에 생명이 어떻게 유지되었는지는 설명하지 못한다. 광합성은 풍부한 탄소화합물의 공급원일 뿐 아니라 대기 중의 산소량을 증가시키는 원인이 된다. 다음 장에서 보듯이 광합성도 ATP 합성과 연결된 막-연계 전자전달계를 필요로 한다. 이 장에서 살펴본 대로 아마 호흡성 전자전달이 먼저 사용되었고, 이후 광합성이 사용된 듯하다. 광합성이 일상사가 되기 전 수억 년 동안 지구상에 생명체가 존재한 듯하다. 태양 빛 이전에는 무엇이 에너지 공급원 역할을 했을까? 오늘날도 여전히 화학독립영양성 세균이 존재하므로 태초에 대사작용이 어떻게 작동했는지에 대한 멋진 착상이 가능하다. 이러한 세균 종은 탄소원이나 에너지원으로서의 유기물을 필요로 하지도 않고 태양 빛으로부터도 에너지를 받지 않는다.

화학독립영양생물은 H_2, $NH_4^{\oplus}$, $NO_2^{\ominus}$, H_2S, S, Fe^{2+}과 같은 무기화합물을 산화해서 에너지를 얻는다. 이러한 무기 분자는 막-연계 전자전달에서 직접 전자를 전달하는 효과적인 전자 공급원이다. 최종 전자수용체로 O_2, 퓨마르산 및 아주 다양한 분자들이 사용된다. 전자가 전자전달사슬을 통과하면서 양성자 추진력이 발생하고 ATP가 합성된다. 이 경로의 한 예가 그림 14.28에 표시되어 있다.

여기서 수소가 전자 공여체이다. 막-결합 디하이드로지네이즈는 수소를 양성자로 산화시킨다. 이러한 디하이드로지네이즈는 매우 다양한 세균 종에서 흔하게 나타난다. 전자는 호흡성 전자전달에서처럼 사이토크롬 복합체를 통과한다. 대부분의 세균에서 이동성 퀴논은 유비퀴논이 아니라 메나퀴논(menaquinone)이라 부르는 유사 분자이다(7.15절). 퓨마르산 리덕테이즈는 환원된 메나퀴논(MQH_2)을 전자 공여체로 사용하여 퓨마르산을 석신산으로 환

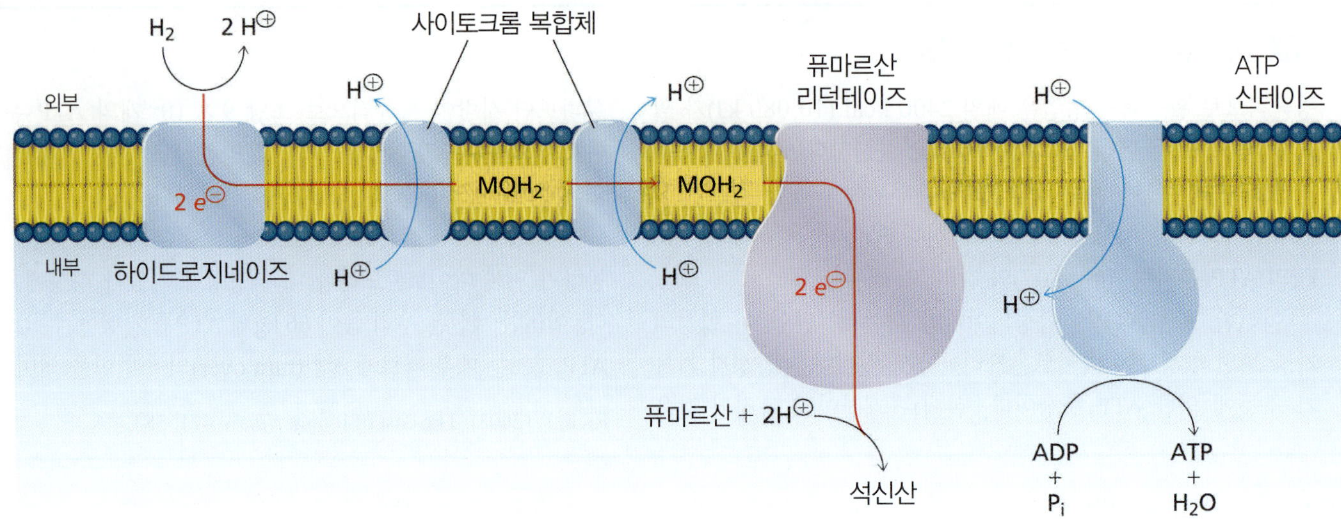

▲ 그림 14.28
화학독립영양세균에서 ATP 합성을 위한 하나의 가능한 경로. 수소는 막-결합 하이드로지네이즈에 의해 산화되고, 전자는 다양한 막 사이토크롬 복합체를 통과한다. 전자전달과 막을 가로지르는 양성자의 이동이 짝지어져 결국 양성자 추진력이 ATP 합성에 사용된다. 최종 전자 수용체는 퓨마르산이다. 퓨마르산은 퓨마르산 리덕테이즈에 의해 석신산으로 환원된다.

원시킨다.

대장균은 혐기적 환경에서 생장할 때 최종 전자 수용체로 산소 대신 퓨마르산을 사용할 수 있다. 퓨마르산 리덕테이즈는 원형질막에 박혀 있는 다중 소단위체 효소이다.이 효소와 석신산 디하이드로지네이즈는 상동이고 이 두 효소 모두 매우 유사한 반응을 촉매하지만 반응의 방향은 서로 다르다. 대장균에서 이 두 효소는 동시에 발현되지 않고, 생체 내에서 각각 한 방향으로만(효소 이름에 따른 방향) 반응을 촉매한다. 이는 세균 유전체가 관련 유전자들의 패밀리를 가지고 있다는 몇몇 경우 중 하나에 해당한다. 각각의 유전자는 동일한 효소이지만 약간 다른 효소형을 암호화한다.

산소와 퓨마르산 외에 질산염, 황산염 및 많은 다른 무기 분자들도 전자 수용체로 작용할 수 있다. 화학독립영양세균에서 전자공여체, 수용체 및 전자전달 복합체가 여러 조합으로 사용될 수 있다. 중요한 점은 이러한 세균들이 빛이 없을 때 무기화합물로부터 에너지를 추출하고 산소없이도 생존이 가능하다는 것이다.

화학독립영양세균은 태고적 생명체에 존재했을 듯한 대사 전략을 나타내지만 여전히 지하 깊은 곳에서 서식하는 생명체나 Box 2.1에서 보여준 극호열성 생명체처럼 빛과 산소없이도 생장하고 분열하는 현대 세균이 존재한다.

14.14 초과산화물 음이온

산소 대사작용의 불행한 결과 중 하나는 초과산화물 라디칼(superoxide radical, $\cdot O_2^{\ominus}$), 하이드록실 라디칼(Hydroxyl radical, OH·), 과산화수소(H_2O_2)와 같은 활성산소종(reactive oxygen species)의 발생이다. 이러한 모든 종은 세포에 치명적이다. 이들은 플라보 단백질, 퀴논 및 철-황 단백질에 의해 발생한다. 거의 모든 전자전달반응은 소량의 이러한 활성산소종을 발생하는데, 특히 초과산화물 라디칼이 초과산화물 디스뮤테이즈(superoxide dismutase)에 의해 재빨리 제거되지 못하면 단백질과 핵산의 파괴가 일어난다.

우리는 이미 확산 조절 메커니즘을 가진 효소의 예로서 초과산화물 디스뮤테이즈에 대해 논의했다(6.4B절). 이 효소가 촉매하는 전체 반응은 2개의 초과산화물 음이온이 과산화수소로 부동변화(dismutation)하는 것이다. 이 반응은 극도로 빠르게 진행한다.

$$2\,\cdot O_2^{\ominus} + 2\,H^{\oplus} \longrightarrow H_2O_2 + O_2 \qquad \textbf{(14.15)}$$

이 반응의 신속도가 전자전달반응의 전형이다. 이 경우, 구리이온만이 효소에 결합되어 있는 전자전달체이다. 구리이온은 초과산화물 음이온($\cdot O_2^{\ominus}$)에 의해 환원되고, 다시 다른 초과산화물 음이온 분자를 환원시킨다. 생성된 과산화수소는 카탈레이즈에 의해 물과 산소로 전환될 수 있다.

$$2\ H_2O_2 \longrightarrow 2\ H_2O + O_2 \qquad (14.16)$$

일부 세균들은 절대혐기성생물이다. 이들은 산소가 있으면 죽는데, 그 이유는 산화-환원반응의 부산물로 발생한 활성산소를 제거할 수 없기 때문이다. 이들에게는 초과산화물 디스뮤테이즈가 없다. 모든 호기성 세균들은 활성산소 분자를 제거하는 효소를 가지고 있다.

요약

1. 환원된 조효소에 담긴 에너지는 ATP 합성과 짝지어져 있는 막-연계 전자전달계를 통해 ATP로 변화된다.
2. 마이토콘드리아는 이중막으로 둘러싸여 있으며, 전자전달 복합체와 ATP 신테이즈는 내막에 박혀 있다. 이 내막은 고도로 접혀 있다.
3. 화학삼투설은 양성자 기울기의 에너지가 ATP 합성에 사용될 수 있는지를 설명해준다. 양성자 추진력과 연계된 자유에너지는 주로 막을 경계로 생긴 전하차로 인해 생긴다.
4. 전자전달 복합체 I~V에는 다중 폴리펩타이드와 보조인자가 있다. 전자 운반체는 환원 전위가 증가하는 순서로 배열되어 있다. 이동성 운반체 유비퀴논(Q)과 사이토크롬 *c*는 복합체의 산화-환원반응을 연결시켜 준다.
5. 복합체 I에 의해 NADH에서 Q로 한 쌍의 전자가 전달되면 4개의 양성자로 인한 양성자 농도기울기를 형성한다.
6. 복합체 II는 직접적으로 양성자 농도기울기를 형성하지는 않지만 석신산을 산화하여 전자를 전자전달사슬에 공급한다.
7. 복합체 III에 의해 QH_2에서 사이토크롬 *c*로 한 쌍의 전자가 전달되면 이와 짝지어져 Q회로에 의해 4개의 양성자가 수송된다.
8. 복합체 IV에 의해 사이토크롬 *c*로부터 한 쌍의 전자가 전달되고 1/2 O_2가 물로 환원되면 4개의 양성자가 기울기에 제공된다.
9. 양성자는 복합체 V(ATP 신테이즈)를 통해 막을 가로지르며 되돌아온다. 양성자 흐름은 분자 모터의 작동으로 생기는 구조적 변화에 의해 ADP + P_i로부터 ATP 합성을 추진한다.
10. 마이토콘드리아 바탕질 내부로 ADP와 P_i를, 외부로 ATP를 수송하는데 1개의 양성자 당량을 소비한다.
11. P/O비, 즉 복합체 I로부터 IV로 전달되는 전자쌍당 ATP 산출량은 위치 이동하는 양성자의 수에 의존한다. 마이토콘드리아에서 NADH가 산화되면 2.5 ATP가 발생하고; 석신산이 산화되면 1.5 ATP가 발생한다.
12. 세포기질 내의 NADH는 셔틀 작용으로 환원력이 마이토콘드리아로 전해지면 산화적 인산화에 기여할 수 있다.
13. 초과산화물 디스뮤테이즈는 초과산화물 라디칼을 과산화수소로 전환한다. 과산화수소는 카탈레이즈에 의해 제거된다.

문제

1. 전형적인 해양 세균에서 내막의 막전위는 −0.15 V이며, 양성자 추진력은 $-21.2\ kJmol^{-1}$이다. 만약 막간 공간의 pH가 6.35라면, 25℃에서 이 세포의 세포질내 pH는 얼마인가?
2. 호기성 전자전달사슬에서 6개의 서로 다른 사이토크롬의 철 원자들은 단일 전자 전달반응에 관여하고 Fe(II)과 Fe(III) 상태 변화를 반복한다. 사이토크롬의 환원 전위가 동일하지 않고 −0.10 V에서 0.39 V까지 다양한지 설명하라.
3. 기능적인 전자전달계는 순수 추출된 전자전달사슬 구성인자들과 막 입자들로부터 재조립될 수 있다. 산소가 존재한다고 가정할 때 다음에 열거된 구성인자들로부터 최종 전자 수용체를 결정하라.
   (a) NADH, Q, 복합체 I, III, IV
   (b) NADH, Q, 사이토크롬 *c*, 복합체 II와 III
   (c) 석신산, Q, 사이토크롬 *c*, 복합체 II, III, IV
   (d) 석신산, Q, 사이토크롬 *c*, 복합체 II와 III
4. 칼로리 사용 효율에 관여하는 유전자가 사람에서 발견되었고 이 유전자가 생산하는 짝풀림 단백질-2(Uncoupling protein-2; UCP-2)의 양을 조절하는 비만억제제가 개발되었다. UCP-2는 많은 사람 조직에서 존재하고 마이토콘드리아 막에서 양성자를 위치 이동시킨다. 사람에서 UCP-2의 양을 증가시키면 어떻게 체중이 감소하는지 설명하라.
5. (a) 광범위하게 처방되는 진통제 데메롤(Demerol; mepiridine)을 호흡 중인 마이토콘드리아 현탁액에 넣으면 $NADH/NAD^{\oplus}$비와 Q/QH_2비가 증가한다. 데메롤이 억제하는 전자전달 복합체는 무엇인가?
   (b) 항생제 믹소티아졸(myxothiazole)을 호흡 중인 마이토콘드리아 현탁액에 넣으면 사이토크롬 $c_1(Fe^{3+})$/ 사이토크롬 $c_1(Fe^{2+})$비와 사이토크롬 $b_{566}(Fe^{3+})$/ 사이토크롬 $b_L(Fe^{2+})$비가 증가한다. 믹소티아졸은 전자전달사슬의 어느 부위를 억제하는가?
6. (a) 시안화물($CN^{\ominus}$)의 독성은 시안화물이 사이토크롬 *a*, a_3 복합체의 철 원자에 결합하고 뒤이어 마이토콘드리아의 전자전달이 억제되기 때문이다. 이 시안화물-철 복합체는 어떻게 산소가 전자전달사슬에서 전자를 받지 못하도록 하는가?

(b) 시안화물에 노출된 환자에게 옥시헤모글로빈(oxyhemoglobin)의 Fe^{2+}를 Fe^{3+}(메트헤모글로빈; methemoglobin)로 전환시키는 아질산염을 처방할 수 있다. Fe^{3+}에 대한 시안화물의 친화도(affinity)를 고려할 때, 아질산염이 어떻게 전자전달사슬에 대한 시안화물의 효과를 감소시키는지 제안하라.

7. 아실CoA 디하이드로지네이즈(acyl CoA dehydrogenase)는 지방산 산화를 촉매한다. 산화반응에서 나온 전자는 FAD에 전달되고 Q를 통해 전자전달사슬로 진입한다. 디하이드로지네이즈-촉매 반응에서 지방산의 환원전위는 약 −0.05 V이다. 왜 $NAD^{\oplus}$가 아니라 FAD가 선호되는 산화제인지를 보여주는 자유에너지 변화값을 계산하라.

8. 다음의 2-전자 공여체에 대해 마이토콘드리아로부터 위치 이동하는 양성자 수, 합성되는 ATP 분자 수, P/O 비를 계산하라. (단, 전자는 최종적으로 산소로 전달되고, NADH는 마이토콘드리아에서 생성되고, 전자전달과 산화적 인산화 과정은 정상적으로 작동한다고 가정한다.)

(a) NADH (b) 석신산

(c) 아스코브산(ascorbate)/테트라메틸-*p*-페닐렌다이아민(tetramethyl-*p*-phenylenediamine)(2개의 전자를 사이토크롬 *c*에 공여)

9. (a) 아데닌 뉴클레오타이드 수송체(adenine nucleotide transporter)가 외부로 수송할 때, ADP보다 ATP가 선호되는 이유는 무엇인가?

(b) 이러한 ATP 수송을 위해 세포는 에너지를 소비해야 하는가?

10. 지중해 엉겅퀴에서 추출한 아트락틸로사이드(atractyloside)는 특별히 ADP/ATP 운반체를 억제하는 독성 배당체(glycoside)이다. 아트락틸로사이드는 왜 전자전달도 억제되도록 하는가?

11. (a) 25℃에서 마이토콘드리아 내막을 경계로 전기차(electrical difference)가 −0.18 V(내부가 음전하), 외부 pH가 6.7, 내부 pH가 7.5일 때, 내막을 가로질러 형성되는 양성자 추진력을 계산하라.

(b) 에너지의 몇 %가 각각 화학적(pH) 기울기와 전하 기울기(charge gradient)로부터 생성되는지 계산하라.

(c) ADP를 인산화하는데 필요한 총 자유에너지는 얼마인가?

12. (a) 세포기질에서 생성된 NADH가 말산-아스파트산 셔틀에 의해 이동될 때, 왜 마이토콘드리아에서 생성된 NADH보다 더 적은 ATP를 생산하는지 설명하라.

13. (b) 말산-아스파트산 셔틀이 작동하는 간세포에서 1분자의 포도당이 6분자의 CO_2로 산화될 때 생산되는 ATP 당량수를 계산하라. (단, 호기성 상태에서 전자전달과 산화적 인산화 과정은 정상적으로 작동한다고 가정한다.)

참고문헌

마이토콘드리아

Mentel, M., and Martin, W. (2010). Anaerobic animals from an ancient, anoxic ecological niche. *BMC Biology* 8:32–38.

Taylor, R. W., and Turnbull, D. M. (2005). Mitochondrial DNA mutations in human disease. *Nature Reviews: Genetics* 6:390–402.

화학삼투설

Lane, N. (2006) Batteries not included. *Nature* 441:274–277.

Mitchell, P. (1979). Keilin's respiratory chain concept and its chemiosmotic consequences. *Science* 206:1148–1159.

Mitchell, P., and Moyle J. (1965). Stoichiometry of proton translocation through the respiratory chain and adenosine triphosphatase systems of rat liver mitochondria. *Nature* 208:147–151.

Schultz, B., and Chan, S. I. (2001). Structures and proton-pumping strategies of mitochondrial respiratory enzymes. *Annu. Rev. Biophys. Biomol. Struct.* 30:23–65.

전자전달 복합체

Berry, E. A., Guergova-Kuras, M., Huang, L., and Crofts, A. R. (2000). Structure and function of cytochrome *bc* complexes. *Annu. Rev. Biochem.* 69:1005–1075.

Brandt, U. (2006). Energy converting NADH: quinone oxidoreductase (complex I). *Annu. Rev. Biochem.* 75:69–92.

Cecchini, G. (2003). Function and structure of Complex II of the respiratory chain. *Annu. Rev. Biochem.* 72:77–100.

Clason, T., Ruiz, T., Schägger, H., Peng, G., Zickerman, V., Brandt, U., Michel, H., and Radermacher, M. (2010). The structure of eukaryotic and prokaryotic complex I. *J. Struct. Biol.* 169:81–88.

Crofts, A. R. (2004). The cytochrome bc_1 complex: function in the context of structure. *Annu. Rev. Physiol.* 66:689–733.

Hosler, J. P., Ferguson-Miller, S., and Mills, D. A. (2006). Energy transduction: proton transfer through the respiratory complexes. *Annu. Rev. Biochem.* 75:165–187.

Hunte, C., Palsdottir, H., and Trumpower, B. L. (2003). Protonmotive pathways and mechanisms in the cytochrome bc_1 complex. *FEBS Letters* 545:39–46.

Hunte, C., Zickerman, V., and Brandt, U. (2010). Functional modules and structural basis of conformational coupling in mitochondrial complex I. *Science* 329:448–457.

Richter, O.-M., and Ludwig, B. (2003). Cytochrome *c* oxidase—structure, function, and physiology of a redox-driven molecular machine. *Rev. Physiol. Biochem. Pharmacol.* 147:47–74.

ATP 신테이즈

Capaldi, R. A., and Aggler, R. (2002). Mechanism of the F_1F_0-type ATP synthase, a biological rotary motor. *Trends in Biochem. Sci.* 27:154–160.

Lau, W. C. Y., and Rubinstein, J. (2010). Structure of intact *Thermus thermophilus V-ATPase* by cryo-EM reveals organization of the membrane-bound V_o motor. *Proc. Natl. Acad. Sci. USA.* 107:1367–1372.

Nishio, K., Iwamoto-Kihara, A., Yamamoto, A., Wada, Y., and Futai, M. (2002). Subunit rotation of ATP synthase: α or β subunit rotation relative to the *c* subunit ring. *Proc. Natl. Acad. Sci. USA.* 99:13448–13452.

Oster, G., and Wang, H. (2003). Rotary protein motors. *Trends in Cell Biology* 13:114–121.

다른 전자 공여체와 수용체

Hederstedt, L. (1999). Respiration without O_2. *Science* 284:1941–1942.

Iverson, T. M., Luna-Chavez, C., Cecchini, G., and Rees, D. C. (1999). Structure of the *Escherichia coli* fumarate reductase respiratory complex. *Science* 284:1961–1966.

Peters, J. W., Lanzilotta, W. N., Lemon, B. J., and Seefeldt, L. C. (1998). X-ray crystal structure of the Fe-only hydrogenase (CpI) from *Clostridium pasteurianum* to 1.8 Ångstrom resolution. *Science* 282:1853–1858.

Tielens, A. G. M., Rotte, C., van Hellemond, J. J., and Martin, W. (2002). Mitochondria as we don't know them. *Trends in Biochem. Sci.* 27:564-572.

von Ballmoos, C., Cook, G. M., and Dimroth, P. (2008). Unique rotary ATP synthase and its biological diversity. *Annu. Rev. Biophys.* 37:43–64.

von Ballmoos, C., Wiedenmann, A., and Dimroth, P. (2009). Essentials for ATP synthesis by F_1F_0 ATP synthases. *Annu. Rev. Biochem.* 78:649–672.

Yankovskaya, V., Horsefield, R., Törnroth, S., Luna-Chavez, C., Miyoshi, H., Léger, C., Byrne, B., and Iwata, S. (2003). Architecture of succinate dehydrogenase and reactive oxygen species generation. *Science* 299:700–704.

광합성

> 어떤 이유로, 특정한 빛들은 잎을 자라게 하고, 꽃을 피게 하며, 개똥벌레가 짝짓게 하고, 벌레들이 산란하게 하며, 달에 반사되면 시인과 연인들의 상상력을 끌어내는 것일까?
>
> 헬레나 컬티스(Helena Curtis)와 수 반스(Sue Barnes) (1989). *Biology*, 5th ed.

광합성의 가장 중요한 점은 빛에너지가 ATP 형태의 화학에너지로 변환된다는 것이다. 이 근본적인 반응의 기본 원리는 14장에서 설명한 막에 존재하는 전자전달반응과 비슷하다. 광합성에서 빛은 색소 분자(예: 엽록소)에 의해 흡수되고, 그 결과 색소 분자의 전자가 높은 에너지 상태가 된다. 전자가 원래의 안정한 상태로 돌아오면서 그 에너지는 수소이온이 막을 통과하는 데 사용된다. 수소이온이 막을 통과하면서 수소이온 농도 기울기가 만들어지고, 수소이온 농도기울기는 ATP 신테이즈에 의해 ADP가 인산화되는 데 사용된다. 일부 경우에서 NADPH 환원제는 높은 에너지 상태의 전자가 NADP⊕를 환원시키면서 직접적으로 합성된다. 이 합성반응들은 빛에 전적으로 의존하기 때문에 **명반응(light reaction)**이라 불린다.

광합성 생명체들은 명반응에서 비교적 경제적인 방법으로 만들어낸 ATP와 NADPH를 에너지가 필요한 모든 대사반응, 즉 단백질, 핵산, 탄수화물 및 지질 합성에 이용한다. 이는 광합성 박테리아와 조류(algae)가 지구상에서 성공적으로 살아가는 생명체가 된 이유다.

대부분의 광합성 생명체들은 캘빈 회로라는 특별한 CO_2 고정 과정을 함유하고 있다. 캘빈 회로는 엄밀히 말해 빛을 필요로 하지 않으며 명반응과 연계되어 있지도 않다. 따라서 캘빈 회로 반응들은 종종 **암반응(dark reaction)**이라 불린다. 그러나 암반응이 꼭 빛이 없는 상태에서 일어난다는 뜻은 아니다. 암반응은 12.4절에서 기술한 오탄당-인산 경로와 깊게 연관되어 있다.

광합성에 대한 상세한 이해는 지구상에 있는 모든 생명체에 대한 생화학적 이해에 매우 중요하다. 빛에너지를 이용하여 거대분자를 합성하는 능력은 광합성 생명체가 지구상에 빠르게 증식하는 결과를 가져왔다. 이것은 역으로 광합성 생명체를 영양분으로 섭취하는 생명체가 생기게 되는 기회가 되었다. 사람과 같은 동물들은 태양에너지를 이용하여 만들어낸 물질들을 먹고 분해함으로써 필요한 에너지의 많은 부분을 얻는다. 또한 산소는 식물과 일부 박테리아에서 광합성의 부산물이다. 지구상에 산소가 생기면서 산소는 막에 존재하는 전자전달반응에서 전자수용체의 역할을 하게 되었다. 극히 일부 예외를 제외하고, 현대 진핵

위: 숲 속의 연령초를 비추는 햇빛. 광합성 생명체가 이용하는 태양에너지는 지구상의 거의 모든 생명체 활동의 원천이 된다.

▲ **광합성 생명체.** 왼쪽: 사이아노박테리아. 중간: 현화식물의 잎. 오른쪽: 자색 박테리아.

세포들은 마이토콘드리아에서 ATP를 생성하기 위해서 광합성에서 만들어진 산소를 반드시 필요로 한다.

광합성 반응의 주된 구성 성분은 단백질, 색소, 보조인자들로 이루어진 큰 복합체이다. 이 복합체는 빛을 감지하는 색소를 함유하는 있으며 **광계(photosystem)**라고 한다. 여러 다른 종들은 ATP와 NADPH를 합성하기 위해 다양한 방법으로 빛에너지를 이용한다. 본 장에서는 먼저 박테리아 광계의 구조와 기능을 설명하고, 그 후 조류와 식물과 같은 진핵세포의 보다 복잡한 광합성 과정을 설명하고자 한다.

15.1 빛-수집 색소들

빛을 모으는 색소들은 어려 종류가 있다. 이 색소들은 서로 다른 구조, 특징, 그리고 기능을 가지고 있다.

A. 엽록소의 구조

엽록소는 광합성에서 가장 중요한 색소이다. 가장 일반적인 엽록소의 구조는 그림 15.1에 나와 있다. 엽록소의 테트라피롤(tetrapyrrole) 고리 구조는 헴(heme, 그림 7.38) 구조와 비슷하다는 것을 기억하자(다만, IV번 고리의 제7번과 8번 위치 사이에 있는 이중결합의 수가 엽록소에는 하나가 부족하여 환원되었다는 점이 헴과 다르다). 또한 헴에서 발견되는 Fe^{2+}

BChl *a*와 BChl *b* 에서는 포화되어 있음

$H-[CH_2-CH(CH_3)-CH_2-CH_2]_3-CH_2-C(CH_3)=CH-CH_2-$

파이톨 옆-사슬

엽록체의 종류	R_1	R_2	R_3
Chl *a*	$-CH=CH_2$	$-CH_3$	$-CH_2-CH_3$
Chl *b*	$-CH=CH_2$	$-C(=O)-H$	$-CH_2-CH_3$
BChl *a*	$-C(=O)-CH_3$	$-CH_3$	$-CH_2-CH_3$
BChl *b*	$-C(=O)-CH_3$	$-CH_3$	$-CH=CH-CH_3$

▲ 그림 15.1

엽록소와 박테리오엽록소의 구조. R_1, R_2, R_3로 표시된 치환기의 구조는 표에 나와 있다. II번 고리에 표시되어 있는 이중결합은 박테리오엽록소에서는 포화되어 있다. 일부 박테리오엽록소 *a*에서는 파이톨 옆-사슬에 3개의 추가적인 이중결합이 있다. 소수성의 파이톨 옆-사슬과 친수성의 포피린(porphyrin) 고리 구조는 엽록소가 양쪽 친매성(amphipathic) 성질을 갖도록 해준다. 광계에는 엽록소가 단백질과 결합되어 있으며 빛-수확 복합체와 연합되어 있다.

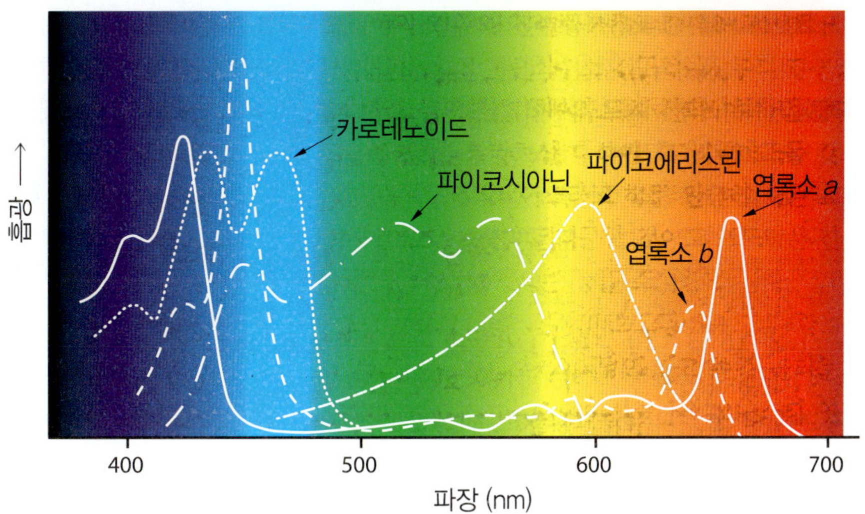

◀ **그림 15.2**
중요한 광합성 색소의 흡광 스펙트럼. 색소는 가시광선 스펙트럼의 에너지를 흡수한다.

대신, 엽록소는 중앙 부위에 Mg^{2+} 이온을 가지고 있다. 그 외에 엽록소는 긴 파이톨(phytol) 곁사슬을 가지고 있어서 소수성 성질을 나타낸다.

매우 다른 타입들의 엽록소들이 존재한다. 이 엽록소들은 그림 15.1에서 볼 수 있듯이, R_1, R_2, R_3로 표시된 옆-사슬의 구조가 서로 다르다. 엽록소 *a* (Chl *a*)와 엽록소 *b*(Chl *b*)는 광범위한 종에 존재한다. 반면, 박테리오엽록소 *a*(BChl *a*)와 박테리오엽록소 *b*(BChl *b*)는 광합성 박테리아에서만 발견된다. 박테리오엽록소들은 II번 고리에 이중결합의 수가 하나 부족하다는 점에서 엽록소들과 다르다. 페오파이틴(Ph)과 박테리오페오파이틴(BPh)은 서로 비슷한 색소들인데, 중앙부에 Mg^{2+} 대신 공유결합으로 연결된 2개의 수소가 존재한다.

엽록소들은 막 내부 단백질과 비공유결합을 함으로써 막 내부에 특이적으로 위치하고 있다. 소수성의 파이톨 곁사슬은 엽록소가 막 내부에 위치하도록 도와준다. 엽록소의 빛흡수 기능은 복합적인 이중결합 네트워크를 가지고 있는 테트라피롤 고리에 기인한다. 엽록소는 전자기 스펙트럼의 보라색부터 파란색(400~500 nm 파장에서 최대 흡광) 그리고 오렌지색부터 빨간색(650~700 nm 파장에서 최대 흡광)의 빛을 흡수한다(그림 15.2). 이것은 왜 엽록소가 초록색임을 알려준다. 즉, 엽록소는 초록색을 흡수하지 않고 반사한다. 엽록소의 정확한 최대 흡광도는 엽록소의 구조에 따라 달라진다. 예를 들면, Chl *a*와 Chl *b*는 구조가 다르므로 그 흡광도도 다르다. 또한 엽록소 분자의 최대 흡광도는 색소-단백질 혼합체의 구조에 따라서도 달라진다.

핵심개념

엽록소 분자들은 빛을 흡수하면서 산화된다(전자를 잃어버림).

B. 빛에너지

빛에너지의 단일 양자를 **광자(photon)**라 부른다. 엽록소가 광자를 흡수하면, 그 전자는 들뜬 상태(excited state), 즉 낮은 에너지 오비탈(orbital) 상태에서 높은 에너지 분자 오비탈이 된다. 색소에 의해 흡수되는 광자의 에너지는 색소 전자의 낮은 에너지 상태와 높은 에너지 오비탈 사이에서 발생하는 에너지 차이와 정확히 일치하여야 한다. 따라서 엽록소는 특정 파장의 빛만을 흡수하는 것이다. 마치 세포호흡의 전자전달반응에서 전자가 NADH로부터 FMN으로 전달되는 것과 비슷한 방법으로(14.5절 참조), 빛에 의해 들뜬 상태가 된 엽록소 전자의 "높은 에너지"는 명반응의 산화-환원 중심으로 전달될 수 있다. 광합성과 세포호흡의 전자전달반응의 가장 중요한 차이점은 "높은 에너지" 상태의 전자 출처가 다르다는 것이다. 세포호흡에서는 전자가 NADH와 QH_2를 생성하는 화학적 산화-환원반응으로부터 온다. 반면 광합성에서는 색소가 빛의 광자를 흡수함으로써 색소의 전자가 직접적으로 "높은 에너지" 상태가 된다. 엽록소 분자들은 3 가지 다른 에너지 상태가 될 수 있다.

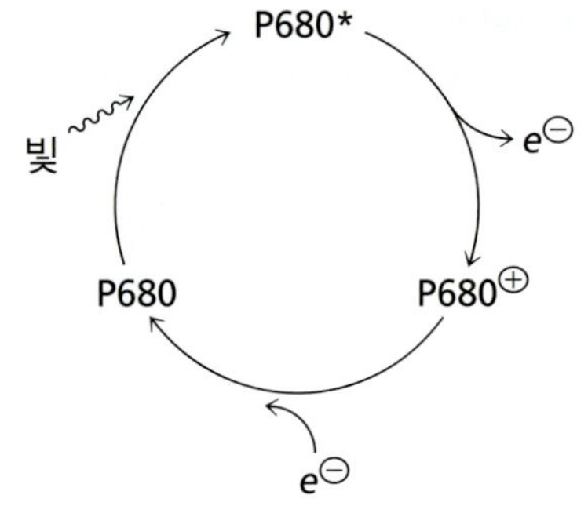

▲ **엽록소의 에너지 상태.** 엽록소 680의 환원, 들뜸(excitation) 및 산화. P680이 빛의 광자를 흡수하면 들뜬 상태인 P680*이 된다. 전자를 잃게 되면 산화 상태 P680⊕가 된다. 외부로부터(예: 물의 산화) 전자를 얻게 되면 환원 상태인 P680이 된다.

기저 상태(Chl 혹은 Chl^0)에서는 모든 전자들이 정상적인 안정한 에너지 상태에 있다. 빛의 광자가 색소에 흡수되면 전자는 들뜬 상태(Chl*)가 된다. 전자전달반응 후, 엽록소 분자는 산화된 상태(Chl⊕)가 되고 전자 제공자로부터 전자를 받아 원상태로 반드시 재생되어야 한다.

빛의 광자에너지는 아래 방정식으로 계산될 수 있다.

$$E = \frac{hc}{\lambda} \tag{15.1}$$

h는 플랑크 상수(6.63×10^{-34} J s), c는 빛의 속도(3.00×10^8 m s^{-1}), 그리고 λ는 빛의 파장이다. 광자 "몰(mole)"의 전체 에너지 값은 E 값을 아보가드로 수 6.022×10^{23}으로 곱하면 편리하게 계산할 수 있다. 따라서 680 nm 파장에서의 빛에너지는 176 kJ mol^{-1}이 된다. 이 값은 표준 깁스 자유에너지 값의 변화와 비슷하다. 즉, 1몰의 엽록소 분자가 1몰의 광자를 흡수할 때, 전자는 들뜬 상태가 되면서 176 kJ mol^{-1}에 해당되는 에너지를 얻는다는 뜻이다. 들뜬 상태의 전자가 원래의 안정한 상태로 돌아갈 때, 이 에너지는 수소이온을 막으로 통과시키거나 NADPH를 합성하는 데 사용된다.

C. 특별쌍(Special Pair)과 안테나 엽록소

전형적인 광계는 수십 분자의 엽록소를 포함하고 있지만, 오직 특별한 두 분자의 엽록소만이 전자전달반응이 일어날 수 있도록 전자를 제공한다. 이 두 엽록소 분자를 **특별쌍(special pair)**이라고 한다. 대부분의 경우, 특별쌍은 특정한 파장에서 빛을 흡수하는 색소(P)를 말한다. 따라서 P680은 680 nm 파장(빨간색)을 흡수하는 엽록소의 특별쌍이다. 이 엽록소의 특별쌍에는 P680, P680*, 그리고 P680⊕ 등 3가지 상태가 있다. P680은 기저상태를 말한다. P680*는 빛 광자를 흡수하여 들뜬 상태, 즉 활성화된 엽록소를 말한다. 반면, P680⊕는 전자를 잃어버린 산화 상태를 의미한다. P680⊕는 전자제공자로부터 전자를 받아서 P680으로 환원된다.

양성자 추진력(protonmotive force)과 연계되어 있는 깁스 자유에너지 값의 변화는 14.3B절에 계산되어 있다.

특별쌍 외에도 광합성에는 전자전달반응에 참여하는 특별한 엽록소들이 있다. 이 엽록소들은 특별쌍으로부터 전자를 받아 다음 분자로 전자를 전달하는 역할을 한다. 모든 엽록소들이 전자전달반응에 직접적으로 관여함을 기억하자. 이 엽록소들은 안테나 물질들로서, 빛을 흡수하고 들뜬 상태의 전자를 특별쌍으로 전달하는 기능을 한다. 안테나 엽록소들은 전자전달반응의 물질들보다 그 숫자가 훨씬 많다. 안테나 엽록소끼리 들뜬 에너지를 전달하는 현상을 **공명에너지 전달(resonance energy transfer)**이라고 한다. 공명 에너지 전달에는 전자의 전달은 없다. 즉, 빼곡히 쌓여 있는 안테나 복합체 내에서 들뜬 상태의 에너지가 진동을 통하여 옆에 있는 엽록소 분자들로 전달된다고 생각할 수 있겠다.

그림 15.3은 광계에서 안테나 엽록소로부터 특별쌍으로 들뜬 상태의 전자가 전달되는 것을 보여준다. 아래 그림은 특별쌍을 둘러싸고 있는 많은 안테나 엽록소 분자 중에서 극히 일부만을 보여주고 있다. 모든 엽록소 분자들은 광계를 이루고 있는 단백질의 아미노산 곁사슬과 결합함으로써 고정된 위치에 존재한다. 그림에서 볼 수 있듯이, 엽록소 분자들이 서로 촘촘하게 붙어 있기 때문에 광자를 흡수한 분자로부터 활성화된 상태의 에너지가 옆 분자로 효과적으로 이동된다.

D. 보조 색소

광합성이 일어나는 막에는 엽록소 이외에 β-카로틴과 같은 카로테노이드와 잔토필 등 여러 종류의 **보조 색소(accessory pigment)**가 존재한다(그림 15.4). 잔토필은 2개의 고리구조에 여분의 수산기를 가진다. 엽록소와 같이, 카로테노이드도 빛을 흡수하기 위한 복합 이중

▼ 그림 15.3

안테나 엽록소 색소로부터 특별쌍 엽록소 분자로 빛에너지가 전달됨. 빛은 안테나 색소(회색)에 의해 흡수되고, 들뜬 상태의 에너지는 안테나 색소 사이로 전달되어 결국 전자전달반응에 참여하는 특별쌍 엽록소 분자(초록색)에 도달하게 된다. 들뜬 에너지의 전달 과정은 빨간색으로 표시되어 있다. 특별쌍은 전자를 전자전달 반응으로 보낸다. 엽록소 분자들은 막단백질들과 강한 결합을 하고 있기 때문에 막에 고정되어 있다.

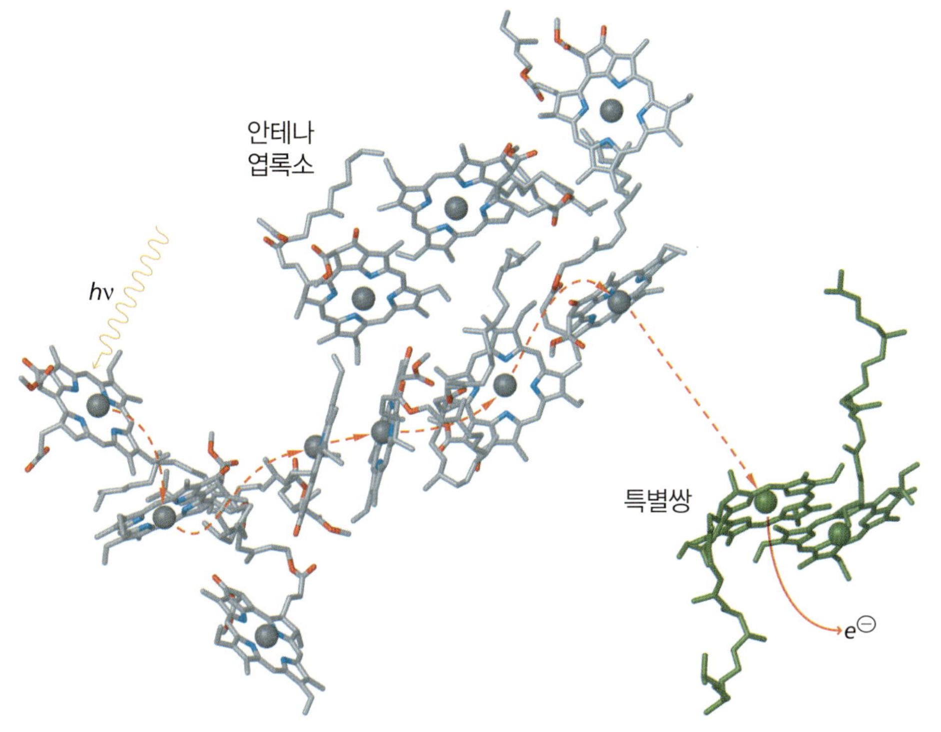

▲ 가을이 되면 잎의 색깔이 변하는 이유 중 하나는 날씨가 추워지고 잎이 죽어가면서 엽록소가 분해되고 그 결과 카로테노이드 보조 색소의 색깔이 나타나기 때문이다.

결합 네트워크를 가지고 있다. 카로테노이드는 파란색에서 최대 흡광을 나타내며, 따라서 빨간색, 노란색, 그리고 갈색을 나타낸다(그림 15.2). 낙엽수의 가을 잎 색깔이 바다 다시마

BOX 15.1 멘델의 종자 색깔 돌연변이

그레고리 멘델의 완두콩 돌연변이 중 하나는 종자 색깔 돌연변이다. 정상적인 완두콩 색깔은 노란색(I)인데, 열성 돌연변이 콩은 초록색(i)이다. 돌연변이는 엽록체에서 엽록소를 분해하는 단백질을 만드는 "stay-green"(*sgr*) 유전자가 변형된 것이다. 이 단백질이 없으면, 엽록소가 분해되지 않고 따라서 콩은 초록색으로 된다.

정상적인 야생종 콩(II)의 종자는 노란색이고, 이형접합자(heterozygotes)(Ii)도 엽록소 분해 단백질이 일부 남아 있어서 여전히 노란색이다. 반면, 동형접합자(homozygotes)(ii)는 엽록소가 분해되지 않으므로 초록색이다. 멘델은 야생형질(I)은 우성이고, 돌연변이 형질(i)은 열성임을 밝혔다. 이형접합자를 교배하면(Ii x Ii) 노란색과 초록색의 유명한 3:1 비율이 나온다는 사실도 관찰하였다.

음식으로 사용되는 식물의 일부 계통은 엽록소를 분해하는 유전자들의 동형접합 돌연변이들이다. 이러한 "보기에 좋은 상록"의 종자나 과일은 소비자들에게 더욱 매력적이다.

우리가 슈퍼마켓이나 농산물 직매장에서 구입하는 모든 콩들은 *sgr* 대립유전자들을 육종을 통해 도입한 동형접합 유전자 변형 콩들이다. 이것은 우리가 "정상적"인 노란색 콩을 전혀 볼 수 없는 이유다.

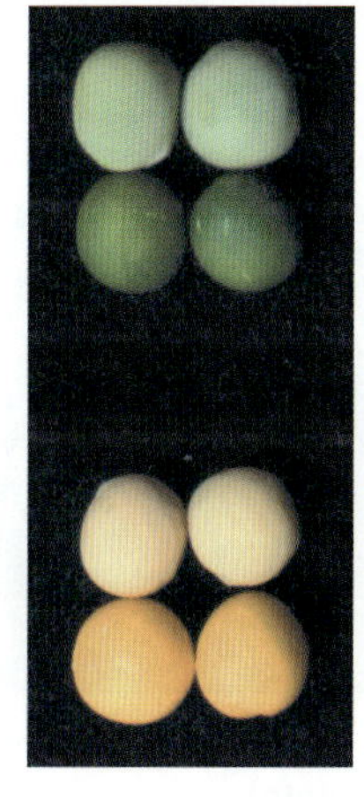

▶ 정상적인 완두콩은 성숙되면 노란색이 된다(아래). 그러나 돌연변이는 완두콩을 초록색으로 남게 하였다(위). 콩 껍질을 벗기게 되면 콩 색깔이 더욱 선명해진다.

그림 15.4 ▶
일부 보조 색소들의 구조. β-카로틴은 카로테노이드이며, 파이코에리스린과 파이코시아닌은 파이코빌린스이다. 파이코빌린스는 단백질과 공유결합으로 연결되어 있고, 반면 카로테노이드는 단백질과 비공유결합을 통해 결합한다.

β-카로틴

파이코에리스린

파이코시아닌에는 에틸기가 있음

파이코시아닌에서는 불포화되어 있음

▲ **적조.** 중국 푸지안 해변의 적조 현상은 적조류가 자라기 때문이다.

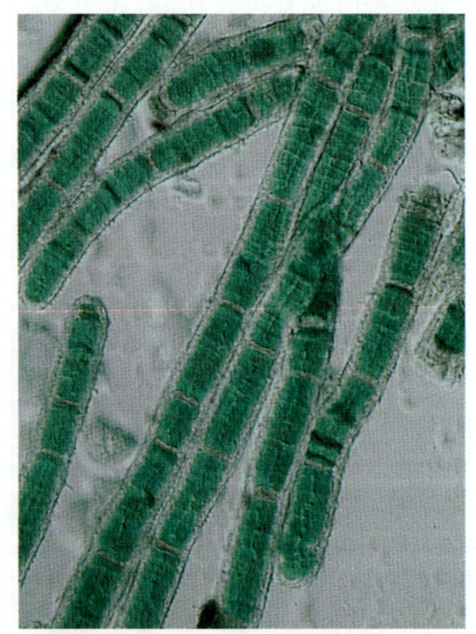

▲ **시토내마(Scytonema)—청록 사이아노박테리아.**

(갈조류) 색을 나타내는 이유 중 하나가 바로 카로테노이드 때문이다.

카로테노이드는 안테나 복합체에서 기능적으로 엽록소와 밀접한 관계가 있다. 카로테노이드는 빛을 흡수하고 그 에너지를 근처의 엽록소로 전달한다. 빛을 흡수하는 기능 이외에, 카로테노이드는 광합성에서 식물을 보호하는 역할을 한다. 즉, 안테나 엽록소로부터 우연히 방출되는 전자를 받아서 다시 산화된 엽록소로 돌려보내는 것이다. 이렇게 함으로써 과산화라디칼(superoxide radical)($\cdot O_2^{\ominus}$)과 같은 활성 산소의 형성을 막아준다. 활성 산소는 이미 14.14절에서 설명하였듯이 세포에 강한 독성을 나타낸다.

파이코에리스린과 청-파이코시아닌(그림 15.4)과 같은 파이코빌린스는 일부 조류와 사이아노박테리아에서 발견된다. 이 색소들은 마그네슘이온이 없는 선형의 엽록소와 그 구조가 비슷하다. 엽록소와 카로테노이드와 같이, 파이코빌린스 분자들도 빛을 흡수하기 위한 일련의 복합 이중구조를 가지고 있다. 카로테노이드의 기능처럼, 파이토빌린스는 엽록소가 잘 흡수하지 못하는 파장의 빛을 흡수하여 보다 넓은 범위의 빛에너지를 이용하여 광합성이 진행되도록 도와준다. 파이코빌린스는 파이코빌리솜이라고 불리는 특별한 안테나 복합체에서 발견된다. 다른 색소들과는 달리, 파이코빌린스는 단백질에 공유결합으로 연결되어 있다. 청록 사이아노박테리아의 파란색과 적조류의 빨간색은 이 세포들의 광계에 존재하는 다수의 파이코빌리솜 때문이다.

15.2 박테리아 광계

박테리아에 존재하는 간단한 광계는 보다 복잡한 사이아노박테리아의 광계로 진화하였다. 그 후, 사이아노박테리아의 광합성 과정은 엽록체가 생기면서 조류와 식물에서도 일어나게 된 것이다.

광합성 박테리아는 전형적인 빛-수집 광계를 가지고 있다. 광합성 박테리아의 기본적 광계는 두 종류로 나뉘는데, 이것들은 아마도 20억 년보다 더 오래 전에 공통의 선조로부터 진화한 것으로 여겨진다. 두 광계 모두 많은 수의 안테나 색소들을 가지고 있으며, 이들 안테나 색소들은 광계 중앙부에 위치하는 반응 중심을 둘러싸고 있다. 반응 중심은 특별쌍과 짧은 전자전달반응을 구성하는 소수의 엽록소로 구성되어 있다.

광계 I(PSI)은 **반응 중심 I**을 함유하고 있다. 또한 **광계 II(PSI)**에는 **반응 중심 II**가 있다. 헬리오박테리아(heliobacteria)와 녹황 박테리아(green sulfur bacteria)는 반응 중심 I 광계를 사용하며, 자색 박테리아 및 녹만균(綠彎菌)은 반응 중심 II 광계를 이용한다. 광합성 박테리아 중 가장 숫자가 많은 사이아노박테리아는 광계 I과 II를 연계한 시스템을 사용한다. 광계 I과 II

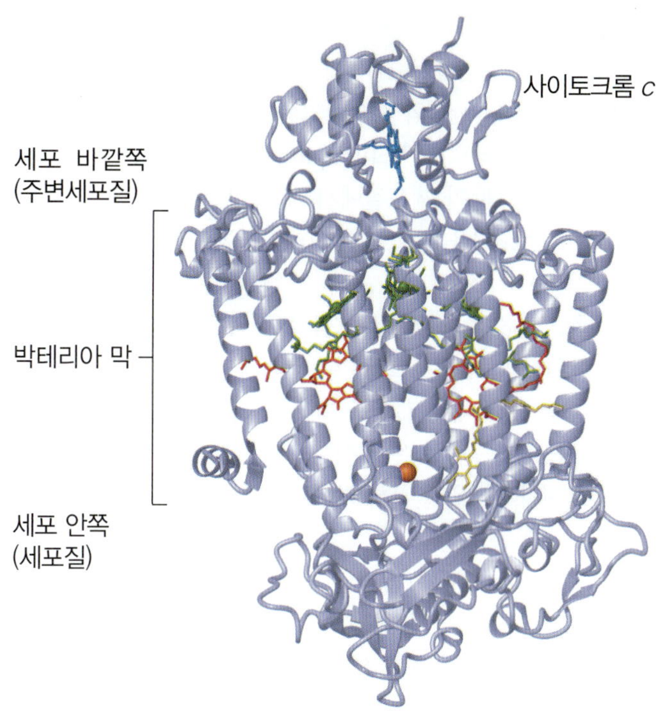

◀ **그림 15.5**
자색 박테리아 로도박터 스페로이디스(*Rhodobacter spaeroides*)의 광계 II. 구조의 중심은 2개의 상동(homologous) 막-통과 단백질 소단위체(L과 M)으로 구성되어 있다. 각각의 소단위체은 5개의 막-통과 α-헬릭스 구조를 가지고 있다. 반응 중심의 전자전달 분자들은 2개의 중심 단백질 사이에 끼어 있다. 사이토크롬 *c*는 막의 세포 바깥쪽 페리플라스믹 면에서 PSII와 결합되어 있다(위쪽). 두 번째 단백질 소단위체은 세포 안쪽 세포질 면을 향해 있다(아래).

가 연계된 사이아노박테리아 시스템은 조류와 식물에서 발견되는 광계와 비슷하다.

A. 광계 II

본 장에서는 자색 박테리아 및 녹만균의 광합성에 대한 설명을 먼저 하고자 한다. 이 박테리아들은 대부분 혐기성 박테리아들이다. 즉, 산소가 있을 경우 생존하지 못하는 박테리아들이다. 따라서 이 박테리아들은 광합성의 부산물로 산소를 생성하지 않으며, 세포호흡의 전자전달반응에서 산소를 사용하지도 않는다. 자색 박테리아 및 녹만균은 반응중심 II 광계를 가지고 있다. 이 막복합체는 종종 박테리아 반응 중심(BRC)이라 불린다. 그러나 이 말은 박테리아가 다른 종류의 반응 중심도 가지고 있기 때문에 잘못된 것이다. 따라서 자색 박테리아 및 녹만균이 가지고 있는 광계를 광계 II라 명명하도록 하겠다. 자색 박테리아 및 녹만균 광계 II는 사이아노박테리아 및 식물의 광계 II와 진화적으로 연관되어 있다.

그림 15.5는 자색 박테리아 광계의 구조를 보여주고 있다. 반응 중심 II의 색소 분자는 2개의 가지(branch) 구조와 함께 전자전달반응을 형성하고 있다. 박테리오엽록소(P870)의 특별쌍은 세포막에서 세포 바깥쪽, 즉 주변세포질(periplasmic) 표면을 향하여 위치하고 있다. 각각의 가지 구조는 박테리오엽록소 *a*와 박테리오페오피틴 분자를 포함하고 있다(그림 15.6). 오른쪽 가지 구조 끝에는 강하게 결합된 퀴논 분자가 있으며, 왼쪽 끝에는 지질 이중막에 약하게 결합된 유동성 퀴논 분자가 있다. 그림 15.5에서 고정된 퀴논 분자는 막에 박혀 있는 α 헬릭스 구조 안에 묻혀 있다는 것에 주목하자. 반면, 복합체 반대쪽은 지질의 이중막을 향하여 열려 있는 구조를 하고 있다.

전자전달반응은 빛을 흡수한 P870 혹은 안테나 색소들로부터 고에너지 전자가 방출되면서 시작한다(안테나 색소는 그림 15.6에 보이지 않음). 그 후 전자는 반응 중심 복합체의 오른쪽 가지로 전달되어 고정된 퀴논 분자를 환원시킨다. 전자는 다시 막의 세포 안쪽 근처의 중심축에 있는 철 원소의 도움을 받아 복합체의 반대쪽에 있는 유동성 퀴논으로 전달된다. 유동성 퀴논은 전자 2개와 세포질로부터 수소 2개를 받아 QH_2로 환원된다. 따라서 한 분자의 QH_2를 생성하기 위해 두 분자의 빛 광자가 흡수된다.

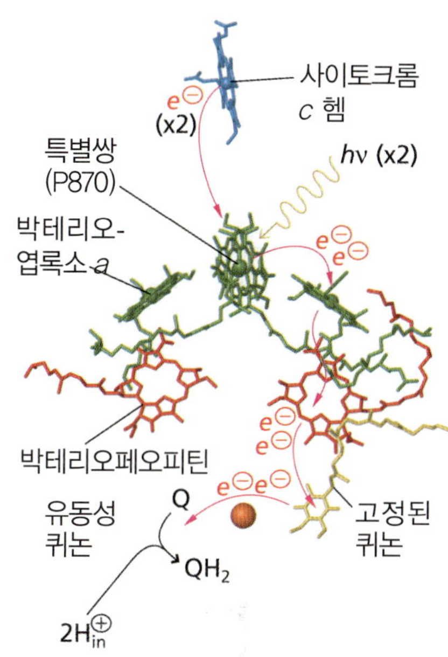

▲ **그림 15.6**
반응 중심 II는 전자전달반응을 함유하고 있다. 특별쌍(P870)은 사이토크롬 *c*의 헴기에 근접한 세포 바깥쪽 주변세포질의 표면에 위치한다. 빛이 흡수되면, 전자는 P870로부터 BChl, BPh, 고정된 퀴논, 그리고 중심 철 원소 옆에 위치한 유동성 퀴논(오렌지색)으로 순차적으로 전달된다. 전자는 다시 사이토크롬 *c*로부터 P870으로 돌아간다.

자색 박테리아인 로도수도머스 비리디스(*Rhodopseudomas viridis*)의 광계 구조는 그림 4.25f에 있다.

QH_2는 지질이중층 내에서 박테리아 세포호흡 전자전달 시스템의 사이토크롬 bc_1 복합체(복합체 III)로 이동한다. 이 복합체는 14장에서 설명한 것과 동일한 복합체이다(14.7절). 사이토크롬 bc_1 복합체는 QH_2의 산화와 사이토크롬 *c*의 환원반응을 촉매하는데, 이 효소를 유비퀴놀: 사이토크롬 *c* 옥시도리덕테이즈(ubiquinol: cytochrome *c* oxidoreductase)라 한다. 이 반응은 Q 순환을 통해 $H^{\oplus}$가 세포질에서 세포 바깥 공간으로 전달되는 결과를 도출한다. 이렇게 형성된 수소 농도기울기는 ATP 신테이즈에 의한 ATP 생성을 추진한다(그림 15.7).

$P870^{\oplus}$ 특별쌍 엽록소 분자들은 사이토크롬 bc_1 복합체에 의해 생성된 사이토크롬 *c* (Fe^{2+})의 작용에 의해 환원된다. 사이토크롬 *c*는 박테리아 세포를 둘러싸고 있는 두 개의 세포막 사이인 페리플라스믹 공간 내에서 이동한다. 그 결과 전자는 PSII로부터 사이토크롬 bc_1으로 전달된 후 다시 PSII로 돌아오는 것이다. 그림 15.5는 헴 구조를 가지고 있는 고정된 사이토트롬 *c* 분자가 전자전달을 원활히 하기 위해서 P870 특별쌍과 근접하게 위치하고 있다는 것에 주목하자.

복합체 간의 전자의 움직임은 세포호흡의 전자전달반응에서와 같이 유동 인자 QH_2와 사이토크롬 *c*에 의해 조정된다. 자색 박테리아의 광합성과 세포호흡 전자전달반응과의 차이점은 광합성이 순환반응이라는 것이다. 광합성이 순환반응이기 때문에 다른 반응으로 전자가 유출되거나 혹은 외부에서 전자의 유입이 필요하지 않다. 순환식 전자전달은 많은 광합성반응의 특징이다. 즉, 빛에너지의 흡수는 전자가 PSII와 사이토크롬 bc_1 사이로 순환되고 ATP 합성을 위한 수소이온 기울기가 형성되는 결과를 낳는 것이다. 이 반응들은 표 15.1에 나와 있다(사이토크롬 bc_1 반응은 표 14.3의 반응과 동일하다). 두 분자의 광자가 흡수되면 네 분자의 수소이온이 막을 통과한다. 이 순환반응을 통해 합성된 ATP는 박테리아에서 단백질, 핵산, 탄수화물 및 지질 합성에 사용된다. 즉, 흡수된 빛에너지는 궁극적으로 생합성 반응에 이용되는 것이다.

핵심개념

박테리아 광계 II는 빛 에너지를 사용하여 ATP 합성을 위한 수소이온 농도기울기를 만든다.

방정식 15.1을 이용하면 2 "몰(moles)"의 870 nm 빛이 흡수될 때 나오는 에너지가 274 kJ mol^{-1}임을 알 수 있다. 이 빛에너지는 4개의 수소이온을 막 밖으로 통과시키는데 이용된다. 14.3절에서 설명한 바에 의하면, 4개의 수소이온을 막 밖으로 통과시키는데 대략 4×19.4 kJ mol^{-1} = 77.6 kJ mol^{-1}의 에너지가 필요하다. 따라서 자색 박테리아가 빛에너지를 화학에너지로 바꾸는 효율은 77.6/274 = 28%이며 이는 그리 효율적이지는 않다는 것을 알 수 있다.

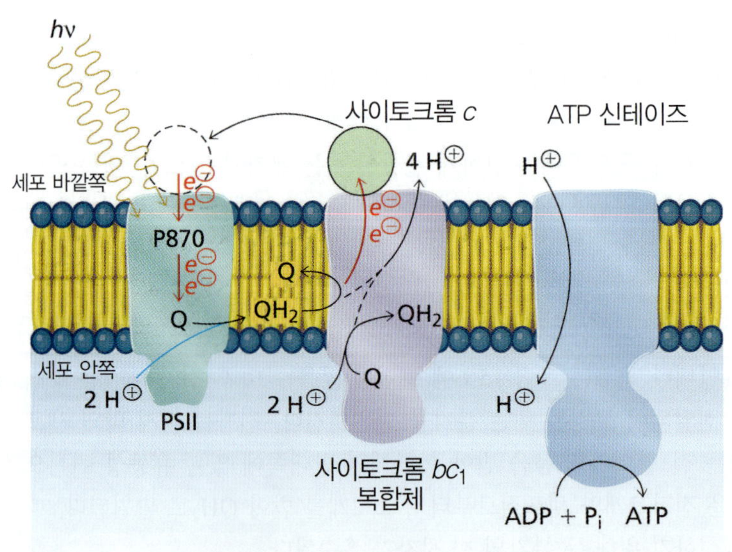

그림 15.7 ▶
자색 박테리아의 광합성. PSII의 색소에 의해 빛이 흡수되면 반응 중심 전자전달반응을 통해 전자가 P870에서 QH_2로 전달된다. QH_2는 사이토크롬 bc_1으로 이동하고 전자가 사이토크롬 *c*로 전달된다. 이 반응은 수소이온이 막을 통과하는 것과 연계되어 있다. 수소이온 농도기울기는 ATP 합성을 야기한다. 환원된 사이토크롬 *c*는 주변세포질의 공간 내에서 PSII로 이동하여 $P870^{+}$를 환원시킨다. 보다 자세한 Q-순환반응은 그림 14.11에 나와 있다.

표 15.1 광계 II 반응들

PSII:	2 P870 + 2 광자 $\longrightarrow$ 2 $P870^{\oplus}$ + 2 $e^{\ominus}$
	Q + 2 $e^{\ominus}$ + 2 $H^{\oplus}_{in}$ $\longrightarrow$ QH_2
Cyt bc_1:	2 QH_2 + 2 cyt *c* (Fe^{3+}) $\longrightarrow$ 2 Q + 2 cyt *c* (Fe^{2+}) + 4 $H^{\oplus}_{out}$ + 2 $e^{\ominus}$
	Q + 2 $e^{\ominus}$ + 2 $H^{\oplus}_{in}$ $\longrightarrow$ QH_2
PSII:	2 cyt *c* (Fe^{2+}) + 2 $P870^{\oplus}$ $\longrightarrow$ 2 cyt *c* (Fe^{3+}) + 2 P870
합	2 광자 + 4 $H^{\oplus}_{in}$ $\longrightarrow$ 4 $H^{\oplus}_{out}$

광합성의 기본적인 원리는 빛에너지(광자)를 화학에너지(예: ATP)로 전환하는 것이다. 이 과정은 지난 14장에서 설명한 전자전달반응으로부터 일부 진화된 것이다. 광합성은 복합체 III과 ATP 신테이즈를 사용하는 에너지-생성 경로가 생긴 수억 년 후 진화하였다. 박테리아 광합성에서 생성된 ATP는 탄수화물 합성에만 국한되는 것이 아니며, 또한 광합성 과정에서 산소가 만들어지지 않는다는 것이 중요한 점이다.

핵심개념

자색 박테리아의 광합성은 순환 반응이다. 따라서 이 과정은 H_2O 혹은 H_2S와 같이 전자를 제공하는 외부 물질이 필요 없다.

B. 광계 I

그림 15.8은 전형적인 광계 I(PSI)의 구조를 보여준다. 복합체의 중심부에는 다수의 막-통과 α 나선을 가지고 있는 2개의 상동 단백질로 구성되어 있다. 이량체(dimer) 단백질을 구성하는 각각의 단위체는 2개의 도메인을 가지는데, 이것들은 반응 중심 I의 전자전달반응 색소들과 결합하는 내부 도메인과 안테나 색소들과 결합하는 외부 도메인이다. PSI의 반응 중심 단백질 도메인은 PSII의 단백질과 그 구조와 아미노산 서열에서 비슷하다. 이는 반응 중심 I과 II가 공통의 선조로부터 진화하였다는 강한 증거다.

PSI과 PSII의 가장 큰 차이점은 PSII에 비해 PSI의 안테나 구조가 더 복잡하다는 것이다. PSI 안테나는 엽록소와 카로테노이드 분자들과 함께 복합체를 구성한다. 그림 15.8은 96개의 엽록소와 22개의 카로테노이드를 함유하고 있는 사이아노박테리아의 PSI 복합체를 보여주고 있다. 다수의 빛-흡수 색소 분자들은 중심 소단위체 주변에 있는 여분의 막-통과 단백질들과 강하게 결합하고 있다. 그림 15.5와 15.8에서 볼 수 있듯이, 일반적으로 PSI은 PSII에 비해 더 크고 더 복잡한 구조를 하고 있다.

PSI의 전자전달반응 분자들의 구조는 PSII의 그것과 매우 유사하다(그림 15.9). PSI과

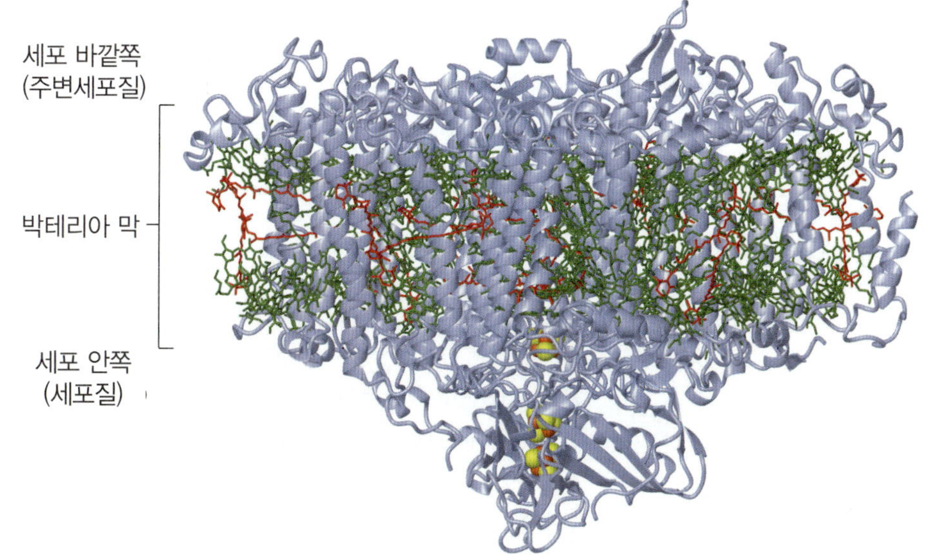

◀ **그림 15.8**
광계 I(PSI)의 구조. 이 그림은 사이아노박테리아의 한 종류인 서모시네코코쿠스 엘롱가투스(*Thermosynechococcus elongates* 혹은 *Synechococcus elongatus*)의 PSI을 보여준다. 이 PSI 복합체는 96개 엽록소(초록색), 22개 카로테노이드(빨간색), 그리고 3개의 철-황 다발(오렌지색)을 함유한다. 또한 14개의 단백질 소단위체가 있는데, 이 단백질들은 대부분 막-통과 α 나선 구조를 가지고 있다. [PBD 1JBO]

필로퀴논은 비타민 K라고도 알려져 있다 (7.14D절, 그림 7.29)

PSII 모두 반응 중심에는 끝 부분에 고정된 퀴논을 가지고 있는 색소 분자들이 있다. PSII 반응 중심에 한 분자의 엽록소와 한 분자의 페오피틴이 있는 것과는 달리, PSI 반응 중심에는 두 분자의 엽록소가 있다. PSI의 고정된 퀴논은 주로 필로퀴논인 반면, PSII 퀴논은 유비퀴논(혹은 박테리아에서는 메나퀴논)이다. 반응 중심 I의 필로퀴논은 복합체와 강하게 결합하여 전자전달반응의 일부를 구성한다(반응 중심 II의 퀴논 중 하나는 유동성 전자 수용체임을 기억하자).

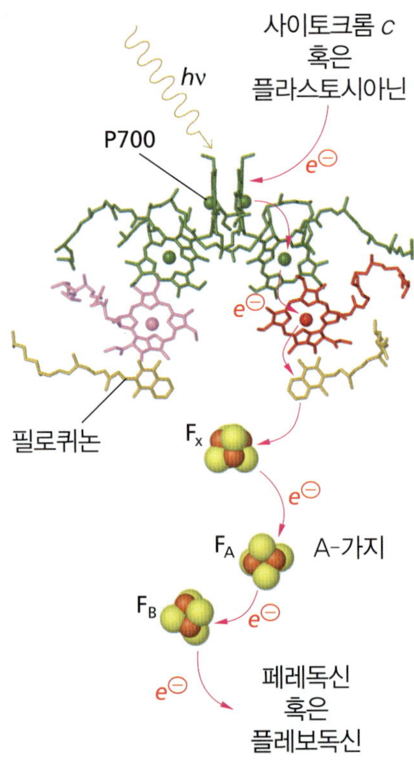

▲ 그림 15.9
PSI 전자전달반응(반응 중심 I). 전자전달반응은 특별쌍 엽록소 분자(P700)에서 시작하여 필로퀴논으로 진행된다. 전자는 다시 필로퀴논으로부터 Fe-S 다발을 거쳐 궁극적으로 페레독신으로 전달된다. P700은 사이토크롬 c 혹은 플라스토시아닌에 의해 환원된다.

전자전달은 막의 바깥 쪽 주변세포질 표면에 있는 엽록소 분자의 특별쌍에서 시작된다. 이 특별쌍은 700 nm 파장의 빛을 흡수하므로 P700이라 부른다. 특별쌍을 이루는 두 개의 엽록소는 동일하지 않다. 즉 A-가지 쪽에 있는 분자는 엽록소 *a*의 에피머(박테리아의 경우 박테리오엽록소 *a*)이다. P700은 빛 광자를 흡수함으로써 혹은 안테나 분자들로부터 에너지를 전달받음으로써 고에너지의 들뜬 상태가 된다. 들뜬 에너지 상태의 전자는 그 후 고정된 필로퀴논으로 전달된다. P700에서 필로퀴논으로 전자가 전달되는 시간은 불과 20 피코초(10^{-12}초)에 불과하다. 이것은 다른 전자전달반응에 비하여 매우 빠른 속도이다. 반응 중심 II에서 P680으로부터 고정된 퀴논으로 전자가 전달되는 속도는 2~3배 정도 더 걸린다.

전자는 그 후 고정된 필로퀴논에서 3개의 Fe-S 다발, FX, FA, 그리고 FB로 전달된다. PSI에서의 마지막 전자수용체는 페레독신(혹은 플레보독신)이다(그림 7.36). 페레독신은 2개의 [4Fe-4S] 철-황 다발을 가지고 있다. 이 전자전달반응을 통해 $Fe^{3+} \longrightarrow Fe^{2+}$ 환원이 일어나며 이때 표준 환원 포텐셜 값은 0.43 V이다(표 10.5).

환원된 페레독신(Fdred)은 페레독신:NADP⊕ 옥시도리덕테이즈, 혹은 일반적으로 페레독신:NADP⊕ 환원효소(FNR)라고 더 잘 알려진 효소에 의해 촉매되는 산화환원반응의 기질이 된다. 이 효소는 플레보 단백질(FAD를 함유하고 있음)이며, 전형적인 세미퀴논 중간산물(7.5절)을 포함하는 3단계 반응이다. 이 반응의 생성물은 환원제인 NADPH이다. 표 15.2는 PSI에 참여하는 반응들을 보여주고 있다.

페레독신의 표준 환원 포텐셜 값이 NADP⊕의 값보다 현저히 낮기 때문에 전자가 페레독신으로부터 NADP⊕로 전달된다는 것을 주목하자. 광계 II의 마지막 전자수용체인 Q의 표준 환원 포텐셜 값은 너무 높아서 전자가 NADP⊕로 전달될 수 없다. 이것은 PSII의 빛 흡수 효율이 PSI의 빛 흡수 효율보다 높다는 것을 의미한다.

PSI 반응은 순환반응이 아니다. 따라서, 빛에 의해 들뜬 고에너지 엽록소 전자가 NADPH로 전달되었기 때문에 반응 중심 I의 산화된 특별쌍(P700)은 외부의 다른 분자로부터 전자를 받아 환원되어야 한다. 일부 박테리아의 PSI은 PSII와 비슷한 방법으로 특별쌍 옆에 있는 사이토크롬 *c*에 의해 환원된다. 이때 사이토크롬 *c*에 전자를 제공하는 분자들은 박테리아 종마다 다르다. 녹황 박테리아에서는 H_2S 그리고 $S_2O_3^{2-}$ 등이 전자를 사이토크롬 *c*에 제공한다. 이 반응은 특별한 효소에 의해 촉매된다(그림 15.10). 따라서 녹황 박테리아는 산소가 없는 상태에서 자라는 광자가영양생물이다.

핵심개념

박테리아 광계 I은 태양빛을 이용하여 NADPH를 만든다.

비순환 전자전달반응은 PSI의 특징이지만, PSI에서 전자전달이 순환되기도 한다. PSI에

페레독신(Fe^{3+}) + $e^{-} \rightarrow Fe^{2+}$
$\Delta E = -0.43$ V
NADP⊕ + H⊕ + 2 e^{-} → NADPH
$\Delta E = -0.32$ V
유비퀴논(Q) + 2 H⊕ + 2 e^{-} → QH_2
$\Delta E = +0.04$ V

표 15.2 광계 I 반응들

PSI:	2 P700 + 2 광자 ⟶ 2 P70⊕ + 2 e^{-}
	2 Fd_{ox} + 2 e^{-} + ⟶ 2 Fd_{red}
FNR:	Fd_{red} + H⊕ + FAD ⇌ Fd_{ox} + FADH •
	Fd_{red} + H⊕ + FADH • ⇌ Fd_{ox} + $FADH_2$
	$FADH_2$ + NADP+ ⇌ FAD + NADPH + H⊕
합:	2 P700 + 2 광자 + NADP⊕ + H⊕ ⟶ 2 P700⊕ + NADPH

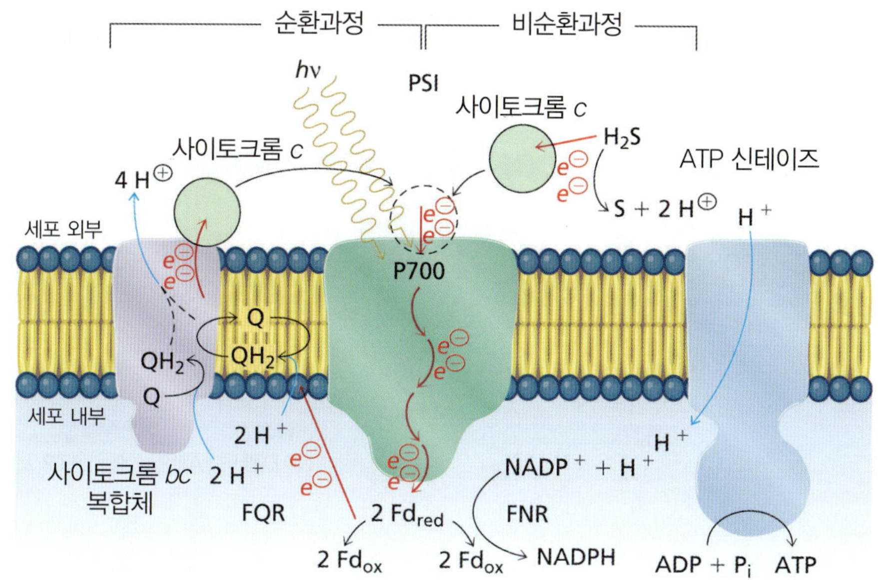

▲ 그림 15.10

녹황 박테리아의 광합성. 빛에 의해 P700이 활성화되면 세포막 안쪽의 세포질 면에서 환원된 페레독신이 생성된다. 페레독신은 페레독신:NADP⊕ 환원효소(FNR) 반응에서 전자 제공자의 역할을 하며 그 결과 세포질에서 NADPH가 생성된다. 또한 페레독신은 페레독신:퀴논 리덕테이즈(FQR) 반응을 통해 Q를 QH_2로 환원시킨다. QH_2는 사이토크롬 bc_1 복합체에 의해 산화되고, 그 결과 전자가 사이토크롬 *c*로 전달되며 수소이온이 막을 통과한다. P700⊕은 다시 사이토크롬 *c*에 의해 막의 페리플라스믹 면에서 환원된다. 비순환 과정에서는, H_2S와 같이 황을 가지고 있는 분자들의 산화를 통해 사이토크롬 *c*가 환원된다. 저자의 전달은 빨간색으로 표시되어 있다.

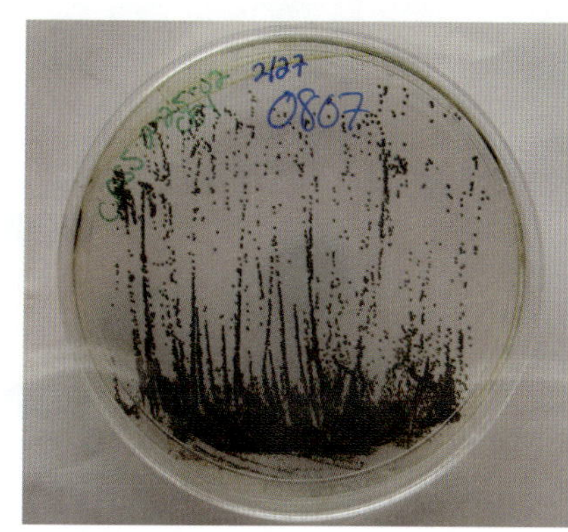

▲ **녹황 박테리아.** 아가(agar) 배지에서 자라고 있는 클로로비움 테피덤(*Chlorobium tepidum*).

서 일부 전자가 때때로 페레독신:퀴논 옥시도리덕테이즈(페레독신:퀴논 환원효소, FQR)에 의해 페레독신으로부터 퀴논으로 전달된다. 퀴놀(QH_2)은 사이토크롬 bc_1 복합체와 반응하여 전자를 사이토크롬 *c*로 전달한다. 사이토크롬 *c*는 P700⊕을 환원시킨다(그림 15.10). 이러한 PSI의 전자 순환 과정은 PSII의 순환 과정과 매우 유사하다. 즉, 사이토크롬 bc_1이 Q 순환을 통해 수소이온 농도기울기와 연계됨으로써 빛에 의해 ATP가 생성되는 것이다. 그러나 대부분의 경우 비순환 과정이 우선적으로 일어나며 NADPH가 생성된다. 만약 NADPH가 생합성 반응에 효율적으로 사용되지 못하면, 전자는 사이토크롬 bc_1으로 전달되어 ATP를 만드는 것이다.

환원된 페레독신은 다른 대사 과정(예: 질소고정 반응)에서도 사용된다(17.1절 참조).

C. 광계와 사이토크롬 *bf*가 연계된 광합성 반응

사이아노박테리아의 막은 PSI과 PSII를 모두 가지고 있다. 빛을 이용하여 NADPH와 ATP를 모두 합성하기 위하여 PSI과 PSII가 연계되어 있는 것이다. 사이아노박테리아의 광합성 반응들은 그림 15.11에 나와 있다. 빛이 PSII에 의해 흡수되면 P680이 활성화되고, 전자가 플라스토퀴논(PQ, 그림 7.33)이라 불리는 유동성 퀴논으로 전달된다. 전자는 그 후 세포호흡 전자전달반응의 사이토크롬 bc_1과 유사한 사이토크롬 *bf* 복합체로 전달된다. 사이토크롬 *bf* 복합체 내부에서의 전자 전달은 광합성 Q-회로에 의한 H⊕ 이온의 막 통과와 연계되어 있다. PSII과 사이토크롬 *bf* 복합체가 연계된 광합성 반응은 자색 박테리아의 광합성 반응과 비슷하지만 한 가지 매우 중요한 차이점이 있다. 즉, 자색 박테리아의 전자는 사이토크롬 bc_1 복합체(사이토크롬 *c*)의 마지막 전자수용체에 의해 PSII로 돌아가는 반면, 사이아노박테리아의 전자는 PSI으로 전달된다. 사이아노박테리아의 독특한 사이토크롬 *bf* 복합체의 마지막 전자수용체는 사이토크롬 *c* 혹은 청색 구리(copper)를 포함하는 단백질인 플라스토시

핵심개념

광계 I과 광계 II를 모두 가지고 있는 생명체는 태양에너지를 사용하여 NADPH와 동시에 ATP 합성에 이용되는 수소이온 기울기를 만든다.

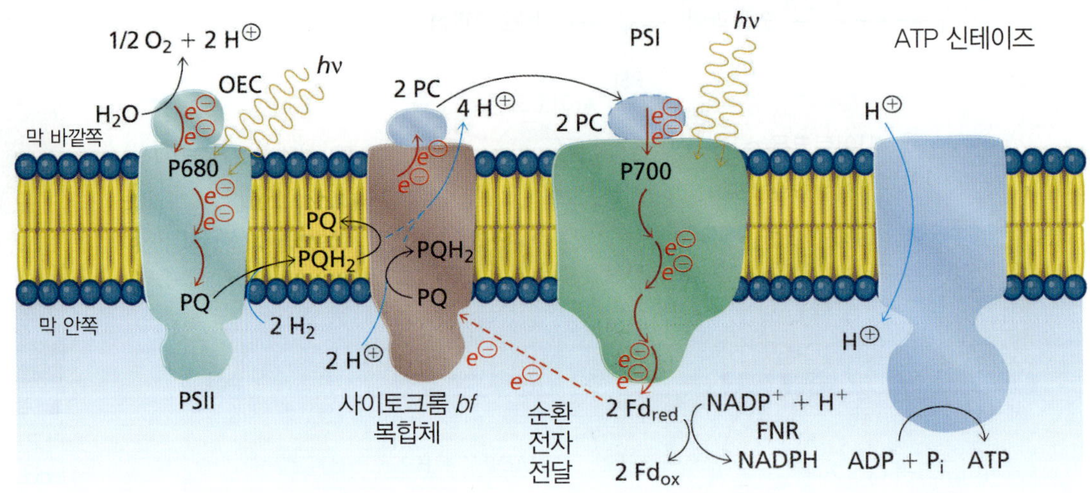

▲ 그림 15.11

사이아노박테리아의 광합성. 빛이 흡수되면 PSII로부터 전자가 사이토크롬 *bf* 복합체를 거쳐 PSI과 페레독신으로 전달된다. 이때 PSII에서 나오는 전자는 물(H_2O)에서 온 것이다. 이 과정을 통하여 NADPH와 수소이온 농도 기울기가 형성되어 ADP의 인산화 반응이 일어난다. 물 한 분자로부터 산소 생성 복합체(OEC)의 작용을 통해 1/2 O_2가 만들어지고, 한 분자의 NADP⊕가 NADPH로 환원된다. 그림에서는 편의상 PSI, PSII 그리고 사이토크롬 *bf* 복합체가 세포막에 함께 가까이 있지만, 대부분의 종에서는 이 복합체들이 세포막 안쪽에 박혀 있다. 플라스토퀴논(PQ)은 PSII와 사이토크롬 *bf* 복합체 사이의 유동성 전자 운반체이다. 플라스토시아닌(PC)은 사이토크롬 *bf* 복합체와 PSI 사이의 유동성 전자 운반체이다.

아닌(PC)이다. 환원된 사이토크롬 *c*와 환원된 플라스토시아닌은 PSI의 막 바깥쪽 주변세포질 표면에 결합되어 있는 유동성 전자운반체로서 P700⊕를 환원시킨다(사이토크롬 *bf* 복합체의 마지막 전자수용체로서 대부분의 사이아노박테리아와 조류는 사이토크롬 *c*를 사용하는 반면, 일부 사이아노박테리아와 모든 식물들은 플라스토시아닌 혹은 사이토크롬 c_6를 사용한다).

광합성 사이토크롬 *bf* 복합체의 구조가 X-선 결정학을 통해 밝혀졌다(그림 15.12). 이 복합체는 두 개의 사이토크롬 반응 중심을 가지고 있는데, Q-순환에서의 그 기능은 세포호흡 전자전달반응의 사이토크롬 bc_1 복합체(복합체 III)에서의 사이토크롬 *b*의 기능과 비슷하다. 리스케(Rieske) 철-황 단백질(ISP)은 전자를 사이토크롬 *b*에서 사이토크롬 *f*로 전달하고, 환원된 사이토크롬 *f*는 전자를 플라스토시아닌으로 전달한다. 사이토크롬 *f*(*f*는 프랑스어 *feuille*의 준말로서 잎이라는 뜻)는 세포호흡 사이토크롬 bc_1의 사이토크롬 c_1과는 관계없는 별개의 단백질이며, 사이토크롬 *b*와 ISP는 복합체 III에 있는 단백질들과 유사하다.

사이토크롬 *bf* 복합체는 고대 사이아노박테리아에 존재하는 사이토크롬 bc_1 복합체로부터 진화하였다. 가장 중요한 변화는 박테리아 *bc* 복합체의 사이토크롬 c_1이 사이아노박테리아 복합체의 사이토크롬 *f*로 치환된 것이다. 이 변화를 통해 전자가 사이토크롬 *f*를 통해 구리-단백질 플라스토시아닌으로 전달되는 것이다(사이토크롬 bc_1 복합체의 전자수용체는 플라스토시아닌이 아니라 사이토크롬 *c*라는 것을 기억하자). 플라스토시아닌은 사이아노박테리아에서 PSI과 특이적으로 결합하여 전자를 P700⊕로 전달한다. 따라서 전자가 PSII → PQH_2 → 사이토크롬 *bf* → PC → PSI → NADPH 방향으로만 전달된다.

사이아노박테리아에는 사이토크롬 bc_1이 없다. 따라서 사이토크롬 *bf*가 복합체 III을 대신하여 세포호흡의 전자전달반응에도 작용한다. 환원된 플라스토시아닌이 사이토크롬 *c*와 유사한 중간전달자를 통해 최종 산화제(복합체 IV)로 전자를 제공한다. 플라스토퀴논은 광합성과 세포호흡 모두에서 유동성 퀴논 전자 운반자의 역할을 한다.

PSI의 활성화는 녹황 박테리아와 비슷한 방법으로 NADPH를 생성한다. 녹황 박테리아처럼, PSI을 통해 전자가 순환되지만 이때에는 사이토크롬 *bf* 복합체가 작용한다. PSII, 사이토크롬 *bf*, 그리고 PSI를 통해 전자가 NADPH로 전달되면 P680⊕이 전자를 잃는다는 것에 주목하자. P680⊕은 부족한 전자를 물로부터 얻어 다시 환원되고, 따라서 산소가 부산물로 생성된다. 물을 분해하는 효소를 산소-생성 복합체(OEC)라 한다. OEC는 막의 바깥 표면에서 PSII와 강하게 결합되어 있다. 원시 사이아노박테리아에서의 OEC의 진화는 지구상의 생명체 역사에 가장 중요한 사건 중 하나이다.

핵심개념

물이 분해되면서 산소 분자를 생성하며 동시에 광계 II에 전자를 제공한다.

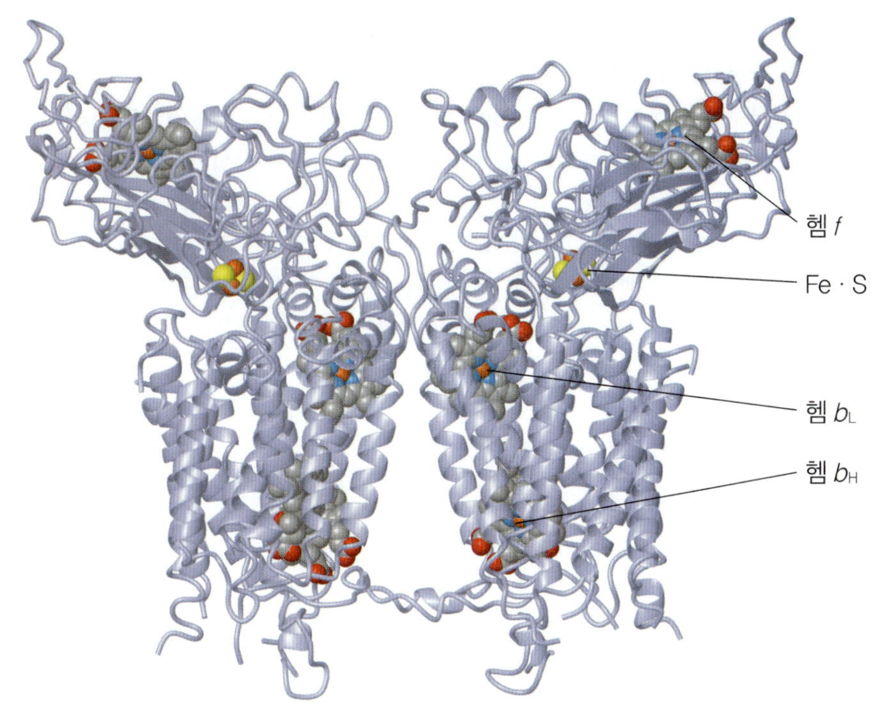

◀ 그림 15.12
사이아노박테리아 마스티고클라더스 라미노수스(*Mastigocladus laminosus*)의 사이토크롬 *bf* 복합체. 이 복합체는 복합체 III(그림 14.10 참조)와 같이 2개의 기능 효소를 가지고 있다. 1차 전자전달 물질은 헴 b_L과 헴 b_H(Q-순환 산화반응), ISP의 철-황 다발(Fe-S), 그리고 헴 *f*이다. 각각의 유닛에는 엽록소 *a*, *β*-카로틴, 그리고 기능을 모르는 헴 *x*가 포함되어 있다(헴 *x*는 그림에 없음). [PDB 1UM3]

OEC에는 Mn^{2+}, Ca^{2+}, Cl^{-} 이온 다발이 존재한다. OEC는 두 분자의 물로부터 전자를 하나씩 모두 4개를 뽑아내는 반응을 촉매한다. 이 반응은 P680⊕ 특별쌍 근처 PSII 복합체의 외부 면에서 일어난다. 물이 분해되면서 나오는 전자는 P680⊕으로 전달된다(그림 15.13). 물이 분해되는 반응의 기작은 여러 실험실에서 현재 연구 중이다. 이 반응의 원리는 세포호흡에서 전자전달반응 복합체 IV에 의해 촉매되는 반응(14.8절)의 역반응이다. OEC가 막의 외부 표면에 위치하고, 물에서 나온 수소이온은 막 사이의 수소이온 농도기울기를 만든다는 것에 주목하자.

앞에서 설명한대로, PSI와 PSII의 유사성은 두 광계가 공통의 선조로부터 진화됐음을 의미한다. 오랜 진화의 시간 동안, 이 두 종류의 광계 중 하나를 갖게 되는 광합성 박테리아(예: 자색 박테리아, 녹황 박테리아)가 분리되어서 나온 것이다. 약 25억 년 전, 사이아노박테리아의 옛 선조는 PSI 혹은 PSII를 각각 가지고 있는 두 종류의 박테리아로부터 유전체를 받아 두 종류의 광계 모두를 얻게 된 것 같다. 처음에는 PSI과 PSII가 각각 분리된 상태에서 작용했지만, 점차 광합성 사이토크롬 *bf* 복합체(사이토크롬 bc_1으로부터)와 OEC의 진화와

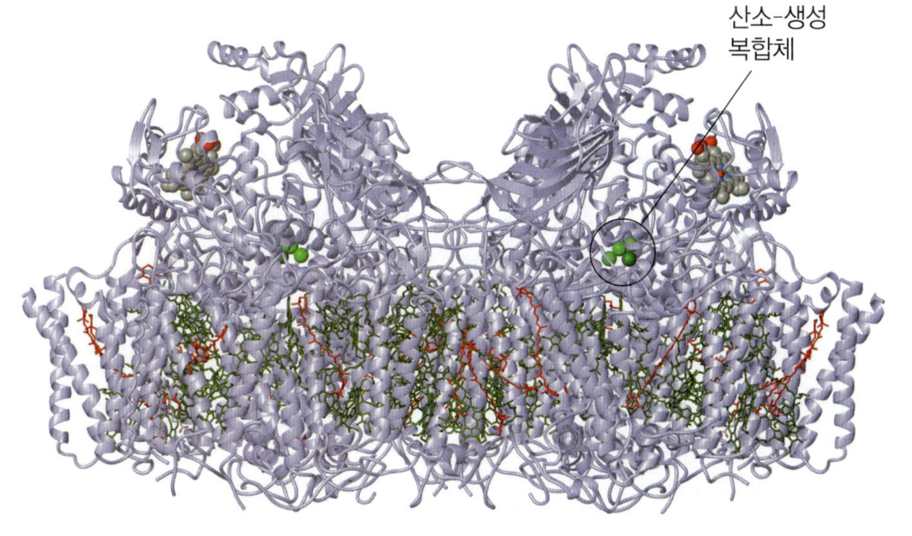

◀ 그림 15.13
PSII와 산소-생성 중심. 사이아노박테리아 서모시네코코쿠스 에롱가투스(*Thermosynechococcus elongates*)의 PSII 복합체는 자색 박테리아의 PSII 복합체(그림 15.5)보다 훨씬 더 크지만 그 중심 구조는 매우 비슷하다. 사이아노박테리아의 PSII 복합체는 많은 안테나 엽록체와 카로테노이드를 가지고 있으며 이량체이다. 산소-생성 복합체(OEC)는 Mn_3CaO_4 다발(원형으로 표시됨)을 함유하고 있다. 이 금속이온 다발은 반응 중심 II 위에 위치하고 있다. [PDB 3BZ1]

함께 그 기능도 연계되었을 것이다. 그 후, 사이아노박테리아는 원시 진핵세포와 공생관계를 형성함으로써 조류와 식물에서 발견되는 현대의 엽록체로 변한 것이다.

광계 I과 II를 모두 사용하는 시스템은 빛을 흡수하여 ATP(수소이온 기울기를 통하여)와 환원제 NADPH를 동시에 생성할 수 있다. 광계 I 혹은 광계 II 혼자서는 ATP와 NADPH를 동시에 모두 합성할 수 없다.

따라서 PSI과 PSII를 연계함으로써 NADPH 한 분자를 생성하고, 고에너지 전자 한 쌍당 4개의 수소이온이 막을 통과하게 된다. 광계 I과 II에서 빛을 각각 흡수함으로 합계 4개의 광자 빛에너지가 사용된다. OEC에 의해 물이 분해될 때 수소이온 농도기울기가 생성되고 산소가 만들어진다. 이 반응들은 표 15.3에 나와 있다.

D. 광합성의 환원 포텐셜과 깁스 자유에너지

광합성 동안 일어나는 전자의 흐름은 **Z-체계(Z-scheme)**라고 불리는 지그재그 모양의 그림으로 설명할 수 있다(그림 15.14). Z-체계는 PSI, PSII, 그리고 사이토크롬 *bf*에서 일어나는 전자전달의 환원 포텐셜을 나타낸다. 이 그림을 보면 빛에너지가 약한 환원제인 P680 및 P700 색소 분자들을 강한 환원제(P680* 및 P700*)로 변환시킨다는 것을 알 수 있다(환원제는 다른 분자를 환원시키기 위하여 전자를 제공한다는 것을 기억하자. 이 반응의 결과로 환원제 자신은 산화된다). 산화된 형태의 색소 분자들은 P680⊕과 P700⊕이다. P680* 및 P700*가 다시 산화될 때 에너지는 원래의 상태로 회복되며 전자는 사이토크롬 *bf*와 NADPH로 전달된다.

여러 환원제들의 표준 환원 포텐셜은 표 10.5에 나와 있다. 10장에서 보았듯이, 2개의 환원 포텐셜의 차이는 표준 깁스 자유에너지로 환산될 수 있다. 그림 15.14에서 볼 수 있듯이, P680 혹은 P700에 의한 광자의 흡수는 약 1.85 V 정도로 표준 환원 포텐셜을 낮춘다. 1.85 V의 차이는 약 180 kJ mol^{-1}($\Delta G^{\circ\prime}$ = 180 kJ mol^{-1})의 표준 깁스 자유에너지 변화 값에 해당된다. 이 값은 680 nm 파장의 광자에너지 값과 거의 일치한다(176 kJ mol^{-1}, 15.1절). 이것은 빛에너지가 매우 효율적으로 환원 포텐셜의 변화로 전환되었음을 의미한다.

핵심개념

빛 광자에너지는 엽록소 분자의 특별쌍을 고에너지로 활성화시킨다. 활성화 상태가 되면 환원 포텐셜이 매우 낮아지고 따라서 산화 반응으로 전자를 보다 쉽게 제공할 수 있게 된다.

광합성과 세포호흡의 전자전달반응에는 매우 유사한 점이 많다. 두 반응 모두에서 전자가 사이토크롬 복합체를 통해 전달되며, 그 결과 H⊕이 막을 통과한다. 이렇게 해서 형성된 수소이온 농도기울기가 ATP 신테이즈에 의한 ATP 합성에 이용되는 것이다.

사이토크롬 bc_1(복합체 III)과 사이토크롬 *bf*의 구조와 위치도 유사하다. 두 복합체 모두

표 15.3 광계 I과 광계 II를 모두 사용하는 광합성 반응

PSII:	2 P680 + 2 광자 ⟶ 2 P680⊕ + 2 $e^{\ominus}$
	PQ + 2 $e^{\ominus}$ + 2 $H^{\oplus}_{in}$ ⟶ PQH_2
OEC:	H_2O ⟶ ½O_2 + 2 $H^{\oplus}_{out}$ + 2 $e^{\ominus}$
	2 P680⊕ + 2 $e^{\ominus}$ ⟶ 2 P680
Cyt *bf* :	2 PQH_2 + 2 플라스토시아닌 (Cu^{2+}) ⟶ 2 PQ + 2 플라스토시아닌($Cu^{\oplus}$) + 4 $H^{\oplus}_{out}$ + 2 $e^{\ominus}$
	PQ + 2 $H^{\oplus}_{in}$ + 2 $e^{\ominus}$ ⟶ PQH_2
PSI:	2 P700 + 2 광자 ⟶ 2 P700⊕ + 2 $e^{\ominus}$
	2 Fd_{ox} + 2 $e^{\ominus}$ ⟶ 2 Fd_{red}
	2 플라스토시아닌($Cu^{\oplus}$) + 2 P700⊕ ⟶ 2 플라스토시아닌(Cu^{2+}) + 2 P700
FNR:	2 Fd_{red} + $H^{\oplus}$ + $NADP^{\oplus}$ ⇌ 2 Fd_{ox} + NADPH
합계	H_2O + 4 광자 + 4 $H^{\oplus}_{in}$ + $NADP^{\oplus}$ + $H^{\oplus}$ ⟶ ½O_2 + 6 $H^{\oplus}_{out}$ + NADPH

안쪽 막과 바깥쪽 막 사이의 공간에 수소이온을 내보낸다. 두 복합체에서 ATP 신테이즈의 위치 배치도 동일하다. 즉, 효소의 "머리" 부분은 박테리아 세포의 세포질과 마이토콘드리아의 안쪽을 향하여 각각 위치하고 있다. 다음 절에서 설명되어 있듯이, ATP 신테이즈의 구조와 위치는 엽록체에서도 매우 유사하다.

광합성과 세포호흡 전자전달반응과의 차이점은 전자의 출처와 마지막 전자수용체가 다르다는 것이다. 예를 들면, 마이토콘드리아에서는 "고에너지" 전자가 NADH($E^{\circ\prime}$ = −0.32 V)와 같은 환원제로부터 오며, 산소($E^{\circ\prime}$ = +0.82 V)가 그 전자를 받아서 물이 생성된다. 반면, 광합성에서는 그 역반응이 일어난다. 물($E^{\circ\prime}$ = +0.82 V)이 전자를 제공하며 NADP⊕ ($E^{\circ\prime}$ = −0.32 V)가 전자 수용체로서 작용한다. 이 전자 흐름의 "역반응"은 큰 깁스 자유에너지 변화를 동반하는 다른 반응과 연계되지 않으면 열역학적으로 불리한 반응이다. "큰 깁스 자유에너지 변화를 동반하는 다른 반응"이 바로 태양 빛에 의한 PSI와 PSII의 활성화이다.

물로부터 전자를 끌어내오기 위하여 세포는 $H_2O \rightarrow 1/2\ O_2 + 2\ H^{\oplus} + 2\ e^{\ominus}$ 반응보다 더욱 큰 환원 포텐셜을 가지는 강력한 산화제가 필요하다. 이 강력한 산화제가 바로 전자를 잃고 난 후의 P680 특별쌍이다. 그 반응은 $P680^{\oplus} + e^{\ominus} \rightarrow P680^{\circ}$ ($E^{\circ\prime}$ = +1.1 V)이다. 이 표준 환원 포텐셜은 물의 환원 포텐셜보다 높으며, 따라서 전자는 그림 15.14에서 볼 수 있듯이 물에서 P680⊕으로 전달되어 "내려가는" 것이다. P680⊕은 생화학 반응에서 가장 강력한 산화제이다. P680⊕은 반응 중심 II와 비슷한 시스템을 가지고 있는 자색 박테리아의 P870⊕보다 훨씬 강력한 산화제이다.

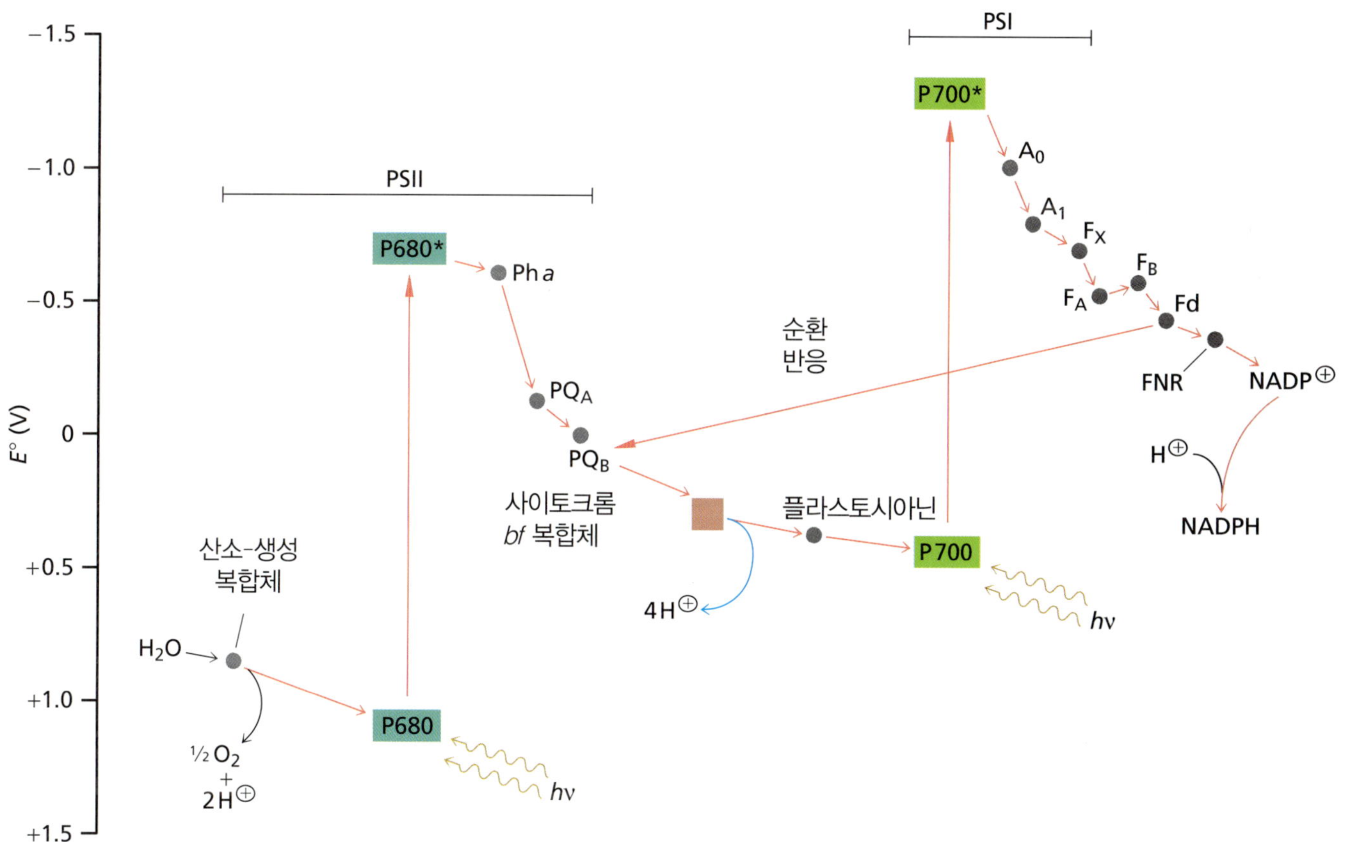

▲ 그림 15.14

사이아노박테리아 광합성에서의 환원 포텐셜과 전자의 흐름. 빛에너지는 특별쌍 색소 P680과 P700에 의해 흡수된다. 빛을 흡수하면 표준 환원 포텐셜이 크게 감소하여 P680과 P700은 강한 환원제가 된다. 이 그림은 전자 한 쌍이 물로부터 NADPH로 전달될 때의 반응들을 보여주고 있다. 약자: Ph *a*, 페오피틴 *a*, P680의 전자수용체; PQ_A, 고정된 플라스토퀴논; PQ_B, 유동성 플라스토퀴논; A_0, 엽록소 *a*, P700의 1차 전자수용체; A_1, 필로퀴논; F_X, F_B, 그리고 F_A, 철-황 다발; Fd, 페레독신; FNR, 페레독신:$NADP^+$ 리덕테이즈.

BOX 15.2 지구 대기의 산소 "오염"

광합성 박테리아는 아마도 30억 년 전에 진화했겠지만, 산소를 생성하는 사이아노박테리아에 대한 화석 증거는 오직 21억 년의 역사를 말해준다. 이보다 더 오래된 화석은 신빙성이 떨어지는 것으로 최근에 판명되었다. 지질학적 기록은 박테리아가 대략 24~27억 년 전에 산소를 생성함으로써 지구 대기를 "오염"시키기 시작한 것이라는 증거를 제시해 준다. 이것은 PSII에서 산소를 생성했던 시기와 거의 일치하며, 가장 오래된 사이아노박테리아 화석보다 더 오래된 시기이다.

이 시기에 산소의 농도는 현재 산소 농도의 25% 정도였으며, 이 산소의 농도는 약 19억 년 전 잠깐 감소한 것을 제외하고는 10억 년 이상 비슷한 수준으로 유지되어 왔다. 약 19억 년 전 산소 농도가 잠깐 떨어진 이유는 알려져 있지 않다. 고대 식물들—아마도 지의류(lichen)와 이끼류(moss)—은 약 7억 년 전에 지구에 나타났는데, 이로 인해 산소의 농도가 급격히 증가하여 현재의 농도 21%에 도달한 것이다.

산소는 약 20억 년 전에 살았던 대부분의 종들에게 매우 독성 물질이었다. 그러나 이 "오염물질"인 산소에 내성이 있을 뿐 아니라 세포호흡 전자전자반응에 이용하는 새로운 종들이 점차 생기게 되었다.

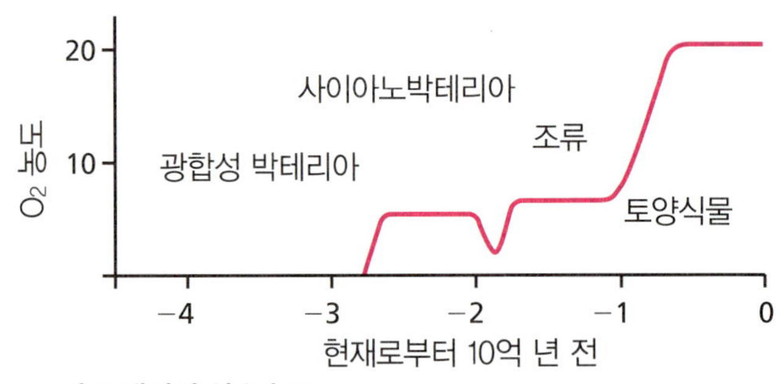

▲ **지구 대기의 산소 농도.**

또한 P700*은 NADP⊕보다 낮은 환원 표텐셜을 가지고 있는 강력한 환원제이다. PSI이 빛을 흡수하면 고에너지 전자가 만들어지고, 이 전자는 NADP⊕로 전달되어 NADPH 환원제가 생성되는 것이다. 따라서 세포호흡의 전자전달과는 "역" 방향으로 일어나는 광합성 전자의 역흐름은 광계 엽록소 분자의 빛 흡수 능력에 의해 성취되는 것이다.

E. 광합성은 내막에서 일어난다

4종류의 광합성 복합체(PSI, PSII, 사이토크롬 *bf*, ATP 신테이즈)는 모두 막에 박혀 있다. 대부분의 사이아노박테리아는 광합성 복합체가 모여 있는 복잡한 내면의 막 네트워크를 가지고 있다(그림 15.15). 이 내면의 막을 **틸라코이드막(thylakoid membrane)**이라 한다. 틸라코이드막은 세포막이 세포 안쪽으로 함입되어서 생긴 구조인데 마이토콘드리아의 크리스티(cristae) 구조와 비슷하다. 막이 안쪽으로 구불구불하게 접히면서 **루멘(lumen)**이라고 하는 공간이 생기는데, 광합성 과정 중 생성되는 수소이온이 루멘에 축적된다. 틸라코이드 루멘은 주변세포질 공간과 연결되어 있기도 하고, 만약 틸라코이드막이 세포막으로부터 떨어지는 경우에는 내부의 칸막이 공간을 형성하기도 한다.

내부 막 네트워크는 막단백질이 위치하기에 적당하도록 큰 표면적을 만든다. 그 결과, 사이아노박테리아는 다른 광합성 박테리아에 비해 매우 높은 농도의 광합성 복합체를 가지고 있다. 이것은 사이아노박테리아가 흡수한 빛에너지를 매우 효율적으로 화학에너지로 전환한다는 것을 의미한다. 이것은 또한 사이아노박테리아가 진화적으로 성공하도록 함과 동시에 지구 대기에 풍부한 산소가 생기는 계기가 된 것이다.

▲ **그림 15.15**
사이아노박테리아 시네코시스티스 (*Synechocystis*) PCC 6803의 내부 구조. (카복시좀은 15.6A절에 설명되어 있다.)

15.3 식물의 광합성

지금까지는 박테리아의 광합성에 대하여 설명하였지만, 많은 진핵세포 생명체도 광합성을 수행할 수 있다. 우리가 가장 익숙한 광합성 진핵 생명체는 현화식물과 이끼류와 양치류와 같은 토양 생명체이다. 또한 조류와 규조류와 같이 많은 간단한 진핵 종들도 광합성을 한다.

모든 광합성 진핵 생명체의 광수확 광계는 엽록체라고 하는 독특한 세포 내 소기관에 위치한다. 따라서 박테리아 대사와는 달리, 진핵세포의 광합성과 세포호흡 전자전달반응은 각각 엽록체와 마이토콘드리아에서 분리되어 일어난다. 엽록체는 약 10억 년 전보다 더 오래 전에 공생관계를 위하여 원시적인 진핵세포 안으로 들어온 사이아노박테리아로부터 진화하였다. 현대의 엽록체는 아직도 초기 박테리아의 축소된 유전체를 가지고 있다. 엽록체 DNA에는 광계 단백질과 CO_2 고정에 관여하는 일부 효소들의 유전자들이 있다. 이 유전자들의 전사와 mRNA의 번역 과정은 21장과 22장에 설명되어 있는 원핵 생명체의 전사 및 번역 과정과 유사하다. 이러한 엽록체 유전자들의 성격이 원핵세포와 비슷하다는 것은 엽록체의 진화적 기원을 반영해 준다.

현재 지구 대기 산소의 약 70% 가량이 토양 식물, 특히 열대 우림지역의 광합성 과정에서 생성된 것이다. 나머지 30%의 산소는 대부분 박테리아, 규조류 및 조류와 같은 작은 바다 생명체에 의해 생성된다. 동물이 소비하는 거의 모든 식량은 태양에너지를 이용하여 직접적으로 또는 간접적으로 식물이 만들어 내는 광합성 산물들이다.

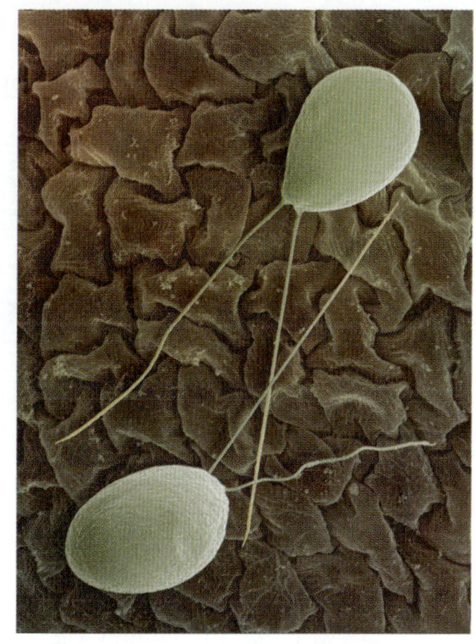
▲ **클라미도모나스(*Chlamydomonas*) *sp*.** 클라미도모나스 종은 식물과 가까운 녹조류이다. 클라미도모나스는 하나의 큰 엽록체를 가지고 있다. "클라미(Chlamy)"는 실험실에서 잘 자라는 현대 생명체이다.

A. 엽록체

마이토콘드리아처럼 엽록체도 이중막(내막과 외막)으로 둘러싸여 있지만 그 구조는 마이토콘드리아와 다르다(그림 15.16). 광합성 과정에서 생성된 수소이온은 엽록체의 안쪽 공간, 즉 **스트로마(stroma)**에서 내부의 막 구조 안으로 이동된다.

이 내부의 막구조를 틸라코이드막이라고 한다(그림 15.15). 엽록체 안에서 이 막구조는 복잡한 얇은 판 모양의 네트워크를 형성한다. 엽록체가 발생 과정에서 성숙되면서 이 막구조는 평평한 디스크 모양의 얇은 주머니 구조를 이룬다. 마치 동전이 겹겹이 쌓여 있는 모양을 하는 이 디스크 구조를 **그라나(grana**, 단수는 granum)라고 한다.

전형적인 엽록체에는 그라나 혹은 틸라코이드막이 차곡차곡 쌓여 있는 구조가 수십 개씩 존재한다. 성숙한 엽록체의 그라나는 스트로마 틸라코이드라는 얇은 막 구조에 의해 서로 연결되어 있다. 스트로마 틸라코이드막의 양쪽은 스트로마를 향하여 노출되어 있는 반면, 그라나 틸라코이드막은 차곡차곡 쌓여 있는 위와 아래 주머니의 막들과 가깝게 붙어 있다.

틸라코이드막의 3차 구조가 그림 15.17에 나와 있다. 차곡차곡 쌓여 있는 막 디스크는 짧은 스트로마 틸라코이드에 의해 연결되어 있다. 디스크 주머니의 내부 공간을 루멘이라고 부른다. 모든 틸라코이드막은 엽록체의 내막으로부터 만들어진 경우로 보인다. 따라서 루멘은 엽록체의 내막과 외막 사이에 있는 공간과 동일한 공간이다. PSI, PSII, 사이토크롬 *bf*, 그리고 ATP 신테이즈 복합체가 바로 틸라코이드막에 박혀 있다. 마이토콘드리아에서는 수소이온이 내막과 외막 사이의 공간(14.3절)에 축적되지만, 엽록체에서는 수소이온이 스트로마에서 루멘으로 이동하여 축적된다. 엽록체의 스트로마는 박테리아의 세포질과 마이토콘드리아의 기질에 해당되는 공간임을 기억하자.

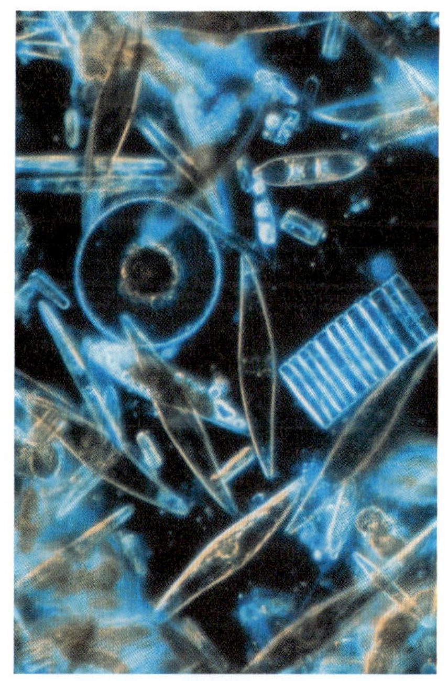
▲ **규조류.** 지구 대기의 산소 중 약 30%는 바다 광합성 생명체가 만든다.

B. 식물의 광계

진핵세포 엽록체의 광계 복합체는 원시 사이아노박테리아의 복합체로부터 진화되었다. 엽록체 PSI은 구조적으로 그리고 기능적으로 박테리아 선조의 광계와 유사하다. 단 한 가지 구조적 차이는 진핵체 PSI의 반응 중심 전자전달반응에 박테리오엽록소 대신 엽록소 분자가 있다는 것이다. 진핵체 PSI은 플라스토시아닌(혹은 사이토크롬 *c*)을 산화하고 페레독신(혹은 플레보독신)을 환원시킨다. 진핵체 PSI은 일부 박테리아에서 발견되는 복합체와 비슷한 LHCI 광수확 복합체를 가지고 있다.

엽록체 PSII도 사이아노박테리아의 PSII와 유사하다. 식물의 엽록체 막에는 LHCII라는 광수확 복합체가 PSII와 함께 위치하고 있다. LHCII는 140 분자의 엽록소와 40 분자의 카

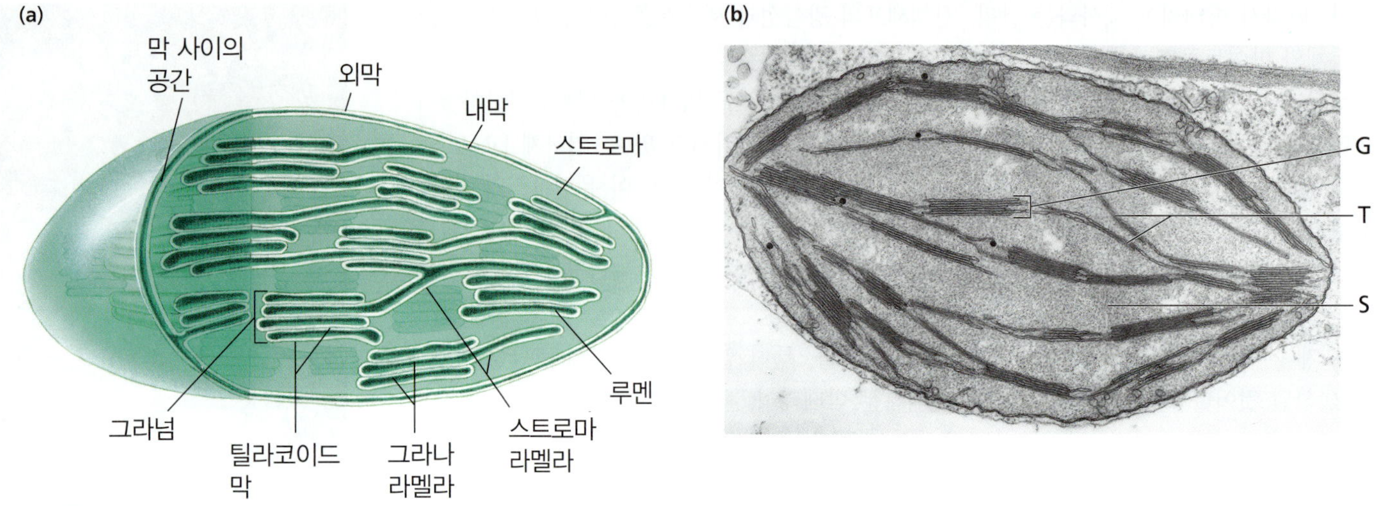

▲ 그림 15.16
엽록체의 구조. **(a)** 전반적인 구조. **(b)** 전자현미경 사진: 시금치 잎에 있는 엽록체의 횡단면. G는 그라나, T는 틸라코이드막, S는 스트로마를 의미한다.

로테노이드를 가지고 있는 큰 구조이고, PSII를 완전히 둘러싸고 있다. 그 결과, 식물은 박테리아보다 효율적으로 빛을 흡수한다. 사이아노박테리아와 엽록체는 유사한 사이토크롬 *bf* 복합체를 가지고 있다.

예상한대로, 엽록체의 ATP 신테이즈는 사이아노박테리아의 ATP 신테이즈와 비슷하다. 엽록체 ATP 신테이즈는 지난 14장에서 설명한 마이토콘드리아의 효소와는 다르다. 마이토콘드리아의 ATP 신테이즈는 프로테오박테리아로부터 진화하였고, 프로테오박테리아는 사이아노박테리아와 진화적으로 매우 다르기 때문에, 엽록체 ATP 신테이즈가 마이토콘드리아의 효소와 다르다는 것은 그리 놀라운 사실이 아니다. 조류, 규조류, 그리고 식물에 속하는 종들도 엽록체와 마이토콘드리아에 각각 다른 ATP 신테이즈를 가지고 있다.

스트로마와 그라나 틸라코이드막에 있는 다양한 광합성 물질들의 위치가 그림 15.19에 나와 있다.

엽록체의 ATP 신테이즈는 CF_0F_1 ATP에이즈(ATPase)이며, "C"는 엽록체(chloroplast)의 약자이다. 엽록체와 마이토콘드리아 ATP 신테이즈의 전체적인 분자구조는 서로 비슷하지만, 이 효소들을 구성하는 다양한 소단위체들은 서로 다른 유전자에 의해 코딩된다. 마이토콘드리아에서처럼, 엽록체의 ATP 신테이즈도 6개의 고리 및 막대 구조로 이루어져 있는 헥사머릭(hexameric) 복합체이다. 수소이온이 막을 통과할 때 고리 구조가 회전하게 되고, 14.9절에서 설명한 결합-변화 기작(binding change mechanism)에 의해 ADP + P_i로부터 ATP가 합성된다. CF_1 "놉(knob)" 구조는 엽록체의 스트로마로 돌출되어 있다(그림 15.18).

핵심개념

광합성 박테리아와 엽록체는 광계 복합체가 위치하는 장소의 표면적을 증가시키기 위하여 내부 틸라코이드막을 이용한다.

C. 엽록체 광계의 구조

그림 15.19는 엽록체 틸라코이드막에 박혀 있는 광합성 물질들의 위치를 보여준다. PSI은 스트로마 틸라코이드에 주로 위치하며, 따라서 엽록체 스트로마에 맞닿아 있다. PSII는 주로 그라나 틸라코이드막에 존재하여 스트로마로부터 떨어져 있다. 산소-생성 복합체는 틸라코이드막의 루멘 안쪽 면에 PSII와 함께 있다. 사이토크롬 *bf* 복합체는 스트로마 틸라코이드막과 그라나 틸라코이드막에서 모두 발견된다. ATP 신테이즈는 주로 스트로마 틸라코이드에만 위치하는데, ATP를 합성하는 CF_1 구조는 스트로마로 돌출되어 있다

그라나를 구성하는 각각의 디스크의 위쪽과 아래쪽 막의 표면들은 서로 붙어 있음으로써 이중-막 구조를 형성한다. 이렇게 이중-막이 촘촘하게 쌓여 있는 지역이 빛-수집 PSII 복합체와 LHCII 복합체가 함께 위치하는 곳이다. 빛은 식물세포의 세포막과 세포질을 지나 엽록체의 외막을 통과한다. 빛이 그라나에 이르게 되면, 그라나 막에 있는 색소 분자에 의해 효과적

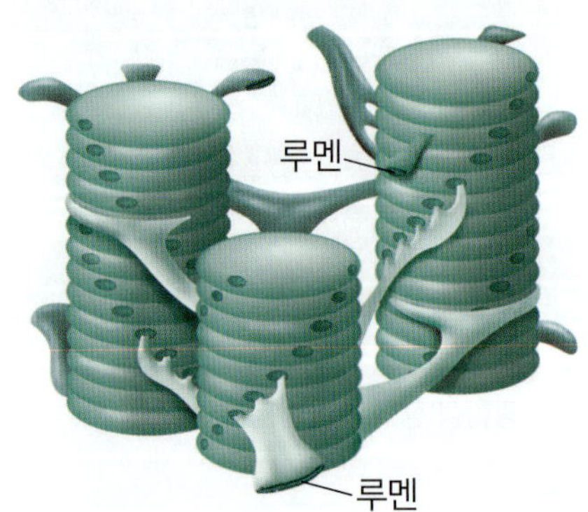

▲ 그림 15.17
그라나의 디스크 더미 구조와 이것을 연결하는 스트로마 틸라코이드의 구조. (Adapted from Staehlin, L. A. (2003) Chloroplast structure: from chlorophyll granules to supramolecular architecture of thylakoid membranes. *Photosynthesis Research* 76:185–196.)

으로 흡수된다.

빛에 의해 활성화된 전자는 PSII 복합체 내부에서 전달된 후, PQ로 전달되어 PQH_2를 형성한다. 이때 수소이온은 스트로마로부터 온다. 전자를 잃은 PSII 반응 중심은 루멘에서 일어나는 물의 산화 반응을 통해 전자를 보충하여 원래의 상태로 돌아간다. PQH_2는 막 내부에서 사이토크롬 *bf* 복합체로 이동하여 PQ로 다시 산화된다. Q-순환에 의해 나온 수소이온은 루멘으로 들어간다. 전자는 다시 플라스토시아닌으로 전달되고, 플라스토시아닌은 루멘 안으로 이동하여 PSI에 도달한다. PSI은 빛을 흡수하여 전자가 환원된 플라스토시아닌에서 페레독신으로 전달되도록 한다. 페레독신은 스트로마에서 합성되는데, 그곳에서 $NADP^{\oplus}$가 NADPH로 환원되는 반응에 참여하거나 또는 스트로마 틸라코이드막에서 사이토크롬 *bf* 복합체에게 전자를 제공한다(순환 전자전자반응, 15.2B절).

PSII는 스트로마가 아니라 틸라코이드 루멘에 직접적으로 닿아 있다는 것을 기억하자. 그림 15.11에서 보았듯이 틸라코이드 루멘은 박테리아 막의 외면에 해당되는 공간이다. PSI은 엽록체 안에 축적되는 페레독신을 합성하므로 스트로마에 돌출되어 있다. 스트로마는 박테리아의 세포질(세포 안쪽)에 해당하는 공간이다. 사이토크롬 *bf* 복합체가 스트로마 틸라코이드막과 그라나 틸라코이드막에 모두 분포되어 있는 것은 이 복합체가 전자를 PSI과 PSII 모두에서 받는다는 사실과 일치한다. 그라나에 위치하는 PSII-사이토크롬 *bf* 거대 복합체는 물에서 플라스토시아닌으로 이동하는 선형 전자전달반응에 참여한다. 반면, 스트로마 틸라코이드에는 PSI, 사이토크롬 *bf*, 그리고 페레독신:퀴논 옥시도리덕테이즈(FQR)가 위치하며 순환 전자전달반응에 참여한다.

수소 농도기울기는 ATP 합성에 사용된다. 수소이온이 루멘에서 스트로마로 이동하면서, 스트로마에서 ADP와 P_i로부터 ATP가 합성된다. ATP와 NADPH 모두 스트로마에 축적되고, 그곳에서 생화학 반응에 사용된다. 식물에서(그러나 다른 광합성 종에서는 아니다) 이렇게 생성된 ATP와 NADPH 분자들의 많은 양이 CO_2 고정과 탄수화물 합성에 사용된다.

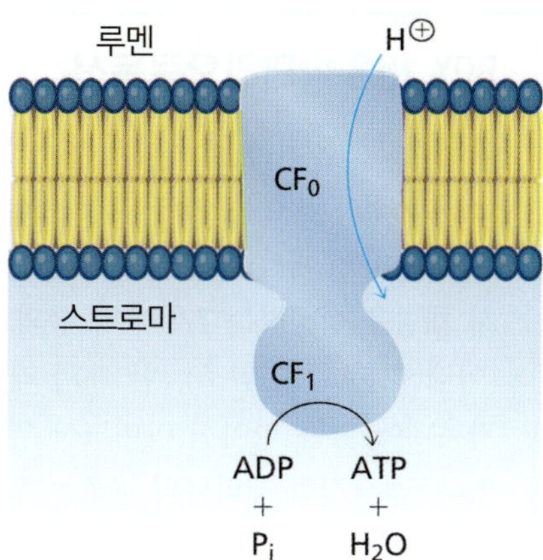

◀ **그림 15.18**
엽록체 ATP 신테이즈.

15.4 CO_2 고정: 캘빈 회로

광합성 생명체에는 대기 중의 CO_2를 탄수화물로 전환시키는 특별한 환원 경로가 있다. 이 반응은 광합성의 명반응 동안 생성된 ATP와 NADPH에 의해 동력을 얻는다. CO_2 고정과 탄수화물의 합성은 박테리아의 세포질과 엽록체 스트로마에서 일어난다. 이 생합성 경로는 3단계로 이루어진 효소-촉매 회로반응이다: (1) 오탄당의 카복실레이션(carboxylation), (2)

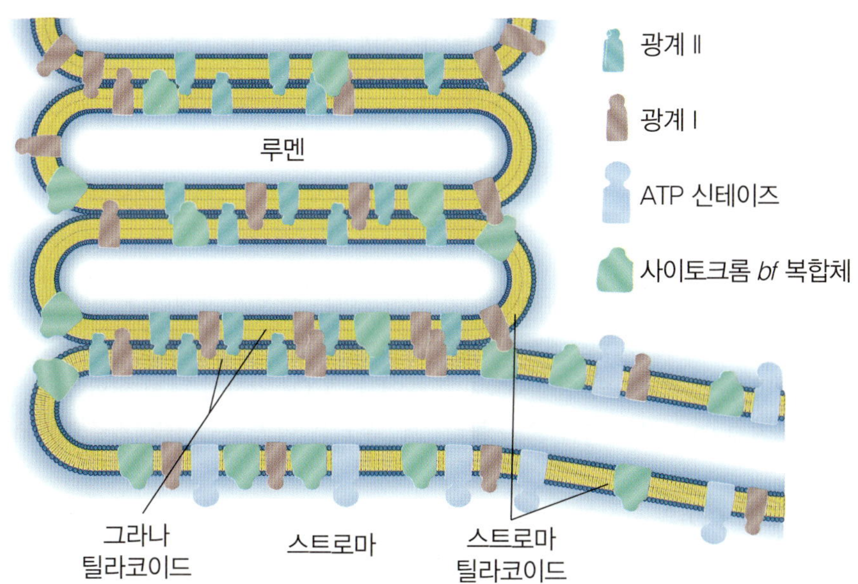

◀ **그림 15.19**
스트로마와 그라나 틸라코이드막에 위치하는 광합성 물질들의 분포. PSI은 주로 스트로마 틸라코이드에서 발견된다. 반면, PSII는 주로 그라나 틸라코이드에 위치한다. 사이토크롬 *bf* 복합체는 스트로마 틸라코이드막과 그라나 틸라코이드막 모두에서 발견된다. ATP 신테이즈는 스트로마 틸라코이드에만 있다.

BOX 15.3 박테리오로돕신

박테리오로돕신은 할로박테리움 살리내리움(*Halobacterium salinarium*)과 같은 아키박테리아(archaebacteria)에 속하는 일부 소수의 종에서 발견되는 막단백질이다. 이 단백질은 막 안에서 채널을 형성하는 7개의 막-통과 α-나선 구조를 가지고 있다(아래 리본 구조 참조). 한 개의 레티날(retinal) 분자가 채널의 가운데에 있는 라이신 아미노산 옆 가지에 공유결합으로 붙어 있다. 정상적인 레티날의 구조는 모두 트랜스(all-*trans*) 구조를 하고 있는데, 레티날이 빛을 흡수하면 13-시스(13-*cis*) 구조로 변환된다(아래 구조 참조). 빛에 의한 구조 변화는 레티날 분자의 탈수소 및 수소화 반응과 연계되어 있다.

빛이 흡수되고 트랜스 구조가 13-시스 구조로 변환되면서 나오는 수소이온은 막 채널을 통과하여 막의 외부로 방출된다. 13-시스 구조의 레티날은 다시 세포질에서 수소이온을 받아들이고 트랜스 구조로 되돌아간다. 박테리오로돕신에 의해 한 분자의 광자가 흡수되면, 한 분자의 수소이온이 막을 통과한다.

박테리오로돕신은 광 유도성 수소이온 농도기울기를 만들고, 이러한 수소이온 농도기울기는 ATP 신테이즈에 의해 ATP 합성에 사용된다.

▲ **박테리오로돕신에 있는 레티날-라이신의 두 가지 구조.** **(a)** 트랜스 구조(all-*trans*)의 레티날. **(b)** 13-시스 구조의 레티날. 레티날이 빛을 흡수하면 트랜스 구조가 13-시스 구조로 변환된다.

박테리오로돕신과 ATP 신테이즈의 연계는 인공합성 지질막 소낭(vesicle)을 이용하여 증명할 수 있다. 아래 그림에 있듯이, 지질막 소낭은 빛을 받으면 ADP + P_i로부터 ATP를 합성한다. 이 실험은 에프라임 랙커(Efraim Racker)와 그 동료들에 의해 1974년에 최초로 이루어졌는데, 화학삼투설(chemiosmotic theory)을 증명한 실험 중 하나였다(14.3절).

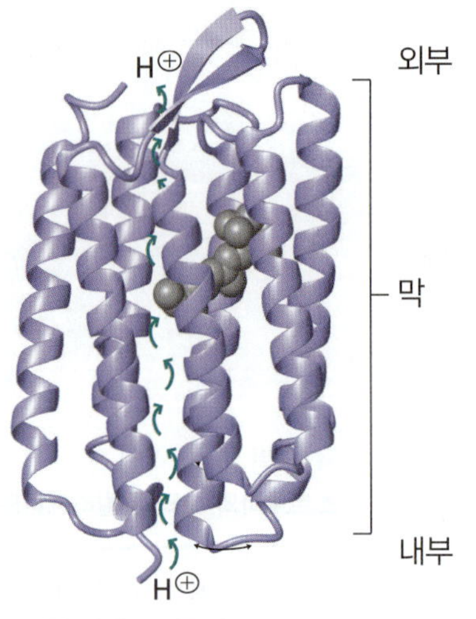

▲ **박테리오로돕신**

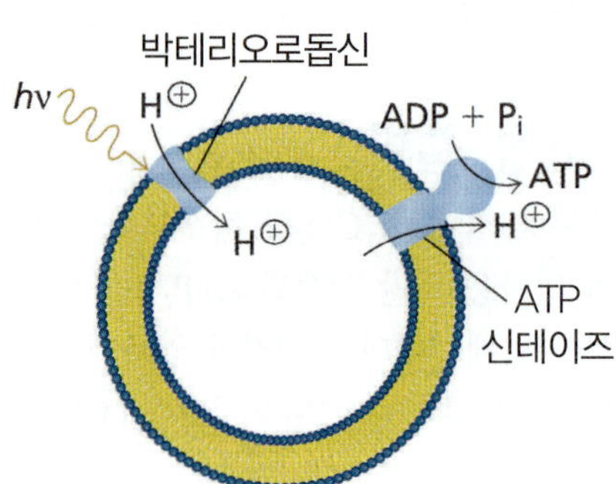

▲ **박테리오로돕신은 ATP 합성을 위한 수소이온 농도기울기를 만든다.** 박테리오로돕신과 ATP를 함유하고 있는 인공 합성 지질 소낭을 그림처럼 만들 수 있다. 이 소낭에게 빛을 비추면 박테리오로돕신은 소낭 안쪽으로 수소이온을 전달하고 그 결과 생기는 수소이온 농도는 ATP 신테이즈를 활성화시킨다.

탄수화물의 환원 합성, 그리고 (3) CO_2를 받아들이는 물질의 재생이다. 이 탄소 동화 반응은 환원성 오탄당 회로, C_3 회로(반응의 첫 번째 중간 산물이 탄소 3개짜리 분자임), 그리고 캘빈 회로(멜빈 캘빈 실험실의 연구자들이 조류에서 $^{14}CO_2$ 방사성 탄소 실험을 통해 탄소-고정 회로를 발견함) 등 여러 이름으로 불리는데, 우리는 이 반응을 **캘빈 회로(Calvin cycle)**라 부르겠다.

일반적으로 CO_2의 고정과 탄수화물의 합성을 종종 "광합성"이라 부른다. 그러나 본 교과서에서는 광합성과 캘빈 회로를 분리해서 부르도록 하겠다.

A. 캘빈 회로

캘빈 회로는 그림 15.20에 나와 있다. 첫 번째 단계는 라이불로스-1,5-양인산의 카복실레이션 반응인데, 이 반응은 루비스코(Rubisco)라고 더 잘 알려진 라이불로스-1,5-양인산 카복실레이즈-옥시지네이즈(carboxylase–oxygenase) 효소에 의해 촉매된다. 두 번째 단계는 환원반응인데, 3-인산-글리세레이트가 글리세르알데하이드-3-인산으로 전환된다. 대부분의 글리세르알데하이드-3-인산은 3단계(재생 반응)에서 라이불로스-1,5-양인산으로 재생된다. 캘빈 회로에서 생성된 일부 글리세르알데하이드-3-인산은 탄수화물 합성 반응에 사용된다. 글리세르알데하이드-3-인산이 캘빈 회로의 주 생성물이다.

473쪽에 있는 그림 15.21은 캘빈 회로의 모든 반응을 보여준다. 이 반응 경로는 세 분자의 이산화탄소 동화반응으로 시작하는데, 그 이유는 캘빈 회로에서 가장 간단한 탄소 중간산물이 C_3 분자이기 때문이다. 따라서 캘빈 회로를 통해 글리세르알데하이드-3-인산이 라이불로스-1,5-양인산으로 재생되기 전에, 세 분자의 CO_2가 한 분자의 C_3 분자(글리세르알데하이드-3-인산)로 반드시 고정되어야 한다.

▲ **멜빈 캘빈(Melvin Calvin, 1911~1997).** 캘빈은 식물에서 이산화탄소 동화작용에 관한 연구로 1961년 노벨화학상을 받았다. [lbl.gov/Science-Articles/Research-Review/Magazine/1997/story12.html]

B. 루비스코: 라이불로스-1,5-양인산 카복실레이즈-옥시지네이즈

루비스코(라이불로스-1,5-양인산 카복실레이즈-옥시지네이즈)는 캘빈 회로의 핵심적인 효소이다. 이 효소는 대기 중의 CO_2를 탄소 물질로 고정시킨다. 이 반응은 오탄당인 라이불로스-1,5-양인산에 CO_2를 붙이는 반응이다. 이 반응의 결과 두 분자의 3-인산-글리세레이트가 만들어진다. 루비스코 반응의 기작은 그림 15.22에 나와 있다.

루비스코는 식물 잎에 존재하는 수용성 단백질의 약 50%를 차지하며, 지구상에서 가장 풍부한 효소 중 하나이다. 흥미롭게도, 이 효소가 이렇게 많이 존재한다는 것은 이 효소반응이 그리 효율적이지 못하다는 것에 기인한다. 즉, 효소의 낮은 반응 속도(turnover number)(약 3 S^{-1})는 CO_2를 고정하기 위해 많은 양의 효소가 필요하다는 것을 의미한다!

식물, 조류, 사이아노박테리아의 루비스코는 8개의 큰(L) 소단위체와 8개의 작은(S) 소단위체로 구성되어 있다(그림 15.23). 8개의 효소 활성부위가 8개의 L 소단위체에 위치한다. 4개의 S 소단위체는 L 소단위체에 의해 형성된 중심부위의 양끝에 각각 위치하고 있다. 반면, 다른 광합성 박테리아의 루비스코 분자는 활성부위가 있는 L 소단위체로만 구성되어 있다. 예를 들면, 자색 박테리아인 로도스피릴럼 루브럼(*Rhodospirillum rubrum*)의 루비스코는 간단한 L 소단위체의 이량체이다.

자색 박테리아의 루비스코는 다른 종들의 복합-소단위체 루비스코 효소보다 CO_2에 대한 친화도가 매우 낮지만 동일한 반응을 촉매한다. 이와 같은 식물과 자색 박테리아 효소의 동

핵심개념

캘빈 회로는 광합성 산물인 ATP와 NADPH를 사용하여 CO_2를 탄수화물로 고정한다.

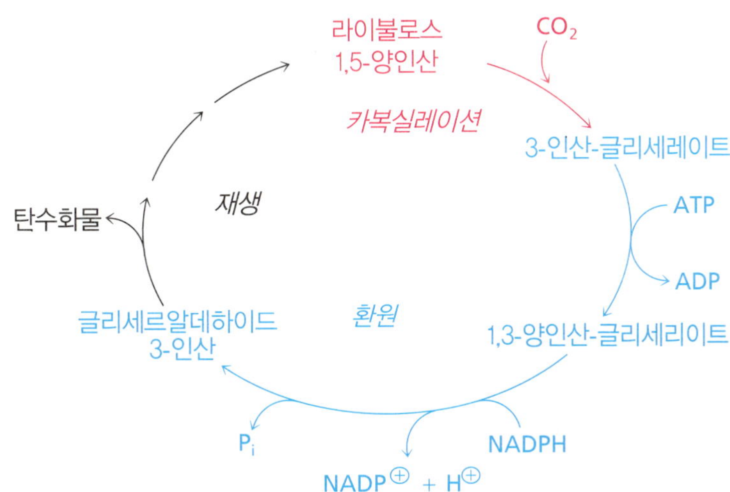

◀ **그림 15.20**
캘빈 회로의 요약. 이 회로는 3단계로 이루어져 있다: 라이불로스-1,5-양인산의 카복실레이션, 3-인산-글리세레이트가 글리세르알데하이드-3-인산으로 전환되는 환원, 그리고 라이불로스-1,5-양인산의 재생.

라이불로스 1,5-양인산

이놀리제이션

2,3-에네디오레이트 중간물질

카복실레이션

2-카복시-3-케토-아라비니톨 1,5-양인산

젬 다이올 중간물질

분해

탄소음이온

수소이온 첨가

3-인산-글리세레이트

3-인산-글리세레이트

▲ 그림 15.22

라이불로스-1,5-양인산에서 두 분자의 3-인산-글리세레이트가 만들어지는 루비스코 카복실레이션 반응의 기작. 수소이온이 라이불로스-1,5-양인산의 C-3로부터 빠져나와 2,3-에네디오레이트(enediolate) 중간물질이 생성된다. 구핵성(nucleophilic)인 에네디오레이트는 CO_2와 반응하여 2-카복시-3-케토-아라비니톨-1,5-양인산을 만들고, 2-카복시-3-케토-아라비니톨-1,5-양인산은 다시 물과 반응하여 젬 다이올(gem diol) 중간물질이 된다. 중간물질의 C-2-C-3 결합은 즉시 분해되어 탄소음이온(carbanion)과 3-인산-글리세레이트를 만든다. 수소이온이 입체특이적으로 탄소음이온과 반응하면 두 번째 3-인산-글리세레이트가 만들어진다. 즉, CO_2와 오탄당 라이불로스-1,5-양인산으로부터 두 분자의 3-인산-글리세레이트가 만들어지면서 RPP 회로의 탄소 고정 단계가 완료된다.

일한 기능은 형질전환 담배를 이용하여 증명되었다. 유전공학적 기술을 이용하여 자색 박테리아 로도스피릴럼 루브럼(*Rhodospirillum rubrum*)의 루비스코 유전자를 담배 루비스코 유전자와 치환시켰다. 이렇게 형질전환된 담배식물체는 이량체의 박테리아 효소만을 함유하게 되었고, 대기 중 CO_2 농도 하에서 정상적으로 자라고 번식하였다.

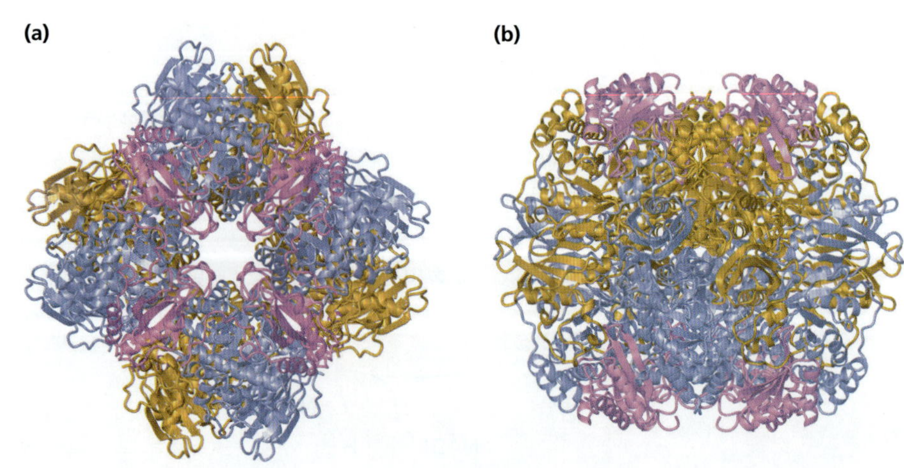

그림 15.23 ▶

라이불로스-1,5-양인산 카복실레이즈-옥시지네이즈(루비스코)의 4차 구조(L8S8). **(a)** 위쪽과 **(b)** 아래쪽 그림은 시금치(스피나시아 올레라시에, *Spinacia oleracea*)의 효소를 보여준다. 큰 소단위체는 노란색과 파란색을 교대로 사용하여 보여주고 있고, 작은 소단위체는 보라색이다. [PDB 1RCX].

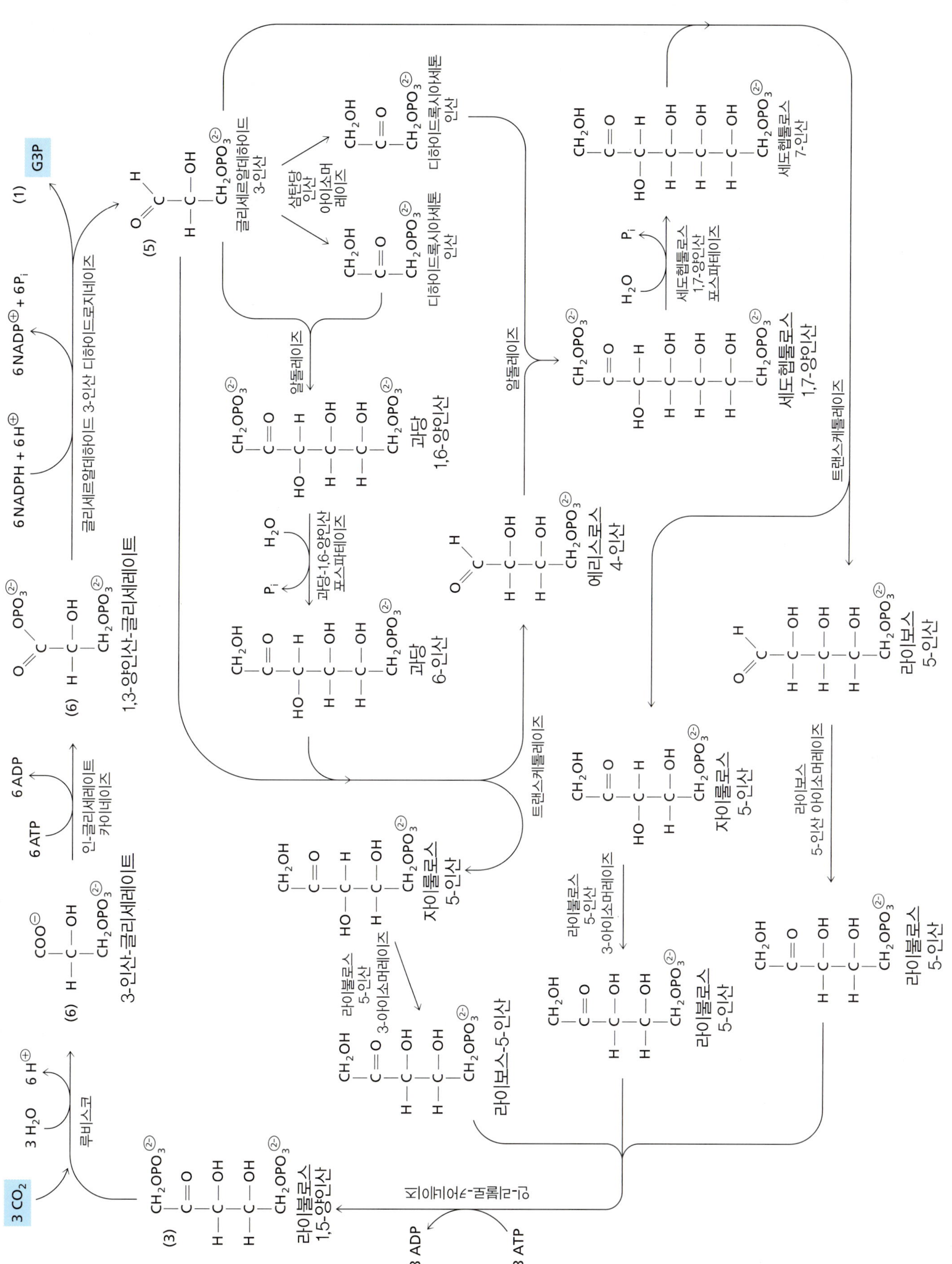

▲ 그림 15.21

캘빈 회로. 캘빈 회로에 참여하는 중간물질들의 농도는 세 분자의 CO_2가 한 분자의 글리세르알데하이드-3-인산(G3P)로 고정되어 회로를 빠져나가면서 일정하게 유지된다.

루비시코는 빛이 있는 경우에는 활성화되고, 빛이 없는 경우에는 비활성화 형태가 된다. 루비스코는 CO_2를 고정하기 위해 활성화되어야 한다. 빛이 있을 때, 명반응의 결과로 수소 이온이 스트로마(혹은 박테리아 세포질)에서 루멘으로 이동하면서 스트로마의 pH가 약간 올라간다. 이때 생기는 스트로마의 염기성 pH에 반응하여 루비스코가 활성화된다. 알칼리성 조건에서 CO_2 활성 분자(CO_2 기질 분자가 아님)가 루비스코의 라이신 아미노산 옆 사슬과 가역적으로 반응하여 카바메이트 부가물(carbamate adduct)을 형성한다. 이때 Mg^{2+}이 CO_2-라이신 부가물과 결합하여 안정화시킨다. 루비스코는 CO_2를 고정하기 위하여 카바밀레이트화(carbamylated)되어야 한다. 그러나 카바메이트 부가물은 효소와 쉽게 분리되므로, 효소가 비활성화된다. 루비스코는 보통 비활성화 상태에 있기 때문에 카바밀레이트화도 보통 억제되어 있다. 낮 시간에는, 빛에 의해 활성화된 ATP-의존성 루비스코 활성화 효소가 루비스코에 결합하여 그 구조를 변화시킴으로써 카바밀레이트화를 촉진한다. 그 결과 루비스코가 활성화된다.

해가 지게 되면, 루비스코 활성화 효소는 더 이상 루비스코를 활성화시키지 못하고, CO_2 고정도 중단된다. 광합성은 밤에 일어나지 않고, 또 ATP와 NADPH도 밤 사이에 엽록체에서 만들어지지 않으므로, 빛에 의한 루비스코 활성 조절은 적절한 것이다. ATP와 NADPH는 캘빈 회로에 필요한 보조인자들이고 루비스코가 밤에 비활성화되므로, 캘빈 회로도 밤에는 일어나지 않는다. 밤 시간에 루비스코 활성이 억제되는 것은 3-인산-글리세레이트의 비효율적인 축적과 다음 절에서 설명할 낭비적인 산화반응을 막아준다.

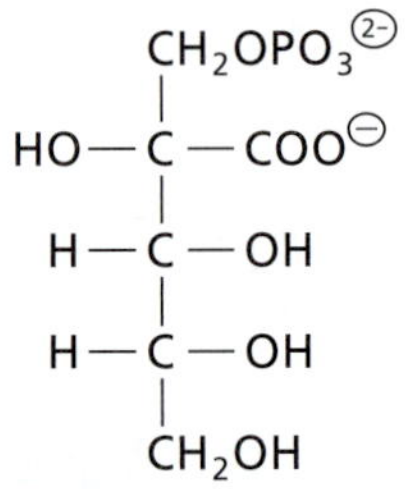

식물에서는, 추가적인 억제 조절 작용이 2-카복시아라비니톨-1-인산에 의해 일어난다(그림 15.24). 이 물질은 카복실레이션 반응의 불안정한 젬 다이올(em diol) 중간물질의 상사형(analog)이다. 2-카복시아라비니톨-1-인산은 밤에만 만들어지며, 카바밀레이트화된 루비스코에 결합하여 그 활성을 억제시킴으로써 캘빈 회로가 중단되도록 한다. 일부 식물에서는 밤에 루비시코의 활성을 완전히 억제하기 위해 이 억제 물질을 높은 농도로 충분히 만든다.

$CH_2OPO_3^{2-}$
HO—C—COO^{-}
H—C—OH
H—C—OH
CH_2OH

▲ **그림 15.24**
2-카복시아라비니톨-1-인산.

C. 라이불로스-1,5-양인산의 산화반응

그 이름에서 알 수 있듯이, 라이불로스-1,5-양인산 카복실레이즈-옥시지네이즈 효소는 라이불로스-1,5-양인산의 카복실레이션뿐만 아니라 산화반응도 촉매한다. 이 두 반응은 서로 경쟁적인데, 그 이유는 CO_2와 O_2가 루비스코의 활성 부위에서 서로 경쟁하기 때문이다. 산화반응은 한 분자의 3-인산-글리세레이트와 한 분자의 2-인산-글라이콜레이트를 생성한다(그림 15.25). 산화반응은 세포 내에서 많은 양의 라이불로스-1,5-양인산을 소비한다. 그 결과, 정상적인 성장 조건에서, 카복실레이션 반응의 속도는 산화반응의 속도보다 불과 3~4배 정도 빠르다.

핵심개념

일부 효소는 매우 유사한 기질을 구별하지 못한다.

라이불로스-1,5-양인산의 산화반응으로 생성된 3-인산-글리세레이트는 캘빈 회로로 들어간다. 그러나 산화반응의 또 다른 생성물인 2-인산-글라이콜레이트는 다른 대사 과정을

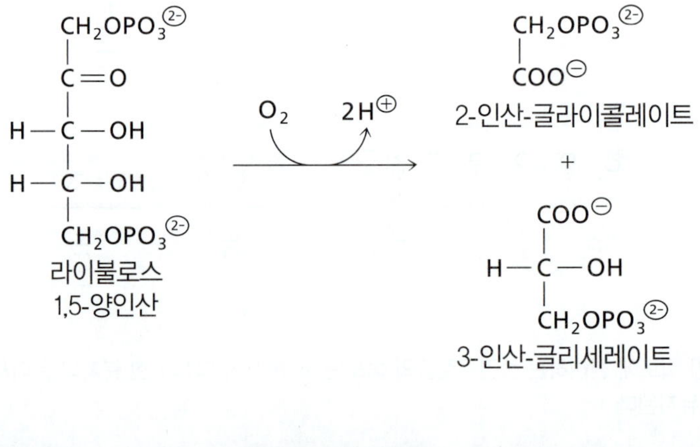

$CH_2OPO_3^{2-}$
C=O
H—C—OH
H—C—OH
$CH_2OPO_3^{2-}$
라이불로스
1,5-양인산

O_2 → $2H^{+}$

$CH_2OPO_3^{2-}$
COO^{-}
2-인산-글라이콜레이트
+
COO^{-}
H—C—OH
$CH_2OPO_3^{2-}$
3-인산-글리세레이트

그림 15.25 ▶
루비스코에 의한 라이불로스-1,5-양인산의 산화반응.

BOX 15.4 보다 효율적인 루비스코 개발

카복실레이션 반응의 효율을 높이고 역으로 산화반응을 억제하기 위하여 많은 실험실에서는 유전자 변형 식물을 개발하고 있다. 만약 보다 효율적인 루비스코 개발에 성공한다면, 이는 식량 생산량을 획기적으로 증가시킬 것이다.

"완전한" 효소는 옥시지네이즈(oxygenase) 활성이 매우 낮고 반대로 카복실레이즈(carboxylase) 활성은 매우 높은 효소일 것이다. 여러 종에서 루비스코 효소 활성의 반응속도 변수(kinetic parameter)가 아래 표에 나와 있다. 효소의 활성은 k_{cat}/K_m 값에 의해 표시된다. 이 값들은 표 5.2에 나와 있는 값들과 비교할 있다. 루비스코의 활성 부위에 있는 아미노산의 옆 사슬을 변화시킬 경우 카복실레이즈 활성의 효율을 1,000배 개선할 수 있는 것 같다.

다양한 종에서 루비스코 카복실레이즈 활성의 반응속도 변수(kinetic parameters)

종	k_{cat} (s^{-1})	K_m (μM)	k_{cat}/K_m ($M^{-1}s^{-1}$)
담배	3.4	10.7	3.2×10^5
적조류	2.6	9.3	2.8×10^5
자색 박테리아	7.3	89	8.2×10^4
"완전한" 효소	1070	10.7	10^8

Data from Andrews, J. T., and Whitney, S. M. (2003). Manipulating ribulose *bis*phosphate carboxylase/oxygenase in the chloroplasts of higher plants. *Arch. Biochem*. Biophys. 414: 159–169.

효소의 유전적 변형의 어려운 점은 변형시킬 적절한 아미노산의 선택이다. 적절한 아미노산의 선택은 여러 종의 루비스코 효소의 자세한 구조적 연구와 아미노산 옆 사슬와 기질 분자 간의 결합 모드를 규명함으로써 가능할 것이다. 또한 다양한 종들의 루비스코 효소들의 아미노산 서열을 비교하여 효소들 사이에서 보존된 아미노산들을 찾아냄으로써, 효소활성에 중요한 아미노산들을 규명할 수 있다.

이러한 연구들은 가장 적절한 효소가 아직은 진화적으로 완성되지 않았다는 가정을 전제로 한다. 이러한 가정은 현재에도 진화가 진행 중인 예가 많기 때문에 합리적인 것 같다. 그러나 수십억 년 동안의 진화 과정과 수십 년의 인류의 노력에도 적절한 루비스코가 개발되지 않고 있다는 것은, 보다 효율적인 루비스코의 개발이 아마도 가능하지 않다는 것을 의미할 수도 있다.

거친다. 두 분자의 2-인산-글라이콜레이트(C_2)는 퍼옥시좀과 마이토콘드리아에서(글라이옥실레이트와 아미노산 글라이신 및 세린을 통한) 산화반응에 의해 대사되어 한 분자의 CO_2와 한 분자의 3-인산-글리세레이트가 된다. CO_2는 방출되고 3-인산-글리세레이트는 캘빈 회로로 들어간다. 이 산화 과정은 NADH와 ATP를 소모한다. 이렇게 루비스코에 의해 촉매되는 빛-의존적 산화반응과 2-인산-글라이콜레이트 대사에 의한 CO_2 방출을 **광호흡**이라고 한다. 탄소 동화작용처럼, 광호흡도 루비스코가 비활성화되는 밤에는 억제된다. 광호흡의 결과로, 고정되어야 할 CO_2가 방출되고 또 에너지를 소비함으로써, 식물에게는 광호흡이 전혀 이익이 못 된다. 광호흡이 일어나는 이유는 루비스코가 기질인 CO_2에 대한 특이성이 낮다는데 기인한다. 광호흡은 작물의 수확량을 감소시키기 때문에 농업에서는 심각한 문제이다.

D. 캘빈 회로: 환원과 재생 단계

캘빈 회로의 환원 단계는 3-인산-글리세레이트가 1,3-양인산-글리세레이트로 전환되는 ATP-의존성 반응으로 시작된다. 이 반응은 인-글리세레이트 카이네이즈에 의해 촉매된다. 그 후, 1,3-양인산-글리세레이트는 글리세르알데하이드-3-인산 탈수소 동종효소와 NADPH(포도당신생성처럼 NADH가 아님, 11.2#6절)에 의해 환원된다. 포도당신생성 반응에서와 같이, 일부 글리세르알데하이드-3-인산은 삼탄당-인산 이성질화 효소에 의해 이성질체인 디하이드록시아세톤-인산으로 전환된다. 이 반응에 의해 6 분자의 글리세르알데하이드-3-인산이 생성되면, 그 중 1 분자는 캘빈 회로에서 빠져나와 탄수화물 합성에 사용되고, 나머지 5 분자는 재생 단계에서 사용된다.

재생 단계에서는, 글리세르알데하이드-3-인산이 3가지 다른 대사 경로로 들어가는데, 탄소 3개(C3), 4개(C4), 5개(C5), 6개(C6), 그리고 7개(C7)의 인산화된 당으로 변환된다(그림 15.21). 이 과정의 간단한 모식도가 그림 15.26에 나와 있다. 이 대사 과정 중에 2가지 반

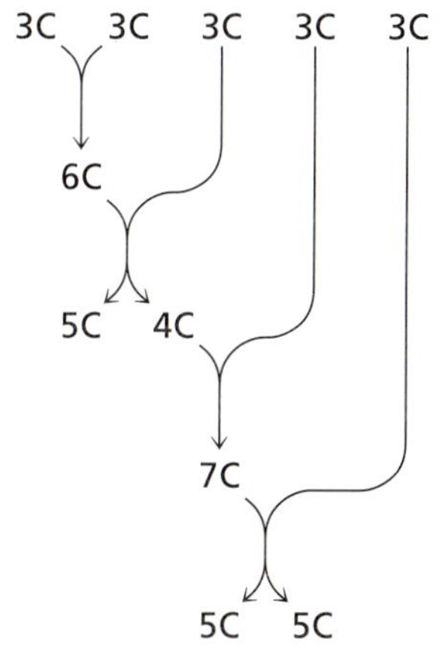

3C 3C 3C 3C 3C
6C
5C 4C
7C
5C 5C

▲ 그림 5.26
캘빈 회로의 재생 단계에 대한 요약 그림.

응, 즉 알돌레이즈와 과당-2,6-양인산-포스파테이즈 반응은 익숙한데, 그 이유는 이 반응들이 포도당신생성에도 관여하기 때문이다(12.1절). 다른 반응들은(예: 트랜스케톨레이즈 반응) 오탄당-인산 경로에 참여한다(12.4절). 따라서 최종적인 캘빈 회로의 결과는 아래 반응식과 같다.

$$3\ CO_2 + 9\ ATP + 6\ NADPH + 5\ H_2O \longrightarrow$$
$$\text{글리세르알데하이드 3-인산} + 9\ ADP + 8\ P_i + 6\ NADP^{\oplus} + 2H^+ \qquad (15.2)$$

ATP와 NADPH는 모두 캘빈 회로를 통해 CO_2가 고정되기 위해 필요하다. 이 분자들은 광합성 명반응의 주된 생성물이다. 캘빈 회로에서 ATP가 NADPH보다 더 많이 필요하다는 사실은 PSI으로부터 사이토크롬 *bf*에 이르는 순환 전자전달반응이 광합성에서 매우 중요한 이유 중 하나이다. 순환 전자전달반응은 상대적으로 NADPH보다 ATP를 더 많이 생성한다.

CO_2로부터 탄수화물을 합성할 때 필요한 에너지의 양과 해당작용과 시트르산 회로를 통해 탄수화물을 분해하면서 얻는 에너지의 양을 서로 비교하면 흥미롭다. 반응 15.2를 이용하면 시트르산 회로의 기질인 아세틸 CoA를 생성하는 데 필요한 비용을 계산할 수 있다. 글리세르알데하이드-3-인산으로부터 아세틸 CoA가 생성될 때 2분자의 NADPH와 2분자의 ATP가 필요하다는 것을 기억하자(11.2절). 글리세르알데하이드-3-인산을 합성하는 비용을 공제할 경우, CO_2로부터 아세틸 CoA를 합성하는데 드는 비용은 7 ATP + 4 NAD(P)H이다. 한 분자의 NADH가 2.5분자의 ATP에 해당함으로(14.11절), 총 비용은 17분자의 ATP로 계산할 수 있다. 시트르산 회로에 의해 아세틸 CoA가 완전히 산화될 때에는 10분자의 ATP가 생성된다(13.4절). 따라서 합성대사는 분해대사로부터 얻는 에너지보다 더 많은 에너지를 소비하는 것이다. 이 경우, 아세틸 CoA 산화의 효율은 약 60%(10/17 = 59%)에 불과하다. 그러나 17 ATP를 소비하는 합성대사는 분해대사에 비해 더 복잡한 과정을 거치기 때문에, 단순히 효율이 60%라고 단정짓는 것은 무리가 있다.

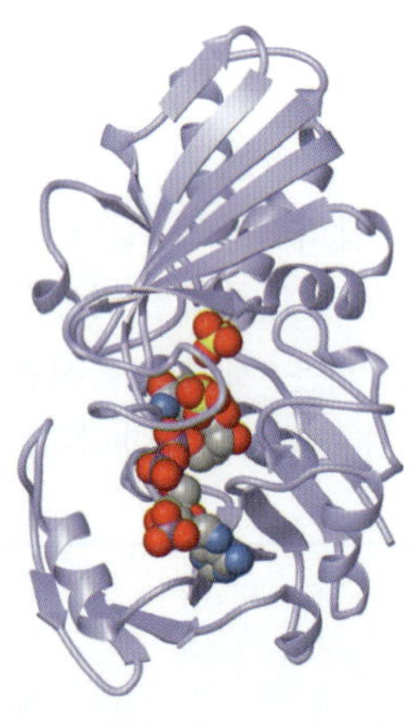

▲ **글리세르알데하이드-3-인산 디하이드로지네이즈.** 시금치(시피나시아 올레라시에, *Spinacia oleracea*)의 NADPH-의존성 효소는 테트라머(tetramer)이다. 그림에서는 한 개의 소단위체만을 보여주고 있다. NADPH가 효소의 활성 부위에 결합되어 있다. [PDB 2PKQ]

우리는 두 분자의 글리세르알데하이드-3-인산을 합성하는 데 필요한 비용을 통해 포도당을 합성하는 데 드는 비용을 계산할 수 있다. 그 값은 18 ATP + 12 NADPH 혹은 48 ATP이다. 반면, 한 분자의 포도당이 해당작용과 시트르산 회로를 통해 완전히 산화될 때 나오는 에너지는 32 ATP이다(13.4절). 따라서 포도당이 분해되면, 포도당이 합성될 때 필요한 에너지의 2/3를 얻는 것이다.

핵심개념

일반적으로 분해대사에서 얻는 에너지는 합성대사에 필요한 에너지의 2/3 정도이다.

15.5 식물에서의 설탕과 녹말 대사

글리세르알데하이드-3-인산(G3P)은 대부분의 광합성 생명체에서 탄소 고정 반응의 주된 산물이다. G3P는 포도당신생성 경로를 통해 포도당이 된다. 새롭게 합성된 육탄당은 즉시 다수의 생합성 대사에 기질로 사용되거나 다당류 형태로 전환되어 저장될 수 있다. 박테리아, 대부분의 조류, 그리고 일부 식물에서는, 저장 다당류가 동물에서처럼 글라이코젠이다. 그러나 유관속 식물(vascular plants)에서의 저장 다당류는 일반적으로 녹말이다.

녹말과 글라이코젠의 구조는 8.6A절에 나와 있다.

녹말은 포도당신생성의 제1차 산물인 포도당-6-인산으로부터 엽록체에서 합성된다(12.1D절). 첫 번째 단계로, 포도당-6-인산은 인산포도당 뮤테이즈 반응에 의해 포도당-1-인산이 된다(그림 15.27). 이 효소는 글라이코젠 합성에 관여하는 효소와 동일한 효소이다(12.5A절). 두 번째 단계는, 포도당이 ADP-포도당으로 활성화되는 것이다. 이 반응은 ADP-포도당 파이로포스포릴레이즈(ADP-glucose pyrophosphorylase)에 의해 촉매된다. 이 반응은 UDP-포도당 대신에 ADP-포도당을 사용하는 것을 제외하면 글라이코젠 생합성 반응과 유사하다.

뉴클레오타이드-당 ADP-포도당은 일부 박테리아에서 글라이코젠 합성에도 필요하다(12.5A절).

▲ **그림 15.27**
엽록체에서 녹말의 합성. 이 반응을 통해 한 분자의 육탄당이 녹말 분자에 첨가된다.

녹말 생합성 중합반응은 녹말 신테이즈에 의해 일어난다. 이 반응은 한 분자의 포도당이 녹말 분자에 첨가될 때마다, 한 분자의 ATP를 소모하고 한 분자의 파이로포스페이트(PP_i)를 내보낸다. ATP는 광합성 반응에서 제공받는다.

녹말은 광합성이 활발히 일어나고 ATP 분자가 축적되는 낮 시간에 엽록체에서 합성된다. 밤에는 녹말이 식물에게 탄소 분자 및 에너지를 제공한다. 녹말 분자는 녹말 포스포릴레이즈(starch phosphorylase)에 의해 분해되어 포도당-1-인산이 되는데, 포도당-1-인산은 해당작용에서 삼탄당-인산으로 전환된다. 삼탄당-인산은 엽록체에서 세포질로 이동한다. 또한 녹말은 아밀레이즈 효소에 의해 덱스트린(dextrin)으로 가수분해되고, 궁극적으로 말토스(maltose)를 거쳐 포도당으로 분해된다. 포도당은 다시 헥소카이네이즈에 의해 인산화된 후 해당작용으로 들어간다.

▲ **메이플 시럽(maple syrup).** 설탕이 많이 함유되어 있는 단풍나무 수액을 모아 농축하여 메이플 시럽을 만든다.

식물에서 탄수화물은 설탕으로 이동한다. 설탕은 엽록체를 가지고 있는 세포(예: 잎 세포)의 세포질에서 합성되고, 식물의 관다발 조직을 통해 이동하여 비광합성 세포(예: 뿌리 세포)에 의해 흡수된다. 따라서 식물에서 설탕은 순환계를 가지고 있는 동물의 유동성 탄수화물인 포도당에 해당하는 기능을 한다(12.5절).

설탕 합성 경로는 그림 15.28에 나와 있다. 4 분자의 삼탄당-인산이 한 분자의 설탕을 만든다. 삼탄당-인산은 포도당신생성을 통해 과당-1,6-양인산이 된 후 과당-6-인산으로 변환된다. 과당-6-인산은 포도당-6-인산이 되고, 다시 포도당-1-인산이 된다. 포도당-1-인산은 UTP와 반응하여 UDP-포도당이 된다. UDP-포도당은 포도당 분자의 활성화 형태로서, 포도당 기를 과당-6-인산에 제공하여 설탕-6-인산을 만든다. 설탕 합성의 마지막 단계는 설탕-6-인산에서 인산을 제거하는 가수분해반응이다.

무기인산(P_i)은 설탕 합성 과정에서 과당-1,6-양인산-포스파테이즈와 설탕-인산 포스파테이즈 반응에 의해 생성된다. 파이로인산(PP_i)은 UDP-포도당 파이로포스포릴레이즈에 의해 촉매되는 반응에서 생성된다. 이 반응은 한 분자의 ATP(사실은 UTP)를 소모한다. 설탕 합성과 글라이코젠 합성은 UDP-포도당 형태의 활성화된 포도당 분자를 필요로 하며, 반면 녹말 합성에는 ADP-포도당이 사용된다.

설탕 생합성 과정에서의 첫 번째 비가역 반응은 과당-1,6-양인산의 가수분해 반응으로

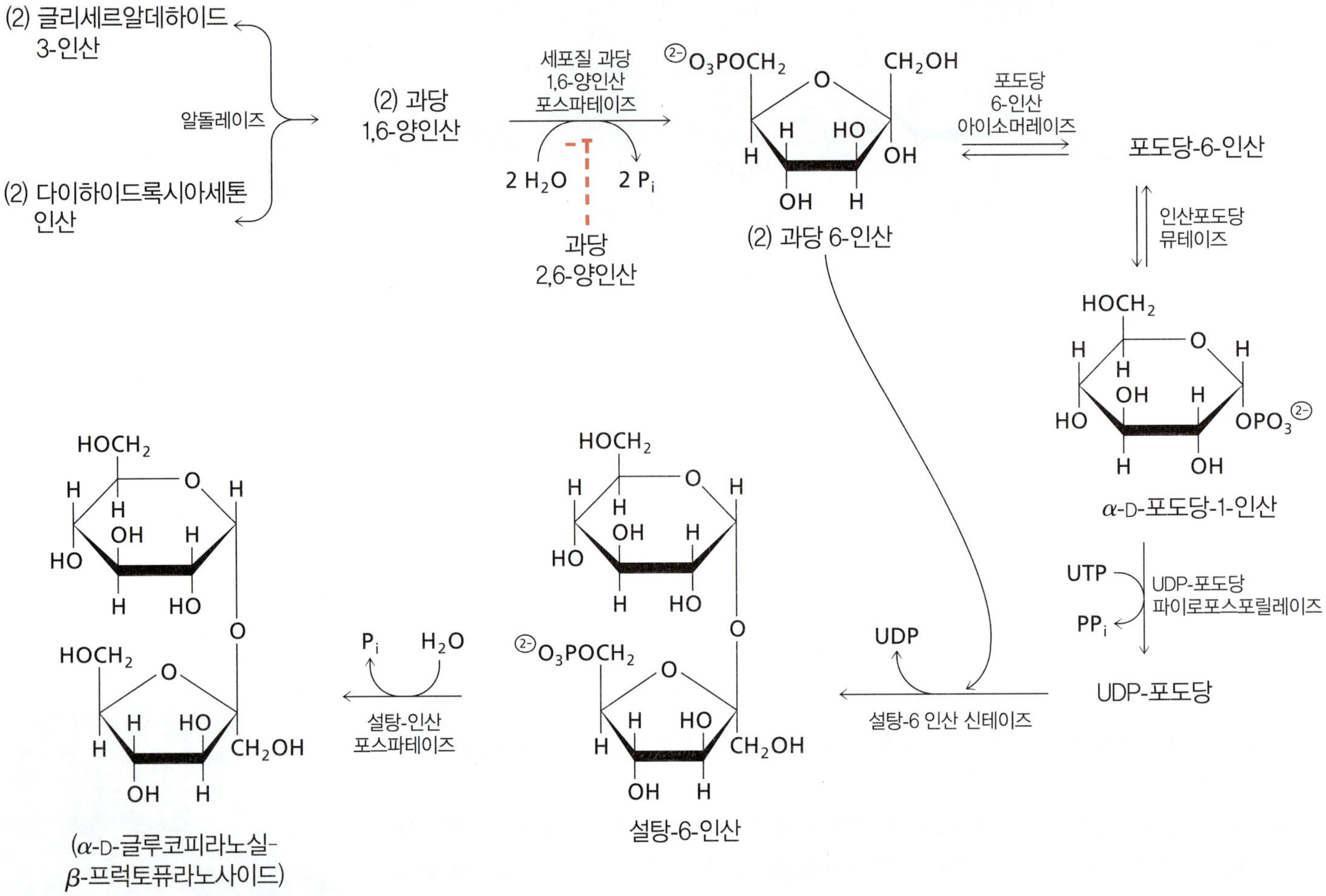

(2) 글리세르알데하이드 3-인산

알돌레이즈

(2) 다이하이드록시아세톤 인산

(2) 과당 1,6-양인산

세포질 과당 1,6-양인산 포스파테이즈

$2\ H_2O$ $2\ P_i$

과당 2,6-양인산

$^{2-}O_3POCH_2$ O CH_2OH H HO H OH OH H

(2) 과당 6-인산

포도당 6-인산 아이소머레이즈

포도당-6-인산

인산포도당 뮤테이즈

$HOCH_2$ H O H H OH H HO OPO_3^{2-} H OH

α-D-포도당-1-인산

UTP

UDP-포도당 파이로포스포릴레이즈

PP_i

UDP-포도당

UDP

설탕-6 인산 신테이즈

$HOCH_2$ H O H H OH H HO H HO O $^{2-}O_3POCH_2$ O H HO H CH_2OH OH H

설탕-6-인산

P_i H_2O

설탕-인산 포스파테이즈

$HOCH_2$ H O H H OH H HO H HO O $HOCH_2$ O H HO H CH_2OH OH H

(α-D-글루코피라노실-β-프럭토퓨라노사이드)

▲ **그림 15.28**

세포질에서 글리세르알데하이드-3-인산과 디하이드록시아세톤-인산으로부터 설탕의 합성. 4분자의 삼탄당-인산(4 C_3)이 한 분자의 설탕(C_{12})으로 변환된다.

과당-6-인산과 P_i가 생성된다. 과당-1,6-양인산-포스파테이즈 효소의 활성은 입체다른자리(allosteric) 조절자인 과당-2,6-양인산(그림 12.9)에 의해 억제된다. 과당-2,6-양인산은 해당작용과 포도당신생성 과정에서 이미 배운 분자이다. 식물에서, 과당-2,6-양인산의 농도는 설탕 합성이 필요한 상황을 알려주는 여러 대사물질에 의해 조절된다.

BOX 15.5 그레고리 멘델의 주름진 완두콩

그레고리 멘델이 연구한 유전적 형질 중 하나가 둥글고(R) 혹은 주름진(r) 완두콩이다. 주름진 완두콩의 표현형은 녹말 가지치기 효소(starch branching enzyme) 유전자의 결핍에 기인한다. 이 효소가 결핍되면 녹말 합성의 일부가 방해를 받고, 완두콩에는 비정상적으로 설탕 농도가 높아진다. 그 결과, 돌연변이 완두콩은 정상적인 완두콩보다 물을 더 많이 흡수하여 크기가 커진다. 콩이 성숙하여 마르게 될 때, 돌연변이 콩은 물을 더 많이 잃게 되고, 따라서 콩의 표면이 주름지게 된다.

돌연변이는 유전자 안에 트랜스포존(transposon)이 삽입된 결과이다. 이것은 열성 기능상실(loss-of-function) 돌연변이인데, 그 이유는 이형접합 돌연변이 안에 남아 있는 한 개의 정상적인 야생형 대립유전자(allele)만 있어도 정상적인 녹말을 만들기 위한 충분한 녹말 가지치기 효소가 있기 때문이다.

▲ **콩깍지 안에 있는 둥글고 주름진 완두콩.**

설탕은 비광합성 세포에 의해 흡수되고, 그곳에서 수크레이즈(인벌테이즈)에 의해 포도당과 과당으로 분해된 후, 해당작용과 시트릭산 회로를 통해 세포에 에너지를 공급한다(11.6A절 참조). 또한 이 육탄당들은 탄수화물을 저장하는 조직에서는 녹말로 전환된다. 예를 들어, 뿌리 세포에서 설탕은 육탄당 단당류로 전환된 후, **아밀로플라스트(amylplast)**라는 특별한 소기관에 의해 흡수된다. 아밀로플라스트는 광합성 복합체는 없지만 녹말 합성 효소들은 남아 있는 엽록체가 변형된 소기관이다. 감자, 순무, 당근과 같은 일부 식물의 뿌리 세포들은 매우 많은 양의 녹말을 저장할 수 있다.

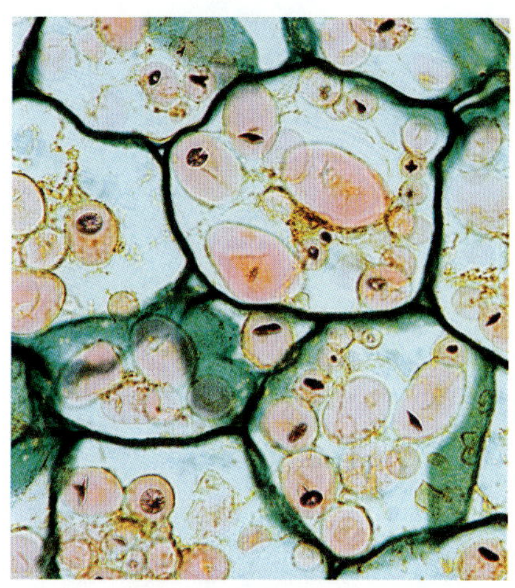

▲ **감자 세포에 있는 아밀로플라스트.**

15.6 추가적인 탄소 고정 반응

앞에서 이미 설명한대로, 탄소 고정 반응의 가장 중요한 문제점 중의 하나는 루비스코의 비효율성이다. 특히, 루비스코의 산화 반응은 작물의 생산성을 크게 감소시킨다(15.4C절). 이 문제를 해결하기 위하여 여러 종들은 다양한 방법을 진화시켰다.

A. 박테리아의 카복시좀

박테리아는 루비스코를 카복시좀(carboxysome)이라고 하는 특별한 세포 내 구획 안에 가두어 둠으로써 광호흡의 문제를 피한다. 카복시좀은 산소가 통과할 수 없는 코팅 단백질에 의해 둘러싸여 있다. 카복시좀에는 루비스코와 더불어, 바이카보네이트($HCO_3^{\ominus}$)를 CO_2로 전환시키는 카보닉 안하이드레이즈(carbonic anhydrase) 효소가 있다. 이 특별한 구획의 장점은, 루비스코가 충분한 CO_2를 공급받고 O_2로부터 보호받음으로써 광호흡의 피해를 줄일 수 있는 것이다.

▲ **감자는 훌륭한 녹말의 공급원이다.** 캐나다 퀘백에서는 고기 육즙과 부드러운 치즈와 함께 조리된 감자 튀김을 먹을 수 있다. 이 요리를 포틴(poutin)이라고 한다.

B. C_4 경로

몇몇 식물 종들은 제2의 탄소 고정 경로를 통해 낭비적인 광호흡을 피한다. 제2의 탄소 고정 경로의 이점은 루비스코가 활발하게 작용하는 세포 내의 O_2에 대한 CO_2의 상대적 농도를 높여주는 것이다. 이러한 2차적인 경로 중 하나를 C_4 경로라고 하는데, 그 이유는 탄소 4개짜리 중간 물질이 관여하기 때문이다. C_4 식물은 주로 고온과 강한 햇빛 아래에서 자라는 식물들이다. 경제적으로 중요한 옥수수, 수수, 사탕수수와 많은 잡초들이 C_4 식물에 속한다. 루비스코의 산화반응 활성이 고온에서 더 높아지기 때문에, 광호흡을 피하는 것은 열대식물의 생존에 매우 중요하다.

C_4 경로는 CO_2를 농축시켜서 캘빈 회로가 활발히 일어나는 잎의 안쪽 세포들에게 전달한다. C_4 경로에서 탄소 고정 반응의 첫 번째 산물은 탄소 3개짜리 산(C_3 acid)이 아니라 탄소 4개로 이루어진 산(C_4 acid)이다. C_4 경로는 잎 안에서 두 종류의 서로 다른 세포에서 일어난다. 첫째로, (잎의 표면 부분에 있는) 엽육조직 세포에서 CO_2는 바이카보네이트가 된 후 C_3인 포스포엔올파이루브산과 반응하여 C_4 산이 된다. 이 반응은 포스포엔올파이루브산(PEP) 카복실레이즈에 의해 촉매된다(13.6절). 그 다음, C_4 산은 잎의 안쪽에 존재하는 유관속초 세포(bundle sheath cells)로 이동한 후 탈탄소(decarboxylated)된다. 유관속초 세포는 잎의 안쪽에 있고 따라서 대기와 접촉하지 않기 때문에, 이 세포 속의 O_2 농도는 엽육조직 세포보다 훨씬 낮다. C_4 산이 탈탄소된 결과로 나오는 CO_2는 루비스코에 의해 고정된 후 캘빈 회로로 들어간다. 포스포엔올파이루브산은 탈탄소 반응 후 재생된다. 그림 15.29는 C_4 경로 반응들을 보여준다.

잎 안쪽 면에 있는 유관속초 세포의 세포벽은 기체가 통과하지 못한다. 유관속초 세포에서 일어나는 C_4 산의 탈탄소 반응은 CO_2 농도를 크게 증가시키고, 따라서 O_2에 대한 CO_2의 비율을 높인다. 그 결과, 루비스코의 산화반응 활성이 최소화되는데, 그 이유는 엽육조직

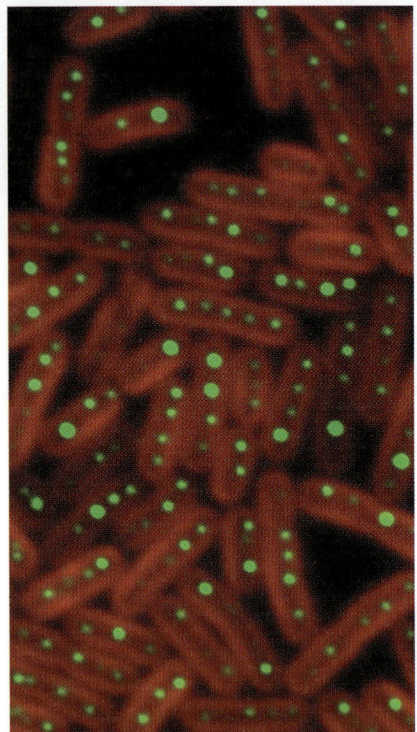

▲ **카복시좀.** 사이아노박테리아(시네코코쿠스 에롱가투스, *Synechococcus elongatus*) 세포를 형광물질로 염색하면 틸라코이드막은 빨간색으로 그리고 카복시좀은 초록색으로 보인다.

세포에는 루비스코가 거의 없고, 반면 유관속초 세포에서의 O_2에 대한 CO_2의 상대적 비율이 매우 높기 때문이다. 따라서 C_4 식물에는 광호흡 활성이 거의 없게 된다. 비록 포스포엔올파이루브산으로부터 C_4 탄소 동화작용을 하는데 추가적인 에너지가 필요하지만, 광호흡을 억제함으로써 C_4 식물은 C_3 식물보다 매우 큰 이득을 본다.

C. 크래슐산대사(CAM)

선인장과 같은 다육 식물(succulent plants)들은 물이 심각하게 부족한 건조한 환경 속에서 산다. 광합성의 탄소 고정 반응이 일어나는 동안에, 잎 조직은 많은 양의 물을 잃어 버린다. 그 이유는 잎 세포가 대기 중의 CO_2를 받아들일 때, 잎 표면에서는 많은 양의 물이 증발되기 때문이다. 건조한 곳에 사는 선인장과 같은 식물들은 밤 사이에 탄소 동화작용을 함으로써 물의 증발을 최소화한다. 이 경로를 크래슐산대사(Crassulacean acid metabolism, CAM)라 하는데, 그 이유는 이 대사 경로가 돌나물과(Crassulaceae)에 속하는 식물에서 처음 발견되었기 때문이다.

육생 유관속 식물의 잎 표면은 물과 기체가 통과 못하도록 왁스로 덮여 있고, 따라서

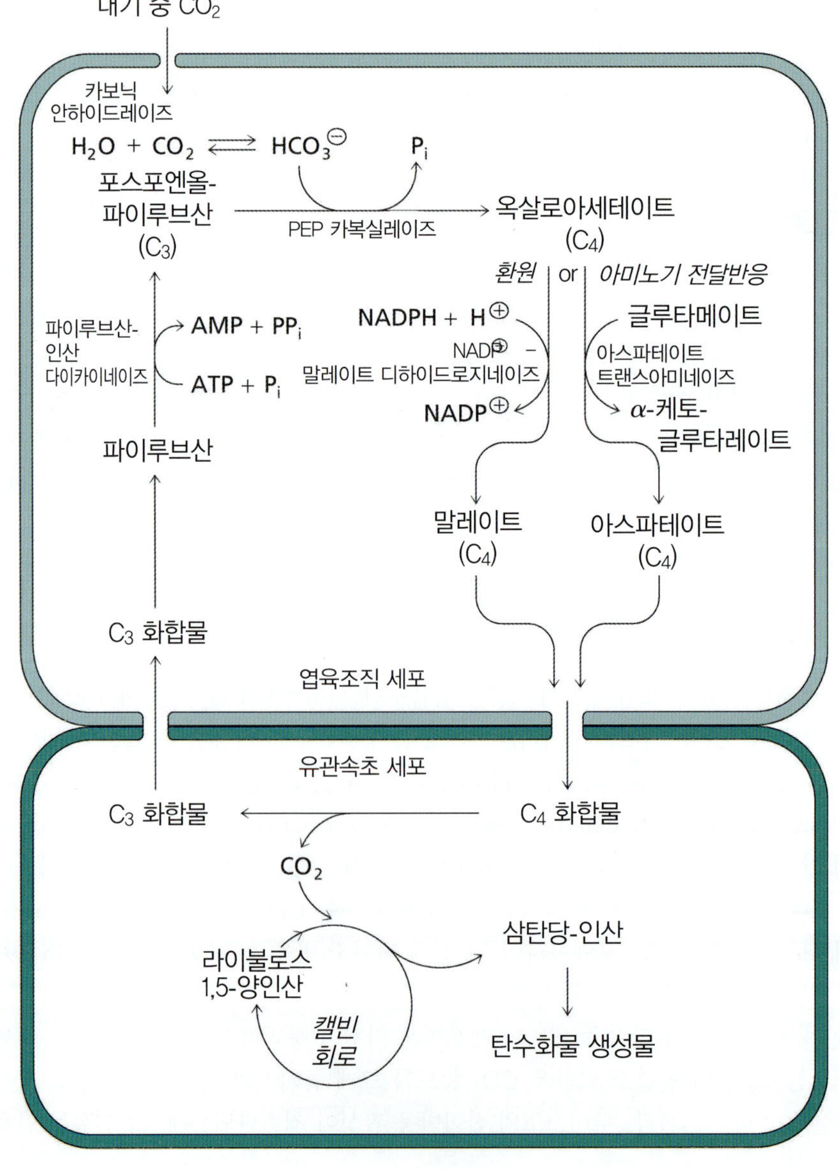

그림 15.29 ▶
C_4 경로. CO_2가 엽육조직 세포의 세포질에서 물과 반응하여 바이카보네이트(HCO_3^-)가 된다.바이카보네이트는 포스포엔올파이루브산과 반응하여 C_4 산을 만든다. 이 반응은 산화반응 활성이 없는 세포질 효소 PEP 카복실레이즈에 의해 촉매된다. 합성된 옥살로아세테이트는 환원 혹은 아미노기 전달반응에 의해 탄소 네 개짜리 카복실산 또는 아미노산이 된 후, 유관속초 세포로 이동하여 탈탄소된다. 이때 나오는 CO_2는 루비스코 반응에 의해 고정되어 캘빈 회로로 들어간다. 남아 있는 탄소 세 개짜리 C_3 화합물은 엽육조직 세포로 돌아가 CO_2 수용체인 PEP이 된다.

CO_2는 기공이라고 하는 특별한 구조를 통해서 잎 내부로 들어간다. **기공(stomata)**은 잎의 표면에 있는 두 개의 근접한 세포, 즉 공변세포에 의해 형성되는 구조이다. 기공은 공변세포 내의 이온의 농도와 그에 따른 물의 삼투성 이동에 의해 열리거나 닫히게 된다. 공변세포 안팎으로 이온이 이동하는 것은 온도와 물의 양 등과 같이 CO_2 동화작용에 영향을 미치는 조건에 의해 조절된다. 햇빛이 좋은 낮 동안에, CAM 식물은 기공을 닫아서 물의 증발을 최소화한다. 반대로, 밤에는 기공을 열어서 엽륙 세포들이 CO_2를 받아들이도록 한다. 선선한 밤에는 기공을 열어도 낮 시간에 비해 물의 증발이 매우 적기 때문이다. 밤 동안에 잎으로 들어온 CO_2는 PEP 카복실레이즈 반응을 통해 고정되고, 그 생성물인 옥살로아세테이트는 말레이트로 환원된다(그림 15.30).

말레이트는 세포질의 pH를 중성으로 유지하기 위해 큰 중앙 액포에 저장되는데, 그 이유는 말레이트 농도가 밤이 끝날 무렵에 0.2 M 정도까지 이르기 때문이다. CAM 식물의 액포는 보통 잎 세포 전체 부피의 90% 이상을 차지한다. 광합성 명반응을 통해 ATP와 NADPH가 생성되는 낮 시간 동안(기공은 닫혀 있음), 말레이트는 액포로부터 빠져나와 탈탄소되어 옥살로아세테이트로 전환된다. 따라서 밤 사이에 축적된 말레이트의 높은 농도는 낮 시간

▲ **꿈의 농장.** 이 야구선수들은 옥수수 밭에서 탄소 고정 반응에 대한 생화학을 공부하고 있는 것 같다.

▲ **선인장은 CAM 식물이다.**

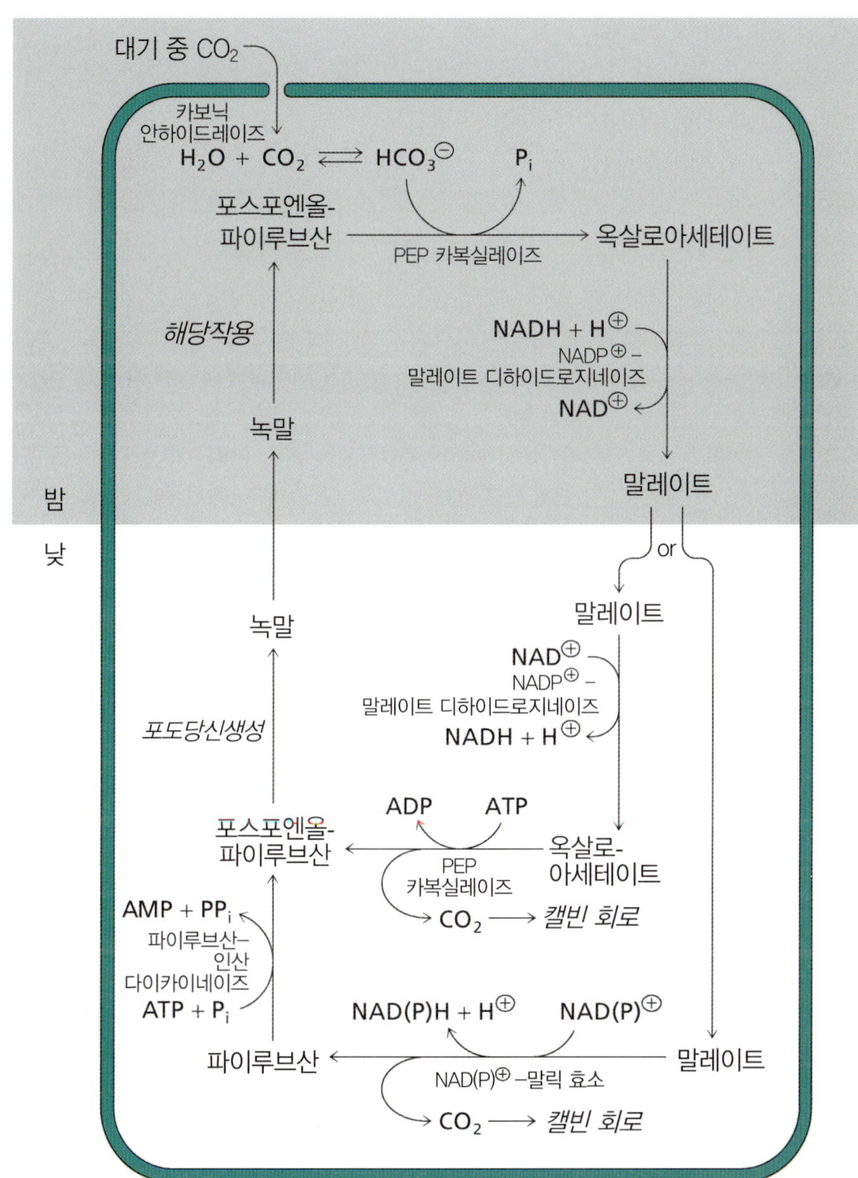

◀ **그림 15.30**
크래슐산대사(CAM). 밤 사이에 기공이 열리고 CO_2가 잎 안으로 들어오면, PEP 카복실레이즈와 $NAD^{\oplus}$-말레이트 디하이드로지네이즈가 말레이트 형성을 촉매한다. 말레이트 합성을 위한 포스포엔올파이루브산은 녹말로부터 온다. 다음 날, 명반응에 의해 NADPH와 ATP가 합성되면, 말레이트의 탈탄소 반응에 의해 세포 내 CO_2 농도가 높아지고, 캘빈 회로에 의한 탄소 동화작용이 일어난다. 말레이트의 탈탄소 반응은 종에 따라 두 가지 다른 경로에 의해 일어나며, 포스포엔올파이루브산을 만든다. 포스포엔올파이루브산은 포도당신생성을 통해 녹말이 된다.

동안 일어나는 탄소 동화작용에 필요한 CO_2를 제공하는 것이다. 잎의 기공은 말레이트가 탈탄소되는 동안 단단히 닫혀 있고, 따라서 물과 CO_2가 잎 밖으로 나가지 못할 뿐 아니라, 잎 내부의 CO_2 농도도 대기 중의 CO_2 농도보다 매우 높게 유지된다. C_4 식물의 경우와 같이, 잎 내부의 높은 CO_2 농도는 광호흡을 크게 감소시킨다.

CAM 식물에서 말레이트 형성에 필요한 포스포엔올프루베이트는 해당작용을 통해 녹말로부터 온다(PEP 카복실레이즈에 의해 직접적으로 혹은 말릭 효소와 파이루브산-인산 디카이네이즈를 통해 간접적으로 일어나는). 말레이트 탈탄소 반응은 PEP를 만들고, PEP는 포도당신생성 경로를 통하여 녹말이 된 후 엽록체에 저장된다.

PEP 카복실레이즈에 의해 만들어진 C_4 산이 캘빈 회로에서 사용되는 CO_2를 제공하기 위해 탈탄소된다는 점에서 CAM은 C_4 대사와 유사하다. C_4 대사에서는 카복실레이션과 탈탄소 반응이 공간적으로 분리된 두 종류의 다른 세포에서 일어나지만, CAM에서는 시간적으로 분리되어 밤과 낮 사이에 각각 일어난다.

CAM 경로의 중요한 조절은 PEP 카복실레이즈가 말레이트와 낮은 pH에 의해 억제된다는 것이다. PEP 카복실레이즈는 말레이트의 세포질 농도가 높고 pH가 낮은 낮 시간 동안에 효과적으로 억제된다. 이 억제 조절 작용은 PEP 카복실레이즈에 의한 CO_2와 말레이트 사이의 무익한 반복회로(futile cycle)를 막아주고, 또 CO_2에 대한 PEP 카복실레이즈와 루비스코 사이의 경쟁을 피하게 해준다.

요약

1. 엽록소는 광합성의 주된 빛-수집 색소이다. 엽록소 분자가 빛의 광자를 흡수하면, 전자가 고에너지 분자 오비탈로 활성화된다. 이 고에너지 전자는 전자전달반응으로 전달되고 엽록소 분자는 전자를 잃게 된다.
2. 보조 색소들은 공명에너지 전달에 의해 에너지를 엽록소의 특별쌍으로 전달한다.
3. 광계 II(PSII) 복합체는 반응 중심 II를 가지고 있다. 전자는 엽록소의 특별쌍으로부터 엽록소, 페오피틴, 고정된 퀴논 및 유동성 퀴논으로 이루어진 짧은 전자전달반응으로 전달된다.
4. 일부 박테리아에서, PSII로부터 나온 QH_2가 사이토크롬 bc_1 복합체와 결합한다. 전자는 사이토크롬 c로 전달되고, 이 과정은 Q-순환을 통하여 수소이온의 막 통과와 연계되어 있다. 사이토크롬 c는 그 후 PSII와 결합하고, 전자는 다시 전자를 잃어버린 엽록소 특별쌍으로 돌아간다. 그 결과 만들어진 수소이온 농도기울기는 ATP 합성에 이용된다.
5. 광계 I(PSI) 복합체는 반응 중심 I을 가지고 있다. 전자전달반응은 두 분자의 엽록소, 필로퀴논, 세 분자의 [Fe-S] 다발, 그리고 페레독신(플레보독신)으로 구성되어 있다.
6. 환원된 페레독신은 페레독신: $NADP^{\oplus}$ 환원효소(FNR)의 기질이며, NADPH는 광계 I 광합성의 비순환 전자전달반응의 산물이다. 일부 경우에, 전자는 페레독신으로부터 사이토크롬 bc_1 복합체로 전달되고, 순환 전자전달반응을 통해 사이토크롬 c를 경유하여 PSI으로 되돌아간다.
7. 사이아노박테리아와 엽록체는 PSI, PSII, 그리고 (사이토크롬 bc_1의 광합성 형태인) 사이토크롬 bf로 구성된 복잡한 광계를 가진다. PSII가 빛을 흡수하면, 전자는 PSII로부터 사이토크롬 bf와 플라시토시아닌으로 전달된다. 플라스토시아닌은 전자를 PSI으로 전달한다. PSI이 빛을 흡수하면, 활성화된 전자는 NADPH 합성에 사용된다. PSII와 결합되어 있는 산소-생성 복합체(OEC)는 물을 O_2로 산화시키며, 이때 나오는 전자를 PSII 특별쌍으로 전달한다.
8. Z-체계(Z-scheme)은 광합성의 전자전달반응에 참여하는 다양한 화합물들의 환원 포텐셜의 변화 값을 보여준다.
9. 광합성 복합체는 사이아노박테리아의 틸라코이드막에 모여 있다. 엽록체는 틸라코이드막의 복잡한 내부 네트워크 구조를 가지고 있다.
10. 캘빈 회로는 CO_2를 고정하여 탄수화물을 생성한다. 이때, 가장 중요한 효소가 라이불로스-1,5-양인산 카복실레이즈-옥시지네이즈(루비스코)이다. 루비스코는 라이불로스-1,5-양인산의 카복실레이션 반응을 비효율적으로 촉매한다. 이 효소는 산화반응도 촉매한다.
11. 설탕과 녹말은 식물에서 광합성에 의해 합성되는 중요한 탄수화물들이다.
12. 일부 식물에서는 추가적인 탄소 고정 반응을 통하여 캘빈 회로가 일어나는 곳의 CO_2 농도를 높인다.

문제

1. 식물에서, 한 쌍의 전자가 P680에서 NADPH로 전달될 때, 틸라코이드막 루멘으로 6개의 전자가 축적된다. 이 결과로 1.5분자의 ATP(14.11절)가 합성된다. NADPH가 2.5분자의 ATP에 해당된다고 가정하면, 광합성의 전자전달반응에서 전자 한 쌍당 4분자의 ATP가 합성되는 셈이다. 이렇게 광합성의 전자전달반응이 세포호흡의 전자전달반응보다 더 효율적인 이유를 설명하라.
2. 용물고기(dragonfish)는 깊은 바다에 사는 물고기인데, 어두운 깊은 바다에서 먹이를 찾기 위해 빨간색의 빛을 발광한다. 비록 물고기의 망막에 존재하는 정상적인 시각 색소는 이 빨간 빛을 인식할 만큼 예민하지 못하지만, 용물고기의 망막에는 667 nm의 빛을 흡수하는 엽록소와 비슷한 색소가 추가로 있다. 용물고기의 망막에 있는 이 엽록소 색소가 어떻게 바다 속에서 빨간색을 인식하는 센서로 작용하는지 설명하라.
3. (a) 라이불로스-1,5-양인산 카복실레이즈-옥시지네이즈(루비스코)는 "지구상의 생명체에 영양분을 공급하는 효소"라고 불린다. 그 배경을 설명하라.
   (b) 반면, 루비스코는 제1차 대사에 관여하는 화합물 중 지구상에서 가장 무능하고 비효율적인 효소라고 비난받는다. 그 이유를 설명하라.
4. 광합성 반응 + 캘빈 회로의 일반식을 보통 아래와 같이 쓴다.

$$6\ CO_2 + 6\ H_2O \xrightarrow{\text{빛}} C_6H_{12}O_6 + 6\ O_2$$

   자색 박테리아와 녹황(green sulfur) 박테리아의 광합성 식을 써보라.
5. (a) 일부 광합성 박테리아는 수소 제공자로 H_2S를 사용하고 황 원소를 생성한다. 반면 다른 박테리아는 에탄올을 사용하여 아세트알데하이드를 생산한다. 이 박테리아들의 광합성 일반식을 써보라.
   (b) 이 박테리아들이 산소를 만들지 않는 이유를 써보라.
   (c) 수소 제공자를 H_2A를 사용하는 광합성의 일반식을 써보라.
6. 빛이 없는 조건에서 엽록체의 추출물에 CO_2와 H_2O를 첨가하면 포도당이 합성되는지 설명하라. 만약 포도당이 합성되지 않는다면, 무엇을 첨가하면 포도당이 만들어질까? 캘빈 회로에 관여하는 모든 화합물이 엽록체의 추출물에 있다고 가정하라.
7. (a) 광합성에서 한 분자의 O_2 분자가 나오기 위해 흡수되는 광자의 수는?
   (b) 삼탄당-인산 한 분자의 합성에 필요한 NADPH를 만들기 위해 필요한 광자의 수는?
8. 제초제 3-(3, 4-dichlorophenyl)-1,1-dimethylurea(DCMU)는 PSII에서 사이토크롬 *bf* 복합체로 가는 전자 전달반응을 막는다.
   (a) DCMU를 분리된 엽록체 안에 주입하면, O_2의 발생과 광인산화(photophoporylation)가 모두 중단될까?
   (b) 만약 $P680^*$를 재산화시킬 수 있는 전자수용체를 첨가한다면, O_2의 발생과 광인산화(photophoporylation)에 어떤 영향을 미칠까?
9. (a) 분리된 엽록체의 루멘을 pH 4.0인 완충용액에 담그면, 수 분 이내에 루멘의 pH도 4.0이 된다. 그 후, pH 8.0의 완충용액을 ADP, P_i와 함께 엽록체의 루멘에 처리하면 갑자기 ATP가 만들어진다. 그 이유를 설명하라.
   (b) 만약 충분한 ADP와 P_i가 있다면, 수 초 이내에 ATP의 합성이 중단된다. 그 이유는?
10. 엽록체에서 순환 전자전달반응은 비순환 전자전달반응과 동시에 일어난다. 순환 전자전달반응을 통하여 ATP, O_2, NADPH 중 어느 것이 합성되는지 설명하라.
11. 엽록체의 틸라코이드막에 있는 불포화 지방산의 비율이 야생형 식물보다 높은 유전자 변형 형질전환 식물체가 개발되었다. 이 유전자 변형 식물은 높은 온도에 향상된 내성을 나타내며, 40℃에서 광합성 및 성장 속도가 야생형 식물에 비해 더 빠르다. 틸라코이드막에 있는 지질의 성분이 변하면 광합성에 어떤 영향을 주게 되는지 설명하라.
12. 분리된 시금치의 엽록체에 화합물을 첨가한 후 광합성의 광인산화, 수소이온 이동 및 비순환 전자전달반응을 조사하였다. 그 결과, 광합성의 광인산화(ATP 합성)와 수소이온 이동이 억제되었고, 반면 비순환 전자전달반응은 증가하였다. 그 이유를 설명하라.
13. (a) 광합성 탄소 동화작용을 통해서 한 분자의 포도당을 만들 때, 그리고 (b) 한 분자의 포도당이 녹말에 편입될 때 필요한 ATP와 NADPH의 분자 수를 계산하라.
14. 캘빈 회로가 한 번 진행된 후 $^{14}CO_2$의 방사선 동위원소 탄소 원자는 (a) 글리세르알데하이드-3-인산 (b) 과당-6-인산, 그리고 (c) 에리스로즈-4-인산의 어느 위치로 갔을까?
15. C_4 식물에서 CO_2로부터 포도당 한 분자가 합성될 때 필요한 ATP 수는 C_3 식물에서 보다 몇 개가 더 필요한가? (b) C_4 식물은 C_3 식물보다 ATP를 더 많이 소비함에도 불구하고 탄소 동화작용을 더 효율적으로 수행하는 이유를 설명하라.
16. (a) 스트로마의 pH가 높아질 때 (b) 스트로마에서 Mg^{2+}의 농도가 낮아질 때 캘빈 회로에 어떤 영향이 오는지 설명하라.

참고문헌

색소

Armstead, I., Donnison, I., Aubry, S., Harper, J., Hörtensteiner, S., James, C., Mani, J., Moffet, M., Ougham, H., Roberts, L., Thomas, A., Weeden, N., Thomas, H., and King, I. (2007). Cross-species identification of Mendel's I locus. *Science* 315:73.

Sato Y., Morita R., Nishimura M., Yamaguchi H., and Kusaba M. (2007). Mendel's green cotyledon gene encodes a positive regulator of the chlorophylldegrading pathway. *Proc. Natl. Acad. Sci. (USA)* 104:14169–14174.

광합성 전자전달

Allen, J. F. (2004). Cytochrome b6f: structure for signalling and vectorial metabolism. *Trends in Plant Sci.* 9:130–137.

Allen, J. P., and Williams, J. C. (2010). The evolutionary pathway from anoxygenic to oxygenic photosynthesis examined by comparison of the properties of photosystem II and bacterial reaction centers. *Photosynth. Res*. Published online May 7, 2010: Doi 10.1007/s11120-010-9552-x

Amunts, A., Toporik, H., Borovikova, A. B., and Nelson, N. (2010). Structure determination and improved model of plant photosystem I. *J. Biol. Chem*. 285:3478–3486.

Barber, J., Nield, J., Morris, E. P., and Hankamer, B. (1999). Subunit positioning in photosystem II revisited. *Trends Biochem. Sci*. 24:43–45.

Cramer, W. A., Zhang, H., Yan, J., Kurisu, G., and Smith, J. L. (2004). Evolution of photosynthesis: time-independent structure of the cytochrome b_6f complex. *Biochem*. 43:5921–5929.

Cramer, W. A., Zhang, H., Yan, J., Kurisu, G., and Smith, J. L. (2006). Transmembrane traffic in the cytochrome b_6f complex. *Annu. Rev. Biochem*. 75:769–790.

Ferreira, K. N., Iverson, T. M., Maghlaoui, K., Barber, J., and Iwata, S. (2004). Architecture of the photosynthetic oxygen-evolving center. *Science* 303:1831–1838.

Golbeck, J. H. (1992). Structure and function of photosystem I. *Annu. Rev. Plant Physiol. Plant Mol. Biol*. 43:293–324.

Kühlbrandt, W., Wang, D. N., and Fujiyoshi, Y. (1994). Atomic model of plant light-harvesting complex by electron crystallography. *Nature* 367: 614–621.

Leslie, M. (2009). On the origin of photosynthesis. *Science* 323:1286–1287.

Müller, M. G., Slavov, C., Luthra, R., Redding, K. E., and Holzwarth, A. R. (2010). Independent initiation of primary electron transfer in the two branches of the photosystem I reaction center. *Proc. Natl. Acad. Sci*. (*USA*) 107:4123–4128.

Nugent, J. H. A. (1996). Oxygenic photosynthesis. Electron transfer in photosystem I and photosystem II. *Eur. J. Biochem*. 237:519–531.

Rhee, K.-H., Morris, E. P., Barber, J., and Kühlbrandt, W. (1998). Three-dimensional structure of the plant photosystem II reaction centre at 8 Å resolution. *Nature* 396:283–286.

Staehlin, L. A., and Arntzen, C. J., eds. (1986). *Photosynthesis III: Photosynthetic Membranes and Light Harvesting Systems*. Vol. 19 of *Encyclopedia of Plant Physiology* (New York: Springer-Verlag).

광인산화

Bennett, J. (1991). Phosphorylation in green plant chloroplasts. *Annu. Rev. Plant Physiol. Plant Mol. Biol*. 42:281–311.

광합성 탄소 대사

Andrews, T. J. and Whitney, S. M. (2003). Manipulating ribulose bisphosphate carboxylase/oxygenase in the chloroplasts of higher plants. *Arch. Biochem. Biophys*. 414:159–169.

Bassham, J. A., and Calvin, M. (1957). *The Path of Carbon in Photosynthesis* (Englewood Cliffs, NJ: Prentice Hall).

Edwards, G. E., and Walker, D. (1983). C_3 C_4: *Mechanisms and Cellular and Environmental Regulation of Photosynthesis* (Berkeley: University of California Press).

Hartman, F. C., and Harpel, M. R. (1994). Structure, function, regulation, and assembly of D-ribulose-1,5-bisphosphate carboxylase/oxygenase. *Annu. Rev. Biochem*. 63:197–234.

Savage, D. F., Afonso, B., Chen, A. H., and Silver, P. A. (2010). Spatially ordered dynamics of the bacterial carbon fixation machinery. *Science* 327:1258–1261.

Schnarrenberger, C., and Martin, W. (1997). The Calvin cycle—a historical perspective. *Photosynthetica* 33:331–345. An outline of the advances made since the 1950s.

지질 대사

지질은 세포막의 중요한 구성요소이기 때문에 지질 합성은 세포 대사의 필수적인 부분이다. 이 장에서는 9장에서 설명되었던 주요 지질의 합성 경로를 설명하고자 한다. 지방산은 트라이아실글리세롤에 요구되기 때문에 이 경로의 가장 중요한 부분은 지방산 합성 과정이다. 또 다른 중요한 생합성 경로에 콜레스테롤 합성, 에이코사노이드 합성, 스핑고지질 합성이 포함된다.

지질은 물론 세포 대사의 정상적인 한 부분으로서 분해될 수 있다. 가장 중요한 이화작용은 지방산 산화(β-산화)이다. 이 과정에서 긴 사슬의 지방산은 아세틸 CoA로 분해된다. 지방산 생합성과 지방산 산화의 반대 경로들은 세포가 어떻게 열역학의 핵심 내용과 잘 양립되는 방법으로 에너지 생산과 사용을 다루고 있는지를 잘 보여주는 보기가 된다.

지질 대사의 이화 작용경로는 동물의 경우 기본적인 연료 대사의 한 부분이다. 트라이아실글리세롤과 글라이코젠은 저장된 에너지의 두 주요 형태이다. 글라이코젠은 한 시간 정도만 근육 수축을 위한 ATP를 공급할 수 있다. 새들의 이동 혹은 마라톤의 주자들의 노력처럼 지속적으로 강렬한 일들은 트라이아실글리세롤 대사에 의한 연료를 사용한다. 트라이아실글리세롤은 수분을 함유하지 않고 있으며 이들의 지방산은 아미노산이나 단당류보다 더 많이 환원된 상태이다—이로 인해 트라이아실글리세롤은 나중에 사용하기 위해 에너지를 효율적으로 저장하고 있다(9.3절). 트라이아실글리세롤은 에너지 요구가 증가하면 산화된다. 대부분의 경우, 포도당과 같은 다른 에너지원이 없을 때, 지방이 사용된다.

모든 종에 존재하는 지질 대사의 기본 경로를 파악함으로써 이 장을 시작하고자 한다. 필요한 경우, 박테리아와 진핵세포의 차이점도 언급될 것이다. 이러한 차이점은 크지는 않다. 그리고 지질 대사를 조절하는 호르몬을 포함해서 동물의 식이 지질의 흡수와 사용에 관한 설명이 이어진다.

이처럼 복잡한 지질 합성 및 대사 메커니즘에 이상이 생기면 많은 경우 가장 중요한 질환들이, 특히 심혈관계에서 발생할 수 있다. 이러한 의학적 문제를 이성적인 방법으로 다루기 위해서는 지질 대사에 관한 자세한 지식이 필요하다.

—수네 베리스트룀(S. Bergström), 1964년 콘래드 블로흐(Konrad Bloch)와 페오드르 리넨(Feodor Lynend)에게 수여되는 노벨 생리의학상 수상식 연설에서

위: 북극곰은 일년 중 상당 기간을 저장된 지방을 이용해 살아가고, 새들은 저장된 지방을 사용해 긴 이동을 한다.

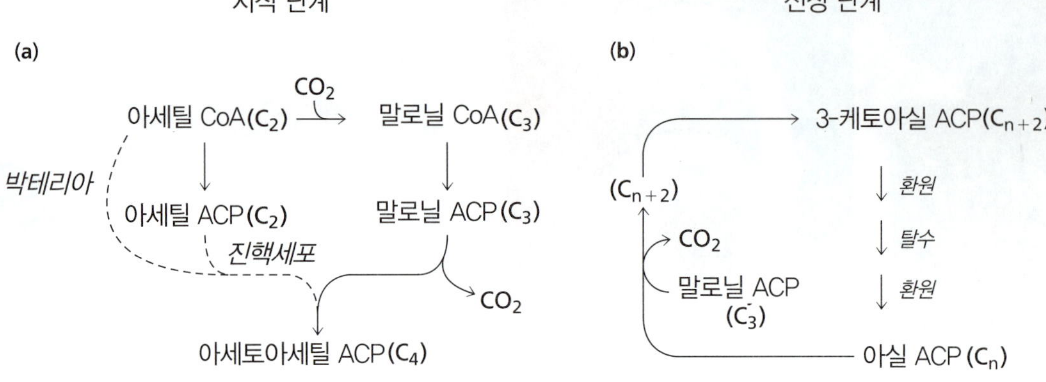

그림 16.1 ▶
지방산합성개요.

16.1 지방산 합성

지방산은 탄화수소 사슬의 길어지는 말단에 두 개의 탄소를 반복적으로 첨가함으로써 만들어진다. 길어지는 사슬은 아실 운반 단백질(ACP), 단백질 조효소(7.6절)에 공유결합으로 붙어 있다. 결합은 아세틸 CoA처럼 에스터이다. 지방산 합성의 개요가 그림 16.1에 나타나 있다.

$^{\ominus}O-C(=O)-CH_2-C(=O)-O^{\ominus}$

말로네이트

지방산 합성의 첫 단계는 아세틸 CoA로부터 아세틸 ACP와 말로닐 ACP를 생산하는 일이다(말론산 혹은 말로네이트는 C_3 디카복실산의 표준 이름이다). 첫 단계에서 아세틸기와 말로닐기가 축합되어 4개의 탄소 전구체와 CO_2가 만들어진다. 이 전구체가 지방산 합성의 시발체의 역할을 한다. 신장 단계에서는 ACP에 결합된 아실기는 말로닐 ACP가 제공하는 두 개의 탄소가 더해짐으로써 신장된다. 초기 축합 산물(3-케토아실 ACP)은 두 번의 환원 과정과 한 번의 탈수 과정을 통해 변형되어 더 긴 아실 ACP를 형성한다. 이후 아실 ACP는 추가 축합반응의 기질로 사용된다.

모든 종에서 지방산 합성은 세포질에서 일어난다. 다 성장한 포유류의 경우, 이 과정은 주로 간장세포와 지방세포에서 일어난다. 특정 지방산 합성은 수유 기간 동안 젖샘과 같이 특화된 세포에서 일어나기도 한다.

A. 말로닐 ACP와 아세틸 ACP 합성

지방산 대사 조절은 16.9절에 설명되어 있다.

말로닐 ACP는 지방산 합성의 기질이다. 이는 두 단계를 거쳐 합성되는데, 첫 번째 단계에서 세포질에 존재하는 아세틸 CoA가 카복실화되어 말로닐 CoA가 생성된다(그림 16.2). 카복실화 반응은 바이오틴 의존적 효소인 아세틸 CoA 카복실레이즈에 의해 촉매되며, 파이루브산 카복실레이즈의 촉매반응과 유사한 메커니즘을 보여준다(그림 7.20). ATP 의존적으로 $HCO_3^{\ominus}$가 활성화되어 카복시바이오틴이 형성된다. 이 반응 다음으로 활성화된 CO_2는 아세틸 CoA로 전해져서 말로닐 CoA를 형성한다. 이러한 반응들은 진핵세포의 경우 두 기능을 가진 효소에 의해 촉매되며, 바이오틴 부분은 두 개의 활성부위 사이를 움직일 수 있는 팔 구조 위에 존재한다. 박테리아의 아세틸 CoA 카복실레이즈는 다수의 소단위 단백질로 이루어져 있으며, 바이오틴 카복실레이즈, 바이오틴 카복실레이즈 운반 단백질, 이종 이량체의

$H_3C-C(=O)-S-CoA$ 아세틸 CoA
효소-바이오틴 $-COO^{\ominus}$
ADP + P_i
$^{\ominus}OOC-CH_2-C(=O)-S-CoA$ 말로닐 CoA
효소-바이오틴
$HCO_3^{\ominus}$ + ATP

그림 16.2 ▶
아세틸 CoA 카복실레이즈는 아세틸 CoA를 카복실화시켜 말로닐 CoA를 형성한다.

트랜스카복실레이즈를 포함한다. 모든 종에서 지방산 합성 과정에서 아세틸 CoA 카복실레이즈가 주요 조절 효소이며, 카복실화 과정은 대사 과정에서 비가역적인 반응이다.

말로닐 ACP 합성 과정의 두 번째 단계는 조효소 A의 말로닐 부분을 ACP로 전달하는 과정이다. 이 반응은 말로닐 CoA:ACP 트랜스아실레이즈에 의해 촉매된다(그림 16.3). 아세틸 CoA:ACP 트랜스아실레이즈라고 불리는 비슷한 효소는 아세틸 CoA를 아세틸 ACP로 변형시킨다. 대부분의 종에는 말로닐 CoA와 아세틸 CoA를 선별적으로 인식하는 별개의 효소가 존재한지만, 포유류의 경우 두 가지 활성이 더 큰 복합체의 한 부분인 말로닐-아세틸 트랜스퍼레이즈(MAT)의 이중 기능 효소에 담겨 있다(아래 참조).

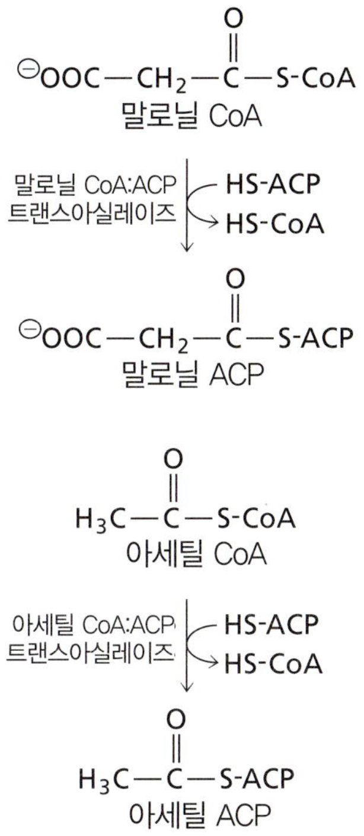

▲ 그림 16.3
말로닐 CoA로부터 말로닐 ACP 합성 그리고 아세틸 CoA로부터 아세틸 ACP 합성.

B. 지방산 합성의 시작 반응

긴 사슬 지방산 합성은 ACP에 붙어 있는 4개 탄소단위를 형성함으로써 시작된다. 아세토아세틸 ACP라 불리는 이 분자는 두 개 탄소단위 기질(아세틸 CoA 혹은 아세틸 ACP)과 3개 탄소단위(말로닐 ACP)가 축합되고 CO_2을 잃어버리면서 생성된다. 이 반응은 3-케토아실 ACP 신테이즈(KAS)에 의해 촉매된다. 박테리아의 경우 몇 종류의 KAS가 존재한다. 이 중 하나(KAS III)는 시작 단계에 사용되고 나머지 종류(KAS I, KAS II)들은 신장반응에 사용된다. 박테리아 KAS III는 초기 축합반응에서 아세틸 CoA와 말로닐 ACP를 사용한다(그림 16.4).

아세틸 CoA의 두 개 탄소단위는 싸이오에스터 결합을 통해 그 효소에 공유결합된다. 이 효소는 이 두 개 탄소단위를 말로닐 ACP 말단에 전달해서 4개 탄소 중간 산물을 만들고 CO_2가 빠져나온다. 진핵세포의 3-케토아실 ACP 신테이즈는 동일한 반응을 일으키는데, 차이점은 초기 기질로서 아세틸 CoA 대신 아세틸 ACP가 사용된다는 점이다.

말로닐 CoA 합성은 ATP 의존적으로 아세틸 CoA를 카복실화시키는 과정과 연관되어 있다는 사실을 기억하라(그림 16.2). 한 물질을 카복실화하고 다음으로 탈카복실화하는 전략은 카복실 과정에 소모된 ATP의 비용으로 이 과정을 위한 자유에너지 변화를 유리한 방향으로 이끌어 준다. 비슷한 전략이 포유류의 포도당 합성 과정에서도 보이는데, 파이루브산(C_3)이 먼저 카복실화되어 옥살로아세테이트(C_4)를 형성하고 이후 옥살로아세테이트는 탈카복실화되어 C_3 분자인 포스포이노파이루브산이 만들어진다(12.1절).

C. 지방산의 신장반응

아세토아세틸 ACP는 가장 작은 분류의 3-케토아실 부분을 가지고 있다. 이 분자의 이름에

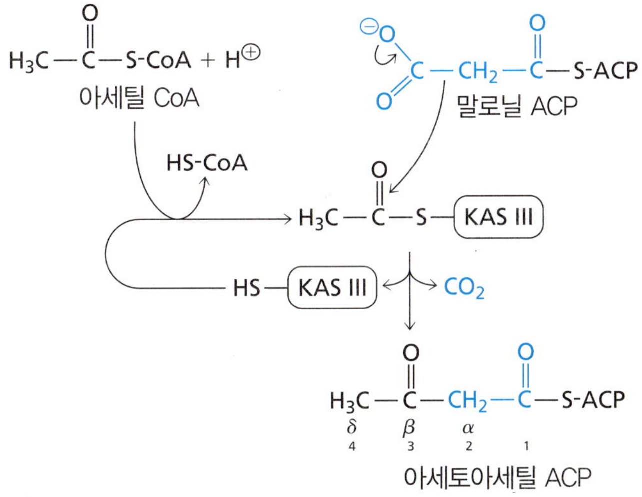

◀그림 16.4
박테리아에서 아세토아세틸 ACP 합성.

서 "3-케토-"는 C-3 위치에 케토기가 존재함을 의미한다. 예전 용어에 따르면 이 탄소 원자는 β-탄소라고 불려졌고 그 산물은 β-케토아실 부분이라고 불렸다. 축합효소 역시 β-케토아실 ACP 신테이즈라고 불린다. 차후 축합반응을 준비하기 위해 산화된 3-케토아실 부분이 전자(그리고 양자)를 C-3 위치에 전달함으로써 환원되어야 한다.

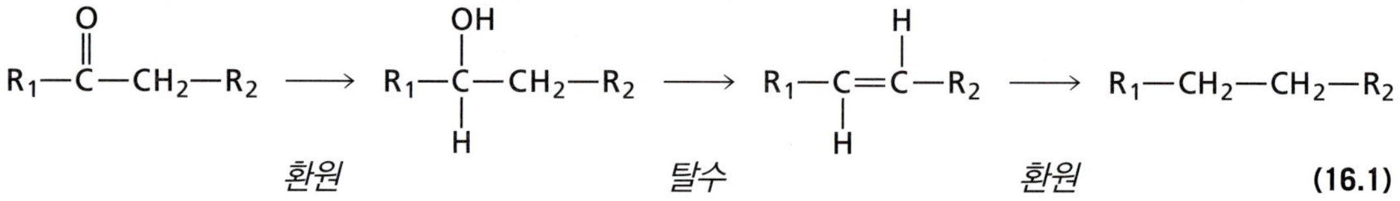

$$R_1-\overset{O}{\overset{\|}{C}}-CH_2-R_2 \xrightarrow[\text{환원}]{} R_1-\overset{OH}{\underset{H}{C}}-CH_2-R_2 \xrightarrow[\text{탈수}]{} R_1-\underset{H}{C}=\overset{H}{C}-R_2 \xrightarrow[\text{환원}]{} R_1-CH_2-CH_2-R_2 \quad \textbf{(16.1)}$$

첫 번째 환원 과정에서 케톤은 해당되는 알코올로 환원된다. 두 번째 과정에서 디하이드라테이즈에 의해 물이 제거되고 C=C 이중결합이 형성된다. 마지막으로, 두 번째 환원 과정에서 수소가 첨가되어 환원된 아실기가 형성된다. 이는 생화학 경로에서 공통적인 산화-환원 전략이다. 시트르산 회로에서 석시네이트가 옥살로아세테이트로 산화되는 과정을 통해 이것의 역반응의 한 예를 본 바 있다(그림 13.5).

핵심개념

아세틸 CoA로부터 생성된 말로닐 CoA는 모든 지방산 합성의 전구체이다.

신장 회로의 특정 반응이 그림 16.5에 나타나 있다. 첫 번째 환원 과정은 3-케토아실 ACP 리덕테이즈(KR)에 의해 촉매된다. 디하이드라테이즈의 완전한 이름은 3-하이드록시아실 ACP 디하이드라테이즈(DH)이다. 두 번째 환원 과정은 엔오일 ACP 리덕테이즈(ER)에 의해 촉매된다. 합성 과정에서 β-하이드록시 중간 산물의 D 입체 이성질체가 NADPH 의존적 반응에서 형성됨을 주목하라. 16.7절에서는 지방산 분해 과정에서 L 이성질체가 형성됨을 보게 될 것이다.

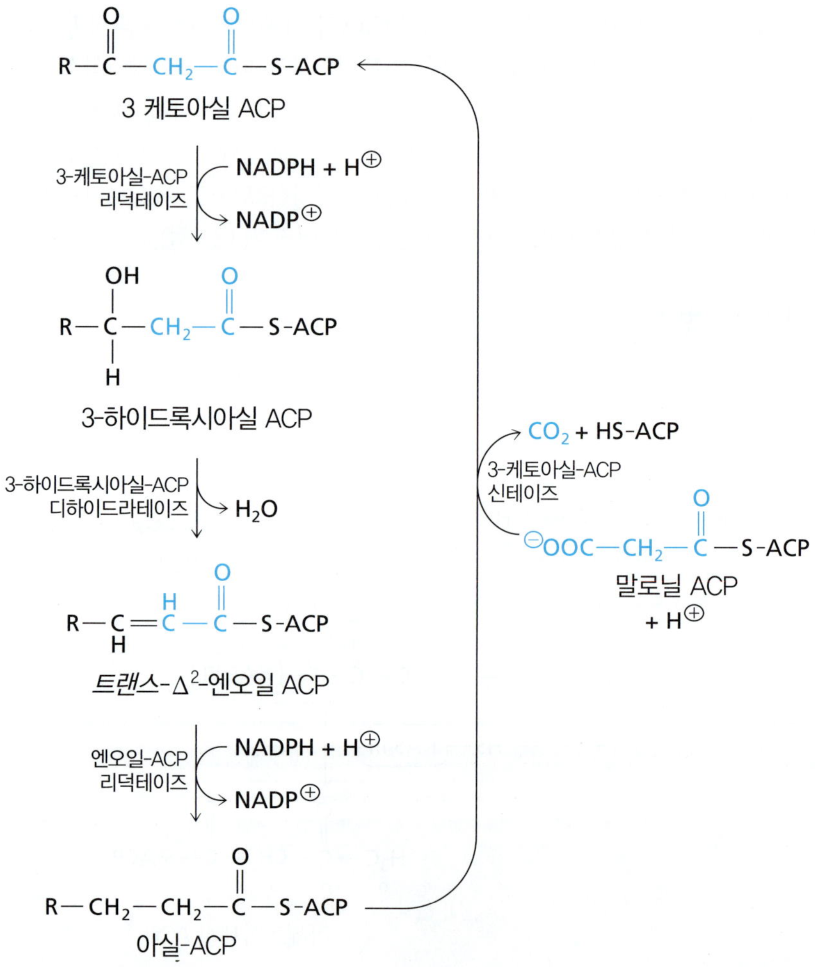

그림 16.5 ▶
지방산 합성의 신장 과정. R은 아세토 아실 ACP의 $-CH_3$를 의미하며 혹은다른 3-케토아실 ACP 분자의 $[-CH_2-CH_2]_n-CH_3$를 의미한다.

환원, 탈수, 환원 과정의 마지막 산물은 두 개의 탄소만큼 더 길어진 아실 ACP이다. 이 아실 ACP는 3-케토아실 ACP 신테이즈(KAS I과 KAS II)의 신장 형태를 위한 기질이 된다. 모든 종들은 말로닐 CoA를 축합반응에서 탄소 제공자로 사용한다. 신장반응들은 여러 번 반복되어 더 긴 지방산 사슬을 생성한다.

포화 지방산 합성의 최종 산물은 16-과 18-탄소 지방산들이다. 더 긴 길이의 사슬은 축합효소의 활성부위가 감당할 수 없다. 싸이오에스터레이즈의 작용으로 인해 ACP로부터 완전한 지방산이 떨어져 나오고 이 효소는 절단반응을 촉매해 HS-ACT를 다시 만들어낸다. 예를 들면, 팔미토일 ACP는 싸이오에스터레이즈의 기질인데 이 효소는 팔미테이트와 HS-ACP를 형성을 촉매한다.

$$\text{팔미토일-ACP} \xrightarrow[\text{싸이오에스터레이즈}]{H_2O} \text{팔미테이트}\ (C_{16}) + \text{HS-ACP} + H^{\oplus} \qquad (16.2)$$

아세틸 CoA와 말로닐 CoA로부터 팔미테이트가 합성되는 종합적 화학양론은 다음과 같다.

$$\begin{aligned} &\text{아세틸 CoA} + 7\ \text{말로닐 CoA} + 14\ \text{NADPH} + 20\ H^{\oplus} \longrightarrow \\ &\quad \text{팔미테이트} + 7\ CO_2 + 14\ \text{NADP}^{\oplus} + 8\ \text{HS–CoA} + 6\ H_2O \end{aligned} \qquad (16.3)$$

박테리아의 경우, 지방산 합성의 각 반응은 독립적인 한 기능을 하는 효소들에 의해 촉매된다. 이러한 종류의 경로는 지방산 합성 시스템 종류 II라고 알려져 있다(FAS II). 곰팡이나 동물의 경우, 다양한 효소 활성들이 다기능을 수행하는 큰 효소의 각 도메인에 포함되어 있고, 이 복합체는 종류 I 지방산 합성 시스템으로 표현된다(FAS I).

포유류의 경우, 이 큰 단백질은 약 2500개의 아미노산을 가지고 있다(M_r = 270 kDa). 지방산 신테이즈는 두 개의 단량체가 단단히 붙어 있는 이량체이며, 두 개의 부위를 가진 효소로서 이량체 축의 어떤 부위에서든지 지방산이 합성된다(그림 16.6). 그림 16.6에서 효소의 아랫부분이 신장되고 있는 사슬에 새로운 두 개의 탄소를 더하여 축합 활동을 하는 말로닐/아세틸 트랜스퍼레이즈(MAT)와 3-케토아실 ACP 신테이즈(KAS) 활성을 포함하고 있다. 이러한 효소들은 유연성 있는 고리 부분에 위치하고 있는 붙어 있는 ACP 포스포판테테인 보결분자단(ACP)에 지방산을 첨부시킨다. ACP-결합한 지방산은 변형 활성을 가진 활성부위로 들어간다: 3-케토아실 ACP 리덕테이즈(KR), 3-하이드록시아실 ACP 디하이드라테이즈(DH), 그리고 엔오일 ACP 리덕테이즈(ER). 지방산 사슬은 마지막으로 싸이오에스터레이즈 활성에 의해 방출된다.

ACP 도메인과 TE 도메인의 구조는 크리스털 구조로서 밝혀지지 않고 있는데, 그 이유는 내부적으로 무질서한 짧은 아미노산의 부위들에 의해 이 도메인들이 효소의 주요 부분에 묶여 있기 때문이다(4.7D절). 이렇게 유연성이 있는 도메인들은 반응 동안 자유롭게 움직이어야 한다.

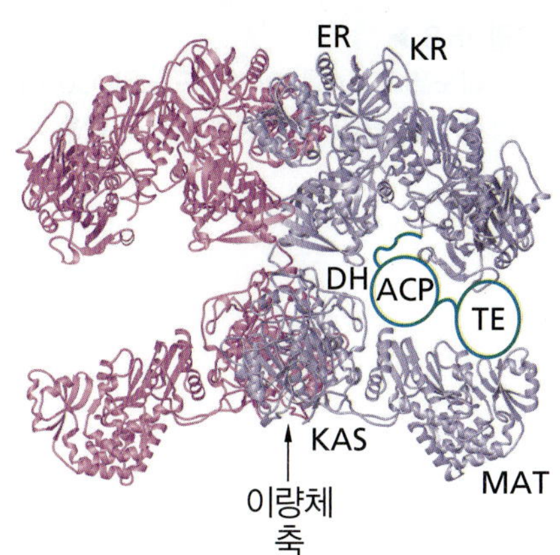

▲ **그림 16.6**
포유류의 지방산 신테이즈. 돼지효소(*Sus scrofa*)의 구조이다. 다음의 효소활성을 가지고 있는 큰 이량체이다: 말로닐/아세틸 트랜스퍼레이즈(MAT), 3-케토아실 ACP 신테이즈(KAS), 3-케토아실 ACP 리덕테이즈(KR), 3-하이드록시아실 ACP 디하이드라테이즈(DH), 엔오일 ACP 리덕테이즈(ER), 싸이오에스터레이즈(TE). 지방산 사슬은 결합된 ACP 보인자에 붙어 있다(ACP). ACP와 TE 도메인은 유연한 구조에 묶여 있어서 이들의 구조는 아직 밝혀져 있지 않다. [PDB 2VZ9]

D. 지방산의 활성화

싸이오에스터레이즈 작용(작용 16.2)으로 자유 지방산이 방출되지만 차후의 지방산 변형은 활성화 단계가 필요하고, 이 과정에서 아실-CoA 신테이즈에 의해 촉매되는 ATP 의존적인 반응에서 지방산은 조효소 A의 싸이오에스터로 변형된다(그림 16.7). 이 반응에서 방출된 파이로포스페이트는 파이로포스파테이즈에 의해 두 분자의 인산으로 가수분해된다. 결과적으로, 지방산의 CoA 싸이오에스터를 형성하기 위해 두 개의 포스포안하이드라이드 결합 혹은 두 개의 ATP 등가 물질이 소비되었다. 박테리아는 일반적으로 단일 아실-CoA 신테이즈를 가지고 있는 반면, 동물의 경우 적어도 네 개의 다른 아실-CoA 이성질체가 존재한다.

$$\underset{\text{지방산}}{R{-}COO^{\ominus}} + \text{HS-CoA} \xrightarrow[\text{AMP} + PP_i]{\text{ATP, 아실-CoA 신테이즈}} \underset{\text{아실 CoA}}{R{-}\overset{\displaystyle O}{\overset{\|}{C}}{-}\text{S-CoA}}$$

▲ **그림 16.7**
지방산의 활성화.

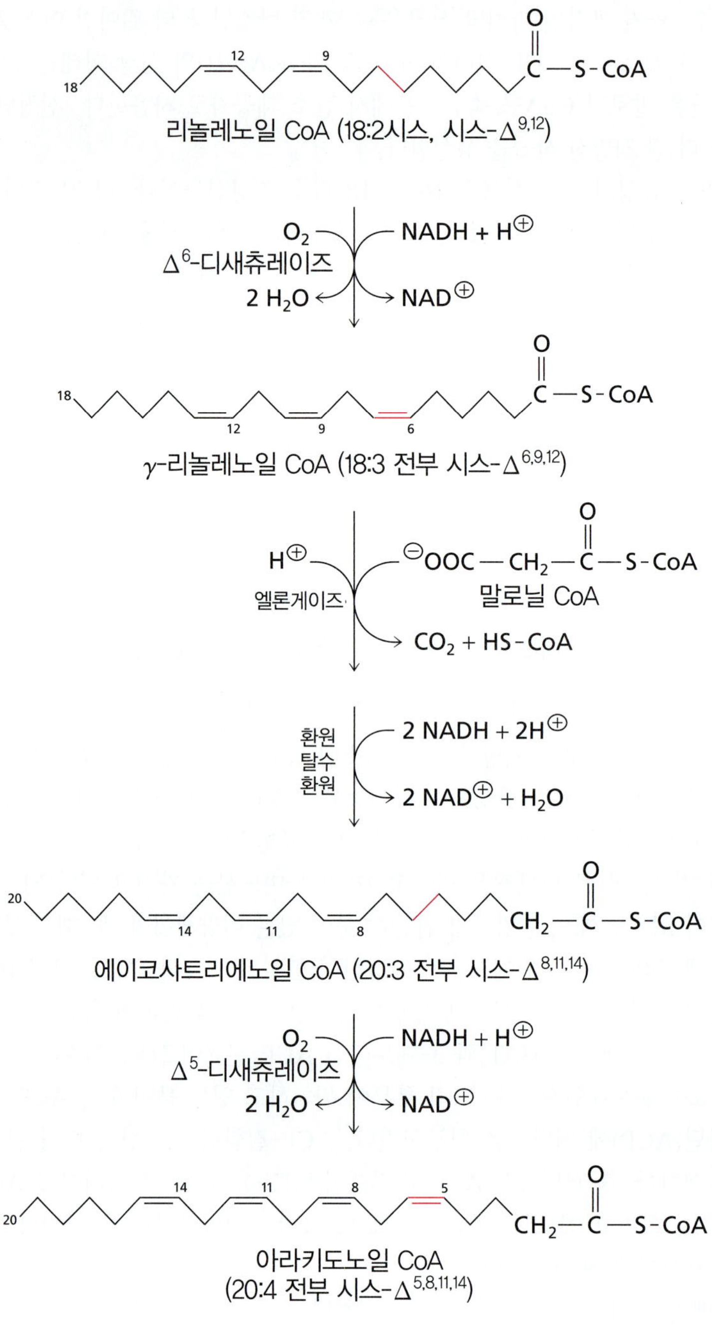

그림 16.8 ▶
리놀레노일 CoA를 아라키도노일 CoA로 변형시키는 과정에서 신장과 탈포화 반응.

각기 뚜렷한 효소들은 특정한 지방산 사슬 길이에 대해 선별적으로 작용한다: 짧은 길이(< C_6), 중간 길이(C_6~C_{12}), 긴 길이(>C_{12}), 혹은 매우 긴 길이(>C_{16}). 활성화 메커니즘은 아세테이트와 CoA로부터 아세틸 CoA를 합성하는 메커니즘과 유사하다(그림 10.13). 지방산의 활성화는 이들이 막 지질로 편성되기 위해 필요하다(16.2절)

E. 지방산의 신장과 탈포화

지방산 신테이즈 경로에 의해 탄소 16개 혹은 18개(C_{16}혹은 C_{18})보다 긴 지방산은 만들어지지 못한다. 더 긴 사슬의 지방산은 별도의 신장반응에 의해 팔미틸 CoA나 스테아로일 CoA를 신장시켜서 만들어진다. 이러한 신장을 촉매시키는 효소는 일롱게이즈라고 알려져 있고, 2개 탄소의 공급원으로 말로닐 CoA(말로닐 ACP가 아니라)를 사용한다. 일롱게이즈 반응의 보기가 그림 16.8의 2단계에 나타나 있다. C_{20}과 C_{22} 지방산은 흔한 반면, C_{24}와 C_{26} 지방산은 드물다.

불포화 지방산은 박테리아와 진핵세포에서 모두 합성이 되지만 경로는 다르다. 지방산 신테이즈 종류 II의 경우(박테리아), 지방산 사슬이 10개의 탄소 길이로 길어졌을 때, 이중결합이 길어지고 있는 사슬에 첨가된다. 이 반응은 10개 탄소 중간체를 인식하는 특정한 효소에 의해 촉매된다. 예를 들면, 3-하이드록실데카노일-ACP 디하이드라테이즈는 지방산 과정에서 정상 디하이드라테이즈처럼, 두 번째 탄소에 이중결합을 첨가시킨다(그림 16.5). 그러나 선별적인 C_{10} 디하이드라테이즈는 트랜스 위치 배열이 아닌, 시스-2-데카노일 ACP를 만들어서, 엔오일 ACP 리덕테이즈의 기질로 사용된다.

이 불포화 지방산의 다음의 순차적 신장은 정상 지방산 신테이즈에 의해 진행되는데 다른 점은 축합반응에서 특별한 3-케토아실-ACP 신테이즈가 이 불포화 지방산을 인식한다는 점이다. 최종 생성물은 16:1 Δ^8과 18:1 Δ^{10} 불포화 지방산이 될 것이다. 박테리아의 경우, 이 생성물들은 더 변형되어 다불포화 지방산(PUFA)이 만들어진다. 사슬은 일롱게이즈에 의해 더 신장될 수 있고, 추가의 이중결합이 디새츄레이즈라는 효소에 의해 첨가될 수 있다. 박테리아가 저온에 노출될 때, 막의 유동성을 증가시키기 위해 매우 다양한 PUFA를 가지고 있다(9.9절). 예를 들어, 해상의 많은 박테리아는 20:5와 22:6 PUFA를 합성한다. 이러한 종에서는 막 지방산의 25%까지 큰 다불포화 지방산이 차지한다.

불포화 지방산의 명명법은 9.2절에 나타나 있다.

진핵세포의 경우, 지방산 합성 종류 I이 사용되기 때문에, 지방산 합성 과정 중에 이중결합의 생성은 불가능하다. 이 지방산 신테이즈는 큰 다기능 효소의 한 부분으로서 단일 3-케토아실-ACP 신테이즈(KAS) 활성을 가진다. 진핵세포의 KAS 활성부위는 불포화 지방산 중간체를 인식하지 못하여, 박테리아처럼 C_{10} 단계에서 만들어졌다 하더라도 더 이상 신장시키진 못한다. 결과적으로, 진핵세포는 완전한 지방산 유도체인 팔미토일 CoA와 스테아로일 CoA에 작용하는 디새츄레이즈만 이용해서 불포화 지방산을 합성한다.

대부분의 진핵세포는 다양한 디새츄레이즈를 포함하고 있어서 지방산 말단의 카복실기로부터 15번째 탄소 위치에 이중결합이 형성된다. 예를 들면, 팔미틸 CoA가 산화되어 16:1 Δ^9 유사체가 만들어지고 이는 가수분해되어 흔한 지방산인 팔미톨레이트가 만들어진다. 다불포화 지방산은 매우 선별적인 디새츄레이즈의 순차적인 작용에 의해 합성된다. 대부분의 경우, 식물에서 α-리놀레네이트 합성 과정과 같이 이중결합은 탄소 3개의 간격으로 위치해 있다.

$$18{:}0\ (\text{스테아로일 CoA}) \longrightarrow 18{:}1\Delta^{9} \longrightarrow 18{:}2\Delta^{9,12}(\text{리놀레노일 CoA}) \longrightarrow 18{:}3\Delta^{9,12,15}(\alpha\text{-리놀레노일 CoA}) \quad \textbf{(16.4)}$$

포유류의 세포는 C-9 위치를 넘어서 작용하는 디새츄레이즈는 가지고 있지 않아서 리놀레이트 혹은 α-리놀레이트는 합성하지 못한다. 그러나 12번 위치에 이중결합을 가진 PUFA는 생존에 필수적인 요소로서 프로스타글란딘과 같은 중요한 에이코사노이드 합성의 전구체로 사용된다. 포유류의 세포는 Δ^{12} 디새츄레이즈가 없기 때문에, 섭취를 통해 리놀레이트를 섭취하여야 한다. 이들은 사람의 식이에서 필수 지방산이다. 모든 음식은 적당량의 α-리놀레이트를 포함하고 있어서 이 지방산의 결핍은 드물다. 예를 들면, 식물은 PUFA의 풍부한 원천이다. 그럼에도 불구하고, 많은 "바이타민" 보충제의 구성은 리놀레산을 포함할 것이다.

포유류는(리놀레노일 CoA로 활성화된) 일련의 탈포화와 신장반응(그림 16.8)을 통해서 식이의 리놀레이트를 아라키도노일-CoA(20:4)로 변형시킬 수 있다(인지질로부터 유래된 아라키도네이트는 에이코사노이드의 전구체이다, 16.3절), 이 경로는 복잡한 PUFA의 합성에서 전형적인 일롱게이즈와 디새츄레이즈의 보기를 보여준다. 아라키도네이트 경로의 중간체인 γ-리놀레노일 CoA(18:3)는 신장과 탈포화 과정을 거쳐 C_{20}과 C_{22} 불포화 지방산으로

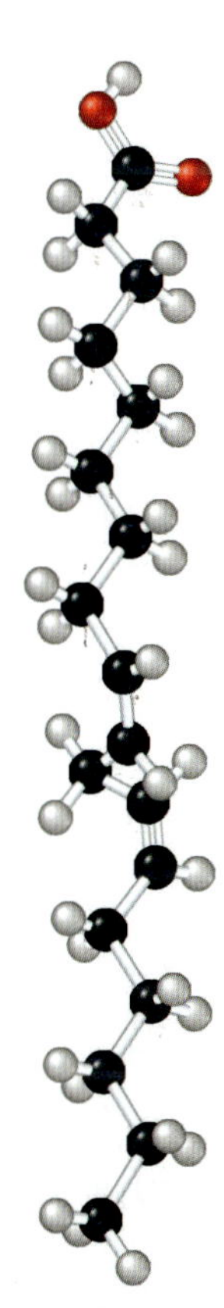

▲ **리놀레이트.** 리놀레이트는 사람 식이의 필수 요소이다.

만들어진다. 불포화 지방산의 이중결합은 연결되어 있지 않고 메틸렌기로 차단되어 있다. 그래서 예를 들면, Δ^9 이중결합은 다음 이중결합을 Δ^6 위치 혹은 Δ^{12} 위치로 지정해 준다.

16.2 트라이아실글리세롤과 글리세로인지질의 합성

필수 지방산과 더불어, 포유류는 식이를 통해 많은 바이타민(7장)과 필수 아미노산(17장)이 공급되어야 한다.

오래된 생화학 문헌에서는 트라이아실글리세롤이 트라이글리세라이드로 불렸다(9.3절).

대부분의 지방산은 트라이아실글리세롤 혹은 글리세로인지질의 에스터화된 형태로 발견된다(9.3과 9.4절). 포스파티데이트는 트라이아실글리세롤과 글리세로인지질 합성 과정의 중간체다. 이것은 지방산 CoA 분자의 아실기를 글리세롤 3-인산(그림 16.9).의 C-1과 C-2에 전달함으로써 생성된다. 글리세롤 3-인산은 글리세롤 3-인산 디하이드로지네이즈에 의해 촉매되는 환원반응으로 인해 디하이드록시아세톤으로부터 합성된다. 이 효소는 14장에서 NADH 운반 메커니즘을 논의할 때 소개된 바 있다(14.12절).

지질 합성은 지방 아실기를 아실기 제공원으로 사용하는 두 개의 다른 아실트랜스퍼레이즈에 의해 촉매된다. 첫 번째가 글리세롤 3-인산 아실트랜스퍼레이즈다. 이 효소는 글리세롤 3-인산의 C-1 위치에 에스터화를 통해 1-아실글리세롤 3-인산(리소포스파디데이트)을 형성하며 포화 지방 아실기에 대해 선호도를 보인다. 두 번째 효소는 1-아실글리세롤-3-인산 아실트랜스퍼레이즈로서 1-아실글리세롤 3-인산의 C-2 위치에 에스터화를 촉매한다. 이 효소는 불포화 사슬을 선호한다. 두 개 반응의 산물은 포스파티데이트이며, 이는 특정 성질이 결합한 아실기에 의해 의존하는 분자 가계 중의 한 물질이다.

포스파티데이트로부터 트라이아실글리세롤과 중성 인지질이 형성되는 과정은 포스파티데이트 포스파테이즈에 의해 촉매되는 탈인산화로 시작된다(그림 16.10). 이 반응의 산물은 1,2-다이아실글리세롤이며 이는 바로 아실화되어 트라이아실글리세롤로 형성된다. 부가적으로, 1,2-다이아실글리세롤은 뉴클리오타이드 알코올인 CDP-콜린 혹은 CDP-에탄올아민(7.3절).과 반응해서 각기 포스파티딜콜린과 포스타티딜에탄올아민을 형성한다. 이러한 유도체는 일반적인 반응을 통해 CTP로부터 만들어진다.

$$\text{CTP} + \text{알코올 포스페이트} \longrightarrow \text{CDP– 알코올} + \text{PP}_i \tag{16.5}$$

포스파티딜콜린은 또한 *S*-아데노실메싸이오닌에 의한 포스타티딜에탄올아민을 메틸화를 통해 합성될 수 있다(7.3절).

포스파티데이트는 산성을 띤 인지질의 전구체이기도 하다. 이 경로에서, 포스파티데이트는 CTP와 반응함으로써 활성화되어 CDP-다이아실글리세롤을 형성하고 파이로인산이 방출된다(그림 16.11). 특정 박테리아에서는 CMP 대신 세린이 차지하여 포스파티딜세린이 만들어진다. 원핵 및 진핵 세포에서 이노시톨이 CMP를 대처해서 포스파티딜이노시톨을 만든다. 포스파티딜이노시톨은 연속적인 ATP 의존적 인산화 과정을 통해 포스파티딜이노시톨 4-인산(PIP)과 포스파티딜이노시톨 4,5-양인산(PIP_2)으로 변형될 수 있다. PIP_2는 2차

글리세롤 3-인산 → (R₁—C(=O)—S-CoA → HS-CoA; 글리세롤-3-포스페이트 아실트랜스퍼레이즈) → 1-아실글리세롤 3-인산 (리소포스파티데이트) → (R₂—C(=O)—S-CoA → HS-CoA; 1-아실글리세롤-3-인산 아실트랜스퍼레이즈) → 포스파티데이트

▲ **그림 16.9**
포스파티데이트의 형성. 글리세롤 3-인산 아실트랜스퍼레이즈는 글리세롤 3-인산의 C-1 위치의 에스터화를 촉매한다. 이 효소는 포화 아실 사슬에 선호도를 보인다. 1-아실글리세롤-3-인산 아실트랜스퍼레이즈는 C-2 위치에서 에스터화를 촉매하고 불포화 아실 사슬에 대한 선호도를 가지고 있다.

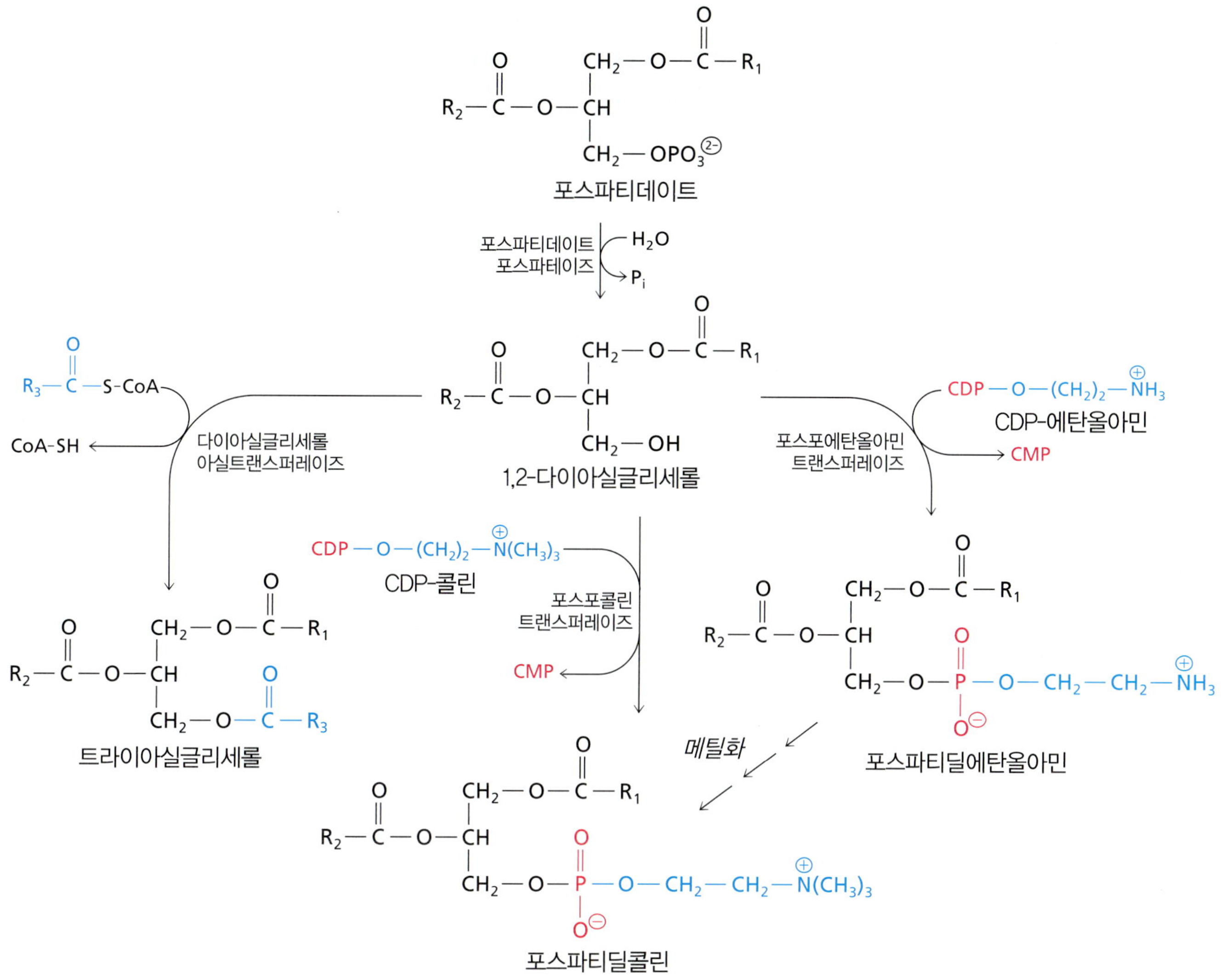

▲ **그림 16.10**

트라이아실글리세롤과 중성 인지질의 합성. 트라이아실글리세롤, 포스파티딜콜린, 포스파티딜에탄올아민의 합성 과정은 다이아실글리세롤 중간체에 의해 진행된다. 사이토신-뉴클리오타이드 유도체는 인지질의 극성머리 부분을 제공한다. *S*-아데노실싸이온이 메틸기의 제공원인 세 개의 효소 반응을 통해 포스파티딜에탄올아민이 포스파티딜콜린으로 변형된다.

전령인 이노시톨 1,4,5-삼인산(IP_3)과 다이아실글리세롤의 전구체임을 상기하라(9.11D절).

대부분의 진핵세포는 포스타티딜세린 합성을 위해 다른 경로를 사용한다. 이것은 포스파티딜에탄올아민의 에탄올아민을 세린으로 비가역적으로 치환시킴으로써 합성되며, 이 반응은 포스파티딜에탄올아민:세린 트랜스퍼레이즈에 의해 촉매된다(그림 16.12). 포스타티딜세린 디카복실레이즈 효소는 탈카복실화를 촉매하여 포스파티딜세린을 다시 포스파티딜에탄올아민으로 변형시킬 수 있다.

16.3 에이코사노이드의 합성

에이코사노이드는 일반적으로 두 분류로 나뉜다: 프로스타글란딘 + 트롬복산, 그리고 류코트리엔. 아라키도네이트(20:4 $\Delta^{5,8,11,14}$)는 많은 에이코사노이드의 전구체이다. 아라키도네이트는 그림 16.8에서 보듯이 Δ^6 디새츄레이즈와 일롱게이즈 그리고 Δ^5 디새츄레이즈를 필요로 하는 과정을 거쳐 리놀레오일 CoA(18:2 $\Delta^{9,12}$)로부터 합성됨을 상기하라.

그림 16.11 ▶
산성 인지질의 합성. 포스파티데이트는 CTP로부터 시티딜기를 받아들여 CDP-다이아실글리세롤을 형성한다. 그 후, CMP는 세린이나 이노시톨의 알코올 그룹으로 치환되어 각각 포스파티딜세린 또는 포스파티딜이노시톨을 형성한다.

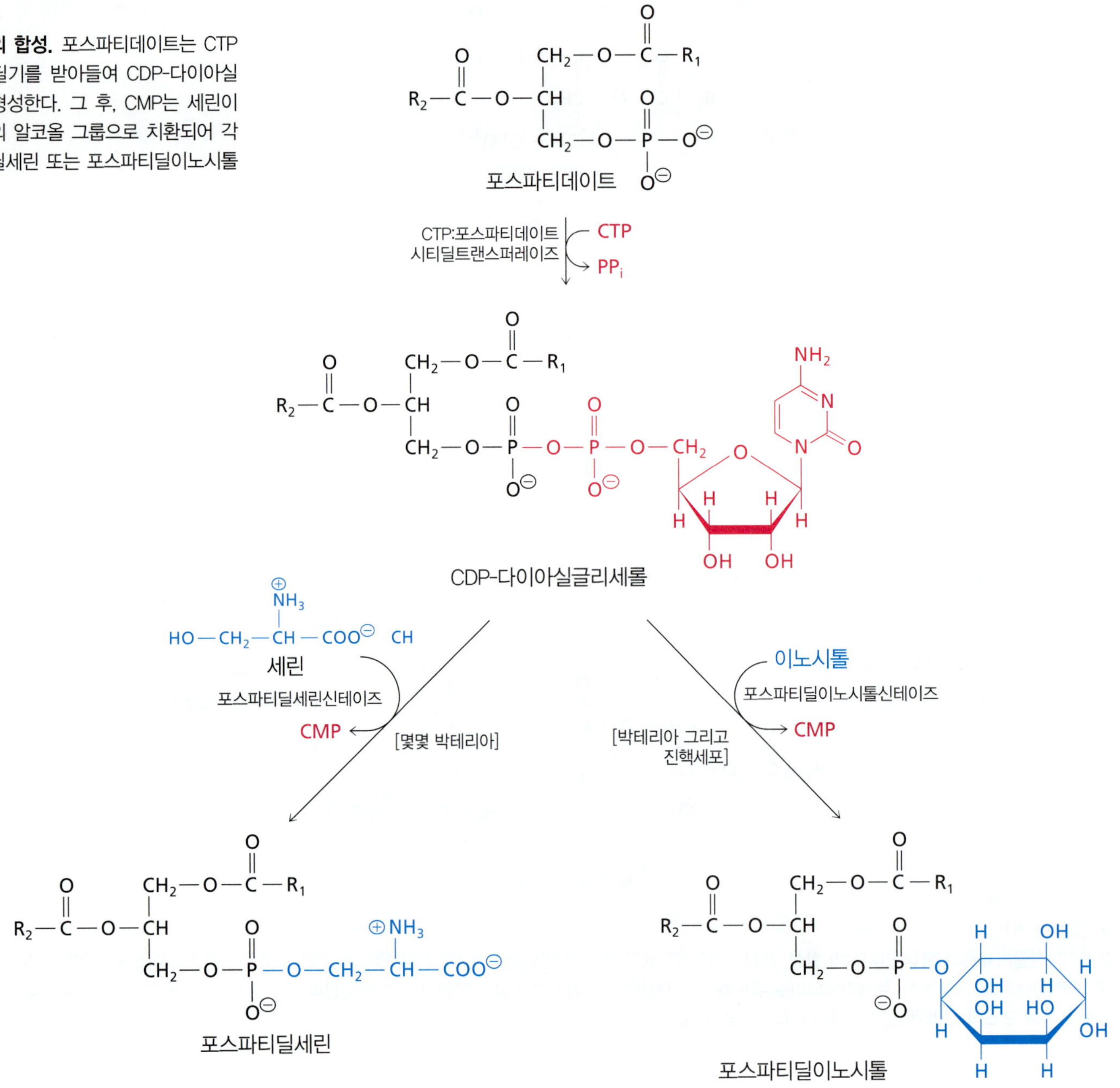

프로스타글란딘은 프로스타글란딘 엔도퍼옥사이드 H 신테이즈(PGHS)라는 이중작용기 효소에 의해 촉매되는 반응에서 아라키도네이트의 고리화에 의해 합성된다. 이 효소는 지질 이중층의 한 층을 관통하는 소수성 α-나선의 무리를 통해서 소포체의 내부표면에 결합한다(그림 16.13). 싸이클로옥시지네이즈(COX)의 활성은 하이드로퍼옥사이드(프로스타글란딘 G_2)의 형성을 촉매한다. PGHS 효소는 불안정한 하이드로퍼옥사이드를 프로스타글란딘 H로 빠르게 전환시키는 하이드로포옥시데이즈 활성을 위한 2차 활성 위치를 포함하고 있다(그림 16.14). 이 생성물은 프로스타싸이클린, 프로스타글란딘 그리고 트롬복산 A_2 등 다양한 수명이 짧은 조절 분자로 변환된다. 분비선에서 합성되어 혈액 순환을 통해 활동 위치로 이동하는 호르몬과 달리, 에이코사노이드는 일반적으로 그들이 생성된 세포 바로 부근에서 작용한다. 예를 들어, 트롬복산 A_2는 혈소판에 의해 생성되며 혈소판 응집, 혈액 응고 및 혈류의 국소적 변화를 야기하는 동맥 벽의 평활근 수축을 일으킨다. 자궁은 분만 동안 수축을 유발하는 프로스타글란딘을 생산한다. 에이코사노이드 역시 통증 감도, 염증, 부종을 매개

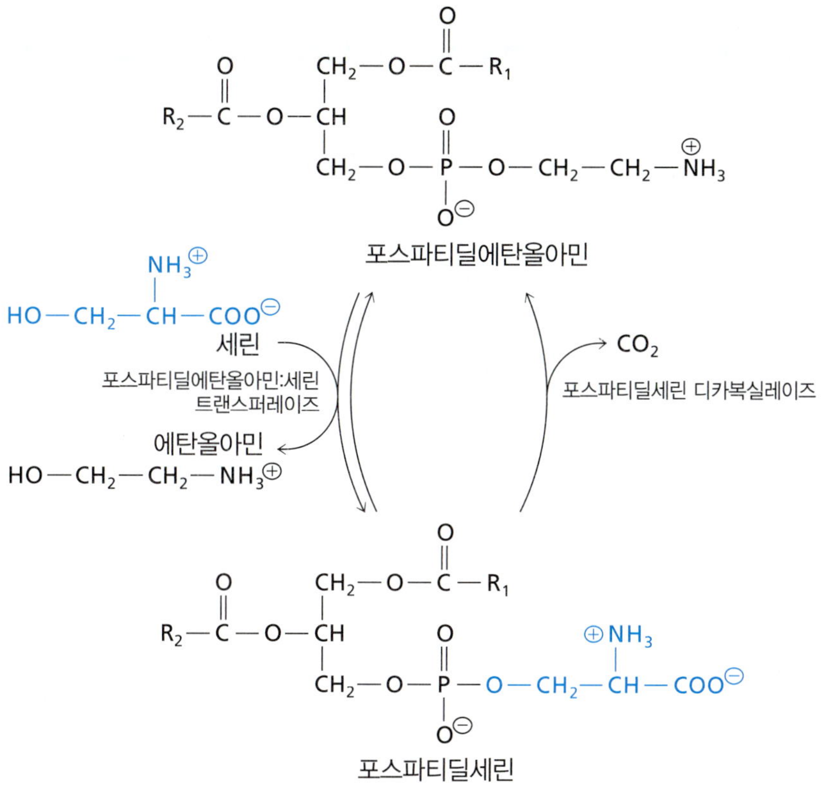

◀ 그림 16.12
포스파티딜 에탄올아민과 포스파티딜 세린의 상호 변환.

한다.

아라키도네이트와 에이코사노이드를 합성하기 위해 리놀레이트는 사람의 음식으로부터, 일반적으로 식물, 제공받아야 함을 상기하라. 리놀레이트가 필수 성분인 이유 중 하나는 생존에 필요한 프로스타글란딘 합성을 위해 필요하기 때문이다.

아스피린은 일부 에이코사노이드 생성을 막아 통증과 발열을 완화한다. 아스피린의 유효

BOX 16.1 *sn*-글리세롤 3-인산

트라이아실글리세롤의 합성 전구체 중 하나는 그림 16.9에서 피셔 투영(Fischer projection)으로 보이는 글리세롤 3-인산이다. 이 분자는 글리세롤 1-인산으로 정확하게 거꾸로 그려질 수 있다. 이것은 입체화학특이성 이름으로 L에서 D로 명명규칙이 바뀐다. 간단하게, D-글리세롤 3-인산과 L-글리세롤 1-인산은 동일한 분자에 대한 다른 이름이다.

글리세롤 인산염 전구체는 프로키랄 분자로서 L-글리세롤 3-인산 또는 D-글리세롤 1-인산으로 시작하는지에 따라 변형된 지질이 서로 다른 입체 구조 이름을 가지는 것을 의미하기 때문에, 동일한 분자가 다른 이름을 갖는 것은 혼란을 초래할 수 있다. 이를 방지하기 위해서 탄소 원자의 수를 도입하는 새로운 규칙이 만들어졌다. 피셔 투영에서 C-2 위치의 하이드록실기가 왼쪽에 있으면, "위" 탄소 원자는 C-1이 되고 "아래" 탄소 원자는 C-3가 된다. 따라서 L-글리세롤 3-인산은 *sn*-글리세롤 3-인산이 되는데 여기서 "*sn*"은 입체화학구조 번호를 의미한다.

트라이글리세라이드 전구체의 정확한 이름은 대부분의 경우 *sn*-글리세롤 3-인산이다. 고세균에서 전구체는 *sn*-글리세롤 1-인산이다(BOX 9.5)

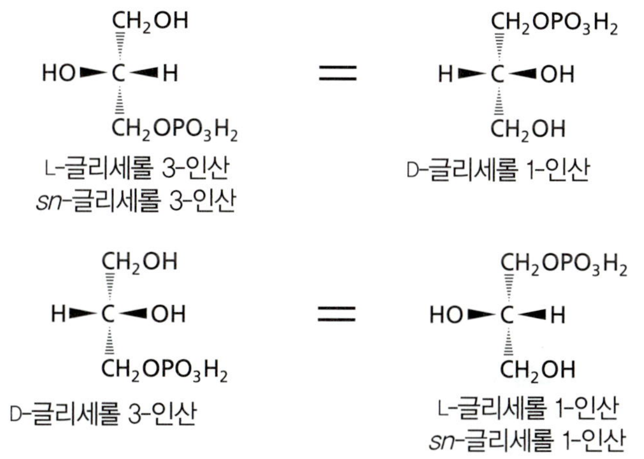

그림 16.13 ▶
프로스타글란딘 엔도퍼옥사이드 H 신테이즈 (PGHS, COX-1). 이 효소는 소포체의 내막에 결합하는 이량체이다. 싸이클로옥시지네이스 및 하이드로퍼옥시데이즈 활성도의 활성 부위는 효소의 맨 아랫부분에 크게 움푹 들어간 곳에 위치한다. [from sheep, *Ovis aries*, PDB 1PRH]

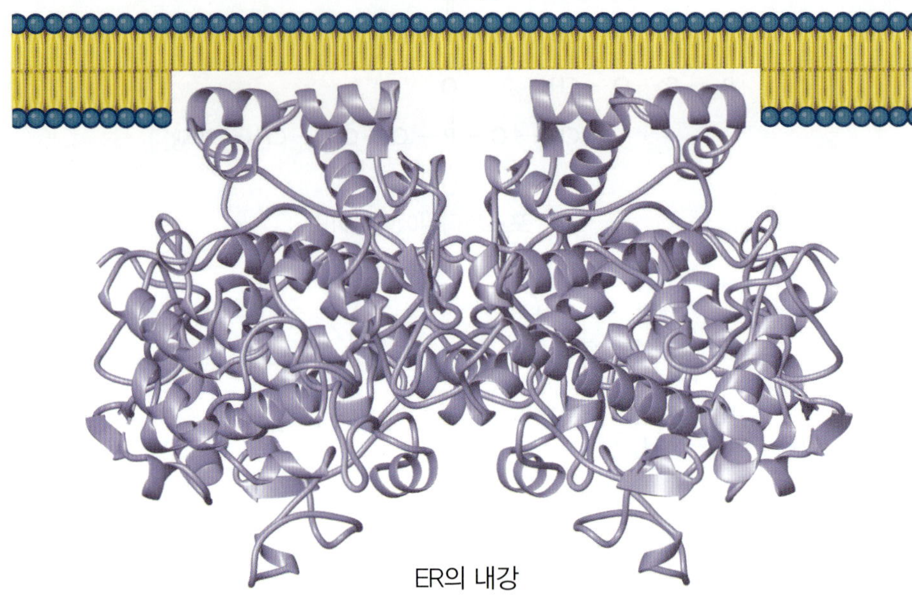

아라키도네이트 $COO^{\ominus}$

아라키도네이트 리폭시지네이즈

프로스타글란딘 H 신테이즈: 싸이클로옥시지네이즈 활성 — $2\,O_2$ [아스피린에 의한 억제]

OOH $COO^{\ominus}$

5-하이드로포옥시-$\Delta^{6,8,11,14}$-에이코사테트라에노에이트

프로스타글란딘 G_2 — O, O, $COO^{\ominus}$, OOH

탈수효소 — H_2O

프로스타글란딘 엔도퍼옥사이드 H 신테이즈 하이드로퍼옥시데이즈 활성

프로스타글란딘 H_2 — O, O, $COO^{\ominus}$, OH

H, O, H, $COO^{\ominus}$

류코트리엔 A_4

$COO^{\ominus}$, O, CH_2, HO, OH

프로스타싸이클린

다른 프로스타글란딘들

O, O, $COO^{\ominus}$, OH

트롬복산 A_2

▲ 그림 16.14
에이코사노이드 형성을 위한 주요 경로. 프로스타글란딘 H 신테이즈(PGHS) 경로는 프로스타싸이클린, 트롬복산 A_2 및 다양한 프로스타글란딘으로 전환될 수 있는 프로스타글란딘 H_2로 이어진다. 리폭시지네이즈 경로는 일부 다른 류코트리엔의 전구체인 류코트리엔 A_4를 생성한다. PGHS의 싸이클로옥시지네이즈 활성은 아스피린에 의해 억제된다.

성분인 아세틸살리실산은 비가역적으로 이중작용기 효소의 활성부위의 세린 잔기로 아세틸기를 전달함으로써 COX 활성을 억제한다. 아스피린은 COX의 활성을 저해하여 COX 반응 후에 합성되는 다양한 에이코사노이드의 형성을 억제한다. 아스피린은 1987년 처음으로 상용화된 약물로 발전했지만, 다른 종류의 살리실산은 오랫동안 통증 약물로 사용되어왔다. 예를 들어, 고대 그리스에는 통증 완화를 위해 버드나무 껍질을 사용하였다. 버드나무 껍질은 살리실산의 자연적인 원천이다.

에이코사노이드의 두 번째 분류는 리폭시지네이즈에 의해 촉매되는 반응의 산물이다. 그림 16.14에서 아라키도네이트 리폭시지네이즈는 류코트리엔 A_4가 되는 경로의 첫 단계를 촉매함을 볼 수 있다(용어 **트리엔**은 세 개의 짝 이중결합의 존재를 의미한다). 더 많은 반응에 의해 다른 류코트리엔도 생성되는데, 이는 한때 "아나필락시스의 느리게 반응하는 물질(알레르기 반응)"이라 불렸던 화합물로서 종종 항원에 노출되어 치명적 결과를 일으키는 원인이 된다.

▲ **버드나무 껍질은 살리실산의 원천이다.**

BOX 16.2 아스피린 대체물에 대한 연구

대부분 자연적인 살리실산은 심각한 부작용을 가지고 있다. 이 살리실산은 입과 목, 위의 염증을 유발하며 맛이 없다. 아스피린이 처음 소개되었을 때, 가장 인기 있는 약이 될 수 있었던 이유가 이러한 부작용의 대부분을 피할 수 있었기 때문이다. 그러나 아스피린은 어지럼증과 이명, 위 내벽의 출혈 또는 궤양을 유발할 수 있다. PGHS(또한 싸이클로옥시지네이즈 활성을 따라 COX라고 불리는)의 두 가지 다른 형태가 있다. COX-1는 위 점액 분비를 조절하여 위벽을 보호하는 필수적인 효소이다. COX-2는 염증, 통증, 발열을 촉진하는 유도 효소이다. 아스피린은 두 가지 효소 모두를 억제한다.

COX의 활성을 억제하는 다른 많은 비스테로이드성 항염증제(NSAIDS)가 있다. 오직 아스피린만이 효소의 공유적 변형으로 효소 활성을 억제한다. 다른 의약품들은 COX 활성부위에 결합하기 위해 아라키도네이트와 경쟁하여 작용한다. 예를 들어, 이부프로펜(Advil®)은 활성 자리에 빠르지만 약하게 결합하고, 이러한 억제는 약물의 농도가 떨어질 때 빠르게 복구된다. 아세트아미노펜(타이레놀®)은 정상 세포에서 COX 활성의 효과적인 억제제이다.

의사들은 COX-1이 아닌 COX-2를 선택적으로 억제하는 약물을 사용하기를 원한다. 이러한 화합물들은 위장에 자극을 주지 않는다. 선별적 COX-2의 억제제들이 많이 합성되고 있으며, 상당수가 현재 환자들에게 사용되고 있다. 이러한 약물은 비싼 반면, 정기적으로 진통제를 복용해야 하는 관절염 환자에게는 중요하다. 어떤 경우에는 새로운 NSAIDS는 심혈관 질환의 위험성 증가에 연관이 있어 이 시장에서 추방되었다(예: Vioxx®). COX-2의 X-선 결정학적 연구 및 이러한 억제제와의 상호관계에 대한 연구는 아스피린의 더 나은 대체제를 찾는 일에 도움을 주고 있다.

아스피린

이부프로펜

아세트아미노펜

로페콕시브(Vioxx®)
(COX-2 특이적 NSAID)

16.4 에테르 지질의 합성

에테르 지질은 일반적인 에스터 결합 중 하나의 위치에 에테르 결합을 가지고 있다(9.4절) 포유류에서 에테르 지질의 합성 경로는 다이하이드록시아세톤인산으로부터 시작된다(그림 16.15). 첫 번째로, 지방산 아실 CoA로부터의 아실 그룹은 다이하이드록시아세톤 인산의 C-1 위치의 산소 원자에서 에스터화되어, 1-아실다이하이드록시아세톤 인산을 생산한다. 다음으로, 지방산 알코올은 지방산으로 치환되어 1-알킬하이드록시아세톤 인산이 된다. 이 화합물의 케토 그룹은 이후 NADPH에 의해 환원되어 1-알킬글리세로-3-인산을 형성한다. 이 환원반응 이후, 글리세롤 잔기의 C-2 위치에서 에스터화 반응이 진행되어 1-알킬-2-아실글리세로-3-인산이 생성된다. 다음에 일어나는 반응은, 즉 탈인산화와 극성 머리 부분의 추가(콜린 또는 에탄올아민), 앞서 보여준 그림 16.10과 동일하다. 글리세롤 골격의 C-1 위치에서 바이닐 에테르 결합을 포함하는 플라스말로젠(그림 9.9)은 알킬 에테르 결합의 산화에 의해서 알킬 에테르로부터 형성된다. 이 반응은 NADH와 O_2가 필요한 산화 효소에 의해 촉매화된다. 산화효소는 지방산 속에 이중결합을 넣어주는 아실-CoA 디새츄레이즈(그림

그림 16.15 ▼
에테르 지질의 합성. 플라스말로젠은 빨간색 화살표로 표시된 위치에서 이중결합이 형성되어 에테르 지질로부터 합성된다.

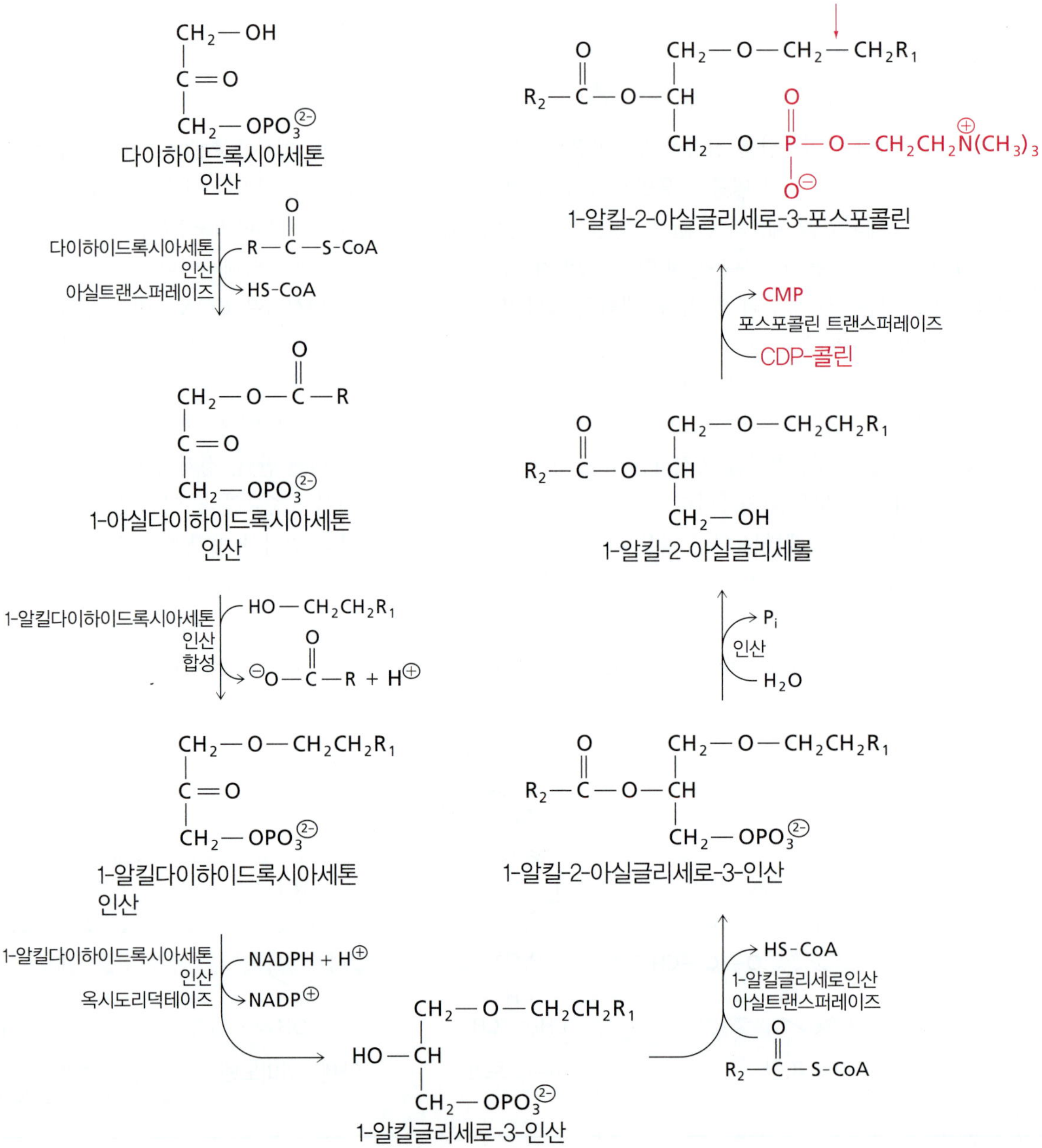

다이하이드록시아세톤 인산
다이하이드록시아세톤 인산 아실트랜스퍼레이즈
$R-C(=O)-S-CoA$
HS-CoA
1-아실다이하이드록시아세톤 인산
1-알킬다이하이드록시아세톤 인산 합성
$HO-CH_2CH_2R_1$
$^{\ominus}O-C(=O)-R + H^{\oplus}$
1-알킬다이하이드록시아세톤 인산
1-알킬다이하이드록시아세톤 인산 옥시도리덕테이즈
$NADPH + H^{\oplus}$
$NADP^{\oplus}$
1-알킬글리세로-3-인산
HS-CoA
1-알킬글리세로인산 아실트랜스퍼레이즈
$R_2-C(=O)-S-CoA$
1-알킬-2-아실글리세로-3-인산
P_i
인산
H_2O
1-알킬-2-아실글리세롤
CMP
포스포콜린 트랜스퍼레이즈
CDP-콜린
1-알킬-2-아실글리세로-3-포스포콜린

16.8)와 비슷하다.

진핵생물에서 비록 몇몇 종과 몇몇 조직은 플라스말로젠이 풍부한 막을 가지고 있지만, 에테르 지질은 에스터 결합을 포함한 글리세롤인지질만큼 일반적이지 않다. 에테르 지질은 박테리아에서 가장 일반적이고, 특히 고세균에서는 막 지질의 대부분이 에테르 지질이다(Box 9.5).

16.5 스핑고지질의 합성

스핑고지질은 구조적 골격으로 스핑고신(C_{18} 불포화 아미노알코올)을 가진 막 지질이다(그림 9.10). 스핑고지질 생합성의 첫 번째 단계에서, 세린(C_3 unit)은 팔미토일 CoA와 함께 축합되어 3-케토스핑가닌과 이산화탄소를 생산한다(그림 16.16). NADPH에 의한 3-케토스핑가닌의 환원은 스핑가닌을 생성한다. 이어지는 *N*-아실화 반응에서, 지방산 아실 그룹은 아실 CoA로부터 스핑가닌의 아미노기로 전달된다. 이 반응의 산물은 다이하이드로세라마이드 또는 전형적인 스핑고신의 C-4와 C-5 사이의 특유의 이중결합이 없는 세라마이드이다. 이 이중결합은 다이하이드로세라마이드 Δ^4-디새츄레이즈에 의해 촉매되는 반응에서 도입되었는데, 이 효소는 우리가 접해왔던 다른 디새츄레이즈와 비슷하다. 마지막 산물은 세라마이드(*N*-아실스핑고신)이다.

세라마이드는 모든 다른 스핑고지질의 원천이다. 이는 포스파티딜콜린과 반응하여 스핑고미엘린을 형성하거나 UDP-당과 반응하여 세레브로사이드를 형성할 수 있다. 복합적 당-지질 접합체인 갱글리오사이드는 세레브로사이드와 추가적인 UDP-당과 CMP-*N*-아세틸뉴라민산과 반응해서 형성될 수 있다(그림 9.12) 갱글리오사이드는 대부분의 당지질과 마찬가지로, 세포막의 외곕에서 발견된다.

16.6 콜레스테롤의 합성

스테로이드 콜레스테롤은 많은 막의 주요 성분이고(9.8절) 포유류에서 스테로이드 호르몬과 담즙산의 전구체이다. 콜레스테롤의 모든 탄소 원자는 아세틸 CoA로부터 유래되는데, 이는 초기 방사선 동위원소 표지 실험에서 나온 사실이다. C_{30} 선형 탄화수소인 스쿠알렌은 27-탄소 콜레스테롤 분자의 생합성 반응의 중간체이다. 스쿠알렌은 아이소프렌에 연관된 5-탄소 구성으로부터 형성된다. 콜레스테롤 생합성 경로에서 각 단계는 다음과 같다.

$$\text{아세트산 }(C_2) \longrightarrow \text{아이소프레노이드 }(C_5) \longrightarrow \text{스쿠알렌 }(C_{30}) \longrightarrow \text{콜레스테롤 }(C_{27}) \qquad (16.6)$$

A. 1단계: 아세틸 CoA에서 아이소펜테닐이인산으로

콜레스테롤 합성의 첫 번째 단계는 아세틸 CoA의 세 분자의 순차적인 축합이다. 이러한 축합 단계는 아세토아세틸-CoA 싸이올레이즈와 HMG-CoA 신테이즈에 의해 촉매된다. 산물인 HMG CoA는 이후 환원되어 메발론산이 되는데, 이 반응은 HMG-CoA 리덕테이즈에 의해 촉매된다(그림 16.17). 이 반응은 콜레스테롤 생합성의 개입 단계이다. 메발론산은 두 번의 인산화 반응과 이어지는 탈카복실화 반응에 의해 C_5 화합물 아이소펜테닐 이인산으로 전환된다. 아세틸 CoA 세 분자의 아이소펜테닐 이인산으로의 전환은 세 개의 ATP와 두 개의 NADPH의 에너지를 필요로 한다. 아이소펜테닐 이인산은 콜레스테롤 생합성에서의 역할과 더불어, 다른 많은 생합성 반응에서 아이소프레닐 단위의 중요한 제공원이다.

아세토아세틸-CoA 싸이올레이즈와 HMG-CoA 신테이즈의 마이토콘드리아 동위 효소는 케톤체 합성에 관여한다(16.11절).

많은 종의 박테리아는 아이소펜틸 이인산을 합성하기 위해 완전히 다른 메발론산 비의존적인 경로를 가지고 있다. 이 경로의 초기 전구체는 아세틸 CoA가 아닌 글리세르알데하이드 3-인산염과 파이루브산이다. 메발론산-비의존적 경로는 여기서 보이는 메발론산-의존적 경로보다 더 오래되었다.

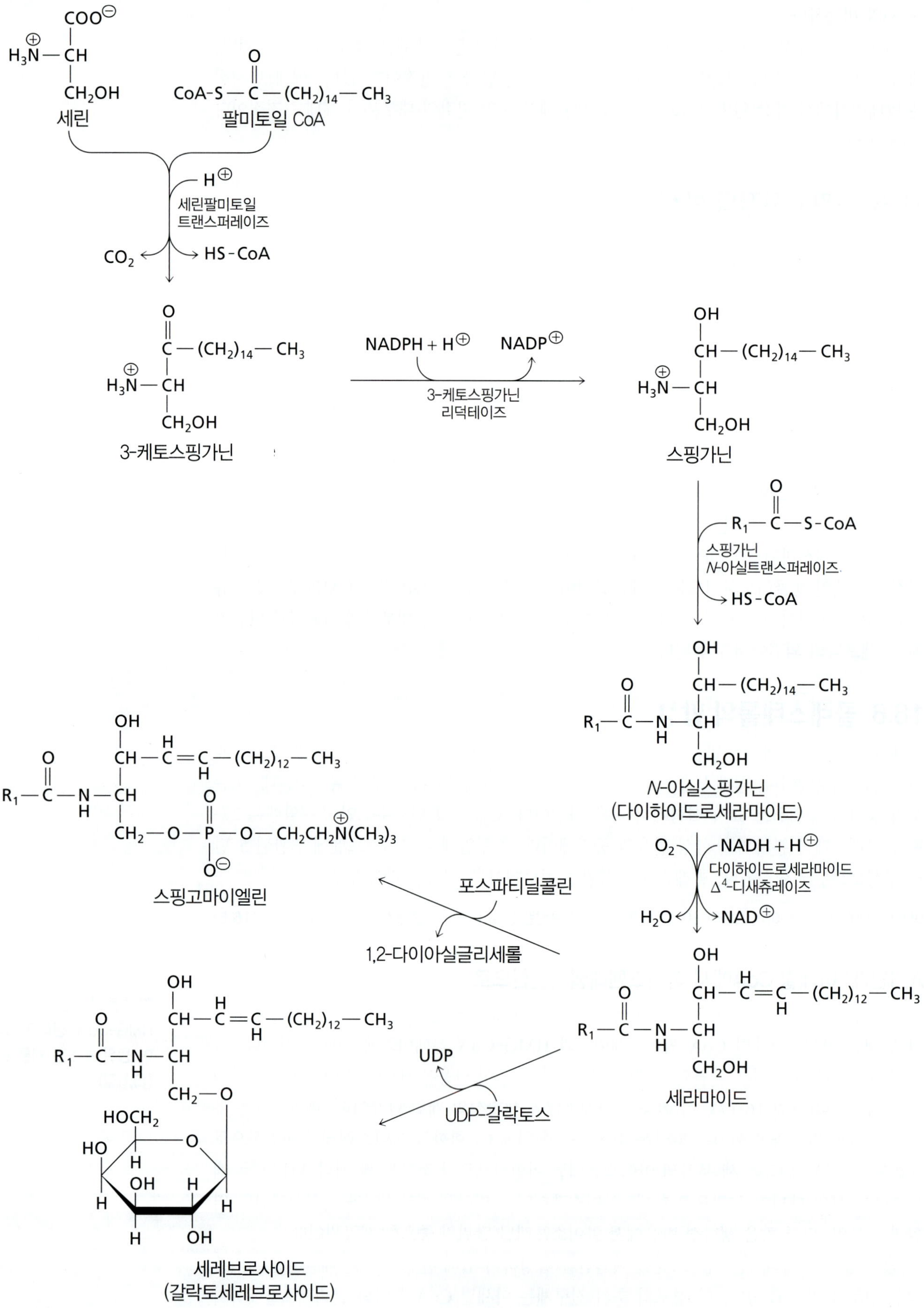

세린

팔미토일 CoA

$H^{\oplus}$

세린팔미토일 트랜스퍼레이즈

CO_2

HS-CoA

3-케토스핑가닌

$NADPH + H^{\oplus}$

$NADP^{\oplus}$

3-케토스핑가닌 리덕테이즈

스핑가닌

스핑가닌 *N*-아실트랜스퍼레이즈

HS-CoA

N-아실스핑가닌 (다이하이드로세라마이드)

O_2

$NADH + H^{\oplus}$

다이하이드로세라마이드 Δ^4-디새츄레이즈

H_2O

$NAD^{\oplus}$

세라마이드

포스파티딜콜린

1,2-다이아실글리세롤

스핑고마이엘린

UDP

UDP-갈락토스

세레브로사이드 (갈락토세레브로사이드)

▲ **그림 16.16**

스핑고지질의 합성.

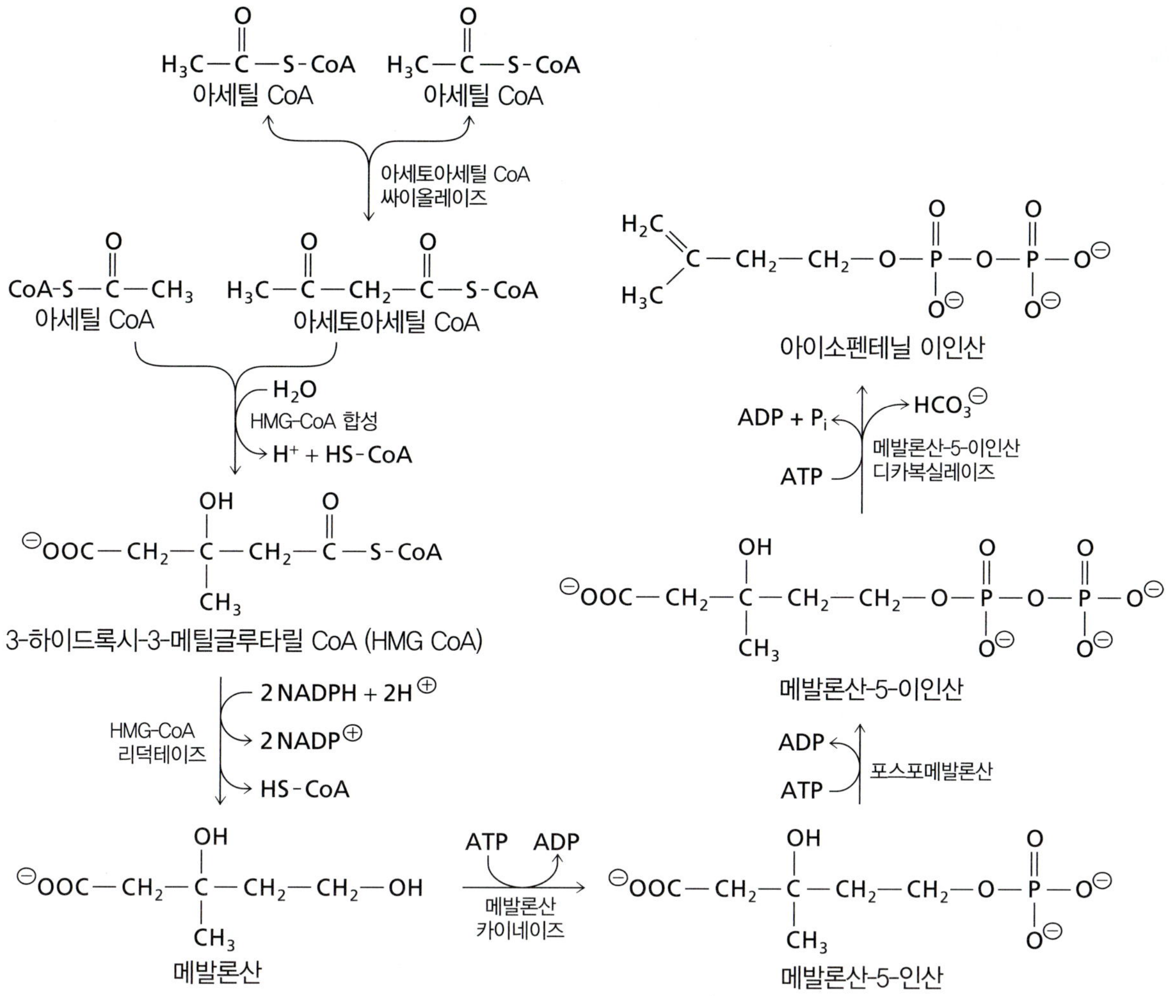

▲ 그림 16.17

콜레스테롤 합성의 1단계: 아이소펜테닐 이인산의 형성. 세 개의 아세틸 CoA 분자의 축합반응에 의해 HMG CoA가 생성되고, 이는 메발론산으로 환원된다. 메발론산은 이후 두 번의 인산화와 한 번의 탈카복실화 반응을 거쳐 5-탄소 분자 아이소펜테닐 이인산으로 전환된다.

B. 2단계: 아이소펜테닐 이인산에서 스쿠알렌으로

아이소펜테닐 이인산은 아이소펜테닐 이인산 아이소머레이즈(isopentenyl diphosphate isomerase; IDI)라고 불리는 특정 아이소머레이즈에 의해 다이메틸아릴 이인산으로 전환된다. 두 이성질체는 이후 프레닐 트랜스퍼레이즈에 의해 촉매되는 수미식(head-to-tail) 축합반응에서 연결된다(그림 16.18). 이 반응의 산물은 C_{10} 분자(제라닐 이인산)와 파이로인산이다. 두 번째 축합반응 또한 프레닐 트랜스퍼레이즈에 의해 촉매화되는데, 중요한 C_{15} 중간체인 파르네실 이인산이 생성된다. 아이소프레닐 단위의 축합은 가지 위치에서 규칙적인 간격을 둔 이중결합을 가진 특이적 가지형 탄화수소를 생성한다. 이러한 아이소프렌 단위는 대다수 중요한 보조인자에 존재한다(그림 9.13).

파르네실 이인산의 두 분자는 수미식 축합반응에 연결되어 C_{30} 분자 스쿠알렌을 형성한다. 파이로인산은 스쿠알렌 생합성 경로의 세 단계에서 생성되는데, 파이로인산의 가수분해로 인해 반응평형이 완성된다. 스쿠알렌의 모든 이중결합은 트랜스라는 것을 유의해야 한다.

핵심개념

아이소펜테닐 이인산은 모든 아이소프레노이드의 합성의 전구체이다.

C. 3단계: 스쿠알렌에서 콜레스테롤로

스쿠알렌과 처음으로 완전히 고리화된 중간체인 라노스테롤 사이의 단계는 하이드록실기의

그림 16.18 ▶
콜레스테롤 생합성의 두 번째 단계에서 축합반응.

아이소펜테닐 이인산

아이소펜테닐 이인산 아이소머레이즈

다이메틸알릴 이인산

PP_i

아이소펜테닐 이인산

프레닐 트랜스퍼레이즈

$H^{\oplus}$

$OP_2O_6^{3-}$

제라닐 이인산 (C_{10})

아이소펜테닐 이인산 (C_5)

프레닐 트랜스퍼레이즈

PP_i

파르네실 이인산 (C_{15})

파르네실 이인산 (C_{15})

스쿠알렌 신테이즈

$NADPH + H^{\oplus}$

$2\ PP_i$

$NADP^{\oplus}$

스쿠알렌 (C_{30})

▲ **콘라트 블로흐(1912~2000)**(위)와 **페오도르 뤼넨(1911~1979)**(아래)은 "콜레스테롤과 지방산 대사의 조절과 메커니즘을 발견하여" 1964년 노벨 생리의학상을 받았다.

첨가를 포함하는데, 이후 네 개-고리 스테로이드 핵을 형성하는 조화된 고리화 반응이 이어서 일어난다(그림 16.19). 활발하게 콜레스테롤이 합성되고 있는 세포에서 라노스테롤은 상당량 축적되어 있다. 라노스테롤에서 콜레스테롤로의 전환은 두 가지 경로를 통해 일어나는데, 두 경로 모두 많은 단계를 포함하고 있다.

D. 아이소프레노이드 대사의 다른 산물

다수의 아이소프레노이드는 콜레스테롤 혹은 전구 물질로부터 합성된다. 스쿠알렌의 C_5 전구체인 아이소펜테닐 이인산은 다수의 다른 산물의 전구체인데, 산물로는 퀴논, 지용성 바이타민 A, E 그리고 K, 카로티노이드, 테르펜, 일부 사이토크롬 헴(heme)기의 옆 사슬, 그리고 엽록소의 피톨 옆 사슬이 있다(그림 16.20). 이러한 아이소프레노이드의 상당수는 콜레스테롤을 합성하지 않는 박테리아에서 만들어진다. 아이소펜테닐 이인산 생합성의 두 가지 경로(16.6A절)는 보다 최근의 콜레스테롤 생합성 경로보다 훨씬 더 오래되었다.

BOX 16.3 콜레스테롤 수치의 조절

HMG-CoA 리덕테이즈반응은 콜레스테롤 생합성을 조절하는 주요한 위치를 차지한다. HMG-CoA 리덕테이즈는 공유결합적 변형, 전사의 억제, 그리고 분해의 조절이라는 세 가지 조절 메커니즘을 가진다. 단기간 제어는 공유결합적 변형에 의해 효과적으로 이루어진다: HMG-CoA 리덕테이즈는 인산화에 의해 비활성화되는 상호전환 효소이다. 이 인산화는 특별한 AMP-활성화되는 단백질 카이네이즈(AMP-activated protein kinase)에 의해 촉매되는이데, 이 효소는 또한 아세틸-CoA 카복실레이즈를 인산화시켜 비활성화시킬 수 있다(16.9절). 카이네이즈는 AMP의 수준이 상승할 때, ATP를 소모하는 콜레스테롤과 지방산 합성반응을 감소시키는 작용을 한다. 세포내 HMG-CoA 리덕테이즈의 양 또한 밀접하게 조절된다. 콜레스테롤(혈장 지질단백질에 의해 운반되는 내생 콜레스테롤이나 암죽미립에 의해 운반되는 식이 콜레스테롤)은 HMG-CoA 리덕테이즈를 인코딩하는 유전자의 전사를 억제할 수 있다. 또한 콜레스테롤 혹은 그 유도체 수치가 높아지면 아마도 막-결합 효소가 분해되는 위치로 빠르게 이동해서, HMG-CoA 리덕테이즈가 분해되는 속도가 증가된다.

혈청 콜레스테롤 수치의 저하는 관상동맥 심장질환의 위험을 감소시킨다. 스타틴이라고 불리는 많은 약물은 HMG-CoA 리덕테이즈의 강력한 경쟁 억제제이다. 스타틴은 효과적으로 혈중 콜레스테롤 수치를 낮출 수 있어 고콜레스테롤 증상의 치료제의 일부로 종종 사용된다. 또 다른 유용한 접근법은 소장에서 담즙산을 합성 수지 소립자에 결합시켜 그들의 재흡수를 방지하는 것이다. 많은 콜레스테롤은 담즙산으로 전환되어야 한다. 메발론산은 유비퀴논과 같은 중요한 분자의 합성에 필요하기 때문에 HMG-CoA 리덕테이즈의 억제가 콜레스테롤 수치를 조절하는 가장 바람직한 방법이 아닐지도 모른다.

▶ **HMG-CoA와 두 개의 일반적인 스타틴의 구조.**

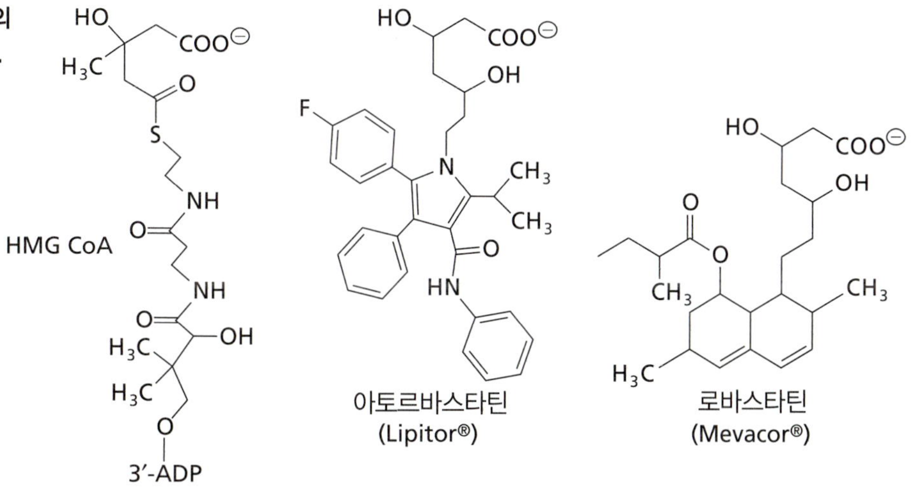

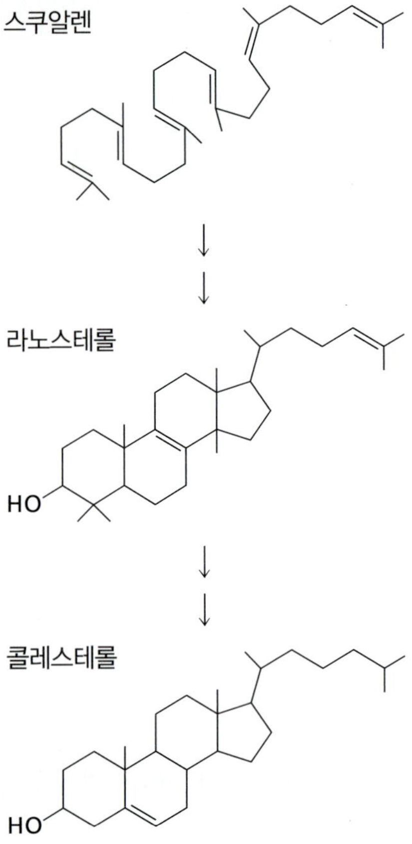

▲ **그림 16.19**
콜레스테롤 생합성의 마지막 단계: 스쿠알렌에서 콜레스테롤로. 라노스테롤에서 콜레스테롤의 전환은 20단계가 필요하다.

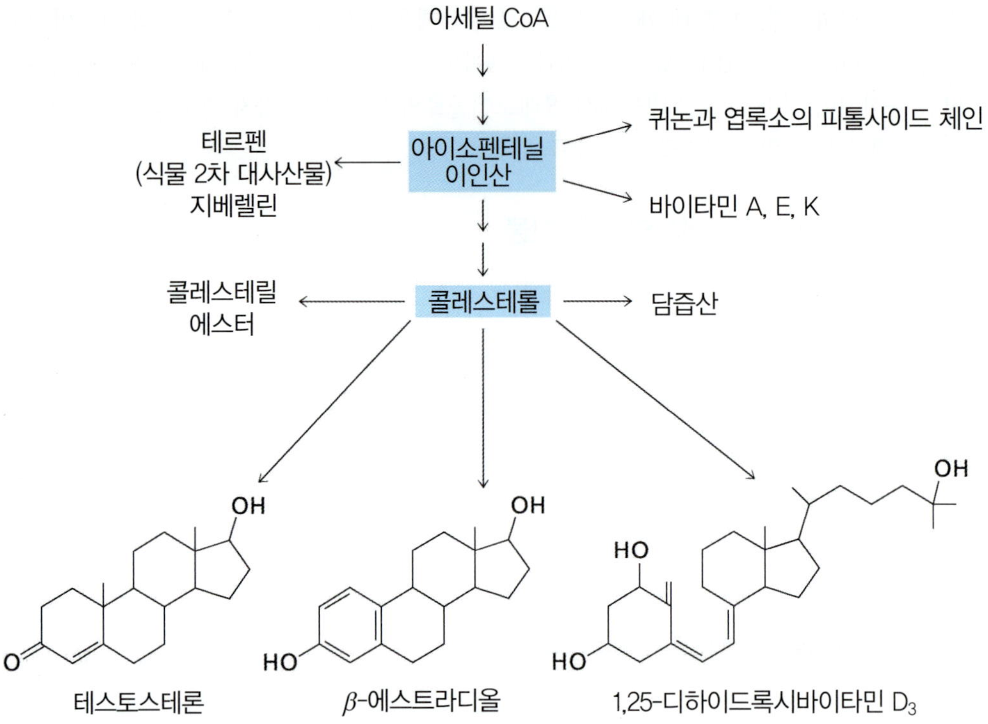

▲ **그림 16.20 아이소펜테닐 이인산과 콜레스테롤 대사의 다른 산물들.**

콜레스테롤은 지질의 장내 흡수를 용이하게 하는 담즙산; 창자로부터의 칼슘이온(Ca^{2+}) 흡수를 자극하는 바이타민 D; 성 형질을 조절하는 테스토스테론과 β-에스트라디올 같은 스테로이드 호르몬; 그리고 염분 균형을 조절하는 스테로이드의 전구체이다. 포유류에서 스테로이드 합성의 주요한 산물은 콜레스테롤 그 자체이며, 콜레스테롤은 막 유동성을 조절하고, 동물 세포 세포막의 필수 성분이 된다.

16.7 지방산 산화

핵심개념

***β*-산화는 지방산 분해를 위한 오래되고 어디에나 있는 경로이다.**

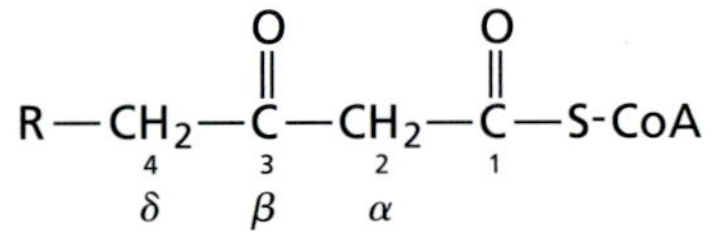

3-케토아실 CoA
(3-옥소아실 CoA)
(β-케토아실 CoA)

▲ **3-케토아실 CoA, 3-옥소아실 CoA, β-케토아실 CoA.**

트라이아실글리세롤(16.9절)에서 분리된 지방산은 각 단계마다 2탄소 단위씩 분해되는 경로에 의해서 산화된다. 2탄소 단위 조각은 조효소 A에 의해서 아세틸 CoA를 형성하고 나머지 지방산은 다시 산화 경로에 의해서 분해된다. 이러한 분해 과정을 'β 산화 경로'라고 하는데 이는 지방산의 β-탄소 원자(C-3)가 산화되기 때문이다. 지방산 산화는 지방산의 활성화와 2탄소 단위(아세틸 CoA)로 분해되는 2가지 단계로 나뉜다. 지방산 산화에 의해 생성된 NADH와 유비퀴놀(QH_2)은 호흡 전자전달계에 의해 산화되고 아세틸 CoA는 시트르산 회로의 반응물로 이용된다.

아세틸 CoA는 시트르산 회로에 의해 완전히 산화되어, 다른 생화학적 반응 경로에 사용될 수 있는 ATP라는 분자 형태로 에너지가 만들어진다. 시트르산 회로의 중간체는 아미노산 생합성 경로(13.6절)의 반응물로 이용될 수 있기 때문에, 지방산으로부터 나온 탄소 원자들도 아미노산 합성의 기질로 이용될 수 있다. 이러한 글라이옥실레이트 경로(13.7절)를 갖는 생물체에서는 지방산의 산화로 생성된 아세틸 CoA는 포도당신합성 경로를 통해 포도당 합성에 이용된다.

지방산의 산화는 세포막을 구성하는 지질의 일반적인 교체 과정의 일부로서 일어난다. 그러므로 세균, 원생생물, 균류, 식물 그리고 동물과 같은 모든 생물들은 β-산화 경로를 가지고 있다. 일반적인 세포의 대사와 더불어 지방산의 산화는 동물의 연료 대사의 주된 구성 요소가 된다. 음식물에 세포막 지질과 지방이 상당 부분이 포함되어 있는데, 풍부한 양의 에너지가 지방산 산화로 만들어진다. 이 장에서는 지방산 산화의 기본적인 생화학적 경로에 대해서 다룰 것이다. 다음으로 포유류의 연료 대사에서 지방산의 산화가 갖는 역할에 대해 알아볼 것이다.

A. 지방산의 활성화

산화를 위한 지방산의 활성화는 아실-CoA 신테이즈라는 효소에 의해서 촉매된다. 이러한 지방산의 활성화는 다불포화 지방산과 복합 지질의 합성에도 동일하게 요구된다.

B. β-산화의 반응

진핵생물에서 β-산화는 마이토콘드리아와 퍼옥시좀이라는 특화된 세포기관에서 일어난다. 박테리아에서는 이 반응이 세포질에서 일어난다. 지방 아실 CoA로부터 아세틸-CoA가 생성되기 위해서는 산화, 수화, 또 다른 산화, 그리고 싸이올 분해의 4가지 단계를 거쳐야 한다. 이제 짝수의 탄소 원자를 갖는 포화 지방산의 산화 과정을 살펴보기로 하자.

첫 번째 산화 과정에서 아실-CoA 디하이드로지네이즈는 아실기의 C-2와 C-3 탄소 원자 간 이중결합을 형성하여 트랜스 2-엔오일 CoA를 형성한다. 아실-CoA 디하이드로지네이즈는 몇 종류의 다른 이성질체가 존재하는데, 이들은 다른 사슬 길이(짧거나, 중간, 길거나, 혹은 매우 긴 사슬)에 대해 선호도를 가지고 있다.

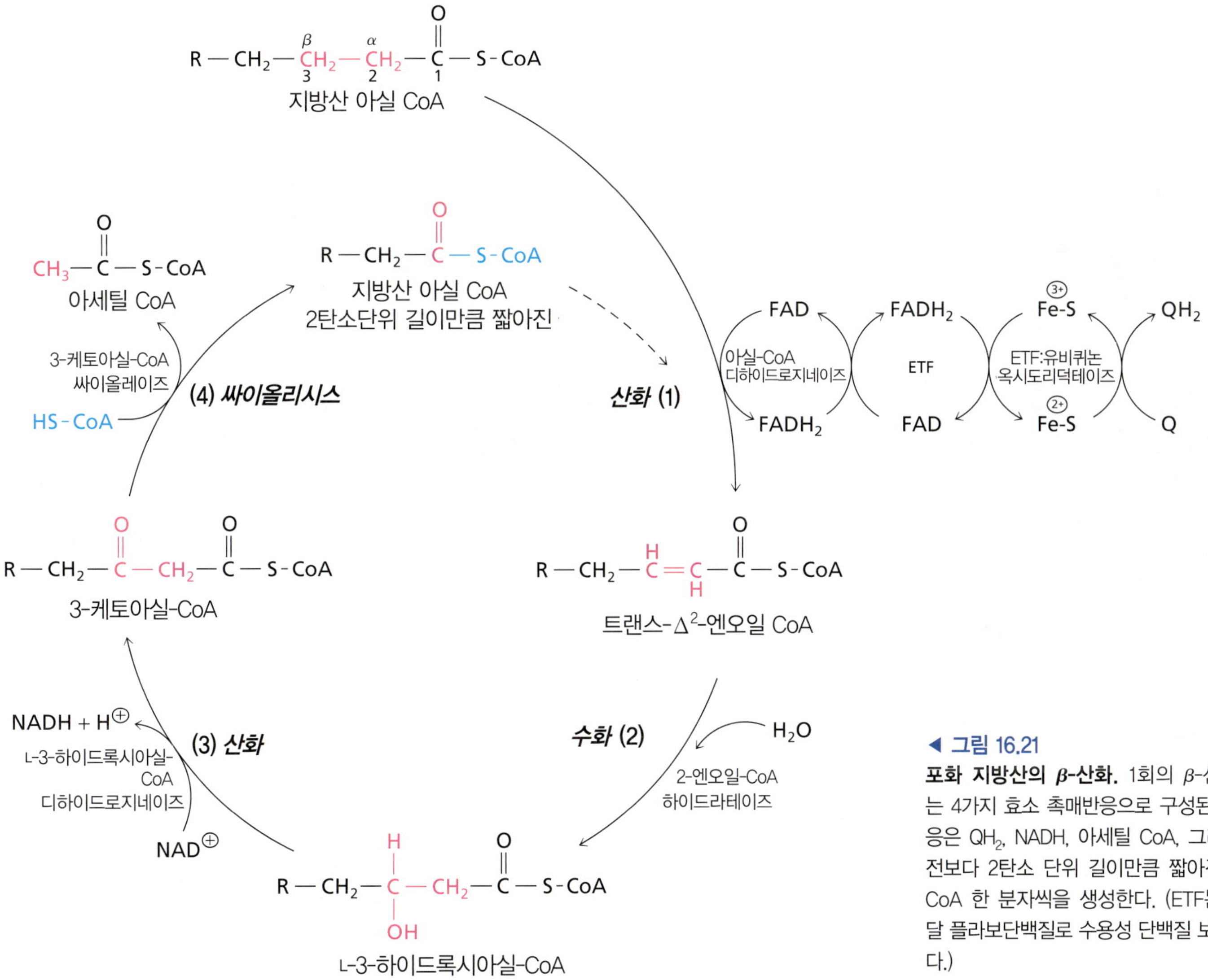

▲ **곰의 담즙.** 베트남에서 곰들(종종 처참한 상태로)이 우리 안에 갇혀 있고 담즙은 주기적으로 그들의 배에서 추출된다. 곰의 담즙은 열과 나쁜 시력 회복에 효과적이라고 한다.

◀ 그림 16.21
포화 지방산의 β-산화. 1회의 β-산화 경로는 4가지 효소 촉매반응으로 구성된다. 각 반응은 QH_2, NADH, 아세틸 CoA, 그리고 반응 전보다 2탄소 단위 길이만큼 짧아진 지방산 CoA 한 분자씩을 생성한다. (ETF는 전자전달 플라보단백질로 수용성 단백질 보조효소이다.)

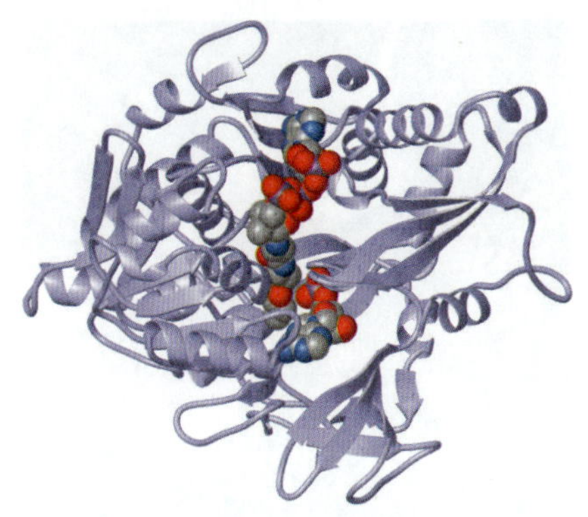

▲ **사람의 중간길이 사슬 아실-CoA 신테이즈.** 반응의 산물인 AMP와 아실 CoA가 활성 자리에 결합해 있다. 효소는 이량체이지만 그림에서는 하나의 단위체만 나타났다. [PDB 3EQ6]

이중결합이 형성될 때 지방 아실-CoA의 전자들은 아실-CoA 디하이드로지네이즈의 FAD 보결분자단으로 이동하고, 다음으로 이동성을 띠며 수용성인 전자전달 플라보단백질(ETF, 그림 16.22)에 결합한 또 다른 FAD 보결분자단에 전달된다. (또한 전자전달 플라보단백질은 지방산 대사에 관여하지 않는 다른 플라보단백질로부터 전자를 받아들일 수 있다.) 전자들은 ETF:유비퀴논 옥시도리덕테이즈에 의해서 Q로 전달된다. 이 효소는 세포막에 박혀 있고 지방산의 산화로 생성된 QH_2는 세포막에 존재하는 전자전달계에 의해서 산화되는 QH_2 풀로 들어간다.

지방산 산화의 두 번째 단계는 수화반응이다. 첫 단계에서 생성된 불포화 트랜스 2-엔오일 CoA에 물 분자가 더해져서 3-하이드록시아실 CoA의 L 이성질체가 형성된다. 이 반응은 2-엔오일-CoA 하이드라테이즈에 의해 촉진된다.

세 번째 단계는 L-3-하이드록시아실-CoA 디하이드로지네이즈에 의해서 촉매되는 두 번째 산화이다. 3-하이드록시-아실-CoA로부터 3-케토아실-CoA가 생성되는 반응은 NAD⊕에 의존적인 반응이다. 이렇게 생성된 환원당량(NADH)은 생합성 경로에 직접 이용되거나 막-전자전달계에 의해서 산화된다.

마지막으로 네 번째 단계에서 3-케토아실-CoA 싸이올레이즈에 의해 촉매되는 반응에서 HS-CoA의 친핵성 설프하이드릴기가 3-케토아실 CoA의 카보닐 탄소를 공격한다. 싸이올레이즈 II라고 불리는 이 효소는 아이소펜테닐 이인산 경로에 관여하는 아세토아실-CoA 싸이올레이즈(싸이올레이즈 I)와 연관이 있다(16.6A절). 아세토아세틸-CoA 싸이올레이즈는 아세토아세틸-CoA에 특이적인 반면, 3-케토아실-CoA 싸이올레이즈는 긴사슬 지방산 유

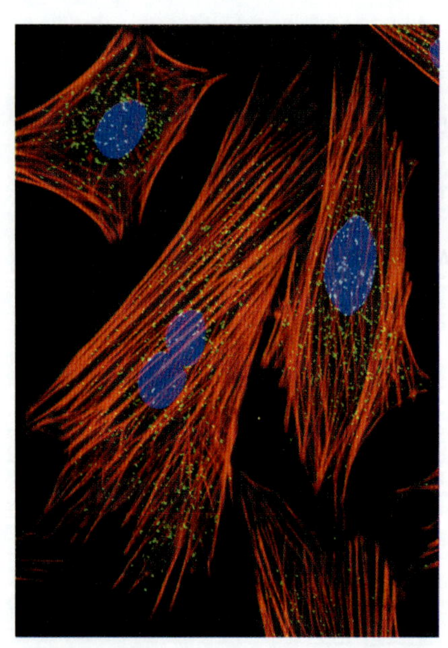

▲ **퍼옥시좀.** 퍼옥시좀을 관찰하기 위해 인디언 Muntjac(*Muntiacus muntjak*) 섬유아세포가 녹색 시약으로 염색되었다. 액틴섬유는 빨간색으로, DNA는 보라색으로 염색되었다. 작은 퍼옥시좀들은 세포질에 흩어져 있다. [http://www.microscopyu.com/staticgallery/fluorescence/muntjac.html]

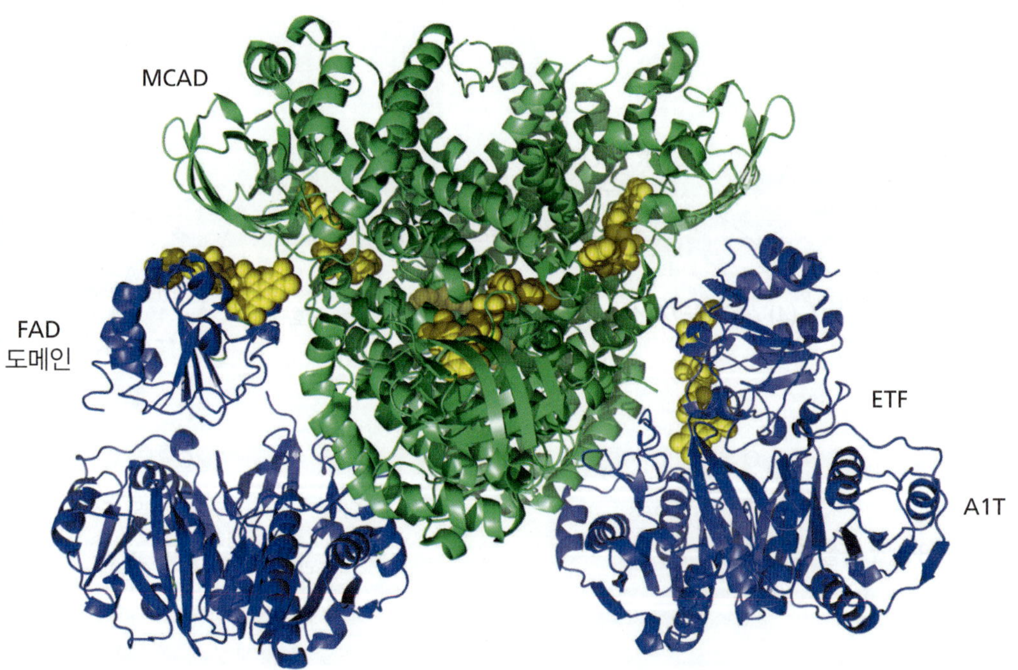

▲ **그림 16.22**
ETF에 결합한 중간 길이 사슬 아실-CoA 디하이드로지네이즈(MCAD)의 모델. MCAD의 소단위체는 녹색으로, ETF 소단위체는 파란색으로 표시되었다. 결합되어 있는 FAD가 공간채움 모델로 나타나 있다(노란색). 이 모델은 ETF의 FAD 도메인의 움직임을 막는 돌연변이 단백질을 포함하는 PDB entry 2A1T 구조에 기반을 두었다. 이량체의 왼쪽은 MCAD에서 FAD로 전자가 이동할 때 가능한 위치를, 오른쪽은 결합하지 않는 자유 상태의 ETF에서 결합하지 않은 상태에서 FAD 도메인의 위치를 보여준다. 한 위치에서 다른 위치로 이동할 수 있는 FAD 도메인의 유연성으로 인해 정상 ETF의 구조는 밝혀지지 못한 상태이다. (Toogood et al., 2004; Toogood et al., 2005)

도체에 작용한다. 방출된 아실-CoA로 인해 지방산 아실-CoA는 2탄소 단위씩 길이가 짧아진다. 이렇게 생성된 아실-CoA 분자는 또 다른 4단계 반응의 기질이 되고 이 반응은 하나의 지방산 분자가 완전히 아세틸-CoA로 전환될 때까지 계속된다.

지방산 아실 사슬의 길이가 짧아지면서, 더 짧은 사슬에 특이적인 아실-CoA 디하이드로지네이즈에 의해서 반응의 첫 단계가 촉매된다. 흥미롭게도 지방산 산화의 처음 3단계 반응은 시트르산 회로의 3단계와 화학적으로 매우 유사하다. 이 반응에서 에틸렌(—CH_2CH_2—, 숙시네이트처럼)은 카보닐기를 포함하는 2탄소 단위로 산화된다(—$COCH_2$—, 옥살로아세테이트처럼). 이 반응은 지방산 합성 경로와 반대이다(16.1C절).

진핵생물에서 지방산 산화는 퍼옥시좀에서도 일어난다. 사실 포유류를 제외한 거의 대부분의 진핵생물에서 β-산화는 퍼옥시좀에서만 진행된다. 퍼옥시좀에서 산화반응의 시작은 아실-CoA 옥시데이즈에 의해서 촉매되며, 이 효소는 마이토콘드리아에서 첫 번째 산화 과정을 촉매하는 아실-CoA 디하이드로지네이즈와 유사하다. 퍼옥시좀의 효소들은 전자들을 산소로 전달하여 과산화수소(H_2O_2)를 만들어낸다.

$$\text{지방 아실 CoA} + O_2 \xrightarrow{\text{아실-CoA 옥시데이즈}} \text{트랜스-}\Delta^2\text{-엔오일 CoA} + H_2O_2 \qquad \textbf{(16.7)}$$

박테리아와 마이토콘드리아 β-산화에서 첫 산화반응의 산물은 전자전달계에 이용되는 QH_2이다. 이 반응의 결과 ATP가 합성된다. QH_2 한 분자는 1.5분자의 ATP에 해당된다(14.11절). 퍼옥시좀의 막에는 전자전달계가 없기 때문에 퍼옥시좀에서는 다른 유형의 산화환원반응이 일어난다. 이 사실은 또한 퍼옥시좀에서는 β-산화 과정을 통해서 더 적은 ATP가 생성되는 것을 의미한다. 포유류에는 마이토콘드리아와 퍼옥시좀 경로 둘 다 존재하는데, 퍼옥시좀 β-산화 경로는 매우 긴 사슬의 지방산, 가지가 있는 지방산, 긴 사슬 디카복실산, 아마도 트랜스 불포화 지방산을 분해시켜, 분비될 수 있는 더 작고 극성이 있는 분자가 만들어진다. 그리고 대부분의 흔한 지방산은 마이토콘드리아에서 분해가 된다.

C. 지방산의 합성과 β-산화

지방산 합성은 탄소-탄소 사이의 결합 형성(축합)에 의해 시작되고 이어서 환원, 탈수, 환원반응이 일어나서 다음 축합반응을 준비한다. 이 반응의 역방향—산화, 탈수, 산화, 탄소-탄소 결합 분해—은 β-산화로 인한 지방산의 분해반응의 일부가 된다. 이 두 가지 반응을 그림 16.23에서 비교하였다.

지방산 산화 과정에서 활성화된 싸이오에스터는 CoA 유도체인 반면, 지방산 합성 과정에서 중간체는 아실 운반 단백질(ACP)에 결합되어 있는 싸이오에스터이다. 두 경우 모두 아실기는 포스포판테테인에 결합해 있다. 합성과 분해 두 경로 모두 2탄소 단위씩 진행된다. 그러나 산화 결과로 2탄소 단위인 아세틸-CoA가 생성되는 반면, 합성은 2탄소 단위를 길어지고 있는 사슬에 전달하고 CO_2가 방출되는 3탄소 단위 기질인 말로닐 ACP를 필요로 한다. 합성을 위한 환원력은 NADPH로부터 공급되는 반면, 산화는 $NAD^{\oplus}$와 유비퀴논(전자전달 플라보단백질을 통해)을 필요로 한다. 마지막으로, 지방산 합성의 중간산물은 D-3-하이드록시아실-ACP인 반면, β-산화 과정에서는 L 아이소머(L-3-하이드록시아실-CoA)가 생성된다.

합성과 분해 경로는 전혀 다른 종류의 효소에 의해서 촉매되며 각 반응의 중간산물들 역시 다른 종류의 조효소(CoA와 ACP)에 결합하고 있어서 분리된 집합군을 이룬다. 진핵생물에서 반대가 되는 두 반응 경로는 물리적으로 분리되어 있다. 합성에 관여하는 효소들은 세포질에 존재하고 β-산화에 관여하는 효소들은 마이토콘드리아와 퍼옥시좀에 존재한다.

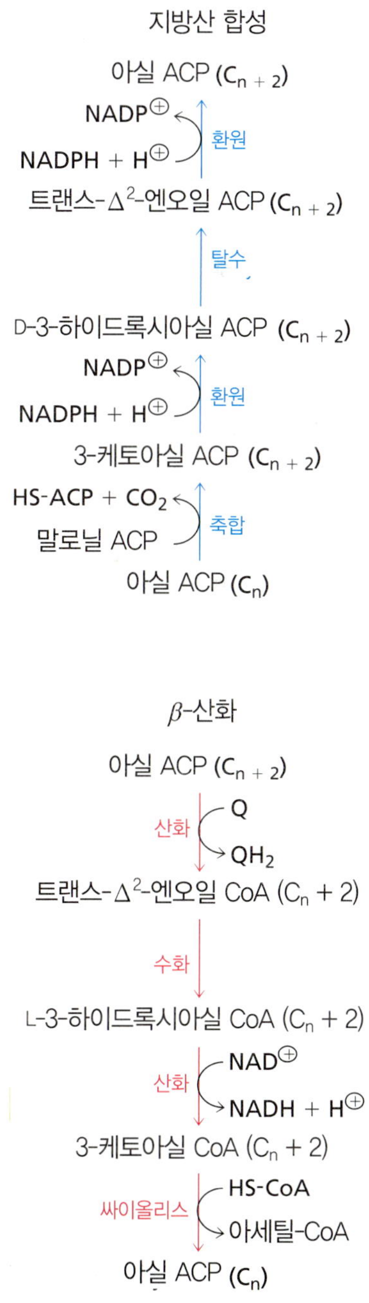

▲ 그림 16.23
지방산의 합성과 β-산화.

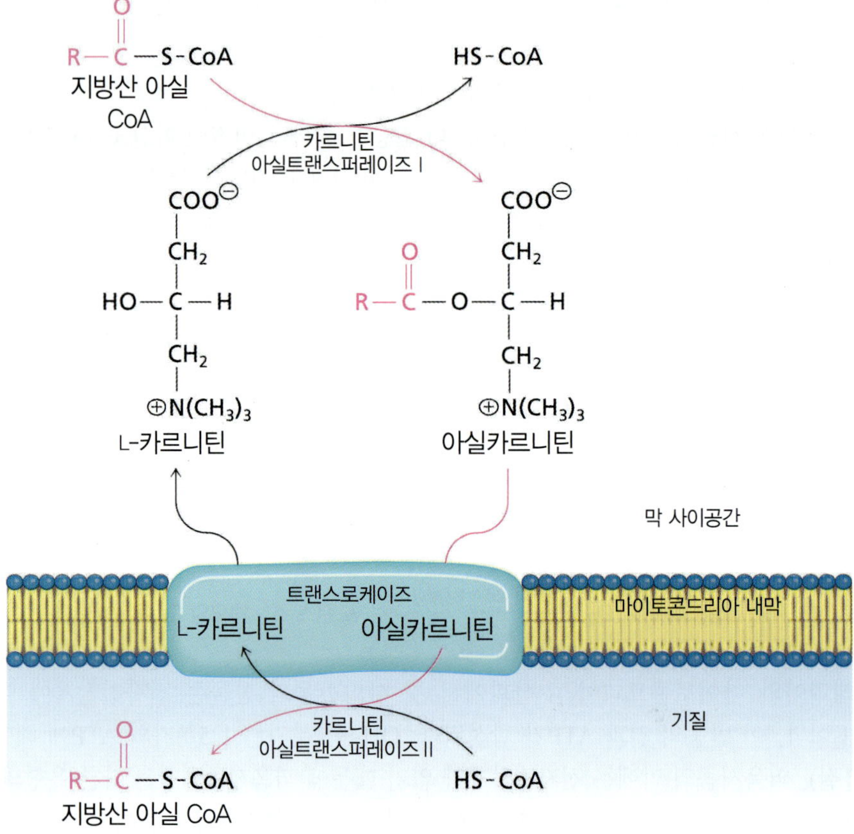

그림 16.24 ▶
마이토콘드리아 기질로 지방산 아실 CoA를 이동시키기 위한 카르니틴 운반 시스템. 아실기의 이동은 붉은색으로 표시되었다.

D. 마이토콘드리아로 지방산 아실 CoA의 운반

포유류에서 세포질에서 형성된 지방산 아실-CoA는 마이토콘드리아의 내막을 통과해서 β-산화가 일어나는 기질로 확산될 수 없다. 카르니틴 운반 시스템이라고 하는 수송 시스템이 지방산을 마이토콘드리아로 운반한다(그림 16.24). 세포질에서 지방산 아실-CoA의 아실기는 카르니틴 아실트랜스퍼레이즈 I 혹은 카르니틴 팔미토일트랜스퍼레이즈(CPTI)라고 불리는 효소에 의해서 카르니틴의 하이드록실기로 전달되어 아실카르니틴이 형성된다. 이 효소는 마이토콘드리아의 외막에 결합해 있다.

핵심개념

포도당 신합성 경로와 해당 경로와는 달리 지방산의 합성과 분해 경로는 완전히 다르다.

16.7D절에서 지방산 합성에 필요한 비용과 β-산화를 통해 되찾은 에너지의 양을 비교해 본다.

이 반응은 세포내 지방산 산화 조절의 중심적인 역할을 한다. 아실 에스터 아실카르니틴은 싸이올에스터와 유사하게 가수분해의 자유에너지를 가진 "고에너지" 분자이다. 아실카르니틴은 카르니틴:아실카르니틴 트랜스로케이즈에 의해 카르니틴과 맞교환하면서 마이토콘드리아 기질 안으로 들어간다. 마이토콘드리아 기질에서 이성질체 카르니틴 아실트랜스퍼레이즈 II는 아실트랜스퍼레이즈 I에 의해서 촉매되는 반응의 역반응을 촉매한다. 카르니틴 운반 시스템은 세포질에서 지방산 아실-CoA를 제거하고 마이토콘드리아의 기질에서 지방산 아실-CoA를 재생성하는 효과를 갖는다.

퍼옥시좀에서 β-산화가 일어나기 때문에 대부분의 진핵생물에서 카르니틴 운반 시스템은 사용되지 않는다. 물론 지방산은 다른 메커니즘에 의해 퍼옥시좀으로 수송되고, 세포질에서 이 반응이 일어나는 원핵생물은 운반 시스템이 불필요하다.

E. 지방산의 산화를 통한 ATP의 생성

지방산의 완전한 산화는 동일한 양의 포도당에 비해서 더 많은 에너지를 공급한다. 해당작용의 경우처럼, 지방산 산화에 의한 에너지 공급량은 이론적인 ATP 생산량으로 계산할 수 있다(13.5절). 예를 들어, 8회의 β-산화에 의한 스테아레이트(C_{18})의 완전한 산화의 방정식

BOX 16.4 β-산화의 삼중 기능 효소

많은 종류의 생물들은 β-산화를 위해서 삼중 기능 효소를 가지고 있다. 2-엔오일-CoA 하이드라테이스(ECH)와 L-3-하이드록시아실-CoA 디하이드로지네이즈(HACD)의 활성은 단일 폴리펩타이드 사슬(α 소단위)에 위치한다. 3-케토아실-CoA 싸이올레이즈의 활성은 β 소단위체에 있고 두 개의 소단위체는 결합하여 $\alpha_2\beta_2$의 4차원적인 구조를 형성한다.

박테리아 효소 구조가 그림에 나타나 있다. β-산화반응의 첫 반응의 산물인 트랜스-2-엔오일 CoA는 삼중 기능 효소의 ECH 부위에 결합한다. 기질은 이량체 반의 ECH, HACD, 그리고 KACT의 활성부위에 의해 생성된 공간에서 세 반응으로 진입한다. 이 반응이 진행되는 동안 반응의 두 중간산물은 각각의 CoA 말단에 결합하여 있기 때문에 반응 경로에서 방출되지 않는다. 이것이 다기능 복합체에 의한 대사 채널링의 한 예라고 할 수 있다.

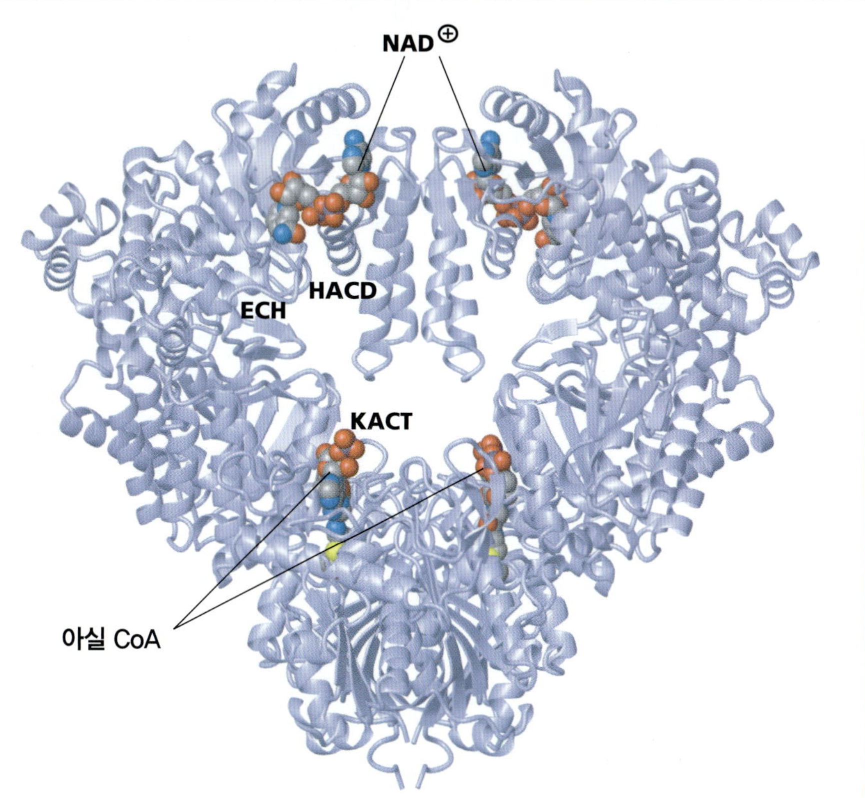

▲ **박테리아(*Pseudomonasfragi*)의 지방산 β-산화 다기능 효소 복합체의 구조.** 이 구조에서 아실 CoA 한 분자는 각 KACT 사이트에 결합해 있다. [PDB 1WDK]

을 생각해보자. 스테아레이트는 2분자의 ATP를 소모하여 스테아로일-CoA로 전환되며 스테아로일-CoA는 산화되며 아세틸-CoA와 환원된 조효소 QH_2, NADH를 생성한다.

$$\text{스테아로일 CoA} + 8\ \text{HS–CoA} + 8\ \text{Q} + 8\ \text{NAD}^{\oplus} \longrightarrow 9\,\text{아세틸 CoA} + 8\ \text{QH}_2 + 8\ \text{NADH} + 8\ \text{H}^{\oplus} \quad (16.8)$$

스테아로일 CoA가 시트리산 회로로 진입하여 완전히 CO_2로 산화된다고 가정하면 계산적으로 9분자의 아세틸 CoA가 생성될 것으로 계산할 수 있다. 이 반응은 아세틸-CoA 한 분자당 10개의 ATP 등가물을 생성할 수 있다. 그러면 스테아레이트의 완전한 산화를 통해 총 120의 ATP등가물을 얻을 수 있게 된다.

8회의 β-산화반응의 산물

8 QH_2	≈	12 ATP
8 NADH	≈	20 ATP
아세틸 CoA 9분자	≈	90 ATP
스테아레이트 활성화	≈	−2 ATP
전체	=	120 ATP

반면 CO_2와 물을 생성하는 포도당의 산화는 대략 32분자의 ATP를 생산한다. 스테아레이트는 18개의 탄소 원자를 가지고 있고 포도당은 6개의 탄소 원자를 가지고 있어서, 포도

당 3개 분자를 산화시키는 식으로 비교해서 포도당의 ATP 생산율을 정규화할 수 있다: 3 × 32 = 96 ATP. 이론적으로 포도당에서 얻을 수 있는 ATP는 스테아레이트에서 얻을 수 있는 ATP의 약 80% 정도가 된다. 탄수화물은 이미 부분적으로 산화되어 있기 때문에 지방산이 탄수화물에 비해서 탄소 1원자당 더 많은 에너지를 제공할 수 있다. 게다가 지방산의 일부는 소수성이기 때문에 탄수화물과는 달리, 많은 양의 물과의 결합없이 트라이아실글리세롤 형태로 많은 양이 저장될 수 있다. 물 없이 저장되면 그램당 더 많은 에너지가 저장될 수 있다.

우리는 또한 스테아레이트의 합성에 필요한 에너지와 β-산화를 통해서 생성되는 에너지를 비교해볼 수 있다. 이 계산을 위해서는 CO_2로부터 아세틸-CoA 합성에 필요한 에너지를 알아야 한다. 식물에서 일어나는 이 값(17 ATP)은 이산화탄소 고정화 반응으로부터 알아낼 수 있다(15.4C절).

8 아세틸 CoA → 8 말로닐 ACP		≈	8 ATP
8 합성 단계	16 NADPH	≈	40 ATP
9 아세틸 CoA	9 × 17	≈	153 ATP
전체		=	201 ATP

스테아레이트 분해로 인해 확보되는 에너지는 합성에 필요한 전체 이론적 에너지의 약 60% (120/201) 정도다. 이것은 일반적인 생화학 효율의 사례다.

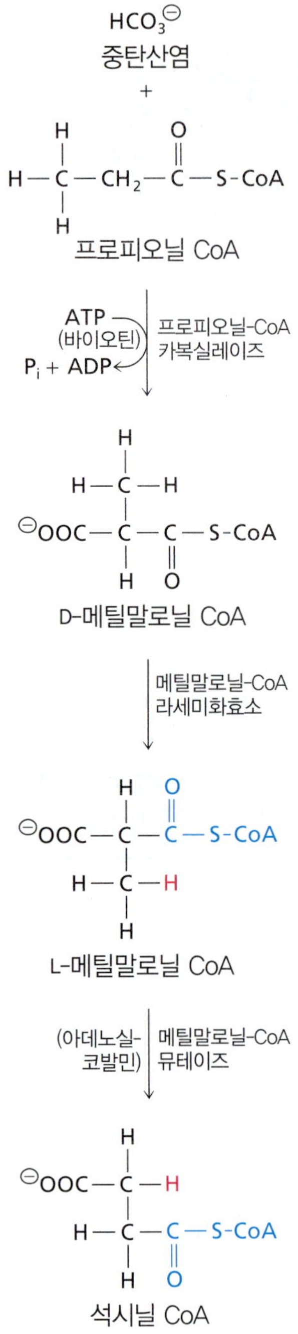

F. 홀수 사슬과 불포화 지방산의 β-산화

대부분의 지방산은 짝수 개의 탄소 원자들로 이루어져 있다. 홀수 사슬 지방산은 박테리아나 다른 생물체에서 합성된다. 홀수 사슬 지방산은 짝수 개의 탄소 원자를 갖는 지방산 사슬의 산화와 동일한 산화 과정을 거치지만 싸이올리시스 분해에 의한 마지막 산물은 아세틸 CoA(C_2 아실기의 CoA)가 아니고 프로피오닐 CoA(C_3 아실기의 CoA)이다. 포유류에서 프로피오닐-CoA는 세 단계의 반응 경로를 거쳐 석시닐-CoA로 전환된다(그림 16.25).

처음 반응은 프로피오닐-CoA 카복실레이즈에 의해서 촉매되며, 이 바이오틴 의존적 효소는 중탄산염을 프로피오닐 CoA에 결합시켜 D-메틸말로닐 CoA를 생성한다. 메틸말로닐-CoA 라세미화효소는 D-메틸말로닐-CoA의 L-이성질체로의 전환을 촉매한다. 마지막으로 메틸말로닐-CoA 뮤테이즈는 석시닐 CoA 형성을 촉매한다.

메틸말로닐-CoA 뮤테이즈는 아데노실코발민을 보조인자로 필요로 하는 드문 효소 중 하나이다. 우리는 7.12절에서 아데노실코발민에 의존적인 효소가 분자 내에서 수소와 인접한 탄소 원자의 치환기를 서로 교환하는 세포내 재배열을 촉매하는 사실을 학습하였다. 메틸말로닐-CoA 뮤테이즈에 의해 촉매되는 반응에서, —C(O)—S-CoA기는 메틸기의 수소 원자와 교환된다(그림 7.28).

메틸말로닐-CoA 뮤테이즈에 의해서 형성된 석시닐 CoA는 옥살로아세테이트로 대사된다. 옥살로아세테이트가 포도당 신합성의 기질로 작용하기 때문에 홀수 사슬 지방산의 β-산화에 의해 유도된 프로피오닐기는 포도당으로 전환될 수 있다.

불포화 지방산의 산화는 포화 지방산 산화 과정에 이용되는 효소들 외에 두 가지의 효소를 더 필요로 한다. 리놀레이트(18:2 시스,시스 $\Delta^{9,12}$-옥타데카디에노에이트)의 조효소 A 유도체의 산화는 변형된 경로를 보여준다(그림 16.26).

모든 다불포화 지방산과 같이 리놀레오일-CoA는 짝수 또는 홀수 개의 이중결합을 갖는다(이들의 이중결합은 메틸기에 의해서 분리되어 있다). 불포화 지방산은 홀수 개의 이중결합을 가진 짧아진 지방산이 촉매작용을 저해하기 전까지 β-산화효소의 정상적인 기질로서 작용한다. 예를 들면, 리놀레오일-CoA는 3회의 β-산화 과정을 거쳐 C_{12}분자 12:2 시스,

$HCO_3^{\ominus}$ 중탄산염 + 프로피오닐 CoA

ATP (바이오틴) P_i + ADP — 프로피오닐-CoA 카복실레이즈

D-메틸말로닐 CoA

메틸말로닐-CoA 라세미화효소

L-메틸말로닐 CoA

(아데노실-코발민) 메틸말로닐-CoA 뮤테이즈

석시닐 CoA

▲ **그림 16.25**
프로피오닐 CoA의 석시닐 CoA로 전환.

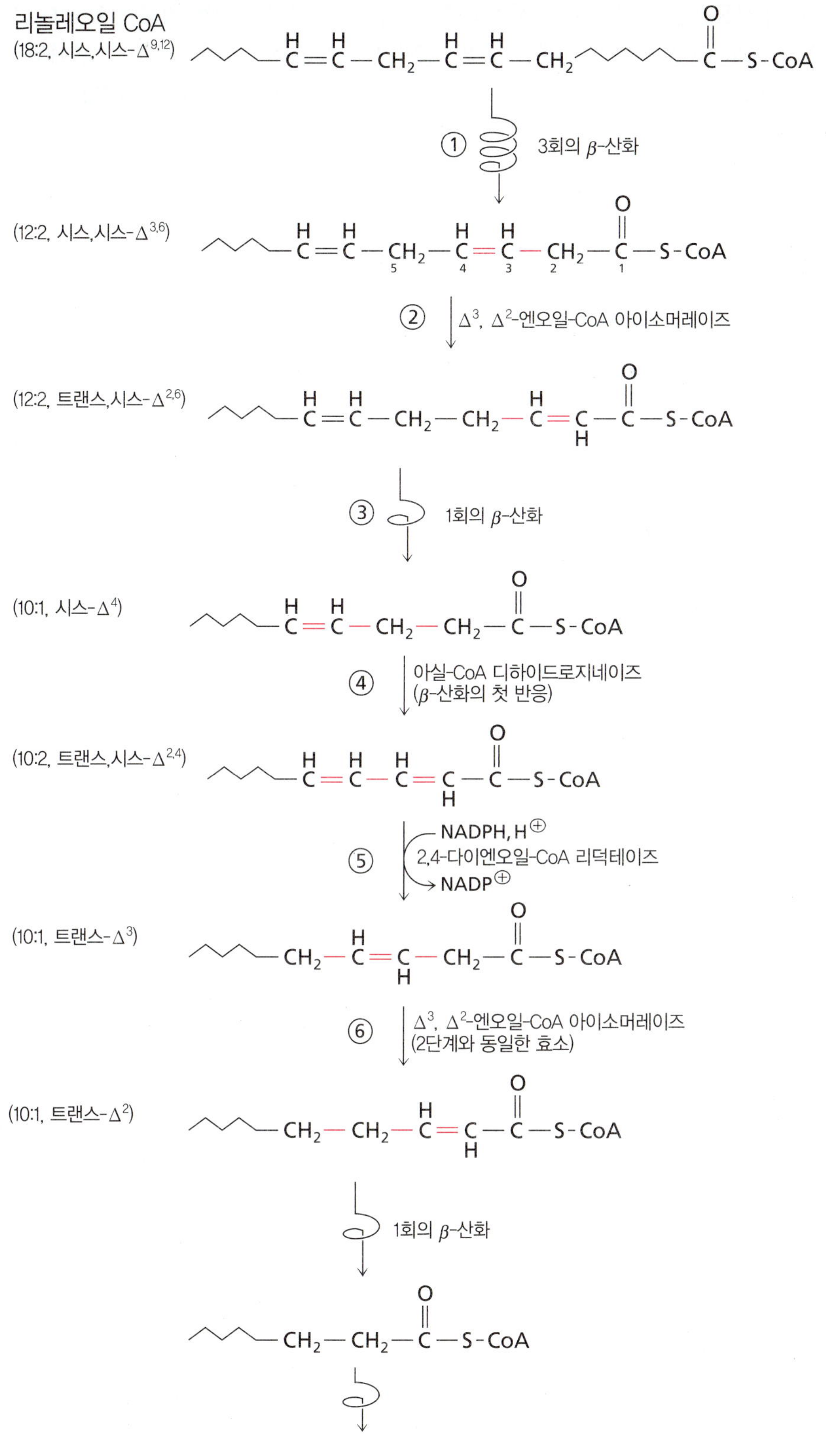

리놀레오일 CoA (18:2, 시스,시스-$\Delta^{9,12}$)

① 3회의 β-산화

(12:2, 시스,시스-$\Delta^{3,6}$)

② Δ^3, Δ^2-엔오일-CoA 아이소머레이즈

(12:2, 트랜스,시스-$\Delta^{2,6}$)

③ 1회의 β-산화

(10:1, 시스-Δ^4)

④ 아실-CoA 디하이드로지네이즈 (β-산화의 첫 반응)

(10:2, 트랜스,시스-$\Delta^{2,4}$)

⑤ NADPH, $H^{\oplus}$ 2,4-다이엔오일-CoA 리덕테이즈 $NADP^{\oplus}$

(10:1, 트랜스-Δ^3)

⑥ Δ^3, Δ^2-엔오일-CoA 아이소머레이즈 (2단계와 동일한 효소)

(10:1, 트랜스-Δ^2)

1회의 β-산화

◀ **그림 16.26**

리놀레오닐 CoA의 산화. 산화 과정은 β-산화 경로의 효소들 이외에도 두 개의 효소, 엔오일-CoA 아이소머레이즈와 2,4-다이엔오일-CoA 리덕테이즈를 필요로 한다.

시스 $\Delta^{2,6}$-다이엔오일 CoA로 전환된다(1단계). 이 분자는 포화 지방산의 β-산화 결과 생성되는 트랜스-2,3 이중결합을 갖지 않고 시스-3,4 이중결합 구조를 갖는다. 일반적인 β-산화 효소가 트랜스 아실-CoA에 특이적이기 때문에 시스-3,4 중간산물은 2-엔오일-CoA 하이드라테이즈의 기질이 될 수 없고 게다가 이중결합도 수화반응에 어긋난 위치에 존재한다.

이 부적합한 이중결합은 Δ^3에서 Δ^2로 재배열되어 C_{12} 12:2 트랜스,시스 $\Delta^{2,6}$-다이엔오일 CoA 분자가 생성되며, 이 반응은 Δ^3,Δ^2-엔오일-CoA 아이소머레이즈에 의해 촉매된다

▲ **낙타의 혹은 음식이 부족할 때 에너지 생산을 위해서 지방을 저장한다.** 낙타의 혹은 에너지 공급을 위해서 물이 아닌 지방을 저장한다. 낙타가 물 없이 장거리 여행을 할 수 있는 이유는 지방 대사와는 관계 없고, 전혀 다른 적응 능력으로 인함이다. 그림의 낙타는 아라비안 낙타 혹은 단봉낙타(*Camelus dromedarius*)이다.

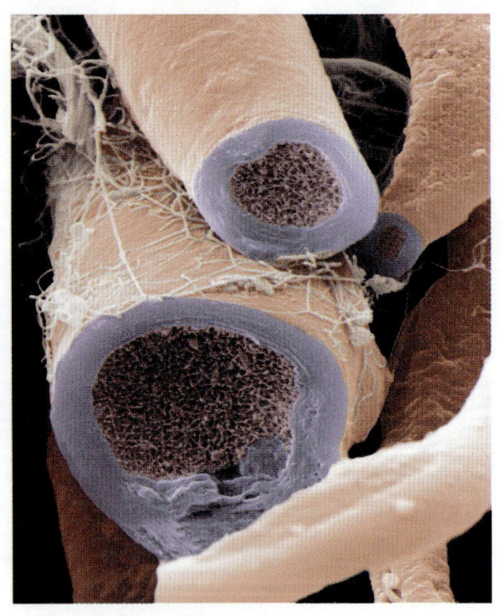

▲ **마이엘린 수초** 이 신경섬유는 몇 층의 마이엘린 막(보라색)으로 둘러싸여 축삭돌기의 보호막을 구성한다. 플라스말로젠은 마이엘린 막의 중요한 구성 성분이다. 다발성 경화증(MS)의 증상은 뇌와 척수의 마이엘린이 분해되어 운동 제어 능력이 소실된다.

(2단계). 이 산물은 β-산화 경로로 진입할 수 있고, 또 한 번의 β-산화 경로에 의해 C_{10} 10:1 시스-Δ^4-엔오일 CoA 분자가 생성될 수 있다(3단계). β-산화 경로에 처음으로 관여하는 효소인 아실-CoA 디하이드로지네이즈는 이 화합물과 반응하여 C_{10} 분자인 10:2 트랜스,시스-$\Delta^{2,4}$-다이엔오일-CoA를 생성한다. 이러한 공명에 의해서 안정화되는 디엔 분자는 수화 반응에 저항성을 갖는다. 2,4-다이엔오일-CoA 리덕테이즈는 디엔 분자를 NADPH에 의존적으로 환원시켜서 단일결합으로 이루어진 C_{10} 분자 10:1 트랜스-3-엔오일 CoA 생성한다. 이 반응산물은(2단계의 기질처럼) Δ^3,Δ^2-엔오일-CoA 아이소머레이즈와 반응하여 β-산화 경로에 진입할 수 있는 화합물을 생성한다. 아이소머레이즈는 시스-Δ^3와 트랜스-Δ^3 이중결합을 모두 트랜스-Δ^2 중간산물로 전환시킬 수 있음을 인식하라.

홀수 번호의 탄소 원자에 시스 이중결합을 가진 단일 불포화 지방산(예: 올레이트)의 산화에는 β-산화효소와 더불어 아이소머레이즈의 활성이 필요하지만, 리덕테이즈는 불필요하다. 올레오일(18:1 시스-Δ^3)-CoA는 세 번의 β-산화 경로를 거쳐 세 분자의 아세틸-CoA와 CoA-에스터(12:1 시스-Δ^3)를 생성한다. Δ^3,Δ^2-엔오일-CoA 아이소머레이즈는 12-탄소 엔오일-CoA가 β-산화 경로에 이용될 수 있는 12-탄소 트랜스-Δ^2 엔오일-CoA로 전환되는 반응을 촉매한다.

16.8 진핵생물의 지질은 다양한 장소에서 합성된다

진핵생물의 세포는 매우 구획화되어 있다. 그 구획은 매우 다른 기능을 가지며, 그를 둘러싼 세포막은 독특한 인지질과 지방산 아실구성물로 이루어져 있다. 진핵세포에서 지질 생합성은 대부분 소포체에서 일어난다. 예를 들면 포스파티딜콜린, 포스파티딜에탄올아민, 포스파티딜이노시톨 그리고 포스파티딜세린은 모두 소포체에서 합성된다. 생합성에 관여하는 효소들은 활성부위를 세포질 방향으로 하여 세포막에 결합하고 있어서 세포질에 존재하는 수용성 화합물들과 반응할 수 있다. 주요 인지질들이 소포체의 막에 위치한다. 소포체로부터 지질들은 소포를 통해서 골지체와 같은 세포 안의 다른 소기관들로 운반되며 소포는 소포체와 골지체 사이 혹은 골지체와 다른 막 목표 대상 자리 사이를 이동해 다닌다. 수용성 수송 단백질들도 인지질과 콜레스테롤을 다른 소기관으로 운반하는데 관여한다.

소포체가 세포 안에서 지질 대사의 기본적인 장소이지만, 지질 대사에 관여하는 여러 효소들은 다른 장소에도 존재한다. 예를 들면 막지질은 각각의 세포 소기관의 지질 특성에 맞게 재단될 수 있다. 세포막에서 아실트랜스퍼레이즈 활성은 라이소인지질의 아실화를 촉진한다. 마이토콘드리아에는 포스파티딜세린을 포스파티딜에탄올아민으로 변환시키는 포스파티딜세린 디카복실레이즈가 존재한다. 또한 마이토콘드리아는 내막에 유일하게 존재하는 다이포스파티딜글리세롤(카디오리핀, 표 9.2)의 합성에 관여하는 효소를 가지고 있다. 라이소좀에는 인지질과 스핑고지질을 분해하는 여러 하이드롤레이즈가 존재한다. 퍼옥시좀에는 에테르 지질 합성의 초기 단계에 관여하는 효소들이 존재한다. 퍼옥시좀 형성의 결함은 플라스말로젠 합성이 저해되면서 잠재적으로 치명적인 결과를 유도한다.

중추신경계의 조직은 매우 쉽게 손상을 입는 특징을 갖는다. 이 조직에는 플라스말로젠이 마이엘린 수초의 지질 성분 중 상당 부분을 구성한다. 자주 세포 내의 다른 장소에는 다른 종류의 효소들이 존재하여, 완전히 분리된 다른 지질 풀을 합성하게 되며, 각 지질의 풀은 고유의 생물학적 기능을 가진다.

16.9 포유류에서 지질 대사는 호르몬의 조절을 받는다

생물체의 즉각적인 요구를 충족시킬 만한 에너지가 충분히 공급되면 지방산은 더 이상 마이토콘드리아에서 산화되지 않는다. 대신에 지방산은 이후에 에너지가 필요할 때 사용될 수 있도록 지방 조직으로 운반되어 저장된다. 이러한 지질 대사는 탄수화물 대사에서 과량의 포도당이 특화된 세포에서 글라이코젠(동물)으로 혹은 녹말(식물)로 저장되는 방식과 유사하다.

지질의 이동과 저장을 위해 조직 사이의 정보 교환이 필요하다. 혈액에서 순환하는 호르몬은 세포 사이의 아주 적절한 신호의 역할을 수행한다. 지질 대사는 탄수화물 대사와 밀접한 연관이 있기 때문에 지질 대사를 조절하는 호르몬은 탄수화물의 합성, 분해 그리고 저장에도 관여한다.

글루카곤, 에피네프린, 그리고 인슐린은 지방산 대사를 조절하는 기본적인 호르몬이다. 글루카곤과 에피네프린은 굶주린 상태에서 농도가 높은 반면, 반면 인슐린은 음식을 먹은 상태에서 농도가 높아진다. 혈중 포도당의 농도는 매우 작은 범위 안에서 거의 일정하게 유지된다. 굶주린 상태에서는 탄수화물의 저장량이 줄어들고 혈중 포도당의 농도를 일정하게 유지하기 위해서 탄수화물의 합성이 일어난다. 제한된 포도당 공급 문제를 경감시키기 위해 지방산이 유리되어 연료로 사용되며, 많은 조직들은 탄수화물의 사용을 줄이고, 지방산의 사용을 증가시키는 조절 변환을 겪는다. 음식을 먹은 경우는, 반대로 탄수화물이 연료로 사용되고 지방산 합성의 전구체로서 사용된다.

지방산 합성을 조절하는 중요한 효소는 아세틸-CoA 카복실레이즈이다. 식사 후의 높은 인슐린 농도는 저장되어 있던 트라이아실글리세롤의 분해를 저해하고 아세틸-CoA 카복실레이즈에 의한 말로닐 CoA의 형성을 촉진한다. 말로닐 CoA는 카르니틴 아실트랜스퍼레이즈 I를 입체다른자리 방식으로 저해한다. 결과적으로 지방산은 마이토콘드리아로 수송되어 산화되지 않고 세포질에 남아 있게 된다. 한 대사 경로의 활성이 증가하면 반대되는 경로의 대사 활성이 감소되어 균형이 잡히는 것처럼, 지방산의 합성과 분해도 서로 상호작용을 한다. 동물에서 이러한 조절은 간접적으로 효소의 활성에 영향을 미치는 호르몬에 의해서 이루어진다.

호르몬 신호 전달 경로는 9.12절에 설명되어 있다.

트라이아실글리세롤은 혈액에서 순환하는 지질단백질의 형태로 지방조직으로 운반된다(16.10B절). 지방 조직에 도달하면 트라이글리세롤은 가수분해되어 글리세롤과 지방산이 방출되고 지방세포로 흡수된다. 가수분해는 지방 조직의 모세 혈관 내피세포의 외부에 결합해 있는 지질단백질 라이페이즈에 의해 촉매된다. 지방세포로 들어가면 지방산은 다시 에스터화되어 트라이아실글리세롤로 저장된다.

이후 지방세포로부터 지방산의 이동, 방출은 대사의 필요에 따라 조절된다. 지방세포 안에 있는 호르몬-민감성 라이페이즈는 트라이아실글리세롤의 수화반응을 촉매하여 지방산과 모노아실글리세롤의 생성을 촉진한다. 호르몬-민감성 라이페이즈는 모노아실글리세롤을 글리세롤과 지방산으로 분해할 수도 있지만, 더 선별적이고 더 활성이 높은 모노아실글리세롤 라이페이즈가 이 반응의 대부분을 수행한다.

음식을 먹은 상태에서 트라이아실글리세롤의 가수분해는 높은 농도의 인슐린에 의해 저해된다. 저장된 탄수화물이 다 소비되고 혈중 인슐린의 농도가 낮아지면 에피네프린의 농도가 높아져서 트라이아실글리세롤 가수분해를 촉진된다. 에피네프린은 지방세포의 β-아드레날린 수용체에 결합하여 cAMP-의존적인 단백질 카이네이즈 A의 활성을 유도한다. 단백질 카이네이즈 A는 호르몬-민감성 라이페이즈 인산화와 활성화를 촉매한다(그림 16.27).

글리세롤과 자유 지방산은 지방 세포막을 통하여 혈관으로 확산된다 글리세롤은 간에서 대사작용을 거치게 되는데 이들 중 대부분이 포도당 신합성 경로를 통해 포도당으로 전환된다. 자유 지방산은 수용액에 잘 녹지 않기 때문에 혈청 알부민에 결합하여 혈액과 순환하게 된다(16.9C절). 지방산은 심장, 골격근, 간과 같은 조직으로 운반되어 마이토콘드리아에서 산화되고 에너지를 방출한다. 지방산은 굶주린 상태(예를 들면, 수면상태와 같은)에서 주된

BOX 16.5 라이오소좀 축적 질환

스핑고지질 합성의 결함과 관련된 대사성 질환은 없다. 스핑고지질은 세포막을 구성하는 필수적 구성요소이기 때문에, 합성 효소의 유전자 돌연변이는 치명적일 수 있다. 대조적으로, 스핑고지질의 분해 경로에 결함이 생길 경우, 매우 심각한 임상 결과가 발생할 수 있다. 스핑고지질의 이화작용은 거의 대부분 라이소좀에서 일어난다. 라이소좀에는 스핑고지질의 올리고당 사슬로부터 단계적으로 당이 가수분해되는 반응을 촉매하는 여러 종류의 글리코시데이즈가 존재한다. 특정 대사의 선천적 오류가 발생하는 경우가 있는데, 유전적 결함으로 인해 라이소좀에 있는 특정한 분해효소의 결핍이 초래되고, 결과적으로 라이소좀 축적 질환이 발생하는 경우도 있다. 분해되지 않은 지질의 축적은 라이소좀을 부풀어오르게 하고 결과적으로 조직의 팽창을 유도한다. 이러한 현상은 팽창할 여유가 없는 중추신경 조직에 특히 치명적이다. 부풀어 오른 라이소좀이 세포 안에 축적되면 신경세포는 죽게 되고 라이소좀 안에 위치하던 효소들은 세포질 안으로 확산된다. 결과적으로 시력을 잃거나 정신 지체, 그리고 죽음에까지 이르게 된다. 테이-삭스병의 경우는 헥소스아미니데이즈의 결함이 존재하는데, 이 효소는 갱글리오사이드의 올리고당으로부터 *N*-아세틸갈락토스아민을 제거하는 반응을 촉매한다. 이러한 당이 제거되지 않으면 갱글리오사이드의 분해가 차단되고 분해되지 않은 생성물인 갱글리오사이드 G_{M2}가 축적된다(그림 9.12에 G_{M2}의 완전한 구조가 나타나 있다).

다양한 스핑고지질의 형성 및 분해 경로가 수반된 그림에 나타나 있다. 스핑고지질 대사의 많은 결함은 **스핑고리피도시스**라고 불리는 임상적인 징후를 보이며 그림에 나타나 있다.

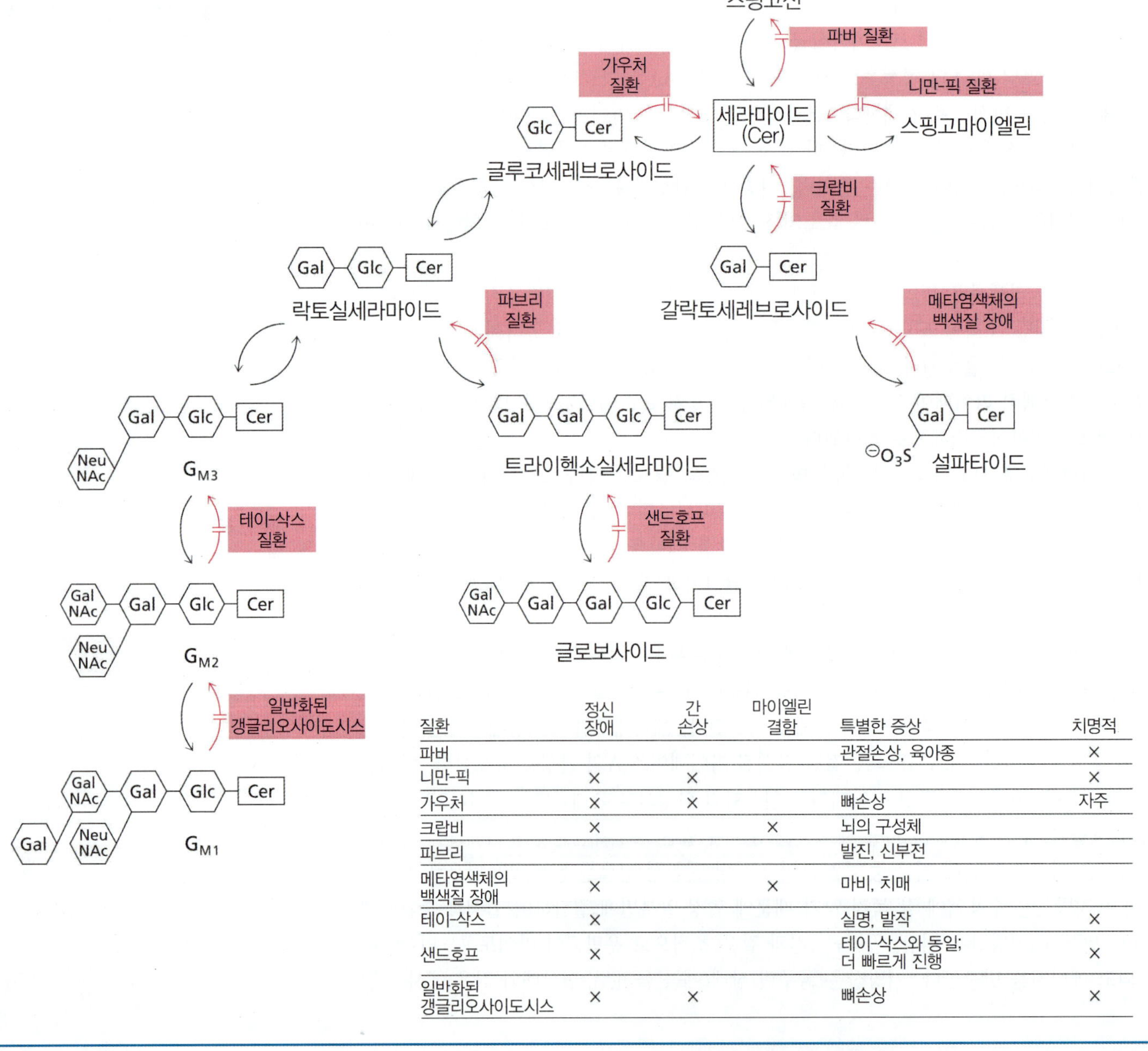

질환	정신 장애	간 손상	마이엘린 결함	특별한 증상	치명적
파버				관절손상, 육아종	×
니만-픽	×	×			×
가우처	×	×		뼈손상	자주
크랍비	×		×	뇌의 구성체	
파브리				발진, 신부전	
메타염색체의 백색질 장애	×		×	마비, 치매	
테이-삭스	×			실명, 발작	×
샌드호프	×			테이-삭스와 동일; 더 빠르게 진행	×
일반화된 갱글리오사이도시스	×	×		뼈손상	×

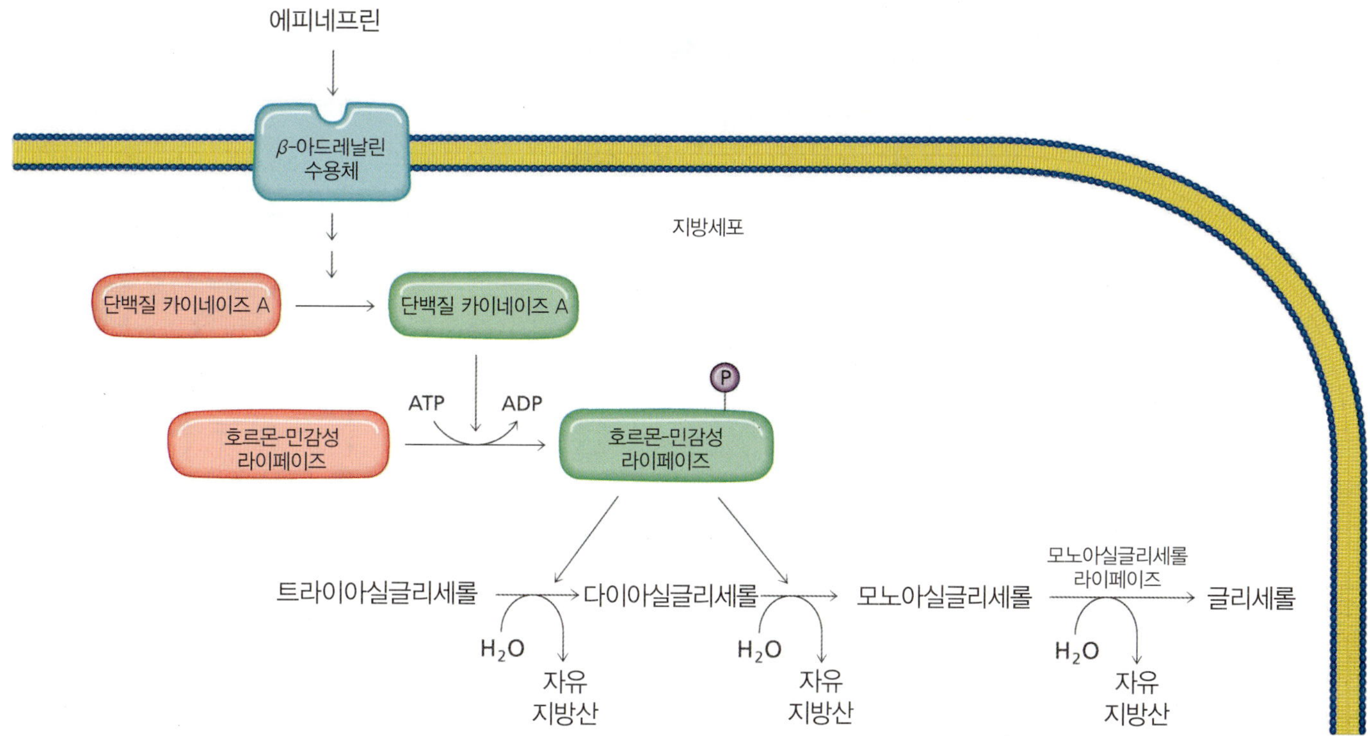

▲ 그림 16.27

지방 세포에서 트라이아실글리세롤의 분해. 에피네프린은 호르몬-민감성 라이페이즈의 인산화와 활성화를 촉매하는 단백질 카이네이즈 A를 활성화시킨다. 라이페이즈는 트라이아실글리세롤을 가수분해시켜 모노아실글리세롤과 지방산을 생성하는 반응을 촉매한다. 모노아실글리세롤의 가수분해는 모노아실글리세롤 라이페이즈에 의해 촉매된다.

에너지 공급원이 된다.

동시에 글루카곤이 증가하여 간에서 말로닐 CoA 합성을 촉매하는 아세틸-CoA 카복실레이즈를 불활성화시킨다. 그래서 지방산이 마이토콘드리아로 많이 수송되고 β-산화 경로로 아실 CoA에 의해서 저해된다. 지방산 유도체가 아세틸-CoA 카복실레이즈를 조절하는 능력은 생리학적으로 적절하다. 지방산의 농도가 올라가면 지방산 합성의 첫 시작 단계의 비율이 억제된다. 아세틸-CoA 카복실레이즈의 활성은 또한 호르몬의 조절을 받는다. 글루카곤은 간에 있는 효소들을 인산화시켜 불활성화시키고 에피네프린은 지방세포에 있는 효소들을 인산화시킴으로써 불활성화시킨다. 몇몇 단백질 카이네이즈들은 아세틸-CoA 카복실레이즈의 인산화를 촉매함으로써 그 활성을 저해한다. 높은 AMP/ATP 비율 아래에서 AMP 활성화 단백질 카이네이즈는 지방산의 합성(아세틸-CoA 카복실레이즈의 활성을 억제함으로써)과 스테로이드의 합성을 저해한다.

16.10 연료 지질의 흡수와 이동

포유류가 대사연료로 사용하는 지방산과 글리세롤은 음식물의 섭취 및 지방세포에 저장되어 있던 트라이아실글리세롤로부터 얻어진다. 지방세포에 저장된 지방은 탄수화물과 아미노산의 이화작용으로부터 합성된 지방을 포함한다. 자유 지방산은 세포 안에 단지 미량만 존재한다—이는 다행스러운 일이다. 왜냐하면 자유 지방산은 음이온으로 세제의 역할을 함으로써 높은 농도에서 세포막을 파괴할 수 있기 때문이다. 우리는 포유류에서의 지방산의 식이 섭취, 운반, 이동을 다룸으로써 지질 대사의 연구를 시작하고자 한다.

지질 대사

ANABOLISM

$$8CH_3CO.SCoA + 14NADPH + 14H^+ + 7ATP \longrightarrow CH_3[CH_2CH_2]_7CO.SCoA + 14NADP^+ + 7HSCoA + 7ADP + 7P_i$$

(Acetyl-CoA → Palmitoyl-CoA)

CATABOLISM

$$CH_3[CH_2CH_2]_7CO.SCoA + 7Ubiquinone + 7H_2O + 7NAD^+ + 7HSCoA \longrightarrow 8CH_3CO.SCoA + 7\ Ubiquinol + 7NADH + 7H^+$$

(Palmitoyl-CoA → Acetyl-CoA)

COMPLETE (AEROBIC) OXIDATION OF PALMITOYL CoA

$$CH_3[CH_2CH_2]_7CO.SCoA + 23O_2 + \sim(106\ ADP + 106P_i) \longrightarrow 16CO_2 + 119\ H_2O + HSCoA + \sim 106ATP$$

This is a fascinating equation which explains how some animals, such as camels and polar bears can survive in the most adverse environments They can use fat ,not only as the sole source of energy, but also of water. The killer whale cannot utilise sea-water but creates its own from fat

ENZYMES

EC	Enzyme
1.1.1.8	Glycerol-3-P-dehydrogenase
1.1.1.34	HMG-CoA reductase
1.1.1.35	3-OH-acyl-CoA dehydrogenase
1.1.1.37	Malatedehydrogenase
1.1.1.40	Malatedehydrogenase (oxaloacetate
1.1.1.100	3-Oxoacyl-[ACP]
1.1.1.157	3-OH-butyryl-CoA
1.1.1.211	Long-chain 3-OH-acyl-CoA
1.2.4.1	Pyruvatedehydrogenase
1.3.1.10	Enoyl-[ACP]-reductase
1.3.99.2	Butyryl-CoA dehydrogenase
1.3.99.3	Acyl-CoA dehydrogenase
2.3.1.7	Carnitine-O-acyltransferase
2.3.1.9	Acetyl-CoA-C-acetyl transferase
2.3.1.15	Glycerol-3-*P* O-acyl transferase
2.3.1.16	Acetyl-CoA C-acyltransferase
2.3.1.20	DiacylglycerolO-acyltransferase
2.3.1.38	[ACP] S-acyl transferase
2.3.1.39	[ACP] S-malonyl transferase
2.3.1.51	1-Acylglycerol-3-*P* *O*-acyl transferase
3.1.1.3	Triacylglycerol lipase
3.1.1.23	Acylglycerol lipase
3.1.1.28	Acylcarnitine hydrolase
3.1.1.34	Lipoprotein lipase
3.1.3.4	Phosphatidate phosphatase
4.1.1.4	Acetoacetate decarboxylase
4.1.1.9	Malonyl-CoA decarboxylase
4.1.3.4	OH-Methylglutaryl-CoA lyase
4.1.3.5	OH-Methylglutaryl-CoA synthase
4.1.3.7	Citrate synthase
4.1.3.8	ATP Citrate lyase
4.2.1.17	Enoyl-CoA hydratase
4.2.1.55	3-OH-Butyryl-CoA dehydratase
4.2.1.58	Crotonyl-[ACP] hydratase
4.2.1.59	3-OH-octanoyl-[ACP] dehydratase
4.2.1.61	3-OH-Palmitoyl-[ACP] dehydratase
6.2.1.3	Long-chain-fatty.-acid-CoA ligase
6.4.1.1	Pyruvate carboxylase
6.4.1.2	Acetyl-CoA carboxylase

A. 식이 지질의 흡수

포유류가 음식물로부터 섭취한 지질은 적은 양의 인지질과 콜레스테롤을 포함하여 대부분은 트라이아실글리세롤이다. 식이 지질의 분해는 주로 작은창자에서 불용성의 지방입자를 담즙산이 유화시켜 일어난다(그림 16.28). 담즙산은 간에서 합성된 양극성 콜레스테롤 유도체로서, 담낭에 저장되었다가 창자의 내강으로 분비된다. 담즙산의 마이셀은 지방산과 모노아실글리세롤을 용해시켜 창자벽의 세포로 확산되고 흡수되도록 한다. 지질은 지질단백질이라고 알려진 지방과 단백질의 복합체의 형태로 전신으로 운반된다.

트라이아실글리세롤은 라이페이즈의 작용에 의해 작은창자에서 분해된다. 라이페이즈는 췌장에서 효소원의 형태로 합성되어 작은창자로 분비되어 활성화된다. 췌장 라이페이즈는 트라이아실글리세롤의 기본 에스터기(C-1과 C-3에서)의 가수분해를 촉진시켜 지방산을 유리시키고 모노아실글리세롤을 생성한다(그림 16.29). 코라이페이즈라고 불리는 작은 단백질은 수용성의 라이페이즈가 지방 기질에 결합하도록 돕는다. 또한 코라이페이즈는 라이페이즈가 열린 활성자리를 가진 입체형태가 되도록 잡아줌으로써 활성화시킨다. 식이로 섭취된 트라이아실글리세롤로부터 유래된 지방산은 기본적으로 긴 사슬 분자이다.

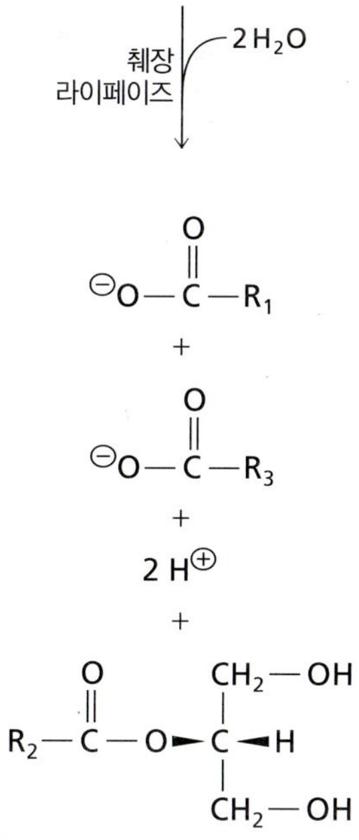

이러한 담즙산의 대부분은 작은 창자의 하부, 간문맥 혈액, 그리고 간을 재순환한다. 담즙산은 한 끼 식사가 소화되는 동안 간과 창자를 두서너 번 순환한다. 지방산은 장내 세포에서 지방산 아실-CoA 분자로 전환된다. 지방산 아실-CoA 분자 세 개와 글리세롤이 결합하거나, 두 개와 모노아실글리세롤이 결합하면 트라이아실글리세롤을 형성할 수 있다. 아래 설명된 대로, 이러한 불용성 트라이아실글리세롤은 다른 조직으로 운반되기 위해 콜레스테롤 또는 특정 단백질과 결합하여 암죽미립을 형성한다.

식이로 섭취한 인지질의 대사는 트라이아실글리세롤과 비슷하다. 인지질은 창자로 분비된 췌장 포스포라이페이즈에 의해 가수분해되고(그림 9.8), 마이셀로 합쳐진다. 포스포라이페이즈 A_2는 췌장 분비물의 주요한 포스포라이페이즈로서, 글리세롤 인지질의 C-2에서 에스터 결합을 가수분해하여 라이소포스포글리세라이드와 지방산을 유리하는 효소이다(그림 16.30). 그림 16.31은 지방 기질과 결합한 포스포라이페이즈 A_2의 구조이다. 라이소포스포글리세라이드는 창자에서 흡수되고, 장내 세포에서 다시 에스터화되어 글리세롤 인지질로 전환된다.

라이소포스포글리세라이드는 일반적으로 낮은 농도로 세포 안에 존재한다. 높은 농도의 라이소포스포글리세라이드는 세제로서 작용하여 세포막을 파괴할 수 있다. 예를 들어, 뱀독 포스포라이페이즈 A_2가 적혈구의 인지질에 작용했을 때 적혈구막의 용해를 야기하는 일이 일어난다. 이것이 아마도 클레오파트라가 죽게 된 이유일 것이다.

식이 지질의 다른 유형과 달리, 식이 콜레스테롤의 대부분은 비에스터화되어 있다. 식이 콜레스테릴에스터는 에스터레이즈의 작용으로 창자의 내강에서 가수분해된다. 불용성의 유리 콜레스테롤은 흡수되기 위해 담즙산 마이셀에 의해 용해된다. 대부분의 콜레스테롤은 장내 세포에서 아실 CoA와 작용하여 콜레스테릴에스터를 형성한다(그림 9.16).

B. 지질단백질

트라이아실글리세롤, 콜레스테롤, 콜레스테릴에스터는 불용성이기 때문에 자유 분자로서 혈액이나 림프를 통해 운반될 수 없다. 대신에 이러한 지질들은 인지질 또는 양극성의 지질 결합 단백질과 응집하여 지질단백질이라고 알려진 구형 고분자 입자를 형성한다. 지질단백

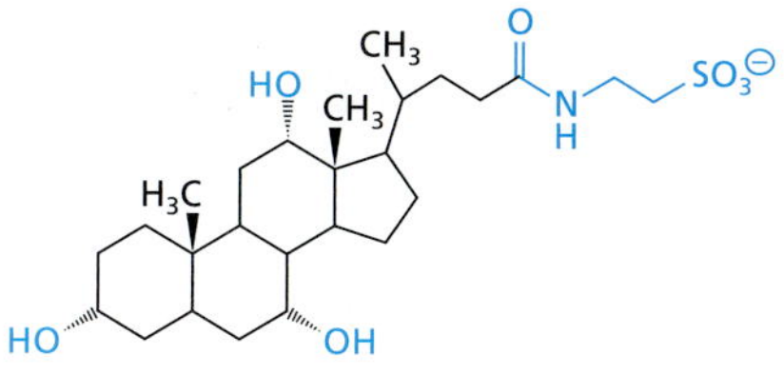

◀ **포유류의 지질 대사에 대한 IUMBM-니콜슨 표.**
Designed by Donald Nicholson ©2002 IUBMB.

타우로콜레이트

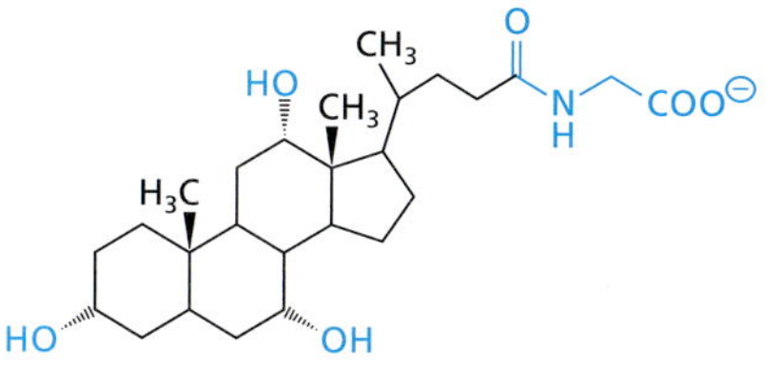

글라이코콜레이트

▲ **그림 16.28**
담즙산. 콜레스테롤 유도체인 타우로콜레이트와 글라이코콜레이트는 인간에게 가장 풍부한 담즙산이다. 담즙산은 양극성이다: 친수성 부분은 파란색으로, 소수성 부분은 검은색으로 표시되었다.

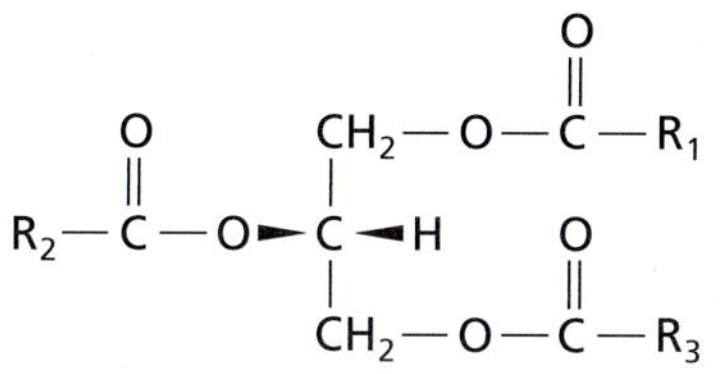

▲ **그림 16.29**
췌장 라이페이즈의 작용. 아실 사슬의 C-1과 C-3의 제거는 자유 지방산과 2-모노아실글리세롤을 생산한다. 중간체인 1,2- 그리고 2,3-다이아실글리세롤은 표시하지 않았다.

그림 16.30 ▶
포스포라이페이즈 A_2의 활동. X는 극성 헤드 그룹을 나타낸다. R_1과 R_2는 긴 친수성 사슬로서 인지질 분자의 대부분을 구성한다.

글리세로인지질 + H_2O —(포스포라이페이즈 A_2)→ 라이소포스포글리세라이드 + $R_2COO^{\ominus}$ + $H^{\oplus}$

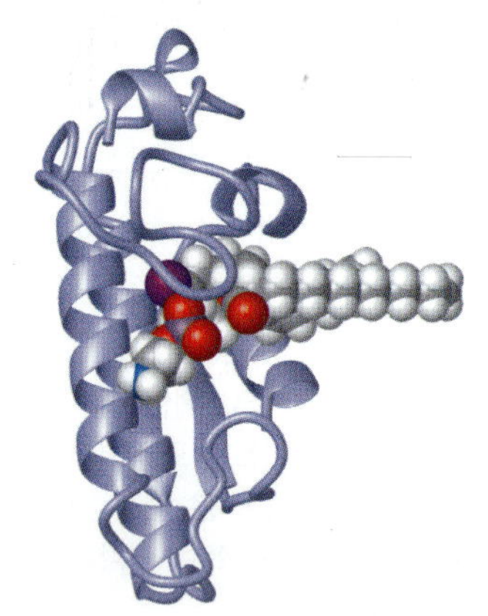

▲ **그림 16.31 코브라 독의 포스포라이페이즈 A_2의 구조.** 포스포라이페이즈 A_2는 지질-물의 접점에서 인지질의 가수분해를 촉매한다. 이 모델은 어떻게 인지질 기질(다이미리스토일포스파티딜에탄올아민, 공간-채우기 모델)이 수용성 효소의 활성화 자리에 들어갈 수 있는지를 보여준다. 활성화 자리의 칼슘이온(보라색)은 아마 음이온 헤드 그룹이 결합하도록 도울 것이다. 지질 소수성 부분의 약 절반 정도는 지질 집합체에 묻혀 있을 것이다. 포유류의 포스포라이페이즈는 코브라 독과 구조적으로 비슷하다. [PDB 1POB].

질은 트라이아실글리세롤과 콜레스테릴에스터를 포함하는 소수성 핵과 콜레스테롤, 인지질, 단백질과 같은 양극성 분자 층으로 구성된 친수성 표면을 갖고 있다(그림 16.32).

암죽미립은 가장 큰 지질단백질로서 림프와 혈액을 통해 창자로부터 근육(산화용)과 지방조직(저장용)으로 트라이아실글리세롤과 콜레스테롤을 운반한다(그림 16.33). 암죽미립은 식사 직후에 혈액에 존재한다. 대부분의 트라이아실글리세롤이 제거되고 콜레스테롤이 많이 남은 암죽미립 잔류물은 간으로 콜레스테롤을 운반한다. 간세포는 혈류로 들어가는 새로 합성된 콜레스테롤 대부분의 합성을 담당하지만, 거의 모든 세포는 스스로를 위해 콜레스테롤을 합성한다. 지질단백질은 체내의 나머지 세포로 식이 및 간으로부터 파생된 콜레스테롤을 운반한다. 콜레스테롤 생합성은 호르몬과 혈중 콜레스테롤 수치에 의해 조절된다.

혈장은 여러 다른 종류의 지질단백질을 포함하고 있다. 지질단백질은 지질의 종류와 상대 밀도에 따라 분류된다(표 16.1). 단백질은 지질보다 밀도가 더 크기 때문에 지질단백질의 단백질 함량이 클수록 밀도도 커진다. 초저밀도 지질단백질(VLDL)은 약 98%의 지질과 2% 단백질로 구성된다. VLDL은 간에서 형성되어, 간에서 합성되거나 필요 없는 지질을 지방조직과 같은 다른 조직으로 운반한다. 근육과 지방조직 모세혈관 내의 라이페이즈는 VLDL과 암죽미립을 분해한다. VLDL이 조직세포로 트라이아실글리세롤을 넘겨주면, VLDL의 지질 함량은 감소하고 잔류물은 분해되어 중간밀도 지질단백질(IDL)이 된다. VLDL 분해

BOX 16.6 엑스트라버진 올리브 오일

올리브 오일은 대부분 트라이아실글리세롤을 포함한다. 만약 추가적인 화학적 처리 없이 올리브를 짜냄으로써 얻어졌다면, 이는 국제 올리브 오일 의회(IOOC)에 따라 버진 올리브 오일이라고 명명된다.

올리브 오일의 질은 보통 자유 지방산의 여부에 의해 결정되는데, 제조 과정에서 트라이아실글리세롤이 분해되면 자유 지방산이 생성되기 때문이다. 버진 올리브 오일은 자유 지방산 함량이 2%(산도) 미만이어야 하고, 엑스트라 버진 올리브 오일은 0.8%(산도) 미만이어야 한다.

▶ **엑스트라 버진 올리브 오일.** 엑스트라 버진 올리브 오일은 0.8% 미만의 자유 지방산을 함유한다. http://www.examiner.com/fountain-of-youth-in-atlanta/extra-virgin-olive-oil-benefits

중 형성된 IDL 중 일부는 간으로 들어가고, 나머지는 분해되어 저밀도 지질단백질(LDL)이 된다. LDL은 콜레스테롤과 콜레스테릴에스터가 풍부하고 이러한 지질을 주변 조직으로 운반한다. 고밀도 지질단백질(HDL)은 혈장에서 단백질이 많은 입자로서 형성된다. HDL은 주변 조직, 암죽미립, VLDL 잔류물로부터 콜레스테롤을 얻어, 이를 콜레스테릴에스터로 전환시킨다. HDL은 콜레스테롤과 콜레스테릴에스터를 다시 간으로 운반한다. HDL로부터 유리된 콜레스테릴에스터는 IDL과 결합하여 LDL과 된다.

큰 지질단백질 입자는 다수의 다른 지질결합 단백질을 포함한다. 이들은 흔히 아포지질단백질이라고 불린다—"아포-(apo-)"는 7장에서 설명했듯이 밀접히 연관된 보조인자에 결합하는 폴리펩타이드를 일반적으로 가리키는 접두사이다. 이러한 아포지질단백질 중 2개가 크고 소수성이며 단량체 단백질이다. ApoB-100(분자량 513,000)은 VLDL, IDL, LDL의 외부층에 단단히 결합한다. VLDL과 IDL의 더 작은 아포지질단백질은 약하게 결합하고 지질단백질의 분해과정 중에 대부분 해리되어, LDL의 주요 단백질 성분으로서 apoB-100이 남게 된다. ApoB-48(분자량 241,000)은 암죽미립에만 존재하고, apoB-100의 N-말단 48%의 기본구조와 동일하다.

ApoB-100과 ApoB-48은 양극성 표면을 다량 형성하거나 각 지질단백질의 소수성 지질단백질 중심부를 감싼다. ApoB-100은 LDL을 세포 표면 수용체에 결합시키는 단백질이다. apoB-48은 이러한 기능이 없다. 다른 아포지질단백질들은 apoB-48보다 작다. 그들은 지질의 이동과 세포 표면 수용체와의 상호작용에 연관된 특정 효소의 활성을 조절하는 기능을 포함하여 다양한 기능을 가지고 있다.

콜레스테롤은 진핵세포 세포막의 필수 구성 성분으로 LDL에 의해 주변 조직으로 운반된다. 지질단백질 입자는 세포 표면의 LDL 수용체에 결합한다. LDL과 수용체 사이의 복합체는 세포내유입에 의하여 세포 내로 들어가서 라이소좀과 융합한다. 라이소좀 라이페이즈와 프로티에이즈에 의해 LDL이 분해되며 유리된 콜레스테롤은 세포막에 통합되거나 콜레스테릴에스터로 저장된다. 세포내 많은 콜레스테롤은 콜레스테롤 생합성의 주요 효소인 HMG-CoA 리덕테이즈의 합성을 억제하며, LDL 수용체의 합성 또한 억제한다. LDL 수용체가 없는 사람은 콜레스테롤이 혈중에 축적되고 피부와 동맥에 침전되는 가족성 고콜레스테롤혈증으로 고통받는다. 이러한 환자는 이른 나이에 심장질환으로 사망한다.

HDL은 혈장과, 간조직이 아닌 세포로부터 콜레스테롤을 제거하여 간으로 돌려보낸다. HDL은 간 표면에 있는 SR-B1이라 불리는 수용체에 결합하여 간세포로 콜레스테롤과 콜

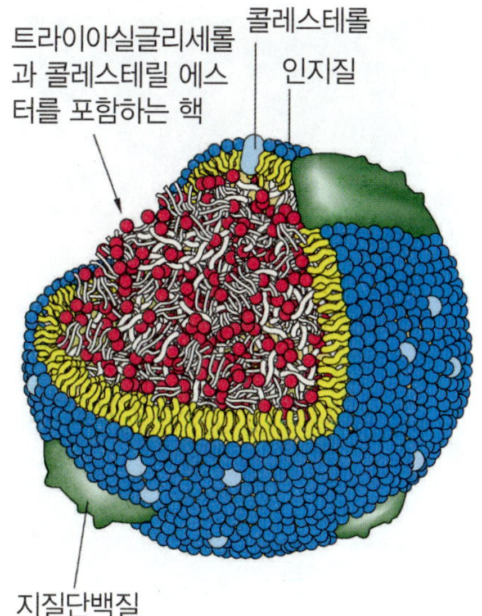

▲ 그림 16.32
지질단백질의 구조. 트라이아실글리세롤과 콜레스테릴 에스터를 포함하는 중성 지질의 핵은 아포인지질단백질과 콜레스테롤이 박혀 있는 인지질로 둘러싸여 있다.

BOX 16.7 지질단백질 라이페이즈와 관상동맥 심장질환

지질단백질 라이페이즈(16.9절)는 지질단백질 내에서 트라이아실글리세롤로부터 지방산을 방출하는 효소이다. 이는 혈장으로부터 트라이아실글리세롤을 제거하는 데 중요한 역할을 한다. 고농도의 트라이아실글리세롤은 관상동맥 심장질환과 연관되어 있다.

인간 개체군은 지질단백질 라이페이즈(LPL) 유전자의 몇몇 변종(돌연변이)을 가지고 있다. 이들 중 일부는 감소된 LPL 활성도와 관련 있다. D9N 변종이 한 가지 예인데, 9번 자리의 정상적 아스파테이트 잔기가 아스파라진 잔기로 치환되었다. 이러한 변종을 가진 사람은 혈장 내에 트라이아실글리세롤을 포함한 지질단백질이 쌓임으로써 관상동맥 심장질환에 걸릴 확률이 좀 더 높다.

S447X 변형은 447번 자리에서 정상적인 세린 코돈이 정지코돈(X)으로 변형된 것이다. 그 결과, 정상 단백질보다 더 짧은 절단된 단백질이 된다. 인구의 약 17%가 이 변형 유전자를 적어도 한 카피를 가지고 있으며 인구의 약 1%는 동형(호모)의 변형 유전자를 가진다. S447X 효소는 정상 효소보다 더 활성화되어 있고 그 결과 혈장내 트라이아실글리세롤을 낮추게 된다. 이 변형 유전자를 가진 남성(여성은 아님)은 심장 발작에 걸릴 확률이 낮다. 이는 인간 개체군에서 일어나는 이로운 대립형질의 예이다.

[Online Mendelian Inheritance in Man (OMIM) MIM=609708]

▲ 암죽미립(Chylomicrons).

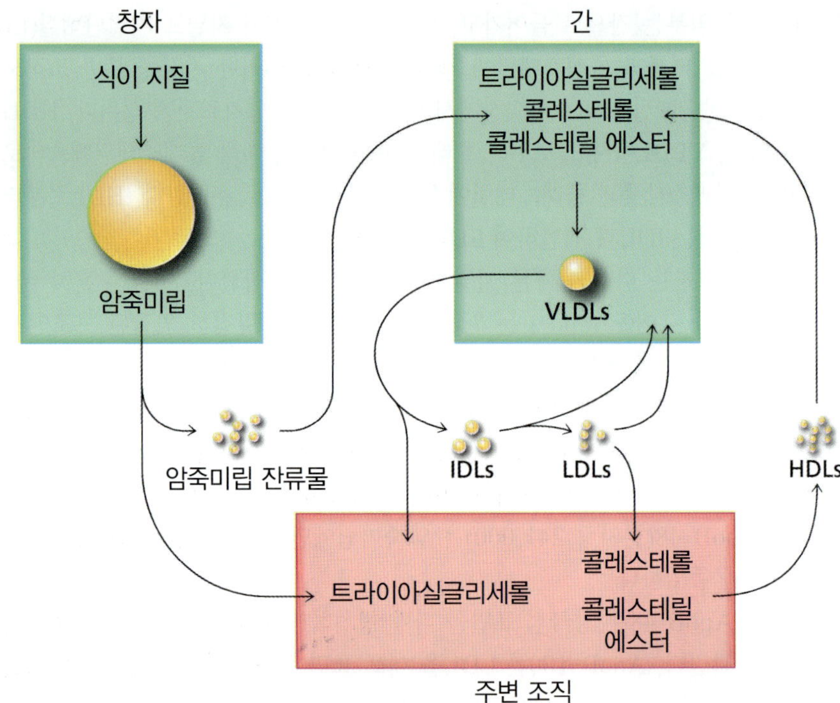

▲ 그림 16.33

지질단백질 대사의 요약. 장내 세포에서 형성된 암죽미립은 식이 트라이아실글리세롤을 근육과 지방 조직을 포함하여 주변 조직으로 운반한다. 암죽미립 잔류물은 콜레스테릴 에스터를 간으로 운반한다. VLDLs는 간에서 집결하여 세포내 지질을 주변 조직으로 운반한다. VLDLs이 분해될 때 (IDLs를 거쳐), 이들은 HDL로부터 콜레스테롤과 콜레스테릴 에스터를 취해서 간이 아닌 조직으로 콜레스테롤을 운반해주는 LDLs가 된다. HDLs는 주변 조직에서 간으로 콜레스테롤을 운반한다.

레스테릴에스터를 운반한다. 지질이 감소된 HDL 입자는 혈장으로 돌아간다. 간에서 콜레스테롤은 담즙산으로 전환되어 담낭으로 분비된다.

동맥내 지질 침전물의 축적(죽상동맥경화증)은 심장 발작으로 이어질 수 있는 관상동맥 심장질환의 위험 증가와 연관되어 있다. 높은 수준의 LDL("나쁜" 콜레스테롤)은 죽상동맥경화증이 발병할 가능성을 증가시킨다. 반면, 높은 농도의 HDL("좋은" 콜레스테롤)은 심장 발작이 일어날 위험을 감소시킨다. 스타틴(Box 16.4)은 간에서 콜레스테롤 합성을 억제하고 LDL 수치를 낮춘다.

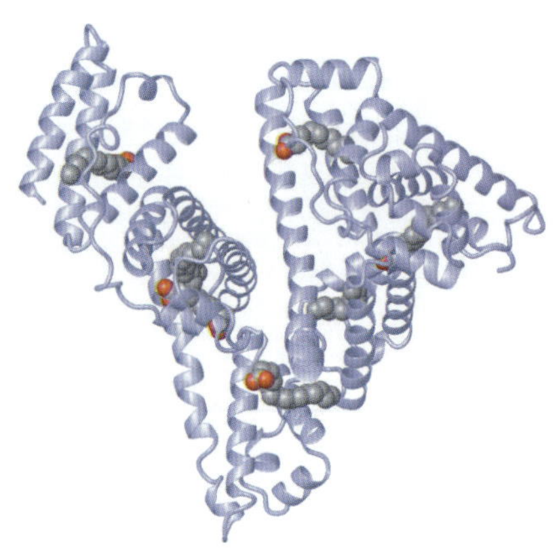

▲ 그림 16.34

인간 혈청 알부민. 팔미트산 7개가 결합된 분자를 보여준다. [PDB 1E7H]

C. 혈청 알부민

콜레스테롤과 트라이아실글리세롤과 같은 지질 복합체 외에, 자유 지방산 또한 혈장 내에서 운반된다. 지방산은 혈장 단백질 중 가장 다량을 차지하는 혈청 알부민과 결합한다. 특히 소

표 16.1 인간 혈장 내의 지질단백질

	암죽미립	VLDL	IDL	LDL	HDL
분자량 × 10^{-6}	> 400	10~80	5~10	2.3	0.18~0.36
밀도 (g cm^{-3})	< 0.95	0.95~1.006	1.006~1.019	1.019~1.063	1.063~1.210
화학적 구성 (%)					
단백질	2	10	18	25	33
트라이아실글리세롤	85	50	31	10	8
콜레스테롤	4	22	29	45	30
인지질	9	18	22	20	29

의 단백질(소혈청 알부민, BSA)을 비롯하여 이러한 단백질은 40년 넘게 집중적으로 연구되어 왔다. 최근에 사람혈청 알부민(HSA)이 다양한 사슬 길이의 자유 지방산과 결합된 구조가 X-선 결정학에 의해 밝혀졌다(그림 16.34).

HSA는 3차 구조의 모든-α 범주에 포함된다(4.7절, 그림 4.24a). HSA는 팔미트산(16:0), 다른 중간사슬 지방산과 긴사슬 지방산과 결합하기 위한 7개의 독특한 결합자리를 가지고 있다. 대부분의 경우, 지방산의 카복실 말단은 염기성 아미노산 잔기의 곁사슬과 결합하고 메틸렌기 꼬리는 소수성 포켓 안에 꼭 들어맞아 10~18 탄소의 사슬을 수용할 수 있다. 또한 HSA는 단지 조금만 물에 녹는 많은 중요한 의약품과도 결합한다.

16.11 케톤체는 연료 분자이다

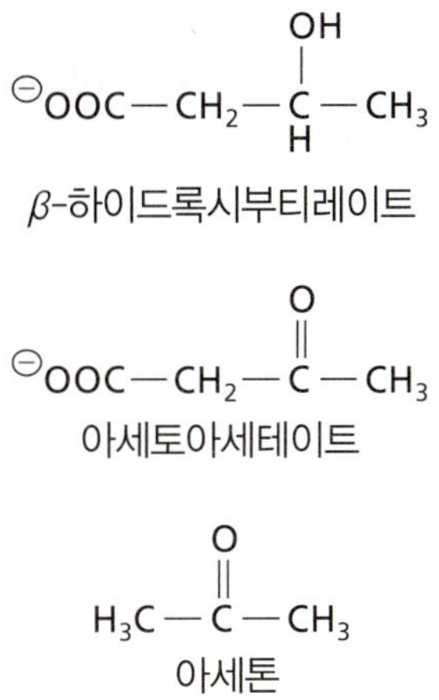

간에서 지방산 산화로부터 생성된 대부분의 아세틸 CoA는 시트르산 회로로 보내지지만 일부는 대체 경로로 보내질 수 있다. 금식하는 동안 해당작용은 감소되고 포도당신합성 경로는 활성화된다. 이러한 조건하에 옥살로아세테이트 분자의 풀이 일시적으로 고갈된다. 향상된 β-산화로부터 생성된 아세틸 CoA의 양은 시트르산 회로의 용량을 초과하게 된다(시트르산 회로의 제1단계에서 옥살로아세테이트는 아세틸 CoA와 반응함을 상기할 것). 초과된 아세틸 CoA는 β-하이드록시부티레이트, 아세토아세테이트, 아세톤과 같은 케톤체를 형성하는 데 사용된다. 이들의 구조(그림 16.35)에서 알 수 있듯이, 모든 케톤체가 케톤은 아니다. 양적으로 가장 중요한 케톤체는 β-하이드록시부티레이트와 아세토아세테이트다. 소량의 아세톤은 β-케토산인 아세토아세테이트의 비효소적 탈카복실화에 의해 생성된다.

β-하이드록시부티레이트와 아세토아세테이트는 연료 분자이다. 이들은 지방산으로부터 얻는 대사에너지보다 더 적은 잠재적 대사에너지를 가졌지만 혈장에서 더 쉽게 운반되는 "수용성 지질"로 역할함으로써 이러한 결점을 만회한다. 굶주린 상태에서 다량 생성된 케톤체는 뇌 세포의 주된 연료인 포도당을 대체하게 된다. 또한 이러한 상태에서 케톤체는 골격근과 창자에서도 대사된다.

$$^{\ominus}OOC-CH_2-CH(OH)-CH_3$$

β-하이드록시부티레이트

$$^{\ominus}OOC-CH_2-C(=O)-CH_3$$

아세토아세테이트

$$H_3C-C(=O)-CH_3$$

아세톤

▲ **그림 16.35**
케톤체.

A. 케톤체는 간에서 합성된다

포유류에서 케톤체는 간에서 합성되어 다른 조직에서 사용되고자 내보내진다. 그림 16.36은 케톤체 합성 경로이다. 첫 단계로, 아세틸 CoA 2분자가 아세토아세틸-CoA 싸이올레이즈에 의해 축합되어 아세토아세틸 CoA와 HS-CoA를 생성하게 된다. 이어서, 세 번째 아세틸 CoA 분자가 아세토아세틸 CoA에 더해져 3-하이드록시-3-메틸글루타릴 CoA(HMG CoA)를 생성하는데, 이 반응은 HMG-CoA 신테이즈에 의해 촉매된다. 이러한 단계는 아이소펜테닐 이인산 생합성 경로의 처음 두 단계와 동일하다(그림 16.17). 케톤체 합성은 마이토콘드리아에서 일어나지만 아이소펜테닐 이인산(그리고 콜레스테롤)의 합성은 세포질에서 일어난다. 포유류는 마이토콘드리아와 세포질에서 아세토아세틸-CoA 싸이올레이즈와 HMG-CoA 신테이즈의 뚜렷한 동종 효소를 가진다. HMG-CoA 신테이즈는 오로지 간세포의 마이토콘드리아에만 존재하고 어떤 세포의 마이토콘드리아에서도 존재하지 않는다.

다음 단계로, HMG-CoA 라이에이즈가 HMG CoA를 잘라서 아세토아세테이트와 아세틸 CoA를 생성한다. HMG-CoA 라이에이즈는 세포질에는 존재하지 않는데, 이는 세포질의 HMG CoA가 아이소펜테닐 이인산 합성에 독점적으로 사용되는 이유이며, 또한 세포질에서 케톤이 생성되지 않는 이유이기도 하다. 아세토아세테이트의 NADH-의존적 환원은 β-하이드록시부티레이트 디하이드로지네이즈에 의해 촉매화되어 β-하이드록시부티레이트를 생성한다. 아세토아세테이트와 β-하이드록시부티레이트 둘 다 마이토콘드리아 내막을 가로질러 간세포의 세포막으로 운반될 수 있다. 그리고 체내의 다른 세포에서 연료

그림 16.36 ▶
β-하이드록시부티레이트와 아세토아세테이트 및 아세톤의 생합성.

2 아세틸 CoA

↓ 아세토아세틸-CoA 싸이올레이즈 (→ HS-CoA)

아세토아세틸 CoA

↓ HMG-CoA 신테이즈 (H_2O + Acetyl CoA → HS-CoA + $H^{\oplus}$)

$$^{\ominus}OOC-CH_2-\underset{CH_3}{\overset{OH}{C}}-CH_2-\overset{O}{\overset{\|}{C}}-S\text{-}CoA$$

3-하이드록시-3-메틸글루타릴 CoA(HMG CoA)

↓ HMG-CoA 라이에이즈 (→ $H_3C-\overset{O}{\overset{\|}{C}}-S\text{-}CoA$ 아세틸 CoA)

$$^{\ominus}OOC-CH_2-\overset{O}{\overset{\|}{C}}-CH_3$$

아세토아세테이트

⇅ β-하이드록시부티레이트 디하이드로지네이즈 (NADH + $H^{\oplus}$ → $NAD^{\oplus}$)

$$^{\ominus}OOC-CH_2-\underset{H}{\overset{OH}{C}}-CH_3$$

β-하이드록시부티레이트

아세토아세테이트 → (비효소적; $H^{\oplus}$ → CO_2)

$$H_3C-\overset{O}{\overset{\|}{C}}-CH_3$$

아세톤

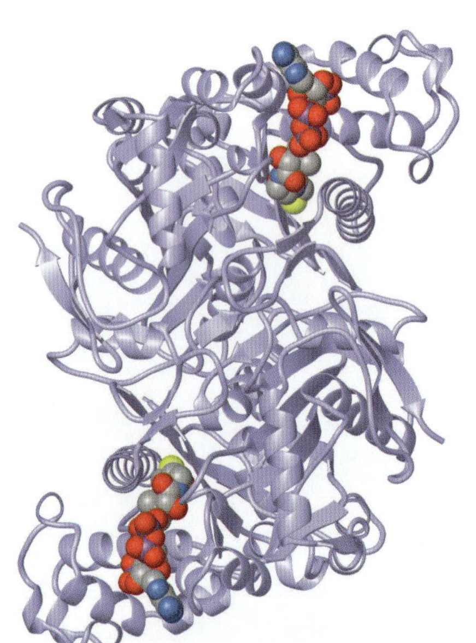

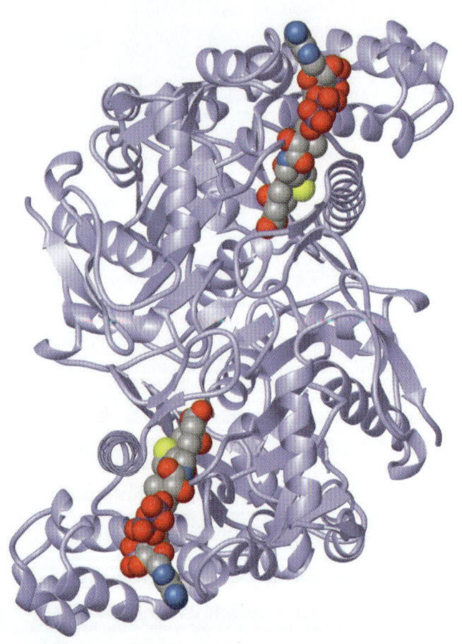

▲ **HMG-CoA 신테이즈.** HMG-CoA와 결합한 인간(호모 사피언스) 동질 효소를 나타낸다. 세포질 효소(위: PDB 2P8U)와 마이토콘드리아 버전(아래: PDB 2WYA)은 매우 비슷하다.

로 사용되기 위해 혈액으로 들어간다. 소량의 아세토아세테이트는 혈류 내에서 비효소적으로 카복실기가 제거되어 아세톤으로 만들어진다.

지방 아실 CoA와 아세틸 CoA가 마이토콘드리아에서 이용될 수 있을 때, 케톤합성의 주요한 조절점은 HMG-CoA 신테이즈의 마이토콘드리아 동종 효소이다. 석시닐 CoA는 석시닐화를 통한 공유결합적 변형으로 이 효소를 선별적으로 억제한다. 이는 단기적인 비활성화인데, 자발적인 탈석시닐화에 의한 재활성화가 자주 발생하기 때문이다. 글루카곤은 마이토콘드리아 내의 석시닐 CoA의 양을 감소시켜 케톤합성을 자극한다. 장기적인 조절은 유전자 발현의 변화에 의해 일어난다. 굶주린 상태에서 HMG-CoA 신테이즈(그리고 그것의 mRNA)의 수치가 증가한다. 재섭식 및 인슐린은 효소의 활성도와 mRNA 둘 다 감소시킨다.

B. 케톤체는 마이토콘드리아에서 산화된다

케톤체를 에너지원으로 사용하는 세포에서 β-하이드록시부티레이트와 아세토아세테이트는 마이토콘드리아로 들어가서 시트르산 회로에 의해 산화되는 아세틸 CoA로 전환된다. β-하이드록시부티레이트는 간에 존재하는 효소와는 분명히 구분되는 β-하이드록시부티레이트 디하이드로지네이즈의 동종 효소의 촉매작용으로 아세토아세테이트로 전환된다. 아세토아세테이트는 석시닐 CoA와 반응하여 아세토아세틸 CoA를 형성하는데, 이 반응은 석시닐-CoA 트랜스퍼레이즈(또한 석시닐-CoA:3-케톤산-CoA 트랜스퍼레이즈라고 불림; 그림

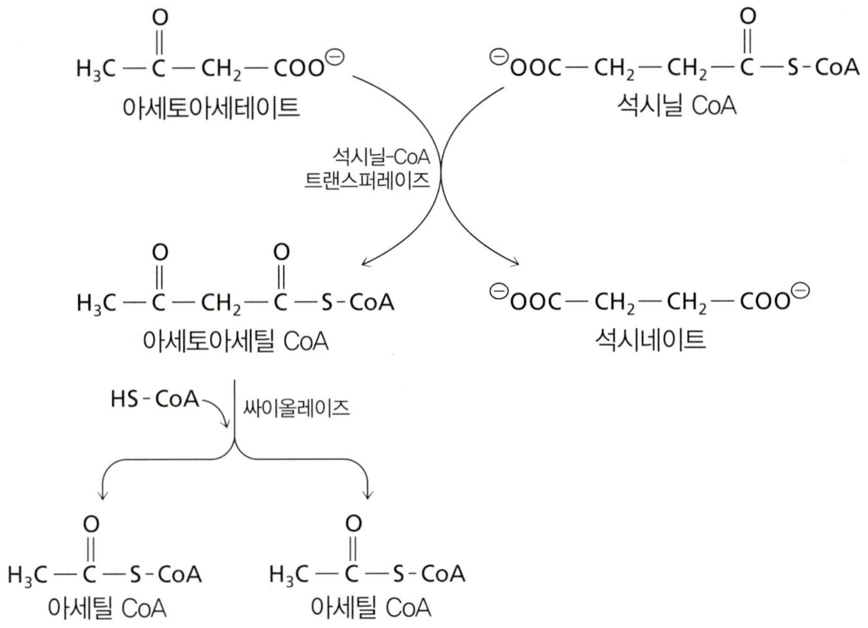

◀ **그림 16.37**
아세토아세테이트의 아세틸 CoA로의 전환.

16.37)에 의해 촉매된다. 케톤체는 오로지 간을 제외한 조직에서만 분해되는데, 이는 이러한 트랜스퍼레이즈가 간을 제외한 모든 조직에 존재하기 때문이다. 석시닐-CoA 트랜스퍼레이즈 반응은 시트르산 회로에서 약간의 석시닐 CoA를 빼내어 사용한다. 석시닐-CoA 신테이즈(13.3#5절)에 의해 촉매되는 기질-수준 인산화 반응에서 일반적으로 GTP로 얻어진 에너지가 아세토아세테이트를 이것의 CoA 에스터로 활성화시키기 위해 대신 사용된다. 다음에 싸이올레이즈가 아세토아실 CoA를 아세틸 CoA 2분자로의 전환시키고 이들은 시트르산 회로에 의해 산화될 수 있다.

BOX 16.8 당뇨병에서의 지방대사

지방분해는 인슐린에 의해 억제되지 않고, 다른 호르몬들이 지방세포로부터 지방산의 방출을 촉진하기 때문에 지방은 분해된다. 간에서 이용 가능한 많은 양의 지방산은 아세틸 CoA의 과잉 생성을 초래하여 케톤체로 전환된다. 제2형 당뇨에서(절 12.7), 주변 조직이 포도당을 잘 흡수하지 못하여, 혈액내 포도당 축적이 주로 발생된다. 비만은 제2형 당뇨에 걸린 사람에게 더욱 강하게 발생하는 경향이 있기 때문에, 인슐린 감도가 떨어진 상황에서 지질의 역할에 초점을 맞추어 많은 연구가 진행되고 있다. 혈액내 증가된 자유 지방산이 조직으로의 포도당 흡수를 위한 인슐린 신호체계를 방해할 것이라고 밝혀졌다.

치료받지 않는 제1형 당뇨병으로 고통받는 사람들은 다량의 케톤체—주변 조직이 사용할 수 있는 양 이상—를 생성한다. 당뇨병 환자가 호흡할 때 아세톤 냄새가 날 수 있다. 사실상, 혈액내 아세토아세테이트와 β-하이드록시부티레이트 수치는 더욱 높아져 혈장내 pH를 낮출 수 있다—당뇨병성 케토산증이라 불리는 생명을 위협하는 상태. 제1형 당뇨병은 반복적인 인슐린 주사와 제한적 포도당 섭취로 치료되어야 한다.

비록 제2형 당뇨병의 급성 합병증은 드물지만, 고혈당증은 조직 손상으로 이어질 수 있으며, 특히 눈 및 심장 혈관과 신장 계통이 해당된다. 식이 수정은 제2형 당뇨병을 조절하기에 꽤 충분하다. 게다가, 경구용 약물은 인슐린 분비와 주변 조직에서의 약효를 증가시킬 수 있다.

제2형 당뇨병의 치료에 대한 새로운 접근방식은 타이로신포스파테이즈 PTP-1B의 억제가 될 것이다. PTP-1B는 인슐린이 수용체에 결합할 때 인슐린 수용체에 더해진 인산을 제거함으로써 인슐린 수용체를 비활성화시킨다. 인슐린 주사 후, PTP-1B가 없는 쥐에서 간과 근육에서 인슐린 수용체의 인산화가 증가되었으며 인슐린 민감도가 증가하였다. 또한 이러한 쥐는 식사 후에도 혈중 포도당 수치를 정상으로 유지한다. 고지방 식이를 한 PTP-1B가 없는 쥐는 체중 증가에 저항력이 있다는 것은 놀라운 관찰이다. 따라서 PTP-1B는 또한 비만 치료에 대한 표적이 될 것이다.

요약

1. 지방산 합성 경로는 아세틸 CoA-카복실레이즈에 의해 촉매되는 반응에서 말로닐 CoA의 합성으로 시작된다. 말로닐 CoA는 말로닐 ACP로 전환되고 말로닐 ACP 한 분자는 아세틸 CoA(또는 아세틸 ACP)와 축합되어 아세토아세틸 ACP를 형성한다.
2. 3-케토아실 ACP 전구체로부터 긴-사슬 지방산의 형성은 4단계로 일어난다: 환원, 탈수, 추가 환원, 축합. 이러한 4단계는 긴-사슬 지방산 합성을 위해 반복된다. 18 탄소 이상의 지방산과 불포화 지방산은 추가적인 반응에 의해 생성된다.
3. 트라이아실글리세롤과 글리세로인지질은 포스파티데이트로부터 유래된다. 트라이아실글리세롤과 중성 인지질의 합성은 1,2-다이아실글리세롤 중간체를 거쳐 진행된다. 산성 인지질은 CDP-다이아실글리세롤 중간체를 거쳐 합성된다.
4. 많은 에이코사노이드는 아라키도네이트로부터 유래된다. 싸이클로옥시지네이즈 경로는 프로스타싸이클린, 프로스타글란딘, 트롬복산 A_2를 합성한다. 리폭시지네이즈 경로의 합성물은 류코트리엔을 포함한다.
5. 스핑고지질은 세린과 팔미토일 CoA로부터 합성된다. 환원, 아세틸화, 산화반응은 극성 헤드그룹과 당 잔기가 더해짐으로써 변형될 수 있는 세라마이드를 합성한다.
6. 콜레스테롤은 메발론산과 아이소펜테닐 이인산으로 이어지는 경로에서 아세틸 CoA로부터 합성된다. 콜레스테롤과 아이소펜테닐 이인산 모두 많은 다른 화합물의 전구체이다.
7. 지방산은 2-탄소 조각이 순차적으로 제거되는 β-산화에 의해 아세틸 CoA로 분해된다. 지방산은 CoA가 에스터화되어 먼저 활성화되고 지방산 아실 CoA는 4개 효소가 촉매하는 단계의 반복에 의해 산화된다: 산화, 수화, 추가 산화, 싸이올리시스. 지방산은 포도당보다 그램당 더 많은 ATP를 생산한다.
8. 홀수-사슬 지방산의 β-산화는 아세틸 CoA와 프로피오닐 CoA 한 분자를 생성한다. 대부분의 불포화 지방산의 산화는 아이소머레이즈와 리덕테이즈라는 2가지 효소를 필요로 하며, 포화 지방산의 산화는 추가반응이 더 필요하다.
9. 동물에서 지방산 산화는 생물의 에너지 요구에 따라 호르몬에 의해 조절된다.
10. 식이 지질은 창자에서 지방산과 모노아실글리세롤로 가수분해되어 흡수된다. 지질단백질은 혈액 내에서 지질을 운반한다. 지방세포에서 지방산은 에스터화되어 트라이아실글리세롤로 저장된다. 지방산은 호르몬-민감성 라이페이즈에 의해 이동된다.
11. 케톤체 β-하이드록시부티레이트와 아세토아세테이트는 간에서 아세틸-CoA 분자의 축합에 의해 합성되는 수용성 연료 분자이다.

문제

1. (a) 가족성 콜레스테롤혈증은 LDL 수용체에 결함이 생겨, 매우 높은 혈중 콜레스테롤 수치를 나타내며 어린 나이에 심각한 동맥경화로 이어지는 인간의 유전질환이다. 이 질병이 높은 혈중 콜레스테롤 수치를 야기하는 이유를 설명하라.
   (b) 이 질병을 가진 사람에서 높은 혈중 콜레스테롤 수치는 세포내 콜레스테롤 합성에 영향을 미치는가?
   (c) 탄지에르병에 걸린 사람은 HDL에 의한 콜레스테롤 흡수에 필요한 세포내 단백질인 ABCl이 부족하다. 이 질환은 콜레스테롤 수송에 어떻게 영향을 미칠 것인가?
2. 근육에 비정상적으로 낮은 카르니틴 수치를 가진 사람은 적당한 운동을 하는 동안에도 근력 약화로 고통받는다. 게다가 그들의 근육의 트라이아실글리세롤의 수치가 크게 증가되어 있다.
   (a) 이 두 가지 효과를 설명하라.
   (b) 이 사람은 호기성으로 근육의 글라이코젠을 대사할 수 있는가?
3. (a) 로리에이트(도데카노에이트)와 (b) 팔미톨리에이트(시스-Δ^9-헥사데세노에이트)의 완전 산화에 의해 몇 개의 ATP 등가물이 생성되는가? 시트르산 회로가 작동한다고 가정하라.
4. 테트라하이드로립스타틴(올리스타트)은 비만 치료 약물이다. 이는 췌장 라이페이즈의 억제제이다. 비만 치료에서 테트라하이드로립스타틴의 사용 근거를 제시하라.
5. 다음 지방산을 아세틸 CoA 또는 아세틸 CoA와 석시닐 CoA로 분해하기 위해 β-산화효소 이외에 필요한 효소는 무엇인가?
   (a) 올레이트(*cis* $CH_3(CH_2)_7CH{=}CH(CH_2)_7COO^{\ominus}$)
   (b) 아라키도네이트
   (모두 *cis* $CH_3(CH_2)_4(CH{=}CHCH_2)_4(CH_2)_2COO^{\ominus}$)
   (c) 시스 $CH_3(CH_2)_9CH{=}CH(CH_2)_4COO^{\ominus}$)
6. 동물은 짝수 사슬 지방산의 탄소를 포도당으로의 순수 전환할 수 없다. 반면, 홀수-사슬 지방산의 일부 탄소는 포도당이 되기 위한 포도당 신합성의 전구체가 될 수 있다. 설명하라.
7. 다음의 분자가 팔미트산 합성을 수행하는 간세포 분쇄액에 더해질 때 표식된 탄소는 어디에서 발견되는가?
   (a) $H^{14}CO_3^{\ominus}$
   (b) $H_3{}^{14}C-\overset{\overset{\displaystyle O}{\|}}{C}-S-CoA$
8. 트라이클로산(2,4,4,-트라이클로로-2-하이드록시디페닐 에스터)은 비누, 치약, 장난감 및 커팅 보드를 포함한 넓은 범위에서 사용되는 소비재인 항균제이다. 트리클로산은 광범위한 범위의 박테리아와 마이코박테리아에 대해 효과적이고 타입 II FAS 엔오일 아실 수용체 단백질 리덕테이즈의 억제제이다.
   (a) 엔오일 아실 수용체 단백질 리덕테이즈에 의해 촉매화되는 반응은 무엇인가?

(b) 왜 엔오일 아실 수용체 단백질 리덕테이즈가 항균을 위한 적절한 표적이 되는가?

(c) 이 화합물이 사람이 아닌 박테리아의 지방산 합성을 선택적으로 억제할 수 있는 이유를 제안하라.

9. 말로닐 CoA는 식욕 반응을 감소하기 위해 두뇌로 보내는 신호 중 하나가 될 수 있다고 제안되어왔다. C75라 명명된 셀룰레닌(곰팡이 에폭시드) 유도체를 쥐에게 주었을 때, 식욕이 감퇴하고 체중이 빠르게 감소하였다. 셀룰레닌과 이 유도체는 지방산 신테이즈(FAS)의 강력한 억제제이다. 어떻게 C75가 잠재적인 체중 감소 약물로서 역할을 하는지 제안하라.

10. (a) 간세포에서 탄수화물이 지방산으로 전환되는 일반적인 경로를 그려라. 그리고 어떤 경로가 마이토콘드리아와 세포질에서 발생하는지를 표시하라.

(b) 지방산 합성에 필요한 환원성 등가물의 약 절반이 해당작용에 의해 생성된다. 이러한 환원성 등가물이 지방산 합성에서 어떻게 사용될 수 있는지 설명하라.

11. (a) 아세틸 CoA 카복실레이즈(ACC)는 지방산 합성에 중요한 조절 인자로서 두 가지 다른 호환성이 있는 형태로 존재한다:

(1) 활성화된 실 모양의 중합체(탈인산화된 형태), (2) 비활성화된 프로토머 형태(인산화된 형태). 시트레이트와 팔미토일 CoA는 우선적으로 다른 형태의 ACC와 단단히 결합해서 안정화시킴으로써 지방산 합성을 조절할 수 있다. 이들 조절자가 각각 ACC와 결합해서 어떻게 작용하는지 설명하라.

$$\text{실 모양의 중합체(활성화)} \rightleftharpoons \text{프로토머(비활성화)}$$

(b) 지방산 합성 조절에서 글루카곤과 에피네프린의 역할은 무엇인가?

12. 비만은 전세계적으로 심각한 건강 문제로 어느 정도는 증가된 음식 섭취와 감소된 신체 활동이 원인이 된다. 비만은 제2형 당뇨와 심장 혈관 질환을 포함하여 다양한 인간 질병과 연관되어 있다. 아세틸-CoA 카복실레이즈의 선택적이고 특이적 억제제가 항비만 약제로서 제안되어왔다.

(a) 아세틸-CoA 카복실레이즈의 억제제는 지방산 합성과 지방산 산화에 어떤 영향을 미치는가?

(b) 아세틸-CoA 카복실레이즈의 억제제 중 하나는 CABI이다(아래 구조). CABI의 어떤 구조적 특징이 이 약물을 아세틸-CoA 카복실레이즈의 잠재적 억제제가 되게 만들었는가? (Levert, K. L., Waldrop,G. L., Stephens, J. M. (2002). *J. Biol. Chem.* A biotinanalog inhibits acetyl CoA carboxylase activity and adipogenesis. 277:16347–16350.)

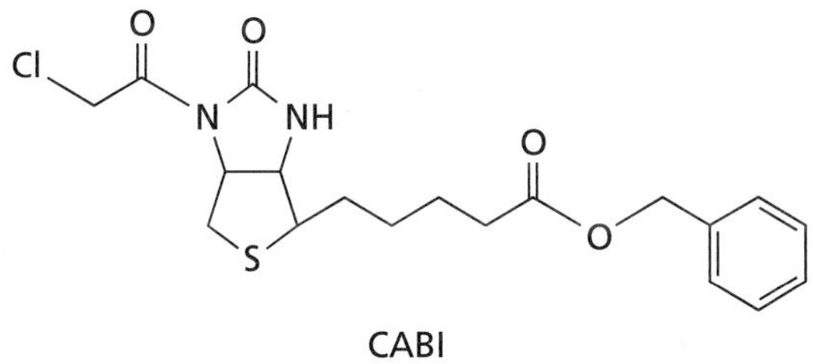

CABI

13. 8개 아세틸 CoA 분자가 팔미테이트로 변환되는 수식을 적어라.

14. (a) 심장 발작, 류마티스성 관절염과 같은 조직 손상에 반응하여 염증성 세포(예: 단핵구와 호중구)는 손상된 조직으로 침투하여 아라키돈산의 합성을 촉진한다. 이러한 반응에 대한 이유를 설명하라.

(b) 에이코사노이드의 생합성은 아스피린과 이뷰프로펜과 같은 비스테로이드 계열 약물과 하이드로코티손과 프레드니손과 같은 스테로이드 계열 약물(특이적으로 인지질 라이페이즈를 억제한다)에 의해서 영향을 받는다. 왜 스테로이드 계열 약물은 프로스타글란딘과 류코트리엔 모두의 생합성을 억제하는 반면, 아스피린과 같은 약물은 오직 프로스타글란딘의 생합성만 억제하는가?

15. 다음의 지질 화합물의 정확한 구조를 그려라.

(a) 포스파티딜 글리세롤

(b) 에탄올아민 플라스말로젠(1-알킬-2-글리세로-3-포스포에탄올아민)

(c) 글루코세레브로사이드(1-β-D-글루코세라마이드)

16. 과도한 식이 지질은 간에서 콜레스테롤로 전환될 수 있다. 모든 홀수 탄소를 ^{14}C로 표식한 팔미테이트를 간세포 분쇄액에 첨가하였을 때, 메발론산의 어디에서 표식이 나타나는가?

17. 아스피린의 항염증 치료효과는 싸이클로옥시지네이스-2(COX-2)의 억제로부터 발생한다—염증과 통증 및 열의 매개물질인 프로스타글란딘 합성에 관련됨. 아스피린은 COX-2 활성화 자리의 세린 잔기에 아세틸 그룹을 공유결합으로 전달함으로써 비가역적으로 이 효소를 억제한다. 그러나 원하지 않은 위 자극의 부작용이 아스피린에 의해 발생되는데, 아스피린이 연관된 장내 효소 싸이클로옥시지네이즈-1(COX-1)도 비가역적으로 억제하기 때문이다. COX-1은 산으로부터 위를 보호하는 위의 뮤신 분비를 조절하는 프로스타글란딘의 합성에 관여한다. 아스피린 유도체 APHS이 합성되었고 이는 COX-1보다 COX-2의 억제제로서 60배 이상 선택적임이 밝혀져 훨씬 덜한 위장 부작용을 가진 항염증 약물이 될 수 있다고 제안되었다. 비활성화된 COX-2 효소-억제제 APHS와의 복합체 구조를 그려라. 아스피린과 구조적 유도체는 COX 효소의 활성화 자리에서 활동할 수 있기 때문에, 그들은 경쟁적 억제 양상을 나타내겠는가?

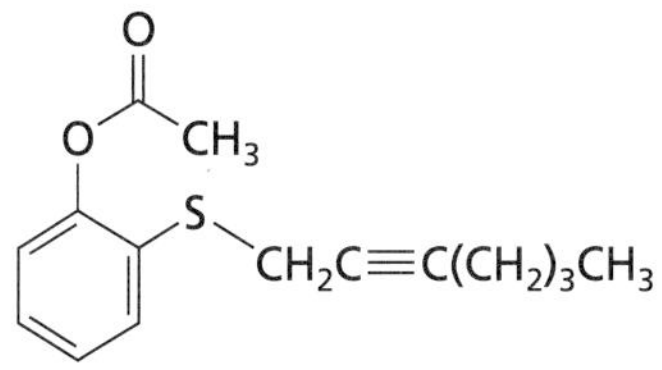

APHS

참고문헌

일반

Nicholson, D. E. (2001). IUBMB–Nicholson metabolic pathways charts. *Biochem. Mol. Bio. Educ.* 29:42–44.

Vance, J. E., and Vance, D. E., eds. (2008). *Biochemistry of Lipids, Lipoproteins, and Membranes* (Amsterdam: Elsevier Science).

지질 합성

Athenstaedt, K., and Daum, G. (1999). Phosphatidic acid, a key intermediate in lipid metabolism. *Eur. J. Biochem.* 266:1–16.

Frye, L. L., and Leonard, D. A. (1999). Lanosterol analogs: dual-action inhibitors of cholesterol biosynthesis. *Crit. Rev. Biochem.* Mol. Biol. 34:123–124.

Kent, C. (1995). Eukaryotic phospholipid synthesis. *Annu. Rev. Biochem.* 64:315–343.

Leibundgut, M., Maier, T., Jenni, S., and Ban, N. (2008). The multienzyme architecture of eukaryotic fatty acid synthases. *Curr. Opin. Struct. Biol.* 18:714–726.

Simmons, D. L., Botting, R. M., and Hla, T. (2004). Cyclooxygenase isozymes: the biology of prostaglandin synthesis and inhibition. *Pharmacol. Rev.* 56:387–437.

Sommerville, C., and Browse, J. (1996). Dissecting desaturation: plants prove advantageous. *Trends in Cell Biol.* 6:148–153.

Wallis, J. G., Watts, J. L., and Browse, J. (2002). Polyunsaturated fatty acid synthesis: what will they think of next? *Trends Biochem. Sci.* 27:467–473.

White, S. W. Zheng, J., Zhang, Y-M., and Rock, C. O. (2005). The structural biology of type II fatty acid biosynthesis. *Ann. Rev. Biochem.* 74:791–831.

지질 이화작용

Bartlett, K., and Eaton, S. (2004). Mitochondrial *β*-oxidation. *Eur. J. Biochem.* 271:462–469.

Candlish, J. (1981). Metabolic water and the camel's hump—a textbook survey. *Biochem Ed.* 9:96–97.

Ishikawa, M., Tsuchiya, D., Oyama, T., Tsunaka, D., and Morikawa, K. (2004). Structural basis for channelling mechanism of a fatty acid b-oxidation multienzyme complex. *EMBO J.* 23:2745–2754.

Kim, J-J., and Battaile, K. P. (2002). Burning fat: the structural basis of fatty acid *β*-oxidation. *Curr. Opin. Struct. Biol.* 12:721–728.

Toogood. H. S., van Thiel, A., Basran, J., Sutcliffe, M. J., Scrutton, N. S., and Leys, D. (2004). Extensive domain motion and electron transfer in the human electron transferring flavoprotein medium chain acyl-CoA dehydrogenase complex. *J. Biol. Chem.* 279: 32904–32912.

Toogood, H. S., van Thiel, A., Scrutton, N. S., and Leys, D. (2005). Stabilization of non-productive conformations underpins rapid electron transfer to electron-transferring flavoprotein. *J. Biol. Chem.* 280:30361–30366.

Wanders, R. J. A., and Waterman, H. R. (2006). Biochemistry of mammalian peroxisomes revisited. *Ann. Rev. Biochem.* 75:295–332.

지질단백질

Bhattacharya, A. A., Grüne, T., and Curry, S. (2000). Crystallographic analysis reveals common modes of binding of medium- and long-chain fatty acids to human serum albumin. *J. Mol. Biol.* 303:721–732.

Fidge, N. H. (1999). High density lipoprotein receptors, binding proteins, and ligands. *J. Lipid Res.* 40:187–201.

Gagné, S. E., Larson, M. G., Pimstone, S. N., Schaefer, E. J., Kastelein, J. J. P., Wilson, P. W. F., Ordovas, J. M., and Hayden, M. R. (1999). A common truncation variant of lipoprotein lipase(S447X) confers protection against coronary heart disease: the Framingham Offspring Study. *Clin. Genet.* 55:450–454.

Kreiger, M. (1998). The "best" of cholesterols, the "worst" of cholesterols: a tale of two receptors. *Proc. Natl. Acad. Sci. USA* 95:4077–4080.

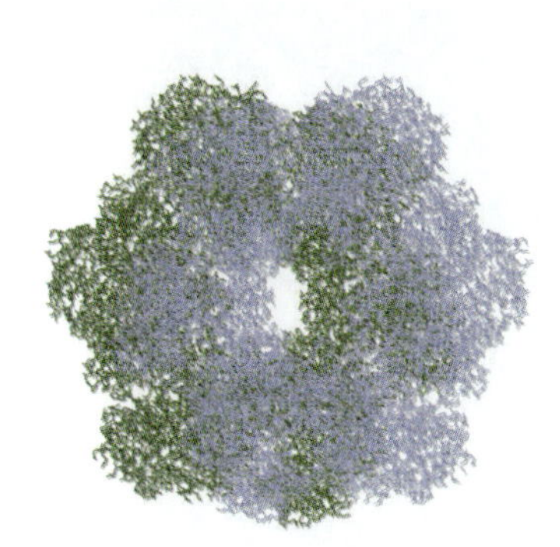

아미노산 대사

현재 우리는 "세균의 시대"에 살고 있다. 우리 지구는 최초의 세균 화석이 최소 35억 년 전 암석에 매장된 이래로 항상 세균의 시대였다. 가능성이 있고 합리적이며 적절한 어떤 기준에 의해서든지 세균은 항상 그래 왔던 것처럼 지구에서 주된 생명체이다.

스티븐 제이 굴드 (1996)
Full House, 176쪽

아미노산 대사에 대한 장을 집필하는 필자는 거의 불가능한 과제를 수행하고 있다. 어떠한 내용도 불완전할 수밖에 없기 때문인데, 이는 생합성과 분해 경로에 20개의 서로 다른 아미노산 및 많은 중간체들이 있고, 게다가 서로 다른 조직, 세포소기관 및 생물체에 대체 경로가 사용되기 때문이다. 다행인 것은 핵심적인 대사과정을 보면 생물학적으로 어떻게 아미노산의 생성과 분해가 일어나는지 그 근거를 알 수 있다. 여기서 우리는 아미노산 대사의 원리와 개념을 설명하기 위해 많은 핵심 내용을 살펴볼 것이다.

아미노산 대사에는 효소가 관여하는 수백 개의 소분자 전환이 있다. 이러한 많은 반응의 중심에는 질소 원자가 있다. 일부 중간체는 이전 장에서 언급된 대사 경로에서 살폈지만 대다수는 이 장에서 처음으로 살펴볼 것이다. 비록 단백질의 분해로 생성된 아미노산이 에너지원이지만, 우리는 생합성에 더욱더 관심을 가질 것이다. 만약 모든 아미노산이 단백질 합성을 위해 동시에 공급되지 못한다면 생명체는 위태롭게 될 것이다. 우리는 두 가지 관점에서 20개 아미노산의 대사를 살펴볼 수 있다: 아미노산에 존재하는 질소 원자 및 탄소 골격의 기원과 운명.

생명체들이 아미노산을 합성하는 능력은 아주 다양하다. 소수의 생명체는 질소기체와 단순 탄소 화합물을 아미노산으로 동화(assimilate)시킨다. 즉, 이들은 완전히 자립적(self-supporting)으로 아미노산을 합성한다. 다른 생명체들은 아미노산으로 구성된 탄소 사슬을 합성할 수 있지만 암모니아 형태로 질소를 요구한다. 우리는 17장을 질소 대사의 원리에 대한 개관으로 시작할 것이다.

일부 생명체는 모든 아미노산이 함유된 탄소 사슬을 합성할 수 없다. 예로, 포유류는 원하는 아미노산의 절반만을 만들 수 있다. 나머지는, 즉 **필수 아미노산(essential amino acid)**은 음식에서 공급되어야만 한다. **비필수 아미노산(nonessential amino acid)**은 포유류가 적당량의 전 식이성 단백질(total dietary protein)을 섭취한다면 상당량 합성할 수 있다.

아미노산 대사과정에서 나오는 질소 함유 노폐물의 배출 경로는 생물체마다 다양하다. 예를

위: 살모넬라 티피무륨(*Salmonella typhimurium*)의 글루타민 신테테이즈. 12개의 동일한 소단위체가 6각 대칭형으로 배열되어 있다. [PDB 2GLS]

▲ 트리코데스뮴(*Trichodesmium*)의 대번식. 트리코데스뮴은 사이아노박테리아(cyanobacteria)에 속하는 주요 질소 고정 세균 중 하나이다. 이 세균의 대번식은 호주 해안가 주변의 해양에 거대한 자국을 남긴다. 이 사진은 우주왕복선에서 찍은 것이다. 해양에서 이 질소 고정 세균의 평균 농도는 리터당 백만 세포이다.

핵심개념

질소는 대기 중 가장 풍부한 기체지만 극소수의 세균만이 질소를 고정할 수 있다.

▲ 번개. 번개가 기체 질소를 질산으로 전환시킨다. 질산은 생명체에 중요한 질소원이다. 이 사진은 1908년에 촬영한 것이다.

들어 수생동물은 과량의 질소를 암모니아로, 조류와 대부분의 파충류는 요산으로, 다른 육상 척추동물은 요소로 배출한다.

17.1 질소 순환과 질소 고정

아미노산(및 뉴클레오타이드의 이종 고리형 염기) 합성을 위해 필요한 질소는 두 주요 공급원으로부터 제공된다: 대기 중의 기체 질소 및 토양과 물의 질산($NO_3^{\ominus}$). 대기 중 80%를 차지하는 기체 질소는 궁극적으로 생물체를 구성하는 질소원이다. 이 기체 질소는 극소수의 세균에 의해서만 대사되거나 고정될 수 있다. 기체 질소와 질산이 대사에 사용되기 위해서는 반드시 암모니아로 환원되어야만 한다. 암모니아는 글루탐산, 글루타민 및 카바모일인산을 통해 아미노산으로 동화된다.

기체 질소는 N≡N의 삼중 결합으로 인해 화학적으로 반응을 일으키지 않는다. 일부 세균은 매우 특이한 효소인 나이트로지네이즈(nitrogenase)를 가지고 있고, **질소 고정(nitrogen fixation)**과정을 통해 기체 질소를 암모니아로 환원시킬 수 있다. 암모니아는 생명에 필수적이며, 세균만이 대기 중의 기체 질소로부터 암모니아를 생성할 수 있는 유일한 생명체이다. 모든 생물학적 질소 고정의 절반 가량이 해양에서 다양한 종류의 사이아노박테리아에 의해 이루어진다. 나머지 절반은 토양 세균이 수행한다.

생물학적 질소 고정 외에 추가적인 두 가지 질소 전환 과정이 있다. 번개가 칠 때, 고전압에 의한 방전으로 인해 기체 질소가 질산과 아질산($NO_2^{\ominus}$)으로 산화된다. 또한 식물 비료로 쓰기 위해 질소를 암모니아로 전환할 때, 즉 수소로 기체 질소를 환원시키기 위해서는 특수 촉매뿐 아니라 고온, 고압이 요구되는 고비용의 에너지 산업 공정이 필요하다. 식물 생장에는 생물학적으로 유용한 질소의 가용성이 제한 요인이 되며, 또한 질소 비료의 사용이 농작물의 고수확에 중요하다. 인류는 현재 지구상에서 일어나는 전체 질소 고정의 상당 부분을 담당하고 있다. 비록 대사 과정을 거치는 소량의 질소가 질소 고정으로부터 직접 유래하지만, 이 과정만이 생명체가 막대한 양의 대기 질소를 사용할 수 있는 유일한 방법이다.

주요 질소 화합물의 전체적인 상호 전환이 그림 17.1에 나타나 있다. 기체 질소로부터 질소 산화물(nitrogen oxide), 암모니아 및 질소성 생체 분자로, 또한 다시 기체 질소로의 질소 흐름을 **질소 순환(nitrogen cycle)**이라고 한다. 대부분의 질소는 암모니아와 질산 사이를

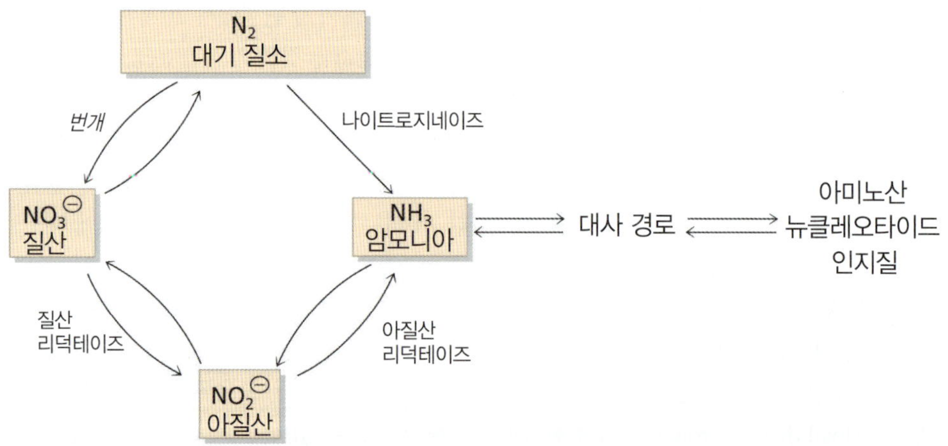

▲ 그림 17.1

질소 순환. 소수의 독립생활 미생물 또는 공생 미생물은 기체 질소를 직접 암모니아로 전환할 수 있다. 암모니아는 아미노산과 단백질 같은 생체 분자로 통합되고 뒤이어 분해되어 다시 암모니아로 재생성된다. 많은 토양 세균과 식물은 질산으로부터 아질산을 거쳐 암모니아로 환원시킨다. 일부 세균은 암모니아를 아질산으로 전환시킨다. 다른 세균들은 아질산을 질산으로 산화시키고, 일부는 질산을 기체 질소로 환원시킨다.

왕복한다. 부패한 생물체로부터 생성된 암모니아는 토양 세균에 의해 질산으로 산화된다. 질산의 형성을 질화(nitrification)라고 부른다. 일부 혐기성 세균은 질산염 또는 아질산을 기체 질소로 환원시킨다(탈질화, denitrification). 대부분의 녹색 식물과 일부 미생물은 질소 산화물을 암모니아로 환원시키는 질산 리덕테이즈와 아질산 리덕테이즈를 가지고 있다.

$$\underset{\text{질산}}{NO_3^{\ominus}} \xrightarrow[\;]{2e^{\ominus},\,2H^{\oplus} \quad H_2O} \underset{\text{아질산}}{NO_2^{\ominus}} \xrightarrow[\;]{6e^{\ominus},\,7H^{\oplus} \quad 2\,H_2O} \underset{\text{암모니아}}{NH_3} \tag{17.1}$$

▲ **그림 17.2 알팔파 뿌리혹.** 라이조븀속(genus *Rhizobium*)의 공생세균은 혹에 거주하며 대기 중 질소를 암모니아로 환원시킨다.

식물은 암모니아를 사용해서 아미노산을 만들고 이를 동물에게 공급한다. 환원된 페레독신(광합성의 명반응에서 형성, 15.2B절)이 식물과 광합성 세균에서 환원력의 원천이 된다.

기체 질소가 효소에 의해 환원되는 것을 살펴보자. 생물계에서 대부분의 질소 고정은 나이트로지네이즈 효소를 합성하는 세균이 수행한다. 이 다중소단위체 단백질은 1분자의 기체 질소를 2분자의 암모니아로 전환시킨다. 나이트로지네이즈는 대두, 완두콩, 알팔파 및 클로버와 같은 많은 콩과식물의 뿌리혹에 공생하는 다양한 라이조븀(*Rhizobium*)과 브래디라이조븀(*Bradyrhizobium*) 종에 존재한다(그림 17.2). 기체 질소 역시 아그로박테리아(*Agrobacteria*), 아조토박터(*Azotobacter*), 클레브시엘라(*Klebsiella*), 클로스트리듐(*Clostridium*)과 같은 독립생활하는 토양 세균 및 해양에서 발견되는 사이아노박테리아(대부분 트리코데스뮴 종(*Trichodesmium spp.*))에 의해 고정된다. 대부분의 식물은 부패된 동식물의 조직, 세균이 분비하는 질소 화합물 및 비료로부터 고정된 질소를 얻는다. 척추동물은 식물체와 동물체를 섭취하여 고정된 질소를 얻는다.

나이트로지네이즈는 2개의 서로 다른 폴리펩타이드 소단위체가 이량체를 이루어 $\alpha_2\beta_2$ 이량체로 구성되는 단백질 복합체이다(그림 17.3). 복합체를 구성하는 두 개의 반쪽에는 인-클러스터(P-cluster)라 부르는 [8철-7황]철-황 클러스터([8 Fe-7 S] iron-sulfur cluster)가 있다. 이는 단백질의 외부 표면 가까이에 있다. 반응 중심은 몰리브데늄, 철, 호모시트르산으로 구성된 복합클러스터이다[몰리브데늄 · 철$_7$황$_9$-호모시트르산($MoFe_7S_9$-homocitrate)]. 단일 $\alpha\beta$ 이량체는 철-몰리브데늄 단백질(iron-molybdenum protein; MoFe protein)이라고 부른다.

◀ **그림 17.3**
아조토박터 비네란디(*Azotobacter vinelandii*) 나이트로지네이즈의 구조. 철 단백질 소단위체는 빨간색과 노란색이고, 몰리브데늄 · 철 단백질의 각 반쪽에서 α 및 β 소단위체는 파란색/녹색 및 보라색/분홍색이다. 철 단백질이 결합되어 있는 이 구조는 ATP 결합 부위에서 전환상태의 ATP 유사체인 ADP-AlF$_4$이 결합하여 안정화된다. [PDB 1N2C]

[4철-4황]클러스터를 가진 이동성 철(Fe)단백질이 전자를 인-클러스터에 공여해 준다. 동종 이량체인 철 단백질이 인-클러스터 근처에 있는 MoFe 단백질의 말단에 결합하고, 1개의 전자가 철 단백질로부터 MoFe 단백질로 이동한다. 철 단백질에서 철이 환원되면서 동시에 페레독신(ferredoxin) 또는 플라보독신(flavodoxin)의 산화가 일어나며, 결합되어 있는 2분자의 ATP 분자가 이 반응이 일어날 때마다 반드시 가수분해되어야만 한다. 전자는 철 단백질로부터 인-클러스터로, 또 FeMo-클러스터로 이동한다. 기체 질소가 2개의 암모니아로 전환될 때 총 6개의 전자가 필요하고, 철 단백질이 MoFe 단백질에 결합하고 분리될 때마다 철 단백질로부터 한 번에 한 개씩 전자가 이동해야만 한다. 2개의 양성자가 수소 분자로 환원될 때 기체 질소의 환원도 동반된다. 전체적인 화학양론은 다음과 같다.

$$N_2 + 8\,H^{\oplus} + 8\,e^{\ominus} + 16\,ATP \rightarrow 2\,NH_3 + H_2 + 16\,ADP + 16\,P_i \qquad \textbf{(17.2)}$$

이 반응은 ATP 측면에서 볼 때 매우 고비용이다. 또한 생화학적 측면에서 보면 매우 느린 반응인데, 초당 단지 5개의 암모니아를 생산하는 전환수(turnover number)를 갖는다. 이 반응이 느린 이유는 질소가 암모니아로 전환되는 중에 8개의 환원 철 단백질이 MoFe 단백질에 결합하고 떨어져 나가야만 하기 때문이다.

다양한 산화-환원 중심은 산소에 의한 불활성화에 고도로 민감하기 때문에, 나이트로지네이즈는 산소노출을 피해야만 한다. 절대 혐기성 세균은 산소없이 질소를 고정한다. 콩과식물의 뿌리혹 내부에서 레그헤모글로빈 단백질(척추동물의 마이오글로빈과 동종체; 4.12절)은 산소와 결합하여 라이조븀의 질소-고정효소 주위에 산소 농도를 충분히 저하시킨다. 사이아노박테리아에서의 질소 고정은 두꺼운 막이 산소 유입을 막는 특수세포(이질세포, heterocysts)에서 일어난다(그림 10.8).이 과정에 필요한 환원력과 ATP를 얻기 위해서, 질소-고정 세균은 공생 관계에 있는 식물이 광합성을 통해 공급하는 영양물질에 의존한다.

실제적인 질소 환원은 MoFe 단백질의 철-몰리브데늄-호모시트르산 클러스터에서 일어난다. 이 클러스터는 매우 복잡한데, 중심부의 질소 원자를 둘러싸고 있는 철과 황 원자의 상자(cage)로 구성되어 있다. 하나의 몰리브데늄 원자가 이 상자의 한 쪽 모서리에 결합되어 있는데, 한 분자의 호모시트르산에 킬레이트되어 몰리브데늄 · 철$_7$황$_9$질소-호모시트르산 클러스터($MoFe_7S_9N$-homocitrate cluster)를 형성한다(그림 17.4).

오랫동안 집중적으로 연구했음에도 불구하고 나이트로지네이즈의 상세한 반응 메커니즘은 알려져 있지 않다. 그러나 3개의 N≡N 결합에서 각 결합이 연속적으로 분해되어 중간체인 다이이민(diimine)과 하이드라진(hydrazine)이 형성되는 듯하다.

$$N{\equiv}N \xrightarrow{2e^{\ominus},\ 2H^{\oplus}} \underset{\text{다이이민}}{H{-}N{=}N{-}H} \xrightarrow{2e^{\ominus},\ 2H^{\oplus}} \underset{\text{하이드라진}}{H_2N{-}NH_2} \xrightarrow{2e^{\ominus},\ 2H^{\oplus}} NH_3 + NH_3 \qquad \textbf{(17.3)}$$

필수적인 동반 반응인 2개의 양성자가 수소로 환원되는 반응에는 반응 17.2에서처럼 페레독신으로부터 여분의 전자쌍을 소모해야 한다.

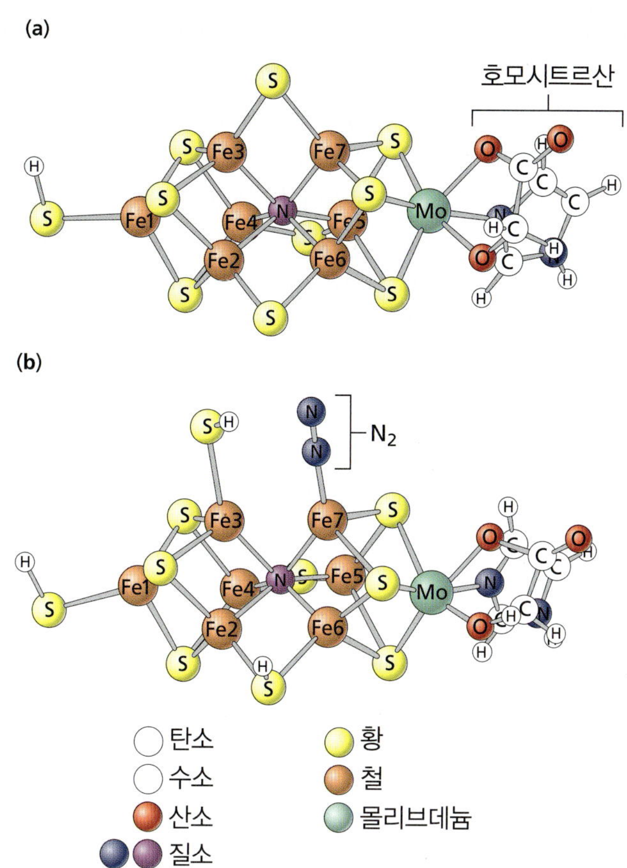

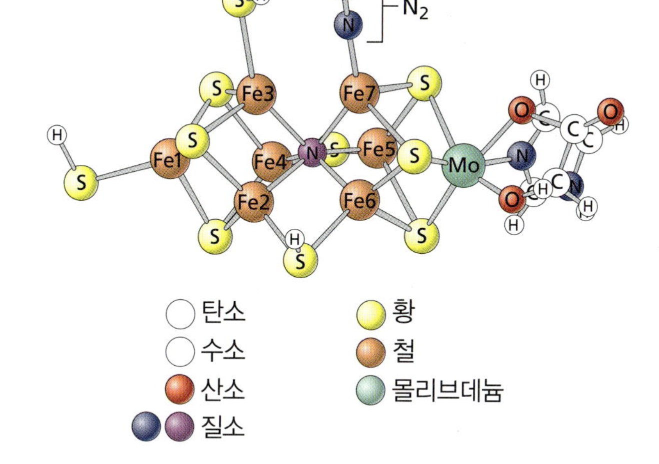

◀ **그림 17.4**
아조토박터 비네란디에서 몰리브데늄·철$_7$ 황$_9$질소-호모시트르산 반응중심의 구조. **(a)** 휴지기. **(b)** 가능한 N_2 결합형 구조 중 하나. [PDB 2MIN]

▼ **그림 17.5**
글루탐산과 글루타민으로의 암모니아 편입.

α-케토글루타르산 + $NH_4^{\oplus}$ ⇌ (글루탐산 디하이드로지네이즈; $NAD(P)H + H^{\oplus}$ → $NAD(P)^{\oplus} + H_2O$) 글루탐산 → (글루타민 신테테이즈; ATP, $NH_4^{\oplus}$ → ADP + P_i) 글루타민

17.2 암모니아 동화작용

암모니아는 종종 글루탐산과 글루타민을 거쳐 많은 수의 저분자량 대사산물로 동화된다. 생리적 pH에서 암모니아의 주요 이온형은 암모늄이온($NH_4^{\oplus}$, pK_a = 9.2)이다. 그러나 양성자화되지 않은 암모니아(NH_3)가 많은 효소의 촉매 중심에 있는 활성종(reactive species)이다.

신테테이즈(synthetase)는 라이게이즈(Ligase) 계열의 효소이고 공동기질로 ATP를 필요로 한다. 신테이즈(synthase)는 트랜스퍼레이즈(transferase) 또는 라이에이즈(lyase) 계열의 효소이고 보조인자로 ATP를 사용하지 않는다(5.1절, 13.3#1절).

A. 암모니아는 글루탐산과 글루타민으로 동화된다

암모니아를 아미노산 대사의 중심 경로로 진입시키는 매우 효과적인 방법은 글루탐산 디하이드로지네이즈가 α-케토글루타르산을 글루탐산으로 환원시켜 아미노화하는 것이다(그림 17.5). 일부 종 또는 조직의 글루탐산 디하이드로지네이즈는 NADH에 특이성을 가지는 반면 다른 것들은 NADPH에 특이성을 가진다. 또 다른 것들은 그 둘 중 하나를 보조인자로 사용할 수 있다.

글루타민 + α-케토글루타르산

글루탐산 신테이즈

$NAD(P)H + H^{\oplus}$ → $NAD(P)^{\oplus}$

2 글루탐산

▲ **그림 17.6**
글루탐산 신테이즈는 α-케토글루타르산의 환원성 아미노화를 촉매한다.

글루탐산 디하이드로지네이즈 반응은 기질과 조효소의 가용성과 효소 특이성에 따라 서로 다른 생리적 역할을 할 수 있다. 예를 들어 대장균에서 고농도의 $NH_4^{\oplus}$가 존재할 때 이 효소는 글루탐산을 생산한다. 붉은빵곰팡이(*Neurospora crassa*)의 경우 이 효소가 α-케토글루타르산을 글루탐산으로 환원시켜 아미노화할 때 NADPH를 사용하는 반면, 역반응에는 $NAD^{\oplus}$를 사용한다. 포유류와 식물의 글루탐산 디하이드로지네이즈는 마이토콘드리아에 있고, 글루탐산으로부터 α-케토글루타르산으로의 순 변화(net flux)를 촉매하는 평형 반응을 유지한다. 포유류에서 글루탐산 디하이드로지네이즈의 주요 역할은 아미노산을 분해하여 $NH_4^{\oplus}$를 방출하는 것이다. 포유류는 아마도 매우 적은 양의 질소를 자유 암모니아의 형태로 동화시키는데, 그 이유는 대부분의 질소를 음식에 포함된 아미노산과 뉴클레오타이드로부터 섭취하기 때문이다.

많은 생물에서의 암모니아 동화에 중요한 또 다른 반응은 글루탐산과 암모니아로부터 글루타민을 생성하는 것이다. 이 반응을 글루타민 신테테이즈(glutamine synthetase)가 촉매한다(그림 17.5). 글루타민은 많은 생합성 반응에서 질소 공여체로 작용한다. 예로, 글루타민의 아마이드 질소(amide nitrogen)는 뉴클레오타이드의 퓨린과 피리미딘 고리에 있는 여러 질소 원자의 직접적인 전구체이다(18.1과 18.3절). 포유류의 혈류에서 고농도의 독성 $NH_4^{\oplus}$가 쌓이는 것을 피하기 위해 글루타민은 자신의 질소와 탄소를 조직 내로 운반한다.

글루탐산 신테이즈(glutamate synthase)가 촉매하는 환원성 아미노화 반응에서 2분자의 글루탐산을 생산하기 위해 글루타민의 아마이드 질소는 α-케토글루타르산에 전달될 수 있다(그림 17.6). 글루탐산 디하이드로지네이즈처럼 글루탐산 신테이즈도 α-케토글루타르산을 환원시켜 아미노화하기 위해 환원형 피리딘 뉴클레오타이드(reduced pyridine nucleotide), 즉 NAD(P)H를 사용한다. 그러나 디하이드로지네이즈와는 달리 이 신테이즈는 질소원으로 글루타민을 사용한다. 동물에는 글루탐산 신테이즈가 없다.

B. 아미노기 전달반응

글루탐산의 아미노기는 트랜스아미네이즈(transaminase) 또는 아미노트랜스퍼레이즈(aminotransferase)로 알려진 효소가 촉매하는 반응에서 많은 α-케토산에 전달될 수 있다. 일반적인 아미노기 전달반응이 그림 17.7에 표시되어 있다.

글루탐산의 아미노기는 다양한 α-케토산에 전달되어 해당되는 α-아미노산이 생성된다. 대부분의 일반 아미노산(common amino acid)은 아미노기 전달반응(transamination)으로 생성될 수 있다. 아미노산 이화작용에서 아미노기는 다양한 아미노산으로부터 α-케토글루타르산 또는 옥살로아세트산으로 전달되어 글루탐산 또는 아스파트산이 생성된다.

알려진 모든 트랜스아미네이즈는 조효소로 피리독살 인산(pyridoxal phosphate)을 필요로 한다(7.8절). 아미노기 전달반응에서 처음 반쪽 반응의 화학적 메커니즘이 그림 7.18에 표시되어 있다. 아미노기 전달반응이 완결되려면 2개의 짝지어진 반쪽 반응이 필요한데, 이때 아미노기를 잠시 운반하는 피리독사민 인산(pyridoxamine phosphate; PMP)이 효소에 결합된 채로 전달된다.

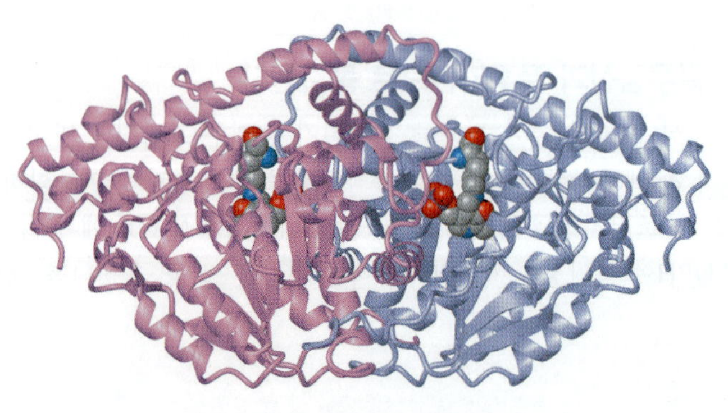

▶ **돼지(*Sus scrofa*)의 세포기질에 있는 아스파트산 트랜스아미네이즈(aspartate transaminase).** 이 효소는 동일한 소단위체(단량체는 각각 보라색과 파란색으로 표시됨)로 구성된 이량체이다. 단량체의 각 활성 부위에 한 분자의 조효소 피리독살 인산 분자가 표시되어 있다(공간채움 모델). [PDB 1AJR]

트랜스아미네이즈는 근접-평형 반응(near-equilibrium reaction)을 촉매한다. 생체 내에서 반응의 진행 방향(flux)은 기질의 공급과 생성물의 제거에 달려 있다. 예를 들어 다량의 α-아미노기의 질소를 가진 세포에서 아미노기는 한 반응 또는 일련의 여러 아미노기 전달반응을 거쳐 α-케토글루타르산에 전달되어 글루탐산을 생산한다. 글루탐산은 글루탐산 디하이드로지네이즈가 촉매하는 산화적 탈아미노기 반응에 사용될 수 있다. 아미노산이 왕성하게 생성되고 글루탐산이 아미노기를 공여할 때 아미노기 전달반응은 역반응으로 진행한다.

세균에서 글루탐산 디하이드로지네이즈 반응을 대체하는 중요한 반응은 암모니아를 글루탐산으로 중화시키기 위해 글루타민 신테테이즈와 글루탐산 신테이즈가 촉매하는 짝지음 반응이며, 이 반응은 특히 암모니아 농도가 낮을 때 일어난다. 그림 17.8에 글루타민 신테테이즈와 글루탐산 신테이즈의 협동작용이 어떻게 암모니아를 다양한 아미노산으로 동화시키는지를 표시하고 있다. 글루탐산은 생성된 후에 α-케토산에 아미노기를 전달하여 해당되는 아미노산을 만들어 낸다. 대부분의 세균 세포에 존재하는 저농도의 $NH_4^{\oplus}$ 하에서 α-케토글루타르산이 글루탐산으로 전환될 때, 글루타민 신테테이즈-글루탐산 신테이즈 경로를 이용하는데, 그 이유는 NH_3에 대한 글루타민 신테테이즈의 K_m 값이 $NH_4^{\oplus}$에 대한 글루탐산 디하이드로지네이즈의 K_m 값보다 훨씬 작기 때문이다.

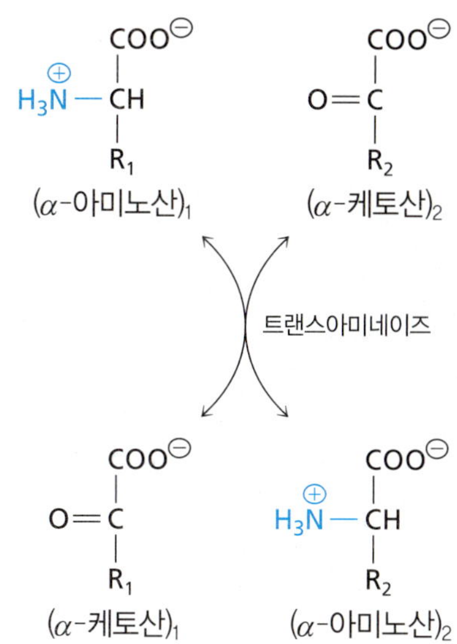

▲ 그림 17.7
트랜스아미네이즈가 촉매하는 반응: α-아미노산의 아미노기가 α-케토산으로 전달. 생합성 반응에서 (α-아미노산)$_1$은 종종 글루탐산이며 탄소 골격은 α-케토글루타르산[=(α-케토산)$_1$]이 된다. (α-케토산)$_2$은 새로이 생성된 산[(α-아미노산)$_2$]의 전구체이다.

17.3 아미노산 합성

이제 우리는 아미노산 탄소 골격의 기원으로 주의를 돌릴 것이다. 그림 17.9에는 일반 아미노산 20개의 생합성 경로가 어떻게 다른 대사 경로와 연결되는지 표시되어 있다. 20개 중 11개의 일반 아미노산은 시트르산 회로의 중간체로부터 합성된다는 것을 주목하라. 나머지는 이전 장에서 다룬 단순 전구체로부터 합성된다.

A. 아스파트산과 아스파라진

옥살로아세트산은 아미노기 전달반응에서 아미노기 수용체로 작용하여 아스파트산이 된다(그림 17.10). 이 반응을 촉매하는 효소는 아스파트산 트랜스아미네이즈(L-아스파트산:2-옥소글루타르산 아미노트랜스퍼레이즈)이다. 대부분의 생물체에서 아스파라진은 아스파라진 신테테이즈가 촉매하는 반응, 즉 ATP를 사용하여 글루타민의 아마이드 질소를 아스파트산에 전달하는 반응에 의해 합성된다. 일부 세균에서 아스파라진 신테테이즈는 아마이드기의 공급원으로 글루타민 대신에 암모니아를 사용하여 아스파트산으로부터 아스파라진을 합성한다. 이 반응은 글루타민 신테테이즈가 촉매하는 반응과 유사하다.

일부 아스파라진 신테테이즈들은 기질로서 암모니아 또는 글루타민을 사용할 수 있다. 이 효소들은 1차 활성자리에서 $NH_4^{\oplus}$를 사용하지만 2차 활성자리에서는 글루타민의 가수분해와 $NH_4^{\oplus}$의 방출을 촉매한다. $NH_4^{\oplus}$ 중간체는 이 두 활성자리를 연결하는 단백질의 터널을 통해 확산한다. 이러한 분자 채널링(molecular channeling)의 예를 통해 글루타민의 가수분해가 아

(a)
α-케토글루타르산 / 아미노산
$NH_4^{\oplus}$
글루탐산 디하이드로지네이즈 / 트랜스아미네이즈
글루탐산 / α-케토산

(b)
글루타민 / α-케토글루타르산 / 아미노산
$NH_4^{\oplus}$
글루타민 신테테이즈 / 글루탐산 신테이즈 / 트랜스아미네이즈
글루탐산 / 글루탐산 / α-케토산

▲ 그림 17.8
암모니아가 아미노산으로 동화됨. **(a)** 글루탐산 디하이드로지네이즈 경로. **(b)** 저농도의 $NH_4^{\oplus}$에서 글루타민 신테테이즈와 글루탐산 신테이즈의 협동작용.

스파라진의 형성과 밀접하게 짝지어져 있고 $NH_4^{\oplus}$의 세포 내 축적이 억제된다고 확신하게 되었다. $NH_4^{\oplus}$ 채널링을 촉진하는 많은 분자 터널의 예가 있다(Box 18.2).

B. 라이신, 메싸이오닌 및 쓰레오닌

아스파트산은 라이신, 메싸이오닌 및 쓰레오닌 합성의 전구체이다(그림 17.11). 이 경로의 1단계는 아스파트산 카이네이즈(aspartate kinase)가 촉매하는 아스파트산의 인산화이다. 2단계에서 아스파트산 세미알데하이드 디하이드로지네이즈(aspartate semialdehyde dehydrogenase)가 아스파틸인산(aspartyl phosphate)을 아스파트산 β-세미알데하이드로 전환한다. 이 두 효소는 세균, 원생생물, 진균류 및 식물에 있지만 동물에는 없다. 따라서 동물은 라이신, 메싸이오닌 및 쓰레오닌을 합성할 수 없다(Box 17.3).

아스파트산 β-세미알데하이드로를 생성하는 첫 두 반응은 이 세 개의 아미노산 모두에 있어 공통적이다. 라이신을 만드는 지류에서 파이루브산이 아스파트산 β-세미알데하이드의 탄소 골격에 탄소를 공급하고, 글루탐산은 ε-아미노기를 공급한다. 효모와 일부 조류(algae)에서 라이신은 완전히 다른 경로에 의해 생성된다.

호모세린은 아스파트산 β-세미알데하이드로부터 생성된다. 이는 쓰레오닌과 메싸이오닌 생성을 위한 분지점이다. 쓰레오닌은 호모세린으로부터 두 단계를 거쳐 생성되는데, 이 중 한 단계에서 PLP가 필요하다. 메싸이오닌 경로에서 호모세린은 세 단계를 거쳐 호모시스테인으로 전환된다. 호모시스테인의 황 원자는 5-메틸하이드로폴산(5-methyltetrahydrofolate)으로부터 메틸기를 수용하여 메싸이오닌을 생성한다. 이 반응을 촉매하는 효소는 호모시스테인 메틸트랜스퍼레이즈(homocysteine methyltransferase)인데, 코발라민이 필요한 일부 효소 중 하나이다(7.12절). 호모시스테인 메틸트랜스퍼레이즈는 포유류에서 발견되지만, 효소의 활성이 낮고 호모시스테인의 공급이 제한된다. 따라서 포유류에서는 이 경로의 첫 두 효소가 없기 때문에 메싸이오닌이 필수 아미노산이다.

C. 알라닌, 발린, 류신 및 아이소류신

알라닌 합성을 위해 파이루브산은 아미노기 전달반응에 의해 아미노기를 수용한다(그림 17.12). 또한 파이루브산은 분지사슬 아미노산(branched chain amino acid)인 발린, 류신 및

▼ 그림 17.9
아미노산 합성. 당분해/포도당신생성 및 시트르산 회로의 연결.

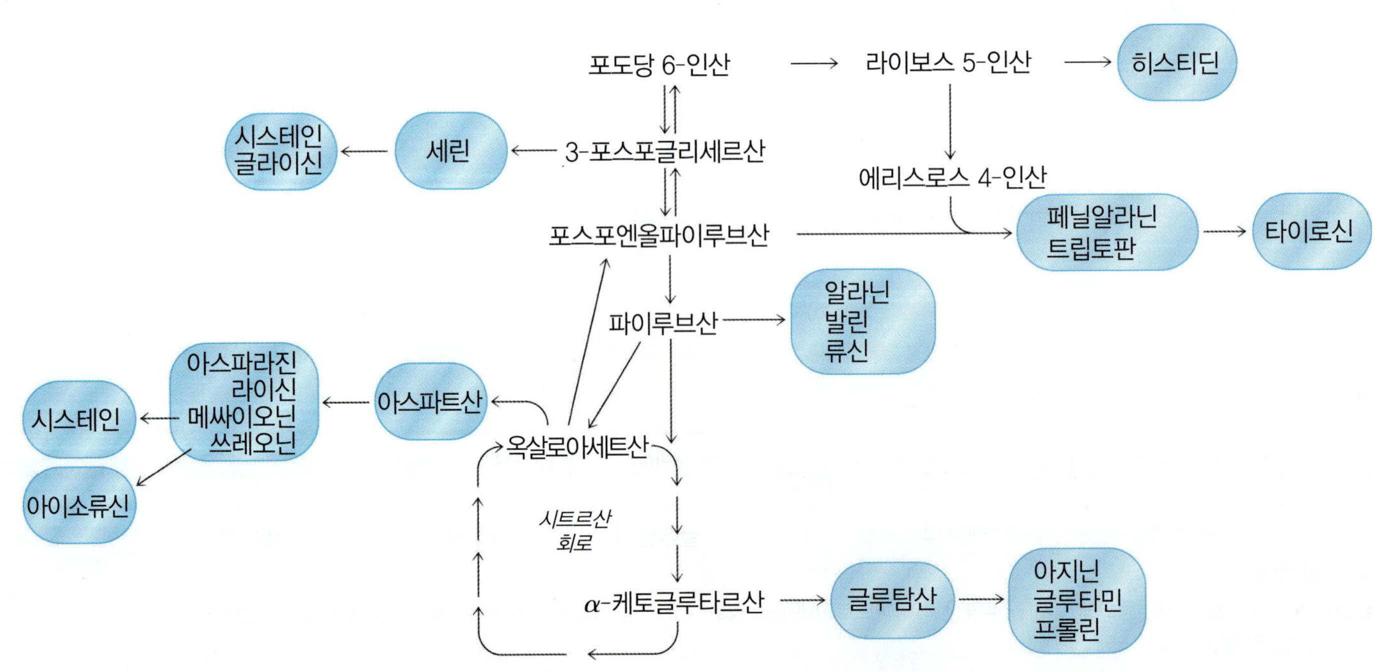

옥살로아세트산 ⇌ (α-케토글루타르산, 글루탐산; 아스파트산 트랜스아미네이즈) 아스파트산 → (ATP → AMP + PP_i; 글루타민 → 글루탐산; 아스파라진 신테테이즈) 아스파라진

◀ **그림 17.10**
아스파트산과 아스파라진의 합성.

아이소류신의 합성에 전구체로 작용한다. 분지사슬 경로의 1단계는 쓰레오닌으로부터 α-케토부티르산(α-ketobutyrate)의 합성이다.

파이루브산은 α-케토부티르산과 결합하고 일련의 세 반응을 거쳐 분지사슬 중간체인 α-케토-β-메틸발레르산(α-keto-β-methylvalerate)을 생성한다. 이 중간체는 아미노기 전달반응에 의해 아이소류신으로 전환된다. α-케토부티르산과 파이루브산의 구조적 유사성을 주목하라. α-케토-β-메틸발레르산 합성을 촉매하는 동일한 효소가 1분자의 파이루브산과 1분자의 α-케토부티르산을 결합시키는 대신에 2분자의 파이루브산을 결합시켜 α-케토아이소발레르산(α-ketoisovalerate)의 합성도 촉매한다. α-케토아이소발레르산은 발린 트랜스아미네이즈(valine transaminase; 동일한 효소가 α-케토-β-메틸발레르산으로부터 아이소류신의 합성을 촉매함)에 의해 직접 발린으로 전환된다(그림 17.13). 이 경로에서 중요한 점은 구조는 다르지만 유사한 기질 몇몇을 일부 효소가 인식한다는 것이다. 미래 어느 시점에서 이 효소의 진핵생물 유전자가 중복되고, 두 사본 중 하나가 아이소류신 또는 발린 경로에 특이성을 가질 수도 있다. 만약 이러한 일이 일어난다면, 유전자 중복(gene duplication)과 유전자 분기(gene divergence)에 의한 경로 진화의 예가 될 것이다(10.2D절). 우리는 아미노산 대사의 효소를 포함하여 유전자 중복에 의한 많은 경로 진화(pathway evolution)의 예를 본다(아래 참조). 초기 단계에서 동일한 효소가 2개의 유사한 반응을 촉매할 수 있다는 기본 전제가 있고, 이것이 바로 아이소류신과 발린 합성 경로에서 살펴본 경우이다.

발린 생합성 경로로부터 갈라지는 경로에서 α-케토아이소발레르산의 탄소골격은 1개의 메틸렌기만큼 길어져서 류신을 생성한다. 이 경로 내의 효소들 중 두 개가 시트르산 회로의 아코니테이즈(aconitase)와 아이소시트르산 디하이드로지네이즈와 상동이라는 사실이 시트르산 회로의 효소들이 아미노산 생합성에 필요했던 기존의 효소로부터 유래했다는 생각을 지지하기에 이르렀다(13.8절).

(a)

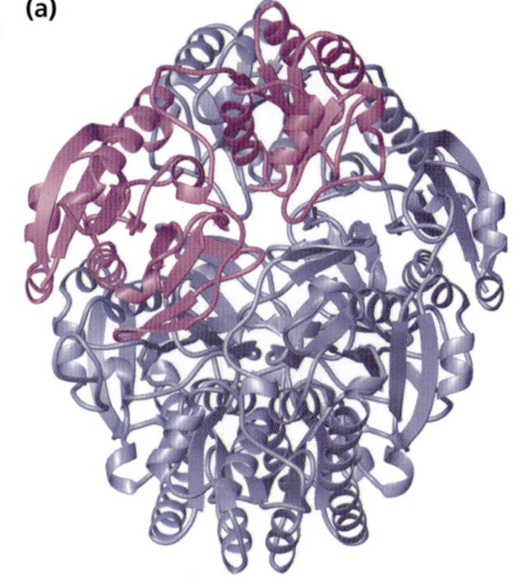

(b)

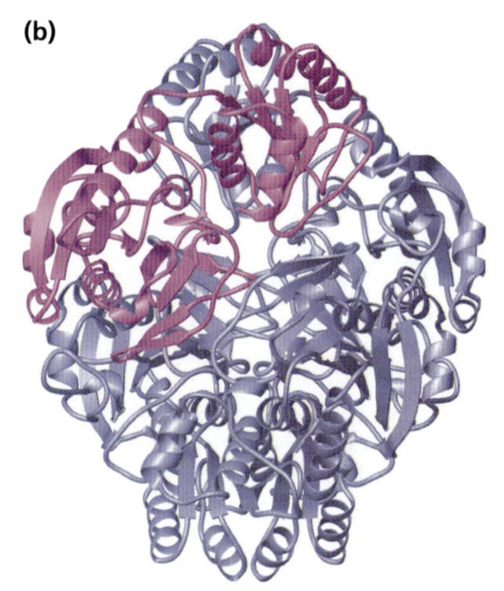

▲ **아스파라지네이즈.** (a) 대장균[PDB 1NNS]. (b) 어위니아 크리샌테미(*Erwinia chrysanthemi*) [PDB 1O7J]

BOX 17.1 소아 급성 림프아구백혈병은 아스파라지네이즈로 치료될 수 있다

급성 림프아구백혈병(ALL)은 대부분의 경우 T-세포 수용체 유전자의 활성 중 유전적 재조합 과정의 실수로 생긴 돌연변이에 의해 악성 T-세포 림프종이 증식하여 발생한 것이다. 악성 림프종은 아스파라진 신테테이즈가 적어서 그들의 빠른 성장과 증식을 유지할 만큼 충분한 아스파라진을 합성하지 못한다. 따라서 정상 세포와는 달리 림프종은 혈장으로부터 아스파라진을 획득해야만 한다.

이 암은 혈장의 아스파라진을 분해하는 대장균 효소인 아스파라지네이즈로 치료할 수 있다(17.6A절). 악성 세포는 유용한 아스파라진이 없으면 죽는다. 아스파라지네이즈만으로 치료해도 모든 소아 급성 림프아구백혈병의 50%가 완화(remission)되고 다른 화학요법과 함께 치료하면 성공률이 더 높아진다. 이 치료법에 대해 저항성이 생기는 이유는 암세포에서 아스파라진 신테테이즈의 발현이 더 증가하기 때문이다.

치료과정에서 환자는 종종 대장균 효소에 대한 항체를 생산하기도 한다. 어위니아 크리샌테미(*Erwinia chrysanthemi*)로부터의 상동 효소를 대신 사용한다면 종종 효과적인데, 그 이유는 두 단백질의 표면에 있는 아미노산의 곁사슬이 다르기 때문이다. 한 효소에 반응하는 항체는 통상 다른 효소를 인식하지 못한다.

아스파트산
ATP ADP
아스파트산 카이네이즈
β-아스파틸인산
NADPH + H^+
$NADP^+$ + P_i
아스파트산-세미알데하이드 디하이드로지네이즈
아스파트산 β-세미알데하이드
8가지 반응들
라이신
NAD(P)H, H^+
$NAD(P)^+$
호모세린
3가지 반응
호모시스테인
메싸이오닌
ATP ADP
H_2O P_i
(PLP)
쓰레오닌

▲ 그림 17.11
아스파트산으로부터 라이신, 쓰레오닌 및 메싸이오닌의 생합성.

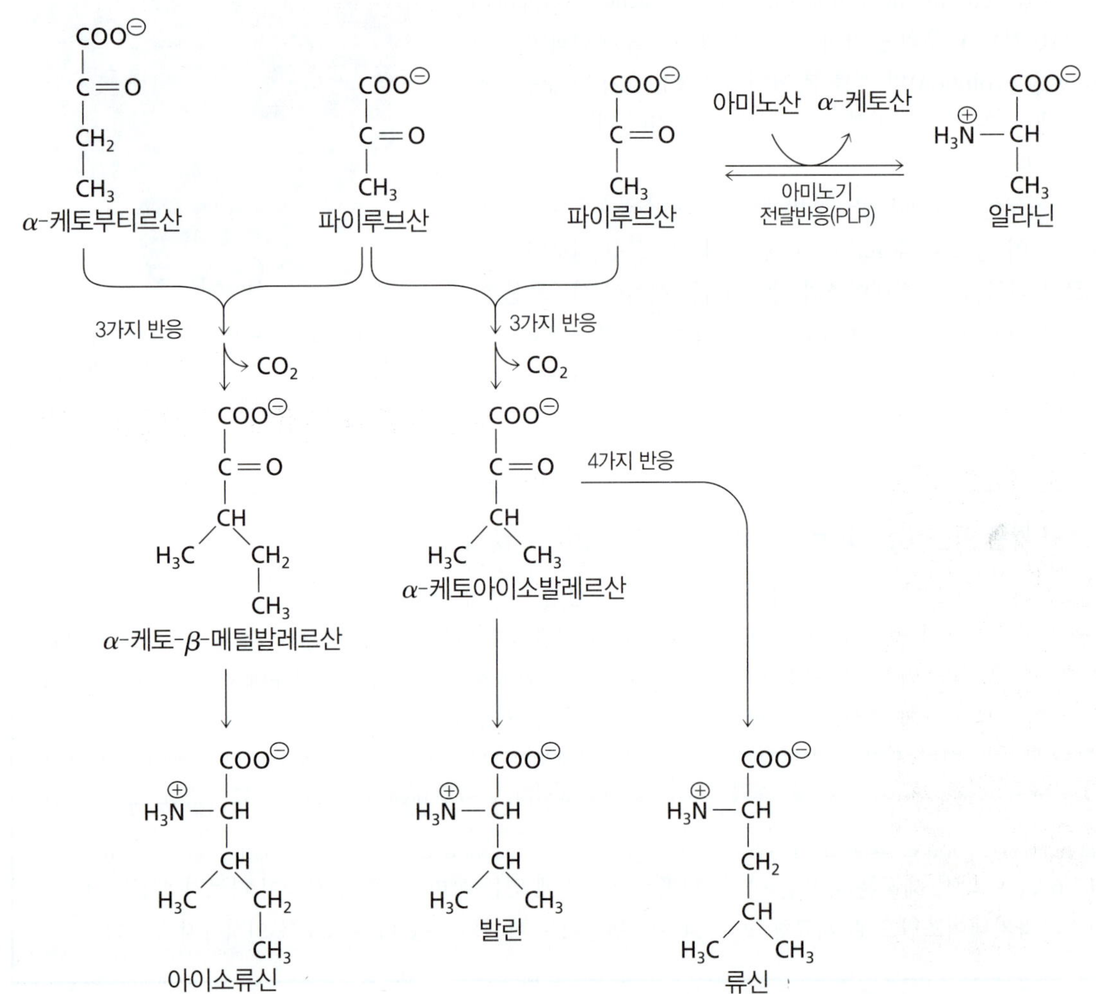

◀ 그림 17.12
알라닌, 아이소류신, 발린 및 류신의 생합성.

D. 글루탐산, 글루타민, 아지닌 및 프롤린

우리는 글루탐산과 글루타민이 어떻게 시트르산 회로 중간체인 α-케토글루타르산으로부터 생성되는지 살펴보았다(17.2B절). 프롤린과 아지닌의 탄소 원자도 글루탐산을 거쳐 α-케토글루타르산으로부터 유래한다. 프롤린은 글루탐산의 5-카복실산이 알데하이드로 환원되는 4단계의 경로에 의해 글루탐산으로부터 합성된다. 글루탐산 5-세미알데하이드 중간체는 비효소적 고리화(nonenzymatic cyclization)를 통해 쉬프염기(Schiff base)인 5-카복실산으로 바뀌고, 이는 피리딘 뉴클레오타이드 조효소(pyridine nucleotide coenzyme)에 의해 프롤린으로 환원된다(그림 17.14).

대부분의 종에서 아지닌 경로는 유사하지만, 알데하이드가 생성되기 전에 글루탐산의 α-아미노기가 아세틸화된다는 점은 다르다. 이 단계는 프롤린 합성 중에 일어나는 고리화를 방지한다. *N*-아세틸글루탐산 5-세미알데하이드(*N*-acetylglutamate 5-semialdehyde) 중간체는 곧 *N*-아세틸오니틴(*N*-acetyl ornithine)과 오니틴으로 전환된다. 포유류에서 글루탐산 5-세미알데하이드(glutamate 5-semialdehyde)는 아미노기 전달반응을 통해 오니틴이 되고, 오니틴은 요소 회로의 반응에 의해 아지닌으로 전환된다(17.7절).

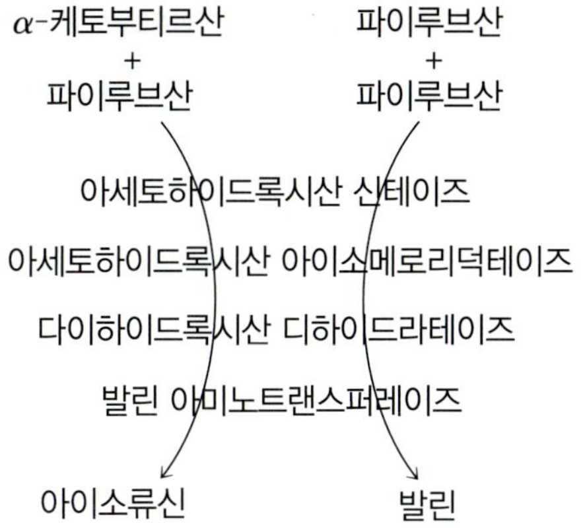

α-케토부티르산 + 파이루브산 → 아이소류신
파이루브산 + 파이루브산 → 발린
아세토하이드록시산 신테이즈
아세토하이드록시산 아이소메로리덕테이즈
다이하이드록시산 디하이드라테이즈
발린 아미노트랜스퍼레이즈

▲ **그림 17.13**
아이소류신과 발린 합성 경로는 네 종류의 효소를 공유한다.

E. 세린, 글라이신 및 시스테인

세 종류의 아미노산인 세린, 글라이신 및 시스테인은 당분해/포도당신생 중간체인 3-포스포글리세르산(3-phosphoglycerate)에서 유래한다. 세린은 3-포스포글리세르산으로부터 3단계를 거쳐 합성된다(그림 17.15). 먼저 3-포스포글리세르산의 두 번째 치환체가 케토기로 산화되어 3-포스포하이드록시파이루브산(3-phosphohydroxypyruvate)을 생성한다. 이 화합물은 글루탐산과의 아미노기 전달을 통해 3-포스포세린과 α-케토글루타르산을 생성한다. 끝으로 3-포스포세린은 세린과 P_i로 가수분해된다.

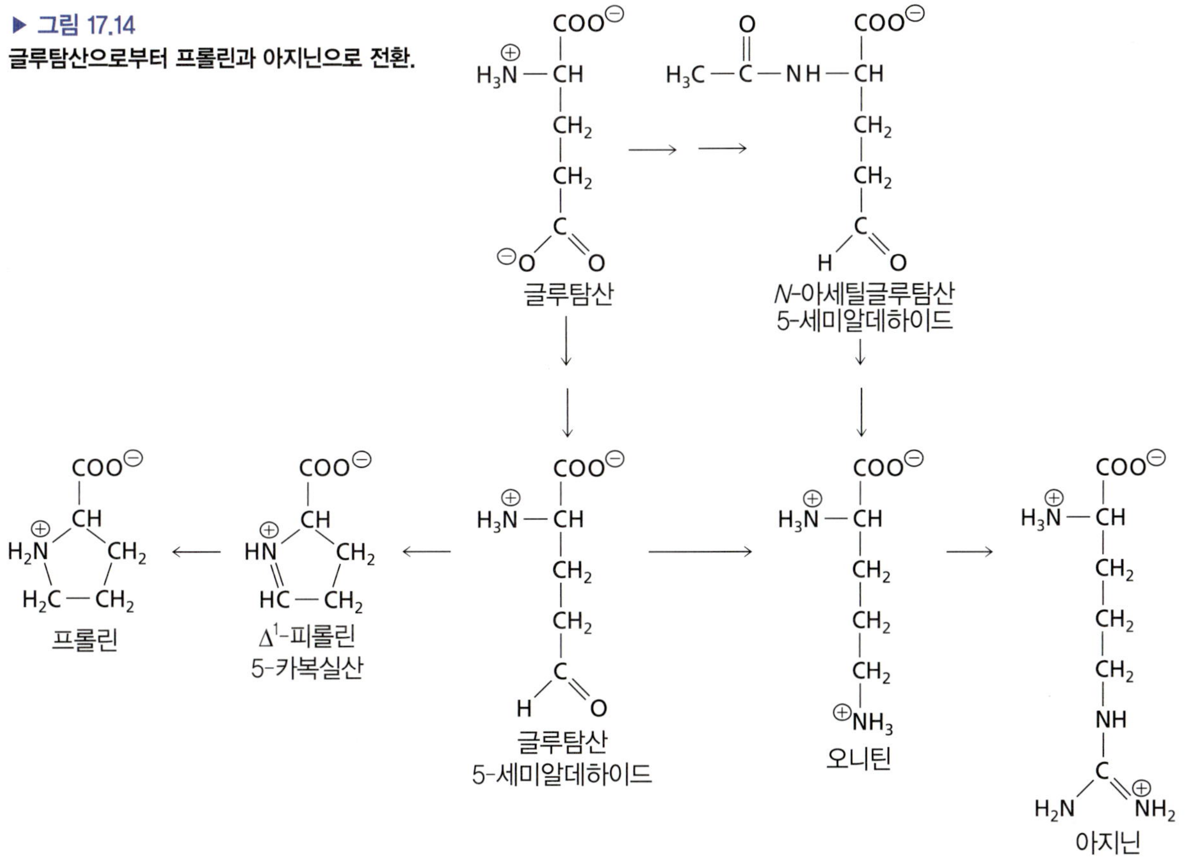

글루탐산 → → *N*-아세틸글루탐산 5-세미알데하이드 → → 오니틴 → 아지닌
글루탐산 → → 글루탐산 5-세미알데하이드 → Δ^1-피롤린 5-카복실산 → 프롤린
글루탐산 5-세미알데하이드 → 오니틴

▶ **그림 17.14**
글루탐산으로부터 프롤린과 아지닌으로 전환.

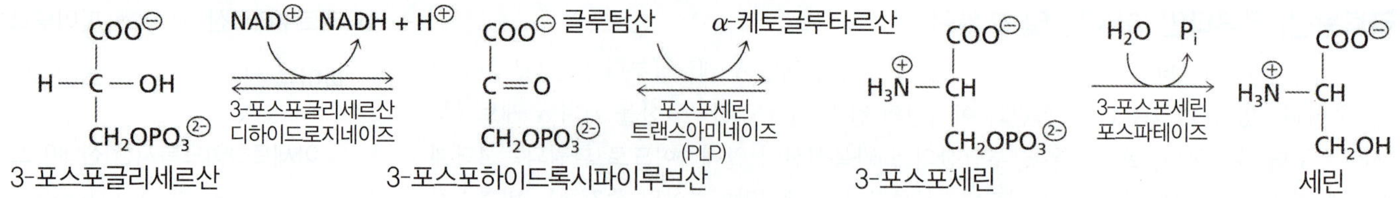

3-포스포글리세르산 → (NAD⊕ → NADH + H⊕; 3-포스포글리세르산 디하이드로지네이즈) → 3-포스포하이드록시파이루브산 → (글루탐산 → α-케토글루타르산; 포스포세린 트랜스아미네이즈 (PLP)) → 3-포스포세린 → (H_2O → P_i; 3-포스포세린 포스파테이즈) → 세린

▲ 그림 17.15
세린 생합성.

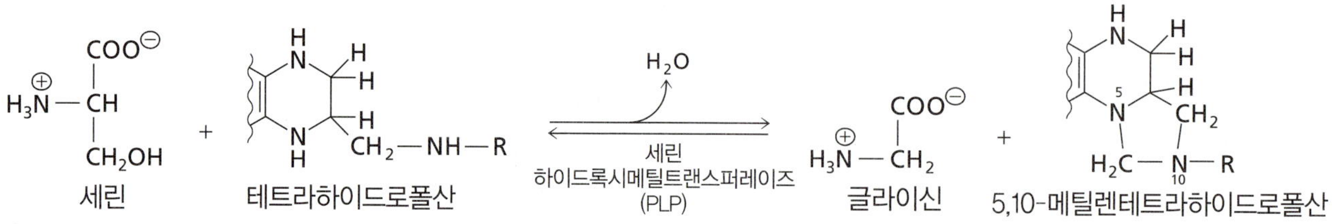

세린 + 테트라하이드로폴산 ⇌ (H_2O; 세린 하이드록시메틸트랜스퍼레이즈 (PLP)) 글라이신 + 5,10-메틸렌테트라하이드로폴산

▲ 그림 17.16
글라이신 생합성.

세린은 세린하이드록시메틸트랜스퍼레이즈(serine hydroxymethyltransferase)가 촉매하는 가역반응을 통해 글라이신의 주된 공급원이 된다(그림 17.16). 식물의 마이토콘드리아와 세균에서 진행되는 이 반응은 그림 17.15에서와는 다른 세린 경로이다. 세린하이드록시메틸트랜스퍼레이즈 반응에는 두 종류의 보조인자가 필요하다: 보조단 PLP와 공동기질 테트라하이드로폴산.

세린으로부터의 시스테인의 생합성은 두 단계로 이루어진다(그림 17.17). 먼저, 아세틸 CoA의 아세틸기가 세린의 *β*-하이드록실 치환체로 전달되어 *O*-아세틸세린(*O*-acetylserine)을 생성한다. 그 다음 황화물(sulfide; S^{2-})이 아세트산기(acetate group)를 대체하고, 시스테인이 생성된다.

동물은 그림 17.17에 보여준 전형적인 시스테인 생합성 경로를 갖고 있지 않다. 그럼에도 불구하고 동물에서는 메싸이오닌 분해의 부산물로서 시스테인이 합성될 수 있다(17.6F절). 세린은 메싸이오닌 분해의 중간체인 호모시스테인과 축합한다. 이 축합반응의 산물인 크리스타싸이오닌(crystathionine)은 *α*-케토부티르산과 시스테인으로 절단된다(그림 17.18).

F. 페닐알라닌, 타이로신 및 트립토판

단일유전자 돌연변이를 갖는 일부 세균이 생장을 위해 5종류의 화합물[페닐알라닌, 타이로신, 트립토판, *p*-하이드록시벤조산(p-hydroxybenzoate) 및 *p*-아미노벤조산(*p*-aminobenzoate)]을 요구한다는 사실로 말미암아 방향족(aromatic) 아미노산 합성 경로를 알게 되었다. 이 화합물들 모두는 방향족 고리를 갖고 있다. 이 화합물들 없이 생장할 수 없는 돌연변이 세균들에게 쉬킴산을 공급하면 생장하기 시작하는데, 이는 쉬킴산이 이 모든 방향족 화합물의 생합성에서 중간체로 작용함을 알 수 있다.

쉬킴산의 유도체인 코리슴산이 방향족 아미노산 합성의 핵심 분지점 중간체(key branch-point intermediate)이다. 쉬킴산과 코리슴산으로의 경로(그림 17.19)는 포스포엔올파이루브산(phosphoenolpyruvate)과 에리스로스 4-인산(erythrose 4-phosphate)이 축합하여 7-탄소당 유도체(seven-carbon sugar derivative)와 P_i를 생성하면서 시작된다. 쉬킴산을 생산하기 위해서는 고리화가 포함된 추가적인 단계가 필요하다. 쉬킴산으로부터 코리슴산으로의 경로에는 쉬킴산의 인산화, 포스포엔올파이루브산으로부터 3-탄소기의 첨가 및 탈인산화가 포함된다. 코리슴산으로부터 나오는 경로는 페닐알라닌, 타이로신 및 트립토판을 생성한다. 동물에는 코

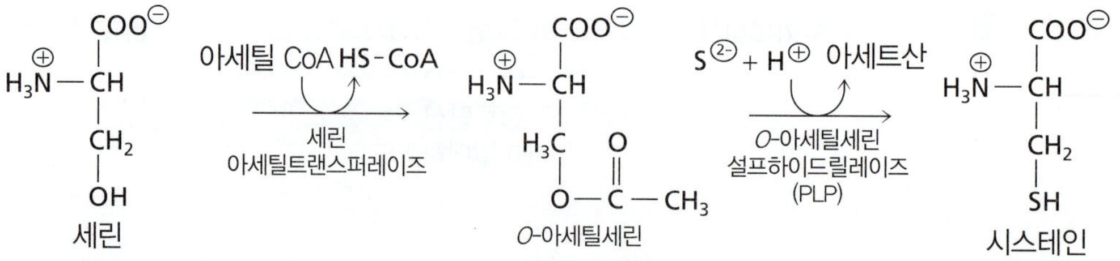

세린 → (아세틸 CoA → HS-CoA; 세린 아세틸트랜스퍼레이즈) → *O*-아세틸세린 → (S^{2-} + H^{+} → 아세트산; *O*-아세틸세린 설프하이드릴레이즈 (PLP)) → 시스테인

그림 17.17 ▶
많은 세균과 식물에서의 세린으로부터 시스테인의 생합성.

세린 + 호모시스테인 → (시스타싸이오닌 β-신테이즈 (PLP), H_2O) → 시스타싸이오닌 → (시스타싸이오닌 γ-라이에이즈 (PLP), H_2O, $NH_4^{\oplus}$) → 시스테인 + α-케토부티르산

◀ **그림 17.18**
포유류에서의 시스테인 생합성.

리슴산 경로의 효소들이 없다. 동물들은 코리슴산을 합성할 수 없어서 결국 어떤 방향족 아미노산도 합성하지 못한다.

하나의 분지사슬 경로가 코리슴산으로부터 페닐알라닌 또는 타이로신의 생성을 이끌게 된다(그림 17.20). 대장균의 페닐알라닌 합성에서 이중 기능을 가진 코리슴산 뮤테이즈-프레펜산 디하이드라테이즈(bifunctional chorismate mutase-prephenate dehydratase)는 코리슴산을 재배열하여 고반응성 화합물인 프레펜산을 생산한다. 다음, 이 효소는 프레펜산으로부터 수산화물 이온(hydroxide ion)과 CO_2를 제거하여 완전한 방향족 산물인 페닐파이루브산을 생성하고, 이는 곧 아미노기 전달반응에 의해 페닐알라닌으로 바뀐다.

유사한 이중 기능을 가진 코리슴산 뮤테이즈-프레펜산 디하이드라테이즈는 프레펜산 생성을 촉매하고, 곧 프레펜산은 타이로신 분지에서 4-하이드록시페닐파이루브산(4-hydroxyphenyl pyruvate)으로 바뀐다. 이 중간체는 아미노기 전달반응을 거쳐 타이로신이 된다. 여러 세균과 일부 식물은 대장균처럼 코리슴산으로부터 페닐알라닌과 타이로신으로 진행하는 동일한 경로를 따르지만, 그들의 코리슴산 뮤테이즈와 프레펜산 디하이드라테이즈 또는 프레펜산 디하이드로지네이즈 활성은 별개의 폴리펩타이드 사슬에 있다. 일부 다른 세균은 프레펜산이 먼저 아미노기 전달반응을 거친 다음에 탈탄산되는 대체 경로를 사용한다.

▼ **그림 17.19**
쉬킴산과 코리슴산의 합성.

포스포엔올파이루브산 + 에리스로스 4-인산 → (4 반응들) → 쉬킴산 → (쉬킴산 카이네이즈) → 쉬킴산 5-인산 → (5-엔올파이루빌쉬킴산-3-인산신테이즈 (EPSP 신테이즈), PEP, Pi) → 5-엔올파이루빌쉬킴산 3-인산 → (코리슴산 신테이즈) → 코리슴산

그림 17.20 ▶
대장균에서의 코리슴산으로부터 트립토판, 페닐알라닌 및 타이로신의 생합성.

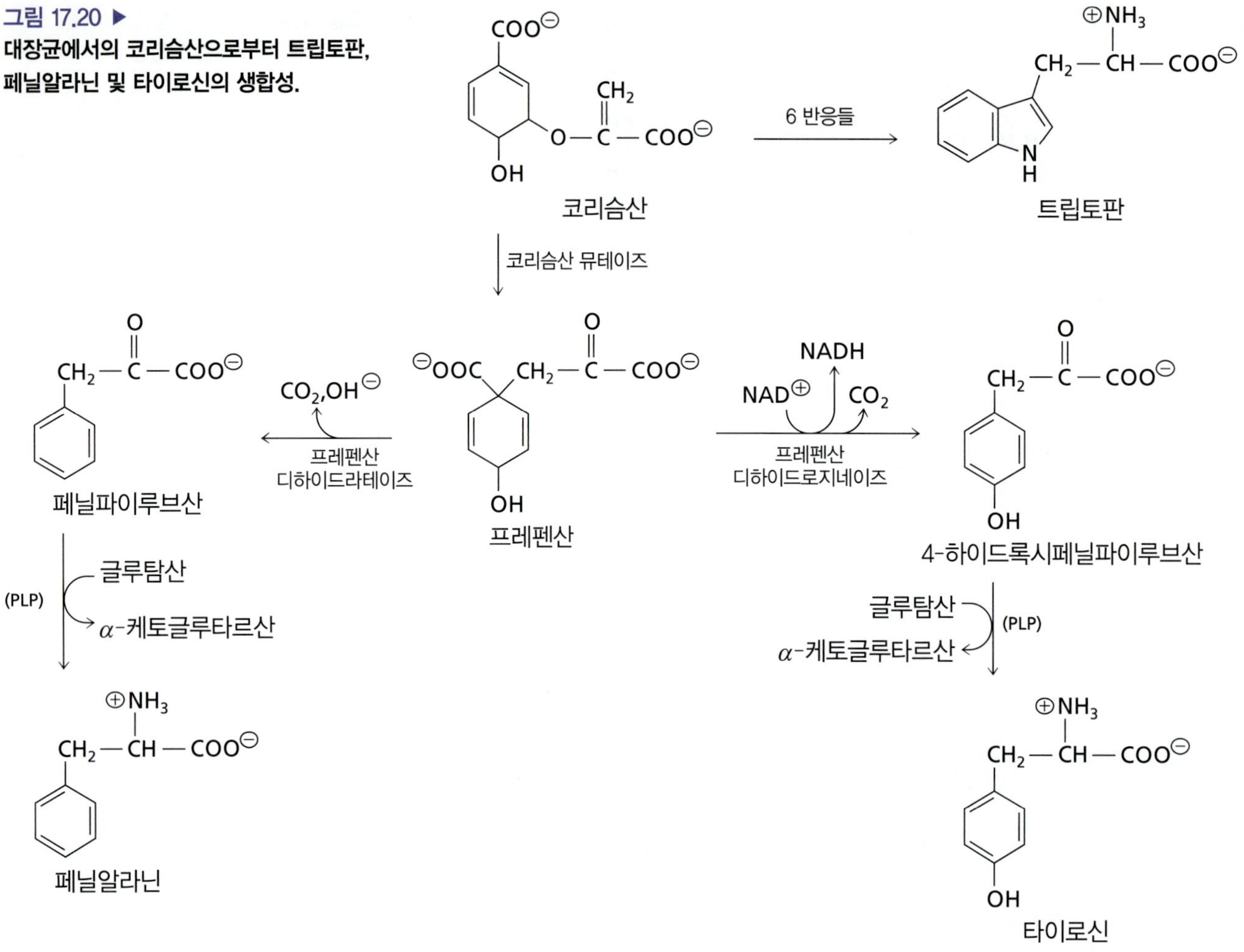

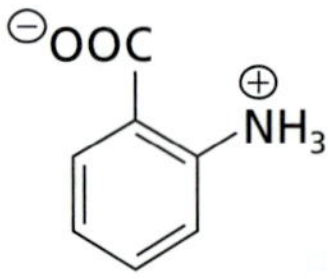

▲ 그림 17.21
안트라닐산.

코리슴산으로부터 트립토판이 생합성되려면 5종류의 효소가 필요하다. 첫 단계에서 글루타민의 아마이드 질소가 코리슴산으로 전달된다. 뒤이어 코리슴산의 하이드록실기와 근처의 파이루브산 성분이 제거되어 방향족 화합물 안트라닐산(anthranilate)이 생산된다(그림 17.21). 안트라닐산은 PRPP로부터 인산라이보실 성분을 받는다. 라이보스의 재배열, 탈탄산 및 고리 폐쇄가 일어나면 인돌 글리세롤인산(indole glycerol phosphate)이 만들어진다.

트립토판 생합성의 마지막 두 반응은 트립토판 신테이즈(tryptophan synthase)가 촉매한다(그림 17.22). 일부 생물체에서는 트립토판 신테이즈(tryptophan synthase)의 두 독립적인 촉매부위가 단일 폴리펩타이드 사슬에 위치하지만, 일부 종에서는 효소가 두 종류의 소단위체를 $\alpha_2\beta_2$의 사량체 형태로 갖고 있다. α 소단위체(도메인)는 인돌 글리세롤 인산(indole glycerol phosphate)을 글리세르알데하이드 3-인산(glyceraldehyde 3-phosphate)과 인돌로 절단한다.

▼ 그림 17.22
트립토판 신테이즈가 촉매하는 반응.

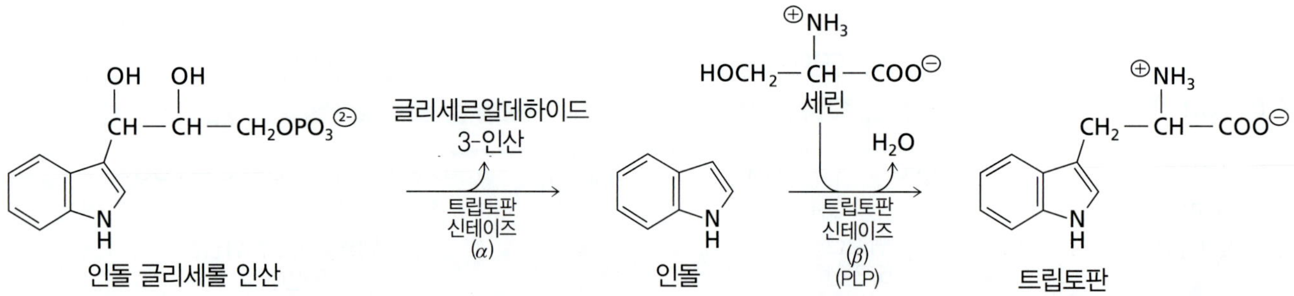

β 소단위체(도메인)는 PLP를 보조인자로 사용하는 반응에서 인돌과 세린의 축합을 촉매한다. $\alpha_2\beta_2$ 사량체의 α 소단위체에 의해 촉매되는 반응에서 생산된 인돌은 β 소단위체의 활성자리로 직접 전달된다(채널링). 살모넬라 티피무륨(*Salmonella typhimurium*; 트립토판 신테이즈가 $\alpha_2\beta_2$의 올리고머 구조를 가짐)으로부터 트립토판 신테이즈(tryptophan synthase)의 3차 구조를 X선 결정법으로 확인한 결과, α와 β의 활성자리를 이어주는 터널이 발견되었다. 터널의 직경은 인돌의 분자 크기와 일치하였고, 따라서 이 터널을 통한 인돌의 이동이 왜 인돌이 외부로 확산되지 않는지를 설명해준다. 이것이 대사 채널링(metabolic channeling)의 초기 예 중 하나이다(5.10절). 최근까지 이런 몇몇 사례와 현상들이 드문 것으로 생각되었지만, 급증하는 구조 및 유전체 연구로 인해 이 장에서 나온 여섯 경우를 포함해 많은 사례들이 밝혀지고 있다.

G. 히스티딘

세균에서 10단계의 히스티딘 생합성은 ATP와 라이보스 유도체인 인산라이보실 파이로인산(phosphoribosyl pyrophosphate, PRPP)과의 축합으로 시작한다(그림 17.23). 이어 아데닌 부위가 절단되고 글루타민이 질소 원자를 공여하면, 질소 원자는 고리화를 통해 최종 산물인 이미다졸 글리세롤 인산(imidazole glycerol phosphate)의 이미다졸 고리 속으로 삽입된다. ATP가 갖고 있는 대부분의 탄소와 질소 원자는 퓨린 생합성에서의 중간체인 이미다졸 카복사미드 라이보뉴클레오타이드의 형태로 방출된다(18.1절). 이 대사물은 뒤이어 ATP로 재활용된다. 이미다졸 글리세롤 인산(Imidazole glycerol phosphate)은 탈수, 글루탐산에 의한 아미노기 전달, 가수분해에 의한 인산의 제거 및 2번의 연속된 NAD⊕-의존 단계를 거쳐 1차 알코올 수준에서 카복실산 수준으로 산화되어 히스티딘이 된다.

핵심개념

속도론적 효율을 향상시키기 위해 대사 채널링이 발달되었다.

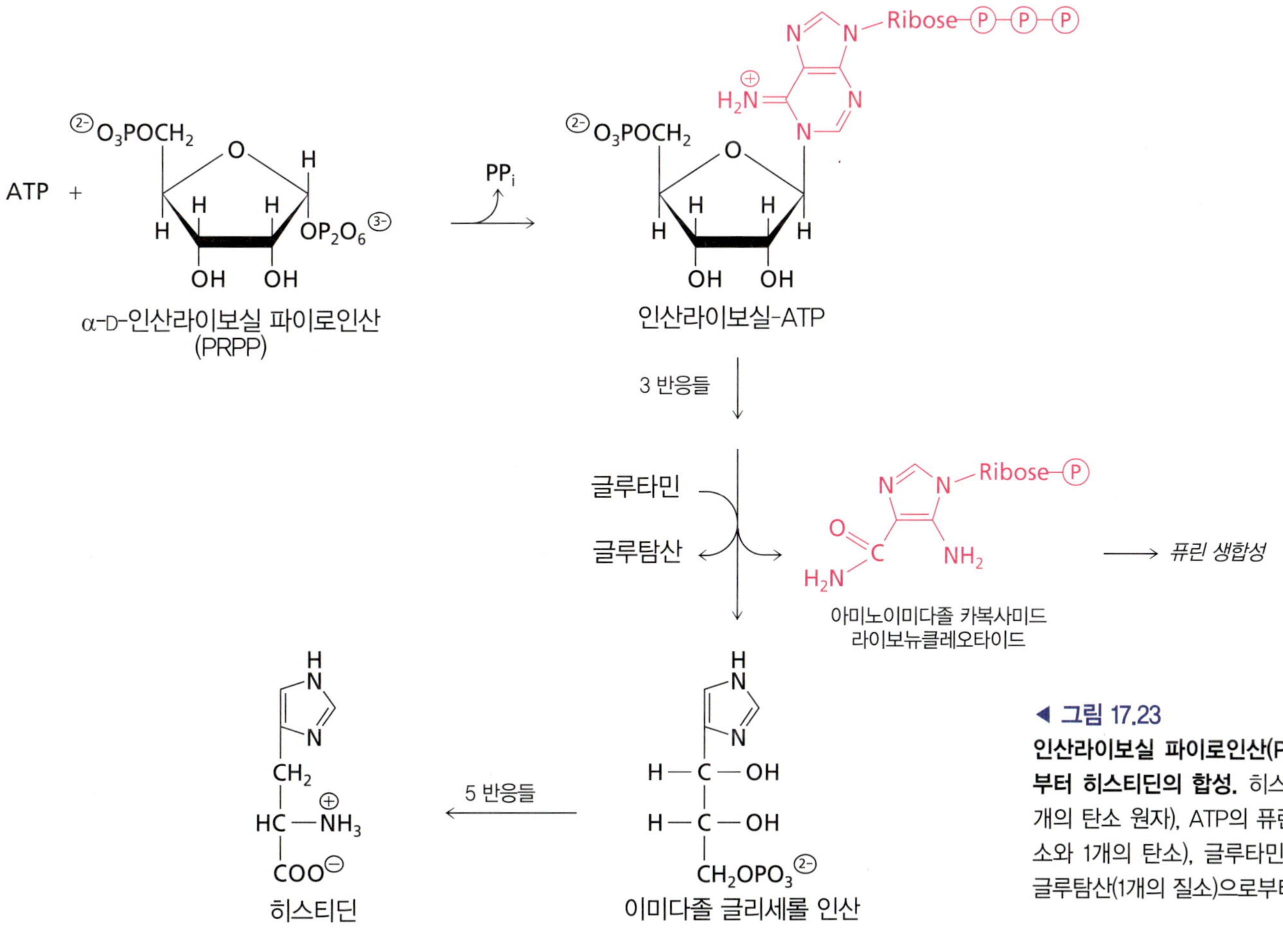

◀ **그림 17.23**

인산라이보실 파이로인산(PRPP)과 ATP로부터 히스티딘의 합성. 히스티딘은 PRPP(5개의 탄소 원자), ATP의 퓨린 고리(1개의 질소와 1개의 탄소), 글루타민(1개의 질소) 및 글루탐산(1개의 질소)으로부터 만들어진다.

BOX 17.2 유전자 변형 식품

식물에서 코리슴산 경로는 제초제의 효과적인 목표가 되지만 동물에서는 아무런 영향이 없다. 가장 효과적인 일반 제초제 중 하나는 글라이포스산(glyphosate)이다. 글라이포스산은 PEP 결합에 경쟁적 저해제로 작용하여 5-엔올파이루빌쉬킴산-3-인산 신테이즈(5-enolpyruvylshikimate-3-phosphate synthase; EPSP synthase) 효소를 억제한다(5.7A절).

글라이포스산은 모든 식물을 죽이는 제초제인 라운드업(Roundup®)의 활성 성분으로서, 자동차 도로와 자갈길에서 잡초를 제거할 때 사용한다. 비록 싸고 효과적인 잡초 제거제이지만, 작물까지도 무분별하게 다 죽이므로 잘 자라고 있는 식용작물에 뿌려서는 안 된다.

$$^{2\ominus}O_3P—CH_2—NH—CH_2—COO^{\ominus}$$

글라이포스산
(*N*-(포스포노메틸) 글라이신; *N*-(phosphonomethyl) glycine)

많은 세균종에서 EPSP 신테이즈에 저항성을 가지는 균주가 발견되었다. 아그로박테륨 종(*Agrobacterium sp.*)의 CP4 균주에서 유전적으로 변형된 효소가 고농도의 글라이포스산 존재하에서 여전히 활성을 갖고 있다. 이 세균성 CP4-EPSP 신테이즈 유전자는 특허로 출원되었고, 이를 대두에 접종하여 글라이포스산에 저항성을 갖는 유전자 변형 식물이 만들어졌다. 이 신품종의 대두를 몬산토사가 라운드업 레디 대두(Roundup Ready® soybeans)라는 상품으로 시판하고 있다. 라운드업 레디 대두를 재배하는 농부들은 제초제 라운드업(역시 몬산토사에서 판매)을 뿌릴 수 있게 되었다. 농부들에게 경제적인 이익은 중요하다. 북미에서 최근 재배하는 대부분의 대두는 모두 유전자 변형 식품이다.

다른 라운드업 레디 작물도 개발되었다. 유전자 변형 옥수수, 면화 및 카놀라도 널리 재배되고 있다.

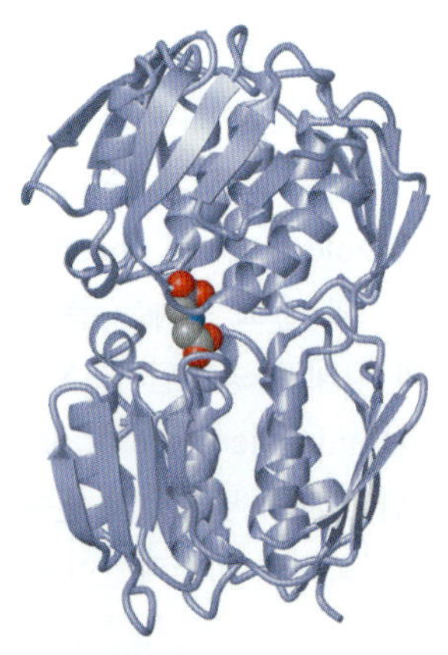

▲ **대장균에서 5-엔올파이루빌쉬킴산-3-인산 신테이즈와 그 활성자리에 결합한 글라이포스산.** [PDB 2AAY]

17.4 대사 전구체로서의 아미노산

아미노산의 가장 중요한 역할은 단백질 합성의 기질로 작용하는 것이다. 신생 아미노산은 tRNA에 공유결합하면서 활성화되고 아미노아실-tRNA 풀(pool of aminoacyl-tRNA)은 단백질 합성 기구에 의한 폴리펩타이드 합성의 기질로 사용된다. 우리는 이 중요한 생합성 경로를 22장 전체에 할애할 것이다.

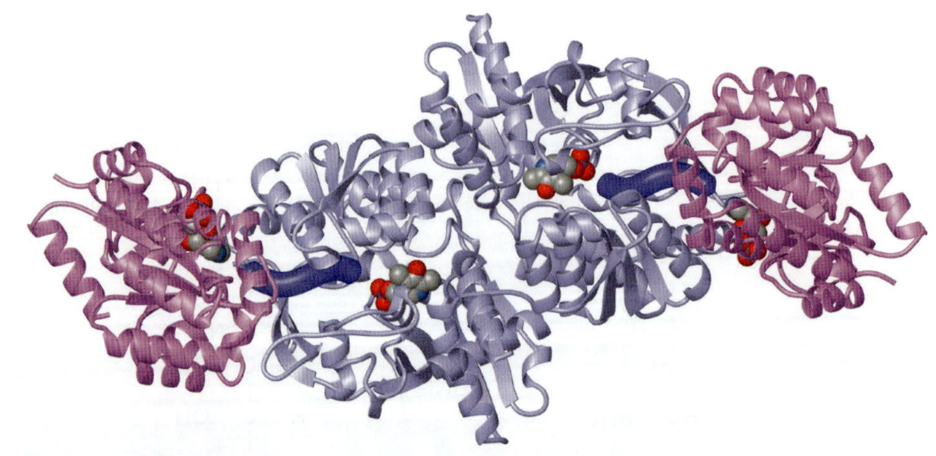

▲ **살모넬라 티피무륨의 트립토판 신테이즈(tryptophan synthase).** 효소의 α-소단위체에 결합한 기질인 인돌 글리세롤 인산을 공간채움 분자로 표현한 그림. 보조인자 PLP가 β-소단위체에 결합되어 있다. 이 효소에는 인돌 글리세롤 인산 결합자리와 PLP 반응자리를 연결해 주는 채널이 있다. [PDB 1QOQ]

BOX 17.3 동물의 필수 아미노산과 비필수 아미노산

동물과 인간은 아미노산 합성에 필요한 모든 효소를 가지고 있지는 않다. 따라서 합성하지 못하는 아미노산은 음식으로부터 필수적으로 공급되어야 한다. 일반적으로 볼 때, 소실된 경로에는 거의 모든 단계가 결핍되어 있다. 어떤 경로의 복잡성은 경로에 필요한 ATP 몰수(또는 당량)로 대략 추측할 수 있다.

표는 특정 경로에 필요한 비용(1몰의 아미노산 합성에 필요한 ATP 몰수)과 해당 아미노산이 필수 아미노산인지의 여부를 보여준다. 각 아미노산은 이전 절에서 기술한 공통 전구체에 따라 분류되어 있다. 라이신, 메싸이오닌 및 쓰레오닌은 공통 전구체로부터 생성된다(17.3B절). 이 세 아미노산은 모두 동물이 합성하지 못하므로 필수 아미노산이다. 발린, 류신 및 아이소류신은 이 세 아미노산의 생합성 경로가 공유하는 핵심 효소가 동물에 없기 때문에 필수 아미노산이다(17.3C절)

아미노산 생합성에 필요한 에너지

아미노산	1몰의 아미노산 합성에 필요한 ATP 몰수[a]	
	비필수	필수
아스파트산	21	
아스파라진	22~24	
라이신		50 또는 51
메싸이오닌		44
쓰레오닌		31
알라닌	20	
발린		39
류신		47
아이소류신		55
글루탐산	30	
글루타민	31	
아지닌	44[b]	
프롤린	39	
세린	18	
글라이신	12	
시스테인	19[c]	
페닐알라닌		65
타이로신	62[d]	
트립토판		78
히스티딘		42

[a] 필요한 ATP 몰수는 전구체 합성과 전구체에서 생성물로의 전환에 사용되는 ATP를 포함한다.
[b] 일부 포유류에서는 필수 아미노산.
[c] 시스테인은 호모시스테인으로부터 합성될 수 있고, 호모시스테인은 메싸이오닌의 분해 산물이다. 시스테인의 생합성은 음식으로 적절히 공급되는 메싸이오닌에 의존한다.
[d] 타이로신은 필수 아미노산인 페닐알라닌으로부터 합성될 수 있다.

일부 아미노산은 다른 생합성 경로의 필수적인 전구체가 된다. 그 예가 많아서 모든 경로를 언급할 수는 없다. 일부 중요한 조절자 역할을 하는 아민들이 3.3절에 설명되어 있다[히스타민, GABA(감마아미노부티르산), 에피네프린 및 티록신]. *S*-아데노실메싸이오닌(*S*-adenosylmethionine)의 합성에 관여하는 메싸이오닌의 중요한 역할은 17.6F절에서 살펴볼 것이다.

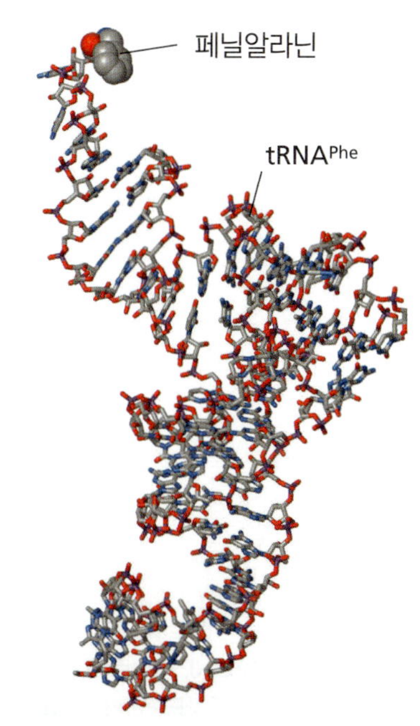

▲ **페닐알라닐-tRNA**^{Phe}. 대부분의 신생 아미노산은 재빨리 자신의 tRNA에 결합하여 단백질 합성에 사용된다. [PDB 1TTT]

A. 글루탐산, 글루타민 및 아스파트산에서 유래한 생성물들

우리는 이미 질소 동화작용에서 글루탐산과 글루타민의 중요한 역할을 알고 있다. 또한 많은 아미노기 전달반응에서 글루탐산과 아스파트산이 아미노기 공여체란 것도 알고 있다.

우리는 글루탐산과 아스파트산이 요소 회로에 필요하다는 것을 알게 될 것이다. 또한 글루타민과 아스파트산은 퓨린 생합성(18.1절) 및 피리미딘 생합성(18.3절) 모두에 전구체로 필요하다. 생물학적으로 활성을 가지는 테트라하이드로폴산의 합성에 최대 6개의 글루탐산 잔기가 테트라하이드로폴산 부위에 첨가됨을 기억하라(7.11절).

B. 세린과 글라이신에서 유래한 생성물들

세린과 글라이신은 다른 많은 화합물들의 대사 전구체이다(그림 17.24). 지질 생합성에서 세린의 역할은 이미 16장에서 살펴보았다. 글라이신과 석시닐 CoA는 헴(heme)과 엽록소(chlorophyll) 생성을 위한 포르피린(porphyrin) 경로의 주요 전구체들이다. 글라이신은 퓨린 생합성(18.1절)에도 필요하다.

세린이 글라이신으로 전환되면서 메틸렌 테트라하이드로폴산이 합성된다. 테트라하이드로폴산 유도체는 많은 1-탄소단위체(one-carbon unit) 전달반응에서 중요하다(17.10절). 가장 중요한 반응 중 하나는 디옥시싸이미딜산(deoxythymidylate) 합성이다(그림 18.15).

그림 17.24 ▶
세린과 글라이신으로부터 생성된 화합물.

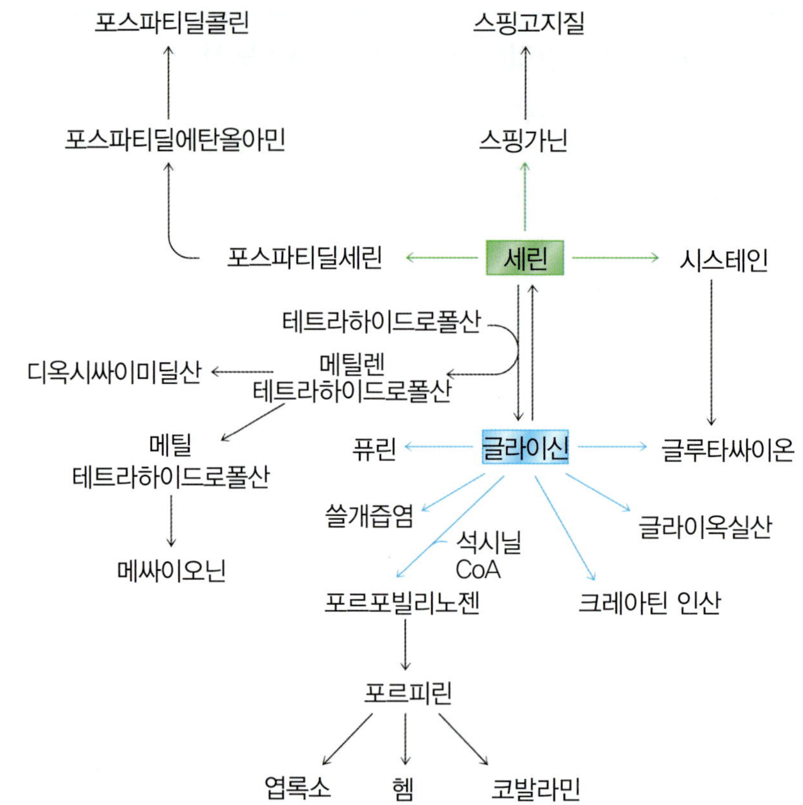

▲ **일산화질소**

C. 아지닌으로부터 일산화질소(NO)의 합성

대사 전구체로서 작용하는 아미노산 중 흥미로운 예는 홀수 전자를 갖는 불안정한 기체 질소 유도체인 일산화질소(nitric oxide; $\cdot N{=}O$) 합성에 기질로 작용하는 아지닌의 역할이다. 비록 활성 자유 라디칼인 일산화질소가 잠재적으로 독성이긴 하지만 생리적으로 중요하다. 사실 일산화질소는 정말로 중요해서 1992년 사이언스 저널로부터 "올해의 분자"로 선정되기도 했었다. 일산화질소 기체는 세포 내로 신속히 확산할 수 있고, 생체 내에서 산소와 물과 반응하여 재빨리 질산과 아질산으로 바뀌므로 수용액에서 단지 몇 초간만 존재할 뿐이다.

포유류에서 발견되는 효소인 일산화질소 신테이즈(nitric oxide synthase)는 아지닌으로부터 일산화질소와 시트룰린 생성을 촉매한다(그림 17.25). 이 반응에는 보조인자 NADPH, FMN, FAD, 사이토크롬 P450 및 테트라하이드로바이오테린(tetrahydrobiopterin)이 필요하다(7.10절). 이 반응에서 테트라하이드로바이오테린의 작용 메커니즘은 아직 밝혀지진 않았지만 아지닌의 하이드록시화(hydroxylation)에 필요한 환원제 역할을 하는 듯하다. 일산화질소는 2가지 형태로 존재한다. 즉, 뇌와 내피 세포(endothelial cells)에서 항상 합성되는 칼슘-의존형(constitutive calcium-dependent form)과 백혈구의 일종인 대식세포(macrophages)에서 다양하게 합성되는 유도성 칼슘-독립형(inducible calcium-independent form)이다.

일산화질소는 수용성 구아닐릴 싸이클레이즈(guanylyl cyclase)에 결합하여 고리형 GMP 형성을 촉진시키는 전달 분자(messenger molecule)이다(9.12B절). 이 분자는 여러 기능을 가지는데, 예로 대식세포가 활성화될 때 일산화질소를 합성한다. 짧은 수명을 가진 일산화질소 자유 라디칼은 세균과 암세포를 죽이는 대식세포의 무기 중 하나이다. 일산화질소가 초과산화물 음이온(superoxide anions; $\cdot O_2^{\ominus}$)과 작용하면 더 심한 독성 반응물이 되어 세포 사멸 활성을 가진다.

1998년에 로버트 F. 푸르크고트(Robert F. Furchgott), 루이스 J. 이나로(Louis J. Ignarro) 및 페리드 뮤라드(Ferid Murad)는 "심혈관계에서 신호 분자로 작용하는 일산화질소 관련 발견"으로 노벨 생리의학상을 수상하였다.

일산화질소 신테이즈는 혈관 세포에도 있다. 특정 상태에서 일산화질소가 생성되어 혈관의 민무늬근 세포(smooth muscle cells)로 확산해 들어가면 세포가 이완되고 혈압이 떨어진다. 고혈압(hypertension)과 심부전(heart failure)은 혈관의 이완작용이 손상되면 일어난다. 협심

아지닌 → 시트룰린 + ·N=O

$2O_2$, $3e^{\ominus}$ → $2OH^{\ominus}$

일산화질소 신테이즈

◀ **그림 17.25**
아지닌으로부터 일산화질소와 시트룰린으로의 전환. NADPH가 전자 3개를 공급한다.

증(angina pectoris) 치료에서 관상동맥(coronary artery)의 이완에 사용되는 나이트로글리세린(nitroglycerin)은 대사 과정 중에 일산화질소로 전환되면서 그 효과를 나타낸다.

일산화질소는 뇌조직에서 신경전달물질(neurotransmitter)로도 작용한다. 뇌졸중이 일어날 때 비정상적으로 생성된 다량의 일산화질소는 대식세포가 세균을 죽이는 것과 동일한 방식으로 일부 뉴런을 죽인다. 일산화질소 신테이즈의 억제제를 동물에 투여하면 뇌졸중으로 인한 손상을 막을 수 있다. 신경전달물질로서의 일산화질소가 가지는 역할 한 가지는 음경의 발기를 촉진하는 것이다. 비아그라의 활성 성분인 실데나필(sildenafil)은 발기부전(erectile dysfunction)을 완화시키는 약물이다. 실데나필은 고리형 GMP의 가수분해를 막아 일산화질소의 촉진 효과를 연장시키는 포스포다이에스터레이즈 억제제(phosphodiesterase inhibitor)이다. 타달라필(Tadalafil; Cialis)과 바르데나필(vardenafil; Levitra)도 동일한 효소를 억제한다.

▲ **실데나필.** 비아그라®의 활성 성분.

D. 페닐알라닌으로부터 리그닌의 합성

리그닌(lignin, 그림 17.26)은 페닐알라닌으로부터 합성된 일련의 복합 폴리머(complex polymer)이다. 이는 현화식물에서 목질의 주요 구성성분이며 지구상에서 섬유소(cellulose)에 이어 두 번째로 많은 생폴리머(biopolymer)이다. 동물이 다량의 리그닌을 섭취하더라도 소화작용을 통해 분해할 수 없기 때문에 리그닌은 대사적으로 불활성(inert)이다. 이를 분해할 수 있는 유일한 생물체는 숲에서 쓰러진 나무를 분해하는 여러 종류의 균류(fungi)이다.

E. 멜라닌은 타이로신으로부터 만들어진다

멜라닌(melanin)은 세균, 균류 및 동물에서 발견되는 검은 색소이고, 인간의 피부색과 털색의 원인이 된다. 멜라닌은 놀란 문어가 내뿜는 먹물(ink)의 주요 구성성분이기도 하다.

멜라닌(eumelanin; 유멜라닌)의 구조는 복잡하지만 전구체는 잘 알려져 있으며 이 경로에서 필요한 효소들은 많은 생물종에서 확인되었다. 첫 단계에서 L-타이로신을 L-도파(L-DOPA)와 L-도파퀴논(dopaquinone)으로 전환시킨다(그림 17.27).

▲ **문어의 먹물은 주로 멜라닌이다.**

17.5 단백질 전환

생장하거나 증식하는 세포만이 새로운 단백질 분자가(그래서 아미노산의 공급이) 필요하다고 추측할 수 있지만 이는 사실이 아니다. 모든 세포에서 단백질은 전환(turnover)이라는 과정을 통해 항상 합성되고 분해된다. 각 단백질은 서로 다른 속도로 전환된다. 이들의 수명(half-life)은 몇 분에서 몇 주로 다양하지만 서로 다른 기관과 생물체에서 특정 단백질의 수명은 일반적으로 유사하다. 빠른 단백질 전환은 일부 조절 단백질을 분해시켜 세포가 끊임없이 변화하는 환경에 대응할 수 있게 해준다. 이러한 단백질들은 비교적 불안정하게 변화해 왔다. 단백질의 가수분해 속도는 3차 구조의 안정성과 역비례 관계이다. 잘못 접혀지거나 접혀지지 않은 단백질은 빨리 분해된다(4.10절).

그림 17.26 ▶

리그닌. 식물 리그닌의 많은 가능한 구조들 중 하나.

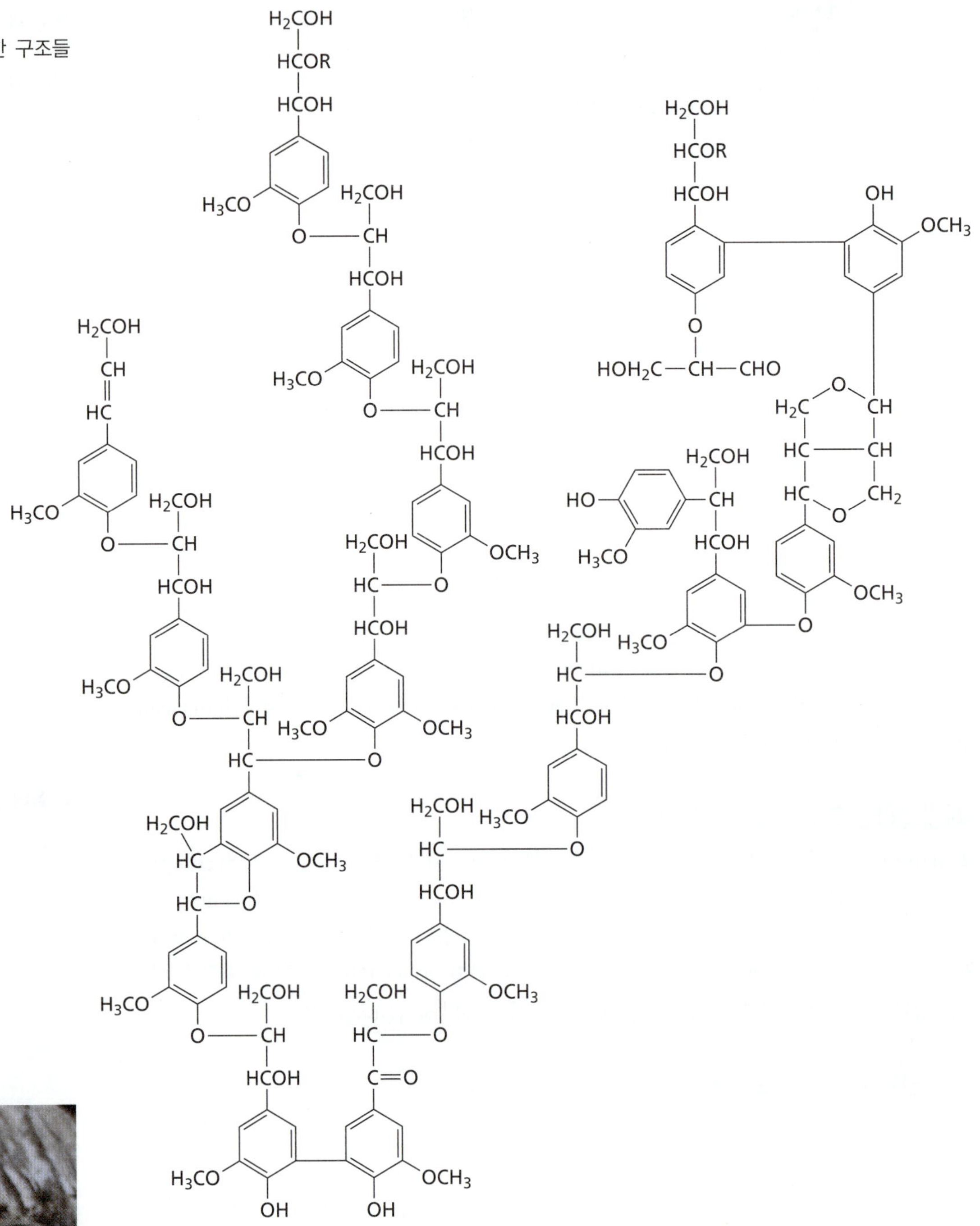

▲ **썩고 있는 목재.** 이 버섯은 활엽수림의 썩고 있는 목재에서 생장한다. 균류는 리그닌 분해효소를 생산하는 유일한 생물체이다.

진핵세포에서 일부 단백질은 라이소좀에 의해 아미노산으로 가수분해된다. 분해될 물질을 담고 있는 소포(vesicle)는 라이소좀과 융합하고, 라이소좀의 다양한 프로티에이즈는 삼켜진 단백질을 가수분해한다. 라이소좀의 효소는 광범위한 기질 특이성을 갖고 있어서 걸려든 모든 단백질을 분해할 수 있다.

특히 일부 단백질은 분해 목표가 되기 때문에 매우 짧은 수명을 갖게 된다. 비정상적인 (돌연변이된) 단백질도 역시 선택적으로 가수분해되는데, 진핵세포에서 이 가수분해 경로에 유비퀴틴(ubiquitin) 단백질이 필요하다. 목표 단백질에서 라이신 잔기의 곁사슬 아미노기는 유비퀴틴-활성화 효소(ubiquitin-activating enzyme; E1), 유비퀴틴-결합효소(ubiquitin-conjugating enzyme; E2) 및 유비퀴틴-단백질 라이게이즈(ubiquitin-protein ligase; E3)가 작용하는 복합 경로를 통해 유비퀴틴의 C-말단에 공유결합으로 연결된다. 이 경로는 ATP 가수분해와 짝지어져 있다(목표 단백질에 결합된 유비퀴틴 분자마다 1몰의 ATP가 가수분해된다).

$COO^{\ominus}$ $\overset{\oplus}{H_3N}$—C—H CH_2 OH 타이로신 → $COO^{\ominus}$ $\overset{\oplus}{H_3N}$—C—H CH_2 OH OH L-도파 →

$COO^{\ominus}$ $\overset{\oplus}{H_3N}$—C—H CH_2 O O L-도파퀴논 - - → O O N H (COOH) HO HO N H (COOH) O N H (COOH) O OH 유멜라닌

▲ 그림 17.27
타이로신과 L-도파로부터 유멜라닌의 합성.

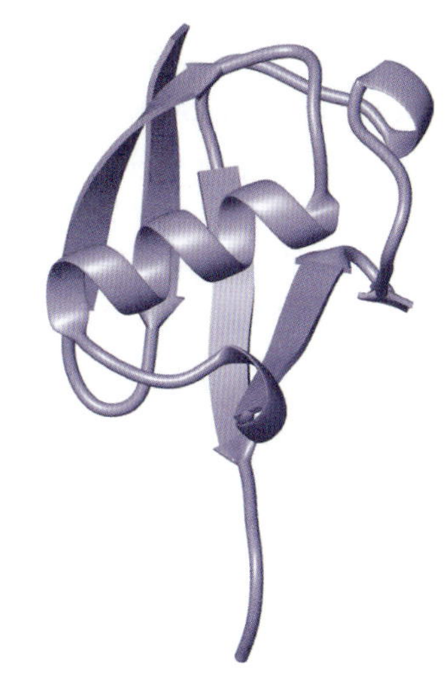

▲ **인간의 유비퀴틴.** 분해될 단백질을 표지하는 마커로 사용되는 유비퀴틴은 작고, 고도로 보존된 진핵생물 단백질이다. [PDB 1UBI]

유비퀴틴이 결합된 단백질은 프로테아좀 또는 프로테오좀(proteasome 또는 proteosome)이라 부르는 거대 다중단백질 복합체(large multiprotein complex)의 작용에 의해 펩타이드로 분해된다(그림 17.28). 이 과정은 세포기질 또는 핵 모두에서 일어난다. 다른 프로티에이즈들은 이 펩타이드들을 가수분해한다. 프로테아좀을 조립하고 유비퀴틴이 결합된 단백질을 분해하는데 ATP가 필요하다. 이 경로가 발견되기 전까지는 많은 단백질의 분해에 ATP가 필요하다는 놀라운 사실을 설명할 방법이 없었다(펩타이드 결합의 분해가 열역학적으로 유리하다는 2.6절을 상기하라).

아론 시에차노버(Aaron Ciechanover)(1947~), 아브람 허쉬코(Avram Hershko)(1937~) 및 어윈 로스(Irwin Rose)(1926~)는 "유비퀴틴이 관여하는 단백질 분해의 발견"으로 2004년 노벨 화학상을 수상하였다.

17.6 아미노산 이화작용

내인성 단백질(endogenous proteins) 또는 음식에서 섭취된 단백질을 분해해서 얻은 아미노산은 새로운 단백질을 생합성하는데 사용될 수 있다. 단백질 합성에 사용되지 않는 아미노산은 자신의 질소와 탄소 골격을 사용하기 위해 이화된다. 아미노산 분해의 첫 단계는 α-아미노기의 제거이다. 그 다음, 탄소사슬이 탄소 대사의 중심경로로 진입하기 위해 특별한 방식으로 변형

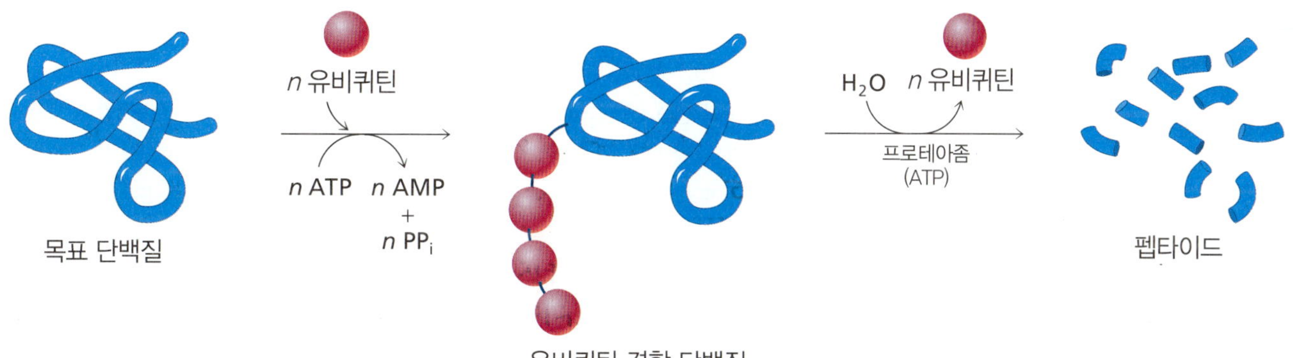

▲ 그림 17.28
유비퀴틴화 및 단백질 가수분해. 유비퀴틴화 효소는 분해의 목표가 되는 단백질에 무수한 유비퀴틴 분자를 붙여준다. 프로테아좀은 치환되는 단백질의 ATP-의존 가수분해를 촉매하여 펩타이드와 유비퀴틴을 방출한다.

BOX 17.4 세포자멸사—계획된 세포 사멸

세포자멸사(apoptosis, 종종 두 번째 *p*가 묵음이 됨)는 세포가 사멸해가는 일련의 형태적 변화이다. 변화에는 세포 부피 감소, 원형질막의 손상, 마이토콘드리아의 팽창 및 염색질의 절편화 등이 포함된다. 여분의 세포나 해로운 세포는 주로 프로티에이즈(protease)의 작용으로 제거된다.

일부 세포는 항체 생산의 발달 과정 또는 조절 과정에서 정상적으로 사멸한다. 다른 세포들은 질병 또는 잘못된 세포자멸사[일부 신경변성 질환(neurodegenerative disease)의 경우]의 결과로 사멸한다. 세포자멸사의 결과, 세포 내용물을 함유한 소낭이 형성되거나 주위 세포에 의해 잡아 먹힌다. 소낭에 내포된 일부 단백질 성분은 저장되거나 또는 다른 세포에 의해 재사용될 수 있다.

모든 진핵생물은 세포 사멸(programmed cell death)을 관장하는 유사한 내인성 효소들을 갖고 있다. 이 효소들(세포자멸사에 관련된 것으로 1993년에 밝혀짐)에는 아스파트산의 카복시 부위에 작용하는 케스페이즈(caspase; 시스테인 함유 하이드롤레이즈)라 부르는 12개의 단백질 분해효소가 있다.

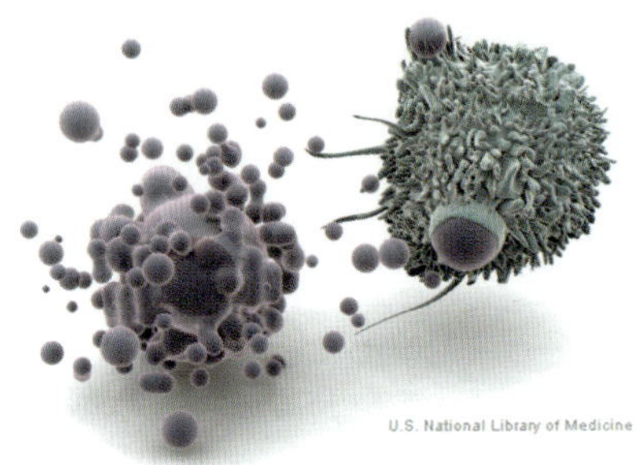

▲ **세포자멸사.** 세포자멸사하는 세포(보라색)에서 떨어져 나온 소낭을 백혈구(녹색)가 섭취하는 그림. [미 국립의학도서관 제공]

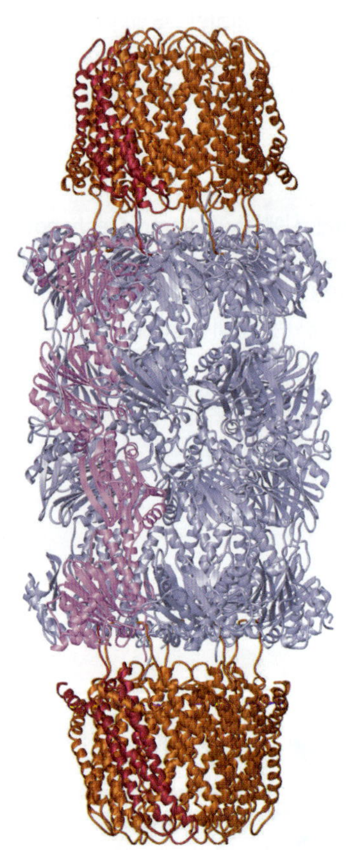

▲ **효모(*Saccharomyces cerevisiae*)의 프로테아좀.** **(a)** 옆 모습. 완전한 프로테아좀에는 7개의 β 소단위체(파란색) 고리와 원통 내부에 존재하는 활성 단백질 분해효소 자리가 쌍으로 존재한다. 외부에 있는 두 고리에는 7개의 α 소단위체(보라색)가 있다. **(b)** 윗모습. 유비퀴틴이 달린 단백질은 이 구조물의 상단부와 하단부에 있는 구멍을 통해 원통으로 진입한다. [PDB 1FNT]

된다. 우리는 먼저 다양한 탄소골격의 대사 운명을 살펴볼 것이다. 다음으로 아미노산 분해 결과 발생한 암모니아의 대사를 점검할 것이다. 이러한 이화 경로는 모든 종에 존재하지만 아미노산이 연료대사(fuel metabolism)의 상당 부분을 차지하기 때문에 동물에서 특히 중요하다.

아미노산에서 다양한 방식으로 α-아미노기가 제거된다. 일반적으로 아미노산은 α-케토글루타르산과 아미노기 전달반응을 거쳐 α-케토산과 글루탐산을 생성한다. 글루탐산은 마이토콘드리아에서 글루탐산 디하이드로지네이즈 작용으로 α-케토글루타르산과 암모니아로 산화된다. 이 두 반응의 결과 α-아미노기가 암모니아로 방출되고, NADH와 α-케토산이 생성된다. 이것은 그림 17.8A에 표시된 경로의 역이다.

$$\text{아미노산} + \alpha\text{-케토글루타르산} \rightleftharpoons \alpha\text{-케토산} + \text{글루탐산}$$
$$\text{글루탐산} + NAD^{\oplus} + H_2O \rightleftharpoons \alpha\text{-케토글루타르산} + NADH + H^{\oplus} + NH_4^{\oplus}$$
$$\text{합: 아미노산} + NAD^{\oplus} + H_2O \rightleftharpoons \alpha\text{-케토산} + NADH + H^{\oplus} + NH_4^{\oplus} \quad \textbf{(17.4)}$$

글루타민과 아스파라진의 아마이드기는 특수한 효소인 글루타미네이즈와 아스파라지네이즈에 의해 가수분해되어 암모니아와 각각의 다이카복실아미노산인 글루탐산과 아스파트산을 생성한다. 아마이드와 아미노기에서 생성되어 생합성 반응에 사용되지 않는 암모니아는 배설된다.

일단 아미노기가 제거되고 나면 20개 아미노산의 탄소 사슬이 분해될 수 있다. 일부는 시트르산 회로의 중간체 4개 중 하나로 분해되는 반면, 다른 것들은 파이루브산으로 또 다른 것들은 아세틸 CoA 또는 아세토아세트산으로 분해된다(그림 17.29). 각각의 아미노산은 자신의 경로를 따라 이 7개의 화합물 중 1개 이상의 화합물을 생성한다.

이러한 모든 생성물들이 CO_2와 H_2O로 산화되면서 다른 대사 운명을 따를 수도 있다. 파이루브산 또는 시트르산 회로 중간체로 분해되는 아미노산은 포도당신생성 경로에 직접 분해 산물을 공급하기 때문에 "포도당 생성적(glucogenic)"이라고 부른다. 아세틸 CoA 또는 아세토아세트산을 생성하는 아미노산은 지방산 또는 케톤체(ketone bodies) 형성에 기여하므로 "케톤 생성적(ketogenic)"이라고 부른다. 일부 아미노산은 자신의 탄소 사슬의 서로 다른 부분들이 다른 생성물을 형성하기 때문에 포도당 생성과 케톤 생성 모두에 관여한다. 동물의 음식에서 아미노산이 중요한 연료 대사물이기 때문에 포도당 생성산물과 케톤 생성산물의 구별은 중요하다. 동물에게는 아세틸 CoA로부터 포도당으로의 직통 경로가 없고, 다량의 아세틸 CoA 생산이 케톤체의 생성을 촉진시킨다(16.11절). 포도당 생성산물과 케톤 생성산물의 구별이 세균,

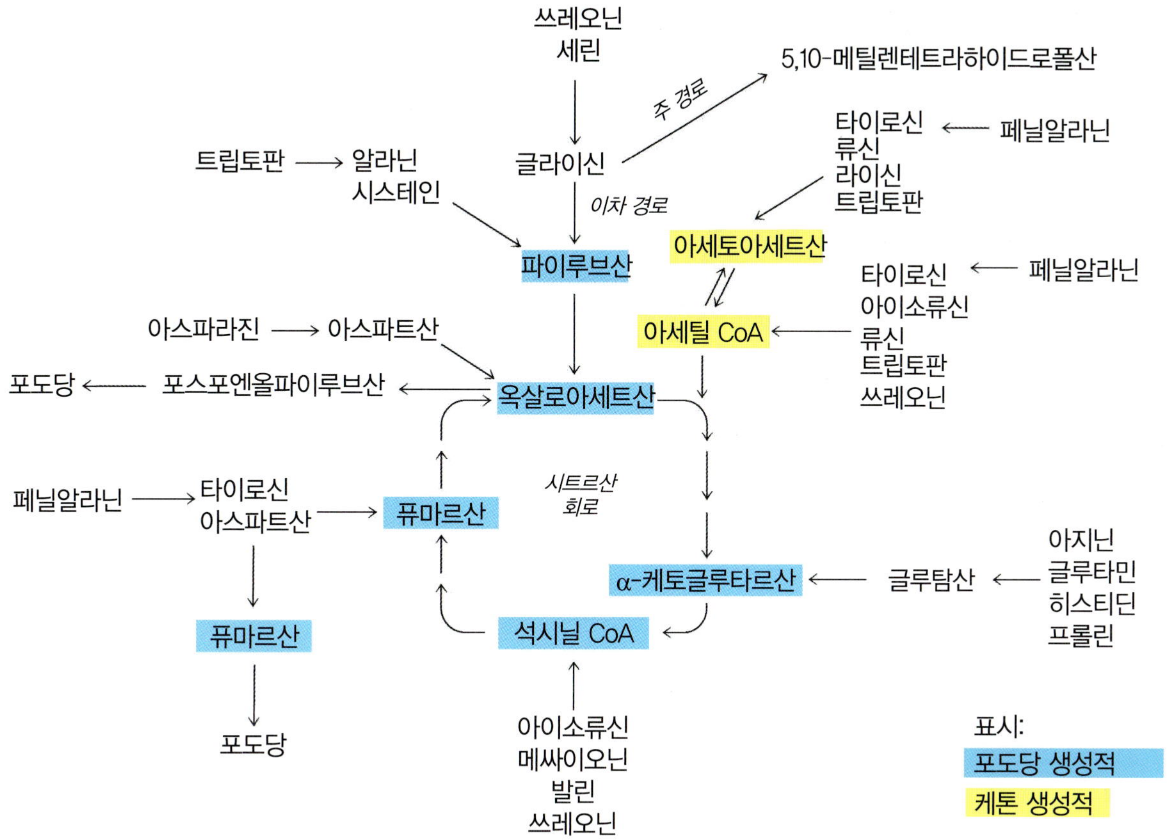

쓰레오닌
세린
글라이신
주 경로
5,10-메틸렌테트라하이드로폴산
이차 경로
트립토판 → 알라닌
시스테인
파이루브산
타이로신 ← 페닐알라닌
류신
라이신
트립토판
아세토아세트산
아세틸 CoA
타이로신 ← 페닐알라닌
아이소류신
류신
트립토판
쓰레오닌
아스파라진 → 아스파트산
포도당 ← 포스포엔올파이루브산 ↔ 옥살로아세트산
시트르산 회로
페닐알라닌 → 타이로신
아스파트산 → 퓨마르산
퓨마르산
포도당
α-케토글루타르산 ← 글루탐산 ← 아지닌
글루타민
히스티딘
프롤린
석시닐 CoA
아이소류신
메싸이오닌
발린
쓰레오닌
표시:
포도당 생성적
케톤 생성적

▲ 그림 17.29
아미노산 분해. 아미노산의 탄소 골격은 파이루브산, 아세토아세트산, 아세틸 CoA 또는 시트르산 회로 중간체로 전환된다.

원생생물, 균류 및 식물에서는 덜 중요한데, 그 이유는 이들이 글라이옥실산 경로를 통해 아세틸 CoA를 옥살로아세트산으로 전환시킬 수 있기 때문이다(13.7절). 이들에서 아세틸 CoA는 포도당 생성(glucogenic)에 관여한다.

이 절에서 우리는 가장 단순한 경로를 통해 아미노산 분해경로를 살펴볼 것이다. 우리의 목적은 각 아미노산의 탄소 원자가 어떻게 "포도당 생성적" 대사물(파이루브산과 시트르산 회로 중간체) 또는 "케톤 생성적" 대사물(아세틸CoA와 옥살로아세트산)로 전환되는지를 밝히는 것이다. 이 대사물들의 최종 운명은 종마다 다르며 이전 장들에서 살펴보았다.

A. 알라닌, 아스파라진, 아스파트산, 글루탐산 및 글루타민

알라닌, 아스파트산 및 글루탐산은 가역적인 아미노기 전달반응에 의해 합성된다(17.3A, C, D절). 이 세 아미노산의 분해는 자신의 탄소 골격이 만들어지게 되었던 경로로 재진입하면서 시작된다. 원래 아미노기 전달반응의 역반응을 통해 알라닌은 파이루브산, 아스파트산은 옥살로아세트산, 글루탐산은 α-케토글루타르산이 된다. 아스파트산과 글루탐산은 시트르산 회로의 중간체가 되고, 알라닌은 파이루브산으로 전환되므로 이 모든 세 아미노산은 포도당 생성적이다.

글루타민과 아스파라진 모두는 글루탐산과 아스파트산으로 각각 가수분해되면서 분해가 시작된다. 이처럼 글루타민과 아스파라진은 모두 포도당 생성적이다. 이러한 가수분해반응은 아스파라지네이즈(Box 17.1)와 글루타미네이즈처럼 특별한 효소가 촉매한다.

B. 아지닌, 히스티딘 및 프롤린

아지닌, 히스티딘 및 프롤린의 분해경로는 글루탐산으로 수렴된다(그림 17.30). 아지닌과 프롤린의 경우 분해 경로는 생합성 경로와 유사하다. 아지닌 분해는 아지네이즈(arginase)가 촉매하는 반응으로 시작한다. 생산된 오니틴은 아미노기 전달반응을 거쳐 글루탐산 5-세미알데하이드가 되고, 산화되어 글루탐산이 생성된다.

프롤린은 3단계를 거쳐 글루탐산으로 전환된다. 첫 단계는 FAD-함유 효소인 프롤린 디하아지닌 → (H_2O, 요소) → 오니틴 → (PLP) → 글루탐산 5-세미알데하이드 ⇌ (H_2O) Δ[1]-피롤린 5-카복실산 ← (H_2O, 1/2 O_2) 프롤린

글루탐산 5-세미알데하이드 → ($NAD^{\oplus}$ + H_2O → NADH + $2H^{\oplus}$) 글루탐산

히스티딘 → (3 반응들) → N-포미미노글루탐산 → (테트라하이드로폴산 → 5-포미미노-테트라하이드로폴산) → 글루탐산

▲ 그림 17.30
아지닌, 프롤린 및 히스티딘 합성을 위한 주된 이화경로.

이드로지네이즈(proline dehydrogenase)가 촉매하는 산화반응이다. 다른 전자 수용체가 사용될 수도 있지만 가끔 산소 분자가 전자 수용체로 사용된다. 첫 반응의 생성물은 개방 사슬형인 글루탐산 5-세미알데하이드(glutamate 5-semialdehyde)와 평형상태로 존재하는 Δ^1-피롤린 5-카복실산(Δ^1-pyrroline 5-carboxylate; P5C)이다. 글루탐산 5-세미알데하이드는 $NAD^{\oplus}$-의존 P5C 디하이드로지네이즈(P5C dehydrogenase)의 작용으로 글루탐산으로 전환된다. Δ^1-피롤린 5-카복실산에서 글루탐산 5-세미알데하이드로의 전환은 프롤린 합성경로에서처럼 자발적이다(17.3D절).

모든 진핵생물과 대부분의 세균에서는 이 경로의 첫 두 효소가 서로 독립적이지만, 일부 세균에서는 이 효소들의 두 유전자가 서로 융합되어 이 두 반응을 촉매하는 이중 기능을 가진 6량체 단백질을 만들어 낸다. 이 반응은 속도론적으로 유리한데, 그 이유는 중간체(Δ^1-피롤린 5-카복실산과 글루탐산 5-세미알데하이드)가 글루탐산으로 전환되기 전에 복합체로부터 분리되지 않기 때문이다.

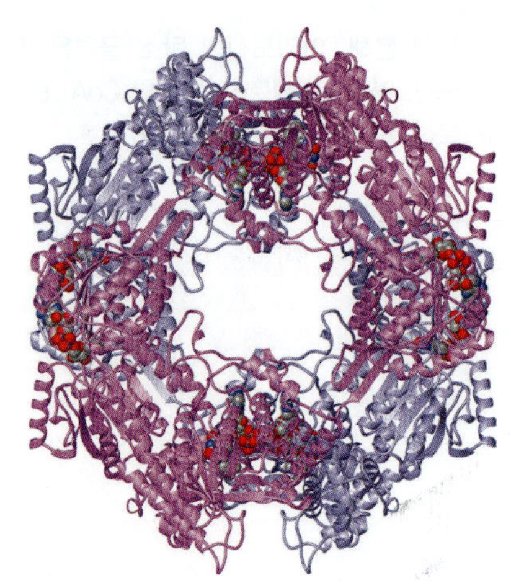

▲ 프롤린을 이용하는 A 플라보단백질 (proline utilization A flavoprotein). 브래디라이조븀 자포니쿰(*Bradyrhizobium japonicum*)에서 추출한 이 효소는 프롤린 분해 경로의 첫 두 효소를 결합시켜 6개의 이중 기능 단백질 소단위체로 구성된 큰 복합체를 만든다. 하나의 핵심 이량체(core dimer)에 있는 2개의 동일한 소단위체는 청색과 보라색으로 표시되어 있고, 전체 구조는 3개의 이러한 이량체가 원형으로 배열되어 있다. 결합된 FAD와 $NAD^{\oplus}$ 조효소는 공간채움 모델로 표시되어 있다. 아마도 두 개의 효소를 따로 가진 종에서보다 이 효소는 선택적인 이점을 가지고 있는 것 같다. 왜 진핵생물은 이와 같은 방식을 사용하지 않을까? [PDB 3HAZ]

히스티딘 분해의 주경로도 글루탐산을 생산한다. 히스티딘은 비산화적 탈아미노화, 수화 및 고리 개방을 통해 *N*-포미미노글루탐산(*N*-formiminoglutamate)을 생성한다. 포미미노 성분($-CH{=}NH_2^{\oplus}$)은 곧 테트라하이드로폴산으로 전달되어 5-포미미노테트라하이드로폴산(5-formiminotetrahydrofolate)과 글루탐산을 생성한다. 5-포미미노테트라하이드로폴산은 효소적으로 탈아미노화되어 5,10-메테닐테트라하이드로폴산(5,10-methenyltetrahydrofolate)을 생성한다. 이 테트라하이드로폴산 유도체의 1-탄소(메테닐; methenyl)기는 피리미딘 합성과 같은 여러 경로에서 사용될 수 있다(18.6절).

C. 글라이신과 세린

세린 분해에 두 가지 경로가 있다(그림 17.31). 소량의 세린은 PLP-의존 효소인 세린디하이드라테이즈 작용으로 직접 파이루브산으로 전환된다. 그러나 대부분의 세린은 세린 하이드록시메틸트랜스퍼레이즈 작용으로 글라이신으로 전환된다. 이 반응은 생합성 경로에서 글라이신을 합성하는 반응과 같고(그림 17.16), 5,10-메틸렌테트라하이드로폴산(5,10-메틸렌 THF)을 생산한다.

일부 글라이신은 세린 하이드록시메틸트랜스퍼레이즈의 역반응에 의해 세린으로 전환될 수

있고, 글라이신의 탄소 원자는 세린 분자가 탈아미노화될 때 결국 파이루브산이 된다. 그러나 모든 종에서 글라이신 분해의 주경로는 글라이신 절단체계(cleavage system)에 의한 $NH_4^{\oplus}$과 $HCO_3^{\ominus}$ 으로의 전환이다.

글라이신 절단체계에 의한 이화작용에는 4개의 동일하지 않은 소단위체를 가진 효소 복합체가 필요하다. PLP, 리포아마이드(lipoamide) 및 FAD는 보조단이고 $NAD^{\oplus}$와 테트라하이드로폴산(THF)은 공동기질이다. 먼저 글라이신이 탈탄산되고, $-CH_2-NH_3^{\oplus}$기가 리포아마이드로 전달된다. 곧 $NH_4^{\oplus}$가 방출되고, 남은 1-탄소기는 테트라하이드로폴산으로 전달되어 5,10-메틸렌테트라하이드로폴산(5,10-메틸렌 THF)을 생성한다. 환원된 리포아마이드는 FAD에 의해 산화되고, $FADH_2$는 이동성 운반체인 $NAD^{\oplus}$를 환원시킨다.

그림 17.32에서 보는대로 글라이신 절단체계는 원칙적으로 파이루브산 디하이드로지네이즈와 유사한 리포아마이드 회전팔 메커니즘의 또 다른 예이다(13.1절). 비록 글라이신 분해가 시험관내에서는 가역적이지만 세포에서의 글라이신 절단체계는 비가역적 반응을 촉매한다. 이렇게 비가역적인 이유의 일부는 생성물 암모니아와 메틸렌테트라하이드로폴산에 대한 K_m 값이 생체 내에서의 이 화합물들의 농도보다 매우 크기 때문이다.

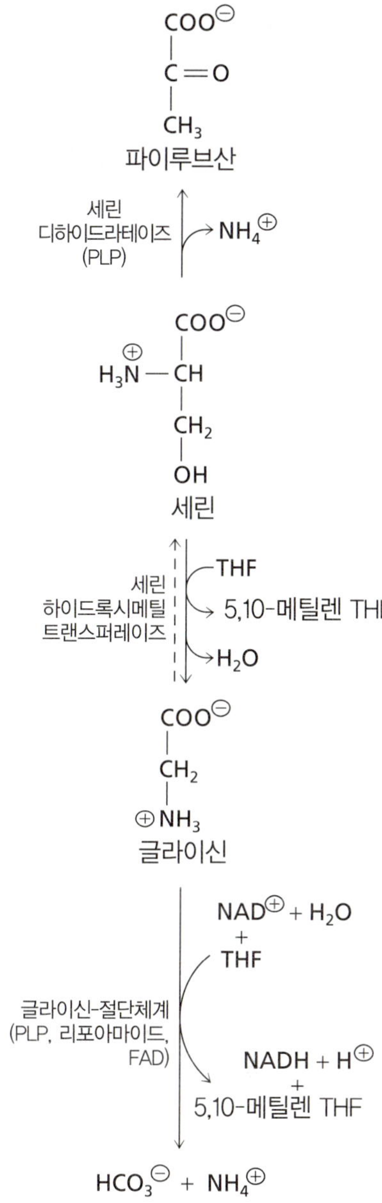

D. 쓰레오닌

쓰레오닌 분해에는 여러 경로가 있다. 주 경로(Major pathway)에서 쓰레오닌은 쓰레오닌 디하이드로지네이즈에 의해 2-아미노-3-케토부티르산(2-amino-3-ketobutyrate)으로 산화된다(그림 17.33). 2-아미노-3-케토부티르산은 황분해(thiolysis)를 통해 아세틸 CoA와 글라이신을 생성한다. 쓰레오닌 이화작용의 또다른 경로는 쓰레오닌 알돌레이즈(threonine aldolase) 작용에 의해 아세트알데하이드와 글라이신으로 분해되는 것이다. 많은 조직과 생물체에서 쓰레오닌 알돌레이즈 작용은 실제로 세린 하이드록시메틸트랜스퍼레이즈의 부수적인 작용(minor activity)이다. 아세트알데하이드는 아세트알데하이드 디하이드로지네이즈 작용에 의해 아세트산으로 산화될 수 있고, 아세트산은 아세틸 CoA 신테테이즈에 의해 아세틸 CoA로 전환될 수 있다.

포유류에서 쓰레오닌 이화작용의 3번째 경로는 α-케토부티르산으로의 탈아미노화이다. 이 반응은 세린을 파이루브산으로 전환시키는 효소와 동일한 효소인 세린 디하이드라테이즈(serine dehydratase)가 촉매한다. 이 반응은 대부분의 종에서 아이소류신 합성을 위해 α-케토부티르산을 생산한다(17.3C절). α-케토부티르산은 분해경로에서 프로피오닐 CoA(propionylCoA)로 전환될 수 있고, 프로피오닐 CoA는 시트르산 회로의 중간체인 석시닐 CoA의 전구체이다(16.7F절). 쓰레오닌은 분해경로에 따라 석시닐 CoA + 아세틸 CoA 또는 글라이신 + 아세틸 CoA를 생산한다.

E. 분지사슬을 가진 아미노산

류신, 발린 및 아이소류신은 서로 연결된 경로에 의해 분해된다(그림 17.34). 모든 경로에서 동일한 세 효소가 처음 세 단계를 촉매한다. 1단계는 분지사슬 아미노산 트랜스아미네이즈

▲ 그림 17.31
세린과 글라이신의 이화작용.

프로피오닐 CoA에서 석시닐 CoA로의 경로가 그림 16.22에 자세히 표시되어 있다.

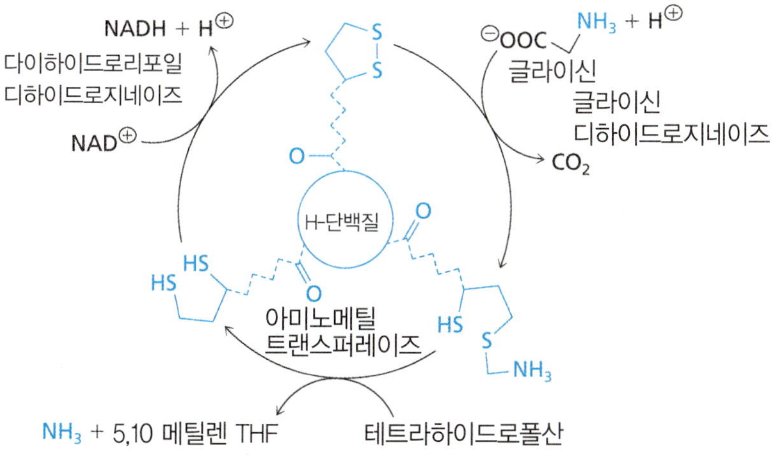

◀ 그림 17.32
글라이신 절단체계. 리포아마이드 회전팔이 구조의 핵심성분(H-단백질)에 붙어 있다. 회전팔이 세 효소의 활성 부위를 통과한다.

α-케토부티르산
$NH_4^{\oplus}$
세린 디하이드라테이즈 (PLP) 이차 경로
쓰레오닌
$NAD^{\oplus}$
$NADH + H^{\oplus}$
쓰레오닌 디하이드로지네이즈
주 경로
2-아미노-3-케토부티르산
HS-CoA
$NAD^{\oplus}$
α-케토산 디카복실레이즈
NADH
CO_2
프로피오닐 CoA
쓰레오닌 알돌레이즈
이차 경로
아세트알데하이드
글라이신
글라이신-절단체계
HS-CoA
2-아미노-3-케토부티르산 라이에이즈
아세틸 CoA
글라이신
글라이신-절단체계

▲ **그림 17.33**
쓰레오닌 분해의 대체 경로.

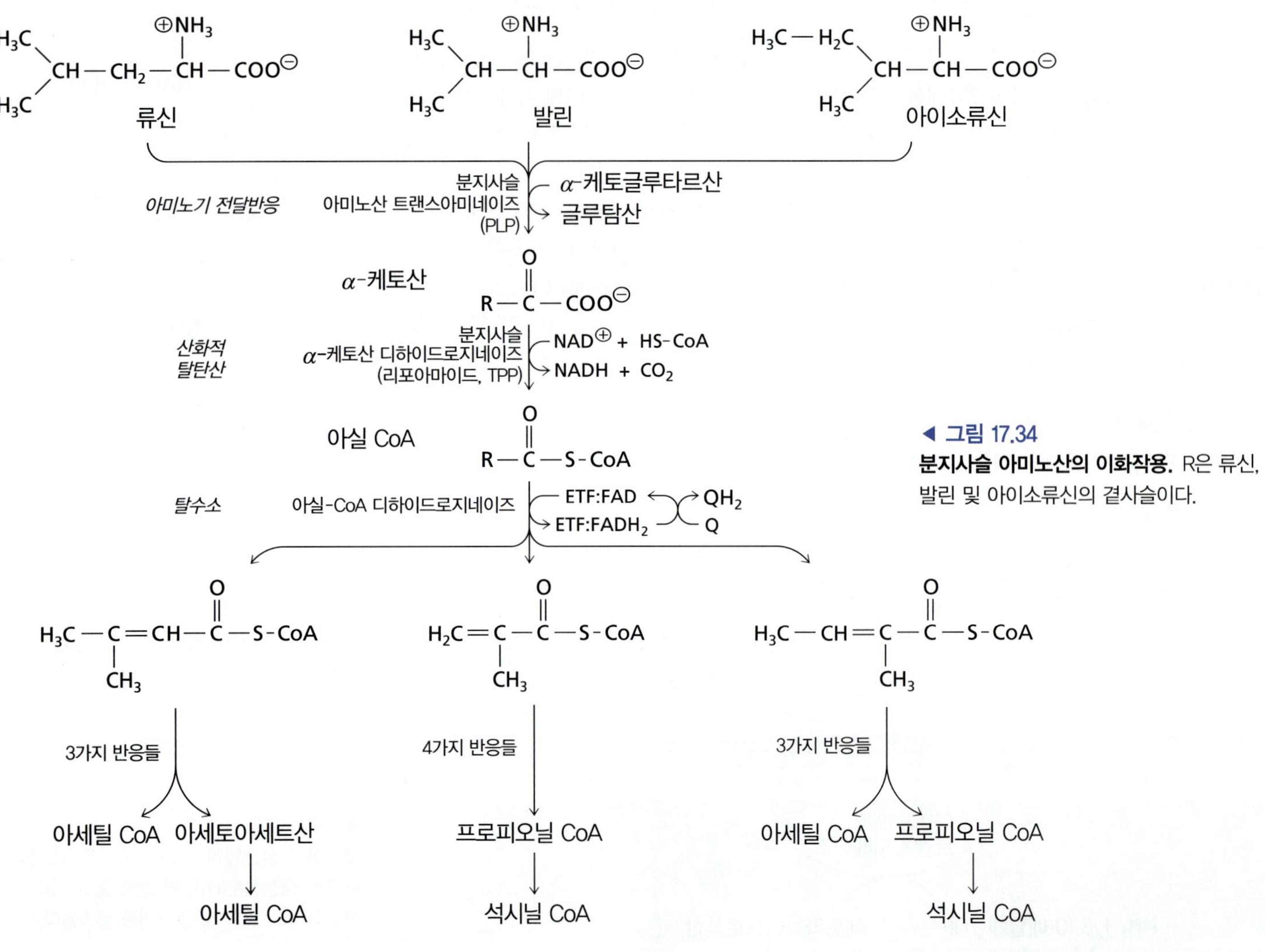

◀ **그림 17.34**
분지사슬 아미노산의 이화작용. R은 류신, 발린 및 아이소류신의 곁사슬이다.

(branched chain amino acid transaminase)가 촉매하는 아미노기 전달반응이다.

2단계는 분지사슬 α-케토산 디하이드로지네이즈(α-keto acid dehydrogenase)가 촉매하는 분지사슬 아미노산의 이화작용이다. 이 반응에서 분지사슬 α-케토산이 산화적 탈탄산을 거쳐 자신보다 탄소 원자가 하나 적은 분지사슬 아실 CoA 분자(branched chain acyl CoA molecules)를 생성한다. 분지사슬 α-케토산 디하이드로지네이즈(branched chain α-keto acid dehydrogenase)는 리포아마이드와 싸이아민파이로인산(thiamine pyrophosphate; TPP)을 가진 다중복합체이고, $NAD^{\oplus}$와 조효소 A(coenzyme A)가 필요하다. 이 효소의 촉매 메커니즘은 파이루브산 디하이드로지네이즈 복합체(13.1절) 및 α-케토글루타르산 복합체(13.3#4절)와 유사하고, 이들에서 발견된 동일한 다이하이드로리포아마이드 디하이드로지네이즈(dihydrolipoamide dehydrogenase; E_3) 소단위체를 갖고 있다.

분지사슬 아실 CoA 분자는 지방아실 CoA 산화의 첫 단계와 유사한 반응에서 FAD를 갖고 있는 아실 CoA 디하이드로지네이즈에 의해 산화된다(그림 16.19). 이 산화 단계에서 제거된 전자는 전자전달 플라보단백질(electron transferring flavoprotein; ETF)을 통해 유비퀴논(Q)으로 전달된다.

이때 분지사슬 아미노산의 이화작용 단계는 갈라진다(diverge). 류신의 모든 탄소는 최종적으로 아세틸 CoA가 되므로 류신은 순수하게 케톤 생성적이다. 발린은 결국 프로피오닐 CoA가 된다. 쓰레오닌의 분해에서처럼 프로피오닐 CoA는 시트르산 회로로 진입하는 석시닐 CoA로 전환된다. 발린은 포도당 생성적이다. 아이소류신 분해 경로는 프로피오닐 CoA와 아세틸

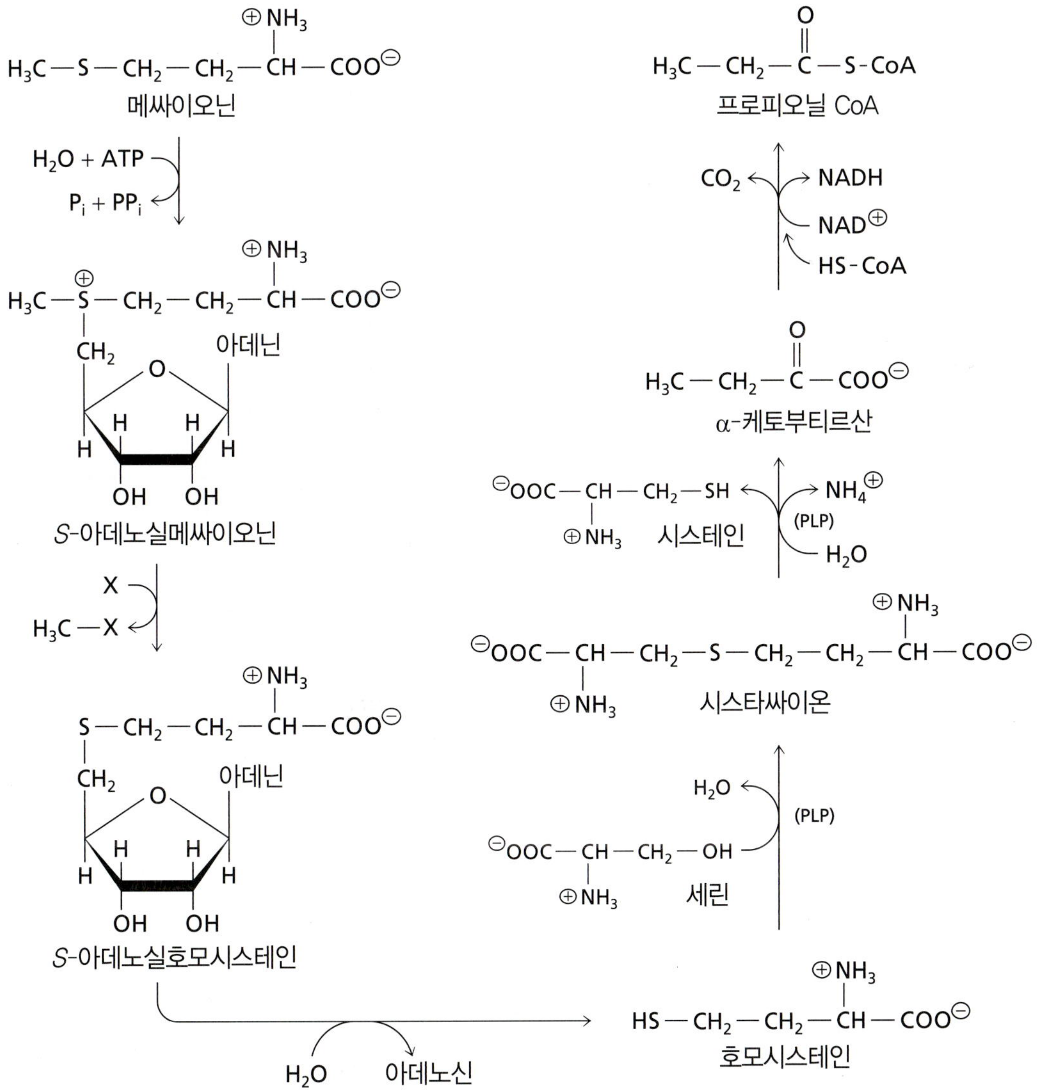

◀ 그림 17.35
메싸이오닌이 시스테인과 프로피오닐 CoA로 전환. 두 번째 단계의 X는 많은 메틸기 수용체 중 하나이다.

$$\begin{array}{c} COO^{\ominus} \\ | \\ H_3\overset{\oplus}{N}-CH \\ | \\ CH_2 \\ | \\ SH \end{array}$$

시스테인

O_2 → $H^{\oplus}$

$$\begin{array}{c} COO^{\ominus} \\ | \\ H_3\overset{\oplus}{N}-CH \\ | \\ CH_2 \\ | \\ SO_2^{\ominus} \end{array}$$

시스테인설핀산

α-케토-글루타르산 → 글루탐산 (PLP)

$$\begin{array}{c} COO^{\ominus} \\ | \\ C=O \\ | \\ CH_2 \\ | \\ SO_2^{\ominus} \end{array}$$

β-설피닐파이루브산

비효소적 탈황작용 $H^{\oplus}$ → SO_2

$$\begin{array}{c} COO^{\ominus} \\ | \\ C=O \\ | \\ CH_3 \end{array}$$

파이루브산

▲ 그림 17.36
시스테인으로부터 파이루브산으로의 전환.

동물을 제외한 모든 생물체에서 아세틸 CoA는 포도당으로 전환될 수 있기 때문에, 케톤 생성 경로와 포도당 생성 경로는 동물에서만 구별됨을 기억하라.

BOX 17.5 타이로신 형성과정에서의 결함으로 생긴 페닐케톤뇨증

아미노산 대사에서 가장 흔한 기능 장애 중 하나는 페닐케톤뇨증(phenylketonuria; PKU)이다. 이 질병은 페닐알라닌 하이드록실레이즈(phenylalanine hydroxylase)를 암호화하는 유전자(염색체 12q상의 *PAH* 유전자: OMIN MIN = 261600)의 돌연변이에 의해 발생한다. 이 질병을 앓고 있는 소아 환자는 음식의 페닐알라닌을 타이로신으로 전환시키지 못해서 혈액에 매우 높은 농도의 페닐알라닌과 낮은 농도의 타이로신을 갖고 있다. 페닐알라닌은 타이로신으로 전환되지 못하고, 대신 그림 17.20의 아미노기 전달 반응에서 역반응을 통해 페닐파이루브산(phenylpyruvate)으로 대사된다(정상인의 경우, 페닐알라닌에 대한 트랜스아미네이즈의 K_m 값이 정상적인 페닐알라닌의 농도보다 매우 크므로 페닐알라닌의 아미노기 전달반응은 일어나지 않는다). 페닐파이루브산과 그의 유도체 양이 증가하면 뇌 발달을 억제한다.

신생아는 정기적으로 출생 후 며칠 동안 오줌의 페닐파이루브산 또는 혈액의 페닐알라닌 증가량을 측정하여 PKU를 진단해야 한다. 페닐알라닌 하이드록실레이즈-결핍 환자는 출생 후 10년 동안 음식에서 페닐알라닌 섭취를 최대한 제한하면 정상적으로 성장할 수 있다. 일부 여성 PKU 환자는 임신 중에 정상적인 태아 발달을 위해서 페닐알라닌 섭취를 제한해야만 한다. 다이하이드로테리딘 리덕테이즈(dihydropteridine reductase) 또는 4*α*-카비놀아민 디하이드라테이즈(4*α*-carbinolamine dehydratase)가 결핍된 사람에게서, 또는 테트라하이드로바이오테린(tetrahydrobiopterin) 생합성에 결함이 생긴 사람에게서도 역시 페닐알라닌이 증가하는데, 그 이유는 이 사람들에게서 페닐알라닌의 수산화(hydroxylation)가 손상되었기 때문이다.

음식 조절이 PKU의 성공적인 치료 방법이 될 수는 있지만, 음식 제한으로 고기, 생선, 우유, 빵 및 케이크와 같은 자연적인 고단백질 음식이 식단에서 제외된다. 이러한 엄격한 식단은 일단 맛이 없다. PKU 환자에게 페닐알라닌을 암모니아와 비독성 탄소 생성물로 분해하는 효소를 처방하는 실험이 수행되었다. 이 효소가 페닐알라닌에 대한 엄격한 식단을 완전히 대체할 수는 없지만 단백질 함유 음식에 대한 환자의 욕구를 최소한 충족시켜줄지는 모른다.

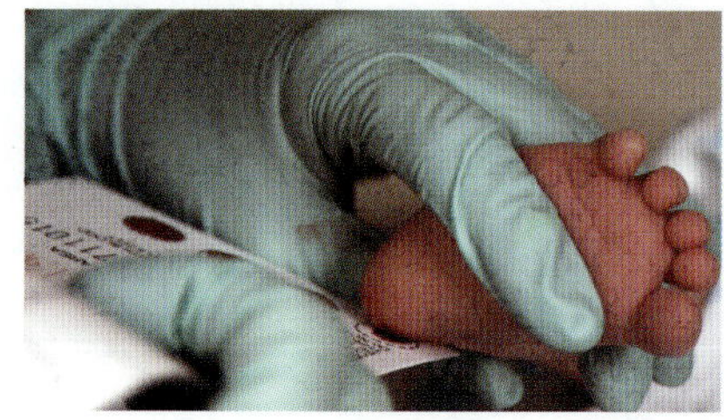

▲ 신생아의 발 뒤꿈치로부터 피를 뽑아 PKU를 진단한다.

CoA로 끝난다. 따라서 아이소류신은 (프로피오닐 CoA로부터 생성된 석시닐 CoA를 통해서) 포도당 생성적이면서 (아세틸 CoA를 통해서) 케톤 생성적이다. 이처럼 이 세 가지 분지사슬 아미노산은 분해 초기 단계에서는 유사하지만, 그 탄소 골격들은 (최소한 동물에서는) 서로 다른 운명을 갖는다.

F. 메싸이오닌

메싸이오닌의 중요한 역할 중 하나는 활성화된 메틸 공여체인 *S*-아데노실메싸이오닌(*S*-adenosylmethionine)으로의 전환이다(7.3절). *S*-아데노실메싸이오닌으로부터 메틸 수용체로 메틸기를 전달하면 *S*-아데노실호모시스테인(*S*-adenosylhomocysteine)이 가수분해에 의해 호모시스테인과 아데노신으로 분해된다(그림 17.35). 호모시스테인은 5-메틸테트라하이드로폴산

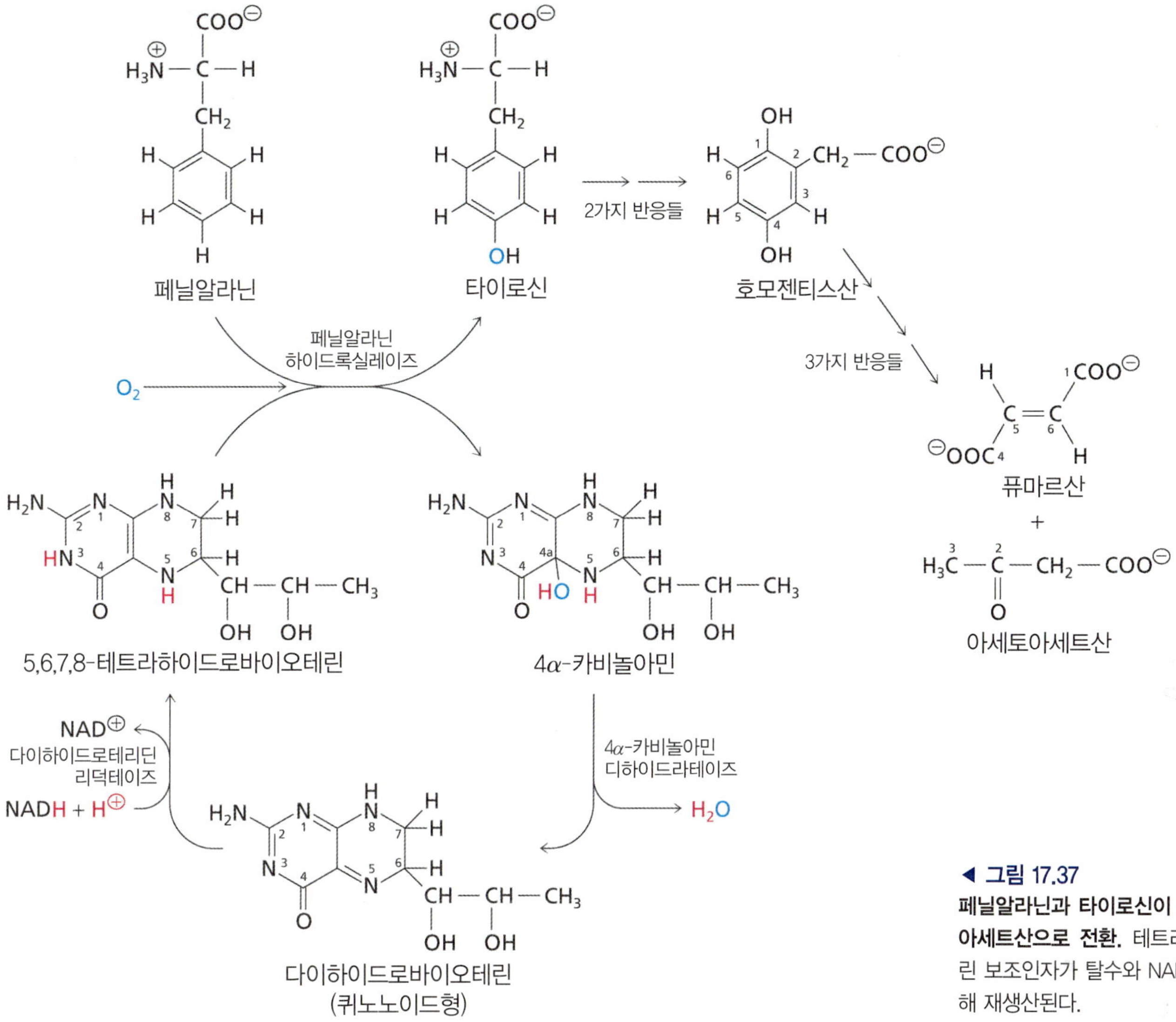

▲ **그림 17.37**
페닐알라닌과 타이로신이 퓨마르산과 아세토아세트산으로 전환. 테트라하이드로바이오테린 보조인자가 탈수와 NADH-의존 환원을 통해 재생산된다.

으로부터 메틸기를 받아 메싸이오닌이 되거나 또는 세린과 반응하여 시스테인과 α-케토부티르산으로 분해될 수 있는 시스타싸이온을 생성할 수 있다. 우리는 이러한 일련의 반응들을 일찍이 시스테인 생성경로의 일부분에서 살펴보았다(그림 17.18). 이 경로에 의하면 포유류는 필수 아미노산인 메싸이오닌으로부터 황 원자를 이용하여 시스테인을 생성할 수 있다. 종종 α-케토산 디하이드로지네이즈에 의해 α-케토부티르산이 프로피오닐 CoA로 전환된다. 프로피오닐 CoA는 석시닐 CoA로 대사될 수 있으므로 메싸이오닌은 포도당 생성적이다.

G. 시스테인

시스테인 이화작용의 주 경로는 파이루브산이 생성되는 3단계 경로이다(그림 17.36). 따라서 시스테인은 포도당 생성적이다. 시스테인은 먼저 시스테인설핀산(cysteine sulfinate)으로 산화되고, 아미노기 전달반응에 의해 아미노기를 잃어 β-설피닐파이루브산(β-sulfinylpyruvate)이 형성된다. 비효소적 탈황작용(desulfurylation)에 의해 파이루브산이 생산된다.

H. 페닐알라닌, 트립토판 및 타이로신

방향족 아미노산은 통상적인 이화작용 패턴을 공유한다. 일반적으로 이 경로는 산화로 시작하여 아미노기 전달반응 또는 가수분해에 의한 질소 제거, 그리고 산화와 짝지어져 일어나는 고리 개방의 순서로 일어난다.

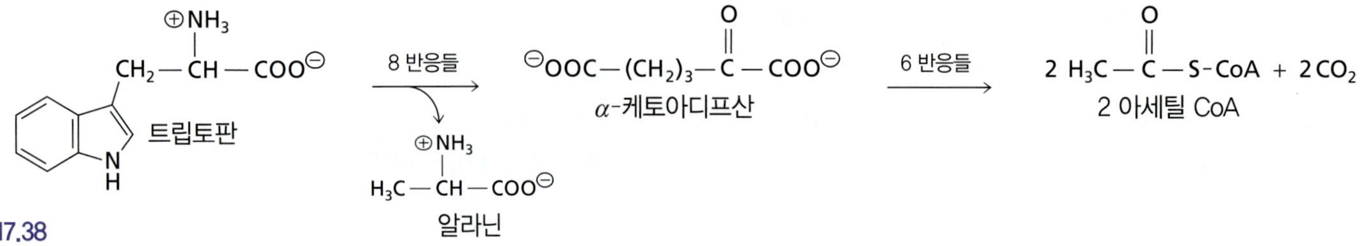

▲ **그림 17.38**
트립토판이 알라닌과 아세틸 CoA로 전환.

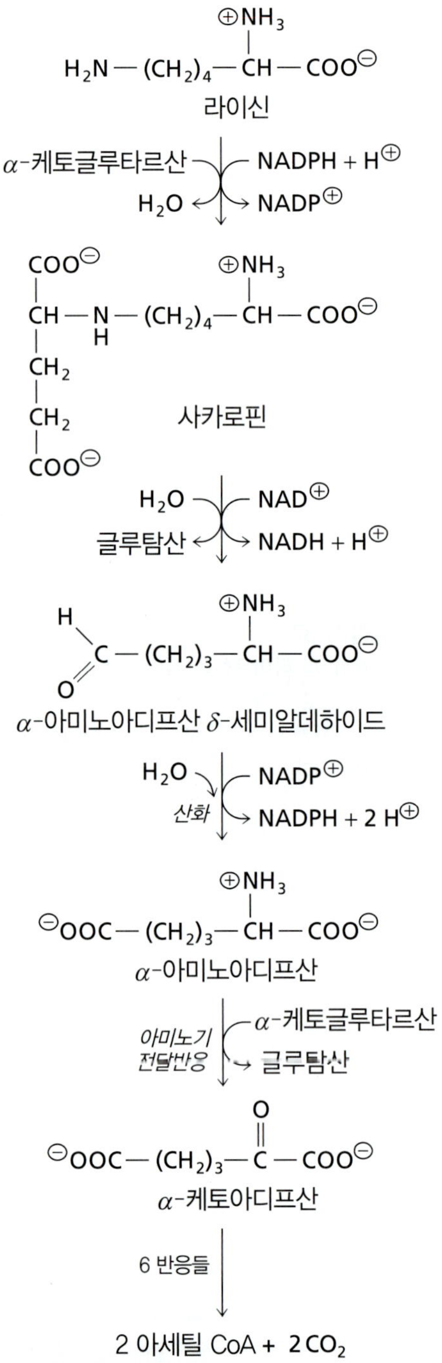

▲ **그림 17.39**
라이신이 아세틸 CoA로 전환.

요산의 추가적인 분해가 18.8절에 설명되어 있다.

페닐알라닌 하이드록실레이즈가 촉매하는 페닐알라닌에서 타이로신으로의 전환은 페닐알라닌 이화작용의 중요한 단계이다(그림 17.37). 동물에는 타이로신 합성을 위한 정상적인 코리슴산 경로가 없기 때문에 페닐알라닌이 타이로신의 공급원이 된다. 페닐알라닌 하이드록실레이즈 반응에는 산소 분자와 환원제인 테트라하이드로바이오테린이 필요하다. O_2로부터 산소 원자 1개가 타이로신에 삽입되고 나머지 1개는 물로 전환된다.

테트라하이드로바이오테린은 두 단계를 거쳐 재생산된다. 4α-카비놀아민 디하이드라테이즈는 첫 산화 산물을 탈수시키고, 곁사슬이 C-6이 아니라 C-7에 있게 되는 불활성형으로의 이성질화를 억제한다. 다이하이드로테리딘 리덕테이즈는 NADH가 필요한 반응을 통해 퀴노노이드 다이하이드로바이오테린을 5,6,7,8-테트라하이드로바이오테린으로 환원시킨다. 테트라하이드로바이오테린 역시 아지닌으로부터 일산화질소를 생합성할 때 환원제로 사용된다(17.4C절).

타이로신의 이화작용은 α-케토글루타르산과의 아미노기 전달반응을 통해 α-아미노기가 제거되면서 시작한다. 뒤이어 산화 단계에서 고리가 개방되고 최종 산물인 퓨마르산과 아세토아세트산이 생성된다. 세포기질에 있는 퓨마르산은 포도당으로 전환된다. 아세토아세트산은 케톤체이다. 따라서 타이로신은 포도당 생성적인 동시에 케톤 생성적이다.

트립토판의 인돌 고리는 2개의 고리-개방 반응이 포함된 더 복잡한 분해경로를 갖는다. 간과 미생물의 트립토판 이화작용에서 주 경로를 통해 α-케토아디프산(α-ketoadipate)과 최종적으로 아세틸 CoA가 생성된다(그림 17.38). 트립토판 이화작용의 초기에 생산된 알라닌은 아미노기 전달을 통해 파이루브산이 된다. 이처럼 트립토판의 이화작용은 포도당 생성적인 동시에 케톤 생성적이다.

I. 라이신

라이신 분해의 주된 경로를 통해 α-케토글루타르산과 라이신의 축합반응 산물인 사카로핀(saccharopine) 중간체가 생긴다(그림 17.39). 연속된 산화반응으로 α-아미노아디프산이 생산되고, 곧 α-케토글루타르산과의 아미노기 전달반응을 거쳐 아미노기를 잃어 α-케토아디프산이 된다. 이후 트립토판 분해에서 일어나는 것과 동일한 단계에 의해 α-케토아디프산은 아세틸 CoA로 전환된다. 류신처럼 라이신은 케톤 생성적이다(이 둘은 순수하게 케톤 생성적인 유일한 일반 아미노산이다).

17.7 요소 회로는 암모니아를 요소로 전환한다

고농도의 암모니아는 세포에 치명적이다. 생물체는 암모니아 배설물을 제거하기 위해 자신만의 전략을 개발해 왔다. 배설물의 운명은 물의 가용성에 달려 있다. 많은 수생생물에서는 암모니아가 직접 세포막을 가로질러 확산되고 주위의 물에 의해 희석된다. 이 경로는 큰 다세포 육상 생물에게는 비효율적이어서, 내부 세포 안쪽에 암모니아가 축적되는 일은 피해야만 한다.

대부분의 육상 척추동물은 암모니아 배설물을 덜 치명적인 산물인 요소(urea)로 전환시킨다(그림 17.40). 요소는 간에서 생산되는 비전하, 고수용성 화합물이며 혈관을 통해 신장에 운반되어 오줌의 주용질로서 배설된다[요소는 1720년경에 처음으로 오줌의 필수염으로 밝혀졌다. "요소(urea)"란 명칭은 "오줌(urine)"에서 유래되었다]. 조류(새)와 많은 육상 파충류는 여분의 암모니아를 요산(uric acid)으로 전환시킨다. 요산은 비교적 불용성인 화합물로서, 액성 용액

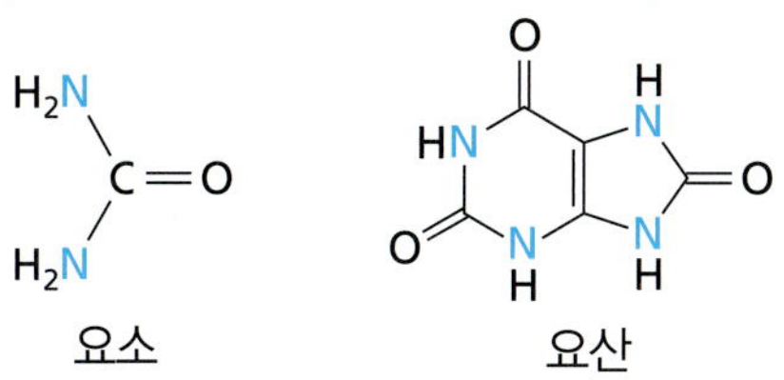

▲ 그림 17.40
요소와 요산.

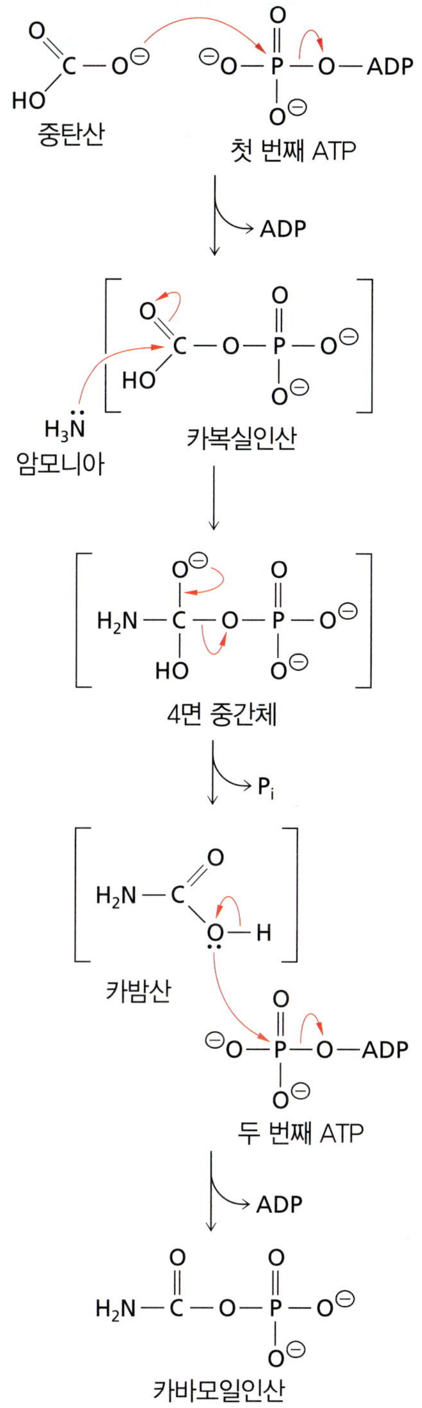

상태에서 침강되어 반고체성 형태를 갖는 슬러리(slurry)이다. 요산은 조류, 일부 파충류 및 영장류에서 퓨린 뉴클레오타이드의 분해산물이 되기도 한다.

요소의 합성은 전적으로 간에서 일어나며, 요소는 요소 회로라 부르는 일련의 반응에 의한 산물이다. 이 회로는 크렙스가 시트르산 회로를 발견하기 몇 년 전인 1932년에 한스 크렙스(Hans Krebs)와 커트 헨셀라이트(Kurt Henseleit)가 발견했다. 여러 번에 걸친 관찰로 요소 회로의 존재가 밝혀졌다. 예로, 쥐의 간 절편이 암모니아를 요소로 변화시켰다. 이 실험에 아미노산 오니틴을 첨가하면 요소 합성이 현저하게 촉진되고, 합성된 요소의 양이 첨가한 오니틴의 양을 초과하는 것으로 보아 오니틴이 촉매작용을 하는 듯했다. 결국 고농도의 아지네이즈(arginase) 효소가 요소를 생산하는 모든 생물체의 간에 존재한다고 밝혀졌다.

A. 카바모일인산의 합성

글루탐산이 산화적 탈아미노화되어 방출된 암모니아는 중탄산과 반응하여 카바모일인산을 생성한다. 이 반응에는 2분자의 ATP가 필요하고, 카바모일인산 신테테이즈가 촉매한다(그림 17.41). 이 효소는 카바모일인산이 피리미딘 생합성의 필수적인 전구체이기 때문에 모든 생물종에 존재하고, 요소 회로가 없는 종에서는 아지닌 합성에도 필요하다. 포유류에는 두 종류의 이러한 효소가 있다. 세포기질에 있는 효소는 카바모일인산 신테테이즈 II라 부르며 질소 공여체로 암모니아 대신 글루타민을 사용한다. 이 효소는 피리미딘 합성에 쓰인다(18.3절). 세균에 있는 효소도 글루타민을 사용한다. 두 번째 포유류 효소인 카바모일인산 신테테이즈 I은 요소 회로에 사용되기도 한다. 이 효소는 간 마이토콘드리아에서 가장 많은 효소 중 하나로 바탕체에 있는 단백질의 20%에 달한다. 카바모일인산의 질소 원자는 요소 회로를 통해 요소의 질소가 된다.

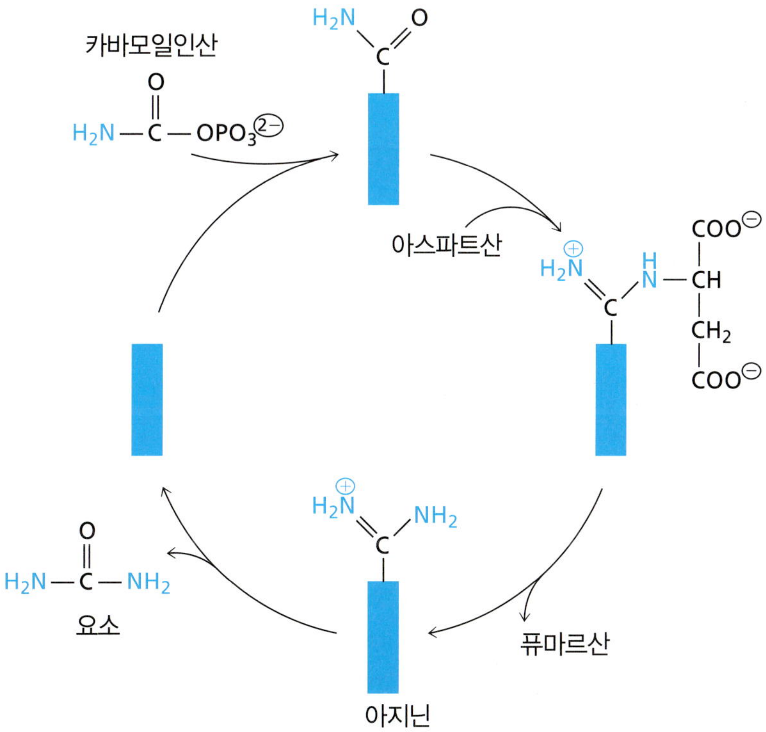

▲ 그림 17.41
카바모일인산 신테테이즈 I이 촉매하는 카바모일인산의 합성. 이 반응에는 두 번의 인산기 전달이 있다. 첫째, 중탄산이 ATP를 친핵성(nucleophilic) 공격하여 카복실인산과 ADP를 생성한다. 다음, 암모니아가 카복실인산과 반응하여 4면 중간체를 생성한다. 인산기가 제거되면 카밤산이 된다. 두 번째 인산기가 다른 ATP로부터 전달되어 카바모일인산과 ADP를 생성한다. 괄호 속 구조물은 효소와 결합된 채로 반응한다.

▲ 그림 17.42
요소 회로. 파란색의 네모박스는 오니틴이다.

BOX 17.6 아미노산 대사질환

단일유전자 결함(종종 선천적 대사 오류라고도 함)으로 인한 수백 가지의 인간 대사질환이 발견되었다. 이중 많은 수의 질환이 아미노산 분해의 결함 때문이다. 우리는 이미 페닐케톤뇨증에 대해 살펴봤는데, 이는 페닐알라닌으로부터 타이로신이 형성되는 과정에서 발생한 결함 때문이다(Box 17.5). 여기서는 추가적인 몇 가지 예를 살펴보겠다. 일부 경로에서의 결함은 심각해서 심지어 생명까지 위태롭게 하지만, 다른 경로에서는 덜 심각한 증상을 일으킨다. 즉, 일부 아미노산 분해경로는 그다지 중요하지 않은 반면 다른 경로는 출생 후 생존에 필수적이다.

알캅톤뇨증(Alkaptonuria)

유전적 결함으로 확인된 첫 대사질환은 알캅톤뇨증으로, 페닐알라닌과 타이로신의 이화 과정에서 생기는 중간체 중 하나인 호모젠티스산(homogentisate)이 쌓이는 희귀한 질환이다(그림 17.37). 호모젠티스산을 산화적으로 절단하는 효소인 호모젠티스산 다이옥시지네이즈(homogentisate dioxygenase)에 결함이 생기면 더 이상의 대사는 일어나지 않는다. 이 효소의 유전자는 3번 염색체에 위치하는 *HGD* 이다(OMIM MIM=203500). 공기에 노출되면 호모젠티스산은 색소로 전환되어 검게 변한다. 따라서 알캅톤뇨증은 검게 변한 오줌으로 확인되곤 했다. 알캅톤뇨증 환자는 관절염에 걸리기 쉬운데, 왜 대사질환이 이러한 합병증을 일으키는지는 알 수 없으나, 아마도 이 색소가 뼈와 결합 조직에 쌓이기 때문인 듯 하다.

시스틴뇨증(Cystinuria)

시스테인과 염기성 아미노산의 신장 수송에 결함이 생기면 혈액에 시스테인이 쌓이고 시스틴(cystine)으로 산화되어 시스틴뇨증을 일으킨다. 시스틴은 저용해성이라서 결석(calculi)을 형성하게 된다. 시스틴뇨증 환자의 결석을 용해시키기 위해 다량의 물을 처방하거나, 환자의 시스틴과 반응하여 용해성 유도체로 바꿔주는 약제를 처방하기도 한다(OMIM MIM=220100을 보라).

뇌이랑 위축(Gyrate Atrophy)

오니틴 트랜스아미네이즈 활성에 결함이 생기면 안구의 맥락막(choroid)과 망막(retina)에서 뇌이랑 위축이라는 대사질환이 생긴다. 해당 유전자는 10번 염색체에 위치하는 *OAT* 이다(OMIM MIM=258870). 이 질환에 의해 시야 협착증(tunnel vision)이 생기고 더 나아가 실명(blindness)하게 된다. 아지닌의 섭식 제한과 피리독신 섭취로 질환의 진행속도를 늦출 수 있다.

단풍시럽뇨병(Maple Syrup Urine Disease)

단풍시럽뇨병 환자의 오줌에는 단풍시럽 냄새가 풍긴다. 이 질환은 분지사슬 아미노산의 이화과정 중 2번째 단계인, 분지사슬 α-케토산 디하이드로지네이즈 복합체에 의한 촉매 단계에 유전적 결함이 생긴 것이다. 분지사슬 아미노산이 적게 들어간 음식을 섭취하지 않는다면, 환자의 수명은 짧아진다(OMIM MIM=248600).

비케톤성 고글라이신뇨증(Nonketonic Hyperglycinemia; 글라이신 뇌병증, Glycine Encephalopathy)

글라이신 절단을 촉매하는 효소에 결함이 생기면 체액에 다량의 글라이신이 쌓인다. 이 현상이 비케톤성 고글라이신뇨증이라 부르는 질환의 주요 생화학적 증상이다. 대부분의 환자는 심각한 정신 지체(mental deficiencies)를 앓고 어릴 때 사망한다. 이 질환의 심각성으로 인해 글라이신 절단 체계가 얼마나 중요한지를 알게 되었다(OMIM MIM=605899).

B. 요소 회로 반응

요소의 첫 번째 질소 원자는 카바모일인산이, 두 번째 질소 원자는 아스파트산이 제공한다. 요소 합성은 중간체가 오니틴 골격에 공유결합된 채로 일어난다. 오니틴은 요소가 방출될 때 재생산되고, 요소 회로에 재진입한다. 이처럼 오니틴은 요소 합성에서 촉매제 역할을 한다(그림 17.42). 오니틴의 탄소, 질소 및 산소원자는 요소 회로에서 교환되지 않는다. 촉매제로서의 역할은 시트르산 회로(13.3절)에서의 옥살로아세트산의 역할보다 더 명확하지만, 원리는 동일하다.

실제의 요소 회로 반응은 그림 17.42에서 보이는 모식도보다 더 복잡하다. 그 이유는 첫 번째 반응이 마이토콘드리아의 바탕질에서 일어나고, 나머지 세 반응은 세포기질에서 일어나기 때문이다(그림 17.43). 마이토콘드리아의 바탕질과 세포기질을 연결해 주는 2가지 수송 단백질이 필요하다: 시트룰린-오니틴 교환자(citrulline-ornithine exchanger) 및 글루탐산-아스파트산 트랜스로케이즈(glutamate-aspartate translocase).

핵심개념

모든 종은 분해반응에 의해 발생된 암모니아를 제거할 필요가 있다. 일부 종은 직접 배설하지만 다른 종은 먼저 덜 치명적인 화합물로 바꾼 후 배설한다.

1. 회로의 시작: 마이토콘드리아의 오니틴 트랜스카바모일레이즈(ornithine transcarbamoylase)

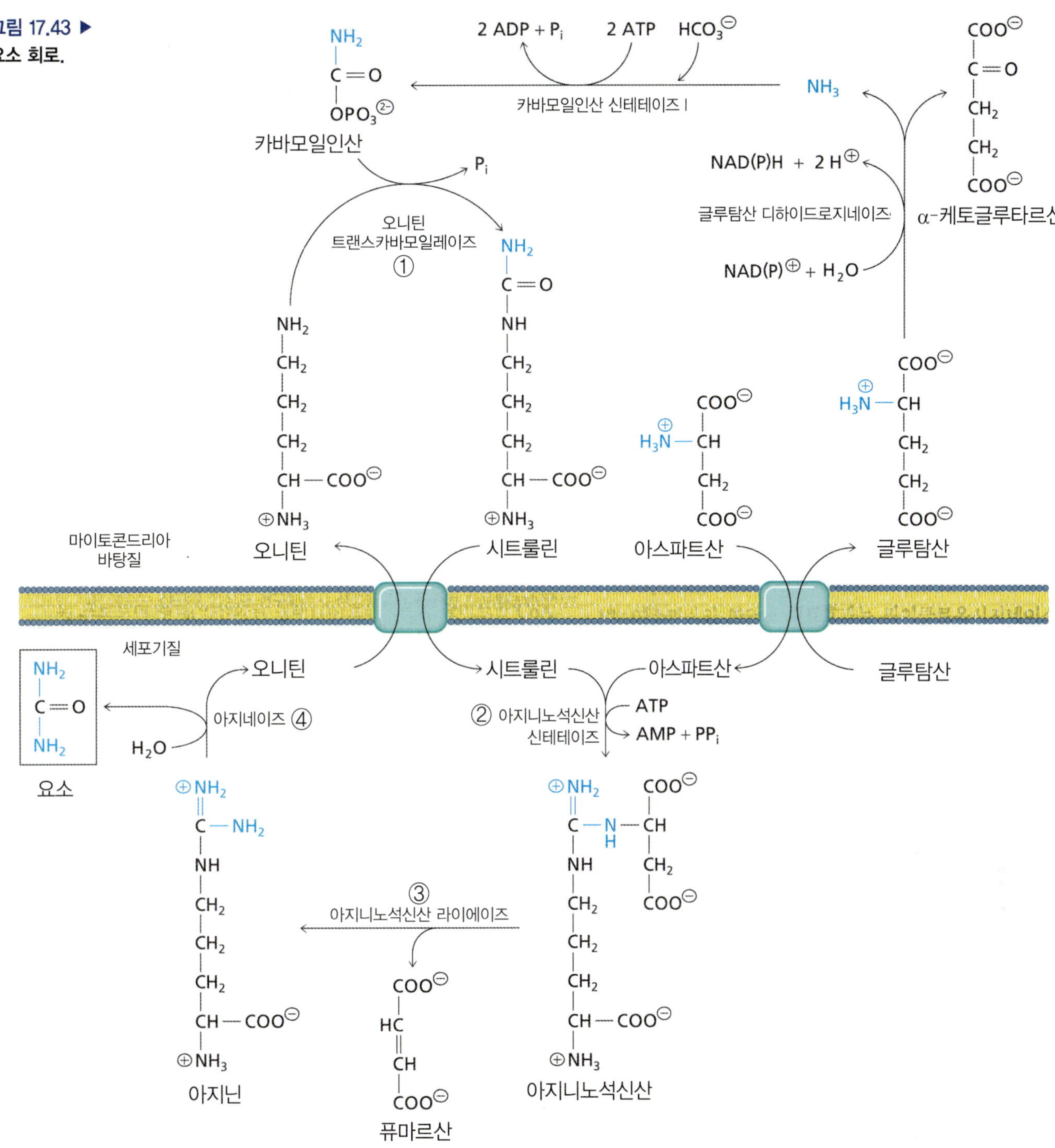

그림 17.43 ▶
요소 회로.

가 촉매하는 반응에서 카바모일인산이 오니틴과 반응하면 시트룰린이 생성된다. 이 단계에서 암모니아로부터 나온 질소 원자가 시트룰린으로 삽입된다. 시트룰린은 요소를 구성하는 질소의 반을 제공한다. 이후 시트룰린은 세포기질에 있는 오니틴과 교환되면서 마이토콘드리아 밖으로 수송된다.

2. 요소를 구성하는 두 번째 질소 원자는 아스파트산으로부터 오고, 세포기질에서 시트룰린이 아스파트산과 축합되어 아지니노석신산(argininosuccinate)을 생성할 때 삽입되어 들어간다. ATP에 의존하는 이 반응은 아지니노석신산 신테테이즈(argininosuccinate synthetase)가 촉매한다. 아스파트산이 가끔 세포기질에서 생성되기는 하지만 세포에서 대부분의 아스파트산은 마이토콘드리아에서 발생한다. 마이토콘드리아에 있는 아스파트

산은 세포기질에 있는 글루탐산과 교환되면서 세포기질로 진입한다(이 트랜스로케이즈 반응은 14.12절에서 설명한 말산-아스파트산 셔틀의 일부이다).

3. 아지니노석신산은 아지니노석신산 라이에이즈(argininosuccinate lyase)가 촉매하는 제거반응에서 비가수분해적으로 잘려 아지닌과 퓨마르산을 생성한다. 아지닌은 요소의 바로 직전 전구체이다(요소 회로의 두 번째, 세 번째 단계와 함께 아스파트산이 아미노기를 제공하기 위한 전략의 좋은 예가 된다. 우리는 이러한 전략을 다음 장의 퓨린 생합성 부분에서 두 번 더 볼 것이다. 핵심 과정은 뉴클레오사이드 3인산-의존 축합반응과 뒤이은 퓨마르산의 제거이다).

4. 마지막으로 아지닌의 구아니디늄기는 아지네이즈의 촉매작용에 의해 가수분해되어 오니틴과 요소를 생성한다. 아지네이즈는 활성자리에 한 쌍의 망간이온을 갖고 있고, 이핵성 망간 클러스터는 물 한 분자와 결합하여 아지닌의 구아니디늄 탄소를 공격하는 친핵성 수산화물 이온을 생성한다. 아지네이즈 작용에 의해 생성된 오니틴은 마이토콘드리아로 수송되어 거기서 카바모일인산과 반응하여 요소 회로를 계속 진행시킨다.

요소 합성의 전체 반응은 다음과 같다.

$$\text{NH}_3 + \text{HCO}_3^{\ominus} + \text{아스파트산} + 3\ \text{ATP} \longrightarrow \text{요소} + \text{퓨마르산} + 2\ \text{ADP} + 2\ \text{P}_i + \text{AMP} + \text{PP}_i \qquad \textbf{(17.5)}$$

요소의 두 질소 원자는 암모니아와 아스파트산에서, 탄소 원자는 중탄산에서 유래한다. 1분자의 요소가 생성될 때마다 4당량의 ATP가 소비된다. 1분자의 요소를 생성하는 동안 3분자의 ATP는 2분자의 ADP와 1분자의 AMP로 전환되고, 무기 파이로인산의 가수분해는 4번째 포스포안하이드라이드 결합(phosphoanhydride bond)이 분해됨을 의미한다.

퓨마르산의 탄소 골격은 포도당과 CO_2로 전환된다. 세포기질에 있는 퓨마르산은 마이토콘드리아의 시트르산 회로로 진입하지는 않지만 대신 세포기질의 퓨마레이즈 작용에 의해 말산으로 수화된다. 말산은 말산 디하이드로지네이즈 작용에 의해 옥살로아세트산으로 산화되고, 옥살로아세트산은 포도당신생경로로 진입한다. 타이로신의 분해 중 생성된 퓨마르산도 같은 운명을 갖는다(17.6H절).

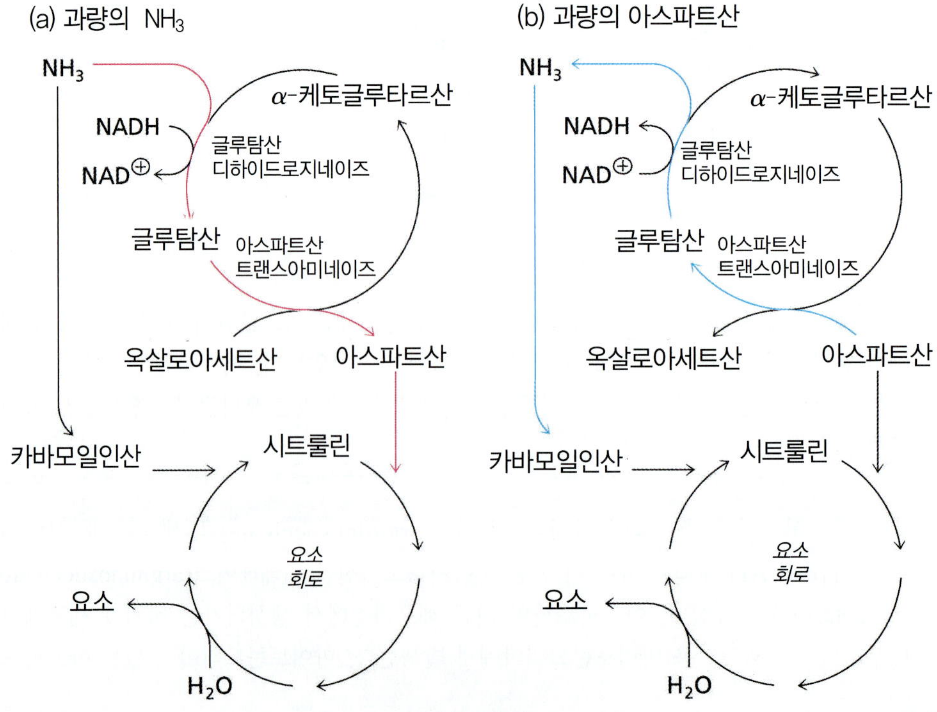

그림 17.44 ▶
요소 회로를 위한 균형잡힌 질소 공급. 이론적인 두 가지 상황: **(a)** 과량의 NH_3 **(b)** 과량의 아스파트산. 글루탐산 디하이드로지네이즈와 아스파트산 트랜스아미네이즈가 촉매하는 근접-평형반응을 통한 회로의 방향은 암모니아와 아미노산의 상대량에 따라 넉선된다.

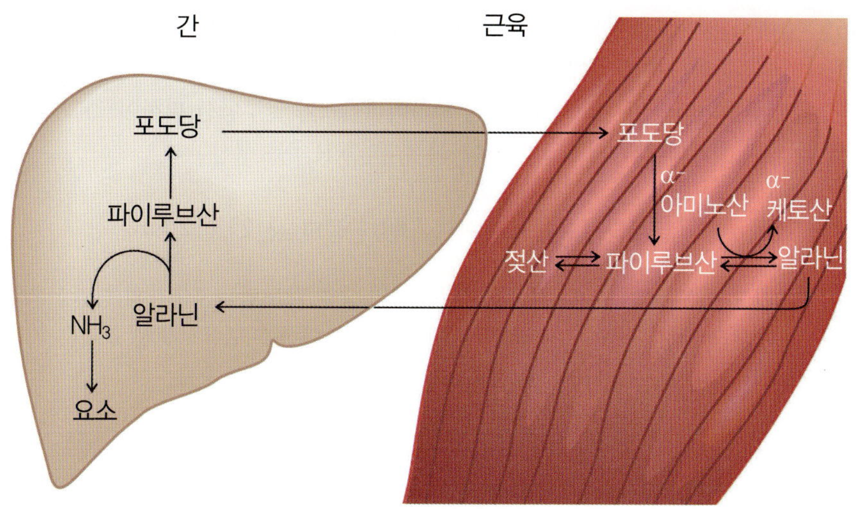

◀ 그림 17.45
포도당-알라닌 회로.

C. 요소 회로의 보조반응

요소 회로의 반응은 암모니아와 아스파트산으로부터 온 동량의 질소를 요소로 전환시킨다. 많은 아미노산은 α-케토글루타르산과의 아미노기 전달반응을 통해 아미노기 공여체로 작용하여 글루탐산을 생성한다. 글루탐산은 옥살로아세트산과 아미노기 전달반응을 거쳐 아스파트산을 생성하거나 또는 탈아미노화를 거쳐 암모니아를 생성한다. 글루탐산 디하이드로지네이즈와 아스파트산 트랜스아미네이즈 모두는 간 마이토콘드리아에 풍부하게 존재하며, 근접-평형 반응을 촉매한다. 암모니아와 아스파트산의 농도는 효율적인 요소 합성과 질소 제거를 위해 거의 동량이어야만 한다.

암모니아가 비교적 과량으로 있는 경우를 이론적으로 생각해 보자(그림 17.44a). 이 상황에서 글루탐산 디하이드로지네이즈가 촉매하는 근접-평형 반응은 글루탐산 생성 쪽으로 반응을 진행할 것이다. 글루탐산 농도가 증가하면 아스파트산 트랜스아미네이즈에 의한 근접-평형 단계를 통해 아스파트산으로의 생성이 증가한다. 대조적으로, 여분의 아스파트산이 존재하면 글루탐산 디하이드로지네이즈와 아스파트산 트랜스아미네이즈가 촉매하는 반응의 진행은 역방향으로 일어나게 되어, 요소 생성을 위해 암모니아를 제공하게 된다(그림 17.44b).

일부 아미노산은 간이 아니라 근육에서 탈아미노화된다. 근육에서 주요 에너지원인 당분해는 파이루브산을 생산한다. α-아미노산으로부터 파이루브산으로 아미노기가 전달되면 다량의 알라닌이 생산된다. 알라닌은 혈류를 통해 간으로 이동하여 거기서 파이루브산으로 다시 탈아미노화된다. 아미노기가 요소 합성에 사용되고, 파이루브산은 포도당신생성에 의해 포도당으로 전환된다. 이 경로 중 어느 것도 근육에서 작동하지 않는다. 포도당은 근육조직으로 되돌아올 수 있다. 대신 파이루브산은 옥살로아세트산으로 전환될 수 있고, 옥살로아세트산은 요소의 질소 원자 중 하나를 공여해 주는 대사물인 아스파트산의 탄소사슬이 된다. 근육과 간 사이에서 포도당과 알라닌이 교환되는 것을 포도당-알라닌 회로라고 부르고(그림 17.45), 이는 근육이 질소를 제거하고 에너지 공급을 보충해 주는 간접 수단이 된다.

17.8 신장에서의 글루타민 대사는 중탄산을 생산한다

신체는 종종 최종 대사물로 산을 생산한다. 이 음이온은 오줌으로 제거되고 양성자는 몸 안에 남아 있다. 한 예는 비조절성 당뇨병(uncontrolled diabetes mellitus)에서 다량으로 생산되는 케톤체인 β-하이드로부티르산이다. 다른 예는 황을 함유하고 있는 시스테인과 메싸이오닌의 이화작용 중 생산되는 황산이다. 이 두 산성 대사체들은 분리되어 양성자와 각각의 음이온, 즉 β-하이드로부티르산 또는 황산염(SO_4^{2-})이 된다. 혈액은 양성자를 위한 효율적인 완충계를 갖고 있고, 양성자는 중탄산과 반응하여 폐와 H_2O에 의해 제거되는 CO_2를 생산한다(그림

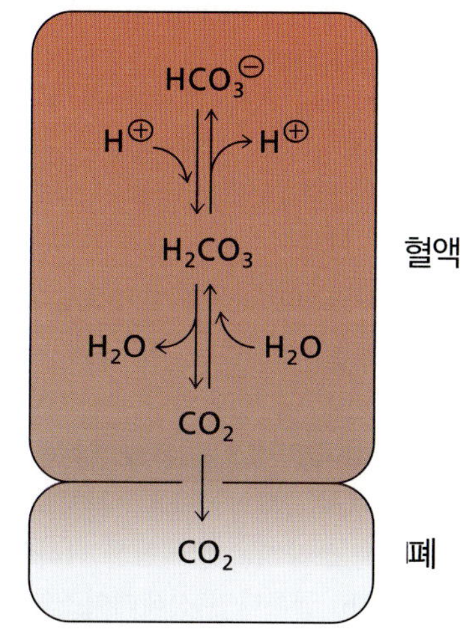

▲ 그림 17.46
혈액에서의 $H^{\oplus}$ 완충. $H^{\oplus}$ 완충계에 의해 중탄산이 손실된다.

17.46). 이 완충계가 효율적으로 여분의 수소이온을 중성화시키기 위해서는 혈액의 중탄산을 소비해야 한다. 중탄산은 신장에서 글루타민 이화작용에 의해 보충된다.

신장에서 글루타민의 두 질소 원자는 글루타미네이즈와 글루탐산 디하이드로지네이즈의 연속 작용에 의해 제거되어 α-케토글루타르산과 2개의 $NH_4^{\oplus}$를 생산한다.

$$\text{글루타민} \longrightarrow \longrightarrow \alpha\text{-케토글루타르산}^{\textcircled{2-}} + 2\ NH_4^{\oplus} \qquad \textbf{(17.6)}$$

두 분자의 2가 음이온 α-케토글루타르산은 1분자의 중성 포도당과 4분자의 중탄산으로 전환될 수 있다. α-케토글루타르산은 옥살로아세트산으로 산화되어 포도당신생성 과정을 거쳐 포도당으로 전환된다. 전체 과정(ATP는 무시)은 다음과 같다.

$$\underset{\text{글루타민}}{2\ C_5H_{10}N_2O_3} + 3\ O_2 + 6\ H_2O \longrightarrow \underset{\text{포도당}}{C_6H_{12}O_6} + 4\ HCO_3^{\ominus} + 4\ NH_4^{\oplus} \qquad \textbf{(17.7)}$$

$NH_4^{\oplus}$는 오줌으로 배설되고 $HCO_3^{\ominus}$는 정맥혈에 첨가되어, 대사성 산을 완충하느라 소실된 중탄산을 대체한다. $NH_4^{\oplus}$는 원래 산 대사물의 음이온(예: β-하이드록시부티르산 또는 황산염)과 함께 오줌으로 배설된다.

요약

1. 일부 세균에서만 질소는 나이트로지네이즈-촉매 환원에 의해 기체 질소로부터 암모니아로 고정된다. 식물과 미생물은 질산과 아질산을 암모니아로 환원시킬 수 있다.
2. 암모니아는 α-케토글루타르산과 반응하여 글루탐산 디하이드로지네이즈가 촉매하는 환원성 아미노화에 의해 글루탐산이 생성될 때 대사물 내로 삽입된다. 많은 생합성 반응에서 질소 공여체로 작용하는 글루타민은 글루타민 신테테이즈의 작용에 의해 글루탐산과 암모니아로부터 생성된다.
3. 글루탐산의 아미노기는 가역적인 아미노기 전달반응으로 α-케토산으로 전달되어 α-케토글루타르산과 해당되는 α-아미노산을 생성한다.
4. 아미노산의 탄소 골격을 생합성하기 위한 경로는 파이루브산과 시트르산 회로의 중간체처럼 단순한 대사 전구체로부터 시작한다.
5. 단백질 합성에서의 역할 이외에 아미노산은 많은 대사경로에서 전구체로 작용한다.
6. 모든 생물체에서 단백질 분자는 끊임없이 합성되고 분해된다.
7. 단백질 분해로부터, 또는 직접적인 음식 섭취로부터 얻은 아미노산은 이화될 수 있다. 이화작용은 종종 탈아미노화로 시작되고, 뒤이어 탄소대사의 중심 경로로 진입하기 위해 나머지 탄소사슬을 변경시킨다.
8. 아미노산 분해 경로는 파이루브산, 아세틸 CoA 또는 시트르산 회로의 중간체를 생산한다. 시트르산 회로의 중간체로 분해되는 아미노산은 포도당 생성적이다. 아세틸 CoA를 생성하는 아미노산은 케톤 생성적이다.
9. 포유류에서 대부분의 질소는 간의 요소 회로에 의해 생성되는 요소로 배설된다. 요소의 탄소 원자는 중탄산에서 유래한다. 아미노기 1개는 암모니아에서, 다른 1개는 아스파트산에서 유래한다.
10. 신장에서 글루타민 대사는 몸에서 생산되는 산을 중화시키기 위해 필요한 중탄산을 생산한다.

문제

1. 사이아노박테리아의 이질세포(heterocysts)는 고농도의 나이트로지네이즈를 갖고 있다. 이 세포는 광계 I(PSI)은 갖고 있지만 광계 II(PSII)는 갖고 있지 않다. 왜 그런가?
2. 다음의 짝지음 반응을 통해 2분자의 암모니아를 동화시키면서 1분자의 α-케토글루타르산을 1분자의 글루타민으로 전환시키는 알짜 반응식을 쓰라: (a) 글루탐산 디하이드로지네이즈와 글루타민 신테테이즈 (b) 글루타민 신테테이즈와 글루탐산 신테이즈. 이 두 경로에서의 에너지 요구를 비교하고, 차이점을 설명하라.
3. ^{15}N으로 표지된 아스파트산을 동물에게 먹일 때 ^{15}N이 순식간에 많은 아미노산에서 나타난다. 이 현상을 설명하라.
4. (a) 20개의 아미노산 중 3개는 탄수화물 대사산물에 단순히 아미노기 전달반응을 일으킴으로써 합성할 수 있다. 이 세 가지 아미노기 전달반응의 반응식을 쓰라.
   (b) 한 아미노산은 탄수화물 대사산물에 환원성 아미노화를 일으키면 합성할 수 있다. 이 반응의 반응식을 쓰라.
5. 동물은 황을 아미노산과 그의 유도체에 삽입시키기 위해 식물과 미생물에 의존한다. 그러나 동물에서 메싸이오닌은 필수 아미노산인 반면 시스테인은 아니다. 만약 식물에서 호모세린을 호모시스테인으로 전환시킬 때 황 원자의 공여체가 시스테인이라면, 황이 식물에서 시스테인과 메싸이온으로 삽입되는 경로와 동물에서 시스테인으

로 삽입되는 경로를 전체적으로 설명하라.

6. 세린은 특정 생합성 경로에서 1-탄소 절편(one-carbon fragments)의 공급원이다.

(a) 세린의 탄소 원자 2개가 어떻게 생합성에 사용되는지를 나타내는 반응식을 쓰라.

(b) 세린의 전구체가 당분해에서 생산된다고 가정하자. 포도당의 어떤 탄소 원자가 최종적으로 이 1-탄소 절편의 전구체가 되는가?

7. 다음 각각의 전구체-생성물 쌍에서 생성물의 어느 위치에 방사능 표지가 나타나겠는가?

(a) 3-[^{14}C]-옥살로아세트산 → 쓰레오닌

(b) 3-[^{14}C]-포스포글리세르산 → 트립토판

(c) 3-[^{14}C]-글루탐산 → 프롤린

(d) 코리슴산 ($COO^{\ominus}$, OH, $O-C(={}^{14}CH_2)-COO^{\ominus}$) ⟶ 페닐알라닌

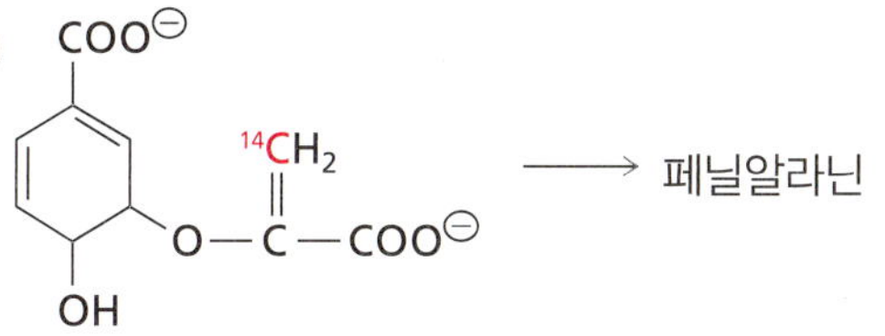

코리슴산

8. (a) PPT[포스피노트리신(phosphinothricin)]는 비교적 동물에게 안전한 제초제인데, 그 이유는 이 제초제가 혈관으로부터 뇌로 수송되지 않고 동물의 신장에서 신속히 제거되기 때문이다. PPT는 아미노산 기질의 유사체이기 때문에 효율적으로 식물의 아미노산 대사에 관여하는 효소를 억제한다. 어떤 아미노산이 PPT와 닮았을까?

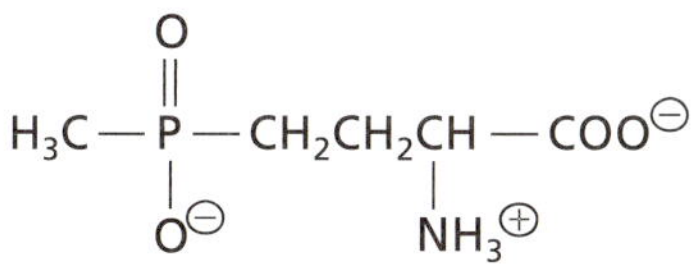

$$H_3C-P(=O)(O^{\ominus})-CH_2CH_2CH(NH_3^{\oplus})-COO^{\ominus}$$

PPT

(b) 제초제 아미노트라이아졸(aminotriazole)은 이미다졸 글리세롤인산 디하이드로지네이즈(imidazole glycerol phosphate dehydrogenase)를 억제한다. 식물에서 어떤 아미노산 경로가 억제 되는가?

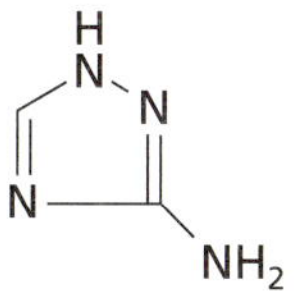

(H, N, N, N, NH_2)

아미노트라이아졸

9. 페닐케톤뇨증을 앓고 있는 어린이는 인공 감미료 아스파탐(aspartame)(그림 3.10)을 섭취해서는 안된다. 그 이유는?

10. (a) α-케토산 디하이드로지네이즈 결핍은 분지사슬 아미노산 대사에서 가장 흔한 효소 이상(enzyme abnormality)이다. 환자는 분지사슬 α-케토산을 배설한다. 이 효소에 결함이 생길 때 류신, 발린 및 아이소류신의 대사과정 중에 생기는 α-케토산의 구조를 각각 쓰라.

(b) 아미노산 이화작용에 장애가 생기면 사카로핀이 축적되고 배설된다. 어떤 아미노산 경로가 해당되고, 어떤 효소에 결함이 생기는가?

(c) 시트룰리네미아(citrullinemia)는 혈액에 시트룰린이 축적되고 오줌으로 배설되는 증상이다. 이 질환에 어떤 대사경로가 해당되고, 어떤 효소가 결핍된 것인가?

11. 어떤 아미노산이 아미노기 전달반응에 의해 다음의 α-케토산을 생산해 내는가?

(a) $^{\ominus}OOC-C(=O)-CH_3$

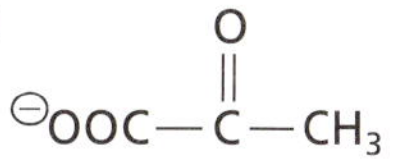

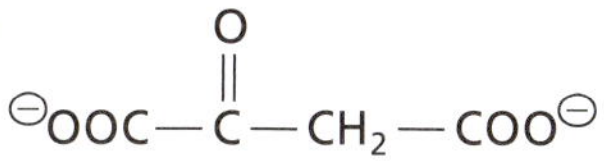

(b) $^{\ominus}OOC-C(=O)-CH_2-COO^{\ominus}$

(c) $^{\ominus}OOC-CH(=O)$

(d) $^{\ominus}OOC-C(=O)-CH_2-SH$

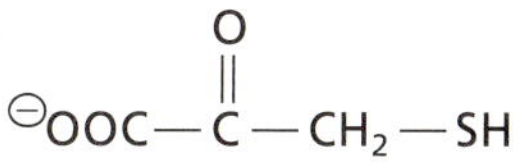

12. 동물의 근육은 아미노산의 탈아미노화 중 발생한 여분의 질소를 제거하기 위해 2종류의 경로를 사용한다. 두 경로는 무엇이며, 왜 필요한가?

13. 싸이오시트룰린(thiocitrulline)과 *S*-메틸싸이오시트룰린(*S*-methylthiocitrulline)은 동물에서 실험적으로 유도한 혈관 팽창, 저하된 혈압 및 쇼크를 방지할 수 있다. 혈관을 팽창하게 하는 기체 전달자(gaseous blood vessel dilating messenger)를 생산하는 어떤 효소가 억제되는 것인가? 왜 이 두 물질이 이 효소의 억제자로 작용하는지 설명하라.

14. 아미노산 생합성의 결함과 관련된 대사질환이 아주 적은 이유는 무엇인가?

15. 21번째, 22번째 및 23번째 아미노산의 생합성 경로(3.3절)가 17장에는 소개되지 않았다. 그 이유는? 이 세 아미노산의 가장 가까운 전구체는 무엇인가?

16. ATP 당량의 관점에서 아미노산의 생산비용은 각 전구체를 만드는 비용과 아미노산 생합성 경로의 각 반응에 드는 비용을 더하면 알 수 있다. 글리세르알데하이드-3-인산의 생산비용이 24 ATP 당량(15.4C절)이라고 가정하면, 세린(그림 17.15)과 알라닌(그림 17.12)의 생산비용은 각각 얼마인가? 당신이 계산한 값과 박스 17.3의 값은 어떤 차이점이 있는가?

참고문헌

질소 회로

Dixon, R., and Kahn, D. (2004). Genetic regulation of biological nitrogen fixation. *Nat. Rev. Microbiol.* 2:621–631.

Moisander, P. H., Beinart, R. A., Hewson, I., White, A. E., Johnson, K. S., Carlson, C. A., Montoya, J. P., and Zehr, J. P. (2010). Unicellular cyanobacterial distributions broaden the oceanic N_2 fixation domain. *Science* 327:1512–1524.

Montoya, J. P., Holl, C. M., Zehr, J. P., Hansen, A., Villareal, T. A., and Capone, D. G. (2004). High rates of N_2 fixation in the oligotrophic Pacific ocean. *Nature* 430:1027–1031.

Schimpl, J., Petrilli, H. M., and Blöchl, P. E. (2003). Nitrogen binding to the FeMo-cofactor of nitrogenase. *J. Am. Chem. Soc.* 125:15772–15778.

Seefeldt, L. C., Hoffman, B. M., and Dean, D. R. (2009). Mechanism of Mo-dependent nitrogenase. *Annu. Rev. Biochem.* 78:701–722.

아미노산 대사

Fitzpatrick, P. F. (1999). Tetrahydropterin-dependent amino acid hydroxylases. *Annu. Rev. Biochem.* 68:355–381.

Häussinger, D. (1998). Hepatic glutamine transport and metabolism. *Adv. Enzymol. Relat. Areas Mol. Biol.* 72:43–86.

Huang, X., Holden, H. M., and Raushel, F. M. (2001). Channeling of substrates and intermediates in enzyme-catalyzed reactions. *Annu. Rev. Biochem.* 70:149–180.

Katagiri, M., and Nakamura, M. (2003). Reappraisal of the 20th-century version of amino acid metabolism. *Biochem. Biophys. Res. Comm.* 312:205–208.

Levy, H. L. (1999). Phenylketonuria: old disease, new approach to treatment. *Proc. Natl. Acad. Sci. USA* 96:1811–1813.

Perham, R. N. (2000). Swinging arms and swinging domains in multifunctional enzymes: catalytic machines for multistep reactions. *Annu. Rev. Biochem.* 69:961–1004.

Purich, D. L. (1998). Advances in the enzymology of glutamine synthesis. *Adv. Enzymol. Relat. Areas Mol. Biol.* 72:9–42.

Raushel, F. M., Thoden, J. B., and Holden, H. M. (2003). Enzymes with molecular tunnels. *Acc. Chem. Res.* 36:539–548.

Richards, N. G. and Kilberg, M. S. (2006). Asparagine synthetase chemotherapy. *Annu. Rev. Biochem.* 75:629–654.

Scapin, G., and Blanchard, J. S. (1998). Enzymology of bacterial lysine biosynthesis. *Adv. Enzymol. Relat. Areas Mol. Biol.* 72:279–324.

Scriver, C. R., Beaudet, A. L., Sly, W. S., and Valle, D., eds. (1995). *The Metabolic Basis of Inherited Disease*, Vols. 1, 2, and 3. (New York: McGraw-Hill).

Srivastava, D., Schuermann, J. P., White, T. A., Krishnan, N., Sanyal, N., Hura, G. L., Tan, A., Henzl, M. T., Becker, D. F., and Tanner, J. J. (2010). Crystal structure of the bifunctional proline utilization A flavoenzyme from *Bradyrhizobium japonicum*. *Proc. Natl. Acad. Sci. USA* 107:2878–2883.

Wu, G., and Morris, S. M., Jr. (1998). Arginine metabolism: nitric oxide and beyond. *Biochem. J.* 336:1–17.

Zalkin, H., and Smith, J. L. (1998). Enzymes utilizing glutamine as an amide donor. *Adv. Enzymol. Relat. Areas Mol. Biol.* 72:87–144.

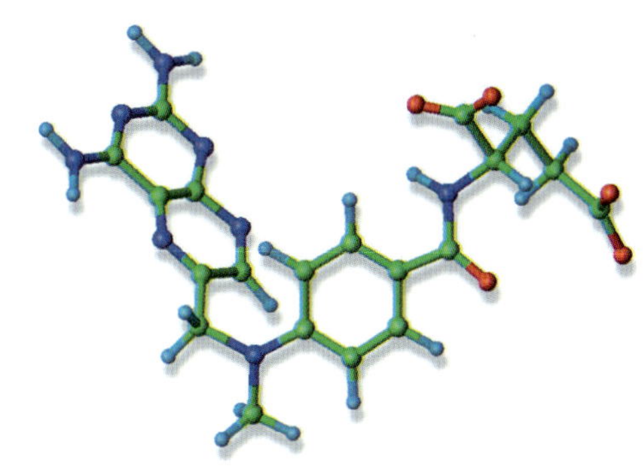

핵산 대사

우리는 이 책에서 뉴클레오타이드와 그 구성요소들을 살펴보았다. 아마도 뉴클레오타이드는 DNA와 RNA를 구성하는 가장 잘 알려진 빌딩 블록이지만, 이미 살펴본대로 단독으로 또는 다른 분자들과 함께 거의 모든 세포 활동에 관여한다. ATP와 같은 일부 뉴클레오타이드는 공동 기질로 작용하고, 고리형 AMP(cyclic AMP)와 GTP 등은 조절성 화합물로 작용한다.

모든 뉴클레오타이드의 구성 성분 중 하나는 염기(퓨린 또는 피리미딘)이다. 다른 구성 성분은 5탄당인 라이보스(또는 디옥시라이보스)와 1개 이상의 인산기이다. 표준 염기(아데닌, 구아닌, 사이토신, 싸이민, 유라실)는 뉴클레오타이드와 폴리뉴클레오타이드의 구성 성분이다. 이들 분자는 정보 전달에 필수적이므로 모든 생물체와 세포에서 합성된다. 분열하지 않는 세포의 뉴클레오타이드 생합성은 거의 RNA와 여러 뉴클레오타이드 보조인자를 합성하기 위한 라이보뉴클레오타이드 생산이다. 디옥시라이보뉴클레오타이드는 분열하는 세포의 DNA 복제에 필수적이므로 결국 디옥시라이보뉴클레오타이드 합성은 세포분열과 밀접하게 연결되어 있다. 이 연구는 특히 현대 의학에서 중요한데, 그 이유는 디옥시뉴클레오타이드 합성을 억제하는 합성 약물(synthetic agents)이 항암 치료제로 사용될 수 있기 때문이다.

18장에서는 퓨린(피리미딘) 뉴클레오타이드의 생합성을 시작으로 하여 퓨린(피리미딘) 라이보뉴클레오타이드로부터 DNA에 편입되는 형태인 2′-디옥시형으로의 전환 과정을 살펴볼 것이다. 이후 핵산과 외부 음식물의 분해로부터 얻어진 퓨린/피리미딘이 일명 회수(salvage) 과정을 통해 직접 뉴클레오타이드로 생성되는 방법을 논의할 것이다. 회수 경로(salvage pathway)는 핵산전환(turnover)의 산물을 재활용함으로써 에너지를 보존한다. 마지막으로 우리는 뉴클레오타이드의 생물학적 분해를 살펴볼 것이다. 퓨린이 분해되면 잠재적인 독성 물질이 생성되어 배설되는 반면 피리미딘이 분해되어 생성된 산물은 빠르게 대사된다.

[스벤] 퍼버그는 탁월한 추론과 충분하진 않지만 자신의 X-선 연구가 포함된 자료가 주는 행운으로 개별 뉴클레오타이드의 완전무결한 3차원 형태를 얻게 되었다... 크릭은 나에게 말했다. "퍼버그의 뉴클레오타이드는…우리에게는 절대적으로 없어서는 안될 것이었소."

호러스 프리랜드 저드슨 (1996), *The Eighth Day of Creation*, 94쪽

18.1 퓨린 뉴클레오타이드의 합성

조류(새)에서 질소 대사를 연구하는 중 두 개의 퓨린 뉴클레오타이드인 아데노신 5′-일인산(AMP)과 구아노신 5′-일인산(GMP)의 합성 회로에 작용하는 효소와 중간체가 확인되었다. 조

위: 대중적인 항암제, 메토트렉세이트(methotrexate). 메토트렉세이트는 DNA 합성에 사용되는 디옥시싸이미딜산의 생성 회로를 억제하는 엽산 유사체이다.

요산

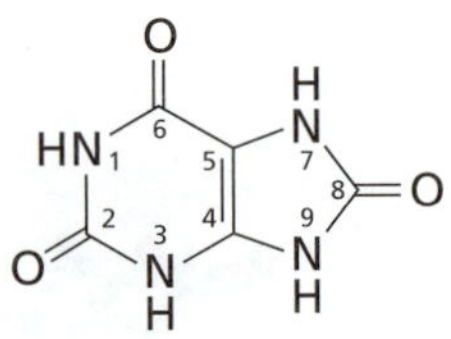

▲ **그림 18.1**
요산.

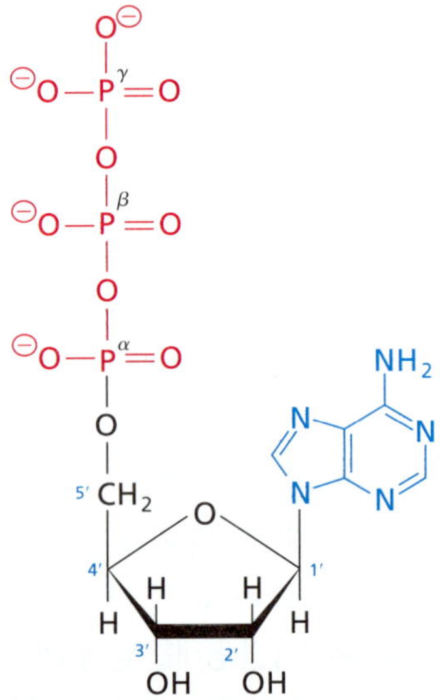

▲ **아데노신 삼인산(ATP)의 구조.** 질소성 염기 아데닌(파란색)이 라이보스(검은색)에 붙어 있다. 3개의 인산기(빨간색)가 라이보스의 5′ 위치에 결합되어 있다.

라이보스 5-인산은 오탄당 인산 경로에 의해 생산된다(12.4절).

주요 퓨린

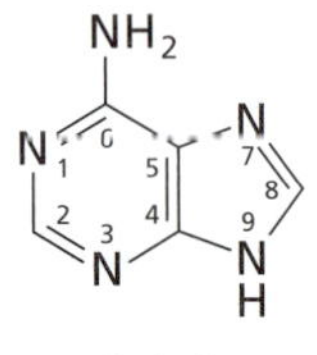

아데닌
(6-아미노퓨린)

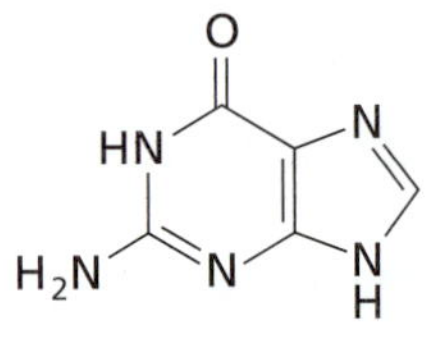

구아닌
(2-아미노-6-옥소퓨린)

▲ **아데닌, 구아닌.**

류와 일부 파충류의 질소 대사에서 주요 최종 생성물은 포유류에서의 요소와는 달리 요산(uric acid)이다(그림 18.1). 1950년대에 과학자들은 요산과 핵산 퓨린이 동일한 전구체와 반응 경로로부터 발생함을 알게 되었다. 퓨린이 활발하게 합성되는 조직인 비둘기 간(liver)의 파쇄액(homogenates)으로부터 퓨린의 생합성 연구에 필요한 효소들을 손쉽게 분리해 낼 수 있었다. 이후로는 조류의 간에서 발견되는 경로가 다른 많은 생물체에서도 발견되었다.

동위원소로 표지된 화합물 $^{13}CO_2$, $H^{13}COO^-$(포름산) 및 $^+H_3N\text{-}CH_2\text{-}^{13}COO^-$(글라이신)을 비둘기와 쥐에게 투여했을 때, 표지된 요산이 배설되었다. 표지된 요산을 화학적으로 분해하여 표지된 탄소와 질소의 위치를 확인한 결과, 이산화탄소의 탄소는 퓨린의 6번 탄소로, 포름산의 탄소는 퓨린의 2번 탄소와 8번 탄소로 편입되어 있었다. 결국 고리를 구성하는 원자들은, 즉 1번 질소는 아스파트산에서; 2번 탄소와 8번 탄소는 10-포밀테트라하이드로폴산을 통해 포름산(7.9절)에서; 3번 질소와 9번 질소는 글루타민의 아마이드기에서; 4번 탄소, 5번 탄소 및 7번 질소는 글라이신에서; 6번 탄소는 이산화탄소에서 유래한 것으로 밝혀졌다. 이 발견은 그림 18.2에 요약되어 있다.

퓨린의 고리 구조는 자유 염기(free base)로서가 아니라 라이보스 5-인산의 치환체 형태로 합성된다. 퓨린 생합성에 사용되는 라이보스 5-인산은 5-인산라이보실 1-이인산으로 알려진 5-인산라이보실 1-파이로인산(5-phosphoribosyl 1-pyrophosphate; PRPP)에서 유래한다. PRPP는 라이보스-인산 다이포스포카이네이즈가 촉매하는 반응에서 라이보스 5-인산과 ATP로부터 합성된다(그림 18.3). PRPP는 곧 라이보스 5-인산을 제공하여 그 위에 퓨린 구조가 조립되는 토대로 작용한다. PRPP는 피리미딘 뉴클레오타이드 생합성 경로에서 이미 형성된 피리미딘과 반응하여 뉴클레오타이드를 생성하지만, 전구체로도 작용한다. PRPP는 뉴클레오타이드 회수 경로와 히스티딘 생합성에서도 사용된다(그림 17.23).

퓨린 뉴클레오타이드 생합성 경로의 최초 산물은 하이포잔틴(hypoxanthine; 6-옥소퓨린, 6-oxopurine)을 염기로 갖는 뉴클레오타이드인 이노신 5-일인산(inosine 5-monophosphate; IMP) 또는 이노신산(inosinate)이다(그림 18.4). IMP 신생(*de novo*) 합성의 10단계 경로는 1950년대 뷰캐넌(John M. Buchanan)과 그린버그(G. Robert Greenberg)의 연구진에 의해 발견되었다. 중간체를 분리하고 구조적 특징을 밝히는 데만 고통의 10년 세월이 걸렸다.

IMP 합성 경로가 그림 18.5에 표시되어 있다. 이 경로는 글루타민-PRPP 아미도트랜스퍼레이즈(glutamine-PRPP amidotransferase)가 촉매하는 반응에 의해 PRPP의 파이로인산기를 글루타민의 아마이드 질소로 대체하는 반응으로부터 시작한다. 아노머 탄소의 배열은 이 친핵성 전위(nucleophilic displacement)에 의해 α형에서 β형으로 뒤집히고, 완성된 퓨린 뉴클레오타이드는 β형 배열을 갖는다. 인산라이보실아민(phosphoribosylamine)의 아미노기는 글라이신에 의해 아실화되어 글라이신아마이드 라이보뉴클레오타이드(glycinamide ribonucleotide)를 생성한다. 효소에 결합된 글라이실인산이 생성되는 이 반응의 메커니즘은 γ-글루타밀인산 중간체를 갖는 글루타민 신테테이즈의 메커니즘과 유사하다(반응 10.17).

단계 3에서 10-포밀테트라하이드로폴산(10-formyltetrahydrofolate)의 포밀기가 장차 IMP의 7번 질소가 되는 아미노기로 전달된다. 단계 4에서 아마이드는 글루타민이 질소를 제공하는 ATP-의존 반응에 의해 아미딘(amidine; RHN−C=NH)으로 전환된다. 단계 5에서 ATP를 사용해 고리가 폐쇄되고 이미다졸 유도체가 생산된다. 단계 6에서 CO_2는 장차 IMP의 5번 탄소가 되는 탄소에 결합함으로써 편입된다. 이 카복실화 과정은 바이오틴을 요구하지 않아서 정상적이지 않다. 중탄산은 먼저 ATP-의존 단계에서 장차 IMP의 3번 질소가 되는 아미노기에 결합한다. 이후 카복실화된 중간체는 재배열되어 카복실산기가 장차 퓨린의 5번 탄소가 되는 탄소 원자에 전달된다(그림 18.6). 대장균에서는 두 개의 독립된 효소가 이 단계들을 촉매하지만, 진핵생물에서는 다중기능 효소가 촉매한다. 척추동물에서는 이 효소가 카복실산기를 직접 카복시아미노이미다졸 라이보뉴클레오타이드(carboxyaminoimidazole ribonucleotide; CAIR)의 최종 위치에 전달한다. 따라서 척추동물의 효소가 더 효율적인데, 왜 다른 종의 효소

▲ **그림 18.2**
신생 합성된 퓨린에서 고리를 구성하는 원자들의 공급원.

그림 18.3 ▶
라이보스 5-인산과 ATP로부터 5-인산라이보실 1-파이로인산(PRPP)의 합성. 라이보스-인산 다이포스포카이네이즈는 ATP의 파이로인산기를 라이보스 5-인산의 1-하이드록실 산소에 전달한다.

는 2단계 반응을 거쳐야만 하는지에 대한 이유는 아직도 모른다.

단계 7과 8에서 아스파트산의 아미노기는 신장하는 퓨린 고리 체계에 편입된다. 먼저 아스파트산은 새로이 첨가된 카복실산기와 축합하여 아마이드, 특히 석시닐로카복사미드(succinylocarboxamide)를 생성한다. 이후 아데닐로석신산 라이에이즈(adenylosuccinate lyase)가 비가수분해적 절단 반응을 촉매하여 퓨마르산을 방출한다. 이 2단계 과정을 통해 장차 IMP의 1번 질소가 되는 아미노기가 전달된다. 이 2단계는 ATP가 AMP + PP_i로 분해되는 대신 ADP + P_i로 분해되는 것을 제외하면 요소 회로의 단계 2및 3과 유사하다(그림 17.43).

단계 3과 유사한 단계 9에서, 공동기질인 10-포밀테트라하이드로폴산은 포밀기를 아미노이미다졸 카복사미드 라이보뉴클레오타이드(aminoimidazole carboxamide ribonucleotide)의 친핵성 아미노기에 전달한다. 최종 중간체의 아마이드 질소는 곧 포밀기와 축합하고 고리를 폐쇄하여 IMP의 퓨린 고리 체계를 완성한다. IMP의 합성에 상당량의 에너지가 소비된다. PRPP 합성 중 ATP가 AMP로 전환되고, 단계 2, 4, 5, 6, 7은 ATP가 ADP로 전환되면서 추진된다. 글루탐산과 암모니아로부터 글루타민을 합성할 때 ATP가 추가로 사용된다(그림 17.5).

▲ **G. 로버트 그린버그(1918~2005).** 그린버그 연구진은 많은 퓨린 생합성 경로를 밝혀냈다.

BOX 18.1 염기의 일반 명칭

아데닌(Adenine)	"샘(gland)"을 뜻하는 그리스어 *adenas*에서 유래 : 최초로 췌장샘에서 추출(1885)
사이토신(Cytosine)	세포를 뜻하는 "용기(receptacle)"에 해당하는 그리스어 *cyto*-에서 유래(1894)
구아닌(Guanine)	원래 "구아노(guano)" 또는 조류 배설물에서 추출(1850)
유라실(Uracil)	출처가 불분명, 아마도 "요소(urea)"에서 유래(1890)
싸이민(Thymine)	최초로 흉선(thymus glands)에서 추출(1894)
잔틴(Xanthine)	"노란색(yellow)"을 뜻하는 그리스어에서 유래(1857)

▲ **그림 18.4**
이노신 5′-일인산(IMP) 또는 이노신산. IMP는 다른 퓨린 뉴클레오타이드로 전환된다. 조류와 영장류에서 다량의 IMP가 요산으로 분해된다.

핵심개념

에너지 측면에서 뉴클레오타이드 생합성 경로는 고비용이다.

▼ **그림 18.5**

IMP 신생 합성의 10단계 경로. R5′P는 라이보스 5′-인산을 의미한다. 원자에 붙은 번호는 완성된 퓨린 고리 구조에서 그 원자의 위치이다.

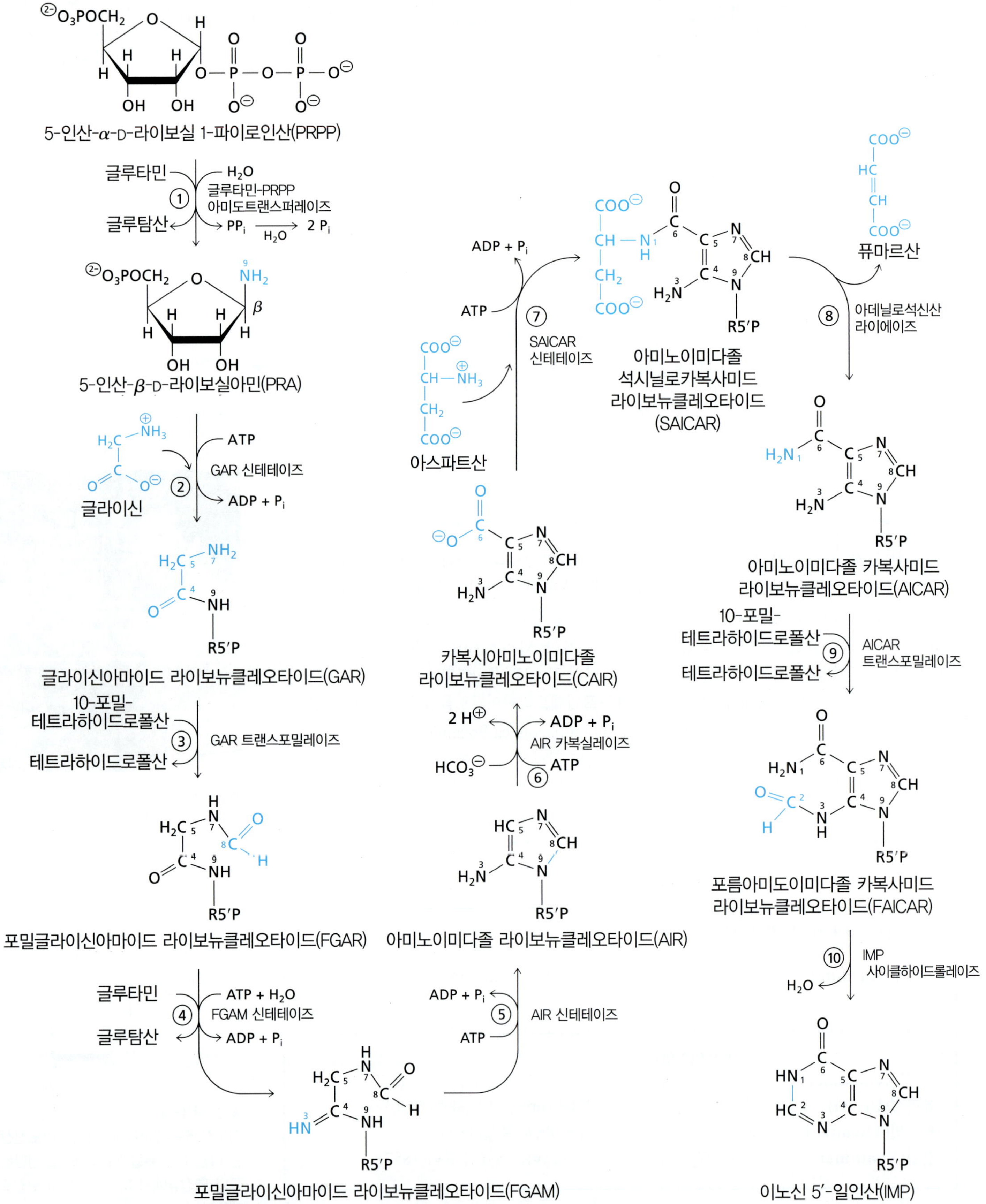

5-인산-α-D-라이보실 1-파이로인산(PRPP)

① 글루타민-PRPP 아미도트랜스퍼레이즈: 글루타민 + H_2O → 글루탐산 + PP_i (PP_i + H_2O → 2 P_i)

5-인산-β-D-라이보실아민(PRA)

② GAR 신테테이즈: 글라이신 + ATP → ADP + P_i

글라이신아마이드 라이보뉴클레오타이드(GAR)

③ GAR 트랜스포밀레이즈: 10-포밀-테트라하이드로폴산 → 테트라하이드로폴산

포밀글라이신아마이드 라이보뉴클레오타이드(FGAR)

④ FGAM 신테테이즈: 글루타민 + ATP + H_2O → 글루탐산 + ADP + P_i

포밀글라이신아마이딘 라이보뉴클레오타이드(FGAM)

⑤ AIR 신테테이즈: ATP → ADP + P_i

아미노이미다졸 라이보뉴클레오타이드(AIR)

⑥ AIR 카복실레이즈: HCO_3^- + ATP → 2 H^+ + ADP + P_i

카복시아미노이미다졸 라이보뉴클레오타이드(CAIR)

⑦ SAICAR 신테테이즈: 아스파트산 + ATP → ADP + P_i

아미노이미다졸 석시닐로카복사미드 라이보뉴클레오타이드(SAICAR)

⑧ 아데닐로석신산 라이에이즈: → 퓨마르산

아미노이미다졸 카복사미드 라이보뉴클레오타이드(AICAR)

⑨ AICAR 트랜스포밀레이즈: 10-포밀-테트라하이드로폴산 → 테트라하이드로폴산

포름아미도이미다졸 카복사미드 라이보뉴클레오타이드(FAICAR)

⑩ IMP 사이클하이드롤레이즈: → H_2O

이노신 5′-일인산(IMP)

척추동물

$HCO_3^{\ominus}$ 2H$^{\oplus}$ ATP ADP + P_i

아미노이미다졸 라이보뉴클레오타이드 (AIR)

N-카복시아미노이미다졸 라이보뉴클레오타이드

카복시아미노이미다졸 라이보뉴클레오타이드 (CAIR)

▲ **그림 18.6**
***N*-카복시아미노이미다졸 라이보뉴클레오타이드는 종종 AIR로부터 CAIR로의 전환에서 중간체 역할을 한다.**

18.2 다른 퓨린 뉴클레오타이드는 IMP로부터 합성된다

IMP는 AMP 또는 GMP로 전환될 수 있다(그림 18.7). 이 전환에 2번의 효소 반응이 사용된다. AMP와 GMP는 특별한 뉴클레오타이드 카이네이즈(각각 아데닐산 카이네이즈와 구아닐산 카이네이즈)에 의해 각각 자신의 이인산 및 삼인산으로 인산화된다(10.6절).

IMP를 AMP로 전환하는 2단계는 IMP 생합성의 단계 7 및 단계 8과 매우 유사하다. 먼저 아스파트산의 아미노기는 GTP-의존 아데닐로석신산 신테테이즈(GTP-dependent adenylosuccinate synthetase)가 촉매하는 반응에 의해 IMP의 케토기와 축합한다. 이후 IMP 신생 경로의 단계 8을 촉매하는 효소인 아데닐로석신산 라이에이즈(adenylosuccinate lyase)에 의해 아데닐로석신산에서 퓨마르산이 제거된다.

IMP가 GMP로 전환되는 첫 단계는 NAD$^{\oplus}$-의존 IMP 디하이드로지네이즈가 촉매하는 2번 탄소의 산화이다. 이 반응은 물 1분자의 첨가로 2번 탄소와 3번 질소 간에 이중결합을 만들고, 곧 수화물(hydrate)의 산화가 일어난다. 이 산화 산물은 잔토신 일인산(xanthosine monophosphate; XMP)이다. 이후 GMP 신테테이즈(GMP synthetase)가 촉매하는 ATP-의존 반응에 의해 글루타민의 아마이드 질소가 XMP 2번 탄소의 산소를 대체한다. IMP로부터 AMP로의 합성에 공동기질로서 GTP를 사용(IMP로부터 GMP로의 합성에 공동기질로서 ATP를 사용)하면 두 산물의 생성에 균형을 맞출 수가 있다.

세포에서 퓨린 뉴클레오타이드 합성은 되먹임 억제(feedback inhibition)에 의해 조절된다. 퓨린 뉴클레오타이드 생합성의 여러 단계를 촉매하는 효소들은 시험관 내에서 입체다른자리(알로스테릭) 특성을 나타낸다. 몇몇 퓨린 라이보뉴클레오타이드가 라이보스-인산 다이포스포카이네이즈를 억제하지만, 평상시의 세포내 농도보다 높을 때에만 억제한다. PRPP는 다수의 반응에서 라이보스 5-인산을 제공하므로, PRPP 합성이 퓨린 뉴클레오타이드의 농도에 의해서만 전적으로 조절되리라고는 예상할 수는 없다. 퓨린 뉴클레오타이드 합성 경로의 첫 단계를 촉매하는 효소, 글루타민-PRPP 아미도트랜스퍼레이즈(glutamine-PRPP amidotransferase; 그림 18.5의 단계 1)는 세포내 농도에서 5′-라이보뉴클레오타이드 최종 산물(IMP, AMP 및 GMP)에 의해 억제된다. 이 첫 단계가 이 경로에서 제 1 조절 부위인 듯하다.

IMP에서 AMP로 가는 경로와 IMP에서 GMP로 가는 경로도 되먹임 억제에 의해 조절되는 듯하다. 아데닐로석신산 신테테이즈는 시험관 내에서 이 2단계 분지의 산물인 AMP에 의해 억제된다. XMP와 GMP 모두는 IMP 디하이드로지네이즈(IMP dehydrogenase)를 억제한다. AMP와 GMP의 합성에서 되먹임 억제 패턴이 그림 18.8에 표시되어 있다. 최종 산물이 첫 두 단계를 억제하며, 또한 분지점에 있는 IMP 이후의 단계를 억제함도 주목하라.

▲ **존 M. ("잭") 뷰캐넌(1917~2007).** 뷰캐넌과 그 연구진은 많은 퓨린 생합성 경로 반응들을 발견했다. 그와 그린버그는 많은 연구 결과를 서로 나눴던 선의의 경쟁자였다.

18.3 피리미딘 뉴클레오타이드의 합성

유리딘 5′-일인산은 다른 피리미딘 뉴클레오타이드의 전구체이다. UMP 생합성 경로는 퓨린 경로보다 더 간단하고, 더 적은 ATP를 소비한다. 피리미딘 고리의 원자들 중 2번 탄소는 중탄산에서, 3번 질소는 글루타민의 아마이드기에서 나머지 원자들은 아스파트산에서 유래한다(그림 18.9). 2번 탄소와 3번 질소는 카바모일인산 중간체의 형성 후에 편입된다.

PRPP는 피리미딘 뉴클레오타이드 생합성에 필요하지만, 첫 단계에서 경로에 진입하지 않고 고리가 형성된 후에 PRPP의 당-인산을 제공한다. 완성된 피리미딘 고리를 갖는 화합물 오로트산(orotate; 6-카복시유라실, 6-carboxyuracil)은 PRPP와 반응하여 6단계 경로의 단계 5에서 피리미딘 뉴클레오타이드를 생성한다.

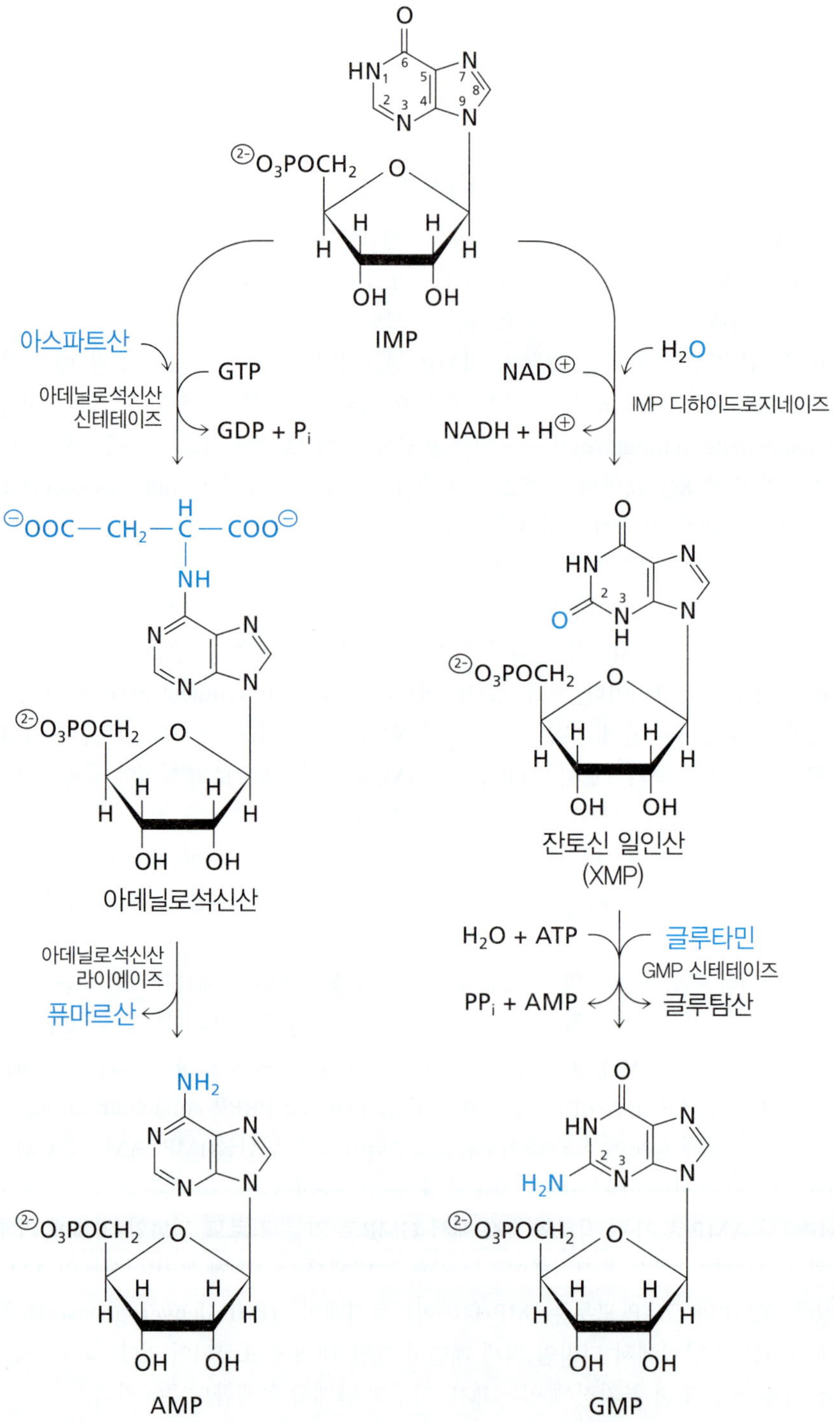

▶ **그림 18.7**
IMP로부터 AMP와 GMP로의 전환 경로.

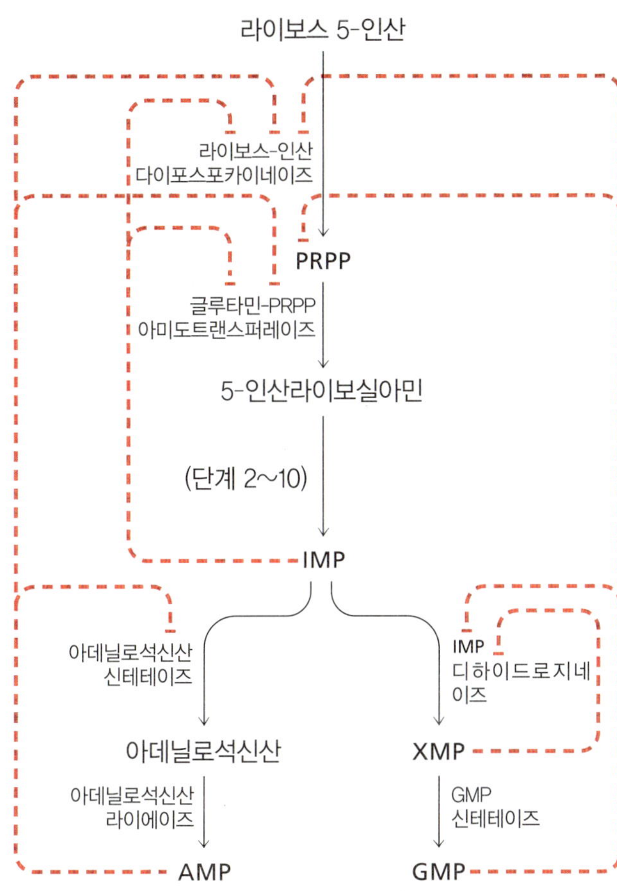

◀ **그림 18.8**
퓨린 뉴클레오타이드 생합성에서의 되먹임 억제.

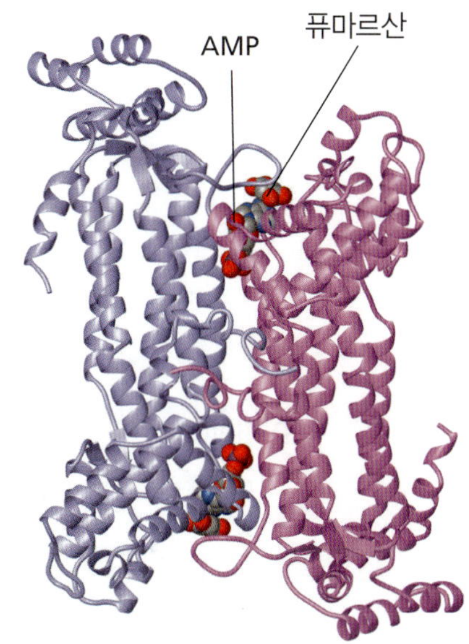

▲ **대장균의 아데닐로석신산 라이에이즈.** 이 효소는 동질이량체(homodimer)이다. 한 소단위체는 파란색으로 다른 하나는 보라색으로 표시되어 있다. 이 효소는 활성자리에 두 산물 AMP와 퓨마르산이 결합한 돌연변이체(H171N)이다. 아데닐로석신산 라이에이즈는 IMP 합성경로와 IMP를 AMP로 전환하는 경로에서 이와 유사한 단계를 촉매한다. [PDB 2PTQ]

A. 피리미딘 합성 경로

피리미딘 합성의 6단계 경로가 그림 18.10에 표시되어 있다. 첫 두 단계에서 피리미딘 고리가 될 모든 구성 원자들을 함유한 비고리형 중간체(noncyclic intermediate)가 등장한다. 이 중간체는 카바모일 아스파트산으로 효소에 의해 고리형으로 변한다. 이 고리형 산물인 다이하이드로오로트산(dihydroorotate)은 곧 산화되어 오로트산이 된다. 이후 오로트산은 라이보뉴클레오타이드인 오로티딘 5′-일인산(orotidine 5′-monophosphate; OMP 또는 오로티딜산, orotidylate)으로 전환되고, 탈탄산되어 UMP(유리딜레이트, uridylate)가 된다. 이 피리미딘 뉴클레오타이드는 모든 다른 피리미딘 라이보뉴클레오타이드뿐만 아니라 피리미딘 디옥시라이보뉴클레오타이드(pyrimidine deoxyribonucleotides)의 전구체가 된다. 피리미딘 합성에 요구되는 효소들은 원핵생물과 진핵생물에서 서로 다르게 배열되고 조절된다.

피리미딘 생합성 경로의 첫 단계에서 중탄산, 글루타민의 아마이드 질소 및 ATP가 결합하여 카바모일인산이 생성된다. 이 반응은 카바모일인산 신테테이즈(carbamoyl phosphate synthetase) 또는 포유류 세포에서 카바모일인산 신테테이즈 II(carbamoyl phosphate synthetase II) 활성에 의해 촉매되고, 2분자의 ATP가 사용된다(1분자는 C—N 결합을 추진하고, 남은 1분자는 인산기를 제공한다). 이 효소는 요소 회로에 사용되는 카바모일인산 신테테이즈 I과 동일한 효소가 아니다. 카바모일인산 신테테이즈 I은 자유 암모니아를 동화하는 반면, 동물의 카바모일인산 신테테이즈 II는 글루타민으로부터 아미노기를 전달한다.

UMP 생합성의 단계 2에서 카바모일인산의 활성화된 카바모일기는 아스파트산으로 전달되어 카바모일아스파트산(carbamoyl aspartate)이 생성된다. 이 반응은 그 유명한 효소인 아스파트산 트랜스카바모일레이즈(aspartate transcarbamoylase; ATCase)가 촉매하는데, 아스파트산의 질소가 카바모일인산의 카보닐기를 친핵성 공격(nucleophilic attack)한다.

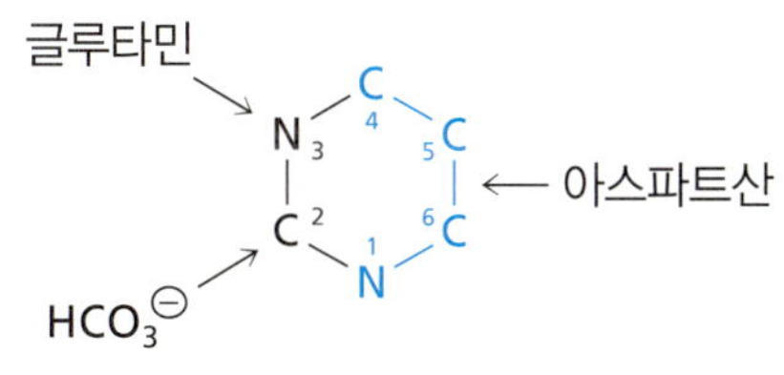

▲ **그림 18.9**
피리미딘 고리 원자들의 공급원. 2번 탄소와 3번 질소의 직전 전구체는 카바모일인산이다.

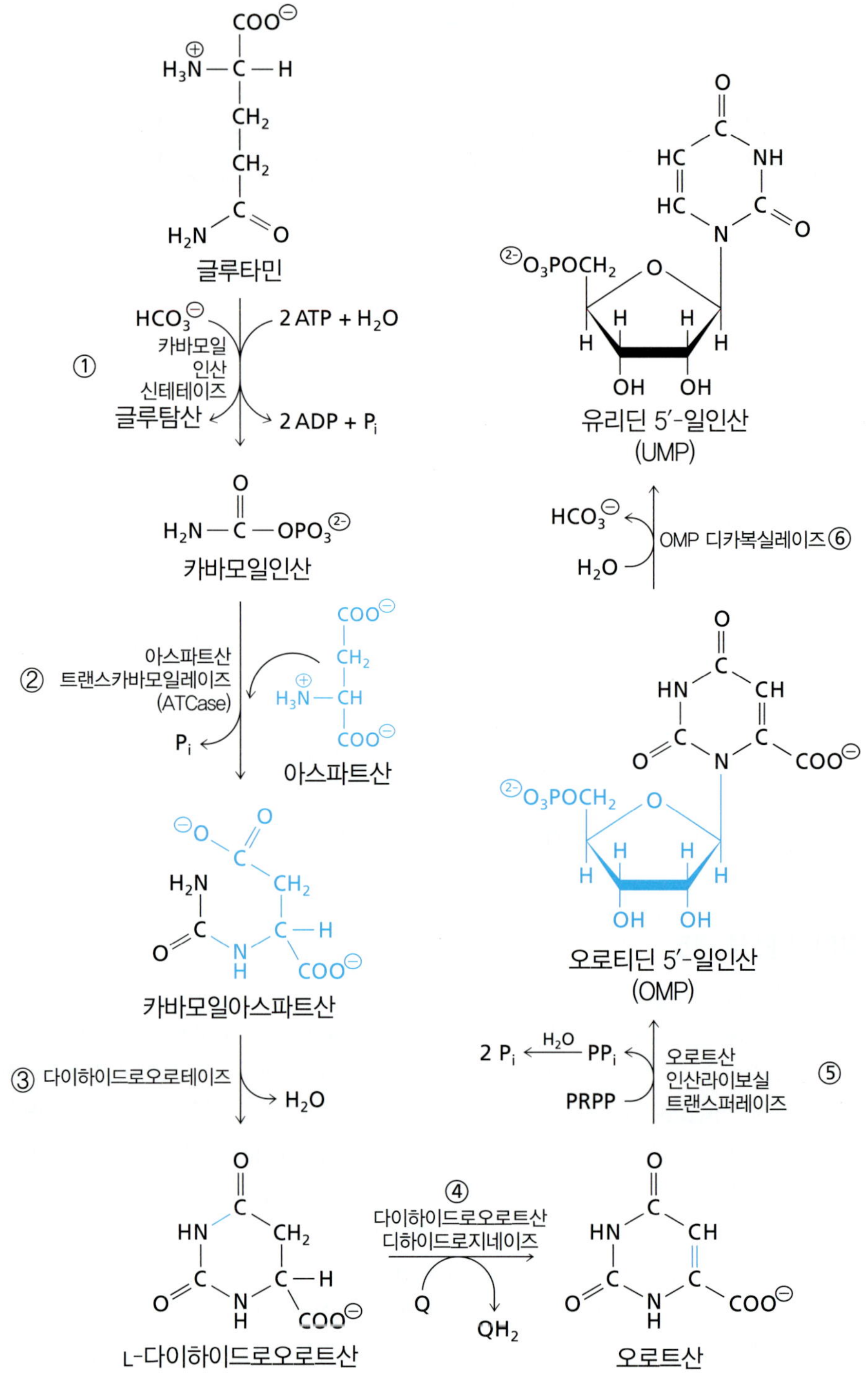

▲ 그림 18.10
원핵생물에서 UMP 합성의 6단계 경로. 진핵생물에서 단계 1~3은 다중기능 단백질인 다이하이드로오로트산 신테이즈(dihydroorotate synthase)가 촉매하고, 단계 5와 6은 이중 기능 효소인 UMP 신테이즈(UMP synthase)가 촉매한다.

주요 피리미딘

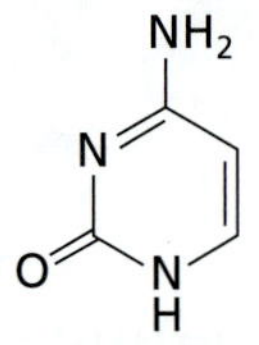

사이토신
(2-옥소-4-아미노피리미딘)

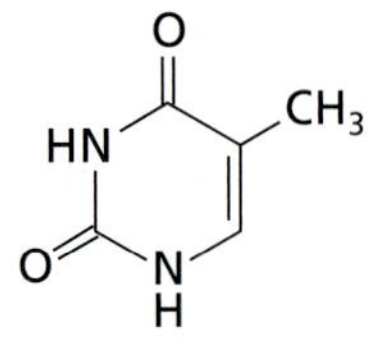

싸이민
(2,4-다이옥소-5-메틸피리미딘)

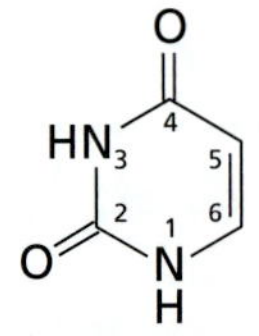

유라실
(2,4-다이옥소피리미딘)

▲ **사이토신, 싸이민, 유라실.**

다이하이드로오로테이즈(dihydroorotase)는 UMP 생합성의 단계 3(피리미딘 고리의 가역성 폐쇄)을 촉매한다(그림 18.10). 단계 3의 산물, 다이하이드로오로트산은 곧 다이하이드로오로트산 디하이드로지네이즈(dihydroorotate dehydrogenase)에 의해 산화되어 오로트산이 된다. 진핵생물의 세포기질에서 다이하이드로오로트산은 단계 1~3을 통해 생성되고, 다이하이드로오로트산 디하이드로지네이즈 작용에 의해 오로트산으로 산화되기 전에 마이토콘드리아 외막을 가로질러 이동한다. 이 효소는 마이토콘드리아 내막에 연계되어 있고, 기질결합 부위는 효소의 외부 표면에 위치한다. 이 효소는 전자를 유비퀴논(Q)에 전달하여 유비퀴놀(QH_2)을 생성하는 철-함유 플라보단백질이다. QH_2로부터 나온 전자는 전자전달사슬을 통해 O_2로 전달된다.

일단 생성되면, 오로트산은 오로트산 인산라이보실트랜스퍼레이즈(orotate phosphoribosyltransferase) 촉매반응에 의해 PRPP의 파이로인산을 대체하여 OMP를 생산한다. 뒤이은 파이로인산의 가수분해는 이 반응을 필연적으로 비가역적이 되게 만든다.

최종적으로 OMP는 OMP 디카복실레이즈(OMP decarboxylase) 촉매반응에 의해 탈탄산되어 UMP로 전환된다. 진핵생물에서는 마이토콘드리아에서 생산된 오로트산이 세포기질로 이동하여 UMP로 전환된다. UMP 신테이즈로 알려진 이중기능 효소는 오로트산과 PRPP를 반응시켜 OMP를 생성하고, 또한 OMP를 UMP로 재빨리 탈탄산시킨다.

포유류에서는 단계 1과 2로부터 생성된 중간체(카바모일인산과 카바모일아스파트산)와 OMP(단계 5로부터)가 용매로 방출되지 않고, 효소복합체와 결합한 채로 남아 한 촉매 중심(catalytic center)에서 다음 촉매 중심으로 넘겨진다. 일부 생물체에서도 여러 다기능 단백질(각각 여러 단계를 촉매함)이 퓨린 뉴클레오타이드 생합성 경로에서 발견된다.

오로티딘 5′-인산 디카복실레이즈(OMP 디카복실레이즈)는 알려진 가장 효율적인 효소 중 하나이다(표 5.2).

BOX 18.2 일부 효소가 글루타민으로부터 암모니아를 전달하는 방법

글루타민을 아마이드 공여체로 이용하는 여러 효소들은 단백질 내부를 관통하는 분자터널을 갖는다. 이것이 대사물 채널링의 한 예이다(5.11절). 이 효소들 중에서 가장 활발하게 연구된 것은 대장균의 카바모일인산 신테테이즈이다. 이 효소는 중탄산과 글루타민으로부터 카바모일인산을 합성한다.

$$\text{글루타민} + HCO_3^{\ominus} + 2\,ATP + H_2O \xrightarrow{\text{카바모일인산 신테테이즈 II}} \underset{\text{카바모일인산}}{H_2N-\overset{O}{\overset{\|}{C}}-OPO_3^{\textcircled{2-}}} + \text{글루탐산} + 2\,ADP + P_i$$

이 반응에서 생성된 카바모일인산은 피리미딘 뉴클레오타이드 합성에 사용된다(글루타민보다는 암모니아를 기질로 사용하는 또다른 카바모일인산은 17.7A절에서 논의되었다).

대장균의 카바모일인산 신테테이즈는 작은 소단위체 하나와 큰 소단위체 하나를 갖는 이질이량체(heterodimer)이다(그림 참조). 글루타민에서 카바모일인산을 합성하는 과정에는 3개의 중간체가 있고, 각 중간체는 서로 다른 활성자리에서 생성된다. ATP는 이 부위 중 두 곳에서 반응한다. 이 세 부위는 터널로 연결되어 있는데, 이 터널을 통해 첫 번째 부위인 글루타민-결합 부위(1분자의 암모니아가 글루타민에서 방출됨), 두 번째 부위인 ATP-결합 부위(암모니아가 카복실화됨)와 세 번째 부위(카바모일인산이 형성됨)가 서로 연결된다. 작은 소단위체의 활성자리에서 글루타민으로부터 방출된 암모니아는 용매와 평형을 이루지 않고 터널을 통해 이동하면서 최종적으로 카바모일인산이 생산된다. 전체 반응을 보면 여러 중간체는 매우 불안정하기 때문에 만약 터널 속에서 보호되지 않는다면 아마 물로 분해될지도 모른다.

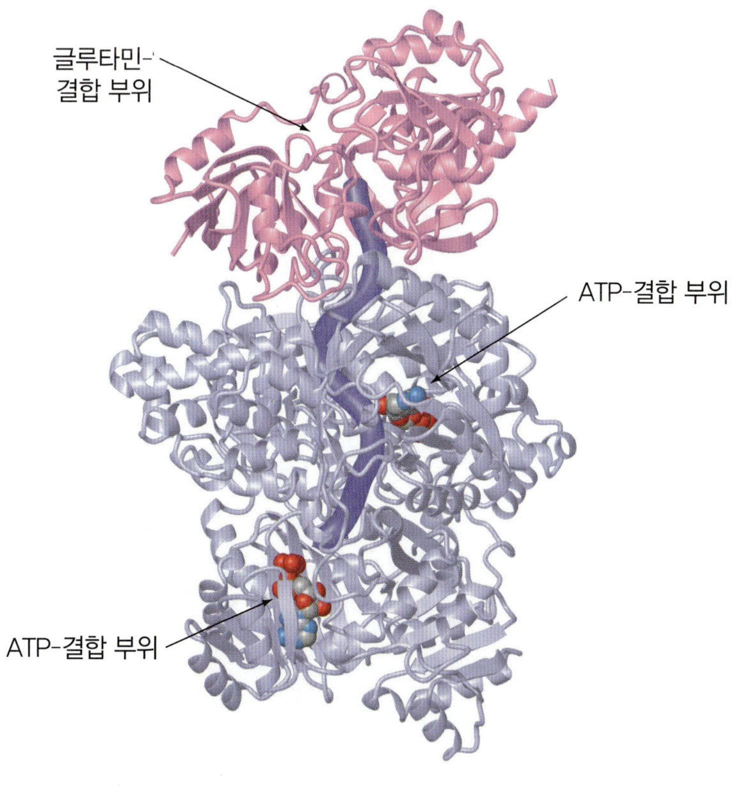

▶ **대장균의 카바모일인산 신테테이즈.** 작은 소단위체(*N*-말단 영역, 보라색)에는 NH_3를 방출하는 글루타민 가수분해의 활성자리가 있다. 큰 소단위체는 파란색으로 표시되어 있다. NH_3는 그 위 ATP-결합 부위에서 불안정한 중간체 카밤산(carbamate; $H_2N—COOH$)으로 전환된다. 이후 카밤산은 C-말단(아래쪽) ATP-결합 부위에서 인산화된다. 각각의 ATP-결합 부위에 1분자의 ADP가 결합되어 있다. 이 세 부위를 연결하는 분자 터널이 굵은 파란 선으로 표시되어 있다. [PDP 1A9X]

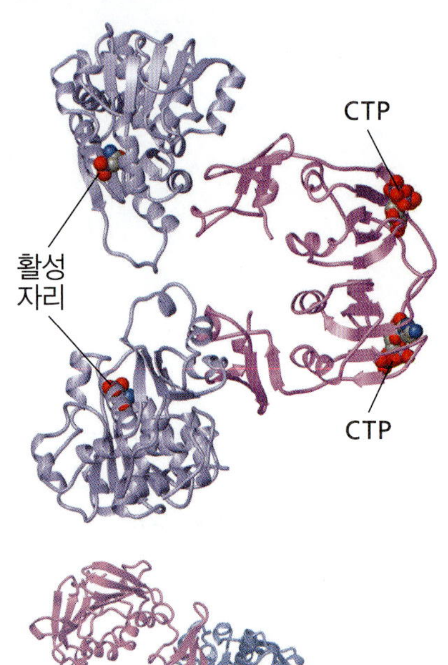

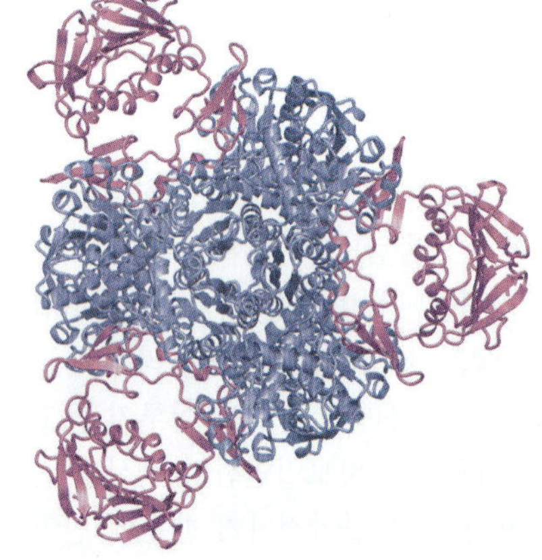

▲ **그림 18.11**
대장균의 ATCase. 상단 구조에는 CTP가 결합된 2개의 조절 소단위체(보라색)가 있다. 2개의 촉매 소단위체(파란색)에는 활성자리임을 알 수 있는 기질 유사체(substrate analog)가 결합되어 있다. CTP가 결합하는 입체다른자리와 활성자리 사이가 멀리 떨어져 있음을 주목하라. 이 소단위체들 3개가 서로 결합하여 큰 6량체 고리(hexameric ring)를 만들고(아래 그림), 이 6량체 고리 2개가 서로 쌓여 완벽한 12개의 소단위체 효소를 이루게 된다. [PDB 2FZC(위) 9ATC(아래)].

B. 피리미딘 합성의 조절

피리미딘 생합성의 조절도 물론 원핵생물과 진핵생물 간에 서로 다르다. UMP로의 6개의 효소 단계가 모든 종에서 동일하지만, 서로 다른 생물체마다 효소들이 서로 다르게 배열된다. 대장균에서 6개 반응의 각각은 서로 다른 별개의 효소가 촉매한다. 진핵생물의 세포기질에는 다이하이드로오로트산 신테이즈로 알려진 다중기능 단백질이 경로의 첫 3 단계에 대한 각각의 촉매자리(카바모일인산 신테테이즈 II, ATCase 및 다이하이드로오로테이즈)를 갖고 있다.

카바모일인산은 피리미딘 생합성의 중간체이면서, 시트룰린을 경유하는 아지닌 생합성 경로의 대사물이기도 하다(그림 17.43). 원핵생물에서 동일한 카바모일인산 신테테이즈가 피리미딘과 아지닌 생합성 경로 모두에 사용된다. 이 효소는 피리미딘 생합성 경로의 산물인 UMP 같은 피리미딘 라이보뉴클레오타이드에 의해 입체다른자리 억제를 받는다(allosterically inhibited). 또한 이 효소는 시트룰린의 전구체인 L-오니틴(L-ornithine) 및 핵산 합성의 기질인 퓨린 뉴클레오타이드(또한 피리미딘 뉴클레오타이드)에 의해 활성화된다. 진핵생물의 카바모일인산 신테테이즈 II 역시 입체다른자리 조절을 받는다. PRPP와 IMP는 이 효소를 활성화시키고, 여러 피리미딘 뉴클레오타이드는 이 효소를 억제한다.

경로의 다음 효소는 아스파트산 트랜스카바모일레이즈(aspartate transcarbamoylase; ATCase)이다. 대장균의 ATCase는 가장 많이 연구된 입체다른자리 효소이다. 세균에서는 카바모일인산을 통해 피리미딘 또는 아지닌 생성경로에 진입하기 때문에, ATCase는 피리미딘 생합성의 첫 단계를 촉매한다. 이 효소는 피리미딘 뉴클레오타이드에 의해 억제되고 시험관 내에서 ATP에 의해 활성화된다. 대장균의 ATCase는 가장 강력한 억제제인 CTP에 의해 부분적으로만(50~70%) 억제되지만, CTP와 UTP가 모두 존재할 때는 완전히 억제된다. UTP만으로는 이 효소를 억제할 수 없다. 입체다른자리 조절(피리미딘 뉴클레오타이드는 억제하고, 퓨린 뉴클레오타이드 ATP는 활성화함)을 통해 카바모일인산 신테테이즈와 ATCase가 대장균에서의 피리미딘 및 퓨린 뉴클레오타이드 농도를 조절하게 된다. 이 두 종류의 입체다른자리 조절자의 농도비가 ATCase의 활성 수준을 결정한다.

대장균 ATCase의 복합구조에는 기질결합 부위와 입체다른자리 조절자가 각각 다른 소단위체에 존재한다. 이 효소는 6개의 촉매 소단위체가 2개의 삼량체를 이루고, 6개의 조절 소단위체가 3개의 이량체를 이룬다(그림 18.11). 하나의 촉매 삼량체를 가진 각 소단위체는 조절 이량체를 통해 다른 촉매 삼량체의 소단위체에 연결되어 있다. 카바모일인산의 존재하에 1분자의 아스파트산이 결합하면, 모든 6개의 촉매 소단위체는 구조가 변하여 촉매 활성이 더 커진다.

진핵생물의 ATCase는 되먹임 억제로는 조절되지 않는다. 즉 ATCase 반응 전에 작용하는 카바모일인산 신테테이즈 II를 조절함으로써 피리미딘 경로를 통제할 수 있으므로 되먹임 억제에 의한 조절은 필요치 않다. 진핵생물에서 ATCase의 기질은 분지점에 있는 대사물이 아니다—요소 회로에 필요한 카바모일인산과 시트룰린의 합성은 마이토콘드리아에서, 피리미딘 생성을 위한 카바모일인산의 합성은 세포기질에서 일어난다. 이처럼 카바모일인산은 분리되어 있다.

18.4 CTP는 UMP로부터 합성된다

UMP는 3단계를 통해 CTP로 전환된다. 유리딜레이트 카이네이즈(Uridylate kinase; UMP kinase)는 ATP의 γ-인산기를 UMP에 전달하여 UDP를 만들고, 곧 이인산 뉴클레오사이드 카이네이즈(nucleoside diphosphate kinase)가 두 번째 ATP의 γ-인산기를 UDP에 전달하여 UTP를 만든다. UMP로부터 UTP를 합성하는 동안 2분자의 ATP는 2분자의 ADP로 전환된다.

$$\text{UMP} \xrightarrow{\text{ATP} \;\; \text{ADP}} \text{UDP} \xrightarrow{\text{ATP} \;\; \text{ADP}} \text{UTP} \qquad (18.1)$$

이후 CTP 신테테이즈(CTP synthetase)가 ATP-의존 전달반응을 통해 글루타민의 아마이드 질소를 UTP의 4번 탄소로 전달하여 CTP를 생성한다(그림 18.12). 이 반응은 퓨린 생합성의 단계 4(그림 18.5) 및 GMP 신테테이즈(GMP synthetase)에 의한 XMP로부터 GMP로의 합성과 화학적으로 비슷하다(그림 18.7).

CTP 신테테이즈는 자신의 산물인 CTP에 의해 입체다른자리 억제를 받고, 대장균에서는 GTP에 의해 입체다른자리 활성화가 된다(그림 18.13). ATCase와 CTP 신테테이즈를 조절함으로써 세포내 피리미딘 뉴클레오타이드의 농도를 균형잡을 수 있다. CTP 농도가 증가하면 CTP 신테테이즈를 억제하여 더 이상의 CTP 합성을 막는다. 이 상황에서, CTP는 부분적으로만 ATCase를 억제하기 때문에 UMP 합성이 느려지지만 중단되지는 않는다. UMP는 여전히 RNA 합성에 사용될 수 있고, dTTP에 대해서는 전구체로 작용할 수 있다(18.6절). UTP와 CTP 농도 모두가 증가할 때 ATCase는 완전히 억제된다. 퓨린 뉴클레오타이드 ATP와 GTP의 농도가 증가하면 피리미딘 뉴클레오타이드의 합성속도가 증가하는데, 이로써 퓨린 및 피리미딘 뉴클레오타이드의 공급이 균형을 이루게 된다.

▲ 그림 18.12
UTP가 CTP로 전환.

18.5 라이보뉴클레오타이드가 디옥시라이보뉴클레오타이드로 환원된다

효소로 라이보뉴클레오타이드를 환원하면 2′-디옥시라이보뉴클레오사이드 삼인산이 합성된다. 대부분의 생물체에서 이 반응은 뉴클레오사이드 이인산 수준에서 일어난다. 피터 라이하드(Peter Reichard) 및 그 연구진은 4개의 모든 라이보뉴클레오사이드 이인산들—ADP, GDP, CDP 및 UDP—이 치밀하게 조절되는 단일 효소인 라이보뉴클레오사이드 이인산 리덕테이즈(ribonucleoside diphosphate reductase)의 기질임을 밝혀냈다. 일부 미생물(락토바실러스 클로스트리듐 및 라이조븀을 포함하는 종)에서는 라이보뉴클레오사이드 삼인산이 코발라민-의존 리덕테이즈(cobalamin-dependent reductase)에 의한 환원작용의 기질이 된다. 이 두 종류의 효소를 라이보뉴클레오타이드 리덕테이즈(각각 클래스 I 및 클래스 II)라고 부르는데, 보다 정확한 명칭은 각각 라이보뉴클레오사이드 이인산 리덕테이즈(ribonucleoside diphosphate reductase)와 라이보뉴클레오사이드 삼인산 리덕테이즈(ribonucleoside triphosphate reductase)이다.

NADPH는 클래스 I 효소에 의한 디옥시라이보뉴클레오사이드 이인산 합성에 환원력을 제공한다. 라이보뉴클레오타이드 리덕테이즈의 활성자리에 있는 이황결합(disulfide bond)은 환원되어 2개의 싸이올기가 되고, 싸이올기는 복잡한 자유-라디칼 메커니즘에 의해 뉴클레오타이드 기질에서 라이보스의 2′ 탄소를 환원한다. 그림 18.14에서처럼 전자는 NADPH로부터 플라보단백질 싸이오레독신 리덕테이즈(flavoprotein thioredoxin reductase)와 다이싸이올 단백질 조효소 싸이오레독신(dithiol protein coenzyme thioredoxin)을 통과해 라이보뉴클레오타이드 리덕테이즈로 전달된다(그림 7.35). 원핵생물과 효모의 싸이오레독신 리덕테이즈는 활성자리에 다이싸이올/이황(시스테인 쌍)기를 갖고 있다. 포유류는 싸이오레독신 리덕테이즈의 산화-환원중심(oxidation-reduction center)에 1개의 시스테인 잔기와 1개의 셀레노시스테인 잔기를 가지고 있다. 일단 생성되면 dADP, dGDP 및 dCDP는 뉴클레오사이드 이인산 카이네이즈(nucleoside diphosphate kinases) 작용에 의해 삼인산 수준으로 인산화된다. 다음 절에서 살펴볼 dUDP는 dUMP를 거쳐 dTMP로 전환된다. 세 번째 라이보뉴클레오타이드 리덕테이즈(클래스 III)는 *S*-아데노실메싸이오닌(*S*-adenosylmethionine)을 보조인자로 사용한다.

라이보뉴클레오타이드 리덕테이즈는 DNA 합성에 필요한 디옥시뉴클레오타이드의 양을 균형있게 공급해주는 복잡한 입체다른자리 조절 메커니즘을 갖는다. 진핵세포에서 라이보뉴클레오타이드 리덕테이즈의 기질 특이성과 촉매 속도는 뉴클레오타이드 대사물의 가역적 결합에 의해 조절된다. 입체다른자리 조절자(ATP, dATP, dTTP 및 dGTP)는 두 개의 조절자리 중 하

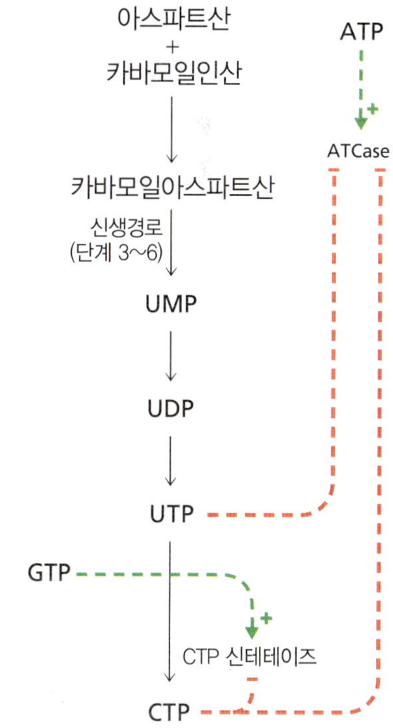

▲ 그림 18.13
대장균에서 피리미딘 뉴클레오타이드 합성의 조절. 퓨린 및 피리미딘 뉴클레오타이드 모두에 의한 ATCase와 CTP 신테테이즈의 입체다른자리 조절은 뉴클레오타이드 합성의 균형을 잡아준다.

나에서 라이보뉴클레오타이드 리덕테이즈에 결합함으로써 작용한다. **활성자리(activity site)**라고 부르는 입체다른자리(allosteric site)는 촉매자리(catalytic site)의 활성을 통제한다. **특이성자리(specificity site)**라고 부르는 두 번째 입체다른자리는 촉매자리의 기질특이성을 통제한다(그림 18.15). ATP가 활성자리에 결합하면 효소가 활성되는 반면, dATP가 활성자리에 결합하면 모든 효소 활성을 억제한다. ATP가 활성자리에 결합하고, ATP 또는 dATP 중 하나가 특이성 자리에 결합할 때 리덕테이즈는 피리미딘에 특이성을 갖게 되어 CDP와 UDP의 환원을 촉매한다. dTTP가 특이성 자리에 결합하면 GDP의 환원을 활성화시키고, dGTP가 결합하면 ADP의 환원을 활성화시킨다. 표 18.1에 요약된 것처럼 라이보뉴클레오타이드 리덕테이즈의 입체다른자리 조절은 효소 활성을 통제하여 DNA 합성에 사용되는 디옥시라이보뉴클레오타이드를 균형있게 선택하도록 한다.

18.6 dUMP의 메틸화는 dTMP를 생산한다

디옥시싸이미딜산(deoxythymidylate; dTMP)은 4단계 과정을 거쳐 UMP로부터 생성된다. UMP는 UDP로 인산화되고, UDP는 dUDP로 환원된다. dUDP는 dUMP로 탈인산화된다. 이후 dUMP는 dTMP로 메틸화된다.

$$\text{UMP} \longrightarrow \text{UDP} \longrightarrow \text{dUDP} \longrightarrow \text{dUMP} \longrightarrow \text{dTMP} \qquad \textbf{(18.2)}$$

두 경로를 통해 dUDP가 dUMP로 전환될 수 있다. 뉴클레오사이드 일인산 카이네이즈(nucleoside monophosphate kinase)의 존재하에서 dUDP는 ADP와 반응하여 dUMP와 ATP를 생성할 수 있다.

$$\text{dUDP} + \text{ADP} \rightleftharpoons \text{dUMP} + \text{ATP} \qquad \textbf{(18.3)}$$

22번째 아미노산인 셀레노시스테인의 구조가 3.3절에 표시되어 있다.

뉴클레오사이드 이인산 카이네이즈 작용을 통해 dUDP는 ATP를 소비하여 dUTP로 인산화될 수도 있다. 이후 dUTP는 디옥시유리딘 삼인산 다이포스포하이드롤레이즈(deoxyuridine triphosphate diphosphohydrolase; dUTPase) 작용을 통해 빠르게 dUMP + PP_i로 가수분해된다.

$$\text{dUDP} + \text{ATP} \xrightarrow[\text{ADP}]{} \text{dUTP} \xrightarrow[H_2O]{} \text{dUMP} + PP_i \qquad \textbf{(18.4)}$$

dUTP가 빠르게 가수분해되는 이유는 dTTP 대신에 DNA 속으로 우연히 편입되는 것을 방지하기 위해서이다.

dCMP 역시 dCMP 디아미네이즈(dCMP deaminase)가 촉매하는 가수분해를 통해 dUMP의 공급원이 될 수 있다.

$$\text{dCMP} + H_2O \longrightarrow \text{dUMP} + NH_4^{\oplus} \qquad \textbf{(18.5)}$$

▲ **피터 라이하드(1925~).**
라이하드는 다년간 스웨덴의 카롤린스카 연구소에서 연구했다. 그는 라이보뉴클레오타이드 리덕테이즈 연구 외에도 노벨상 수상자를 선정하는 노벨위원회에서 실행위원으로 기여했다.

싸이미딜산 신테이즈(thymidylate synthase)는 dUMP를 dTMP로 전환시킨다(싸이민은 거의 다 DNA에 존재하므로 디옥시싸이미딘 및 디옥시싸이미딜산 대신에 싸이미딘 및 싸이미딜산이라는 평범한 명칭을 사용한다). 이 반응에서 5,10-메틸렌테트라하이드로폴산이 일탄소기의 공여체이다(그림 18.16). dTMP의 탄소에 결합한 메틸기($C—CH_3$)는 5,10-메틸렌테트라하이드로폴산의 질소에 결합한 메틸렌기($N—CH_2—N$)보다 더 환원된 상태인데, 메틸렌기는 질소에 결합한 하이드록시메틸기($N—CH_2OH$) 또는 포름알데하이드와 산화상태가 동일하다. 메틸렌테트라하이드로폴산은 일탄소 단위(one-carbon unit)를 공여하는 조효소일 뿐만 아니라 반응의 환원제로 작용하여 수소화물이온(hydride ion)을 공급하고 자신은 7,8-다이하이드로폴산으로 산화된다. 이 반응은 테트라하이드로폴산 유도체에서 일탄소 단위를 이동시키고, 결국

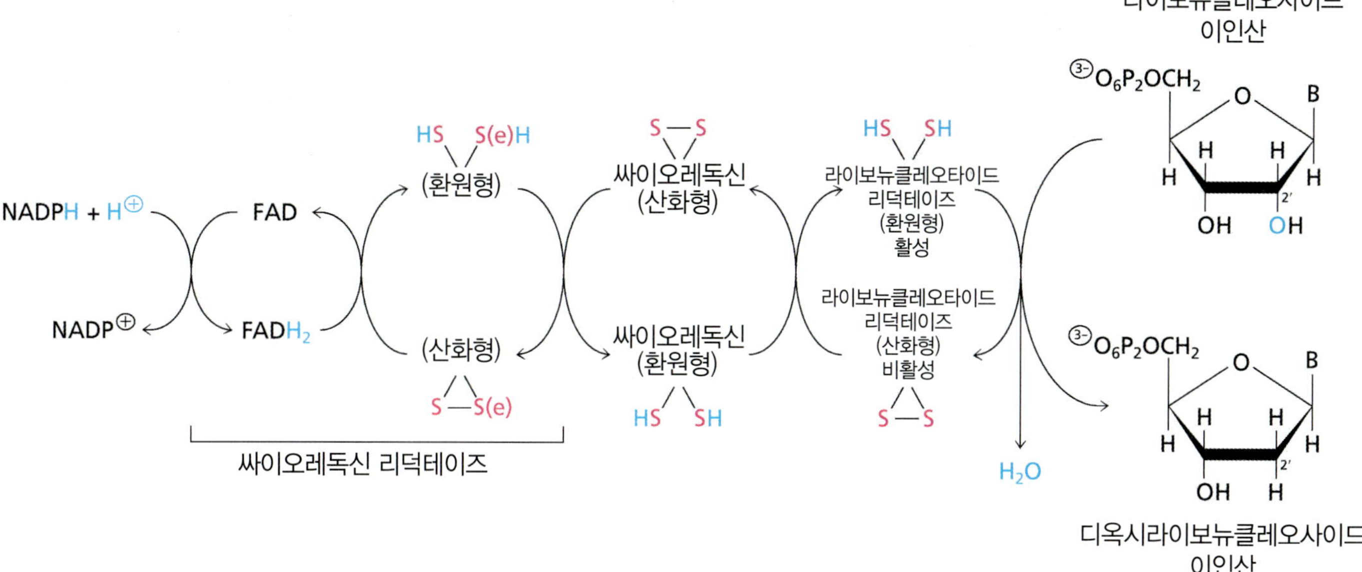

▲ 그림 18.14

라이보뉴클레오사이드 이인산의 환원. 세 단백질이 관여한다: NADPH-의존 플라보단백질 싸이오레독신 리덕테이즈, 싸이오레독신 및 라이보뉴클레오타이드 리덕테이즈. B는 퓨린 또는 피리미딘 염기이다. S(e)는 황 또는 셀레늄이다.

표 18.1 진핵생물에서 라이보뉴클레오타이드 리덕테이즈의 입체다른자리 조절

활성자리에 결합된 라이간드	특이성 자리에 결합된 라이간드	촉매자리의 활성
dATP		효소는 비활성
ATP	ATP 또는 dATP	CDP 또는 UDP에 특이성 가짐
ATP	dTTP	GDP에 특이성 가짐
ATP	dGTP	ADP에 특이성 가짐

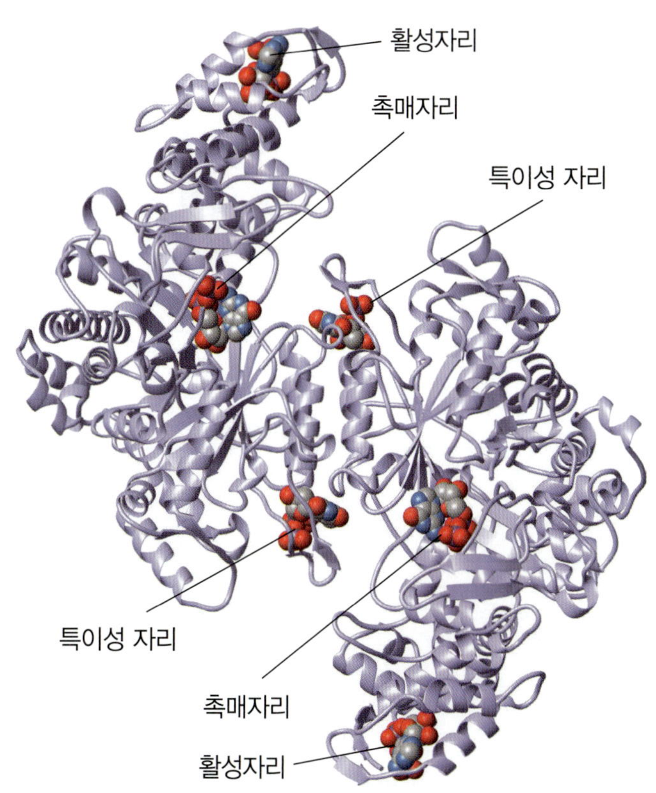

◀ 그림 18.15

라이보뉴클레오타이드 리덕테이즈. 이 효소는 $\alpha_2\beta_2$ 사량체로 구성되어 있다. 표시된 구조는 대장균 효소에서 촉매 소단위체의 α_2 이량체만을 보여주고 있다. ATP 유사체가 활성자리를 채우고 있다. 1분자의 TTP는 특이성 자리에, 1분자의 GDP는 활성자리에 결합되어 있다. [PDB 3R1R + 4R1R]

5번 질소와 6번 탄소에서 산화를 일으켜 다이하이드로폴산을 생산한다.

전달반응이 계속되기 위해서는 조효소가 또 다른 일탄소 단위를 수용할 수 있게 되기 전에, 다이하이드로폴산이 반드시 테트라하이드로폴산으로 전환되어야만 한다. 다이하이드로폴산의 5,6-이중결합은 다이하이드로폴산 리덕테이즈가 촉매하는 반응에서 NADPH에 의해 환원된다. 이후 세린 하이드록시메틸트랜스퍼레이즈(그림 17.16)는 5,10-메틸렌테트라하이드로폴산을 재생하기 위해 세린의 β-CH_2OH기를 테트라하이드로폴산에게 전달한다.

싸이미딜산 신테이즈와 다이하이드로폴산 리덕테이즈는 대부분의 생물체에서 별개의 폴리펩타이드이지만, 원생동물에서는 이 두 효소의 활성이 동일한 폴리펩타이드 사슬에서 나타난다. 첫 반응의 산물인 다이하이드로폴산은 싸이미딜산 신테이즈 활성자리로부터 다이하이드로폴산 리덕테이즈 활성자리로 통과하게 되어 있다. 이중 기능을 가진 효소의 표면이 갖는 양전하와 다이하이드로폴산의 음전하 사이의 전하-전하 상호작용(charge-charge interaction)은 생성물을 다음 활성자리로 향하도록 도와준다(이수소폴산에는 여러 γ-글루탐산 잔기가 있음을 상기하라; 7.11절).

또한 dTMP는 ATP-의존 싸이미딘 카이네이즈(ATP-dependent thymidine kinase)가 촉매하는 싸이미딘(디옥시싸이미딘) 회수(salvage) 경로를 통해 합성될 수 있다.

BOX 18.3 라이보뉴클레오타이드의 환원에서 자유 라디칼

라이보뉴클레오타이드 리덕테이즈 반응은 자유 라디칼 메커니즘에 의해 실행되므로 비정상적이다. 대장균의 리덕테이즈에서 자유 라디칼 형태의 타이로신이 발견된 것이 이 반응이 갖는 자유 라디칼의 특성을 나타낸 첫 번째 단서가 되었다. 따라서 이 발견은 첫 번째 자유 라디칼 단백질의 효시가 되었다. 타이로신 라디칼의 역할은 활성자리에 있는 시스테인 잔기의 싸이올기를 싸이일 라디칼(thiyl radical)로 전환시키는 것이다[락토바실러스(*Lactobacillus*) 효소에서 코발라민은 활성자리의 싸이올을 라디칼로 전환시키는 역할을 한다].

예상되는 메커니즘이 그림에 표시되어 있다. 리덕테이즈의 활성자리에는 세 개의 시스테인 잔기가 있는데, 이 중 하나는 자유 라디칼 형태이고, 나머지 둘은 산화-환원기이다. 싸이일 라디칼은 라이보뉴클레오타이드의 3′ 탄소에 결합된 수소 원자를 제거하여 기질 라디칼(substrate radical)을 형성한다. 이 기질 라디칼은 탈수되고(2′ 탄소에서 —OH를 잃고), 곧 시스테인 환원쌍에 의해 환원된다. 수소 원자는 다시 3′ 탄소로 되돌아가서 싸이일 라디칼을 재생한다.

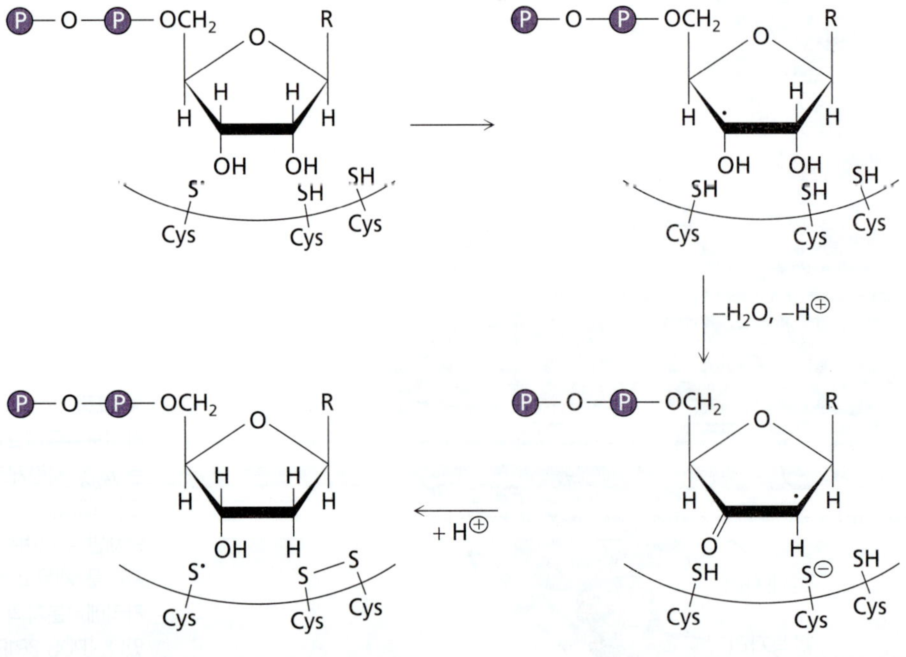

$$\text{디옥시싸이미딘 (싸이미딘)} \xrightarrow[\text{싸이미딘 카이네이즈}]{\text{ATP} \quad \text{ADP}} \text{dTMP} \qquad (18.6)$$

종종 세포내 DNA 합성을 모니터하기 위해서 방사성 싸이미딘을 매우 특이한 추적자로 사용하는데, 그 이유는 싸이미딘이 쉽게 세포로 진입하여 싸이미딜산으로 전환되고 궁극적으로 DNA에 편입되기 때문이다.

18.7 변형 뉴클레오타이드

DNA와 RNA에는 많은 수의 변형 뉴클레오타이드(modified nucleotide)가 있다. 전령 RNA(tRNA)가 잘 알려진 경우이지만(21.8B절), DNA에 있는 변형 뉴클레오타이드도 중요하다. DNA에서 흔히 볼 수 있는 일부 변형 염기들이 그림 18.17에 표시되어 있다. 대부분의 변형 염기들은 소수의 종 또는 박테리오페이지(bacteriophage)에서만 발견되는 반면 나머지는 광범위하게 발견된다.

19장에서 제한엔도뉴클리에이즈(restriction endonucleases)에 대해 논의할 때 N^6-메틸아데

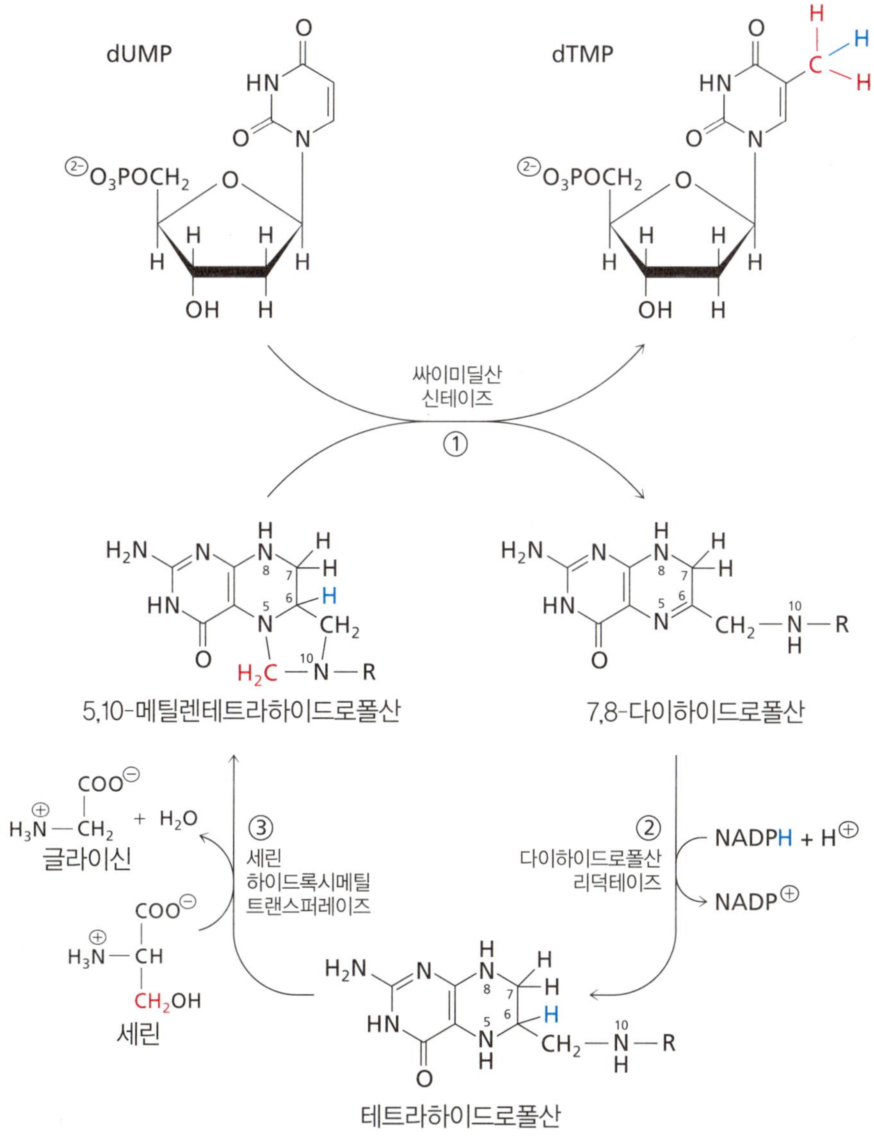

dUMP
dTMP
싸이미딜산 신테이즈
①
5,10-메틸렌테트라하이드로폴산
7,8-다이하이드로폴산
② 다이하이드로폴산 리덕테이즈
NADPH + $H^{\oplus}$
$NADP^{\oplus}$
③ 세린 하이드록시메틸 트랜스퍼레이즈
글라이신 + H_2O
세린
테트라하이드로폴산

◀ **그림 18.16**
dUMP로부터 싸이미딜산(dTMP)을 합성하는 반응회로. 이 회로에서 싸이미딜산 신테이즈는 dTMP를 생산하는 첫 반응을 촉매한다. 5,10-메틸렌테트라하이드로폴산을 재생하기 위해 메틸렌기가 첨가되기 전 첫 반응의 다른 생성물인 다이하이드로폴산은 다이하이드로폴산 리덕테이즈가 촉매하는 반응에서 NADPH에 의해 반드시 환원되어야만 한다. 메틸렌테트라하이드로폴산은 세린 하이드록시메틸트랜스퍼레이즈가 촉매하는 반응에서 재생된다.

BOX 18.4 항암제는 dTTP 합성을 억제한다

dTMP는 DNA의 필수적인 전구체이므로 dTMP 수준을 낮추는 물질은 모두 세포분열에 영향을 끼친다. 활발하게 분열하는 세포들은 특히 싸이미딜산 신테이즈와 다이하이드로폴산 리덕테이즈 효소의 활성에 의존하므로 이 효소들은 항암제의 주요 공격 목표가 되어 왔다. 이 효소들 중 하나 또는 모두를 억제하면 dTMP의 합성이 중단되어 DNA 합성 또한 중단된다.

5-플루오로유라실(5-fluorouracil), 메토트렉세이트 및 토뮤덱스(Tomudex)는 일부 암에 효과적인 항암제이다. 5-플루오로유라실은 자신의 디옥시라이보뉴클레오타이드인 5-플루오로디옥시유리딜레이트으로 전환되어 싸이미딜산 신테이즈에 강하게 결합하고, 이로 인해 이 효소를 억제하여 그림 18.16에 표시된 세 반응회로를 중지시킨다. 폴산의 유사체인 메토트렉세이트는 그림 18.16에 표시된 회로의 단계 2를 촉매하는 다이하이드로폴산 리덕테이즈에 특이성을 가진 강력한 억제제이다. 결국 dTMP 합성은 메틸렌테트라하이드로폴산의 적정 농도에 의존하기 때문에 테트라하이드로폴산의 양이 적어지면 dTMP의 생성이 현저히 저하된다. 토뮤덱스는 인간의 싸이미딜산 신테이즈의 폴산-기반 억제제이며 암 치료제로 승인되었다.

5-플루오로유라실

메토트렉세이트

토뮤덱스(ZD 1694)

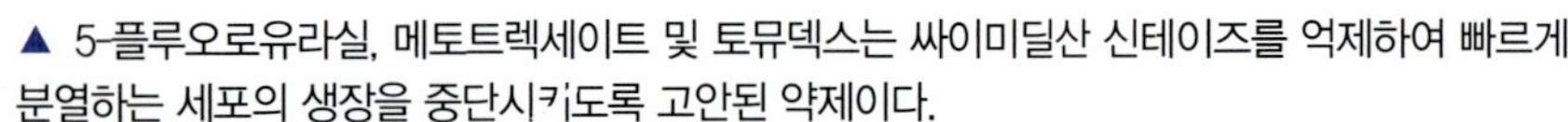

▲ 5-플루오로유라실, 메토트렉세이트 및 토뮤덱스는 싸이미딜산 신테이즈를 억제하여 빠르게 분열하는 세포의 생장을 중단시키도록 고안된 약제이다.

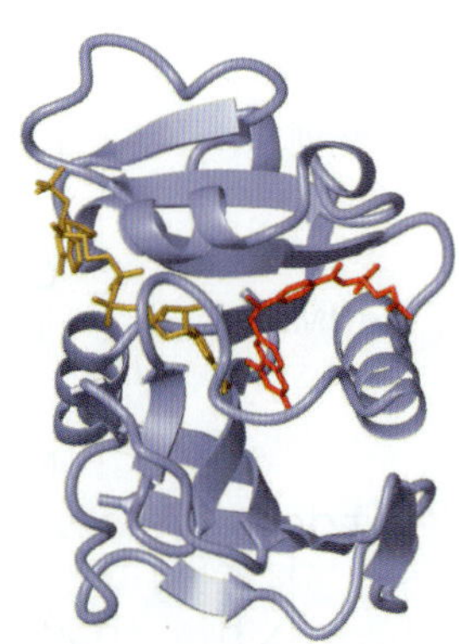

▲ 활성자리에 기질 유사체인 메토트렉세이트(빨간색)와 공동기질인 NADPH(황금색)가 결합한 인간의 다이하이드로폴산 리덕테이즈 구조. [PDB 1DLS]

닌을 언급할 것이다. 5-메틸사이토신(5-methylcytosine)은 염색질 조합(chromatin assembly)과 전사 조절에서 모종의 역할을 담당하기 때문에 포유류 DNA에서는 이름난 변형 염기이다. 포유류 DNA의 모든 디옥시사이티딜산(deoxycytidylate) 잔기 중 약 3%가 5-메틸사이티딘으로 변형된다. 메틸화는 DNA 합성 후에 CG 서열(CG sequence)에서 일어난다. 이 모든 변형 뉴클레오타이드는 DNA 분자에 자리잡고 있는 4개의 기존 뉴클레오타이드에 효소가 직접 제자리에서(*in situ*) 작용하여 생성된다.

18.8 퓨린과 피리미딘의 회수

▲ **회수 경로는 생화학적 재활용의 한 형태이다.**

핵산은 정상적인 세포 대사 중 모노뉴클레오타이드, 뉴클레오사이드 및 궁극적으로 이질고리 염기로 분해된다(그림 18.18). 이화반응들은 라이보뉴클리에이즈(ribonucleases), 디옥시라이보뉴클리에이즈(deoxyribonucleases) 및 다양한 뉴클레오타이데이즈(nucleotidases), 비특이적 포스파테이즈(phosphatases) 및 뉴클레오사이데이즈(nucleosidases) 또는 뉴클레오사이드 포스포릴레이즈(nucleoside phosphorylases)가 촉매한다. 이 방법으로 생성된 일부 퓨린과 피리미딘 염기는 이후 분해되지만(예로, 퓨린은 요산 및 다른 배설물로 전환됨), 상당량은 다시 5′-모노뉴클레오타이드로 전환되어 정상적으로 회수된다. PRPP는 회수 반응에서 5-인산라이보실의 공

5-메틸사이토신 5-하이드록시메틸사이토신 5-하이드록시메틸유라실

N^4-메틸사이토신 N^6-메틸아데닌 2-아미노아데닌

◀ **그림 18.17** **DNA의 변형 염기.**

급원이다. 분해경로는 동물에서 연료대사(fuel metabolism)의 일부분이다. 소화과정 동안 생성된 퓨린과 피리미딘은 분해되는 반면 일반적으로 세포 내에서 합성된 퓨린과 피리미딘은 회수된다. 원상태의 염기를 재활용함으로써 세포에너지는 보존된다.

퓨린 뉴클레오타이드를 자신의 퓨린으로 분해하는 반응과 PRPP와의 반응을 통한 회수과정이 그림 18.19에 요약되어 있다. 아데닌 인산라이보실트랜스퍼레이즈(adenine phosphoribosyltransferase)는 아데닌과 PRPP의 반응을 촉매하여 AMP와 PP_i를 생성한다. 파이로포스파테이즈(pyrophosphatase)가 촉매하는 PP_i의 가수분해는 반응을 대사적으로 비가역적 상태가 되게 한다. 하이포잔틴-구아닌 인산라이보실트랜스퍼레이즈(hypoxanthine-guanine phosphoribosyltransferase)는 이와 유사한 반응을 촉매하는데, 즉 PP_i를 생성하면서 하이포잔틴을 IMP로, 구아닌을 GMP로 전환한다.

피리미딘은 생합성 경로의 단계 5를 촉매하는 오로트산 인산라이보실트랜스퍼레이즈(orotate phosphoribosyltransferase) 작용에 의해 회수된다(그림 18.10). 이 효소 역시 오로트산보다는 피리미딘을 자신의 피리미딘 뉴클레오타이드로 전환한다.

뉴클레오타이드와 자신의 구성물은 많은 반응에 의해 상호전환되는데, 일부 반응은 이미 살펴보았다. 포스파테이즈, 뉴클레오타이데이즈, 뉴클레오사이데이즈 또는 뉴클레오사이드 포스포릴레이즈는 뉴클레오타이드로부터 염기를 방출할 수 있다. 인산라이보실트랜스퍼레이즈 또는 뉴클레오사이드 포스포릴레이즈가 촉매하는 반응은 염기와 뉴클레오사이드를 뉴클레오타이드로 전환함으로써 회수할 수 있다. 회수되지 못하는 염기는 이화될 수 있다. 퓨린 뉴클레오타이드 및 피리미딘 뉴클레오타이드와 자신의 구성물 간에 일어나는 상호전환이 각각 그림 18.20과 그림 18.21에 요약되어 있다.

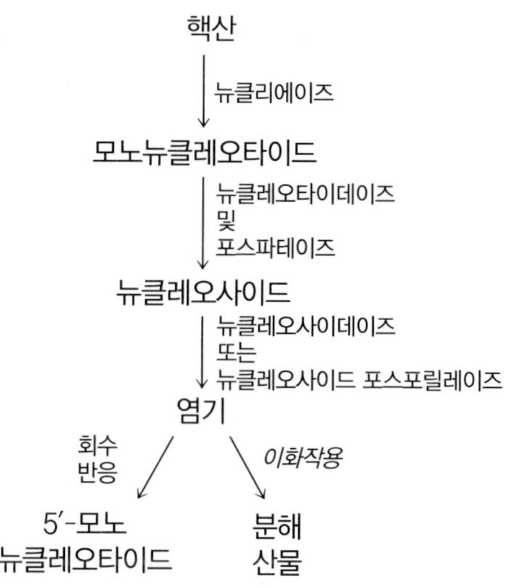

▲ **그림 18.18**
핵산의 분해.

18.9 퓨린의 이화작용

대부분의 자유 퓨린 및 피리미딘 분자는 회수되지만 일부는 이화된다. 조류(새), 일부 파충류 및 영장류(인간 포함)는 퓨린 뉴클레오타이드를 요산(uric acid) 또는 요산염(urate)으로 전환한 후 배설되게 한다. 조류와 파충류도 역시 아미노산을 요산으로 이화하고, 포유류에서는 아

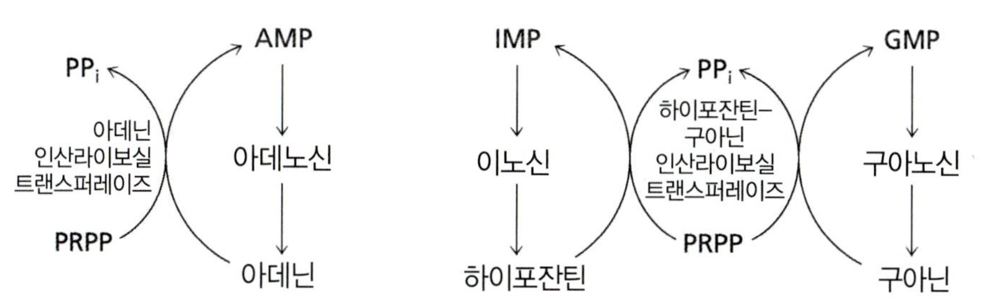

◀ **그림 18.19**
퓨린의 분해 및 회수.

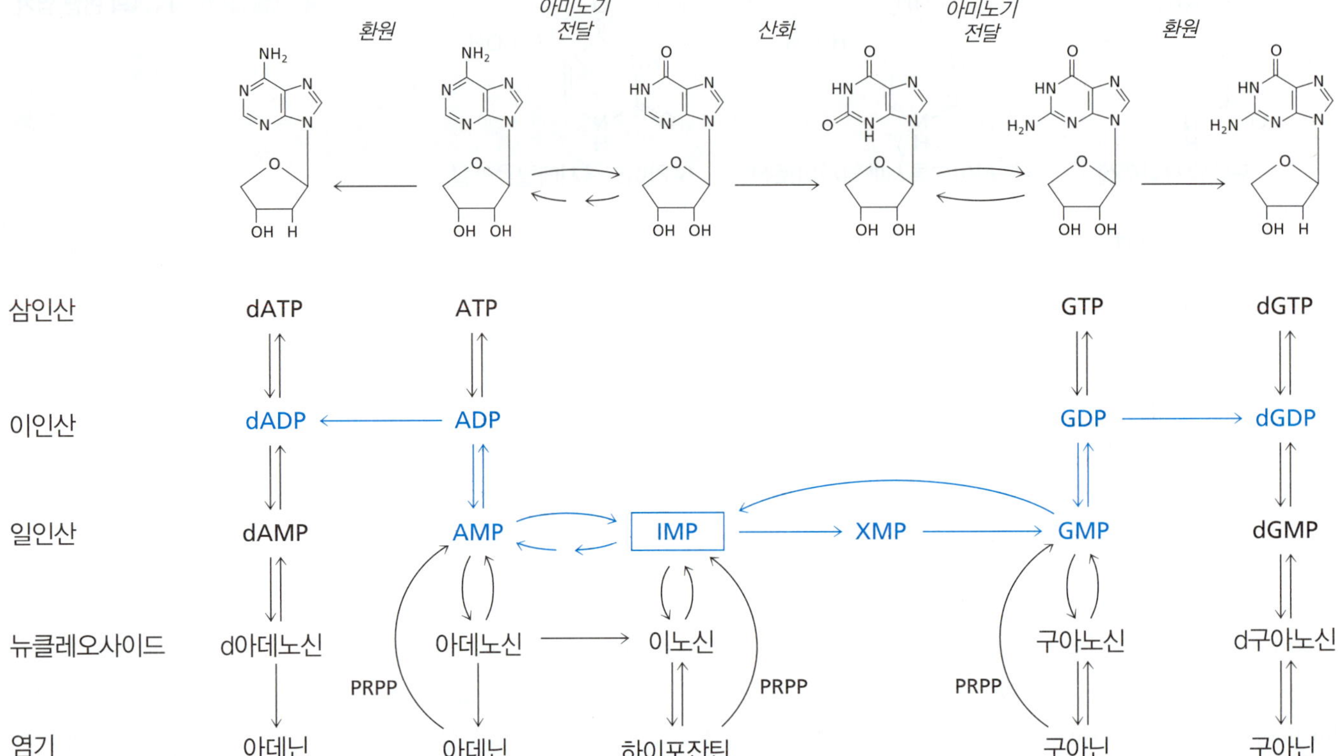

▲ **그림 18.20**

퓨린 뉴클레오타이드와 그 구성물 간의 상호전환. 신생(*de novo*) 생합성 경로의 첫 뉴클레오타이드 산물인 IMP는 신속히 AMP와 GMP로, 또한 그들의 이인산과 삼인산 및 디옥시 형태로 전환된다. 상단에 나타낸 구조에는 5′-인산기는 표시하지 않았다. [Adapted from. Traut, T. W. (1988). Enzymes of nucleotide metabolism: the significance of subunit size and polymer size for biological function and regulatory properties. *Crit. Rev. Biochem.* 23:121–169.]

미노산 이화작용으로부터 여분의 질소가 요소 형태로 처리된다. 조류와 파충류는 요산(요산염)을 더 이상 이화할 수 없지만 많은 생물체에서는 요산염을 다른 산물로 분해한다.

그림 18.20에 나타난 것처럼 AMP는 하이포잔틴으로, GMP는 구아닌으로 분해될 수 있다. AMP(GMP)를 가수분해하여 인산을 제거하면 아데노신(구아노신)이 생산된다. 아데노신은 아데노신 디아미네이즈(adenosine deaminase) 작용에 의해 이노신으로 탈아미노화될 수 있다. 이 반응의 대체반응에서는 AMP가 AMP 디아미네이즈(AMP deaminase) 작용에 의해 IMP로 탈아미노화되고 곧 IMP는 이노신으로 가수분해된다.

이노신과 구아노신이 가인산분해(phosphorolysis)되면 각각 하이포잔틴과 구아닌이 생성된다. 이 반응 모두는 다른 여러 디옥시뉴클레오사이드처럼 퓨린-뉴클레오사이드 포스포릴레이즈(purine-nucleoside phosphorylase)에 의해 촉매되고, α-D-라이보스 1-인산(또는 디옥시라이보스 1-인산)과 자유 퓨린 염기를 생산한다.

$$\text{(디옥시)뉴클레오사이드} + P_i \rightleftharpoons \text{염기} + \text{(디옥시)-}\alpha\text{-D-라이보스 1-인산} \qquad \textbf{(18.7)}$$

포유류에서 아데노신은 퓨린-뉴클레오사이드 포스포릴레이즈의 기질이 아니다.

이노신으로부터 생성된 하이포잔틴은 잔틴으로, 잔틴은 요산염으로 산화된다(그림 18.22). 잔틴 옥시데이즈(xanthine oxidase) 또는 잔틴 디하이드로지네이즈(xanthine dehydrogenase)는 이 두 반응 모두를 촉매할 수 있다. 전자는 잔틴 옥시데이즈 작용에 의해 O_2로 전달되어 과산화수소(hydrogen peroxide; H_2O_2)를 생성한다(H_2O_2는 카탈레이즈 작용에 의해 H_2O와 O_2로 전환된다). 포유류에서는 잔틴 옥시데이즈는 세포외 효소이며, 동일한 산물을 생산하는 세포내 효소인 잔틴 디하이드로지네이즈의 변화형인 듯하지만 전자를 $NAD^{\oplus}$로 전달하여

6.5D절에서 아데노신 디아미네이즈 메커니즘을 보라.

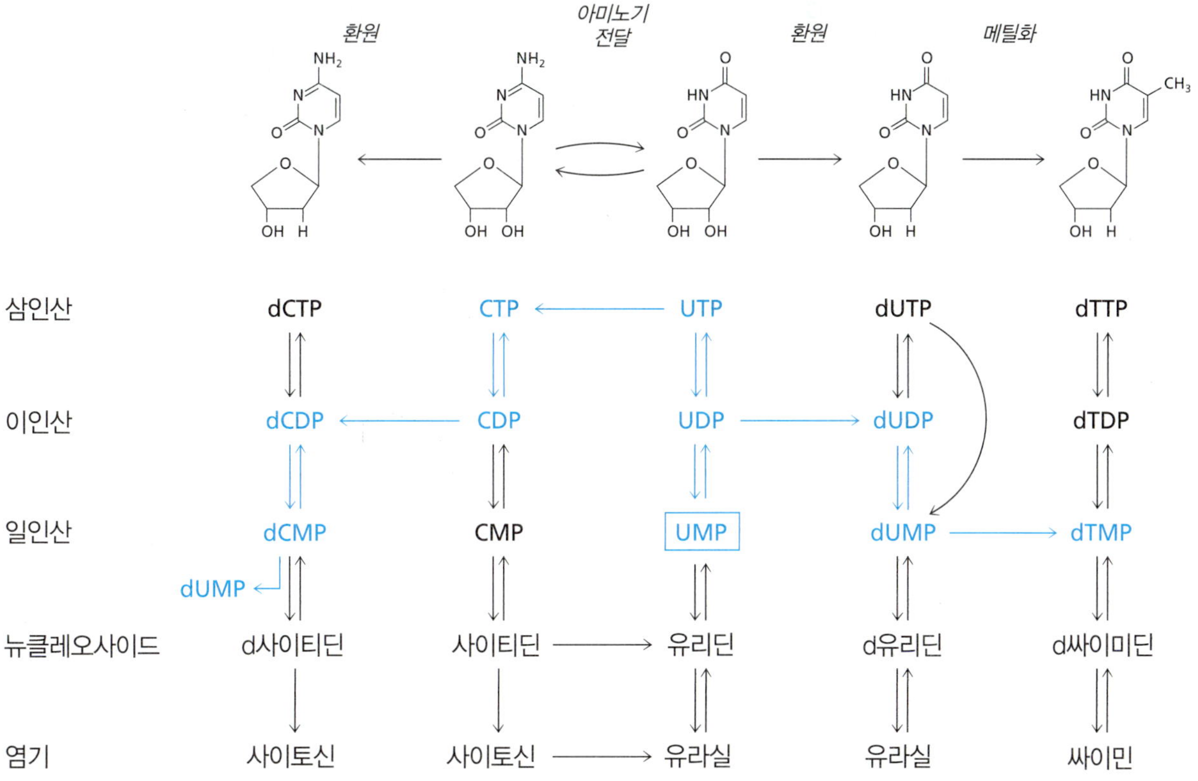

▲ 그림 18.21

피리미딘 뉴클레오타이드와 그 구성물 간의 상호전환. 신생 생합성 경로에 의해 생성된 UMP는 사이티딘 및 싸이미딘 인산들로, 또한 다른 유리딘 유도체들로 전환될 수 있다. 상단에 나타낸 구조에는 5′-인산기를 표시하지 않았다. [Adapted from. Traut, T. W. (1988). Enzymes of nucleotide metabolism: the significance of subunit size and polymer size for biological function and regulatory properties. *Crit. Rev. Biochem.* 23:121–169.]

NADH를 생성한다. 이 두 효소의 활성은 자연계에서 다방면에 걸쳐 일어나고, 광범위한 기질 특이성을 나타낸다. 이들의 활성자리에는 철-황 클러스터, 몰리브데늄(molybdenum)과 결합한 테린(pterin) 조효소 및 FAD로 구성된 복합 전자전달계가 있다.

대부분의 세포에서는 구아닌이 구아네이즈(guanase)가 촉매하는 반응에 의해 잔틴으로 탈아미노화된다(그림 18.22). 구아네이즈가 결핍된 동물은 구아닌을 배설한다. 예로, 돼지는 구

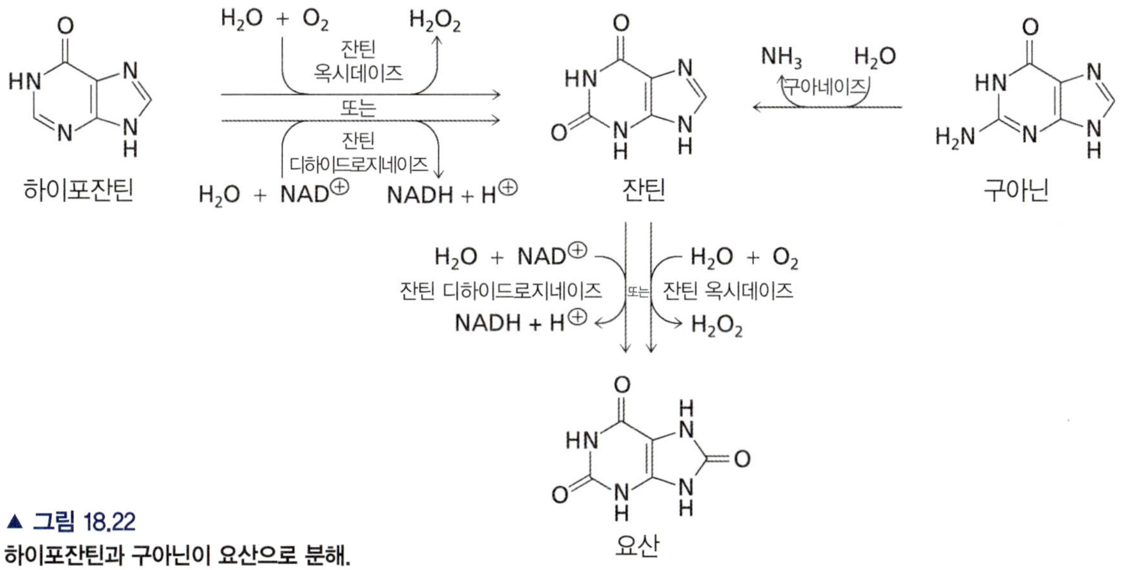

▲ 그림 18.22

하이포잔틴과 구아닌이 요산으로 분해.

요산 옥시데이즈 ($H_2O + O_2 \rightarrow H_2O_2$)

요산 — *조류; 일부 파충류; 영장류*

5-하이드록시아이소요산염 (HIU)

HIU 하이드롤레이즈 (H_2O)

2-옥소-4-하이드록시-4-카복시-5-유레이도이미다졸린(OHCU)

OHCU 디카복실레이즈 (CO_2)

(S)-알란토인 — *대부분의 포유류; 거북류; 일부 곤충; 복족류*

알란토이네이즈 (H_2O)

알란토산염 — *일부 경골어류*

알란토이케이즈 ($2\ H_2O$) → 글라이옥실산 + $2\ H_2N-CO-NH_2$ (요소) — *대부분의 어류; 양서류; 담수 연체동물*

유리에이즈 ($2\ H_2O$) → $2\ CO_2 + 4\ NH_3$ — *식물; 갑각류; 많은 해양 무척추동물*

▲ **그림 18.23**

산화와 가수분해를 통한 요산의 이화작용. 각 화합물의 우측과 하단에 이 화합물을 배설하는 생물체를 표시했다.

▲ 이 달팽이들은 살았을 때 유레이트를 알란토인으로 전환할 수 있었다. 인간은 이를 할 수 없다.

아닌을 배설하지만, 대부분의 포유류에서는 한층 더 나아가서 아데닌 유도체를 퓨린 이화작용의 주요 최종 산물인 알란토인(allantoin)으로 대사한다.

대부분의 생물체에서 요산은 더 산화될 수 있다. 최근까지 요산 옥시데이즈(urate oxidase)가 요산을 직접 알란토인으로 전환하는 것으로 생각되었지만, 현재 이 경로는 한층 더 복잡한 것으로 밝혀졌다. 그림 18.23에 나타낸 것처럼 요산을 입체특이성 산물인 (S)-알란토인으로 전환하는데에 요산 옥시데이즈 외에 추가로 2개의 효소가 필요하다. 과산화수소(H_2O_2)와 CO_2는 이 연속반응에서 방출된다. 대부분의 포유류에서 알란토인이 퓨린분해의 주요 최종 산물이다(인간에서는 최종 산물이 유레이트(urate)이다). 거북류, 일부 곤충 및 복족류(gastropods) 역시 알란토인을 배설한다.

알란토이네이즈(allantoinase) 효소는 알란토인의 이미다졸 고리를 가수분해하고 개방하여 알란토산(allantoic acid)의 짝염기인 알란토에이트(allantoate)를 생산한다. 일부 경골어류(bony fishes; teleosts)는 알란토이네이즈 활성을 갖고 있어 퓨린 분해의 최종 산물로 알란토산염을 배설한다.

대부분의 어류, 양서류 및 담수 연체동물(mollusks)은 알란토에이트를 한층 더 분해할 수 있다. 이들은 알란토에이트를 1분자의 글라이옥실산과 2분자의 요소로 가수분해하는 알란토이케이즈(allantoicase)를 갖고 있다. 이들에게 요소는 퓨린 이화작용의 질소성 최종 산물이다.

마지막으로 식물, 갑각류 및 많은 해양 무척추동물은 유리에이즈(urease)가 촉매하는 반응을 통해 요소를 가수분해할 수 있다. 이산화탄소와 암모니아가 이 반응의 산물이다. 요소의 가

BOX 18.5 레쉬-니한 증후군(Lesch-Nyhan Syndrome)과 통풍(Gout)

퓨린 대사의 결함은 지독한 영향을 끼친다. 1964년 마이클 레쉬(Michael Lesch)와 윌리엄 니한(William Nyhan)은 정신발달 지체(slow mental development), 중풍성 경련(palsylike spasticity) 및 기이한 자기훼손(selfmutilation)의 특징을 보이는 심각한 대사질환을 발견했다. 레쉬-니한 증후군이라고 부르는 이 질환의 환자는 거의 유년기에 사망한다. 이 질환의 두드러진 생화학적 특징은 정상보다 최대 6배의 요산 배설 및 상당히 증가한 퓨린 생합성이다.

이 질환의 원인은 하이포잔틴-구아닌 인산라이보실트랜스퍼레이즈(hypoxanthine-guanine phosphoribosyltransferase) 효소 활성의 유전적 결함이다(18.8절). 이 효소의 유전자에 대한 열성 돌연변이가 X 염색체상에 있기 때문에 일반적으로 이 결함은 남성에서 발견된다. 레쉬-니한 환자의 효소 활성은 정상의 1% 미만인데, 대부분은 활성이 완전히 없다. 하이포잔틴-구아닌 인산라이보실트랜스퍼레이즈 효소가 없으면 하이포잔틴과 구아닌은 각각 IMP와 GMP로 분해되는 대신에 요산으로 분해된다. 하이포잔틴과 구아닌의 회수에 보통 사용되는 PRPP는 과량의 IMP를 합성하는데 기여하고, 여분의 IMP가 요산으로 분해된다. 어떻게 이 단일 효소의 결함이 이처럼 다양한 증상을 일으키는지는 알려진 바 없다. 결함에 의한 파멸적인 효과는 인간의 일부 세포에서 퓨린 회수경로가 단순히 퓨린 뉴클레오타이드 대사의 중심경로에 대한 추가적인 에너지-보존 경로가 아님을 의미한다.

통풍은 요산이 과생산되거나 부적절하게 배설되기 때문에 일어나는 질환이다. 소듐 유레이트(sodium urate)는 비교적 불용성이고, 혈액내 농도가 증가할 때 특히 신장 및 발가락, 관절과 같은 연부조직에서 (가끔은 요산과 함께) 결정화될 수 있다. 통풍의 여러 원인은 하이포잔틴-구아닌 인산라이보실트랜스퍼레이즈 활성이 결핍되어 퓨린이 적게 회수되고, 요산이 이화적으로 더 많이 생산되기 때문이다. 통풍과 레쉬-니한 증후군의 차이는 통풍 환자에게는 10%의 효소활성이 남아 있다는 것이다. 통풍은 퓨린 생합성의 조절에 결함이 생겨서도 발생한다.

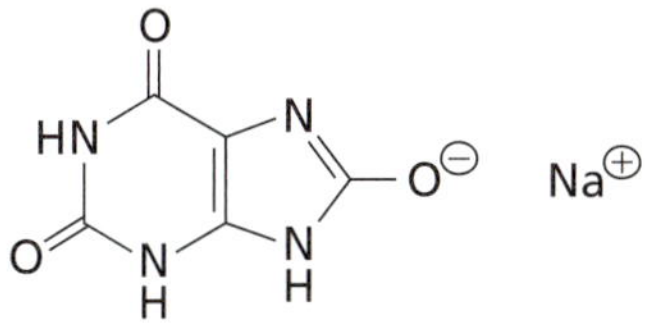

소듐 유레이트

통풍의 치료법은 환자에게 하이포잔틴의 7번 탄소와 8번 질소에 이성질화가 일어난 합성물인 알로퓨리놀(allopurinol)을 처방하는 것이다. 알로퓨리놀은 세포에서 잔틴 옥시데이즈(xanthine oxidase)의 강력한 억제제인 옥시퓨리놀(oxypurinol)로 전환된다. 알로퓨리놀을 투여하면 비정상적으로 높은 수준의 요산 생성을 방지한다. 하이포잔틴과 잔틴은 소듐 유레이트와 요산보다 더 용해되기 쉽고, 회수 반응에 의해 재사용되지 않을 때는 배설된다.

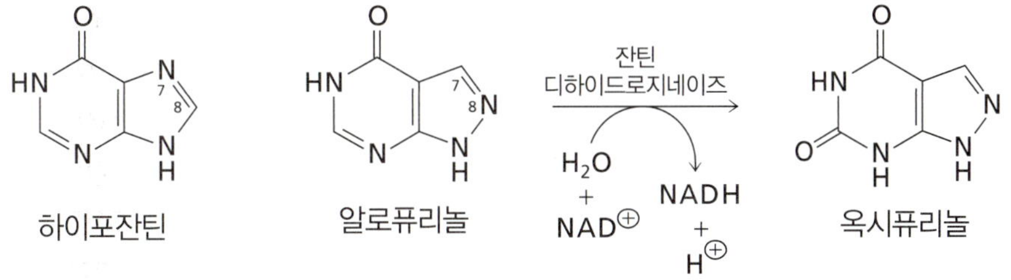

하이포잔틴 알로퓨리놀 잔틴 디하이드로지네이즈 H_2O + $NAD^{\oplus}$ NADH + $H^{\oplus}$ 옥시퓨리놀

▲ **알로퓨리놀과 옥시퓨리놀.** 잔틴 디하이드로지네이즈는 하이포잔틴의 이성질체인 알로퓨리놀의 산화를 촉매한다. 산화 산물인 옥시퓨리놀은 잔틴 디하이드로지네이즈와 강력히 결합하여 억제한다.

수분해로 인해 생긴 암모니아가 독성을 유발할 수 없는 생물체의 세포에서만 유리에이즈가 발견된다. 예를 들어 식물에서 요소로부터 생성된 암모니아는 신속히 글루타민 신테테이즈에 의해 동화된다. 해양동물에서는 아가미와 같은 표면 기관에서 암모니아가 생산되고 독성을 가질 만큼 축적되기 전에 물로 씻겨나간다. 대부분의 육상동물에서는 최종 질소 함유산물인 암모니아가 치명적일 것이다. 요산염 이화작용을 촉매하는 효소는 요산염을 배설하는 생물체의 진화 중에 소실된 듯하다.

그림 18.24 ▶
유라실과 싸이미딘의 이화작용.

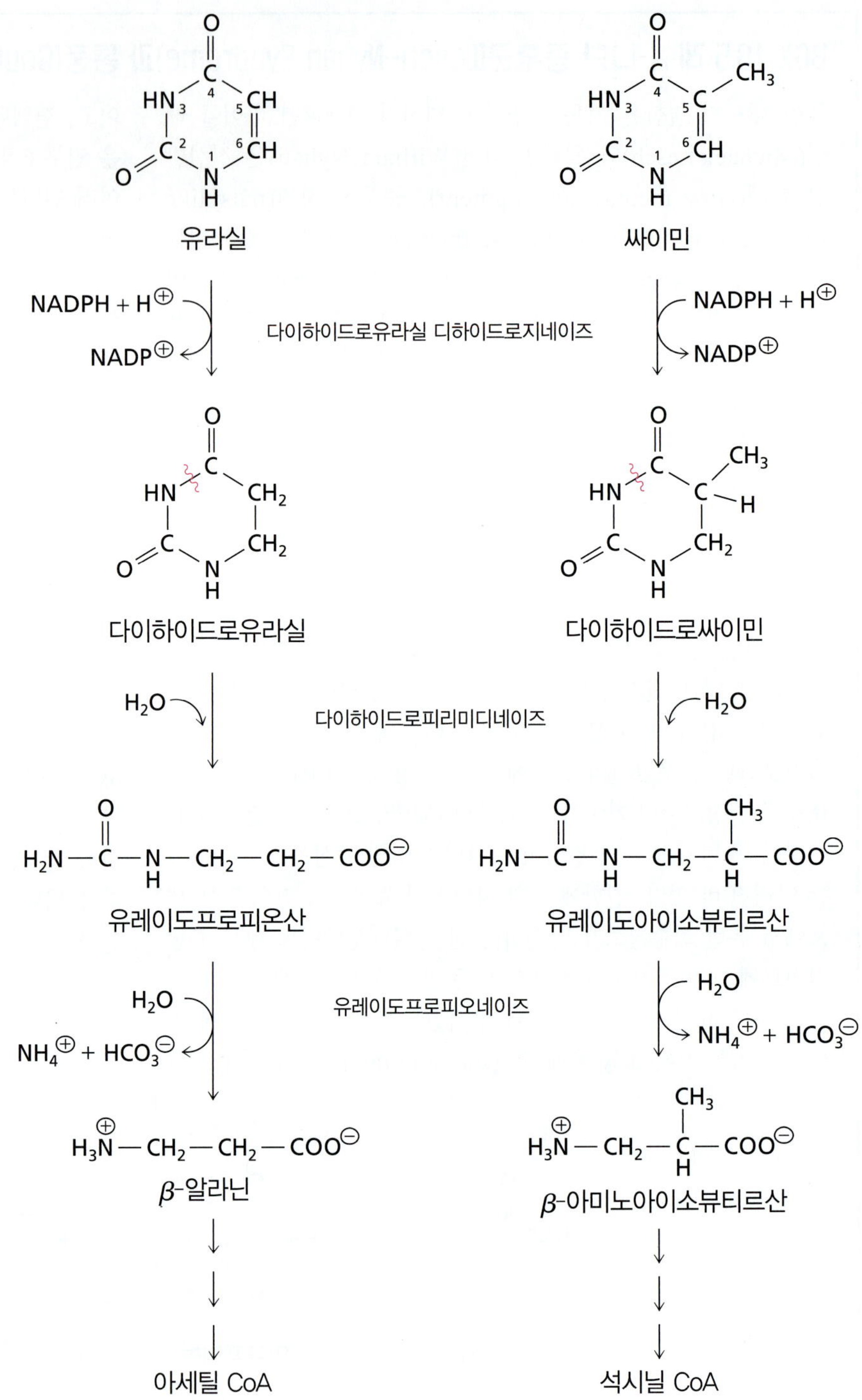

18.10 피리미딘의 이화작용

피리미딘 뉴클레오타이드의 이화작용은 뉴클레오사이드와 P_i로 가수분해하는 5′-뉴클레오타이데이즈(5′-nucleotidase)의 촉매작용으로 시작한다(그림 18.24). 사이티딘으로의 가수분해에 이어 사이티딘 디아미네이즈가 촉매하는 유리딘으로의 탈아미노화 반응이 뒤따른다. 뒤이어 유리딘과 싸이미딘의 글리코시딕결합이 각각 유리딘 포스포릴레이즈와 싸이미딘 포스포릴레이즈가 촉매하는 반응에서 가인산분해(phosphorolysis)에 의해 절단된다. 디옥시유리딘 역시 유리딘 포스포릴레이즈가 촉매하는 반응에 의해 가인산분해된다. 이 두 반응의 생성물은 α-D-라이보스 1-인산 또는 디옥시라이보스 1-인산, 싸이민 및 유라실이다.

피리미딘 이화작용의 최종 산물은 중심대사의 중간체이므로 어떤 독특한 배설 산물도 생성되지 않는다. 유라실과 싸이민의 분해에는 여러 단계가 있다(그림 18.24). 첫째, 피리미딘 고리는 다이하이드로유라실 디하이드로지네이즈(dihydrouracil dehydrogenase)가 촉매하는 반응에서 5,6-다이하이드로피리미딘(5,6-dihydropyrimidine)으로 환원된다. 이후 환원된 고리는 다이하이드로피리미디네이즈(dihydropyrimidinase)가 촉매하는 반응에서 3번 질소-4번 탄소 간의 결합이 가수분해되어 절단됨으로써 개방된다. 카바모일-β-아미노산 유도체[carbamoyl-β-amino acid derivative; 유레이도프로피온산(ureidopropionate) 또는 유레이도아이소뷰티르산(ureidoisobutyrate)]는 한층 더 $NH_4^{\oplus}$, $HCO_3^{\ominus}$ 및 β-아미노산으로 가수분해된다. 이후 β-알라닌(유라실로부터)과 β-아미노아이소뷰티르산(싸이민으로부터)은 각각 아세틸 CoA와 석시닐 CoA로 전환되어 시트르산 회로로 진입하고 다른 화합물로 전환된다. 세균에서 β-알라닌 역시 조효소 A의 구성물인 판토텐산(pantothenate) 합성에 사용될 수 있다.

요약

1. IMP(이노신산)를 생산하는 퓨린 뉴클레오타이드 합성은 10단계 경로이다. 퓨린은 5-인산라이보실 1-파이로인산(PRPP)이 제공하는 라이보스 5-인산의 토대 위에 조립된다.
2. IMP는 AMP 또는 GMP로 전환될 수 있다.
3. 피리미딘 뉴클레오타이드 UMP의 6단계 합성에서 PRPP는 고리 구조가 완성된 후 경로에 진입한다.
4. CTP는 UTP의 아미노화에 의해 생성된다.
5. 디옥시라이보뉴클레오타이드는 라이보뉴클레오타이드 리덕테이즈가 촉매하는 반응에서 라이보뉴클레오타이드의 2번 탄소에서 환원되어 합성된다.
6. 싸이미딜산(dTMP)은 5,10-메틸렌테트라하이드로폴산이 일탄소기와 수소화물 이온을 제공하는 메틸화반응에 의해 디옥시유리딜레이트(dUMP)으로부터 생성된다. 이 메틸화반응의 또 다른 산물인 7,8-다이하이드로폴산은 NADPH-의존 환원에 의해 활성 조효소인 테트라하이드로폴산으로 재활용된다.
7. PRPP는 회수반응에서 피리미딘 및 퓨린과 반응하여 뉴클레오사이드 일인산을 생산한다. 뉴클레오타이드와 그 구성물은 다양한 효소에 의해 상호전환된다.
8. 조류와 일부 파충류에서는 아미노산과 퓨린 뉴클레오타이드에서 유래한 질소가 요산의 형태로 배설된다. 영장류에서는 퓨린이 요산(요산염)으로 분해된다. 대부분의 다른 생물체는 요산을 알란토인, 알란토에이트, 요소 및 암모니아로 한층 더 이화한다.
9. 피리미딘은 암모니아, 중탄산 및 아세틸 CoA(사이토신 또는 유라실로부터) 또는 석시닐 CoA(싸이민으로부터)로 이화된다.

문제

1. 다음의 전구체-산물 쌍에서 산물의 방사능 표지가 발견되는 곳을 지적하라.
   (a) ^{15}N-아스파트산 → AMP
   (b) 2-[^{14}C]-글라이신 → AMP
   (c) δ-[^{15}N]-글루타민 → GMP
   (d) 2-[^{14}C]-아스파트산 → UMP
   (e) $H^{14}CO_3^{\ominus}$ → UMP
2. 라이보스 5-인산에서 시작하여 1분자의 IMP를 합성하는 데 필요한 ATP 당량은 얼마인가? 필요한 모든 전구체가 경로에 존재한다고 가정하라.
3. 퓨린과 피리미딘의 신생(*de novo*) 경로에서 테트라하이드로폴산(THF) 유도체가 일탄소 단위의 공여체이다. 다음 질문에 답하라.
   (1) 어떤 반응이 THF를 필요로 하는가?
   (2) THF 공여체는 무엇인가?
   (3) 퓨린과 피리미딘의 몇 번 탄소가 THF에서 유래하는가?
4. 강력한 항암제인 아시비신(acivicin; 글루타민 유사체)은 뉴클레오타이드 생합성을 억제함으로써 빠른 세포 생장을 지체시킨다.
   (a) 아시비신이 어떻게 구조적으로 글루타민과 유사한가?
   (b) 아시비신이 존재할 때 퓨린 생합성 경로에서 어떤 중간체가 축적되는가?
   (c) 아시비신이 존재할 때 피리미딘 생합성 경로에서 어떤 효소가 억제되는가?

$COO^{\ominus}$, $H_3\overset{\oplus}{N}$—C—H, CH, O, CH_2, N=C, Cl

아시비신

5. 어떤 가상의 세균이 대장균에서의 경로와 유사한 경로에 의해 UMP를 합성한다. 단, 아스파트산 대신에 β-알라닌이 사용된다.

$$H_3\overset{\oplus}{N}-CH_2-CH_2-COO^{\ominus}$$

β-알라닌

   (a) 이 세균에서의 UMP 합성 경로가 대장균에서보다 짧은 이유는 무엇인가?
   (b) ^{14}C로 골고루 표지한 β-알라닌을 사용할 때 UMP의 어느 위치

에 표지가 나타나는가?

6. (a) dCMP 디아미네이즈 효소는 사이티딘으로부터 유리딘 뉴클레오타이드로의 주 경로를 제공할 수 있다. dCMP 디아미네이즈가 dCMP에 작용하여 생긴 산물은 무엇인가?

   (b) 이 입체다른자리 효소를 dTTP는 억제하고, dCTP는 활성화시킨다. 이 진술이 왜 합리적인지를 세포가 전반적으로 필요로 하는 뉴클레오사이드 삼인산의 관점에서 설명하라.

7. 진핵생물에서 $HCO_3^{\ominus}$, 아스파트산, 글루타민 및 라이보스 5-인산으로부터 1분자의 UMP를 합성하는데 필요한 ATP 당량은 얼마인가? (단, 경로에서 발생되는 QH_2를 산화할 때 생산될지도 모르는 ATP는 무시하라.)

8. 중증 복합형 면역 부전증(severe combined immunodeficiency syndrome; SCIDS)의 특징은 감염성 질환에 대해 면역반응이 결여된 것이다. SCIDS의 한 형태는 아데노신과 디옥시아데노신을 각각 이노신과 디옥시이노신으로 탈아미노화하는 효소인 아데노신 디아미네이즈(ADA)의 결핍에 의해 발생한다. 효소가 결핍되면 dATP 수준은 증가하지만 다른 디옥시뉴클레오타이드 수준은 저하되어 활발하게 분열하는 세포에서의 DNA 복제와 세포분열을 억제한다. 아데노신 디아미네이즈 결핍이 어떻게 디옥시뉴클레오타이드 수준에 영향을 끼치는지 설명하라(인간의 첫 번째 효율적인 유전자 치료법은 정상 ADA 유전자를 가진 환자의 T 세포를 형질전환함으로써 실시되었다).

9. 통풍의 원인 중 하나는 하이포잔틴-구아닌 인산라이보실트랜스퍼레이즈 활성이 결핍된 것이다(Box 18.4). 다른 원인은 PRPP 신테테이즈 활성의 증가이다. 인간에서 PRPP가 글루타민-PRPP 아미도트랜스퍼레이즈의 양성 작용자(positive effector)라면, 어떻게 퓨린 생합성에 영향을 끼치는가?

10. 다음 경로에 관여하는 뉴클레오타이드를 확인하라.

    (a) NAD 합성에서 기질로 사용되는 뉴클레오사이드 삼인산
    (b) FMN 합성에서 사용되는 뉴클레오사이드 삼인산
    (c) 조효소 A 합성에서 기질로 사용되는 뉴클레오사이드
    (d) G 단백질을 위한 기질
    (e) 포도당 6-인산으로부터 글리코겐으로의 합성에 사용되는 뉴클레오타이드
    (f) 포유류의 석시닐 CoA 신테테이즈가 촉매하는 반응에 필요한 보조인자
    (g) 포스파티드산으로부터 포스파티딜세린으로의 합성에 필요한 공동기질
    (h) 세레브로사이드(cerebroside) 생합성에서 갈락토스 활성화에 필요한 뉴클레오타이드
    (i) 히스티딘 생합성에 사용되는 뉴클레오타이드 기질
    (j) AMP와 GMP의 공통 전구체
    (k) 하이포잔틴의 전구체

11. 지방과 탄수화물의 이화작용은 상당량의 대사에너지를 ATP 형태로 제공한다. 진핵세포에서 퓨린과 피리미딘의 분해가 중요한 에너지 공급원을 제공하는가?

12. PRPP 신테테이즈는 α-D-라이보스 5-인산을 기질로 사용한다. 어떻게 α 이성질체가 세포 내부에서 생성되는가?

13. 일반 염기의 분류 명칭이 18.1절과 18.2절에 표시되어 있다. 잔틴, 하이포잔틴 및 오로트산의 분류 명칭은 무엇인가?

14. 아데닐로석신산 신테테이즈와 아데닐로석신산 라이에이즈의 연속 작용으로 아스파트산으로부터 아미노기가 전달되고 퓨마르산이 방출된다. 동일한 목적을 달성하는 또 다른 두 쌍의 효소들을 확인하라.

참고문헌

퓨린 대사

Honzatko, R. B., Stayton, M. M., and Fromm, H. J.(1999). Adenylosuccinate synthetase: recent developments. *Adv. Enzymol. Relat.Areas Mol. Biol.* 73:57–102.

Cendron, L., Berni, R., Folli, C., Ramazzina, I., Percudani, R., and Zanotti, G. (2007). The structure of 2-oxo-4-hydroxy-4-carboxy-5-ureidoimidazoline decarboxylase provides insights into the mechanism of uric acid degradation. *J. Biol. Chem.* 282:18182–18189.

Kresge, N., Simoni, R. D., and Hill, R. L. (2006). Biosynthesis of purines: the work of John M. Buchanan. *J. Biol. Chem.* 281:e35–e36.

Ramazzina, I., Folli, C., Secchi, A., Berni, R., and Percudani, R. (2006). Completing the uric acid degradation pathway through phylogenetic comparison of whole genomes. *Nat. Chem. Biol.* 2:144–148.

Tipton, P. A. (2006). Urate to allantoin, specifically (S)-allantoin. *Nat. Chem. Biol.* 2:124–125.

Tsai. M., Koo, J., Yip, P., Colman, R. F., Segall, M. L., Howell, P. L. (2007). Substrate and product complexes of *Escherichia coli* adenylosuccinate lyase provide new insights into the enzymatic mechanism. *J. Mol. Biol.* 370:541–554.

Zhang, R.-G., Evans, G., Rotella, F. J., Westbrook, E. M., Beno, D., Huberman, E., Joachimiak, A., and Collart, F. R. (1999). Characteristics and crystal structure of bacterial inosine-5′-monophosphate dehydrogenase. *Biochem.* 38:4691–4700.

피리미딘 대사

Blakley, R. L. (1995). Eukaryotic dihydrofolate reductase. *Adv. Enzymol. Relat. Areas Mol. Biol.* 70:23–102.

Carreras, C. W., and Santi, D. V. (1995). The catalytic mechanism and structure of thymidylate synthase. *Annu. Rev. Biochem.* 64:721–762.

Chan, R. S., Sakash, J. B., Macol, C. P., West, J. M., Tsuruta, H., and Kantrowitz, E. R. (2002). The role of intersubunit interactions for the stabilization of the T state of *Escherichia coli* aspartate transcarbamoylase. *J. Biol. Chem.* 277:49755–49760.

Lipscomb, W. N. (1994). Aspartate transcarbamoylase from *Escherichia coli*: activity and regulation. *Adv. Enzymol. Relat. Areas Mol. Biol.* 68:67–151.

Raushel, F. M., Thoden, J. B., and Holden, H. M. (1999). The amidotransferase family of enzymes: molecular machines for the production and delivery of ammonia. *Biochem.* 38:7891–7899.

Stroud, R. M. (1994).An electrostatic highway. *Struct. Biol.* 1:131–134.

라이보뉴클레오타이드 환원

Eriksson, M., Uhlin, U., Ramaswamy, S., Ekberg, M., Regnström, K., Sjöberg, B. M., and Eklund, H. (1997). Binding of allosteric effectors to ribonucleotide reductase protein R1: reduction of active site cysteines promotes substrate binding. *Structure* 5:1077–1092.

Gorlatov, S. N., and Stadtman, T. C. (1998). Human thioredoxin reductase from HeLa cells: selective alkylation of selenocysteine in the protein inhibits enzyme activity and reduction with NADPH influences affinity to heparin. *Proc. Natl. Acad. Sci. USA.* 95:8520–8525.

Jordan, A., and Reichard, P. (1998). Ribonucleotide

reductases. *Annu. Rev. Biochem.* 67:71–98.

Kresge, N., Simoni, R. D., and Hill, R. L. (2006). Peter Reichard and the reduction of ribonucleosides. *J. Biol. Chem.* 281:e13–e15.

Nordland, P. and Reichard, P. (2006). Ribonucleotide reductases. *Annu. Rev. Biochem.* 75:681–706.

Sjöberg, B.M. (2010). A never-ending story. *Science* 329:1475–1476.

Stubbe, J. (1998). Ribonucleotide reductases in the twenty-first century. *Proc. Natl. Acad. Sci. USA.* 95:2723–2724.

Uppsten, M., Färnegårdh, M., Domkin, V., and Uhlin, U. (2006). The first holocomplex structure of ribonucleotide reductase gives new insight into its mechanism of action. *J. Mol. Biol.* 359:365–377.

핵산

우리는 디옥시라이보스 핵산(DNA)의 구조를 제시하기를 원한다. 이 구조는 상당한 생물학적 관심을 나타내는 새로운 특징들을 가지고 있다.

—J.D. 왓슨과 F.H.C. 크릭(1953)

디옥시라이보핵산(DNA)이라고 입증된 물질은 독일의 생리화학자인 호페 세일러(Felix Hoppe-Seyler)의 실험실에서 일한 젊은 스위스 물리학도인 미셰르(Friedrich Miescher)에 의해 1869년 발견되었다. 미셰르는 연구목적으로 핵을 얻기 위해 백혈구(버려진 외과용 붕대에 있는 고름으로부터 나온)를 염산으로 처리했다. 이어서 핵을 산으로 처리했을 때 탄소, 수소, 산소, 질소와 많은 양의 인이 포함된 침전물이 형성되었다. 미셰르는 이 침전물을 핵으로부터 나왔다 하여 뉴클레인(nuclein)으로 불렀다. 나중에 그것이 강한 산성임을 발견했고 그 이름은 핵산으로 바뀌게 되었다. 미셰르는 그 사실을 알지 못했지만 그는 DNA를 발견한 것이다. 곧이어 호페 세일러는 효모에서 유사한 물질을 분리했다—이 물질은 이제 라이보핵산(RNA)으로 알려져 있다. DNA와 RNA는 모두 뉴클레오타이드 혹은 폴리뉴클레오타이드의 중합체이다.

1944년 에이버리(Oswald Avery), 맥클리오드(Colin MacLeod)와 매카티(Maclyn McCarty)는 DNA가 유전정보를 담고 있는 물질임을 증명하였다. 그 무렵에는 이 중요한 물질의 3차원 구조에 대해서는 거의 알지 못했다. 그 다음 몇 년이 지난 후 뉴클레오타이드들의 구조가 결정되었으며 1953년 왓슨(James D. Watson)과 크릭(Francis H. C. Crick)이 이중나선 DNA 구조를 모델로 제시하기에 이르렀다.

핵산 생화학에 대한 연구는 지난 수십 년간 빠르게 발달해 왔다. 오늘날은 유전체 염기서열을 결정할 수 있을 뿐만 아니라 실험실에서 큰 염색체도 합성할 수 있다. DNA 분자를 복제하고 조작하는 것은 일상적이 되었다. 이것은 우리들의 분자생물학적 이해와 DNA에 포함된 정보가 살아 있는 세포들에서 발현되는 방식의 이해에 대한 극적인 발전을 주도해 왔다.

우리는 이제 살아 있는 유기체는 자체 복제본을 생성하는 데 필요한 모든 단계에 대한 지침의 세트를 갖고 있다는 것을 알고 있다. 이 정보는 유기체의 유전 물질, 또는 **유전체(genome)** 안에 있다. 모든 세포의 유전체는 DNA로 구성되어 있지만, 일부 바이러스 유전

위: 나선축을 따라 본 DNA의 공간채움 모델.

체는 RNA로 구성되어 있다. 유전체는 박테리아의 많은 종들에서는, DNA 단일 분자로 구성되어 있다. 진핵생물의 유전체는 핵[예: 이배체(diploid) 생물의 염색체 반수체(haploid) 세트]에서 발견되는 DNA 분자의 하나의 완전한 세트이다. 관례상 한 종의 유전체는 마이토콘드리아와 엽록체 DNA가 포함되지 않는다. 예외없이, 한 종 안의 두 개체는 정확히 동일한 유전체 서열을 갖지 않는다. 미셰르와 호페 세일러가 오늘날 살아 있다면, 그들은 DNA 지문에 의해 범죄자를 유죄 판결할 수 있다는 것과, 우리가 인간을 포함한 수천 종의 전체 유전체 염기서열을 분석했던 것을 알게 되어 놀랄 것이다.

일반적으로, 단백질의 1차 구조를 지정하는 정보는 DNA의 뉴클레오타이드의 서열에 암호화(encoded)되어 있다. 이 정보는 전사로 알려진 과정인 RNA의 합성 중 효소학적으로 복제된다. 전사된 RNA 분자에 포함된 정보의 일부는 폴리펩타이드 사슬의 합성 동안에 번역되는데 이 사슬은 차후 접히게 되고 단백질 분자를 형성하기 위해 조립된다. 따라서 우리는 세포의 DNA에 저장된 생물학적 정보가 DNA로부터 RNA 및 단백질로 흐른다는 것으로 일반화할 수 있다.

핵산은 우리가 이 책에서 공부하는 고분자의 네 번째 주요 분야이다. 단백질과 다당류와 마찬가지로, 핵산은 대형 중합체를 만들기 위해 공유적으로 결합되는 여러 가지 유사한 단량체 단위를 포함한다. 이 장에서 우리는 핵산의 구조와 그들이 어떻게 세포에 포장되는지 설명한다. 또한 DNA와 RNA를 기질로 사용하는 효소들 중 일부를 설명한다. 다른 많은 단백질과 효소는 유전정보가 올바르게 해석되도록 하기 위해 DNA 및 RNA와 상호작용한다. 20~22장에서는 생화학 및 정보에 대한 이러한 흐름의 조절을 고려할 것이다.

▲ 1953년에 DNA의 구조를 설명하는 제임스 D. 왓슨(1928~)(왼쪽)과 프랜시스 H.C. 크릭(1916~2004)(오른쪽).

정보의 정상적인 흐름과 분자 생물학의 중심원리의 차이는 1.1절과 21장의 서론에 설명되어 있다.

19.1 뉴클레오타이드는 핵산의 빌딩블록들이다

핵산은 폴리뉴클레오타이드 혹은 뉴클레오타이드의 중합체이다. 이전 장에서 보았듯이, 뉴클레오타이드는 세 개의 구성성분으로 이루어져 있다: 한 개의 오탄당, 하나 혹은 그 이상의 인산기, 그리고 염기라 불리는 한 개의 약한 염기성 질소 화합물(그림 19.1). 뉴클레오타이드에서 발견되는 염기들은 피리미딘과 퓨린으로 치환되어 있다. 5탄당(pentose)은 라이보스(D-ribofuranose)나 2-디옥시라이보스(2-deoxy-D-ribofuranose)다. 이 당들의 피리미딘 혹은 퓨린 *N*-글라이코사이드를 뉴클레오사이드(nucleoside)라고 한다. 뉴클레오타이드는 뉴클레오사이드의 인산 에스터(phosphate ester)이다—일반적인 뉴클레오타이드는 한 개에서 세 개까지의 인산그룹을 포함한다. 라이보스를 함유하는 뉴클레오타이드는 라이보뉴클레오타이드(ribonucleotides)라 부르며 디옥시라이보스를 함유하는 뉴클레오타이드는 디옥시라이보뉴클레오타이드(deoxyriboucleotides)라 부른다(18.5절).

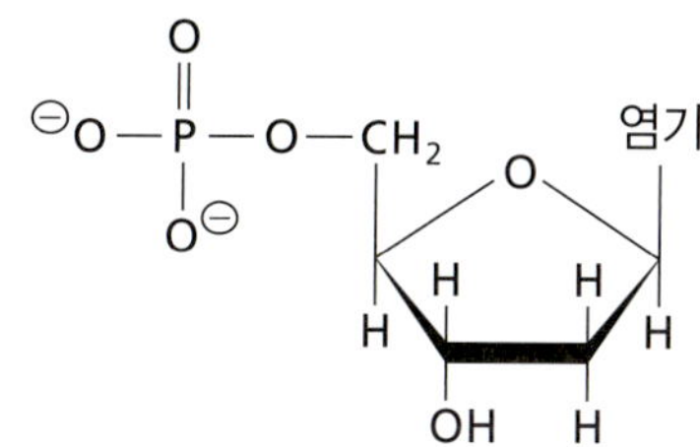

▲ 그림 19.1

뉴클레오타이드의 화학구조. 뉴클레오타이드는 한 개의 오탄당, 한 개의 질소염기 그리고 적어도 하나의 인산기가 포함되어 있다. 당은 디옥시라이보스(여기에 표시) 또는 라이보스 양쪽에 존재할 수 있다.

A. 라이보스와 디옥시라이보스

핵산에서 발견되는 뉴클레오타이드의 당 구성요소는 그림 19.2와 같다. 두 개의 당은 퓨라노스(furanose) 고리모양의 베타 입체구조의 하워스 투영법(Harworth projection)으로 나타낸다(8.2절). 이것은 뉴클레오타이드와 폴리뉴클레오타이드들에서 발견되는 안정된 구조이다. 이 퓨라노스 고리들 각각은 8장에서 논의된 봉투 형태(envelop form)와 같은 다른 입체구조들을 채택할 수 있다. 디옥시라이보스의 2′-엔도(endo) 입체구조가 이중나선 DNA에 대부분을 차지한다(그림 8.11)

라이보스
(β-D-라이보퓨라노스)

디옥시라이보스
(2-디옥시-β-D-라이보퓨라노스)

▲ 그림 19.2

뉴클레오타이드에서 발견되는 두 개 당의 화학구조. **(a)** 라이보스(β-D-라이보퓨라노스). **(b)** 디옥시라이보스(2-디옥시-β-D-라이보퓨라노스).

B. 퓨린과 피리미딘

뉴클레오타이드의 염기들은 피리미딘이나 퓨린의 유도체들이다(18장). 이 이종고리 화합물(heterocyclic compounds)의 구조와 각 염기의 탄소와 질소 원자들의 번호체계(numbering

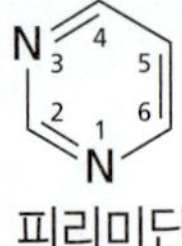

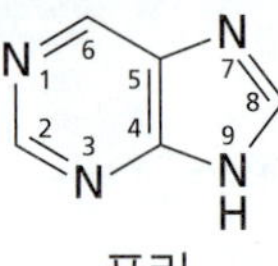

▲ **그림 19.3**
피리미딘과 퓨린의 화학구조.

system)는 그림 19.3에 나타나 있다. 피리미딘은 네 개의 탄소와 두 개의 질소 원자들을 포함하는 하나의 고리를 가지고 있다. 퓨린은 하나의 닫혀진 피리미딘-이미다졸(immidazole) 고리계를 가진다. 두 유형의 염기는 복합의 이중결합을 가진 상태로 불포화되어 있다. 이 특징은 고리 평면을 만들고 자외선을 흡수하는 능력을 설명한다.

치환된 퓨린과 피리미딘들은 살아 있는 세포에 어디에나 존재하나 비치환된 염기는 생물계에서 좀처럼 마주칠 수 없다. 뉴클레오타이드에서 나타나는 주요한 피리미딘들은 유라실(2,4-dioxopyrimidine, U), 싸이민(2,4-dioxo-5-methylpyrimidine, T), 그리고 사이토신(2-oxo-4-aminopyrimidine, C)이다. 주요한 퓨린들은 아데닌(6-aminopurine, A)과 구아닌(2-amino-6-oxopurine, G)이다. 이 다섯 개의 주된 염기의 화학적 구조들은 그림 19.4에 나타나 있다. 싸이민은 유라실의 치환된 형태이므로 5-메틸유라실(5-methyluracil)이라 불릴 수 있음에 주의하라(18.6절). 아데닌, 구아닌과 사이토신은 라이보뉴클레오타이드들과 디옥시뉴클레오타이드들 양쪽에서 발견된다. 유라실은 주로 라이보뉴클레오타이드들에서 그리고 싸이민은 디옥시라이보뉴클레오타이드들에서 발견된다.

퓨린들과 피리미딘들은 약한 염기들이고 생리학적 pH의 물에 상대적으로 불용성이다. 그러나 세포 내에서 대부분의 피리미딘과 퓨린 염기들은 뉴클레오타이드들과 폴리뉴클레오타이드들의 구성성분들로 존재하며 매우 가용성이다.

각각의 이종고리 염기는 적어도 두 개의 호변체(tautomeric forms)로 존재할 수 있다. 아데닌과 사이토신은 아미노 혹은 이미노 형태(amino or imino forms)로 존재할 수 있다. 구아닌, 싸이민과 유라실은 락탐(케토) 혹은 락팀(에놀) 형태[lactam(keto) or lactim(enol) forms]로 존재할 수 있다(그림 19.5). 각 염기의 호변체는 평형상태로 존재하나 아미노와 락탐 호변체들이 더욱 안정적이어서 대부분 세포 내의 상태에서 주로 존재한다. 고리들은 각 호변체에서 불포화되어 있고 평면으로 남아 있음에 주의하라.

일반적인 뉴클레오타이드들의 모든 염기들은 수소결합에 참여할 수 있다. 아데닌과 사이토신의 아미노기들은 수소 공여체들이고 고리내 질소 원자들(아데닌의 N-1과 사이토신의 N-3)은 수소 수용체들이다(그림 19.6). 또한 사이토신은 C-2에 하나의 수소 수용체 잔기(acceptor group)를 가진다. 구아닌, 사이토신과 싸이민은 세 개의 수소결합을 형성할 수 있다. 구아닌에서 N-1과 C-2의 아미노기는 수소 공여체인 반면, C-6의 잔기는 수소 수용체이다. 싸이민에서 C-4과 C-2의 잔기들은 수소 수용체들이고 N-3는 수소 공여체다(이 위치들

그림 19.4 ▶
주요 피리미딘과 퓨린의 화학구조.

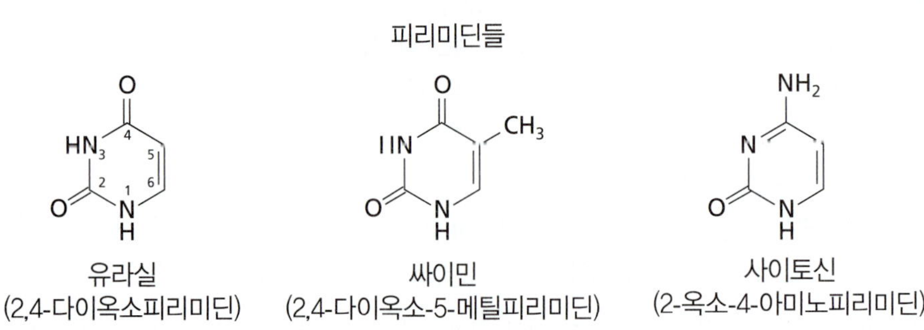

퓨린들

아데닌
(6-아미노퓨린)

구아닌
(2-아미노-6-옥소퓨린)

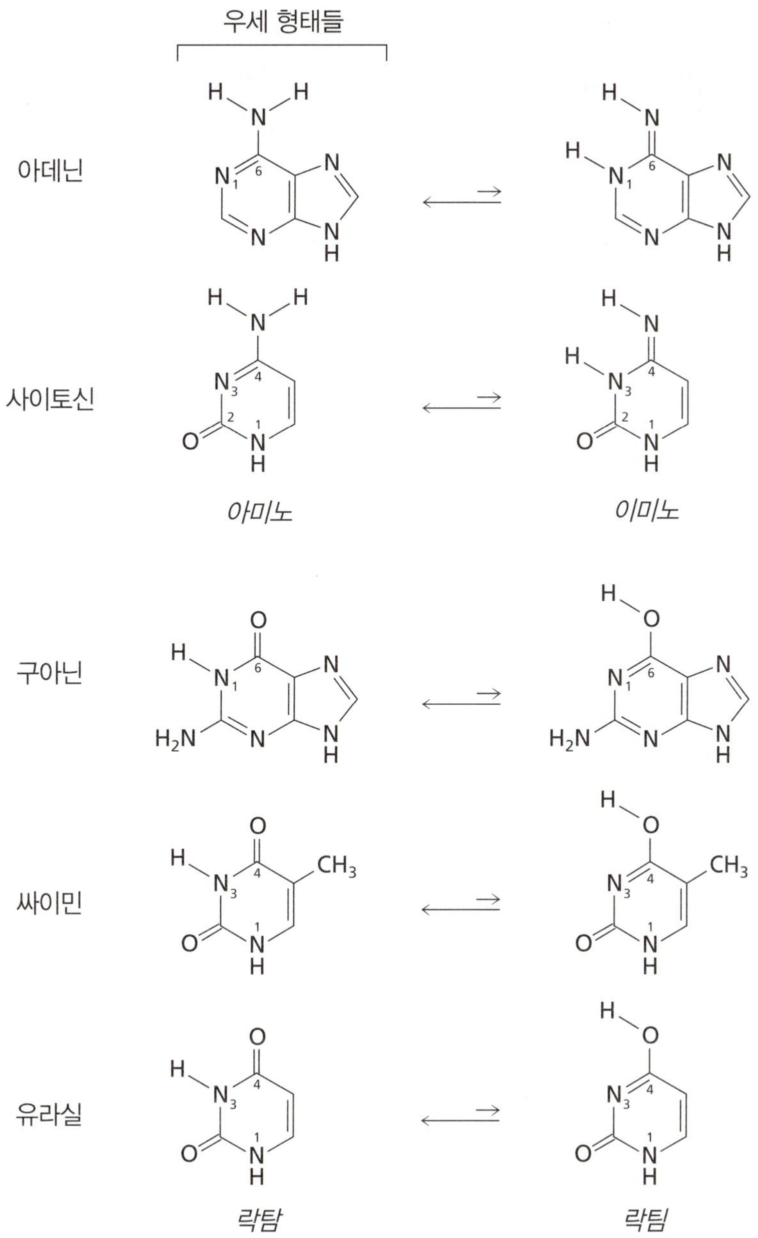

◀ **그림 19.5**

아데닌, 사이토신, 구아닌, 싸이민과 유라실의 호변체들. 생리적 pH에서, 이러한 호변이성화 반응의 평형은 아미노 및 락탐 형태의 방향으로 많이 치우친다.

중 오직 두 개, C-4와 N-3만이 DNA에서 염기쌍들을 형성하는 데 사용된다). RNA에서 발견되는 유라실의 수소결합 능력은 싸이민과 유사하다. 염기들의 수소결합 양상은 핵산의 3차원적 구조에 중요한 영향을 미친다.

1940년대 생화학 교과서들은 이미노와 락팀 형태로 염기들을 묘사하곤 했다. 이것들은 짐 왓슨(Jim Watson)이 DNA 모형을 만들기 위해 1953년에 사용했었던 구조들이었다. 그 교과서들이 잘못되었다고 제리 도너휴(Jerry Donohue)가 언급한 이후 왓슨은 오늘날 유명한 A/T와 G/C 염기쌍들을 발견하였다.

부가적인 수소결합이 몇몇 핵산들과 핵산-단백질 결합에서 나타난다.

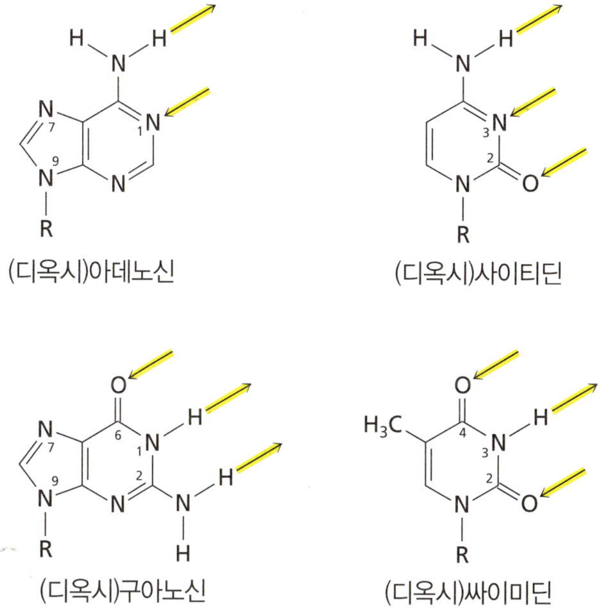

그림 19.6 ▶

핵산 내 염기의 수소결합 위치. 각 염기는 수소 공여체 또는 수용체 역할을 할 수 있는 전자들과 작용기들을 포함한다. 염기들의 일반적인 호변체 형태가 나타나 있다. 수소 공여체 및 수용체 잔기들은 다른 호변체에서 차이가 있다. R은 당 부분을 나타낸다.

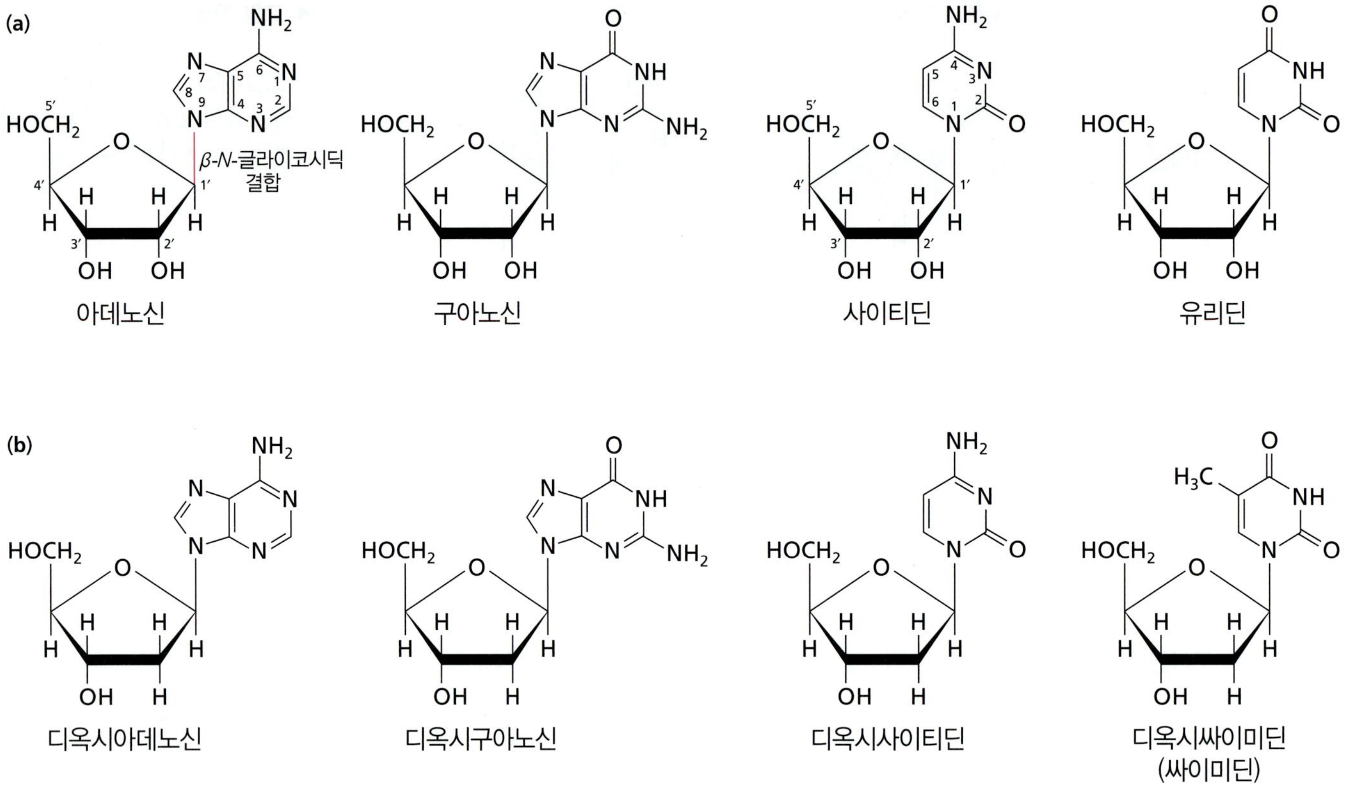

(a)

(b)

▲ 그림 19.7

뉴클레오사이드의 화학구조. 당의 탄소 원자는 염기의 원자들과 구분하기 위해서 프라임을 가지고 번호가 매겨짐에 주의하라. **(a)** 라이보뉴클레오사이드. 여기에 표시된 대로 라이보뉴클레오사이드의 당은 C-2′에 수산기를 함유한 라이보스이다. 아데노신의 *β-N*-글라이코시딕 결합은 빨간색으로 표시된다. **(b)** 디옥시라이보뉴클레오사이드. 디옥시라이보뉴클레오사이드에서 수산기 대신 C-2′에 부가적인 수소 원자가 있다.

예를 들면, 아데닌과 구아닌의 N-7은 수소수용체가 될 수 있고 아데닌, 구아닌과 사이토신의 양쪽 아미노 수소원자들은 수소결합들을 형성하기 위해 제공될 수 있다.

C. 뉴클레오사이드

뉴클레오사이드들은 라이보스 혹은 디옥시라이보스와 하나의 이종고리 염기로 구성된다. 각 뉴클레오사이드에서 *β-N*-글라이코시딕 결합은 당의 C-1을 피리미딘의 N-1 혹은 퓨린의 N-9에 연결한다. 그러므로 뉴클레오사이드는 피리미딘들이나 퓨린들의 *N*-라이보실 혹은 *N*-디옥시라이보실 유도체들이다. 뉴클레오사이드들 내의 탄소와 질소원자들에 대한 번호규정은 뉴클레오사이드들이 각각 자신들의 번호체계를 갖는 하나의 오탄소 당과 하나의 염기로 구성되어 있다는 사실을 반영한다. 퓨린 또는 피리미딘 부분들 내의 전자들의 명명이 우선시 된다. 그러므로 염기들 안의 원자들은 1, 2, 3 따위로 번호가 매겨지는 반면 퓨라노스(furanose) 내의 전자들은 프라임(′)의 첨가에 의해 구분된다. 그래서 *β-N*-글라이코시딕 결합은 염기에 당 부분의 전자, C-1′ 또는 1′를 연결한다. 라이보스와 디옥시라이보스는 C-2′ 또는 2′ 위치가 다르다. 주요 라이보뉴클레오사이드들과 디옥시라이보뉴클레오사이드의 화학구조들은 그림 19.7에 나타나 있다.

뉴클레오사이드들의 이름들은 그들의 염기들의 이름에서 비롯된다. 아데닌을 포함하는 뉴클레오사이드는 아데노신(계통적 명칭, 9-*β*-D-라이보퓨라노실아데닌(ribofuranosyladenine)은 좀처럼 사용되지 않는다)이라 불리며 그것의 디옥시 대응물(deoxy counterpart)은 디옥시아데노신이라 불린다. 마찬가지로, 구아닌, 사이토신과 유라실의 뉴클레오사이드들은 각각 구아노신, 사이티딘과 유리딘이다. 구아닌, 사이토신과 싸이민의 디옥시뉴클레오사이드들은 각각 디옥시구아노신, 디옥시사이티딘과 디옥시싸이민이다. 싸이민은 라이보뉴클레오사이드에서는 좀처럼 발견되지 않으므로 디옥시싸이민은 종종 단순하게 싸이미딘이라 불린다. 또한 피리미딘과 퓨린 염기들에 대한 한 글자 축약형들은 일반적으로 라이보뉴클레오사이드들을 명명하는데 사용된다: A, G, C와 U(각각 아데노신, 구아노신, 사이티딘과 유리딘). 디옥시라이보뉴클레오사이드들은 라이보뉴클레오사이드로부터 구분될 필요성이 있을 때 dA, dG, dC와 dT로 축약된다.

뉴클레오사이드들과 뉴클레오타이드들의 글라이코시딕 결합주위의 회전은 때때로 방해받는다. 빠른 평형 안에 존재하는 두 개의 상대적으로 안정한 입체구조, 씬(*syn*)과 안티(*anti*), 들이 있다(그림 19.8). 일반적인 피리미딘 뉴클레오사이드들에서 안티 입체구조가 우세하다. 모든 뉴클레오타이드들의 안티 입체구조들은 핵산-뉴클레오타이드들의 중합체 내에서 우세하다.

핵심개념

규칙에 따라 염기 내의 원자들의 번호 매김이 우선시 되므로 당 내의 탄소 원자들은 1′("1 프라임"), 2′("2 프라임") 등으로 번호가 매겨진다.

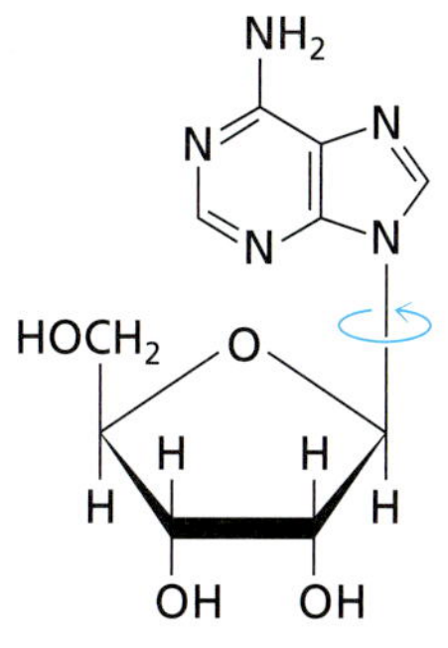

D. 뉴클레오타이드

뉴클레오타이드들은 뉴클레오사이드들의 인산화된 유도체들이다. 라이보뉴클레오사이드들은 인산화(2′,3′과 5′)될 수 있는 세 개의 수산기(hydroxyl)들을 포함하며, 디옥시라이보뉴클레오사이드들은 두 개의 그와 같은 수산기들(3′과 5′)을 포함한다. 자연적으로 생기는 뉴클레오타이드들 내의 인산기들은 일반적으로 5′-수산기의 산소 원자에 부착된다. 관례상, 뉴클레오타이드는 달리 표기되지 않으면 항상 5′-인산 에스터화되는 것으로 여겨진다.

뉴클레오타이드들의 계통적 명칭은 존재하는 인산(phosphate)기들의 수를 나타낸다. 예를 들어, 아데노신의 5′-일인산 에스터(monophosphate ester)는 아데노신 일인산(AMP)으로 알려져 있다. 또한 단순히 아데닐레이트(adenylate)라고 불린다. 마찬가지로, 디옥시사이티딘(deoxycytidine)의 5′-인산 에스터는 디옥시사이티딘 인산(dCMP) 또는 디옥시사이티딜레이트(deoxycytidylate)로 불릴 수 있다. 싸이민의 디옥시라이보뉴클레오사이드의 5′-일인산 에스터는 일반적으로 싸이미딜레이트(thymidylate)로 알려져 있지만 때로는 애매모호함을 피하기 위해 디옥시싸이미딜레이트(deoxythymidylate)라고 한다. 표 19.1은 염기들, 뉴클레오사이드들과 5′-뉴클레오타이드들의 명명법에 대한 개요를 제시한다. 5′ 위치에 에스터화된 인산을 갖는 뉴클레오타이드들은 AMP, dCMP, 기타 등등으로 축약된다. 5′ 이외의 위치에 에스터화된 인산을 갖는 뉴클레오타이드들은 유사한 축약을 부여받지만, 위치 번호들(예: 3′-AMP)이 지정된다.

인산(phosphoric acid)의 유도체들인 뉴클레오사이드 일인산(nucleoside monophosphates)은 생리적 pH에서 음이온이다. pK_a 값이 대략 1과 6이기 때문에 그들은 생리적 조건하에서

NH2 N N N N HOCH2 O H H H H OH OH

씬 아데노신

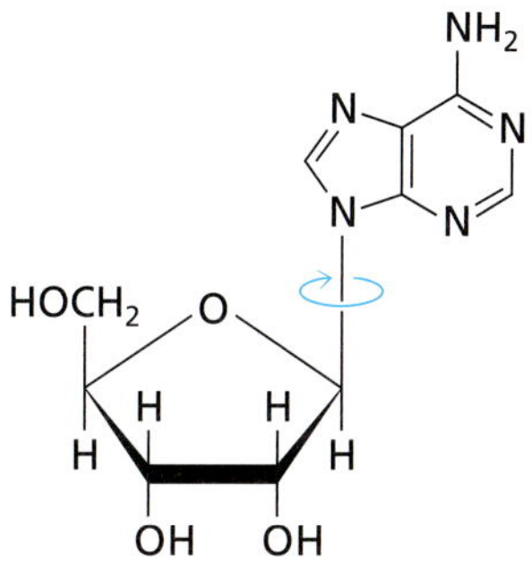

NH2 N N N N HOCH2 O H H H H OH OH

안티 아데노신

▲ 그림 19.8

아데노신의 씬과 안티 입체구조들. 일부 뉴클레오사이드들은 씬 또는 안티 입체구조로 나타난다. 안티 형태는 일반적으로 피리미딘 뉴클레오사이드에서 훨씬 안정적이다.

표 19.1 염기, 뉴클레오사이드와 뉴클레오타이드들의 명명법

염기	라이보뉴클레오사이드	라이보뉴클레오타이드 (5′-일인산)
아데닌(A)	아데노신	아데노신 5′-일인산(AMP); 아데닐레이트[a]
구아닌(G)	구아노신	구아노신 5′-일인산(GMP); 구아닐레이트[a]
사이토신(C)	사이티딘	사이티딘 5′-일인산(CMP); 사이티딜레이트[a]
유라실(U)	유리딘	유리딘 5′-일인산(UMP); 유리딜레이트[a]
염기	**디옥시라이보뉴클레오사이드**	**디옥시라이보뉴클레오타이드(5′-일인산)**
아데닌(A)	디옥시아데노신	디옥시아데노신 5′-일인산(dAMP); 디옥시아데닐레이트[a]
구아닌(G)	디옥시구아노신	디옥시구아노신 5′-일인산(dGMP); 디옥시구아닐레이트[a]
사이토신(C)	디옥시사이티딘	디옥시사이티딘 5′-일인산(dCMP); 디옥시사이티딜레이트[a]
싸이민(T)	디옥시싸이미딘 혹은 싸이미딘	디옥시싸이미딘 5′-일인산(dUMP); 디옥시싸이미딜레이트 혹은 싸이미딜레이트[a]

[a] pH 7.4에서 우세한 인산에스터 음이온 형태.

그림 19.9 ▶
디옥시라이보뉴클레오사이드-5′-일인산의 화학구조.

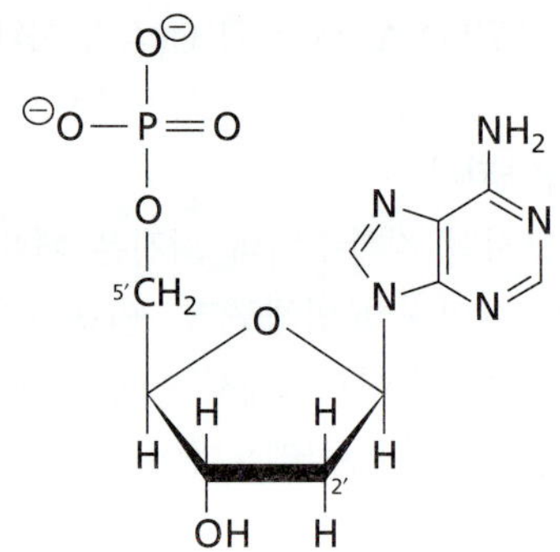

2′-디옥시아데노신 5′-일인산
(디옥시아데닐레이트, dAMP)

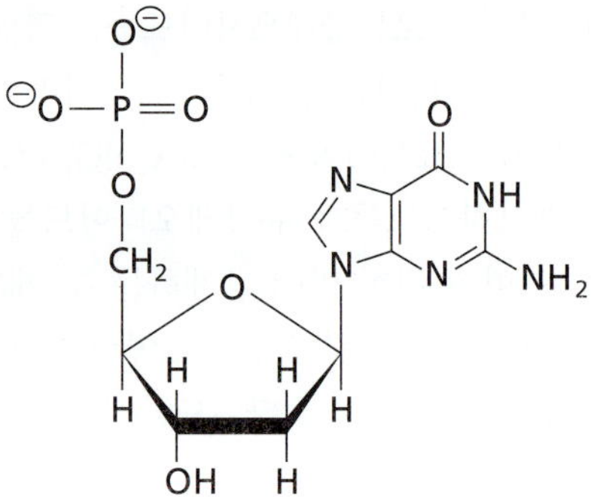

2′-디옥시구아노신 5′-일인산
(디옥시구아닐레이트, dGMP)

2′-디옥시사이티딘 5′-일인산
(디옥시사이티딜레이트, dCMP)

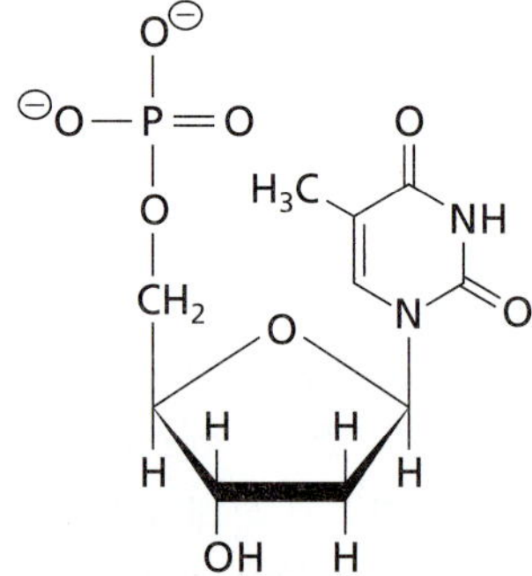

2′-디옥시싸이미딘 5′-일인산
(싸이미딜레이트, dTMP)

이염기산(dibasic acids)이다. 또한 이질고리들의 질소 원자들은 이온화할 수 있다.

뉴클레오사이드 일인산들은 뉴클레오사이드 이인산과 뉴클레오사이드 삼인산을 형성하기 위해 더욱 인산화될 수 있다. 이러한 추가적인 인산기들은 포스포안하이드라이드(phosphoanhydrides)로 제공된다. 디옥시뉴클레오사이드-5′-일인산들의 화학구조들은 그림 19.9에 나타나 있다. dGMP 구조의 3차원 보기는 그림 19.10에 나타나 있다. dGMP의 염기는 안티 입체구조에 있으며 당고리는 구겨져 있다. 퓨린고리의 평면은 퓨라노스 고리의 평면과 거의 직각을 이룬다. 5′-탄소 원자에 부착된 인산기는 당 위에 잘 위치해 있으며 염기로부터 멀리 떨어져 있다.

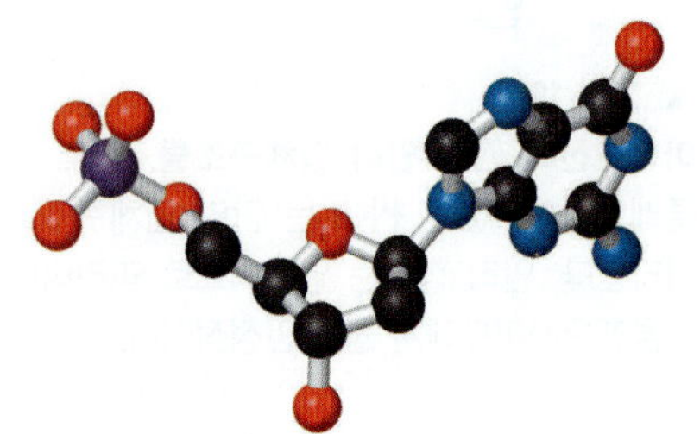

▲ 그림 19.10
디옥시구아노신-5′-일인산(dGMP). 수소 원자는 명확성을 위해 생략되었다. 컬러 키: 탄소, 검정; 질소, 파랑; 산소, 빨강; 인, 보라색.

뉴클레오사이드 폴리인산들과 뉴클레오타이드들의 중합체들은 인산기를 “p”로 나타내고 뉴클레오사이드는 한 글자 약어로 나타내는 방식을 사용하여 축약될 수 있다. 뉴클레오사이드 약어를 기준으로 “p”의 위치는 인산의 위치를 나타낸다—5′ 인산의 경우 p는 뉴클레오사이드 약어 앞에 오며 3′ 인산의 경우 “p”는 뉴클레오사이드 약어 다음에 온다. 따라서 5′-아데닐레이트(AMP)는 pA로 3′-디옥시아데닐레이트는 dAp로 ATP는 pppA로 단축될 수 있다.

19.2 DNA는 이중나선이다

1950년까지 DNA는 3′-5′ 포스포에스터로 연결된 2′-디옥시라이보뉴클레오타이드의 선형 중합체인 것이 분명했다. 또한 샤가프(Erwin Chargaff)는 원핵생물들과 진핵생물들의 광대한 다양함으로부터 얻은 DNA 표본들의 뉴클레오타이드 조성 내의 규칙성을 추론했다. 그 중에서도 특히 샤가프는 주어진 세포의 DNA에서 A와 T는 동일한 양으로 존재하며 G와 C 역시 마찬가지라는 사실을 관찰하였다. 이러한 비율을 보여주는 현대의 DNA 구성 데이터의 예는 표 19.2에 제시되어 있다. 각각의 종에 대해서 A = T이고 G = C이지만 (G

+ C)의 총 몰 백분율은 (A + T)의 그것과는 상당히 다를 수 있다. 효모인 *Saccharomyces cerevisiae*와 같은 일부 생물의 DNA는 (G + C)가 상대적으로 부족한 반면, 박테리아의 일종인 *Mycobacterium tuberculosis*에는 (G + C)가 많다. 일반적으로 소, 돼지, 인간과 같이 밀접하게 관련된 종들의 DNA들은 유사한 염기구성을 가진다. 그 데이터는 피리미딘에 대한 퓨린의 비율이 항상 모든 종의 DNA에서 1:1임을 보여준다.

1953년 왓슨과 크릭에 의해 제안된 DNA 모델은 뉴클레오사이드의 알려진 구조와 로잘린드 프랭클린과 모리스 윌킨스가 DNA 섬유에서 얻은 X-선 회절양상을 기반으로 했다. 왓슨-크릭 모델은 DNA가 이중나선이고 한쪽 가닥의 염기들은 다른 쪽 가닥의 염기들과 특정적으로 쌍을 이룬다는 것(A와 T 그리고 G와 C)에 기초하여 퓨린들과 피리미딘들이 같은 양임을 설명했다. 왓슨과 크릭이 제안한 구조는 이제 DNA의 B 입체구조, 또는 단순히 B-DNA라고 한다.

DNA 구조에 대한 올바른 인식은 DNA 복제(20장)와 전사(21장) 과정들을 이해하는데 중요하다. DNA는 생물학적 정보의 보고이다. 모든 세포는 뉴클레오타이드의 순서와 같은 일정한 구조적 특징을 인식하여 DNA와 결합하는 수많은 효소와 단백질들을 함유한다. 다음 장에서 우리는 DNA의 구조가 어떻게 이 단백질들이 저장된 정보에 접근하게 허용하는지를 살펴볼 것이다.

A. 뉴클레오타이드들은 3′-5′ 포스포에스터 결합에 의해 연결된다

우리는 단백질의 1차 구조가 펩타이드 결합으로 연결되는 아미노산 잔기의 순서를 일컫는다는 것을 알았다. 마찬가지로, 핵산의 1차 구조는 3′-5′ 포스포다이에스터 결합(phosphodiester linkage)에 의해 연결된 뉴클레오타이드 잔기들의 순서다. DNA 사슬의 한 단편을 나타내는 테트라뉴클레오타이드는 그와 같은 연계를 보여준다(그림 19.11). 폴리뉴클레오타이드 사슬의 골격은 인산기(phosphoyl groups)들, 5′, 4′, 3′ 탄소 원자들, 각 디옥시라이보스의 3′ 산소 원자로 구성되어 있다. 이것은 쉽게 자신을 접을 수 있는 폴리펩타이드 사슬들과는 달리, 이중나선 DNA를 길고 얇은 분자로 만든다.

연결기(linkage group)는 몇 가지 다른 공유결합들로 구성되어 있다.

폴리뉴클레오타이드 사슬 내의 모든 뉴클레오타이드 잔기들은 동일한 방향으로 놓여 있다. 그래서 폴리뉴클레오타이드 사슬들은 폴리펩타이드 사슬과 마찬가지로 방향성을 가진다. 선형 폴리뉴클레오타이드 사슬의 한쪽 끝은 5′이라고 하고(어떤 잔기도 그것의 5′-탄소에 연결되어 있지 않기 때문에) 다른 쪽은 3′(어떤 잔기도 그것의 3′-탄소에 연결되어 있지 않기 때문에)이라고 한다. 관례대로 DNA 가닥의 방향은 당 잔기를 구성하는 원자들을 따라 읽는 것으로 정의된다. 따라서 그림 19.11에서 가닥의 위에서 아래로 가는 것은 당 잔기를 5′, 4′과 3′ 순서대로 만나면서 가로지르기 때문에 5′ → 3′(5 프라임에서 3 프라임)으로 정의된다. 마찬가지로 가닥의 아래에서 위로 가는 것은 3′ → 5′ 방향으로 이동하는 것이다.

핵심개념

DNA 또는 RNA 가닥을 따라 이동 방향은 5′ → 3′ 또는 3′ → 5′이 될 수 있다. 그것은 당 잔기를 구성하는 원자들을 가로질러 읽는 방향에 의해 정의된다.

구조적 약어들은 명시되어 있지 않는 한 5′ → 3′ 방향으로 읽는 것으로 추정한다. 인산들

표 19.2 DNA의 염기조성(몰 %)과 염기의 비율

기원	A	G	C	T	A/T[a]	G/C[a]	(G + C)	퓨린/피리미딘[a]
대장균	26.0	24.9	25.2	23.9	1.09	0.99	50.1	1.04
결핵균	15.1	34.9	35.4	14.6	1.03	0.99	70.3	1.00
효모	31.7	18.3	17.4	32.6	0.97	1.05	35.7	1.00
소	29.0	21.2	21.2	28.7	1.01	1.00	42.4	1.01
돼지	29.8	20.7	20.7	29.1	1.02	1.00	41.4	1.01
인간	30.4	19.9	19.9	30.1	1.01	1.00	39.8	1.01

[a] 1:1 비율로부터 편차는 실험상의 변동에 기인한다.

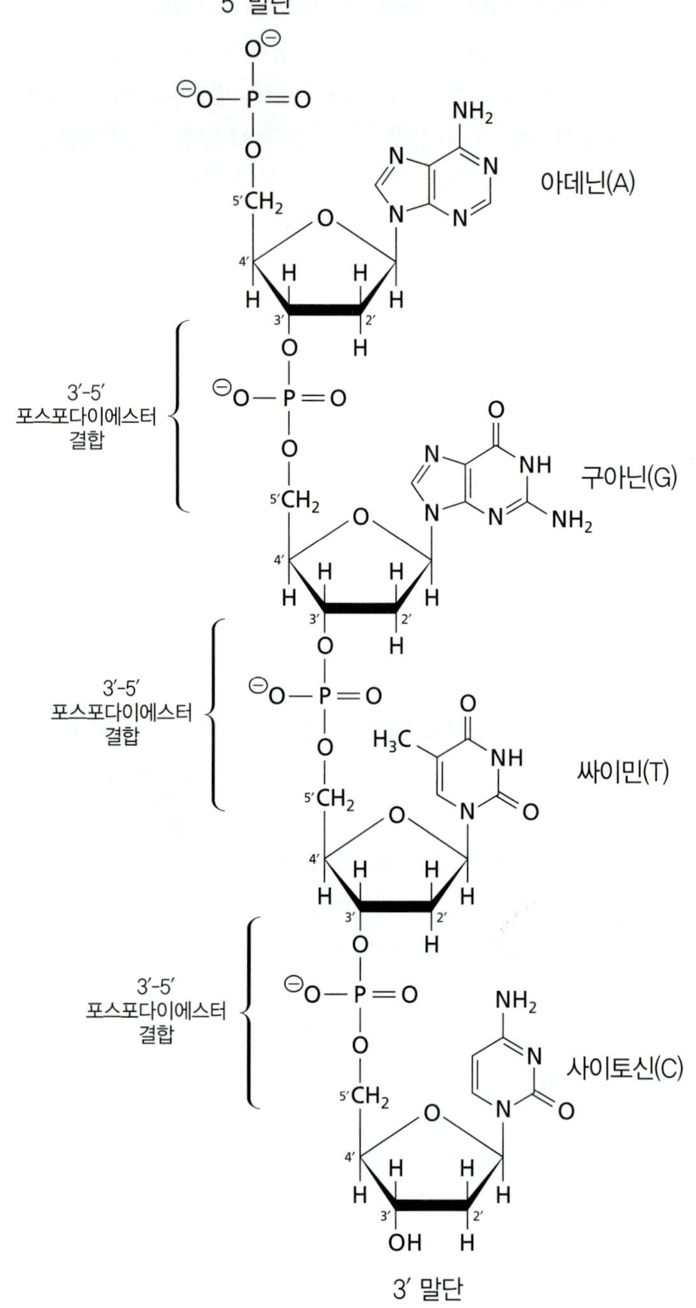

그림 19.11 ▶
테트라뉴클레오타이드 pdApdGpdTpdC의 화학구조. 뉴클레오타이드 잔기들은 3′-5′ 포스포다이에스터 결합에 의해 연결된다. 자유 5′-인산기를 갖는 뉴클레오타이드는 5′ 말단이며 자유 3′-수산기를 갖는 뉴클레오타이드는 3′ 말단이라 부른다.

▲ **왓슨과 크릭의 원래 DNA 모델.**

은 "p"로 축약될 수 있으므로 그림 19.11의 테트라뉴클레오타이드는 pdApdGpdTpdC 또는 그 참조가 DNA임이 분명할 때 AGTC로 단축할 수 있다. 포스포다이에스터 결합에 참가하는 각 인산기는 약 2의 pK_a를 가지며 중성 pH에서 음전하를 나타낸다. 따라서 핵산들은 생리적 조건하에서는 폴리음이온들(polyanions)이다. 음전하 인산기들은 작은 양이온들과 양으로 하전된 단백질들에 의해 중화된다.

B. 두 개의 반 평행 사슬들이 이중나선을 형성한다

대부분의 DNA 분자들은 폴리뉴클레오타이드의 두 나선들로 구성된다. 한쪽 나선의 각 염기들은 반대쪽 나선의 한 개의 염기와 수소결합을 형성한다(그림 19.12). 가장 일반적인 염기쌍들은 염기들의 락탐과 아미노 호변체(tautomer)들 사이에서 일어난다. 잠재적 위치들(potential sites) 사이의 수소결합을 극대화하는 방식으로 구아닌은 사이토신과 싸이민은 아

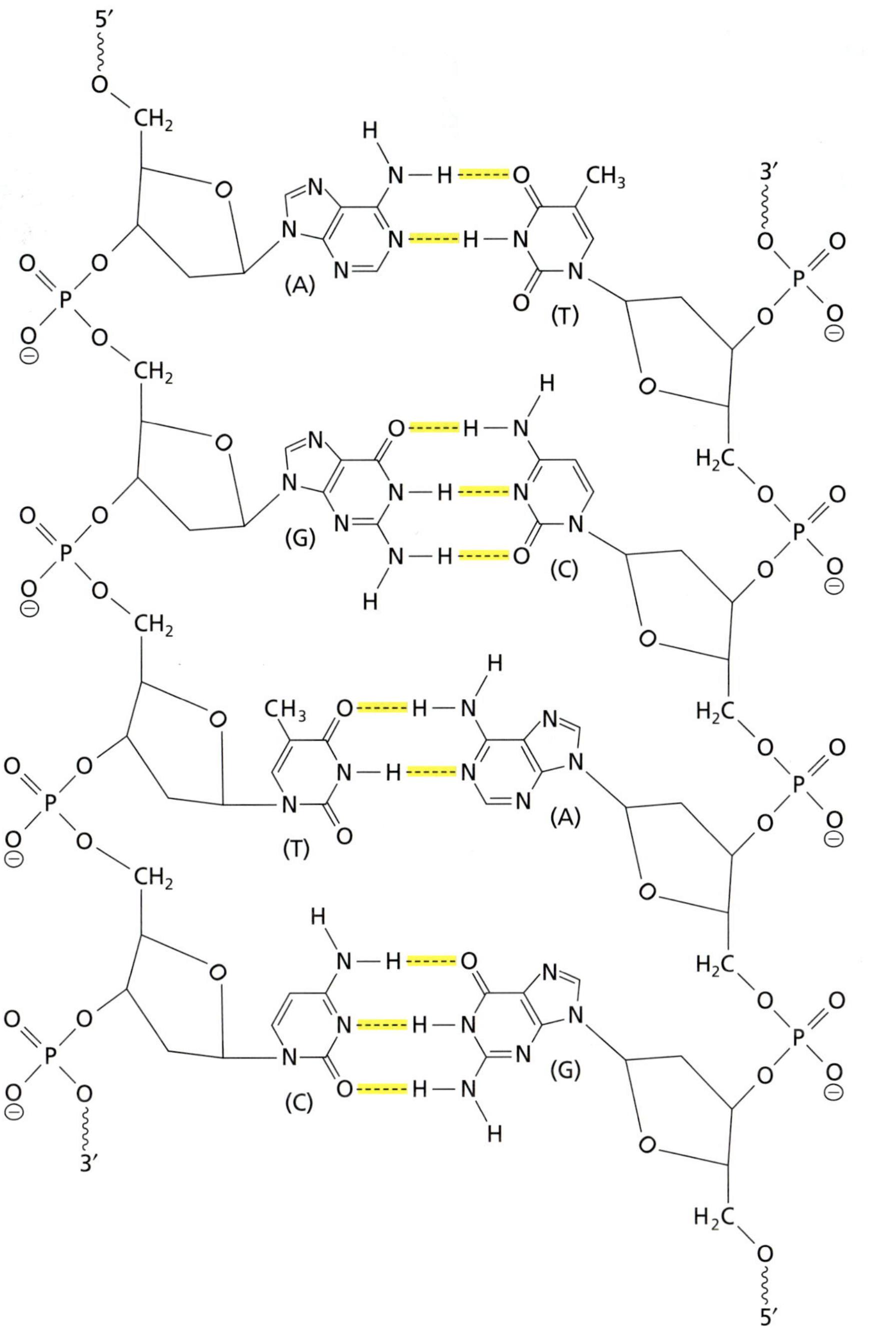

◀ 그림 19.12
이중나선 DNA의 화학구조. 두 가닥들은 서로 반대 방향으로 달린다. 한쪽 가닥의 아데닌은 반대쪽 가닥의 싸이민과, 그리고 구아닌은 사이토신과 쌍을 이룬다.

데닌과 쌍을 이룬다. G/C 염기쌍은 세 개, A/T 염기쌍은 두 개의 수소결합을 갖는다. 이중나선 DNA의 이러한 특징이 광범위한 DNA 분자들에서 G 대 C와 A 대 T의 비율이 1:1이라는 샤가프의 발견을 설명한다. 한쪽 나선의 A는 다른 쪽 나선의 T와 쌍을 이루고 G는 C와 쌍을 이루기 때문에 나선들은 상보적이며 각각은 다른 하나에 주형의 역할을 할 수 있다.

이중나선 DNA의 상보적 가닥의 당-인산 골격들은 반대 방향성을 갖는다. 즉, 그들은 반평행(antiparallel)하다. 이것은 1953년에 DNA의 모델을 구축할 때 왓슨과 크릭에 의해 제공된 중요한 새로운 발견 중 하나였다.

이중나선 DNA의 각 끝은 한쪽 가닥의 5′ 말단과 다른 쪽 가닥의 3′ 말단으로 구성되어 있다. 두 당-인산 골격들 사이의 거리는 각 염기쌍에서 동일하다. 따라서 모든 DNA 분자들은 뉴클레오타이드 서열들이 매우 다를 수 있다는 사실에도 불구하고 동일한 규칙적인 구조를 가진다.

그림 19.13 ▶
상보적 염기쌍 형성과 이중가닥 DNA의 중첩.

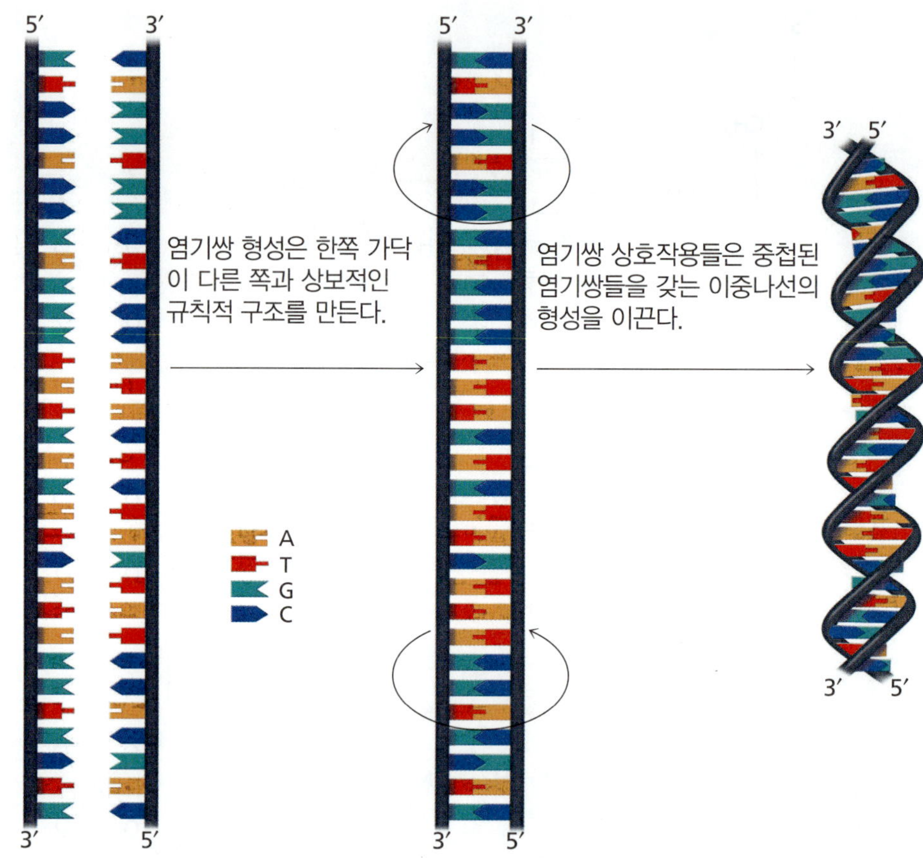

핵심개념

DNA의 두 가닥들은 반 평행하다.

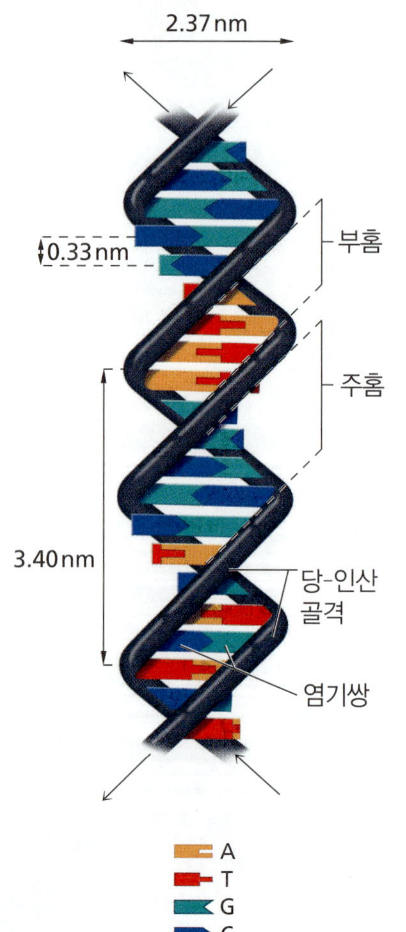

DNA의 실제 구조는 그림 19.12에 나타나는 것과는 두 가지 중요한 측면에서 다르다. 실제 3차원 묘사에서는 두 가닥 나선 구조 또는 이중나선 구조를 형성하기 위해 두 나선들이 서로의 주변을 감싼다. 또한 염기들은 염기쌍의 평면이 지면(page)과 거의 수직이 되도록 회전된다(그림 19.10에서와 같이 dGMP 염기의 평면이 당의 평면과 거의 수직인 것을 기억하라).

DNA 분자는 나선 안에 꼬여 있는 "사다리"로 보일 수 있다. 사다리의 층계는 쌍으로 이루어진 염기들을 나타내며 지주는 당-인산 골격을 나타낸다. 각각의 상보적 가닥은 다른 것에 대한 완벽한 주형으로 제공된다. 이 상보성은 이중가닥 DNA 구조의 전반적인 규칙성에 원인이 된다. 그러나 상보적인 염기쌍만으로는 나선이 만들어지지는 않는다. B-DNA에서 염기쌍들은 다른 것 위에 하나를 쌓고 거의 그 분자의 장축에 수직이다. 각 염기쌍의 위와 아래 표면 사이의 협력적 비공유 결합은 염기쌍을 서로 근접하게 하고 당-인산 골격이 휠 수 있도록 유도하는 소수성 내부를 만든다. 그것이 잘 알려진 나선을 만드는 중첩 상호작용들이다(그림 19.13). 이중가닥 DNA의 안정성의 대부분은 염기쌍들 사이의 중첩 상호작용에 의한 것이다.

두 친수성 당-인산 골격들은 수성 환경(aqueous environment)에 노출되는 나선의 바깥쪽을 감싸고 있다. 그와는 대조적으로 중첩되어 있고 상대적으로 소수성인 염기들은 물이

◀ 그림 19.14
B-DNA의 3차원 구조. 이 모델은 염기쌍 및 당-인산 골격의 방향성과 피리미딘과 퓨린 염기의 상대적 크기를 보여준다. 당-인산 골격들은 나선의 외부를 둘러 감고 있으며 염기들은 내부를 차지하고 있다. 염기쌍의 중첩은 동등하지 않은 폭을 가진 두 개의 홈을 만든다—주홈과 부홈. 나선의 직경은 2.37 nm이고, 염기쌍들 사이의 거리는 0.33 nm이다. 완벽한 1회전의 거리는 3.40 nm이다. (명확하게 하기 위해, 중첩된 염기쌍들 사이에 약간의 공간이 남아 있으며, 상보적 염기들 사이의 상호 작용은 개략적으로 나타나 있다.)

거의 접근할 수 없는 나선의 내부에 위치하고 있다. 염기들은 물 분자와의 경쟁으로부터 보호되기 때문에 이 소수성 환경은 염기들 사이의 수소결합들을 더욱 안정하게 만든다.

그 이중나선은 염기들이 쌓여 있는 방식과 당-인산 골격들이 꼬여 있는 방식 때문에 두 개의 동일하지 않은 홈(groove)을 가진다. 이 홈들을 **주홈(major groove)**과 **부홈(minor groove)**이라고 부른다(그림 19.14). 각각의 홈에서 염기쌍의 가장자리에 있는 작용기들은 물에 노출되어 있다. 각 염기쌍은 홈 쪽으로 돌출된 화학 그룹(chemical groups)의 독특한 패턴을 가지고 있다. 특정 염기쌍과 상호작용하는 분자는 나선을 붕괴시키지 않고 홈 안에서 결합하여 그들을 식별할 수 있다. 이것이 이중가닥 DNA에 결합하여 특정 순서로 "읽기"를 해야 하는 단백질들에 특히 중요하다.

B-DNA는 직경 2.37 nm의 오른편으로 도는 나선이다. 나선형의 **라이즈(rise)**(나선형 축을 따라 하나의 염기쌍과 다음 사이의 거리)은 평균 0.33 nm, 그리고 나선의 **피치(pitch)**(한 번 회전이 완료되는 거리)는 약 3.40 nm이다. 이 값들은 염기구성에 따라 다소 다르다. 나선의 회전당 약 10.4 염기쌍들이 있기 때문에, 각각의 가닥 내 인접한 뉴클레오타이드들 사이의 회전 각도는 약 34.6°이다(360/10.4).

B-DNA의 두 가지 관점들은 그림 19.15에 나타나 있다. 공-막대(ball-and-stick) 모델(그림 19.15a)은 염기쌍 사이의 수소결합들이 물과 경쟁의 상호작용으로부터 보호되는 분자의 내부에 묻혀 있는 것을 보여준다. 하전된 인산 그룹(보라색과 빨간색 원자들)은 외부 표면에 위치한다. 이 배열은 공간충전(space-filling) 모델(그림 19.15b)에서 더 분명하다. 공간충전 모델은 염기쌍의 기능기(functional group)들이 홈 안에 노출되어 있음을 확실히 보여준다. 이 그룹들은 파란색 질소 원자들과 붉은 산소 원자들의 존재로 식별할 수 있다.

이중가닥 DNA 분자들의 길이는 종종 염기쌍(base pairs, bp)으로 환산하여 표시된다. 편의상 수천 염기쌍, 또는 킬로베이스 쌍으로 측정되는 긴 구조들은 일반적으로 kb로 축약된다. 대부분의 박테리아 유전체는 수천 kb의 단일 DNA 분자로 구성된다. 예를 들어, 대장균 염색체의 길이는 4,600 kb이다. 포유류와 꽃식물의 염색체에 있는 가장 큰 DNA 분자들은 수만 kb 길이로 존재할 수 있다. 인간유전체는 DNA 3,200,000 kb(3.2×10^9 염기쌍)를 포함한다.

대부분의 박테리아는 원형 분자를 만들기 위해 그 끝이 결합된 하나의 염색체를 갖는다. 또한 진핵세포의 마이토콘드리아와 엽록체에 있는 DNA는 원형이다. 이와는 대조적으로, 진핵세포의 핵에 있는 염색체는 선형이다(또한 일부 박테리아는 여러 염색체를 가지고 있고 일부는 선형 염색체를 갖는다).

C. 약한 힘들이 이중나선을 안정화시킨다

복잡한 세포구조의 기본 입체구조(conformations)를 유지하는 힘들은 구조를 유지할 만큼 강하지만 입체구조적인 유연성을 줄 만큼 충분히 약하다. 인접한 잔기 사이의 공유결합은 단백질과 핵산의 1차 구조를 특정 짓지만, 약한 힘들은 이들 거대 분자의 3차원 모양을 결정한다. 상호작용의 네 가지 유형이 이중나선 DNA의 입체구조에 영향을 미친다.

1. **중첩 상호작용**(Stacking interactions). 중첩된 염기쌍들은 반데르발스(van der Waals) 접촉을 형성한다. 각각의 중첩된 염기쌍 사이의 힘들은 약하지만, 그들은 부가적이어서 큰 DNA 분자 내의 반데르발스 접촉은 안정화의 중요한 원천이다.
2. **수소결합**. 염기쌍 사이의 수소결합은 중요한 안정화 힘이다.
3. **소수성 효과**. 이중나선의 내부에 파묻혀 있는 소수성 퓨린과 피리미딘 고리는 나선형의 안정성을 증가시킨다.
4. **전하-전하 상호작용**(Charge-charge interactions). 골격의 음전하 인산기들의 정전기적 반발력은 DNA 나선 내 불안정화의 잠재적 원천이다. 그러나 반발력은 마그네슘(Mg^{2+})

(a)

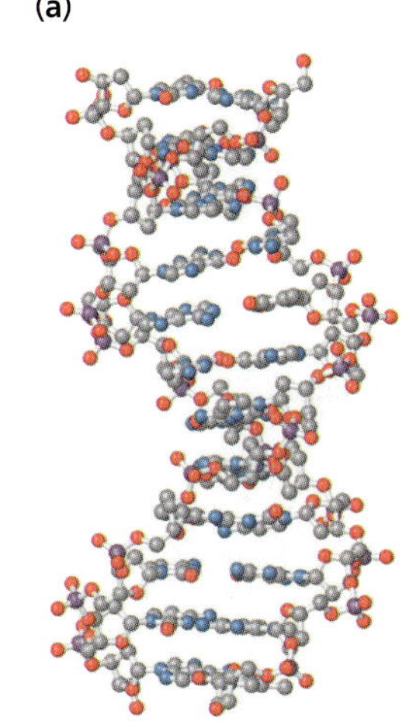

(b)

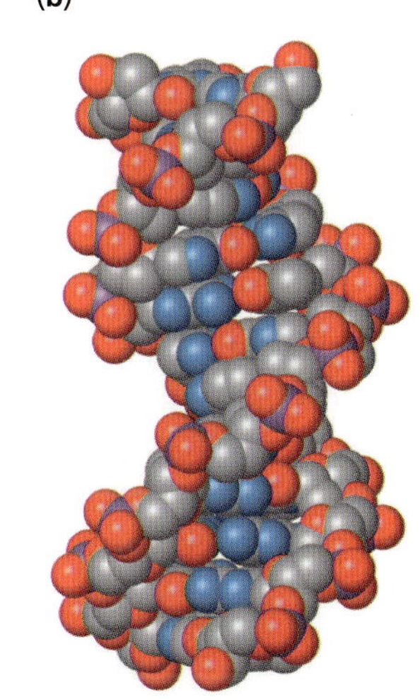

▲ 그림 19.15
B-DNA. (a) 공-막대 모델(ball-and-stick model). 염기쌍은 당-인산 골격에 거의 수직이다. **(b)** 공간채움 모델. 컬러 키: 탄소, 회색; 질소, 파랑; 산소, 빨강; 인, 보라색. [핵산 데이터베이스 BD0001].

표 19.3 이중가닥 DNA에서 10가지 가능한 조합에 대한 중첩 상호작용

중첩 이량체		중첩 에너지 ($kJ\ mol^{-1}$)
↑C-G / G-C↓		−61.0
↑C-G / A-T↓	↑T-A / G-C↓	−44.0
↑C-G / T-A↓	↑A-T / G-C↓	−41.0
↑G-C / C-G↓		−40.5
↑G-C / G-C↓	↑C-G / C-G↓	−34.6
↑T-A / A-T↓		−27.5
↑G-C / T-A↓	↑A-T / C-G↓	−27.5
↑G-C / T-A↓	↑T-A / C G↓	−28.4
↑A-T / A-T↓	↑T-A / T-A↓	−22.5
↑A-T / T-A↓		−16.0

화살들은 당-인산 골격의 방향성을 나타내며 하나의 당단위의 C-3′에서 다음 것의 C-5′으로 가리킨다. [Adapted from Omstein, R. L., Rein, R., Breen, D. L., and MacElroy, R. D.(1978). An optimized potential function for the calculation of nucleic acid interaction energies: I. Base stacking. *Biopolymers* 17: 2341–2360.]

과 양이온성 단백질과 같은 양이온들의 존재에 의해 최소화된다(염기성 잔기들인 아지닌과 라이신을 많이 포함하는 단백질들).

중첩 상호작용의 중요성은 염기쌍의 다양한 중첩 에너지(표 19.3)를 조사하여 설명될 수 있다. 두 염기쌍의 중첩 에너지는 염기쌍의 본질(G/C 또는 A/T)과 각 염기쌍의 방향에 따라 달라진다. 일반적인 중첩 에너지는 대략 35 $kJ\ mol^{-1}$이다. 중첩된 이중가닥 DNA의 소수성 중심 내에 있는 염기쌍 사이의 수소결합은 약 27 $kJ\ mol^{-1}$의 힘을 가지고 있다(2.5B절). 그러나 중첩 상호작용이 약화된 경우에는, 염기쌍 내의 수소결합이 물 분자와의 경쟁에 노출되며 동시에 가닥을 유지하는 전체 기여도가 크게 감소한다.

생리적 조건하에서 이중가닥 DNA는 분리된 가닥보다 열역학적으로 매우 안정적이며 이는 왜 이중가닥 형태가 생체 내에서 우세한지를 설명해 준다. 그러나 이중나선의 국지적인 부위의 구조는 때때로 풀림(unwinding)에 의해 붕괴될 수 있다. 이러한 붕괴는 DNA 복제, 복구, 재조합, 그리고 전사 중에 발생한다. 하나의 상보적인 나선의 완전한 풀림과 분리는 **변성(denaturation)**이라 한다. 변성은 시험관 내에서만 발생한다.

이중나선 DNA는 열과 요소 또는 염화구아니딘(guanidinium chloride)과 같은 카오트로픽제(chaotropic agents)에 의해 변성될 수 있다(4.10절로부터 단백질 또한 변성될 수 있다는 것을 기억하라). 열 변성의 연구에서 DNA 용액의 온도는 서서히 증가된다. 온도가 올라감에 따라, 점점 더 많은 염기들은 중첩되지 않으며 염기쌍 사이의 수소결합은 끊어진다. 결국, 두 가닥이 완전히 분리된다. DNA의 절반이 단일 가닥이 될 때의 온도를 **융점(melting point**, T_m)이라 한다.

자외선의 흡수는 변성의 정도를 측정하는 데 사용될 수 있다. 측정은 핵산의 최대 흡광도에 가까운 260 nm의 파장에서 수행된다. 260 nm에서 단일가닥 DNA는 이중나선 DNA보다 12~40% 이상 더 많은 빛을 흡수한다(그림 19.16). 온도에 대한 DNA 용액의 흡광도 변화의 플롯(plot)은 **융해 곡선(melting curve**, 그림 19.17)이라 한다. 흡광도는 녹는점에서 급격하게 증가하고 이중가닥에서 단일가닥 DNA로의 전환은 좁은 온도범위에서 이루어진다.

융해 곡선의 S자 모양은 우리가 단백질 변성의 경우에서 보았듯이(4.10절) 협동적인 과정임을 나타낸다. 이 경우, 협동성(cooperativity)은 많은 중첩 상호작용과 수소결합이 붕괴될 때 이중나선 분자의 빠른 지퍼풀림(unzippering)에서 나온다. 지퍼풀림은 단일가닥 "거품(bubble)"을 형성하는 DNA의 짧은 내부 스트레치(stretch)의 풀림으로 시작된다. 이 단일가닥 거품은 인접한 중첩 염기쌍들을 빠르게 불안정화시키며 이 불안정은 거품이 확장할 때 양방향으로 퍼지게 된다.

그림 19.17에서 보듯이, 폴리(GC)는 폴리(AT)보다 훨씬 높은 온도에서 변성된다. 표

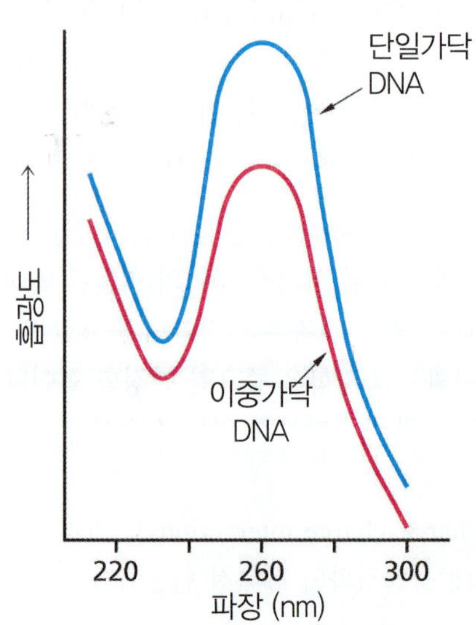

그림 19.16 ▶
이중가닥과 단일가닥 DNA의 흡수 스펙트럼. pH가 7.0에서, 이중가닥 DNA는 260 nm 근처에서 최대의 흡광도를 갖는다. 변성된 DNA는 이중나선 DNA보다 12%에서 40%의 자외선을 더 많이 흡수한다.

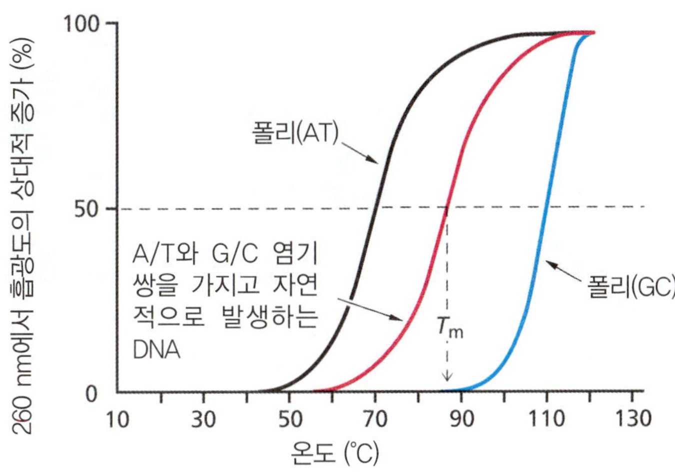

◀ 그림 19.17

DNA의 융해 곡선. 이 실험에서, 260 nm에서 흡광도를 모니터링하는 동안 DNA 용액의 온도는 증가한다. 녹는점(T_m)은 시료의 흡광도 증가가 완전히 변성된 DNA의 흡광도 증가의 절반인 S자형 곡선의 변곡점에 해당한다. 중첩된 G/C 염기쌍들을 붕괴시키는데 더 많은 에너지가 필요하기 때문에 자연적으로 발생한 DNA나 폴리(GC)보다 폴리(AT)는 낮은 온도에서 녹는다.

19.3에서 보듯이 A/T 염기쌍은 약한 중첩 상호작용을 가지므로 G/C가 많은 DNA보다 A/T가 많은 DNA를 용해하기가 쉽다. 중첩 상호작용이 높은 온도에 의해 붕괴될 수 있는 첫 번째 상호작용인 점에 유의하는 것이 중요하다. 일단 이 과정이 시작되면 수소결합—중첩된 DNA에서 전반적으로 더 강하지만—은 물에 노출되고 DNA가 급속하게 불안정하게 되기 때문에 수소결합은 매우 약해지게 된다. 자연적으로 발생하는 DNA는 다양한 염기구성을 갖는 부분들의 혼합물이지만, A/T가 많은 부분이 G/C가 풍부한 부분보다 더 쉽게 풀어진다.

녹는점 바로 아래 온도에서, 일반적인 DNA 분자는 G/C가 많은 이중가닥 지역과 A/T가 많은 국부적 단일가닥 지역("거품")을 포함한다. 이 시험관내 실험은 G/C 염기쌍보다 A/T 염기쌍이 많이 구성된 서열의 국부적 지역이 풀리기 쉽다라는 중요한 관점을 입증한다. 우리는 전사의 개시위치들이 종종 A/T가 많다는 것을 21장에서 볼게 될 것이다.

D. 이중나선 DNA의 입체구조

이중나선 DNA는 서로 다른 조건에서 다른 입체구조를 나타낼 수 있다. 알려진 서열의 다양한 합성 올리고디옥시뉴클레오타이드의 X-선 결정학 연구는 세포 내부 DNA 분자가 "순수한" B 형태로 존재하지 않는다는 것을 나타낸다. 대신, DNA는 그 정확한 입체구조가 뉴클레오타이드 서열에 어느 정도 의존하는 동적 분자이다. 국부적 형태는 DNA 분자 내의 구부러짐과 DNA 분자가 단백질과 결합하는지의 여부에 의해 영향을 받는다. 결론적으로, B-DNA의 턴당 염기쌍의 수는 10.2~10.6의 범위에서 변동할 수 있다.

B-DNA의 다양한 형태 이외에 두 개의 분명히 다른 DNA의 입체구조들이 있다. DNA가 수분이 빠질 때 A-DNA가 형성되며 특정 서열들이 존재할 때 Z-DNA가 형성될 수 있다(그림 19.18, A-와 B-형태는 1952년 로잘린드 프랭클린에 의해 발견되었다). A-DNA가 B-DNA보다 단단히 감겨져 있고 A-DNA의 주홈과 부홈들은 폭이 비슷하다. A-DNA는 회전당 대략 11 bp가 있으며 염기쌍은 나선의 장축에 대해 약 20° 기울어져 있다. Z-DNA는 B-DNA와는 상당히 다르다. Z-DNA에는 홈이 없고 나선은 오른쪽으로 돌지 않고 왼쪽으로 돈다. Z-DNA 입체구조는 G/C가 많은 지역에서 발생한다. Z-DNA의 디옥시구아닐레이트 잔기들은 다른 당 입체구조(3′-엔도)를 가지고 있고 염기는 씬 입체구조이다. A-DNA와 Z-DNA의 입체구조는 생체에 존재하지만 DNA의 짧은 지역에 국한된다.

19.3 DNA는 초나선화될 수 있다

B의 입체구조를 갖는 원형의 DNA 분자는 회전당 평균 10.4 염기쌍을 가지고 있다. 이러한 분자가 표면에 평평하게 있다면 완화(relaxed)되었다고 한다. 만일 DNA 가닥들이 끊어지

그림 19.18 ▶
A-DNA, B-DNA와 Z-DNA. DNA가 탈수될 때 A-DNA 입체구조(왼쪽)가 선호된다[NDB AD0001]. B-DNA(가운데)는 일반적으로 세포 안에서 발견되는 입체구조이다[NDB BD0001]. Z-DNA 입체구조(오른쪽)는 특정 G/C가 풍부한 서열에서 선호된다[NDB ZDJ050].

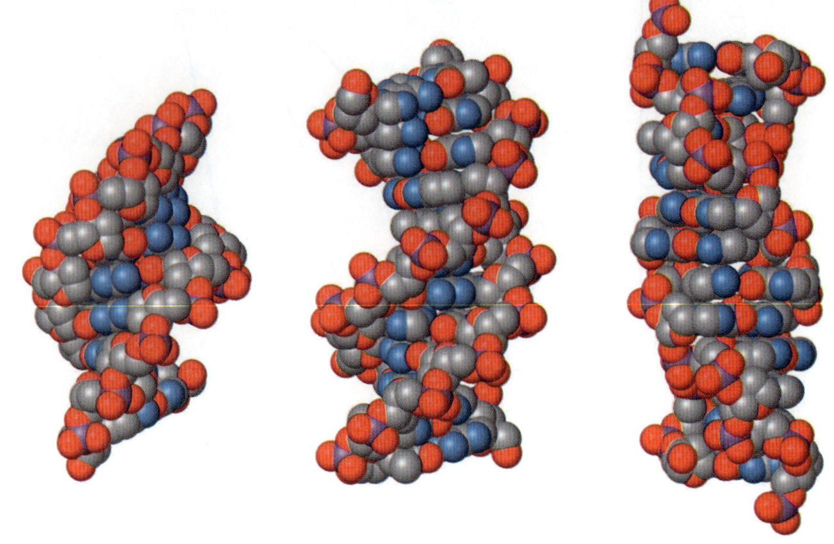

고 선형 분자의 두 끝이 반대 방향으로 꼬였다면 이 완화된 이중나선은 과다하게 꼬이거나(overwound) 덜 꼬일(underwound) 수 있다. 가닥들이 원을 만들기 위해 재결합할 때, 안정한 B 입체구조를 유지하기 위해 턴마다 10.4 염기쌍은 더 이상 필요 없다. 원형 분자는 이중나선의 회전당 10.4 염기쌍을 복원하는 초나선(supercoil)을 형성하여 과다 혹은 덜꼬인 것에 대해 보상한다(그림 19.19). 초나선화 DNA 분자는 표면에 평평하게 있지 않는다. 각 초나선은 이중나선의 한 회전을 보상한다.

대부분의 원형 DNA 분자들은 세포 내에서 초나선화되지만 길고 선형인 DNA 분자는 부분적으로 초나선화된 지역을 포함한다. 박테리아 염색체는 일반적으로 DNA 1000 염기쌍당 약 5개의 초나선을 가진다. 19.5절에서 보게 될 것처럼 진핵세포 핵 안의 DNA 또한 초나선화되어 있다. 모든 생물은 DNA를 끊고, 이중나선을 풀거나 더 꼬이게 만들고, 위상(topology)을 변경하기 위해 가닥들을 재결합시킬 수 있는 효소들을 갖는다. 토포아이소머레이즈(topoisomerase)라 불리는 이 효소들은 초나선들의 추가 및 제거를 담당한다. DNA에 결합하는 토포아이소머레이즈의 예는 그림 19.20에 나와 있다. 이 주목할 만한 효소들은 DNA 한 가닥이나 두 가닥을 자르고, 잘려진 말단들을 회전하여 DNA를 풀거나 더 꼬이게

▼ 그림 19.19
초나선화된 DNA. 왼쪽의 DNA 분자는 완화된 닫힌 원이며, 정상적인 B 입체구조를 갖는다. DNA 나선을 끊고 다시 원을 형성하기 전에 두 번의 회전만큼 풀리는 것이 두 개의 초나선을 생성한다. 그 초나선은 덜 꼬이는 것에 대한 보상이며 정상 B 입체구조를 복원한다. 오른쪽에 있는 분자는 DNA가 국부적으로 풀린 영역을 가지고 있다. 이 입체구조는 음성적으로 초나선화된 DNA와 위상적으로 동일하다.

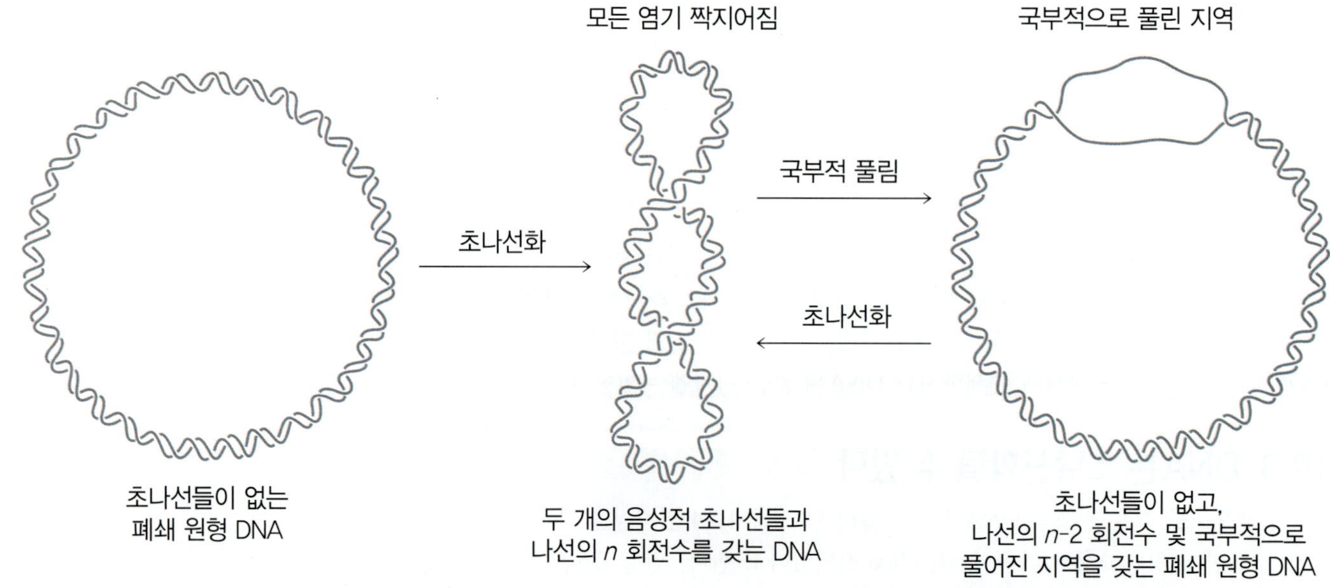

하며, 초나선을 만들기(또는 제거하기) 위해 그 말단들을 재결합시킨다.

초나선화의 중요한 결과 중 하나는 그림 19.19에 나타나 있다. 만일 DNA가 덜 꼬여 있으면 안정한 B 입체구조를 유지하기 위해 음성적 초나선들을 형성하여 보상한다(더 꼬이게 하는 것은 양성적 초나선들을 만든다). 또 다른 입체구조는 그림 19.19의 오른쪽에 나타나 있다. 이 형태에서 DNA의 대부분은 이중가닥이지만 조금 덜 꼬여서 국부적인 풀린 지역이 있다. 음성적으로 초나선화되고 국부적으로 풀린 입체구조는 조금 더 안정하기 때문에 과잉으로 초나선화된 형태와 평형상태에 있게 된다. 두 입체구조 사이의 자유에너지의 차이는 매우 작다.

세포 DNA의 대부분은 음성적으로 초나선화되어 있다. 이것은 분자의 짧은 지역을 풀기가 상대적으로 쉽다는 것을 의미한다—특히 A/T가 많은 지역들. 앞서 언급한 바와 같이, 국부적으로 풀리는 것은 DNA 복제, 재조합, 수리 및 전사 개시에 필수적인 단계이다. 따라서 음성적 초나선화는 국부적 풀림에 필요한 에너지를 저장하여 이 과정들에서 중요한 생물학적 역할을 수행한다. 이것이 초나선화를 촉매하는 토포아이소머레이즈가 모든 세포에 필수적 효소인 이유다.

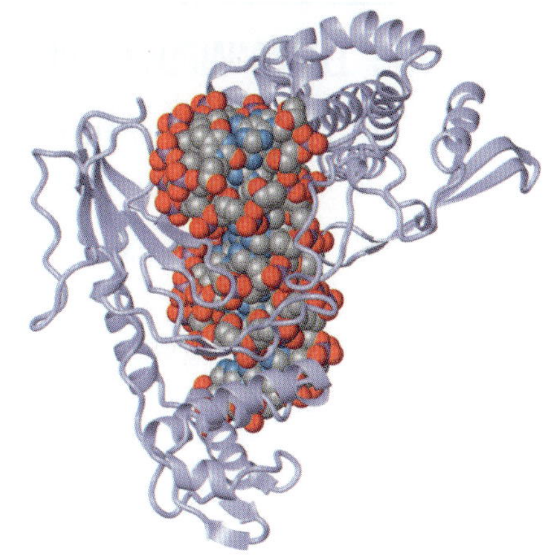

▲ **그림 19.20**
DNA에 결합한 인간(호모 사피엔스)의 토포아이소머레이즈 I(topoisomerase I). [PDB 1A31]

19.4 세포는 몇몇 종류의 RNA를 포함한다

RNA 분자들은 유전자 발현과 관련된 여러 과정에 참여한다. RNA 분자들은 주어진 세포 내에서 많은 복사본과 몇몇 다른 형태들로 발견된다. 모든 살아 있는 세포들에는 네 가지 주요 RNA가 있다:

1. **라이보좀 RNA(rRNA)** 분자들은 라이보좀의 중요한 부분이다[단백질 합성이 일어나는 세포 내 라이보핵산단백질(ribonucleoproteins)]. 라이보좀 RNA는 전체 세포 RNA의 약 80%를 차지하는 라이보핵산의 가장 풍부한 종류이다.
2. **전송 RNA(tRNA)** 분자들은 단백질 합성 동안 성장하는 펩타이드 사슬 안으로의 통합(incorporation)을 위해서 라이보좀에 활성화된 아미노산을 운반한다. tRNA 분자들은 73~95 뉴클레오타이드 잔기 길이를 갖는다. 그들은 전체 세포 RNA의 약 15%를 차지하고 있다.
3. **메신저 RNA(mRNA)** 분자들은 단백질의 아미노산 서열을 암호화한다. 그들은 DNA로부터 단백질이 합성되는 번역 복합체에 정보를 나르는 "메신저"이다. 일반적으로, 전체 세포 RNA의 3%만을 차지한다. 이 분자들은 세포 라이보핵산들 중 가장 안정하지 못하다.
4. **소분자 RNA(small RNA)** 분자들은 모든 세포에 존재한다. 일부 작은 RNA 분자는 촉매 활성이 있거나 단백질과 공동으로 촉매 활성에 기여한다. 이 RNA 분자 대부분은 합성된 후 RNA를 변형시키는 과정과 연관되어 있다. 일부는 유전자 발현을 조절하는 데 필요하다.

▲ **초나선화된 전화선은 매우 성가실 수 있다.**

RNA는 단일가닥 분자들이지만 종종 복잡한 2차 구조를 가진다. 대부분의 단일가닥 폴리뉴클레오타이드들은 생리적 조건 하에서 염기쌍을 이룬 이중가닥 RNA의 안정한 지역을 형성하기 위해 스스로를 접는다. 2차 구조의 한 종류는 상보적 서열의 짧은 지역이 염기쌍을 형성할 때 만들어지는 줄기-고리(stem-loop)다(그림 19.21). 그와 같은 줄기-고리의 이중나선 지역의 구조는 이중나선 DNA A 형태의 구조와 유사하다. 21, 22장에서, 이러한 구조가 전사에 중요하며 전송 RNA, 라이보좀 RNA, 그리고 소분자 RNA들에서 공통적인 특징임을 보게 될 것이다.

핵심개념

단일가닥 RNA는 DNA와 유사한 이중가닥 나선 영역을 만들기 위해서 스스로 접을 수 있다.

BOX 19.1 끄는 DNA(Pulling DNA)

단일 분자 원자력 분광기(single-molecule atomic force spectroscopy)는 단일 분자들의 특성을 조사하는 데 있어 강력한 도구이다. 그것은 단일가닥 DNA의 속성을 탐구하는 데 사용되었다. 실험은 고체 표면에 단일가닥 DNA 분자 한쪽 끝을 고정하는 것과 분자를 당겨 저항을 측정하는 데 사용할 수 있는 분자 족집게 형태에 다른 쪽 끝을 연결하는 것을 포함한다.

이 실험을 폴리(dT)로 했을 때는 분자가 완전히 확장된 형태가 될 때까지 저항이 거의 없다. 이것은 폴리(dT)가 유의미한 2차 구조가 없기 때문이다. 그러나 폴리(dA)를 당기면 완전히 확장된 형태로 변화됨에 따라 초기 저항이 존재한다. 폴리(dA)는 아데닐레이트 잔기들이 서로에 쌓여 있고 초기 저항은 나선을 깨는 것으로부터 기인하기 때문에 용액 내에서 나선형이다.

저항은 다른 A' 염기에 A 염기의 중첩 상호작용에 대한 다른 측정들과 일치하게 측정될 수 있으며 계산된 중첩에너지는 15 kJ mol^{-1} 이다. 이 실험은 중첩 상호작용이 단일가닥 폴리뉴클레오타이드조차 나선 DNA 구조 형성에 중요하다는 것을 입증한다.

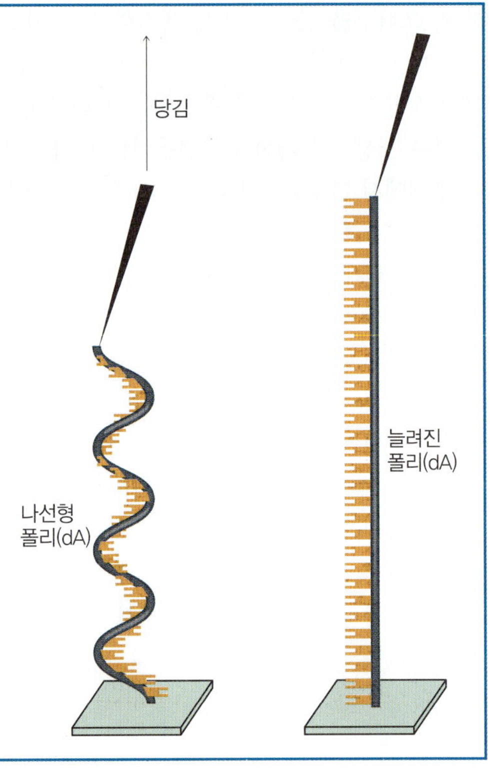

당기는 폴리(dA). [Adapted from Ke et al. (2007)] ▶

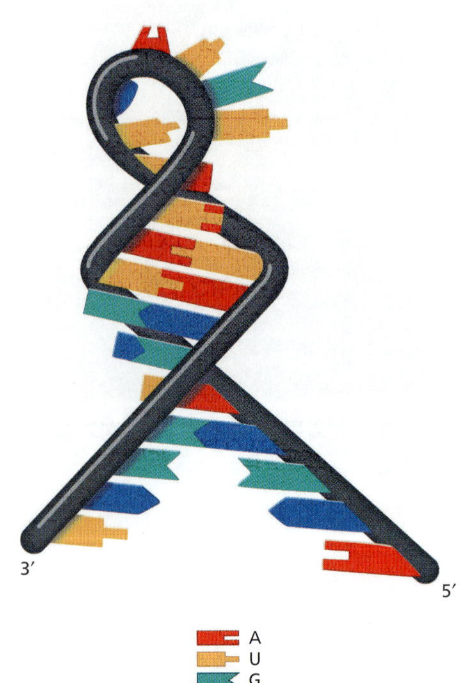

▲ **그림 19.21**

RNA 내의 줄기-고리구조. RNA와 같은 단일가닥 폴리뉴클레오타이드들은 상보적 서열의 짧은 지역이 염기쌍을 형성할 때 줄기-고리나 머리핀을 형성할 수 있다. 그 구조의 줄기는 염기쌍이 된 뉴클레오타이드들로 구성되며, 고리는 비상보적 뉴클레오타이드들로 구성되어 있다. 줄기 내의 가닥들은 반평행하다는 것에 주의하라.

19.5 뉴클레오좀과 염색질

1879년에, 미셰르의 뉴클레인 발견 이후 10년, 플레밍(Walter Flemming)은 염색된 진핵세포의 핵에서 줄무늬 물체를 관찰하였다. 그는 그 물질을 그리스어로 "색깔"을 의미하는 *chroma*에서 만들어낸 말인 **염색질(chromatin)**이라 불렀다. 염색질은 이제 DNA와 함께 치밀한 형태로 DNA를 포장하는 다양한 단백질들로 구성되어 있음이 알려졌다. 또한 원핵세포의 DNA 역시 세포 내부에서 축합된 구조를 형성하기 위해 단백질과 결합되어 있다. 이러한 구조는 진핵생물에서 관찰되는 것과는 다르며 보통 염색질로 불리지 않는다.

정상적인 휴지기 세포에서 염색질은 30 nm 섬유—약 30 nm의 길고 가느다란 섬유들—로 존재한다. 인간에서 핵은 46개의 염색질 섬유, 또는 염색체(chromosome)를 수용해야 한다. 가장 큰 인간의 염색체는 약 2.4×10^8 bp이다; 만일 B 입체구조에서 늘려진 경우 약 8 cm 길이가 될 것이다. 중기(metaphase)시(염색체가 가장 축합되었을 때) 가장 큰 염색체는 약 10 μm 길이다. 중기 염색체와 DNA의 확장된 B형 DNA의 길이 차이는 8000배이다. 이 값을 **포장비율(packaging ratio)**이라고 한다.

A. 뉴클레오좀

염색질의 주요 단백질은 **히스톤(histone)**으로 알려져 있다. 대부분의 진핵생물 종은 다섯 가지의 히스톤—H1, H2A, H2B, H3, H4—을 포함한다. 다섯 가지 히스톤은 모두 DNA의 음전하된 당-인산 골격에 결합할 수 있도록 양전하를 갖는 수많은 라이신과 아지닌 잔기를 포함하는 작은 염기성 단백질이다. 전형적인 포유류 히스톤에 있는 산성 및 염기성 잔기들의 수는 표 19.4에 언급되어 있다. H1를 제외하고, 각 유형의 히스톤 아미노산 서열은 모든 진핵생물에서 매우 보존적이다. 예를 들어, 소의 히스톤 H4는 완두콩 히스톤 H4와 102개 중 두 개의 잔기만이 다르다. 이와 같은 1차 구조에 있어서의 유사성은 3차 구조와 기능에서 상응하는 보존성을 의미한다.

염색질은 낮은 이온력(ionic strength)(<5 mM)의 용액으로 처리될 때 펼쳐진다. 확장된 염

표 19.4 포유동물 히스톤내의 염기성 및 산성 잔기들

유형	분자량	잔기 수	염기성 잔기 수	산성 잔기 수
토끼 흉선 H1	21,000	213	65	10
소 흉선 H2A	14,000	129	30	9
소 흉선 H2B	13,800	125	31	10
소 흉선 H3	15,300	135	33	11
소 흉선 H4	11,300	102	27	7

색질 섬유는 전자 현미경 사진(그림 19.22)에서 끈 위에 구슬처럼 보인다. 그 "구슬들"은 **뉴클레오좀(nucleosome)**이라 불리는 DNA-히스톤 복합체들이며 그 "끈"이 이중가닥 DNA이다.

각 뉴클레오좀은 히스톤 H1 한 분자, 히스톤 H2A, H2B, H3, H4 각 두 분자들과, 약 200 bp의 DNA로 구성된다(그림 19.23). H2A, H2B, H3, H4 분자들은 DNA를 둘러싸는 히스톤 8량체(octamer)라는 단백질 복합체를 형성한다. 약 146 bp의 DNA가 **뉴클레오좀 중심입자(nucleosome core particle)**를 형성하는 히스톤 8량체와 긴밀하게 접촉한다. 입자들 사이의 DNA는 링커 DNA라고 한다. 그것은 약 54 bp 길이다. 히스톤 H1은 링커 DNA와 중심입자에 결합할 수 있지만 확장된 끈 위의 구슬 입체구조에서 H1은 종종 결여되어 있다. 히스톤 H1은 고차원의 염색질 구조를 담당한다.

뉴클레오좀 중심입자의 구조는 X-선 결정학에 의해 결정되었다(그림 19.24). 여덟 개의 히스톤 소단위는 네 개의 이량체들(dimer)로 대칭적으로 배열된다: 두 H2A/H2B 이량체와 두 개의 H3/H4 이량체. 그 입자는 DNA의 당-인산 골격을 수용하는 양으로 하전된 홈을 갖는 평면 디스크 모양이다.

DNA는 뉴클레오좀 당 약 $1^3/_4$ 회전을 형성하여 중심입자 주위를 감싼다. 이 DNA가 확장 된 형태에 있다면 그 길이는 약 50 nm이지만 뉴클레오좀 중심입자에 결합했을 때 전체 길이는 약 5 nm 디스크 폭으로 감소한다. DNA의 코일은 위상적으로 음성적 초나선과 동일하며 이것은 히스톤이 염색질에서 제거될 때 진핵세포의 DNA가 초나선화되는 이유다.

네 가지 중심 히스톤의 N-말단은 양으로 하전된 라이신(K) 및 아지닌(R) 잔기들이 많다. 말단의 끝은 DNA 및 다른 단백질의 음성적으로 하전된 지역과 상호작용하는 중심입자에서 바깥쪽으로 확장한다. 이러한 상호작용은 30 nm 섬유와 같은 고차원 염색질 구조를 안정화하는 역할을 한다.

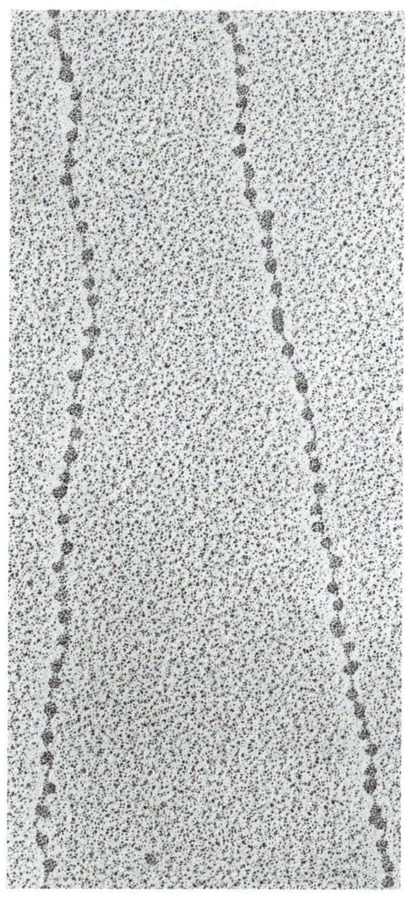

▲ **그림 19.22**
"끈위의 구슬들(beads-on-a-sting)" 조직을 보여주는 확장된 염색질의 전자현미경 사진.

핵심개념

진핵생물 DNA의 대부분은 200 bp 떨어진 간격을 갖는 뉴클레오좀 중심입자에 결합된다.

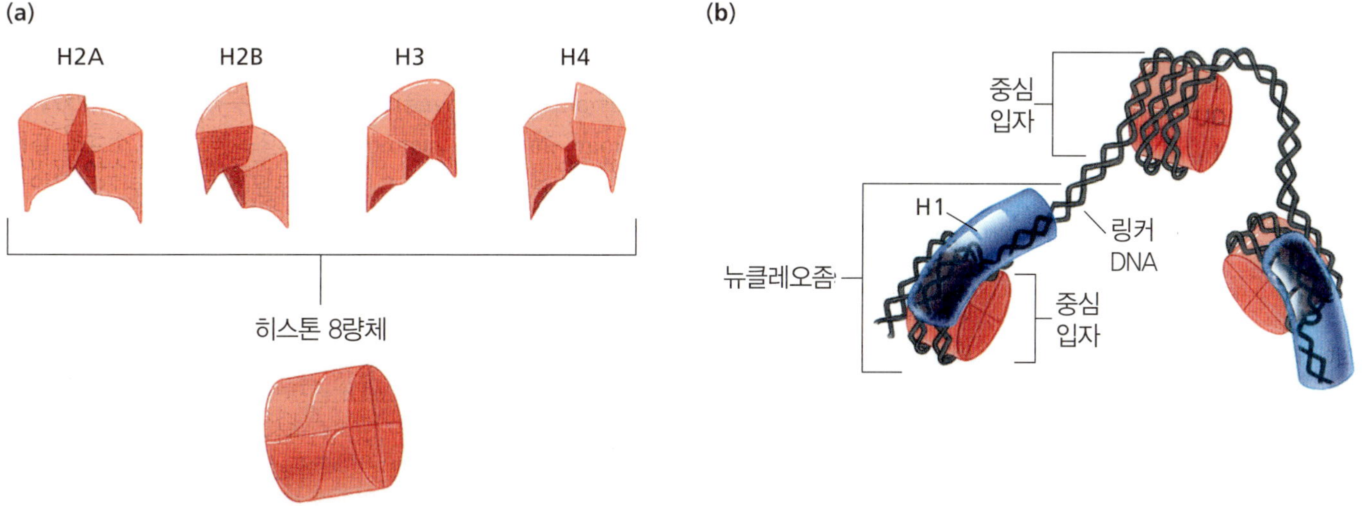

▲ **그림 19.23**
뉴클레오좀 구조의 모식도. (a) 히스톤 8량체. **(b)** 뉴클레오좀. 각각의 뉴클레오좀은 히스톤 H1이 첨가된 하나의 중심입자와 링커 DNA로 구성되어 있다. 뉴클레오좀 중심입자는 히스톤 8량체와 약 146 bp의 DNA로 구성되어 있다. 링커 DNA는 약 54 bp로 구성되어 있다. 히스톤 H1은 중심입자와 링커 DNA에 결합한다.

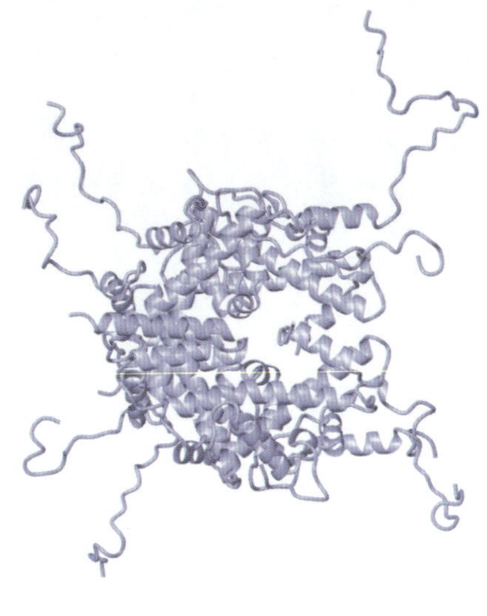

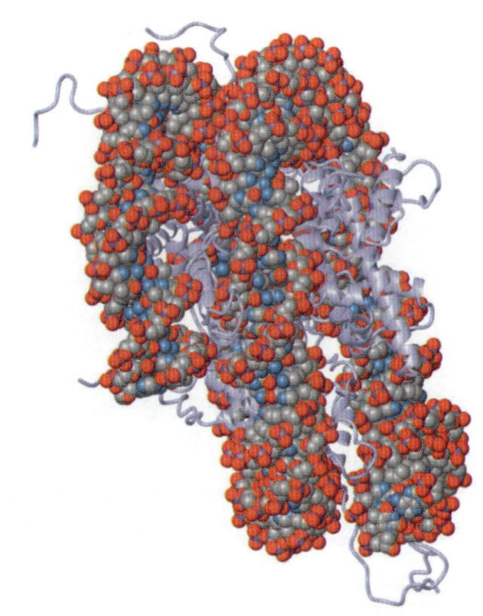

▲ 그림 19.24
닭(*Gallus gallus*) 뉴클레오좀 중심입자의 구조. **(a)** 히스톤 8량체. **(b)** DNA에 결합된 히스톤 8량체-입자의 디스크 모양을 보여주는 측면도. [PDB 1EQZ]

이러한 N-말단 끝에서 특정 라이신 잔기는 히스톤 아세틸트랜스퍼레이즈(acetyltransferases)(HATS)로 알려진 효소에 의해 아세틸화될 수 있다. 예를 들어, 히스톤 H4의 5, 8, 12, 16, 과 20번 잔기들은 아세틸화에 의해 변형될 수 있다.

$$\begin{array}{l} \quad\oplus\ \ \oplus\quad\ \oplus\qquad\ \oplus\qquad\ \oplus\oplus\oplus\oplus\oplus\quad\oplus\ominus \\ \text{S G R G K G G K G L G K G G A K R H R K V L R D....} \\ \qquad\ 5\qquad 8\qquad\ 12\qquad\ 16\qquad 20 \end{array} \tag{19.1}$$

아세틸화는 히스톤 N-말단의 순 양전하를 감소시키고 다른 뉴클레오좀과 단백질들 사이의 상호작용을 약화시킨다. 그 최종 결과는 고차원 구조를 느슨하게 하는 것이다. 아세틸화는 유전자 발현과 관련되어 있다. HATS는 유전자를 전사하기 위해 풀려져야만 하는 염색질 위치로 우선적으로 향하게 된다. 전사 활성화와 히스톤 아세틸화 사이의 관계는 많은 실험실에서 활발한 연구 중에 있다(21.5C절).

히스톤 디아세틸레이즈(deacetylases)는 라이신 잔기에서 아세틸기의 제거를 담당하고 있다. 이것은 양으로 하전된 곁사슬을 복원하고 뉴클레오좀으로 하여금 발현되지 않는 지역의 염색질 구조의 특성을 보다 치밀하게 한다.

$$\sim CH_2-CH_2-CH_2-CH_2-\overset{\oplus}{N}H_3 \;\underset{\text{탈아세틸화}}{\overset{\text{아세틸화}}{\rightleftharpoons}}\; \sim CH_2-CH_2-CH_2-CH_2-NH-\overset{O}{\overset{\|}{C}}-CH_3 \tag{19.2}$$

B. 염색질 구조의 높은 수준

뉴클레오좀으로 DNA의 포장은 DNA 분자 길이를 약 10배 가량 줄인다. 추가적인 감소는 DNA 포장의 높은 수준에서 온다. 예를 들어, 끈 위의 구슬(beads on-a-string) 구조는 30 nm 섬유를 만들기 위해서 솔레노이드 안으로 꼬이게 된다. 솔레노이드의 한 가지 모델은 그림 19.25에 나타나 있다. 30 nm 섬유는 한 분자의 히스톤 H1을 포함하는 모든 뉴클레오좀과 인접한 H1 분자가 서로 협력적으로 결합할 때 뉴클레오좀들을 더 치밀하고 안정적인 형태로 이끌어 가게 한다. 솔레노이드 안의 끈 위의 구슬 구조의 축합은 염색체 길이를 10배 이상 감소하게 한다.

마지막으로, 30 nm 섬유는 스스로 큰 고리에서 그 섬유를 지탱하는 RNA-단백질 스캐폴드(scaffold)로 연결된다. 큰 염색체에는 2000개만큼의 많은 고리가 존재한다. 염색체의 RNA-단백질 스캐폴드는 히스톤이 제거되었을 때 전자현미경으로 볼 수 있다(그림 19.26). 그 비계에 DNA 고리의 부착은 DNA 길이에서 추가적인 200배 축합을 설명한다.

DNA 고리들은 자신의 염기에서 스캐폴드에 부착된다. 끝이 자유롭게 회전하지 않기 때문에, 고리들은 초나선화될 수 있다(초나선들의 일부는 그림 19.26b에서 볼 수 있지만, 대부분의 DNA는 히스톤 제거를 위한 처리시 가닥들 중 하나가 끊어지기 때문에 완화된다).

C. 박테리아 DNA 포장

히스톤은 오직 진핵생물에서 발견되지만 원핵생물의 DNA 또한 단백질들과 축합된 형태로 포장된다. 이러한 단백질 중 일부는 진핵세포의 히스톤과 유사하기 때문에 히스톤 같은 단백질(histone like protein)이라고 한다. 대부분의 경우, 원핵생물에는 뉴클레오좀과 유사한 입자가 규명되지 않았으며 많은 DNA가 단백질과 결합되지 않는다. 박테리아 DNA는 약 100 kb의 큰 고리로 스캐폴드에 부착되어 있다. 이 배치는 박테리아 염색체를 뉴클레오이드(nucleoid)로 알려진 구조로 변환시킨다.

19.6 뉴클리에이즈와 핵산의 가수분해

핵산의 포스포에스터의 가수분해를 촉매하는 효소들은 일괄적으로 **뉴클리에이즈(nuclease)**로 알려져 있다. 모든 세포들에는 다른 뉴클리에이즈의 다양성이 있다. 20장에서 보겠지만 그들 중 일부는 DNA의 합성 또는 수리에 필요하며 다른 것들은 세포의 RNA의 생산 또는 분해에 필요하다(21장).

어떤 뉴클리에이즈는 RNA와 DNA 분자 양쪽에 작용하지만 많은 것들은 오직 RNA에만 작용하며 다른 것들은 DNA에만 작용한다. 이 특정 뉴클리에이즈를 리보뉴클리에이즈(RNase)와 디옥시리보뉴클리에이즈(DNases)라고 한다. 뉴클리에이즈는 **엑소뉴클리에이즈(exonucleases)** 또는 **엔도뉴클리에이즈(endonucleases)**로 세분될 수 있다. 엑소뉴클리에이즈는 폴리뉴클레오타이드 사슬의 오직 한 끝에서 뉴클레오타이드 잔기를 방출하기 위해서 포스포에스터 결합(linkages)의 가수분해를 촉진한다. 가장 일반적인 엑소뉴클리에이즈는 $3' \rightarrow 5'$ 엑소뉴클리에이즈이지만 일부 $5' \rightarrow 3'$ 엑소뉴클리에이즈도 있다. 엔도뉴클리에이즈는 폴리뉴클레오타이드 사슬 내의 다양한 위치에서 포스포에스터 결합의 가수분해를 촉진한다. 뉴클리에이즈는 뉴클레오타이드 서열에 대한 특이성이 매우 다양하다.

뉴클리에이즈는 $3' \rightarrow 5'$ 포스포에스터 결합의 $3'$ 또는 $5'$-에스터 결합을 쪼갤 수 있다. 가수분해의 한 유형은 $5'$-일인산과 $3'$-수산기를 만들어 낸다; 다른 유형은 $3'$-일인산과 $5'$-수산기를 만든다(그림 19.27). 일반적으로 뉴클리에이즈는 하나의 반응 혹은 다른 반응을 촉매할 수 있으나 둘 모두를 촉진할 수는 없다.

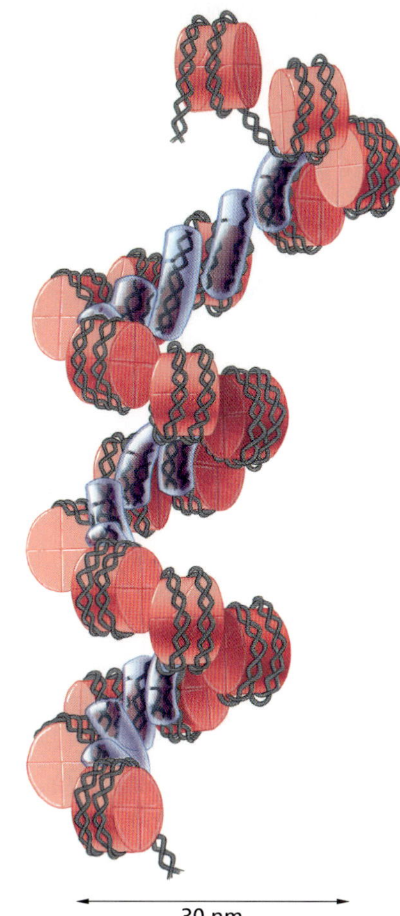

▲ 그림 19.25

30 nm 염색질 섬유의 모델. 이 모델에서 30 nm의 섬유는 개개의 뉴클레오좀들에 의해 형성된 솔레노이드, 또는 나선형으로 나타난다. 뉴클레오좀들은 인접한 히스톤 H1 분자들 사이의 접촉을 통해 결합한다.

A. RNA의 알칼리 가수분해

RNA의 라이보스와 DNA의 $2'$-디옥시라이보스의 차이는 사소한 것처럼 보일 수 있지만 핵산의 특성에 큰 영향을 미친다. 라이보스의 $2'$-수산기는 일부 RNA 분자에서 수소결합을 형성할 수 있으며 특정 화학 및 효소 촉매반응에 참여하고 있다.

RNA와 DNA에 대한 알칼리 용액의 효과는 $2'$-수산기의 존재 또는 부재에서 비롯된 화학반응의 차이점을 설명한다. 상온에서 0.1 M 수산화나트륨으로 처리된 RNA는 몇 시간 내로 $2'$-과 $3'$-뉴클레오사이드 일인산들의 혼합물로 분해되는 반면 동일한 조건하에서 DNA는 안

(a)

(b)

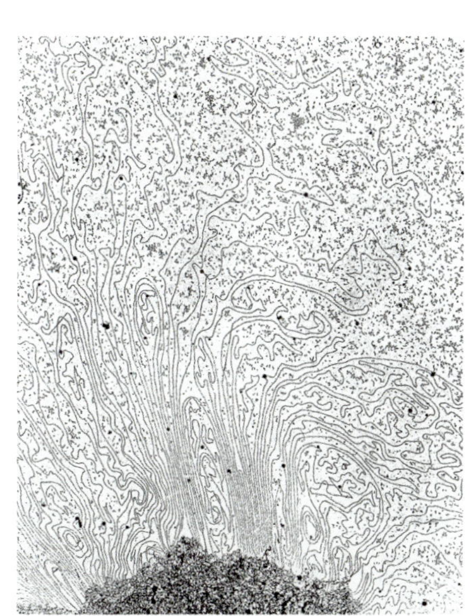

▲ 그림 19.26

히스톤 고갈 염색체의 전자현미경 사진. (a) 이 보기에서 전체 단백질 스캐폴드는 눈에 보인다. (b) (a)의 일부분의 확대에서, 단백질 스캐폴드에 부착된 각각의 고리들을 볼 수 있다.

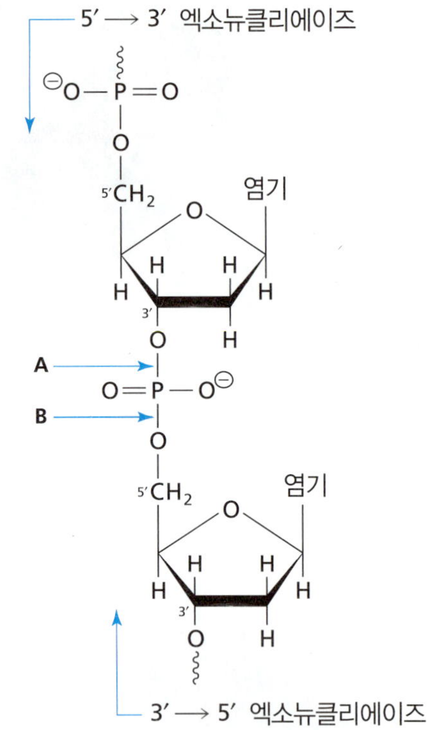

▲ 그림 19.27

뉴클리에이즈 절단 부위들. 엑소뉴클리에이즈는 폴리뉴클레오타이드의 한 개의 유리된 끝에 작용하여 다음 포스포다이에스터 결합을 자른다. 엔도뉴클리에이즈는 내부 포스포에스터 결합을 자른다. 결합 A의 절단은 5′-인산과 3′-수산기 말단을 생성한다. 결합 B의 절단은 3′-인산과 5′-수산기 말단을 생성한다. DNA(그림 참조)와 RNA는 모두 뉴클리에이즈의 기질들이다.

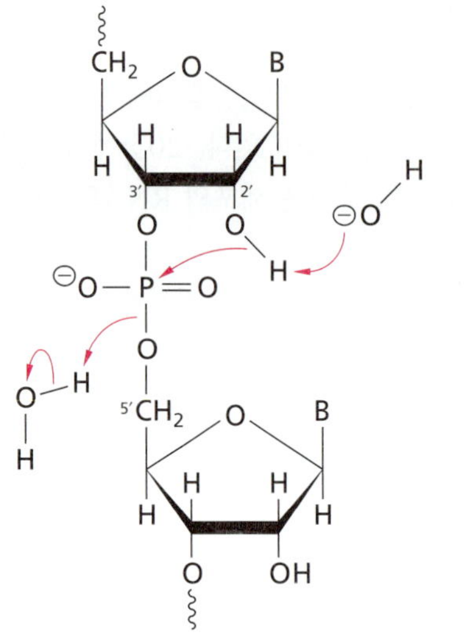

◀ 그림 19.28

RNA의 알칼리성 가수분해. 1단계에서 하나의 수산화 이온은 뉴클레오타이드 잔기의 2′-수산화기로부터 양성자를 추출한다. 결과로 나온 2′-알콕사이드(alkoxide)는 인접한 인 원자를 공격하는 친핵체(nucleophile)이며, 5′-산소 원자를 쫓아내어 2′,3′-환형 뉴클레오사이드 일인산을 생성한다. 환형 중간체는 알칼리 용액에 안정하지 않지만, 두 번째 수산화 이온은 2′-또는 3′-뉴클레오사이드 일인산 중 하나로의 변환을 촉매한다(2단계). B는 퓨린 또는 피리미딘 염기를 나타낸다.

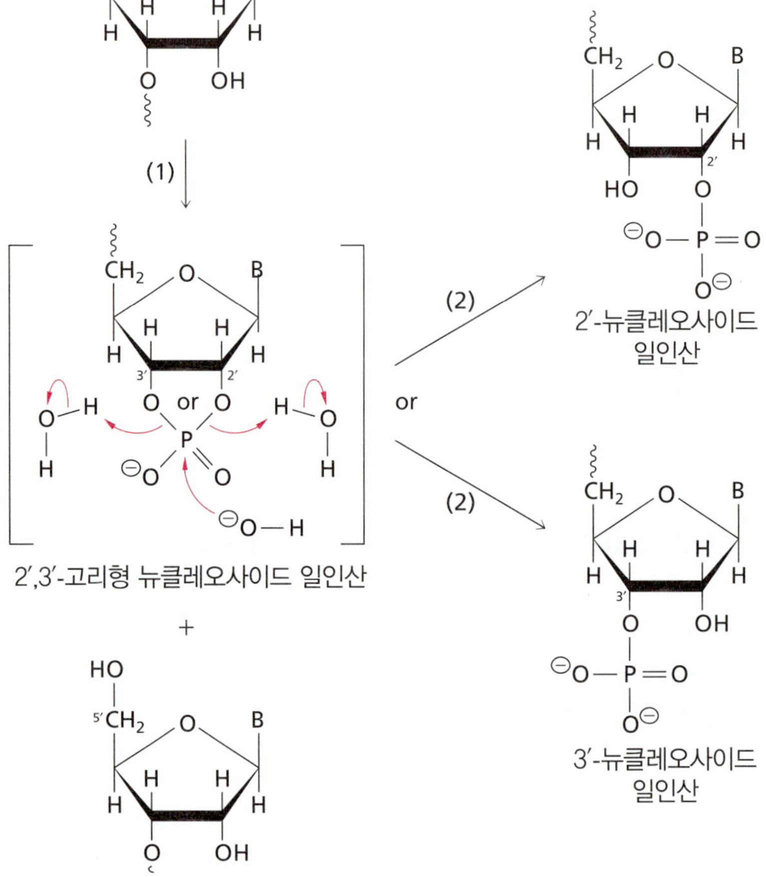

정적이다. RNA의 알칼리성 가수분해(그림 19.28)는 2′-수산기가 필요하다. 첫 번째와 두 번째 단계에서, 물에서 하나의 양성자 제거(첫 번째 단계에서 5′-수산화기 혹은 두 번째 단계에서 2′ 또는 3′-수산화기를 형성하기 위해)가 소모되는 각 수산화이온에 대해서 하나의 수산화이온을 발생시키므로 수산화 이온은 오직 촉매로 작용한다. 2′, 3′-고리형 뉴클레오사이드 일인산 중간 형태들에 주의하라. 각 포스포에스터 결합이 끊어질 때 폴리라이보뉴클레오타이드 사슬은 빠르게 단량체로 분해된다. 분자 내 에스터 교환반응(transesterification)이 시작되는 데 필요한 2′-수산기가 부족하기 때문에 DNA는 알칼리성 조건에서 가수분해되지 않는다. DNA의 크나큰 화학적 안정성은 DNA가 기본 유전물질로써의 역할을 하는 데 중요한 요인이 된다.

B. 라이보뉴클리에이즈 A에 의한 RNA의 가수분해

소의 췌장 리보뉴클리에이즈 A(RNase A)는 네 개의 이황화결합에 의해 교차 연결된 124개의 아미노산 잔기를 가진 단일 폴리펩타이드 사슬로 구성되어 있다. (이것은 우리가 4장에서 이황화 결합 형성과 단백질 접힘의 논의에서 다루었던 효소와 동일하다.) 이 효소는 약 6의 최적 pH를 가진다. RNase A는 5′-에스터 결합에서 RNA 분자내 포스포다이에스터 결합의 절단을 촉진한다. 절단은 사슬이 5′ → 3′ 방향으로 그려질 때 피리미딘 뉴클레오타이드 잔기들의 오른쪽에 발생한다. 따라서 RNase A는 pApGpUpApCpGpU 서열을 갖는 가닥의 가수분해를 촉진하여 pApGpUp + ApCp + GpU를 생성한다.

RNase A는 활성화 자리에 세 개의 이온성 아미노산 잔기를 포함한다—Lys-41, His-12와 His-119(그림 19.29). 많은 연구들은 그림 19.30과 같은 촉매메커니즘의 공식화를 이끌어 내었다. RNase A는 세 가지 기본적인 촉매메커니즘을 사용한다: 접근(두 히스티딘 잔기들 사이의 적당한 포스포다이에스터의 결합과 위치); 산-염기 촉매(His-119와 His-12에 의해); 그리고 전이상태 안정화(Lys-41에 의해). 따라서 RNA의 알칼리성 가수분해에서, 가수분해는 하나의 5′-수산기와 하나의 3′-뉴클레오사이드 일인산 산물을 갖는 이탈기(leaving groups)를 만든다. 물은 첫 번째 산물(P_1)의 이탈에 맞춰 활성화 자리에 들어간다. RNase A-촉매반응에서, 전이상태의 인산 원자는 5가 공유결합되어 있음에 유의하라. 효소의 피리미딘 결합 포켓은 RNase A의 특이성을 설명한다.

알칼리 가수분해와 RNase A에 의해 촉매되는 반응은 두 가지 중요한 방법에 차이가 있다. 첫째, 알칼리 가수분해는 모든 잔기에서 일어날 수 있는 반면 효소-촉매 절단은 피리미딘 뉴클레오타이드 잔기들에서만 일어난다. 둘째, 알칼리 가수분해에서 고리형 중간체(cyclic intermediate)의 가수분해는 무작위적이나(2′-과 3′- 뉴클레오타이드의 복합체를 만드는), RNase A-촉매 절단의 경우는 특이적이다(3′-뉴클레오타이드만을 만드는).

(a)

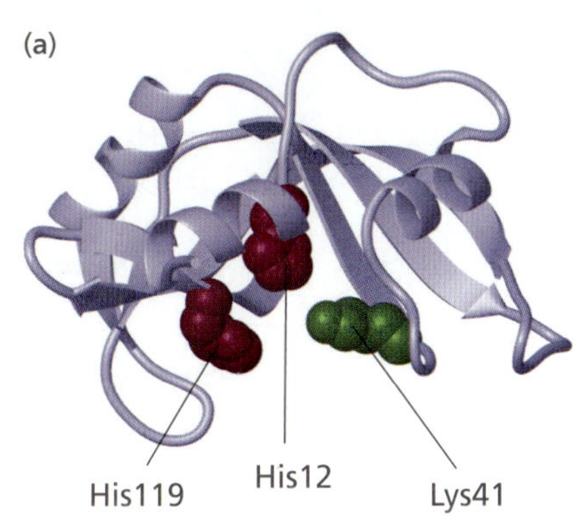

(b)

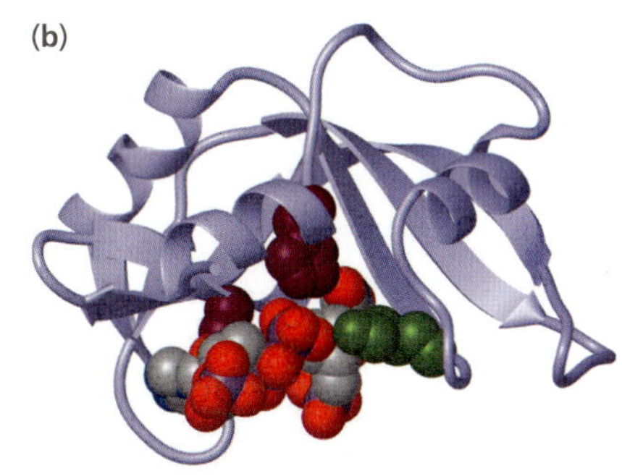

▲ **그림 19.29**

소 췌장 RNase A의 활성화자리. **(a)** 효소의 활성화자리는 곁사슬들이 RNA가 결합할 위치로 뻗어 있는 His-12, His-119 및 Lys-41의 세 촉매 잔기들을 가진다. **(b)** 이 그림은 RNA를 모방한 하나의 인공기질[3′-인산싸이미딘(3′-5′)-파이로인산 아데노신 3′-인산]에 결합된 RNase A를 나타내고 있다. [PDB 1U1B]

C. 제한엔도뉴클리에이즈

제한엔도뉴클리에이즈(restriction endonuclease)들은 DNA에 작용하는 엔도뉴클리에이즈의 중요한 서브클래스(subclass)이다. 제한엔도뉴클리에이즈라는 용어는 어떤 박테리아가 유입된 박테리오페이지 DNA를 특이적으로 파괴하여 박테리오페이지(virus)의 감염을 막을 수 있다는 발견으로부터 나왔다. 이러한 박테리아는 외래 DNA의 발현을 제한한다.

박테리아의 많은 종들은 외래 DNA와 결합하여 절단하는 제한엔도뉴클리에이즈들을 합성한다. 이 엔도뉴클리에이즈들은 특정 DNA 서열을 인식하고 결합 부위에서 DNA의 두 가닥을 잘라 엑소뉴클리에이즈에 의해 빠르게 분해되는 큰 조각들을 만든다. 유전자가 발현되기 전에 박테리오페이지 DNA는 절단되고 분해된다.

숙주세포는 제한엔도뉴클리에이즈에 의한 절단으로부터 자신의 DNA를 보호해야 한다. 이는 잠재적인 제한엔도뉴클리에이즈 결합부위를 구성하는 염기들의 공유변형(covalent modification)으로 수행된다. 가장 일반적인 공유변형은 인식서열 내에서 아데닌 또는 사이토신 잔기의 특정 메틸화이다(절 18.7). 잠재적인 결합부위에서 메틸화 염기의 존재는 제한엔도뉴클리에이즈에 의한 숙주 DNA의 절단을 방해한다. 메틸화는 제한엔도뉴클리에이즈에 의해 인식되는 DNA의 동일한 서열에 결합하는 특정 메틸화효소에 의해 촉매된다. 따라서 제한엔도뉴클리에이즈가 들어 있는 세포는 동일한 특이성을 갖는 특정 메틸화효소를 갖는다.

보통 숙주세포의 모든 DNA는 특이적으로 메틸화되어 있으므로 절단으로부터 보호된다. 세포 내로 유입되는 메틸화가 안된 모든 DNA는 제한엔도뉴클리에이즈에 의해 절단된다. DNA 복제 후, 숙주 DNA의 각 위치는 반메틸화(hemimethylated)된다—오직 한 가닥에 있는 염기들이 메틸화된다. 반메틸화된 위치들은 메틸화효소에 대한 높은 친화력을 갖는 기질이지만 제한엔도뉴클리에이즈에 의해서는 인식되지 않는다. 따라서 반메틸화된 위치들은 숙주 DNA에서 완전히 메틸화된 위치들로 변환된다(그림 19.31).

대부분의 제한엔도뉴클리에이즈(또한 제한효소라고도 함)는 유형 I 또는 유형 II로 분류될 수 있다. 유형 I 제한엔도뉴클리에이즈는 특정 인식서열에서 숙주 DNA의 메틸화와

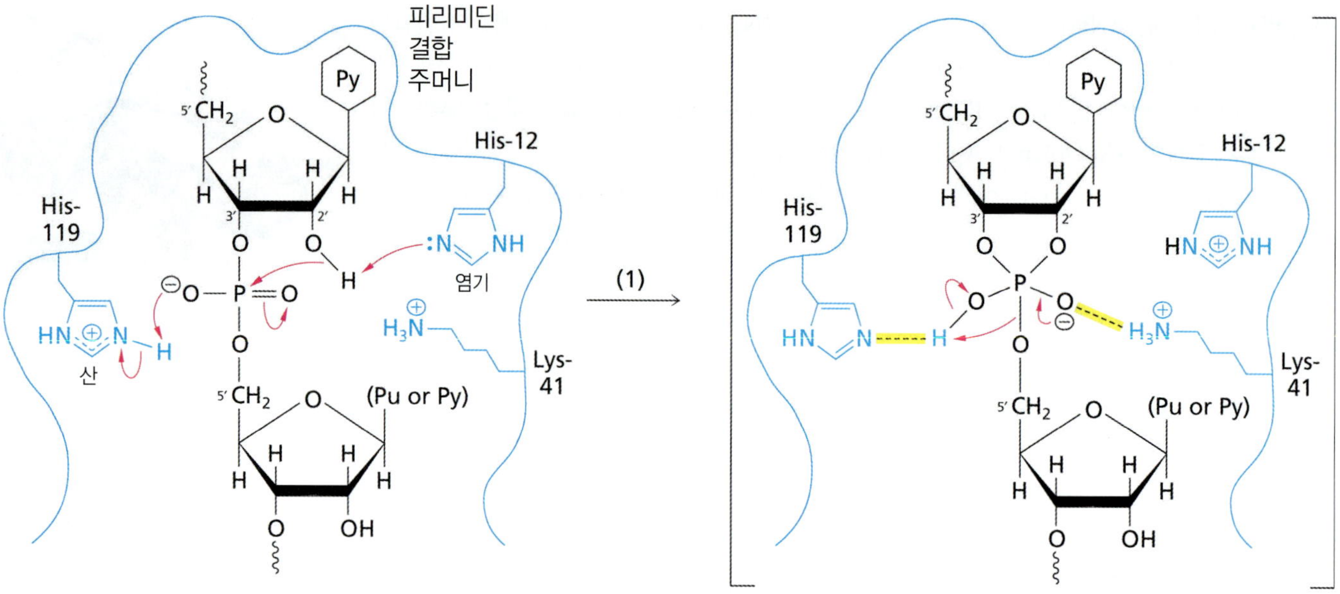

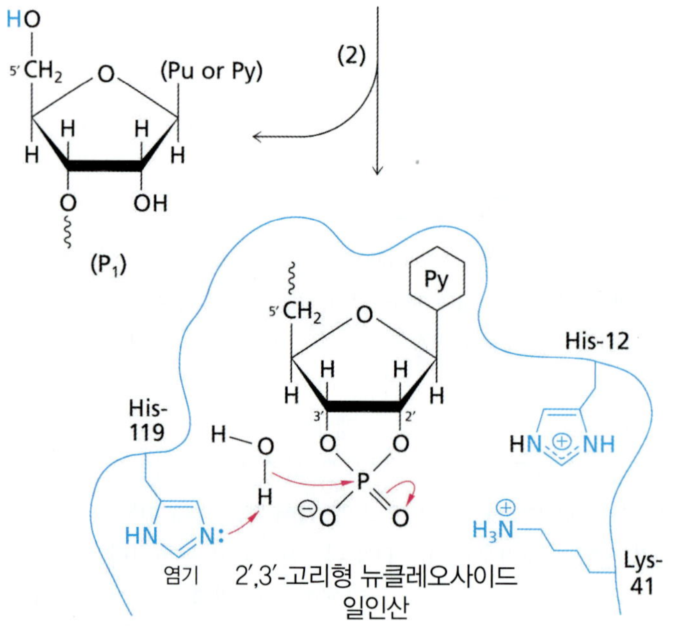

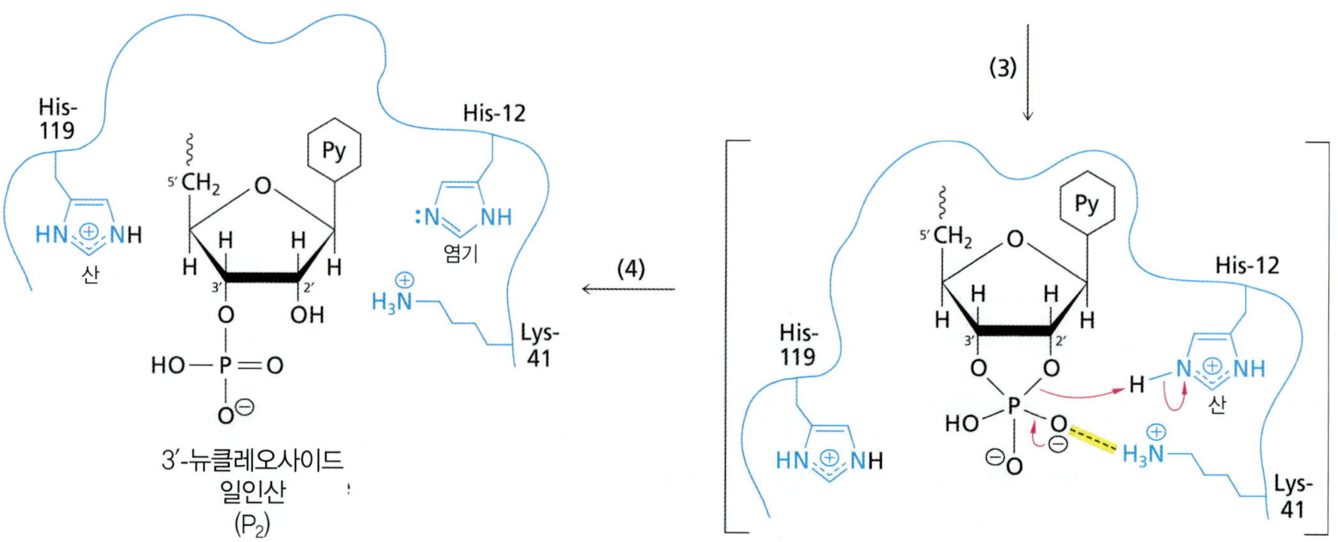

그림 19.30 ▶

RNase A에 의한 RNA 절단 메커니즘. 1단계, His-12는 피리미딘 뉴클레오타이드 잔기의 2′-수산기로부터 하나의 양성자를 추출한다. 결과로 나온 친핵성 산소 원자는 인접한 인 원자를 공격한다. His-119(이미다졸 이온으로써)는 하나의 알코올 이탈기 P_1을 만들기 위해서 다음 뉴클레오타이드 잔기의 5′-산소 원자에 하나의 양성자를 기부한다. 2단계는 2′,3′-고리형 뉴클레오사이드 일인산을 생성한다. 물은 P_1이 떠난 활성화 자리로 들어가며 3단계에서 His-119(이제 염기성 형태에서)는 물에서 한 개의 양성자를 제거한다. 결과로 생긴 수산화 이온은 두 번째 전이상태를 형성하기 위해 인 원자를 공격한다. 4단계에서, His-12의 이미다졸리움 형태는 2′-산소 원자에 한 개의 양성자를 제공하여 P_2를 만든다. Py는 피리미딘 염기를 나타낸다.

표 19.5 일반적인 몇몇 제한엔도뉴클리에이즈의 특이성

기원	효소[a]	인식 서열[b]
Acetobacter pasteurianus	*Apa*I	GGGCC↓C
Bacillus amyloliquefaciens H	*Bam*HI	G↓GATCC
Eschericia coli RY13	*Eco*RI	G↓AA*TTC
Eschericia coli R245	*Eco*RII	↓CC*TGG
Haemophilus aegyptius	*Hae*III	GG↓CC
Haemophilus influenzae R_d	*Hin*dIII	A*↓AGCTT
Haemophilus parainfluenzae	*Hpa*II	C↓CGG
Klebsiella pneumoniae	*Kpn*I	GGTAC↓C
Nocardia otitidis-caviarum	*Not*I	GC↓GGCCGC
Providencia stuartii 164	*Pst*I	CTGCA↓G
Serratia marcescens S_b	*Sma*I	CCC↓GGG
Xanthomonas badrii	*Xba*I	T CTAGA
Xanthomonas holcicola	*Xho*I	C↓TCGAG

[a] 제한 엔도뉴클리에이즈의 명칭들은 그들을 만드는 유기체들의 이름의 약어들이다. 일부 단축된 명칭들은 변종을 표시하는 문자 다음에 나온다. 로마 숫자는 그 변종들에서 효소의 발견 순서를 나타낸다.
[b] 인식서열은 5′에서 3′으로 쓰여진다. 오직 한 가닥만이 표시된다. 화살표는 절단위치를 나타낸다. 별표는 염기가 메틸화될 수 있는 알려진 위치를 나타낸다.

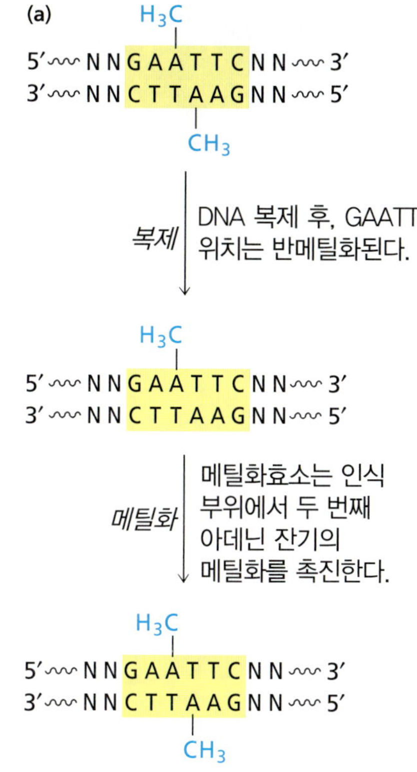

▲ **그림 19.31**
***Eco*RI 위치에서의 메틸화 및 제한.** **(a)** 인식위치에서 아데닌 잔기의 메틸화. **(b)** 끈적한 말단을 생산하기 위해 메틸화가 안된 DNA의 절단.

메틸화되지 않은 DNA의 절단을 모두 촉매한다. 유형 II 제한엔도뉴클리에이즈는 메틸화되지 않은 인식서열이나 근처에서 이중가닥 DNA만을 자를 수 있다라는 점에서 단순하다—그들은 메틸화효소 활성을 가지고 있지 않다. 이 반응들의 메틸기 근원은 *S*-아데노실메싸이오닌(*S*-adenosylmethionine)이다.

수백 가지 유형 I 및 유형 II 제한엔도뉴클리에이즈가 규명되었다. 몇 가지 대표적인 효소의 특이성은 표 19.5에 나열되어 있다. 거의 모든 경우에서, 인식 위치들은 대칭의 두 부분으로 된 축을 가진다. 즉 5′ → 3′ 잔기 서열은 DNA 분자의 두 가닥에서 동일하다. 따라서 한 쌍의 서열은 각각의 방향에서 동일하게 "읽힌다"—그와 같은 서열들은 회문(palindromes)으로 알려져 있다(영어에서 회문은 BIB, DEED, RADAR, 그리고 구두점 및 간격을 무시해서 MADAM I'M ADAM조차 포함한다).

*Eco*RI는 최초로 발견된 제한엔도뉴클리에이즈 중 하나였다. 그것은 대장균의 여러 종에 존재한다. 표 19.5와 그림 19.31에서와 보듯이, *Eco*RI은 6 bp의 회문 인식서열을 갖는다(5′ → 3′ 서열은 각 가닥 위에서 GAATTC이다). *Eco*RI는 동종이량체이다. 그것은 기질과 같은 대칭의 두 부분으로 된 축을 가진다(다음 절 참조). 대장균에서 *Eco*RI에 동반하는 메틸화효소는 인식서열 내의 두 번째 아데닌을 N^6-메틸아데닌으로 변환시킨다. 메틸화가 안된 GAATTC 서열을 가진 모든 이중가닥 DNA 분자는 *Eco*RI에 대한 기질이다. 그 엔도뉴클리에이즈는 각 가닥 내에 G를 A에 연결하는 포스포다이에스터의 가수분해를 촉매하여 DNA를 자른다.

일부 제한엔도뉴클리에이즈(*Eco*RI, *Bam*HI와 *Hin*dIII를 포함하는) 단일가닥 확장(extensions)을 갖는 DNA 조각들을 만드는 지그재그 절단을 촉매한다(표 19.5 및 그림 19.31). 이 단일가닥 지역들은 서로 보완적이어서 이중나선 구조를 다시 형성할 수 있으므로 끈적한 끝(sticky end)이라고 부른다. *Hae*III과 *Sma*I과 같은 다른 효소들은 단일가닥의 확장이 없는 무딘 끝(blunt end)을 만든다.

D. *Eco*RI은 DNA에 단단히 결합한다

제한엔도뉴클리에이즈는 특정 서열을 인식하고 특정 위치를 자르기 위해 DNA에 단단히 결합 해야 한다. DNA에 결합된 *Eco*RI의 구조는 X-선 결정학에 의해 확정되었다. 그

(a)

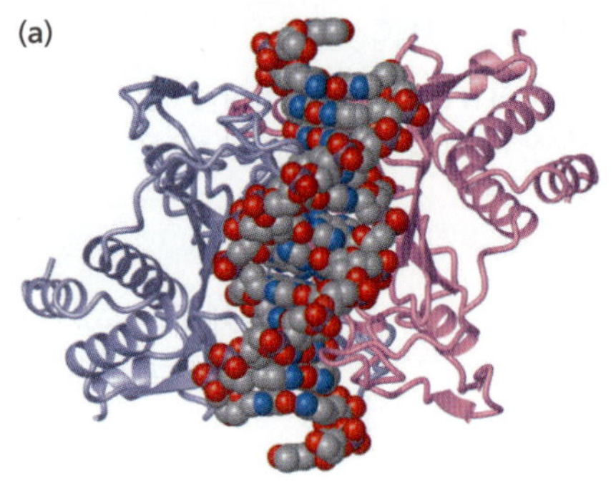

(b)

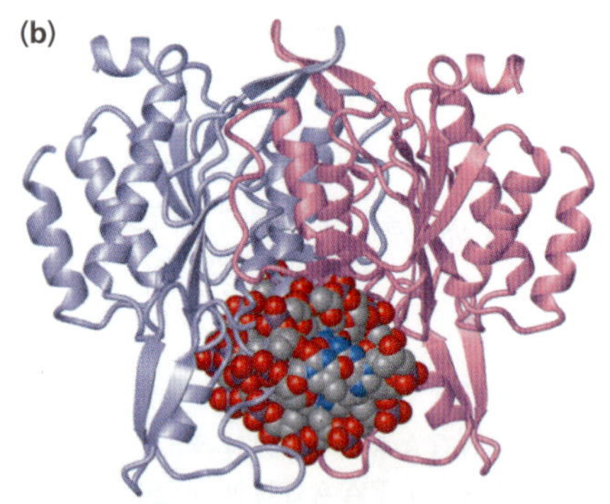

▲ 그림 19.32

DNA에 결합된 *Eco*RI. *Eco*RI은 두 개의 동일한 소단위체(보라색과 파란색)로 구성되어 있다. 효소는 서열 CGCGAATTCGCG(인식서열은 밑줄 쳤다)를 갖는 DNA의 조각에 결합된다. **(a)** 측면모습. **(b)** 상위모습.

림 19.32에서와 같이 DNA 분자가 거의 둘러싸여 있도록, *Eco*RI 동종이량체의 각 절반은 DNA 분자의 한쪽에 결합한다. 효소는 주홈의 염기쌍에 접촉해서 특정 뉴클레오타이드 서열을 인식한다. 부홈(그림 19.32에서 나타나는 구조의 중간부분에)은 수성 환경에 노출되어 있다.

몇 가지 염기성 아미노산 잔기는 두 *Eco*RI 단량체(monomers)에 의해 형성되는 갈라진 틈에 정렬한다. 이러한 잔기들의 곁사슬들은 정전기적으로 DNA의 당-인산 골격과 상호작용한다. 또한 각각의 *Eco*RI 단량체 내 두 개의 아지닌 잔기(Arg-145와 Arg-200)와 하나의 글루탐산염(glutamate) 잔기(Glu-144)는 인식서열 내의 염기쌍과 수소결합을 형성하여서 특이적 결합을 보증한다. 골격과 다른 비특이적 상호작용들은 복합체를 더욱 안정화시킨다.

*Eco*RI은 특정 DNA 서열을 인식하고 결합하는 단백질의 전형이다. 어떤 경우에는 나선이 약간 구부려 있지만 DNA는 B 입체구조를 유지한다. 특정 뉴클레오타이드 서열의 인식은 홈에 노출되는 염기들의 기능기들과 단백질 간의 상호작용에 의존한다. 반면, 히스톤은 핵산에 비특이적으로 결합하는 단백질의 예다. 이러한 단백질의 결합은 염기들과 직접 접촉에 의존하는 것이 아니라 단백질과 당-인산 골격 사이의 약한 상호작용에 크게 의존한다. 또한 특정 DNA 서열에 결합하는 모든 단백질들은 또한 낮은 친화력으로 DNA에 비특이적 결합도 할 것이다(21.3, 21.7A절).

19.7 제한엔도뉴클리에이즈의 이용

제한엔도뉴클리에이즈는 베르너 아버(Werner Arbor), 다니엘 네이선스(Daniel Nathans)와 해밀턴 스미스(Hamilton Smith)가 1978년에 "제한효소의 발견과 분자 유전학의 문제에 대한 적용"으로 노벨상을 획득한 지 40년 이상 전에 발견되었다. 첫 번째로 정제된 효소들은 재빨리 실험실에서 DNA를 조작하는데 이용되는 중요한 도구가 되었다.

A. 제한지도

제한효소의 첫 번째 용도 중 하나는 DNA 제한지도의 개발, 즉 절단의 특정 위치를 표시하는 DNA 분자의 도식에 있다. 이러한 지도는 특정 유전자를 포함하는 DNA의 조각들을 식별하는 데 유용하다.

박테리오페이지 λ DNA의 제한지도의 예는 그림 19.33에 나타나 있다. 박테리오페이지 λDNA는 선형이며 대략 48,400bp(48 kb) 길이를 갖는 이중가닥 분자다. 다양한 제한효소로 이 DNA를 처리하여 그 결과로 나온 조각의 크기를 측정함으로써, 절단 위치의 지도를 개발할 수 있다. 이러한 제한 분해의 예는 그림 19.34에 나타나 있다. 많은 제한 분해들로부터의 정보는 완전하고 정확한 지도를 만들기 위해 합병된다.

B. DNA 지문

제한엔도뉴클리에이즈 절단위치의 지도를 제작하는 데 필요한 기술은 1970년대에 개발되었다. 곧이어 그 방법은 개체군의 유전체 내의 돌연변이, 또는 변형 위치를 식별하는 데 사용될 수 있는 것임이 분명해졌다. 예를 들어, 다른 종의 박테리오페이지 λ는 그 DNA 서열들이 동일하지 않기 때문에 약간 다른 제한지도를 갖는다. 한 종이 DNA의 왼편 끝 부분 근처

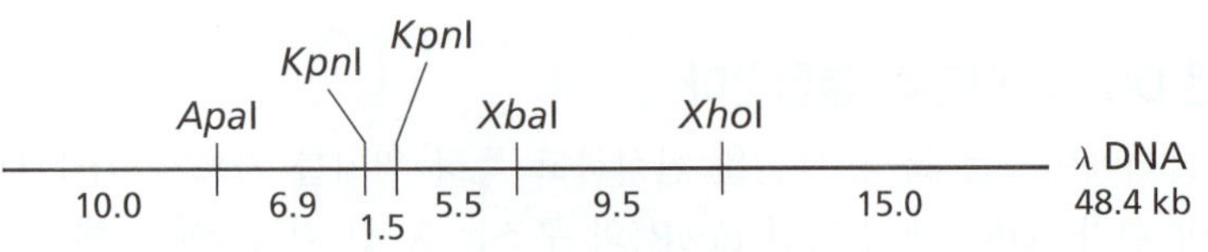

그림 19.33 ▶

몇 가지 제한효소에 의한 절단위치를 보여주는 박테리오페이지 λ의 제한지도. 예를 들어 거기에는 효소 *Apa*I에 대한 하나의 위치가 있다. 이 효소로 페이지 λ DNA의 소화는 그림 19.34의 첫 번째 레인에서와 같이 10.0과 38.4 kb의 두 단편들을 얻는다.

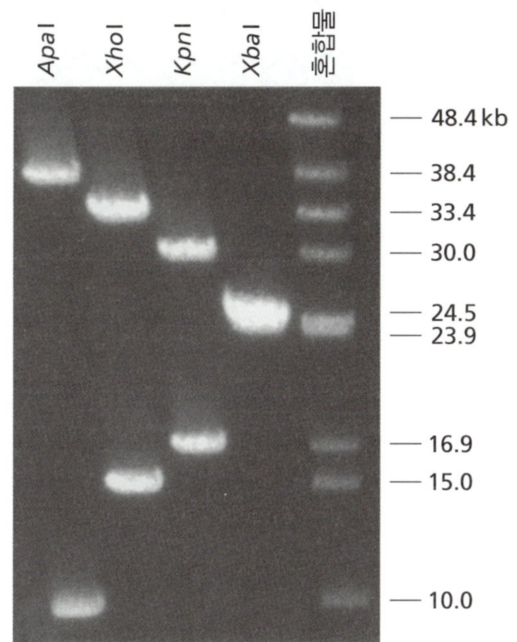

▲ 그림 19.34
네 개의 제한엔도뉴클리에이즈에 의한 박테리오페이지 λ DNA의 소화. DNA 용액을 효소로 처리하고 그 다음 크기에 따라 조각들을 분리하는 아가로스 젤에 전기영동한다. 가장 작은 조각은 빠르게 이동하여 젤의 하단에서 보이게 된다(1.5 kb의 조각은 그림에서 보이지 않는다). 각 절단을 위한 제한효소들은 레인의 상단에 표시된다. 오른쪽 레인은 손대지 않은 페이지 λ DNA와 네 개의 절단으로부터 나온 조각의 혼합물을 포함하고 있다. *Xba*I 소화에서, 23.9 및 24.5 kb의 두 조각들은 잘 분리되지 않는다.

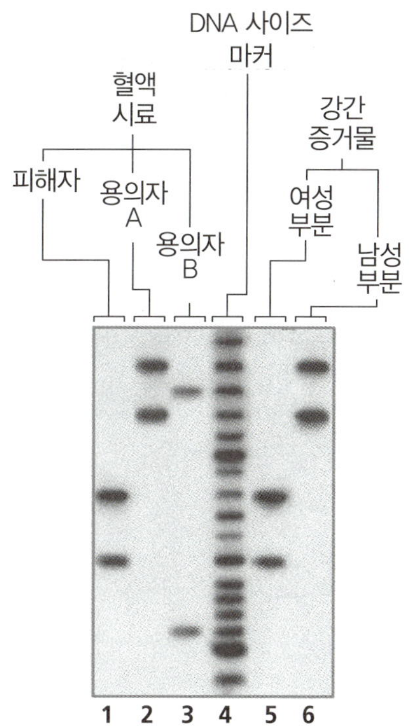

▲ 그림 19.35 **DNA 지문.**

에 GGGCCC 서열을 가질 수 있고 그것은 그림 19.34에서와 같이 두 조각을 만드는 *Apa*I에 의해 쪼개진다. 또 다른 종은 동일한 위치에 GGACCC 서열을 가질 수 있다. 이 서열은 *Apa*I에 대한 절단위치가 아니므로, 이 종의 제한지도는 그림 19.33에 나타난 것과는 다르다.

DNA 서열의 변형은 큰 혼성 집단에서 개인을 식별하는 데 사용될 수 있다. 예를 들면 인간의 경우, 매우 변하기 쉬운 유전체 영역들은 지문처럼 고유한 제한 단편들을 보인다. 이러한 DNA 지문은 친자 분쟁이나 용의자를 식별하는데 혹은 무죄를 입증하기 위한 범죄수사에 사용될 수 있다.

강간 사건의 DNA 지문의 사용 예는 그림 19.35에 나타나 있다. 피해자, 증거(정액), 그리고 두 용의자들로부터 분리된 DNA들을 제한엔도뉴클리에이즈로 절단시킨다. 그림 19.34에 기술한대로 그 조각들은 아가로스 젤(agarose gel)에서 분리된다. 그 다음 이 DNA는 나일론 막으로 옮겨진다. 결합된 DNA는 변성시키고 인간유전체의 변하기 쉬운 영역에서 나온 방사성으로 표지된 DNA의 작은 조각에 노출시킨다. 표지된 DNA 탐침은 이 지역으로부터 유래된 나일론 막 상의 제한절편들에 특이적으로 혼성화(hybridize)된다. 표지된 절편들은 방사능사진촬영에 의해 식별된다.

이 기술은 용의자 A를 강간범으로 입증한다. 실제 범죄수사에서는, 감지되는 양상이 고유하다는 것을 확실시하기 위해 많은 이종 탐침들이 다른 제한절단들과 조합으로 사용된다. 현대 기술은 결정적으로 어떤 용의자들을 배제하고 다른 사람에게 유죄를 입증하는 판결을 할 수 있을 만큼 강력하고 정확하다. DNA의 폴리머레이즈 연쇄반응(PCR) 증폭과 결합될 때(22장), 지문(fingerprint)은 모낭이나 혈액의 작은 얼룩에서 얻을 수 있다.

▶ 세균의 DNA와 플라스미드를 사용하여 첫 번째 재조합 DNA를 구성한 스탠리 N. 코헨(1935~)(위)과 허버트 보이어(1936~)(아래).

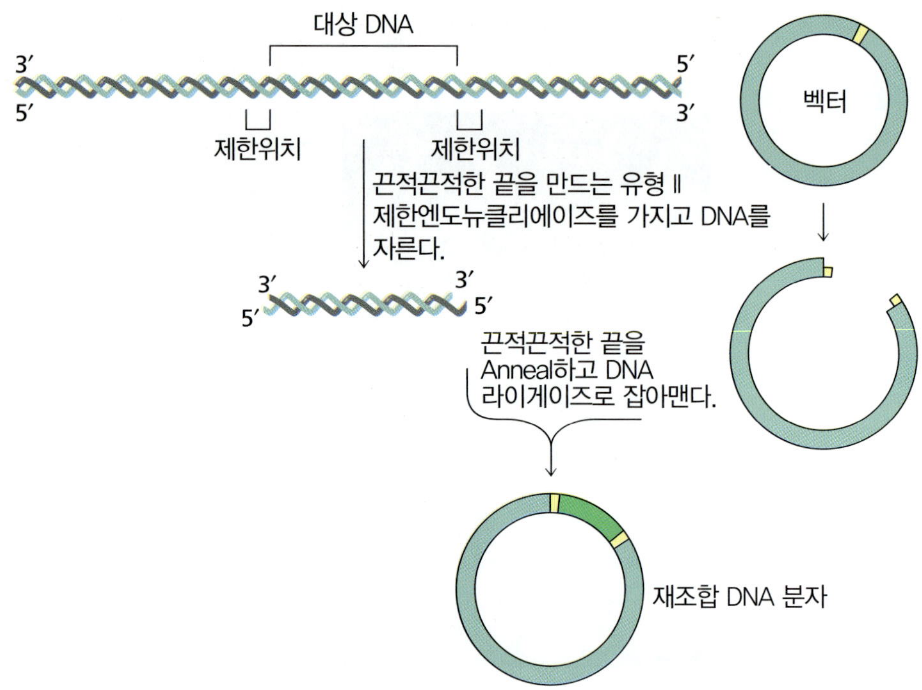

그림 19.36 ▶
재조합 DNA를 생성하기 위한 제한효소들의 사용. 벡터 DNA와 대상 DNA는 함께 결합될 수 있는 끝을 생성하는 제한 엔도뉴클리에이즈에 의해 잘린다. 끈적한 끝이 생성되는 경우에, 상보적인 끝의 담금질(annealing)(염기쌍화)에 의해 두 분자들은 연결된다. 그 다음 분자들은 DNA 라이게이즈에 의해 촉매되는 과정에서 서로 공유적으로 붙게 된다.

C. 재조합 DNA

제한엔도뉴클리에이즈의 발견은 곧이어 효소에 의해 만들어지는 DNA의 다른 절편들을 결합 또는 재결합함에 의해 재조합 DNA 분자 생성을 이끌어냈다. 일반적인 실험은 관심있는 대상 유전자를 포함하는 DNA 조각을 절개하는 것과 클로닝 벡터(cloning vector)에 삽입하는 것을 포함한다. 클로닝 벡터는 플라스미드, 박테리오페이지, 바이러스, 또는 작은 인공염색체일 수 있다. 대부분의 벡터는 호환되는 숙주세포 내에서 자율적으로 복제될 수 있게 하는 서열들을 포함하고 있다.

모든 클로닝 벡터는 일반적으로 적어도 하나의 고유한 복제위치(cloning site), 외래 DNA의 특정 사이트 삽입을 허용하기 위한 제한엔도뉴클리에이즈에 의해 절단될 수 있는 서열을 갖는다. 가장 유용한 벡터는 **폴리링커**라는 하나의 다중복제위치(multiple cloning site) 내에서 함께 그룹화된 여러 가지 제한 사이트를 갖는다.

벡터에 삽입될 DNA의 단편들은 다양한 방법으로 생성될 수 있다. 예를 들어, 그들은 긴 DNA 분자의 기계적 전단(shearing) 또는 유형 II 제한엔도뉴클리에이즈로 DNA를 절단시킴으로써 생성될 수 있다. DNA를 무작위로 자르는 전단과는 달리, 제한효소들은 특정 서열에서 DNA를 자른다. 복제 목적을 위해, 이 특이성은 놀랄만한 이점을 제공한다.

가장 유용한 제한엔도뉴클리에이즈는 3′ 또는 5′ 말단에 단일가닥 확장(single-stranded extensions)을 갖는 단편들을 만든다. 이 끈적한 끝이 일시적으로 벡터 DNA상의 상보적인 끈적한 끝에 염기쌍을 형성할 수 있으며 DNA 라이게이즈(DNA ligase, 20.3C절에서 설명)에 의해 촉매되는 반응으로 벡터에 공유적으로 결합될 수 있다. 결과로 생긴 단편들이 연결에 의해 직접 결합될 수 있기 때문에, 따라서 가장 간단한 재조합 DNA 종류는 벡터와 대상 DNA를 동일한 효소로 절단시킴으로써 제작된다.

요약

1. 핵산은 뉴클레오사이드의 인산 에스터인 뉴클레오타이드의 중합체이다. 염기의 아미노와 락탐 호변체는 핵산의 수소결합을 형성한다.

2. DNA는 3′-5′ 포스포다이에스터 결합에 의해 결합되는 뉴클레오타이드 잔기들의 두 개의 반 평행한 가닥을 포함한다. 한쪽 가닥의 A와 G는 각각 다른 가닥의 T와 C에 짝지어진다.

3. DNA의 이중나선 구조는 수소결합, 소수성 효과, 중첩 상호작용과 전하-전하 상호작용에 의해 안정화된다. G/C 염기쌍의 중첩 상호작용이 A/T 염기쌍보다 크기 때문에 G/C가 많은 DNA는 A/T가 많은 DNA보다 변성되기 어렵다.
4. DNA의 가장 일반적인 입체구조는 B-DNA라고 한다. 다른 입체구조에는 A-DNA와 Z-DNA가 포함된다.
5. 과다하게 꼬이거나 덜 꼬인 DNA 나선은 B 입체구조를 복원하는 초나선들을 만들 수 있다. 음성적으로 초나선화된 DNA는 국부적으로 풀린 영역을 갖는 DNA와 평형상태로 존재한다.
6. RNA의 네 가지 주요 종류는 라이보좀 RNA, 전송 RNA, 메신저 RNA, 소분자 RNA이다. RNA 분자는 한 가닥이며 광범위한 2차 구조를 가지고 있다.
7. 진핵세포의 DNA 분자들은 뉴클레오좀을 형성하기 위해 히스톤과 함께 포장된다. 한층 더한 축합과 염색체의 스캐폴드에 부착하는 것은 중기 염색체에 있는 DNA 분자 길이를 전체의 8000배 감소시킬 수 있다.
8. 핵산의 포스포다이에스터 골격은 뉴클리에이즈의 활성에 의해 가수분해될 수 있다. RNA의 알칼리 가수분해와 RNase A 촉매 가수분해는 2′,3′-고리형 뉴클레오사이드 일인산 중간체를 통해 진행한다.
9. 제한엔도뉴클리에이즈는 특정 회문의 염기서열에서 DNA의 가수분해를 촉진한다. 특정 메틸화효소는 절단으로부터 제한위치를 보호한다.
10. 제한효소는 DNA 지문 분석을 위한 DNA의 제한지도 구축을 위해 그리고 재조합 DNA 분자를 구성하는 데 유용하다.

문제

1. 단백질의 α 나선 내의 수소결합과 DNA 이중나선에서의 수소결합을 비교하라. 답변에 두 구조를 안정화하는데 있어 수소결합의 역할을 포함시켜라.
2. 이중나선 DNA의 한 스트레치(stretch)가 1000 bp를 포함하고 염기구성은 58%(G + C)이다. 이 DNA 지역에 얼마나 많은 싸이민 잔기들이 있을까?
3. (a) DNA 한 부분의 두 개의 상보적 가닥들은 동일한 염기구성을 가지고 있는가?
   (b) (A + G)는 (C + T)와 동일한가?
4. 만일 DNA 한 가닥이 다음과 같은 서열을 갖는다면

   ATCGCGTAACATGGATTCGG

   표준 규칙을 이용하여 상보적 가닥의 서열을 기록하라.
5. 폴리 A는 단일가닥 나선을 형성한다. 이 구조를 안정화하는 힘은 무엇인가?
6. 아데닌의 이미노 호변체는 DNA에 자주 발생하지만 그렇게 되면 그것은 싸이민 대신 사이토신과 쌍을 이룬다. 이러한 잘못 짝지음은 돌연변이로 이어질 수 있다. 아데닌 이미노 호변체/사이토신 염기쌍을 그려라.
7. 단일가닥 폴리-dA는 왓슨-크릭 염기쌍 이중가닥 DNA를 형성하기 위해서 단일가닥 폴리-dT와 혼성화(hybridize)될 수 있다. 적절한 조건 하에서 두 번째 가닥의 폴리dT는 주홈에 결합하여 싸이민과 아데닌의 N7 및 아미노기 사이의 수소결합을 갖는 삼중가닥 DNA 나선을 형성한다. 어떤 것이 이 특별한 삼중가닥 DNA에 대한 온도 대비 260 nm에서 흡광도 그래프인가?
8. 그림 19.21에서 보이는 RNA 서열을 작성하라. 그것은 회문인가?
9. 이중가닥 DNA에 독점적으로 결합하고 5′ → 3′ 방향으로 한 가닥 분해를 진행 중인 엑소뉴클리에이즈를 생각하라. 기질이 선형 DNA의 1 kb 단편인 반응에서, 절단이 완료된 후에는 무엇이 지배적인 산물이 될 것인가?
10. 이중가닥 DNA의 한 염기쌍당 평균 분자량은 약 650 kDa이다. 표 19.4의 데이터를 사용하여, 일반적으로 30 nm의 염색질 섬유에서 DNA대비 단백질의 질량 비율을 계산해라.
11. 인간 반수체 유전체는 3.2×10^9 염기쌍을 포함한다. 당신은 어머니로부터 얼마나 많은 뉴클레오좀을 물려받았나?
12. pdApdGpdTpdC 서열을 갖는 DNA 분자는 엑소뉴클리에이즈에 의해 잘릴 수 있다. 다음과 같은 효소에 의해 촉매되는 단일 반응의 산물을 나열하라:
    (a) 포스포다이에스터 결합의 3′ 에스터 결합을 자르는 3′ → 5′ 엑소뉴클리에이즈
    (b) 포스포다이에스터 결합의 5′ 에스터 결합을 자르는 5′ → 3′ 엑소뉴클리에이즈
    (c) 포스포다이에스터 결합의 3′ 에스터 결합을 자르는 5′ → 3′ 엑소뉴클리에이즈
13. 누룩 곰팡이(*Aspergillus oryzae*)에서 정제된 비서열 특이적(non-sequence-specific) 엔도뉴클리에이즈는 단일가닥 DNA를 절단한다. 이 효소를 음성적으로 초나선화된 플라스미드 DNA에 첨가하는 것에 대한 효과를 예측해라.
14. 방울뱀 독에 있는 단백질 중 하나는 포스포다이에스터화효소(phosphodiesterase)라는 효소이다. 폴리뉴클레오타이드가 이 효소에 대한 기질이 될 수 있을까? 그 이유는 무엇인가?
15. RNase T1는 RNA의 G 잔기들 다음을 자른 후 3′ 인산기를 남긴다. 다음 기질의 절단산물을 예측하라:

    pppApCpUpCpApUpApGpCpUpApUpGpApGpU

16. 박테리오페이지는 어떻게 박테리아의 제한엔도뉴클리에이즈의 영향에서 벗어날 수 있을까?
17. 독립생활을 하는 토양 선충 *C. elegans*는 100 Mb 유전체 전체가 해독된 최초의 후생생물이다. 전반적으로, 그 벌레 유전체는 36%(G + C)와 64%(A + T)이다. 제한엔도뉴클리에이즈 *Hin*dIII는 끈적한 끝을 생성하는 hexameric 회문서열 AAGCTT를 인식하고 자른다. (a) 당신은 *C. elegans*의 유전체에서 대략적으로 얼마나 많은 *Hin*dIII 사이트를 찾을 것으로 기대하는가? (b) 만일 벌레 유전체가 실제로 25% G와 25% A가 있었다면 당신은 대략적으로 얼마나 많은 *Hin*dIII 사이트를 찾을 것으로 기대하는가?
18. 제한엔도뉴클리에이즈 *Bgl*II과 *Bam*HI의 인식서열들은 다음과 같

다. 어째서 *Bgl*II로 잘린 대상 DNA와 *Bam*HI으로 잘린 벡터의 결합에 의해 재조합 DNA 분자를 구성하는 것이 가능한가?

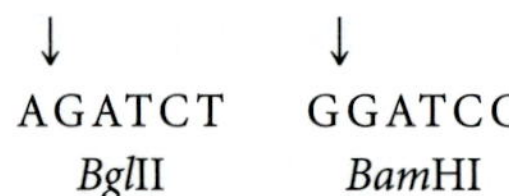

19. 일반적으로 재조합 DNA 기술에 사용되는 대장균 숙주 종들 중 하나는 몇 가지 제한엔도뉴클리에이즈에 대한 결함이 있는 유전자들을 가진다. 왜 그런 종들이 유용한가?

참고문헌

역사적 관점

Clayton, J., and Denis. C. (eds.) (2003). *50 Years of DNA*. (New York: Nature/Pallgrave/Macmillan).

Judson, H. F. (1996). *The Eighth Day of Creation: Makers of the Revolution in Biology*, expanded ed. (Cold Spring Harbor, NY: Cold Spring Harbor Laboratory Press).

Maddox, B. (2002). *Rosalind Franklin: The Dark Lady of DNA* (New York: Perennial/HarperCollins).

Watson, J. D., and Berry, A. (2003). *DNA: The Secret of Life* (New York: Alfred A. Knopf).

Watson, J. D. (1968). *The Double Helix* (New York: Atheneum).

폴리뉴클레오타이드 구조와 특성

Berger, J. M., and Wang, J. C. (1996). Recent developments in DNA topoisomerase II structure and mechanism. *Curr. Opin. Struct. Biol.* 6:84–90.

Ferré-D'Amaré, A. R., and Doudna, J. A. (1999). RNA FOLDS: insights from recent crystal structures. *Annu. Rev. Biophys. Biomol. Struct.* 28:57–73.

Herbert, A., and Rich, A. (1996). The biology of left-handed Z-DNA. *J. Biol. Chem.* 271:11595–11598.

Hunter, C. A. (1996). Sequence-dependent DNA structure. *BioEssays* 18:157–162.

Ke, C., Humeniuk, M., S-Gracz, H., and Marszalek, P. E. (2007). Direct measurements of base stacking interactions in DNA by single-molecule atomicforce spectroscopy. *Phys. Rev. Lett.* 99: 018302.

Kool, E. T.,Morales, J. C., and Guckian, K. M. (2000).Mimicking the structure and function of DNA: insights into DNA stability and replication. *Angew. Chem. Int. Ed.* 39:990–1009.

Packer,M. J., and Hunter, C. A. (1998). Sequence-dependent DNA structure: the role of the sugar-phosphate backbone. *J.Mol. Biol.* 280:407–420.

Saenger,W. (1984). *Principles of Nucleic Acid Structure* (New York:Springer-Verlag).

Sharma, A., and Mondragón, A. (1995). DNA topoisomerases. *Curr. Biol.* 5:39–47.

Wang, J. C. (2009). A journey in the world of DNA rings and beyond. *Annu. Rev. Biochem.* 78:31–54.

염색질

Bendich, A. J., and Drlica, K. (2000). Prokaryotic and eukaryotic chromosome: what's the difference? *BioEssays* 22:481–486.

Burlingame, R.W., Love,W. E.,Wang, B.-C., Hamlin, R., Xuong, N.-H., and Moudrianakis, E. N. (1985). Crystallographic structure of the octameric histone core of the nucleosome at a resolution of 3.3 Å. *Science* 228:546–553.

Grigoryev, S. A., Arya, G., Correll, S.,Woodcock, C. L., and Schlick, T. (2009). Evidence for heteromorphic chromatin fibers from analysis of nucleosome interactions. *Proc. Natl. Acad. Sci.* (USA) 106:13317–13322.

Kornberg, R. D. (1999). Twenty-five years of the nucleosome, fundamental particle of the eukaryotic chromosome. *Cell* 98:285–294.

Ramakrishnan,V. (1997). Histone structure and the organization of the nucleosome. *Annu. Rev. Biophys. Biomol. Struct.* 26:83–112.

Richmond, T. J., Finch, J. T., Rushton, D., Rhodes, D., and Klug, A. (1984). Structure of the nucleosome core particle at 7 Å resolution. *Nature* 311:532–537.

Van Holde, K., and Zlatanova, J. (1999). The nucleosome core particle: does it have structural and functional relevance? *BioEssays* 21:776–780.

Workman, J. L., and Kingston, R. E. (1998). Alteration of nucleosome structure as a mechanism of transcriptional regulation. *Annu. Rev. Biochem.* 67:545–579.

제한엔도뉴클리에이즈

Kovall, R. A., and Mathews, B.W. (1999). Type II restriction endonucleases:

structural, functional and evolutionary relationships. *Curr. Opin. Chem. Biol.* 3:587–583.

McClarin, J. A., Frederick, C. A.,Wang, B.-C., Greene, P., Boyer, H., Grable, J., and Rosenberg, J. M. (1986). Structure of the DNA-*Eco*RI endonuclease recognition complex at 3 Å resolution. *Science* 234:1526–1541.

Ne, M. (2000). Type I restriction systems: sophisticated molecular machines (a legacy of Bertani and Weigle). *Microbiol.Mol. Rev.* 64:412–434.

DNA 복제, 복구와 재조합

왓슨과 크릭에 의해 제안된 DNA의 구조는 그와 같은 한 분자가 복제하는 방법에 관해서 많은 수의 제안을 제시했다. 이 제안은 자손 분자들 사이에서 부모 원자들의 배치를 고려한 특정 예측을 하게 한다. 여기에 제시된 결과는 이 배치의 의문점에 대한 상세한 답변을 제공하며 동시에 우리의 관심을 DNA 복제의 분자 기초를 완전하게 이해하는 쪽으로 향하는 다음 단계인 또 다른 문제의 해결책으로 돌리게 한다.

— 매슈 메셀슨과 프랭클린 W. 스탈 (1958)

한 세대에서 다음 세대로 유전정보의 전달은 아리스토텔레스의 시대 이래로 생물학자들을 당황하게 했다. 오늘날, 거의 2,500년 후, 우리는 "비슷한 것은 비슷한 것을 낳는다." 이유를 설명할 수 있다. 유전정보는 DNA에 전달되기 때문에, 부모 세포로부터 두 개의 딸 세포로의 정보 전달에는 DNA 복제로 알려진 과정인 DNA의 정확한 복사를 필요로 한다.

1953년 왓슨과 크릭에 의해 제안된 DNA 구조는 즉각 복제의 방법을 제시했다. 이중나선 DNA의 두 가닥은 상보적이므로 한 가닥의 뉴클레오타이드 서열은 자동으로 다른 쪽의 순서를 열거한다. 왓슨과 크릭은 나선의 두 가닥이 DNA 복제 동안 풀리고 DNA의 각 가닥은 상보적인 가닥의 합성을 위한 주형 역할을 한다는 것을 제안했다. 이 방법으로, DNA 복제는 각각 하나의 부모 가닥과 하나 새로 합성된 가닥을 포함하는 두 개의 이중가닥 딸 분자를 만든다. 부모의 DNA 중 한 가닥은 각 딸 분자 내에서 보존되어 있기 때문에 이 복제형식을 반보존적(semiconservative)이라고 한다(그림 20.1).

일련의 훌륭한 실험에서, 메셀슨(Matthew Meselson)과 스탈(Franklin W. Stahl)은 왓슨과 크릭에 의해 예측되었듯이 DNA가 실제로 반보존적으로 복제된다는 것을 1958년에 보였다. 동시대 즈음에, 복제와 관련된 효소들 중 일부의 정제와 속성의 보고들이 출현하기 시작했다. 최초의 DNA 폴리머레이즈는 이 성과로 노벨상을 수상했던 콘버그(Arthur Kornberg)에 의해 1958년에 정제되었다. 더 최근에, 생화학자들은 DNA 복제의 모든 단계를 촉매하는 효소들을 분리하고 규명하였으며 이 단백질들을 암호화하는 유전자들을 발견했다. 복제의 실제 메커니즘은 그림 20.1에 나타나는 간단한 도식보다 훨씬 더 복잡하고 흥미롭다.

복제 메커니즘의 단계들을 확립하는 데에는 생화학 및 유전학적 분석 모두의 조합이 필요하다. 우리가 DNA 복제에 대해 알고 있는 대부분은 대장균과 그들의 박테리오페이지 내의 효소의 연구로부터 나왔다. 이러한 연구의 결과는 얼마나 많은 폴리펩타이드들이 복잡한 일련의 반응을 수행할 수 있는 복합체로 조립되는지를 보여주었다. DNA 복제 복합체는 그

위: 홀리데이 교차점, 두 개의 이중가닥 DNA 분자 사이의 재조합 과정에서 형성된 중간체.

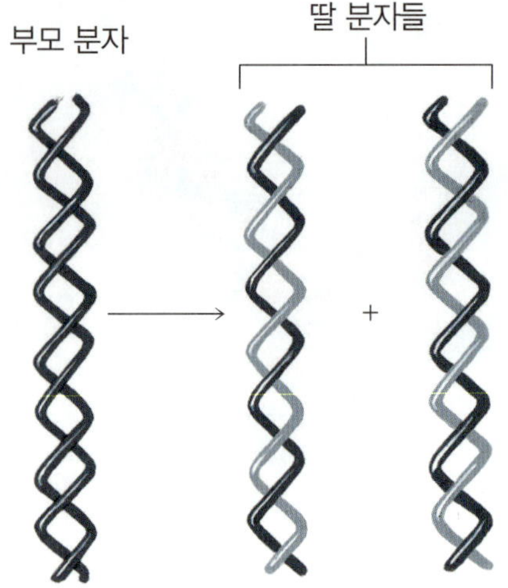

◀ 그림 20.1
반보존적 DNA 복제. DNA의 각 가닥은 새로운 가닥의 합성을 위한 주형으로 역할을 한다. DNA의 각 딸 분자는 하나의 부모가닥과 하나의 새로 합성된 가닥을 포함한다.

부분들이 단백질로 만들어진 기계나 공장과 같다. 구성요소 폴리펩타이드 중 일부는 분리시 부분적으로 활성화되지만 다른 것들은 완전한 단백질 기계와 연계될 때만 활성화된다.

DNA 복제에는 세 가지 단계가 있다. (1) 개시(initiation)는 DNA 복제가 시작하는 위치에서 복제 단백질들의 정확한 조립으로 시작한다. (2) 신장(elongation) 단계에서, DNA는 복합체가 자라나는 DNA 가닥들에 뉴클레오타이드의 통합을 촉매할 때 반보존적으로 복제된다. (3) 마지막으로, 복제가 종료될 때, 단백질 기계는 분해되고 딸 분자들은 새로운 세포로 분리될 수 있도록 떨어지게 된다.

일련의 생화학적 반응을 수행하는 단백질 기계는 DNA 복제 과정에 국한되지 않고 지방산 합성(16.1절), 전사(21장)와 번역(22장)에서도 일어난다. 이러한 네 과정들 모두 개시, 신장 및 종료(termination) 단계를 포함한다. 또한 세포 대사의 다른 과정들 역시 약하게 결합하는 효소와 다른 거대분자의 복합체에 의해 수행된다는 증거가 증가하고 있다.

세대에서 세대로 유전정보의 유지는 DNA 복제가 빠르고(DNA의 전체 보충물은 각 세포분열 전에 복제되어야 하기 때문에) 정확해야 할 필요가 있다. 모든 세포는 복제 오류를 교정하고 손상된 DNA를 복구하는 효소들을 가진다. 더군다나, 모든 세포는 유전자 재조합으로 알려진 과정에서 DNA 단편들을 뒤섞을 수 있다. 수리 및 재조합 모두 DNA 복제에 필요한 것과 같은 많은 효소와 단백질들을 사용한다.

원핵생물과 진핵생물의 DNA 복제, 복구, 재조합의 전반적인 전략은 유기체들 사이에 특정 효소에 차이가 있지만 보존되는 것으로 보인다. 개별 부품을 서로 대체할 수 없지만 자동차의 다른 두 차종이 유사한 것처럼, 개개의 효소들은 다를지라도 DNA 복제, 수리, 그리고 재조합 메커니즘 역시 모든 유기체에서 유사하다. 우리는 대장균의 잘 규명된 많은 효소들 때문에 대장균에서 이 세 가지 과정들의 생화학에 초점을 맞출 것이다.

20.1 DNA 복제는 양방향성이다

대장균의 염색체는 하나의 크고, 원형으로 4.6×10^3 킬로베이스(kb) 염기쌍의 이중가닥 DNA 분자이다. 이 염색체의 복제는 복제 원점(the origin of replication)이라 불리는 독특한 위치에서 시작되며 두 개의 복제 복합체는 복제가 중지되는 종결 위치(termination site)에서 만날 때까지 양방향으로 진행된다(그림 20.2). 중합반응을 수행하는 단백질 기계는 레플리좀이라고 한다. 그것은 신속하고 정확한 DNA 복제에 필요한 여러 가지 다른 단백질들을 포함하고 있다. 하나의 레플리좀은 부모 DNA가 풀리게 되는 각각의 지점인 두 개의 복제 분기점(replication forks) 각각에 위치해 있다. 그림 20.3은 복제 중인 대장균 염색체의 방사능 사진을 보여준다.

부모 DNA가 복제 분기점에서 풀리게 될 때 각 가닥은 새로운 가닥의 합성을 위한 주형으로 사용된다. 대장균의 복제 분기점의 이동 속도는 초당 약 1,000 염기쌍(bp)이다. 즉, 두 개의 새로운 가닥 각각은 초당 1,000 뉴클레오타이드의 속도로 확장된다. 이 속도로 움직이는 두 개의 복제 분기점이 있기 때문에, 전체 대장균 염색체는 약 38분 내에 복제될 수 있다.

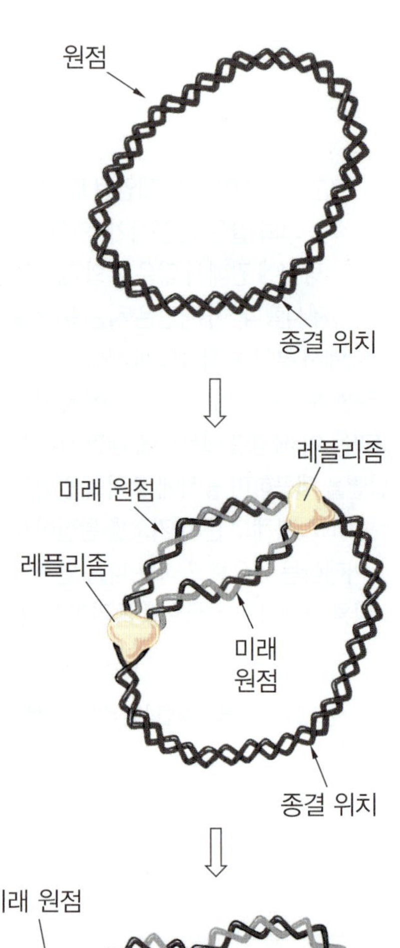

◀ 그림 20.2
대장균의 양방향성 DNA 복제. DNA 복제는 하나의 독특한 원점에서 시작하며 양방향으로 진행한다. DNA의 새로운 가닥(밝은 회색)의 합성은 레플리좀들이 위치한 두 개의 복제 분기에서 일어난다. 복제 분기들이 종료 사이트에서 만날 때 두 개의 이중가닥 DNA 분자는 분리된다. 각 딸 분자가 하나의 부모가닥과 하나의 새로 합성된 가닥으로 구성되어 있음에 주의하라.

진핵생물의 염색체는 일반적으로 박테리아의 염색체보다 훨씬 큰 선형, 이중가닥 DNA 분자이다. 예를 들어 초파리(*Drosophila melanogaster*)의 큰 염색체는 크기가 약 5.0×10^4 kb이거나 대장균의 염색체보다 10배 더 크다. 또한 진핵생물의 복제는 양방향이지만 대장균 염색체는 한 개의 고유한 복제 원점을 가지고 있는 반면, 진핵생물의 염색체는 DNA 합성이 시작되는 여러 위치들을 갖는다. 진핵생물 내의 분기점 이동 속도는 박테리아보다 느리지만 많은 독립된 복제 원점들의 존재가 원핵생물의 유전체와 거의 동일한 시간 내에서 큰 진핵생물의 유전체를 복사할 수 있게 한다.

20.2 DNA 폴리머레이즈

DNA의 새로운 가닥 합성은 자라나는 사슬의 끝에 뉴클레오타이드의 연속적인 추가에 의해 완성된다. 이 중합은 DNA 지향적인 DNA 폴리머레이즈, 또는 단순히 DNA 폴리머레이즈로 알려진 효소에 의해 촉매된다. 대장균 세포는 세 가지 다른 DNA 폴리머레이즈를 포함한다. 각 단백질은 그 발견의 순서에 따라 로마 숫자로 식별된다. DNA 폴리머레이즈 I은 DNA를 복구하고 복제하는 동안 DNA의 가닥들 중 하나의 합성에 참여한다. DNA 폴리머레이즈 II는 DNA 복구에 역할을 한다. DNA 폴리머레이즈 III는 DNA 복제시 사슬 신장을 담당하는 주요한 DNA 복제 효소이며 **레플리좀(replisome)**의 필수적인 부분이다.

DNA 폴리머레이즈 III는 10개의 폴리펩타이드 소단위체를 포함한다. 그것은 세 가지 DNA 폴리머레이즈들 중 가장 크다(표 20.1). 정제된 전효소(holoenzyme)는 그림 20.5에서와 같이 각각의 폴리펩타이드의 두 복사본으로 구성된 비대칭 이량체이다. α, ε 그리고 θ 폴리펩타이드는 중합 반응을 담당하는 두 개의 핵심 복합체를 형성하기 위해 결합한다. β 소단위체들은 복제 분기점에서 두 DNA 가닥의 각각을 둘러싸는 이동하는 클램프를 형성한다. 나머지 소단위체들의 대부분은 γ 복합체 또는 레플리좀의 조립에 도움을 주는 "클램프 적하기(clamp loader)"를 만들고 연속적 중합반응 동안 부모 DNA에 결합되는 효소를 유지하는 데 도움을 준다.

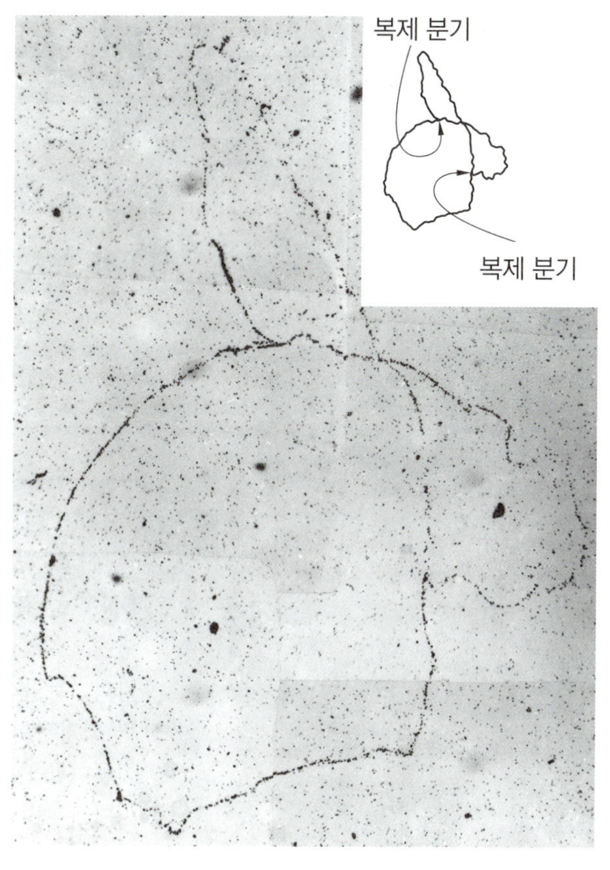

▲ 그림 20.3
복제하는 대장균 염색체의 방사능 사진. DNA는 ^{3}H-디옥시싸이미딘으로 표지되었고, 방사능은 복제하는 염색체에 사진유제를 입힘으로써 감지되었다. 이 방사능 사진은 대장균의 염색체는 두 개의 복제 분기를 가지고 있음을 보여준다.

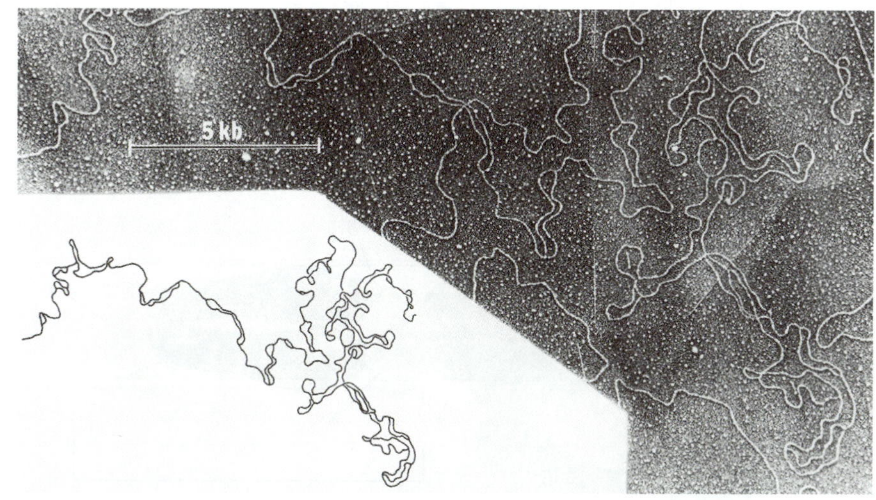

▲ 그림 20.4
초파리(*Drosophila melanogaster*)의 배아에서 복제 중인 DNA의 전자현미경 사진. 복제된 DNA의 "거품" 반대 끝에 있는 많은 수의 복제 분기들을 주의하라.

▲ **아서 콘버그(Arthur Kornberg, 1918~2007).** 콘버그는 DNA 폴리머레이즈의 발견으로 1959년에 노벨상을 받았다.

핵심개념

두 복제 분기는 복제 원점에서 반대 방향으로 이동한다.

표 20.1 DNA 폴리머레이즈 III 전효소의 소단위체들

소단위체	분자량		유전자	활성
α	130 000	핵심	*pol*C/*dna*E	폴리머레이즈
ε	27 000		*dna*Q/*mut*D	3′ → 5′ 엑소뉴클리에이즈
θ	8846		*hol*E	?
β	40 000		*dna*N	이동하는 클램프 생성
τ	71 000		*dna*X	핵심의 이량체화를 증가시킨다; ATPase
γ	47 000	γ 복합체	*dna*X	접근성을 증가시킨다; 레플리좀 조립에 도움
δ	38 700		*hol*A	
δ'	36 900		*hol*B	
χ	16 600		*hol*C	
ψ	15 174		*hol*D	

A. 사슬 신장은 하나의 뉴클레오티딜기 전달반응이다

DNA 폴리머레이즈 III를 포함한 모든 DNA 폴리머레이즈는 자라나는 사슬의 3′-말단에 한 번에 하나의 뉴클레오타이드를 첨가하여 DNA를 합성한다. 뉴클레오타이드 기질은 디옥시라이보뉴클레오사이드-5′-삼인산(dNTP)이다. 특정 뉴클레오타이드는 주형가닥에 왓슨-크릭 염기쌍화에 의해 결정된다. 아데닌(A)은 싸이민(T)과 구아닌(G)은 사이토신(C)과 쌍을 이룬다. 세포의 각 dNTP의 풀(pool)이 거의 동일하기 때문에, 이 효소들은 평균적으로 주형가닥과 염기쌍을 이루는 촉매위치로 확산된 부적절한 dNTPs를 분별하는데 4분의 3의 시간을 소모한다는 것을 의미한다.

DNA 폴리머레이즈 III는 들어오는 dNTP와 자라나는 사슬 사이에 포스포다이에스터 결합의 형성을 촉진한다. 들어오는 dNTP는 주형나선의 잔기와 염기쌍을 형성한다(그림 20.6). 일단 올바른 염기쌍이 형성되면, 초기 DNA 사슬의 자유 3′-수산기가 들어오는 dNTP의 α-인 원자에 친핵성 공격을 수행한다. 이 반응은 뉴클레오사이드 일인산의 첨가와 파이로인산(pyrophosphate)의 교체를 이끈다. 풍부한 효소인 파이로포스파테이즈(pyrophosphatase)에 의한 파이로인산의 연속적인 가수분해는 중합 방향에 매우 유리한 중합반응을 만든다. 중합의 방향(사슬 성장)은 새로 추가된 잔기의 설탕 고리상의 탄소 원자를 가로질러 읽는 것으로 5′ → 3′으로 정의된다.

DNA 가닥의 방향을 할당하는 규칙은 19.2A절에 설명되어 있다.

DNA 폴리머레이즈 III는 각 첨가 반응 후 한 잔기씩 전진하고, 다른 뉴클레오티딜기 전달반응이 일어난다. 이 메커니즘은 새로운 사슬이 주형가닥과 염기쌍을 이루며 적당하게 정렬되는 단일 뉴클레오타이드의 순차적인 첨가로 확장된다. 예상대로, DNA 폴리머레이즈 III

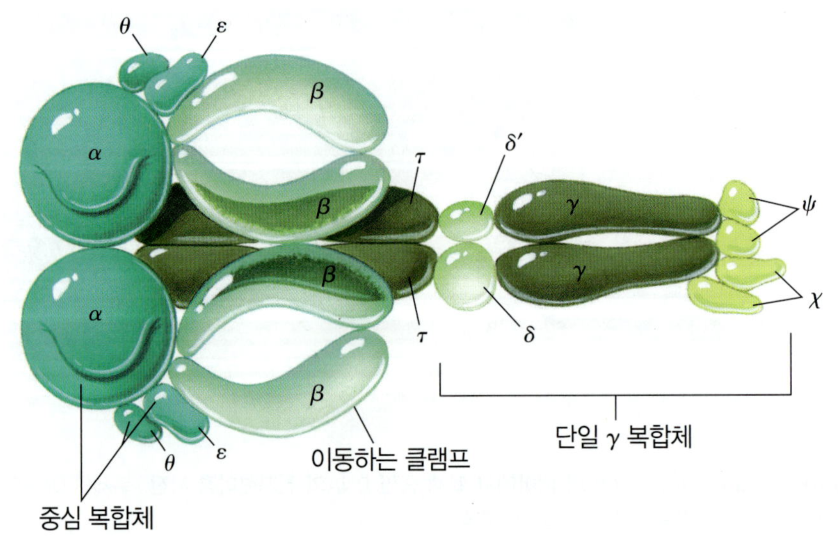

그림 20.5 ▶
대장균의 DNA 폴리머레이즈 III의 소단위 구성의 도식. 이 전효소는 두 개의 중심 복합체들(α, ε와 θ를 포함하는), β 및 τ의 쌍으로 된 사본들, 그리고 하나의 γ 복합체(각 ψ와 χ의 두 사본과 함께 γ, δ, δ')로 구성된다. 따라서 그 구조는 비대칭적 이량체이다. 전효소 구조의 다른 모델이 제안되었다. [Adapted from O'Donnell, M. (1992). Accessory protein function in the DNA polymerase III holoenzyme from *E. coli*. *BioEssays* 14:105–111.]

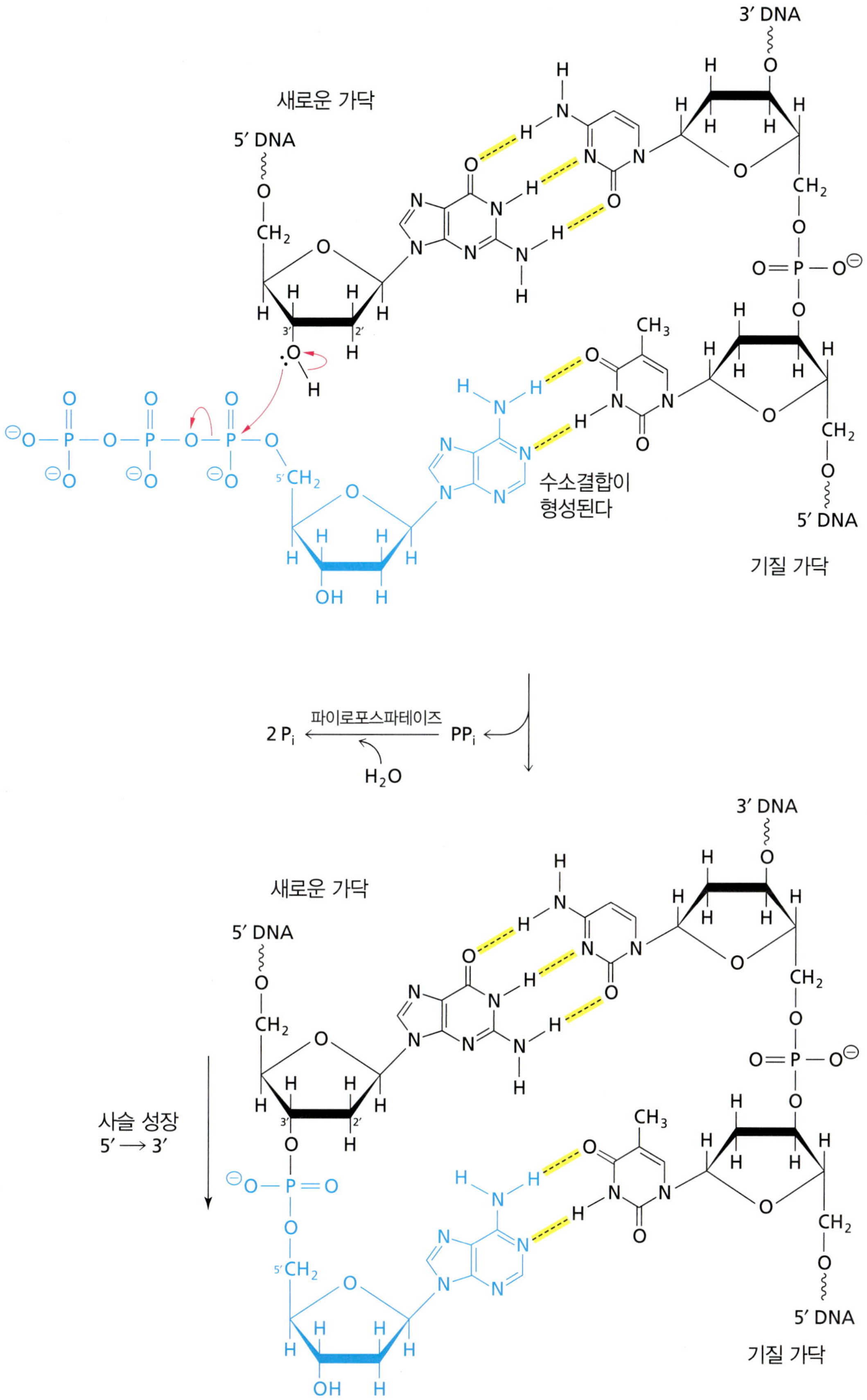

◀ **그림 20.6**

DNA 사슬의 신장. 들어오는 디옥시뉴클레오사이드 5′-삼인산(파랑)이 부모 가닥의 하나의 잔기와 수소결합을 형성할 때 하나의 염기쌍이 생성된다. 포스포다이에스터 연계는 말단의 3′-수산기가 들어오는 뉴클레오타이드의 α-인 원자를 공격할 때 형성된다. 방출된 파이로인산의 가수분해는 전반적인 반응을 열역학적으로 유리하게 만든다.

는 주형의 부재 시에는 DNA를 합성할 수 없으며 기존 사슬의 3′-말단 부재 시에도 뉴클레오타이드를 추가할 수 없다. 즉, DNA 폴리머레이즈 III는 주형과 합성이 일어나기 위한 기질로써 주형과 프라이머가 모두 필요하다.

앞서 언급했듯이, 세포 내에서 DNA 복제는 초당 약 1000 뉴클레오타이드의 속도로 진행된다. 이것은 생체 중합반응들 중 가장 빠른 속도로 알려지고 있다. 그러나 실험관에서 정제된 DNA 폴리머레이즈 III에 의해 촉매되는 중합의 속도는 훨씬 느린데, 이는 분리된 효소가 전체 활동성에 필요한 몇몇 구성요소들이 결여되어 있음을 나타낸다. 완전한 레플리좀이 조립될 경우에만 실험관내 중합반응은 세포 안에서 발견되는 비슷한 속도로 일어난다.

B. DNA 폴리머레이즈 III는 복제 분기에 결합된 채로 남아 있는다

일단 DNA 합성이 시작되면 복제가 완료될 때까지 폴리머레이즈는 복제 분기점에 결합된 채로 남아 있는다. 자라는 사슬의 3′-말단은 많은 뉴클레오타이드들이 순차적으로 추가되는 동안 효소의 활성화 자리에 결합된 채로 남아 있는다. 레플리좀의 부분으로, DNA 폴리머레이즈 III의 전효소는 매우 진행적이다(12.5A절 참조). 이것은 오직 적은 수의 DNA 폴리머레이즈 III 분자들이 전체 염색체를 복제하는 데 필요하다는 것을 의미한다. 접근성 또한 DNA 복제의 빠른 속도를 설명한다.

DNA 폴리머레이즈 III 전효소의 접근성은 효소의 β 소단위체에 부분적으로 기인한다. 이러한 소단위는 스스로 활성을 갖지 못하나 전효소에 조립될 때 DNA 분자를 완전히 둘러쌀 수 있는 반지를 형성한다. 반지는 머리-꼬리(head-to-tail) 이량체를 형성하는 두 개의 β 소단위체에 의해 형성된다. 그 소단위체 각각은 DNA와 상호작용하는 내부 가장자리에 두 개의 α 나선을 가진 β 샌드위치로 구성된 세 개의 유사한 도메인을 포함한다(그림 20.7). 따라서 β 소단위체들은 DNA 기질에 폴리머레이즈를 잠기게 하는 이동하는 클램프의 역할을 한다. 복제 분기점에서 보다 큰 단백질 기계에 DNA 폴리머레이즈 III를 포함시키는 것은 효소가 중합 동안 초기 DNA 사슬과 결합되어 남아 있는 것을 더욱 확실하게 한다. 생화학적으로 규명된 다른 많은 DNA 복제 시스템은 DNA 복제를 빠르게(더 효율적으로) 하는 전략으로 진화했다. 예를 들어, 두 개의 연관된 박테리오페이지, T_4와 RB69는 원형 클램프를 형성하는 복제 부가 단백질, gp45을 암호화한다(그림 20.7). 이 클램프 구조는 DNA 기질에 페이지-암호화된 DNA 폴리머레이즈를 움직이지 않게 하고 접근성을 향상시킨다. 그림 20.8은 생체 내에서 DNA에 결합된 박테리오페이지 DNA 폴리머레이즈가 어떻게 작동할 것인지에 대한 모델을 보여준다. 이동하는 클램프는 DNA의 이중나선 지역을 둘러싸고 있으며 복제 분기점의 단일가닥 지역과 결합하는 중합 활성을 갖는 소단위체와 상호작용한다. 진핵세포의 DNA 폴리머레이즈는 자신의 기질에 고정하기 위해 동일한 전략을 사용한다(20.6절 참조).

지방산 합성에서 신장반응은 대형 복합체에 의해 촉매되는 점진적인 중합반응의 또 다른 예이다(16.1C절). 글라이코겐 신테이즈반응은 분배 중합반응의 예이다(12.5A절).

C. 교정(Proofreading)은 중합 실수들을 정정한다

DNA 폴리머레이즈 III의 전효소는 역시 3′ → 5′ 엑소뉴클리에이즈 활성을 가지고 있다.

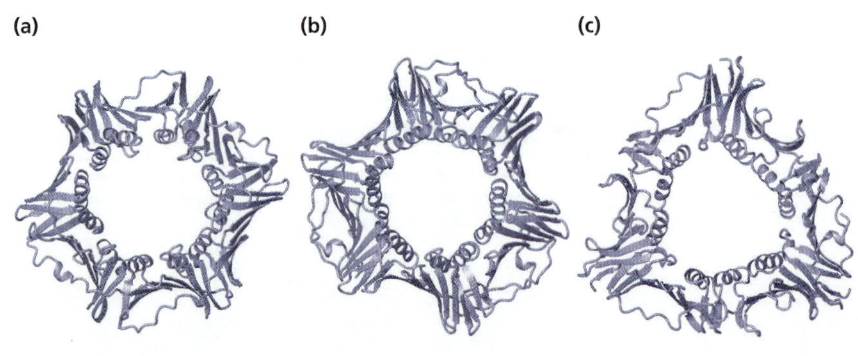

그림 20.7 ▶
DNA 폴리머레이즈는 처리능력을 높이기 위해 이동하는 고리 클램프를 사용할 수 있다. 이 세 가지 결정 구조는 구조와 기능의 수렴진화를 보여준다. **(a)** 대장균 DNA 폴리머레이즈 III의 β 소단위 [PDB 1MMI]; **(b)** 고세균(archaebacteria)에서 동일한 기능을 수행하는 증식 세포 핵 항원(PCNA); [PDB 3LX1] **(c)** 박테리오페이지 T_4의 gp45는 DNA 폴리머레이즈를 자신의 DNA 기질에 조이게 하는 이동하는 고리다. [PDB 1CZD]

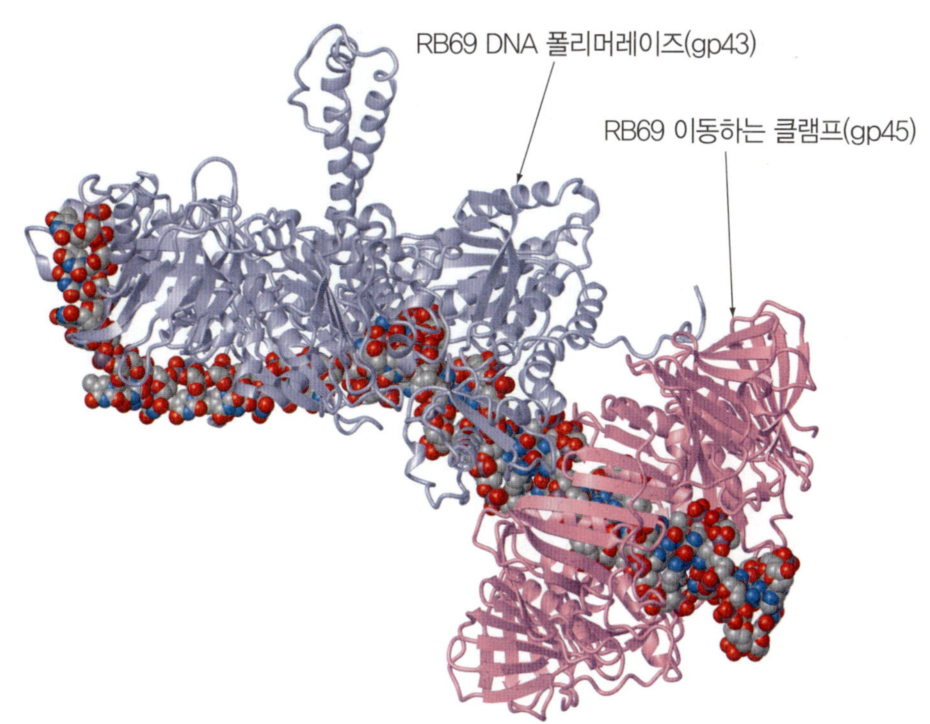

◀ **그림 20.8**

DNA에 결합한 박테리오페이지 DNA 폴리머레이즈의 모델. 이동하는 클램프(보라색)는 새로 합성된 이중가닥 DNA를 둘러싼다. 활성 부위를 포함하는 소단위체는 파란색으로 표시된다. 초기 가닥의 3′ 말단은 활성 부위에 위치하고 주형가닥의 단일가닥 지역은 왼쪽으로 확장한다. 초기 가닥이 확장될 때 DNA 폴리머레이즈는 오른쪽에서 왼쪽으로 이동할 것이다. [PDB 1WAI]

주로 ε 소단위체에 활성화 자리가 있는 이 엑소뉴클리에이즈는 성장하는 폴리뉴클레오타이드 사슬의 나머지에 3′-잔기 말단을 결합하는 포스포다이에스터 결합의 가수분해를 촉진한다. 따라서 DNA 폴리머레이즈 III의 전효소는 사슬 신장과 분해 모두를 촉진할 수 있다. 엑소뉴클리에이즈 활성은 전효소가 일치하지 않는 염기쌍을 정정하기 위해 새로 합성된 DNA를 교정하거나 편집하게 한다. DNA 폴리머레이즈 III가 잘못 짝지어진 염기에 의해 생성된 DNA의 왜곡을 인식할 때, 효소의 엑소뉴클리에이즈 활성은 중합이 진행되기 전에 잘못 짝지어진 염기의 제거를 촉진한다.

중합 메커니즘은 머리 성장이지 꼬리 성장이 아니기 때문에 교정이 가능하다(Box 12.3).

잘못된 염기는 약 10^{-5}의 오류율 때문에 매 10^5 중합 단계당 한 번씩 끼어들어 간다. 3′ → 5′ 엑소뉴클리에이즈 교정 활성은 이러한 잘못된 뉴클레오타이드의 99%를 제거한다. 그것은 10^{-2}의 오류율을 가지고 있다. 이 두 가지 연속 반응들의 조합은 10^{-7}의 중합에 대한 오류율을 만들게 된다. 이것은 모든 효소들 중 가장 낮은 오류율 중 하나이다. 이러한 복제오류들 대부분은 10^{-9}과 10^{-10} 사이의 DNA 복제의 전반적인 오류 속도를 만드는 별도 DNA 수리 효소들(20.7절)에 의해 순차적으로 수리된다. 이러한 인상적인 정확성에도 불구하고, 큰 유전체가 복제될 때 복제 오류는 일반적이다(인간 유전체는 32×10^9 bp를 가지고 있다는 것을 기억하라. 이것은 평균적으로 유전체가 복제될 때마다 한 개의 오류가 두 개의 딸 세포 중 하나에 전송된다는 것을 의미한다). DNA 복제 중에 일어나는 실수는 돌연변이의 가장 일반적인 원인이다. 이것은 진화의 대부분이 DNA 복제의 부정확성에 기인한다는 것을 의미한다!

핵심개념

교정 및 DNA 복구가 결합된 DNA 폴리머레이즈의 정확성은 DNA 복제를 알려진 가장 정확한 생화학적 반응으로 만든다.

20.3 DNA 폴리머레이즈는 동시에 두 개의 나선을 합성한다

그림 20.6에서와 같이 DNA 폴리머레이즈는 오로지 5′ → 3′ 방향으로 사슬 신장을 촉진한다. DNA의 두 가닥이 반 평행이기 때문에, 한쪽 기질나선을 이용하는 5′ → 3′ 합성은 분기점 이동과 같은 방향으로 일어나지만 다른 쪽 기질나선을 이용하는 5′ → 3′ 합성은 분기점 이동과 반대방향으로 일어난다(그림 20.9). 분기점 이동과 같은 방향의 중합에 의해 형성된 새로운 가닥을 선도가닥(leading strand)이라고 한다. 반대방향으로 중합에 의해 형성된 새

로운 가닥은 지체가닥(lagging strand)이라고 한다. DNA 폴리머레이즈 III 전효소 이량체는 중합을 촉진할 수 있는 두 개의 핵심복합체를 포함한다는 것을 기억하라. 이들 중 하나는 선도가닥의 합성을 담당하며, 다른 하나는 지체가닥의 합성을 담당한다.

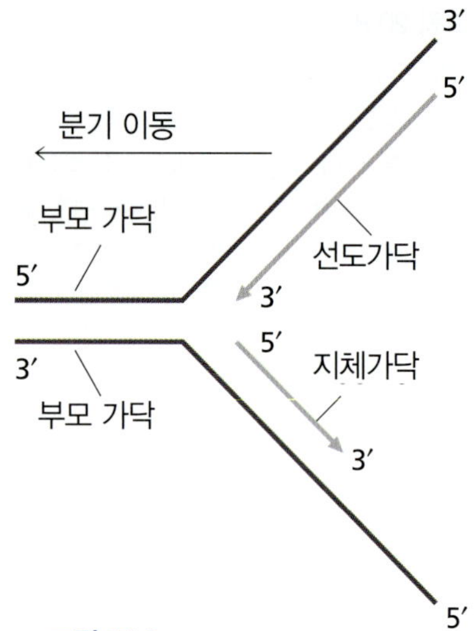

▲ 그림 20.9

복제 분기의 도식. 두 개의 새로 합성된 가닥은 반대 극성을 갖는다. 선도가닥에서 5′ → 3′ 합성은 복제 분기와 같은 방향으로 움직이고, 지체가닥에서 5′ → 3′ 합성은 반대방향으로 이동한다.

A. 지체가닥 합성은 불연속적이다

선도가닥은 원점(origin)에서 연속적인 폴리뉴클레오타이드 개시와 종료위치에서 종결로써 한번에 합성된다. 대조적으로, 지체가닥은 분기점 이동 반대방향에서 비연속적으로 짧은 단편으로 합성된다. 그 다음에 지체가닥의 이 단편들은 별도의 반응에 의해 결합된다. 20.4절에서, 우리는 하나의 효소 복합체가 어떻게 동시에 양쪽 가닥을 합성하는가를 설명하는 복제 분기점 모델을 제시한다.

불연속 DNA 합성을 나타내는 실험은 그림 20.10에 나와 있다. 대장균 DNA는 ^{3}H-디옥시싸이미딘의 짧은 펄스로 표지된다. 그런 다음 새로 만들어진 DNA 분자는 분리되고, 변성되며 크기로 구분된다. 그 실험은 두 가지 유형의 표지된 DNA 분자들을 감지한다: 부분적으로 복제된 DNA의 약 절반의 방사능을 공통적으로 포함하는 매우 큰 DNA 분자와 방사능의 또 다른 반쪽을 공통적으로 포함하는 약 1000 잔기의 짧은 DNA 단편들. 큰 DNA 분자들은 선도가닥의 연속적 합성에서 발생하는 반면 짧은 단편들은 지체가닥의 불연속적인 합성에서 발생한다. 지체가닥 DNA의 짧은 단편들은, 그 발견자 레이지 오카자키(Reiji Okazaki)의 영예를 위하여 **오카자키 조각(Okazaki fragment)**으로 명명되었다. DNA 복제의 전반적인 메커니즘은 각 가닥을 복제하는 다른 메커니즘들을 강조하기 위해 반연속적(semidiscontinuous)이라고 한다.

B. 각각의 오카자키 조각은 RNA 프라이머를 가지고 시작한다

지체가닥의 합성은 불연속적인 것은 분명하나 각 오카자키 조각의 합성이 어떻게 개시되는지는 명확하지는 않았다. 문제는 어떠한 DNA 폴리머레이즈도 새로운 중합을 시작할 수 없다는 것이다. 그들은 단지 기존의 중합체에 뉴클레오타이드를 추가할 수 있다. 일단 DNA의 합성이 뉴클레오타이드가 자라나는 사슬에 지속적으로 첨가되는 방식 하에 있으므로 이 한계는 선도가닥을 합성하는 데 거의 어려움을 제시하지 않는다. 그러나 지체가닥에서 각 오카자키 조각의 합성에는 새로운 개시 이벤트가 필요하다. 이것은 복제 분기점에서 RNA의 짧은 단편을 제작하여 완성된다. 이 RNA 프라이머는 지체가닥 기질에 상보적이다. 각각의 프라이머는 그림 20.11과 같이 오카자키 조각을 형성하는 DNA 폴리머레이즈에 의해 3′-말단으로부터 확장된다(또한 선도가닥의 합성은 RNA 프라이머로 시작하지만 오직 하나의 프라이머만이 전체 가닥의 합성을 시작하는 데 필요하다).

짧은 RNA 프라이머의 사용은 새로운 DNA 폴리머레이즈의 메커니즘에 의해 부과되는 제한—즉, 새로운 DNA합성을 시작할 수 없는—을 회피한다. 프라이머는 **프라이메이즈(primase)**—대장균의 *dna*G 유전자의 산물—라 불리는 DNA 의존 RNA 폴리머레이즈에 의해 합성된다. *Dna*G 촉매 도메인의 3차원 결정 구조는 그들의 접힘과 활성화자리가 잘 연구된 폴리머레이즈들과는 다른 것으로 나타났고 이는 새로운 효소 메커니즘을 채택할 수 있다고 제안한다. 프라이메이즈는 프라이메이즈 이외에 다른 많은 폴리펩타이드를 포함하는 **프라이모좀(primosome)**이라는 큰 복합체의 일부이다. DNA 폴리머레이즈 III와 함께하는 프라이모좀은 레플리좀의 일부이다.

■ 부모의 DNA(표지 안된)

■ ^{3}H 표지없이 새로 합성된 DNA

■ ^{3}H-디옥시싸이미딘으로 표지된 새로 합성된 DNA

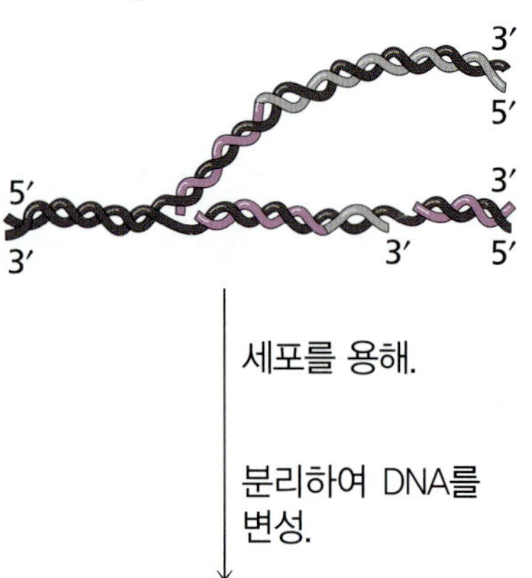

크기에 의한 구분(^{3}H-디옥시싸이미딘을 포함하는 새로 합성된 DNA만이 나타난다).

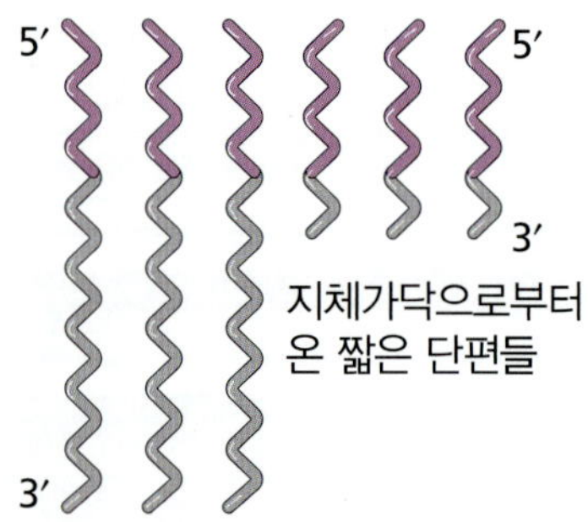

선도가닥으로부터 온 긴 단편들

◀ 그림 20.10

불연속적 DNA 합성은 새로 합성된 DNA 분석에 의해 입증되었다. 초기 DNA 분자는 ^{3}H-디옥시싸이미딘의 짧은 펄스로 대장균에서 표지된다. 세포는 용해되고, DNA는 분리되며, 단일가닥은 크기로 분리된다. 표지된 DNA 분자는 두 종류로 나뉜다: 선도가닥의 연속적인 합성으로부터 생긴 긴 분자들과 지체가닥의 불연속적 합성에서 생긴 짧은 단편들.

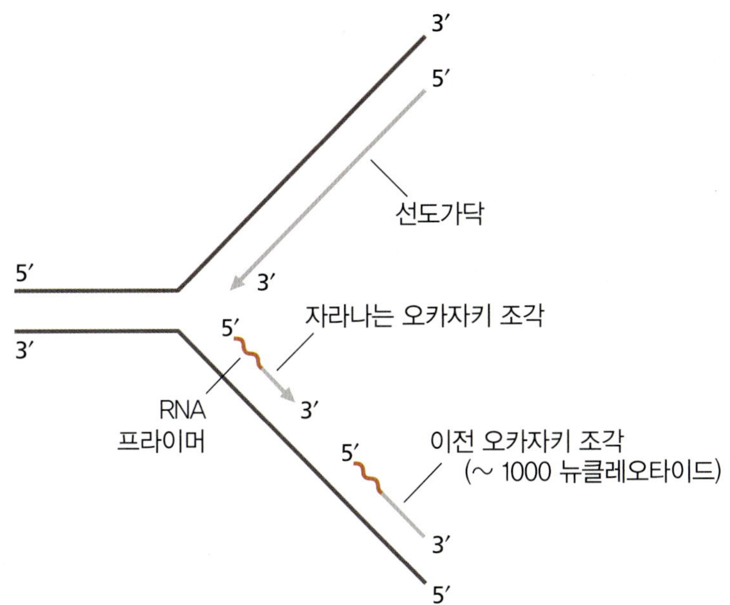

◀ 그림 20.11
지체가닥의 합성의 모식. RNA(갈색)의 짧은 단편은 각 오카자키 조각의 합성을 위한 프라이머로 작용한다. 오카자키 조각의 길이는 연속적인 RNA 프라이머들 사이의 거리에 의해 결정된다.

복제 분기가 진행됨에 따라 부모 DNA는 풀리고 단일가닥의 DNA는 노출이 된다. 프라이메이즈는 기질로써 이 단일가닥 DNA를 사용하여 대략 초당 한 번씩 짧은 RNA 프라이머의 합성을 촉매한다. 프라이머는 단지 몇 뉴클레오타이드 길이를 갖는다. 초당 약 1000 뉴클레오타이드의 속도로 복제 분기가 진행되므로 한 개의 프라이머는 대략 통합되는 1000개의 뉴클레오타이드마다 합성된다. DNA 폴리머레이즈 III는 각각의 짧은 RNA 프라이머를 확장하여 5′ → 3′ 방향으로 DNA의 합성을 촉진한다.

C. 오카자키 조각들은 DNA 폴리머레이즈 I과 DNA 라이게이즈의 활동에 의해 결합된다

오카자키 조각은 최종적으로 하나의 DNA 연속가닥을 만들기 위해 결합된다. 반응은 세 단계로 진행한다: RNA 프라이머의 제거, 대체 DNA의 합성과 인접한 DNA 단편들의 봉인(sealing). 그 단계들은 DNA 폴리머레이즈 I과 DNA 라이게이즈의 협력작용에 의해 수행된다.

대장균의 DNA 폴리머레이즈 I은 아서 콘버그(Arthur Kornberg)에 의해 발견된 효소이다. 그것은 주형가닥을 사용하여 DNA 합성을 촉매할 수 있는 것으로 발견된 최초의 효소였다. 하나의 폴리펩타이드에서, DNA 폴리머레이즈 I은 DNA 폴리머레이즈 III의 전효소에서 발견되는 두 가지 활성들을 포함한다: 5′ → 3′ 폴리머레이즈 활성과 3′ → 5′ 엑소뉴클리에이즈 교정활성. 또한 DNA 폴리머레이즈 I은 DNA 폴리머레이즈 III에서 발견되지 않는 활성인 5′ → 3′ 엑소뉴클리에이즈 활성을 가진다.

DNA 폴리머레이즈 I 은 특정 단백질분해효소로 5′ → 3′ 엑소뉴클리에이즈 활성을 갖는 작은 단편과 중합 및 교정 활성을 보유하는 큰 단편으로 쪼개질 수 있다. 큰 단편은 C-말단 605개 아미노산 잔기로 구성되어 있으며 작은 단편은 남아 있는 N-말단 323개 잔기들을 포함한다. Klenow 단편으로 알려진 큰 단편은 DNA 시퀀싱에 널리 사용되었으며 5′ → 3′ 분해없이 DNA 합성에 필요한 많은 다른 기술에 아직도 사용된다. 또한 DNA 합성과 교정 메커니즘에 대한 많은 연구는 더 복잡한 DNA 폴리머레이즈에 대한 모델로서 Klenow 단편을 사용한다.

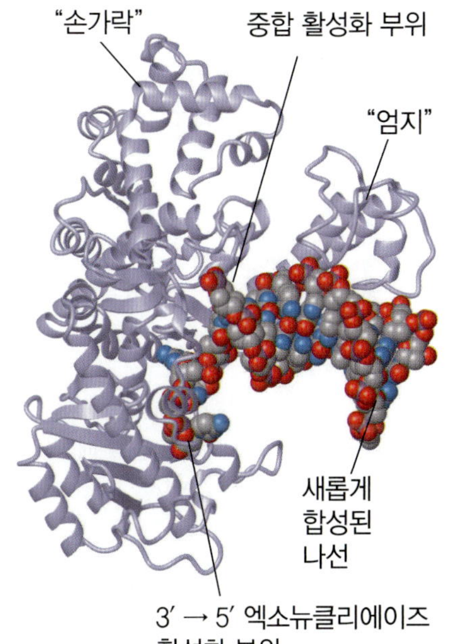

그림 20.12 ▶
하나의 결합된 DNA 단편을 가진 Klenow 단편의 구조. 효소는 DNA의 주위를 감싼다. 초기 가닥의 3′ 말단은 3′ → 5′ 엑소뉴클리에이즈 부위에 위치된다(하단 왼쪽). 생체 내 DNA 합성 동안 주형가닥은 결정 구조에서와 같이 이중가닥 지역을 넘어서 확장한다. [PDB 1KLN]

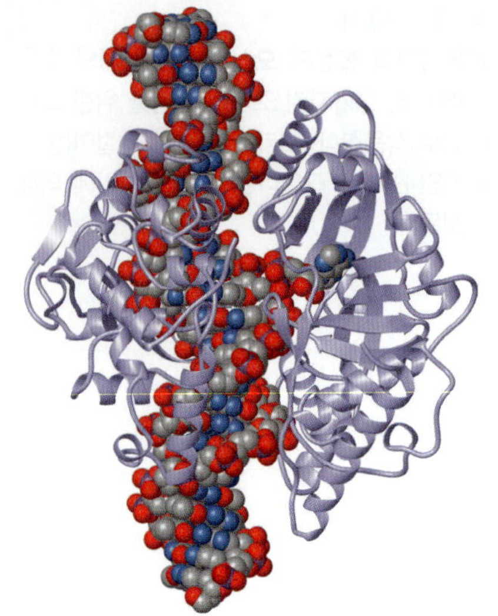

▲ 닉이 형성된(nicked) DNA에 결합된 대장균의 DNA 라이게이즈. [PDB 2OWO]

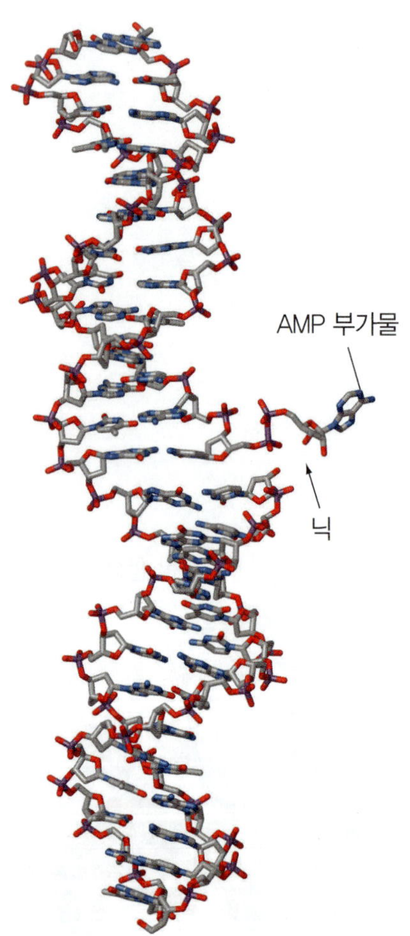

▲ DNA 라이게이즈에 의해 결합될 때 닉된 DNA 기질의 구조. [PDB 2OWO]

그림 20.12는 일치하지 않는 말단 염기쌍을 포함하는 DNA의 단편과 복합체를 형성하는 Klenow 단편의 구조를 보여준다. 초기 가닥의 3′-말단은 효소의 3′ → 5′ 엑소뉴클리에이즈 위치에 배치된다. 중합 동안, 주형 가닥은 구조 상단의 홈을 차지하고 그림에서 보듯이 적어도 10 bp의 이중가닥 DNA가 효소에 의해 결합된다. 효소는 3차원 구조와 아미노산 서열에서 상당히 다를 수 있지만 결합하는 DNA에 참여하는 아미노산 대부분은 모든 DNA 폴리머레이즈에서 유사하다.

DNA 폴리머레이즈 I의 독특한 5′ → 3′ 엑소뉴클리에이즈 활성은 각 오카자키 조각의 시작 부분에서 RNA 프라이머를 제거한다(이것은 Klenow 단편의 일부가 아니므로, 5′ → 3′ 엑소뉴클리에이즈는 그림 20.12에 나와 있지 않지만 주형가닥을 수용하는 홈 다음의 구조 최상위에 위치할 것이다). 프라이머가 제거되면서 폴리머레이즈는, **닉 트랜스레이션(nick translation)**이라 불리는, 오카자키 조각 사이의 3′ 영역을 채우기 위해 DNA를 합성한다(그림 20.13). 닉 트랜스레이션에서, DNA 폴리머레이즈 I은 오카자키 조각의 3′-말단과 다음 프라이머의 5′-말단 사이의 닉을 인식하고 결합한다. 그 다음 5′ → 3′ 폴리머레이즈가 DNA 사슬의 3′ 말단에 디옥시뉴클레오타이드를 추가하는 동안 5′ → 3′ 엑소뉴클리에이즈는 첫 번째 RNA 뉴클레오타이드의 가수분해성 제거를 촉매한다. 이 방법에서, 효소는 지체가닥을 따라 닉을 이동시킨다. DNA 폴리머레이즈 I은 포스포다이에스터 골격에서 닉으로 분리되는 두 개의 오카자키 조각을 남겨두고, 10 또는 12주기의 가수분해와 중합이 완료된 후 DNA에서 떨어진다. 최종 산물이 전체적으로 이중가닥 DNA로 구성되어야 하기 때문에 DNA 폴리머레이즈 I에 의한 RNA 프라이머의 제거는 DNA 복제의 필수적인 부분이다.

DNA의 지체가닥 합성의 마지막 단계는 하나의 오카자키 조각 말단 3′-수산기와 인접한 오카자키 조각 5′-인산기 사이의 포스포다이에스터 결합 형성이다. 이 단계는 DNA 라이게이즈에 의해 촉매된다. 진핵세포와 박테리오페이지에 감염된 세포에서의 DNA 라이게이즈들은 보조기질(cosubstrate)로 ATP를 필요로 한다. 반면, 대장균 DNA 라이게이즈는 NAD⊕를 공통기질로 사용한다. NAD⊕는 ADP-DNA 중간체를 만들기 위해 먼저 효소로 이동한 다음 DNA로 이동되는 뉴클레오티딜기의 원천이다. 대장균에서 DNA 라이게이즈의 제안된 메커니즘은 그림 20.14에 나와 있다. 그 순반응은

$$\text{DNA(닉된)} + \text{NAD}^{\oplus} \longrightarrow \text{DNA(봉인된)} + \text{NMN}^{\oplus} + \text{AMP} \qquad \textbf{(20.1)}$$

20.4 레플리좀의 모델

레플리좀은 프라이모좀, DNA 폴리머레이즈 III의 전효소와 DNA 복제에 필요한 추가 단백질들을 포함한다. 단일 기계에 많은 단백질의 조립은 복제 분기에서 선도 및 지체가닥의 공동 합성을 할 수 있게 한다.

DNA 폴리머레이즈 III에 대한 기질은 단일가닥 DNA이다. 이것은 부모의 이중나선 두 가닥이 복제하는 동안 풀리고 분리되어야만 한다는 것을 의미한다. 이 풀기는 주로 헬리케이즈(helicases)라는 단백질의 종류에 의해 수행된다. 헬리케이즈 DnaB는 대장균의 DNA 복제에 필요하다. DnaB는 순차적으로 더욱 큰 레플리좀의 일부인 프라이모좀 부차단위체 중 하나이다. DNA 풀림의 속도는 레플리좀이 염색체를 따라 이동할 때 중합반응의 속도와 직접적으로 연결되어 있다. 풀기는 복제 분기의 앞과 뒤에서 초나선화를 완화하는 여러 가지 토포아이소머레이즈 작용(19.3절)에 의해 도움을 받는다. 이 효소는 레플리좀의 일부는 아니지만 복제에 필요하다. 대장균에서 가장 중요한 토포아이소머레이즈는 토포아이소머레이즈 II 혹은 자이레이즈(gyrase)이다. 이 효소가 부족한 돌연변이들은 그들의 DNA를 복제할 수 없다. 최종 결과는 그림 20.1과 같이 하나의 새로 합성된 가닥과 하나의 부모나선을 각각 포함하는 두 개의 딸 분자 생산이다. DNA를 복제하는 동안 지체가닥 주형에서 발견되

◀ 그림 20.13
DNA 폴리머레이즈 I과 DNA 라이게이즈 협력 작용에 의한 오카자키 조각의 결합.

(a) 오카자키 조각 합성의 완성은 오카자키 조각과 지체가닥 상에 선행하는 RNA 프라이머 사이에 닉을 남긴다.

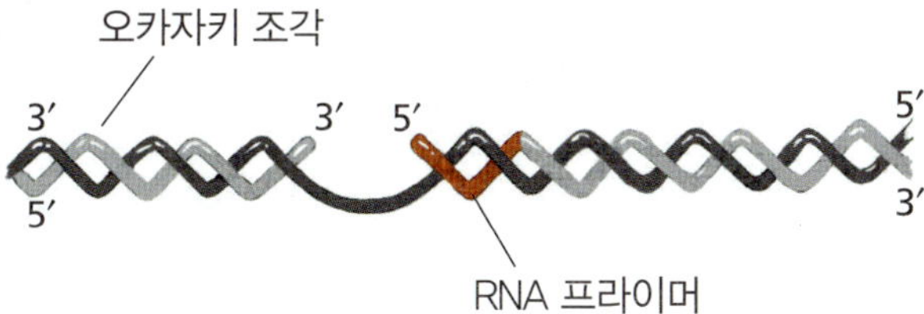

(b) DNA 폴리머레이즈 I은 자신의 5′ → 3′ 엑소뉴클리에이즈 활성이 RNA 프라이머를 제거하는 동안 오카자키 조각을 확장한다. 닉 트랜스레이션이라는 과정은 지체가닥을 따라 닉 이동의 결과를 만든다.

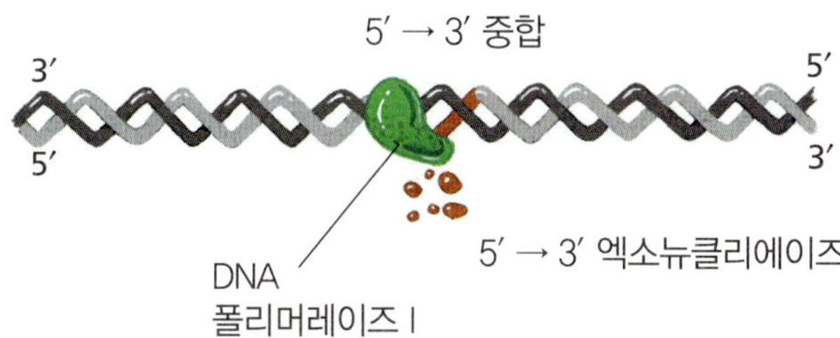

(c) DNA 폴리머레이즈 I은 오카자키 조각에 10~12 뉴클레오타이드를 확장한 후 떨어진다. DNA 라이게이즈는 닉에 결합한다.

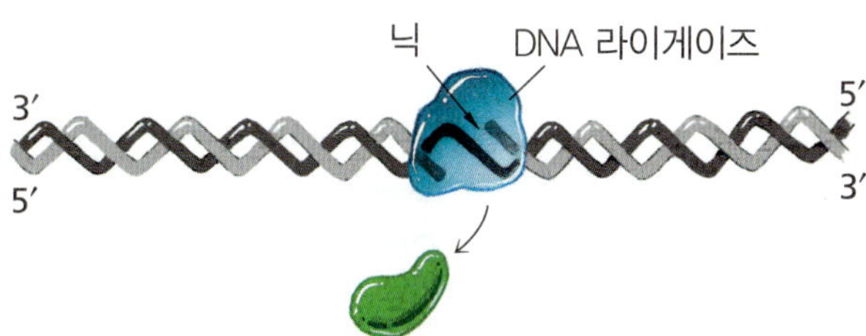

(d) DNA 라이게이즈는 닉을 메우며 연속적인 지체가닥을 생성하는 포스포다이에스터 결합의 형성을 촉진한다. 그 다음 효소는 DNA에서 분리된다.

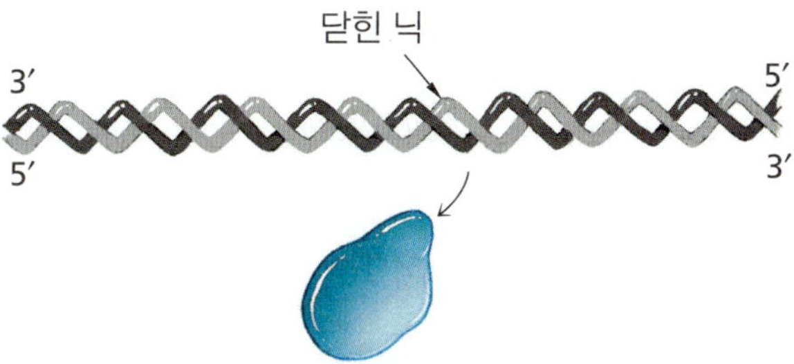

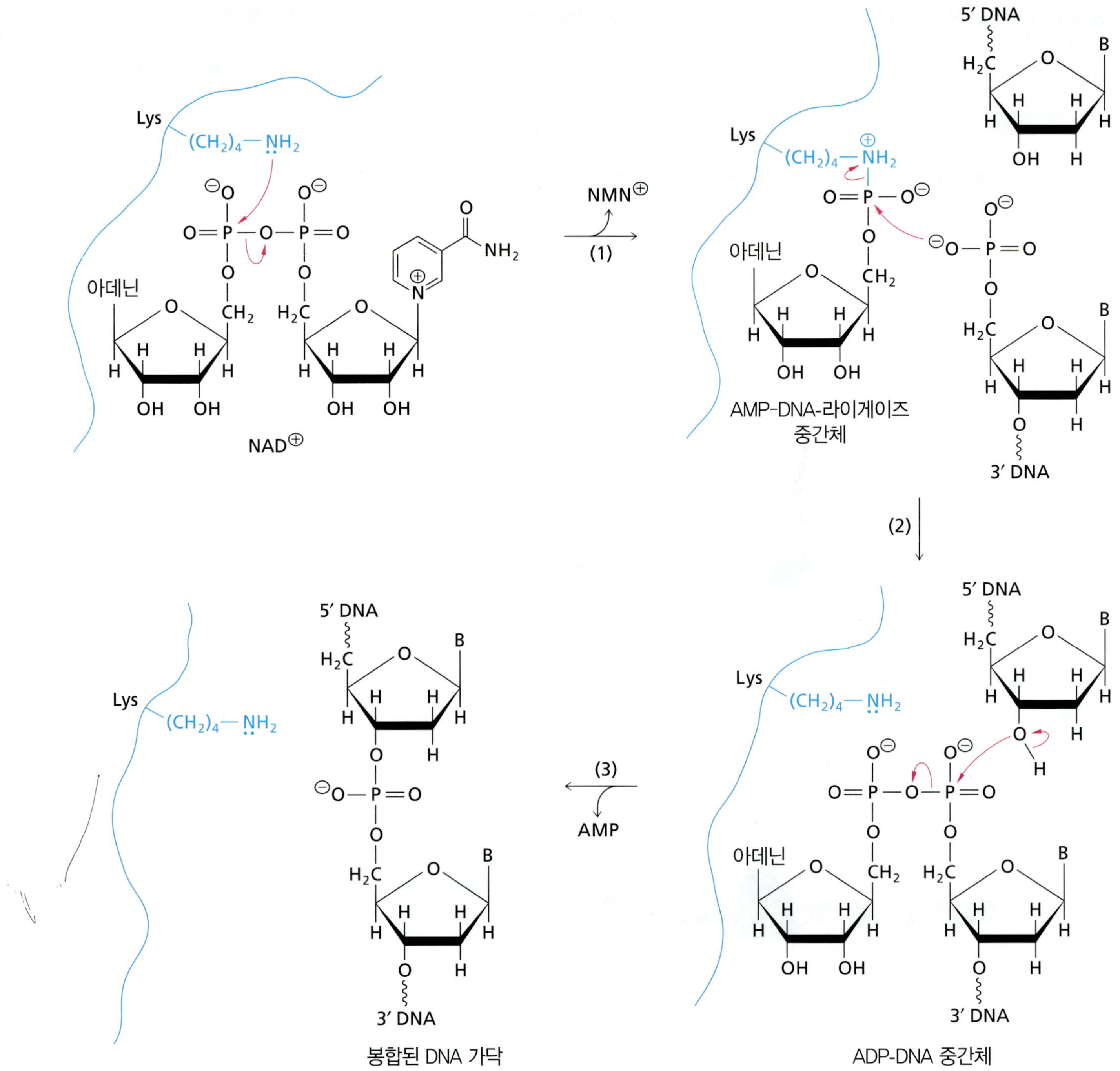

▲ **그림 20.14**

대장균의 DNA 라이게이즈의 제안된 메커니즘. 보조 기질로 NAD⊕를 사용하면서 대장균 DNA 라이게이즈는 DNA의 닉에 포스포다이에스터 결합 형성을 촉진한다. 1단계에서, DNA 라이게이즈의 라이신 잔기 ε-아미노기는 NAD⊕의 아데노신 부분 5′-산소 원자에 결합된 인 원자를 공격한다. 니코틴 모노뉴클레오타이드(NMN⊕)는 AMP-DNA-라이게이즈의 중간체를 생성하며 치환된다(ATP를 보조 기질로 사용하는 DNA 라이게이즈의 경우, 파이로 인산이 치환된다). 2단계에서, DNA의 자유 5′-인산기 산소 원자는 ADP-DNA 중간체를 형성하는 AMP-효소 복합체의 인산 그룹을 공격한다. 3단계에서, 인접한 DNA 가닥의 말단 잔기상 친핵성 3′-수산기는 활성화된 ADP-DNA의 5′-인산기를 공격하여 AMP를 방출하고 DNA 가닥의 닉을 봉합하는 포스포다이에스터 결합을 발생시킨다. B는 염기를 나타낸다.

는 것 이외의 단일가닥 DNA의 중요한 스트레치는 없다.

레플리좀의 일부인 또 다른 단백질은, 또한 나선 불안정화 단백질로 알려진, 단일가닥 결합 단백질(SSB)이다. SSB는 단일가닥 DNA에 결합하여 이중나선 지역을 형성하기 위해 스스로 다시 접히는 것을 방지한다. SSB는 네 개의 동일한 작은 소단위체인 4량체이다.

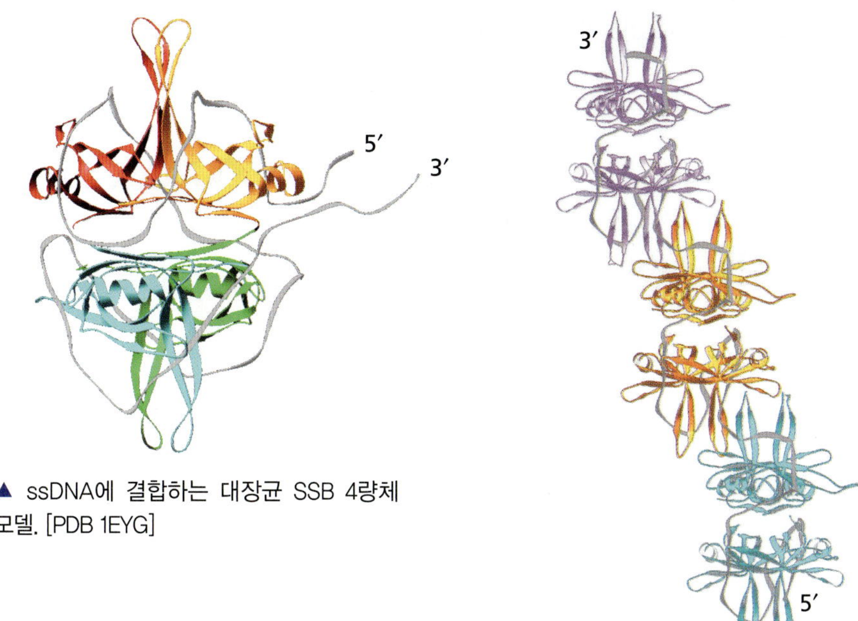

▲ ssDNA에 결합하는 대장균 SSB 4량체 모델. [PDB 1EYG]

◀ DNA는 ssDNA에 협력적으로 결합하는 세 개의 SSB 4량체들의 확장 형태에 대한 SSB 모델에 결합한다. [PDB 1EYG]

출처: Nature Structural and Molecular Biology 7:648–652(2000) Raghunathan et al.

(a) 지체가닥 주형은 선도 및 지체가닥이 같은 방향으로 합성되도록 레플리좀을 통해 뒤에 고리를 만든다. SSB는 단일가닥 DNA에 결합한다.

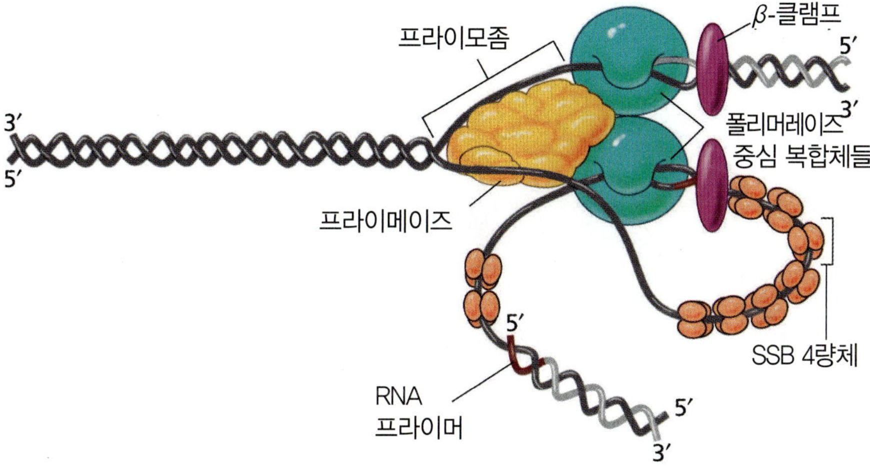

(b) 헬리케이즈가 DNA 주형을 풀 때 프라이메이즈는 RNA 프라이머를 합성한다. 지체가닥 폴리머레이즈는 오카자키 조각을 완성한다.

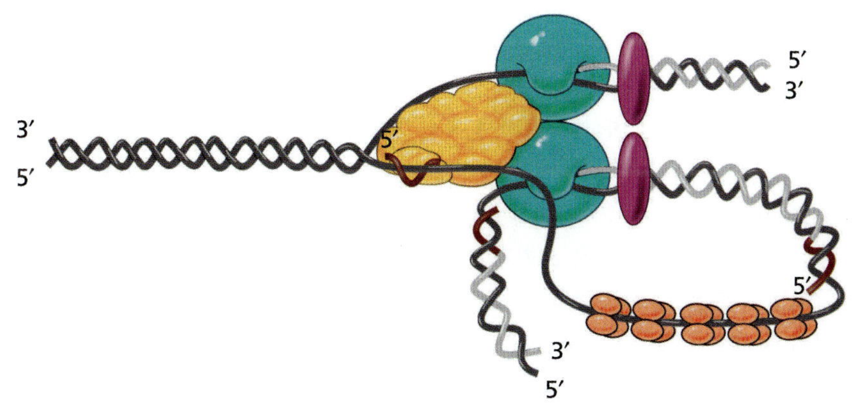

◀ **그림 20.15**
복제 분기에서 선도 및 지체가닥의 동시 합성. 레플리좀들은 DNA 폴리머레이즈 III 전효소를 포함한다(오직 핵심 복합체만이 보인다). 프라이메이즈, 헬리케이즈, 그리고 다른 소단위체를 포함하는 프라이모좀 그리고 단일가닥 결합 단백질(SSB)을 포함하는 부가적 구성요소. 전효소의 한 핵심 복합체는 다른 핵심 복합체가 지체가닥을 합성하는 동안 선도가닥을 합성한다. 지체가닥 주형은 선도 및 지체가닥이 분기의 움직임과 같은 방향으로 합성할 수 있도록 레플리좀을 통해 뒤에 고리를 만든다. (c)와(d)는 다음 페이지에 계속된다.

그림 20.15 ▶ (계속)

(c) 지체가닥 폴리머레이즈가 앞선 오카자키 조각을 만나게 되면 지체가닥을 방출한다.

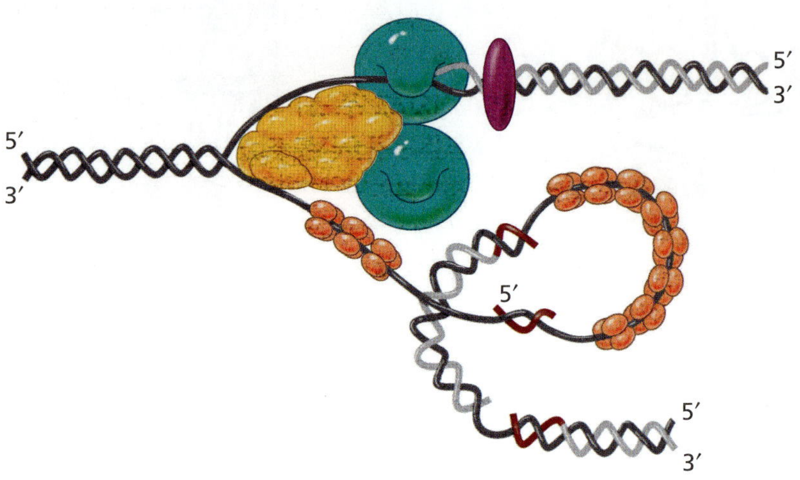

(d) 지체가닥 폴리머레이즈는 새로 합성된 프라이머에 결합하고 또 다른 오카자키 조각을 합성하기 시작한다.

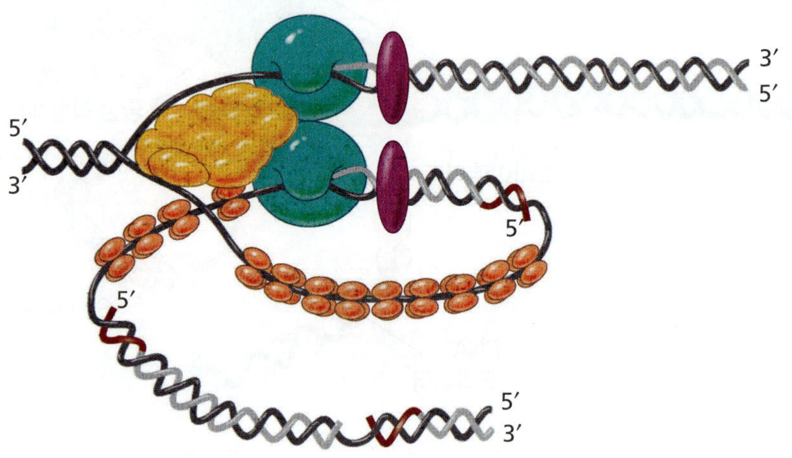

각 4량체는 약 32개 뉴클레오타이드의 DNA를 감싼다. DNA에 SSB의 결합은 협력적이다. 즉, 첫 번째 4량체의 결합은 두 번째 결합 등을 촉진한다. 단일가닥 DNA상의 여러 인접한 SSB 분자들의 존재는 확장되고, 상대적으로 유연한, DNA 입체구조를 만든다. 2차 구조의 자유로움 때문에 SSB로 덮인 단일가닥 DNA는 DNA 복제시 보완 가닥(complementary strand)의 합성을 위한 최적의 주형이 된다.

레플리좀에 의한 DNA 합성 모델은 그림 20.15에 나타나 있다. 프라이메이즈와 헬리케이즈를 포함하는 프라이모좀은 DNA 폴리머레이즈 III 전효소 다음에 오는 복제 분기 머리에 위치하고 있다(그림을 단순화하기 위해, DNA 폴리머레이즈 III의 핵심 복합체만 표시된다). 헬리케이즈가 DNA를 풀 때 프라이메이즈는 매초마다 약 한 번씩 RNA 프라이머를 합성한다. 전효소 이량체 내의 두 가지 핵심 복합체 중 하나는 5′ → 3′ 방향으로 지속적으로 선도가닥을 합성하는 반면, 다른 것은 오카자키 조각을 형성하기 위해 RNA 프라이머를 확장시킨다. 지체가닥 주형은 큰 고리로 되접힐 것으로 생각된다. 이 위치배열은 선도 및 지체가닥 모두를 분기 움직임과 같은 방향으로 합성될 수 있게 한다.

DNA 폴리머레이즈 III 전효소의 두 가지 핵심복합체들은 모델에서 동등하게 그려지지만

DNA 복제에서의 역할은 동일하지 않다. 그들 중 하나는 선도가닥 주형에 단단히 결합한 채로 남아 있지만 다른 것은 이전에 합성된 오카자키 조각의 RNA 프라이머를 만날 때까지 지체가닥 주형에 결합한다. 이 시점에서 핵심 복합체는 지체가닥 주형을 방출한다. 지체가닥 주형은 다음 프라이머 위치에서 전효소와 다시 결합하고 합성을 계속한다(그림 20.15d). 전효소의 절반이 지체가닥에서 1000개의 뉴클레오타이드 스트레치들을 점진적으로 합성하는 동안 전효소의 다른 절반은 종료될 때까지 복제 개시로부터 선도가닥과 결합한 채로 남아 있기 때문에 전효소 전체는 매우 점진적이다. 전효소 γ 복합체는 β 소단위체에 의해 형성된 이동하는 클램프의 제거와 재조립에 참여함으로써 지체가닥 주형의 결합과 방출에 도움을 준다.

레플리좀 모델은 선도 및 지체가닥의 합성이 어떻게 조정되는지를 설명한다. 또한 레플리좀의 구조는 복제에 필요한 모든 구성요소가 적절한 시간, 적절한 양과 적절한 장소에 유용할 수 있다는 것을 보증한다. 생화학 작업을 수행하기 위해 함께 작용하는 단백질 복합체는 종종 단백질 기계라고 한다. 레플리좀은 박테리아 편모(4장), ATP 신테이즈 복합체(14장), 광합성 반응 센터(15장), 그리고 다음 장들에서 언급하는 몇 가지 다른 것들이 단백질 기계의 예이다.

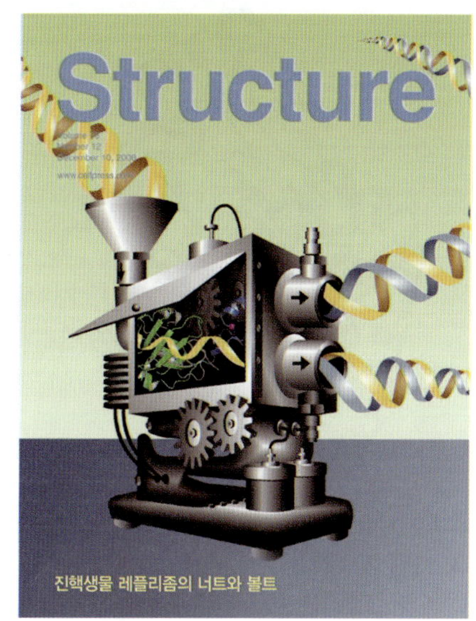

▲ **단백질 기계.** 때때로 기계의 은유는 저널 *Structure*에서 이 익살스러운 표지처럼 지나치게 문자 그대로 해석될 수 있다.

20.5 DNA 복제의 개시와 종료

앞서 언급했듯이, DNA 복제는 원점(origin)이라는 특정 DNA 서열에서 시작한다. 대장균에서, 이 위치는 *ori*C라고 불리고 염색체의 유전자지도에서 약 10시 방향에 위치하고 있다(그림 20.16). *ori*C에서 레플리좀들의 초기 조립은 DNA의 국부적 풀림을 유도하는 이 위치에 결합하는 단백질에 달려 있다. 이러한 단백질들 중 하나인 *Dna*A은 원점에 매우 가깝게 위치한 *dna*A 유전자에 의해 암호화된다. *Dna*A은 개시의 횟수를 제어하여 DNA 복제를 조절하는데 도움을 준다. 선도가닥의 합성에 필요한 초기 RNA 프라이머는 아마도 원점에서 프라이모좀들에 의해 만들어질 것이다.

대장균 복제의 종료는 원형 염색체 원점 반대지역, 종료 위치(*ter*)에서 일어난다. 이 지역은 종료 활용 물질(Tus)로 알려진 단백질의 결합 위치인 DNA 서열을 포함한다. 단일 종결 위치에 결합하는 Tus의 구조는 그림 20.17에 나타나 있다. β 가닥 영역은 아미노산 곁 사슬이 염기쌍과 접촉하고 *ter* 서열을 인식하는 DNA의 주홈에 위치한다. Tus는 레플리좀의 헬리케이즈 활성을 억제함으로써 복제 분기가 이 지역을 통과하는 것을 방지한다. 또한 종결 위치는 DNA 복제가 완료될 때 딸 염색체 분리에 역할을 하는 DNA 서열을 포함한다.

20.6 DNA 복제 기술

DNA 복제의 기본 원리에 대한 이해는 왓슨과 크릭이 1953년에는 결코 예상할 수 없었던 놀라운 기술들의 개발을 주도했다. 우리는 이미 부위특이적 돌연변이 유발(site-directed mutagenesis)을 다뤘다(Box 6.1). 이 절에서 우리는 생화학 및 참으로 모든 생물학을 변화시킨 증폭(amplification) 및 서열화(sequencing) 기술을 탐구하고자 한다. 이 기술들은 멸종 종(예를 들면, 호모 네안데르탈인)의 유전체 서열과 많은 인간의 특성과 질병의 유전적 기초의 발견을 만들었다.

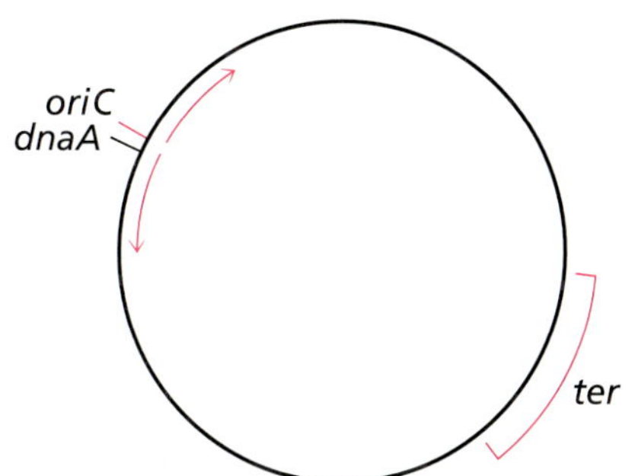

▲ 그림 20.16
대장균 DNA 복제에서 원점(*oriC*) 및 종료(*ter*)의 위치. *dna*A는 복제를 개시하는데 필요한 단백질 *Dna*A에 대한 유전자이다. *oriC*와 *dna*A 사이의 거리는 약 40 kb이다. 빨간색 화살표는 복제 분기의 이동 방향을 나타낸다.

A. 폴리머레이즈 연쇄반응은 선택된 DNA 서열을 증폭하기 위해 DNA 폴리머레이즈를 이용한다

폴리머레이즈 연쇄반응(polymerase chain reaction, PCR)은 DNA의 적은 양을 증폭하거나 혼합된 DNA 분자들의 집단에서 특정 DNA 서열의 비율을 증가시키는 데 유용한 도구

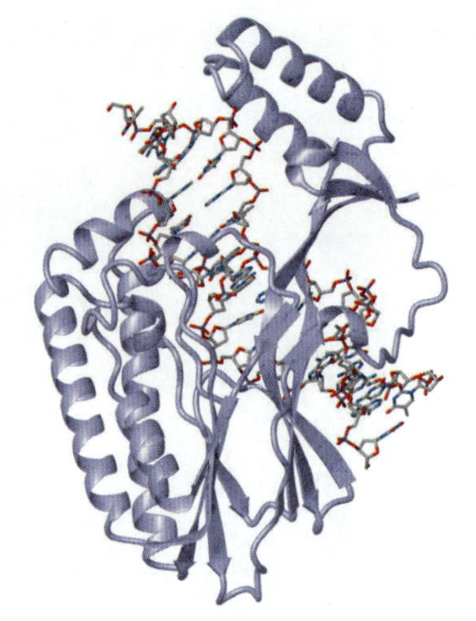

▲ 그림 20.17
DNA와 결합하는 대장균의 Tus 구조. Tus는 DNA 복제의 종료 위치에서 특정 서열에 결합한다. 결합된 단백질은 레플리좀의 이동을 막는다. [PDB 1ECR]

이다. PCR 기술의 사용은 서열화 또는 복제를 조작하는데 충분한 DNA를 얻기 위해서 조직의 많은 표본을 취할 필요가 없게 한다. 또한 폴리머레이즈 연쇄반응은 분리되지 않았으나 그 서열이 알려진 유전자의 많은 수의 사본을 생산할 수 있게 한다. 따라서 그것은 유전자 증폭에 대한 복제의 대안으로 역할을 할 수 있다.

PCR 기술은 640쪽의 그림에 나와 있다. 원하는 위치 양쪽 면으로부터의 서열 정보는 증폭된 DNA 서열 측면에 있는 올리고뉴클레오타이드 프라이머를 제작하는 데 사용되곤 한다. 올리고뉴클레오타이드 프라이머는 반대 가닥에 상보적이고 그들의 3′-말단은 서로를 향해 있게 된다. 원천(일반적으로 세포에서 전체 DNA를 나타냄)에서 온 DNA는 과량의 올리고뉴클레오타이드의 존재하에서 가열에 의해 변성된다. 냉각시, 프라이머는 우선적으로 그들의 상보적 위치에 결합하여 관심있는 DNA 서열에 인접하게 된다. 그 다음 프라이머는 고온 세균 *Thermus aquaticus*에서 나온 *Taq* 폴리머레이즈와 같은 열-안정 DNA 폴리머레이즈를 사용하여 확장된다. 합성 한 주기 후, 반응 혼합물은 DNA 가닥을 분리(해리)하기 위해 다시 가열되며 DNA와 뉴클레오타이드와 재결합하기 위해 냉각시킨다. 그러면 프라이머는 다시 확장된다. 이 두 번째 주기에서, 새로 합성된 단일가닥 사슬 두 개는 프라이머의 5′-말단들 사이의 DNA 길이가 정확하다. 주기는 신중하게 조절된 반응시간과 온도를 가지고 여러 번 반복된다. 각 주기마다, 프라이머에 접하는 서열 바깥쪽의 지역을 포함하는 DNA 가닥들의 수는 산술적으로 증가하는 반면, 프라이머의 말단에 의해 한정된 5′과 3′-말단을 갖는 DNA 가닥의 수는 기하급수적으로 증가한다. 결론적으로, 시험관에 대부분을 DNA로 채울 때까지, 20~30주기 후, 원하는 DNA는 우선적으로 복제된다. 그런 다음 대상 DNA 서열은 복제, 서열화되거나 재조합 DNA 라이브러리(library)를 스크리닝(screening)하는데 탐침으로 사용될 수 있다.

B. 다이디옥시뉴클레오타이드를 이용한 DNA 서열화

1976년 프레데릭 생어(Frederick Sanger)는 대장균의 Klenow 단편을 사용하여 효소로 DNA를 서열화하는 방법을 개발했다. 생어는 이 성과로 자신의 두 번째 노벨상을 수상했다(그는 서열화하는 단백질을 이용한 방법을 개발한 것에 대해 첫 번째 노벨상을 받았다.) 이러한 유형의 반응에 대한 Klenow 단편 사용의 장점은 그 효소가 새로 합성된 DNA를 분해할 수 있는 5′ → 3′ 엑소뉴클리에이즈 활성이 결핍되어 있다는 것이다. 그러나 단점들 중 하나는 Klenow 단편이 매우 점진적이지 않고 단일가닥 DNA 주형 내 2차 구조의 존재에 의해 쉽게 억제된다는 것이다. 이 제한은 SSB 또는 유사한 단백질을 추가하거나 일반적으로 더 높은 온도에서 성장한 박테리아 DNA 폴리머레이즈들을 사용하여 극복될 수 있다. 이러한 폴리머레이즈들은 단일가닥 DNA의 2차 구조가 불안정한 온도인 60~70°C에서 활동적이다.

생어 시퀀싱(Sanger sequencing) 방법은 3′-수산기가 결여되어 있는 DNA 합성의 디옥시리보뉴클레오타이드 기질과는 다른 2′, 3′-다이디옥시뉴클레오사이드 삼인산(ddNTPs)을 사용한다(아래 참조). DNA 폴리머레이즈에 대한 기질로 사용될 수 있는 다이디옥시뉴클레오타이드들은, 자라나는 사슬의 3′-말단에 추가된다. 이 뉴클레오타이드는 3′-수산기가 결핍되어 있기

▶ 2′,3′-다이디옥시뉴클레오사이드 삼인산의 화학 구조. *B*는 염기를 나타낸다.

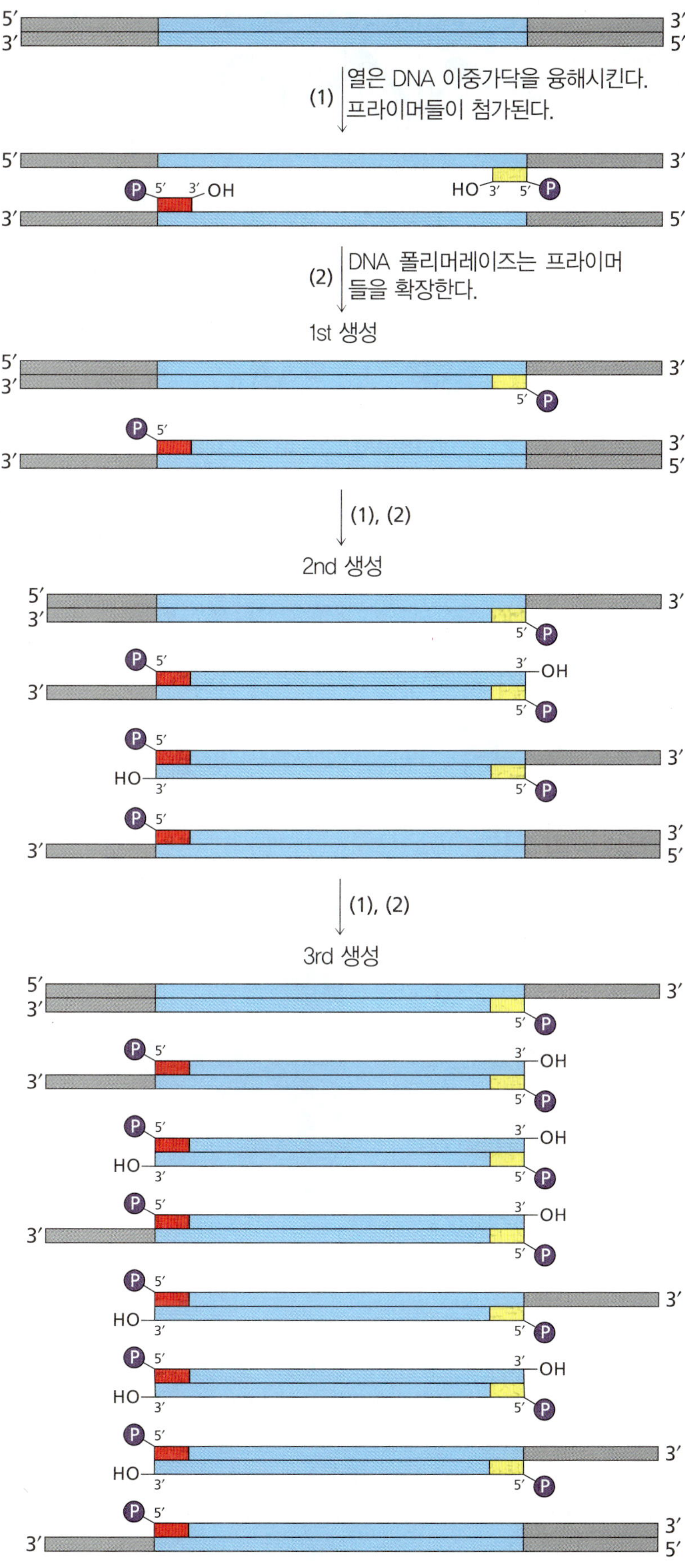

◀ **폴리머레이즈 연쇄반응의 세 가지 주기.** 증폭되는 서열은 파란색으로 표시된다. (1) 이중가닥 DNA는 가열하여 용융되고 관심 지역의 측면에 위치한 두 프라이머(빨간색과 노란색)가 과량으로 존재한 상태에서 냉각된다. (2) 열 안정 DNA 폴리머레이즈는 이들 프라이머의 확장을 촉진하여 각각의 DNA 가닥을 복사한다. 프라이머 존재 하에서 가열과 냉각의 연속주기는 반응 혼합물에서 대부분 DNA가 차지할 때까지 20~30주기 후, 원하는 서열이 반복적으로 복사될 수 있다.

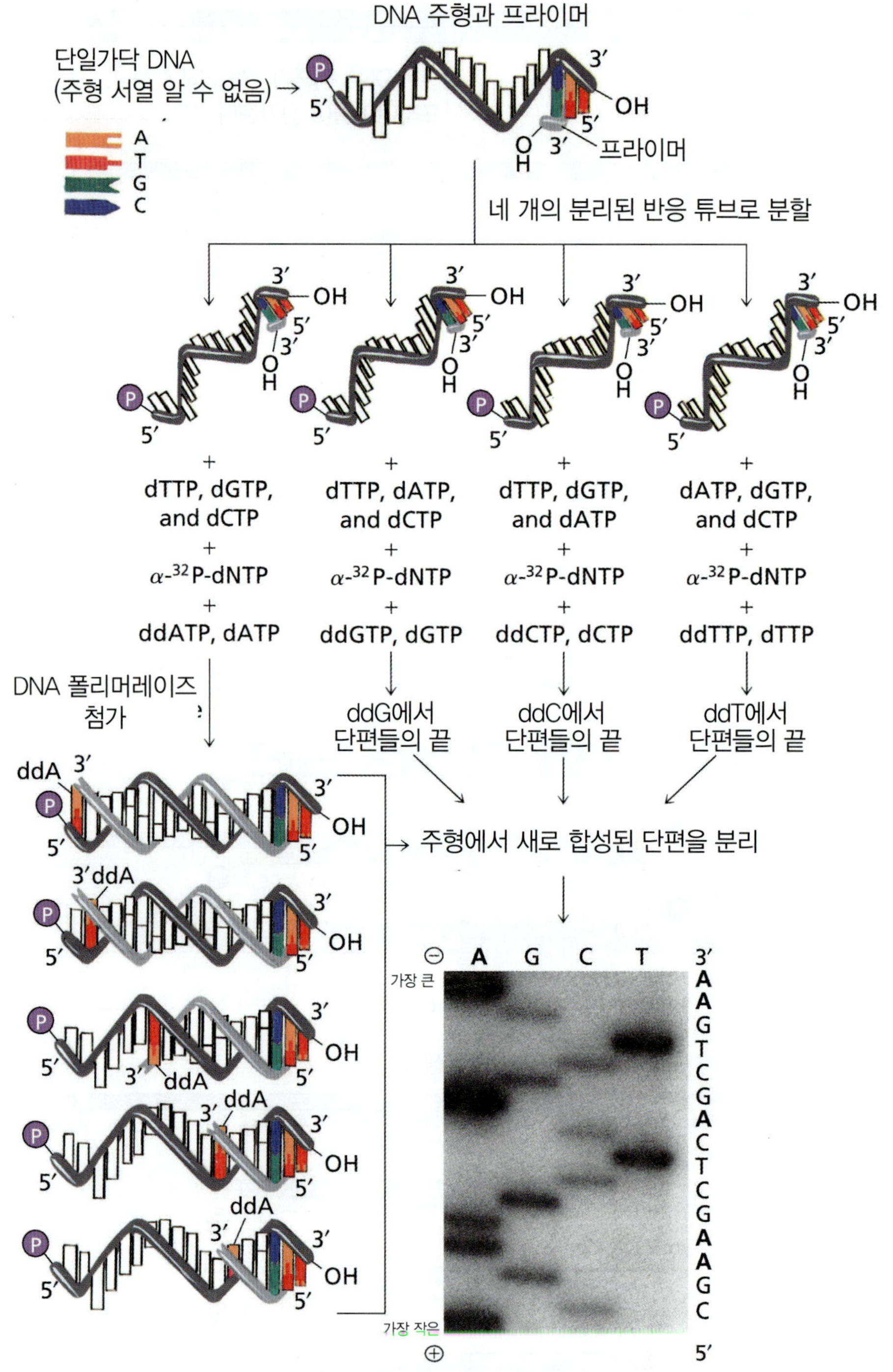

▶ **DNA 시퀀싱에 대한 생어 방법(Sanger method).** 각 반응 혼합물에 소량의 특정 다이디옥시뉴클레오사이드 삼인산(ddNTP)의 추가는 다이디옥시뉴클레오타이드가 정상 뉴클레오타이드의 장소에 통합될 때 DNA 합성을 종료시킨다. DNA 단편의 길이에 의해 결정되는 결합된 다이디옥시뉴클레오타이드들의 위치는 서열 내 해당하는 뉴클레오타이드의 위치를 나타낸다. 각각의 ddNTP와 함께 합성 중에 생성되는 단편은 전기영동의 시퀀싱 젤을 사용하여 크기에 따라 분리되고, DNA의 서열은 젤의 방사능 사진에서 읽힐 수 있다(젤의 오른쪽에 있는 문자의 열에 의해 보이듯이).

때문에, 계속적인 뉴클레오타이드 추가는 일어날 수 없으며 다이디옥시뉴클레오타이드의 통합은 DNA 사슬의 성장을 종료한다. 특정 다이디옥시뉴클레오타이드의 적은 양이 DNA 합성반응에 포함되는 경우, 그것은 때때로 해당 dNTP 대신에 결합되고 즉시 복제를 종료한다. 결과로 나온 DNA 단편의 길이는 결합하여야만 하는 뉴클레오타이드의 위치를 나타낸다.

ddNTP 분자를 사용하는 DNA 시퀀싱은 몇 가지 단계를 포함한다(642쪽에 나타나듯이). DNA는 단일가닥 분자로 준비하고 서열화하기 위해서 DNA의 3′-말단에 상보적인 짧은 올리고뉴클레오타이드와 혼합시킨다. 이 올리고뉴클레오타이드는 DNA 폴리머레이즈에 의해 촉매되는 DNA 합성에 대한 프라이머 역할을 한다. 올리고뉴클레오타이드로 준비된 물질은 네 개의 개별 반응 튜브에 분할된다. 각 튜브는 방사능사진촬영에 의해 새로 합성된 DNA가

시각화될 수 있는 방사능을 갖는 적은 양의 α-[^{32}P]-표지된 dNTP을 받아들인다. 다음으로, 각 튜브는 과량의 네 가지 비방사성 dNTP 분자와 소량의 네 가지 ddNTPs 중 하나를 받아들인다. 예를 들어, A 반응튜브는 소량의 ddATP와 혼합된 과량의 비방사성 dTTP, dGTP, dCTP, 그리고 dATP를 받아들인다. 그런 다음 DNA 폴리머레이즈가 반응 혼합물에 추가된다. 폴리머레이즈가 DNA를 복제할 때, 때때로 dATP 잔기 대신에 ddATP 잔기가 결합되고 자라나는 DNA 사슬의 합성은 종료된다. 무작위적인 ddATP의 결합은 각각 A(예: ddA)로 끝나는 다른 길이의 새로 합성된 DNA 단편들의 생산을 이끌게 된다. 각 단편의 길이는 프라이머의 5′-말단에서 서열 내 아데닌 잔기 중 하나의 거리에 해당한다. 각 반응튜브에 다른 다이디옥시뉴클레오타이드를 첨가하면 단편의 다른 세트를 생성한다: ddTTP는 T를, ddGTP는 G를, ddCTP는 C를 가지고 종결하는 단편을 만든다. 각 시퀀싱 반응에서 새로 합성된 사슬들은 주형 DNA에서 분리된다. 최종적으로, 각각의 시퀀싱 반응에서 나온 혼합물을 단편들이 크기에 따라 결정되는 시퀀싱 젤의 인접 차선에서 전기영동을 실시한다. 그러면 DNA 분자의 서열은 젤의 방사능사진촬영으로부터 읽혀질 수 있다.

이 기술은 유전체 시퀀싱과 같은 높은 처리량 적용을 위해 자동화할 수 있도록 수정되었다. 방사능을 사용하는 대신에 자동화된 시퀀싱은 다른 사슬 길이를 감지하는 형광으로 표지된 디옥시뉴클레오타이드(네 개의 색, 각 염기당 하나)에 의존한다. 이 시스템에서 젤은 형광기기(fluorimeter)에 의해 "읽기"되고 데이터는 컴퓨터 파일에 저장된다. 또한 시퀀싱 기계는 그들이 검출기를 통과할 때 젤상에서 각 형광 피크의 위치와 크기를 보여주는 그래픽 크로마토그램(graphic chromatogram)을 제공할 수 있다.

C. 합성에 의한 대규모 병렬 DNA 시퀀싱

인간 유전체를 서열화하는데 사용되었던 자동화 DNA 시퀀싱 방법은 이제 대부분 다양한 소위 "차세대" 시퀀싱 기술에 의해 대체되었다. 약간 다른 실험 접근법들을 사용하면, 이 장치는 이전 섹션에서 설명한 자동화된 생어 기술 비용의 일부분으로 서열의 수백만 개 염기쌍을(또는 심지어 수십억개) 빠르게 만들 수 있다. 이 새로운 접근 방식의 예로서, 우리는 일루미나 차세대 시퀀싱 프로토콜(Illumina next-generation sequencing protocol)을 설명한다.

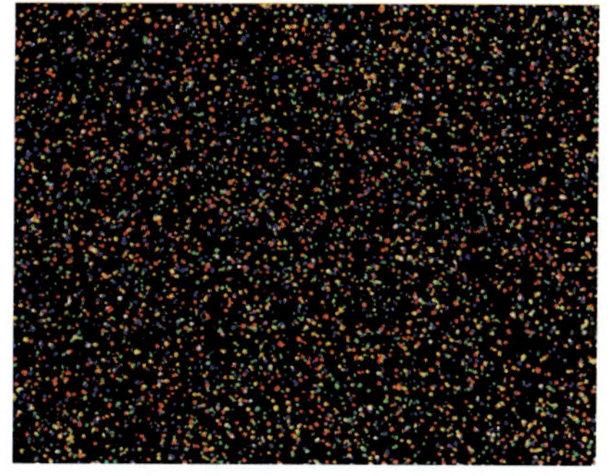

▲ **시퀀싱 과정 동안 영상 클러스터.** 낮은 밀도의 클러스터를 갖는 하나의 플로우 셀(a flow-cell)의 이미지의 일부가 표시된다. 네 개의 디옥시뉴클레오타이드 염기들 각각은 다른 형광으로 표지되고(다른 파장에서 형광을 내는 개개의 것), 네 개의 개별 이미지들이 겹쳐 있다(인공적으로 색을 입힌 후). DNA 합성의 각 주기 이후 이 이미지들은 성장하는 폴리 뉴클레오타이드 사슬에 결합된 마지막 염기를 나타내는 원시 데이터를 제공한다.

출처: Bentley et al. (2008). *Nature* 456:53–59.

첫 번째 단계에서는, DNA(일반적으로 전체 유전체)를 짧은 이중가닥 단편들을 만들기 위해 무작위로 전단(shearing)에 의해 조각화시킨다. 단편의 끝은 효소로 수리되며 단일가닥 올리고뉴클레오타이드 프라이머는 각 끝에서 이어지게 된다. 원하는 길이의 단편은 아가로오스 젤에서 정제된 다음 PCR을 이용하여 증폭된다. PCR 프라이머에 상보적인 올리고뉴클레오타이드는 유리 슬라이드 표면에 공유결합으로 부착된다. 증폭된 유전체 단편들은 단일가닥으로 변성되고, 희석되고, 슬라이드 위의 올리고뉴클레오타이드에 혼성된다.

이것은 표면에 수백만 개의 DNA 단편들이 부착된 슬라이드를 만든다. 각 하나는 표면에 부착된 올리고뉴클레오타이드가 없는 영역으로 둘러싸여 있다. 슬라이드의 표면에 개개의 DNA 단편은 시퀀싱 반응의 기질인 증폭 클러스터(amplification clusters)를 만드는 브리징 기술(bridging technique)을 사용하여 원 위치에서 증폭된다.

증폭된 DNA 단편의 모든 클러스터는(참조 위치에서) 제거될 수 있는 형광체(fluorphore; 각 염기에 대한 하나의 다른 염색)와 3′ 위치에 가역 종결자로(아래 참조) 표지된 네 가지 dNTPs의 혼합물을 사용하는 것과 병행으로 동시에 서열화된다. 이 단계의 효율을 증가시키기 위해서, 이 부피가 큰 기질을 효과적으로 통합시키는 깊은 열수 배출구로부터 나온 유전자 조작 돌연변이 DNA 폴리머레이즈 archeon 9°N-7가 사용된다. DNA 시퀀싱 프라이머는 3′-수산기를 제공하는 주형가닥에 붙게되고 폴리머레이즈는 다음 표지된 뉴클레오타이드를 결합시킨다. 들어오는 염기의 3′-위치에 종결자는 한 염기 이상의 DNA 합성을 방지한다. 슬라이드는 각 성장 클러스터에 결합하는 염기를 기록하는 레이저-스캐닝 공초점 현미경을 사용하여 정밀 검색된다. 그 다음 환원제 TCEP가 첨가되어 3′-수산기를 재생성하는 염료와 종결자 모두를 제거한다. 그 다음 전체 주기는 반복된다. 성장하는 DNA 사슬은 단계별 과정을 통해 오직 길이만 증가시킬 수 있다: 한 번에 한 염기씩.

비교적 짧은 서열(100개 미만 뉴클레오타이드)은 이전에 서열화된 적이 결코 없는 종의 유전체 서열을 조립하는데 적합하지 않다. 그러나 이전에 서열화된 유전체의 재시퀀싱을 위해서, 빠른 컴퓨터 알고리즘은 이 짧은 "읽기(reads)"를 높은 정확도를 가지고 정렬시키며 시료에 존재하는 희귀한 돌연변이나 다형성(polymorphisms)을 검출할 수 있다.

▶ **가역 종결자의 구조.** 제거가능한 형광으로 표지된 3′-O-아지도메틸 2′-디옥시싸이미민 삼인산.
출처: Bentley et al. (2008). *Nature* 456: 53–59.

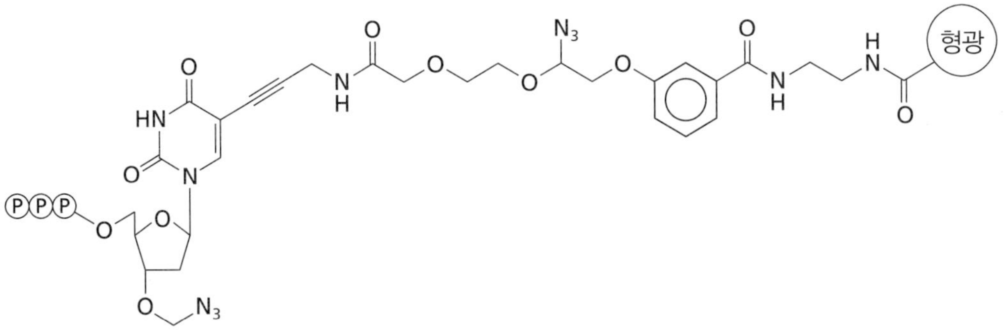

20.7 진핵생물에서 DNA 복제

원핵생물과 진핵생물의 DNA 복제 메커니즘은 기본적으로 비슷하다. 대장균에서와 같이 진핵생물에서 선도가닥의 합성은 연속적이고 지체가닥 합성은 불연속적이다. 또한 원핵생물과 진핵생물 모두에서 지체가닥의 합성은 하나의 단계별 과정이다: 프라이머 합성, 오카자키 조각 합성, 프라이머 가수분해와 폴리머레이즈에 의해 간격 채우기. 원핵세포 프라이메이즈와 같이 진핵세포 프라이메이즈는 지체가닥 주형 위에 매초마다 하나의 짧은 프라이머를 합성한다. 그러나 복제 분기는 진핵생물에서 더 느리게 이동하기 때문에, 각 오카자키 조각은 원핵생물에서 보다 상당히 짧은 약 100~200 뉴클레오타이드 잔기 길이를 갖는다. 진핵세포 DNA 프라이메이즈는 대장균의 효소와 중요한 서열 유사성을 공유하지 않으며 진핵생물 프라이메이즈는 "손가락"또는 "엄지" 도메인(그림 20.12)과 같은 DNA 폴리머레이즈의 전통적인 구조적 특색들 중 일부를 포함하지도 않는다. 이러한 상동(homology)의 부족은 DNA 개시에 있어 RNA 프라이머를 합성하는 능력이 적어도 두 번 독립적으로 진화했다는 것을 의미한다.

대부분의 진핵세포는 적어도 다섯 가지 다른 DNA 폴리머레이즈를 포함한다: α, β, γ, δ, 그리고 ε(표 20.2). DNA 폴리머레이즈 α, δ와 ε은 DNA 복제의 사슬신장 반응과 일부 복구 반응을 담당한다. DNA 폴리머레이즈 β는 핵에서 발견되는 DNA 복구효소이고 DNA 폴리머레이즈 γ는 마이토콘드리아 DNA가 복제하는데 역할을 한다. 여섯 번째 DNA 폴리머레이즈는 엽록체에서 DNA 복제에 책임이 있다.

DNA 폴리머레이즈 δ는 복제 분기에서 선도가닥의 합성을 촉매한다. 이 효소는 폴리머레이즈 활성화 자리를 포함하는 큰 두 개의 소단위체로 구성되어 있다. 효소는 또한 $3' \rightarrow 5'$ 엑소뉴클리에이즈 활성을 가지고 있다. 진핵세포에서 DNA 복제는 매우 정확하다. 낮은 오류율은 진핵생물에서 DNA 복제가 효율적인 교정 단계를 포함하고 있음을 나타낸다.

DNA 폴리머레이즈 α와 DNA 폴리머레이즈 δ는 지체가닥 합성에 협력한다. DNA 폴리머레이즈 α는 DNA 폴리머레이즈와 RNA 프라이메이즈 활성을 모두 포함하는 다량체 단백질이다. DNA 폴리머레이즈 α에 의해 만들어진 프라이머는 DNA에 뒤이어 RNA의 짧은 스트레치로 구성된다. 이 두 부분 프라이머는 오카자키 조각을 완료하는 DNA 폴리머레이

표 20.2 진핵세포의 DNA 폴리머레이즈

DNA 폴리머레이즈	활성	역할
α	폴리머레이즈 프라이메이즈 3′ → 5′ 엑소뉴클리에이즈[a]	프라이머 합성 복구
β	폴리머레이즈	복구
γ	폴리머레이즈 3′ → 5′ 엑소뉴클리에이즈	마이토콘드리아 DNA 복제
δ	폴리머레이즈 3′ → 5′ 엑소뉴클리에이즈	선도와 지체가닥 합성 복구
ε	폴리머레이즈 3′ → 5′ 엑소뉴클리에이즈 5′ → 3′ 엑소뉴클리에이즈	복구 지체가닥에서 간격채움

[a] 폴리머레이즈 α3′ → 5′ 엑소뉴클리에이즈 활성은 모든 종에서 검출되지는 않는다.

즈 δ에 의해 확장된다.

DNA 폴리머레이즈 ε는 하나의 큰, 다량체 단백질이다. 가장 큰 폴리펩타이드 사슬은 폴리머레이즈 활성과 3′ → 5′ 교정 엑소뉴클리에이즈 활성을 포함한다. 대장균(DNA 폴리머레이즈 I)의 기능적 상대처럼, DNA 폴리머레이즈 ε는 아마도 복구효소로서 역할을 하고 또한 오카자키 조각 사이의 간격을 채울 것이다.

몇 가지 보조 단백질은 진핵생물의 복제 분기와 연관된다. 이 단백질은 박테리아 레플리좀에 있는 일부 단백질처럼 작용한다. 예를 들어, PCNA는[증식 세포 핵 항원(proliferating cell nuclear antigen)] 대장균 DNA 폴리머레이즈 III의 β-소단위체의 이동하는 클램프(그림 20.7)와 닮은 구조를 형성한다. 보조 단백질 RPC[복제 인자(replication factor) C]는 기능적, 구조적, 그리고 진화적으로 DNA 폴리머레이즈 III의 γ 복합체와 관련되어 있다. RPA(복제 인자 A)라는 또 다른 단백질은 원핵생물 SSB의 진핵세포 대응물이다. 또한 진핵세포 복제 기계는 복제 분기에서 DNA를 푸는 헬리케이즈를 포함한다.

각각의 진핵생물 염색체는 복제의 많은 원점들을 포함한다(20.1절). 예를 들어, 초파리(*Drosophila melanogaster*)의 가장 큰 염색체는 적어도 3000개의 원점들이 있음을 뜻하는 약 6000개의 복제 분기를 포함한다. 복제가 각 원점에서 양방향으로 진행되므로 분기는 서로의 방향으로 이동하고 계속 증가하는 크기의 거품을 형성하여 병합한다(그림 20.4). 많은 수의 원점 때문에, 보다 큰 진핵생물의 염색체는 개개의 분기이동 속도가 원핵생물보다 훨씬 느리지만 여전히 한 시간 미만으로 복제될 수 있다.

모든 세포의 DNA 복제는 세포의 프로그램화된 세포분열 주기의 환경 내에서 일어난다. 이 세포주기는 최소한 두 가지 목적을 수행하는 일련의 의존적 단계를 통해 고도로 조절되는 진행이다. (1) 각 염색체의 두 개의 사본을 정확하게 생산하기 위해서 한 세포 내 모든 DNA를 충실히 복사하고, (2) 두 개의 딸 세포 중 하나에 각 복제된 염색체의 한 개의 사본을 정확히 분리시킨다. 진핵세포에서 염색체 분리는 유사분열(mitosis)에서 일어나며 이 단계는 유사분열 단계(mitotic phase), 또는 M-단계(M-phase)라 불린다(그림 20.18). DNA가 합성되는 단계는 S-단계라고 한다. 유사분열과 DNA 복제의 다음 라운드 사이의 간기(interphase)(휴지) 단계는 G1이라고 한다. DNA 복제의 끝과 분열의 시작 사이에는 G2-단계가 있을 것이다.

진핵세포 DNA 복제 원점들은 각 세포주기의 S-단계 동안 오직 한 번 사용되어야만 한다. 우리는 이 과정을 조율하는 핵심 작용자 중 일부를 이해하기 시작하고 있다. 앞선 M-단계의 끝에서 그리고 뒤이은 G1-단계 동안, 각 기능적 *ori*는 ORC(원점 인식 복합체)라는 보존된 다단백질 복합체에 대한 조립위치가 된다. 세포가 G1을 통해 진행할 때 각 ORC는 헬리케이즈를 포함하는 복제전 복합체(pre-RC)의 형성을 촉진한다. Pre-RC는 S-단계 단백질

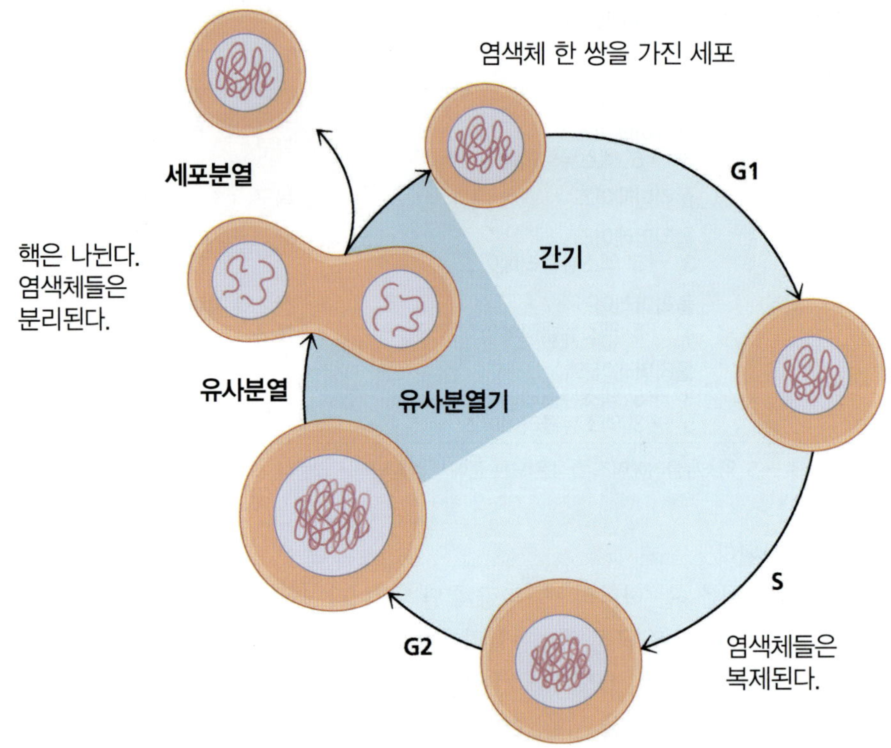

그림 20.18 ▶
진핵세포의 세포분열 주기는 DNA 복제와 유사분열을 조정한다. DNA 복제는 세포주기의 합성 또는 S-단계에서 독점적으로 발생한다. 유사분열 혹은 M-단계에서 세포가 분열하기 전에 성장하는 두 개의 간격 혹은 G 단계들이 있다.

카이네이즈(kinase)(SPK)의 활성이 개시복합체가 대기 중인 레플리좀과 원점을 끌어들여 "발사"라고 말하는 결정적 역치 이하로 떨어질 때까지 유지된 채로 남아 있는다. 그 다음 두 개의 복제 분기들은 염색체를 따라 반대 방향으로 발진한다. SPK 활성이 높을 때는 어떤 새로운 pre-RC도 원점에 적재되는 것을 방지해서 개시의 다양한 라운드들을 막게 된다. SPK는 ORC 단백질이 늦은 M-단계에서 출현하는 각 딸 염색체를 기다리며 원점에 결합할 수 있게 하는 유사분열 단계의 시작부분에서 단백질 가수분해적으로 절단된다.

진핵세포 복제 원점들은 S-단계의 시작 부분에서 모두 동시에 점화하지는 않는다. 대신, 전사되거나 활성있는 세포 유전체의 영역은 S-단계 동안 일찍 복제되는 경향이 있는 반면, 정지 또는 억제된 유전체의 영역에 위치한 원점은 S-단계에서 나중에 복제되는 경향이 있다. 이 차이 나는 복제 타이밍이 실제로 전사에 의존적인지 혹은 단순히 "열린" 염색질이 ORC가 복제 원점에 위치하도록 하는 것에 영향을 끼치는지가 결정되어야 한다.

진핵세포와 원핵세포 DNA 복제의 차이점은 진핵세포 유전체의 큰 크기뿐만 아니라 염색질로 진핵생물 DNA를 포장하는 것에서부터 발생한다. 히스톤에 DNA의 결합과 뉴클레오좀으로의 포장은(19.5절), 진핵생물의 복제 분기의 느린 움직임에 대한 일부 책임이 있을 것으로 생각된다. 진핵세포 DNA 복제는 히스톤의 합성을 수반하여 일어난다. 히스톤의 수는 DNA 복제의 각 라운드에 두 배가 된다. 히스톤 복제와 DNA 복제는 세포의 다른 부분에서 작용하는 다른 효소들이 참여하지만 거의 동일한 속도로 일어난다. 기존의 히스톤은 복제하는 동안 DNA에 결합한 채로 남아 있고 새롭게 합성된 히스톤은 새로운 가닥의 합성 후 바로 복제 분기의 뒤에서 DNA에 결합한다.

20.8 손상된 DNA의 복구

DNA는 복구될 수 있는 유일한 세포성 고분자이다. 이것은 아마도 돌연변이 되거나 손상된 DNA의 유기체 비용이 그 결함을 복구하는데 소모하는 에너지보다 훨씬 중요하기 때문일 것이다. 다른 고분자를 복구하는 것은 수익성이 없다. 예를 들어, 번역 오류의 결과로

◀ **그림 20.19**
인접한 디옥시싸이미딜레이트 잔기들의 광이량화반응. 자외선은 그 염기들의 이량체를 유도해서 DNA의 구조를 왜곡시킨다. 명확성을 위해 DNA의 단일가닥만이 표시되었다.

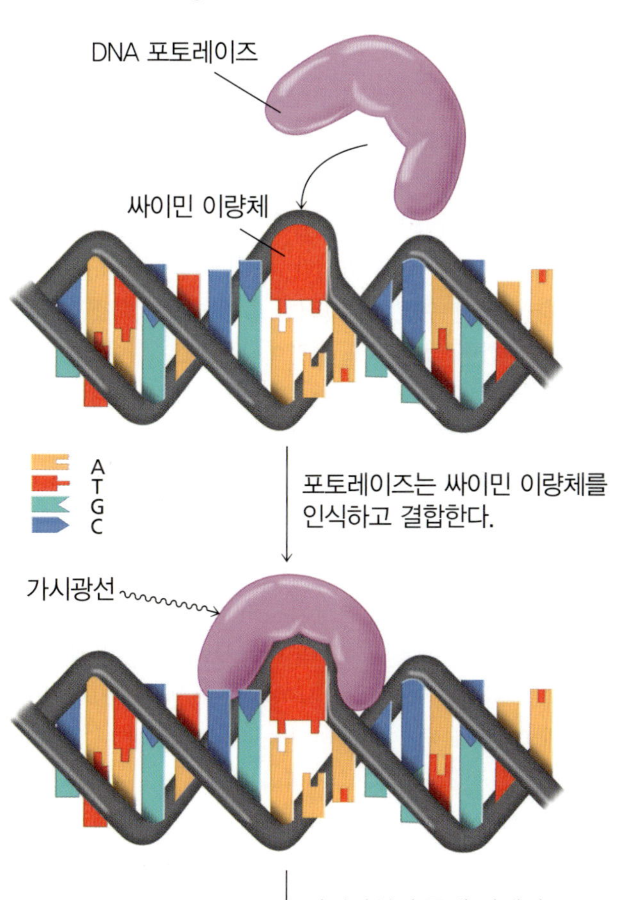

가시광선의 존재 하에서 효소는 이량체의 화학적 절단을 촉매해서 정상적인 염기쌍화를 회복시키고 DNA를 복구한다.

◀ **그림 20.20**
DNA 포토레이즈에 의한 싸이민 이량체의 복구.

결함이 있는 단백질이 만들어지는 경우 그 단백질은 단순히 새로운 기능성 단백질로 대체되기 때문에 조금 손실된다. 그러나 DNA가 손상될 때 만약 중요한 분자를 합성하기 위한 지침이 변경되는 경우 전체 유기체는 위험할 수 있다. 단세포 생물에서, 필수적인 단백질을 암호화하는 유전자의 손상은 그 유기체를 죽일 수 있다. 심지어 다세포 생물에서도, 시간이 지남에 따라 DNA 내 결함의 축적은 세포 기능의 점진적 손실 또는 암 세포에서 보이는 것과 같은 조절 불가능한 성장으로 이어질 수 있다.

염기 수정, 뉴클레오타이드 삭제 또는 삽입, DNA 가닥의 교차결합(cross-linking), 그리고 포스포에스터 골격의 파손과 같은 여러 가지 DNA 손상들이 있다. 어떤 DNA 손상은 환경적 제제의 결과이지만(예를 들면, 화학 물질이나 방사선) 대부분의 DNA 손상은 DNA 복제 중 만들어지는 오류의 결과이다. 심각한 손상은 치명적일 수 있지만 생체 내에서 발생하는 대부분의 손상은 복구된다. DNA 폴리머레이즈의 교정 과정을 회피하는 불일치된 염기들뿐만 아니라 많은 수정된 뉴클레오타이드들은 변화를 감지하기 위해 지속적으로 DNA를 검사하는 특정 복구효소에 의해 인식된다. 손상(lesions)의 일부는 DNA의 포스포에스터 골격을 끊을 필요가 없는 과정인 **직접 복구(direct repair)**에 의해 수리된다. 또 다른 복구는 더 많은 작업이 필요하다.

DNA 복구 메커니즘은 개개의 세포뿐만 아니라 다음 세대도 보호한다. 단세포 생물에서, 원핵생물이건 진핵생물이건 간에, 복구되지 않은 DNA 손상은 DNA 복제와 세포분열 후 딸세포에 직접 전달되는 돌연변이가 될 수 있다. 다세포 생물에서, 돌연변이는 생식 계열에서 발생하는 경우에만 다음 세대에 전달될 수 있다. 생식 계열 돌연변이는 그들을 포함하는 유기체에는 눈에 띄는 효과가 없을 수도 있지만, 특히 돌연변이된 유전자가 발생에 중요한 경우 자손에 심각한 영향을 미칠 수 있다. 그러나 돌연변이가 체세포에서 발생하면 그 결함은 유전되지 않지만, 종종 제한이 없는 세포 성장이나 암으로 이어질 수 있다. DNA 복제의 정확성과 복구의 효율성에도 불구하고, 인간은 평균적으로 각 세대마다 약 130개의 새로운 돌연변이를 축적한다. 이러한 돌연변이의 대부분은 중립적이며 인간 개체군에 큰 변이의 양을 이끈다. 그것은 DNA 지문에 의해서 개인의 식별을 가능하게 만드는 변이다.

A. 광이량화(Photodimerization) 후 복구: 직접 복구의 예

이중나선 DNA는 자외선(UV)에 의해 손상되기 쉽다. 가장 일반적인 자외선에 의한 손상은 하나의 DNA 가닥에서 인접한 피리미딘들의 이량체화이다. 이 과정이 광이량화의 예이다. 가장 일반적인 이량체는 인접한 싸이민들 사이에서 형성된다(그림 20.19). 그들은 주형 가닥을 왜곡하기 때문에 DNA 복제는 피리미딘 이량체의 존재 시 일어날 수 없다. 따라서 피리미딘 이량체의 제거는 생존을 위해 필수적이다.

많은 생물은 직접 복구를 사용하여 싸이민 이량체 손상을 복구할 수 있다(특히, 인간과 모든 태반 포유류는 이러한 복구 메커니즘이 부족하다—아래 참조). 가장 간단한 복구 과정은 DNA 포토레이즈(photolyase)로 알려진 효소가 싸이민 이량체 부위의 왜곡된 이중나선에 결합할 때 시작된다(그림 20.20). DNA-효소 복합체가 가시광선을 흡수할 때, 그 이량체는 사라진다. 그 다음 포토레이즈는 수리된 DNA로부터 떨어지고 정상적인 A/T 염기쌍이 다시 형성된다. 이 과정은 광회복반응이라 불린다. 그것은 직접 수리의 예다.

B. 절제복구(Excision Repair)

이온화 방사선의 다른 형태와 자연 발생 화학물질은 DNA를 손상시킬 수 있다. 산과 산화제를 포함하는 일부 화합물은 알킬화, 메틸화, 또는 탈아미노화로 DNA를 변형할 수 있다. DNA는 탈퓨린화 또는 탈피리미딘화로 알려진 과정인 이중고리 염기의 자발적인 손실에 영향을 받기 쉽다. 이러한 결함의 많은 것은 모든 생물에서 전반적인 특징이 유사한 일반적인 **절제복구 경로(excision repair pathway)**로 복구될 수 있다. 이 경로는 엔도뉴클리에이즈가 왜곡, 손상된 DNA를 인식하고 손상의 양쪽 면을 잘라내 12~13 잔기를 갖는 올리고뉴클레오타이드를 이탈시킬 때 시작된다. 이 절단은 대장균의 UvrABC 효소에 의해 촉매된다. DNA 올리고뉴클레오타이드의 제거는 종종 절제복구 효소 복합체의 구성요소인 헬리케이즈 활성이 필요하기도 하다. 그 결과 단일가닥 간격이 만들어진다. 그 다음, 간격은 원핵생물에서 DNA 폴리머레이즈 I의 작용이나 진핵생물에서 복구 DNA 폴리머레이즈(repair DNA polymerase)의 작용에 의해 채워진다. 닉은 DNA 라이게이즈에 의해 밀봉된다(그림 20.21).

UvrABC 엔도뉴클리에이즈는 이중나선을 왜곡시키는 피리미딘 이량체와 변형된 염기를 인식한다(이것은 인간에서 싸이민 이량체가 복구되는 방법이다). 다른 절제-복구 효소는 아데닌, 사이토신, 또는 구아닌의 가수분해성 탈아미노화에 의해 손상된 DNA를 인식한다. (아미노기를 가지고 있지 않기 때문에 싸이민은 탈아미노화에 적용되지 않는다.) 탈아미노화된 염기는 복제의 다음 라운드 동안 잘못된 염기의 합병을 이끌어 잘못된 염기쌍을 형성할 수 있다. 탈아미노화의 산물이 복제의 다음 라운드에서 아데닌과 염기쌍을 쉽게 형성하는 유라실이기 때문에 사이토신의 자발적인 탈아미노화는 DNA 손상의 가장 일반적인 유형 중 하나이다(그림 20.22).

DNA 글라이코실레이즈라 불리는 효소는 설탕에 변형된 염기를 연결하는 *N*-글라이코시딕 결합의 가수분해를 촉매함으로써 탈아미노화된 염기와 변형된 염기를 제거한다. 탈아미노화된 사이토신의 복구를 살펴보자. 복구는 유라실 *N*-글라이코실레이즈가 탈아미노화로 생성된 유라실을 제거할 때 시작된다. 효소는 잘못된 U/G 염기쌍을 인식하고 결합하며 유라실 염기를 바깥쪽으로 튀겨 올려서 그것이 설탕잔기로부터 제거되는 효소의 활성화 부위에 *N*-글라이코시딕 결합을 위치시킨다(그림 20.23). 다음으로, 엔도뉴클리에이즈가 염기가 사라진 위치를 인식하고 디옥시라이보스 인산을 제거하여 이중나선 DNA에 단일 뉴클레오타이드 간격을 남기게 한다. 이 엔도뉴클리에이즈는 아퓨리닉(apurinic) 및 아피리미딕(apyrimidinic) 위치(AP 사이트)를 인식하기 때문에 AP-엔도뉴클리에이즈라고 한다. 몇몇 특정 DNA 글라이코실레이즈는 같은 폴리펩타이드 사슬에서 글라이코실레이즈와 AP-엔도뉴클리에이즈 활성을 모두 갖는 두 개의 기능을 가진 효소이다. 엑소뉴클리에이즈 활성을 갖는 절제복구 효소들은 종종 엔도뉴클리에이즈에 의해 생성된 간격을 확장한다. 원핵생물에서, DNA 폴리머레이즈 I은 노출된 DNA의 3′-말단에 결합하고 그 간격을 채운다. 마지막으로, 가닥은 DNA 라이게이즈에 의해 밀봉된다. 절제복구 경로의 단계는 그림 20.24에 요약되어 있다.

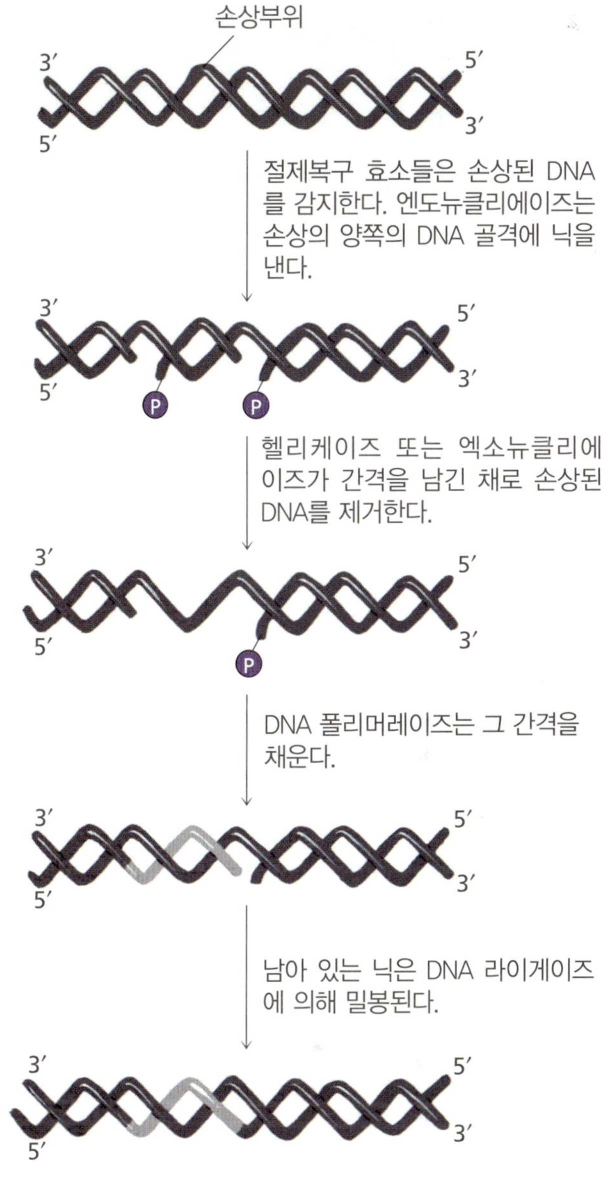

▲ **그림 20.21**
일반적인 절제복구 경로.

아데닌 또는 구아닌의 탈아미노화는 드문 반면, 사이토신의 탈아미노화는 매우 일반적이고 DNA에서 유라실이 싸이민으로 교체되지 않으므로 많은 수의 돌연변이들이 발생한다(싸이민은 단순히 5-메틸유라실인 것을 기억하라). 만일 RNA에 존재하듯이 DNA에 정상적으로 유라실이 발견된다면, 그것은 올바른 유리딜레이트 잔기와 사이토신의 탈아미노화에서 발생하는 것 사이의 구별이 불가능할 것이다. 그러나 유라실은 DNA의 염기 중 하나가 아니기 때문에 사이토신 탈아미노화에서 발생하는 손상은 인식되고 복구될 수 있다. 따라서 DNA에서 싸이민의 존재는 유전정보의 안정성을 증가시킨다.

아미노기

사이토신

H_2O 가수분해성 탈아미노화 NH_3

유라실

▲ 그림 20.22
사이토신의 가수분해성 탈아미노화. 사이토신의 탈아미노화는 구아닌보다 아데닌과 쌍을 형성하는 유라실을 생성한다.

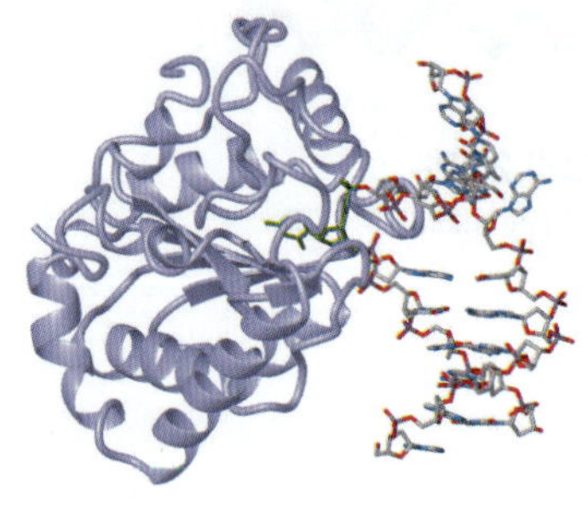

▲ 그림 20.23
인간 마이토콘드리아의 유라실 *N*-글라이코실레이즈. 이 효소는 이중가닥 DNA의 중첩된 지역 밖으로 뻗어나간 유라실을 포함하는 뉴클레오타이드(녹색)에 결합된다. [PDB 1EMH]

사이토신의 탈아미노화에 의해 생성된 유라실

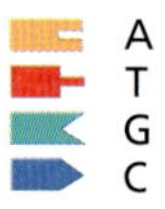

유라실은 *N*-글라이코시딕 결합을 가수분해하는 유라실 *N*-글라이코실레이즈에 의해 인식되어 AP 자리를 만든다.

AP 자리

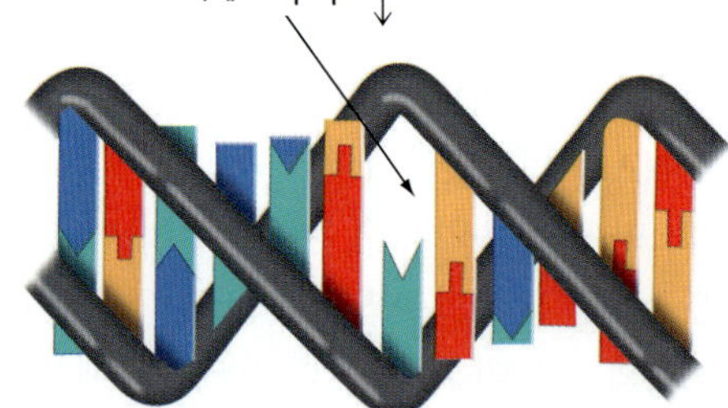

엔도뉴클리에이즈는 AP 자리를 인식, 당-인산 골격을 절단하고, 디옥시라이보스 인산을 제거한다.

결과로 나온 단일-뉴클레오타이드 간격은 DNA 폴리머레이즈 I에 의해 채워지고, 닉은 DNA 라이게이즈에 의해 밀봉된다.

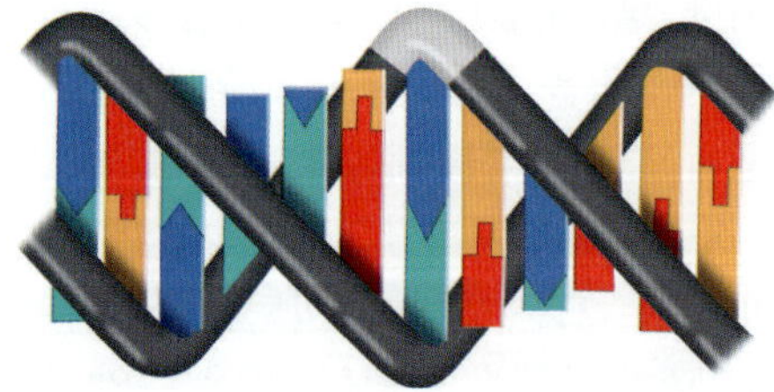

▲ 그림 20.24
사이토신의 탈아미노화에 의한 손상의 복구.

BOX 20.1 메틸사이토신이 가진 문제점

5-메틸사이토신은 진핵세포 DNA에서 일반적이다(18.7절). 5-메틸사이토신의 탈아미노화는 손상된 DNA 내의 G 반대편에 T을 초래하는 싸이미딘을 생성한다. 복구효소는 이 염기들 중에 잘못된 것을 인식할 수 없어서 "복구"는 종종 T:A 염기쌍으로 끝난다. 또한 이것은 손상된 DNA가 복구될 수 있기 전에 복제되는 경우에도 발생할 것이다. CG 위치들에 사이토신은 포유류의 유전체에서 우선적으로 메틸화된다. 5-메틸사이토신의 탈아미노화에 의한 사이토신의 빈번한 손실은 TG, AG, 그리고 GG에 비하여 CG 서열을 실제보다 적게 표시하게 유도한다.

20.9 상동 재조합

재조합은 한 염색체에서 다른 염색체로 또는 하나의 염색체 내에서 DNA 단편의 교환 또는 전송을 초래하는 모든 이벤트다. 그들은 밀접하게 연관된 서열을 갖는 DNA 단편들 사이에서 발생하기 때문에 대부분의 재조합은 **상동 재조합(homologous recombination)**의 예들이다. 감수분열 시 짝지어진 염색체들 사이의 교환은 상동 재조합의 예다. 연관되지 않은 서열들 사이의 재조합은 **비상동 재조합(nonhomologous recombination)**이라고 한다. **트랜스포존(transposon)**은 비상동 재조합 메커니즘들을 활용하여 염색체에서 염색체로 이동하는 움직이기 쉬운 유전적 요소이다. 또한 박테리오페이지가 숙주 염색체로 통합될 때 DNA 분자들 사이의 재조합이 발생한다. 재조합이 특정 위치에서 일어날 때 그것은 **특정 위치 재조합(site specific recombination)**이라고 한다.

돌연변이는 한 집단에서 새로운 유전적 변이를 생성하고 재조합은 유전체 내 돌연변이의 다른 조합을 생성하는 메커니즘이다. 대부분의 종은 개별 유기체 사이에 정보를 교환하기 위해 몇 가지 메커니즘을 가진다. 원핵생물은 일반적으로 자신의 유전체의 단일 복사본만을 포함하므로(즉, 그들은 반수체다) 이 교환은 재조합을 필요로 한다. 일부 진핵세포는 반수체이지만 대부분은 두 세트의 염색체를 갖는 이배체다—각 부모에 의해 기증되는 하나. 이배체 내의 유전적 재조합은 각 부모에 의해 기증된 염색체상이 유전자들을 혼합해서 다음 세대가 매우 다른 유전자 조합을 받게 한다. 예를 들어, 당신의 자녀 염색체 중 어떤 것도 당신의 것과 동일하지 않을 것이며 당신의 것 중 어떤 것도 부모의 것과 동일하지 않다(대립유전자의 혼합이 재조합의 중요한 결과이지만, 그것은 재조합 메커니즘이 맨 먼저 진화되었을 이유가 될 것 같지는 않다. 왜 성이 진화되는가에 대한 문제는 생물학에서 가장 어려운 문제 중 하나이다).

재조합은 많은 다른 메커니즘들에 의해 발생한다. 또한 재조합 반응에 참여하는 많은 단백질과 효소들은 DNA 복구반응에도 참여하는데 이는 복구와 재조합 사이의 밀접한 관계를 설명한다. 이 섹션에서, 우리는 일반적인 재조합인 할러데이 모델을 간단하게 설명한다—많은 종에서 발생할 것 같은 재조합의 한 가지 유형.

A. 일반적 재조합의 홀리데이 모델

상동 재조합은 DNA 분자에 단일가닥 또는 이중가닥 틈의 도입과 함께 시작된다. 단일가닥 틈을 포함하는 재조합은 종종 일반적인 재조합이라고 한다. 그것은 어떤 종에서는 재조합의 중요한 메커니즘이지만 이중가닥 틈을 포함하는 재조합은 여기에서 설명되지는 않는다.

원핵생물의 재조합 예로써 두 개의 선형 염색체 사이에 일반적인 재조합을 고려하라. 분자 사이의 정보 교환은 상동 DNA 서열의 정렬로 시작한다. 다음으로, 단일가닥 닉은 상동

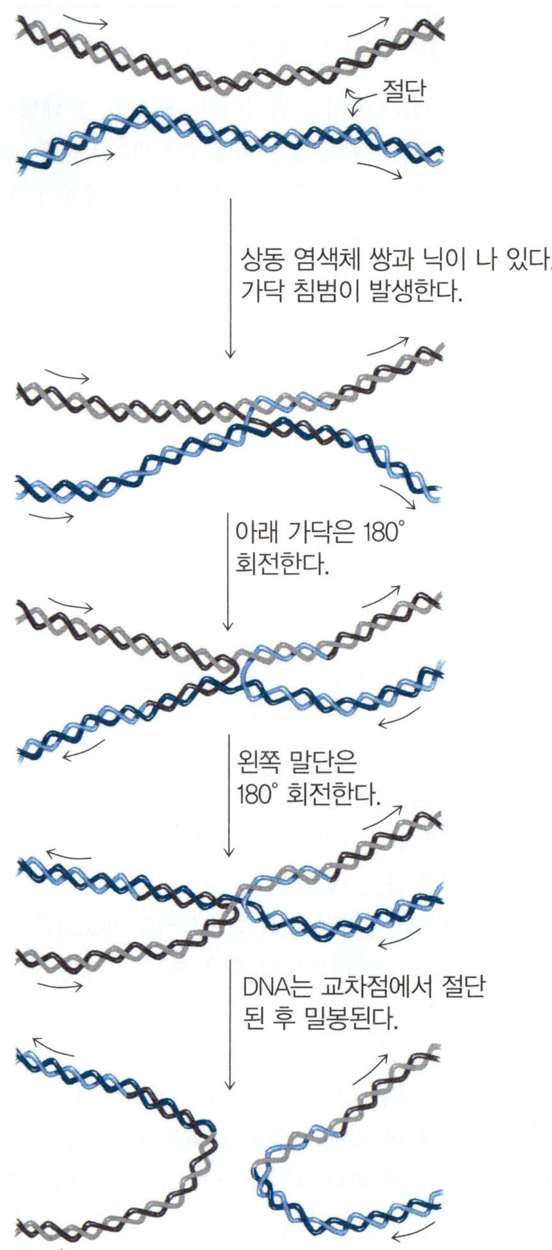

그림 20.25 ▶
일반적 재조합의 할러데이 모델. 닉은 각 분자의 상동지역으로 도입된다. 이후 가닥 침범, 교차접합에서 DNA 절단, 그리고 닉된 가닥의 밀봉은 염색체 끝 부분의 교환을 초래한다.

▲ 무성 물벼룩.

지역으로 도입되고 단일가닥들은 가닥 침범(strand invasion)이라는 과정에서 교환한다. 그 결과로 생긴 구조는 가닥 교차(strand crossover)의 영역을 포함하고 이는 1964년에 로빈 할러데이(Robin Holliday)가 맨처음으로 제안한 이후 홀리데이 교차점(Holliday junction)으로 알려져 있다(그림 20.25).

염색체는 교차점에서 두 침범나선이 쪼개짐으로 인해 이 단계에서 분리될 수 있다. 상동 DNA 분자들의 끝이 회전할 수 있어 홀리데이 교차점의 다른 입체구조들을 생성한다는 것을 이해하는 것이 중요하다. 회전 후 절단은 그림 20.25에서 보듯이 말단을 교환한 두 개의 염색체를 생성한다. 많은 다른 생물의 재조합은 아마 그림 20.25에서 보는 것과 유사한 메커니즘에 의해 일어날 것이다.

B. 대장균에서의 재조합

재조합의 첫 번째 단계 중 하나는 자유 3′ 말단을 가진 단일가닥 DNA의 생성이다. 대장균에서, 이 단계는 그 산물이 오랫동안 재조합에 역할을 하는 것으로 알려진 세 가지 유전자

▲ 수컷 초파리(감수분열성 재조합이 없는).

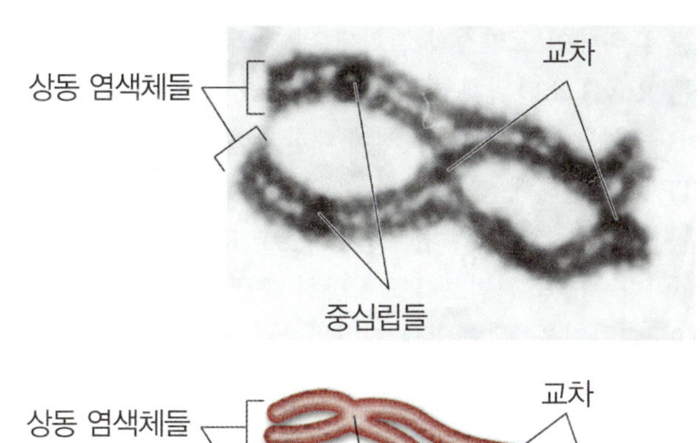

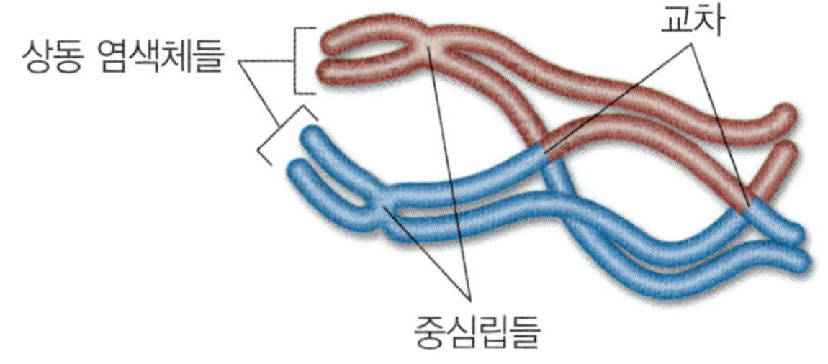

◀ **감수분열의 교차(chisasmata)**

출처: © 2008 Sinauer Associates Sadava, D. et al. *Life: The Science of Biology*, 8th ed. (Sunderland, MA: Sinauer Associates and W. H. Freeman & Company) 198

(*rec*B, *rec*C 및 *rec*D)에 의해 암호화된 소단위체를 갖는 효소인 RecBCD 엔도뉴클리에이즈에 의해 수행된다. RecBCD는 DNA에 결합하여 가닥 중 하나를 자른다. 그런 다음 3′ 말단을 갖는 단일가닥 DNA를 생성하는 ATP 가수분해에 연결된 과정에서 DNA를 풀어지게 한다.

재조합 동안 가닥교환은 단일가닥 DNA가 이웃 DNA 분자의 이중나선 구조를 침공할 때 시작된다. 가닥교환은 열역학적으로 유리한 이벤트는 아니다—침공은 재조합 및 복구를 촉진하는 단백질에 의해 도움을 받아야만 한다. RecA는 원형 가닥교환 단백질이다. 그것은 상동 재조합과 복구의 일부 형태들에 필수적이다. 그 단백질은 RecBCD의 작용에 의해 생성된 단일가닥 꼬리와 같은 단일가닥 DNA에 협력적 결합을 하는 단량체로써 기능한다. 각 RecA 단량체는 대략 다섯 개의 뉴클레오타이드 잔기를 감싸며 각 연속적 단량체는 DNA 가닥의 반대편에 결합한다.

재조합에서 RecA의 주요 역할 중 하나는 서열 유사성의 영역을 인식하는 것이다. RecA는 RecA로 덮인 한 가닥과 매우 유사한 영역의 이중가닥 DNA 사이에서 한 개의 삼중가닥 중간체의 형성을 촉진한다. 그 다음 RecA는 그 한 가닥을 이중나선의 해당 가닥으로 치환하는 가닥 교환을 촉진한다.

가닥 교환은 두 단계로 이루어진다: 가닥 침범 후 분지이동(branch migration)(그림 20.26). 단일가닥과 이중가닥 DNA는 모두 교환 반응 동안 확장된 입체형태로 있는다. 가닥들은 아마도 토포아이소머레이즈에 의해 도움을 받는 과정으로 서로의 주위에서 회전해야 한다. 가닥 교환은 어떤 공유결합도 끊어지지 않는다는 사실에도 불구하고 느린 과정이다(생화학에서 “느린” 과정은 몇 분 정도 걸린다).

또한 RecA는 두 개의 정렬된, 이중가닥 DNA 분자들 사이에서 가닥 침범을 촉진할 수도 있다. 두 분자는 모두 RecA에 결합된 단일가닥 꼬리를 포함해야 한다. 그 꼬리는 상동체 내의 해당 상보가닥 주위를 휘감는다. 이 교환은 그림 20.25에 보이는 것과 같은 홀리데이 교차점을 일으키게 된다. 다음 분지이동은 가닥 교환의 영역을 확장할 수 있다. 분지이동은 재조합 중간체에서 RecA가 해리된 후에도 지속될 수 있다.

홀리데이 교차점의 이중가닥 버전에서 분지이동은 모든 종에서 발견되는 놀라운 단백질 기계에 의해 작동된다. 세균 버전은 RuvA 및 RuvB 소단위체로 구성되어 있다. 이 단백질들은 접합에 결합하고 개략적 도식에서 보듯이 분지이동을 촉진한다(그림 20.27). 두 개의 DNA 나선들은 RuvC가 홀리데이 교차점에 결합하고 교차가닥들을 자를 때 분리된다.

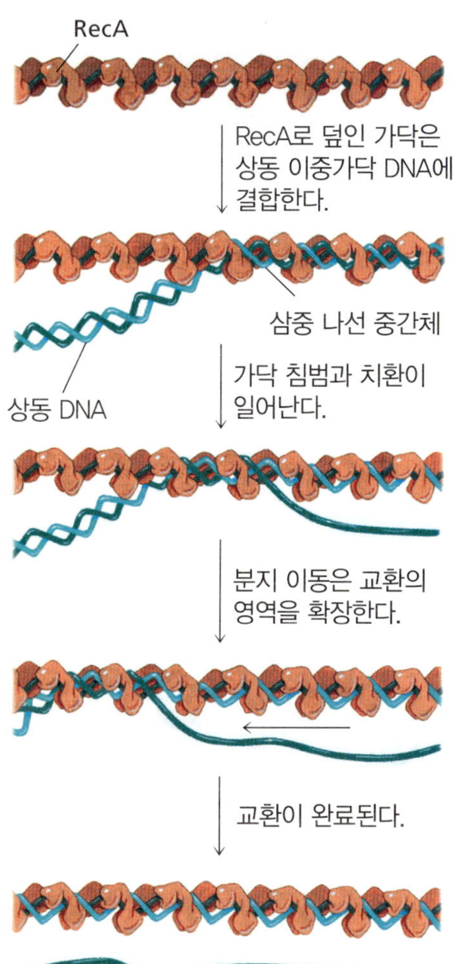

▲ **그림 20.26**
RecA에 의해 촉매되는 가닥교환.

▲ **박테리아의 접합(conjunction, 또는 성).**

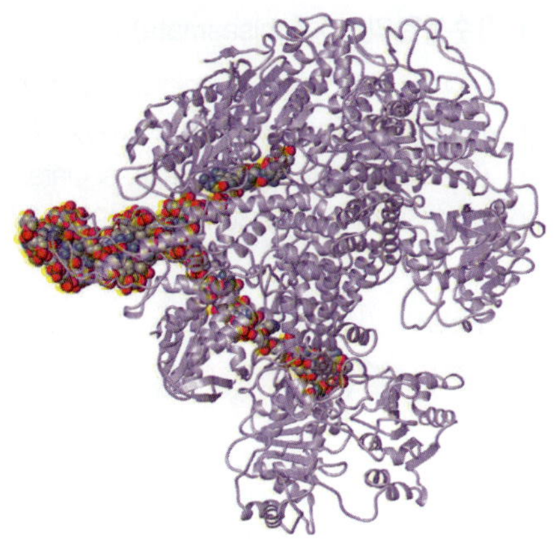

▲ **가닥의 분리를 보여주는 DNA에 결합된 RecBCD.** [PDB 3K70]

RuvA와 RuvB는 홀리데이 교차점과 결합된 네 개의 RuvA 소단위체들과 DNA 가닥들 중 두 개를 둘러싸는 RuvB 소단위체의 두 hexameric 고리들로 구성된 복합체를 형성한다(그림 20.28). RuvB 구성요소는 DNA 복제에 대한 섹션에서 논의된 sliding clamp와 비슷하며(20.2B절), ATP 가수분해에 연결된 반응에서 RuvA/홀리데이 교차점 복합체를 통해 가닥을 잡아당겨 분지이동을 추진시킨다(그림 20.29). RuvAB-매개 분지이동의 속도는 대략 초당 100,000 bp이다—가닥 침범보다도 상당히 빠르다.

RuvC는 홀리데이 교차점을 풀기 위해 교차가닥의 절단을 촉매한다. 재조합 분자의 두 가지 유형은 이 절단의 결과로 생산된다: 오직 단일가닥만이 교환되는 것과 염색체의 말단이 교환되는 것(그림 20.25).

C. 재조합은 복구의 한 형태가 될 수 있다

자연선택은 개개의 생물의 수준에서 우선적으로 작동하기 때문에 재조합이 개체의 생존에 영향을 끼치지 않는다면 재조합이 왜 진화해 왔는지에 대한 이유를 찾기는 어렵다. 재조합 효소들은 그들이 선택적 이점을 부여하는 DNA 복구에 역할을 하기 때문에 아마도 진화했을 것이다. 예를 들어, DNA의 심각한 손상은 단일가닥 지역을 가진 딸 가닥을 남긴 채 DNA 복제 동안 무시된다. 상동 딸 염색체 사이의 RecA-매개 가닥교환은 하나의 딸 분자의 손상되지 않은 가닥이 다른 딸 분자의 깨진 가닥을 복구하기 위한 주형으로 역할을 하게 한다.

재조합은 또한 하나의 염색체에서 유전자의 새로운 조합을 만들고 이것은 개체군과 진화적 생존의 기회에 대한 추가된 보너스일 수 있다. 100개 이상의 대장균 유전자들이 재조합 및 복구에 필요하며 대부분의 진핵세포에서는 두 배만큼 많이 필요하다.

모든 경우는 아니지만 대부분 재조합에 사용된 유전자들은 복구에도 마찬가지로 일부 역할을 한다. 몇몇 인간 유전자 내의 돌연변이는 DNA 복구와/또는 재조합의 결핍으로부터 나온 드문 유전적 결함을 일으킨다. 예를 들어, 색소성 피부건조증(xeroderma pigmentosum)은 자외선에 매우 민감하고 피부 암의 빈도 증가와 관련된 유전질환이다. 절제복구는 이 질병을 가진 환자에서 결함이 있지만 그 표현형은 적어도 8개의 다른 유전자들의 돌연변이 때문일 수 있다. 이들 유전자 중 하나는 AP-엔도뉴클리에이즈 활성을 갖는 DNA 글라이코실레이즈를 암호화한다. 영향을 받는 다른 유전자들은 복구 및 재조합 모두에 필요한 헬리케이즈를 암호화하는 몇몇을 포함한다.

복구 및 재조합 결핍들에 관련된 다른 많은 유전적 결함은 잘 규명되지 않았다. 그들 중 일부는 영향을 받은 환자에서 암의 증가된 발생률에 대한 책임이 있다.

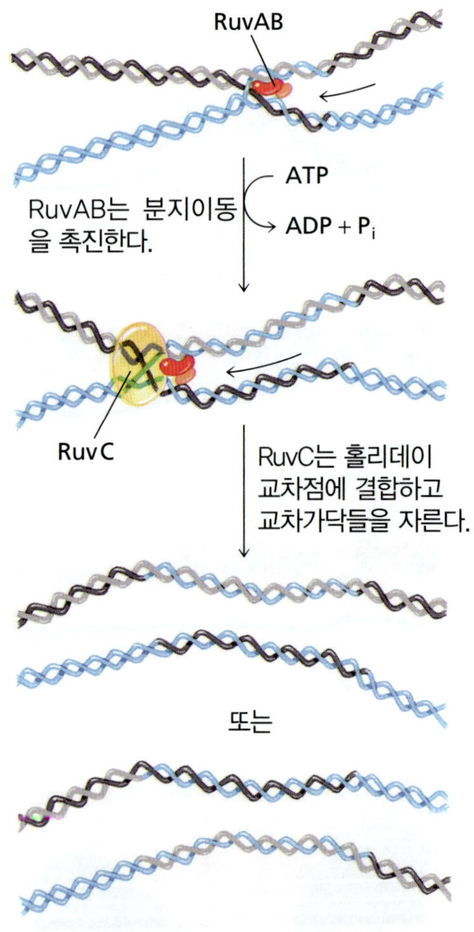

▲ 그림 20.27
홀리데이 교차점에서 Ruv 단백질의 작용. RuvAB는 ATP 가수분해에 결합된 반응에서 분지이동을 촉진한다. RuvC는 홀리데이 교차점을 절단한다. 재조합 분자의 두 가지 유형이 이 반응에서 생성될 수 있다.

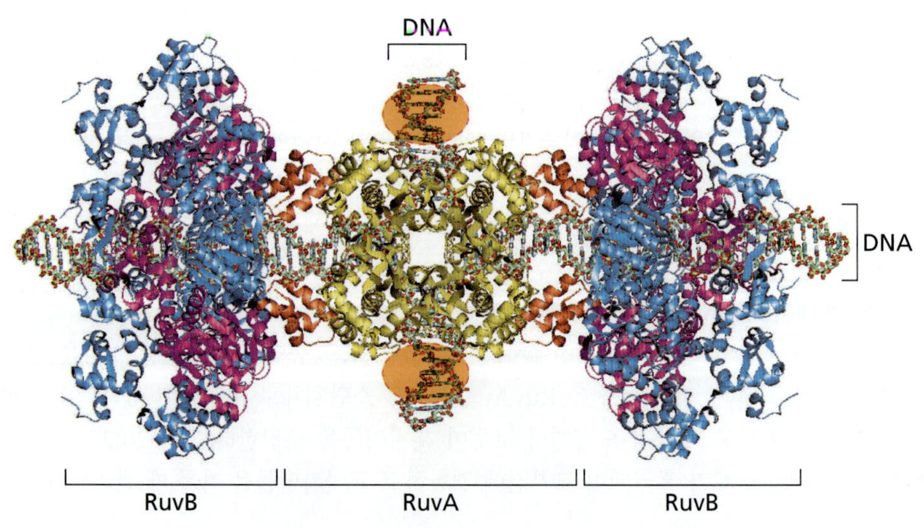

그림 20.28 ▶
홀리데이 교차점에 결합된 RuvA와 RuvB의 모델.

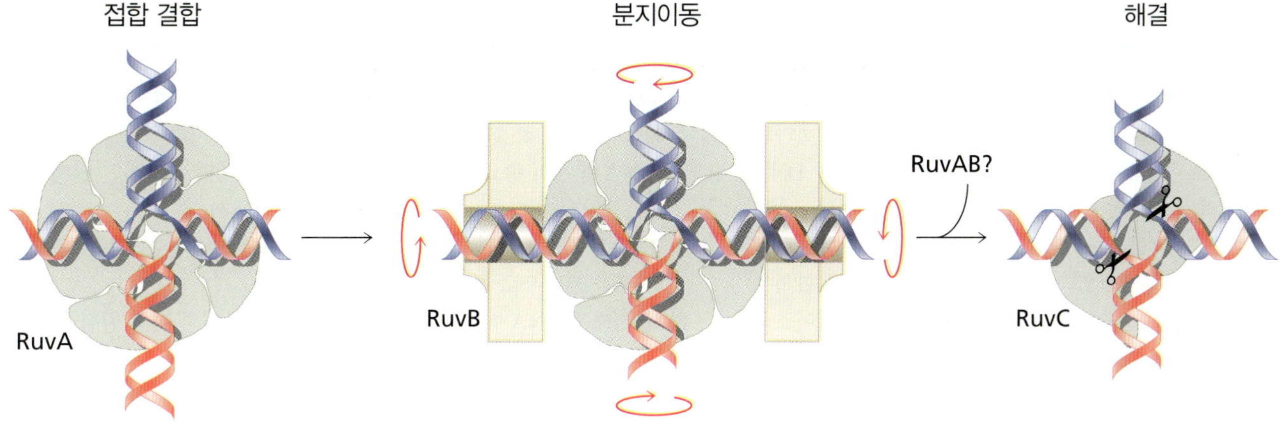

▲ 그림 20.29
분지이동과 해결(resolution). [Adapted from Rafferty, J. B., et al. (1996) Crystal structure of DNA recombination protein RuvA and a model for its binding to the Holliday junction. *Science* 274:415–421.]

BOX 20.2 DNA 복구와 유방암 사이의 분자적 고리(Molecular Link)

약 180,000명의 여성이 북미에서 매년 유방암으로 진단된다. 대략적으로 이러한 새로운 사례의 1/5은 가족적이나 유전적 구성요소를 가지며 이 중 1/3은, 또는 12,000 사례, 같은 이름으로 단백질을 암호화하는 ***BRCA1*** 또는 ***BRCA2***라는 두 유전자 중 하나의 돌연변이에 기인한다.

이 단백질은 모두 이중가닥 틈(DSB)의 정상적 재조합 복구에 필요하다. BRCA2는 진핵세포의 RecA 상동체 RAD51과 복합체를 형성한다. 또한 BRCA2는 이형삼량체를 형성하기 위해 BRCA1에 특이적으로 결합한다. 이온화 방사선에 노출된 후, 이 세 가지 DNA 복구 단백질들은 간기 핵 안쪽의 불연속적 위치, 또는 병소에 집중된 채로 발견된다(그림 참조). 이 병소는 그 단백질들이 이중가닥 틈을 복구하는 위치다. BRCA 단백질은 유전자의 사본 어느 것이라도 손상된 경우 세포가 손상될 만큼 극히 중요하다. *BRCA1* 또는 *BRCA2* 유전자의 하나 혹은 두 사본이 불완전하면, DSBs를 복구하는 능력은 결국 돌연변이의 높은 빈도를 이끄는 것으로 절충된다. 이러한 새로운 돌연변이 중 일부는 세포가 진핵세포 주기에 의해 부과된 엄격한 제약에서 벗어날 수 있게 하여 결국 암에 이르게 한다. BRCA 단백질은 잠재적인 돌연변이 병변을 식별하고 고치기 위해 유전체를 지속적으로 모니터링하는 파수꾼으로 기능한다. 사실, 판코니 빈혈(Fanconi's Anemia, FA)이라는 드문 상염색체 열성질환을 가진 일부 사람들은 몇 가지 돌연변이 유도물질에 대해 증가된 민감성과 암의 다양한 유형에 대한 유전적 소인의 증가를 갖는다. FA 환자는 DNA 복구에 아마 중요한 7개의 다른 유전자 중 하나에 영향을 받는 것으로 나타났다. 이들 유전자 중 하나는 복구 과정에서의 중요한 역할을 강조하는 *BRCA2*이다.

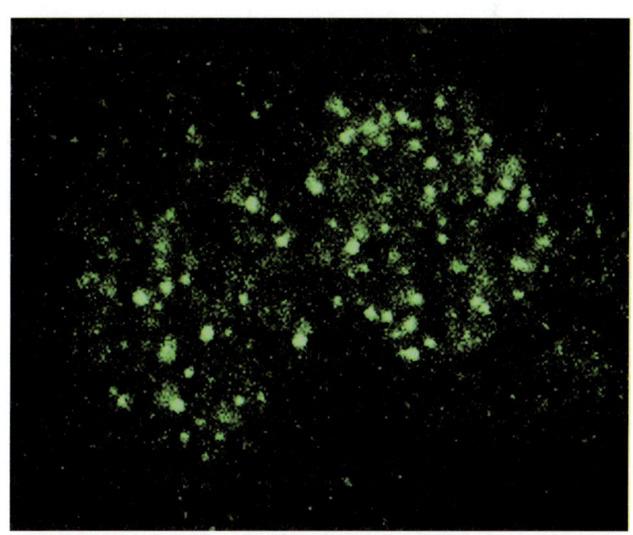

▲ 이온화 방사선은 DNA 복구 단백질 BRCA1의 핵 초점을 유도한다. 강력한 γ-광선은 DNA의 이중나선 결함을 유도하고 DNA 복구를 시작하게 한다. 이 조직 배양 세포의 핵은 IR에 노출된 후 BRCA1(녹색으로 염색된)를 인식하는 항체로 처리하였다.

요약

1. DNA 복제는 반보존적이다. DNA 각 가닥은 상보적인 가닥의 합성을 위한 주형으로 작용한다. 복제의 산물은 하나의 부모가닥과 하나의 새로 합성된 가닥으로 구성된 두 개의 이중가닥 딸 분자이다. DNA 복제는 복제시 원점에서 양쪽 방향으로 진행하는 양방향성이다.
2. DNA 폴리머레이즈는 뉴클레오티딜기 전달 반응을 촉매함으로써 성장하는 DNA 사슬에 뉴클레오타이드를 추가한다. DNA 합성은 $5' \rightarrow 3'$ 방향으로 진행한다. DNA 합성의 오류는 폴리머레이즈의 $3' \rightarrow 5'$ 엑소뉴클리에이즈 활성에 의해 제거된다. 일부 DNA 폴리머레이즈는 부가적인 $5' \rightarrow 3'$ 엑소뉴클리에이즈 활성을 포함한다.
3. DNA 선도가닥은 연속적으로 합성되지만 지체가닥은 오카자키 조각을 생산하여 불연속적으로 합성된다. 선도가닥과 각 오카자키 조각의 합성은 RNA 프라이머를 가지고 시작한다. 대장균에서, 프라이머는 DNA 폴리머레이즈 I의 작용에 의해 제거되고 DNA로 교체된다. DNA 라이게이즈의 작용은 지체가닥의 분리된 단편들을 결합시킨다.
4. 레플리좀은 복제 분기에서 조립되는 복잡한 단백질 기계다. 레플리좀은 헬리케이즈와 프라이메이즈와 같은 부가적 단백질을 더한 두 개의 DNA 폴리머레이즈 분자를 포함한다.
5. 레플리좀의 조립은 DNA의 두 가닥의 동시 합성을 보장한다. 대장균에서, 헬리케이즈는 부모의 DNA를 풀고 SSB는 단일가닥에 결합한다. 지체가닥 주형은 복제 분기 이동과 같은 방향으로 양쪽 가닥의 합성이 진행되도록 레플리좀을 통해 고리가 된다. DNA 폴리머레이즈는 레플리좀의 일부이기 때문에 매우 점진적이다.
6. DNA 복제의 개시는 특정 DNA 서열(예: 대장균의 *Ori*C)에서 일어나고 부가적 단백질의 존재 여부에 의존적이다. 박테리아에서, DNA 복제의 종료 역시 특정 위치에서 일어나며 부가적인 단백질들을 필요로 한다.
7. PCR과 DNA 시퀀싱과 같은 몇 가지 새로운 기술들은 DNA 복제의 이해를 기반으로 한다.
8. 진핵세포 DNA 복제는 진핵세포 염색체가 복제의 여러 원점들을 포함하고 진핵세포의 오카자키 조각이 더 작다는 것을 제외하고 원핵생물의 DNA 복제를 닮았다. 원핵생물보다 진핵생물의 복제 분기의 느린 이동은 뉴클레오좀의 존재 때문이다.
9. 방사선이나 화학 약품에 의해 손상된 DNA는 직접-복구 메커니즘 또는 일반적인 절제-복구 경로로 복구될 수 있다. 또한 절제-복구 메커니즘은 잘못 합병된 뉴클레오타이드를 제거한다. 특정 효소들은 손상되거나 잘못 합병된 뉴클레오타이드를 인식한다.
10. 재조합은 하나의 단일가닥 DNA가 홀리데이 교차점을 만드는 이중가닥 DNA 내의 상동가닥과 교환할 때 발생할 수 있다. 나선 침범은 대장균에서 RecA에 의해 촉진된다. 홀리데이 교차점의 분해와 분지 이동은 대장균에서 RuvABC에 의해 촉매된다.
11. 복구와 재조합은 유사한 과정들이며 많은 같은 효소를 사용한다. 복구와 재조합을 필요로 하는 인간 유전자의 결함은 자외선에 대한 민감성과 암의 증가된 위험성을 야기한다.

문제

1. 어떤 박테리아의 염색체는 5.2×10^6 염기쌍을 갖는 하나의 원형 이중나선 DNA 분자이다. 이 염색체는 하나의 복제 원점을 포함하며 복제 분기 이동 속도는 초당 1,000 뉴클레오타이드이다.
   (a) 염색체를 복제하는 데 필요한 시간을 계산하여라.
   (b) 매우 유리한 조건하에서 어떻게 박테리아의 발생 시간이 25분만큼 짧아질 수 있는지를 설명하라.
2. 많은 DNA 바이러스에서 바이러스 유전자들은 두 개의 겹쳐지 않는 그룹으로 나뉠 수 있다: 바이러스 유전체의 복제 이전에 감지될 수 있는 산물의 초기 유전자들, 바이러스 유전체의 복제 후 감염된 세포에 축적하는 산물의 늦은 유전자들. 일부 바이러스는 박테리오페이지 T4와 T7처럼, 자기 자신의 DNA 폴리머레이즈를 암호화한다. 당신은 T4 DNA 폴리머레이즈 유전자가 초기 혹은 늦은 종류 중 어떤 것이 될 것으로 기대하나? 왜 그렇게 기대하는가?
3. (a) 왜 시퀀싱 반응에 종종 SSB의 첨가가 DNA의 수율을 증가시키는가?
   (b) 높은 온도에서 성장한 박테리아에서 분리된 DNA 폴리머레이즈를 사용하여 65℃에서 시퀀싱 반응을 수행하는 것의 이점은 무엇인가?
4. DNA 프라이머보다 RNA 프라이머의 사용이 대장균에서 DNA 복제의 충실도에 어떻게 영향을 주는가?
5. DNA의 두 가닥은 $5' \rightarrow 3'$ 방향으로 합성된다.
   (a) 5′-dNTP와 5′-삼인산기를 갖는 자라나는 사슬을 사용하여 $3' \rightarrow 5'$ 방향으로 DNA 합성을 위한 가상 반응 메커니즘을 그려라.
   (b) 만약 가상 효소가 교정 활성을 가진다면 DNA 합성에 어떻게 영향을 미칠까?
6. Ciprofloxacin은 세균 감염의 광범위한 치료에 사용되는 항균제이다. 대장균에서 ciprofloxacin의 표적들 중 하나는 토포아이소머레이즈 II이다. 토포아이소머레이즈 II의 억제가 왜 대장균에 의한 감염을 치료하는 효과적인 표적이 되는지를 설명하라.
7. 과일파리 *D. melanogaster*의 전체 유전체는 1.65×10^8 bp로 구성되어 있다. 하나의 단일 복제 분기에서 복제가 초당 30 bp의 속도로 일어나는 경우, 다음 경우에서 전체 유전체를 복제하는 데 필요한 최소한의 시간을 계산하여라.
   (a) 하나의 양방향성 원점에서 복제가 시작되는 경우
   (b) 2000개의 양방향성 원점에서 복제가 시작되는 경우
   (c) 초기 배아에서, 복제는 겨우 5분 정도만큼 필요할 수 있다. 이 복제 시간을 설명하는 데 필요한 원점의 최소 수는 얼마인가?
8. 에틸메테인설포네이트(EMS)는 DNA에서 구아닌의 O-6 잔기를 에틸화하는 반응성 알킬레이트제이다. 만일 이 변형된 G가 절단되지 않고 일반 G로 대체되지 않은 경우, DNA 복제의 한 라운드의 결과는 어떻게 될 것인가?
9. 왜 자외선으로 조사한 후 가시광선에 노출된 세포는 자외선으로 조사

한 후 어두운 곳에서 보관된 세포보다 더 큰 생존율을 갖게 되는가?

10. 대장균은 DNA에 유라실 염기의 결합을 방지하기 위해 몇몇 메커니즘을 사용한다. 첫째, *Dut* 유전자에 의해 암호화된 효소 dUTPase는 dUTP를 분해한다. 둘째, *ung* 유전자에 의해 암호화된 효소 유라실 *N*-글라이코실레이즈는 DNA로 가는 과정에서 발견되는 유라실들을 제거한다. 결과로 생긴 아피리미딕 위치는 복구되어야 한다.
(a) 만일 우리가 *dut* 유전자에 돌연변이를 가진 균주의 DNA를 조사한다면, 우리는 무엇을 찾게 될 것인가?
(b) *dut*와 *ung* 유전자가 모두 돌연변이된 균주에서 DNA를 조사한다면 어떻게 될까?

11. 5-메틸사이토신이 싸이민으로 탈아미노화될 때 왜 유라실 *N*-글라이코실레이즈가 그 손상을 복구할 수 없는지 설명하라.

12. 메틸사이토신을 포함하는 DNA의 지역에서 왜 높은 돌연변이율이 발견되나?

13. 레플리좀에 의한 잘못된 결합의 비율이 10^{-5} 정도이지만 대장균에서 DNA 복제에 대한 전반적인 오류율은 대략 10^{-9}인 이유를 설명하라.

14. 대장균에서 DNA 복구는 효소 보조인자 $NAD^{\oplus}$에 의존적인가?

15. 대장균에서 피리미딘 이량체를 복구하는 데 사용될 수 있는 두 가지 방법을 설명하라.

16. DNA의 하나의 단일가닥에의 손상은 다양한 메커니즘을 통해 쉽게 복구되는 반면 DNA의 양쪽 가닥의 염기들에 대한 손상은 세포가 복구하기가 더 어렵다. 이를 설명하라.

17. 상동 재조합은 왜 동일하거나 거의 동일한 DNA 서열들 사이에서만 발생하나?

18. 왜 두 개의 다른 DNA 폴리머레이즈들이 대장균 염색체를 복제하는 데 필요한가?

참고문헌

일반

Adams, R. L. P., Knowler, J. T., and Leader, D. P. (1992). *The Biochemistry of the Nucleic Acids*, 11th ed. (New York: Chapman and Hall).

Aladjem, M. I. (2007). Replication in context: dynamic regulation of DNA replication patterns in metazoans. *Nat. Rev. Genet*. 8:588–600.

Bentley, D. R., et al. (2008). Accurate whole human genome sequencing using reversible terminator chemistry. *Nature* 456: 53–59.

Kornberg, A., and Baker, T. (1992). *DNA Replication*, 2nd ed. (New York:W. H. Freeman).

DNA 복제

Beese, L. S., Derbyshire, V., and Steitz, T. A. (1993). Structure of DNA polymerase I Klenow fragment bound to duplex DNA. *Science* 260: 352–355.

Bell, S. P. (2002). The origin recognition complex: from simple origins to complex functions. *Genes & Devel*. 16:659–672.

Davey, M. J., Jeruzalmi, D., Kuriyan, J., and O'Donnell, M. (2002).Motors and switches: AAA + machines within the replisome. *Nat. Rev. Mol. Cell Biol*. 3:1–10.

Gilbert, D. M. (2001).Making sense of eukaryotic DNA replication origins. *Science* 294:96–100.

Keck, J. L., and Berger, J.M. (2001). Primus inter pares (First among equals). *Nat. Struct. Biol*. 8:2–4.

Kong, X.-P., Onrust, R.,O'Donnell, M., and Kuriyan, J. (1992). Three-dimensional structure of the β subunit of *E. coli* DNA polymerase III holoenzyme: a sliding DNA clamp. *Cell* 69:425–437.

Kunkel, T. A., and Bebenek, K. (2000). DNA replication fidelity. *Annu. Rev. Biochem*. 69:497–529.

Marians, K. J. (1992). Prokaryotic DNA replication. *Annu. Rev. Biochem*. 61:673–719.

McHenry, C. S. (1991). DNA polymerase III holoenzyme. *J. Biol. Chem*. 266:19127–19130.

Meselson, M., and Stahl, F.W. (1958). The replication of DNA in *Escherichia coli. Proc. Natl. Acad. Sci*. USA 44:671–682.

Radman, M. (1998). DNA replication: one strand may be more equal. *Proc. Natl. Acad. Sci*. USA 95:9718–9719.

Waga, S., and Stillman, B. (1998). The DNA replication fork in eukaryotic cells. *Annu. Rev. Biochem*. 67:721–751.

Wake, R. G., and King, G. F. (1997). A tale of two terminators: crystal structures sharpen the debate on DNA replication fork arrest mechanisms. *Structure* 5:1–5.

Wyman, C., and Botchan, M. (1995). A familiar ring to DNA polymerase processivity. *Curr. Biol*. 5:334–337.

DNA 복구

Echols, H., and Goodman, M. F. (1991). Fidelity mechanisms in DNA replication. *Annu. Rev. Biochem*. 60:477–511.

Hanawalt, P. C. and Spivak, G. (2008). Transcription-coupled DNA repair: two decades of progress and surprises. *Nat. Rev. Mol. Cell. Biol*. 9:958–970.

Kogoma, T. (1997). Stable DNA replication: interplay between DNA replication, homologous recombination, and transcription. *Microbiol. Mol. Biol. Rev*. 61:212–238.

McCullough, A. K., Dodson, M. L., and Lloyd, R. S. (1999). Initiation of base excision repair: glycosylase mechanisms and structures. *Annu. Rev. Biochem*. 68:255–285.

Mol, C.D., Parikh, S. S., Putnam, C.D., Lo, T. P., and Taylor, J. A. (1999).DNA repair mechanisms for the recognition and removal of damaged DNA bases. *Annu. Rev. Biophys. Biomol. Struct*. 28:101–128.

Tainer, J. A., Thayer, M. M., and Cunningham, R. P. (1995). DNA repair proteins. *Curr. Opin. Struct. Biol*. 5:20–26.

Yang,W. (2000). Structure and function of mismatch repair proteins. *Mutat. Res*. 460:245–256.

재조합

Ortiz-Lombardia, M., González, A., Ertja, R., Aymami, J., Azorin, F., and Coll, M. (1999). Crystal structure of a Holliday junction. *Nat. Struct. Biol*. 6:913–917.

Rafferty, J. B., Sedelnikove, S. E., Hargreaves, D., Artmiuk, P. J., Baker, P. J., Sharples, G. J.,Mahdi, A.A., Lloyd, R. G., and Rice, D.W. (1996). Crystal structure of DNA recombination protein RuvA and a model for its binding to the Holliday junction. *Science* 274:415–421.

Rao, B. J., Chiu, S. K., Bazemore, L. R., Reddy, G., and Radding, C. M. (1995). How specific is the first recognition step of homologous recombination? *Trends Biochem. Sci*. 20:109–113.

West, S. C. (1996). The RuvABC proteins and Holliday junction processing in *Escherichia coli. J. Bacteriol*. 178:1237–1241.

West, S. C. (1997). Processing of recombination intermediates by the RuvABC proteins. *Annu. Rev. enet*. 31:213–244.

West, S. C. (2003).Molecular views of recombination proteins and their control. *Nat. Rev.Mol. Cell Biol*. 4:1–11.

White, M. F., Giraud-Panis, M.-J. E., Pöhler, J. R. G., and Lilley, D. M. J. (1997). Recognition and manipulation of branched DNA structure by junction-resolving enzymes. *J.Mol. Biol*. 269:647–664.

Wuethrich, B. (1998).Why sex? *Science* 281:1980–1982.

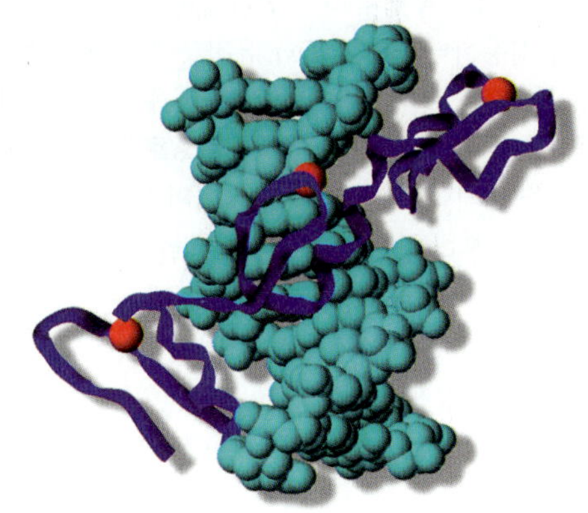

전사 및 RNA 프로세싱

> "이 조각 (우리가 "전령 RNA" 혹은 M-RNA로 명명할 것임)은 전체 RNA의 3% 만을 차지한다... 구조적 전령자에 주어진 성질은 불안정한 중간체인데, 이는 이러한 설계에서 가장 특이하고 새로운 의미를 갖는다. 이는 정보 전달의 메커니즘에서 새로운 개념을 창출하는 반면, 단백질 합성 소체(라이보좀)는 M-RNA를 통해서 유전자로부터 받는 특이적 지식에 의거하여, 비특이적인 구성체의 역할을 수행함으로써 다른 단백질들을 합성할 수 있다."
>
> —프란시스 제이콥과 자크 모노드, 1961

우리가 본 바와 같이, 1953년 왓슨과 크릭에 의해 제안된 DNA의 구조가 바로 유전정보를 한 세대에서 다음 세대로 전달하기 위해 DNA를 복제하는 방법으로 제안하였으나, 이는 하나의 생명체가 유전물질에 저장된 정보를 사용하는 방법을 설명하지는 않았다.

빵 곰팡이 *Neurospora crassa*의 연구를 기반으로, 비들과 테이텀이 유전 또는 유전자의 단일 단위는 단일 효소의 합성을 지시한다고 제안하였다. 유전자와 단백질 사이의 관계에 대한 훌륭한 증거가 발표되었다. 1956년 버논 잉그램은 유전 질환인 겸상 적혈구 빈혈 환자의 헤모글로빈과 정상적인 헤모글로빈 사이에 단일 아미노산이 바뀌었다는 것을 보였다. 잉그램의 결과는 유전자의 변화가 단일 단백질의 아미노산의 서열의 변화를 나타낸다는 것을 의미한다. 더 나아가서, 유전체에 포함된 이러한 정보는 한 생물체에서 각 단백질의 1차 구조를 지정한다는 것을 의미한다.

우리는 전사되는 DNA 서열을 **유전자(gene)**로 정의한다. 이 정의에는 단백질을 인코딩하지 않는 유전자들을 포함한다(모든 전사체들이 메신저 RNA는 아니다). 우리는 유전자에 대한 이러한 정의에 대한 몇 가지 예외를 발견하게 될 것이다—놀랍게도, 완전히 만족스러운 정의는 없다는 것이다.

몇 가지 간단한 박테리아는 500~600 유전자를 가지고 있지만, 대다수의 원핵생물의 유전체는 수천 개의 유전자를 포함하고 있다. 이들의 대부분은 모든 살아 있는 세포의 정상적인 활동에 필수적인 단백질이나 RNA 분자를 암호화하고 있는 "살림 유전자(housekeeping gene)"들이다. 예를 들어, 해당과정, 아미노산 및 DNA 합성과 같은 기본적인 대사 과정에 관여하는 효소는 살림 유전자에 코딩되어 있으며, 이는 tRNA 및 라이보좀 RNA도 마찬가지이다. 효모와 일부 조류와 같은 단세포 진핵 생물체에 있는 살림 유전자의 수는 복잡한 원핵 생물체에 있는 수와 비슷하다.

위: DNA(밝은 청색)과 결합한 생쥐의 전사인자 Zif268의 일부(짙은 청색). 세 개의 아연을 포함하는 도메인에서 돌출한 가지사슬이 DNA의 염기쌍과 상호작용한다.

살림 유전자뿐만 아니라, 모든 세포는 세포분열과 같은 특별한 경우에만 발현되는 유전자를 갖고 있다. 다세포 생물체는 특정한 세포 유형에만 발현되는 유전자를 갖고 있다. 예를 들어, 단풍 나무의 모든 세포는 엽록소를 합성하지만 이 유전자가 그러한 잎의 표면에 세포와 같은 빛에 노출된 세포에서 발현되는 효소의 유전자를 갖고 있다.

마찬가지로, 포유동물의 모든 세포가 인슐린 유전자를 포함하지만, 췌장의 특정한 세포만이 인슐린을 합성한다. 다세포 진핵생물의 유전자의 총 수는 초파리의 경우 15,000개에서 다른 동물의 경우 50,000개까지 다양하다.

이 장과 다음 장에서 우리는 DNA에 저장된 정보가 단백질의 합성을 지시하는 방법을 검토할 것이다. 이와 같은 정보의 흐름에 대한 일반적인 개요가 그림 21.1에 요약되어 있다. 이 장에서는 전사(DNA에 저장된 정보가 단백질 합성이나 다른 세포 기능들에 사용될 수 있는 RNA로 복제하는 공정) 및 RNA처리(RNA분자의 전사 후 변형)를 기술하고자 한다. 전사의 개시에 영향을 미치는 인자들이 유전자 발현을 조절하는 방법을 간략하게 기술하고자 한다. 22장에서는 번역(mRNA 분자에 코딩되어 있는 정보가 각 단백질의 합성을 지시하는 과정)을 살펴보고자 한다.

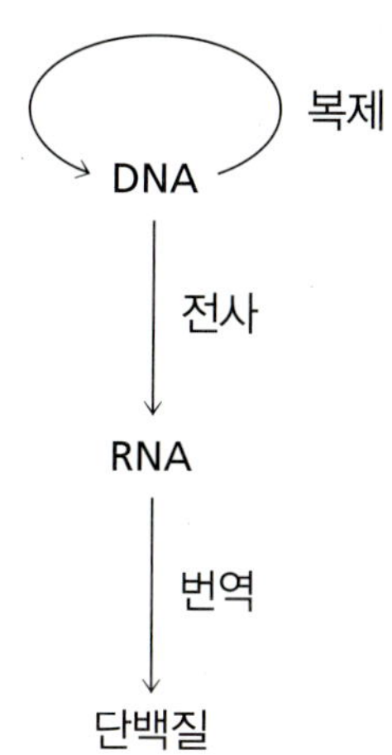

▲ **그림 21.1 생물학적 정보 경로.** 생물학적 정보의 정상적인 경로는 DNA에서 RNA로 그리고 단백질로 이어진다.

그림 21.1에 설명된 완전한 경로의 하나의 특징은 이 경로는 돌이킬 수 없다는 것이다. 특히 단백질의 아미노산 서열에 포함된 정보는 다시 핵산으로 변환될 수 없다. 정보 흐름의 이러한 비가역성은 분자생물학에서 "중심 원리(central dogna)"로 알려져 있으며, 이를 1958년에 프랜시스 크릭이 예측하였다. 중심 원리의 원전은 RNA에서 DNA로의 정보 흐름을 배제하지 않았다. 이러한 경로는 결국 레트로바이러스 감염 세포에서 발견되었다. 이것이 역전사이다.

핵심개념

세포는 DNA에 저장된 유전정보에 액세스하기 전에 DNA가 RNA로 전사되어야 한다.

21.1 RNA 유형

몇 가지 종류의 RNA 분자가 발견되었다. **전달 RNA**(tRNA)는 번역기에 아미노산을 전달한다. **라이보좀 RNA**(rRNA)는 대부분의 라이보좀을 구성한다. RNA의 세 번째 종류의 발견은 파리의 파스퇴르 연구소의 프랑수아 자코브, 자크 모노드 그리고 공동 연구자의 연구에서 주로 이루어졌다. 1960년대 초, 이 연구팀들은 라이보좀이 불안정한 RNA 분자(mRNA)를 번역하여 단백질 합성에 참여한다는 것을 증명하였다. 자코브와 모노는 mRNA 분자의 서열이 DNA의 가닥 중 하나의 구간과 상보적인 것을 발견했다. RNA의 네 번째 종류는 RNA 프로세싱을 포함하는 다양한 대사 과정에 관여하는 작은 RNA 분자로 구성된다. 이 작은 RNA 분자들의 대부분은 촉매 활성을 갖고 있다. 이 작은 RNA의 일부는 조절 분자로서 mRNA에 특이적으로 결합하여 그 메신저와 메신저가 코딩한 단백질을 하향 조절한다.

▲ **프란시스 자코브(Jacob, 1920 –).** 자코브와 모노(Monod)는 효소 합성의 유전적 조절에 관한 업적으로 1965년 노벨 생리학상을 수상하였다.

세포에 있는 전체 RNA의 대부분은 라이보좀 RNA이며, mRNA는 많지 않다. 만일 세포가 RNA의 정상 상태 수준보다는 RNA를 합성하는 속도를 비교한다면, 다른 그림을 보게 된다(표 21.1). 대장균에서 mRNA는 전체 RNA의 3%를 차지하지만, 박테리아는 RNA 합성 용량의 약 3분의 1을 mRNA의 생산에 할애한다. 이는 세포가 천천히 성장하여 라이보좀과 tRNA를 대체할 필요가 없을 때, 이 수치는 거의 60%로 증가할 수 있다. 각종 RNA 분자의 정상 상태 수준과 RNA가 합성되는 속도 간의 차이는 RNA 분자의 안정성의 차이로 설명할 수 있다: rRNA와 tRNA 분자는 극히 안정한 반면, mRNA는 번역 후 급속히 분해된다. 박테리아 세포에서 새로 합성된 mRNA의 절반은 3분 내에 핵산분해효소에 의해 분해된다. 진핵생물에서 mRNA의 평균 반감기가 약 10배 이상이다. 진핵세포 mRNA의 상대적으로 높은 안정성은 mRNA가 전사가 일어나는 핵에서 번역이 일어나는 세포질로 수송되는 동안 분해되는 것을 방지하는 프로세싱에 기인한다.

표 21.1 대장균의 RNA

유형	평형 상태 수준	합성 유형 능력[a]
rRNA	83%	58%
tRNA	14%	10%
mRNA	03%	32%
RNA 프라이머[b]	< 1%	< 1%
다른 RNA 분자들[c]	< 1%	< 1%

[a] 합성되는 RNA 각 유형들의 상대적인 양.
[b] DNA 복제에 사용되는 프라이머; RNA 폴리머레이즈에 의해서 합성되지 않는다.
[c] 다른 RNA 분자들은 RNase P와 같은 몇 가지 RNA 효소들을 포함한다.
[Adapted from Bremer, H., and Dennis, P. P. (1987). Modulation of chemical composition and other parameters of the cell by growth rate. In *Escherichia coli* and *Salmonella typhimurium: Cellular* and *Molecular Biology*, Vol. 2, F. C. Neidhardt, ed. (Washington, DC: American Society for Microbiology), pp. 1527-1542.]

21.2 RNA 폴리머레이즈

mRNA가 확인되었을 즈음에, 여러 연구실의 과학들은 ATP, UTP, GTP, CTP 및 주형 DNA 분자가 있을 때 RNA의 합성을 촉매하는 효소를 발견하였다. 여기서 새로 발견된 효소가 RNA 폴리머레이즈이다. 이 효소가 DNA 지시대로 RNA 합성, 혹은 **전사(transcription)**를 촉진한다.

RNA 폴리머레이즈는 초기에 라이보핵산의 중합화 과정을 촉매하는 기능으로 확인되었으나, 이 효소에 대한 추가 연구를 통해서 DNA 폴리머레이즈가 더 큰 복제 복합체의 핵심 성분인 것과 마찬가지로, 이 효소가 더 큰 전사 복합체의 핵심 구성분임을 밝혔다(20.4절). 이 복합체는 전사가 개시되는 유전자의 말단에 조립된다. 개시 기간에 주형 DNA가 부분적으로 풀리면서 짧은 조각의 RNA가 합성된다. DNA가 연속해서 풀리고 다시 감기는 동안, 전사의 신장 단계에서 RNA 폴리머레이즈는 RNA 사슬의 점진적인 신장을 촉매한다. 마지막으로 전사 복합체는 특정 전사 종결 신호에 반응하여 해체한다.

전사 복합체의 조성물은 다른 생물체들 간에 상당히 다양하지만, 모두 전사 복합체는 본질적으로 동일한 형태의 반응을 촉매한다. 우리는 대장균에서 잘 밝혀진 전사 복합체에 의해 촉매되는 반응을 논의하여 전사의 일반적인 과정을 소개한다. 더 복잡한 진핵세포의 전사 복합체는 21.5절에 다룬다.

A. RNA 폴리머레이즈는 다량 단백질이다

핵심 RNA 중 효소는 대장균에서 네 가지 다른 종류의 소단위체로 만들어진 다량체 단백질로 분리되었다(표 21.2). 이러한 소단위체 중에서 다섯 개는 $\alpha_2\beta\beta'\omega$의 화학양론적으로 결합하여 전사의 여러 가지 반응에 관여하는 핵심효소를 형성한다. 큰 β와 β 소단위체가 효소의 활성부위를 형성한다. β 소단위체는 DNA 결합에 기여하는 한편 폴리머레이즈 활성부위의 일부를 갖고 있다. α 소단위체는 다른 소단위체의 조립에 쓰이는 얼개이며 전사를 조절하는 여러 단백질과 상호작용한다. 작은 ω 소단위체의 역할은 잘 밝혀지지 않았다.

박테리아 *Thermus aquaticus*의 RNA 폴리머레이즈 주효소가 DNA와 복합체를 이룬 구조가 그림 21.2에 나타나 있다. β와 β' 소단위체가 한 쪽 끝에서 큰 홈을 형성한다. 이는 DNA와 결합하여 중합반응이 일어나는 곳이다. 홈은 이중가닥 B-DNA의 약 16개 염기쌍을 수용할 만큼 충분히 크고, DNA 폴리머레이즈의 DNA-결합부위와 유사한 모양이다(DNA 폴리머레이즈; 그림 20.12). α 소단위체 한 쌍은 분자의 "뒷면 말단"에 있다. 이 부위는 폴리머레이즈가 DNA를 전사할 때 DNA와 접촉한다. ω 소단위체는 β 소단위체의 외부 표면과 결합한다. 우리는 나중에 다양한 전사인자가 α 소단위체와 결합함으로써 RNA 폴리머레이즈와 상호작용하는 것을 볼 것이다. 주효소의 σ 소단위체는 전사 개시에서 중한 역할을

표 21.2 대장균 RNA 폴리머레이즈 주효소의 소단위체

소단위체	M_r
β'[a]	155,600
β	150,600
σ[b]	70,300[c]
α	36,500
ω	11,000

[a] β 및 β' 소단위체는 이름은 유사하나 연관되지 않다.
[b] 이 소단위체는 핵심 RNA 폴리머레이즈의 부분이 아니다.
[c] 주어진 분자량은 주효소에서 주로 발견되는 σ 소단위체의 것이다.

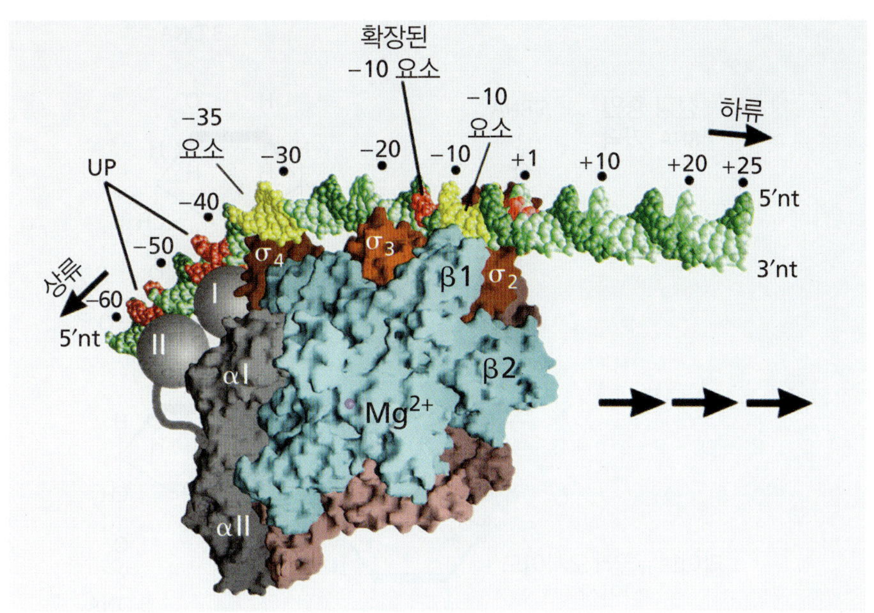

◀ **그림 21.2**
***Thermus quaticus* (*taq*) RNA 폴리머레이즈 주효소/프로모터 DNA 폐쇄 복합체.** 주형 가닥은 짙은 녹색이고 전사 가닥은 밝은 녹색이다. −10과 −35 요소는 모두 노란색이다. 전사 시작 지점은 빨간색으로 표시하고 +1로 표시하였다. 개방형 복합체가 형성되면, 전사는 하류 방향, 화살표로 표시된 오른쪽 방향으로 진행한다. α 및 ω 소단위체는 회색으로 표시하였다. β 소단위체는 청록색으로, β' 소단위체는 분홍색으로 표시하였다. σ 소단위체는 오렌지색이다.

한다. 박테리아는 몇 가지 다른 종류의 σ 소단위체를 갖고 있다. 대장균의 주효소의 주요 형태는 소단위체 σ^{70}(M_r 70,300)를 갖고 있다. σ 소단위체는 전사 개시 기간에 DNA를 접촉하여 ω 소단위체 부위를 통하여 핵심효소와 결합한다. RNA 폴리머레이즈의 전체적인 크기는 10 × 10 × 16 nm이다. 이로 인해서 RNA 폴리머레이즈는 뉴클레오좀보다는 크고, 라이보좀과 레플리좀보다는 작게 된다.

B. 사슬 신장 작용

RNA 폴리머레이즈는 DNA 폴리머레이즈가 사용한 메커니즘과 거의 동일하게 사슬 신장 과정을 촉매한다(그림 20.6). 신장하는 RNA 사슬의 일부는 DNA 주형과 염기쌍을 형성하고, 다음에 들어오는 삼인산 라이보핵산은 주형 사슬의 쌍을 이루지 않은 핵산과 적합한 수소결합을 위하여 폴리머레이즈의 활성부위에서 있게 된다. 다음에 들어오는 핵산이 적합한 수소결합을 형성하면, RNA 폴리머레이즈는 뉴클레오티딜기 전달반응을 촉매하여, 새로운 인산이에스터를 형성하고 이인산을 배출한다(그림 21.3).

DNA 폴리머레이즈 III와 마찬가지로, RNA 폴리머레이즈도 5′→3′ 방향성 있는 중합반응을 촉매하여, 전사 복합체의 일부로서 DNA와 결합할 때 매우 효과적으로 진행된다. RNA 합성의 전체적인 반응이 아래와 같이 요약되어 있다.

$$\text{RNA}_n - \text{OH} + \text{NTP} \longrightarrow \text{RNA}_{n+1} - \text{OH} + \text{PP}_i \qquad \textbf{(21.1)}$$

이 반응에 대한 깁스 자유에너지 변화는 RNA에 비해서 NTP의 높은 농도로 인하여 매우 우호적이다. 또한 DNA 폴리머레이즈 반응과 같이, 세포 내에서 다음 단계에서 발생하는 이인산의 가수분해가 열역학적으로 RNA 폴리머레이즈 반응을 열역학적으로 보조한다. 신장하는 사슬에 핵산을 첨가할 때마다 두 개의 탈수인산 결합이 소요된다.

RNA 폴리머레이즈는 탈산소핵산 삼인산(dTTP, dGTP, dATP, dCTP) 대신에 라이보핵산 삼인산(UTP, GTP, ATP와 CTP)을 기질로 사용하는 점이 DNA 폴리머레이즈와 다르다. 다른 차이점은 신장하는 RNA 실사가 주형 실사와 잠시 상호작용하는 점이다(아래 참조). 전사의 최종 생성물은 RNA-DNA 이합체가 아니라 단일가닥 RNA이다. 전사는 DNA 복제보다 훨씬 느리다. 대장균에서 전사의 속도는 초당 30~85개의 뉴클레오타이드, 또는 DNA 복제 속도의 10분의 1선이다.

RNA 폴리머레이즈는 들어올 라이보핵산 삼인산이 효소의 활성부위에 잘 맞추어질 때만

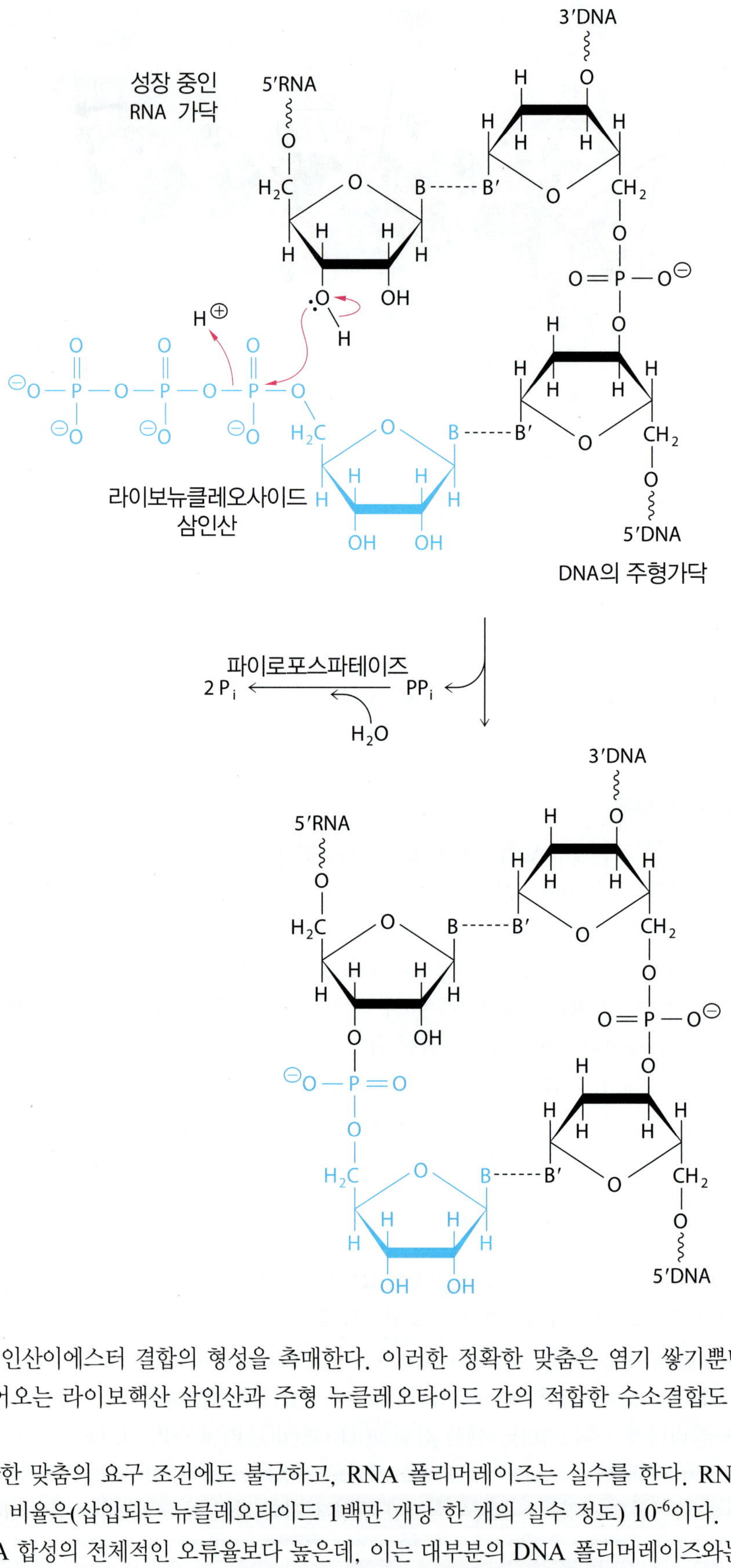

그림 21.3 ▶
RNA 폴리머레이즈에 의한 촉매반응. 들어오는 뉴클레오사이드 삼인산이 DNA 주형가닥에 있는 다음 뉴클레오타이드와 바르게 염기쌍을 형성할 때, RNA 폴리머레이즈는 성장 중인 RNA의 수산기를 사용하여 들어오는 라이보핵산 삼인산의 α-인산 원소에 대해 친핵성 공격을 촉매한다. 그 결과 이인산이 방출된다. 파이로포스파테이즈에 의해서 촉매되는 후속 이인산 가수분해는 이 반응에 추가적인 열역학적 추진력을 공급한다. (B 및 B′은 상보적인 염기를 가르키며, 염기 간의 수소결합은 단일 점선으로 표시되었다.)

새로운 인산이에스터 결합의 형성을 촉매한다. 이러한 정확한 맞춤은 염기 쌓기뿐만 아니라, 들어오는 라이보핵산 삼인산과 주형 뉴클레오타이드 간의 적합한 수소결합도 필요로 한다.

정확한 맞춤의 요구 조건에도 불구하고, RNA 폴리머레이즈는 실수를 한다. RNA 합성의 오류 비율은(삽입되는 뉴클레오타이드 1백만 개당 한 개의 실수 정도) 10^{-6}이다. 이 비율은 DNA 합성의 전체적인 오류율보다 높은데, 이는 대부분의 DNA 폴리머레이즈와는 달리, RNA 폴리머레이즈는 엑소뉴클리에이즈 교정 기능을 갖고 있지 않기 때문이다. DNA 합성에서 고도의 정확성은 다음 세대에 전달되는 돌연변이를 최소화하는 데 반드시 필요하지만, RNA 합성에서 정확성은 생존에 그만큼 치명적이지 못하다.

21.3 전사 개시

RNA 합성의 신장반응이 일어나기 전에, 전사 복합체가 개시 지점에서 조립되고 짧은 RNA가 합성되는 개시 단계가 있다. 전사 개시 지점의 역할을 하는 DNA 부위를 **프로모터(promoter)**라고 한다. 박테리아에서는, 몇몇 유전자가 종종 하나의 프로모터에서 공동 전사되는데, 이러한 전사 단위를 **오페론(operon)**이라 부른다. 진핵세포에서는, 각각의 유전자가 일반적으로 자신의 프로모터를 갖는다. 프로모터는 박테리아 세포와 진핵세포에 각각 수백 개, 수천 개가 있다.

임의의 프로모터에서 일어나는 전사 개시의 빈도는 일반적으로 그 유전자의 특정한 산물에 대한 수요와 관계가 있다. 예를 들어, 급속하게 분할되는 세포에서, 라이보좀 RNA의 유전자는 일반적으로 높은 빈도로 전사된다. 새로운 전사 복합체는 몇 초마다 프로모터에서 전사를 시작한다. 이러한 과정의 결과, 그림 21.4에 나타낸 것과 같이 다중 전사 복합체가 한 대장균 라이보좀 RNA 오페론에 형성된다. 길이가 늘어나는 전사체가 유전자를 따라서 배열되는데, 이는 많은 RNA 폴리머레이즈가 동시에 유전자를 전사하기 때문이다. 대조적으로, 일부 박테리아 유전자는 2세대마다 한 번 전사된다. 이러한 경우에 개시는 몇 시간마다 한 번 발생할 수 있다(실험실이 아닌 환경에서, 대다수 박테리아의 평균 세대 기간은 몇 시간 정도이다).

A. 유전자의 5′→3′ 방위(Orientation)

19.2A절에서, 단일가닥 핵산 서열이 왼쪽에서 오른쪽으로 5′→3′ 쓰인다는 규칙을 배웠다. 이중가닥 DNA의 서열이 노출될 때, 상단 가닥의 순서가 5′→3′ 쓰이고, 하단, 역평행, 가닥의 서열은 왼쪽에서 오른쪽으로 3′→5′ 쓰인다.

유전자의 작동적 정의는 전사가 시작되는 곳에서 종료되는 지점까지의 DNA 서열이다. 한 유전자의 개시점을 종점, 즉 이는 쓰는 서열의 규칙이라 부른다. 한 유전자를 따라서 5′→3′ 일정 방향으로 이동하는 것을 "하류 방향" 혹은 3′→5′ 방향으로 이동하는 것은 "상류 방향"으로 이동한다고 기술한다. RNA 폴리머레이즈는 5′→3′ 방향성을 가지고 진행한다. 따라서 DNA 서열을 작성하는 규칙에 따라 유전자의 개시 지점은 이중가닥 DNA의 다이어그램의 왼쪽에 그리고 종료 지점은 오른쪽에 나타난다. 상단 가닥을 종종 **전사 가닥(coding strand)**이라고 부르는데, 이 서열이 한 단백질의 아미노산 서열을 코딩하고 있는 mRNA의 DNA 판에 해당되는 서열이기 때문이다. 하단 가닥을 **주형 가닥(template strand)**이라 하는데 이는 RNA 합성의 주형으로 사용되는 가닥이기 때문이다(그림 21.5). 또한 상단 가닥을 '**바른 가닥(sense strand)**'이라 하는데, 이 서열을 갖는 mRNA의 코돈을 번역하는 라이

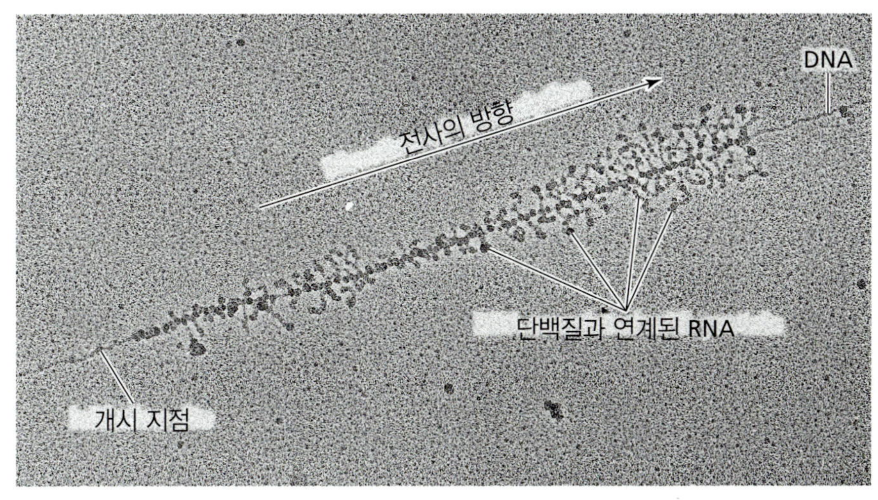

◀ 그림 21.4 **대장균 라이보좀 RNA 유전자의 전사.** 유전자는 왼편에서 오른편으로 전사된다. 새로 합성된 rRNA 산물은 단백질과 연계되어 전사가 완성되기 전에 핵산 절단으로 통하여 프로세싱된다.

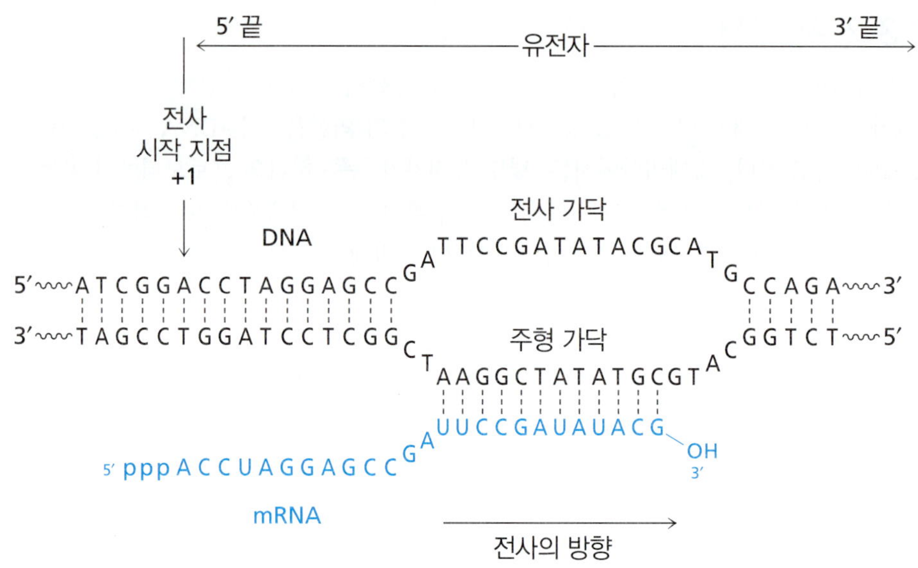

그림 21.5 ▶
유전자의 방향. 가설의 유전자 및 그것에서 전사된 RNA의 서열이 나타나 있다. 편의상, 유전자는 5′ 끝으로 3′ 끝에서 전사된다고 하지만, DNA의 주형 가닥이 3′ 끝에서 5′ 끝으로 복사된다. 라이보핵산의 성장은 5′ → 3′ 방향으로 이루어진다.

보좀이 바른 단백질을 만든다는 것을 의미한다. 따라서 하단 가닥은 '**반대 가닥(antisense strand)**'이 되는데, 이 서열을 갖는 mRNA는 올바른 단백질을 만들지 않기 때문이다. 주목할 점은 RNA는 5′→3′ 방향성을 가지고 합성되지만 주형 가닥은 3′ 끝에서 5′ 끝까지 복제된다 것이다. 또한 RNA 결과물도 전사 가닥과 동일한 서열을 갖는다. 단 T가 U로 대체된다.

핵심개념

프로모터 염기서열은 전사 복합체에 "하나의 전사체를 여기에서 시작하시오"라고 지시하는 정보를 갖고 있다.

B. 전사 복합체는 프로모터에서 조립된다

전사 복합체는 하나 이상의 단백질이 프로모터 서열과 RNA 폴리머레이즈에 결합할 때 형성된다. 이러한 DNA 결합 단백질들이 RNA 폴리머레이즈를 프로모터 지점으로 불러온다. 박테리아에서, RNA 폴리머레이즈의 σ 소단위체는 프로모터 인식과 전사 복합체의 형성에 필요하다.

프로모터의 염기서열은 한 유전자의 전사율에 영향을 미치는 가장 중요한 요인 중 하나이다. DNA 염기서열 분석 기술이 개발된 이후, 여러 다른 프로모터가 조사되었다. 전사가 실제로 시작되는 점, 개시 지점이 식별되고, 이러한 지점들의 상류 영역의 염기서열이 밝혀지면서 다른 유전자들의 프로모터 염기서열도 유사하다는 것을 알게 되었다. 이러한 분석을 통해서 일반적인 양상을 찾았는데, 이를 '**공통서열(consensus sequence)**'—각 지점에서 가장 많이 발견되는 핵산으로 구성된 가정적인 염기서열—이라 부른다.

대장균 프로모터의 가장 일반적인 유형의 공통서열이 그림 21.6에 나타나 있다. 이 프로모터는 양분되어 있는데, 이는 유사한 서열이 두 개의 분리된 영역이 있다는 것을 의미한다. 첫 번째 영역은 전사 시작 지점의 상류에 있는 10 bp이며 A/T 염기쌍이 풍부하다. 공통서열은 TATAAT이다. 프로모터 서열의 두 번째 부분은 개시 지점의 약 35 bp 상류에 집중되어 있다. 이 구역에 있는 공통서열은 TTGACA이다. 프로모터의 이 두 부위 간의 평균 거리는 17 bp이다.

이들은 각각 **TATA 박스**, 그리고 간단하게 **−35 부위**로 부른다. 대장균에서 이 두 지역은 σ^{70}, 대장균에서 가장 일반적인 σ 소단위체로 구성된 주효소의 프로모터로 정의한다. σ^{70}-함유 주효소는 공통서열과 유사한 서열에 특이적으로 결합한다. 대장균의 다른 σ 소단위체들은 매우 다른 공통서열과 프로모터로 인식하여 결합한다(표 21.3). 다른 원핵생물종에서 유사성 σ 소단위체는 다른 프로모터 공통서열을 인식한다.

공통서열은 틀림없는 서열이 아니라, 각 지점에서 가장 공통적으로 발견되는 염기서열을 의미한다. 완전하게 일치하는 공통서열을 갖고 있는 프로모터는 거의 없다. 상동성이 빈약한 일부 경우에, A 혹은 T 지점에서 G 혹은 C가 발견된다. 이러한 프로모터는 약한 프로모

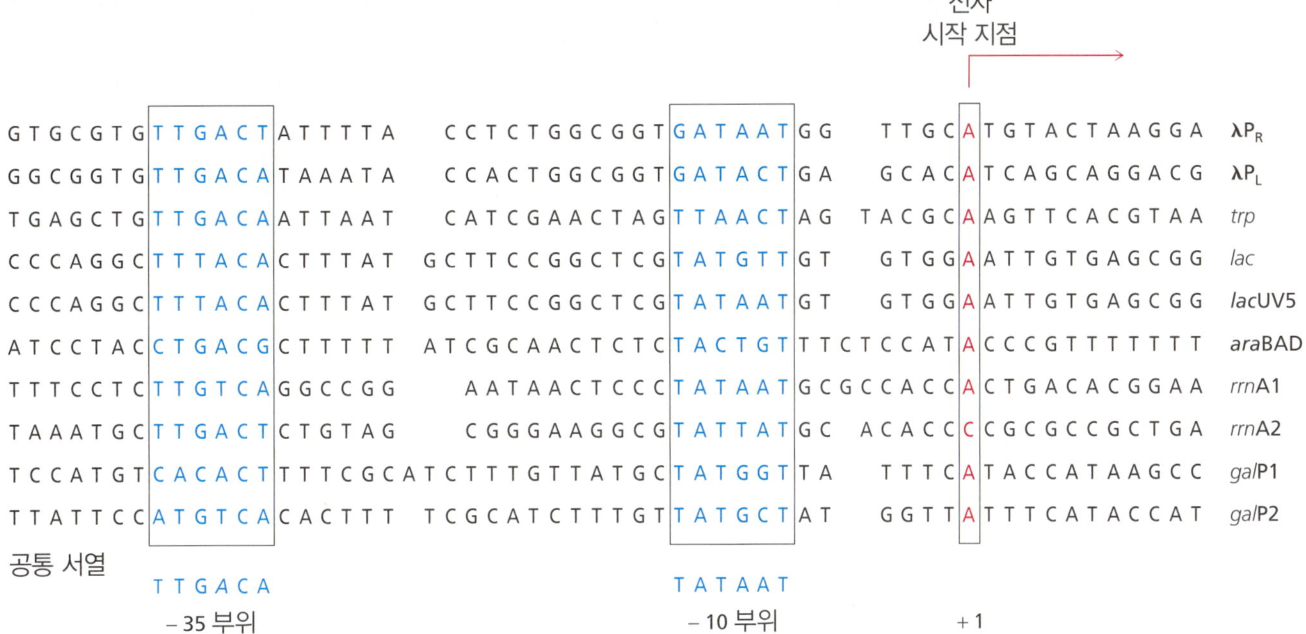

▲ 그림 21.6

열 가지 박테리오페이지 및 박테리아 유전자의 프로모터 서열들. 이들 모든 프로모터 서열은 대장균 σ^{70} 소단위체에 의해서 인식된다. 뉴클레오타이드 서열들을 정렬한 결과 +, –1–, –35 부위가 등록되었다. 위치별 서열 변화의 정도를 참조하라. 공통서열은 300개 이상의 특성이 잘 파악된 프로모터의 데이터베이스에 기반하여 파생되었다.

터라고 하는데, 이는 일반적으로 드물게 전사되는 유전자와 연계된다. 라이보좀 RNA 오페론의 프로모터와 같이, 강한 프로모터는 공통서열과 매우 유사하다. 이러한 오페론들은 매우 효율적으로 전사된다. 이와 같은 관측을 통해서 공통서열이 RNA 폴리머레이즈 주효소를 위하여 가장 효율적인 프로모터 서열임을 알게 되었다.

각 유전자의 프로모터 서열은 세포의 요구에 부응하기 위하여 자연선택을 통해 최적화되었을 것이다. 비효율적인 프로모터는 유전자의 산물이 대량으로 필요하지 않은 경우에 이상적으로 사용되는 반면, 효율적인 프로모터는 그 유전자 산물이 대량으로 필요한 경우에 사용된다.

C. 프로모터를 인식하는 σ 소단위체

프로모터 인식에 대한 σ 소단위체, 혹은 σ 인자의 효과는 핵심 폴리머레이즈의 DNA 결합 특성과 σ^{70} 함유 주효소를 비교하여 설명할 수 있다. σ 소단위체 한 개가 결여된 핵심 폴리

표 21.3 대장균 σ 소단위체

소단위체	유전자	전사된 유전자	공통서열	
			–35	–10
σ^{70}	*rpoD*	다수	TTGACA	TATAAT
σ^{54}	*rpoN*	질소 메커니즘	없음	CTGGCACNNNNNTTGCA[a]
σ^{38}	*rpoS*	정지기	?	TATAAT
σ^{28}	*flaI*	섬모 합성 및 주화성	TAAA	GCCGATAA
σ^{32}	*rpoH*	열충격	CTTGAA	CCCATNTA[a]
σ^{gp55}	gene 55	박테리오페이지	없음	TATAAATA

[a]N 불특정 뉴클레오타이드를 뜻함.

머레이즈는 DNA와 비특이적으로 결합한다. 다른 DNA보다 프로모터에 대해서 더 나은 친화성이 없다(연계지수, K_a, 대략 $10^{10}M^{-1}$). 이러한 DNA-단백질 복합체는 형성된 후 수 분 내에 해체된다($t_{1/2} \approx 60$분). 반면에 σ^{70} 소단위체 함유 주효소는 핵심 폴리머레이즈보다 프로모터 서열($K_a \approx 2 \times 10^{10}M^{-1}$)과 더욱 긴밀하게 결합하여 더욱 안정된 복합체를 형성한다($t_{1/2} \approx 2\sim3$시간까지). 주효소가 프로모터 서열과 우선적으로 결합하지만, 세포에 있는 나머지 다른 DNA에 대해서도 어느 정도의 친화성을 갖는다($K_a \approx 5 \times 10^6M^{-1}$). 주효소의 비특이적 DNA 결합에 의해 형성되는 복합체는 빠르게 해리된다($t_{1/2} \approx 3$초). 이러한 결합 매개변수는 σ^{70} 소단위체의 기능을 시사해 준다. σ^{70}의 역할 중 하나는 프로모터 서열이 아닌 것에 대한 핵심 폴리머레이즈의 친화력을 감소시키는 것이다. 마찬가지로 중요한 다른 한 가지 기능은 특정한 프로모터 서열에 대한 핵심 폴리머레이즈의 친화성을 증가시키는 일이다.

RNA 폴리머레이즈의 결합하는 성질로 인하여 우리는 여러 가지 RNA 폴리머레이즈가 프로모터 염기서열과 유사하거나, 유사하지 않을 수도 있는 DNA의 무작위적인 부위에 놓일 수 있다.

이러한 연계상수는 어떻게 RNA 폴리머레이즈 주효소가 프로모터를 찾는지에 대한 답을 주지는 않는다. 우리는 주효소가 적합한 프로모터 서열을 찾을 때까지 결합과 해리를 계속하여 그 프로모터를 찾을 것이라고 예측할 수 있다. 이러한 결합은 2차 반응이 될 것이고, 그 속도는 주효소가 3차원으로 확산되는 속도에 의해 제한될 것이다 그러나 프로모터 결합은 확산-제한적 2차 반응에 대한 최대 이론 값보다 100배나 빠르다. 이 놀라운 속도는 DNA 분자의 길이를 따라 일어나는 RNA 폴리머레이즈의 1차원적 확산에 의해 이루어진다. 효소가 비특이적으로 결합하고 있는 짧은 기간 중에 프로모터 서열을 찾기 위해 2000 bp를 검색한다. 제한효소(19.6C절)와 같은 여러 가지 다른 일련의 특정 DNA-결합 단백질들도 이와 유사한 방법으로 자신이 결합할 지점을 찾는다.

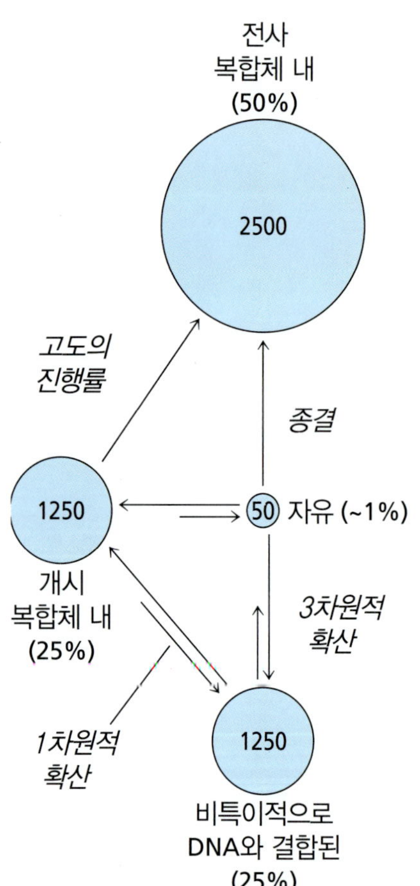

▲ **RNA 폴리머레이즈 분포.** 대장균 하나의 세포 내에서 통상적으로 발견되는 약 5,000개의 RNA 폴리머레이즈의 분포에 대한 추정. 세포질에 자유로운 상태로 있는 분자는 거의 없으며, RNA 폴리머레이즈의 반 이상이 전사에 가담하고 있다.

D. RNA 폴리머레이즈가 일으키는 구조변화

주효소가 프로모터를 신속하게 찾아 결합하여도, 전사의 개시는 느리게 일어난다. 사실, 개시는 종종 전사의 속도 제한 단계인데, 이는 DNA 나선의 풀기와 다음에 일어나는 사슬 신장에 필요한 프라이머로 사용될 짧은 RNA를 준비해야 하기 때문이다. DNA 복제에서 헬리케이즈와 프라이메이즈가 이러한 단계들을 수행하지만 전사에서는 RNA 폴리머레이즈 주효소 자신이 수행한다. DNA 폴리머레이즈와는 달리, RNA 폴리머레이즈는 σ^{70}과 같은 개시인자가 있을 때(DNA 주형과 rNTPs가 기질로 존재할 때) 스스로 다중핵산 합성을 개시할 수 있다.

개시 지점에 있는 DNA가 풀리는 것은 입체적 변화의 한 예로써, RNA 폴리머레이즈(R)와 프로모터(P)가 폐쇄 복합체에서 개방 복합체로 전환된다(RP_o). 폐쇄 복합체에서 DNA는 이중가닥이다. 개방 복합체에서 18 bp의 DNA가 풀리면서 전사 공간을 형성한다.

개방 복합체의 형성은 개시 사건들 중에서 가장 느린 공정이다. 개방 복합체가 형성되면, 주형 가닥은 효소의 중합 지전에 자리를 잡는다. 인산이에스터 결합이 활성부위로 확신된 두 개의 라이보핵산 삼인산과 주형 가닥의 뉴클레오타이드 사이에 형성된다. 본 개시반응은 기질(신장하는 RNA 사슬)이 짧은 RNA-DNA 나선을 형성하여 해당 장소에 있게 되는 유사한 형태의 중합반응 보다 더 느리다.

추가적인 뉴클레오타이드가 이중뉴클레오타이드에 첨가되어 주형 사슬과 쌍을 이루는 짧은 RNA를 만든다. 이 RNA가 약 10 뉴클레오타이드 정도로 길어지면, RNA 폴리머레이즈 주효소는 개시 모드에서 신장 모드로 전환하고, 전사 복합체는 DNA 주형을 따라 움직이면서 프로모터에서 멀어진다. 이 단계를 '프로모터 정리'라고 한다. 개시반응들을 아래와 같이 같이 요약하였다.

$$R + P \xleftrightarrow{K\ \text{연계지수}} RP_c \xrightarrow[\text{구조적 변화}]{} RP_o \xrightarrow[\text{프로모터 정리}]{} \qquad (21.2)$$

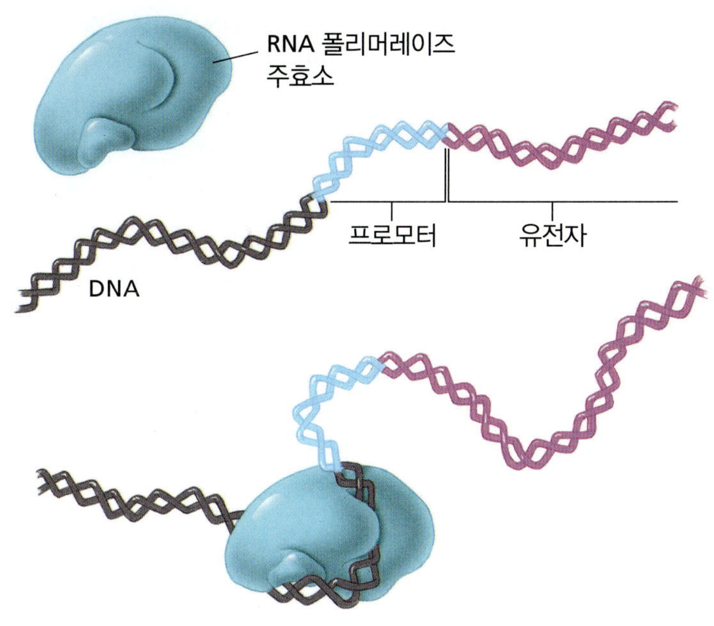

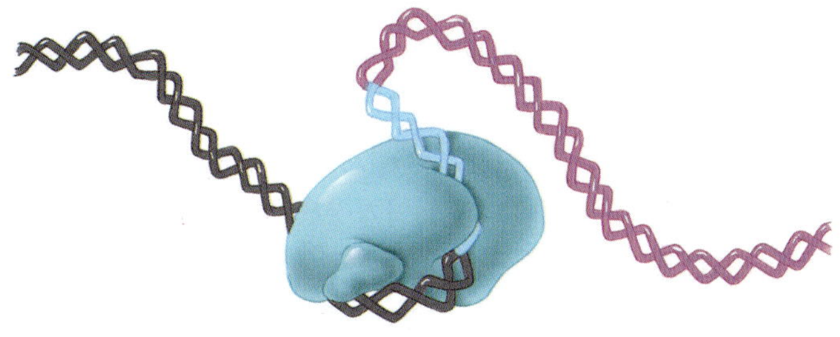

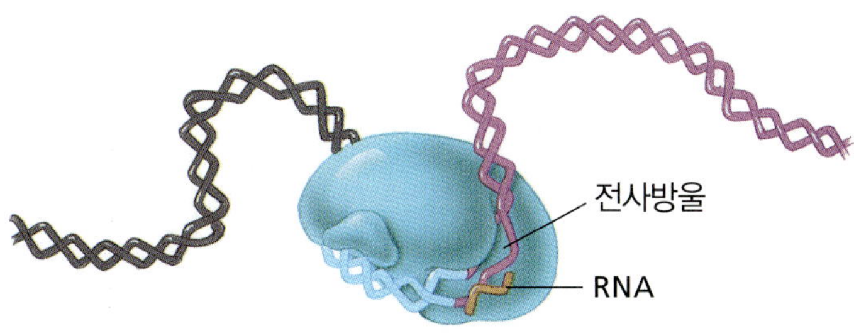

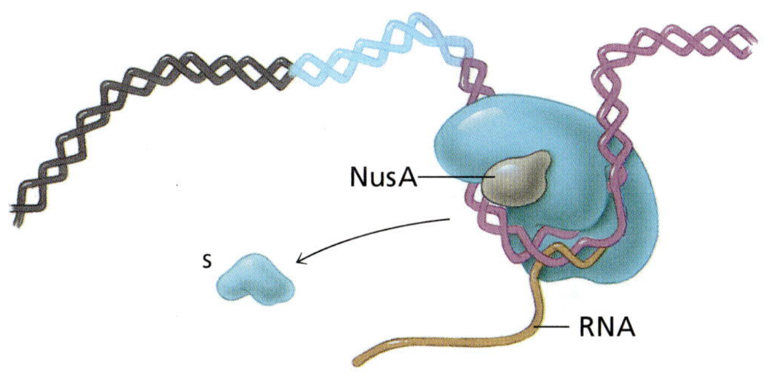

◀ 그림 21.7
대장균에서 전사의 개시.

(a) RNA 폴리머레이즈 주효소가 비특이적으로 DNA와 결합한다.

(b) 주효소가 프로모터를 1차원적으로 검색한다.

(c) 프로모터가 발견되면, 주효소와 프로모터는 폐쇄형 복합체를 형성한다.

(d) 폐쇄형 복합체에서 개방형 복합체로 구조적 변환이 일어나면 전사방울이 개시 지점에 형성된다.

(e) Rho 소단위체는 핵심 소단위체에서 해리되고, RNA 폴리머레이즈가 프로모터를 떠난다. NusA와 같은 액세서리 단백질이 폴리머레이즈와 결합한다.

앞에서 언급한 바와 같이, σ 인자를 함유하는 주효소는 다른 어떤 DNA 서열보다고 프로모터 서열에 대해 강력한 친화성을 갖는다. 이와 같이 밀착된 결합으로 인해서, 개시 지점에서 밀려나지 않는다. 그러나 신장 기간에 핵심 폴리머레이즈는 모든 DNA 서열과 비특이적으로 결합하여 상당히 전이적이 복합체를 형성한다. 개시에서 사슬 신장으로 전이는 σ 소단위체의 방출을 야기하는 주효소의 입체적인 변화와 연관된다. σ 소단위체 없이, 효소는 더 이상 프로모터에 특이적으로 결합하지 않게 되어 개시 부위를 떠나거나 빠져나갈 수 없다. 이 시점에서 몇 가지 단백질들이 핵심 폴리머레이즈와 결합하여 RNA 사슬 신장에 필요한 완전한 단백질을 만든다. 이러한 액세서리 단백질 중 하나인 NusA의 결합이 RNA 폴리머레이즈를 신장용으로 변환시킨다. 신장 복합체는 RNA 합성의 대부분을 책임진다. NusA는 다른 액세서리 단백질과 상호작용하여 종결하는데 역할을 담당한다. 대장균의 전사 개시가 그림 21.7에 요약되어 있다.

21.4 전사 종결

DNA의 특정 지역만이 특이적으로 전사된다. 박테리아의 경우, 전사 복합체는 프로모터에서 조립되어 유전자의 끝에 **종결서열(termination sequence)**이라고 부르는 특정한 서열에서 해체된다. 전사 종결서열에는 두 가지 유형이 있다. 종결의 가장 단순한 형태는 신장 복합체가 불안정해지는 특정한 DNA 서열에서 발생하게 되어, 전사 복합체가 동시에 해체된다. 다른 하나의 유형에는 전사 복합체, 주형 및 mRNA의 해체를 촉진하는 특정 단백질, *rho*가 필요하다.

전사 종결은 **일시정지 지점(pause site)** 근처에 발생한다. 여기에서 신장의 속도가 느려지거나 일시적으로 중단된다. 예를 들어 전사 복합체가 A/T 염기쌍을 녹이는 것보다 G/C 염기쌍을 녹이기가 더 어렵기 때문에 GC가 풍부한 지역에서 일시 중지한다.

일시정지 현상은 DNA 서열이 양방향 대칭이거나 이회대칭을 가진 지점에서 더 강화된다(19.6C절). DNA가 전사될 때, 새로 합성된 RNA가 머리핀을 형성할 수도 있다(그림 21.8, 이러한 구조의 3차원적 형태가 그림 19.21에 나와 있다). 형성된 RNA 머리핀이 새로 전사된 RNA의 일부를 일부 벗겨냄으로써 신장 복합체에 있는 RNA-DNA 혼성체를 불안정하게 만들 수도 있다. 전사 거품의 부분적인 와해로 인해서 혼성체가 다시 형성될 때까지 전사복합체가 신장을 중지하는 것으로 보인다. NusA는 아마도 머리핀을 불안정하게 함

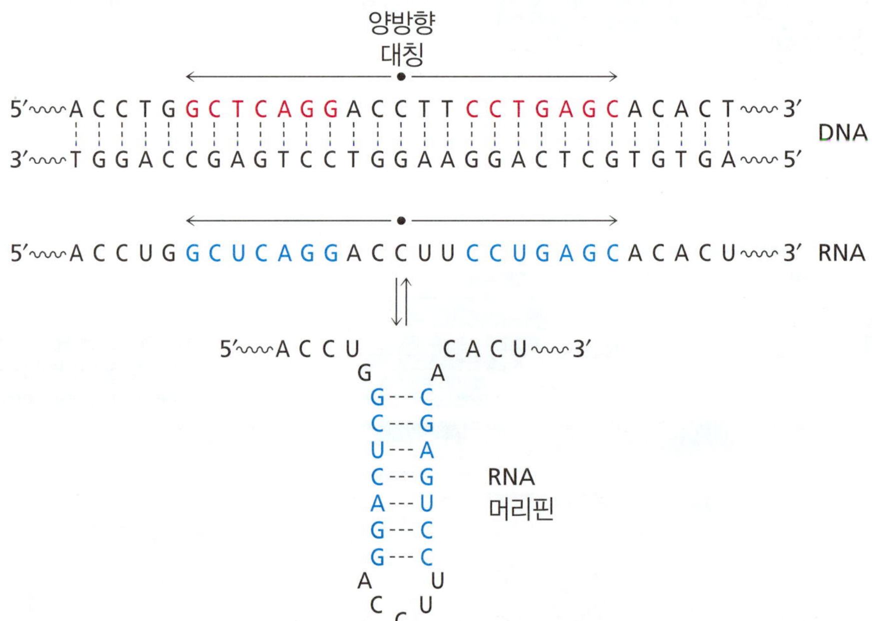

그림 21.8 ▶
RNA 머리핀의 형성. 전사된 DNA 서열은 양방향 대칭 부위를 갖는다. RNA에 있는 상보적인 서열들이 염기쌍을 통해 머리핀 구조를 형성한다.

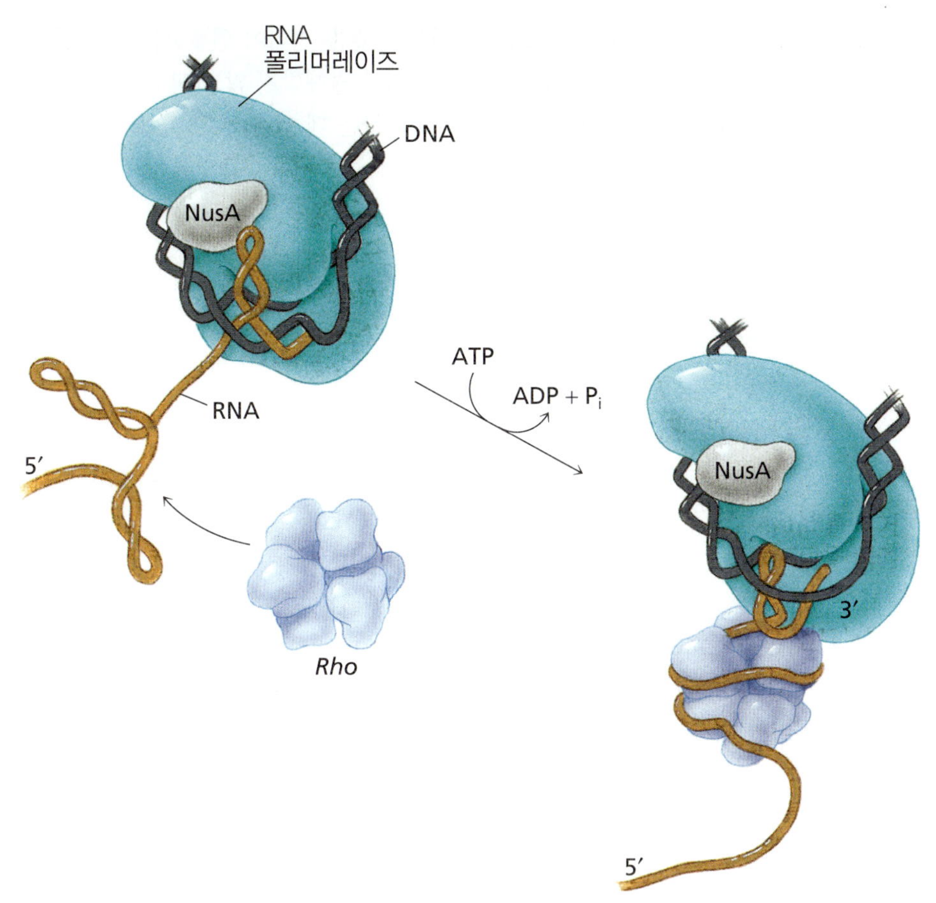

◀ 그림 21.9
대장균에서 전사의 *Rho*-의존형 종결. RNA 폴리머레이즈는 새로 합성된 RNA에 *rho*가 결합한 일시정지 지점에서 멈춘다. 이와 같은 결합은 ATP 가수분해를 동반한다. *Rho*는 새로 합성된 RNA를 감쌈으로써 RNA-DNA 하이브리드를 불안정화시켜 전사를 종료하는 것으로 짐작된다.

[Adapted from Platt, T. (1986). Transcription termination and the regulation of gene expression. *Annu. Rev. Biochem.* 55:339–372.]

으로써 양방향 대칭 지점에서 일어나는 일시중지 현상을 증가시키는 것으로 보인다. 전사복합체는 머리핀의 구조에 따라 10초에서 30초 가량 일시 중지한다.

대장균에서 일부 강한 일시정지 지점이 종결서열이다. 이러한 종결서열은 폴리펩타이드를 코딩하는 유전자 영역(단백질 코딩 유전자)이나 완전한 기능 RNA(다른 유전자를 위한)을 코딩하는 구역을 지나서 유전자의 끝에 존재한다. 이러한 지점들은 짧은 구간의 A/U 염기쌍에 의해서 주형과 약하게 결합하는 RNA 머리핀 구조를 결정짓는다. 표 19.3은 가장 약한 염기쌍을 보이고 있는데, 이들은 일시 정지 기간 중에 쉽게 와해된다. 이러한 와해가 전사 복합체에서 RNA의 방출을 유도한다.

박테리아 종결서열의 다른 유형은 *rho*-의존형이다. *Rho*는 일부 일시정지 지점에서 전사복합체의 해체를 유발시킨다. 이는 ATP 분해효소 활성과 단일가닥 RNA 친화성을 갖고 있는 육량체 단백질이다. *Rho*는 RNA-DNA 헬리케이즈로서 작용할 수 있다. 이는 가수분해와 연계된 반응에서 일시정지된 전사 복합체의 뒤쪽에 노출되는 단일가닥 RNA와 결합한다. 약 80개의 뉴클레오타이드가 이 단백질을 감쌈으로써 전사체를 전사 복합체에서 해리시킨다(그림 21.9). *Rho*가 RNA와 결합할 때, RNA-DNA 혼성체 그리고 전사 복합체와 *rho* 사이의 직접적인 접촉이 불안정해진 결과, *rho*-의존형 종결은 발생한다. *Rho* 또한 NusA와 같은 액세서리 단백질과 결합할 수 있다. 이 상호작용은 RNA 폴리머레이즈의 형태를 변형을 야기하여 주형 DNA에서 해리시킬 수 있다.

Rho-의존형 종결에는 단일가닥 RNA의 노출이 필요하다. 박테리아에서 단백질을 코딩하는 유전자로부터 전사된 RNA는 일반적으로 *rho* 결합을 방해하는 라이보좀을 번역함으로 결합된다. 전사가 단백질 합성이 종료되는 지점을 통과할 때, 단일가닥 RNA는 *rho*에 노출된다. 사용 가능한 다음 일시정지 지점에서 전사가 종료된다. 즉, *rho*-의존형 종결은 종단은 코딩 영역 내에 있는 일시정지 지점에서 발생하지 않지만 번역 종결 코돈을 지나서 있는 일

핵심개념

진핵생물의 전사 복합체는 유사한 박테리아 복합체보다 더 많은 인자를 갖는 경향이 있다.

시정지 지점에서 발생할 수 있다. 총합 효과는 전사 종결을 번역에 연결하는 데 있다. 이러한 연결 메커니즘의 장점은 mRNA 코딩 영역의 합성이 방해받지 않고(단백질 합성을 방지할 수 있음) 코딩 구간의 하류를 전사하는 것을 최소화하는 데 있다.

21.5 진핵세포의 전사

대장균에서 단일 RNA 폴리머레이즈에 의해 수행되는 것과 동일한 과정이 여러 유사한 효소들에 의해 진핵세포에서도 수행된다. 진핵생물의 전사 복합체의 활동에도 박테리아에서 본 것보다 더 많은 액세서리 단백질이 필요하다.

A. 진핵세포의 RNA 폴리머레이즈

세 가지 다른 RNA 폴리머레이즈가 진핵생물의 핵 유전자를 전사한다. 다른 RNA 폴리머레이즈가 마이토콘드리아와 엽록체에서 발견된다. 각각의 핵 효소는 다른 유형의 유전자를 전사한다(표 21.4). RNA 폴리머레이즈 I은 큰 라이보좀 RNA 분자를 암호화하는 유전자를 전사한다(클래스 I 유전자) RNA 폴리머레이즈 II는 단백질과 몇 가지 작은 RNA 분자(클래스 II 유전자)를 암호화하는 유전자를 전사한다. RNA 폴리머레이즈 III는 tRNA 및 5S rRNA를 포함하여 상당수의 작은 RNA 분자를 암호화하는 유전자들을 전사한다(클래스 III 유전자). (표에 적힌 RNA 분자의 일부는 다음 절에서 설명한다.)

마이토콘드리아의 RNA 폴리머레이즈는 핵 유전체에 암호화되어 있는 단량체 효소이다. 이는 T3 및 T7 박테리오페이지의 RNA 폴리머레이즈의 아미노산 서열과 매우 유사하다. 이 유사성은 이 효소가 공통조상을 공유한다는 것을 의미한다. 마이토콘드리아 RNA 폴리머레이즈의 유전자가 원시 마이토콘드리아 유전체에서 핵으로 전달된 것으로 여겨진다.

엽록체 유전체는 종종 자신의 RNA 폴리머레이즈를 암호화하는 유전자를 갖는다. 엽록체 RNA 폴리머레이즈를 암호화하는 유전자의 염기서열은 시아노 박테리아의 RNA 폴리머레이즈의 서열과 유사하다. 이는 엽록체도, 마이토콘드리아와 같이, 고대 진핵세포에서 있었던 세포내 공생체 세균에서 유래되었다는 추가적인 증거다.

세 개의 핵 RNA 폴리머레이즈는 복합적 다중 소단위체 효소이다. 이들은 몇 가지 작은 폴리펩타이드를 공유하지만 소단위체 구성에서 차이가 있다. 폴리머레이즈의 소단위체의 정확한 수는 생물체마다 다르지만, 2개의 큰 소단위체와 7개에서 12개 사이의 작은 소단위체는 항상 있다(그림 21.10). RNA 폴리머레이즈 II는 단백질을 코딩하는 모든 유전자뿐 아니라 작은 RNA 분자를 코딩하는 몇 가지 유전자를 전사한다. 이 효소에 의해 합성되는 단백질-코딩

표 21.4 진핵세포 RNA 폴리머레이즈

폴리머레이즈	위치	개수/세포	생산물	세포의 폴리머레이즈 활성
RNA 폴리머레이즈 I	핵	40,000	35–47S pre-rRNA	50 ~ 70%
RNA 폴리머레이즈 II	핵질	40,000	mRNA 전구체 U1, U2, U4, and U5 snRNA	20 ~ 40%
RNA 폴리머레이즈 III	핵질	20,000	5S rRNA tRNA U6 snRNA 7S RNA 기타 작은 RNA 분자	10%
마이토콘드리아 RNA 폴리머레이즈	마이토콘드리아질	?	마이토콘드리아 유전자의 산물	<1%
엽록소RNA 폴리머레이즈	엽록소	?	엽록소 유전자의 산물	<1%

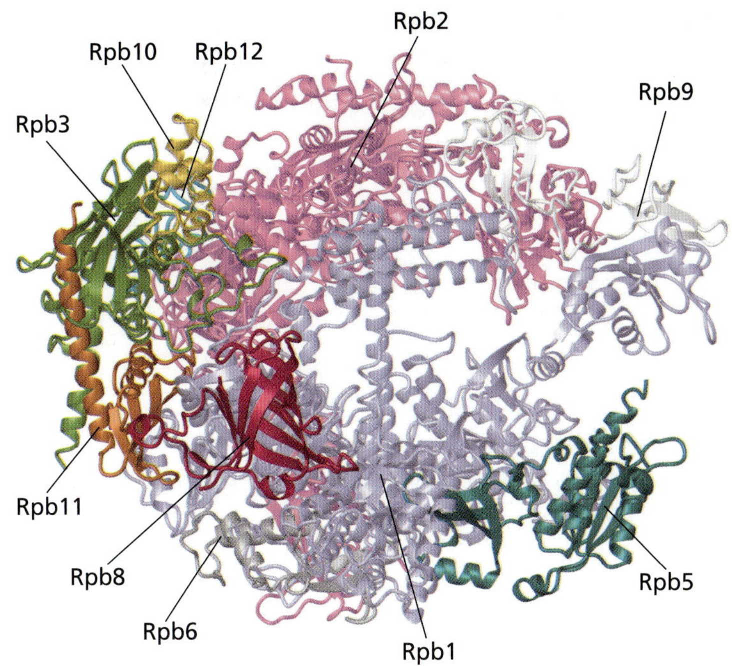

◀ 그림 21.10
효소 *Saccharomyces cerevisiae*의 RNA 폴리머레이즈 II. 보라색으로 표시된 큰 소단위체 (Rpb2)는 그림 21.2에 나타낸 원핵세포 효소의 p 소단위체의 상동체이다.

RNA는 원래 이종형 핵 RNA(hnRNA)라고 하지만, 지금은 일반적으로 mRNA의 전구체, 또는 pre-mRNA로 알려져 있다. 이 전구체가 완전한 mRNA로 처리되는 과정을 21.9절에서 기술한다.

40,000여 개의 RNA 폴리머레이즈 II가 대형 진핵세포에서 발견되었다. 이 효소의 활성이 세포의 모든 RNA 합성의 20%에서 40%를 차지한다. 진핵세포 핵 RNA 폴리머레이즈의 가장 큰 두 가지 소단위체의 서열은 대장균 RNA 폴리머레이즈의 β와 β' 소단위체와 유사한데, 이는 이들이 공통조상을 공유한다는 것을 시사한다. 원핵생물의 대응동체들과 마찬가지로, 진핵세포의 핵심 RNA 폴리머레이즈는 프로모터에 직접 결합하지 않는다. RNA 폴리머레이즈 II는 최소 진핵 프로모터 상에서 전사를 개시할 수 있는 기본적인 전사 복합체를 형성하는데 다섯 가지 다른 생화학적 활성, 혹은 인자가 필요하다(그림 21.11). 이러한 일반적인 전사인자는 다음과 같다: TFIIB, TFIID, TFIIE, TFIIF 및 TFIIH(표 21.5).

대다수의 II형 유전자는 TATA 상자라는 A/T-풍부한 지역을 갖고 있다. 이 상자는 앞에서 언급한 원핵 TATA 상자와 유사하다(DNA가 음성적으로 슈퍼코일된 경우에 A/T 풍부한 지역은 더욱 쉽게 풀려서 개방 복합체를 만든다(19.3절)). 이러한 진핵 A/T 풍부한 지역은 전사 개시 지점에서 19~27 bp 상류에 위치하여 개시 복합체를 조립하는 동안 RNA 폴리머레이즈 II를 DNA로 끌어오는 역할을 한다.

일반적인 전사인자 TFIID는 다량 소단위체 인자와 소단위체 중의 하나인 TATA 결합 단백질(TBP)로 구성되며, TATA 상자를 포함하고 있는 부위와 결합한다. 식물 애기장대의 TBP의 구조가 그림 21.12에 나타나 있다. TBP는 TATA 상자에서 DNA를 거의 둘러싸는 안장 모양의 분자 클램프를 형성한다. TBP와 DNA 사이의 주요 접점은 β 가닥에 있는 산성 아미노산 측쇄와 가닥의 사슬 및 작은 홈에 있는 염기쌍의 가장자리 사이의 상호작용에 기인한

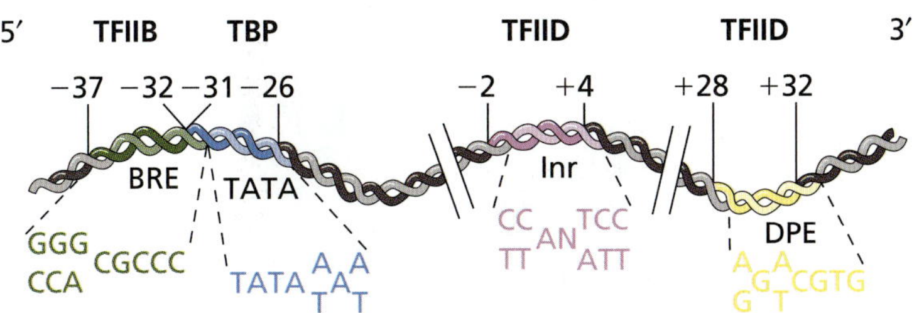

◀ 그림 21.11
기본 혹은 핵심 프로모터 요소를 보여주는 일반적인 진핵세포 프로모터. TATA 상자는 본문에 설명되어 있다. BRE는 TFIIB 인식 요소이며, Inr은 개시 요소이다. DPE는 하류 프로모터 요소이다. 각 지점에 결합하는 인자의 명칭은 프로모터 위에 명기하였다. 각 지점의 공통 인식 서열은 도식화된 프로모터 조각 밑에 표시하였다.

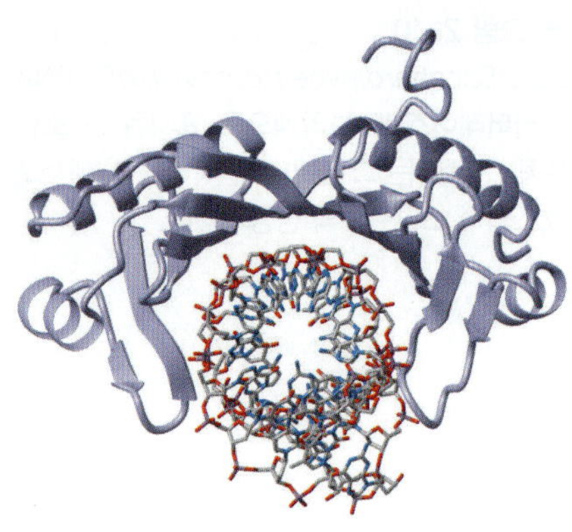

▲ 그림 21.12
DNA와 결합하는 애기장대 TATA 결합 단백질 (TBP). TBP(파란색)는 TATA(5′-TATAAAG-3′) 상자에 해당하는 서열을 가진 이중가닥 DNA와 결합한다. DNA는 와이어 프레임 모델로 표시되었다. TBP의 시트가 DNA 조각의 작은 홈에 자리 잡고 있다.

표 21.5 대표적인 RNA 폴리머레이즈 II 전사인자

인자	특징
TFIIA	TFIID와 결합; DNA 부재 상황에서 TFIID와 상호작용 가능함
TFIIB	RNA 폴리머레이즈와 상호작용함
TFIID	RNA 폴리머레이즈 II 개시인자
TBP	TATA-결합 단백질; TFIID의 소단위체
TAFs	TBP-연계 요소들; 상당수의 소단위체들
TFIIE	RNA 폴리머레이즈 II와 상호작용함
TFIIH	개시 단계에 필요함; 헬리케이즈 활성; 전사와 DNA 회복을 연결함
TFIIS[a]	RNA 폴리머레이즈 II와 결합함; 연장인자
TFIIF	RNA 폴리머레이즈 II와 결합함; 두 개의 소단위체-RAP30 및 RAP74
SP1	GC-다량 서열과 결합함
CTF[b]	핵심 염기서열 CCAAT를 인식하는 여러 종류 단백질 계

[a] sII 혹은 RAP38로도 부름.
[b] NP1으로도 부름.

다. TBP가 DNA에 결합할 때 프로모터 DNA가 구부러져서 표준 B-DNA 구조와 다르게 된다. 이는 DNA 결합 단백질로서 특이한 상호작용이다. TFIID의 TBP 소단위체는 RNA 폴리머레이즈 I과 III 각각에 의해서 클래스 I과 III 유전자 각각의 전사를 개시하는 데 필요하다.

진핵세포의 RNA 폴리머레이즈 II 소단위체는 원핵세포 RNA 폴리머레이즈 β' 소단위체와 상동체로서, 특이한 C-말단 도메인(CTD) 혹은 아미노산 육량체 PTSPSYS의 다중 반복체로 구성된 "꼬리"를 갖고 있다. 꼬리에 있는 세린과 쓰레오닌은 핵단백질 카이네이즈의 인산화 대상이다. 과도 인산화된 CTD를 갖고 있는 RNA 폴리머레이즈 II 분자는 전형적으로 전사적으로 활성을 띠고 반응에 가담하는 반면, 과소 인산화된 CTD를 갖는 폴리머레이즈 II는 일반적으로 활성이 없다.

RNA 폴리머레이즈 II 및 각 GTF를 순수 분리하여 실험관에서 정확한 전사 개시를 재구성하는 데 사용될 수 있다는 것이 입증하고 있지만, 이러한 기본적인 전사 복합체는 생체 내에서 중요한 역할을 하는 것으로 알려진 여러 다른 유형의 트랜스-작용 인자와 시스-작용 서열을 인식하지 못한다. 시험관에서 전사 활성인자에 반응할 수 있는 세포 성분을 위한 연구의 결과, 앞서 형성된 RNA 폴리머레이즈 주효소가 다섯 개의 GTF뿐만 아니라 폴리머레이즈 II와 염기서열-특이적 DNA-결합 단백질 사이의 상호작용을 매개하는 다수의 새로운 단백질을 갖고 있다는 것을 발견하였다. 이 진핵세포 주효소는 대장균의 핵심 + σ 주효소와 유사하다.

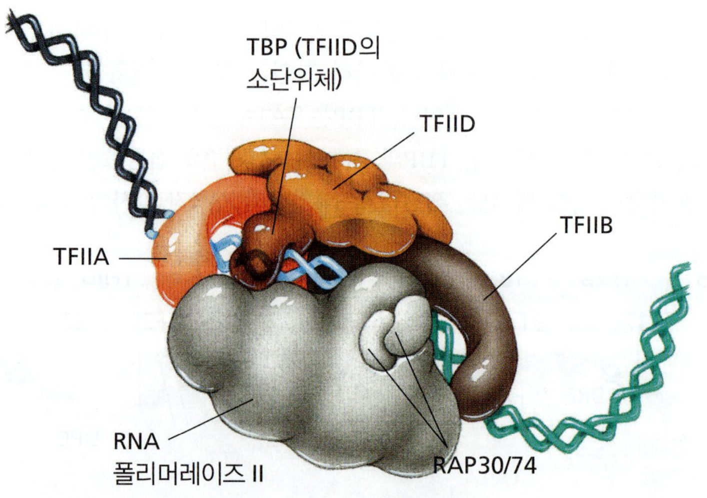

그림 21.13 ▶
프로모터와 결합하는 RNA 폴리머레이즈 II 주효소. 이 모델은 프로모터에 있는 RNA 폴리머레이즈 II에 결합하는 여러 가지 전사인자를 보여주고 있다. 전사인자들은 이 그림에서 보이는 것보다 종종 훨씬 더 크고 복잡하다.

B. 진핵세포의 전사인자들

TFIIA 및 TFIIB는 RNA 폴리머레이즈 II 주효소의 필수 구성분이다. TFIIA나 TFIIB는 TFIID가 없는 상태에서 DNA와 결합하지 못한다. TFIIF(인자5 혹은 RAP30/74로도 알려짐)는 개시 기간 중에 RNA 폴리머레이즈 II와 결합한다(그림 21.13). TFIIF는 프로모터의 인식에 직접적인 역할을 하지 않지만 두 가지 점에서 박테리아의 σ 인자와 유사하다: 이는 프로모터가 아닌 DNA에 대한 RNA 폴리머레이즈 II의 친화성을 감소시키는 한편 개방 복합체를 형성하는 것을 돕는다. TFIIH, TFIIE, 그리고 잘 연구되지 않은 인자들도 전사 개시 복합체의 일부이다.

개시 복합체가 프로모터 지점에서 조립되면, 다음 단계는 박테리아와 유사하다. 개방 복합체가 형성되고 짧은 RNA가 합성되면, 전사 복합체는 프로모터를 떠난다. 대다수 전사 인자들이 DNA와 RNA 폴리머레이즈 II에서 해리되면 신장이 시작된다. 그러나 TFIIF는 결합한 상태로 남고 특정 신장인자, TFIIS(sII 또는 RAP38라고 부름), 전사하고 있는 폴리머레이즈와 연계된다. TFIIS는 일시정지와 전사 종결에서 박테리아의 NusA와 유사한 역할을 한다.

TBP를 제외하고, 두 진핵 RNA 폴리머레이즈와 상호작용하는 전사인자는 RNA 폴리머레이즈 II에 필요한 인자들과 다르다.

C. 진핵세포의 전사에서 염색질의 역할

19장에서 설명하는 바와 같이, 진핵생물의 유전체는 네 가지 핵심 히스톤 단백질의 십량체를 포함하는 뉴클레오좀이라는 불리는 작은 조립 단위체를 이용하여 정돈된다. 포유류 유전체의 약 35%는(인트론 포함) 단백질 코딩 유전자로 전사되고 세포에 있는 대부분의 DNA는 상대적으로 비활성 상태인 것으로 보인다. 그러나 20,000여 개의 단백질 코딩 유전자가 들어 있는 35% 안에서도, 대부분의 서열은 비활성 상태이다. 단일 세포에서 어느 유전자가 전사될 수 있는 상태인지를 결정하는 1차적인 요인은 염색질의 상태에 있다. 이 상태는 두 가지 메커니즘에 의해 조정된다. 첫 번째는 네 가지 핵심 히스톤의 유연한 N-말단 부위에 번역 후 변형을 구현하거나 제거하는 것이다(19.5B절). 특정 Lys 잔기들이 메틸화 또는 아세틸화의 대상이 되며, 특정 Arg 잔기는 메틸화될 수 있는 반면, Ser과 Thr 측쇄는 인산화될 수 있다. 이렇게 다양한 변형들은 각 염색질에 활성인자나 억제인자를 불러오는 신호로 역할한다. 진핵세포 유전자의 전사 상태를 지정하는 두 번째 메커니즘은 뉴클레오좀 위치와 리모델링과 관련된다.

전사인자, 폴리머레이즈 II 주효소 및 기타 핵 단백질이 핵에서 전사되는 유전자들에 접근할 수 있지만 전사되지 않는 유전자들에는 상대적으로 접근이 가능하지 않다. 어떻게 유전자는 이 두 가지 상반되는 상태를 오고 갈까? 답은 거대한 다량 단백질 복합체에 있는데, 이 복합체는 ATP를 가수분해하여 방출되는 에너지를 사용하여 그 유전자의 뉴클레오좀을 개조하고 단백질들이 그 DNA에 접근하도록 한다. 일부 리모델링 복합체는 실제로 히스톤 아세틸화효소(histone acetylase; HAT) 또는 히스톤 탈아세틸화효소(histone deacetylase; HDAC)와 같은 히스톤 변환 효소를 포함하고 있다.

21.6 유전자 전사의 조절

이 장의 시작 부분에서 언급한 바와 같이, 많은 유전자가 모든 세포에서 발현된다. 이러한 살림(housekeeping) 유전자의 발현 형태를 **항시적(constitutive)**이라고 부른다. 일반적으로, 이러한 유전자들은 강력한 프로모터를 가지고 있어서 효율적이면서 지속적으로 전사된다. 유전자 산물이 낮은 수준에 필요한 유전자는 일반적으로 약한 프로모터를 갖고 있어서 드물게 전사된다. 항시적으로 발현되는 유전뿐만 아니라, 세포는 어떤 상황에 높은 수준으로 발현되지만 다른 상황에서는 전혀 발현되지 않는 유전자를 가지고 있다. 이러한 유전자는 조절된다고 부른다.

유전자 발현의 조절은 생물학적 정보의 흐름의 어느 시점에서도 발생할 수 있지만, 전사의 수준에서 가장 많이 일어난다. 다양한 메커니즘들이 진화되어 세포는 분화 및 발생 과정에서 유전자 발현을 구성할 수 있으며 환경적 자극들에 반응할 수도 있다.

조절되는 유전자들의 전사 개시는 특정 DNA 서열에 결합하는 조절 단백질들에 의해 제어된다. 전사 조절은 부정적 혹은 긍정적으로 될 수 있다. 부정적으로 조절되는 유전자의 전사는 **억제인자(repressor)**라는 조절 단백질에 의해 방지된다. 부정적으로 조절되는 유전자는 활성적 억제인자가 없을 때만 전사될 수 있다. 긍정적으로 조절되는 유전자의 전사는 **활성인자(activator)**라는 조절 단백질에 의해 전사된다.

긍정적으로 조절되는 유전자는 활성인자가 없으면 거의 혹은 전혀 전사되지 않는다. 억제인자와 활성인자는 종종 라이간드와 결합함으로써 그 기능이 변형되는 입체다른자리 단백질이다. 일반적으로, 라이간드는 단백질의 입체 구조를 변경하여 특정 DNA 서열과 결합하는 기능에 영향을 끼친다. 예를 들어, 일부 억제인자는 이화 경로에 관여하는 효소의 합성을 제어한다. 이들 효소에 대한 기질이 없으면, 유전자의 발현이 억제된다. 기질이 있을 때 기질은 억제인자와 결합하여 DNA로부터 억제인자의 해리를 유도하여 유전자가 전사되도록 한다. 억제인자에 결합하여 불활성화시키는 라이간드를 **유도인자(inducer)**라 하는데, 이는 억제인자가 조절하는 유전자들의 전사를 유도하기 때문이다. 반면에 생합성 과정에 관

핵심개념

세포는 필요할 때까지 특정 단백질을 합성하지 않는다(예를 들어, 세포내 락토스의 농도가 *lac* 억제인자를 비활성화시킬 때까지).

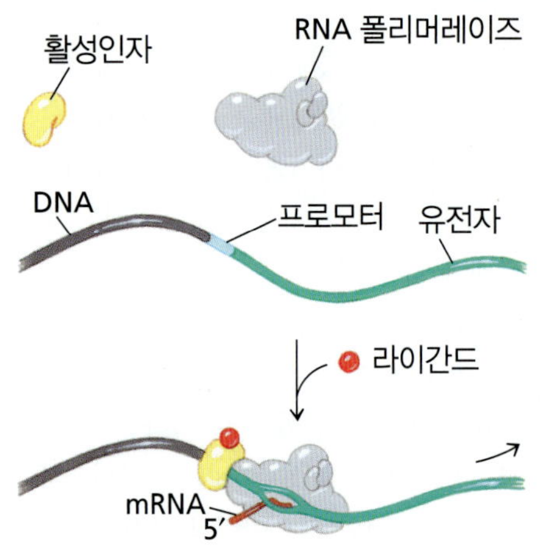

(a) 라이간드와 결합한 활성인자가 전사를 자극한다.

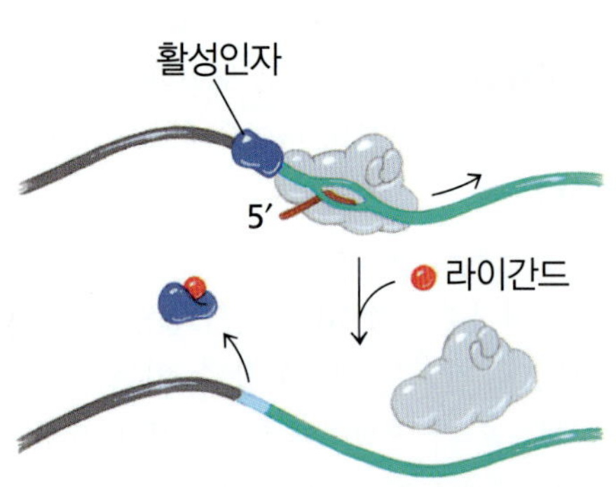

(b) 활성인자가 전사를 자극한다. 라이간드가 있는 곳에서 활성인자는 억제된다.

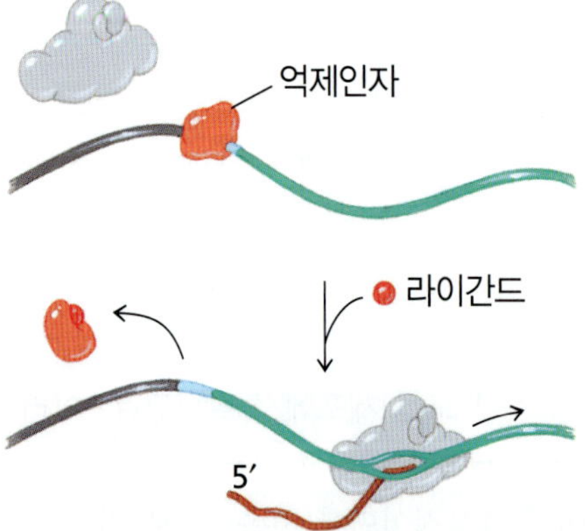

(c) 억제인자가 전사를 방해한다. 라이간드(유도체)가 억제인자와 결합하여 억제인자를 불활성화시켜 전사를 진행시킨다.

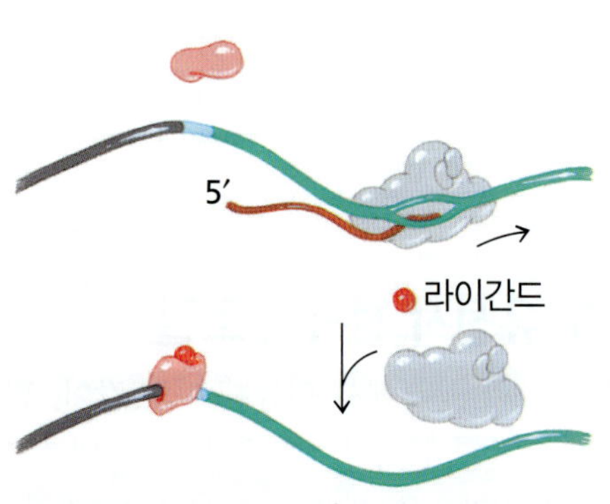

(d) 라이간드가 없는 곳에서, 억제인자는 DNA와 결합하지 않는다. 라이간드(보조억제인자)가 있을 때 억제가 발생한다.

그림 21.14 ▶
조절 단백질에 의한 전사 개시의 조절 전략.

여하는 효소들의 합성을 조절하는 일부 억제인자들은 라이간드와 연계될 때만 DNA와 결합한다. 라이간드는 종종 생합성 경로의 최종 생성물이다. 이러한 조절 메커니즘으로 인해서 경로의 산물이 축적되면 경로에 관여하는 유전자들이 꺼지게 된다. 억제인자와 결합하여 활성화시키는 라이간드를 **보조억제인자(corepressor)**라고 부른다. 입체다른자리 활성제의 DNA-결합 활동은 라이간드 결합에 의해서 두 가지 방법으로 영향을 받는다. 전사를 조절하는 네 가지 일반적인 전략이 그림 21.14에 있다. 네 가지 전략의 예들은 확인되었다.

위에서 기술한 것만큼 간단한 조절계는 거의 없다. 예를 들면, 많은 유전자의 전사는 억제인자와 활성인자화의 조합이나 여러 가지 활성인자들에 의해 조절된다. 전사를 조절하는 정교한 메커니즘들이 각각의 생물체의 특정한 요구 사항들을 충족하도록 진화했다. 공동 작업으로 작용하는 메커니즘들이 전사를 조절할 때 더 큰 영역의 세포 반응이 가능해진다. 몇 가지 특정 유전자의 전사를 조절하는 방법을 검토함으로써, 우리는 박테리아 세포에서 어떻게 긍정적 및 부정적 메커니즘들이 조합되어 놀라울 정도로 민감한 조절이 이루어지는지를 이해할 수 있다.

21.7 *lac* 오페론, 부정적 및 긍정적 조절의 예

일부 세균들은 해당작용을 통해 5탄당 또는 6탄당을 대사하여 성장에 필요한 탄소를 얻는다. 예를 들어, 대장균은 우선적으로 탄소원으로 포도당을 사용하지만 또한 락토스와 같은 베타-갈락토사이드를 포함하는 다른 당류를 사용하기도 한다. β-갈락토사이드 섭취와 이화에 요구되는 효소들은 베타-갈락토사이드 기질이 생기지 않으면 합성되지 않는다. 이들의 기질이 생기더라도, 선호하는 탄소원(포도당)이 있을 때 이들 효소는 한정된 양으로 합성된다. β-갈락토사이드 활용에 필요한 효소의 합성은 전사 개시의 수준에서 억제인자 및 활성인자에 의해서 조절된다.

β-갈락토사이드의 섭취와 이화작용에는 세 가지 단백질이 필요하다. *lacY* 유전자의 산물은 락토스 퍼미에이즈, 공동수송 수송체인데, 이는 β-갈락토사이드의 섭취를 담당한다. 대부분의 β-갈락토사이드는 다음 단계에서 *lacZ* 유전자에 코딩되어 있는 소단위체 네 개로 구성된 β-갈락토시데이즈에 의해서 가수분해되어 대사가능한 6탄당이 된다. 가수분해되지 않는 β-갈락토사이드는, *lacA* 유전자의 산물인 싸이오갈락토사이드 트랜스아세틸레이즈에 의해서 아세틸화된다. 아세틸화는 세포에서 독성 화합물을 제거하는 것을 돕는다.

세 가지 유전자—*lacZ*, *lacY* 및 *lacA*—는 하나의 프로모터에서 전사되는 오페론을 형성하여 세 가지 다른 단백질-코딩 부위를 갖는 큰 mRNA 분자를 생산한다. 이 경우, 단백질-코딩 부위는 하나의 유전자를 뜻하는데, 이는 기존의 용어의 표준적인 사용과는 다르다. 한 집합의 단백질 농도는 단일 프로모터에 의한 전사를 통해서 제어되기 때문에 오페론에 관련된 기능을 가진 유전자의 배열은 효율적이다. 단백질-코딩 유전자로 구성된 오페론은 대장균과 다른 원핵생물에서 일반적이지만 진핵생물에서는 매우 드문 것으로 여겨진다. 오페론이 선충의 하나인 모델 생물 예쁜꼬마선충(*C. elegans*)에서도 매우 일반적이며, 거대한 문 phylum에도 널리 퍼져 있을 것으로 여긴다. 오페론은 마이토콘드리아와 엽록체 유전체도

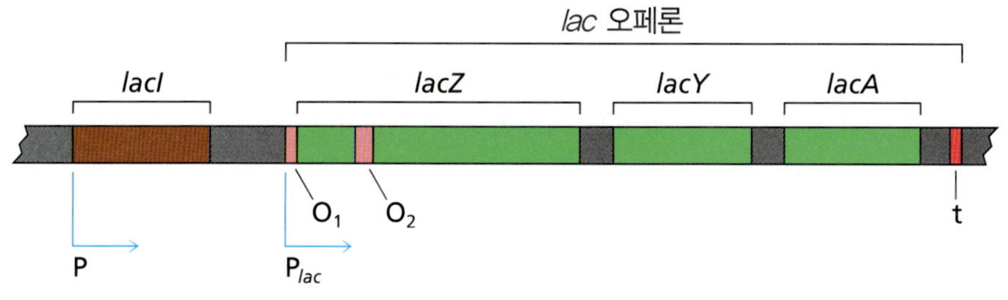

◀ **그림 21.15**

락토스를 대사하는데 필요한 단백질을 코딩하는 유전자의 조직. 락토스를 대사하는 데 필요한 단백질을 코딩하는 유전자의 조직. 세 가지 단백질 – LacZ, LacY 및 LacA – 의 코딩 영역이 *lac* 오페론을 구성하고, 단일 프로모터(P_{lac})에서 함께 전사된다. *lac* 억제인자를 코딩하는 유전자, *lacI*는 *lac* 오페론의 상류에 있는데 자신의 운영자, P를 갖고 있다. *lac* 억제인자는 P_{lac} 가까이 있는 운영자 O_1 및 O_2와 결합한다. t는 전사 종결 서열을 나타낸다.

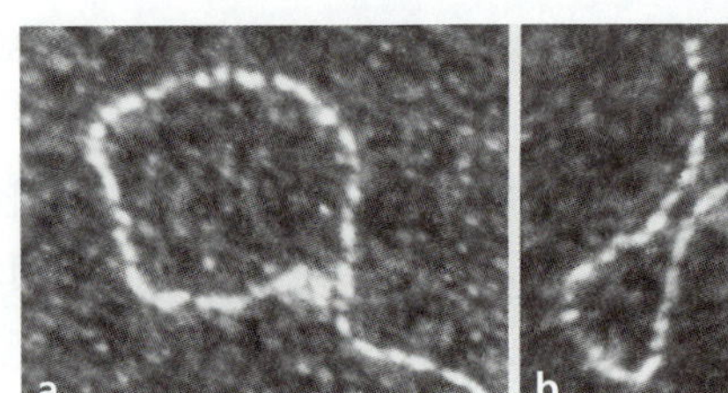

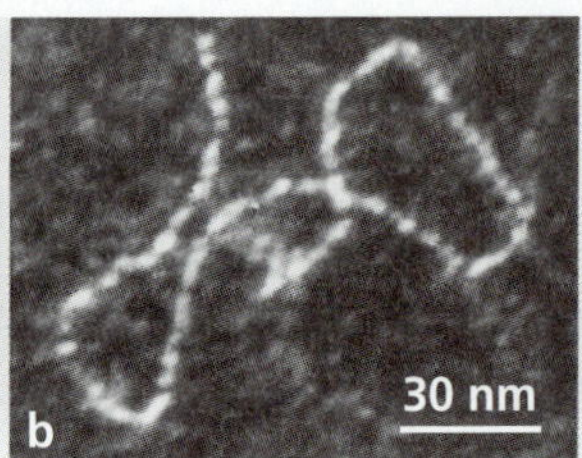

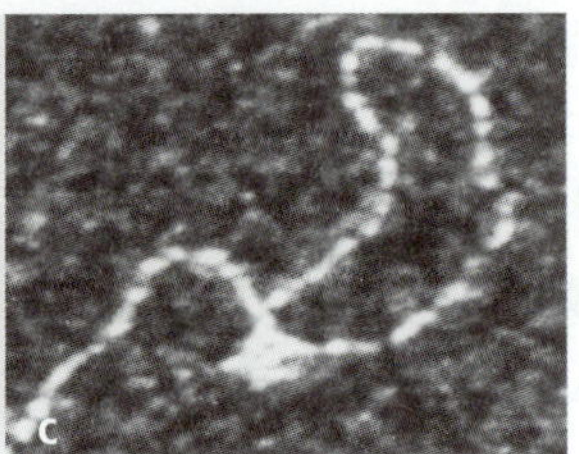

그림 21.16 ▶
DNA 고리의 전자현미경 사진. DNA 고리의 전자현미경 사진. 이 고리는 DNA가 두 개의 합성된 *lac* 억제인자-결합 지점을 갖고 있는 DNA 조각과 *lac* 억제인자를 혼합하여 형성되었다. 한 결합 부위는 DNA 단편의 한쪽 끝에 위치하고, 다른 하나는 거기에서 535 bp 떨어진 곳에 있다. 사량체 억제인자가 이 두 지점에 동시에 결합할 때 535 bp의 길이를 갖는 고리가 형성된다.

흔하게 존재한다.

A. *lac* 억제인자가 전사를 방지한다

lac 오페론의 세 가지 유전자의 발현은 동일한 소단위체 네 개로 구성된 *lac* 억제인자라는 조절 단백질에 의해서 제어된다. 이 억제인자는 *lac* 오페론의 상류에 위치한 네 번째 유전자, *lacI*에 코딩되어 있지만, 별개의 프로모터로부터 전사된다(그림 21.15).

lac 억제인자는 *lac* 오페론의 프로모터 근처 두 지점에 동시에 결합한다. 억제인자 결합 지점을 **운영자(operator)**라 한다. 운영자 하나(O_1)는 프로모터에 인접해 있고, 다른 하나(O_2)는 *lacZ*의 코딩 영역 안에 있다. 억제인자가 양쪽 운영자에 결합할 때, 이들은 DNA가 안정된 고리 구조를 형성하도록 유도한다. 이 고리 구조는 *lac* 억제인자와 DNA 사이에 형성된 복합체의 전자현미경 사진에서 관찰된다(그림 21.16). *lac* 억제인자와 운영자 서열의 상호작용은 *lac* 프로모터에 RNA 폴리머레이즈의 결합을 방지하여 전사를 차단하는 것으로 여겨진다. 그러나 어떤 경우, *lac* 억제인자와 RNA 폴리머레이즈가 프로모터에 동시에 결합할 수 있다고 알려졌다. 따라서 억제인자는 개방 복합체의 형성과 프로모터 정리를 방해하여 전사 개시를 차단할 수도 있다. RNA 폴리머레이즈가 있을 때 DNA와 결합하는 *lac* 억제인자의 개략도가 그림 21.17에 있다. 이 개략도는 운영자와 프로모터의 상관 관계, 그리고 억제인자가 DNA와 결합할 때 형성되는 DNA 고리를 나타낸다.

언제나, 억제인자 한 분자는 오퍼레이터와 결합하여 있고, 아홉 개의 분자들은 DNA와 비특이적으로 결합한다.

억제인자는 DNA와 비특이적으로 결합하여 DNA를 따라 걷거나 건너뛰면서 운영자를 찾는다. 비특이적 평형 연계상수는 약 $10^6\ M^{-1}$인데—이는 RNA 폴리머레이즈의 그것과 비슷한 수준이다(21.3C절, RNA 폴리머레이즈도 이런 종류의 검색 메커니즘을 사용한다). 시험관에서 O_1와 *lac* 억제인자 간의 특이적 결합에 대한 평형 연계상수는 매우 높다($K_a \approx 10^{13} M^{-1}$). 결과적으로, 억제인자는 전사를 매우 효과적으로 방지한다. (*lac* 억제인자는 O_2 지점에 대해 낮은 친화성으로 결합한다.) 박테리아 세포는 약 10개의 *lac* 억제인자를 갖고 있으나 이 억제인자는 운영자를 신속하게 찾는 동시에 운영자에서 동시에 해리되면, 또 다른 억제인자가 매우 빠른 시간 내에 그 지점을 점유한다. 그러나 이 짧은 간격 동안, RNA 폴리머레이즈가 프로모터에 있기 때문에 오페론의 전사체가 만들어질 수 있다. 이렇게 낮은 수준의 전사를 도피형 합성(escape synthesis)이라 하는데, 이로 인하여 락토스 퍼미에이즈와 β-갈락토시데이즈는 세포 내에 소량으로 존재할 수 있다.

▲ 그림 21.17
***lac* 억제인자와 *lac* 오페론의 결합.** 사량체 *lac* 억제인자가 *lac* 오페론의 프로모터 근처에 있는 두 개의 지점들과 동시에 상호작용한다. 그 결과, 고리 모양의 DNA가 형성되고 RNA 폴리머레이즈는 여전히 *lac* 억제인자-DNA 복합체가 있는 상태에서 프로모터와 결합할 수 있다.

유당이 없을 때, *lac* 억제인자는 *lac* 오페론의 발현을 억제한다. 그러나 β-갈락토사이드가 잠재적 탄소 자원으로 존재할 때, 이 유전자는 전사된다. 몇 가지 β-갈락토사이드는 유도제로 작용할 수 있다. 락토스가 잠재적인 탄소원인 경우 유도자는 β-갈락토시데이즈의 작용으로 락토스에서 생기는 알로락토스이다(그림 21.18). 알로락토스는 *lac* 억제인자에 단단히 결합하여 구조적 변화를 야기하여 운영자에 대한 억제인자의 친화성을 감소시킨다. 유도제가 있을 때, *lac* 억제인자가 DNA에서 해리되면서, RNA 폴리머레이즈가 전사를 개시할 수 있게 한다(도피성 합성으로 인해서 오페론이 억제될 때도 락토스가 채택되어 알로락토스로 변환된다).

B. *lac* 억제인자의 구조

lac 오페론의 발현 조절에서 *lac* 억제인자의 역할은 1960년대부터 연구되어 왔다. 그러나 이 중요한 단백질의 구조는 거대 분자의 구조를 결정하는데 쓰이는 새로운 기술이 개발된 후에 1990년대에 풀렸다. 한 운영자 서열에 결합한 *lac* 억제인자의 일부 구조가 그림 21.19에 나타나 있다. 완전한 단백질은 두 쌍으로 배열된 네 개의 동일한 소단위체를 포함하는데, 각 쌍은 서로 다른 운영자 서열에 결합한다. 세포 내에서 이 두 가지 DNA 단편들은 단일 DNA 분자의 일부이다—억제인자 결합이 *lac* 5′ 오페론의 끝에서 하나의 DNA 고리 구조를 형성한다.

소단위체들은 접지 부위에서 함께 결합된다. X-선 결정 구조에 의하면, 이 두 쌍의 소단위체는 하나 위에 다른 하나가 누적되어(그림 21.17) 예상과는 다르게 접지 부위에서 확장되지 않는다. 이로 인해서 대다수 다른 사량체 단백질보다 대칭구조가 적고 더욱 다져진 단백질이 된다.

각각의 소단위체는 접지 부위에서 가장 멀리 있는 말단에 나선-회전-나선 모티브를 갖고 있다. DNA에 결합하면 이 알파나선 중 하나가 아미노산 측쇄가 운영자 서열의 특정 염기쌍과 직접 상호작용하는 주요 홈에 놓인다. 각각의 소단위체 쌍에서 나온 두 개의 나선은 DNA 한 바퀴 정도(약 10 염기쌍) 떨어진 곳에 자리 잡고, 각각은 운영자 서열의 절반과 상호작용한다. 이러한 결합 전략은 제한 엔도뉴클리에이즈 *Eco*RI의 그것과 유사하다(19.6C절).

DNA가 없는 곳에서는 *lac* 억제인자 소단위체의 원위 부위가 무질서해진다(4.7D절). 이것이 그 구조를 밝히는데 오랜 시간이 걸린 이유다. 나선-회전-나선 모티프의 구조는 단백질이 DNA와 결합될 때만 관찰된다. 단백질의 안정적인 구조가 라이간드 결합에 의해 크게 변경되는 상호작용에 관한 예시는 많이 있다. 알로락토스 또는 IPTG와 같은 유도제가 있을 때, 억제인자는 약간 다른 구조를 취하여 DNA 운영자와 결합할 수 없게 된다.

락토스
(β-D-Galactopyranosyl-(1→ 4)-β-D-glucopyranose)

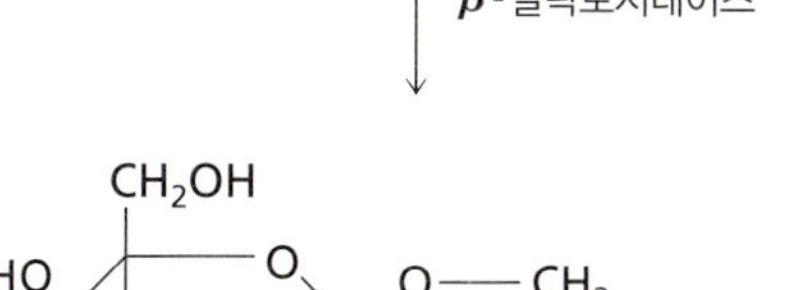

알로락토스
(β-D-Galactopyranosyl-(1→ 6)-β-D-glucopyranose)

▲ **그림 21.18**
β-갈락토시데이즈의 촉매작용에 의해서 락토스에서 알로락토스가 생성됨. 이는 주류의 반응은 아니다. β-갈락토시데이즈의 주요한 효소작용은 이탄당을 절단해서 해당작용의 기질로 변환될 수 있는 일량체를 만드는 일이다.

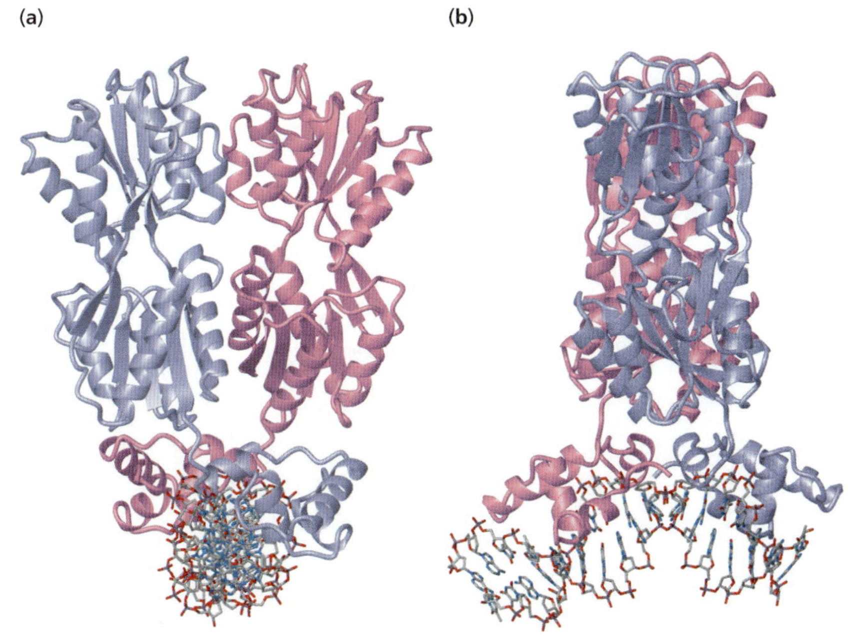

◀ **그림 21.19**
대장균 *lac* 억제인자의 구조. 이 그림은 DNA에 결합한 *lac* 억제인자 소단위체의 이량체를 나타낸다. *Lac* 억제인자는 생체 내에서 사량체이며, DNA-결합 지점을 갖고 있다. **(a)** DNA 분자의 말단 보기. **(b)** 주요 홈에 있는 *lac* 억제인자의 나선 구조를 보여주고 있는 측면 보기.

(a) CRP-cAMP가 프로모터 근처 지점에 결합하다

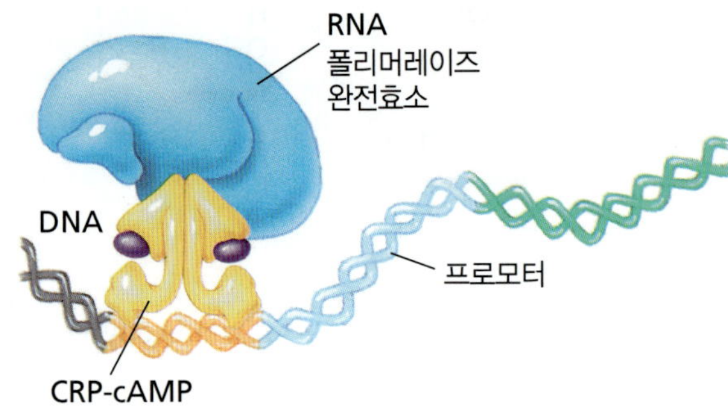

(b) RNA 폴리머레이즈 주효소가 프로모터와 결합하여 결합하고 있는 활성인자와 접촉한다. 이 활성인자는 전사 개시율을 증가시킨다.

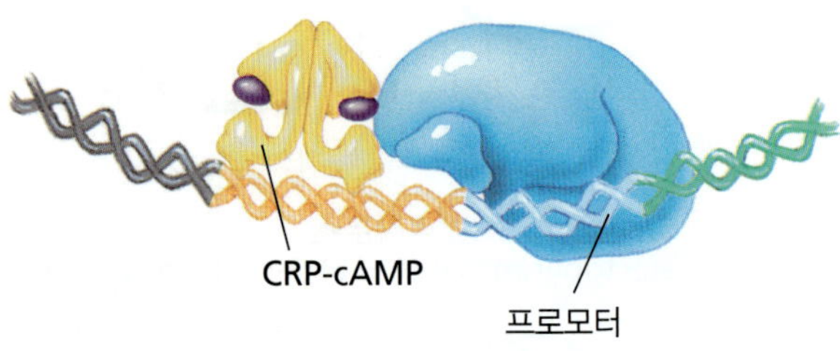

▲ 그림 21.20
CRP-cAMP에 의해서 *lac* 프로모터에서 활성화되는 전사 개시

C. cAMP 조절 단백질이 전사를 활성화한다

대장균에서 *lac* 오페론의 전사는 β-갈락토사이드가 있을 때뿐만 아니라 외부 배지에서 포도당의 농도에 따라서도 달라, 락토스와 같은 β-갈락토사이드가 유일한 탄소원일 때 *lac* 오페론은 최대로 전사된다. 포도당이 존재할 때 전사가 50배 감소한다. 포도당이 있을 때 오페론의 전사의 속도가 감소하는 것을 이화생성물 억제이라 한다.

이화생성물 억제는 대사효소들을 코딩하는 대다수 오페론의 특징이다. 이 오페론은 포도당이 있을 때 전사가 비효율적으로 개시되는 약한 프로모터를 갖고 있다. 그러나 포도당이 없을 때, 전사 개시의 속도는 비교적 약한 프로모터를 강력한 것으로 전환시키는 활성제로 인해서 극적으로 증가한다. 이화생성물 억제(catbolite repression) 용어를 사용함에도 불구하고 억제제가 관여하지 않는다. 실제로 이는 가장 잘 연구된 활성화 메커니즘의 한 예다.

활성제는 이화생성물 활성 단백질(CAP)로 알려진 cAMP 조절 단백질(또는 수용체, CRP)이다. CRP는 cAMP에 의해 활성이 조절되는 이량체 단백질이다. cAMP가 없으면, CRP는 DNA에 대해 낮은 친화성을 갖지만 cAMP가 있을 때 cAMP가 CRP과 결합하여 서열-특이적 DNA-결합 단백질로 변환시킨다. CRP-cAMP 복합체는 *lac* 오페론을 갖고 있는 30개 이상의 유전자들의 프로모터 근처의 특정한 DNA 서열과 상호작용한다. 유전체는 *lac* 억제인자보다 CRP-cAMP 결합 지점을 더 많이 갖고 있기 때문에 약 10개의 *lac* 억제인자에 비해 적어도 1000개 정도의 CRP 분자가 있다는 것은 놀라운 일이 아니다. CRP-cAMP 결합 부위는 이들이 활성화시키는 프로모터의 상류 지역에 있다. CRP-cAMP는 DNA에 결합하여 프로모터 지점에서 RNA 폴리머레이즈와 접촉하여 전사 개시 속도를 증가시킨다(그림 21.20). 대부분의 단백질-단백질 상호작용은 결합된 CRP-cAMP와 RNA 폴리머레이즈의 소단위체 사이에 일어난다. 이는 활성인자와 RNA 폴리머레이즈 간의 상호작용에 관한 전형적인 예다(박테리아 세포에 여러 다른 전사 활성제가 있다). CRP-cAMP의 순 효과는 포도당 이외의 기질을 사용할 수 있는 효소의 생산을 증가시키

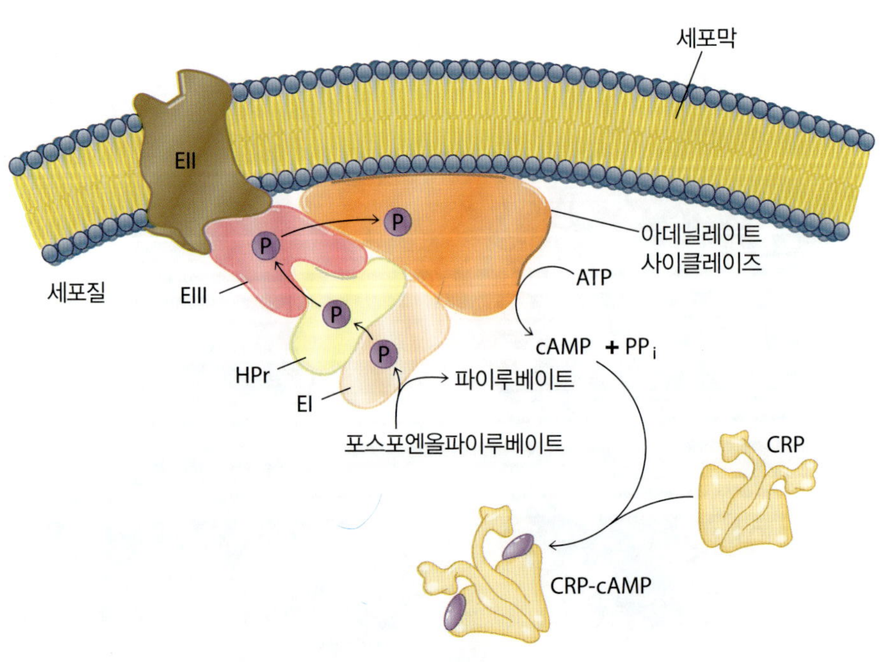

그림 21.21 ▶
cAMP 생산. 포도당이 없는 곳에서, 효소 III (EIII)은 포스포엔올파이루베이트에서 유래한 인산기를 막결합형 아데닐 사이클레이즈로 전달한다. 인산화된 아데닐 사이클레이즈는 ATP를 cAMP로 전환시키는 과정을 촉매한다. cAMP는 CRP에 결합하고, CRP-cAMP는 탄소원인 포도당의 부족을 보충하는 효소들을 코딩하는 다수의 유전자 전사를 활성화한다.

는데 있다. *lac* 오페론의 경우, CRP-cAMP에 의한 활성화는 β-갈락토사이드가 있을 때에만 일어난다. 다른 때에는 오페론의 전사가 억제된다.

대장균 세포의 내부에서 cAMP의 농도는 세포 외부의 포도당 농도에 의해 조절된다. 포도당이 있을 경우, 포도당은 세포에 수입되어 포스포엔올파이루브산-의존성 당류 인산전달 효소계로 알려진 수송 단백질 복합체에 의해서 인산화된다. 포도당이 없을 때, 포도당 수송 효소의 하나인 효소 III는 포스포엔올파이루브산에서 유래된 인산기를 아데닐레이트 사이클레이즈에 전달하는 과정을 촉매하여, 활성화를 도모한다(그림 21.21). 아데닐레이트 사이클레이즈(아데닐릴 사이클레이즈로 알려진) ATP를 cAMP로 전환하는 과정을 촉매하여 세포내 cAMP의 수준을 증가시킨다. cAMP가 생산됨에 따라 cAMP는 CRP에 결합하여 이화생성물 억제에 반응하는 프로모터에서 전사 개시를 촉진한다. cAMP와 같은 분자들이 2차 전령자로 작용하는 진핵세포에도 외부 자극에 반응하는 유사한 메커니즘들이 작동한다(9.12B절).

CRP 이량체의 각 소단위체는 나선-회전-나선 DNA 결합 모티프를 갖고 있다. cAMP가 있을 때, 두 개의 나선—각 단량체에서 하나씩—은 DNA의 주요 홈의 인접 부분에 꼭 맞게 들어가서 CRP-cAMP 결합 부위의 뉴클레오타이드와 접촉한다. 이는 *lac* 억제인자와 *Eco*RI이 사용하는 일반적인 결합 전략이다. cAMP가 없을 때, CRP의 구조가 변화되어 두 개의 알파 나선이 주요 홈과 더 이상 결합할 수 없다(그림 21.22). CRP-cAMP가 활성화 서열에 결합할 때, DNA가 약간 굽혀져서 단백질의 표면에 맞추어진다(그림 21.23)

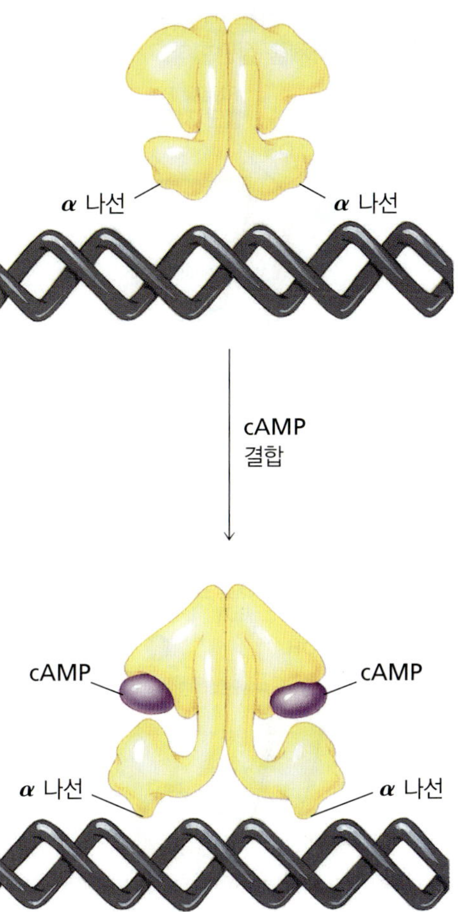

▲ 그림 21.22
cAMP 결합에 의한 CRP의 구조적인 변화. CRP 이량체의 각 단량체는 나선-회전-나선 모티브를 갖고 있다. cAMP가 없을 때, 알파 나선들은 DNA의 주요 홈의 인접한 공간에 맞지 않아, CRP-cAMP 결합 부위를 인식할 수 없다. cAMP가 CRP와 결합할 때, 두 개의 알파 나선이 DNA와 결합하기에 적합한 형태가 된다고 여겨진다.

21.8 RNA의 전사 후 변형

많은 경우에, RNA 전사체는 성숙한 구조와 기능을 채택하기 전에, 광범위하게 변형되어야 한다. 이러한 변형은 세 가지 일반적인 범주로 나뉜다. (1) 1차 RNA 전사체에서 뉴클레오타이드 제거하기, (2) 해당 유전자에 코딩되어 있지 않은 뉴클레오타이드 첨가하기, (3) 특정 염기의 공유 결합 변형하기. 1차 RNA를 성숙한 RNA 분자로 변환시키는 반응을 총칭하여 RNA 프로세싱이라 부른다. RNA 프로세싱은 대다수 RNA 분자의 기능에 매우 중요하며 유전자 발현의 중요한 부분이다.

A. 전달 RNA 프로세싱

진핵세포와 원핵세포에서 성숙한 tRNA 분자는 1차 전사체의 프로세싱을 거쳐서 생산된다. 원핵생물에서, 1차 전사체는 여러 가지 tRNA 전구체를 갖고 있다. 이러한 전구체들은 거대 1차 전사체에서 절단되고 라이보뉴클리에이즈, 또는 RNases가 성숙한 길이로 다

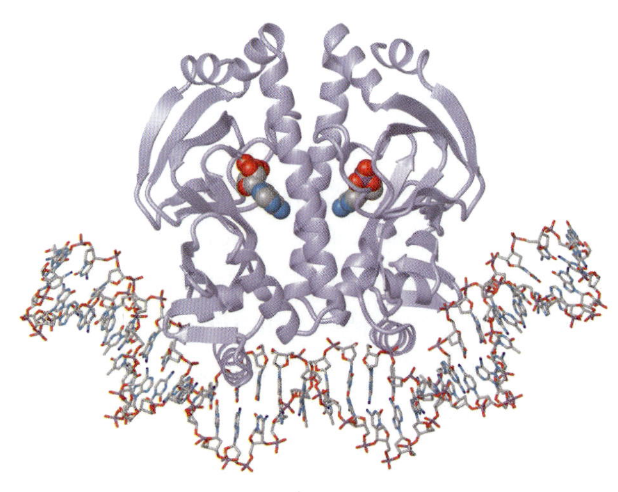

◀ 그림 21.23
CRP-cAMP와 DNA 사이에 있는 복합체의 구조. 두 소단위체는 입체다른자리 지점에 결합한 cAMP 분자 하나씩 갖고 있다. 각 소단위체는 CRP-cAMP 결합 지점에 있는 주요 홈에 위치하고 있는 알파 나선 하나씩을 갖고 있다. 결합이 DNA에 약간의 굴곡을 유도한다는 것을 주지하라. [PDB 1CGP]

(a) RNase P 및 다른 엔도뉴클리에이즈가 1차 전사체를 절단한다.

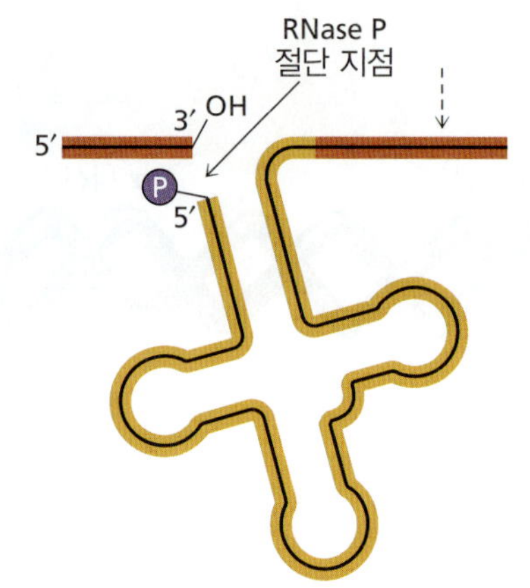

(b) RNase D가 3′ 말단을 다듬는다.

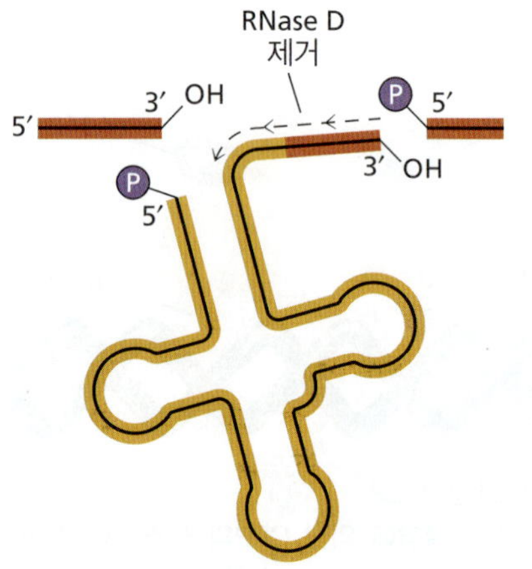

(c) tRNA 뉴클레오티딜 트랜스퍼레이즈가 CCA를 3′ 말단에 첨부한다.

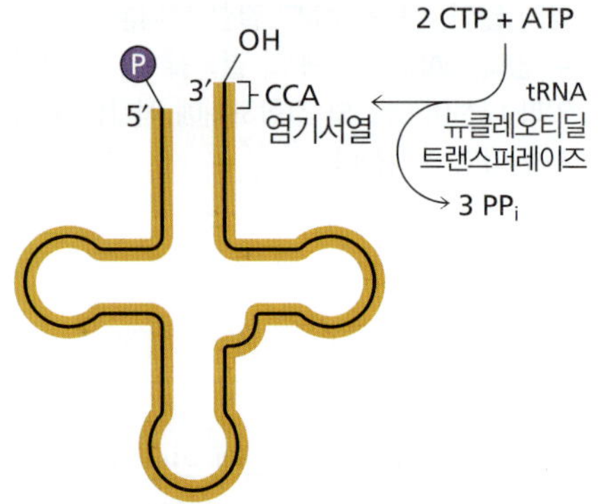

▲ **그림 21.24**
원핵세포 tRNA 프로세싱 요약.

핵심개념

수식되지 않은 mRNA들은 세포 내에서 태생적으로 불안정하여 라이보뉴클리에이즈에 의해서 빠르게 분해된다.

듬는다. 그림 21.24는 원핵생물의 tRNA 전구체의 프로세싱에 관한 요약이다.

엔도뉴클리에이즈 RNase P는 대다수 tRNA 1차 전사체의 초기 절단을 촉진한다. 이 효소는 각 tRNA 서열의 측면에 있는 전구체를 절단하여 성숙한 말단을 갖는 단량체 tRNA 전구체를 방출한다. 생체 내에서 전사체가 합성되는 동안 RNase P에 의한 다듬기가 빠르게 일어난다.

RNase P는 그 구조가 상세하게 연구된 최초의 라이보뉴클레이즈 중 하나였다. 이 효소는 실제로 라이보단백질이다. 대장균에서, 이는 377개-뉴클레오타이드 RNA 분자(M_r 130,000)와 작은 폴리펩타이드(M_r 18,000)로 구성된다. 이 단백질이 없어도 RNA 구성 요소는 시험관에서 촉매 활성을 갖는다(특정 조건 하에서). 이는 효소 활성을 가지는 최초의 RNA 분자이며 21.1절에서 기술한 RNA 분자의 네 번째 클래스의 예다. RNase P의 단백질 성분은 RNA의 3차 구조를 유지하는 것을 돕는다. 시드니 알트만은 RNase P의 RNA 성분이 촉매 활성을 갖는다는 것을 보인 것으로 1989년에 노벨상을 수상했다.

다른 엔도뉴클리에이즈가 tRNA 전구체의 말단 부근을 자른다. tRNA 전구체의 말단의 후속 프로세싱에는 RNaseD와 같은 엑소뉴클리에이즈가 된다. 이 효소는 tRNA의 말단에 도달할 때까지 단량체 tRNA 전구체의 말단으로부터 뉴클레오타이드를 순차적으로 제거하는 과정을 촉매한다. 원핵생물과 진핵생물의 성숙한 모든 tRNA 분자들은 말단의 마지막 3 뉴클레오타이드 서열로 CCA를 갖고 있어야 한다. 일부 경우에, 이러한 뉴클레오타이드가 말단에 일어나는 모든 프로세싱이 완료된 후에 전사 후 과정에서 첨부된다. 이 세 개의 뉴클레오타이드의 추가의 tRNA 뉴클레오티딜 트랜스퍼레이즈에 의해 촉매되는데, 이는 유전자에 의해 암호화되지 않은 뉴클레오타이드가 추가되는 몇 안되는 예의 하나다.

tRNA의 전구체의 프로세싱도 일부 뉴클레오타이드 염기를 공유결합으로 변형시키는 것을 포함한다. 성숙한 tRNA 분자는 다른 어떤 RNA 분자들보다 더 많고 다양한 공유결합으로 변형된다. 일반적으로 tRNA 분자의 약 80 뉴클레오타이드의 26개에서 30개 사이가 공유결합으로 변형된다. 공유결합성 변형의 유형은 일반적으로 각 분자에 한 위치에서 발생한다. 뉴클레오타이드의 변형 지점들에 관한 일부 예가 그림 21.25에 나타나 있다.

B. 라이보좀 RNA 프로세싱

모든 생물의 라이보좀 RNA 분자는 매우 커다란 1차 전사체로 생산되는데, 이 전사체는 성숙한 분자들로서 활성 형태를 갖기 전에, 메틸화, 엔도뉴클리에이즈에 의해 절단을 포함하는 후속 프로세싱을 거친다. 이러한 라이보좀 RNA의 프로세싱은 라이보좀 조립체와 연관된다.

원핵생물 rRNA의 분자의 1차 전사체는 약 30S이며, 16S, 23S 및 5S rRNAs의 각 사본을 포함한다. 이 전사체는 흩어져 있는 tRNA 전구체들도 갖고 있다(S는 Svedberg 단위 입자의 상징으로, 이는 원심 분리기에 형성되는 중력장에서 입자들이 이동하는 속도에 대한 측정치를 나타낸다. 큰 S 값은 큰 질량을 뜻한다. 그러나 S와 질량 사이의 관계는 선형이 아니므로, S 값은 단순하게 부가되지 않는다). 세 rRNA가 단일 전사체에서 파생되기 때문에, 이 프로세싱은 성숙한 라이보좀 RNA 각각이 동일한 몰 농도로 존재하게 된다.

각각의 성숙한 rRNA 분자의 5′ 및 3′의 말단은 일반적으로 1차 전사체에서 염기쌍을 이루고 있는 지역에 존재한다. 원핵세포에서 엔도뉴클리에이즈 RNase III는 이 지역과 결합하여 16S와 23S rRNAs의 말단 부근에서 전구체를 자른다. 이 절단 이후, rRNA 분자의 말단은 특정 엔도뉴클리에이즈의 작용으로 다듬어진다(그림 21.26)

진핵 라이보좀 RNA들도 더 큰 전구체를 처리하여 생산된다. 1차 전사체의 크기는 35S에서 47S까지 분포하고 세 가지 진핵세포 rRNA(18S, 5.8S, 28S) 각각의 복사본 하나씩을 갖고 있다(네 번째 진핵세포의 rRNA는 5S rRNA이며, 이는 RNA 폴리머레이즈 III에 의해

N^6-메틸아데닐레이트 (m^6-A)

N^6-아이소펜테닐아데닐레이트 (i^6-A)

아이소시네이트 (I)

7-메틸구아닐레이트 (m^7G)

다이하이드로유리딜레이트 (D)

슈도유리딜레이트 (ψ) (라이보스 C-5)

유리딜레이트 5-옥시아세트산 (com^5-U)

3-메틸시티딜레이트 (m^3C)

5-메틸시티딜레이트 (m^5C)

2′-*O*-메틸화된 뉴클레오타이드 (Nm)

▲ **그림 21.25**
tRNA에서 발견되는 일반적인 공유결합형 변형(변형 부위는 파란색으로 나타내었다).

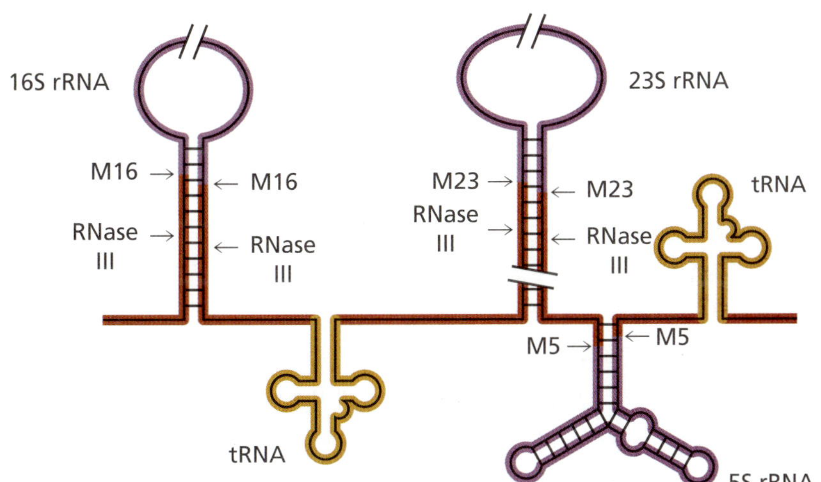

◀ **그림 21.26**
대장균 라이보좀 RNA 전구체의 엔도뉴클리에이즈 의한 절단. 1차 전사체는 세 개의 라이보좀 RNA 각각의 복사본을 갖고 있으며, 또한 몇몇 tRNA 전구체를 포함할 수 있다. 큰 rRNA 전구체는 RNase III의 작용에 의해 큰 1차 전사체서 절단되어 생성된다. 16S, 23S 및 5S rRNAs 각각은 엔도뉴클리에이즈 M16, M23 및 M5 각각에 의해서 다듬어진다(빗줄 기호는 rRNA 1차 전사체에서 제거되는 부위를 명확하게 나타내기 위한 것이다).

단량체로 전사되고 따로 프로세싱된다). 1차 전사체는 핵소체라는 핵의 한 지역에서 합성되는데, 여기에서 초기 프로세싱이 일어난다. 각 rRNA 전구체가 부분적으로 접혀서 자신의 라이보좀 단백질 동반자와 결합한 후, 절단 프로세싱이 일어난다.

21.9 진핵세포 mRNA 프로세싱

mRNA 전구체의 프로세싱은 진핵생물과 원핵생물을 구별하는 생화학적 기능 중 하나이다. 원핵생물에서 1차 mRNA 전사체는 곧장 번역되어서 전사가 종료되기 전에 번역 개시가 이루어진다. 반면에 진핵세포에서 전사가 핵에서 발생하고, 번역은 세포질에서 일어난다. 이러한 기능적 구획화로 인해 mRNA 전구체의 프로세싱은 번역을 방해하지 않으면서 핵에서 일어난다.

진핵생물의 성숙한 mRNA 분자는 종종 훨씬 더 큰 1차 전사체로부터 만들어진다. 이와 같은 1차 전구체에 대한 후속 프로세싱은 앞 절에서 배운 것과 유사한 고정, 말하자면 전구체의 절단, 말단 뉴클레오타이드의 첨가, 뉴클레오타이드의 공유결합형 변형으로 이루어진다. 종종, 특정 뉴클레오타이드(개입형 서열, 혹은 인트론)는 mRNA 1차 전사체에서 잘려지거나 제거되고, 나머지 절편들이 연결되어서 성숙한 mRNA가 된다. **스플라이싱(splicing)**이라는 이 단계는 대부분의 진핵 생물종에서 매우 일반적이다.

A. 진핵세포 mRNA 분자의 변형된 말단들

핵심개념

대다수 진핵세포의 코딩 서열은 인트론으로 중단된다.

모든 진핵세포의 mRNA 전구체는 성숙한 mRNA의 안정성을 증가하고 번역하기 좋게 만드는 변형을 받는다. mRNA의 안정성을 증가시키는 한 가지 방법은 말단 부위들을 변형하여서 RNA를 분해하는 세포형 엑소뉴클리에이즈가 공략하기 어렵게 만드는 것이다.

mRNA 전구체가 합성되는 동안 전사체의 말단의 변형이 동시에 진행된다. 1차 전사체의 말단은 RNA 폴리머레이즈 II에 의해 삽입된 첫 번째 염기, 뉴클레오사이드 삼인산 잔기(일반적으로 퓨린)이다. 감마-인산기 그룹이 포스포하이드롤레이즈에 의해서 제거되면서 이 말단의 변형이 시작된다(그림 21.27). 여기에서 생성된 잔기가 GTP 분자의 원소와 작용하여 삼인산 결합을 형성한다. 이 반응은 구아닐트랜스퍼레이즈에 의해 촉매되어 **캡(cap)**이라는 구조를 만든다. 캡은 종종 더 새로 추가 된 구아닐산의 메틸화를 통해서 더 변형된다. 원래 전사체의 처음 두 개 뉴클레오타이드의 잔기들이 메틸화될 수 있다. 이러한 반응에 사용되는 메틸기는 S-아데노실 메싸이오닌에서 온다(7.3절).

삼인산 결합은 말단 부위를 봉쇄하여 mRNA 분자를 엑소뉴클리에이즈로부터 보호한다. 캡은 또한 mRNA 전구체를 핵에서 스플라이싱을 촉매하는 다른 프로세싱 효소들의 기질로 바꾸어 놓는다. 성숙한 mRNA에서 캡은 단백질 합성 기간 중에 라이보좀이 결합하는 지점이기도 하다. 캐핑은 핵에 국한되는 전사와 동시에 일어나는 과정이다. 그림 21.27에 나타낸 바와 같이 캐핑효소는 RNA 폴리머레이즈 II와 직접 상호작용하나 RNA 폴리머레이즈 I 또는 RNA 폴리머레이즈 III 복합체와는 작용하지 않기 때문에, mRNA 전구체가 유일하게 캐핑되는 RNA가 된다(즉, tRNA와 rRNA는 캐핑의 기질이 아니다).

진핵생물 mRNA의 전구체는 말단 부위에 변형된다. RNA 폴리머레이즈 II가 DNA의 코딩 영역의 끝을 지나 전사를 하는 동안, 엔도뉴클리에이즈가 새로 합성된 RNA의 합의 인식 서열인 AAUAAA 특정 사이트의 하류 부위를 자른다. 이 서열에 엔도뉴클리에이즈 및 폴리머레이즈와 상호작용하는 단백질, 절단 및 다중아데닐화 특이성 인자(CPSF)와 결합한다. 서열은 분열에 의해 구속된다(그림 21.28). RNA를 절단한 후, 엔도뉴클리에이즈는 해리되어 다중 아데닐 잔기가 RNA 분자의 새로 생성된 말단에 첨부된다. ATP를 사용하여 아데닐 잔기를 첨부하는 폴리A 폴리머레이즈가 첨부 반응을 촉매한다. 최대 250개의 뉴클레오타이드가 첨부되어 '**폴리 A 꼬리(poly A tail)**'라는 폴리아데닐레이트 구간을 형성한다.

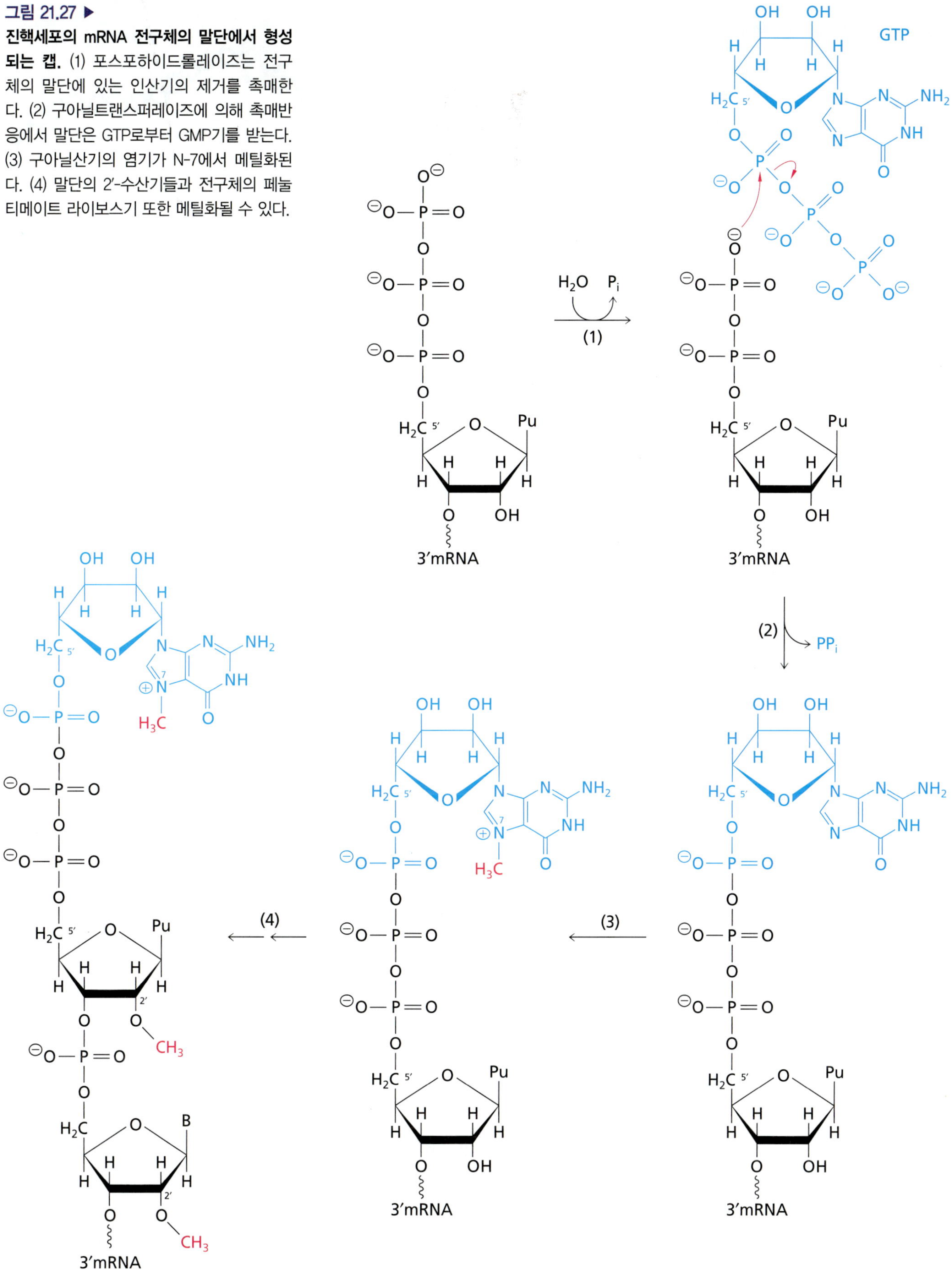

그림 21.27 ▶

진핵세포의 mRNA 전구체의 말단에서 형성되는 캡. (1) 포스포하이드롤레이즈는 전구체의 말단에 있는 인산기의 제거를 촉매한다. (2) 구아닐트랜스퍼레이즈에 의해 촉매반응에서 말단은 GTP로부터 GMP기를 받는다. (3) 구아닐산기의 염기가 N-7에서 메틸화된다. (4) 말단의 2′-수산기들과 전구체의 페눌티메이트 라이보스기 또한 메틸화될 수 있다.

(a) RNA 폴리머레이즈가 mRNA 전구체의 3′ 말단에 있는 폴리아데닐화 신호를 통과할 때, 폴리아데닐화가 시작된다.

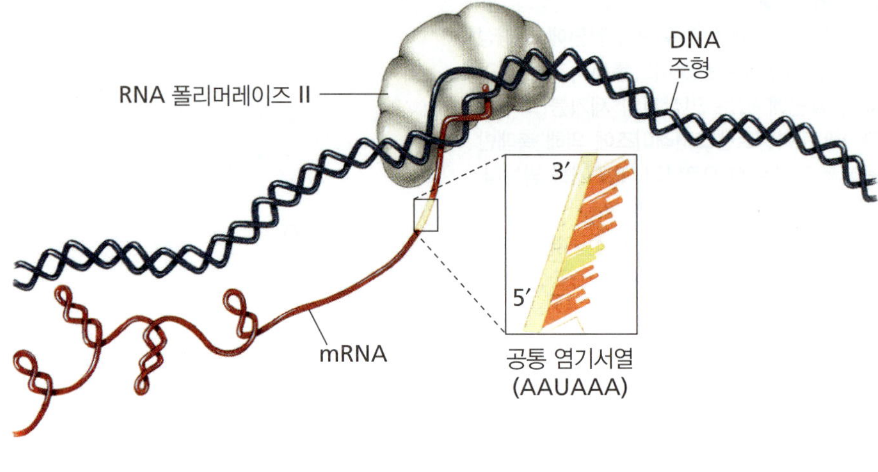

(b) CPSF 공통서열과 결합하여 RNA 엔도뉴클리에이즈를 포함하는 복합체를 형성한다. 폴리 A 폴리머레이즈가 mRNA 전구체의 말단에 결합한다. 엔도뉴클리에이즈는 전사체의 폴리 A 염기서열의 하류 부위의 절단을 촉매하여, 새로운 3′ 말단을 형성한다. 이후, 폴리 A 폴리머레이즈가 mRNA 전구체의 말단에 결합할 수 있다.

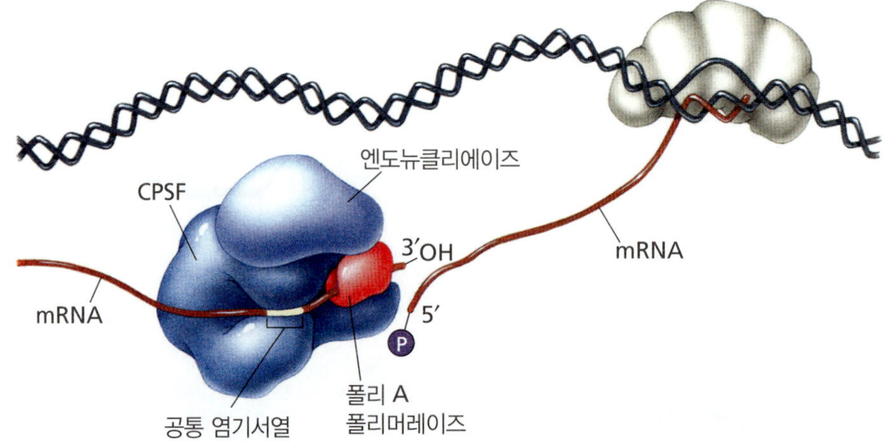

(c) 엔도뉴클리에이즈가 해리되고 RNA의 새로운 3′ 말단은 폴리A 폴리머레이즈에 의해서 폴리아데닐화된다.

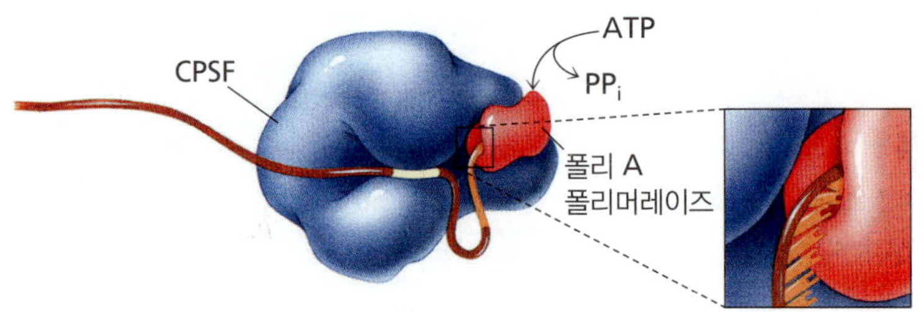

▲ 그림 21.28
진핵세포의 mRNA 전구체의 폴리아데닐화.

몇 가지 예외가 있지만, 진핵생물의 모든 성숙한 mRNA 분자는 폴리 A 꼬리를 갖는다. 이 꼬리의 길이는 여러 종, 그리고 아마도 mRNA의 유형 및 세포의 발생 단계에 따라 다양하다. 꼬리가 엑소뉴클리에이즈의 작용에 의해 점진적으로 짧아지기 때문에 그 길이는 mRNA의 나이에 따라 달라진다. 실제로, 성숙한 mRNA가 핵 기공에 도달할 즈음이면 꼬리의 길이가 50~100개의 뉴클레오타이드로 짧아진다. 폴리 A 꼬리가 있기 때문에 엑소뉴클리에이즈가 코딩 영역에 도달하는 시간이 더 오래 걸린다.

B. 일부 진핵세포 mRNA 전구체는 스플라이싱된다

스플라이싱은 원핵생물에서 드문 일이지만, 동물과 식물에서는 규칙적으로 발생한다. 1차 RNA 전사체로부터 제거되는 내부 서열을 **인트론(intron)**이라 부른다. 1차 RNA 전사체와 성숙한 RNA 분자에 모두 존재하는 서열을 **엑손(exon)**이라 한다. 인트론과 엑손이라는 단어들은 RNA 인트론과 엑손을 코딩하는 유전자(DNA) 지역을 가르킨다. DNA 인트론은 전사되기 때문에 이들은 유전자의 일부로 간주된다. 인트론과 엑손이 만나는 지점을 **스플라이스**

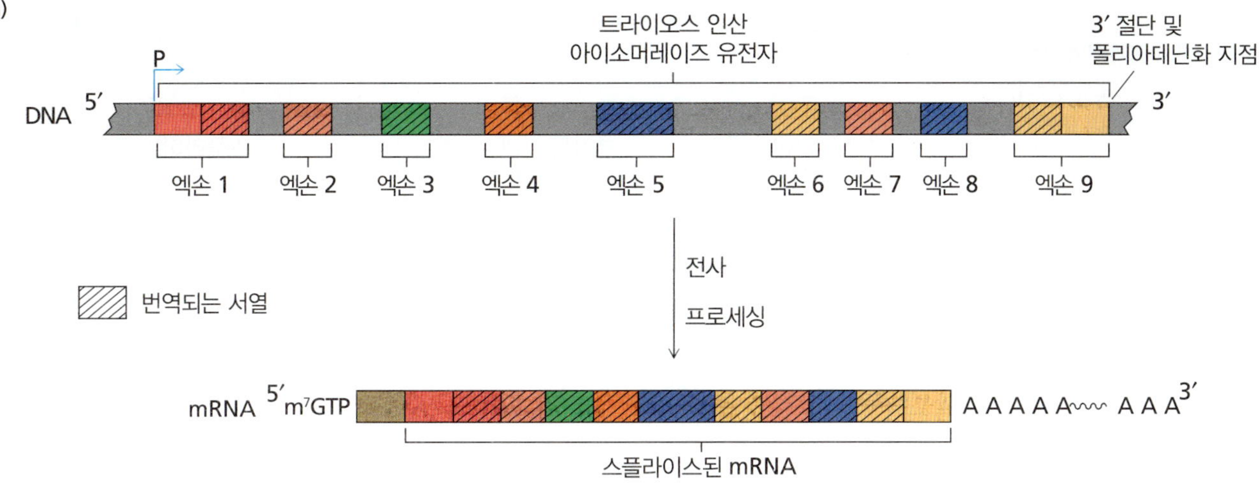

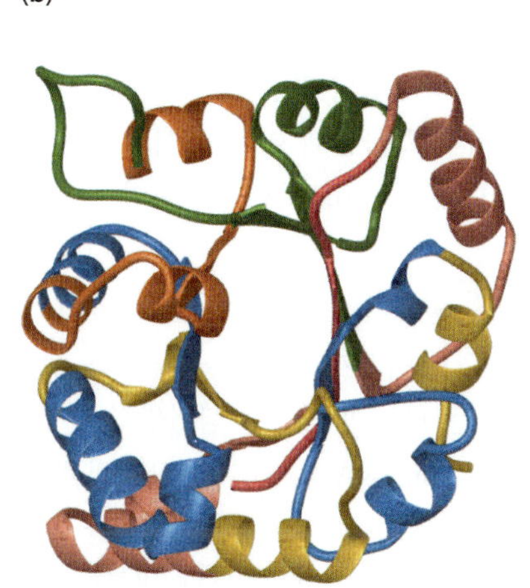

▲ 그림 21.29
옥수수 트라이오스 인산 아이소머레이즈 유전자와 그 해독된 효소. (a) 9개 엑손과 8개 인트론을 나타내는 유전자의 도식표. (b) 각 엑손에 해당하는 단백질 부분을 나타내는 단백질의 입체 구조.

위치(splice site)라고 하는데, 여기에서 mRNA 전구체가 절단되어 연결되기 때문이다.

인트론의 손실로 인해서, 성숙한 mRNA는 종종 전사체 전체 크기의 일부 조각이 된다. 예를 들어, 옥수수의 트라이오스 인산 아이소머레이즈의 유전자는 아홉 개의 엑손과 여덟 개의 인트론을 갖고 있는데, 이는 3,400 bp의 DNA를 차지한다. 그러나 폴리 A 꼬리를 포함하는 mRNA의 길이는 겨우 1,050개의 뉴클레오타이드이다(그림 21.29). 이 효소는 253개의 아미노산 잔기로 이루어진다.

한 유전자의 인트론/엑손 구성과 그 유전자가 코딩하는 단백질의 구조 사이에 상관 관계가 있다고 여겨졌다. 이 가설에 의하면, 엑손은 단백질 도메인을 코딩하고 인트론의 존재는 그 유전자의 초기 상태의 구성을 반영한다는 것이다. 즉 인트론은 진화의 초기 단계에서 생겼다. 그러나 21.29b에서 보는 바와 같이, 엑손과 단백질 구조 사이에 분명한 상관 관계는 보이지 않는다. 대부분의 생화학자와 분자생물학자들은 인트론은 유전자의 진화 과정에서 임의의 위치에 삽입되어 있다고 생각한다. "늦은 인트론" 가설은 가장 원시적인 유전자는 인트론을 갖고 있지 않다고 전제하고, 인트론은 진핵생물체의 진화 과정에서 뒤늦게 생겼다고 가정한다.

인트론의 길이는 최소 42 bp에서 최대 10,000 bp까지 다양하다(최소의 한계는 종에 따라 다양하다. 예를 들어, 대부분의 선충의 인트론은 너무 작기 때문에 척추동물 세포나 세포 추출물에서 정확하게 스플라이싱되기 어렵다). 스플라이스 위치의 뉴클레오타이드 서열은 모든 mRNA 전구체에서 유사하지만 인트론의 나머지 서열은 보존되지 않는다. 척추동물의

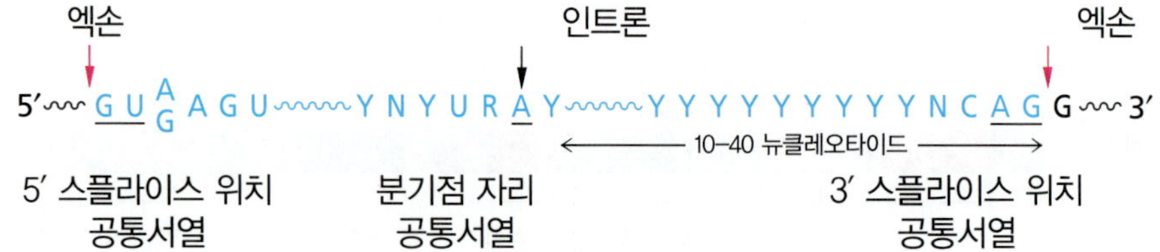

그림 21.30 ▶
척추동물 스플라이스 위치의 공통서열. 보존되는 뉴클레오타이드는 밑줄로 표시하였다. Y는 피리미딘(U 또는 C), R은 퓨린(A 또는 G)을 나타내고, N은 불특정 염기를 나타낸다. RNA 전구체가 절단되고 결합되는 스플라이스 위치들은 빨간색 화살표로 표시되었다. 분기점은 검은색 화살표로, 인트론은 파란색으로 표시되었다.

두 가지 스플라이스 위치의 공통서열이 그림 21.30에 나타나 있다. 또 다른 짧은 공통서열이 말단 근처의 인트론 내에서 발견된다. **분기점 자리(breanch site)** 혹은 분기점 서열로 알려진 이 서열은 스플라이싱에서 중요한 역할을 한다.

하나의 인트론을 제거하는 mRNA의 스플라이싱에는 두 번의 트랜스에스터화 반응이 필요하다: 하나는 스플라이스 위치와 분기점 아데닐 잔기 사이, 그리고 하나는 엑손과 스플라이스 위치 사이이다. 이들 두 반응의 산물은 (1) 접합된 엑손 (2) 고리모양의 분자의 형태로 절단된 인트론. 이러한 스플라이싱 반응은 **스플라이세오좀(spliceosome)**이라는 거대한 RNA-단백질 복합체에 의해 촉매된다. 스플라이세오좀은 스플라이싱 중간산물을 유지할 뿐만 아니라, 스플라이스 위치를 지정해서 엑손들을 정확하게 연결하는 것을 돕는다(그림 21.31).

스플라이세오좀은 큰 다량 소단위체 복합체이다. 그것은 100개 이상의 단백질과 총 길이가 약 5,000 뉴클레오타이드 정도의 다섯 개 RNA 분자를 갖고 있다. 이 RNA 분자들을 작은 핵 RNA(snRNA) 분자라고 하는데 이는 단백질과 연계하여 작은 핵 라이보단백질, 또는 snRNPs를 형성한다. snRNPs는 mRNA 전구체의 스플라이싱뿐만 아니라 다른 세포 과정에도 중요하다.

snRNAs에는 다섯 가지 종류가 있다—U1, U2, U4, U5 및 U6(U는 작은 RNA 분자에 있는 염기 유라실을 가르킨다). 이배체 척추동물 세포의 핵은 10만 개 이상의 snRNA를 갖고 있다. 다섯 가지 snRNA 분자는 광범위한 염기쌍과 변형된 뉴클레오타이드를 포함한다. 각 snRNP는 하나 또는 두 개의 snRNAs와 다수의 단백질을 갖고 있다. 이들 단백질의 일부는 모든 snRNPs에 공통으로 분포하고 나머지 단백질들은 한 가지 유형의 snRNP에서만 발견된다.

정제된 구성요소를 사용하여 수행한 시험관 생화학 실험을 통해서 스플라이세오좀 조립에 관한 '순차적 모델'이 제시되었다(그림 21.32). U1 snRNP가 mRNA 전구체의 새로 합성된 스플라이스 위치에 결합할 때 스플라이세오좀의 형성이 시작된다. 이 상호작용은 U1 snRNA의 말단 근처에 있는 상보적인 서열과 스플라이스 위치 사이에 일어나는 염기쌍에 달려 있다. U2 snRNP는 인트론의 분기점과 결합하여 약 40개의 뉴클레오타이드를 덮는 안정적인 복합체를 형성한다. 그 다음에, U5 snRNP는 분기점과 연계된다. 마지막으로, U4/U6 snRNP는 복합체와 합해져서 스플라이세오좀을 형성한다. 몇몇 연구자 그룹들은 이러한 snRNPs가 스플라이싱 전에 훨씬 큰 복합체로 미리 조립된다는 것을 발견하였다. 그러나 이 과정이 생체 내에서 일어나는 스플라이싱 사이클을 반영하지는 않는 것으로 보인다.

스플라이스 위치, 분기점 및 인트론의 스플라이스 위치에 있는 공통서열에 U1, U2 및 U5 snRNPs가 결합하면, 세 가지 상호작용하는 지점들이 스플라이싱 반응에 적합하게 배열된다. 스플라이세오좀은 절단 후에 엑손이 멀리 확산되는 것을 방지하여 엑손과 합쳐지도록 배열한다. 스플라이세오좀이 한 인트론에서 형성되면, 이는 안정적이어서 세포 추출물에서 정제될 수 있다.

스플라이세오좀이 새로운 전사체에서 관찰될 수 있기 때문에, 인트론 제거가 RNA 프로세싱의 속도를 제한하는 단계로 여겨졌다. 라이보좀만큼 커다란 스플라이세오좀은 너무 커서 핵공을 통과할 수가 없기 때문에, mRNA 전구체는 프로세싱이 완결되기 전에 핵을 떠날 수가 없다. 인트론이 제거되면, 스플라이세오좀은 재활용되고 다음 인트론에 대한 촉매 사이클을 반복한다.

(a) 스플라이세오좀은 5′ 아데닐 잔기를 5′ 스플라이스 위치 근처의 분기점에 배치한다. 아데닐산의 2′-수산기가 5′ 스플라이스 위치를 공격한다.

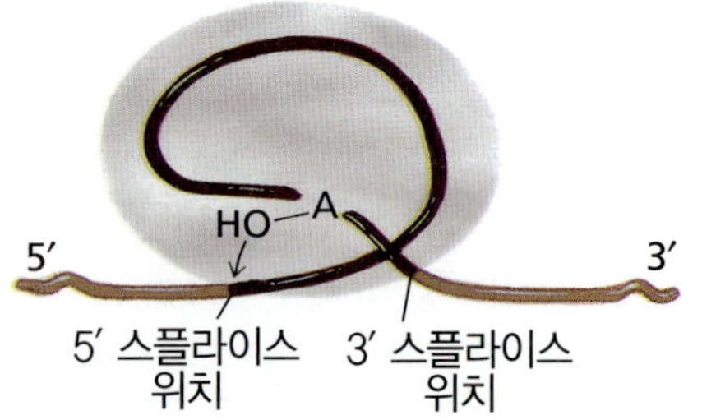

(b) 2′-수산기가 인트론의 5′ 말단에 첨부되고, 엑손에 새로 형성된 3′ 수산기가 3′-스플라이스 사이트를 공격한다.

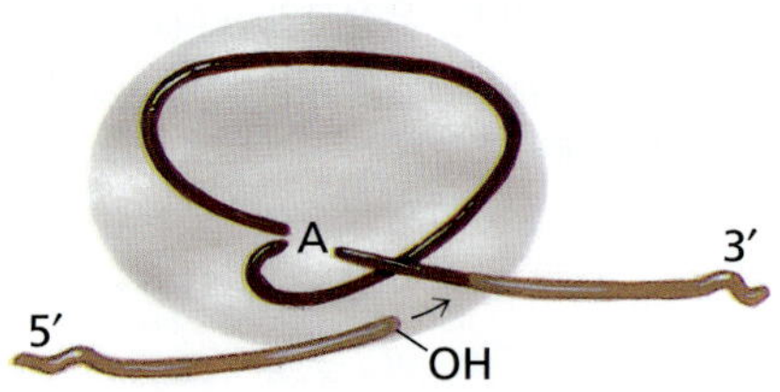

(c) 결과적으로, 엑손들의 말단들이 합쳐지고, 고리 모양 분자의 인트론은 방출된다.

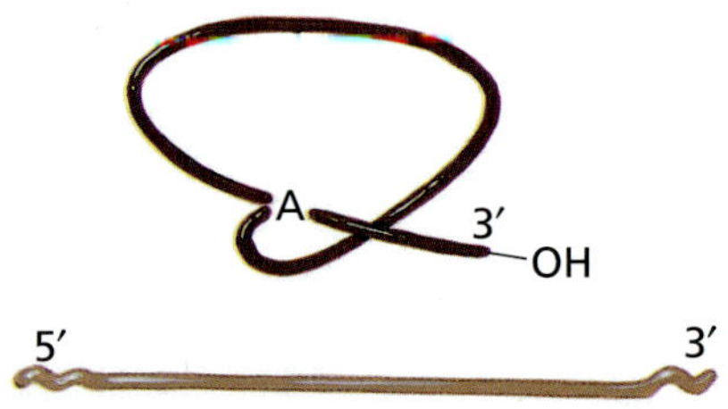

▲ **그림 21.31**
mRNA 전구체에서 인트론 제거. 스플라이세오좀, 다중 RNA-단백질 복합체는 스플라이싱을 촉진한다. [Adapted from Sharp, P. A. (1987). Splicing of messenger RNA precursors. Science 235:766–771.]

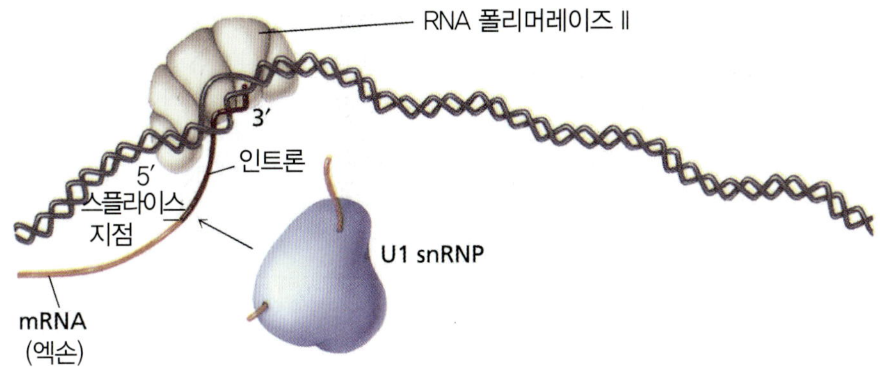

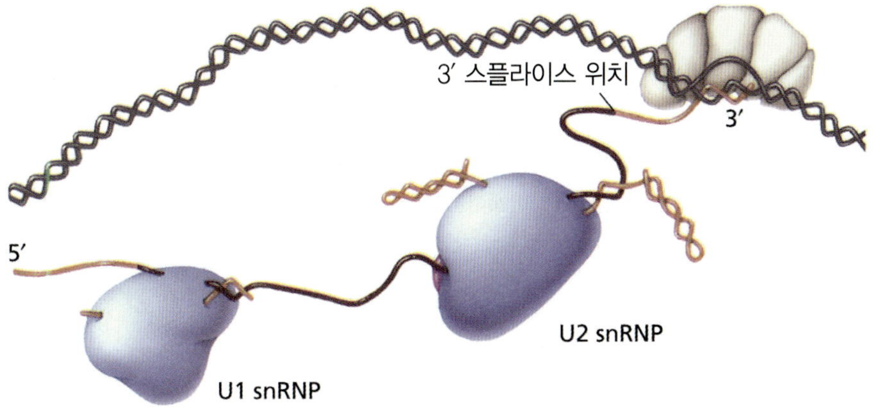

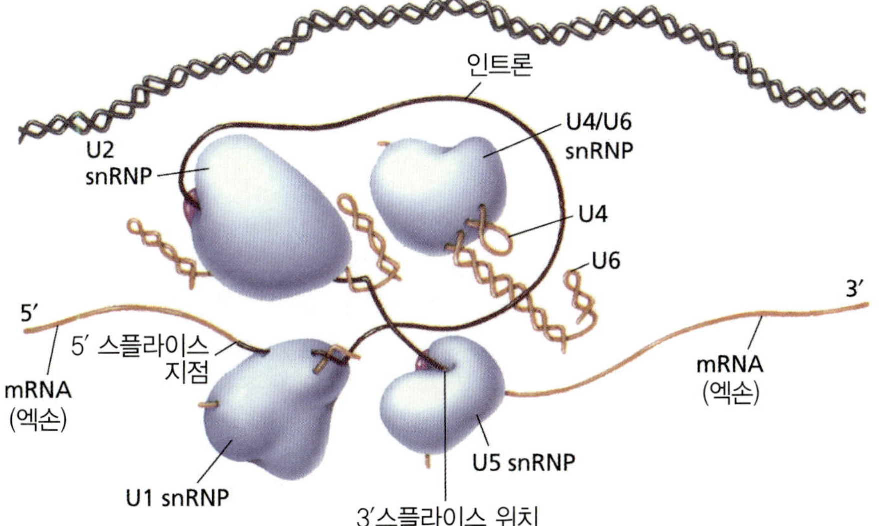

◀ **그림 21.32**
스플라이세오좀의 형성.

(a) 5′ 스플라이스 위치가 전사 복합체에서 나오는 즉시, U1 snRNP와 결합한다.

(b) U2 snRNP가 인트론 내에서 있는 분기점에 결합한다.

(c) 3′ 스플라이스 위치가 전사 복합체에서 나올 때 U5 snRNP가 결합하여 완전한 스플라이세오좀이 U4/U6snRNP 주위에 조립된다.

요약

1. 유전자는 전사되는 DNA 서열이다. 살림 유전자는 정상적인 세포의 활동에 필수적인 RNA 분자를 코딩한다.
2. 세포는 전사 RNA, 라이보좀 RNA, 메신저 RNA, 작은 RNA 분자를 포함하여 여러 가지 RNA를 갖고 있다.
3. DNA-지시형 RNA 합성, 또는 전사는 RNA 폴리머레이즈에 의해 촉매된다. 라이보뉴클레오사이드 삼인산은 DNA 가닥을 주형으로 사용하는 뉴클레오티딜 전달반응에서 추가된다.
4. 전사는 프로모터 서열에서 시작하는 5′→3′ 방향으로 진행된다. 프로모터 공통서열은 각 위치에서 가장 공통적으로 발견되는 뉴클레오타이드를 나타낸다. 대장균 RNA 폴리머레이즈의 σ 소단위체는 프로모터에 대한 핵심효소의 친화성을 증가시키고 프로모터가 아닌 서열에 대한 친화성을 감소시킨다. 개시 기간에 전사 방울이 형성되

고 짧은 RNA가 합성된다. 개시에서 사슬 신장 단계로 전이되는 동안 σ 소단위체는 해리된다.

5. 대장균에서 전사 종결은 일시정지 지점 근처에서 발생하는데, RNA가 종종 머리핀 구조를 형성한다. 일부 종결에는 단일가닥 RNA에 결합하는 *rho*가 필요하다.
6. 진핵생물체는 몇 가지 다른 RNA 폴리머레이즈로 전사를 수행한다. 전사인자는 프로모터와 RNA 폴리머레이즈와 상호작용하여 전사를 개시한다.
7. 일부 유전자들은 항시적으로 발현되지만, 다른 유전자의 전사는 조절된다. 전사는 억제인자 또는 활성인자에 의해 조절될 수 있다. 이러한 조절인자들은 종종 입체다른자리 단백질이다.
8. *lac* 억제인자가 프로모터 근처에 있는 두 가지 운영자에 결합할 때, *lac* 오페론에 있는 세 가지 유전자의 전사가 차단된다. 억제인자는 유도체 알로락토스와 결합할 때 DNA로부터 해리된다. 전사는 cAMP/CRP(cAMP 조절 단백질) 복합체에 의해 활성화된다.
9. RNA 전사체는 뉴클레오타이드의 제거, 추가 또는 변형과 같은 프로세싱에 의해서 종종 변형된다. 원핵생물의 tRNA와 rRNA의 1차 전사체는 핵산 절단 및 공유결합형 변형에 의해 프로세싱된다.
10. 진핵생물에서 mRNA의 프로세싱은 핵산분해효소에 의한 분해로부터 RNA 분자를 보호하기 위해서 캡과 폴리 A 꼬리를 추가한다. 어떤 경우에는, 인트론이 스플라이싱에 의해 제거된다. 라이보핵산단백질(snRNAPs)를 갖고 있는 복합체, 스플라이세오좀이 스플라이싱에서 일어나는 두 번의 트랜스에스터화 반응을 촉매한다.

문제

1. 박테리아 RNA 폴리머레이즈는 초당 70개의 뉴클레오타이드의 속도로 RNA를 신장하며, 각 전사 복합체는 DNA의 70 bp를 차지한다.
   (a) 6000 bp로 구성된 유전자에서 1분마다 합성될 수 있는 최대 RNA 분자의 수는 얼마일까? (개시가 속도를 제한하지 않는다고 가정하라.)
   (b) 이 유전자에 한 번에 결합될 수 있는 전사 복합체의 최대 수는 얼마일까?
2. 대장균 유전체의 크기는 대략 4,600 kb이며 약 4,000개의 유전자를 갖고 있다. 포유류 유전체의 크기는 33×10^6이며 약 30,000개의 유전자를 갖고 있다. 대장균의 유전자의 평균 크기는 1,000 bp이다.
   (a) 대장균에서 전사되지 않는 DNA의 퍼센트를 계산하라.
   (b) 대다수 포유류 유전자들은 박테리아 유전자들보다 크지만, 대다수 포유류 유전자 산물들의 크기는 박테리아 유전자 산물과 비슷하다. 포유류 유전체에서 엑손을 차지하는 DNA의 퍼센트를 계산하라.
3. 완전한 진핵세포의 유전자(예: 트라이오스 인산 이성화 유전자)를 원핵세포에 도입할 수 있는 여러 가지 방법이 있다. 여러분은 이 유전자가 원핵세포의 RNA 폴리머레이즈에 의해서 적합하게 전사될 수 있다고 예상하는가? 완전한 원핵세포의 유전자가 진핵세포에 도입되는 반대의 상황에서 이 유전자가 진핵세포 전사 복합체에 의해서 적합하게 전사될까?
4. 극히 드문 경우에 전형적인 진핵세포의 바른 서열로 구성된 트라이오스 인산 이성화 유전자가 원핵세포에서 정확하게 전사된다고 가정하라. 여기서 만들어진 전사체가 적합하게 번역되어 완전한 효소가 될 수 있을까?
5. (a) 락토스와 포도당, (b) 포도당, (c) 락토스가 있는 곳에서 대장균 세포가 성장할 때, *lac* 오페론의 전사율이 받는 영향을 기술하라.
6. 대장균 *lac* 오페론의 프로모터에서 −10 지점은 5′-TATGAA-3′. UV5라 불리는 돌연변이가 이 서열을 5′-TATAAT-3′ 바꾼다(그림 21.6 참조). *lac* UV5 프로모터에서 일어나는 전사는 더 이상 CRP-cAMP 복합체 의존적이지 않다. 왜일까?
7. 전사와 RNA 프로세싱을 수행할 수 있는 진핵세포 추출물에서 β-3[32]P4-ATP를 배양하면, 표지물은 mRNA의 어디에 나타날까?
8. DNA 폴리머레이즈와 다르게, RNA 폴리머레이즈는 검증 기능을 갖고 있지 않다. 검증 기능의 부재가 세포에 그다지 해롭지 않은 이유를 설명하라.
9. 올리고(dT) 셀룰로스 컬럼을 사용하여 다른 세포의 구성분으로부터 진핵세포의 성숙한 mRNA를 정제할 수 있다. 이 컬럼은 셀룰로스 매트릭스에 부착된 올리고(dT)를 갖고 있다. 성숙한 mRNA를 다른 구성분으로부터 정제하기 위하여 이 컬럼을 사용하는 이유를 설명하라.
10. 리팜피신은 *Streptomyces mediterranei*에서 분리한 항생제 리팜미신 B에서 유래된 합성 물질이다. 리팜피신은 페니실린 저항성을 보이는 결핵과 staphylococci 감염을 치료를 위한 복합 처방의 표준 성분의 하나이다. 최근 연구에 의하면 리팜피신-저항성 결핵이 점점 더 일반화되고 있다. 예를 들어 보스와나에서 조사한 표본의 약 2%는 이 약에 대해서 저항성을 갖고 있다. 아래 표는 정상 대장균과 RNA 폴리머레이즈의 소단위체의 아미노산 하나가 변환(516 번 아미노산 Asp가 Tyr으로 치환됨)된 폴리머레이즈를 갖고 있는 대장균에서 관찰된 결과와 리팜피신을 갖고 있는 배양액에서의 성장률을 보이고 있다. [Severinov, K., Soushko, M., Goldfarb, A., and Nikiforov, V.(1993). Rifampicin region revisited. *J. Biol. Chem.* 268:14820–14825].

대장균	리팜피신[a] (μg/ml)
정상체	<5
베타 소단위체의 Asp516Tyr	>50

[a]대장균의 성장 중 지점의 리파미신 농도

   (a) 이 결과에 대한 여러분의 해석은 무엇인가?
   (b) 이 소단위체가 RNA 폴리머레이즈에서 갖는 기능은 무엇인가?
   (c) 리팜피신-저항성 박테리아에 대한 메커니즘을 기술하라.
11. 대장균 유전자의 한가운데서 유래한 DNA 조각이 아래와 같은 서열을 갖고 있다. 둘 중 하나의 방향으로 전사될 때 생기는 mRNA 서열을 적으라.

CCGGCTAAGATCTGACTAGC

12. 21장 첫 쪽에 기술된 유전자의 정의를 rRNA와 tRNA에 적용할 수 있을까? 이들의 1차 전사체는 그림 21.26에 나타나 있다.

13. 일반적으로, 여러분이 한 유전자의 유전체 DNA 서열을 알고 있는 경우, 그 유전자가 코딩하는 RNA의 뉴클레오타이드 서열을 신뢰성 있게 예측할 수 있다. 이와 같은 사실을 원핵세포의 tRNA에 적용할 수 있을까? 진핵세포의 경우에는 어떨까?

14. 완두콩의 트라이오스 인산 아이소머레이즈 유전자의 첫 번째 인트론이 전사되자(예: 약 500개의 뉴클레오타이드의 RNA가 합성되었다), 스플라이세오좀이 이 인트론상에 조립되었다고 가정하자(그림 21.29). 전사가 종료될 때까지 스플라이싱 작용이 일어나지 않는 경우, 이 스플라이세오좀은 얼마 동안 안정적이어야 할까? 완두콩에서 RNA 폴리머레이즈 II에 의한 전사율은 초당 30 뉴클레오타이드로 가정하라.

15. CRP-cAMP는 *crp* 유전자의 전사를 억제한다. CRP-cAMP 결합 지점의 위치를 *crp* 유전자의 프로모터에 대해 상대적으로 예견하라.

16. 단백질-코딩 유전자의 인트론 내부에 발생하는 돌연변이가 종종 해로울까?

17. 트라이오스 인산 아이소머레이즈 유전자의 인트론 중의 하나에 발생한 결실로 인하여 분기점이 3′-스플라이스 수용 서열에서 7개의 뉴클레오타이드 멀리 떨어진 새로운 장소로 변경되었다. 이러한 결실이 이 유전자의 스플라이싱에 영향을 끼칠까?

참고문헌

일반 참고문헌

Alberts, B., Johnson, A., Lewis, J., and Raff, M. (2007). *Molecular Biology of the Cell*, 5th ed. (New York: Garland).

Krebs, J., Goldstein, L., and Kilpatrick, S. (2009). *Lewin's Genes X* (New York: Jones & Bartlett).

폴리머레이즈 및 전사

Ardehali, M. B., and Lis, J. T. (2009). Tracking rates of transcription and splicing in vivo. *Nature Structural & Molecular Biology* 16:1123–1124.

Bushnell, D. A., and Kornberg, R. D. (2003). Complete, 12-subunit RNA polymerase II and 4.1-A resolution: implications for the initiation of transcription. *Proc. Natl. Acad. Sci.* (U.S.A.) 100:6969–6973.

Kornberg, R. D. (1999). Eukaryotic transcriptional control. *Trends Cell Biol*. 9:M46–M49.

Lisser, S., and Margalit, H. (1993). Compilation of E. coli mRNA promoter sequences. *Nucleic Acids Res*. 21:1507–1516.

Murakami, K. S.,Masuda, S., Campbell, E. A., Muzzin, O., and Darst, S. A. (2002). Structural basis of transcription initiation: an RNA polymerase holoenzyme-DNA complex. *Science* 296:1285–1290.

Richardson, J. P. (1993). Transcription termination. *Crit. Rev. Biochem*. 28:1–30.

전사의 조절

Becker, P. B., and Horz,W. (2002). ATP-dependent nucleosome remodeling. *Annu. Rev. Biochem*. 71:247–273.

Bushman, F. D. (1992). Activators, deactivators and deactivated activators. *Curr. Biol*. 2:673–675.

Fuda, N. J., Behfar, M., and Lis, J. T. (2009). Defining mechanisms that regulate RNA polymerase II transcription *in vivo. Nature* 461:186–192.

Harrison, S. C., and Aggarwal, A. K. (1990). DNA recognition by proteins with the helix-turn-helix motif. *Annu. Rev. Biochem*. 59:933–969.

Jacob, F., and Monod, J. (1961). Geneticregulatory mechanisms in the synthesis of proteins. *J. Mol. Biol*. 3: 318–356.

Kolb, A., Busby, S., Buc, H., Garges, S., and Adhya, S. (1993). Transcriptional regulation by cAMP and its receptor protein. *Annu. Rev. Biochem*. 62:749–795.

Myers, L. C., and Kornberg, R. D. (2000).Mediator of transcriptional regulation. *Annu. Rev. Biochem*. 69:729–749.

Pan, Y., Tsai, C.-J.,Ma, B., and Nussinov, R. (2009). How do transcription factors select specific binding sites in the genome? *Nature Structural & Molecular Biology* 16:1118–1120.

Wolfe, A. P., and Guschin, D. (2000). Review: chromatin structural features and targets that regulate transcription. *J. Struct. Biol*. 129:102–122.

Workman, J. L., and Kingston, R. E. (1998). Alteration of nucleosome structure as a mechanism of transcriptional regulation. *Annu. Rev. Biochem*. 67: 545–579.

프로세싱

Apirion, D., and Miczak, A. (1993). RNA processing in prokaryotic cells. *BioEssays* 15:113–120.

Collins, C. A., and Guthrie, C. (2000). The question remains: is the spliceosome a ribozyme? *Nature Struct. Biol*. 7: 850–854.

James, B. D., Olsen, G. J., Liu, J., and Pace, N. R. (1988). The secondary structure of ribonuclease P RNA, the catalytic element of a ribonucleoprotein enzyme. *Cell* 52:19–26.

Jurica, M. S., and Moore, M. J. (2003). Pre-mRNA splicing: awash in a sea of proteins. *Molecular Cell* 12:5–14.

McKeown, M. (1993). The role of small nuclear RNAs in RNA splicing. *Curr. Biol*. 5:448–454.

Nilsen, T.W. (2003). The spliceosome: the most complex macromolecular machine in the cell? *BioEssays* 25:1147–1149.

Proudfoot, N. (2000). Connecting transcription to messenger RNA processing. *Trends Biochem. Sci*. 25:290–293.

Shatkin, A. J., and Manley, J. L. (2000). The ends of the affair: capping and polyadenylation. *Nature Struct. Biol*. 7: 838–842.

Wahle, E. (1992). The end of the message: 3′-end-processing leading to polyadenylated messenger RNA. *BioEssays* 14:113–118.

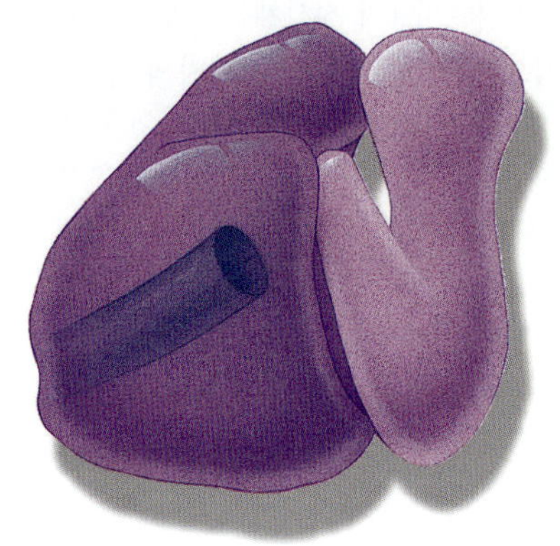

단백질 합성

> 그 결과는 폴리유리딜산(polyuridylic acid)이 폴리-L-페닐알라닌의 특징을 많이 갖고 있는 단백질 합성에 관한 정보를 갖고 있음을 뜻한다... 따라서 한 개 이상의 유리딜산은 페닐알라닌의 코드로 보인다. 이 코드가 단일, 삼중, 등의 형태로 존재하는지는 결정되지 않았다. 폴리유리딜산은 합성 모형 또는 전령으로 기능하는 것으로 보인다. RNA 및 이와 같이 안정된 세포외 대장균 시스템은 RNA에 저장된 정보에 따라 단백질을 잘 합성할 수 있을 것이다.
>
> —M. 니렌버그와 H. 마타에이, 1961

우리는 이제 생체 정보 흐름의 최종 단계인 mRNA의 번역 및 아미노산의 중합반응을 검토할 준비가 되었다: 단백질 합성 생화학의 핵심적인 내용은 1955년과 1965년 사이에 이루어졌다. 염기서열을 아미노산 서열로 번역하는데 사용되는 유전자 코드가 있다는 것은 분명했다. 1955년, 프란시스 크릭은 이 과정의 첫 단계는 한 개의 아미노산을 작은 어댑터 RNA에 결합시키는 일이라고 제안하였다. 이 과정의 첫 단계는 첫 아미노산이 RNA 어댑터에 부착하는 것이라고 제안했다. 이 어댑터 곧 tRNA로 밝혀졌다. 라이보좀 및 번역 기구의 다른 필수 구성요소는 분리된 세포 구성분 및 *in vitro* 단백질 합성 재구성에서 발견되었다. 여러 실험실의 연구자들은 전령 RNA가 DNA에서 단백질로 변환되는 정보의 흐름에서 핵심적인 중간체라는 것을 증명하였다. 1961년, 가장 궁금했던 것은 유전자 코드의 특성이었다.

우리는 유전자 코드와 tRNA의 구조에 대한 논의로 이 장을 시작한다. 다음으로, 우리는 mRNA, tRNA, 라이보좀 및 액세서리 단백질이 단백질 합성에 참여하는 방법을 살펴보고자 한다. 또한 번역의 조절 및 번역 후 과정의 조절에 관한 예를 들고자 한다.

22.1 유전자 코드

조지 가모프(Goerge Gamow)는 유전자 코드의 기본 구조 단위를 최초로 제안했다. 그는 DNA "알파벳"이 네 개의 "글자"(A, T, C와 G)로 구성되어 있고, 이 네 글자가 20개의 아미노산을 암호화하고 있기 때문에, 유전자 코드는 세 개의 글자로 구성된 "단어" 또는 **코돈(codon)**으로 구성되었을 것이라고 추정했다. 네 글자 중에서 두 글자로 조합으로 단어는 16개(4^2),로서, 이는 20개의 아미노산에 충분하지 않다. 반면에 네 글자로 구성된 단어는 256단어(4^4)로서 이는 필요 이상으로 많은 것이다. 세 글자로 구성된 단어의 수는 64개(4^3)로서 이는 20개의 아미노산을 명명하기 충분한 동시에 과도하지 않은 수이다.

상단: 대장균 라이보좀. 라이보좀, RNA 및 단백질 복합체는 유전자 정보가 단백질로 번역되는 지점이다.

유전 암호에 대한 분석은 마셜 니렌버그와 하인리히 매티의 우연한 관찰로 시작되었다. 그들은 폴리유리딜레이트(polyuridylate)가 시험관에서 폴리페닐알라닌의 합성을 지시할 수 있다는 것을 발견했다. UUU가 페닐알라닌을 암호화한 것을 증명함으로써, 그들은 첫 번째 코돈을 확인했다.

1962년과 1965년 사이, 코드의 나머지 부분은 주로 니렌버그(Nirenberg) 및 H. 고빈드 코라나(Gobind Khorana)에 의해 해독되었다. 전반적으로, mRNA의 단백질을 암호화하는 방법을 파악하는데 꼬박 10년이 걸렸다. 유전자와 단백질의 서열을 파악하는 방법의 개발로 인하여 해당 유전자의 염기서열을 단백질의 1차 서열과 직접 비교할 수 있게 되었다. 새로운 단백질과 그 유전자가 파악되면, 그 유전자 코드가 확인되는 것이다.

tRNA(transfer RNA)는 유전자 코드를 해석하고 염기서열을 아미노산 서열로 번역하는 데 중요한 역할을 한다. tRNA는 mRNA와 단백질 사이의 어댑터인 것이다. tRNA 분자의 한 부분이 특정 아미노산과 공유결합하는 동안, 동일한 tRNA의 다른 부분은 보완적인 염기쌍에 의해 mRNA의 코돈과 직접 결합한다.

mRNA 모형이 아미노산들을 순서대로 연결시켜 단백질의 합성을 정확하게 진행시킨다. 원칙적으로, 세 글자 단어로 이루어진 유전자 코드는 겹칠 수도 있고 그렇지 않을 수도 있다(그림 22.1). 코돈이 겹치는 경우, 각 글자는 하나 이상의 단어의 일부이기 때문에 하나의 글자가 돌연변이되면 여러 개의 단어가 동시에 변경된다. 예를 들어, 그림 22.1a에 표시된 순서에서 각 문자는 중복되는 코드의 세 가지 다른 단어의 일부다. 겹치지 않는 코드(그림 22.1b)의 장점 중 하나는, 각 글자가 하나의 단어 부분이기 때문이다. 따라서 단일 염기 돌연변이는 하나의 코돈에만 영향을 미친다. 모든 살아 있는 생명체는 겹치지 않는 유전자 코드를 사용한다.

심지어 겹치지 않는 코드로도, 번역이 시작되는 위치에 따라 하나의 염기서열은 여러 가지로 번역될 수 있다(우리는 나중에 이러한 번역이 mRNA의 첫 번째 염기에서 전형적으로 시작하지 않는다는 것을 곧 볼 것이다). 각각의 잠재적 번역 개시 지점은 mRNA에서, 세 글자 단어의 **해독틀(reading frame)**이라고 정의한다. 유전 암호의 전사되었거나 쓰여진 "메시지"의 올바른 번역은 바른 해독틀(reading frame)을 설정하는 데 달려 있다(그림 22.2).

그림 22.3에 표준 유전자 코드가 있다. 몇 가지 예외를 제외하고, 모든 생명체는 이 유전자 코드를 사용하는데, 이는 현존하는 종들이 모두 이러한 표준 유전자 코드를 사용하는 공통조상에서 유래되었다는 것을 시사한다. 이 조상의 종은 아마도 수십억 년 전에 살았으며, 초기 생명체의 가장 오래된 흔적으로 남아 있는 유전자 코드를 만들었을 것이다.

규칙에 따라 모든 염기서열이 5′→3′ 방향으로 기록된다. 따라서 UAC는 타이로신을 지정하고, CAU는 히스티딘을 지정한다. 용어 **코돈**은 일반적으로 mRNA의 뉴클레오타이드 트리플렛을 의미하지만, 또한 유전자의 DNA 서열에서 뉴클레오타이드 트리플렛에 적용할 수 있다. 예를 들어 타이로신에 대한 DNA 코돈은 TAC이다.

▲ **2차 세계 대전 중 독일 군대에서 사용된 암호기.** 이 기계식 타자기는 전신으로 발송되기 전에 사용자가 발신 메시지를 암호화하기 위해 세 개의 대형 다이얼을 사용자가 조정할 수 있게 되었다. 수신인은 자신의 암호기에 그 다이얼을 맞추어서 메시지를 해독하였다. 이런 유형의 암호화는 해독하기가 매우 어렵지만, 연합군은 완전한 암호기를 노획하여서 적군의 전문을 들을 수 있었다.

mRNA · · · A U G C A U G C A U G C · · ·

(a) 겹쳐지는 세-글자 코드로 읽은 메시지

A U G
U G C
G C A
C A U
· · ·
· ·

(b) 겹치지 않는 세-글자 코드로 읽은 메시지

A U G
C A U
G C A
U G C

◀ **그림 22.1**
(a) 겹치는, (b) 겹치지 않는 세-글자 코드에 쓰여진 메시지. 겹쳐지는 코드에서, 각 문자는 세 가지 다른 세-글자 단어들의 일부이다(파란색으로 쓰여진 문자 G로 표시된); 겹치지 않는 코드에서 각 문자는 하나의 세-글자 단어의 일부이다.

mRNA ···AUGCAUGCAUGC···

읽기 구간 1에서 읽히는 메시지 ···AUGCAUGCAUGC···

읽기 구간 2에서 읽히는 메시지 ···AUGCAUGCAUGC···

읽기 구간 3에서 읽히는 메시지 ···AUGCAUGCAUGC···

▲ 그림 22.2

하나의 mRNA는 세 가지 읽기 구간을 포함되어 있다. 세 가지 독서 프레임에 읽을 문자의 동일한 문자열은 세 가지 "메시지" 또는 단백질 서열로 번역된다. 따라서 올바른 메시지의 번역은 올바른 독서 프레임을 선택해야 한다.

국제 모스 코드

대시의 시간은 세개의 점에 해당한다

A •—	N —•	1•————
B —•••	O ———	2••———
C —•—•	P •——•	3•••——
D —••	Q ——•—	4••••—
E •	R •—•	5•••••
F ••—•	S •••	6—••••
G ——•	T —	7——•••
H ••••	U ••—	8———••
I ••	V •••—	9————•
J •———	W•——	0—————
K —•—	X —••—	
L •—••	Y —•——	
M——	Z ——••	

▲ **모스 코드로 인하여 전신으로 문자를 보낼 수 있다.** 사뮤엘 모스가 발명한 코드를 사용하여 알파벳이나 아라비안 숫자로 쓰여진 메시지를 전신으로 보낼 수 있다. 모스 코드에서 영어로 가장 일반적인 단어들은 대시와 도트로 이루어진 가장 짧은 서열로 쓰여진다 (메시지를 가장 작은 수의 심볼로 보낼수 있다.)

코돈은 항상 메시지의 5′ 말단(즉, 처음 합성되는 말단)에서부터 번역되기 시작하여 mRNA의 코딩 구역의 3′ 끝으로 진행한다. 정확한 읽기 구간은 시작과 끝을 표시하는 특수 구두점 신호에 의해 지정된다.

표준 유전자 코드는 몇 가지 눈에 띄는 기능을 가지고 있다:

1. 유전 코드는 분명하다. 특정 생명체 또는 기관에서, 각 코돈 하나는 하나의 아미노산만을 암호화한다.
2. 대부분의 아미노산에 대해 여러 개의 코돈이 있다. 예를 들어, 류신은 단백질(표 3.3)에서 가장 많이 발견되는 아미노산으로 여섯 개의 코돈이 있다. 대부분의 아미노산에 대한 몇 가지 코돈이 존재하기 대문에, 유전자 코드는 변형되었다고 한다. 동일한 아미노산을 지정하는 여러 가지 코돈(예를 들어, UCU와 CGC는 세린을 지정하고; ACA, ACC, ACG, 그리고 ACU는 모두 쓰레오닌을 지정한다)은 **동의어 코돈(synonymous codon)**으로 알려져 있다.
3. 코돈의 첫 번째 뉴클레오타이드는 종종 관련 아미노산을 지정하는 정도이다. 예를 들어, 글라이신에 대한 네 개의 코돈(GGU, GGC, GGA 및 GGG) 모두 GG로 시작한다.
4. 유사한 서열을 가진 코돈은 화학적으로 유사한 아미노산을 지정한다. 예를 들어, 쓰레오닌의 코돈들은 세린의 네 가지 코돈과 동일한 위치에 있는 한 가지 염기에서 다르며, 아스파테이트와 글루타메이트의 코돈들은 GA로 시작하고 그 위치만 다르다. 뿐만 아니라, 코돈의 두 번째 염기에 피리미딘을 갖는 코돈은 일반적으로 소수성 아미노산을 암호화한다. 그러므로 또는 이러한 코돈의 5′ 혹은 3′ 위치에 발생하는 돌연변이는 일반적으로 화학적으로 유사한 아미노산을 단백질에 삽입시키는 결과를 가져온다.
5. 64개의 코돈 중에 61개만이 아미노산을 지정한다. 나머지 세 개의 코돈(UAA, UGA 및 UAG)은 **종결 코돈(termination codon)**, 또는 **정지 코돈(stop codon)**이다. 종결 코돈은 일반적으로 세포의 모든 tRNA 분자에 의해 인식되지 않는다. 대신, 특정한 단백질들이 이들을 인식하여 새로 합성된 펩타이드를 번역 기계에서 배출시킨다. 메싸이오닌 코돈, AUG는 단백질 합성 개시 부위를 지정하기 때문에 **개시 코돈(initiation codon)**이라고 부른다.

첫 번째 위치	두 번째 위치				세 번째 위치
(5′ 말단)	U	C	A	G	(3′ 말단)
U	Phe Phe Leu Leu	Ser Ser Ser Ser	Tyr Tyr STOP STOP	Cys Cys STOP Trp	U C A G
C	Leu Leu Leu Leu	Pro Pro Pro Pro	His His Gln Gln	Arg Arg Arg Arg	U C A G
A	Ile Ile Ile Met	Thr Thr Thr Thr	Asn Asn Lys Lys	Ser Ser Arg Arg	U C A G
G	Val Val Val Val	Ala Ala Ala Ala	Asp Asp Glu Glu	Gly Gly Gly Gly	U C A G

그림 22.3 ▶

표준 유전자 코드. 표준 유전자 코드는 64개의 삼중자 코돈으로 이루어진다. 왼편 칸은 코돈의 첫 번째(5′) 위치에서 발견되는 뉴클레오타이드이다. 제일 윗 줄은 코돈의 두 번째 위치에서 발견되는 뉴클레오타이드이다. 오른편 칸은 코돈의 세 번째(3′) 위치에서 발견되는 뉴클레오타이드이다. AUG 코돈은 메싸이오닌(Met)을 지정하고 또한 단백질 합성을 개시하는 데 사용된다. STOP은 종결 코돈이다.

2000년에 인간 유전체의 초안이 완료된 이후, “생명의 코드의 해독” 혹은 “인간의 유전자 코드의 해독”에 관한 기사를 대중 매체에서 읽는 일은 자주 있게 되었다. 엄밀히 말하면, 인간 유전체의 정보는 50년 전에 발견된 “보편적인” 유전자 코드를 사용하여 해독되었다. 인간유전체 시퀀싱 프로젝트는 실제로 유전자 코드 자체가 아니라 유전자에 암호화된 ‘메시지’를 찾아냈다.

22.2 전령 RNA

전령 RNA 분자는 유전자 코드의 통역자이다. 이들은 mRNA에 있는 뉴클레오타이드 서열과 이에 대응되는 폴리펩타이드의 아미노산 서열을 연결 짓는 중요한 분자이다. tRNA가 이 역할을 수행하기 위해서는, 모든 세포는 적어도 20개의 tRNA의 종(각 아미노산에 대해 하나씩)을 포함해야 하며, 각각의 tRNA는 적어도 하나의 코돈을 인식해야 한다.

A. tRNA의 3차 구조

다른 생명체의 tRNA 분자의 뉴클레오타이드 서열이 결정되었다. 거의 모든 분자의 염기서열은 그림 22.4에 나타낸 2차 구조와 호환된다. 이 “클로버잎” 구조는 루프 또는 수소결합 줄기 루프로 구성되는 여러 개의 팔을 포함하고 있다. 각 팔의 이중가닥 부분은 이중가닥 DNA와 유사한 짧은 오른 손잡이 나선을 형성한다.

tRNA의 분자의 5′ 끝과 3′ 끝의 부근은 염기쌍을 이루어 **수용체 줄기**(또는 아미노산 줄기)를 형성한다. 활성화된 아미노산이 줄기의 3′ 끝 부분에서 tRNA와 공유결합한다. 아미노산의 카복실기는 말단 아데닐레이트에 있는 라이보스에 연결된다(완성된 tRNA 분자는 매우 큰 일차 전사체가 변형되어 생성된다. 21.8A에서 언급한 바와 같이, 이러게 생성된 tRNA의 말단에 있는 뉴클레오타이드는 반드시 CCA이다). 전체의 tRNA 분자의 말단에 있는 뉴클레오타이드는 인산화된다.

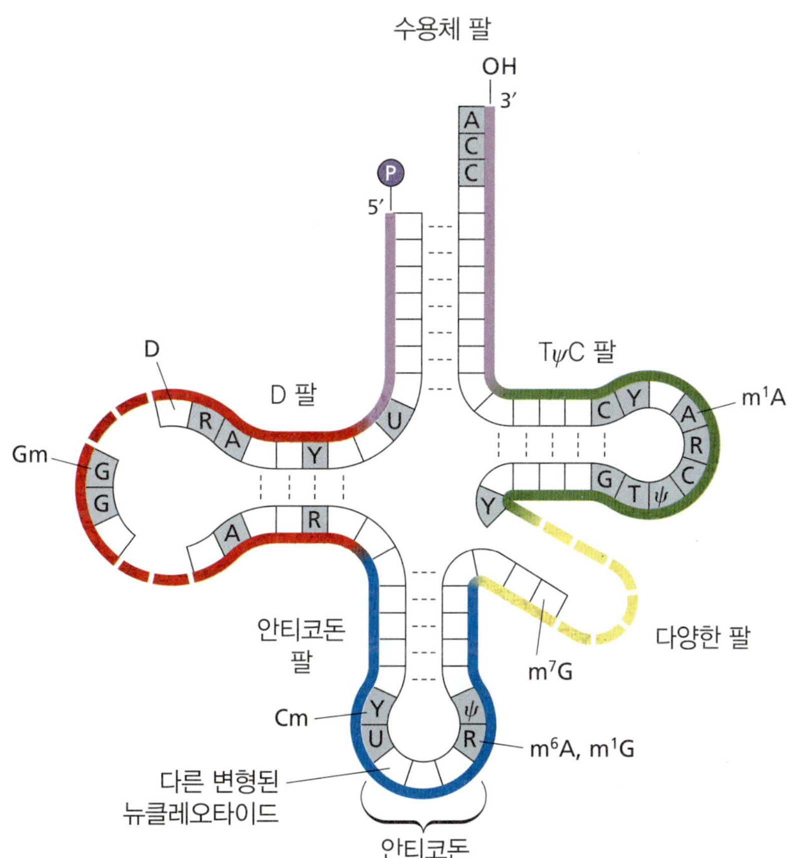

◀ **그림 22.4**

tRNA의 클로버 모양의 2차 구조. 왓슨-크릭 염기쌍은 뉴클레오타이드 잔기 간의 점선으로 표시된다. 분자는 수용체 줄기와 네 개의 팔으로 나뉜다. 수용체 줄기는 아미노산 부착 지점이며, 안티코돈 팔은 mRNA의 코돈과 상호작용하는 tRNA 분자의 부분이다. D와 TψC 팔이 팔 안에 보존되어 있는 변형된 뉴클레오타이드를 가르킨다. 각 팔의 뉴클레오타이드 잔기의 수는 일정 범주 안에 있다 (다양한 팔은 제외). 보존 기지된 염기(회색)와 가장 많이 변형된 뉴클레오타이드는 별기하였다. 표준 뉴클레오타이드 외의 것에 대한 약어; R, 퓨린 뉴클레오타이드; Y, 피리미딘 뉴클레오타이드; m¹A, 1-메틸아데닐레이트; m⁶A, *N*⁶–메틸아데닐레이트; Cm, 2′-O-메틸시티딜레이트; D, 디하이드로유리딜레이트; Gm, 2′-O-메틸구아닐레이트; m¹G, 1-메틸구아닐레이트; m⁷G, 7-메틸구아닐레이트; I, 이노시네이트; ψ, 슈도유리딜레이트; T, 타이민 라이보뉴클레오타이드

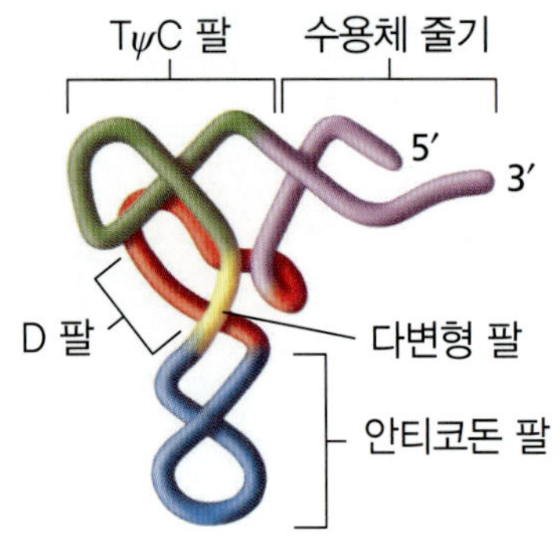

▲ 그림 22.5
tRNA의 입체 구조. 그림 22.4에 표시된 클로버 모양의 분자는 실제로는 이와 같은 3차 구조로 접힌다. tRNA의 입체 구조는 TψC 고리와 D 고리 사이, 그리고 **(a)** TψC 팔을 수용체 팔과 정렬시키고, **(b)** 안티코돈과 D팔을 정렬시는 두 가지 상호작용에 의해서 형성된다. 이해를 돕기 위해 라이보인산 골격을 표시하였다.

클로버잎 구조에 있는 수용줄기 반대편에 있는 단일가닥 고리를 안티코돈 고리라고 부른다. 세 개의 염기로 구성된 **안티코돈(anticodon)**은 mRNA에 존재하는 상보적인 코돈과 결합한다. 안티코돈을 갖고 있는 tRNA 분자의 팔을 '**안티코돈 팔**'이라고 부른다. tRNA 분자의 나머지 두 팔의 이름은 그 안에 공유결합을 통하여 변형된 뉴클레오타이드를 반영하고 있다(그림 21.25). 이러한 TψC팔 중에 하나는 반드시 삼중 서열 라이보티미딜레이트(T)를 포함, 슈도유리딜레이트(ψ) 및 시티딜레이트(C). 다이하이드로유리딜레이트(D) 잔기를 갖고 있는 D팔이다. tRNA 분자는 안티코돈 사이에 **다변형 팔**(TψC arm)을 가지고 있는데 이 다변형 팔의 길이는 3개에서 21개의 뉴클레오타이드로 구성된다. 아주 예외적인 것을 제외하면, tRNA 분자의 길이는 뉴클레오타이드 73개에서 95개 사이이다.

tRNA의 클로버잎 그림은 3차원 분자에 대한 2차원적 표현이다. 3차원적 구조에서, tRNA 분자는 "L" 모양의 측면으로 접힌다(그림 22.5 및 22.6). 수용체 줄기는 L 모양 분자의 말단에 존재하며, 안티코돈은 반대편 말단에 있는 고리에 위치한다. 그 결과 생기는 구조는 안정적이며 꽉 채워진 모습이다. 이러한 염기쌍은 일반적인 왓슨-크릭 염기쌍과는 다르다. tRNA에 있는 핵산의 대부분은 수직으로 배열된 나선구조에 있다. 인접하고 염기쌍 간의 상호작용은 부가적으로 작용하여 tRNA 안정성을 더욱 증가시킨다(19.2C에서 살펴본 바와 같이, 이중가닥 DNA의 3차원 구조에서 일어나는 염기간 상호작용과 유사하다).

B. tRNA 안티코돈 및 mRNA 코돈 사이의 염기쌍

mRNA 분자에 저장된 정보를 tRNA가 해독하는 과정에서 tRNA 안티코돈과 mRNA의 코돈 사이에서 상호보완적인 염기쌍이 일어난다. 따라서 tRNA 분자의 안티코돈은 아미노산이 첨부될 위치를 결정하고 tRNA의 수용줄기는 합성 중인 폴리펩타이드 사슬에 연결된다. tRNA 분자는 이들이 운반하는 기능을 반영한 이름이다. 예를 들어 그림 22.6에 있는 tRNA 분자는 안티코돈 GAA를 가지고 있어서 페닐알라닌 코돈 UUC와 결합한다. 단백질 합성 전에, 페닐알라닌은 tRNA의 수용체 줄기와 공유결합한다. 따라서 이 분자는 $tRNA^{phe}$로 명명되었다.

그림 22.6 ▶
효소 *Saccharomyces cerevisiae* $tRNA^{phe}$의 구조. **(a)** TψC팔(초록)에 대한 D팔(빨강)의 상대적인 위치 및 염기쌍을 보여주는 막대 모델. 두 개의 이중 가닥 RNA 나선이 직각으로 배열되어 L-모양의 구조를 형성한다. (b) 해독하는 중에 이중나선 역평행형 RNA 나선을 형성하는 $tRNA^{Phe}$와 Phe 코돈 사이의 상보적인 염기쌍을 보여주는 모식도. [NDB TRNA10]

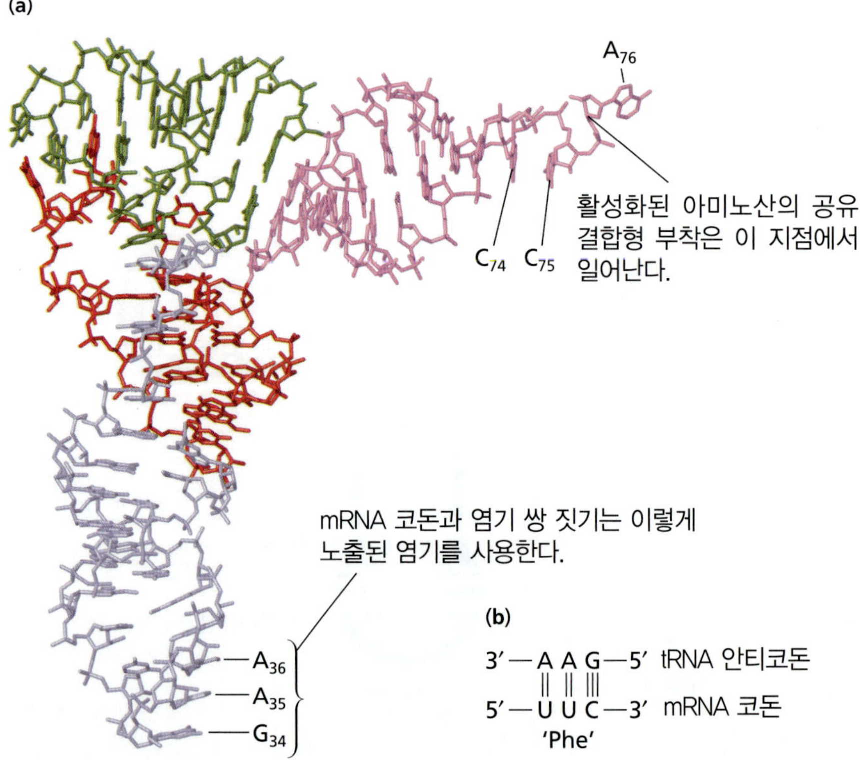

표 22.1 안티코돈의 5′ 워블 위치와 코돈의 3′ 위치 사이에 예측되는 염기쌍

안티코돈의 5′ 워블 위치의 뉴클레오타이드	코돈의 3′ 위치의 뉴클레오타이드
C	G
A	U
U	A 또는 G
G	U 또는 C
I[a]	U, A, 또는 C

[a]I = 이노신산.

코돈과 안티코돈 간의 염기쌍은 왓슨-크릭 염기쌍 규칙을 따라 형성된다: A는 U와, G는 C와 쌍을 이루며 염기쌍을 이루는 사슬은 역평행하게 된다. 그러나 이러한 규칙에 어긋나는 경우에 대해서 크릭은 상보적인 왓슨-크릭 염기쌍이 세 개의 염기쌍 중에 두 개에만 적용된다고 제안하였다. 코돈은 안티코돈의 3′ 및 가운데 염기와 왓슨-크릭 염기상을 이루지만, 다른 형태의 염기쌍은 안티코돈의 5′ 위치에 적용된다. 이와 같은 대체적 염기쌍은 그 위치가 구조적으로 유연한 것을 뜻한다. 크릭은 이와 같은 유연성을 "워블"이라 부르고, 안티코돈의 5′ 위치를 워블 위치라고 부른다.

표 22.1은 안티코돈의 워블 위치와 mRNA의 코돈의 세 번째 염기 사이의 가능한 염기쌍을 요약하였다. 예를 들어, G가 워블 위치에있는 경우, C 또는 U(!)와 쌍을 이룰 수 있다. 대다수 안티코돈의 워블 위치에 있는 염기는 공유결합을 통해 변형되어서 코돈 인식에서 추가적인 유연성을 갖게 된다. 예를 들어, 몇 개의 tRNA 분자에서 안티코돈 위치에 있는 G는 C-2 에서 탈아민화되어 이노신산이 되어 A, C 또는 U와 수소결합을 할 수 있게 된다(그림 22.7). 이와 같이 I가 안티코돈의 이 위치에 있는 경우, 안티코돈 IGC는 알라닌을 지정하는 세 가지 다른 코돈, GCU, GCC, 그리고 GCA와 수소결합할 수 있다(그림 22.8).

워블 효과로 인하여 일부 tRNA 분자는 하나 이상의 코돈을 인식하는 반면, 여러 가지의 tRNA 분자가 종종 모두 동의 코돈(synonimous codon)을 인식한다. 동일한 아미노산과 결합할 수있는 다른 종류의 tRNA 분자를 **유사수용체(isoreceptor) tRNA 분자**라고 부른다. 유사수용체라는 단어는 동일한 아미노산과 공유결합하고 있는 다른 종류의 안티코돈과 결합하는 tRNA 분자를 지칭할 뿐만 아니라, 동일한 안티코돈이지만 다른 1차 서열을 갖고 있는 tRNA도 지칭한다. 유사수용체 tRNA는 로마숫자 혹은 이들이 인식하는 코돈으로 식별된다(즉, $\text{tRNA}_{\text{I}}^{\text{Ala}}$, $\text{tRNA}_{\text{II}}^{\text{Ala}}$, 또는 $\text{tRNA}_{\text{GCG}}^{\text{Ala}}$).

유전체 염기서열 데이터는 세균의 유전체는 30~60 다른 tRNA를 갖고 있고, 진핵생물의 유전체는 무려 80가지 다른 tRNA 분자의 유전자를 갖고 있다는 것을 밝혔다. 특히, 진핵생물의 tRNA 유전자의 대부분, 특히 단백질 합성에서 가장 많이 쓰이는 tRNA 유전자는 다수(multiple copy)로 존재한다.

▲ **그림 22.7**
이노신산 염기쌍. 이노신산 (I)는 종종 tRNA의 anticodon의 워블 위치에서 발견된다. 이노신산은 A, C, 또는 U와 수소 결합할 수 있다. 이와 같은 수소 결합에서 유통성으로 인하여 하나의 안티코돈을 갖고 있는 tRNA가 하나 이상의 동의어 코돈을 인식할 수 있다.

22.3 아미노아실-tRNA 신테테이즈

DNA 및 RNA 합성과 마찬가지로, 단백질 합성은 세 가지 단계로 나눌 수 있다: 개시, 사슬 신장 및 종결. 그러나 우리는 사전 중합의 개시 전 단계인 tRNA의 아미노아실화를 설명하고자 한다.

20가지 아미노산 각각은 해당되는 tRNA 분자의 말단에 공유결합하여 부착된다. 이 반응의 결과물을 아미노아실-tRNA라고 부른다. **아미노아실-tRNA**는 "높은 에너지" 분자이기 때문에 이 아미노산은 성장하는 폴리펩타이드 사슬에 전달되는 과정을 위해서 "활성화"되었다고 부른다. 특정한 아미노아실 tRNA 분자는 tRNA와 거기에 부착된 아미노산으로 구별된다. 예를

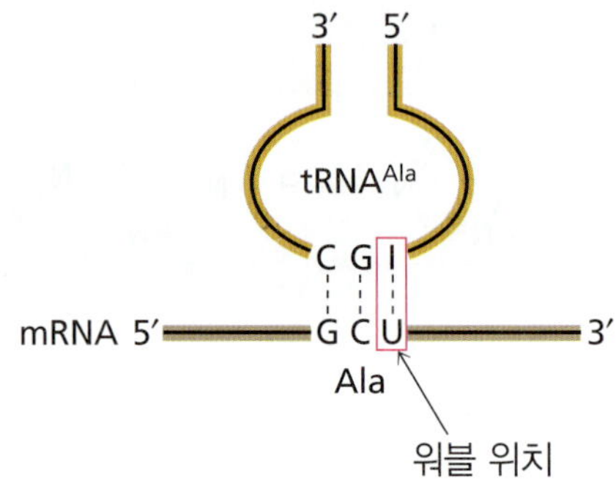

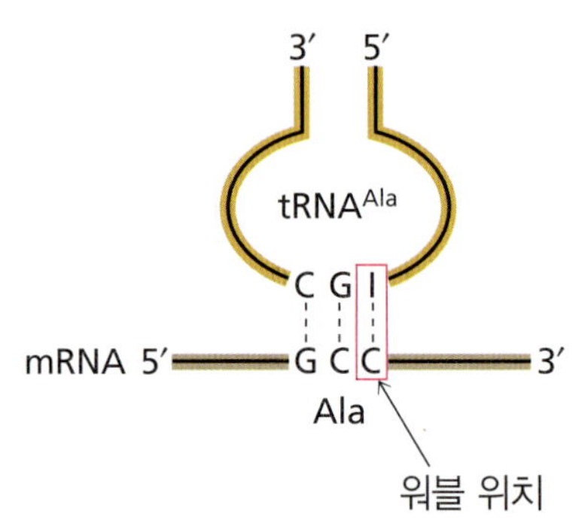

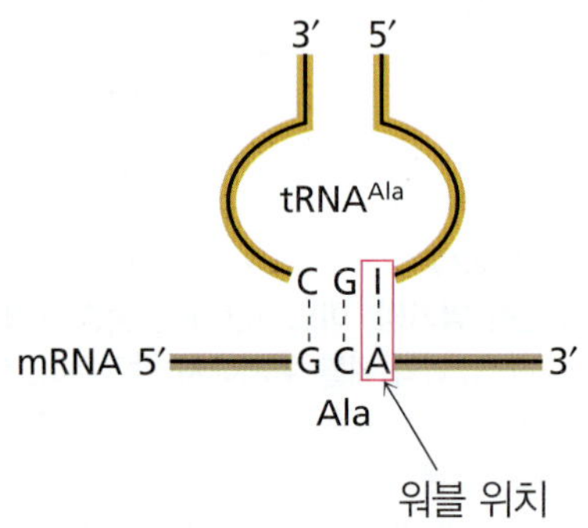

▲ 그림 22.8

워블 위치에 염기쌍. . I는 U, C, 또는 A. 주와 페어링 할 수 있기 때문에 안티코돈 IGC를 갖고 있는 $tRNA^{Ala}$ 분자는 알라닌(GCU, GCC, 또는 GCA)을 지정하는 세 개의 코돈 중 하나와 결합할 수있다. 코돈을 포함한 RNA 가닥과 안티코돈을 포함한 가닥이 역평행임을 주지하라. 워블 위치는 각 예시에 박스로 표시되었다.

들어, 아미노아실화 $rRNA^{Ala}$는 알라닐-$tRNA^{Ala}$로 표기한다. 아미노아실화 반응을 촉매하는 다양한 효소를 아미노아실-tRNA 신테테이즈(예: 알라닐-tRNA 신테테이즈)라고 불린다.

20개의 아미노산이 있기 때문에 대부분의 종은 세포에 적어도 20개의 다른 아미노아실-tRNA 신테테이즈가 있다. 동일한 아미노산에 대한 두 개의 다른 아미노아실-tRNA 신테테이즈가 종종 있다. 일부 박테리아는 글루타미닐 또는 아스파라지닐 tRNA 신테테이즈를 가지고 있지 않다. 이러한 종에서 글루타미닐- 혹은 아스파라지닐-tRNA 신테테이즈가 글루탐산 혹은 아스파트산과 결합하여 변형시켜 글루타미닐 및 아스파라지닐-tRNA를 만든다(해당되는 tRNA와 결합한 글루탐산 및 아스파트산 잔기는 변형되지 않는다.)

각 신테테이즈는 특정 아미노산에 특정하지만, 여러 가지 유사수용체 tRNA 분자를 인식할 수도 있다. 예를 들어, 세린에 대한 여섯 개의 코돈과 몇 개의 다른 유사수용 분자가 있다. 이렇게 다른 모든 분자가 하나의 세릴-tRNA 신테테이즈에 의해서 인식된다.

단백질 합성의 정확도는 해당 tRNA에 올바른 아미노산의 부착을 촉매하는 아미노아실-tRNA의 신테테이즈의 능력에 달려 있다.

A. 아미노아실-tRNA 신테테이즈 반응

아미노아실-tRNA의 신테테이즈에 의한 아미노산의 활성화는 ATP를 필요로 한다. 전체 반응은 다음과 같다:

$$\text{아미노산} + \text{tRNA} + \text{ATP} \longrightarrow \text{아미노아실-tRNA} + \text{AMP} + \text{PP}_i \qquad \mathbf{(22.1)}$$

아미노산이 공유결합으로 아미노산의 카복실 그룹과의 tRNA 분자의 끝에 라이보스의 수산기 사이의 에스테르 결합의 형성에 의해 tRNA의 분자에 부착된다. 모든 tRNA는 —CCA에서 종결되기 때문에 첨부 위치는 언제나 아데닐레이트 잔기가 된다.

아미노아실화는 두 가지 개별 단계로 진행된다(그림 22.9). 첫 번째 단계에서, 아미노산은 반응성 아미노아실-아데닐레이트 중간체의 형성에 의해 활성화된다. 이 중간체는 밀접하게 그러나 비공유적으로 아미노아실-tRNA 신테테이즈와 결합한 상태로 유지된다. 방출된 이인산의 신속한 가수분해가 순 반응을 촉진시킨다. 아미노아실-tRNA의 형성의 두 번째 단계는 아미노아실기가 아미노아실-아데닐레이트 중간체에서 tRNA로 이동되는 것이다. 반응을 촉매하는 특정 아미노아실-tRNA 신테테이즈에 따라 아미노산이 tRNA의 말단 아데닐레이트 잔기의 2′- 혹은 3′-수산기에 결합된다. 아미노산이 초기에 2′- 수산기에 부착된 경우, 이는 추가 단계에서 3′-수산기로 옮겨진다. 아미노산은 3′ 위치에 결합했을 때만, 단백질 합성의 기질이 될 수 있다.

아미노아실-tRNA가의 형성은 세포 조건에서 일어나지만 자유 tRNA의 세포내 농도는 매우 낮다. 아미노아실-tRNA의 가수분해에서 방출되는 깁스 자유에너지는 ATP의 포스포안하이드라이드(phosphoanhydride)의 것과 거의 동일하다. 아미노아실-tRNA에 저장된 에너지는 궁극적으로 단백질 합성 과정에서 펩타이드 결합의 형성에 사용된다. 주목할 점은 각 아미노아실화 반응시 소비되는 두 개의 ATP 등가물은 단백질 합성의 에너지 비용에 기여한다는 것이다.

B. 아미노아실-tRNA 신테테이즈의 특이성

특정 tRNA에 특정 아미노산을 연결하는 것은 유전자 메시지를 번역하는 중요한 단계이다. 이 단계에서 오차가 있을 경우에, 잘못된 아미노산이 단백질에 삽입될 수 있다.

각각의 아미노아실-tRNA의 신테테이즈는 ATP와 결합한 후, 전하, 크기 및 소수성을 근거로 적절한 아미노산을 선정한다. 초기 선정에서 대부분의 다른 아미노산을 제거한다. 예를 들어, 타이로실-tRNA 신테테이즈는 거의 항상 타이로신과, 드물게 페닐알라닌 또는 임의의 다른 아미노산과 결합한다. 이 신테테이즈는 선택적으로 특정의 tRNA 분자와 결합한

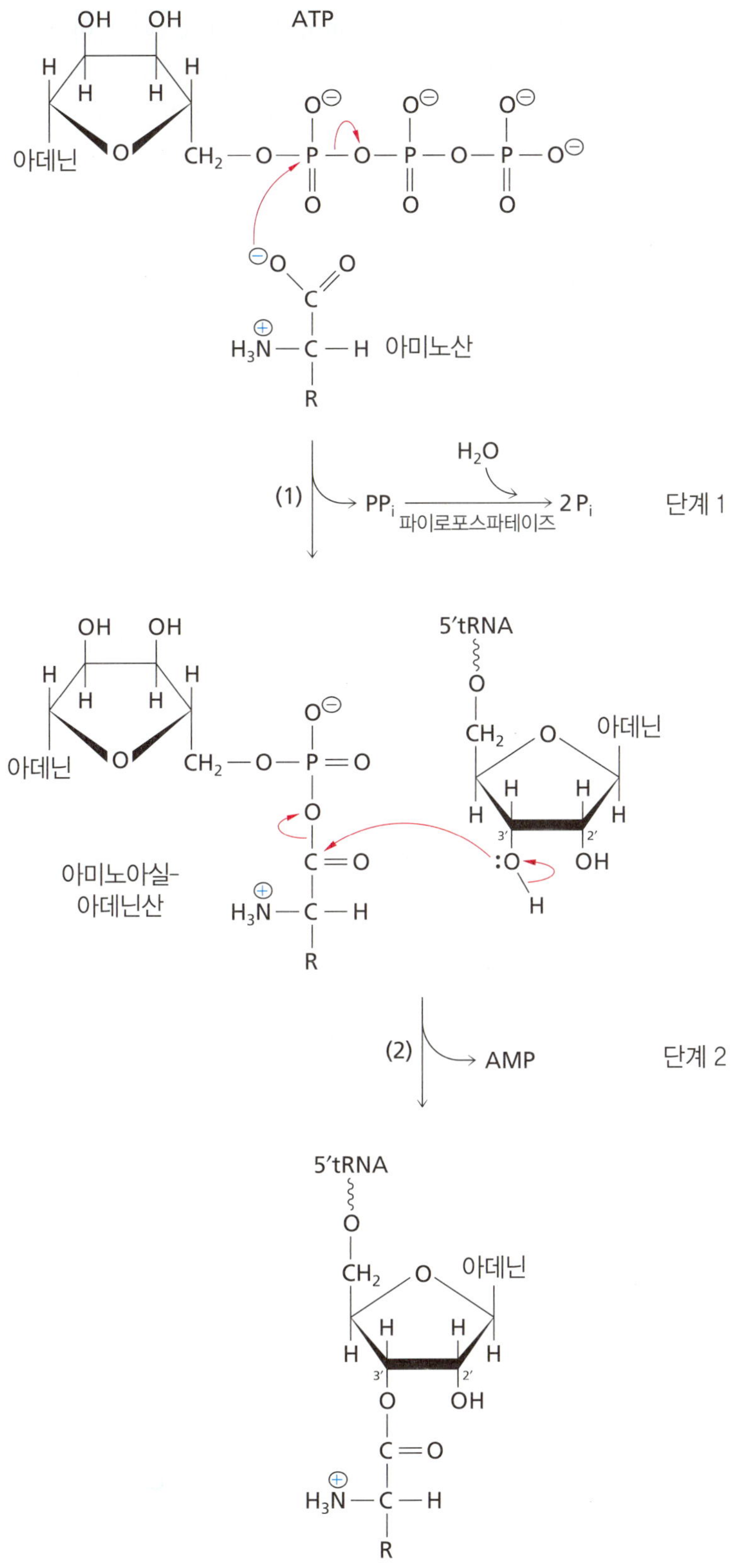

◀ **그림 22.9**
특정 아미노아실-tRNA가 촉매하여 합성되는 아미노아실-tRNA. 첫 단계에서, 아미노산의 친핵성 카복실기는 ATP의 원자를 공격하여, 이인산을 방출하고 아미노아실-아데닌산 중간체를 생산한다. 둘째 단계에서 tRNA의 말단에 있는 잔기의 친핵성 공격으로 인해서 AMP가 되고 아미노아실-tRNA 분자가 형성된다.

다. 적절한 tRNA는 그 구조적 독특한 양상으로 구분된다. 특히, L-모양의 tRNA 분자의 배부 구조에 위치해 있는 수용체줄기 부위는 tRNA,를 아미노아실 tRNA 신테테이즈에 결합시키는 데 관여하는 것으로 보인다(그림 22.10).

어떤 경우, 이 신테테이즈는 tRNA의 수용체 줄기뿐만 아니라 안티코돈도 인식한다. 예를 들어, 글루타미닐-tRNA 신테테이즈는 Gln-tRNAs만을 인식하는 한편 다른 19가

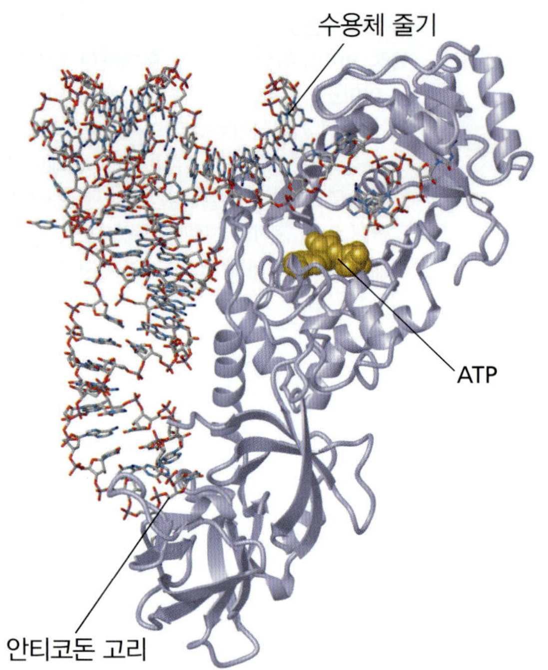

▲ **그림 22.10**
글루타밀 tRNA 신테테이즈와 결합한 대장균 $tRNA^{Gln}$의 구조. tRNA는 이 효소의 표면에 있는 포켓에 묻혀 있다. ATP의 분자도 이 지점에 결합된다. 효소는 tRNA 수용체 줄기 및 안티코돈과 상호작용한다.

지 tRNA를 따돌림으로써 글루타민이 해당 tRNA에 특이적으로 부착된다(그림 22.10). 주목할 사항은 글루타밀-tRNA 신테테이즈가 수용체 줄기 및 tRNAGln의 안티코돈 부위와 접촉하는 것이다. 결정구조를 보면 한 개의 ATP 분자가 tRNA의 3′ 말단 부근의 활성부위에 결합한다.

20가지 다른 아미노아실-tRNA 신테테이즈의 절반은 글루타밀-tRNA 신테테이즈와 유사하다. 이 효소들은 안티코돈 및 아미노아실레이트 tRNA의 2′-수산기에 결합한다. 후속 화학적 재배치로 인하여 아미노아실기가 3′-수산기로 이동된다. 이러한 효소들을 클래스 I 신테테이즈로 분류한다. 클래스 II 아미노아실-tRNA 신테테이즈는 여러 개의 소단위체로 이루져 있으며, 3′-수산기에서 tRNA를 아미노아실기화한다. 모든 경우에서, tRNA와 신테테이즈 사이의 상호작용의 순 효과는 효소의 활성부위에 tRNA 분자의 3′ 말단을 배치하는 것이다.

C. 아미노아실-tRNA 신테테이즈의 검증 기능

대다수의 아미노아실-tRNA 신테테이즈는 특정 tRNA와 특정 아미노산을 여러번 접촉하기 때문에 이들 효소의 오류 비율은 매우 낮다. 그러나 아이소류신 및 발린은 화학적으로 유사한 아미노산이기 때문에, 아이소류실-tRNA 신테테이즈의 활성부위가 이 두 가지 아미노산을 수용될 수도 있을 것이다(그림 22.11). 아이소류실-tRNA가 실수로 발릴-아데닐레이트 중간체의 형성을 촉매할 확률은 1% 정도이다. 이러한 관찰을 바탕으로, 우리는 발린이 아이소류실-tRNA에 첨부되어 아이소류신 대신하여 단백질에 삽입될 확률은 100의 1 수준이다. 그러나 실제로 폴리펩타이드에서 아이소류신을 대체하여 발린이 삽입되는 확률은 10,000의 1 수준이다. 이렇게 낮은 수준으로 발린이 삽입되는 사실은 아이소류실-tRNA 신테테이즈는 아미노아실-아데닐레이트를 형성한 후에, 두 가지 아미노산을 구분한다는 것을 시사한다. 실제로 아이소류실-tRNA 신테테이즈는 다음 단계에서 교정을 수행한다. 아이소류실-tRNA 신테테이즈가 실수로 발릴-아데닐레이트의 형성을 촉매하더라도, 이 효소는 통상적으로 잘못된 발릴-아데닐레이트의 가수분해를 촉매하여 발린 및 AMP로 만들거나 또는 발릴-$tRNA^{Ile}$을 가수분해한다. 반응의 전반적인 오류율은 대부분의 아미노아실-tRNA 신테테이즈의 겨우 10^{-5} 이다.

핵심개념

핵산에서 단백질로 전달되는 정보의 정확도의 일부는 아미노아실-tRNA 신테테이즈 반응의 정확성에 달려 있다.

22.4 라이보좀

단백질 합성은 정교한 번역 복합체를 형성하는 네 가지 구성요소의 조립이 필요하다. 펩타이드 결합 형성을 촉매하는 라이보좀; 이 과정의 각 단계에서 라이보좀을 돕는 액세서리 단백질 인자; 단백질의 아미노산 서열을 특정짓는 정보를 갖고 있는 mRNA; 활성화된 아미노산을 운반하는 아미노아실-tRNA들. 시작 단계는 mRNA의 첫 번째 코돈에서 번역 복

아이소류신

발린

그림 22.11 ▶
아이소류실-tRNA 신테테이즈의 기질결합 부위의 모델. 아이소류신과 발린의 비슷한 크기와 전하에도 불구하고, 아이소류실-tRNA 신테테이즈는 발린보다 아이소류신과 100배 더 잘 결합한다. 후속 교정 단계가 발린-$tRNA^{Ile}$의 형성을 방지하는 것을 돕는다.

합체의 조립하는 일이다. 폴리펩타이드 사슬 신장 기간에 라이보좀 및 관련 구성요소들은 mRNA를 따라서 5′에서 3′ 방향으로 이동한다. 폴리펩타이드는 N-말단에서 C-말단 방향으로 합성된다. 단백질의 합성이 완료되면 마지막으로, 번역 복합체는 별도의 종료 단계에서 분해된다. 해체의 중요한 기능은 mRNA에서 두 개의 라이보좀 소단위체를 방출하여 다음번에 일어나는 번역에 관여할 수 있게 하는 일이다.

A. 라이보좀은 라이보좀 RNA와 단백질로 구성된다

모든 라이보좀은 크기가 다른 두 개의 소단위체로 구성된다. 대장균의 경우에 소형 및 대형 소단위체를 각각 30S 및 50S 소단위체라고 부른다(30S와 50S는 각 소단위체의 침강 속도를 뜻함). 30S 소단위체는 5.5 × 22 × 22.5 nm 의 크기로 길고 비대칭적인 구조이다. 좁은 목은 기저 부위와 머리 부위를 구분짓는 동시에 mRNA를 수용하는 틈새를 형성한다. 50S 라이보좀 소단위체는 30S 소단위체보다 넓은 구조이며 여러 개의 돌출 부위를 갖고 있다. 크기는 15 × 20 × 20 nm 정도이다. 50S 소단위체는 지름이 2.5 nm이고 길이가 10 nm인 터널을 갖고 있다. 이 터널은 펩타이드 결합 형성의 부위에서 시작되어서 단백질 합성 기간에 합성 중인 폴리펩타이드 사슬을 수용하게 된다. 30S와 50S 소단위체가 결합하여 활성 70S 라이보좀을 형성한다.

대장균에서 30S 소단위체의 RNA 구성요소는 1542 뉴클레오타이드로 만들어진 16S rRNA이다. 정확한 길이는 종마다 다르지만, 16S rRNA는 모든 생물체의 라이보좀에 잘 보존되어 있으며 광범위한 2차 구조를 갖고 있다. 30S 소단위체에는 21개의 라이보좀 단백질이 있다. 대장균 라이보좀의 50S 단위체는 두 가지의 라이보좀 RNA를 갖고 있다. 각각 120 뉴클레오타이드로 구성된 50S와 2904 뉴클레오타이드로 구성된 23S rRNA. 31가지 단백질이 50S 소단위체에 있는 5S 및 23S rRNA 분자와 결속되어 있다(그림 22.12).

진핵생물의 라이보좀은 박테리아의 라이보좀의 모양과 유사하지만 더 크고 더 복잡해진다. 척추동물의 라이보좀을 80S라고 지칭하며 40S와 60S 소단위로 구성되어 있다(그림 22.12). 40S 소단위체는 원핵생물 라이보좀의 30S 소단위체와 유사하다. 약 30 단백질과 18S rRNA 단일 분자로 구성된다. 60S 소단위체는 약 40가지 단백질과 3가지 라이보좀 RNA 분자로 구성된다. 5.8S rRNA는 약 160개의 뉴클레오타이드이고 염기서열은 원핵생물의 23S rRNA의 말단의 것과 유사하다. 이 유사성은 5.8S rRNA 및 원핵생물의 23S의 5′ 말단이 공통조상에서 유래되었으며 진화과정을 통해서 rRNA 유전자의 융합 또는 분리가 이루

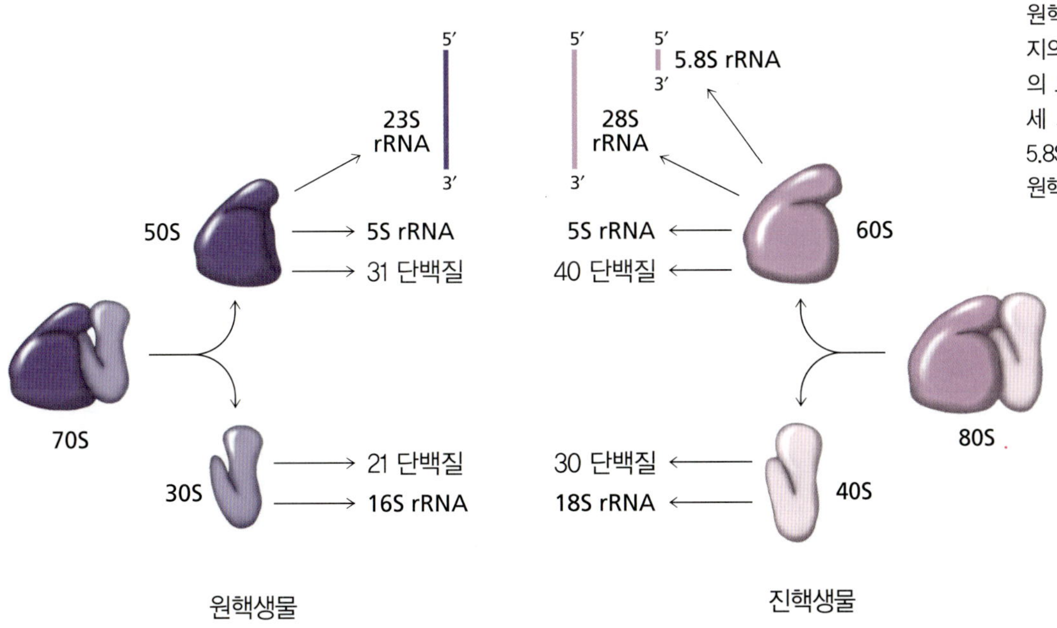

▼ 그림 22.12
원핵 생물 및 진핵 생물 라이보좀의 비교. 두 가지 유형의 라이보좀 모두 RNA 및 단백질로 구성되는 두 개의 소단위체로 구성되어 있다. 원핵생물 라이보좀의 큰 소단위체는 두 가지의 rRNA 분자를 갖고 있다: 5S 및 23S. 거의 모든 진핵세포 라이보좀의 큰 소단위체는 세 가지의 rRNA 분자를 포함하고 있다: 5S, 5.8S 및 28S. 진핵생물 5.8S rRNA의 서열은 원핵생물 23S rRNA 말단의 서열과 유사하다.

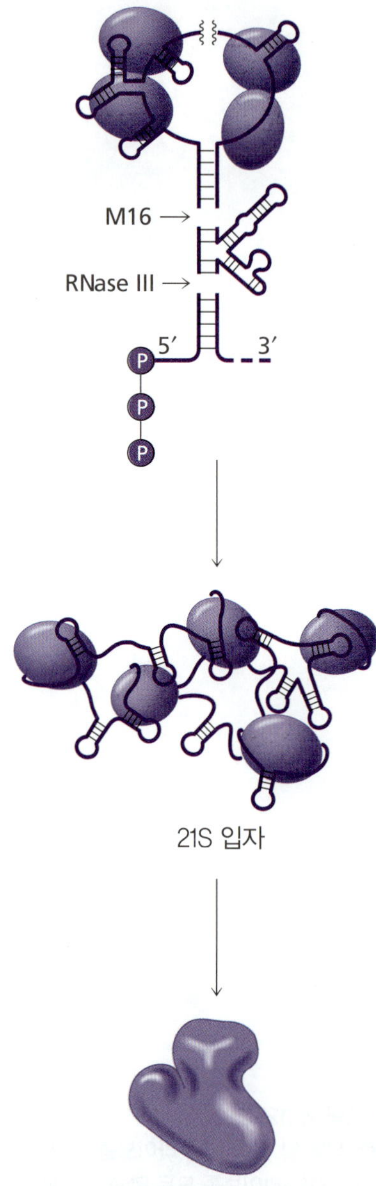

▲ **그림 22.13**
대장균에서 30S 라이보좀 소단위체의 조립 및 16S rRNA의 완성. 30S 라이보좀의 조립은 여섯 혹은 일곱 가지 라이보좀 단백질들이 16S rRNA 전구체와 결합하여 21S 입자를 형성하면서 시작된다. 21S 입자에는 구조적인 변화가 일어나고, 16S rRNA분자는 최종 길이로 프로세싱된다. 프로세싱 동안, 30S에 남아 있는 라이보좀 단백질들이 결합한다 (21장에서 논의한 바와 같이, M16은 RNA 프로세싱에 관여하는 지점-특이적 엔도뉴클리에이즈이다).

어졌음을 의미한다.

원핵세포와 진핵세포의 유전체은 라이보좀 RNA 유전자의 복사본을 여러 개 갖고 있다. 이들 유전자에 대한 다수의 복사본 및 강력한 프로모터의 조합으로 인하여 높은 수준의 라이보좀 합성을 유지하게 된다. RNA 폴리머레이즈 I이 전사하는 진핵생물의 라이보좀 RNA 유전자들은 직렬 배열을 하고 있는 수백 개의 복사본으로 이루어져 있다(그림 21.5A). 대부분의 진핵세포에서 이들 유전자는 핵소체에 존재하며, 여기에서 라이보좀 RNA 전구체의 처리와 라이보좀의 조립이 일어난다(그림 21.8B). 그림 22.13에 나타낸 바와 같이, 이러한 대장균의 30S 소단위체를 위한 처리과정은 라이보좀 조립과 연결된다. 대부분의 라이보좀 단백질은 RNA와 접촉하여 16S rRNA에 있는 2차 구조 구역과 특이적으로 결합한다. 기타 단백질들은 다른 라이보좀 단백질이 존재할 때, 단백질-단백질 접촉을 통하여 복합체를 조립한다.

박테리아 *Thermus thermophilus*의 30S 라이보좀 소단위체의 구조가 그림 22.14에 있다. 주목할 점은 30S 소단위체의 대부분 질량은 이중가닥 RNA의 여러 구역을 형성하는 밀도높은 구조를 만드는 16S 라이보좀 RNA에서 기인된다. 라이보좀 단백질은 RNA의 표면 혹은 RNA 2차 구조를 갖는 구역 사이의 홈과 틈새에 결합한다.

유사하게, 박테리아 50S 소단위체 및 진핵세포 40S 및 60S 소단위체의 조립도 라이보좀 RNA 전구체의 처리에 연결되어 있다. 그림 22.14에 archeon *Haloarcula marismortui*의 50S 소단위체가 나타나 있다.

B. 라이보좀은 두 가지 아미노아실-tRNA 결합 부위를 갖는다

22.3절에서 논의한 바와 같이, 펩타이드 결합 형성을 위한 기질은 자유 아미노산은 아니지만 비교적 큰 아미노아실-tRNA 분자이다. 라이보좀은 이웃한 두 가지 아미노아실-tRNA 분자를 배열하여 이들의 안티코돈이 올바른 mRNA 코돈과 상호작용하도록 해야 한다. 아미노아실화된 두 가지 tRNA는 펩타이드 결합이 형성되는 부위에 있어야 한다. 라이보좀은 mRNA와 성장하는 폴리펩타이드 사슬을 잡고 있는 한편, 단백질 합성 기간 중에 여러 단백질 인자의 결합을 수용하고 있어야 한다. 라이보좀이 이와 같이 책무를 성취하는 능력으로 인해서 라이보좀은 그렇게 크고 복잡할 수밖에 없는 것이다.

그림 22.15에 단백질 합성 기간 중에 두 가지 tRNA 분자의 위치가 나타나 있다. 성장하고 있는 폴리펩타이드 사슬은 펩티딜-tRNA를 형성하는 펩티딜 지점(P 지점)에 있다. 두 번째 아미노아실-tRNA는 아미노아실 지점(A 지점)에 결합한다. 폴리펩타이드 사슬이 합성되는 동안, 이것은 큰 라이보좀 소단위체의 터널을 지나 라이보좀의 표면으로 나온다.

22.5 번역 개시

단백질 합성의 개시는 mRNA의 코딩 서열의 시작 부위에서 번역 복합체의 조립로 시작된다. 이 복합체는 두 가지 라이보좀 소단위체, 번역될 mRNA, 개시 tRNA 분자와 여러 액세서리 단백질로 구성된다. 이것은 중요한 개시 단계가 변환이 시작되기 전에 적절한 개시 코돈(따라서 정확한 리딩 프레임)이 선택된 것을 보장한다.

A. 개시 tRNA

22.1절에서 언급한 바와 같이, 번역되는 첫 번째 코돈은 일반적으로 AUG이다. 모든 세포는 AUG 코돈을 인식할 수 있는 메싸이오닐-$tRNA^{Met}$ 분자를 적어도 두 가지 유형을 갖는다. 한 유형은 개시코돈에서 독점적으로 사용되어 개시 tRNA라고 부른다. 다른 유형은 내부 메싸이오닌 코돈을 인식한다. 이 두 유형의 $tRNA^{Met}$ 분자가 서로 다른 기본 서열과 별개의 기능을 갖고 있으나, 이들 모두는 동일한 메싸이오닐-tRNA 신테테이즈에 의해 아미노아실화

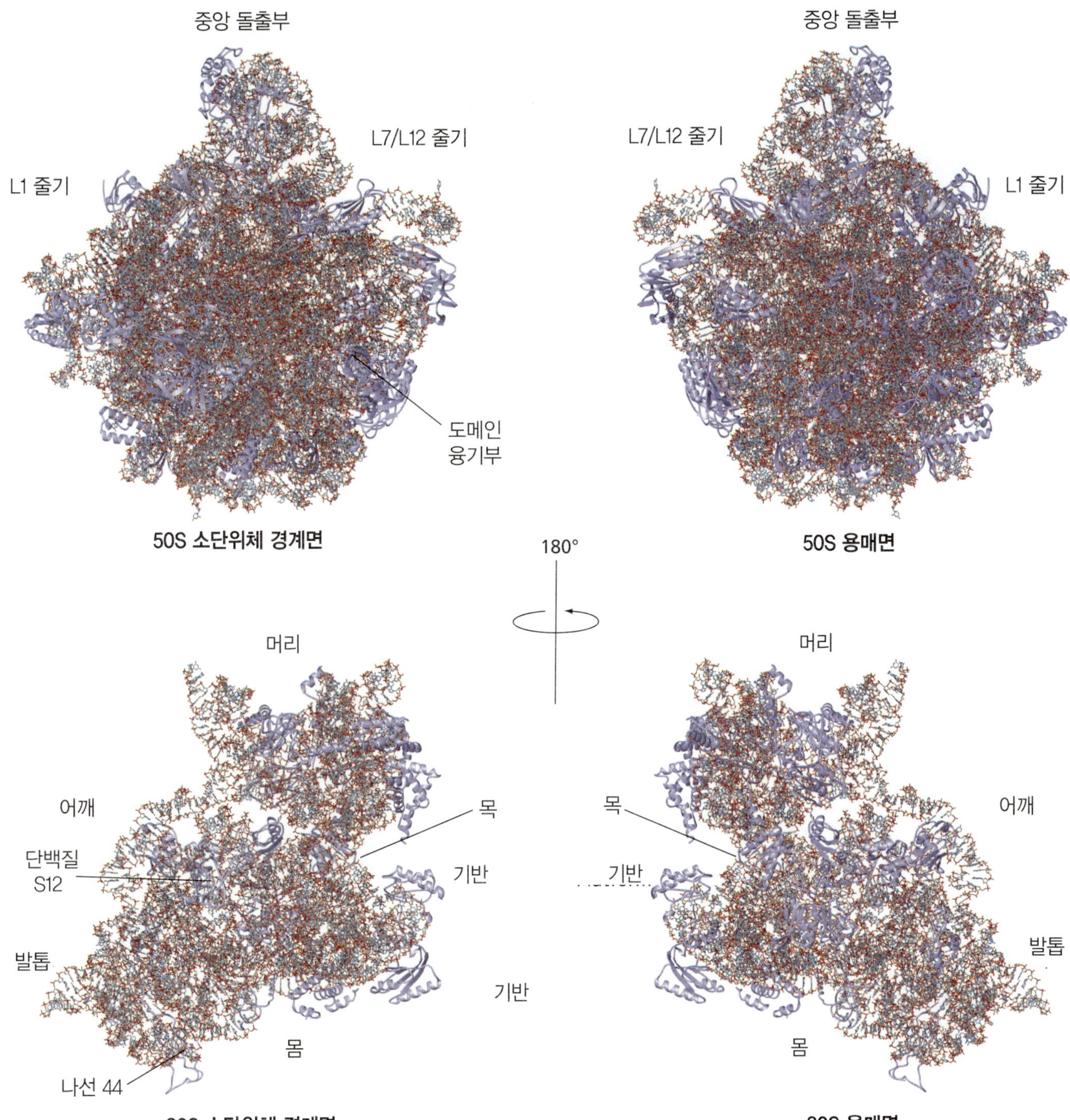

▲ 그림 22.14
H. marsmortui 50S 소단위체(위) 및 *T.thermophilus* 30S 소단위체 (아래)의 3차원적 구조.

된다.

박테리아에서 개시 tRNA는 $tRNA_f^{Met}$를 라고 부른다. 그림 22.16에 보인 바와 같이 충전된 개시 tRNA(메싸이오닐-$tRNA_f^{Met}$)는 *N*-포밀메싸이오닐-$tRNA_f^{Met}$(fMet-$tRNA_f^{Met}$)를 생산하는 메싸이오닌 잔기에 10-포밀테트라하이드로폴레이트에서 포밀기를 첨가하는 반응을 촉매하는 포밀이동효소의 기질이다. 진핵생물과 고세균의 개시 tRNA를 $tRNA_i^{Met}$라고 지칭한다. 진핵생물의 단백질 합성을 시작하는 메싸이오닌 포밀화되지 않는다.

박테리아에서 *N*-포밀 메싸이오닌—또는 다른 생명체에서 메싸이오닌—은 단백질에 삽입되는 최초의 아미노산이다. 단백질 합성이 진행되면, N-말단 메싸이오닌은 탈포밀화되거나 폴리펩타이드 사슬에서 모두 제거될 수 있다.

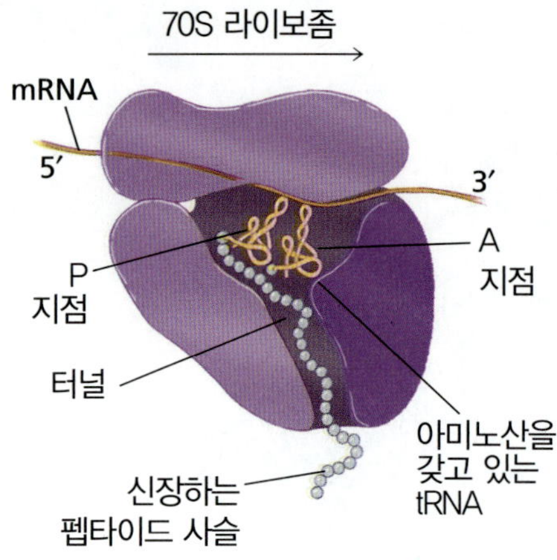

▲ **그림 22.15**
원핵생물 라이보좀의 tRNA 결합 부위들. 단백질 합성 과정에서, P 지점은 신장하는 펩타이드 사슬과 부착된 tRNA 분자로 채워지고, A 지점은 아미노아실-tRNA를 갖게 된다. 성장하는 폴리펩티드 사슬이 큰 소단위체의 터널을 통과한다.

B. 개시 복합체는 반드시 개시코돈에서만 조리된다

mRNA에는 세 가지 해독틀이 있으나 그 중 하나만이 올바른 것이다. 올바른 해독틀을 설정하는 일은 mRNA의 정보를 정확하게 단백질로 해독하는 데 매우 중요하다. 해독틀에서 단 하나의 뉴클레오타이드를 옮겨도 전체 아미노산 서열이 바뀌어서 불구의 단백질이 된다. 따라서 번역기는 단백질 합성의 개시점으로 사용되는 개시코돈을 정확하게 짚어야 한다.

라이보좀은 단 하나의 올바른 개시코돈을 다른 모든 틀린 AUG로부터 구별해야 한다. 이렇게 틀린 나머지 AUG는 올바른 해독틀에서 내부 메싸이오닌 잔기를 지정하거나 틀린 해독틀에서 비정상적인 메싸이오닌 코돈을 지정한다. 개시코돈이 단순하게 mRNA의 최초 세 개의 뉴클레오타이드가 아니라는 것을 염두에 두어야 한다. 개시코돈은 mRNA 분자의 하류에 있는 여러 뉴클레오타이드에도 있을 수 있다.

원핵생물에서 개시 지점의 선택은 라이보좀의 작은 소단위와 mRNA 주형 사이의 상호작용에 달려 있다. 30S 소단위체는 바른 개시코돈의 상류에 퓨린이 다량으로 존재하는 지역에서 mRNA 주형과 결합한다. '샤인-달가노 서열'로 불리는 이 부위는 16S rRNA 분자의 3′ 말단에 존재하는 피리미딘-다량 구역에 상보적인 서열을 갖고 있다. 개시 복합체가 형성되는 동안, 이 상보적인 뉴클레오타이드는 쌍을 이루어 이중실사 RNA 구조체를 형성하여 mRNA를 라이보좀에 결합시킨다. 이러한 상호작용의 결과로, 라이보좀이 P 지점의 개시코돈에 있게 된다(그림 22.17). 샤인-달가노 서열은 내부 메싸이오닌 코돈의 상류에서 바로 발견되지 않았기 때문에 개시 복합체는 개시코돈에서만 독점적으로 조립된다.

$tRNA_f^{Met}$
|
O
|
C=O
|
O=C(H)—N(H)—C(H)
|
CH_2
|
CH_2
|
S
|
CH_3

▲ **그림 22.16**
fMet-$tRNA_f^{Met}$의 화학 구조. 포밀트랜스퍼레이즈에 의해서 촉매되는 반응에서 포밀기(빨강)가 메싸이오닌-$tRNA_f^{Met}$에 첨부된다.

C. 개시인자가 개시 복합체의 형성을 돕는다

개시 복합체의 형성에는 라이보좀, 개시 tRNA 및 mRNA뿐만 아니라 여러 **개시인자(initiation factor)**가 필요하다. 원핵생물체는 세 가지 개시인자, IF-1, IF-2 및 IF-3을 갖고

(a)

지질단백질	~AUCUAGAGGGUAUUAAUAAUGAAAGCUACU~
RecA	~GGCAUGACAGGAGUAAAAAUGGCUAUCG~
GalE	~AGCCUAAUGGAGCGAAUUAUGAGAGUUCUG~
GalT	~CCCGAUUAAGGAACGACCAUGACGCAAUUU~
LacI	~CAAUUCAGGGUGGUGAAUGUGAAACCAGUA~
LacZ	~UUCACACAGGAAACAGCUAUGACCAUGAUU~
라이보좀 L10	~CAUCAAGGAGCAAAGCUAAUGGCUUUAAAU~
라이보좀 L7/L12	~UAUUCAGGAACAAUUUAAAUGUCUAUCACU~

(b)

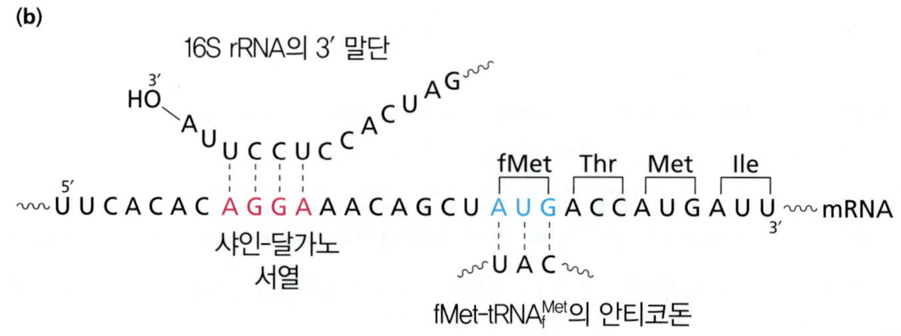

그림 22.17 ▶
대장균의 mRNA의 샤인-달가노 서열. (a) 몇몇 대장균 단백질을 코딩하는 mRNA 말단의 라이보좀 결합 부위. 샤인-달가노 서열(빨강)이 개시코돈(파랑)의 바로 상류 지점에 있다. (b) 16S rRNA의 말단과 mRNA의 말단 근처의 부위 간의 상보적인 염기 쌍짓기. 샤인-달가노 서열과 16S rRNA의 말단이 결합하여, 라이보좀의 P 지점에 개시코돈을 배치함으로써 번역을 위한 바른 읽기 구간을 설정하는 것을 돕는다.

있다. 진핵생물체에는 적어도 8개의 진핵개시인자(eIF's)가 있다. 원핵 및 진핵 생물체에서, 개시인자들은 개시코돈에서 단백질 합성 복합체의 조립을 촉매한다.

IF-3의 역할 중 하나는 작은 소단위체와 결합하여 라이보좀 소단위체들을 해체 상태로 유지하는 것이다. 라이보좀 소단위체들은 각각 개시 복합체와 결합하여 30S 소단위체와 IF-3의 연합함으로써 30S와 50S가 미완성 상태의 70S 복합체가 되는 것을 방지한다. IF-3는 fMet-$tRNA_f^{Met}$과 개시코돈을 라이보좀의 P 지점에 가져다 놓는 것을 돕는다. IF-2는 세포 내에서 아미노아실화된 tRNA 분자 가운데에서 개시 tRNA를 선정한다. IF-2는 GTP와 결합하여 IF-2-GTP 복합체를 형성하여 개시 tRNA를 인식하는 한편 다른 모든 아미노아실-tRNA 분자를 배척한다. 셋째 개시인자, IF-1는 30S 소단위체와 결합하여 IF-2와 IF-3의 기능을 촉진시킨다.

30S 복합체가 개시코돈에 형성되면, 50S 라이보좀 소단위체가 30S 소단위체와 결합한다. 다음으로, IF-2에 결합된 GTP가 가수분해되어 방출된다. GTP가 가수분해될 때 개시인

▼ 그림 22.18
원핵세포 70S 개시 복합체의 형성.

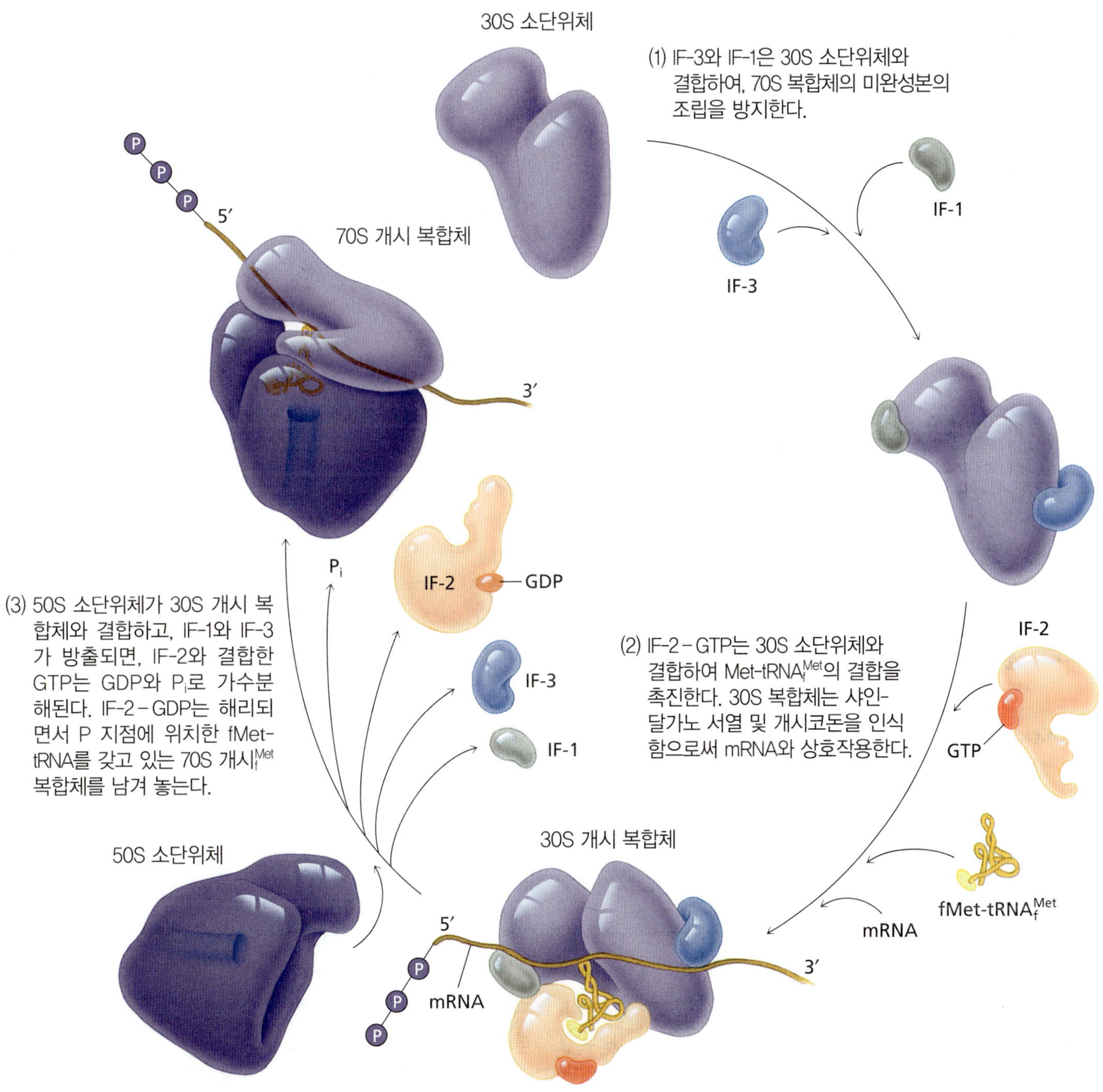

자들은 복합체에서 분리된다. 결합하고 있는 GDP가 GTP 교환되면 IF-2-GTP가 다시 생성된다. 70S 개시 복합체의 형성 단계가 그림 22.18에 요약되어 있다.

원핵생물의 개시인자들의 기능은 아미노아실화된 개시 tRNA를 개시코돈에 바르게 놓는 것이다. 개시인자들은 또한 70S 라이보좀을 개편하여 개시코돈을 P 지점에 놓음으로써 완전한 개시 복합체의 형성을 중재한다.

D. 진핵생물의 번역 개시

진핵생물의 mRNA는 라이보좀 결합 부위의 역할을 맡는 샤인-달가노 서열을 갖고 있지 않다. 대신에 mRNA에 있는 첫째 AUG 코돈이 개시코돈으로 쓰인다. 캡결합 단백질(CBP)로 알려진 eIF-4(진핵개시인자-4)는 진핵생물 mRNA의 말단에 7-메틸구아닐레이트 캡(그림 21.26)과 특이적으로 결합한다. eIF-4가 캡 구조와 결합하면 40S 라이보좀 소단위체, 아미노아실레이트화 개시 tRNA 및 여러 다른 개시인자들로 이루어진 선개시 복합체가 형성된다. 이 선개시 복합체는 개시코돈을 만날 때까지 개시전 복합체는 5′에서 3′ 방향으로 mRNA를 검색한다. 검색이 성공적일 때, 작은 라이보좀 소단위체는 P 지점에서 개시코돈과 상호작용하게 된다. 즉 P 지점의 개시코돈과 상호작용하므로, 작은 라이보좀 서브 유닛이 배치된다. 최종 단계에서, 60S 라이보좀 소단위체가 결합하여 80S 개시 복합체를 완성하는 동시에 모든 개시인자들은 해체된다. 박테리아 IF-2에 해당되는 진핵생물 eIF-2는 GTP 가수분해를 동반한다.

대부분의 진핵세포의 mRNA 분자는 단 하나의 폴리펩타이드를 암호화한다. 이는 말단에서부터 mRNA를 따라 검색하여 개시코돈을 골라내는 기작 때문에 가능한 것이다. 반면, 원핵생물의 mRNA는 여러 개의 코딩 영역을 갖는다. 각각의 코딩 영역은 자신의 상류 지역에 샤인-달가노 서열을 갖고 있는 개시코돈에서 시작된다. 이렇게 여러 개의 폴리펩타이드를 암호화하고 있는 mRNA 분자를 **폴리시스트로닉(polycistronic)**하다고 부른다.

22.6 세 단계의 미세순환의 사슬 신장

개시 단계의 종료 무렵에, 단백질 합성의 신장되는 동안 mRNA는 다음 코돈이 번역될 수 있는 위치에 있게 된다. 개시 tRNA는 라이보좀의 P 지점을 점유함으로써 A 지점은 다음 아미노이실-tRNA를 수용할 준비가 되어 있다. 체인 연장시 각 추가 아미노산은 세 단계의 미세순환 과정을 통해서 새로 생성되는 폴리펩타이드 사슬에 추가된다. 이 미세 순환 과정은 (1) 바른 아미노아실-tRNA를 라이보좀의 A 지점에 놓기, (2) 펩타이드 결합의 형성, (3) 라이보좀을 상대로 한 코돈을 옮기기(라이보좀의 P와 A 지점에 있는 두 가지 tRNA들도 옮겨진다).

번역기는 DNA 복제를 촉매하는 효소 시스템과 비교하여 상대적으로 느리게 작동한다. 박테리아 DNA 복제기는 초당 1,000 뉴클레오타이드의 비율로 DNA를 합성하는 반면, 단백질은 초당 18개의 아미노산 잔기의 비율로 합성된다. 이러한 속도 차이는 핵산은 네 가지 유형의 뉴클레오타이드로 만들어지는 반면 단백질은 20가지 아미노산으로 만들어지는 차이점을 반영하고 있다. 틀린 아미노아실 tRNA를 점검해서 골라내는데 걸리는 시간으로 인해서 단백질 합성은 느려진다.

핵심개념

활동적으로 번역 중인 라이보좀의 A 지점은 상당 시간을 할애하여 맞지 않는 19가지의 아미노아실-tRNA 중에서 하나와 결합하여 사용하며, 이는 무작위로 충전된 tRNA군에서 적합한 tRNA를 찾기 때문이다.

원핵생물에서 전사의 속도는 초당 약 55개의 뉴클레오타이드이다. 이는 초당 18개의 코돈에 해당되며 이러한 속도로 mRNA가 번역된다. 박테리아에서 번역 개시는 mRNA의 합성이 종료되는 순간부터 시작되는 양상으로 번역과 전사가 연계되어 있다(그림 22.19). 전사 및 번역이 진핵세포에서는 다른 구획(각각 핵 및 세포질)에서 일어나기 때문에 이렇게 밀접한 연관관계는 불가능하다. 진핵생물의 mRNA 전구체는 핵 안에서 처리되어서(예: 캡, 폴리아데닐화, 스플라이싱) 번역을 위하여 세포질로 수송된다.

대장균 세포는 약 20,000개의 라이보좀을 갖는다. 대다수 대형 진핵세포는 몇십만 개의

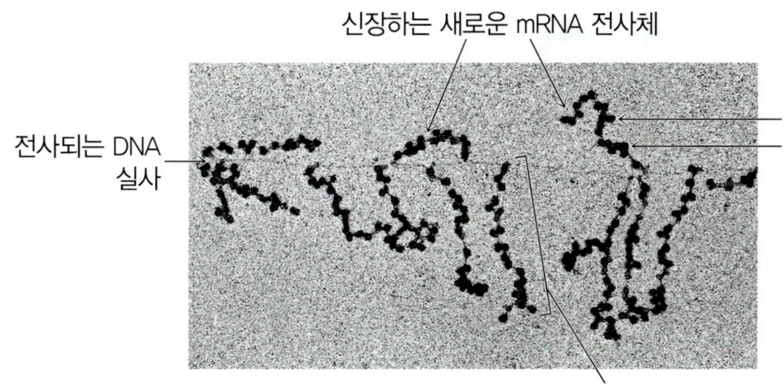

◀ 그림 22.19
대장균 유전자의 연결되는 전사와 번역. 유전자는 왼쪽에서 오른쪽으로 전사된다. mRNA가 합성되자마자, 라이보좀은 mRNA 분자들의 말단에 결합한다. 오른편의 큰 폴리좀은 전사가 종결될 때 유전자로부터 방출된다.

라이보좀을 갖는다. 그림 22.19에서 보는 바와 같이, 대형의 mRNA 분자는 다수의 단백질 합성 복합체가 동시에 대형 mRNA 분자를 번역하여 폴리 라이보좀 또는 **폴리좀(polysome)**을 형성한다. 하나의 mRNA 분자에 결합하는 라이보좀의 수는 mRNA의 길이와 단백질 합성의 개시 효율에 달려 있다. 효율이 최대일 때, 폴리좀에서 번역 복합체 간의 간격은 약 100개의 뉴클레오타이드이다. 대장균 세포에서 각각의 mRNA 분자는 평균 30번 번역되어서 mRNA 분자가 암호화하고 있는 정보를 평균 30배 증폭시킨다.

A. 신장인자는 아미노아실-tRNA를 A 지점에 고정시킨다

첫 사슬 신장 마이크로 사이클의 시작에서, A 지점은 비어 있고 **P 지점**은 아미노아실화된 개시 tRNA가 점유한다. 사슬 신장의 첫 번째 단계는 라이보좀의 A 지점에 바른 아미노아실-tRNA를 삽입하는 일이다. 박테리아에서 이 단계는 EF-Tu라는 신장인자가 촉매한다. EF-Tu는 GTP의 결합 부위를 갖고 있는 단량체 단백질이다. 대장균 세포는 EF-Tu 분자를 약 135,000개 갖고 있어서 세포에서 가장 많이 존재하는 단백질 중의 하나이다(세포에서 단백질 합성의 중요성을 강조하는 부분).

아미노아실-tRNA의 분자와 EF-Tu-GTP는 동일한 라이보좀의 A 지점에 잘 맞는 삼원 복합체를 형성한다. 생체 내에서 거의 모든 아미노아실 tRNA 분자는 이러한 3차 복합체로 존재한다(그림 22.20). EF-Tu의 구조는 IF-2(GTP와 결합하는)와 다른 G 단백질(9.12A절)과 유사한데 이는 이들 모두가 공통조상 단백질에서 진화한 것을 의미한다.

EF-Tu-GTP 복합체는 tRNA 분자의 3차 구조의 일반적인 특징을 인식하여 fMet-$tRNA_f^{Met}$을 제외하고 모든 아미노아실 tRNA 분자와 견고하게 결합한다. 그 분자는 수용체 줄기의 독특한 2차 구조로 인하여 다른 모든 아미노아실-tRNA 분자로부터 구별된다.

EF-Tu-GTP-아미노아실-tRNA의 3차 복합체는 라이보좀의 A 지점으로 자유롭게 확산된다. A 지점에 아미노아실-tRNA와 mRNA의 코돈 간에 올바른 염기쌍이 형성하면 복합체가 안정화된다. EF-Tu-GTP는 P 지점에서 라이보좀의 지점뿐만 아니라 tRNA도 접촉할 수 있다(그림 22.21). 이러한 접촉은 GTP를 GDP로 분해하는 과정을 시작시키면서 EF-Tu-GDP의 구조적 변화를 일으켜서 결합된 아미노아실-tRNA를 방출시킨다. EF-Tu-GDP는 사슬 신장 복합체로부터 분리된다. 아미노아실-tRNA는 A 지점에 남아 펩타이드 결합 형성을 위한 위치에 있게 된다.

EF-Tu-GDP는 GDP가 해리될 때가지 다른 아미노아실-tRNA 분자와 결합할 수 없다. 또 다른 신장인자 EF-TS가 결합한 GDP를 GTP와 교환한다(그림

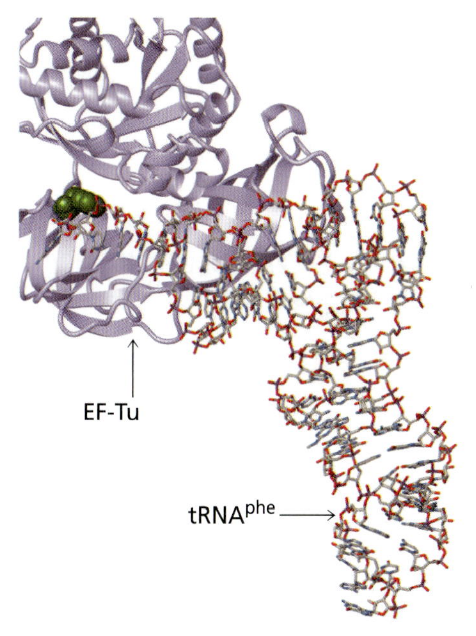

▲ 그림 22.20
EF-Tu가 아미노아실화된 tRNA와 결합한다. EF-Tu-GTP 복합체는 아미노아실화된 tRNA(이 경우, 페닐알라닐-$tRNA^{Phe}$)의 수용체 말단과 결합한다. 페닐알라닌 잔기는 녹색으로 표시되었다. 이것이 세포 내에서 충전된 tRNA가 나가는 방법이다.

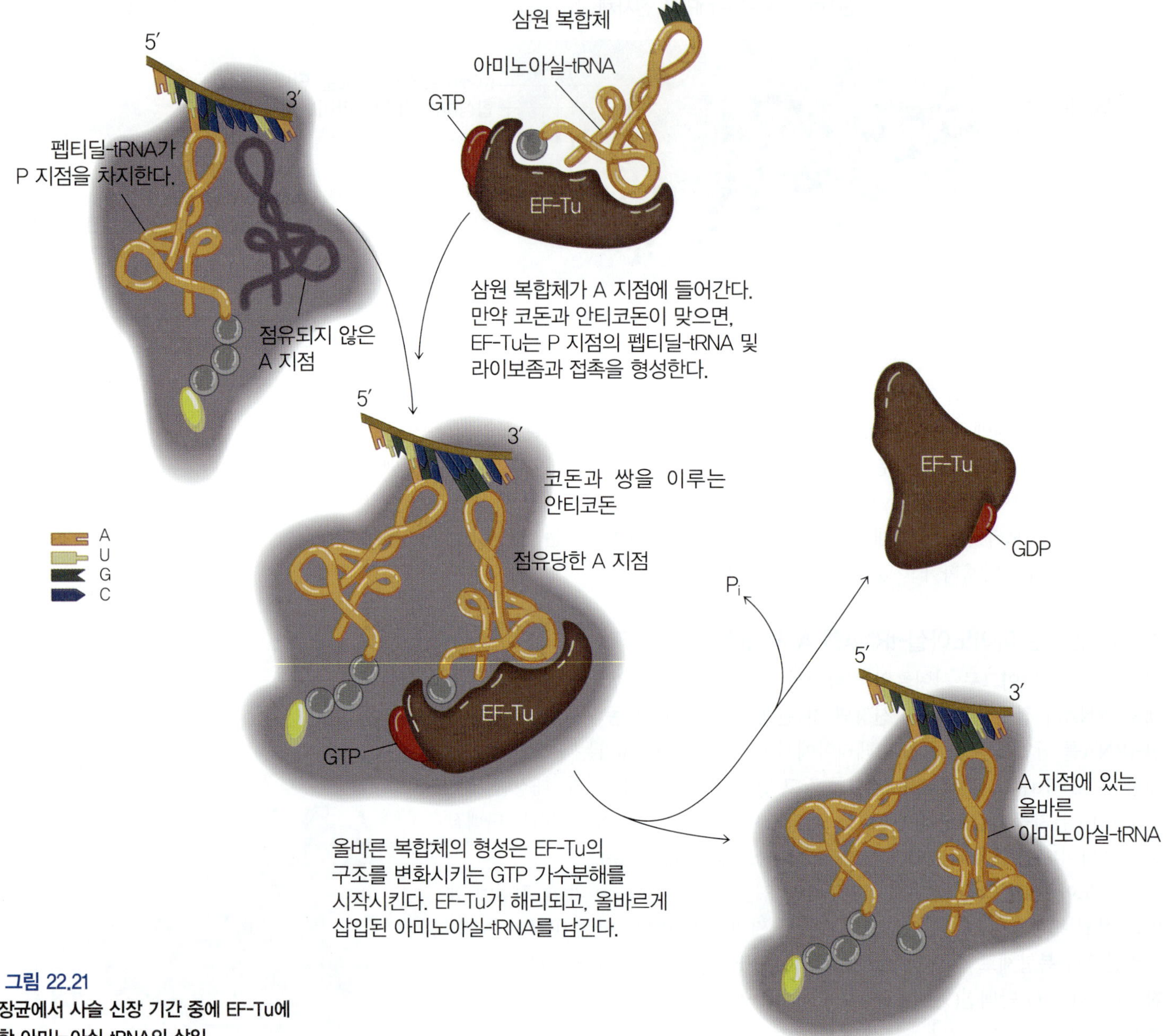

▲ 그림 22.21
대장균에서 사슬 신장 기간 중에 EF-Tu에 의한 아미노아실-tRNA의 삽입.

22.22). 주목할 사항은 하나의 아미노아실-tRNA가 A 지점에 삽입될 때마다 하나의 GTP 분자가 가수분해된다는 점이다.

B. 펩타이드 이동효소가 펩타이드 결합 형성을 촉진한다

A 지점에 결합하고 있는 올바른 아미노아실-tRNA가 활성화된 아미노산의 그룹을 이웃하고 있는 P 지점에 있는 펩티딜-tRNA의 에스터 본드의 카보닐기 옆에 정렬시킨다. 질소 원자의 전자 고립 쌍은 카보닐 탄소에 대한 친핵성 공격을 실행하여 대체반응을 통하여 펩타이드 본드를 형성한다. 이 라이보좀의 활성부위가 이러한 기판을 정렬하는 방법을 간결하게 시각화할 수 있지만, 라이보좀이 반응의 속도를 향상시키는 방법을 정확하게 이해하지 못하고 있다. 펩타이드 사슬은 이제 하나의 아미노산이 더 첨가되어, P 지점에 있는 tRNA를 A 지점으로 옮겨진다. 펩타이드 결합의 형성은 에너지가 풍부한 펩티딜-tRNA 결합의 가수분해가 필요하다. 주목할 사항은 신장하는 폴리펩타이드 사슬이 tRNA의 A 지점에 공유결합

핵심개념

새로운 펩타이드 결합의 형성은 tRNA의 P 지점과 결합한 폴리펩타이드를 물리적으로, 라이보좀의 A 지점과 결합한 아미노아실-tRNA의 아미노 말단으로 옮기는 것이다.

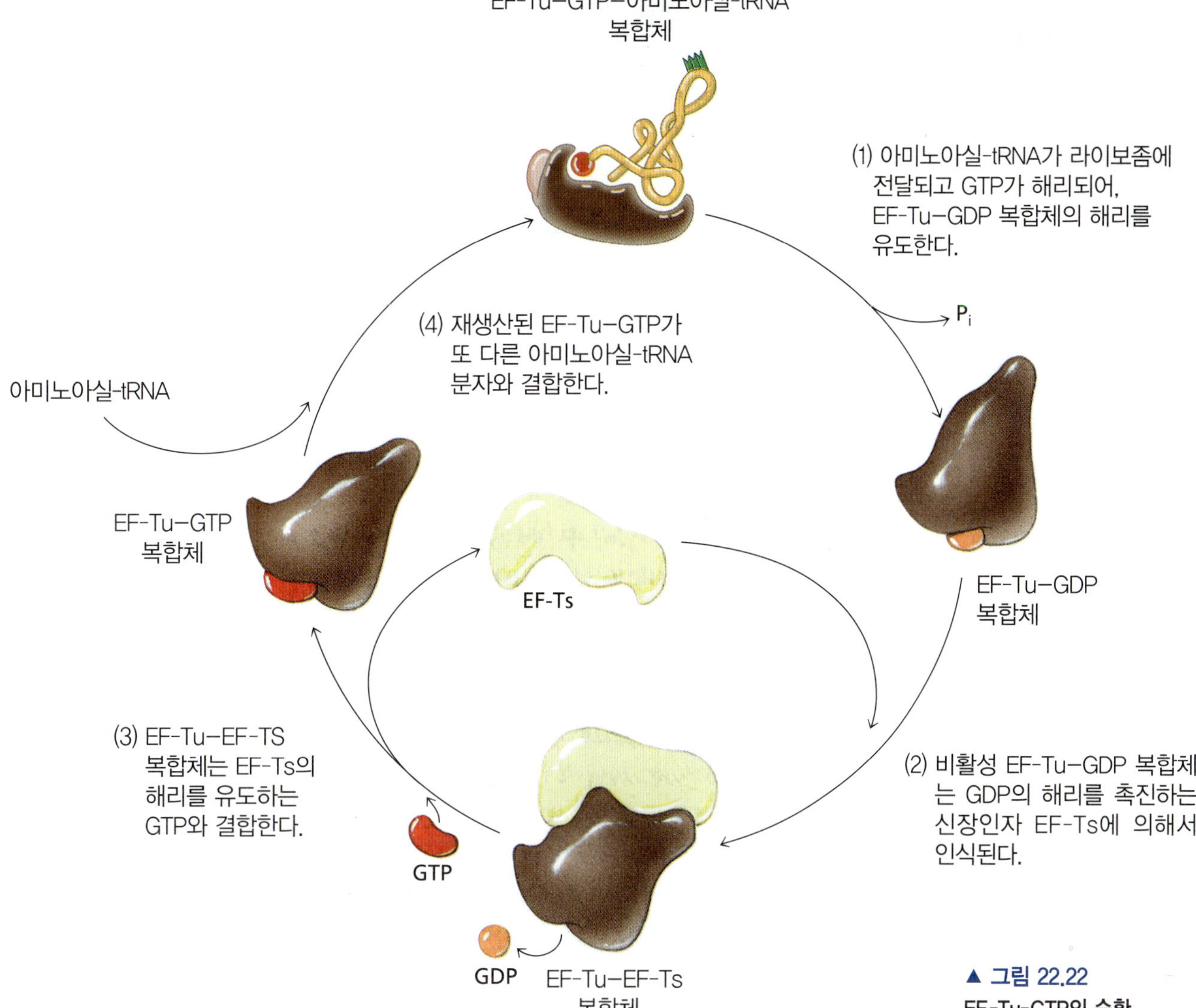

▲ 그림 22.22
EF-Tu-GTP의 순환.

되어서 펩티딜-tRNA를 형성한다는 점이다.

펩타이드 결합의 형성을 담당하는 효소적 활성을 **펩티딜 트랜스퍼레이즈(peptidyl transferase)**라고 한다. 이 활성은 큰 라이보좀 소단위체에 존재한다. 23S rRNA 분자와 50S 라이보좀 단백질이 함께 기질결합 부위에 기여하지만, 촉매 활성은 RNA 구성요소에 있다. 따라서 펩티딜 이동효소는 RNA-촉매반응의 또 다른 예다.

C. 전위로 인하여 리이보좀이 한 코돈 이동한다

펩타이드 결합을 형성한 후, 새로 생성된 펩티딜-tRNA의 일부는 A 지점에 일부는 P 지점에 있게 된다(그림 22.24). 탈아미노아실레이트된 tRNA는 P 지점에서 약간 변위된다. 라이보좀상에는 출구 지점 혹은 **E 지점**이라는 부위가 있다. 다음 코돈을 번역하기 전에, 탈아미노아실 tRNA가 해제되어야 하고 펩티딜-tRNA가 완전히 A 지점에서 P 지점로 옮겨져야 한다. 동시에 mRNA는 라이보좀에 대해서 한 코돈 전위되어야 한다. 이 전위는 사슬 신장 마이크로 사이클의 세 번째 단계이다.

원핵생물에서 이러한 전위 단계는 제3의 신장인자 EF-G가 사용된다. 다른 신장 요인과 마찬가지로, EF-G는 다량 존재하는 단백질이다. 대장균 세포는 약 20,000개의 EF-G의 분자를 갖고 있어서 대략 라이보좀 한 개당 한 개가 된다. EF-Tu처럼, EF-G는 GTP의 결합

P 지점 A 지점

tRNA, O, $O=P-O^{\ominus}$, O, CH_2, O, H, H, H, H, $H^{\oplus}$, O, OH, NH_2, N, N, N, N

$C=O$, $H-C-R_{n+1}$, NH, $O=C$, $H-C-R_n$, HN

$H_2\ddot{N}-C-H$, R_{n+2}

펩티딜 트랜스퍼레이즈

P 지점 A 지점

새로운 탈아세틸화 tRNA

A 지점에 있는 새로운 펩티딜-tRNA

$C=O$, $H-C-R_{n+2}$, HN, $C=O$, $H-C-R_{n+1}$, NH, $O=C$, $H-C-R_n$, HN

그림 22.23 ▶
펩타이드 결합의 형성. 펩티딜-tRNA와의 카보닐 탄소는 아미노기의 질소 원자에 의해 친핵성 공격을 받는다. 이러한 아미노아실기-전달반응으로 인하여 펩타이드 사슬에 하나의 잔기가 첨부되고, 이 새로운 펩타이드는 A 지점에 있는 tRNA로 옮겨진다.

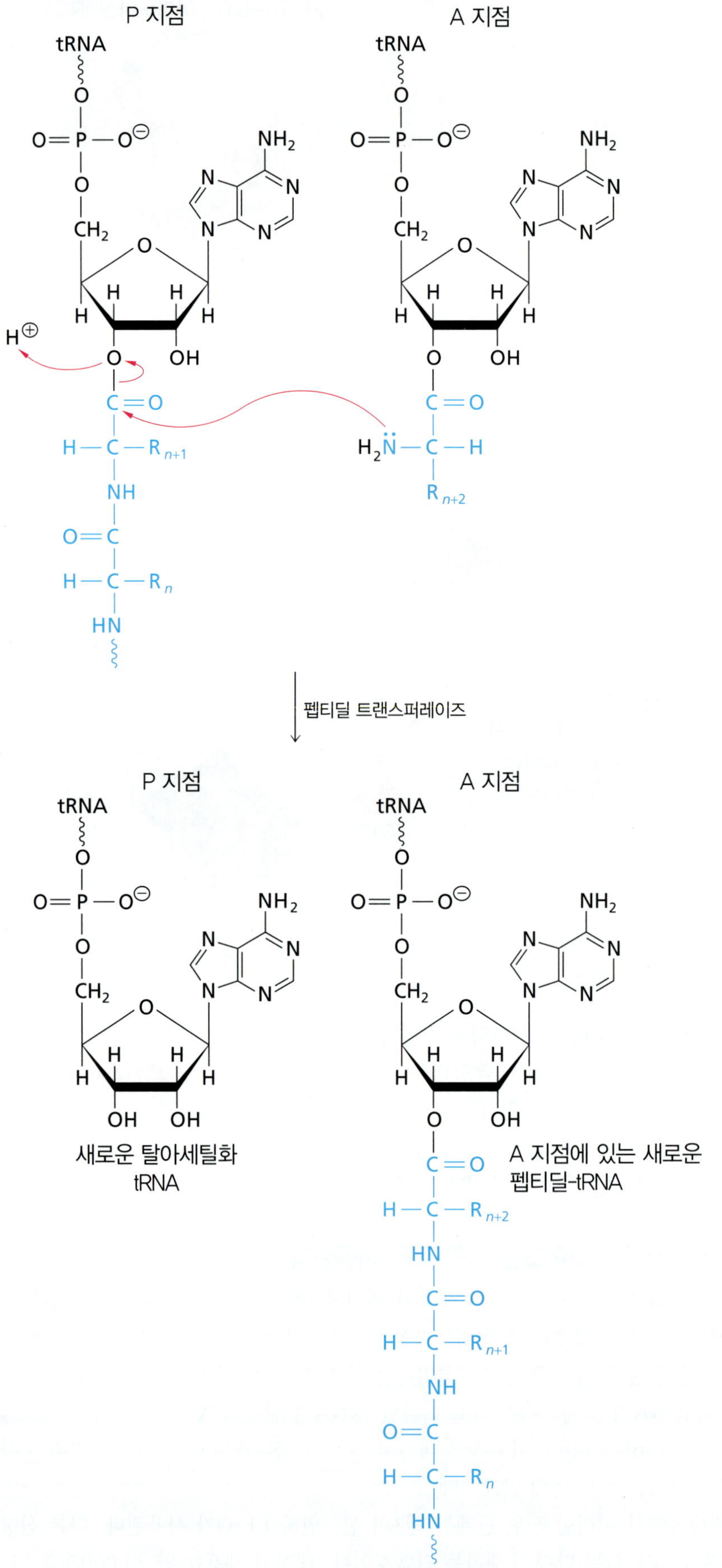

부위를 갖고 있다. 라이보좀에 EF-G-GTP가 결합하면 펩티딜-tRNA는 A 지점에서 P 지점으로 전위되는 동시에 탈아미노아세틸화 tRNA가 E 지점에서 방출된다. EF-G 자신은 GTP가 GDP로 가수분해되어 방출될 때에만 라이보좀에서 축출된다.

EFG-GDP가 해체되면, 라이보좀은 사슬 신장의 또 다른 마이크로 사이클을 시작하는데 사용된다. 성장하는 펩타이드 사슬은 50S 소단위체에 있는 터널을 통해서 P 지점의 펩티딜-tRNA에서부터 라이보좀의 외부 표면상에 있는 출구로 확장된다(그림 22.15). 각 전위단계는 터널을 통해서 폴리펩타이드 사슬을 밀어내는 과정을 돕는다. 새로 합성된 펩타이드는 터널에서 나올 때까지 최종 모양으로 접기 과정을 시작하지 않는다. 번역기와 연계되어 있는 HSP70과 같은 샤페론 분자들이 단백질 접기 과정을 돕는다(4.10D절).

신장 마이크로 사이클은 번역되는 mRNA상에 존재하는 각각의 새로운 코돈에 대해서 반복되어 수백 개의 잔기로 구성된 폴리펩타이드 사슬을 합성하게 된다. 궁극적으로 번역 복합체는 코딩 영역의 말단에 있는 마지막 코돈에 도달하고, 여기에서 종료된다.

진핵생물의 신장반응은 대장균과 매우 유사하다. 진핵생물에서 세 가지 액세서리 단백질 인자가 사슬 신장에 관여한다: EF-1α, EF-1β 및 EF-2. EF-1α는 아미노아실-tRNA를 A 지점에서 갖고 있는다. 따라서 그 활동이 대장균의 EF-Tu와 유사하다. EF-1β는 박테리아의 EF-Ts와 유사하여 EF-1α를 재활용한다. EF-2는 진핵생물에서 전위를 수행한다. EF-Tu는 매우 잘 보존되어서 EF-G 및 EF-2와 같은 상동의 단백질을 갖고 있다. 진핵생물과 원핵생물의 라이보좀 RNA의 염기서열뿐만 아니라 2차 구조에서도 매우 유사하다. 이러한 유사성은 원핵 및 진핵 생물의 공통적인 조상들이 현생하는 생물체에서 관찰되는 것과 유사한 형태로 단백질 합성을 행할 것을 시사한다. 따라서 단백질 합성은 가장 오래되고도 기본적인 생화학 반응 중의 하나인 것이다.

22.7 번역의 종결

대장균은 단백질 합성의 종결에 관여하는 세 가지 방출인자(RF 1, RF-2, 및 RF-3)를 갖고 있다. 최종 펩타이드 결합의 형성 후에, 펩티딜-tRNA는 A 지점에서 P 지점으로 전위된다. 이 전위의 결과, 세 개의 종료코돈(UGA, UAG, 또는 UAA) 중 하나가 A 지점에 배치된다. 이 종결코돈을 인식하는 tRNA 분자가 없기 때문에 단백질 합성은 종결 코돈에서 정지된다. 결과적으로 종결인자 중의 하나가 A 지점으로 확산된다. RF-1은 UAA와 UAG를 인식하고 RF-2는 UAA와 UGA를 인식한다. RF-3 GTP에 결합하여 RF-1과 RF-2의 효과를 향상시킨다. 방출인자는 종결코돈을 인식하면서 펩티딜-tRNA의 가수분해를 야기한다. 완성된 폴리펩타이드의 방출과 함께 라이보좀에서 방출인자의 해체와 GTP의 가수분해가 일어난다. 이 시점에서 라이보좀 소단위체가 mRNA에서 해체되고, 개시 요소는 다음 단백질 합성을 준비하기 위해서 30S 소단위체와 결합한다.

22.8 단백질 합성은 고에너지 소모 과정

단백질 합성은 매우 비싸다—세포에서 사용할 수 있는 ATP의 상당량을 사용한다. 등가물의 많은 부분을 사용한다. 이 모든 에너지가 어디에 쓰이는 걸까?

아미노산 하나가 폴리펩타이드 사슬에 첨부될 때, 네 개의 포스포안하이드라이드(phosphoanhydride) 결합이 절단된다: 아미노산이 활성화되는 동안 ATP가 ADP로 가수분해되고, 사슬이 신장되는 동안 GTP가 GDP로 가수분해된다. GTP의 가수분해는 번역기의 구조적 변화와 연관된다. 이러한 의미에서 GTP와 GDP는 입체다른자리(allosteric) 조절인자들이다. 그러나 입체다른자리 조절인자에 의해 유도되는 대부분의 구조적인 변화와 달리, 단백질 합성 과정에서 발생하는 구조적 변화는 상당량의 에너지의 소비와 연관된다.

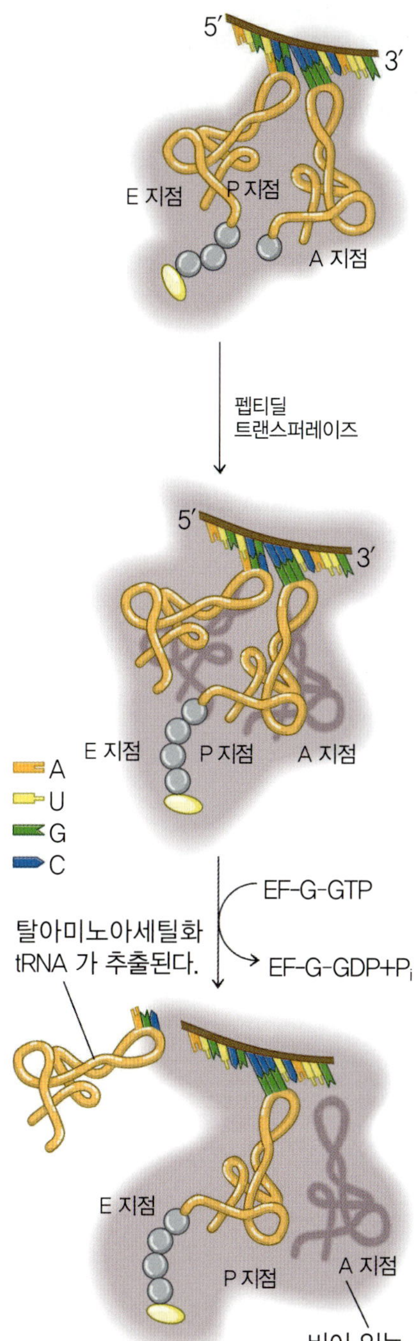

▲ 그림 22.24
원핵 생물의 단백질 합성에서 전좌.

위: 아미노아실-tRNA가 A 지점에 위치한다.

가운데: 펩타이드 결합의 합성 후, 새로 형성된 펩티딜-tRNA의 일부는 A 지점에 다른 일부는 P 지점에 위치한다.

아래: 전좌로 인하여 펩티딜-tRNA가, A 지점을 떠나면서 탈아미노아실화된 tRNA를 E 지점에서 추출시키는 동시에, P 지점으로 옮긴다.

전령 RNA 상을 움직이는 라이보좀이 단백질을 합성한다
하이쿠비 **스드니 브레너(2002)**

폴리펩타이드 합성은 머리 성장의 예이다(Box 12.5).

핵심개념

번역 종결 코돈을 지속적으로 찾고 있는 방출인자는 무작위로 확산되어서, 라이보좀의 A 지점에 있는 mRNA 코돈을 지속적으로 점검한다.

네 개의 포스포안하이드라이드 결합의 가수분해는 대량의—펩타이드 결합의 형성에 필요한 것보다 많은— 깁스 자유에너지 변화를 뜻한다. "여유" 에너지의 대부분은 단백질에서 발생하는 엔트로피의 손실을 메우는 데 사용된다.

22.9 단백질 합성의 조절

유전자 발현을 조절하는 한 가지 방법은 mRNA를 단백질로 번역하는 과정을 제어하는 것이다. 번역 개시, 신장 또는 종결 수준에서 제어될 수 있다. 일반적으로, 유전자 발현의 번역 수준에서 제어는 다중단위 복합체의 조립에 사용되는 단백질의 생산과 세포에서 발현이 엄격하고 신속하게 제어되어야 하는 단백질에 사용된다.

번역의 속도는 주형의 염기서열에 따라 어느 정도 달라진다. 예를 들어, 희귀한 코돈을 많이 갖고 있는 mRNA는 흔하게 사용되는 코돈을 포함하고 있는 것보다 느리게 번역된다. 또한 번역 개시의 속도는 개시 부위에 있는 염기서열에 따라 달라진다. 세균의 mRNA에 강한 라이보좀 결합 부위가 있으면 개시가 보다 효율적으로 일어난다. 진핵세포 mRNA의 개시코돈의 주변 염기서열이 개시의 속도에 영향을 미친다는 증거도 있다.

번역 개시와 전사 개시에서 한 가지 차이점은 mRNA의 2차 구조가 번역 복합체의 형성에 영향을 미치는 것이다. 예를 들어, 분자 내에 형성된 이중가닥은 라이보좀 결합 부위와 시작코돈를 감출 수 있다. 구조적 특성이 관련 mRNA의 분자가 자주 또는 드물게 번역되는지 여부를 판단할 수 있지만, 이것은 엄격한 의미에서 조절은 아니다. 우리가 번역 조절이라고 부르는 것은 외부 요인이 mRNA 번역의 빈도를 조절하는 경우를 뜻한다.

A. 대장균의 라이보좀 단백질 합성은 라이보좀 조립과 연관된다

모든 대장균 라이보좀은 적어도 52개의 라이보좀 단백질을 갖고 있다. 이 라이보좀 단백질을 코딩하는 유전자는 13개 오페론과 7개의 분리된 유전자에 걸쳐 유전체 전체에 흩어져 있다. 이러한 라이보좀 단백질을 코딩하는 유전자의 복사본 다수가 대장균에 도입되면, 도입된 유전자의 mRNA 농도는 급격히 증가하지만 라이보좀 단백질의 전체적인 합성률은 거의 변하지 않는다. 모든 라이보좀 단백질이 적합한 화학양론적 상태로 있지 않으면 라이보좀이 조립되지 않기 때문에 라이보좀 단백질 합성의 조절은 매우 중요하다.

라이보좀 단백질 유전자를 갖고 있는 각각의 대형 오페론은 오페론의 첫 유전자들 중 하나의 개시코돈 근처에 결합함으로써 자신의 폴리시스트론(polycistronic) mRNA의 번역을 억제한다.

억제 라이보좀 단백질과 자신의 mRNA 사이의 상호작용은 완성된 라이보좀으로 조립될 때 이들 단백질과 라이보좀 RNA 사이의 상호작용과 유사하다. 예를 들어, 라이보좀 단백질 S7의 코딩 영역을 포함 STR 오페론의 mRNA 전사체는 16S rRNA상에 있는 S7 결합 부위와 동일한 RNA 서열의 일부를 갖고 있다. 또한 STR mRNA의 예견되는 2차 구조도 16S rRNA의 S7 결합 부위의 예상되는 2차 구조와 유사하다(그림 22.25). S7은 *str* mRNA 분자의 이 부위에 결합하여 번역을 억제한다. S7이 이 두 가지 RNA 분자에 있는 유사한 구조적 특징을 인식하는 것으로 추측된다. 비슷한 메커니즘들이 다른 라이보좀 단백질을 암호화하고 있는 mRNA의 번역을 조절한다.

번역을 억제하는 라이보좀 단백질들은 전령 RNA에 있는 유사 지점보다 라이보좀 RNA와 더 강력하게 결합한다. 따라서 새로 합성된 라이보좀 단백질이 라이보좀에 포함되는 동안 mRNA는 계속해서 번역된다. 그러나 라이보좀 조립이 느려지고 세포 내에 있는 자유 라이보좀 단백질의 농도가 증가하면, 억제 라이보좀 단백질은 자신의 mRNA 분자와 결합하여 추가적인 단백질 합성을 방지한다. 이러한 방식으로, 라이보좀 단백질의 합성은 라이보

BOX 22.1 일부 항생제는 단백질 합성을 억제한다

많은 미생물들이 경쟁자들에 대한 화학적 방어 방식으로 항생제를 생산하다. 일부 항생제는 펩타이드 결합의 형성을 억제하여 세균의 증식을 방지한다. 예를 들어, 항생제 퓨로마이신의 구조는 아미노아실 tRNA 분자의 말단의 구조와 유사하다. 이와 같은 유사성으로 인해서 퓨로마이신은 라이보좀의 A 지점에 들어갈 수 있다. 펩타이드 트랜스퍼레이즈가 새롭게 합성된 폴리펩타이드를 퓨로마이신의 자유 아미노기로 전달하는 것을 촉매한다(아래 그림 참조). 펩티딜 퓨로마이신은 A 지점에 약하게 결합하다가 곧 라이보좀에서 분리됨으로써, 단백질 합성을 종료한다.

퓨로마이신이 원핵생물에서 단백질 합성을 효과적으로 억제하기도 하고, 진핵생물에서도 단백질 합성을 억제해서 사람에게 유독하기 때문에 임상적 목적으로 사용될 수 없다. 스트렙토마이신, 클로람페니콜, 에리스로마이신, 테트라사이클린과 같이 임상적으로 중요한 항생제는 박테리아에 대해서 특이적이지만, 진핵세포의 단백질 합성에는 거의 영향을 끼치지 못한다. 스트렙토마이신은 30S 라이보좀 단백질들 중에 하나와 결합하여 번역의 개시를 억제한다. 클로람페니콜은 50S 단위체와 상호작용하여 펩타이드 트랜스퍼레이즈를 억제한다. 에리스로마이신은 50S 소단위체와 결합하여 전위(translocation) 단계를 억제한다. 테트라사이클린은 30S 소단위체와 결합하여 아미노아실-tRNA가 A 지점과 결합하는 것을 방지한다.

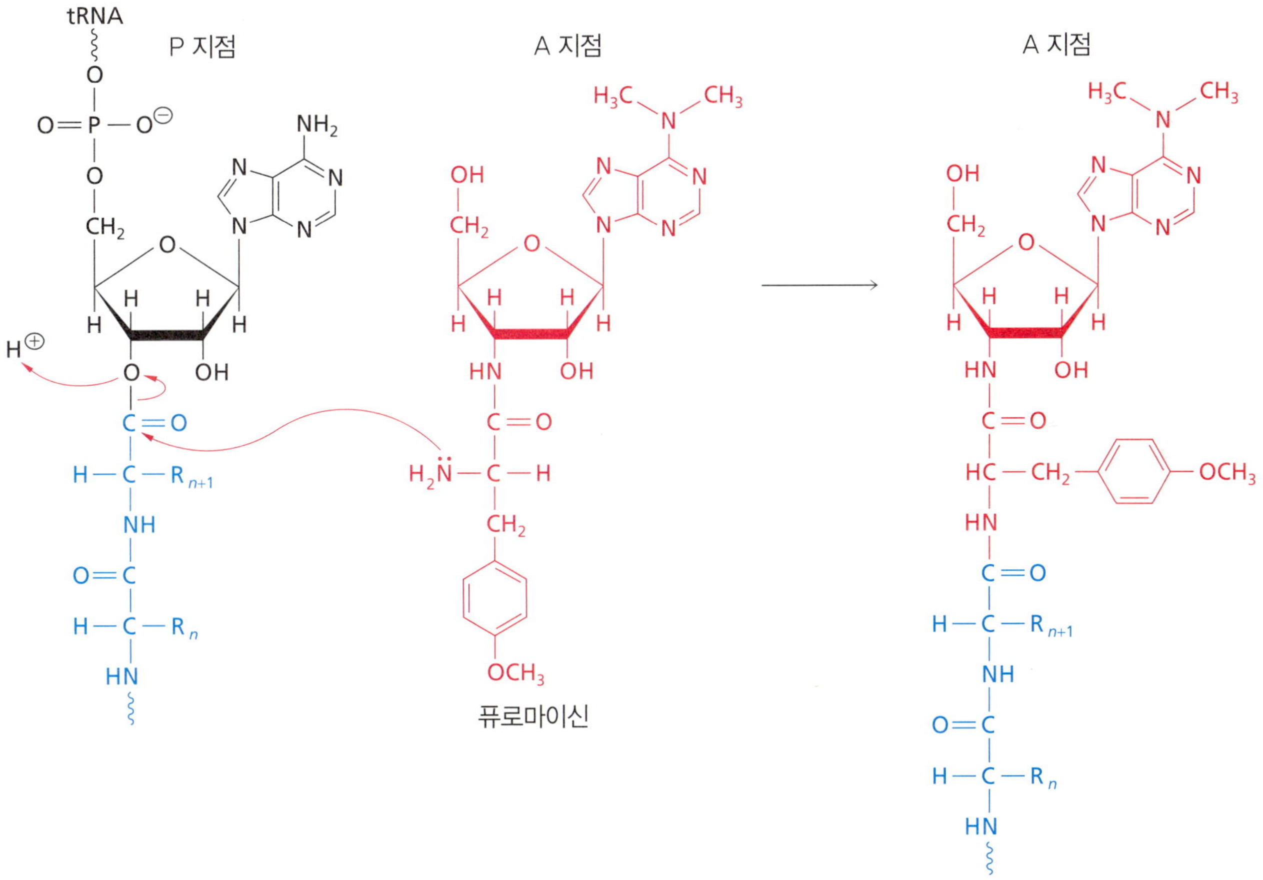

▲ 라이보좀의 A 지점에 있는 퓨로마이신과 P 지점에 있는 tRNA와 결합하고 있는 합성 중인 펩타이드 사이에 펩타이드 결합의 형성. 이러한 반응의 산물은 A 지점에 약하게 결합하여 라이보좀으로부터 해리되어 나와, 단백질 합성을 종료함으로써 불완전하고 불활성화된 펩타이드를 생성한다.

좀 조립과 함께 조정된다.

B. 글로빈 합성은 헴 가용량에 달렸다

헤모글로빈과 적혈구의 주요 단백질의 합성은 글로빈 사슬과 헴의 화학양적 가용량에 달려

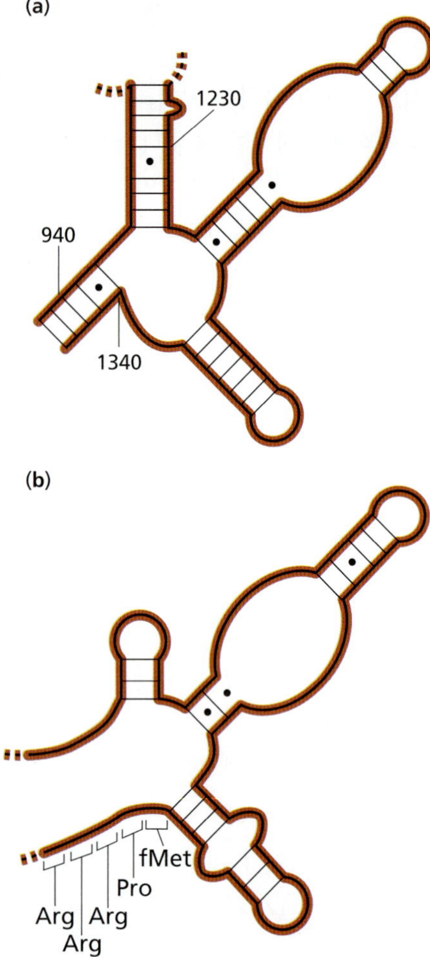

▲ **그림 22.25**
S7 결합 부위에 대해 제안된 2차 구조의 비교. **(a)** 16S rRNA 상에 S7 결합 부위. **(b)** *str* mRNA 분자상에 S7 결합 부위.

있다(4.12절). 글로빈의 합성을 제어하는 방법의 하나는 번역 개시를 조절하는 것이다. 헤모글로빈은 초반에 루브리블라스트(rubriblast)라는 미숙한 적혈구에서 합성된다. 포유류 루브리블라스트가 성숙하는 동안 자신의 핵을 잃고 결국에는 망상적혈구가 된다. 망상적혈구는 A 지점에 있는 퓨로마이신과 P 지점에서 tRNA와 결합하고 있는 새로운 펩타이드 사이의 펩타이드 결합의 형성. 이 반응의 생성물은 A 지점에 약하게 결합하여 라이보좀에서 분리됨으로써, 단백질 합성을 종료하고 불완전하고 비활성적인 펩타이드를 생산한다.

헤모글로빈은 망상적혈구에서 계속적으로 합성되는데, 망상적혈구에는 공정을 마치고 안정적인 글로빈 폴리펩타이드 mRNA를 가지고 있다. 망상적혈구에서 글로빈 합성률은 헴의 농도에 의해 결정된다. 헴의 농도가 감소할 때, 글로빈 mRNA를 번역은 억제된다. 글로빈 mRNA의 번역에 대한 헴의 효과는 헴-제어 억제제(heme-controlled inhibitor; HCI, 그림 22.26)라고 부르는 단백질 카네이즈에 의해서 이루어진다. 활성화된 HCI는 ATP에서 유래한 인산기를 번역 개시인자 eIF-2로 전달하는 과정을 촉매한다. 인산화된 eIF-2는 번역 개시에 관여할 수 없게 되어 세포 내에서 단백질 합성이 억제된다. 번역의 개시 기간에, eIF-2는 메싸이오닐-$tRNA_i^{Met}$ 및 GTP와 결합한다. 개시전 복합체가 개시 코돈을 만나면, 메싸이오닐-$tRNA_i^{Met}$가 eIF-2에서 mRNA의 개시 코돈으로 옮겨진다. 이렇게 옮겨지는 반응은 GTP의 가수분해와 eIF-2-GDP의 방출을 동반한다.

구아닌 뉴클레오타이드 교환인자(GEF)라는 효소는 eIF-2에서 GDP를 GTP로 대체하고 eIF-2에도 다른 메싸이오닐-$tRNA_i^{Met}$를 붙히는 과정을 촉매한다. GEF는 인산화된 eIF-2-GDP와 견고하게 결합하여 염기 교환반응을 방지한다. 세포의 모든 GEF가 결합하고 있으면 활성 eIF-2-GTP 복합체가 재생될 수 없기 때문에 단백질 합성은 완전히 억제된다.

헴은 HCI의 활성화를 방해하여 글로빈의 합성을 조절한다. 헴이 풍부하면, HCI는 비활성화되어 글로빈 mRNA는 번역되지 않는다. 그러나 헴이 부족하면, HCI가 활성화되어 세포 내의 모든 mRNA가 번역된다(그림 22.26). eIF-2의 인산화는 또한 다른 포유동물 세포에서의 mRNA의 번역을 조절하는 것으로 보인다. 예를 들어, RNA 바이러스에 의해 인간의 세포가 감염되는 동안, 이중가닥 RNA가 생성되어 인터페론의 생산을 유도하고, 이는 eIF-2를 인산화하는 단백질 카네이즈를 활성화한다. 이 반응은 바이러스 감염 세포에서 단백질의 합성을 억제한다.

그림 22.26 ▶
망상적혈구의 eIF-2의 인산화에 의한 단백질 합성의 억제. 헴의 농도가 높은 경우, HCI은 비활성적이며, 번역은 정상적으로 진행된다. 헴의 농도가 낮은 경우, HCI는 eIF-2의 인산화를 촉매한다. 인산화된 eIF-2는 한정된 양의 GEF와 매우 단단하게 결합하여, GEF를 모으고 세포의 mRNA의 번역을 방지한다.

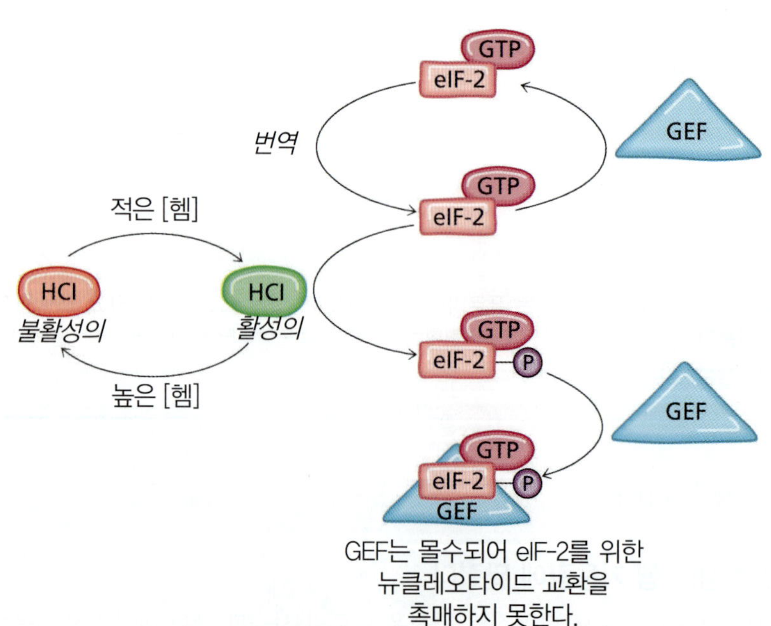

C. 대장균 오페론은 억제와 종결로 조절된다

대장균에서 *trp* 오페론은 트립토판의 생합성에 필요한 단백질을 암호화하고 있다. 대부분의 생물체는 자신의 아미노산을 합성할 뿐만 아니라 외래 단백질을 분해하여 아미노산을 얻는다. 이러한 이유로, 대부분의 생물체는 외부에서 유래한 아미노산이 사용 가능할 때 일회성 아미노산 재생합성에 필요한 효소의 합성을 억제하는 방향으로 진화해 왔다. 예를 들어, 대장균에서 트립토판은 트립토판 생합성의 음성적 조절자이다. 트립토판이 존재하면, *trp* 오페론은 발현되지 않는다(그림 22.27). *trp* 오페론의 발현은 동일한 소단위체의 이량체, *trp* 억제인자에 의해서 부분적으로 억제된다. *trp* 억제인자는 *trpR* 유전자에 암호화되어 있으며, 세균 염색체에 존재하며 별도로 전사된다. 트립토판이 풍부할 때, 억제인자-트립토판 복합체는 프로모터 내에 자리 잡고 작동자 *trpO*에 결합한다. 결합한 억제인자-트립토판 복합체는 RNA 폴리머레이즈가 프로모터에 결합하는 것을 방지한다. 따라서 트립토판 오페론은 공동억제자이다.

대장균에서 *trp* 오페론의 조절은 **감쇠(attenuation)**이라고 부르는 두 번째, 독립적 메커니즘에 의해서 더욱 완전해진다. 이 두 번째 메커니즘은 번역에 의존하여 *trp* 오페론의 전사를 진행할지 미완성 상태로 종결할지 여부를 결정한다. RNA 폴리머레이즈가 프로모터에서 *trpE* 유전자로 진입하는 것은 프로모터와 *trpE* 사이에 있는 162 염기서열에 의해서 결정된다. 선도서열이라고 부른 이 염기서열(그림 22.27)은 선도 펩타이드라고 부르는 14 아미노산 펩타이드를 암호화하고 있는 45 뉴클레오타이드를 포함하고 있

▼ 그림 22.27
대장균 *trp* 오페론의 억제. *trp* 오페론은 코리스메이트에서 트립토판을 생합성하는 데 필요한 다섯 가지 유전자와 선도 지역으로 구성된다. *trp* 운영자(*trpO*)의 상류에 위치한 *trpR* 유전자는 트립토판의 부재 시에 불활성화되는 *trp* 억제인자를 암호화하고 있다. 트립토판이 과잉으로 존재하면, 트핍토판이 *trp* 억제인자와 결합하고, 억제인자-트립토판 복합체가 복잡한 *trp* 연산자(*trpO*)에 결합한다. 일단 운영자에 결합하면, 억제인자-트립토판 복합체는 프로모터로부터 RNA 폴리머레이즈를 제거하여 *trp* 오페론의 추가적인 전사를 방지한다.

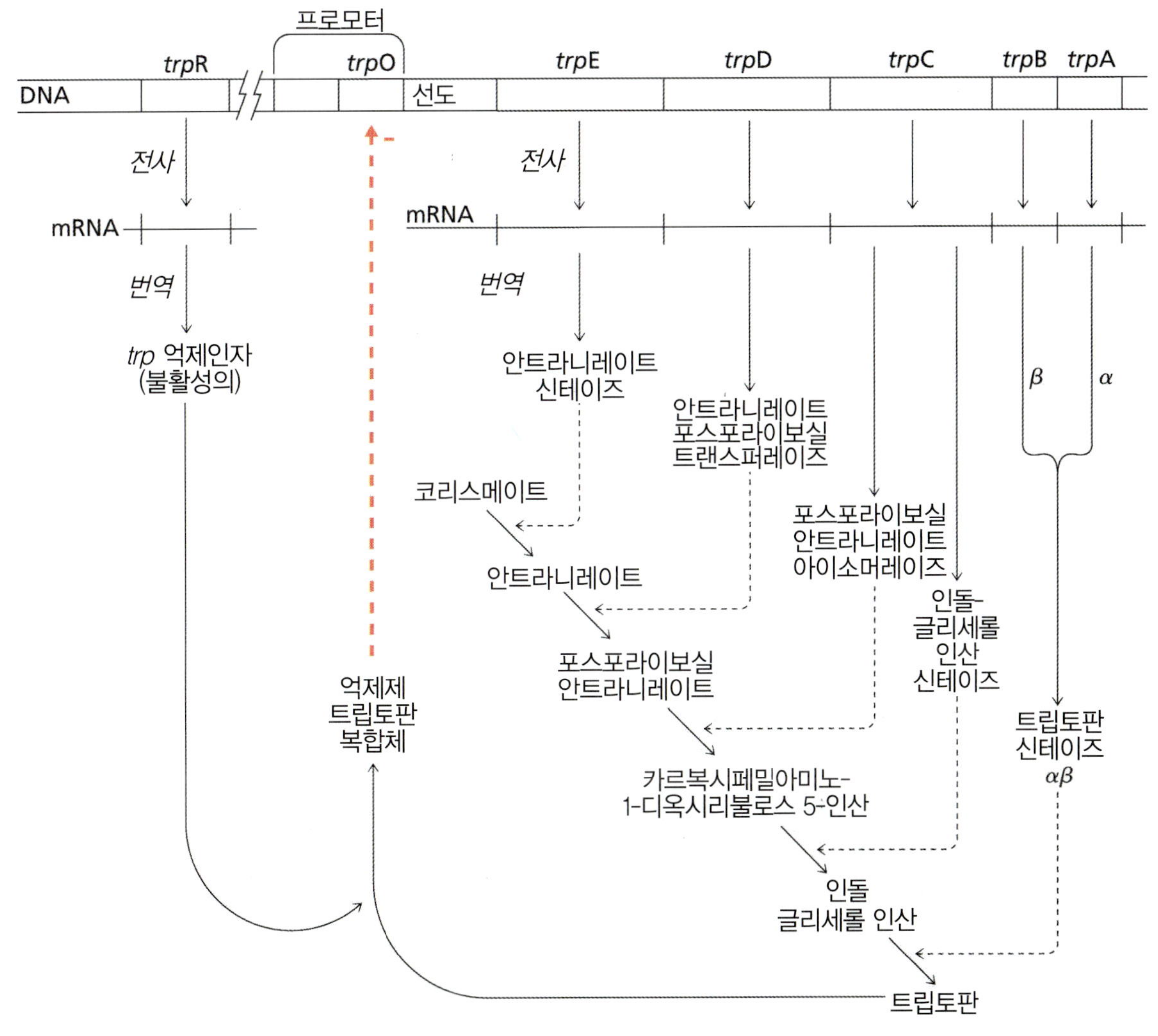

다. 선도 부위의 mRNA 전사체는 선도 펩타이드에 해당하는 코딩 부위의 말단 근처에 트립토판을 지정하는 두 개의 연속된 코돈을 갖고 있다. 선도 구역은 네 개의 GC-많은 서열을 갖고 있다. 트립토판을 지정하는 코돈과 그 4개의 GC-많은 서열은 전사 종료에 영향을 끼쳐 mRNA의 합성을 조절한다. mRNA로 전사될 때, 선도 구역에 있는 네 개의 GC-많은 서열은 염기쌍을 기반으로 두 가지 2차 구조 중에서 하나를 형성한다(그림 22.28). 첫째로 가능한 2차 구조는 두 개의 RNA 헤어핀을 포함한다. 이 헤어핀들은 그림 22.28a에서 1과 2로 표시된 서열과 3과 4로 표시된 서열 사이에 형성된다. 1-2 머리핀은 일반적인 전사 중지 지점이다. 3-4 머리핀 다음에는 전형적인 rho-독립적 종료 신호인 유리딜레이트 잔기열이 온다(21.4절). *trp* 오페론에 있는 첫째 유전자의 상류에 발생하기 때문에, 이 특정한 종료 신호는 일반적이지는 않다. 또 다른 가능한 2차 구조는 서열 2와 3 사이에 있는 단일 실사 RNA 헤어핀을 포함한다. 3-4 헤어핀보다 더 안정적인 이 헤어핀은, 서열 1이 서열 2와 헤어핀 형성을 하지 못할 때 형성된다.

선도 지역이 전사되는 동안, 1-2 헤어핀이 형성되면 RNA 폴리머레이즈가 정지한다. RNA 폴리머레이즈가 정지하는 동안, 라이보좀은 선도 펩타이드를 암호화하는 mRNA의 번역을 시작한다. 이 코딩 영역은 1-2 RNA 헤어핀의 상류에서 시작한다. 서열 1은 선도 펩타이드의 C-말단 아미노산을 암호화하고 있고 종결 코돈도 갖고 있다. 라이보좀이 서열 1을 번역하여 1-2 헤어핀을 망가뜨림으로써, 정지한 RNA 폴리머레이즈를 방출시키고, 이 폴리머레이즈는 이제 서열 3을 전사하게 된다. 트립토파닐-$tRNA^{Trp}$의 존재할 때 라이보좀과 RNA 폴리머레이즈가 거의 비슷한 비율로 이동한다. 라이보좀은 *trp* 선도 mRNA의 종결 코돈에 도달할 때, 라이보좀은 해리되고 1-2 헤어핀이 다시 형성된다. 라이보좀은 분해된 후, RNA 폴리머레이즈는 서열 4를 전사하고, 서열 4는 서열 3과 전사 종결 헤어핀을 형성한다. 이 종료 신호는 *trp* 오페론의 유전자들이 전사 완료되기 전에, DNA 주형에서 전사 복합체의 해리를 유도한다.

그러나 트립토판이 부족하면, 라이보좀 및 RNA 폴리머레이즈는 동시에 이동하지 않는다. 세포 내의 트립토판의 농도가 떨어질 때, 세포는 트립토파닐-$tRNA^{Trp}$이 결여된다. 이러한 상황에서, 라이보좀이 mRNA 분자의 서열 1에서 트립토판을 지정하는 두 개의 코돈에 도달할 때 라이보좀은 정지한다. 1-2 중지 지점에서 이미 방출된 RNA 폴리머레이즈가 서열 3과 4를 전사한다. 라이보좀은 정체되고 서열 1이 가려지는 동안, 서열 2는 서열 3과 헤어핀을 형성한다. 2-3 헤어핀이 3-4 헤어핀보다 더 안정적이기 때문에, 서열 3은 서열 4와 염기쌍을 형성하지 않음으로써 전사 종결 헤어핀을 형성한다. 이러한 조건에서, RNA 폴리머레이즈는 잠재적인 종결 지점(그림 22.28a, UGA)를 통과하고, *trp* 오페론의 나머지는 전사된다.

감쇠는 비교적 최근에 진화한 조절 메커니즘으로 보인다(전사 및 번역이 세포의 다른 장소에서 발생하기 때문에 감쇠는 진핵생물에서 발생할 수 없다). 대장균에서 *phe*, *thr*, *his*, *leu*, 그리고 *ile* 오페론과 같은 몇 가지 오페론들은 감쇠에 의해서 조절된다. *trp* 오페론과 같은 몇몇 오페론은 감쇠와 억제를 함께 사용하는 반면, *his* 오페론를 포함하는 몇몇 오페론들은 감쇠 메커니즘으로만 조절된다. 아미노산 생합성에 관여하는 유전자들의 오페론에 있는 선도 펩타이드는 특정한 아미노산을 지정하는 코돈을 일곱 개까지도 갖는다.

22.10 번역후 프로세싱

번역기가 mRNA 주형을 따라 순 방향(5′→3′)으로 움직이면 새로 합성된 폴리펩타이드 사슬이 길어진다. N-말단에 위치하고 있는 최근에 합성된 30여 개의 아미노산 잔기들이 배출된다. C-말단 단백질이 합성되기 전에 N-말단 잔기들은 원래 단백질 구조로 접힌다. 이러한 잔기들이 접힐 때, 최근 사슬을 변형시키는 효소들이 이 잔기들에 작용한다.

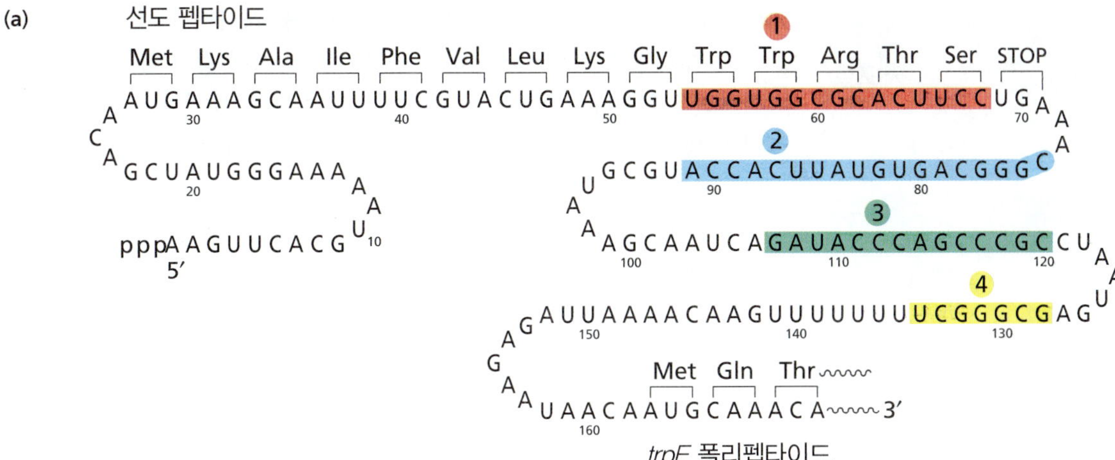

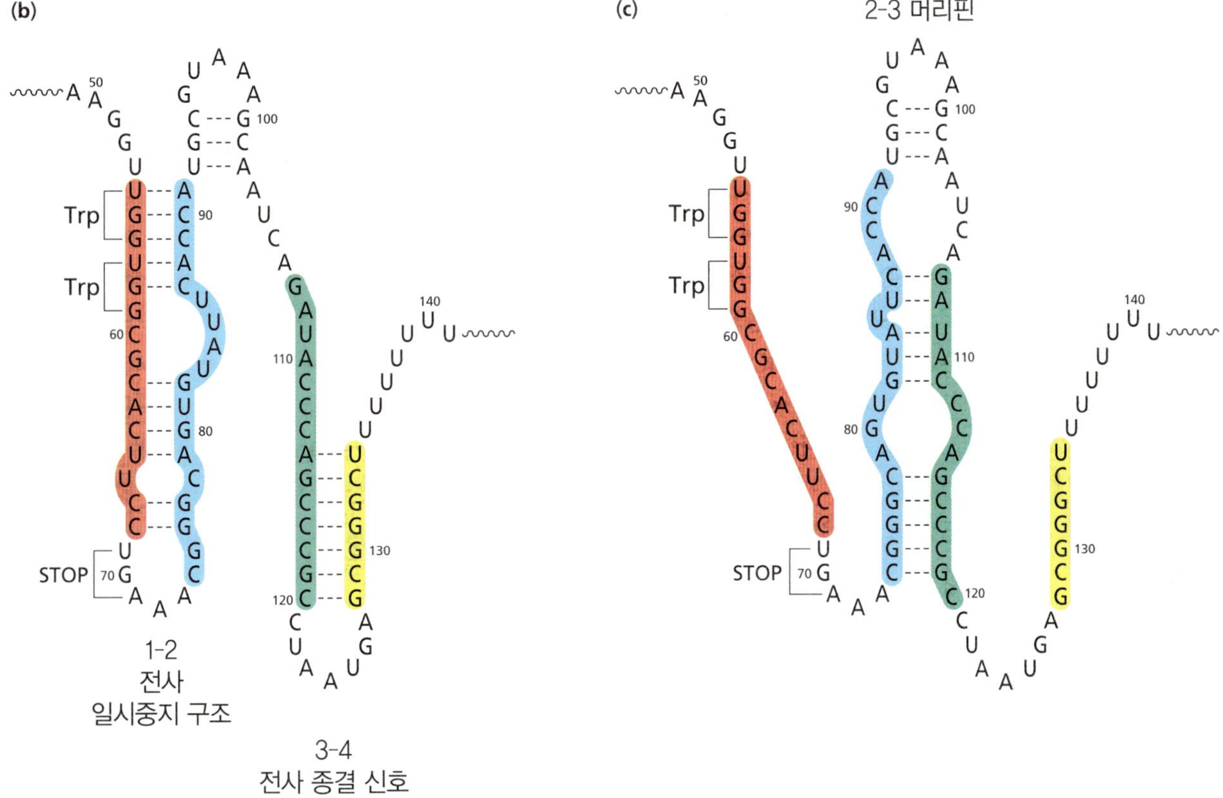

▲ **그림 22.28**

***trp* 선도 지역.** **(a)** *trp* 선도 지역의 mRNA 전사체. 이러한 162 뉴클레오타이드의 mRNA 서열은 네 개의 GC-다수 서열 및 14개 아미노산 선도 펩타이드를 코딩하는 지역을 포함하고 있다. 코딩 영역은 트립토판을 지정하는 두 개의 연속된 코돈을 포함한다. 네 개의 GC-다수 서열은 염기쌍을 이루어 선택 가능한 두 가지 2차 구조 중에 하나를 형성한다. **(b)** 서열 1(빨강) 및 서열 2(파랑)는 서로 상보적이어서 염기쌍을 이룰 때, 전형적인 전사 일시 중지 지점을 형성한다. 서열 3(초록) 및 서열 4(노랑)도 상보적이어서, 염기쌍을 이룰 때, rho-독립적 종결 지점을 형성한다. **(c)** 서열 2 및 서열 3도 역시 상보적이어서 3-4 머리핀보다 더 안정적인 RNA 머리핀 구조를 형성한다. 이 구조는, 서열 1이 서열 2와 머리핀을 형성할 수 없을 때만 형성된다.

폴리펩타이드 사슬이 완료되기 전에 일어나는 변형을 **번역동시(cotranslational)**라고 하며, 사슬이 완성된 후에 일어나는 변형을 **번역후(posttranslational)**라고 한다. 번역동시성 및 번역후성 변형의 몇 가지에는 원핵세포에서 N-말단 잔기의 탈포밀화, 그리고 원핵 및 진핵세포 단백질의 N-말단 메싸이오닌의 제거, 이황화결합의 형성, 단백질 분해효소에 의한 절

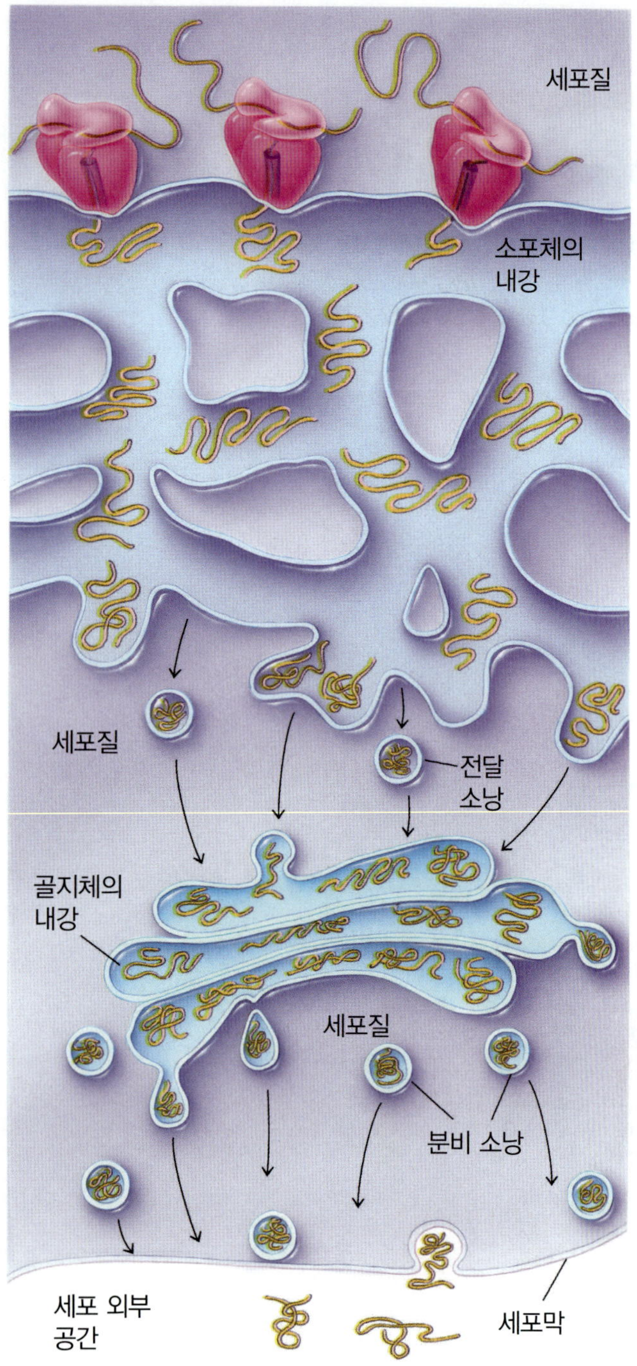

▲ 그림 22.29
진핵세포에서 분비 경로. 세포질에서 합성이 시작된 단백질은 소포체의 내강으로 수송된다. 골지체에서 추가적인 변형이 완성된 후에 단백질이 분비된다.

단, 인산화, 탄수화물 잔기의 첨가, 아세틸화를 포함한다.

번역동시 및 번역후 발생하는 가장 중요한 사건 중의 하나는 막을 통과하면서 일어나는 단백질의 처리 및 수송이다. 단백질 합성은 세포질에서 발생하지만, 많은 단백질의 완성된 형태는 막에 박혀 있거나 막으로 만들어진 구획 안에 있게 된다. 예를 들어, 많은 수용체 단백질은 세포의 외막에 박혀 있지만, 단백질의 상당부분은 세포의 바깥에 있게 된다. 다른 단백질들은 세포에서 분비되거나, 일부 단백질은 라이소좀이나 다른 세포내 소기관에 있게 된다. 각각의 경우, 세포질에서 합성된 단백질은 막 장벽을 가로질러 수송되어야 한다. 사실, 그러한 단백질은 박테리아 세포막에 붙어 있는 라이보좀이나, 진핵세포의 소포체에 붙어 있는 라이보좀에 의해서 합성된다.

가장 정의가 잘된 수송 시스템은 세포질에서 세포막으로 분비 단백질을 수송하는 경로이다(그림 22.29). 진핵세포에서 분비되는 단백질은 소포체의 막를 통과해서 내강으로 이동하는데, 내강은 세포의 외부와 위상학적으로 유사하다. 단백질이 소포체로 수송된 후에 단백질은 소낭에 의해 골지체를 통과하여 세포의 외부로 방출되기 위하여 세포막으로 수송된다.

A. 신호 가설

분비 단백질은 소포체의 표면에서 합성되고, 새로 합성된 단백질은 소포체 막을 통과하여 내강으로 이동한다. 분비 단백질을 다량으로 합성하는 세포에서 소포체 막은 라이보좀으로 덮여 있다(그림 22.30).

대다수의 단백질이 소포체의 막을 통과하는 과정을 위한 말미는 신생 폴리펩타이드 사슬에 있는 처음 20여 개 잔기에 있다. 대부분의 막결합 단백질과 분비 단백질에서, 이러한 잔기들은 초기에 신생 폴리펩타이드에만 존재하고 완성된 단백질에는 존재하지 않는다. 이러한 잔기들은 단백질이 막을 통과하는 신호로 사용되는 단백질 전구체의 일부분이기 때문에 **신호 펩타이드(signal peptide)**라고 부르며, N-말단에 있는 이 서열은 단백질 분해 과정을 통해서 제거된다. 신호 펩타이드는 길이와 구성에 차이가 있지만, 일반적으로 16~30개의 잔기이며 이는 4~15개의 소수성 잔기들을 포함한다(그림 22.31).

진핵세포에서 대다수 분비 단백질은 그림 22.32에 나타낸 경로에 의해 소포체를 통과하여 수송되는 것으로 보인다. 첫 단계에서, 80S 개시 복합체—라이보좀, 분자 Met-$tRNA_i^{Met}$ 및 mRNA—를 세포질에서 형성한다. 다음으로, 라이보좀은 mRNA의 번역을 시작하여 전구체의 N-말단에 신호 펩타이드를 합성한다. 신호 펩타이드 합성되어 라이보좀에서 나오면, 신호 인식 입자(signal recognition particle; SRP)라는 단백질-RNA 복합체에 결합한다.

SRP는 7SL RNA라는 300개의 뉴클레오타이드와 네 개의 단백질로 구성된 작은 라이보핵산 단백질이다. SRP는 라이보좀에서 나온 신호 펩타이드를 인식하여 결합한다. SRP가 결합하면, 더 이상의 번역이 차단된다. SRP-라이보좀 복합체는 소포체의 세포질 표면에 SRP 수용체 단백질[정박(docking) 단백질]과 결합한다. 라이보좀은 트랜스로콘(translocons)이라는 라이보좀 결합 단백질에 의해 소포체의 막에 고정되고, 신호 펩타이드는 도킹 지점에 있는 소포체 단백질들에 의해서 형성된 복합체의 Met-tRNAi의 일부인 기공에서 막으로 삽입된다. 라이보좀-SRP 복합체가 막과 결합하면, 번역의 억제가 해제되고

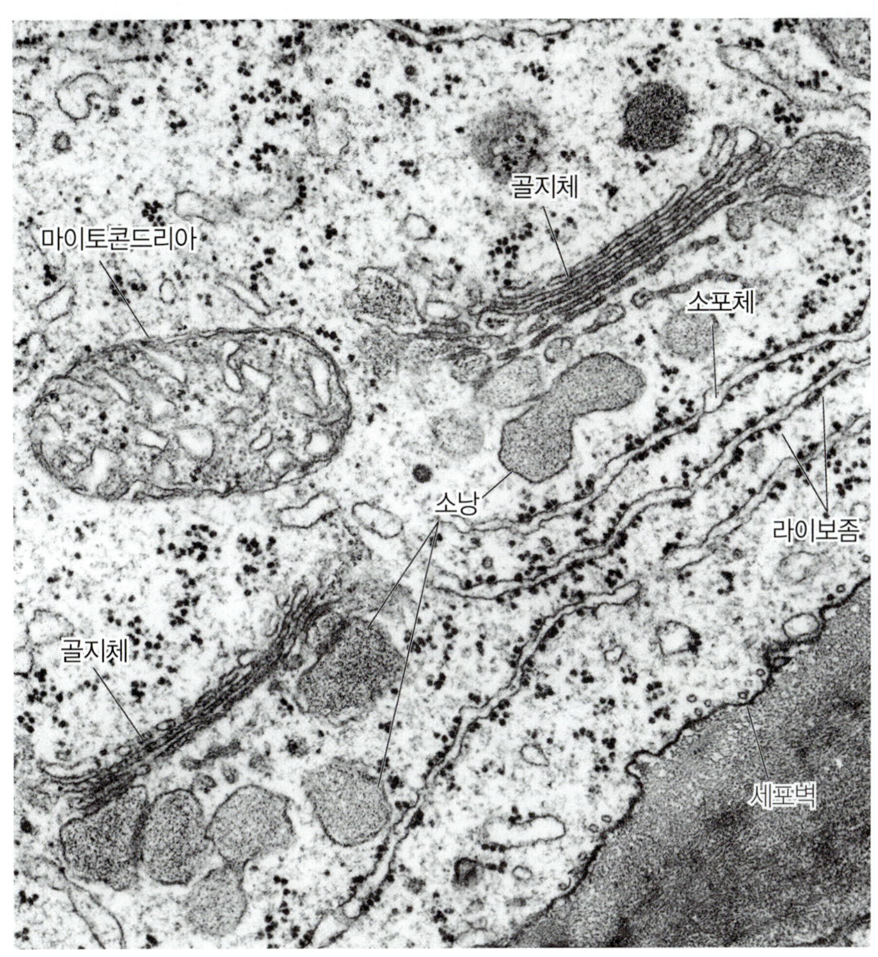

◀ **그림 22.30**
옥수수 근관 세포에서 분비 소낭. 단백질을 내포하는 대형 분비 소낭이 골지체(중앙)에서 떨어져 나온다. 소포체에 결합한 수 많은 라이보좀을 주목하라.

SRP는 GTP 가수분해를 수반하는 반응을 통해서 해체된다. 따라서 SRP의 역할은 신호 펩티데이즈를 갖고 있는 신생 폴리펩타이드를 인식하고, 번역 복합체를 소포체의 표면으로 가져오는 일이다.

번역 복합체가 막과 결합하면, 번역이 다시 개시되어 새로운 폴리펩타이드 사슬이 막을 통과한다. 신호 펩타이드는 기공 복합체와 연계되어 있는 막 삽입형 단백질인 신호 펩티데이즈에 의해서 신생 단백질로부터 잘려진다. 소포체의 내강에 있는 샤페론 단백질들이 단백질이 막을 통과하는 과정을 돕는다. 단백질의 접기 과정에서 하는 역할뿐만 아니라, 샤페론

▼ **그림 22.31**
분비 단백질의 신호 펩타이드. 소수성 잔기는 청색으로 표시되었으며, 화살표는 신호 펩타이드가 전구체로부터 절단되는 위치를 가리킨다(OmpA는 박테리아 세포막 단백질이다).

프리라이소자임

$H_3\overset{\oplus}{N}$–Met–Arg–Ser–Leu–Leu–Ile–Leu–Val–Leu–Cys–Phe–Leu–Pro–Leu–Ala–Ala–Leu–Gly↓Gly ~

프리프로알부민

$H_3\overset{\oplus}{N}$–Met–Lys–Trp–Val–Thr–Phe–Leu–Leu–Leu–Leu–Phe–Ile–Ser–Gly–Ser–Ala–Phe–Ser↓Arg ~

알카린 포스파테이즈

$H_3\overset{\oplus}{N}$–Met–Lys–Gln–Ser–Thr–Ile–Ala–Leu–Ala–Leu–Leu–Pro–Leu–Leu–Phe–Thr–Pro–Val–Thr–Lys–Ala↓Arg ~

말토스-결합 단백질

$H_3\overset{\oplus}{N}$–Met–Lys–Ile–Lys–Thr–Gly–Ala–Arg–Ile–Leu–Ala–Leu–Ser–Ala–Leu–Thr–Thr–Met–Met–Phe–Ser–Ala–Ser–Ala–Leu–Ala↓Lys ~

OmpA

$H_3\overset{\oplus}{N}$–Met–Lys–Lys–Thr–Ala–Ile–Ala–Ile–Ala–Val–Ala–Leu–Ala–Gly–Phe–Ala–Thr–Val–Ala–Gln–Ala↓Ala ~

그림 22.32 ▶
진핵세포 단백질의 소포체 내강 안으로 전좌.

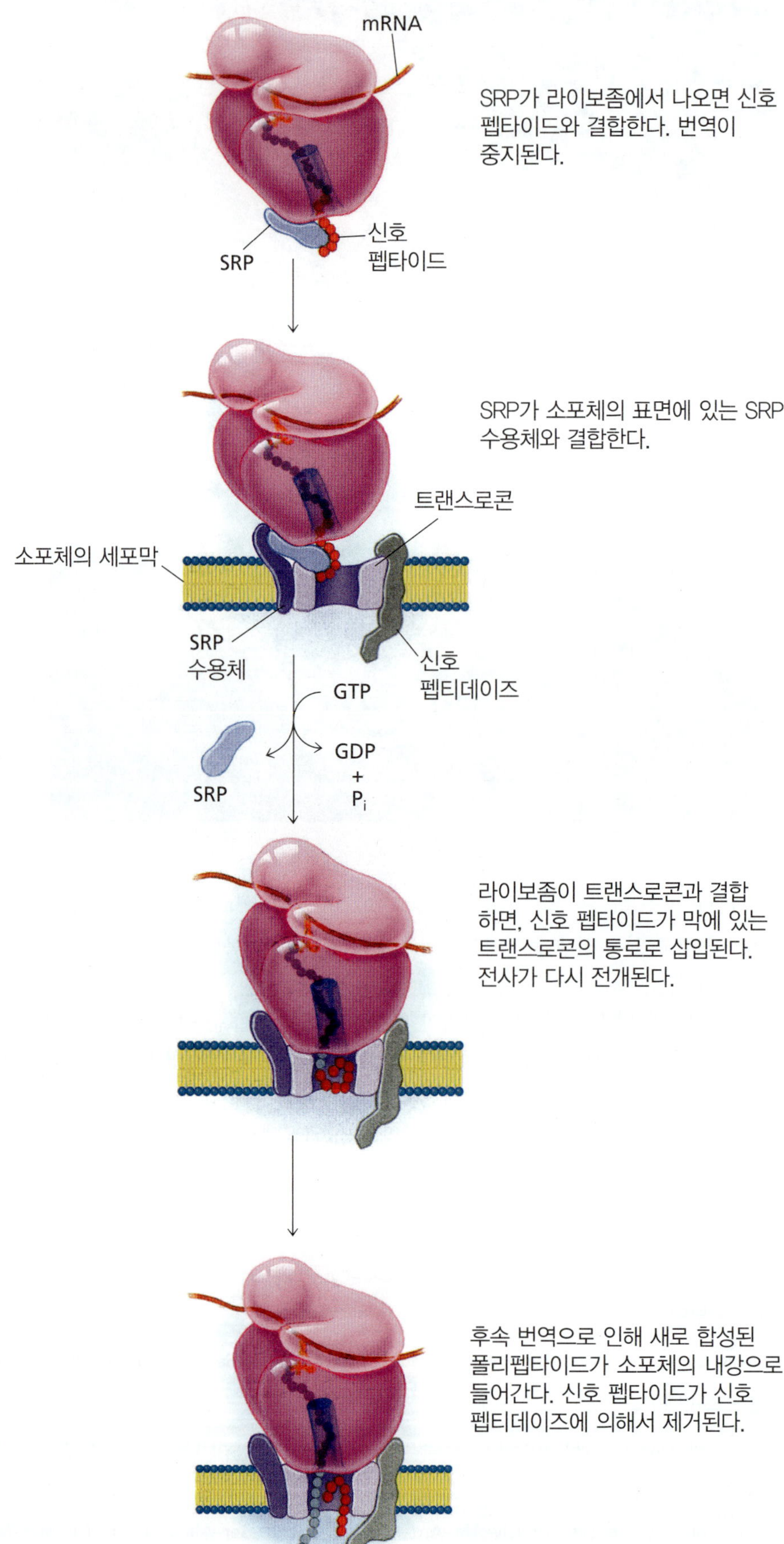

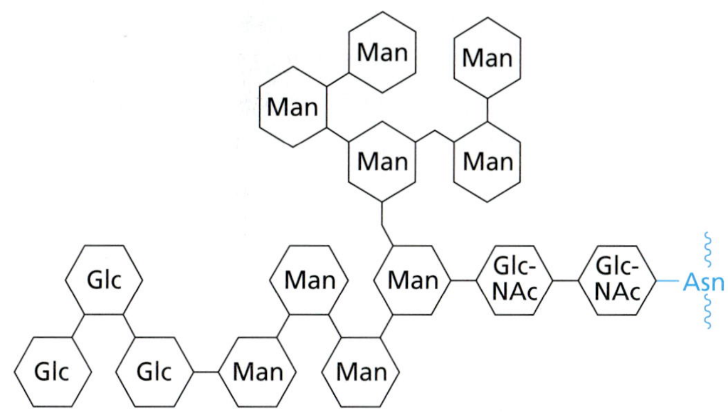

◀ 그림 22.33
아스파라진 잔기에 연결된 복잡한 당사슬의 구조. 약자: Glc, 포도당; GlcNAc, *N*-아세틸글루코사민; Man, 만노스.

은 단백질 수송에도 가담하는데, 이는 ATP 가수분해를 필요로 한다. 단백질 합성이 종료될 때, 라이보좀은 소포체에서 해리되고, 번역 복합체는 해체된다.

B. 단백질 당화

대다수의 막 단백질과 분비 단백질은 공유결합하고 있는 올리고당 사슬을 갖고 있다. 단백질에 이러한 사슬들을 추가하는 것을 '단백질 당화'라고 한다(8.7C절). 단백질 당화는 소포체 및 골지체 내강의 주요 대사 활동 중의 하나이며, 이는 단백질 생합성의 일반적인 과정의 연장이다. 당 단백질은 수십, 수백 개의 단당류 단위체를 갖고 있다. 이러한 탄수화물의 질량은 당단백질의 질량에서 최저 1 %에서 최대 80%까지 차지한다.

일반적인 당화 반응은 아스파라진 잔기의 측쇄(side chain)에 복잡한 올리고당을 공유결합시키는 과정을 포함한다(그림 22.33). 소포체와 골지체를 통과하는 동안 단백질은 이황화결합의 형성과 단백질 분해 절단을 포함하는 다양한 방법으로 공유결합을 통해 변형될 수 있다. 복합 올리고당이 부착된 단백질도 마찬가지 양상으로 운송 중에 변형된다. 다양한 올리고당이 공유결합을 통하여 단백질에 결합된다. 일부의 경우, 올리고당의 구조는 특정 위치로 보내는 단백질을 표지하는 신호로서 작용한다. 예를 들어, 라이소좀 단백질은 라이소좀으로 이러한 단백질을 표시하는 올리고당을 부착할 수 있는 지점를 갖고 있다. 이러한 단백질들이 골지체를 통과 할 무렵에, 단백질과 이들의 올리고당은 통상 완전하게 변형된다.

요약

1. 유전자 코드는 겹치지 않는, 세 가지 염기 코돈으로 구성된다. 이러한 코드는 모호하고 변형가능하다. 세 문자로 된 코드의 처음 두 개의 뉴클레오타이드는 종종 충분하다. 유사한 서열을 가진 코돈은 화학적으로 유사한 아미노산을 지정한다. 펩타이드 합성의 개시 및 종료에 대한 특별 코돈이 있다.
2. tRNA의 분자는 단백질의 아미노산과 mRNA의 코돈 사이의 어댑터이다. 모든 tRNA 분자는 하나의 줄기와 세 가지 팔의 구조를 갖는 클로버 잎 모양과 유사한 2차 구조를 갖는다. 3차 입체 구조는 L자형이다. 안티코돈 고리 구조가 이 구조의 한쪽 말단에 있고, 수용체 줄기는 다른 한쪽 말단에 있다. tRNA의 안티코돈은 mRNA의 코돈과 염기쌍을 형성한다. 안티코돈의(동요)의 위치(5′)는 구조적으로 유연하다.
3. 아미노아실-tRNA 신테테이즈는 아미노아실-tRNA를 만드는 적합한 tRNA의 수용체 줄기에 특정한 아미노산을 첨가하는 과정을 촉매한다. 일부 아미노아실-tRNA 신테테이즈는 교정을 수행한다.
4. 라이보좀은 아미노아실-tRNA와 결합한 아미노산의 중합반응을 촉매하는 RNA-단백질 복합체이다. 모든 라이보좀은 두 개의 소단위체로 구성된다: 원핵생물의 라이보좀은 세 가지 rRNA 분자를, 진핵세포의 라이보좀은 네 가지를 갖는다. 성장하는 폴리펩타이드 사슬은 라이보좀의 펩티딜(P) 위치에서 tRNA에 부착되고, 새로운 폴리펩타이드 사슬에 부착될 다음 아미노산을 갖고 있는 아미노아실 tRNA 분자는 아미노아실(A) 위치에 있게 된다.
5. 번역은 개시 tRNA, mRNA 주형, 라이보좀 소단위체들, 몇 가지 개시인자들로 구성된 개시 복합체의 형성으로 시작한다. 원핵생물에서, 개시는 샤인-달가노 서열의 바로 하류에서 일어난다. 진핵생물에서, 개시는 일반적으로 mRNA의 말단에서 가장 가까운 개시 코돈에서 일어난다.
6. 번역의 신장 단계에는 신장인자라고 부르는 액세서리 단백질이 필요하다. 신장의 세 가지 단계는 다음과 같다. (1) A 지점에 바른 아

미노아실-RNA 놓기, (2) 펩티딜 트랜스퍼레이즈에 의한 펩타이드 결합의 형성, (3) 하나의 코돈만큼 라이보좀 옮기기.

7. 방출인자는 종결 코돈을 인식하여 단백질 합성과 번역 복합체의 분해 과정을 촉매한다.
8. 단백질 합성에는 잔기 하나당 네 개의 포스포안하이드라이드 결합의 에너지가 필요하다.
9. 번역의 조절은 개시율에 영향을 끼치는 mRNA의 2차 구조의 형성을 포함한다. 라이보좀 RNA 단백질은 이러한 지점에 결합하여 자신의 mRNA의 번역을 억제할 수 있다. 개시인자의 인산화는 글로빈 합성을 조절한다. 대장균의 *trp* 오페론의 발현의 조절은 감쇠를 포함하는데, 여기에서 선도 mRNA의 번역이 오페론의 전사를 지배한다.
10. 대부분의 단백질은 번역후 변형된다. 분비될 진핵세포 단백질의 일부는 소포체로 전송되는 데 필요한 N-말단 신호를 갖고 있다. 대부분의 막 단백질과 분비 단백질은 당화된다.

문제

1. 표준 유전자 코드는 세 개의 뉴클레오타이드로 구성된 코돈으로 되어 있다. 이중가닥 DNA 조각 하나에는 얼마나 많은 잠재적 '해독틀'이 있을까? 만일 유전자 코드가 네 개의 뉴클레오타이드로 구성된 코돈으로 읽힌다면, 이중가닥 DNA 조각 하나에 얼마나 많은 '해독틀'이 있을까?
2. 21장 문제 11에 있는 DNA 서열로부터 전사된 mRNA의 염기서열을 조사하라. DNA 조각이 단백질-코딩 유전자의 중간부터 시작한다고 가정할 때, 가능한 mRNA 중에서 어느 것이 실제 전사체일 가능성이 가장 높을까? 코딩된 단백질의 서열은 무엇인가?
3. 대장균에서 600개의 아미노산 잔기로 구성된 단백질을 합성하는 동안 가수분해되는 포스포안하이드라이드 결합의 수를 계산하라. 아미노산, mRNA, tRNA 또는 라이보좀을 합성하는 데 필요한 에너지는 포함시키지 않는다.
4. 라이보좀에서 폴리펩타이드 사슬 신장은 세 가지 구분된 단계로 나뉜다(마이크로 사이클): (1) 라이보좀의 A 지점에 바른 아미노아실-tRNA 결합시키기, (2) 펩타이드 결합 형성, 그리고 (3)전좌. 이 사이클의 세 번째 단계에서 전좌되는 것은 구체적으로 무엇일까?
5. 원핵생물의 mRNA가 다수의 AUG 코돈을 갖고 있다. 어떻게 라이보좀은 내부 메싸이오닌을 지정하는 AUG 코돈에서 개시를 지정하는 AUG 코돈을 구별할까?
6. 유전 코드가 보편적인 것을 감안할 때, 식물 mRNA가 대장균과 같은 원핵세포에서 바르게 번역될까?
7. 박테리아 유전체는 보통 rRNA에 대한 유전자의 복사본을 여러 개 갖고 있다. 이들은 라이보좀으로 조립되는 rRNA를 대량 생산하기 위해 매우 효율적으로 전사된다. 반면에 라이보좀 단백질을 암호화하고 있는 유전자는 하나의 복사본으로 존재한다. rRNA와 라이보좀 단백질 유전자의 복사본의 수에서 나는 차이를 설명하라.
8. 억제 돌연변이는 다른 변이의 영향을 억제한다. 예를 들어, 유전자의 중간에 정지 코돈 UAG를 만드는 돌연변이는 CUA 염기서열을 가진 돌연변이 안티코돈이 되는 tRNA 유전자에서 돌연변이에 의해 억제된다. 결과적으로, 아미노산은 돌연변이 종결 코돈에 삽입되어 하나의 단백질이 합성된다(그것이 부분적으로만 활성화를 가질 수 있지만). 안티코돈의 단일 염기 변화로 인해서 UAG 돌연변이의 억제인자로 변이될 수 있는 모든 tRNA의 종을 나열하라. 억제인자 tRNA를 가진 세포는 어떻게 살아남을 수 있을까?
9. 전달 RNA는 폴리펩타이드 합성에 절대적으로 필수적이다. 이 장의 내용을 검토한 후, tRNA의 분자와 결합할(상호 작용하는) 세포의 다섯 가지 구성요소의 이름을 쓰라.
10. 드문 경우, 번역기는 특정 tRNA 또는 방출인자의 부족으로 인해서 신속하게 해석될 수 없는 코돈을 만난다. 이러한 경우, 라이보좀은 일시 정지한 후, 단일 염기를 이동하여 또 다른 해독틀을 번역하기 시작한다. 이러한 예를 '번역구간이동' 이라 한다. 내부 UGA 정지 코돈을 갖고 있는 mRNA로부터 번역되는 대장균의 방출인자 RF-2도, 번역구간이동에 의해 만들어진다. 이 현상이 RF-2 생산을 조절하는 방법을 설명하라.
11. 감쇠 메커니즘은 선도 구역이 있어야 한다. 다음과 같은 변화가 *trp* 오페론의 조절에 끼치는 영향을 예견하라.
    (a) 전체 선도 구역이 삭제된다.
    (b) 선도 펩타이드를 코딩하는 서열이 삭제된다.
    (c) 선도 구역, AUG 코돈이 변이된다.
12. 21장에서, 우리는 대장균의 *lac* 오페론의 전사를 제어하는 여러 가지 조절 메커니즘을 배웠다. 22장에서, 번역 조절의 메커니즘 중 하나는 감쇠라는 것이다. 당신은 *lac* 오페론이 진화하여 감쇠 메커니즘이 *lac* 오페론의 발현을 조절하는 데 사용하도록 진화했을 수도 있는 다른 세균 종을 예측하라.
13. 아이소류신 생합성 유전자를 포함하는 오페론에서, 이 유전자의 앞에 있는 선도 구역은 아이소류신뿐만 아니라 발린과 류신을 지정하는 다수의 코돈을 갖고 있다. 그 이유를 제안하라.
14. C-말단 세포질 도메인 및 N-말단 세포외부 도메인을 갖는 진핵세포의 세포막 당화 단백질의 합성과 처리에 관여하는 단계를 제안하라.
15. 우리는 유전자를 마음대로 자르고 붙여넣을 수 있도록 재조합 DNA 기술에 대해 배울 것이다. 당신이 하나의 단백질에서 분비 신호 서열의 코딩 영역을 제거하여 세포질 단백질(예를 들어)의 N-말단을 차지하도록 배치하였다면, 이 새로운 하이브리드 단백질이 세포의 분비 경로로 진입할 수 있을지 여부를 예견하라.
16. 일부 박테리아의 종에서, GUG 코돈은 단백질 합성을 시작한다(예를 들어, LacI, 그림 22.17a). 완성된 단백질은 항상 N-말단에 메싸이오닌을 갖는다. 어떻게 개시 tRNA는 GUG 코돈과 염기쌍을 형성할까? 이런 현상이 어떻게 동요(wobble)와 관계될까?

참고문헌

아미노아실-tRNA 신테테이즈

Carter, C.W., Jr. (1993). Cognition, mechanism, and evolutionary relationships in aminoacyl-tRNA synthetases. *Annu. Rev. Biochem.* 62:715–748.

Ibba, M., and Söll, D. (2000). Aminoacyl-tRNA synthesis. *Annu. Rev. Biochem.* 69:617–650.

Jakubowski, H., and Goldman, E. (1992). Editing of errors in selection of amino acids for protein synthesis. *Microbiol. Rev.* 56:412–429.

Kurland, C. G. (1992). Translational accuracy and the fitness of bacteria. *Annu. Rev. Genet.* 26:29–50.

Schimmel, P., and Ribas de Pouplana, L. (2000). Footprints of aminoacyl-tRNA synthetases are everywhere. *Trends Biochem. Sci.* 25:207–209.

라이보좀과 번역

Ban, N., Nissen, P., Hansen, J.,Moore, P. B., and Steitz, T. A. (2000). The complete atomic structure of the large ribosomal subunit at 2.4Å resolution. *Science* 289:905–919.

Carter, A. P., Clemons,W. M., Brodersen, D. E., Morgan-Warren, R. J.,Wimberly, B. T., and Ramakrishnan,V. (2000). Functional insights from the structure of the 30S ribosomal subunit and its interactions with antibiotics. *Nature* 407:340–348.

Garrett, R. A., Douthwate, S. R.,Matheson A. T., Moore, P. B., and Noller, H. F., eds. (2000). *The Ribosome: Structure, Function, Antibiotics and Cellular Interactions* (Washington, DC: American Society for Microbiology).

Hanawa-Suetsugu, K., Sekine, S., Sakai, H., Hori-Takemoto, C., Tevader, T., Unzai, S., Tame, J.R.H., Kuramitsu, S., Shirouzu, M., and Yokoyama, S. (2004). Crystal structure of elongation factor P from *Thermus thermophilus* HB8. *Proc. Natl. Acad. Sci.* 101:9595–9600.

Kawashima, T., Berthet-Colominas, C.,Wulff, M., Cusack, S., and Leberman, R. (1996). The structure of the *Escherichia coli* EF-Tu · EF-Ts complex at 2.5 Å resolution. *Nature* 379:511–518.

Moore, P. B., and Steitz, T. A. (2003). The structural basis of large ribosomal subunit function. *Annu. Rev. Biochem.* 72:813–850.

Nirenberg, M.W., and Matthaei, J.H., (1961). The dependence of cell-free protein synthesis in E. coli upon naturally occurring or synthetic polyribonucleotides. *Proc. Natl. Acad. Sci.* 47:1588–1602.

Noller, H. F. (1993). Peptidyl transferase: protein, ribonucleoprotein, or RNA? *J. Bacteriol.* 175:5297–5300.

Pestova, T.V., and Hellen, C. U. T. (1999). Ribosome recruitment and scanning: what's new? *Trends Biochem. Sci.* 24:85–87.

Ramakrishnan,V. (2009). Unravelling the structure of the ribosome. Nobel Lecture 135–160.

Selmer, M., Al-Karadaghi, S.,Hirokawa, G., Kaji, A., and Liljas, A. (1999). Crystal Structure of *Thermotoga maritima* ribosome recycling factor: A tRNA mimic. *Science* 286:2349–2352.

Steitz, T.A. (2009). From the structure and function of the ribosome to new antibiotics. Nobel Lecture 179–204.

번역의 조절

Kozak, M. (1992). Regulation of translation in eukaryotic systems. *Annu. Rev. Cell Biol.* 8:197–225.

McCarthy, J. E. G., and Gualerzi, C. (1990). Translational control of prokaryotic gene expression. *Trends Genet.* 6:78–85.

Merrick,W. C. (1992).Mechanism and regulation of eukaryotic protein synthesis. *Microbiol. Rev.* 56:291–315.

Rhoads, R. E. (1993). Regulation of eukaryotic protein synthesis by initiation factors. *J. Biol. Chem.* 268:3017–3020.

Samuel, C. E. (1993). The eIF-2a protein kinases, regulators of translation in eukaryotes from yeasts to humans. *J. Biol. Chem.* 268:7603–7606.

번역후 수식

Hurtley, S. M. (1993). Hot line to the secretory pathway. *Trends Biochem. Sci.* 18:3–6.

Parodi, A. J. (2000). Protein glycosylation and its role in protein folding. *Annu. Rev. Biochem.* 69:69–93.

정답

2장 물

1. 수소결합들은 질소나 산소, 황과 같은 강한 전자적 원자들을 포함한다.

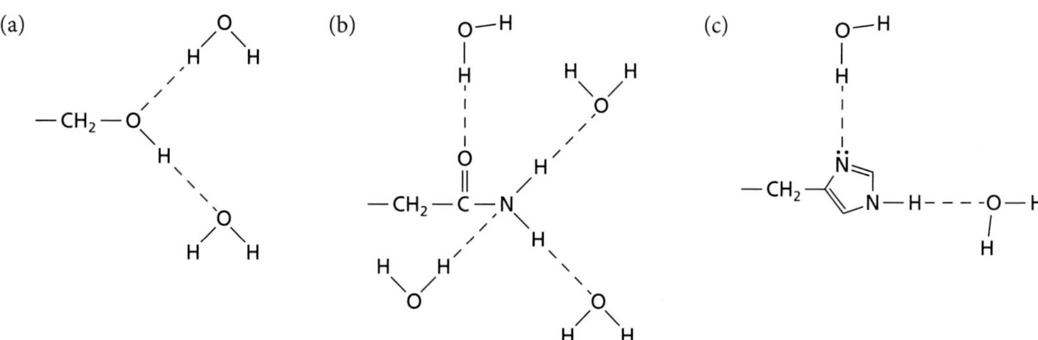

2. (a) 글리세롤은 극성이다. 양친매성이 아니며, 물에 잘 용해된다.
(b) 16탄당 인산기는 극성, 양친매성이고, 물에 잘 녹지 않지만, 마이셀을 형성한다.
(c) 라우린산염은 극성, 양친매성으로 물에 잘 녹지 않으며 마이셀을 형성한다.
(d) 글리세린은 극성으로, 양친매성은 아니며 물에 잘 녹는다.

3. 용질의 몰 농도가 세포의 외부보다 내부가 훨씬 크기 때문에 세포 외부보다도 내부에 거대한 삼투압이 발생한다. 따라서 세포 내부로 물의 확산이 일어나며 이 결과는 세포를 부풀어 오르게 하여 결국 터지게 한다.

4. 만약 용액의 pH가 주어진 이온화 잔기에 대한 pK_a값보다 낮다면, 우점종은 그 그룹의 양성자가 해리가 되어 하나가 될 것 이다. 만약 용액의 pH가 주어진 이온화 잔기에 대한 pK_a값보다 높다면, 우점종은 그 그룹외의 양성자가 해리가 되어 하나가 될 것이다.
(a) $-COO^{\ominus}$가 우점종을 차지하는 pH = 11
(b) H^+가 우점종을 차지하는 pH = 2
(c) H^+가 우점종을 차지하는 pH = 2
(d) $R-O^{\ominus}$가 우점종을 차지하는 pH = 11

5. (a) 토마토주스. pH = 4.2 이라면, pH = $-\log[H^{\oplus}]$,
$[H^{\oplus}] = 10^{-pH}$ $[H^{\oplus}] = 10^{-4.2} = 6.3 \times 10^{-5}$ M.
물의 이온−생성 상수(K_w)는 $H^{\oplus}$와 $OH^{\ominus}$의 농도와 관련이 있다(식 2.6).
$[OH^{\ominus}] = K_w/[H^{\oplus}] = 1.0 \times 10^{-14}\ M^2/6.3x^{-5}\ M = 1.6 \times 10^{-10}$ M.
(b) 사람 혈장. pH=7.4이면, $[H^{\oplus}] = 10^{-7.4} = 4.0 \times 10^{-8}$ M.
$[OH^{\ominus}] = K_w/[H^{\oplus}] = 1.0 \times 10^{-14}\ M^2/4.0x^{-8}\ M = 2.5 \times 10^{-7}$ M.
(c) 1 M 암모니아. pH = 11.6이면, $[H^{\oplus}] = 10^{-11.6} = 2.5 \times 10^{-12}$ M.
$[OH^{\ominus}] = K_w/[H^{\oplus}] = 1.0 \times 10^{-14}\ M^2/2.0x^{-12}\ M = 4 \times 10^{-3}$ M.

6.

7. 총 완충용액 화학종 = [약산(HA)] + [짝염기($A^{\ominus}$)]

총 완충용액의 농도 = 0.25 M + 0.15 M = 0.4 M

pH는 pK_a 값을 사용해서 구할 수 있으며, 농도는 헨더슨-하셀발크식을 사용하여 구할 수 있다.

$$pH = pK_a + \log\frac{[A^{\ominus}]}{[HA]} = 3.90 + \log\frac{(0.15\ M)}{(0.25\ M)} = 3.90 - 0.22 = 3.68$$

8. $H_2PO_4^{\ominus}$의 이온화의 pK_a 값은 7.2이다. 헨더슨-하셀발크식(식 2.18)에 의하면, 산($H_2PO_4^{\ominus}$)과 그 짝염기($HPO_4^{2\ominus}$)가 동등하다면, pH는 pK_a 값과 동일해지는데, 이는 로그값이 0이 되기 때문이다 (log1 = 0). 따라서 50 mL의 용액 A와 50 mL의 용액 B를 섞게 되면 완충용액의 pH는 7.2가 된다. 그리고 각각의 용액의 농도가 0.02 M이기 때문에, 동일한 양의 용액을 섞게 되면 완충용액의 인산이온의 농도 역시 0.02 M이 된다. 최종적으로 pH 값이 pK_a 값과 일치하기 때문에 이 용액은 효율적인 완충용액이 되는 것이다. 즉, 이 완충용액은 상당한 범위에서의 pH 변화를 저항할 수 있다.

9. (a) 완충용액의 유효 완충범위는 대략적으로 pK_a에서 pH가 1 적은 값에서 pH가 1 높은 값까지가 된다. 따라서 MOPS의 완충범위는 대략 6.2~8.2가 되며, SHS의 완충범위는 4.5~6.5가 된다. 헨더슨-하셀발크식을 사용하여 염과 산의 비율을 계산도록 한다.

완충용액 MOPS: $pH = pK_a + \log\frac{[R_3N]}{[R_3NH^{\oplus}]}$

$$6.5 = 7.2 + \log\frac{[R_3N]}{[R_3NH^{\oplus}]}$$

$$\frac{[R_3N]}{[R_3NH^{\oplus}]} = \frac{1}{5}$$

완충용액 SHS:

$$6.5 = 5.5 + \log\frac{[RCOO^{\ominus}]}{[RCOOH]}$$

$$\frac{[RCOO^{\ominus}]}{[RCOOH]} = \frac{10}{1}$$

(b) pH 6.5에서 SHS 완충용액은 MOPS(1:5)에 비해 짝염기가 산보다 훨씬 많이 존재한다 (10:1). 따라서 SHS 완충용액은 산이 추가될 때에 보다 효과적으로 pH를 유지시킬 수 있을 것이다. $H^{\oplus} + RCOO^{\ominus} \rightleftharpoons RCOOH$. 그 반대로, pH 6.5의 MOPS 완충용액은 SHS에 비해 산의 비중이 더 많기 때문에 MOPS 완충용액은 염기에 추가에 대해서 효율적으로 pH를 유지시킬 수 있을 것이다: $R_3NH^{\oplus} + OH^{\ominus} \rightleftharpoons R_3N + H_2O$

10.

(a)

완전히 양성자화된 ⇌ (pK_a 1.2) 부분적으로 이온화된 (음이온) ⇌ (pK_a 6.6) 완전히 이온화된 (이중음이온)

(b)

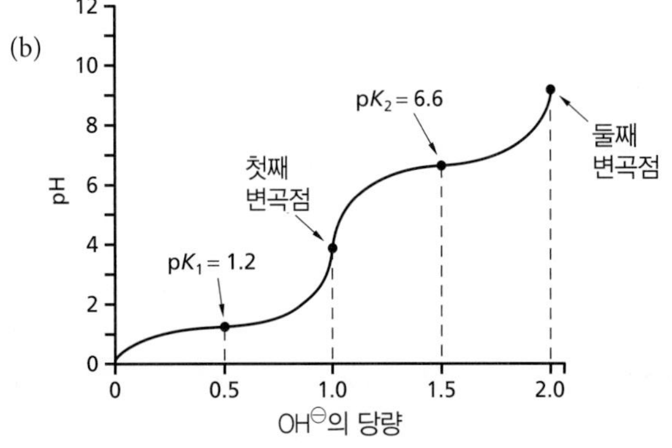

11. 과도한 기체성 이산화탄소는 빠르게 액체성 이산화탄소와 평행상태를 유지함(방정식 2.25)으로 탄산형성(방정식 2.23)을 유도하게 된다. 탄산은 $H^{\oplus}$와 $HCO_3^{\ominus}$로 이온화된다(방정식 2.22). $H^{\oplus}$ 형태인 과도한 산은 신체내 혈류에 축적되어 산중독증을 유발하게 된다.

12. 식단내 락트산과 다른 유기산의 물질대사는 이산화탄소의 생성을 유도함에도 불구하고 이산화탄소는 폐에서 효율적으로 호기가 된다. 그러므로 대사과정의 순생산은 중탄산염이다. 대사성 산성혈액증 동안의 과도한 $H^{\oplus}$는 그것이 $HCO_3^{\ominus}$와 결합하여 H_2CO_3를 형성하고 다음으로 이산화탄소와 물이 형성되면서 제거될 수 있다.

13. 아스피린의 산과 짝염기쌍은 RCOOH와 $RCOO^{\ominus}$로 나타내진다. pH 2.0과 pH 5.0에서 이 둘의 비율을 계산하기 위해 헨더슨-하셀발크식을 이용하라. 그리고 이온화되지 않고 흡수 가능한 전체 종의 비율을 계산하여라. pH 2.0의 위에서,

$$pH = pK_a + \log\frac{[RCOO^{\ominus}]}{[RCOOH]}$$

$$2.0 = 3.5 + \log\frac{[RCOO^{\ominus}]}{[RCOOH]}$$

$$\frac{[RCOO^{\ominus}]}{[RCOOH]} = \frac{0.03}{1}$$

전하를 안띤 것(RCOOH)의 비율은 RCOOH를 전체 RCOOH와 $RCOO^{\ominus}$로 나눈 양과 100%를 곱한 것과 같다.

$$\frac{[RCOOH]}{[RCOOH] + [RCOO^{\ominus}]} \times 100\% = \frac{1}{1 + 0.03} \times 100\% = 97\%$$

그러므로 위의 거의 모든 아스피린은 흡수 가능한 형태이다. 그러나 pH 5.0의 소장 상부에서는 오직 적은 비율의 아스피린만 흡수가 가능하다.

$$5.0 = 3.5 + \log\frac{[RCOO^{\ominus}]}{[RCOOH]}$$

$$\frac{[RCOO^{\ominus}]}{[RCOOH]} = \frac{32}{1}$$

$$\frac{[RCOOH]}{[RCOOH] + [RCOO^{\ominus}]} \times 100\% = \frac{1}{1 + 32} \times 100\% = 3\%$$

흡수되기 위해서는 아스피린은 용액 상태로 있어야 한다. 이러한 이유로 아스피린의 쌓여 있는 구조나 느리게 방출되는 구조는 위와 장에서 아스피린의 이용가능성이 변한다.

14. 각각의 pH에서 두 가지 상태의 비율을 계산하기 위해 헨더슨-하셀발크식을 사용하여라.

At pH = 7.5

$$pH = pK_a + \log\frac{[H_2NCH_2CONH_2]}{[^{+}H_3NCH_2CONH_2]}$$

$$7.5 = 8.2 + \log\frac{[H_2NCH_2CONH_2]}{[^{+}H_3NCH_2CONH_2]}$$

$$\log\frac{[H_2NCH_2CONH_2]}{[^{+}H_3NCH_2CONH_2]} = 7.5 - 8.2 = -0.7$$

$$\frac{[H_2NCH_2CONH_2]}{[^{+}H_3NCH_2CONH_2]} = \frac{1}{5}$$

$[H_2NCH_2CONH_2]$와 $[^{+}H_3NCH_2CONH_2]$의 비는 1/5이다. 짝염기 구조의 비율을 계산하면: 1/(1 + 5)*100 = 17%이다. 그러므로 17%가 pH 7.5에서 비양성자화되어 있다.

pH = 8.2에서

$$pH = pK_a + \log\frac{[H_2NCH_2CONH_2]}{[^{+}H_3NCH_2CONH_2]}$$

$$8.2 = 8.2 + \log\frac{[H_2NCH_2CONH_2]}{[^+H_3NCH_2CONH_2]}$$

$$\log\frac{[H_2NCH_2CONH_2]}{[^+H_3NCH_2CONH_2]} = 8.2 - 8.2 = 0$$

$$\frac{[H_2NCH_2CONH_2]}{[^+H_3NCH_2CONH_2]} = \frac{1}{1}$$

$[H_2NCH_2CONH_2]$와 $[^+H_3NCH_2CONH_2]$의 비율은 1.0/1.0이다. 짝염기 구조의 비율을 계산하면: 1/(1 + 1)*100 = 50%이다. 그러므로 50%가 pH 8.2에서 비양성자화되어 있다.

pH 9.0에서:

$$pH = pK_a + \log\frac{[H_2NCH_2CONH_2]}{[^+H_3NCH_2CONH_2]}$$

$$9.0 = 8.2 + \log\frac{[H_2NCH_2CONH_2]}{[^+H_3NCH_2CONH_2]}$$

$$\log\frac{[H_2NCH_2CONH_2]}{[^+H_3NCH_2CONH_2]} = 9.0 - 8.2 = 0.8$$

$$\frac{[H_2NCH_2CONH_2]}{[^+H_3NCH_2CONH_2]} = \frac{6.3}{1}$$

$[H_2NCH_2CONH_2]$의 $[^+H_3NCH_2CONH_2]$에 대한 비율은 6.3이다. 짝염기의 퍼센트를 결정하기 위해서: (6.3)/(6.3 + 1)*100 = 86%. 즉 pH 9.0에서 86%가 양성자화되어 있지 않음.

15. $[H_2NCH_2CONH_2]$와 $[^+H_3NCH_2CONH_2]$의 비율은 6.3/1이다. 짝염기 구조의 비율을 계산하면 : 6.3/(6.3 + 1)*100 = 86%이다. 그러므로 86%가 pH 9.0에서 비양성자화되어 있다.

16. 단지 (a) 바이타민 C만 물에 용해가 될 것이다. 바이타민 C는 물과 수소결합을 이룰 수 있는 몇 개의 하이드록시기 그룹을 포함하고 있다.

17. 0°C일 때 물에 대한 이온 생성물질은 1.14×10^{-15}이다. 중성 pH는 7.47

$$[H^\oplus] = [OH^\ominus] = \sqrt{1.14 \times 10^{-15}} = 3.38 \times 10^{-8}$$

$$pH = -\log(3.38 \times 10^{-8}) = 7.47$$

100°C일 때는

$$[H^\oplus] = [OH^\ominus] = \sqrt{4.0 \times 10^{-13}} = 6.32 \times 10^{-7}$$

$$pH = -\log(6.32 \times 10^{-7}) = 6.2$$

참고로 물의 밀도는 온도의 변화에 따라 달라지지만 $[H^\oplus]$에 매우 미미한 효과이다.

18. HCl은 물에 완벽하게 해리된다. 6 M HCl에서 $[H^\oplus]$ = 6 M, pH는 −log(6) = −0.78이다. 표준 pH범위는 0에서 시작을 한다($[H^\oplus]$ = 1 M). 그렇기 때문에 생물학에서 그것은 매우 특이적으로 보다 산성 수용액과 접한다.

3장 아미노산과 단백질의 1차 구조

1. L-세린(*S* 입체배열, 57쪽)과 여기에 나와 있는 L-시스테인의 우선순위를 비교했을 때 L-시스테인의 순서가 시계 방향이므로, L-시스테인은 *R* 입체배열이다.

③
$COO^\ominus$
① $H_3\overset{\oplus}{N}$ — C — H ④
CH_2SH
②

2. *R* 입체배열인지 *S* 입체배열인지 알아내기 위해서는 각각의 손대칭탄소의 입체배열을 살펴보아야 한다.

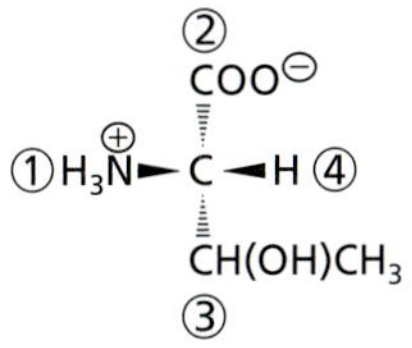

② $COO^{\ominus}$; ① $H_3\overset{\oplus}{N}$—C—H ④; $CH(OH)CH_3$ ③
C-2, *S*–입체배열

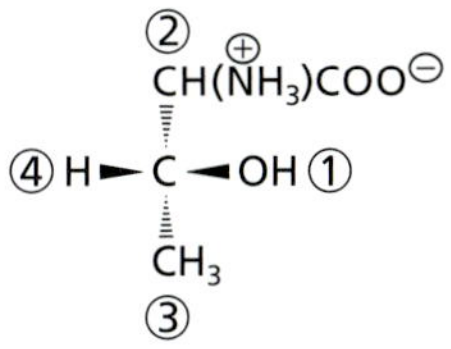

② $CH(\overset{\oplus}{N}H_3)COO^{\ominus}$; ④ H—C—OH ①; CH_3 ③
C-3, *R*–입체배열

CH_2CH_2—$\overset{\oplus}{N}H_3Cl^{\ominus}$
$Cl^{\ominus}$ $H\overset{\oplus}{N}$ NH

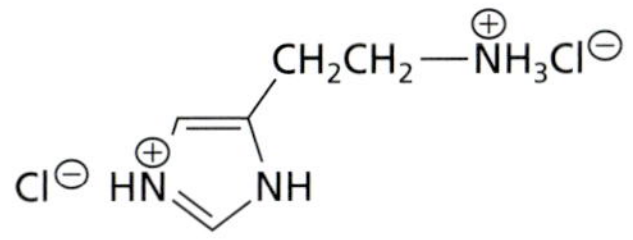

3. 다른 입체 이성질체들은 다음과 같다.

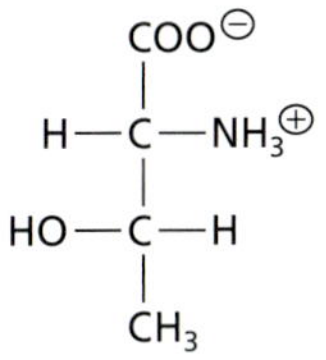

$COO^{\ominus}$ / H—C—$NH_3^{\oplus}$ / HO—C—H / CH_3
D-쓰레오닌

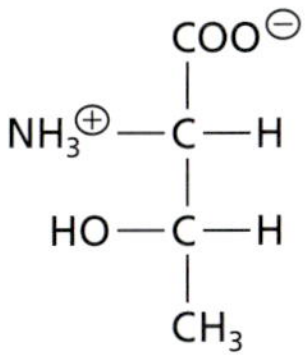

$COO^{\ominus}$ / $NH_3^{\oplus}$—C—H / HO—C—H / CH_3
L-알로쓰레오닌

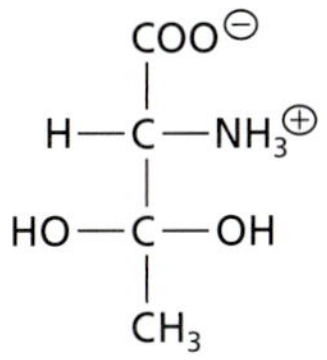

$COO^{\ominus}$ / H—C—$NH_3^{\oplus}$ / HO—C—OH / CH_3
D-알로쓰레오닌

4. 메싸이오닌

5. (a) 세린; 하이드록실기의 인산화
(b) 글루탐산; γ-탄소의 카복시화
(c) 라이신; ε-아미노기의 아세틸화

6. 펩타이드는 관례상 N-말단 → C-말단으로 나타내므로 Glu가 N-말단이고 Gly가 C-말단이다.

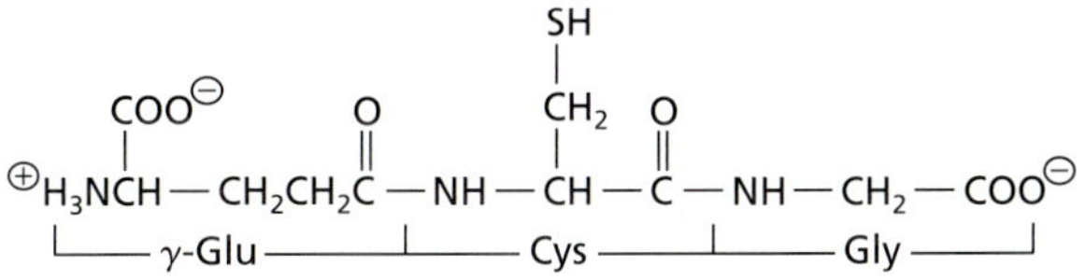

$^{\oplus}H_3N\underset{COO^{\ominus}}{CH}$—$CH_2CH_2\overset{O}{\overset{\|}{C}}$—NH—$\underset{}{\overset{CH_2SH}{CH}}$—$\overset{O}{\overset{\|}{C}}$—NH—$CH_2$—$COO^{\ominus}$
γ-Glu — Cys — Gly

7. 멜리틴의 C-말단의 6개의 아미노산은 강한 친수성이다(표 3.1). 나머지 20개의 아미노산 잔기는 소수성이 매우 강한 곁사슬을 가지는 9개의 아미노산(류신, 아이소류신, 발린)을 포함해서 거의 소수성을 띤다. 멜리틴의 친수성 부위는 수용액에서 용해도가 더 높은 반면, 소수성 부분은 막의 지질부분에서의 용해도가 더 높다.

8. 표 3.2를 이용해 pK_a 값 각각에서의 알짜 전하를 알아보라. 알짜 전하가 0이 되는 pH는 평균 전하가 +0.5와 −0.5인 두 pK_a 값 중간 지점이다.
(a) pH 9.0에서 아지닌의 알짜 전하는 +0.5이고, pH 12.5에서 알짜 전하는 −0.5이다. 따라서 $pI_{Arg} = (9.0 + 12.5) / 2 = 10.8$ 이다.
(b) pH 2.1에서 글루탐산의 알짜 전하는 +0.5이고, pH 4.1에서 알짜 전하는 −0.5이다. 따라서 $pI_{Glu} = (2.1 + 4.1) / 2 = 3.1$ 이다.

9. 이온화될 수 있는 그룹은 N-말단의 시스테인의 아미노기(pK_a = 10.7), 글루탐산의 곁사슬(pK_a = 4.1), 히스티딘의 곁사슬(pK_a = 6.0)이다.
(a) pH 2.0에서, N-말단과 히스티딘 곁사슬은 양전하를 띠고, 글루탐산의 곁사슬은 전하를 띠지 않는다. 따라서 알짜 전하는 +2이다.
(b) pH 8.5에서, N-말단은 양전하를 띠고, 히스티딘 곁사슬은 전하를 띠지 않으며, 글루탐산 곁사슬은 음전하를 띤다. 따라서 알짜 전하는 0이다.
(c) pH 10.7에서, N-말단의 전하는 +0.5, 히스티딘 곁사슬은 전하를 띠지 않으며, 글루탐산 곁사슬은 음전하를 띤다. 따라서 알짜 전하는 −0.5이다.

10. (a)

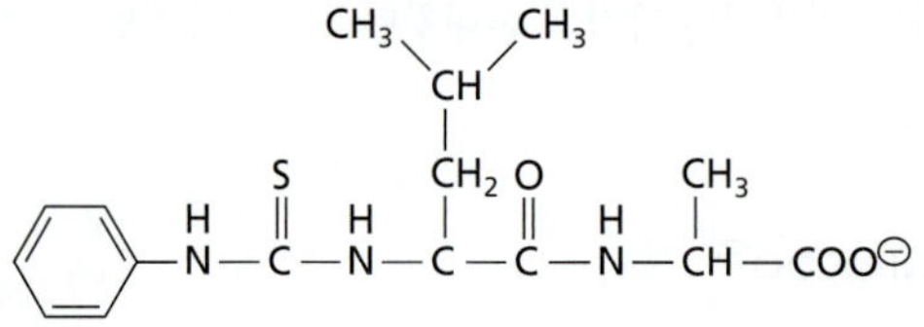

(b)

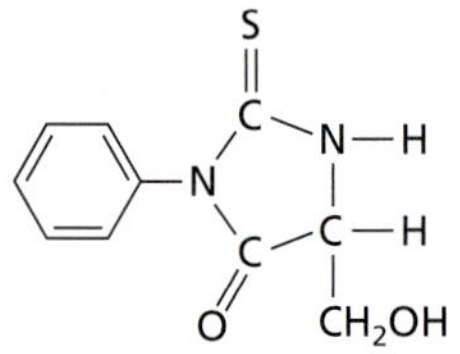

(c)

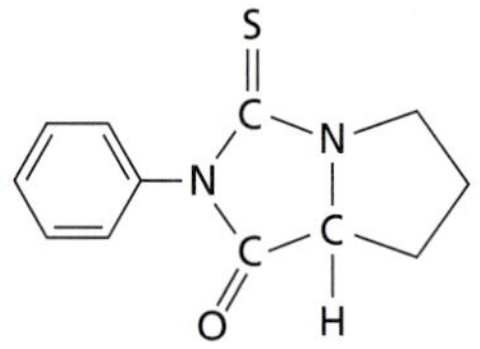

11. (a) Gly−Ala−Trp−Arg, Asp−Ala−Lys, Glu−Phe−Gly−Gln
(b) Gly−Ala−Trp−Arg−Asp−Ala−Lys, Glu−Phe, Gly−Gln
(c) Gly−Ala−Trp−Arg−Asp, Ala−Lys, Glu, Phe−Gly−Gln

12. (a)

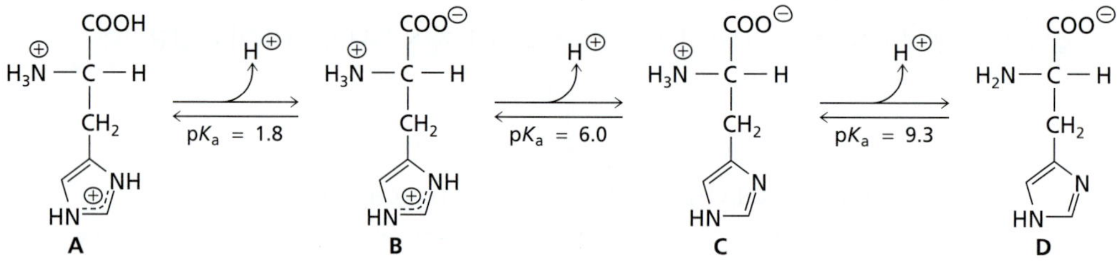

(b) A, 1; B, 3; C, 5; D, 7
(c) 1, 4, 5, 7
(d) 4
(e) 5
(f) 히스티딘은 세 개의 pK_a 값 중 어느 것이라도 pH가 1정도 차이 나는 범위에서는 좋은 완충용액이 된다: 0.8~2.8, 5.0~7.0, 8.3~10.3.

13. (a) 두 개의 N-말단이 있으므로 각각은 N-말단에 아스파트산 잔기를 가지는 두 개의 펩타이드 사슬로 이루어져 있을 것이다.
(b) 2-머캅토에탄올(2-mercaptoethanol)은 이황결합을 환원하고 트립신은 아지닌의 카복시기를 자른다. 아스파트산이 FP의 N-말단 둘 모두에서 나타나므로, 다이펩타이드의 서열은 Asp−Arg, 펜타펩타이드의 서열은 Asp−(Cys, Gly, Met, Phe)이다. 트라이펩타이드는 Asp−Arg−Cys−(Ala, Phe)의 서열인 펜타펩타이드가 트립신으로 잘린 Cys−(Ala, Phe)의 서열을 가진다.
(c) 각각의 펩타이드 사슬의 C-말단은 페닐알라닌이다. 말단의 서열들을 통해서 한 펩타이드는 Asp−(Cys, Gly, Met)−Phe의 서열을 다른 펩타이드는 Asp−Arg−Cys−Ala−Phe의 서열을 가진다는 것을 알 수 있다.
(d) CNBr은 메싸이오닌의 카보닐기를 잘라서 C-말단 호모세린락톤(homoserine lactone)을 만든다. 따라서 펩타이드는 Asp−Met과 (Cys, Gly)−Phe이다. 글라이신은 트라이펩타이드의 N-말단에 있으므로, 펜타펩타이드의 서열은 Asp−Met−Gly−Cys−Phe가 된다.

FP의 완전한 구조는 다음과 같다.

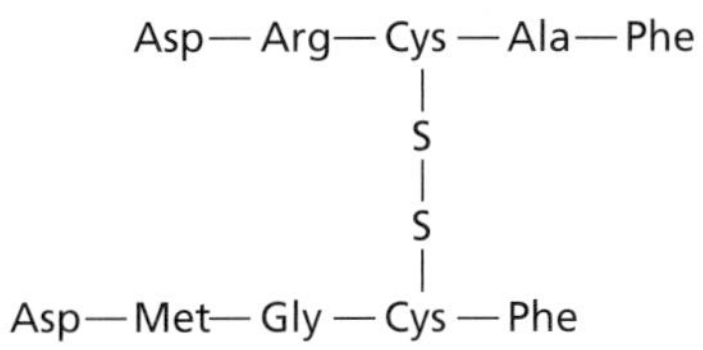

```
Asp— Arg— Cys — Ala— Phe
            |
            S
            |
            S
            |
Asp—Met— Gly — Cys — Phe
```

14. (a) 보존적 변형의 예로 50번째 잔기가 아스파트산(D)이 글루탐산(E)으로 바뀐 것을 들 수 있다. 아스파트산과 글루탐산 모두 생리적 pH에서 음전하를 띠는 산성의 곁사슬을 가진다.

(b) 비보존적 변형의 예로 방향족 곁사슬을 가지는 타이로신(Y)이 이미다졸 그룹을 가진 친수성의 히스티딘(H)으로 바뀐 것을 들 수 있다.

15. 신경전달물질인 세로토닌은 트립토판에서 유래한 물질이다. 변형 과정에서 트립토판의 카복실기가 제거되고 방향족 고리에 하이드록실기가 첨가되었다.

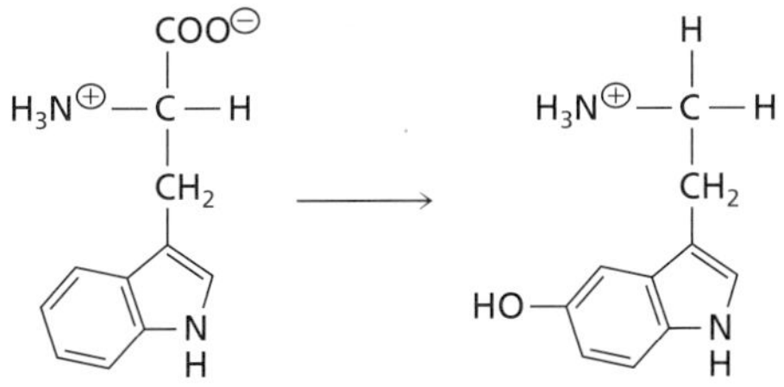

트립토판 ⟶ 세로토닌

16. (a) TRH에는 두 개의 펩타이드 결합이 있다. 이는 점선으로 나타나 있다.

(b) TRH는 트라이펩타이드인 Glu−His−Pro에서 유래했다. 프롤린의 카복실기는 아마이드로 변형되었다(* 로 표시됨). 아미노 말단의 Glu의 카복실기는 α-아미노기와 아마이드를 형성한다(** 로 표시).

(c) 아미노 말단과 카복실 말단은 아마이드기로 변형되어 전하를 띠지 않는다.

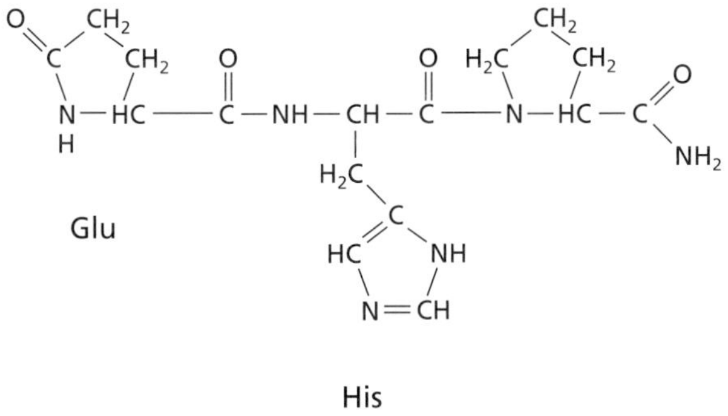

Glu

His

17. (a) L-Dopa는 *S* 위치배열이다.

(b) 둘 모두 타이로신에서 유래했다.

18. 그림 3.6에서는 알라닌의 3가지 형태만을 나타냈지만, 실제로는 4개의 서로 다른 형태가 평형 상태를 이룬다(다음 페이지 참조). 어느 pH에서나 나머지 세 가지 형태가 훨씬 안정하기 때문에, 중성을 띠는 형태는 매우 낮은 농도로 존재한다. 전하를 띠는 두 그룹의 양성자화/탈양성자화 상태가 독립적이라는 가정하에 네 가지 형태의 상대적인 비율을 계산할 수 있다.

pH 2.4에서 $R-COO^{\ominus}$와 R—COOH의 상대적인 비율은

$$2.4 = 2.4 + \log\frac{[R-COO^{\ominus}]}{[R-COOH]} \quad \text{이므로} \quad \frac{[R-COO^{\ominus}]}{[R-COOH]} = 1$$

이고, $H_3N^{\oplus}-R$에서 H_2N-R의 비율은

$$2.4 = 9.9 + \log\frac{[H_2N-R]}{[H_3N^{\oplus}-R]} \quad \text{이므로} \quad \frac{[H_2N-R]}{[H_3N^{\oplus}-R]} = 3.1 \times 10^{-8}$$

$$H_2N—CH(CH_3)—COO^{\ominus}$$
(음이온)

$H^{\oplus}$ ⇅ $H^{\oplus}$　　　$H^{\oplus}$ ⇅ $H^{\oplus}$

$$H_3\overset{\oplus}{N}—CH(CH_3)—COO^{\ominus} \qquad H_2N—CH(CH_3)—COOH$$
(양쪽성 이온)　　　(중성)

$H^{\oplus}$ ⇅ $H^{\oplus}$　　　$H^{\oplus}$ ⇅ $H^{\oplus}$

$$H_3\overset{\oplus}{N}—CH(CH_3)—COOH$$
(양이온)

따라서 네 가지 형태의 상대적인 비율은 대략

양이온 : 양쪽성 이온 : 음이온 : 중성 $1 : 1 : 10^{-8} : 10^{-8}$

이고, 0.01 M 알라닌 용액에서의 중성 형태의 농도는 약 10^{-10} M이다. 중성 분자가 있긴 하지만 농도는 매우 낮아 유의하지 않다.
pH 9.9에서의 비율은

음이온 : 양쪽성 이온 : 양이온 : 중성 $1 : 1 : 10^{-8} : 10^{-8}$

pH 6.15에서의 $R—COO^{\ominus}$과 $R—COOH$의 상대적인 비율은

$$6.15 = 2.4 + \log\frac{[R—COO^{\ominus}]}{[R—COOH]} \text{ 그러므로 } \frac{[R—COO^{\ominus}]}{[R—COOH]} = 5.6 \times 10^3$$

이고, $H_2N—R$과 $[H_3N^{\ominus}—R]$의 상대적인 비율은

$$6.15 = 9.9 + \log\frac{[H_2N—R]}{[H_3N^{\oplus}—R]} \qquad \frac{[H_2N—R]}{[H_3N^{\oplus}—R]} = 1.8 \times 10^{-4} \quad \frac{[H_3N^{\oplus}—R]}{[H_2N—R]} = 5.6 \times 10^{-8}$$

양쪽성 이온은 음이온과 양이온보다 5600배 많고, 음이온과 양이온은 각각 중성보다 5600배 많다. 따라서 비율은

양쪽성 이온: 음이온 : 양이온 : 중성 $3.1 \times 10^7 : 1 : 1.8 \times 10^{-4} : 1.8 \times 10^{-4} : 3.2 \times 10^{-8}$

0.01 M 알라닌 수용액의 중성 형태의 농도는 유의하지 않다.

19. 양쪽성 이온과 양이온의 상대적인 농도는

$$2.4 = 2.4 + \log\frac{[H_3\overset{\oplus}{N}—C(CH_3)—COO^{\ominus}]}{[H_3\overset{\oplus}{N}—C(CH_3)—COOH]} \quad \frac{[H_3\overset{\oplus}{N}—C(CH_3)—COO^{\ominus}]}{[H_3\overset{\oplus}{N}—C(CH_3)—COOH]} = 1$$
이다.

따라서 0.01 M 알라닌 수용액 상의 양쪽성 이온의 농도는 0.005 M이다. (음이온과 중성 형태의 농도는 무시한다–앞의 문제 참조.)
pH 4.0에서

$$4.0 = 2.4 + \log\frac{[\text{양쪽성 이온}]}{[\text{양이온}]} \quad \frac{[\text{양쪽성 이온}]}{[\text{양이온}]} = 40$$

양쪽성 이온의 농도는 $0.01\ M \times \frac{40}{41} = 0.00976\ M$ 이다.

4장 단백질: 3차원 구조 및 기능

1. (a)

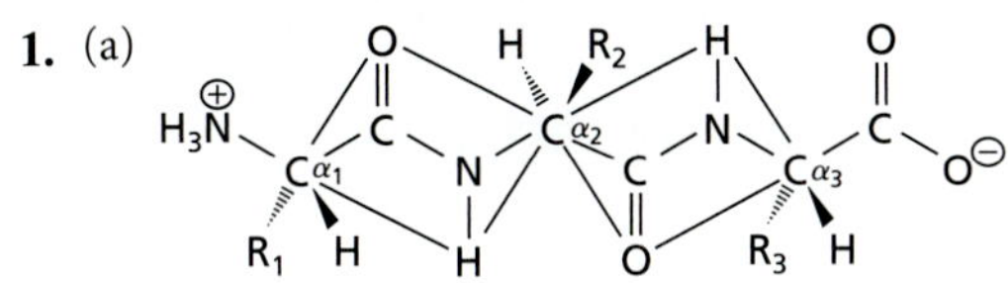

(b) R기는 아미노산의 곁사슬을 나타낸다.

(c) C—N 아마이드 결합의 부분적 이중결합 특성이 자유 회전을 제한한다.

(d) 이 트라이펩타이드의 펩타이드기 두 개는 모두 α-탄소 원자가 펩타이드 결합의 반대편에 있으므로 트랜스 입체형태이다.

(e) N—C_α 과 C_α—C 결합 주위로 펩타이드기가 회전할 수 있다.

2. (a) (1) α 나선에서, 특정 잔기의 카보닐 산소와 다른 잔기의 아마이드 수소간에 나선내 수소결합을 형성한다. 수소결합은 나선 축에 거의 평행하다(그림 4.10).

(2) 콜라겐 삼중 나선에서, 한 사슬의 글라이신의 아마이드 수소와 인접한 사슬의 아미노산 잔기(대개 프롤린) 간에 나선 간 수소결합을 형성한다(그림 4.41). 콜라겐 나선에서 나선 내 수소결합은 형성되지 않는다.

(b) α 나선의 곁사슬은 나선의 원통 축에서 바깥쪽으로 튀어나와 있다(그림 4.11). 콜라겐에서 세 개의 나선이 서로 꼬여서 3중 나선 축을 따라 올라가며 3번째 잔기마다 다른 2개의 사슬과 접한다(그림 4.42). 곁사슬이 작은 글라이신만 이 위치에 맞아 들어간다. 다른 곁사슬은 3중 나선 코일에서 튀어나온다.

3. (1) α 나선에 글라이신이 있으면 글라이신의 곁사슬이 작아서 움직임이 상대적으로 자유롭고, 따라서 나선이 불안정하다. 이런 이유로 시작과 끝의 아미노산이 글라이신인 나선이 많다.

(2) 프롤린은 α 나선에서 대개 인접한 잔기로 채워질 부분을 단단하고 원형인 곁사슬이 입체화학적으로 저해하고 있어서 나선 형성을 방해한다. 게다가, 프롤린은 아마이드 질소에 수소가 없어서 일반적인 나선내 수소결합에 관여할 수 없다.

4. (a) 글라이신은 곁사슬이 작아서(—H) 공간적 제약을 적게 받으므로 연속적인 역평행 β 가닥을 연결하는 "헤어핀 구조"에서 자주 볼 수 있다. 베타노바(Betanova)에서 세 개의 β 병풍구조를 연결하기 위해 8번과 14번 위치에 글라이신 잔기(G)가 나타나며, 이는 두 개의 헤어핀-고리를 형성한다.

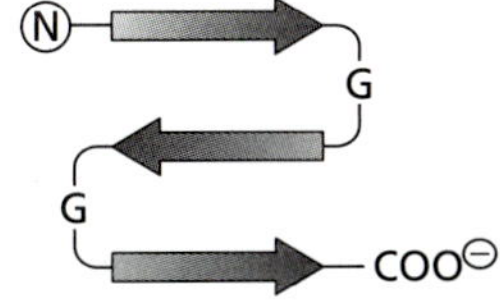

(b) β 병풍구조는 한 가닥의 카보닐 산소와 인접한 가닥의 아마이드 질소 간에 형성된 수소결합을 통해 안정화된다(그림 4.15).

5. 나선-고리-나선(HLH) 모티프(그림 4.19).

6. (a) α/β. 폴리펩타이드 사슬에서 α 나선과 β 가닥이 번갈아 나타난다.

(b) α/β통. 원통 모양에서 평행한 β 가닥이 α 나선에 둘러싸여 있다.

(c) 효모 FMN 옥시도리덕테이즈와 트립토판 생합성에 필요한 대장균 효소(그림 4.24 (i)와 (j)에 각각 나타나 있다).

7. 단백질 이황화 이성질체화 효소는 활성부위에 두 개의 시스테인 잔기가 존재하며, 이는 잘못 접힌 단백질을 적은 에너지를 갖는 원래의 구조로 바꿔주는 환원과 이황 결합 재형성에 관여한다.

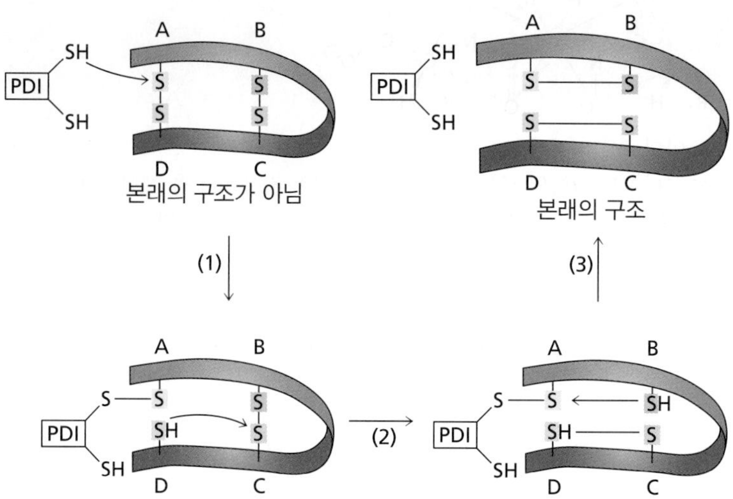

8. 곁사슬이 강한 소수성을 띠는 메싸이오닌, 류신, 페닐알라닌, 아이소류신은 나선에서 단백질 내부를 향하는 쪽에 위치할 확률이 높다. 대부분의 다른 곁사슬은 극성을 띠거나 전하를 띠어서 수용액과 접할 수 있다. α 나선이 회전당 대략 3.6잔기가 반복되는 구조이기 때문에, 3~4잔기마다 소수성 아미노산이 나타나게 되어 나선의 한쪽 면이 소수성을 띤다.

9. 공유 가교-결합은 콜라겐 섬유의 강도와 단단함에 기여한다. 예를 들면, 콜라겐의 알라이신이 인접한 분자의 라이신과 응축되어 쉬프 염기를 형성한다(그림 4.38a). 알라이신 잔기가 호모시스테인과 반응하면 그것은 콜라겐 분자의 일반적인 가교-결합을 이룰 수 없게 된다. 혈액에 호모시스테인이 다량 존재할 경우 콜라겐 구조의 결함과 골격 기형을 유발한다.

$$\underset{\text{콜라겐의 알라이신 잔기}}{(\text{O=C})(\text{HN})\text{CH}-\text{CH}_2-\text{CH}_2-\text{CH}_2-\text{CHO}} + \underset{\text{호모시스테인}}{\text{H}_2\text{N}-\text{CH}(\text{COO}^{\ominus})-\text{CH}_2-\text{CH}_2-\text{SH}}$$

$$\downarrow \; \text{H}_2\text{O}$$

$$(\text{O=C})(\text{HN})\text{CH}-\text{CH}_2-\text{CH}_2-\text{CH}_2-\text{CH}=\text{N}-\text{CH}(\text{COO}^{\ominus})-\text{CH}_2-\text{CH}_2-\text{SH}$$

10. 피부를 포함한 몸 전체에서 발견되는 콜라겐에서는 −Gly−Pro−X−Y− 서열이 자주 나온다. 유충의 효소가 콜라겐 사슬을 자를 수 있어서, 기생충이 숙주에 들어갈 수 있다.

11. 이산화탄소와 물의 반응을 통해 CO_2 농도가 높을 때 왜 pH가 떨어지는지 알 수 있다. 빠른 대사 작용을 하는 조직에서 생성되는 이산화탄소가 물과 반응하여 중탄산염 이온과 수소이온을 형성한다.

(a) $CO_2 + H_2O \longleftrightarrow H_2CO_3 \longleftrightarrow HCO_3^{\ominus} + H^{\oplus}$

이 반응에서 생성된 $H^{\oplus}$가 혈액의 pH를 낮추고, 헤모글로빈의 탈산소 형태(T 형태)를 안정화시킨다. 결과적으로는 P_{50}이 커지고, 산소에 대한 헤모글로빈의 결합력이 낮아져서 조직에서 더 많은 산소가 해리된다(그림 4.50). 이산화탄소도 헤모글로빈의 네 개의 사슬의 N-말단과 카바메이트 부가물을 형성해서, 헤모글로빈과 산소의 결합력을 낮춘다(그림 4.51). 이런 부가 생성물은 탈산소 형태(T 형태)를 안정화시켜서 P_{50}를 더 증가시키고 조직에 산소의 해리를 촉진한다.

(b) 쇼크 상태에 빠진 환자는 조직에 산소 공급이 원활하지 않게 된다. 정맥으로 중탄산염을 투여하면 조직에 이산화탄소를 제공하게 된다. 이산화탄소가 헤모글로빈의 산소에 대한 결합력을 낮춰서 조직에서 옥시헤모글로빈의 산소가 해리된다.

12. (a) 2,3BPG는 디옥시헤모글로빈의 중간공간에 있는 양전하를 띠는 곁사슬에 붙는다(그림 4.49). Hb F는 양전하를 띠는 그룹 2개가 없기 때문에(각각의 β 사슬의 His-143잔기) 2,3 BPG가 Hb A에 붙는 것보다 약하게 붙는다.

(b) 2,3BPG는 헤모글로빈의 디옥시 형태를 안정화시켜서 디옥시 형태의 비율을 증가시킨다. 2,3BPG가 Hb A보다 Hb F에 약하게 붙기 때문에 혈액에서 Hb F는 2,3BPG의 영향을 덜 받으며 산화된 형태의 비율이 더 높다. 따라서 Hb F는 어느 산소 분압에서나 산소에 대한 결합력이 Hb A보다 훨씬 크다.

(c) 조직의 산소분압인 20~40 torr에서 Hb F는 산소에 대한 결합력이 Hb A보다 크다. 결합력 차이로 인해 모체에서 태아로 산소 전달이 효율적이다.

13. Hb_{Yakima}의 낮은 P_{50} 값을 통해 운동근육에서의 낮은 산소압에서도 산소에 대한 결합력이 매우 크다는 것을 알 수 있다. 결합력이 높다는 것은 Hb_{Yakima}가 운동근육에서 산소를 적게 내어놓음을 의미한다.

14. (a) 친수성(이탤릭)과 소수성(밑줄) 잔기:

*E*CG*K*FMW*KCKNSND*CC*KD*LVC*SSR*W*K*WCVLA*S*PF

(b) 단백질의 3차 구조에서, 1차 구조상에서 서로 멀리 있는 아미노산 간에 상호작용하여 구형 단백질을 형성한다. 따라서 소수성의 아미노산이 3차 구조상에서는 서로 매우 가까워질 수 있고 막과 접하는 "소수성" 면을 제공한다.

15. (a) 셀렌단백질 P와 헤파린 간의 가장 효율적인 결합은 pH 6 이하에서 나타난다. 셀렌단백질 P와 헤파린 간의 결합은 pH 7일 때 감소한다. pH 7 이상에서는 셀렌단백질 P와 헤파린은 거의 결합하지 않는다.

(b) 헤파린은 음전하를 띤다. 만약 셀렌단백질 P가 양전하를 띤다면 헤파린과 결합할 수 있다. 셀렌단백질 P에는 히스티딘 잔기가 많이 존재한다. 히스티딘은 6.0의 p*K*a 값을 가지는 이미다졸 곁사슬을 가진다. 즉 pH 6.0에서, 히스티딘 잔기의 50%가 양성자화되어 양전하를 띨 것이고 나머지 50%는 양성자화되지 않아 전하를 띠지 않는다. pH가 6.0보다 낮을 때는 히스티딘 잔기는 알짜 양전하를 띠어 헤파린과 정전기적 인력을 갖게 된다. pH가 7.0보다 높을 때 거의 모든 히스티딘 잔기는 양성자화되지 않고 전하를 띠지 않아 음전하를 띠는 헤파린 분자와 효과적으로 상호작용하지 않는다.

16. 콜라겐은 서로 꼬인 삼중 나선으로 이뤄진 세 개의 폴리펩타이드 사슬이다. 프로티에이즈인 브로멜라인은 폴리펩타이드 사슬의 일부 펩타이드 결합을 끊는다. 젤라틴이 차가워질 때 반고체 상태를 유지하기 위해 폴리펩타이드 사슬은 물 분자를 가두어야 하고, 만약 폴리펩타이드 사슬이 잘리면 젤라틴은 본래의 상태를 유지하지 않는다. 브로멜라인이 콜라겐의 폴리펩타이드 사슬을 자르면 젤라틴은 단단해질 수 없다. 파인애플이 처음으로 조리되면 열이 단백질을 변성시켜서 효소 활성이 없어진다. 따라서 조리된 파인애플을 넣으면 젤라틴을 약간 두껍게 만들고 젤라틴은 원하던 대로 반고체 상태가 된다. (열에 의한 변성이 비가역적인 반응이라는 가정 하에.)

17. 라이신을 메싸이오닌으로 바꾸면 중심부 공간 각각의 베타 소단위체에 양전하가 하나 줄어든다(그림 4.49 참조). 2,3BPG는 HbH에 약하게 붙는다. 이로 인해 더 많은 돌연변이 단백질이 R 형태로 바뀐다(옥시헤모글로빈이 안정화된다). 곡선은 왼쪽으로 이동한다(마이오글로빈에 가깝게). 더 많은 부분이 R 상태이므로, 산소에 대한 결합력은 증가한다.

5장 효소의 특성

1. 초기속도는 기질 농도가 높을 때 일정한 수치에 접근한다. 따라서 우리는 V_{max}를 70 mM/min으로 예측할 수 있다. K_m은 최대속도에 절반에 도달하기 위해 필요한 기질 농도 [S]와 같기 때문에 우리는 35 mM/min (= $V_{max} > 2$)의 속도를 나타내는 기질의 농도인 0.01 M로 K_m을 예측할 수 있다.

2. (a) k_{cat}/K_m의 비 혹은 특이상수(specificity constant)는 여러 기질에 대한 특정 효소의 선호도를 측정할 수 있다. 두 개의 기질이 같은 농도에서 효소의 활성부위에 대해 경쟁할 때 이들이 결과물로 전환되는 속도의 비는 k_{cat}/K_m 수치의 비와 같으며 이는 각 기질에 대한 수식 $v_o = (k_{cat}/K_m)[E][S]$의 [E]와 [S]가 똑같기 때문이다.

$$\frac{v_0(S_1)}{v_0(S_2)} = \frac{(k_{cat}>K_m)^1>[E][S]}{(k_{cat}>K_m)^2>[E][S]}$$

(b) k_{cat}/K_m의 최대값(upper limit)은 10^8에서 $10^9\ s^{-1}$에 근접한다. 이는 생리적 온도에서 전하가 없는 두 분자가 확산에 의해 접근할 수 있는 가장 빠른 속도이다.

(c) 효소의 촉매 효율은 E와 S로부터 ES 복합체가 만들어지는 속도를 넘어설 수 없다. 가장 효율적인 효소들은 그들이 기질과 만나는 속도에 근접한 k_{cat}/K_m 값을 갖는다. 이런 제한속도 조건에서 효소와 만난 모든 기질은 반응을 일으키게 되므로 이때 작용하는 효소는 가장 효율적인 촉매가 된다. (대부분 효소가 최고 속도에서 반응을 일으킬 필요는 없기 때문에 촉매적으로 완벽한 효소가 만들어져야 하는 진화적 압력은 존재하지 않는다.)

3. 촉매 상수(k_{cat})는 기질의 포화농도 미만 조건에서 ES에서 E + P로 전환되는 과정의 1차 속도 상수이며(식 5.26), CA는 OMPD보다 기질의 결과물 전환에 대해 훨씬 더 높은 촉매 활성을 나타낸다. 하지만 효소의 효율은 비촉매 반응과 비교하여 효소에 의한 속도 가속(rate acceleration) 정도를 비교함으로써 측정할 수 있다(k_{cat}/k_n, 표 5.2). 효소가 없는 상태에서 OMPD 기질의 반응($k_n = 3 \times 10^{-16}\ s^{-1}$)은 효소가 없는 상태에서 CA 기질의 반응($k_n = 1 \times 10^{-16}\ s^{-1}$)보다 훨씬 느리다. 따라서 OMPD 반응은 k_{cat} 측면에서 CA 반응보다 훨씬 더 느리지만, OMPD는 현재 알려진 효소 중에 효율성이 매우 높은 효소로 알려져 있으며, 비촉매반응을 기준으로 효소반응을 비교하면 CA보다도 훨씬 높은 속도 가속 현상을 나타낸다.

4. [S] = 100 μM, $[S] \gg K_m$ 일 때, $v_0 = V_{max} = 0.1\ \mu M\ min^{-1}$ 이다.

(a) 100 μM을 초과하는 기질 농도에서 $v_0 = V_{max} = 0.1\ \mu M\ min^{-1}$ 이다.

(b) $[S] = K_m$일 때, $v_0 = V_{max}/2$, 혹은 $0.05\ min^{-1}$.

(c) K_m과 V_{max} 값을 알고 있으므로, 모든 기질 농도에서 v_0 값을 마이켈리스-멘텐식을 이용해서 계산할 수 있다. [S] = 2 μM 일 경우,

$$v_0 = \frac{V_{max}[S]}{K_m + [S]} = \frac{(0.1\ \mu M\ min^{-1})(2\ \mu M)}{(1\ \mu M + 2\ \mu M)} = \frac{0.2}{3}\mu M\ min^{-1} = 0.067\ \mu M\ min^{-1}$$

5. (a) $[E]_{total}$을 리터당 몰수로 나타내고 V_{max} 값을 계산하라.

$$[E]_{total} = 0.2\ g\ l^{-1}\left(\frac{1\ mol}{21\ 500\ g}\right) = 9.3 \times 10^{-6}\ M$$

$$V_{max} = k_{cat}[E]_{total} = 1000\ s^{-1}(9.3 \times 10^{-6}\ M) = 9.3 \times 10^{-3}\ M\ s^{-1}$$

(b) 억제제가 있을 경우에도 V_{max} 값이 변하지 않기 때문에 경쟁적 억제현상이 발생하고 있다. 억제제가 헵타펩타이드 기질과 구조적으로 매우 유사하기 때문에 효소 활성자리에 결합하는 경쟁적 억제가 예상된다(고전적 경쟁 억제).

6. 곡선 A는 억제제가 없을 때의 반응을 나타낸다. 경쟁적 억제제가 있을 경우(곡선 B)에는 K_m 값은 증가하고 V_{max}는 변하지 않는다. 비경쟁적 억제제가 있을 경우(곡선 C)에는 V_{max}는 감소하고 K_m은 변하지 않는다.

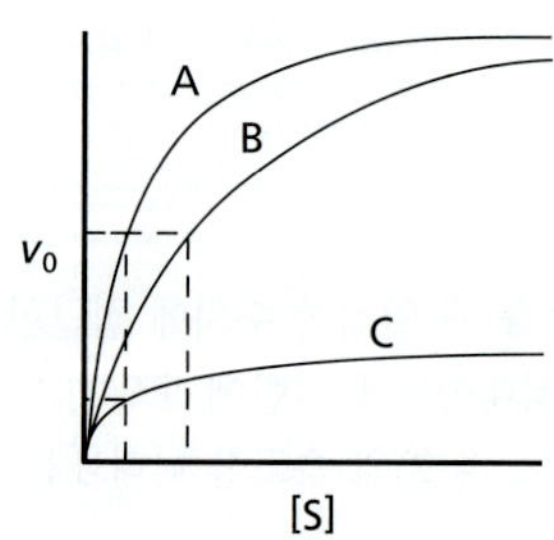

7. 억제제 설폰아미드가 PABA 기질과 구조적으로 유사하기 때문에 설폰아미드가 PABA 효소의 활성자리에 결합하여 경쟁적 억제제로 작용할 것이라 예상할 수 있다(그림 5.9).

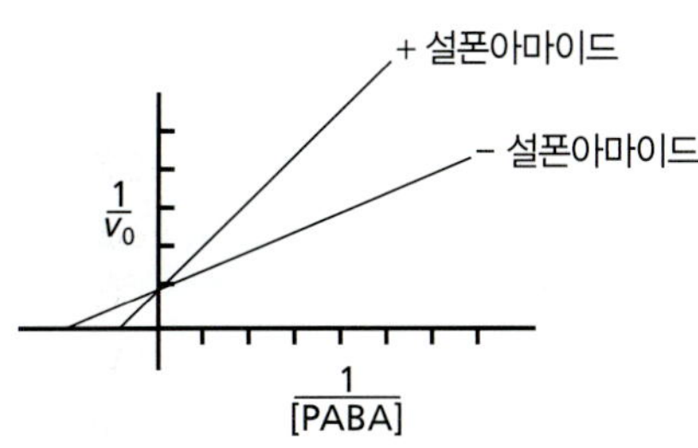

8. (a) 퓨마레이즈의 속도 데이터를 그래프로 나타내기 위해 먼저 기질 농도와 생성물 형성 초기 속도의 역수를 취한다. (자료를 계산하고 도표화하는데 정확한 단위를 사용해야 함을 주의하라.)

퓨마르산 [S] (mM)	$\frac{1}{[S]}$ (mM^{-1})	생성물 형성 속도 v_0 ($mmol\ l^{-1}\ min^{-1}$)	$\frac{1}{v_0}$ ($mmol^{-1}\ l\ min$)
2.0	0.50	2.5	0.40
3.3	0.30	3.1	0.32
5.0	0.20	3.6	0.28
10.0	0.10	4.2	0.24

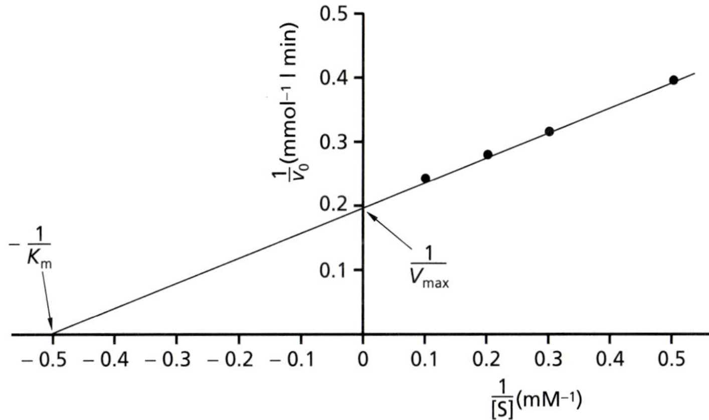

V_{max}는 y절편으로부터 얻어지는 $1/V_{max}$의 역수로부터 얻는다.

$$1/V_{max} = 0.20\ mmol^{-1}\ l\ min,\ 따라서\ V_{max} = 5.0\ mmol\ l^{-1}\ min^{-1}$$

K_m은 x절편으로부터 얻어지는 $-1/K_m$의 역수로부터 얻는다.

$$-1/K_m = -0.5\ mM^{-1},\ 따라서\ K_m = 2.0\ mM\ 또는\ 2\times10^{-3}\ M$$

(b) k_{cat} 값은 하나의 효소 활성자리가 촉매할 수 있는 초당 반응수를 나타낸다. 퓨마레이즈의 경우 효소의 농도는 1×10^{-8} M이지만, 하나의 분자당 네 개의 활성자리를 가지는 4량체(tetramer)이므로 효소 활성자리의 총 농도[Etotal]는 4×10^{-8} M 이다. 식 5.26을 사용하면:

$$k_{cat} = \frac{V_{max}}{[E_{total}]} = \frac{5.0\ mmol\ l^{-1}\ min^{-1}}{4\times10^{-5}\ mmol\ l^{-1}} \times \frac{1\ min}{60\ s} = 2\times10^3\ s^{-1}$$

9. 파이루브산 디하이드로지네이즈(PDH) (그림 5.22)와 마찬가지로, 글라이코젠 포스포릴레이즈(GP)의 활성은 카이네이즈에 의한 인산화와 포스파테이즈에 의한 탈인산화에 의해 서로 반대방향으로 조절된다. 하지만 PDH와는 다르게 GP의 활성 형태는 인산화된 두 개의 세린 잔기를 가지고 있다; GP의 불활성 형태에서 두 세린 잔기는 인산화되어 있지 않다.

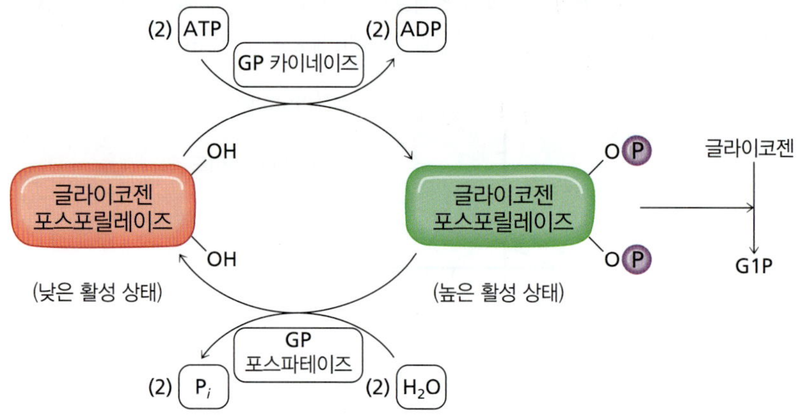

10. 다단계 경로의 첫 번째 개입단계를 저해하면 경로는 최종산물이 필요할 때에만 진행되게 된다. 첫 번째 개입단계가 통제받기 때문에 전체 경로의 흐름이 조절된다. 이러한 조절 형태는 물질(raw material)과 에너지를 보존한다.

11. [아스파트산] = 5 mM, $v_0 = V_{max}/2$. 입체다른자리 조절인자가 없는 경우, K_m = [S] = 5 mM. ATP는 v_0를 증가시키고 CTP는 v^0를 감소시킨다.

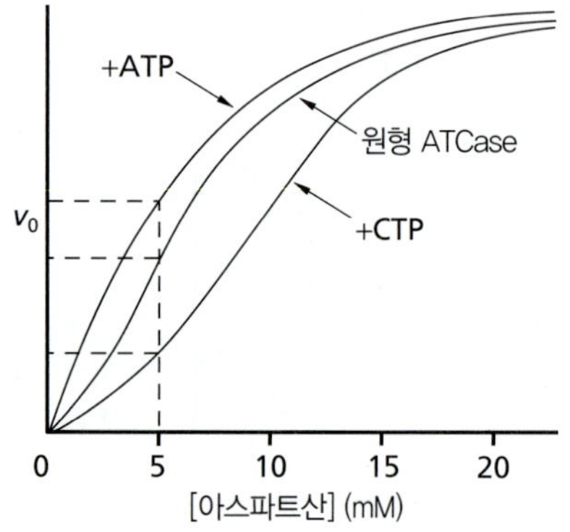

12. (a) P450 3A4에 대한 동력학적 데이터를 이용하여 도표를 그리기 위해 우선 기질 농도와 반응 초기속도(생성물 형성 초기속도)의 역수를 계산한다. 결과 값들을 이중역수도표에 나타내고 점선으로 연결한다.

미다졸람 [S](μM)	1/[S] (μM^{-1})	생성물 형성 속도 v_0 (pmol l^{-1} min^{-1})	$1/v_0$ (pmol^{-1} l min)
1	1	100	0.01
2	0.5	156	0.0064
4	0.25	222	0.0045
8	0.125	323	0.0031

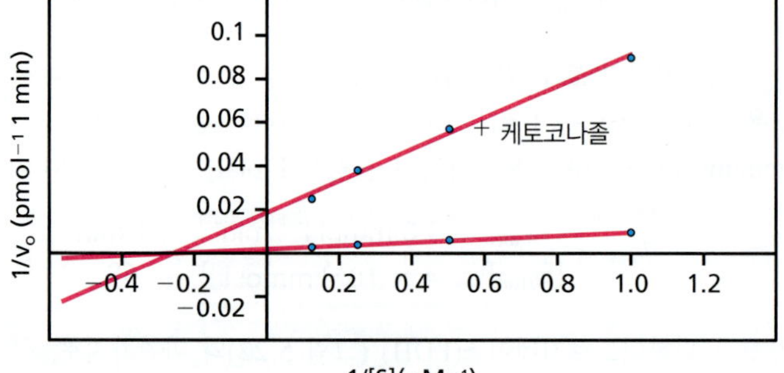

V_{max}는 y절편에서 얻은 $1/V_{max}$의 역수값을 취하면 된다(그림 5.6).

$$1/V_{max} = 0.0025 \text{ pmol}^{-1} \text{ l min, 따라서 } V_{max} = 400 \text{ pmol l}^{-1} \text{ min}^{-1}$$

K_m은 x 절편에서의 $-1/K_m$의 역수를 취함으로써 구할 수 있다.

$$-1/Km = -0.3\ \mu M-1,\ 따라서\ Km = 3.3\ \mu M$$

(b) 케토코나졸의 현재 기질 농도와 활성도의 역수는 아래의 표에 주어졌다.

미다졸람 [S] (μM)	1/[S] (μM^{-1})	0.1 μM 케토코나졸 존재 시 생성물 생성 속도/ v_0 (pmol l^{-1} min^{-1})	$1/v_0$ (pmol^{-1} l min)
1	1	11	0.091
2	0.5	18	0.056
4	0.25	27	0.037
8	0.125	40	0.025

결과값들은 (a)에 보이는 이중역수도표에 점으로 표시하고 직선으로 연결하였다. y절편 상에서는 증가하였고, x절편 상에서는 명확한 변화가 없다. 이중역수도표로부터 케토코나졸은 비경쟁적 억제제임을 알 수 있다(그림 5.11). 이 억제제들은 K_m 값의 변화 없이 V_{max} 값의 명백한 감소를 나타낸다($1/V_{max}$ 값은 증가함).

13. (a) 베르가모틴은 P450 3A4의 활성을 억제하는 것으로 보인다. 왜냐하면 0.1과 5 μM의 베르가모틴 존재시 P450 3A4의 활성도 값은 베르가모틴이 존재하지 않을 때의 값보다 낮게 측정되었다.

(b) 베르가모틴이 존재할 때 P450의 활성이 억제되기 때문에 환자들이 약을 먹을 때 자몽주스와 함께 마시는 것은 위험하다. 만약 베르가모틴이 P450의 활성도를 감소시키고, P450 효소는 약물을 비활성형으로 대사하므로 약물을 비활성형태로 전환시키는 데 필요한 시간은 증가할 것이다. 이는 약물 효과를 오래 지속되게 하므로써 환자에게 악영향을 끼칠 수 있다.

14. (a) $[S] \gg K_m$일 때, $K_m + [S] \approx [S]$ 이다. 기질 농도는 속도에 영향을 끼치지 않으며, 그림 5.4a 곡선의 윗부분에서 볼 수 있듯이, $0 = V_{max}$ 이다.

$$v_0 = \frac{V_{max}[S]}{K_m + [S]} \approx \frac{V_{max}[S]}{[S]} = V_{max}$$

(b) $[S] \ll K_m$일 때, $K_m + [S] \approx K_m$ 이다. 마이켈리스-멘텐식을 간소화하면

$$v_0 = \frac{V_{max}[S]}{K_m + [S]} \approx \frac{V_{max}[S]}{K_m}$$

속도는 [S]와 일정한 상수로 비례하며, 그림 5.4a 곡선의 아랫 부분에서 볼 수 있듯이 반응은 S에 관한 일차 반응이다.

(c) $0 = V_{max}/2$ 일 때, $K_m = [S]$ 이다.

$$v_0 = \frac{V_{max}}{2} = \frac{V_{max}[S]}{K_m + [S]}$$

$$K_m + [S] = 2[S]$$

$$K_m = [S]$$

6장 효소의 메커니즘

1. (a) ES 복합체의 주요 결합력은 전하-전하 상호작용, 수소결합, 소수성 상호작용, 그리고 반데르발스 힘이 있다. (20% 가량의 효소들은 기질과 결합하거나 기질의 일부와 공유결합을 형성한다.)

(b) 기질과의 강한 결합은 ES 복합체를 열역학적 웅덩이(thermodynamic pit)에 위치하게 하며, 이는 활성화 에너지를 유효하게 증가시키고 이에 따라 반응이 느려지게 만든다. 그러나 전이상태와의 강한 결합은 $ES^{\ddagger}$ 활성화 복합체의 에너지를 감소시키고 따라서 활성화 에너지를 낮추어 반응속도를 증가시킨다.

2. 화학 반응의 활성화 장벽을 낮추는 방법은 두 가지이다: (1) 기저상태 에너지(ES)를 높이는 것과 (2) 전이상태 에너지 수준($ES^{\dagger}$)을 낮추는 것. 이러한 방법들로 화학 반응의 활성화 장벽을 낮추면 화학반응 속도가 촉진된다.

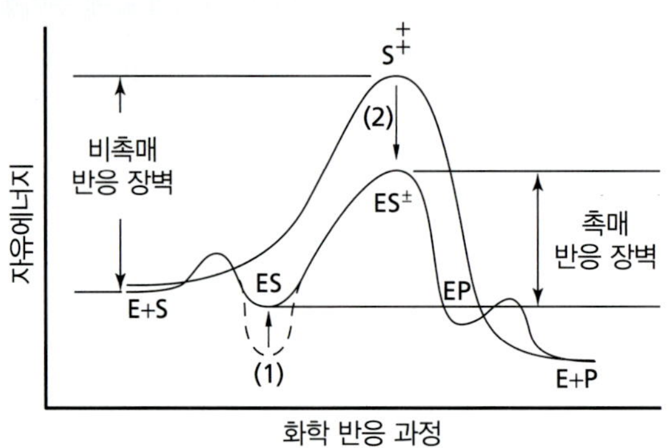

3. 다단계 반응에서의 속도 결정단계는 속도가 가장 느린 단계로 가장 높은 활성화 에너지는 갖는 단계이다. 예로, 1번 화학반응에서는 2단계가 속도 결정단계이고, 2번 화학반응에서는 1단계가 속도 결정단계이다.

4. 2번 화학반응의 반응 그룹인 —OH와 —COOH는 아주 가까이 위치하게 된다. 고리구조에 위치한 크기가 큰 메틸기들에 의한 공간적 과밀로 촉매작용이 일어날 수 있게 배치되어 있다. 2번 화학반응의 —COOH 그룹은 1번 화학반응에서의 —COOH 그룹보다 회전이 자유롭지 못하다. 이러한 모형 시스템은 여러 기질들과 촉매 그룹들을 반응의 최적화된 곳에 위치시킴으로써 효소들의 반응속도 증가 가능성을 보여주기 때문에 중요하다.

5. (1) 결합 효과. 라이소자임은 기질과 결합할 때 잘려질 글라이코사이드 결합이 효소 촉매 그룹(Glu-35 와 Asp-52)과 매우 가까이 위치하게 한다. 또한 당 고리는 반-의자(half-chair) 구조로 변형되면서 기저상태 에너지 수준이 높아진다.

(2) 산-염기 촉매작용. Glu-35가 양성자 하나를 이탈하는 당의 산소에 주고(보편적인 산 촉매작용), 그 후, 물 분자로부터 양성자 하나를 받는다(보편적인 염기 촉매작용).

(3) 전이상태 안정화. 옥소카보케이션(oxocarbocation) 중간체에 생성되는 양전하는 Asp−52에 의해 안정화되고, subsite D가 이 중간체의 반−의자 당 구조를 유도한다. 제시된 전이상태의 구조는 전하와 당 구조를 가지며 여럿 활성부위 잔기와 수소결합을 하고 있다.

6. 세린−195는 효소의 세린기들 중 유일하게 α-카이모트립신의 활성부위에서 일어나는 촉매반응에 참여한다. 이 반응의 결과로 세린-195의 친핵성 경향이 높아진 산소는 빠르게 DFP와 반응할 수 있게 한다.

7. (a) 촉매 반응은 아스파트산, 히스티딘과 세린 잔기로 이루어져 있다. 히스티딘은 보편적인 산-염기 촉매로 작용한다. (세린에서 양성자를 제거함으로써 세린은 강한 친핵성을 띠게 된다. 아스파트산은 히스티딘과 수소결합을 하여 전이상태를 안정화시킨다. 산 촉매인 히스티딘은 양성자를 제공함으로써 이탈하는 아민그룹을 생성한다.

(b) 옥시음이온 구멍(oxyanion hole)은 사면체형 중간체(tetrahedral intermediate)의 음전하를 띠는 산소와 수소결합을 하는 —NH— 뼈대 그룹을 가지고 있다. 옥시음이온 구멍은 기질과 결합하는 것보다 전이상태와 더욱 강하게 결합함으로써 전이상태를 안정화시킨다.

(c) 촉매 작용 중 아스파트산은 이미다졸리움 유형의 히스티딘과 수소결합을 한다. 아스파트산은 히스티딘과 한정적인 수소결합을 할 카르복실산 그룹이 없기 때문에 효소의 활성이 극적으로 감소하게 된다.

8. (a) 인간 사이토메갈로바이러스 프로티에이즈 : His, His, Ser

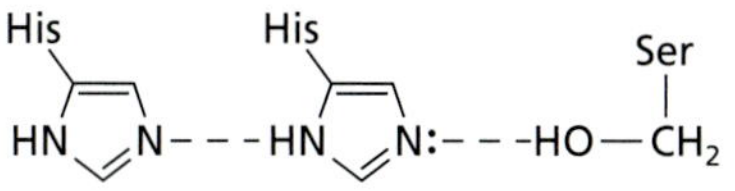

(b) *b*-락타메이즈 : glu, Lys, Ser

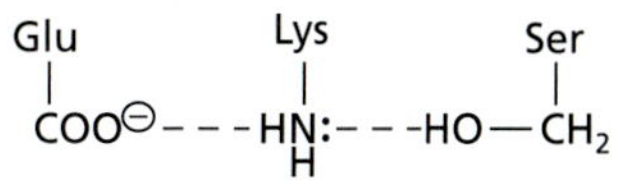

(c) 아스파라지네이즈: Asp, Lys, Thr

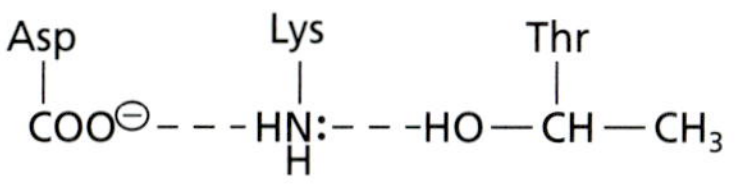

(d) 헤파타이티스 A 프로티에이즈:

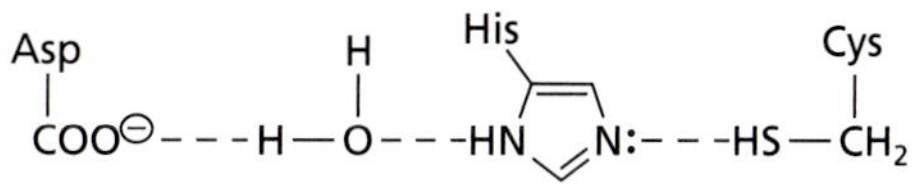

9. 타이로신이 페닐알라닌으로 바뀌었을 때, 돌연변이된 효소의 활성은 야생형의 효소보다 1%도 채 되지 않는다. 따라서 타이로신 잔기는 DDP-IV의 효소 활성에 관여한다. 타이로신은 방향족 고리의 잔기에 -OH 그룹을 보유하고 있다. 앞에 언급한대로 이 타이로신은 활성 자리의 옥시음이온 구멍(oxyanion hole)에서 발견된다. 세린계 프로티에이즈의 옥시음이온 구멍에 있는 수소결합은 사면체형 중간체를 안정화한다고 알려져 있다. 타이로신 잔기에 있는 -OH 그룹은 수소결합을 형성하여 사면체형 중간체를 안정화한다. 페닐알라닌은 수소결합을 형성할 수 있는 잔기를 갖고 있지 않다. 따라서 사면체형 중간체를 안정화시키지 못하고 효소 활성을 잃는다.

10. (a) 아세틸콜린에스터레이즈 촉매 삼꼭지: Glu–His–Ser

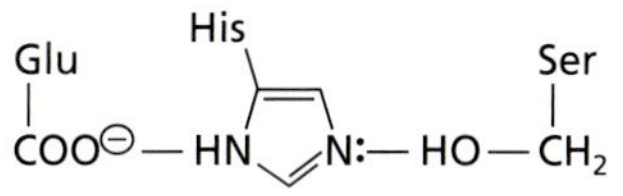

(b)

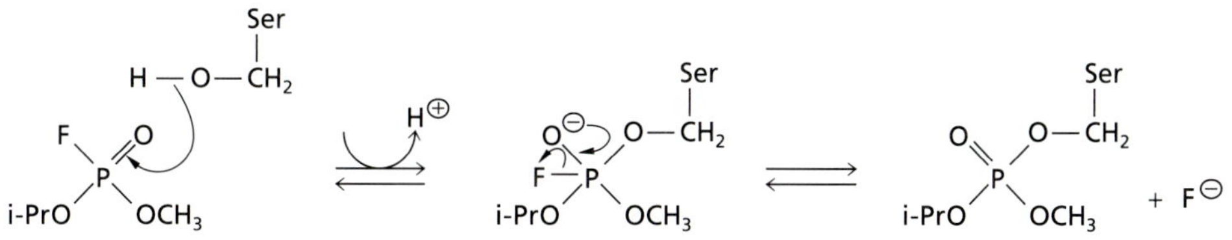

11. 운반체 단백질에 붙어 있는 전이상태 유사체는 효소활성을 갖는 항체를 생성하기 위한 항원으로 사용된다. 사면체형 포스폰산 에스터 분자는 코카인에 있는 벤질 에스터 일부분이 가수분해될 때 발생하는 전이상태인 사면체형 중간체 구조와 비슷하다. 포스폰산 구조에 의해 만들어진 항체는 코카인 벤질 에스터의 가수분해 반응 중간에 있는 전이상태를 안정화시킬 수 있기 때문에 이 반응을 효율적으로 촉진시킬 수 있다.

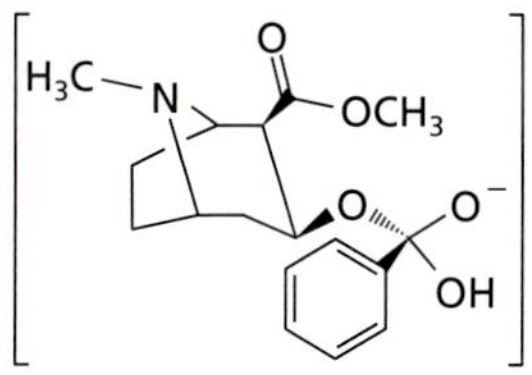

전이 상태

12. (a) 야생형 α1-프로테이즈 억제제는 아미노산 서열이 대체된 α1-프로테이즈 억제제를 생성하는 개개인에게 처방된다. 이 변화들은 결과적으로 단백질이 프로티에이즈인 엘라스테이즈를 효율적으로 억제하지 못하게 한다. 제어되지 않는 엘라스테이즈 활성은 엘라스틴은 분해시킴으로써 심각한 폐질병을 일으킨다. 따라서 환자들은 기능성 엘라스테이즈 억제제를 투여받는다.

(b) α1-프로테이즈 억제제 결핍에 대한 치료법은 정맥으로 그 단백질의 야생형을 주입하는 것이다. 만약 그 단백질을 입으로 섭취하였을 경우, 소화관에 있는 효소들이 α1-프로테이즈 저해제의 펩타이드 결합들을 분해할 것이다. 이 약을 바로 혈관 내로 주입하면 이 단백질들이 폐

로 순환되어 들어가 호중성 엘라스테이즈(neutrophil elastase)가 위치한 곳에서 활성을 나타내게 된다.

7장 조효소와 바이타민

1. (a) 산화; NAD$^\oplus$, FAD, 또는 FMN. (반응에서 보여진 조효소 NAD$^\oplus$이다.)
(b) α-케토산의 탈카복실화; 싸이아민, 파이로인산
(c) 바이카보네이트와 ATP를 필요로 하는 카복실화 반응; 바이오틴
(d) 분자 재배열; 아데노실코발라민
(e) TDP로부터 아실기인 CoA로의 수산화 에틸기의 이동; 리포산

2. (a) NAD$^\oplus$, NADP$^\oplus$, FAD, FMN, 리포아마이드, 유비퀴논, 싸이오레독신, 사이토크롬과 같은 단백질 조효소
(b) 조효소 A, 리포아마이드
(c) 테트라하이드로폴산 *S*-아데노실메싸이오닌, 메틸코발라민
(d) 피리독살인산
(e) 바이오틴, 싸이아민 파이로인산, 바이타민 K

3. 아니오. NAD$^\oplus$는 두 개의 전자를 얻지만 하나의 양성자만을 얻는다. 두 번째 양성자는 수용액에 빠져나가고 다른 양성자 필요 반응에 의해 다시 이용된다.

4.

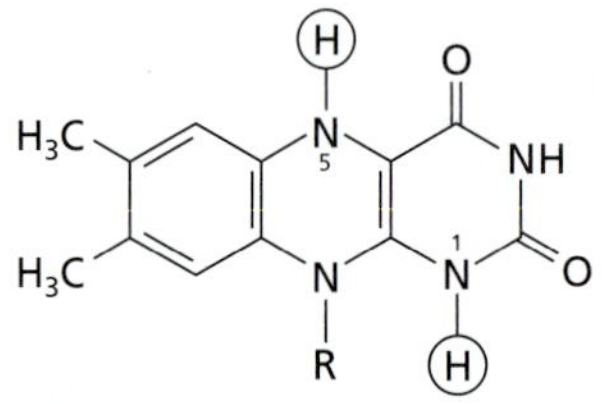

5. NAD$^\oplus$, FAD, ADP기를 포함한 모든 조효소 A(혹은 조효소 A를 위한 ADP와 3′-인산)

6.

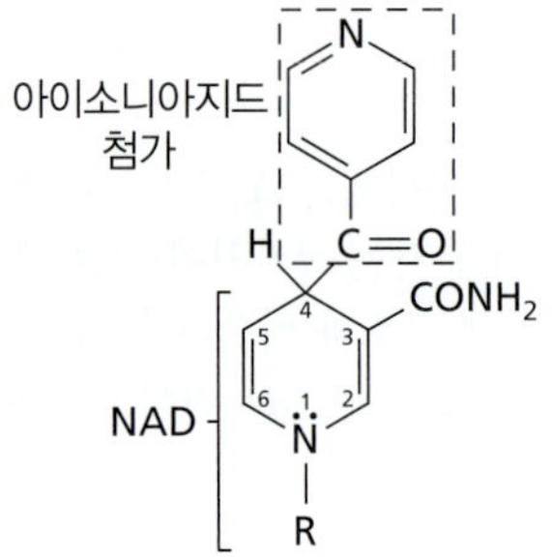

7. 바이타민 B_6는 인산피리독살로 변환되고 이는 아미노산을 포함한 다수의 반응의 조효소로 트립토판과 타이로신에서 세레토닌과 노르피네프린을 생산하는 경로의 탈카르복실화반응을 포함한다. 불충분한 바이타민 B_6는 PLP 레벨의 감소와 신경전달물질의 합성을 감소시킨다.

8. 타이미딜산(dTMP)의 합성은 테트라하이드로폴산(엽산)의 유도체를 필요로 한다. 엽산의 결핍은 DNA 합성과정에서 사용되는 dTMP 양을 감소시킨다. 적혈구 세포 전구체 내에서 DNA 합성의 감소는 느린 세포 분화를 일으키고 거대(macrocytic)적혈구를 생성한다. 이는 파괴로 인한 세포 손실을 일으키고 이는 빈혈의 원인이 된다.

9. (a) 코발라민
(b) 코발라민 유도체인 아데노실코발라민은 분자 내부에서 메틸말로닐 CoA가 석시닐 CoA로 재배열하는 데 사용되는 조효소이다(그림 7.28). 아데노실코발라민의 결핍은 메틸말로닐 CoA와 그 수화물인 메틸말로닉산 레벨의 증가를 일으킨다. 코발라민의 다른 유도체인 메틸코발라민은 호모시스테인으로부터 메싸이오닌 합성을 위해 필요한 조효소이고(반응 7.5), 코발라민의 결핍은 호모시스테인의 과잉과 메싸이오닌의 결핍을 일으킨다.

(c) 식물체는 코발라민을 합성하지 않기 때문에 이 바이타민의 공급원이 될 수 없다.

10. (a) 제시된 메커니즘에서 물 분자는 알코올 디하이드지네이즈의 아연이온에 결합하고 $OH^{\ominus}$를 형성한다. 이와 비슷하게 물은 탄산 안하이드레이즈(carbonic anhydrase)에 결합한다(그림 7.2). 이 염기성의 수산화 이온은 물을 생성하기 위하여 에탄올로부터 양성자를 추출한다. (다른 메커니즘으로는, 아연 또한 에탄올의 알코홀릭 산소(alcoholic oxgen)에 결합하고 극성화시키는 것이 제안되었다.)

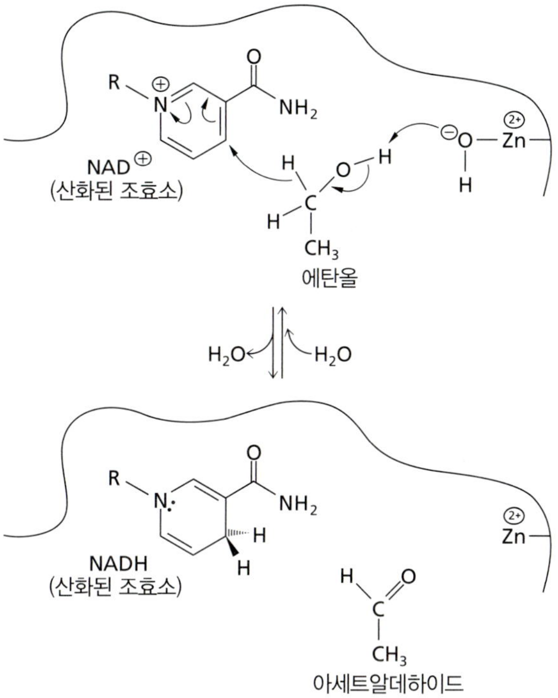

NAD$^{\oplus}$
(산화된 조효소)

에탄올

NADH
(산화된 조효소)

아세트알데하이드

(b) 아니오. 아지닌과 같은 잔기는 필요하지 않다. 젖산과 달리 에탄올은 카복실산 그룹이 부족하고 이것은 아지닌의 곁사슬에 정전기적으로 결합한다.

11. 카복실기는 메틸말로닐 CoA로부터 바이오틴으로 이동되고 카복시바이오틴과 프로피오닐 CoA를 형성한다.

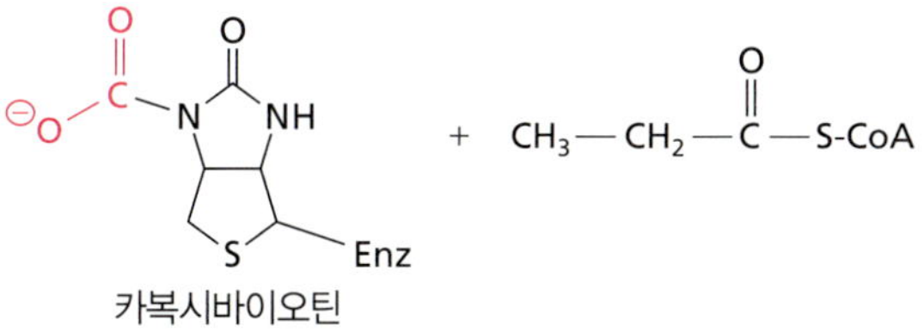

카복시바이오틴

12. (a)

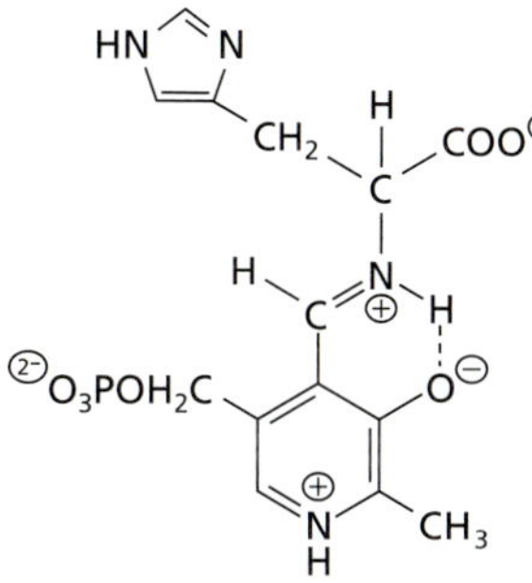

(b) 라세미화는 일어나지 않는다. 비록 디카복실화반응과 라세미화가 일어나는 동안 쉬프 염기가 형성되지만 히스티딘 디카복실레이즈의 활성화자리의 반응기는 특히 디카복실화를 촉매화하고 히스티딘의 라세미화는 촉매화하지 않는다.

13. (a) 412−413쪽의 반응 13.2−13.4를 참고하라.

(b)

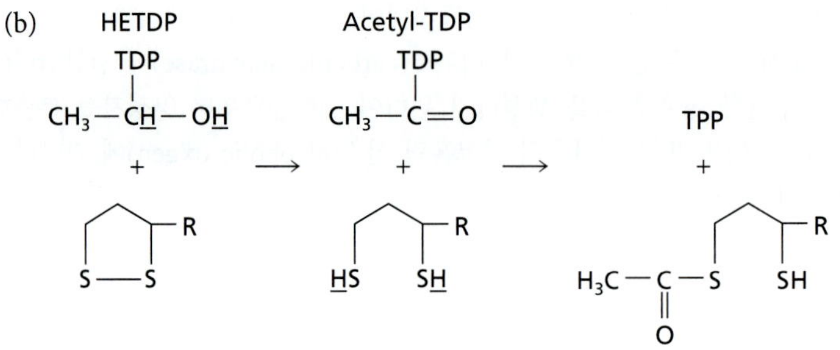

(c)

TDP
$HOCH_2$—C—OH
HC=O
H—C—OH
H—C—OH
$CH_2OPO_3^{2-}$
⟶
TDP
$HOCH_2$—C—ÖH
HOC—H
H—C—OH
H—C—OH
$CH_2OPO_3^{2-}$
⟶
CH_2OH
C=O
HOCH
H—C—OH
H—C—OH
$CH_2OPO_3^{2-}$
+ TPP

8장 탄수화물

1. (a) D-글루코스와 D-만노스
(b) L- 갈락토스
(c) D-글루코스 또는 D-탈로스
(d) 다이하이드록시아세톤
(e) 에리트룰로스 (D 또는 L)
(f) D-글루코스
(g) N-아세틸글루코사민

2. (a)
H O
C
H—C—OH
H—C—OH
HO—C—H
HO—C—H
CH_2OH

(b)
H O
C
HO—C—H
H—C—OH
H—C—OH
HO—C—H
CH_3

(c)
CH_2OH
H—C—OH
HO—C—H
H—C—OH
CH_2OH

(d)
H O
C
HO—C—H
H—C—OH
HO—C—H
H—C—OH
$COO^{\ominus}$

3. 당아미노글라이칸은 반복 이당의 비분지형의 헤테로글라이칸이다. 이당 중 한 가지는 아미노 당이고 다른 것은 보통 알두로닉산이다. 많은 경우 당아미노글라이칸의 특정 하이드록실과 아미노기는 황산화되어 있다.

4.

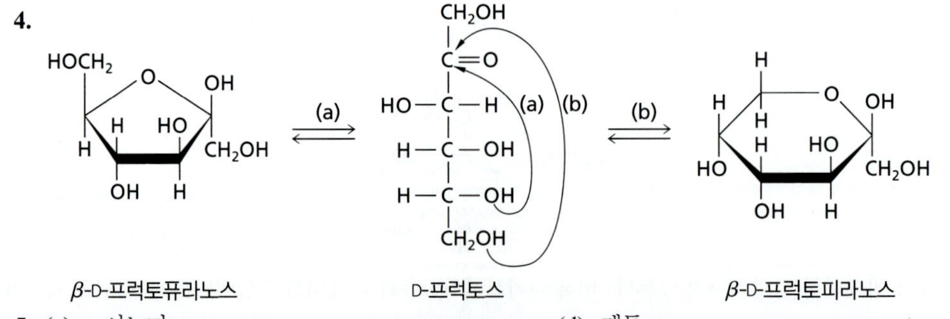

β-D-프럭토퓨라노스 D-프럭토스 β-D-프럭토피라노스

5. (a) α-아노머
(b) 예, 이것은 뮤터로테이트(mutoratate)이다.
(c) 예, 이것은 디옥시 당이다.
(d) 케톤
(e) 4개의 손대칭 탄소

6. 글루코피라노스는 5개의 키랄 탄소와 32개 가능한 입체이성질체가 있다. D형이 16개, L형이 16개이다. 프럭토퓨라노스는 4개의 키랄 탄소가 있고 16개의 입체이성질체가 가능하다. D형이 8개 L형이 8개이다.

7. (a) (b) 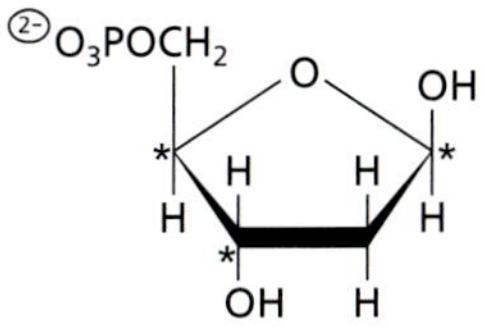 (c) 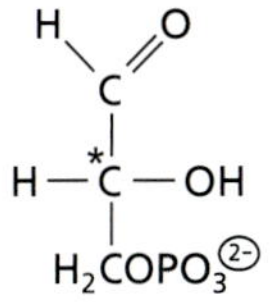 (d)

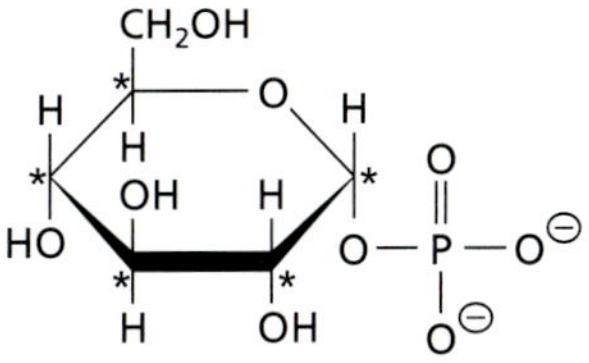

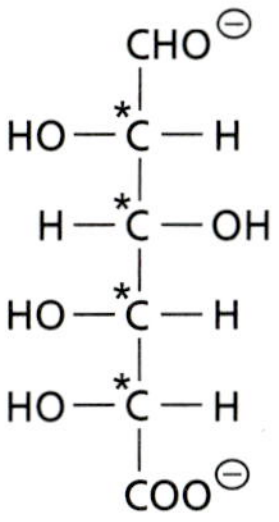

8. 알도스의 열린사슬 형태만이 단백질의 아미노산과 쉬프 염기를 형성할 수 있는 자유 알데하이드기를 갖는다. D-글루코스는 열린사슬 형태가 상대적으로 적어서 다른 알도스보다 단백질과 반응하지 않는다.

9. 피라노스는 부피가 큰 고리 치환체가 수평방향일 때 입체 반발력을 최소화되어 안정하다. β-D-글루코피라노스의 가장 안정한 형태이성질체에서 모든 수산화기와 CH_2OH기는 수평방향이다; α-D-글루코피라노스의 가장 안정한 형태이성질체에서 C-1 수산화기는 수직방향이다.

10.

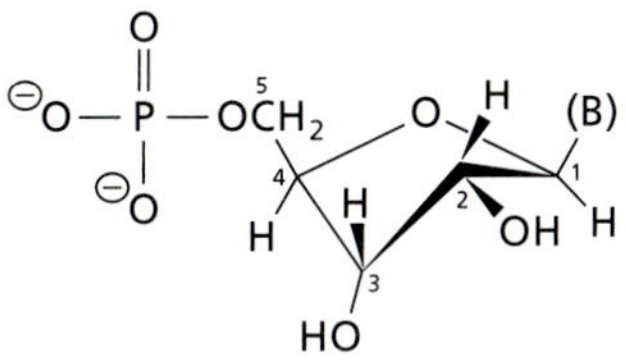

봉투형
입체형태

11. 글루코스의 α-와 β-아노머는 빠르게 평형을 이룬다. β-D-글루코스가 글루코스 산화효소 반응에 의해서 고갈될 때, 모든 글루코스가 글루코노락톤으로 변환될 때까지 더 많은 β 아노머가 α-아노머로부터 형성된다.

12. 수크랄로스는 이당 수크로스(그림 8.20)의 유도체이다. 프럭토스의 C-1과 C-6에 있는 두 개의 수산화기가 클로린으로 바뀌었다. 글루코스의 C-4에 있는 수산화기는 제거되고 클로린이 추가되었다. 설탕으로부터 수크랄로스의 화학 합성에서 글루코스의 C-4 치환체의 배열이 역으로 된다.

13. (a) (b) 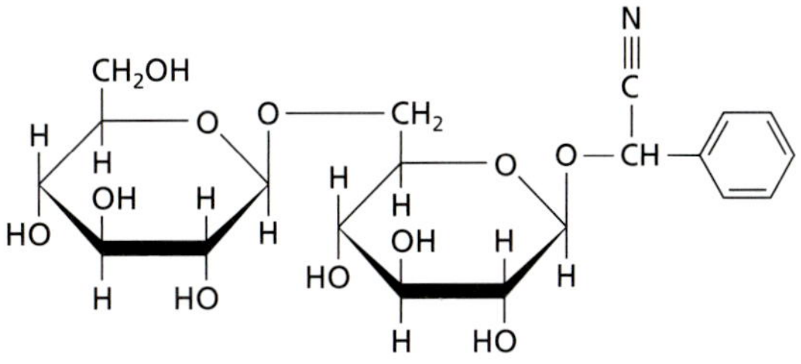 (c)

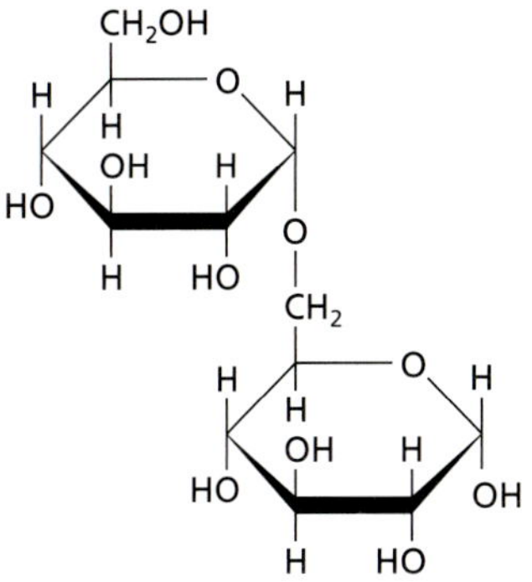

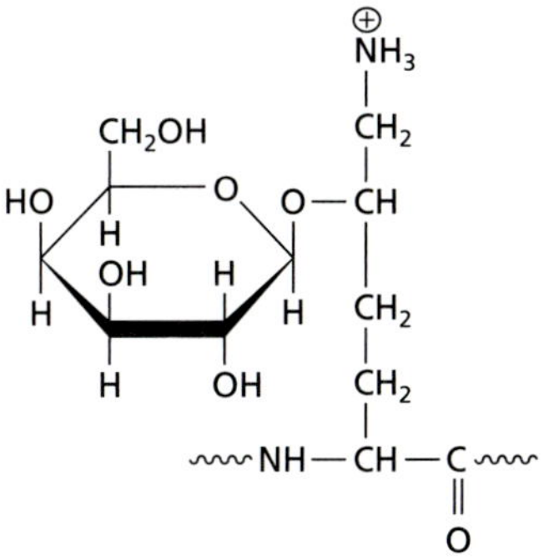

14.

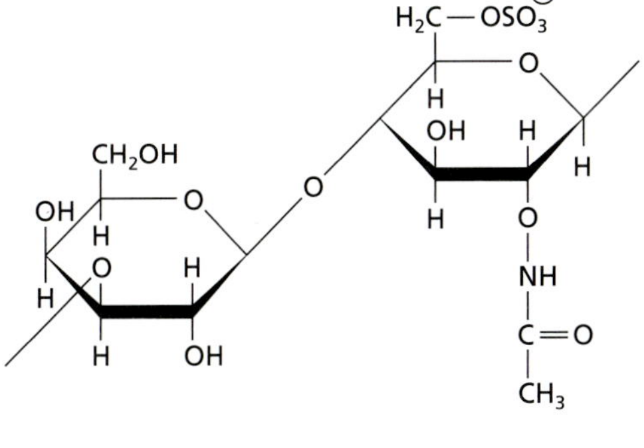

15. (a) a, b, c; 이러한 올리고당은 GlcNAc−Asn 결합을 포함한다.
(b) b,c; 이러한 올리고당은 β-갈락토사이드 결합을 포함한다.
(c) b; 이 올리고당은 시알산을 포함한다.
(d) 없다. 올리고당의 어떤 것도 퓨코스를 포함하지 않으므로.

16.

α (2→3) 연결
β (1→4) 연결

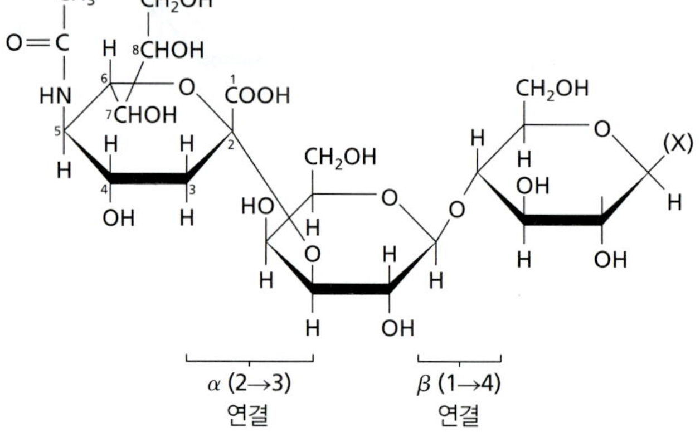

17. 종이는 셀룰로스로 만들어지며 β-글루코시데이즈는 셀룰로스를 글루코스로 분해한다. 당신이 약을 먹으면 이 책은 여전히 반죽 같은 맛을 내는 종이를 씹는 느낌일 것이다. 그것은 당신의 미각은 입에 있고, 효소는 위에 있기 때문이다. 당신이 그 책을 효소 용액에 절인다면 맛은 훨씬 달 것이다. 출판사는 맛이 나는 잉크를 사용한 교과서를 출판하지는 않을 것이다. 이유는 그들과 작가들이 학생들이 교과서를 많은 숙련 코스에서 추후에 참고하기 위해 가치 있는 자원으로서만 소장하기를 원하기 때문이다. 반면에 책을 파는 대신, 학생들이 교과서를 먹도록 하는 것은 건강과 영양에 좋기 때문에 좋은 것일지도 모른다.

9장 지질과 막

1.
(a) $CH_3(CH_2)_7-CH=CH-(CH_2)_{13}COO^{\ominus}$
(b) $CH_3(CH_2)_5-CH=CH-(CH_2)_9COO^{\ominus}$
(c) $CH_3CH_2(CH=CHCH_2)_5(CH_2)_2COO^{\ominus}$

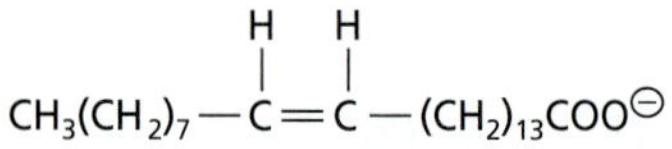

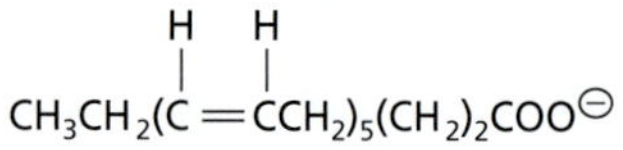

2.
(a) $CH_3CH_2CH_2-O-(CH_2)_9COO^{\ominus}$
(b) $CH_3(CH(CH_3)CH_2CH_2CH_2)_3CH(CH_3)CH_2COO^{\ominus}$
(c) $CH_3(CH_2)_5CH-CH(CH_2)_9COO^{\ominus}$ (with CH_2 bridge)

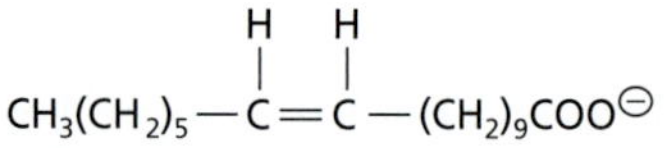

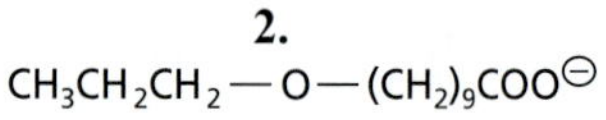

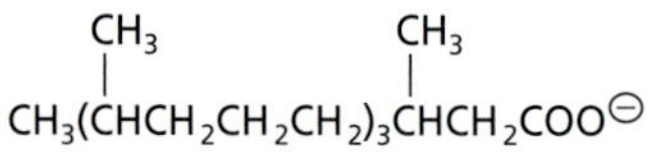

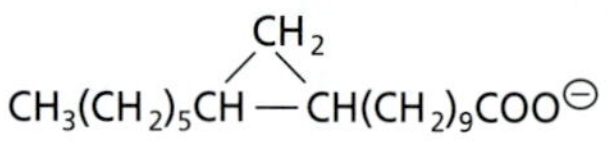

3. (a) ω-3; (b) ω-6; (c) ω-6; (d) 둘 다 아님 (ω-9); (e) ω-6.

4.

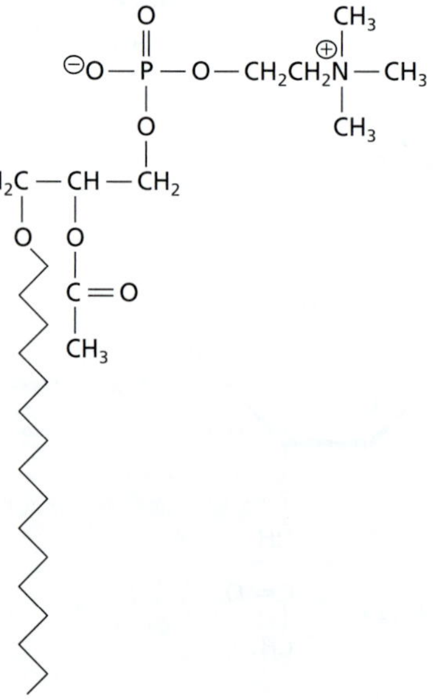

5. (a)

(b) 도코사헥사엔산은 ω-3 지방산으로 분류된다.

6.

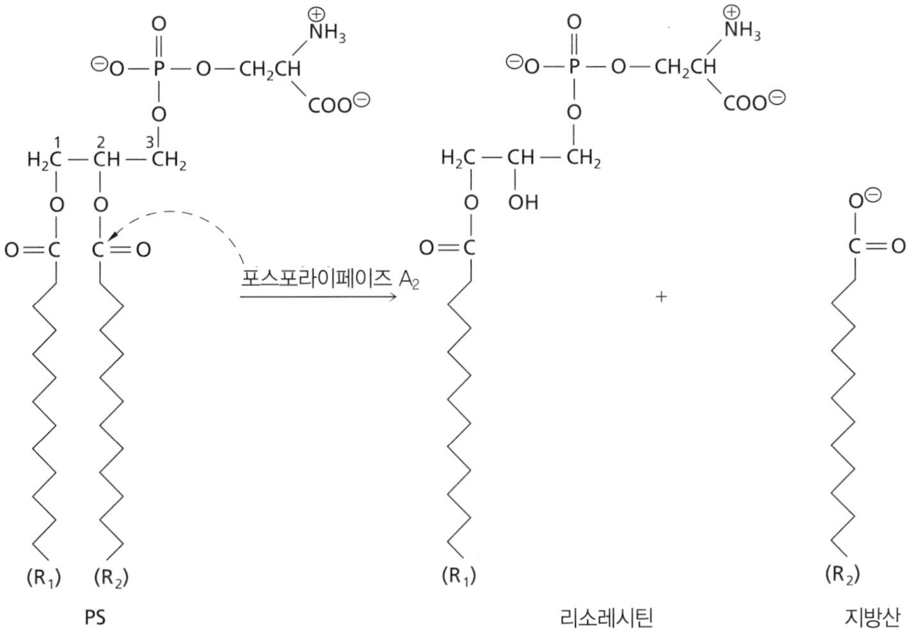

포스포라이페이즈 A_2

PS

리소레시틴

지방산

7. (a)

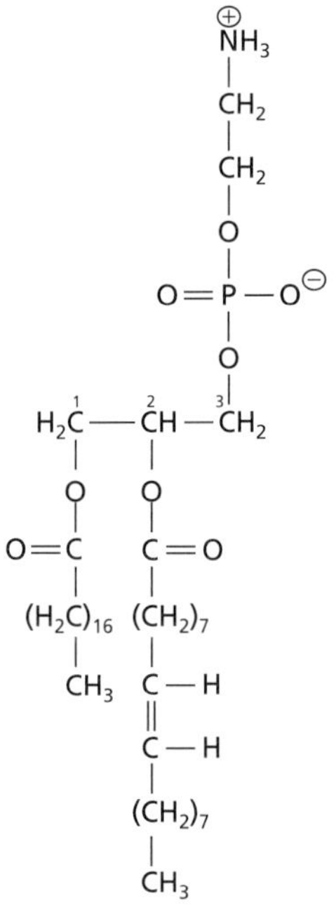

(b)

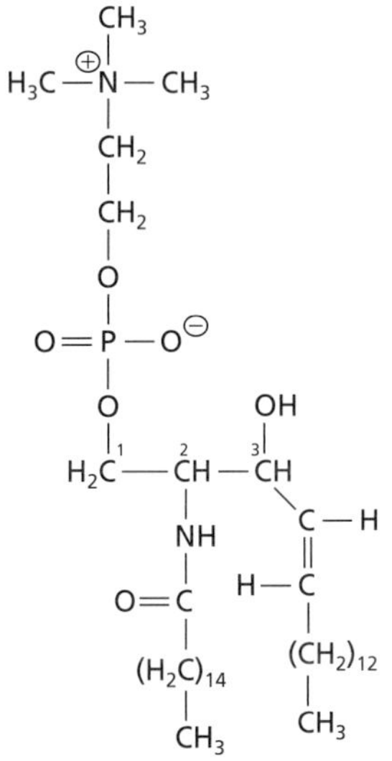

(c)

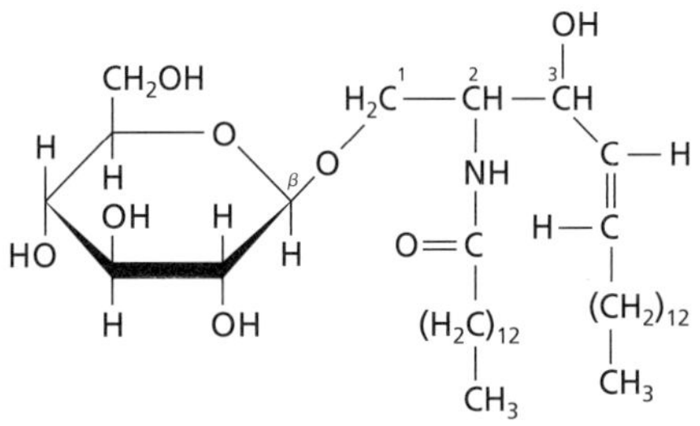

8. (a) (b)

9. PE는 두 온도에서 글리세롤-3-인산 골격의 C-2 위치한 도코사헥사엔산을 가지고 있다. 낮은 온도에서, C-1 위치의 단일불포화 지방산 아실 그룹의 백분율은 30°C에서 14%이나 10°C에서는 39%까지 증가한다. 막 유동성은 유기체에서 반드시 유지되어야 하며, 이는 막 지질의 구성이 변화함으로써 이뤄진다. 낮은 온도에서는 불포화된 지질이 증가함으로써 막 유동성이 적절히 조절될 것이다.

10. 파르네실 트랜스퍼레이즈(FT)는 파르네실 또는 "프레닐"기를 *ras* 단백질의 시스테인 옆 사슬에 첨가한다(그림 9.23b). *ras* 단백질은 결과적으로 세포막과 소포체 막에 고정되고 세포 신호전달 경로에서 활동한다. 종양 세포에서 파르네실 트랜스퍼레이즈의 억제는 돌연변이된 *ras* 단백질의 신호전달 활성을 방해하기 때문에 이 효소는 화학요법 타깃이 된다. 사실상, 파르네실 트랜스퍼레이즈(FT) 저해제는 마우스에서 종양 성장의 강력한 억제제이다.

11. A선은 통로나 구멍을 통한 포도당의 확산을 나타내고, B선은 수동적 수송을 나타낸다. 통로나 구멍을 통한 확산은 일반적으로 포화될 수 없으며, 용질 농도에 대해 선형으로 증가하는 속도를 나타낸다. 수송 단백질을 통한 수송은 높은 용질 농도에서 포화될 수 있고, 이는 높은 기질 농도에서 포화되는 효소의 경우와 비슷하다(9.10C절).

12.

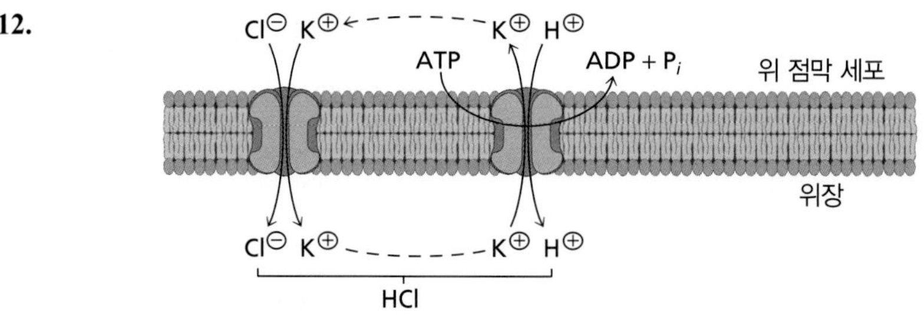

13. 테오브로민은 구조적으로 카페인과 테오필린과 연관되어 있다(그림 9.45). 오브로민을 포함하여 메틸화된 퓨린은 cAMP의 AMP로의 가수분해를 촉매하는 수용성 효소인 cAMP 포스포다이에스테레이즈를 억제한다. 이러한 메틸화된 퓨린은 세포내 전령 cAMP의 AMP로의 분해를 억제한다. 그러므로 cAMP의 효과가 지속된다. 이 사실은 개의 경우 섭취한 테오브로민이 그들의 시스템에서 느리게 제거된다는 사실과 병행된다. 독성에 대한 이 두 결과 모두 초콜릿 섭취와 연관되어 있다.

14. 두 가지 2차 전령 IP_3와 DAG가 세포내 타깃 단백질의 인산화를 통해 이들을 활성화시키는 인산화 효소의 활성을 촉진하는 점에서 상호 보완적으로 작용한다. 다이아실글리세롤은 단백질 인산화효소C를 직접적으로 활성화시키는 반면, IP_3는 소포체의 막에 존재하는 Ca^{2+} 통로를 열어 저장되어 있던 Ca^{2+}을 세포질로 방출시킴으로써 Ca^{2+}수치를 증가시킨다(그림 9.48). 증가된 Ca^{2+}수치는 다른 카이네이즈를 활성화시켜 특정 단백질의 인산화와 활성화를 유도한다.

15. 인슐린은 인슐린 수용체의 α 소단위에 여전히 정상적으로 결합할 수 있지만, 돌연변이 때문에 β 소단위는 타이로신-카이네이즈 활성이 결여되어 자기 인산화나 다른 인산화 반응을 촉매할 수 없게 된다. 그러므로 인슐린은 세포내 반응을 일으킬 수 없다. 더 많은 인슐린의 존재는 아무런 영향을 미치지 못할 것이다.

16. G 단백질은 두 가지 호환성 있는 형태를 가진 분자 스위치로서, 활성화된 GTP-결합 형태와 불활성화된 GDP-결합 형태가 있다(그림 9.42). 정상적인 G 단백질은, GTPase 활성이 활성화된

G 단백질을 불활성화 형태로 전환시킨다. *ras* 단백질은 GTPase 활성이 없기 때문에, 불활성화 될 수 없다. 이 결과로 아데닐릴 사이클레이즈는 지속적으로 활성화되고 특정 세포 외적 신호에 대한 장기간 반응을 보인다.

17. 구 표면은 $4\pi r^2$이다. 난자의 표면적은 $4\pi(50)^2\mu m$ 또는 $3.9 \times 10^5\ \mu m^2$이다. 지질 분자의 표면적은 $10^{-14}\ cm^2 = 10^{-6}\ \mu m^2$이다. 막의 75%만이 지질이기 때문에, 지질 분자의 전체 수는

$$\frac{3.9 \times 10^5}{10^{-6}} \times 0.75 = 2.9 \times 10^{11} \text{ 분자이다.}$$

18. 당신의 할머니에게서 만들어진 지질 분자는 각 세포분열 단계에서 딸 세포 사이에 동일하게 분열되었다고 가정한다면, 30번의 세포분열 후, 당신의 어머니의 난모 세포(난자)는 원래 지질 분자 수의 $1/2^{30}$개를 가지고 있을 것이다. 당신의 할머니로부터 어머니가 물려받은 지질 분자의 수는 2.9×10^{11}이므로 (전 문제 참조), 각 난모 세포에 남아있는 수는

$$1/2^{30} \times 2.9 \times 10^{11} = 270 \text{ 이다.}$$

당신은 당신의 할머니로부터 270개의 지질 분자를 물려받았다.

10장 대사 서론

1. (a)

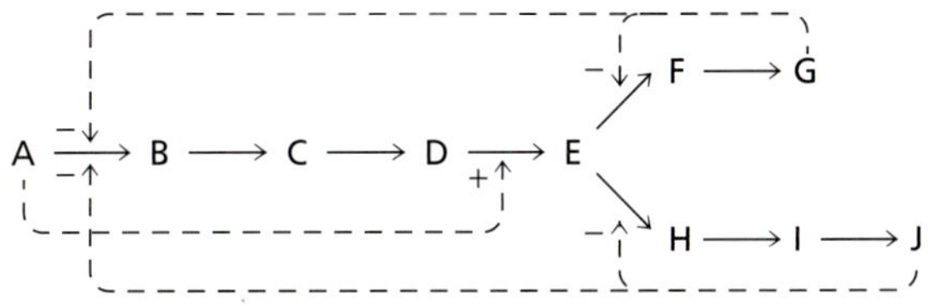

A B C D E
F G
H I J

(b) G 또는 J에 의한 첫 번째 단계의 억제는 이 경로에서 불필요한 중간산물의 축적을 방지한다. 충분한 G 또는 J가 있을 때, A 분자는 이 경로에 거의 들어가지 못한다. 가지 지점 후의 효소를 조절함으로 다른 물질의 합성을 저해하지 않고 자기 자신의 생성을 저해한다.

2. 분리된 대사 과정은 각각의 구획 내에 비의존적으로 존재하는 각각의 경로에 필요한 반응물과 생성물의 농도를 최적화할 수 있게 한다. 경로 효소의 분리도 다른 경로의 조절자를 저해하지 않고 각각의 경로를 비의존적으로 조절할 수 있게 한다.

3. 박테리아는 진핵세포보다 작아서 구획을 나누는 것이 이롭지 못할 것이다. 시트르산 회로가 마이토콘드리아에 있는 것은 진핵세포에서의 선택적 장점이라기보다는 우연일 것이다.

4. 다단계 효소 경로에서, 한 효소의 생성물은 이 경로 다음 효소의 기질일 것이다. 비의존적으로 자유로운 효소는 각 효소의 생성물을 용액 안에서 자유로운 확산에 의해 다음 효소를 찾아야 한다. 다효소 복합체나 막에서 서로 가까운 거리에 순서적으로 효소가 위치함으로써, 각 효소의 생성물은 용액 안에서 확산에 의한 기질의 소실 없이 다음 효소에 전달될 수 있다.

5. (a) $\Delta G^{\circ\prime} = RT \ln K_{eq}$

$$\ln K_{eq} = -\frac{\Delta G^{\circ\prime}}{RT} = -\frac{-9000\ \text{J mol}^{-1}}{(8.315\ \text{J K}^{-1}\ \text{mol}^{-1})(298\ \text{K})} = 3.63$$

$$K_{eq} = 38$$

(b) $\Delta G^{\circ\prime} = -RT \ln K_{eq}$

$$K_{eq} = \frac{[\text{포도당}][P_i]}{[\text{포도당-6-인산}][H_2O]} = \frac{(0.1\ \text{M})(0.1\ \text{M})}{(3.5 \times 10^{-5}\ \text{M})(1)} = 286$$

$$\Delta G^{\circ\prime} = -(8.315\ \text{JK}^{-1}\ \text{mol}^{-1})(298\ \text{K}) \ln 286$$

$$\Delta G^{\circ\prime} = -14\,000\ \text{J mol}^{-1} = -14\ \text{kJ mol}^{-1}$$

6. (a) $\Delta G = \Delta G^{\circ\prime} + RT \ln \dfrac{[\text{아지닌}][P_i]}{[\text{포스포아지닌}][H_2O]}$

$$\Delta G = -32\,000\ \text{J mol}^{-1} + (8.315\ \text{J K}^{-1}\ \text{mol}^{-1})(298\ \text{K}) \ln \frac{(2.6 \times 10^{-3})(5 \times 10^{-3})}{(6.8 \times 10^{-3})(1)}$$

$$\Delta G = -48\ \text{kJ mol}^{-1}$$

(b) $\Delta G^{\circ\prime}$는 표준 조건에서 1 M 농도의 반응물과 생성물로 정의된다. (물의 농도는 1로 부여된다.) ΔG는 반응물과 생성물의 실제 농도에 의존적이다.

(c) 포스포아지닌이나 아세틸 CoA와 같이 가수분해에 대해 높은 자유에너지를 가지는 분자들은 열역학적으로는 불안정하지만 동역학적으로는 안정하다. 이러한 분자들은 맞는 촉매제가 없을 때에는 매우 느리게 가수분해된다.

7.

	$\Delta G^{\circ\prime}$(kJ mol^{-1})
포도당-1-인산, UDP-포도당 ⟶ UDP-포도당 + PP_i	0
$PP_i + H_2O \longrightarrow 2\ P_i$	−29
	$\Delta G^{\circ\prime}$ −29

8. (a) ATP가 근육수축이나 막수송을 위해 빠르게 에너지로 사용될지라도, 중간의 대사경로를 통해 ADP와 P_i로부터 빠르게 재합성된다. 이 과정을 위한 에너지는 탄수화물, 지방, 아미노산의 분해나 근육 크레아틴 인산(CP + ADP → ATP + C)과 같은 에너지 저장 물질로부터 제공된다.

(b) ATP의 역할은 에너지 저장물질이라기보다는 자유에너지 전달자이다. (a)에서 언급했듯이, ATP는 저장되지 않고 에너지 요구 반응에 빠르게 사용된다.

9. ATP와 크레아틴의 반응에 대한 $\Delta G^{\circ\prime}$은 다음과 같이 계산된다.

	$\Delta G^{\circ\prime}$(kJ mol^{-1})
크레아틴 + P_i ⟷ 인산크레아틴 + H_2O	+43
$ATP + H_2O \longleftrightarrow ADP + P_i$	−32
크레아틴 + ATP ⟷ 인산크레아틴 + ADP	+11

크레아틴에 대한 인산크레아틴의 비를 20:1로 유지하기 위한 ADP에 대한 ATP의 비율은 식 10.13으로 계산될 수 있다. 평형상태에서, $\Delta G = 0$ 이므로

$$\Delta G^{\circ\prime} = -RT \ln \frac{[\text{인산크레아틴}][\text{ADP}]}{[\text{크레아틴}][\text{ATP}]}$$

$$\ln \frac{(20)[\text{ADP}]}{(1)[\text{ATP}]} = -\frac{\Delta G^{\circ\prime}}{RT} = -\frac{(11\ 000\ \text{J mol}^{-1})}{(8.315\ \text{J K}^{-1}\ \text{mol}^{-1})(298\ \text{K})} = -4.44$$

$$\frac{(20)[\text{ADP}]}{(1)[\text{ATP}]} = 1.2 \times 10^{-2}$$

$$\frac{[\text{ATP}]}{[\text{ADP}]} = 1667:1$$

10.

$R-CH(^{\oplus}NH_3)-C(=O)-O^{\ominus}$ + P—P—P—O— 아데노신 ⟶ $R-CH(^{\oplus}NH_3)-C(=O)-O-P-O-$아데노신 (아실 아네닐레이트) + PP_i

$PP_i + H_2O$ —파이로포스파테이즈→ $2\ P_i$

(아실 아네닐레이트) —tRNA, AMP→ $R-CH(^{\oplus}NH_3)-C(=O)-O-$tRNA

11. $\Delta G^{\circ\prime} = -RT \ln K_{eq}$

$$K_{eq} = \frac{[\text{과당-6-인산}]}{[\text{포도당-6-인산}]} = \frac{2}{1}$$

$$\Delta G^{\circ\prime} = -(8.315\ \text{J K}^{-1}\ \text{mol}^{-1})(298\ \text{K}) \ln 2$$

$$\Delta G^{\circ\prime} = -1.7\ \text{kJ mol}^{-1}$$

12. (a) $\ln K_{eq} = -\dfrac{\Delta G^{\circ\prime}}{RT} = -\dfrac{(25\,000 \text{ J mol}^{-1})}{(8.315 \text{ J K}^{-1} \text{ mol}^{-1})(298 \text{ K})} = -10.1$

$K_{eq} = 4.1 \times 10^{-5}$

(b) 공역반응에 대한 $\Delta G^{\circ\prime}$는 다음과 같이 계산된다.

	$\Delta G^{\circ\prime}$(kJ mol^{-1})
$A \longrightarrow B$	+25
$ATP + H_2O \longleftrightarrow ADP + P_i$	−32
$A + ATP + H_2O \longleftrightarrow B + ADP + P_i$	−7

$$\ln K_{eq} = -\frac{\Delta G^{\circ\prime}}{RT} = 2.8$$

$$K_{eq} = 17$$

공역반응의 K_{eq}는 (a)의 K_{eq}보다 180,000배 크다.

(c) $K_{eq} = 17 = \dfrac{[B][ADP][P_i]}{[A][ATP][H_2O]} = \dfrac{[B][ADP]}{[A][ATP]} = \dfrac{[B](1)}{[A](400)}$

$\dfrac{[B]}{[A]} = 6800:1$

반응을 ATP 가수분해와 공역하면 [A]에 대한 [B]의 비율이 166만 배 증가한다 ($6800 \div (4.1 \times 10^{-5}) = 1.6 \times 10^{8}$).

13. 전자는 음의 표준환원전위를 가진 분자에서 더 양의 표준환원전위를 가진 분자로 흐른다.

(a) 사이토크롬 $b_5(Fe^{2+})$ + 사이토크롬 $f(Fe^{3+})$ → 사이토크롬 $b_5(Fe^{3+})$ + 사이토크롬 $f(Fe^{2+})$

(b) 석신산 + Q → 퓨마르산 + QH_2

(c) 아이소시트르산 + $NAD^{\oplus}$ → α-케토글로타르산 + NADH

14. 표 10.4에 있는 표준환원전위는 $S_{ox} + n\,e^{\ominus} \rightarrow S_{red}$로 쓸 수 있는 반반응에 대한 것이다. 반반응은 환원되는 물질을 포함하는 반반응의 방향을 반대로 해주고 환원전위의 부호를 반대로 해 줌으로 공역 산화-환원반응을 얻기 위해 합할 수 있다.

(a)

	$E^{\circ\prime}$(V)
$2\text{ Cyt } c(Fe^{3+}) + 2e^{\ominus} \longrightarrow 2\text{ Cyt } c(Fe^{2+})$	+0.23
$QH_2 \longrightarrow Q + 2H^{\oplus} + 2e^{\ominus}$	−0.04
$2\text{ Cyt } c(Fe^{3+}) + QH_2 \longrightarrow 2\text{ Cyt } c(Fe^{2+}) + Q + 2H^{\oplus}$	$\Delta E^{\circ\prime} = 0.19$ V

$\Delta G^{\circ\prime} = -nF\Delta E^{\circ\prime} = -(2)(96.48 \text{ kJ V}^{-1} \text{ mol}^{-1})(0.19 \text{ V})$

$\Delta G^{\circ\prime} = -37 \text{ kJ mol}^{-1}$

(b)

	E°(V)
$\frac{1}{2}O_2 + 2H^{\oplus} + 2e^{\ominus} \longrightarrow H_2O$	+0.82
석신산 ⟶ 퓨마르산 $2H^{\oplus} + 2e^{\ominus}$	−0.03
$\frac{1}{2}O_2$ + 석신산 ⟶ H_2O + 퓨마르산	$\Delta E^{\circ\prime} = 0.79$ V

$\Delta G^{\circ\prime} = -(2)(96.48 \text{ kJ V}^{-1} \text{ mol}^{-1})(0.79 \text{ V})$

$\Delta G^{\circ\prime} = -150 \text{ kJ mol}^{-1}$

15. 예상되는 결과는 아래의 그래프와 같다. NADH는 반응 혼합물에서 형성되므로, 340 nm에서의 흡광도는 증가할 것이다(Box 10.1 참조).

16.

	$E^{\circ\prime}$(V)
$Q + 2H^{\oplus} + 2e^{\ominus} \longrightarrow QH_2$	+0.04
$FADH_2 \longrightarrow FAD + 2H^{\oplus} + 2e^{\oplus}$	+0.22
$Q + FADH_2 \longrightarrow QH_2 + FAD$	$\Delta E^{\circ\prime} = 0.26$ V

$$\Delta E = \Delta E^{\circ\prime} - \frac{RT}{nF}\ln\frac{[QH_2][FAD]}{[Q][FADH_2]}$$

$$\Delta E = 0.26 \text{ V} - \frac{0.026 \text{ V}}{2}\ln\frac{(5 \times 10^{-5})(2 \times 10^{-4})}{(1 \times 10^{-4})(5 \times 10^{-3})}$$

$$\Delta E = 0.26 \text{ V} - 0.013(-3.9) = 0.31 \text{ V}$$

$$\Delta G = -nF\Delta E = -(2)(96.48 \text{ kJ V}^{-1} \text{ mol}^{-1})(0.31 \text{ V})$$

$$\Delta G = -60 \text{ kJ mol}^{-1}$$

이론적으로, 유비퀴논에 의한 $FADH_2$의 산화는 ADP와 P_i로부터 ATP 합성을 유도하기에 충분한 자유에너지를 방출한다.

11장 해당작용

1. (a) 2 (그림 11.2 및 반응 11.12 참조)

(b) 2 (과당 카이네이즈 반응에서 1 ATP 소모, 삼탄당 카이네이즈 반응에서 1 ATP 소모, 그리고 삼탄당 단계에서 4 ATP 생성)

(c) 2 (육탄당 단계에서 2 ATP 소모, 삼탄당 단계에서 4 ATP 생성)

(d) 5 (설탕은 세포 내에서 과당과 포도당-1-인산으로 분해됨. 과당은 답 (b)에서 설명하였듯이 2 ATP를 생성함. 포도당-1-인산이 해당작용을 통해 분해되면 핵소카이네이즈 반응이 필요 없기 때문에 2 ATP가 아니라 3 ATP가 생성됨. 따라서 2 ATP + 3 ATP = 5 ATP)

2. (a)

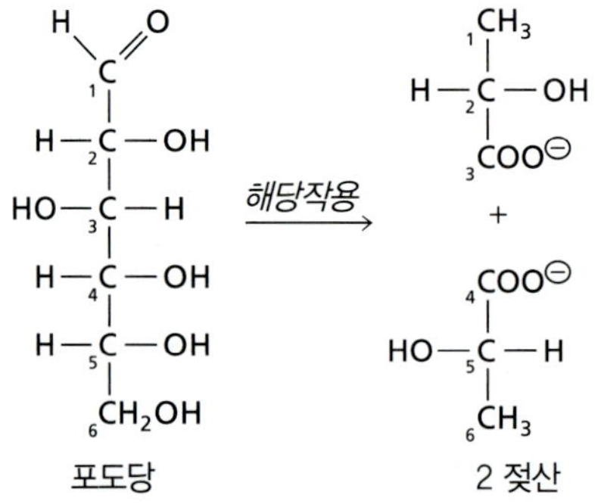

(b) 포도당의 C-3 혹은 C-4 위치의 탄소가 파이루브산의 탈탄소 반응을 통하여 $^{14}CO_2$로 방출된다.

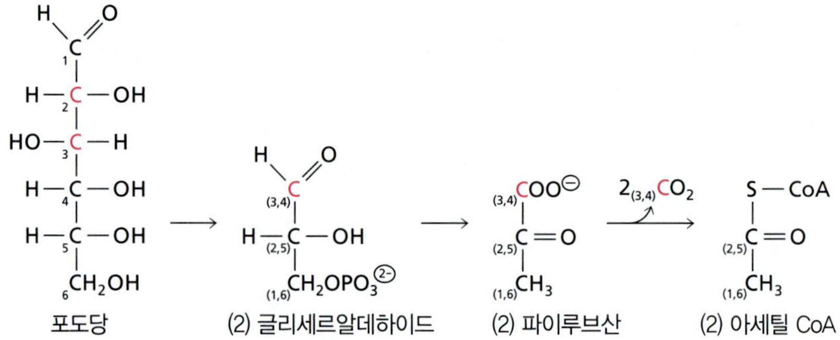

3. ^{32}P는 글리세르알데하이드-3-인산 디하이드로지네이즈 반응에 의해 1,3-양인산-글리세레이트(1,3BPG)의 제 1번탄소로 들어간다.

글리세르알데하이드-3-인산 + NAD+ + P_i → 1,3 BPG

그 후, ATP의 γ-위치로 들어간다.

1,3 BPG + ADP → ATP + 3-인산-글리세레이트

4. 뇌가 포도당을 주 에너지원으로 사용할 경우, 해당작용이 포도당 분해의 주된 대사 경로가 된다. 헌팅턴 단백질이 GAPDH와 강한 결합을 하게 되면, 해당작용이 방해를 받고, 그 결과 ATP 생성에 장애가 온다. ATP가 온전히 생성되지 못하면 뇌의 신경세포가 큰 해를 받게 된다.

5. (a)

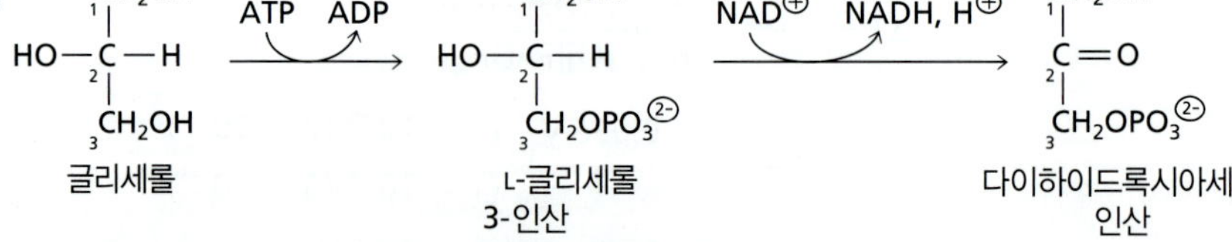

(b) 글리세롤-3-인산의 C-2와 C-3 위치의 탄소가 ^{14}C이 되어야만 한다. 다이하이드록시아세톤 인산이 글리세르알데하이드-3-인산이 될 때 C-1 탄소가 알데하이드로 산화되고 그 후 CO_2로 방출되기 때문이다(문제 2번 참조).

6. 혐기성 해당작용을 통해 젖산을 만드는 세포는 호기성 해당작용을 하는 세포보다 매우 적은 양의 ATP를 생성한다(그림 11.1). 따라서 혐기성 해당작용을 통해 세포가 필요한 ATP를 충분히 공급하기 위해서는 포도당을 많이 소비해야 하고, 동시에 포도당이 젖산으로 분해되는 속도도 호기성 해당작용보다 매우 빠르다. 따라서 혐기성 상태에 있는 암세포는 충분한 ATP를 생성하기 위해 포도당을 매우 많이 받아들여야 하고, 또 해당작용 효소들을 대량으로 생산하여야 한다.

7. 아니다. 젖산 디하이드로지네이즈를 이용하여 파이루브산을 젖산으로 전환하여야만 해당작용을 계속하기 위해 필요한 NAD^+를 재생할 수 있다. NAD^+는 해당작용의 글리세르알데하이드-3-인산 디하이드로지네이즈 반응에 필요하기 때문이다.

8. β-인산기-O-γ-인산기로 이루어진 ATP와는 달리 β-인산-CH_2-γ-인산 ATP는 핵소카이네즈와 인-과당카이네이즈-1 반응에 의해 ADP로 분해되지 못한다. 따라서 β-인산-CH_2-γ-인산 ATP는 효소의 활성부위에서 정상적인 ATP와 경쟁하여 효소활성을 억제한다.

9. 표준 조건에서의 알돌레이즈 반응의 ΔG° 값은 +22.8 kJ mol^{-1}이다. 그러나 심장 근육세포에서의 과당-1,6-양인산, 글리세르알데하이드-3-인산, 그리고 다이하이드록시아세톤 인산의 농도는 표준 조건에서 가정하는 1 M과는 매우 다르다. 따라서 실제적인 세포내 조건에서의 자유에너지 값의 변화는 ΔG° = −5.9 kJ mol^{-1} 이다. 그러므로 해당작용 반응은 글리세르알데하이드-3-인산과 다이하이드록시아세톤 인산을 생성하는 방향으로 다음과 같이 진행된다: 과당-1,6-양인산 → 글리세르알데하이드-3-인산 + 다이하이드록시아세톤 인산.

10. 표준 깁스 자유에너지(Gibbs free energy)변화는 +28kJ mol^{-1}이다. 평형상수는 아래와 같다.

$$28 = RT \ln K_{eq} \approx 10^{-5} \text{ (방정식 1.12)}$$

(a) $\dfrac{[\text{DHAP}][\text{G3P}]}{[\text{FBP}]} = 10^{-5} \quad \dfrac{[5 \times 10^{-6}][5 \times 10^{-6}]}{[\text{FBP}]} = 10^{-5} \quad \text{FBP} = 2.5\ \mu\text{M}$

(b) 250 μM

(c) 25,000 μM = 25 mM

11. (a) ATP는 PFK-1의 기질이자 동시에 입체다른자리 억제자이다. 높은 농도의 ATP는 K_m 값을 증가시킴으로써 PFK-1의 활성을 감소시킨다. AMP는 ATP의 억제효과를 감소시킴으로써 PFK-1의 입체다른자리 활성자로 작용한다.

(b) F2, 6P는 PFK-1의 입체다른자리 활성자이다. F2,6P가 존재할 때, 과당-6-인산에 대한 K_m 값이 낮아지게 되어 PFK-1 효소 활성이 증가하게 된다.

12. cAMP의 농도가 높아지면 단백질 카이네이즈 A의 활성이 높아지게 되고, 단백질 카이네이즈 A는 파이루브산 카이네이즈를 인산화시켜 그 활성을 떨어뜨린다.

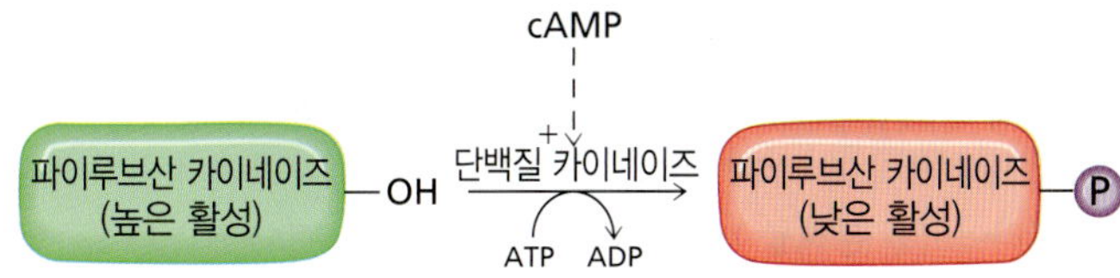

13. (a) 간에서 해당작용 속도가 느려지면 포도당의 분해속도가 느려지고, 그 결과 간에서 다른 조직으로 포도당의 이동이 증가한다.

(b) 글루카곤 농도가 낮아지게 되면 cAMP의 농도가 낮아지고, 따라서 단백질 카이네이즈 A의 활성이 떨어지게 된다. 이런 조건에서 PFK-2 활성이 증가하고, 과당-2,6-비스-포스파테이즈 활성이 감소한다(그림 11.18). 그 결과, 과당-2,6-양인산 농도가 높아져서 PFK-1 활성을 증가시키고, 해당작용의 전체적인 속도가 빨라지게 된다. 또한 cAMP의 감소는 파이루브산 카이네이즈 활성을 증가시킨다(문제 12번 참조).

14. 화학합성 자가영양생물은 12장에 설명되어 있듯이 세포 내에 포도당을 글라이코젠으로 저장한다. 따라서 에너지가 필요할 때 해당작용을 통해 에너지를 생성한다.

12장 포도당신생성, 오탄당인산 경로, 글라이코젠 대사

1. 2 파이루브산 + 2NADH + 4 ATP + 2 GTP + 6 H_2O + 2 $H^{\oplus}$ →
포도당 + 2 $NAD^{\oplus}$ + 4 ADP + 2 GDP + 6 P_i
2 NADH ≡ 5 ATP 등가물
4 ATP = 4 ATP
2GTP ≡ 2 ATP
11 ATP

이산화탄소로부터 한 분자의 포도당 6-인산을 합성하는 데 필요한 에너지는 반응 12.7을 이용하여 계산할 수 있다.

12 NDAPH = 30 ATP

G6P를 포도당으로 전환하는 데에는 ATP 등가물을 필요로 하거나 생성하지 않는다. 포도당신생성 경로를 통해 파이루브산으로부터 포도당을 합성할 때는 이산화탄소로부터 포도당을 합성할 때보다 약 1/3 (11/30)의 ATP만 소모된다.

2. NADH (2), ATP (4), 그리고 GTP (2) 형태로 있는 환원력은 파이루브산으로부터 포도당을 합성할 때 필요하다(식 12.1). NADH와 GTP는 시트르산 회로의 직접적인 산물이며, NADH와 QH_2($FADH_2$)로부터 산화적 인산화 과정에서 ATP를 생성할 수 있다.

3. 에피네프린은 간의 β-아드레너직 수용체와 상호작용하며 아데닐릴 사이클레이즈 신호경로를 활성화하여 cAMP를 생성하고 프로틴카이네이즈 A를 활성화시킨다(그림 12.15). 프로틴카이네이즈 A는 포스포릴레이즈 카이네이즈를 활성화하고, 이것은 글라이코젠 포스포릴레이즈(GP)를 활성화하여 글라이코젠을 분해시킨다(그림 12.16). 포도당은 간으로부터 혈액으로 운반되며 필요한 에너지 생성을 위해 근육으로 흡수된다.

간 [포도당 $\xrightarrow{(GP)}$ GIP ⟶ G6P ⟶ 포도당] ⟶ 혈액 ⟶ 근육

4. (a) 그림 12.17에 있는 것처럼, 인슐린에 의해 활성화된 프로틴 포스파테이즈-1은 글라이코젠 신테이즈에 있는 인산 에스터 결합을 가수분해하여 활성화시키지만, 글라이코젠 포스포릴레이즈와 포스포릴레이즈 카이네이즈는 인산 에스터 결합을 가수분해하여 불활성화시킨다. 그러므로 인슐린은 근육세포에서 글라이코젠 신테이즈를 활성화시켜 글라이코젠 분해를 억제한다.

(b) 간세포만이 글루카곤 수용체가 많이 존재하므로, 글루카곤은 선택적으로 간에 있는 효소들에 선택적으로 작용할 수 있다.

(c) 간세포에서 포도당이 글라이코젠 포스포릴레이즈-프로틴 포스파테이즈-1 복합체에 결합하면 프로틴 포스파테이즈-1의 저해를 완화시키고 글라이코젠 포스포릴레이즈가 프로틴 포스파테이즈-1에 의해 탈인산화(불활성)되기 쉽다. 프로틴 포스파테이즈-1 또한 글라이코젠 신테이즈를 탈인산화해서 더 활성화시킨다. 그러므로 포도당은 간에서 글라이코젠 신테이즈를 활성화시키고 글라이코젠 분해를 억제한다.

5. 과당 2,6-양인산(F2,6BP) 농도의 감소는 당분해율을 감소시키고 포도당신생성 비율을 높인다. F2,6BP는 당분해에 관여하는 효소인 포스포프럭토카이네이즈-1(PFK-1)의 활성자이며, 낮은 F2,6BP 수준은 당분해율을 감소시킨다. 더욱이, F2,6BP는 포도당신생성에 관여하는 효소인 과당 1,6-양인산의 저해제이므로, F2,6BP의 농도가 감소하면 저해를 감소시켜 포도당신생성의 비율을 높인다(그림 12.4).

6. 글루카곤이 그 수용체에 결합하면, 아데닐릴 사이클레이즈를 활성화한다. 아데닐릴 사이클레이즈는 ATP로부터 cAMP의 생성을 매개한다. cAMP는 프로틴카이네이즈 A를 활성화한다. 프로틴카이네이즈 A는 PFK-2의 인산화를 매개하여, 카이네이즈 활성을 억제하고 포스파테이즈 활성을 활성화한다. 과당 2,6-양인산은 과당 2,6-양인산의 탈인산화를 매개하여 과당 6-인산을 만든다. 그 결과로 과당 1,6-양인산의 양이 감소하여 과당 1,6-양인산의 저해가 완화되고, 포도당신생성이 활성화된다. 그러므로 PFK-2의 카이네이즈 활성이 감소된다.

7. (a) 그렇다. 포도당 6-인산으로부터 글라이코젠을 합성할 때 하나의 포스포안하이드라이드 결합

의 에너지가 필요하다(PP_i의 가수분해; 그림 12.10). 그러나 글라이코젠이 포도당 6-인산으로 분해될 때는 무기인산(P_i)이 가인산분해에 사용된다. 높은 에너지 인산결합이 사용되지 않는다.

(b) 간의 글라이코젠이 포도당 필요에 사용될 때 하나의 ATP 분자가 사용된다. 간의 글라이코젠은 포도당 인산으로 분해된 후에 ATP의 소모 없이 포도당으로 분해된다. 근육세포로 이동된 후에 포도당은 헥소카이네이즈에 의해 하나의 ATP를 소모하며 포도당 6-인산으로 전환된다. 그러나 근육의 글라이코젠은 ATP의 소모 없이 글라이코젠 포스포릴레이즈에 의해 직접 포도당 1-인산으로 전환된다. 포도당 1-인산은 포스포글루코뮤테이즈에 의해 이성질체화된다.

8. 근육에 글라이코젠 포스포릴레이즈가 결핍되면 글라이코젠을 포도당으로 전환하여 사용하지 못한다. 부족한 포도당은 당분해에 의한 ATP 생성을 막는다. 근수축에 필요한 ATP의 잔존량이 보충되지 않고 ADP와 무기인산의 농도가 증가한다. 그러므로 글라이코젠으로부터 포도당을 만들어 사용할 수 없고, 젖산이 생성되지 않는다.

9. 포도당 1-인산을 젖산 두 분자로 전환할 때 3 ATP 등가물이 생성된다(1 ATP가 포스포프럭토카이네이즈-1 반응에서 사용되고, 2 ATP가 포스포글리세르산 카이네이즈 반응에서 생성되며, 2 ATP가 파이루브산 카이네이즈 반응에서 생성된다). 두 분자의 젖산을 하나의 포도당 6-인산으로 전환할 때에 6 ATP 등가물이 필요하다(2 ATP가 파이루브산 카복실레이즈 반응에, 2 ATP가 PEP 카복시카이네이즈 반응에, 2 ATP가 포스포글리세르산 카이네이즈 반응에 필요하다).

10. (a) 해당과정이나 아미노산 이화로부터 생성된 근육의 파이루브산은 아미노기 전달에 의해 알라닌으로 전환된다. 알라닌은 간으로 이동하여 α-케토글루타르산과의 아미노기 전달에 의해 다시 파이루브산으로 전환된다. 파이루브산은 포도당신생성에 의해 포도당으로 전환되어 다시 근육으로 돌아간다.

(b) NADH는 코리 회로에서 파이루브산을 락트산으로 환원시키는 데 필요하지만 포도당-알라닌 회로에서 파이루브산을 알라닌으로 전환시킬 때는 필요하지 않다. 그러므로 포도당-알라닌 회로는 NADH가 근육에서 산화적 인산화에 의해 ATP를 만드는 데 더 많이 사용될 수 있도록 한다.

11. (a) 정상적이지 않은 포도당 6-인산 포스파테이즈 활성(G6P → 포도당 + P_i)은 세포 내에 G6P가 축적되게 하여 글라이코젠 포스포릴레이즈를 저해하고 글라이코젠 신테이즈를 활성화한다. 이것은 간 글라이코젠의 이동성을 막아 글라이코젠 저장을 증가시키고(간의 비대화) 혈당량을 낮춘다(저혈당증).

(b) Yes. 분기 효소에 이상이 있으면 바깥쪽 가지가 없거나 짧은 글라이코젠이 축적된다. 이 분자는 분해되지 않으며, 포도당 생성을 위해 효과적으로 글라이코젠이 분해되지 않는다. 글라이코젠 분해의 문제로 저혈당이 발생한다.

(c) 비정상적인 간 포스포릴레이즈 활성은 글라이코젠 사슬의 비환원 말단으로부터 포도당 분자를 분해하지 못하므로 간 글라이코젠의 축적을 야기시킨다. 글라이코젠 분해에 문제가 있으므로 저혈당이 야기된다.

12. 포도당 6-인산, 글리세르알데하이드 3-인산, 과당 6-인산

13. 조직손상의 복구는 세포증식과 상처조직의 합성이 필요하다. NADPH는 콜레스테롤과 지방산(세포막의 구성성분)의 합성에 필요하며 라이보스 5-인산은 DNA와 RNA 합성에 필요하다. 5탄당 경로는 NADPH와 라이보스 5-인산의 일차적 공급원이므로, 상처가 난 조직은 이런 물질들의 필요 증가에 오탄당 회로에 필요한 효소들의 합성을 증가시킴으로 반응한다.

14. (a)

자일룰로스 5-인산 (CH_2OH–C(=O)–HO–C–H–H–C–OH–$CH_2OPO_3^{2-}$) + 에리스로스 4-인산 (O=CH–H–C–OH–H–C–OH–$CH_2OPO_3^{2-}$) —(트랜스케톨레이즈)→ 글리세르알데하이드 3-인산 (O=CH–H–C–OH–$CH_2OPO_3^{2-}$) + 과당 6-인산 (CH_2OH–C(=O)–HO–C–H–H–C–OH–H–C–OH–$CH_2OPO_3^{2-}$)

(b) 포도당 6-인산의 C-2는 자일룰로스 5-인산의 C-1이 된다. 자일룰로스 5-인산의 C-1과 C-2가 에리스로스 4-인산로 전달된 후에, (a)에서처럼 표지는 과당 6-인산의 C-1에서 나타난다.

13장 시트르산 회로

1. (a) 아세틸 CoA로부터 두 개의 탄소가 회로의 시트르산 신테이즈 반응에 들어가고 두 개의 탄소가 아이소시트르산 디하이드로지네이즈와 α-케토글루타르산 디하이드로지네이즈 반응에서 이산화탄소로 방출되므로 순합성은 가능하지 않다.

(b) 옥살로아세트산은 파이루브산 카복실레이즈 반응에 의해 보충되며, 이것은 OAA의 순합성을 가능하게 한다.

$$\text{파이루브산} + CO_2 + ATP + H_2O \longrightarrow \text{옥살로아세트산} + ADP + P_i$$

이것은 몇몇 포유류 조직에서의 대표적인 보충반응이다. 많은 식물과 몇몇 박테리아에서는 옥살로아세트산을 포스포엔올파이루브산 카르복실카이네이즈 반응으로 공급한다.

$$\text{포스포엔올파이루브산} + HCO_3 \longrightarrow \text{옥살로아세트산} + P_i$$

대부분의 종에서는 글라이옥실산 경로에 의해 아세틸 CoA가 말산과 옥살로아세트산으로 전환될 수 있다.

2. 아코니테이즈는 플루로아세트산으로부터 생긴 플루로시트르산에 의해 저해되며, 시트르산을 증가시키고 아이소시트르산으로부터 옥살로아세트산까지의 모든 시트르산 회로의 중간산물들을 감소시킨다. 플루로시트르산은 경쟁적 저해제이므로 매우 많은 양의 시트르산은 부분적으로 플루로시트르산에 의한 아코니테이즈의 저해를 극복할 수 있고 어느 정도 회로가 진행될 수 있다.

3. (a) 12.5; 회로로부터 10.0 그리고 파이루브산 디하이드로지네이즈 반응으로부터 2.5

(b) 10.0; 3 NADH의 산화로부터 7.5, 1 QH_2의 산화로부터 1.5, CoA 신테테이즈에 의해 매개되는 기질수준 인산화에 의해 1.0

4. 87.5%(28/32)의 ATP가 산화적 인산화로부터 생성되고, 12.5%(4/32)가 기질 수준 인산화로부터 생성된다.

5. 싸이아민은 싸이아민 파이로인산(TPP)의 전구체이며, 시트르산 회로에 연관되어 있는 두 효소 복합체인 파이루브산 디하이드로지네이즈 복합체와 α-케토글루타르산 디하이드로지네이즈 복합체에 존재한다. TPP의 결핍은 이 두 효소 복합체의 활성을 감소시킨다. 파이루브산의 아세틸 CoA로의 전환과 α-케토글루타르산의 석신산 CoA로의 전환이 감소하면 파이루브산과 α-케토글루타르산이 축적된다.

6. 파이루브산의 C-1은 파이루브산 디하이드로지네이즈 복합체가 매개하는 반응에 의해 이산화탄소로 전환되므로 1-[^{14}C]-파이루브산은 $^{14}CO_2$를 생성한다(그림 13.5). 아세틸 CoA의 두 아실 탄소 원자는 첫 번째 시트르산 회로를 도는 동안 이산화탄소로 전환되지 않는다. 그러나 옥살로아세트산의 카복시산염 탄소 원자는 파이루브산의 C-2로부터 유래되고 두 번째 회로에서 이산화탄소로 전환되어 제거된다. 그러므로 2-[^{14}C]-파이루브산은 $^{14}CO_2$를 생성하는 두 번째 표지된 분자이다. 3-[^{14}C]-파이루브산은 회로를 세 번째 돌 때 $^{14}CO_2$를 생성한다.

첫 번째 회전

파이루브산 → ($_1CO_2$) → 아세틸 CoA → 시트르산 → (CO_2, CO_2) → 석신산

두 번째 회전

$_2COO^{\ominus}-{}_3C(=O)-{}_3CH_2-{}_2COO^{\ominus}$ ⟶ $HO-{}_3C(CH_2COO^{\ominus})(-{}_2COO^{\ominus})-{}_3CH_2-{}_2COO^{\ominus}$ $\xrightarrow{{}_2CO_2\ \ {}_2CO_2}$ $_3COO^{\ominus}-{}_3CH_2-{}_3CH_2-{}_3COO^{\ominus}$

옥살로아세트산 시트르산 석신산

^{14}C의 절반은 세 번째 회로 회전에서 제거된다. 1/4은 네 번째 회전에서, 1/8은 다섯 번째 회전에서 제거된다. 시트르산 회로의 중간산물로부터 모든 ^{14}C를 제거하는 데는 오랜 시간이 걸린다.

7. (a) 시트르산 회로의 산화적 반응에 의해 생성된 NADH는 $NAD^{\oplus}$로 재활용되어야 하며, 이에는 파이루브산 디하이드로지네이즈 반응이 필요하다. 산소가 적을 때 적은 양의 NADH 분자가 산소에 의해 재산화되므로(산화적 인산화 과정에 의해) 파이루브산 디하이드로지네이즈 복합체의 활성은 감소한다.

(b) 파이루브산 디하이드로지네이즈 카이네이즈는 파이루브산 디하이드로지네이즈 복합체의 인산화를 매개하여 활성화시킨다(그림 13.12). 이 카이네이즈를 저해하면 파이루브산 디하이드로지네이즈 복합체를 더 활성화된 형태로 전환시킨다.

8. 시트르산 회로의 효소인 퓨마레이즈의 결핍은 비정상적으로 높은 농도의 퓨마르산과 전 단계 회로 중간산물인 석신산과 α-케토글루타르산의 축적을 초래하여 이 물질들을 배설하게 된다.

9. 아세틸 CoA가 파이루브산 디하이드로지네이즈(PDH)의 두 부분에 다르게 작용하지만 두 작용 모두 파이루브산에서 아세틸 CoA로의 반응을 억제한다. 아세틸 CoA는 PDH 복합체의 E_2 부분을 직접적으로 저해한다(그림 13.11). 아세틸 CoA는 PDH 복합체의 파이루브산 카이네이즈(PK) 부위를 활성화시키고 PK는 PDH 복합체의 E_2 부위를 인산화시켜 저해함으로 E_1 부위를 간접적으로 저해한다(그림 13.12).

10. 파이루브산 디하이드로지네이즈 복합체는 파이루브산을 아세틸 CoA와 이산화탄소로의 산화를 매개한다. 만약 이 복합체의 활성이 감소하면, 파이루브산의 농도가 증가한다. 파이루브산은 락트산 디하이드로지네이즈에 의해 락트산으로 전환될 것이다. 파이루브산의 아세틸 CoA로 산화가 문제가 있으므로 ATP를 생성하기 위해 당분해 대사가 증가하고 락트산은 축적된다. 추가적으로, 반응 12.6에서 볼 수 있듯이 파이루브산은 알라닌으로 전환된다.

11. 칼슘은 시트르산 회로의 아이소시트르산 디하이드로지네이즈와 α-케토글루타르산 디하이드로지네이즈를 활성화시키므로 이화 과정을 증가시켜 더 많은 ATP를 생성하게 한다. 더욱이 칼슘은 PDH 복합체의 파이루브산 디하이드로지네이즈 포스파테이즈를 활성화시키고, 이것은 E_1 부분을 활성화시킨다(그림 13.12). PDH 복합체의 활성화는 더 많은 파이루브산을 시트르산 회로로 유입되는 아세틸 CoA로 전환시킴으로 ATP의 생성을 증가시킨다.

12. (a) 알라닌의 분해는 시트르산 회로의 중간산물들을 보충해주는데, 파이루브산은 대표적인 보충 반응인 파이루브산 카복실레이즈 반응을 통해 옥살로아세트산으로 전환될 수 있다. 류신의 분해는 시트르산 회로의 중간산물을 보충해줄 수 없는데, 회로로 들어가는 아세틸 CoA 한 분자마다 두 분자의 이산화탄소를 방출하기 때문이다.

(b) 파이루브산 카복실레이즈의 활성화를 통해 아세틸 CoA는 파이루브산으로부터 직접적으로 옥살로아세트산의 양을 증가시킨다. 옥살로아세트산은 지방산의 분해에 의해 행성된 아세틸 CoA와 반응할 수 있다. 결과적으로, 지방산에 저장된 에너지를 회복하기 위해 시트르산 회로를 통한 흐름이 증가한다.

13. (a)

$COO^{\ominus}$
|
CH_2
|
$^{14}CH_2$
|
$C{=}O$
|
$COO^{\ominus}$

α-케토글루타르산

(b)

Ala

↓

CH_3
|
$O{=}{}^{14}C-COO^{\ominus}$ (파이루브산)

↓ → CO_2

CH_3
|
$O{=}{}^{14}C-SCoA$ (아세틸 SCoA)

↓

$CH_2{}^{14}COO^{\ominus}$
|
$HO-C-COO^{\ominus}$ 시트르산
|
$CH_{22}-COO^{\ominus}$

(c)

$^{14}COO^{\ominus}$
|
CH_2
|
$O{=}C-COO^{\ominus}$

옥살로아세트산

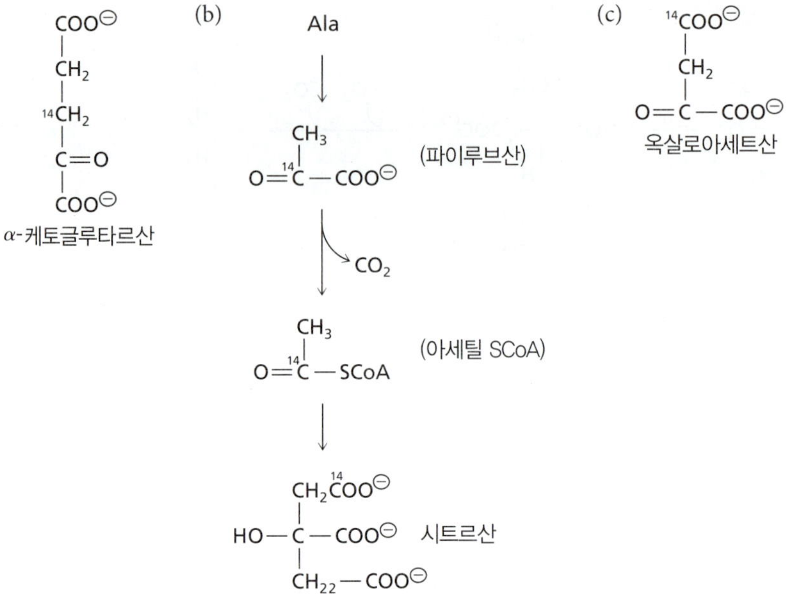

14. (a) 아세틸 CoA 두 분자는 시트르산 회로를 통해 20 ATP를 생성하거나(그림 13.10) 글라이옥살산 회로(두 분자의 NADH와 한 분자의 QH_2의 산화를 통해) 6.5 ATP를 생성한다.

(b) 시트르산 회로의 일차적 기능은 아세틸 CoA를 산화시켜 ATP와 같이 고에너지 분자를 생성하는데 필요한 환원적 조효소를 제공하는 것이다. 글라이옥살산 회로의 일차적 기능은 ATP의 생성이 아니라 아세틸기를 포도당을 생성하는데 사용되는 4-탄소 분자로 전환하는 것이다.

15. *E.coli*에서 아이소시트르산 디하이드로지네이즈의 활성을 조절하는 단백질은 한 단백질에 카이네이즈와 포스파테이즈 활성을 가지고 있는 양기능 효소이다. 카이네이즈 활성은 아이소시트르산 디하이드로지네이즈를 인산화시켜 아이소시트르산 디하이드로지네이즈의 활성을 저해하고, 포스파테이즈 활성은 아이소시트르산 디하이드로지네이즈를 탈인산화시켜 아이소시트르산 디하이드로지네이즈를 활성화시킨다. 당분해와 시트르산 회로의 중간산물들이 많을 때, 아이소시트르산 디하이드로지네이즈는 인산화되지 않고 활성화된 상태로 존재한다. 인산화가 아이소시트르산 디하이드로지네이즈의 활성을 감소시키면, 아이소시트르산은 글라이옥살산 회로로 우회한다.

14장 전자전달과 ATP 합성

1. 양성자 추진력에 대한 계산식은 다음과 같다.

$$\Delta G = F\Delta\psi + 2.303\,RT\,\Delta\,pH$$

만약 $\Delta G = -21{,}200$ J 이고 $\Delta\psi = -0.15$ 라면, 25°C에서

$$-21{,}200 = (96485 \times -0.15) + 2.303(8.315 \times 298)\ \Delta\,pH$$
$$5707\ \Delta pH = -6727$$
$$\Delta pH = -1.2$$

외부 pH는 6.35이고 내부는 음(더 높은 pH)이므로, 세포질내 pH는 6.35 + 1.2 = 7.55이다.

2. 헴기에 있는 철 원자의 환원전위는 각 사이토크롬을 둘러싸고 있는 주위 단백질 환경에 의존한다. 전자는 환원전위의 차이에 의해 여러 사이토크롬을 통과해 이동한다.

3. 그림 14.6을 참고하라.

(a) 복합체 III. 사이토크롬 *c*가 없어서 더 이상의 전자 이동은 일어나지 않는다.

(b) NADH로부터 전자를 수용하는 복합체 I이 없어서 어떤 반응도 일어나지 않는다.

(c) O_2

(d) 사이토크롬 *c*. 복합체 IV가 없어서 더 이상의 전자 이동은 일어나지 않는다.

4. UCP-2 가 양성자를 마이토콘드리아 내로 다시 누출시켜 양성자 추진력을 낮춘다. 음식물이 대

사되면 전자전달을 위한 에너지가 제공되고, 이어서 ATP 생산을 위한 양성자 추진력 기울기가 형성된다. UCP-2가 증가하면 조직의 대사작용 효율성이 떨어진다(즉, 대사하는 음식물 g당 더 적은 ATP가 생산될 것이다). 결국 기초대사요구량을 만족하기 위해 더 많은 탄수화물, 지방 및 단백질을 대사해야 할 것이고, 따라서 더 많은 칼로리를 연소시켜 체중 감소가 일어날 수 있다.

5. (a) 데메롤은 복합체 I과 반응하여 NADH로부터 Q로의 전자전달을 억제한다. NADH는 $NAD^{\oplus}$로 재산화될 수 없으므로 NADH의 농도는 증가한다. 전자가 QH_2로부터 O_2로 전달되지만, Q는 QH_2로 다시 환원되지 않으므로 Q의 농도는 증가한다.

(b) 믹소티아졸은 복합체 III에서 QH_2로부터 사이토크롬 c_1으로, QH_2로부터($\cdot Q^-$을 거쳐) 사이토크롬 b_{566}으로의 전자전달을 억제한다(그림 14.14). QH_2로부터의 전자전달이 억제되어 Fe^{3+}이 환원되지 못하므로 이 두 사이토크롬은 주로 산화형으로 존재하게 된다.

6. (a) 산소는 전자를 수용하기 위해 반드시 사이토크롬 a_3의 Fe^{2+}에 결합해야만 한다(그림 14.19). 시안화물이 철 원자에 결합함으로써 산소의 결합을 억제한다.

(b) 아질산염 처방에 의해 발생한 메트헤모글로빈은 시안화물 이온에 대해 사이토크롬 a_3와 경쟁한다. 이러한 경쟁이 복합체 IV에서 사이토크롬 a_3을 억제하려는 시안화물의 농도를 감소시켜 시안화물에 의한 전자전달사슬의 억제를 감소시킨다.

7. 기질은 일반적으로 더 양의 환원전위를 가진 화합물에 의해 산화된다. 지방산의 $E°'$는 복합체 II에서 FAD의 $E°'$(표 14.1에서 0.0 V)에 가깝기 때문에 지방산에서 FAD로의 전자전달은 에너지적으로 순조롭다.

$$\Delta E°' = 0.0\text{ V} - (-0.05\text{ V}) = +0.05\text{ V}$$
$$\Delta G°' = -nF\,\Delta E°'$$
$$\Delta G°' = -(2)(96.48\text{ kJ V}^{-1}\text{ mol}^{-1})(0.05\text{ V}) = -9.6\text{ kJ mol}^{-1}$$

복합체 I에서 NADH의 $E°'$는 −0.32 V이므로, 지방산에서 FAD로의 전자전달은 순조롭지 못하다.

$$\Delta E°' = -0.32\text{ V} - (-0.05\text{ V}) = -0.27\text{ V}$$
$$\Delta G°' = -(2)(96.48\text{ kJ V}^{-1}\text{ mol}^{-1})(-0.27\text{ V}) = 52\text{ kJ mol}^{-1}$$

8. (a) 양성자 10개; 2.5 ATP; P:O = 2.5

(b) 양성자 6개; 1.5 ATP; P:O = 1.5

(c) 양성자 2개; 0.5 ATP; P:O = 0.5

9. (a) 마이토콘드리아 내막의 세포기질 쪽 면(외부)은 알짜 양전하(net positive charge)를 갖는다. 내부로 진입하는 ADP^{3-}과 외부로 진출하는 ATP^{4-}을 교환하면 바탕질 내부로부터 양의 세포기질 쪽으로 음전하 1개의 알짜 이동(net movement)이 일어난다. 따라서 외부에 양전하를 가진 막전위가 음전하의 ATP가 외부로 수송되는 것을 선호한다.

(b) 예. 막 외부에 알짜 양전하를 가진 전기화학적 기울기는 전자전달사슬이 추진하는 양성자 펌핑의 결과이다. 이를 위해 전자 공여체인 NADH와 QH_2를 생성하기 위한 대사물의 산화가 필요하다.

10. ATP 합성은 보통 전자전달과 연계되어 있다. ADP가 ATP 합성을 위해(ADP + P_i → ATP) 계속 마이토콘드리아의 바탕질로 진입하지 못한다면, ATP 합성은 일어나지 않을 것이고 양성자 기울기는 소산되지 못할 것이다. 막간 공간에서 양성자 농도가 증가하므로 전자전달은 억제될 것이다.

11. (a) $\Delta G = F\Delta\Psi + 2.303\,RT\,\Delta\text{pH}$ (식 14.6)

$\Delta G = ((96485)(-0.18)) + ((2.303)(8.315)(298)(-0.8))$

$\Delta G = -17367 - 4565 = -21932$

$\Delta G = -21.932\text{ kJ mol}^{-1}$

(b) $\Delta G_{합계} = 21.932\text{ kJ mol}^{-1}$

전하 기울기가 기여(charge gradient contribution)하는 에너지는 17.367 kJ mol^{-1}, 또는 17.367 ÷ 21.932 x 100 = 79.2%.

pH 기울기가 기여(pH gradient contribution)하는 에너지는 4.565 kJ mol^{-1}, 또는 4.565 ÷ 21.932 × 100 = 20.8%.

12. (a) 말산-아스파트산 셔틀에서, 세포기질의 옥살로아세트산을 환원시키기 위해 바탕질의 말산이 산화되어 방출된 양성자 1개가 사용된다(그림 14.27). 따라서 1개 적은 양성자로 인해 세포기질에서 산화되는 NADH당 양성자 농도기울기가 형성된다(마이토콘드리아 NADH당 9 : 10). 세포기질의 NADH 2분자로부터 생산되는 ATP수는 5.0개가 아니라 약 4.5개이다.

(b) *세포질 반응*

포도당 ⟶ 2 파이루브산		2.0 ATP
	2 NADH ⟶	4.5 ATP
마이토콘드리아 반응		
2 파이루브산 ⟶ 2 아세틸 CoA + 2 CO_2	2 NADH ⟶	5.0 ATP
2 아세틸 CoA ⟶ 4 CO_2		2.0 ATP
	6 NADH ⟶	15.0 ATP
	2 QH_2 ⟶	3.0 ATP
	합계	2.0 ATP

15장 광합성

1. 광합성에서는 빛에너지에 의해 "고에너지" 전자를 만드는 과정이 2단계가 있기 때문이다. PSII에서는 6 분자의 H^+(세포호흡에서는 10 분자의 H^+) 농도기울기가 형성되고, PSI에서는 2.5 분자의 ATP(세포호흡과 같다)가 만들어진다. 따라서 ATP 합성의 총합은 6 H^+ (1.5 ATP) + 2.5 ATP = 4 ATP이다.

2. 식물의 엽록소는 스펙트럼의 빨간색 부분을 흡수한다(그림 15.2). 용물고기가 가지고 있는 엽록소 유도체도 빨간색 빛에너지(667 nm)를 흡수한다. 식물의 안테나 엽록소가 빛을 흡수하여 그 에너지를 반응중심에 전달하는 방법과 매우 유사한 방법으로, 물고기의 엽록소 유도체도 빨간색 빛에너지를 물고기의 망막에 있는 시각 색소에 전달하여 시각 색소의 빛에 대한 민감도를 증가시킨다.

3. (a) 루비스코는 지구상에서 가장 풍부한 단백질이고, 광합성 반응의 촉매제이며, 지구상의 생명체가 그 생명 유지에 필요한 탄소원을 얻는 기본적인 수단이다. 지구상의 모든 생명체에 영양물을 제공하는 루비스코의 역할은 매우 그리고 충분히 정당화될 수 있다.

(b) 광호흡은 리불로스-1,5-양인산을 낭비하고, 명반응을 통해 합성된 NADPH와 ATP를 소모하며, 작물의 생산성을 크게 감소시킨다. 광합성에 의해 고정되는 탄소량의 약 20~30% 가량이 광호흡에 의해 없어진다. 광호흡은 루비스코의 기질에 대한 낮은 특이성에 기인한다. 루비스코는 CO_2 대신 O_2와도 반응하며(그림 15.8), 2 분자의 삼탄당-인산이 아니라 인-글리콜레이트와 3-인산글리세레이트를 만든다(그림 15.18). 또한 루비스코는 낮은 효소 촉매 활성도를 나타낸다($K_{cat} \approx 3\ s^{-1}$). 이렇게 낮은 기질 특이성과 활성도로 인하여 루비스코는 무능하고 비효율적인 효소라고 불리는 것이다.

4. $6\ CO_2 + 6\ H_2S \longrightarrow C_6H_{12}O_6 + 3\ O_2 + 6\ S$

$6\ CO_2 + 12\ H^{\oplus} \longrightarrow C_6H_{12}O_6 + 3\ O_2$

5. (a) $CO_2 + 2\ H_2S \xrightarrow{빛} (CH_2O) + H_2O + 2\ S$

$CO_2 + 2\ CH_3CH_2OH \xrightarrow{빛} (CH_2O) + H_2O + 2\ CH_3CHO$

에탄올 → 아세트알데하이드

(b) 수소 제공자가 H_2O일 경우 O_2가 생성된다. 반면, H_2S와 에탄올이 수소 제공자로 사용된 경우에는 산소가 만들어지지 않는다. 대부분의 광합성 박테리아는 O_2를 생성하지 않으며, 진정혐기성 박테리아에게는 O_2가 독이 된다.

(c) $CO_2 + 2\ H_2A \xrightarrow{빛} (CH_2O) + H_2O + 2A$

6. 루비스코는 빛이 없는 상태에서는 활성이 없는데, 그 이유는 루비스코가 활성화되기 위해서는 알칼리성 조건이 필요하기 때문이다. 이 조건은 광합성이 활발할 때에만 일어난다. 따라서 빛을 제외하면 엽록체의 추출물에서 캘빈 회로를 통해 포도당을 만들 수 있게 하는 어떤 화합물도 없다.

7. (a) 광합성에서 한 분자의 O_2 분자가 나오기 위해서는 두 분자의 H_2O가 필요하다. 두 분자의

H_2O가 분해되면, 4개의 전자가 나와 전자전달반응을 거쳐 2 분자의 NADPH가 형성된다. 한 개의 전자가 PSI와 PSII에 전달되기 위해서 각각 한 개의 빛 퀀텀(quantum), 합 2개의 퀀텀이 필요하다. 따라서 $2 \times 4 = 8$개의 퀀텀이 필요하다(PSI에 4개, PSII에 4개).

(b) 캘빈 회로에서 한 분자의 삼탄당-인산의 합성을 위해 6 분자의 NADPH가 필요하다(그림 15.21). 6 분자의 NADPH를 위해서는 12개의 전자가 필요하다. 12개의 전자가 전달되기 위해서는 $12 \times 2 = 24$ 광자가 흡수되어야 한다.

8. (a) 그렇다. (그림 15.14의 Z-도식 참조). DCMU가 전자의 흐름을 막으면, PSII의 P680*이 $P680^{\oplus}$로 재산화되지 못한다($P680^{\oplus}$는 전자를 H_2O로부터 받는다). $P680^{\oplus}$가 만들어지지 않으므로 그 결과 H_2O는 산화되지 않고, O_2가 만들어지지 않는다. 사이토크롬 *bf* 복합체를 통하여 전자가 전달되지 않으면, 수소이온이 막을 통과하지 않게 되고, 따라서 수소이온 농도기울기도 없으므로 광인산화(ATP 합성)도 없다.

(b) PSII에 전자 수용체를 첨가하면 P680가 $P680^{\oplus}$로 재산화되고 O_2가 다시 만들어진다. 그러나 사이토크롬 *bf*로 전자가 흐르지 않기 때문에 광인산화는 일어나지 않는다.

9. (a) pH가 8.0인 완충용액을 외부에서 처리하면, 엽록체 스트로마의 pH는 빠르게 올라간다. 그러나 수소이온이 틸라코이드막은 잘 통과하지 못하기 때문에, 루멘의 pH는 당분간 낮은 상태로 유지된다. 따라서 틸라코이드막 외부와 내부 사이에서 수소이온 농도기울기가 생성되어 ATP 신테이즈에 의해 ATP가 만들어진다.

(b) 수소이온은 ATP 신테이즈에 의해 ATP가 합성될 때 루멘에서 스트로마로 이동한다. 만약 ADP와 P_i가 효율적으로 ATP로 변환되지 못하면, 수소이온도 ATP 합성효소에 의해 루멘에서 스트로마로 잘 이동하지 못하고, 그 결과 ATP 합성이 중단된다.

10. 순환 전자전달반응 동안, 환원된 페레독신은 전자를 사이토크롬 *bf* 복합체를 통하여 P700으로 돌려보낸다(그림 15.11). 이 전자들이 PSI을 통해 전달되고, 사이토크롬 *bf* 복합체에 의해 형성된 수소 농도기울기는 ATP 합성을 유도한다. 그러나 NADPH는 합성되지 않는데, 그 이유는 H_2O로부터 페레독신으로 전자의 전달이 없기 때문이다. 또한 O_2의 생성도 없는데, 그 이유는 O_2의 생성 장소인 PSII가 순환 전자전달반응에는 참여하지 않기 때문이다.

11. 광합성의 빛-수집 복합체, 전자전달반응, 그리고 엽록체 ATP 신테이즈 모두가 틸라코이드막에 존재하며, 따라서 광합성 화합물의 구조와 화합물 사이의 상관관계는 막에 있는 지질의 물리적 성질의 변화에 큰 영향을 받는다.

12. 이 화합물은 비연결자(uncoupler)의 역할을 한다. 즉, 전자전달반응이 ATP의 합성과 무관하게 일어나게 한다. 이 화합물은 비록 전자전달이 일어났음에도 불구하고, 수소이온 농도기울기를 파괴하는 역할을 한다. 이러한 화합물을 비연결자(uncoupler)라 한다.

13. (a) CO_2로부터 한 분자의 삼탄당-인산이 합성될 때 9 분자의 ATP와 6 분자의 NADPH가 필요하다(반응식 15.2). 한 분자의 포도당을 합성하기 위해서는 두 분자의 삼탄당−인산이 필요하고, 따라서 18 분자의 ATP와 12 분자의 NADPH가 필요하다.

(b) 포도당은 ADP-포도당 형태로 녹말로 편입된다. ADP-포도당은 ADP-포도당 파이로포스포릴레이즈에 의해 촉매되는 포도당-1-인산 + ATP → ADP-포도당 + PP_i 반응으로 생성된다(그림 15.24). 따라서 한 분자의 포도당이 녹말에 편입될 때는 19 분자의 ATP와 12 분자의 NADPH가 필요하다.

14. 그림 15.21을 참고하자. (a) 글리세르알데하이드-3-인산의 C-1. (b) 과당-6-인산의 C-3와 C-4. (c) 에리스로스-4-인산의 C-1과 C-2로 간다. 과당-6-인산의 C-1과 C-2는 자이룰로오스-5-인산을 합성하기 위하여 글리세르알데하이드-3-인산으로 간다. 과당-6-인산의 C-3와 C-4는 에리스로스-4-인산의 C-1과 C-2로 간다.

15. (a) C_4 경로해서(그림 15.29), 파이루브산-인산 다이카이네이즈 반응이 CO_2 한 분자당 2 분자의 ATP를 사용한다(PP_i가 2 P_i로 가수분해되기 때문에). 따라서 C_4 식물은 C_3 식물보다 한 분자의 포도당을 합성하는데 $2 \times 6 = 12$ 분자의 ATP를 추가로 더 많이 사용한다.

(b) C_4 식물은 광호흡을 최소화한다. 따라서 비록 C_4 식물이 C_3 식물보다 ATP를 더 많이 소비함에도 불구하고 탄소 동화작용을 더 효율적으로 수행할 수 있다.

16. (a) 스트로마의 pH가 높아지면 두 가지 면에서 캘빈 회로에 영향을 미친다. (1) 높은 pH는 리불로스-1,5-양인산 카복실레이즈-옥시지네이즈(루비스코)를 활성화시키고, 과당-1,6-양인산 포스파테이즈와 세도헵툴로스-1,7-양인산 포스파테이즈의 활성도 높인다. 또한 인-리불로-카이네이즈의 활성도 높인다. 인-리불로-카이네이즈는 3-인산-글리세레이트(3PG)에 의해 억제되는데, 높은 pH에서는 그 억제 작용이 없다. (2) 또한 높은 pH는 엽록체의 ATP 합성에 필요한 수소이온 농도기울기를 증가시킨다. 따라서 ATP 합성이 증가되고, 그 결과 캘빈 회로의 속도도 빨라진다.

(b) 스트로마에서 Mg^{2+}의 농도가 낮아지면 캘빈 회로의 속도도 느려진다. 그 이유는 루비스코, 과당-1,6-양인산 포스파테이즈와 세도헵툴로스-1,7-양인산 포스파테이즈의 활성이 모두 낮아지기 때문이다.

16장 지질 대사

1. (a) LDL은 콜레스테롤과 콜레스테릴 에스터가 많고 이러한 지질을 주변 조직으로 운반한다. 조직으로의 콜레스테롤 운반은 세포막에 있는 LDL 수용체에 의해 조정된다. LDL 수용체가 결함이 있게 되면, 수용체에 의해 매개되는 콜레스테롤의 흡수가 일어나지 않는다(섹션 16.10B절). 혈액내 콜레스테롤이 제거되지 않기 때문에 축적되고 죽상동맥 경화성 플라크 형성에 기여한다.

(b) 증가된 콜레스테롤 수치는 정상적으로 HMG-CoA의 전사를 억제하고 또한 이 효소의 단백질 분해를 촉진한다. 그러나 결함이 있는 LDL을 가진 경우, 높은 혈중 콜레스테롤 수치에도 불구하고 콜레스테롤 합성은 지속되는데 이는 세포 외부의 콜레스테롤이 세포내 합성을 조절하기 위해 세포 내로 들어갈 수 없기 때문이다.

(c) HDL은 혈장과 간 조직이 아닌 다른 세포에서 콜레스테롤을 제거하고 이를 담즙산으로 전환하여 처리하고자 간으로 운반한다. 탄지에르병 환자의 경우, 결함이 있는 콜레스테롤-불량한 HDL은 콜레스테롤을 흡수할 수 없고, 간으로의 정상적 운반 과정에 지장이 생긴다.

2. (a) 카르니틴은 β-산화를 위해 마이토콘드리아 기질로 지방산 아실 CoA를 운반하는 데 필요하다 (그림 16.24). 카르니틴의 결핍으로 인해 지방산 운반이 억제되면, 지방으로부터 에너지 합성이 감소되어 근육활동에 공급되지 않는다. 과도한 양의 지방산 아실 CoA는 근육세포에서 트라이아실글리세롤로 전환될 수 있다.

(b) 카르니틴은 해당작용의 생성물인 파이루브산을 산화시키고자 마이토콘드리아로 운반하는 데 필요하지 않기 때문에, 근육의 글라이코젠 대사는 카르니틴 결핍을 가진 사람의 경우에는 영향을 받지 않는다.

3. (a) C_{12} 지방산의 지방산 아실 CoA로의 활성화는 2 ATP를 소모한다. β-산화의 5 라운드는 6 아세틸 CoA와 5 QH_2(산화적 인산화를 통해 7.5 ATP 생산) 및 5 NADH(12.5 ATP 생산)를 만든다. 시트르산 회로를 통한 6 아세틸 CoA의 산화는 60 ATP를 생산한다. 따라서 총 생산량은 78 ATP 등가물이다.

(b) C_{16} 단일 불포화지방산의 지방산 아실 CoA로의 활성화는 2 ATP를 소모한다. β-산화의 7 라운드는 8 아세틸 CoA와 6 QH_2(산화적 인산화를 통해 9 ATP 생산) 및 7 NADH(17.5 ATP 생산)를 만든다. 지방산은 트랜스-α,β 이중결합으로 전환되는 시스-β,γ 이중결합을 가지고 있어, QH_2를 만드는 아실-CoA 디하이드로지네이즈가 촉매하는 반응은 5 라운드에서 건너뛰게 된다. 시트르산 회로를 통한 8 아세틸 CoA의 산화는 80 ATP를 생산한다. 따라서 총 생산량은 104.5 ATP 등가물이다.

4. 식이로 트라이아실글리세롤이 섭취되면, 주로 작은창자에서 식이 지질의 가수분해가 일어난다. 췌장 라이페이즈는 트라이아실글리세롤의 C-1과 C-3 위치에서 가수분해를 촉매하여 자유 지방산과 2-모노아실글리세롤을 생성한다. 이러한 분자는 담즙산 마이셀 형태로 창자로 운반되어 장내 세포에 의해 흡수된다. 이러한 세포 내에서, 지방산은 지방산 아실 CoA 분자로 전환되어 결국 트라이아실글리세롤을 형성하여 다른 조직으로의 수송을 위해 암죽미립으로 합병된다. 만약 췌장 라이페이즈가 억제된다면, 섭취된 트라이글리세라이드는 흡수되지 못할 것이다. 트라이글리세라이드는 소화관을 거쳐 이동할 것이며 흡수 없이 배설될 것이다.

5. (a) 올레이트는 시스-Δ^9 이중결합을 가지고 있어서, 산화반응은 엔오일-CoA 아이소머레이즈가 필요하다(그림 16.26의 단계 2).

(b) 아라키도네이트는 홀수(Δ^5, Δ^{11})와 짝수(Δ^8, Δ^{14})탄소 모두에서 시스 이중결합을 가지고, 따라서 산화반응은 엔오일-CoA 아이소머레이즈와 2,4-다이엔오일-CoA 리덕테이즈 둘 다 필요하다(그림 16.26의 단계 5).

(c) C_{17} 지방산은 짝수 탄소(Δ^6)에 시스 이중결합을 가지고 있고, 따라서 산화 반응은 2,4-다이엔오일-CoA 리덕테이즈가 필요하다. 프로피오닐 CoA 산물을 석시닐 CoA로 전환하는데 추가로 3개의 효소가 필요하다: 프로피오닐-CoA 카복실레이즈, 메틸말로닐-CoA 라세미화 효소, 메틸말로닐-CoA 뮤테이즈(그림 16.25).

6. 짝수-사슬 지방산은 아세틸 CoA로 분해되는데 이는 포도당신합성을 위한 전구체는 아니다. 아세틸 CoA의 매 2개의 탄소는 시트르산 회로로 들어간 후, 산물로서 2개 CO_2 분자의 형태로 떠나가기 때문에 아세틸 CoA는 직접적으로 파이루브산으로 전환될 수 없다. 반면, 홀수-사슬지방산의 마지막 3개의 탄소는 지방산 산화 회로에서 분해되어 프로피오닐 CoA 한 분자를 생성한다. 프로피오닐 Co는 3단계의 반응을 거쳐 카복실화되어 석시닐 CoA로 전환될 수 있다(그림 16.25). 석시닐 CoA는 시트르산 회로 효소에 의해 옥살로아세테이트로 전환될 수 있고, 옥살로아세테이트는 포도당 합성을 위한 포도당신합성 전구체가 될 수 있다.

7. (a) 표식된 탄소는 $H^{14}CO_3^{\ominus}$에 잔류한다. 팔미테이트로 포함된 것은 하나도 없다. 비록 $H^{14}CO_3^{\ominus}$가 말로닐 CoA로 포함되었더라도(그림 16.2), 이 탄소는 케토아실-ACP 신테이즈 반응 동안 매회 CO_2로 잃어버리게 된다(그림 16.5).

(b) 모든 짝수의 탄소가 표식된다. 팔미테이트의 C-15와 C-16이 되는 아세틸 CoA를 제외하고는, 아세틸 CoA는 말로닐 CoA로 전환되고 그 후 CO_2를 손실하며, 증가하는 지방산 사슬로 포함되기 전에 말로닐 ACP가 된다.

8. (a) 엔오일 ACP 리덕테이즈는 지방산 생합성 경로의 2번째 환원 단계를 촉매하는데, NADPH를 보조인자로 사용하여 트랜스-2,3 엔오일 부분을 포화된 아실 사슬로 전환한다.

$$\mathrm{R-CH=CH-C(=O)-S-ACP}$$

엔오일-ACP 리덕테이즈: $\mathrm{NADPH + H^{\oplus}} \rightarrow \mathrm{NADP^{\oplus}}$

$$\mathrm{R-CH_2-CH_2-C(=O)-S-ACP}$$

(b) 지방산은 박테리아의 막에 필수적이다. 만약 지방산 합성이 저해된다면, 새로운 막이 형성되지 않고 박테리아의 성장도 없게 될 것이다.

(c) 동물과 박테리아에서 지방산 합성 시스템은 다르다. 동물은 타입 I 지방산 합성 시스템(FAS I)을 포함하는데, 이는 다양한 효소 활성이, 크고 다기능적 효소의 개개의 도메인에 위치하고 있다. 박테리아의 경우, 지방산 합성의 각 반응은 분리된 단일 기능적 효소에 의해 촉매된다. 이 두 시스템의 차이점 일부의 이해는 박테리아의 FAS II에 대한 특이적 억제제의 설계를 가능하게 할 것이다.

9. 식사는 탄수화물(해당작용과 파이루브산 디하이드로지네이즈)과 지방(FA 산화)의 대사로부터 아세틸 CoA의 생성을 촉진한다. 정상적으로, 증가된 아세틸 CoA는 말로닐 CoA 수치를 증가시켜 (아세틸-CoA 카복실레이즈 반응, 그림 16.2) 식욕을 억제하는 작용을 한다. C75는 지방산 신테이즈 효소를 억제하여, 지방산 합성에 사용되는 말로닐 CoA의 제거를 막고, 그렇게 함으로써 말로닐 CoA의 수치를 증가시키고 나아가 식욕을 억제하게 한다.

10. (a)

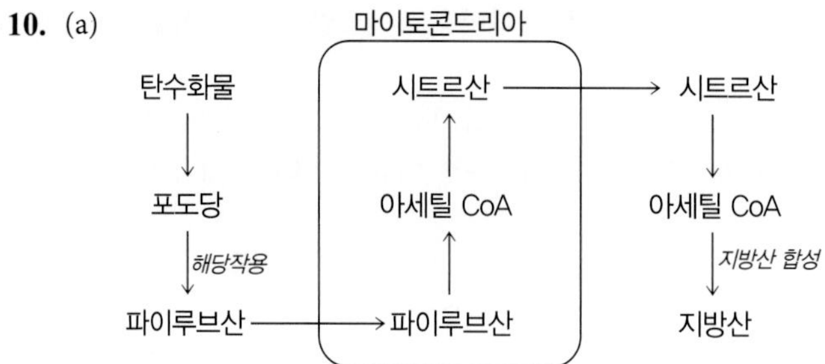

(b) 해당작용에 의해 생성된 NADH는 다양한 다른 반응과 경로에 의해 NADPH로 전환될 수 있다.

11. (a) 충분한 시트르산과 ATP 수치는 지방산 합성을 촉진한다. 높은 수치의 시트르산은 ACC의 활성화 형태인 탈인산화된 실 모양의 중합체에 우선적으로 결합하여 이를 안정화시킴으로써 ACC를 활성화한다. 반면, 높은 수치의 지방산 아실 CoA는 추가적인 지방산 합성이 더 이상 필요가 없음을 나타낸다. 팔미토일 CoA는 우선적으로 비활성화된 프로토머의 탈인산화된 형태에 결합함으로써 ACC를 불활성화시킨다.

(b) 글루카곤과 에피네프린은 아세틸 CoA 카복실레이즈의 활성을 억제함으로써 지방산 합성을 저해한다. 두 호르몬은 세포 수용체에 결합하여 cAMP 합성을 활성화시키고 이는 다시 단백질 카이네이즈를 활성화시킨다. 단백질 카이네이즈에 의한 ACC의 인산화는 이를 불활성화 형태로 바꾸며, 따라서 지방산 합성은 억제된다. 반면, 활성화된 단백질 카이네이즈는 트라이아실글리세롤 라이페이즈의 인산화와 활성화를 촉매하는데, 이 효소는 트라이아실글리세롤의 가수분해를 촉매하여 β-산화에 쓰이는 지방산을 유리시킨다.

12. (a) 아세틸-CoA 아세틸레이즈의 억제제는 지방산 합성을 위한 중요한 조절 반응에 영향을 미친다. 아세틸-CoA 카복실레이즈-촉매 반응의 산물인 말로닐-CoA의 농도는 억제제의 존재 하에 감소될 것이다. 감소된 말로닐 CoA의 농도는 지방산 산화의 중요한 조절 위치인 카르니틴 아실트랜스퍼레이즈 I의 억제를 완화시킬 것이다. 따라서 활성화된 수송 시스템을 가지고, 지방산은 β-산화가 일어나는 마이토콘드리아 기질로 이동할 것이다. 아세틸-CoA 카복실레이즈 억제제의 존재하에, 지방산 합성은 감소할 것이고, β-산화는 증가할 것이다.

(b) CABI는 바이오틴의 구조적 유도체이다. 아세틸-CoA 카복실레이즈는 바이오틴-의존적 효소이다. 바이오틴 유도체는 바이오틴을 대신하여 결합하고 아세틸-CoA 카복실레이즈의 활성을 억제할 것이다.

13. 아세틸 CoA로부터 팔미트산 합성의 전체 반응은 두 단계의 합이다: (1) 아세틸-CoA 카복실레이즈의 활동에 의한 7 말로닐 CoA의 형성과 (2) 지방산 합성 경로의 7 회로.

$$7\ \text{아세틸 CoA} + 7\,CO_2 + 7\,\text{ATP} \longrightarrow 7\ \text{말로닐 CoA} + 7\,\text{ADP} + 7\,P_i$$
$$\text{아세틸 CoA} + 7\ \text{말로닐 CoA} + 14\,\text{NADPH} + 14\,H^{\oplus} \longrightarrow \text{팔미트산} + 7\,CO_2 + 14\,\text{NADP}^{\oplus} + 8\,\text{HS}-\text{CoA} + 6\,H_2O$$
$$8\ \text{아세틸 CoA} + 7\,\text{ATP} + 14\,\text{NADPH} + 14\,H^{\oplus} \longrightarrow \text{팔미트산} + 7\,\text{ADP} + 7\,P_i + 14\,\text{NADP}^{\oplus} + 8\,\text{HS}-\text{CoA} + 6\,H_2O$$

14. (a) 아라키돈산은 프로스타글란딘과 트롬복산 및 류코트리엔과 같은 "국소 조절자"를 포함하는 에이코사노이드 합성의 전구체이다(그림 16.14). 이러한 조절자는 손상된 조직으로부터 유발되는 통증과 염증 및 부기 반응의 조정에 관여한다.

(b) 프로스타글란딘과 류코트리엔 둘 다 포스포라이페이즈의 활동으로 세포막 인지질로부터 유리된 아라키도네이트로부터 유래된다. 포스포라이페이즈를 억제함으로써 스테로이드 계열 약물은 프로스타글란딘과 류코트리엔 둘 다의 합성을 막는다. 아스피린과 같은 약물은 사이클로옥시지네이즈를 억제함으로써 아라키도네이트의 프로스타글란딘 전구체로의 전환은 막지만 류코트리엔 합성에는 영향을 미치지 않는다.

15. (a)

```
                           O
                           ‖
      O          CH2—O—CR1
      ‖          |
R2—C—O—CH           O
                 |           ‖
                 CH2—O—P—O—CH2
                             |       |
                             O⊖    CHOH
                                     |
                                     CH2OH
```

(b)

```
                       H    H
      O        CH2—O—C=C—R1
      ‖        |
R2—C—O—CH          O
               |          ‖
               CH2—O—P—CH2CH2NH3⊕
                          |
                          O⊖
```

(c)

$$\text{R}-\overset{\overset{\text{O}}{\|}}{\text{C}}-\text{NH}-\text{CH}(\text{CH}_2-\text{O-glucose})-\text{CH(OH)}-\text{CH}=\text{CH}-(\text{CH}_2)_{12}-\text{CH}_3$$

16. 팔미트산은 C-1 위치가 표식된 아세틸-CoA 8 분자로 전환된다. 메발론산염 한 분자를 합성하기 위해 3개의 아세틸 CoA 분자가 사용된다(그림 16.17).

$$\underset{\text{팔미트산}}{H_3C-(CH_2CH_2)_7-COO^{\ominus}} \longrightarrow \underset{\text{아세틸 CoA}}{8\ H_3C-\overset{\overset{O}{\|}}{C}-S\text{-}CoA}$$

$$\underset{\text{아세틸 CoA}}{3\ H_3C-\overset{\overset{O}{\|}}{C}-S\text{-}CoA} \longrightarrow \underset{\text{메발론산염}}{^{\ominus}OOC-CH_2-\overset{OH}{\underset{CH_3}{C}}-CH_2-CH_2-OH}$$

17. APHS와 아스피린 모두 COX 효소의 세린 잔기에 아세틸 그룹을 전달한다. APHS는 비가역적 억제제이므로, 비록 COX 효소의 활성화 자리에서 활동한다 하더라도 경쟁적 억제 키네틱스는 보이지 않는다.

$$\underset{\text{활성부위 세린}}{(COX\text{-}2)-CH_2OH} + \underset{\text{APHS}}{\text{APHS}} \longrightarrow \underset{\text{비가역적으로 억제된 효소}}{(COX\text{-}2)-CH_2O-\overset{\overset{O}{\|}}{C}-CH_3} + \text{HO-C}_6\text{H}_4\text{-S-}CH_2C\equiv C(CH_2)_3CH_3$$

17장 아미노산 대사

1. PSII에는 산소를 방출하는 복합체가 있어서 광합성 중 산소가 발생한다. 산소는 나이트로지네이즈를 억제하기 때문에, 이질세포에서의 O_2 발생은 피해야만 한다. PSI에는 순환적 전자전달에 의해 광유도 양성자기울기가 여전히 형성되고 O_2가 발생하지 않는다.

2. (a) 글루탐산 디하이드로지네이즈 + 글루타민 신테테이즈

$$NH_4^{\oplus} + \alpha\text{-케토글루타르산} + NAD(P)H + H^{\oplus} \longrightarrow \text{글루탐산} + NAD(P)^{\oplus} + H_2O$$
$$NH_3 + \text{글루탐산} + ATP \longrightarrow \text{글루타민} + ADP + P_i$$
$$2\ NH_4^{\oplus} + \alpha\text{-케토글루타르산} + NAD(P)H + ATP \longrightarrow \text{글루타민} + NAD(P)^{\oplus} + ADP + P_i + H_2O$$

(b) 글루타민 신테테이즈 + 글루탐산 신테이즈

$$2\ NH_3 + 2\ \text{글루탐산} + 2\ ATP \longrightarrow 2\ \text{글루타민} + 2\ ADP + 2\ P_i$$
$$\text{글루타민} + \alpha\text{-케토글루타르산} + NAD(P)H + H^{\oplus} \longrightarrow 2\ \text{글루탐산} + NAD(P)^{\oplus}$$
$$2\ NH_3 + \alpha\text{-케토글루타르산} + NAD(P)H + 2\ ATP + H^{\oplus} \longrightarrow \text{글루타민} + NAD(P)^{\oplus} + 2\ ADP + 2\ P_i$$

(b)의 짝지은 반응에서는 (a)에서보다 1분자의 ATP를 더 소모한다. NH_3에 대한 글루타민 신테테이즈의 K_m 값이 $NH_4^{\oplus}$에 대한 글루탐산 디하이드로지네이즈의 K_m 값보다 훨씬 더 낮기 때문에, NH_4^+ 농도가 낮을 때 (b)의 짝지은 반응이 더 우세하다. 따라서 $NH_4^{\oplus}$ 농도가 낮을 때, 암모

니아를 동화하는 데 더 많은 에너지가 소비된다.

3. 아스파트산 트랜스아미네이즈가 촉매하는 반응에서 ${}^{15}N$으로 표지된 아미노기는 아스파트산으로부터 α-케토글루타르산으로 전달되어 글루탐산을 생산한다(그림 17.10). 트랜스아미네이즈는 근접-평형 반응을 촉매하고 많은 트랜스아미네이즈는 글루탐산을 α-아미노기 공여체로 사용하기 때문에, 표지된 질소는 글루탐산-의존 트랜스아미네이즈의 기질로 작용하는 다른 아미노산으로 신속히 분배된다.

4. (a) α-케토글루타르산 + 아미노산 $\rightleftharpoons$ 글루탐산 + α-케토산
옥살로아세트산 + 아미노산 $\rightleftharpoons$ 아스파트산 + α-케토산
파이루브산 + 아미노산 $\rightleftharpoons$ 알라닌+ α-케토산

(b) α- 케토글루타르산 + $NH_4^{\oplus}$ $\rightleftharpoons$ 글루탐산 + H_2O (NAD(P)H, $H^{\oplus}$ → NAD(P)$^{\oplus}$; 글루탐산 디하이드로지네이즈)

5.

(황화물)S^{2-}

(식물)
- 세린 ⟶ *O*-아세틸세린 ⟶ 시스테인-*SH* (그림 17.17)
- 호모세린 → → → 호모시스테인-*SH* → 메싸이오닌-*S*-CH_3 (그림 17.11)

(동물)
- 메싸이오닌-*S*-CH_3 → → → 호모시스테인-*SH* (그림 17.35)
- 세린 ⟶ 시스타싸이오닌(*S*) → 시스테인-*SH* (그림 17.18)

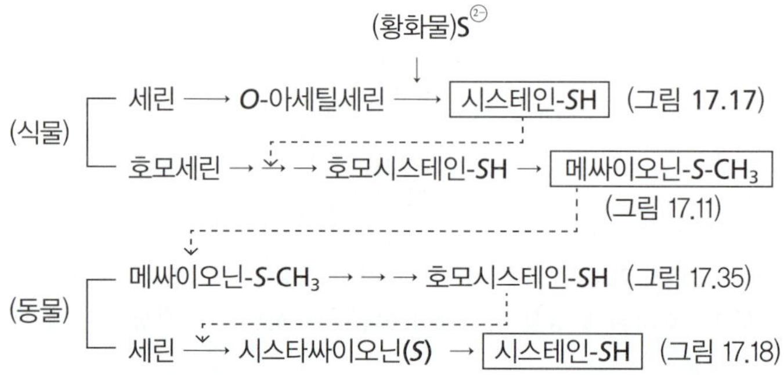

6. (a) 세린의 C-3은 글라이신이 합성되는 동안 테트라하이드로폴산에 전달되고, 세린의 C-2는 글라이신이 암모니아와 중탄산으로 절단될 때 테트라하이드로폴산에 전달된다.

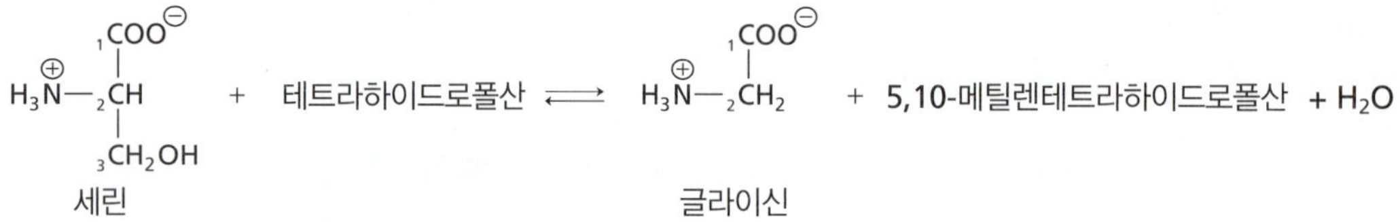

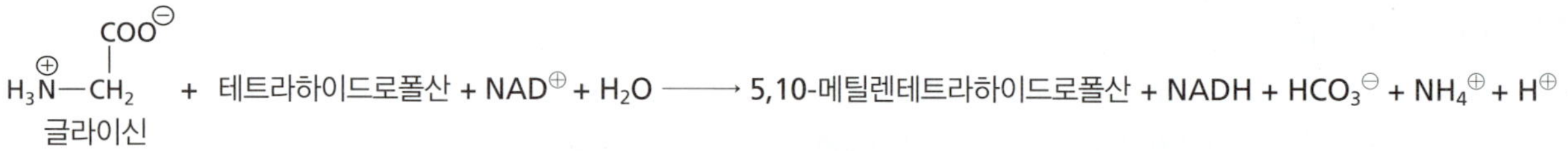

$$\underset{\text{세린}}{H_3\overset{\oplus}{N}-{}_2CH({}_1COO^{\ominus})-{}_3CH_2OH} + \text{테트라하이드로폴산} \rightleftharpoons \underset{\text{글라이신}}{H_3\overset{\oplus}{N}-{}_2CH_2-{}_1COO^{\ominus}} + \text{5,10-메틸렌테트라하이드로폴산} + H_2O$$

$$\underset{\text{글라이신}}{H_3\overset{\oplus}{N}-CH_2-COO^{\ominus}} + \text{테트라하이드로폴산} + NAD^{\oplus} + H_2O \longrightarrow \text{5,10-메틸렌테트라하이드로폴산} + NADH + HCO_3^{\ominus} + NH_4^{\oplus} + H^{\oplus}.$$

(b) 세린은 당분해의 중간체인 3-포스포글리세르산으로부터 합성된다(그림 17.15).
3-포스포글리세르산과 세린 모두의 C-3은 포도당의 C-1 또는 C-6 중 하나로부터 만들어진다.
3-포스포글리세르산과 세린 모두의 C-2는 포도당의 C-2 또는 C-5 중 하나로부터 만들어진다.

7. (a) $H_3\overset{\oplus}{N}-CH(COO^{\ominus})-CH(OH)-CH_3$

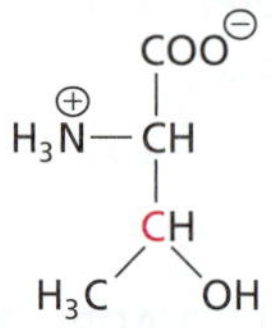

(b) $\overset{\oplus}{N}H_3$, $CH_2-CH-COO^{\ominus}$ (인돌 고리, N–H)

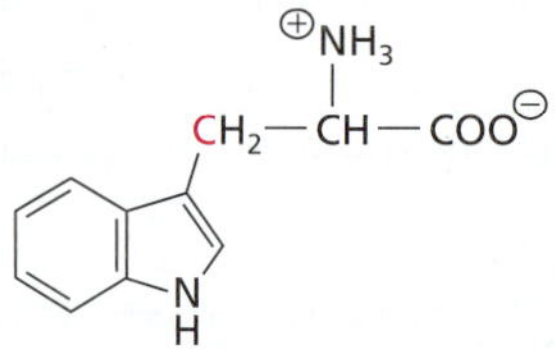

(c) $COO^{\ominus}$, CH, $H_2\overset{\oplus}{N}$, CH_2, H_2C-CH_2 (고리)

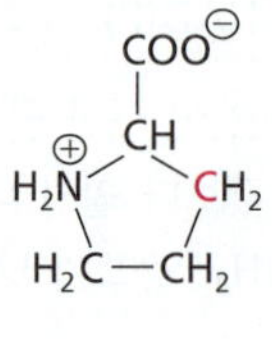

(d) $\overset{\oplus}{N}H_3$, $CH_2-CH-COO^{\ominus}$ (벤젠 고리)

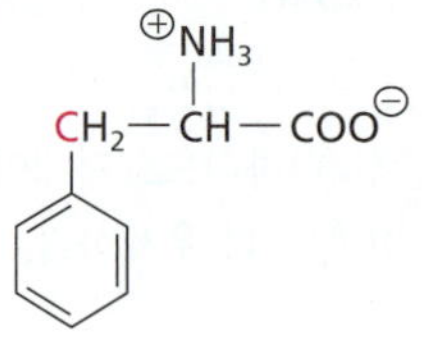

8. (a) 글루탐산. PPT는 글루타민 신테테이즈를 억제한다.
(b) 히스티딘 생합성 경로(그림 17.23).

9. 아스파탐은 아스파트산과 페닐알라닌 잔기가 펩타이드 결합으로 연결된 다이펩타이드이다. 이 결합은 결국 세포 내에서 아스파트산과 페닐알라닌으로 가수분해된다. 페닐케톤뇨증 환자는 과량의 페닐알라닌을 피해야만 한다.

10. (a)

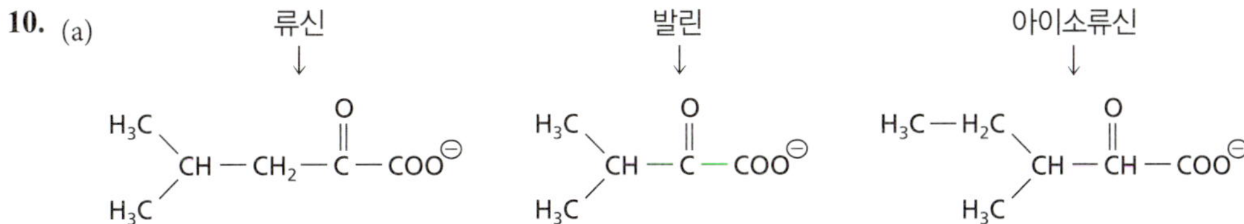

(b) 라이신 분해 경로. α-아미노아디프산 δ-세미알데하이드 신테이즈가 결핍되어 있다(그림 17.39).
(c) 요소 회로. 아지니노석신산 신테테이즈가 결핍되어 있다(그림 17.43).

11. (a) 알라닌 (c) 글라이신
(b) 아스파트산 (d) 시스테인

12. 요소 회로가 근육에서는 작용하지 않기 때문에, 아미노산의 탈아미노화로부터 생긴 암모니아는 요소로 전환될 수 없다. 고농도의 암모니아는 치명적이기 때문에, 처리되기 위해서 다른 산물로 전환된다. 첫 번째 경로에서 암모니아는 글루타민 신테테이즈 작용에 의해 글루타민 내로 삽입된다(그림 17.5). 뒤이어 글루타민은 간 또는 신장으로 수송된다. 두 번째 경로는 포도당-알라닌 회로이다(그림 17.45). 파이루브산은 아미노기 전달반응에 의해 아미노산의 아미노기를 수용하고, 생성된 알라닌은 간으로 수송되어 그곳에서 탈아미노화되어 파이루브산으로 되돌아간다. 아미노기는 요소 합성에 사용되고, 파이루브산은 포도당으로 전환될 수 있다.

13. 일산화질소 신테이즈(NOS)가 억제되면 혈관 세포에서 과량의 일산화질소가 생산되지 못한다. 일산화질소는 혈관을 이완시키고, 과량이 되면 저혈압을 유발하여 쇼크를 야기할 수 있다. 싸이오시트룰린과 *S*−메틸싸이오시트룰린은 NOS 반응산물인 시트룰린의 무반응성 유사체(unreactive analogs)이기 때문에 NOS를 억제한다(그림 17.25).

14. 두 가지 이유가 있다. 첫째, 많은 아미노산 생합성 경로가 인간에서 발견되지 않기 때문에 존재치 않는 필수아미노산 경로에 의한 그 어떤 대사질환도 있을 수 없다. 둘째, 다른 경로들은 아마도 발생과정에 필수적이므로 그 어떤 결함도 생존에 치명적일 것이다. 이것이 스핑고지질 생합성 경로(Box 16.2)에 대사질환이 없음을 설명해주는 동일한 근거가 된다.

15. 21번째, 22번째 및 23번째 아미노산은 *N*-포밀메싸이오닌(*N*-formylmethionine), 셀레노시스테인(selenocysteine) 및 피롤라이신(pyrrolysine)이다. *N*-포밀메싸이오닌과 셀레노시스테인은 17장에서 다루는 정상적인 대사 경로에 의해서가 아니라, 번역 중 아미노아실된 tRNA(aminoacylated tRNA)에서 합성된다. 피롤라이신도 아미노아실된 tRNA에서 합성된다. 전구체는 메싸이오닌, 세린 및 라이신이다.

16. 세린 생합성 경로의 전구체는 3-포스포글리세르산이다. 이 전구체는 당분해 경로의 글리세르알데하이드-3-인산(glyceraldehyde-3-phosphate; G3P)에서 유래하는데, 이 전환에서 1 ATP와 1 NADH의 이득(gain)을 얻게 된다. 이 이득은 G3P 합성에 드는 총비용에서 반드시 공제해야 한다. 따라서 각 NADH는 2.5 ATP 당량에 해당한다고 가정할 때, 3-포스포글리세르산 합성에 드는 비용은 24 − 3.5 = 20.5 ATP 당량이다(캘빈 회로에서도 동일한 비용이 산출될 수 있다). 세린 생합성 경로는 3-포스포글리세르산이 3-포스포하이드록시파이루브산으로 산화될 때 1개의 NADH를 생산하므로, 다음 단계에서 세린을 만드는 비용은 20.5 − 2.5 = 18 ATP 당량이다. 이 값은 Box 17.3에 주어진 값과 동일하다(세린 생합성 경로에서 아미노기 전달반응은 공짜임을 주목하라).

알라닌은 단순하고 공짜인 아미노기 전달반응에 의해 파이루브산으로부터 만들어진다. 파이루브산을 만드는 비용은 당분해 경로에서 3−포스포글리세르산에서 파이루브산으로 전환할 때 계산할 수 있다. 이 전환에서 1ATP의 이득이 생겨서 파이루브산을 만드는 비용은 20.5 − 1 = 19.5 ATP 당량이다. 따라서 알라닌의 합성비용은 19.5 ATP 당량 또는 끝수를 버리고 중요한 수치 2개만 표시할 때 20 ATP 당량이다. 이 값이 Box 17.3에 주어진 값과 동일하다.

18장 핵산 대사

1. (a)

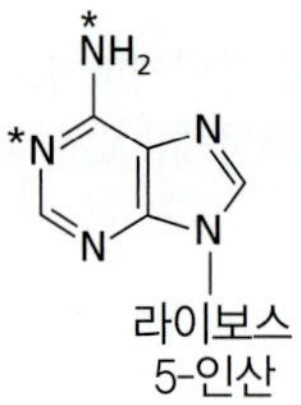
NH2
N
N
N
N
라이보스
5-인산

(b)

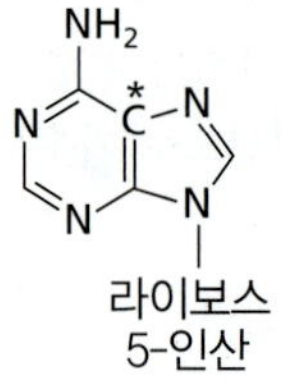
NH2
N
C
N
N
N
라이보스
5-인산

(c)

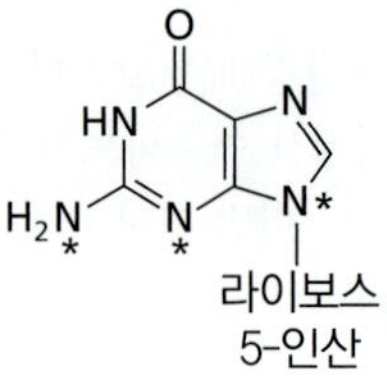
O
HN
N
H2N
N
N
라이보스
5-인산

그림 18.10에서 UMP 합성 경로의 반응들을 보라.

(d) 아스파트산의 표지된 2번 탄소는 카바모일 아스파트산으로 편입되어, UMP에서 유라실의 6번 탄소로 발견된다.

(e) 카바모일인산으로 편입된 $HCO_3^{\ominus}$의 표지된 탄소는 UMP에서 피리미딘 고리의 2번 탄소로 발견된다.

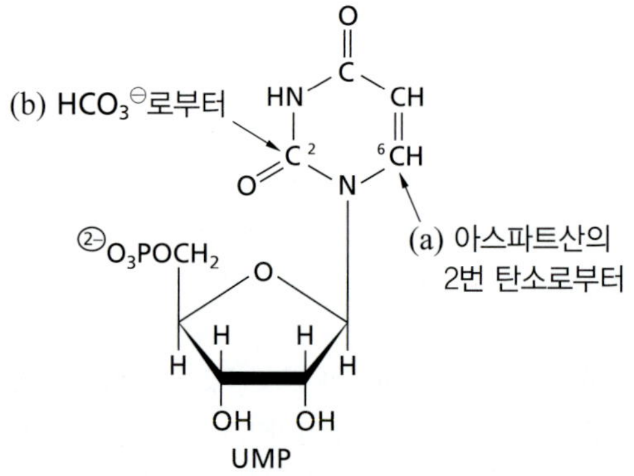
(b) HCO3⊖로부터
(a) 아스파트산의
2번 탄소로부터
UMP

2. 7개의 ATP 당량이 필요하다. 즉, PRPP가 합성될 때 ATP 1분자가 AMP로 절단된다(그림 18.3). 또한 IMP 생합성 경로의 단계 1에서 PRPP의 파이로인산기가 방출되고, 곧 2 P_i로 가수분해되는데(그림 18.5) 이것이 2번째 ATP 당량이다. 5개의 ATP 분자가 단계 2, 4, 5, 6 및 7에서 소비된다.

3. 퓨린: 반응 3: GAR 트랜스포밀레이즈, 10-포밀-THF, 8번 탄소.
반응 9: AICAR 트랜스포밀레이즈, 10-포밀-THF, 2번 탄소.
피리미딘: 싸이미딜산 신테이즈, 5,10-메틸렌-THF, 싸이미딜산의 $5\text{-}CH_3$

4. (a)

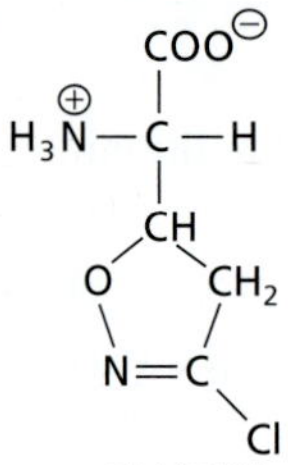

아시비신

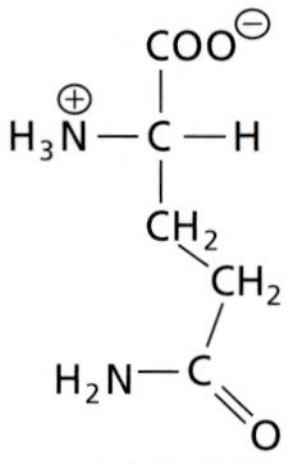

글루타민

(b) 아시비신은 퓨린 생합성 경로의 첫 효소인 글루타민-PRPP 아미도트랜스퍼레이즈를 억제하기 때문에 PRPP가 축적된다.

(c) 아시비신은 피리미딘 생합성 경로의 첫 단계를 촉매하는 다이하이드로오로트산 신테이즈의 카바모일인산 신테테이즈 II 활성을 억제한다.

5. (a) 아스파트산 대신에 β-알라닌이 사용될 때, 대장균 경로의 단계 6에서 사용되는 탈탄산반응(decarboxylation)은 필요치 않게 된다.

(b)

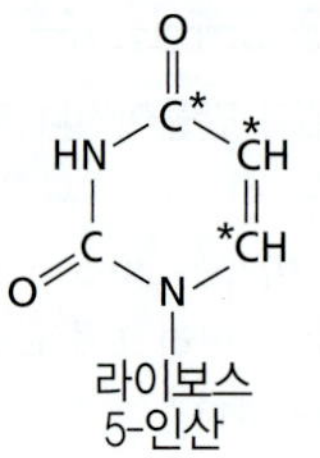
라이보스
5-인산

6. (a) dUMP + $NH_4^{\oplus}$

(b) DNA 합성에는 A, T, G 및 C가 적정 비율로 사용된다. 만약 dTTP 양이 필요 이상으로 많다면, dTTP는 dCMP 디아미네이즈에 의한 dCMP의 dUMP로의 전환을 억제함으로써 자기 자신의 합성을 저하시킬 것이다. dUMP는 dTMP (싸이미딜산 신테이즈, 그림 18.16)의 전구체이고, 이후 dTDP 및 dTTP(DNA 합성에 필요함)로 전환된다. 반면에 만약 dCTP 양이 많다면, dCMP 디아미네이즈가 활성화되어 dCMP를 한층 더 많이 dUMP로 전환시킬 것이다. 이처럼 인산화에 의해 더 많은 dCTP로 전환되었을지도 모르는 dCMP를 빼돌리게 된다(그림 18.20).

7. 4개의 ATP 당량이 필요하다. 라이보스 5-인산으로부터 PRPP를 합성하는데 1개의 ATP 당량이 필요하다(그림 18.3). 카바모일인산 합성에 2개의 ATP가 소비된다(그림 18.10, 단계 1). PP_i가 2 P_i로 가수분해되는 단계 5에서 1개의 ATP 당량이 소비된다.

8. 아데노신 디아미네이즈가 없다면, 아데노신과 디옥시아데노신은 이노신과 하이포잔틴을 통해 요산으로 분해되지 않는다(그림 18.19 및 18.21). 이는 dATP로 전환될 수 있는 디옥시아데노신의 농도를 증가시킨다. 고농도의 dATP는 라이보뉴클레오타이드 리덕테이즈를 억제한다(표 18.1). 라이보뉴클레오타이드 리덕테이즈의 억제는 결국 모든 디옥시뉴클레오타이드의 생산을 저하시켜 DNA 합성을 억제한다.

9. 글루타민-PRPP 아미도트랜스퍼레이즈는 IMP로의 신생 경로에서 첫 효소이며 중요한 조절 부위이다(그림 18.5). 인간에서, PRPP는 이 효소의 기질인 동시에 양성 작용자(positive effector)이다. PRPP 신테테이즈 활성이 증가하여 세포내 PRPP 양이 증가하면, 아미도트랜스퍼레이즈 활성이 커진다. 이는 결국 IMP 및 다른 퓨린 뉴클레오사이드와 뉴클레오타이드의 합성을 증가시킨다. 이에 따른 퓨린 뉴클레오타이드의 과생산과 뒤이은 분해는 통풍의 특징이 되는 요산량을 증가시키게 된다.

10. (a) ATP (b) ATP (c) ATP (d) GTP (e) UTP (f) GTP (g) CTP (h) UTP (i) ATP (j) IMP (k) IMP

11. 퓨린과 피리미딘은 중요한 에너지 공급원이 아니다. 지방산과 탄수화물의 탄소 원자는 산화되어 ATP를 생산하는 반면, 질소-함유 퓨린과 피리미딘에는 이와 비교할 만한 에너지 생산 경로가 없다. 그러나 하이포잔틴이 요산으로 전환될 때 생산되는 NADH는 산화적 인산화를 통해 간접적으로 ATP를 생산할 수도 있다. 유라실과 싸이민이 분해되면 각각 아세틸 CoA와 석시닐 CoA가 생산되고, 이들은 시트르산 회로를 통해 대사되어 ATP를 생산할 수 있다.

12. D-라이보스 당은 α-D-라이보피라노스, α-D-라이보퓨라노스, β-D-라이보피라노스 및 β-D-라이보퓨라노스로 구성된 평형 혼합물(equilibrium mixture) 상태로 존재한다. 이들은 개방-사슬형을 거쳐 서로 자유로이 상호전환한다(8.2절).

13. 잔틴은 2,6-다이옥소퓨린이다; 하이포잔틴은 6-옥소퓨린이다; 오로트산은 2,4-다이옥소-6-카복실피리미딘이다.

14. IMP 생합성 경로에서의 SAICAR 신테테이즈 + 아데닐로석신산 라이에이즈(그림 18.5) 및 아지닌 생합성 경로에서의 아지니노석신산 신테테이즈 + 아지니노석신산 라이에이즈(요소 회로: 그림 17.43).

19장 핵산

1. α 나선에서, 수소결합은 한 잔기의 카보닐기 산소와 네 잔기의 아민 수소 사이에서, 혹은 한 턴의 거리에서, 형성된다. 이 골격내 원자들 사이의 수소결합들은 나선의 축에 대략 평행하다. 골격으로부터 빗나간 아미노산 곁사슬들은 내부나선 수소결합에 참여하지 않는다. 이중나선 DNA에서, 당–인산 골격은 수소결합에 참여하지 않는다. 대신에 나선의 축에 대략 직각인 둘 내지 세 개의 수소결합이 반대쪽 나선의 상보적 염기들 사이에서 형성된다.

α 나선에서, 각각의 수소결합은 약하지만 이 결합들의 축적된 힘은 특히 물이 수소결합과 경쟁하지 않는 단백질의 소수성 내부에서 나선구조를 안정화한다. DNA에서, 수소결합의 기본적인 역할은 각각의 가닥들을 또 다른 것들에 대한 주형으로 작용하도록 허용하는 것이다. 상보적 염기들 사이의 수소결합은 나선을 안정화하는 데 도움을 주지만, 소수성 내부의 염기쌍 사이의 중첩

력은 나선의 안정화에 더 큰 기여를 한다.

2. 만일 잔기의 58%가 (G + C)라면, 잔기의 48%는 (A + T)이어야만 한다. 모든 A는 반대편 나선의 T와 쌍을 이루므로, 아데닌 잔기의 수는 싸이민 잔기의 수와 동일하다. 그러므로 잔기의 21%, 혹은 420개가 싸이민이다 ($2000 \times 0.21 = 420$).

3. (a) 상보적 DNA의 염기구성은 일반적으로 상당히 다르다. 예를 들어, 만일 한 가닥이 폴리 dA (100% A)이면, 다른 가닥은 폴리 dT(100% T)이어야만 한다. 그러나 두 가닥은 상보적이기 때문에 (A + T)의 양은 각 나선에 대해 동일하여야만 하며, (G + C)의 양도 각 나선에 대해 동일하여야만 한다.

(b) (A + G) = (T + C). 상보성은 하나의 가닥에 매 퓨린(A 혹은 G)에 대하여, 상보적 가닥에는 하나의 피리미딘(T 혹은 C)이 있어야만 한다는 것을 지시한다.

4. DNA 가닥은 반평행하기 때문에, 상보적 가닥들은 반대 방향으로 달린다. 이중나선 DNA의 서열은

ATCGCGTAACATGGATTCGG
TAGCGCATTGTACCTAAGCC

이다.

규칙에 따라 DNA 서열은 5′ → 3′ 방향으로 쓰인다. 그러므로 상보적 가닥의 서열은

CCGAATCCATGTTACGCGAT

이다.

5. 단일가닥 나선의 안정성은 인접한 퓨린들 사이의 중첩력에 상당히 기인한다. 중첩된 염기들이 물 분자들로부터 부분적으로 보호되는 환경을 형성하기 때문에 소수성 효과들 또한 기여한다.

6.

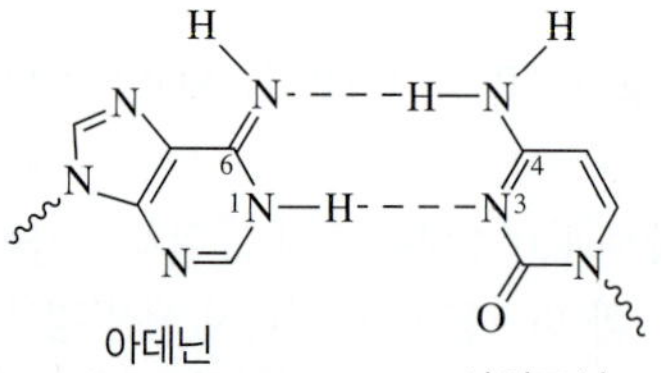

아데닌
(이미노 형태)
사이토신

7. 고원(plateau)에 의해 식별되는 두 개의 분리된 녹는점이 있다. 폴리 dT의 여분의 가닥이 풀린다면, 260 nm에서 용액의 흡광도는 중첩된 염기들이 삼중나선의 커다란 소수성 내부들로부터 떠날 때 증가할 것이다. 흡광도의 두 번째 증가는 남겨진 두 DNA 가닥이 변성될 때 일어난다.

8. 그 서열은

5′ ACGCACGUAUAUGUACUUAUACGUGGCU 3′

이다. 밑줄 친 서열들은 회문적이다.

9. 주요 산물은 모노뉴클레오타이드들의 혼합물과 대략 500 bp의 길이를 갖는 단일나선 DNA의 조각들일 것이다. 각 말단에 결합하는 효소 분자를 갖는 DNA의 조각은 두 개의 가닥이 더 이상 염기쌍을 형성할 수 없을 때까지 분해될 것이다; 그 시점에서 단일가닥들은 효소에 대한 기질이 되는 것을 그만두게 된다.

10. 30 nm 섬유에서, DNA는 각각 200 bp의 DNA를 포함하는 뉴클레오좀에 포장된다; 그러므로 뉴클레오좀의 DNA는 130,000($200 \times 650 = 130,000$)의 분자량을 갖는다. 뉴클레오좀당 히스톤 H1 한 분자가 있는 것으로 가정하면, 뉴클레오좀의 단백질 구성요소의 분자량은 129,800일 것이다.

히스톤 H1	21,000
히스톤 H2A (X2)	28,000
히스톤 H2B (X2)	27,600
히스톤 H3 (X2)	30,600
히스톤 H4 (X2)	22,600
합	129,800

그래서 단백질 대 DNA 분자량의 비는 129,800:130,000 또는 대략 1:1이다.

11. 뉴클레오좀은 히스톤에 200 염기쌍의 DNA를 더해 구성된다. 당신은 당신의 어머니로부터 반수의 염색체를 물려받았으므로, 난자는

$$(3.2 \times 10^9 \text{ bp}) \times \frac{1 \text{ 뉴클레오좀}}{200 \text{ bp}} = 8 \times 10^6 \text{ 뉴클레오좀}$$

을 포함했다.

12. (a) pdApdGpdT + pdC
(b) pdApdG + pdTpdC
(c) pdA + pdGpdTpdC

13. 초나선화된 플라스미드 DNA는 짧은 풀린 지역들을 가진 완화된 DNA와 평형상태에 있으므로, 누룩곰팡이(*Aspergillus*)의 효소는 천천히 DNA를 닉된 원형으로 변환시킨다. 결국 효소는 이완된 원형들을 이중나선 DNA의 단일길이의 선형 단편들로 변환시킬 것이다.

14. 그렇다. DNA와 RNA의 당-인산 골격은 설탕잔기들을 연결하는 포스포다이에스터 결합들을 포함한다.

15. pppApCpUpCpApUpApGp + CpUpApUpGp + ApGp + U

16. 박테리오페이지는 제한 엔도뉴클리에이즈로부터 그들의 DNA를 보호하기 위해 몇 가지 메커니즘을 진화시켰다. 일반적으로, 박테리오페이지 DNA는 매우 적은 제한위치들을 포함한다. 제한 엔도뉴클리에이즈 인식부위는 강력하게 선택되며 이 위치를 변경하는 어떤 돌연변이도 쉽게 생길 것이다. 덧붙여, 제한위치들은 박테리아의 염색체에서와 같이 종종 메틸화가 된다. 이것은 아마도 잘리게 되기 전에 페이지 DNA가 메틸화된 먼 과거의 뜻밖의 사건 때문일 것이다.

어떤 박테리오페이지는 그들의 DNA에 변형된 뉴클레오타이드를 결합시킨다. 그 변형된 뉴클레오타이드들(예: 박테리오페이지 T4의 5-하이드록실메틸사이토신)은 제한 엔도뉴클리에이즈에 의해 인식되지 않는다.

페이지 유전체는 또한 제한 엔도뉴클리에이즈를 비활성화시키는 효소를 암호화하거나 절단을 방해하기 위해 제한위치에 결합하는 단백질을 암호화할 수 있다.

17. (a) 확률은 *Hind*III 제한 위치 내의 각 뉴클레오타이드의 개연성으로부터 측정될 수 있다. (G = C = 0.18과 A = T = 0.32)
서열 AAGCTT에 대하여 평균적으로 1/(0.32)(0.32)(0.18)(0.18)(0.32)(0.32) = 2943 bp마다 하나의 *Hind*III 위치가 있을 것이다.
그래서 100 Mb의 유전체는 평균적으로 100,000/2943 = 33,070 위치들이 존재할 것이다.
(b) 24,414

18. *Bgl*II와 *Bam*HI의 인식부위는 다르지만, 그 효소들은 동일한 끈적한 말단을 가진 단편을 만든다. 이 단편들은 하나의 효소에서 만들어진 단편들처럼 쉽게 연결될 수 있다.

```
BglII   ~~A          GATCT~~
        ~~TCTAG          A~~

BamHI   ~~G          GATCC~~
        ~~CCTAG          G~~
```

19. 일반적인 숙주 세포에서 제한효소는 새로이 유입된 재조합 분자들을 잘라서 어떤 DNA 단편들을 복제하는 것을 불가능하게 만든다. 제한 엔도뉴클리에이즈들을 만들지 못하는 숙주 균주를 사용하는 것은 이 문제를 회피한다.

RecA내의 돌연변이는 숙주 세포의 증식 동안 재조합 DNA 분자들의 재배열을 막음으로써 재조합을 감소시킨다. 재배열은 복제된 DNA 단편들이 특별히 상동 재조합에 대한 위치로 작용할 수 있는 반복적 서열을 포함할 때 종종 문제가 된다.

20장 DNA 복제, 복구와 재조합

1. (a) 두 복제분기는 복제의 원점을 형성하고 원점의 반대 지점에서 만날 때까지 반대방향으로 움직인다. 그러므로 각 레플리좀은 유전체의 반을 복제한다(2.6×10^6 염기쌍). 전체 염색체를 복제하는데 필요한 시간은

$$\frac{2.6 \times 10^6 \text{ 염기쌍}}{1000 \text{ 염기쌍 초}^{-1}} = 2600\text{초} = 43\text{분 } 20\text{초}$$

이다.

(b) 오직 하나의 원점이 존재하지만 복제는 앞선 복제분기가 종료위치에 도달하기 전까지 다시 개시될 수 있다. 그래서 염색체는 두 개의 복제분기보다 많이 포함할 수 있다. 단일 염색체의 복제는 여전히 약 43분이 필요하나 각 염색체의 완벽한 복사본들은 개시의 속도에 의존해서 보다 짧은 간격으로 나타날 수 있다.

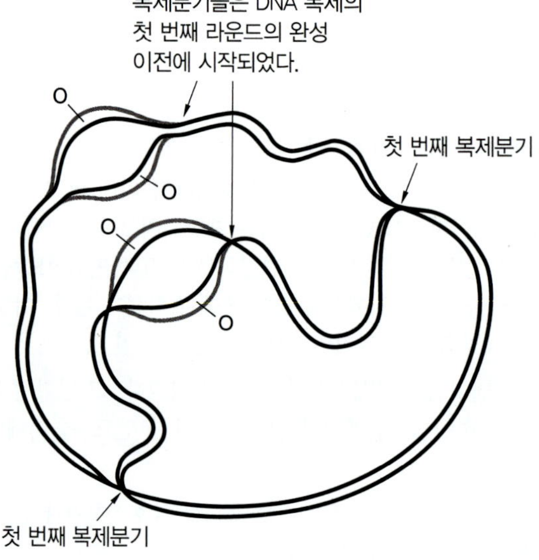

2. T4 DNA 폴리머레이즈는 바이러스 유전체의 복제에 필요하기 때문에 초기 유전자 산물이어야만 한다.

3. (a) 시험관 내에서 DNA 합성에 사용된 단일가닥 DNA 주형은 머리핀과 같은 2차 구조를 형성할 수 있다. SSB는 단일가닥 주형에 결합함으로써 이중가닥 구조의 형성을 막는다. 그래서 SSB는 그 DNA를 DNA 폴리머레이즈에 대한 보다 나은 기질이 되게 한다.

(b) 시험관 내에서 DNA의 생산은 높은 온도에서 주형내의 2차 구조가 덜 존재하기 때문에 증진된다. 65℃의 온도는 2차 구조의 형성을 막기에 충분한 온도지만 새롭게 합성된 DNA를 변성시키기에는 충분하지 않다. 높은 온도에서 자란 세균으로부터 온 DNA 폴리머레이즈는 다른 세균에서 나온 DNA 폴리머레이즈들이 비활성적인 온도인 65℃에서 활성적이므로 사용된다.

4. 매우 정확한 DNA 복제는 중합반응 동안 도입되는 결함들을 제거하기 위한 교정 메커니즘이 필요하다. 교정활성을 가지고 있지 않은 프라이메이즈에 의한 RNA 프라이머의 합성은 DNA 합성보다 더 결함이 많다. 그러나 그 프라이머는 RNA이기 때문에, DNA 폴리머레이즈 I의 5′→ 3′ 엔도뉴클리에이즈 활성에 의해 제거될 수 있고 오카자키 조각들이 결합될 때 정확하게 합성된 DNA로 대체될 수 있다. 만일 그 프라이머가 교정활성이 없는 프라이메이즈에 의해 만들어진 DNA로 구성되었다면, DNA 폴리머레이즈 I에 의해서 제거될 수 없을 것이며 DNA 복제의 결함 발생률은 프라이머 합성의 위치에서 높을 것이다.

5. (a) 가정의 뉴클레오티딜기 전달반응에서, 들어오는 뉴클레오타이드의 친핵성 3′-수산기는 자라나는 사슬의 삼인산기를 공격할 것이다. 파이로인산은 새로운 포스포다이에스터 결합이 형성되었을 때 방출될 것이다.

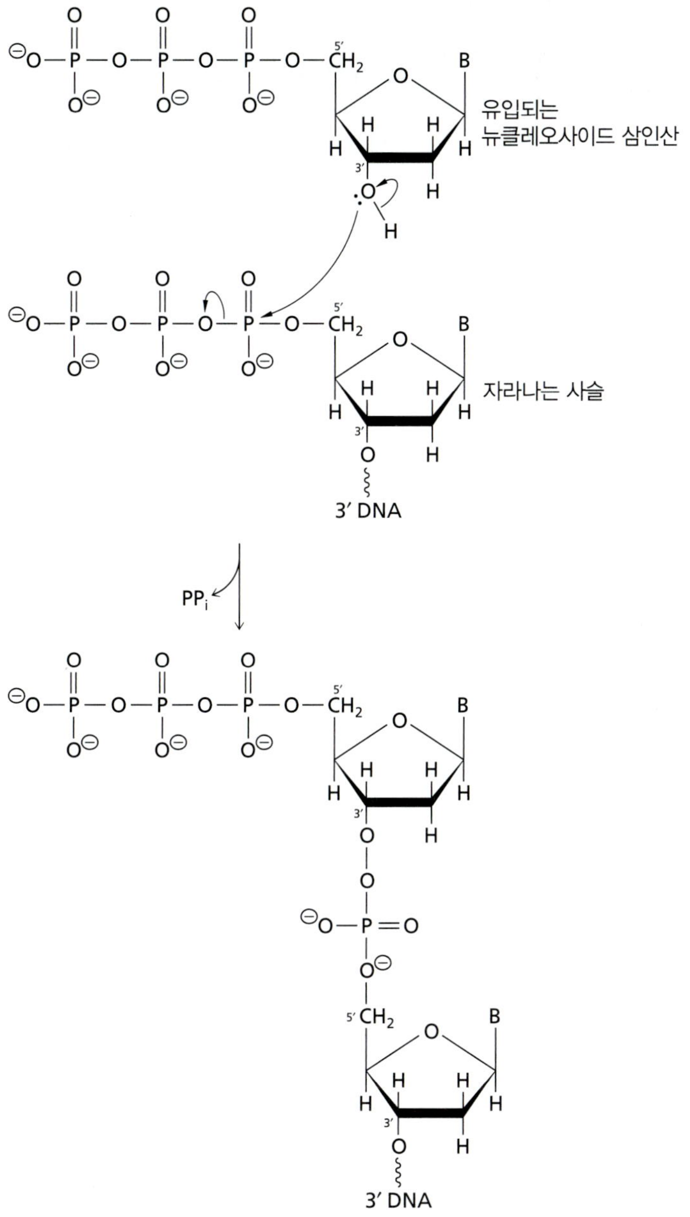

유입되는
뉴클레오사이드 삼인산

자라나는 사슬

3′ DNA

PP_i

3′ DNA

(b) 만일 가정의 효소가 5′ → 3′ 교정활성을 가졌었다면, 잘못 짝지어진 뉴클레오타이드의 제거는 자라나는 사슬의 끝에 5′-일인산기를 남기게 될 것이다. 하나의 말단 삼인산기를 필요로 하는 계속적인 DNA 합성은 일어날 수 없다.

6. 토포아이소머레이즈 II 또는 자이레이즈는 복제분기의 앞과 뒤에서 초나선화를 경감시킨다. 만일 이 효소가 억제된다면 부모 DNA의 풀림은 일어날 수 없다. 그러므로 대장균의 DNA는 복제될 수 없다.

7. 그 유전체가 하나의 큰 선형 분자의 DNA이고 복제의 원점이 이 염색체의 가운데 있다고 가정하자. 복제분기들은 반대방향으로 움직이므로, 60 염기쌍이 매초마다 복제될 수 있다. 전체 유전체가 복제되는데 필요한 시간은

$$\frac{1.65 \times 10^8 \text{ 염기쌍}}{60 \text{ 염기쌍 초}^{-1}} = 2.75 \times 10^6\text{초} = 764\text{시간} = 32\text{일}$$

이 될 것이다.

(b) 2000개 양방향성 원점들이 DNA 분자를 따라 동일한 간격으로 떨어져 있고 개시는 모든 원점에서 동시에 일어난다고 가정하면, 속도는 초당 2000 × 2 × 30 염기쌍, 혹은 초당 1.2 ×

10^5 염기쌍이 될 것이다. 전체 유전체가 복제되는 데 필요한 시간은

$$\frac{1.65 \times 10^8 \text{ 염기쌍}}{1.25 \times 10^5 \text{ 염기쌍 초}^{-1}} = 1375\text{초} = 23\text{분}$$

(c) 원점들이 동일한 간격으로 떨어져 있고 모든 원점에서 개시는 동시에 일어난다고 가정하자. 필요한 복제속도는

$$\frac{1.65 \times 10^8 \text{ 염기쌍}}{300\text{초}} = 5.5 \times 10^5 \text{ 염기쌍 초}^{-1}$$

이다.

각 분기로부터 양방향성 복제는 초당 60 염기쌍의 전부의 속도로 진행한다. 원점의 최소 숫자는

$$\frac{5.5 \times 10^5 \text{ 염기쌍 초}^{-1}}{60 \text{ 염기쌍 초}^{-1} \text{ 원점}^{-1}} = 9170 \text{ 원점}$$

8. 변경된 G는 더 이상 C와 생산적인 왓슨-크릭 염기쌍을 형성할 수 없으나 이제 T와 염기쌍을 할 수 있다. 그러므로 DNA의 딸 가닥 중 하나는 변경된 염기의 맞은편에 T를 포함할 것이다. 뒤따르는 복제의 라운드 후에, T는 A와 염기쌍을 형성할 것이고 처음부터 G/C 염기쌍이었던 것은 A/T 염기쌍으로 돌연변이 될 것이다.

9. 자외선은 싸이미딜레이트 잔기들의 이량체를 일으킴으로써 DNA를 손상시킬 수 있다. 싸이민 이량체를 복구하는 한 가지 메커니즘은 DNA 포토레이즈에 의해 촉매되는 효소적 광활성화이다. 이 효소는 이량체를 절단하고 DNA를 복구하기 위해 가시광선으로부터 에너지를 사용한다. 그래서 자외선 조사 후 가시광선에 노출된 세포는 어둠을 유지한 세포보다 DNA를 더 잘 복구할 수 있다.

10. (a) *dut*⁻ 종으로부터 온 DNA는 Ung 효소가 결합되는 모든 유라실을 제거할 것이기 때문에 정상으로 나타난다.

(b) *dut*⁻, *ung*⁻ 종으로부터 온 DNA는 몇몇 dT 잔기들 대신에 dU잔기들을 포함할 것이다.

11. DNA 복구효소 유라실 *N*-글라이코실레이즈는 사이토신의 가수분해성 탈아미노화에 의해 형성된 유라실을 제거한다. 이 효소는 DNA에서 정상적으로 발견되는 싸이민이나 다른 세 염기들을 인식하지 않기 때문에, 5-메틸사이토신이 싸이민으로 탈아미노화될 때의 손상은 복구할 수 없다.

12. 5-메틸사이토신의 탈아미노화의 산물이 비정상적으로 인식될 수 없는 싸이민이기 때문에 메틸사이토신을 포함하는 지역에서 높은 돌연변이 발생률이 일어난다. 메틸사이토신의 탈아미노화로부터 나온 잘못 짝지어진 T/G 염기쌍이 복구될 때, 복구효소는 부정확한 싸이민이나 정확한 구아닌을 삭제할 것이다. 구아닌이 아데닌으로 대체될 때, 결과로 나온 A/T 염기쌍은 돌연변이다.

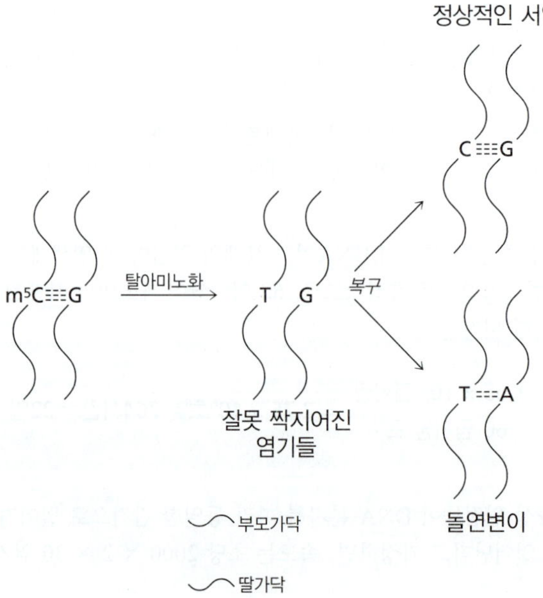

13. 복제 동안 교정은 잘못 결합된 뉴클레오타이드의 99%를 제거해서 전반적인 결함률을 10^{-7}까지 축소한다. 이 교정단계를 피하는 결합들 중 99% 이상이 복구효소에 의해 교정된다. 그러므로 전반적인 돌연변이율은 10^{-9}이다.

14. 그렇다. 대장균 DNA 라이게이즈는 DNA 복구 후 DNA 나선에 남겨진 닉을 봉합하는 데 필요하다. 이 효소는 NAD^+에 대한 엄격한 요구를 갖는다.

15. 이량체들은 절단복구에 의해서 제거될 수 있다. UvrABC 엔도뉴클리에이즈는 피리미딘 이량체를 함유하는 12~13잔기의 단편들을 제거한다. DNA 올리고뉴클레오타이드는 헬리케이즈의 도움과 함께 제거된다. 간격은 DNA 폴리머레이즈 I의 작용에 의해 채워지며, 닉은 DNA 라이게이즈의 작용에 의해 봉합된다. 이량체들은 또한 직접복구를 통해 복구될 수 있다. DNA 폴리머레이즈는 이량체 위치에 뒤틀린 이중나선에 결합한다. DNA-효소 복합체가 빛을 흡수할 때, 이량체 반응은 역행된다.

16. 복구효소들은 DNA 내의 돌연변이를 복구하기 위해서 손상되지 않은 주형이 필요하다. 만약 DNA 분자의 양쪽 가닥들이 손상되었다면, 복구에 사용될 주형은 없게 된다.

17. 가닥교환을 촉매하는 단백질들은 높은 서열 유사성의 지역을 인식하며 침범가닥이 상보적 가닥과 염기쌍을 이루는 삼중나선 중간체의 형성을 촉진한다. 만일 두 DNA 분자의 서열이 다를 경우 이 쌍을 이루는 것은 불가능할 것이다.

18. DNA 폴리머레이즈 III는 대장균 염색체의 복제 동안 선도 및 지체가닥을 합성하는 레플리좀의 구성요소이다. DNA 폴리머레이즈 I은 지체가닥상의 짧은 RNA 프라이머를 제거하는 데 필요하다.

21장 전사 및 RNA 프로세싱

1. (a) 전사의 속도가 초당 70개의 뉴클레오타이드이며, 각 전사복잡한 DNA의 70 염기쌍을 포함하기 때문에, RNA 폴리머레이즈는 하나의 전사체를 완료하고 초당 DNA 주형을 떠난다(단지가 밀집되어 있다고 가정). 유전자에 전사복합체가 작동하면, 60개의 RNA 분자가 매분마다 생성된다.

(b) 각 전사복합체 70 염기쌍을 담당하기 때문에, 복합체의 최대 개수는

$$\frac{6000\ \text{염기쌍}}{70\ \text{염기쌍 전사 복합체}} = 86\ \text{전사 복합체}$$

2. (a) 일반적인 대장균의 유전자는 1 kb(1000 bP)이기 때문에, 4000개의 유전자는 DNA 4000 kb를 차지한다. 전사되지 않는 DNA의 비율은

$$\frac{500\ \text{kb}}{4600\ \text{kb}} = \times\ 100\% = 10.9\%$$

전사되지 않은 DNA의 대부분은 전사개시를 조절하는 프로모터와 구역으로 구성되어 있다.

(b) 포유동물과 세균에서 유전자 산물의 크기가 비슷하기 때문에, 전형적인 포유동물 유전자의 엑손의 DNA의 양 또한 1000 염기쌍이어야 한다. 엑손의 DNA 총량은

$$5 \times 10^4\ \text{유전자} \times 1.0\ \text{kb 유전자}^{-1} = 5 \times 10^4\ \text{kb}$$

이 DNA는 포유류 유전체의 약 1.7%를 나타낸다.

$$\frac{5 \times 10^4\ \text{kb}}{3 \times 10^6\ \text{kb}} \times 100\% = 1.7\%$$

DNA의 나머지 97.5%는 인트론과 다른 염기로 구성되어 있다.

3. 아니오. 진핵세포 유전자의 프로모터는 원핵생물의 RNA 폴리머레이즈에 의한 정확한 개시를 허용하는 올바른 위치에 정확한 서열을 갖는 일은 거의 없을 것이다. 마찬가지로, 원핵생물의 유전자의 프로모터가 RNA 폴리머레이즈 II에 의한 정확한 개시를 허용하도록 올바른 위치에 올바른 염기서열을 갖는 일도 거의 없을 것이다.

4. 아니오. 전형적인 진핵 트라이오스인산 아이소머레이즈 유전자는 인트론을 갖고 있다. 원핵세포

는 스플라이세오좀을 갖고 있지 않으므로, 1차 전사체를 올바르게 진행할 수 없다. 따라서 RNA의 번역은 비정상적인 단백질 조각을 생성할 것이다.

5. (a) 젖당과 포도당이 있는 상태에서, *lac* 오페론은 낮은 수준으로 전사되는데 이는 *lac* 억제인자가 알로락토스(젖당 이성질체)와 복합체를 형성하기 때문이다. 알로락토스-억제인자 복합체가 *lac* 오페론의 프로모터 부위에 결합할 수 없기 때문에, 억제제가 전사의 개시를 방지하지 않는다.

(b) 락토스가 없을 때, 알로락토스가 형성되지 않는다. 따라서 *lac* 억제제는 *lac* 오페론 프로모터 근처에 결합하여 전사를 방지한다.

(c) 락토스는 유일한 탄소원인 경우, *lac* 오페론은 최대속도로 전사된다. 알로락토스가 있는 경우, *lac* 억제인자가 *lac* 오페론의 프로모터 부위에 결합하지 않기 때문에, 전사가 허용된다. 또한 포도당이 없는 경우, cAMP 생산이 증가하여, *lac* 오페론의 프로모터 부위에 결합할 수 있는 CRP-cAMP를 더 많이 만들기 때문에 전사율이 증가한다. 락토스가 유일한 탄소원일 때, 억제인자는 없고 CRP-cAMP에 의한 전사개시는 향상되어, 세포는 성장을 지원하는 데 필요한 상당량의 효소를 합성하게 된다.

6. 정상형 *lac* 프로모터가 상대적으로 약하기 때문에, 최대 전사는 CRP 활성제를 필요로 한다. UV5 돌연변이는 −10 부위를 바꾸어서 −10 공통 서열과 유사하게 만듦으로써 훨씬 더 강력한 프로모터를 형성한다. *lac* 억제인자가 없을 때, 이 프로모터는 CRP에 대해 독립적이다.

7. 첫 번째 잔기로서 ATP를 갖는 mRNA 분자의 5′ 말단에만 ^{32}p가 나타난다. 뉴클레오사이드삼인산이 성장하는 RNA 사슬의 3′ 말단에 추가될 때, β-인산기를 포함하고 있는 이인산이 방출되기 때문에 ^{32}p는 다른 잔기에는 나타나지 않는다(그림 21.3).

mRNA의 말단이 캡핑되는 경우, 캡이 형성될 때 최초 잔기의 그룹만 제거된다. 이 표지를 갖고 있는 그룹은 보존되어 GTP에서 유래한 GMP기를 받는다(그림 21.26).

8. RNA 폴리머레이즈는 교정 기능이 없으므로, 전사의 실수율은 DNA 복제의 실수율보다 높다. 그러나 이렇게 생성된 결함있는 RNA가 세포의 생존에 영향을 끼치는 확률은 매우 낮은데, 이는 한 유전자에서 전사된 대다수의 RNA은 정상적이기 때문이다. 결함 있는 mRNA의 경우, 결함 있는 단백질의 수는 합성된 단백질의 총수의 극히 일부이기 때문이다. 대부분의 mRNA 분자는 짧은 반감기를 가지고 있기 때문에, 또한 전사 기간 중에 만들어진 실수들은 신속하게 제거된다.

9. 숙성 과정에서, 진핵 mRNA 전구체는 말단에 폴리 A 꼬리가 첨가되어 변형된다. 세포 추출액에서 유래한 구성요소의 혼합물이 컬럼을 통과하면, 컬럼상에 있는 올리고 dT와 혼성체를 형성한다. 세포 추출물의 다른 구성요소는 칼럼을 통과해 나온다. 올리고 dT와 결합한 폴리 A 꼬리를 갖고 있는 성숙한 mRNA는 완충액의 pH 혹은 이온 강도를 변화시켜 컬럼에서 방출시킨다. 이는 A와 T 뉴클레오타이드 간의 수소결합을 방해한다.

10. (a) 돌연변이체의 성장을 중지시키는 리팜피신의 농도에 비교하여, 야생형 대장균($5<\mu$g/mL)의 성장을 중지하는 리팜피신 농도가 훨씬 낮다(>50 μg/mL).

(b) RNA 폴리머레이즈는 대부분의 전사반응에 관여하는 핵심 효소를 $\alpha_2\beta\beta'\omega$화학양론적으로 구성하고 있다. 대단위체 β 및 β' 소단위체가 효소의 활성부위를 형성한다.

(c) 리팜피신-내성 박테리아는 RNA 폴리머레이즈의 β 소단위체의 유전자에 발생하는 돌연변이에 의해서 유래한다.

11. 가닥 중 하나가 주형으로 역할을 할 수 있기 때문에, DNA 구간에서 두 가지의 mRNA 분자가 전사될 수 있다. 하단 가닥이 주형일 경우, mRNA의 서열은 하단가닥에 상보적이다.

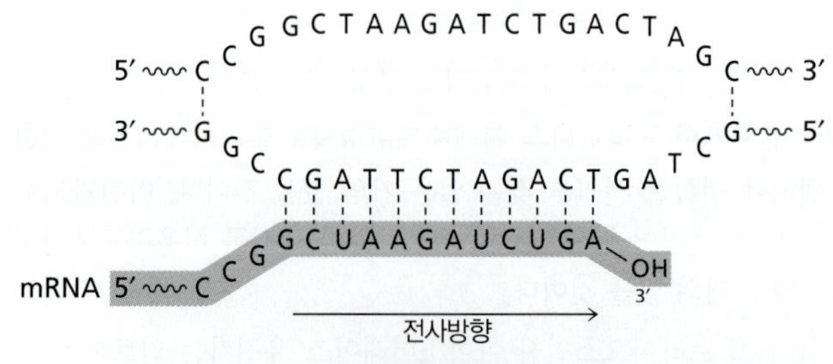

상단가닥이 주형일 경우, mRNA의 서열은 상단가닥에 상보적이다.

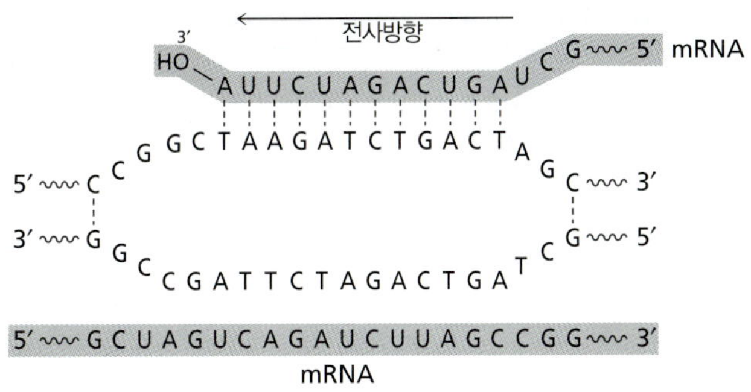

12. 오페론이 유전자이다. 그러나 유전자 용어를, 예를 들어 *lac* 오페론이 암호화하고 있는 효소 중 하나와 같은 기능적인 산물을 코딩하는 RNA 구간에 한정하는 것이 때로는 더욱 편리하다. 그림 21.25의 *lac* 오페론은 tRNA그리고 16S, 23S, 5S rRNA 유전자가 포함하고 있다. 이러한 유전자 사이의 DNA가 전사되어도, 이 부위는 유전자의 일부로 간주되지 않는다.

13. 유전체 DNA 서열은 1차 RNA 서열에 대한 정확한 예측을 제공한다. 그러나 정제된 tRNA의 염기 서열을 분석을 통하여, 여러 개의 뉴클레오타이드가 전사 후에 특이적으로 변형되었다는 것을 발견하였다. 이는 진핵생물에서도 마찬가지이다.

14. 옥수수의 트라이오스인산 아이소머레이즈의 유전자 약 3,400개의 염기쌍을 갖는다. 만일 스플라이세오좀이 첫 인트론에서 조립되면, 2900 염기쌍이 전사될 것으로 남는다. 2900 염기쌍을 전사하는 데 필요한 시간 97초(2900 뉴클레오타이드/ 30 뉴클레오타이드/초)이다. 만일 스플라이세오좀이 첫 인트론의 전사 직후 조립되고, 유전자 전체의 전사가 완결될 때까지 스플라이싱이 시작되지 못하는 경우, 스플라이세오좀은 최소 97초 동안 안정적이어야 한다.

15. CRP−cAMP의 결합부위는 유전자의 프로모터와 겹칠 것이다. CRP-cAMP가 결합하면, 프로모터는 차단되고 전사는 일어날 수 없다.

16. 5′ 또는 3′ 스플라이스 지점 또는 분기점의 서열이 돌연변이에 의해 변경되는 경우, 적합한 스플라이싱이 발생할 수 없어 기능적인 mRNA를 생성될 수 없다.

17. 예. U2 snRNP는 분기점에 결합하면,이는 U5 snRNP를 스플라이스 수용체로부터 추출하여 스플라이싱을 방해한다. 또한 삭제(deletion)는 스플라이스 지점에 대한 결합에 필요한 피리미딘 집적부위(stretch)의 많은 부분을 제거할 것이다. 이 두 가지는 적합한 mRNA의 프로세싱을 방해하여 비정상적인 RNA가 제대로 번역되지 않을 것이다.

22장 단백질 합성

1. DNA의 한 가닥은 세 가지 중복읽기구간 ORF를 가지므로, 이중가닥 DNA는 여섯 개의 읽기 구간을 갖는다. 이는 각 가닥의 말단에서 시작하는 DNA 서열을 조사하여 삼중 코돈을 표시하여 알아낸다. 이는 각 가닥에 있는 읽기구간을 알아낸다. 이제 말단에서 두 번째 염기에서 시작하여 삼중 코돈을 표시하라; 이것이 읽기구간 2이다. 각 가닥에서 세 번째 읽기구간은 말단에서 세 번째 염기에서 시작된다."네 번째" 읽기구간은 자신의 첫 번째와 동일하다—시험해 보라. 유전자 코드를 네 개의 뉴클레오타이드로 이루어진 코돈으로 읽는 경우, DNA의 한 가닥을 네 가지 다른 읽기 구간으로 읽을 수 있다. 따라서 DNA 이중가닥은 여덟 가지 읽기 구간을 갖는다(각 가닥에 네 개)

2. 각 mRNA 서열은 세 가지 읽기구간으로 번역될 수 있다. 첫 번째 mRNA의 순서로, 가능한 코돈과 폴리펩타이드 서열은:

읽기구간 1 5′ CCGGCUAAGAUCUGACUAGC 3′
— Pro — Ala — Lys — Ile STOP

읽기구간 2 5′ CCGGCUAAGAUCUGACUAGC 3′
— Ala — Leu — Arg — Ser — Asp STOP

읽기구간 3 5′ CCGGCUAAGAUCUGACUAGC 3′
— Gly STOP

두 번째 mRNA의 순서로, 가능한 코돈과 폴리펩타이드 서열은;

읽기구간 1 5′ 〰 G C U A G U C A G A U C U U A G C C G G 〰 3′
— Ala — Ser — Gln — Ile — Leu — Ala — Gly —

읽기구간 2 5′ 〰 G C U A G U C A G A U C U U A G C C G G 〰 3′
— Leu — Val — Arg — Ser STOP

읽기구간 3 5′ 〰 G C U A G U C A G A U C U U A G C C G G 〰 3′
STOP

정지 코돈 없는 읽기구간만이 폴리펩타이드를 암호화할 수 있기 때문에, 제 2 mRNA의 서열이 실제 전사체에 해당된다. 암호화된 폴리펩타이드의 서열은 —Ala—Ser—Gln—Ile—Leu—Ala—Gly—이다.

3. 두 개의 포스포안하이드라이드 결합은 아미노아실-tRNA 신테테이즈에 의해 활성화된 각각의 아미노산으로 가수 분해된다.

$$\text{아미노산} + \text{tRNA} + \text{ATP} \longrightarrow \text{아미노아실} - \text{tRNA} + \text{AMP} + \text{PP}_i$$

$$\text{PP}_i + \text{H}_2\text{O} \longrightarrow 2\ \text{P}_i$$

단백질 합성에 필요한 에너지의 나머지는 GTP의 가수분해에 의해 제공된다: 하나의 "고에너지" 결합은 70S 개시 복합체의 형성 과정에서 가수분해되고, 다른 하나는 각 아미노아실-tRNA가 라이보좀의 A 사이트에 삽입되는 동안, 그리고 각 번역 단계에서 가수분해된다. 최초 메싸이오닐-tRNA가 P 부위에 삽입되기 때문에, 600-잔기 단백질의 합성 과정에서, 599개의 새로운 삽입 그리고 599개의 전좌가 일어난다. 끝으로, 완성된 폴리펩타이드 사슬이 라이보좀에서 방출되는 동안 하나의 포스포안하이드라이드 결합이 가수분해된다. 단백질의 합성 과정에서 가수분해되는 포스포안하이드라이드 결합의 총수는;

활성화 (600 X 2)	1200
개시	1
삽입	599
전좌	599
종결	1
총합	2400

4. 답은 여러분의 좌표계에 따라 달라진다. 예를 들어, 라이보좀을 기준으로, mRNA와 tRNA는 모두가 하나의 삼중 코돈으로 번역된다.mRNA의 기준으로 볼 때, 세 개의 뉴클레오타이드만큼 이동하는 것은 라이보좀이다.

5. 실제 개시 코돈의 상류에 있는 mRNA 분자의 영역은 퓨린-풍부 샤인-달가노 서열을 갖고 있는데, 이는 30 S 라이보좀 소단위체의 16S rRNA 구성물의 말단의 피리미딘-풍부 서열과 상보적이다(그림 22.17). mRNA전사체 상에 30S 소단위체를 바르게 위치시킴으로써, 샤인-달가노 서열이 fMct-tRNA_f^{Met} 개시 코돈에 결합하게 된다. 단백질 합성이 시작되면, 후속 메싸이오닌 코돈도 Met-tRNA^{Met}에 의해 인식된다.

6. 아니오, 대장균 세포에서 적절한 번역 개시는 mRNA의 번역되지 않은 지역에 위치한 샤인-달가노 서열을 필요로 하기 때문이다. 진핵 라이보좀은 이와 같은 요구 사항이 없기 때문에, 식물에서 유래한 mRNA가 우연히 적절한 위치에 샤인-달가노 서열을 포함하는 확률은 매우 낮다. 그러나 식물의 mRNA를 코딩하는 유전자의 일부가 박테리아의 샤인-달가노 서열에 융합되는 경우, 식물단백질에 대한 ORF는 적합하게 번역될 것이다.

7. 따라서 rRNA 유전자의 다수 복사본은 세포에 필요한 대량의 라이보좀을 조립하는 데 필요하다. 대조적으로, 각 라이보좀 단백질 유전자의 전사체는 여러 번 번역될 수있는 mRNA이다. 이와 같이 RNA가 단백질로 증폭되기 때문에, rRNA 유전자의 수보다 라이보좀 단백질 유전자의 수가 적다.

8. 억제인자 tRNA로 가능한 종류는 UAG와 염기 하나가 다른 코돈을 인식하는 것들이다. 즉, 정지 코돈 UAG와 상보적인 CUA와 뉴클레오타이드 한 개가 다른 안티코돈을 갖는 tRNA들이다. tRNA^{Gln}, tRNA^{Lys} 및 tRNA^{Gln}는 첫 번째 위치에서 다른 코돈(각각 코돈 CAG, AAG 및

GAG)을 인식한다. 그리고 $tRNA^{Leu}$, $tRNA^{Ser}$, 및 $tRNA^{Trp}$은 두 번째 위치(각각 UUG, UCG 및 UGG)에서만 다르다. $tRNA^{Tyr}$은 세 번째 위치에서 다른 코돈(UAU 혹은 UAC)을 인식한다.

세포는 동일한 아미노산을 운반하는 등수용(isoacceptort) tRNA 분자를 갖고 있기 때문에, 억제 tRNA를 갖고 있는 세포들도 정상적인 tRNA의 손실에도 불구하고 생존할 수 있다. 억제 tRNA가 정상적으로 발생하는 정지 코돈에서 가끔 아미노산을 삽입할 수도 있지만, 이렇게 생성된 단백질은 통상의 유전자 산물보다 크기 때문에, 일반적으로 세포에 치명적이지 않다. 사실, 억제 tRNA를 갖고 있는 대장균의 변종들은 생존하기는 하나, 종종 정상 형균주만큼 건강하지 않다.

9. (a) 아미노아실-tRNA 신테테이즈-tRNA들에 결합하여 아미노아실화를 촉매하는 효소.
(b) 박테리아 IF-2 및 진핵 eIF-2, 번역 개시 기간 아미노아실화된 개시 tRNA와 결합하여 라이보좀의 P 사이트에 가져다 놓은 단백질.
(c) 박테리아 EF-Tu 및 진핵 EF-Tu—폴리펩타이드 신장 동안 충전된 tRNA들과 결합하여 라이보좀의 A 사이트에 가져다 놓은 단백질.
(d) 라이보좀. RNA와 단백질로 구성된 거대 복합체는 tRNA와 특이적으로 결합할 수 있는 두 개의 사이트, A 사이트 및 P 사이트를 갖고 있다.
(e) mRNA − tRNA들은 코돈-안티코돈 수소결합을 통하여 mRNA에 결합한다.

성숙 과정 동안개별 tRNA상에 특정 잔기를 변형시키는 효소들도 또한 tRNA에 결합할 수 있어야 한다.

10. 정상적인 상황에서, 번역기가 RF-2의 mRNA의 UGA를 만날 때, RF-2는 정지 코돈을 인식하여 단백질 합성을 종결한다. 그러나 RF-2의 세포 농도가 낮은 경우에 라이보좀은 종결 코돈에서 일시 중지하고, 구간을 이동하여, 원래-길이의 기능적 단백질을 생성하기 위하여 RF-2 mRNA의 번역을 계속한다. 따라서 정지 코돈은 RF-2가 없을 때 번역 구간이동을 야기하여 RF-2가 자신의 산물을 조절할 수 있게 한다.

11. (a) 만일 선도 지역 전체가 삭제되면, 감쇠(attenuation)는 가능하지 않으나, 전사는 *trp* 억제인자에 의해 독점적으로 제어될 수 있을 것이다. *Trp* 오페론의 전반적인 전사율은 증가할 것이다.
(b) 만일 선도 펩타이드를 암호화하는 영역이 삭제되면, *trp* 억제인자가 전사를 독점적으로 제어할 것이다. 선도 펩타이드를 암호화하는 서열이 삭제되면 서열 1이 제거되어, 안정적인 2~3 머리핀이 형성된다. 일시 정지 사이트(1~2 머리핀) 혹은 종결자(3~4 머리핀)가 모두 형성되지 않아, 개시된 전사체들은 항상 *trp* 오페론으로 계속될 것이다.
(c) 만일 선도 영역이 AUG 코돈을 갖고 있지 않는다면, 오페론은 거의 전사되지 않을 것이다. 개시 코돈의 부재로 인하여, 선도펩타이드는 합성되지 않고, 따라서 1~2 머리핀 및 3~4 머리핀은 거의 항상 형성되어, 전사의 종료를 촉발할 것이다.

12. 아니오, 이건 상상하기 어렵다. 감쇠 모델의 중요한 기능 중 하나는 선도펩타이드에 있는 하나 이상의 코돈이 해당 오페론에 의해 합성되는 아미노산을 일반적으로 암호화하는 것이다. 그것은 감쇠를 조절하는 것은 특정 아미노아실화된 tRNA의 상대적인 부족이나 과급이다. *lac* 오페론의 산물들은 아미노산 생합성에 직접 관여하지 않으므로, 아미노아실화된 tRNA 한 종류의 세포내 농도에 따라 오페론의 활동이 변화하지 않을 것으로 예측할 수 있다.

13. 아이소류신 오페론의 선도영역에 발린 및 류신을 지정하는 코돈이 있다는 것은 이들 아미노산의 부족이 아이소류신의 생합성에 관여하는 유전자의 전사를 촉진하는 것을 의미한다. 아이소류신을 합성하는 데 필요한 효소의 대부분은 또한 발린 및 류신 경로에도 필요하다. 따라서 아이소류신의 농도가 높은 경우에도, 낮은 농도의 발린 또는 류신이 아이소류신오페론의 전사가 조기종료되지 않도록 보장한다.

14. 새롭게 합성된 단백질이 라이보좀으로부터 밀려 나올 때, *N*-말단 신호펩타이드는 신호 인식 입자 (SRP)에 의해 인식되어 결합된다. SRP가 소포체의 세포질 표면에 그 수용체에 결합할 때까지 추가적 번역은 억제된다. 라이보포린(ribophorin)은 소포체에 라이보좀을 고정한다. 번역이 다시 시작되면, 폴리펩타이드 사슬은 막공을 통과하여 내강으로 들어간다. 만일 폴리펩타이드가 막을 완전히 통과하지 않으면, 그 결과 N-말단이 내강에 있고 C-말단이 세포질에 있는 세포막 단백질이 된다.

특정 잔기의 당화는 소포체의 내강과 골지체에서 일어난다. 막에 매립된 단백질은 소포체에서 생성된 수송낭을 통해서 소포체와 골지체 사이에 이송된다.

분비소낭은 완전하게 당화된 단백질을 골지체에서 세포막으로 수송한다. 이 소낭들이 세포막과 융합할 때 단백질이 *N*-말단 부위는 내강을 향하고 있다가 세포의 바깥쪽을 향하게 되면서 *C*-말단 부위는 세포질에 있게 된다.

15. 예. 단백질의 *N*-말단에 위치한 소수성 분비신호 서열은 세포의 분비 경로 진입에 대해 필요 충분하다.

16. 개시 tRNA 안티코돈은 GUG와 쌍을 이루는데, 이는 코돈의 뉴클레오타이드와 안티코돈의 3′ 위치 간에 형성되는 G/U 염기쌍으로 형성된다.

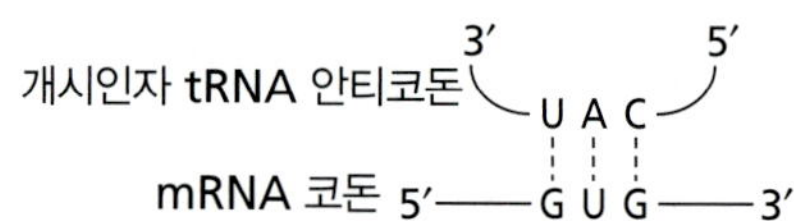

이 상호작용은 워블과 무관하다. 왜냐면 안티코돈의 위치가 워블 위치이기 때문이다.

용어해설

가닥 침범 strand invasion 상동 염기서열을 가지는 nick이 일어난 두 분자로부터 단일가닥의 DNA 두 개의 교환.

가변 팔 variable arm 안티코돈 팔과 TψC 팔 사이에 위치한 tRNA 분자의 팔. 이 팔의 크기는 약 3~21 뉴클레오타이드 정도이다.

가스 크로마토그래피 gas chromatography 액체 또는 고체의 고정상과 가스상 사이의 구획에 기반하여 혼합물의 구성요소를 분리하기 위해 사용되는 크로마토그래피 기술.

가인산분해 phosphorolysis 인산기를 산소 분자로 전달하며 분자간의 결합을 분해하는 것.

감쇠 attenuation 번역과 전사가 결합된 유전자 발현의 조절 메커니즘. 일반적으로 원핵생물 오페론의 시작 부분에서 형성된 짧은 번역 산물이 오페론의 나머지 부분이 전사되기 이전에 전사의 종결 여부를 결정한다.

개시 tRNA initiator tRNA 개시 코돈에서만 사용되는 tRNA. 개시 tRNA는 대개 특정한 메싸이오닐-tRNA이다.

개시 코돈 initiation codon 단백질 합성 개시 부위를 명시하는 코돈. 메싸이오닌 코돈(AUG)이 가장 일반적인 개시코돈이다.

갱글리오사이드 ganglioside *N*-아세틸뉴라민산을 포함한 올리고당 사슬이 세라마이드에 결합한 글라이코스핑고지질. 갱글리오사이드는 세포 표면에 존재하면서, 세포 인지와 세포-세포 사이의 통신에 필요한 표면 마커를 제공해 준다.

거울상 이성질체 enantiomers 서로 겹칠 수 없는 거울상 관계의 입체 이성질체.

결합-변화메커니즘 binding-change mechanism F_0F_1 ATP 신테이즈로부터 일어나는 ADP의 인산화와 ATP의 방출을 설명하기 위해 제시된 메커니즘. 이 메커니즘은 ATP 신테이즈의 세 가지 다른 결합자리 형태를 제시한다: ATP가 방출되는 열림자리, 촉매작용이 활성화되는 ATP-함유 밀착-결합자리, 그리고 촉매작용이 일어나지 않는 ADP와 P_i의 느슨한 결합자리이다. ATP 신테이즈 복합체를 통해서 발생하는 마이토콘드리아 기질을 향한 양성자의 내부로의 흐름은 열림자리가 느슨한 자리가 되도록 한다. 이미 ADP와 Pi로 채워진 느슨한 자리는 밀착자리가 되고; ATP-함유 자리는 열림자리가 된다.

경로 pathway 연속된 대사반응.

경쟁적 억제 competitive inhibition 기질결합을 막는 억제제에 의한 효소-촉매 반응의 가역적 억제.

고리 loop 단백질 분자 내 2차 구조를 연결하여 컴팩트한 모양의 구상 단백질의 형성에 필요한 방향 전환을 만드는 반복되지 않는 폴리펩타이드 지역. 고리는 2~16 잔기로 구성된다. 최대 5개의 잔기로 구성된 짧은 고리는 회전(turn)이라고 부른다.

고밀도 지질단백질 high density lipoprotein (HDL) 단백질이 많은 막의 지단백질 종류로 조직으로부터 콜레스테롤과 콜레스테릴 에스터를 간으로 이동시킨다.

고성능 액체 크로마토그래피 high-performance liquid chromatography (HPLC) 액체 용매에 혼합물을 녹여, 높은 압력 아래 크로마토그래피 관을 통해 혼합물이 흘러가게 하여 혼합물의 구성성분을 분리하는 데 사용하는 크로마토그래피 기술.

고에너지 화합물 energy-rich compound 큰 음성 자유에너지 변화를 가지며 가수분해가 되는 화합물(ATP → ADP + P_i와 비슷하거나 그 이상).

골격 backbone 1. 폴리펩타이드 사슬에서 펩타이드 결합으로 연결된 반복되는 N-Cα-C 단위. 2. 핵산에서 인산다이에스터 결합으로 연결된 반복되는 당-인산 단위.

골지체 Golgi apparatus 진핵세포에서 평평하고, 용액으로 가득한 막 주머니의 복합체로 세포질 세망과 가까운 곳에서 발견된다. 골지 복합체에서 단백질의 변형(modification), 분류(sorting)와 표적화(targeting)가 일어난다.

공동수송 cotransport 하나의 수송 단백질에 의해 막을 가로지르는, 같은 방향(동반수송) 또는 다른 방향(역수송), 두 개의 다른 종류의 용질의 결합된 수송.

공동억제자 corepressor DNA에 결합하여 전사를 방지하는 유전자의 억제자에 결합하는 라이간드.

공명 에너지 전달 resonance energy transfer 전자의 이동을 포함하지 않는 분자간의 들뜸 에너지 이동.

공유 촉매반응 covalent catalysis 하나의 기질 또는 그것의 일부가 촉매와 공유결합을 형성하여 그것을 두 번째 기질에 전달한다. 많은 효소 그룹 전송반응은 공유 촉매반응에 의해 진행한다.

공통서열 consensus sequence DNA 혹은 RNA의 한 지역 내 각 위치에서 가장 일반적으로 발견되는 뉴클레오타이드 서열.

광계 photosystem 광합성에서 광의존적 전자 전달반응의 기능단위. 막에 존재하는 각각의 광화학계는 광합성의 핵심부위인 광화학 반응중심과 광흡수성 색소로 구성되어 있다.

광독립영양생물 photoautotroph 이산화탄소를 주된 탄소원으로 사용하는 광합성 생물.

광반응 light reaction 물 유래의 양성자가 ADP + P_i 로부터 ATP의 화학침투압적 합성 및 물 유래의 수소화합물이 NADPH로 환원되는데 사용되는 광합성 반응. 또한 광의존적 반응으로 알려져 있다

광수확 복합체 light-harvesting complex (LHC) 빛을 집적하는데 광시스템을 돕는 틸라코이드막의 거대 색소복합체.

광영양생물 phototroph 빛에너지를 화학적 에너지로 전환시킬 수 있는 생물(광합성을 이용할 수 있는 생물).

광인산화 photophosphorylation 엽록체의 ATP 신테이즈에 의해 매개되어 ADP와 P_i로부터 광의존적으로 ATP를 형성하는 것.

광자 photon 빛에너지의 양자.

광재활성화 photoreactivation 가시광선에 의해 활성화된 효소에 의한 손상된 DNA의 직접 복구.

광종속영양생물 photoheterotroph 탄소원으로 유기 분자를 필요로 하는 광합성 생물.

광합성 photosynthesis 광에너지(양자)를 ATP나 NADH와 같은 화학에너지로 전환하는 것.

광호흡 photorespiration 1차적으로 C_3 광합성 식물에서 일어나는 광의존적 산소 흡수와 이어지는 포스포글리세르산의 대사이다. 환원적 오탄당 회로의 첫 번째 반응을 매개하는 효소인 라이불로스 1,5 이인산 카르복실레이스-옥시지네이즈의 활성자리를 산소와 이산화탄소가 경쟁함으로 일어난다.

구형단백질 globular protein 단백질의 주요한 종류이고 대부분 수용성이다. 구형단백질은 단단히

접힌 폴리펩타이드 사슬을 포함하고 조밀하며 대략적인 구 모양이다. 일반적으로, 구형단백질은 특정한 화합물을 인식하고 그것과 일시적으로 붙는 자국, 또는 틈을 포함한다.

그라눔 granum 엽록체에서 틸라코이드막으로 만들어진 평평한 낭의 층상구조.

극성의 polar 전하의 균일하지 않은 분포. 양전하와 음전하가 같지 않을 때, 그 분자나 기는 극성을 갖는다.

근접-평형 반응 near-equilibrium reaction 질량작용비 값이 평형상수 값에 근접한 반응. 이 반응의 깁스 자유에너지 변화는 작다. 따라서 반응은 가역적이다.

근접효과 proximity effect 반응물의 효과적으로 높은 농도에 의한 전이상태의 빈도증가에 기인하는 비효소 또는 효소 반응률의 증가.

글라이옥시좀 glyoxysome 글라이옥실산 회로에 필요한 특정 효소를 포함하는 세포소기관.

글라이옥실산 회로 glyoxylate cycle 특정 식물과 세균, 효모에 존재하는 시트르산 회로의 변형. 이는 옥살로아세테이트(oxaloacetate)를 통해 아세틸조효소 A(acetyl CoA)로부터 포도당을 생산할 수 있다. 글라이옥실산 회로에는 시트르산 회로의 2개의 CO_2 생산 단계가 존재하지 않는다.

글라이칸 glycan 소당 또는 다당을 이르는 일반적인 용어. 호모글라이칸(homoglycan)은 동일한 단당 잔기의 중합체이다. 헤테로글라이칸(heteroglycan)은 다양한 단당 잔기의 중합체이다.

글라이코사이드 glycoside 아노머 탄소의 하이드록실기가 알코올, 아민, 또는 싸이올과의 결합을 통해 대체된 탄수화물을 포함하는 분자.

글라이코사이드 결합 glycosidic bond 당의 아노머 탄소 원자에 다른 분자의 하이드록실기, 아미노기, 또는 싸이올기가 결합하여 형성된 아세탈 결합(acetal linkage). 가장 기본적으로 볼 수 있는 글라이코사이드 결합은 당의 아노머 탄소와 다른 당의 하이드록실기에서 형성된다. 뉴클레오사이드 결합은 당이 아미노산의 질소 원자에 결합하는 *N*-연결된 글라이코사이드 결합(*N*-linked glycosidic bond)이다.

글라이코사미노글라이칸 glycosaminoglycan 반복되는 이당 단위체의 가지가 없는 다당. 이당 중 하나의 구성요소는 아미노당이다. 다른 구성요소는 보통 유론산이다.

글라이코젠 glycogen 가지 끝에 α-(1 → 4) 연결과 α-(1 → 6) 연결에 의해 이어진 포도당 잔기의 분지된 동일중합체(homopolymer). 글라이코젠은 동물과 세균에서 저장 다당(storage polysaccharide)이다.

글라이코스핑고지질 glycosphingolipid 스핑고신과 탄수화물기가 포함된 지질. 글루코사이드(glucoside) 포도당으로부터 유래한 아노머 탄소 원자를 가진 글라이코사이드.

글리세로인지질 glycerophospholipid 글리세롤 3-인산의 C-1과 C-2에 붙은 2개의 지방산기를 포함한 지질로, 대부분 극성 치환기에 인산기가 붙어 있다. 글리세로인지질은 생체막의 주요한 구성요소이다.

금속함유효소 metalloenzyme 하나 이상의 금속 이온이 단단하게 결합하고 있는 효소. 일부 경우에서, 이러한 금속 이온은 효소의 활성 부위의 일부를 구성하고 촉매에 적극적으로 참여한다.

기공 stomata 이산화탄소가 광합성 세포로 직접 확산할 수 있는 잎의 표면 구조.

기전력 electromotive force (emf) 전지의 양쪽에서 발생하는 두 반응의 환원전위차를 계산한 것(즉, 반응에서 발생된 전압차).

기질 substrate 화학반응에서 반응물. 효소의 반응에서 기질은 효소에 의해 특이적으로 작용되어, 생성물로 변형된다.

기질 수준 인산화 substrate level phosphorylation 비뉴클레오타이드 기질로부터 인산기의 이동으로 인한 이인산염 뉴클레오사이드의 인산화.

기질 회로 substrate cycle 두 경로 중간 산물 사이의 순환을 촉진하는 반대 반응의 쌍.

기질보조 레이저 탈착 이온화 matrix-assisted laser desorption ionization (MALDI) 표적 분자가 레이저광에 의해 고체 기질로부터 방출되는 질량 분석의 기법.

기화열 heat of vaporization 용액에서 1 g을 증발시키는 데 필요한 열의 양.

깁스 자유에너지 변화 Gibbs free energy change (ΔG) 일정한 압력하에서 계의 엔탈피(H)와 엔트로피(S)의 변화에 관하여 평형상태에서 정의되는 열역학량. $\Delta G = \Delta H - T\Delta S$, T는 절대온도이다. 자유에너지는 일을 할 수 있는 계 내에서 이용 가능한 에너지의 양이다.

내강 lumen 소포체 또는 틸라코이드막과 같은 생물학적 막으로 둘러싸인 수성 공간.

내재 막단백질 integral membrane protein 지질 이중층의 소수성 부분을 통과하고 주로 지질 이중층을 완전히 통과하는 막단백질. 고유 막 단백질(intrinsic membrane protein)로도 알려져 있다.

넌센스 돌연변이 nonsense mutation 한 뉴클레오타이드가 다른 뉴클레오타이드로 대체되는 DNA상의 변화로서, 이로 인해 변화된 아미노산이 종결 코돈을 생성한다. 넌센스 돌연변이는 결국 단백질 합성을 조기에 종결시킨다.

네른스트 방정식 Nernst equation 어떤 반응의 표준 환원전위 변화($\Delta E^{\circ\prime}$)와 관찰된 환원전위 변화(ΔE)의 관계를 보여주는 방정식.

녹는점 melting point (T_m) 이중 가닥 DNA가 단일 가닥 DNA로 전환되거나 단백질의 원형이 변성된 상태로 전환되는 온도 범위의 중간 점.

녹말 starch 식물의 저장 다당류인 포도당의 단독중합체. 두 가지의 형태가 있다: 아밀로스, α-(1 → 4) 결합으로 연결된 가지로 갈라지지 않는 포도당 중합체, 그리고 아밀로펙틴, α-(1 → 4) 결합과 α-(1 → 6) 결합으로 연결된 가지가 있는 포도당 중합체.

뉴클리에이즈 nuclease 폴리뉴클레오타이드 사슬의 인산다이에스터 결합을 가수분해하는 효소. 뉴클리에이즈는 엔도뉴클리에이즈 및 엑소뉴클리에이즈로 분류될 수 있다.

뉴클레오사이드 nucleoside 라이보스(디옥시라이보스)의 퓨린 또는 피리미딘의 *N*-글라이코사이드.

뉴클레오좀 nucleosome 염색질의 기본 단위를 형성하는 DNA-단백질 복합체. 하나의 뉴클레오좀은 뉴클레오좀 중심 입자(약 146 염기쌍의 DNA와 히스톤 8량체), 연결 DNA(약 54 염기쌍) 및 히스톤 H1(핵심 입자와 연결 DNA에 결합함)으로 구성된다.

뉴클레오좀 중심 입자 nucleosome core particle 히스톤의 8량체(각각 2개의 H2A, H2B, H3 및 H4)와 이를 둘러싸는 약 146 염기쌍의 DNA로 구성된 DNA-단백질 복합체.

뉴클레오타이드 nucleotide 오탄당 인산에 연결된 질소성 염기가 구성하는 뉴클레오사이드의 인산에스터. 뉴클레오타이드는 핵산의 단량체 단위이다.

능동 수송 active transport 수송 단백질에 특이적으로 결합한 용질이 농도기울기에 역행하여 막을 가로질러 수송되는 과정이다. 능동 수송이 일어나기 위해서는 에너지를 필요로 한다. 1차 능동 수송은 빛, ATP 그리고 전자전달이 에너지원으로 사용된다. 2차 능동 수송은 이온 농도기울기에 의해서 일어난다.

닉 트랜스레이션 nick translation DNA 폴리머레이즈가 앞 DNA 사슬과 다음 RNA 프라이머 말단 사이의 빈 공간에 결합하여, 엑소뉴클리에이즈 활성으로 라이보뉴클레오타이드를 가수분해하여 제거하고, 폴리머레이즈 활성으로 디옥시라이보뉴클레오타이드로 대체하는 과정.

다당 polysaccharide 20개 이상의 단당류가 글라이코사이드 결합으로 연결된 중합체. 선형과 가지형이 있다.

다불포화 지방산 polyunsaturated fatty acid 두 개 이상의 탄소간 이중결합을 가지고 있는 불포화 지방산.

다효소 복합체 multienzyme complex 여러 대사반응을 촉매하는 소중합체 단백질.

단당 monosaccharide 실험식 $(CH_2O)_n$을 갖는 3개 이상의 탄소 원자로 구성된 단순당.

단량체 monomer 1. 다른 단량체와 중합될 때 잔기(residue)가 되는 작은 화합물. 2. 다중 소단위체 단백질을 구성하는 단일 소단위체.

단백질 protein 하나 이상의 폴리펩타이드 사슬로 이루어진 생중합체이다. 각 단백질 분자의 생물학적 기능은 공유결합으로 연결된 아미노산 서열과 3차원적 구조(입체형태)에 의해 결정된다.

단백질 당화 protein glycosylation 탄수화물을 공유결합으로 단백질에 첨가하는 것. *N*-글라이코실화는 아스파라진 잔기의 아마이드기에 탄수화물을 결합시킨다. *O*-글라이코실화는 쓰레오닌이나 세린 잔기의 수산화기에 탄수화물을 결합시킨다.

단백질 조효소 protein coenzyme 반응을 매개하지는 않지만 어떤 효소의 활성에 필요한 단백질.

단백질체학 proteomics 특정한 세포 타입, 조직, 기관, 생물에서 합성되는 모든 단백질에 대한 연구.

단수송 uniport 수송 단백질에 의해 한 종류의 용질만을 막을 통과하여 수송하는 방법.

단일 불포화 지방산 monounsaturated fatty acid 하나의 이중 탄소결합을 갖는 불포화 지방산.

단일가닥 결합 단백질 single-strand binding protein (SSB) DNA 이중가닥 재구조 형성을 방지하기 위해 단일가닥 DNA에 단단히 결합하는 단백질.

달톤 dalton 하나의 원자질량단위와 동일한 질량의 단위.

담즙 bile 간에서 생성되어 담낭에 저장되는 담즙염, 담색소, 콜레스테롤의 혼합물. 담즙은 소화가 진행되는 동안 소장으로 분비된다.

당 접합물 glycoconjugate 펩타이드 사슬, 단백질, 또는 지질에 하나 또는 여러 개의 탄수화물 사슬이 공유결합된 탄수화물 유도체.

당단백질 glycoprotein 탄수화물 잔기와 공유결합으로 연결된 단백질.

당형 glycoform 동일한 아미노산 서열을 가지지만 다른 올리고당-사슬 구성을 가진 당단백질.

대사 metabolism 하나의 생물체에서 수행되는 생화학 반응의 총합.

대사 연료 metabolic fuel 이화되어 에너지를 방출할 수 있는 작은 화합물. 다세포 생물에서, 신진대사 연료는 조직 사이에 이송될 수 있다.

대사물 metabolite 생물 고분자 물질과 그 구성요소 단위의 합성이나 분해 과정에서 생기는 중간산물.

대사물 채널링 metabolite channeling 다기능 효소 또는 다량체효소의 단일반응 산물을 대량 용매에 넣지 않고 다음 활성부위 또는 효소에 전달하는 현상. 채널링은 다음 효소에 도달하기 위한 중간 전송 시간을 감소시킴으로써 또한 중간체의 지역 농도를 높게 만듦으로써 반응 경로의 속도를 증가시킨다.

도메인 domain 단백질 3차 구조 내에 존재하는 별개의 독립적인 접힘 단위. 도메인은 보통 특징적인 접힘을 형성하는 몇몇 모티프(motif)의 조합임.

독립영양생물 autotroph 이산화탄소와 같은 무기물질만을 필수요소로 해서 생존하고 번식할 수 있는 생물.

돌연변이 mutation DNA상에서 유전정보를 영원히 변화시키는 뉴클레오타이드 서열의 유전적 변화.

돌연변이원 mutagen DNA 손상을 야기할 수 있는 물질.

동반수송 symport 두 개의 다른 종류의 이온 혹은 분자가 수송 단백질에 의해 막을 통과하여 같은 방향으로 공동수송.

동역학 메커니즘 kinetic mechanism 다중기질 효소-촉매 반응에서 일련의 단계들을 기술하는 데 사용되는 방식.

동역학 순서 kinetic order 반응이 가장 느린 단계에서 여러 분자들이 어떻게 반응하는지를 반영하는 속도 식의 지수의 합. 반응 순서(reaction order)로도 알려져 있다.

동요 위치 wobble position mRNA의 뉴클레오타이드와 왓슨-크릭 염기쌍이 아닌 결합이 허용되는 안티코돈의 5′ 부위. 동요 위치는 tRNA 분자가 한 가지 이상의 코돈을 인식하는 것을 가능하게 한다.

동종효소 isozyme 동일한 반응을 촉매하며 단일 생물종에서 유래된 다른 단백질들. 또한 isoenzyme으로 알려져 있다.

동화작용 anabolic reaction 세포의 유지와 성장에 필요한 분자들을 합성하는 대사반응.

되먹임 억제 feedback inhibition 대사경로의 초기단계를 촉매하는 효소가 같은 경로의 최종산물에 의해 억제되는 것.

등수용 tRNA 분자 isoacceptor tRNA molecule 동일한 아미노산과 결합하는 다른 tRNA 분자들.

등전점 isoelectric point (pI) 순 전하가 영이기 때문에 양쪽성 이온 분자가 전자기장에서 이동하지 않는 pH.

등전점 전기영동 isoelectric focusing gel electrophoresis 폴리아크릴아마이드 젤 내에서 pH 구배를 생성하는 완충용액을 사용하는 전기영동의 수정된 형태. 각 단백질은 해당 등전점(P_I)으로 이동한다. 등전점은 각 단백질이 더 이상 순 양전하 혹은 음전하를 갖지 않는 구배상의 pH를 가르킨다.

디하이드로지네이즈 dehydrogenase 기질로부터 수소를 제거하거나 기질의 산화를 촉매하는 효소. 디하이드로지네이즈는 산화환원효소로 알려져 있는 IUBMB 효소종에 속해 있다.

라마찬드란 도표 ramachandran plot 폴리펩타이드 내의 아미노산 잔기에 대한 c 대 f 값에 대한 분포도. 특정 f와 c 값은 서로 다른 구조임을 나타낸다.

라이간드 ligand 다른 분자 또는 원자에 비공유결합하는 분자, 잔기, 또는 이온.

라이간드 개폐 이온 통로 ligand-gated ion channel 특정 라이간드의 결합에 따라 열리거나 닫히는 막 이온 통로.

라이게이즈 ligase 두 기질의 접합, 또는 연결을 촉매하는 효소. 연결반응에는 ATP와 같은 뉴클레오사이드 삼인산의 화학적 잠재적 에너지의 투입이 필요하다. 라이게이즈는 일반적으로 합성효소를 뜻한다.

라이보자임 ribozyme 촉매활성이 있는 RNA 분자.

라이보좀 ribosome 라이보좀 RNA 분자와 여러 개의 라이보좀 단백질로 구성된 거대 라이보스 단백질 복합체. 라이보좀은 단백질을 합성하는 세포 소기관이다.

라이보좀 RNA ribosomal RNA (rRNA) 라이보좀을 구성하는 RNA.

라이보핵산 ribonucleic acid (RNA) 인산에스터 결합으로 연결된 라이보뉴클레오타이드 잔기로 구성된 중합체. RNA의 당 부분은 라이보스이다. DNA 내 유전정보는 RNA 합성 과정에서 전사되고 그 중 mRNA는 단백질 합성에서 번역된다.

라이보핵산단백질 ribonucleoprotein 라이보핵산과 단백질을 포함한 복합체.

라이소좀 lysosome 진핵세포에서 특화된 소화성 세포소기관. 라이소좀은 단백질, 핵산, 다당과 같은 세포의 바이오폴리머의 분해, 그리고 세균처럼 세포가 섭취한 거대 입자의 소화를 촉매하는 여러 효소를 갖고 있다.

라이소포스포글리세라이드 lysophosphoglyceride 글리세로인지질(glycerophospholipid)에서 두 개의 지방산 아실 잔기 중 하나가 가수분해로 제거 될 때 생성되는 양친매성 지질. 낮은 농도의 라이소포스포글리세라이드는 대사 중간체인 반면, 높은 농도는 세포막을 교란시켜 용해를 야기한다.

라이에이즈 lyase 기질의 비가수분해성 또는 비산화성 제거 반응, 또는 용해를 촉매하여 이중결합을 생성하는 효소. 역방향으로, 라이에이즈는 하나의 기질을 제2기질에 이중결합으로 연결하는 것을 촉매한다.

라이즈 rise 나선형 거대분자 축의 잔기와 다음 잔기 사이의 거리.

라이페이즈 lipase 트라이아실글리세롤의 가수분해를 촉매하는 효소.

레플리좀 replisome DNA 폴리머레이즈, 프라이메이즈, 헬리케이즈, 단일가닥 결합 단백질, 부가적인 성분 등을 포함하는 다중단백질 복합체.

렉틴 lectin 당단백질내 특정 다당류에 결합하는 식물 단백질.

류신 지퍼 DNA leucine zipper DNA 결합 단백질과 다른 단백질에서 발견되는 구조적 모티브. 동일하거나 다른 폴리펩타이드 사슬에 있는 두 개의 양친매성의 소수성 면(주로 류신 잔기들을 가짐)들이 상호 작용하여 코일-코일 구조를 형성할 때 지퍼가 만들어진다.

리포좀 liposome 수성 구획을 둘러싸는 인지질 이중층으로 구성된 합성 소낭.

마이셀 micelle 분자의 친수성 부분은 수성 환경으로 돌출하고, 소수성 부분이 물 분자와의 접촉을 최소화하기 위해 구조물의 내부에서 서로 연관되는 양친매성 분자의 집합체.

마이켈리스-멘텐식 Michaelis-Mentenequation 효소반응의 초기 속도를 기질 농도([S]), 최대 속도 및 마이켈리스 상수로 연관시키는 속도 방정식.

마이켈리스 상수 Michaelis constant (K_m) 임의의 반응에서 최대 속도의 절반에 해당하는 초기 속도에 이르는 기질의 농도.

마이토콘드리아 mitochondrion 대부분의 진핵생물에서 산화적 에너지 대사의 주요 장소가 되는 세포소기관. 마이토콘드리아에는 외막과 내막이 있고, 내막은 특이하게 접힌 내부주름을 이룬다.

마이토콘드리아 기질 mitochondrial matrix 마이토콘드리아의 내막으로 둘러싸인 젤 같은 액상. 마이토콘드리아의 기질에는 호기성 에너지 대사에 관여하는 많은 효소가 포함되어 있다.

막 membrane 세포나 세포소기관을 정의하고 구획화하는 역할을 위하여 관련된 단백질을 포함하는 지질 이중층. 생체막은 또한 에너지 전달 및 세포내 신호전달에 관련된 여러 중요한 생화학적 과정이 일어나는 지점이다.

막 사이 공간 periplasmic space 박테리아에서 세포막과 세포벽 사이의 공간.

막 전위 membrane potential 막 양측의 이온 농도 차이로부터 발생하는 막을 가로지르는 전하 분리.

모노시스트론성 mRNA monocistronic mRNA 단지 1개의 폴리펩타이드로만 번역될 수 있는 mRNA. 대다수 진핵생물의 mRNA는 모노시스트론성이다.

모조 유전자 pseudogene 단백질 정보가 암호화된 유전자로부터 진화된 발현이 안 되는 서열의 DNA. 모조 유전자는 때때로 암호화된 부분에 돌연변이를 포함하고 있어서 정상 단백질을 만들지 못한다.

모조 1차 반응 pseudo first-order reaction 한 반응물의 농도에 의해 반응률이 결정되는 조건에서 수행되는 다반응물 반응.

모티프 motif 서로 다른 많은 단백질에서 발견되는 2차 구조의 조합. 초이차 구조라고도 알려짐.

몰 질량 molar mass 1몰의 화합물이 갖는 무게(단위는 그램).

무작위 연쇄반응 random sequential reaction 기질이 효소와 결합하는 반응도 아니고 효소로부터 생성물이 떨어져나가는 반응도 아닌 반응.

물의 이온곱 ion product for water (K_w) 수용액에서 하이드로늄 이온과 수산화 이온의 곱으로, 1.0×10^{-14} M^2와 같다.

미량 원소 trace element 생물에 있어서 극히 미량만 필요한 원소. 예를 들어 구리, 철, 아연 등이 있다.

미세소관 microtubule α 및 β 튜불린 이종으로 이루어지는 단백질 필라멘트. 미세소관은 세포골격망의 구성요소이며 방향성 이동이 가능한 구조를 형성할 수 있다.

미스센스 돌연변이 missense mutation DNA에서 하나의 뉴클레오타이드가 다른 뉴클레오타이드로 치환된 변화로서, 결국 코돈을 암호화하는 아미노산이 변화한다.

바이타민 vitamin 동물에게서 합성되지 않으며 반드시 섭취를 통해서만 얻을 수 있는 유기적 미량 영양소. 많은 조효소가 바이타민으로부터 유래된다.

박테리오페이지 bacteriophage 박테리아 세포를 감염시키는 바이러스.

반데르발스 힘 van der Waals force 순간적인 정전기 작용으로 중성 원자들 간에 생성되는 약한 분자간의 힘. 분자들의 반데르발스 반지름의 합만큼 두 분자가 떨어져 있을 때 이 힘이 가장 강하다.

반응 메커니즘 reaction mechanism 화학반응 과정에서 단계적으로 발생되는 원자 또는 분자적 이벤트.

반응 중심 reaction center 단백질 복합체, 전자전달 보조인자, 그리고 광계 핵심의 특별한 엽록소 분자쌍. 반응 중심은 광합성 과정 중 광화학 에너지가 전기화학적 에너지로 변환되는 자리.

반응 특이성 reaction specificity 효소에 의한 부산물 형성의 결여. 반응 특이성은 본질적으로 100% 생성 수율의 결과이다.

반응기 효소 effector enzyme 전달자(transducer)의 신호에 대해 반응하여 세포내 2차 신호전달물질(second messenger)을 생성하는 세포막 단백질.

반응성 중심 reactive center 이동성 대사 그룹이 결합할 수 있는 조효소의 부분.

발효 fermentation 에너지 생성을 위한 대사산물의 혐기적 이화작용. 알코올 발효에서 파이루브산이 에탄올과 이산화탄소로 전환된다.

방출 인자 release factor 단백질 합성의 종결과 관련된 단백질.

번역 translation mRNA 분자 서열을 반영하는 폴리펩타이드 합성. 아미노산은 활성화된 tRNA에 의해 제공되며 라이보좀과 다른 인자들에 의해 펩타이드 결합 합성이 촉매된다.

번역 개시 복합체 translational initiation complex 단백질 합성 개시 과정에서 결집되는 라이보좀 소단위, mRNA 주형, 개시 tRNA 분자, 개시 인자의 복합체.

번역 개시 인자 translational initiation factor 단백질 합성 시작 과정에서 개시 복합체 형성에 관여하는 단백질.

번역 복합체 translation complex 생체 내에서

mRNA의 번역을 수반하는 라이보좀과 단백질 인자의 복합체.

번역후 변형 posttranslational modification 폴리펩타이드의 합성이 완료된 후 단백질에 일어나는 공유결합에 의한 변형.

변성 denaturation 1. 거대분자의 생물학적 활성의 손실을 초래하는 생물학적 거대분자 본래 입체구조의 붕괴. 2. DNA 상보가닥(complementary strand)이 완전히 풀리고 분리되는 것.

변환기 transducer 신호 변환의 한 구성요소로서, 수용체-라이간드 결합과 실행기 효소에 의해 생성되는 2차 전령의 생성을 연결해 준다.

보어 효과 Bohr effect 이산화탄소에 노출되었을 때 발견되는 현상으로, 세포 내부의 pH가 낮아지고 적혈구 내부 헤모글로빈의 산소친화도가 감소되는 현상이다.

보조기질 cosubstrate 효소-촉매 반응에서 기질로 작용하는 조효소. 보조기질은 반응 중간에서 변경되고 효소의 활성화 자리에서 분리된다. 보조효소의 원래 형태는 계속적인 효소-촉매 반응에서 재발생될 수 있다.

보조단 prosthetic group 효소에 강하게 결합되어 있는 조효소. 기질과는 달리 보조단은 효소의 매개회로에서 항상 결합되어 있다.

보조색소 accessory pigment 광합성막 내에 존재하는 색소 중 엽록소를 제외한 색소. 보조색소에는 카로티노이드와 피코빌린이 포함된다.

보조인자 cofactor 부분효소(apoenzyme)가 완전효소(holoenzyme)로 전환되기 위해 필요한 무기이온이나 유기 분자. 두 가지 종류의 보조인자들이 있다: 필수 이온과 조효소.

보충대사 반응 anaplerotic reaction 중추 대사경로에서 소비되는 대사물질을 보충하는 반응(cf., cataplerotic).

복제 replication 부모가닥으로부터 분리되어 새로운 가닥 합성의 주형이 되는 과정에서 이중가닥 DNA의 이중 복제. 복제는 DNA 중합효소와 관련된 인자들로부터 수행된다.

복제 분기점 replication fork 복제 중 주형 DNA는 풀리고 새로운 DNA가 합성되는 이중가닥의 Y자형의 접합점.

복제 원점 origin of replication 복제가 시작되는 DNA 서열.

부분단백질 apoprotein 보조인자가 없는 단백질로, 보조인자를 가진 완전단백질(holoprotein)이 나타내는 생물학적 활성을 가지지 않는 단백질.

부위 특이적 돌연변이유발 site-directed mutagenesis 대체된 단백질 서열의 결과로 유전자 내의 특정 염기에서 다른 염기로 재배치되는 실험 기법. 게놈의 특정 위치에서의 발생하는 재조합의 예.

분기점 이동 branch migration 교차나 분지점의 이동 현상으로, 결과적으로 재조합이 되는 동안 DNA 가닥이 더 많이 교환한다.

분기점 자리 branch site mRNA 전구체의 스플라이싱 과정에서 인트론의 5′ 말단에 부착되는 인트론 내부의 지점.

분배효소 distributive enzyme 각 단량체가 첨가된 후에 성장 중인 고분자 생성물로부터 분리되었다가 중합과정이 진행되기 위해서는 고분자와 재결합되어야 하는 효소. (cf., 진행효소)

분자 밀집 molecular crowding 분자들이 서로 충돌할 때 생기는 확산율(diffusion rate)의 감소.

불경쟁적 억제 uncompetitive inhibition 자유 상태의 효소가 아닌, 오직 기질과 결합한 효소와 결합하는 가역적 억제자에 의해 효소 촉매반응이 억제되는 경우.

불포화 지방산 unsaturated fatty acid 1개 이상의 탄소-탄소 사이의 이중결합을 가지고 있는 지방산. 오직 하나의 탄소-탄소 이중결합을 가지고 있는 경우, 단일 불포화 지방산이라 불린다. 두 개 이상의 이중결합을 가지고 있는 경우, 다불포화 지방산이라고 불린다. 일반적으로 불포화 지방산의 이중결합은 시스 위치 배열을 가지고 있으며 메틸렌기($-CH_2-$)에 의해 떨어져 있다.

비가역 효소 억제 irreversible enzyme inhibition 억제제가 효소에 공유결합으로 결합하는 효소 억제의 한 형태.

비가역적 대사반응 metabolically irreversible reaction 질량 작용 비율의 값은 평형 상수의 값보다 작은 두 자릿수 이상이 되는 반응. 이러한 반응의 깁스 자유에너지 변화는 큰 음수이므로 따라서 그 반응은 실질적으로 비가역적이다.

비경쟁적 억제 noncompetitive inhibition 효소 또는 효소-기질 복합체에 결합하는 가역적 억제자에 의한 효소-촉매 반응의 억제.

비반복 구조 nonrepetitive structure 단백질 구조의 요소로서 구조 내의 연속된 잔기에 그 어떤 반복된 입체 구조도 없다.

비상동 재조합 nonhomologous recombination 서열 유사성이 없는 비연관성 서열간의 재조합.

비열 specific heat 물질의 1 g을 1℃ 올리는 데 필요한 열량.

비틀림 twist 나선형 고분자에서 인접한 잔기들 사이에 이루는 회전각.

비필수 아미노산 nonessential amino acid 동물이 대사 요구량에 맞춰 충분히 생산할 수 있는 아미노산.

산 acid 양성자를 제공해줄 수 있는 물질. 산은 양성자를 잃음으로써 짝염기로 전환된다. (루이스 이론에 따르면 산은 전자쌍 수용체이다[루이스산].)

산 무수물 acid anhydride 두 분자의 산 사이의 축합반응에 의하여 형성된 물질.

산-염기 촉매 acid-base catalysis 양성자의 전달이 반응을 촉진시키는 촉매반응.

산 해리상수 acid dissociation constant (K_a) 산으로부터 양성자가 해리되는 정도를 나타내는 평형상수.

산소화반응 oxygenation 거대분자에 산소가 가역적으로 결합하는 것.

산화 oxidation 어떤 물질이 다른 물질(산화제)로 전자를 전달함으로써 자신은 전자를 잃는 것. 산화에는 여러 형태가 있는데, 어떤 화합물로의 산소 첨가, 이중결합을 만들기 위해 수소 제거, 또는 금속의 이온가(valence of metal ion) 증가 등이다.

산화적 인산화 oxidative phosphorylation 전자 전달(electron transfer)을 보라.

산화제 oxidizing agent 산화-환원반응에서 전자를 수용하여 자신은 환원되는 물질.

삼투 osmosis 농도가 낮은 용액으로부터 농도가 더 높은 용액으로 용매 분자가 이동하는 현상.

삼투압 osmotic pressure 농도가 낮은 용액으로부터 농도가 더 높은 용액으로의 용매 이동을 억제하기 위해서 필요한 압력.

삽입제 intercalating agent DNA 염기서열이 쌓여 있는 사이에 끼어들어 갈 수 있는 평평한 고리 구조를 가진 물질. 삽입제는 DNA 구조를 뒤틀어서 이중나선을 부분적으로 풀어준다.

상대 분자 질량 relative molecular mass (M_r) ^{12}C 질량의 1/12에 대한 상대적인 분자 질량. 상대 분자 질량에 상응하는 단위는 없다.

상동 homology 공통의 조상에서 유래해서 진화한 결과로 생긴 유전자나 단백질의 유사성.

상동 재조합 homologous recombination 서로 연관된 서열의 DNA 간의 재조합(이를 상동이라 한다). 진핵세포에서 염색체 간에 일어나는 재조합의 일반적인 형태이다.

상동의 homologous 동일한 조상에서 유래한 유전자나 단백질을 일컫는 말.

상보성 DNA complementary DNA (cDNA) 역전사효소의 활성에 의해 mRNA 주형으로부터 합성된 DNA.

상염색체 autosome 성염색체 이외의 염색체.

상전환온도 phase-transition temperature (T_m) 지질이나 거대분자 집합체가 질서도가 높은 상태(젤)에서 질서도가 낮은 상태(액상 결정)로 전환되는 온도 범위에서의 중간지점.

생리학적 pH physiological pH 사람 혈액의 정상 pH, 7.4.

생체고분자 biopolymer 많은 수의 같은, 혹은 비슷한 소분자들이 서로 공유결합하여 긴 사슬을 형성하며 만들어지는 생물학적 거대분자. 단백질, 다당류, 핵산이 생체고분자의 일종이다.

생체에너지학 bioenergetics 생물학적 시스템 내에서의 에너지 변화에 대한 학문.

샤인-달가노 서열 Shine-Dalgarno sequence 원핵세포 mRNA 분자의 개시 코돈의 바로 위쪽의 퓨린-풍부 지역. 샤인-달가노 서열은 개시 코돈의 라이보좀에 위치함으로써 라이보좀 RNA의 피리미딘 풍부 서열에 결합한다.

샤페론 chaperone 새롭게 합성되는 폴리펩타이드 사슬과 복합체를 형성하여 생물학적 기능을 갖는 입체형태로 올바른 접힘을 도와주는 단백질. 샤페론은 잘못 접힌 중간체의 형성을 방지하고, 조립되지 않은 단백질 소단위의 잘못된 응집 방지하고, 세포막에 가로지르는 폴리펩타이드 사슬의 전위를 도와주고, 큰 다중체 구조의 조립 및 분해에 도움을 준다.

선도 지역 leader region 전사 개시 지점과 오페론의 첫 번째 코딩 영역 사이에 있는 뉴클레오타이드 서열.

선도 펩타이드 leader peptide 조절되는 오페론의 선도 지역의 일부에 코딩된 펩타이드. 선도 펩타이드의 합성은 감쇠기구가 전체 오페론의 전사를 조절하는 데 기본이 된다.

선도가닥 leading strand 복제 포크 이동과 동일한 방향으로 연속적으로 일어나는 중합반응에 의해 새로 합성되는 DNA 가닥.

섬유단백질 fibrous protein 결합하여 긴 섬유를 형성하는 대표적인 불용성 단백질. 많은 섬유단백질은 물리적으로 견고하며 세포나 전체 생명체에 역학적인 지지기반을 제공한다.

세라마이드 ceramide 아마이드 결합에 의해 스핑고신의 C-2 아미노기에 연결된 지방산으로 구성된 분자. 세라마이드는 모든 스핑고지질의 대사 전구물질이다.

세레브로사이드 cerebroside 세라마이드의 C-1에 베타-글라이코사이드 결합을 통해 연계된 하나의 단당 잔기를 포함하는 글라이코스핑고지질(glycosphin-golipid). 세레브로사이드는 신경조직에 풍부하고 수초에서 발견된다.

세정제 detergent 소수성 부분과 이온성 또는 극성을 나타낼 수 있는 친수성 말단으로 이루어진 양친매성 분자. 세정제 분자는 수용액에서 응집되어 마이셀(micelle)을 형성할 수 있음. 계면활성제라고도 알려져 있다.

세포 골격 cytoskeleton 진핵세포의 구조와 조직에 도움을 주는 단백질들의 네트워크.

세포 사멸 apoptosis 세포의 계획된 자멸 메커니즘.

세포내함입 endocytosis 물질이 원형질막에 의해 함입되어 만들어진 지질 소낭에 싸여 세포 내로 들어오는 과정.

세포소기관 organelle 진핵생물의 세포 내에서 막으로 둘러싸인 특화된 구조물. 세포소기관은 특이한 형태로 조직되어 있어 고유의 기능을 수행한다.

세포액 cytosol 세포질에서 세포 이하 구조들을 뺀 수용액 부분.

세포외방출 exocytosis 세포에서 분비할 물질이 지질 소포체에 싸여 원형질막으로 이동되어 융합되면서 물질을 세포 외부 공간으로 내보내는 과정.

세포질 cytoplasm 핵을 제외하고 원형질막에 의해 둘러싸인 세포의 부분.

소분자 RNA small RNA RNA 집단 중 하나. 일부 작은 RNA 분자는 촉매 활성이 있다. 일부 snRNA는 snRNP 중 하나이다.

소수성 상호작용 hydrophobic interaction 물분자끼리의 강한 결합으로 인한 비극성 분자나 치환기 간의 약한 비공유의 상호작용. 이런 상호작용으로 인해 물이 있는 환경에서 비극성 분자들은 배척되거나 물에 둘러싸인다.

소수성 지표 hydropathy 아미노산 곁사슬의 소수성 정도의 척도. 이 값이 양의 값을 가질수록 더 소수성을 띤다.

소수성 효과 hydrophobic effect 물에 의해 소수성 그룹이나 분자가 배척되는 현상. 소수성 효과는 소수성 그룹 주변에 정렬된 배열에서 나오는 용매의 물 분자의 엔트로피의 증가에 따라 나타난다.

소수성 hydrophobicity 비극성 용매에 녹는 어떤 물질이나 작용기가 물에 녹지 않거나 일부분만 물에 녹는 정도.

소수성의 hydrophobic 물을 싫어하는, 즉 물과 잘 상호작용하지 않거나 친수성의 분자에 비해 물에 훨씬 잘 녹지 않는 분자를 설명하는 말.

소엽 leaflet 지질 이중층의 층 하나.

소포체 endoplasmic reticulum 진핵세포의 외핵막에서 연장되어 나온 세관과 얇은 층으로 이루어진 막질 네트워크. 라이보좀으로 코팅된 부분을 조면 소포체; 라이보좀이 없는 부분을 활면 소포체라 한다. 소포체는 지질의 합성과 특정 단백질의 분배와 수송에 관여한다.

소형 핵내 라이보뉴클레오단백질 small nuclear ribonucleoprotein (snRNP) 하나 또는 두 개의 특정 snRNA와 약간의 단백질로 구성된 RNA-protein 복합체 SnRNP는 splicing mRNA 전구체와 다른 세포작용에 참여한다.

속도 velocity (V) 속도 단위 시간당 생성된 산물의 양으로 표현된 화학반응의 속도.

속도 결정 단계 rate determining step 화학반응에서 가장 느린 단계. 속도 결정 단계는 기질로부터 생성물을 생성하는 단계 중 가장 높은 활성화에너지를 가진다.

속도계수 rate acceleration 반응 시 효소가 존재할 때 속도상수(K_{cat})를 효소가 존재하지 않을 때의 속도상수(K_n)로 나눈 비. 가속계수 값은 효소의 효과를 측정할 수 있다.

속도식 rate equation 반응속도와 각각의 반응물 농도와의 상관관계를 표현한 식.

손대칭 원자 chiral atom 두 개의 다른 배열로 존재할 수 있는 비대칭적 대치물을 갖는 원자.

수동 수송 passive transport 용질이 수송 단백질에 특정적으로 결합하고, 용질 농도기울기에 따라 막을 가로질러 수송되는 과정. 수동 수송은 에너지 소비없이 일어난다. 촉진확산(facilitated diffusion)으로도 알려진다.

수소결합 hydrogen bond 강한 전기음성도를 가지는 원자와 공유결합한 수소 원자가 전기음성도를 가지는 다른 원자의 전자쌍과 상호작용함으로써 부분적으로 공유될 때 나타나는 약한 정전기적 인력.

수용체 줄기 acceptor stem 운반 RNA의 5′ 말단의 염기서열과 3′ 말단 부근의 염기서열이 상보결합을 이루며 줄기를 형성한다. 수용체 줄기는 아미노산이 결합하는 자리이며 아미노산 줄기라고도 알려져 있다.

수용체 receptor 호르몬 등과 같은 특정 라이간드에 결합한 단백질로 세포 내 반응을 이끌어 낸다.

수화 hydration 분자나 이온이 물에 둘러싸인 상태.

순환적 전자전달 cyclic electron transport NADPH의 동시 형성없이 ATP를 제공하기 위해 작동되는 엽록체 내의 전자전달 단계들의 변경된 순서.

쉬프 염기 Schiff base 알데하이드(알디민 형성) 또는 케톤(케티민 형성)과 1차 아민의 가역 축합반응으로부터 형성되는 복합체.

스베드버그 단위 svedberg unit (S) 침강계수를 표현하기 위해 10^{-3}초의 단위를 사용한다. 초원심분리기에서 거대분자 또는 입자의 침강 속도의 측정치. S 값이 크면 큰 질량을 의미한다.

스태킹 상호작용 stacking interactions 단일가닥 또는 이중가닥에서 각각의 인접 염기 또는 염기쌍 사이의 약한 비공유결합. 스태킹 상호작용은 핵산의 나선 형상에 기여한다.

스테로이드 steroid 융합된 네 개의 링 아이소프레노이드 구조를 가지는 지질.

스테롤 sterol 하이드록실기를 포함하고 있는 스테로이드.

스트로마 stroma 아주 오래된 사이아노세균의 세포질에 해당하는 엽록체의 내부.

스플라이세오좀 spliceosome mRNA의 전구체로부터 인트론의 제거를 촉진하는 큰 단백질-RNA 복합체로서 소형 핵내 라이보뉴클레오단백질로 구성되어 있다.

스플라이스 위치 splice site 엑손-인트론 접합부를 둘러싼 보존 뉴클레오타이드 서열. 이 RNA 분자는 인트론 절단시 절단된 사이트를 포함한다.

스플라이싱 splicing 인트론을 제거하고 엑손을 붙이는 과정으로, 연속적인 RNA 분자를 형성한다.

스핑고마이엘린 sphingomyelin 세라마이드 C-2 하이드록실기에 연결된 포스포콜린으로 구성된 스핑고지질. 대부분의 포유동물 세포의 세포막에 존재하고 수초의 주요 구성요소이다.

스핑고지질 sphingolipid 스핑고신(trans-4-sphingenine) 골격을 가진 양친매성 지질. 스핑고지질. 스핑고마이엘린, 세레브로사이드 및 갱글리오사이드를 포함. 스핑고지질은 식물과 동물 세포막에 존재하며, 중추신경계의 조직에 특히 풍부하다.

시트르산 회로 citric acid cycle 아세틸 단위를 완전히 이산화탄소로 산화시키는 여덟 효소-촉매 반응으로 구성된 대사주기. 산화반응에서 방출된 에너지는 조효소 NAD와 유비퀴논(Q)이 환원될 때 환원력으로 보존된다. 시트르산 회로에 의해 아세틸-CoA 한 분자의 산화는 NADH의 세 분자, QH_2 한 분자, 그리고 GTP나 ATP 한 분자를 생성한다. 크렙스 회로 또는 트라이카복실산 회로로도 알려져 있다.

신장 인자 elongation factor 단백질 합성과정에서 펩타이드 사슬의 신장에 필요한 단백질.

신테이즈 synthase 흔히 전이효소에 대한 일반적인 이름으로, 합성반응을 촉매한다.

신테테이즈 synthetase 두 개의 기질을 연결하는 효소로서 뉴클레오사이드 삼인산으로부터 에너지 유입이 필요하다. 이 효소는 IUBMB 분류에 따르면 라이게이즈로 분류된다.

신호 인식 입자 signal recognition particle (SRP) 새로 합성된 펩타이드가 라이보좀에서 방출될 때, 이 펩타이드에 결합하는 진핵세포 단백질-RNA 복합체. 신호 인식 입자는 라이보좀을 소포체의 세포액쪽 면에 고정시키고 그로 인해 단백질이 내강으로 이동하게 한다.

신호 펩타이드 signal peptide 막을 가로지른 단백질의 이동을 목표로 하는 새로 합성된 폴리펩타이드 잔기의 *N*-말단 염기서열.

신호 펩티데이즈 signal peptidase 내강으로 이동시킨 단백질의 신호 펩타이드의 절단을 촉매하는 소포체의 필수 막 단백질.

신호전달 signal transduction 막 관련 수용체, 변환기 및 효과기 효소의 작용에 의한 세포 외부의 신호가 세포 내부의 신호로 전환되는 과정.

쌍극자 dipole 분자 혹은 화학결합 내에 전하의 불균형한 분포로 인해 두 개의 같지만 다른 전하를 각각 다른 위치에 갖고 있는 것.

아노머 anomer 아노머 탄소 원자의 위치배열만이 다른 당의 이성질체.

아노머 탄소 anomeric carbon 고리화된 단당류에서 가장 산화도가 높은 탄소. 아노머 탄소는 카보닐작용기의 화학반응성을 지니고 있다.

아미노산 amino acid α-탄소 원자에 아미노기, 카복실기, 수소 원자, 그리고 특정 곁사슬(R 그룹)이 붙어 있는 유기산. 단백질을 이루는 기본 구성요소이다.

아미노산 분석 amino acid analysis 단백질 가수분해물과 같은 용액에서 아미노산을 분리 및 정량할 때 사용하는 크로마토그래피 기술.

아미노아실-tRNA 신테테이즈 aminoacyl-tRNA synthetase tRNA의 3′-말단에 대응하는 특정 아미노산을 붙여주고 활성화시키는 효소.

아밀로플라스트 amyloplast 녹말합성에 특화하여 변형된 엽록체.

아실기 운반 단백질 acyl carrier protein (ACP) 지방산 합성과정에서 만들어진 활성화된 중간 생성물에 싸이오에스터 결합을 통하여 결합하는 단백질(원핵생물) 혹은 단백질의 도메인(진핵생물).

아이소프레노이드 isoprenoid 아이소프렌과 구조적으로 연관된 지질.

아이소프렌 isoprene 스테로이드, 바이타민, 지질 등 모든 아이소프레노이드의 기본 구조 단위를 형성하는, 가지를 갖고 있는 불포화 오탄소 분자.

안테나 색소 antenna pigment 광계의 반응 중심 복합체에 존재하는 빛을 흡수하는 색소. 독자적으로 안테나 복합체를 이루거나 반응 중심 복합체 단백질과 직접 결합한다.

안티센스 RNA antisense RNA 전령 RNA에 상보적으로 결합하는 RNA 분자로, 전령 RNA와 이중가닥 구조를 형성하여 그 전령 RNA로부터 시작되는 번역을 억제한다.

안티센스 가닥 antisense strand 이중가닥 DNA에서 코돈을 포함하지 않는 가닥을 안티센스 가닥이라고 하며 주형가닥이라고도 부른다. 안티센스 가닥의 반대편 가닥을 센스가닥 또는 암호가닥이라고 부른다.

안티코돈 anticodon tRNA의 안티코돈 고리에 존재하는 세 개의 염기로 이루어진 서열로, 번역과정 동안 mRNA의 코돈과 상보적으로 결합한다.

안티코돈 팔 anticodon arm 안티코돈을 가지고 있는 tRNA의 헤어핀 구조.

알도스 aldose 가장 산화된 카보닐 탄소 원자(C-1: 제1탄소)가 알데하이드인 단당.

암반응 dark reaction NADPH와 ATP가 이산화탄소를 탄수화물에 고정하는데 사용되는 광합성 반응. 빛-비의존성 반응이라고도 알려져 있다.

암죽미립 chylomicron 소장에서 조직으로 트라이아실글리세롤, 콜레스테롤 또는 콜레스테롤 에스터를 운반하는 혈장 지단백질의 한 종류.

암호가닥 coding strand 뉴클레오타이드 서열이 전사에 의해 만들어진 RNA와 동일한 유전자의 DNA 가닥(RNA 내의 U를 T로 치환하여).

액포 vacuole 식물세포 내에서 수분, 이온 또는 영양분을 저장하는 세포소기관.

양극 anode 양전하를 띠는 전극. 전기영동에서 음이온이 양극으로 이동한다.

양방향성 반응 amphibolic reaction 이화와 동화작용 어느 쪽이든 가능한 대사반응.

양성자 추진력 protonmotive force (Δp) 막을 경계로 존재하는 양성자 농도기울기에 저장되어 있는 에너지.

양이온 cation 종합적으로 양전하를 갖는 이온.

양쪽성 이온 zwitterion 음전하와 양전하를 동시에 갖는 분자.

양친매성 amphipathic 소수성과 친수성 부분을 모두 가지고 있는 분자.

억제 상수 inhibition constant (K_i) 효소-억제자 복합체에서 억제자의 해리에 대한 평형 상수.

억제자 repressor DNA에 결합하여 RNA 폴리머레이즈의 전사를 방해하는 단백질.

에드먼 분해 Edman degradation 폴리펩타이드 사슬의 자유 *N*-말단에서 아미노산 잔기의 서열을 결정하는데 이용되는 방법. *N*-말단 잔기는 화학적으로 변형되어 사슬로부터 잘려 나오고, 크로마토그래피 과정을 통해 확인되고, 남은 폴리펩타이드 사슬은 다음 반응을 위해 복원된다. 다중 반응 주기(multiple reaction cycle)는 각 절단 단계(cleavage step)에서 형성된 새로운 *N*-말단 잔기를 식별할 수 있게 한다.

에스디에스 폴리아크릴아마이드 젤 전기영동 sodium dodecyl sulfate-polyacrylamide gel electrophoresis (SDS-PAGE) 폴리아크릴아마이드 젤 전기영동은 세제인 소디움 도데실 설페이트(soudium dodecyl sulfate; SDS)의 존재하에 수행한다. SDS-PAGE는 전하와 크기가 아닌 오직 크기에 기초하여 단백질 분리를 가능하게 한다.

에이코사노이드 eicosanoid 탄소수 20개로 이루어진 불포화 지방산의 산화물. 에이코사노이드는 다양한 생리학적 프로세스의 조절에 관여하는 단거리 신호전달물질(short-range messenger)로서 작용한다.

에피머 epimer 여러 개의 비대칭 중심 중 한 개에서 서로 다른 입체배치를 나타내는 이성질체.

엑소뉴클리에이즈 exonuclease 폴리뉴클레오타이드 사슬의 한쪽 말단의 인산다이에스터 결합을 순차적으로 가수분해하는 효소.

엑손 exon 1차 RNA 전사체와 성숙 RNA 분자에 존재하는 뉴클레오타이드 서열이다. 또한 엑손이라는 용어는 성숙 RNA에 존재하는 서열에 상응하는 유전자 부분을 나타내기도 한다(cf., 인트론).

엔도뉴클리에이즈 endonuclease 폴리뉴클레오타이드 사슬 내의 여러 곳에서 인산 다이에스터 결합을 가수분해하는 효소.

엔도좀 endosome 세포내 이입된 물질을 둘러싸고 있는 세포 내부의 매끄러운 소낭.

엔탈피 enthalpy (*H*) 계의 열용량을 나타내는 열역학적 상태 함수.

엔트로피 entropy (*S*) 계의 무질서나 혼란의 정도를 나타내는 열역학적 상태 함수.

역방위 반복 inverted repeat 동일한 폴리뉴클레오타이드 가닥상에서 반대 방향으로 반복된 염기서열. DNA 이중가닥에서 역방위 반복은 십자 모양 구조를 만들어낼 수 있다.

역수송 antiport 수송 단백질에 의해 두 개의 다른 종류의 이온 또는 분자가 서로 반대 방향으로 막을 가로질러 이동하는 공동수송의 종류.

역전사효소 reverse transcriptase RNA 주형으로부터 DNA 가닥을 합성하는 것을 촉매하는 DNA 폴리머레이즈 중의 한 가지 형태.

연결 DNA linker DNA 두 개의 인접한 뉴클레오좀 코어 입자들 사이에 있는 DNA(약 54 염기쌍) 구간.

연쇄반응 sequential reaction 어떤 생산물이 방출되기 전에 모든 기질이 효소에 반드시 결합해야 하는 효소반응.

연쇄증폭 cascade 신호증폭을 이끄는 몇몇 구성성분들의 순차적 활성.

열린 판독 틀 open reading frame 종결 코돈 없이 뉴클레오타이드 삼중자 코돈이 일렬로 연결된 부위. 단백질-암호화 부위는 열린 판독 틀의 예이다.

열역학 thermodynamics 열과 에너지 이동에 대해 연구하는 자연 과학의 한 분야.

열충격 단백질 heat shock protein 높은 온도와 같은 스트레스에 반응하여 합성이 증가하는 단백질. 많은 열충격 단백질들이 스트레스가 없을 때도 발현되는 샤페론이다.

염기 base 1. 양성자를 받을 수 있는 물질. 염기는 양성자를 받음으로써 그 짝산으로 전환된다.(루이스 이론에 따르면 염기는 전자쌍 공여체이다[루이스염기].) 2. 뉴클레오타이드와 뉴클레오사이드의 피리미딘과 퓨린. 뉴클레오타이드와 뉴클레오사이드의 이형 고리 형태의 염기는 수소결합에 관여한다.

염기짝짓기 base paring 단일가닥 핵산을 구성하는 뉴클레오타이드의 염기들 간의 결합으로 DNA와 같은 이중가닥 분자 혹은 2차 구조의 이중가닥 부위를 형성하는 데 필요하다. 가장 일반적인 염기쌍은 아데닌(A)과 싸이민(T) 혹은 유라실(U) 그리고 구아닌(G)과 사이토신(C) 사이의 수소결합에 의해서 형성된다.

염색질 chromatin 진핵세포의 핵 안의 DNA-단백질 복합체.

염색체 chromosome 많은 유전자를 포함하는 하나의 DNA 분자. 하나의 생물체는 하나 또는 많은 염색체로 구성된 하나의 유전체를 가질 수 있다.

엽록체 chloroplast 조류와 식물세포에서 광합성의 장소인 엽록소를 함유하는 세포소기관.

오카자키 조각 Okazaki fragment DNA의 지체가닥(lagging strand)을 불연속적으로 합성하는 중에 생산되는 비교적 짧은 DNA 가닥.

오탄당인산 경로 pentose phosphate pathway 포도당 6-인산이 대사되어 NADPH와 라이보스 5-인산을 생산하는 경로. 이 경로의 산화 단계에서 포도당 6-인산이 2분자의 NADPH를 산출하면서 라이보스 5-인산과 CO_2로 전환된다. 비산화 단계에서는 라이불로스 5-인산이 이성질화되어 라이보스 5-인산이 되거나 해당과정의 중간체로 전환된다. 육탄당 일인산 회로(hexose monophosphate shunt)라고도 알려진다.

오페론 operon 한 촉진유전자(promotor)로부터 함께 전사되는 서로 다른 여러 개의 암호부위가 구성하는 세균의 전사단위(transcriptional unit).

옥시데이즈 oxidase O_2가 전자 수용체인 산화-환원반응을 촉매하는 효소. 옥시데이즈는 옥시도리덕테이즈로 알려진 IUBMB 효소 계열의 일원이다.

옥시도리덕테이즈 oxidoreductase 산화-환원 반응을 촉매하는 효소. 일부 옥시도리덕테이즈는 디하이드로지네이즈, 옥시데이즈, 퍼옥시데이즈, 옥시지네이즈 또는 리덕테이즈로 알려져 있다.

올리고뉴클레오타이드 oligonucleotide 여러(최대 20개) 뉴클레오타이드 잔기가 인산다이에스터로 연결된 중합체.

올리고당 oligosaccharide 2~20개의 단당 잔기가 글라이코사이드 결합으로 연결된 중합체.

올리고당 가공 oligosaccharide processing 당단백질의 성숙 중에 당잔기가 효소에 의해 첨가되고 제거되는 것.

올리고머 oligomer 소단위체 배열이 항상 확정된 화학량론(stoichiometry)을 갖고 있으며, 언제나 거의 상호 대칭을 보이는 다중소단위체 분자.

올리고펩타이드 oligopeptide 여러(최대 20개) 아미노산 잔기가 펩타이드 결합으로 연결된 중합체.

옹스트롬 angstrom 1×10^{-10} m (0.1 nm)를 표현하는 길이의 단위.

왁스 wax 긴 사슬의 모노하이드록실 알코올과 지방산으로 이루어진 비극성 에스터.

완충능 buffer capacity 용액의 pH 변화에 저항

하는 능력. 특정 완충액의 최대 완충능은 약산과 그 짝염기의 농도가 동일할 때의 pH에서 형성된다(예를 들면, pH = pK_a일 때).

완충액 buffer 산과 짝염기로 구성되어 pH의 변화에 저항성을 가지는 용액.

요소 회로 urea cycle 암모니아 혹은 아스파트산의 질소를 요소로 변형시키는 과정으로 네 번의 효소 반응이 관여하는 대사 회로이다. 한 분자의 요소가 합성되는데 4분자의 ATP가 사용된다.

용매화 범위 solvation sphere 이온 또는 용질을 둘러싼 용매 분자의 범위.

운반 RNA tRNA RNA의 한 종류로 활성화된 아미노산을 단백질 합성자리로 운반하여 만들어지고 있는 폴리펩타이드로 전달한다. tRNA는 mRNA의 코돈에 상보적인 안티코돈을 가지고 있다.

원자 질량단위 atomic mass unit 원자 질량의 단위는 탄소의 동위원소인 ^{12}C 질량의 1/12 값이다. 핵종 ^{12}C의 질량은 정의에 의하여 정확하게 12이다.

원핵생물 prokaryote 핵이나 내막이 없는 단세포 생물(cf., 진핵생물).

원형질막 plasma membrane 세포의 세포질을 둘러싸 세포의 경계를 결정하는 막.

위상학 topology 1. 막 내재 단백질 중 막을 관통하는 부분과 연결하는 부분의 배열. 2. 핵산 분자의 전반적인 형태.

위치배열 configuration 공유결합의 파괴와 재형성 없이 변경될 수 없는 원자들의 공간 배열.

유도 적합 induced fit 기질을 통해 시작되는 구조적 변화로 인한 효소의 활성화.

유도자 inducer 억제자에 붙어서 불활성화시키는 라이간드로, 그렇게 해서 억제자에 의해 조절되는 유전자의 전사를 증가시킨다.

유동 flux 대사 경로를 통한 물질의 흐름. 유동은 경로내 기질의 공급, 생성물의 제거, 그리고 효소의 촉매능에 의존한다.

유동 모자이크 모델 fluid mosaic model 생체막의 구조로 제안되는 모델. 이 모델에서 생체막은 지질과 막단백질(내재 및 주변 단백질 모두)이 회전하며 측방향의 확산을 겪는 역동적인 구조로 묘사된다.

유전암호 genetic code 특정한 세 개의 뉴클레오타이드 코돈과 이를 지정하는 아미노산 사이의 대응. 64개 코돈의 기준 유전암호는 거의 모든 개체에서 사용된다. 유전암호는 mRNA의 뉴클레오타이드 서열이 단백질로 번역되는 데 사용된다.

유전자 gene 넓게는 전사되는 DNA의 조각으로 정의된다. 어떤 경우, 기능성 단백질을 암호화 하거나 변형 과정을 거친 성숙한 RNA 분자와 상보적인 DNA 조각을 가리키는 용어로도 사용된다.

유전자 재조합 genetic recombination 하나의 DNA 분자에서 다른 DNA로의 치환 또는 이동 (cf., 상동 재조합).

유전체 genome 개체에서 하나의 완전한 유전자 정보. 이는 하나의 염색체 또는 염색체 다발일 수 있다(일배체). 마이토콘드리아와 엽록체는 진핵세포의 핵에 있는 유전체와 별개의 유전체를 가지고 있다.

융해곡선 melting curve DNA 분자에 대한 온도 대 흡광도의 변화에 관한 분석. 흡광도의 변화는 이중나선의 풀린 정도를 나타낸다.

음극 cathode 음전하를 띠는 전극. 전기영동에서 양이온은 음극으로 이동한다.

음이온 anion 음전하를 띠는 이온.

전위 translocation 1. mRNA 분자를 따라서 라이보솜이 한 코돈씩 이동하는 것. 2. 세포막을 통해서 폴리펩타이드가 이동하는 것.

아이소머레이즈 isomerase 한 분자 내에 형상 또는 구조의 변화, 이성화 반응을 촉매하는 효소.

이배체 diploid 한 쌍의 염색체 또는 두 유전정보를 가지고 있는 것.

이온 교환 크로마토그래피 ion-exchange chromatography 충전된 매트릭스를 사용하여 용액에 섞여 있는 여러 이온 혼합물을 분리하는 데 사용되는 크로마토그래피. 음이온 교환 크로마토그래피에서 양전하 매트릭스는 음전하 용질과 결합하고, 음전하 매트릭스는 양전하 용질과 결합한다. 용매의 pH를 점진적으로 변화시키거나 용매의 염 농도를 증가시킴으로써 결합된 이온들을 차례로 용출시킬 수 있다.

이온 운반체 ionophore 모바일 이온 운반체 또는 이온 통과를 위한 채널로써 작용하여, 이온을 세포막이나 이중 층을 통과시키는 화합물.

이온결합 ion pair 구형단백질과 같은 고분자 내부에서 서로 반대의 전하를 띠는 이온 그룹 간의 정전기적 상호작용.

이중나선 double helix 두 개의 역평행 폴리뉴클레오타이드 가닥이 서로 감싸며 이중나선형 구조를 형성하는 핵산 구조체. 이때 근접한 수소결합을 이룬 염기쌍간 스태킹 상호작용(stacking interaction)으로 매우 안정화된 구조를 보인다.

이중역수 도표 double-reciprocal plot 효소 촉매반응에서 초기속도 역수에 대한 기질 농도 역수의 도표. x 절편과 y 절편은 각각 마이켈리스 상수(Michaelis constant)와 최대속도의 역수 값을 나타냄. 이중역수 도표는 마이켈리스-멘텐 식(Michaelis-Menten equation)의 선형변환임. 또한 라인웨버-버크 도표(Lineweaver-Burk plot)로도 알려져 있다.

이질염색질 heterochromatin 매우 응축되어 있는 염색사의 부분.

이형고리 분자 heterocyclic molecule 한 종류 이상의 원자로 구성된 링 구조가 있는 분자.

이화생성물 억제 catabolite repression 포도당이 존재할 때 많은 세균의 유전자들과 오페론들의 전사 속도를 증가시키는 조절 메커니즘. cAMP와 cAMP 조절 단백질(CRP) 사이의 복합체가 전사를 활성화한다.

이화작용 catabolic reaction 유기체에 보다 작은 분자 빌딩블록과 에너지를 제공하기 위해 분자를 분해하는 물질대사 반응.

이황결합 disulfide bond 시스테인 잔기의 설프하이드릴기(sulfhydryl group)가 산화되면서 형성되는 공유결합. 이황결합은 몇몇 단백질의 3차원 구조를 안정시키는 데 중요하다.

인 nucleolus 진핵생물의 핵에서 rRNA 전사체가 처리되고 라이보좀이 조립되는 장소.

인산기 전달 포텐셜 phosphoryl group transfer potential 화합물이 다른 화합물로 인산기를 전달하는 능력의 측정값. 표준조건에서 인산기 전달 포텐셜은 가수분해의 표준자유에너지와 부호가 반대인 같은 값을 가진다.

인산화 phosphorylation 인산기를 분자에 첨가하는 것을 포함하는 반응.

인지질 phospholipid 인산 잔기를 포함하는 지질.

인트론 intron 1차 RNA 전사물이 스플라이싱(splicing)을 거치면서 제거되는 내부의 염기서열. 인트론이라는 용어는 RNA 인트론에 상보적인 유전자의 부분을 일컫기도 한다.

일배체 haploid 유전체 하나의 복사체 또는 염색체의 한 세트를 가지고 있는 것(cf., 이배체).

입체 이성질체 stereoisomers 같은 조성을 가지지만 분자의 배치가 서로 다른 화합물.

입체 특이성 stereospecificity 기질의 단 한 가지 입체 이성질체만 인식하고 작용하는 효소의 능력.

입체형태 conformation 단일결합 주위의 작용기 회전의 결과로 생긴 분자의 3차원 구조 또는 공간적 배열. 단일결합 주위에 자유 회전이 있기 때문에, 분자는 잠재적으로 많은 입체 형태를 가정할 수 있다.

입체다른자리 단백질 allosteric protein 다른 분자물질과의 결합으로 인해 그 활성이 조절되는 단백질.

입체다른자리 상호작용 allosteric interaction 단백질의 조절 부위에 분자가 결합하였을 때 단백질의 활성이 조절되는 것.

입체다른자리 전이 allosteric transition 활성 상태(R)와 비활성 상태(T) 사이에 일어나는 단백질의 구조변화.

입체다른자리 조절과 협동작용의 연쇄이론 sequential theory of cooperativity and allosteric regulation 단백질 올리고머에 협동 결합하는 동일한 라이간드 모델. 연쇄 이론의 가장 간단한 형태에 따르면 라이간드의 결합은 이것이 결합하는 소단위체의 4차 구조의 변화를 유도하고, 이웃하는 소단위체의 입체형태를 다양하게 변화시킬 수 있다. 오직 하나의 소단위체 입체형태만이 라이간드에 높은 친밀도를 갖는다. 라이간드 유도 이론으로 알려져 있다.

입체다른자리 조절인자 allosteric modulator 입체다른자리 단백질의 조절 부위에 결합하여 단백질의 활성을 조절하는 생체분자. 입체다른자리 조절인자는 활성 인자가 되기도 하고 억제 인자가 되기도 한다. 입체다른자리 효과 인자라고도 한다.

자가 스플라이싱 인트론 self-splicing intron RNA 전구체 자신에 의해 중재되는 반응에서 삭제되는 인트론.

자가인산화 autophosphorylation 단백질 카이네이즈가 동일한 카이네이즈의 또 다른 분자에 의해서 스스로 인산화되는 현상.

자유 라디칼 free radical 쌍을 이루지 않은 전자를 가진 분자 또는 원자.

자유에너지 변화 free energy change 깁스 자유에너지 변화(Gibbs free energy change)를 보라.

작동유전자 operator 특별한 억제자 단백질이 결합하는 DNA 서열로서, 이 결합으로 유전자 또는 오페론의 전사가 억제된다.

작용기 전달 포텐셜 group transfer potential 인산기 전달 포텐셜(phosphoryl group transfer potential)을 보라.

작용기 전달반응 group transfer reaction 치환기 또는 작용기가 하나의 기질에서 다른 기질로 전달되는 반응.

작은 홈 minor groove 염기쌍의 쌓임으로 인해 생긴 당-인산 골격의 비틀림에 의해 형성된 DNA 이중나선의 표면에 있는 좁은 고랑.

잔기 residue 중합체의 단일 구성성분. 잔기의 화학식은 단량체에서 물의 분자를 뺀 것이다.

재생 renaturation 보통 생물학적 활성 복원의 결과로, 생물학적 거대분자의 자연적 형태로의 복구.

재조합 DNA recombinant DNA 다른 종으로부터의 DNA를 포함하고 있는 DNA 분자.

저밀도 지질단백질 low density lipoprotein (LDL) IDL 분해 시에 형성되어, 콜레스테롤 및 콜레스테릴 에스터가 농축되어 있는 혈장 지단백질의 일종이다.

저해제 inhibitor 효소에 붙어서 활성을 억제하는 물질.

전구손대칭 원자 prochiral atom 여러 개의 치환기를 가지고 있으며 그 중 2개는 동일한 원자. 동일한 원자 중 하나가 다른 원자로 바뀌면 손대칭이 된다.

전기영동 electrophoresis 전기장에서 분자의 이동을 이용하여 분자를 분리하는 방법으로, 주로 분자의 총 전하를 기반으로 한다.

전령 RNA mRNA RNA 분자 중 한 종류로서 단백질 합성의 주형으로 작용한다.

전사 transcription 이중가닥인 DNA의 정보를 복사하여 단일가닥 RNA 분자로 전달하는 과정. RNA 폴리머레이즈와 연관된 인자들에 의해 촉매된다.

전사 개시 복합체 transcription initiation complex 전사가 시작할 때 프로모터 부위에서 결합하는 RNA 폴리머레이즈와 다른 인자들의 복합체.

전사 거품 transcription bubble 전사되는 동안 RNA 폴리머레이즈에 의해 풀려진 이중나선 DNA의 짧은 부분.

전사 인자 transcription factor 전사 개시 복합체를 구성하는 과정에서 프로모터의 일정 부분 혹은 RNA 폴리머레이즈에 결합하는 단백질. 몇몇 전사요소들은 RNA 사슬이 길어지는 동안에도 결합한 상태로 남아 있다.

전사 활성인자 transcriptional activator 특정 프로모터 부위에 결합하여 RNA 폴리머레이즈의 활성을 조절하여 전사 속도를 높이는 단백질.

전사가닥 sense strand 이중가닥 DNA에서 전사가닥은 코돈을 포함한 것이다. 또한 암호가닥이라고도 불린다. 반대되는 가닥은 안티전사가닥 혹은 주형가닥이라고 불린다.

전사후 가공 posttranscriptional processing 전사가 완료된 후 일어나는 RNA 가공.

전위 translocation 1. mRNA 분자를 따라서 라이보좀이 한 코돈씩 이동하는 것. 2. 세포막을 통해서 폴리펩타이드가 이동하는 것.

전이상태 transition state 화학결합이 생성되거나 끊어지는 매우 불안정하고 에너지 상태가 높은 원자 배열. 전이상태는 반응의 기질과 산물의 사이의 중간 구조를 가지고 있다.

전이상태 안정화 transition-state stabilization 기질이나 반응 산물에 비해서 전이상태는 효소와 더 강하게 결합하여 활성화에너지를 낮추고 반응을 촉진시킨다.

전이상태 유사체 transition-state analog 전이상태에 가까운 상태의 화합물로 효소의 활성부위에 강하게 결합하여 활성을 저해시킨다.

전자분무 질량분석법 electrospray mass spectrometry 대상 분자를 아주 작은 방울의 형태로 탐지기에 분사하는 질량분석법.

전자전달 electron transport NADH와 같은 화합물과 환원 유비퀴논(QH_2)이 산소를 필요로 하는 산화반응으로, ADP와 P_i로부터 ATP가 생성되는 일련의 반응. 막전자전달계는 두 개의 아주 밀접하게 연관된 현상으로 이루어져 있음: 양성자 농도기울기 형성을 위해 마이토콘드리아 내막을 사이에 두고 양성자의 전이를 동반하는 호흡 전자전달계(respiratory electron transport chain)에 의한 기질의 산화; 그리고 ATP 신테이즈의 채널을 통해 마이토콘트리아 내부로 유입되는 양성자 흐름에 의한 ATP 생성.

전하-전하 결합 charge-charge interaction 두 개의 하전된 입자들 간의 비공유성 정전기적 결합.

전해질 electrolyte NaCl과 같이 이온형태로 분해될 수 있는 분자.

절대 혐기성 생물 obligate anaerobe 생존을 위해 산소가 없는 환경을 요구하는 생물체.

절대 호기성 생물 obligate aerobe 생존을 위해 산소를 요구하는 생물체.

절제 복구 excision repair 절제-복구 엔도뉴클리에이즈에 의한 DNA 손상의 복귀. DNA 나선구조를 바꿀 정도로 큰 손상이 가해진 경우, 손상된 DNA의 제거와 손상부위 양 끝을 절제함으로써 복구한다. 이 결과 생성된 단일가닥의 간격은 DNA 폴리머레이즈에 의해 채워지며 DNA 라이게이즈에 의해 봉합된다.

점액소 mucin 고분자량을 갖는 *O*-연결 당단백질로서 질량의 최대 80%를 탄수화물이 차지한다. 점액소는 위장관, 비뇨생식기 및 호흡관의 표면에서 발견되는 액체인 점액(mucus)의 점성에 기여하는 음전하를 띤 펼쳐진 구조이다.

접힘 fold 2차 구조의 조합으로 단백질 도메인의 핵심을 형성한다. 다른 많은 접힘이 규명되어 있다.

정전기 상호작용 electrostatic interaction 입자간 전자적 상호작용에 대한 일반적인 표현. 정전기 상호작용은 전하-전하 결합(charge-charge interaction), 수소결합, 그리고 반데르발스 힘(van der Waals force)을 포함.

정지 코돈 stop codon 종결 코돈을 보라.

정크 DNA junk DNA 알려진 기능이 없는 유전체의 부분.

제한 덱스트린 limit dextrin 아밀레이즈의 가수분해 작용 또는 글라이코젠 포스포릴레이즈 또는 녹말 포스포릴레이즈에 의해서 포도당 다당류로부터 유래된 가지형 다당류. 제한 덱스트린은 아밀레이즈 혹은 포스포릴레이즈에 의한 추가 분해를 방지한다. 제한 덱스트린은 α-(1→6)결합의 가수분해 이후에만 추가 분해될 수 있다.

제한 지도 restriction map 다양한 엔도뉴클리에이즈의 작용으로부터 생성되는 DNA 분자 조각의 배열 또는 크기를 보여주는 도표.

제한엔도뉴클리에이즈 restriction endonuclease 특정 뉴클레오타이드 서열에서 두 가닥 DNA의 수화를 촉매하는 엔도뉴클리에이즈. I형 제한 엔도뉴클리에이즈는 숙주 DNA의 메틸화와 메틸화되지 않은 DNA를 자르는 것을 모두 촉매하는 반면, II형 제한 엔도뉴클리에이즈는 메틸화되지 않은 DNA를 자르는 것만을 촉매한다.

젤-여과 크로마토그래피 gel-filtration chromatography 다공성 구슬 기질을 이용하여 분자 크기를 기반으로 한, 용액에서 단백질이나 거대분자들의 혼합물을 분리하기 위해 사용되는 크로마토그래피 기술이다. 또한 분자-배제 크로마토그래피(molecular-eclusion chromatography)로 알려져 있다.

조건적 혐기생물 facultative anaerobe 산소가 존재하는 혹은 부재하는 조건 아래서 생존이 가능한 생물.

조절단백질 regulatory protein 보통 전사개시점에서의 유전자 발현 조절에 관련된 단백질. 억제인자, 활성 인자가 조절단백질의 대표적인 예이다.

조절자리 regulatory site 조절효소 내의 활성화 자리와 구분되는 라이간드 결합부위. 입체다른자리 조절자는 조절자리에 결합함으로써 효소 활성도를 바꾼다. 입체다른자리로 잘 알려져 있다.

조절효소 regulated enzyme 하나 또는 여러 대사과정에서 결정적인 자리에 위치한 효소로, 이 효소의 활성도는 대사 필요성에 따라 증가하거나 감소한다. 대부분의 조절효소는 올리고머이다.

조효소 coenzyme 최대 활성을 위해 효소에 필요한 유기 분자. 조효소는 보조기질 또는 보결그룹으로 분류될 수 있다.

조효소 A coenzyme A 아실기를 전달하는 데 쓰이는 커다란 조효소.

종결 서열 termination sequence 유전자의 3′ 말단의 서열로 전사 종결을 매개한다.

종결 코돈 termination codon 새롭게 합성되고 있는 폴리펩타이드를 번역 기구로부터 방출하여 번역을 종결하게 하는 코돈. 세 개의 종결 코돈(UAG, UAA, UGA)은 정지 코돈으로 알려져 있다.

종속영양생물 heterotroph 탄소원으로 포도당 같은 유기 영양분이 적어도 하나는 필요한 개체.

주변 막단백질 peripheral membrane protein 막지질 또는 막관통단백질의 극성 머리부위와 이온결합 또는 수소결합으로 안쪽 또는 바깥쪽 막 표면에 약하게 결합되어 있는 막단백질. 외재성 막단백질이라고도 함.

주형가닥 template strand DNA의 가닥 중 전사된 RNA와 상보적인 가닥. 전사 과정 중 RNA 폴리머레이즈는 주형가닥에 붙어 3′→5′ 방향으로 이동하며, 5′→3′ 방향으로 RNA를 합성한다.

중간 대사 intermediary metabolism 대사 과정에서 세포의 작은 분자가 상호 변환되는 물질 대사 반응.

중간밀도지질단백질 intermediate density lipoprotein (IDL) VLDL이 분해되는 동안 생성된 막성 지단백질의 종류 중 하나.

중간섬유 intermediate filament 서로 다른 단백질 소단위체로 구성된 구조로, 대부분의 진핵세포의 세포질에서 발견된다. 중간섬유는 세포골격 네트워크의 구성 물질이다.

중성 용액 neutral solution pH 값이 7.0인 수용액.

중심 원리 Central Dogma 핵산으로부터 단백질로 정보의 흐름은 돌이킬 수 없다는 개념. 이 용어는 종종 DNA로부터 RNA, 단백질로 정보 흐름의 실제 경로에 잘못 적용된다.

중성 인지질 neutral phospholipid 어떤 알짜 전하도 갖지 않는 포스파티딜 콜린 같은 글리세로 인지질.

지방산 fatty acid 한쪽 끝에 하나의 카복실기를 갖는 긴 지방족 탄화수소 사슬. 지방산은 지방의 가장 단순한 형태이며 트라이아실글리세롤(triacylglycerol), 글리세로인지질(glycerophospholipid), 스핑고지질(sphingolipid), 그리고 왁스(wax)를 포함하는 다양한 복합 지질의 구성성분이다.

지방세포 adipocyte 동물에서 발견되는 트라이아실글리세롤 저장세포. 지방세포는 핵과 세포소기관들이 부유하는 얇은 세포질 층으로 둘러싸인 지방방울로 구성되어 있다.

지방조직 adipose tissue 지방세포라고 알려진 특수화된 트라이아실글리세롤 저장세포로 구성된 동물의 조직.

지연 부위 pause site 전사가 느려지는 유전자 부위. 지연 현상(pausing)은 신생 RNA가 머리핀(hair-pin) 구조를 형성할 수 있는 회문구조 서열(palin dromic sequences)에서 더욱 두드러진다.

지질 lipid 비교적 비극성 유기 용매를 이용하여 추출할 수 있는 생물학적 시스템에서 발견되는 불용성(또는 난용성) 유기 화합물.

지질 뗏목 lipid raft 콜레스테롤과 스핑고지질이 풍부하게 존재하는 막의 일부.

지질 바이타민 lipid vitamin 주로 긴 탄화수소 사슬 또는 융합 고리로 구성된 폴리프레닐 화합물. 수용성 바이타민과 달리, 지질 바이타민은 동물에 의해 저장될 수 있다. 지질 바이타민은 바이타민 A, D, E 및 K를 포함한다.

지질 이중층 lipid bilayer 소수성 꼬리들이 연계하여 이중층의 내부를 형성하고 극성 머리 잔기들이 수성 환경 쪽으로 나와 있는 지질 이중층. 지질 이중층은 생체막의 기본적 구조이다.

지질 정박형 막단백질 lipid anchored membrane protein 지질 분자에 공유결합을 통해 막에 매어 있는 막단백질.

지질다당 lipopolysaccharide 지질 A(부속 지방산을 가진 인산화 글루코사민 잔기의 이당) 및 다당으로 이루어진 고분자. 지질 다당은 그람음성 세균의 외막에서 발견된다. 이들 화합물은 용해가 진행 중인 박테리아에서 방출되며 인간과 다른 동물에 독성이 된다. 또한 내부독소(endotoxin)로 알려져 있다.

지질단백질 lipoprotein 지질과 단백질로 조립된 거대분자로서 소수성 내부와 친수성 표면을 가진다. 지질은 지질단백질을 통해 수송된다.

지체 가닥 lagging strand 복제 분기점 이동의 반대 방향으로 불연속 중합에 의해 형성되는 새롭게 합성된 DNA 가닥.

직접 복구 direct repair 손상된 뉴클레오타이드(nucleotide)와 잘못 짝지어진 염기들을 단백질이 인지하여 DNA나 염기를 잘라내지 않고 복구함으로써 손상된 DNA를 제거하는 것.

진핵생물 eukaryote 일반적으로 내막과 핵이 있는 세포를 갖는 생물(cf., 원핵생물).

진행효소 processive enzyme 많은 중합 단계에서 성장하는 중합 생성물에 결합되어 있는 효소.

질량분석법 mass spectrometry 분자의 질량을 결정하는 기법.

질량작용비 mass action ratio (*Q*) 하나의 반응에서 반응물들의 농도에 대한 생성물들의 농도 비율.

질서 순차반응 ordered sequential reaction 기질이 효소에 결합하고, 효소로부터 산물이 방출되는 모든 과정이 정해진 순서대로 일어나는 반응.

질소 고정 nitrogen fixation 기체 질소의 암모니아로의 환원. 생물학적 질소 고정은 일부 세균 및 조류(algae)에서만 일어난다.

질소 순환 nitrogen cycle N_2로부터 산화질소($NO_2^{\ominus}$와 $NO_3^{\ominus}$), 암모니아, 질소성 생분자를 거쳐 다시 N_2로 되돌아가는 질소의 흐름.

짝산 conjugate acid 염기에 의해 양성자의 획득으로부터 나온 산물.

짝염기 conjugate base 산에 의해 양성자의 손실로부터 나온 산물.

짝지음 반응 coupled reactions 공통의 중간체를 공유하는 두 개의 대사반응들.

짝풀림제 uncoupling agent ADP의 인산화와 전자전달 사이의 강한 연결을 방해하는 화합물.

초기속도 initial velocity (v_0) 효소반응의 초기 단계에서 충분한 생성물이 만들어지기 전에 기질이 생성물로 바뀌는 속도.

초나선 supercoil 과하게 꼬여졌거나 혹은 덜 꼬여진 상태로 추정되는 기하학적인 배열. 덜 꼬여지면 음성 초나선, 과하게 꼬여지면 양성 초나선이 생성된다.

초저밀도 지질단백질 very low density lipoprotein (VLDL) 혈장에 존재하는 지질단백질의 한 종류로 트라이아실글리세롤, 콜레스테롤, 콜레스테롤 에스터 등을 간에서 다른 조직으로 운반한다.

촉매상수 catalytic constant (k_{cat}) 기질들로 포화되었을 때 효소가 반응을 얼마나 빨리 촉매하는가에 대한 수치로써의 속도상수. 촉매상수는 효소의 총 농도($[E]_{total}$)에 의해 나뉜 최대속도(V_{max}) 또는 포화상태에서 초당 효소 활성부위의 몰당 생성물로 변환되는 기질의 몰수와 동일하다.

촉매중심 catalytic center 촉매작용 동안 화학적 변화에 참여하는 효소의 활성화 자리 내의 극성 아미노산들.

촉매 항체 catalytic antibody 유전학적으로 조작되어서 항원이 참여하는 반응을 촉매하는 항체 분자.

촉매 효율 catalytic proficiency 효소 부재 시의 화학반응에 대한 속도상수에 대한 효소의 존재하에서 반응에 대한 속도상수의 비(k_{cat}/K_m).

촉진유전자 promoter RNA 폴리머레이즈가 전사개시 시에 결합하는 DNA 부위.

최대속도 maximum velocity (V_{max}) 모든 효소가 효소-기질 복합체의 형태일 때, 즉 효소가 기질로 포화될 때 반응의 초기속도.

최적 pH pH optimum 효소-매개반응에서 최고의 매개활성을 나타내는 pH 값.

축퇴 degeneracy 유전암호(genetic code)에 대하여 언급할 경우, 축퇴는 여러 다른 코돈들이 같은 아미노산을 명시한다는 사실을 의미한다.

축합 condensation 물, 알코올 또는 다른 간단한 물질의 제거에 의해 일어나는 두 개 이상의 분자들의 결합을 포함하는 반응.

측면 확산 lateral diffusion 지질 이중층의 한 전단면에서 지질 또는 단백질 분자들의 신속한 움직임.

친수성 hydrophilicity 어떤 물질이나 작용기가 물과 상호작용하거나 물에 잘 녹는 정도.

친수성의 hydrophilic "물을 사랑하는"–물과 상호작용을 잘 할 수 있는 분자를 설명하는 말.

친전자체 electrophile 전자가 부족하여 음전하를 띠거나 비공유 전자쌍을 갖는 화학종(친핵체)과 인력이 작용하는 화학종으로, 양전하를 띠고 있다.

친핵성 치환 nucleophilic substitution 한 친핵기(예: $Y^{\ominus}$)가 다른 친핵기(예: $X^{\ominus}$)로 치환되는 반응.

친핵체 nucleophile 음전하 또는 비공유 전자쌍을 갖는 전자가 풍부한 반응물로서 양전하 또는 전자가 결핍된 화학물질(친전자체)에 끌린다.

친화 크로마토그래피 affinity chromatography 라이간드와 크로마토그래피 매트릭스의 특이적인 공유결합을 기반으로 용액 내에 존재하는 단백질을 비롯한 고분자 혼합물을 분리시키는 기술.

친화성 표지 affinity labeling 활성부위(또는 다른 결합부위)와 특이적으로 공유결합하는 물질로 효소(또는 고분자)를 억제하는 과정.

카르니틴 왕복 체계 carnitine shuttle system 아실 카르니틴의 형성과 수송에 의해 세포질에서 마이토콘드리아로 아세틸-CoA를 왕복시키는 순환 경로.

카이네이즈 kinase 수용체 분자에 인산기의 전달을 촉매하는 효소. 단백질 카이네이즈는 단백질 기질의 인산화를 촉매한다. 카이네이즈는 포스포트랜스퍼레이즈(phosphotransferases)로도 알려져 있다.

칼로리 kalorie (cal) 물 1그램의 온도를 1도(14.5도에서 15.5도) 올리는 데 필요한 에너지의 양. 1칼로리는 4.184 J이다.

캘빈 회로 Calvin cycle 이산화탄소의 고정과 글리세르알데하이드 삼인산의 순생산에 참여하는 반응들의 주기. 일반적으로 광합성과 연관된다. 또한 캘빈-벤슨 회로, C3 경로, 그리고 환원성 오탄당인산 회로(RPP)라 알려져 있다.

캡 cap 진핵세포 mRNA 분자의 5′ 말단에 파이로인산 연계에 의해 붙여진 7-메틸구아노신 잔기. 캡은 전사 후에 첨가되며 효과적인 번역에 필요하다. 계속되는 공유변형들은 부가적인 캡 구조들을 만든다.

케이오트로픽제 chaotropic agent 물 분자들 사이의 수소결합의 규칙성을 방해하여 물 안에 비극성 화합물의 용해도를 향상하는 물질. 요소 및 구아니딘염과 같은 농축된 케이오트로픽제는 소수성 효과를 감소시키므로 효과적인 단백질 변성제이다.

케토스 ketose 가장 많이 산화되는 탄소, 흔히 C-2가 케톤이 되는 단당.

케톤 생성 ketogenesis 포유동물의 마이토콘드리아 기질에서 아세틸 CoA로부터 케톤체를 합성하는 경로.

케톤 화합물 ketogenic compound 아미노산처럼, 분해되어 아세틸 CoA를 형성하여 지방산 또는 케톤체의 합성에 기여할 수 있는 화합물.

케톤체 ketone body 간에서 아세틸 CoA로부터 합성되는 작은 분자. 금식 기간에 케톤체 및 아세토아세트산이 주요 대사 연료가 된다.

코돈 codon 유전암호에 따라서 특정 아미노산으로 지정된 mRNA(또는 DNA) 내의 세 개의 뉴클레오타이드 서열.

코리 회로 Cori cycle 탄소를 재활용하고 간에서 말초 조직에 에너지를 전송하는 기관 내 물질대사 고리. 포도당은 간에서 배출되고 기타 조직에서 ATP를 생산하는 대사에 사용된다. 생성된 젖산은 다시 포도당신생성(gluconeogenesis)에 의해 포도당으로 변환을 위해 간으로 반환된다.

크래술라시안산 대사 Crassulacean acid metabolism (CAM) 광합성 동안 물 손실을 줄이기 위해 건조한 환경에서 주로 식물에 의해 이용되는 탄소동화 반응의 변경된 순서. 이 반응들에서 이산화탄소는 밤에 흡수되고 결과적으로 말산을 형성한다. 낮 동안 말산은 탈탄산화되고 방출되는 이산화탄소는 환원적 오탄당인산 회로에 의해 사용된다.

크렙스 회로 Krebs cycle 시트르산 회로(citric acid cycle)를 보라.

크로마토그래피 chromatography 가스나 액체와 같은 이동상과 액체나 고체와 같은 고정상 사이의 배분에 기초하여 혼합물의 구성요소를 분리하는 데 사용되는 기술.

큰 홈 major groove 염기쌍의 쌓임으로 인하여 꼬여진 당-인산 골격에 생긴 DNA 이중나선의 표면에 있는 넓은 고랑.

클로닝 cloning 한 분자, 세포 또는 유기체의 많은 동일한 복사본의 발생. 클로닝은 때때로 재조합 DNA 분자를 만들거나 증식하는 전체 과정을 나타낸다.

클로닝 벡터 cloning vector 외래 DNA의 한 단편을 운반하는 DNA 분자. 클로닝 벡터는 복제되고 때때로 발현될 수 있는 세포로 외래 DNA를 도입시킨다.

클론 clone 한 분자, 세포 혹은 유기체의 복제나 번식으로부터 나온 동일한 복사본 중 하나.

킬레이트 효과 chelate effect 분자 또는 원자에 두 개 이상의 결합부위를 갖는 라이간드의 결합을 위한 상수가 동일 분자 또는 원자에 분리된 라이간드의 결합을 위한 상수보다 큼에 의해 나타나는 현상.

킬로베이스 쌍 kilobase pair (kb) 1000 염기쌍에 해당되는 이중가닥 DNA의 길이 단위.

탄소양이온 carbocation 양이온을 띤 탄소이며, 이것은 탄소 원자와 다른 원자 사이의 공유결합이 절단되면서 나온 탄소이온으로서 탄소 원자는 그 결합으로부터 가지고 있던 두 개의 전자를 잃게 되므로 양이온이 된다.

탄소음이온 carbanion 음이온을 띤 탄소이며, 이것은 탄소 원자와 다른 원자 사이의 공유결합이 절단되면서 나온 탄소이온으로서 탄소 원자는 그 결합으로부터 가지고 있던 두 개의 전자를 계속 가지고 있게 되므로 음이온이 된다.

탄수화물 carbohydrate C:H:O의 비율이 1:2:1인 탄소의 수화물로 막연히 정의된 화합물. 탄수화물들은 단량체 설탕(예: 단당)과 그들의 중합체를 포함한다. 또한 당으로 알려져 있다.

탈대사 반응 cataplerotic reaction 특히 시트르산 회로에서 중간체를 제거하는 반응(cf., 보충대사 반응).

턴오버 turnover 분자들이 새롭게 합성된 분자들에 의해서 분해되고 대체되는 활동적인 대사 항정 상태.

토포아이소머레이즈 topoisomerase 하나 또는 두 가닥의 인산다이에스터 결합을 끊고, DNA를 다시 감고, 부위를 연결해서 DNA 초나선을 변형시키는 효소. 특정 효소는 DNA 자이레이즈라고 불린다.

통로 channel 적당한 크기의 분자와 이온이 어느 방향에서 막을 통과할 수 있도록 중앙 수성 통로를 가진 통합 막단백질. 또한 pore로 알려져 있다.

투과계수 permeability coefficient 이온이나 저분자 물질이 지질 이중층을 통과하는 측정값.

투석 dialysis 시료 내 작은 분자량의 용질을 반투과성 막을 통해 확산시켜 제거하고 주변 용액의 용질로 대체하는 과정.

트라이아실글리세롤 triacylglycerol 세 개의 지방산 분자가 글리세롤에 에스터화된 지질. 지방이나 기름은 트라이아실글리세롤의 혼합물이다 이전에는 트라이글리세라이드라고 알려졌다.

트랜스아미네이즈 transaminase α-아미노산으로부터 아미노기를 α-케토산으로 전달하는 효소. 이 효소는 피리독살 인산염을 조효소로서 필요하다. 이들 또한 트랜스아미네이즈라고 불린다.

트랜스퍼레이즈 transferase 작용기를 전달하는 반응을 촉매하는 효소로 경우에 따라서 조효소를 필요로 한다.

트랜스포존 transposon 염색체 사이나 혹은 한 염색체 안에서 재조합 기전을 이용하여 옮겨 다닐 수 있는 이동 가능한 유전 요소. Transposable element라고 알려져 있다.

특별한 쌍 special pair 광합성의 광의존 반응 동안 반응 중심에서 1차 전자공여체 역할을 하는 특수한 엽록소 분자쌍.

틀린 짝 복구 mismatch repair 짝을 잘못 지은 염기가 내포된 DNA 분자에서 정상 뉴클레오타이드 서열로의 복구. 틀린 짝 복구에서는 DNA 분자의 이중가닥 중 정상 가닥이 인식되어 부정확한 가닥의 일부분을 자르고 결국 정확히 염기쌍을 이룬 이중가닥 DNA가 DNA 폴리머레이즈와 DNA 라이게이즈의 작용에 의해 합성된다.

틀이동 돌연변이 frameshift mutation 세 개로 나누어지지 않는 많은 수의 뉴클레이타이드의 삽입 또는 결실에 의한 DNA의 변이. 틀이동 돌연변이는 그에 상응하는 mRNA 분자의 판독 틀에 변화를 주고 변이에 따라 모든 코돈의 해독에 영향을 미친다.

틸라코이드막 thylakoid membrane 엽록체의 수용성 내강에 달려 있는 고도로 접힌 연속된 막의 네트워크. 틸라코이드막은 NADPH와 ATP가 형성되는 광의존적 광합성 반응이 일어나는 부위이다.

파스퇴르 효과 pasteur effect 산소 존재하에서 해당과정이 느려지는 것.

파이 φ 펩타이드 그룹의 α-탄소와 질소 간 결합 주위의 회전각.

판독 틀 reading frame 아미노산 서열을 특정짓는 mRNA 분자의 비겹침 코돈의 서열. mRNA 분자의 판독 틀은 번역이 시작되는 위치에 의해 결정됨; 보통 AUG 코돈.

퍼옥시좀 peroxisome 산화-환원반응을 수행하며 때로는 유해물질인 과산화수소를 생성하는 모든 동물과 많은 식물에 있는 세포소기관. 유해한 과산화수소를 물과 산소로의 분해를 매개하는 효소인 카탈레이즈를 가지고 있다.

펩타이드 peptide 2개 이상의 아미노산이 펩타이드 결합에 의해 공유결합하여 선형으로 연결된 것.

펩타이드 결합 peptide bond 펩타이드와 단백질에서 한 아미노산 잔기의 카보닐기와 다른 아미노산의 아미노 질소의 공유 2차 아마이드 결합.

펩타이드기 peptide group 펩타이드 결합에 관여하는 질소와 탄소 원자, 그리고 4개의 구성 성분(카보닐 산소 원자, 아마이드 수소 원자 및 2개의 인접한 원자들).

펩티도글라이칸 peptidoglycan *N*-아세틸글루코사민과 *N*-아세틸뮤람산(다양한 조성을 가진 펩타이드에 교차 연결됨)으로 구성된 이형글라이칸(heteroglycan)을 갖는 거대분자. 펩티도글라이칸은 많은 세균의 세포벽에서 주요 구성 성분이다.

펩티딜 트랜스퍼레이즈 peptidyl transferase 단백질이 합성될 때 펩타이드 결합을 할 수 있는 활성을 나타내는 효소.

펩티딜 tRNA peptidyl-tRNA 단백질이 합성될 때 성장하는 펩타이드 사슬이 결합하는 tRNA 분자.

평형 equilibrium 반응물이 생성물로 전환되는 속도와 생성물이 반응물로 전환되는 속도가 같은 계의 상태. 평형상태에 놓인 반응 또는 계의 자유에너지 변화는 영이다.

평형상수 equilibrium constant (K_{eq}) 평형상태에서 생성물의 농도와 반응물의 농도 비. 평형상수는 그 반응의 표준 깁스 자유에너지 변화와 연관되어 있다.

포도당 화합물 glucogenic compound 동물에서 포도당신생성에 이용될 수 있는 아미노산과 같은 화합물.

포도당신생성 gluconeogenesis 비당질 전구체로부터 포도당을 합성하는 과정. 파이루브산으로부터의 포도당신생성은 해당과정의 7가지 근접-평형 반응의 역반응을 포함한다. 해당과정의 세 가지 대사적으로 비가역적인 반응은 해당과정에서 일어나지 않는 네 가지 효소 반응에 의해 우회된다.

포스파젠 phosphagen 동물 근육세포에서 발견되는 높은 에너지 인산기를 저장하는 분자. 인산아마이드이며, ATP보다 인산기 전달 포텐셜이 높다.

포스파테이즈 phosphatase 인산기를 가수분해로 제거하는 반응을 매개하는 효소.

포스파티데이트 phosphatidate 3-인산-글리세롤의 2번과 3번 탄소에 에스터화되는 두 개의 지방아실기로 이루어진 글리세로인지질. 더 큰 글리세로인지질의 합성이나 분해과정의 중간산물이다.

포스포다이에스터 결합 phosphodiester linkage 핵산 또는 다른 분자들에서 두 개의 알코올 하이드록실이 인산기에 의해 연결된 결합.

포스포릴레이즈 phoshorylase 무기인산(P_i)으로 핵친화 공격을 함으로써 기질을 분해하는 반응을 촉매하는 효소(가인산분해를 통해).

포스포안하이드라이드 phosphoanhydride 두 인산기의 응축으로 이루어진 화합물.

포스포에스터 결합 phosphoester linkage 하나의 인산기가 알코올 또는 페놀의 산소에 연결된 결합.

포화 지방산 saturated fatty acid 탄소-탄소 이중결합을 포함하지 않은 지방산.

폴리 A 꼬리 poly A tail 전사 후에 진핵생물 mRNA의 3′ 말단에 더해지는 250개 이상의 아데노신 잔기.

폴리뉴클레오타이드 polynucleotide 인산다이에스터 결합으로 20개 이상의 뉴클레오타이드가 결합된 중합체.

폴리머레이즈 연쇄 반응 polymerase chain reaction (PCR) DNA 안에 있는 특정 DNA 서열을 증폭하는 방법. 원하는 DNA 서열의 양쪽 끝 부분과 상보적인 올리고뉴클레오타이드는 반복되는 DNA 합성에서 프라이머로 사용된다.

폴리시스트론성 mRNA polycistronic mRNA 단백질로 번역될 수 있는 여러 개의 유전자를 가지고 있는 mRNA. 많은 원핵생물 mRNA 분자가 다시스트론성이다.

폴리아크릴아마이드 젤 전기영동 polyacrylamide gel electrophoresis (PAGE) 전기장에서 교차결합된 젤상을 통해 분자가 가지고 있는 전하나 크기차에 의한 이동속도에 따라 분자를 분리하는 기술.

폴리좀 polysome 큰 mRNA 분자에 많은 번역복합체가 결합하여 형성된 구조. 폴리라이보좀이라고도 한다.

표준 깁스 자유에너지 변화 standard Gibbs free energy change ($\Delta G°'$) 생화학적으로 표준 상태의 조건에서 반응에 대한 자유 에너지 변화.

표준 상태 standard state 화학반응에 대한 기준 조건의 세트. 생화학에서 표준 상태는 295 K(25℃)온도, 1기압, 용질 농도 1.0 M, pH 7.0인 상태로 정의된다.

표준 환원 전위 standard reduction potential ($E°'$) 생화학적으로 표준 상태 조건 하에서 다른 물질을 환원시키는 한 물질의 경향의 측정.

퓨라노스 furanose 분자내 헤미아세탈 형태로 5개의 원자가 고리를 이룬 단당 구조.

퓨린 purine 피리미딘이 이미다졸과 융합된 두 고리 구조의 질소 함유 염기이다. 아데닌과 구아닌이 DNA와 RNA에 존재하는 퓨린이다.

프라이메이즈 primase 프라이모좀에 존재하며 약 10개의 잔기를 가지는 RNA를 합성하는 효소. 이 올리고뉴클레오타이드는 오카자키 조각을 합성하는 시발체(primer)이다.

프라이모좀 primosome 대장균에서 지체 가닥의 불연속적인 DNA 합성에 필요한 짧은 RNA 시발체를 합성하는 프라이메이즈와 헬리케이즈가 포함된 효소 복합체.

프레닐화 단백질 prenylated protein 단백질의 C-말단의 시스테인에 있는 황 원자에 아이소프레노이드 잔기가 결합된 단백질.

프로스타글란딘 prostaglandin 싸이클로펜테인 고리를 가지고 있는 아이코사노이드. 프로스타글란딘은 생성되었을 때 인접 세포에 즉시 영향을 주는 대사 조절자이다.

프로테오글라이칸 proteoglycan 아노머 탄소 원자에 의해 글라이코사미노글라이칸이 공유결합으로 결합되어 있는 단백질 복합체. 95% 이상의 무게가 글라이코사미노글라이칸이다.

프로티에이즈 protease 펩타이드 결합의 가수분해를 매개하는 효소. 프로티에이즈의 생리학적 기질은 단백질이다.

프사이 ψ α-탄소와 펩타이드 그룹의 카보닐 탄소 사이 결합 주위의 회전각.

플라스마로젠 plasmalogen 글리세롤 3-인산의 C-1에 바이닐 에터(vinyl ether) 결합을 형성하는 탄화수소 사슬을 가지고 있는 인산지질. 중추신경계와 말초신경계, 근육조직에 존재한다.

플라스미드 plasmid 염색체 밖에 있으며, 독립적으로 복제가 가능한 작은 DNA 분자. 보통 고리상 환형이며 이중구조의 DNA 분자이다.

피드포워드 활성화 feed-forward activation 대사경로에서 일찍이 생성된 대사산물에 의한 대사경로 효소의 활성화.

피라노스 pyranose 분자내 헤미아세탈 형성으로 6개의 고리구조를 가진 단당.

피리미딘 pyrimidine 네 개의 탄소와 두 개의 질소 원자로 이루어진 이형 고리 염기. 사이토신, 싸이민, 유라실이 핵산 중의 피리미딘이다. (사이토신은 DNA와 RNA에, 유라실은 RNA에, 싸이민은 주로 DNA에 사용된다.)

피셔 투영 Fischer projection 당과 그와 관련된 화합물의 3차원 구조를 2차원적으로 나타낸 것. 피셔 투영에서 탄소 뼈대는 C-1이 위쪽에 위치하도록 수직방향으로 그려진다. 비대칭 중심에서 수평방향의 결합은 관찰자를 향하고, 수직 방향의 결합은 관찰자와 반대방향으로 향해 있다.

피치 pitch 나선구조에서 한 바퀴 회전하는 축 거리.

필수 아미노산 essential amino acid 동물에 의해 합성되지 않는 아미노산으로 반드시 음식물로부터 섭취해야 하는 것.

필수 이온 essential ion 특정 효소의 촉매 활성을 위한 보조인자로서 요구되는 이온. 단단히 결합한 금속 이온은 종종 촉매반응에 직접적으로 참여하지만, 활성화 이온으로 불리는 몇몇 이온은 가역적으로 효소에 결합하여 기질의 결합에 참여한다.

필수 지방산 essential fatty acid 동물에 의해 합성되지 않는 지방산으로 반드시 음식물로부터 섭취해야 하는 것.

핑퐁반응 ping-pong reaction 한 효소가 첫 번째 기질과 결합한 후 첫 번째 생성물을 방출하고, 이 효소가 두 번째 기질과 결합하여 두 번째 생성물을 방출한 후 원래 형태의 효소로 회복되는 반응.

하워드 투영 Haworth projection 고리형 당 분자(cyclic sugar molecule)를 평평한 고리로 표시하고, 면의 평면을 수직으로 투영시켜 표현하는 방법. 굵은 선은 관찰자를 향하는 분자의 부분을 나타낸다.

하이드롤레이즈 hydrolase 기질(들)에 물을 첨가해서 자르는 반응을 촉매하는 효소(가수분해).

항생물질 antibiotics 특정 생명체에서 생성되는 물질로 다른 생물종에게 독성을 나타낸다. 의학적으로 유용한 항생물질은 반드시 병원체에게만 특이성을 보여야 하고, 인체에는 안전해야 한다.

항원 antigen 항체에 의해 인지되어 특이적으로 결합하는 분자 혹은 분자의 부분.

항정 상태 steady state 화합물의 합성속도와 이용 및 분해되는 속도가 동일한 상태.

항존 유전자 housekeeping gene 모든 살아 있는 세포의 보편적인 활동에 필수적인 단백질이나 RNA를 암호화하는 유전자.

항체 antibody 특정 백혈구에서 합성되는 당단백질로, 면역 방어 시스템의 일부이다. 항체는 항원이라고 불리는 외부유래 물질에 특이적으로 결합하여 항원-항체 복합체를 형성하는데, 이 복합체는 항원을 제거하도록 표지하는 역할을 한다. 면역글로불린과 동의어.

해당과정 glycolysis 포도당 한 분자를 파이루브산 두 분자로 바꾸는 효소에 의한 10가지 반응을 포함한 이화작용 과정. 이 과정에서, ATP 두 분자가 ADP + P_i 로부터 형성되고 NAD^+ 한 분자가 NADH로 환원된다.

핵 nucleus 진핵생물의 세포에서 중요한 유전물질을 갖고 있으며, RNA 합성과 처리가 일어나는 주요 장소로 작용하는 세포소기관.

핵막 nuclear envelope 핵을 둘러싸고 있으며, 핵의 내외로 출입하는 물질을 조절하는 단백질로 가득찬 핵공 복합체가 위치한다. 핵의 외막은 소포체에 연결되어 있고, 내막은 핵 라미나를 구성하는 섬유성 단백질이 안쪽을 받치고 있다.

핵산 nucleic acid 뉴클레오타이드 잔기가 인산다이에스터 결합에 의해 선으로 연결된 중합체. DNA와 RNA는 각각 디옥시라이보뉴클레오타이드와 라이보뉴클레오타이드로 구성된 핵산이다.

핵양체 부위 nucleoid region 원핵생물의 세포에서 염색체가 위치하는 장소.

핵자기 공명 분광학 NMR spectroscopy 용액내 분자 구조를 연구하기 위해 사용되는 기술. 핵자기 공명 분광학에서는 다양한 진동수를 갖는 자기장에서 분자가 전자기 복사를 흡수함으로써 특정 원자의 핵이 갖는 회전 상태를 결정할 수 있다.

헤미아세탈 hemiacetal 알코올과 알데하이드가 반응할 때 형성되는 생산물.

헤미케탈 hemiketal 알코올과 케톤이 반응할 때 형성되는 생산물.

헤어핀 hairpin 1. 단일가닥 폴리뉴클레오타이드에서 나타나는 2차 구조로 짧은 부분이 접히고 상보적인 염기 사이의 수소결합이 형성되면서 생긴다. 스템 루프(stem-loop)로도 알려져 있다. 2. 폴리펩타이드의 연속한 2개의 β 가닥을 연결시켜주는 조밀한 회전(turn).

헤테로글라이칸, 이질다당 heteroglycan, heteropolysaccaride 두 개 또는 그 이상의 다른 종류의 단당으로 구성된 잔기를 가진 탄수화물 중합체.

헨더슨-하셀발크식 Henderson-Hasselbalch equation pK_a와 양성자 주개(공여체)와 양성자 받개(수용체) 형태의 농도에 관하여 약산 또는 약염기 용액의 pH를 표현하는 식.

헬리케이즈 helicase DNA를 풀어주는 역할을 하는 효소.

협동성 cooperativity 1. 단백질에 하나의 라이간드 또는 기질 분자의 결합이 동일한 물질의 추가적인 분자들에 대한 단백질의 친화도에 영향을 미치는 현상. 협동성은 양성적 또는 음성적이 될 수 있다. 2. 거대분자의 한 부분의 구조 형성이 분자의 나머지 구조의 형성을 촉진시키는 현상.

협력 및 입체다른자리 조절의 공동 이론 concerted theory of cooperative and allosterc regulation 올리고머 단백질에 라이간드의 협력적 결합의 모델. 공동 이론에 따르면, 기질 또는 다른자리 조절자의 결합에 의한 단백질의 입체 구조의 변화는 T(낮은 기질 친화 입체구조) 및 R(높은 기질 친화 입체구조) 사이의 단백질의 입체구조의 평형을 이동시킨다. 이 이론은 단백질의 모든 부차단위들이 동일한 형태(즉, 모든 T 또는 모든 R)를 가지고 있다고 제안한다. 또한 대칭 추진 이론으로 알려져 있다.

형광 fluorescence 분자내 전자의 에너지 준위가 높은 곳에서 낮은 곳으로 이동할 때 방출되는 가시 복사로 발광의 한 형태.

호기성 aerobic 산소의 존재 하에 일어나는 것.

호르몬 반응 요소 hormone response element 스테로이드 호르몬 수용체 복합체로 구성된 전사 활성제가 붙는 DNA 서열.

호모글라이칸 homoglycan 한 종류의 단당으로 구성된 탄수화물 중합체.

호흡 전자전달 사슬 respiratory electron transport chain 기질 또는 환원된 조효소로부터 호기성 대사의 최종 전자받개인 산소 분자로 전자를 전달하는 일련의 효소복합체 및 관련 보조인자들.

혼합 억제 mixed inhibition 효소 억제의 한 형태로서 K_m과 V_{max}에 영향을 끼친다.

홀리데이 교차점 Holliday junction 상동 이중가닥 DNA의 2개 분자 사이의 재조합으로 인해 가닥이 교차한 부분.

화학독립영양생물 chemoautotroph 무기화합물을 산화시켜 화학에너지를 이끌어내는 독립영양생물(cf., 광독립영양생물).

화학삼투설 chemiosmotic theory 기질의 산화 중에 확립된 양성자 농도기울기가 ADP와 P_i로부터 ATP의 형성과 같은 과정을 구동하기 위한 에너지를 준비하는 것으로 제안된 이론.

화학종속영양생물 chemoheterotroph 탄소원으로 유기 분자를 필요로 하며 유기 분자를 산화시킴으로써 에너지를 이끌어내는 비광합성 생물.

화학주성 chemotaxis 화합물 쪽으로 (양성 화학주성) 또는 화합물과 떨어지도록 (음성 화학주성) 유도하는 세균의 편모운동의 신호전달과 연결된 메커니즘.

확산조절반응 diffusion controlled reaction 반응 분자들 간에 매 충돌 때마다 발생하는 반응. 효소 촉매반응에서 k_{cat}/K_m비는 10^8~10^9 M^{-1} s^{-1}에 근접한다.

환원 reduction 다른 물질(환원제)로부터 전달된 전자를 얻는 물질. 환원은 화합물에서 산소를 잃는 것, 이중결합 화합물에 수소가 첨가되는 것, 금속 이온의 원자가 감소 등을 포함한 여러 가지 형태를 가진다.

환원 전위 reduction potential 한 물질이 다른 물질을 환원시키는 경향을 나타낸다. 더 음성의 환원 전위는 훨씬 쉽게 전자를 주는 경향이 있다.

환원말단 reducing end 다당에서 자유 아노머 탄소를 포함한 잔기. 다당은 보통 하나 이상의 환원말단을 포함한다.

환원제 reducing agent 산화-환원반응에서 전자를 잃고 그 결과 산화되는 물질.

활성부위 active site 기질을 생성물로 전환하는 것을 촉진시키는 데 관련된 아미노산 잔기나 기질결합 부위를 가지는 효소의 부분. 활성자리는 일반적으로 단백질의 도메인 또는 소단위체 사이의 틈이나 단백질 표면의 굴곡진 안쪽 부분에 위치한다.

활성화에너지 activation energy 화학반응에서 바닥상태에서 전이 상태로 반응을 촉진시키는 데 필요한 자유에너지.

회수 경로 salvage pathway 퓨린 또는 피리미딘과 같은 분자 독립체의 예비형성물로부터 퓨린 또는 피리미딘 뉴클레오타이드와 같은 주요 대사물을 합성하는 경로.

회전(단백질에서) turn (in proteins) 단백질의 접힘 구조에서 4~5개의 잔기로 폴리펩타이드의 방향을 바꾸는 고리(loop) 구조.

횡단 확산 transverse diffusion 지질이나 단백질 분자가 지질 이중층의 한 층에서 다른 층으로의 수직 이동. 한 층 내에서 수평 확산하는 것과는 달리 매우 천천히 일어난다.

효소 enzyme 생물학적 촉매로 대부분의 경우 단백질이다. 몇몇 효소의 경우 그 활성을 위해 추가적인 보조인자(cofactor)를 필요로 한다. 사실상 모든 생화학적 반응은 특정 효소들에 의해 촉진된다.

효소 분석법 enzyme assay 효소 시료의 활성을 분석하기 위해 사용되는 방법. 일반적으로 기질이 생성물로 전환되는 속도는 효소의 농도에 비례하므로, 효소 활성은 선택된 조건 하에서 측정된다.

효소 억제제 enzyme inhibitor 효소에 결합하여 ES 복합체의 형성과 이것의 E + P로의 전환을 방해하여 효소 활성을 낮추는 화합물.

효소-기질 복합체 enzyme-substrate complex (ES) 기질 분자가 효소의 활성자리에서 비공유결합으로 결합한 형태의 복합체.

효소반응 enzymatic reaction 생물학적 촉매인 효소에 의해 촉매기능이 나타나는 반응. 효소반응은 촉매작용이 나타나지 않는 같은 반응보다 10^3에서 10^{17}배 빠르다.

히스톤 histone DNA와 결합해서 염색질(chromatin)을 형성하는 단백질의 군(class). 진핵세포의 핵에는 H1, H2A, H2B, H3와 H4로 알려진 다섯 가지 히스톤이 있다.

0차 반응 zero-order reaction 반응속도가 반응물의 농도에 영향을 받지 않는 반응.

1차 구조 primary structure 잔기들이 공유결합에 의해 중합체 사슬을 형성한 서열.

1차 반응 first-order reaction 반응속도가 하나의 반응물의 농도에만 비례하는 반응.

1차 전사물 primary transcript 가공되기 전의 새롭게 합성된 RNA 분자.

I형 반응 중심 type I reaction center 광계 I에서 발견되는 엽록소 분자들과 연관된 전자 전달 사슬의 특별한 쌍.

2차 구조 secondary structure 거대분자 내에서 지역적 입체형태의 규칙성. 단백질에서 2차 구조는 골격의 카보닐기와 아마이드기의 수소결합에 의해 유지된다. 핵산의 2차 구조는 수소결합과 염기들 간의 스태킹(stacking) 상호작용에 의해 유지된다.

2차 반응 second-order reaction 두 가지 반응물 농도에 의해 속도가 결정되는 반응.

2차전령 second messenger 세포 외부 신호로부터 세포 내부의 반응으로 작용하는 물질.

II형 반응 중심 type II reaction center 광계 II에서 발견되는 반응 중심.

3차 구조 tertiary structure 고분자 화합물에서 한 개 이상의 도메인으로 중합체 사슬들이 꽉 차가는 구조. 단백질의 3차 구조는 곁사슬 간의 소수성 상호작용에 의해 주로 안정화된다.

4차 구조 quaternary structure 여러 개의 소단위로 이루어진 단백질에서 두 개 이상의 폴리펩타이드 사슬의 집합 양식.

30 nm 섬유 30 nm fiber 섬유 30 nm의 원통형으로 꼬여져 있는 염색체 구조.

−35 부위 −35 region 특정 원핵세포의 프로모터에서 발견된 서열로 전사 개시 부위로부터 상류 방향으로 약 30~35 bp 떨어져 있다.

A 자리 A site 아미노아실 자리. 단백질 합성 과정 중 아미노아실-tRNA 분자를 받아들이는 라이보좀 내의 자리.

A형 DNA A-DNA 정제된 DNA가 건조되었을 때 주로 관찰되는 형태. A형 DNA는 나선 1회전당 약 11개 염기쌍을 포함하는 오른손 방향으로 감긴 이중나선 구조이다.

B형 DNA B-DNA 왓슨과 크릭에 의해 제안된 가장 일반적인 형태의 DNA. B형 DNA는 직경 2.37 nm인 오른손 방향으로 감긴 나선구조이며, 나선 1회전당 10.4개의 염기쌍을 포함한다.

C_4 경로 C_4 pathway 이산화탄소를 농축함으로써 광호흡을 최소화하는 몇몇 식물 종들에서 탄소 고정을 위한 경로. 이 경로에서 이산화탄소는 엽육세포에서 4탄소 유기산으로 만들어지며, 4탄소 유기산은 유관속초 세포에서 탈탄산화되고, 방출되는 이산화탄소는 환원성 오탄당인산 회로에 의해 사용된다.

***C*-말단 *C*-terminus** 펩타이드사슬의 한쪽 끝에 자유 카르복실기를 갖는 아미노산 잔기.

D 팔 D arm 다이하이드록시유리딜산(dihydroxyuridylate) (D) 잔기를 함유하는 tRNA 분자 내의 줄기와 고리 구조.

E 자리 E site 출구 자리. 단백질 합성 중 탈아미노아실 tRNA(deaminoacylated tRNA)가 빠져나오는 라이보좀 자리.

G 단백질 G protein 구아닌 뉴클레오타이드에 결합하는 단백질.

mRNA 전구체 mRNA precursor RNA 분자 중 한 종류로서 진핵생물의 RNA 폴리머레이즈 II가 합성한다. mRNA 전구체는 전사후 처리되어 성숙한 전령 RNA가 된다.

***N*-연결 올리고당 *N*-linked oligosaccharide** 아스파라진 잔기의 곁사슬에 있는 아마이드 질소 원자와의 공유결합을 통하여 단백질에 결합하는 올리고당 사슬. *N*-연결 당단백질의 올리고당 사슬에는 2개의 *N*-아세틸글루코사민 잔기와 3개의 만노스 잔기로 구성된 핵심 오당(core pentasaccharide)이 있다.

***N*-말단 *N*-terminus** 펩타이드의 한 끝에 자유 α-아미노기를 갖는 아미노산. 일부 단백질에서 *N*-말단은 아실화에 의해 막혀 있다. *N*-말단은 보통 잔기 번호 1에 해당한다. 아미노 말단으로도 알려져 있다.

***O*-연결 올리고당 *O*-linked oligosaccharide** 세린 또는 쓰레오닌 잔기의 하이드록실 산소에 공유결합하여 단백질에 결합하는 올리고당.

P 자리 P site 펩티딜 자리. 단백질이 합성될 때 성장하는 폴리펩타이드 사슬에 부착할 tRNA 분자가 차지하는 라이보좀에서의 위치.

P:O 비 P:O ratio 산화적 인산화 과정에서 환원된 산소 원자에 대한 인산화된 ADP 분자의 비.

pH 용액의 산성 정도를 나타내는 것으로 수용액 중의 수소이온 농도를 의미한다. 수소이온 농도의 마이너스 대수로 정의된다.

pK_a 산성의 강도를 나타내는 대수값. 산해리상수(K_a)의 마이너스 대수로 정의된다.

Q 회로 Q cycle 마이토콘드리아의 복합체 III과 엽록체의 bf 복합체에서 전자전달과 양성자 이동을 설명하기 위해 제안된 회로형 경로. Q 회로의 두 단계의 결과는 QH_2 또는 플라스토퀴놀(PQH_2) 두 분자의 산화이다; QH_2 또는 PQH_2 한 분자의 형성; 두 전자의 전달; 총 네 양성자의 마이토콘드리아 내막을 통한 막간 공간으로 이동 또는 틸라코이드막을 통한 내강으로 이동.

R 상태 R state 입체다른자리 단백질의 더욱 활성화된 입체형태. T 상태의 반대.

RNA 가공 RNA processing 1차 RNA 전사물을 성숙한 RNA 분자로 변형하는 반응. 세 가지 일반적인 형태의 RNA 처리과정은 1차 전사물에서 RNA 뉴클레오타이드를 제거, 유전자에 의해 암호화되지 않은 RAN 뉴클레오타이드의 첨가 및 염기의 공유결합성 변형이다.

T 상태 T state 입체다른자리 단백질의 덜 활성화된 입체 배열 상태. R 상태의 반대.

TATA 박스 TATA box 원핵생물 그리고 진핵생물 유전자의 프로모터에 있는 A/T가 풍부한 DNA 염기서열.

TψC 팔 TψC arm tRNA 분자에서 라이보싸이

미딜산-슈도유리딜산-사이티딜산을 포함하는 연결 구조.

X선 결정학 X-ray crystallography 생체고분자의 2차, 3차, 그리고 4차 구조를 결정하는데 사용되는 기술. X선 결정학에서는, 고분자 결정에 X선으로 충격을 주면 X선이 회절되어 전기적으로 또는 필름을 통해 감지된다. 원자구조는 회절 패턴의 수학적 분석에 의해 추론된다.

Z-체계 Z-scheme 광합성 전자 운반체를 통해 전자가 흐를 때, 이에 관련된 환원 전위를 지그재그 방식으로 표현한 것.

Z형 DNA Z-DNA 디옥시시티딜산과 디옥시구아닐산 잔기가 번갈아 나타나는 올리고뉴클레오타이드 서열의 형태. Z형 DNA는 나선 1회전당 약 12개의 염기쌍을 포함하는 왼손 방향으로 감긴 이중나선이다.

α 나선 α helix 단백질의 일반적인 2차 구조. 각 아미노산 잔기(n)의 카보닐 산소 분자가 폴리펩타이드 사슬의 카복시 말단 방향 쪽 4번째 뒤에 존재하는 아미노산 잔기($n + 4$)의 아마이드 수소 분자와 수소결합을 형성하는 구조. 오른손 방향으로 감긴 이상적인 α 나선에서는, 1회전마다 돌아오는 동일한 자리의 수직거리는 0.54 nm이고, 각각의 아미노산 잔기는 나선의 긴 축을 따라 0.15 nm씩 진행하므로, 1회전당 3.6개의 아미노산이 존재한다.

β 가닥 β strand 2차 구조인 β 병풍구조 내부에 있는 펼쳐진 형태의 폴리펩타이드 사슬 또는 β 병풍구조에서 가닥의 형태를 가지는 것.

β 병풍구조 β sheet 단백질의 일반적인 2차 구조의 하나로서 펩타이드 결합의 카보닐기 산소와 동일한 또는 근접한 폴리펩타이드 사슬에 있는 아마이드기 수소간의 수소결합에 의해 안정된 펼쳐진 형태의 폴리펩타이드 사슬로 구성된다. 수소결합은 대부분 펼쳐진 형태의 폴리펩타이드 사슬과 직각을 이루고 있으며, 폴리펩타이드 사슬들은 (*N*-말단으로부터 *C*-말단으로의 동일한 진행 방향을 가지도록) 서로 평행을 이루거나 혹은 (*N*-말단으로부터 *C*-말단으로의 진행 방향이 반대가 되도록) 역평행 상태로 존재한다.

β-산화경로 β-oxidation pathway 지방산을 아세틸 CoA로 분해하는 대사경로로서 NADH와 QH_2가 생성되고 이를 통해 많은 양의 ATP가 생성된다. 지방산의 β-산화경로 1회는 다음과 같은 네 가지 과정으로 구성된다: 산화, 탈수, 추가 산화, 싸이올 분해.

σ 소단위체, 시그마 소단위체 σ-subunit (sigma subunit) 프로모터에 결합함으로 인해 전사 개시 인자로 반응하는 원핵생물 RNA 폴리머레이즈의 소단위체. 다른 σ 소단위체은 다른 프로모터에 특이하다. σ 인자로도 알려져 있다.

찾아보기

국문 찾아보기

ㄱ

ㄴ

ㄷ

ㄹ

ㅈ

영문 찾아보기

A

B

C

D

E

F

G

H

I

J

K

L

M

N

U

V

W

Z